Burkhard Madea

Praxis Rechtsmedizin

Befunderhebung, Rekonstruktion, Begutachtung

Mit 257 Abbildungen in 331 Einzeldarstellungen und 172 Tabellen

Springer

Prof. Dr. Burkhard Madea
Rheinische-Friedrichs-Wilhelms-Universität
Institut für Rechtsmedizin
Stiftsplatz 12
53111 Bonn

ISBN 3-540-43885-8 Springer-Verlag Berlin Heidelberg New York
Bibliografische Information Der Deutschen Bibliothek
Die Deutsche Bibliothek verzeichnet diese Publikation in der Deutschen Nationalbibliografie; detaillierte bibliografische Daten sind im Internet über <http://dnb.ddb.de> abrufbar.

Springer-Verlag Berlin Heidelberg New York
ein Unternehmen der BertelsmannSpringer Science+Business Media GmbH
http://www.springer.de/medic-de/buecher/index.html

Printed in Germany

Herstellung: PRO EDIT GmbH Heidelberg
Umschlaggestaltung: deblik Berlin
Layout: deblik Berlin
Satz: Hagedorn Kommunikation, Viernheim
Gedruckt auf säurefreiem Papier 15/3160/So – 5 4 3 2 1 0

Erratum

Madea: Praxis Rechtsmedizin, 1. Auflage
ISBN 3-540-43885-8
Springer-Verlag Berlin Heidelberg 2003

Leider wurden die Tabellen 2.18 und 2.20* vertauscht. Die richtige Zuordnung ergibt sich aus dem Text, der hier wiederholt wird.

*Die falsche Zuordnung von Liegezeiten zu Leichenerscheinungen durch einen fehlerhaften Zeilenumbruch ist korrigiert.

Abkühlung

Nach Todeseintritt folgt die postmortale Angleichung der Körperkerntemperatur an die Umgebungstemperatur vier Mechanismen: Konduktion, Konvektion, Strahlung und Wasserverdunstung, wobei – je nach individuellen Abkühlbedingungen – Konvektion und Konduktion die prävalierenden Faktoren sind. Die Körperkerntemperatur (z.B. Rektaltemperatur) fällt dabei nicht unmittelbar postmortal ab, es bildet sich zunächst ein postmortales Temperaturplateau von 2–3 Stunden Dauer aus (■ Abb. 2.18). Ursache für dieses postmortale Temperaturplateau ist, dass sich zunächst ein radiales Temperaturgefälle vom Körperkern zur Körperoberfläche aufbauen muss, sodass der Abfall der Körperkerntemperatur der Auskühlung der Körperoberfläche etwas hinterherhinkt. An das postmortale Temperaturplateau schließt sich eine Abkühlung in Exponentialfunktion entsprechend dem Newton'schen Abkühlgesetz an, sodass der postmortale Temperaturverlauf insgesamt als sigmoidal bezeichnet worden ist (■ Tab. 2.18).

■ Tabelle 2.18. **Beschreibung der sigmoidalen Abkühlcharakteristik am Zwei-Exponenten-Modell**

$$\frac{T - T_U}{T_O - T_U} = \frac{p}{p - Z} e^{-Zt} - \frac{Z}{p - Z} e^{-pt}$$

T_O =	Temperatur bei Todeseintritt
T_U =	Umgebungstemperatur
T =	aktuell gemessene Körperkerntemperatur
Z =	Exponent des ersten Ausdrucks, maßgeblich für die Abkühlgeschwindigkeit nach Abschluss des postmortalen Temperaturplateaus
p =	Exponent des zweiten Ausdrucks, maßgeblich für die Ausprägung bzw. Dauer des postmortalenTemperaturplateaus

Abkühlungsgeschwindigkeit. Die Abkühlgeschwindigkeit hängt von zahlreichen individuellen Faktoren ab (Körperproportionen, Fettreichtum, Körperhaltung [ausgestreckt, in kauernder Stellung mit an den Unterkörper herangezogenen Oberschenkeln], Kleidung, Bedeckung, Windverhältnissen, Lagerung in einem flüssigen Medium, Durchfeuchtung der Bekleidung usw.). Der Abfall der Körperkerntemperatur beträgt etwa 0,5 - 1,5 °C pro Stunde.

Nomogramm-Methode. Die mathematische Beschreibung des Abfalls der Körperkerntemperatur bei konstanter Umgebungstemperatur und empirische Anpassung der Exponenten Z und p (■ Tab. 2.18) führte zur Entwicklung eines Nomogrammes (■ Abb. 2.19), das aus einmaliger Messung von aktueller tiefer Rektaltemperatur und Umgebungstemperatur, bei bekanntem Körpergewicht die Schätzung der Liegezeit eines Leichnams erlaubt. Zunächst wird die tiefe Rektaltemperatur mindestens 8 cm oberhalb des Sphinkter ani mit einem geeichten Thermometer (Temperaturskala 0-50°C) gemessen; am günstigsten sind Messfühler mit Digitalanzeige. Dann wird die Umgebungstemperatur des Leichnams gemessen. Beide Temperaturen werden auf die entsprechende Skala des Nomogrammes eingezeichnet und durch eine Gerade verbunden. Die Gerade schneidet eine im Nomogramm bereits eingezeichnete Diagonale. Vom Schnittpunkt des Fadenkreuzes wird auf den Schnittpunkt der Diagonalen mit der Geraden das Lot gefällt und bis zum äußeren Kreisbogen mit Angaben der 95%-Toleranzgrenzen durchgezogen. Beim Viertelkreisbogen des entsprechenden Körpergewichts wird die mittlere Todeszeit in Stunden abgelesen, am äußeren Viertelkreisbogen ergeben sich die entsprechenden 95%-Toleranzgrenzen.

Tabelle 2.20. Übersichtstabelle zur Schätzung der Liegezeit eines Leichnams aus dem Fortschreitungsgrad von Leichenerscheinungen und supravitalen Reaktionen

		Zeit nach Todeseintritt	
Elektrische Erregbarkeit			
– M. orbicularis oculi	VI Ober-, Unterlid + Stirn + Wange	1–6	hpm*
	V Ober-, Unterlid + Stirn	2–7	hpm
	IV Ober-, Unterlid	3–8	hpm
	III ganzes Oberlid	3,5–13	hpm
	II 1/3–2/3 des Oberlides	5–16	hpm
	I Oberlid lokal in Umgebung der Reizelektroden	5–22	hpm
– M. orbicularis oris		3–11	hpm
– Thenarmuskulatur		bis 12	hpm
– Hypothenar		bis 12	hpm
Pharmakologische Erregbarkeit der Pupille			
– Mydriatika	Noradrenalin/Adrenalin	14–46	hpm
	Tropicamid	5–30	hpm
	Atropin/Cyclopent	3–10	hpm
– Miotika	Acetylcholin	14–46	hpm
Abfall der Körperkerntemperatur	zunächst Temperaturplateau von 2–3 h Dauer (Tiefe Rektaltemperatur), dann ca. 0,5–1,5°C/h, abhängig von Umgebungstemperatur, Lagerung, Bekleidung, Bedeckung, Körperproportionen, Witterungsbedingungen		
Hornhauttrübung bei offenen Augen	nach 45 min		
Hornhauttrübung bei geschlossenen Augen	nach ca. 24 h		
Beginn der Totenflecke am Hals	nach 15–20 min		
Konfluktion	ca. 1–2 h		
volle Ausbildung der Totenflecke	nach wenigen Stunden (ca. 6–8)		
Wegdrückbarkeit auf Fingerdruck	ca. 10 h (10–20 hpm)		
Umlagerbarkeit	ca. 10 h		
Beginn der Totenstarre am Kiefergelenk	nach 2–4 h		
vollständig ausgeprägte Starre	nach ca. 6–8 h		
Beginn der Lösung	nach ca. 2–3 Tagen (stark abhängig von der Umgebungstemperatur)		
Wiedereintritt der Starre nach Brechen	bis ca. 8 hpm		
vollständige Lösung	nach 3–4 Tagen, bei tiefer Umgebungstemperatur auch deutlich länger als 1 Woche erhalten		

*hpm = Stunden postmortal

Vorwort

Die Rechtsmedizin hat in den letzten Jahren erhebliche Differenzierungen und Erweiterungen ihres Aufgabenspektrums erfahren, die teilweise deutlich über den tradierten Lehrkanon des Faches hinausgehen. Diese Fortschritte waren möglich durch die konsequente Implementierung moderner Analysenmethoden sowie systematische Untersuchungen zum Beweiswert medizinisch-naturwissenschaftlicher Untersuchungsbefunde für verschiedene rechtliche Fragestellungen. Verbesserte medizinisch-naturwissenschaftliche Aussagemöglichkeiten bedingen andererseits immer neue Anfragen und Anforderungen aus verschiedenen Rechtsgebieten an die Rechtsmedizin, die sich längst von einer „Hilfswissenschaft" von Ermittlungsbehörden und Justiz zu einem ***autochthonen Forschungsgebiet*** gewandelt hat, das in der kurativen Medizin kaum beachtete Fragestellungen *systematisch* bearbeitet. Der gesellschaftliche Änderungen reflektierende Panoramawandel rechtsmedizinischer Aufgaben führte auch dazu, dass in älteren Lehrbüchern relativ breit dargestellte Sachverhalte wie etwa Kindstötung, illegaler Abort usw. heute von untergeordneter Bedeutung sind und hier nur gestreift werden konnten.

Ziel dieses Lehr- und Praxisbuches ist es, den derzeitigen Wissenskanon der Rechtsmedizin in einer zeitgemäßen und auf die Bedürfnisse des Arztes in Klinik und Praxis zugeschnittenen Weise darzustellen.

Mit dem Untertitel ***Befunderhebung – Rekonstruktion – Begutachtung***, der in den einzelnen Kapiteln aufgegriffen wird, soll der Duktus ärztlich-naturwissenschaftlicher Begutachtung verdeutlicht werden. Ziel von Herausgeber und Autoren war es, durch ihre Darstellung unter Begrenzung auf das Wesentliche ***Verstehen*** zu fördern, das den Arzt instandsetzt, relevante Befunde zu erheben und zu deuten.

Für eine erfolgreiche ärztliche Tätigkeit von herausragender Bedeutung ist darüber hinaus die Kenntnis der Rolle des Arztes in unserer Rechtsordnung, die in den abschließenden Kapiteln dargestellt wird.

Um das Buch auch für Studenten und Ärzte in Österreich und der Schweiz nutzbar zu machen, wurden die einschlägigen Rechtsvorschriften unserer Nachbarländer aufgenommen.

Es wäre zu wünschen, wenn dieses Buch auch interessierten Juristen und Kriminalisten das Verständnis rechtsmedizinischer Fragestellungen und Aussagemöglichkeiten erleichtert, die oftmals verfahrensentscheidend sind; ein abschließendes Glossar soll hierbei helfen.

Zu danken habe ich dem Springer-Verlag für die Herausgabe des Buches und die effiziente Zusammenarbeit. Danken möchte ich darüber hinaus den Autoren, die neben ihrer Beanspruchung in Forschung, Lehre und Versorgungsaufgaben bereitwillig diese Zusatzarbeit, mit nicht immer ganz leicht zu erfüllenden Anforderungen an die didaktische Gestaltung der Kapitel, übernommen haben. Ganz herzlich danken möchte ich insbesondere den Mitarbeitern meines Institutes, allen voran meiner Sekretärin Frau Elke Weinland für die Schreibarbeiten, die redaktionelle Bearbeitung der Manuskripte und die Kommunikation mit Autoren und Verlag.

Mein Doktorand Marc Schlamann schließlich erstellte das Glossar und unterstützte mich mit konstruktiven Verbesserungsvorschlägen.

Bonn im Mai 2003 *Burkhard Madea*

Kurzvita

Burkhard Madea

Geboren 1957.
Nach Medizinstudium und Wehrdienst ab 1984 Weiterbildung zum Facharzt für Rechtsmedizin an den Instituten für Rechtsmedizin der Universitäten Münster und Köln.
1989 Habilitation für Rechtsmedizin an der Universität zu Köln.
1991 Ernennung zum Universitätsprofessor für Rechtsmedizin an der Universität zu Köln.
Seit 1996 Universitätsprofessor für Rechtsmedizin an der Universität Bonn und Direktor des Institutes für Rechtsmedizin der Universität Bonn.

Inhaltsverzeichnis

Autorenverzeichnis

Madea, Burkhard
Prof. Dr. med.
Direktor des Instituts
für Rechtsmedizin
der Universität Bonn
Stiftsplatz 12
53111 Bonn

Banaschak, Sibylle
Dr. med.
Institut für Rechtsmedizin
Med. Fakultät der Friedrich-
Schiller-Universität Jena
Fürstengraben 23
07743 Jena

Bauer, Georg
Prof. Dr. med.
Institut für Gerichtliche Medizin
Universität Wien
Sensengasse 2
1090 Wien, Österreich

Bratzke, Hansjürgen
Prof. Dr. med.
Direktor des Instituts für
Forensische Medizin, Zentrum
der Rechtsmedizin
Klinikum der Wolfgang Goethe-
Universität
Kennedyallee 104
60596 Frankfurt am Main

Dettmeyer, Reinhard
Dr. med. Dr. jur.
Institut für Rechtsmedizin
Universität Bonn
Stiftsplatz 12
53111 Bonn

Edelhoff-Schmitter, Andrea
Rechtsanwältin im LG Köln
Marktstr. 10
50968 Köln

Engler, Matthias
Mag. rer. publ.
Rechtsanwalt am OLG Köln
Marktstr. 10
50968 Köln

Geserick, Gunther
Prof. Dr. med.
Direktor des Instituts für
Rechtsmedizin im Klinikum
der HU Berlin
Campus Charité Mitte
Hannoversche Str. 6
10115 Berlin

Jachau, Katja
Dr. med.
Institut für Rechtsmedizin
Otto-von-Guericke-Universität
Magdeburg
Leipziger Str. 44
39120 Magdeburg

Keil, Wolfgang
Prof. Dr. med.
Institut für Rechtsmedizin
Universität München
Fraunlobstr. 7a
80337 München

Kernbach-Wighton, Gerhard
PD Dr. med.
Institut für Rechtsmedizin
Universität Göttingen
Windausweg 2
37073 Göttingen

Kleemann, Werner Johann
Prof. Dr. med.
Direktor des Instituts
für Rechtsmedizin
Universität Leipzig
Johannisallee 28
04103 Leipzig

Krause, Dieter
Prof. Dr. med. habil.
Direktor des Instituts
für Rechtsmedizin
Universität Magdeburg
Magdeburg

Kröber, Hans-Ludwig
Prof. Dr. med.
Leiter des Instituts
für Forensische Psychiatrie
Freie Universiät Berlin
Limonenstr. 27
12203 Berlin

Lignitz, Eberhard
Prof. Dr. med.
Direktor des Instituts
für Rechtsmedizin
Universität Greifswald
Kuhstr. 30
17487 Greifswald

Lippert, Hans-Dieter
Dr. jur.
Abteilung Rechtsmedizin
Universitätsklinikum Ulm
Schwerpunkt Medizinethik/
Medizinrecht
Albert-Einstein-Allee 47
89081 Ulm

Maxeiner, Helmut
Prof. Dr. med.
Stellvertr. geschäftsführ. Direktor
des Instituts für Rechtsmedizin
Freie Universität Berlin
Hittorfstr. 18
14195 Berlin

Musshoff, Frank
Dr. rer. nat.
Institut für Rechtsmedizin
Universität Bonn
Stiftsplatz 12
53111 Bonn

Oehmichen, Manfred
Prof. Dr. med.
Direktor des Instituts
für Rechtsmedizin
Universität Lübeck
Kahlhorststr. 31–34
23562 Lübeck

Patzelt, Dieter
Prof. Dr. med.
Direktor des Instituts
für Rechtsmedizin
Universität Würzburg
Versbacher Str. 3
97078 Würzburg

Püschel, Klaus
Prof. Dr. med.
Direktor des Instituts
für Rechtsmedizin
Universität Hamburg
Butenfeld 34
22529 Hamburg

Pollak, Stefan
Prof. Dr. med. Dr. h.c.
Direktor des Instituts
für Rechtsmedizin
Universitätsklinikum Freiburg
Albertstr. 9
79104 Freiburg

Saternus, Klaus-Steffen
Prof. Dr. med.
Direktor des Instituts
für Rechtsmedizin
Universität Göttingen
Windausweg 2
37075 Göttingen

Schmidt, Peter
PD Dr. med.
Institut für Rechtsmedizin
Universität Bonn
Stiftsplatz 12
53111 Bonn

Schmoldt, Achim
Prof. Dr. med.
Institut für Rechtsmedizin
Universität Hamburg
Butenfeld 34
22529 Hamburg

Wegener, Rudolf
Prof. Dr. sc. med.
Direktor des Instituts
für Rechtsmedizin
Universität Rostock
St.-Georg-Str. 108
18055 Rostock

Wehner, Heinz-Dieter
Prof. Dr. med. Dipl.-Phys.
Direktor des Instituts
für Gerichtliche Medizin
Universität Tübingen
Nägelestr. 5
72074 Tübingen

Zollinger, Ulrich
Prof. Dr. med.
Vizedirektor des Instituts
für Rechtsmedizin
Universität Bern
Bühlstr. 20
3012 Bern, Schweiz

1 Aufgaben und Struktur des Faches

Einleitung

Geschichte der Lungenprobe

Vorgeschichte: Die Geschichte der praktischen Verwertung beginnt mit Schreyer und Thomasius. Es ist sehr bezeichnend, dass gleich bei der ersten praktischen Verwertung Justiz und Medizin Hand in Hand arbeiten. Dass sofort ein Streit beginnt, ist nur ein Beweis für die Gründlichkeit und Gewissenhaftigkeit der deutschen Justiz und Medizin.

Sektionsergebnis: Bei einer zufälligen Reise kam der Stadt- und Landphysikus Dr. Johann Schreyer am 8. Oktober 1681 zur Untersuchung eines Kindes. Die Sektion wurde als eine eines Doktors unwürdige Leistung von einem Barbier gemacht. Das Kind hatte 11 Wunden, war zum Teil durch und durch gestochen (mit einem Bratspieß). Schreyer stellt die Lungenprobe an und entschied darauf, dass das Kind tot geboren sei. Die Verteidigung der Beschuldigten Anna Voigt übernahm Christian Thomasius, der bekannte Rechtslehrer, der Vorkämpfer gegen den Aberglauben und die Barbarei der Justiz, der Feind der Leipziger Orthodoxie. Thomasius verschaffte sich verschiedene Gutachten, zuerst eines von Schreyer (4. Februar 1683), dann von Rivinus und Lange (10. November 1683 und 18. Juli 1683). Beide Leipziger Professoren stimmten mit Schreyer überein und stellten zur Bekräftigung Experimente an. Namentlich zeigten sie, dass durch Fäulnis das Resultat der Lungenprobe nicht alteriert werde. Auch die Frankfurter medizinische Fakultät gab ein Gutachten ab (4. Januar 1684). Thomasius hatte große Mühe, denn die Akten wurden vom Leipziger Gericht nicht herausgegeben, so dass Thomasius einen Auszug anfertigen musste. Die Frankfurter Fakultät stimmte ebenfalls zu und nannte das Untersinken der Lunge ein Maxime probabile indicium der Todgeburt. Nunmehr wurde von den Leipziger Schöffen noch ein Gutachten darüber eingefordert, ob, wenn ein Stück der Lunge untersinkt, auch dieser Umstand beweisend ist. Das darauf von der Wittenberger medizinischen Fakultät (30. August 1684) eingegangene Gutachten steht völlig auf der Höhe der Wissenschaft und hat schon damals die wichtigsten Einwürfe gegen die Lungenprobe, Einwürfe, die Jahrhunderte lang diskutiert sind und noch diskutiert werden.

H. Fritsch, 1901

Geschichte der Gerichtsmedizin

Die Geschichte der Gerichtsmedizin fasziniert als ein wenig bekanntes Gebiet voller ergiebiger Quellen und Fundstellen, reich an ungehobenen Schätzen – Schätze sowohl rein medizinisch-historischer Art als auch, und nicht ohne Zusammenhang damit, Schätze von weiterem Interesse.

Einmal vermittelt die historische Arbeit im Feld der Gerichtsmedizin besonders klare und direkte, oft erschütternde Blicke auf die Sozialgeschichte der Medizin im weitesten Sinne, auf Alltag und Mentalität, Fragen und Selbstverständlichkeiten unserer Vorfahren. Sie zeigt medizinisches Denken und Handeln in seiner über das rein Medizinische weit hinausgehenden Verflochtenheit mit seiner sozialen und historischen Situation, in seiner Auseinandersetzung und im Umgang mit den Wissenschaften und Instanzen seiner Zeit, mit Konkurrenten, Kranken, Förderern, mit Behörden und Institutionen, Normen und Werten. Zum anderen birgt die Geschichte der Gerichtsmedizin Schätze speziell medizinisch-wissenschaftshistorischer Art. Es treten da nämlich viele Entwicklungen der Medizin früher zu Tage, als in der Medizin im Allgemeinen, und so findet man da zu manchen Kapiteln der allgemeinen Medizingeschichte besonders frühe und oftmals unerschlossene Materialien. Zum Beispiel greift in der gerichtlichen Medizin der anatomische Gedanke um sich: Lange bevor die Anatomie mit und durch Vesal zur offiziellen medizinischen Grundlagenwissenschaft wird, ist der pathologisch-anatomische Gedanke in der gerichtsmedizinischen Literatur geläufig, lange bevor er mit und nach Morgagni zum integrierenden Bestandteil medizinischen Denkens überhaupt wird. So haben die medizinische Chirurgie, aber auch die medizinische Frauenheilkunde, Chemie, Psychologie, die Simulationslehre, die ärztliche Ethik, die öffentliche Hygiene, die Lehre von der medizinischen Ausbildung und anderes mehr bedeutende und bisher wenig beachtete Wurzeln in der gerichtlichen Medizin.

Mit dieser Situation des gerichtlichen Mediziners als Teil eines größeren Ganzen hängt es auch zusammen, dass sich in der gerichtlichen Medizin in der früheren Neuzeit manches früher zeigt als in der übrigen Medizin. Denn der gerichtliche Mediziner steht mit seinen Aussagen unter Druck: Er muss in der Diskussion und vollends im kontroversen Rechtsverfahren ständig mit Widerspruch, auch aus eigenen Reihen, rechnen und solchen zu parieren bereit sein.

E. Fischer-Homberger, 1988

Notwendigkeit rechtsmedizinischer Universitätsinstitute

In der Diskussion um die Einrichtung eines Institutes für gerichtliche Medizin an der Universität Bonn vertrat 1896 der Gynäkologe Fritsch die Auffassung, dass es keines eigenständigen Institutes bedürfe, sondern sich die Justizbehörden je nach Falllage Sachverständige in medizinischen Angelegenheiten zu verschaffen hätten. Dem widersprach die Bonner Fakultät auf Anfrage des Ministeriums und teilte mit, dass

„schon allein die von Zeit zu Zeit an den Tag kommenden Fälle" lehren, dass „es von der guten Schulung des Arztes in der gerichtlichen Medizin sehr oft abhängt, ob das Recht richtig gesprochen wird, ob oder Justizmorde an seine Stelle treten."

Die von Fritsch vorgeschlagene „rhapsodische Behandlung" des Faches ersetze kein methodisches Kolleg und sei nicht einmal für den praktischen Arzt ausreichend.

▶ Integrative Funktion des Faches Rechtsmedizin, Systematik von Lehre und Forschung

1.1 Geschichtliches

Neben Diagnose und Therapie ist die Begutachtung ein dritter Aufgabenkomplex ärztlicher Tätigkeit, Begutachtung einerseits im Interesse des Patienten, aber auch im Interesse der Allgemeinheit. Die Rechtsmedizin als Mutterfach aller begutachtenden Disziplinen entwickelte sich dementsprechend in Abhängigkeit und in Wechselwirkung mit der Rechtsordnung, speziell dem Strafrecht. Mit der peinlichen Halsgerichtsordnung Kaiser Karl V. von 1532 wurde die Zuziehung ärztlicher Sachverständiger bei einer Vielzahl von Fragestellungen institutionalisiert, etwa bei Mord, Totschlag, Körperverletzung mit Todesfolge, fraglicher Kausalität einer Gewalteinwirkung für den Todeseintritt, dem ärztlichen Behandlungsfehler. Die Constitutio Criminalis Carolina gilt daher als eigentliche Geburtsstunde der Rechtsmedizin, die damit zu den ältesten medizinischen Spezialdisziplinen gehört.

Im Gegensatz zur überwiegend Individualinteressen des Patienten dienenden kurativen Medizin ist die Rechtsmedizin eine Disziplin, deren Wissen im Dienste der Öffentlichkeit steht und die Fragen zu beantworten hat, die die Gesellschaft an sie stellt. Über Jahrhunderte durch die Rechtsordnung vorgegebene Themen sind Fragen zu Sexualität und Fortpflanzung (Unfruchtbarkeit, Impotenz, Virginität, Schwangerschaft, Kindesmord) sowie des Angriffs auf die körperliche Integrität (Wunden und ihre Prognostik, Strangulation, Vergiftung). Früh wurden bereits Standesfragen und die ärztliche Ethik in den Lehrkanon der Rechtsmedizin aufgenommen, nicht zuletzt aus der Befassung mit Kunstfehlern.

Bereits in der Antike und auch in fernöstlichen Kulturen wurden vereinzelt medizinische Sachverhalte im Hinblick auf Rechtsfragen bewertet, ohne dass freilich systematisches Fachwissen vorlag. So habe der Arzt Antistius bei der Untersuchung des Leichnams Cäsars festgestellt, dass von den 23 Stichverletzungen nur ein Bruststich tödlich gewesen sei. Als ältestes Lehrbuch der Disziplin gilt das 1247 erstmals herausgegebene chinesische Buch „Hsi Yuan-Lu", das bis ins 19. Jahrhundert in Gebrauch gewesen sein soll.

In der Folgezeit wurde – in Anlehnung an die zeitgenössische Rechtsordnung – das Fachwissen systematisiert, zum Beispiel von dem päpstlichen Leibarzt Paolo Zacchia (1584–1659), der ein mehrbändiges Werk „Questiones medico legales" publizierte. Zacchia gilt als Vater der gerichtlichen Medizin. Exakte Naturbeobachtung verdrängte zunehmend mystische Theorien als Begutachtungsgrundlage. Beispielhaft sei genannt die 1681 von dem Arzt Dr. Johann Schreyer eingeführte Lungenschwimmprobe zur Feststellung des Gelebthabens eines Neugeborenen, die bis heute eine Routinemethode darstellt. Im Streit um den Beweiswert der Lungenschwimmprobe wurden bereits Ende des 17. Jahrhunderts alle Argumente vorgetragen, die noch Jahrhunderte danach diskutiert wurden. Am Beispiel der Lungenschwimmprobe wird auch deutlich, dass methodische Neuentwicklungen oft von Fragestellungen im Einzelfall abhängig sind. Historisch gilt die gerichtliche Medizin als Schrittmacher des anatomischen Gedankens in der Medizin. So forderte die bedeutende Leipziger Schule der gerichtlichen Medizin des 17. und 18. Jahrhunderts (Welsch, Bohn) ausdrücklich eine vollständige Sektion des Verstorbenen als Grundlage der Beurteilung von Wunden. Neben der Sektion als Routinemethode ersetzte physiologisches Denken mystische Konzeptionen.

Hinderlich für die weitere Entwicklung der gerichtlichen Medizin war ihr Zusammenschluss mit dem öffentlichen Gesundheitswesen, der „Medizinischen Polizei", zur Staatsarzneikunde nach den Vorstellungen Johann Peter Franks. Aus dieser Umklammerung konnte sich die gerichtliche Medizin zunächst in Österreich lösen, wo bereits Ende des 19. Jahrhunderts die medizinischen Fakultäten Lehrstühle für Gerichtsmedizin aufwiesen. Das Institut für gerichtliche Medizin der Universität Wien wurde unter seinem Direktor Eduard von Hofmann zu einem wesentlichen Schrittmacher der wissenschaftlichen Weiterentwicklung; sein Lehrbuch ist bis heute unverzichtbare Informationsquelle. In Preußen war es der Berliner Gerichtsarzt Johann Ludwig Casper, der das Fach auf eine empirische Grundlage stellte.

Im Deutschen Reich verlief die weitere Entwicklung der gerichtlichen Medizin, insbesondere ihre institutionelle Verankerung an den Universitäten, im Vergleich zu Österreich deutlich ungünstiger. Ursache waren Studienordnungen, die gerichtliche Medizin nicht als Lehrfach vorsahen, die Übertragung gerichtsärztlicher Aufgaben auf Kreisärzte sowie Konkurrenzansprüche anderer medizinischer Disziplinen, die zumindest Teilaspekte des Faches mitvertreten wollten. So war noch Billroth der Ansicht, dass man

„der gerichtlichen Medizin vom wissenschaftlichen Standpunkt aus die Berechtigung, an der Universität gelehrt zu werden, bestreiten könne, es handelt sich nicht um eine Wissenschaft an sich, sondern nur eine Anwendung anderer, selbständiger Wissenschaften auf ganz bestimmte unglückliche und schädliche soziale Verhältnisse".

Diese ebenso irrtümliche wie langlebige Auffassung verkennt vollständig, dass sich die rechtsmedizinische Tätigkeit eben nicht in klinische Hauptfächer integrieren lässt, da es wesentlich auf die Subsumption medizinischer Sachverhalte unter rechtlichen Fragestellungen und die Integration mit verschiedenen medizinischen und naturwissenschaftlichen Methoden gewonnener Erkenntnisse zu einer gutachterlichen Aussage ankommt. Zersplitterung ist nicht nur ineffizient, sondern verhindert überhaupt eindeutige Aussagemöglichkeiten.

Mit der Prüfungsordnung vom 5.7.1924 wurde die gerichtliche Medizin Prüfungsfach und eine bis heute nicht abgeschlossene Gründung eigenständiger Universitätsinstitute setzte ein. 1969 wurde die alte Fachbezeichnung „Gerichtliche Medizin" in Rechtsmedizin umgewandelt, um dem über die unmittelbaren Bedürfnisse der Gerichte weit hinausragenden Aufgabenkanon des Faches an verschiedenen Schnittstellen zwischen Medizin und Recht Rechnung zu tragen.

1.2 Aufgabenkomplexe

Die Versorgungsaufgaben beschränken sich nicht auf den in der Öffentlichkeit bekanntesten Aspekt, die Bearbeitung ungeklärter und nichtnatürlicher Todesfälle, sondern umfassen ein breites Tätigkeitsspektrum für Justiz, Kliniken und das öffentliche Gesundheitswesen; diese Versorgungsaufgaben sind dabei unverzichtbare Voraussetzungen für Lehre, Forschung, Aus-, Fort- und Weiterbildung; umgekehrt profitiert die Qualität der Versorgungsleistungen vom Engagement in Lehre und Forschung.

Die alte und umfassende Definition des Faches Rechtsmedizin als medizinischer Spezialdisziplin, die medizinische Kenntnisse für Zwecke der Rechtspflege aufbereitet, ist zur Beschreibung der Dienstleistungen für die Justiz heute noch tragfähig und weist die Rechtsmedizin als typisches Querschnittsfach (◘ Abb. 1.1) mit folgenden Aufgabengebieten aus:

Ärztlicher Bereich

Für den ärztlichen Bereich steht im Vordergrund die Obduktionstätigkeit bei gewaltsamen und rechtserheblichen Todesfällen. Gerichtliche Obduktionen nach § 87 StPO müssen grundsätzlich von 2 Ärzten durchgeführt werden, teilweise als sehr zeitaufwendige Außensektionen, auch um in die Bewertung des Obduktionsbefundes Tatortbesichtigung und Tatverdächtigenuntersuchung einfließen zu lassen.

Aufgrund des traumatologischen Spezialwissens in der Rechtsmedizin und der Kompetenz in der Rekonstruktion von Handlungs- und Bewegungsabläufen fällt jedoch auch die Untersuchung, Befundung und Begutachtung rechtserheblicher Körperverletzungen bei Lebenden in das Aufgabengebiet des Rechtsmediziners, da – wie die Erfahrung zeigt – von forensisch nicht geschulten Ärzten erhobene Befunde sich im weiteren Verfahrensablauf zuweilen als nicht tragfähig erwiesen haben. Dementsprechend stehen die rechtsmedizinischen Institute klinischen Kollegen bei derartigen Fällen immer auch konsiliarisch zur Verfügung (z.B. bei Fällen von Kindesmisshandlung, Vergewaltigung, differentialdiagnostischen Schwierigkeiten in der Abgrenzung von Sturz und Schlag usw.).

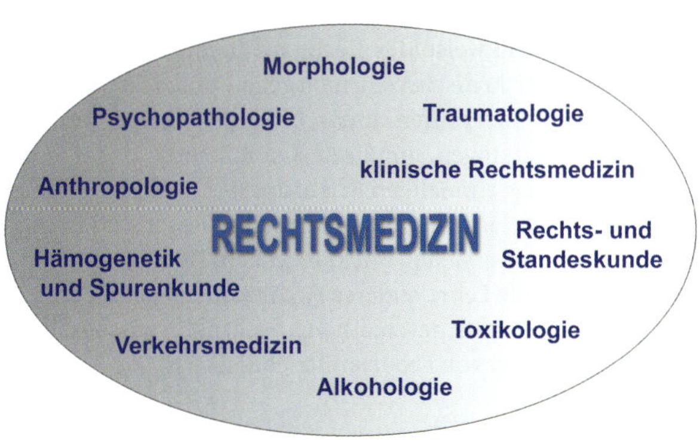

◘ Abb. 1.1. Aufgabengebiete der Rechtsmedizin

Ein besonderer Schwerpunkt der rechtsmedizinischen Tätigkeit liegt auch in der mündlichen Darstellung und Erläuterung der erarbeiteten Untersuchungsergebnisse in der Hauptverhandlung vor Gericht.

Angehörigen Verstorbener stehen Rechtsmediziner grundsätzlich – mit Einverständnis der Ermittlungsbehörden – zur Erläuterung von Befunden zur Verfügung bzw. klären, sollte sich das staatsanwaltschaftliche Interesse im Ausschluss eines gewaltsamen Todes erschöpfen, für sie in teils aufwendigen weiteren Untersuchungen die Todesursache. Gerade bei Fällen von plötzlichem Tod von Kindern und Jugendlichen ist die freiwillig übernommene Aufgabe für Angehörige wesentlich (zur Trauerbewältigung, Befreiung von Schuldvorwürfen, auch als Information, dass keine Missbildungen vorliegen und einem weiteren Kinderwunsch nichts im Wege steht).

Öffentliches Gesundheitswesen

Manchen Instituten ist fernerhin die Durchführung der Kremationsleichenschauen übertragen; mit der 2. amtsärztlichen Leichenschau vor Feuerbestattung nehmen die rechtsmedizinischen Institute einen wichtigen Beitrag nicht nur zur Wahrung der Rechtsordnung (Erkennung nichtnatürlicher Todesfälle), sondern auch zur Korrektur formal und inhaltlich unzutreffender Leichenschaudiagnosen im Interesse einer validen Todesursachenstatistik wahr.

In den Bereich des öffentlichen Gesundheitswesens fallen schließlich auch Untersuchungen zum Infektionsstatus Verstorbener, einerseits gemäß Bundesseuchengesetz aber auch zur Erfassung von Infektionen bei intravenös Drogenabhängigen. Damit gewinnt die Rechtsmedizin auch prophylaktische Bedeutung.

Toxikologische Untersuchungen

Die toxikologischen Laboratorien der Institute für Rechtsmedizin werden nicht nur bei forensischen Fragestellungen tätig, sondern hinsichtlich Personalintensität und Dringlichkeit der Bearbeitung stehen die klinisch-toxikologischen Fragestellungen im Vordergrund.

Nicht nur die Universitätsklinken, sondern auch umliegende Krankenhäuser nehmen die Institute bei Fällen von Vergiftungsverdacht, zur Spiegelbestimmung und auch im Rahmen der Hirntod-Diagnostik in Anspruch.

Daneben werden zahlreiche polizeilich eingesandte Proben auf Medikamente und illegale Drogen untersucht. Für die Analytik wird ein ständig anwachsendes differenziertes Methodenspektrum vorgehalten, das beweissichere Analysen liefert. Der rein qualitative Wirkstoffnachweis tritt gegenüber wesentlich aufwendigeren quantitativen Verfahren immer mehr in den Hintergrund. Verlangt werden aufwendige quantitative Wirkstoffbestimmungen, insbesondere in Blutproben, sowohl für klinische Fragestellungen (Spiegelbestimmungen, Hirntod-Diagnostik) als auch in forensischen Fällen (u.a. Fahrtauglichkeitsbegutachtungen, Schuldfähigkeit).

Ein neues Feld stellt die Haaranalytik auf Drogen dar, mit der eine retrospektive Überprüfung eines vorausgegangenen Drogenkonsums möglich ist. Derartige Untersuchungen werden nicht nur bei forensischen Fragestellungen verlangt, sondern auch bei Eignungs- und Einstellungsuntersuchungen.

Ein ständiger Methodenwandel, Verbesserungen der Analytik hinsichtlich Sensitivität und Nachweisgrenzen ergeben sich teilweise direkt aus rechtlichen Vorgaben, jüngst z.B. der Novellierung des § 24a Straßenverkehrsgesetz (Ordnungswidrigkeitstatbestand bei folgenlosem Fahren unter Einfluss von Cannabis, Opiaten, Kokain, Amphetamin).

Hämogenetik/Spurenkunde

Individualisierende Untersuchungen (im Rahmen der Spurenkunde bei Zuordnung einer Spur zu einem Verursacher, Paternitätsdiagnostik) werden in den molekularbiologischen Laboratorien durchgeführt. Auch hier zeichnet sich dabei in der Routinediagnostik ein Panoramawandel nicht nur hinsichtlich der Methodik ab (von der Antigen-Antikörper-Reaktion bis zur Sequenzierung nukleärer und mitochondrialer DNA), sondern auch der einer Diagnostik zugänglichen Matrix und der Asservate: von Blut über Gewebepartikel, Haaren und Haarschäften bis zu Einzelzellen (z.B. Spermien) in forensisch-relevanten Fällen.

Gerade in den forensischen Laboratorien sind neben der wissenschaftlichen Vorlaufarbeit aufgrund der gegenüber klinischem Ausgangsmaterial stark degradierten DNA umfangreiche Validierungsstudien labortechnischer Parameter hinsichtlich Validität und Reliabilität der Resultate durchzuführen, die eine Rezeption freilich weniger in der klinischen Medizin als in Anthropologie, Archäologie und Paläontologie finden.

Von herausragender klinischer Relevanz sind die zunehmend erforderlichen Untersuchungen zur Klärung der Personalidentität bioptisch gewonnener Gewebeproben bei Fragen nach der Adäquanz therapeutischer Maßnahmen oder dem Verdacht der Gewebevertauschung.

Blutalkoholuntersuchungen

Den Instituten für Rechtsmedizin sind schließlich angegliedert die staatlichen Blutalkoholuntersuchungsstellen, in der sämtliche Blutalkoholuntersuchungen des Versorgungsbezirkes bei Ordnungswidrigkeiten und Delikten entsprechend der hohen Anforderung von Bundesgesundheitsamt und der Deutschen Gesellschaft für Rechtsmedizin durchgeführt werden.

Ferner ist neben der klassischen Ethanolbestimmung in den Blutalkohollaboren seit Jahren die Begleitstoffanalyse (Untersuchung auf Fuselalkohole) zur Überprüfung von Nachtrunkbehauptungen etabliert. Zunehmende Bedeutung gewinnt nicht nur die Untersuchung einer anlassbezogenen, sondern auch einer aktuell in der Hauptverhandlung entnommenen Blutprobe auf Alkoholismusmarker, die einen Baustein im Rahmen der Prüfung der Voraussetzungen des § 64 StGB darstellt.

Diese Heterogenität der methodischen Arbeitsrichtungen innerhalb der Rechtsmedizin resultiert aus der Aufgabe des Fachs: der Integration mit verschiedenen Untersuchungsmethoden gewonnener Erkenntnisse zu einem in sich schlüssigen, auf die gegebene rechtliche Fragestellung bezogenen medizinisch-naturwissenschaftlichem Gutachten.

Konsiliarische Tätigkeit

Zu allen Tätigkeitsfeldern stehen Rechtsmediziner Kollegen in Klinik und Praxis konsiliarisch zur Verfügung. Die häufigsten Anfragen beziehen sich auf Unklarheiten bei Leichenschau, toxikologische und arztrechtliche Fragen, Verhalten gegenüber Ermittlungsbehörden usw.

Lehre

Jedes Institut für Rechtsmedizin ist selbstverständlich für die Ausbildung von Medizinstudenten der jeweiligen Fakultät verantwortlich. Essentielle Bestandteile der Lehre für Medizinstudenten sind z.B. die Vermittlung von Kenntnissen zur Durchführung einer Leichenschau mit anschließender Ausstellung einer Todesbescheinigung, die Sensibilisierung für arztrechtliche und -ethische Fragestellungen, die Problematik der Erkennung von Gewalteinwirkungen Dritter auf den Körper eines Patienten, Befundsicherung, Befunddokumentation, Umgang mit Ermittlungsbehörden, die Kenntnis von Pflichten und Rechten als Zeuge und Sachverständiger.

Kenntnisse in der Rechtsmedizin sind heute für jeden Arzt unverzichtbar, da

- jeder Arzt mit der Durchführung einer Leichenschau befasst werden kann,
- der überwiegende Teil von Gewaltopfern von klinischen Kollegen behandelt wird, die Gewalteinwirkungen erkennen und dokumentieren müssen, da sie auch als sachverständige Zeugen in Betracht kommen,
- der Arzt seine Stellung und die des Patienten in unserer Rechtsordnung kennen muss, inklusive der gegenseitigen Rechte und Pflichten,
- der Arzt um die Untersuchungsmöglichkeiten der Rechtsmedizin wissen muss, um seine Patienten adäquat beraten und optimal für sie tätig werden zu können (z.B. klinische Toxikologie).

Schließlich muss sich der Arzt mit der vom Kliniker unterschiedlichen Denkweise des Rechtsmediziners vertraut machen, da auch er kritisch Wahrheitsgehalt und Stichhaltigkeit von Angaben überprüfen muss (Schutzbehauptungen bei Kindesmisshandlungen, simulierte Krankheiten).

Aufgrund des einmaligen Erfahrungsschatzes an verschiedenen Schnittstellen zwischen Medizin und Recht sind Rechtsmediziner an Universitäten mit klassischem Fakultätszuschnitt jedoch auch in die Lehre anderer Fakultäten eingebunden, z.B. der juristischen und der mathematisch-naturwissenschaftlichen (Ausbildung von Lebensmittelchemikern).

Infobox

Die im Interesse der Allgemeinheit und der Rechtssicherheit essentielle fachspezifische rechtsmedizinische Forschung, die in keinem Nachbarfach angesiedelt werden kann, betrifft im Wesentlichen folgende Gebiete: Thanatologie, Traumatologie als Grundlage einer Rekonstruktion von Handlungs- und Bewegungsabläufen, toxikologische und molekularbiologische Untersuchungen an forensisch-relevanten Matrizes, Wundballistik, Epidemiologie und Ursachenforschung alkohol- und drogenbedingter Verkehrsunfälle, Etablierung von Grenzwerten der Fahrtüchtigkeit, sich aus der forensischen Praxis ergebende Aspekte der ärztlichen Rechts- und Standeskunde.

Gerade das Engagement rechtsmedizinischer Institute in Forschung und Lehre sichert die Qualität der Dienstleistungen und trägt damit zur Erhöhung der Rechtssicherheit bei. In der Rechtsfortbildung und bei Gesetzesnovellierungen übernimmt die Rechtsmedizin wichtige Beraterfunktionen für die höchstrichterliche Rechtsprechung und die Politik.

Aus der rechtsmedizinischen Routine und Forschung resultierende Erkenntnisse wurden dabei immer auch präventiv genutzt. Wesentliche Verbesserungen der passiven Fahrzeugsicherheit konnten aus Obduktionsbefunden von Verkehrsunfallopfern abgeleitet werden.

1.3 Organisationsstruktur

Die rechtsmedizinische Versorgung von Öffentlichkeit und Justiz wird in Deutschland, Österreich und der Schweiz überwiegend durch die Universitätsinstitute für Rechtsmedizin gewährleistet; damit wird gleichzeitig sichergestellt, dass die Versorgungsleistungen für Lehre und Forschung zur Verfügung stehen. Die institutionelle Unabhängigkeit der universitären Rechtsmedizin von Auftraggebern, auch von Polizei und Justiz, sichert darüber hinaus objektive und weisungsungebundene Expertisen. Neben den Universitätsinstituten sind nur wenige Institute in kommunaler Trägerschaft in Versorgungsaufgaben einbezogen. In Bayern sind darüber hinaus Landgerichtsärzte für die gerichtsärztliche Begutachtung in foro, teilweise auch die Sektionstätigkeit in ihrem Landgerichtsbezirk zuständig.

Literatur

Bonte W (2000) History of Forensic Medicine. In: Siegel JA, Saukko PJ, Knupfer GC (Editors) Enzyclopaedia of Forensic Sciences, Vol. 3, S. 1.064–1.070

Dürwald W (2000) Ermittler in Weiss. Tote sagen aus. Militzke, Leipzig

Dürwald W (2001) Tote unter Eid. Ein Rechtsmediziner ermittelt. Militzke, Leipzig

Fischer-Homberger E (1983) Medizin vor Gericht. Zur Sozialgeschichte der Gerichtsmedizin. Verlag Hans Huber, Bern. Als Taschenbuchausgabe (1988) bei Luchterhand, Darmstand

Geserick G, Vendura U, Wirth J (2001) Zeitzeuge Tod. Spektakuläre Fälle der Berliner Gerichtsmedizin. Militzke, Leipzig

Herber F (2000) Sezierte Wahrheit. Aus den Analen des Gerichtsmediziners Richard Kockel. Militzke, Leipzig

Mallach HJ (1996) Geschichte der gerichtlichen Medizin im deutschsprachigen Raum. Schmidt-Römhild, Lübeck

Mende LJC (1819) Ausführliches Handbuch der gerichtlichen Medizin für Gesetzgeber, Rechtsgelehrte, Ärzte und Wundärzte, Band I. Leipzig

Rückert S (2000) Tote haben keine Lobby. Die Dunkelziffer der vertuschten Morde. Hofmann und Lampe, Hamburg

Thorwald J (1964) Das Jahrhundert der Detektive. Droemer, Zürich

Thorwald J (1966) Die Stunde der Detektive. Droemer, Zürich

2 Thanatologie

Einleitung

Konkurrierende Todesursachen

Vorgeschichte: Bei einem 65 Jahre alt gewordenen Mann mit anamnestisch bekanntem Pleuramesotheliom wird, nachdem am Vortag eine Ateminsuffizienz aufgetreten war, wegen eines röntgenologisch und echokardiografisch nachgewiesenen Perikardergusses eine Perikardpunktion vorgenommen. Nach mehrfachen Fehlversuchen entleert sich bei einer erneuten Perikardpunktion aus der Punktionskanüle Blut. Das Punktionsbesteck wird zurückgezogen, in tabula tritt ein Herz-Kreislauf-Stillstand ein.

Sektionsergebnis: Autoptisch Herzbeuteltamponade bei mindestens zweifachem Durchstich der rechten Herzkammervorderwand (intraperikardial 230 g locker geronnenes Blut sowie 150 ml rötlich tingierte Flüssigkeit). Weiterhin lag eine zentrale, nahezu lichtungsverschließende rezidivierende Lungenthrombembolie rechts bei Beinvenenthrombose vor. Grundleiden war ein fortgeschrittenes Pleuramesotheliom links mit Beteiligung von Mediastinum, Infiltration von Perikard und Lungengewebe, völliger Ummauerung von linker Lungenschlagader sowie der Aorta thoracica descendens. Der Ursachenzusammenhang zwischen iatrogener Herzbeuteltamponade und Todeseintritt war bei der anamnestisch nicht zu erahnenden konkurrierenden Todesursache massive Lungenthrombembolie rechts nicht mit an Sicherheit grenzender Wahrscheinlichkeit zu führen. Das gegen die behandelnden Ärzte geführte Ermittlungsverfahren wegen fahrlässiger Tötung wurde auf der Basis der Sektionsbefunde eingestellt. Der Fall zeigt, dass eine objektive Todesursachenklärung durch eine gerichtliche Obduktion bei Behandlungsfehlerverdacht auch immer im Interesse der beschuldigten Ärzte liegt.

- ▶ Exitus in tabula, Kausalitätsbegutachtung
- ▶ Obduktion als unverzichtbare Grundlage der Begutachtung

Postintervallärer Todesfall nach Gewalteinwirkung

Vorgeschichte: Ein 76 Jahre alter Mann sei in seiner Wohnung von einem angeblichen Stromableser überfallen und mit einem Rohrbiegewerkzeug geschlagen und anschließend gefesselt worden. Der Mann hat sich nachher selbst befreien können und wurde aufgrund von Kopfplatzwunden und Prellungen in einem Krankenhaus stationär aufgenommen. Fünf Tage nach dem Angriff sei er plötzlich verstorben. In der Todesbescheinigung wird durch den behandelnden Intensivmediziner „natürlicher Tod" durch dekompensierte Herzinsuffizienz angegeben.

Sektionsergebnis: Die Obduktion ergab zu beschriebenem Kampfgeschehen passende Befunde wie zwei chirurgisch versorgte Kopfplatzwunden, multiple Hautkratzer und Verkrustungen im Bereich beider Handgelenke sowie Hautverletzungen über den Fingermittelgelenken links. In den Rückenweichteilen fanden sich Einblutungen über den Dornfortsätzen der Brustwirbelsäule und an der rechten Schulterblattgräte im Sinne von Widerlagerverletzungen. Weitere Einblutungen waren am linken Ellenbogen und in der Oberarmmuskulatur nachweisbar.

Als Todesursache fand sich eine fulminante Lungenthrombembolie mit akuter Dilatation des rechten Herzens.

- ▶ Todesart, nichtnatürlicher Tod

Todeszeit

Vorgeschichte: Der 43 Jahre alt gewordene A. wurde am 02.09. gegen 01.00 Uhr erschossen in Rückenlage im Flur seiner Wohnung aufgefunden. A. lag ausgestreckt auf einem Fliesenboden. Die Bekleidung bestand aus einem Oberhemd, im Unterkörperbereich aus einer ordnungsgemäß sitzenden Unterhose und einer langbeinigen Hose.

Sektionsergebnis: Bei der rechtsmedizinischen Leichenfundortbesichtigung um 03.15 Uhr wurden folgende todeszeitrelevante Befunde erhoben: Konfluierende Totenflecke, die auf stumpfen Daumendruck noch vollständig wegdrückbar sind und ihr Maximum noch nicht erreicht haben. Ausbildung der Totenstarre, die jedoch noch nicht in allen Gelenken voll ausgeprägt ist. Tiefe Rektaltemperatur 34,4 °C. Umgebungstemperatur 22,8 °C, auch der Fußboden weist die gleiche Temperatur auf. Körpergewicht 80 kg. Aus dem Abfall der Körperkerntemperatur ergibt sich nomographisch eine Todeszeit von 7,4 +/- 2,8 Stunden (4,6–10,2 Stunden) vor der Untersuchung. Bei Prüfung der elektrischen Erregbarkeit der mimischen Muskulatur (Elektrodeneinstich im M. orbicularis oculi) kontrahiert die gesamte ipsilaterale Gesichtshälfte. Damit kann der Todeszeitbereich auf 4,6–6 Stunden vor der Untersuchung eingegrenzt werden (01.09., 21.15 bis 22.30 Uhr). Die späteren kriminalpolizeilichen Ermittlungen ergeben, dass die reale Todeszeit zwischen 21.45 und 22.00 Uhr gelegen hat (!).

- ▶ Leichenerscheinungen, supravitale Reaktionen, Temperatur – Todeszeit – Bezugsnomogramm, Todeszeitbestimmung

Kremationsleichenschau

Vorgeschichte: Ein 70 Jahre alt gewordener Mann verstarb plötzlich in klinischer Behandlung, nachdem er nach einigen Tagen Aufenthalt auf der Intensivstation wieder mobilisiert werden konnte. Als unmittelbare Todesursache wurde im Leichenschauschein „Herz-Kreislauf-Stillstand" angegeben als Folge einer dekompensierten chronischen Herzinsuffizienz bei KHK und rezidivierendem Lungenödem. Als mit zum Tode führende Krankheiten ohne Zusammenhang mit dem Grundleiden wurden angeführt: Aspirationspneumonie, exazerbierte COPD bei Prädelir nach subkapitaler Humerusfraktur links 19 Tage vor dem Ableben.

Sektionsergebnis: Bei der Kremationsleichenschau massives Hämatom des gesamten linken Oberarmes von der Schulterhöhe bis zum Ellenbogen sowie Hämatom des Rückens links und der linken Flanke. Da aufgrund des Leichenschaubefundes ein Trauma vorlag und ein Zusammenhang mit dem Ableben nicht auszuschließen war, erfolgte Rücksprache mit dem behandelnden Arzt, der den Krankheitsverlauf aus klinischer Sicht darstellte (klinisch habe von Anfang an die dekompensierte chronische Herzinsuffizienz im Vordergrund gestanden, der Patient sei bereits wieder mobilisiert gewesen).

- ► Bei Angabe zur unmittelbaren Todesursache sollen keine funktionellen Endzustände wie „Herz-Kreislauf-Stillstand" angegeben werden, Kausalzusammenhang mit einem Trauma beachten

2.1 Leichenschau

Definition

Die Thanatologie (gr. thanatos – Tod) meint begrifflich die Wissenschaft von den Ursachen und Umständen des Todes.

Im Rahmen der Leichenschau obliegen dem Arzt weitreichende Aufgaben (Tabelle 2.1), die ganz unterschiedliche rechtliche, soziale und gesellschaftliche Zusammenhänge berühren:

Wichtig

Die erste und wichtigste Aufgabe bei der Leichenschau ist die sichere Feststellung des Todes, nicht nur im individuellen Interesse des Verstorbenen, sondern als allgemein gesellschaftlicher Anspruch.

Übergeordneten Interessen dient auch eine möglichst sichere Feststellung von Todesursache und Grundleiden. Die gesamte Todesursachenstatistik der Bundesrepublik Deutschland und daran anknüpfend auch die Ressourcenverteilung im Gesundheitswesen basieren auf den Angaben zu Grundleiden und Todesursache im vertraulichen Teil der Todesbescheinigungen.

2.1.1 Rechtsgrundlagen

Unmittelbar mit der Feststellung der Todesursache verbunden ist die Qualifikation der **Todesart** zur Gewährleistung der Rechtssicherheit, zur Klassifikation der Todesumstände für zivil-, versicherungs- und versorgungsrechtliche Fragen. Bei einer falschen Klassifikation der Todesart, etwa dem Nichterkennen eines Kausalzusammenhanges zwischen einem Unfall und dem Todeseintritt einige Zeit später, sind nicht nur strafrechtliche Interessen berührt (Strafverfolgung z.B. nur wegen fahrlässiger Körperverletzung statt wegen fahrlässiger Tötung), sondern u.a. auch zivil-, versicherungs- und versorgungsrechtliche Ansprüche der Hinterbliebenen.

Eine sichere Feststellung der **Todeszeit** wird nach den einschlägigen Vorschriften des Personenstandsgesetzes verlangt und kann z.B. bei quasi gleichzeitigem Tod eines Ehepaares immense erbrechtliche Konsequenzen haben.

Schließlich sind bei der Leichenschau seuchenhygienische Aspekte zu beachten, weiterhin sind in einigen Leichenschauverordnungen Meldepflichten speziell normiert, etwa bei nichtnatürlichem Tod oder nicht geklärter Todesart sowie unbekannter Identität.

Fehlerquellen

Diese Vorschriften dienen dem öffentlichen Interesse an einer Aufklärung und Ahndung auch von Tötungsdelikten. Bei sämtlichen Aufgabenkomplexen der ärztlichen Leichenschau kommt es immer wieder zu gravierenden Fehlleistungen (fehlerhafte Todesfeststellungen für noch Lebende, falsche Qualifikation der Todesart, wobei besonders gravierend die Qualifikation eines nichtnatürlichen Todes als natürlich ist, durch keine Befunde substantiierte Angaben zur Todesursache – oftmals bare „Nonsens-Diagnosen" –, nicht nachvollziehbare Angaben zur Todeszeit). Es erstaunt daher nicht, dass an der derzeitigen Form der ärztlichen Leichenschau Kritik geübt worden ist, etwa vonseiten der Ermittlungsbehörden, die beklagen, dass eine sichere Feststellung nichtnatürlicher Todesfälle nicht gewährleistet sei, von Notärzten, die sich bei Feststellung der Todesursache und Todesart bei ihnen unbekannten Patienten unzumutbaren Pres-

Tabelle 2.1. **Aufgaben und Bedeutung der Leichenschau**

1. Feststellung des Todes	Allgemein gesellschaftliches und individuelles Interesse an einer sicheren Todesfeststellung, Beendigung des normativen Lebensschutzes, Personenstandsregister
2. Feststellung der Todesursache	Medizinische Aspekte, Todesursachenstatistik, Epidemiologie, Ressourcenverteilung im Gesundheitswesen
3. Todesart	Rechtssicherheit, Erkennung von Tötungsdelikten, Klassifikation der Todesumstände für zivil-, versicherungs- und versorgungsrechtliche Fragen
4. Feststellung der Todeszeit	Personenstandsregister, Erbrecht
5. Übertragbare Erkrankungen nach Bundesseuchengesetz	Seuchenhygienische Aspekte im allgemeingesellschaftlichen Interesse
6. Meldepflichten	– bei nichtnatürlicher/nichtgeklärter Todesart – bei unbekannter Identität – gemäß Infektionsschutzgesetz

sionen vonseiten der Polizei ausgesetzt sehen, von Medizinalstatistikern, die bei den bekannten großen Diskrepanzen zwischen klinisch und autoptisch festgestellten Todesursachen an der Validität der Todesursachenstatistik nur „ver"zweifeln können (◘ Tabelle 2.2).

Sterbeorte, Sterbefälle pro Jahr, Todesursache

Bei ca. 900.000 Todesfällen pro Jahr in der Bundesrepublik Deutschland ereignen sich etwa 50% der Sterbefälle heute in Kliniken, ca. 20% im Heim, 30% zu Hause bzw. in der Öffentlichkeit. Laut Angaben des statistischen Bundesamtes entfallen 4–6,5% der Sterbefälle auf nichtnatürliche Todesfälle (◘ Abb. 2.1). Nichtnatürliche Todesfälle sind freilich in der Todesursachenstatistik deutlich unterrepräsentiert, nämlich in 33–50%.

Einen Überblick über die Sterbefälle in den großen Krankheitsgruppen (Kreislaufsystem, Atmungsorgane, Verdauungsorgane, Verletzungen und Vergiftungen sowie Neubildungen) in Abhängigkeit vom Sterbealter gibt die ◘ Abbildung 2.2. Die nichtnatürlichen Todesfälle rangieren laut Statistik auf Platz 5 hinter den Krankheiten des Kreislaufsystems, bösartigen Neubildungen, Krankheiten der Atmungs- und Verdauungsorgane. Bei den durch äußere Einflüsse verursachten Todesfällen führen die Unfälle vor den Suiziden und den Tötungsdelikten. Da in der Todesursachenstatistik diese nichtnatürlichen Todesfälle systematisch unterrepräsentiert sind, dürften sie ohne Berücksichtigung des Lebensalters sogar den 3. Platz einnehmen. Bis zum 35. Lebensjahr führen die nichtnatürlichen Todesfälle die Todesursachenstatistik an.

In der Bundesrepublik Deutschland fällt die Regelung des Leichenschau- und auch Obduktionswesens – soweit nicht strafrechtlich relevante Bereiche betroffen sind – in die alleinige Gesetzgebungskompetenz der Bundesländer (Art. 70 Abs. 1 GG).

Infobox

Eine Reihe von Bundesländern haben Fragen des Leichenschaurechts in speziellen Gesetzen über das Leichen-, Friedhofs- und Bestattungswesen geregelt, andere haben zwar keine gesetzliche Regelung getroffen, jedoch entsprechende Verordnungen im Rahmen des Polizei- und Ordnungsrechtes erlassen.

Die Gesetze bzw. Verordnungen aller Bundesländer schreiben zunächst vor, dass bei jedem Todesfall eine „äußere Leichenschau" durch einen approbierten Arzt stattzufinden hat. Zugleich werden teilweise detaillierte Regelungen dahingehend getroffen, wer die äußere Leichenschau zu veranlassen hat, wie diese durchzuführen ist und welche Rechte und Pflichten den Betroffenen und den Leichenschauarzt treffen. Der im Anschluss an die Leichenschau auszufüllende Leichenschauschein ist von Bundesland zu Bundesland unterschiedlich gestaltet. In

◘ Tabelle 2.2. **Ursachenkomplexe für die Misere der ärztlichen Leichenschau**

Strukturelle Ursachen
- Keine bundeseinheitliche Regelung
- Unzureichend ausgestaltete, zu wenig ausdifferenzierte Todesbescheinigungen
- Mangelnde Verbalisierung der Aufgabenkomplexe im Sinne einer Checkliste
- Für bestimmte Fallgruppierungen objektive Überforderung des Leichenschauers ohne flexible Lösungsmöglichkeiten (2. fachärztliche Leichenschau oder 2. Leichenschau durch Hausarzt)
- Fehlende Definition des natürlichen und nichtnatürlichen Todes mit einseitiger Ausrichtung auf „Fremdverschulden"
- Verquickung ärztlicher mit kriminalistischen Aufgaben

Ursachen auf Seiten des Arztes
- Leichenschau wird als Aufgabe jenseits des eigentlichen ärztlichen Heilauftrags gesehen.
- Fehlende Vorbildung in der Handhabung von Problemfällen (spurenarmer gewaltsamer Tod, fortgeschrittene Leichenerscheinungen, unerwartete Todesfälle, Leichnam nicht identifiziert).
- Neigung als Leichenschauer, sich und den Angehörigen „Ärger vom Hals zu halten" mit leichtfertiger Attestierung natürlichen Todes (Motiv: Verlust von Patienten oder einer Anstellung als Heimarzt, Gerede über den Arzt, der nicht einmal in der Lage sei, einen natürlichen Tod festzustellen).
- „Obrigkeitshörigkeit" gegenüber der Polizei mit oftmals allzu willfähriger Gewährung von Auskünften oder Ausfüllung weiterer Leichenschauscheine.
- Resignation verantwortungsbewusst handelnder Ärzte im Hinblick auf die kriminalpolizeiliche Handhabung nicht geklärter Todesfälle.
- Völlig unzureichende Honorierung im Hinblick auf eine der verantwortungsvollsten ärztlichen Diagnosen.

Ursachen auf Seiten der Ermittlungsbehörden
- Pressionen von Seiten der Polizei auf Attestierung eines natürlichen Todes
- Statt Ermittlungen zur Aufklärung nicht geklärter Todesfälle Beschaffung weiterer Leichenschauscheine (entgegen der Verpflichtung zur Meldung an die StA nach § 159 StPO) oder vollständiger „Ermittlungsquietismus"

Situative Ursachen
- Pressionen von Seiten der Angehörigen oder der Heimleitung auf Attestierung eines natürlichen Todes
- Durchführung der Leichenschau erschwert bis objektiv unmöglich (Leichen im Freien, in der Öffentlichkeit, fortgeschrittene Leichenerscheinungen, übergroßes Körpergewicht, keine Gehilfen zur Verfügung)

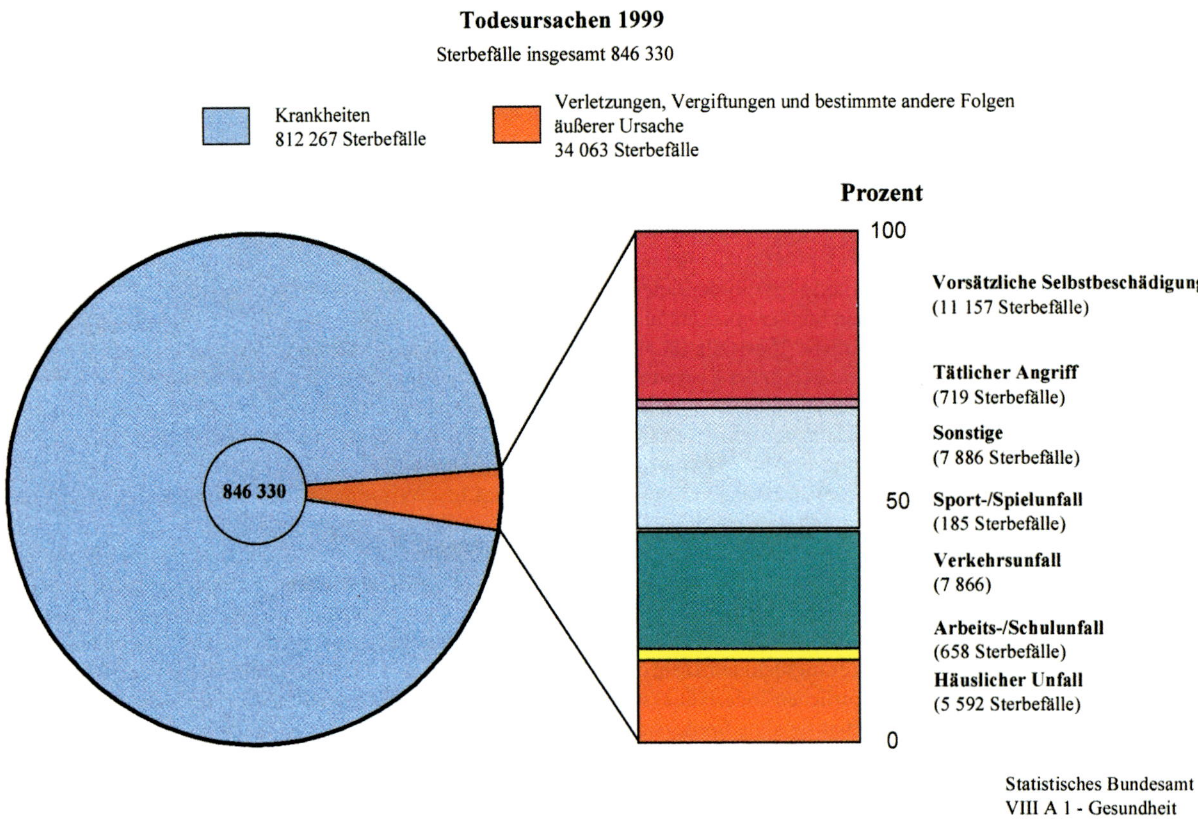

Abb. 2.1. Anteil der nichtnatürlichen Todesursachen an den Sterbefällen 1999 (nach Angaben des Statistischen Bundesamtes)

der **ordnungsbehördlichen Verordnung über das Leichenwesen in Nordrhein-Westfalen** heißt es zum Beispiel:

§ 1

(1) Leichen sind in Särgen aus einem Material zu bestatten, das im Boden von Begräbnisplätzen selbst verrottet (Erdbestattung).
(2) Eine Leiche darf bestattet werden, wenn dem Standesamt die von einem Arzt ausgestellte Todesbescheinigung eingereicht worden ist und der Standesbeamte daraufhin die Eintragung des Sterbefalls vorgenommen hat.
(3) Eine Bestattung vor der Eintragung des Sterbefalles ist nur mit Genehmigung oder auf Anordnung der örtlichen Ordnungsbehörde zulässig.
(4) Sind Anhaltspunkte dafür vorhanden, dass jemand eines nichtnatürlichen Todes gestorben ist, oder wird der Leichnam eines Unbekannten gefunden, ist die Bestattung nur zulässig, wenn sie durch die Staatsanwaltschaft nach § 159 Abs. 2 Strafprozessordnung schriftlich genehmigt worden ist.

§ 2

(1) Zur Beschaffung der ärztlichen Todesbescheinigung und zur Bestattung sind die Angehörigen des Verstorbenen verpflichtet. Angehörige im Sinne dieser Verordnung sind der Ehegatte, die Abkömmlinge, die Eltern, und die Geschwister.
(2) Hilfsweise trifft die Verpflichtung zur Beschaffung der Todesbescheinigung
1. denjenigen, in dessen Wohnung oder sonstiger Unterkunft sich der Todesfall ereignet hat,
2. den Hauseigentümer oder -verwalter,
3. wenn der Tod auf einem Schiff eintreten ist, den Schiffsführer.
(3) Wird für die Bestattung der Leiche von den Angehörigen nicht oder nicht rechtzeitig Vorsorge getroffen, hat die Ordnungsbehörde des Sterbe- oder Auffindungsortes die Bestattung der Leiche zu veranlassen. Deshalb sind, soweit Absatz 2 Anwendung findet, die dort genannten Personen verpflichtet, unverzüglich die zuständige Ordnungsbehörde über den Todesfall zu unterrichten.

§ 3

(1) Der Arzt darf die Todesbescheinigung erst ausstellen, wenn er die Leiche persönlich besichtigt und untersucht hat (Leichenschau).
(2) Der Arzt hat die Leichenschau unverzüglich nach Erhalt der Anzeige über den Todesfall vorzunehmen.
(3) Falls kein anderer Arzt die Leichenschau vornimmt, ist sie von einem Arzt des für den Sterbe- oder Auffindungsort zuständigen Gesundheitsamtes durchzuführen.

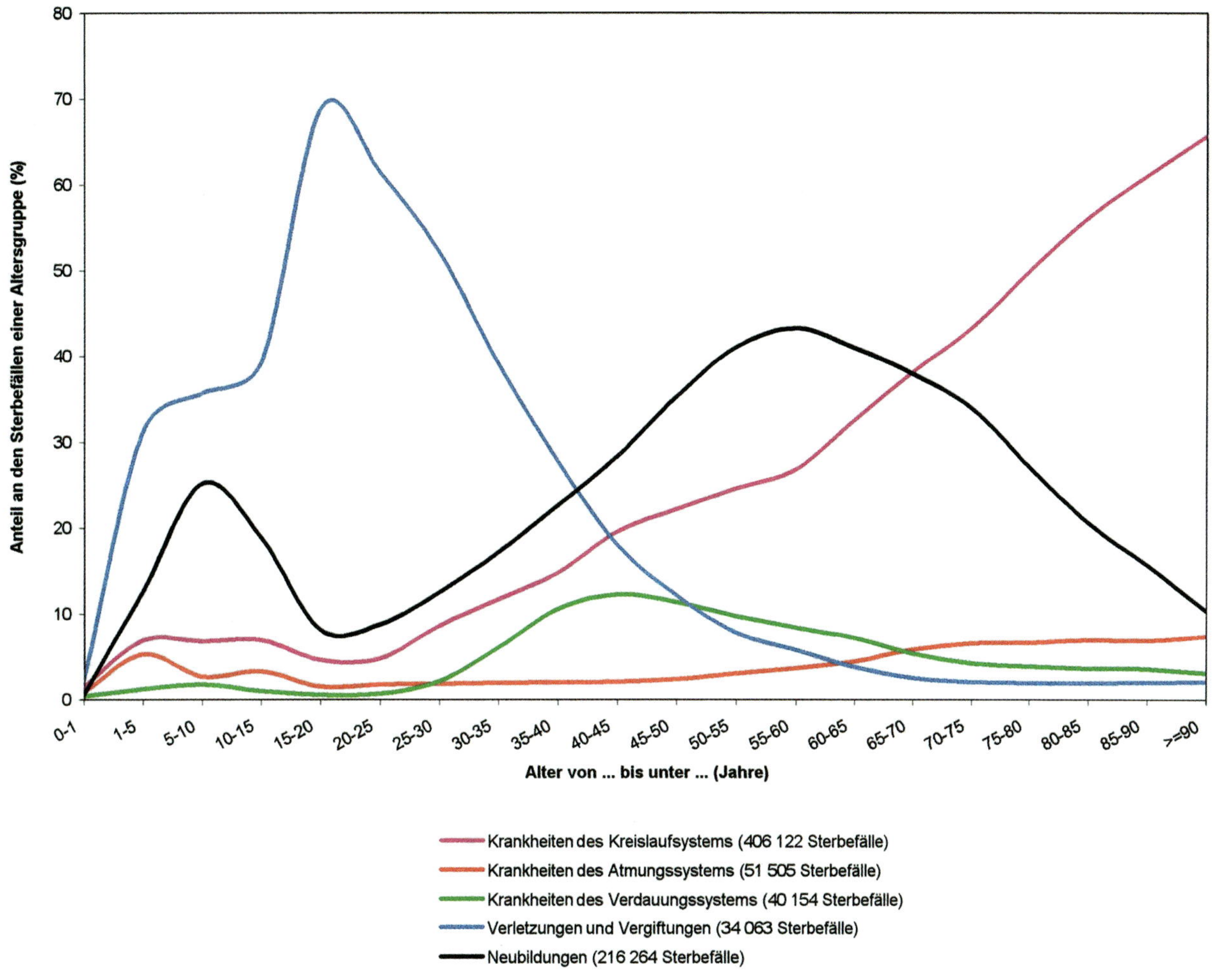

Abb. 2.2. Sterbefälle (in %) in den großen Krankheitsgruppen in Abhängigkeit vom Sterbealter

(4) Bei der Leichenschau ist insbesondere festzustellen,
1. ob der Tod eingetreten ist,
2. ob der Tote eines natürlichen Todes infolge einer bestimmt zu bezeichnenden Krankheit gestorben und wegen dieser Krankheit von einem Arzt behandelt worden ist, oder ob Anzeichen einer gewaltsamen Todesart vorliegen,
3. aus welcher Ursache der Tod eingetreten ist und
4. ob Umstände vorliegen, die Maßnahmen zur Abwehr von Seuche nach dem Bundes-Seuchengesetz erfordern.
(5) Der Arzt hat das Ergebnis seiner Feststellungen in die Todesbescheinigung einzutragen. Die unterschriebene und gestempelte Todesbescheinigung ist den Angehörigen oder den sonst zur Anzeige verpflichteten Personen unmittelbar im Anschluss an die Leichenschau zur Vorlage beim zuständigen Standesamt auszuhändigen. In den Fällen, in denen weitere Ermittlungen erforderlich sind, sodass sich die Ausfüllung des vertraulichen Teils der Todesbescheinigung verzögert, ist den zur Anzeige verpflichteten Personen die unterschriebene und gestempelte Durchschrift des offenen Teils der Todesbescheinigung für das Standesamt zu übergeben.

Definition und rechtliche Stellung der Leiche

Unter Leichnam versteht man den Körper eines Verstorbenen, solange der gewebliche Zusammenhang in Folge Fäulnis noch nicht aufgehoben ist (Tabelle 2.3). Skelette oder Skelettteile gelten nicht mehr als Leichnam. Leichnam ist ferner jede Lebendgeburt, unabhängig vom Gewicht des Kindes, wenn eines der Lebenszeichen vorgelegen hat:

- Herzschlag,
- pulsierende Nabelschnur oder
- Atmung.

Die Grenze für anzeigepflichtige Totgeburten ist mit Änderung des Personenstandsgesetzes vom 01.04.1994 von 1.000 g auf 500 g gesenkt worden. Geburten ab diesem Gewicht müssen vom Standesamt beurkundet werden. **Fehlgeburten** sind definiert als Totgeburt mit einem Geburtsgewicht unter 500 g; für Fehlgeburten besteht keine Anzeigepflicht.

Tabelle 2.3. Definition eines Leichnams, obligatorische Leichenschau

- Leichnam: Körper eines Verstorbenen, solange der gewebliche Zusammenhang des Körpers infolge Fäulnis noch nicht aufgehoben ist
- Lebendgeburt: Herzschlag, Atmung, Pulsation der Nabelschnur
- Totgeburt: Gewicht ≥ 500 g

Bestattungsfristen

In vielen Leichenschauverordnungen finden sich Regelungen zu Bestattungsfristen bzw. zur Überführung in eine öffentliche Leichenhalle. Danach ist jeder Leichnam spätestens 36 Stunden nach dem Tod, jedoch nicht vor Ausstellung der ärztlichen Todesbescheinigung in eine Leichenhalle zu überführen (so z.B. § 7 Abs. 1 der ordnungsbehördlichen Verordnung über das Leichenwesen NRW). Jede Leiche muss innerhalb von 120 Stunden, sie darf jedoch nicht vor Ablauf von 48 Stunden nach dem Tode bestattet werden. Ausnahmen von diesen Bestattungsfristen sind zulässig.

Veranlassung der Leichenschau

Übereinstimmend ist in den meisten Leichenschauverordnungen der Bundesländer der Kreis der zur Beschaffung der ärztlichen Todesbescheinigung Verpflichteten geregelt. Dies sind zunächst die Angehörigen des Verstorbenen. Angehörige sind Ehegatte, die Abkömmlinge, die Eltern und die Geschwister, ferner der Wohnungsinhaber, in dessen Wohnung sich der Todesfall ereignet, der Hauseigentümer oder -verwalter, bei Tod in einer Anstalt der Anstaltsleiter, bei Tod auf einem Schiff der Schiffsführer. Beim Todesfall in der Öffentlichkeit bzw. auf einem öffentlichen Platz trifft die zuständige Polizei- und Ordnungsbehörde die Pflicht zur Benachrichtigung des Leichenschauarztes.

Ort und Zeitpunkt der Leichenschau

Die Leichenschau soll an dem Ort stattfinden, an dem der Tod eingetreten ist oder am Auffindungsort der Leiche. Lassen die Umstände eine hinreichend sorgfältige Leichenschau an diesem Ort nicht zu – etwa weil der Tod auf einem öffentlichen Platz mit viel Publikumsverkehr eingetreten ist – so kann sich der Arzt auf die Feststellung und Dokumentation des Todes beschränken, je nach Bundesland gegebenenfalls eine vorläufige Todesbescheinigung ausstellen und die Leichenschau später an einem geeigneteren Ort fortsetzen. Die ärztliche Leichenschau hat „unverzüglich" nach Eintritt des Todes, bei begründeter Verhinderung jedoch spätestens innerhalb von 6 Stunden nach der Aufforderung zur Durchführung der Leichenschau stattzufinden (so etwa § 3 des Gesetzes über das Leichenwesen der Freien Hansestadt Bremen). Der Begriff „unverzüglich" wird im Allgemeinen unter Heranziehung einer Legaldefinition aus dem Bürgerlichen Gesetzbuch verstanden als „ohne schuldhaftes Zögern". Grundsätzlich ist jeder approbierte Arzt (niedergelassene Ärzte, Krankenhausärzte, Rettungsärzte, Ärzte ohne Tätigkeit, Gesundheitsamtsärzte), wenn er gerufen wird, verpflichtet, die Leichenschau vorzunehmen und unverzüglich die Todesbescheinigung auszufüllen sowie den Angehörigen auszuhändigen. In gleicher Weise sind niedergelassene Ärzte im Rahmen ihrer Teilnahme am ärztlichen Notfalldienst zur Vornahme der Leichenschau verpflichtet. Bei Sterbefällen in Krankenhäusern ist die Krankenhausleitung zur Sicherstellung der ärztlichen Leichenschau durch im Krankenhaus tätige Ärzte verpflichtet. Ärzte und Ärztinnen im Rettungsdiensteinsatz sind in einer Reihe von Bundesländern von der Verpflichtung zur Leichenschau befreit und können sich auf die bloße Feststellung des Todes und seine Dokumentation in einem „Vorläufigen Leichenschein" beschränken, dies jedenfalls dann, wenn sie bereits zu einem weiteren Einsatz gerufen wurden.

Betretungsrecht des Leichenschauarztes

Um eine ordnungsgemäße Untersuchung des Verstorbenen sicherzustellen, regeln die einschlägigen Gesetze beziehungsweise Verordnungen, dass der Leichenschauarzt berechtigt ist, die entsprechenden Räumlichkeiten oder auch das entsprechende Grundstück zu betreten. Dieses Zutritts- beziehungsweise Betretungsrecht stellt eine Einschränkung der verfassungsrechtlich in Art. 13 Abs. 1 GG garantierten Unverletzlichkeit der Wohnung dar. Weigert sich der Inhaber des Wohnungsrechtes, dem Leichenschauarzt Zutritt zu gewähren, muss der Zutritt zur Wohnung unter Umständen durch herbeigerufene Polizeibeamte erzwungen werden.

Auskunftspflichten Angehöriger, Dritter und vorbehandelnder Ärzte

Oftmals werden Not- oder Notdienstärzte, die den Verstorbenen nicht kannten, zur Leichenschau gerufen. Angaben zur Todesursache sind aber ohne Kenntnis der Anamnese nicht möglich. Diese kann der Leichenschauarzt von vorbehandelnden Ärzten erfragen und für seine Angaben zur Todesursache und Qualifikation der Todesart nutzen. So heißt es zum Beispiel in Art. 3 Abs. 2 Satz 1 Bayerisches Bestattungsgesetz:

> „(2) Wer den Verstorbenen unmittelbar vor dem Tode berufsmäßig behandelt oder gepflegt hat oder mit der verstorbenen Person zusammengelebt hat oder die Umstände des Todes kennt, hat auf Verlangen des Arztes, der die Leichenschau vornimmt, unverzüglich die zu diesem Zweck erforderlichen Auskünfte zu erteilen und Unterlagen vorzulegen."

Angabe-, Anzeige- und Meldepflichten des Leichenbeschauers

Wichtig

Nach sorgfältiger Durchführung der Leichenschau hat der Leichenschauarzt ebenfalls unverzüglich und sorgfältig eine Todesbescheinigung auszufüllen.

Derartige Todesbescheinigungen müssen einem von der zuständigen Behörde, in der Regel das zuständige Landesministerium bzw. der zuständige Senator, festgelegten Muster entsprechen (◘ Abb. 2.3). Dieses Muster bzw. diese Todesbescheinigung verlangt Angaben, die u.a. zur Erfüllung anderweitig festgelegter Vorschriften notwendig sind (etwa Vorschriften des Personenstandsgesetzes, des Infektionsschutzgesetz).

Der Eintritt des Todes muss in der Regel von den Angehörigen dem Standesamt, in dessen Bezirk der Tod eingetreten ist, spätestens am folgenden Werktag gemeldet werden (§ 32 PersonenstandsG).

Die Todesbescheinigung selbst gliedert sich in einen vertraulichen und einen nichtvertraulichen Teil. Der **nichtvertrauliche Teil** ist für das zuständige Standesamt bestimmt und enthält Angaben zur Person des Verstorbenen – insbesondere die zur Eintragung in das Sterbebuch und für die Bestattung erheblichen Angaben gem. § 37 PersonenstandsG –, zur Art der Identifikation, zur Feststellung des Todes, zur Todesart sowie Zusatzangaben bei Totgeborenen und Hinweise zum Bundesseuchengesetz. Nur die Todesbescheinigung hat die in der jeweiligen Landesverordnung bzw. dem jeweiligen Landesgesetz festgelegten Rechtsfolgen, nicht jedoch der in einigen Bundesländern eingeführte vorläufige Leichenschein.

Der Leichenschauarzt bzw. die Leichenschauärztin müssen in jedem Fall folgende Feststellungen treffen:
- Feststellung des Todes,
- Angabe des Todeszeitpunktes,
- Angabe der Todesart (in NRW etwa „natürlich" oder „nichtnatürlich" bzw. „ungeklärt", in anderen Bundesländern wird irrigerweise grundsätzlich von natürlichem Tod ausgegangen und der Leichenschauer hat Gründe für die Qualifikation nichtnatürlich oder nicht geklärt anzugeben),
- Angabe der Todesursache, ggf. stichwortartige Darlegung der zum Tod führenden Kausalkette,
- Angabe und Anzeige einer Berufskrankheit,
- Angabe und Anzeige einer übertragbaren Krankheit im Sinne des Infektionsschutzgesetzes und
- Angabe der Personalien des Verstorbenen (soweit bekannt).

Ausstellung eines vorläufigen Leichenscheins

In einigen Bundesländern wurde ein vorläufiger Leichenschein eingeführt. Wenn der Notarzt zu einem anderen Notarzteinsatz gerufen wird und er gerade deshalb die Leichenschau nicht abschließend vornehmen und auch die Todesbescheinigung nicht vollständig ausfüllen kann, so ist er in der Regel durch übergesetzlichen Notstand gerechtfertigt (gemäß § 16 des Gesetzes über die Ordnungswidrigkeiten) und auf diese Weise von der Pflicht zur Leichenschau und Ausstellung der Todesbescheinigung befreit. Er soll in derartigen Fällen aber trotzdem den „vorläufigen Leichenschein" ausstellen. Zugleich soll der Notarzt die Angehörigen des Verstorbenen darauf hinweisen, dass sie von sich aus die Ausstellung der Todesbescheinigung durch einen anderen Arzt veranlassen müssen.

Schweigepflicht des Leichenschauarztes

Wichtig

Die Vornahme der ärztlichen Leichenschau ist vollwertige ärztliche Tätigkeit, auch für sie gilt die ärztliche Schweigepflicht, bei deren Verletzung einerseits gem. § 203 StGB strafrechtliche Konsequenzen möglich sind und andererseits auch berufsrechtliche Sanktionen nicht ausgeschlossen werden können.

In drei Fällen ist der Arzt von der Schweigepflicht befreit:
- wenn die Offenbarung des Privatgeheimnisses zum Schutze eines höherwertigen Rechtsgutes erforderlich ist,
- wenn gesetzliche Aussage- und Anzeigepflichten dies verlangen und
- wenn die Durchbrechung der ärztlichen Schweigepflicht nach Abwägen aller Aspekte dem mutmaßlichen Willen des Patienten bzw. des Verstorbenen entspricht.

Sanktionen bei unsachgemäßer Leichenschau

Die Landesgesetze bzw. Landesverordnungen behandeln Verstöße gegen Vorschriften der Leichenwesengesetze bzw. Leichenschauverordnungen als **Ordnungswidrigkeiten**. Derartige Ordnungswidrigkeiten können mit einer Geldbuße von bis zu 50.000 DM geahndet werden (vgl. etwa § 21 Abs. 3 des „Gesetzes über das Leichenwesen" der Freien Hansestadt Bremen). Aus der langen Liste der denkbaren Ordnungswidrigkeiten sind für den Leichenschauer besonders bedeutsam:
- die nicht rechtzeitige (d.h. unverzügliche) Vornahme der Leichenschau,
- die unzureichende Vornahme einer ärztlichen Leichenschau,
- das unterlassene unverzügliche Bestellen einer Vertretung im Falle der eigenen Verhinderung,
- die Missachtung der Meldepflicht an die zuständige Polizeibehörde bei Anhaltspunkten für einen nichtnatürlichen Tod (einschließlich Suizid, Unfall oder sonst durch äußere Einwirkung) oder auch das nicht rechtzeitige Melden derartiger Anhaltspunkte,
- das Unterlassen eines Hinweises auf eine übertragbare Krankheit und
- das Unterlassen, das nicht richtige oder nicht vollständige Ausstellen einer Todesbescheinigung.

Wichtig

Kommen durch eine unsachgemäße Leichenschau und daraus resultierender Nichterkennung einer Gefährdungsquelle Lebende zu Schaden, greifen darüber hinaus die §§ 230, 222 StGB (fahrlässige Körperverletzung, fahrlässige Tötung).

Besonders bedeutsam sind neben der mangelnden Sorgfalt bei der Untersuchung des Leichnams insbesondere Unkorrekthei-

Todesbescheinigung NRW
- Nichtvertraulicher Teil -

Blatt 1 | Untere Gesundheitsbehörde über Standesamt

Die Todesbescheinigung ist unverzüglich auszuhändigen.

Zutreffendes bitte ankreuzen und / oder ausfüllen X

1. Personalangaben

1 Name (ggf. Geburtsname), Vorname(n)

2 Straße | 3 Hausnummer

4 PLZ, Wohnort, Kreis

5 Geburtsdatum | 6 Geburtsort, Kreis

Wird vom Standesamt ausgefüllt:
Standesamt
Sterbefall beurkundet, Sterbebuch-Nr.
Eingang vorgemerkt, Vormerk-Liste-Nr.
☐ Erdbestattung ☐ Feuerbestattung

7 Geschlecht ☐ männlich ☐ weiblich

8 Identifikation nach ☐ eigener Kenntnis ☐ Personalausweis/Reisepass ☐ Angaben Angehöriger/Dritter
☐ nicht möglich (kein Eintrag unter 1 - 6)

2. Feststellung des Todes/Sterbezeitpunkt

9 ☐ Nach eigenen Feststellungen ☐ Nach Angaben Angehöriger/Dritter am | Tag | Monat | Jahr | um | Stunden | Minuten

10 Falls Sterbezeitpunkt nicht bestimmbar: Leichenauffindung am | Tag | Monat | Jahr | um | Stunden | Minuten

Ende des Durchschreibeverfahrens! Bitte die Blätter 2 ff. wegklappen und gesondert ausfüllen!

Nicht im Durchschreibeverfahren!

Zusatzangabe für totgeborene oder in der Geburt gestorbene Leibesfrüchte von mindestens 500 g (als Sterbezeitpunkt gilt der Geburtszeitpunkt):

11 ☐ Sterbeort 12 ☐ Auffindeort, falls nicht Sterbeort 13 ☐ als tote Leibesfrucht geboren ☐ in der Geburt gestorben

Name der Einrichtung (des Krankenhauses/Heimes o.ä.)

Straße, Hausnummer

PLZ, Ort

oder Stempel der Einrichtung, falls vorhanden

14 **3. Todesart**

Gibt es Anhaltspunkte für äußere Einwirkungen, die den Tod zur Folge hatten?
(z. B. Selbsttötung, Unfall, Tötungsdelikt, auch durch äußere Einwirkungen evtl. **mit**verursachte Todesfälle, Spättodesfälle nach Verletzung)

☐ nein wenn nein, Todesart ☐ natürlich oder

☐ ungeklärt, ob natürlich/nichtnatürlicher Tod

☐ ja (Wenn ja oder ungeklärt, im Vertraulichen Teil, Blätter 2 ff. Ziff. 20 [Epikrise] nähere Hinweise [falls möglich])

15 **4. Warnhinweise**

Liegen Hinweise dafür vor, dass die/der Verstorbene an einer übertragbaren Krankheit nach § 6 oder § 7 Infektionsschutzgesetz (einschließlich HIV) erkrankt war? ☐ ja ☐ nein

16 Sind besondere Verhaltensmaßnahmen bei der Aufbewahrung, Einsargung, Beförderung und Bestattung zu beachten?

☐ nein ☐ ja, welche?

17 ☐ Sonstiges (z. B. Gefährdung durch Giftstoffe/Chemikalien):

Fortsetzung des Durchschreibeverfahrens!

18 Bescheinigt aufgrund meiner sorgfältigen Untersuchung am | Tag | Monat | Jahr | um | Stunden | Minuten | Uhr

Ort, Datum | Unterschrift | Stempel und Telefon (falls nicht im Stempel)

a

■ Abb. 2.3. Vertraulicher und nichtvertraulicher Teil des Leichenschauscheins in NRW

Todesbescheinigung NRW
- Vertraulicher Teil -

Blatt 2 Untere Gesundheitsbehörde zum Verbleib

Zutreffendes bitte ankreuzen und / oder ausfüllen X

1. Personalangaben

1 Name (ggf. Geburtsname), Vorname(n)

2 Straße | 3 Hausnummer

4 PLZ, Wohnort, Kreis

5 Geburtsdatum | 6 Geburtsort, Kreis

Ausfüllung: Standesamt, hilfsweise Untere Gesundheitsbehörde

Standesamt

Sterbefall beurkundet, Sterbebuch-Nr.

Eingang vorgemerkt, Vormerk-Liste-Nr.

☐ Erdbestattung ☐ Feuerbestattung

7 Geschlecht ☐ männlich ☐ weiblich

8 Identifikation nach ☐ eigener Kenntnis ☐ Personalausweis/ Reisepass ☐ Angaben Angehöriger/Dritter

☐ nicht möglich (kein Eintrag unter 1 - 6)

2. Feststellung des Todes/Sterbezeitpunkt

9 ☐ Nach eigenen Feststellungen ☐ Nach Angaben Angehöriger/Dritter am | Tag | Monat | Jahr | um | Stunden | Minuten

10 Falls Sterbezeitpunkt nicht bestimmbar: Leichenauffindung am | Tag | Monat | Jahr | um | Stunden | Minuten

Sichere Zeichen des Todes

11 ☐ Totenflecke ☐ Totenstarre ☐ Fäulnis ☐ Hirntod

☐ Nicht mit dem Leben vereinbare Verletzungen

12 Reanimationsbehandlung durchgeführt ☐ ja ☐ nein

14 **Zuletzt behandelt durch Hausarzt/Krankenhaus (-abteilung)**

Name des Krankenhauses/Arztes o. ä.

Straße, Hausnummer

PLZ, Ort

oder Stempel (falls vorhanden)

Wer hat die Todesursache festgestellt?

13 ☐ Behandelnder Arzt ☐ Nicht behandelnder Arzt nach Angaben des behandelnden Arztes ☐ Nicht behandelnder Arzt ohne Angaben des behandelnden Arztes

Todesursache (nicht Endzustände wie Atemstillstand, Herz-Kreislaufversagen) | ungefähre Zeitspanne vom Krankheitsbeginn bis Tod *)

15 I a) Unmittelbare Todesursache:

16 b) Dies ist eine Folge von b1*)

17 b2*)

18 c) Hierfür ursächliche Grundleiden: *)

19 II Mit zum Tode führende Krankheiten ohne Zusammenhang mit dem Grundleiden: *)

*) ausfüllen, soweit dem Arzt möglich

20 **Epikrise**
Weitere Angaben zur Todesart (Blatt 1, Ziffer 14), falls erforderlich
(z. B. Unfall, Vergiftung, Gewalteinwirkung, Selbsttötung sowie Komplikationen medizinischer Behandlung):
Äußere Ursache der Schädigung (Angaben über den Hergang); bei Vergiftung zusätzlich Angabe des Mittels

21 **Unfallkategorie (bitte nur Untergruppe ankreuzen)**

☐ Schulunfall (ohne Wegeunfall) ☐ Sport- oder Spielunfall (nicht in Haus oder Schule)

☐ Wegeunfall ☐ Arbeits- oder Dienstunfall (ohne Wegeunfall)

☐ häuslicher Unfall ☐ sonstiger Unfall ☐ Verkehrs-unfall ☐ unbekannt

24 Diagnose durch Obduktion gesichert? ☐ nein ☐ ja

25 Liegt der Obduktionsbefund bei? ☐ nein ☐ ja

Bei Frauen, deren Alter eine Schwangerschaft nicht ausschließt

22 Liegt eine Schwangerschaft vor? ☐ nein ☐ ja Monat ☐ unbekannt

23 Bestehen Anzeichen für eine Schwangerschaft in den letzten 12 Monaten? ☐ ja ☐ nein

26 Bei ungeklärter Identität der Leiche:
Bei nichtnatürlicher oder ungeklärter Todesart:
Polizei unterrichtet? ☐ ja ☐ nein

Bei Kindern unter 1 Jahr und Totgeborenen

27 Wo wurde das Kind geboren? ☐ im Krankenhaus ☐ zu Hause ☐ sonstiger Ort

28 Mehrlingsgeburt? ☐ nein ☐ ja Geburtsgröße cm Geburtsgewicht g

29 Bei in den ersten 24 Stunden gestorbenen Neugeborenen:
☐ Frühgeburt in der Schwangerschaftswoche
Lebensdauer: volle Stunden ☐ unbekannt

30 Bescheinigt aufgrund meiner sorgfältigen Untersuchung am | Tag | Monat | Jahr | um | Stunden | Minuten | Uhr

Ort, Datum | Unterschrift | Stempel und Telefon (falls nicht im Stempel)

Blätter 2 - 5 im Durchschreibeverfahren!

b

Abb. 2.3. Vertraulicher und nichtvertraulicher Teil des Leichenschauscheins in NRW ten bei der Beurkundung des Zeitpunkts des Todeseintritts. Unterlässt der Leichenschauarzt die Unterrichtung der Polizei, obwohl ein Fremdverschulden als Todesursache nicht gänzlich auszuschließen ist, so setzt er sich möglicherweise dem Vorwurf der Strafvereitelung, § 258 StGB, aus.

Das Ausstellen einer Todesbescheinigung mit falschen Angaben durch den Leichenschauarzt ist keine Urkundenfälschung im Sinne des § 267 StGB und erfüllt auch nicht den Tatbestand der Fälschung eines Gesundheitszeugnisses gem. § 277 StGB, da als Täter im Sinne des § 277 StGB nur nichtmedizinisch qualifizierte Personen in Betracht kommen. Darüber hinaus werden Bescheinigungen über die Todesursache nicht vom Begriff des Gesundheitszeugnisses erfasst (seit RGSt 65, 78), auch § 278 StGB – Ausstellen unrichtiger Gesundheitszeugnisse – ist nicht einschlägig.

Infobox

Wird jedoch die Todesbescheinigung – vorsätzlich oder fahrlässig – falsch ausgefüllt, so kommt grundsätzlich eine Strafbarkeit wegen mittelbarer Falschbeurkundung (§ 271 StGB) oder schwerer mittelbarer Falschbeurkundung (§ 272 StGB) in Betracht, da die Angaben in der Todesbescheinigung oder auch auf dem Obduktionsschein als Erklärungen, Verhandlungen oder Tatsachen, welche für Rechte oder Rechtsverhältnisse von Erheblichkeit sind, in öffentlichen Urkunden, Büchern, Dateien oder Registern als abgegeben oder geschehen beurkundet oder gespeichert werden, gelten.

Die genannten Strafnormen sollen den Rechtsverkehr vor inhaltlich falschen, d.h. unwahren öffentlichen Urkunden schützen. Die Strafandrohung beträgt Freiheitsstrafe bis zu einem Jahr oder Geldstrafe, auch der Versuch ist strafbar (§ 271 Abs. 2 StGB). Werden die falschen Tatsachen absichtlich als solche in die Todesbescheinigung eingetragen, um „sich oder einem anderen einen Vermögensvorteil zu verschaffen", so lautet die Strafandrohung Freiheitsstrafe von 3 Monaten bis zu 5 Jahren, nur in minder schweren Fällen kommt dann eine Geldstrafe in Betracht (§ 272 Abs. 2 StGB).

2.1.2 Feststellung des Todes

Wichtig

Die erste und wichtigste Aufgabe bei der ärztlichen Leichenschau ist die sichere Feststellung des eingetretenen Todes.

Da der Arzt die Differentialdiagnose zu treffen hat, ob der Patient verstorben ist oder ob ein reanimationspflichtiger Zustand vorliegt, machen nur jene Leichenschauverordnungen Sinn, die dem Arzt die Vornahme der Leichenschau **unverzüglich** nach Erhalt der Anzeige über den Todesfall vorschreiben.

Die Feststellung des eingetretenen Todes ist dabei unproblematisch, wenn sichere Todeszeichen (Totenstarre, Totenflecke, Fäulnis, mit dem Leben nicht zu vereinbarende Körperzerstörungen) vorliegen. Freilich erleben wir immer wieder, dass auch bei eindeutigen Leichenerscheinungen (Totenflecke, Totenstarre) noch Reanimationsbemühungen vorgenommen werden, offensichtlich aus Unkenntnis dieser sicheren Leichenerscheinungen.

Infobox

Unsicherheiten bei der Feststellung des Todes treten vor allem in der Zeitphase etwa zwischen scheinbar leblosem Zusammenbrechen und der Ausbildung sicherer Todeszeichen (Livores als erstes sicheres Todeszeichen ca. 20–30 Minuten post mortem) auf oder in einer Phase der Vita minima bzw. Vita reducta mit bei oberflächlicher Untersuchung nicht unbedingt „ins Auge springenden" Lebenszeichen.

> „Der Tod des Menschen, der sog. Individualtod, wird durch das Sterben eingeleitet, das in Abhängigkeit von der Zeit bei längerem Andauern als Vorbote des Todes unverkennbar ist, bei kurzer Dauer aber nicht als prämortale Phase konkret fassbar in Erscheinung tritt. Das Ende des Individuallebens wird gemeinhin mit dem Ausfall der großen Funktionssysteme, zu welchen Kreislauf, Atmung und zentrales Nervensystem gehören, gleichgesetzt." (Masshoff 1960)

Die Irreversibilität des Ausfalles der Lebenserscheinungen (irreversibler Stillstand von Kreislauf, Atmung, Gesamtfunktion des Gehirns) ist das entscheidende Kriterium zur Charakterisierung des Lebensendes. Bei langer Agoniephase kann sich das Lebensende ankündigen, bei rechtsmedizinisch-relevanten Todesfällen mit kurzer (Strangulation, äußeres Verbluten, Ertrinken) und ultrakurzer Agonie (augenblickliche Zertrümmerung des Körpers etwa bei Explosionsverletzungen oder Sturz aus großer Höhe) tritt der Tod plötzlich ein.

Agonieformen

Sterben und Tod sind Prozesse, die gekennzeichnet sind durch den Funktionsverlust der großen Systeme (Herz-Kreislauf-, Atem-, zentrales Nervensystem) und ihrer Koordination (◻ Abb. 2.4). Mit dem Verlust der Koordination setzt eine zunehmende Dissoziation der Organfunktionen ein.

Definition

Die Phase des Sterbens bezeichnet man als Agonie, deren Dauer in Abhängigkeit vom schädigenden Agens und den verbleibenden Reaktionsmöglichkeiten stark variieren kann.

Ultrakurze bzw. fehlende Agonie (Bruchteile von Sekunden). Bei vollständiger gröbster Zertrümmerung des Körpers (etwa Explosionsverletzungen).

Kurze Agonie (im Minutenbereich). Tritt bei vielen rechtsmedizinisch-relevanten gewaltsamen Todesfällen (Strangula-

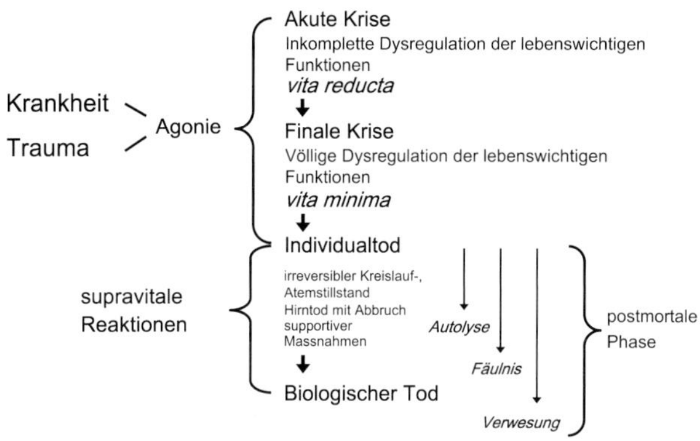

Abb. 2.4. Schema der agonalen Abläufe (modifiziert nach Berg)

tion, Ertrinken, Verbluten bei Stichverletzungen mit Beteiligung großer Gefäße) aber auch Todesfällen aus natürlicher Ursache (akuter Myokardinfarkt, fulminante Lungenthrombembolie) auf. Die kurzen Agonieformen bei gewaltsamen Todesfällen zeichnen sind oftmals durch sehr heftige Reaktionen von Atmung (Dyspnoe bei asphyktischem Ersticken im Gegensatz zum hypoxischen Ersticken), des Kreislaufs (Tachykardie, Blutdruckanstieg) und des ZNS (hypoxiebedingte Krämpfe beim Erhängen) aus.

Lange Agonie (im Stundenbereich). Als Endstadium chronischer Leiden (z.B. Tumorerkrankungen); hier kündigt sich der Tod für Außenstehende erkennbar deutlich an. Art und Dauer der Agonie haben Bedeutung auch für den Ablauf der Leichenerscheinungen.

Der Ausdruck Agonie (Todeskampf) charakterisiert viele gewaltsame Todesfälle zu recht, da durch bewusst erlebten Angriff auf das Leben (Angst, Abwehr, Gegenwehr) heftigste agonale Reaktionen, zum Teil aufgrund der besonderen Pathophysiologie des Sterbevorganges (z.B. asphyktisches Ersticken), ausgelöst werden können.

Viele Sterbevorgänge aus krankhafter innerer Ursache sind demgegenüber begleitet von einer Hypoxie des Gehirns mit Bewusstseinseintrübung und Bewusstlosigkeit, so dass das Sterben nicht mehr bewusst erlebt wird.

Je nach dem, welches Funktionssystem maßgeblich und in welcher Intensität geschädigt wird, unterscheidet man

- den so genannten zentralen Tod,
- das protrahierte Herz- und Kreislaufversagen und
- den akuten Herzstillstand.

Diese Sterbenstypen, die man bei der heute vielfach genutzten Möglichkeit maschinellen Ersatzes versagender Organfunktionen in dieser Deutlichkeit häufig nicht mehr sieht, werden folgendermaßen beschrieben (H. Schneider 1969):

Die entscheidende Folge des **zentralen Todes** ist der Atemstillstand, der um Minuten von Herzaktionen überdauert sein kann. Man findet ihn bei Intoxikationen (z.B. Heroin), Strangulationen aber auch Krankheiten bzw. Traumen mit intrakranieller Drucksteigerung.

Am Ende des **allmählichen Herz- und Kreislaufversagens** erlöschen auch die zentralnervösen Funktionen allmählich. Das EEG zeigt schon vor dem endgültigen Kreislaufstillstand elektrische Stille. Eigen- und Fremdreflexe verschwinden etwa gleichzeitig mit der Reaktion auf taktile Reize. Die Pupillen können noch eng sein, um zuletzt weit, entrundet und lichtstarr zu erscheinen (bei akuter Ischämie nach ca. 2 Minuten). Manchmal ist im Terminalstadium ein flüchtiges Hirnstammsyndrom mit positiven Pyramidenbahnzeichen, motorischen Reizerscheinungen und Bewegungsschablonen zu beobachten. Die Atemlähmung erfasst meist zunächst das Zwerchfell, dann die Interkostalmuskulatur. Letzte Manifestationen seitens des ZNS sind oft Automatismen im Bereich der Zungen-, Mundboden- und Schlundmuskulatur, unterbrochen von frustranen Inspirationszügen. Bei dem Erlöschen der zentralnervösen Aktivität ist ein von kranial nach kaudal fortschreitender Funktionsabbau zu erkennen. Es entspricht experimenteller Erfahrung, dass Hirnstammstrukturen gegenüber Ischämie und Anoxie resistenter sind als viele genetisch jüngere Strukturen (H. Schneider, 1969).

Beim **akuten Herzstillstand** kommt es in Folge perakuter Ischämie des Gehirns innerhalb von 5–10 Sekunden zu einem Verlust von Bewusstsein und Muskeltonus, evtl. zu Krämpfen, nach 15 Sekunden zu Störungen der Spontanatmung. Nach einer apnoischen Pause setzt Schnappatmung ein, die den Kreislaufstillstand einige Minuten überdauern kann.

Die Dauer der Agoniephase ihrerseits nimmt Einfluss auf Zeitdynamik und Ausprägungsgrad postmortaler Erscheinungen.

„Scheintod"

Die Feststellung des eingetretenen Todes kann schwierig sein in der Phase einer Vita minima und Vita reducta mit zunehmender Devitalisierung vor Eintreten sicherer Leichenerscheinungen als Folge des irreversiblen Herz-Kreislauf-Stillstandes. In der Phase der Vita minima und Vita reducta mit Dysregulation der großen Funktionssysteme und ihrer Koordination sowie zunehmender Devitalisierung können die Lebensäußerungen (Respiration, Zirkulation) so darniederliegen, dass sie bei oberflächlicher Untersuchung nicht wahrgenommen werden. Ursachenkomplexe und Umstände, die zu einer Vita minima oder Vita reducta führen können, wurden von dem Berliner Gerichtsmediziner Prokop als AEIOU-Regel zusammengefasst (Tabelle 2.4).

Bei dem Verdacht auf das Vorliegen von Umständen entsprechend der AEIOU-Regel, klinisch also Schlafmittel-, CO-, Alkoholvergiftungen, Unterkühlungen, Elektrounfälle, Apoplex, Hirndruck, metabolische Komata, Anfallsleiden, hypoxische Hirnschädigungen, fehlenden Lebensäußerungen, aber gleichzeitig fehlenden sicheren Todeszeichen, ist größte Vorsicht geboten. Gerade für diese Fälle gilt:

2

Tabelle 2.4. Ursachenkomplexe für eine Vita minima/Vita reductaa

A	Alkohol, Anämie, Anoxämie
E	Elektrizität/Blitzschlag
I	Injury (Schädelhirntrauma)
O	Opium, Betäubungsmittel, zentral wirksame Pharmaka
U	Urämie (andere metabolische Komata), Unterkühlung

[a] Siehe Stellungnahme des Wissenschaftlichen Beirats der Bundesärztekammer: Kriterien des Hirntodes, Entscheidungshilfen zur Feststellung des Hirntodes. 2. Fortschreibung vom 29.06.1991 (Deutsches Ärztebl 1991, B 2855–B 2860) (nach Prokop 1976)

Wichtig

Keine Todesbescheinigung ohne sichere Todeszeichen.

Im Zweifelsfall ist als Arzt zu warten oder anderweitige ärztliche Hilfe zu holen (Notarzt) bzw. eine Krankenhauseinweisung zu veranlassen. Das Verhalten des Arztes wird dabei in jedem Fall auch von der Kenntnis der Anamnese und Prognose des Patienten bestimmt sein.

Die sog. **unsicheren Todeszeichen:** Lichtstarre weite Pupillen, Areflexie, fehlende Herztätigkeit, fehlende Atmung, Absinken der Körperkerntemperatur, sagen bei unsachgemäßer Prüfung wenig aus, insbesondere wenn nicht die Frage nach der Reversibilität/Irreversibilität des vorgefundenen Zustandes gestellt wird (Tabelle 2.5). So sagt beispielsweise das Fehlen eines peripheren Pulses bei Zentralisation des Kreislaufes, etwa bei Unterkühlung, nichts über eine fehlende Herztätigkeit aus. Minimale Atemexkursionen bei Bauchatmung sind an vollständig bekleideten Personen nicht unbedingt „ins Auge fallend". Eine sich kalt anfühlende Körperoberfläche bei niedriger Umgebungstemperatur und nasser Bekleidung lässt keine Rückschlüsse auf die Körperkerntemperatur zu. Bei Beurteilung der Pupillenweite ist immer an das Vorliegen von Intoxikationen (sog. ABC-Gifte) zu denken.

Der Problematik einer solchen Übergangsphase unter der ärztlichen Behandlung wird die weitere in manchen Leichenschauformularen als sicheres Todeszeichen aufgeführte Kategorie der erfolglosen Reanimationsbehandlung von ... Minuten Dauer, gesichert durch nicht nachweisbare Herztätigkeit im EKG, gerecht.

Bei den Funktionsverlusten bei klinischem Tod (Bewusstlosigkeit, Koma, Ausfall der Spontanatmung, Kreislaufstillstand, Ausfälle der Hirnstammreflexe) kann bei ordnungsgemäßer Reanimation mit adäquater Herzmassage dann der Tod festgestellt werden, wenn nach ca. 30–40 Minuten mehrfache Kontrollen keine Spontanatmung, keine spontane Herztätigkeit oder Reflextätigkeit ergeben haben oder wenn die Irreversibilität des Kreislaufstillstandes etwa durch ein 30-minütiges Nulllinien-EKG belegt ist (Tabelle 2.6).

Zentral wirksame Intoxikationen und allgemeine Unterkühlung müssen ausgeschlossen sein. Die Notärzte haben folgenden Grundsatz formuliert: „No one is dead, until he is warm and dead." Die Todesfeststellung darf erst erfolgen, wenn die Reanimation erfolglos bleibt und die Körperkerntemperatur mindestens 32°C beträgt. Bei Beachtung dieser Voraussetzungen und Hinzuziehung der notwendigen apparativen Zusatzuntersuchungen (EKG) kann in diesen Fällen auch vor dem Auftreten von Leichenerscheinungen die Irreversibilität der Funktionsausfälle bei klinischem Tod gesichert werden. In diesem Sinne äußern sich auch die von der Bundesärztekammer herausgegebenen Richtlinien für die Wiederbelebung und Notfallversorgung. Bei 30–40minütiger frustraner Reanimation ohne Zustandekommen einer suffizienten Kreislauffunktion dürften dann relativ bald auch erst die Livores auftreten, sodass

Tabelle 2.5. So genannte unsichere Todeszeichen

Scheintod – Vita minima – Vita reducta
– Lichtstarre weite Pupillen, – Areflexie, – Fehlen der Herztätigkeit, – Fehlen der Atmung und – Absinken der Körperkerntemperatur sind keine „unsicheren Todeszeichen", weil – Fehlen eines peripheren Pulses ≠ fehlende Herztätigkeit – Minimale Atemexkursionen bei Bauchatmung an vollständig bekleideter Person nicht unbedingt ins Auge springend – Sich kalt anfühlende Körperoberfläche bei 2°C Außentemperatur und nasser Bekleidung – wo geprüft, vielleicht an den Händen? – ≠ Kerntemperatur (Wärmeregulation in Kälte – Schalen-Minimaldurchblutung) – Pupillenweite? Reaktion auf Lichtreize? ABC-Gifte – Eigen-, Fremdreflexe, andere als Kornealreflex? Nicht sorgfältige Prüfung oder falsche Prüfung von Lebenszeichen ist keine ausreichende Begründung, von „unsicheren" Zeichen des Todes zu sprechen.

Tabelle 2.6. Feststellung des Todes unter der Reanimation (Nach Richtlinien für die Wiederbelebung und Notfallversorgung, herausgegeben von der Bundesärztekammer 1991)

Abbruch der Reanimation

Als zuverlässiges Kriterium für das Einstellen einer korrekt durchgeführten, aber erfolglosen Reanimation gilt daher aus medizinischer und juristischer Sicht nur das endgültige Scheitern der Wiederbelebung des Herzens. So wird man im allgemeinen die Herz-Lungen-Wiederbelebung abbrechen, wenn bei korrekt durchgeführter Technik nach 30–40 Minuten kein Erfolg der Maßnahmen erkennbar ist bzw. die Reanimierbarkeit des kardiovaskulären Systems als unwahrscheinlich angesehen werden muss. Dazu zählen folgende Kriterien:

- Keine elektrische Spontanaktivität (Nulllinien-EKG).
- Zeichen elektromechanischer Entkopplung (deformierte Kammerkomplexe im EKG, ohne dass an den großen Arterien ein Puls tastbar ist).
- Anhaltendes und nicht defibrillierbares Kammerflimmern mit Verlangsamung der Flimmerfrequenz und Fortschreiten der Amplitudenabnahme.
- Bei Vorliegen dieser Zeichen kann von einem definitiven und irreversiblen Herztod ausgegangen werden, sofern der Patient normotherm ist und keine besonderen Umstände vorliegen.
- Bei unterkühlten Patienten, Beinahe-Ertrunkenen oder bei Fällen von Intoxikation dagegen müssen Reanimationsmaßnahmen über den angegebenen Zeitpunkt hinaus bis zur Wiedererwärmung bzw. Detoxikation fortgeführt werden. Erst danach ist eine Entscheidung über das Beenden der Bemühungen medizinisch sinnvoll.

auch in diesen Fällen ohne weiteren zeitlichen Verzug das Vorhandensein sicherer Todeszeichen (Leichenerscheinungen) zusätzlich geprüft werden kann. Stehen einem Arzt keine apparativen Zusatzuntersuchungsmöglichkeiten (EKG) zur Verfügung, muss zur sicheren Feststellung des Todes auf das Auftreten der klassischen sicheren Todeszeichen (Totenflecke, Totenstarre) abgestellt werden.

Ein **Paradebeispiel für ärztliche Fehlleistungen** bei der Todesfeststellung ist der Fall der Krankenschwester Minna Braun, publiziert in der DMW 1919. Da praktisch sämtliche Fälle falscher Todesfeststellungen bei noch Lebenden dem gleichen Muster folgen, sei der Fall mit seinen gedanklichen Fehlschlüssen kurz geschildert:

Fallbeispiel

Minna Braun, eine 23-jährige Krankenpflegerin, erwarb am 27. Oktober in einer Apotheke Morphium und Veronal, begab sich bei nasskalter Witterung in den Grunewald und nahm in suizidaler Absicht beide Medikamente ein. Am 28. Oktober wird Minna Braun mit „geringen Lebenszeichen" aufgefunden, stirbt scheinbar auf dem Transport (ins Krankenhaus) und wird in eine Leichenhalle gebracht, wo der Gemeindephysikus Starre, Leichenblässe, völlige Reflexlosigkeit, Fehlen des Pulses, der Atmung und Herztöne feststellte. Aufgeträufeltes Siegellack ergab keine Hautreaktion.

Hier ergibt sich die erste Frage: Wer hat auf dem Transport – doch wohl Richtung Krankenhaus – auf „gestorben" entschieden und die Kursänderung Richtung Friedhof veranlasst? Offenbar kein Arzt, denn der Gemeindephysikus wird erst in die Leichenhalle gerufen. Er stellt außer „unsicheren Todeszeichen" eine „negativ ausgefallene Lebensprobe" („Siegellackprobe") fest.

Derartige Lebensproben sind z.B. das Halten eines Spiegels oder einer Flaumfeder vor die Atemöffnungen zur Prüfung der Respiration (Bewegung der Flaumfeder, Beschlagen des Spiegels). Die Siegellackprobe prüft, ob es bei thermischer Schädigung der Haut zu einer reaktiven Hyperämie kommt. Bei Zentralisation des Kreislaufes kann die Siegellackprobe natürlich auch zu Lebzeiten negativ ausfallen. Invasive Lebensproben sind z.B. eine Arteriotomie zur Prüfung, ob noch Zirkulation vorliegt (pulssynchrone arterielle Blutspritzspuren).

Neben negativ ausgefallenen Lebensproben will der Gemeindephysikus im vorliegenden Fall auch Starre festgestellt haben, die im Mittel erst 3–4 Stunden post mortem auftritt. Zu diesem Zeitpunkt, d.h. wenn Totenstarre bereits vorhanden ist, hätten mit Sicherheit als weitere frühe Leichenerscheinungen Totenflecke vorgelegen, die bereits wesentlich früher, nämlich 20–30 Minuten post mortem auftreten. Über Totenflecke wird jedoch nichts gesagt. Der Gemeindephysikus stellt jedoch nicht nur den Tod fest, sondern auch die Todesursache, „wahrscheinlich an Morphiumvergiftung". Aufgrund welcher Befunde er zu dieser Todesursache kommt, bleibt völlig unklar. Bei der akuten Opiatintoxikation kommt es zur typischen klinischen Trias von Koma, Atemdepression und Miosis. Solange die Pupillen eng sind, ist der Mensch noch nicht verstorben. Erst nach Eintritt einer zerebralen Hypoxie, aufgrund der Atemdepression und des sich ausbildenden Lungenödems, kommt es zu einer Pupillenerweiterung. Liegen infolge hypoxischer Hirnschädigung weite Pupillen vor, kann jedoch aufgrund der Befunde keine Morphiumvergiftung mehr diagnostiziert werden.

Minna Braun wird eingesargt, 14 Stunden später stellt ein Kriminalbeamter im Rahmen der Identifizierung des Leichnams nach Öffnung des Sarges fest, dass die Verstorbene bläulich gefärbte Wangen aufweist, ferner nimmt er leichte Kehlkopfbewegungen wahr. Der erneut hinzugezogene Gemeindephysikus stellt wiederum Fehlen der Atmung und des Pulses fest, nunmehr hört er jedoch einige dumpfe Herztöne. Minna Braun wird ins Krankenhaus eingewiesen. Im Krankenhaus ist die Patientin leichenblass, starr, bewusstlos, völlig reaktionslos, Pupillen eng, Atmung und Puls fehlen völlig. Im Verlauf der Behandlung lässt die Steifigkeit der Glieder und des Nackens nach.

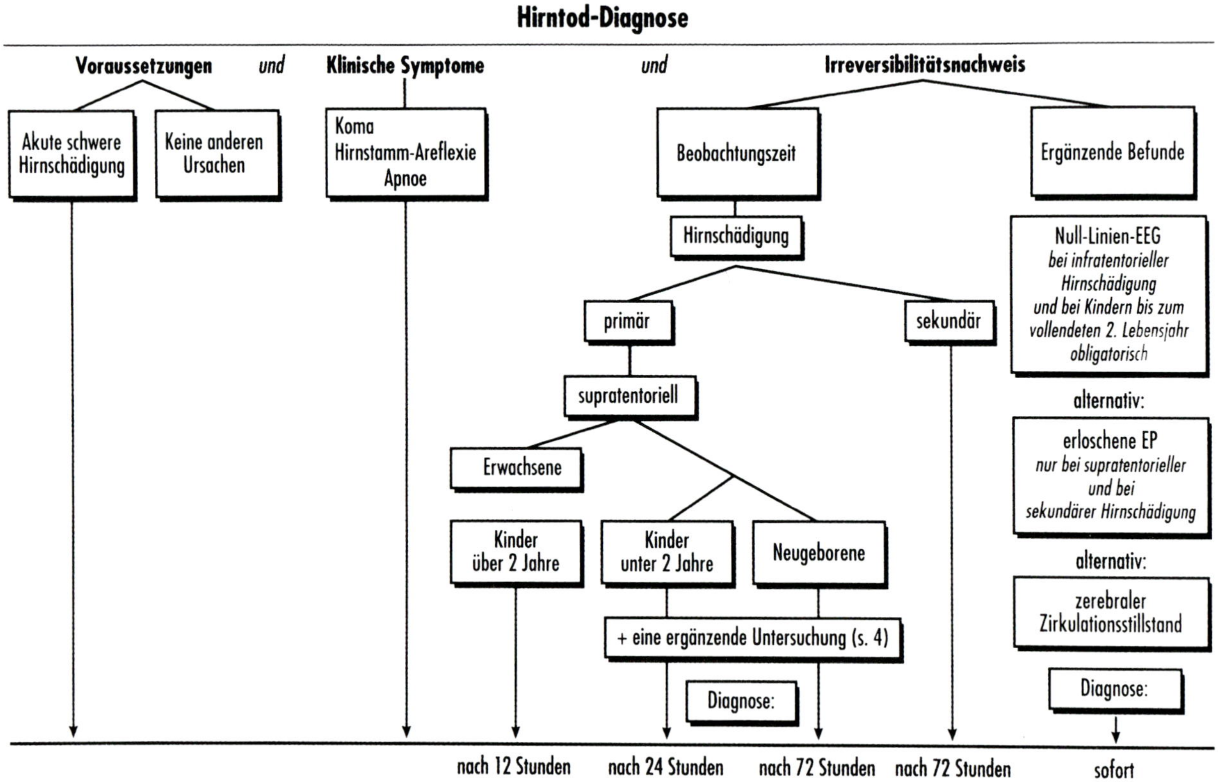

Abb. 2.5. Flussdiagramm zu Voraussetzungen, klinischen Symptomen und Nachweis des Hirntodes (aus: Dtsch. Ärztebl. 94, 1997)

Im Fall von Minna Braun lagen zwei typische Ursachen für eine Vita minima und für eine Vita reducta vor: eine Intoxikation mit zentralwirksamen Medikamenten (Morphium und Veronal) mit Atemdepression und eine vitale allgemeine Unterkühlung. Bei der Starre handelte es sich um eine typische Kältestarre, die im Rahmen einer Unterkühlung bei Körperkerntemperaturen von 33–30 °C auftritt. Ihre differentialdiagnostische Abgrenzung gegenüber der Totenstarre wäre eindeutig möglich gewesen, hätte der Arzt sein Augenmerk auch den Totenflecken zugewandt.

Die Kombination von Medikamentenintoxikation mit allgemeiner Unterkühlung ist die häufigste Ursache für eine Vita minima und Vita reducta mit fälschlicher Attestierung des Todes, wie sie auch heute noch immer wieder vorkommt. Die „Vitalität" wird dann meistens von Kriminalbeamten oder Bestattern erkannt. Geschlechtsspezifisch scheinen Frauen häufiger von einer fälschlichen Attestierung des Todes betroffen zu sein als Männer.

Die Angst vor dem Scheintod und die Furcht, lebendig begraben zu werden führte zu Beginn des 19. Jahrhunderts zur Einrichtung von öffentlichen Leichenhallen und zum Erlass von bis heute geltenden Bestattungsfristen, vor deren Ablauf niemand beerdigt werden durfte: Man wollte den Verstorbenen noch genügend lange unter öffentlicher Beobachtung haben, um sicher zu sein, dass er tot ist. Es wurden sogar Scheintodrettungsapparate entwickelt und Sicherheitssärge beim Reichspatentamt zum Patent angemeldet.

Berichte über Scheintodesfälle fanden sich darüber hinaus in der bildenden Kunst sowie in der Literatur, die teilweise heute unfreiwillige Komik hervorrufen:

„Wisst ihr nicht wie weh das tut, wenn man wach im Grabe ruht".

„In stürmischer Nacht im Grab erwacht".

Hirntod

Anders als den Lebensbeginn haben die Juristen das Lebensende lange Zeit nicht definiert. Die Frage, wann der Tod eingetreten ist, hat der Gesetzgeber als naturwissenschaftlich feststehend und daher nicht regelungsbedürftig angesehen. Man nahm dabei Bezug auf Friedrich Carl von Savigny, der in seinem System des heutigen Römischen Rechts schreibt:

> „Der Tod als die Grenze der natürlichen Rechtsfähigkeit ist ein so einfaches Naturereignis, dass derselbe nicht so wie die Geburt eine genaue Feststellung seiner Elemente nötig macht."

Mit der Entwicklung von Reanimation und Intensivmedizin, der Möglichkeit des maschinellen Ersatzes der Herz- und Kreislauffunktion bedurfte es freilich für die Fälle, in denen das Organ Gehirn nach primärer oder sekundärer Hirnschädigung seine integrative Funktion irreversibel eingestellt hat unter dem Gesichtspunkt des normativen Lebensschutzes eines weiteren Todeskriteriums, z.B. um die Ärzte im Zusammenhang mit dem Abschalten der Beatmung oder der Explantation von Organen vor strafrechtlichen Sanktionen zu schützen.

Bereits im klassischen Lehrbuch der gerichtlichen Medizin von E. v. Hofmann heißt es, dass zu den primären oder unmittelbaren Todesursachen

> „die Vernichtung oder grobe Beschädigung eines oder mehrerer zum Leben unumgänglich notwendiger Organe, zum Beispiel des Gehirns, ... der Lunge oder des Herzens" gehöre. „Die Zerstörung der betreffenden Organe und die dadurch sofort bewirkte Funktionsaufhebung derselben ist so klar, dass es genügt, diese Zerstörung als nächste Todesursache zu bezeichnen und vollkommen überflüssig erscheint, etwa noch eine weitere, in streng physiologischem Sinne herbeizuziehen."

Korrespondierend hierzu schreibt bereits Bichat in seinen Physiologischen Untersuchungen über den Tod:

> „Jede Art des plötzlichen Todes beginnt in der Tat mit der Unterbrechung des Blutkreislaufes, der Atmung oder der Hirntätigkeit. Eine dieser Funktionen sistiert zuerst – alle anderen hören dann sukzessive auf."

Der irreversible Funktionsverlust des Gehirns als Eintrittspforte des Todes war also lange vor Einführung der Hirntodkriterien bekannt und akzeptiert. Dieses Todeskriterium musste neu „begründet" werden, da der nach Ausfall der Gesamthirnfunktion regelhafte Funktionsverlust von Atmung und Kreislauf maschinell unterbunden werden konnte.

Der Hirntod ist folgendermaßen definiert:

Definition

„Hirntod" ist der Zustand des irreversiblen Erloschenseins der Gesamtfunktion des Großhirns, des Kleinhirns und des Hirnstammes bei einer durch kontrollierte Beatmung noch aufrecht erhaltenen Herz-Kreislauf-Funktion. Der Hirntod ist der Tod des Menschen.

Die von der Bundesärztekammer herausgegebenen Richtlinien zur Feststellung des Hirntodes (◘ Abb. 2.5+2.6, ◘ Tabelle 2.7) besitzen nur für eine kleine Gruppe von Fällen praktische Relevanz. Bei der überwiegenden Anzahl der Todesfälle sind nach wie vor die klassischen Todeskriterien heranzuziehen. Dem funktional aufgespaltenen Todesbegriff einerseits aus der Sicht ex ante, etwa im Zusammenhang mit Abschalten der Beatmung oder der Explantation von Organen, andererseits aus der Sicht ex post nach eingetretenem Herz-Kreislauf- bzw. Atemstillstand, trug sehr differenziert der Münsteraner Jurist Harry Westermann Rechnung, der einen Handlungs- und Feststellungsbegriff des Todes unterschied:

Vom Hirntod und der Notwendigkeit seiner Feststellung sei nur dort auszugehen, wo der festgestellte Tod Grundlage eines Handelns, insbesondere eines Eingriffes sein soll oder wo der Begriff die Beendigung der lebenserhaltenden Behandlung bestimmen soll. Im Übrigen könne man sich mit der Feststellung des irreversiblen Kreislaufstillstandes als Feststellungsbegriff des Todes begnügen. Handlungs- und Feststellungsbegriff sind funktionale Begriffe, abgestimmt auch auf die medizinischen Feststellungsmöglichkeiten aus der Sicht ex ante bzw. ex post.

2.1.3 Feststellung der Todesursache und Qualifikation der Todesart

Die meisten Todesbescheinigungen der Bundesländer richten sich nach den Empfehlungen der WHO und dem WHO-Muster der Todesbescheinigung „International Form of Medical Certification of Cause of Death".

Todesursachendiagnostik gemäß WHO-Richtlinien

Im vertraulichen Teil der Leichenschauformulare ist unter der Rubrik „Todesursache" der Krankheitsverlauf gemäß den Regeln der WHO (◘ Abb. 2.7) in einer Kausalkette vom ausstellenden Arzt zu dokumentieren. Dabei ist

- in Zeile Ia die unmittelbare Todesursache anzugeben,
- in Zeilen Ib und Ic die vorangegangenen Ursachen – Krankheiten, die die unmittelbare Todesursache unter Ia herbeigeführt haben, mit der ursprünglichen Ursache (Grundleiden) an letzter Stelle.

Schließlich sind in Zeile II andere wesentliche, mit zum Tode führende Krankheiten ohne Zusammenhang mit dem Grundleiden aufzuführen.

Die Todesursachenstatistik der Bundesrepublik Deutschland basiert auf den Angaben zur Todesursache im vertrau-

◘ Tabelle 2.7. Kriterien des Hirntodes: Entscheidungshilfen

1. Voraussetzungen
- Akute schwere primäre oder sekundäre Hirnschädigung
- Ausschluss von Intoxikation, neuromuskulärer Blockade, Unterkühlung, Kreislaufschock, metabolisches oder endokrines Koma

2. Klinische Symptomatik
- Bewusstlosigkeit
- Lichtstarre beider mittel- bis maximal erweiterten Pupillen (keine Mydriatikumapplikation)
- Fehlen des okulozephalen Reflexes
  - des Kornealreflexes
  - von Schmerzreaktionen im Trigeminusbereich
  - des Pharyngealreflexes
- Ausfall der Spontanatmung

3. Ergänzende Untersuchungen
- Nulllinien-EEG
- Erlöschen der evozierten Potentiale
- Zerebraler Zirkulationsstillstand

(Muster-)Protokoll zur Feststellung des Hirntodes

Name__________ Vorname__________ geb.:__________ Alter:__________

Klinik:__________

Untersuchungsdatum:__________ Uhrzeit:__________ Protokollbogen-Nr.:__________

1. Voraussetzungen:

1.1 Diagnose__________

Primäre Hirnschädigung:__________ supratentoriell__________ infratentoriell__________

Sekundäre Hirnschädigung:__________

Zeitpunkt des Unfalls/Krankheitsbeginns:__________

1.2 Folgende Feststellungen und Befunde bitte beantworten mit ja oder nein

Intoxikation	ausgeschlossen:__________
Relaxation	ausgeschlossen:__________
Primäre Hypothermie	ausgeschlossen:__________
Metabolisches oder endokrines Koma	ausgeschlossen:__________
Schock	ausgeschlossen:__________
Systolischer Blutdruck	__________mmHg

2. Klinische Symptome des Ausfalls der Hirnfunktion

2.1 Koma__________

2.2 Pupillen	weit / mittelweit Lichtreflex beidseits	fehlt__________
2.3 Okulo-zephaler Reflex (Puppenkopf-Phänomen)	beidseits	fehlt__________
2.4 Korneal-Reflex beidseits		fehlt__________
2.5 Trigeminus-Schmerz-Reaktion beidseits		fehlt__________
2.6 Pharyngeal-/Tracheal-Reflex		fehlt__________
2.7 Apnoe-Test bei art. $p_a CO_2$ __________mmHg		erfüllt__________

3. Irreversibilitätsnachweis durch 3.1 oder 3.2

3.1 Beobachtungszeit:

Zum Zeitpunkt der hier protokollierten Untersuchungen bestehen die obengenannten Symptome seit __________ Std.

Weitere Beobachtung ist erforderlich mindestens 12/24/72 Stunden ja__________ nein__________

3.2. Ergänzende Untersuchungen:

3.2.1 Isoelektrisches (Null-Linien-) EEG, 30 Min. abgeleitet:	ja	nein	Datum	Uhrzeit	Arzt
3.2.2 Frühe akustisch evozierte Hirnstamm-potentiale Welle III–V beidseits erloschen	ja	nein	Datum	Uhrzeit	Arzt
Medianus-SEP beidseits erloschen	ja	nein	Datum	Uhrzeit	Arzt

3.2.3 Zerebraler Zirkulationsstillstand beidseits festgestellt durch:

Dopplersonographie:__________ Perfusionsszintigraphie:__________ Zerebrale Angiographie:__________

Datum__________ Uhrzeit__________ untersuchender Arzt__________

Abschließende Diagnose:

Aufgrund obiger Befunde, zusammen mit den Befunden der Protokollbögen Nr.__________, wird der Hirntod und somit der **Tod des Patienten** festgestellt am:__________ um__________ Uhr.

Untersuchender Arzt:__________ __________

Name Unterschrift

Abb. 2.6. Musterprotokoll zur Feststellung des Hirntodes (aus: Dtsch. Ärztebl. 94, 1997)

lichen Teil der Todesbescheinigung. Dabei wird die Todesursachenstatistik derzeit unikausal oder monoätiologisch aufbereitet; von der auf den Todesbescheinigungen angegebenen Todesursache wird nur eine, das Grundleiden, ausgewählt. Die Regeln der WHO sehen dabei vor, dass die Eintragungen zur Todesursache von der unmittelbar zum Tode führenden Ursache retrospektiv zum Grundleiden zurückführen. Das Grundleiden ist dabei folgendermaßen definiert:

Definition

Das Grundleiden ist die Krankheit oder Verletzung, die den Ablauf der direkt zum Tode führenden Krankheitszustände auslöste oder die Umstände des Unfalles oder der Gewalteinwirkung, die den tödlichen Ausgang verursachten (Christian 1971).

Eine formal richtig gestaltete Todesursachenkaskade, die von der unmittelbaren Todesursache zum Grundleiden zurückführt, wäre z.B:

- Ia) Ösophagusvarizenblutungen als Folge von
- Ib) Pfortaderstauung als Folge von
- Ic) Leberzirrhose (Grundleiden)
- II) Diabetes mellitus oder
- Ia) Retentionspneumonie als Folge von
- Ib) obturierendem Bronchialkarzinom.

Als Grundleiden in die Todesursachenstatistik würde in diesen Fällen die Leberzirrhose bzw. das Bronchialkarzinom eingehen. Keinesfalls sollten in Position Ia funktionelle Endzustände wie Atemstillstand, Herzkreislaufversagen usw. aufgeführt werden, da diese funktionellen Endzustände konstitutiver Bestandteil jedes Sterbeprozesses sind. Freilich findet man bei den Angaben

Todesursache		Ungefähre Zeitspanne zwischen Beginn der Krankheit und Tod
I **Direkt zum Tode führende Krankheit (oder Zustand) *)**	a).................................. bedingt durch (Folge von)	....
vorausgegangene Ursachen **Krankheitszustände, welche zu der oben angeführten Ursache geführt haben, mit der ursprünglichen Ursache an letzter Stelle**	b).................................. bedingt durch (Folge von)	....
	c).................................. bedingt durch (Folge von)	....
	d).................................. Grundleiden	....
II **Andere wesentliche Krankheitszustände, die zum Tode beigetragen haben, ohne mit der Krankheit selbst oder mit dem die Krankheit verursachenden Zustand im Zusammenhang zu stehen.**	....	....
*) ***Hierunter fällt nicht die Art des Todeseintritts, wie z.B. Herz-Kreislaufversagen, Atemstillstand usw. sondern die Krankheit, Verletzung oder Komplikation, welche den Tod herbeiführt.***		

Abb. 2.7. Internationales Formblatt der ärztlichen Todesbescheinigung mit Angabe der Todesursachenkaskade vom Grundleiden zur letztendlichen Todesursache

zur Todesursache unter Ia–c häufig die nichts sagendsten Diagnosen wie:

- Herzversagen,
- Herzstillstand,
- Hirnversagen und
- Tod im Schlaf.

Die Rubrik Ia zur Todesursache muss in jedem Fall ausgefüllt werden. Anzugeben sind Krankheiten, Verletzungen oder Komplikationen, die den Tod unmittelbar verursachten. Wenn die Angaben unter Ia Folge einer anderen Bedingung („Folge von") waren, sind diese unter Ib anzugeben. Entsprechend sind die Angaben unter Ib unter Umständen auf ein Grundleiden unter Ic zurückzuführen. Wenn freilich die Todesursache unter Ia keine Folge weiterer Komplikationen oder Grundleiden ist, bedarf es keiner weiteren Eintragungen, z.B:

- Ia) Schädelhirndurchschuss oder
- Ia) Opiatintoxikation.

Erschöpft sich die Kausalkette nicht in drei Stufen, kann dies durch handschriftliche Zusätze deutlich gemacht werden. Die in der rechten Spalte anzugebende Zeitdauer vom Krankheitsbeginn bis zum Tod dient gleichzeitig der Kontrolle der Plausibilität, ob die Kausalverläufe zwischen Grundleiden, Folgezuständen und Todesursache richtig angegeben sind.

Bei Unfällen, Vergiftungen, Gewalteinwirkungen usw. sollen kurze Angaben zur äußeren Ursache und Art der Verletzung und Vergiftung gemacht werden.

Ist die unmittelbare Todesursache Folge einer Behandlungskomplikation oder eines Behandlungsfehlers, sollte diese Komplikation unter Ib aufgeführt werden. Notwendig sind jedoch Angaben zu den Umständen der Komplikation und Indikation (Grundleiden) ggf. unter Ic. In der Regel fließen die Angaben unter Ic in die Todesursachenstatistik ein. Durchdachte Angaben zur Todesursache und ihre gedankliche Gliederung in Grundleiden, Folgezustände und unmittelbare Todesursache sind im Übrigen wesentliche Voraussetzung für eine verantwortungsvolle Qualifikation der Todesart. Im Folgenden sollen, orientiert an den Instruktionen der WHO „Medical Certification of Death", einige Beispiele zur Todesursachenzertifikation gebracht werden:

Fallbeispiele

Beispiel 1: Ein 63 Jahre alt gewordener Mann mit chronischen Duodenalulcera stirbt einige Tage nach Operation einer Duodenalperforation an einer postoperativen Peritonitis, zudem bestand ein Bronchialkarzinom.

Ia Peritonitis (Tage)
Ib Perforation eines Duodenalulkus (1 Woche)
Ic Chronisches Duodenalulkus (4 Jahre)
II Kleinzelliges Bronchialkarzinom des linken Lungenunterlappens

Beispiel 2: Eine 41-jährige Patientin stirbt 4 Jahre nach einem Narkosezwischenfall mit der Folge eines apallischen Syndroms an einer Pneumonie.

Ia Pneumonie
Ib Apallisches Syndrom, Bettlägerigkeit
Ic Narkosezwischenfall
Zugleich wäre in diesem Fall die Todesart als nichtnatürlich zu qualifizieren.
Beispiel 3: Eine 74 Jahre alt gewordene Frau stürzt zu Hause und erleidet eine Fraktur des Schenkelhalses. Seit einer zerebralen Thrombose vor einigen Jahren leidet sie an einer Hemiparese. Während des immobilisationsbedingten Krankheitslagers erleidet sie eine hypostatische Pneumonie, an der sie verstirbt.
Ia Hypostatische Pneumonie (1 Tag)
Ib Immobilisation (2 Monate)
Ic Pertrochantäre Femurfraktur (2 Monate)
Id Häuslicher Sturz
II Hemiparese nach alter Thrombose (2 Jahre)
Zugleich wäre in diesem Fall die Todesart als nichtnatürlich zu qualifizieren.

Graduierung morphologischer und klinischer Befunde hinsichtlich ihrer todesursächlichen Dignität; Sterbenstypen. Bei den Eintragungen zur Todesursache sollten sich die klinischen Kollegen, insbesondere wenn es sich um mehrfaktorielle Sterbeprozesse handelt, an in der Rechtsmedizin seit langem etablierten Graduierungen von Befunden hinsichtlich ihrer todesursächlichen Dignität, wie sie seit Richter seit mehr als 90 Jahren üblich sind, orientieren.

Obduktionsbefunde werden hinsichtlich ihrer Todesursachenwertigkeit in drei Gruppen eingeteilt:
- **Gruppe 1:** Befunde, die aufgrund ihres Schweregrades und ihrer Lokalisation für sich allein und ohne Einschränkung den Tod eines Menschen erklären.
- **Gruppe 2:** Organveränderungen, die den Tod erklären, aber nicht die Plötzlichkeit des Todeseintritts. Hinzu tritt eine äußere und innere Gelegenheitsursache in Form von innerer Disposition oder äußeren Geschehnissen.
- **Gruppe 3:** Todesfälle, bei denen trotz sorgsamster Untersuchung keine Todesursache aufzufinden ist.

Diese Graduierung kann – zumindest bei Fällen, in denen genügend Zeit für eine sorgsame Diagnostik bestand – mit Gewinn auch klinisch angewandt werden. Ebenso wertvoll dürfte die Evaluierung des Sterbenstypus sein (◘ Abb. 2.8). Der Rekonstruktion von Sterbenstypen aus den pathologisch-anatomischen Befunden wie ebenso aus dem klinischen Bild unter Einbeziehung aller mittels Zusatzuntersuchungen gewonnener Befunde liegt die Überlegung zugrunde, dass der Tod das Resultat einer Summation von Störeffekten darstellt, d.h. „von Bedingungen auf der Basis von Multimorbidität und Polysymptomatik“ (Leiss 1982).

Aus den morphologischen Befunden, analog aus den klinischen Daten, der Verfolgung der Krankheitsgeschichte, der Entwicklung von Krankheiten zum Tode, wurden auf der Basis verschiedener Obduktionskollektive folgende Sterbenstypen abgegrenzt, die auch als „thanatologische Brücke zwischen Grundleiden und Todesursache“ bezeichnet wurden:
- linearer Sterbenstyp,
- divergierender Sterbenstyp,
- konvergierender Sterbenstyp und
- komplexer Sterbenstyp.

Übereinstimmung klinisch und autoptisch festgestellter Todesursachen. Zur Validität der klinischen Todesursachendiagnostik liegen zahlreiche Statistiken vor. In der Regel handelt es sich dabei um eine autoptische Kontrolle der klinischen Diagnosen zu Grundleiden und Todesursache. In älteren Statistiken werden Fehlerquoten zwischen 33 und 100% angegeben.

Die Rate der Übereinstimmung bzw. Nichtübereinstimmung zwischen klinisch angegebener und autoptisch verifizierter Todesursache ist naturgemäß abhängig von der
- Definition,
- der ausgewerteten Krankheitsklasse,
- dem Lebensalter,
- dem untersuchten Patientengut (ambulant, stationär, spezialisiertes Krankenhaus),
- der Dauer des Klinikaufenthaltes und
- der Autopsierate.

Eine rein formalistische Betrachtung mit Vergleich der ICD-Ziffern macht dabei wenig Sinn. Die Nichtübereinstimmung zwischen klinisch und autoptisch festgestellten Todesursachen muss weiter operationalisiert werden, bevor von Fehldiagnosen gesprochen werden kann:
- wenn aufgrund abgeschlossener diagnostischer Entscheidungsprozesse eine Erkrankung bei einem Patienten definitiv angenommen wird, die sich später als unrichtig erweist;
- wenn eine Behandlung eingeleitet wurde, die dem später erkannten Krankheitsbild nicht gerecht wird, und sich durch das Nichterkennen der tatsächlich vorliegenden Erkrankung die Prognose des betreffenden Patienten verschlechtert (Kirch 1996).

Von der Fehldiagnose sind abzugrenzen die Differentialdiagnose und die Arbeitsdiagnose. Bei der hohen Diskrepanz zwischen klinisch und autoptisch festgestellten Todesursachen können nicht alle Fälle als Fehldiagnose etikettiert werden, da bei der für eine klinische Diagnostik zur Verfügung stehenden Zeit manche Diagnose eher als Arbeits- oder vorläufige Diagnose bezeichnet werden sollte.

Die Relativität zur Trennschärfe beinhaltet das Verhältnis von weit und eng gefassten Diagnosen. Die diagnostisch, prognostisch und therapeutisch ausschlaggebenden eng gefassten Diagnosen laufen naturgemäß eher Gefahr falsch zu sein, als weit gefasste Diagnosen.

Retrospektive Analysen ergaben eine gleich bleibende Frequenz von ca. 10% Fehldiagnosen und ca. 10% nicht gestellter Diagnosen. Dabei blieben – auch nach Studien aus den USA –

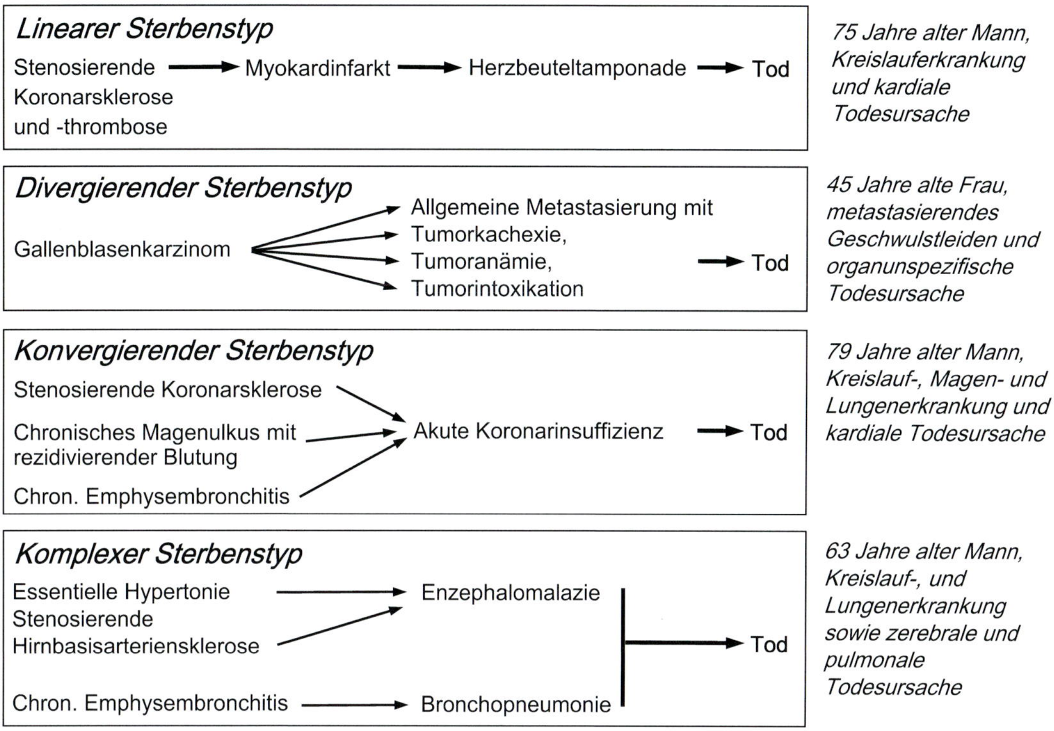

Abb. 2.8. „Sterbenstypen". Beispiele für linearen, divergierenden, konvergierenden und komplexen Sterbenstypus

die Fehldiagnosen mit therapeutischen Konsequenzen mit 10% und die Fehldiagnosen in einer Hauptdiagnose ohne therapeutische Konsequenz mit 12% über einen Zeitraum von 20 Jahren (1960–1980) konstant; dies trotz der verbesserten Möglichkeiten einer Diagnostik mit bildgebenden, klinisch-chemischen, mikrobiologischen und molekularbiologischen Verfahren.

In 20 bis 50% werden nach wie vor Erkrankungen wie Myokardinfarkt, Leberzirrhose, maligne Tumore und Tuberkulose klinisch nicht erkannt.

Auch hinsichtlich der Lungenthrombembolien zeigt sich, dass die Rate klinisch erkannter Embolien im Vergleich zu autoptisch verifizierten über vier Jahrzehnte relativ konstant geblieben ist.

Von den zahlreichen Untersuchungen zur Validität der klinischen Todesursachendiagnostik im Vergleich zum pathologisch-anatomischen Befund soll lediglich auf die Görlitzer Studie hingewiesen werden. Im Zeitraum 1986/87 konnten nahezu 100% der Verstorbenen einer Stadt obduziert werden und die klinisch diagnostizierten Grundleiden und Todesursachen mit dem pathologisch-anatomischen Befund verglichen werden. Eine Übersicht über den Übereinstimmungsgrad von Leichenschau- und autoptischer Diagnose, getrennt nach Geschlecht und Sterbeort, gibt die Tabelle 2.8. Bezogen auf das Gesamtmaterial ergab sich in 47% der Fälle keine Übereinstimmung zwischen Leichenschau- und Obduktionsdiagnose, bei Heiminsassen in nahezu 60%. Falsche Diagnosen mit klinischer Konsequenz lagen dabei in insgesamt 25,4% vor, bei in der Klinik und Stadt Verstorbenen in jeweils 22%, bei im Heim Verstorbenen in 41%.

Tabelle 2.8. Übereinstimmung zwischen Leichenschau- und Obduktionsdiagnose. Männer und Frauen nach Sterbeorten in % (Görlitzer Studie; nach Modelmog 1993)

	keine ÜS*		völlige ÜS*		teilweise ÜS*	
	Männer	Frauen	Männer	Frauen	Männer	Frauen
gesamt	45,0	48,8	32,8	33,7	22,2	17,5
Klinik	42,9	44,0	32,7	41,5	24,4	14,5
Heim	63,2	57,8	15,8	16,3	21,0	25,9
Stadt	41,3	50,7	39,3	32,9	19,4	16,4

* ÜS= Übereinstimmung

Diese Ergebnisse der sehr verdienstvollen Görlitzer Studie, die unter den rechtlichen Rahmenbedingungen zur Durchführung von klinischen und Verwaltungssektionen in der Bundesrepublik Deutschland heute nicht mehr möglich wäre, beleuchten eindrucksvoll den schwankenden Boden unserer Todesursachenstatistik, die u.a. eine Basis für die Ressourcenverteilung in unserem Gesundheitswesen darstellt.

Bei der Formulierung der Todesursache sollte sich der leichenschauende Arzt daher unbedingt nichts sagender Diagnosen wie „Herzversagen", „Kreislaufversagen", „Hirnversagen" enthalten. Die am wenigsten substantiierten Diagnosen zur Todesursache stammen nach unserer Erfahrung aus der ambulanten Versorgung (Todesfälle zu Hause, in Altenheimen) im Zuständigkeitsbereich niedergelassener Ärzte.

Qualifikation der Todesart – Begriffe natürlicher und nichtnatürlicher Tod

Definition

Natürlicher Tod ist ein Tod aus krankhafter Ursache, der völlig unabhängig von rechtlich bedeutsamen äußeren Faktoren eingetreten ist.
Nichtnatürlich ist ein Todesfall, der auf ein von außen verursachtes, ausgelöstes oder beeinflusstes Geschehen zurückzuführen ist.

In den meisten Bundesländern wird bei der Qualifikation der Todesart unterschieden zwischen natürlich, nichtnatürlich und ungeklärt. Im Grundsatz gilt:

Zwar taucht der Begriff des unnatürlichen Todes in der Strafprozessordnung auf (§ 159 StPO). Hier wird jedoch lediglich festgestellt, dass bei Anhaltspunkten für einen nichtnatürlichen Tod oder Auffindung des Leichnams eines Unbekannten die Polizei- und Gemeindebehörden zur sofortigen Anzeige an die Staatsanwaltschaft oder an das Amtsgericht verpflichtet sind.

Rechtliche Grundlagen. Eine Legaldefinition des Begriffes des nichtnatürlichen Todes findet sich dagegen weder in der Strafprozessordnung noch im Strafgesetzbuch, dies obwohl dem Arzt mit der Qualifizierung der Todesart eine entscheidende Weichenstellung in unserer Rechtsordnung zukommt: Mit seiner Qualifikation der Todesart entscheidet er darüber, ob ein Todesfall zur weiteren behördlichen Kenntnis gelangt und Ermittlungen aufgenommen werden müssen oder der Leichnam ohne behördliche (kriminalpolizeiliche, staatsanwaltschaftliche) Kenntnis zur Bestattung freigegeben wird. Nach einem Kurzkommentar zur StPO dient der § 159 StPO zur Beweissicherung für den Fall, „dass der Tod durch eine Straftat eines Anderen herbeigeführt worden ist". Trotz der Tatsache, dass der Begriff des nichtnatürlichen Todes in der StPO nicht definiert ist, wird also auf Fälle abgestellt, in denen einen Dritten ein Verschulden am Tod eines Menschen trifft. Dazu wird im gleichen Kommentar ausgeführt, dass nichtnatürliche Todesfälle solche durch „Selbstmord, Unfall, durch eine rechtswidrige Tat oder sonst durch Einwirkung von außen herbeigeführte Todesfälle" seien. Präzisierend heißt es dementsprechend in einer gemeinsamen Bekanntmachung der Staatsministerien der Justiz, des Inneren und der Finanzen des Freistaates Bayern vom 23.02.1973:

> „Nichtnatürlich ist der durch Selbstmord, Unfall, strafbare Handlung oder sonst durch Einwirkung von außen herbeigeführte Tod".

Dies entspricht einer vernunftgemäßen Betrachtung des Begriffes des nichtnatürlichen Todes und entspricht auch der Praxis in benachbarten Staaten sowie der ehemaligen DDR.

Das Fehlen verbindlicher Legaldefinitionen zum Begriff des natürlichen und nichtnatürlichen Todes ist Ursache für viele Reibereien zwischen Ärzten und Ermittlungsbehörden. Die Fehlklassifikationen der Todesart werden auf 1–20% geschätzt, valide epidemiologische Untersuchungen zur Dunkelziffer des nichtnatürlichen Todes fehlen jedoch vollständig und sind für die Bundesrepublik Deutschland bei Fehlen einer gesetzlichen Regelung zur Durchführung von klinischen und Verwaltungsobduktionen auch nicht zu erwarten. Sachkenner haben an der Unterrepräsentation des nichtnatürlichen Todes in der amtlichen Todesursachenstatistik freilich keinen Zweifel.

Infobox

Entsprechend der ordnungsbehördlichen Verordnung über das Leichenwesen vom 07. August 1980 hat der Arzt in Nordrhein-Westfalen bei der Leichenschau festzustellen, ob der Tote eines natürlichen Todes infolge einer bestimmt zu bezeichnenden Krankheit gestorben und wegen dieser Krankheit von einem Arzt behandelt worden ist oder ob Anzeichen einer gewaltsamen Todesart vorliegen. Entsprechend dieser Regelung kommt eine natürliche Todesart lediglich für Fälle in Betracht, in denen der Verstorbene an einer bestimmt zu bezeichnenden Krankheit gelitten hat, wegen dieser Krankheit von einem Arzt behandelt worden ist und an dieser Krankheit verstorben ist, was sich aus der Schwere des zugrunde liegenden Krankheitsbildes und den Umständen des Todeseintritts ergeben müsste. Anamnestisch muss also ein schweres Krankheitsbild klinisch diagnostiziert worden sein, die Prognose quoad vitam muss schlecht gewesen sein. Art und Umstände des Todes müssten mit Anamnese und Prognose kompatibel gewesen sein.

Diese aus der ordnungsbehördlichen Verordnung über das Leichenwesen in Nordrhein-Westfalen abzuleitende Auffassung deckt sich weitgehend mit innerhalb der Rechtsmedizin entwickelten Definitionsansätzen zum natürlichen und nichtnatürlichen Tod.

Definition

Danach wäre als natürlich ein Todesfall zu bezeichnen, in dem der Tod aus innerer krankhafter Ursache und völlig unabhängig von rechtlich bedeutsamen äußeren Faktoren eingetreten ist. Nichtnatürlich wäre ein Todesfall, der auf ein von außen verursachtes, ausgelöstes oder beeinflusstes Geschehen zurückzuführen ist.

Prozedere bei nichtnatürlichem Tod. Die Angabe „nichtnatürlich" ist anzukreuzen bei Anhaltspunkten für einen Tod durch Selbstmord, Unfall, durch eine rechtswidrige Tat i.S. des § 11 Abs. 1 Nr. 5 Strafgesetzbuch (StGB) oder sonst bei einem durch Einwirkungen von außen herbeigeführten Tod. Dies führt zur Einschaltung der Polizei- und Gemeindebehörden, die wiederum gemäß § 159 Abs. 1 Strafprozessordnung (StPO) zur sofortigen Anzeige an die Staatsanwaltschaft oder an das Amtsgericht verpflichtet sind. Diese entscheiden nach Maßgabe der Vorschriften der Strafprozessordnung über weitere Maßnahmen, insbesondere eine Obduktion. Eine Bestattung des dann in der Regel beschlagnahmten Leichnams ist erst möglich, wenn dieser nach Abschluss der Ermittlungen von der Staatsanwaltschaft freigegeben wird. Die Staatsanwaltschaft muss die Bestattung schriftlich genehmigen, § 159 Abs. 2 StPO. Die Feststellung eines nichtnatürlichen Todes führt zur Einschaltung der Ermittlungsbehörden (Polizei, Staatsanwaltschaft), diese können gegebenenfalls nach Maßgabe der Vorschriften der Strafprozessordnung weitere Maßnahmen, insbesondere eine Obduktion des zunächst beschlagnahmten Leichnams veranlassen.

Infobox

Die vom Leichenschauarzt festzustellenden Anhaltspunkte für einen nichtnatürlichen Tod müssen nicht beweisend für einen solchen Tod sein, es reicht, dass derartige Anhaltspunkte auf die auch nur entfernte Möglichkeit einer Straftat, eines Suizids, eines Unfalls etc. hinweisen, so z.B. Spuren, die auf eine Gewaltanwendung hindeuten. Derartige Anhaltspunkte können sich auch aus dem Ort der Auffindung ergeben. Insbesondere bei jüngeren Menschen soll sogar umgekehrt das Fehlen von Anhaltspunkten für einen natürlichen Tod als Anhaltspunkt für einen nichtnatürlichen Tod ausreichen.

Prozedere bei natürlichem Tod. Die Feststellung eines natürlichen Todes durch den Leichenschauarzt bleibt ohne weitere Konsequenzen, der Leichnam kann – soweit nicht eine See- oder Feuerbestattung vorgesehen ist – unmittelbar beerdigt werden.

Bei der Qualifikation der Todesart sollte der Arzt nicht reflektorisch „natürlich" ankreuzen, sondern zunächst Überlegungen über die Abfolge der zum Tode führenden Umstände anstellen. Hierbei ist eine Anlehnung an die Äquivalenztheorie der Kausalität empfehlenswert. Danach ist jede Bedingung, die nicht hinweg gedacht werden kann (Conditio sine qua non), ohne dass zugleich der Erfolg (Eintritt des Todes) entfiele, für den Schadenseintritt (Tod) kausal. Es gibt kein zeitliches Intervall, das die Kausalität zwischen einem am Anfang der zum Tode führenden Kausalkette stehenden äußeren Ereignis und dem Todesereignis unterbricht. Der Tod an Pneumonie 4 Jahre nach einem während einer Narkose erlittenen hypoxischen Hirnschaden mit anschließendem apallischen Syndrom ist selbstverständlich „nicht natürlich". Ebenso selbstverständlich – dies eine häufige Frage aus der Praxis – ist der Tod an einer Lungenembolie 3 Wochen nach einem Verkehrsunfall mit Unterschenkelfraktur nicht natürlich, da am Anfang der zum Tode führenden Kausalkette ein von außen einwirkendes Ereignis stand. In diesem Zusammenhang ist es außerordentlich bedenklich, dass nach einer Umfrage von Berg und Ditt (1984) 6% der Klinikärzte regelmäßig – und nur – einen natürlichen Tod attestieren, 30% kreuzen auch bei Gewalteinwirkung, Vergiftung, Suizid oder ärztlichem Eingriff einen natürlichen Tod an. Eine solche Fehlattestierung der Todesart behindert nicht nur die Rechtspflege, sondern unter Umständen auch die Durchsetzung berechtigter zivilrechtlicher Ansprüche der Hinterbliebenen nach einem Unfalltod. Wird bei einem Tod einige Zeit nach einem Verkehrsunfall mit posttraumatischer Bettlägerigkeit der Kausalzusammenhang des Todeseintritts mit dem Unfall verkannt und der Todeseintritt fälschlich einem vermeintlich präexistentem Leiden zugeordnet, so wird den Angehörigen später unter Bezugnahme auf die Angaben im Leichenschauschein unter Umständen die Leistung aus einer Unfallversicherung versagt. Mit der Qualifikation der Todesart hat der Arzt zudem die Möglichkeit, präventiv tätig zu werden und durch Aufdeckung eines gewaltsamen Todesfalles (etwa durch Kindesmisshandlung, -vernachlässigung) Folgefälle zu verhindern.

Wichtig

Der Arzt spricht mit der von ihm vorgenommenen Qualifikation der Todesart kein Werturteil aus. Eine kriminalistische oder juristische Definition der Todesart (Tabelle 2.9), die den nichtnatürlichen Tod reduktionistisch auffasst als den Tod, bei dem das Vorliegen eines Fremdverschuldens in Frage kommt, würde dem Arzt allzu sehr Ermittlungsfunktion und antizipierte Beweiswürdigung zumuten, die ihm nicht zukommt und die zu leisten er überhaupt nicht in der Lage ist.

Die Frage nach der Todesart ist naturgemäß nicht von der nach der Todesursache zu trennen. Bei unklarer Todesursache bleibt zunächst auch die Todesart ungeklärt (◘ Tabelle 2.10). Taugliche und untaugliche Kriterien für die Qualifikation der Todesart sind in ◘ Tabelle 2.11 zusammengefasst.

Probleme der Todesartqualifikation. Bislang war in den meisten Bundesländern eine Dreiteilung der Todesartqualifikation normiert: natürlicher Tod, nichtnatürlicher Tod, nicht geklärt. Diese Dreiteilung der Todesartqualifikation ließ dem Arzt die Möglichkeit, sich in die eine oder andere Richtung eindeutig festzulegen, aber auch seine Zweifel an der Todesart zum Ausdruck zu bringen. In einigen Bundesländern wird jetzt ein

Tabelle 2.9. Naturwissenschaftliche und kriminalistisch-juristische Definition des nichtnatürlichen Todes

Naturwissenschaftliche Definition	Kriminalistische oder juristische Definition
Tod ausgelöst, beeinflusst, herbeigeführt durch eine nichtnatürliche Ursache. Reine Kausalitätsverknüpfung, kein Werturteil. Unnatürlich ist alles, was durch ein äußeres Ereignis zustande kommt	Teleologisch zu bestimmen und aufzufassen als Tod, bei dem das Vorliegen eines Fremdverschuldens in Frage kommt.

Tabelle 2.10. Qualifikation der Todesart (mod. nach Mattern 1991)

natürlich	nicht geklärt	nicht natürlich
Verstorben an einer bestimmt zu bezeichnenden Krankheit aus innerer Ursache, derentwegen der Patient von einem Arzt behandelt worden ist; aufgrund des Grundleidens war das Ableben vorhersehbar.	Todesursache durch Leichenschau unter Berücksichtigung der Anamnese nicht erkennbar.	1. Gewalteinwirkung – Unfälle – Tötungsdelikte 2. Vergiftungen 3. Suizid 4. Behandlungsfehler 5. Tödlich verlaufende Folgezustände von 1. bis 4.

Tabelle 2.11. Befunde mit Hinweischarakter auf nichtnatürlichen Tod oder ungeklärte Todesart

1. Anamnese	2. Befunde
– plötzlicher Tod – keine Vorerkrankungen – Unfall, Suizid – Auffindungssituation	– Verletzungen – Stauungsblutungen – Farbe der Totenflecke – Geruch der Lungenluft – Tablettenreste in Mundvorhof oder Mund
3. Untaugliche Kriterien für Hinweise auf natürlichen Tod	
– Alter – Quoad vitam nicht lebensbedrohliche Vorerkrankungen – fehlende Traumen (spurenarme Tötungsdelikte und anderweitige nichtnatürliche Todesfälle) – fehlende Hinweise auf Fremdverschulden	

reduktionistischer Ansatz verfolgt, es gibt nur noch die Alternativen: natürlicher/nichtnatürlicher Tod. Andere Bundesländer gehen primär vom natürlichen Tod aus und verlangen vom Arzt einen Begründungszwang für nichtnatürlichen Tod. Die Vorgehensweise müsste genau umgekehrt sein: der natürliche Tod muss sich aus Umständen und Befunden zweifelsfrei ergeben, alle anderen Todesfälle sind durch Ermittlungen und Obduktion weiter klärungsbedürftig; dieses Vorgehen liegt unter anderem auch der Sektionsgesetzgebung in einigen Nachbarländern (Österreich, Skandinavien) zugrunde.

Problemfälle. In der weit überwiegenden Mehrzahl der ca. 900.000 Todesfälle in der Bundesrepublik Deutschland stellt die Todesartqualifikation kein Problem dar, da über 50% der Patienten im Krankenhaus versterben bzw. ein weiterer großer Prozentsatz bei begleitender ärztlicher Behandlung Zuhause verstirbt. Problematisch sind die Fälle, bei denen der Verstorbene nicht in ärztlicher Behandlung stand und unerwartet verstirbt, ein anderer als der behandelnde Arzt (Notarzt, Notdienstarzt) die Leichenschau vornimmt und aus der Leichenschau ohne Kenntnis der Anamnese die Todesursache nicht abzuleiten ist. In diesen Fällen kann der Notarzt oder Notdienstarzt jedoch durchaus Angaben des behandelnden Arztes zur Vorgeschichte für seine Eintragungen zur Todesursache und seine Bewertung der Todesart erfragen und verwerten. In einigen Bestattungsgesetzen ist diese Auskunftspflicht vorbehandelnder Ärzte explizit geregelt.

Bleibt die Todesursache auch nach Befragen eines vorbehandelnden Arztes unklar, etwa weil keine finale Morbidität bekannt war oder weil der Hausarzt den betroffenen Patienten seit längerer Zeit nicht mehr gesehen hat, sollte auch die Todesart als „ungeklärt" qualifiziert werden. Damit würde auch in der Bundesrepublik Deutschland ein Prozedere zum Tragen kommen, wie es etwa in England seit langem etabliert ist. In England müssen folgende Todesfallkategorien dem Coroner gemeldet werden (Abb. 2.9):

- Der Verstorbene stand während der Krankheit zum Tode nicht in ärztlicher Behandlung.
- Der Verstorbene wurde nach Todeseintritt nicht ärztlich untersucht, ebenso nicht 14 Tage vor Todeseintritt.
- Todesursache unbekannt.
- Todesursache möglicherweise Berufskrankheit oder Vergiftung.

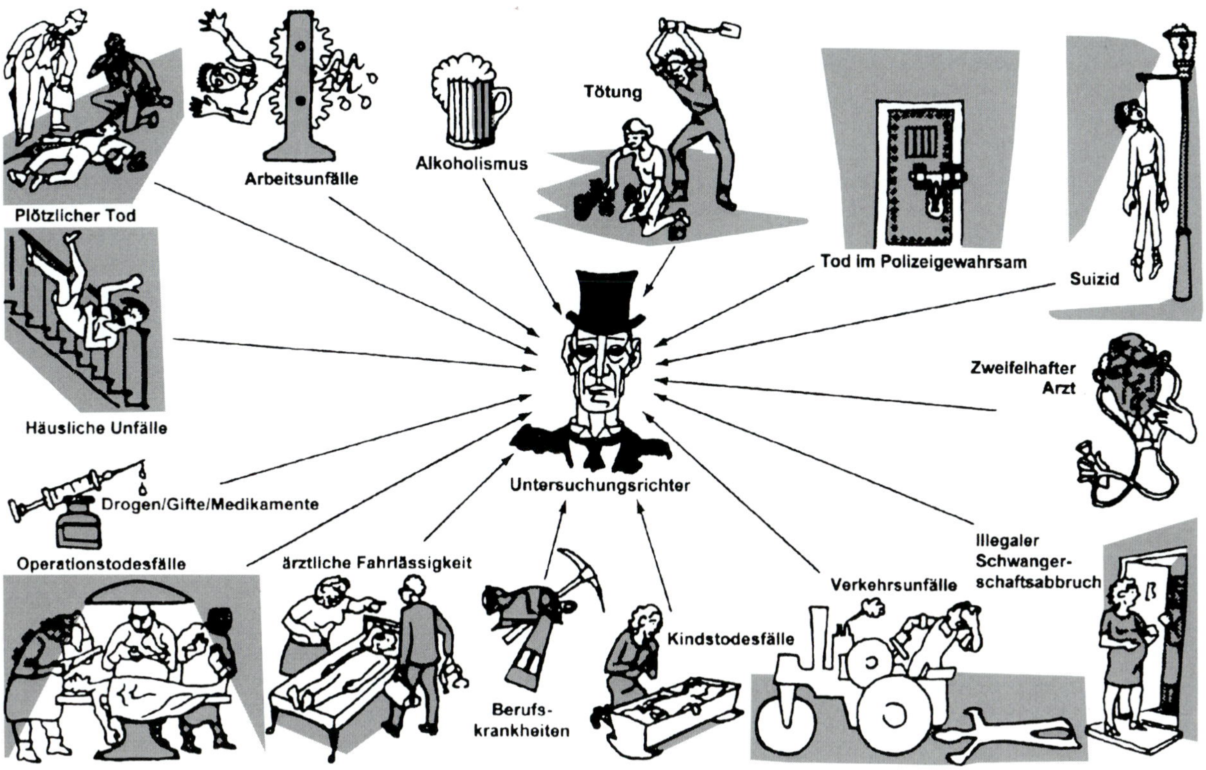

Abb. 2.9. Meldepflichtige Todesfälle in England

- Fraglicher nichtnatürlicher oder gewaltsamer Tod, Vernachlässigung, Abtreibung,
- verdächtige Umstände.
- Tod während der Operation oder vor Erwachen aus der Narkose (Knight 1992).

Die Rubrik der unklaren Todesfälle beinhaltet zweifellos auch einen Großteil von Todesfällen aus innerer Ursache, die durch die Leichenschau jedoch nicht zweifelsfrei klassifizierbar sind. Wenn bei durch die Leichenschau nicht zu klärender Todesursache und dem Arzt unbekannten Patienten völlig richtig die Todesart als „nicht geklärt" qualifiziert wird, ist damit der Filterfunktion des „Instruments" Todesart genüge getan, da nun die Ermittlungsbehörden abzuklären haben, ob u.U. ein Fremdverschulden am Todeseintritt vorliegt oder nicht. Eine solche Klärung kann etwa durch eine Obduktion oder auch durch polizeiliche Ermittlungen erfolgen, wobei die Obduktion die schnellste, preiswerteste, bewährteste und damit effektivste Form der Ermittlungstätigkeit darstellt.

Wichtig

Wenn ermittlungsseitig die Ärzte unter Druck gesetzt werden, einen natürlichen Tod zu bescheinigen, so torpedieren die Ermittlungsbehörden im Grunde diese Filterfunktion des „Instruments" Todesart.

Fehler und Irrtumsmöglichkeiten. Fehler und Irrtumsmöglichkeiten bei Qualifizierung der Todesart sind je nach Fallkonstellation (Leichenschau in der Wohnung, Leichenschau am Unfall-/Ereignisort, Leichenschau im Krankenhaus) unterschiedlich. Eine zusammenfassende Übersicht gibt die Tabelle 2.12. Bei einer Leichenschau außerhalb der Wohnung und einer Leichenschau im Krankenhaus sollte die Dunkelziffer verkannter nichtnatürlicher Todesfälle relativ gering sein, etwa weil die Polizei primär am Ereignisort zugegen ist. Die Notärzte stellen darüber hinaus jene Arztgruppe dar, die am vorurteilsfreiesten ihren Aufgaben bei der Leichenschau nachkommen kann, da sie keine falschen Rücksichten nehmen müssen. Bei der Leichenschau im Krankenhaus kann eine Dunkelziffer dadurch gegeben sein, dass der stationäre Aufenthalt für eine definitive Diagnose der Todesursache nicht mehr ausreichte, Kausalzusammenhänge mit länger zurückliegender äußerer Einwirkung verkannt werden oder der behandelnde Arzt bei Todeseintritt im Zusammenhang mit ärztlichen Maßnahmen selbst als Beschuldigter in Betracht kommt. Vergleichsweise groß dürfte die Dunkelziffer verkannter nichtnatürlicher Todesfälle bei der Leichenschau in der Wohnung sein. Die meisten „Fehlleistungen" bei der ärztlichen Leichenschau sind dieser Rubrik zuzuordnen (fälschliche Attestierung des Todes, nichts sagende Todesursachen, usw.). Neben Unerfahrenheit, Sorglosigkeit, Desinteresse, Erfüllen einer lästigen Pflicht oder Rücksichtnahme auf Angehörige könnte eine Rolle spielen, dass der Leichenschauer sich

Tabelle 2.12. Fehler und Täuschungsmöglichkeiten bei der Feststellung der Todesart

	Leichenschau in der Wohnung	Leichenschau außerhalb der Wohnung	Leichenschau im Krankenhaus
Situation	Arzt primär am Ereignisort	Polizei primär am Ereignisort	Leichenschauarzt – behandelnder Arzt.
Typische Fehler	Leichenschauarzt = behandelnder Arzt? – Unerfahrenheit, Sorglosigkeit – Rücksichtnahme auf Angehörige – kein Verdacht bei vorangegangener Erkrankung, bei Auffinden der Leiche im Bett – ungünstige äußere Bedingungen, schlechte Beleuchtung, vollbekleidete Leiche – Manipulation durch andere Personen: am Tatort, an der Leiche	Arzt wird von der Polizei beigezogen – Am Unfallort: Fehler selten, da Situation meist eindeutig – Aufgefundene Leiche: angesichts der Auffindesituation meist Verdacht des natürlichen Todes	Kommt der Arzt als Beschuldigter in Frage? – Verkennung des Kausalzusammenhangs bei länger zurückliegender äußerer Einwirkung (Unfall, Suizidversuch, tätliche Einwirkung) – Unterlassung der Leichenmeldung bei Todesfällen nach therapeutischen oder diagnostischen Eingriffen
Kriminalistische Wertigkeit	Dunkelziffer groß	Dunkelziffer gering	Dunkelziffer möglich

Tabelle 2.13. Unter den Begriff "Totenflecke" einzuordnende Ursachen, Folgen und Phänomene

Ursache	Folge	Phänomen
Nachlassen der Herzkraft	Stase	„Kirchhofrosen"
Herzstillstand, hydrostatischer Druck	Hypostase	Totenflecke mit den Qualitäten: verlagerbar, auf stumpfen Druck wegdrückbar
Gefäßdurchlässigkeit	Hämokonzentration	Graduelle Abnahme der Verlagerbarkeit und Wegdrückbarkeit; nicht mehr verlagerbar, nicht mehr wegdrückbar
Autolyse, Fäulnis	Hämoglobindiffusion	nicht mehr verlagerbar, nicht mehr wegdrückbar

auch „Ärger vom Hals" halten möchte. Besonders bedenklich ist in diesem Zusammenhang, dass es für das Kollektiv der ambulant verstorbenen Patienten kaum eine Qualitätskontrolle durch klinische Obduktionen gibt.

Konsequenzen. Die falsche Qualifikation der Todesart kann vor allem in jenen Fällen zu gravierenden rechtlichen Konsequenzen führen, in denen statt eines nichtnatürlichen Todes ein natürlicher Tod bescheinigt wird. Dabei ist insbesondere an zwei Fallkonstellationen zu denken:

- Es wird ein natürlicher Tod bescheinigt, weil sich infolge mangelhafter Untersuchung des Leichnams keine Anhaltspunkte für einen nichtnatürlichen Tod ergeben haben. Sollten sich dann – etwa im Rahmen einer zweiten Leichenschau nach dem Feuerbestattungsgesetz – doch Anhaltspunkte für einen nichtnatürlichen Tod finden, so muss der verantwortliche Leichenschauarzt zumindest mit der Einleitung eines Bußgeldverfahrens rechnen. In Extremfällen ist auch ein Strafverfahren wegen fahrlässiger Tötung, § 222 StGB, denkbar, wenn infolge nicht erkannter Anhaltspunkte für einen nichtnatürlichen Tod ein weiterer Mensch unter den gleichen Umständen sein Leben verliert. Dazu führte AG Wennigsen im Falle einer übersehenen Kohlenmonoxidvergiftung mit nachfolgendem zweiten Todesfall unter gleichen Umständen aus:

  „Es ist nicht unwahrscheinlich, dass dann, wenn jemand an einer nichtnatürlichen Todesursache stirbt und diese Ursache nicht genügend aufgeklärt wird, eine weitere Person auf die gleiche Weise sterben kann." (AG Wennigsen, NJW 1989, 786 – allerdings mit nicht korrekter Wortwahl, statt von nichtnatürlicher Todesursache hätte von nichtnatürlicher Todesart gesprochen werden müssen).

  Auf diese Weise dient die sorgfältige äußere Leichenschau mittelbar auch dem Schutz der Lebenden, was besonders deutlich wird bei der Feststellung übertragbarer Krankheiten nach dem Infektionsschutzgesetz.

- Wird in jenen Fällen, in denen ein ärztlicher Behandlungsfehler nicht völlig auszuschließen ist, ein natürlicher Tod

Tabelle 2.14. Farbe der Totenflecke

Ätiologie	Farbe	Mechanismus
Normal	blaulivide	sauerstoffarmes Blut
Kohlenmonoxid	hellrot	Carboxyhämoglobin
Cyanid	hellrot	oxygeniertes Blut aufgrund Hemmung der Zytochromoxydase
Fluoracetat	hellrot	wie oben
Kälte/Unterkühlung	hellrot	O_2-Diffusion durch die Haut Linksverschiebung der Hb-O_2-Dissoziationskurve
Natriumchlorat, Nitrite, Nitrate	braun	Methämoglobin
Hydrogensulfid	grün	Sulfhämoglobin

bescheinigt, so setzt sich der Leichenschauarzt möglicherweise dem Verdacht aus, er habe zugunsten eines Kollegen einen natürlichen Tod bescheinigt. In diesen Fällen liegt die Durchführung einer Obduktion häufig gerade im Interesse des Arztes, dem ein Behandlungsfehler vorgeworfen wird. Die Obduktion schafft in der Regel erst die Tatsachengrundlage, auf der entsprechende Vorwürfe zu widerlegen, allerdings in einigen Fällen auch zu bestätigen sind.

Gerade bezüglich der Qualifikation der Todesart entstehen oft unerfreuliche Diskussionen zwischen Notärzten, die bei der Leichenschau ihre Erkenntnismöglichkeiten bei ihnen unbekannten Patienten nicht überziehen dürfen, und Ermittlungsbehörden, die bei nicht geklärter Todesart ermitteln müssen. Diese Situation führte in Schleswig-Holstein dazu, dass in einem ministeriellen Erlass die Auffassung vertreten wurde, die Polizei sei grundsätzlich nicht verpflichtet, in Fällen einer nicht geklärten Todesart Ermittlungen zu führen. Ferner wurde durch ministerielles Schreiben allen Kreisen und kreisfreien Städten mitgeteilt, die Kriminalpolizei werde bei ungeklärter Todesart nicht eingeschaltet.

2.1.4 Leichenerscheinungen und supravitale Reaktionen – Todeszeitbestimmung

B. Madea, D. Krause, K. Jachau

Die Leichenerscheinungen sind nicht nur von Bedeutung für die Feststellung des Todes, sondern ihr Ausprägungsgrad erlaubt in groben Grenzen Rückschlüsse auf die seit Todeseintritt verflossene Zeit. Der mit der Leichenschau befasste klinisch tätige Kollege wird sich bei Schätzung der Liegezeit eines Leichnams freilich nur auf die klassischen Todeszeichen stützen können, da weitere Methoden zur Schätzung der Liegezeit eines Leichnams – etwa aus dem Abfall der Körperkerntemperatur unter Berücksichtigung von Umgebungstemperatur, Körperproportionen, Abkühlbedingungen und supravitale Reaktionen – fachärztlich-rechtsmedizinisches Wissen und ein spezielles Instrumentarium voraussetzen. Diese Methoden werden daher nur kurz gestreift, während jeder Arzt mit den zeitbezogenen Veränderungen der klassischen Leichenerscheinungen vertraut sein muss.

Livores

Totenflecke sind das als Folge des irreversiblen Herz-Kreislauf-Stillstandes am frühesten auftretende sichere Todeszeichen (Tabelle 2.13).

Entstehung der Totenflecke. Nach Wegfall der vis a tergo wird in dem Kräfteparallelogramm aus Blutdruck, strukturellen Barrieren, Gewebsturgor und Aufliegedruck der hydrostatische Druck bestimmend. Als Hypostase wird das Absinken von Flüssigkeiten entsprechend dem hydrostatischen Druck bezeichnet. Hypostase betrifft alle Flüssigkeitskompartimente, nicht nur das intravasale, sondern auch die transzellulären Flüssigkeiten. Mit dem Wegfall der vis a tergo senkt sich das Blut entsprechend der Schwerkraft in die „abhängigen", zuunterst liegenden Körperpartien, bei Rückenlage des Leichnams in die Rückenpartien, den Nacken, die seitlichen Halspartien. Bereits agonal kann es zu lokalen Staseerscheinungen mit Hautrötungen kommen, die als „Kirchhofrosen" bezeichnet werden.

Die äußerlich sichtbaren Totenflecke entstehen durch Senkungsblutfülle in den Kapillaren der Lederhaut. Frühpostmortal sind sie zunächst als kleine, noch hellrötliche Flecken sichtbar, die mit zunehmender Todeszeit zu größeren Arealen zusammenfließen (konfluieren; Abb. 2.10a). Die zunächst noch hellrötliche Farbe geht schließlich in eine blauviolette über (Sauerstoffzehrung). Im Bereich der Hypostase kann es aufgrund der Senkungsblutfülle zu Kapillarrupturen mit kleinfleckigen Hauteinblutungen kommen, die als Leichenfleckblutungen bzw. Vibices bezeichnet werden (Abb. 2.10b). Von diagnostischer und auch kriminalistischer Relevanz ist nicht nur das Vorhandensein der Totenflecke, sondern insbesondere ihre Farbe, ihre Verteilung am Körper sowie die Phänomene „Verlagerbarkeit" und „Wegdrückbarkeit".

Farbe der Totenflecke. Nach Aufzehrung des Sauerstoffes sind die Totenflecke blaulivide verfärbt (Tabelle 2.14). Hellrote Totenflecke findet man bei einer Kohlenmonoxidvergiftung, sie werden auch bei Zyanidintoxikationen beschrieben. Bei Kohlenmonoxidvergiftung ist die Ursache die Bildung von Carboxyhämoglobin (CO-Hb); Kohlenmonoxid hat eine wesentlich höhere Affinität zum Hämoglobin als Sauerstoff.

Ab CO-Hb-Werten von mehr als 30% findet sich die typische kirschrote Farbe der Totenflecke, die bei sachgemäßer Untersuchung zwanglos zu erkennen ist. Unter 20% CO-Hb fin-

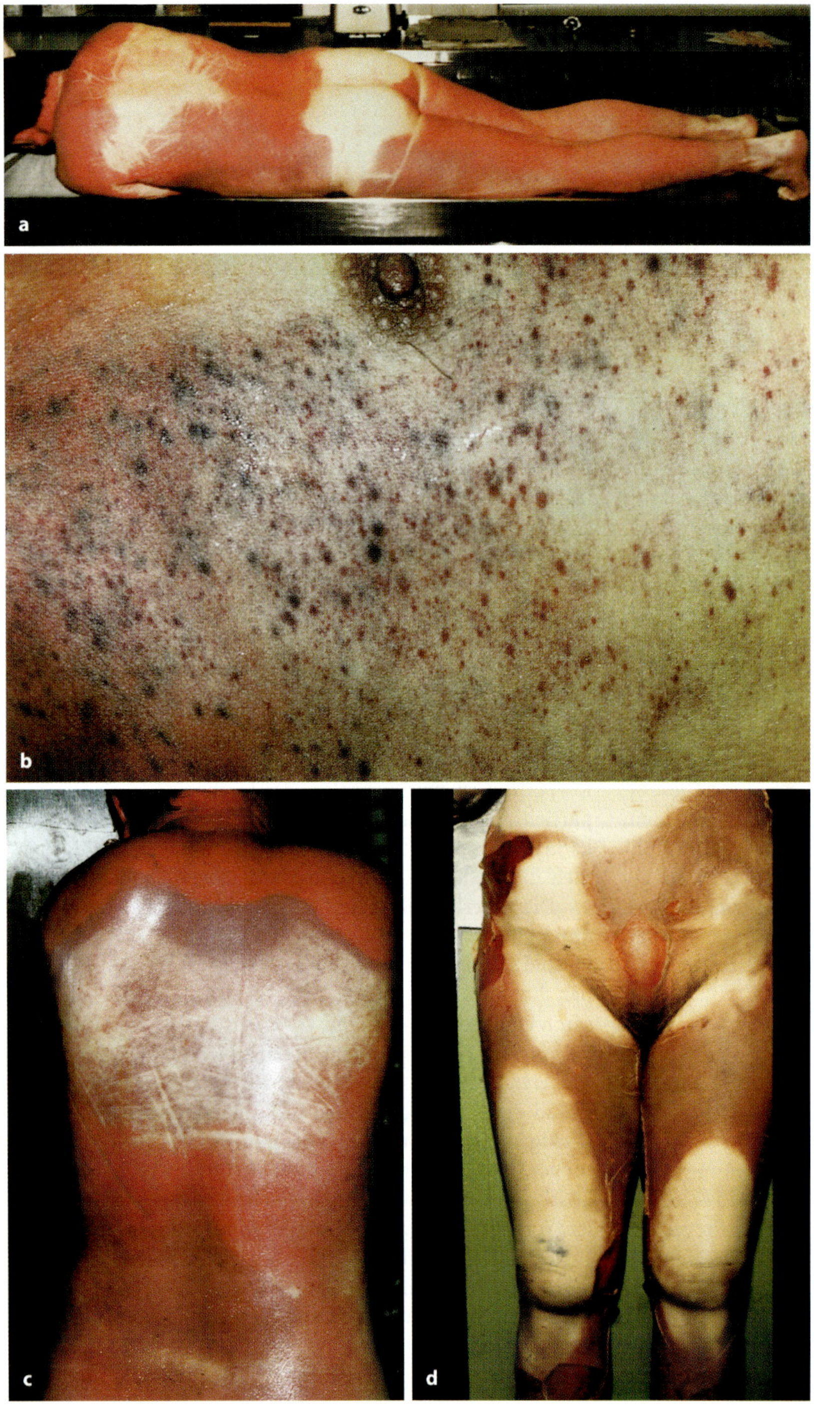

Abb. 2.10a-d. Totenflecke.
a Konfluierte Totenflecke an der Körperrückseite mit Aussparung über den Aufliegeflächen (Schulterblätter, Gesäß, Fersen) und in Hautfalten; **b** Leichenfleckblutungen (Vibices) der Brusthaut bei Bauchlage des Leichnams; **c** zonale Gliederung der Totenflecke mit teilweise livider, teilweise rötlicher Farbe bei Lagerung des Leichnams in der Kühlkammer; **d** schokoladenbraune Totenflecke bei Intoxikation mit Methämoglobinbildnern

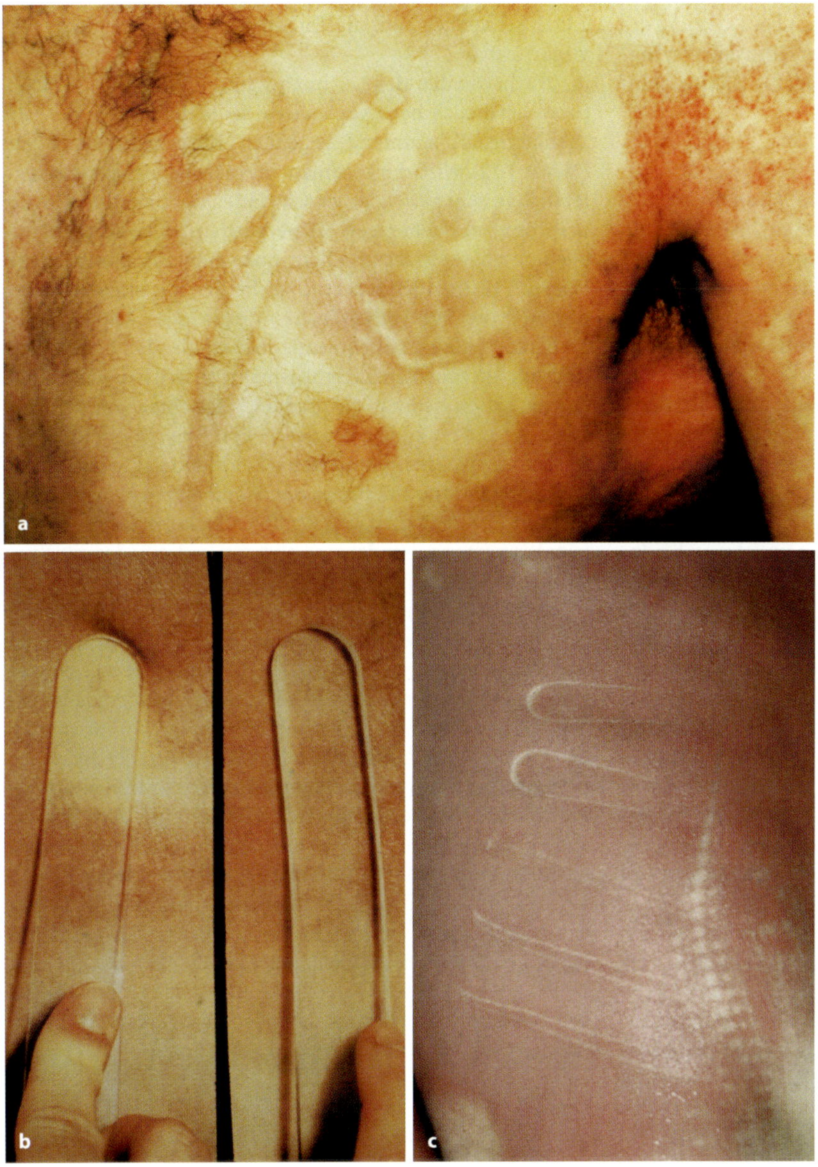

Abb. 2.11a-c. Totenflecke.
a Aussparung der Totenflecke korrespondierend zur Interposition von Bekleidungsstücken und Gegenständen zwischen Unterlage und Haut; **b** leichte Wegdrückbarkeit der Totenflecke auf geringen stumpfen Druck; **c** Totenflecke nur noch auf scharfkantigen Druck mit Pinzettenspitze bzw. -griff wegdrückbar

det sich keine auffällige Verfärbung, was insofern unbedenklich ist, da diese Werte nicht oder selten letal sind.

Retrospektive Untersuchungen ergaben, dass nur in 61% der Fälle mit eindeutig kirschroten Totenflecken vom Leichenschauer die Todesursache CO-Intoxikation erkannt wurde. Je älter der Verstorbene, desto häufiger wurde die CO-Intoxikation verkannt, bei Übersiebzigjährigen in mehr als 50% der Fälle.

Wichtig

Hellrote Totenflecke stellen für den leichenschauenden Arzt – sollten nicht andere Erklärungsmöglichkeiten vorliegen – immer ein Alarmsymptom für das Vorliegen einer CO-Intoxikation dar. Der Leichenschauer darf sich in diesen Fällen nicht einfach mit der Attestierung eines nichtnatürlichen Todes begnügen, sondern er muss durch Einschaltung der Kriminalpolizei die Aufdeckung der CO-Quelle veranlassen.

Hellrote Totenflecke finden sich jedoch auch bei Lagerung des Leichnams in der Kälte, hier kann es zu einer Diffusion von Sauerstoff durch die Haut mit Verschiebung der O_2-Hämoglobindissoziationskurve nach rechts kommen.

Infobox

Ein differentialdiagnostisches Kriterium zur Abgrenzung zwischen durch Kohlenmonoxid oder Kältelagerung hellrot verfärbten Totenflecken stellt die Verfärbung der Nagelbetten dar: Durch die Fingernägel kann kein Sauerstoff diffundieren; bei Kältelagerung werden sich hier normal livide Totenflecke finden, bei CO-Intoxikation sind auch die hypostatischen Verfärbungen der Nagelbetten hellrot.

Charakteristischerweise findet man bei Lagerung des Leichnams in der Kälte auch eine zonale Gliederung der Totenflecke mit teilweise der Kälte ausgesetzten hellroten Anteilen und sich daran anschließenden blaulividen Anteilen (◘ Abb. 2.10c).

Eine bräunliche Verfärbung der Totenflecke findet man bei Intoxikation mit Met-Hämoglobinbildnern, eine grünliche bei Intoxikation mit Sulf-Hämoglobinbildnern (◘ Abb. 2.10d).

Lokalisation der Totenflecke. Zur Aussparung der Totenflecke kommt es entsprechend dem postmortal wirksamen Kräfteparallelogramm dort, wo etwa der Aufliegedruck oder Gewebsturgor größer ist als der hydrostatische Druck, bei Rückenlage des Leichnams typischerweise schmetterlingsförmig über den Schulterblättern, dem Gesäß, den Waden sowie in Hautfalten. Ausgespart werden Totenflecke ferner an den Stellen, wo Kleidung der Körperoberfläche eng anliegt oder es zur Interposition von Gegenständen zwischen Haut und Unterlage kommt (◘ Abb. 2.11a).

Neben der medizinisch bedeutsamen Farbe der Totenflecke, die bereits Rückschlüsse auf Todesursache und Todesart erlaubt, sind kriminalistisch von Bedeutung die Phänomene „Wegdrückbarkeit" und „Verlagerbarkeit". Frühpostmortal sind Totenflecke auf leichten stumpfen Druck noch vollständig wegdrückbar (◘ Abb. 2.11b), mit zunehmender Todeszeit nimmt die Wegdrückbarkeit kontinuierlich ab, es muss ein größerer Druck pro Fläche und eine längere Zeit aufgewandt werden (◘ Abb. 2.11c), schließlich sind die Totenflecke überhaupt nicht mehr wegdrückbar.

Nach Wenden des Leichnams sind die Totenflecke frühpostmortal auch noch verlagerbar, sie bilden sich in der jetzt „abhängigen", zuunterst liegenden Körperpartie neu aus (◘ Abb. 2.12). Wird der Leichnam in einem vergleichsweise späteren Zeitraum gewendet, verschwinden die Totenflecke an der ursprünglich abhängigen Körperpartie nicht vollständig, sie blassen allenfalls ab, in einem noch späteren postmortalen Intervall bleiben sie fixiert. Ursache der mit zunehmendem postmortalen Intervall geringeren Wegdrückbarkeit und Verlagerbarkeit ist eine zunehmende intravasale Hämokonzentration infolge transkapillärer Plasmaextravasation. Die Hämokonzentration bedingt die graduelle Abnahme von Verlagerbarkeit und Wegdrückbarkeit. Erst zu vergleichsweise wesentlich späteren postmortalen Zeitpunkten kommt es auch zu einer Hämolyse mit perivasaler Hämoglobindiffusion.

Eine lineare Begrenzung der Totenflecke korrespondierend zum Wasserspiegel findet man etwa bei in der Badewanne verstorbenen Personen.

Kriminalistische Aspekte. Kriminalistisch bedeutungsvoll ist immer die Frage, ob die Verteilung der Totenflecke mit der Auffindesituation vereinbar ist. Bei Rückenlage des Leichnams sind diese typischerweise in den Rückenpartien, seitlich ansteigend bis zur mittleren Axillarlinie ausgeprägt, mit Aussparung entsprechend der Aufliegeflächen. Bei orthograder freier Suspension sind sie typischerweise konzentrisch in den unteren Extremitäten sowie Unterarmen, Händen und dem Genitale ausgeprägt. Berühren die Fußsohlen bei Suspension den Untergrund, kommt es hier zur Aussparung der Totenflecke. Wird zu einem Zeitpunkt, in dem die Totenflecke bereits teilweise bzw. vollständig fixiert waren, eine Lageänderung des Leichnams herbeigeführt, ist dies immer an der zur Fundsituation inkompatiblen Verteilung der Totenflecke erkennbar. Kriminalistisch von Bedeutung ist dies z.B. in Fällen, in denen nach Tötung durch Erdrosseln und Lagerung des Leichnams in Rückenlage einige Zeit später ein Suizid durch Erhängen vorgetäuscht werden soll.

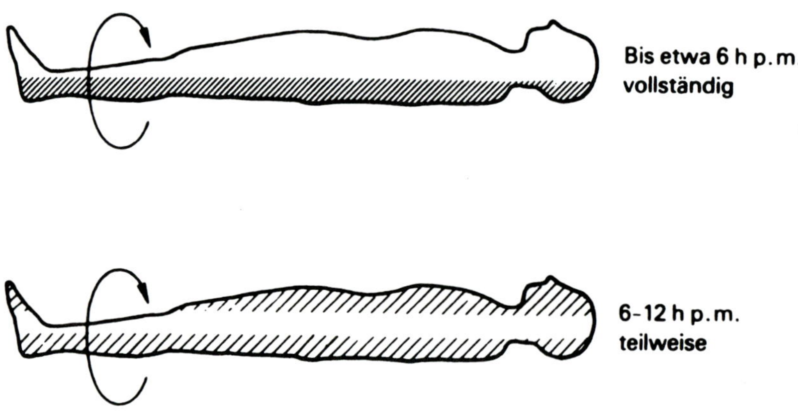

◘ Abb. 2.12. Schema zur Verlagerbarkeit der Totenflecke

Tabelle 2.15 Eigenschaften der Totenflecke und ihre zeitlichen Beziehungen zur Todeszeit. Durchschnittswert (x) und Streuung (s) nach Angaben der Literatur 1905 bis 1963 unter Annahme einer symmetrischen Verteilung um den Durchschnittswert berechnet. (aus Henßge/Madea 1988, nach Mallach 1964)

Stadium	Sistieren des Kreislaufs in Stunden (h)						Anzahl der Literaturquellen
	x	s	Grenzen bei 95,5% Wahrscheinlichkeit (2 s)		Variationsbreite		
			Untere Grenze	Obere Grenze	Untere Grenze	Obere Grenze	
Beginn	¾	½	–	2	¼	3	17
Konfluieren	2 ½	1	¾	4 ¼	1	4	5
Größte Ausdehnung und Intensität	9 ½	4 ½	½	18 ¼	3	16	7
Wegdrückbar							
1. Vollständig auf Daumendruck	5 ½	6	–	17 ½	1	20	5
2. Unvollständig auf starken Druck (Messer, Pinzette)	17	10 ½	–	37 ½	10	36	4
Verlagerbarkeit							
1. Vollständig	3 ¾	1	2	5 ½	2	6	11
2. Unvollständig	11	4 ½	2 ¼	20	4	24	11
3. Höchstens geringe Abblassung	18 ½	8	2 ½	34 ¼	10	30	7

Intensität der Totenflecke. Zu einer vollständigen Beschreibung der Totenflecke hinsichtlich Lage, Farbe, Wegdrückbarkeit, Verlagerbarkeit, gehören schließlich noch Ausdehnung und Intensität, da sie ebenfalls von diagnostischer Relevanz sind. Bei äußerem und innerem Verbluten sowie Anämie, werden die Totenflecke u.U. nur sehr schwach ausgeprägt sein, während sie insbesondere bei plötzlichen Todesfällen aus innerer Ursache mit flüssig bleibendem Leichenblut sehr intensiv ausgebildet sein können und sich bei Rückenlage des Leichnams bis in die vorderen Axillarlinien ausdehnen. Bei Rechtsherzversagen können sich auch Totenflecke des Halses vorderseitig und des Gesichts ausbilden. Fleckförmige oder auch halskrausenförmige Totenflecke des Halses vorderseitig dürfen nicht mit Zeichen einer Halskompression verwechselt werden.

Infobox

In folgenden Beschreibungen wären deskriptiv alle Merkmale der Totenflecke erfasst:

Totenflecke der Körperrückseite von blau-violetter Farbe, Aussparung entsprechend der Aufliegeflächen bei Rückenlage des Leichnams, kräftige Intensität, Ausdehnung bis in die mittleren Axillarlinien, die Totenflecke auf stumpfen Druck nicht mehr, auf scharfkantigen Druck unvollständig wegdrückbar, nicht mehr verlagerbar.

Totenflecke konzentrisch ausgebildet an beiden Unterarmen und Händen sowie an beiden Unterschenkeln und Füßen mit zahlreichen Vibices, Aussparungen der Fußsohle bei unterstützter Suspension, die Totenflecke auf stumpfen und scharfkantigen Druck nicht mehr wegdrückbar.

Zeitliche Verläufe. Alle genannten Kriterien der Totenflecke (Beginn, Konfluktion, Maximum, Wegdrückbarkeit auf Daumendruck, vollständige Verlagerbarkeit, unvollständige Verlagerbarkeit) unterliegen einer Zeitdynamik, die interindividuelle Variabilität ist jedoch derart groß, dass Rückschlüsse auf die Liegezeit nur mit großer Zurückhaltung gezogen werden können. Die in der Literatur mitgeteilten Daten zu den todeszeitabhängigen Kriterien der Totenflecke mit Mittelwerten, Standardabweichungen und 95%-Toleranzgrenzen sind in Tabelle 2.15 zusammengefasst. Wegen fehlender systematischer Untersuchungen wird man ungeachtet aller methodischer Kritik auf diese Datenzusammenstellung nicht verzichten können. Dass es sich bei den mitgeteilten Daten nicht um absolute Grenzwerte handeln kann, ist klar.

So genannte innere Totenflecke. Hypostasebedingte Verfärbungen bilden sich natürlich auch an den inneren Organen. So sind bei Rückenlage des Leichnams die rückwärtigen Anteile der Lungen blaulivide verfärbt im Gegensatz zu den rosafarbenen ventralen. Bei freier Suspension weisen die im kleinen Becken befindlichen Darmschlingen eine düsterere Verfärbung auf, im Gegensatz zu den kranialen.

Rigor mortis

Die zweite sichere Leichenerscheinung, die bei normaler Umgebungstemperatur und normalem Kräfte- und Ernährungszustand im Mittel 3–4 Stunden post mortem auftritt, ist die Totenstarre. Totenstarre wurde bis weit ins 19. Jahrhundert als sicheres Todeszeichen verkannt.

Genese der Totenstarre. Mit dem irreversiblen Kreislaufstillstand kommt es zunächst zu einer vollständigen Erschlaffung der Muskulatur. Über die Kreatinkinasereaktion und die anaerobe Glykolyse kann – in Abhängigkeit vom Glykogenbestand der Muskulatur bei Todeseintritt und der Umgebungstemperatur – zunächst ATP resynthetisiert werden. Mit Abfall der ATP-Konzentration unter 85% des Ausgangswertes kommt es zu irreversiblen Verbindungen zwischen Aktinfilamenten und Myosinköpfchen mit dem subjektiven Eindruck der Totenstarre. Die Steifheit der Muskulatur nimmt zu, Elastizität und Zerreißfestigkeit des Muskels nehmen ab. Ausbildung und Ausprägungsgrad der Totenstarre werden in der Praxis rein subjektiv dadurch geprüft, ob bei Bewegungen in einem Gelenk die Beweglichkeit eingeschränkt und ein Widerstand spürbar ist. Shakespeare beschrieb die Totenstarre zutreffend folgendermaßen:

„Ein jedes Glied gelenker Kraft beraubt, soll steif und starr und kalt wie tot erscheinen."

Bei komplett ausgebildeter Totenstarre ist auch ein kräftiger Untersucher nicht in der Lage, ein Gelenk zu bewegen (zu strecken oder zu beugen); Extremitäten werden aufgrund der Schwerkraft fixiert (■ Abb. 2.13a). Auch kann es durch Totenstarre zur Fixierung bei Todeseintritt in der Hand gehaltener Gegenstände kommen (■ Abb. 2.13b).

Graduierung. Subjektiv kann der Ausprägungsgrad der Totenstarre graduiert werden in: keine, minimale, mäßige, zähplastische, kräftige, extrem starke Starre. Andere Untersucher graduieren die Starre in fehlend, lockerer, leichter, teigiger, fester, sehr fester Widerstand, die Lösung der Starre in volle Lösung, geringe Rest-, teigig weiche, schon gut lösbare, sehr schwer lösbare Starre.

Derartige Graduierungen sind natürlich auch vom Kräfteaufwand des Untersuchers abhängig. Die Totenstarre setzt subjektiv wahrnehmbar nicht in allen Muskeln des Körpers gleichzeitig ein, auch nicht in allen Fasern eines Muskels. 1811 formulierte Nysten eine später nach ihm benannte Reihenfolge des Eintrittes der Totenstarre:

„Zuerst zeigt sie sich am Stamme und am Halse, verbreitet sich von hier nach den unteren, hierauf nach den oberen Gliedmaßen und verschwindet in der nämlichen Ordnung wieder."

Diese Regel wurde später dahingehend modifiziert, dass die Totenstarre zuerst in Unterkiefer und Nacken eintritt und danach aufwärts oder abwärts fortschreitet. Für die überwiegende Anzahl der Todesfälle mit Todeseintritt aus innerer krankhafter Ursache dürfte diese Regel zutreffen. Kommt es jedoch, etwa in den Muskeln der unteren Extremitäten vital-agonal zu einer Glykogenverarmung, wird die Totenstarre hier zuerst eintreten.

Die Totenstarre sollte daher nie in nur einem Gelenk, sondern in zahlreichen großen und kleinen Gelenken geprüft werden (Kiefergelenk, Fingergelenke, Ellenbogengelenk, Kniegelenk, Sprunggelenk), um sich einen Eindruck über den Ausprägungsgrad der Totenstarre zu verschaffen.

Wiedereintreten der Totenstarre. Auch in den Fasern eines Muskels tritt die Totenstarre nicht gleichzeitig, sondern sukzessive ein. Dieses Phänomen ist neben dem Eintritt der Totenstarre ebenfalls grob zur Schätzung der Liegezeit eines Leichnams geeignet. Sind bereits einzelne Muskelfasern starr, kann in diesen durch passive Bewegung des Muskels die Starre gebrochen werden, in anderen, noch nicht erstarrten Fasern prägt sie

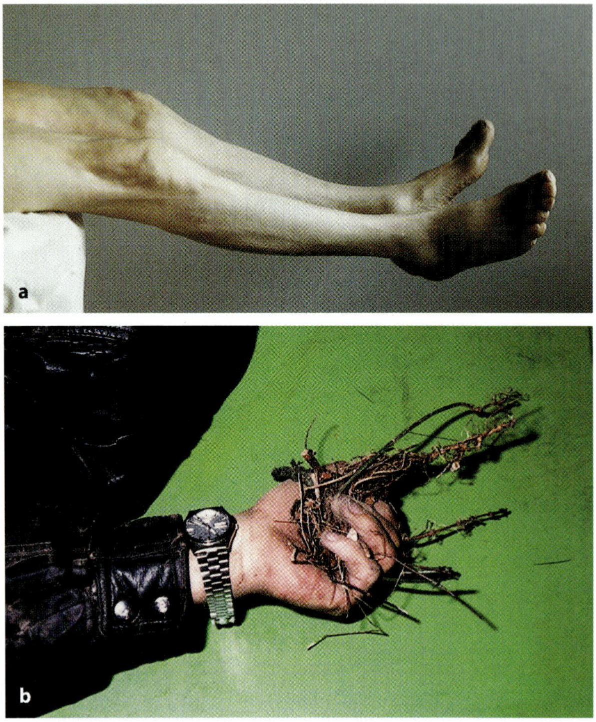

■ Abb. 2.13. **a** Entgegen der Schwerkraft durch Totenstarre fixierte Unterschenkel; **b** in der Hand fixierte Äste und Zweige. Selbstrettungsversuch bei Einquetschen unter einem Pkw, keine kataleptische Totenstarre oder cadaveric spasm

sich jetzt erst aus, sodass sich einige Zeit später wiederum Starre wahrnehmen lässt, je nach dem Zeitpunkt des Brechens der Starre auf einem höheren oder geringeren Niveau als zuvor (■ Abb. 2.14). Das Phänomen des Wiedereintritts der Totenstarre nach Brechen kann in einem Zeitbereich von 6–8 Stunden post mortem beobachtet werden.

Lösung der Totenstarre. Die Lösung der Totenstarre ist stark temperaturabhängig, bei normaler Zimmertemperatur löst sie sich nach 2–3 Tagen, bei tiefen Umgebungstemperaturen kann sie wochenlang erhalten bleiben. Die Lösung der Starre ist Folge der Proteolyse.

Sonderfälle. Von kataleptischer Totenstarre spricht man, wenn die letzte Körperhaltung des Verstorbenen zu Lebzeiten unmittelbar durch Totenstarre fixiert wird. Beschreibungen angeblicher kataleptischer Totenstarre finden sich vor allen Dingen aus dem deutsch-französischen Krieg 1870/71 und dem ersten Weltkrieg und stützten sich darauf, dass einzelne Extremitäten eine Position entgegen der Schwerkraft einnahmen (Begriff der „nicht unterstützten" Haltung oder Stellung). Es gibt bis heute keinen gesicherten Fall von kataleptischer Totenstarre und auch kein physiologisches Modell zu deren Erklärung. Bei den zitierten Kriegsbeobachtungen dürfte es nach Todeseintritt und lagegerechter Ausbildung der Starre durch postmortale Granateinschläge und luftdruckbedingter Lageän-

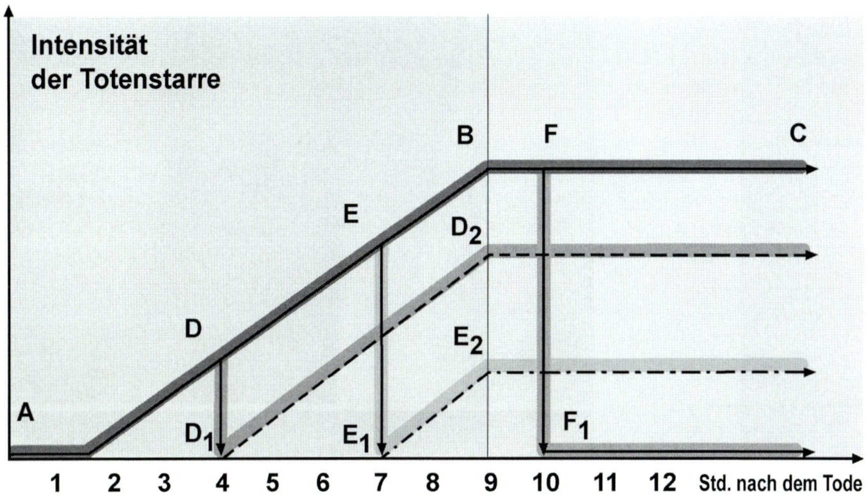

Abb. 2.14. Wiedereintritt der Totenstarre nach Brechen zu unterschiedlichen postmortalen Zeitpunkten

derung zu einer nicht unterstützten Haltung erstarrter Körperglieder gekommen sein, die fälschlich als Fixierung der letzten vitalen Körperposition interpretiert wurde.

Zeitlicher Verlauf. Die aufgeführten Kriterien der Totenstarre (Eintritt, Wiederbildung nach Brechen, volle Ausprägung, Dauer, vollständige Lösung) weisen natürlich eine Zeitdynamik auf (Tabelle 2.16).

Freilich ist auch hier die interindividuelle Variabilität und auch die Variabilität zwischen Erwachsenen und Kindern aufgrund verschiedener endogener und exogener Faktoren erheblich. Dies war bereits den alten Gerichtsärzten bekannt.

„Je rascher ein Individuum wegstirbt, desto stärker und andauernder ist unter gleichen Verhältnissen die Starre, desto später pflegt sie gemeiniglich einzutreten; je mehr die vorausgehende Krankheit ihrer Natur nach die Muskelernährung beeinträchtigt, desto schwächer und kürzer fällt die Starre aus, umso rascher pflegt sie einzutreten. Je kräftiger ein Agens die Lebensenergie der Muskelfaser herabsetzt, desto schneller wird sie starr. Je angestrengter ein Muskel tätig war, desto rascher erstarrt er. Die Leichen kräftiger Personen können in einer Luft von 2,5–7,5 °C acht bis zehn und mehr Tage starr bleiben, während sie bei 18,8–30 °C in vier bis sechs Tagen die letzte Spur von Starre verlieren“ (Kussmaul 1856).

Supravitale Reaktionen

Definition

Supravitale Reaktionen sind über den Individualtod hinaus auslösbare „Lebensäußerungen" von Geweben auf Reize.

Grundlage supravitaler Reaktionen sind postmortal ablaufende Stoffwechselprozesse, vor allen Dingen die anaerobe Glykolyse. Erst nach Absterben der letzten Körperzelle – bei bradytrophen Geweben einige 100 Stunden post mortem – spricht man vom biologischen Tod, einer für praktische Belange völlig unmaßgeblichen Zäsur. Die Supravitalphase eines Gewebes überschreitet deutlich die aus der Physiologie und experimentellen Chirurgie bekannten Wiederbelebungszeiten des korrespondierenden Gewebes (Abb. 2.15). So wird etwa die Wiederbelebungszeit der Skelettmuskulatur unter Normothermie mit 2–3 Stunden angegeben, supravitale Reagibilität der Skelettmuskulatur besteht jedoch weit länger, in Einzelfällen bis zu 20 Stunden post mortem. Die Wiederbelebungszeit des Herzens unter Normothermie beträgt – ohne Anwendung von Herzmassage in der postischämischen Phase – 3,5 bis 4 min; supravitale elektrische Erregbarkeit des Myokards ist dagegen bis ca. 100 min post mortem auslösbar.

Tabelle 2.16. **Zeitdaten zu Ausprägungsgraden der Totenstarre beim Erwachsenen (Nach Berechnungen von Mallach 1963, aus Henßge/Madea 1988)**

Starrestadium	Durchschnitt in Stunden nach dem Tode und Standardabweichung	Streubreite in Stunden: Untere Grenze	Streubreite in Stunden: Obere Grenze	Anzahl der Literaturquellen
Starreintervall	3 ± 2	–	7	26
Volle Ausprägung	8 ± 1	6	10	28
Dauer	57 ± 14	29	85	27
Vollständige Lösung	76 ± 32	12	140	27

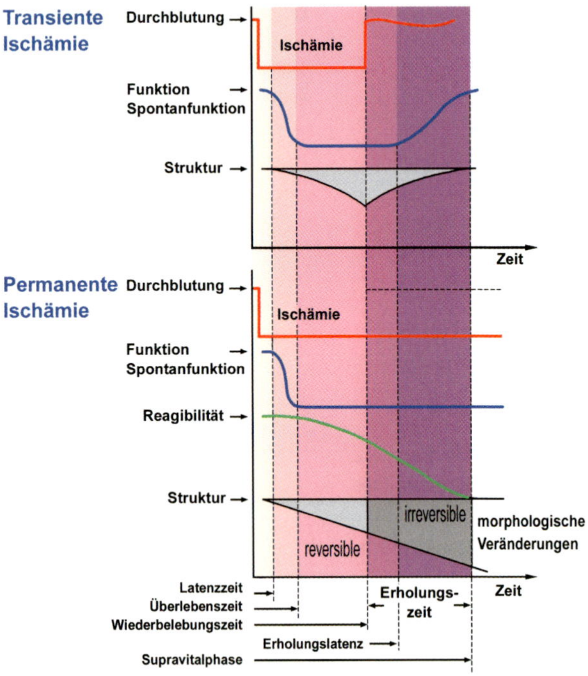

Abb. 2.15. Schematische Darstellung der Dauer der Supravitalphase (unten) bei permanenter Ischämie im Vergleich zur Wiederbelebungszeit bei transienter Ischämie (oben)

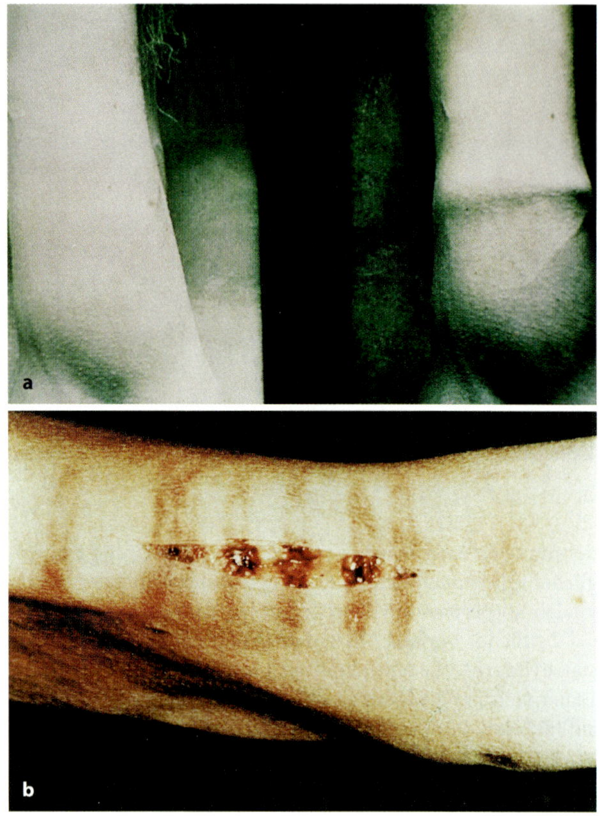

Abb. 2.16a,b. Typischer reversibler idiomuskulärer Wulst über dem M. bizeps brachii. Auch postmortal sind bei Prüfung des idiomuskulären Wulstes subkutane Hämatome zu induzieren, die von vital-traumatischen nicht zu unterscheiden sind

Während die Wiederbelebungszeit die maximale Ischämiebelastung, die strukturell und funktionell vollständig reversibel ist, beschreibt, umfasst die Supravitalphase auch die Zeitspanne danach, die Phase zunehmender Irreversibilität der Schädigung von Struktur und Funktion bis zum vollständigen Sistieren von Reaktionen auch auf unphysiologische Reize.

Die Supravitalphase ist gewebsspezifisch, innerhalb des gleichen Gewebes abhängig von der topographischen Lokalisation im Körper. Hier wirkt sich die unterschiedliche postmortale Temperaturabfallcharakteristik in Abhängigkeit vom Durchmesser eines Körperteiles aus, wobei die Dauer der Supravitalphase umgekehrt proportional der lokalen Temperatur ist. Diese ist umso höher, je größer der Durchmesser eines Körperteiles ist. Denn je größer der Durchmesser, desto länger kann ein radiales Temperaturgefälle vom Zentrum zur Oberfläche aufrecht erhalten werden.

Praktische Anwendung. Praktisch bedeutsame supravitale Reaktionen – da einfach am Leichenfundort zu prüfen – sind die mechanische und elektrische Erregbarkeit der Skelettmuskulatur sowie die pharmakologische Erregbarkeit der Pupille. Die Prüfung der mechanischen Erregbarkeit der Skelettmuskulatur in Form des Zsako'schen Muskelphänomens und des idiomuskulären Wulstes ist von jedem Arzt zu verlangen, die Prüfung der elektrischen Erregbarkeit der mimischen Muskulatur sowie der pharmakologischen Erregbarkeit der Pupille setzt dagegen fachärztlich-rechtsmedizinisches Wissen und ein geeignetes Instrumentarium voraus.

Mechanische Erregbarkeit der Skelettmuskulatur. Die mechanische Erregbarkeit der Skelettmuskulatur wird etwa durch kräftiges Anschlagen des M. biceps brachii mit einem Messerrücken geprüft bzw. durch Anschlagen mit einem Klopfhammer im unteren Drittel des Oberschenkels 4–5 Querfinger oberhalb der Kniescheibe, Klopfen auf den Rücken zwischen Schulterblatt und Wirbelsäule, Beklopfen der interossealen Gebiete über dem Handrücken. Frühpostmortal reagiert die Muskulatur auf mechanische Reizung mit einer fortgeleiteten Kontraktion, die sich über den gesamten Muskel ausdehnt. Diese erste Phase der mechanischen Erregbarkeit der Skelettmuskulatur ist synonym zu dem sog. Zsako'schen Muskelphänomen. Eine fortgeleitete Erregbarkeit kann 1,5–2,5 Stunden post mortem beobachtet werden.

In der zweiten Phase entwickelt sich auf mechanische Reizung ein kräftiger und typischer reversibler idiomuskulärer Wulst. Diese Phase dauert etwa 4–5 Stunden post mortem (Abb. 2.16a, b).

In der letzten Phase bildet sich nur noch ein schwacher idiomuskulärer Wulst aus, der allerdings über eine längere Zeitphase, nämlich bis zu 24 Stunden persistieren kann. Ein schwacher idiomuskulärer Wulst kann im Intervall von 8–12 Stunden

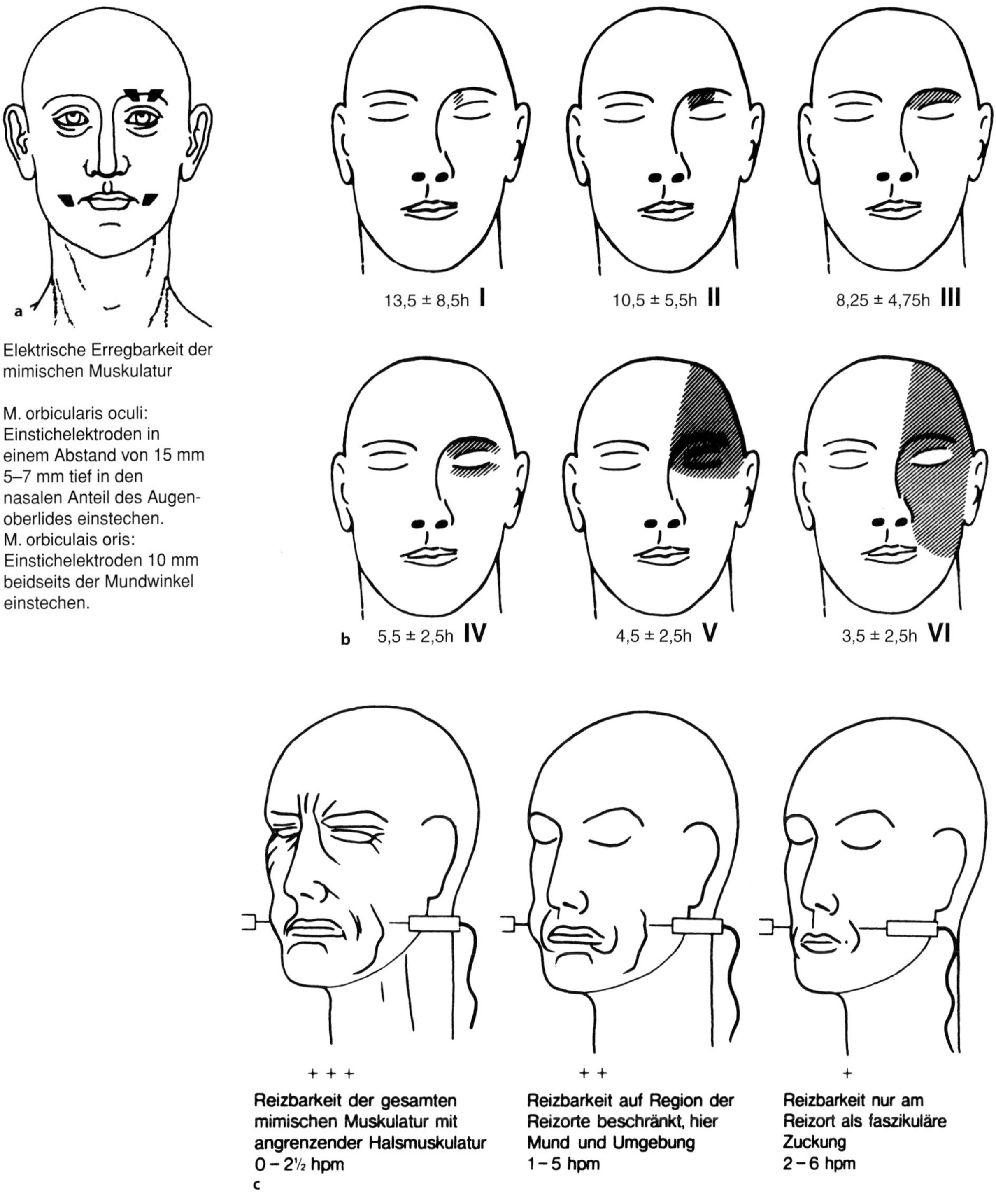

■ Abb. 2.17a-c. **a** Elektrodenposition bei Prüfung der elektrischen Erregbarkeit der mimischen Muskulatur; **b** Ausbreitung der Erregung auf elektrodenferne Areale bei Prüfung der elektrischen Erregbarkeit der mimischen Muskulatur. Frühpostmortal Kontraktion der gesamten ipsilateralen Gesichtshälfte, mit zunehmender Todeszeit bleibt die Erregung auf den Reizort (M. orbicularis oculi) beschränkt. c Prüfung der elektrischen Erregbarkeit am M. orbicularis oris post mortem beobachtet werden. Bei stark ausgeprägtem subkutanem Fettgewebe ist der Wulst zuweilen nicht sichtbar, dann jedoch gut tastbar. Zu beachten ist schließlich noch, dass durch kräftiges Anschlagen des M. biceps brachii auch postmortal subkutane Blutaustritte erzeugt werden können.

Elektrische Erregbarkeit der Skelettmuskulatur. Zur Prüfung der elektrischen Erregbarkeit der Skelettmuskulatur bedient man sich kleiner, transportabler Reizgeräte mit definierten Reizimpulsen (30 Milliampere Stromstärke, Impulsfolgefrequenz von 50 pro Sekunde bei einer Impulsdauer von 10 Millisekunden). Bei Elektrodeneinstich im medialen Anteil des Augenoberlides (◼ Abb. 2.17a) kann der Reizerfolg hinsichtlich der Ausbreitung auf elektrodenferne Areale in 6 Stufen graduiert werden: Frühpostmortal reagiert die gesamte ipsilaterale Gesichtshälfte, mit zunehmender Todeszeit bleibt die Reaktion auf den Reizort beschränkt, schließlich reagiert nur noch das gesamte Oberlid bzw. ½ bis ⅔ des Oberlides bzw. der M. orbicularis oculi nur noch unmittelbar angrenzend an die Reizelektroden. Aus der Ausbreitung der Reaktion auf elektrodenferne Areale wird unmittelbar der Zeitbezug hergestellt (in Abbildung 2.17b ist neben dem Mittelwert jeweils die zweifache Standardabweichung angegeben).

In gleicher Weise kann auch am M. orbicularis oris die Reaktion hinsichtlich der Kontraktionsstärke und -ausbreitung auf elektrodenferne Areale graduiert werden (◼ Abb. 2.17c): frühpostmortal Reaktion der gesamten mimischen Muskulatur, dann nur noch des M. orbicularis oris, schließlich nur noch faszikuläre Zuckungen angrenzend an die Reizelektroden.

Die Prüfung der supravitalen elektrischen Erregbarkeit der Skelettmuskulatur ist eine in der rechtsmedizinischen Praxis unverzichtbare Methode zur Schätzung der Liegezeit eines Leichnams.

Pupillenmuskulatur. Auch die glatte Irismuskulatur ist postmortal reagibel, wobei die Reaktionsdauer der quer gestreiften Skelettmuskulatur von der der glatten Irismuskulatur auf pharmakologische Reizung deutlich übertroffen wird: Reagibilität in Einzelfällen bis 50 Stunden post mortem.

Bei subkonjunktivaler Injektion pupillomotorisch wirksamer Pharmaka beginnt die Wirkung 5–30 Minuten nach der Injektion, die Wirkungsdauer beträgt mindestens eine Stunde. Die Konzentration ist ohne Einfluss auf die Reaktionsdauer und Reaktionsstärke. Die stärkste und längste postmortale Wirksamkeit weisen Adrenalin/Noradrenalin und Acetylcholin als natürliche Überträgerstoffe cholinerger bzw. adrenerger Fasern auf, nämlich bis 46 Stunden post mortem (◼ Tabelle 2.17+2.18). Diese stärkste und längste Wirksamkeit von Acetylcholin und Nor-/Adrenalin als natürlicher Überträgerstoffe cholinerger bzw. adrenerger Fasern wird mit dem Cannon-Rosenblueth'schen Denervationsgesetz erklärt; danach ist jede denervierte Struktur gegenüber dem humoralen Mediator überempfindlich.

◼ Tabelle 2.17. **Postmortale Reagibilität der glatten Irismuskulatur nach subkonjunktivaler Injektion verschiedener pupillomotorisch wirksamer Pharmaka**

		postmortale Reagibilität
Mydriatika		**in Stunden**
Noradrenalin/Adrenalin	1,00 %	14–46
Tropicamid	0,25 %	5–30
Atropin/Cyclopent	1 %/0,5 %	3–10
Miotika		
Acetylcholin	5,00 %	14–46

Abkühlung

Nach Todeseintritt folgt die postmortale Angleichung der Körperkerntemperatur an die Umgebungstemperatur vier Mechanismen: Konduktion, Konvektion, Strahlung und Wasserverdunstung, wobei – je nach individuellen Abkühlbedingungen – Konvektion und Konduktion die prävalierenden Faktoren sind. Die Körperkerntemperatur (z.B. Rektaltemperatur) fällt dabei nicht unmittelbar postmortal ab, es bildet sich zunächst ein postmortales Temperaturplateau von 2–3 Stunden Dauer aus (◼ Abb. 2.18). Ursache für dieses postmortale Temperaturplateau ist, dass sich zunächst ein radiales Temperaturgefälle vom Körperkern zur Körperoberfläche aufbauen muss, sodass der Abfall der Körperkerntemperatur der Auskühlung der Körperoberfläche etwas hinterherhinkt. An das postmortale Tempera-

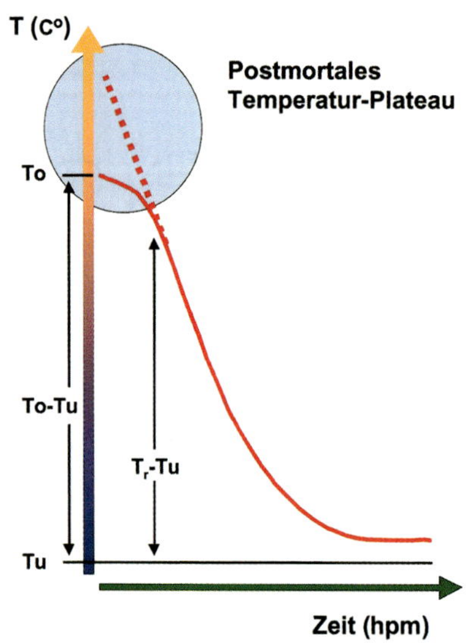

◼ Abb. 2.18. Sigmoidale Abkühlcharakteristik von Körperkerntemperaturen. Ein einfacher Exponentialausdruck entsprechend dem Newton'schen Abkühlgesetz beschreibt den postmortalen Temperaturabfall nicht hinreichend. Mit einem Zwei-Exponenten-Ausdruck ist sigmoidale Abkühlcharakteristik mathematisch gut beschrieben.
To Temperatur bei Todeseintritt (37,2 °C); Tu Umgebungstemperatur; Tr Rektaltemperatur

Tabelle 2.18. Übersichtstabelle zur Schätzung der Liegezeit eines Leichnams aus dem Fortschreitungsgrad von Leichenerscheinungen und supravitalen Reaktionen

		Zeit nach Todeseintritt	
Elektrische Erregbarkeit			
– M. orbicularis oculi	VI Ober-, Unterlid + Stirn + Wange	1–6	hpm*
	V Ober-, Unterlid + Stirn	2–7	hpm
	IV Ober-, Unterlid	3–8	hpm
	III ganzes Oberlid	3,5–13	hpm
	II 1/3–2/3 des Oberlides	5–16	hpm
	I Oberlid lokal in Umgebung der Reizelektroden	5–22	hpm
– M. orbicularis oris		3–11	hpm
– Thenarmuskulatur		bis 12	hpm
– Hypothenar		bis 12	hpm
Pharmakologische Erregbarkeit der Pupille			
– Mydriatika	Noradrenalin/Adrenalin	14–46	hpm
	Tropicamid	5–30	hpm
	Atropin/Cyclopent	3–10	hpm
– Miotika	Acetylcholin	14–46	hpm
Abfall der Körperkerntemperatur	zunächst Temperaturplateau von 2–3 h Dauer (Tiefe Rektaltemperatur), dann ca. 0,5–1,5°C/h, abhängig von Umgebungstemperatur, Lagerung, Bekleidung, Bedeckung, Körperproportionen, Witterungsbedingungen		
Hornhauttrübung bei offenen Augen	nach 45 min		
Hornhauttrübung bei geschlossenen Augen	nach ca. 24 h		
	nach 15–20 min		
Beginn der Totenflecke am Hals	ca. 1–2 h		
Konfluktion	nach wenigen Stunden (ca. 6–8)		
volle Ausbildung der Totenflecke	ca. 10 h (10–20 hpm)		
Wegdrückbarkeit auf Fingerdruck	ca. 10 h		
Umlagerbarkeit	nach 2–4 h		
Beginn der Totenstarre am Kiefergelenk	nach ca. 6–8 h		
vollständig ausgeprägte Starre	nach ca. 2–3 Tagen (stark abhängig von der Umgebungstemperatur)		
Beginn der Lösung	bis ca. 8 hpm		
Wiedereintritt der Starre nach Brechen	nach 3–4 Tagen, bei tiefer Umgebungstemperatur auch deutlich länger als 1 Woche erhalten		
vollständige Lösung			

*hpm = Stunden postmortal

turplateau schließt sich eine Abkühlung in Exponentialfunktion entsprechend dem Newton'schen Abkühlgesetz an, sodass der postmortale Temperaturverlauf insgesamt als sigmoidal bezeichnet worden ist.

Abkühlungsgeschwindigkeit. Die Abkühlgeschwindigkeit hängt von zahlreichen individuellen Faktoren ab (Körperproportionen, Fettreichtum, Körperhaltung – ausgestreckt, in kauernder Stellung mit an den Unterkörper herangezogenen Oberschenkeln –, Kleidung, Bedeckung, Windverhältnissen, Lagerung in einem flüssigen Medium, Durchfeuchtung der Bekleidung, usw.). Der Abfall der Körperkerntemperatur beträgt etwa 0,5–1,5°C pro Stunde.

Nomogramm-Methode. Die mathematische Beschreibung des Abfallens der Körperkerntemperatur bei konstanter Umgebungstemperatur und empirische Anpassung der Experimente Z und P führte zur Entwicklung eines Nomogrammes (■ Abb. 2.19), das aus einmaliger Messung von aktueller tiefer Rektaltemperatur und Umgebungstemperatur, bei bekanntem Körpergewicht, die Schätzung der Liegezeit eines Leichnams erlaubt. Zunächst wird die tiefe Rektaltemperatur mindestens 8 cm oberhalb des M. sphincter ani mit einem geeichten Thermometer (Temperaturskala 0–50°C) gemessen; am günstigsten sind Messfühler mit Digitalanzeige. Dann wird die Umgebungstemperatur des Leichnams gemessen. Beide Temperaturen werden auf die entsprechende Skala des Nomogrammes eingezeichnet und durch eine Gerade verbunden. Die Gerade schneidet eine im Nomogramm bereits eingezeichnete Diagonale. Vom Schnittpunkt des Fadenkreuzes wird auf den Schnittpunkt der Diagonalen mit der Geraden das Lot gefällt und bis zum äußeren Kreisbogen mit Angaben der 95%-Toleranzgrenzen durchgezogen. Beim Viertelkreisbogen des entsprechenden Körpergewichts wird die mittlere Todeszeit in Stunden abgelesen, am äußeren Viertelkreisbogen ergeben sich die entsprechenden 95%-Toleranzgrenzen.

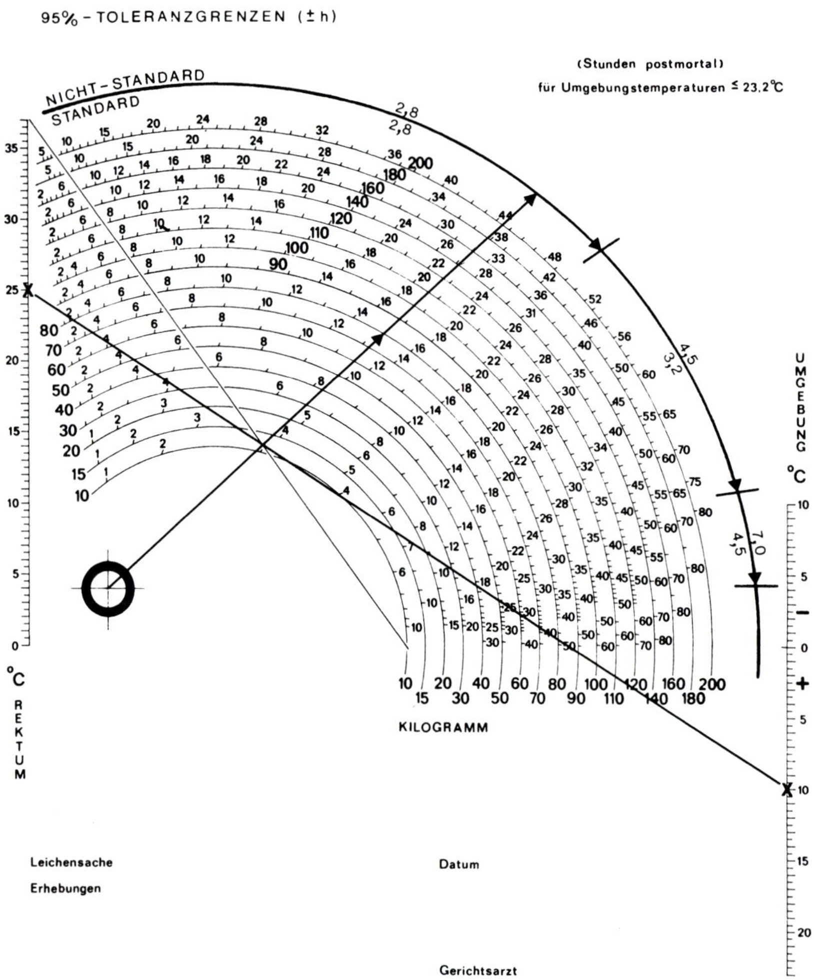

Abb. 2.19. Rektaltemperatur-Todeszeit-Bezugsnomogramm

Das Nomogramm ist zunächst entwickelt worden für „Standardfälle" der Leichenlagerung: unbekleidete Leiche auf thermisch indifferenter Aufliegefläche in ruhender Luft. Der abkühlungsverzögernde bzw. -beschleunigende Effekt von gegenüber den Standardfällen variierenden Abkühlbedingungen (Bekleidung, Bedeckung, Durchfeuchtung, Wind, Lagerung in einem flüssigen Medium) kann durch empirisch ermittelte Körpergewichtskorrekturfaktoren berücksichtigt werden. Dies sind z.B:

- unbekleidet im Wasser 0,3–0,5
- feuchte Kleidung, Wind 0,7
- unbekleidet, Wind 0,75
- unbekleidet im Sommer 1,0
- dünne Kleidung, kein Wind 1,2
- dicke Kleidung, Wind 1,4
- dicke, feuchte Kleidung, kein Wind 1,2
- dicke Bettdecke 2,0

Die Schätzung der Liegezeit aus der Körperkerntemperatur mit Auswahl des entsprechenden Korrekturfaktors sowie auch die Prüfung, ob die Voraussetzungen zur Anwendung des Verfahrens gegeben sind (z.B. nicht bei allgemeiner Hypothermie und Fieber) setzt fachärztlich-rechtsmedizinisches Wissen voraus, die Messung der entsprechenden Temperaturen (tiefe Rektaltemperatur mindestens 8 cm oberhalb des M. sphincter ani) ist jedoch ggf. auch vom leichenschauenden Arzt zu verlangen. Wichtig ist, dass bei erster Untersuchung des Leichnams Körperhaltung, Sitz und Art der Bekleidung, evtl. Durchfeuchtung der Bekleidung, Umgebungstemperatur, Wind und Lichteinfall, Sonneneinstrahlung, Veränderung der Temperaturverhältnisse durch Öffnen von Fenstern, An- und Abschalten einer Heizung, Anschalten von Scheinwerfern, genau protokolliert werden, da durch diese Maßnahmen die ursprünglichen Abkühlbedingungen verändert werden.

Vertrocknungen der intakten Haut und sichtbaren Schleimhäute. Haut und Schleimhäute des Lebenden sind feucht und werden feucht gehalten. Transsudation und Schweißsekretion sind für diesen Zustand genauso verantwortlich wie die mechanische Befeuchtung durch Lidschlag oder Zunge. Diese Vorgänge sistieren mit Todeseintritt. In Abhängigkeit von

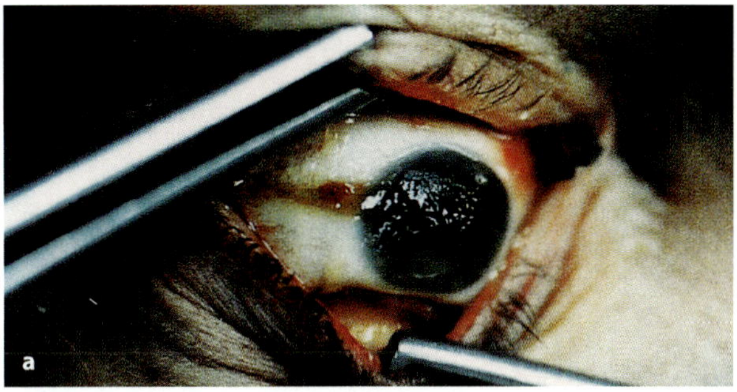

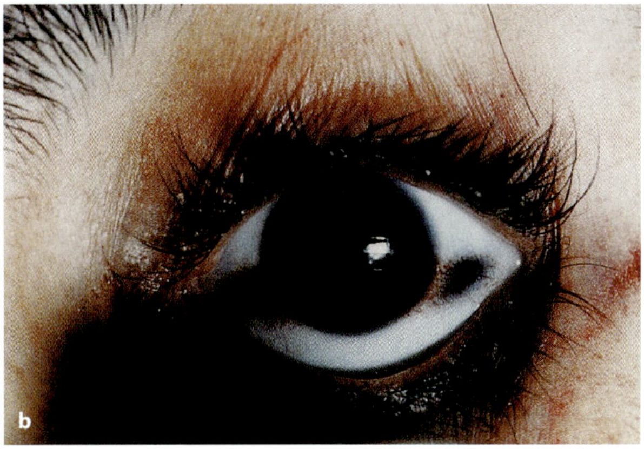

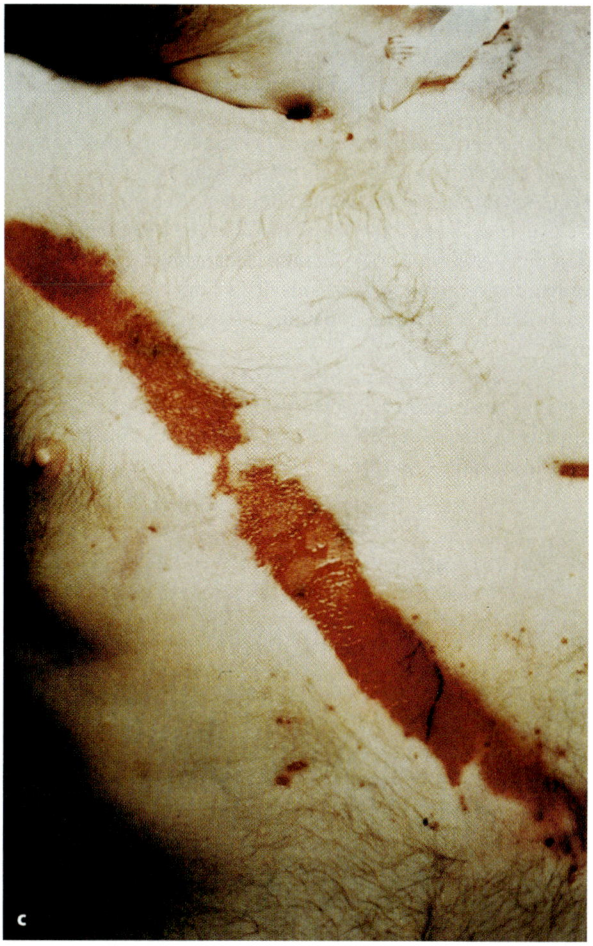

Abb. 2.20a–c. Vertrocknungen.
a Vertrocknung der Cornea mit honiggelber streifenförmiger Vertrocknung der Augapfelbindehaut bei postmortal spaltförmig offenen Augen; **b** schwärzliche Vertrocknung der Augapfelbindehaut „tache noire"; **c** reaktionslose Vertrocknung einer Gurtmarke

Luftbewegung, Luftfeuchtigkeit und Wärme verdunstet die Oberflächenfeuchtigkeit unbedeckter Haut und Schleimhäute rasch. Insbesondere bei Säuglingen vertrocknen bald die Schleimhäute der Lippen, der Zunge, die Nasenspitze, das Skrotum und die großen Labien. Relativ rasch vertrocknet bei geöffneten Augen auch die Kornea, sie verliert ihren Glanz und wird trübe (Abb. 2.20a). Aufgrund der Hypostase der transzellulären Flüssigkeiten verliert der Augapfel seine Spannung. Bei geöffneten Augen kommt es zu dreieckigen oder auch bandförmigen Vertrocknungen der Augapfelbindehaut. Derartige Verfärbungen, als „tache noir" bezeichnet, können bereits 1–2 Stunden post mortem auftreten (Abb. 2.20b). Zunächst sind diese Augapfelbindehautverfärbungen gelblich, dann gelblich-bräunlich, schließlich nehmen sie sogar eine schwärzliche Farbe an. Alsbald vertrocknen auch Fingerbeeren und Akren, die Konsistenz wird derber, die Farbe rötlich-bräunlich. Vertrocknungen treten postmortal relativ rasch auch dort auf, wo durch Schweiß oder Urinmazeration ein Epidermisverlust eingetreten ist. Neben der Verdunstung von Wasser an Haut und sichtbaren Schleimhäuten und der daraus resultierenden Vertrocknung hat die zumeist umschriebene Vertrocknung im Bereich von Hautabschürfungen eine entscheidende diagnostische Bedeutung. Überall dort, wo es durch vitale oder postmortale Kompression oder Schürfung der Epidermis zu einer leichteren Flüssigkeitsabgabe kommt, treten in Abhängigkeit von Umgebungsbedingungen (Luftzug, Wärme, Feuchtigkeit der Luft) Vertrocknungen auf. Derartige Vertrocknungen finden sich z.B. als Folge von Sturzverletzungen (Knie), Defibrillation, als Folge mechanischer Gewalteinwirkung (Drossel-, Würgemale), usw. (Abb. 2.20c). Postmortal entstandene Hautabschürfungen vertrocknen freilich in gleicher Weise wie vitale zu braun-roten, lederartig harten Flächen. Diagnostisch und rekonstruktiv von besonderer Bedeutung sind geformte Vertrocknungen, die die Konfiguration eines einwirkenden Werkzeuges abformen.

Späte Leichenveränderungen

D. Krause, K. Jachau

Definition

Autolyse: Postmortale Veränderung der Gewebe eines Makroorganismus durch körpereigene Enzyme ohne die Beteiligung von Mikroorganismen.

2

Autolyse. Der postmortale Sauerstoffmangel zwingt die Zellen zur glykolytischen Energiegewinnung, die mit sinkendem pH-Wert korreliert ist. Dadurch treten hydrolytische Enzyme aus den Lysosomen, die im Wesentlichen für die katabolische Selbstauflösung der Gewebe verantwortlich sind. Es kommt zur raschen Erweichung und Strukturauflösung besonders in enzymreichen, bindegewebsarmen Organen: Nebennieren, Milz, Gehirn. Die postmortale Hämolyse führt zur rötlichen Imbibition der Gefäßwände. Die Schutzmechanismen gegen Selbstverdauung verlieren an Wirksamkeit. Es kann zur postmortalen Gastromalacia acida mit Andauung umgebender Gewebe kommen.

Separate Autolyse einzelner Teile des Makroorganismus findet sich nach intrauterinem Fruchttod in Form der Fetolyse oder der Autolyse des Gehirns nach Sistieren der intrakraniellen Durchblutung (Hirntod).

Definition

Fäulnis: Fortschreitende *anaerob-bakterielle* Leichenzersetzung durch überwiegend *reduktive* Prozesse mit Entwicklung faulig riechender Gase.

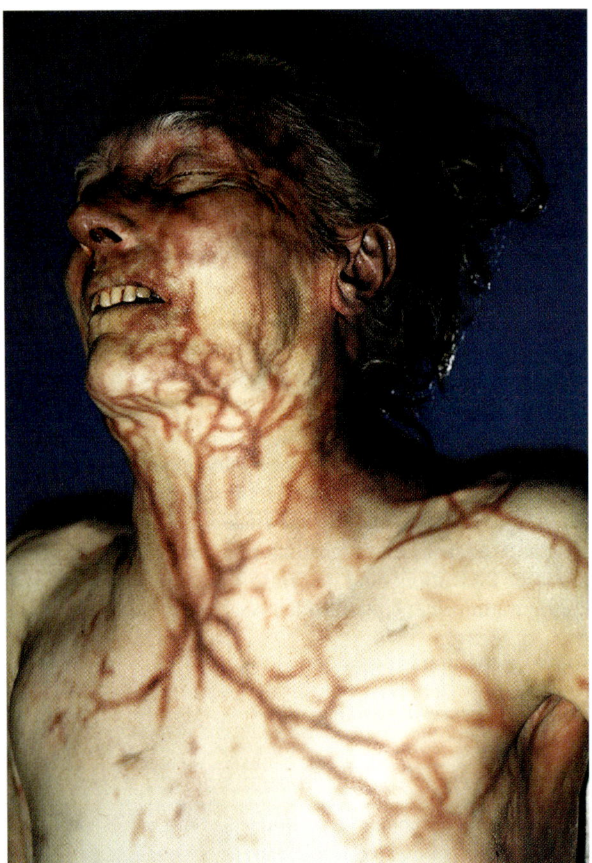

Abb. 2.21. „Durchschlagen" des Venennetzes

Abb. 2.22. Fäulnisveränderungen im Gesicht: Grünverfärbung, Weichteilverdickung durch „Fäulnisgasemphysem" und Madenbefall

Fäulnis. Das postmortal autolytische Gewebe bietet einen hervorragenden Nährboden für die Mikroorganismen der Haut und Schleimhäute. Es kommt sehr schnell zu einem fortschreitenden Biotopwandel: niedrigere Temperatur, pH-Veränderung, fehlende immunologische Abwehr, kein Abtransport der Stoffwechselendprodukte durch den Blutstrom. Die sog. Fäulnisflora findet optimale Lebensbedingungen; andere, an den lebenden Makroorganismus angepasste Mikroorganismen – insbesondere auch Krankheitserreger – werden verdrängt.

Wichtig

Je fauliger die Leiche, desto geringer die Infektionsgefahr!

Das erste sichtbare Zeichen beginnender Fäulnis ist die Grünverfärbung des rechten Unterbauches. Bald ist der gesamte Bauch grün verfärbt, die oberflächlichen Venen sind grün markiert („Durchschlagen des Venennetzes"; Abb. 2.21). Eine massive Fäulnisgasbildung in allen Weichgeweben („Fäulnisgasemphysem") führt zur typischen Facies fauliger Leichen (Abb. 2.22), zur monströsen Auftreibung des Bauches, der weiblichen Brüste, des Skrotums und des Penis. Die Extremitäten werden abgespreizt. Durch den „inneren" Gasdruck wird Fäulnisflüssigkeit über Mund und Nase nach außen gedrückt und gelegentlich als Blut fehldiagnostiziert. Unter der grünfaulen Haut

Abb. 2.23. Fäulnisblasen

entstehen Fäulnisblasen (Abb. 2.23). Das Gehirn wird weich und zerfließlich. Leber und andere parenchymatösen Organe werden von Fäulnisgasblasen durchsetzt („Schaumorgane"). Die zeitlichen Abläufe sind stark temperaturabhängig. Eine Todeszeitschätzung anhand von Fäulnisbefunden bedarf großer Erfahrung.

Definition

Bewährt hat sich die **Caspersche Regel:**

1 Woche Luft = 2 Wochen Wasser = 8 Wochen Erdgrab.

Weitere grobe Anhaltspunkte gibt Tabelle 2.19 wieder. Vor einer kritiklosen Anwendung wird ausdrücklich gewarnt.

Verwesung. Durch Fäulniszerstörung, Madenfraß und Ablaufen der Fäulnisflüssigkeit gelangt zunehmend Luftsauerstoff in tiefer gelegene Gewebe. Es verschlechtern sich im Biotop die Bedingungen für die anaeroben Fäulniserreger. Sie werden durch aerobe Bakterien und niedere Pilze aus der Anflugflora verdrängt. Die fäulnistypische Gewebskolliquation geht gleitend in einen trockenen zundrigen Gewebszerfall über.

Definition

Verwesung: Fortschreitende *aerob-mikrobielle* Leichenzersetzung durch überwiegend *oxidative* Prozesse mit Entwicklung stechend-muffig riechender Gase.

Tierfraß/Leichenentomologie. Haustiere (Hund, Katze) können sehr frühzeitig postmortale Tierfraßverletzungen hervorrufen, ebenso Fische bei Wasserleichen. Ratten beißen bevorzugt in die Augen. Füchse können Gliedmaßen verschleppen. Durch eine DNA-Analyse der Speichel- oder Haarspuren kann sowohl die Tierart festgestellt, als auch das konkrete Tier individualisiert werden.

Fliegen können schon agonal Eier ablegen. Die Maden geben proteolytische Fermente ab und ernähren sich durch Diffusion von aufgelösten Weichteilgeweben. Der Entwicklungszyklus der Fliege dauert je nach Art und Temperatur 3–5 Wochen (Abb. 2.24).

Von allen unterschiedlich aussehenden Maden, Puppen, Käfern usw. sollten je mehrere Exemplare in 70%igem Alkohol aufbewahrt werden als Voraussetzung für eine entomologische Todeszeitschätzung.

Konservierende Leichenerscheinungen

Infobox

Alle chemischen, physikalischen und biologischen Methoden zur Konservierung tierischer Gewebe sind im Prinzip auch für die Erhaltung organischen Materials humaner Herkunft geeignet. Unter natürlichen Bedingungen kann es durch besondere Umstände im Biotop zur teilweisen Erhaltung von Weichteilen kommen.

Mumifizierung. Wachstum und Vermehrung der Fäulnis- und Verwesungsbakterien ist an das Vorhandensein von Wasser gebunden. In warmer, trockener, bewegter Luft sind Teilmumifizierungen der Akren bereits nach einer Woche möglich. Ausgedehnte Mumifizierungen entstehen über Monate.

Definition

Mumifizierung: Konservierung durch raschen Wasserverlust und lederartig-derbe, bräunliche Vertrocknung der Weichteilgewebe.

Tabelle 2.19. **Progression der Fäulnis bei Leichenlagerung in freier Luft bei Temperaturen von 20°C (nach W. Naeve 1978)**

Nach 1–2 Tagen	grünliche Verfärbung der Bauchdecken und Erweichung der Augäpfel.
Nach 3–5 Tagen	dunkelgrüne Verfärbung großer Teile der Bauchhaut. Einzelne fleckige Grünverfärbungen der Haut auch anderer Körperregionen. Vor Mund und Nase grobblasig rötlich tingierte Fäulnisflüssigkeit. Durchschlagen des Venennetzes.
Nach 8–12 Tagen	gesamte Körperoberfläche dunkelgrün. Gesicht, Hals, Brustkorb teilweise rötlich-grün. Gasblähung von Abdomen und Skrotum, Dunsung des Gesichtes. Fingernägel noch fest haftend. Haare erleichtert ausziehbar.
Nach 4–20 Tagen	gesamte Körperoberfläche grün oder rotbraun. Starke Gasblähung des gesamten Körpers. Fäulnisblasen, diese teilweise aufgeplatzt mit Braunvertrocknungen der Lederhaut. Augen (Iris, Pupille und Sklera) schmutzig rotbraun. Fingernägel leicht ausziehbar.

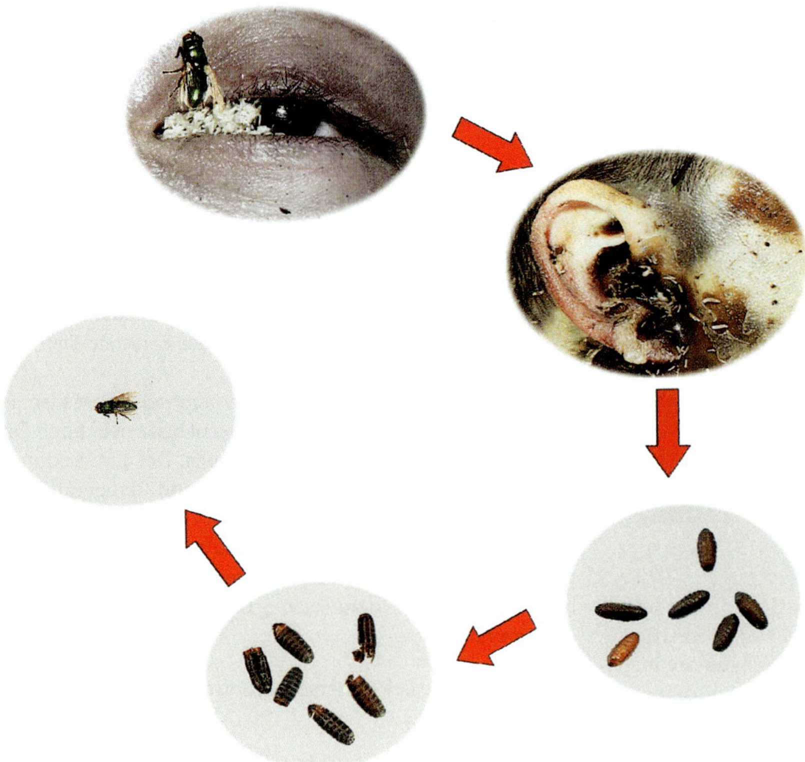

Abb. 2.24. Entwicklungszyklus der Fliege: Eiablage – Maden – Puppen – leere Puppenhülsen – neue Fliege

Fettwachsbildung. Die Konservierung betrifft selektiv das Körperfett, das durch Bakterienenzyme hydriert und dadurch gehärtet wird, während die anderen Weichteilgewebe verfaulen. Kühle Temperaturen und Feuchtigkeit sind günstige Bedingungen. Die Entstehung ganzer Fettwachsleichen ist ein Prozess über viele Monate bis Jahre.

Definition

Fettwachsbildung: Konservierung durch Hydrierung ungesättigter Fettsäuren und Umwandlung des Körperfetts in eine fettig-schmierige bis kalkharte Masse.

Moorleichen, Salzleichen, Permafrostleichen. Die Konservierung der organischen Materialien erfolgt durch Huminsäuren unter Luftabschluss im Hochmoor, durch hypertone Salzlösungen z.B. in Salzbergwerken oder Einfrieren in Dauerfrostgebieten.

Seltene Sonderfälle. Von „**Faulleichenkonservierung**" spricht man, wenn eine wasserdichte Umhüllung der Leichen/Leichenteile durch Plastiksäcke, Beton usw. nur eine einleitende Autolyse zulässt und die mikrobielle Zersetzung durch die Anhäufung von Stoffwechselendprodukten begrenzt wird. Prinzipiell vergleichbare Wirkungen hat die Leichenverbringung in Behältnisse mit Öl, Säuren, Laugen, u.Ä.

Todeszeitbestimmung

B. Madea, R. Dettmeyer, P. Schmidt

Im Leichenschauformular werden dem Arzt Angaben zur Todeszeit gegliedert nach Tag, Monat, Jahr und Uhrzeit abverlangt. Für Totauffindungen, bei denen eine retrospektive Eingrenzung des Todeszeitraumes auch für den Erfahrenen schwierig ist, sehen einige Leichenschauformulare zur Eingrenzung des Todeszeitintervalls folgende Angaben vor: – Zuletzt lebend gesehen – tot aufgefunden am – bzw. Sterbezeitpunkt..., falls Sterbezeitpunkt unbekannt bzw. tot aufgefunden: Datum und Uhrzeit der Leichenauffindung.

Schließlich wurde in einigen Leichenschauformularen die Verwertung des durch Zeugen beobachteten Todeseintritts als Todeszeitpunkt eingeräumt. Da bezüglich der Angaben zur Todeszeit im Leichenschauschein oft große Unsicherheit herrscht und Überprüfungen ergeben haben, dass die Angaben nicht stimmig sein können, soll die Todeszeitbestimmung im Rahmen der Leichenschau fallgruppenartig besprochen werden:

Tod unter ärztlicher Überwachung. Sowohl bei Krankenhauspatienten als auch beim Todeseintritt im häuslichen Bereich in Gegenwart des Arztes, wird der Zeitpunkt des irreversiblen Herzstillstandes oder des Atemstillstandes entsprechend als Todeszeitpunkt protokolliert. Wurde reanimiert, gilt der Zeitpunkt des Abbruches der frustranen Reanimation als Todeszeitpunkt.

Todeseintritt durch zuverlässige Zeugen beobachtet. In der Regel handelt es sich um natürliche Todesfälle oder Unglücksfälle im häuslichen oder öffentlichen Bereich. In dieser Fallgruppe werden die Zeugen – insbesondere bei Unglücksfällen – sofort einen Arzt verständigen. Der Arzt wird nach Feststellung des Todes überprüfen, ob der Ausbildungsgrad oder das Fehlen der Leichenerscheinungen wie Totenstarre und Totenflecke mit den Zeitangaben der Zeugen kompatibel ist. In Fällen, in denen aus dem Leichenbefund ersichtlich ist, dass es sich um einen Todeseintritt mit fehlender oder ultrakurzer Agonie handelt, wird er – stimmen seine Feststellungen zum Ausbildungsgrad der Leichenerscheinungen mit den ihm gemachten Zeitangaben überein – den Unglückszeitpunkt als Todeszeitpunkt verwerten dürfen. Liegt eine kurze Agonie vor, also etwa vom Unglückszeitpunkt bis zum Eintreffen des Arztes, so wird es sich empfehlen, diesen Zeitbereich als Todeszeitraum anzugeben. In gleicher Weise sollte der Arzt verfahren, wenn er von Angehörigen eines Verstorbenen zur Leichenschau gerufen wird. Zu empfehlen ist unter diesen Umständen der Zusatz: „Nach Angaben der Angehörigen", sollte sich dieser nicht bereits als Vordruck im Leichenschauformular befinden.

Vermieden werden sollte in jedem Fall eine unkritische Übernahme der Angaben Angehöriger. Daher sind grundsätzlich die Angaben Dritter am Ausbildungsgrad der Leichenerscheinungen zu überprüfen.

Tot aufgefunden. In Fällen dieser Gruppe stehen dem Arzt keine Zeugenaussagen über den Todeszeitpunkt zur Verfügung, sondern allenfalls Angaben über den Auffindungszeitpunkt oder Angaben über den Zeitpunkt, zu dem der Verstorbene letztmals lebend gesehen wurde. In jedem Fall sollte dieser Zeitpunkt protokolliert werden. Die Todeszeitbestimmung muss sich dann nahezu ausschließlich am Ausprägungsart der Leichenerscheinungen orientieren, insbesondere dem Ausbildungsgrad von Totenflecken, Totenstarre und Fäulnis. Eine zusammenfassende Übersicht über den Fortschreitungsgrad der Leichenerscheinungen zur orientierenden Einschätzung der Liegezeit gibt ◘ Tabelle 2.20.

Eine zu weit gehende Eingrenzung des Todeszeitraumes aus dem Ausprägungsgrad der Leichenerscheinungen sollte vermieden werden und im Leichenschauformular relativierende Zusätze wie „etwa" hinzugefügt werden. Auch bezüglich der Todeszeit wird den Angaben im Leichenschauschein von den Behörden amtlicher Feststellungscharakter beigemessen. Im Hinblick auf die rechtliche Bedeutung des Todeszeitpunktes sind daher falsche oder nicht vertretbare Angaben unbedingt zu vermeiden.

Rechtsmedizinische Todeszeitbestimmung. Von allen Methoden zur Schätzung der Liegezeit eines Leichnams ist die nomographische Ermittlung des Todeszeitbereiches aus der Rektaltemperatur unter Berücksichtigung von Umgebungstemperatur, Körpergewicht sowie aktuellen Abkühlungsbedingungen (C. Henßge) das qualitativ und quantitativ am besten untersuchte Verfahren. Freilich ist auch mit diesem Verfahren im günstigsten Fall ein Todeszeitbereich von lediglich 5–6 Stunden zu erreichen, in dem der Tod sehr wahrscheinlich eingetreten ist. Im Rahmen des integrierten Konzeptes zur Todeszeitbestimmung wird man den nomographisch ermittelten Todeszeitbereich durch den Ausprägungsgrad supravitaler Reaktionen (elektrische Erregbarkeit der mimischen Muskulatur, pharmakologische Erregbarkeit der Pupille) und Leichenerscheinungen (verschiedene Kriterien von Rigor und Livores) weiter einzugrenzen versuchen. Da die Mittelwerte zu den einzelnen Leichenerscheinungen und supravitalen Reaktionen das Zeitintervall, in dem das entsprechende Kriterium positiv vorliegt, völlig unzureichend und damit unzuverlässig repräsentieren, wurden ausschließlich die weitgehend zuverlässigen oberen und unteren zeitlichen Grenzen der Variationsbreiten berücksichtigt. In ◘ Tabelle 2.21 sind die unteren und oberen 95%-Toleranz- bzw. Variationsgrenzen für die einzelnen Todeszeitkriterien dargestellt. Die unteren Grenzen bedeuten, dass die Todeszeit bei Vorliegen des entsprechenden Kriteriums länger sein muss als die untere Grenze, die oberen entsprechend, dass die Todeszeit kürzer sein muss.

Ist ein idiomuskulärer Wulst auslösbar, ist die Todeszeit mit hoher Wahrscheinlichkeit kürzer als 13 Stunden, ist er nicht mehr auslösbar, ist sie mit hoher Wahrscheinlichkeit länger als 1,5 Stunden. Ist der M. orbicularis oris nicht mehr reagibel, beträgt die Todeszeit über 3 Stunden, bei positiver Reaktion unter 11 Stunden.

In ◘ Abbildung 2.25 sind die todeszeitrelevanten Kriterien entsprechend ihrer auf- bzw. absteigenden unteren Grenzen geordnet. Die Erhebungen am Leichenfundort beginnen mit der nomographischen Eingrenzung des Todeszeitintervalls als Leitmethode. Die mittels des Nomogrammverfahrens erzielten un-

◘ Tabelle 2.20. **Beschreibung der sigmoidalen Abkühlcharakteristik am Zwei-Exponenten-Modell**

$$\frac{T - T_U}{T_O - T_U} = \frac{p}{p - Z}\, e^{-Zt} - \frac{Z}{p - Z}\, e^{-pt}$$

T_O =	Temperatur bei Todeseintritt
T_U =	Umgebungstemperatur
T =	aktuell gemessene Körperkerntemperatur
Z =	Exponent des ersten Ausdrucks, maßgeblich für die Abkühlgeschwindigkeit nach Abschluss des postmortalen Temperaturabbaus
p =	Exponent des zweiten Ausdrucks, maßgeblich für die Ausprägung bzw. Dauer des postmortalen Temperaturabbaus

Tabelle 2.21. Schlussfolgerungen zu unteren und oberen Grenzen des Todeszeitbereichs durch Prüfung einzelner Kriterien

PRÜFGRÖßE Ausbildungsgrad	ANTWORT RESULTAT: Eingrenzung der UNTEREN Grenze; t ≥ hpm			ANTWORT RESULTAT: Eingrenzung der OBEREN Grenze; t ≤ hpm		
LIVORES						
Beginn?	JA	0.		NEIN	3.	Anamie Beleuchtung
Konfluktion?	JA	1.		NEIN	4.	Anamie Beleuchtung
Auf Daumendruck vollständig wegdrückbar?	NEIN	1.		JA	20.	
Vollständig Verlagerbar?	NEIN	2.		JA	6.	
Maximum?	JA	3.		NEIN	16.	
Unvollständig Verlagerbar?	NEIN	4.		JA	24.	
RIGOR						
Beginn?	JA	5.		NEIN	7.	
Wiederbildung?	NEIN	2.		JA	8.	
Maximum?	JA	2.		NEIN	20.	
ERREGBARKEIT						
Mechanische						
Sehnenphänomen?	NEIN	0.		JA	2.5	
Idiomuskulärer Wulst?	NEIN	1.5		JA	13.	
Elektrische						
Auge VI ?	NEIN	1.		JA	6.	
V ?	NEIN	2.		JA	7.	Lange Agonie
IV ?	NEIN	3.	Frisches	JA	8.	Frisches
III ?	NEIN	3.5	Lidhämatom	JA	13.	Lidhämatom
II ?	NEIN	5	Lidemphysem	JA	16.	Lidemphysem
I ?	NEIN	5	Lange Agonie	JA	22.	
Mund	NEIN	3.		JA	11.	
Chemische						
Atropin/Cyclopentolat?	NEIN	3.		JA	10.	
Mydriaticum Roche?	NEIN	5.		JA	30.	
Acetylcholin?	NEIN	14.		JA	46.	

teren und oberen 95%-Toleranzgrenzen sollen durch die Kriterien weiter eingegrenzt werden, die oberhalb des unteren bzw. unterhalb des oberen Grenzwertes liegen.

Fallbeispiel

Ein 58-jähriger Mann wurde morgens gegen 08.02 Uhr auf einem Schotterweg an einem Waldrand tot aufgefunden. Bei einer Hirntemperatur von 17°C und einer tiefen Rektaltemperatur von 28,3°C ergab sich bei einer Umgebungstemperatur von 3°C und einem Körpergewicht von 65 kg ein Todeszeitraum von 7,6 ± 2,8 Stunden vor dem Untersuchungszeitpunkt (13.15 Uhr). Durch folgende Kriterien konnte dieser Zeitpunkt eingegrenzt werden:
Die Rigorwiederbildung nach Brechen der Starre spricht nach Literaturangaben für einen Todeszeitraum unter 8 Stunden. Die Reaktionsstärke V bei elektrischer Reizung der Muskulatur spricht für einen Todeszeitraum unter 7 Stunden. Somit konnte die obere Grenze des nomographisch bestimmten Todeszeitbereichs (9,2 Stunden) eingegrenzt werden. Als Todeszeitraum ergab sich in diesem Fall die Zeitspanne zwischen 06.15 Uhr und 08.30 Uhr. Das Geständnis des Täters lautete dahin, den Betroffenen gegen 06.30 Uhr gedrosselt, erschlagen und dann an der Fundstelle abgelegt zu haben.

Im frühpostmortalen Intervall erweisen sich besonders die Zeitbezüge zum Ausprägungsgrad der elektrischen Erregbarkeit der Skelettmuskulatur als wertvolle Hilfe zur weiteren Eingrenzung des Todeszeitintervalls. In günstig gelagerten Fällen kann der wahrscheinliche Zeitbereich des Todeseintrittes mit diesem integrierten Verfahren auf 1–2 Stunden eingegrenzt werden.

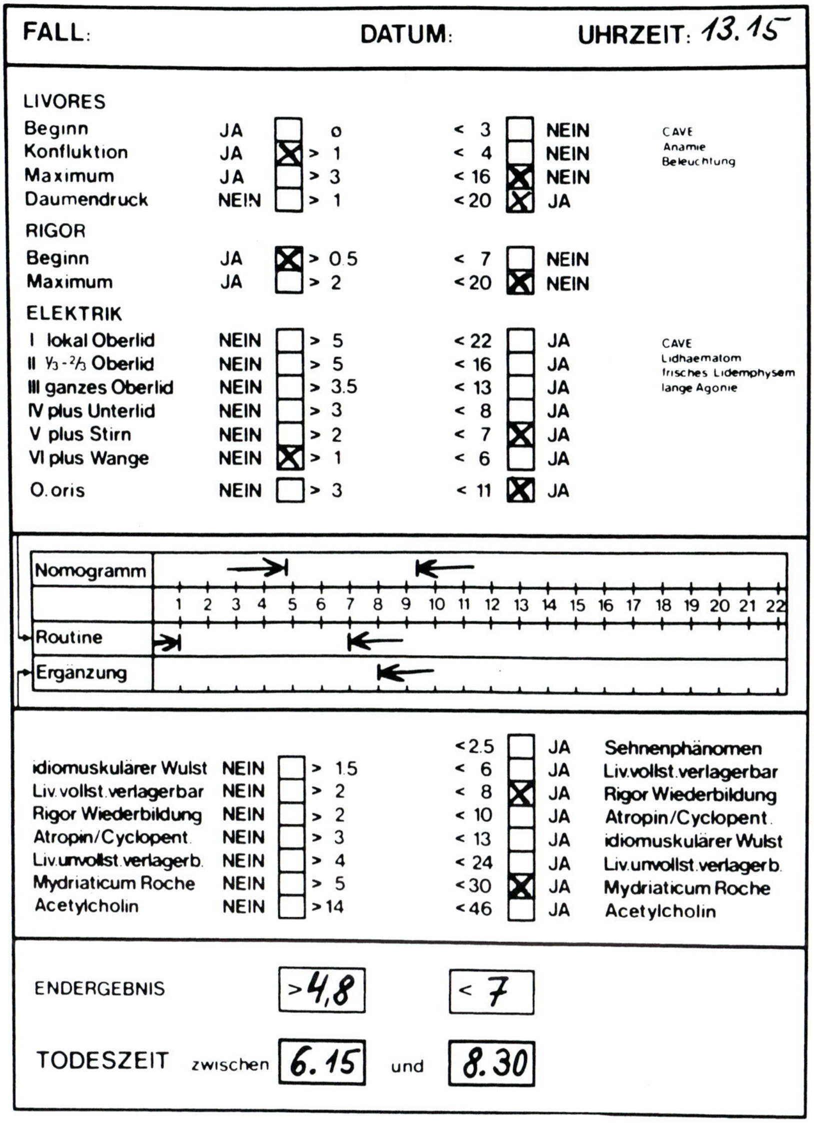

FALL: DATUM: UHRZEIT: 13.15

LIVORES							
Beginn	JA	☐	0	< 3	☐	NEIN	CAVE Anamie Beleuchtung
Konfluktion	JA	☒	> 1	< 4	☐	NEIN	
Maximum	JA	☐	> 3	< 16	☒	NEIN	
Daumendruck	NEIN	☐	> 1	< 20	☒	JA	
RIGOR							
Beginn	JA	☒	> 0.5	< 7	☐	NEIN	
Maximum	JA	☐	> 2	< 20	☒	NEIN	
ELEKTRIK							
I lokal Oberlid	NEIN	☐	> 5	< 22	☐	JA	CAVE Lidhaematom frisches Lidemphysem lange Agonie
II ⅓-⅔ Oberlid	NEIN	☐	> 5	< 16	☐	JA	
III ganzes Oberlid	NEIN	☐	> 3.5	< 13	☐	JA	
IV plus Unterlid	NEIN	☐	> 3	< 8	☐	JA	
V plus Stirn	NEIN	☐	> 2	< 7	☒	JA	
VI plus Wange	NEIN	☒	> 1	< 6	☐	JA	
O. oris	NEIN	☐	> 3	< 11	☒	JA	

				< 2.5	☐	JA	Sehnenphänomen
idiomuskulärer Wulst	NEIN	☐	> 1.5	< 6	☐	JA	Liv. vollst. verlagerbar
Liv. vollst. verlagerbar	NEIN	☐	> 2	< 8	☒	JA	Rigor Wiederbildung
Rigor Wiederbildung	NEIN	☐	> 2	< 10	☐	JA	Atropin/Cyclopent.
Atropin/Cyclopent.	NEIN	☐	> 3	< 13	☐	JA	idiomuskulärer Wulst
Liv. unvollst. verlagerb.	NEIN	☐	> 4	< 24	☐	JA	Liv. unvollst. verlagerb.
Mydriaticum Roche	NEIN	☐	> 5	< 30	☒	JA	Mydriaticum Roche
Acetylcholin	NEIN	☐	> 14	< 46	☐	JA	Acetylcholin

ENDERGEBNIS > 4,8 < 7

TODESZEIT zwischen 6.15 und 8.30

Abb. 2.25. Checkliste zur Erhebung todeszeitrelevanter Daten am Leichenfundort mit Fallbeispiel

Auch wenn mittels eines zweiten unabhängigen Verfahrens die nomographisch vorgegebene Todeszeit zwar nicht eingegrenzt, sondern nur bestätigt werden kann, erhöht dies nicht nur die Validität der Aussage, sondern auch die Sicherheit des Untersuchers.

Wichtig

Die Anwendung dieses integrierten Verfahrens zur Todeszeitbestimmung ist aufgrund der notwendigen Erfahrung sowie der apparativen Voraussetzungen eine fachärztlich-rechtsmedizinische Aufgabe, deren Prinzipien der Leichenschauer kennen sollte, um in entsprechend gelagerten Fällen (Tötungsdelikte, dubiose Auffindungssituationen) die Hinzuziehung eines Rechtsmediziners zu veranlassen.

2.1.5 Besondere Leichenschaukonstellationen

Tod während oder unmittelbar nach ärztlicher Behandlung, mors in tabula

Etwa 2–2,5% aller stationär aufgenommenen Patienten versterben im Krankenhaus. Für das Jahr 1995 bedeutet dies bei 15.938.938 Krankenhausaufnahmen 424.910 Sterbefälle während eines stationären Aufenthaltes. Ganz überwiegend handelt es sich um erwartete Todesfälle in Folge der schweren Grunderkrankung oder des Unfalls, der zur Krankenhausaufnahme geführt hatte. Daneben können selbstverständlich auch in der Klinik unerwartete natürliche Todesfälle aus vorbestehender innerer Ursache eintreten, wie zum Beispiel eine akute Koronarinsuffizienz oder eine Lungenarterienthrombembolie.

Über nichtnatürliche, in der Klinik selbst verursachte Todesfälle stehen keine verlässlichen epidemiologischen Daten zur Verfügung. Praktisch und forensisch relevant sind insbesondere Unfälle und Stürze, Todesfälle unter Fixierung, Verbrühungen bei unbeaufsichtigten Patienten, Suizide (vor allem in psychiatrischen Kliniken) und Patiententötungen.

Gleichermaßen bedeutsam und gutachterlich schwierig ist die Festlegung der Todesursache und Klassifikation der Todesart bei **iatrogenen Todesfällen** im Zusammenhang mit ärztlichen Maßnahmen (diagnostische oder therapeutische Eingriffe, Narkosezwischenfälle, postoperative Todesfälle, Todeseintritt im Zusammenhang mit Infusion, Transfusion oder Medikation).

Wichtig

Dem behandelnden Arzt bzw. dem für Abteilung oder Klinik Verantwortlichen sind dringend eine Qualifikation des Todesfalls als nicht geklärt und eine Meldung an die Polizei anzuraten, um eine gerichtliche Obduktion zur objektiven Todesursachenklärung, Sachverhaltsaufklärung und eigenen Entlastung anzustreben. Umgekehrt kann nicht ausdrücklich genug davor gewarnt werden, im Anschluss an einen iatrogenen Todesfall die Krankenunterlagen zu manipulieren oder die Todesart als natürlich zu klassifizieren, um den kausalen Zusammenhang zwischen der ärztlichen Maßnahme und dem Tod des Patienten zu verschleiern und eine Sachaufklärung zu verhindern.

In diesen Fällen drohen strafrechtliche Konsequenzen und der Verlust des Haftpflichtversicherungsschutzes.

Wichtig

Die sachangemessene und den Sorgfaltspflichten der ärztlichen Begutachtung genügende Aufklärung umfasst die objektive Todesursachenklärung durch Obduktion und histologische, toxikologische und postmortal-biochemische Nachfolgeuntersuchungen, die Auswertung der Krankenunterlagen und eventuell die integrative klinische Begutachtung der Frage eines Verstoßes gegen anerkannte Regeln der ärztlichen Kunst.

Tod im Polizeigewahrsam

Todesfälle im Polizeigewahrsam betreffen insbesondere Männer im 4. und 5. Lebensjahrzehnt. Das Todesursachenspektrum umfasst vor allem natürliche Erkrankungen, insbesondere Herz-Kreislauf-Erkrankungen, Alkoholfolgekrankheiten und Lungenerkrankungen, **Suizide** – ganz überwiegend durch **Erhängen** –, **Schädel-Hirn-Traumen** und **Alkoholvergiftungen** bzw. Alkohol-Medikamenten-Mischintoxikationen (**Wichtig:** Aspiration). Als besondere Risikofaktoren konnten hohes Lebensalter, Vorerkrankungen, Verletzungen, Blutalkoholkonzentrationen über 3 Promille sowie eine Kombinationswirkung von Alkohol und Medikamenten oder Betäubungsmitteln identifiziert werden. Die Feststellung der Gewahrsamsfähigkeit sowie die Beurteilung oder Differentialdiagnose eines Rauschzustandes durch Polizeibeamte und auch Ärzte stellen sicherlich besondere Problembereiche dar. Bei stark eingeschränkter Möglichkeit der Anamneseerhebung liegen die Schwierigkeiten vor allem darin, den Schweregrad bzw. die eventuelle Lebensbedrohlichkeit einer Alkoholintoxikation zu erkennen und additive Einflussfaktoren wie zum Beispiel eine zusätzliche Medikamenteneinwirkung zu erfassen.

Wichtig

Bei einem Alkoholisierten in somnolentem Bewusstseinszustand ist ein eventuell für das Zustandsbild maßgebliches zusätzliches Schädel-Hirn-Trauma abzugrenzen.
Bei einem Todesfall im Polizeigewahrsam sollte zunächst nach Medikamentenpackungen oder Fixerutensilien in Bekleidung und Zelle gesucht werden. Bei der Leichenschau sollte insbesondere auf einen aromatischen Geruch, auf den Inhalt der Mundhöhle (Tablettenreste, aspirierter Mageninhalt) sowie auf Injektionsstellen auch in atypischer Lokalisation geachtet werden. Ferner sind unbehaarte und behaarte Kopfhaut eingehend auf Verletzungen wie Hautabschürfungen, Hämatome und Platzwunden zu prüfen.

Tod im Gefängnis

Todesfälle im Gefängnis sind in 30–40% natürliche Todesfälle, insbesondere in Folge von Herz-Kreislauf-Erkrankungen, selten Unfälle insbesondere durch Intoxikationen und nur ausnahmsweise Tötungsdelikte innerhalb der Häftlingspopulation. Von herausragender Bedeutung sind **Suizide durch Erhängen**, die vor allem von männlichen Häftlingen im 3. Lebensjahrzehnt zu Beginn der Haft in einer Einzelzelle begangen werden. Als Strangwerkzeug finden neben Bekleidungsstücken, insbesondere Gürteln, vor allem Bettzeug und Elektrokabel Verwendung. Als Aufhängepunkt dienen neben dem Zellenfenster Bestandteile der Sanitärinstallationen oder Heizungsrohre. Von Mithäftlingen unbemerktes suizidales Erhängen kommt jedoch auch in mehrfach belegten Zellen immer wieder vor.

ℹ Leichenschau beim Tod durch Erhängen

Der zur Leichenschau herbeigezogene Arzt sollte beim geringsten Zweifel am Eintritt des Todes den Suizidenten unverzüglich aus der Schlinge befreien und Reanimationsmaßnahmen beginnen. Erst bei eindeutiger Feststellung sicherer Todeszeichen sollte er sein Verhalten an kriminologischen Gesichtspunkten orientieren und die Auffindesituation darauf überprüfen, ob der Verstorbene selbsttätig in die Schlinge gelangt sein kann und das Strangwerkzeug sich unter Einwirkung der Schwerkraft des Körpers hat zuziehen können. Am Leichnam selber sollte nachvollzogen werden, ob das Verteilungsmuster der Totenflecke der Position des Leichnams bei Auffindung entspricht. In Fällen von atypischem Erhängen sollte auf eine Dunsung und Zyanose der

Gesichtshaut sowie petechiale Blutaustritte in der Haut von Gesicht und Augenlidern, in den Bindehäuten und in der Mundvorhofschleimhaut als Beweis einer hämodynamischen Wirksamkeit des Strangulationsvorganges geachtet werden. In Fällen von typischem Erhängen sollte die Unterwäsche auf Kot-, Urin- oder Spermaantragungen untersucht werden. Im Gesicht ist insbesondere auf Speichelabrinnspuren zu achten. Die genannten Phänomene belegen das Durchlaufen eines konvulsivischen Stadiums mit vegetativen Begleiterscheinungen während des Erhängungsvorganges und somit die Vitalität des typischen Erhängens. Ferner sollten insbesondere die Streckseiten der Unterarme, die Handrücken und Handinnenflächen auf aktive oder passive Abwehrverletzungen untersucht werden. Zur Vermeidung voreiliger Schlussfolgerungen ist jedoch unter Berücksichtigung der Auffindesituation zu beurteilen, ob eventuelle Verletzungen auch durch ein Anstoßen bzw. Anschlagen im konvulsivischen Stadium verursacht worden sein können.

Tod im Badezimmer

Der plötzliche Tod im Badezimmer bzw. in der Badewanne stellt eine besondere Herausforderung für den Leichenschauer dar, da es sich lediglich in 10–30% um einen natürlichen Tod handelt. Von größerer Bedeutung sind insbesondere Unfälle und Suizide (◘ Abb. 2.26). In ca. 5% der Fälle ist mit einem Tötungsdelikt in der Badewanne oder Ablage eines Homizidopfers zu rechnen. Unter den Todesursachen spielen **Kohlenmonoxydvergiftungen, Medikamentenintoxikationen** sowie **Stromeinwirkungen** eine wichtige Rolle. Als Besonderheiten des Stromtodes im Wasser sind das Fehlen von charakteristischen umschriebenen Strommarken, horizontal verlaufende, blasse, von bläulichen Rändern begrenzte beziehungsweise porzellanweiße Grenzstreifen und eine Kongruenz von Begrenzung der Totenflecke und Wasserspiegel hervorzuheben. Beim Ertrinken handelt es sich überwiegend um ein agonales Geschehen im Zusammenhang mit einer vorbestehenden inneren Erkrankung, einer Intoxikation oder einer Stromeinwirkung.

Wichtig

Tötungsdelikte können sehr spurenarm sein, wenn zum Beispiel nur geringe Gewaltanwendung erforderlich war oder die Arglosigkeit des Opfers ausgenutzt wurde.

In einem berühmten Fall der Kriminalgeschichte hat der Täter seine Opfer, jeweils die arglos ihm vertrauenden Ehefrauen, ertränkt, indem er sie während des Badens an den Beinen gefasst und mit einer schnellen Bewegung aus der Wanne gezogen hat, sodass sie mit dem Kopf unter Wasser gerieten. Bedeutsam ist ferner, dass sich Strangulationsverletzungen und Petechien bei längerer Wasserlagerung zurückbilden können. Unter Berücksichtigung dieser Todesumstände und Geschehensabläufe, die nur kursorisch angedeutet werden konnten, ist eine **besonders systematische Durchführung der Leichenschau** dringend zu empfehlen. Als Leitfaden kann die folgende „Checkliste" dienen:

Checkliste

1. Auffindesituation

Medikamentenpackungen, CO-Quelle, Wasser in der Badewanne, Wasser laufend, Wassertemperatur, Badezusätze, bei leerer Badewanne: Ränder, die einen früheren Wasserspiegel markieren, und Position des Ablaufstutzens, Elektrogerät in oder neben der Badewanne, Schalterposition, Stromkabel in Steckdose, relative Position von Elektrogerät, Leichnam und leitenden Bestandteilen der Sanitärinstallation, Abschiedsbrief in der Wohnung

▼

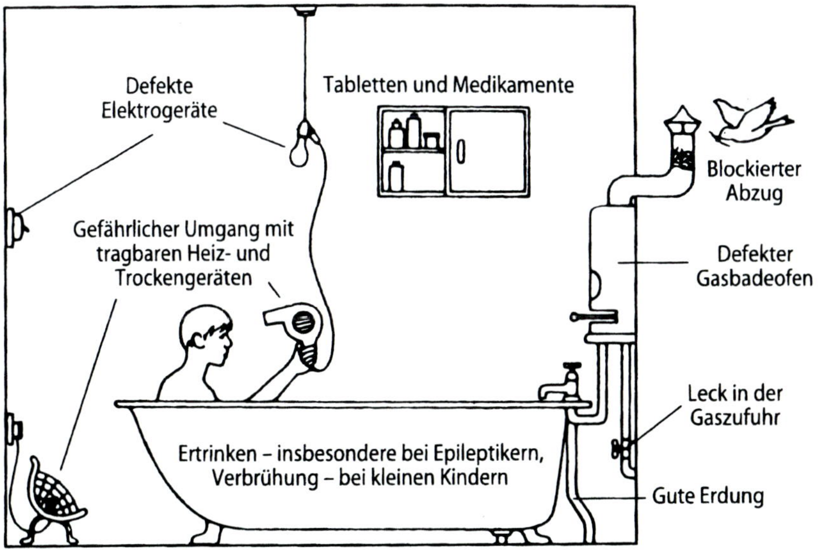

◘ Abb. 2.26. Gefahrenquellen im Badezimmer als Ursache nichtnatürlicher Todesfälle

2. **Untersuchung des Leichnams**
   - 2.1 Grundlegende Feststellungen: Bekleidung, Totenflecke, Totenstarre, Rektaltemperatur
   - 2.2 Zeichen der Wasserlagerung, wie z.B. Waschhautbildung
   - 2.3 Befunde, die einem Ertrinkungsvorgang zugeordnet werden können, wie z.B. Schaumpilz
   - 2.4 Befunde im Zusammenhang mit einer evtl. Intoxikation: hellrote Totenflecke, hellrote Nagelbetten, Medikamentenbestandteile in der Mundhöhle, aspirierter Mageninhalt in der Mundhöhle
   - 2.5 Befunde einer Stromeinwirkung: Geformte Strommarken, „lineare Strommarken", Kongruenz von Totenflecken und Wasserstand
   - 2.6 Befunde mit Hinweischarakter auf eine Todesursache aus vorbestehender krankhafter innerer Ursache, z.B. Zungenbiss
   - 2.7 Verletzungsbefunde, bei denen unter Berücksichtigung der Auffindesituation die Differentialdiagnose zwischen homizidaler Einwirkung auf der einen Seite und einem agonalen Anstoßen bzw. Stürzen z.B. im Rahmen eines natürlichen Todes oder eines Unfalles abgegrenzt werden muss

Tod in der psychiatrischen Klinik

Entsprechend der bei psychisch Kranken, insbesondere Depressiven und Schizophrenen, erhöhten Suizidrate prävalieren die Selbsttötungen, die hauptsächlich von jüngeren Patienten im 3. und 4. Lebensjahrzehnt begangen werden. Als Suizidmethode wird am häufigsten das **Erhängen** gewählt, gefolgt von Intoxikationen und Sprung aus der Höhe (zu den Besonderheiten der Leichenschau bei Erhängen und Intoxikation ► s. Kap. 2.1.5, S. 54 u. 57). Wird aufgrund der Auffindeumstände ein suizidaler Sprung aus der Höhe vermutet, so ist die Entfernung zwischen potentieller Absprungstelle und Endlage des Leichnams als Unterscheidungskriterium zwischen Suizid und Unfall genau festzuhalten. Insbesondere bei dicker Bekleidung und flächenhaftem Aufschlagen mit dem Rumpf auf weichem Untergrund kann eine deutliche Diskrepanz zwischen dem nahezu vollständigen Fehlen äußerlich sichtbarer Verletzungen durch stumpfe Gewalt auf der einen Seite und autoptisch nachweisbaren massiven todesursächlichen Verletzungen auf der anderen Seite bestehen.

> **Wichtig**
>
> Bei „leerem Leichenschaubefund" muss die endgültige Klärung der Todesursache einer Obduktion vorbehalten bleiben.

Es sei kurz erwähnt, dass bei einer der spektakulären Tötungsserien der letzten Jahre in deutschen Krankenhäusern ein Krankenpfleger in einer psychiatrischen Klinik ca. 14 Patienten durch intravenöse Injektion von Luft tötete. Bei der Leichenschau festgestellte Injektionsstellen sollten also genau dokumentiert werden, damit ein Abgleich mit den Krankenunterlagen bzw. eventuellen Zeugenaussagen bezüglich diagnostisch oder therapeutisch gesetzten Injektions- bzw. Punktionsstellen möglich ist.

Tod am Steuer

Beim Tod am Steuer kann es sich um Unfälle, Suizide oder plötzliche natürliche Todesfälle handeln. Hinweise auf einen Unfalltod in unmittelbarem kausalen Zusammenhang mit dem Verkehrsunfall ergeben sich aus dem in der Leichenschausituation offensichtlichen Unfallereignis, dem unmittelbaren zeitlichen Zusammenhang und den bereits bei der äußeren Leichenschau feststellbaren schweren, möglicherweise mit dem Leben nicht zu vereinbarenden Verletzungen. Naturgemäß gestattet das Verletzungsbild für sich genommen keine sichere Differenzierung zwischen Unfalltod und Suizid. Erste Verdachtsmomente für einen Suizid können sich aus dem Geschehensablauf des „Unfalls" ableiten lassen, wenn sich keine rational nachvollziehbare Unfallursache ermitteln lässt (z.B. Abkommen von gerader Strecke und Anprallen gegen einen Baum bei nicht angelegtem Sicherheitsgurt).

> **Wichtig**
>
> Die Diagnose des plötzlichen natürlichen Todes am Steuer basiert auf der Trias unerklärliche Fahrweise (z.B. Streifen parkender Fahrzeuge, Kollision mit entgegenkommenden Fahrzeugen, Abkommen auf die Gegenfahrbahn oder Ausrollen am Fahrbahnrand), Zeugenaussagen und fehlenden oder geringfügigen Verletzungen bereits bei der äußeren Leichenschau.

Der richtungsweisende Verdacht ergibt sich also in der Korrelation von Vorgeschichte und Leichenschaubefund, aus der Diskrepanz zwischen einem (fraglichen) Unfallgeschehen und dem weitgehenden oder völligen Fehlen äußerlich sichtbarer Verletzungszeichen.

> **Wichtig**
>
> Dem leichenschauenden Arzt kommt eine Schrittmacherfunktion bei der Diagnosestellung zu.

Der plötzliche natürliche Tod am Steuer betrifft vor allem Männer im 6. und 7. Lebensjahrzehnt, die aufgrund einer ischämischen Herzerkrankung einen plötzlichen Herztod erleiden. Elektrophysiologisch entwickeln sich die letztendlich tödlichen Herzrhythmusstörungen über einen Zeitraum von ca. 2 Minuten und verursachen über eine Beeinträchtigung der zerebralen Zirkulation subjektiv wahrnehmbare Warnsymptome, so dass in der Regel ein schwerer Unfall vermieden werden kann.

Sollten sich nach einem prima facie unerklärlichen Unfallgeschehen bei der äußeren Leichenschau gravierende Verletzungen finden, die kausal auf das Unfallereignis zu beziehen und möglicherweise von todesursächlicher Bedeutung sind, so

sollte eine Obduktion angestrebt werden, da die in Folge des Unfalles entstandenen Verletzungen aus Gründen der Logik schlechterdings nicht als Unfallursache in Betracht kommen und der Geschehensablauf somit ungeklärt ist. Die Obduktion dient in diesem Fall der Beantwortung zweier maßgeblicher Fragen:
- Lässt sich eine innere Erkrankung nachweisen, die als Unfallursache, z.B. plötzliche Bewusstseinsstörungen, in Betracht kommt?
- Besteht eine innere Erkrankung, die hinsichtlich ihrer todesursächlichen Dignität konkurrierend gegen die Unfallverletzungen abgewogen werden müsste?

Wichtig

Aus der integrativen Abwägung von vorbestehenden Erkrankungen und Unfallverletzungen ergeben sich maßgebliche Rückschlüsse auf die Bewertung des Unfallereignisses unter versicherungs- und sozialrechtlichen Gesichtspunkten.

Tod durch Gifteinwirkung

Wichtig

Die Verdachtsschöpfung ruht auf drei Säulen, der Anamnese, den Umständen des Todeseintritts und dem Leichenschaubefund.

Todesursächliche Intoxikation. Eine todesursächliche Intoxikation muss in Betracht gezogen werden bei:
- jungen, bisher gesunden Menschen, Kindern ohne bekannte Vorerkrankung,
- gleichzeitiger „Erkrankung" mehrerer Menschen,
- psychisch Kranken,
- Drogenabhängigen,
- Interesse Dritter am Ableben (z.B. Beseitigung eines zur Last fallenden Angehörigen, reiche Erblasser, hohe Lebensversicherung, Feinde, Mitwisser, Nebenbuhler oder Rivalen) sowie
- Personen mit Zugang zu Giften (Chemiker, Biologen, Ärzte, Krankenschwestern, Drogisten, Photographen, Goldschmiede, usw.).

Agonale Symptome mit Hinweischarakter auf eine Intoxikation. Diese umfassen:
- plötzlich und unerwartet auftretende Krankheitserscheinungen bzw. plötzlichen Zusammenbruch und sofortigem Todeseintritt,
- Agitiertheit oder epileptiforme Krämpfe,
- Tiefschlaf oder langfristiges Koma,
- Dyspnoe, Apnoephasen, „Schnorcheln" oder Atemdepression,
- Änderungen der Pupillenweite, Sekretion der Konjunktiven, Salivation,
- Schaumpilz,
- Abdominalbeschwerden, Erbrechen oder Diarrhoe.

Zwar sind die äußeren Leichenschaubefunde bei den meisten der heute bedeutsamen Intoxikationen unspezifisch, dennoch können Befunde mit Hinweischarakter die weiteren Untersuchungen richtungsweisend bestimmen (◘ Tabelle 2.22). Aufmerksamkeit sollte auch der **Auffindesituation** geschenkt werden (z.B. Gläser oder Flaschen mit Bodensatz, Medikamentenbehältnisse – Abfalleimer –, Erbrochenes, Warnfarbe von Giftzusatzstoffen). Erwähnt sei, dass die Giftbeibringung nicht nur peroral erfolgt, sowohl bei Suiziden als auch bei Homiziden wurden kasuistisch auch vaginale oder anale Applikationen beschrieben. Auch in Einrichtungen der **Altenpflege** und Kliniken konnten Serientötungen durch Medikamentenbeibringung nachgewiesen werden.

Drogentod

Definition

Unter dem Begriff Drogentod werden alle Todesfälle zusammengefasst, die in einem kausalen Zusammenhang mit dem missbräuchlichen Konsum von Betäubungsmitteln oder als Ausweichmittel verwendeter Ersatzstoffe stehen.

An einer akuten Drogenintoxikation Verstorbene werden in ca. der Hälfte der Fälle in der eigenen Wohnung aufgefunden, daneben an bekannten „Fixerschauplätzen", in öffentlichen Toiletten, in Gebäuden mit Publikumsverkehr, in Hotels oder Pensionen. Erste Hinweise auf einen Drogentod können sich durch die **Auffindesituation**, insbesondere durch das Auffinden sog. Fixerutensilien in unmittelbarer Umgebung des Leichnams (aber auch in Küche, Badezimmer oder Abfallbehältnissen) ergeben. Hierzu gehören:
- Papierbriefchen oder Silberpapier von der Verpackung,
- Staubinde, Injektionsbesteck, angerußte Löffel, Kerzen, Feuerzeug, Ascorbinsäure oder Zitronensaft bei intravenösem Konsum sowie spezielle Rauchgeräte bei inhalativer Aufnahme.

Die charakteristischen, jedoch unspezifischen **Leichenschaubefunde** umfassen:
- schlechten Allgemein-, Pflege- und Ernährungszustand, insbesondere mit ungepflegtem und behandlungsbedürftigem Gebiss,
- Tätowierungen,
- Nadeleinstichstellen bzw. Nadelstichstraßen,
- enge Pupillen (nur in der frühpostmortalen Phase) sowie
- einen Schaumpilz als Zeichen des Lungenödems nach Heroinkonsum.

Tabelle 2.22. **Leichenschaubefunde mit Hinweischarakter auf Intoxikation (Ergänzt nach Prokop u. Göhler 1976 und Schwerd 1992)**

Befund	In Betracht kommende Gifte
Hautblutungen	alle Gifte, die zu diffuser Leberparenchymschädigung führen, vor allem Phosphor, Amanita phalloides
Geruch	H_2S, Cyanide, NH_3
Holzer'sche Blasen	Schlafmittel
Miosis*	sog. MNOP-Gifte: Morphin, Opiate, Nicotin, Phosphorsäureester, Physostigmin, Pilocarpin, Prostigmin, Barbiturate
Mydriasis*	sog. ABC-Gifte: Äthanol, Amanita muscaria, Amanita pantherina, Atropin, Cannabinoide, Chinin, Cocain, Colchicin, Cyanide, Methanol, Scopolamin
Ätzspuren	bes. Laugen, Säuren, aber auch Halogene, Phenol und -derivate, Paraquat, Trichloräthylen
Speichelfluss	Phosphorsäureester, Amanita muscaria
hellrote Nägel	CO
Totenflecke	
– aschgrau	Methanol
– braun getönt	Met-Hb-Bildner (u.a. Nitrite, Nitrobenzol, Chlorate, Seifen, aromatische Aminoverbindungen)
– hellrot	CO, Zyanide
zahlreiche Nadeleinstichstellen	Opiate
allg. Ikterus	„Lebergifte", Phosphorvergiftungen, Pilzvergiftungen
Mees'sche Nagelbänder	Arsen, Thallium
dunkler Zahnfleischsaum, Stomatitis	Blei, Quecksilber, Wismut
„Pfötchenstellung" der Hände	Blausäure, Strychnin, Phosphorsäureester
leichte Ausziehbarkeit der Haare	Thallium

* Aufgrund agonaler (Hypoxie des Hirnstammes) und postmortaler Veränderungen von nur begrenztem Aussagewert

Wichtig

Man muss mit dem Versuch rechnen, die tatsächlichen Todesumstände durch Vortäuschen unauffälliger äußerer Todesumstände mit Leichenablage zu kaschieren (Dumping) oder umgekehrt ein Tötungsdelikt durch Inszenierung eines Drogentodes zu verschleiern.

„Wohnungsleiche"

Thema sollen nicht jene Todesfälle sein, bei denen die Auffindesituation bereits gewichtige Hinweise auf einen häuslichen Unfall, einen Suizid oder gar ein Tötungsdelikt bietet und zumindest keinen vernünftig begründbaren Zweifel an der nichtnatürlichen Todesart belassen kann. Vielmehr sollen einige Besonderheiten jener Todesfälle hervorgehoben werden, in denen der nichtnatürliche Tod gerade nicht von vorne herein erkennbar ist oder umgekehrt durch Nebenbefunde zweifelhafter Dignität vorgetäuscht wird.

Wichtig

Mit besonderer Aufmerksamkeit sollte die Leichenschau in den Todesfällen durchgeführt werden, bei denen ärztlicherseits zu ermittelnde Krankenvorgeschichte, bezeugte Sterbeumstände und Auffindesituation das „hier und jetzt" des Todeseintritts nicht plausibel erklären lassen.

Auch bei primär unauffälliger Auffindesituation sollte auf Umstände geachtet werden, die sich bei Betrachtung ex post möglicherweise in einen Geschehensablauf einordnen lassen können, der zu einer Klassifikation der Todesart als nichtnatürlich Veranlassung geben muss. Hierzu gehören zum Beispiel leere Alkoholflaschen, Medikamentenpackungen, Spritzen, beblutete Papiertücher im Mülleimer, Handtücher oder Kleidungsstück mit Blutantragungen in der Wäsche und beblutete Gegenstände des täglichen Lebens.

Wichtig

Auf jeden Fall ist der Leichnam vollständig zu entkleiden, und die gewissenhafte Leichenschau hat eine besonders sorgfältige Untersuchung der behaarten Kopfhaut, eine Untersuchung der Gesichtshaut und der Bindehäute auf Stauungsblutaustritte, eine sorgfältige Inspektion der Perinasal- und Perioralregion sowie eine Inspektion der Körperöffnungen insbesondere der Mundhöhle zu umfassen.

Besondere Vorsicht ist bei Leichnamen mit weit fortgeschrittenen, späten Leichenerscheinungen geboten, da durch die **Fäulnis** auf der einen Seite richtungweisende Befunde wie z.B. eine hellrote Farbgebung der Totenflecke überdeckt werden können, auf der anderen Seite durch postmortale Phänomene wie z.B. Madenfraß Verletzungen vorgetäuscht werden können. Bezüglich Besonderheiten beim Stromtod, beim Tod in der Badewanne, bei Vergiftungen und beim nichtnatürlichen Tod im Säuglingsalter wird auf die entsprechenden Spezialkapitel verwiesen.

Stichwortartig erwähnt seien einige Konstellationen, bei denen gerade im häuslichen Bereich die Gefahr, Verletzungen zu übersehen oder fehlzudeuten, besonders groß ist. Nicht nur, wenn der Verstorbene auf dem Fußboden liegend aufgefunden wird, sondern auch, wenn der Leichnam sich auf dem Sofa oder im Bett befindet, ist an die Möglichkeit eines **häuslichen Sturzes** zu denken. Insbesondere in der behaarten Kopfhaut ist auch nach diskreten Verletzungen wie oberflächlichen Hautabschürfungen oder Prellungen ohne offene Wunde zu suchen, unter denen sich nur autoptisch feststellbare gravierende Schädel-Hirn-Verletzungen verbergen können. Bei Nachweis einer Verletzung ist in Zusammenschau von Gestalt, Lokalisation und Auffindesituation zu beurteilen, ob eine Verursachung durch Anstoßen oder Sturz in Betracht kommt oder anderweitige Möglichkeiten, eventuell unter Beteiligung Dritter, in Erwägung gezogen werden müssen.

Wichtig

Die Differenzierung zwischen einer vitalen, für den Todeseintritt maßgeblichen, und einer agonalen, den Todeseintritt aus anderweitiger Ursache lediglich begleitenden, Verletzung ist allein aufgrund der äußeren Leichenschau in der Regel nicht möglich.

Stichverletzungen oder auch **Schussverletzungen** können dann übersehen werden, wenn sie atypisch oder versteckt lokalisiert und nicht mit einer größeren Blutung nach außen verbunden gewesen sind. Unter den **Erstickungstodesfällen** besteht die besondere Gefahr der Verkennung, vor allem beim Ersticken durch weiche Bedeckung und beim Bolustod.

Wichtig

Auch wenn dies dem betreuenden Arzt gegenüber den Hinterbliebenen bei vertrauensvollem Arzt-Patienten-Verhältnis sicherlich besonders schwer fällt, darf nicht außer Acht gelassen werden, dass die Auffindesituation aus vielfältigen Gründen, z.B. Scham oder versicherungsrechtlichen Gesichtspunkten verändert worden sein kann, bevor der Arzt zur Leichenschau gerufen wurde.

Fallbeispiele

Ein 78 Jahre alt gewordener, an einem fortgeschrittenen Bronchialkarzinom leidender Mann wurde von der Ehefrau tot in halbsitzender Stellung in seinem Bett aufgefunden. Die Bettdecke war mit hellrotem Blut durchtränkt. Der herbeigerufene, langjährig behandelnde Hausarzt bescheinigte einen natürlichen Tod und gab als Todesursache einen „Blutsturz" an. Der Bestatter fand beim Zurückschlagen der Bettdecke eine beblutete Rasierklinge und vielfache zueinander parallel stehende Schnittverletzungen an der Beugeseite des Handgelenks des Verstorbenen. Autoptisch ergab sich als Todesursache ein Verbluten nach außen bei multiplen, teils tiefreichenden Schnittverletzungen der Handgelenksbeuge. Das Verletzungsmuster ist suizidtypisch.

Ein 69 Jahre alt gewordener Pensionär wurde auf einer hochklappbaren Sesselliege vor dem Fernseher tot von seiner Ehefrau gefunden. Die Angehörigen entfernten eine in den Händen des Toten liegende Pistole. Der Leichenschauarzt, dem dies nicht mitgeteilt wurde, bescheinigte einen natürlichen Tod, da er keine Verletzung feststellt und der Verstorbene früher schon einmal über Herzbeschwerden geklagt hatte. Der Bestatter entdeckte beim Anheben des Toten Blut in den Kissen unter dem Kopf und verständigte die Polizei, die eine Schussverletzung im Nacken und eine Patronenhülse auf dem Boden neben der Liege fand. Die Obduktion erbrachte einen Schädel-Hirn-Durchschuss mit Einschussverletzung in der Tiefe der Mundhöhle und Ausschuss im Nacken. Das Fallbeispiel illustriert folgende „Risikofaktoren" bei der Leichenschau:

- Manipulation der Auffindesituation,
- anamnesebedingte vorgefasste Meinung und
- Flüchtigkeit der Leichenschau ohne Anheben des Kopfes und Inspektion der Mundhöhle.

Da sich vor der Haustüre einer Altbauwohnung Zeitungen, Reklamesendungen und Post stapelten und ein unangenehmer Geruch ins Treppenhaus drang, betrat der Hauseigentümer gemeinsam mit der Polizei die Wohnung und fand den Leichnam des 22 Jahre alt gewordenen Mieters in weit fortgeschrittenem Fäulniszustand im Bett liegend. Da der Verstorbene als menschenscheu und wunderlich galt und in der Post ein Kündigungsschreiben des Arbeitgebers gefunden wurde, wurde ein Suizid vermutet. Soweit bei späten Leichenerscheinungen beurteilbar, ließen sich bei der Obduktion keine vorbestehenden inneren Erkrankungen und keine Verletzungen von todesursächlicher Wertigkeit feststellen. Die Totenflecke waren nicht von den flächenhaften Fäulnisverfärbungen der Haut abzugrenzen. Die toxikologischen Untersuchungen ergaben einen CO-Hb-Gehalt von mehr als 60%. Eine erneute Untersuchung des Fundortes erbrachte, dass die Heizung in dem Altbau weitestgehend modernisiert war, die Wohnung des Verstorbenen jedoch noch mit einem Kohleofen beheizt wurde. Ein Obermieter hatte den Kaminschacht aus der Wohnung des Verstorbenen in der irrigen Annahme, dieser sei stillgelegt, zur Entsorgung von Hausmüll verwendet.

Todesursache war also eine akzidentelle CO-Intoxikation. Das Obduktionsergebnis war maßgebliche Grundlage dafür, dass die CO-Quelle erkannt und ausgeschaltet und weitere Todesfälle verhindert wurden.

Mehrfachleichenfund

Der Begriff „Mehrfachleichenfund" lässt sich in folgende Kategorien einteilen:
- Auffinden von mehr als einer Leiche am Fundort,
- Leiche und Überlebende am Fundort,
- Leiche und Tierkadaver am Fundort.

Wichtig

Grundsätzlich ist bei Auffindung von mehr als einer Leiche an einem Fundort auch bei Fehlen grobsichtig erkennbarer äußerer Verletzungszeichen bis zum Beweis des Gegenteils immer von einem nichtnatürlichen Tod auszugehen. Der zufällige gleichzeitige Tod zweier Personen aus vorbestehender innerer Ursache ist als absolute Rarität anzusehen.

Kriminalistisch kommen folgende Fallkonstellationen in Betracht:
- Tötung
- Tötung mit Überlebendem
- Tötung mit Tätersuizid
- Tötung mit Suizidversuch
- Suizid, erweiterter Suizid, Suizid mit Überlebendem
- Unfall
- (Tod durch Krankheit)

Hinweise auf einen gemeinsamen oder erweiterten Suizid können sich aus besonderen Arrangements in der Auffindesituation ergeben wie zum Beispiel Vorbereitungshandlungen, Abschiedsbriefen oder Warnhinweisen. Tötungsdelikte sollten bei der äußeren Leichenschau aufgrund charakteristischer Verletzungen wie Würge- oder Drosselmale, Stichwunden, Schussverletzungen usw. erkennbar sein.

Wichtig

Bei fehlenden äußeren Verletzungszeichen sollte unbedingt eine Intoxikation in die differentialdiagnostischen Überlegungen miteinbezogen werden (Cave: CO und suche CO-Quelle!).

Fallbeispiele

Ein älteres Ehepaar wurde tot auf einem Campingplatz in einem fabrikneuen Wohnmobil aufgefunden. Die beiden ordnungsgemäß bekleideten, bereits in Fäulnis übergegangenen, unverletzten Leichname befanden sich in halbliegender Stellung auf den Sitzbänken am Tisch des Fahrzeuges. An den Brustkorbvorderseiten wurden Antragungen von Erbrochenem festgestellt. Auf dem Tisch standen leere Biergläser und ein Aschenbecher mit Zigarettenkippen. In einem Spind war ein Gasbrenner installiert, der durch Rohrleitungen mit einer unter dem Fahrzeug angebrachten Propangasflasche verbunden war. Alle Fenster und Türen des Wohnmobils sind ursprünglich fest verschlossen gewesen. Bei der Autopsie der Frau war lediglich eine hellrote Farbgebung der Augenlidbindehäute festzustellen. Bei der Obduktion des Mannes zeigten sich als wesentliche Befunde teils mumifizierte, teils kirschrote Nagelbetten, eine lachsrote Farbgebung der Schläfen- und Brustmuskulatur, eine Durchtränkung der Schädelschwarte mit hellroter Gewebsflüssigkeit sowie einzelne verschluckte Rußpartikel im Mageninhalt. In der hellroten Gewebsflüssigkeit der Kopfschwarte ließ sich ein CO-Hb-Gehalt von 67% nachweisen. Die anschließende technische Überprüfung des Wohnmobils ergab einen unsachgemäßen Einbau der Gasheizanlage mit unzureichender Frischluftzufuhr. Zusammengenommen war Todesursache eine akzidentielle CO-Intoxikation.

Ein 71 Jahre alter Arzt und seine Frau wurden von ihrer Tochter tot in ihrer Wohnung gefunden. Der Leichnam der Frau lag regelrecht mit einem Nachthemd bekleidet im Bett, der Leichnam des Mannes mit einem Pyjama bekleidet auf einem Matratzenlager, dass er sich in der Nähe eingerichtet hatte. Auf einer Kommode lag ein präzise abgefasstes Warnschreiben über das Gefahrenpotential im Umgang mit Zyanid. In einem Papierkorb wurden zwei mit Baumwolle ausgepolsterte Medikamentenpackungen gefunden. Aus einem von beiden Verstorbenen unterschriebenen Abschiedsbrief ergab sich, dass die Frau nach einem Schlaganfall schwerst körperlich behindert war und der Ehemann befürchtet hatte, sie nicht mehr angemessen versorgen zu können. Bei der Leichenschau zeigten sich hellrote Leichenflecke. Eine Obduktion wurde nicht durchgeführt. Chemisch-toxikologisch wurden tödliche Zyanidkonzentrationen im Leichenblut nachgewiesen. In der Zusammenschau war Todesursache eine suizidale Zyanidvergiftung.

Ein Antiquitätenhändler und seine Lebensgefährtin wurden leblos in der gemeinsamen Wohnung aufgefunden, er am Schreibtisch sitzend, sie im Flur liegend. Bei der Leichenschau wurden als auffällige Befunde Vertrocknungen von Nasenrücken, häutiger Ober- und Unterlippe sowie einzelne Einblutungen der Mundvorhofschleimhaut festgestellt, die sich durch Grundleiden und Auffindesituation nicht erklären ließen. Die Obduktion ergab bei beiden Verstorbenen eine schwere allgemeine Arteriosklerose unter Beteiligung der Herzkranzschlagadern mit alten Myokardinfarkten und eine Myokardhypertrophie. Durch chemisch-toxikologische Untersuchungen an Blut und Gewebe ließ sich der Nachweis von Halothan erbringen. Zwei Tatverdächtige wurden ermittelt, die im Laufe ihrer Vernehmung zugaben, den Antiquitätenhändler und seine Lebensgefährtin mit vor die Atemöffnungen gepressten, halothangetränkten Handtüchern betäubt zu haben, um anschließend die Wohnung auszurauben. Es handelte sich also um ein Tötungsdelikt.

Bahnleichen

Bei Todesfällen durch Eisenbahnüberfahrung handelt es sich in der Regel um Unfälle oder Suizide. In seltenen Fällen sind jedoch auch Tötungsdelikte in fahrenden Zügen und ein Hinauswerfen des Opfers auf den Gleiskörper beobachtet worden. Zu bedenken ist auch die Möglichkeit, dass ein Bewusstloser, ein Sterbender oder das Opfer eines anderweitig begangenen Tötungsdeliktes auf den Gleiskörper verbracht wurden, um die eigentlich todesursächlichen Verletzung durch die bahnbedingte Zerstörung des Leichnams zu überdecken und einen Unfall oder Selbstmord vorzutäuschen. Vor Beginn der Leichenschau ist abzuklären, ob der Verstorbene **sicher identifiziert** ist oder entsprechende Feststellungen am Leichnam noch getroffen werden müssen. Bedeutsam ist eine genaue Dokumentation der Auffindesituation bzw. der Lage des Leichnams in Bezug auf den Bahnkörper, um in einem späteren Stadium der Ermittlungen in der integrativen Zusammenschau mit den konstruktiven Besonderheiten des beteiligten Schienenfahrzeugs und den autoptisch festgestellten Verletzungen eine Rekonstruktion des Geschehensablaufes vornehmen zu können. Bei der Feststellung der sicheren Todeszeichen ist insbesondere der Ausprägungsgrad der Totenflecke zu beachten.

Wichtig

Geringe Intensität bzw. vollständiges Fehlen der Livores können u.a. auf einen höhergradigen Blutverlust vor Todeseintritt zurückzuführen und als systemisches Vitalzeichen bezüglich der bahnbedingten Verletzungen zu werten sein.

Bei deutlich ausgeprägten Totenflecken wäre festzuhalten, ob sie unter Berücksichtigung der Auffindesituation lagegerecht gelegen sind. Lokalisation und Gestalt der zumeist schweren Verletzungen hängen von den konstruktiven Besonderheiten des jeweiligen Schienenfahrzeugs (Lokomotivenfront, Bahnräumer, Schienenräumer), der Beschaffenheit des Gleiskörpers sowie der Geometriepaarung von Verstorbenem und Lokomotive (Anfahren im Stehen, Hocken oder Überfahren im Liegen) ab. Charakteristisch sind scharfrandige Dekapitationen oder Extremitätenabtrennungen mit öligen Antragungen von Bahnschmiere beim Überrollen in liegender Position (in der Regel Suizid). Die präzise Befunderhebung und Deutung der Verletzungen sollte dem Spezialisten vorbehalten bleiben (◘ Abb. 2.27).

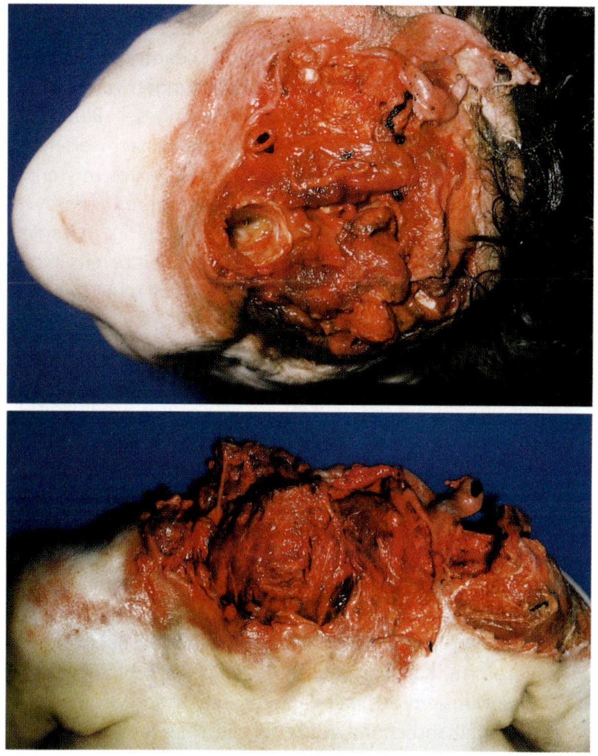

◘ Abb. 2.27. Scharfrandige Dekapitation bei Bahnüberrollung (Suizid); zu beachten sind die postmortal deutlich hervortretenden Schürfsäume an den Abtrennungsrändern

Berufstypische Begehung von Delikten: Suizide, Homizide

Durch berufsbezogene Aspekte geprägte Suizide bzw. Tötungsdelikte sind häufig in hohem Maße durch kulturell überformte Schichten der Persönlichkeit bestimmt und willentlich gesteuert und können durch besondere **Subtilität und Raffinesse der Begehungsweise** gekennzeichnet sein. Charakteristische Gemeinsamkeiten bestehen in

- leichter Verfügbarkeit und unauffälliger Beschaffbarkeit des Tötungsmittels (Medikamente, Gifte, Werkzeuge),
- Nutzung differenzierter Kenntnisse bezüglich der Wirkungsweise des verwendeten Tatmittels (z.B. pharmakokinetische und pharmakodynamische Kenntnisse bei Ärzten oder Apothekern),
- spezielle Beibringungsformen (z.B. Spinalanästhesie bei Anästhesisten),
- Nutzung besonderer Fertigkeiten oder Arbeitstechniken (z.B. Lokalanästhesie bei suizidalen Schnittverletzungen),
- Nutzung berufstypischer oder selbstgebauter Apparaturen bzw. Waffen z.B. bei technischen Berufen und
- minutiöser und langer Tatvorbereitungsphase.

Zu bedenken ist, dass insbesondere Angehörige der Medizinalberufe oder Chemiker möglicherweise Kenntnisse über die Schwierigkeiten beim Nachweis der von ihnen verwendeten Substanzen besitzen oder **berufsspezifische Kenntnisse zur primären Vermeidung oder sekundären Beseitigung von Befunden der todesursächlichen Einwirkungen** nutzen (in einem klassischen Fall der Kriminalgeschichte ermordete ein Arzt seine Ehefrau durch Morphinbeibringung und antagonisierte die Miosis durch das Einträufeln von Belladonna).

Fallbeispiele

Ein Juwelier wurde von seiner Ehefrau leblos in einem engen Toilettenraum neben der Werkstatt in Bauchlage auf dem Fußboden zwischen Toilette und Tür aufgefunden. In Nachbarschaft des Kopfes hatte sich eine Blutlache ausgebildet. Der zur Leichenschau herbeigezogene, der Familie befreundete Arzt diagnostizierte eine sturzbedingte todesursächliche Schädelverletzung, und die Witwe beantragte eine BG-Rente. Nachdem sich autoptisch Verletzungen von Schädel oder Gehirn ausschließen und als Ursprung der „Blutlache" ein massives hämorrhagisches Lungenödem nachweisen ließen, wurde ermittelt, dass in der Jackentasche des Verstorbenen ein halb leeres Döschen mit der Etikettierung „Farbvergoldungsbad 2000" und dem Warnhinweis „giftig" gefunden worden war. Er habe sich in der Vergangenheit bereits in stationärer psychiatrischer Behandlung befunden und am Wochenende vor dem Tod sei die Ehefrau aus der gemeinsamen Wohnung ausgezogen. Die toxikologische Untersuchung am Inhalt des sichergestellten Döschens ergab, dass es sich dabei nicht um das auf dem Etikett ausgewiesene Arbeitsmittel, sondern um reines Zyankali handelte, und an den Sektionsasservaten konnte eine todesursächliche Zyanidvergiftung nachgewiesen werden. Insgesamt konnte also kein vernünftig begründbarer Zweifel an einer suizidalen Zyanidvergiftung verbleiben.

Ein Chemielaborant nutzte Zyanid für einen detailliert geplanten und minutiös über Wochen vorbereiteten Mord an seiner Freundin. Er entwendete am Arbeitsplatz über Wochen Chloroform, Kaliumzyanid und Quecksilberchlorid, kaufte und pulverisierte 80 Spalt-Tabletten und besorgte eine Spritze, Gummihandschuhe, Watte, für eine Fesselung zurecht geschnittene Stricke sowie Präservative. Er betäubte seine schlafende Freundin mit chloroformgetränkter Watte, entkleidete die Bewusstlose, fesselte sie ans Bett, wobei er die Fesselungsstellen mit Schlafanzugteilen unterpolsterte, um Druckspuren zu vermeiden, und vollzog den Beischlaf unter Benutzung eines Präservativs, um keine spurenkundlich auswertbaren Spermaspuren zu hinterlassen. Später versuchte er, ihr am Knebel vorbei die aufgelösten Spalt-Tabletten beizubringen und spritzte ihr das in Wasser gelöste Kaliumzyanid in den Mund. Zum Abschluss entfernte er alle verdächtigen Gegenstände, kleidete das Opfer an und legte ihm ein Halskettchen mit Kreuzanhänger und Stofftiere in die gefalteten Hände, um einen Suizid vorzutäuschen. Der Täter stellte sich im Endeffekt den Ermittlungsbehörden.

Checkliste zur Leichenschau

1. Veranlasser der Leichenschau
- Angehörige (bei ambulanten Todesfällen)
- Anstaltsleiter/Heimleitung
- Medizinisches Personal (bei Todeseintritt im Krankenhaus)
- Frustraner Notarzteinsatz

1.1. Zeitpunkt der Veranlassung (Datum, Uhrzeit)
1.2. Zeitpunkt der Durchführung (Datum, Uhrzeit)

2. Ort der Leichenschau
- Krankenhaus
- In der Wohnung:
  - mit Ableben war zu rechnen
  - unerwarteter Todesfall

In der Öffentlichkeit:
- Unfall
- leblos zusammengebrochen
- Notarzteinsatz
- Leichenfund

Beschreibung der Leichenumgebung
- im Freien oder in geschlossenem Raum (Fenster und Türen geschlossen oder
- geöffnet, Verschlussverhältnisse)
- Außen-/Innentemperatur, Witterungsverhältnisse, Heizung an oder aus
- Leichenfund in Wohnung: in welchem Raum, Körperposition, Bekleidung

Leichenumfeld
- Zustand der Wohnung (geordnet, verwahrlost, durchsucht, usw.)
- Hinweis auf Konsum von Alkohol, Drogen, Medikamenten (Flaschen, Dosen, Medikamente, Rezepte, Fixerutensilien)
- Waffen, Strangwerkzeug am oder in Umgebung des Leichnams, Blutlachen, Blutspuren

Hinweise auf Erkrankungen
- Krankenschein, Medikamente, Rezepte

3. Identifikation des Verstorbenen
- dem Leichenschauer bekannt
- nach Einsicht in Ausweispapiere
- nach Angaben von:
  - Angehörigen
  - Dritten/Polizei
  - nicht möglich

4. Zustand der Bekleidung
- Geordnet oder ungeordnet
- Knöpfe in Knopflöchern, Knöpfe ausgerissen, Beschädigungen der Knopfleiste
- Reißverschlüsse geöffnet oder geschlossen
- Art der Ober- und Unterbekleidung, Schuhe
- Beschädigungen und Verschmutzungen der Bekleidung einschließlich der Schuhe
- Schleifspuren an den Schuhen
- Uhren und Schmuck, Tascheninhalt
- Veränderungen an der Bekleidung während der Leichenschau/Reanimation (Kleider aufgeschnitten, aufgerissen)

5. Reanimation
- Zustand bei Eintreffen des Notarztes
- Ärztliche Maßnahmen während der Reanimation (s. auch DIVI-Rettungsdienstprotokoll)

- Injektionen
- Intubationen (Schwierigkeiten, Komplikationen)
- Extrathorakale Herzmassage
- Komplikationen (Rippenfrakturen, Fehlintubation, Pneumothorax)
- Defibrillation

6. Lage der Leiche
- Rücken-, Bauch-, Seiten-, Kopftieflage
- Arme, Beine ausgestreckt, angewinkelt, abgespreizt
- Geschlecht, Lebensalter (ggf. Schätzung)
- Körpergröße, Gewicht, Ernährungszustand
- Körperanhaftungen: Blut, Kot, Sperma, Schmutz (Lokalisation)
- Blut- bzw. Sekretabrinnspuren (Verlauf, angetrocknet?)

7. Untersuchungen des Leichnams

7.1. Leichenerscheinungen
- ***Totenflecke***: Lage, Farbe (hell: CO, Kälte; braunrot: Met-Hb; gering: innerer, äußerer Blutverlust, Anämie; normal: blau-livide), Intensität, Ausdehnung, Wegdrückbarkeit, Verlagerbarkeit, Ausbildung kompatibel zur Auffindesituation
- ***Totenstarre***: Ausprägung in allen großen und kleinen Gelenken prüfen (nachweisbar, nicht nachweisbar, teigig-weich, kräftig, nicht mehr zu brechen, Wiedereintritt nach Brechen)
- ***Vertrocknungen***: Lippen, Genitale, Augapfelbindehaut
- ***Supravitale Reaktionen***: ggf. idiomuskulären Wulst, elektrische Erregbarkeit der Skelettmuskulatur prüfen, tiefe Rektaltemperatur
- ***Fäulnis***: Grünfäulnis der Bauchhaut, Ablösung der Oberhaut, Fäulnisblasen, Gasdunsung von Gesicht, Abdomen, Skrotum. Durchschlagen des Venennetzes, Fäulnisflüssigkeit in Mund- und Nasenöffnungen. Leichte Ausziehbarkeit der Haare, Ablösung der Fingernägel. Fliegeneiablagen in Nasenöffnungen, Lidspalte, Mundwinkel. Fliegenlarve (Länge), Puppen, Puppenhülsen
- Ausprägungsgrad der Leichenerscheinungen mit dem angegebenen Zeitpunkt des Todeseintritts kompatibel

7.2. Systematische Untersuchungen des Leichnams
- ***Geruch***: Druck auf Rippenbogenrand, an Mund und Nase riechen (aromatischer Geruch bei Alkoholisierung, Bittermandelgeruch bei Blausäure, knoblauchartiger Geruch bei E 605, Aceton, Urämie)
- ***Ödeme*** an Unterschenkeln
- ***Druckstellen*** Knie/Knöchel: Holzer-Blasen bei Schlafmittelvergiftung
- ***Narben***: Handgelenksbeuge bei früherem Suizidversuch, Operationsnarben, Narben nach zurückliegenden Stich-/Schnittverletzungen
- ***Injektionsstellen*** bei Drogenabhängigkeit, nicht nur Ellenbeugen, Unterarme und Handrücken, sondern auch Schwimmhaut zwischen Fingern und Zehen, Mundvorhofschleimhaut, Zunge, Leistenbeuge, Penis; perlschnurartig angeordnete, unterschiedlich alte Injektionsmale („Schussleisten"), Hautabszesse
- ***Schwangerschaftszeichen***: dunkle Warzenhöfe, gelbliche Flüssigkeit aus den Mamillen auspressbar, Striae an Unterbauch und Oberschenkel, Tastbefund, Uterusstand
- ***Behaarte Kopfhaut*** genau abtasten: Schwellungen, Hämatome, Durchtrennungen der Kopfschwarte, Knochenreiben tastbar
- ***Gesichtsschädel***: Verletzungen prominenter Anteile (Augenbrauen, Jochbogen, Nase, Kinn – agonale Sturzverletzungen bei plötzlichem Tod), Blutungen, Schwellungen von Augenlidern (Monokelhämatom, Lippen und Mundvorhofschleimhaut mit Durchtrennungen bei Schlageinwirkung), Blutaustritt aus dem äußeren Gehörgang (auch aus Mund und Nase) bei Schädelbasisbruch
- ***Punktförmige Blutungen*** der Haut des Gesichts (Augenlider, Augenlidbindehäute, Mundvorhofschleimhaut bei Halskompression – Drosseln, Würgen, atypisches Erhängen), Druckstauung, aber auch aus innerer Ursache: in jedem Fall genaue Untersuchung des Halses
- ***Dunsung, Zyanose*** des Gesichts
- ***Augen***: offen, geschlossen, Vertrocknungen der Sklera; Pupillenweite: seitengleich oder Seitendifferenz, eng, mittelweit, weit
- ***Augapfel***bindehautblutungen
- ***Mund und Nase***:
  - Schaumpilz: Kardiales Lungenödem, Opiatintoxikation, Ertrinken, Tod durch
  - Halskompression, Erbrochenes in der Mundhöhle
  - Fremdmaterial in der Mundhöhle
  - Tablettenreste bei suizidaler, aber auch homizidaler Intoxikation
  - Abrinnspuren aus Mundwinkel, Speichelabrinnspuren bei Erhängen (Salivation durch Druck auf das Ganglion pterygopalatinum), Blut in der Mundhöhle und im Mundvorhof: stumpfe Gewalt (Platzwunde Lippe, Mundvorhofschleimhaut). Mundschuss. Zähne: festsitzend, Zustand des Gebisses. Lippenverätzungen, Abrinnspuren
  - Blutung aus dem oberen Gastrointestinaltrakt: bei Blutung aus dem Magen u.U. hämatinisiertes Blut
  - Vergiftung durch Säuren und Alkalika
- ***Zunge***: hinter, zwischen den Zahnreihen, Zungenbissverletzungen
- ***Nase***: Nasenskelett abnorm beweglich, Inhalt der Nasenöffnungen, Abrinnspuren
- ***Hals***: Verletzungen (Vertrocknungen, Hauteinblutungen, Hautunterblutungen, Oberhautanritzungen, Strangwerkzeug am Hals, Strangfurche, Strangmarke); Verlauf horizontal zu einer Seite oder zum Nacken hin ansteigend, Furche

2

überall gleich tief imprimierend oder unterschiedlich, doppelte Strangmarke, Zwischenkammblutung

- ***Rumpf/Brustkorb/Extremitäten***:
- Verletzungszeichen: Vertrocknungen, Schürfspuren, Einblutungen
- Unterblutungen, penetrierende Hautverletzungen, falsche Beweglichkeit (HWS: Zug und Drehen nach allen Seiten durch Anfassen des Kopfes)
- Beckenring (Druck auf die Spina iliaca ant. sup. bds. bzw. auf Symphyse)
- Arme: Griffspuren Innenseite Oberarme, Abwehrverletzungen Streckseite
- Kleinfingerseite Unterarme, Handrücken; Schürfungen Handrücken bei atonischem Sturz; Beschmauchung, Blutspritzer, Schlittenverletzungen bei suizidaler Schussverletzung
- Strommarken: Hände, Finger, Fußsohlen, Zehen
- After, Genitale: Blutaustritt aus After, Genitale (Verletzungszeichen, Fremdkörper, Sekretanhaftungen, Sperma, Kotaustritt),
- Allgemeiner Ernährungs- und Pflegezustand (wichtig bei Vernachlässigung: Säuglinge, Kleinkinder, Gebrechliche)

Zur Leichenschau notwendiges Instrumentarium:
- Einmalhandschuhe
- 2 Pinzetten (zum Ektropionieren der Augenlidbindehäute)
- bei schlechter Beleuchtung Taschenlampe

8. Anamnese/Umstände des Todeseintritts
- Mit Ableben war zu rechnen, definiertes Grundleiden mit schlechter Prognose bekannt; Zeitpunkt und Umstände des Todeseintritts mit Diagnose und Prognose kompatibel
- Plötzlicher, unerwarteter Todesfall: anamnetisch kein Hinweis auf todeswürdiges Grundleiden

9. Wer hat die Leichenschau durchgeführt?
- Behandelnder Arzt
- Ärztlicher Leichenschauer nach Angaben des behandelnden Arztes
- Ärztlicher Leichenschauer ohne Angaben des behandelnden Arztes

10. Maßnahmen
- Nach Durchführung der Leichenschau Ausfüllen der Todesbescheinigung (evtl. Einholen von Auskünften des behandelnden Arztes)
- Ist am Fundort nach Todesfeststellung eine Leichenschau aus äußeren Gründen unmöglich: Benachrichtigung der Polizei
- Bei nichtnatürlichem Tod und nicht geklärter Todesart: Benachrichtigung der Polizei
- Bei Hinweisen auf CO-Intoxikation Mitteilung an Bewohner und Polizei zur Aufdeckung der CO-Quelle
- In Bundesländern mit Entkoppelung von Todesfeststellung und Leichenschau die Leichenschau durch weiteren Arzt veranlassen und sicherstellen; ggf. Meldung an Gesundheitsamt

Ausfüllen des Leichenschauscheines
- Funktionelle Endzustände (wie Atemstillstand, Kreislaufstillstand, Herz-Kreislauf-Versagen, Hirnversagen, Alter) sind keine „Todesursachen", sondern konstitutiver Bestandteil vieler Sterbeprozesse.
- Kachexie und Verbluten sind (entgegen Vorgaben in der Todesbescheinigung NRW) eigenständige Todesursachen, bei denen freilich die zugrunde liegende Ursache anzugeben ist:
- etwa Kachexie bei Anorexia nervosa,
- Verbluten bei in die Bauchhöhle rupturiertem Aneurysma dissecans oder
- Verbluten bei zahlreichen Messerstichverletzungen des Brustkorbes mit Beteiligung von Herz und Lungen.

2.1.6 Feuerbestattungsleichenschau

Das vom 15.05.1934 stammende **„Gesetz über die Feuerbestattung"** galt als früheres Reichsrecht zunächst nach dem Kriege als Landesrecht fort. Da durch die Feuer- wie auch die Seebestattung der Leichnam selbst und alle Dinge an ihm als Beweismittel unwiederbringlich vernichtet werden, ist gemäß § 3 Abs. 2 Ziff. 2 Feuerbestattungsgesetz eine zweite amtsärztliche Leichenschau durchzuführen. Ergibt sich dabei **„der Verdacht, dass der Verstorbene eines nichtnatürlichen Todes gestorben"** sein könnte, und sind diesbezügliche Zweifel auch nach Hinzuziehung des behandelnden Arztes nicht beseitigt, so **„ist die Leichenöffnung vorzunehmen"**. Diese Regelung erfasst nach ihrem Wortlaut nur Fälle, bei denen bereits aufgrund tatsächlicher Anhaltspunkte bei der äußeren Leichenschau der Verdacht eines nichtnatürlichen Todesfalles im juristisch-technischen Sinne besteht (Unfall, Straftat im Sinne des § 11 Abs. 1 Nr. 5 StGB, Suizid, etc.). Die Fälle eines schlicht medizinisch unklaren Todesfalles sind über die Regelung im Feuerbestattungsgesetz nicht erfasst. Auf Verlangen des Amtsarztes hat der Arzt, der den Verstorbenen während einer dem Tod unmittelbar vorangegangenen Erkrankung behandelt hat, Auskunft zu erteilen über die Art der Krankheit, die Dauer der Behandlung und die Todesursache. Immer wieder werden bei der Feuerbestattungsleichenschau Fälle „herausgefiltert", denen eine versicherungsrechtliche Relevanz zukommt, gelegentlich werden sogar Anhaltspunkte für ein Tötungsdelikt erst bei der zweiten amtsärztlichen Leichenschau aufgedeckt.

2.1.7 Zum Umgang mit Gestorbenen

K.-S. Saternus

Infobox

Der Umgang mit einem toten Menschen lässt sich durch sechs Determinanten beschreiben, nämlich Beschlagnahme, Identifikation, Infektiosität, fortwirkendes Persönlichkeitsrecht, Achtung von Tabus und Pietät sowie Totensorgerecht der Angehörigen. Bei Akuttodesfällen, wie sie in der Rechtsmedizin typisch sind, besteht häufig ein Aufklärungsbedarf. Dabei müssen die postmortalen Untersuchungen ein Höchstmaß an Informationen mit einem Optimum an Rekonstruktion des toten Menschen verbinden. Jede postmortale Untersuchung bedarf wie beim Patienten zu Lebzeiten der Indikation.

Grundlage bei allen medizinischen Aufgaben im Umgang mit der menschlichen Leiche ist die Orientierung an dem partiell im Tod **fortwirkenden Persönlichkeitsrecht** des früheren Menschen.

Definition

Dieses beginnt mit dem Bewusstwerden darüber, dass Leiche typischerweise dann begrifflich verwandt wird, wenn es gilt, den Sachcharakter zu beschreiben, toter Mensch hingegen der Terminus für die Benennung fortbestehender Persönlichkeitsrechte ist.

Ein toter Mensch wird damit nicht einem Lebenden gleichgesetzt, aber ihm kommt eine eigene Würde zu. Dieses mag daran verdeutlicht werden, dass ein Notarzt einen in der Öffentlichkeit gestorbenen Menschen nach der Todesfeststellung vor Ort zur anschließenden Leichenschau nicht vor aller Augen entkleiden würde, sondern nur in einem abgeschirmten Raum, wenngleich ein Toter kein Schamgefühl mehr haben kann.

Rechtliche Grundlagen

Bestattungsgesetze der Länder:
- § 87 StPO Leichenschau; Leichenöffnung
- § 94 StPO Sicherstellung von Beweisgegenständen (Beschlagnahme der Leiche)
- § 159 StPO Unnatürlicher Tod: Sofortige Anzeige durch Polizei- und Gemeindebehörden
- §§ 6, 7 IfSG
- § 4 TPG Transplantationsgesetz BVerfG. Urteil vom 27.07.93 (NJW 47, Seite 784, 1994)

Beschlagnahme. Die polizeiliche Ermittlung und die Obduktion müssen zur Klärung der Todesursache im Hinblick auf ein Fremdverschulden am Tod eines Menschen auch gegen den Willen der Angehörigen möglich sein. Diesen wird entsprechend kein durchgreifendes Einspruchsrecht eingeräumt. Aber das BVerfG hat den Angehörigen rechtliches Gehör zugebilligt. Dieses schiebt jedoch weder die Anordnung, noch die Durchführung der Obduktion auf. Aus dem Urteilstenor wird deutlich, dass eine Obduktion einen Toten nicht in seinem allgemeinen Achtungsanspruch herabsetzt.

Zur Durchführung dieser polizeilichen, staatsanwaltschaftlichen und gerichtlichen Aufgaben wird der Tote durch Beschlagnahme aus der Totenfürsorge der Angehörigen genommen (§ 94 StPO). Dieser Paragraph behandelt jedoch nur die Sicherstellung von Beweisgegenständen, also Sachen. Die Kommentierung subsumiert darunter Leichen, Leichenteile und Föten. Tote Menschen können aber bei Respektierung fortwirkender Persönlichkeitsrechte keine Sachgegenstände sein, sondern nur in Gewahrsam genommen werden. Erfolgt diese Gewahrsamsnahme in einem Leichenschauhaus, dann sollte von der Handhabe, Registriernummern auf die Beine des toten Menschen zu schreiben, Abstand genommen werden. Dasselbe gilt für das Anbinden eines entsprechenden Formblatts am Großzeh des Toten. Als Ausweg ließe sich das Anlegen eines beschrifteten Armbands, wie bei Neugeborenen, finden.

Identifikation. Nach dem Personenstandsgesetz muss die Identität eines toten Menschen zur Eintragung in das Sterberegister des Sterbeorts eindeutig sein. Bei unbekannten Toten bedarf es häufig der Absicherung (Anerkennung) durch zu Lebzeiten vertraute Personen. Die Organisation der Anerkennung ist Aufgabe des Erkennungsdienstes der Polizeibehörden. Ärztliche Aufgabe ist die Vorbereitung des toten Menschen, was aber in der Klinik traditionell vom Pflegepersonal wahrgenommen wird, in der Rechtsmedizin durch Gehilfen. Erforderlich sind neben der Aufbahrung und Abdeckung mit Tüchern die Reinigung des Gesichts (auch Leichentoilette genannt) mit der Entfernung von Erbrochenem, Sekret und Blut, aber auch das Abdecken und Zusammenfügen (Naht) von entstellenden Verletzungen und abgetrennten Gliedmaßen. Die Vorbereitung der den Toten nahe stehenden Personen auf eine u.U. belastende Begegnung ist eine nicht delegierbare ärztliche Aufgabe, wobei stets ein Nachgespräch angeboten werden sollte.

Infektiosität. Das Infektionsschutzgesetz (IfSG) schreibt als ärztliche Aufgabe die Meldung bei Erkrankung und Tod an gefährlichen Infektionskrankheiten vor. Auch wenn das Gesetz bei HIV-Erkrankung die nichtnamentliche Meldung vorsieht, gelten doch nach dem Tod dieselben Sicherungsmaßnahmen wie bei meldepflichtigen Erkrankungen. Die Aufklärung der Hinterbliebenen über die konkrete Infektionsgefahr bei engem Kontakt mit dem Toten ist ärztliche Pflicht, denn die Infektiosität erlischt nicht mit dem Tod. Eine beachtenswerte Infektionsquelle stellt das hämorrhagische Lungenödem dar. Zwar kann es spontan aus Mund und Nase abfließen, oft aber erst beim Drehen des Toten (Leichenschau). Wird es abgewischt, dann kann diese zugewandte Handlung auch dazu führen, dass sich die Hinterbliebenen, unaufgeklärt, fälschlich in Sicherheit vor Infektiosität wähnen. Die Empfehlung an Angehörige, die Toten selber vor der Bettung in den Sarg einzukleiden, muss auch vom Standpunkt der Infektionsgefahr aus betrachtet werden. Unabhängig davon, dass sie bei bestehender Totenstarre aus Furcht, bei Kraftaufwendung einen Arm oder ein Bein zu brechen, die Einkleidung nicht handhaben können, der Rat zu dieser Totensorge also problematisch war, besteht bei infektiösen Toten die Gefahr, mit Ausscheidungen, Sekret oder Blut in Berührung zu kommen. Die Frage der Infektiosität hat auch in der modernen postmortalen Medizin nicht an Aktualität verloren. So stellt sie zusammen mit der verlässlichen Todesfeststellung je eine der tragenden Säulen der Bestattungsgesetze dar. Heute wird allerdings nur noch selten bei meldepflichtigen Infektionskrankheiten ein Toter nach den geltenden Bestattungsgesetzen in mit Grobdesinfektionsmittel feucht getränkte Tücher gehüllt. Durch die Verwendung von Leichensäcken als Einmalmaterial und von Transportsärgen aus zwei Kunststoffschalen ist die infektiöse Tropfspur früherer Zeit gebannt. Der infektiöse tote Mensch muss aber nach den Bestattungsgesetzen unverzüglich in ein/e Kapelle/Leichenschauhaus überführt werden, wobei den Hinterbliebenen Abschiednehmen verwehrt ist.

Respektierung von Tabus, Wahrung der Pietät. Im Umgang mit ihren Toten unterscheiden sich Menschen stark individuell und kulturell. Dabei obliegt den Angehörigen und nicht etwa den Erben die Totensorge mit der Bestattung. Diese werden durch letztwillige Verfügungen mit ihren Entscheidungen gebunden, sei es bei der Frage der Obduktion, der Organentnahme oder auch der Verfügung, sich postmortal wissenschaftlichen Experimenten zur Verfügung zu stellen. Ist keine Regelung erfolgt, besitzen die Angehörigen bei der Organexplantation nach dem Transplantationsgesetz eigene Befugnisse. Tritt der Tod unvorbereitet, akut ein, ist es ein häufiger Wunsch der Angehörigen, Abschied von ihren Toten zu nehmen. Mit Genehmigung des zuständigen Gesundheitsamtes darf bei seuchenhygienischer Unbedenklichkeit der tote Mensch im häuslichen Bereich aufgebahrt werden. Dabei ist von ärztlicher Seite auf eine Kühlhaltung des Raums zu achten, weil in warmen oder beheizten Räumen postmortale Veränderungen (Autolyse, Fäulnis) sehr schnell ablaufen. In der Rechtsmedizin als Fach besteht sächlich und emotional Raum für Abschiednahme, wenn nicht von Amtswegen ermittlungsbedingt Grenzen gezogen werden. Keineswegs kann es ärztliche Aufgabe sein, Normen dafür festzulegen, wie sich eine Abschiednahme vollziehen sollte. Trauer ist individuell verschieden mit kultureller Überformung. Stehen keine seuchenhygienischen Probleme dem entgegen, finden sich wohl kaum Argumente dafür, einen körperlichen Kontakt zwischen Trauernden und ihren Toten zu unterbinden. Auch bei der eher leisen Trauer im mitteleuropäischen Kulturkreis ist bei der Abschiednahme ein körperlicher Kontakt die Regel. Mütter stellen immer wieder die Frage nach möglichem Leichengift, wenn sie sich von ihrem toten Kind mit einem Kuss verabschieden möchten. Sie können beruhigt werden. Es sollte aber deshalb grundsätzlich die Reinigung des Gesichts eines toten Menschen gründlich mit sauberen feuchten und trockenen Tüchern erfolgen. Kräftiges Reiben bedeutet aber, dass damit jeweils oberflächliche Partien des Stratum corneum unmerklich mit abgenommen werden und diese Partien sich durch Austrocknung schnell braun färben (mumifizieren). Dieses begrenzt die Dauer der Abschiednahme. Die Achtung vor dem Pietätsempfinden sollte auch die Obduktion selber bestimmen. Das gilt für das Legen der Zugänge (unsichtbar unter dem Totenhemd), für die Rückgabe der Organe, die Rekonstruktion der äußeren Form, so z.B. des Halses und letztlich für einen feinen Verschluss der gelegten Zugänge. Es sollte nach Möglichkeit respektiert werden, dass in manchen Kulturen die komplette Entnahme eines Organs als Belastung empfunden wird, nicht dagegen die partielle. Erfolgt in dieser Weise kunstgerecht eine Obduktion und tasten die Angehörigen dann bei der Abschiednahme die Nähte der verschlossenen Zugänge und betrachten sie sie dann, dann können sie wie bei einer Operation diesem Anblick standhalten. Sie erkennen, dass die Obduktion ihrer/n Toten gegenüber zugewandt erfolgt ist, dass die eigenen belastenden Ängste und Vorstellungen darüber nicht der Realität entsprochen haben. Dann können sie sich leichter mit der stattgehabten Obduktion versöhnen. Dieses bietet dann die Basis für weitere Betreuungsgespräche.

2.2 Sektionsrecht

B. Madea, R. Dettmeyer, P. Schmidt

Der Leichnam als solcher wird nach nahezu einhelliger Ansicht in Literatur und Rechtsprechung vom postmortal fortwirkenden Persönlichkeitsschutz (Art. 2 Abs. 1 GG i.V.m. Art. 1 Abs. 1 GG) erfasst. Dieser verlangt die Respektierung der Würde des Menschen auch nach dem Tode, insbesondere sind religiöse Vorstellungen des Verstorbenen und gegebenenfalls seiner Hinterbliebenen zu berücksichtigen, soweit sie den Umgang mit dem Leichnam betreffen.

Der Leichnam selbst gilt nicht als veräußerbare Sache im zivilrechtlichen Sinne, ein Leichnam oder auch Leichenteile dürfen im Grundsatz nicht Gegenstand von Handelsgeschäften sein, sie gelten als „res extra commercium". Dennoch können der Leichnam als Ganzes oder Teile des Leichnams rechtlich als Sache angesehen werden, zum Beispiel als beschlagnahmte Sache im Sinne der Strafprozessordnung, wenn die Staatsanwaltschaft eine gerichtlich angeordnete Obduktion anstrebt.

Den Hinterbliebenen steht ein Totensorgerecht zu. Dieses Totensorgerecht wird überwiegend als geschützt gesehen durch das Grundrecht der allgemeinen Handlungsfreiheit gem. Art. 2 Abs. 1 GG und beinhaltet neben Rechten – etwa dem Verfügungsrecht über den Leichnam – auch eine Reihe von Pflichten. Rechte können die Totensorgeberechtigten in der Regel nur wahrnehmen, soweit der Verstorbene nicht zu Lebzeiten eigene Bestimmungen getroffen hat, etwa zur Frage der Organtransplantation, der Obduktion des eigenen Leichnams, der Bestattungsart und dem Ort des Begräbnisses. Pflichten der Totensorgeberechtigten ergeben sich u.a. aus den Gesetzen und Verordnungen zum Friedhofs-, Bestattungs- und Leichenwesen der Bundesländer.

Die Obduktion ist eine der für die Entwicklung der neuzeitlichen Medizin wegweisendsten Untersuchungsmethoden. Sie dient gleichermaßen Interessen der Allgemeinheit wie des Einzelnen. Aufgaben und Ziele der Obduktion sind:
- Abklärung von Grundkrankheit und Todesursache,
- Ausbildung, Fort- und Weiterbildung der Studenten und der Ärzte,
- Qualitätskontrolle der medizinischen Diagnostik und Therapie,
- Beantwortung wissenschaftlicher Fragestellungen,
- Aufdeckung unerkannter forensischer und versicherungsmedizinisch relevanter Aspekte,
- Hilfe und Trost für Angehörige und die
- Erkennung neuer Krankheitsbilder.

In einem hohen Prozentsatz stimmt die klinisch festgestellte Todesursache mit dem objektiven pathologisch anatomischen Befund nicht überein. Für eine ausreichende Validität der Todesursachenstatistik ist eine ausreichend hohe Anzahl an Obduktionen, genannt werden zwischen 25 und 35% aller Todesfälle, unverzichtbar. Derzeit liegt die Obduktionsquote in der Bundesrepublik Deutschland deutlich unter 8% aller Verstorbenen. Damit liegt die Bundesrepublik Deutschland hinter benachbarten Ländern wie Österreich, Großbritannien, Skandinavien und den ehemaligen Ostblockstaaten.

2.2.1 Sektionsarten und Rechtsgrundlagen in Deutschland

Auf bundesgesetzlicher Grundlage können die zuständigen Behörden derzeit eine Obduktion anordnen:
- gem. § 87 f. StPO (strafprozessuale bzw. gerichtliche Sektion),
- gem. Infektionsschutzgesetz,
- gem. § 3 Abs. 2 Ziff. 2 Feuerbestattungsgesetz (Feuerbestattungssektion) und
- gem. §§ 103 f. Sozialgesetzbuch VII (sozialversicherungsrechtliche Obduktion).

Nicht oder nur teilweise explizit gesetzlich geregelte Obduktionen sind:
- klinisch-wissenschaftliche Obduktionen,
- anatomische Obduktionen,
- privatversicherungsrechtlich begründete Obduktionen und
- Obduktionen im Auftrag der Totensorgeberechtigen (Privatsektion).

Strafprozessuale bzw. gerichtliche Obduktionen gemäß §§ 87 ff. Strafprozeßordnung (StPO)

Die gerichtliche Obduktion nach § 87 f. StPO wird grundsätzlich auf Antrag der Staatsanwaltschaft vom Richter angeordnet, bei Gefahr im Verzuge auch durch die Staatsanwaltschaft und ihre Hilfsbeamten. Erforderlich ist die gerichtliche Obduktion, wenn fremdes Verschulden am Tod in Betracht kommt und die Todesursache oder Todeszeit festgestellt werden muss. Um möglichst zuverlässige und insbesondere auch strafprozessual verwertbare medizinische Feststellungen treffen zu können, sollen strafprozessuale Obduktionen möglichst rasch durchgeführt werden. Ausgangspunkt ist die staatsanwaltschaftliche Ermittlungspflicht zur Erforschung des Sachverhaltes in Fällen des nichtnatürlichen Todes im Sinne des § 159 StPO, wenn „zureichende tatsächliche Anhaltspunkte" für eine Straftat vorliegen (vgl. § 152 Abs. 2 StPO). Dabei findet die Obduktion auf Veranlassung der Staatsanwaltschaft gegebenenfalls auch nur im Rahmen einer so genannten Leichensache (bloßes Todesermittlungsverfahren) statt, um dem Strafverfolgungsinteresse des Staates gerecht werden zu können. Gerichtliche Obduktionen werden entsprechend der nicht eindeutigen Definition der „zureichenden tatsächlichen Anhaltspunkte" für eine Straftat in regional unterschiedlicher Häufigkeit durchgeführt.

Durchführung der Obduktion. Gemäß § 87 Abs. 2 Satz 1 StPO muss die gerichtliche Obduktion von zwei Ärzten vorgenommen werden, von denen einer Gerichtsarzt oder Leiter eines öffentlichen gerichtsmedizinischen oder pathologischen Instituts sein muss. Die Öffnung aller drei Körperhöhlen ist vorgeschrieben. Über die gerichtliche Obduktion wird ein Protokoll angefertigt, dass sich gliedert in äußere und innere Besichtigung sowie vorläufiges Gutachten. Bei der äußeren und inneren Besichtigung sind sämtliche Befunde, die diagnostisch und rekonstruktiv von Bedeutung sein könnten, detailliert zu beschreiben. Das vorläufige Gutachten gliedert sich in Anamnese (Angaben zur Vorgeschichte durch die Ermittlungsbehörden, soweit zum Zeitpunkt der Obduktion bekannt), Sektionsergebnis (Auflistung der Obduktionsbefunde mit einer Sektionsdiagnose und Gliederung der Befunde nach ihrer todesursächlichen Wertigkeit) sowie Angabe der Todesursache. Es schließen sich weitere Gliederungspunkte an, in denen – soweit auf der Basis der Obduktionsbefunde möglich – zu Fragen der Kausalität einer Gewalthandlung für den Todeseintritt oder der Art eines verursachenden Werkzeuges Stellung zu nehmen ist. Schließlich werden die für weiterführende Untersuchungen erforderlichen Asservate aufgelistet und Untersuchungsvorbehalte und -empfehlungen ausgesprochen.

Wichtig

Das Obduktionsprotokoll ist in einer dem medizinischen Laien verständlichen Sprache abzufassen, bei der inneren und äußeren Besichtigung ist die Beschreibung so vorzunehmen, dass ein nachfolgender Untersucher aus der Beschreibung zur Diagnose geführt wird. Keinesfalls darf eine Beschreibung durch eine Diagnose ersetzt werden!

Obduktion gem. § 16 Infektionsschußgesetz (IfSG)

Gemäß Infektionsschutzgesetz kann eine innere Leichenschau angeordnet werden, wenn dies vom Gesundheitsamt für erforderlich gehalten wird. Dies kann der Fall sein, wenn ein Verstorbener krank, krankheitsverdächtig oder Ausscheider im Sinne des Infektionsschutzgesetzes war.

Obduktion gem. § 3 Abs. 2 Ziff. 2 Feuerbestattungsgesetz (FeuerbestG)

Ergeben sich bei der zweiten amtsärztlichen Leichenschau vor Kremation Diskrepanzen zwischen Angaben zu Grundleiden und Todesursache und Befund, kann vor der Durchführung der Kremation eine Feuerbestattungssektion notwendig werden.

Sozialrechtliche Obduktion gem. §§ 103 f. Sozialgesetzbuch (SGB) VII

Von den Berufsgenossenschaften als Trägern der gesetzlichen Unfallversicherungen werden Obduktionen zur Frage eines Ursachenzusammenhanges zwischen Berufskrankheit und Tod in Auftrag gegeben. Rechtsgrundlage sind die §§ 103 f. Sozialgesetzbuch VII. Grundsätzlich haben bei der sozialrechtlichen Obduktion Hinterbliebene die Möglichkeit, der geplanten Obduktion zu widersprechen, freilich mit der Folge nachteiliger Konsequenzen hinsichtlich der Beweislage vor Gericht.

Klinisch-wissenschaftliche Obduktion

Von den nicht explizit gesetzlich geregelten Obduktionen ist die bedeutsamste die klinisch-wissenschaftliche Obduktion, die in der Regel in den pathologischen Instituten der Universitätskliniken und großen Krankenhäusern durchgeführt wird. In einigen Bundesländern ist die Durchführung klinischer und anatomischer Sektionen explizit gesetzlich geregelt worden. In dem Berliner Gesetz vom 18. Juni 1996 heißt es in § 3 Abs. 3:

§ 3

(3) Die klinische Sektion ist nicht zulässig, wenn
1. sie erkennbar dem Willen des Verstorbenen widerspricht,
2. der Verstorbene eine einmal dokumentierte Zustimmung zur Sektion gegenüber dem behandelnden Arzt zurückgenommen hat,
3. die nächsten Angehörigen nach dokumentierter Information über die beabsichtigte Sektion innerhalb von 8 Tagesstunden (7.00 Uhr bis 22.00 Uhr) widersprochen haben,
4. der Verstorbene aufgrund seines Glaubens oder seiner Weltanschauung die innere Leichenschau ablehnte oder Angehörige dies mitteilen oder
5. Meinungsverschiedenheiten über die Durchführung einer Sektion unter widerspruchsberechtigten Angehörigen gleichen Grades bestehen.

Nächste **Angehörige** sind der Reihe nach: Ehegatte, volljährige Kinder, die Eltern, volljährige Geschwister oder die Person, mit der der Verstorbene in einer auf Dauer angelegten Gemeinschaft gelebt hat. Als vorrangig gilt jedoch der Angehörige, der im Falle des Ablebens entsprechend den Angaben im Behandlungsvertrag benachrichtigt werden soll.

Totensorgeberechtigter muss nicht zwingend ein Verwandter des Verstorbenen sein, auch im Transplantationsrecht werden andere Personen als entscheidungsbefugt angesehen, sowie sie dem Verstorbenen „in besonderer persönlicher Verbundenheit offenkundig nahe gestanden haben" (vgl. § 4 Transplantationsgesetz vom 05.11.1997). Bei Kindern sollen die Eltern nur gemeinsam die Frage der Obduktion entscheiden, die Aufklärung über die Sektion soll zumindest die Tatsache umfassen, dass Körperhöhlen eröffnet werden müssen (LG Saarbrücken, Med. Recht 1983, 154).

Rechtliche Grundlage der klinischen Sektion sind die Allgemeinen Geschäftsbedingungen in Krankenhausaufnahmeverträgen, diese enthalten eine sog. „**Sektionsklausel**". Deren Zulässigkeit wurde im Rahmen einer Verbandsklage nach § 13 Abs. 2 Nr. 1 AGB-Gesetz vom Bundesgerichtshof grundsätzlich bejaht (BGH, NJW 1990, 2313). Diese „Sektionsklauseln" lassen eine Obduktion zu, wenn der Verstorbene zu Lebzeiten eingewilligt hat oder wenn der erreichbare nächste Angehörige zustimmt bzw. nicht innerhalb einer gesetzten Frist widerspricht und dem Krankenhausarzt ein entgegenstehender Wille des Verstorbenen nicht bekannt geworden ist. Das eigentliche juristische Problem, nämlich die Frage nach dem Überraschungscharakter (§ 3 AGB-Gesetz) einer „Sektionsklausel" in einem Krankenhausaufnahmevertrag war jedoch nicht Gegenstand der Entscheidung des BGH, juristisch ist die Entscheidung daher weiter unsicher. Die „Sektionsklausel" sollte zumindest nicht im Kleingedruckten untergehen, sondern optisch betont Bestandteil des Krankenhausaufnahmevertrages sein.

Für die Vorname klinischer Obduktionen ergeben sich folgende Konsequenzen: Nach einer Entscheidung des Kammergerichtes Berlin kann in einer widerrechtlich durchgeführten Obduktion ein Verstoß gegen § 168 Abs. 1 StGB (Störung der Totenruhe) gesehen werden, da mit der Benachrichtigung der Angehörigen des Verstorbenen diese Mitgewahrsam am Leichnam erlangen. Dieser Mitgewahrsam kann durch eine eigenmächtige Obduktion gebrochen werden und gem. § 168 Abs. 1 StGB strafbar sein.

§ 168 Abs. 1 StGB Störung der Totenruhe

(1) Wer unbefugt aus dem Gewahrsam des Berechtigten den Körper oder Teile des Körpers eines verstorbenen Menschen, eine tote Leibesfrucht, Teile einer solchen oder die Asche eines verstorbenen Menschen wegnimmt oder wer daran beschimpfenden Unfug verübt, wird mit Freiheitsstrafe bis zu drei Jahren oder mit Geldstrafe bestraft.

Eine Obduktion mit zu Lebzeiten erteilter Einwilligung des Verstorbenen ist selbstverständlich nicht rechtswidrig, eine gegen ein Sektionsverbot durchgeführte Obduktion ist rechtswidrig.

- Fehlt eine Einwilligung des Verstorbenen, so Bedarf es der Zustimmung der Totensorgeberechtigten.
- Eine Obduktion ohne deren Zustimmung ist eine unbefugte Wegnahme des Leichnams aus dem Mitgewahrsam der Totensorgeberechtigten und gem. § 168 Abs. 1 StGB strafbar.
- Liegt weder die Einwilligung des Verstorbenen noch die Zustimmung des Totensorgeberechtigten vor, kann eine

klinische Obduktion nur vorgenommen werden, wenn dies gesetzlich zugelassen ist, etwa aus wissenschaftlichen Gründen unter Verhältnismäßigkeitsgesichtspunkten.

Die klinisch-wissenschaftliche Sektion ist derzeit in Bremen, Berlin, Hamburg und Sachsen landesgesetzlich geregelt. In allen anderen Bundesländern besteht eine beklagenswerte Rechtsunsicherheit.

Wichtig

Bei außerhalb von Kliniken und Krankenhäusern Verstorbenen findet sich, wenn nicht ausnahmsweise die Voraussetzungen für eine gerichtliche Sektion oder eine sog. Seuchensektion gegeben sind, keine Rechtsgrundlage für die Durchführung einer Obduktion.

Eine begrüßenswerte Ausnahme stellt § 12 des „Gesetzes über das Leichenwesen" der Freien Hansestadt Bremen von 1992 dar. Danach kann die Staatsanwaltschaft durch die zuständige Behörde eine außergerichtliche Obduktion durchführen lassen. Diese Vorschrift entspricht einer Regelung in der früheren Bremer Gesundheitsdienstordnung von 1935, nach der die Polizeibehörde im Einvernehmen mit dem Gesundheitsamt eine Obduktion u.a. bei Verdacht auf Suizid oder Unglücksfall anordnen konnte. Dabei handelt es sich um eine auf bestimmte Indikationen beschränkte Verwaltungssektion (sog. Bremer Modell).

Anatomische Sektion

Die anatomische Sektion wird im Rahmen des Medizinstudiums zur Ausbildung zum Arzt in den Anatomischen Instituten der Universitäten durchgeführt. Sie dient der Lehre und Forschung über den Aufbau des menschlichen Körpers. In der Regel liegt bei den für anatomische Obduktionen verwendeten Leichen eine zu Lebzeiten erteilte Einwilligung des Betroffenen vor. Näheres regeln einige Landesgesetze. So wird gemäß § 8 Berliner Sektionsgesetz für die anatomische Sektion in der Regel die definitive Zustimmung des Verstorbenen bzw. seiner totensorgeberechtigten Hinterbliebenen verlangt. Ausnahmsweise bei Verstorbenen ohne Angehörige darf obduziert werden, wenn keine Anhaltspunkte für einen entgegenstehenden Willen des Verstorbenen bekannt sind.

2.2.2 Organentnahme bei Obduktionen

Rechtlich problematisch kann die Entnahme von Leichenteilen anlässlich einer Obduktion sein. Dabei ist zunächst an die Entnahme von Leichenteilen für Transplantationszwecke zu denken, etwa Gehörknöchelchen (Ossicula) und Augenhornhäute (Kornea), aber auch anderweitig nutzbare Leichenteile wie etwa die harte Hirnhaut.

Fallbeispiel

Keine Störung der Totenruhe durch Abgabe von Hirnhäuten.

Der Beschuldigte hatte nach rechtmäßig durchgeführten klinischen Sektionen in 720 Fällen zuvor entnommene Hirnhäute im Kochsalzbehälter der Firma B-AG deponiert und anschließend, statt die Hirnhäute dem Leichnam wieder beizuführen, diese der Firma übergeben. Pro Hirnhaut erhielt er von der B-AG eine sog. Aufwandsentschädigung in Höhe von 30 DM, im Tatzeitraum insgesamt Zahlungen über 21.600 DM. Die Anklage wurde nicht zur Hauptverhandlung zugelassen (AG Berlin-Tiergarten, NStZ 1996, 544).

Das Amtsgericht Berlin-Tiergarten stellte im Beispielsfall fest, Schutzzweck des § 168 StGB sei allein die Totenruhe bzw. die Totenverehrung. Gegenstand der Totenverehrung sei ein Körper nur so lange, wie seine Individualität noch erkennbar sei. Eine Zergliederung des Leichnams stehe dem nicht entgegen, solange nur die gemeinsame Bestattung aller Teile der Leiche beabsichtigt bleibe. In dem betroffenen Universitätsklinikum in Berlin war es jedoch ohnehin üblich, dem Leichnam entnommene Organe diesem nicht mehr zur Bestattung beizufügen, sondern gesondert durch ein privates Unternehmen vernichten zu lassen. Die Wegnahme von Leichenteilen, so das Amtsgericht, führe zu einer Entfernung aus dem Schutzbereich des § 168 Abs. 1 StGB und die erst dann erfolgte Absonderung der Hirnhäute könne keine Störung der Totenruhe mehr darstellen. Im Übrigen kann die Entnahme ganzer Organe anlässlich einer Obduktion in Abhängigkeit von der Fragestellung erforderlich sein, da zahlreiche Erkrankungen erst durch weiterführende feingewebliche Untersuchungen diagnostiziert werden können.

2.2.3 Meldepflicht des Obduzenten bei Anhaltspunkten für einen nichtnatürlichen Tod

In einigen Bundesländern (Bayern, Sachsen, Bremen, Hamburg, neue Bundesländer mit fortgeltendem DDR-Recht) hat der Landesgesetzgeber eine Meldepflicht für den Obduzenten bei Anhaltspunkten für einen nichtnatürlichen Tod festgeschrieben. Damit sind nach der Formulierung in § 8 Abs. 1 des Bremischen „Gesetzes über das Leichenwesen" von 1992 Anhaltspunkte dafür gemeint,

> ..."dass der Tod durch Selbsttötung, durch Unglücksfall oder durch äußere Einwirkung, bei der ein Verhalten eines oder einer Dritten eine Ursache gesetzt haben könnte, eingetreten ist (nichtnatürlicher Tod)...".

Nach zwischenzeitlich wohl überwiegender Ansicht gilt dies auch für Anhaltspunkte, aus denen sich der Verdacht ergibt, der Tod könne als Folge eines ärztlichen Behandlungsfehlers eingetreten sein. Hat eine Obduktion stattgefunden, so muss das Ergebnis in vielen Bundesländern in einem eigenen Obduktionsschein dokumentiert werden.

2.2.4 Kritik an der gegenwärtigen Rechtslage im Obduktionsrecht – Lösungsmodelle

An der gegenwärtigen Situation im Obduktionsrecht wird vielfach Kritik geübt. Insbesondere werden folgende Punkte genannt:

- Obduktionsrecht ist Landesrecht. Eine bundeseinheitliche Regelung gibt es nicht.
- Das Urteil des Kammergerichts Berlin hat die Vornahme einer klinischen Sektion ohne Einwilligung der Angehörigen als Gewahrsamsbruch und damit als strafbare Handlung gem. § 168 Abs. 1 StGB (Störung der Totenruhe) angesehen, dadurch wurde der Rückgang der Obduktionsfrequenz beschleunigt.
- Die Zulässigkeit einer „Sektionsklausel" in Krankenhausaufnahmeverträgen gilt im Hinblick auf § 3 des Gesetzes über die Allgemeinen Geschäftsbedingungen (AGBG) als umstritten („Überraschungscharakter").
- Für außerhalb von Krankenhäusern Verstorbene ohne Anhaltspunkte für einen nichtnatürlichen Tod gibt es keine gesetzliche Grundlage für eine Obduktion, d.h. es fehlt (außer in Bremen) eine sog. Verwaltungssektion für „nur" medizinisch unklare Todesfälle.
- Umstritten ist, ob früheres DDR-Obduktionsrecht in den neuen Bundesländern – soweit nicht zwischenzeitlich durch neues Landesrecht ersetzt – uneingeschränkt als fortgeltendes Recht anzusehen ist.

Die zahlreichen Befürworter einer bundesgesetzlichen Regelung diskutieren ungeachtet der Gesetzgebungskompetenz der Bundesländer, die aus der Diskussion zum Transplantationsrecht bekannten Lösungsmodelle. Wie im Transplantationsrecht sind auch im Obduktionsrecht verfassungsrechtliche Vorgaben zu beachten. Die folgenden Lösungsmodelle werden im Obduktionsrecht diskutiert:

- Die Einwilligung des Verstorbenen selbst muss vorliegen (enge Zustimmungslösung).
- Die Einwilligung der Totensorgeberechtigten muss vorliegen bei fehlender Ablehnung seitens des Verstorbenen (erweiterte Zustimmungslösung – gilt seit 1997 im Transplantationsrecht); bei klinischen Sektionen z.B. in Sachsen gem. § 15 Abs. 1 Nr. 4 Sächsisches Bestattungsgesetz.
- Eine Sektion ist zulässig bei fehlendem Widerspruch des Verstorbenen (enge Widerspruchslösung, die Hinterbliebenen werden nicht berücksichtigt).
- Primär wird eine Einwilligung des Verstorbenen verlangt. Fehlt diese und ist kein entgegenstehender Wille des Verstorbenen bekannt, so können die totensorgeberechtigten Hinterbliebenen über die angestrebte Obduktion und die Möglichkeit des Widerspruchs informiert werden. Nach Ablauf einer gesetzten Frist darf bei ausgebliebenem Widerspruch obduziert werden (Informationslösung mit Widerspruchsfrist; gilt in Bremen, Berlin und Hamburg).

2.3 Exhumierungen

Die Ausgrabung von Leichen ist nur unter bestimmten gesetzlichen Voraussetzungen möglich. Für strafprozessuale Zwecke kann die Ausgrabung einer beerdigten Leiche vom Richter, bei Dringlichkeit auch vom zuständigen Staatsanwalt angeordnet werden (vgl. § 87 Abs. 4 Satz 1 StPO). Mit Rücksicht auf das Totensorgerecht der Hinterbliebenen schreibt jedoch § 87 Abs. 4 Satz 2 StPO vor, dass bei Anordnung der Exhumierung auch die Benachrichtigung der Angehörigen angeordnet werden muss, vorausgesetzt, diese sind ohne Schwierigkeiten zu ermitteln, und durch die Benachrichtigung wird der Untersuchungszweck nicht gefährdet. Im Übrigen kommt eine Exhumierung von Leichen nur in Betracht mit Genehmigung der zuständigen Behörde, in der Regel das Friedhofsamt als Teil der Ordnungsbehörde. Die Voraussetzungen einer Exhumierung außerhalb der Strafprozessordnung werden ebenfalls in den einzelnen Friedhofs- und Bestattungsgesetzen der Bundesländer geregelt.

2.3.1 Anlässe von Exhumierungen

Als Anlässe für Exhumierungen kommen staatsanwaltliche Ermittlungen und versicherungs- bzw. privatrechtliche Problemstellungen in Betracht, so zum Beispiel:

- Kausalitätsfragen im Sozial- und Zivilrecht: Abklärung einer Berufskrankheit, Arbeitsunfälle
- kausaler Zusammenhang mit dem Todeseintritt
- fragliche Gewalt- und Tötungsdelikte
- allgemeine Klärung von Todesumständen, Todesart und Todesursache
- arztrechtliche Fragestellungen: Frage einer ärztlichen oder pflegerischen Fehlbehandlung und ihrer eventuellen Kausalität für den Todeseintritt
- Verkehrsunfälle (Strafrecht): Rekonstruktion, Todesursache, Kausalität
- Vergiftungsverdacht
- Identifikation

Zu den „klassischen" Anlässen von Exhumierungen zählen versicherungsmedizinische Fragestellungen und ein nachträglicher Vergiftungsverdacht. Hinzugetreten sind in den letzten Jahren arztrechtliche Aspekte. Als Auftraggeber von Exhumierungen fungieren entsprechend der Fragestellung meist Gerichte bzw. Staatsanwaltschaften und Versicherungsträger (Berufsgenossenschaften, Privatversicherungen) sowie in Einzelfällen auch Privatpersonen.

2.3.2 Ergebnisse von Exhumierungen

Entscheidend für den Erhaltungszustand eines Leichnams sind neben der reinen Leichenliegezeit eine Vielzahl von Umgebungsfaktoren:

- Gesundheitszustand bei Eintritt des Todes,
- Art der zum Tode führenden Erkrankung,

- Art und Dauer der Leichenlagerung vor der Bestattung,
- Witterungs-/Temperaturverhältnisse nach dem Tod,
- Bestattungsart,
- Sargzustand und
- Friedhofsfaktoren (Bodenverhältnisse, Grabtiefe).

Die günstigsten Ergebnisse werden erzielt, wenn sowohl zur Todes- als auch zur Exhumierungszeit eher kühle Witterungsbedingungen herrschen. Aufgrund langjähriger Erfahrungen und nach Literaturdaten ist festzustellen, dass sich eine Exhumierung „eigentlich fast immer lohnt" und häufig erstaunlich gute Erfolge erzielt werden können. Dennoch empfiehlt sich, wie bei jeder medizinischen Untersuchung, eine vorherige sorgfältige Indikationsabwägung: Welcher Zweck soll verfolgt und welche Fragestellung am Ende beantwortet werden, und die damit assoziierte Überlegung, ob eine Exhumierung im konkreten Fall – unter Einbeziehung der allerdings nur schwer abschätzbaren oben genannten Umgebungsfaktoren – das adäquate Instrumentarium darstellen kann.

Erstaunlich gut erhaltene Organteile und -reste finden sich insbesondere bei Fettwachsbildung (Luftabschluss und Feuchtigkeit des Erdgrabs), die einen konservierenden Effekt besitzt. So konnten Hirnstrukturen mit unterscheidbarer Mark-Rinden-Grenze und histologischer Darstellbarkeit von zellulären Elementen noch nach 17 Jahren, nach Literaturangaben sogar nach 73 Jahren gefunden werden. Andere Organe ließen sich noch nach folgenden Liegezeiten eindeutig zuordnen und untersuchen:

- Gastrointestinaltrakt in Kontinuität (7,5 Jahre)
- Gallenblase (7,5 Jahre)
- Zwerchfell (7,5 Jahre)
- Herz und Perikard in Kontinuität (7,5 Jahre)
- Histologische Alveolarstruktur (4,8 Jahre)
- Knochenmarkhistologie (3 Monate)

Neben knöchernen Strukturen bleiben Binde- und Fettgewebe sowie das interstitielle und perivaskuläre Gewebe innerer Organe am längsten erhalten. Entsprechend sind chronische Erkrankungen, die mit einer Bindegewebs- und Kalkbildung einhergehen (z.B. Leberzirrhose, Infarktnarben, Gefäßsklerose) grundsätzlich länger (Jahre) nachweisbar, als akute Organveränderungen. Aber auch akute entzündliche Erkrankungen konnten noch nach längerer Zeit nachgewiesen werden, so eine Pneumonie zumindest noch nach über 1 Jahr, eine Myokarditis bis zu 6 Monate. Innerhalb ähnlicher Zeitspannen waren frische Myokardinfarkte bzw. entsprechendes Granulationsgewebe darstellbar.

Für verschiedene toxikologisch oder therapeutisch relevante Substanzen ließen sich etwa folgende Nachweiszeiten finden:

Parathion (E 605)	17 Jahre
Thallium	8 Jahre
Furosemid	7,5 Jahre
Diazepam	7,5 Jahre
Strychnin	6 Jahre
Chlorprothixen	5,5 Jahre
Amytryptillin	5,5 Jahre
Kohlenmonoxyd	2,75 Jahre
Digitoxin	1,4 Jahre
Morphin	1,1 Jahre

Insgesamt wird somit eine Exhumierung für zahlreiche Fragestellungen zu empfehlen sein, zumal häufig auch Teilergebnisse die Ausgangsproblematik bereits beantworten können.

2.4 Transplantationen

1997 hat der Gesetzgeber das neue Transplantationsgesetz verabschiedet. Darin wird die Organentnahme vom toten Spender unterschieden von der Lebendspende. Für beide Fälle regelt das Gesetz detailliert die Vorgaben. Bei der Spende vom toten Organspender hat sich der Gesetzgeber für die erweiterte Zustimmungslösung entschieden, das heißt, bei fehlender Einwilligung des Betroffenen können die Hinterbliebenen in eine Organspende einwilligen. Eine Organentnahme ist erst zulässig, wenn entsprechend den Vorgaben des Transplantationsgesetzes der Hirntod des Organspenders zweifelsfrei festgestellt ist.

Nach dem derzeitigen Stand der medizinischen Wissenschaften wird davon ausgegangen, dass mit dem Eintritt des Hirntodes der Mensch als Person irreversibel gestorben ist, auch wenn Vitalfunktionen seines Körpers noch künstlich aufrecht erhalten werden können. Der Hirntod dokumentiert sich durch das Erlöschen jeglicher messbarer Aktivität im Elektroenzephalogramm (EEG) als Ausdruck des Gesamthirntodes. Um jede Interessenkollision zu vermeiden, sind Feststellungen zum Eintritt des Hirntodes gemäß § 5 Abs. 1 Transplantationsgesetz

> „... jeweils durch zwei dafür qualifizierte Ärzte zu treffen, die den Organspender unabhängig voneinander untersucht haben."

Dazu ist ein Protokoll zur Feststellung des Hirntodes anzufertigen (s. ► Abb. 2.5+2.6). Die beiden Ärzte dürfen weder an der Entnahme noch an der Übertragung der Organe des Organspenders beteiligt sein. Sie dürfen auch nicht Weisungen eines Arztes unterliegen, der an diesen Maßnahmen beteiligt ist.

Neben der Feststellung des Hirntodes mittels EEG kommt auch die angiographische Darstellung eines Stillstandes der Blutzirkulation als Nachweis des Hirntodes in Betracht, auch der dopplersonographische Nachweis eines Zirkulationsstillstandes findet Anwendung. Weiterhin heißt es in den „Richtlinien zur Feststellung des Hirntodes" des Wissenschaftlichen Beirates der Bundesärztekammer (3. Fortschreibung 1997 mit Ergänzungen gem. Transplantationsgesetz) unter Anmerkung 3b – Prüfung des Atemstillstandes:

> „Der Apnoe-Test ist für die Feststellung des Hirntodes obligatorisch. Er kann wegen der physiologischen Wirkungen der Hyperkapnie erst als letzte klinische Untersuchung des Hirnfunktions-

ausfalls durchgeführt werden. Ein zentraler Atemstillstand liegt vor, wenn bei bisher gesunden Menschen bei einem $pCO_2 \geq 60$ mm Hg keine Eigenatmung einsetzt."

Die im Transplantationsgesetz von 1997 erstmals geregelte Organspende unter Lebenden (Lebendspende) hat bislang noch keine große Bedeutung, die Zahl der Lebendspenden ist jedoch ansteigend. Vor einer Organspende unter Lebenden hat eine nach Landesrecht zu bildende Kommission zu prüfen, ob

„begründete tatsächliche Anhaltspunkte"

dafür vorliegen, dass die Einwilligung in die Organspende nicht freiwillig erfolgt oder ob das Organ Gegenstand verbotenen Handeltreibens nach § 17 Transplantationsgesetz ist. Als Organspender unter Lebenden kommen nicht nur die genetisch Verwandten oder Verwandten 1. und 2. Grades in Betracht, grundsätzlich können auch

„... andere Personen, die dem Spender in besonderer persönlicher Verbundenheit offenkundig nahe stehen..."

ein Organ spenden. Dies gilt insbesondere für Partner einer eheähnlichen Lebensgemeinschaft. Nicht vom Transplantationsgesetz erfasst wird die so genannte Xenotransplantation, d.h. die Verwendung von tierischen Organen, Geweben oder Zellen für die Transplantation beim Menschen. Insbesondere wegen bestehender immunologischer Probleme wird die Xenotransplantation vorerst quantitativ ohne Bedeutung bleiben. Die weiteren wesentlichen rechtlichen Bestimmungen des Transplantationsgesetzes sind im Kapitel 10.4.3 dargelegt.

2.5 Identifizierung/Osteologie

D. Krause, K. Jachau

Infobox

Die Feststellung der Identität eines Menschen durch Ausweis, Führerschein, Bild, Stimme oder persönliche Erinnerung ist im täglichen Leben Grundvoraussetzung aller Kommunikation und Rechtsverbindlichkeiten. Fingerabdrücke, standardisierte Fotodokumente und DNA-Datei ergänzen die Identifizierungsmöglichkeiten bei der Verbrechensaufklärung.

2.5.1 Identifizierung weitgehend erhaltener Leichen

Im Regelfall wird im deutschsprachigen Raum innerhalb von Stunden bis Tagen nach dem Tod eines Menschen ein Arzt zur Feststellung des Todes und zur Ausfüllung eines Totenscheines verpflichtet. Dazu gehören stets auch Daten zur Identität des Toten. Neben der Bestätigung durch Personen, die den Verstorbenen kannten, ist die Kontrolle von Ausweisdokumenten unerlässlich. Zur Vermeidung von u.U. schwer wiegenden Komplikationen sollten alle Zweifel dokumentiert und weitere Möglichkeiten zur Feststellung der Identität genutzt werden:

- **Effekten** sind Gegenstände wie Schmuck, Geldbörse, Schlüssel, Kamm, Taschenmesser, die der Verstorbene bei sich trug.
- **Kleidungsstücke** mit speziellen Aufdrucken, Wäschemarken u.Ä. ergeben oft spezifische Hinweise, auch auf Nationalität, Religion oder Gruppenzugehörigkeit.
- **Tätowierungen** bieten hervorragende Identifizierungsmöglichkeiten.
- **Narben** im Weichteil- und Knochengewebe bleiben im Prinzip lebenslang sichtbar. Ausnahmen bilden kleine Hautschnittverletzungen im Säuglings- oder Kleinkindesalter oder Grünholzfrakturen.
- **Krankenunterlagen** einschließlich OP-Berichte, Röntgen-, CT-, MRT- und Sonographie-Befunde enthalten wichtige Identifizierungshinweise.

Gebissbefunde. Diese führen in sehr vielen Fällen zur sicheren Identifizierung durch Vergleich mit vorhandenen zahnärztlichen Behandlungsunterlagen. Die Zahndokumentation erfolgt international nach dem Two-Digit-System: Die erste Ziffer bezeichnet den Gebiss-Quadranten (◘ Abb. 2.28+2.29), die zweite Ziffer die Stellung des Zahnes in der Zahnreihe, beim medialen Incisivus beginnend. Der linke obere Eckzahn erhält demnach die Bezeichnung 23.

Genomische Identifizierung. Der Vergleich der DNA von unbekannten Leichen mit DNA-Spuren von vermissten Personen (Rasierapparat, Zahnprothese u.Ä.) oder der Abgleich mit Eintragungen in der BKA-Gendatenbank ergeben eine sichere Identifikation. Ebenso führt eine Abstammungsbegutachtung mit Blutsverwandten der vermissten Person zum Ziel.

2.5.2 Identifizierung von Skeletten und Skelettteilen

Menschliche oder tierische Knochen

Die makromorphologische Unterscheidung zwischen Knochen von einheimischen Vertebraten und Menschen ist meist ohne Weiteres möglich. In besonderen Fällen bringt eine DNA-Analyse Aufklärung. Schwierigkeiten können sich ergeben, wenn Knochen von Feten, Neugeborenen oder Kleinkindern gefunden werden (◘ Abb. 2.30). Im Ergebnis von Fäulnis und Verwesung enchondral ossifizierender Knochen bleiben rundliche Knochenkerne übrig. Die Reste teilossifizierter Wirbelkörper zeigen Formen, die in keiner Weise verkleinerten Erwachsenenknochen entsprechen.

Fallbeispiel

Eine 19-jährige Frau erstickte ihr Kind kurz nach der Geburt unter weicher Bedeckung und versteckte die Leiche in einem großen alten Steingutkrug, der seit ihrer Kindheit auf einem Sims im Keller stand. Etwa 6 Jahre später erzählte sie von dem Ereignis ihrer besten Freundin. Schließlich fand die Polizei das

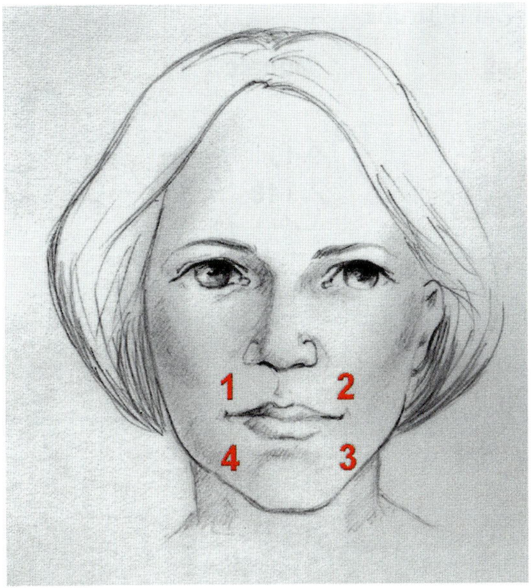

■ Abb. 2.28. Quadranten des Permanentgebisses

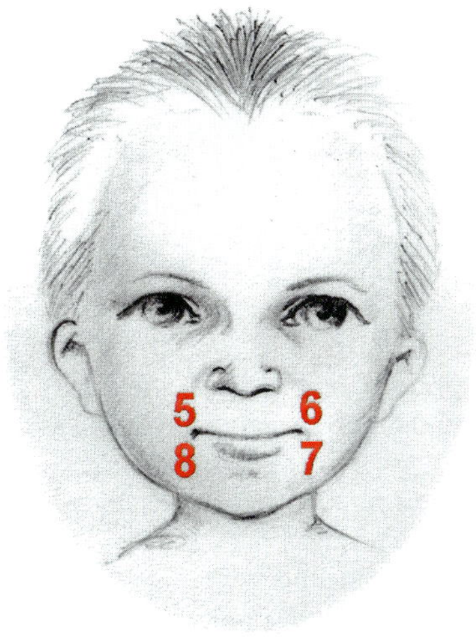

■ Abb. 2.29. Quadranten des Milchgebisses

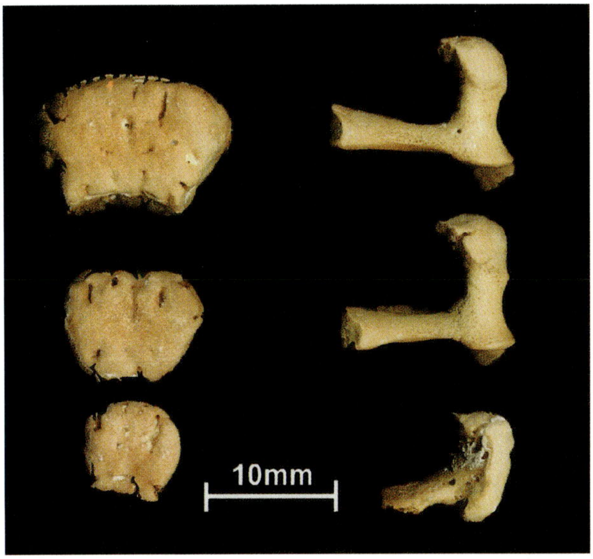

■ Abb. 2.30. Skelettteile eines Neugeborenen: Knochenkerne und Wirbelkörperanlagen

skelettierte Neugeborene mit dem anfänglichen Verdacht, es könnte sich um Tierknochen handeln.

Geschlechtsbestimmung

Liegen von einem Erwachsenenskelett mehrere größere Knochen vor, ist die Geschlechtsdifferenzierung in den meisten Fällen möglich (■ Tabelle 2.23). Besonders charakteristisch ist der durch große Augenbrauenwülste hervorgerufene Eindruck einer „fliehenden" männlichen Stirn im Vergleich zu einer steil aufsteigenden Stirn der Frau (■ Abb. 2.31). Eine Beckenschaufel lässt sich mit dem „Fingerspreiztest" schnell zuordnen (■ Abb. 2.32). Bei Zweifelsfällen oder bei Kinderknochen ist eine genomische Differenzierung erforderlich.

■ Tabelle 2.23. **Geschlechtsdimorphismus des Skeletts**

Merkmal	Weibliches Skelett	Männliches Skelett
Allgemein	Graziler	Gröber, kompakter
Röhrenknochen	Leichter, schlanker, kleiner	Schwerer, stärker, größer
Muskelansätze	Gering ausgebildet	Stark ausgebildet
Schädel	Steil aufsteigende Stirn durch zierliche Augenbrauenwülste	Fliehende Stirn durch kräftige Augenbrauenwülste
	Kleines Mastoid	Großes Mastoid
Becken	Breit ausladend	Schmal
	Incisura ischiadica: bogig, stumpfwinklig, Foramen obturatum dreieckig	Incisura ischiadica: spitzwinklig, Foramen obturatum oval
Kreuzbein	Breiter	Schmaler

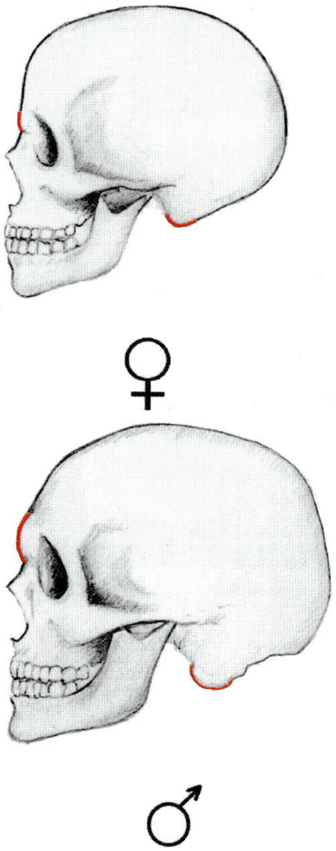

Abb. 2.31. Geschlechtsdimorphismus des knöchernen Schädels

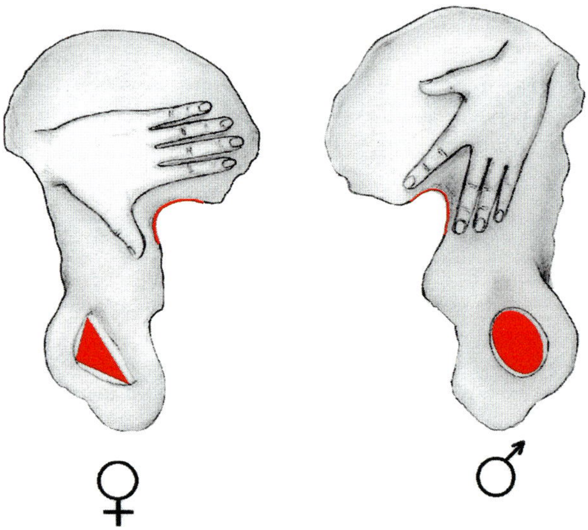

Abb. 2.32. Geschlechtsdimorphismus des knöchernen Beckens

Manche Skelette sind morphologisch nicht mit der notwendigen Sicherheit einem bestimmten Geschlecht zuzuordnen – DNA-Analyse entscheidend.

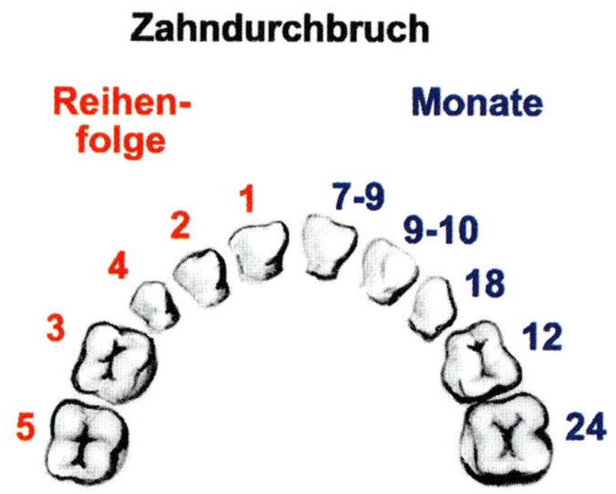

Abb. 2.33. Milchgebiss

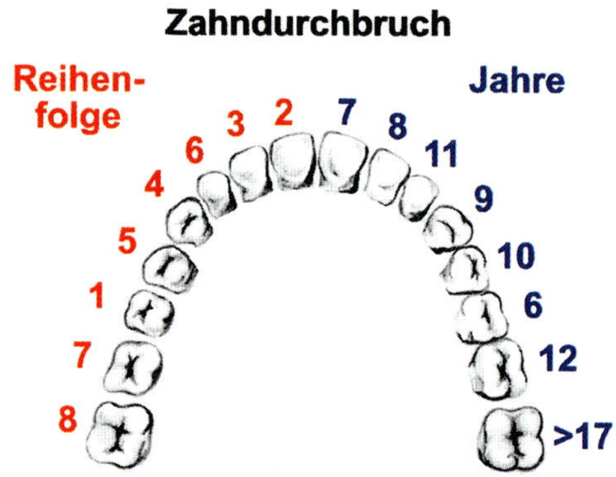

Abb. 2.34. Permanentgebiss

Altersschätzung

Das Lebensalter von **Kindern und Jugendlichen** lässt sich durch eine röntgenologische Untersuchung des Ossifikations- und Dentitionsstadiums gut schätzen. Die zeitliche Aufeinanderfolge des Erscheinens von Knochenkernen und des Verschlusses der Epiphysenfugen zeigen eine weitgehende Konstanz, unabhängig von Geschlecht und ethnischer Gruppe (▶ s. Kap. 5.6). Eine erste gute Orientierung ist durch die Erhebung des sichtbaren Gebissbefundes und dessen zeitliche Einordnung in ein Zahndurchbruchsschema möglich (Abb. 2.33+2.34). Ziemlich konstant ist das Erscheinen des 1. und 2. bleibenden Molaren im 6. bzw. 12. Lebensjahr.

Die Altersschätzung bei Skelettfunden **Erwachsener** ist schwieriger. Mit 21–25 Jahren ist die letzte Epiphysenfuge am Darmbeinkamm verknöchert. Die Schließung der Schädelnähte ist hoch variabel und für den Einzelfall ein unsicheres Merkmal. Nach dem 25. Lebensjahr verschwindet auch die radiäre Streifung an den Wirbelkörperdeckplatten. In den folgenden Jahrzehnten besitzen lediglich die fortschreitende Verkalkung des knorpeligen Kehlkopfgerüstes und der Rippenknorpel, der Spongiosaschwund in den Markhöhlen der langen Röhrenknochen und in manchen Fällen das Auftreten von Randzackenbildungen an den Wirbelkörpern eine akzeptable Korrelation zum Lebensalter.

Etwas genauere Resultate erhält man durch die Bewertung der physiologischen **Abnutzungserscheinungen am Permanentgebiss.** Die folgende Faustregel für den Zeitgang der Abkauung gilt nur für kariesfreie Zähne ohne restaurative Zahnarbeiten:

- bis 30 Jahre – Schmelzabschliff an den Kaukanten,
- bis 40 Jahre – Dentin schimmert gelblich durch,
- bis 50 Jahre – bräunlich gefärbtes Dentin im Zentrum des Zahnabschliffes,
- bis 60 Jahre – Kronenhöcker der Seitenzähne vollständig abgeschliffen, braun-schwarzes Dentin liegt über dem ganzen Querschnitt frei.

Insgesamt lassen sich 6 Altersveränderungen am Zahn und Zahnhalteapparat gutachterlich verwerten (◘ Abb. 2.35). Als biochemische Methode hat sich auch die Bestimmung des Razemisierungsgrades der Asparaginsäure (Umwandlung der L- in die D-Form) im Dentin bewährt.

Wichtig

Abweichende Essgewohnheiten, Parafunktionen (nächtliches Zähneknirschen), schlechte Mundhygiene können ebenso wie hervorragende Zahnpflege und moderne stomatologische Versorgung zu erheblicher Fehleinschätzung des Zahnalters führen.

Körpergrößenbestimmung

Die Längenmaße der Röhrenknochen korrelieren mit der Körperhöhe. Am besten geeignet sind Femur, Humerus, Ulna, Radius und Tibia. Die linearen Regressionsgleichungen sind geschlechtsspezifisch. Die einfache Streuung beträgt etwa ± 5 cm. Folgende Formeln geben gute Näherungswerte:

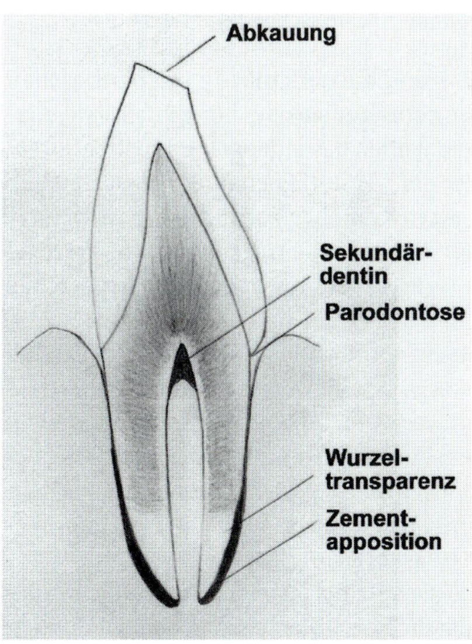

◘ Abb. 2.35. Altersphysiologische Veränderungen

Männlich: 70 + (3,0 x max. Humeruslänge) oder 61 + (2,4 x max. Femurlänge)
Weiblich: 58 + (3,4 x max. Humeruslänge) oder 54 + (2,5 x max. Femurlänge)
Die Messungen werden mit einem Knochenmessbrett oder einer großen Schiebeleere durchgeführt. Die Knochenmaße sind nur dann verwertbar, wenn keine alten Brüche oder andere Veränderungen vorliegen.

Wichtig

Vor der Berechnung der ehemaligen Körperhöhe ist die zweifelsfreie Geschlechtsdiagnose zu stellen.

Liegezeitschätzung

Bei Tiefbauarbeiten werden nicht selten menschliche Knochen gefunden. Stets ist aus rechtlicher Sicht eine Beurteilung der Liegezeit erforderlich, da nach 30 Jahren Gewaltverbrechen gegen das Leben verjähren. Allgemein gültige Regeln sind sehr schwer aufzustellen, da Bodenbeschaffenheit und Klima die Geschwindigkeit der Leichendekomposition stark beeinflussen. Eine im Sandboden vergrabene Leiche zeigt einen bedeutend anderen Zeitgang der Leichenzersetzung, als z.B. ein im Hochsommer im Wald Verstorbener. Ganz andere Verhältnisse finden sich in feuchten Lehmböden oder bei Wasserleichen. Stets ist die langjährige Erfahrung eines Rechtsmediziners eine gute Voraussetzung für zutreffende Liegezeitschätzungen. Auch mikromorphologische und biochemische Untersuchungen können nützlich sein, wenn vergleichbare Daten vorliegen. Anhand von Pollenuntersuchungen aus der Nasenhöhlen-Spülflüssigkeit lassen sich botanische Rückschlüsse auf die Jahreszeit des Todeseintritts ziehen, nicht jedoch auf das Sterbejahr.

Fallbeispiel

Bei Tiefbauarbeiten wurden 60 Skelette von jungen Männern auf einem Gelände entdeckt, das nacheinander der faschistische und der sowjetische Geheimdienst benutzten. Durch den Nachweis von Sommerpollen in der Spülflüssigkeit aus den Nasenhöhlen konnte festgestellt werden, dass die Personen im Juni/Juli verstorben waren, jedenfalls nicht vor dem 8. Mai eines bestimmten Jahres, was aus Sicht der Ermittlungsbehörde von Bedeutung war.

Identifizierung durch Bild-Schädel-Vergleiche

Liegen Foto- oder Videoaufnahmen von der vermissten Person vor, sind digitale Superimpositionen geeignet, die Identität mit mehr oder weniger hoher Wahrscheinlichkeit zu bestätigen oder auszuschließen. Dazu muss der knöcherne Schädel in exakt der gleichen Position digital aufgenommen werden oder der Schädel wird dreidimensional eingescannt und im virtuellen Raum optimal zum Vergleichsfoto positioniert (◘ Abb. 2.36).

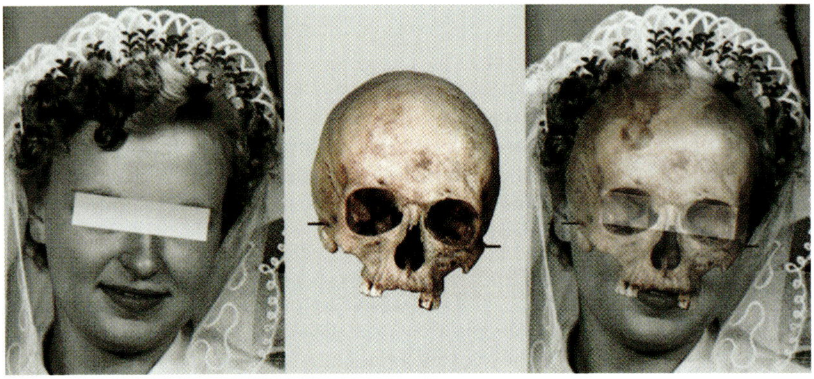

Abb. 2.36. Superimposition des Hochzeitsbildes einer Vermissten in den knöchernen Schädel einer unbekannten Leiche

Rekonstruktion des ehemaligen Aussehens

Bleibt die weitgehend skelettierte Person unbekannt, kann versucht werden, die Gesichtsweichteile zu rekonstruieren:

- künstlerisches Übermalen von Schädelfotos nach Superimposition von passenden Augen, Nasen, Lippen usw. aus einer Phantombild-Datei
- künstlerisches Modellieren von Weichteilen direkt auf den knöchernen Schädel und
- teilautomatisiertes Suchen unter standardisierten Polizei-Fotos gleichgeschlechtlicher, etwa gleich alter Personen aus der gleichen ethnischen Gruppe nach Bildern, die möglichst genau zum 3D eingescannten Schädel passen.

2.6 Rechtliche Regelung der Leichenschau und des Sektionswesens in Österreich

S. Pollak

2.6.1 Leichenschau

Das Leichen- und Bestattungswesen ist in den 9 österreichischen Bundesländern durch eigene **Landesgesetze** geregelt. Zum Leichenwesen gehörten die Totenbeschau, die Leichenöffnung, die Einbalsamierung, die Entnahme von Leichenteilen, die Exhumierung von Leichen etc. Zur Vornahme der Totenbeschau sind nur hierzu bestimmte Ärzte berechtigt.

Bundesgesetzlich geregelt sind die gerichtliche Leichenbeschau, gewisse Anzeige- und Meldepflichten (nach dem Epidemiegesetz, Tuberkulosegesetz, Aids-Gesetz, Suchtmittelgesetz, Ärztegesetz, Personenstandsgesetz), zwischenstaatliche Vereinbarungen über den Transport von Leichen und multilaterale Verträge zum Schutz der Opfer des Krieges.

Bundesgesetzliche Bestimmungen

Die §§ 127 ff der österreichischen **Strafprozessordnung (StPO)*)** finden Anwendung, wenn es bei einem Todesfall zweifelhaft ist, ob der Tod durch ein Verbrechen oder Vergehen verursacht wurde.

Eine **gerichtliche Leichenbeschau** setzt sich aus der Leichenagnoszierung (§ 127 Abs. 3) und der Leichenbeschau im engeren Sinn zusammen.

§ 127

> (4) StPO: Bei der Leichenbeschau hat der Untersuchungsrichter darauf zu sehen, dass die Lage und Beschaffenheit des Leichnams, der Ort, wo, und die Kleidung, worin er gefunden wurde, genau vermerkt sowie alles, was nach den Umständen für die Untersuchung von Bedeutung sein könnte, sorgfältig beachtet werde. Insbesondere sind Wunden und andere äußere Spuren erlittener Gewalttätigkeit nach ihrer Zahl und Beschaffenheit genau zu verzeichnen, die Mittel und Werkzeuge anzugeben, durch die sie wahrscheinlich verursacht wurden, und die etwa vorgefundenen, möglicherweise gebrauchten Werkzeuge mit den vorhandenen Verletzungen zu vergleichen.

Nach § 128 Abs. 1 StPO sind die **gerichtliche Leichenbeschau** und die Leichenöffnung durch einen oder nötigenfalls zwei Ärzte nach den dafür bestehenden besonderen Vorschriften vorzunehmen. Der Arzt, der den Verstorbenen in der dessen Tod allenfalls vorhergegangenen Krankheit behandelt hat, ist, wenn es zur Aufklärung des Sachverhaltes beitragen und ohne Verzögerung geschehen kann, zur Gegenwart bei der Leichenbeschau aufzufordern.

Das **Epidemiegesetz** verpflichtet in § 3 Abs. 1 Z. 10 den Totenbeschauer zur Anzeige der im Gesetz genannten übertragbaren Krankheiten. Nach § 3 lit. b **Tuberkulosegesetz** besteht Meldepflicht bei jedem Todesfall, wenn anlässlich der Totenbeschau (oder Leichenöffnung) festgestellt wurde, dass im Zeitpunkt des Todes eine behandlungs- oder überwachungsbedürftige Tbc-Erkrankung vorlag.

§ 2 Abs. 1 Z. 2 **Aids-Gesetz** normiert die Meldepflicht jedes Todesfalles, wenn anlässlich der Totenbeschau oder Obduktion festgestellt wurde, dass im Zeitpunkt des Todes eine manifeste

*) Zurzeit befindet sich ein Strafprozessreformgesetz in Vorbereitung, mit dem die StPO 1975 neu gestaltet werden soll. Danach ist vorgesehen, dass eine Obduktion von der Staatsanwaltschaft angeordnet wird, wenn nicht ausgeschlossen werden kann, dass der Tod durch eine strafbare Handlung verursacht worden ist.

Erkrankung an AIDS bestanden hat; ein Todesfall ist auch dann zu melden, wenn bereits eine Meldung über den vorangegangenen Krankheitsfall erfolgt ist.

Nach dem **Suchtmittelgesetz** (§ 24 Abs. 1 Z. 8) ist von dem eine gerichtliche oder sanitätspolizeiliche (s. unten) Leichenbeschau oder Leichenöffnung vornehmenden Arzt an das Bundesministerium für Arbeit, Gesundheit und Soziales zu melden, wenn der Todesfall in einem unmittelbaren oder mittelbaren kausalen Zusammenhang mit dem Konsum von Suchtmitteln steht.

Das **Ärztegesetz** verpflichtet den Arzt – also auch den Leichenschauarzt – im § 54 Abs. 4 zur Anzeige an die Sicherheitsbehörde, wenn sich in Ausübung des ärztlichen Berufes der Verdacht ergibt, dass durch eine gerichtlich strafbare Handlung der Tod oder die schwere Körperverletzung eines Menschen herbeigeführt wurde (▶ s. Kap. 12.2.3).

Das **Personenstandsgesetz** behandelt in § 9 Abs. 4 die Eintragung eines Personenstandsfalles aufgrund einer (ärztlichen) Geburts- bzw. Todesbestätigung.

Die Leichenschau bei **Kriegsopfern** ist im X. Übereinkommen der II. Haager Friedenskonferenz und in multilateralen Verträgen über den Schutz der Opfer des Krieges geregelt.

Landesgesetzliche Bestimmungen

Wenngleich nach der österreichischen Bundesverfassung die 9 Länder für Gesetzgebung und Vollziehung des Leichen- und Bestattungswesens zuständig sind, gibt es doch in den wesentlichen Punkten viele Gemeinsamkeiten. Aus gerichtsmedizinischer Sicht sind die folgenden grundsätzlichen Übereinstimmungen hervorzuheben:

- Der Eintritt des Todes ist durch einen **behördlich bestellten Totenbeschauarzt** festzustellen.
- Kann die Todesursache nicht oder nicht eindeutig festgestellt werden oder besteht der Verdacht, dass der Tod infolge einer anzeigepflichtigen Krankheit eingetreten ist, so ist die Bezirksverwaltungsbehörde als Sanitätsbehörde 1. Instanz zu verständigen. Diese kann die **sanitätspolizeiliche Leichenöffnung** durch den Amtsarzt anordnen.
- Ergibt sich der Verdacht, dass der Tod durch eine gerichtlich strafbare Handlung oder Unterlassung verursacht wurde, hat der Totenbeschauer Anzeige bei der Staatsanwaltschaft oder bei der nächsten Sicherheitsdienststelle zu erstatten.

Stellvertretend für die 9 Landesgesetze und die dazu erlassenen Durchführungsverordnungen sind im Folgenden einige Auszüge aus dem **Wiener Leichen- und Bestattungsgesetz** wiedergegeben:

§ 1 (1) Die Leichen der in Wien verstorbenen sowie der in Wien tot aufgefundenen Personen sind der Totenbeschau zu unterziehen. Als Leichen gelten auch Leichenteile sowie nicht lebend geborene Leibesfrüchte (tot geborene oder fehlgeborene Früchte). Ausgenommen von der Totenbeschau sind von Verwesungsprodukten freie Gebeine und Skelette.

(3) Zweck der Totenbeschau ist die Feststellung des eingetretenen Todes, der Art und Ursache des Todes, ferner bei ungeklärter Todesart oder Todesursache, ob Umstände vorliegen, die die Einleitung eines Obduktionsverfahrens nach diesem Gesetz oder die Einleitung von Maßnahmen erforderlich machen, die in anderen Rechtsvorschriften vorgesehen sind.

§ 2 (1) Die Totenbeschau obliegt dem Magistrat der Stadt Wien, der sich der von ihm dazu bestellten Ärzte bedient. Die Bestellung erfolgt durch den Magistrat der Stadt Wien mit Dekret.

(3) In den von einer Gebietskörperschaft betriebenen Krankenanstalten gelten der Prosektor und sein Stellvertreter als Totenbeschauärzte im Sinne des Abs. 1 für die verstorbenen Anstaltspfleglinge.

(4) Die Totenbeschau erfolgt unentgeltlich. Der Totenbeschauarzt darf anlässlich der Totenbeschau weder ein Entgelt fordern noch annehmen.

§ 3 (1) Jeder Todesfall (ausgenommen der Tod der Anstaltspfleglinge in den im § 2 Abs. 3 genannten Krankenanstalten) ist dem Magistrat der Stadt Wien [...] unverzüglich anzuzeigen.

(2) Zur Erstattung der Anzeige des Todesfalles nach diesem Gesetz sind, wenn der Tod in einer Wohnung oder einer anderen als im Abs. 4 genannten Unterkunft eingetreten ist, verpflichtet:

1. die Familienangehörigen des Toten,
2. die Wohnungsinsassen,
3. die Pflegepersonen,
4. der Inhaber (Stellvertreter) des Beherbergungsbetriebes,
5. jedermann, der den Todesfall bemerkt, die Leiche auffindet oder von dem Todesfall Kenntnis erlangt.

§ 5 (1) Im Rahmen der nach diesem Gesetze dem Totenbeschauarzt zugewiesenen Aufgaben ist jedermann verpflichtet, diesem wahrheitsgetreue Auskünfte zu erteilen und seine Anordnungen zu befolgen.

(2) Die nach § 3 Abs. 2 Z. 1 bis 5 zur Anzeige des Todesfalles verpflichteten Personen haben nach Eintritt des Todesfalles vom behandelnden Arzt einen ärztlichen Behandlungsschein oder von der beigezogenen Hebamme eine Hebammenbestätigung zu verlangen und dem Totenbeschauarzt spätestens bei der Totenbeschau zu übergeben.

§ 6 (1) Bis zum Eintreffen des Totenbeschauarztes ist der Tote in unveränderter Lage zu belassen. Ausgenommen von diesem Gebot sind alle jene Fälle, in denen Wiederbelebungsversuche erforderlich sind oder, wenn [...] aus wichtigen Gründen, wie Befreiung des Toten aus einer Zwangslage, Freimachung einer Verkehrsfläche etc., die Veränderung notwendig ist.

§ 11 (1) Ergibt sich bei der Totenbeschau der Verdacht, dass der Tod durch ein strafbares Verhalten einer anderen Person verursacht wurde, ist die Totenbeschau zu unterbrechen und der Bundespolizeibehörde unverzüglich und auf kürzestem Weg die Mitteilung über die Wahrnehmungen zu machen. Kommen bei der Totenbeschau Umstände hervor, die eine nach bundesrechtlichen Vorschriften von der Verwaltungsbehörde anzuordnende Leichenöffnung (Obduktion) geboten erscheinen lassen, ist die Totenbeschau zu unterbrechen und dem Magistrat der Stadt Wien als Bezirksverwaltungsbehörde unverzüglich hierüber Mitteilung zu machen. Diese Mitteilungspflichten bestehen unbeschadet der in bundesrechtlichen Vorschriften festgelegten Anzeigepflichten.

(2) Liegen Umstände nach Abs. 1 nicht vor, kann jedoch aufgrund der äußeren Totenbeschau die Todesursache nicht zweifelsfrei

geklärt werden, ist die Totenbeschau gleichfalls zu unterbrechen und dem Magistrat der Stadt Wien als Bezirksverwaltungsbehörde die Leichenöffnung vorzuschlagen.

2.6.2 Sektionswesen

Gerichtliche Obduktion

Gerichtliche Leichenöffnungen sind vorzunehmen, wenn es bei einem Todesfall zweifelhaft ist, ob der Tod durch eine strafbare Handlung verursacht wurde. Die Durchführung obliegt einem (ausnahmsweise zwei) ärztlichen Sachverständigen im Auftrag des zuständigen Untersuchungsrichters. Die Rechtsgrundlagen finden sich in der **Strafprozessordnung** (§§ 127–131). § 129 StPO befasst sich mit dem Gutachten, das der ärztliche Sachverständige nach einer gerichtlichen Obduktion zu erstatten hat.

§ 129 (1) StPO: Das Gutachten hat sich darüber auszusprechen, was im vorliegenden Falle die den eingetretenen Tod zunächst bewirkende Ursache gewesen und wodurch sie erzeugt worden ist.
(2) Werden Verletzungen wahrgenommen, so ist insbesondere zu erörtern:
1. ob sie dem Verstorbenen durch die Handlung eines anderen zugefügt wurden und, falls diese Frage bejaht wird,
2. ob diese Handlung
a) schon ihrer allgemeinen Natur wegen,
b) wegen der eigentümlichen persönlichen Beschaffenheit oder eines besonderen Zustandes des Verletzten,
c) wegen der zufälligen Umstände, unter denen sie verübt wurde, oder
d) wegen zufällig hinzugekommener, jedoch durch sie veranlasster oder aus ihr entstandener Zwischenursachen den Tod herbeigeführt habe, und ob endlich
e) der Tod durch rechtzeitige und zweckmäßige Hilfe hätte abgewendet werden können.
(3) Insofern sich das Gutachten nicht über alle für die Entscheidung erheblichen Umstände verbreitet, sind hierüber vom Untersuchungsrichter besondere Fragen an die Sachverständigen zu stellen.
§ 130 StPO: Bei Verdacht einer Kindestötung ist nebst den nach den vorstehenden Vorschriften zu pflegenden Erhebungen auch zu erforschen, ob das Kind lebendig geboren wurde.
§ 131 StPO: Liegt der Verdacht einer Vergiftung vor, so sind der Erhebung des Tatbestandes nötigenfalls auch ein oder zwei Chemiker [...] beizuziehen. Die Untersuchung der Gifte selbst aber kann nach Umständen auch von den Chemikern allein in einem hierzu geeigneten Lokale vorgenommen werden.

Sanitätspolizeiliche Leichenöffnungen nach bundesgesetzlichen Bestimmungen

Nach § 5 Abs. 2 **Epidemiegesetz** wird durch Verordnung bestimmt, unter welchen Voraussetzungen und von welchen Organen bei den Erhebungen über das Auftreten übertragbarer Krankheiten die Öffnung von Leichen und die Untersuchung von Leichenteilen vorgenommen werden kann.

Um das Vorliegen einer Tuberkulose bei Verstorbenen festzustellen, kann die Bezirksverwaltungsbehörde die Öffnung von Leichen und die Untersuchung von Leichenteilen (sanitätsbehördliche Obduktion) anordnen, wenn der begründete Verdacht einer solchen Erkrankung besteht (§ 6 Abs. 3 **Tuberkulosegesetz**).

Sanitätspolizeiliche Leichenöffnungen nach Landesrecht

Die Landesgesetze sehen vor, dass neben den bundesgesetzlich geregelten Obduktionen (s. oben) und neben den Sektionen nach Krankenanstaltenrecht auch **sanitätspolizeiliche Obduktionen** zur Klärung einer durch äußere Totenbeschau nicht bestimmbaren Todesursache veranlasst werden können (Anordnung durch die Bezirksverwaltungsbehörde). In einigen Landesgesetzen sind überdies Voraussetzungen für die Zulässigkeit von Privatobduktionen genannt (Vornahme durch einen zur selbständigen Berufsausübung berechtigten Arzt, Vorliegen einer Willenserklärung des Verstorbenen oder Einverständnis der nahen Angehörigen).

Beispielhaft seien im Folgenden die einschlägigen Bestimmungen des **Niederösterreichischen Leichen- und Bestattungsgesetzes** genannt:

§ 9 (1) Die Obduktion einer Leiche ist, soweit dafür keine andere gesetzliche Grundlage besteht, nur in folgenden Fällen zulässig:
a) auf Grund eines Bescheides der Bezirksverwaltungsbehörde (Abs. 2);
b) auf Grund einer schriftlichen Verfügung des Verstorbenen;
c) mit schriftlicher Zustimmung der nahen Angehörigen des Verstorbenen [...].
(2) Die Bezirksverwaltungsbehörde hat die Obduktion einer Leiche mit Bescheid anzuordnen, wenn dies zur Feststellung der Ursache des Todes oder der Krankheit des Verstorbenen aus Gründen der öffentlichen Gesundheitsfürsorge notwendig ist und der Zweck der Obduktion auf andere Weise nicht erreicht werden kann.
§ 10 (1) Verwaltungsbehördlich angeordnete und private Obduktionen dürfen nur in Prosekturen (Obduktionsräumen) einer öffentlichen Krankenanstalt durchgeführt werden, sofern nicht die Gemeinde einen ausreichend belichteten, belüfteten und temperierten Obduktionsraum zur Verfügung hat. Sie dürfen nur von einem zur selbständigen Berufsausübung in Österreich berechtigten Arzt nach den wissenschaftlichen medizinischen Erkenntnissen und unter Beachtung der erforderlichen sanitären Rücksichten vorgenommen werden. Von der Vornahme der Obduktion ist der Totenbeschauer und der Arzt, der den Behandlungsschein ausgestellt hat, in Kenntnis zu setzen; diese sind berechtigt, bei der Obduktion anwesend zu sein. Der Arzt, der den Verstorbenen unmittelbar vor dessen Tod behandelt hat, darf die Obduktion nicht vornehmen.
(5) Nach der Obduktion ist die festgestellte Todesursache vom Obduzenten dem Totenbeschauer zur Eintragung in den Totenbeschaubefund bekannt zu geben.

Die landesgesetzlichen Vorschriften der übrigen österreichischen Bundesländer sind in der von Madea herausgegebenen Monographie „Die Ärztliche Leichenschau" zusammengestellt.

Klinische Obduktionen

Gemäß Bundesverfassungsgesetz fallen nur die gesetzliche Regelung und die Vollziehung der sanitären Aufsicht sowie die Grundsatzgesetzgebung auf dem Gebiet des Krankenanstaltenwesens in die Zuständigkeit des Bundes, während die Ausführungsgesetzgebung und die Vollziehung in allen übrigen Angelegenheiten den Bundesländern obliegt.

Das **Krankenanstalten- und Kuranstaltengesetz – (KAKuG)** enthält im ersten Teil grundsätzliche Bestimmungen über Krankenanstalten – u.a. zu klinischen Obduktionen (§ 25) – und im zweiten Teil als unmittelbar anwendbares Bundesrecht u.a. die Vorschriften über die Entnahme von Organen oder Organteilen Verstorbener zum Zweck der Transplantation (§ 62a KAuG, ► s. Kap. 12.2.3).

§ 25 KAuG (1) Die Leichen der in öffentlichen Krankenanstalten verstorbenen Pfleglinge sind zu obduzieren, wenn die Obduktion sanitätspolizeilich oder gerichtlich angeordnet worden oder zur Wahrung anderer öffentlicher oder wissenschaftlicher Interessen, insbesondere wegen diagnostischer Unklarheit des Falles oder wegen eines vorgenommenen operativen Eingriffs, erforderlich ist.
(2) Liegt keiner der in Abs. 1 erwähnten Fälle vor und hat der Verstorbene nicht schon bei Lebzeiten einer Obduktion zugestimmt, darf eine Obduktion nur mit Zustimmung der nächsten Angehörigen vorgenommen werden.
(3) Über jede Obduktion ist eine Niederschrift zur Krankengeschichte aufzunehmen und [...] zu verwahren.

2.7 Rechtslage in der Schweiz

U. Zollinger

2.7.1 Die rechtliche Stellung der Leiche

Nach Art. 31 des schweizerischen Zivilgesetzbuches (ZGB) beginnt die Persönlichkeit mit dem Leben nach der vollendeten Geburt und endet mit dem Tode. Ein eigentlicher Persönlichkeitsschutz des Verstorbenen existiert, im Gegensatz zum deutschen Recht, nicht. Trotzdem wird der Leichnam nicht als gewöhnliche, sondern als „besondere" Sache betrachtet. Geschütztes Rechtsgut ist primär das Pietätsgefühl gegenüber dem Leichnam, daneben aber auch die Ehre des Verstorbenen und das Obhutsrecht der Angehörigen oder dritter Berechtigter. In beschränktem Umfang, nämlich bei übler Nachrede oder Verleumdung eines Verstorbenen, steht den Angehörigen gem. dem schweizerischen Strafgesetzbuch (StGB Art. 175) ein Klagerecht zu. Die Verunehrung eines Leichnams oder die öffentliche Beschimpfung eines solchen verstößt ebenfalls gegen das Gesetz und wird – wie auch die Grabschändung und die Aneignung eines Leichnams oder Teilen davon – als „Störung des Totenfriedens" (StGB Art. 262) bezeichnet.

Infobox

Künstliche Teile sind ebenso wie der Leichnam geschützt, d.h. sie dürfen nicht weggenommen werden, wenn sie fest mit der Leiche verbunden sind. Die Entfernung einer Zahnprothese kann somit den Straftatbestand der Störung des Totenfriedens ebenso verletzen, wie die widerrechtliche Aneignung der Asche.

Angehörige können auf Verunehrung eines Leichnams bereits klagen, wenn Bilder des oder der Verstorbenen öffentlich gezeigt werden. Dies erfordert, dass in Vorträgen und Vorlesungen auch Bilder von Verstorbenen durch geeignete Abdeckungen unkenntlich gemacht werden.

Nach schweizerischem Recht ist eine Leiche ein Körper eines Menschen, der gelebt hat, also jede nach der Geburt verstorbene Person. Totgeburten werden nicht als Leichen betrachtet und demzufolge gem. Art. 74 der schweizerischen Zivilstandsverordnung (ZStV) nicht ins Todesregister eingetragen. Es erfolgt aber gem. ZStV Art. 59 dann ein Eintrag ins Geburtsregister, wenn es sich um einen Fötus nach dem 6. Schwangerschaftsmonat (Körperlänge mindestens 30 cm) handelt. Entsprechend ist in diesen Fällen eine Meldung an das Zivilstandsamt nötig.

Art. 48 ZGB erfordert die **Anzeige des Todes** oder eines Leichenfundes innerhalb von 2 Tagen.

In Art. 33 ZGB wird der **Beweis für den Tod** mittels den entsprechenden Zivilstandsurkunden gefordert. Diese basieren auf der ärztlichen Todesbescheinigung (► s. Kap. 2.7.2). Ohne solche gilt demnach eine Person als lebend, es sei denn, ihr Tod erscheine höchst wahrscheinlich, weil sie in hoher Todesgefahr verschwunden oder seit langem nachrichtenlos geblieben ist. In solchen Fällen kann sie der Richter gemäß Art. 35 ZGB auf Gesuch hin für **verschollen** erklären.

2.7.2 Ärztliche Todesbescheinigung

Die einen Todesfall anzeigende Person hat gem. ZStV Art. 82 eine Todesbescheinigung des behandelnden oder nach dem Tode zugezogenen Arztes beizubringen.

Jeder der 26 Kantone verfügt über eine eigene, individuell gestaltete ärztliche Todesbescheinigung. Einheitlich sind daran nur die für den Eintrag ins Todesregister notwendigen Angaben, nämlich die sichere Feststellung des Todes, die Personalien des/der Verstorbenen, der Sterbeort und die mutmaßliche Todeszeit, ggf. die Auffindezeit des Leichnams. Große Unterschiede bestehen hingegen hinsichtlich der erfragten Todesart, der Todesursache und der sich daraus allenfalls ergebenden Meldepflichten (► s. Kap. 2.7.5) und rechtlichen Konsequenzen.

Während z.B. im Kanton Zug vom leichenbeschauenden Arzt auf der Todesbescheinigung exakte Todesursachen (z.B. „Der Tod ist Folge einer Vergiftung") und selbst juristische Qualifikationen („Der Tod ist Folge einer strafbaren Handlung") abverlangt werden, muss der Arzt in einigen Kantonen derzeit nur bescheinigen, dass die betreffende Person verstorben ist.

Im Kanton Bern wurde 1992 in der Schweiz erstmalig eine neue, in allen wichtigen Belangen verbesserte Todesbescheinigung eingeführt, die bereits Grundlage für andere Kantone (AG, AI, GR, SO, SG und ZH) wurde. Trotz Föderalismus besteht Zuversicht, dass bis in einigen Jahren die Mehrheit der Kantone ihre Todesbescheinigungen entsprechend anpassen wird.

Hinsichtlich der **Angabe der Todesart im weiteren Sinne** wurde auf den neuen Formularen die folgende Darstellung verwendet, die zudem unmissverständlich auf die Meldepflicht (▶ s. Kap. 2.7.5) hinweist:

- ❑ natürlicher Todesfall (Erdbestattung oder Kremation zulässig)
- ❑ nichtnatürlicher Todesfall (Unfall, Suizid, Delikt, inkl. Spätfolgen)
- ❑ unklarer Todesfall (nichtnatürlicher Tod möglich)

❑ Meldung an Polizei oder Untersuchungsrichter ist erfolgt

2.7.3 Leichenschau

Die Leichenschau wird bei jedem Todesfall durchgeführt. Sie ist die Voraussetzung zum korrekten Ausfüllen der Todesbescheinigung zu Händen des Zivilstandsamtes derjenigen Gemeinde, in der der Tod eingetreten ist. Von der Leichenschau grundsätzlich zu unterscheiden ist die sog. Legalinspektion (▶ s. Kap. 2.7.6), die beim sog. außergewöhnlichen Todesfall (▶ s. Kap. 2.7.4) durch einen speziell bezeichneten Arzt im Auftrag der Untersuchungsbehörde durchgeführt wird.

Eine korrekt durchgeführte Leichenschau erfordert eine persönliche Untersuchung des Leichnams. Nach herrschender rechtsmedizinischer Lehre sollte der Leichnam dabei vollständig entkleidet werden. Dem wird jedoch selten Rechnung getragen. Es versteht sich von selbst, dass die Entkleidung wenn immer möglich an einem geschützten, nicht öffentlich einsehbaren Ort zu geschehen hat.

Jeder niedergelassene Arzt ist berechtigt und sollte auch in der Lage sein, eine Leichenschau vorzunehmen. Erläuterungen zur Durchführung der Leichenschau sind – wenn überhaupt und dann keinesfalls inhaltlich übereinstimmend – im unüberschaubaren Dschungel der kantonalen oder kommunalen Zivilstands-, Friedhofs- oder Bestattungsverordnungen geregelt. Während beispielsweise im Kanton Bern keine Erläuterungen zur Leichenschau bestehen, existieren im Kanton Zürich recht detaillierte z.B. in der Verordnung über die Bestattungen.

2.7.4 Der Begriff des „außergewöhnlichen Todesfalles"

Unseres Wissens ist dieser Begriff, der vom früheren Ordinarius für Rechtsmedizin in Zürich, Fritz Schwarz, geprägt wurde, nur in der Schweiz gebräuchlich. Er hat sich im Laufe der Zeit auch gewandelt.

Im Hinblick auf die angestrebte Vereinheitlichung der ärztlichen Todesbescheinigung und auf die daraus hervorzugehende Meldepflicht an die Untersuchungsbehörden wurde der Schwarz'sche Begriff des „außergewöhnlichen Todesfalles" so weit vereinfacht, dass der niedergelassene Arzt klare Entscheidungen treffen kann. Dies war auch deshalb erforderlich, weil die in den Gesundheitsgesetzen der Kantone festgehaltenen Meldepflichten (▶ s. Kap. 2.7.5) zum Teil explizit den „außergewöhnlichen Todesfall" erwähnen, ihn aber nicht klar definieren.

Wir unterteilen heute den außergewöhnlichen Todesfall in zwei Kategorien:

- in den **nichtnatürlichen Tod**, d.h. in den gewaltsamen oder auf eine Gewalt verdächtigen Tod, und
- in den **unklaren Tod**, bei welchem eine klare Unterscheidung in die Kategorie „natürlicher Tod" oder „nichtnatürlicher Tod" durch die Leichenschau und die Umstände des Falles nicht möglich ist. Darunter fallen in erster Linie die plötzlich und unerwartet eintretenden Todesfälle.

Wie in Kapitel 2.7.3 dargelegt, hat der Arzt auf den neu gestalteten Todesbescheinigungen die Wahl zwischen dem natürlichen Tod, dem nichtnatürlichen Tod und dem unklaren Tod und ersieht aus den Hinweispfeilen unmissverständlich, in welchen Fällen er der Untersuchungsbehörde Meldung zu erstatten hat. Diese Regelung hat zu einer spürbaren Verbesserung der Meldepraxis von außergewöhnlichen Todesfällen beigetragen. Im Besondern gilt dies für die sog. „Spät-Todesfälle" nach Unfällen und Körperverletzungen im Spital, die bis dahin oft den Untersuchungsbehörden nicht zur Kenntnis gebracht wurden, bei denen aber gerade die Klärung der Kausalität zwischen dem Ereignis und dem Tod so wichtig ist.

2.7.5 Die Meldepflicht an die Behörde

Das Meldewesen von Todesfällen ist in der Schweiz nicht einheitlich geregelt. Der Föderalismus treibt hier wahre Blüten. Mehrheitlich nimmt das jeweilige kantonale Gesundheitsgesetz dazu Stellung, zum Teil aber auch die Friedhofs- und Bestattungsverordnung oder die Strafprozessordnung, die ebenfalls kantonal sind.

Da jeder Arzt bei der Eröffnung einer eigenen Praxis durch den Kantonsarzt in die gesetzlichen Grundlagen eingewiesen wird, wäre es wünschenswert, wenn seine Pflichten und Rechte in Bezug auf Meldungen von Todesfällen, aber auch von Körperverletzungen und Sexualdelikten im kantonalen **Gesundheitsgesetz** verankert wären.

16 der 26 Schweizer Kantone verwenden in ihren Gesetzen den Begriff des außergewöhnlichen oder außerordentlichen Todesfalles und verbinden ihn gleich mit einer klaren **Meldepflicht**. Es sind dies die Kantone AG, AR, AI, BE, GL, GR, LU, SH, SZ, SO, SG, OW, NW, UR, ZG und ZH. Eine im Gesetz häufig anzutreffende Formulierung lautet:

> „Personen des Gesundheitswesens haben außergewöhnliche Todesfälle unverzüglich den zuständigen Behörden zu melden".

Die Meldung muss in den meisten Kantonen an die Polizei oder den Untersuchungsrichter, in einzelnen an den Bezirks-, Kreis- oder Amtsarzt (▶ s. Kap. 2.7.8) erfolgen.

Die Gesetze von 9 Kantonen, nämlich BS, BL, FR, GE, JU, TG, TI, VS, und VD verwenden bezüglich der meldepflichtigen Todesfälle andere Begriffe als denjenigen des außergewöhnlichen Todesfalles. Es ist die Rede vom „gewaltsamen" oder „verdächtigem Tod", vom „Verdacht auf Vergehen oder Verbrechen" oder von „außergewöhnlichen Umständen beim Tode". Damit entfällt in diesen Kantonen mehrheitlich eine generelle Meldepflicht beim Unfall oder beim Suizid. Aus rechtsmedizinischer Sicht ist dies problematisch, denn wir wissen, dass sich hinter dem sog. „klaren" Suizid ein Delikt verbergen kann.

Lediglich im Kanton Neuenburg besteht gar keine gesetzliche Regelung der Meldepflicht von Todesfällen gegenüber den Strafuntersuchungsbehörden.

2.7.6 Die Legalinspektion

Die **Legalinspektion** ist die durch einen speziell in diesen Belangen ausgebildeten Arzt (s. Kap. 2.7.8) durchgeführte äußere Leichenbesichtigung beim außergewöhnlichen Todesfall im Auftrage der Justizbehörde oder der Polizei.

Im Unterschied zur Leichenschau sind mit der Legalinspektion folgende Aufgaben verknüpft:

- die Bestimmung der **Todesart im engeren Sinne**, d.h. Suizid, Unfall, Delikt oder natürlicher Tod,
- die Suche nach Hinweisen auf die (medizinische) Todesursache,
- die Todeszeitschätzung,
- die exakte Befunderhebung und Befunddokumentation an der Leiche,
- die Sicherstellung biologischer Spuren (Blut, Sperma, Speichel) in Zusammenarbeit mit dem Kriminaltechniker,
- die Beratung des Untersuchungsrichters bezüglich des weiteren rechtsmedizinischen Vorgehens, vor allem die Indikationsstellung für eine Obduktion und
- die Verfassung eines Berichtes an den Untersuchungsrichter.

2.7.7 Veranlassung der Legalinspektion und der rechtsmedizinischen Obduktion

Die Legalinspektion bzw. die Obduktion durch ein rechtsmedizinisches Institut wird in der Schweiz i.d.R. durch den Untersuchungsrichter (Amtstatthalter, Bezirksamtmann, Bezirksanwalt, Verhörrichter, Juge d'instruction) veranlasst. Lediglich im Kanton Basel-Stadt ist hierfür direkt die Staatsanwaltschaft zuständig. Ob im Kanton Basel-Stadt eine rechtsmedizinische Obduktion erforderlich ist oder nicht, liegt übrigens im Ermessen des Rechtsmediziners der Universität Basel. Alle anderen rechtsmedizinischen Institute sind an den Entscheid des Untersuchungsrichters gebunden. Soll eine Obduktion durch ein Institut für Rechtsmedizin aus wissenschaftlichem Interesse erfolgen, so muss das Einverständnis der Angehörigen eingeholt werden.

Über die Freigabe des Leichnams entscheiden grundsätzlich die Untersuchungsbehörden.

2.7.8 Ärzte, welche Legalinspektionen vornehmen

Die Mehrheit der Deutschschweizer Kantone kennt den Begriff des Bezirks-, Kreis- oder Amtsarztes. Es handelt sich dabei in der Regel um praktizierende Ärztinnen und Ärzte, die diese Funktion nebenamtlich in ihrem Bezirk, Kreis oder Amt wahrnehmen. Neben den forensischen haben diese Ärzte oft auch Aufgaben im Rahmen des öffentlichen Gesundheitswesens. Sie unterstehen dem Kantonsarzt. Die Aus-, Weiter- und Fortbildung der Amtsärzte im forensischen Bereich obliegt den rechtsmedizinischen Instituten der Universitäten Basel, Bern, Lausanne und Zürich, des Kantonsspitals St. Gallen und der Abteilung für Rechtsmedizin in Chur.

2.7.9 Obduktionen in der Schweiz

Es existieren in der Schweiz nur zwei Formen der Obduktion, nämlich die gerichtliche und die klinische Obduktion.

Die **gerichtliche oder rechtsmedizinische Obduktion** (Legalobduktion) ist in der jeweiligen kantonalen Strafprozessordnung geregelt. Gewisse Kantone, wie z.B. Zürich, verlangen, dass zwei Obduzenten, wovon einer rechtsmedizinischer Sachverständiger sein muss, die Obduktion vornehmen. Die Schweizerische Gesellschaft für Rechtsmedizin (SGRM) schreibt in ihren 1997 erlassenen „Grundanforderungen für die rechtsmedizinische Obduktion" vor, dass die sie durch einen Facharzt für Rechtsmedizin durchgeführt bzw. überwacht werden muss. Die Angehörigen müssen nicht um ihr Einverständnis angefragt werden; es steht ihnen aber zu, die Frage der Zulässigkeit der Obduktion durch eine unabhängige gerichtliche Instanz überprüfen zu lassen.

Uneinheitlich ist in der Schweiz die Regelung hinsichtlich der **klinischen Obduktionen bzw. Spitalobduktionen.** In 5 Kantonen (FR, GL, SZ, VS, ZG) bestehen derzeit keine gesetzlichen Grundlagen, in 6 Kantonen (AI, BE, JU, OW, SO, UR) die Zustimmungslösung, und in den verbleibenden 15 Kantonen die Widerspruchslösung. Die Tendenz geht eindeutig in Richtung der Zustimmung, weshalb heute auch in Kantonen mit Widerspruchsregelung meistens die Zustimmung der Angehörigen eingeholt wird.

Literatur

Becker V (1986) Die klinische Obduktion: Not und Notwendigkeit. Perimed, Erlangen

Berg S (1992) Unerwartete Todesfälle in Klinik und Praxis. Springer, Berlin Heidelberg New York Tokio

Berg S, Ditt J (1984) Probleme der ärztlichen Leichenschau im Krankenhausbereich. Niedersächs Ärztebl 8: 322–336

Bonte W (1989) Ärztliche Leichenschau. Der informierte Arzt, Gaz Med: 1.049–1.052

Brinkmann B et. al (1997) Fehlleistungen bei der Leichenschau in der Bundesrepublik Deutschland. Ergebnisse einer multizentrischen Studie (I) und (II). Arch Kriminol 199: 2–12 (I) und 65–74 (II)

Bundesärztekammer (2000) Reanimation – Empfehlungen für die Wiederbelebung, 2. Aufl. Deutscher Ärzteverlag, Köln

Deutsch E (1999) Medizinrecht. Arztrecht, Arzneimittelrecht und Medizinprodukterecht. 4. Aufl. Springer, Berlin Heidelberg New York Tokio

Foregger E (2000) Die österreichische Strafprozessordnung. 8. Aufl. Manz, Wien

Füszl S, Hausreither M (2001) Ärzterecht. In: Doralt W (Hrsg) Kodex des österreichischen Rechts. 5. Aufl. Orac, Wien

Gaedke J (1997) Handbuch des Friedhofs- und Bestattungsrechts. 7. Aufl. Heymanns, Köln

Geerds F (1984) Leichensachen und Leichenschau aus juristischer Sicht. MedR 2: 172–177

Grellner W, Glenewinkel F (1997) Exhumations: synopsis of morphological and toxicological findings in relation to the postmortem interval. Survey on a 20-year period and review of the literature. Forensic Sci Int 90: 139–159

Gross R, Löffler M (Hrsg) (1998) Prinzipien der Medizin. Eine Übersicht ihrer Grundlagen und Methoden. Springer, Berlin Heidelberg New York Tokio

Henßge C (1988) Death time estimation in case work – I. The rectal temperature time of death nomogram. Forensic Sci Int 38: 209–236

Henßge C (1992) Rectal temperature time of death nomogram: dependence of corrective factors on the body weight under stronger thermic insulation conditions. Forensic Sci Int 54: 51–56

Henßge C, Knight B, Krompecher T, Madea B, Nokes L (2002) The estimation of the time since death in the early postmortem period. Arnold, London 2. ed.

Henßge C, Madea B (1988) Methoden zur Bestimmung der Todeszeit an Leichen. Schmidt-Römhild, Lübeck

Henßge C, Madea B, Gallenkemper E (1988) Death time estimation in case work – II. Integration of different methods. Forensic Sci Int 39: 77–87

Kleinknecht T, Meyer-Goßner L (1997) Strafprozessordnung. Beck'sche Kurz-Kommentare, 43. Aufl. Beck'sche Verlagsbuchhandlung, München

Knight B (1992) Legal aspects of medical practice. Churchill Livingstone, Edinburgh

Krause D, Schneider V, Blaha R (Hrsg) (1997) Leichenschau am Fundort. Ein rechtsmedizinischer Leitfaden. 4. Aufl. Ullstein Medical, Wiesbaden

Leopold D (Hrsg) (1998) Identifikation unbekannter Toter. Interdisziplinäre Methodik, forensische Osteologie. Schmidt-Römhild, Lübeck

Leopold D, Hunger H (1979) Die ärztliche Leichenschau. Praktische Hinweise und Analysen. Barth, Leipzig

Lignitz E, Mattig W (1989) Der iatrogene Schaden. Akademie, Berlin

Madea B (Hrsg) (1999) Die ärztliche Leichenschau – Rechtsgrundlagen – Praktische Durchführung – Problemlösungen. Springer, Berlin Heidelberg New York Tokio

Madea B, Henßge C (1990) Electrical excitability of skeletal muscle postmortem in casework. Forensic Sci Int 47: 207–227

Madea B, Henßge C (1991) Supravitalität, Rechtsmedizin 1: 117–129

Mattern R, Miltner E (1998) Medikolegale Aspekte im Rettungsdienst. In: Ellinger K, Osswald PM, Stange K (Hrsg) Fachkundenachweis Rettungsdienst, 2. Aufl. Springer, Berlin Heidelberg New York Tokio, S. 37–50

Metter D (1978) Ärztliche Leichenschau und Dunkelziffer bei unnatürlichen Todesfällen. Kriminalistik 32: 155–157

Modelmog D (1993) Todesursachen sowie Häufigkeit pathologisch-anatomischer Befundkomplexe und Diagnosen einer mittelgroßen Stadt bei fast 100-prozentiger Obduktionsquote. Hänsel-Hohenhausen, Egelsbach. Dtsch Hochschulschriften 491

Oehmichen M, Geserick G (Hrsg) (2001) Osteologische Identifizierung und Altersschätzung. Schmidt-Römhild, Lübeck

Pollak S (1999) Gesetzliche Bestimmungen zur Leichenschau in Österreich. In: Madea B (Hrsg) Die Ärztliche Leichenschau. Springer, Berlin Heidelberg New York Tokio, S. 61–102

Pollak S (1999) Gesetzliche Regelung des Obduktionswesens in Österreich. In: Madea B (Hrsg) Die Ärztliche Leichenschau. Springer, Berlin Heidelberg New York Tokio, S. 229–240

Saternus KS (2000) Der Umgang mit der menschlichen Leiche aus der Sicht des Rechtsmediziners. In: Wellmer H-K, Bockenheimer-Lucius G (Hrsg) Zum Umgang mit der Leiche in der Medizin. Schmidt-Römhild, Lübeck. S. 211–217

Schneider V (1987) Die Leichenschau. Gustav Fischer, Stuttgart New York

Schneider V (1991) Farbatlas der Rechtsmedizin. Gustav Fischer, Stuttgart New York

Schoenmakers J (1950) Grenzbelastung und überraschender Tod. Med Klinik 45: 790–795

Siegel J, Saukko P, Knupfer G (Hrsg) (2000) Encyclopedia of forensic science. Academic Press, San Diego San Francisco New York Boston London Sydney Tokyo

Vanezis P, Busuttil A (Hrsg) (1996) Suspicious death scene investigation. Arnold, London

Wellmer HK, Bockenheimer-Lucius G (2000) Zum Umgang mit der Leiche in der Medizin. Schmidt-Römhild, Lübeck

3 Traumatologie und gewaltsamer Tod

Einleitung

Tötungsdelikt oder suizidale Vergiftung

Vorgeschichte: Eine 39 Jahre alt gewordene alkoholabhängige Frau habe von ihrem Hausarzt eine Packung Distraneurinkapseln (25 Stück) verschrieben bekommen, sie solle morgens und mittags je 1, abends 2 Kapseln einnehmen. Aus der Apotheke zurückgekehrt, begann sie zu Hause mit ihrem Ehemann Alkohol zu trinken, es sei zu einem Streit gekommen, in dessen Verlauf die Frau die Polizei angerufen habe. Der Ehemann sei daraufhin gegen 17.00 Uhr in Gewahrsam genommen und zur Wache verbracht worden. Ein Atemalkoholtest habe einen Atemalkoholwert von 1,29 mg/l ergeben. Gegen 04.00 Uhr morgens sei der Ehemann wieder entlassen worden (!). Er selbst habe angegeben, seine Ehefrau schlafend auf dem Sofa angetroffen zu haben, er habe sie geweckt, sie habe u.a. zu ihm gesagt, dass sie die Distraneurintabletten eingenommen habe. Ihr Zustand habe sich deutlich von dem bei sonstiger Alkoholisierung unterschieden. Gegen 05.30 Uhr habe er den Notarzt verständigt, der nur noch den Tod feststellen konnte.

Aus der gegenüber der Polizei gemachten Strafanzeige der Frau geht hervor, dass es am Nachmittag zuvor in der gemeinsamen Wohnung zu einem verbalen Wortgefecht gekommen sei, es seien dann vom Ehemann auch einige Einrichtungsgegenstände zerstört worden. Der Ehemann habe seiner Frau an den Hals gefasst und dabei „leicht" zugedrückt und gesagt: „Wenn ich hier gleich wieder erscheine, mache ich weiter!" Zur Klärung der Todesursache, insbesondere zum Ausschluss eines Tötungsdeliktes wurde eine Obduktion angeordnet.

Sektionsergebnis: Hirnödem, ausgeprägtes hämorrhagisches Lungenödem, prallvolle Harnblase und überwiegend flüssiges Leichenblut. Diskrete punktförmige Hauteinblutung der linken Halsseite, teils strichförmige und teils fleckförmige, gering ausgeprägte Hautvertrocknungen der rechten Halsseite. Bis auf eine kleine Einblutung in das Unterhautfettgewebe der linken Halsseite keine weiteren Verletzungen der Halsweichteile und der Halsorgane. Keine Dunsung oder Zyanose im Kopfbereich, keine Stauungsblutungen. Prellung am linken Unterarm mit sulzig braunroter Einblutung in das Unterhautfettgewebe. Keine Zeichen einer inneren Erkrankung von todesursächlicher Dignität. BAK 0,99 ‰, UAK 1,86 ‰. Chemisch-toxikologisch konnten im Femoralblut nachgewiesen werden: Diazepam 418 ng/ml, Nordiazepam 258 ng/ml, Temazepam 65 ng/ml, Chlomethiazol 13,09 mg/l. Während Diazepam und Metabolite in therapeutischen Konzentrationsbereichen vorliegen, liegt die Chlomethiazolkonzentration deutlich oberhalb des therapeutischen Bereiches, so dass als Todesursache eine Intoxikation mit Distraneurin in Kombination mit Alkohol und Diazepam vorliegt.

- Differentialdiagnose bei nichtnatürlichem Todesfall manchmal nur unter Ausschöpfung aller Untersuchungsmöglichkeiten erfolgreich.

Leichenzerstückelung

Vorgeschichte: Der als Eigenbrötler bekannte, 57 Jahre alt gewordene Mann konsumierte am Tattag zusammen mit zwei weiteren Männern erhebliche Mengen Alkohol. Im Rahmen eines Streites erhielt er zunächst heftige Schläge und Tritte gegen Gesicht, Hals und Oberkörper, dann Stichverletzungen durch ein Messer. Bewusstlos und blutend wurde das Opfer auf ein Bett gelegt, nach Feststellung des Todes mittels einer Kettensäge – der Leichnam horizontal in der Mitte zerteilt sowie in Kopf, Thorax und rechten Oberarm eingesägt. Zur Leichenbeseitigung wurde der Unterkörper in einen Keller verbracht, der Oberkörper in eine Mülltonne gesteckt und mit einer Plastikplane abgedeckt.

Sektionsergebnis: Bei der Obduktion fanden sich Zeichen maßgeblicher vitaler Gewalteinwirkung mit flächenhaften Hämatomen von der Kopfschwarte über Gesicht und Hals bis auf Thorax und Oberarme übergreifend, multiple Platzwunden und Trümmerfrakturen des Gesichtes, Zungenbein- und Schildknorpelfrakturen sowie Frakturen des 6. Halswirbelkörpers, des 11. Brustwirbelkörpers und der 2.–4. Rippe rechts. Zeichen der Fesselung an den Handgelenken, zudem 10 Stichverletzungen an den Extremitäten. Als postmortale Leichenzerstörung lag eine vollständige horizontale Durchtrennung des Rumpfes 9 cm oberhalb des Nabels vor, der rechte Brustkorb war großflächig eröffnet, der rechte Lungenoberlappen zerfetzt. Zudem horizontale Durchtrennung des Gesichtsschädels von den Mundwinkeln bis zum Hinterhauptsbein verlaufend und parasagittale Durchtrennung des Hirnschädels durch die linke Orbita mit Exenteration großer Anteile der linken Großhirnhemisphäre. Todesursächlich war die gröbste komprimierende Gewalteinwirkung gegen den Hals (Fußtritte) in Kombination mit Blutverlust bei mehrfachen Stichverletzungen.

- vitale, postmortale Verletzungen
- Leichenbeseitigung

Tierfraßverletzungen

Vorgeschichte: Die 75 Jahre alt gewordene Frau wurde 2 Tage nach dem letzten Lebenszeichen tot in ihrer regelrecht verschlossenen Wohnung aufgefunden. Bekannter Alkoholabusus. In der Wohnung zudem ein Pudel. Die Obduktion erfolgte zum Ausschluss eines Fremdverschuldens, da eine große Oberschenkelwunde bei der polizeilichen Leichenschau aufgefallen sei.

Sektionsergebnis: Hochgradige allgemeine Arteriosklerose mit Aneurysma des absteigenden Aortenbogens und subtotal lichtungsverschließendem Thrombus, mittelgradige Koronararteriosklerose mit hochgradiger Einengung des Abganges der rechten Koronararterie bei Rechtsversorgungstyp des Herzens. Ausgedehnter postmortaler Hautweichteildefekt an der Vorder- und Innenseite des linken Oberschenkels mit Eröffnung der linken Becken-/Beinschlagader. Keine Zeichen eines Blutverlustes, keine zu Lebzeiten entstandene, grobe äußere Gewalteinwirkung. Todesursache war hier die akute Koronarinsuffizienz bei hochgradiger Einengung der rechten Koronararterie und Rechtsversorgungstyp des Herzens sowie subtotaler Thrombose des Aortenbogens.

- Postmortale Verletzungen durch Tierfraß bei natürlichem Tod.

Agonale Sturzverletzung

Vorgeschichte: Eine 62 Jahre alt gewordene Frau sei in den frühen Morgenstunden eines Januartages in eine neurochirurgische Klinik aufgenommen worden, dort, soweit durch die Polizei ermittelt, wegen einer Hirnblutung behandelt worden und zwei Tage später im Koma verstorben. Der Ehemann der Verstorbenen habe gegenüber der Polizei angegeben, dass seine Frau am Vorabend der Kliniksaufnahme gegen 18.00 Uhr mit einem Wäschekorb in den Keller gegangen sei. Als sie 1½ Stunden später noch nicht wieder zurückgekehrt sei, habe er aus Sorge nach ihr geschaut und sie im Keller in Rückenlage auf dem Fußboden vor der Kellertreppe liegend aufgefunden, wobei ihr Kopf unmittelbar vor der Kante der untersten Stufe gelegen habe. Da seine Frau alkoholabhängig und in berauschtem Zustand bereits wiederholt gestürzt sei, habe er einen erneuten Sturz in betrunkenem Zustand vermutet, seiner Frau ein Kissen unter den Kopf geschoben, sie mit einer Decke zugedeckt und keine weiteren Maßnahmen ergriffen. Als er sie am folgenden Morgen immer noch vor der Kellertreppe liegend aufgefunden habe, habe er sofort den Notarzt alarmiert. Bei der kriminalpolizeilichen Leichenschau wurden eine vernähte Platzwunde am Hinterkopf und eine Hautabschürfung an der Streckseite beider Ellenbogengelenke festgestellt. Zur sicheren Beweisführung wurde eine Obduktion angeordnet.

Sektionsergebnis: Die Sektion erbrachte folgenden Befund: 3 cm lange, chirurgisch vernähte Schädelschwartendurchtrennung des Hinterkopfes in der Mittellinie und in der Hutkrempenlinie, keine höhergradige lokale Umblutung, keine Verletzung von Schädelknochen und Hirnhäuten, keine kuppenständige Hirnrindenkontusion. Ausgedehnte, nahezu die gesamte linke Hemisphäre einnehmende Hirnmassenblutung mit Einbruch in die Ventrikel. Tiefe Aspiration von Mageninhalt. Schwere, fibrinös-eitrige, teilweise abszedierende Pneumonie beider Unterlappen. Feinknotige Leberzirrhose, portale Stauungsmilz. Geringe Prellungen an der Streckseite beider Ellenbogengelenke.

Eine Blutalkoholbestimmung an einer Blutprobe, die bei Kliniksaufnahme gesichert worden war, ergab eine Blutalkoholkonzentration von im Mittel 0,22 ‰.

- Was ist die Todesursache?
- Sind die Obduktionsbefunde auf eine Verursachung durch eine Gewalteinwirkung von außen, möglicherweise durch fremde Hand zu beziehen oder handelt es sich um vorbestehende innere Erkrankungen?
- Hätte das Leben der Verstorbenen bei frühzeitiger ärztlicher Hilfe gerettet werden können?

Differentialdiagnose: Strangmarke – Drosselfurche

Vorgeschichte: In einer Aprilnacht kurz nach Mitternacht brachte ein Kosovare bei der Polizei den Todesfall seiner Nichte zur Anzeige. Zum Sachverhalt gab er an, dass seine Schwester das zehnjährige Kind seit den Nachmittagsstunden des Vortages vermisst und bei Nachsuche auf einem nahe gelegenen Spielplatz leblos in einer Spielröhre liegend aufgefunden habe. Aus Ratlosigkeit habe sie das Kind zunächst in die elterliche Wohnung getragen und die Verwandtschaft benachrichtigt. In einer ersten Befragung äußerte die Mutter, ihre Tochter müsse einem Verrückten begegnet sein, sie hoffe, dass die Polizei den Täter rasch finden würde. Nachdem bei der kriminalpolizeilichen Leichenschau Verletzungen am Hals festgestellt wurden, wurde das Ermittlungsverfahren unter dem Verdacht eines Tötungsdeliktes geführt.

Sektionsergebnis: Die Obduktion erbrachte folgende Befunde: von der Halsvorderseite symmetrisch zum Nacken ansteigende und dort auslaufende Strangmarke, korrespondierende Einblutung des Unterhautfettgewebes über dem rechten M. sternocleidomastoideus und flächenhafte subperiostale Zerrungsblutungen des rechten Schlüsselbeins, flächenhafte Unterblutungen der Vorderflächen der Zwischenwirbelspalten im tiefen Brustwirbelsäulen- und Lendenwirbelsäulenbereich.

Petechien der Haut hinter den Ohren, in der Haut der Augenlider, in den Bindehäuten der Augenlider und Augäpfel, der Mundvorhofschleimhaut sowie der Haut von Mundboden und Hals oberhalb der Strangmarke.

Zahlreiche doppelt konturierte Hämatome mit einer Breite von 2–4 mm und zum Teil bogenförmigem Verlauf, Lokalisationsschwerpunkt an Rücken, Gesäß, Streckseiten der Arme sowie Vorderseiten der Beine.

Todesursache war eine komprimierende Gewalteinwirkung gegen den Hals, wobei Erscheinungsbild und Verlauf der Strangmarke differentialdiagnostisch an erster Stelle einem Erhängen zuzuordnen waren. Die multiplen konturierten Hämatome mit charakteristischer „Doppelstriemenstruktur" sprachen nach Art und anatomischer Verteilung für eine Züchtigung.

Mit den Schlussfolgerungen aus dem Sektionsbefund konfrontiert, räumten Mutter und Familie ein, dass die Mutter das Kind wegen eines Gelddiebstahls in der Verwandtschaft zur Rede gestellt und im Rahmen eines eskalierenden Streits mit Schlägen gezüchtigt habe. Als Werkzeug habe sie ein zu einer Schlaufe zusammengelegtes Computerkabel verwendet. Am späteren Abend habe sie das Kind mit einem Bademantelgürtel erhängt auf dem Dachboden aufgefunden. Aus einem kurzen Abschiedsbrief habe sich als Suizidmotiv Reue über den Gelddiebstahl ergeben. Aus Angst vor der Reaktion des Ehemannes habe die Mutter gemeinsam mit ihrer Verwandtschaft beschlossen, gegenüber der Polizei ein Tötungsdelikt vorzutäuschen. Bei den anschließenden polizeilichen Ermittlungen habe sich auf dem Speicher an der Oberfläche eines giebelfernen Dachbalkens eine schmalstreifige Aussparung der bedeckenden Staubschicht gefunden, die als Aufhängestelle des Strangwerkzeugs in Betracht gekommen sei.

Darüber habe auf dem Fußboden ein Koffer gestanden, der als Steighilfe habe genutzt werden können, so dass der Balken für das Kind erreichbar gewesen sei. Durch ein graphologisches Gutachten sei das Schriftbild des Abschiedsschreibens im Vergleich mit Schulheften dem verstorbenen Mädchen zugeordnet worden.

- ▶ Die stringente Deutung charakteristischer Obduktionsbefunde (hier Differentialdiagnose Strangmarke – Drosselfurche) ermöglicht in enger Kooperation mit den Ermittlungsbehörden eine frühzeitige richtungsweisende Fokussierung der Untersuchungen.

Handlungsfähigkeit

Vorgeschichte: Ein 53 Jahre alt gewordener Mann wird von dem Sohn im Ehebett des von ihm alleine bewohnten Wohnhauses liegend aufgefunden. Neben dem Kopf liegt ein Revolver, vor dem Bett eine Patronenhülse. Zwischen Bett und einem im Keller befindlichen Waffenschrank zahlreiche Blutspuren. Langjährige Depressionen bekannt, deshalb zweimal in stationärer Behandlung und von Frau und Kindern verlassen.

Sektionsergebnis: Als maßgebliche Verletzungen zwei Durchschussverletzungen des Schädels: Einschuss des Mundbodens, hier Schussdefekt, Abstreifring, Schürfsaum und Kontusionshof, Schusskanalverlauf in Längsrichtung nach oben mit Durchschuss der Zunge, des harten Gaumens in Körpermittellinie, der Nasenhaupthöhle und beider Stirnhöhlen. Ausschuss oberhalb der Nasenwurzel, das Gehirn im Spitzenbereich durch kleine Knochensplitter marginal verletzt. Zweiter Einschuss in der rechten Schläfenscheitelregion mit trichterartig nach innen verbreitertem Knochendefekt, Durchschuss der Schläfenhirne beidseits mit Abtrennung von Brücke und verlängertem Mark, Zertrümmerung des linken Felsenbeins und Ausschuss oberhalb des linken Gehörganges. Zeichen des mäßiggradigen Blutverlustes, keine schussfremde Gewalteinwirkung.

- ▶ Schussverletzungen, Handlungsfähigkeit, Reihenfolge der Schussverletzungen.

Posttraumatischer Todesfall

Vorgeschichte: Nach einem Sturz auf den Kopf stellte sich der 47 Jahre alte Mann in der chirurgischen Ambulanz eines Krankenhauses vor, in der seine Kopfplatzwunde chirurgisch versorgt wurde. Eine Röntgenaufnahme wurde seitens des Behandelten abgelehnt. Zwei Tage später kam es zu Somnolenz und Kopfschmerzen, es trat mehrfaches Erbrechen auf. Zudem klagte der Patient über Herzschmerzen, so dass letztendlich der Notarzt alarmiert und eine Einweisung ins Krankenhaus erfolgte. Dort wurde der Patient reanimationspflichtig und verstarb.

Sektionsergebnis: Obduktion aufgrund eines Behandlungsfehlervorwurfes mit übersehener Schädelhirnblutung. Bei der Obduktion konnte ein faustgroßer Tumor im linken Lungenunterlappen, Befall der Hiluslymphknoten sowie eine fibrinöse Perikarditis mit 650 ml Erguss im Herzbeutel festgestellt werden. Zeichen der groben äußeren Gewalteinwirkung lagen nicht vor. Die 3,5 cm lange Kopfplatzwunde des Hinterhauptes in Hutkrempenlinie war regelrecht chirurgisch versorgt, Verletzung von Schädelknochen, Hirnhäuten oder Gehirn lagen nicht vor. Todesursächlich war die (paraneoplastische) Perikarditis mit Herzbeuteltamponade, eine übersehene Schädelhirnblutung konnte ausgeschlossen werden.

- ▶ Differentialdiagnose: natürlicher – nichtnatürlicher Tod.

Wasserimmersionszeit bei Ertrinken

Vorgeschichte: Ein 12 Jahre alt gewordenes Mädchen besuchte bei warmem Sommerwetter gemeinsam mit seiner Cousine ein Freibad. Die beiden Kinder spielten Wetttauchen, wobei sie sowohl lange Strecken tauchten als auch Gegenstände vom Grund des Beckenbodens hoch holten. Nach einiger Zeit habe das jüngere Kind die ältere Cousine vermisst, mit ihrer Taucherbrille unter Wasser geschaut und dabei ihre Cousine gekrümmt mit dem Gesicht auf dem Beckenboden liegend gesehen. Sie habe weinend drei ältere Mädchen um Hilfe gebeten. Diese hätten in Mitte des Beckens, an der Schräge vom Nichtschwimmer- in den Schwimmerbereich, am Beckenboden ein bewegungsloses Kind in einer Art Hockstellung vorgefunden, mit auf dem Boden aufliegendem Gesicht. Nach der Bergung sei ihnen aufgefallen, dass das Mädchen bereits am gesamten Körper blau angelaufen gewesen sei, einen aufgeblähten Bauch und weit aufgerissene Augen gehabt habe. Aus Mund und Nase sei eine leicht bräunliche Flüssigkeit gelaufen. Durch das Schwimmbadpersonal, zwei zufällig anwesende Ärzte und den sofort herbeigerufenen Notarzt habe das Kind zunächst reanimiert werden können. Bei der Klinikaufnahme hätten sich eine livide Hautverfärbung, maximal weite, beginnend entrundete, nicht reagible Pupillen, minimale Kreislauftätigkeit unter Reanimationsbedingungen sowie eine Unterkühlung auf eine Temperatur von 34,7 °C gezeigt. Das Kind sei bei schwerem hypoxischem Hirnschaden einen Tag später im Koma verstorben. Klinisch sei als Todesursache ein Ertrinkungsunfall im Schwimmbad angegeben worden. Autoptisch fanden sich die Zeichen des protrahierten Schocks, während Befunde des akuten Ertrinkungstodes, wie Emphysema aquosum, Paltauf'sche Fleck oder wässriger Inhalt in Magen und Keilbeinhöhlen, nicht nachzuweisen waren. Dies stand bei eintägiger intensivmedizinischer Behandlung im Anschluss an den Unfall der Annahme eines initialen Beinaheertrinkens mit hypoxischem Hirnschaden nicht entgegen.

Sektionsergebnis: Da der eigentliche Unfall nicht durch Zeugen beobachtet worden war, sollte als Grundlage für die strafrechtlich Würdigung aus rechtsmedizinischer Sicht u.a. zu der Frage Stellung genommen werden, nach welcher Zeitspanne unter Wasser eine erfolgreiche Reanimation grundsätzlich und im konkreten Fall noch möglich gewesen wäre. Hierzu belegen retrospektive Analysen von Ertrinkungsunfällen in der Badewanne, dass überlebende Kinder über einen Zeitraum von 3–5 Minuten (median

4 Minuten) mit den Atemöffnungen unter der Wasseroberfläche gewesen waren, während die zu Tode gekommenen Kinder sich über einen Zeitraum von 3–20 Minuten (median 5 Minuten) unter Wasser befunden hatten. Bezogen auf den konkreten Fall legt die Tatsache, dass die Wiederbelebungsbehandlung bei dem Kind im Endeffekt nicht erfolgreich war, die Schlussfolgerung nahe, dass es zumindest drei Minuten, mit großer Wahrscheinlichkeit mehr als 4 Minuten unter Wasser gelegen hatte, wobei auch deutlich längere Immersionszeiten möglich, jedoch nicht sicher zu beweisen waren.

▶ Ertrinken, Aufsichtspflichtverletzung, Begutachtung der Immersionsdauer.

3.1 Rechtsgrundlagen

R. Wegener

3.1.1 Vorbemerkung

Forensisch-traumatologische Untersuchungen dienen der **Befunderhebung, Dokumentation und Asservierung.** Bei lebenden Geschädigten sollte auch die verletzungsbezogene klinische Symptomatik eingeschlossen sein. Derartige Befunde – als Beweismittel in ein Straf- (Meyer-Goßner 2001) oder Zivilverfahren (Baumbach 2000) eingeführt – können eine prozessentscheidende Rolle spielen. Eine sorgfältige Befunddokumentation mit metrischen Angaben zur Größe und Lokalisation von Verletzungen ist deshalb unerlässlich.

Wichtig

Ärztliche Befundberichte fokussieren sich auf den behandlungspflichtigen Befund. Die Dokumentation von Nebenverletzungen mit forensischer Relevanz ist nicht selten unvollständig. Angaben von geschädigten Patienten sind oft von subjektiven Vorstellungen geprägt. Bei der Übernahme von Informationen gilt deshalb für den Sachverständigen das **Prinzip des begrenzten Vertrauens.**

In einer ersten gutachterlichen Stellungnahme oder im vorläufigen Gutachten kann nach dem **Prinzip der befundnahen Interpretation** über die Befundbeschreibung hinaus nur zu eindeutigen Verletzungsmustern Stellung genommen werden. Der Vorbehalt einer ausführlichen Bewertung bei Vorliegen detaillierter Kenntnisse eines Ereignisablaufes sollte deutlich ausgeführt werden.

Weitergehende Interpretationen eines Verletzungsmusters mit Versionsbildungen zu einer Tathandlung oder einem Ereignisablauf sowie die Stellungnahmen zur **Kausalität** erfolgen erst in einem zweiten Schritt. Sie werden durch den **Untersuchungsauftrag** bestimmt oder bleiben der gerichtlichen Hauptverhandlung vorbehalten. Befunde können durchaus auch zur Entlastung von Beschuldigten führen.

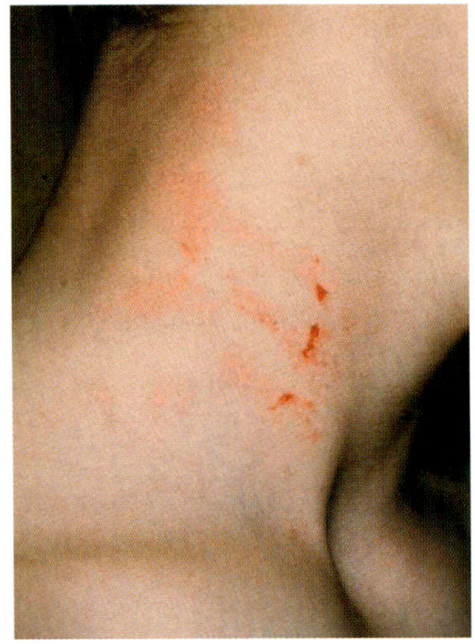

Abb. 3.1. 15-jähriger Täter mit Verletzungsmuster der rechten Halsregion

Fallbeispiel

Ein 15-jähriger Jugendlicher wird in einem Abrissgebäude von einem Bauarbeiter angetroffen. Bei einer sich entwickelnden Rangelei zieht der Beschuldigte ein Messer und versetzt dem 50-jährigen Geschädigten einen Thoraxstich mit der Folge einer letalen Massivblutung. Bei der körperlichen Untersuchung durch den Rechtsmediziner stellte sich an der rechten Halsseite eine parallelstreifige Hautverfärbung mit drei in Reihe angeordneten randständigen Oberhautdefekten dar. In der Verhandlung sagte der Angeklagte aus, dass er einen von schräg hinten geführten Angriff des Bauarbeiters abwehren wollte. Der Geschädigte habe ihn „am Hals gepackt". Daraufhin habe er das Messer gezogen und aus einer ausholenden Drehbewegung heraus den Angreifer abwehren wollen. Dabei sei es zur tödlichen Stichverletzung gekommen. Der Vorwurf einer Körperverletzung mit Todesfolge konnte nicht aufrecht erhalten werden. Der Angeklagte wurde nach Anhörung des Sachverständigen aufgrund einer Notwehrlage freigesprochen (Abb. 3.1).

Die Beweisregeln im Strafverfahren unterscheiden sich von denen im Zivilverfahren (▶ s. Kap. 10. u. Kap. 11). Weiterhin sind die gesetzlichen Regelungen zu beachten, die sich aus dem Versicherungsrecht und dem Sozialrecht ergeben (▶ s. Kap. 11).

Bei der Beurteilung von Verletzungen sind folgende **Ereigniskategorien** in Betracht zu ziehen:

- Suizide, Suizidversuche, Selbstschädigung (▶ s. Kap. 11 u. Kap. 5.3)
- Unfälle, Unglücksfälle
- Körperverletzungs- und Tötungsdelikte

Der **Unfall** ist in den Allgemeinen Unfallversicherungsbedingungen (AUB 2000) definiert.

§ 1 Versicherte Gefahren, Geltungsbereich

> Ein Unfall liegt vor, wenn der Versicherte durch ein **plötzlich von außen** auf seinen Körper wirkendes Ereignis (Unfallereignis) eine Gesundheitsschädigung erleidet (...)

Diese Definition schließt eine Krankheit bzw. eine suizidale Handlung als Unfallereignis aus. Weiterhin finden Berufs- und Gewerbekrankheiten nach § 1 Abs. IV der AUB keine Berücksichtigung. Hingegen können **indirekte Verletzungen** anerkannt werden. Das betrifft Luxationen oder Muskelfaserrisse bei erhöhter Kraftanstrengung ebenso wie bei Schlägereien erlittene Verletzungen, wenn der Versicherte ohne Vorsatz teilgenommen hat.

Im strafrechtlichen Kontext (§ 323c StGB – Unterlassene Hilfeleistung) wird der Begriff **Unglücksfall** wesentlich weiter gefasst, weil es bei der Hilfspflicht in einer Notsituation nicht auf die Ursache einer hilflosen Lage ankommt. Danach kann auch eine sich plötzlich verschlimmernde Krankheit oder ein Suizidversuch (► s. Kap. 11) ein Unglücksfall sein.

3.1.2 Strafgesetzbuch (StGB) – Allgemeiner Teil

Ein einheitliches deutsches Strafgesetzbuch liegt seit 1871 vor, nachdem das erste deutsche Strafgesetz, die Peinliche Halsgerichtsordnung Kaiser Karls V. aus dem Jahre 1532, in zahlreiche Partikulargesetze übergegangen war. Mit den 1933 vorgenommenen Änderungen des StGB wurde der Weg frei für die Einführung eines **dualistischen Systems des Strafrechtes: Strafe und/oder Maßregel** (■ Abb. 3.2). Das Sechste Gesetz zur Reform des Strafrechtes aus dem Jahre 1998 hat dem StGB – insbesondere jene Tatbestände, die für die rechtsmedizinische Begutachtung von Bedeutung sind – das heutige Nummerierungssystem gegeben (Fischer 2001).

In dem **Allgemeinen Teil** des StGB sind die Vorschriften enthalten, die die gemeinsamen Wesenszüge von strafbaren Handlungen umfassen (Geltungsbereich, Sprachgebrauch, Grundlagen der Strafbarkeit, Begehungsformen und Rechtsfolgen):

- Bindung des Strafrechts an geschriebene Gesetze – **keine Strafe ohne Gesetz**, zeitliche Geltung, Verbot der Anwendung des Rechtes nach dem Zeitpunkt der Begehung (§§ 1, 2 StGB)
- Jugendgerichtsgesetz (JGG) als eigenständiges Gesetz für Jugendliche und Heranwachsende
- **Verbrechen** als rechtswidrige Tat im Mindestmaß mit Freiheitsstrafe ≥ 1 Jahr; **Vergehen** als rechtswidrige Tat im Mindestmaß mit Freiheitsstrafe ≤ 1 Jahr oder Geldstrafe (§ 12 StGB)
- **Straftat** als tatbestandsmäßige, rechtswidrige und schuldhafte Handlung; Handlung als jedes menschliches Verhalten (Tun und Unterlassen), Kausalzusammenhang (§ 13 StGB)
- **Vorsatz** bei Wissen und Wollen der Tatbestandsverwirklichung; **bedingter Vorsatz** bei gewollter und billigender Inkaufnahme einer möglichen Tatbestandsverwirklichung
- **Fahrlässigkeit** bei rechtswidriger und vorwerfbarer Verwirklichung eines Tatbestandes ohne gewollte oder erkannte Herbeiführung; **bewusste Fahrlässigkeit** bei nicht gewollter Verwirklichung und (pflichtwidrigem) Vertrauen auf den Nichteintritt; **unbewusste Fahrlässigkeit** bei erkennbarer, aber fehlerhaft nicht erkannter Vorhersehbarkeit des verwirklichten Tatbestandes (§ 15 StGB)
- Strafrechtlich relevante Altersklassen (Eisenberg 2000):
  - Kinder unter 14 Jahre: nicht verantwortlich, strafunmündig (§ 19 StGB)
  - Jugendliche 14–18 Jahre: bedingt verantwortlich (§§ 1–3 JGG)
  - Heranwachsende 18–21 Jahre: grundsätzlich voll verantwortlich, Jugendstrafrecht nach § 105 JGG möglich (Ausnahme §§ 20, 21 StGB)
  - Erwachsene >21 Jahre: grundsätzlich voll verantwortlich (Ausnahme §§ 20, 21 StGB)
- **Versuch** als begonnene, aber nicht vollendete Tat, **Zurückbleiben der Handlung** (§ 22 StGB)

3.1.3 Strafgesetzbuch – Ausgewählte Tatbestände

In dem **Besonderen Teil** des StGB sind die einzelnen Tatbestände und Deliktsgruppen in Abschnitten systematisch geordnet. Bei Straftaten gegen das Leben (16. Abschnitt StGB §§ 211–222) und Straftaten gegen die körperliche Unversehrtheit

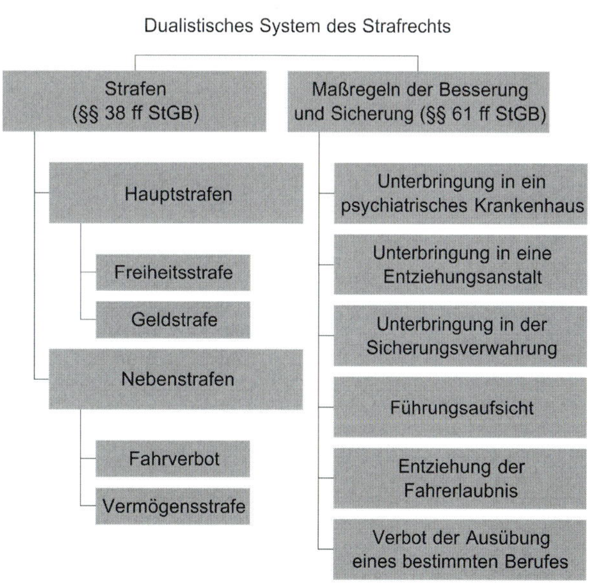

■ Abb. 3.2. Dualistisches System des Strafrechts

(17. Abschnitt des StGB §§ 223–231) ist der Gutachter gefordert, dem Gericht anhand von Verletzungsmustern **Unterscheidungskriterien** für die Tatbestände darzulegen. Die korrekte Zuordnung forensisch-traumatologischer Befunde setzt die Kenntnis der Straftatsbestände in ihrer Differenziertheit voraus (◘ Tabelle 3.1).

§ 211 StGB Mord

(2) Mörder ist, wer aus Mordlust, zur Befriedigung des Geschlechtstriebs, aus Habgier oder sonst aus niedrigen Beweggründen, **heimtückisch** oder **grausam** oder mit gemeingefährlichen Mitteln oder um eine andere Straftat zu ermöglichen oder zu verdecken, einen Menschen tötet.

Die Befundinterpretation des medizinischen Sachverständigen dient der rechtlichen Würdigung jener Tatmerkmale, die auf eine gefährliche unmenschliche **Tatausführung** (Mordmerkmale der 2. Gruppe) schließen lassen. So kann das Fehlen von Abwehrverletzungen bei ausgeprägten Drosselmarken darauf hindeuten, dass Heimtücke vorgelegen haben könnte (z.B. überraschender Angriff auf das wehrlose schlafende Opfer). Zeichen der körperlichen Misshandlung unabhängig von den zum Tode führenden Verletzungen können ein Indiz für die Grausamkeit sein. Oft ist gerade der klinisch irrelevante Befund von besonderer forensischer Bedeutung.

§ 212 StGB Totschlag

(1) Wer einen Menschen tötet, ohne Mörder zu sein (...)

Bereits die **Lokalisation von Verletzungen** kann einen Hinweis auf den Tatvorsatz geben. Das **Übermaß** von Verletzungen kann den richterlichen Verdacht erhärten, dass der Täter besonders brutal mit starkem Vernichtungswillen vorgegangen ist und mithin ein besonders schwerer Fall des Totschlages – ohne Vorliegen von Mordmerkmalen – vorgelegen hat. Verletzungen sind deshalb immer auch unter Berücksichtigung der Konstitution von Täter und Opfer sowie der biomechanischen Parameter eines Tatwerkzeuges zu begutachten (► s. auch Kap. 3.3).

§ 221 Aussetzung

(1) Wer einen Menschen
1. in eine hilflose Lage versetzt oder
2. in einer hilflosen Lage im Stich lässt, obwohl er ihn in Obhut hat oder ihm sonst beizustehen verpflichtet ist, und ihn dadurch der Gefahr des Todes oder einer schweren Gesundheitsschädigung aussetzt (...)

Das **Versetzen in eine hilflose Lage**, das begrifflich viel weiter zu fassen ist als das Aussetzen, und das **Im-Stich-Lassen** spielen in der Gutachtenpraxis durchaus eine Rolle. Das betrifft den Mitbürger im schweren Rauschzustand nach Alkohol oder Drogen ebenso wie den hilflosen Patienten oder den zur Betreuung Anvertrauten. Im medizinischen Bereich geht es bevorzugt bei später tot aufgefundenen Personen um die Beweisfrage, ob eine ambulant behandelte alkoholisierte Person hätte entlassen werden dürfen. Eine Strafbarkeit setzt den **Vorsatz** voraus.

§ 223 StGB Körperverletzung

(1) Wer eine andere Person körperlich misshandelt oder an der Gesundheit schädigt (...)

◘ Tabelle 3.1. Straftaten gegen das Leben und die körperliche Unversehrtheit – Freiheitsstrafen (Auswahl)

Kategorie	Delikt		Freiheitsstrafe (Jahre)
Tötung	§ 211	Mord	lebenslang
	§ 212	Totschlag	≥ 5
		Besonders schwerer Fall	lebenslang
	§ 213	Minder schwerer Fall des Totschlags	1–10
	§ 221	Aussetzung	0,25–5
		Todesfolge	≥ 3
		Kind oder zur Betreuung anvertraute Person	1–10
	§ 222	Fahrlässige Tötung	0–5
Körperverletzung	§ 223	Körperverletzung	0–5
	§ 224	Gefährliche Körperverletzung	0,5–10
		Minder schwerer Fall	0,25–5
	§ 225	Misshandlung von Schutzbefohlenen	0,5–10
		Minder schwerer Fall	0,25–5
		Absichtlich oder Wissentlich	≥ 3
		Minder schwerer Fall	1–10
	§ 227	Körperverletzung mit Todesfolge (§§ 223–226)	≥ 3
		Minder schwerer Fall	1–10
	§ 229	Fahrlässige Körperverletzung	0–3

Rechtsgut ist die **körperliche Unversehrtheit.** Solange jede, in die körperliche Unversehrtheit eingreifende ärztliche Behandlungsmaßnahme den Tatbestand der (vorsätzlichen) Körperverletzung erfüllt – die Rechtsprechung hält an einem Reichsgerichtsurteil des Jahres 1894 fest – ist dieses Gesetz Richtschnur für die Begutachtung von Behandlungsfehlervorwürfen. Dabei ist zu beachten, dass das körperliche Wohlbefinden als Zustand, der vor der Einwirkung vorhanden war und eine Gesundheitsschädigung als Hervorrufen oder Steigern eines auch vorübergehenden pathologischen Zustandes, verstanden wird. Folglich können, wie nach einer körperlichen Misshandlung, über das therapeutisch unvermeidbare Maß hinaus zugefügte Schmerzzustände den Tatbestand einer Körperverletzung begründen, wenn pflichtwidriges Handeln festgestellt ist. Zur Problematik der Rechtfertigung eines ärztlichen Eingriffes durch Einholen der Einwilligung wird in Kapitel 10.5.2 Stellung genommen.

§ 224 StGB Gefährliche Körperverletzung

(1) Wer die Körperverletzung

1. durch Beibringung von Gift oder anderen gesundheitsschädlichen Stoffen
2. mittels einer Waffe oder eines anderen gefährlichen Werkzeuges
3. mittels eines hinterlistigen Überfalls
4. mit einem anderen Beteiligten gemeinschaftlich oder
5. mittels einer das Leben gefährdenden Behandlung begeht (...)

Die **Gefahr** ist ein Rechtsbegriff; bereits eine einfache Körperverletzung durch gemeinschaftliches Handeln per se, wie bei jugendlichen Gewalttätern nicht selten zu beobachten, begründet den Tatbestand einer gefährlichen Körperverletzung. Eine **das Leben gefährdende Behandlung** bedeutet keineswegs immer das Vorliegen einer realen Lebensgefahr im medizinischen Sinne. Die **abstrakte Gefährdung** hängt nach zahlreichen Gerichtsentscheidungen sehr von den **Umständen des Einzelfalles** ab. So kann das Hetzen eines Hundes auf den Menschen oder die Bedrohung durch eine vorgehaltene Waffe eine derartige Wertung erfahren. Der Gutachter sollte bereits bei Beauftragung auf das Vorhandensein von gutachtenrelevanten **Anknüpfungstatsachen** achten.

§ 226 Schwere Körperverletzung

(1) Hat die Körperverletzung zur Folge, dass die verletzte Person

1. das Sehvermögen auf einem Auge oder beiden Augen, das Gehör, das Sprechvermögen oder die Fortpflanzungsfähigkeit verliert,
2. ein wichtiges Glied des Körpers verliert oder dauernd nicht mehr gebrauchen kann oder
3. in erheblicher Weise entstellt wird oder in Siechtum, Lähmung oder geistige Krankheit oder Behinderung verfällt (...)

Die Tatbestandsmäßigkeit der **schweren Körperverletzung** ist durch die Rechtsprechung **katalogartig** festgeschrieben, so dass sich der Sachverständige über die hierzu vorliegenden Einzelentscheidungen informieren sollte. Die im § 226 StGB definierten **schweren Folgen** der (zumindest bedingt) vorsätzlichen Körperverletzung **müssen fahrlässig** verursacht worden sein. Zu beachten ist, dass bereits der **Versuch** einer Körperverletzung, wenn er die schwere Schädigung ausgelöst hat, strafbar sein kann. Die Erschwernisgründe **absichtlich oder wissentlich** ermöglichen dem Richter eine starke Abstufung des Strafrahmens.

Weitere Tatbestände (§§ 216, 218, 222, 225, 229 StGB) sind in anderen Kapiteln im Sachzusammenhang abgehandelt.

3.2 Kriminologie

R. Wegener

3.2.1 Einführung

Definition

Das Forschungsgebiet Kriminologie (lat. crimen = Verbrechen) untersucht Ursachen, Umfang und Erscheinungsformen der Kriminalität. Kriminologie befasst sich darüber hinaus mit Behandlungsmöglichkeiten für Straftäter und mit den Auswirkungen von Strafe und Maßregel.

Die Kriminologie wird zusammen mit der Kriminalistik den nichtjuristischen Kriminalwissenschaften zugerechnet. Sie versteht sich als eigenständige empirische Wissenschaft, die Erkenntnisse der Strafrechtswissenschaften, Soziologie, Demographie, Psychiatrie, Psychologie und Ethologie in ihr Fachgebiet integriert. Da eine kurz gefasste, schlüssige Definition der Kriminologie nicht existiert, lässt sie sich am besten über ihre Arbeitsbereiche erschließen (■ Abb. 3.3, Eisenberg 1995, Schwind 2001).

Definition

Die Kriminologie als Lehre von den Ursachen des Verbrechens wird häufig mit der Kriminalistik als Lehre von der Bekämpfung der Kriminalität verwechselt. Der Kriminalist befasst sich mit der Aufdeckung der Tat und der Überführung des Täters.

Die Rechtsmedizin ist an kriminologischen Fragestellungen u.a. durch Untersuchungen zum Dunkelfeld der Gewaltkriminalität, zur Alkohol- und Drogendelinquenz und ihren Beitrag zur Schuldfähigkeitsbegutachtung unter Alkohol- und Drogeneinfluss beteiligt.

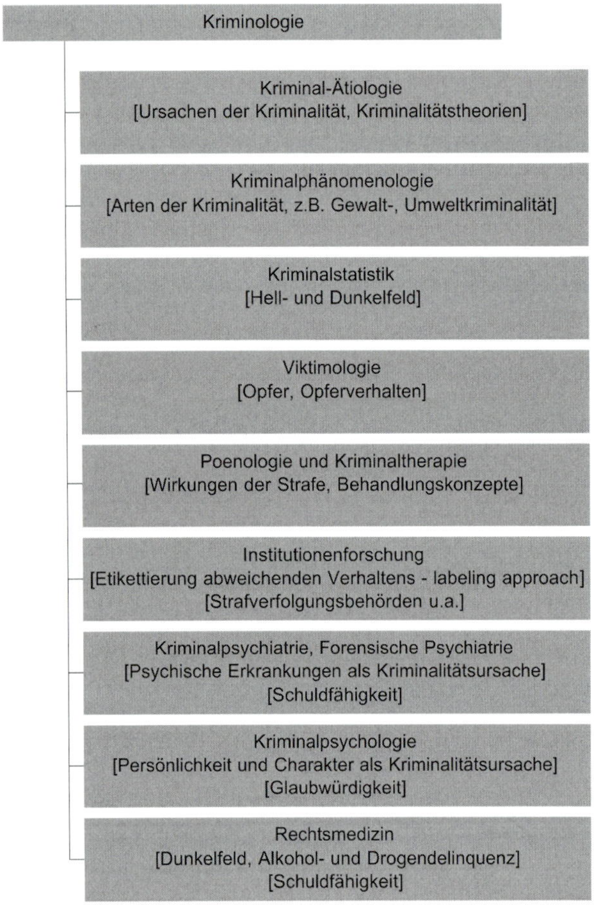

nach Schwind 2001

Abb. 3.3. Forschungsbereiche der Kriminologie (Auswahl)

Vorgeschichte der Kriminologie

Die wechselvolle Geschichte der Kriminologie beginnt mit einer 1764 von **Cesare di Beccaria** vorgelegten Schrift mit dem Titel „Über Verbrechen und Strafen". Die Publikation des Strafrechtsreformers Beccaria setzt sich unter dem Einfluss der Aufklärung für ein faires Strafprozessrecht, gegen die Willkür der Polizei und für das Primat einer vorbeugenden Kriminalpolitik ein. Weitere Impulse kamen durch **Cesare Lombroso**, der mit seinen Hypothesen zur Erkennung des Verbrechers an äußeren Merkmalen (stigmata) in seinem Werk „Der Verbrecher" (1878) großes Aufsehen erregte. Die verkürzte Interpretation seiner Untersuchungen unter dem Schlagwort des „**geborenen Verbrechers**" (il nato delinquente) förderte eine Kriminalpolitik, die letztendlich die Unschädlichkeitmachung des Straftäters anstrebte. Obwohl Lombroso frühzeitig widerlegt wurde, ist der damalige Erfolg seiner italienischen **kriminal-anthropologischen Schule** durch die weite Verbreitung des Sozialdarwinismus erklärbar. Wortführer der französisch geprägten **kriminal-soziologischen** Schule wurde der Mediziner **Alexander Lacassagne** (1843–1924), der übrigens mit seinen forensisch-osteologischen Untersuchungen auch einen Meilenstein der Gerichtsmedizin gesetzt hat. Der soziologische Ansatz versteht den Täter als Spielball seiner Umwelt. Der deutsche Jurist **Franz von Liszt** (1851–1919) hat den Versuch unternommen, die Kriminalhypothesen der Französischen und Deutschen Schule zu vereinigen, indem er sowohl die Eigenart des Täters als auch die äußeren Tatumstände als kriminogene Faktoren anerkannte (**Marburger Schule: Vereinigungstheorie**). Er hat die Zusammenhänge von Sozial- und Kriminalpolitik erkannt und mit seiner Forderung nach **spezialpräventiver Ausrichtung** des Strafrechtes neben der Prävention auch das Ziel der Besserung (**Resozialisierung**) verfolgt. Ausgehend von den kriminologischen Schulen entwickelten sich zahlreiche Kriminalitätstheorien, in denen biologisch-genetische, psychologisch-sozialpsychologische oder soziologische Erklärungsansätze favorisiert wurden.

3.2.2 Kriminalstatistik und ihre Kritik

Die vom Bundeskriminalamt Wiesbaden jährlich herausgegebene **Polizeiliche Kriminalstatistik (PKS)** registriert alle der Polizei bekannt gewordenen **Straftaten einschließlich** der mit Strafe bedrohten **Versuche.** Erfasst wird in der PKS nur das **aufgeklärte Hellfeld.** Da in Deutschland eine statistikbegleitende Dunkelfeldforschung nicht stattfindet, ist unklar, wie Hell- und Dunkelfeld miteinander korreliert sind. Veröffentlichte Zahlen der PKS können nur unter der Annahme annähernd konstanter Verhältnisse in definierten geographischen Räumen, bei vergleichbaren politischen und sozialen Rahmenbedingungen sowie bei Betrachtung über lange Zeiträume interpretiert werden. Relevante Einflussgrößen auf die Ergebnisse der PKS sind u.a.

- erhöhte Verfolgungsintensität durch die Polizei,
- Änderungen der Erfassungsstrategie der statistikführenden Institutionen,
- verstärkte Anzeigebereitschaft bei einem anwachsenden Gefühl des Bedrohtseins (fear of crime),
- wandelnde Auffassungen der Rechtsprechung und
- veränderte demographische Datenlage (Altersstruktur, Zuwanderung).

Wichtig

Trotz ihrer Fehlerquellen ist die PKS das beste Instrument zur Abschätzung von Daten zur Kriminalität. Sie ist dem delinquenten Verhalten sachlich und zeitlich am nächsten.

Die **Strafverfolgungsstatistik (SVS)** wird jährlich durch das Statistische Bundesamt Wiesbaden vorgelegt. Sie bezieht sich auf die von den Gerichten abgeurteilten Personen und liegt um Dimensionen unter den Tatverdächtigenzahlen. Von mehr als 50 Millionen begangenen Straftaten, die jährlich in Deutschland vermutet werden, kommen etwa 1 Million zur Aburteilung. Nur etwa 25 Prozent der wegen Mord und Totschlag polizeilich registrierten Tatverdächtigen werden verurteilt (Tabelle 3.2).

Tabelle 3.2. **Ausgewählte Straftaten (Fallzahlen) gegen das Leben und die körperliche Unversehrtheit. Polizeiliche Kriminalstatistik (PKS) versus Strafverfolgungsstatistik (SVS). Früheres Bundesgebiet (1999, einschl. Berlin-Ost)**

	1970		1980		1990		1999	
	PKS	SVS	PKS	SVS	PKS	SVS	PKS	SVS
Mord und Totschlag	2.403	414	2.705	681	2.387	565	2.851	637
Vergewaltigung und sexuelle Nötigung	6.889	1.159	6.904	1.876	5.112	1.554	7.565	1.917
Sexueller Missbrauch von Kindern	16.468	2.511	13.165	1.790	12.741	1.687	15.279	2.279
Gefährliche/Schwere Körperverletzung	37.895	9.692	65.479	13.738	67.095	12.737	114.516	18.301
Vorsätzliche Körperverletzung	47.919	12.260	112.021	15.132	128.880	16.199	251.299	27.562

Das **Dunkelfeld der Delikte vorsätzlicher Tötung** wird sehr kontrovers diskutiert und aus kriminologischer Sicht eher gering veranschlagt (Kaiser et al. 1993, Eisenberg 1995). Nach Schätzungen rechtsmedizinischer Fachvertreter wird eine **Dunkelzifferrelation von etwa 1:1** angenommen.

Die Statistiken zur Gewaltkriminalität der vergangenen Jahrzehnte erlauben die Aussage, dass die Frequenz der registrierten Tötungsverbrechen, insbesondere nach sexueller Gewalt, nicht zugenommen hat. Hingegen zeigen die Häufigkeitszahlen – Anzahl der bekannt gewordenen Fälle auf 100.000 Einwohner – einen deutlichen Anstieg der Gewaltkriminalität. Überproportional beteiligt sind durch jugendliche und heranwachsende Täter begangene Raubtaten sowie Delikte der Körperverletzung bei vergleichsweise hoher Kriminalitätsbelastung in den neuen Bundesländern.

Gewalt – Ursachen und Erscheinungsformen

Gewalt entsteht in dynamischen Wechselwirkungsprozessen zwischen Täter, Opfer und Gesellschaft. Eine Handlung wird dann als „gewaltsam" interpretiert, wenn sie als zielgerichtet und sozial inadäquat wahrgenommen wird. Die große Medienpräsenz weniger spektakulärer Gewalttaten vermittelt den falschen Eindruck, dass Gewalt in der Öffentlichkeit stattfindet.

- Alltägliche Gewalt findet bevorzugt in der Familie, am Arbeitsplatz und im Bekanntenkreis statt. Aggressive Verhaltensmuster werden im sozialen Nahbereich erlernt und erprobt.
- Institutionelle Gewalt wird durch die Institutionen selbst verursacht (Strafanstalten, Polizei, Schulen, Krankenhäuser und Seniorenheime).
- Strukturelle Gewalt ergibt sich aus ungleich verteilten Ressourcen, ungleichen Machtverhältnissen, Lebens- und Bildungschancen. Das Konzept der strukturellen Gewalt ist umstritten, da es die individuelle Komponente einer Gewalthandlung stark relativiert.

Eine Auswahl viel diskutierter **Gewalttheorien** zeigt, dass monokausale Erklärungsansätze der Komplexität von Gewalt nicht gerecht werden. Sie können allerdings einander ergänzen:

- Das psychoanalytische Konzept sieht nach Sigmund Freud die Aggression als Ausdruck des Todestriebes (Thanatos), der durch das Freisetzen von aggressiven Gefühlen (Katharsis) die Aggressivität vermindern kann. Das Konzept ist widerlegt, weil das Ausüben von Aggressionen die Aggressivität verstärkt.
- Die ethologische Aggressionstheorie kommt zu dem Ergebnis, dass der angeborene Aggressionstrieb des Menschen in der modernen entwickelten Gesellschaft nicht entladen werden könne und das biosoziale Wesen „Mensch" keinen Hemm-Mechanismus für die Nichtanwendung von Aggressionen besitze. Die von Konrad Lorenz im Ergebnis von Tierversuchen entwickelte Instinkttheorie ist nicht auf den Menschen übertragbar.
- Die Frustrations-Aggressions-Theorie versteht Frustration als Verhinderung eines Handlungsentwurfes, wodurch Aggressionen ausgelöst werden können.
- Die soziostrukturellen Theorien gehen davon aus, dass gesellschaftlich-politische Verhältnisse und Wertvorstellungen die Gewaltentstehung begünstigen können. In Zeiten eines starken gesellschaftlichen Wandels kann es bei benachteiligten Bevölkerungsgruppen zu Orientierungslosigkeit kommen (Kulturkonflikttheorie, Anomietheorie). Der beobachtete starke Anstieg der Gewalt in den neuen Bundesländern in den ersten Jahren nach der Wende scheint das Konzept zu stützen.
- Das Subkultur-Modell aggressiven Verhaltens macht sich die Erkenntnis zunutze, dass in Umgebungen, bei denen Aggressivität eine hoch bewertete Eigenschaft ist, die Gewalt von Angehörigen derartiger Gruppierungen auch angewandt wird, um soziale Konflikte zu lösen. Subkulturen unterscheiden sich signifikant von übergeordneten Wertesystemen.
- Die sozial-kognitive Lerntheorie der Aggression geht von der Hypothese aus, dass die Aggression durch Anerkennung oder Belohnung erlernt und befördert wird. Dabei spielt die gegebene soziale Umwelt eine wichtige Rolle.
- Die Sozialisationstheorie wird durch die Erfahrung gestützt, dass autoritäre Erziehungspraktiken mit Ausübung von Gewalt und Aggressivität in der Familie auch bei den Kindern Aggressionen auslösen.
- Die Theorie der symbolischen Interaktion zielt auf die Situation zwischen Täter und Opfer ab. Nach Fehlinterpretation von Verhaltensweisen des Gegenüber kann es zu einer eskalierenden Auseinandersetzung kommen (nach Schneider 1994, Rössner und Jehle 1999).

3.2.3 Operative Fallanalyse (OFA)

Die rechtsmedizinische Befunderhebung am Tatort und bei der Obduktion ist eine kriminalistische Aufgabe, wenn es um die Identifizierung von Personen und um die Individualisierung von Spuren geht. Kann ein Täter jedoch nicht zeitnah zur Tat und/oder Auffindung einer Leiche ermittelt werden, ist eine umfassende Überschau erforderlich, um den Kriminalfall aus kriminalistischer **und** kriminologischer Sicht zu **verstehen** (Hoffmann und Musolff 2000). Der methodische Ansatz der operativen Fallanalyse (OFA) wurde von der US-amerikanischen Bundespolizei FBI zunächst zur Ermittlung von sexuell motivierten Gewaltdelikten und Tötungsverbrechen von Serientätern ermittelt. Die OFA soll über die Rekonstruktion eines Tatablaufes und die Interpretation der Begehungsweise zu Hypothesen führen, die ein Persönlichkeitsbild des gesuchten Täters (**offender profiling**) antizipieren. Es geht nicht nur um Hinweise zur Identität sondern auch um die Gefährlichkeitseinstufung des Täters. Das Täterprofil kann auch Handreichung für die Vernehmungsstrategie eines Tatverdächtigen sein. Bei Tatserien kann eine Typologie von Handlungsmustern – eine Handschrift des Täters (signature) – erkennbar werden, die vom konkreten Tatverhalten, dem Modus operandi, abzugrenzen ist. Zunächst ist allerdings zu klären, ob eine Auffindungssituation überhaupt direkte Rückschlüsse auf das Tatverhalten zulässt.

Fallbeispiel

Ein 7-jähriger Knabe wurde nach einer Suchaktion in einem Waldstück wenige Stunden nach der Tat aufgefunden. Leichnam, Pullover und Schuhe erscheinen wie „abgelegt". Aus dem rasch ermittelten Sachverhalt ergab sich ein anderer Kontext: Tatort war eine etwa 15 m entfernte Höhle, vor der sich u.a. ein Hundeschädel und eine getötete Kreuzotter befanden. Der 46-jährige Täter gab an, das Kind in die Höhle geführt zu haben. Dort habe er begonnen, am Opfer sexuelle Handlungen vorzunehmen. Das Kind habe sich verweigert. Daraufhin habe er dem Jungen einen Stich gegen den Brustkorb versetzt. Das Opfer sei weggelaufen und nach wenigen Schritten zusammengebrochen. Durch das Gericht wurde die Unterbringung des Täters in einem psychiatrischen Krankenhaus angeordnet (Abb. 3.4).

Die Verzahnung der operativen Fallanalyse mit einem Datenbanksystem erfolgte in Deutschland 1999 durch Einführung des Recherchesystems **ViCLAS** (Violent Crime Linkage System), das in Kanada entwickelt wurde. Erfasst werden in den ViCLAS-Erhebungsbögen neben den rechtsmedizinischen Befunden zur Leiche, wobei außergewöhnliche Begehungsweisen bzw. über die Tötungshandlung hinausgehende Handlungen besondere Beachtung finden, auch weitergehende Opferinformationen (Kleidung, Lebensstil, etc.). Die Trennung der Zuständigkeiten von Untersuchern bzw. Ermittlern einerseits und Fallanalytikern andererseits ist gewollt. Im Ergebnis der OFA wird eine **Hypothese** zur Chronologie der Ereignisse und eine Darstellung des Verbrechens mit einem bestimmten Plausibilitätsgrad angeboten. Mit dem Geständnis des Einzeltäters ist die Fallanalyse in aller Regel beendet. Die Zusammenarbeit der Rechtsmediziner mit den Täterprofilern ist ein neuer kriminalistischer Ansatz rechtsmedizinischer Untersuchungstätigkeit.

3.3 Allgemeine Traumatomechanik

H.-D. Wehner

Fasst man aus physikalischer Sicht gesehen geeignet abgegrenzte räumliche Gebiete des menschlichen Körpers (z.B. Knochen, Haut, innere Organe, Gefäße, Sehnen, Bänder, usw.) je für sich oder auch in Kombination als Kontinua im mechanischen Sinne auf, so ist die Traumatomechanik als eine **schädigende Krafteinwirkung** zu definieren, die über eine Deformation eine Kontinuumsunterbrechung, also eine Gefügetrennung des Gewebes nach sich zieht. Derartige **Zusammenhangstrennungen** werden als Verletzungen bezeichnet. Sie können mit Substanzverlust (z.B. Zahn-, Glieder-, Extremitätenverlust oder auch ein-

Abb. 3.4. Mehrdeutige Auffindungssituation

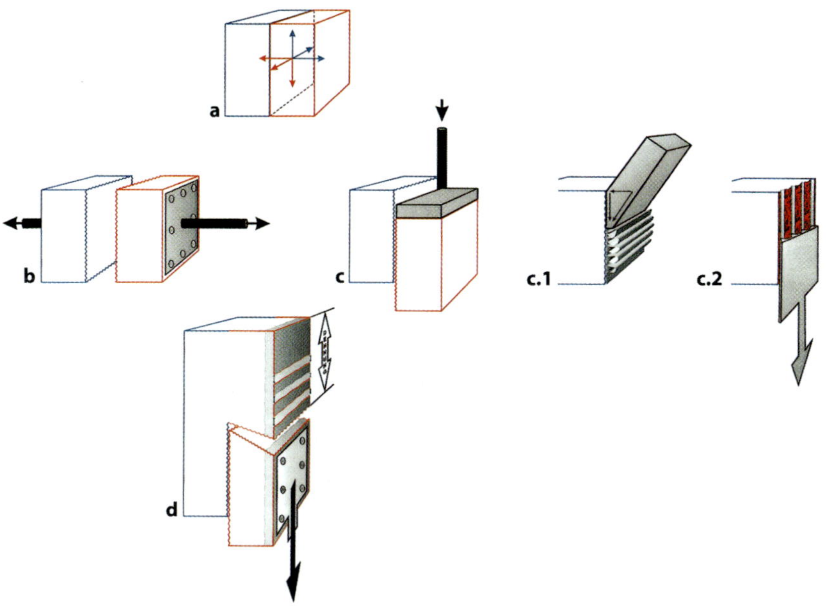

■ Abb. 3.5a–d. Prinzip der durch Normal- und Tangentialkräfte bewirkten Zusammenhangstrennungen. **a** Gleichgewicht von Normal- und Tangentialspannungen; **b** Zusammenhangstrennung durch Zug; **c** Zusammenhangstrennung durch Schub, **c1** Grenzfall: Exkoreation, **c2** Grenzfall: parallele Kratzer- und Schürfbildung (entsprechend der Struktur der verletzenden Oberfläche des Werkzeuges); **d** Zusammenhangstrennung durch die Kombination von Schub (Ablösung von der Unterlage) und Zug (Rissbildung). Zugbedingte Dehnungsstreifen bewirkt durch oberflächliche Rissbildungen, die quer zur Dehnungsrichtung verlaufen

schussbedingte Haut- und Knochendefekte) und ohne Substanzverlust einhergehen. Da mechanisch bedingte Verletzungen sehr häufig nicht durch statische Deformation, sondern durch sich relativ auf den Körper zu bewegende Massen (genannt: Werkzeuge) ausgelöst werden, bedarf es für deren Verständnis prinzipiell der kinetisch-dynamischen Betrachtungsweise. Dennoch führt auch die statische Betrachtungsweise zu heuristisch-plausiblen Erklärungen der Verletzungsmorphologie. Im Folgenden werden daher für die wichtigsten traumatomechanischen Phänomene derartige Plausibilitätsbetrachtungen angeboten:

In einem Kontinuum ist jedes Volumenelement gegenüber seinem Nachbarvolumenelement inneren Spannungen ausgesetzt (Man denke sich als Beispiel eine dreidimensionale Sprungfedermatratze). Für ein würfelförmiges Volumenelement der Kantenlänge Eins (■ Abb. 3.5a) könnten diese Spannungen für jede der sechs Flächen in solche Komponenten zerlegt werden, deren Richtung senkrecht zur Flächenebene liegen (sog. Normalspannungen), und in solche, deren Richtung tangential zur Fläche liegen (sog. Tangentialspannungen). In der Abbildung 3.5a sind die Spannungen für die Grenzflächen eines Schnittes durch den Würfel eingezeichnet. Es ist hier ein Vertikalschnitt gewählt. Die Überlegungen gelten jedoch für jede andere Schnittrichtung in derselben Weise. Sind die Summen der Spannungen Null, findet weder eine Deformation noch eine Bewegung der Grenzflächen gegeneinander statt. Sind die Summen der Spannungen durch Einleitung äußerer Kräfte nicht Null, so vermögen sich die Schwerpunkte der Volumenelemente gegeneinander zu bewegen; gleichzeitig werden die Volumenelemente selbst deformiert. Sind derartig eingeleitete Spannungen in ihrer Resultierenden in Richtung der Normalspannungen wirksam, so heißen sie **Zug**(spannungen); wirken sie hingegen den Normalspannungen entgegen, werden sie **Druck** genannt. Wirken die von außen eingeleiteten Kräfte in Richtung der Tangentialspannungen, so spricht man von **Schubspannungen**. Wie im Folgenden beispielhaft gezeigt wird, kann jede traumatomechanische Zusammenhangstrennung plausibel durch die Einwirkung von Zug, Druck und Schub erklärt werden.

3.3.1 Zusammenhangstrennung durch Zugspannungseinwirkung

Überschreitet die Zugspannung die Festigkeitsgrenze eines Materials, so kommt es zu einer Zusammenhangstrennung, die vorwiegend senkrecht zur Zugrichtung gerichtet ist, nämlich zu einem Riss (■ Abb. 3.5b). Derartige Risse findet man bei Überbeanspruchung durch Längendehnung z.B. von Bändern, Sehnen, Nerven, Gefäßen, etc. Durch Gefäßrisse ergießt sich das Blut in das umgebende Gewebe oder in die Körperhöhlen (Hämatom). Die sich nach Gefäßzerreißung einstellende rein blutdruckbedingte Einspülung von Blut in umgebendes Gewebe (Suffusion, Sugillation) und damit die Form des Hämatoms hängt in erster Linie von der Beschaffenheit der Gewebedichte ab, sodass nach gefäßrisserzeugender Gewalteinwirkung aus der Hämatomform nicht oder nur sehr vage auf die Form des ge-

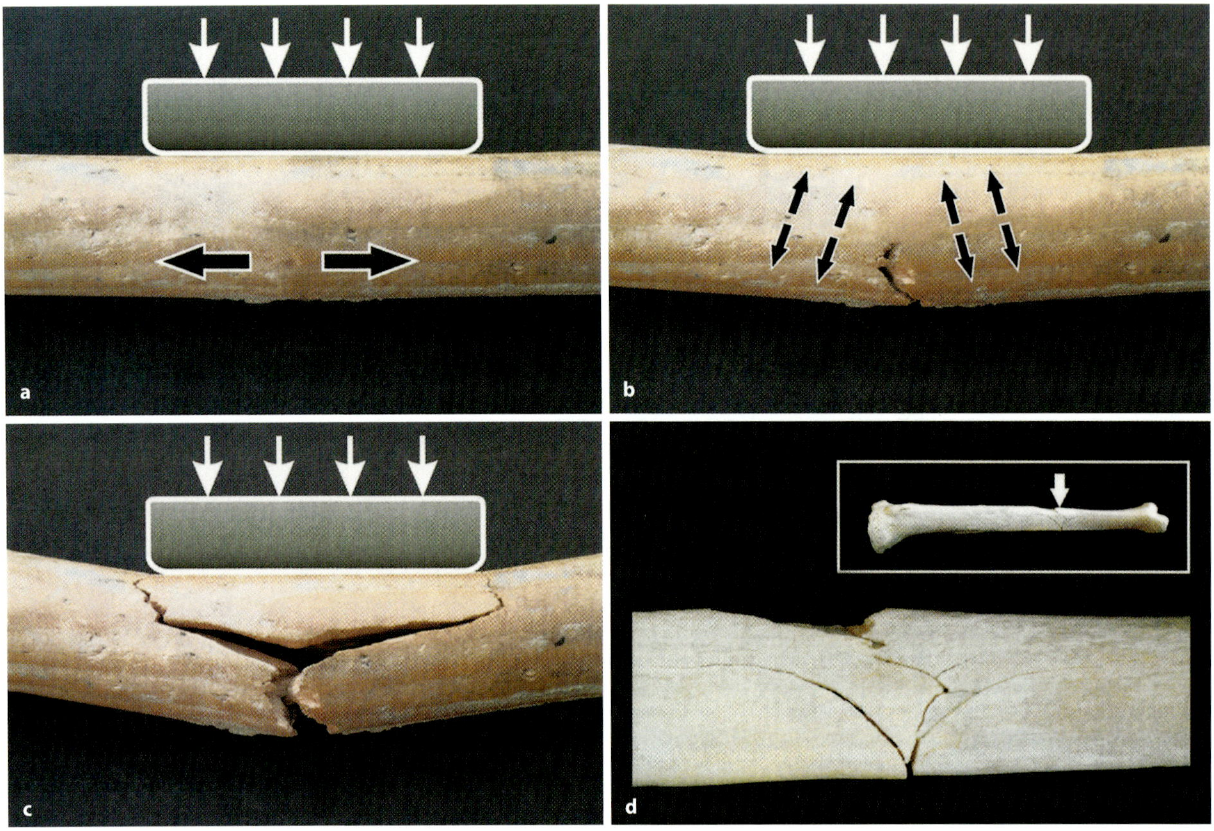

Abb. 3.6a–d. Rissbruchentstehung am Stab.
a Auftreten von achsenparallelen Spannungen gegenüber der Gewalteinwirkung; **b** Rissbildung gegenüber der Gewalteinwirkung und Auftreten neuer nicht mehr achsenparalleler Spannungen; **c** Keilbruch am Stab; **d** Keilbruch der Tibia (Messerer-Bruch)

waltbringenden Schlagzeuges geschlossen werden kann. Erzeugt jedoch das Werkzeug den das Blut treibenden Druckgradienten aufgrund seiner Form und Profilierung selbst, so schlägt sich seine prägende Wirkung in der Form bzw. Textur des Hämatoms nieder. Beispiele hierfür sind die Hämatombildung nach Stock- und Peitschenschlag, das Reifenprofilhämatom, aber auch die Textilabdruckspur. Ist unter der Zugwirkung lediglich die Intima eines Gefäßes gerissen, so liegt ein gedeckter Riss vor, der nicht selten zu einem Aneurysma führen kann.

Zugbedingte Zusammenhangstrennungen treten auch bei Überlastung von knöchernen Strukturen auf. Man spricht dann seltener von einem Rissphänomen, sondern eher von Frakturen oder Berstungsphänomenen. Wird ein langer Röhrenknochen, der physikalisch idealisiert als Stab (Charakteristikum: Querschnitt klein gegenüber der dritten Dimension der Länge) angesehen werden kann (Abb. 3.6a–d), durch eine quer zur Längsachse einwirkende Kraft (z.B. Stoßstange eines Personenkraftwagens) verbogen, so entwickelt sich auf der konvexen, also der der Krafteinwirkung fernen Seite, aufgrund der hier stattfindenden Dehnung eine vorwiegend achsenparallele Spannung, die bei Überdehnung zu einem infinitesimalen „Anfangsriss" führt. Dieser infinitesimale „Anfangsriss" durchsetzt nicht sofort den gesamten Querschnitt, denn er verändert im Kontinuum abrupt die anfänglichen vor der Rissentstehung herrschenden lokalen inneren Spannungsverhältnisse und setzt somit für die weitere infinitesimale Rissausbreitung eine erneute Anfangsbedingung, unter der sich das nächste infinitesimale Rissstück entwickelt und wiederum eine erneute Anfangsbedingung setzt. Die Aneinanderreihung dieser infinitesimalen Risse ergibt schließlich den Riss in seiner Gesamtheit. Man beobachtet, dass die rissbedingte Gefügetrennung auf zwei Flächen vonstatten geht, sodass letztlich die für diese Gewalteinwirkung typische Keilform, der sog. **Messerer-Bruch**, entsteht. Da dieser durch Biegung entsteht, wird er **Biegungsbruch** genannt. Zugspannungsinduzierte Kontinuumsunterbrechungen treten nicht nur an stabförmigen Gebilden, sondern auch an Flächen auf. Wird z.B. die Haut extrem überdehnt (Beispiel: in der Leistenregion eines Fußgängers beim Auffahren von rückenwärts) so bilden sich streifenförmige parallel angeordnete Hautdehnungsrisse. Besondere flächenförmige Gebilde sind Schalen. Für die Zusammenhangstrennung von Schalen ist der **Globusbruch** des Schädels ein typisches Beispiel (Abb. 3.7a–d):

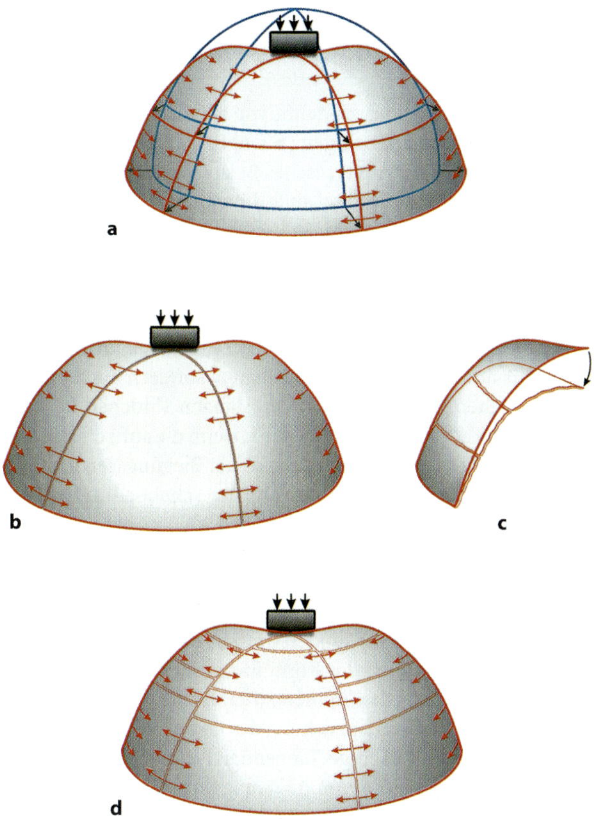

Abb. 3.7a–d. Schalenbrüche (z.B. Globusbruch). **a** Umfangsvergrößerung der Breitengrade mit konsekutiver Spannungsentwicklung entlang der Longitudinalen; **b** Teilaspekt: longitudinale Berstungsbrüche; **c** Teilaspekt: Biegungsbrüche entlang der Breitengrade; **d** prinzipielles Muster des Globusbruches

Durch Schlag oder Sturz erzeugter Druck auf die Kuppel führt zu einer Umfangsvergrößerung der Breitengrade und damit zur Zugspannungsentwicklung. Diese führt zu Berstungen entlang der Longitudinalen (**Berstungsbrüche**). Dieser Vorgang ist nicht statisch zu verstehen, sondern Beobachtungen mit der High-speed-camera zeigen, dass sich die Bruchlinien vom Zentrum der Verformung mit hoher Geschwindigkeit nach peripher fortsetzen. Simultan mit den Berstungsbrüchen entstehen Biegungen der durch die Berstung entstandenen segmentalen Bruchschuppen, die ebenfalls zu Brüchen führen. Auf diese Weise entsteht das typische Globusbruchmuster des Schädels. Ein mit der Bruchbildung einhergehendes Einsinken der Kuppel führt auf der der Gewalteinwirkung fernen Schalenseite zu einer Bruchpyramidenbildung.

Da es zur Bruchfortpflanzung eines intakten Mediums, also eines intakten Knochens bedarf, überkreuzt eine Bruchfortpflanzungslinie niemals eine andere. So ist die **Puppe'sche Regel** zu verstehen, dass die peripheren Ausläufer des zeitlich nachfolgenden zweiten Bruches spätestens in den Bruchauslauflinien des ersten Bruches enden.

Schon bei der Erläuterung des Biegungsbruches, aber auch bei der Erklärung der Schalenberstung beim Globusbruch sieht man, dass die auslösenden Zugspannungen senkrecht zur Druckeinwirkungsrichtung gerichtet sind, dass die Zugspannung also erst indirekt über die druckbedingte Verformung des Kontinuums zustande kommt. Man muss daher, wenn man physikalisch ganz korrekt sein will, bereits bei diesen Zusammenhangstrennungen von einer indirekten Kraft- oder Gewalteinwirkung sprechen. Klar wird das Prinzip der indirekten Gewalteinwirkung am Beispiel der elastischen Kreis-Scheibe (Abb. 3.8a). Wird auf diese in Richtung eines Durchmessers Druck und Gegendruck ausgeübt, so verformt sie sich unter Verlängerung des senkrecht zum Druckverlauf stehenden Durchmessers zu einer Ellipse. Der Zugspannungsaufbau in der

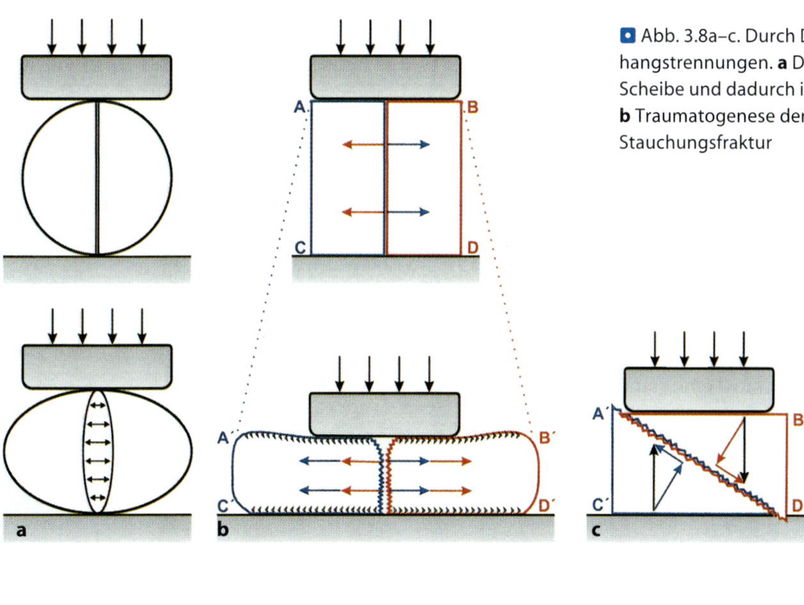

Abb. 3.8a–c. Durch Druck bedingte Verformungen und Zusammenhangstrennungen. **a** Druckbedingte Verformung einer elastischen Scheibe und dadurch induzierte Spannungsbildung (↔) im Material; **b** Traumatogenese der Quetsch-Risswunde, **c** Traumatogenese der Stauchungsfraktur

größten Längsachse der Ellipse kann zum Riss bzw. zur Berstung führen. Berstungsbrüche der Schädelbasis unterliegen einer derartigen (oft durch einen Sturz bedingten) Traumatomechanik.

Allgemein spricht man von einer indirekten Gewalteinwirkung dann, wenn der Ort der Kontinuumstrennung nicht mit dem Ort der Krafteinleitung übereinstimmt.

Druckbedingte Zugspannungserzeugungen sind auch die Ursache der Riss-Quetsch-, besser Quetsch-Risswunde (◘ Abb. 3.8b). Der Druck des Werkzeuges auf die auf ein Gegenlager (z.B. Schädelkalotte) gelagerte Haut führt zur Verformung senkrecht zur Krafteinleitungsrichtung und damit zu einem Zugspannungsaufbau, der bei Überschreitung der Festigkeitsgrenze entlang den Orten der geringsten Spaltbarkeit zum Riss führt. Da man es über den Hautquerschnitt verteilt mit unterschiedlich elastischen Gewebselementen zu tun hat, werden nicht alle Gewebselemente zerreißen; diese imponieren dann als Gewebsbrücken. Abbildung 3.8b lässt erkennen, dass die werkzeugbedeckte Grenze $\overline{AB}$ auf $\overline{A'B'}$ gedehnt wird. Dies ist mit einer Tangentialbewegung der Hautoberfläche verbunden und führt, da die Haut wegen des Quetschvorganges an die Werkzeugfläche gepresst ist, zu Schürfungen (Exkoriationen), die postmortal als Vertrocknungen imponieren. Kommt der Hautkontakt mit einem Prägemuster (z.B. Stoß durch Kühlergrill) zustande und sind die Verschiebungen nur minimal, so entsprechen die Hautabschürfungen dem Prägemuster und können dann als postmortale Vertrocknungen imponieren. Auch die Distanz $\overline{CD}$ (► s. Abb. 3.8b) unterliegt infolge der traumatomechanischen Einwirkung einer Dehnung auf die Länge $\overline{C'D'}$. Konsekutiv mit der dehnungsbedingten Tangentialverschiebung geht hier eine Verankerung im Gegenlager verloren, so entsteht die häufig bei Quetsch-Risswunden zu beobachtende Unterminierung.

Ist das Kontinuum nicht so verformbar wie die Haut und ist es nicht auf einer Unterlage verschiebbar, so spricht man nicht von Quetschung, sondern von **Stauchung**. Während bei der Quetschung der Druck nahezu vollständig in eine Normalspannung umgelenkt wird und daher Schubspannungen vernachlässigt werden können, müssen Schubspannungen bei der Stauchung ganz unbedingt berücksichtigt werden (◘ Abb. 3.8c). Für jedes Volumenelement lässt sich der Druck in zwei zueinander senkrechte Komponenten zerlegen, von denen die einen gegeneinander und die anderen antiparallel gerichtet sind. Sind die antiparallelen Komponenten groß genug, so führen sie als Folge einer Scherung zu einer Gefügetrennung mit Dislokation, einem sog. **stauchungsbedingten Gleitbruch** oder kurz einer **Stauchungsfraktur**. Stauchungen treten typischerweise am Knochen auf. Stauchungsfrakturen treten typischerweise an Wirbelkörpern auf. Auch die distale Radiusfraktur ist eine Stauchungsfraktur, sei es, dass sie durch das Abstützen einer Fallbewegung oder durch die Abstützhaltung am Lenkrad bei einem Aufprall zustande kommt. Auch die Dashboardfraktur proximal der Femurkondylen ist eine typische Stauchungsfraktur.

3.3.2 Zusammenhangstrennungen durch Schubspannungseinwirkung

Die Schubfestigkeit überwindende von außen eingeleitete Kräfte führen zu Scherverletzungen (► s. Abb. 3.5c). Der Scherbruch der Schädelkalotte ist ein typisches Beispiel für eine solche wie gestanzt aussehende (daher auch Lochbruch genannte) Zusammenhangstrennung. Da (mit der nötigen Vorsicht!) die Konturen solcher Brüche der Werkzeugform zugeordnet werden können, spricht man von geformter Gewalt – im Gegensatz zu einer Einwirkung ungeformter Gewalt, für die eine Zuordnung zu einem formgebenden Werkzeug nicht möglich ist. Nicht nur an schalenförmigen Knochen, sondern auch an (im physikalischen Sinne stabförmigen) langen Knochen können Scherbrüche auftreten, nämlich dann, wenn die auftretende Gewalt so schnell (rasant) ist, dass es zu einer Biegungsverformung nicht kommen kann. Ein Grenzfall einer schubbedingten Verletzung ist die Exkoriation (► s. Abb. 3.5c1), in deren Entstehungsverlauf die oberflächlichen Hautabtragungen in Schubrichtung bewegt und oft ziehharmonikaartig zusammengestaucht werden, sodass aus diesem morphologischen Bild die Schubrichtung der einwirkenden Kraft abgelesen werden kann. Wie durch Deformation des Kontinuums Druckkräfte in Zugkräfte verwandelt werden können, so kann es auch durch Schubkräfte zu einer Zugbeanspruchung des Gewebes kommen (► s. Abb. 3.5d). Die großflächige Tangentialverschiebung der Haut z.B. kann einerseits zu deren Ablösung vom Untergrund (Décollement) führen und andererseits zusätzlich einen Riss bewirken. Auf diese Weise kommt es zu einem über den Riss erreichbaren zugänglichen Raum zwischen Untergrund und Haut, der sog. Wundtaschenbildung. Diese Taschen können wegen eines bogenförmigen Risses oft aufgeklappt werden. Es kommt zur Lappenbildung. Durch die Dehnung muss es nicht zwingend zu einem die ganze Hautschicht durchsetzenden Riss kommen, vielmehr ist es auch möglich, dass sich unter Einwirkung einer Tangentialkraft mehrere streifenförmig und parallel angeordnete oberflächliche Läsionen, sog. Dehnungsrisse, entwickeln. Wirkt die Tangentialkraft ausschließlich auf der Oberfläche, so spricht man von **Schürfung**. Die parallel gerichteten Schürfspuren lassen zusammen mit den zusätzlich zu beobachtenden Exkoriationen auf die Richtung der Tangentialkraft schließen (► s. Abb. 3.5c2).

3.4 Sekundärfolgen mechanischer Gewalteinwirkungen, Todesursachen

M. Oehmichen, S. Banaschak, B. Madea

Definition

Neben den primären oder unmittelbaren Todesursachen nach mechanischer Gewalteinwirkung können trotz medizinischer Behandlung Folgen der primären Verletzungen mit einer gewissen Latenzzeit zum Tode führen (Spättodesfälle bzw. postintervalläre Todesfälle). Die Feststellung eines Todes in Folge einer sog. sekundären Todesursache erfordert Kenntnisse der Krankengeschichte einschließlich des primären Verletzungsmusters. Weiterhin zählen Komplikationen der notwendigen medizinischen Behandlung zu den sekundären Verletzungsfolgen.

Primäre Todesursachen (◘ Tabelle 3.3) sind zumeist bei einer Obduktion eindeutig festzustellen (Folgen grober äußerer Gewalteinwirkung) oder zumindest als Verdachtsdiagnose zu postulieren (Fettembolie, s. unten). Reflektorische Todesfälle, deren Existenz bzw. Genese nicht unumstritten ist, sind im Gegensatz dazu Ausschlussdiagnosen. Postintervalläre Todesfälle (◘ Tabelle 3.4) finden sich häufig nach Verbrennungen (► s. Kap. 3.9.1) und Verkehrsunfällen (► s. Kap. 8.4). Die Bestätigung oder der Ausschluss der Kausalität ergibt sich entweder aus dem morphologischen Befund bei der Obduktion allein oder erst nach Durchführung weiterer Untersuchungen. Die sekundären Todesursachen werden im weiteren erläutert.

Wichtig

Ein mehr oder weniger langes Überleben nach einem Trauma muss daher die **Kausalkette** zwischen Gewalteinwirkung und Todeseintritt nicht unterbrechen. Bei durchgängiger medizinischer Behandlung (z.B. auf einer Intensivstation) ist dieser Zusammenhang offensichtlich. Verstirbt der Patient, handelt es sich um eine nichtnatürliche Todesart. Schwierigkeiten bei der Kausalitätsbeurteilung, z.B. durch vorbestehende Erkrankungen, Fehler bei der Behandlung et cetera, können zumeist nur nach Durchführung einer Obduktion, eventuell histologischen Untersuchungen und unter Einbeziehung der Behandlungsunterlagen geklärt werden. Hierbei sollte zumindest durch die Bescheinigung einer ungeklärten Todesart eine Klärung herbeigeführt werden.

Die Wahrscheinlichkeit, ein Trauma zu überleben hängt neben dem primären Verletzungsausmaß von zahlreichen weiteren Faktoren ab:
- Alter, Geschlecht,
- Vorerkrankungen (insbesondere des Herz-Kreislauf-Systems, Diabetes mellitus, Leberzirrhose) und Suchterkrankungen;

◘ Tabelle 3.3. Primäre oder unmittelbare Todesursachen nach mechanischer Gewalteinwirkung

Zertrümmerung lebenswichtiger Organe (Gehirn, Rückenmark, Lunge, Herz)	Einzeln oder kombiniert als Polytrauma nach z.B. (Verkehrs-) Unfällen, Stürzen aus der Höhe, etc.
Mechanische Behinderung der Funktionsfähigkeit lebenswichtiger Organe	Raumforderung im Schädelinnenraum durch Blutungen beidseitiger Pneumothorax (z.B. bei Rippenserienfrakturen mit Anspießungsverletzungen) Thoraxkompression bei Verschüttung Herzbeuteltamponade
Verblutung	Nach Innen oder Außen
Reflektorische Todesfälle	Bolustod, Karotissinusreflex und/oder Reizung von Vagusbahnen bei Gewalteinwirkung gegen den Hals
Luftembolie	Bei Eröffnung großer herznaher Venen und Eindringen von >70 ml Luft
Fettembolie der Lunge	bei ausgeprägten Weichteilverletzungen oder multiplen Knochenbrüchen
Gewaltsames Ersticken	komprimierende Gewalteinwirkung gegen den Hals, Thoraxkompression

◘ Tabelle 3.4. Ätiologie sekundärer Todesursachen

Infektionen	Wundinfektionen (Cave: Verschmutzungen), Pneumonien (nach Aspiration, hypostatische Pneumonie), bei Generalisierung: Sepsis
Embolien	Thrombembolien bei Thrombosen (überwiegend der tiefen Beinvenen); verzögerte Fettembolien (aus Frakturen oder Weichteilverletzungen)
Kreislaufschock	Die Kreislaufzentralisation (Reduktion der peripheren Durchblutung) kann zu unterschiedlichen Organbeteiligungen führen; sekundär kann ein sog. Multiorganversagen auftreten (Nierenversagen, Leberversagen, Lungenversagen bei ARDS)
Verbrennungskrankheit	Nach ausgedehnten Verbrennungen (► s. Kap. 3.9.1)

- Medikation: Kortikosteroide und Zytostatika verzögern die Wundheilung.

Die nach einer Verletzung erforderlichen Behandlungsmaßnahmen können ebenfalls mit spezifischen Risiken verbunden sein (◘ Tabelle 3.5); das Auftreten von Komplikationen darf dabei keinesfalls mit einem Behandlungsfehler gleichgesetzt werden.

Fallbeispiel

Eine 82-jährige Frau wurde nach einem Sturz mit einer Schenkelhalsfraktur ins Krankenhaus eingeliefert. Der Sturz hatte sich im Rahmen eines Handtaschenraubes ereignet. Die primäre Verletzungsbehandlung mit einer dynamischen Hüftschraube erwies sich als instabil, so dass eine Hüftprothese erforderlich wurde. Die Patientin hatte jeweils perioperativ Antibiotika erhalten. In Folge dieser Behandlung trat eine pseudomembranöse Kolitis auf, die trotz rechtzeitiger Diagnose und Therapie zu einer Sepsis führte. Die Patientin verstarb an den Folgen eines septischen Multiorganversagens. Es wurde eine nichtnatürliche Todesart bescheinigt und eine rechtsmedizinische Obduktion durchgeführt. Im abschließenden Gutachten wurde der kausale Zusammenhang zwischen dem Sturz und dem Todeseintritt bejaht. Die Täterin wurde nach Jugendstrafrecht zu einer 5-jährigen Haftstrafe wegen Raubes mit Körperverletzung und Todesfolge verurteilt.

3.4.1 Infektionen

Das Spektrum von Infektionen nach einem Trauma reicht von lokal beherrschbaren Wundinfektionen bis hin zu Allgemeininfektionen (Sepsis).

Wundinfektionen

Wunden beinhalten durch die Integritätsverletzung der Haut eine potentielle Infektionspforte, sowohl durch äußere Verunreinigungen als auch für Infektionen durch Keime der physiologischen Flora des Menschen. Bissverletzungen weisen aufgrund der Eintragung von Keimen durch den Speichel eine vergleichsweise hohe Infektionsrate auf. Im Allgemeinen sind Wundinfektionen heute durch entsprechende Desinfektion, Antibiotikabehandlung und/oder prophylaktische Impfungen selten geworden. Gefürchtet waren insbesondere:

- der **Gasbrand** (hervorgerufen durch Erreger der Gattung Clostridium, z.B. C. perfringens, C. novyi, C. septicum und C. histolyticum), anaerobe Wundinfektion und
- der **Wundstarrkrampf** (Tetanus, Erreger C. tetani), anaerobe Wundinfektion, auch bei kleinen Verletzungen (durch Holzsplitter, bei der Gartenarbeit); Impfung möglich.

Infektionen bei besonderen Verletzungslokalisation

Je nach betroffener Körperregion können sich besondere Infektionsrisiken verwirklichen:

- **Offene Schädel-Hirn-Verletzungen:** Penetrierende Verletzungen des Hirnschädels mit freiliegender Dura mater oder von Hirngewebe, Schädelbasisfrakturen mit Austritt von Liquor und Mittelgesichtsverletzungen bergen die Gefahr einer Durchwanderungsmeningitis beziehungsweise -meningoenzephalitis.
- **Penetrierende Darmverletzungen** mit Austritt von Darminhalt in die freie Bauchhöhle können über eine kotige Peritonitis zum Tode führen.

Pneumonien

Bei Bewusstlosigkeit und Erbrechen besteht das Risiko einer Aspiration von Speisebrei durch Ausfall des Hustenreflexes. Ein primäres Ersticken aufgrund der vollständigen Verlegung der Atemwege ist dabei selten. Häufiger wird ein gewisser Teil des Aspirates im Rahmen der Reanimation entfernt. Die in den tieferen Atemwegen verbliebenen Anteile führen durch die Andauung des Gewebes durch die enthaltene Magensäure zu einer sog. **Aspirationspneumonie**, die trotz adäquater Therapie mit einer hohen Letalität behaftet ist.

Die verletzungsbedingte Immobilisation kann zur Ausprägung **hypostatischer Pneumonien** führen. Dabei führt die Minderbelüftung der dorsalen Lungenabschnitte zu einer Begünstigung entzündlicher Veränderungen.

◘ **Tabelle 3.5.** Behandlungsmaßnahmen und ihre Komplikationen

Reanimation	Frakturen von Sternum und Rippen (sollten keine todesursächliche Relevanz erlangen!)
Langzeitbeatmung	Adult respiratory distress syndrome (ARDS), Pneumonien
Katheter	Erhöhtes Infektionsrisiko (insbesondere zentralvenöse Zugänge)
Antibiotikagaben, besonders bei Mehrfachbehandlung	Nosokomiale Infektionen, besonders mit resistenten Keimen
Thrombosen	Können trotz adäquater Therapie (die zu überprüfen ist) auftreten und zu Lungenembolien führen

Sepsis

Definition

Sepsis ist eine Allgemeininfektion des Körpers durch Zirkulation von Bakterien beziehungsweise deren Wandbestandteilen oder Pilzen in der Blutbahn. Das klinische Bild ist von intermittierenden Fieberschüben gekennzeichnet. Foudroyante Verläufe können innerhalb weniger Stunden zum Tod führen.

Unabhängig vom Ausgangspunkt der Sepsis und dem Erreger im konkreten Fall wird das pathologisch-anatomische Bild bei der Sektion durch die Ausbildung von Schockorganen bestimmt (s. dort). Histologisch können bei bakteriellen Infektionen septische Streuherde in quasi allen Organen nachweisbar sein.

3.4.2 Embolien

Definition

Die Verschleppung körpereigener oder -fremder Substanzen mit dem Blutstrom, die zum Verschluss von Gefäßen führt, ist eine Embolie.

Direkt posttraumatisch kann es zur Verschleppung von Fremdmaterialien (z.B. Geschossen beziehungsweise Geschossbestandteilen) oder Gewebebestandteilen bei Organzertrümmerungen kommen. Diese sind zumeist nicht die eigentliche Todesursache, sondern als Vitalitätszeichen zu sehen (s. dort). Luftembolien bei Eröffnung großer, herznaher Venen führt ab einem Volumen von >70 ml zum sofortigen Tod.

Fettembolie

Fettembolien sind eine direkte Traumafolge. Diese entstehen aus zertrümmertem subkutanem Fettgewebe, seltener einer Fettleber oder durch Freisetzung aus dem Knochenmark bei Frakturen. Gelegentlich können im Rahmen eines Schocks Blutfette emulgieren. Auch postoperativ können Fettembolien auftreten, insbesondere nach Knocheneingriffen. 20–30 g Fett sollen für eine tödliche Fettembolie erforderlich sein. Todesursächlich können bei Fettembolien sein:

- Ein Rechtsherzversagen bei Verlegung der Lungenstrombahn (Angaben zwischen 1/3–3/4 aller Lungenkapillaren zur todesursächlichen Relevanz), bei Vorschädigungen können auch geringergradige Fettembolien zum Tode führen.
- Fettembolien des Gehirns (entweder direkt bei offenem Foramen ovale im Sinne einer gekreuzten Embolie oder verzögert durch Herauslösung des Fettes aus der Lungenstrombahn, 3–14 Tage nach dem Ereignis); diese imponieren klinisch durch auftretenden Schwindel, Erbrechen, Krämpfe und Bewusstseinseintrübungen.

Infobox

Der **Nachweis einer Fettembolie** erfolgt immer durch histologische Untersuchungen (Fettfärbung). Die Graduierung der pulmonalen Fettembolie kann wie folgt vorgenommen werden:
0. Keine Fettembolie oder ganz vereinzelt embolische Fetttropfen bei systematischer Suche,
1. leichte Fettembolie – einzelne bis mehrere embolische Fetttropfen in jedem Gesichtsfeld,
2. deutliche Fettembolie – zahlreiche Embolien in jedem Blickfeld und
3. massive Fettembolie – massenhaft Fetttropfen in jedem Gesichtsfeld. Mehr als die Hälfte der Lungenkapillaren enthält Embolien.

Im Gehirn können zusätzlich – eventuell schon makroskopisch erkennbare – Ring- oder Kugelblutungen (Mark des Mittelhirns, Pons, Capsula interna und Corpus callosum) nachweisbar sein.

Thrombembolie

Die posttraumatische Immobilisation des Patienten durch Bettruhe oder Anlage eines Gipsverbandes kann – trotz lege artis durchgeführter Prophylaxe – zur Venenthrombose, zumeist in den tiefen Beinvenen führen. Wird der Patient dann erneut mobilisiert, können sich Anteile der Thromben lösen und die Lungenstrombahn erreichen. Je nach Größe führen sie dort zu peripheren oder zentralen Lungenembolien. Der plötzliche Verschluss eines Pulmonalarterienhauptastes führt zu einem akuten Rechtsherzversagen. Zusätzliche Risikofaktoren für die Entwicklung einer Thrombose (Adipositas, weibliches Geschlecht, Krampfadern, Rauchen, umstritten: Einnahme von oralen Kontrazeptiva) erfordern eine erhöhte Aufmerksamkeit. Seltener embolisieren Thromben aus anderer Lokalisation (Armvenen, von Katheterspitzen). Einen Sonderfall stellt die sog. gekreuzte Embolie dar. Durch das offene Foramen ovale gelangen dabei die Thromben in den großen Kreislauf und können zu Infarkten (Gehirn, Extremitäten, Nieren, Darm) führen.

3.4.3 Schock

Definition

Zahlreiche unterschiedliche Ereignisse können zu einem Schockzustand führen, der durch eine Dekompensation des peripheren Kreislaufs mit Mangeldurchblutung in der kapillären Strombahn gekennzeichnet ist.

Schockursachen sind in ◻ Tabelle 3.6 zusammengefasst. Die primären Organveränderungen werden durch die Hypoxie bedingt und manifestieren sich klinisch durch einen zunehmenden Organausfall (◻ Tabelle 3.7+3.8), der letztendlich in ein Multiorganversagen münden kann. Bei den auftretenden Gerinnungsstörungen handelt es sich zumeist um eine Verbrauchskoagulopathie (disseminierte intravasale Gerinnung). Tritt der Tod innerhalb kurzer Zeit nach dem Trauma ein, besteht an der Kau-

Tabelle 3.6. Ätiologie verschiedener Schockzustände nach einem Trauma

Bezeichnung	Ätiologie
Hypovolämischer Schock	Ab ca. 30 % venös bedingten Blutverlustes, bei arteriellem Blutverlust eventuell schneller; Plasmaverlust; Verlust extrazellulärer Flüssigkeit
Kardiogener Schock	Akute Herzinsuffizienz; Cave: vorbestehende Herzerkrankungen, dabei können auch geringere Blutverluste zu einem Schock führen
Septischer Schock	Ausgelöst durch Endotoxine bei Infektionen mit gramnegativen Bakterien im Rahmen einer Sepsis
Neurogener oder spinaler Schock	Bei Rückenmarksverletzungen
Pankreatischer Schock	Akute Pankreatitis

Tabelle 3.7. Spezifische Organveränderungen bei Schock

Organ	Makroskopische Veränderungen	Mikroskopische Veränderungen
Herz	Erweichung des Myokards	Disseminierte Myokardnekrosen
Lunge	Lungenödem, Dystelektasen, Verfestigung der Konsistenz	Interstitielles oder alveoläres Lungenödem, Atelektasen, intraalveoläre Einblutungen, hyaline Membranen, Megakaryozyten in der kapillären Strombahn
Leber (sog. Schockleber)	Teigige Konsistenz	– Disseminierte Einzel- und Gruppennekrosen – Zentrale Läppchennekrosen, Konfluenz durch interlobuläre Brückenbildungen
Niere (sog. Schocknieren)	Sog. trübe Schwellung; blasse Nierenrinde, betonte Markkegel	Tubulusektasie, Epitheldegeneration, intravasale Zellansammlungen in den Vasa recta; Tubulusnekrosen
Magen und Dünndarm	Akute Ulzera oder hämorrhagische Erosionen	
Gerinnungssystem	Multiple, z.T. petechiale, z.T. fleckförmige Einblutungen der Haut, Schleimhäute und serösen Häute	Einblutungen in den Lungen, im Gehirn, in den Nebennieren

Tabelle 3.8. Allgemeine Organveränderungen bei Schock

Terminale Strombahn	"sludge"-Phänomene, Aggregation der Erythrozyten, evtl. in Verbindung mit Thrombozyten Mikrothrombosen (hyaline Thromben)

Tabelle 3.9. Vitale Reaktionen unterschiedlicher Organsysteme

Herz-Kreislauf-System	Verbluten Petechiale Blutungen Embolie: Luft, Fett, Gewebe, Knochenmark, Fremdkörper (z.B. Geschossfragmente)
Respirationstrakt	Aspiration (Speisebrei, Fremdkörper, Blut, Hirngewebe, Ruß, Wasser oder andere Flüssigkeiten) Alveolär-kapilläre Diffusion (Gas; mit Nachweis des Gases im großen Kreislauf) Emphysema acuta Hautemphysem
Gastrointestinaltrakt	Erbrechen/Verschlucken Peristaltischer Transport von Mageninhalt Absorption/Resorption von nachweisbaren Substanzen
Endokrine Drüsen	Agonochemische Stressreaktion mit Erhöhung des Katecholaminspiegels
Nervensystem	„Krähenfußähnliche" Muster Sekretion von Speichel und Schleim

salität kein Zweifel. Wird das primäre Trauma längere Zeit überlebt, können vorbestehende Erkrankungen den Ausgang (mit)bestimmen, wobei für den Kausalitätsnachweis dann weitergehende Untersuchungen erforderlich sind (s. oben).

3.5 Vitale Reaktionen und Zeitschätzung

M. Oehmichen, S. Banaschak, B. Madea

Vitalen Reaktionen kommt eine herausragende Bedeutung bei der Beurteilung gewaltsamer Todesfälle zu. In der Alternative vital oder postmortal kulminieren praktisch alle Fragen zum Beweiswert von Befunden bei gewaltsamen Todesursachen. Aber nicht nur die Differenzierung zu Lebzeiten erlittener, vitaler Verletzungen von postmortalen ist von Bedeutung, sondern ebenso die Bestimmung der **Überlebenszeit**, unter Umständen die der **Priorität**, der Reihenfolge von Verletzungen.

Definition

Als vitale Reaktionen bezeichnet man Folgen am Organismus auf eine Traumatisierung, die einen sicheren Rückschluss darauf zulassen, dass das Trauma zu Lebzeiten – vital – eingewirkt hat.
Zu differenzieren sind im Einzelnen:
- **Vitale Reaktionen**: nach Schädigung auftretende örtliche Veränderungen, Anzeichen der Gegenwirkung (Reaktion) des lebenden Gewebes
- **Vitale Prozesse**: Zusammengesetzte physiologische Vorgänge, deren Vorbedingung das Bestehen der Funktion des Nervensystems, Atmungsapparates, Gefäß- und Lymphsystems, der Darmbewegung und Harnausscheidung ist. Funktionieren des ganzen *Organismus*, nicht nur von Zellen und Geweben
- **Vitale Zeichen**: Zustandsbilder, von welchen auf vitale Entstehung geschlossen werden kann (arterielle Spritzspur, Bluteinatmungsherde, Blutverschlucken)

Vitale Reaktionen sind abzugrenzen von agonalen, supravitalen und postmortalen Veränderungen, wobei dies anhand des morphologischen Befundes allein nicht immer möglich ist. Die Abgrenzung vital entstandener Verletzungen ist wichtig für die Kausalitätsbeurteilung nach Gewalteinwirkung, da sich erhebliche rechtsrelevante Konsequenzen ergeben können.

Als **allgemeine Vitalreaktionen** bezeichnet man z.B. die durch Kreislauf und Atmung vermittelten vitalen Reaktionen, **lokale Vitalreaktionen** bilden sich am Ort der Gewalteinwirkung aus (Blutung, Blutunterlaufen, Entzündung, usw.).

Als Teilaspekt der vitalen Reaktion dient die Wundaltersbestimmung wesentlich zur Beantwortung der Frage nach der Überlebenszeit nach Traumatisierung. Die Agoniedauer bei rasch zum Tode führenden Verletzungen unterschreitet zumeist die Manifestationszeit lokaler Vitalreaktionen, die im Bereich von zumindest ca. 10–20 Minuten liegt, während die durch Kreislauf und Ventilation vermittelten relativ einfachen, allgemeinen vitalen Reaktionen sich noch ausbilden können, da die großen Funktionssysteme noch kurze Zeit den Individualtod überdauern.

Wichtig

Der Nachweis einer vitalen Reaktion bedeutet nicht, dass der Mensch zum Zeitpunkt der Ausbildung der Vitalreaktion noch gelebt hat, sondern dass die Funktionssysteme, auf denen die vitale Reaktion beruht, zum Zeitpunkt der Verletzungsentstehung intakt waren. Deutlich wird dies bei einer Dekapitation als Verletzung mit momentanem Todeseintritt. Der Nachweis einer Blutaspiration nach Dekapitation beweist, dass (a) der Kreislauf und (b) die Atemmotorik bei Verletzungsentstehung intakt war. Umgekehrt werden bei stehendem Kreislauf im Gehirn, z.B. beim sog. intravitalen Hirntod, reaktive Veränderungen von Seiten hämatogener Zellen im Hirngewebe nicht mehr auftreten, während sie in allen übrigen Organen nachweisbar sein können.

3.5.1 Ereignisort und Spurenbild

Liegen Blutspuren (nicht Blutlachen) vor, so können diese Hinweise auf eine vitale Verletzungsentstehung geben (vitaler Blutverlust versus passives Ausbluten). Dies ist bei der Obduktion durch morphologische Zeichen des vitalen Blutverlustes zu bestätigen. Finden sich weitere Spuren, lassen diese eventuell Rückschlüsse auf die Handlungsfähigkeit bzw. Position des Opfers zu:
- **Trittspuren** des Opfers in Blutlachen (mit entsprechenden Blutantragungen an den Fußsohlen) beweisen eine erhaltene Handlungsfähigkeit.
- **Arterielle Blutspritzspuren** beweisen einen funktionsfähigen Kreislauf bei Verletzungsentstehung.
- **Abrinnspuren** (nicht nur am Leichnam selbst) können Informationen über die Haltung des Opfers (senkrecht stehend, sitzend oder liegend, usw.) geben.
- **Abwehrverletzungen** weisen auf eine Auseinandersetzung hin.

3.5.2 Organsysteme

Die in ◘ Tabelle 3.9 aufgeführten Vitalreaktionen unterschiedlicher Organsysteme sind teilweise nur bei einer Obduktion zu erheben. Sie lassen Rückschlüsse darauf zu, dass das entsprechende Organsystem bei Traumatisierung intakt war. Zeitliche Rückschlüsse sind nur sehr begrenzt möglich.

Wichtig

Die **agonale Speisebreiaspiration** ist ein häufiges Phänomen, das an sich keine todesursächliche Relevanz hat und allenfalls den Rückschluss auf eine Bewusstlosigkeit zulässt

(Ausfall des Hustenreflexes). Bei todesursächlich relevanter Aspiration (Ersticken) muss die Frage geklärt werden, warum eine Bewusstlosigkeit vorgelegen hat.

Fallbeispiele

Eine 46-jährige Frau wurde mit insgesamt 6 Schüssen getötet. Todesursächlich waren mehrere Kopfschüsse mit schussbedingter Abtrennung des verlängerten Marks. Bei der histologischen Untersuchung zeigte sich eine Embolisation von Lebergewebe in einer Lungenschlagader. Zum Zeitpunkt des den Leberlappen zerreißenden Schusses muss demnach ein funktionierender Kreislauf vorgelegen haben.

Eine 76-jährige Frau wurde von ihrer Tochter, die an einer paranoid-halluzinatorischen Psychose litt, massiv geschlagen und getreten. Todesursächlich waren beidseitige Rippenserienfrakturen in Kombination mit einem Verbluten nach innen und außen. An Vitalitätszeichen lagen bei der histologischen Untersuchung Knochenmarks- und Fettembolien aus den Rippenfrakturen vor.

Weitere typische Kombinationen von Verletzungsursachen und Vitalitätsnachweis sind:

- Zustand nach Verkehrsunfall mit knöchernen Verletzungen und/oder Décollement von Fettgewebe (z.B. bei Überrollung):
  - Nachweis von Fettembolien (► s. Kap. 3.4 „Sekundäre Todesursachen"),
- Kompression der Halsweichteile (bei primärem Verschluss der venösen Gefäße):
  - Petechiale Einblutungen (an Augenlidern, -bindehäuten, hinter den Ohren; ► s. Kap. 3.8.1 „Ersticken",
- Todesursächliche Blutverluste (nach innen oder außen):
  - Zeichen des Verblutens (geringe Ausdehnung und Intensität der Totenflecke, Hervortreten der Organeigenfarbe der inneren Organe, Milzkapselrunzelung, subendokardiale Blutungen),
- Blutaspiration bei Verletzungen der Halsweichteile (Dekapitation bei sog. Bahnleichen), Traumata des Gesichtsschädels oder der Schädelbasis:
  - Blut in kleineren Bronchien und subpleurale Bluteinatmungsherde

Wichtig

Von einer vitalen Aspiration abzugrenzen ist die passive Verlagerung von Blut oder Speisebrei in die Trachea und großen Bronchien als postmortaler Artefakt (zum Beispiel beim Leichentransport) oder als Epiphänomen nach Intubation und Beatmung.

Zeitverlauf

Bei Abschätzung der Zeitdauer zwischen Verletzungsbeibringung und Todeseintritt anhand systemischer Reaktionen muss die Dauer der Agoniephase berücksichtigt werden. Aussagen zur Verletzungsreihenfolge können bei Verletzungsbeibringung durch mehrere Täter oder zur Bestimmung eines Handlungsablaufes erforderlich sein. Sie sind jedoch nur mit großer Zurückhaltung unter Berücksichtigung aller Begleitumstände möglich. Gelingen kann sie dann, wenn verschiedene Arten von Gewalteinwirkungen gegen unterschiedliche Funktionssysteme gerichtet sind.

Fallbeispiel

Eine 35-jährige Frau wird gefesselt im Wasser in Ufernähe aufgefunden. Bei der Sektion finden sich schwere Schädel-Hirn-Verletzungen mit grobscherbiger Zertrümmerung des Scheitelbeins links und Austritt von Hirngewebe. Als Vitalitätszeichen der Kopfverletzungen zeigten sich zum einen massive Unterblutungen der Kopfschwarte, zum anderen Bluteinatmungsherde in beiden Lungen. Diese Verletzungen wären bereits für sich genommen geeignet gewesen, den Tod zu erklären. Es konnten jedoch zusätzlich ein Schaumpilz vor der Nase sowie Schaum in den tieferen Atemwegen nachgewiesen werden. Dies erlaubte die Feststellung, dass zum Zeitpunkt der Verbringung der sicherlich bewusstlosen Frau in das Wasser zumindest die Atmungsfunktion erhalten war und sie letztendlich ertrunken ist.

3.5.3 Biochemische Veränderungen im Blut – Pharmakokinetik

Rein postmortale Veränderungen klinisch-chemischer Parameter können zur Todeszeitbestimmung herangezogen werden (etwa Anstieg der Kaliumkonzentration in der extrazellulären Flüssigkeit). Der Nachweis **posttraumatischer biochemischer Veränderungen** (z.B. Katecholamine, Serotonin, Histamin) zur Vitalitätsdiagnostik (sowohl systemisch als auch lokal an Wunden) wurde von zahlreichen Autoren untersucht. Die Beurteilung der Befunde ist jedoch schwierig, da es postmortal zum enzymatischen Abbau, Diffusion aus einem Kompartiment in das andere oder Zellabbau mit Freisetzung primär intrazellulärer Bestandteile kommt.

Wichtig

Die Reaktionen können bei sofortigem Todeseintritt negativ ausfallen, da sie zur Ausbildung die Leistungsbereitschaft verschiedener Funktionssysteme beanspruchen.

Sie könnten daher zur Differenzierung von Reflextodesfällen von solchen mit kurzer oder längerer Agoniephase (Stressreaktion mit Erhöhung der Katecholamine) eingesetzt werden. In der Praxis haben sich derartige Untersuchungen bisher nicht durchgesetzt.

Eher lassen **pharmakokinetische Daten** Rückschlüsse auf Fragen der Vitalität und den posttraumatischen Zeitablauf zu, wenn ausreichend Anschlussdaten zur Verfügung stehen:

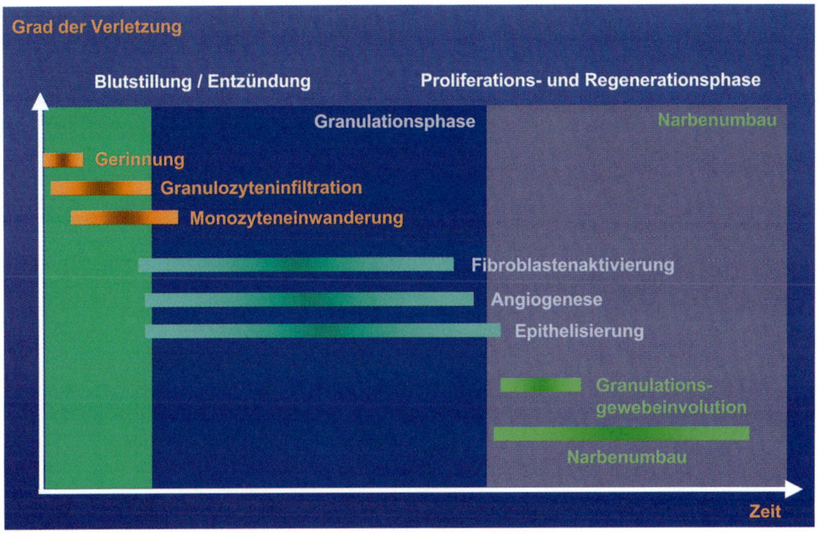

Abb. 3.9. Phasen der Wundheilung

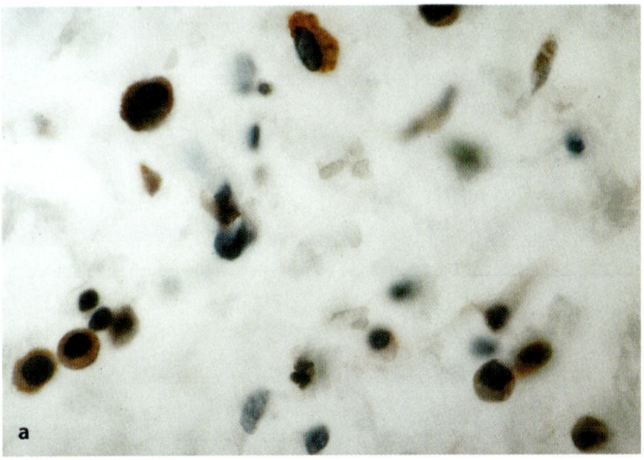

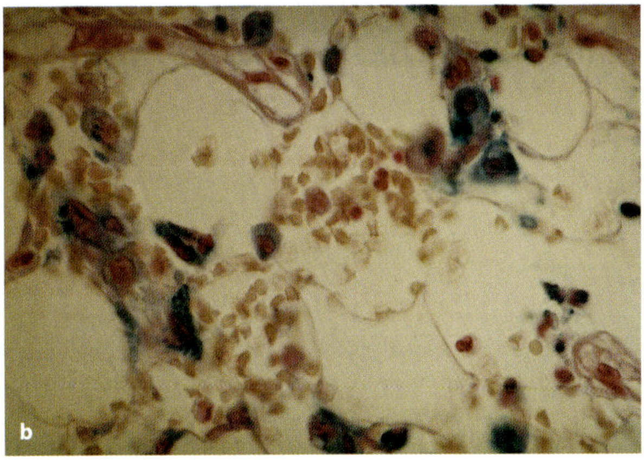

Abb. 3.10. **a** Makrophagen in einer Hautwunde (*brauner Farbstoffniederschlag* = Expression von CD68; x 1.000); **b** Siderophagen im Lungengewebe nach Lungenblutung, zusammen mit Erythrozyten (*blauer Farbstoffniederschlag* = Berliner Blaureaktion; x 1.000)

- Fehlende Verstoffwechselung von Medikamenten oder Drogen (wie z.B. Morphin)
  - agonale Applikation oder die Einnahme einer hohen, sofort tödlichen Dosis
- Hohe Urin- bei vergleichsweise niedriger Blutalkoholkonzentration
  - längere Überlebenszeit nach Trinkende
- Nachweis von hohen Alkoholkonzentrationen im Hämatomblut bei subduralem Hämatom und Vergleich mit der Alkoholkonzentration im peripheren (intravasalen) Blut
  - Informationen über die Dauer des posttraumatischen Intervalls und Anhaltspunkt für die Alkoholisierung zum Zeitpunkt der Hämatomentstehung

3.5.4 Histologische Untersuchungen

Nach Schädigung von Organen und Geweben – sei es aus innerer krankhafter Ursache (Infarkte, Embolien) oder traumatisch (penetrierende Hautverletzungen) – setzen regelhaft ablaufende Reparaturprozesse ein, die man als Wundheilung bezeichnet. Die Reparaturprozesse dienen neben der Blutstillung dem Um- und Wiederaufbau des geschädigten Gewebes (Abb. 3.9, Tabelle 3.10).

Die Reaktionen verschiedener Gewebe auf Schädigungen durch direkte mechanische Gewalteinwirkung verlaufen dabei für alle Gewebe gleichartig. Die körpereigenen Reparations- und Regenerationsmechanismen laufen phasenweise ab, wobei sich die einzelnen Phasen überlappen können. Die relative Konstanz des phasenhaften Ablaufes erlaubt eine Altersbestimmung, d.h. Bestimmung des Intervalls zwischen Zeitpunkt des Traumas und Tod. Mögliche Einflussfaktoren auf den Reaktionsablauf sind in Tabelle 3.11 zusammengefasst.

Tabelle 3.10. Phasen der Reparation von Geweben (nach Oberholzer 2001)

Phase	Schritt	Intervall	Hauptakteure (zelluläre oder molekulare Mediatoren)
1	Hämostase	Minuten	Fibrin, Thrombozyten
2	Aufbau einer provisorischen ECM[1] durch Vernetzungen	Stunden	Fibronektin, Fibrin, Kollagen, Moleküle, die von Thrombozyten und neutrophilen Granulozyten abgegeben werden
	Wundödem		
	Enzymaktivierung		Histamin-, Serotoninfreisetzung
3	Entzündungsreaktion	Stunden	
3.1	Auftreten von Chemotaxinen für neurophile Granulozyten		Komponenten des Komplementsystems und Gewebefibronektin
			Plasmafibronektin, neutrophile Granulozyten und Makrophagen[2]
3.2	Migration ortständiger Zellen in den Defekt		Fibroblasten und Endothelzellen
3.3	Fibrinolyse und Proteolyse		Makrophagen und neutrophile Granulozyten (proteolytische Enzyme)
3.4	Resorption von Fibrinabbauprodukten, Zelltrümmern und Bestandteilen der ECM durch Phagozytose[3]		Makrophagen und neutrophile Granulozyten, Siderophagen
	Hämosiderin		
4	Operative Phase	Tage	
	Faserneubildung		
4.1	Aufbau einer temporären ECM in Form von Granulationsgewebe		Fibroblasten, Myofibroblasten, Endothelzellen, Makrophagen
	Beginn der Epithelregeneration		
	Gefäßneubildung		
4.2	Bildung der jungen Narbe (vor allem Kollagen Typ III)	Wochen	Fibroblasten
4.3	Bildung der reifen Narbe (vor allem Kollagen Typ I)	Monate	Fibroblasten

[1]ECM: extrazelluläre Matrix; [2]Die Makrophagen können bereits ortsständig sein oder sich aus Monozyten bilden; [3]Die Objekte, die phagozytiert werden (auch Fibrinabbauprodukte), können durch Fibronektin opsoniert werden.

Tabelle 3.11. Mögliche Einflussfaktoren auf den Reaktionsablauf nach Gewebeschädigung

Lokale Faktoren	Art und Intensität des auslösendes Reizes
	Schweregrad und Ausdehnung der Alteration
	Art des betroffenen Gewebes
	Temperatur
	Durchblutung (z.B. Verminderung der peripheren Durchblutung bei Schock)
Allgemeine Faktoren	Hereditäre Faktoren, Alter, Geschlecht
	Ernährungszustand
	Begleiterkrankungen
	Endokrine Einflüsse
	Vegetative Einflüsse
	Stoffwechselstörungen
Exogene Faktoren	Pharmaka
	Vitale Unterkühlung/Erwärmung

Phasen der Gewebereaktion

- Phase der Gewebedestruktion: Gewebenekrosen, Einblutungen; Freisetzung biogener Amine, Proteoglykane, Proteasen, Lipidmediatoren, Zytokine.
- Phase der hämatogenen Zellreaktion: Emigration von Thrombozyten, neutrophilen Granulozyten, Monozyten/Makrophagen (◘ Abb. 3.10a) aus der Blutbahn in das Gewebe. Die Erythrozyten werden dabei inkorporiert und zu intrazellulärem Siderin und/oder Hämatoidin abgebaut (◘ Abb. 3.10b, Abb. 3.11).
- Reaktive Phase lokaler Zellen: narbige Abheilung, wenn eine Regeneration des Ursprungsgewebes nicht möglich ist; Proliferation von Fibroblasten, Endothelzellen, Mastzellen, Produktion extrazellulären Materials durch Fibroblasten (Kollagen).

Infobox

Auch für die körpereigenen Abräumreaktionen nach Herz- oder Hirninfarkten liegen in der klinisch-pathologischen Literatur Daten zum Zeitablauf vor, die zum Beispiel eine Altersschätzung ei-

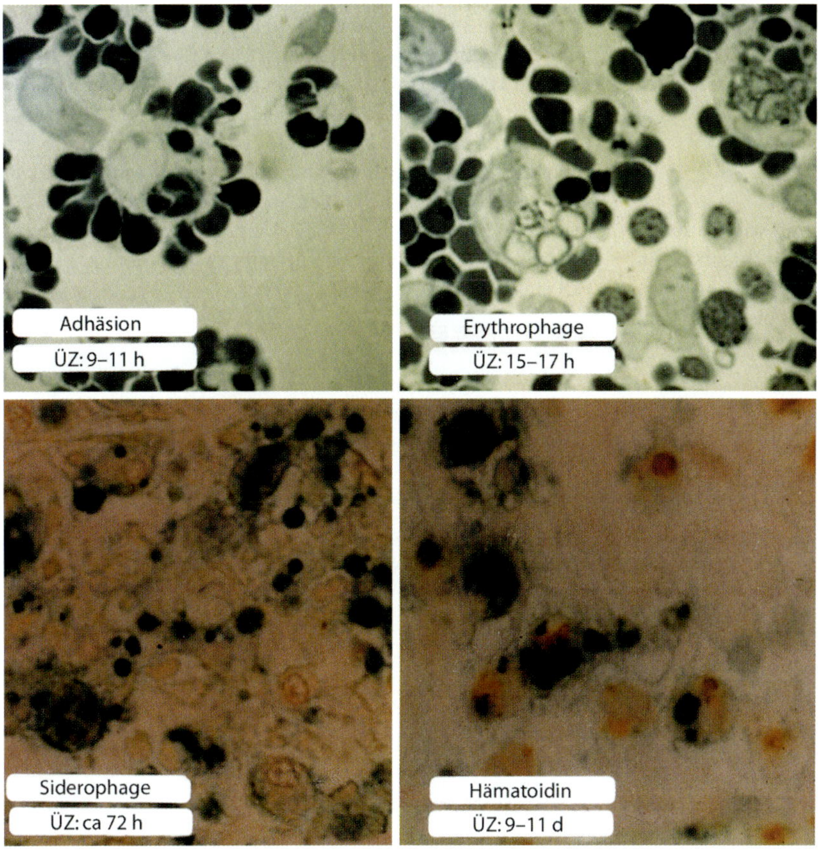

Abb. 3.11. Darstellung einzelner Phasen des Blutabbaues in Form einer „Adhäsion" von Erythrozyten an der Makrophagenoberfläche (*links oben*), einer „Ingestion" von Erythrozyten durch Makrophagen (*rechts oben*), eines Abbaues zu Siderin (*blauer Farbstoffniederschlag; links unten*) und zu Hämatoidin (*brauner Farbstoffniederschlag*, kristallin; *rechts unten*)

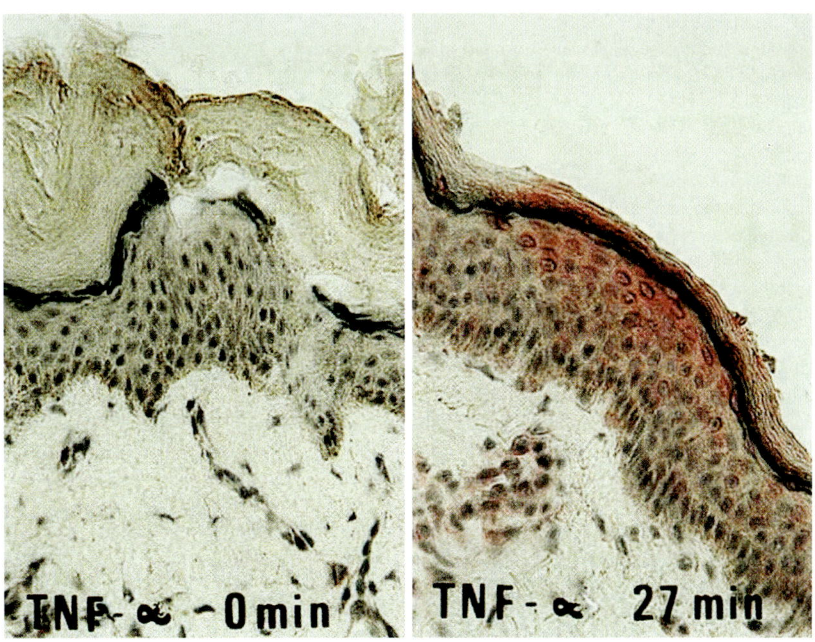

Abb. 3.12. TNF-α: Epidermaler Reaktivitätsanstieg. Hautwunde mit einem Alter von 27 Minuten (*rechts*) gegenüber Normalhaut (*links*; APAAP, 500x)

nes Herz- oder Hirninfarktes erlauben. Ebenso ist eine zeitliche Abschätzung des Thrombusalters anhand histologischer Untersuchungen möglich. Pneumonien können ebenfalls phasenweise ablaufen, was ungefähre zeitliche Rückschlüsse auf ihr Alter zulässt.

Wundaltersbestimmung

Bei der forensischen Wundaltersbestimmung von **Hautwunden** empfiehlt sich die Einteilung in drei unterschiedliche Stadien:

- Phänomene der Vitalität (Überlebenszeit bis ca. 30 Minuten; ◘ Abb. 3.12),
- Phänomene der kurzen Überlebenszeit (30 Minuten–24 Stunden) und
- Phänomene der längeren Überlebenszeit (über 24 Stunden).

In ◘ Tabelle 3.12 sind die den jeweiligen Zeitphasen zuzuordnenden Befunde zusammengefasst. Die Darstellung der genannten Marker erfolgt überwiegend immunhistochemisch. Im Gegensatz dazu sind in ◘ Tabelle 3.13 die Befunde einzelner Marker in Bezug auf die früheste (entspricht der minimalen Überlebenszeit), regelmäßige und längste Nachweisbarkeit wiedergegeben, was die großen Spannbreiten aufzeigt. Die Beurteilung erhobener Befunde hat entsprechend vorsichtig zu erfolgen und muss sämtliche Erkenntnisse zu dem konkreten Fall einschließen.

Wichtig

Wundaltersbestimmungen sind von Bedeutung zur Einschätzung der Überlebenszeit nach Gewalteinwirkung und spielen z.B. bei wiederholter Misshandlung eine große Rolle.

◘ Tabelle 3.12. Zusammenfassung immunhistochemischer Untersuchungsbefunde von Hautwunden

Phänomene der Vitalität (Überlebenszeit bis ca. 30 Minuten)	– $TGF\text{-}\beta 1 \geq$ Minuten – $TGF\text{-}\alpha$, $IL\text{-}1\beta$, $TNF\text{-}\alpha$, IL-6 ≥10–20 Minuten – Fibronektin (ab ca. 10–20 Minuten) – Neutrophile Granulozyten (ab ca. 20–30 Minuten)
Phänomene der kurzen Überlebenszeit (30 Minuten bis 24 Stunden)	– VLAM-1, E-Selektin, L-Selektin ≥30 Minuten – ICAM-1 ≥ 50–60 Minuten – Deutliche Ganulozyten-Infiltration (wenige Stunden) – Makrophagen-Vermehrung (einige Stunden) – Aktivitätssteigerung der Fibroblasten-Enzyme Unspezifische Esterase (ab ca. 1 Stunde) Saure Phosphatase (ab ca. 2 Stunden) ATPase, Aminopeptidase, alkalische Phosphatase (ab ca. 4 Stunden)
Phänomene der längeren Überlebenszeit (über 24 Stunden)	– Laminin- und HSPG-positive Myofibroblasten (ab ca. 1,5 Tagen) – Tenascin (ab 2 Tagen) – Kollagen III (ab 2–3 Tagen) – Kollagen V (ab 3 Tagen) – Kollagen VI (ab 3 Tagen) – Erythrophagen (ab ca. (2–)3 Tagen) – Lipophagen, Siderophagen, Hämosiderin (ab ca. 3 Tagen) – Kollagen I (ab 4 bzw. 5–6 Tagen) – Kollagen-IV-positive Myofibroblasten (ab ca. 4 Tagen) – α-SMC-Aktin-positive Myofibroblasten (ab ca. 5 Tagen) – Hämatoidin (ab ca. 1 Woche) – Fleckförmige Lymphozyten-Infiltrate (ab ca. 1 Woche) – Vollständige Reepithelialisation (ab ca. 5 Tagen) * – Basalmembran-Fragmente (Kollagen IV, VII, Laminin, HSPG) (ab 4 Tagen) – Positive Reaktion mit Makrophagen-Marker RM 3/1 (ab 7 Tagen) – Vollständig wiederhergestellte Basalmembran (ab ca. 8 Tagen) * – Positive Reaktion mit Makrophagen-Marker 25 F 9 bzw. G 16/1 (ab 11 bzw. 12 Tagen) – Vollständige Anfärbbarkeit der Basalzellschicht der neu gebildeten Epidermis für Keratin 5 (ab ca. 13 Tagen) * – Fehlen von Basalmembran-Fragmenten (Wundalter < 13 Tage) – Noch nicht vollständige Reepithelialisation (Wundalter < 21 Tage) * – Noch nicht vollständige Basalmembran (Wundalter < 22 Tage) * – Noch keine vollständige Anfärbbarkeit der Basalzellschicht für Keratin 5 (Wundalter < 23 Tage) *

* gilt nur für chirurgisch versorgte und primär heilende Wunden

Tabelle 3.13. Zeitpunkt der Nachweisbarkeit immunhistochemisch fassbarer Parameter in Abhängigkeit von der Überlebenszeit in menschlichen Hautwunden

Antigen/Marker	Früheste Nachweisbarkeit	Regelmäßige Nachweisbarkeit bzw. deutliche Reaktivität	Längste Nachweisbarkeit
TGF-α	ca. 10 min.	30–60 min.	
TGF-β1	Minuten	30–60 min.	
Fibronektin	ca. 10–20 Minuten	über 4 Stunden	Monate
IL-1β	15 min.	30–60 min.	
IL-6	20 min.	60–90 min.	
TNF-a	15 min.	60–90 min.	
ICAM-1	50 min.	> 2 h	
VCAM-1	30 min.	> 1,5 h	
E-Selektin	30 min.	> 1–1,5 h	
L-Selektin	30 min.	> 1,5 h	
Tenascin	2–3 Tage	ab 5 Tagen	Monate
Kollagen III	2–3 Tage	ab 6 Tagen	Monate
Kollagen V	3 Tage	ab 6–7 Tagen	Monate
Kollagen VI	3 Tage	ab 6 Tagen	Monate
Kollagen I	4–6 Tage	ab 7 Tagen	Monate
Myofibroblasten			
Laminin	ca. 1,5 Tage		Monate
HSPG	ca. 1,5 Tage		Monate
Kollagen IV	4 Tage		Monate
SMC-Aktin	5 Tage		Monate
Makrophagen-Marker			
RM 3/1	7 Tage		Monate
25 F 9	11 Tage		Monate
G 16/1	12 Tage		Monate
Epitheliale Basalmembran (Lm, HSPG, K IV, K VII)			
Fragmente	4 Tage	ab 13 Tagen	ca. 21 Tage
Vollständig	8 Tage	über 21 Tage	
Keratin 5			
vollständige Anfärbung der Basalzellschicht	13 Tage	über 23 Tage	

Ähnliche zeitabhängige Raster lassen sich auch für andere Formen der traumatischen Schädigung erstellen, u.a. für Kontusionsblutungen am Gehirn. Dabei können hier weitere Kriterien Berücksichtigung finden, da u.a. Nervenzellen, Axone, Astroglia und Mikroglia jeweils spezifische Reaktionen aufweisen, die eine zusätzliche zeitliche Eingrenzung ermöglichen. Zu Details sei auf die weiterführende Literatur verwiesen.

Fallbeispiel zur Vitalitäts- und Wundaltersbestimmung

Kurz vor der geplanten Trennung von ihrem Ehemann wurde eine Frau ertrunken in der Badewanne aufgefunden. Bei der Obduktion wurde ein massives Hämatom der Kopfschwarte festgestellt, so dass vermutet wurde, sie habe einen Schlag auf den Kopf bekommen, sei bewusstlos geworden und ertrunken. Bei der mikroskopischen Untersuchung wurden in dem Hämatom mehrere Siderophagen (Siderin enthaltende Makrophagen) beobachtet, die frühestens drei Tage nach einer Traumatisierung nachzuweisen sind. Das Hämatom konnte somit nicht mit dem Ertrinkungstod in Verbindung gebracht werden. Eine aktuelle Blutalkoholkonzentration von knapp 3 ‰ erlaubte die Schlussfolgerung eines Ertrinkens in der Badewanne unter Alkoholeinfluss.

Infobox

Häufig unterschreitet die Agoniedauer die Manifestationszeit lokaler vitaler Reaktionen. Die frühesten Reaktionen erfordern eine Überlebenszeit von 10–20 Minuten (immunhistochemischer Nachweis von Fibronektin) bzw. 20–30 Minuten (Nachweis immigrierter neutrophiler Granulozyten, nicht zu verwechseln mit durch eine Einblutung eingeschwemmten Zellen). Zusätzlich besteht eine große interindividuelle Variabilität des frühesten Auftretens verschiedener Vitalitätsparameter an der Wunde. Jede Beurteilung ist unter Berücksichtigung von Fallkonstellation und sämtlichen Untersuchungsergebnissen vorzunehmen.

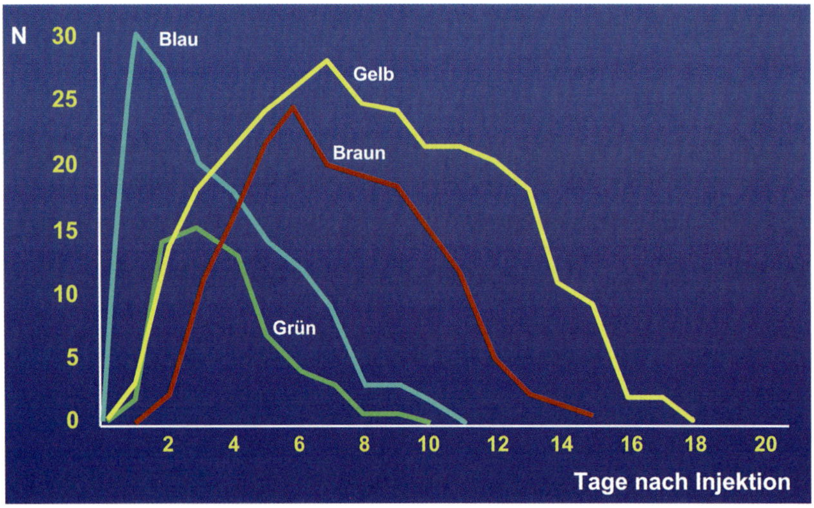

Abb. 3.13. Zeitverlauf der Farbveränderungen an künstlich gesetzten Hämatomen (Tutsch-Bauer et al.)

Hämatomalter bei Lebenden

Häufige Folgen stumpfer Gewalteinwirkung sind Hämatome, die auch in der Begutachtung (Hämatomalter) von Bedeutung sind. Anhand der Verfärbung des Hämatoms ist nur eine ungefähre Alterabschätzung möglich. Bereits die primäre Färbung des Hämatoms hängt von zahlreichen Faktoren ab: Stärke, Tiefe und Lokalisation. Der typische Farbverlauf und die Altersschätzungen sind in Tabelle 3.14 angegeben. Abbildung 3.13 zeigt beispielhaft den zeitlichen Farbverlauf an künstlich gesetzten Hämatomen. Kleine Hämatome sind selbstverständlich schneller vollständig resorbiert als sehr große Hämatome, die teilweise erst Stunden nach der Gewalteinwirkung ihre volle Ausprägung zeigen (► s. Kap. 3.6.1) und in den inneren Anteilen noch „frisch“ wirken können, während in der Peripherie bereits grünliche oder gelbliche Verfärbungen erkennbar sind. Bei der Beurteilung ist also Zurückhaltung geboten.

Fallbeispiel

Eine 40-jährige Frau wurde von ihrem Ex-Liebhaber tätlich angegriffen. Eine körperliche Untersuchung durch einen Rechtsmediziner erfolgte nicht. Im nachfolgenden Gerichtsverfahren kam tatnah von einer Freundin angefertigten Fotos von Hämatomen an der Oberschenkelinnenseite wesentliche Bedeutung zu. Die rechtsmedizinische Aussage, dass aufgrund der (auch klinisch beschriebenen) Färbung der Hämatome eine Assoziation zum Tatgeschehen möglich und die Lokalisation zu den Angaben der Geschädigten zum Handlungsablauf passend war, ergab sich hieraus eine für das Gericht zur Urteilsfindung wesentliche Nachvollziehbarkeit der Angaben der Geschädigten.

Tabelle 3.14. Farbverlauf bei Hämatomen

Färbung	Hämatomalter
graublau	frisch
blauviolett	maximal wenige Tage
grünlich	mindestens 4–5 Tage; in der Regel 6–8 Tage
gelblich	ca. 8 Tage
braunrot	keine Einschätzung möglich

3.6 Mechanische Insulte

3.6.1 Stumpfe Gewalt

H. Bratzke

Einleitung

Stumpfe Gewalteinwirkungen treffen jeden Menschen mehr oder minder häufig bei Verrichtungen des täglichen Lebens, ohne dass es einer ärztlichen Behandlung bedarf oder Folgeschäden auftreten. Dabei sind die kleineren Prellungen und Quetschungen durchaus schmerzhaft, aber sie werden in Abhängigkeit von der Schmerzempfindlichkeit toleriert und lassen in ihrer Intensität schnell nach.

Erst wenn die Gewalteinwirkung ein gewisses Maß überschreitet, kommt es zu Wunden, Gefäßzerreißungen mit Blutungen oder Knochenbrüchen sowie Verletzungen innerer Organe.

Bei der **ärztlichen Versorgung** stehen zunächst kurative Gesichtspunkte im Vordergrund. Es gehört aber auch zu den ärztlichen Pflichten, im Interesse des Patienten für eine ausreichende Befunddokumentation zu sorgen, um spätere Fragestellungen und Ansprüche (z.B. von Seiten der Kriminalpolizei oder Versicherungen) aus einer gesicherten Dokumentation heraus beantworten zu können. Die Fragen stellen sich nach den Ursachen des Geschehensablaufes, Art und Anzahl der Gewalteinwirkung, Schmerzhaftigkeit, etwaigen Folgeschäden, dem Anteil vorbestehender Erkrankungen sowie Kausalität zwischen Einwirkung und festgestellter Erkrankung.

Aus **forensischer Sicht** ist über die klinischen Fragestellungen hinaus bei Verstorbenen eine Einschätzung der Vitalität bzw. des Wundalters vorzunehmen; es stellt sich die Frage des verwendeten Werkzeuges und schließlich auch, ob es sich um eine Fremdeinwirkung oder Selbstbeibringung handelt.

In Abhängigkeit von der Überlebenszeit kommt es zu charakteristischen Veränderungen im Wundbereich. Bei Blutunterlaufungen (die bei Lebenden nicht selten erst mit einer gewissen Verzögerung an der Oberfläche erkennbar sind) ist der fortschreitende Abbau der Blutung durch eine zeitliche Abfolge der Farben von blaurot bis gelbgrün (nach ca. 4–5 Tagen) gekennzeichnet.

Bei Verstorbenen werden Wunden und Blutunterlaufungen histologisch mit Routinefärbungen (HE, Azan, Berliner Blau) untersucht, zusätzliche Informationen liefern immunhistologische Methoden. In der perimortalen Phase (plus/minus 10–15 Minuten vor bzw. nach dem Tod) ist eine Einschätzung der Vitalität derzeit nicht möglich.

Die Abheilungsvorgänge an den Wunden erfolgen beim Lebenden ebenfalls mit einer gewissen Gesetzmäßigkeit, wobei biologische Faktoren (z.B. Diabetes) oder sekundäre Faktoren (Infektion, Manipulation) die Abläufe modifizieren können.

Von **juristischer Seite** sind exakte Diagnosen und Prognosen von Bedeutung, wenn es um die rechtliche Einordnung geht (gefährliche Körperverletzung z.B. bei Benutzung eines Werkzeuges, schwere Körperverletzung z.B. bei Verlust eines Organs oder der Zeugungsfähigkeit).

Bei der Verletzungsbeurteilung sind Kenntnisse biomechanischer Belastungsgrenzen und physikalischer Gesetzmäßigkeiten unerlässlich, wie sie im Kapitel 3.3 beschrieben worden sind.

Definition

Unter stumpfer Gewalt versteht man die mechanische Einwirkung einer mehr oder minder begrenzten Fläche gegen den menschlichen Körper, wobei jedes Körperteil (Kopf, Rumpf, Gliedmaßen) gleichermaßen betroffen sein kann.

Allgemeine Traumatologie

Stumpfe Gewalteinwirkungen führen in Abhängigkeit von Art, Ort und Intensität sowie fakultativer Faktoren (z.B. Bekleidung) meist zu äußerlich wahrnehmbaren Spuren an der Körperoberfläche (Haut), die aber trotz schwerster innerer Verletzungen auch fehlen können. In der Regel trifft man auf Abschürfungen oder Blutunterlaufungen (wenig präzise als „Prellmarken" bezeichnet). Bei Wunden ist zwischen Risswunden, Quetschwunden und Quetsch-Risswunden zu unterscheiden (nicht ganz korrekt als „Platzwunden" bezeichnet).

Am häufigsten treten **Quetsch-Risswunden** auf, wenn Gewebe durch einen von außen kommenden Druck zusammengepresst und nach maximaler Kompression durch Zugkräfte auseinander gerissen wird. An der Kontaktstelle entstehen Abschürfungen der Oberhaut, die nach dem Tode vertrocknen.

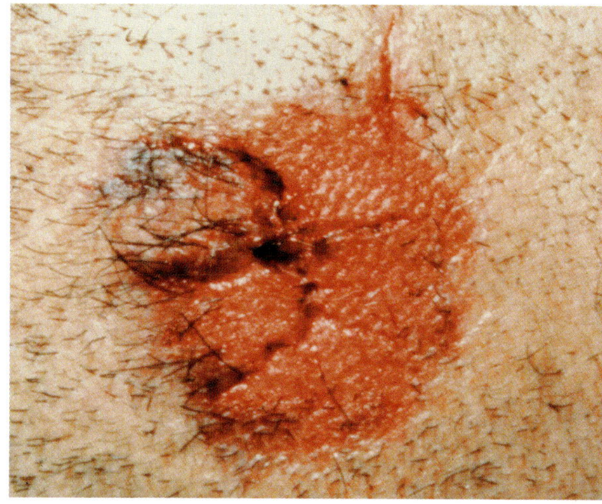

Abb. 3.14. Quetsch-Risswunde

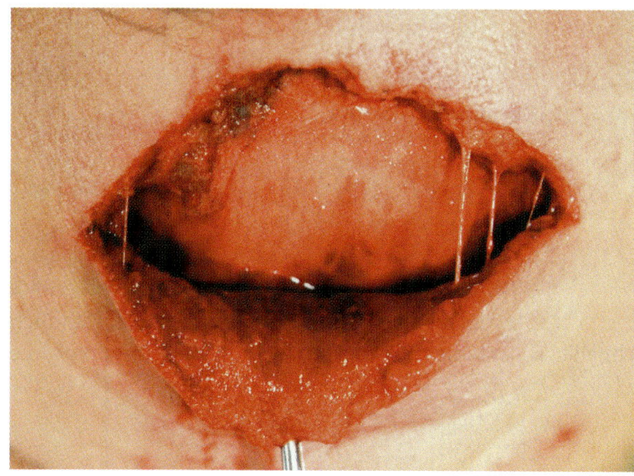

Abb. 3.15. Gewebsbrücken

Vom Maximum der Gewalteinwirkung aus ziehen einzelne Hautrisse in das Gewebe hinein, z.T. auch sternförmig, und werden mit zunehmender Entfernung seichter (Abb. 3.14). Dadurch erklären sich die **Gewebsbrücken** am Wundgrund, vor allem aber in den Wundwinkeln, die zur Unterscheidung gegenüber Stich- und Schnittwunden dienen (Abb. 3.15).

Isolierte **Risswunden** sind selten, sie treten vor allem bei Überstreckungen von Gliedmaßen und Körperteilen auf (z.B. bei Pkw-Fußgänger-Unfällen mit hohen Anprallgeschwindigkeiten; Abb. 3.16).

Tangentiale Einwirkungen führen zur **Ablederung** (Lazeration), bei Walkvorgängen können ausgedehnte Wundtaschen zwischen den Gewebsschichten entstehen („**Décollement**").

Die Form der Vertrocknungen und Wunden hängt vom einwirkenden Werkzeug und der betroffenen Körperregion ab. An frischen Schürfwunden lässt sich bei genauer Betrachtung (Lupe) durch die am Ende der Schürfung liegenden Oberhautfetzen die Schürfrichtung bestimmen (Abb. 3.17). Diese Wunden bluten in der Regel nicht. Bei Lebenden sind sie durch Lymphaustritt gekennzeichnet (leicht nässende Wunde), mit

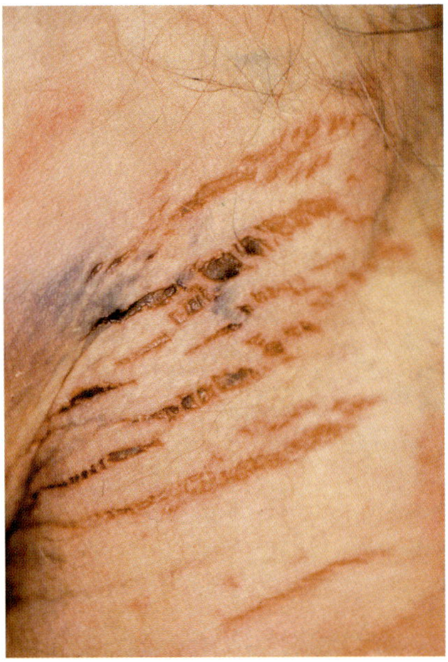

Abb. 3.16. Überdehnung der Haut

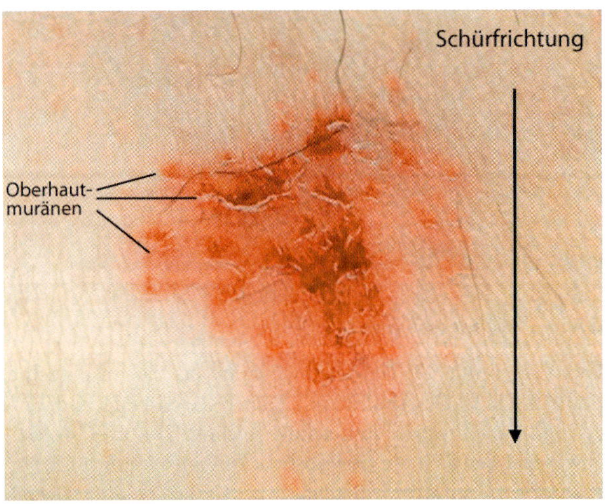

Abb. 3.17. Schürfung mit Oberhautmoränen

der Tendenz zur Superinfektion. Nach dem Tode kommt es zur Vertrocknung der freiliegenden Lederhaut, wobei sich mit fortschreitender Leichenliegezeit die Farbintensität von gelblich-bräunlich bis hin zu schwarzbraun verändert.

Bei der Verwendung von Werkzeugen können charakteristische Wunden auftreten, wie **doppelt konturierte Blutunterlaufungen** bei Schlägen mit stabförmigen Gegenständen (z.B. Stock, Abb. 3.18a, b) oder gradlinige Wunden ohne erkennbare Wundrandschürfung bei Einwirkungen von stumpfkantigen bzw. kantigen Gewalten (z.B. Möbelkante, Stuhlbein oder Eisenstab).

Bei massivem Druck geformter Oberflächen auf die Haut entstehen als „Negativbild" Blutungen („**konturierte Hämatome**") an den Belastungsrändern. Sie kommen zum Beispiel beim Überrollen durch ein Kraftfahrzeug mit grobem Reifenprofil (LKW) vor (Abb. 3.19), kaum aber bei gewöhnlichen PKW-Reifen, auch bei Zutreten mit profilierter Schuhsohle („Schuhsohlenabdruckprofile").

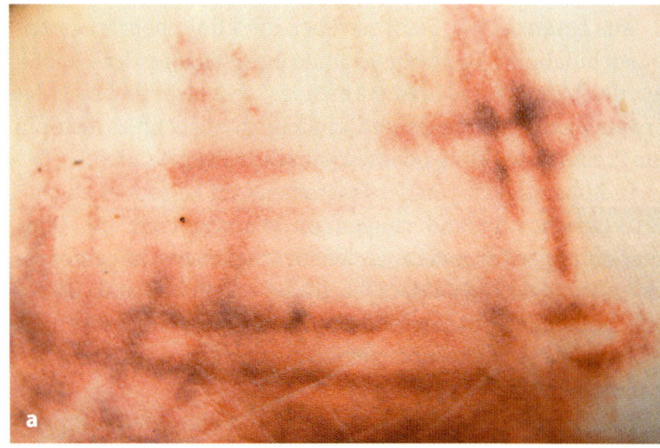

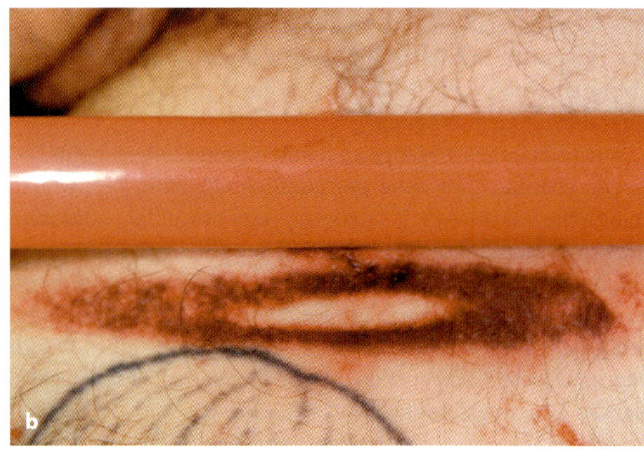

Abb. 3.18a, b. Doppelt konturierte Blutung

Umschriebene Flächen (z.B. Hammer) führen zu scharf begrenzten Vertrocknungen, die je nach Auftreffwinkel zu unterschiedlichen Bildern führen können (Quadrat, Rechteck, Raute). Lappenförmige Wunden lassen auf die Richtung der tangentialen Gewalteinwirkung schließen, der Hautlappen lässt sich in Richtung der einwirkenden Gewalt aufklappen. Breitflächige stumpfe Gewalteinwirkungen auf den Kopf führen wegen dessen Rundung meist zu rundlichen Vertrocknungen mit teils gradlinigen, teils sternförmigen Quetsch-Risswunden (► s. Abb. 3.14).

Bei mechanischen Einwirkungen können Blutungen auch isoliert in den tieferen Hautschichten auftreten, vor allem wenn es sich um geformte Gegenstände handelt und Relativverschiebungen zwischen den Hautschichten auftreten. So kommt nicht selten eine „innere Gurtmarke" erst nach Fettgewebspräparation zum Vorschein, obwohl äußerlich keinerlei Spuren an der Haut sichtbar waren (Abb. 3.20).

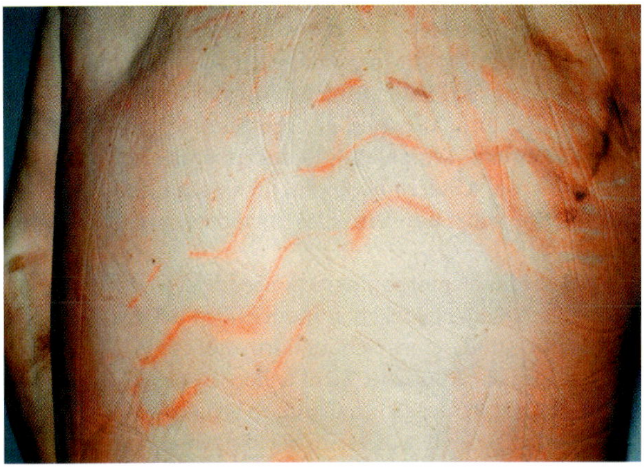

Abb. 3.19. Reifenspuren

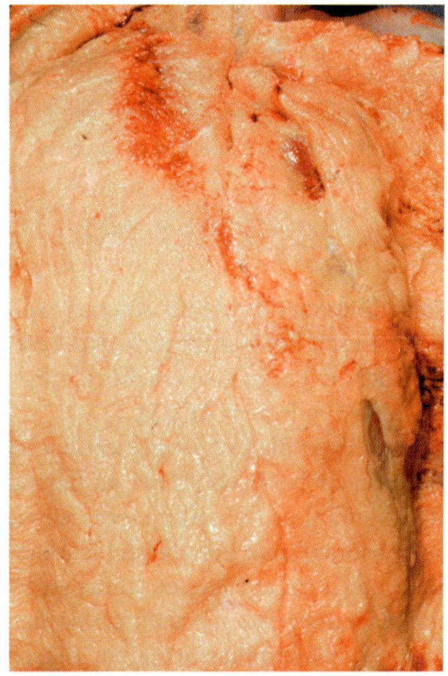

Abb. 3.20. Innere Gurtmarke

Todesursachen

Bei Gewalteinwirkungen gegen den Kopf kommt es bei schwersten offenen Verletzungen mit teilweiser oder vollständiger Enthirnung zum sofortigen Zusammenbruch der Regelsysteme mit Erlöschen der Handlungsfähigkeit. Bei intrakraniellen Raumforderungen bricht das Regulationssystem durch Hirnstammeinklemmung oder sekundäre Hirnstammblutungen zusammen. Zerreißungen der Gefäße an der Schädelbasis oder des Sinus cavernosus führen zur Verblutung nach außen oder zur tödlichen Bluteinatmung.

Rupturen parenchymatöser Organe führen zur inneren Verblutung, wenn beim erwachsenen, gesunden Menschen eine Blutmenge von ca. 1,5 Liter erreicht ist (bei Kindern und kranken Menschen bedeutend weniger, 0,5–1 Liter!). Traumatische Amputationen von Gliedmaßen führen zur Verblutung aus zerrissenen Arterien und Venen, Gefäßrupturen zur inneren und äußeren Verblutung.

Als Todesursache kommen auch eine **Lungenfett**- und **Knochenmarks**- sowie eine **Luftembolie** in Frage, die gleichzeitig ein Vitalitätszeichen darstellen können (Abb. 3.21a, b).

Bei der Fettembolie wird bei ausgedehnteren Weichteilquetschungen aus dem zermalmtem Fettgewebe durch die eröffneten Venen Fett aufgenommen, das in den Lungenkapillaren stecken bleibt und durch Rechtsherzüberlastung sowie Verminderung der Diffusionsfläche in der Lunge zum Tode führt. Knochenmarksembolien treten bei Frakturen der Röhrenknochen, aber auch nach Rippen(serien)frakturen gehäuft auf.

Durch intensivmedizinische Maßnahmen (Schockbekämpfung) hat die Lungenfettembolie als Todesursache an Bedeutung verloren. Bei jedem sonst nicht erklärbaren Todesfall ist aber daran zu denken, und durch Fettfärbung der Lungen der Nachweis zu führen. Die Hirnfettembolie („Purpura cerebri") wird kaum mehr beobachtet.

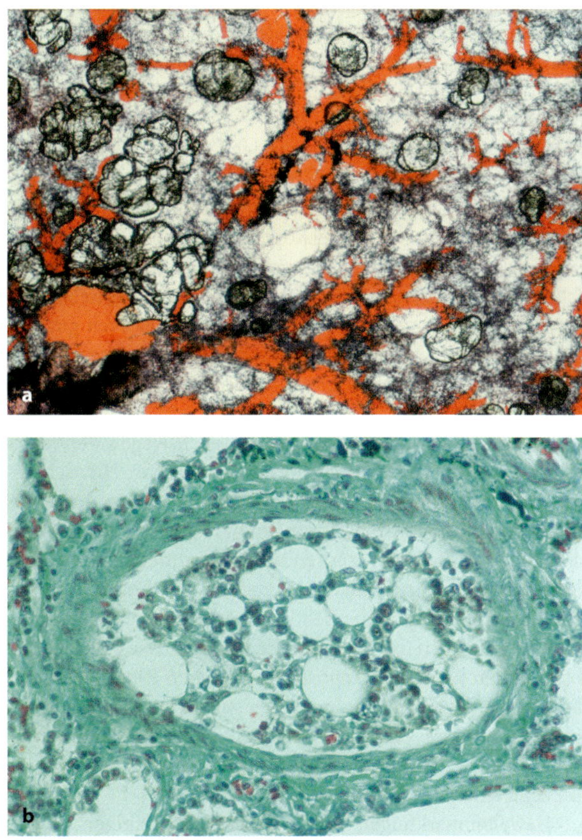

Abb. 3.21. **a** Fettembolie; **b** Knochenmarksembolie

Extremitätenfrakturen, vor allem aber die Immobilisation, führen zu Bein- und Beckenvenenthrombosen, die bei herzkranken Menschen auch durch adäquate Thromboseprophylaxe nicht immer verhindert werden können. Bei Todesfällen nach äußeren Gewalteinwirkungen (Sturz, Verkehrsunfall, u.a.) handelt es sich ungeachtet der Vorerkrankungen und des Alters um einen nichtnatürlichen Tod.

3

Wichtig

Äquivalenztheorie: Jede Bedingung ist im strafrechtlichen Sinn als kausal anzusehen, die nicht hinweggedacht werden kann, ohne dass nicht auch der Erfolg entfiele. Dabei spielt es keine Rolle, auf welchen vorbestehenden Zustand eine Gewalteinwirkung trifft!

Pneumonien sind dank moderner Antibiotikatherapie selten geworden, häufiger werden mit Kreislaufschock und Beatmung verbundene Schäden der Lunge gesehen („Schocklunge" oder **A**dult **R**espiratory **D**istress **S**yndrom = **ARDS**).

Wundinfektionen mit tödlicher Blutvergiftung werden im forensischen Bereich kaum mehr beobachtet, bei auffallend schnell eintretender Leichenfäulnis, Hautknistern sowie „Schaumorganen" ist eine Gasbrandinfektion durch histologische und bakteriologische Untersuchungen auszuschließen.

Stumpfe Gewalteinwirkungen gegen den Brustkorb können zu Herzkontusionen mit Herzrhythmusstörungen führen (Commotio bzw. Contusio cordis). Ausgedehnte Lazerationen (z.B. beim Fußgängeranstoß) gehen mit nicht unerheblichen Blutungen einher (bis zu einem Liter!), Weichteilquetschungen führen zur Lungenfettembolie.

Spezielle Traumatologie: Kopf

Leichte Gewalteinwirkungen gegen den Kopf (Bagatelltraumen) bleiben meist folgenlos und werden als „**Kopfprellung**" bezeichnet. An der Kontaktstelle kann es zu Blutunterlaufungen oder Wunden kommen, wobei Kopfschwartenwunden mitunter außerordentlich stark bluten (in seltenen Fällen bis hin zur tödlichen Verblutung). Die Einwirkungen gehen mit erheblichen, aber vorübergehenden Schmerzen in der mit Nerven gut versorgten Kopfschwarte, bisweilen auch mit leichten vegetativen Störungen (Kopfschmerzen) einher, haben aber keine Folgen für das Bewusstsein.

Die folgenlose „Kopfprellung" ist (auch wegen der rechtlichen Aspekte) von dem leichtesten Grad einer Hirnschädigung, der „**Commotio**", abzugrenzen. Diese ist in der Regel durch kurze Bewusstseinsstörungen bzw. Bewusstlosigkeit gekennzeichnet, die dem Betreffenden nicht immer bekannt ist. In der Folgezeit treten Übelkeit, Erbrechen und Kopfschmerzen auf, die Erinnerung an die Zeit kurz vor dem Ereignis und danach ist gestört (retro- und anterograde Amnesie). In sehr seltenen Fällen kommt es zu posttraumatischen Dämmerzuständen, die an zusätzliche Bedingungen geknüpft sind (z.B. situationsinadäquates Verhalten, finale Schlafphase). Am Gehirn selbst zeigen sich keinerlei Verletzungsspuren, es handelt sich um zentralnervöse Störungen.

Gewalteinwirkungen mit fassbaren Schädigungen am Gehirn (Subarachnoidalblutung, Rindenprellung, Gewebs- oder Gefäßschäden), die klinisch mit z.T. längerdauernder Bewusstlosigkeit einhergehen und nicht folgenlos abheilen, bezeichnet man als „**Contusio cerebri**" (Hirnprellung).

Bei der „**Compressio cerebri**" kommt es sekundär durch Blutung und Ödem zur intrakraniellen Volumenzunahme mit Einklemmung der Medulla oblongata in das Foramen magnum und letztlich zum Versagen der zentralen Regulationen (Atmung, Kreislauf, Temperatur, Endokrinium) mit Eintritt des Hirntodes. Bei Kindern beobachtet man häufig ein massives, therapieresistentes traumatisches Hirnödem ohne größere Blutungen.

Neben dieser morphologisch orientierten Einteilung, die trotz aller Unzulänglichkeiten immer noch bei der Einteilung der Schweregrade eines **Schädelhirntraumas** (SHT) benutzt wird, sollten aus klinischer Sicht andere Bewertungsschemata herangezogen werden. So kann je nach Dauer oder Ausmaß der posttraumatischen Bewusstseinsstörung zwischen einem leichten, mittelschweren und schweren SHT unterschieden werden. Die Differenzierung zwischen einem offenen/penetrierendem SHT (bei Verletzung der harten Hirnhaut) zum geschlossenen SHT ist wegen der Infektionsgefahr von Bedeutung (Liquorrhoe, posttraumatische Meningitis).

Die modernste Einteilung orientiert sich an der **Glasgow coma scale** (GCS) (▪ Tabelle 3.15) mit folgender Einteilung:
- Leichtes Schädelhirntrauma 13–15 Punkte
- Mittelschweres Schädelhirntrauma 9–12 Punkte
- Schweres Schädelhirntrauma 8 oder weniger Punkte.

Die schwersten Verläufe mit Einklemmung des Hirnstammes und Sistieren der Blutzirkulation führen unter intensivmedizinischen Bedingungen zum Hirntod, der mit dem Individualtod gleichzusetzen ist. Die Kriterien sind durch „Richtlinien der Bundesärztekammer" geregelt.

Heftige stumpfe Gewalteinwirkungen, wie sie bei Schlägen mit der Faust oder Werkzeugen, Sturz zu ebener Erde oder aus der Höhe, beim Auftreffen von herabfallenden Gegenständen aus einiger Höhe sowie Beschleunigungsunfällen (Verkehrs-

▪ Tabelle 3.15. Glasgow-Komaskala

zu bewertende Reaktion	beobachtete Reaktion	Punktzahl
Augenöffnen	spontan	4
	auf Aufforderung	3
	auf Schmerzreiz	2
	kein Augenöffnen	1
beste sprachliche Antwort	voll orientiert	5
	unvollständig orientiert	4
	verworren	3
	unverständlich	2
	keine	1
beste motorische Reaktion	adäquate	6
	gezielte Abwehr	5
	unvollständige Abwehr	4
	Beugesynergismen	3
	Strecksynergismen	2
	keine Bewegung	1

und Flugunfall) entstehen, führen neben der Kompression zu Translations- und Rotationsbeschleunigungen des Gehirnes (in der Regel zu Kombinationen) mit Gefäßzerreißungen und Rindenprellungsherden und davon ausgehenden raumfordernden intrakraniellen Blutungen.

Intrakranielle Blutungen. Die Blutungen im Schädelinneren werden je nach ihrer Lokalisation in epidurale, subdurale, subarachnoidale, intrazerebrale, intrazerebelläre und Hirnstammblutungen unterschieden (◘ Abb. 3.22).

Epidurale Blutungen sind nahezu immer traumatischen Ursprungs und meist auf eine Verletzung der A. meningea media unterhalb eines (meist parietal gelegenen) Schädelbruchs zurückzuführen. Andere Blutungsquellen sind ein- oder doppelseitige Sinusrupturen. Zu beachten ist das sog. „Freie Intervall“, das zwischen der Gewalteinwirkung (meist mit initialer kurzer Bewusstlosigkeit) und dem Einsetzen von Hirndrucksymptomen (neurologische Defizite, Erweiterung der zur Blutung ipsilateral gelegenen Pupille durch Einklemmung bzw. Zug am N. oculomotorius) liegt. Tödliche Verläufe mit Verkennung der Blutung kommen dank moderner diagnostischer Verfahren (CT) kaum mehr vor und haben in der Regel ein strafrechtliches Ermittlungsverfahren mit der Frage mangelnder ärztliche Sorgfalt zur Folge. Eine strafrechtliche Verurteilung erfolgt aber in der Regel nicht, weil die Kausalität zwischen der Sorgfaltspflichtverletzung und dem Tod (bei einer Letalität von ca. 5–10 %) nicht zu belegen ist. Zivilrechtlich ist bei „grobem Behandlungsfehler“ und „Beweislastumkehr“ dagegen eine Haftung mit Schadensersatz sehr wahrscheinlich.

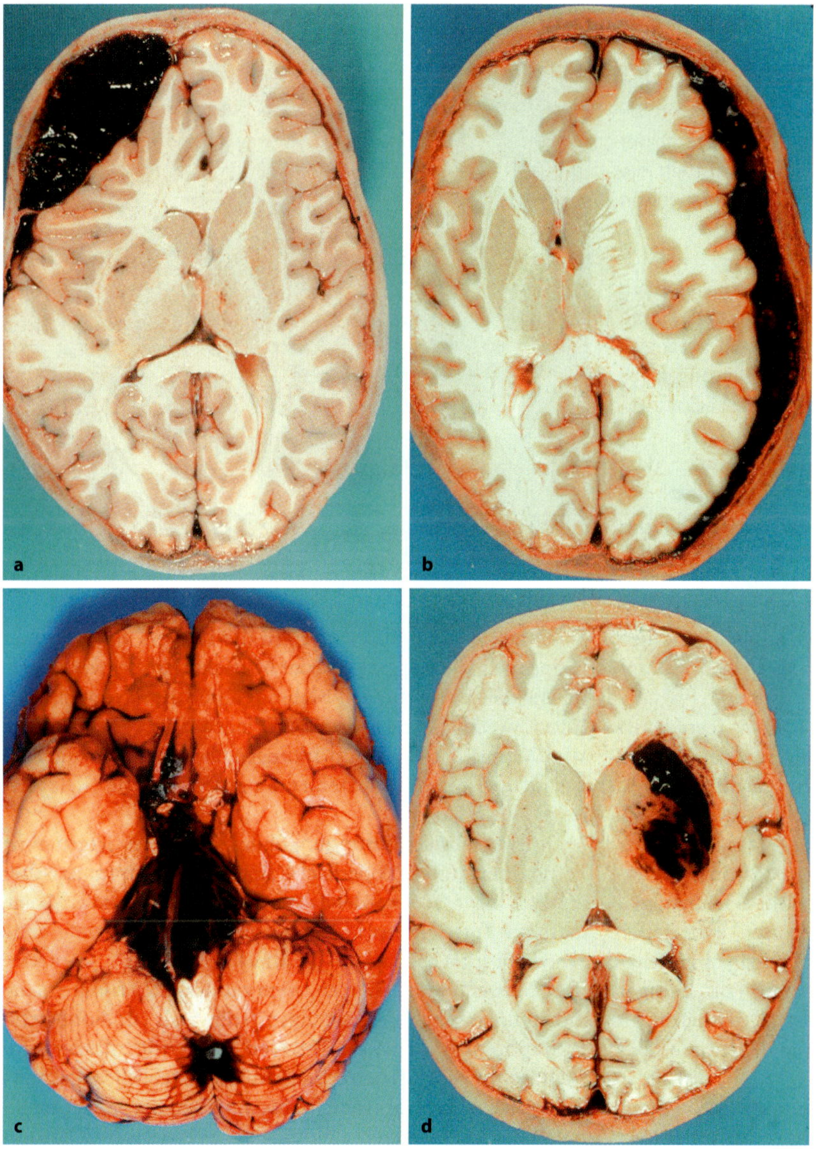

◘ Abb. 3.22a–d. Blutungen Gehirn
a Bikonkave (linsenförmige) epidurale Blutung mit Schädelbruch und Ruptur der A. meningea media. Ausgeprägte Mittellinienverlagerung („shifting“), sekundäre Blutung vor dem Balkenknie. Verkehrsunfall Mofa ./. PKW, 1 Tag überlebt. **b** Sichelförmige subdurale Blutung nach Rotationstrauma und Brückenvenenruptur (Sturz? Schlag?), kein Schädelbruch. Überlebenszeit unbekannt (Wohnungstod). Alkoholismus. **c** Traumatische Subarachnoidalblutung. Polytrauma, Schädelbasisfraktur, Bluteinatmung. Arbeitsunfall, Sturz aus der Höhe, kurz überlebt. **d** Traumatische zentrale Blutung („Hirnruptur“) nach massivem Rotationstrauma (PKW-Fahrerin, seitlich von LKW erfasst), kein Schädelbruch. Ipsilaterale Hippocampusbltg., kontralaterale Balkenblutung. 4 Tage überlebt.

Fallbeispiel

Ein 18 Jahre alter Bundeswehrsoldat wird zusammen mit zwei Bekannten von einem älteren Mann auf der Straße angepöbelt und fällt durch einen „Renner" gegen die Brust mit dem Hinterkopf auf die Straße. Er erwacht nach kurzer Bewusstlosigkeit und gibt gegenüber der vorsorglich alarmierten Notärztin einen „falschen Namen" an, was von ihr als Folge einer stärkergradigen Alkoholisierung gedeutet wird (tatsächliche Blutalkoholkonzentration zu dieser Zeit ca. 1 Promille). Bei der Krankenhauseinlieferung ist zwar auf dem angefertigten Röntgenbild ein Schädelbruch erkennbar, der aber als „abnormer Gefäßverlauf" missdeutet wird. Der Soldat wird „zur Ausnüchterung" in die Kaserne entlassen, wo es einige Stunden später zum Erbrechen und schließlich zur Bewusstlosigkeit kommt. Bei der neuerlichen Krankenhauseinlieferung zeigt sich im CT eine epidurale Blutung, die ausgeräumt wird. Auf Grund der Hirnschädigung war aber der tödliche Ausgang nicht mehr abzuwenden. Bei der Sektion fand sich der Schädelbruch an entsprechender Stelle, weitere schwerwiegende Verletzungen lagen nicht vor. Strafrechtlich wurde der Täter wegen Körperverletzung mit Todesfolge verurteilt, die Ärzte blieben straffrei, weil die Kausalität nicht zu beweisen war (◘ Abb. 3.23a, b).

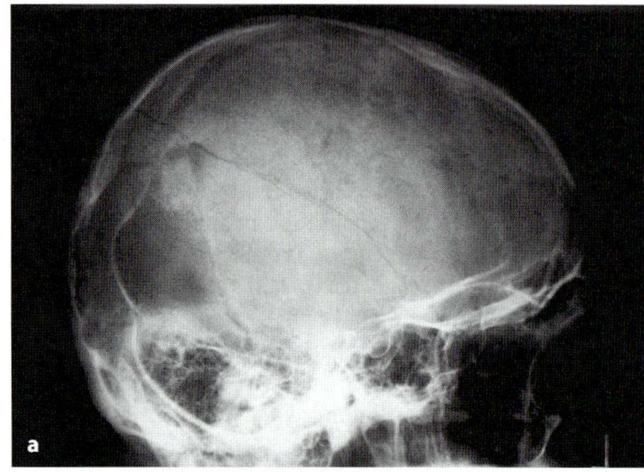

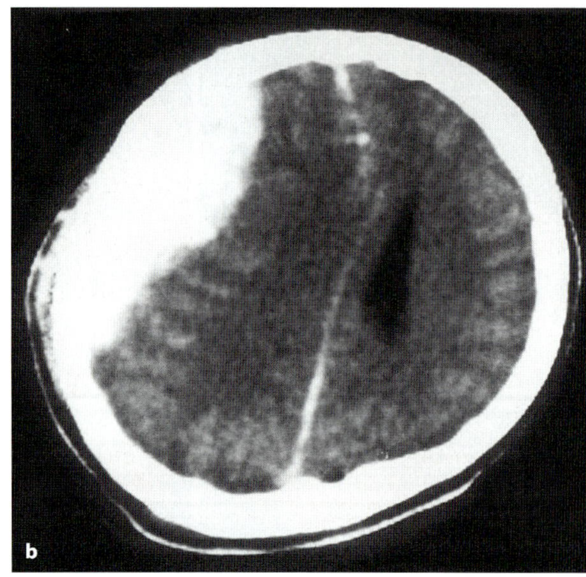

◘ Abb. 3.23. **a** Schädelbruch; **b** epidurale Blutung CT

Subdurale Blutung: Die Blutungen unter der harten Hirnhaut, die sich im CT und bei der Sektion sichelförmig darstellen, sind die häufigste schwerwiegende Komplikation nach schweren stumpfen Schädelhirntraumen, sie sind meist auf Blutungen aus sog. „Gegenstoßprellungsherden" (Contrecoup) zurückzuführen (◘ Abb. 3.24).

Beim Contrecoup handelt es sich um das Phänomen, dass bei okzipitalen und parietalen (nicht aber bei frontalen) Gewalteinwirkungen die der Einwirkung diametral gegenüberliegende Seite bedeutend massivere Hirnschädigungen aufweist, als die Einwirkungsstelle selbst. Nach Sellier und Unterharnscheid sind die Gegenstoßprellungsherde durch innere Kavitation („Unterdruck") mit Herausreißen der kuppenständigen Gefäße zu erklären. Gegen Druck reagiert das Gehirn viel unempfindlicher (◘ Abb. 3.25a, b).

Von den **Rindenprellungsherden** aus kann es (gerade bei älteren Menschen) auch zu massiven Blutungen in das Marklager kommen, die klinisch nicht mit intrazerebralen Blutungen aus natürlicher Ursache verwechselt werden dürfen.

Kommt es unterhalb des Schädelbruchs zu einer Zerreißung der Dura und rinnenförmiger Einklemmung der Hirnoberfläche, können auch im Anstoßbereich ausgedehnte Schädigungen (meist hämorrhagische Infarzierungen, Nekrosen) auftreten.

Eine Besonderheit stellen subdurale Blutungen ohne Schädelbruch dar, die meist auf Rotationstraumen (z.B. heftiger Faustschlag) zurückzuführen sind und durch Abscherungen von Gefäßen (Schlagadern, Brückenvenen) an der Hirnoberfläche bedingt sind (Krauland).

Eine Sonderform stellt das „Schütteltrauma" des Säuglings oder Kleinkindes dar („**baby-shaken-syndrome**"), bei dem durch heftige Schüttelbewegungen des Körpers und Hin- und Herpendeln des Kopfes ein- oder beidseitig Brückenvenen zerreißen, die zur subduralen Blutung führen. Auch eine massive Hirnschwellung kann Folge solcher mechanischer Belastungen sein. Werden die Gewalteinwirkungen überlebt, sollen die Kinder nicht selten erhebliche neurologische Defizite (Retardierung) aufweisen.

Intrazerebrale Blutungen: Blutungen in das Gehirn ohne Verbindung zur Hirnoberfläche sind als Folge traumatischer Einwirkungen außerordentlich selten und werden als Folge massiver Rotationsbeschleunigungen des Kopfes (auch ohne Schädelbruch!) beobachtet („zentrale Hirnruptur"). Intrazerebrale Massenblutungen in engerem zeitlichen Zusammenhang mit traumatischen Einwirkungen (früher als „**Bollingersche Spätapoplexie**" heute als „**Delayed Traumatic Intracerebral Hematoma = DTICH** bezeichnet) werfen erhebliche gutachterliche Probleme auf (Massenblutung mit nachfolgendem Unfall?, traumatische Intrazerebralblutung bei zweizeitiger Gefäßrup-

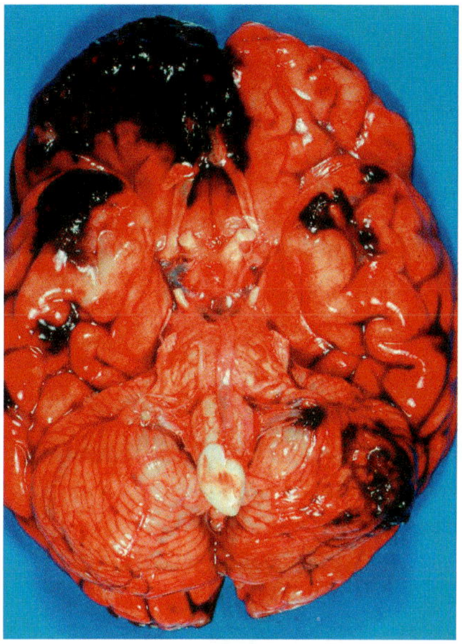

Abb. 3.24. Coup, Contrecoup

tur?). Sie sind im Todesfall nur durch Sektion und kompetente Hirnuntersuchung zu klären.

Subarachnoidalblutung: Bei Rotationstraumen (Faustschlag) kann es durch Zerrung an der A. basilaris zu Längsrissen mit nachfolgender Subarachnoidalblutung kommen. Auch Gefäßeinrisse unterhalb von Schädelbrüchen können eine solche Blutung hervorrufen, wobei es zweizeitige Verläufe gibt. Ein besonderes Problem stellen Rupturen von vorbestehenden Aneurysmen dar, die bevorzugt an den Gefäßverzweigungen der Aa. communicans ant., cerebri mediae, carotis internae und Aa. vertebrales liegen (sog. Forbus'sche Aneurysmen oder „berry aneurysms"). Im Todesfall kann nur die eingehende morphologische Untersuchung die Zusammenhänge zwischen Gewalteinwirkung und Aneurysmaruptur klären. Auch ist eine Abgrenzung gegenüber traumatischen Pseudoaneurysmen mit zweizeitigem Verlauf vorzunehmen.

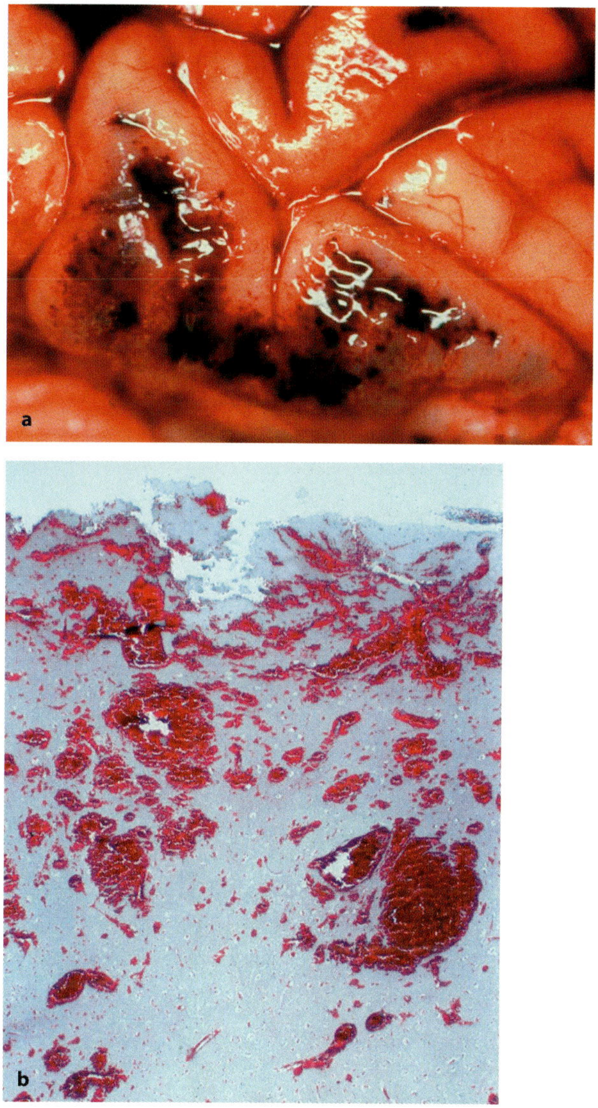

Abb. 3.25a, b. Rindenprellungsherde. **a** makro; **b** mikro

Fallbeispiel

Ein 28 Jahre alter Kaufmann wird nach Verlassen eines Lokals von Jugendlichen angepöbelt und schließlich mit der Faust in das Gesicht geschlagen, wobei er nach der zweiten Salve leblos zusammenbricht und durch den alarmierten Notarzt nicht mehr wieder belebt werden kann. Todesursächlich ist eine Subarachnoidalblutung aus einem rupturierten Aneurysma der linken A. cerebri media, das sich auf Grund der histologischen Untersuchungen schon in den Tagen zuvor gedehnt hatte, so dass eine „Rupturbereitschaft" bestand. An der Rupturstelle waren intensive leukozytäre Reaktionen mit Fibrin u. Thrombozytenaggregaten nachzuweisen. Als Nebenbefund fand sich ein kleines nicht rupturiertes Aneurysma an der gegenüberliegenden Mediagabel. Im Gesicht fanden sich Blutunterlaufungen an den Lippen, aber keine knöchernen Verletzungen. Da strafrechtlich die Kausalität zwischen Gewalteinwirkung und Aneurysmaruptur nicht mit an Sicherheit grenzender Wahrscheinlichkeit zu belegen war (es bestand die Möglichkeit, dass es allein durch die physische Belastungssituation beim Streit mit Blutdruckerhöhung schon vor den Schlägen zur Ruptur gekommen war), erfolgte strafrechtlich eine Verurteilung wegen Körperverletzung. Zivilrechtlich (es ging um Unterhaltsansprüche der minderjährigen Kinder) wurde in einem höchstrichterlichen Urteil (BGH) auf Grund der zeitlichen Koinzidenz ein kausaler Zusammenhang bejaht (Abb. 3.26a, b).

Intrazerebellare Blutung: Traumatische Blutungen in das Kleinhirn sind fast ausnahmslos Folge eines Schädelbruches in der hinteren Schädelgrube mit Durariss und Quetschung der Kleinhirnoberfläche mit nachfolgender Blutung und Nekrose.

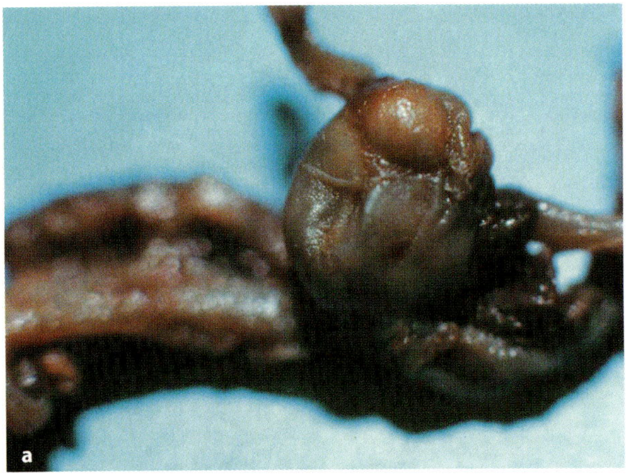

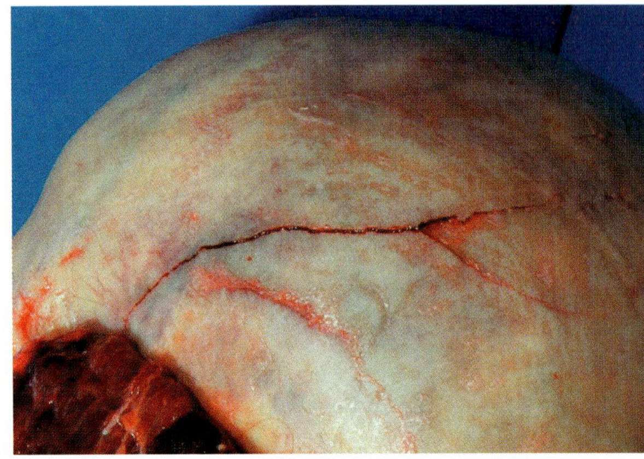

Abb. 3.27. Schädelberstungsfraktur

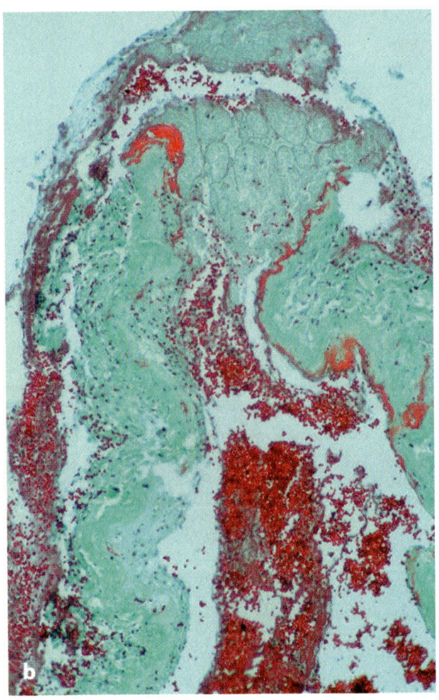

Abb. 3.26. **a** Aneurysma linke A. cerebri media; **b** Histologie des Aneurysmas mit Rupturstelle

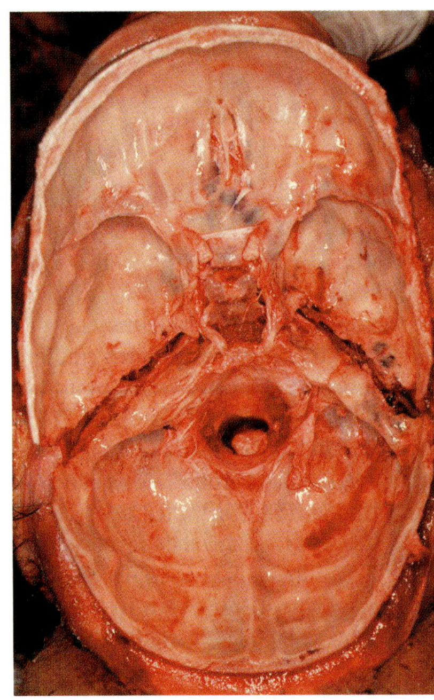

Abb. 3.28. Schädelbasisfraktur (Scharnierbruch)

Hirnstamm: Blutungen in Mesenzephalon, Pons und Medulla oblongata („Hirnstamm") können primär als Folge einer massiven Gewalteinwirkung (vor allem Rotationstrauma, auch ohne Schädelbruch!) auftreten oder (häufiger) sekundär durch intrakranielle Raumforderung (Blutung, Ödem) mit venöser Abflussbehinderung bzw. Verlagerung des Hirnstammes („shifting"). Die sekundären Blutungen betreffen nie den kaudalen Pons und die Medulla oblongata, weil deren venöser Abfluss infratentoriell liegt (Sinus petrosus).

Primäre Hirnstammblutungen müssen nicht unmittelbar tödlich sein, werden aber in der Regel nicht überlebt.

Zerreißungen des Hirnstammes (Hirnstammruptur) führen unmittelbar zum Tod; sie sind meist indirekt durch Zug (bei Kopfluxation oder Halswirbelsäulenfraktur) bedingt oder Folge massiver direkter Gewalteinwirkung auf den Schädel mit Frakturen.

Schädelfraktur. Schädelfrakturen haben für den tödlichen Ausgang keine eigenständige Bedeutung, auch wenn in der Internationalen Klassifikation der Todesursachen (ICD 10: S 02) ein „Schädelbruch" als mögliche Todesursache angegeben ist.

Die Ausprägung unterliegt Gesetzmäßigkeiten, wobei zwischen Berstungs- und Biegungsbrüchen sowie Impressionsfrakturen (Spezialfall: Loch- oder Terrassenbrüche, bei Kindern: Zelluloid- oder „Pingpongballfraktur") unterschieden wird.

Berstungsbrüche (Abb. 3.27) kommen durch Verkürzung des Schädeldurchmessers in Richtung der Gewalteinwirkung bei gleichzeitiger Verbreiterung im Querdurchmesser durch

Zugspannungen zustande, sie folgen in ihrer Ausprägung den Trajektorien des Schädels. In der Regel ziehen sie auch in die Schädelbasis, wo es bei Beteiligung der vorderen und mittleren Schädelgruben zu Gefäßzerreißungen mit tödlichen Verblutungen kommen kann (unter dem Kopf des Verunglückten findet man eine große Blutlache mit Blutaustritt aus Mund, Nase und auch Ohren). Die Schlagadern am Hirngrund können unterhalb von Schädelbrüchen ein- oder zerreißen und zu tödlichen intrakraniellen Blutungen (meist subarachnoidal) führen. Bei massiverEinwirkung auf das Hinterhaupt kann es neben dem Berstungsbruch an der Einwirkungsstelle durch die Stauchung der Schädelbasis zu Impressionsfrakturen in den Orbitadächern, nachfolgend mit Ausprägung eines Monokel- oder Brillenhämatoms, führen.

Scharnierbrüche der Schädelbasis (◘ Abb. 3.28) stellen eine Sonderform der Berstungsbrüche dar, die in der Regel bei beidseitiger Einwirkung gegen den Kopf auftreten (z.B. Einklemmen des Kopfes zwischen Ladebord eines rückwärts fahrenden LKWs und der Wand oder Überrollen durch ein Kraftfahrzeug beim auf dem Boden liegenden Kopf). Unvollständige Scharnierbrüche sind bei massiver einseitiger Belastung zu beobachten.

Biegungsbrüche entstehen kreisförmig um die Einwirkungsstelle herum, sie gehen nahezu immer mit Berstungsbrüchen einher („**Globusbruch**") und setzen höhere Gewaltintensitäten als ein Berstungsbruch voraus (◘ Abb. 3.29). Bei mehreren, hintereinander folgenden, massiven Gewalteinwirkungen kann aus dem Abbruch der Bruchlinien an der vorausgegangenen Einwirkungsstelle auf die Reihenfolge geschlossen werden („**Puppe'sche Regel**").

Loch- oder Terrassenbrüche entstehen bei senkrechtem bzw. schrägem Auftreffen von geformten, kleinen Flächen (z.B. Hammerbahn), wobei die maximale Kantenlänge bei 4x4 cm liegt.

Ringbrüche der Schädelbasis kommen selten vor. Sie sind entweder auf eine Stauchung des Kopfes in die Wirbelsäule zurückzuführen (z.B. Motorradunfall mit Aufprall des helmgeschützten Kopfes gegen eine Fläche) oder durch Traktion bedingt (Festhalten des Kopfes bei kaudaler Bewegung des Körpers). Meist kommt es dabei zur Hirnstammruptur und massiven Blutungen aus den intrakraniellen Schlagadern (Carotiden) mit schnellem Todeseintritt.

Wunden und Schädelbrüche im oberen Stirn-, Scheitel- und Hinterhauptsbereich, oberhalb der „**Hutkrempenlinie**" (= größter Kopfumfang), sprechen eher für von oben kommende

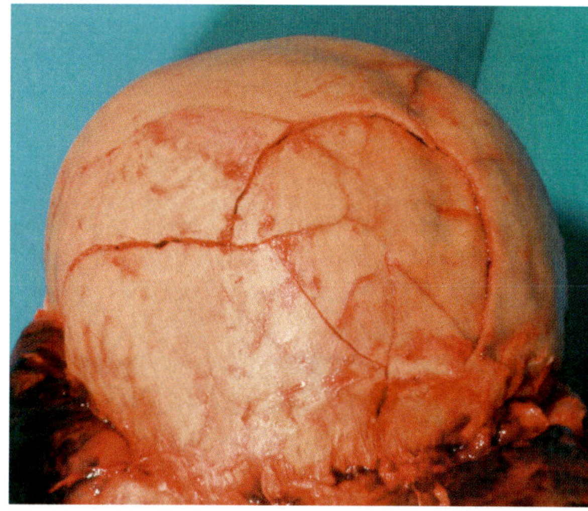

◘ Abb. 3.29. Berstungs-Biegungsfraktur („Globusbruch")

Gewalteinwirkungen (z.B. Schlag mit einem Gegenstand auf den Kopf), während bei Sturz zu ebener Erde oder Anstoß in der Regel die prominenten Kopfpartien (Hinterhauptshöcker, Nase-Stirn-Partie) betroffen sind.

Ist die harte Hirnhaut eingerissen, spricht man von einem **offenen Schädelhirntrauma** mit der Gefahr von posttraumatischen Infektionen (vor allem bei frontobasalen Verletzungen!). Klinisch bezeichnend (und bei Persistieren unbedingt therapiebedürftig!) ist eine Liquorrhoe aus Ohr oder Nase.

Kommt es bei Gewalteinwirkungen zur unvollständigen Zerreißung intrazerebraler Gefäße, kann sich ein **traumatisches Pseudoaneurysma** ausbilden, das auch noch nach längerer Zeit rupturieren kann. Selten werden traumatische **Sinus-cavernosus-Fisteln** beobachtet.

Spezielle Traumatologie: Gesicht

Stumpfe Gewalteinwirkungen gegen das Gesicht gehen häufig mit Nasenbeinfrakturen einher oder mit Gesichtsschädelbrüchen (**Einteilung nach Le Fort I–III;** ◘ Tabelle 3.16+Abb. 3.30).

Bei Einwirkungen auf die Augen (z.B. durch Faustschlag, Tennisball) kann es zu Verletzungen des Augapfels und der Orbita kommen (**Blow-out-Fraktur**).

Nach Schlägen auf den Mund sind Verletzungen häufig nur an der Schleimhautinnenseite erkennbar (Widerlagerverletzungen durch die Zähne).

◘ **Tabelle 3.16.** Mittelgesichtsfrakturen nach Le Fort

Le Fort I (Guérin-Fraktur)	Durchsetzung der Apertura piriformis, Fossa canina, Kieferhöhlen und Keilbeinflügelfortsätze, im Wesentlichen mit Abtrennung des harten Gaumens
Le Fort II	Heraussprengung des mittleren Gesichtsskelettes mit Brüchen der Nasenwurzel und der Jochbeinfortsätze. Orbitafraktur in der Fossa orbitalis inferior
Le Fort III	Aussprengung des Gesichtsskelettes mit Jochbeinen bds., quer über die Nasenwurzel zu den Stirnfortsätzen der Oberkiefer, durch Augenhöhlen und Jochbeinbogen

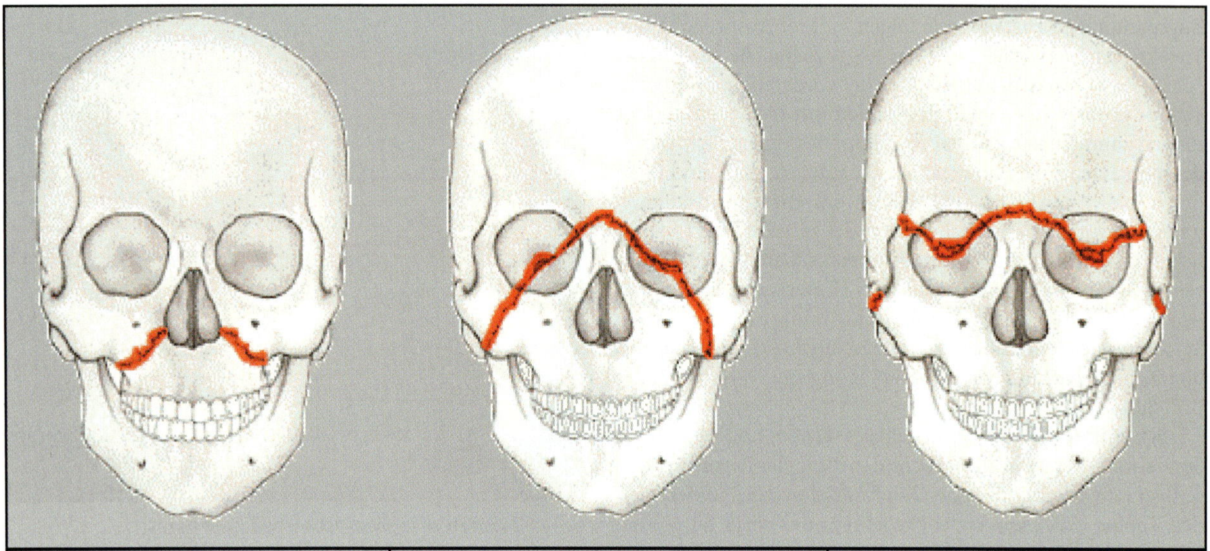

Le Fort I	Le Fort II	Le Fort III
Querfrakturen des Oberkiefers mit horizontaler Absprengung in Höhe des Nasen- und Kieferhöhlenbodens	Pyramidalfraktur mit Absprengung des Oberkiefers mit oder ohne Nasenbeteiligung	Abspengung des gesamten Mittelgesichtes von der Schädelbasis

Abb. 3.30. Mittelgesichtsfrakturen (Einteilung nach Le Fort)

Spezielle Traumatologie: Hals

Direkte (Druck-) oder indirekte (Zug-) Kräfte am Hals führen vor allem zu partiellen oder vollständigen Zerreißungen der A. carotis com. oder A. carotis int. Prädisponierend sind umschriebene stumpfe Gewalteinwirkungen auf den Hals (z.B. der Lenker eines Motorrades beim Fußgängerzusammenstoß) oder massive Überstreckungen (z.B. bei PKW-Frontalaufprall und falsch anliegendem Diagonalgurt). Während die (nur bei massivsten Kräften vorkommenden) Totalabrisse unmittelbar zum Tode führen, sind die inkompletten Rupturen mit einer wechselnden Symptomatik verbunden, die nicht selten in der Klinik verkannt wird.

Fallbeispiel

Eine 21 Jahre alte Frau wird als Beifahrerin bei einem frontalen Auffahrunfall (hohe Kollisionsgeschwindigkeit) scheinbar ohne schwerere Verletzungen bei vollem Bewusstsein in ein Krankenhaus eingeliefert, wo eine LWK-Fraktur festgestellt und operativ stabilisiert wird. Sie entwickelt eine rechtsseitige Parese, das primäre CT ist unauffällig, das Kontroll-CT zeigt einen Mediainfarkt links. Dopplersonographisch ist ein Verschluss der linken A. carotis com. nachzuweisen. Tod nach 4½ Tagen infolge Hirnstammeinklemmung. Todesursächlich ist eine traumatische Karotisthrombose (Abb. 3.31) bei ansonsten unauffälligen Gefäßen. Die Frau war angegurtet (innere Gurtmarke von re. oben nach li. unten), zusätzlich fand sich eine Zerrung am rechten Lungenhilus.

Bei Tötungsdelikten können durch stumpfe Gewalt (z.B. Tritte auf den Hals) Zertrümmerungen des Kehlkopfskelettes, vor allem aber Schwellungen und Blutungen auftreten, die durch Verlegung der Atemwege durch Ersticken zum Tode führen. Werden derartige Einwirkungen überlebt, ist eine fachärztliche (HNO-) Untersuchung unerlässlich.

Auch Ösophagus und Trachea sowie (sehr selten) der Ductus thoracicus können bei schweren Gewalteinwirkungen zerreißen, meist in Kombination mit anderen Verletzungen.

Spezielle Traumatologie: Wirbelsäule

Verletzungen der Wirbelsäule setzen in der Regel massive Gewalteinwirkungen voraus (Verkehrsunfall, Sturz aus der Höhe, Treppensturz), können aber bei vorbestehenden Erkrankungen auch schon bei vergleichsweise geringer Krafteinleitung (z.B. Sturz aus dem Stand) vorkommen. Die Gefährlichkeit liegt in einer Quetschung oder Zerreißung der Rückenmarkes, das je nach Höhe der Läsion zu Lähmungen bis hin zur Quadroplegie führt. Bei hohen Halswirbelsäulenfrakturen (C1/C2) und Kopfluxationen treten direkte Verletzungen am Hirnstamm und Halsmark mit schnellem Todeseintritt auf („Genickbruch").

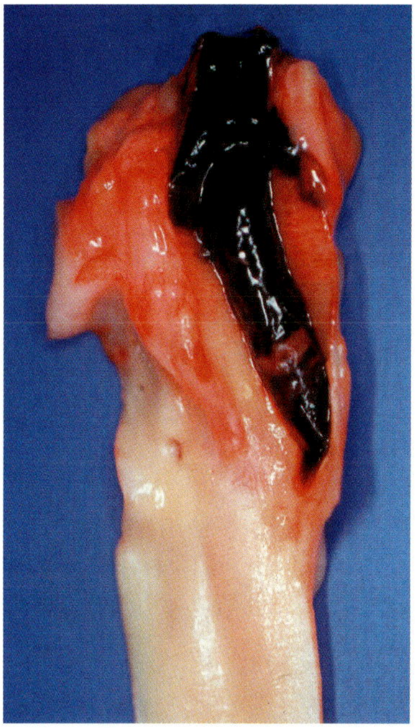

Abb. 3.31. Karotisthrombose

Als Sonderfall ist das HWS-"Schleudertrauma" (Whiplash) zu betrachten, das vor allem bei Fahrzeuginsassen beim Heckaufprall auftritt und häufig keine morphologischen Korrelate aufweist. Eine gutachterliche Befassung mit diesem Bereich empfiehlt sich nur bei intensiver Kenntnis der umfangreichen wissenschaftlich z.T. umstrittenen Materie.

Wenig Beachtung finden allgemein Verletzungen der Aa. vertebrales, die in den Querfortsatzlöchern der Halswirbelsäule (meist ab C7) über die Atlasschleife (C1/C2) in das Schädelinnere führen, wo sie sich zur A. basilaris vereinigen. Durch inkomplette Zerreißungen kann es zur Thrombose mit Gefäßverschluss, aber auch zur Embolisation in die intrazerebralen Arterien kommen, wobei häufig Gefäße des Hirnstammes betroffen sind (Ausprägung eines „Wallenberg-Syndroms").

Spezielle Traumatologie: Rumpf

Bei stumpfen Gewalteinwirkungen gegen den Rumpf sind neben den Hautdecken knöcherne Strukturen betroffen (Rippen, Wirbelsäule, Becken, Extremitäten), aber auch innere Organe, die durch Druck und Zugspannung rupturieren.

Thorax. Die Brustorgane (Herz, Lungen, Aorta) sind zwar durch den Brustkorb und die Wirbelsäule vor direkten Gewalteinwirkungen weitgehend geschützt, doch kommt es nach Überschreiten der Belastungsfähigkeit zu Rippenserienbrüchen und (beim juvenilen elastischen Thorax auch ohne knöcherne Verletzungen) durch massive Brustkorbkompression zu Prellungen und Quetschungen von Herz und Lungen. Das Herz rupturiert bei ausreichender Gewalt vor allem im Bereich der rechten Kammer, massive Kräfte führen zur Zerfetzung und Abriss des Herzens mit schnellem Todeseintritt.

Indirekte Verletzungen sind bei **Beschleunigungstraumen** zu erwarten (Liftunfall, Sturz aus der Höhe, Verkehrsunfall, Sturz auf den Rücken), wobei durch vertikalen bzw. horizontalen Zug des Herzens Aortenrupturen entstehen, typischerweise am Ende des Bogens in Höhe des Aortenisthmus („Botalli-Narbe") oder (viel seltener) über den Aortenklappen.

In den **Lungen** kommt es bei massiven Kontusionen zu Gewebszerreißungen, ebenso auch durch Anspießung zur Ausbildung eines Hämatothorax und/oder Pneumothorax.

Der instabile Thorax bei Rippenserienfrakturen geht vor allem beim älteren Menschen mit schweren, bisweilen tödlichen Atemstörungen einher.

Bei Einklemmung des Thorax (z.B. Verschüttung, Verkehrsunfall mit Kompression der Fahrgastzelle) kommt es zur Einflussstauung vor dem rechten Herzen mit zumeist massiven petechialen Blutaustritten in der Haut oberhalb der Kompressionsebene („**Perthes' Druckstauung**"). Einflussstauung und Behinderung der Atemexkursion führen letztlich zum Tode.

Bei sog. „Tottreten" als Folge schwerster Misshandlungen („Stiefeln") oder bei überstürzter Massenflucht (Panik) führt die Kombination von Kompression, Rippenbrüchen mit instabilem Thorax sowie Lungenfett- und Knochenmarksembolie zum Tode.

Abdomen. Bei Gewalteinwirkungen gegen den Bauch kommt es vor allem zu Milz-, Leber- und Darmrupturen, seltener sind Pankreas, Zwerchfell und Harnblase betroffen, bei rückwärtigen Einwirkungen auch die Nieren. Klinisch bedeutsam sind zweizeitige Rupturen (Milz!), die durch frühzeitige Ultraschalluntersuchungen und Lavage erkannt werden können.

Außerordentlich selten kommt es zur traumatischen Ruptur der Bauchaorta, meist bei arteriosklerotischer Vorschädigung.

Bei Schwangeren können massive stumpfe Gewalteinwirkungen zu einem Abort führen, der auf Loslösung der Plazenta beruhen kann, in seinen Ursachen aber nicht immer zu klären ist. Bei Unglücksfällen (z.B. Autounfall) handelt es sich strafrechtlich um eine straffreie fahrlässige Abtreibung (geahndet wird die Körperverletzung). Tritte in den Bauch bei Kenntnis der Schwangerschaft können neben der Körperverletzung auch zu einer Verurteilung wegen Abtreibung führen (§ 218 StGB).

Becken. Knöcherne Verletzungen des Beckenringes treten meist als Folge von Verkehrsunfällen (Fußgänger/PKW), Stürzen aus der Höhe oder auch Treppensturz auf. Klinisch gehört die Untersuchung des Beckenringes („Krepitation") zu den unerlässlichen Grundmaßnahmen. Autoptisch lässt sich aus der Lokalisation und Art der Brüche die Anstoßstelle näher eingrenzen.

Genitale. Bei Beckenfrakturen (Symphysensprengung, Bruch der Schambeinäste) können Verletzungen der Urethra beim Mann auftreten, selten sind Verletzungen der Hoden durch direkte Gewalteinwirkung. Sehr selten sind auch bei Frauen Pfählungsverletzungen oder traumatische Uterusrupturen.

Extremitäten. Gewalteinwirkungen gegen die langen Röhrenknochen führen durch Kompression und Biegung zu Frakturen, die je nach Einwirkung zu unterschiedlichen Fraktur-

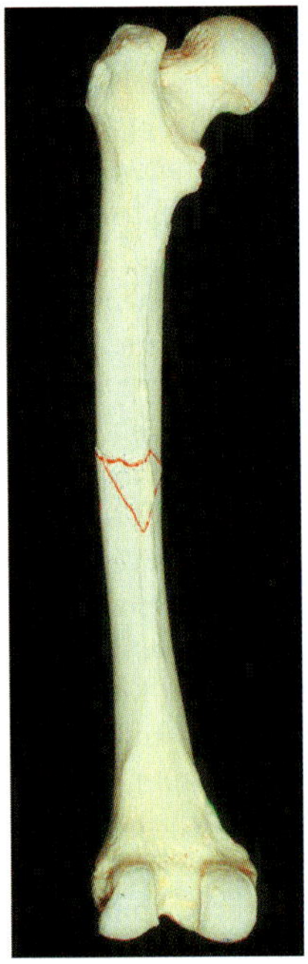

Abb. 3.32. Keilfraktur („Messerer-Bruch“)

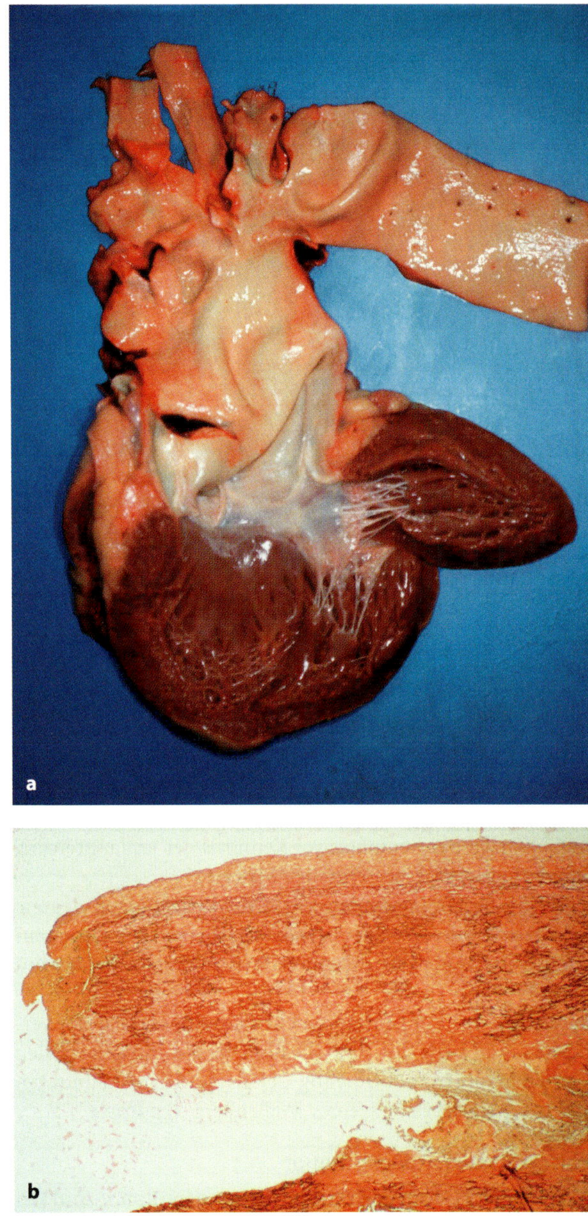

Abb. 3.33. **a** Aortenruptur; **b** Medianecrosis Erdheim-Gsell

mustern führen. Eine der häufigsten Verletzungen ist die Schenkelhalsfraktur des älteren Menschen durch Sturz auf die Hüfte. Unbeachtlich der Ursachen eines solchen Sturzes (z.B. Bewusstseinsstörung durch zerebrale Durchblutungsstörungen) handelt es sich im Todesfall (meist durch Pneumonie, Lungenembolie) um einen (meldepflichtigen) „nichtnatürlichen Tod“, da dieser **nicht allein** aus innerer krankhafter Ursache erfolgte. Eine andere Zuordnung wäre nur bei einem pathologischen Bruch (z.B. durch eine Knochenmetastase) zu vertreten.

Eine Sonderform stellt der **Keilbruch** („**Messererbruch**“) nach umschriebener Gewalteinwirkung vor allem gegen den Unterschenkel dar, der früher bei Fußgänger-PKW-Kollisionen zu beobachten war („Stoßstangenverletzung“). Bei dem Keil stellt die Basis den Ort der Gewalteinwirkung dar, die Keilspitze weist in Richtung der Gewalteinwirkung (Abb. 3.32).

Bei Gefäßverletzungen (**Aorta!**) kommt es nicht selten erst mit einer gewissen Latenz zur vollständigen Ruptur (zweizeitige Rupturen), die mit erheblicher klinischer und gutachterlicher Problematik einhergehen (Frage der Erkennbarkeit, Unterlassung ausreichender Diagnostik und Therapie, kausaler Zusammenhang mit dem längere Zeit zurückliegenden Unfallereignis). Die gewissenhafte Begutachtung erfordert die Beiziehung sämtlicher ärztlicher Befunde, die Erhebung der Fremd- und Eigenanamnese („Brückensymptome“) sowie im Todesfall der subtilen feingeweblichen Untersuchung der Rupturstelle zum Ausschluss einer Vorerkrankung (z.B. **Medianecrosis Erdheim-Gsell**; Abb. 3.33a, b).

Fallbeispiel

Ein 50 Jahre alter Chemiearbeiter hatte bei einer Verpuffung am Arbeitsplatz Verbrennungen im Gesicht davongetragen, die ambulant ärztlich versorgt wurden. Zu Hause wurde er ca. 7 Stunden später auf der Toilette bewusstlos aufgefunden und verstarb kurz danach im Krankenhaus. Todesursächlich war eine 3,5 cm breite Ruptur oberhalb der Aortenklappen mit disseziierendem retro- und anterogradem Aneurysma und Herzbeuteltamponade. **Nebenbefunde**: Herzhypertrophie (500 g), weite Aortenklappen (8,5 cm). Zweitgradige Gesichtsverbrennungen. Kein Inhalationstrauma, keine knöchernen Verletzungen.
Histologie: Medianecrosis Erdheim-Gsell. Gutachterlich war kein direkter oder indirekter Zusammenhang erkennbar, die psychophysische Belastung mit Blutdrucksteigerung zwar

denkbar, aber nicht mit der notwendigen Wahrscheinlichkeit zu belegen.

Für den klinisch tätigen Arzt und bei der Leichenschau ist besonders zu bedenken, dass bei stumpfen Gewalteinwirkungen zwischen äußerlich sichtbaren Verletzungen und dem Ausmaß der inneren Verletzungen keinerlei Zusammenhang bestehen muss. Besonders bei Kindern kommt es zu Leber- Pankreas-, Darm- und Milzrupturen, ohne dass äußerlich oder bei der Präparation der Hautschichten auch nur die geringste Verletzung erkennbar wäre.

Fallbeispiel

Ein 10 Monate alter Säugling wird nach Angabe der Mutter während des Badens plötzlich leblos, der alarmierte Notarzt führt vergebliche Wiederbelebungsversuche durch und attestiert schließlich eine ungeklärte Todesart mit Hinweis auf plötzlichen Kindstod (SIDS). Äußerlich waren keinerlei Verletzungsspuren festzustellen. Zur Vorgeschichte gab die Mutter an, dass das Kind in den Tagen vorher einen Darminfekt gehabt habe. Nachdem bei der Sektion drei verschieden alte Schädelbrüche festgestellt worden waren (aber keine akute Hirnschädigung), erfolgte eine sorgsame Präparation sämtlicher Hautdecken, wobei sich auch hier nirgendwo Verletzungsspuren nachweisen ließen. Bei der Eröffnung der Bauchhöhle fanden sich ca. 500 ml Blut, eine Leber- und subtotale Pankreasruptur sowie subtotale Mesenterial- und Darmeinrisse. In einem späteren Geständnis gab die Mutter an, dem auf dem Boden liegenden Kind mit dem nackten Fuß den Bauch mit kreisenden Bewegungen tief eingepresst zu haben, wobei es dann durch die Quetschungen gegen die Wirbelsäule (Widerlager) zu den Rupturen kam (▣ Abb. 3.34a, b).

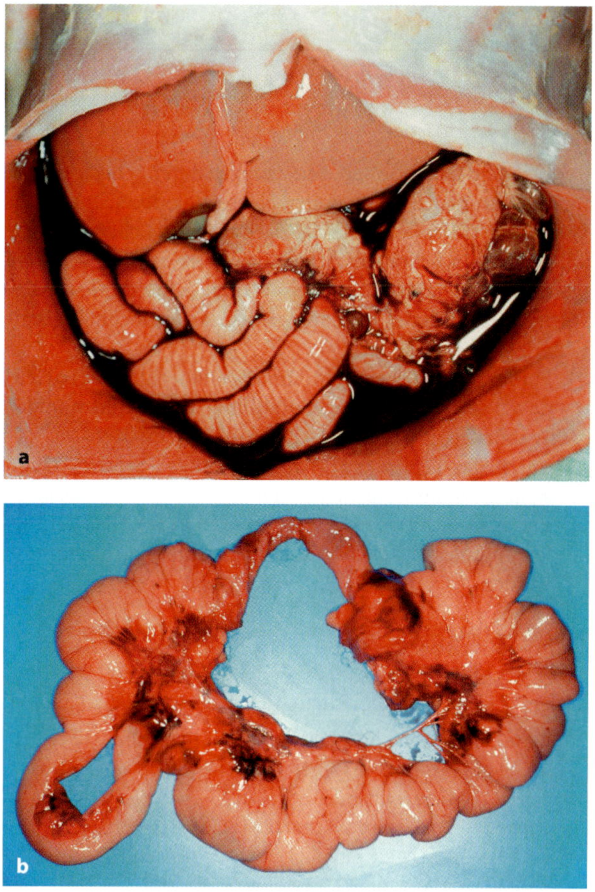

▣ Abb. 3.34a, b. Kindesmisshandlung. **a** Bauchsitus, innere Verblutung; **b** Duodenal-, Pankreas- u. Leberruptur

Kriminalistik

Die Verteilung und Lokalisation von Blutunterlaufungen, Schwellungen, Schürfungen und Wunden können Hinweise für eine Fremdeinwirkung liefern. So sprechen, wie bereits oben dargestellt, Verletzungen oberhalb der „Hutkrempenlinie" des Kopfes eher für Fremdeinwirkung und gegen einen Sturz auf das Hinterhaupt.

Einwirkungsspuren an den Streckseiten der Unterarme lassen an die aktive Abwehr der Einwirkungen denken („**Parierverletzungen**"), ebenso auch Verletzungen an der Oberfläche der Hand, wenn diese schützend vor den eigenen Körper gehalten werden (insbesondere bei Einwirkungen gegen den Kopf und auf das Gesäß).

Verletzungen wie ein Monokelhämatom, Nasenbeinbruch oder Blutunterlaufungen der Lippen weisen bei gleichzeitigen sturzbedingten Verletzungen auf Schlag oder Schläge in das Gesicht hin, wobei die Möglichkeit einer sturz- oder anstoßbedingten Verletzung gerade bei stärkergradiger Alkoholisierung, Drogeneinfluss oder krankheitsbedingten Bewusstseinsstörungen in Erwägung zu ziehen ist.

Beim festen Anpacken an den Armen im Verlaufe einer tätlichen Auseinandersetzung, sieht man nicht selten Blutunterlaufungen an deren Innen- und Außenseite („**Griffspuren**"), die sich aber (im Überlebensfall) bisweilen erst mit einiger Latenz zeigen. Im Todesfall kommen sie bisweilen erst bei der Präparation der Hautschichten zum Vorschein.

Liegt der Körper bei massiven Einwirkungen auf einer festen Unterlage (z.B. Fußboden) kann es zu **Widerlagerverletzungen** kommen, wie z.B. Blutunterlaufungen über den Schulterblättern beim Knien auf dem Brustkorb.

Wegen der weitgehenden Uniformität der Verletzungsfolgen nach stumpfen Gewalteinwirkungen sind sichere Rückschlüsse auf die Verletzungsursache und die Art der einwirkenden Gewalt häufig nicht oder nur mit Einschränkungen möglich. Eine Kombination direkter und indirekter Untersuchungstechniken (körperliche Untersuchung, Röntgen, CT, MRT, Ultraschall) und konsiliarische Beratung durch Rechtsmediziner, Traumatologen, Röntgenologen schafft aber häufig eine ausreichend sichere Bewertungsgrundlage für die Begutachtungen in den verschiedenen Rechtsgebieten.

3.6.2 Scharfe Gewalt

M. Oehmichen, B. Madea

Grundlagen

Begriffe und Definitionen. Verletzungen durch scharfe Gewalt werden verursacht durch spitz zulaufende oder schneidende Werkzeuge (Messer, Eispickel, Kugelschreiber, Schere, Nadeln, Spieße, Gabeln, Schraubenzieher, Glasscherben).
Penetrierende Hautverletzungen als Folge „scharfer Gewalteinwirkung" sind durch folgende gemeinsame morphologische Kriterien gekennzeichnet:
- durch eine Gewebedurchtrennung unterschiedlicher Tiefe,
- durch einen in der Regel gradlinigen und glattrandigen Wundrand,
- durch das Fehlen eines Vertrocknungs-, Schürf-, Quetschungssaumes (Ausnahme: Einstich bis zum Messerheft),
- durch das Fehlen von Gewebebrücken in der Tiefe der Verletzung, da alle Gewebsschichten gleichmäßig durchtrennt werden.

Definition

Grundsätzlich sind zu unterscheiden:
Stichverletzungen als Folge einer Gewebedurchtrennung mittels spitz zulaufendem Werkzeug (z.B. Messer), das überwiegend senkrecht zur Körperoberfläche geführt wird, mit einem in die Tiefe reichenden Stichkanal;
Schnittverletzungen mit der Folge einer längs verlaufenden scharfen Gewebedurchtrennung bei überwiegend parallel und/oder tangential zur Körperoberfläche geführtem Werkzeug und
Hiebverletzungen als Folge einer Schlagverletzung mittels scharfem Werkzeug (schwere Werkzeuge mit zumindest einer schneidenden Seite: Äxte, Beile, Säbel, Macheten, Propeller, Schiffsschrauben).

Stichwunden stellen heute nach Verletzungen durch stumpfe Gewalt die häufigsten Traumafolgen dar, bedingt u. a. dadurch, dass zunehmend Stichwaffen mitgeführt werden.
Medizinische und ermittlungstechnische Fragen bei Tod und Gesundheitsbeschädigung durch scharfe Gewalt. Dies sind
- Entstehungsart: Selbstbeibringung (Suizid/Selbstverstümmelung) versus Fremdbeibringung (Tötung, gefährliche Körperverletzung) versus Unfall
- Todesursache: inneres/äußeres Verbluten, Herzbeuteltamponade, Aspiration, Pneumothorax, Luftembolie
- tätliche Auseinandersetzung versus verletzt/getötet in einem arglosen oder handlungsunfähigen Zustand
- Agoniedauer und Fragen der Handlungsfähigkeit
- Kennzeichen des Tatwerkzeuges (Klingenbreite, Klingenlänge, einschneidiges, zweischneidiges Werkzeug usw.)
- Rekonstruktion des Handlungs- und Geschehensablaufs
- Zuordnung des Spurenbildes (Bluttropf- und -spritzspuren, Wischspuren) zum geschilderten Tatablauf

Dokumentation. Hierzu muss insbesondere bei forensisch relevanten Fällen eine detaillierte Beschreibung aller **Einzelverletzungen** sowie eine umfangreiche Fotodokumentation erfolgen:
- Morphologie der Einzelverletzungen
- Handelt es sich um ein oder um mehrere Tatwerkzeuge?
- Zahl und Lokalisation der Verletzungen
- Verteilung der Verletzungen (gruppiert, disseminiert-verstreut)
- Verlauf der Verletzungen (oberflächlich, tangential, senkrecht in die Tiefe, schräg von oben nach unten, seicht auslaufend, unterminierend, usw.)

Stichverletzung

Morphologie. Auch mit runden oder konischen Werkzeugen beigebrachte Stichverletzungen weisen in der Regel eine mandelförmige oder elliptische Gestalt auf, die je nachdem wie die elastischen Fasern der Haut durchtrennt werden, auf einer unterschiedlichen Breite klaffen (■ Abb. 3.35).

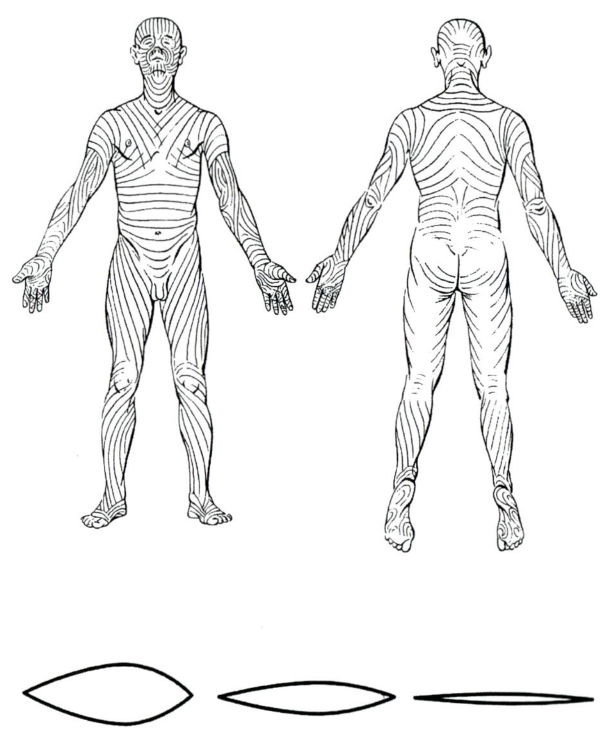

■ Abb. 3.35. Verlauf der elastischen Fasern in der Haut, sog. Langer'sche Hautspaltlinien (*oben*); mit dem gleichen Stichwerkzeug beigebrachte Stichwunden, die mehr oder weniger klaffen, je nach dem ob die Stichverletzung parallel (*C*) oder quer (*A*) zum Verlauf der elastischen Fasern liegt (*unten*)

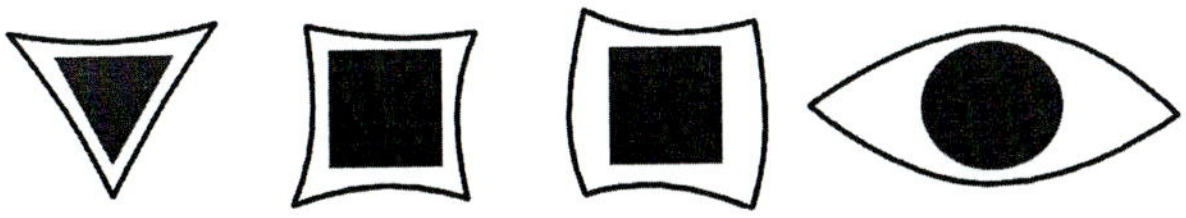

Abb. 3.36. Stichwunden an der Haut durch drei-, vierkantige oder runde Werkzeuge

Infobox

Werden die elastischen Fasern der Haut quer durchtrennt, klafft die Wunde naturgemäß breiter als bei parallelem Verlauf von Wunde und elastischen Fasern. Plastische Chirurgen legen daher, um kosmetisch unauffällige Narben zu erzielen, Hautschnitte parallel zu den Langer'schen Hautspaltlinien.

Drei- oder vierkantige Werkzeuge verursachen charakteristische Stichverletzungen korrespondierend zu ihrer Konfiguration (Abb. 3.36).

Der **Wundrand** von Stichverletzungen ist in der Regel gradlinig und glattrandig, ohne Riffelung und Zähnelung; bei Messern mit Wellenschliff oder Scharten können hingegen charakteristische Zähnelungen auftreten.

In der Regel fehlt bei Stichverletzungen angrenzend an die Kontinuitätsdurchtrennung ein Vertrocknungs-, Schürf- oder Quetschsaum, der allerdings bei homizidalen Stichverletzungen (Einstich der Messerschneide bis ans Heft) ein wichtiges differentialdiagnostisches Kriterium der Fremdtötung darstellen kann.

Der **Wundwinkel** ist abhängig von der Art des Werkzeuges und lässt sich bei Stichverletzungen in der Haut (nach Adaptation der Wunde) meist annähernd sicher erfassen: spitz zulaufend, korrespondierend zur Schneideseite der Klinge; dementsprechend zeigen sich bei zweischneidigen Werkzeugen zwei spitz zulaufende Wundwinkel. Bei einem einschneidigen Werkzeug kann der dem Messerrücken entsprechende Wundwinkel kantig, rund oder klein-schwalbenschwanzförmig konfiguriert sein (Abb. 3.37). Insbesondere wenn die Kanten des Messerrückens sehr scharf sind, zeigt sich der zum Messerrücken korrespondierende Wundwinkel schwalbenschwanzförmig aufgegabelt.

Der spitz zulaufende Wundwinkel ist häufig zusätzlich gekennzeichnet durch einen so genannten **Auszieher**, eine seicht auslaufende Oberhautanritzung, die bei nicht ganz senkrechtem Herausziehen des Tatwerkzeuges an der Hautoberfläche entsteht und die der Schneideseite des Messers entspricht.
Schließlich können durch Drehung – Drehen des Messers in der Wunde oder Ausweichbewegung des Opfers nach Erhalt der Stichverletzung – mehrachsige Wundformen entstehen, weil die Lage des Messers sich im Stichkanal beim Herausziehen geändert hat – bei Vergleich mit dem Einstechen (Abb. 3.38).

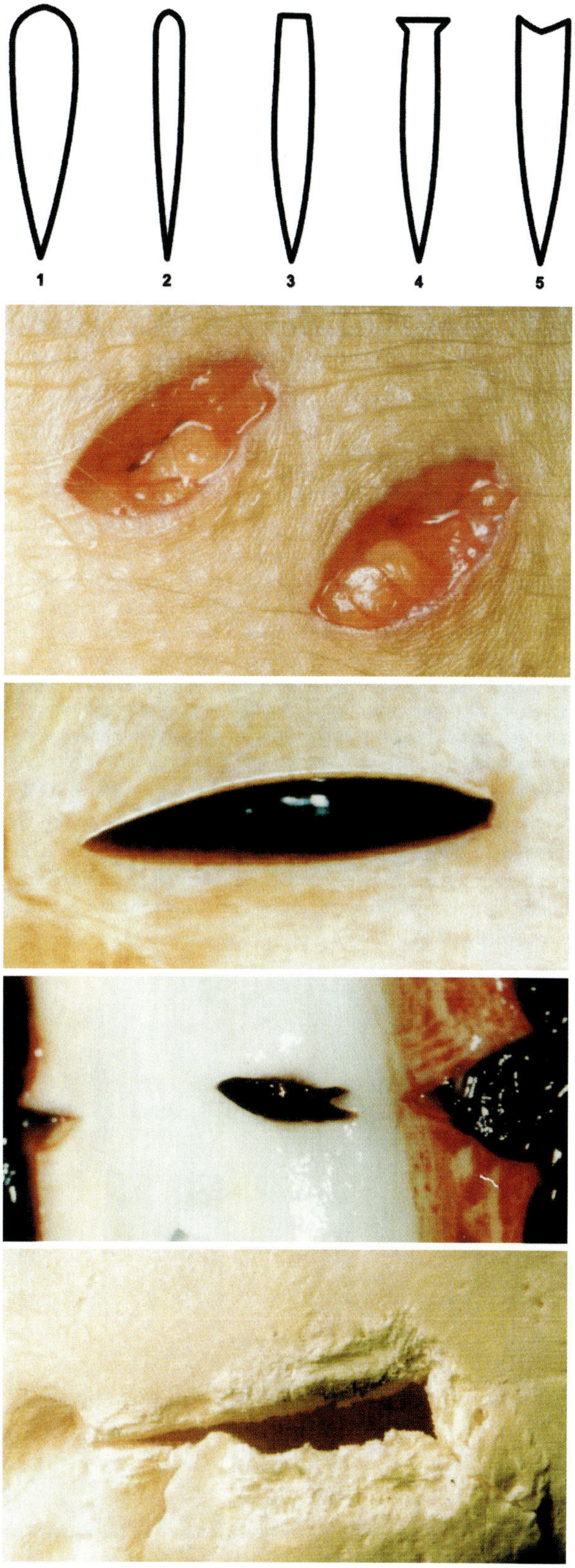

Abb. 3.37. Form der Stichwunde in der Haut bei Stich mit einschneidigem Messer. Teils ist der Wundwinkel abgerundet, teils kantig, bei sehr scharfen Kanten des Messerrückens zeigt sich eine typische sog. kleine Schwalbenschwanzform (s. Abb. 3.38+3.39). Darunter durch ein einschneidiges Werkzeug beigebrachte Stichverletzung in Haut, Leber, Aorta und Schädel. Der Messerrücken weist jeweils nach rechts

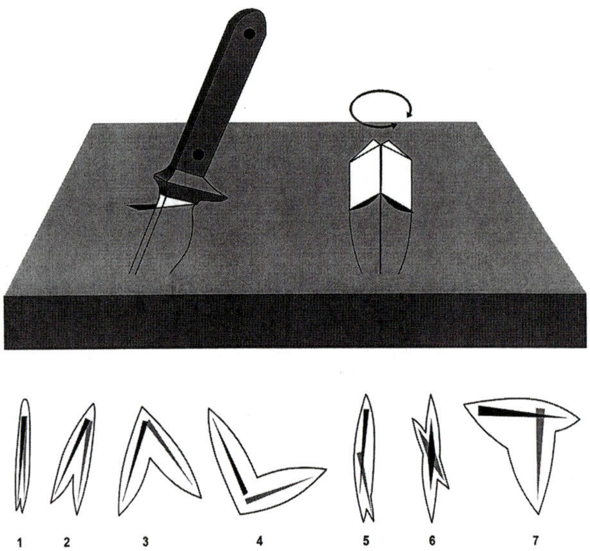

■ Abb. 3.38. Kleiner Schwalbenschwanz an der Seite des Messerrückens, großer Schwalbenschwanz durch Relativ-Bewegung zwischen Messer und durchstochenem Objekt, so dass die Lage des Messers im Stichkanal beim Herausziehen anders ist, als beim Einstechen (*oben*). Verschiedene Formen des kleinen Schwalbenschwanzes (*unten*): *1–4* durch Drehen des Messers oder Ausweichbewegung des Opfers. *5–7* bei einer gleichzeitigen gröberen Schnittbewegung, die Wundform *6* mit zwei „großen" Schwalbenschwänzen ist nur bei zweischneidigem Messer möglich

Häufig wird bei Einstich das Messer nicht nur senkrecht durch die Haut gestochen, sondern es kommt gleichzeitig zu einer Bewegung des Messers in Richtung Schneide, wodurch die Einstichwunde größer wird, als es der Klingenbreite entsprechen würde (■ Abb. 3.39a).

In vielen Fällen lässt sich bei derartigen kombinierten Stich-Schnitt-Verletzungen bei genauer Inspektion des Wundrandes auf der einen Seite eine Stufen- oder Zipfelbildung, auf der anderen Seite eine Einkerbung feststellen, die bei Adaptation der Wundränder miteinander korrespondieren.

Stichkanallänge: Wird mit einem Messer heftig bis zum Heft eingestochen, kann es durch Kompression der Weichteile (zum Beispiel der Bauchdecken) zu einem Stichkanal kommen, der länger ist, als die Messerklinge (■ Abb. 3.39b).

Weisen Messerrücken oder auch Schneide über der Klingenlänge eine unterschiedliche Konfiguration auf, kann dementsprechend – korrespondierend zur Einstichtiefe – auch die Morphologie der Stichverletzung variieren (■ Abb. 3.40).

Wichtig

Aus den exakt zu erhebenden Maßen einer Stichverletzung können daher nur mit Zurückhaltung Rückschlüsse auf die Abmessungen des verursachenden Werkzeuges gezogen werden.

Grundsätzlich kann die Stichwunde größer, gleich groß oder kleiner sein als die Messerschneide, der Stichkanal länger, gleich lang oder kürzer als die Klingenlänge.

Tragfähig sind in der Regel Aussagen zur Schneidigkeit (ein- oder zweischneidig), sowie bei mehrfachen Stichverletzungen zu wiederholt gemessenen Längen der Stichverletzung (korrespondierend zur Breite der Klinge) und zu Stichkanallängen. Auf der Basis dieser Werte kann ein in Betracht kommendes Messer als zur Verursachung der Stichverletzungen geeignet angesprochen werden bzw. ausgeschlossen werden. Bei schrägem Einstich sind auch bei Stich mit einschneidigem Messer häufig beide Wundwinkel spitzwinkelig, wobei der in Stichrichtung ge-

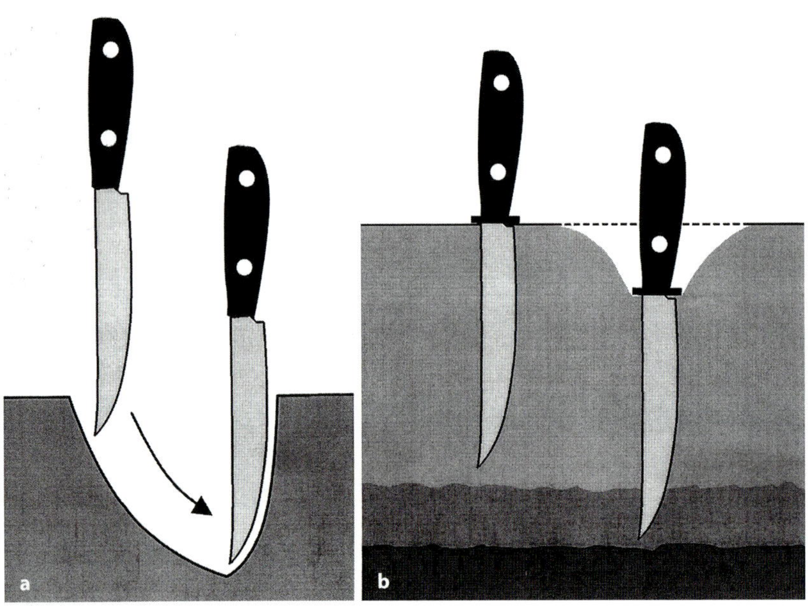

■ Abb. 3.39. **a** Beim Einstechen wird das Messer zuweilen in Richtung Schneide gezogen; entsprechend ist die Stich-/Schnittverletzung bezogen auf der Hautoberfläche größer als der Klingenbreite entsprechen würde. **b** Bei Einstich bis ans Messerheft und Kompression der Weichteile resultiert ein die Klingenlänge überschreitender Stichkanal

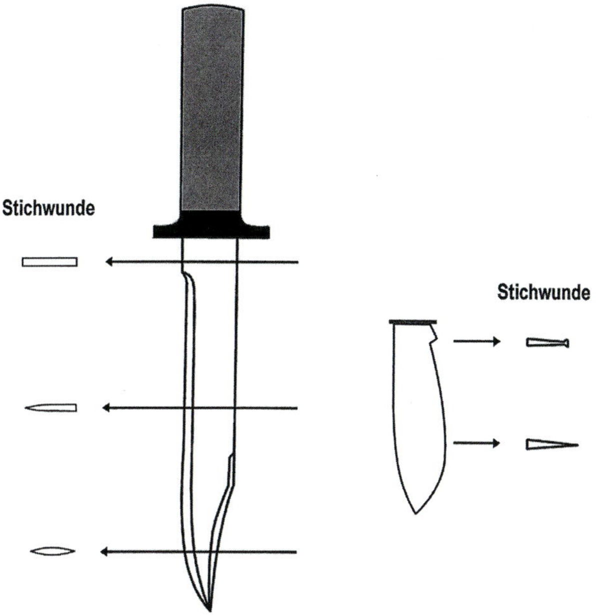

■ Abb. 3.40. Variierende Morphologie der Stichverletzung korrespondierend zu unterschiedlichen Einstichtiefen

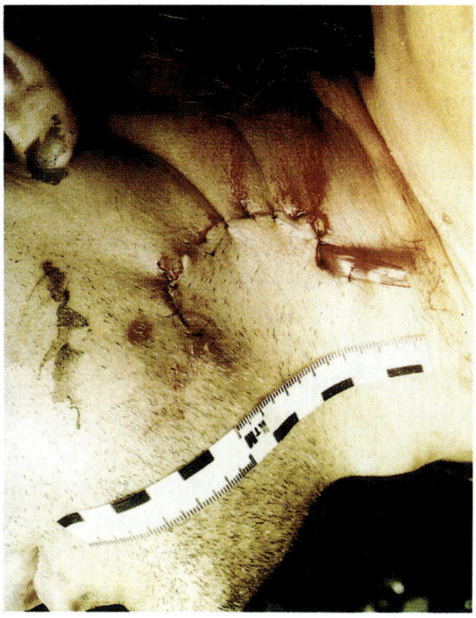

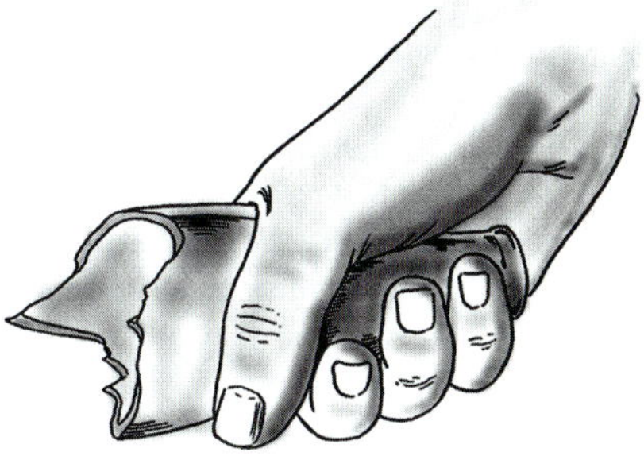

■ Abb. 3.42. Abgebrochener Flaschenhals als Stichwerkzeug. Chirurgisch adaptierte aber nicht exzidierte Wunde des Halses links

legene eine Wundrand unterminiert, während der andere abgeschrägt ist.

Morphologische Varianten: Es existiert eine Vielzahl an Stichwerkzeugen mit extremen Modifikationen, insbesondere der Klingen. Entsprechende Modifikationen treten auch in der Morphologie der Stichwunde auf.

Dies gilt auch für anders geartete Stichwerkzeuge, die nicht ganz spitz oder scharf zulaufen (■ Abb. 3.41a–c). Findet zum Beispiel ein Kugelschreiber, Bratspieß oder Schraubenzieher (■ Abb. 3.41a) Verwendung als Stichwerkzeug, entsteht oft ein unter Umständen nur diskreter Schürfsaum um die Einstichverletzung herum. Bei Scheren als Stichwerkzeugen variiert die Morphologie der Einstichverletzung je nachdem, ob mit einer oder mit beiden Branchen der Schere zugestochen wurde (offene oder geschlossene Schere). Bei Zustechen mit Gabeln ergibt der Abstand der Hautperforationen unter Umständen einen Rückschluss darauf, ob senkrecht oder schräg zugestochen wurde (■ Abb. 3.41b, c).

Werden abgebrochene Flaschenhälse als Stichwerkzeug benutzt, entstehen Kontinuitätsdurchtrennungen der Haut, die die Konfiguration des Flaschenhalses wiedergeben können (■ Abb. 3.42).

Forensische Schlussfolgerungen. Die häufigste **Todesursache** nach Stichverletzungen ist der akute **Volumenmangel-Schock**, verursacht durch ein inneres und/oder äußeres Ver-

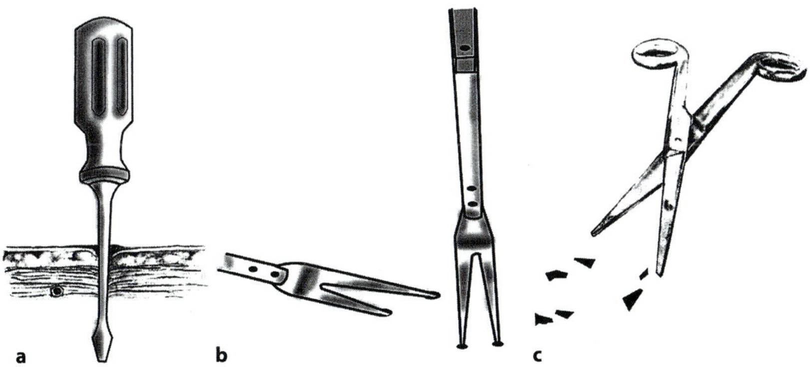

■ Abb. 3.41a–c. Einstichmorphologie, **a** bei Stich mit Schraubenzieher (Schürfung); **b** Gabel und **c** Schere bluten. Ursächlich sind in der Regel Eröffnungen von Schlagadern (oder auch größeren Venen) beziehungsweise die Eröffnung einer Herzkammer. Durch **Bruststiche** kann es einerseits zu einem akuten **Blutverlust** kommen, aber auch zur Ausbildung einer **Herzbeuteltamponade**, und damit zum Herzstillstand ohne wesentlichen Blutverlust. Eine akute Einblutung von ca. 150 ml Blut in den Herzbeutel führt zur tödlichen Tamponade. Verbluten als Todesursache ergibt sich durch einen höhergradigen Blutverlust nach außen (Blutmenge am Auffindungsort, blutdurchfeuchtete Bekleidung) und/oder nach innen (Blutmenge in den Körperhöhlen, Weichteile).

Infobox

Pathologisch-anatomische Zeichen des Verblutungstodes sind: geringe Ausdehnung und Intensität der Totenflecke, die aber kaum je vollständig fehlen, eine Ausblutungsblässe der inneren Organe mit Hervortreten der Organeigenfarbe von Leber, Nieren und Schilddrüse, eine Milzkapselrunzelung und streifige Unterblutungen des Endokards in der Ausflussbahn der linken Herzkammer (sog. Verblutungsblutungen).

Bei innerem Verbluten finden sich in den Brusthöhlen durchaus Blutvolumina von 1,5–2,5 Litern. Ein Blutverlust von 1/3 des Gesamtblutvolumens ist lebensgefährlich, von 2/3 generell tödlich. Bei entsprechender Vorschädigung können auch geringere Blutverluste letal enden.

Das Blutvolumen des erwachsenen Menschen beträgt etwa 6–8 % seines Körpergewichtes. Es lässt sich folgendermaßen errechnen:

- Männer: 0,041 x kg Körpergewicht + 1,53
- Frauen: 0,047 x kg Körpergewicht + 0,86

Prognoseentscheidend ist jedoch nicht nur das Ausmaß sondern die Schnelligkeit des Blutaustritts.

Bei überlebten Stichverletzungen wird in foro die Lebensgefährlichkeit der Verletzungen zu erörtern sein. Hilfreich sind ärztliche Dokumentationen der Kreislaufsituation (Blutdruck, Puls, Schockindex – Puls/systolischer Blutdruck) neben anderen Verletzungsfolgen (z.B. Pneumothorax). Der Schockindex korreliert mit dem Volumenverlust (bei 1 ca. 30 %, bei 2 ca. 70 % Volumenverlust).

Durch Eröffnung einer oder beider Brusthöhlen entsteht ein **Pneumothorax** und/oder **Hämatothorax**, die beide – falls nicht behandelt – den Tod zur Folge haben können.

Bei **Halsstich** kann über eine Eröffnung der Trachea eine **Blutaspiration** eintreten – und damit Erstickungstod; durch eine Eröffnung der großen Halsvenen besteht zudem die Gefahr der Ausbildung einer **Luftembolie.** Zur Entstehung einer tödlichen Luftembolie sind Gasvolumina von 70–150 ml ausreichend. Bei Eröffnung zervikaler Venen wird bei Ansaugen von Luft teilweise ein typisch saugendes Geräusch wahrgenommen; durch Verlegung der pulmonalen Strombahn und Durchmischung von Blut mit Luft im rechten Ventrikel entsteht das auskultatorisch wahrnehmbare Mühlengeräusch, wobei die Betroffenen selbst ein brodelndes Geräusch wahrnehmen. Der postmortale Nachweis der Luftembolie erfolgt einerseits radiologisch, und/oder durch eine spezielle Sektionstechnik (Luftembolieprobe nach Richter).

Infobox

Luftembolieprobe: Nach Eröffnung des Brustkorbs, unter Schonung der 1. Rippe zur Vermeidung von Verletzungen der V. subclavia, wird der Herzbeutel eröffnet und mit Wasser gefüllt. Bei Luftembolie zeigt sich typischerweise ein Gasauftrieb des Herzens. Bei Einstich in die rechte Herzkammer unter Wasser entweichen Luftblasen. Die akut dilatierte rechte Herzkammer weist in der Regel nur wenig schaumiges Blut auf. Gegebenenfalls ist die Luft mittels Aspirometer für gasanalytische Untersuchungen zu asservieren.

Ein Stich in das **Genick** oder den **Nacken** mit Verletzung des Halsmarks kann akut zu einem **zentralen Atem- und Kreislaufstillstand** führen. Ein Stich in den **Schädel,** besonders die Eröffnung des Sinus sagittalis, kann im Einzelfall eine **akute intrazerebrale Blutung** mit Raumverdrängung zur Folge haben.

Bei überlebten Stichverletzungen ist mit Spätfolgen zu rechnen, wozu unter anderem Entzündungen, Verwachsungen, Querschnittslähmungen, Ausbildung einer Pneumonie oder Thrombembolie usw. gehören (▶ s. Kap. 3.4).

Entstehungsart: Stichverletzungen können durch fremde Hand willkürlich oder auch unwillkürlich (Unfall/Fahrlässigkeit) beigebracht werden bzw. durch eigene Hand entstehen (Selbstbeibringung bei Selbstverstümmelung, Suizid oder als Unfall).

In der Regel sind die tödlichen Stichverletzungen von fremder Hand beigebracht.

Unter den suizidalen Einstichlokalisationen prävaliert eindeutig die Herzgegend. Suizidtypische Befundmuster sind:

- mehrere, dicht nebeneinander liegende, topographisch eng begrenzte Stichverletzungen,
- Herzgegend,
- Entkleidung der Einstichlokalisation,
- gleiche, überwiegend horizontale Verlaufsrichtung, insbesondere bei Herzstichverletzungen,
- Zauderverletzungen,
- Kombination mit Schnittverletzungen an anderen Körperregionen,
- Probierstiche, die bereits in die Epidermis, Dermis, nur selten in der Subkutis enden und
- neben vielen oberflächlichen nur wenige tiefe Stichverletzungen.

Abweichungen vom suizidtypischen Muster kommen jedoch immer wieder vor: Durchstechen der Bekleidung, mehrfache tiefe Stichverletzungen, atypische Werkzeuge, große Schwalbenschwanzbildungen, atypische Einstichlokalisation wie singuläre Bauchstiche.

Wenn die klassischen Kriterien für die Differenzierung zwischen Homizid und Suizid versagen, sind folgende Befunde wichtig:

- Verletzungslokalisation, die topographisch einer Selbstbeibringung zugänglich ist.
- Die Letalität ergibt sich entweder aus der Summe der einzelnen Verletzungen oder es liegen nur wenige tödliche Einzelverletzungen vor.
- Bei einer Vielzahl von Verletzungen muss die Gesamtzahl mit länger andauernder Handlungsfähigkeit vereinbar sein.

Für Fremdeinwirkung typisch sind multiple Stichverletzungen, die überwiegend tief sind. Betroffen sind neben dem Hals vorwiegend der Brustkorb links (◘ Abb. 3.43) sowie auch der Rücken, der unter Umständen das primäre Angriffsziel darstellt (für das Opfer überraschender Angriff). Die Fremdbeibringung der Stichverletzungen ergibt sich neben der Verteilung am Körper, der Intensität und aus dem Vorliegen von aktiven und passiven Abwehrverletzungen:

Definition

- **Aktive Abwehrverletzung**: Stich- und Schnittverletzungen lokalisiert an den Beugeseiten der Finger und den Hohlhänden durch Hineingreifen in die Messerschneide.
- **Passive Abwehrverletzung**: Stich- und Schnittverletzungen lokalisiert an der Außenseite der Oberarme bzw. Streckseite/Kleinfingerseite der Unterarme und Streckseite der Hände, die schützend vor das Gesicht gehalten werden.

Bei den Abwehrverletzungen kann es zu Durchstichen von Armen und Händen kommen.

Einlassungen. Bei durch dritter Hand beigebrachten Stichverletzungen wird zuweilen ein unfallmäßiger Geschehensablauf behauptet („das Opfer sei in das Messer gerannt/gestürzt"). Eine Rekonstruktion unter Berücksichtigung der Messerhaltung in der Hand des Tatverdächtigen (Händigkeit des Täters), der Lokalisation und morphologischen Charakteristika der Einstichverletzung und des Stichkanalverlaufs kann eine derartige Schutzbehauptung in der Regel ausschließen. Für homizidal beigebrachte Stiche wird unter Umständen auch das berufliche Wissen eines Täters genutzt: gezielte Durchtrennung der Karotis bzw. Stich in den Nacken mit Durchtrennung des Halsmarkes bei Metzgern und Jägern.

In foro steht häufig der notwendige **Kraftaufwand** zur Erzielung einer Stichverletzung zur Diskussion. Die notwendige Kraft, um eine Hautperforation zu erzeugen, ist abhängig von der Konfiguration der Messerspitze und der Schärfe der Schneide. Ist die Haut durchtrennt, stellen die weiteren Weichgewebe dem Vordringen des Stichs keinen wesentlichen Widerstand entgegen. Die Haut selbst weist intraindividuell und interindividuell topische Unterschiede des Widerstandes auf. Größerer Kraftaufwand ist beim Durchstoßen von Knorpel und Knochen, aber auch Bekleidung (z.B. Lederjacke) erforderlich.

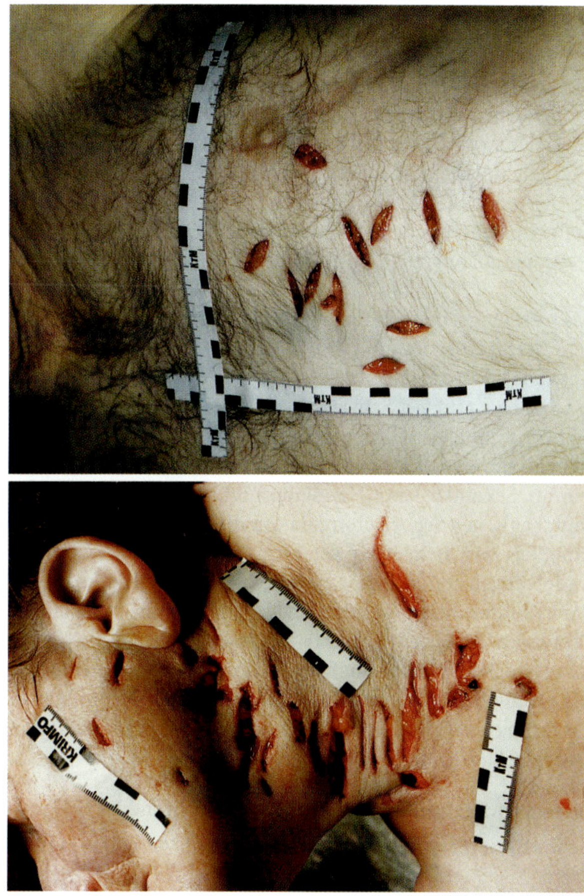

◘ Abb. 3.43. Homizidale Stichverletzung des Brustkorbes mit Herzstich sowie des Halses

Unfallmäßige, unter Umständen letale Stichverletzungen kommen immer wieder bei Sprung oder Sturz in Glasscheiben vor. Teilweise liegen nur einzelne, auch an den Extremitäten lokalisierte Stichverletzungen mit Durchtrennung großer Gefäße vor.

Handlungsfähigkeit nach Stichverletzungen. Die Handlungsfähigkeit nach Stichverletzungen hängt ganz von den Umständen des Einzelfalles ab, so dass sich generelle Aussagen verbieten. Retrospektive Analysen von überlebten und letalen Stichverletzungen ergaben, dass eine Vielzahl von Verletzten auf Stichverletzungen des Abdomens penetrierende mit Eröffnung der Bauchhöhle, zum Teil mit Organverletzungen, zunächst besonnen reagierten. Auch lebensgefährliche Schnitt- oder Stichverletzungen, die erfahrungsgemäß schnell zu Handlungsunfähigkeit oder Tod führen, müssen dabei subjektiv nicht unmittelbar bemerkt werden. Die Handlungsfähigkeit lässt sich dabei folgendermaßen differenzieren:

- Fähigkeit zu schwierigen, zielgerichteten und vom Bewusstsein getragenen Handlungen,
- instinktive und situationsentsprechende Handlungen (z.B. Abwehrverletzungen),
- bei Bewusstlosen ablaufende, zusammenhängende und gleichförmige Bewegungsabläufe (z.B. Automatismen, Reflexabläufe),
- unzusammenhängende und schnell erschöpfbare Bewegungsabläufe, z.B. Streckkrämpfe.

Als handlungsfähig wird man nur Personen mit vom Bewusstsein getragenen Handlungen entsprechend den ersten zwei Kategorien einstufen können.

Oftmals tritt bei Schwerverletzten Handlungsunfähigkeit erst ein, wenn der Verletzte – unabhängig von den Verletzungsfolgen (z.B. Blutverlust) – die Schwere der Verletzung wahrnimmt. Sekundär kann Handlungsunfähigkeit durch den hämorrhagischen Schock eintreten. Für die Frage der Handlungsfähigkeit von Bedeutung ist oftmals nicht die Anzahl der Verletzungen sondern die Größe der Verletzungen, die wiederum von Bedeutung ist für Schnelligkeit und das Ausmaß des Blutverlustes. Bedeutender als Blutverlust ist für die Handlungsfähigkeit die Schnelligkeit des Blutverlustes. Relativ rasche bis unmittelbare Handlungsunfähigkeit liegt vor bei breiter Eröffnung einer Herzkammer, der Aorta und A. pulmonalis und Durchtrennung von Koronararterien.

Schnittverletzung

Schnittverletzungen werden durch ähnliche Werkzeuge verursacht, wie Stichverletzungen. Sie können von ganz dezenten Oberhautanritzungen bis zu tiefen Weichteilwunden variieren.

Morphologie/Wundrand. Wirkt das schneidende Werkzeug nicht senkrecht auf die Haut ein sondern schräg, ist wie bei Stichverletzungen ein Wundrand abgeschrägt, der andere unterminiert. In der Regel sind die Wundränder gradlinig glattrandig, naturgemäß fehlen Gewebsbrücken im Wundgrund. Bei stumpfen Schnittwerkzeugen, Wellenschliff oder Scharten der Schneide finden sich Variationen des Wundrandes wie bereits bei den Stichverletzungen beschrieben. Akzidentelle Schnittverletzungen werden durch Scherben, Blechkanten oder Ähnliches verursacht.

Teilweise sind beide Wundwinkel seicht auslaufend, wobei die Schnittwunde in dezenten Oberhautanritzungen beginnt und endet. Sowohl bei Suiziden als auch bei Homiziden findet man korrespondierend zu einem kräftigen Zuschneiden auch gleich tiefe Weichteildurchtrennungen.

Entstehen beim Schneiden in Schnitt- und damit auch Zugrichtung Hautfalten, wird die Haut nur auf den Faltenkämmen und nicht in den Faltentälern durchtrennt: Es resultiert eine mehrfach unterbrochene, jedoch einer Schnittbeibringung zuzuordnende Hautdurchtrennung.

Schnittverletzungen enden meistens nicht tödlich, sondern werden klinisch behandelt.

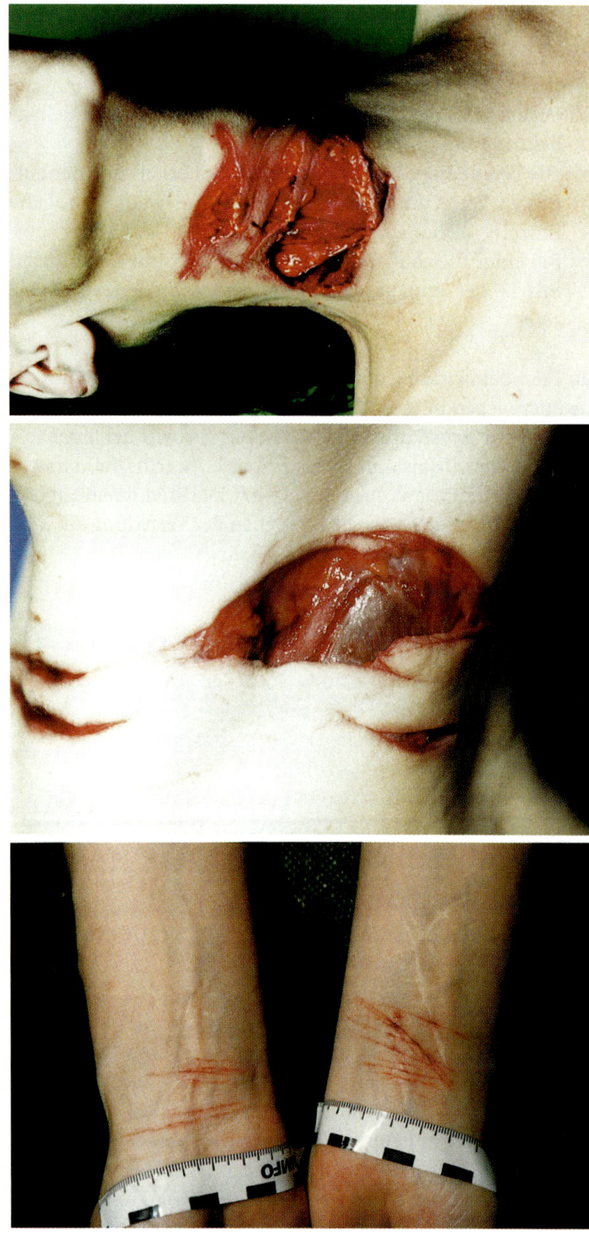

■ Abb. 3.44. In suizidaler Absicht beigebrachte Schnittverletzungen des Halses und der Handgelenksbeugen

Lokalisation der Verletzungen bei Suiziden: Schnittverletzungen werden häufig in suizidaler Absicht beigebracht. Typische Prädilektionsstellen sind die Handgelenksbeugen, die Ellenbeugen und der Hals, jeweils an der der Gebrauchshand kontralateralen Seite lokalisiert (■ Abb. 3.44). Hier sollen größere Blutgefäße eröffnet werden. Typischerweise finden sich zahlreiche – etwa an der Handgelenksbeuge – quer zur Armlängsachse beigebrachte, unterschiedlich tiefe Haut-Unterhaut-Fettgewebsdurchtrennungen, in der Regel neben zahlreichen nur ganz oberflächlichen oder allenfalls bis in die Dermis reichenden Hautanritzungen. In Armlängsachse verlaufende Probierschnitte und Schnittverletzungen kommen seltener vor. Selbst bei Verletzung arterieller Gefäße kommt es durch Einrollung der Gefäßintima zur spontanen Blutstillung. Suizidanleitungen folgend begeben sich Suizidenten daher in mit heißem Wasser gefüllte Badewannen, um eine gute Durchblutung der Verletzung zu gewährleisten.

Am Hals ist die für den Rechtshänder typische Verlaufsrichtung selbst beigebrachter Schnittverletzungen von links oben nach rechts unten (◘ Tabelle 3.17). Oftmals finden sich aus einer tieferreichenden Hautdurchtrennung mehrfache seicht auslaufende Wundwinkel, die mehrfaches Ansetzen des Werkzeuges und die Anzahl der Schnittführungen beweisen. Doch auch bei suizidalen Halsschnittverletzungen finden sich zuweilen ausschließlich tiefe Weichteildurchtrennungen, die die gesamte Halsvorderseite umfassen können. Für die Abgrenzung gegenüber homizidalen Verletzungen ist die Analyse des Blutspurenbildes am Leichnam und am Fundort sowie der Sitz der Bekleidung u.a. maßgeblich.
Bei selbst beigebrachten Schnittverletzungen, vor allem mit Rasierklingen, Glasscherben, selbstgebastelten Schnittwerkzeugen usw., finden sich teilweise feine Oberhautanritzungen von Daumen und Zeigefinger der Schnitthand.

Auffinden des Leichnams bei einem Spiegel kann Hinweis auf einen Suizid sein (Kontrolle der Schnittführung im Spiegel).

Lokalisation der Verletzungen bei Homiziden: In homizidaler Absicht beigebrachte Schnittverletzungen finden sich überwiegend am Hals. Von hinten beigebrachte Halsschnittverletzungen umfassen in der Regel den gesamten Hals vorderseitig. Der Beginn der Schnittverletzung liegt in der Regel etwas weiter kranial als das Ende. Zauderverletzungen fehlen. Mehrfache, bis auf die Halswirbelsäule geführte Schnittverletzungen beweisen Fremdbeibringung, insbesondere, wenn großkalibrige Gefäße wie die Karotis mehrfach getroffen wurde. Tiefe Halsschnittverletzungen können auch Trachea und Larynx vollständig durchtrennen.

Todesursachen. Todesursächlich bei Schnittverletzungen ist in der Regel der höhergradige Blutverlust nach außen, bei tiefen Halsschnittverletzungen unter Umständen in Kombination mit Blutaspiration und Luftembolie des Herzens.
Auch klinisch sind selbst beigebrachte Schnittverletzungen unterschiedlichster Motivation (Betrug einer Unfallversicherung, Vortäuschung eines Unfalls, appellativer Charakter) relevant: Die teilweise außerordentlich charakteristischen Befunde, die oftmals bereits eine prima facie Diagnose zulassen, werden in Kapitel 5.3 dargestellt.

Hiebverletzungen

Hiebwerkzeuge sind gekennzeichnet durch das relativ große Eigengewicht mit zumindest einer schneidenden Seite (Äxte, Beile, Säbel, Macheten, Propeller, Schiffsschrauben).

Morphologie. Hiebverletzungen führen in der Regel zu relativ gradlinig glattrandigen Kontinuitätsdurchtrennungen der Weichteile, wobei – je nach Schärfe der Schneide – die Wundränder bzw. das an die Wundränder angrenzende Gewebe Schürfungen und Quetschungen aufweisen können. Bei tangentialer Einwirkung resultieren Skalpierungsverletzungen (◘ Abb. 3.45).

Knöcherne Verletzungen: Wird auch der darunter liegende Knochen getroffen, weist dieser unter Umständen Einkerbungen auf, Impressionsfrakturen, Biegungsbrüche oder aber eine Spaltung von Anteilen des Schädeldaches. Das Hiebwerkzeug kann im Bruchspalt stecken bleiben. Bei tangentialer Einwirkung können Anteile des Schädeldaches abgekappt werden. Wird neben der Schneideseite auch die stumpfe Seite eines Beils als Schlagwerkzeug benutzt, finden sich alle morphologischen Variationen von scharf und stumpf Gewalteinwirkung zu beziehenden Verletzungsfolgen.

Todesursachen. Todesursache bei Hiebverletzungen sind in der Regel schwere Schädel-Hirn-Zertrümmerungen bzw. Verbluten. Hiebverletzungen werden nahezu regelhaft durch fremde Hand beigebracht. Eigenhändig beigebrachte Hiebverlet-

◘ Tabelle 3.17. Kriterien der Selbst- und Fremdbeibringung bei Halsschnittverletzungen

	Suizid	Homizid
Halswunde		
– Lokalisation	Regio sternocleidomastoidea	Regio thyreoidea
– Schnittverlauf	Geradlinig zur Schnitthand absteigend	Horizontal, zirkulär „Halsabschneiden"
– Zauderverletzungen	Vorhanden	Keine
Begleitverletzungen		
– Lokalisation	Gut erreichbare Stellen Empfindliche Stellen ausgespart	Überall, auch am Rücken
– Anordnung	Gruppiert, teilweise parallel	Regellos
– Verletzungsintensität	Konstant	Wechselnd
– Probierschnitte	Kontralaterale Halsseite, Ellenbeuge, Handgelenk	Keine
– Abwehrverletzungen	Keine	Hände u. Unterarme
Blutablaufstraßen	Regelmäßig, senkrecht	Unregelmäßig
Bekleidung	Unversehrt	Evtl. beschädigt

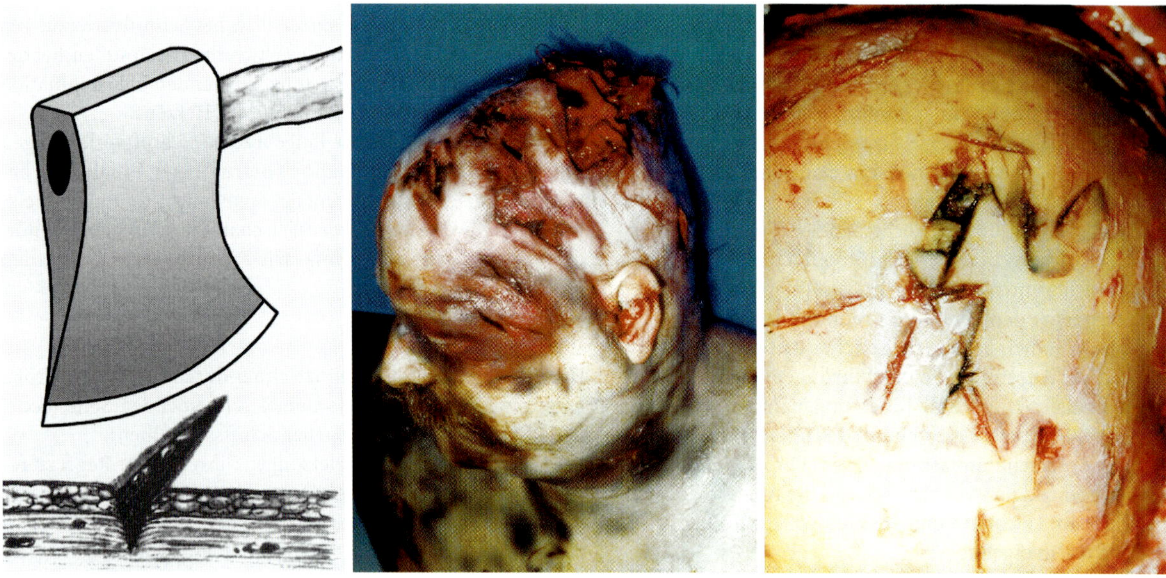

Abb. 3.45. Hiebverletzungen des Schädels mit zahlreichen Kerbenbildungen des Schädeldaches

zungen des Schädels finden sich allenfalls bei psychisch Kranken. Das Verletzungsmuster ist in der Regel charakterisiert durch zahlreiche, parallel dicht nebeneinander stehende, gradlinige Kontinuitätsdurchtrennungen der Haut mit Ankerbungen des Schädeldaches über den Scheitelbeinen (Zuschlagen mit einem mit beiden Händen gehaltenem Beil).

Schläge mit Glasflaschen. Bei Verwendung von Glasflaschen als Schlagwerkzeugen liegen oftmals neben Platz- auch Schnittwunden vor, da es bei Schlageinwirkung von Glasflaschen auf den Schädel, der das bevorzugte Angriffsziel darstellt, nahezu regelhaft zum Zerbersten von Flaschen kommt, während Schädelfrakturen eher selten sind. Schlageinwirkungen durch Flaschen können folgenlos überstanden werden, oder zu einem tödlichen Blutverlust der Kopfplatzwunde bzw. einer Schädel-Hirn-Zertrümmerung führen.

3.7 Schussverletzungen

S. Pollak

Einleitung

Die Schussverletzung wird als eine Sonderform des stumpfen Traumas aufgefasst. Die Schädigung des Organismus beruht auf der Einwirkung eines Geschosses (Projektils), das durch hochgespannte (Verbrennungs-)Gase aus einem Waffenlauf getrieben wird und mit hoher Geschwindigkeit auf den Körper trifft. Zu den Schussverletzungen im weiteren Sinn zählt man auch Läsionen durch Schreckschusswaffen – aus diesen werden Knallkartuschen („Platzpatronen") ohne Projektile verschossen – sowie Verletzungen durch Viehbetäubungsapparate, baugewerbliche Bolzensetzwerkzeuge und ähnliche Geräte.

3.7.1 Waffen und Munition

Waffenarten

Nach der Waffenart unterscheidet man **Faustfeuerwaffen** (Schusswaffen für den einhändigen Gebrauch: Pistolen, Revolver) und **Handfeuerwaffen** (tragbare, langläufige Schusswaffen für den zweihändigen Gebrauch: Gewehre).

Gewehre haben entweder einen gezogenen Lauf (s. unten) – z.B. jagdlich verwendete Büchsen (zum Verschießen von Einzelgeschossen) und militärisch verwendete Sturmgewehre – oder sie besitzen einen glatten Lauf; dazu gehören jagdlich verwendete Flinten (zum Verfeuern von Schrot und Flintenlaufgeschossen), aber auch so genannte Vorderschaftrepetierflinten („Pump guns"), die in manchen Ländern als Polizei- oder Selbstverteidigungswaffen in Gebrauch sind.

Moderne **Pistolen** verfügen über ein Magazin, das im Griffstück untergebracht ist; nach dem Abfeuern einer Patrone wird deren Hülse vom zurückgleitenden Verschluss ausgeworfen. Bei **Revolvern** stecken die Patronen in einer drehbaren Trommel; die Hülsen bleiben nach der Schussabgabe in der Waffe.

Gezogene und glatte Läufe

Ein **gezogener Lauf** zeigt an seiner inneren Oberfläche spiralig verlaufende Erhabenheiten (**Felder**) und dazwischen liegende Vertiefungen (**Züge**). Die Felder schneiden sich in den zylindrischen Teil des Geschosses ein, wodurch dieses in eine Rotationsbewegung um seine Längsachse („**Drall**") versetzt wird. Die kreiselartige Rotation stabilisiert das Geschoss auf seiner Flugbahn.

Glatte Läufe ohne Züge und Felder finden sich bei Flinten und Flobert-Waffen. Sie sind zum Verfeuern von Schrot- oder Flintenlaufgeschosspatronen bestimmt. Der vordere Anteil des zylindrischen Laufes kann geringfügig konisch verjüngt sein (Würge- oder Choke-Bohrung zur Beeinflussung der Streuung einer Schrotgarbe).

Kaliber

Der Ausdruck „Kaliber" bezeichnet einerseits die **Laufweite** (Durchmesser der Laufbohrung), andererseits den **Querdurchmesser des Geschosses.** Die Kalibermaße sind Nominalangaben, die bei metrischen Kalibern in der Regel vom Felddurchmesser (maximale diametrale Entfernung zwischen den Feldern im Laufinneren) abgeleitet sind. Die Geschosse haben zumeist einen etwas größeren Durchmesser (Beispiel: beim Kal. 7,65 mm Browning beträgt der Felddurchmesser 7,63 mm, der Geschossdurchmesser 7,85 mm). Die angloamerikanischen Kaliberangaben (in Zoll bzw. inches, 1 in. = 25,4 mm) lehnen sich eher an den Geschossdurchmessern an; während man früher vor die Kaliberzahl einen Punkt gesetzt hat (.357 in. entsprechend 9 mm), um auszudrücken, dass es sich eigentlich um die Stellen hinter dem Komma handelt, wird heute dieser Punkt – dem Sprachgebrauch folgend – weggelassen („Kaliber 357").

Bei Pistolen sind die Kaliber 6,35 mm, 7,65 mm, 9 mm und 45 vorherrschend, bei Revolvern 32, 357, 38 und 44.

Kleinkaliber(KK)-Patronen im Kaliber 5,6 mm lfB („lang für Büchsen", entspricht 22 L.R. = long rifle) können nicht nur aus Faustfeuerwaffen, sondern auch aus Langwaffen verschossen werden.

Bei Jagdpatronen für Büchsen ist es üblich, im Rahmen der Kaliberbezeichnung auch die Hülsenlängen in Millimetern anzugeben (z.B. 7 x 64 mm, 8 x 57 mm). Gleiches gilt für die Patronen der Armeehandfeuerwaffen (z.B. 5,56 x 45 mm, 7,62 x 51 mm).

Das Kaliber von **Schrotläufen** ist nicht mit dem Innendurchmesser identisch, sondern eine historisch begründete Maßangabe: Das Schrotkaliber gibt die Anzahl von gleich großen Kugeln aus Blei an, die zusammen genommen die Masse eines englischen Pfunds (453,6 g) haben; der Durchmesser dieser Bleikugeln entspricht dem Innendurchmesser des Laufes (z.B. 18,2 mm bei Schrotkaliber 12 und 16,8 mm bei Schrotkaliber 16).

Patronen

Die Patronen von Faustfeuerwaffen (◘ Abb. 3.46) und Büchsen bestehen aus einer Hülse und einem Geschoss (Projektil).

Die **Hülse** ist normalerweise aus Messing gefertigt. Patronen für Pistolen und Büchsen haben knapp über dem Hülsenboden eine Rille, um nach der Schussabgabe das Auswerfen (mit Hilfe der Auszieherkralle) zu ermöglichen. Revolverpatronen haben einen überstehenden Hülsenbodenrand.

Im Boden der Hülse befindet sich der **Zündsatz.** Wenn die Auftreffstelle der Schlagbolzenspitze in der Mitte des Hülsenbodens liegt, spricht man von Zentralfeuerpatronen. Bei Randfeuerzündung ist der Zündsatz in einem rundum laufenden Wulst über dem Hülsenboden eingebracht; der Schlagbolzen trifft bei solchen Patronen (z.B. Kaliber 22 L.R.) im Randbereich auf.

Das **Zündelement** beinhaltet einen schlagempfindlichen Sprengstoff, dessen Wärme und Flamme zur Zündung der eigentlichen Treibladung führt. Anfänglich bestand der **Zündsatz** aus Knallquecksilber, später aus einer Kombination chemischer Verbindungen („Sinoxid" mit Bleitrinitroresorcinat als Hauptkomponente). Daher spielt **Blei** – so wie Antimon und Barium – als **Schmauchelement** beim kriminaltechnischen Nachweis von Schussspuren eine wichtige Rolle. Allerdings kommen heute auch bleifreie Zündsätze zur Anwendung (z.B. „Sintox").

Über dem Zündsatz ist die Hülse mit dem **Treibsatz („Pulver")** gefüllt. Das seit Jahrhunderten bekannte **Schwarzpulver**

◘ Abb. 3.46. Beispiele für gängige Pistolen- und Revolverpatronen mit Reinblei-, Vollmantel- und Teilmantelgeschossen

– ein Gemisch aus 75 % Kaliumnitrat, 15 % Kohlenstoff und 10 % Schwefel – wird heute nur noch sehr selten als Treibmittel benutzt (für historische oder nachgebaute Vorderladerwaffen oder als Treibmittel in manchen Knallkartuschen). Die Rauchbildung ist bei Schwarzpulver wegen des hohen Anteils fester Verbrennungsrückstände sehr stark.

Die heute ganz überwiegend verwendeten Treibmittel sind **rauchschwache Pulver**: entweder aus **Nitrozellulose** (NC) alleine („single base powder") oder aus Nitrozellulose, die in Nitroglycerin gelöst wurde („double base powder"). Die blassgrünlichen Pulverteilchen haben die Form dünner Plättchen (flake, disk powder), kleiner Kügelchen (ball powder) oder kurzer Röhrchen (tubular powder). Die Durchmesser der einzelnen Pulverpartikel variieren von einigen Zehntelmillimetern bis >1 mm. Bei Flobert-Patronen (Kaliber 6 oder 9 mm) fungiert der Zündsatz zugleich als Treibmittel.

Durch den **Abbrand der Treibladung** bilden sich reichlich **Gase** (CO_2, CO, H_2, N_2, nitrose Gase, Wasserdampf). Diese stehen unter **hohem Druck** und erteilen dem Geschoss eine entsprechende Beschleunigung. Die Vorgänge innerhalb der Waffe werden als „**Innenballistik**" bezeichnet.

Die **Mündungsgeschwindigkeit** liegt bei Patronen für Faustfeuerwaffen in der Größenordnung von 300–400 m/s, bei Jagd- und Militärwaffen wesentlich höher (ca. 700–1.000 m/s).

Aus Pistolen und Militärgewehren werden meist Patronen mit **Vollmantelgeschossen** verfeuert. Mantelgeschosse haben in der Regel einen Bleikern, der vorne und seitlich (also unter Aussparung des Geschossbodens) mit einem Mantel aus Stahl oder aus einer Kupferlegierung umhüllt ist.

Bei Jagdmunition sind **Teilmantelgeschosse** üblich: Das im Spitzenbereich nicht ummantelte Projektil besitzt eine höhere Deformationsbereitschaft und gibt daher mehr Energie an den Tierkörper ab.

Standard-Kleinkaliberpatronen haben normalerweise mantellose **Vollbleigeschosse**. Aus Revolvern werden überwiegend Patronen mit Vollblei-, aber auch solche mit Teilmantelgeschossen verfeuert.

Nach der Form des Geschoss**kopfes** unterscheidet man Rundkopf-, Flachkopf-, Spitz-, Zylinder- und Kegelstumpfgeschosse; nach dem Geschoss**aufbau** wird zwischen Voll-, Vollmantel-, Teilmantel- und Hohlspitzgeschossen differenziert. Die meisten Teilmantel- und Hohlspitzgeschosse deformieren sich bereits nach Zurücklegung einer kurzen Eindringstrecke.

Für das **Wirkungspotential** sind neben Form und Art des Projektils vor allem dessen Masse und Geschwindigkeit von Bedeutung. Aus der **Masse** m und der **Geschwindigkeit** v errechnet sich die **Geschossenergie** E ($E = m/2 \cdot v^2$); sie wird in Joule (J) angegeben. Exemplarisch seien die Massen eines 22 L.R.-Geschosses (2,55 g) und eines 9 mm Parabellum-Geschosses (8,0 g) genannt; die Geschossenergie liegt im ersten Fall (22 L.R.) bei etwa 140 J, im zweiten Fall (9 mm Para) bei etwa 430 J. Die Geschossenergie von Militär- und Jagdpatronen ist etwa 10-mal so hoch.

Flintenmunition

Übliche **Schrotpatronen** werden aus glatten Flintenläufen verschossen. Anstelle eines Einzelgeschosses enthalten sie meist zahlreiche (200–500) kugelige Schrotkörner aus Hartblei (◘ Abb. 3.47a). Der Durchmesser der **Schrotkörner** variiert zwischen 2 und 4,5 mm, die Schrotgeschwindigkeit beträgt beim Verlassen des Laufes etwa 300 m/s.

Die Patronenhülsen bestehen aus Pappe oder Kunststoff, der Boden (meist aus Messing) enthält das Zündhütchen. Darüber befindet sich (rauchschwaches) Nitropulver. Schrot und Pulver sind durch Zwischenmittel getrennt (Filzpfropfen oder Plastikpfropfen mit Schrotbecher).

Neben herkömmlicher Flintenmunition gibt es auch Patronen mit sehr kleinen Schrotkörnern („Vogeldunst") oder besonders großen Schrotkörnern („Rehposten"), mit Einzelgeschossen (z.B. Flintenlaufgeschoss vom Typ Brenneke; ◘ Abb. 3.47b) und Gummigeschossen.

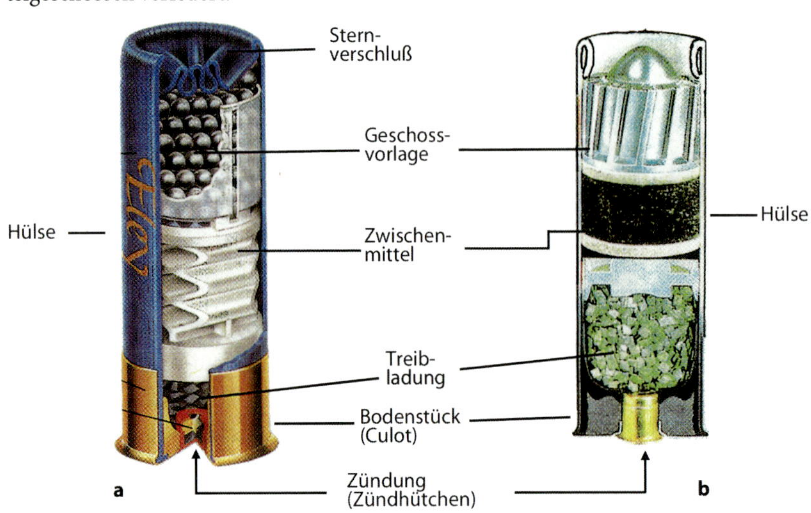

◘ Abb. 3.47a, b. Grundsätzlicher Aufbau von Flintenmunition. **a** Patrone mit Schrotladung; **b** Patrone mit Brenneke-Flintenlaufgeschoss

3.7.2 Wundballistik

Die **Außenballistik** beschäftigt sich mit dem Verhalten des Geschosses **nach** dem Verlassen des Laufes (Flugbahn und -geschwindigkeit etc.), die **Zielballistik** mit der Wechselwirkung zwischen Geschoss und Zielobjekt. Wenn es sich dabei um einen menschlichen oder tierischen Körper handelt, spricht man von **Wundballistik.**

Grundlagen der Verletzungswirkung

Die verletzende Wirkung von Geschossen beruht einerseits auf **direkter Zerstörung** von anatomischen Strukturen im Verlauf des Schusskanals, andererseits auf Läsionen, die abseits davon durch **Druckschwankungen** und **Gewebsdislokationen** (mit Dehnung und Scherung) zustande kommen. Das **Ausmaß** der mechanischen Geschosswirkung ist davon abhängig, **wie viel kinetische Energie im Gewebe abgegeben wird.**

Beim Durchdringen des Gewebes wird dieses vom Projektil nach seitlich (radiär) – also im rechten Winkel zum Schusskanal – verdrängt und zentrifugal beschleunigt, so dass kurzzeitig eine „**temporäre Wundhöhle**“ entsteht, deren Durchmesser um ein Vielfaches größer sein kann als jener des Geschosses. Sobald die Bewegungsenergie des radiär verlagerten Gewebes vollständig umgesetzt ist, erfolgt eine gegenläufige (zentripetale) Rückverlagerung zum geometrischen Schusskanal hin. Der dabei neuerlich entstehende Überdruck führt wieder zu einer (reibungsbedingt geringeren) Zentrifugalbewegung, so dass die Höhle noch „pulsieren“ kann, wenn das Geschoss den Körper bereits verlassen hat.

Der skizzierte Vorgang ist bei Geschossen mit hoher Geschwindigkeit, wie sie aus Militär- und Jagdwaffen verschossen werden, besonders ausgeprägt. An flüssigkeitsgefüllten Organen (Herz, Harnblase) oder im Bereich des Gehirnschädels kann die radiäre Expansion sogar zu einer „**hydrodynamischen Sprengwirkung**“ mit Berstung der Hüllstrukturen führen. Wenn in solchen Fällen das Gehirn in toto aus der Schädelkapsel herausgeschleudert wird, spricht man von einem (nach dem Erstbeschreiber so benannten) **Krönlein-Schuss.** Auch bei geringerer Energieabgabe können – abseits des eigentlichen Wundkanals – Schussbrüche der Schädelkapsel und Hirnkontusionen entstehen.

Der „bleibende“ Schusskanal, also die blutgefüllte Zerstörungszone im Verlauf der Geschossbahn, ist von einer mehr oder weniger breiten Zone umgeben, in der das Gewebe temporär gedehnt und dadurch (ultra)strukturell geschädigt wurde („**Zone der Extravasation**“).

Durch den Beschuss von „**Simulanzien**“ wie Gelatine oder Glyzerinseife kann die Energieabgabe in biologischen Weichgeweben modellhaft dargestellt werden, da die Dichte der genannten Materialien gut mit jener der Muskulatur übereinstimmt. Im Gegensatz zur elastischen Gelatine verformt sich Seife nahezu plastisch. Der nach dem Beschuss in der Seife zurückbleibende Schusskanal bzw. das **Volumen der Kavitation ist proportional zur abgegebenen Energie** (◘ Abb. 3.48a–d).

Ein stabiles Geschoss mit geringer Deformationsbereitschaft (Vollmantelgeschoss) erzeugt im Simulanzmedium zunächst einen relativ engen Schusskanal („narrow channel“), der sich abrupt – bei Querstellung des Geschosses – durch verstärkte Energieabgabe zur temporären Höhle vergrößert (► s. Abb. 3.48c); auch eine hinzutretende Geschossverformung führt zur Volumenzunahme der Kavitation. Bei Deformationsgeschossen (z.B. Teilmantel-Hohlspitzgeschoss) ist der narrow channel extrem kurz, die Höhlenbildung beginnt unmittelbar nach dem Eindringen (► s. Abb. 3.48b, d).

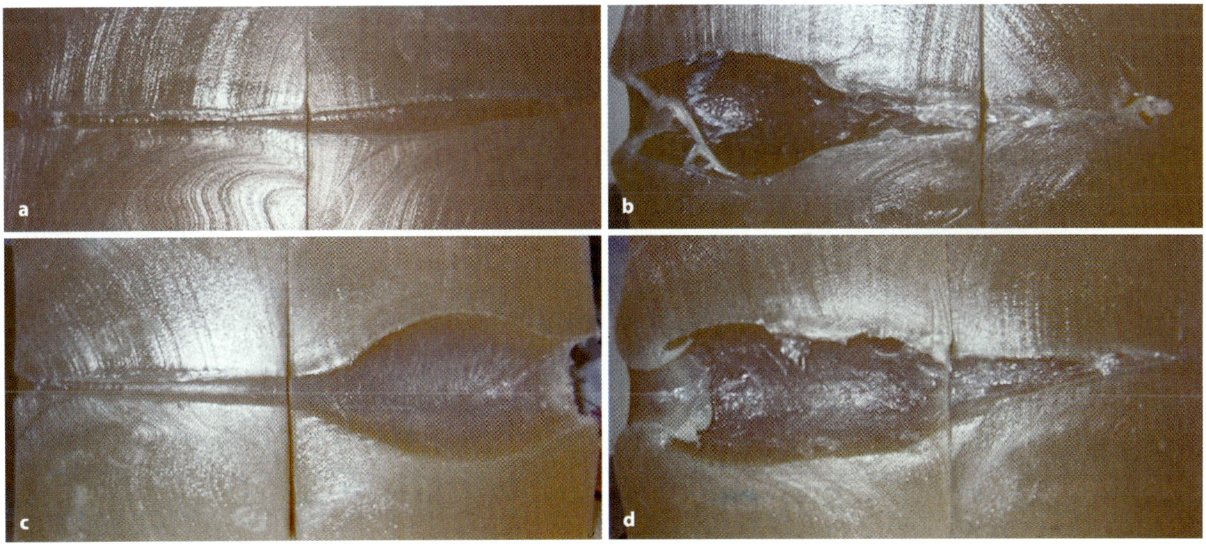

◘ Abb. 3.48a–d. Experimenteller Beschuss von Glyzerinseife zur Sichtbarmachung der Energieabgabe im Verlauf des Schusskanals. Die Einschüsse sind jeweils an der linken Seite der Seifenblöcke gelegen. **a** Kurzwaffe, 9 mm Luger, Vollmantel-Rundkopfgeschoss; **b** Kurzwaffe, 44 Remington Magnum, Teilmantel-Flachkopfgeschoss; **c** Langwaffe, 7,62 x 51 mm, Vollmantel; **d** Langwaffe, 7,62 x 51 mm (entspricht Kal. 308 Win.), Teilmantel

3

Schusskanal

Körpertreffer werden in Steckschüsse, Durchschüsse, Streifschüsse und Prellschüsse unterteilt. Im Fall eines **Steckschusses** verbleibt das Projektil im Körper; dementsprechend liegt eine Einschusswunde, aber kein Ausschuss vor. Nicht selten bleiben matte Geschosse an der dem Einschuss gegenüberliegenden Körperseite unter der Haut stecken, wo eine Hämatomverfärbung und/oder eine tastbare Resistenz die Endlage anzeigen (◻ Abb. 3.49). Zur Auffindung und zur lagemäßigen Dokumentation der im Körper verbliebenen Geschosse und Geschossteile empfiehlt sich in jedem Fall eine **Röntgenuntersuchung**.

Meist verläuft der Schusskanal im Körperinneren geradlinig.

Wichtig

Vollmantel-Gewehrgeschosse verursachen stets einen geknickten Schusskanal, wenn dessen Länge im Körper größer als 20–30 cm ist. Die Schussrichtung darf in solchen Fällen nicht durch geradlinige Verbindung von Ein- und Ausschusslücke bestimmt werden.

Zur Bestimmung des **Schusswinkels** (bezogen auf die Horizontal-, Sagittal- und Frontalebene des Körpers) müssen die Länge des Wundkanals sowie die Lokalisation der Ein- und Ausschusslücke bzw. bei Steckschüssen die Endlage des Geschosses genau vermessen und dokumentiert werden (Höhe über der Fußsohlenebene, Seitenabstand von der Medianebene). Aussagen über die Schussrichtung im Raum sind nur möglich, wenn zusätzliche Angaben (z.B. die Körperhaltung des Opfers und/oder die Position des Schützen) bekannt sind; im Falle einer Durchschussverletzung ist die Kenntnis etwaiger sekundärer Geschossaufprall/-eindringstellen (im Boden, an der Wand, in Möbeln etc.) für die Rekonstruktion der Flugbahn wichtig.

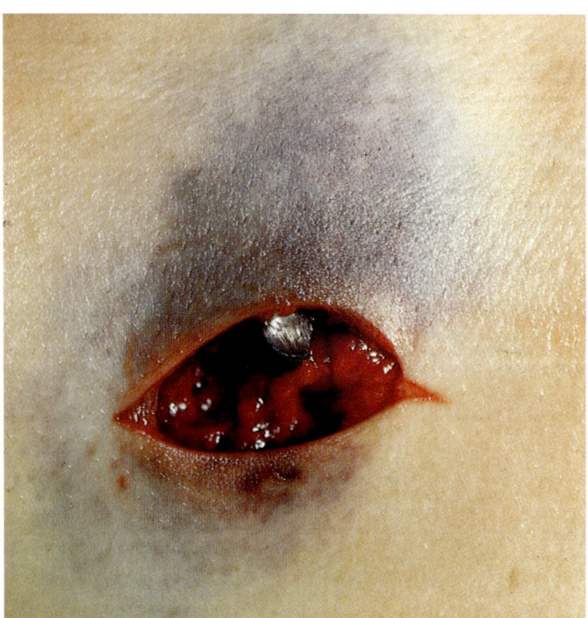

◻ Abb. 3.49. Postmortale Inzision in ein hämatomverfärbtes Hautareal zur Darstellung eines subkutan stecken gebliebenen Geschosses (Vollblei-Rundkopfgeschoss im Kaliber 38 Spl., verschossen aus einem umgebauten Schreckschussrevolver)

Beispiele für **geknickte Schusskanäle** sind die Winkel- und Ringelschüsse, die typischerweise innerhalb der Schädelkapsel vorkommen. Die Häufigkeit des intrakraniellen „**Rikoschettierens**“ (ricocher [fr.]: abprallen) wird mit 10–25 % beziffert. Voraussetzung ist ein schräger Geschossaufprall mit nur mehr geringer Restenergie.

Beim intrakraniellen **Winkelschuss** trifft ein in den Schädel eingedrungenes Projektil von innen auf die Tabula interna der Gegenseite, von wo es winkelig in das Gehirn zurückgeworfen („reflektiert“) wird.

Die **Ringelschüsse** werden auch als Kontur- oder Bogenschüsse bezeichnet. Sie kommen nicht nur an der Konkavität des Gehirnschädels, sondern auch an den Innenflächen der Rippen vor. Es handelt sich um eine bogige Geschossablenkung im Inneren von knöchern begrenzten Körperhöhlen. Die konkave Grenzfläche erteilt dabei dem Geschoss eine kontinuierliche Richtungsänderung (in der Schädelkapsel bogenförmiger Verlauf zwischen Dura und Hirnoberfläche).

Im Fall eines **Durchschusses** erzeugt des Projektil eine Ausschusswunde und verlässt dort den Körper. Matte Geschosse sind mitunter nicht mehr in der Lage, die über der Ausschusswunde befindlichen Kleidungsstücke zu durchschlagen. Von einem **2-Segmenttreffer** spricht man, wenn das Geschoss zunächst einen Körperteil (z.B. Arm) durchschlägt und nach dem Austreten in einen weiteren Körperteil derselben Person (z.B. Thorax) eindringt („re-entry“).

Streifschüsse erzeugen rinnenförmige Verletzungen an der Körperoberfläche, die manchmal von kurzen Wundrandeinrissen begleitet sind. Ein **Prellschuss** liegt dann vor, wenn ein mattes Geschoss auf den Körper trifft, aber nicht eindringt.

Zwischenziele, Geschossablenkung

Für die Interpretation einer Schussverletzung kann es wichtig sein, ob das Geschoss primär den menschlichen Körper getroffen hat, oder ob zuvor eine Interaktion mit einem **Zwischenziel** stattgefunden hat. So hat die Durchdringung eines Zwischenziels (z.B. einer Tür) zur Folge, dass am Kleider- bzw. Körpereinschuss der ansonsten typische Abstreifring (s. unten) fehlt, weil die an der Geschossoberfläche haftenden Verunreinigungen auf das Primärziel übertragen wurden.

Nach der Kontaktnahme mit einem dichten Medium kommt es zum **Taumeln** des Geschosses (Rotation der Figurenachse um die Flugbahnachse). Aus einer Schräg- oder Querstellung des Projektils beim sekundären Körperaufprall resultiert eine längliche Einschussöffnung, aber auch eine erhöhte Energieabgabe im Anfangsteil des Wundkanals. Analoge Auswirkungen kann das Auftreffen eines schon am Primärziel deformierten Geschosses haben.

Wenn ein Geschoss an der Oberfläche eines Intermediärzieles **abgelenkt** wird, spricht man von einem **Rikoschettschuss** oder **Geller**. Als Ursachen einer solchen Richtungsänderung kommen beispielsweise Geschosskontakte mit Stein, Beton oder Asphalt in Betracht. Die Projektile können in solchen Fällen einseitige Abplattungen mit abgeschliffen erscheinender Oberfläche oder Einlagerungen von Fremdmaterial aufweisen. Als Folge der ablenkungsbedingten Geschossdeformation oder -fragmentierung entstehen oft **atypische Einschüsse** mit fehlendem oder unvollständigem Abstreifring. Wegen des Geschwindigkeitsverlustes und der Instabilität des abgeprallten Geschosses ist die Eindringtiefe geringer als bei primären Treffern nach ungestörtem Freiflug.

Tödliche Schussverletzungen

Nach statistischen Untersuchungen verlaufen etwa 20 % der Schussverletzungen „primär tödlich"; d.h. diese Opfer versterben, noch bevor sie einer ärztlichen Versorgung zugeführt werden können.

Grundsätzlich muss mit tödlichen Folgen einer Schussverletzung auch dann gerechnet werden, wenn Waffen zum Einsatz kommen, die in Laienkreisen als wenig gefährlich angesehen werden (z.B. Luftdruck-, Flobert-, Schreckschuss- und Kleinkaliberwaffen). So können übliche **Luftgewehrkugeln** eine dünne Schläfenbeinschuppe perforieren oder durch die Orbita in die Schädelhöhle eindringen. Der Gasstrahl von **Schreckschusswaffen** hat bei Schüssen aus unmittelbarer Nähe wiederholt zu penetrierenden Verletzungen der Haut, zu Knochenfrakturen und tödlichen Gefäß-/Organläsionen geführt. Sofern wichtige Organe oder große Gefäße im Verlauf des Schusskanals liegen, können selbstverständlich auch energiearme Geschosse aus **KK- oder Flobert-Waffen** tödliche Verletzungen erzeugen.

Bei letal verlaufenden Schussverletzungen kann die unmittelbar **tödliche Funktionsstörung** auf verschiedenen Ursachen beruhen. Ein Sonderfall ist die schussbedingte „**Exenteration**" des Gehirns aus der Schädelkapsel, der bereits erwähnte Krönlein-Schuss. Eine direkte **Zerstörung von lebenswichtigen Zentren** des Hirnstamms ist u.a. bei Genickschüssen zu erwarten. Häufiger führt nicht die zerebrale Läsion als solche, sondern die nachfolgende **intrakranielle Drucksteigerung** (durch intrazerebrale, subarachnoidale und subdurale Blutung, evtl. in Verbindung mit einem Hirnödem) zum Tode.

Schussfrakturen der knöchernen Schädelbasis gehen oft mit einer Blutung in den Nasenrachenraum einher, woraus im Zustand der Bewusstlosigkeit eine tödliche **Blutaspiration** resultieren kann. Schussbedingte Zerreißungen der Sinus durae matris kommen als Eintrittspforte einer **venösen Luftembolie** in Betracht.

Verletzungen des Herzens, großer Gefäße oder parenchymatöser Organe sind Quellen massiver innerer Blutverluste mit konsekutivem **Blutungsschock**. Lungenschüsse mit traumatischem **Pneumothorax** stellen – besonders bei bilateralen Verletzungen – wegen der damit verbundenen Atmungsbehinderung eine akute Bedrohung dar. **Entzündliche Komplikationen**, wie sie besonders nach Bauchschüssen und nach Kopfschüssen mit Viehbetäubungsapparaten auftreten können, sind mögliche Ursachen von **Spättodesfällen**.

Handlungsfähigkeit

Bei medizinischen Laien besteht häufig die irrige Vorstellung, dass eine Schussverletzung des Kopfes oder Rumpfes zwingend eine sofortige Aktionsunfähigkeit nach sich ziehe. Dieser Auffassung stehen reale Fälle gegenüber, in denen die Schussverletzten, trotz schwerster Traumatisierung lebenswichtiger Organe, noch überraschend differenzierte Handlungen verrichtet haben.

Handlungsunfähigkeit beruht in aller Regel auf einer **Funktionsstörung des zentralen Nervensystems**, die entweder direkt durch Gewebsläsionen oder indirekt durch Sauerstoffmangelschädigung verursacht sein kann. Unmittelbare Aktionsunfähigkeit ist jedenfalls dann zu erwarten, wenn die für physische Aktivität essentiellen Hirnteile durch die Schusswirkung zerstört wurden – im Extremfall durch Exenteration des ganzen Organs. Zu den „targets of immediate incapacitation" zählen das obere Halsmark, der Hirnstamm, das Kleinhirn sowie große Teile des Zwischen- und Mittelhirns einschließlich der Basalganglien, die motorischen Hirnrindenareale und die großen motorischen Nervenbahnen. Dabei muss das Geschoss nicht notwendigerweise die genannten Regionen des Zentralnervensystems passieren, da die hohen Drucksteigerungen innerhalb der knöchernen Schädelkapsel auch schusskanalferne Nervengewebsbezirke strukturell und funktionell schädigen können.

Eine zerebrale Hypoxämie mit konsekutiver Bewusstlosigkeit ist im Zusammenhang mit Brustschüssen meist durch massiven Blutverlust bedingt. Allerdings ist auch bei Treffern des Herzens, der Aorta oder anderer großer Arterien kaum jemals ein unmittelbarer Kreislaufstillstand zu erwarten und selbst in einem solchen Fall kann der im Gehirn verbliebene Sauerstoff ausreichen, einfache Handlungen auszuführen. Dementsprechend ist bei Schussverletzungen des Herzens, der Aorta und der Pulmonalarterie zwar mit einer raschen, aber nicht mit einer sofortigen Aktionsunfähigkeit zu rechnen.

Aus den skizzierten pathophysiologischen Überlegungen ergeben sich wichtige Implikationen für die forensische Beurteilung von **Suizidfällen mit wiederholter Schussverletzung**. Gründe für das Erhaltenbleiben der Handlungsfähigkeit nach einer Gehirnschussverletzung sind vor allem die Verwendung energiearmer Munition und/oder ein Schusskanalverlauf, der die o.g. Strukturen (oberes Halsmark, Hirnstamm, Mittel- und Zwischenhirn, motorische Rindenregionen, große motorische Leitungsbahnen) verschont. Meist ist in solchen Fällen entweder nur das Stirnhirn oder nur einer der Schläfenlappen betroffen. Wesentlich häufiger als eine Mehrzahl suizidaler Gehirnschädelschüsse sind eigenhändige Mehrfachschussverletzungen der Herzregion.

Stopping power

Als „stopping power" wird die Aufhaltekraft eines Geschosses bezeichnet. Damit soll das **biologische Wirkungspotential** charakterisiert werden. Die durch Kino- und Fernsehfilme suggerierte Vorstellung, dass ein Geschoss beim Auftreffen auf den menschlichen Körper diesen aufhalten („stoppen") oder gar umwerfen würde, ist aus physikalischer Sicht unzutreffend. Die Wirksamkeit resultiert aus der an den Körper **abgegebenen Energie** (Umwandlung der kinetischen Geschossenergie in physikalische Arbeit – Gewebsverlagerung und -zerstörung, innere Reibung). Wenn die Masse und die Geschwindigkeit des Geschosses vorgegeben sind, hängt die Wirksamkeit wesentlich von der **Form** des Projektils ab: Bei „stumpfem" Geschosskopf sind Verzögerung und Energieübertragung größer. Die tatsächliche Wirkung eines Geschosses ergibt sich aber nicht nur aus dessen Wirkungspotential, sondern ganz entscheidend aus der Treffpunktlage.

Geschossembolie

Die selten vorkommende Verschleppung von eingedrungenen Projektilen oder Schrotkörnern innerhalb des Gefäßsystems wird als Geschossembolie bezeichnet. Meist handelt es sich um Geschosse mit kleinem Durchmesser und geringer Restenergie: Diese reicht nur noch zum Eindringen in die Arterie oder Vene, nicht aber zum Verlassen des Gefäßes aus, so dass der intravasal zu liegen gekommene Fremdkörper in eine Körperregion abseits des Schusskanals embolisiert werden kann, wo er sich radiologisch leicht darstellen lässt.

Geschossembolien werden mehrheitlich im arteriellen System beobachtet (Eintritt des Projektils durch das Herz oder die Aorta, Verschleppung z.B. in die Beinarterien). Seltener gelangen die Geschosse in Venen des Körperkreislaufes und von dort in das (rechte) Herz oder in die Pulmonalarterienäste. Vereinzelt wurden auch paradoxe Embolien beschrieben.

Spätfolgen

Bei überlebten Schussverletzungen mit Verbleib von Geschossen/Schrotkörnern im Körper stellt sich die Frage nach der Möglichkeit einer chronischen **Bleivergiftung.** Im Allgemeinen ist die Wahrscheinlichkeit als sehr gering einzuschätzen. Die meisten Fälle, die in der Literatur beschrieben wurden, betrafen Patienten, bei denen die Geschosse in Gelenken oder Knochen steckten. Die Latenzzeit bis zum Manifestwerden einer Intoxikation variiert zwischen wenigen Monaten bis zu einigen Jahrzehnten.

Kriminalistische Aspekte

Die klinische oder autoptische Untersuchung von schussverletzten Personen dient u.a. der Klärung folgender Fragen:
- Lässt sich die Annahme einer Schussverletzung befundmäßig objektivieren?
- Wie viele Treffer liegen vor?
- Handelt es sich um Steckschüsse, Durchschüsse oder Streifschüsse?
- Wie war die Schussrichtung?
- Sind Rückschlüsse auf die Art der Tatwaffe und der Tatmunition möglich?
- Aus welcher Entfernung wurde geschossen (absoluter Nahschuss, relativer Nahschuss, Fernschuss; ▶ s. Kap. 3.7.4)?
- Spricht das Verletzungs- und Spurenbild für Selbst- oder Fremdbeibringung?
- Hat die Schussverletzung zu sofortiger Handlungsunfähigkeit geführt?

3.7.3 Einschuss und Ausschuss

Die Bestimmung der **Schussrichtung** setzt voraus, dass Ein- und Ausschussöffnung richtig erkannt werden.

Einschusszeichen

Der Einschuss in der Haut weist in typischen Fällen folgende **Merkmale** auf:
- zentraler Substanzdefekt,
- epidermisfreie Randzone (Kontusionsring, „Schürfsaum"),
- grauschwarzer Abstreifring (wenn das Projektil zuvor kein anderes Primärziel durchschlagen hat) und
- etwaige Nahschusszeichen (bei Schüssen aus geringer Distanz).

Einschussdefekt

Der zentrale **Einschussdefekt** ist rundlich (bei orthogonalem Auftreffen des Projektils) oder oval (bei Schrägschüssen). Der Durchmesser ist meist kleiner als jener des Geschosses.

Die Diskrepanz zwischen Geschosskaliber und Größe der Einschusslücke lässt sich durch das elastische Verhalten der jeweiligen Hautregion erklären: Beim Aufprall des Geschosskopfes führen die radial wirkenden Kräfte zu einem kurzzeitigen, zentrifugalen Auseinanderweichen des Defektrandes (temporäre, reversible Erweiterung der Durchtrittsstelle). Mit dem Aufhören der Verformungskräfte nimmt die elastische Haut wieder ihre frühere Gestalt ein, so dass die bleibende und **nicht adaptierbare Einschussöffnung** – verursacht durch die Gewebsverlagerung in Schussrichtung – wesentlich kleiner sein kann als der Geschossquerschnitt (besonders ausgeprägt ist dieses Missverhältnis an den stark verhornten Handflächen und Fußsohlen).

Wichtig

Die Abmessungen der Hautwunde erlauben daher keine exakten Rückschlüsse auf das Geschosskaliber.

Kontusionsring („Schürfsaum")

Die Einschusslücke ist in der Regel von einer epidermisfreien Zone umgeben, die sich in frischem Zustand als feuchter, rötlicher Saum darstellt und postmortal infolge Vertrocknung einen bräunlichen Farbton annimmt (■ Abb. 3.50). Dieser Bezirk wurde früher allgemein als **Schürfsaum** bezeichnet, neuerdings

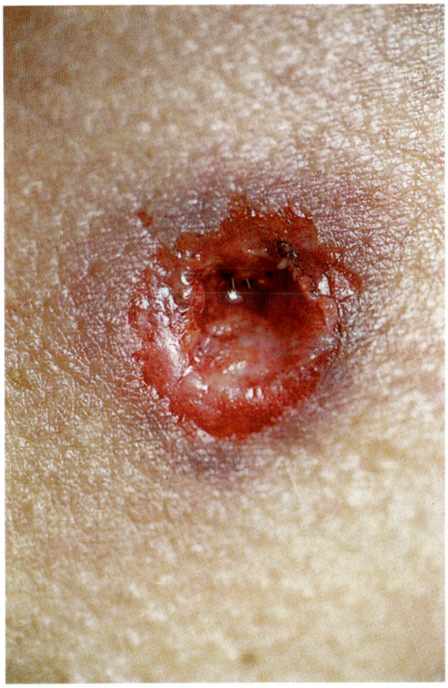

Abb. 3.50. Einschussöffnung in einer bekleideten Körperregion (obere Rückenpartie): rundlicher Substanzdefekt, zirkulärer Kontusionsring („Schürfsaum"), aber kein Abstreifring; die umgebende Haut ist zart rotviolett verfärbt (angedeuteter „Dehnungssaum"); Tatwaffe: Revolver Kaliber 357 Magnum

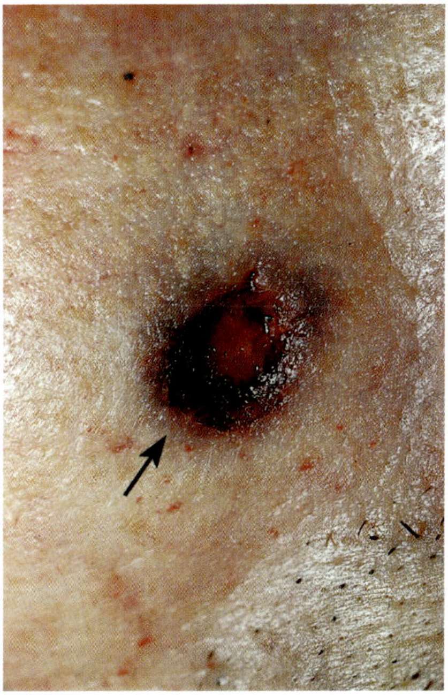

Abb. 3.51. Einschussöffnung mit exzentrischem Abstreifring bei Schrägschuss (KK-Gewehr, Vollbleigeschoss). Die Wundrandschwärzung ist schützenseitig verbreitert, der *Pfeil* zeigt die Schussrichtung an. In der Umgebung des Einschusses vereinzelte Pulvereinsprengungen als Nahschusszeichen

bevorzugt man den Begriff **Kontusionssaum** oder **Kontusionsring.**

Die Entstehungsweise dieses Einschussbefundes wurde durch die hochfrequenzkinematographischen Untersuchungen von Sellier geklärt: Beim Auftreffen des Geschosskopfes führt die örtliche Drucksteigerung zum **kegelförmigen Zurückspritzen** oberflächlicher Gewebspartikel. Die frühere Vorstellung, dass der Geschosskopf vor dem Eindringen die Haut einstülpen und im Randbereich schürfen würde, ist unzutreffend.

Am Rand des Kontusionsringes ist die Epidermis abgehoben, aufgeworfen und z.T. radiär eingerissen. Das Ausmaß der sekundären Vertrocknung kann daher über die Zone des echten Epidermisverlustes hinausgehen. Bei **Schrägschüssen** sind die Kontusionsringe **elliptisch** begrenzt und zum Schützen hin mützenförmig ausgezogen. Wenn die Haut im Einschussbereich von Wasser bedeckt ist, unterbleibt die Ausbildung eines Kontusionsringes.

Abstreifring („Schmutzring")

Der Abstreifring verdankt seine kriminalistische Bedeutung vor allem der Tatsache, dass er – zumindest am Primärziel – ein verlässliches Indiz für den Einschuss ist. Die früher gebräuchlich gewesenen Synonyme (**„Schmutzring", „Schmauchring"**) geben deskriptiv den optischen Eindruck wieder, indem sie eine saumartige Schwärzung des Einschussrandes beschreiben.

Der Ausdruck „Abstreifring" bezieht sich auf den Entstehungsmechanismus: Im Augenblick des Hautkontaktes überträgt das Projektil die an ihm haftenden Verunreinigungen (Rückstände des Zünd- und Treibsatzes, eventuell auch des Waffenöles). Außerdem können vom Geschoss selbst bzw. vom Mantel Metallspuren an der Eintrittsstelle deponiert werden.

Der Abstreifring bedeckt bei primären Hauteinschüssen (Abb. 3.51) die epidermisfreie Zone des Kontusionsringes (Schürfsaumes). Wird eine bekleidete Körperregion getroffen, dann findet sich der Abstreifring auf der **obersten Textillage** (Abb. 3.52), aber nicht (oder nur angedeutet) am Rand der Einschusswunde. Bei **Schrägschüssen** ist der Abstreifring schützenseitig **exzentrisch verbreitert.**

Weitere (fakultative) Einschusszeichen

Manche Autoren erwähnen als weiteres, allerdings nicht konstant auftretendes und nicht für einen Einschuss beweisendes Zeichen den so genannten **Dehnungssaum**, der durch die kurzzeitige Radialverlagerung des einschussnahen Gewebes infolge zirkulärer Überdehnung (mit konsekutiver Gefäßzerreißung) auftreten kann. Er manifestiert sich als mehr oder weniger breite, **rotviolette Unterblutung**, deren Durchmesser meist deutlich größer ist als jener des Kontusionsringes (Schürfsaumes).

Als weiteres fakultatives, aber nicht verlässliches Einschusszeichen wird von manchen Autoren das Eindringen von **Textilfasern** genannt (bei Treffern in bekleideten Körperregionen);

Abb. 3.52. Baumwollgewebe einer Bluse mit Einschusslücke. Der schwarze Abstreifring ist kein Nahschusszeichen. Tatmunition: Revolverpatrone Kal. 38 Spl

durch den Unterdruck in der temporären Wundhöhle können Fasern nicht nur in den Einschuss, sondern auch in den Ausschuss eingesaugt werden.

Ausschuss

Der Ausschuss stellt sich als **schlitzförmige** oder **mehrstrahlige** Zusammenhangstrennung dar. In typischen Fällen ist – anders als beim Einschuss – keine echte Lückenbildung, also kein Gewebsdefekt vorhanden, d.h. die Wunde kann durch Aneinanderlegen der Ränder völlig verschlossen werden („Adaptierbarkeit"; Abb. 3.53).

Die **Größe** übertrifft mehrheitlich, aber nicht immer die des Einschusses. Die unkritische Anwendung dieser unverlässlichen „Regel" führt in der Praxis oft zu Fehlbeurteilungen. So entstehen bei Kopfschüssen mit aufgesetzter Waffe oft „Einschussplatzwunden" mit langen Rissstrahlen; der Ausschuss kann in solchen Fällen wesentlich kleiner sein, wenn das Geschoss mit nur noch geringer Restgeschwindigkeit austritt und dabei einen kurzen, rissartigen Wundschlitz erzeugt. In Fällen von Splitterverletzungen ist der Einschuss immer größer als der Ausschuss.

Die Größe der Ausschussöffnung hängt vor allem davon ab, welchen Durchmesser die temporäre Höhle an der Austrittsstelle des Geschosses hatte. Bei langsamen Projektilen kann auch das „Mitführen" von Knochensplittern zur Vergrößerung des Ausschusses beitragen. Viele Geschosse verlassen den Körper in deformiertem Zustand und/oder als „Querschläger", was bei geringer Austrittsgeschwindigkeit die Form der Ausschusswunde mitbeeinflusst.

Ein Abstreifring ist am Ausschuss naturgemäß niemals vorhanden. Bisweilen ist auch der Ausschuss von einem schürfsaumartigen Epidermisdefekt umgeben. Voraussetzung dafür ist das Vorhandensein eines Widerlagers über der Geschossaustrittsstelle (z.B. eng anliegendes Kleidungsstück wie Hosenträger oder BH; flächiger Kontakt der Ausschussregion mit dem Boden, der Wand oder einer Stuhllehne; Abb. 3.54). Im Unterschied zum „echten" Schürfsaum (Kontu-

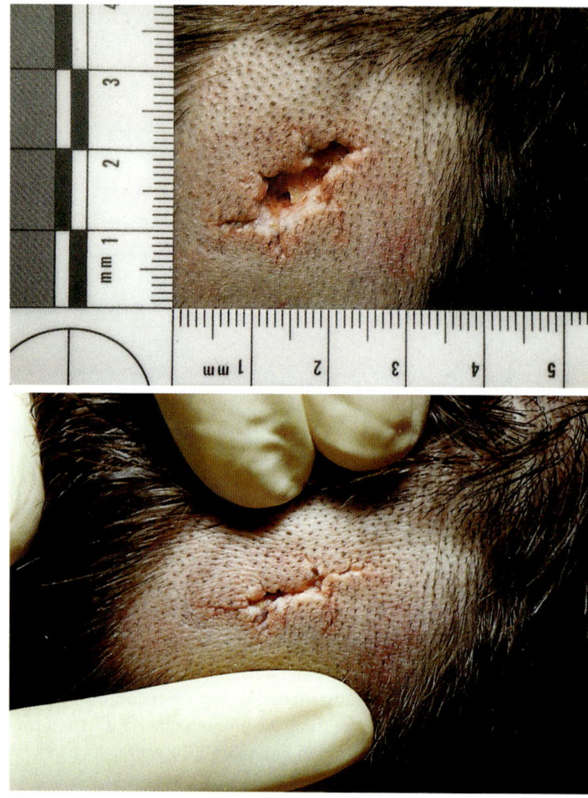

Abb. 3.53. Ausschusswunde in der Hinterhauptsregion nach suizidalem Mundschuss mit einer Pistole 9 mm Luger. Rissförmige, adaptierbare Zusammenhangstrennung ohne Abstreifring und ohne Schürfungssaum. Das Kopfhaar wurde im Zuge der Obduktion teilweise rasiert

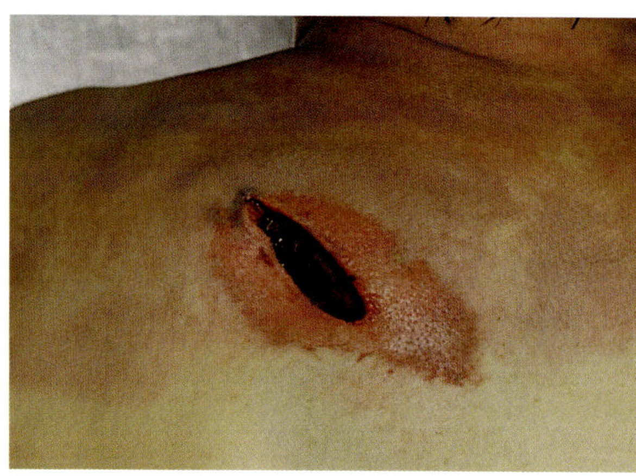

Abb. 3.54. Spaltförmige, 5 cm lange Ausschussöffnung in der linken oberen Rückenpartie einer 45-jährigen Frau. Der dazugehörige Einschuss befand sich an der rechten Brustseite. Tatwaffe war ein alter Militärkarabiner Kal. 7,5 x 55 mm; verschossen wurde ein Vollmantel-Spitzgeschoss. Da die Frau bei Erhalt der Schussverletzung mit dem Rücken auf dem Boden lag, ist es rund um den Ausschuss atypischerweise zu einer Exkoriation gekommen, die später infolge Luftzutritts braunrot vertrocknet ist

sionsring) am Einschuss ist ein etwaiger Oberhautverlust am Rand des Ausschusses meist unregelmäßig begrenzt. Die Epidermis wird bei Vorliegen eines Widerlagers am Ausschuss tatsächlich abgeschürft, während der Epidermisverlust am Einschuss durch „Zurückspritzen" kleiner Gewebspartikel zustande kommt.

3.7.4 Entfernungsabhängigkeit der Einschussbefunde

Vorgänge beim Schuss

Zum Verständnis der unterschiedlichen Schussbilder ist es notwendig, die wichtigsten Vorgänge nach Auslösung eines Schusses zu kennen. Zunächst bringt die Schlagbolzenspitze den Zündsatz zur Detonation; durch den anschließenden Abbrand des Pulvers entsteht ein großes Gasvolumen, das unter hohem Druck steht und das Geschoss aus dem Lauf treibt.

Schon bevor das Projektil den Lauf verlässt, tritt aus der Mündung eine **Schmauchwolke** aus. Der Terminus „**Schmauch**" bezeichnet die grau(schwarz) gefärbten **Verbrennungsrückstände** des Pulvers, das nicht zur Gänze in Gase umgesetzt wird. Im Wesentlichen handelt es sich beim Schmauch um **unverbrannten Kohlenstoff**, der in Form feinster (ultravisibler) Partikel – also in Form von Ruß – vorliegt.

Neben den Treibgasen, neben feindispersem Ruß und Schmauchelementen verlassen stets auch **unverbrannte und partiell verbrannte Pulverteilchen** den Lauf. Die Wolke aus winzigen Rußpartikeln wird rasch abgebremst, so dass Schmauchauflagerungen nur in relativ geringer Entfernung von der Mündung zu erwarten sind. Die größeren Pulverkörnchen (Durchmesser mehrere Zehntelmillimeter) gelangen auch auf weiter entfernte Zielobjekte.

Die Intensität und Flächenverteilung der genannten **Nahschusszeichen** (Schmauch und Pulverteilchen) auf einem Zielobjekt hängt nicht nur von der Schussentfernung, sondern ebenso von der Patronenart und der Waffe ab. Eine ausreichend genaue Eingrenzung der **Schussdistanz** ist daher nur nach **Vergleichsschüssen** mit Tatwaffe und Tatmunition möglich.

Eine makroskopisch sichtbare Beschmauchung ist bei Faustfeuerwaffen bis zu einer Schussentfernung von etwa 10–15 cm zu erwarten. Pulverteilchen können in Abhängigkeit von Waffe und Munition auf Ziele gelangen, die einige bis mehrere Dezimeter entfernt sind (bei Langwaffen auch >1 m). Die Verwendung von Schalldämpfern schwächt die Beschmauchung stark ab, so dass der fälschliche Eindruck einer größeren Schussentfernung entsteht.

An der Laufmündung treten zwei verschiedene Lichtphänomene auf: Erstens das **Feuer aus der Mündung** („flame") – ein kurzer und meist dunkelrot gefärbter Feuerstrahl, verursacht durch die noch nicht ganz abgeschlossene Verbrennung der Treibsatzpartikel; zweitens das **Mündungsfeuer** („muzzle flash") – ein greller Feuerball in einiger Entfernung vom Laufende, hervorgerufen durch die Reaktion der unvollständig oxidierten Pulvergase mit dem Sauerstoff der Luft.

Bei Nitropulver reicht die extrem kurze Einwirkungszeit der Mündungsflamme trotz deren hoher Temperatur üblicherweise nicht aus, im Nahschussbereich substantielle Verbrennungen an der Kleidung oder Haut hervorzurufen. Allenfalls kann man an den einschussnahen Haaren eine Kräuselung erkennen. Eine thermische Schädigung ist bei Schüssen mit Nitromunition im Entfernungsbereich von wenigen Zentimetern dann möglich, wenn thermolabile Kunstfasertextilien durch die hohen Temperaturen auf der Haut schmelzen. Bei Verwendung von Schwarzpulvermunition können Nahschüsse im Einwirkungs-

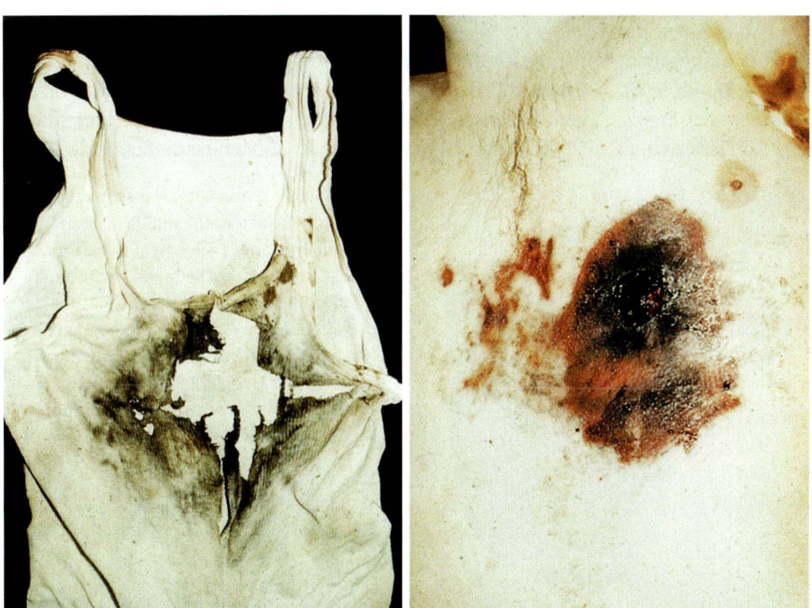

Abb. 3.55. Unterhemd und linke vordere Brustwand eines jungen Mannes mit präkordialem Einschuss, der von einem Brandhof und Schmauchablagerungen umgeben ist. Suizidaler Herzschuss (durch die Kleidung) mit einer großkalibrigen Vorderladerpistole (Schwarzpulver-Munition)

bereich der Mündungsflamme zu eindrucksvollen, flächenhaften Verbrennungen führen („Brandhof", ◻ Abb. 3.55).
In der Rechtsmedizin werden nach morphologischen Kriterien **drei Schussentfernungsbereiche** unterschieden:
- der absolute Nahschuss,
- der relative Nahschuss und
- der Fernschuss.

Absoluter Nahschuss

Definition

Der Begriff „absoluter Nahschuss" bedeutet, dass die Laufmündung bei der Schussabgabe „aufgesetzt" war (Syn: Kontaktschuss). Beim absoluten Nahschuss gelangen schmauchhaltige Pulvergase durch die Einschusslücke in die Tiefe. Sie expandieren unter der Haut und verfärben den Anfangsteil des Wundkanals schwarzgrau (**„Schmauchhöhle"**). Wegen des hohen Kohlenmonoxidgehaltes der Verbrennungsgase (bis zu 50 %) hat das umliegende Gewebe oft einen hellroten Farbton.

Der Einschussbereich wird durch den Druck der eingedrungenen Pulvergase aufgetrieben und ballonartig gegen die Schussrichtung vorgewölbt; dabei kommt es an der Haut zu einer Abprägung des Waffengesichtes (also jener Konstruktionsteile, die in der Mündungsebene oder knapp dahinter liegen). Dieser Befund wird als **„Stanzmarke"** bezeichnet. Verletzungsmechanisch stellt die Stanzmarke eine geformte Exkoriation („patterned abrasion") durch orthogonale Druckwirkung dar. Nach ausreichend langem Luftzutritt imponiert die Stanzmarke als braune Hautvertrocknung. Im Einzelnen können sich neben der Stirnfläche (bzw. den kantigen Konturen) des Laufes auch andere mündungsnahe Waffenteile abbilden: z.B. das Korn, der Vorholfederführungsstift oder die Mündungsebene eines nicht abgeschossenen Laufes (bei mehrläufigen Waffen; ◻ Abb. 3.56).

Aus der Anwesenheit, Form und Ausrichtung einer Stanzmarke lassen sich kriminalistisch bedeutsame Schlüsse ziehen:

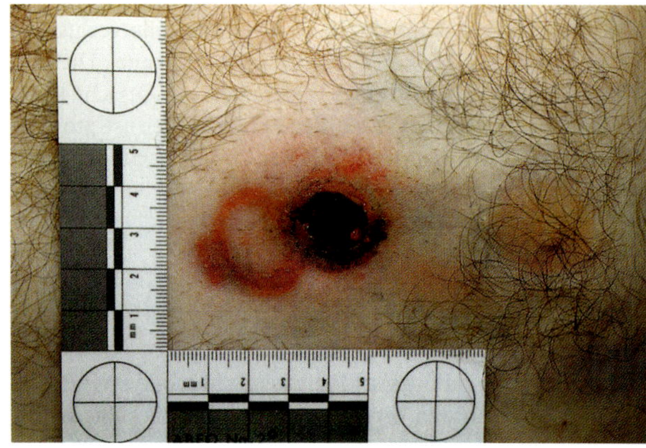

◻ Abb. 3.56. Suizid mit einer Bockbüchsflinte. Präkordiale Einschusswunde mit charakteristischer Stanzmarke. Neben der eigentlichen Einschussöffnung hat sich die Mündung des nicht abgeschossenen (oberen) Flintenlaufs mit dem Kornsattel als braun vertrocknete Stanzmarke abgeprägt. Aus dem unten liegenden Büchsenlauf wurde eine Patrone Kaliber 7 x 65 mm mit Teilmantel-Rundkopfgeschoss verfeuert. Keine sternförmige Hautaufplatzung, aber Schmauchschwärzungen in der Tiefe des Einschusses. Zum Zeitpunkt der Schussabgabe war der Oberkörper mit Hemd und Unterhemd bekleidet (keine Entblößung der Einschussregion!)

- Die Waffe war zum Zeitpunkt der Schussabgabe **aufgesetzt,**
- die Konfiguration der Stanzmarke korrespondiert mit den mündungsnahen Strukturen (◻ Abb. 3.57) und
- die Lagebeziehung zwischen charakteristischen Stanzmarkenteilen und der Einschussöffnung gibt Auskunft über die **Waffenhaltung:** So bedeutet ein Kornabdruck an der Unterseite, dass die Waffe verdreht (mit dem Griffstück nach oben) gehalten wurde.

Wenn sich unter dem Einschuss ein knöchernes Widerlager befindet (z.B. in der Stirn- und Schläfenregion), kann die von eingedrungenen Verbrennungsgasen vorgewölbte Haut infolge Überdehnung radiär einreißen (**„Einschussplatzwunde"**). Die-

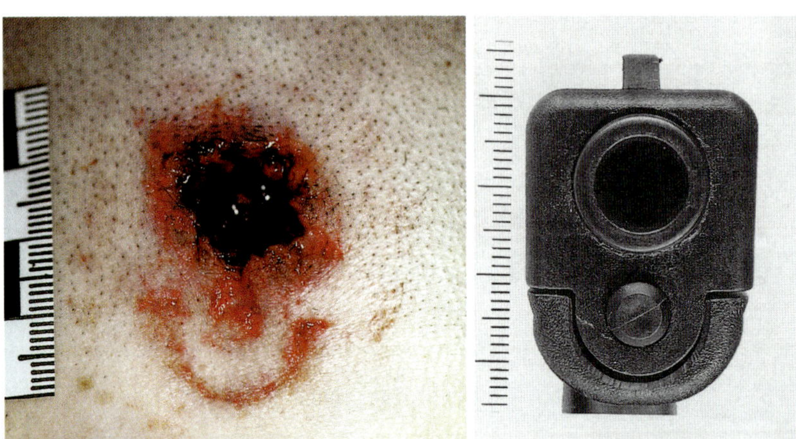

◻ Abb. 3.57. Absoluter Nahschuss in der rechten Schläfenregion (Suizid eines 28-jährigen Mannes mit einer Pistole Glock Kal. 9 mm Luger). Die braun vertrocknete Stanzmarke gibt markante Strukturen des Waffengesichtes (*rechts*) wieder. Der Einschussrand ist im Sinne einer Einschussplatzwunde radiär eingerissen. In der Tiefe des Einschusses schwarzgraue Verfärbung („Schmauchhöhle")

ses dritte Zeichen eines absoluten Nahschusses ist fakultativ: Schüsse mit energiearmer Munition, z.B. 22 L.R., brauchen auch an den Prädilektionsstellen mit knöchernem Widerlager keine sternförmige Hautaufplatzung zu verursachen.

Relativer Nahschuss

Definition

Beim relativen Nahschuss lassen sich **Schussrückstände (Schmauch und/oder Pulverteilchen) in der Umgebung des Einschusses** nachweisen. Man unterscheidet den näheren und den weiteren relativen Nahschuss.

Der **nähere relative Nahschuss** ist definiert durch die Anwesenheit eines **Schmauchhofes** (meist in Verbindung mit zusätzlich vorhandenen Pulverauflagerungen/-einsprengungen). Der grauschwarze Schmauch führt zu einer flächenhaften, wolkig strukturierten Haut- oder Textilverfärbung (◘ Abb. 3.58), deren Intensität mit größer werdender Schussentfernung abnimmt. Schrägschüsse führen zu einem asymmetrischen Schmauchbild mit Ausziehung zur schützenfernen oder schützennahen Seite (je nach Schusswinkel und Schussentfernung). Durch Interposition von Kleidungsstücken oder Körperteilen (Hand) kann der Schmauchstrahl teilweise „abgeschattet" sein. Mündungsstücke, die bei Armeegewehren häufig zur Dämpfung des Mündungsfeuers und zur Verminderung des Rückstoßes am Laufende montiert sind, verfügen über seitliche Gasauslassschlitze, wodurch mehrstrahlige Schmauchbilder entstehen können.

Vom **weiteren relativen Nahschuss** spricht man, wenn rund um den Einschuss keine Schmauchablagerungen mehr sichtbar sind, wohl aber **unverbrannte bzw. teilverbrannte Treibsatzpartikel**, die der Haut bzw. der Kleidung **aufgelagert** oder in diese **eingesprengt** sind. Das Eindringvermögen der

◘ Abb. 3.58. Einschuss im Baumwollgewebe eines T-Shirts, umgeben von einem dichten Schmauchhof (näherer relativer Nahschuss). Tatwaffe: Pistole Walther P 5 Kal. 9 mm Luger

Pulverkörnchen hängt von der Munitionsart, der Waffe, der Schussentfernung und den Oberflächeneigenschaften des Zielobjektes ab. An der Haut verursachen die Pulverteilchen entweder oberflächliche Epidermisbeschädigungen (mit nachfolgender Vertrocknung, ◘ Abb. 3.59) oder – bei subepithelialer Lagerung – punktförmige Lederhautblutungen. Das Verteilungsmuster der Pulvereinsprengungen variiert mit dem Schusswinkel: Nur bei rechtwinkelig auftreffendem Geschoss entsteht ein radial-symmetrisches Bild; in den meisten anderen

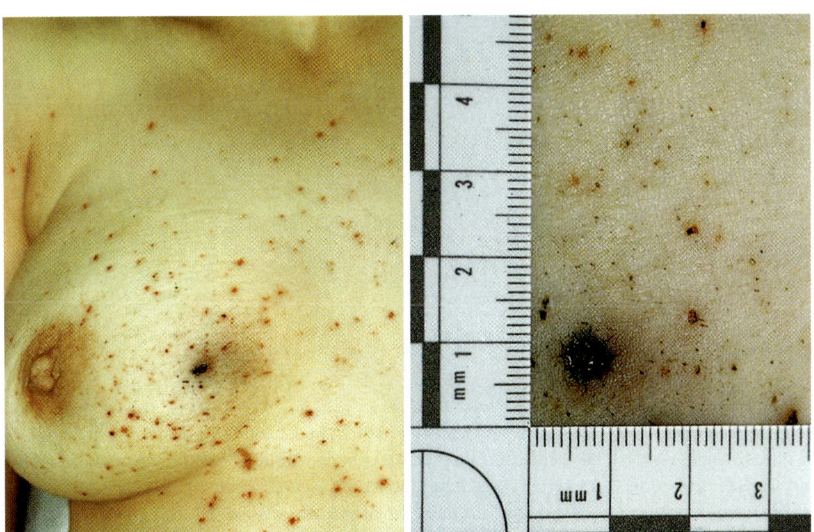

◘ Abb. 3.59. Brustregion einer 45-jährigen Frau mit Einschuss am medialen Rand der rechten Mamma. Tatwaffe war ein alter Militärkarabiner Kaliber 7,5 x 55 mm, verschossen wurde ein Vollmantel-Spitzgeschoss. Der Oberkörper war zurzeit der Schussabgabe unbekleidet. Der Einschuss ist auffallend klein (unterkalibergroß) und im Randbereich geschwärzt (Abstreifring). Neben der Einschusslücke zarte Beschmauchung. Nahezu die gesamte vordere Brustwand weist punktförmige, braun vertrocknete Pulvereinsprengungen auf (relativer Nahschuss). Durchschuss mit Geschossaustritt im linken Rückenbereich. Fremdtötung im Rahmen eines Familienstreites

Fällen ist das betroffene Hautareal elliptisch begrenzt. Die Einschusswunde kann außerhalb der Einsprengungen liegen, wenn ein Teil der Pulverkörnchen von Kleidern oder anderen Primärzielen abgefangen wird.

Fernschuss

Definition

Der Begriff „Fernschuss" bedeutet im rechtsmedizinischen Sprachgebrauch das **Fehlen von Nahschusszeichen** (kein Schmauchhof, keine Pulvereinsprengungen oder -auflagerungen). Die Untergrenze dieses Entfernungsbereiches variiert nicht nur in Abhängigkeit von Waffe und Munition, sondern auch von der Empfindlichkeit der angewandten Untersuchungsmethode.

Auf die speziellen Verfahren der Schussentfernungsbestimmung kann hier nicht eingegangen werden. Bei der Sicherung und sachgerechten Asservierung von etwaigen Schussrückständen an der Kleidung und in der Umgebung von Einschusswunden ist eine enge Zusammenarbeit mit den kriminaltechnischen Sachbearbeitern erforderlich. In jedem Fall sollte eine fotografische Dokumentation erfolgen; Hautexzisate mit Schusswunden und die zur Tatzeit getragene Kleidung sind wichtige Beweisstücke, die für eine objektive Schussentfernungsbestimmung unbedingt benötigt werden.

Schrotschüsse

Das Schussbild von Schrotmunition ändert sich in Abhängigkeit von der Entfernung zwischen Laufmündung und Zielobjekt: Mit zunehmender Schussdistanz wird die zunächst einheitliche Schusslücke im Randbereich girlandenartig eingekerbt; ab einer Entfernung von ca. 2 m erzeugen randständige Schrotkörner satellitenartige Einschläge außerhalb des zentralen Einschussdefektes. Schussentfernungen von einigen bis mehreren Metern sind durch ein siebartiges Trefferbild (◘ Abb. 3.60) charakterisiert. Bei Schüssen aus sehr geringen Entfernungen können Pfropfen und/oder Plastikbecher mit dem Schrot in den Körper gelangen oder an der Haut charakteristisch geformte Exkoriationen verursachen.

Flintenlaufgeschosse (engl.: shotgun slugs) sind Einzelgeschosse, die für glatte Schrotläufe – auch für solche mit Würgebohrung – bestimmt sind. Die Treffgenauigkeit ist wesentlich geringer als bei Büchsengeschossen, weshalb die Einsatzschussweite bei der Jagd auf 35–50 m beschränkt bleiben sollte. Die meisten Flintenlaufgeschosse sind nach dem Pfeilprinzip konstruiert (vorne schwer, hinten leicht). Im deutschsprachigen Raum hat das Brenneke-Flintenlaufgeschoss weite Verbreitung gefunden.

3.7.5 Innere Befunde

Die schussbedingten Verletzungsbefunde im Körperinneren können hier nur gestreift werden. Besondere Erwähnung verdient die Form des **Schussloches** in den platten Knochen des **Schädeldaches**. Die Schussdefekte haben dort das Aussehen von rundlichen Lochfrakturen. Der einschussseitige Durchmesser stimmt größenordnungsmäßig mit dem Geschosskaliber überein. Die **Knochenlücke erweitert sich trichterförmig in Schussrichtung**, ist also ausschussseitig „kraterförmig ausgesprengt" (◘ Abb. 3.61). Aus diesem Befund lässt sich selbst am isolierten, weichteilfreien Knochen noch die Schussrichtung bestimmen. Ausschusslücken verhalten sich umgekehrt: Die Tabula externa ist kraterförmig ausgebrochen. Spitzwinkelig auftreffende Geschosse erzeugen schlüssellochförmige Knochenlücken mit schützenferner Randabsprengung der Tabula externa.

Häufig gehen von den Ein- und Ausschusslücken radiäre **Schussbrüche** aus. Nach der Puppe'schen Regel enden sekun-

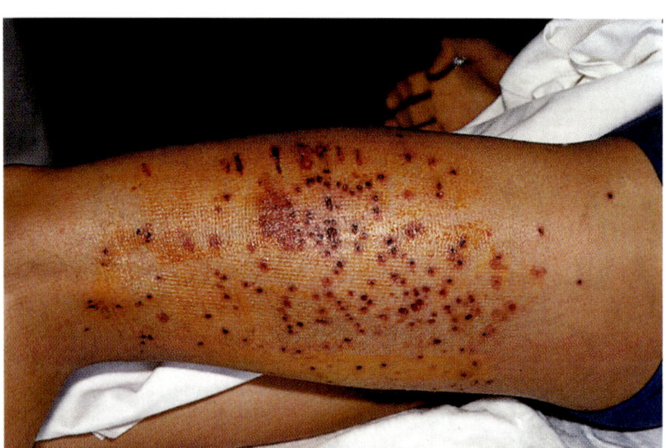

◘ Abb. 3.60. Überlebte Schrotschussverletzungen des linken Oberschenkels. Der Schrotkorndurchmesser betrug 2,5 mm. Tatwaffe war eine Vorderschaftrepetierflinte mit gekürztem Lauf. Die Schussabgabe erfolgte aus einer Entfernung von einigen Metern durch eine verglaste Tür auf das dahinter befindliche Opfer

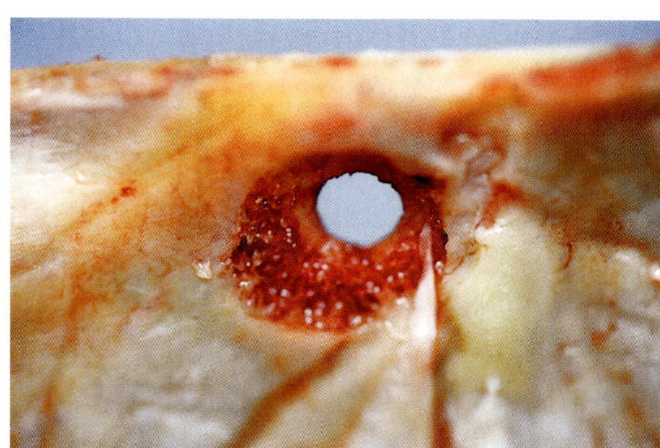

◘ Abb. 3.61. Knocheneinschuss in der rechten Schläfenregion (Innenansicht). Die Einschusslücke in der Tabula externa ist etwa kalibergroß und rund, die Tabula interna ist trichterförmig in Schussrichtung ausgesprengt. Suizidaler Schläfenschuss mit einer Pistole Kal. 6,35 mm Browning

där entstandene Bruchlinien an vorbestehenden Frakturen, woraus in manchen Fällen eine Aussage über die Priorität der einen oder anderen Verletzung abgeleitet werden kann.

In den Weichgeweben ist der Wundkanal nicht röhrenförmig, sondern kollabiert und/oder blutgefüllt. Da sich die Gewebsschichten kulissenartig gegeneinander verschieben können, ist eine postmortale Sondierung mit der Gefahr von Artefaktbildungen verbunden und sollte daher unterbleiben. Parenchymatöse Bauchorgane wie die Leber und die Milz können an den Geschossdurchtrittsstellen große sternförmige Wunden zeigen (◘ Abb. 3.62).

Chirurgisch oder autoptisch aus dem Körper entfernte **Geschosse** oder Geschossteile müssen für spätere kriminaltechnische Untersuchungen sichergestellt werden. Ein verfeuertes Tatgeschoss, das nicht allzu stark verformt ist, gibt Auskunft über Kaliber, Drallrichtung, Zahl und Breite der Felder und Züge sowie Individualspuren vom Lauf der Tatwaffe.

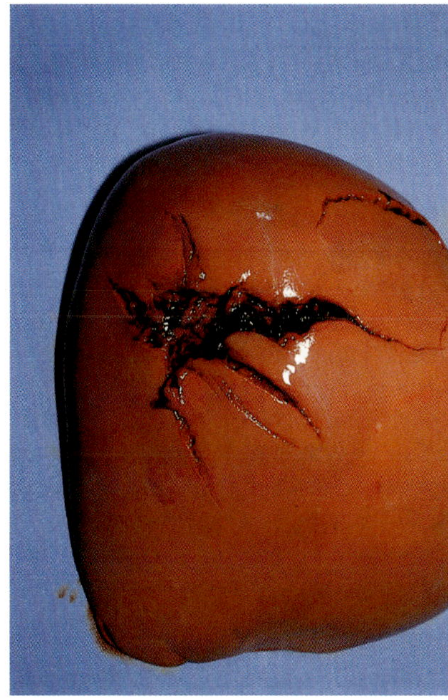

◘ Abb. 3.62. Sternförmige Geschossdurchtrittsstelle im rechten Leberlappen (homizidale Durchschussverletzung des Rumpfes mit einer Pistole Kal. 9 mm Luger)

3.7.6 Viehbetäubungsapparate, Bolzensetzwerkzeuge

Viehbetäubungsgeräte sind Schussapparate, mit deren Hilfe ein zylindrischer Stahlbolzen ca. 10 cm tief in den Gehirnschädel eines Schlachttieres getrieben wird, was in aller Regel zu schlagartig einsetzender Bewusstlosigkeit führt. Die „Schlachtschussapparate“ werden mit **Kartuschen** (projektillosen Patronen) geladen. Nach der Schussabgabe kehrt der Schussbolzen durch Federkraft in seine Ausgangsstellung zurück.

In der rechtsmedizinischen Praxis werden **Bolzenschussverletzungen** überwiegend nach Suizidhandlungen beobachtet; Fremdtötungen und letal verlaufende Unfälle gehören zu den Raritäten. Die **Selbsttötungen** sind mehrheitlich „**berufsbezogen**“: Sie werden von Personen verübt, die beruflichen Umgang mit Viehbetäubungsapparaten haben (Landwirte, Schlachthausarbeiter, Metzger).

Der Schussbolzen ist an seinem Vorderende scharfrandig und gekehlt; er verursacht daher **Stanzverletzungen.** Da der Bolzen nach jeder Schussabgabe in das Gerät zurückkehrt, bleibt in der Tiefe des Wundkanals **kein Projektil** zurück, wohl aber **imprimiertes Material** (Haut, Knochen). Wegen der begrenzten Vorschnellstrecke des Bolzens sind bei Kopfschüssen **keine Ausschüsse** zu erwarten. Das Einschussbild ist bei manchen Gerätetypen durch zwei (seltener vier) **Schmauchhöfchen** charakterisiert, die einander paarig gegenüber liegen und von den in gleicher Weise angeordneten Gasabzugskanälchen herrühren (◘ Abb. 3.63).

Baugewerbliche **Bolzensetzgeräte** und Nagelschussapparate dienen zum Einschießen von (meist gewindetragenden) Setzbolzen in Wände, Holz, Beton etc. Anders als bei Viehbe-

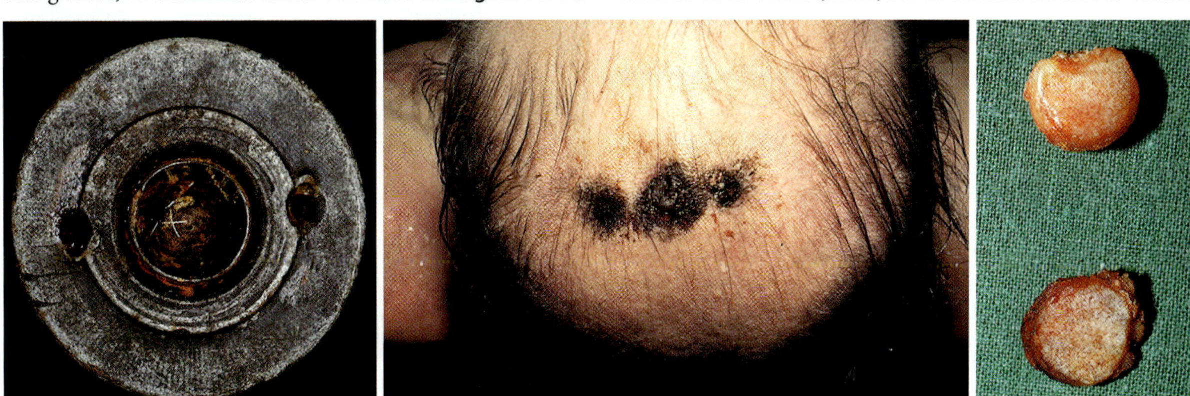

◘ Abb. 3.63. Scheitelregion eines 63-jährigen Landwirtes, der sich mit einem Viehbetäubungsapparat suizidierte. *In Bildmitte* die Bolzen-Stanzverletzung, flankiert von zwei einander gegenüber liegenden Schmauchhöfchen (lagemäßig korrespondierend mit den Öffnungen der Gasabzugskanälchen an der Kopfplatte des verwendeten Viehbetäubungsapparates; *links*). *Rechts im Bild* imprimiertes Haut- und Knochenstück täubungsapparaten verlässt der abgeschossene Setzbolzen das Gerät, so dass unfallmäßig ein Freiflug des Geschosses möglich ist. Aus Sicherheitsgründen kann ein Schuss nur dann abgegeben werden, wenn die Stirnplatte des Gerätes fest an das beschossene Objekt angepresst wird.

3.7.7 Kriminalistische Aspekte

Die Klassifikation einer Schussverletzung als **suizidal, homizidal** oder **akzidentell** erfordert die synoptische Auswertung der Verletzungs- und Kleiderbefunde, der kriminaltechnischen Untersuchungsergebnisse und der übrigen Umstände des Falles.

Aus rechtsmedizinischer Sicht stellt sich die Frage, ob der Einschuss in einer für **Suizide typischen Region** lokalisiert ist (**Schläfe, Mund, Herzgegend, Stirn, Submentalregion**). In fast allen Suizidfällen wird die Laufmündung aufgesetzt oder in die Mundhöhle eingeführt; bei Schüssen in die Brust erfolgt nur selten eine vorherige Entblößung der Haut. Faustfeuerwaffen verbleiben in etwa einem Fünftel der Suizidfälle in der Hand des Schützen.

Auf die **Schusshanduntersuchung** zum Nachweis von Schmauchbestandteilen (vor allem Blei, Antimon und Barium) kann an dieser Stelle nur hingewiesen werden. Mitunter findet man bereits makroskopisch fassbare Hinweiszeichen für eine eigenhändige Schussabgabe: z.B. spritzerartige Blut- oder Gewebsantragungen an der Schusshand („backspatter" aus der Einschusswunde, ◘ Abb. 3.64), Beschmauchung am Daumen und Zeigefinger der „Haltehand" (wenn die Laufmündung mit der zweiten Hand umfasst und an die Einschussstelle gehalten wurde, ◘ Abb. 3.65) oder so genannte Schlittenverletzungen zwischen Daumen und Zeigefinger (verursacht durch die Kanten des zurückgleitenden Verschlussstückes einer Pistole). Direkter und konstanter Hautkontakt mit Stahlteilen der Waffe in feuchtem Milieu begünstigt die Bildung von bräunlichen „Rostmarken" (◘ Abb. 3.66); ein solcher Befund kommt besonders bei Suizidenten vor, beweist aber nicht die eigenhändige Schussabgabe.

3.7.8 Explosionsverletzungen

In Friedenszeiten werden Verletzungen und Todesfälle durch Sprengstoffexplosionen meist in Zusammenhang mit politisch motivierten oder terroristischen Anschlägen gegen Personen (Brief- und Paketbomben!), gegen Fahrzeuge und Gebäude beobachtet. Unfallereignisse sind auf unsachgemäßen Umgang mit Sprengmitteln, Feuerwerkskörpern etc. zurückzuführen. Selbsttötungen unter Verwendung von Sprengstoffen sind in Mitteleuropa selten und üblicherweise auf Personen beschränkt, die einschlägige berufliche Erfahrungen haben.

Das Verletzungsbild ist oft durch ein komplexes Nebeneinander von verschiedenartigen Schädigungen charakterisiert: mechanische Gewebszerstörungen bis zu traumatischen Amputationen, penetrierende Verletzungen durch geschossartig eingedrungene Fremdkörper, Verbrennung und Rußschwär-

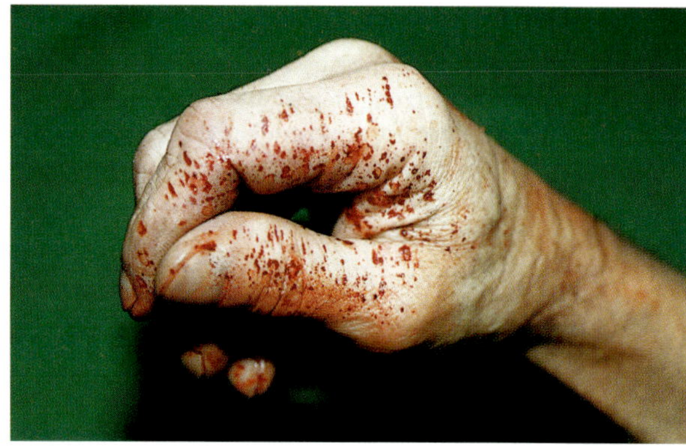

◘ Abb. 3.64. Rechte Hand eines 59-jährigen Mannes, der sich durch einen Mundschuss (mit einer Pistole Kaliber 7,65 mm Brown.) suizidiert hat. An der Schusshand zahlreiche spritzerartige Blutantragungen („backspatter")

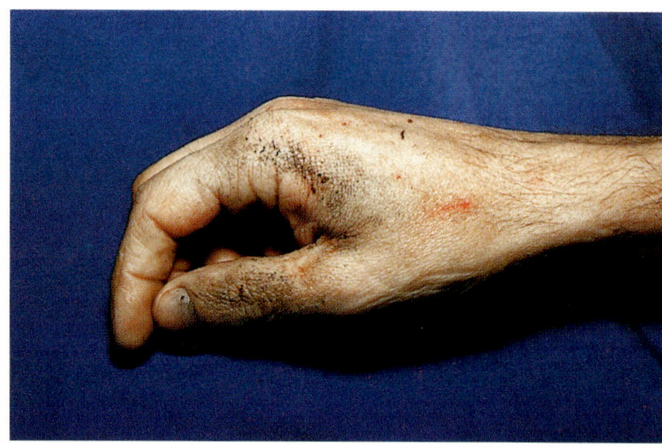

◘ Abb. 3.65. Rechte Hand mit intensiven Schmauchantragungen am Daumen sowie an der Haut zwischen Daumen und Zeigefinger. Die Hand umfasste zum Zeitpunkt der Schussabgabe die Laufmündung („Haltehand"). Der Abzug wurde mit dem linken Daumen betätigt. Suizidaler Schuss in die Submentalregion mit einem alten Repetiergewehr

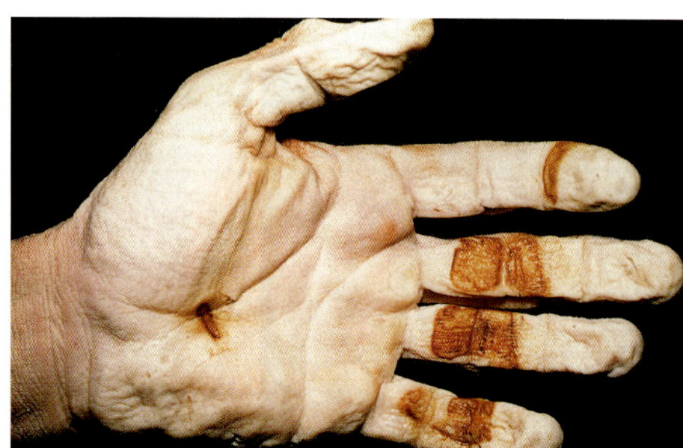

◘ Abb. 3.66. Linke Hand eines 25-jährigen Suizidenten (Mundschuss mit einer Pistole Kaliber 9 mm Luger). Der Mann lag im Freien unter einer Schneedecke; in der linken Hand befand sich die Tatwaffe. Ausgedehnte gelbbraune Rostmarken an den Kontaktstellen des Waffenstahls

zung der Haut, druckbedingte Überblähung und Rupturen der Lungen.

3.8 Gewaltsame Erstickung

H. Maxeiner

Ersticken im weitesten Sinne ist ein mit jedem Sterben verbundener Vorgang: der Herz-Kreislauf-Stillstand führt über den Ausfall der Blut- und damit Sauerstoffversorgung zu einer sekundären „Erstickungs"-Situation der Organe. Im rechtsmedizinischen Sinne spricht man vom Erstickungstod, wenn die Erstickung der primäre todesursächliche Faktor ist. Hierzu gehören alle Situationen, die an irgendeiner Stelle die Bereitstellung oder den Transport des Sauerstoffes zwischen der Umgebung und den Organen unterbrechen, z.B. durch Beeinträchtigung der Atemwege oder der Atmung ganz allgemein, des Sauerstoff-Transportmediums „Blut", der Blutzirkulation und des Umgebungsmilieus.

Definition

Im Zusammenhang mit dem Erstickungstod finden folgende Begriffe Verwendung:
- **Hypoxie/Anoxie:** Verminderung/Fehlen von Sauerstoff (im Blut, Gewebe, Organ oder im ganzen Körper)
- **Asphyxie:** Lebensbedrohliche Verminderung, Aussetzen bzw. Unterbrechung der Atmung. Kombination von Hypoxie/Anoxie und Hyperkapnie (= Anstieg der Kohlendioxidbeladung des Blutes)
- **Zyanose** („Blausucht"): als bläuliche Verfärbung von Schleimhäuten und Haut sichtbare Verminderung der Sauerstoffbeladung der roten Blutkörperchen. Erkennbar ab einer Konzentration von 5 g/100 ml reduzierten (nicht sauerstoffhaltigen) Hämoglobins
- **Ischämie:** Blutleere/unterbrochene arterielle Blutversorgung (eines Organs bzw. eines Gefäßversorgungsgebietes)
- **Dyspnoe/Apnoe:** erschwerte Atmung, Atemnot/Atemstillstand

Pathophysiologie des Erstickungstodes

Die schädigenden Auswirkungen einer solchen Situation – und damit der Ablauf des Erstickungstodes im Allgemeinen – sind eng mit einer von Organsystem zu Organsystem unterschiedlichen Toleranz gegenüber einem Sauerstoffmangel verbunden. Während es Gewebe gibt, die eine vollständige Unterbrechung der Blutversorgung verhältnismäßig lange ohne irreversible Schäden tolerieren können, kommt es an anderen (insbesondere am Herzen und am Zentralnervensystem) bereits nach einer kurzen Unterbrechung der O_2-Versorgung (Sekunden) zu zunächst noch reversiblen Funktionsstörungen, die bei anhaltender Unterbrechung innerhalb weniger Minuten in einen irreversiblen Strukturschaden übergehen.

Infobox

Basierend auf Beobachtungen am Menschen, insbesondere beim Erhängen, sowie nach den Ergebnissen von Tierversuchen dauert der Sterbevorgang bei einer sofort und anhaltend vollständigen Erstickungssituation etwa 3–5 Minuten. Folgende Phasen werden durchlaufen, die jeweils um etwa 1–2 Minuten dauern:
- **Phase der Atemnot:** verstärkte Atemtätigkeit, inspiratorische Dyspnoe, Zyanose, Bewusstseinsverlust;
- **Erstickungskrämpfe** (Folge des zerebralen O_2-Mangels): Pulsschlag meist beschleunigt, Blutdruck erhöht; Urin- und Kotabgang kommen vor.
- **Präterminale Atempause:** Atemstillstand, Blutdruckabfall, Tachykardie;
- **Phase der terminalen Atembewegungen:** schnappende Atembewegungen, gefolgt vom endgültigen Atemstillstand. Kreislauf kann den Atemstillstand minutenlang überdauern; elektrische Herzaktivität ist mitunter bis zu 20 Minuten nachweisbar.

Von der Symptomatik her zu unterscheiden sind Abläufe, bei denen es schnell zum O_2-Mangel des Gehirnes und damit zum Bewusstseinsverlust in sehr kurzer Zeit kommt (z.B. Erhängen), von solchen, bei denen der O_2-Mangel sich auch am Gehirn erst allmählich entwickelt, und das Bewusstsein länger erhalten bleibt (obstruktive Asphyxie, z.B. gewaltsamer Verschluss der Atemöffnungen, Erwürgen). Solange es neben dem O_2-Mangel nicht zu einem deutlichen Anstieg von Kohlendioxid im Blut kommt (bei ungehinderter Atmung; Beispiel: allmähliches Ersticken unter einer über den Kopf gezogenen Plastiktüte), kann es ohne schwerere, quälend erlebte und äußerlich sichtbare Erstickungserscheinungen zum Eintreten der Bewusstlosigkeit kommen. Das Atemzentrum wird vor allem durch einen erhöhten CO_2-Gehalt des Blutes stimuliert. Modifikationen der experimentell beobachteten Agonie sind in vielerlei Hinsicht möglich. So wird jede Unterbrechung der äußeren Einwirkung zu einer gewissen Regeneration und damit zu einer zeitlichen Verlängerung führen. Andererseits dürfte die Intensität und Dauer der Agonie auch von der individuellen Konstitution bzw. „Abwehrkraft" des Opfers abhängen, obwohl es hierzu natürlich keine Vergleichsstudien gibt. Außerdem gibt es in der Art der Einwirkung begründete Möglichkeiten einer Abkürzung der Strangulationsagonie. Hier ist vor allem an reflektorische Mechanismen zu denken, wie sie beim Ertrinken oder bei Strangulation vorkommen können.

Allgemeine Autopsiebefunde beim Erstickungstod

Regelhaft werden die folgenden Veränderungen genannt, die zwar bei Erstickungsfällen mehr oder weniger ausgeprägt sind, jedoch auch bei anderen Todesursachen vorkommen – also unspezifisch sind. Noch nicht einmal ihr Fehlen kann ohne weiteres als Beleg gegen einen Erstickungstod verwendet werden:

Zyanose. Zyanose ist beim Lebenden ein deutlich sichtbares Zeichen für eine mangelhafte O_2-Beladung des Blutes. Die Verwendung dieses Begriffes an der Leiche ist aber problematisch, da die O_2-Beladung des Blutes nach dem Tode abfällt, und eine Differenzierung zwischen der „üblichen" Leichenveränderung und einem ggf. vorbestehenden O_2-Mangel rasch nach dem Tode unmöglich wird.

Blutstauung. Blutstauung ist ein klassischerweise mit dem Erstickungstod in Verbindung gebrachter Obduktionsbefund. Hierzu gehört zum einen eine akute allgemeine Blutüberfüllung der Organe des großen und kleinen Kreislaufes, oft verbunden mit einer **weiten (erweiterten) rechten Herzhälfte**, zum anderen eine auf den Kopf- und Halsbereich beschränkte, äußerlich sichtbare „obere Einflussstauung". Eine solche kann auf eine Halskompression deuten, jedoch auch Folge verschiedener (krankhafter) Rückflussbehinderungen des Blutes in die rechte Herzhälfte sein. Man hat sich hier auch immer zu fragen, inwieweit man es überhaupt mit einem zu Lebzeiten entstandenen Phänomen zu tun hat; Auswirkungen der Hypostase sind zu beachten, möglicherweise auch Blutverschiebungen infolge der Wirkung der Totenstarre am Herzen. Seit jeher wird darauf verwiesen, dass in den Gefäßen einer Leiche eines Erstickten **flüssiges Blut** vorgefunden wird, was erfahrungsmäßig meist zutrifft (eine Ausnahme: starke Alkoholisierung).

Lungenveränderungen. Da ein Erstickungsvorgang in besonderer Weise die Atmungsorgane betrifft, liegen zahlreiche Berichte über Lungenveränderungen vor. Je nach den Gegebenheiten kann es zu Störungen des Luftgehaltes (diffuse oder mit Minderbelüftungen wechselnde Überblähung = **akutes Lungenemphysem**), zu einem Flüssigkeitsübertritt in den Alveolarraum (**alveoläres Lungenödem**), insbesondere mit Blutbeimengung (hämorrhagisches Ödem) sowie zu einer Leukozytose und/oder einer Ausschwemmung von Knochenmarkszellen bis hin zu einem Mikroemboliesyndrom kommen. In Einzelfällen können solche Befunde hilfreich sein, soweit nicht die Situation durch Fäulnis oder künstliche Beatmung verändert bzw. überlagert ist.

Petechiale (punktförmige) Blutungen. Sie kommen als Stauungsblutungen im Gesicht und als Blutungen unmittelbar unter der Oberfläche von Organen (subseröse Extravasate) vor – auffälligerweise nur an den Brustorganen, d.h. unter dem Lungen- oder Herzfell oder an der inneren Brustdrüse. Man hat diese Petechien daher mit der erschwerten Atemtätigkeit unter einer Erstickungssituation in Verbindung gebracht und lange von (Tardieu'schen) **Erstickungsblutungen** gesprochen, jedoch hat dies allenfalls historische Bedeutung. In letzter Zeit wurden das Auftreten und die Verteilung von Petechien vor allem im Thymus bei plötzlichen Kindstodesfällen als „nützliches Kriterium" für diese Diagnose herausgearbeitet. Petechien in der Haut und den Schleimhäuten des Kopfes gehen auf eine so starke obere Einflussstauung zurück, dass es zum Platzen kleiner Blutgefäße kommt; es handelt sich um **Stauungsblutungen**; bei Erstickungstodesfällen ohne Auftreten einer Blutstauung des Kopfes fehlen sie meist. Andererseits kann man sie aber als Folge ganz verschiedener Einwirkungen bzw. Erkrankungen bei Lebenden und Toten beobachten (◘ Tabelle 3.18). Eine besonders schwierige Situation ergibt sich, wenn ernsthaft die Möglichkeit einer allein postmortalen Entstehung in Betracht zu ziehen ist, wie dies z.B. bei Bauchlage recht oft vorkommt.

Angesicht dieser wenig befriedigenden Situation wird seit langem versucht, andere diagnostische Kriterien zu etablieren, z.B. mittels **histologischer Untersuchung innerer Organe**, an denen als Folge eines O_2-Mangels z.B. Bläschenbildungen (Vakuolen) oder feinsttropfige Verfettungen vorkommen können.

◘ Tabelle 3.18. Häufigkeit petechialer Lid- bzw. Bindehautblutungen bei verschiedenen Ursachen im eigenen Obduktionsgut sowie aus der Literatur (hier auch Beobachtungen an Lebenden enthalten)

	Eigenes Material Fallzahl (Petechien in %)	Daten aus der Literatur Fallzahlen (Petechien von–bis %)
Eigenes Material, alle Todesursachen außer Strangulation	450 (14 %)	
Herztod	84 (19 %)	200–518 (4,3–12 %)
Erkrankungen des ZNS	25 (12 %)	79 (7,6 %)
Infektionen	64 (17 %)	28 (3,5 %)
SIDS	10 (0 %)	45–250 (0–2,4 %)
Lungenembolie	14 (0 %)	45 (0 %)
Lebende Neugeborene		78 (39,7 %)
Stumpfe Gewalt	75 (11 %)	
Thoraxkompression		13–14 (25–100 %)
Ertrinken	19 (16 %)	79–171 (3,8–13 %)
Intoxikation	48 (13 %)	
CO-Intoxikation		436 (2,3 %)
Feuer, Hitze, Rauchgas	13 (31 %)	
Schussverletzungen	20 (0 %)	
Scharfe Gewalt	13 (0 %)	
Sonstige	65 (17 %)	

Zu deren Entwicklung bedarf es aber einer gewissen Dauer des O_2-Mangels, so dass sie bei akuten Todesfällen meist noch nicht gefunden werden können. Insgesamt ist die Diagnose des Erstickungstodes ein schwieriges Unterfangen, das mitunter nur per exclusionem gelingt. Seit langem gilt auch in der gerichtlichen Medizin der Leitsatz, dass in solchen Fällen – wenn schon die tatsächlichen Auswirkungen nicht zuverlässig diagnostizierbar sind – das „erstickende Agens“ sichtbar oder wenigstens hinlänglich plausibel gemacht werden muss, wozu es oft entscheidend auf die Umstände bzw. das Ermittlungsergebnis ankommt.

Forensisch wichtige Erstickungsformen

Verlegung der Atemöffnungen. Bei Tathandlungen mit unmittelbarem Kontakt zwischen Opfer und Täter kommt es nicht selten zu einem Angriff gegen die Atemöffnungen (Zuhalten des Mundes oder von Mund und Nase), um das Opfer am Schreien zu hindern. Folgen können am Mittelgesicht kleinfleckige Abschürfungen oder Fingernagelkratzer sein, oder Blutunterlaufungen, insbesondere an der Innenseite der Lippen (◘ Abb. 3.67). Todesfälle durch isolierten Verschluss der äußeren Atemöffnungen sind bei Erwachsenen sehr selten, was an der lange erhaltenen Handlungsfähigkeit und intensiven Gegenwehr liegen dürfte – soweit der Betroffene hierzu fähig ist. Wir beobachteten allerdings massives Erbrechen unter einem solchen Fremdangriff, das infolge des anhaltenden Druckes auf das Gesicht zur tödlichen Aspiration führte. Bei schwer kranken, abwehrgeschwächten oder bewusstlosen Patienten dürfte ein „reines“ Ersticken auch ohne das Hinterlassen relevanter Verletzungen möglich sein. Die Gefahr eines Übersehens im Rahmen der klinischen Leichenschau ist daher gegeben, und angesichts bekannter Erkrankungen mag die Attestierung eines natürlichen Todes nahe liegen; man wird daher mit einem gewissen Dunkelfeld zu rechnen haben. Bei **Säuglingen** ist ein Tod durch Verschluss der Atemöffnungen ohne weiteres möglich, und muss keine hierauf hinweisenden Verletzungen hinterlassen, da der erforderliche Kraftaufwand gering ist. Tötungen durch Aufdrücken der Hand oder Bedeckung mit dichten Materialien sind lange bekannt. Nach Auffassung einiger Autoren kann auch allein das Gewicht des Kopfes bei auf einer ungünstigen (z.B. durchfeuchteten) Unterlage aufliegendem Gesicht ausreichen (weiteres hierzu ► s. Kap. 4.16). Die Auffassungen in der Literatur zur Häufigkeit von Erstickungstodesfällen bei Säuglingen differieren sehr, was nicht verwundert, da man einen solchen Vorgang im konkreten Fall oft weder beweisen noch widerlegen kann.

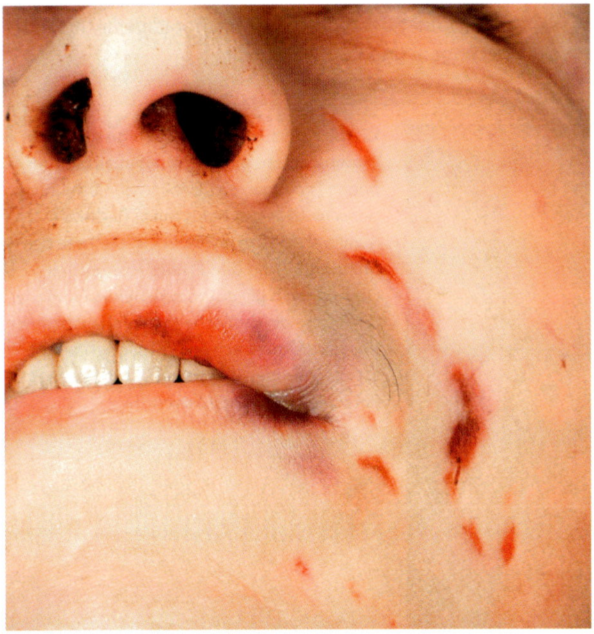

◘ Abb. 3.67. Schmale, halbmondförmige Kratzer (= Fingernageleindrücke) und kleinfleckige Abschürfungen um Mund und Nase sowie eine angeschwollene Lippenquetschung als Folge eines „Angriffes gegen die Atemöffnungen“

Wenn sich eine Person (absichtlich, oder bei Kindern versehentlich) eine Plastiktüte über den Kopf zieht, so dass ein ausreichender Gasaustausch zwischen dem in dem Beutel befindlichen Gasvolumen und der Umgebungsluft nicht möglich ist, kann ein tödlicher Sauerstoffmangel resultieren; eine feste Abdichtung am Hals ist dazu nicht unbedingt notwendig. Aufgrund der anfangs noch möglichen CO_2-Abatmung kommt es nicht zu einer dramatischen Erstickungssymptomatik; entsprechend gering bis fehlend sind die Befunde. Solche Fälle wurden vor Jahren immer wieder einmal als Unfallereignisse im Zusammenhang mit einer Inhalation von Lösungsmitteln (zum Ziele einer Berauschung) beobachtet, sind zumindest bei uns inzwischen aber sehr selten geworden. Suizide durch Ersticken unter einer Plastiktüte kommen gelegentlich zur Beobachtung. Der Nachweis einer solchen Todesursache ist extrem schwierig bis unmöglich, wenn die ursprüngliche Situation durch Wegnahme des Beutels verändert wurde.

Wichtig

Finden sich im Rahmen einer Leichenschau auch nur diskrete kleine Vertrocknungen oder gar Abschürfungen im Mittelgesicht (perioral, perinasal), deren „harmlose“ Verursachung nicht primär klar ist, so sollte an einen Angriff von fremder Hand gegen die Atemöffnungen gedacht werden; entsprechendes gilt für alle sichtbaren Verletzungsspuren am Hals, die Folge einer stattgefundenen Strangulation sein könnten.

Knebelung. Bei uns fanden sich Knebelungen bei 2,9 % aller Tötungen; bei Strangulation lag die Rate bei immerhin 10 %.

Definition

Unter Knebelung versteht man das Einbringen von Fremdmaterialien (am häufigsten: Textilien) in den Mund. Dies dient meist dem Zweck, ein Opfer am Schreien zu hindern.

Da die Opfer meist auch noch anderweitig misshandelt werden, kann eine Knebelung eigenständig zum Erstickungstod führen, insbesondere bei Bewusstlosigkeit. Ein Volumen eines Knebels von etwa 100 ml kann noch (ohne aktiven Druck auf den Knebel) tolerabel sein; bei 150–200 ml wird es auch im Rachenraum sehr eng (Maxeiner 1996). Ein innerer Atemwegsverschluss kann dann durch den Knebel selbst oder die durch ihn verdrängte Zunge erfolgen. Eine zusätzliche Behinderung der Nasenatmung (durch Aufliegen, durch Umschnürung oder Klebeband) macht eine Knebelung rasch unmittelbar lebensbedrohlich. Nicht selten wurden nach Tathandlungen Knebelungen wieder entfernt. Kommt eine solche den Umständen oder Schleimhautverletzungen im Mund nach in Betracht, empfiehlt es sich, Ausstriche aus der Mundhöhle auf Fasern zu untersuchen. In der Literatur finden sich zahlreiche Fallbeschreibungen selbst beigebrachter Knebelungen, meist im Zusammenhang mit Suiziden oder autoerotischen Praktiken. Selbstknebelungen bei simulierten Verbrechen (etwa um eine Mitwirkung des angeblichen Opfers zu verschleiern) wurden ebenfalls beschrieben.

Bolustod. Gelegentlich kommt es vor, dass in den Mund aufgenommene unzerkaute Nahrungsbrocken (beobachtet wurden allerdings auch schon die absonderlichsten anderen Materialien wie z.B. eine Maus) aufgrund ihrer Größe nicht heruntergeschluckt – und auch nicht wieder herausgewürgt – werden können und im Schlundbereich stecken bleiben. Der Großteil solcher Fälle ereignet sich bei hastiger Nahrungsaufnahme, also unfallmäßig; sehr selten wird man auch ein absichtliches Einstopfen eines Bolus zu diskutieren haben (wie ◘ Abbildung 3.68 in einem Suizidfall zeigt). Auch Todesfälle infolge eines Verrutschens schlecht fixierter Zahnprothesen im Schlaf, mit Einklemmung der Prothese im Schlundbereich wurden als Unfallereignisse beobachtet; wir sahen auch bei Tötungsdelikten Prothesen infolge eines äußeren Druckes gegen den Mund tief in den Schlund eingepresst. Beim „typischen" Bolustod sind die Betroffenen entweder (meist hochgradig) alkoholisiert oder weisen eine sonstige zentralnervöse Störung auf. Anwesende Zeugen berichten z.T., die Betroffenen seien reaktionslos und ohne Erstickungssymptomatik kollabiert und alsbald verstorben. Dies führte schon vor langer Zeit zu der Annahme, es würde sich nicht um einen Erstickungs- sondern um einen Reflextod handeln: Infolge der akuten Überdehnung des mit vegetativen Nervenfasern reich versorgten Schlund- und Kehlkopfbereiches komme es zur fehlerhaften Stimulierung des parasympathischen Nervensystems (Vagus), was infolge der Verbindungen dieses Systems mit der Steuerung der Herztätigkeit einen unmittelbaren Herzstillstand auslösen könne. Der „Vagustodtheorie" wurde aber verschiedentlich widersprochen (Mallach und Oehmichen 1982, Bratzke et al 1990), da auch Fälle mit einer Erstickungssymptomatik beobachtet werden.

Fallbeispiel

Ein 59-jähriger stark alkoholisierter Mann (BAK 2,8 ‰) würzt sich ein ca. 20 cm langes Stück Leber und fängt an zu essen. Sein Gegenüber bemerkt ein Blauwerden der Lippen; der Mann versucht zu husten und würgt, kann aber nur wenig Schleim von sich geben und nicht sprechen. Das ganze Gesicht wird erst blau, dann blass, worauf der Mann vom Stuhl fällt und sich nicht mehr regt. Der alarmierte Notarzt kann ca. 30 Minuten später den (praktisch unzerkauten) Bolus aus dem Mund entfernen, den Mann aber nicht wieder beleben. Autoptisch findet sich lediglich ein hochgradiger akuter Blutstau im Lungen- und Körperkreislauf.

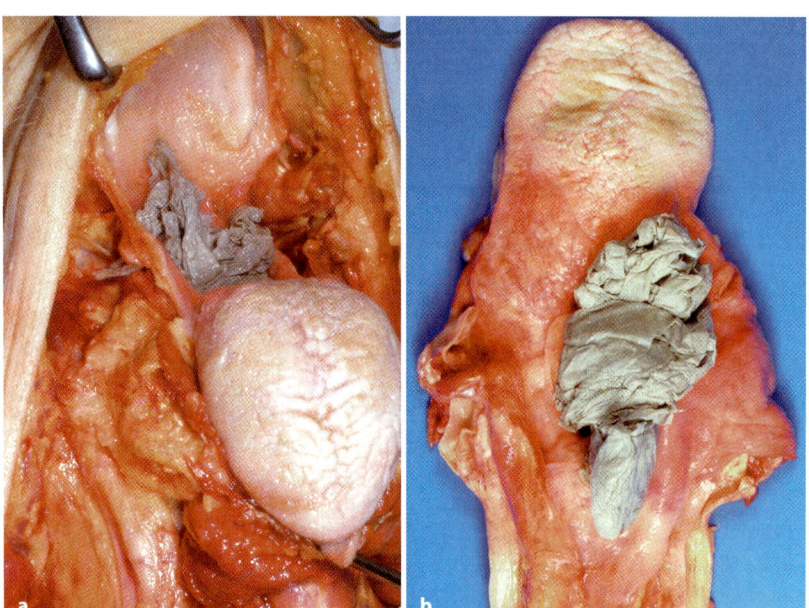

◘ Abb. 3.68a, b. Bolustod infolge suizidalen Hineinstopfens eines Knäuels aus Toilettenpapier (Volumen ca. 70 ml) in den Schlund; typische Lage des Bolus mit verlegtem Kehlkopfeingang. **a** Einblick in die Tiefe der Mundhöhle und den Rachen während der Obduktion; **b** die entnommenen Halsorgane. 82-jährige psychotische Krankenhauspatientin, wurde kurz nach einen Toilettengang tot vorgefunden. Es fanden sich minimale Petechien der Konjunktiven

In manchen Fällen kommt es neben einer Zyanose auch zu Petechien im Gesicht oder einem beträchtlichen Lungenödem. Befunde, die bei einem reflektorischen Herzstillstand kaum zu erwarten wären. Diskutiert wird auch das Hinzutreten einer Verkrampfung der Kehlkopf- oder Bronchialmuskulatur (Laryngospasmus, Bronchospasmus) – insgesamt also eine tödliche Atemstörung. Soweit es auf eine solche Differenzierung in einem konkreten Fall praktisch ankommt (was gutachtlich die Ausnahme ist), wird man die Umstände und die Obduktionsbefunde jeweils kritisch bewerten müssen.

Verlegung der Atemwege, Aspiration. Die Atemwege können durch äußerlichen Druck auf den Hals komprimiert werden (s. Strangulation). Eine innerliche Verlegung der Atemwege ist krankheitsbedingt möglich. So kommen gelegentlich lebensbedrohliche Schleimhautschwellungen am Kehlkopf im Rahmen von Atemwegsinfektionen (vorwiegend bei Kindern) vor; weitere Beispiele sind allergische Zustände mit krampfhaftem Verschluss (Spasmus) der Kehlkopflichtung oder Schleimhautschwellung, Anomalien an den Atemwegen (z.B. Zysten) oder auch mit innerer Raumforderung verbundene Erkrankungen wie bösartige Tumoren. Hiervon zu trennen ist die Verlegung anatomisch intakter Atemwege durch eingeatmetes oder sonst dorthin gelangtes Fremdmaterial. Von Aspiration spricht man, wenn solches durch aktive Atemtätigkeit in die Atemwege gelangte. Leider ist dies jedoch auch artifiziell möglich, etwa infolge von passiven Bewegungen des Brustkorbes. Das Vorhandensein von **Mageninhalt** in den Atemwegen nach Wiederbelebungsversuchen (solche sind in unserem Obduktionsgut bei etwa 1/4–1/3 aller Todesfälle erfolgt) ist daher schwierig zu beurteilen. Eine Häufigkeit von 21 % gegenüber 9 % bei Fällen ohne Reanimation (eigene Daten an je 150 Herztodesfällen) verdeutlicht die Problematik. Auch agonale und sogar postmortale Einflüsse können zum Eindringen von Mageninhalt in die Atemwege führen. Bei vielen Todesfällen kommt es in der Phase des Sterbens zum Erlöschen von Schutzreflexen und Erbrechen oder auch nur zum retrograden Auslaufen von Mageninhalt, mit nachfolgender Einatmung. Schon wenige (letzte) Atemzüge können für eine Aspiration ausreichen, die sich aber möglicherweise gar nicht mehr auf den bereits in seiner Endphase befindlichen Sterbevorgang auswirkte (agonale Aspiration). Hierbei würde es sich allerdings immer noch um einen an Lebensäußerungen gebunden Vorgang handeln. Im Leichenexperiment (s. bei Knight 1996) konnte aber gezeigt werden, dass allein Umlagerung oder Transport von Leichen zum Auslaufen von Mageninhalt und Eindringen bis in die Atemwege führen kann; Bestandteile des Mageninhaltes in den Atemwegen finden sich daher bei vielen Obduktionen. Berechtigterweise wird vor einer unkritischen Heranziehung eines solchen Befundes als Todesursache dringend gewarnt. Je mehr Fremdmaterial je peripherer in den Atemwegen ist, umso eher dürfte noch Atemtätigkeit vorgelegen haben und eine Mitwirkung am Todesgeschehen in Betracht kommen. Neben Mageninhalt und – deutlich seltener – noch nicht im Magen gewesener Nahrung wird häufig **Blut aspiriert.** Bei primärer Blutung in die Atemwege (etwa aus einem Tumor, einer Kaverne) oder bei gleichzeitiger Verletzung von Atemwegen und Blutgefäßen am Hals (Schuss-, Stich-/Schnittverletzungen) kann eine tödliche Blutaspiration resultieren, die sich auch durch an der Lungenober- und Schnittfläche scharf begrenzte rote Bluteinatmungsherde darstellt. Die Vitalität einer stärkeren Blutaspiration ist meist offensichtlich.

Beim wachen und gesunden Menschen dürfte ein Aspirationstod ohne eine schwere Erstickungssymptomatik kaum möglich sein. Allerdings beobachteten wir mehrfach förmliche Austamponierungen von Luftröhre und Bronchien durch Speisebestandteile bei alten, pflegebedürftigen und hirngeschädigten Patienten. Eine bedrohliche Erstickungssymptomatik war den die Nahrungsaufnahme z.T. unterstützenden bzw. die Patienten (offenbar manchmal nicht ganz behutsam) fütternden Pflegepersonen nicht aufgefallen. Eine Bewusstseinsstörung (z.B. Kopftrauma, Intoxikation) ist auch sonst eine Voraussetzung für das Zustandekommen einer gravierenden Aspiration. Seltene Ausnahmen betreffen Unfälle, bei denen Personen vollständig in Massen einer Substanz geraten, deren Teilchen aufgrund ihrer Größe eingeatmet werden können (z.B. Verschüttung in einem Getreidesilo).

Thoraxkompression, traumatische Asphyxie, Druckstauung. Unter einer Thoraxkompression versteht man eine Situation, bei der der Rumpf von außen so komprimiert wird, dass ausreichende Atembewegungen nicht mehr möglich sind. Dies kommt bei Verschüttungen (Arbeitsunfälle: Baugruben) oder Einklemmungen vor. Beispiele für Einklemmungen sind vielfältig, z.B. unter einem Fahrzeugrad, Insassen bei Fahrzeugdeformationen, Eisenbahnkatastrophen, Erdbeben; Todesfälle wurden beim Ausbrechen einer Panik bei großen Menschenansammlungen beobachtet. Ein Sitzen oder Knien auf einem überwältigten Opfer einer Gewalttat kann über eine Behinderung der Atemexkursionen zum Erstickungstod führen („Burking"); allmähliches „Erdrücken" durch eine Riesenschlange wurde beschrieben (DiMaio 1989).

Fallbeispiel

Ein 52-jähriger Mann kniet in einer 2 m breiten und 2,2 m tiefen Baugrube und arbeitet am Anschluss einer Rohrleitung, ein zweiter steht daneben. Plötzlich bricht die unsachgemäße Verschalung durch und der Aushub stürzt in die Grube. Der Kniende habe einmal aufgeschrien, dann „sei Ruhe" gewesen, der zweite Mann wurde bis in Brusthöhe verschüttet. Er konnte rasch befreit werden und blieb praktisch unverletzt. Die Bergung der Leiche des gänzlich Verschütteten gelang erst etwa 1/2 Stunde später. Die Obduktion ergab – von Reanimationsfolgen und Abschürfungen abgesehen – keine Verletzungen, intensive petechiale Blutaustritte an Gesicht und Oberkörper sowie einen starken akuten Blutstau der Organe. Nur wenige Sandkörnchen in den Atemwegen, keine Überblähung oder stärkere Ödembildung der Lungen. Der Tod war unmittelbare Folge der Behinderung der Atmung infolge des äußeren Druckes.

Neben einer „isolierten" Thoraxkompression gibt es Situationen, bei denen es unmittelbar vor einer Einklemmung durch stumpfe Gewalt (deshalb der Begriff traumatische Asphyxie) zu einem Bemerken der drohenden Gefahr durch das Opfer mit starker Einatmung (und u.U. reflektorischem Verschluss der Stimmritze) kommt. Infolge dieser dem Aufprall vorangehenden Druckerhöhung im Brustkorb kommt es dann zu einer massiven Blutverschiebung in Richtung auf Kopf und Hals. Die Opfer können schwere stumpfe Verletzungen erleiden, jedoch auch weitgehend unverletzt bleiben. Hält die Einklemmung an, entsteht eine Druckstauung, und der Tod erfolgt durch die starke Beeinträchtigung der Kreislaufsituation (Lungenstauung) oder durch eigentliches Ersticken. Bei der Obduktion imponiert eine massive, auch die Haut des Oberkörpers umfassende obere Einflussstauung; mikroskopisch findet sich ein starkes Mikroemboliesyndrom der Lungen (Brinkmann 1978).

3.8.1 Strangulation

Neben dem Ertrinkungstod ist Strangulation („Halskompression", „Kompression der Halsweichteile", „Angriff gegen den Hals") die häufigste Art des gewaltsamen Erstickungstodes. 3 Hauptformen werden unterschieden (◘ Abb. 3.69):

Erhängen. Beim Erhängen liegt ein Strangwerkzeug (Seil, Schnur, Schal, Stoffstreifen o.Ä.) um den Hals. Bei nur einer Umschlingung mit nicht eng zugezogener Schlinge liegt es der Haut

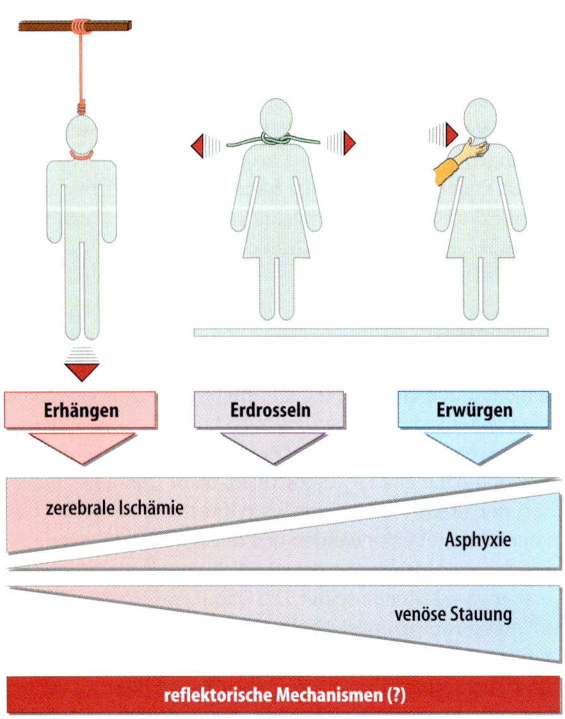

◘ Abb. 3.69. Schematische Darstellung der 3 Hauptformen des Strangulationstodes sowie der beteiligten pathophysiologischen Letalfaktoren (modifiziert nach einer Abbildung von Püschel 1982)

meist nicht vollständig zirkulär fest an, sondern weicht von dieser am höchsten Schlingen- bzw. Knotenpunkt etwas ab, bei mehreren Umschlingungen liegt der Strang der Halshaut teilweise auch vollständig zirkulär an. Auch ohne vollständig um den Hals reichende Tour ist bei ausreichendem Druck nur gegen den Vorderhals Erhängen möglich (z.B. in quer ausgespannter Wäscheleine). Mindestens ein Ende oder Teil des Strangwerkzeuges ist oberhalb des Niveaus des Halses befestigt (z.B. an einem Baum, Wandhaken, Fenstergriff). Der Druck auf den Hals wird durch das Eigengewicht des (eines Teils des) Körpers bewirkt.

Erdrosseln. Beim Erdrosseln wird ebenfalls ein Gegenstand als Strangwerkzeug um den Hals geschlungen, ohne außerhalb des Körpers fixiert zu sein. Der Druck auf den Hals wird durch Zug an den Enden des Stranges – und somit Zuziehen der Schlinge – bewirkt; durch Verknoten kann der Druck aufrecht erhalten bleiben.

Erwürgen. Unter Erwürgen versteht man die Kompression der vorderen Halsweichteile mittels einer oder beider Hände, die gegen den Hals gedrückt werden. Bei Drossel- und mehr noch bei Würgeangriffen kommt es zwangsläufig zu einem intensiven körperlichen Kontakt zwischen Opfer und Täter. Bei Tätern, die früh nach dem Geschehen rechtsmedizinisch untersucht werden, sind oft körperliche Spuren nachweisbar, insbesondere Kratzer und/oder Abschürfungen an den Handrücken, Unterarmen, im Gesicht und am oberen Rücken (Härm und Rajs 1981). Soweit es die Situation ermöglicht, sollte also nicht nur eine Besichtigung des Opfers, ggf. des Tatortes, sondern auch eine körperliche Untersuchung eines Tatverdächtigen erfolgen.

Pathophysiologie des Strangulationstodes

Bei einer Kompression des Vorderhalses kommt es abhängig von der Intensität, Höhe und Form (breit komprimierend, schmal einschnürend, punktuell) der Einwirkung zu einer Einengung bis hin zum Verschluss lebenswichtiger Versorgungsleitungen. Bereits bei einem geringen, nicht nur punktuellen Druck auf den Hals (ca. 2 kg), kommt es zur **Behinderung des venösen Blutabstromes** aus dem Kopfbereich. Ist die arterielle Blutzufuhr wenigstens teilweise noch erhalten, resultieren eine Blutfülle des Gesichtes bis hin zur Anschwellung (Dunsung), meist verbunden mit einer Zyanose, die von Tatbeteiligten mitunter berichtet wurde, sowie Petechien im Kopfbereich. Auch zur **Abklemmung der Halsarterien** bedarf es keiner großen Kraft – wenige kg (ab ca. 3–5 kg) genügen bei „passender" Lokalisation der Druckwirkung. Für den Verschluss der Wirbelarterien sind höhere Drücke und vor allem eine Lage des Strangulationswerkzeuges hoch im Nacken nötig. Eine **Verlegung der Atemwege** ist durch Verlagerung der oberen Halsweichteile und des Mundbodens nach kopfwärts möglich, wodurch die verdrängte Zunge den Rachen verlegen kann, ferner durch Hochschieben des Kehlkopfes mit der Folge eines Kehldeckelverschlusses durch den Zungengrund, aber auch durch Zusammendrücken der Luftröhre oder des Kehlkopfes. Eine

Krafteinwirkung von etwa 8–12 kg genügte bei (postmortalen) Würgeversuchen zur Unterbrechung der Atemwege. Begreiflicherweise spielt die **Zeit einer Halskompression** eine herausragende Rolle, da bei einem nur kurzdauernden Druck auf den Hals keiner dieser Faktoren in entscheidender Weise wirksam werden kann. Eine isolierte Unterbrechung der Atemwege kann vergleichsweise lange ohne Bewusstseinsverlust überstanden werden, selbst wenn es bereits zu einer starken Atemnotsymptomatik gekommen ist. Eine Unterbrechung der arteriellen Hirnversorgung hat demgegenüber bereits nach wenigen Sekunden den Verlust des Bewusstseins zur Folge: Bei über 100 Versuchspersonen wurde eine Druckmanschette um den Hals rasch stark aufgepumpt; alle verloren das Bewusstsein innerhalb von 6 bis 10 Sekunden (Rossen und Kabat 1943). Dieser Zustand ist aber verhältnismäßig lange reversibel: alle z.T. bis über eine Dauer von 100 Sekunden laufenden Experimente blieben ohne gesundheitliche Schäden. In einem konkreten Fall wird man natürlich auf keine vergleichbaren objektiven Beobachtungen zurückgreifen können, so dass nur indirekt auf solche Zusammenhänge geschlossen werden kann. Der einzige Befund, der überhaupt retrospektiv Rückschlüsse auf zeitliche Bezüge des Strangulationsgeschehens zulassen kann, sind **Stauungsblutaustritte** (▶ s. Abb. 3.71). Konkrete Daten zur ihrer Entstehungszeit gibt es aber kaum, so dass die erforderliche Zeitspanne einer Halskompression bis zum Auftreten von Petechien in der Literatur auch nicht einheitlich angegeben wird: von etwa 20 Sekunden bis etwa 3 Minuten. An sich vermögen gesunde Blutkapillaren einen längeren Zeitraum eine Stauung infolge venöser Abflussbehinderung unbeschädigt zu überstehen, wie ein klinischer Test (Rumpel-Leede-Test) zur Überprüfung der Kapillarresistenz zeigt; hier wird am Arm eine solche Stauung über 5 Minuten angelegt. Aufgrund tierexperimenteller Untersuchung wurde von Jarosch (s. Prokop und Göhler 1976) berichtet, dass bei relativ geringem Druck auf den Hals (35 mm Hg) Petechien erst nach 15 Minuten, bei 90 mm Hg dagegen nach 3 Minuten auftraten; bei Saugglockenversuchen an menschlicher Gesichtshaut traten Petechien ebenfalls erst nach ca. 3 Minuten auf. Kompliziert wird die Situation allerdings dadurch, dass bei nicht allmählichem, sondern stoßartigem Anstieg des venösen Druckes im Kopfbereich (z.B. bei starkem Husten) Petechien nach sehr viel kürzerer Zeit beschrieben worden sind, und gerade bei Tötungsdelikten durch Strangulation meist keine isolierte venöse Stauung vorliegt, sondern auch verstärkte Atemtätigkeit gegen einen Widerstand, mit der Folge einer starken Druckerhöhung im Brustraum. Daher ist der Versuch, gutachtlich mit exakten „Erfolgszeiten arbeiten zu wollen, aufgrund der Komplexität und des Variantenreichtums der pathophysiologischen Vorgänge unangemessen“ (Henssge 1990). Verhältnismäßig einig sind sich allerdings fast alle Autoren darin, dass das Vorhandensein intensiverer Stauungsveränderungen zumindest einen **reflektorischen Herzstillstand** unmittelbar nach Einsetzen einer Druckwirkung auf den Hals ausschließt. Solche reflektorischen Mechanismen sollen prinzipiell bei allen Druckwirkungen auf den Hals eine Rolle spielen können. Hierbei handelt es sich um mechanisch ausgelöste Reizung des vegetativen (parasympathischen) Nervensystems, insbesondere an den Teilungsstellen der Halsschlagadern. Hier sitzen Rezeptoren, die Veränderungen des Blutdruckes registrieren und so an der Herz-Kreislauf-Regulation mitwirken. Bei einer äußeren (unphysiologischen) mechanischen Reizung kommt es zum Blutdruckabfall, zum Abfall der Herzfrequenz, u.U. zu Herzrhythmusstörungen, und es soll auch zum unmittelbaren Herzstillstand (Vagusreflex, Vagustod, Reflextod) kommen können. Diese Frage spielt praktisch nur bei Würgeangriffen (weiteres s. dort) eine forensische Rolle. Abbildung 3.69 (modifiziert nach einer Abbildung von Püschel 1982) zeigt die Mitwirkung der vier beschriebenen schädigenden Hauptfaktoren bei den wesentlichen Strangulationstypen.

Eine Reihe älterer Selbstversuche bzw. Berichte von Überlebenden nach Beinahe-Erhängen findet sich bei Prokop und Göhler 1976 zitiert; hierbei wurde z.T. von Schmerzempfindungen, z.T. von angenehmen Gefühlen berichtet. Nach Beobachtungen bei Hinrichtungen durch den Strang erlischt das Bewusstsein hier offenbar augenblicklich. Im weiteren Ablauf wurden völlig „stille“ Verläufe ohne Zuckungen oder Krämpfe registriert, manchmal unmittelbar einsetzende schnappartige Atembewegungen; oft kam es nach anfänglicher Bewegungslosigkeit des Körpers zu einer Krampfphase, als tetanische Starre und/oder Auftreten von Streck- oder Zitterkrämpfen. Nach etwa 5 Minuten wurden die ersten Herzstillstände registriert; Herzschlag kann jedoch mitunter noch deutlich bis etwa 20 Minuten erhalten bleiben. Einzelbeobachtungen (z.B. tödlich verlaufener autoerotischer Unfall vor laufender Videokamera) sprechen für eine prinzipielle Ähnlichkeit beim Erhängen in unterstützter Position. Über den Ablauf der Agonie bei Tötungen durch Würgen/Drosseln gibt es vereinzelt Täterangaben, die sich jedoch kaum als verlässliche Informationsquelle eignen.

Autopsiebefunde beim Tod durch Strangulation

Wie bei allen Erstickungsfällen ist auch hier der eigentlich tödliche Mechanismus an der Leiche nicht sichtbar. Zu nachweisbaren Gewebsuntergängen (z.B. im Gehirn) kommt es aufgrund der Kürze der zum Tode führenden Abläufe nicht. Alle sichtbaren, als Strangulationsfolgen imponierenden Befunde können je nach den Gegebenheiten auch andere Ursachen haben. Die an einem Verletzten oder Getöteten nachgewiesenen Lokalbefunde (z.B. eine Fraktur am Zungenbein oder Kehlkopf) sind zudem meist nicht als ernsthaft bedrohliche Verletzung anzusehen, sondern nur als Indikatoren einer Druckwirkung gegen den Hals, die eben nicht durch die eigentliche lokale Verletzung, sondern über die Beeinträchtigung der Durchblutung und/oder Atmung gefährlich oder tödlich wurde – oder nicht. Kompliziert wird die Situation dadurch, dass Todesfälle (auch Tötungsdelikte) durch Strangulation beobachtet werden können, die nur äußerst spärlich entwickelte oder gar ganz fehlende Lokalbefunde aufweisen – auf der anderen Seite kann auch ein den Befunden nach anscheinend schwerster Angriff gegen den Hals (wenn er denn „rechtzeitig“ beendet worden war) zunächst überlebt worden sein. Umstände und der gesamte Obduktionsbefund samt Histologie und Toxikologie müssen daher sorgfältig bewertet werden. Da neben den Leichenbefunden die Details der Fundortsituation oft überaus aufschlussreich sein können, wäre eine Einbeziehung des Rechtsmediziners in die Untersuchung bereits am Fundort eigentlich immer wünschenswert. Den folgenden Einzeldarstellungen sei eine – natürlich vereinfachende – Übersicht über das typische Vorkommen der geläufigen äußeren und inneren Befunde bei den verschiedenen Strangulationsformen vorangestellt (◘ Tabelle 3.19).

Biochemische Untersuchungen. Verschiedentlich wurde versucht, anhand biochemischer Analysen eine Auskunft über die Art und Intensität der Agonie zu gewinnen. So wurde nachgewiesen, dass es beim Erstickungstod zu einer Erhöhung der Konzentration von (agonal, vermutlich aus der Leber ausgeschütteten) Phospholipiden im Serum kommt. Lag zum Zeitpunkt des Todes infolge Erhängens eine suffiziente Unterbindung der arteriellen Blutzufuhr zum Gehirn vor, so resultiert eine Konzentrationsdifferenz zwischen dem Herzblut und Blut aus den Blutleitern der harten Hirnhaut innerhalb des Kopfes. Tierexperimentell wurde auch ein starker Anstieg von Katecholaminen (Nebennierenmarkhormone, „Stresshormone": Adrenalin, Noradrenalin) beobachtet, wobei eine ausgesprochene Autolyseanfälligkeit bestand; widersprüchliche Daten liegen über einen Anstieg von Histamin vor. Eine weitere Methode basiert auf der Überlegung, dass es bei Druckwirkung auf den Hals zu einer Quetschung der Schilddrüse kommt, so dass dort gespeicherte Substanzen (Thyreoglobulin) in die Blutbahn übertreten, sich bei erhaltenem Kreislauf verteilen und im Blut erhöht nachgewiesen werden. Mit diesen Methoden konnten durchaus diagnostische Erfolge erzielt werden, allerdings ist die Streuung der Ergebnisse beträchtlich. In der forensischen Routine haben sich die Methoden bisher nicht allgemein durchgesetzt, und nach Eisenmenger et al (1990) ist eine eindeutige Diagnose einer obstruktiven Asphyxie aufgrund pathobiochemischer Untersuchungen noch nicht möglich.

Stauungssyndrom des Kopfes. Bei Erhängungsfällen mit freier Suspension bleibt das Gesicht meist blass und wird so auch an der Leiche vorgefunden. Bei Tötungsdelikten wurde von Tätern mitunter berichtet, das Opfer sei unter der Strangulation blau angelaufen. Auch an der Leiche eines erwürgten oder erdrosselten Opfers kann das äußere Erscheinungsbild durch eine massive **dunkelblaue Stauung des Kopfes** so gekennzeichnet sein, dass man schon beim ersten Blick aus einiger Entfernung den dringenden Verdacht auf eine Strangulation gewinnen wird; ein Ablaufen feiner Blutspuren aus Munde, Nase oder Ohren infolge Platzens oberflächlicher Schleimhautgefäße wird dann öfter gesehen. Auch eine starke vitale Blutstauung wird aber postmortal modifiziert, was durch Umlagerungen der Leiche (z.B. im Rahmen der Untersuchung oder beim Transport) verstärkt werden kann. Eine zum Todeszeitpunkt vorhandene Blutstauung kann weitgehend verschwinden; noch problematischer ist aber, dass eine solche auch überhaupt erst postmortal entstehen kann (bei Tieflage des Gesichtes, z.B. in Bauchlage). Wie schwierig die Bewertung letztlich sein kann, zeigt ein Vergleich einer an Leichen vorhandenen Blutfülle („Stauung") der Gesichtshaut mit dem Körperbau (Konstitution): Bei schlanken Personen in Rückenlage reichen die Totenflecke an Kopf und Hals meist weniger weit nach ventral als bei adipösen. Diese Ausdehnung der Totenflecke beeinflusst ihrerseits die Blutfülle des Gesichtes, die somit auch von Faktoren abhängt, die überhaupt nichts mit der Todesursache zu tun haben (◘ Abb. 3.70).

Der wichtigste Stauungsbefund sind **petechiale Blutaustritte.** Wenn vorhanden, finden sie sich praktisch immer in den Bindehäuten der Augenlider; bei stärkerer Intensität auch in der Haut der Augenlider, des Gesichtes sowie in den weiteren Schleimhäuten (z.B. der Mundschleimhaut; unlängst auch in

◘ Tabelle 3.19. Auftreten ausgewählter Befunde bei den verschiedenen Strangulationsformen. (+ Befund kommt gelegentlich bzw. diskret vor; ++ kommt vor; +++ kommt häufig vor bzw. ist stark ausgeprägt. ? Befund ungewöhnlich, bedarf spezieller Erklärung.)

	Erhängen typisch	Erhängen atypisch	Erdrosseln als Suizid	Erdrosseln als Tötung	Erwürgen
Petechien im Kopfbereich	+	++	+++	+++	+++
Bissspuren an der Zunge	+	+	+	+	++
Grobe Blutungen innerhalb der Zunge	?	+	+++	+++	++
Einblutungen im Unterhautfettgewebe unter den Hautmarken	?	?	?	++	+++
Einblutungen der vorderen geraden Halsmuskeln	?	+	+	++	+++
Frakturen von großen Zungenbeinhörnern	++	++	+	+	+++
Frakturen von Schildknorpeloberhörnern	++	++	+	++	+++
Frakturen der Schildknorpelplatten	?	?	?	+	++
Ringknorpelfrakturen	+	?	?	+	++
Einblutungen an den Kehlkopfgelenken	+	+	?	+	+++
Grobe Weichteilblutungen des Kehlkopfes (insbesondere in den Stimmfalten)	?	?	?	+	+++

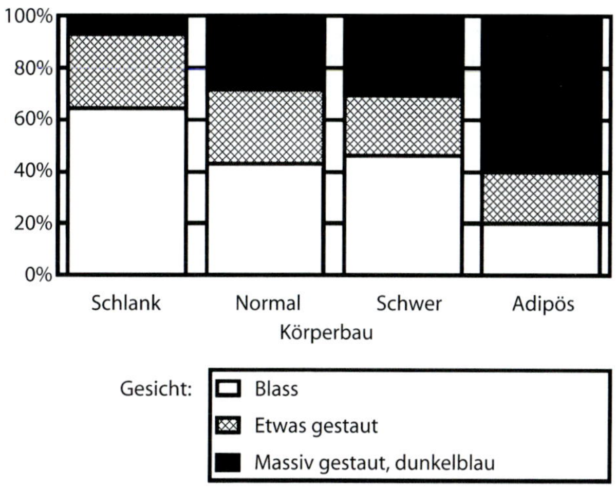

Abb. 3.70. Beziehung zwischen Körperbau (Konstitution) und allgemeiner Stauung der Gesichtshaut bei 100 Opfern von Tötungsdelikten durch Strangulation

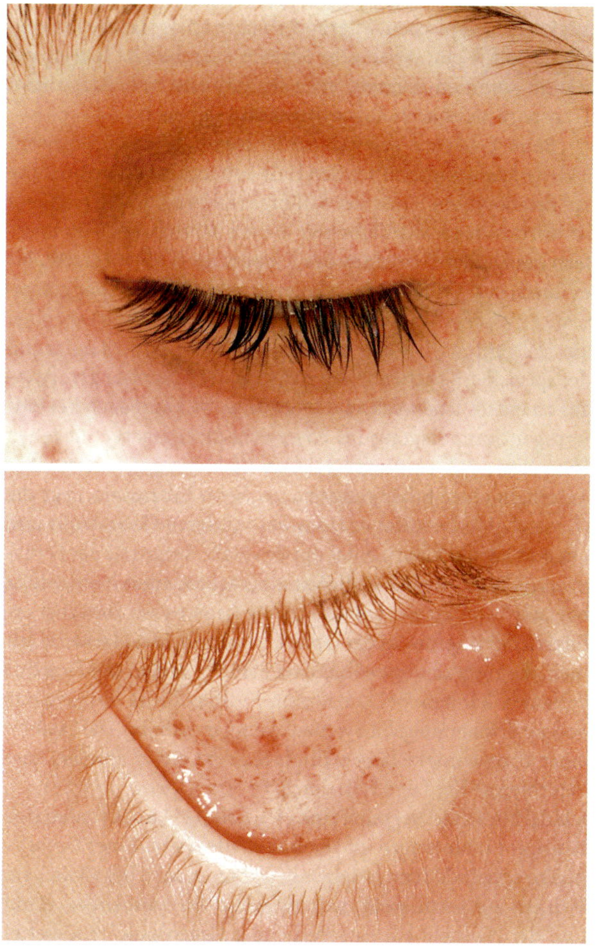

Abb. 3.71. Augenlider und Augenbindehäute mit dichtstehenden punktförmigen Blutaustritten (Petechien) als Folge einer oberen Einflussstauung. Im vorliegenden Fall handelte es sich um einen Erhängungstod in sitzender Position

den Nasennebenhöhlen beschrieben). Es handelt sich um winzige, „flohstichartige" Extravasate infolge stauungsbedingter Ruptur kleinster Blutgefäße (Abb. 3.71). Bei Todesfällen durch Erwürgen oder Erdrosseln fehlen sie praktisch nie; beim Erhängen hängt ihr Auftreten sehr von den speziellen Gegebenheiten der Erhängungssituation ab. Auch das Lebensalter könnte eine gewisse Rolle bei ihrer Intensität spielen: Bei Personen in jüngerem und mittlerem Lebensalter sind sie meistens stärker entwickelt, als bei alten Personen – eine Beobachtung, die auch bei Petechien aus innerer Ursache („Herztod") zu gewinnen war. Das Auftreten **postmortaler Blutaustritte** innerhalb hypostatischer Bezirke ist ein wohl bekanntes Phänomen. Solche Vibices sind als solche zwar meist unschwer zu erkennen (z.B. an der Lokalisation und Verteilung; sie sind auch größer als vital entstandene Petechien). Finden sich aber Petechien im Gesicht einer schon einige Zeit auf dem Bauch gelegenen Leiche, so wird die Situation sehr schwierig: in Betracht kommt u.U. eine allein postmortale Entstehung, aber auch eine postmortale Größenzunahme vitaler Petechien. Derzeit nicht verbindlich zu beantworten ist die Frage, ob allein (frustrane) Wiederbelebungsversuche zur Entstehung von Stauungsblutaustritten im Kopfbereich führen können. Dies wurde in einigen rechtsmedizinischen Publikationen angenommen; die intensivmedizinische Literatur ist in dieser Hinsicht „leer", und eigene Analysen sprechen eher gegen einen solchen Zusammenhang.

Halshautverletzungen. Durch mechanischen Druck und/oder tangentiale Traumatisierung wird die Oberhaut des Halses so oberflächlich lädiert, dass dies oft erst infolge der postmortalen Austrocknung Stunden nach dem Tode deutlich sichtbar wird. Unterbleibt diese, bleiben diskrete Verletzungen u.U. unsichtbar; dies kann in feuchtem Milieu geschehen; sogar postmortale Salbenbehandlung zur Verdeckung des Sichtbarwerdens wurde beschrieben. Die resultierenden Spuren sind Strang(ulations)marken bei Verwendung bandartiger Werkzeuge oder Würgemale bei Halskompression mit der Hand. Wie deutlich eine Strangmarke ausgeprägt ist, hängt im Wesentlichen von der Beschaffenheit (Breite, Festigkeit, Rauigkeit) des Strangmaterials, einer eventuellen Interposition von Kleidungsteilen oder Haaren sowie der Stärke der einwirkenden Kräfte ab. Handelt es sich um relativ schmale Gegenstände (Elektrokabel, Seil), so ist die Strangmarke oft über eine weite Strecke tief in die Halshaut eingeschnürt, klar abgegrenzt, und gibt z.T. Formmerkmale des Strangwerkzeuges wider; bei breiteren und weicheren Gegenständen sind die Marken flacher, unschärfer und mitunter überhaupt ganz unscheinbar. Liegt der Strang mehrmals um den Hals, so werden Streifen der Halshaut förmlich abgequetscht; an solchen Stellen („Zwischenkamm") bilden sich mitunter Hautblutungen, die lange als Beleg für eine Entstehung dieser Strangmarke zu Lebzeiten angesehen wurden; auch dieser Befund erwies sich jedoch als postmortal erzeugbar. Die – bislang meist nicht eindeutig beantwortbare – Frage nach der Vitalität äußerer Strangulationsmarken ist nicht nur von akademischem Interesse, da auch an der Leiche auf vielfältige artifizielle Weise sehr ähnlich aussehende Spuren zustande kommen können, etwa im Rahmen von Bergungs-, Transport- oder auch Reanimationsmaßnahmen.

Beim Erhängen verläuft die Strangmarke in den meisten Fällen nicht horizontal um den Hals, sondern steigt in Richtung auf den höchsten Punkt der Schlingenführung deutlich an und ist dort auch oft unterbrochen. Da das Strangwerkzeug meistens infolge des Gewichtes des Körpers nach oben rutscht, bis es durch den Unterkiefer gehalten wird, liegt die Erhängungsmarke typischerweise auch mit ihren tiefsten Anteilen weit oben am Hals, meist oberhalb des Kehlkopfes. Kommt es aufgrund der speziellen Gegebenheiten während des Erhängungsvorganges zu einem Lagewechsel der Schlinge, so kann auch bei eintouriger Umschlingung u.U. eine zweite Strangmarke entstehen (► s. Abb. 3.79). Fast immer fehlen Einblutungen unmittelbar unterhalb einer Erhängungsmarke. Beim Erdrosseln liegt die (Drossel-)Marke meist in Höhe des mittleren Halsdrittels und verläuft ziemlich horizontal um den Hals. Aufgrund der Dynamik von Tätlichkeiten ist die Variabilität besonders hoch: Selbst bei „nur" eintouriger Umschlingung kann es bei zunächst erfolgreicher Gegenwehr des Opfers zu mehrfachen Marken kommen, die auch an ungewöhnlicher Stelle (z.B. über das Gesicht) verlaufen können. Bei suizidalem Erdrosseln ist das gesamte äußere Erscheinungsbild weitaus weniger auffällig. Die Vitalität einer Drosselmarke lässt sich oft indirekt daran ablesen, dass Petechien an Kopf und Hals durch die Strangulationsebene nach kaudal hin scharf begrenzt sind (► s. Abb. 3.81), auch finden sich häufiger Einblutungen im Unterhautfettgewebe. Einer Drosselmarke ähnelnde Hautverletzungen können auch bei alleinigem Würgen auftreten, wenn sich zwischen der würgenden Hand und der Halshaut ein entsprechender Gegenstand (Halskette) befindet. Würgemale selbst entstehen durch den direkten Fingerdruck; besonders charakteristisch sind sichelmondförmige schmale Vertrocknungen von etwa 1–1,5 cm Länge, die den in die Haut eingepressten Rändern der Fingernägel entsprechen (► s. Abb. 3.82) und die so typisch angeordnet sein können, dass Rückschlüsse über die verwendete Hand des Täters möglich sein können. Andere Spuren sind längliche oberflächliche Kratzer durch die Nagelränder, kleinfleckige Abschürfungen oder auch lediglich Einblutungen in Haut und Unterhaut. Der starke lokale Druck bewirkt meist kleine Blutunterlaufungen unterhalb von Würgemalen in den tieferen Halsschichten. Bei deutlicher Ausprägung ist ein solches äußeres Verletzungsbild kaum zu übersehen oder zu missdeuten; bricht die Gegenwehr des Opfers rasch zusammen (z.B. infolge der Massivität und Effektivität des Angriffes oder einer gravierenden krankhaften oder toxischen Beeinträchtigung des Angegriffenen), so resultieren mitunter nur unscheinbare äußere Spuren, die bei einer nur oberflächlichen Leichenschau leicht übersehen werden können. Auf der anderen Seite kommen Abschürfungen an der Halshaut auch als unbedeutsame Gelegenheitsverletzungen vor. Eine Interpretation allein aufgrund der äußerlichen Untersuchung wird hier oft nicht möglich sein.

Befunde an den Halsweichteilen. Praktisch alle Weichteilstrukturen des Halses können im Einzelfall Spuren der äußeren Halskompression zeigen, als Folge einer von drei wesentlichen Ursachen:

- Blutstauung,
- direkter mechanischer Druck (Quetschung)oder
- indirekte mechanische Verletzung (Zerrung).

An den inneren Schleimhäuten, in den lockeren Verschiebeschichten (zwischen den Halsmuskeln) und in der Zunge führt eine starke Blutstauung häufig zu beträchtlichen Stauungsblutaustritten. Blutungen in den **vorderen Halsmuskeln** selbst sind z.T. ebenfalls Stauungsfolge, häufiger jedoch Ausdruck mechanischer Verletzung durch direkten Druck oder Zerrung. Druck- und Zerrungsblutungen können mitunter an ihrer Form unterschieden werden: die Druckblutungen sind kräftiger, mehr rundlich bzw. fleckförmig und durchsetzen den Muskel bis in seine Tiefe. Zerrungsblutungen sind schmal, länglicher, streifenförmig und oberflächlicher. Druckblutungen zeichnen sich durch eine Beteiligung mehrerer Schichten aus (◘ Abb. 3.72). Als Stauungsfolge sind Blutungen deutlich oberhalb der Höhe der Strangulationsebene anzusehen. Blutaustritte als Folge einer Muskelzerrung sind beim Würgen und Drosseln ungewöhnlich, demgegenüber beim Erhängen häufig, vor allem im Ursprungsbereich der Kopfwendemuskeln am Schlüsselbein (intra- oder subperiostale Blutungen; ◘ Abb. 3.73). Histologische Studien zeigten bei vitaler mechanischer Muskelzellschädigung u.a. einen Ausfall der Querstreifung, das Auftreten einer Längsstreifung, einen diskoiden oder segmentalen Zerfall; bei immunhistochemischen Spezialfärbungen (Myoglobin) fanden sich entfärbte („opake") Muskelzellen.

Schleimhautblutungen sind ein geläufiger Befund bei starker oberer Einflussstauung, insbesondere beim Erdrosseln. Sie liegen am Gaumen, Rachenring und Zungengrund. Häufig sind auch Petechien, die vor allem an der Rückfläche des Kehldeckels und am Ösophagusmund gut erkennbar sind. Die **Zunge** zeigt beim Erwürgen und Erdrosseln häufig (2/3 der Fälle) Einblutungen. Zu etwa gleichen Teilen handelt es sich um Bissspuren an den Rändern sowie disseminierte kleine oder ausgedehnte Blutungen in der Zungenmuskulatur. Neben einer wohl meist hinzutretenden Stauung wird für solche inneren Blutungen – je nach Lokalisation und Anordnung – eine Quetschung durch die vorderen Zahnbögen oder ein Einpressen des Zungenbeines infolge der äußeren Druckwirkung auf den Hals angenommen. Verletzungen der **Luftröhre** (ausgenommen Rupturen bei Erhängen mit Sturz in eine Schlinge) wurden erst in letzter Zeit intensiver untersucht; diskrete Knorpelverletzungen fanden sich beim Erdrosseln in fast einem Fünftel der Fälle. Kapselblutungen der **Schilddrüse** sind beim Würgen und Drosseln häufig (Vorkommen in unserem Material: 18 % bzw. 8 %); Parenchymverletzungen sind dagegen praktisch nicht beschrieben. Über die Beteiligung **großer Halsvenen** beim Strangulationstod gibt es nur sehr seltene Mitteilungen. An den **Halsschlagadern** kommen äußere und innere Gefäßwandblutun-

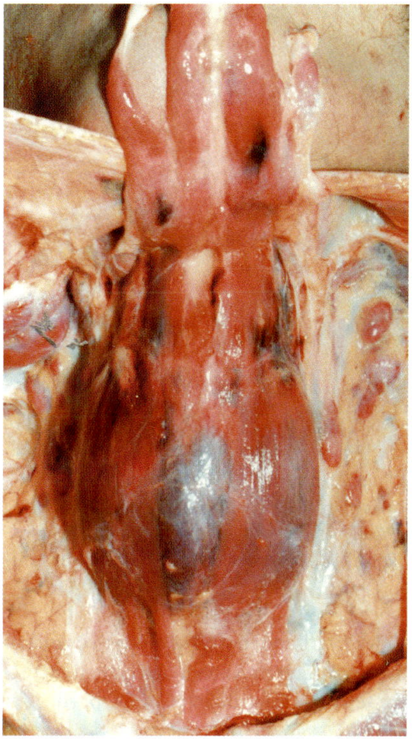

Abb. 3.72. Obduktionssitus während der schichtweisen Präparation der vorderen Halsmuskeln. Kräftige fleckförmig Einblutungen an den Vorder- und Rückseiten der Muskeln in jeweils gleicher Position, als Ausdruck einer punktuellen starken Kompression. 21-jährige Frau, Tötung durch Würgen und Drosseln

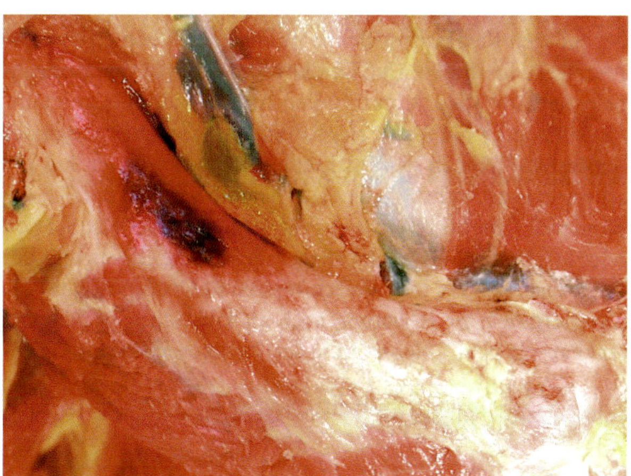

Abb. 3.73. Rechtes Schlüsselbein, Knochenhaut noch belassen. Ausgedehnte Einblutung (Zerrungsblutung, typisch beim Erhängen) im und unter dem Periost

gen sowie Einrisse der Intima (selten auch vollständige Rupturen) vor. Intimarisse der Halsschlagadern verlaufen beim Erhängen (Häufigkeit: 5 %–16 %) meistens quer und liegen mehr oder weniger dicht unterhalb der Gabelung (Abb. 3.74). Mög-

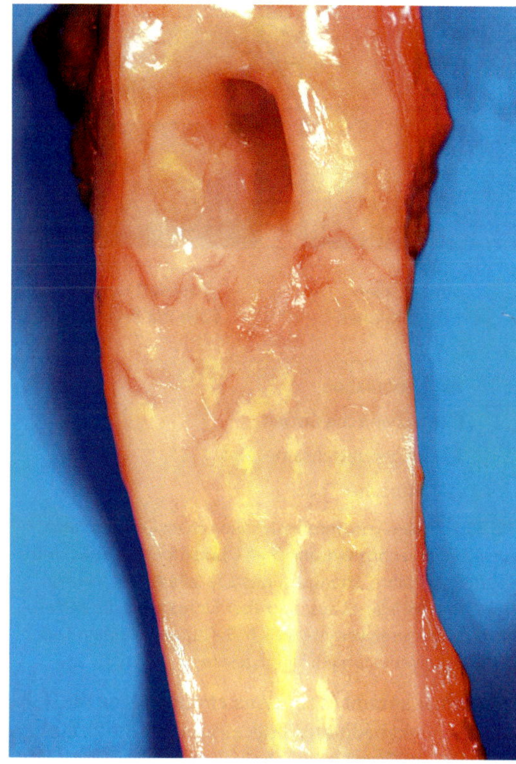

Abb. 3.74. Längs bis in die innere Kopfschlagader eröffnete Halsschlagader. Flache arteriosklerotische Beete. Mehrere sehr schmale, nur die innersten Gefäßschichten durchsetzende, etwas geschwungen quer zur Längsrichtung des Gefäßes verlaufende Einrisse. 64-jähriger Mann, suizidales Erhängen (freie Suspension, höchster Schlingenpunkt am Nacken)

liche Ursachen: direkter Druck des Stranges (oder beim Würgen auch des Fingers) auf das Gefäß, Zugbelastung in Längsachse beim Erhängen, Gefäßquetschung durch ein abgebrochenes und seitlich unter die Arterie disloziertes Zungenbein- oder Schildknorpeloberhorn. Spättodesfälle infolge sekundärer Halsschlagaderverschlüsse (Dissektionen, Thrombosen) bei zunächst überlebter Strangulation sind verschiedentlich beobachtet worden.

Verletzungen von Kehlkopf und Zungenbein. Kehlkopf und Zungenbein sind zunächst knorpelige, im Verlauf des Lebens durch Kalkeinlagerung und/oder Verknöcherung starr werdende Gerüststrukturen in den vorderen Halsweichteilen. Verletzungen kommen bei ganz verschiedenen Einwirkungen vor, jedoch ist Strangulation die bei weitem häufigste Ursache (Abb. 3.75). Eine Verletzungsmöglichkeit durch notfallmäßige Intubation wird diskutiert, scheint nach eigenen Erfahrungen aber eher unwahrscheinlich.

Das **Zungenbein** ist eine etwa U-förmige, aus einem Körper (vorne) und zwei nach hinten gerichteten großen sowie zwei kleinen Hörnern aufgebaute Struktur. Große Hörner und Körper sind zunächst gelenkähnlich miteinander verbunden, wachsen später meist knöchern zusammen. Bei Krafteinwirkung ge-

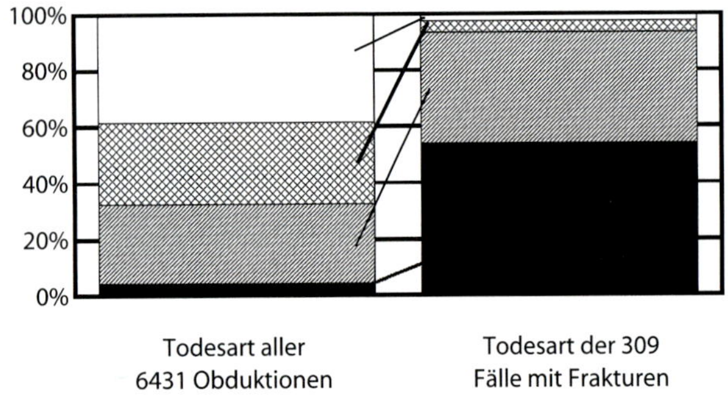

Abb. 3.75. Vorkommen von (frischen) Frakturen an Kehlkopf und Zungenbein in einem rechtsmedizinischen Obduktionsmaterial; Untersuchungszeitraum 11 Jahre. Strangulationsfälle (alle Arten) machen rund 5 % des Obduktionsgutes aus, sind aber für mehr als die Hälfte aller beobachteten Frakturen verantwortlich. Bei atraumatischen Todesfällen werden solche Verletzungen kaum gesehen

gen den Vorderhals kommt es zum Anstemmen gegen die Halswirbelsäule mit direkt bedingten Frakturen; auch indirekte Verletzungen infolge starker Zerrung bei Überstreckungstraumen sind möglich. Vereinzelt wurde auch über „spontane" Zungenbeinfrakturen allein infolge von Muskelkontraktionen berichtet (so beim Essen oder Erbrechen). Zur Fraktur eines verkalkten Zungenbeinhornes genügt bereits leichter Fingerdruck gegen den fixierten Knochen; dass solche Frakturen dennoch nicht häufig vorkommen, liegt an der geschützten Lage und der Beweglichkeit. Zungenbeinfrakturen sind schmerzhaft, heilen jedoch (ggf. unter bleibender Fehlstellung) spontan aus.

Der **Kehlkopf** besteht aus dem Schild- und dem Ringknorpel, die durch hinten gelegene Gelenke verbunden sind, sowie den paarigen kleinen Stellknorpeln, die im Binnenraum des Kehlkopfes dem Ringknorpel hinten oben gelenkig aufsitzen. Im Verlauf des Lebens kommt es zu einer Versteifung aller Knorpel infolge Verkalkung und/oder Verknöcherung, was eine gewisse Altersabhängigkeit beobachteter Verletzungsraten erklärt (Tabelle 3.20). Der **Schildknorpel** besteht aus zwei Platten, die vorne miteinander verbunden sind und nach rückwärts auseinander weichen. Ihre hinteren Kanten laufen je in einem Ober- und einem Unterhorn aus. Brüche der Oberhörner (Abb. 3.76) sind die häufigste Kehlkopfverletzung; sie können bereits bei geringer lokaler Krafteinwirkung (Größenordnung: 2 kg) entstehen. Abgeheilte Frakturen als Zufallsbefund bei Obduktionen sind nicht ganz selten (4 %). Brüche der Unterhörner sind ungewöhnlich. Bricht die vordere Verbindung der Schildknorpelplatten (Folge einer groben Einwirkung), so kann die Stabilität des Kehlkopfes beeinträchtigt sein; Einblutungen der inneren Kehlkopfweichteile mit Anschwellung können die Atemwege bedrohen. Der **Ringknorpel** schließt den Zungenbein-Kehlkopfapparat nach unten hin ab und leitet zur Luftröhre über. Er hat einen siegelringähnlichen Aufbau mit der breitesten Stelle an der Rückseite. Frakturen deuten auf ein schweres Halstrauma; sie liegen meistens vorne, im Bereich des dünneren Ringknorpelbogens (Abb. 3.77). Bei Dislokation oder stärkeren Weichteilblutungen droht eine Einengung der Atemwege. Bei den meisten schwereren Kehlkopftraumen manifestiert sich die Belastung auch an Einblutungen der (Gelenkkapseln oder Gelenkräume der) **Kehlkopfgelenke.** Die in-

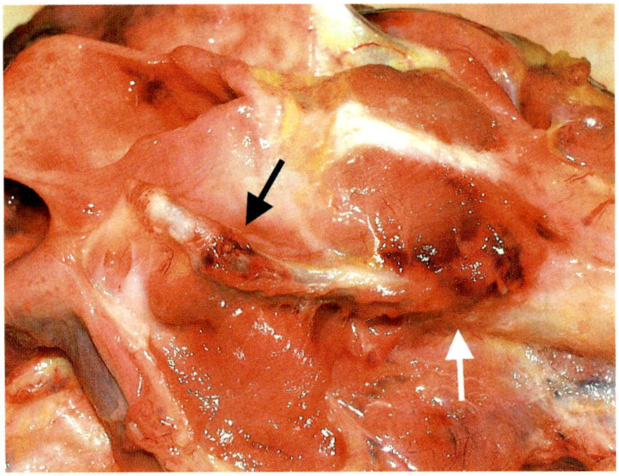

Abb. 3.76. 51-jährige Frau, Tötung durch Erdrosseln mit festem Textilgürtel. Kehlkopf von links hinten. Fraktur des linken Schildknorpel-Oberhornes (*schwarzer Pfeil*), mit Riss des Periostes und Umblutung. Das Ringknorpel-Schildknorpel-Gelenk (*weißer Pfeil*) stark umblutet; Petechien am Kehldeckel

Tabelle 3.20. Häufigkeit (Angaben in Prozent) von Frakturen von Kehlkopf und Zungenbein in Beziehung zum Lebensalter bei 194 Tötungsfällen durch Strangulation

Lebensalter (Fallzahl)	–20 (13)	21–30 (23)	31–40 (27)	41–50 (26)	51–60 (31)	61–70 (19)	71–80 (29)	>80 (26)
Keine Fraktur	77	39	33	16	19	26	14	8
Nur Hornfraktur(en)	8	39	52	42	55	58	62	42
Beteiligung von Schildknorpelplatte oder Ringknorpel	15	12	15	42	26	16	24	50

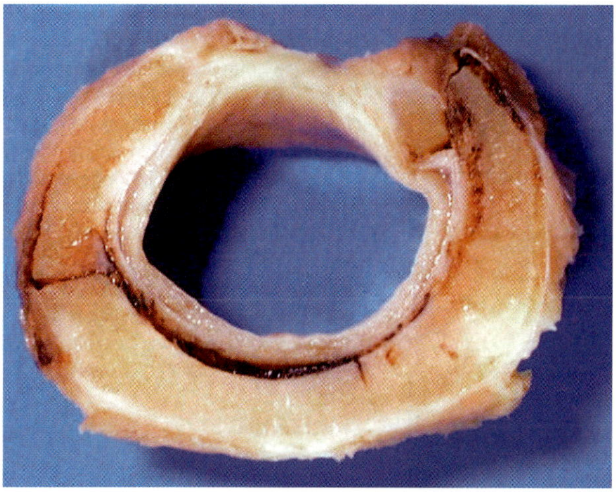

◘ Abb. 3.77. Horizontalschnitt durch den oberen Teil des Ringknorpels. *Rechts* die vordere Ringknorpelspange vollständig durchgebrochen und verschoben; *links* ein nichtdislozierter Bruch. Infolge der von vorne nach hinten gerichteten Kompression entstand auch eine nur die inneren Teile des Knorpels betreffende Spaltbildung (Fissur) hinten rechts in der Ringknorpelplatte. Rezidivierte Misshandlung, u.a. mit Leberverletzung und Blutung in die Bauchhöhle; nachhaltiges Würgen

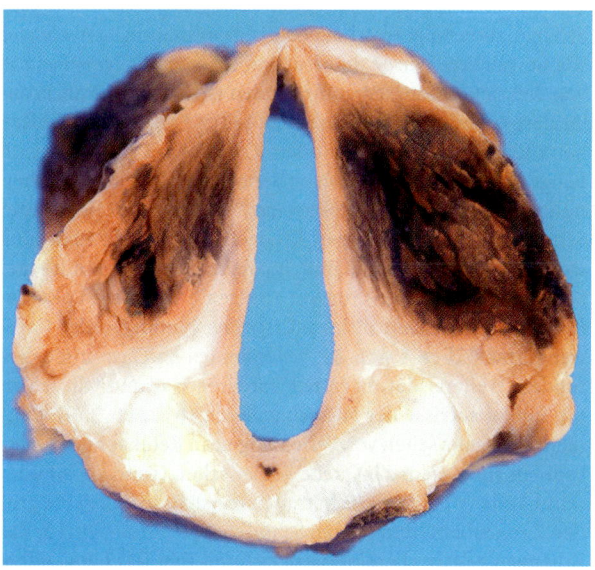

◘ Abb. 3.78. Horizontalschnitt durch den mittleren Teil des Kehlkopfes. *Unten im Bild* der kopfnahe Teil der Ringknorpelplatte sowie die beiden Stellknorpel. In beiden Stimmfalten ausgedehnte Einblutungen, als Folge einer intensiven Kehlkopfkompression

neren **Weichteile des Kehlkopfes** (◘ Abb. 3.78), vor allem die Stimmfalten im Kehlkopfinneren oder die kleinen Kehlkopfmuskeln an seiner Rückfläche, sind dann ebenfalls meistens eingeblutet. Auch ohne Frakturen am Kehlkopf kommen solche Blutungen vor; bei jüngeren Personen mit noch elastischen Knorpeln können sie die einzige Verletzungsfolge am Kehlkopf sein. Blutaustritte der **Kehlkopfschleimhaut** sind überhaupt häufig (5–6 % im allgemeinen Obduktionsgut); bei Todesfällen durch Würgen und Drosseln finden sie sich in über 50 %.

Beteiligung der Halswirbelsäule. Weichteilverletzungen an der Halswirbelsäule (Einblutungen in Muskeln, Bändern, Gelenken oder Bandscheiben, vereinzelt auch Umblutungen oder Intimarisse an Wirbelarterien, selten auch Bandzerreißungen) werden bei tödlicher Strangulation bei gezielter Untersuchung nicht ganz selten nachgewiesen, am häufigsten beim Erhängen (Saternus 1979, 1990). Knöcherne Verletzungen sind demgegenüber beim Würgen und Drosseln nur in ganz ungewöhnlichen Fällen zu erwarten; beim Erhängen sind Wirbelverletzungen allerdings durchaus möglich (s. unten, „Erhängen").

3.8.2 Die einzelnen Strangulationsarten

Erhängen

Infobox

Erhängen ist eine sehr rasch zur Bewusstlosigkeit (praktische Unmöglichkeit einer Selbstrettung) und zum Tode führende, also sehr „effiziente" Strangulationsform, und mit 5.000–6.000 Todesfällen pro Jahr die **häufigste Suizidmethode** (1999: 5.667 Erhängungsfälle bei 11.157 Suiziden in Deutschland). Nahezu alle tödlichen Erhängungen gehen auf Suizide zurück; vereinzelt handelt es sich auch um Unfälle. **Tötung durch Erhängen** ist möglich, wird jedoch äußerst selten beobachtet; eher noch spielen **vorgetäuschte suizidale Erhängungssituationen** eine Rolle, bei denen ein Opfer zuvor auf andere Weise (z.B. durch Erdrosseln) getötet worden war. Nur in einem Teil der Erhängungstodesfälle (weit weniger als die Hälfte) erfolgt eine rechtsmedizinische Untersuchung und ggf. Obduktion.

Die Aufklärung der Todesumstände eines Erhängungsfalles hängt naturgemäß von der Intensität der Untersuchung von Anfang an ab; oft werden die Ermittlungsverfahren jedoch ohne rechtsmedizinische Beteiligung oder Obduktion eingestellt. Damit kommt dem Leichenschauarzt eine besondere Verantwortung zu. Hinweise für ein verdecktes Tötungsdelikt könnten sich aus der Umgebungssituation (z.B. Art der Aufhängung oder markante Schleifrinne durch Reibung des Seiles am Aufhängeort), aus dem äußeren Leichenbefund (z.B. intensive Kopfstauung und Petechien bei in typischer Erhängungssituation aufgefundener Leiche, Würgemale an der Halshaut, Abwehrverletzungen) oder auch erst bei der Obduktion (intensive Verletzungen der inneren Halsstrukturen) ergeben. Da aber auch bei tatsächlich suizidalem Erhängen „verdächtige" äußere Spuren entstehen können (z.B. zweite Strangmarke infolge Verrutschens des Stranges (◘ Abb. 3.79), Kratzer am Hals von Eigenmanipulation oder Hautverletzungen an Handrücken und Armen infolge Anschlagens an Heizkörpern o.Ä. in der Erhängungsagonie (Krampfstadium)), bedarf die abschließende Bewertung großer Erfahrung. Kriminalistisch kann u.U. der Nachweis von Fasern des Strangwerkzeuges an den Händen des To-

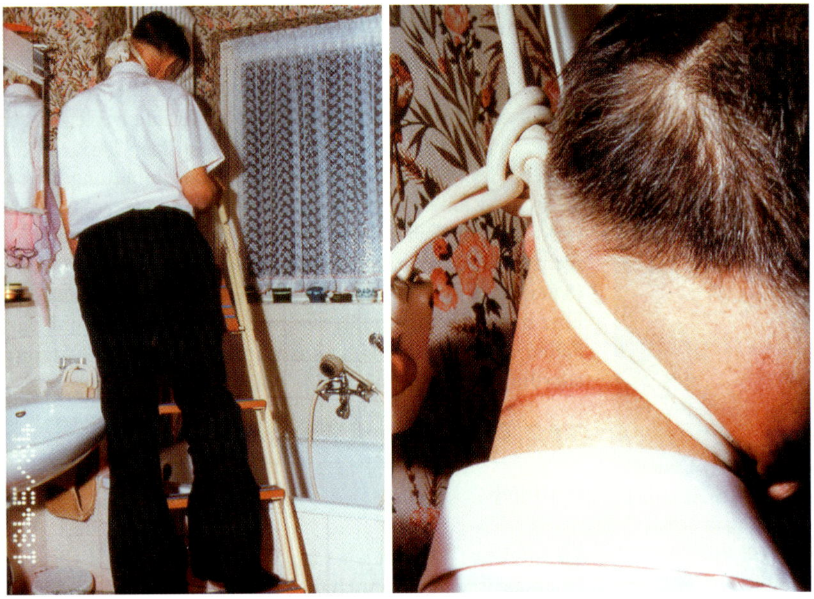

■ Abb. 3.79. 71-jähriger Mann, der sich offenbar das doppelt und zur laufenden Schlinge genommene Kabel zunächst zirkulär eng um den Hals geschlungen hatte, wofür der rote, einem Zwischenkamm entsprechende zirkuläre Streifen spricht. Im Krampfstadium dürfte die Schlinge letztlich in die dargestellte Endposition gekommen sein. Die horizontale Marke führte – richtigerweise – zur Beiziehung eines Rechtsmediziners an den Fundort (Verdacht einer vorherigen Drosselung). Nach Vorliegen aller Befunde und Umstände war der Fall aber letztlich hinreichend sicher als Suizid zu deuten

ten hilfreich sein; man kann sie mit Klebefolie von den Händen abnehmen und ggf. mit Fasern des Stranges mikroskopisch vergleichen. Diese Faserprobe wurde lange Zeit als zuverlässig angesehen, jedoch wurde dies inzwischen auch bezweifelt. **Unfallmäßige Erhängungssituationen** werden beobachtet, z.B. wenn intoxikierte oder anderweitig bewusstseinsgestörte Personen (Epilepsiekranke) in eine strangulationsähnliche Situation geraten. Eine bedrückende Fallgruppe sind Säuglinge und Kleinkinder, die sich im häuslichen Bereich mit dem Kopf in Haltegestängen oder Spielzeugbändern oder auf Spielplätzen mit zur Bekleidung gehörenden Schnüren in Spielgeräten verfangen; wir untersuchten auch Todesfälle etwas größerer Kinder, die sich auf Spielplätzen in Kletternetzen erhängt hatten. Eine besondere Untergruppe sind so genannte **autoerotische Unfälle.** Hierbei handelt es sich von den Betroffenen allein oder mit Einwilligung durch andere herbeigeführte, nicht selten technisch ausgeklügelte Strangulations-Fesselungs-Situationen, die zu einer „dosierten" Einschränkung der Hirndurchblutung mit dem Effekt einer sexuellen Stimulierung führen sollen. Bei geringfügigem Abweichen vom geplanten Verlauf kann eine solche Situation rasch in eine unbeabsichtigte tödliche Erhängung übergehen, aus der eine Selbstbefreiung nicht mehr möglich ist. Die rechtsmedizinische Literatur weist eine umfangreiche Kasuistik solcher Fälle auf. Die Umgebungssituation ist meist eindeutig; mitunter kommt allerdings auch eine Mitwirkung Anderer in Betracht, denen u.U. vorgehalten werden könnte, den Ablauf nach Entgleisung der Situation nicht abgewendet zu haben.

Je nach dem Typ des verwendeten Strangwerkzeuges, der Art und Anzahl der Umschlingungen des Halses, der eventuellen Verknotungen oder Schlingenbildungen, der Höhe der Fixierung des Stranges über der letzten Position des Körpers und der Art des in die Schlinge Gelangens (Sturz, Sprung, Hineingleiten) sind unzählige Erhängungssituationen möglich. Entsprechend vielfältig sind die vorkommenden Befundmuster, die von einem völligen Fehlen jeder Verletzung bzw. sichtbaren Strangulationsfolge überhaupt bis zum vollständigen Abriss des Kopfes reichen. Wurde die Situation (verständlicherweise, z.B. von den den Erhängten auffindenden Angehörigen) unrekonstruierbar verändert, bleiben nicht selten Fragen offen. Sofern beim Eintreffen der Polizei oder des Notarztes bei einer noch hängend vorgefundenen Person bereits sichere Leichenerscheinungen vorhanden sind, sollte eine Abnahme der Leiche unter Schonung oder alsbaldiger Rekonstruktion (z.B. Fixierung durchtrennter Abschnitte mittels Aneinanderknoten mit einer Schnur) der Schlingensituation erfolgen. Der **innere Lokalbefund am Hals** ist oft diskret. Ursprungsblutungen der Kopfwendermuskel (▶ s. Abb. 3.73) werden bei uns fast immer gefunden. Weitere Blutungen der vorderen Halsmuskeln fehlen oft, Innenhautrisse der Halsschlagadern (▶ s. Abb. 3.74) kommen nicht ganz selten vor. Verletzungen an Kehlkopf oder Zungenbein sind – je nach Quelle – eher selten (rund 20 %) oder sehr häufig (70–80 %); sie betreffen meistens lediglich die großen Zungenbein- und oberen Schildknorpelhörner. Ein für das Erhängen relativ charakteristischer und (bei frei hängendem Körper) häufiger Befund sind Einblutungen im/unter dem vorderen Längsband der Lendenwirbelsäule, über den Zwischenwirbelscheiben (Simon'sche Blutungen; ■ Abb. 3.80), infolge einer Längsdehnung, unter Hinzutreten durch krampfbedingte Bewegungen bedingter Querbelastungen an der LWS.

Definition

Von **typischem Erhängen** wird gesprochen, wenn der Körper in aufrechter Position, praktisch frei hängt und der höchste Schlingen- bzw. Knotenpunkt bei in etwa symmetrischem Ver-

▼

lauf des Stranges um den Hals am Nacken liegt. Dann ist ein rascher vollständiger Verschluss aller 4 hirnversorgenden Arterien möglich, mit der Folge eines meistens völlig ausbleibenden Stauungssyndroms.
Als **atypisch** werden Erhängungssituationen bei nicht frei hängendem Körper und nicht zum Nacken hin ansteigender Strangulationsebene bezeichnet. Hier ist meist ein Teil der arteriellen Blutzufuhr zum Kopf erhalten, so dass recht ausgeprägte Stauungsveränderungen resultieren können. Der Eintritt der Bewusstlosigkeit scheint allerdings auch hier vergleichsweise rasch zu erfolgen.

Der Unterscheidung in „typische" und „atypische" Erhängungsformen wurde z.B. durch Prokop (1976) ein praktischer Wert abgesprochen, da atypische Erhängungssituationen am häufigsten vorkommen (somit in anderem Sinne typisch sind). Gerade für weniger erfahrene Untersucher macht aber eine Unterscheidung Sinn, da nur vor diesem Hintergrund eine Bewertung der Plausibilität der vorhandenen äußerlichen Leichenbefunde möglich ist.

Tödliche **Verletzungen der Halswirbelsäule** kommen praktisch nur bei Hinrichtungen oder vergleichbaren Abläufen (d.h. Sturz über eine größere Höhe in eine Schlinge) vor. Nach älteren Darstellungen soll es dabei zu einem Abriss des Zahnfortsatzes des 2. Halswirbelkörpers oder einem Durchriss seines Haltebandes kommen, so dass der Dens das obere Halsmark quetscht; eine solche Verletzung konnte zwar (leichen)experimentell erzeugt werden (Saternus 1990), wurde aber bei konkreten Fällen kaum gefunden. Die Technik eines „good and proper hanging" soll einen raschen Tod infolge knöcherner Halswirbelverletzung mit Halsmarkschädigung bewirken und eine Dekapitation vermeiden, was durch eine geeignete Länge des Strickes (um etwa 2 m) und Position des Henkersknotens (seitlich links am Unterkiefer oder unter dem Kinn) erreicht werden soll. Infolge der massiven Überstreckungsbelastung des Halses soll die typische „hangman's fracture" resultieren: Auseinanderreißen des zweiten Halswirbelkörpers. Untersuchungen der HWS von Hingerichteten zeigten häufig diese, aber auch vielfältige andere Verletzungen, jedoch auch ein gänzliches Fehlen von Frakturen. Für den bei Exekutionen typischerweise momentanen Bewusstseinsverlust und mitunter raschen Herzstillstand werden z.T. reflektorische Mechanismen verantwortlich gemacht; z.T. wird ein akuter traumatischer Spinalschock mit Paralyse der lebenswichtigen Zentren im Hirnstamm angenommen.

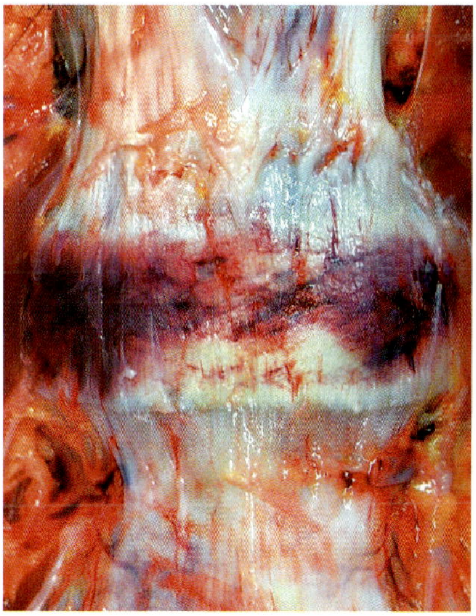

Abb. 3.80. Aufsicht auf die mittlere Lendenwirbelsäule nach weitgehender Freilegung. Vor der Bandscheibe, unter dem straffen Längsband, eine quere, ausgedehnte Blutung, wie sie beim Erhängen (insbesondere bei freier Suspension, wie bei dieser 44-jährigen Frau) häufig beobachtet werden kann

Aufgrund der sehr schnell eintretenden Bewusstlosigkeit ist eine **Selbstrettung** beim Erhängen praktisch unmöglich, selbst wenn es die Situation zulassen würde (z.B. durch einfaches Aufrichten beim Hängen in hockender Position). Fälle von Überleben sind daher – im Hinblick auf die Häufigkeit des Erhängens überhaupt – sehr selten. Hierzu kann es kommen, wenn die Situation rasch genug durch andere erfasst wird und sofortige Wiederbelebungsmaßnahmen greifen. Im günstigsten Fall ist eine vollständige Restitutio möglich. Kam es noch nicht zur irreversiblen Hirnschädigung, so bedrohen vor allem pulmonale Komplikationen den Patienten (Aspirationspneumonie, acute respiratory distress syndrome), andernfalls gelingt u.U. die Wiederherstellung des Kreislaufes und sogar der Atemtätigkeit, der Patient bleibt jedoch im Koma. Mehrfach beschrieben wurden verzögert eingetretene Todesfälle z.B. infolge O_2-Mangelschädigung des Gehirnes, Verschlüssen von beim Erhängungsvorgang verletzten Halsarterien oder durch Blutaspiration bei Trachealverletzung nach Reißen des Strangwerkzeugs oder Abgleiten vom Aufhängepunkt. In solchen Fällen wurden Opfer auch in einiger Entfernung vom primären Aufhängeort tot vorgefunden, die sie den Umständen nach noch selbst zurückgelegt haben mussten (erhaltene Handlungsfähigkeit trotz z.T. schwerer Verletzungen).

Erdrosseln

Infobox

Der überwiegende Teil von Todesfällen durch Erdrosseln geht auf fremde Hand zurück; gelegentlich werden Suizide und ganz selten Unfälle (z.B. Verfangen eines Halstuches oder Schals in einer Maschine oder einem Rad) beobachtet. Die amtliche Todesursachenstatistik fasst alle Arten von Strangulation durch fremde Hand (also auch Erwürgen und Kombinationen) zusammen; hiernach kam es 1999 in Deutschland unter insgesamt 719 Tötungen in 112 Fällen durch Strangulation zum Tode des Opfers.

Ablauf und Befunde hängen sehr vom speziellen Hergang ab: Bei überraschender Umschlingung des Halses mit einem festen

Strangwerkzeug und starker Zugwirkung kann es rasch zur Bewusstlosigkeit, fehlender Gegenwehr und damit spärlichen äußeren Verletzungen kommen. Andererseits kann es einem Opfer zunächst gelingen, eine vollständige Umschlingung z.B. mit den Händen zu verhindern, was zum erneuten Ansetzen bzw. zur Verlagerung der Schlinge führt, mit der Folge eines beträchtlichen äußeren Verletzungsbildes am Hals. Drosselangriffe sind nicht selten mit anderen Arten einer Gewalteinwirkung kombiniert, waren in unserem Material allerdings dennoch meistens die entscheidende Todesursache. Der Leichenbefund ist fast immer charakterisiert durch eine ausgeprägte obere Einflussstauung, die am Hals mit der Strangulationsebene abrupt endet (◘ Abb. 3.81); Stauungsblutaustritte fehlen praktisch nie. Je nach der Art des verwendeten Strangwerkzeuges und vor allem der Intensität der Drosselung kommen z.T. beträchtliche Weichteilblutungen in allen Halsschichten vor. Finden sie sich korrespondierend zur äußeren Drosselmarke, mitunter in gleicher Höhe in verschiedenen Schichten, so sind sie mechanisch bedingt (innere Strangmarke); oberhalb der Drosselungsebene sind meist stauungsbedingte Weichteilblutungen. Selten sind Verletzungen der Halsschlagadern, häufiger dagegen Brüche an Kehlkopf oder Zungenbein. Innere Verletzungen können aber auch fehlen. Mitunter sehr schwierig ist die Unterscheidung zwischen homizidalem und suizidalem Erdrosseln, falls sich nicht weitere richtungsweisende Verletzungen (etwa frische Probierschnitte beim Suizid oder Misshandlungsspuren bzw. Abwehrverletzungen bei einer Tötung) finden. Solche Suizidfälle sind sehr selten (bei uns etwa 1 Fall pro Jahr). Natürlich wird die Situation bereits primär klar erscheinen, wenn die Leiche ohne fest anliegendes, d.h. noch strangulierendes Drosselwerkzeug vorgefunden wird; ein Suizid setzt eine Fixierung der Druckwirkung z.B. durch Verknotung voraus.

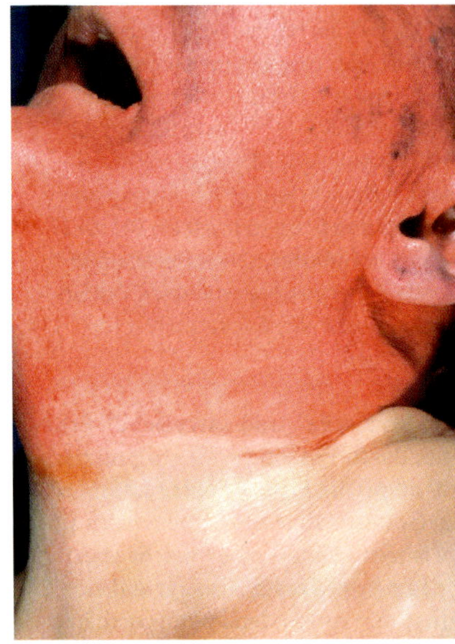

◘ Abb. 3.81. Intensives Stauungssyndrom mit massiven Petechien am ganzen Kopf und oberen Hals, in einer fast geraden horizontalen Linie quer über den Hals scharf gegen die blasse Haut unterhalb abgegrenzt. Vorne, über dem Kehlkopfbereich, eine diskrete quere gelbbraune Vertrocknung; unterhalb des Ohres eine feine rote Linie, durch Zwischenkammblutungen. Die 76-jährige Frau war von ihrem Ehemann erdrosselt worden – den Umständen nach vermutlich mit ihrem Einverständnis. Das Strangwerkzeug (dünnes Elektrokabel) war wieder entfernt worden und lag neben der Leiche

Fallbeispiel

Allerdings untersuchten wir einen Fall, bei dem der seine Frau erdrosselt vorfindende Ehemann über die Situation derart in Panik geriet, dass es ihm anfänglich (beim Eintreffen der von ihm alarmierten Polizei) nicht möglich war, seine Handlungsweise (er hatte den einfach verknoteten Gürtel offensichtlich in Hilfeleistungsabsicht entfernt) nach dem Auffinden wiederzugeben. Da der Strang jetzt nur locker über dem Hals lag, geriet er selbstverständlich in Tatverdacht und wurde festgenommen. Die rasche Aufklärung gelang glücklicherweise, da ein Rechtsmediziner sofort an den Ort gerufen wurde, und die aufgrund der Leichenerscheinungen einzuschätzende Todeszeit seine Täterschaft aufgrund der Umstände ausschloss, und die Mitwirkung einer anderen Person ermittlungsseitig nicht in Betracht kam. Der Obduktionsbefund allein hätte die Differenzierung Suizid – Tötung nicht mit Sicherheit erlaubt.

Bei suizidaler Drosselung wird meist keine grobe Kraft angewendet, was Auswirkungen auf die Ausprägung einer Drosselmarke, das innere Verletzungsbild, aber auch auf die Zeitspanne einer erhaltenen Handlungsfähigkeit hat. Daher ist es möglich, dass mehrere Strangwerkzeuge um den Hals geschlungen und auch mehrfach verknotet werden können oder andere komplexe Handlungen erfolgen.

Fallbeispiel

Eine 53-jährige Frau sprang letztlich aus dem Fenster ihrer im 3. Stockwerk gelegenen Wohnung und erlitt eine geschlossene Schädelzertrümmerung. Die Leiche hatte einen Damenstrumpf 6fach eng um den Hals geschlungen und verknotet. Ein massiver Blutverlust (große Blutlachen in der Wohnung) war aus Schnittverletzungen an beiden Handgelenken mit Durchtrennung der Aa. radiales erfolgt. Aufgrund stark ausgebildeter Petechien an Gesicht und Hals (d.h. bei Drosselwirkung noch keine stärkere Anämie), einem Fehlen von Beblutungen an der Halshaut unter dem Drosselwerkzeug und der weiteren Rekonstruktion war anzunehmen, dass die Frau sich zunächst die (durchaus effektive) Drosselung angelegt, dann die Pulsschlagadern aufgeschnitten hatte und schließlich in die Tiefe gesprungen war.

Der innere Leichenbefund kann eine Unterscheidung zwischen Suizid und Tötung erlauben, wenn beträchtliche Verletzungen der Halsweichteile oder des Kehlkopfes vorliegen; solche sind dem suizidalen Erdrosseln fremd. Art oder Anzahl der Strangwerkzeuge, die Anzahl der Umschlingungen oder mehrfache Verknotungen sind meist nicht für eine Differenzierung geeignet. Bei Suiziden liegen die Knoten zwar meist vorne oder seitlich, jedoch wurden auch Fälle mit Verknotung im Nacken berichtet. Eine Gegenüberstellung innerer und äußerer Halsverletzungen bei Tötungen und Selbsttötungen zeigt ◘ Tabelle 3.21. Ein verletzungsprägender Einfluss der Art des Drosselwerkzeuges war bei unseren Fällen nicht deutlich; meistens ist die eingesetzte Kraft für die Schwere der Traumatisierung wichtiger als die Art des Strangmaterials. Der Nachweis einer Drosselung im Rahmen einer Tathandlung hat wegen ihrer besonderen Gefährlichkeit Folgen für die **juristische Bewertung:** In unserem Beobachtungsgut erfolgte die Verurteilung von Tätern in etwas mehr als der Hälfte wegen Mordes und etwas seltener wegen Totschlages, jedoch nie wegen Körperverletzung mit Todesfolge (Rothschild und Maxeiner 1990). Anders als bei Erhängen kommt Überleben nach Drosselangriffen nicht ganz selten vor; Opfer eines solchen Angriffes werden dann ärztlich zu untersuchen sein – medizinisch im Hinblick auf mögliche bedrohliche Verletzungsfolgen, forensisch im Hinblick auf eine eventuelle Lebensgefährlichkeit des erfolgten Angriffes (vgl. nächster Abschnitt u. ◘ Tabelle 3.22).

Erwürgen

Infobox

Würgegriffe gegen den Hals kommen vermutlich bei vielen letztlich mit dem Tode endenden Auseinandersetzungen vor, ohne dass sie immer richtungsweisende Befunde hinterlassen müssen. Häufig sind Kombinationen mit Drosseln, mit einem gewaltsamen Verschluss der äußeren Atemöffnungen, mit stumpfer Gewalt und mit Stich- oder Schnittverletzungen. Je nach Lokalisation und Art des Griffes kann es neben dem meistens im Vordergrund stehenden Atemwegsverschluss auch zur Kompression von Halsschlagadern kommen. Die Frage eines sofortigen (reflektorischen, für den Täter nicht vorhersehbaren) Todeseintrittes infolge eines Griffes an den Hals wird sehr kontrovers diskutiert. Ob Selbsterwürgen unter exzeptionellen Umständen möglich ist, ist fraglich. Für praktische Belange ist es sicher zulässig, grundsätzlich von fremder Hand auszugehen. Im Gegensatz zum Erhängen oder Drosseln ist ein Überleben nach Würgeangriff nicht ungewöhnlich, so dass Überlebende auch zur klinischen Untersuchung kommen.

Eine Kompression der vorderen Halsweichteile ist durch unterschiedliche Handhaltungen möglich, die jeweils zu einer differenten (mehr breitflächigen oder mehr punktuell imprimierenden) Krafteinleitung und damit auch zu unterschiedlichen äu-

◘ Tabelle 3.21. Vergleich der Intensität der Drosselmarke (0=keine/+=unscheinbar/++=unübersehbar) und der inneren Halsverletzungen bei Todesfällen durch suizidales und homizidales Erdrosseln

	Drosselmarke 0/+/++ (%)	Keine innere Verletzung	Weichteilblutungen	Frakturen von Kehlkopf oder Zungenbein
20 Suizide, davon	70/20/10	55 %	30 %	14 %
– weiches Strangwerkzeug		54 %	38 %	8 %
– festes Strangwerkzeug		74 %	13 %	13 %
47 Tötungen, davon	5/13/82	11 %	42 %	47 %
– weiches Strangwerkzeug		17 %	33 %	50 %
– festes Strangwerkzeug		13 %	40 %	47 %

◘ Tabelle 3.22. Stauungsblutungen und geklagte Symptome bei der rechtsmedizinischen Untersuchung von 82 überlebenden Opfern eines Angriffes gegen den Hals (überwiegend Würgen, seltener Drosseln) (Nach Strauch et al 1990)

	Opfer ohne Bewusstlosigkeit (42)	Opfer mit Bewusstlosigkeit (32)
Stauungsblutungen im Gesicht	55 %	78 %
Urinabgang	7 %	31 %
Kotabgang	0	16 %
Amnesie	0	25 %
Dyspnoe	29 %	13 %
Dysphagie	71 %	78 %
Dysphonie	5 %	6 %

ßeren und inneren Spuren führen. Aufgrund von Schilderungen Überlebender (Härm und Rajs 1981) war das beidhändige Würgen von vorne die häufigste Angriffsform. Im Leichenexperiment kam es bei Würgegriffen gegen die mittlere Halsregion (Kehlkopfbereich) wie auch bei beidhändigem Würgen allenfalls zum Verschluss einer, jedoch nicht beider Halsarterien, und dies erforderte einen ziemlich hohen Kraftaufwand (18–20 kg), bei dem die Atemwege bereits verlegt waren. Dies deutet auf eine führende Rolle der Asphyxie, so dass meist ein längere Zeit erhaltenes Bewusstsein mit entsprechender Gegenwehr des Opfers anzunehmen ist. Entsprechend ausgeprägt sind auch in den meisten Fällen die Lokalbefunde am Hals, aber auch weitere Verletzungen am Körper. Im Falle eines komplexen Tatgeschehens kann mitunter die Reihenfolge von Einwirkungen aufgrund des Vorhandenseins bzw. der Intensität eines Stauungssyndroms rekonstruiert werden; kam es z.B. aus Stichverletzungen zu einem massiven Blutverlust und findet sich an der Leiche dennoch ein Stauungssyndrom, so ging die Halskompression den Sticheinwirkungen voraus. Bei protrahierten Verläufen kann auch eine ggf. mikroskopisch nachweisbare frühe lokale Vitalreaktion eine zeitliche Reihung ermöglichen. Auf eine solche Untersuchung darf bei Tötungsdelikten dieser Art nicht verzichtet werden, um gravierende Fehlbeurteilungen zu vermeiden.

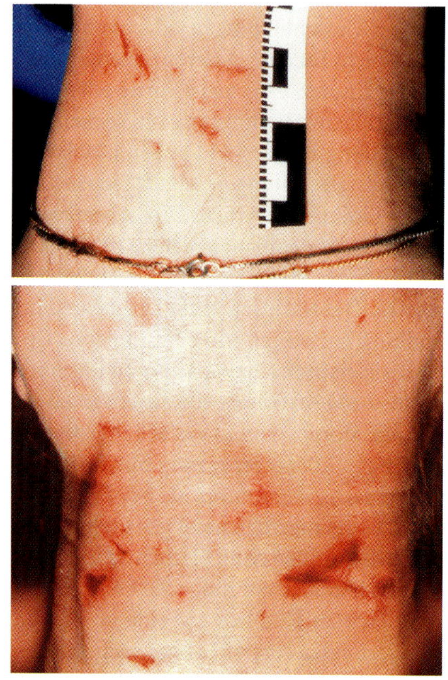

Abb. 3.82. Folgen von Würgeangriffen an der Halshaut. *In der oberen Bildhälfte* schmale, z.T. bogenförmige Kratzer, konzentriert über dem Kehlkopfbereich. Die 20-jährige Frau wurde nach dem Geständnis des Täters rücklings am Boden liegend von vorne beidhändig erwürgt. *In der unteren Bildhälfte* (26-jährige Frau, Tötung durch Erwürgen, wohl von vorne) auch größere Abschürfungen (scharfkantiger Anhänger einer Halskette) und diskrete Hautblutungen. Verletzungen finden sich in diesem Fall auch weit seitlich bzw. hinten am Hals

Fallbeispiel

Im Rahmen einer „Routineobduktion", also ohne konkreten Verdacht eines Tötungsdeliktes, wurde die Leiche einer 54-jährigen Frau obduziert. Schürfungen über dem mittleren Halsbereich und kräftig umblutete Frakturen am Schildknorpel und Zungenbein wiesen auf einen Würgeangriff. Der daraufhin beschuldigte Lebensgefährte räumte ein, die Frau im Rahmen eines Streites abends am Hals gepackt zu haben, um sie „ruhig zu stellen", was ihm auch gelungen sei. Die Frau habe dann aber erkennbar schlafend – also noch lebend – im Bett gelegen; am folgenden Morgen war sie tot. An den Halsverletzungen war bereits eine deutliche Zellemigration zustande gekommen, die tatsächlich eine Überlebenszeit anzeigte. Die toxikologische Analyse ergab eine tödliche Intoxikation durch Schlafmittel. Offenbar hatte die Frau zeitnah mit der Auseinandersetzung eine hohe Tablettenüberdosis in suizidaler Absicht eingenommen.

Weniger als 10 % der bei uns untersuchten Opfer von Würgeangriffen zeigten keinerlei weitere Verletzungen. In je etwa ¼ der Fälle bestand eine konkurrierende oder eine andere Todesursache, zumeist durch scharfe oder stumpfe Gewalt. Das äußere und innere Verletzungsmuster variiert in einem breiten Bereich – zwischen unübersehbaren (Abb. 3.82) und fehlenden Griffspuren an der Halshaut, zwischen unverletztem und schwer deformiertem Kehlkopf. Es verwundert daher nicht, dass immer wieder Fälle beschrieben werden, bei denen durch einen Leichenschauarzt ein natürlicher Tod attestiert wurde, und die Tat erst nachträglich z.B. durch Anzeigen Dritter oder Geständnisse aufkam. Das Gesicht kann infolge einer u.U. trotz Hypostase erhalten gebliebenen Stauung düsterbläulich sein, muss es aber nicht. Stauungsblutaustritte sind dagegen praktisch immer vorhanden, jedoch variiert deren Intensität von Fall zu Fall stark.

Akuter Reflextod

Da wir gezwungen sind, von den Befunden Rückschlüsse auf die Art, Schwere und Zeitdauer der Gewalteinwirkung zu ziehen, stellt sich bei Minimalbefunden die Frage nach der Möglichkeit eines Todes trotz nur geringer und kurzdauernder Einwirkung gegen den Hals (akuter Reflextod). Auch in diesem Fall mag der Kausalzusammenhang zwischen Tat und Tod unzweideutig sein; für den Täter dürfte aber ein solcher Verlauf nicht vorhersehbar sein, so dass ihm eine Tötungsabsicht nicht unterstellt bzw. zumindest nicht nachgewiesen werden könnte. Die Unsicherheit in der Beurteilung solcher Fälle ist beträchtlich. In unserem Beobachtungsmaterial (das immerhin einen hohen Anteil an Fällen mit schweren inneren Halsverletzungen enthält) wurden Tötungen durch alleiniges Erwürgen nur in einem Viertel der Fälle juristisch als Mord, in mehr als der Hälfte der Fälle als Totschlag, und in immerhin 13 % „lediglich" als Körperverletzung mit Todesfolge qualifiziert. Nahezu alle Standardwerke des Faches verweisen darauf, dass die jeweils anderen Autoren in ihrer Mehrzahl „zugeben, dass es solche akuten reflektorischen Todesfälle gibt", jedoch liegen bei kritischer Überprüfung überzeugende Falldarstellungen kaum vor. Sehr kompliziert wird die Situation, da eine durch ggf. nur kurz bedingte Druck- oder Schlagwirkung gegen den Hals ausgelöste vagale Irritation nicht nur zum sofortigen Herzstillstand führen soll, sondern auch zur Auslösung letztlich tödlicher Herzrhythmusstörungen. Dies würde eine den Angriff überdauernde Zeit einer Kreislauftätigkeit zur Folge haben, so dass es auch zu Blutunterlaufungen an Verletzungen und u.U. zu einem Lungenödem kommt, so dass deren Vorhandensein keinen Rückschluss auf eine Länge der Halskompression zulassen würde (ausführliche Erörterungen hierzu s. Polson and Gee 1973 und vor allem Knight 1996). Dieser Autor hält reflektorische Mechanismen in etwa der Hälfte seiner Fälle für den entscheidenden Mechanismus und führt als Beleg hierfür u.a. das häufige Vorhandensein eines blassen Gesichtes an. Gerade dieser Befund ist nach eigener Erfahrung (▶ s. Abb. 3.70) aber ungeeignet für so weitreichende Rückschlüsse. Hinzu kommt, dass die Intensität von Verletzungen und weiteren Folgen (hier: Kopfstauung) nicht nur von der Stärke des Angriffes, sondern auch von der Konstitution des Opfers abhängen dürfte. So ist ein im Vergleich zu einem jungen kräftigen Individuum spärlicherer Befundkomplex bei einem Greisen auch ohne Annahme von den Sterbeverlauf abkürzenden reflektorischen Mechanismen durch eine Einschränkung seiner kardiopulmonalen Leistungsreserve erklärbar. Aufgrund einer Literaturauswertung kommen Kleemann et al (1990) auch zu einer völlig gegensätzlichen Einschätzung, wonach die „Wahrscheinlichkeit eines Karotisreflextodes als äußerst gering anzusehen" und bei gesunden Personen praktisch auszuschließen sei (in dieser Deutlichkeit auch: DiMaio 1989). Obwohl die Angabe einer exakten Mindestzeit eines zum Tode führenden Würgens nach heutiger Kenntnis nicht möglich ist, weist doch die weit überwiegende Zahl an bekannt gewordenen experimentellen Daten, Befunden und Umständen nach hiesiger Interpretation auf einen weit eher nach Minuten denn nach Sekunden abzuschätzenden Zeitraum. Die Bewertung mancher Einzelfälle ist allerdings dennoch überaus schwierig, etwa wenn ernsthaft konkurrierende Letalfaktoren (z.B. hochgradige Alkoholintoxikation) vorliegen.

„Selbsterwürgen"

Allgemein wird davon ausgegangen, dass ein eigenhändiges Würgen zwar möglich, ein Selbsterwürgen jedoch nicht möglich ist, da mit Eintritt der Bewusstlosigkeit die aktiv würgende Kraft der Hand oder Hände zusammenbricht. In der Literatur gibt es ganz vereinzelte Beschreibungen, die eine solche Möglichkeit in besonderen Fällen (z.B. auf Unterlage aufgestützte Hände, zwischen denen der Hals aufliegt) diskutieren.

Überlebende

Von allen Strangulationsarten kommen wache **Überlebende** eines Würgens am häufigsten zur medizinischen Untersuchung. Auch diese Erfahrungen belegen die besondere Bedeutung der Länge des für eine Todesfolge notwendigen Zeitintervalls einer anhaltenden Halskompression. Das äußerliche Verletzungsbild kann hier sehr intensiv sein und ähnelt dem bei Todesfällen ohne weiteres, insbesondere auch im Auftreten und der Intensität petechialer Stauungsblutungen im Gesicht (Härm und Rajs 1981, Strauch et al 1990). Die am häufigsten geschilderten Symptome ergeben sich aus der ◘ Tabelle 3.22. Bei Würgeangriffen kommt es nicht selten zu Frakturen, die einfache Abbrüche von Zungenbein- oder Schildknorpelhörnern weit übersteigen und eine Instabilität des Kehlkopfes bewirken können, sowie zu beträchtlichen Quetschungsblutungen im Kehlkopfinneren; häufig scheinen solche Folgen bei Überlebenden allerdings nicht zu sein. Hiervon abgesehen wird die Lunge bei einer massiven Halskompression u.U. beträchtlich in Mitleidenschaft gezogen, durch die stark intensivierte Atmung gegen den Widerstand mit Auftreten hoher negativer intrathorakaler Drücke. Die Entwicklung eines Lungenödems als Folge eines temporären Atemwegsverschlusses (meist aus innerer Ursache, jedoch vereinzelt auch als Strangulationsfolge) wurde klinisch wiederholt beschrieben. Patienten mit lokalen Halsbeschwerden sollten alsbald HNO-ärztlich untersucht werden; bestehen gar Atembeschwerden, so ist der Patient u.U. in akuter Lebensgefahr. Gutachtlich besteht Einhelligkeit darüber, dass beim Vorliegen intensiver Verletzungsspuren am Hals in Verbindung mit einem ausgeprägten Stauungssyndrom des Kopfes von einer konkreten Lebensgefährlichkeit des Angriffes ausgegangen werden kann.

Seltene Strangulationsformen

Neben Erdrosseln und Erwürgen kommen bei Tätlichkeiten auch Halskompressionen mit dem Fuß oder mit festen Gegenständen vor; eine systematische Zusammenstellung der inneren Befunde bei solchen seltenen Einzelberichten liegt nicht vor. Bei eigenen solchen Fällen war das innere Verletzungsbild immer besonders stark ausgeprägt, was typisch sein dürfte. Die besondere „Wirksamkeit" eines Druckes auf den Vorderhals machen sich Armhaltegriffe (Unterarmwürgegriffe) zunutze, die ebenfalls bei Auseinandersetzungen, aber auch bei polizeilichen Maßnahmen oder bei bestimmten Sportarten angewendet werden; im weitesten Sinne handelt es sich um den allgemein gebräuchlichen Begriff des „**Schwitzkastens**". Hierbei kann der Vorderhals entweder in den Winkel zwischen den Ober- und Unterarm des seinen einen Arm anwinkelnden Angreifers eingeklemmt werden, oder es wird der Unterarm quer direkt auf den Hals gedrückt, wobei die zweite Hand den auf den Hals drückenden Arm fixiert und den Druck kontrolliert. Hierbei ist nicht nur ein Verschluss der Hals- sondern auch der Wirbelarterien möglich (Denk et al 1990). Die Folge ist die – gewollte – innerhalb weniger Sekunden eintretende Handlungsunfähigkeit; wird der Druck (etwa bei selbst erregtem, nicht kontrolliert agierendem Angreifer) zu lange aufrecht erhalten, so kann es zu Todesfällen kommen. Über Jahrzehnte wurde lediglich ein einziger Todesfall (infolge den Hals betreffender Haltegriffe) beim Judo-Sport gemeldet. Der 21-jährige Mann wurde etwa ½ Minute von hinten am Hals gehalten, gab auf und war zunächst symptomfrei. Am Ende des Matches kollabierte er; die Autopsie ergab „einige Spuren einer Verletzung von Halsgefäßen"; vermutet wurde ein etwas verspätet einsetzender Reflextod infolge dieser Halsgefäßschäden.

3.8.3 Tod im Wasser

W. Keil

Todesfälle im Wasser sind zumeist **durch Unfälle** bedingt. Relativ häufig sind Kinder betroffen, die nicht schwimmen bzw. sich nicht selbst retten können (z.B. Unfälle in Schwimmbädern, Swimmingpools oder Gartenteichen).

Infobox

Im Jahr 1999 wurden in Deutschland 597 Unfälle durch Ertrinken oder Untergehen registriert. 97 Opfer waren Kinder unter 10 Jahren. In 62 Fällen kam es zum Tod in der Badewanne.

Die Unfälle können durch Eigenschaften des Wassers und durch Konditionen des Verunfallten zustande kommen:

- **Wasser**: Tiefe, Temperatur (sehr kalt/sehr warm), Strömung, Brandung;
- **Verunfallter**: Schwimmer/Nichtschwimmer, überhitzt ins Wasser (z.B. nach stärkerer Sonneneinstrahlung), Sprung ins Wasser, Unterkühlung im Wasser, Erschöpfung, Panik, vorbestehende Erkrankungen, Kollapsneigung, Einnahme zentral wirksamer Substanzen. Alkoholische Beeinflussung und reichlicher Füllungszustand des Magens sollen den Todeseintritt im Wasser grundsätzlich begünstigen.

Suizide kommen wesentlich seltener vor (z.B. Sprung ins Wasser von hohen Brücken). **Tötungsdelikte** sind Raritäten (z.B. durch Ertränken in der Badewanne oder Ins-Wasser-Stoßen). Häufigste Todesursache ist das **Ertrinken**. Der so genannte Badetod oder spezielle Formen der Tauchunfälle sind selten zu beobachten. Vereinzelt kommt es im Wasser zu plötzlichen Todesfällen aus natürlicher Ursache.

Ertrinken

Definition

Ertrinken ist eine Form des Erstickens aufgrund einer Flüssigkeitsaspiration, zumeist der Aspiration von Wasser, wobei das Individuum während der Aspiration zumindest mit dem Gesicht in die Flüssigkeit eingetaucht war.

Bei industriellen Unfällen kann es zum Ertrinken außer in Wasser auch in anderen Flüssigkeiten kommen (z.B. Benzin, Milch). Bewusstlosen kann Wasser in Mund und Nase eingebracht werden, so dass sie an der Flüssigkeitsaspiration sterben. In diesen seltenen Fällen handelt es sich per definitionem nicht um Ertrinken.

Pathophysiologie. Es sind theoretisch folgende Stadien abgegrenzt worden:

- **Inspiration**: Zumeist reflektorisch ausgelöst beim plötzlichen Hineinkommen ins kalte Wasser, vermittelt durch Rezeptoren an Rücken- und Brusthaut.
- **Apnoe**: Willkürliches Anhalten der Atmung, nur kurze Zeit möglich.
- **Dyspnoe**: Anstieg der CO_2-Konzentration mit Reizung des Atemzentrums und unwillkürlichem Wiedereinsetzen der Atmung. Wasser gelangt in den Kehlkopf, wodurch es zum Husten kommt. Dabei, aber auch später, können nicht unerhebliche Flüssigkeitsmengen verschluckt werden. Erbrechen kann auftreten. Letztlich Eintritt von Bewusstlosigkeit durch den O_2-Mangel, so dass Wasser in Luftröhre und Bronchien aspiriert wird. Durch die Erhöhung des Atemwiderstandes Ausbildung eines zumeist monströsen akuten Lungenemphysems (Emphysema aquosum). Während des krampfhaften Atmens Vermischung von Wasser, Luft und Atemwegsschleim, so dass ein weißlich-schaumiger Atemwegsinhalt resultiert.
- **Krampfstadium**: Tonisch-klonische Krämpfe infolge fortschreitender zerebraler Hypoxie.
- **Atemlähmung**: Zunächst präterminale Atempause, dann finale Schnappatmung, schließlich Atemstillstand, während der Herzschlag, wie bei den anderen Erstickungsformen auch, noch einige Zeit erhalten bleiben kann.

Ein **Ertrinkungsvorgang** soll vier bis fünf Minuten dauern. Anhand von Augenzeugenberichten ergibt sich zumeist kein Anhalt für einen relevanten Überlebenskampf im Wasser. Im Gegensatz zu früheren Meinungen ist das Volumen der aspirierten Flüssigkeit in der Regel relativ klein. Nach Erkenntnissen der Notfallmedizin hat die Osmolarität des Wassers nur einen geringen Einfluss auf den Pathomechanismus, obwohl das hypotone Süßwasser in den Alveolen schnell resorbiert und im Körper verteilt werden kann. Dennoch werden bei Beinahe-Ertrunkenen weder signifikante Zunahmen des Wasseranteils im Blut (Hydrämie), noch relevante Verschiebungen der Serumelektrolytkonzentrationen beobachtet. Früher wurde die Ansicht vertreten, dass es besonders beim Ertrinken im hypertonen Salzwasser durch Osmose zur Ausbildung eines Lungenödems komme (Oedema aquosum). Demgegenüber ist heute gesichert, dass unabhängig von der Osmolarität das eingeatmete Wasser, also auch Süßwasser, zu einem Lungenödem führen kann, welches neben dem akuten Emphysem häufig zu beobachten ist.

Leichenschau. Schaum vor Mund und/oder Nase, Schaumpilz genannt (◘ Abb. 3.83), kann der einzige äußere Hinweis auf einen Ertrinkungstod sein. Bei unmittelbar aus dem Wasser geborgenen Leichen kann der Schaumpilz noch fehlen und sich erst später ausbilden. An der Luft trocknet er rasch ein, so dass nur noch geringe weißliche Schleimspuren perioral sowie in und um die Nasenöffnungen auf ihn hindeuten.

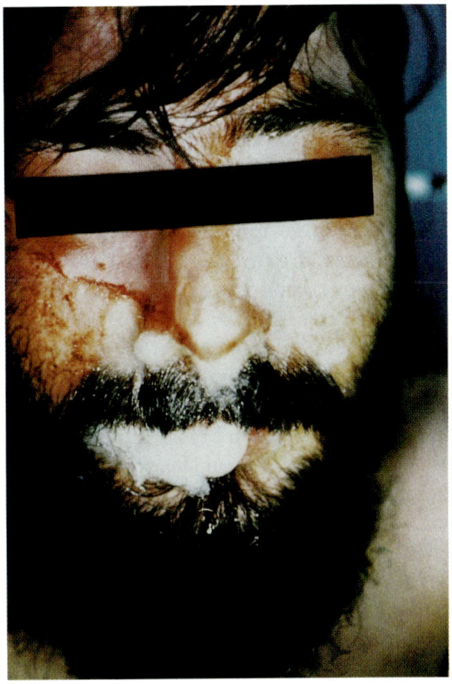

Abb. 3.83. Schaumpilz, 7 Stunden postmortal beobachtet (31 Jahre alter Mann, Sportbootunfall)

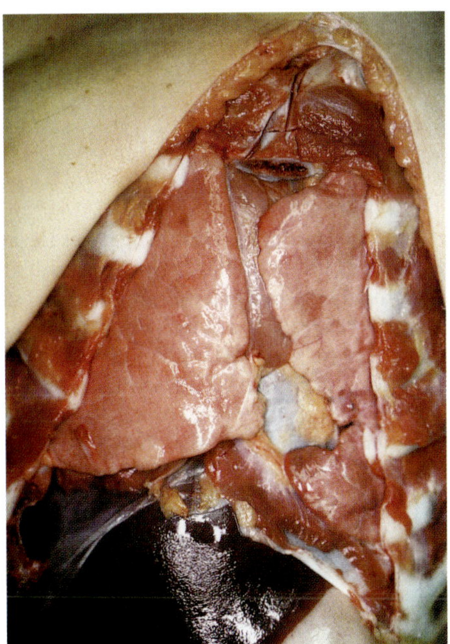

Abb. 3.84. Emphysema aquosum. Die monströs geblähten Lungen berühren sich fast im Mediastinum (14 Monate altes Kind, Ertränken durch die Mutter in der Badewanne)

Obduktionsbefunde. Befunde mit hohem Beweiswert für die Diagnose:

- **Lungen und Atemwege:**
  - Weißlich-schaumiger, teils wässriger Inhalt in den Atemwegen, evtl. mit Schaumpilzbildung. Selten können zusätzlich feste Partikel (z.B. Pflanzenteile, Sand) aus dem Wasser in den Atemwegen aufgefunden werden.
  - Akutes Lungenemphysem (Emphysema aquosum), häufig bei gleichzeitig bestehendem intraalveolären Ödem (Oedema aquosum). Dabei sind beide Lungen in der Regel so voluminös, dass sie sich vorn im Mediastinalraum berühren oder fast berühren (Abb. 3.84). Mit dem Emphysem geht ein Elastizitätsverlust des Lungengewebes einher, d.h. durch die Finger bedingte Eindrücke auf der Lungenoberfläche bleiben als Eindellungen bestehen (aufgehobenes Retraktionsvermögen).
  - Selten zusätzlich Aspiration von erbrochenem Speisebrei.
- **Magen und Zwölffingerdarm:**
  - Verwässerter Mageninhalt, bei dem nach Umfüllen in durchsichtige Gefäße eine Dreischichtung beobachtet werden kann. Oben: weißer Schaum, offenbar durch Bauchpresse beim Ertrinken verursacht bzw. verschlucktes Material aus den Atemwegen. Mitte: Wasser. Unten: feste Nahrungsbestandteile (Wydler'sches Zeichen).
  - Selten Schleimhautrisse besonders am Mageneingang wie beim Mallory-Weiß-Syndrom, offenbar durch Erbrechen während des Ertrinkungsgeschehens verursacht (Sehrt'sche Schleimhautrisse).
  - Selten verwässerter Inhalt im Zwölffingerdarm.

Befunde mit niedrigem Beweiswert für die Diagnose:

- **Schädel:**
  - Nachweis von vermehrter Flüssigkeit, d.h. Ertrinkungsflüssigkeit, in der Keilbeinhöhle (Svechnikov-Zeichen). Dieser Befund gilt bis zum Eintritt von Fäulnis als zusätzliches Indiz für die Sicherung der Diagnose Ertrinken.
  - Einblutungen in die Cellulae mastoideae. Postmortale Entstehung durch Hypostase erscheint möglich.
- **Lungen:**
  - Rötliche Flecken unter der Pleura pulmonalis, benannt nach ihrem Erstbeschreiber (Paltauf-Flecken). Paltauf'sche Flecken werden als durch die Ertrinkungsflüssigkeit hämolysierte Petechien angesehen (größer als Tardieu'sche Flecken), sie treten keineswegs konstant auf und sind häufig schwer zu beurteilen.

Unspezifische Befunde:

- Flüssiges Leichenblut
- Akute Blutfülle der inneren Organe, häufig nicht der Milz.

Wichtig

Durch Reanimationsmaßnahmen (z.B. Absaugen der Atemwege, Beatmung) können die ursprünglichen Ertrinkungsbefunde erheblich verändert oder sogar beseitigt werden. Bei längerer Leichenliegezeit verändern Autolyse und Fäulnis die Befunde derart, dass der Ertrinkungstod morphologisch nicht mehr nachgewiesen werden kann.

Zusatzuntersuchungen mit niedrigem Beweiswert für die Diagnose:

- **Diatomeennachweis**: Der Nachweis kann aus Lebergewebe oder Knochenmark erfolgen. Diatomeen (Kieselalgen, von denen es einige tausend Arten gibt) können mit der Ertrinkungsflüssigkeit in den Blutkreislauf gelangen. Da Diatomeen jedoch ubiquitär sind, hat ihr Auffinden für den Nachweis eines Ertrinkungstodes häufig keine entscheidende Bedeutung.
- Mikroskopischer Nachweis lädierter elastischer Fasern in den Alveolarsepten.

So genannter Badetod – Reflexmechanismen im Wasser

Definition

Plötzliches Untertauchen mit Todeseintritt, dessen Ursache vor allem durch im Wasser ausgelöste vagale Reflexe erklärt wird. Demzufolge können die pathologisch-anatomischen Ertrinkungsbefunde nicht oder nur in verminderter Ausprägung beobachtet werden.

Pathophysiologie. Einige im Kopf-Halsbereich auslösbare Reflexe haben eine vagotone Wirkung und können schnell zu Kreislaufzentralisation und Asystolie führen, wodurch der plötzliche Todeseintritt beim Untertauchen erklärbar wird. So ist der Ebbecke- oder „dive"-Reflex durch kaltes Wasser an der Gesichtshaut auslösbar, im Kehlkopf kann der Vagusanteil des N. laryngeus superior gereizt werden. Außerdem wird der okulokardiale Reflex diskutiert. Darüber hinaus sind zu berücksichtigen: Valsalva-Mechanismus, Kälteurtikaria, Laryngospasmus. Alkoholisierung, die bei derartigen Fällen nicht selten vorliegt, kann die Wasser-induzierten Vaguseffekte verstärken. Da die Ertrinkungsbefunde in diesen Fällen nicht oder nur gering ausgebildet sind, wurde von manchen Autoren dafür der Begriff des atypischen Ertrinkens verwendet.

Leichenschau und Obduktionsbefunde

Die Ertrinkungsbefunde fehlen oder haben nur geringe Intensität. Manchmal existieren vorbestehende körperlichen Leiden, z.B. Virusinfektionen (kardiale Infektion bis hin zur dezenten Myokarditis), die für sich allein den Tod keineswegs erklären würden, aber die reflexbedingte Asystolie begünstigen können. Insofern ist bei derartigen Fällen neben der histologischen auch eine virologische Diagnostik am Leichengewebe durchzuführen.

Tod beim Tauchen

Je nach Bedingungen spielen sehr unterschiedliche Mechanismen eine Rolle. Zwei praktisch häufigere Situationen sind:

Apnoe-Tauchen. Beim Tauchen ohne Hilfsmittel wird vorbereitend hyperventiliert, um die Apnoezeit zu verlängern. Die vermehrte Abatmung von CO_2 führt zur Verminderung des CO_2-Partialdruckes im Blut. Damit ist der Reiz auf das Atemzentrum herabgesetzt und eine einsetzende Hypoxie kann unbemerkt zu plötzlicher Bewusstlosigkeit führen (**Schwimmbad-Blackout**), so dass unter Wasser ein Ertrinken resultieren kann.

Tauchen mit Pressluft. Dabei sind beim Auftauchen die Dekompressionszeiten und -tiefen einzuhalten, da es sonst zur zu schnellen Stickstoffentsättigung mit Gasblasenbildung in den Kapillaren und den fettreichen Geweben kommt (**Caisson-Krankheit**). Die häufigste Folge bei Überlebenden sind Osteoarthropathien. Bei den seltenen Todesfällen sind immer Untersuchungen auf kardiale, pulmonale bzw. zerebrale Gasembolien durchzuführen. Allerdings sind die meisten tödlichen Unfälle beim Tauchen mit Pressluft durch Ertrinken bedingt, vor allem, weil in Panik (z.B. Klaustrophobie) der Atemregler nicht mehr in den Mund genommen wird.

Plötzlicher Tod im Wasser aus natürlicher Ursache

Definition

Plötzlicher krankheitsbedingter Tod, zu dem es nur zufälligerweise beim Schwimmen oder Baden kommt.

Diese Todesfälle sind vor allem durch Erkrankungen des Herzkreislaufsystems bedingt, die den plötzlichen Todeseintritt zwanglos auch außerhalb des Wassers erklären könnten. Bei Kindern können angeborene, nicht erkannte Herzfehler oder Aortenisthmusstenosen eine Rolle spielen. Bei Erwachsenen kommen Myokardinfarkte oder rupturierte Aortenaneurysmen vor. In allen Altersgruppen ist an epileptische Anfälle zu denken. Bei der Obduktion können neben dem zum Tode führenden Leiden in der Regel auch Ertrinkungsbefunde unterschiedlicher Intensität beobachtet werden, die sich agonal ausgebildet haben.

Nichtertrinkungsbedingter, nichtnatürlicher Tod im Wasser

Es handelt sich vor allem um Suizide, die in der mit Wasser gefüllten Badewanne realisiert werden, z.B. Tablettenintoxikationen, Pulsaderschnitte oder Einwirkung von Elektrizität (Föhn).

Besonderheiten von Wasserleichen

Totenflecke. Leichen treiben häufig in Bauchlage, mit dem Kopf nach unten. Insofern sind die Totenflecke, die oft nur spärlich ausgeprägt sind, zumeist an Kopf, Hals sowie am vorderen Schultergürtel vorhanden.

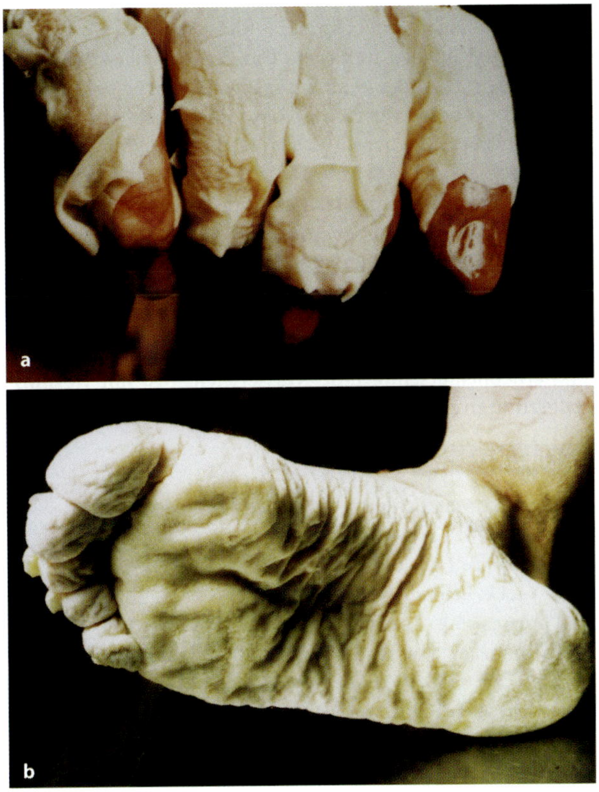

Abb. 3.85a, b. Fortgeschrittene Waschhautbildung an **a** Hand und **b** Fuß mit handschuhförmiger Ablösung der Epidermis und Verlust der Fingernägel der Hand

Waschhaut. Mit zunehmender Liegezeit im Wasser quillt besonders die Haut an den Handflächen und Fußsohlen, beginnend an den Fingerbeeren, auf und verfärbt sich weiß – ein Vorgang, den man in geringerer Intensität auch vom Lebenden her kennt. Anschließend geht diese Erscheinung auch auf die Streckseite der Hände und Füße über. Die Nägel können sich lösen und die Oberhaut kann zumindest partiell handschuhartig abziehbar werden (Abb. 3.85a, b). Je höher die Wassertemperatur ist, desto schneller kommt es zur Waschhautausbildung. Aufgrund der Intensität der Waschhautbildung kann bei bekannter Wassertemperatur grob auf die Liegezeit im Wasser geschlossen werden. Zur Einschätzung der Mindest-Wasserzeit bietet die Tabelle von Reh (Tabelle 3.23) Anhaltspunkte, die nicht nur die Waschhautbildung, sondern auch die Progression der Fäulnisveränderungen in Abhängigkeit von der aktuellen Wassertemperatur (zu messen 0,5–1 m unter dem Wasserspiegel) berücksichtigt. Die vermutliche maximale Liegezeit ergibt sich unter Berücksichtigung der noch nicht vorliegenden Leichenerscheinungen.

Weitere Oberhautablösungen. Außer an Händen und Füßen kommt es in allen anderen Körperregionen ebenfalls zu Oberhautablösungen, die allerdings keine weißliche Verfärbung aufweisen. Auch dieses Phänomen ist stark von der Wassertemperatur abhängig. Es kann vor allem bei noch frischen Leichen beobachtet werden, die in sehr warmem Wasser (ca. ab 45 °C) gelegen haben, z.B. in der Badewanne. Das Phänomen sollte nicht mit der später einsetzenden allgemeinen Autolyse, die ebenfalls zu Oberhautablösungen führt, verwechselt werden.

Tabelle 3.23. Mindest-Wasserzeiten (in Tagen) von Leichen, die nach der Bergung 2–3 Tage lang im Kühlraum bei +4°C lagerten (nach Reh)

	Monat der Bergung											
	Jan.	Feb.	März	April	Mai	Juni	Juli	Aug.	Sept.	Okt.	Nov.	Dez.
	Durchschnittliche Wassertemperatur (°C)											
	3,2	3,9	5,8	9,9	13,0	17,4	18,6	18,6	17,3	13,2	8,8	4,7
1. Venenzeichnung	35	25	16 (23)	9–10	4–5	2	1–2	2	3	4–5	10	17
2. Leiche aufgebläht	35	25	16 (23)	10	4–5	2–3	2	3	3–4	7	10	17
3. Leiche stark verfärbt	35	25	16 (23)	(14)	4–5	2	2	3	3–4	7	10	17
4. Oberhaut abgelöst	35	25	16 (23)	(16)	4–5	3	2	3	3–4	7	10	17
5. Haare abgelöst	35	25	16 (23)	10–12	4–5	2–3	2–3	3	3–4	7	10	17
6. **Hände:** Beginn der Waschhaut	(1)	(1)	(12 Std.)			(6 Std.)			2 Std.		2 Std.	(1)
7. Nägel gelockert	35	28–30(40)	23	16	5	2–3	3	3	3–4	11	17	28
8. Waschhaut-Fetzen	über 35	30–32(45)	23	16	10	3	3	3–4	4	7	20	28
9. Nägel abgelöst	über 35	45	30 (40)	21	14	8	3	4	10	über 11	20	über 35
10. **Füße:** Beginn der Waschhaut	(1)	(1)	(12 Std.)	(1)		(6 Std.)	½Std.		2 Std.		2 Std.	(1)
11. Nägel gelockert	über 53	40	26 (35)	17	10	5	3	4	8	12	17	28
12. Waschhaut-Fetzen	über 53	60	35	16	10	5	3	5–6	8–9	über 11(14)	20	28
13. Nägel abgelöst	über 53	über 60	53	über 35	über 28	über 10	3	über 10	über 10	über 11	über 20	über 35
14. Pleuratranssudat*	35	25 (40)	18 (35)	10	5	3–4	3	3	5	11	über 20	
15. Herz blutleer	über 39	32–34(40)	23	14–15	9	4	3	3	5	11	20	28
16. Gehirn erweicht	35	30 (40)	(23)	14–15	5	3–4	3	3	6	10	17	28

Zeichenerklärung: ( ) maximale Zeitspanne; * über 500 ml beiderseits bei Erwachsenen

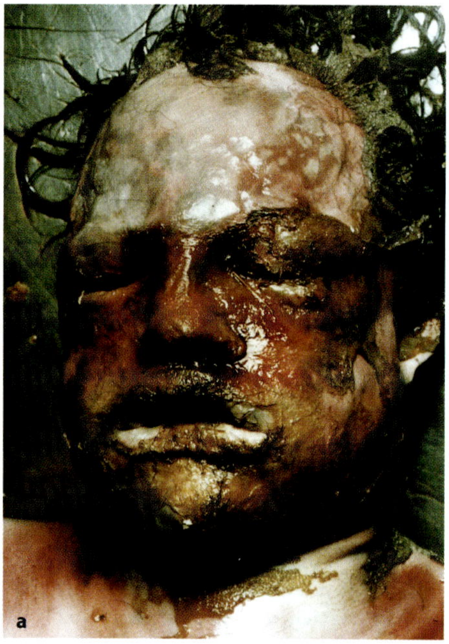

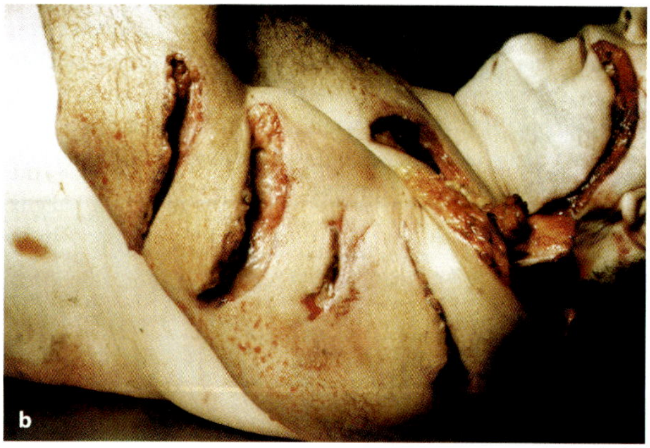

Abb. 3.86. **a** Algenrasen der Gesichtshaut mit Ausnahme der Stirn (Treibhaltung mit treibender Stirn über dem Wassergrund: fehlender Algenrasen und Oberhautverlust); **b** Schiffsschraubenverletzungen

Skelettmuskelverfärbungen. Durch die Einwirkung von heißem Wasser, mindestens ca. 50 °C, beginnt sich die Skelettmuskulatur zu verfärben. Sie zeigt eine blassbraune Farbe und wirkt hitzedenaturiert. Die Veränderung kann zugleich mit den erwähnten Oberhautablösungen beobachtet werden.

Algenrasen. Bei Leichen in Gewässern kann es schon nach wenigen Tagen zu einem Algenrasen auf der Haut kommen (Abb. 3.86a). Nach vorsichtiger Entfernung der Anhaftungen mit dem Messerrücken ist die Körperoberfläche oft gut beurteilbar.

Fettwachsbildung. Wasser begünstigt das Auftreten dieser Leichenerscheinung.

Postmortale Verletzungen. Treibverletzungen, bedingt durch Schleifen auf dem Gewässergrund, finden sich besonders an Hand- und Fußrücken sowie an den prominenten Gesichtspartien als avital imponierende Hautdefekte. Dabei können abgeschliffene Knochen freiliegen. Durch Anschlagen an Steine und Uferbefestigungen können sogar Schädelbrüche auftreten. **Schiffsschraubenverletzungen** sind durch tiefe glattrandige Weichteilverletzungen mit Parallelität charakterisiert, teils mit Knochenbeteiligung (Abb. 3.86b). **Bergeverletzungen,** wie sie z.B. durch Reinigungsrechen an Staustufen von Flüssen entstehen, sind gelegentlich sehr gravierend und können zu ausgedehnten Knochenbrüchen und tiefen, meist glattrandigen Weichteilverletzungen führen. Unvermeidbarerweise wird dadurch die Diagnostik etwaiger vorbestehender Verletzungen (z.B. eine vorangehende Traumatisierung außerhalb des Wassers) erheblich erschwert. Bei Wasserleichen ist mit **Tierfraßverletzungen** zu rechnen, z.B. durch Ratten.

Checkliste

Bei der Untersuchung von Wasserleichen ist stets zu beachten:
- Kann der Ertrinkungstod bewiesen werden?
- Gibt es Befunde (morphologisch/toxikologisch) oder in der Vorgeschichte Anhaltspunkte (z.B. Abschiedsbrief), die das Zustandekommen des Ertrinkungstodes erklären?
- Ist beim Fehlen von Ertrinkungszeichen die Annahme eines Badetodes oder eines natürlichen Todes im Wasser gerechtfertigt?
- Finden sich Verletzungen (z.B. Würgemale) oder toxikologische Befunde, die durch fremde Hand entstanden sein können?

3.9 Thermische Energie

3.9.1 Hitze: lokale Hitzeschäden, Verbrennungen und Verbrühungen

B. Madea, P. Schmidt

Definition

Unter **Verbrennungen** versteht man die Verletzungen, die durch die Einwirkung von Wärme bzw. hohen Temperaturen auf den Körper verursacht werden. **Verbrühungen** entstehen bei Einwirken heißer Flüssigkeiten und Dämpfe.

Im Gegensatz zu Verbrennungen sind bei Verbrühungen die Haare nicht thermisch geschädigt.

Charakteristische Verletzungsbefunde entstehen bei chemischen Verbrennungen, Stromunfällen und – von herausragender forensischer Bedeutung – Kontaktverbrennungen (Tabelle 3.24).

Rechtsmedizinisch relevante Ereignisse mit Brandschäden. Dies sind
- der Unfalltod im Brandherd,
- der Tod anlässlich einer Brandstiftung,

Tabelle 3.24. Klassifikation der Verbrennungsquellen

Verbrennungserscheinungen durch Kontakt mit der Hitzequelle bei	– chemischer Verbrennung (z.B. ungelöschter Kalk), – Verbrühung durch heiße Dämpfe, Gase, – erhitzten Festkörpern (Kochplatte) und Flüssigkeiten (Hochofenunfall) und – direkter Flammeneinwirkung.
Verbrennungserscheinungen durch Strahlung bei	– wärmeaussendenden Apparaturen (Höhensonne, Infrarotlicht) und – atomarer Energiestrahlung.
Verbrennungserscheinungen durch elektrischen Strom bei	– Berührung eines Stromleiters und – Funkenentladungen (Blitz).

- die suizidale Selbstverbrennung,
- Leichenbeseitigung,
- Mordbrand und
- Brandmord.

Bei Verbrühungen sind Misshandlungen durch Übergießen mit beziehungsweise Eintauchen in heiße Flüssigkeiten von rechtsmedizinischer Relevanz, wie Verbrühungen pflegebedürftiger Patienten durch Verletzung von Obhuts- und Aufsichtspflichten.

Korrelation zwischen Hitzeschädigung, einwirkender Temperatur, Einwirkungsdauer und Tiefenpenetration

Definition

Die Entstehung lokaler Hitzeschäden an Haut und Schleimhäuten wird maßgeblich durch zwei Faktoren bestimmt:
- die einwirkende Temperatur und
- die Einwirkungsdauer.

Für die Schädigungsfolgen ist dabei nicht nur die von außen einwirkende Wärme, sondern vielmehr die tatsächlich im Gewebe in der Tiefe erreichte Temperatur ausschlaggebend. Diese hängt wiederum von der Wärmekapazität und Leitfähigkeit der unterschiedlichen Gewebsschichten ab. Die im Gewebe erreichte Temperatur sinkt dabei mit zunehmender radialer Eindringtiefe sehr schnell ab (Abb. 3.87).

Umfangreiche tierexperimentelle Untersuchungen und Versuche an freiwilligen Probanden zur **Beziehung zwischen Einwirkungsdauer, Höhe der einwirkenden Temperatur und Ausmaß der thermischen Schädigung der Haut** mit systematischer Variation von Expositionsdauer und Temperatur liegen vor und führten zu der in Abbildung 3.88 gezeigten Temperatur-Zeit-Kurve im Bereich der Schädigungsschwelle bei einwirkenden Temperaturen zwischen 44 und 70 °C (Verbrühung). Die niedrigste Wassertemperatur, die zur Verbrühung führte, lag bei 44 °C, die Entstehung irreversibler Schädigungen erforderte dabei jedoch eine Einwirkungsdauer von 6 Stunden. Am oberen Rand der Skala wurden zwei Beobachtungen einer Exposition mit 60 °C heißem Wasser mitgeteilt. Bei einer Expositionsdauer von 3 Sekunden resultierte eine transiente Hyperämie, also eine erstgradige Schädigung. Bei einer Expositionsdauer von 5 Sekunden entstand hingegen bereits eine komplette Nekrose der Epidermis.

Gleichartige Schwellenwerte der Hitzeschädigung wurden auch für die Einwirkung trockener Hitze ermittelt. Sie liegen deutlich höher als Ausdruck der unterschiedlichen Wärmeleitfähigkeit der einwirkenden Medien.

In Abbildung 3.89 sind die Temperaturen zusammengestellt, die bei Einwirkung von heißer Luft oder Dämpfen auf die Atemöffnungen im Tracheobronchialsystem entstehen.

Experimentell wurden bei Einwirken von trockener Luft mit einer Temperatur von 350 °C auf die Atemöffnungen im Larynx Temperaturen von 159–182 °C gemessen, an der Bifurkation war keine Temperaturerhöhung mehr festzustellen. Bei Einwirkung von trockener Luft von 550 °C auf die Respirationsöffnungen wurden im Larynx Temperaturen von 267–327 °C festgestellt, an der Bifurkation von 50 °C. Ferner sind in der Abbildung 3.89 die bei Einwirkung von Feuer auf die Atemöffnungen im Larynx und an der Bifurkation erzielten Temperaturen dargestellt. Es lässt sich ablesen, dass Dampf aufgrund seiner größeren Wärmeleitfähigkeit bereits bei deutlich niedrigeren Temperaturen zu schädigenden Temperaturerhöhungen führt. Hierin liegt die physikalische Grundlage dafür, das die Gefährlichkeit einer Dampfkesselexplosion nicht nur aus einer Schädigung des Integuments, sondern insbesondere der Schleimhaut der Respirationswege resultiert.

Verbrennungen – Graduierung der Tiefenausdehnung

Definition

Verbrennungen werden eingeteilt in 1.-, 2.-, 3.- oder 4.-Grades bzw. superficial, partial thickness und full thickness burns oder in eine Kombination beider Nomenklaturen (Abb. 3.90+3.91, Tabelle 3.25).

Verbrennungen 1.-Grades oder superficial burns. Die charakteristischen Befunde bestehen in einer Hautrötung, d.h. einem Erythem ohne Blasenbildung. Die Epidermis ist intakt, einige geschädigte Zellen können wie kleieartige Schuppen desquamiert werden. Die gerötete Haut ist schmerzhaft. Histologisch stellen sich 1.-gradige Verbrennungen als dilatierte, blutgefüllte dermale Gefäße dar. Eine komplette Abheilung erfolgt innerhalb von 8–10 Tagen.

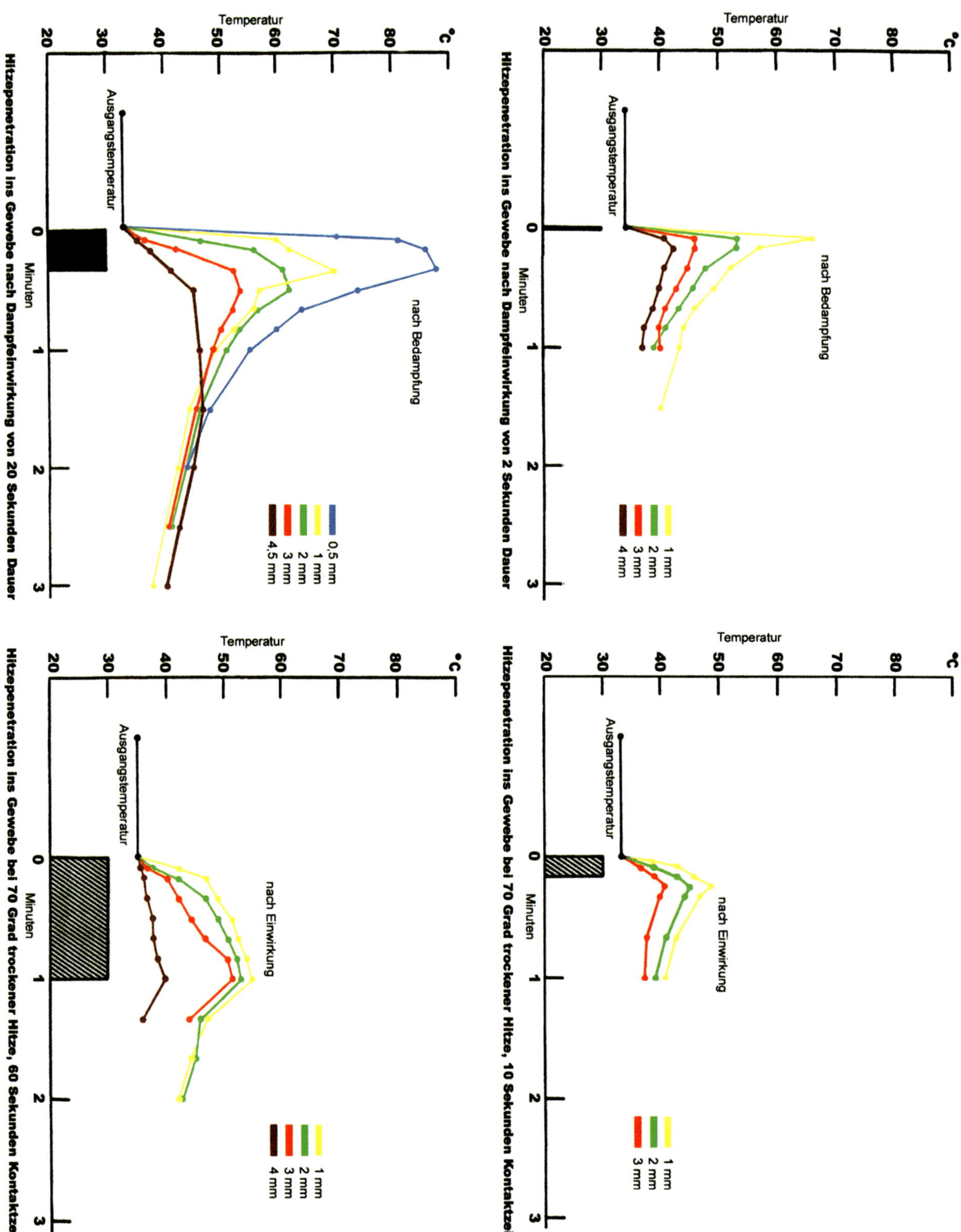

Abb. 3.87. Hitzepenetration ins Gewebe nach Dampfeinwirkung (Verbrühung *links*) bzw. Kontaktverbrennung (*rechts*) unterschiedlicher Dauer (Dampfeinwirkung von 2 und 20 Sekunden Dauer, Kontaktverbrennungen von 10 und 20 Sekunden Dauer). Darstellung des Temperatur-Zeitverlaufes in unterschiedlichen Gewebstiefen (*blau* 0,5 mm, *gelb* 1 mm, *grün* 2 mm, *rot* 3 mm, *braun* 4 mm)

Tabelle 3.25. Leitsymptome der Verbrennung

Grade	Verbrennungs-tiefe	Farbe Aussehen	Gewebe-struktur	Kapillar-füllung	Schmerz-empfindung	Abheilung
1°	oberflächlich epidermal	rot	normal	+	+	5–10 Tage
2°	oberflächlich dermal	rot, Blasen	ödematös	+	+	10–20 Tage geringe Narben
	tief dermal	rosa oder weiß, Blasen	verdickt	+/–	+/–	25–60 Tage, narbig
3°	transdermal	weiß, braun	lederartig	–	–	keine Spontanheilung
4°	subkutan	verkohlt	Haut fehlt	–	–	keine Spontanheilung

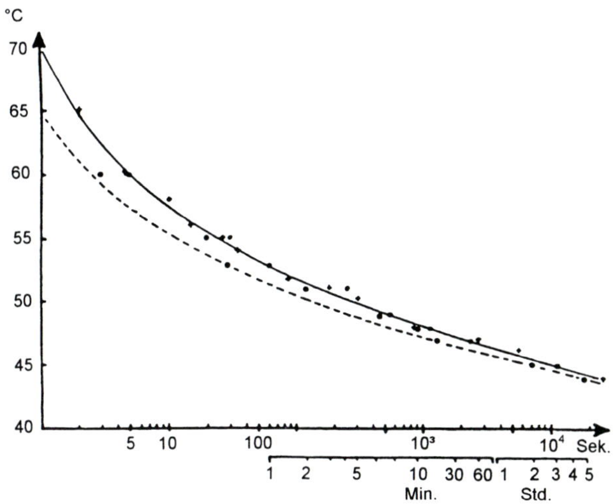

Abb. 3.88. Verlauf der Temperatur-Zeit-Kurven im Bereich der Schädigungsschwelle bei einwirkenden Temperaturen zwischen 44 und 70 °C (Verbrühung); *gestrichelte Kurve*: Schwelle zur reversiblen Hitzeschädigung; *durchzogene Kurve*: Schwelle zur irreversiblen Hitzeschädigung

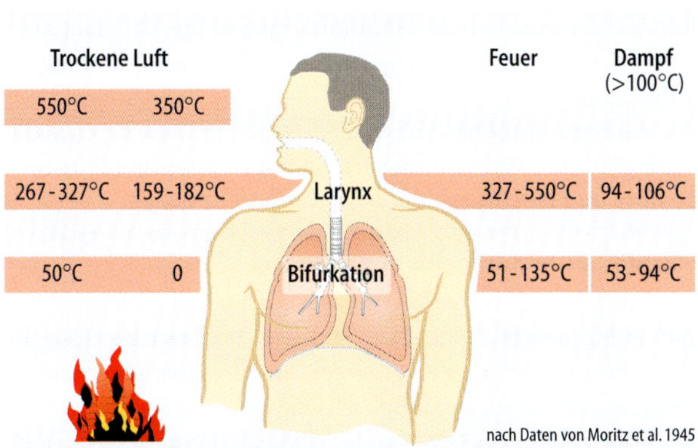

Abb. 3.89. In Larynx und an der Bifurkation tierexperimentell gemessene Temperaturen bei Einwirken von erhitzter trockener Luft, Dampf oder Feuer auf die Atemöffnungen

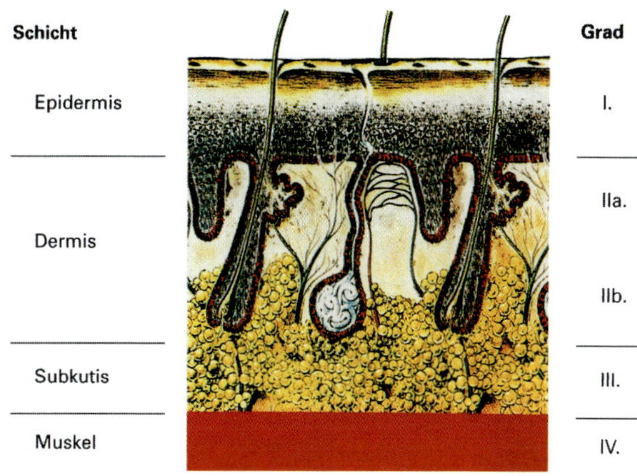

Abb. 3.90. Verbrennungsgrade und betroffene Hautschichten

Verbrennungen 2.-Grades oder partial bzw. full thickness burns. Dieses Stadium ist durch Blasenbildung gekennzeichnet. Die Haut ist feucht, gerötet und schmerzhaft. Mikroskopisch können die den Blasen entsprechenden, mit seröser Flüssigkeit gefüllten Hohlräume zwischen Horn- und Keimschicht der Epidermis, innerhalb der Keimschicht, oder an der Grenzfläche zwischen Epidermis und Dermis gelegen sein.

Wichtig

Bei der **2.-gradigen, oberflächlichen Verbrennung** sind lediglich Stratum corneum und granulosum zerstört, die Basalzellschicht bleibt hingegen erhalten. Die Abheilung erfolgt innerhalb von 2–3 Wochen.
Bei der **tiefen 2.-gradigen Verbrennung** ist die komplette Epidermis inklusive Basalzellschicht zerstört, die Hautanhangsgebilde (Haare, Schweißdrüsen) sind jedoch ausgespart und bilden den Ausgangspunkt einer multizentrischen Reepithelialisierung. Die Wundheilung verläuft verzögert und kann mehr als 3 Wochen in Anspruch nehmen.

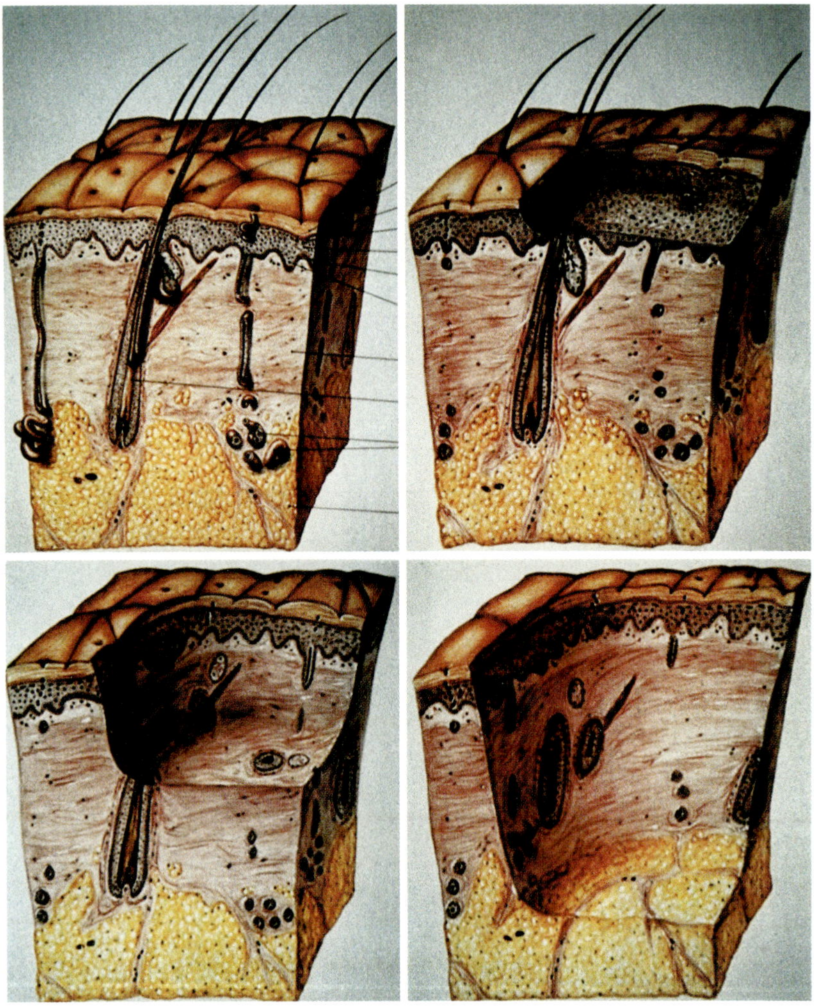

Abb. 3.91. Tiefenausdehnung der Hitzeschädigung, illustriert durch weggelassene Hautanteile

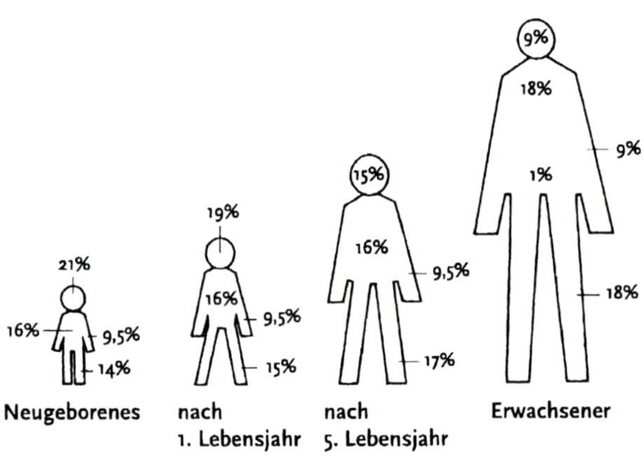

Abb. 3.92. Schätzung der Ausdehnung der Verbrennungen nach der Neuner-Regel bzw. nach der Methode von Lund und Browler (Nach Herndon)

Verbrennungen 3.-Grades. Hierbei handelt es sich um eine **Koagulationsnekrose der gesamten Epidermis und Dermis mit Zerstörung auch der Hautanhangsgebilde.** Die Haut sieht trocken, weiß und lederartig aus. Die Schmerzempfindung ist aufgehoben.

Verbrennungen 4.-Grades. Bei weiterem Vordringen in die Tiefe greift die Verbrennung auf Haut und Unterhautfettgewebe über und betrifft auch Muskulatur und Knochen.

Flächenausdehnung der Verbrennung

Die Ausdehnung der Verbrennung wird nach der „**Neuner-Regel**" errechnet (Abb. 3.92). Beim Kleinkind ist zu berücksichtigen, dass der Kopf einen größeren Anteil an der Gesamtoberfläche einnimmt als beim Erwachsenen.

Forensisch ist neben der Flächenausdehnung auch die **Verteilung** der Verbrennungen von Bedeutung, da sie wertvolle Hinweise für die **Rekonstruktion von Geschehensabläufen** geben kann.

Fallbeispiel

Hat zum Beispiel bei einer Frau ein locker sitzender Rock Feuer gefangen, so zeigt die Verbrennung eine „Gangart von unten nach aufwärts". Die Verbrennungen sind schwerpunktmäßig schwimmhosenartig an den Oberschenkeln, in der Bauch- und Gesäßgegend lokalisiert und können den oberen Teil der Brust, Kopf, Hals und Arme aussparen.

Wichtig

Die **Prognose** thermischer Hautschäden ist abhängig von der verbrannten Körperoberfläche (Flächenausdehnung), dem Grad der Verbrennung (Verbrennungstiefe) sowie dem Lebensalter.

Mit zunehmendem Lebensalter (ab dem 40. Lebensjahr) sinkt die Prognose, aber auch Neugeborene und Kleinkinder sind besonders gefährdet.

Wichtig

Entsprechend klinischer Faustregeln gilt nach wie vor: Addieren sich Lebensalter und Ausdehnung der 2.- und 3.-gradigen Verbrennungen (Verbrennungsindex) zu 100, beträgt die Überlebenschance auch bei optimaler Therapie maximal 50 %.

Nach klinischen Erfahrungen besteht bei einem Verbrennungsindex <80 geringe Lebensgefahr, einem Index von 80–120 akute Lebensgefahr, bei einem Index >120 ist das Überleben unwahrscheinlich. Auch heute haben erwachsene Patienten mit tiefen Verbrennungen von über 30 % Körperoberfläche eine ernste Prognose, Verbrennungen von mehr als 50 % der Körperoberfläche werden nur in Ausnahmefällen überlebt.

Wichtig

Bei zusätzlich vorliegendem Inhalationstrauma, auf das Verbrennungen des Gesichts und der Perioralregion bereits hinweisen, wird die Prognose schlechter.

Postmortale Hitzeschäden

Die **Destruktion einer Leiche im Brandherd** ist Folge **direkter Brandzehrung** sowie der **Wasserdampfbildung** mit Änderung des Kondensationszustandes extra- und intrazellulärer sowie transzellulärer Flüssigkeiten von der gelösten in die gasförmige Phase. Die Körperflüssigkeiten werden durch Wärmezufuhr zum Sieden gebracht, wobei der Siedepunkt des Wassers bei etwa 100 °C liegt. Sind die Körperflüssigkeiten einmal in Wasserdampf überführt, dehnt sich dieser bei weiterer Temperaturerhöhung aus. Die hitzebedingte Erwärmung des Körpers führt sowohl zur **Hitzefixation** von Geweben als auch zur fäulnisähnlichen **temporären Aufblähung** infolge der Gasbildung, denn unter Hitzewirkung kommt es zu einer Verkochung und später Verdampfung von Körper- und Gewebsflüssigkeiten mit

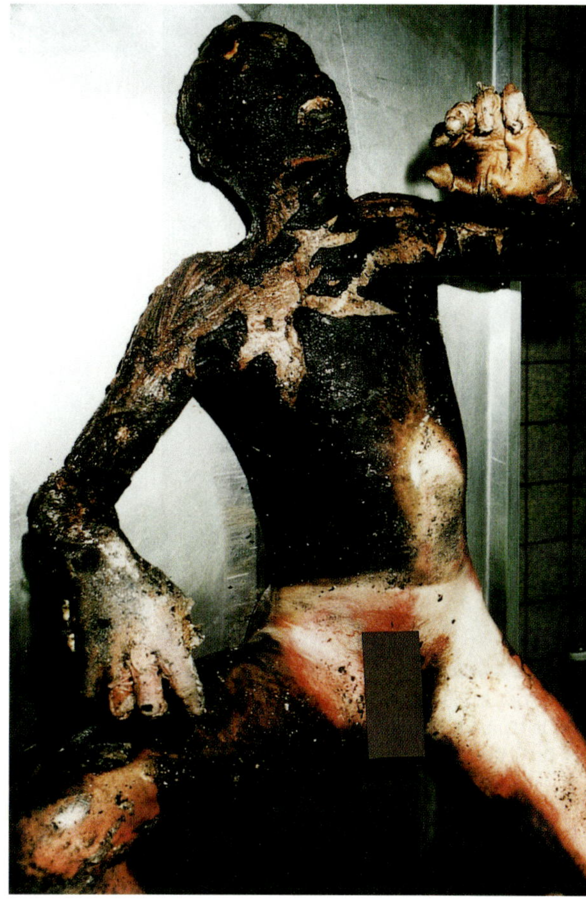

Abb. 3.93. Fechterstellung eines Leichnams

gasbedingter Aufblähung von Lippen und Protrusion der Zunge sowie Auslaufen von Flüssigkeiten aus Mund und Nase. Weitere postmortale Hitzeschäden jenseits der Verdampfung führen zu hitzebedingter Schrumpfung, etwa der Haut aber auch von Knochen, und direkter flammenbedingter Aufzehrung. Als charakteristische Befunde postmortaler Hitzeschädigung gelten:

- Hitzerisse der Haut,
- Fechterstellung und
- Brandhämatom.

Hitzerisse der Haut. Als Folge hitzebedingter Schrumpfung kann die Haut einreißen, es kommt zum Aufplatzen der Bauchhöhle. Die **Hauteinrisse** imponieren teilweise als relativ gradlinig-glattrandig und dürfen nicht mit vitalen Schnittverletzungen verwechselt werden.

Fechterstellung. Die charakteristische Stellung des Leichnams ist Folge einer hitzebedingten Beugekontraktur mit Schrumpfung von Muskulatur und Sehnen. Sie äußert sich gewöhnlich in Abduktion in den Schultergelenken, Flexion in den Ellenbogen- und Handgelenken, Streckung der Beine und Spitzfußstellung (Abb. 3.93).

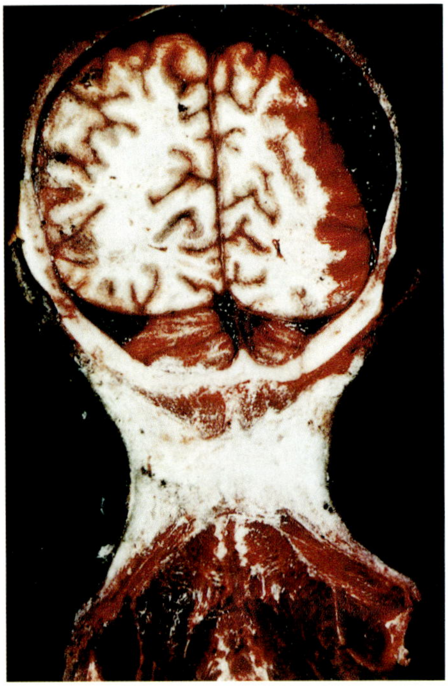

■ Abb. 3.94. Brandhämatom vorwiegend über der rechten Hirnhalbkugel bei Einblick in den Schädel von okzipital (Aus dem Bildarchiv von Prof. Dr. G. Dotzauer)

Brandhämatom. Bei direkter Flammeneinwirkung auf den Schädel kommt es schließlich zu einer zwischen Schädelknochen und Dura, also epidural, gelegenen Ansammlung von ziegelrotem oder bräunlichem, bröckeligem, trockenem oder lehmartigen Blut, das im Randbereich auch von flüssiger oder halbflüssiger Beschaffenheit sein kann. Diese postmortalen epiduralen Extravasate entstehen einerseits durch Verdrängung des im Schädelknochen vorhandenen Blutes, das von der Hitze nach innen gegen die harte Hirnhaut gepresst wird, zum anderen durch Schrumpfung und Ablösung der harten Hirnhaut von der Schädelinnenfläche, wobei kleine, aus dem Sichelblutleiter zum Knochen führende Venen rupturieren (■ Abb. 3.94).

Wichtig

Bei Bergung einer Leiche aus einem Brandherd besteht neben der Klärung von Identität, Grundleiden und Todesursache eine wesentliche Aufgabe in der Feststellung, ob der Verstorbene lebend ins Feuer geriet oder zum Zeitpunkt der Hitzeeinwirkung bereits verstorben war.

Auch bei weitgehender Verkohlung von Weichteilen und Muskulatur können diese Fragen in der Regel eindeutig geklärt werden, da aufgrund des radial zum Körperkern gerichteten Temperaturabfalles die inneren Organe in der Regel relativ gut erhalten sind (Hitzefixierung durch Flüssigkeitsverlust).

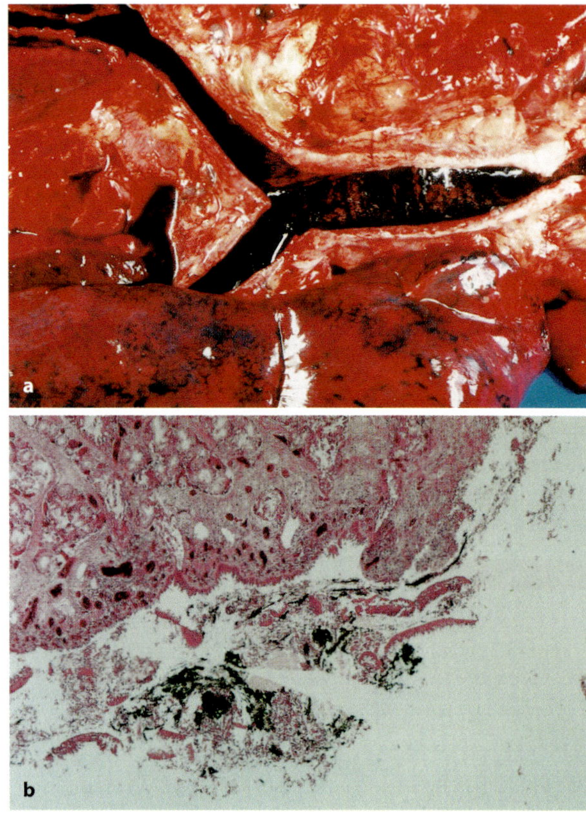

■ Abb. 3.95. **a** Makroskopisches und **b** histologisches Bild der Rußaspiration

Vitale Zeichen und Reaktionen

Rußaspiration. Die **Einatmung von Rußbestandteilen** bis in die tieferen Luftröhrenverzweigungen innerhalb der Lungen ist eine eindeutige vitale Reaktion. Autoptisch findet sich eine Verrußung der Respirationswege bis in die feinsten Bronchien mit reichlicher Schleimabsonderung (■ Abb. 3.95).

Rußverschlucken. Parallel kann auch Ruß verschluckt werden, so das Rußpartikel im Magen oder oberen Dünndarm nachweisbar sind.

Rauchgasinhalation. In der Regel finden sich bei Lebendverbrennungen **positive CO-Befunde.** Doch zeigen sich Abhängigkeiten der CO-Hb-Konzentration vom Lebensalter und vor allem von den Umständen und der Lokalität des Brandes. In höherem Lebensalter finden sich häufig deutlich geringere Konzentrationen als in jüngeren Jahren. Auch bei Zimmerbränden werden gelegentlich, trotz geschlossener Räume und Rußaspiration, negative CO-Befunde beobachtet. In gleicher Weise sind bei Brandfällen im Freien (häufig suizidale Selbstverbrennung) die CO-Befunde oftmals niedrig beziehungsweise negativ.

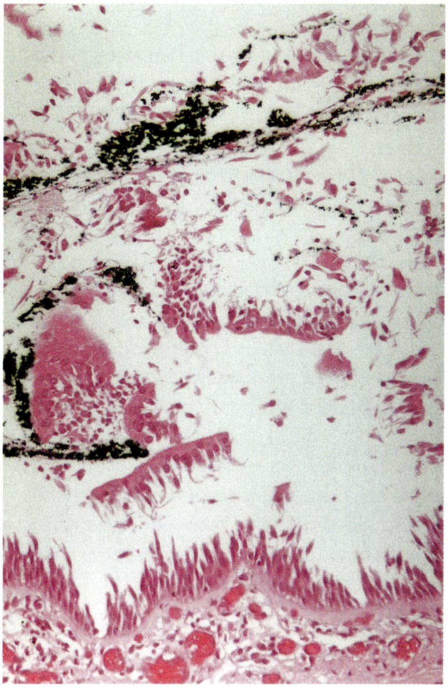

Abb. 3.96. Weitgehende Abschilferung des Flimmerepithels, angedeutet lumenwärts gerichtete Zell- und Kernelongation der wandhaftenden Epithelien

Wichtig

Typische Sektionsbefunde der Kohlenmonoxidintoxikation sind hellrote Farbgebung des Blutes sowie lachsrote Verfärbung der Muskulatur.

Allerdings kann auch allein durch die Hitzeeinwirkung ohne erhöhte CO-Hb-Konzentration eine hellrote Farbe des Blutes hervorgerufen werden. Beim Brand stickstoffhaltiger Polymere, natürlicher oder synthetischer Herkunft, bilden sich in Abhängigkeit von der zur Verfügung stehenden Sauerstoffmenge entweder Stickoxyde oder bei Sauerstoffmangel **Zyanwasserstoff.** Letale inhalatorische Zyanidkonzentrationen im Rahmen einer Rauchgasvergiftung können bei längerer Einwirkung entstehen, wenn die Einatemluft einen Gehalt von 90 ppm aufweist, bereits nach kurzer Einwirkung, wenn der HCN-Gehalt der Einatemluft 180–270 ppm erreicht.

Thermische Atemwegsschädigung (Inhalationstrauma). Schließlich entstehen durch Heißluftinhalation charakteristische Schädigungen des Tracheobronchialsystems, bei Soforttodesfällen etwa eine fetzige und membranös deformierte Koagulationsnekrose der Schleimhaut im Nasenrachenraum sowie Kehlkopf und Trachea. Die Flimmerepithelien der Trachea weisen eine lumenwärts gerichtete Zell- und Kernelongation auf (Abb. 3.96).

Wichtig

Ein ausgeprägtes Schleimhautödem mit Ektasien der Lymphspalten und -gefäße, die kapilläre und venöse Hyperämie mit Mikrohämorrhagien sowie das intraalveolare, interstitiell septale und perivaskuläre Lungenödem sind als vitale Reaktionen zu werten.

Todesursachenspektrum

Im Todesursachenspektrum können grundsätzlich **unmittelbare Todesfälle am Ereignisort** der Hitze- und Flammeneinwirkung auf der einen, sowie **primär überlebte Verbrennungen** auf der anderen Seite unterschieden werden.

- Soforttodesfälle:
  - Rauchgasvergiftung
  - Lokale Hitzeschäden der Haut
- Spättodesfälle:
  - Verbrennungskrankheit
  - Infektiöse Komplikationen des Tracheobronchialsystems (bei Inhalationstrauma)

Infobox

Hitze- und Flammentod ohne Vitalitätszeichen

Die Häufigkeit derartiger Todesfälle wird mit knapp 3 bis gut 10 % aller Verbrennungstodesfälle angegeben. Sind ein natürlicher Tod in zeitlichem Zusammenhang mit dem Brandausbruch und ein Mordbrand (s. unten) ausgeschlossen, sind folgende Kausalfaktoren in Betracht zu ziehen:

- Zyanidintoxikation: In Abhängigkeit vom verbrannten Material kann in Einzelfällen eine tödliche Zyanidintoxikation so rasch zustande kommen, dass sich erhöhte CO-Hb-Gehalte nicht mehr ausbilden
- Flashfire: Atemstillstand über einen Laryngospasmus/ Bronchospasmus, einen vagalen Reflex oder einen Inhalationshitzeschock
- Sauerstoffmangel: Sauerstoffzehrung im Brandherd
- Hitzeschock: Umverteilung des zirkulierenden Blutvolumens in Folge Hitzeeinwirkung auf die Haut
- Hitzestarre: Funktionelle Beeinträchtigung der Atemexkursionen durch schlagartig entstehende Hitzestarre des Brustkorbes

Branddauer und Verkohlungsgrad einer Brandleiche

Bei definierter Temperatur kommt es zu einer regelhaften Progression der Brandzehrung eines Leichnams, die in entsprechend gelagerten Fällen einen **Rückschluss aus dem Brandzehrungsgrad auf die Branddauer** erlaubt. Derartige Schätzungen können notwendig werden, wenn der Branddauer entscheidende Bedeutung für die **Überprüfung des Alibis** eines Tatverdächtigen beziehungsweise der **Stichhaltigkeit seiner Brandwahrnehmungen** zukommt.

In modernen Kremationsöfen ist eine vollständige Aufzehrung bis auf kleinere Knochenstücke in der Regel innerhalb von 1–2 Stunden erreicht.

Checkliste

Untersuchung einer Brandleiche

1. Antragungen von der Brandstelle

- 1.1. Verteilung, Ausdehnung und Schichtdicke von Rußantragungen
- 1.2. Spuren von brandfördernden Mitteln wie zum Beispiel Kohleanzünder oder brennbare Flüssigkeiten
- 1.3. Art, Menge und Verteilung von Brandstoffen, heiße Materialien, insbesondere hoch erhitzte Metallteile, geschmolzenes Glas oder Aluminium, die Hinweise auf eine mögliche Position des Opfers an der Brandstelle geben können. Abtropfspuren von schmelzenden Baustoffen, wie zum Beispiel Deckenverkleidungen, brennende Materialien wie brennbare Flüssigkeiten bei Suiziden oder Zündbeschleuniger bei Unfällen
- 1.4. Reststücke von auf den Leichnam gefallenen Gegenständen, zum Beispiel abfallenden Bauteilen bei einstürzenden Gebäuden
- 1.5. Matieralanhaftungen an den Händen

2. Bekleidung

- 2.1. Lokalisation, Ausdehnung, Form und Richtung thermischer Beschädigungen (**Cave: Bekleidungsschichten**).
- 2.2. Brandfremde Beschädigungen
- 2.3. Bei nicht oder nicht sicher identifizierten Brandleichen individuelle Merkmale wie die Konfektionsgröße, Material, Beschaffenheit, Farbe, Etiketten, Tascheninhalt, zum Beispiel persönliche Dokumente sowie Schmuckstücke, zum Beispiel Armbanduhr (Uhrzeit).

3. Äußere Leichenschau

- 3.1. Hellrote Farbgebung von Totenflecken und Nagelbetten?
- 3.2. Thermische Schädigung von Kopfhaar, Augenbrauen und Barthaar
- 3.3. „Krähenfüße"
- 3.4. Rußpartikel in Nasenlöchern und Mundhöhle?
- 3.5. Lokalisation, Flächenausdehnung, Tiefe und Verteilungsmuster der Verbrennungen (Kongruenz mit der Bekleidung?), Übergangszonen zur nichtthermisch geschädigten Haut
- 3.6. Korrelation von Hautdurchtrennungen/Aufplatzungen, knöchernen Fissuren/Frakturen, Gelenkssprengungen, intrakraniellen Hämatomen mit Befunden der lokalen Hitze- und Flammeneinwirkung oder Antragungen von der Brandstelle (s. oben)
- 3.7. Befunde der postmortalen Hitzeeinwirkung wie Verkohlung oder Fechterstellung der Gliedmaßen
- 3.8. Nicht auf eine Verursachung durch Hitze- oder Flammeneinwirkung beziehbare Verletzungen
- 3.9. Bei nicht oder nicht sicher identifizierten Brandleichen individualtypische Merkmale wie Körpergröße und Gewicht (geschätzt), Haarfarbe, Augenfarbe, Operationsnarben, äußere Geschlechtsmerkmale, Zustand nach Amputationen, Tätowierungen

4. Innere Besichtigung

- 4.1. Befunde zur Vitalität der Hitze- und Flammeneinwirkung, wie Rußverschlucken, Rußaspiration und thermische Schädigung der Atemwegsepithelien im Rahmen des Inhalationstraumas
- 4.2. Postmortale Befunde der Hitze- und Flammeneinwirkung, wie Brandhämatom, Hitzesprengung von Gelenken, „Knochenbrüche" und Kalzinierung im Bereich lokaler Brandeinwirkung
- 4.3. Außerhalb der Hitze- und Flammeneinwirkung lokalisierte Verletzungen brandfremder Verursachung
- 4.4. Vorbestehende innere Erkrankungen, die als konkurrierende Todesursache in Betracht kommen oder die Empfindlichkeit gegenüber toxischen Rauchgasbestandteilen herabsetzen können
- 4.5. Bei nicht oder nicht sicher identifizierten Brandleichen individualtypische Merkmale wie operative Entfernung von Organen, innere Geschlechtsmerkmale, osteologische (s. Kap. 2.5) und anderweitige Befunde (zum Beispiel degenerative Erkrankungen) zur Abschätzung des Lebensalters.

5. Zusatzuntersuchungen

- 5.1. Histologische Untersuchungen insbesondere der lokalen Hitzeschäden auf Vitalität und Tiefenausdehnung, der Atemwege und der Lungen auf Befunde des Inhalationstraumas
- 5.2. (eventuell) Stereomikroskopische Untersuchungen von „Knochenbrüchen" zur Differenzierung zwischen mechanischer und thermischer Entstehung
- 5.3. Toxikologische Untersuchungen insbesondere auf Rauchgasbestandteile (CO, Zyanwasserstoff, Chlorwasserstoff und Schwefeldioxid) sowie auf zentral-nervös wirksame Pharmaka und Betäubungsmittel und eine Blutalkoholbestimmung (Herabsetzung der Handlungsfähigkeit bei Brandausbruch?)

Wichtig

Haaranalysen zur Verifizierung eines eventuellen chronischen Betäubungsmittelkonsums (möglicherweise auch Beitrag zur Individualisierung)

Kriminologische Aspekte

Unter kriminologischen Gesichtspunkten sind folgende Konstellationen zu unterscheiden:

- **Unglücksfälle:** zum Beispiel Einschlafen bei brennender Kerze oder Zigarette, zündelnde Kinder,
- **Suizide:** gelegentlich epidemieartig,
- **Tötungsdelikte:** Tötung durch direktes Inbrandsetzen (selten) und Verbrennen zur Verdeckung eines anderweitig begangenen Deliktes.

Fallbeispiele

In einem Waldstück wurde in einem vollkommen ausgebrannten Pkw der weitgehend verkohlte Leichnam eines

Mannes gefunden, der aufgrund charakteristischen Osteosynthesematerials als Halter des Fahrzeugs identifiziert werden konnte. Autoptisch zeigten sich eine Hitzesprengung des Schädels sowie weitgehende Brandzehrung der Halsweichteile, der Thoraxwand und der Gliedmaßen. Die erhaltenen Anteile der Trachea und der Bronchien waren bis in die feinen Verzweigungen mit einem bräunlichen, bröckeligen Inhalt ausgefüllt, der sich histologisch als hitzekoaguliertes Blut darstellte. Die Blutalkoholkonzentration betrug 0,81 ‰. Das CO-Hb war negativ. Die aufgrund dieses Befundes intensivierten polizeilichen Ermittlungen erbrachten den Nachweis von Brandbeschleuniger im Fahrzeug, verdächtige Blutspuren auf dem Waldboden in der Nähe und Blutspuren in der ehelichen Wohnung des Verstorbenen, die nach Lokalisation und Konfiguration einem Kampfgeschehen zugeordnet werden konnten. In einem Indizienprozess wurden die Ehefrau des Verstorbenen und ihr Liebhaber überführt, den Verstorbenen durch einen Angriff gegen den Hals getötet und anschließend einen Suizid vorgetäuscht zu haben, um ein gemeinsames Leben beginnen zu können.

In einem Einfamilienhaus wurde nach einem Brand in der Waschküche im Keller im angrenzenden Treppenhaus der Leichnam des Hausbesitzers gefunden. Die Obduktion erbrachte zweit- bis drittgradige Verbrennungen von ca. 90 % der Körperoberfläche, eine Knebelung, Fesselung von Händen und Unterschenkeln, Rußaspiration und Rußverschlucken. Die CO-Hb-Konzentration betrug 6 %. Bei Benzingeruch und der noch am Leichnam vorhandenen durchfeuchteten Textilfetzen, war in Proben von Blut, Lunge und Gehirn qualitativ Benzin nachzuweisen. Zwei Tage später wurde die Ehefrau des Verstorbenen bei dem Versuch, Deutschland zu verlassen, mit zweit- bis drittgradigen Brandverletzungen der Beugeseiten beider Unterarme, der Vorderseiten der Unterschenkel sowie des rechten Fußrückens aufgegriffen. Nach dem weiteren Ergebnis der kriminalpolizeilichen Ermittlungen hatte die krankhaft eifersüchtige Frau nach einem ehelichen Zerwürfnis den Plan gefasst, ihren Mann zu verbrennen. Mittels Pfefferspray versetzte sie ihr Opfer in einen wehrlosen Zustand, fesselte und knebelte es, übergoss es dann mit zuvor an einer Tankstelle besorgtem Benzin und zündete es an.

Bei Verbrühungen sind **Obhuts- und Aufsichtspflichtverletzungen** nicht selten (zu heißes Baden von Kindern und Pflegebedürftigen). In der Regel versuchen sich die Beschuldigten dahingehend zu entlasten, die Verletzten seien nur ganz kurze Zeit unbeaufsichtigt Wasser mit einer gering erhöhten Temperatur ausgesetzt gewesen. Derartige Einlassungen können an der in Abbildung 3.88 gezeigten Temperatur-Zeit-Kurve im Bereich der Schädigungsschwelle überprüft werden.

Wichtig

Verbrühungen sind insbesondere klinisch-rechtsmedizinisch von Bedeutung, da 5–14 % der kindlichen Verbrühungen einer Verursachung durch Misshandlungen zuzuordnen sein sollen, wobei für Immersionsverbrühungen sogar Werte von 12–55 % mitgeteilt werden (Tabelle 3.26).

Checkliste

Gründe für klinische Verdachtsschöpfung
- Diskrepanz zwischen anamnestischen Angaben und Verletzungsmustern
- Inadäquate oder inkompatible Vorgeschichte
- Abstreiten der offensichtlich hitzebedingten Verursachung
- Benennung von Patient oder Geschwisterkind als Verursacher
- Bagatellisieren oder Abstreiten von Schmerzen (durch Eltern oder Kind)

Allgemeine Hitzeschäden, Hyperthermie

Der Mensch gehört zu den so genannten **homoiothermen Lebewesen**, deren Körperkerntemperatur durch körpereigene Thermoregulation auf einem Sollwert von rund 37 °C mit Tagesschwankungen von etwa +/- 0,5 °C konstant gehalten wird. Dies setzt voraus, dass Wärmeaufnahme und Wärmeproduktion auf der einen Seite mit der Wärmeabgabe des Organismus auf der anderen Seite im Gleichgewicht gehalten werden. Die Wärmeproduktion hängt vom Energieumsatz des Organismus ab und wird in Ruhe zu mehr als 50 % von den inneren Organen und zu knapp 20 % von der Muskulatur getragen. Bei körperlicher Arbeit kann die Wärmebildung um ein Mehrfaches ansteigen. An der Wärmeabgabe nach außen sind im Wesentlichen drei Mechanismen beteiligt:

Tabelle 3.26. Differentialdiagnose Unfall – Misshandlung bei Verbrühungen im Kindesalter

Unfall	Misshandlung
Adäquate Anamnese	Diskrepanz zwischen Angaben zur Verursachung und Befund
Geringe Verletzungsschwere	Höhergradige Verbrühung, Verbrennung
Unregelmäßige landkartenartige Konfiguration	Linerare Begrenzung (Wasserstand)
Asymmetrisch	Symmetrisch
Keine begleitenden Verletzungen	Weitere Verletzungen

- Strahlung,
- Leitung und Konvektion sowie
- Wasserverdunstung durch Haut und Lungen.

Missverhältnisse von Wärmeproduktion und Wärmeabgabe führen über verschiedene, sich teilweise überlappende pathophysiologische Wege – Salzverlust, Versagen der Kreislaufregulation, pathologische Erhöhung der Körperkerntemperatur, Wärmeeinstrahlung auf den Schädel mit lokaler Hyperthermie des Gehirns – zu systemischen Störungen des Wärmehaushaltes. Diese gliedern sich (Tabelle 3.27) in:
- Hitzekrämpfe,
- Hitzeerschöpfung (Hitzekollaps),
- Hitzschlag und
- Sonnenstich.

Hitzekrämpfe

Definition

Hitzekrämpfe betreffen vor allem Personen, die strahlender Hitze ausgesetzt sind und gleichzeitig schwer körperlich arbeiten müssen.

Pathogenetisch entscheidende Faktoren sind die **Dehydratation** und der **Natriumchloridverlust**. Beim Vollbild bestehen neben tetanischen Krämpfen auch eine starke Gefäßerweiterung und eine Erhöhung der Pulsfrequenz. Eine **vitale Gefährdung** kann durch eine **Störung der Erregungsleitung des Herzens** gegeben sein.

Hitzekollaps

Definition

Beim Hitzekollaps kommt es zum Zusammenbruch der Kreislaufregulation bei zunächst erhaltener Temperaturregelung.

Man unterscheidet einen primären Kreislaufkollaps infolge stark erhöhter Hautdurchblutung (**heat exhaustion**) und einen sekundären Hitzekollaps aufgrund der Abnahme der zirkulierenden Blutmenge bei Wasserverlust (**dehydration exhaustion**).

Wichtig

Prädisponierend wirken schwüle Witterung, schwere körperliche Arbeit und unzweckmäßige Kleidung („Heizerohnmacht", „Marschohnmacht").

Hitzschlag

Definition

Die gefährlichste Form der Hitzeschädigung ist der Hitzschlag, gekennzeichnet durch einen Zusammenbruch der zentralen thermoregulatorischen Funktion infolge Zunahme der Körperkerntemperatur, insbesondere auch der Hirntemperatur.

Ein Hitzschlag entsteht bei einer **Kombination von verhinderter Wärmeabgabe und abnorm großer Wärmezufuhr.** Die Umgebungstemperatur liegt in der Regel höher als die Körper-

Tabelle 3.27. Ursachen und Symptome systemischer Hitzeschäden

	Hitzekrämpfe	Hitzeerschöpfung	Hitzschlag	Sonnenstich
Ursache	schwere körperliche Arbeit bei strahlender Hitze Dehydration NaCl-Verlust	Versagen der Kreislaufregulation bei Hitzebelastung Vasodilatation Dehydration bei Stehen Absacken des Blutes in die Beine Abnahme von HZV und RR	abnorm große Wärmezufuhr von außen bei Behinderung der Wärmeabgabe pathologische Erhöhung der Körpertemperatur auf Werte bis 43 °C hohe Luftfeuchtigkeit begünstigend	ungehinderte Wärmeeinstrahlung auf den Schädel
Symptome	Muskelkrämpfe Mattigkeit Brechneigung Rückgang der Harnsekretion	Haut gerötet, schweißbedeckt Schleimhäute trocken, quälender Durst, Kopfschmerzen, Schwindelgefühl Flimmerskotome, Ohrensausen Parästhesien, Kreislaufschock	„rotes Stadium", mit roter trockener Haut, solange Kreislaufregulation noch nicht zusammengebrochen „graues Stadium" nach Zusammenbruch des Kreislaufs, myogene Herzinsuffizienz, zerebrale Symptome mit deliranten und Dämmerzuständen, Bewusstlosigkeit, epileptiforme Krämpfe meningitische Symptome	meningiale Reizerscheinungen meningiale Blutungen Purpura cerebri

kerntemperatur, so dass die Wärmeabgabe nur noch durch Wasserverdunstung an der Körperoberfläche möglich ist. Prädisponierend wirken neben vorbestehenden Erkrankungen, Medikamente und konstitutionelle Faktoren. Gefährdete Berufsgruppen sind Schiffsheizer, Arbeiter in Bergwerken, Tunneln, Heizanlagen, Eisengießereien, Glasbläsereien und Soldaten auf dem Marsch in tropischem beziehungsweise heißem Klima (◘ Tabelle 3.28a, b).

Sonnenstich

Definition

Der Sonnenstich ist eine Sonderform der exogenen Hyperthermie, in deren Pathogenese die unmittelbare Sonneneinstrahlung auf den entblößten Schädel von zentraler Bedeutung ist.

Infolge der besonderen Wärmeempfindlichkeit des Gehirns können bedrohliche zerebrale Symptome auftreten, bevor die allgemeine Körpertemperatur so ausgeprägt wie beim Hitzschlag erhöht ist.

Wichtig

Die morphologischen Befunde bei Tod durch allgemeine Hyperthermie sind in der Regel unspezifisch, neben subpialen Blutaustritten finden sich subseröse Blutungen. Die Diagnose wird in der Regel durch Ausschluss anderer Todesursachen unter Berücksichtigung von Umständen des Todeseintritts und Auffindungssituation gestellt. Morphologische und toxikologische Untersuchungen dienen darüber hinaus der Aufdeckung prädisponierender Faktoren.

3.9.2 Kälte

E. Lignitz

Andersen hat in seinem Märchen „Das Mädchen mit den Schwefelhölzchen" die Problematik der allgemeinen Unterkühlung in

◘ Tabelle 3.28a. Hitzschlag – klassische Form – prädisponierende Faktoren

Vorbestehende Krankheiten	Medikamente	Konstitutionelle Faktoren
– Herzinsuffizienz – Schilddrüsenkrankheit – Infektionskrankheiten – Alkohol- und Drogenkrankheit – Parkinsonkrankheit – Hautkrankheiten: – Angeborene ektrodermale Dysplasie – Zystische Fibrose – Diabetes mellitus	– Diuretika – β-Blocker – Phenothiazine – Amphetamine – Antiparkinson-Mittel – Trizyklische Antidepressiva – Antihistaminika	– Kleinkinder – Übergewichtige – Ältere Menschen – Noch nicht akklimatisierte Personen

◘ Tabelle 3.28b. Formen des Hitzschlags

	Anstrengungshitzschlag	Klassischer Hitzschlag
Betroffener Personenkreis	– Sportler – Soldaten – Bergleute – Hüttenarbeiter	– Ältere mit chronischen Erkrankungen – Alkoholiker – Drogensüchtige – Kleinkinder
Häufigkeit	– Sporadisch	– Epidemisch
Symptome	– Hyperpyrexie – Desorientiertheit – Keine Anhidrosis – Lakazidose – Hyperdynamer Kreislauf bei Diagnosestellung	– Koma, Hyperpyrexie – Anhidrosis – Respiratorische Alkalose – Hyperdynamer Kreislauf bei Diagnosestellung
Komplikationen	– Rhabdomyolyse – Disseminierte intravaskuläre Gerinnung – Akutes Nierenversagen – Irreversible Schädigung des ZNS – Hyper- und Hypokaliämie	– Schädigung des ZNS, Komplikation seitens der Grunderkrankung – Myokardinfarkt – Hypokaliämie

allen Details hervorragend beschrieben. Kälte ist ein ubiquitäres Gefahrenmoment, das allgemein unterschätzt wird. Plötzlich hereinbrechend kann sie unter bestimmten disponierenden Bedingungen deletär wirken. Die Kältewirkung entfaltet sich keineswegs erst bei Temperaturen von 0 °C und darunter. Eine Auskühlung kann sich selbst in tiefer Narkose bereits im Operationssaal bei Umgebungstemperaturen um 21 °C entwickeln. Allein durch Kälte zu erklärende Todesfälle sind in den kalten Regionen eher seltener anzutreffen, weil die Menschen aus Erfahrung rechtzeitig geeignete Schutzmaßnahmen gegen die Kältewirkungen treffen.

Infobox

Epidemiologische Angaben

Todesfälle durch Unterkühlung machen im Sektionsgut von Großstadtinstituten etwa 1 % aus. Im Sektionsgut von Instituten mit vorwiegend mit klein- und mittelstädtischer sowie ländlicher Struktur kommen sie häufiger (2 %) vor. Dabei standen 50 % der Verstorbenen unter erheblichem Alkoholeinfluss, der durchschnittlich 1,3 ‰ erreichte. Bei den nichtalkoholisierten Kälteopfern handelt es sich um meist ältere, kranke oder geistig verwirrte, orientierungslose Menschen.

Definition

Unterkühlungen sind der Ausdruck eines erheblichen Ungleichgewichts zwischen erhöhtem Wärmeverlust und unzureichender Wärmebildung. Als Unterkühlung werden alle Zustände bezeichnet, bei denen die Körperkerntemperatur unter 35 °C abgesunken ist. Klinisch werden sie je nach Auskühlungszustand in leichte bis tiefe Grade der Hypothermie eingeteilt.

Physiologie des Wärmehaushaltes und Pathophysiologie der Kältewirkung

Dank einer autonomen Temperaturregelung, d.h. der gesteuerten Wärmeabgabe und der Fähigkeit zur regulatorischen Wärmebildung gehört der Mensch zu den homoiothermen (endothermen) Lebewesen und kann seine hohe Körpertemperatur über dem Niveau der durchschnittlichen Temperatur seines Lebensraumes halten. Entscheidend ist dabei, dass im Falle der Auskühlung die Wärmeneubildung regulatorisch durch Steigerung des Energieumsatzes angehoben wird. Sichtbar wird das durch rhythmische Muskelkontraktionen, die als Kältezittern wahrzunehmen sind und sichtbar werden.

Wichtig

Neugeborene und Kleinkinder bilden Wärme „zitterfrei" mittels des mitochondrienreichen braunen Fettgewebes.

Kältezittern ist aber wegen der gleichzeitigen erhöhten Wärmeabgabe durch Konvektion nicht ausreichend effektiv. Beim Menschen besteht ein Temperaturgefälle vom Körperkern zur Körperoberfläche (Körperschale). In warmer Umgebung ist die Hautdurchblutung gesteigert, die Haut warm und demzufolge die Wärmetransportrate hoch. In kalter Umgebung wird die Hautdurchblutung reduziert, der Wärmetransport und der Wärmeverlust verringert, die Haut kühlt ab. Die sog. Körperschale nimmt zu und der praktisch isotherme Körperkern verkleinert sich. Das radiäre Temperaturgefälle vom Körperkern zur Peripherie wächst; an den Gliedmaßen entwickelt sich zusätzlich ein axiales Temperaturgefälle. Deshalb ändert sich die Temperatur an den Gliedmaßen mit abnehmender Umgebungstemperatur stärker.

Wichtig

Wegen der Unterschiede der Körperkern- und Körperoberflächentemperatur muss zur Erfassung realistischer Werte und zur Reduzierung von Messfehlern die Körperkerntemperatur bei Unterkühlung (und zur Todeszeitbestimmung, s. Kap. 2.1.4) tief im Rektum oder unter intensivmedizinischen Bedingungen im Ösophagus gemessen werden.

Wärmeabgabe. Bei Abnahme der Umgebungstemperatur und regulatorischer Minderung der Hautdurchblutung erreicht die Isolationskraft der Körperschale, zu der auch das Unterhautfettgewebe gehört, ihr Maximum. An der Wärmeabgabe beteiligen sich die **Konvektion**, d.h. Wärmeabgabe der wärmeren Haut zur niedrigeren Temperatur der Umgebung und in gewissem Umfang die Strahlung durch Emission langwelliger Infrarotstrahlung, die zusammen als „trockene" Wärmeabgabe beschrieben werden. Wärmeabgabe erfolgt weiter durch die **Konduktion**, d.h. die Wärmeleitung durch direkten Kontakt von Haut und kalter Umgebung, z.B. beim Aufenthalt im Wasser. Schließlich wird die Wärmeabgabe durch **Verdunstung von Schweiß** ergänzt, sie ist zugleich die effektivste Form der Wärmeabgabe (thermoregulatorisches Schwitzen).

Warm- und Kaltsensoren erfassen die Körpertemperatur. Durch einen Regelkreis mit paradoxer Rückkopplung kann der Organismus Änderungen der Temperatur entgegenwirken. Bei niedrigen Umgebungstemperaturen, die individuell unterschiedlich als Kälte empfunden werden, übersteigt trotz maximaler Engstellung der Hautgefäße die Wärmeabgabe die Wärmebildung.

Hypothermie. Wenn eine Wärmeneubildung durch Steigerung des Energieumsatzes nicht mehr gedeckt werden kann, setzt eine Auskühlung (Hypothermie) ggf. bis zum Kältetod ein. Eine prolongierte Auskühlung führt zu einer „kälteinduzierten" Diurese und damit zu einer Zunahme der Blutviskosität und Verringerung des Blutflusses. Bei Progression stellt sich eine Anurie ein. Bei tiefen Temperaturen entstehen Elektrolytverschiebungen. Kalium wird aus dem Extrazellular- in den Intrazellularraum verlagert bei weitgehend konstanten Natriumkonzentrationen. Diese Veränderung des Kalium/Natrium-Quotienten und die feste Bindung des Sauerstoffs an das Hämoglobin bei gesteigerter CO_2-Löslichkeit bewirken Kammerflimmern, Azidose und Hirnödem (Kälteschwellung des Gehirns).

Adaption an Kälte. Mehrmalige wiederkehrende Kältebelastungen führen zu einer gewissen Toleranzadaptation, d.h. die Schwelle zum Kältezittern ist zu niedrigeren Werten verschoben (Eisbaden!). Das gilt auch für die Schmerzempfindung bei lokaler Kältewirkung, die gewissermaßen trainiert werden kann. Wenn jedoch die Mechanismen der Kälteabwehr überfordert werden (z.B. in Bergnot oder bei Seenotfällen, die zu langem Aufenthalt in kaltem Wasser führen), so folgt einer vorübergehenden Phase der Kompensation alsbald der Ausfall jeglicher Regulation. Diesen sog. **akzidentellen Hypothermien** kann auch eine zentrale Störung der Kälteabwehr (z.B. bei Alkoholintoxikationen) zugrunde liegen.

Infobox

Der Sauerstoffbedarf der Gewebe wird bei der Chirurgie am offenen Herzen unter entsprechender Myokardprotektion durch künstliche Hibernation reduziert. Tiefe (28–18 °C) und ausgeprägte (18–4 °C) Grade von Hypothermie erlauben Kreislaufstillstandszeiten von 60–90 Minuten.

Lokale Kältewirkung (Erfrierung)

Örtliche Erfrierungen betreffen die Gefäßendstrombahn. So sind die Akren Finger, Zehen, Hände und Füße und am Kopf Nase und Ohren am meisten betroffen. Der Grad der Gewebeschädigung hängt von der Dauer der Kälteexposition ab, die zu einer Gefäßkonstriktion führt und eine Ischämie der nachgeschalteten Gewebe bewirkt. Die Ausschüttung histaminartiger Substanzen unterhält einen exsudativ-entzündlichen Prozess, der später zu einer Vasodilatation mit einer erhöhten kapillären Durchlässigkeit, Schmerzreaktionen und letztlich zu Nekrosen führt. Disponierend wirken bei der örtlichen Kältewirkung auch enge Kleidung, Hand- und Fußschweiß und ein reduzierter Allgemeinzustand.

Definition

Die lokale Erfrierung (Congelatio) wird in Stadien eingeteilt:

- **Dermatitis congelationis erythematosa**: Die betroffene Körperstelle wird infolge der anfänglichen Gefäßkonstriktion weiß, gefühllos oder schmerzhaft, später deutlich gerötet und geschwollen, häufig stark juckend.
- **Dermatitis congelationis bullosa**: Nach Wiedererwärmung einer länger und tiefer kälteexponierten Region bilden sich subepidermal seröse oder hämorrhagische Blasen.
- **Dermatitis congelationis gangraenosa (escharotica)**: Die betroffene Extremität verfärbt sich blauschwarz als Ausdruck des Gewebstodes. Im günstigen Falle entwickelt sich ein trockener Gewebsbrand. Die Gliedmaße wirkt wie mumifiziert. Bei bakterieller Besiedlung entsteht eine feuchte Gangrän. In jedem Falle wird das betroffene Gewebe gegenüber dem gesunden auffällig demarkiert.

Folgeschäden. Nach prolongierter und progressiver Kälteschädigung treten häufig thrombotische und obliterierende Gefäßwandschäden in Venen und Arterien oder nur in Arterien (Buerger'sche Erkrankung) auf. Man spricht auch von invisiblen Kälteschäden, die Neuritiden und Neuralgien im Gefolge haben.

Frostbeulen. Sie stellen ein eigenes Krankheitsbild dar.

Definition

Als Frostbeulen (Perniones) werden blaurote, ödematöse, unscharf begrenzte, knötchen- oder kissenartig umschriebene Schwellungen beschrieben, die schon gelegentlich unterhalb normaler Zimmertemperaturen auftreten können.

Bevorzugt treten sie an Streckseiten von Fingern und Zehen auf. Sie setzen eine konstitutionelle Gefäßfunktionsstörung voraus und kommen meist bei jungen Menschen in den kühleren Jahreszeiten vor. Nässe, enge Kleidung und enges Schuhwerk disponieren.

In der forensischen Pathologie werden als Nebenbefund – gelegentlich auch bei Kältearbeitern – schwielige Verdickungen des Ohrmuschelrandes nach lokalen Erfrierungen gesehen (Chondrodermatitis helicis), die ggf. Identifizierungswert haben könnte.

Allgemeine Kältewirkung (Unterkühlung, Hypothermie)

Die Unterkühlung tritt vorzugsweise akzidentell auf, zumeist in Verbindung mit Alkoholgenuss, oder im Gefolge körperlicher Erschöpfung, konsumierender Krankheit und bei hohen Windgeschwindigkeiten (wind chill effect). Bei bestimmten Lufttemperaturen und hohen Windgeschwindigkeiten (auch durch Fahrtwind, z.B. auf Motorrädern und Rennbooten) ergeben sich Kältewerte, wie sie im Polargebiet vorkommen (■ Tabelle 3.29). Bei durchnässter Kleidung entfällt deren isolierende Schutzfunktion und der Wärmeverlust wird unkontrollierbar. Die Dauer der Kälteexposition entscheidet wesentlich über die Folgen (■ Tabelle 3.30), so dass auch Wassertemperaturen um 20 °C zu Unterkühlungen führen können. Insoweit sind Unterkühlungen bedeutungsvoll für den Tod im Wasser. Bei vielen Ertrinkungsfällen ist die Unterkühlung als initialer Prozess zu vermuten.

Wichtig

Unfälle im Wasser bei weit unter 20 °C bedeuten eine schwere Gefahr durch übermäßigen Wärmeverlust und führen zwangsläufig zu einer Unterkühlung. Körperliche Aktivität (z.B. Schwimmen) im kalten Wasser erhöht die Abkühlungsgeschwindigkeit um etwa 30–50 %.

Alkoholeinfluss wirkt der an sich schützenden Vasokonstriktion entgegen, die anfangs den Wärmeverlust einzuschränken vermag und täuscht infolge Gefäßdilatation subjektiv Wärmeempfinden vor. Bei längerer Unterkühlungsdauer treten Vigilanz-

Tabelle 3.29. Wirksame Temperatur bei unterschiedlichen Windgeschwindigkeiten

	Bezugstemperaturen in °C bei Windstille			
0 Bft	+ 10	+ 5	0	-5
	wirksame Temperatur in °C bei unterschiedlichen Windstärken in Bft (m/s)			
3 Bft	+4	−2	−9	−15
5 Bft	0	−8	−15	−22
7 Bft	−3	−10	−18	−26

Tabelle 3.30. Zusammenhang zwischen Wassertemperatur und Überlebenszeit

Wassertemperatur	Überlebenszeit
20 °C	Ca. 40 Stunden
15 °C	Ca. 5 Stunden
10 °C	Ca. 3 Stunden
5 °C	Ca. 2 Stunden
0 °C	nach 30 Minuten akute Lebensgefahr

einbußen und damit einhergehend Kritiklosigkeit und Orientierungsverlust auf, immer verbunden mit zunehmender Handlungsunfähigkeit (Tabelle 3.31). Beim unbeabsichtigten Sturz in kaltes Wasser (meist unter 10 °C) kann durch sofortige generalisierte Hemmung von Kortex und Subkortex ein reflektorischer **Kälteschock** eintreten.

Wichtig

Sauerstoffmangel und Kreislaufversagen bis zum Herzstillstand werden von stark unterkühlten Personen weitaus länger toleriert als von normothermen Personen. Bei Unterkühlten sind daher intensive und stundenlange Wiederbelebungsversuche auch nach längerem Kreislaufstillstand angebracht. Tiefe Unterkühlung bewirkt scheintodähnliche Zustände. Todesfeststellung in jedem Falle gründlich absichern!

Zentralnervöse Störungen. Bereits geringe Grade von Unterkühlung haben einen negativen Einfluss auf Entscheidungsfindung und bewirken einen Leistungsabfall. Trotz Kälteeinfluss und sinkender Körpertemperatur wird subjektiv ein Wärmegefühl spürbar.

Tabelle 3.31. Klinische Stadieneinteilung und Symptomatik der akzidentellen Hypothermie (nach Singer)

1 leicht 36–33 °C	2 mittel 33–30 °C		3 tief 30–27 °C	4 unter 27 °C
maximale Kälteregulation	Abnahme des aktiven Muskeltonus	→	Zunahme der passiven Muskelrigidität	entweder weitere Dämpfung der erhaltenen Vitalfunktionen
Muskelzittern	Sinusbradykardie	→	Bradyarrhythmie	
Tachykardie: Minderperfusion der Körperschale	periphere Widerstandserhöhung durch Vasokonstriktion	→	periphere Widerstandserhöhung durch Viskositätszunahme des Blutes	oder Herz-Kreislauf-Stillstand durch Kammerflimmern bzw. Asystolie, Atemstillstand
Stimulation der Atmung evtl. Hyperventilation	zentrale Atemdepression	→	Bradypnoe, apnoische Pausen Abnahme der Compliance	
gesteigerte Vigilanz, Verwirrtheit; Schmerzhaftigkeit der Akren	Desorientierung, Apathie Abklingen der Schmerzen	→	Bewusstlosigkeit, Reflexverlust	
Erregungsstadium („Exzitation")	Erschöfungsstadium („Adynamie")		Lähmungsstadium („Paralyse")	Vita reducta („Scheintod")/Kältetod

Definition

Dieses Wärmegefühl führt zu einem Verhaltensmuster, das als „Kälteidiotie" bezeichnet wird. Es ist gekennzeichnet durch die völlig unlogische Entfernung der Kleidungsstücke bis zur völligen Nacktheit.

Kriminalistisch ergeben sich daraus beinahe regelmäßig Fehleinschätzungen und falsche Ermittlungsansätze. Wenn nicht schon die Leichenschau den Verdacht auf eine allgemeine Unterkühlung lenkt, finden sich bei der Sektion entsprechende Hinweise.

Forensische Pathologie der allgemeinen Unterkühlung

Im klassischen Falle lassen sich Befunde zusammentragen, die in ihrer Gesamtheit eine allgemeine Unterkühlung als Todesursache eindeutig gestatten, obwohl jede Einzelveränderung für sich unspezifisch ist.

Äußerliche Besichtigung:

- Hell-rötlich gefärbte Totenflecke: Diese sind durchgehend hellrot und nicht nur an den Rändern, wie es an Leichen gesehen wird, die kühl oder auf kühler Unterlage gelagert werden.
- „Gänsehautbildung" (kann auch Ausdruck der Totenstarre sein!);
- blau-livide Hautverfärbungen (Akren, Handrücken, Kniegelenk-Streckseiten) sind von zumeist glänzender Beschaffenheit und weisen eine allgemeine teigige Schwellung auf (◘ Abb. 3.97).

Innere Besichtigung:

- Hellrotes Blut in den Blutgefäßen der Körperperipherie und dunkelrotes Blut in den Organen, die bei zentralisiertem Kreislauf noch durchblutet werden.
- Hämorrhagische Schleimhauterosionen des Magens, gelegentlich auch im Duodenum (sog. Wischnewski-Flecke), als Folge vasomotorischer Störungen (häufig; „leopardenfellartige Fleckung"; ◘ Abb. 3.98).

Einer von beiden Befunden, Wischnewski-Flecke oder akrozyanotische Kälteschäden der Haut, werden bei Tod an Hypothermie mit großer Regelmäßigkeit gefunden! Beschrieben wurden auch Blutungen der inneren Hüftmuskeln (M. iliopsoas), die in der Exitationsphase entstehen dürften, aber eher seltener angetroffen werden. Beinahe regelmäßig fällt ein Kollapszustand der Milz mit feiner Fältelung ihrer Kapsel auf, eine morphologische Bestätigung der Blutvolumenverschiebung bei nichtkompensierter Kältewirkung. Blutungen der Synovia bzw. Blutbeimischungen zur Gelenkflüssigkeit wurden in den Kniegelenken bei gesicherten Unterkühlungsfällen immer wieder beobachtet, so dass sie das Mosaik der morphologisch fassbaren Kälteschädigung ergänzen dürften. Dazu gehören gelegentlich auch subendokardiale Blutungen. **Histologisch** lassen sich ein Lungenödem, intraalveoläre, intrabronchiale und interstitielle Hämorrhagien nachweisen. Im Herzmuskel bestehen Areale von Myozytolysen. Auch Glykogenverluste in Leberzellen, Herz- und Skelettmuskelzellen werden beschrieben. In Summation der Erkenntnisse aus der Pathophysiologie und Morphologie der Kältewirkung sehen Experten eine Hypoxidose

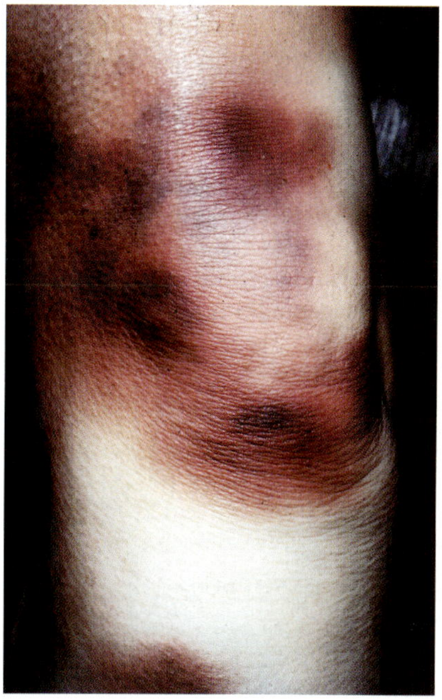

◘ Abb. 3.97. Blau-glänzende Hautschwellung der Kniegelenksstreckseite bei Unterkühlung

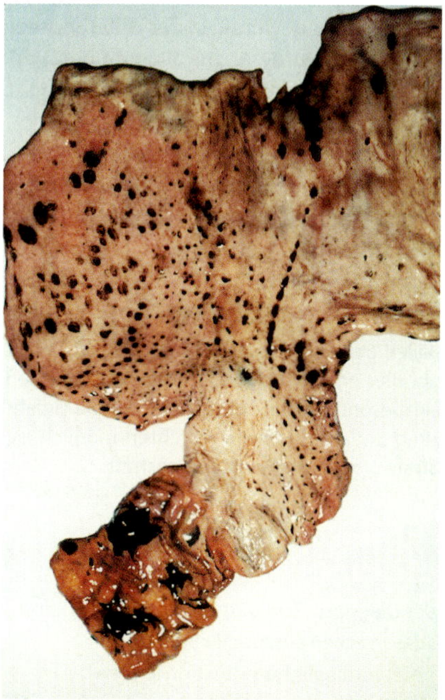

◘ Abb. 3.98. Hämorrhagisch-erosive Gastroduodentis (sog. Wischnewski-Flecke) bei allgemeiner Unterkühlung

und Hypoxämie („inneres Ersticken") als eigentlichen Todesmechanismus an. Man darf nicht erwarten, das Vollbild aller bekannten Kälteschäden zu finden. Viel eher ist ein Tod durch allgemeine Unterkühlung mindestens zu einem gewissen Teil auch eine Ausschlussdiagnose anderer todeswürdiger Faktoren. Die abschließende Diagnose sollte sich immer auf ein gutes Ermittlungsergebnis stützen dürfen. Zu beachten ist, dass bei Ertrinkungstodesfällen, denen eine initiale Auskühlung vorausgeht, offensichtlich wegen des raschen Ablaufes kaum makroskopisch fassbare kälteassoziierte Veränderungen zu erkennen sind!

Wichtig

Bevor hellrot gefärbte Totenflecke als Zeichen der Unterkühlung angesehen werden, ist ihre Differentialdiagnose wegen der Möglichkeit von Vergiftungen zu prüfen.
Tod durch Unterkühlung ist wegen des Fehlens spezifischer beweiserheblicher Befunde wenigsten teilweise eine Ausschlussdiagnose.

Fallbeispiel

Ein zu Alkoholmissbrauch neigender Mann wurde mehrfach beobachtet, wie er unter erkennbarer Alkoholwirkung spät nachts seine Wohnung erreichte, sich im Vorgarten entkleidete und hinlegte. An dieses merkwürdige Verhaltensmuster hatte sich sein Umfeld bereits gewöhnt. In der kälteren, aber noch frostfreien Jahreszeit wurde er zur allgemeinen Verwunderung eines Morgens nackt inmitten seiner verstreut liegenden Kleidungsstücke tot aufgefunden.

Rechtliche Grundlage. Unter bestimmten Bedingungen kann sich bei Todesfällen durch allgemeine Unterkühlung der Tatbestand der unterlassenen Hilfeleistung erfüllen.

§ 323c StGB

Wer bei Unglücksfällen oder allgemeiner Gefahr oder Not nicht Hilfe leistet, obwohl dies erforderlich und ihm den Umständen nach zuzumuten, insbesondere ohne erhebliche eigene Gefahr und ohne Verletzung anderer wichtiger Pflichten möglich ist, wird mit Freiheitsstrafe ... oder mit Geldstrafe bestraft.

Checkliste

- Zur Sicherung der Diagnose „Tod durch Unterkühlung" sind konkurrierende Todesursachen auszuschließen.
- Zur Klärung der meteorologischen Situation sollten bei unklaren Todesfällen im Freien die rezenten klimatischen Bedingungen in regionalen Wetterstationen angefragt und in die Bewertung mit einbezogen werden.
- In jedem Falle sind toxikologische Untersuchungen durchzuführen (Alkohol, Drogen, Medikamente).

3.10 Elektrotraumen, Blitzschlag

S. Pollak

Einleitung

Trotz zunehmender Anwendung der elektrischen Energie weist die Statistik einen Rückgang der Elektrounfälle aus. Eine sinkende Tendenz ist in gleicher Weise bei überlebten und bei tödlichen Unfällen festzustellen. Dieser rückläufige Trend besteht im industriell-gewerblichen Bereich ebenso wie in den Haushalten. Das relativ seltene Vorkommen derartiger Ereignisse begünstigt die Verkennung spurenarmer Stromtodesfälle bei der Leichenschau: Wenn die Auffindungssituation nicht konkret auf ein Elektrotrauma hinweist, wird diese Todesursache kaum noch in die differentialdiagnostischen Erwägungen einbezogen.

Stromunfälle entstehen im Niederspannungsbereich (<1.000 V) vor allem durch Berührung von elektrisch leitenden Gegenständen/Oberflächen, die unter Spannung stehen. Wenn die elektrische Einwirkung keine gesundheitliche Schädigung nach sich zieht, dann spricht man von einer folgenlosen Durchströmung. Die Sonderstellung des Stromunfalls innerhalb der Traumatologie ist u.a. durch seine hohe Letalität bedingt.

3.10.1 Stromwirkungen im Niederspannungsbereich

Elektrizität kann den menschlichen Organismus auf zweierlei Weise beeinflussen und schädigen:
- durch **spezifische** (physiologische) Wirkung (Auslösung von Erregungsprozessen an Muskeln und Nerven) und
- durch **unspezifische** Wirkung (Umwandlung in Wärmeenergie, thermische Gewebsschädigung).

Bei Niederspannung resultiert die Gefährlichkeit ganz überwiegend aus der spezifischen Wirkung: Die Durchströmung führt entweder zum tödlichen **Herzkammerflimmern** oder sie wird – meist ohne bleibende Beeinträchtigung – überlebt (Alles-oder-Nichts-Gesetz).

Art und Umfang der **Gefährdung** hängen von zahlreichen äußeren und inneren Faktoren ab; dazu zählen u.a:
- Der **Zeitpunkt** des Stromstoßes in Bezug auf die vulnerable Periode der Herzaktion (entspricht der relativen Refraktärzeit und fällt im EKG mit dem aufsteigenden Schenkel der T-Welle zusammen);
- die **Durchströmungsdauer** (Einwirkungszeiten unter 100 ms sind im Allgemeinen ungefährlich, mit zunehmender Durchströmungsdauer sinkt die Schwellenstromstärke für die Flimmerauslösung am Herzen bis gegen 50 mA ab);
- der **Stromweg** durch den Körper (bei Querdurchströmung von Hand zu Hand fließt ein geringerer Anteil des Stromes über das Herz als bei Längsdurchströmung);
- das **Lebensalter** (mit zunehmendem Alter steigt die Letalität von Durchströmungsunfällen, offenbar in Abhängigkeit von der Inzidenz kardialer Vorschäden);

- die **Stromstärke** als Funktion der vorgegebenen Spannung (im Haushalt meist 220 V) und des Widerstandes (Summe aus Körper- und Übergangswiderstand).

Zur Charakterisierung der Gefährdung durch technischen Wechselstrom werden verschiedene **Stromstärkenbereiche** unterschieden. Neuere Schwellenwertangaben hinsichtlich der physiologischen Effekte berücksichtigen nicht nur die Stromstärke, sondern auch die **Einwirkungsdauer** auf den Körper („Effects of current on human beings and livestock", Publikation IEC 479-1 der International Electrotechnical Commission, 1994).

Die lokale, im Gewebe freigesetzte Wärmeenergie steigt mit zunehmender **Stromdichte** (Stromstärke pro Fläche). Die Wahrscheinlichkeit einer lokalen thermischen Hautläsion ist daher bei kleiner Kontaktfläche höher als bei großflächiger Berührung des Leiters. Weitere Einflussgrößen sind der spezifische Widerstand des durchströmten Gewebes und die Stromflussdauer. Im Niederspannungsbereich ist die **Strommarke** der wichtigste elektrothermische Effekt. Der anfänglich hohe Widerstand der Haut sinkt schon in der ersten Sekunde nach Beginn des Stromflusses rasch ab. Wenn es dem Betroffenen nicht gelingt, sich vom spannungsführenden Gegenstand zu lösen, dann kommt es zum Durchschlag der Haut, die damit ihre Schutzfunktion weitgehend verliert.

Der elektrische Strom wurde als **„anonyme Bedrohung"** bezeichnet: Die Sinnesorgane des Menschen werden durch elektromagnetische Felder, die spannungsführende und stromdurchflossene Leiter umgeben, nicht erregt. Im Haushalt steht diese potentiell lebensbedrohliche Energieform auch dem elektrotechnischen Laien zur Verfügung. Die bekannte Tatsache, dass kurzzeitige Kontakte mit einem unter Spannung stehenden Leiter („Wischer") ohne Schaden überlebt werden können, verleitet dazu, die tödliche Gefahr eines elektrisch ausgelösten Herzkammerflimmerns zu unterschätzen. Der im Haushalt verfügbare Wechselstrom hat eine Frequenz von 50 Hz; die Wahrscheinlichkeit der Flimmerauslösung ist bei einem Strom, dessen Richtung sich ständig ändert, wesentlich höher als bei Einwirkung von Gleichstrom.

Die meisten Stromunfälle kommen durch **Erdschluss** zustande: Der Körper fungiert als Verbindung zwischen einer Phase (spannungsführender Leiter) und Erde. Wenn die Berührungsspannung vorgegeben ist (z.B. 220 V), wird der im Körper fließende Strom durch den Außenwiderstand limitiert; dieser setzt sich aus dem Übergangswiderstand (zwischen Körper und Erde) und dem Körperwiderstand zusammen. Bei Durchströmungen gegen Erde hängt der **Übergangswiderstand** von der Kleidung (vor allem Schuhsohlen) und vom isolierenden Effekt der Unterlage (Bodenbeschaffenheit) ab. Der **Körperwiderstand** wird hauptsächlich durch den Hautwiderstand an den Kontaktstellen bestimmt; der Körperinnenwiderstand ist vergleichsweise gering.

Der **Hautwiderstand** steigt mit zunehmender Dicke der Hornschicht. Eine Befeuchtung (z.B. mit Schweiß, Waschlauge, Badewasser etc.) senkt den Hautwiderstand ganz wesentlich. Die Schweißsekretion ist bei körperlicher Arbeit und hoher Umgebungstemperatur besonders stark; eine zusätzlich vorhandene Wasserdampfsättigung der Luft (in Feuchträumen) verhindert die Schweißabdunstung und erhöht damit die Gefährlichkeit eines Leiterkontakts.

Die Wahrscheinlichkeit des Auftretens von Strommarken, also von elektrothermischen Hautläsionen durch die lokal entstehende Joule'sche Wärme, wird mit steigender Stromdichte (an der Kontaktstelle) und mit zunehmender Stromflussdauer größer. Selbst nach einem tödlichen Elektrotrauma müssen jedoch keine Strommarken zurückbleiben, wenn die Kontaktfläche groß und der Hautwiderstand gering ist (z.B. beim Stromtod in der Badewanne). Man schätzt, dass in etwa 30 % aller tödlichen Niederspannungsunfälle keine Strommarke an der Körperoberfläche erkennbar ist. Umgekehrt können aber überlebende Opfer deutliche Strommarken in Form von zweit- und drittgradigen Verbrennungen davontragen.

Im Niederspannungsbereich zählen Isolationsmängel an elektrischen Betriebsmitteln, Anschlüssen und Verlängerungskabeln zu den besonders häufigen **Unfallursachen.** Ein Vorkommensschwerpunkt sind Feuchträume (Badezimmer), wo auch intakte (gegen Berührung von spannungsführenden Teilen geschützte) Geräte zum Ausgangspunkt von Fehlerströmen werden, z.B. wenn ein Haarföhn, ein Heizstrahler oder ein Radioapparat in die mit Wasser gefüllte (und geerdete) Badewanne hineinfällt oder gewollterweise dorthin verbracht wird (bei Suiziden bzw. Fremdtötungen).

Suizide unter Anwendung von Elektrizität sind trotz der einfachen Verfügbarkeit von Stromquellen sehr selten, wenn man von der bereits erwähnten Begehung in wassergefüllten Badewannen absieht. In den übrigen Fällen erfolgt die Strombeibringung typischerweise über blanke Elektrokabel, die an verschiedenen Körperstellen (Handgelenke, Sprunggelenke, Finger, Zehen, Rumpf, Hals, Kopf) befestigt sein können, wobei manchmal Zeitschaltuhren zur Auslösung des Stromflusses eingesetzt werden. Wenn die Elektroden im Genital- und/oder Analbereich angebracht sind, muss an einen Unfall bei autoerotischer Betätigung gedacht werden.

Eine der wesentlichsten Voraussetzungen für die Erkennung letal verlaufener Niederspannungsunfälle ist die sorgfältige Vornahme der **Leichenschau.** Wenn nach dem Leichenbefund oder nach der Auffindesituation die Möglichkeit einer prämortalen Stromeinwirkung gegeben ist, sollte unbedingt eine autoptische Abklärung angestrebt werden. Schon die **Symptome** und **Umstände**, unter denen der Tod eingetreten ist, können auf einen Stromunfall hindeuten: tetanische Verkrampfung der Muskulatur, „Hängenbleiben" an einem von der Hand umfassten Leiter, plötzliches Aufschreien mit nachfolgendem Bewusstseinsverlust und Pulslosigkeit, terminales Zusammenbrechen bei Berührung eines Elektrogerätes oder -anschlusses, Totauffindung in der Nähe von Stromquellen etc.

Die Beurteilung von Todesfällen in der **Badewanne** ist besonders schwierig und verantwortungsvoll. Wenn autoptisch

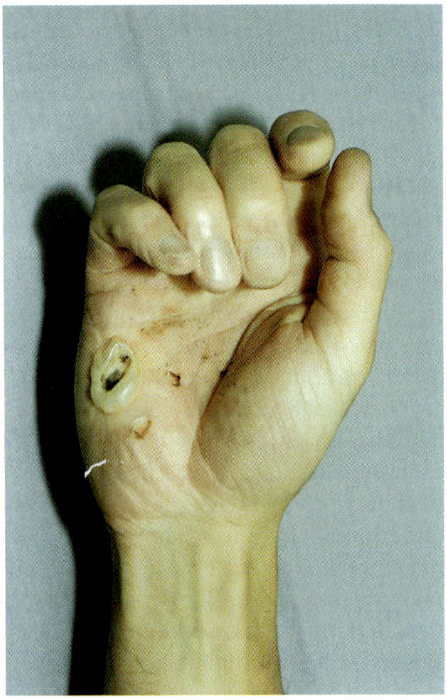

■ Abb. 3.99. Rechte Hand eines 57-jährigen Mannes mit geformten Strommarken am Hypothenar (tödlicher Unfall infolge fehlerhafter Anbringung eines Kupplungssteckers am geräteseitigen Ende eines Verlängerungskabels)

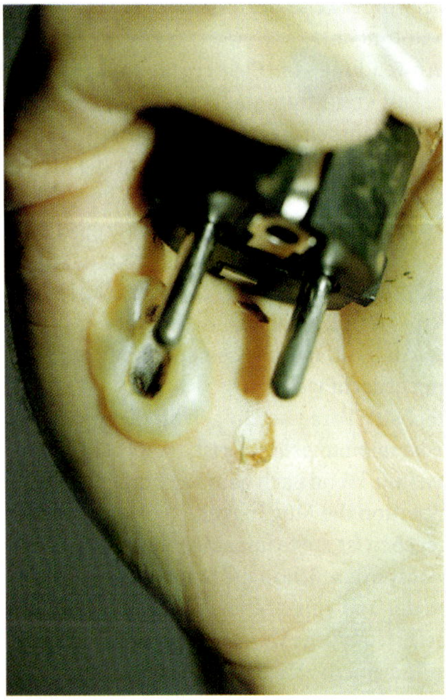

■ Abb. 3.100. Rekonstruktion des Kontaktes zwischen Hand und Stecker

fassbare Residuen einer elektrischen Einwirkung (Strommarken) fehlen, kann die Diagnose „Stromtod" oft nur per exclusionem und unter Bezugnahme auf den elektrotechnischen Befund gestellt werden. Aus kriminalistischer Sicht stellt sich in solchen Fällen die Frage, ob die elektrische Durchströmung in der Badewanne als Unfall, Suizid oder Tötungsdelikt zu interpretieren ist.

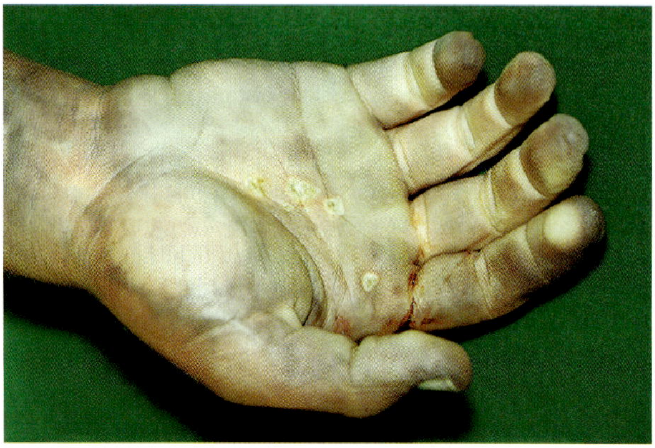

■ Abb. 3.101. Linsengroße Strommarken an der Hohlhand eines 33-jährigen Mannes (tödlicher Unfall beim Hantieren mit einer elektrischen Wasserpumpe; 220 V)

Das wichtigste Kennzeichen eines stattgehabten Elektrotraumas ist zweifellos die **Strommarke.** Ihr Erscheinungsbild entspricht dem einer lokalen Verbrennung 2.–4. Grades, verursacht durch Joule'sche Wärme bei der Durchströmung der Haut, deren elektrischer Widerstand in trockenem Zustand und an stark verhornten Stellen relativ hoch ist (40–100 $k\Omega \cdot cm^2$). Die Morphologie der Strommarke unterliegt zahlreichen modifizierenden Einflüssen: Form und Oberflächenrelief des elektrischen Leiters, Stromdichte, Kontaktdauer, Hautwiderstand (abhängig vom Ausmaß der Verhornung und von einer etwaigen Befeuchtung). Unter besonderen Umständen kann es zu einer formgetreuen Abprägung des elektrischen Leiters durch Ausbildung einer kongruenten Strommarke kommen (■ Abb. 3.99+3.100). Die Strommarken sind grundsätzlich an den Kontaktstellen des elektrischen Leiters bzw. an den Stromübertrittsstellen gegen Erde lokalisiert. Am häufigsten sind die Hände betroffen (■ Abb. 3.101).

An der stark verhornten Leistenhaut (Palma manus, Planta pedis) imponieren die Strommarken **makroskopisch** als grauweiße („alabasterfarbene", „porzellanfarbene"), wallartige Erhabenheiten – die örtliche Aufwerfung ist durch Gasblasen („Hitzewaben") in der Epidermis bedingt – mit gelbbraunen bis schwarz verkohlten Anteilen (■ Abb. 3.102); bei überlebenden Opfern können sich schon nach kurzer Zeit flüssigkeitsgefüllte Brandblasen bilden. Die dünnschichtig verhornte Felderhaut zeigt demgegenüber im Kontaktbereich meist uncharakteristische Epidermisläsionen, die postmortal oft nur als braune Vertrocknungen imponieren.

Bei der **histologischen Untersuchung** von Strommarken findet man typischerweise eine büschelförmige Elongation der basalen Epidermiszellen („Palisadenstellung", „ziegenbartförmige Ausziehung"; ■ Abb. 3.103) in Kombination mit Hitzewaben (Gasblasen in der Epidermis, vor allem im Stratum cor-

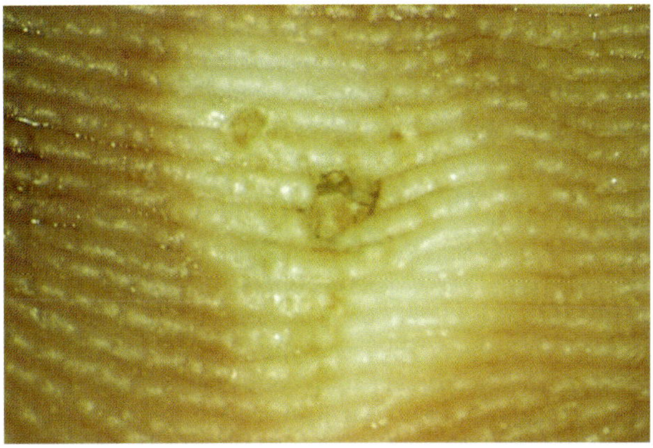

Abb. 3.102. Detail einer porzellanfarbenen Strommarke (dickschichtig verhornte Haut der Palma manus)

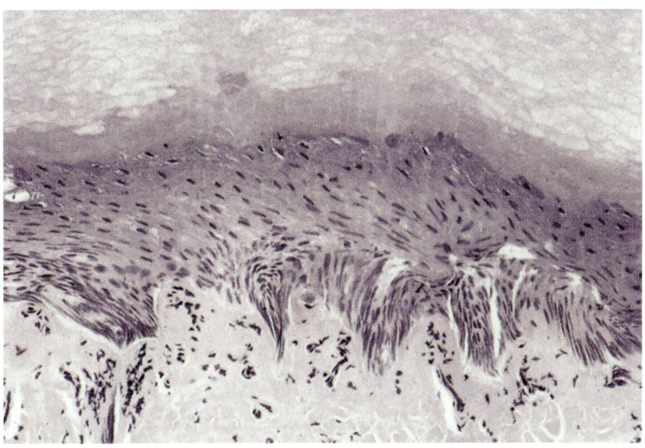

Abb. 3.103. Epidermisveränderungen im Bereich einer Strommarke (Palmarhaut): büschelförmige Elongation und Palisadenstellung der Basalzellen (HE-Färbung)

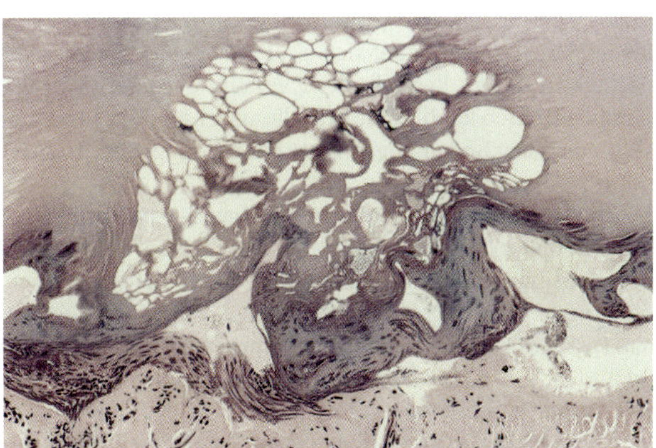

Abb. 3.104. Epidermale „Hitzewaben" als histologisches Korrelat der Blasenbildung (Strommarke in der Palmarhaut, HE-Färbung)

neum; Abb. 3.104). Die Abgrenzung von nichtelektrisch verursachten Verbrennungen kann schwierig sein; bezeichnend für Strommarken ist die Inhomogenität der thermischen Gewebsschädigung (in Abhängigkeit vom strukturell unterschiedlichen Widerstandsverhalten: z.B. gute Leitfähigkeit entlang der Schweißdrüsenausführungsgänge). Ablagerungen des Leitermetalls im Strommarkenbereich („Metallisation") lassen sich histochemisch oder mittels Atomabsorptionsspektrometrie (AAS) nachweisen. Elektrothermische Verbrennungen können prinzipiell auch postmortal erzeugt werden, sind also – für sich allein betrachtet – kein sicherer Beweis für eine intravitale, todesursächliche Stromeinwirkung.

Die **inneren Befunde** sind beim Stromtod im Allgemeinen unspezifisch. Wegen der aufgezeigten diagnostischen Schwierigkeiten sollte unbedingt in jedem Verdachtsfall eine sorgfältige elektrotechnische Untersuchung des Sterbeortes hinsichtlich möglicher Fehlerstromquellen und Leiterkontakte veranlasst werden.

3.10.2 Stromwirkungen im Hochspannungsbereich

Im Gegensatz zur Niederspannung ist bei Einwirkung hochgespannter Elektrizität auch mit Spättodesfällen zu rechnen. Allerdings versterben etwa 4/5 der Opfer noch an der Unfallstelle, zumeist an Herzrhythmusstörungen (Kammerflimmern). Die Überlebenszeit der Übrigen variiert in Abhängigkeit vom Grad und von der Ausdehnung der erlittenen Verbrennungen.

Mitunter wird die Meinung vertreten, dass die durch Hochspannung verursachten Todesfälle stets leicht zu erkennen seien. Die große Formenvielfalt der **Strommarken** und ihre multifaktorielle Bedingtheit können aber dazu führen, dass selbst die Spuren hochgespannter Elektrizität unerkannt bleiben oder falsch interpretiert werden. Bei kurzem, innigem Kontakt und niedrigem Hautwiderstand können die durch Hochspannung erzeugten Strommarken jenen im Niederspannungsbereich gleichen und sogar übersehen werden (besonders dann, wenn sie an den üblicherweise bekleideten Füßen lokalisiert sind). Typischerweise sind aber neben porzellanfarbenen und verkohlten Anteilen auch kraterförmige Durchschlagsstellen vorhanden (Abb. 3.105). Häufig weichen die elektrothermischen Hautläsionen in Größe und Aussehen von den modellhaften Strommarken ab.

In etwa der Hälfte aller tödlich ausgehenden Hochspannungsunfälle bestimmen großflächige **Verbrennungen** das Erscheinungsbild. Meist beruhen diese auf der Einbeziehung des Körpers in einen **Lichtbogen**: Bei Annäherung an einen unter hoher Spannung stehenden elektrischen Leiter kann es auch ohne Berührung durch Überschlag zu einem Stromübergang kommen. Im Kernbereich des Lichtbogens liegen Temperaturen von einigen tausend Grad Celsius vor. Bei einer Spannung von 20 kV beträgt die Überschlagsentfernung etwa 6 mm, bei 100 kV bereits 35 mm. Neben den im Einwirkungsbereich entstehenden, meist drittgradigen Verbrennungen findet man oft Versengungen der Kopfhaare sowie der Augenbrauen, Wimpern und Barthaare. Lichtbogenentladungen gehen manchmal mit einer makroskopisch sichtbaren, meist grauschwarzen Aufdampfung

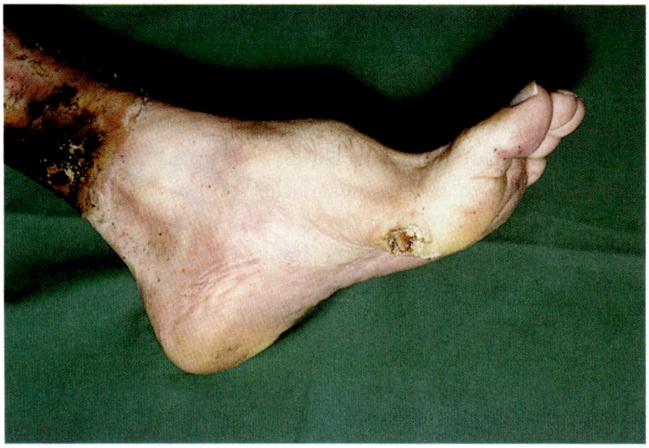

Abb. 3.105. Distaler Unterschenkel und Fuß eines 44-jährigen Mannes, der bei Malerarbeiten in einer Trafostation tödlich verunglückte (Hochspannungsunfall, 20 kV). 3.- und 4.-gradige Verbrennung des Unterschenkels bis zum Oberrand der ursprünglich getragenen Schuhe, kraterförmige Strommarke am Großzehenballen

von Leitermaterial („Metallisation") an exponierten Körperpartien einher.

Die Häufigkeit mechanischer **Folgetraumen** ist bei Hochspannungsunfällen naturgemäß besonders groß. Die Kontaktmöglichkeiten sind – anders als bei Haushaltsspannung – im Wesentlichen auf Freileitungen, Fahrdrähte der Bahn, Transformatoren und Umspannwerke beschränkt. Der Stromübertritt findet daher oft mehrere Meter über dem Umgebungsniveau statt, so dass nachfolgende Stürze zu schweren Sekundärverletzungen führen können. Sie stellen mitunter sogar die unmittelbare Todesursache dar. Da Strommarken bei flüchtigem Leiterkontakt nur sehr gering ausgeprägt zu sein brauchen, sollten tödliche Arbeitsunfälle mit Sturzverletzungen stets den Verdacht einer vorherigen Stromeinwirkung nahe legen.

Im Gesicht sind Verbrennungen und etwaige Metallisationen nach Lichtbogeneinwirkung oft entlang der Hautfalten nach Art von „Krähenfüßen" ausgespart. Während man früher Krähenfüße als ein vitales Zeichen – verursacht durch Zusammenkneifen der mimischen Muskulatur – interpretierte, wird heute auch eine direkte (elektrisch induzierte) Muskelkontraktion und damit eine potentiell supravitale Entstehung diskutiert. Nicht selten findet man nach tödlichen Hoch- und Niederspannungseinwirkungen punktförmige Blutungen in den Konjunktiven, in der Gesichtshaut und in den Schleimhäuten des oberen Respirationstraktes, manchmal in Kombination mit subepikardialen und subpleuralen Blutungen. Einige Autoren haben diese Zeichen im Sinne einer „elektrischen Asphyxie" gedeutet. Als mögliche Ursachen werden eine tetanische Verkrampfung der Atemmuskulatur mit daraus resultierender intrathorakaler Drucksteigerung und ein starker Anstieg des arteriellen Blutdrucks in Verbindung mit massiver venöser Stauung diskutiert.

Bei **langem Stromfluss** durch den Körper stehen die direkten und indirekten Verbrennungsfolgen im Vordergrund. Die Erscheinungen reichen von ausgedehnten Verkohlungen über eine Verkochung der Muskulatur bis zur Aufsprengung von Gelenken. Bei Kontakt mit Leiterseilen wurden auch elektrothermische Gewebsdurchschneidungen mit Abtrennung von Kopf, Rumpf und Gliedmaßenteilen beobachtet. Im Einwirkungsbereich von Lichtbögen können sich an Knochen sog. Schmelzperlen bilden.

Bei den Todesfällen durch hochgespannte Elektrizität handelt es sich ganz überwiegend um **Unfälle**; die Opfer sind mehrheitlich Männer, die bei berufsbezogenen Arbeiten verunglückten (z.B. beim Bedienen von Kränen und anderen hochragenden Baumaschinen), in Umspannwerken oder Transformatorstationen sowie auf Bahnanlagen mit elektrischen Fahrleitungen. Auch eine zufällige Berührung der Freileitung mit einem langen, metallischen Gegenstand (z.B. bei der Obsternte) ist möglich. Mitunter erklettern Personen aus Leichtsinn oder im Rahmen von Mutproben abgestellte Eisenbahnwaggons oder Gittermaste von Hochspannungsleitungen. Sehr selten werden auch Suizide durch Besteigen eines Hochspannungsmastes und bewusste Annäherung an Leiterseile verübt; eine zweite Begehungsvariante besteht darin, dass vom Boden aus ein Draht, an dessen Ende ein Stein o.Ä. befestigt ist, über eine Fahr- oder Freileitung geworfen wird.

3.10.3 Blitzschlag (Fulguration)

Der Blitz ist ein Ausdruck „**kosmischer Elektrizität**" und beruht auf einer stromstarken Entladung zwischen Wolken und Erdboden, wobei Spannungen von einigen Millionen Volt gemessen wurden. Im Verlauf der Hauptentladung mit der dort extrem hohen Stromstärke kommt es infolge Erhitzung zu einer explosionsartigen Ausdehnung der Luft; in feuchten Materialien wie Baumstämmen verdampft das Wasser entlang der Blitzbahn, so dass hochgespannter Dampf entsteht, der entsprechende mechanische Schädigungen verursacht. In der Nachbarschaft von Blitzeinschlagstellen bildet sich ein so genannter Spannungstrichter, in dessen Bereich die Spannung peripherwärts abnimmt. Dadurch kann in Schrittstellung der Beine die Potentialdifferenz am Boden abgegriffen werden (sog. **Schrittspannung**).

Die **Letalität** von Blitzunfällen beträgt 30–40 %. Bei überlebenden Opfern bestehen häufig Verbrennungen, Lähmungen oder Sensibilitätsstörungen. Bei tödlichen Verläufen stellt sich die Frage, welche der vitalen Funktionen als erste ausgesetzt hat. Diskutiert wird einerseits eine zentrale Atemlähmung mit sekundärem Kreislaufstillstand, andererseits ein primäres Herzkammerflimmern.

Die kriminalistische Bedeutung der Blitzbefunde wird durch die mannigfaltigen Möglichkeiten der Fehlinterpretation unterstrichen. So kann die Abwesenheit auffallender Verbrennungen zur irrtümlichen Annahme eines natürlichen Todes verleiten. Mitunter erweckt die Auffindungssituation den Anschein eines Tötungsdeliktes (zerrissene Kleidung, mechanische Begleitverletzungen).

■ Abb. 3.106. Schuh eines Blitzunfallopfers (Unterseite): punktförmige Durchlöcherung der Innensohle, Zerreißung und partieller Verlust der Gummisohle an der „Blitzabsprungstelle"

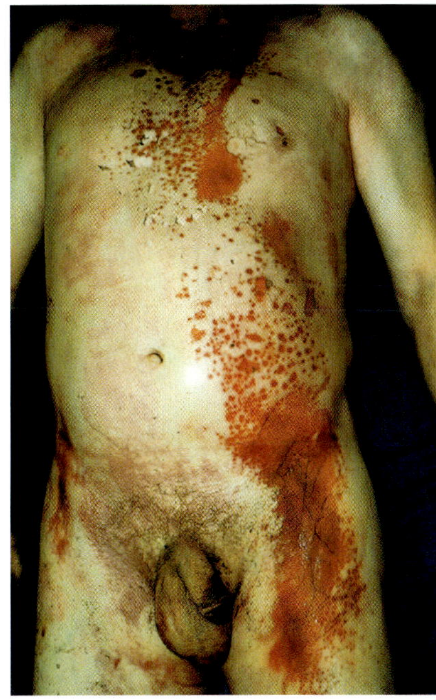

■ Abb. 3.107. Diskontinuierliche, braun vertrocknete Verbrennung bei einem getöteten Blitzschlagopfer

Die **Kleiderbefunde** umfassen ein breites Spektrum mechanischer und thermischer Veränderungen. Gruppierte Lückenbildungen zählen zu den typischen Folgen einer Blitzeinwirkung („schrotschussartige" Beschädigungen). An den metallischen Bestandteilen der Opferbekleidung (Schnallen, Druckknöpfe etc.) sowie an Uhren und Schmuckstücken können kleine Schmelzungen nachgewiesen werden; an den Schuhen zeigen sich punktförmige Durchlöcherungen oder umschriebene Zerreißungen in der Sohle (■ Abb. 3.106) bzw. im benachbarten Oberleder (ähnlich wie bei Hochspannungsunfällen). An Kunstfasertextilien findet man neben uncharakteristischen Zerreißungen auch Hitzeveränderungen mit lokaler Verhärtung und Einrollung der Ränder sowie mikroskopisch fassbaren Schmelzeffekten (kolbige Auftreibungen der Faserenden).

Die Auftreffstelle des Blitzes liegt bei den tödlich verletzten Opfern typischerweise in der Scheitelregion; die Kopfhaare sind dort angesengt („fuchsrote" Verfärbung, Kräuselung und kolbenartige Verdickung der Enden). Großflächige **Verbrennungen** der Körperoberfläche sind möglich, aber keineswegs obligat. Ihr Ausbleiben lässt sich damit erklären, dass der Blitzstrom überwiegend extrakorporal abgeleitet wird. Die Entladung hinterlässt häufig an der Körperoberfläche eine mehrfach unterbrochene „Blitzstraße" (■ Abb. 3.107) mit Verbrennung der Haut und ihrer Anhangsgebilde (z.B. Augenbrauen, Wimpern, Scham- und Körperhaare).

An den bodennahen Absprungstellen finden sich häufig umschriebene Hautverbrennungen, die aspektmäßig den Stromübertrittsstellen bei Einwirkung technischer Elektrizität gleichen. Dort, wo metallische Gegenstände wie Halsketten, Uhren und Gürtelschnallen der Haut aufliegen, entstehen so genannte Kontaktverbrennungen, die häufig von Metallisationseffekten begleitet sind. Diese können auch in der Umgebung der Kontaktverbrennung zu einem flächenhaften Niederschlag („Materialanflug") auf ungeschädigter Haut führen.

Der bekannteste morphologische Befund bei Blitzschlagopfern ist die so genannte **Blitzfigur** (■ Abb. 3.108): Es handelt sich um dendritisch verästelte Hautrötungen, die auf einer lokalen Hyperämie beruhen (nicht auf intra- oder subkutanen Blutextravasaten!) und mit zunehmender Leichenliegedauer abblassen bzw. verschwinden. Histologisch findet man im Verlauf der Blitzfiguren eine Erweiterung der kleinen Gefäße im Korium, manchmal in Kombination mit einer Elongation und einer Palisadenstellung der basalen Epidermiszellen.

3.11 Verhungern

B. Madea, S. Banaschak

Weltweit stellt das Verhungern nach wie vor eine häufige Todesursache dar. Dem Verhungern geht bei exogenem Nahrungsmangel das Bild der Kachexie voraus, das freilich auch endogene Ursachen haben kann, die differentialdiagnostisch abzugrenzen sind (■ Abb. 3.109). Der tägliche Kalorienbedarf des Menschen über den Grundumsatz hinaus hängt insbesondere von der körperlichen Aktivität ab. Unterschreitet die Kalo-

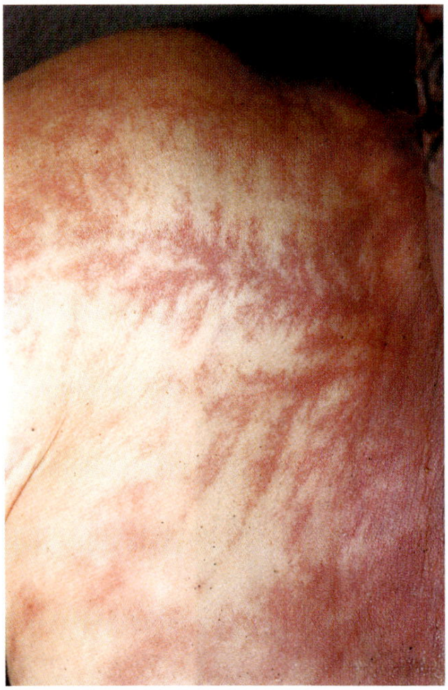

Abb. 3.108. Arborisiertes Erythem („Blitzfigur") an der rechten vorderen Brustwand eines Blitzschlagopfers

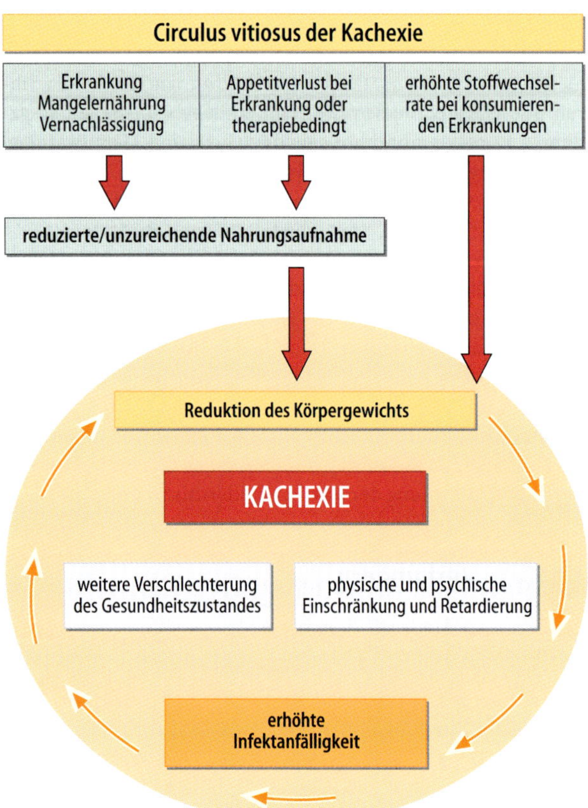

Abb. 3.109. Circulus vitiosus der Kachexie

rienzufuhr den Kalorienbedarf, kommt es zu einer negativen Energiebilanz mit resultierendem Abbau von Körpersubstanz. Die entsprechenden somatischen Folgen sind in Tabelle 3.32 zusammengefasst.

Infobox

Ursachen des Verhungerns

- Nahrungsverweigerung (z.B. Hungerstreik, Kranke, alte Menschen)
- Krankheitsbedingte Unmöglichkeit der Nahrungsaufnahme (zum Beispiel bei Ösophaguskarzinom)
- Konsumierende Erkrankungen beziehungsweise krankheitsbedingte Erhöhung des Stoffwechselumsatzes (maligne Tumoren, Infektionen – insbesondere Tuberkulose –, Schilddrüsenerkrankungen)
- Psychische Erkrankungen (Anorexia nervosa, Schizophrenie mit Angst vor Vergiftung)
- Unglücksfälle mit Verschüttung und Eingeschlossensein (zum Beispiel Bergwerksunfälle, Hauseinstürze, Erdbeben)
- Vorsätzliche oder fahrlässige Fehl- oder Mangelernährung
- Nahrungsentzug als Form der Sterbenachhilfe

Rechtliche Grundlagen

Juristisch und damit auch rechtsmedizinisch relevant sind vor allen Dingen die Fälle mit möglicher Verantwortlichkeit Dritter: Vorsätzliche oder fahrlässige Fehlernährung im Rahmen der Verletzung der Obhuts- und Aufsichtspflicht (Vernachlässigung von Kindern, Aufsichtspflichtverletzung bei psychisch Kranken, Patienten mit Anorexia nervosa, Pflegebedürftigen) von Seiten der Eltern beziehungsweise der Pflegepersonen (§ 223b StGB – Misshandlung Schutzbefohlener, § 170d StGB – Verletzung der Fürsorge- oder Erziehungspflicht), aber auch des Jugend- oder Gesundheitsamtes. Weiterhin können ärztliche, juristische und ethische Probleme im Zusammenhang mit Hungerstreiks, sowie kalorisch unzureichender Ernährung als Form des Behandlungsabbruchs entstehen.

Im Vordergrund stehen Fälle des Verhungerns von Kindern in den ersten zwei bis drei Lebensjahren (jenseits des 3. Lebensjahres begrenzte Selbstversorgungsmöglichkeiten), die von alkohol- und drogenabhängigen Eltern nicht versorgt, beziehungsweise längere Zeit unversorgt alleine gelassen werden, teilweise im Bewusstsein, sie einer tödlichen Gefahr auszusetzen.

Fallbeispiel

In einer ungeheizten und verwahrlosten Wohnung werden ein toter 3 Monate alt gewordener Säugling und ein unterkühltes Kleinkind aufgefunden. Die Mutter habe zwei Wochen zuvor die Wohnung verlassen und in einem Hotel gewohnt. Die Körperlänge des Säuglings betrug 93 % in Bezug auf den Erwartungswert, das Gewicht in Bezug auf das Erwartungsgewicht bei der aktuellen Größe 57 % (nach der Waterlow-Klassifikation, s. unten).

Tabelle 3.32. Schematische Darstellung der exogenen Inanition

Ursache	Vorgänge und Folgen biochemisch	morphologisch	Bezeichnung
Absoluter oder relativer exogener Nahrungsmangel oder falsche Nahrungszusammensetzung	Pathogenetische Vorgänge bei Inanition Entleerung der Speicher	Sichtbarer Ausdruck des Nahrungsmangels Submikroskopische und mikroskopische Strukturänderungen der Zellen	Hungeratrophie
	Erschöpfung der Reserven	Inanitionsatrophie	
	Biochemische Alteration Funktionelle Störung Störung der Regulationen Zusammenbruch der Regulationen Tod	Alimentäre Dystrophie	Hungerkrankheit a) trockene Form b) feuchte Form Ödemkrankheit

Pathophysiologie des Hungerns

Die pathophysiologischen Abläufe bei Hungerzuständen umfassen in der zeitlichen Abfolge folgende Phasen:

- Glykogenverbrauch, Blockade der Glukoseaufnahme durch Muskulatur und Fettgewebe; Ziel: Sicherstellung des Glukosebedarfs des Gehirns, Dauer ca. 18 Stunden
- Glukoneogenese durch Proteolyse (100 g Glukose erfordern 200 g Protein); negative Stickstoffbilanz; Dauer ca. 2–3 Wochen
- Nach 2–3 Wochen Lipolyse und Ketogenese

Der Gesamtstoffwechsel ist während des Hungerns herabgesetzt, der Grundumsatz erniedrigt, die Körpertemperatur 0,5 °–1 °Celsius unterhalb des Normbereiches. Typischerweise kann beim Hungern Aceton im Urin nachgewiesen werden. Klinisch werden folgende Phasen des Hungerns unterschieden:

- 1. Phase: Verlust des subjektiven Wohlbefindens (Konzentrationsprobleme, Störungen des Gedächtnisses, Verlangsamung des Denkens, der Reaktion und der Bewegungen, schnelle Ermüdbarkeit, Hungergefühl, Schlafbedürfnis),
- 2. Phase: Verschwinden des Hungergefühls, starker Gewichtsverlust mit aggressiver Schwäche, Apathie, Hypotonie, Bradykardie, Hyperthermie, Herabsetzung des Grundumsatzes,
- 3. Phase: extreme Lethargie, mentale Retardierung und Hungerödeme.

Die mögliche Zeitdauer des Hungerns bis zum Todeseintritt ist variabel und hängt von zahlreichen Faktoren ab: Alter, Ernährungszustand, Flüssigkeitszufuhr, Umgebungstemperatur. Bei vollständigem Nahrungs- und Flüssigkeitsentzug tritt der Tod nach 8–21 Tagen ein (bei Neugeborenen und Kindern unter Umständen wesentlich schneller), bei alleinigem Nahrungsentzug nach ca. 60 Tagen. Nach einem Bericht über letale Hungerstreiks organgesunder junger Männer trat der Tod im Mittel nach 61,6 +/- 2,5 Tagen ein.

Tod durch Verhungern

Die Diagnose des Todes durch Verhungern ergibt sich prima facie aus Umständen und Befunden; sie wird beweiskräftig durch den Ausschluss anderer Todesursachen und durch umfangreiche histologische und toxikologische Untersuchungen. Insbesondere ist auf konsumierende Prozesse als Ursache oder Komplikation (Tbc) einer Kachexie zu achten, bei Kindern darüber hinaus auf kongenitale Vitien, Malabsorptions- und Malassimilationssyndrome.

Aufgrund der gestörten Resistenz können komplizierend interkurrente Erkrankungen (insbesondere Infektionen, Diarrhöen, Tuberkulose) auftreten, die bei Unterernährung häufig atypisch verlaufen und daher auch schwieriger zu erkennen sind.

Typische pathologisch-anatomische Befunde des Verhungerns

- Massiver Gewichtsverlust, bei Kindern bei chronischem Nahrungsmangel zusätzlich Wachstumsretardierung (Abb. 3.110)
- Vollständiger Schwund des Unterhautfettgewebes sowie des Fettgewebes des großen Netzes; eventuell gallertige Umwandlung von Fettgewebsresten
- Atrophie innerer Organe, endokriner Drüsen und des lymphatischen Gewebes
- Atrophie der Muskulatur
- Kontrahierter Magen-Darm-Trakt bis auf galligen Schleim beziehungsweise wenig Kot (Schleim, Galle, Epithelien) leer, verdünnte Darmwände, zur Ernährung ungeeignete Substanzen im Darm, Kotsteine
- Prallgefüllte Gallenblase

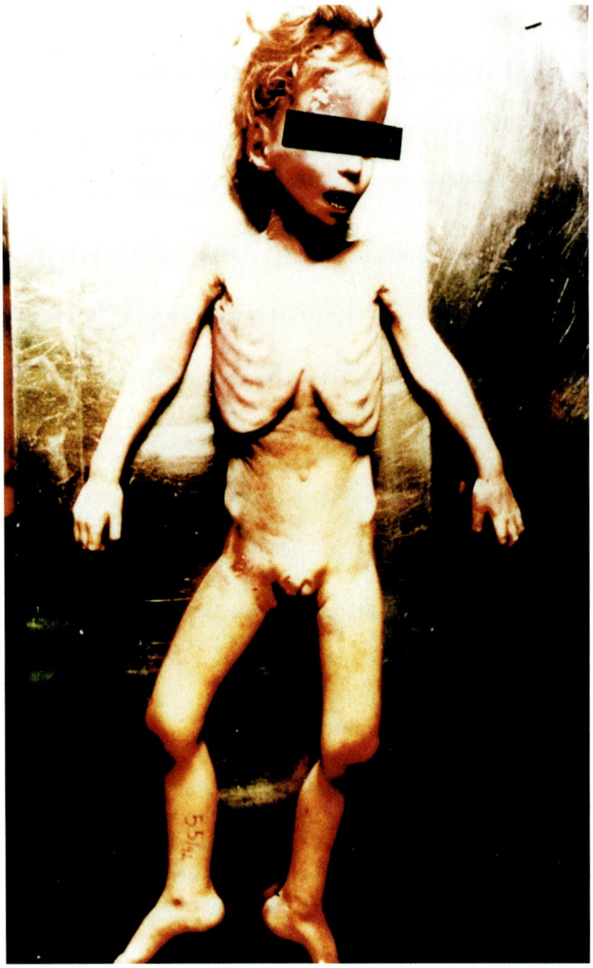

Abb. 3.110. 2,5 Jahre alt gewordenes Kind. Todesursache: Verhungern in Kombination mit Exsikkose

Zum Zeitpunkt des Todeseintritts ist in der Regel ein Gewichtsverlust von 30–40 % des ursprünglichen Körpergewichtes eingetreten, die Organgewichte (mit Ausnahme des Gehirns) nehmen in der Regel in der gleichen Größenordnung ab.

Chronische Unterernährung bei Kindern

Zur Graduierung und Quantifizierung chronischer Mangelernährung wurden in der Pädiatrie verschiedene Klassifikationen entwickelt, die auf der Basis anthropometrischer Daten eine rasche Einschätzung des Zustandes eines unterernährten Kindes erlauben und, wenn klinische Daten vorliegen, neben einer Verlaufseinschätzung auch für die Differenzierung akute/chronische Mangelernährung hilfreich sind (Tabelle 3.33). Eine Protein-Energie-Malnutrition (PEM) umfasst Folgezustände unzureichender Energie- und meist auch Proteinzufuhr mit der Folge mangelnder Gewichtszunahme, konsekutivem Untergewicht, bei chronischem Bestehen mangelnder Längenentwicklung mit Kleinwuchs. Zur Einteilung einer PEM nach Schweregraden wurden verschiedene Klassifikationssysteme entwickelt, von denen insbesondere die Waterlow-Klassifikation von rechtsmedizinischer Relevanz ist, da sich aus den anthropometrischen Daten unmittelbar eine Klassifizierung des Schweregrades der Unterernährung ergibt (Tabelle 3.34). Entsprechend der Klassifikation von Walterlow, und damit gewonnener praktischer Erfahrung, gilt das Wachstumsdefizit („stunting") als Maß für chronische Unterernährung (Retardierung), das Gewichtsdefizit (bezogen auf den Erwartungswert für die reale Körpergröße) als Maß für die akute Unterernährung („wasting"). Mit beiden Kriterien werden also unterschiedliche Sachverhalte gemessen, was sich für die praktische Begutachtung als hilfreich erweist. Als weiterer Vorteil ergibt sich, dass das reale Gewicht nicht an altersspezifischen Referenzwerten, sondern am Erwartungswert für die reale Körpergröße – also altersunabhängig – beurteilt wird.

In foro wird immer wieder die Frage nach der Erkennbarkeit des Zustandes (der Unterernährung, der Lebensgefährlichkeit) einige Zeit vor Todeseintritt aufgeworfen. Wenn die Erkennbarkeit der Unterernährung einige Zeit (Tage bis wenige Wochen) vor Todeseintritt zur Diskussion steht (etwa zur Beantwortung der Frage, ob die Eltern oder Mitarbeiter der Sozialbehörden ärztliche Hilfe hätten holen müssen), kann unter der Annahme vollständiger Nahrungskarenz und einer dadurch bedingten Gewichtsabnahme von 0,7–1 % des Körpergewichtes pro Tag auf den in Frage kommenden Zeitpunkt extrapoliert werden. Das Körpergewicht in Prozent des auf die Körpergröße bezogenen Sollgewichtes veranschaulicht nach der Waterlow-Klassifikation den Grad der akuten Unterernährung. Da insbesondere bei chronischer Unterernährung in der Regel keine vollständige Nahrungskarenz vorlag, ist von niedrigeren Ausgangsgewichten für den in Frage stehenden Zeitpunkt auszugehen.

3.12 Kindestötungen

B. Madea, R. Dettmeyer

Im Vergleich zur Tätigkeit eines Gerichtsarztes vor 100 Jahren sind heute Fälle von Kindestötung oder Neugeborenensektionen zur Abgrenzung von Kindestötung, intrauterinem Fruchttod oder natürlichem Tod vergleichsweise selten. In der peinlichen Halsgerichtsordnung Kaiser Karls V. war die Kindestötung mit drakonischen Strafen belegt (zum Beispiel „lebendig Begraben"), später wurde sie gegenüber der vorsätzlichen Tötung privilegiert. § 217 StGB in der früheren Fassung lautete:

§ 217 Kindestötung

„(1) Eine Mutter, welche ihr nichteheliches Kind in oder gleich nach der Geburt tötet, wird mit Freiheitsstrafe nicht unter drei Jahren bestraft.
(2) In minderschweren Fällen ist die Freiheitsstrafe von 6 Monaten bis zu 5 Jahren."

Tabelle 3.33. Klassifikationen zur Graduierung einer Protein-Energie-Malnutrition

Wellcome-System zur Klassifizierung der PEM		
Gewicht, bezogen auf Alter (% des Referenzwertes)	ohne Ödeme	mit Ödemen
60–80 %	Unterernährung	Kwashiorkor
< 60 %	Marasmus	marantischer Kwashiorkor
Gomez-Klassifikation		
Gewicht, bezogen auf Alter (% des Referenzwertes)		
90–110	normal	
75–89	Grad I – Unterernährung (mild)	
60–74	Grad II – Unterernährung (mäßig)	
< 60	Grad III – Unterernährung (schwer)	

Tabelle 3.34. Einschätzung des Ernährungszustandes nach der Waterlow-Klassifikation

Retardierung (chronisch)				
Grad	0 (normal)	1 (mild)	2 (mäßig)	3 (schwer)
Größe in % des altersbezogenen Erwartungswertes	> 95	95–87,5	87,5–80	< 80
Unterernährung (akut)				
Grad	0 (normal)	1 (mild)	2 (mäßig)	3 (schwer)
Gewicht in % des Erwartungswertes für die aktuelle Größe	> 90	90–80	80–70	< 70

Mit dem am 01.04.1998 in Kraft getretenen 6. Strafrechtsreformgesetz ist der § 217 alter Fassung schließlich entfallen, da er in der forensischen Praxis kaum Anwendung fand, aufgrund der ausschließlichen Privilegierung von Müttern nichtehelicher Kinder verfassungsrechtlich problematisch war und vor allen Dingen die Privilegierung der Mütter nichtehelicher Kinder nicht mehr zeitgemäß erschien.

Psychologie der Kindestötung

Bei den Kindesmüttern, die ihr Neugeborenes in oder gleich nach der Geburt töten, handelt es sich meist um sehr junge Frauen, die entweder alleine oder noch zu Hause im Elternhaus wohnen. In der Regel sind die Mütter zwischen 16 und 38 Jahre alt, wobei ca. 90 % 25 Jahre und jünger sind. Weniger als 20 % sind verheiratet. Meist wird das Bestehen einer Schwangerschaft über den ganzen Zeitraum hinweg geleugnet, abgestritten, negiert und sogar verdrängt. Selbst engste Familienangehörige oder der Freund wissen von einer bestehenden Schwangerschaft nichts. Einsetzende Geburtswehen treffen die Kindesmütter völlig unvorbereitet. Die Kindestöterin wird als passiv, infantil, unreif und gemütskalt beschrieben. Immer wieder sind jedoch auch Neugeborenentötungen bei älteren, verheirateten Frauen mit bereits mehreren Kindern zu beobachten.

3.12.1 Rechtsmedizinische Untersuchung und Begutachtung

Gegenstand rechtsmedizinischer Untersuchungen bei Verdacht auf Kindestötung ist in der Regel das Neugeborene als Objekt eines möglichen Verbrechens. An tatverdächtigen Frauen sind folgende Fragestellungen forensisch relevant:

- Diagnose des Wochenbettes beziehungsweise der kürzlich erfolgten Geburt und
- Zeiteingrenzung, wann die Geburt stattgefunden hat (von Bedeutung insbesondere in Relation zur Liegezeit des Kindes).

Untersuchungen an tatverdächtigen Frauen sollten regelhaft von einem Gynäkologen durchgeführt werden (Feststellung der Größe des Uterus mit Stand des Fundus uteri, Lage des Uterus

Tabelle 3.35. Fragestellungen bei Sektion eines Neugeborenen oder eines verdächtigen Abortes

Neugeborenheit	Reifezustand	Gelebthaben	Geburtsverletzungen	nat. Todesursache
Nicht gereinigt oder gesäubert von Blut, Kindspech, Käseschmiere	Körperlänge Körpergewicht Maße des Kopfes Membrana pupillaris, Ohren-, Nasenknorpel entwickelt?	Thoraxform, Hautdesquamation, Ikterus, Nabelstumpf-Demarkation **Lunge:** Röntgenaufnahme, beatmet, Schwimmprobe, Fremdinhalt in Bronchien, **Cave:** Fäulnisgase, Histologie aber nicht an Gefrierschnitten	**Sektionstechnik:** Abziehen des Periosts der Schädelknochen, Henkelkorbschnitt, Untersuchung der Halsweichteile in Blutleere Caput succedaneum, Cephalhaematom externa interna	**Krankheiten:** Hydrops foet. univ. **Lues congenita**
Nabelschnur ohne/mit vitalen Demarkationszeichen am Hautnabel ohne/mit Vertrocknungen (Pseudodemarkation) Höhe und Art der Nabelschnurabbindung Richtung der Durchtrennung (bei Vertrocknung Wässerung!)	Stelle des Nabels Hoden deszendiert? Schamlippengröße Nagellänge Lanugo Reifezustand der inneren Organe (z.B. Hirnwindungen; Knochenkerne) Gewicht der Plazenta Länge der Nabelschnur	**Magen:** Röntgenaufnahme, Gasblähung Schwimmprobe, **Cave:** Fäulnisgase, Nahrungsmittel, Fremdinhalt **Darmprobe:** Rö-Aufnahme, Gasblähung, Ausdehnung **Schwimmproben** nur nach vorheriger Unterbindung z.B. von Luftröhre und Ösophagus bzw. Duodenum, in situ Abbindung des Dünndarmes im Abstand von 20 cm, **Cave:** Fäulnisgase Kreisförmiges Umschneiden des **Afters** zur Darstellung des verschließenden Schleimpfropfes Abgang von **Kindspech**, Ausmaß der Entleerung von Kindspech **Paukenhöhlen:** Gas, Blut, Fremdinhalt **Harnblase:** gefüllt/leer	Verformung des Kopfes Verschiebung der Schädelknochen Schädelbrüche Intrakranielle Blutungen Tentoriumrisse Blutung in die Hirnkammern Fontanelle eingesunken/vorgewölbt Primäre oder sekundäre Nebenniereneinblutungen, subkapsuläre Leberblutungen, Leberrupturen (DD: hypoxische Blutungen) Dehnungsrisse d.Haut, z.B. der Leistengegend nach innerer Wendung Brüche der Extremitätenknochen **Probleme:** Verletzung am Lebenden oder am während der Geburtspassage bereits verstorbenen Körper	Pneumonia alba Osteochondritis Feuersteinleber Plazentainfarkte Ablatio placentae Placenta praevia Insertio velamentosa Retroplazentares Hämatom Mekonium im Fruchtwasser

und Weite von Portio und Cervix uteri, Zustand des Lochialsekretes, der Brüste und Mamillen). Bei der Obduktion eines Neugeborenen ist § 90 StPO zu beachten.

§ 90 StPO Neugeborenes Kind

„Bei Öffnung der Leiche eines neugeborenen Kindes ist die Untersuchung insbesondere auch darauf zu richten, ob es nach oder während der Geburt gelebt hat und ob es reif oder wenigstens fähig gewesen ist, das Leben außerhalb des Mutterleibes fortzusetzen."

Die Fragestellungen bei Sektion eines Neugeborenen oder eines verdächtigen Abortes sowie die Reifezeichen sind in Tabelle 3.35+3.36 zusammengefasst. Zu klären ist, ob es sich um ein Neugeborenes handelt, ob es reif war und ob es gelebt hat. Schließlich ist die Erhebung bzw. der Ausschluss von Geburtsverletzungen von Bedeutung (spezielle Sektionstechnik mit Korbhenkelschnitt zum Ausschluss geburtstraumatischer Schädigungen des Gehirns). Nach Möglichkeit sollten Nabelschnur und Plazenta untersucht werden.

Nachweis der Lebensfähigkeit

Typische Reifezeichen des Neugeborenen sind:

- Körpergröße ≥48 cm
- Körpergewicht ≥2.500 g
- Kopfumfang ca. 34–35 cm
- Nabelschnurlänge ca. 50 cm
- Plazentagewicht ca. 500 g
- Fingernägel überragen die Fingerkuppen, Zehennagelränder überragen die Zehenkuppen
- Lanugohaare nur noch an den Schultern
- Deszensus der Hoden, Überdecken der kleinen durch die großen Schamlippen
- Schulterbreite ≥12,5 cm
- Hüftbreite ≥9,5 cm
- Felsenbeinknochenkern ≥9,5 mm
- So genannter Beclard'scher Knochenkern (distale Femurepiphyse) ≥5 mm Durchmesser

Grundsätzlich besteht Lebensfähigkeit, wenn das Kind zum Zeitpunkt der Geburt eine Körpergröße über 35 cm aufweist, geburtsbedingte Todesursachen wie zum Beispiel intrakranielle Blutungen fehlen und keine schweren Missbildungen oder eine todesursächliche intrauterine Infektion vorhanden sind.

Tabelle 3.36. Anthropometrische Daten in Abhängigkeit von der Gestationsdauer

	Abortus u. Fehlgeburt 1.–16.Woche	16.–28.Woche	Frühgeburt 28.–38.Woche	Geburt Ende der Schwangerschaft	Übertragene Schwangerschaft
Körperlänge	–16 cm	–35 cm	–45 cm	48–52 cm	55–57 cm
Körpergewicht	–57 g	–1.218 g	–1.971 g	3,0–3,6 kg	3,5–6 kg
Plazenta	–80 g	–374 g	–461 g		
Nabelschnur	–19 cm	–42 cm	–47 cm	50 cm	
				Schädel Umfang 34 cm, frontookzipitaler Durchmesser 12 cm, biparietaler Durchmesser 9,5 cm, bitemporaler Durchmesser 8,0 cm, mento-okzipitaler Durchmesser 13,5 cm, Schulterbreite 12 cm, Schulterumfang 35 cm Hüftbreite 9,5 cm	**Haut** (gerunzelt, gewelkt, Wasser- bzw. Flüssigkeits-verlust) Differentialdiagnose Intrauterine Mazeration, Fäulnis **Hautfarbe:** grünlich-gelblich
				Fontanellenmasse: kreuzweise Messung	**Nabelschnur** imbibiert
				Organgewichte: Gehirn 379 g, Herz 23 g Milz 10 g, Niere 28 g, Leber 120 g, Lungen 63 g, Plazenta 500 g (20:16:3 cm)	**Waschhautbildung** an den Füßen
				Nabelschnur Hoden im Hodensack, Schluss der großen Schamlippen Nägel schließen mit Fingerkuppenhöhe ab Härte der Nägel, Lanugo Festigkeit der Ohrknorpel, Ausmaß der Milien	**Mortalität** bezogen auf Geburtsge-wicht: 4000 g - 3,5 % 5000 g - 10,0 % 60 g – 86,0 %

Lebensunfähigkeit kann zum Beispiel durch Unreife bedingt sein. Die quantitative Erfassung des Reifegrades eines Neugeborenen berücksichtigt darüber hinaus zahlreiche weitere körperliche Merkmale, wie Hautbeschaffenheit, -farbe, Behaarung, Zustand des Genitale, plantare Hautfältelung.

Nachweis des Neugeborenseins

Das Neugeborene ist noch nicht von Blut und Käseschmiere gereinigt. Die Nabelschnur weist noch keine Demarkationszeichen am Hautnabel auf.

Feststellung des Gelebthabens und der Lebensdauer

Zum Nachweis des Gelebthabens wird seit mehr als 300 Jahren die **Lungenschwimmprobe**, der Nachweis der Lufthaltigkeit der Lungen, herangezogen. Bereits intrathorakal zeichnet sich eine beatmete Lunge dadurch aus, dass sie im Gegensatz zur nichtbeatmeten den Thorax vollständig ausfüllt. Die Oberfläche ist hellgrau-rot, mit unscharf begrenzten eingesunkenen Atelektasebezirken. Die Konsistenz ist luftkissenartig, bei Betasten knistert die Lunge. Die gesamten Halsorgane mit Lungen werden exenteriert und in ein bereitgestelltes Gefäß mit Wasser gelegt. Schwimmen die Lungen obenauf und „halten" das Organpaket, ist die Lungenschwimmprobe positiv und weist auf eine kräftige Belüftung der Lungen hin (Abb. 3.111). Anschließend werden die Lungen einzeln sowie Anteile aller Lungenlappen isoliert der Lungenschwimmprobe unterzogen. Damit kann gezeigt werden, dass, auch wenn anfangs eine Lungenschwimmprobe nicht eindeutig positiv verlaufen ist, einzelne Abschnitte der Lunge trotzdem belüftet und damit beatmet gewesen sein können. Nach Präparation der Halsorgane mit durchgeführter Lungenschwimmprobe wird der Magen-Darm-Trakt einer Schwimmprobe unterzogen und dazu in toto auf Wasser gelegt. Nicht belüftete Abschnitte sinken, belüftete Darmabschnitte schwimmen an der Oberfläche. Die Luftfüllung des Magen-Darm-Traktes gibt Hinweise auf die Zeitdauer des Gelebthabens (Tabelle 3.37).

Bei der **Magen-Darm-Schwimmprobe** ergeben sich wie bei der Lungenschwimmprobe falsch-positive Ergebnisse bei Vorliegen von Fäulnis oder künstlicher Beatmung und falsch-negative Befunde bei Vorliegen einer Tötung vor dem ersten Atemzug oder Aspiration von Flüssigkeit.

In der Regel geht die Belüftung der Lungen dem Luftschlucken voraus (positive Lungen- bei negativer Magen-Darm-Schwimmprobe), bei frustranen Atembewegungen, Behinderung der Ventilation kann Luft in den Magen, nicht aber in die Lungen gelangen, da zu Entfaltung der Lungen mehr inspiratorische Kraft gehört, als zum Verschlucken von Luft. Bei negativer Lungenschwimmprobe wird in derartigen Fällen die Magen-Darm-Schwimmprobe das wesentliche Kriterium für das Gelebthaben des Kindes. Histologische Untersuchungen der Lungen sind in jedem Fall zum Nachweis des Gelebthabens, zum Gestationsalter (Alveolarstruktur) und auch zum Vorliegen einer Fruchtwasseraspiration durchzuführen.

Tabelle 3.37. Zeitdauer des Gelebthabens (nach Fritsch 1901 und Forster 1986)

Magen-Darm-Schwimmprobe
- Luft nur im Magen und oberen Dünndarm: wenige Minuten bis maximal 30 Minuten
- Luft im gesamten Dünndarm: ca. 6 Stunden
- Luft auch im gesamten Dickdarm: 12 Stunden

Mekonium
- Mekonium noch im gesamten Dickdarm: Lebensdauer unter 2 Tagen
- Mekonium nur noch in den Darmbuchten: Lebensdauer 2–3 (manchmal 5) Tage

Nabelschnurabfall
- Abfall nach ca. 4–5 (3–8) Tagen
- schon frühpostpartal beginnende progrediente demarkierende Entzündung

Abb. 3.111. **a** Negative und **b** positive Lungenschwimmprobe

Todesursache

Zur Klärung der Todesursache ist das gesamte differentialdiagnostische Spektrum natürlicher und gewaltsamer Todesursachen abzugrenzen. Bei vorliegenden Mazerationserscheinungen ist darüber hinaus an einen intrauterinen Fruchttod zu denken. Typische **natürliche Todesursachen** sind:
- Übertragung,
- Unreife,
- Missbildung innerer Organe,
- intrauterine Asphyxie,
- Geburtstrauma und
- plazentogene Ursachen.

Bei gewaltsamer Tötung eines Neugeborenen stehen im Vordergrund Halskompression (Drosseln, Würgen), Verschluss der Atemöffnungen (auch um das Kind am Schreien zu hindern), stumpfe Gewalteinwirkung, Stich-/Schnittverletzungen und schließlich Unterkühlung, wenn das Neugeborene unversorgt abgelegt wird.

Fallbeispiel

Kurz nach Mitternacht wird der ärztliche Notdienst vom Ehemann informiert, dass seine 33-jährige Frau – bereits Mutter eines 3½-jährigen Kindes – unter akuten kolikartigen Bauchschmerzen leide. Bei Eintreffen des Arztes saß die adipöse Frau auf der Toilette und äußerte, dass etwas abgegangen sei. Bei Nachschau fand sich in der Toilette ein noch mit der Mutter über die Nabelschnur in Verbindung stehendes Neugeborenes mit dem Kopf nach oben im Abflussrohr des Flachspülers, vollständig unter Wasser eingeklemmt. Unter Kraftaufwendung musste das Kind herausgezogen werden, kurz darauf wurde die Plazenta ausgestoßen. Die Betroffene gab an, von einer Schwangerschaft nichts bemerkt zu haben, auch sei ihre Periode regelmäßig erfolgt. Der 1.420 g schwere männliche Fet mit einer Scheitel-Fersenlänge von 40 cm wies Zeichen der Mazeration und Unreife auf. Lebenszeichen waren nicht vorhanden (Lungen- und Magen-Darm-Schwimmprobe negativ). Als Ursache des intrauterinen Fruchttodes konnte eine Plazentainsuffizienz festgestellt werden. Bei Inspektion der Plazenta fand sich in einer zweiten Fruchthöhle ein weiterer männlich Fet mit einer Scheitel-Steißlänge von 8 cm, der bereits hochgradig autolytisch erweicht war (Abb. 3.112).

Einreden und Schutzbehauptungen

Sturzgeburt. Am häufigsten wird angegeben, dass eine Sturzgeburt mit plötzlichem Stuhldrang und dann völlig überraschender Geburt des Kindes in die Toilettenschüssel stattge-

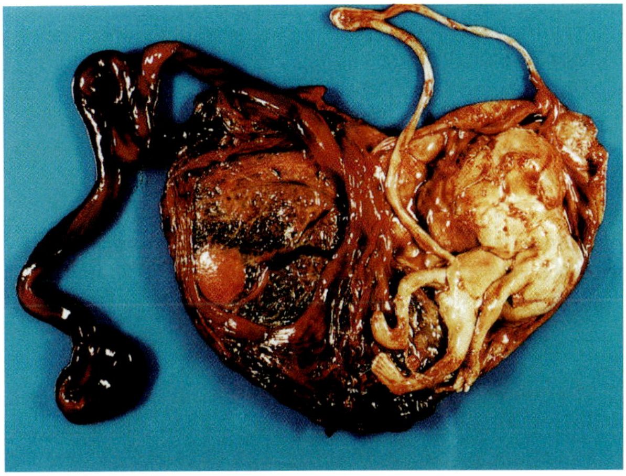

Abb. 3.112. Plazentainsuffizienz als Verursacher eines intrauterinen Fruchttodes bei Zwillingsschwangerschaft. In der rechten Fruchthöhle hochgradig autolytischer Fet

funden habe. Eine Sturzgeburt als solche führt jedoch nicht zum Tode, da bei üblichen Stürzen von Kleinkindern bis zu einer Höhe von 150 cm in der Regel keine relevanten Verletzungen auftreten.

Nabelschnurzerreißung und Verblutungstod. Die durch eine Sturzgeburt eventuell hervorgerufene „Nabelschnurzerreißung" führt in der Regel deshalb nicht zum Tode des Kindes, da die Blutungen in Kürze spontan zum Stillstand kommen (Kontraktion der Umbilikalarterie, Blutumverteilung in den kleinen Kreislauf durch Entfaltung der Lungen, geringer Blutdruck der Nabelarterie). Allenfalls bei asphyktischen Kindern kann ein Verblutungstod diskutiert werden. Ein Zerreißen der Nabelschnur ist darüber hinaus nur in Ausnahmefällen anzunehmen, da bei den Presswehen reflexartig eine Hockstellung eingenommen wird, die die Höhe zwischen Geburtskanal und Boden vermindert.

Handlungsunfähigkeit der Kindesmutter. Eine echte Ohnmacht unter der Geburt wird nur nach erheblichem Blutverlust der Mutter (Hämoglobinmessung) bei der Geburt oder im Rahmen einer Eklampsie beziehungsweise Epilepsie beobachtet. Bei normalem Geburtsverlauf kommt es nicht zur Bewusstlosigkeit. Zur Beurteilung, ob eine Ohnmacht vorgelegen hat, ist auf die Art der Durchtrennung der Nabelschnur zu achten (glattrandig durchtrennt, durchgerissen).

3.13 Abtreibung

E. Lignitz

Einleitung

Der plötzliche oder unerwartete Tod in der (Früh-)Schwangerschaft erweckt zunächst aus forensischer Sicht stets den Verdacht auf eine Abtreibung. Das jedenfalls war die Maxime bis in die 70er-Jahre des vergangenen Jahrhunderts.

Eine moderne Gesetzgebung, die vor allem der Selbstbestimmung der Frau Rechnung trägt, hat zu einer vollständigen Veränderung der peripartalen Sterblichkeit geführt, diese weitgehend auf die natürlichen Risiken der Gravidität, der Entbindung und des Wochenbettes reduziert und die artifizielle (kriminelle) Abortsterblichkeit aus dem Todesursachengefüge gebärfähiger Frauen ausgerottet.

Definition

Abbrechen der Schwangerschaft ist (im strafrechtlichen Sinne) jede nicht auf bloße Nidationshemmung angelegte Einwirkung auf die Schwangere oder die Frucht, die final darauf gerichtet ist, das Absterben der noch lebenden Frucht im Mutterleib oder den Abgang der Frucht in nichtlebensfähigem Zustand herbeizuführen, und die diesen Erfolg erreicht.
Der illegal induzierte Abort (syn.: Abtreibung) ist (im forensischen Sinne) die Herbeiführung einer nicht erlaubten, entgegen rechtlichen Bestimmungen durchgeführten Schwangerschaftsunterbrechung. Der legal induzierte Abort ist ein artifizieller Abort, der im Rahmen bestehender Gesetze erlaubt ist und medizinisch kontrolliert durchgeführt wird.
Die Ausstoßung bzw. Entfernung eines Feten aus der Gebärmutter bis zu einem Gewicht von 500 g wird als Fehlgeburt (Abort) bezeichnet. Die Ausstoßung eines lebenden oder toten Feten mit einem Gewicht über 500 g wird gemäß Personenstandsgesetz als Geburt oder Totgeburt bezeichnet.

Wichtig

Eine durch legalen Schwangerschaftsabbruch entfernte Frucht wird unabhängig vom Gewicht in den Personenstandsbüchern nicht beurkundet.

Ätiologie des Abortes

Wegen der zahlreichen medizinischen Ursachen darf eine vorzeitige Beendigung einer Gravidität nicht a priori kriminalisiert werden. Das Leitsymptom der Fehlgeburt ist die uterine Blutung, die mit Unterleibsschmerzen einhergehen kann. Einige Erscheinungsformen des Abortes haben praktisch nur klinische Bedeutung. Beim beginnenden Abort (Abortus incipiens) ist der Gebärmutterhals geöffnet und Teile der Fruchtanlage können sichtbar sein. Beim vollständigen bzw. unvollständigen Abort (Abortus completus/incompletus) bestehen stärkere Blutungen, und es wird ein Abgang von Gewebe nachgewiesen oder berichtet. Der Gebärmutterhals kann weit oder schon wieder geschlossen sein. Wenn im Zusammenhang mit einem Abort Fieber auftritt, liegt ein febriler oder septischer Abort vor, der nicht selten im Zusammenhang mit einem artifiziellen (kriminellen) Abort steht.

Aborttermininologie

Klassifizierung nach der Zeit:
- Frühabort bis 16. SSW
- Spätabort ab vollendete 16. SSW bis vollendete (22.–)24. SSW

Klassifizierung nach Gewicht:
- bis 500g ohne Lebenszeichen

Erscheinungsformen:
- Abortus imminens
- Abortus incipiens
- abgelaufener Abort (Abortus incompletus/Abortus completus)

Induktion:
- spontan
- artifiziell (legal, illegal – kriminell)

Verlaufsformen:
- afebril
- febril (unkompliziert, kompliziert)

Rechtsgrundlagen

Das Grundgesetz verpflichtet den Staat in Art. 1, 2 II GG, das menschliche Leben, auch das ungeborene zu schützen. Der Schutz der §§ 218 ff. StGB umfasst den Zeitraum von der Einnistung des befruchteten Eies (Nidation) bis zum Beginn der Geburt.

Wichtig

Alle Fristen werden post conceptionem (p.c.) angegeben! Nimmt man die letzte Menstruation zur Grundlage, wird also die Zeit post menstruationem (p.m.) angegeben, sind maximal 14 Tage zusätzlich zu berechnen.

Der Gesetzgeber verbietet zum Schutze des ungeborenen Lebens grundsätzlich einen Schwangerschaftsabbruch (§ 218 StGB), benennt aber Ausnahmetatbestände für den Fall, dass von der Frau die Austragung der Schwangerschaft nicht erwartet werden kann. In einzelnen ist das die
- medizinische Indikation (Gefahr für Leben oder Gesundheit der Mutter),
- kriminologische Indikation (Schwangerschaft als Folge eines Sexualdeliktes),
- Notlagenindikation (psychisch-sozialer Konflikt, der die Unzumutbarkeit der Schwangerschaftsbeendigung ernsthaft begründet und nunmehr auch die sog. embryopathische Indikation umfassen soll).

Ein Schwangerschaftsabbruch (§ 218) ist weiterhin ein Straftatbestand. Als besonders schwerer Fall gilt die Handlung gegen den Willen der Schwangeren und die leichtfertige Herbeiführung einer Gesundheitsschädigung oder der Todesgefahr für die Schwangere.

Der Schwangerschaftsabbruch ist indes nicht strafbar, wenn er unter bestimmten Bedingungen (§ 218a, Abs. 1 – auf Verlangen und mit Einwilligung der Schwangeren, Nachweis einer Beratung, Einhaltung einer Frist von maximal 12 Wochen, Durchführung des Eingriffs durch einen Arzt) erfolgt. Der Abbruch der Schwangerschaft ist nicht rechtswidrig, wenn (§ 218a, Abs. 2) durch die Schwangerschaft eine Gefahr für das Leben oder eine schwerwiegende Beeinträchtigung des körperlichen und seelischen Gesundheitszustandes der Schwangeren gegeben ist. Eine derart indizierte Unterbrechung, die auch die „embryopathische Indikation" umfasst, ist zeitlich nicht limitiert; einer Pflichtberatung bedarf es nicht.

Ein Abbruch ohne schriftlich fixierte ärztliche Feststellung der gegebenen Voraussetzungen ist strafbar (§ 218b). Das ist auch so, wenn wider besseres Wissen unrichtige Feststellungen über die Voraussetzungen gem. § 218a Abs. 2+3 getroffen werden. Ebenso ist es strafbar, ohne Anhörung der Schwangeren, ohne umfangreiche medizinische Aufklärung und ohne erneute Untersuchung zur Feststellung der Schwangerschaftsdauer den Eingriff durchzuführen (§ 218c). ◘ Tabelle 3.38 fasst die rechtlichen Grundlagen, die Voraussetzungen und die ärztlichen Pflichten zusammen. Die Beratung der Schwangeren (§ 219 StGB) dient dem Schutz des ungeborenen Lebens und wird vor einer anerkannten Schwangerschaftskonfliktberatungsstelle ergebnisoffen geführt und bescheinigt.

Die Strafbestimmungen (§ 218 ff StGB) zum Schwangerschaftsabbruch wurden nach jahrzehntelangem Ringen 1995

◘ **Tabelle 3.38. Legale Schwangerschaftsabbrüche: Indikationen, Voraussetzungen, Fristen und ärztliche Pflichten**

Indikation	Rechtsgrundlage gem. StGB	Fristen	Voraussetzungen	Ärztliche Pflichten
Ohne Indikation	§ 218a, 1	12 Wochen	– Schwangere verlangt Eingriff – Pflichtberatung gem. § 219 – Bescheinigung – Ärztl. Eingriff	– Ärztliche Aufklärung, – Meldepflicht
Medizinisch-soziale Indikation	§ 218a, 2	Keine Frist	– Ohne Pflichtberatung gem. § 219, – keine Meldepflicht	– Feststellung der Indikation – Ärztliche Aufklärung
Kriminologische Indikation	§ 218a, 3	12 Wochen	– Auskunftspflicht der Schwangeren, – Ohne Pflichtberatung gem. § 219	– Prüfung der Kausalität (Sexualdelikt und Schwangerschaftsalter) „nach ärztlicher Erkenntnis"

bundeseinheitlich geändert. Die Gesetzgebung hat einen Kompromiss gefunden, nach dem der Abbruch in der Frühphase der Schwangerschaft unter definierten Bedingungen nicht mehr (alte Bundesländer) bzw. nicht wieder (neue Bundesländer) unter Strafe gestellt ist, grundsätzlich aber eine rechtswidrige (nicht poenalisierte) Handlung ist.

Wichtig

Grundsätzlich ist ein Schwangerschaftsabbruch eine Tötungshandlung am Embryo und nicht Heilbehandlung an der Schwangeren.

Epidemiologie

Abtreibungen haben über Jahrzehnte die peripartale mütterliche Sterblichkeit beherrscht und das forensische Sektionsgut geprägt. So wurden in Berlin (Charité) in 40 Jahren 243 mütterliche Sterbefälle untersucht, von denen 153 (63 %) auf kriminelle Aborte zurückzuführen waren (◘ Abb. 3.113). 6,5 % aller obduzierten Frauen bzw. 14 % aller obduzierten Frauen im gebärfähigen Alter waren peripartale Sterbefälle.

Die gesetzliche Regelung der Schwangerschaftsunterbrechung hatte einen unverkennbar segensreichen Einfluss auf die mütterliche Sterblichkeit und führte zu einem Panoramawandel der peripartalen Mortalität, wie er nur selten in der Medizingeschichte vorgekommen ist. Die peripartalen Sterbefälle sanken innerhalb des Gesamtsektionsgutes von 2,5 % (1950) auf 0,1 % (1989). Diese Häufigkeitsabnahme mütterlicher Sterbefälle nach „Freigabe" (Legalisierung) der Schwangerschaftsunterbrechung war im Berliner Sektionsgut signifikant.

Die legale Schwangerschaftsunterbrechung

Die legalisierte Schwangerschaftsunterbrechung wird je nach Schwangerschaftsdauer einzeitig (bis zur 12. Woche nach der Empfängnis!) oder zweizeitig (nach der 12. Woche) vorgenommen. Die Fruchtentfernung erfolgt medikamentös oder instrumentell vorzugsweise durch Saugkürettage. Letztere gilt als weniger riskant. Nach der 12. Woche wird eine Spontanausstoßung des Schwangerschaftsproduktes induziert und das Uteruscavum nachgeräumt.

Wichtig

Komplikationen des legalen Schwangerschaftsabbruchs sind Blutungen, Narkosezwischenfälle, Risse des Gebärmutterhalses, Perforationen der Gebärmutterhöhle und Infektionen. Als Spätfolgen gelten Zunahme von Infertilität, Abort- und Frühgeborenenrate.

Fallbeispiel

Bei einer 32-jährigen Frau wurde im 3. Schwangerschaftsmonat eine legale Unterbrechung mittels Vakuumabsaugung (Exhaustion) durchgeführt, bei der die Frau an einer Luftembolie verstarb. Durch Verwechslung der Anschlüsse für Saug- und Druckstutzen am Gerät kam es statt einer Absaugung zu einer Lufteinblasung, die sofort tödlich war.

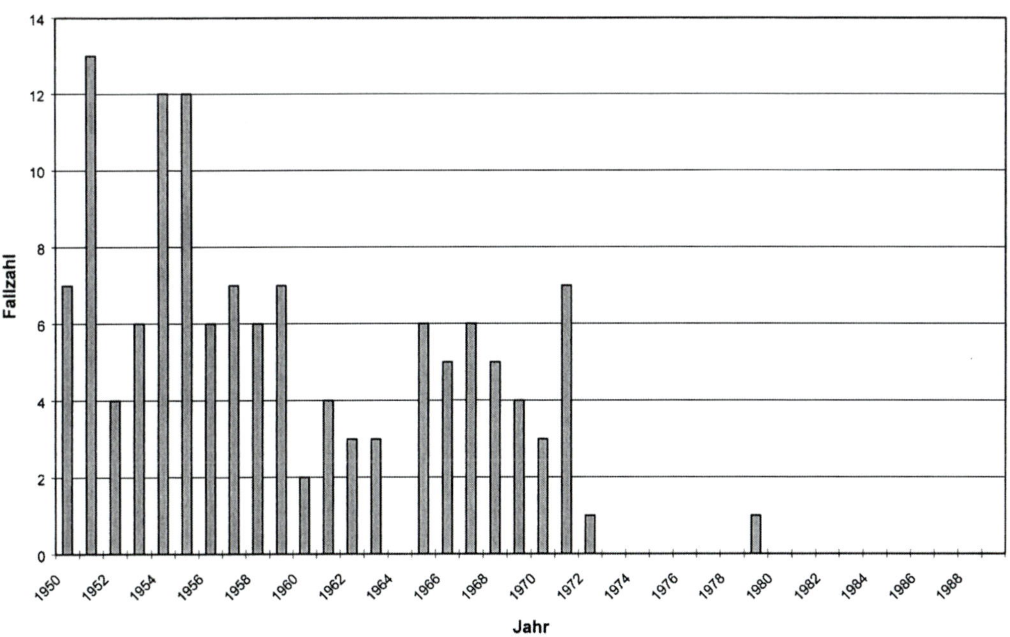

◘ Abb. 3.113. Entwicklung der Sterblichkeit durch kriminelle Aborte vor und nach der gesetzlichen Freigabe der Schwangerschaftsunterbrechung 1972 (Berlin/Charité)

Die illegale Schwangerschaftsunterbrechung (Abtreibung)

Methoden illegaler Eingriffe zum Schwangerschaftsabbruch durch

- **mechanische Mittel**:
  - Einführung von Gegenständen in die Gebärmutter. Medizinische Instrumente (Katheter, Sonden, Stifte, Kornzangen), aber auch Drähte, Strick- und Haarnadeln, selbst Fahrradspeichen werden in die Gebärmutterhöhle eingeführt und sollen die Fruchtblase verletzen oder die Frucht unmittelbar schädigen, Wehen auslösen und die Ausstoßung des Schwangerschaftsproduktes induzieren.
  - Einspritzen von Flüssigkeiten in die Gebärmutter. Alle möglichen Formen von Spritzen und Ballons mit den unterschiedlichsten Lösungen werden verwendet, am häufigsten zweifellos Seifenlösungen, jedoch auch Alkohol, Kupfersulfat, Glukose, Kochsalz, Formalin, Kaliumpermanganat, Desinfektionsmittel oder auch nur Wasser.
  - Maßnahmen an der Cervix uteri. Sie dienten vor allem einer Weitung des Gebärmutterhalses und erfolgten mit Laminar- oder Hegarstiften, Intrauterinpessaren, Obturatoren oder auch nur durch einen Finger.
  - Mechanische und thermische Alterationen. Dazu zählen Massagen aller Art und Traumatisierungen wie wiederholtes Springen aus geringer Höhe, Schläge oder Tritte in den Bauch, ggf. in Kombination mit heißen Sitz- oder Vollbädern, um wehenauslösend zu wirken.
- **innere Mittel**:
  - Bei ihrer Anwendung spielt die individuelle Verträglichkeit und Abortbereitschaft eine entscheidende Rolle, ebenso Dosis-Wirkungs-Beziehungen. Das allgemeine Wirkungsprinzip ist eine Steigerung der Durchblutung der Gebärmutter, die Anregung der Wehentätigkeit oder die toxische Schädigung der Frucht. Zu Allgemeinintoxikationen führen u.a. Alkaloide wie Chinin und Mutterkorn.

Der Ideenreichtum im Einsatz von „bewährten" Mitteln ist unbegrenzt und kaum vollständig darzustellen. Problematisch bleibt immer der Nachweis des kausalen Zusammenhangs zwischen Eingriff und Abort, besonders wenn mehrere Mittel eingesetzt werden und deren Anteil am „Erfolg" erfasst werden soll.

Todesursachen nach illegalem Abort

Die Todesursachen nach artefiziellem (kriminellem) Abort sind nach der Häufigkeit folgende: Sepsis/Septikopyaemie, venöse Luftembolie, (Perforations-) Peritonitis, Seifenintoxikation, Gasbrandinfektion, Fett- und Seifenembolie, Verbluten und Fruchtwasserembolie.

Da Spülflüssigkeit und „Instrumente" bakteriell kontaminiert sind und zusätzlich manche Spülflüssigkeiten auf Blut und Gewebe toxisch wirken, führen Spülungen häufig zu Infektionen und Intoxikationen, z.B. zur toxischen Hämolyse. Übliche Folgeerscheinungen sind ein funktionelles Nierenversagen durch hämoglobinurische Nephrose oder bilaterale Nierenrindennekrosen, eng verknüpft mit disseminierter intravasaler Koagulopathie bei Endotoxinschock.

Der septische Abort ist die klassische Komplikation der illegalen Abtreibung. Die bakteriellen Allgemeininfektionen sind bei Eingriffen am Uterus meist mit Entzündungen des Endomyometriums verbunden, ebenso mit Thrombose und Thrombophlebitis, so dass auch (septische) Embolien vorkommen und nicht selten zum Tode führen. Als Erreger finden sich meist Staphylokokken und Streptokokken, seltener Gasbrand und Tetanus. Gramnegative Keime sind 20-mal häufiger als grampositive.

Luftembolien sind praktisch immer auf Spülungen zurückzuführen. Es wird nämlich regelmäßig übersehen, dass die sog. „Frauenduschen" (Gummiballons), mit denen die Spülflüssigkeit eingebracht wird, nie vollständig mit Flüssigkeit, sondern immer auch mit Luft gefüllt sind. Diese dringt dann in die geöffneten Blutgefäße ein und wird meist foudroyant, seltener protrahiert embolisiert.

Fallbeispiel

Nachdem bei einer 25-jährigen Frau die Regel 2 Monate ausgeblieben war, ließ der Ehemann eine „fremde Frau" in die Wohnung kommen, die mittels eines wassergefüllten Ballons einen Abtreibungsversuch vornahm. Beim Einspritzen der Flüssigkeit stellten sich Übelkeit und Erbrechen ein. Nachdem die Schwangere sich aufgerichtet hatte, brach sie plötzlich zusammen und war tot. Todesursache Luftembolie.

Jeder zweizeitig verlaufende inkomplette Abort innerhalb der ersten drei Schwangerschaftsmonate ist verdächtig, illegal verursacht worden zu sein. Das gilt auch für fieberhafte Aborte und bei Verweigerung und Verzögerung der ärztlichen Behandlung. Auch die Art der Komplikation hat hinweisende Bedeutung für die Illegalität des Eingriffs.

Nachweis des Abortes

Zum Nachweis eines Abortes gehört die klinisch-gynäkologische und sonographische Untersuchung. Beweisend ist die histologische Untersuchung des Abortmaterials, des Kürettagematerials, bzw. im Todesfalle die Untersuchung der Gebärmutter. Vorherrschend ist eine nekrotische, eitrig-fibrinös entzündete Dezidua mit Blutungen und Thromben (Endometritis post abortum). Mehr oder weniger regressiv veränderte Plazentazotten und Trophoblastzellverbände (sog. choriale Wanderzellen) beweisen die intrauterine Schwangerschaft (▣ Abb. 3.114). Auf eine besondere hormonelle Situation weist das Arias-Stella-Phänomen (▣ Abb. 3.115) hin, eine Überstimulation des Drüsenepithels mit unförmig vergrößerten, chromatindichten Kernen und Aufhellung des Zytoplasmas.

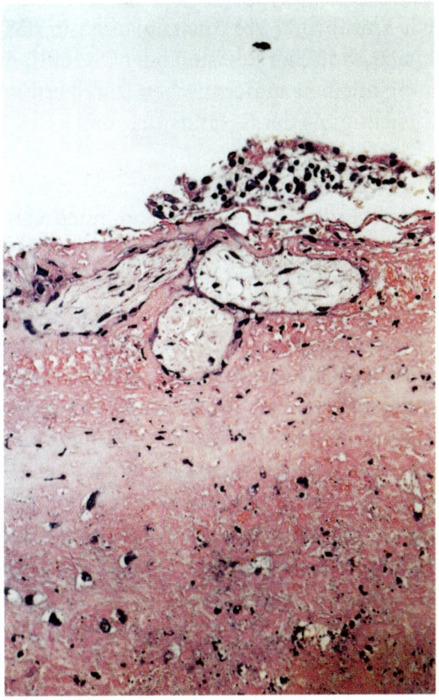

Abb. 3.114. Abortmaterial mit regressiv veränderten Chorionzotten und nekrotisierter entzündeter Dezidua

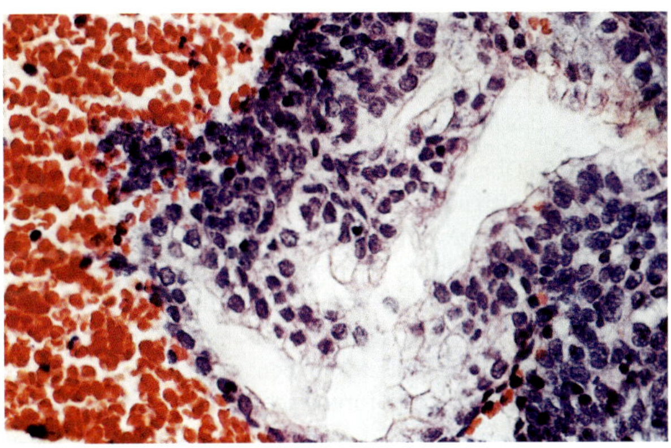

Abb. 3.115. Arias-Stella-Phänomen mit verformten, depolarisierten und chromatindichten Kernen der endometrialen Drüsenepithelien bei typischer Zytoplasmaaufhellung; randständige Blutungen

3.14 Tödliche Unfälle bei autoerotischer (autosexueller) Betätigung

G. Geserick

Für den Arzt (Leichenschauarzt) sind Kenntnisse über autoerotische Unfälle erforderlich, da eine nichtnatürliche Todesart vorliegt und unter Umständen die Abgrenzung zwischen einem Unfall und einer Tötung durch eigene oder fremde Hand schwierig sein kann. Da die Ereignisse sich im Verborgenen abspielen, gibt es in der Regel weder Zeugen für den Hergang noch Kenntnisse über die Neigungen des Verstorbenen im Verwandtschafts- oder Freundeskreis. Richtungweisend ist die Auffindungssituation.

Rechtliche Grundlagen

Der tödliche Ausgang eines selbstverschuldeten Unfalls (bzw. einer suizidalen Handlung) hat im deutschen Recht keine strafrechtlichen Konsequenzen. Für den Leichenschauarzt, der einen Todesfall als autoerotischen Unfall erkennt, besteht die Pflicht zur **Meldung des nichtnatürlichen Todesfalls** an die Polizei (nach den Leichenschaugesetzen der Bundesländer). Für den Betroffenen bzw. seine Hinterbliebenen können versicherungsrechtliche Folgen bedeutsam sein.

Grundlagen

Definition

Es handelt sich um tödliche Unglücksfälle („Betriebsunfälle") als direkte Folge autoerotischer (besser autosexueller) Handlungen Einzelner zur sexuellen Stimulation oder Selbstbefriedigung ohne Sexualpartner. Das Ziel wird durch **zentrale Erregung** infolge Dämpfung kortikaler Kontrollfunktionen (z.B. Sauerstoffmangel, Narkotika) oder **periphere Reizung**, vor allem der erogenen Zonen (z.B. elektrisch, mechanisch), zu erreichen versucht. Schließlich kann auch die Schaffung einer Angst- oder Leidenssituation (Masochismus) angestrebt sein. Zusätzliche Komponenten können Fetischismus und Transvestitismus sein. Nach internationalen Klassifikationen lautet der Oberbegriff „Störung der sexuellen Präferenz" (ICD 10, WHO 1993) bzw. „Paraphilie" (DSM-IV, Am. Psychiatr. Ass. 1994). Plötzliche natürliche Todesfälle, die bei sexueller Erregung oder Betätigung eintreten (z.B. durch akuten Myokardinfarkt oder Hirnmassenblutung), werden von dem Begriff nicht erfasst.

Epidemiologische Daten

Literaturberichte sind meist kasuistische Darstellungen oder Sammlungen von Todesfällen. Berichte über Lebende sind naturgemäß selten, für sie besteht eine große Dunkelziffer. Opfer sind ganz überwiegend Männer (Angaben aus den USA: Todesfälle pro Jahr >1.000 Männer: <20 Frauen). Geschätzte jährliche Häufigkeit etwa 1–2 pro 1 Mio. Einwohner. Betroffen können ab der Pubertät alle Alters- und Berufsgruppen sein. Nach Berichten der letzten Jahrzehnte dürften Strangulationsfälle am häufigsten sein. Seit den 50er-Jahren wird eine Zunahme der Erstickungsfälle in Plastikbeuteln beobachtet.

Typische Auffindungssituation

Wichtig

Kein unüberlegtes Verändern der Auffindungssituation, wenn die Beurteilung kriminalistische oder rechtsmedizinische Erfahrung erfordert!

- Wohnung bzw. Raum sind von innen verschlossen, seltener Auffindung im Freien (den Blicken Fremder entzogen)
- Auffällige Bekleidung (z.B. weibliche Unterwäsche, Gummi- oder Lederkleidung)
- Entblößung von Unterkörper oder Genitalien, Zeichen der Ejakulation, Kondom oder andere Vorrichtungen zum Auffangen des Sperma
- Maßnahmen zur sexuellen Stimulation (durch Asphyxie, Elektrizität, Narkotika, mechanische Reizung)
- Sadomasochistische Utensilien wie Peitschen, Ketten, Stacheldraht, Fesseln
- Pornographische Literatur, Bilder, Videos u.a.
- Aufgestellte Spiegel
- Vorrichtungen zum Fotografieren oder Filmen der autoerotischen Maßnahmen

Häufige Todesursachen und Befunde

Strangulation. Durch Scheitern des Versuchs, mit „dosiertem Erhängen" zur sexuellen Befriedigung zu kommen, stirbt das Opfer im Strangwerkzeug hängend (manchmal auch stehend, sitzend oder sogar liegend). Es finden sich die äußeren und inneren Zeichen des Erhängens. Seltener werden auch Fälle mit Selbsterdrosseln beobachtet.

Ersticken. Durch Verlegung der Atemöffnungen: Nach Überziehen eines Plastikbeutels über den Kopf (mitunter am Hals durch Klebeband, Schnur o.Ä. abgedichtet) kommt es durch Verbrauch des Sauerstoffs und Anreicherung von Kohlendioxid zur Erstickung. Seltener werden auch die Atemöffnungen durch Klebeband oder Einwickeln in Gummi- oder Plastikfolien verschlossen. Äußere Erstickungsbefunde sind spärlich und uncharakteristisch.

Intoxikation. Durch berauschende Stoffe: Zur Rauscherzeugung und sexuellen Stimulation werden flüchtige Stoffe (z.B. Azeton, Alkohole, Benzin, Ether, Halogenkohlenwasserstoffe, früher auch Chloroform) inhaliert („geschnüffelt"), die in Zubereitungen wie Lackverdünnern, Klebstoffen, Fleckenwasser oder Nagellackentferner haushaltsüblich und leicht erreichbar sind. Der Tod kann infolge Überdosierung durch Atemlähmung oder Herzrhythmusstörungen eintreten, bei Einatmung aus einem Plastikbeutel auch durch Ersticken. In einzelnen Fällen wurde auch Kohlenmonoxid inhaliert oder Kokain appliziert. Die Intoxikationen sind nur durch eine chemisch-toxikologische Laboranalyse nachzuweisen.

Tod durch elektrischen Strom. Durch Anbringen von elektrischen Leitern (als Elektroden werden Drähte, Klemmen, Metallfolien u.a. verwendet) an Genitalien oder erogenen Zonen (Brustwarzen, After) tritt ein tödlicher Stromfluss auf. Die Stromzuführung kann technisch äußerst simpel bis kompliziert sein. An den Kontaktstellen können Strommarken auftreten.

Tod durch mechanische Verletzung. Der autoerotische Unfalltod durch mechanische Verletzung, z.B. Messerstiche (s. Fallbeispiel; ◻ Abb. 3.116a, b) ist selten. Äußere Wunden durch stechende oder schneidende Werkzeuge sind bei gründlicher Leichenschau nicht zu übersehen. Innere Verletzungen (z.B. eine Darmperforation nach Einführung von Instrumenten in das Rektum) werden erst nach klinischer Revision oder Obduktion erkannt. Die Einordnung in einen autoerotischen Unfall erfordert immer die Berücksichtigung der Gesamtsituation.

> **Fallbeispiel**
> Ein 23-jähriger Mann wurde tot in seinem von innen verschlossenen Zimmer neben der Liege aufgefunden, das Schlüsselloch von innen abgedeckt. Der Leichnam war nur mit Damenunterwäsche (Büstenhalter und Slip) bekleidet und geschminkt. Auf der Liege fanden sich eine Abbildung (Frau in Unterwäsche) und ein aufgestellter Spiegel. Im Oberbauch des Leichnams mehrere frische Stichwunden. An der Fußseite des Bettes war eine selbstkonstruierte Stichvorrichtung angebaut, bei der an einem Brett fixierte Messer mit einem Seilzug über eine Rolle schrankenartig gehoben und gesenkt werden konnten (Fernbedienung mit Elektromotor!). Durch Riss des Seiles kam es zum tödlichen Unfall. **Obduktionsbefund**: Verbluten aus drei Stichwunden mit Perforation der Bauchwand, Verletzung von Dünndarm, Mesenterium und V. cava caudalis. Zahlreiche Narben unterschiedlichen Alters an der äußeren und inneren Bauchwand als Zeichen wiederholter früherer Verletzungen.

3.15 Tod in abnormer Körperposition – Physical restraint

P. Schmidt, B. Madea

Unter diesem Oberbegriff werden zusammenfassend Todesfälle behandelt, bei denen das polizeiliche Ermittlungsergebnis beziehungsweise die Auffindesituation darauf hindeuten, dass durch die Körperhaltung bedingte pathophysiologisch-funktionelle Geschehensabläufe, insbesondere Beeinträchtigungen der Atem- beziehungsweise Herz-Kreislauf-Funktion kausale Bedeutung für den Todeseintritt haben.
Zu den charakteristischen **forensischen Fallkonstellationen** gehören:

- haltungsbedingte Asphyxie („positional asphyxia" oder „postural asphyxia"),
- Todesfälle bei der mechanischen Fixierung erregter Personen („restraint asphyxiation in excited delirium"),
- Todesfälle in Krankenhäusern oder Pflegeeinrichtungen während mechanischer Fixierung,
- Tod in aufrechter Körperhaltung (z.B. Kletterunfälle im Gebirge),
- Kruzifikation und
- Tod in Kopftieflage (z.B. autoerotischer Unfall).

Haltungsbedingte Asphyxie

> **Definition**
> Die Todesursache „**haltungsbedingte Asphyxie**" darf dann in Betracht gezogen werden, wenn der Verstorbene in einer

■ Abb. 3.116. **a** Auffindungssituation eines verstorbenen jungen Mannes mit Stichverletzungen im Bauch; **b** Skizze zur Anordnung des Stichwerkzeugs

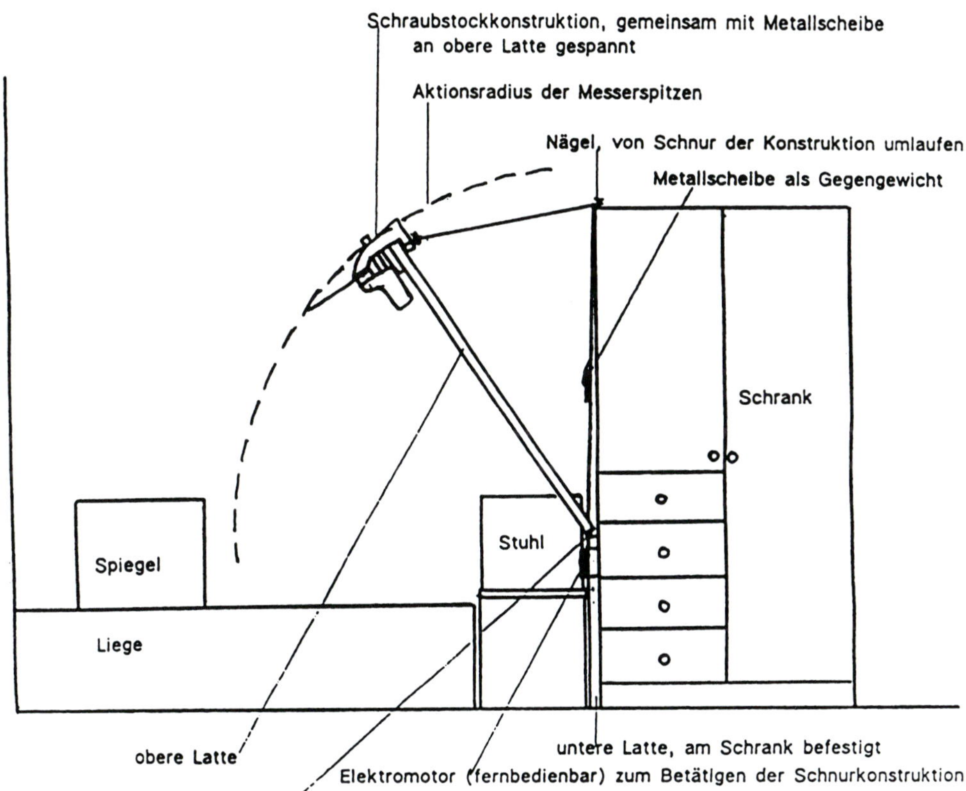

Körperhaltung aufgefunden wird, die in plausibler Weise eine mechanische Beeinträchtigung der Atemfunktion begründet, und eine anderweitige Todesursache ausgeschlossen ist.

Diagnose. Die Diagnose stützt sich auf folgende Kriterien:
- Auffindung in einer Körperhaltung, aus der sich plausibel eine Beeinträchtigung der Atemfunktion ableiten lässt,
- fehlende Möglichkeit zur Selbstrettung (z.B. Intoxikation, körperliche oder geistige Behinderung),
- Ausschluss einer Atemwegsobstruktion aus innerer Ursache (z.B. Aspiration),

- Ausschluss einer Kohlenmonoxidvergiftung oder einer anderweitigen inhalatorischen Erstickung und
- morphologischer Ausschluss einer signifikanten Herzerkrankung.

Auffindesituation. Zu den charakteristischen Auffindesituationen, bei denen eine haltungsbedingte Erstickung in Betracht gezogen werden darf, gehören:
- umgebungsbedingte Hyperflexion des Halses mit Obstruktion der Atemwege,
- Bauchlage mit Aufliegen des Gesichtes auf einer Unterfläche und Verschluss von Nase und Mund,
- Aufliegen des Oberkörpers auf einer Kante mit Beeinträchtigung der Brustkorbexkursionen,
- aufrechte Sitzhaltung mit stark hyperflexiertem Hals und Aufliegen des Kinns auf dem Brustkorb und
- Kompression des Rumpfes durch Fixationsvorrichtungen bei „Rollstuhlunfällen".

Wichtig

Als **Risikofaktoren** für einen Tod durch haltungsbedingte Erstickung haben sich akuter Alkoholrausch, Alkoholismus, Betäubungsmittel- oder Medikamentenintoxikation, neurodegenerative Erkrankungen sowie körperliche und geistige Behinderungen identifizieren lassen.

Rechtsmedizinische Untersuchungsbefunde

Bei der Leichenschau finden sich in knapp der Hälfte der Fälle petechiale Stauungsblutaustritte in charakteristischer Lokalisation. Autoptisch zeigt sich in der Regel ein ausgeprägtes Lungenödem mit stark erhöhten Organgewichten. Eventuelle Verletzungen sollten sich unter einen Geschehensablauf subsumieren lassen, der plausibel mit der Auffindesituation vereinbar ist. Vorbestehende innere Erkrankungen dürfen vom Schweregrad her nicht als konkurrierende Todesursachen in Betracht kommen. Chemisch-toxikologische Untersuchungen auf Alkohol, Medikamente und Betäubungsmitteln führen zu negativen bzw. nicht konkurrierend todesursächlichen Befunden.

Wichtig

Bei unspezifischen Sektionsbefunden, denen allenfalls Hinweischarakter zukommt, beruht die korrekte Diagnosestellung also entscheidend auf Einbeziehung und adäquater Bewertung der Todesumstände und der Auffindesituation.

Todesfälle nach mechanischer Fixierung erregter Personen

Vor allem im angloamerikanischen Schrifttum haben Todesfälle unter Fixation im Polizeigewahrsam Beachtung gefunden. Bei einer häufig angewandten Methode wird der Arrestant in Bauchlage verbracht und Handgelenke bzw. Fußgelenke werden auf dem Rücken aneinander gefesselt („hog-tied prone position"). Betroffen sind vor allem stark erregte Delinquenten, die sich selbst und ihre Umwelt durch ausgeprägt aggressives Verhalten gefährden und Widerstandshandlungen gegen die Ermittlungsbeamten begehen. Die Ursachen für die starke Erregung können in psychiatrischen Grunderkrankungen oder einer akuten Alkohol- bzw. Rauschmittelbeeinflussung liegen.

Die integrierende rechtsmedizinische Bearbeitung ergibt folgendes Gesamtbild:
- **Vorgeschichte:**
  - Aggressives, auch körperlich gewalttätiges Benehmen vor polizeilicher Fixation, heftige Gegenwehr gegen die Fesselung,
  - Minuten später einsetzende Bewegungslosigkeit, Bewusstlosigkeit und Todeseintritt.
- **Postmortale Untersuchungsbefunde:**
  - durch die vorausgegangene körperliche Auseinandersetzung und Fixation erklärbare Verletzungsbefunde von nichttodesursächlichem Schweregrad,
  - diskrete Petechien von Haut und serösen Häuten (fakultativ),
  - vorbestehende innere Erkrankungen, die für sich genommen den Todeseintritt nicht begründen können,
  - chemisch-toxikologische Untersuchungsbefunde, die als psychiatrisch indizierte Medikation zu werten sind oder einen rauschbedingten Erregungszustand erklären, nicht jedoch als konkurrierende Todesursache in Betracht kommen.

Pathophysiologie. Pathophysiologisch werden als Todesursache Herzrhythmusstörungen oder ein Atemstillstand angenommen, denen ein Missverhältnis zwischen Sauerstoffbedarf und -zufuhr zugrunde liegt. Hierzu tragen folgende Faktoren bei:
- katecholaminvermittelte Stressreaktion bei psychischer Erregung und Konfrontation mit der Polizei,
- motorische Hyperaktivität bei Widerstand gegen Polizei und Fesselung, sowie
- Beeinträchtigung der Atemfunktion durch mechanische Behinderung der Exkursionen von Brustwand und Zwerchfell.

Experimentell konnte gesichert werden, dass Herzfrequenz und periphere Sauerstoffsättigung nach körperlicher Anstrengung wesentlich langsamer zum Ausgangsniveau zurückkehren, wenn die Versuchspersonen in „hog-tied prone position" fixiert sind. Der Todeseintritt kann ferner begünstigt werden durch Missbildungen von Brustwand und Brustorganen, toxische Depression des Atemzentrums und arrhythmogene Wirkung von Alkohol oder Medikamenten wie zum Beispiel Phenothiazinen.

Plötzliche Todesfälle mechanisch fixierter Krankenhauspatienten

In charakteristischer Weise werden die Patienten leblos in einer verrutschten Leibbandage neben dem Bett hängend oder auf dem Fußboden kniend aufgefunden. Daneben wurden auch Strangulationen im Schlupflochrand von Schutztüchern beschrieben, die primär als Hilfsmittel der Pflege bestimmt sind.

Autoptisch finden sich fakultativ Prellungen oder Hämatome des Brustkorbes, die den Rückschluss auf eine Thoraxkompression gestatten, Strangmarken am Hals, die eine Halskompression belegen oder Stauungsblutaustritte in typischer Lokalisation. Vor allem bei krankheitsbedingter Reduktion des Allgemeinzustandes oder medikamentöser Dämpfung kann die tödliche Erstickung beschleunigt ablaufen, so dass lokale Verletzungsbefunde und systemische Zeichen der hämodynamischen Wirksamkeit nur sehr gering ausgeprägt sind. Der Todeseintritt in Folge der Thoraxkompression oder der Strangulation kann durch kardiale Vorerkrankungen, arrhythmogene oder atemdepressive Nebenwirkungen von Medikamenten oder Drogen und Immobilisationsstress begünstigt werden.

Wichtig

Häufige äußere Ursache für plötzliche Todesfälle mechanisch fixierter Patienten ist eine fehlerhafte Durchführung der Fixierung. Typische Fehler beim Anlegen einer Leibbandage bestehen im Weglassen eines Bettgitters und dem Verzicht auf die Leibbandagen-Seitenfixierung.

Tod in aufrechter Körperposition

Die forensischen Konzepte zum pathophysiologischen Geschehensablauf des Todeseintritts in aufrechter Körperposition wurden anhand von Einzelfallbeobachtungen tödlicher Unfälle junger Männer erarbeitet. Hierzu gehören zum Beispiel das Abgleiten und Steckenbleiben im engen Schacht eines Schornsteins mit über den Kopf geschlagenen Armen oder Kletterunfälle im Gebirge mit Einklemmen des freihängenden Unfallopfers im unter die Achsel hochgerutschten Brustgeschirr der Seilfixierung. Bei diesen Beobachtungen waren autoptisch weder todesursächliche Verletzungen noch vorbestehende innere Erkrankungen nachzuweisen. Feingeweblich zeigten sich disseminierte Sauerstoffmangelschäden von Herzmuskulatur und Leber. Auf dem Ausschlussweg wurde als Todesursache ein orthostatischer Kollaps angenommen. Durch die Körperhaltung der Verstorbenen bei Auffindung lassen sich eine Behinderung der Atemexkursionen mit verminderter exspiratorischer Sogwirkung und eine Beeinträchtigung der Muskelpumpe in den Beinen erklären. Dies führt zu einer Reduktion von zentralem Blutvolumen, venösem Rückstrom zum Herzen, Schlagvolumen und Herzzeitvolumen und letztendlich zur tödlichen „**extrakoronarbedingten Hypoxie des Herzens**".

Kreuzigung

Beim Tod am Kreuz tragen folgende Mechanismen zum Todeseintritt bei:

- **Dehydratation,**
- **mechanische Erstickung:** Durch das Hochziehen der Arme werden der Brustkorb und die Interkostalmuskulatur in extremer Inspirationsstellung fixiert, so dass die Ausatembewegungen ausschließlich durch das Zwerchfell getragen werden und
- **hypovolämischer Schock:** Bei Versuchen mit freiwilligen, jungen und gesunden Medizinstudenten, die mit den Armen an einer querliegenden Stange aufgehängt wurden, wobei kontinuierlich Röntgen- und EKG-Kontrollen durchgeführt und Herzfrequenz, Blutdruck und Vitalkapazität erfasst wurden, zeigte sich bereits nach 6 Minuten ein Absinken des Blutdrucks auf 70 mm Hg, und spätestens nach 12 Minuten entwickelte sich bei allen Versuchspersonen das Vollbild des orthostatischen Kollapses.

Tod in Kopftieflage

Zu Todesfällen in Kopftieflage kommt es etwa im Rahmen autoerotischer Unfälle oder bei Übersteigen von Zäunen und Mauern, unfallmäßigem Abgleiten mit Fixation von Fuß oder Bein und bodenwärts hängendem Oberkörper und Kopf (◘ Abb. 3.117).

Hypothesen zur Kreislaufdysregulation in Kopftieflage lassen sich aus der Kenntnis der physiologischen Regulationsmechanismen beim Übergang vom Liegen zum Stehen ableiten.

Dabei geraten Kopf, Hals und Brustkorb unter die hydrostatische Indifferenzebene, und der hydrostatische Druck in der „oberen" Körperhälfte nimmt zu. Dies bewirkt ein Versacken

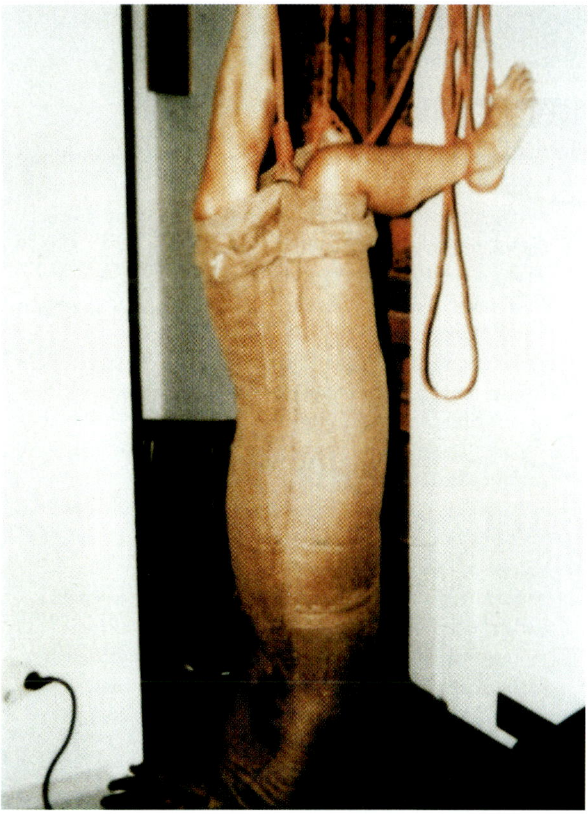

◘ Abb. 3.117. Autoerotischer Unfall mit Suspension in einem Sack in Kopftieflage. Todesursächlich war ein protrahiertes Kreislaufversagen und Ersticken (Behinderung der Atemexkursionen durch einen dem Thorax eng anliegenden Sack) mit stundenlanger Agonie

von Blut in den intrathorakalen Blutspeichern, in denen im Vergleich zu den unteren Gliedmaßen die Muskel-Venen-Pumpe unzureichend ausgebildet ist, und einen verminderten venösen Rückfluss zum Herzen (Sind die Atembewegungen durch Besonderheiten des Geschehensablaufes z.B. bei autoerotischen Unfällen zusätzlich eingeschränkt, wird dieser Effekt durch einen Wegfall der Saug-Druck-Pumpenwirkung der Atmung verstärkt). Ferner ist denkbar, dass der erhöhte statische Druck im Bereich des Karotissinus reflektorisch zu einer Senkung von arteriellem Blutdruck und Herzfrequenz führt.

Wichtig

Allen Todesfällen in abnormer Körperposition ist gemeinsam, dass nach Ausschluss einer todesursächlichen Erkrankung, Verletzung oder Intoxikation aus Todesumständen und Auffindungssituation pathophysiologisch eine mechanische Erstickung oder ein Kreislaufkollaps abgeleitet werden.
Diese Todesfälle stellen ein Paradebeispiel dafür dar, dass die rechtsmedizinische Todesursachenklärung nicht in der isolierten Erhebung von morphologischen oder toxikologischen Befunden besteht, sondern vielmehr in der integrativen Zusammenschau medizinisch-naturwissenschaftlicher Untersuchungsbefunde mit dem Ergebnis der polizeilichen Ermittlungen und der Auffindesituation.

Checkliste

Diagnoseschema beim Tod in abnormer Körperposition

Vorgeschichte:

- psychiatrische Erkrankung, Alkohol-, Medikamenten- oder Betäubungsmittelabhängigkeit?
- ausgeprägter Erregungszustand?
- körperliche Aktivität (Auseinandersetzung, Anstrengung, Erschöpfung)?
- Symptome einer Beeinträchtigung der Atemfunktion (Tachypnoe, Dyspnoe, gurgelnde oder stöhnende Atemgeräusche, Schnappatmung)?

Auffindesituation:

- Lassen sich aus der Auffindesituation plausibel eine mechanische Beeinträchtigung der Atmung oder eine Kreislaufdysregulation erklären?
- Sind bei der äußeren Leichenschau feststellbare Verletzungen mit der Auffindesituation vereinbar?
- Lässt sich aus der Auffindesituation ein Unfallgeschehen rekonstruieren oder ergeben sich Hinweise auf eine Beteiligung Dritter?

Pathomorphologische Untersuchungsbefunde:

- vorbestehende innere Erkrankungen oder Missbildungen, insbesondere solche des ZNS und des Herzens, die eine Beeinträchtigung der Atemfunktion, kardiale Arrhythmien oder orthostatische Regulationsstörungen begünstigen, ein Unfallgeschehen verursachen können, für sich genommen jedoch keine zwingende Todesursache darstellen,
- Verletzungen, die zu einem Unfallgeschehen beitragen können, in den rekonstruktiven Schlussfolgerungen aus der Auffindesituation eine adäquate Erklärung finden, jedoch keine todesursächliche Wertigkeit besitzen.

Toxikologische Untersuchungsbefunde:

- Analysenergebnisse, die als Kausalfaktoren für einen Erregungszustand oder ein Unfallgeschehen in Betracht kommen, atemdepressive oder arrhythmogene Nebenwirkungen haben können, für sich genommen jedoch nicht zwingend den Tod erklären.

3.16 Spezialfragen bei der Begutachtung nichtnatürlicher Todesfälle

E. Lignitz

Im Zusammenhang mit der Untersuchung von Leichen ergeben sich regelmäßig besondere Fragestellungen, die je nach Ausgangslage und Ermittlungsergebnis bei der Abwägung der Bedeutung verschiedener pathomorphologischer Befunde für den Todeseintritt im Gutachten besprochen werden müssen. Teilweise sind spezielle Sektionstechniken erforderlich, so dass bereits vor Beginn der Sektion der Umfang der Fragen definiert, beziehungsweise der Umfang der Untersuchungen eindeutig konzipiert sein muss.

3.16.1 Unterscheidung vitaler und postmortaler Verletzungen

Zur Feststellung vitaler Reaktionen wird auf das Kapitel 3.5 verwiesen. Zusammenfassend ist zu achten auf:

- Aspirationen (Einatmung von Fremdkörpern, Blut, Gewebe),
- Verschlucken (Fremdmaterialien: Ruß; Blut),
- Embolien (arteriell oder venös, Thromben, Gewebe, Luft) und
- Schockzeichen.

Die Unterscheidung von vitalen und postmortalen Verletzungen ist praktisch nur im Rahmen einer Obduktion oder durch histologische Untersuchungen möglich. Der Sonderfall der Wundaltersbestimmung wird ebenfalls in Kapitel 3.5 dargestellt.

Postmortale Verletzungen

Wichtig

Nach Todeseintritt beigebrachte Verletzungen weisen im frühpostmortalen Intervall Befunde auf, die von vitaler Gewalteinwirkung kaum zu unterscheiden sind. Auf die Vermeidung derartiger Artefakte im Rahmen postmortaler Untersuchungen ist zu achten.

Vertrocknungen. Bei längerer Leichenliegezeit entstehen durch Flüssigkeitsverluste **Hauteintrockungen**. Sie sind meist flächenhaft ausgebildet (z.B. am Skrotum). **Hautvertrocknungen** entstehen dort, wo Haut geschürft wurde. Vital entstandene Epithelverluste sind dabei mit Wundschorfen bedeckt. Umschriebene Hautschürfungen durch postmortale Einflüsse vertrocknen nach einiger Zeit ohne Schorfbildung. Bei der Präparation der tieferen Weichteilschichten sind keine weiteren Vitalitätshinweise wie z.B. Blutungen nachweisbar. Selbst vital gesetzte Würgemale oder Strangmarken sind gelegentlich einige Stunden nach dem Tode durch die Eintrocknung besser zu erkennen als unmittelbar nach dem Tode. Allein durch äußere Besichtigung ist jedoch insbesondere bei Strangmarken nicht zu entscheiden, ob sie vital oder postmortal entstanden sind. Wurden Oberhautabschürfungen durch Werkzeugeinwirkung im engen zeitlichen Zusammenhang mit dem Todeseintritt gesetzt, können deren Formmerkmale am Vertrocknungsbild identifiziert werden.

3.16.2 Konkurrenz und Koinzidenz von Todesursachen

Konkurrenz von Todesursachen

Treten zu einer vorbestehenden Erkrankung Verletzungen hinzu, so muss im Einzelfall entschieden werden, ob diesen eine (mit)todesursächliche Bedeutung zukommt oder ob die vorbestehende Erkrankung allein den Todeseintritt zur Folge hatte (s. auch Kap. 2.1.3).

Wichtig

Diese Beurteilung einer partialen- oder kumulativen Kausalität ist ohne Obduktion und eventuelle weitergehende Untersuchungen nicht möglich. Es handelt sich jeweils um Einzelfallentscheidungen unter Berücksichtigung *aller* Untersuchungsergebnisse einschließlich des Ermittlungsergebnisses.

Die unterschiedliche Gewichtung gleichartiger Teilbefunde sei am Beispiel hoher Blutalkoholkonzentrationen erläutert. Ist bei dem Opfer eines Gewaltdeliktes eine Blutalkoholkonzentration von 3 ‰ oder mehr nachweisbar, so ist diese bei gleichzeitigem Vorliegen schwerer Verletzungen (z.B. eines vital entstandenen Schädelhirntraumas) ein nichttodesursächlich relevanter Nebenbefund, während bei einer unverletzten Person die todesursächliche Relevanz anders zu beurteilen ist. Bei geringerem Verletzungsausmaß sollte eine abschließende Beurteilung nicht ohne histologische und chemisch-toxikologische Untersuchungen erfolgen.

Koinzidenz von Todesursachen

Gerade bei älteren Menschen ist das gleichzeitige Bestehen zweier oder mehrerer Krankheiten häufig. Die Entscheidung über die letztendlich dominierende todesursächliche Erkrankung ist hier zuweilen schwierig bis unmöglich. Gerade diese Kumulation pathologischer Organbefunde kann auch die kausale Beurteilung eventuell geringer Fremdeinwirkung erschweren.

Fallbeispiel

Eine 86-jährige Frau, die mit einer Bluthochdruckkrankheit, mehrfachen „Herzattacken" sowie transitorischen zerebralen Ischämien bereits verwirrt aufgefallen war, wurde tot auf dem Bett liegend aufgefunden. Das Gesicht ist mit einem Kissen bedeckt, ein Haarnetz leicht verschoben. Bei der gerichtlichen Leichenschau zeigen sich keinerlei gravierende Gewalteinwirkungen, jedoch wenige kleine Lid- und Bindehautblutungen. Bei der Sektion sind geringe, oberflächliche Halsmuskelblutungen zu sehen. Trotz nachgewiesener zerebraler Insulte und hochgradiger Koronararteriensklerose mit kleineren Herzmuskelschwielen wurde angesichts der Auffindesituation der Verdacht des Erstickens unter weicher Bedeckung geäußert. Die Ermittlung der Polizei führt zu einem Jugendlichen aus dem Wohnhaus, der immer wieder Geld von der alten Frau borgte. Diesmal hatte er einen neuen Betrag vor Rückzahlung der alten Schulden verlangt. Die alte Frau lehnte das ab. Daraufhin drückte er die Frau auf ihr Bett und hielt bis zu ihrer körperlichen Erschlaffung das Kopfkissen fest auf ihr Gesicht. Als er keine Lebenszeichen mehr bemerkte, nahm er das Geld und verließ die Wohnung. Ohne sachkundige Leichenschau und vor allem ohne Sektion wäre der nichtnatürliche Tod unerkannt geblieben.

Wichtig

Wegen der schwierigen Unterscheidung von Koinzidenz und Konkurrenz von Erkrankung und Verletzung sollte der Leichenschauarzt im Zweifel bei der Leichenschau von einer ungeklärten Todesart ausgehen.

3.16.3 Priorität von Verletzungen

Mehrfachverletzungen. Liegen mehrere Verletzungen vor, kann die zeitliche Reihenfolge und die Wertigkeit in Bezug auf die Todesursache eine große Rolle spielen. Bei Beteiligung mehrerer Täter wird von diesen Feststellungen die rechtliche Bewertung im Strafverfahren abhängen.

Wichtig

Falls keine einzelne, per se tödlich wirkende Verletzung vorliegt, sondern viele, von denen jede für sich nicht als unmittelbar tödlich angesehen wird und andere konkurrierende Todesursachen ebenfalls nicht vorliegen, so ist man berechtigt anzunehmen, dass die Summe der Verletzungen den Tod herbeigeführt hat.

Das spielt insbesondere bei Tötungsdelikten durch Schlagen und Treten eine große Rolle. Keine Probleme bestehen, wenn Verletzungsfolgen einer Gewaltart zeitlich weit auseinander liegend zugefügt wurden (z.B. bei Kindesmisshandlung).

Verkehrsunfälle. Wurde ein Fußgänger, Rad- oder Motorradfahrer bei einem Verkehrsunfall getötet, sind verschiedene Fragestellungen zu beachten. Zur abschließenden Beurteilung ist in jedem Fall die Einbeziehung sämtlicher Ermittlungsergebnisse einschließlich eines technischen Gutachtens erforderlich. Hohe Priorität hat die Identifizierung der primären Kontaktstelle mit dem Unfallfahrzeug (s. auch Kap. 3.3), da es rechtlich eine große Rolle spielen kann, ob eine stehende Person angefahren oder eine liegende Person überrollt wurde.

Schädelbrüche. Die Biomechanik der Schädelbrüche wird in Kapitel 3.3 ausführlich dargestellt. Die Bruchreihenfolge kann anhand der Puppe'schen Regel festgestellt werden (s. dort).

Schussverletzungen. Je nach Schnelligkeit der Schussabgabe kann es schwierig bis unmöglich sein, eine Schussreihenfolge festzulegen. Bei primärer Verletzung größerer Gefäße können spätere Schüsse – auch bei relativ zeitnaher Verletzung – durch eine schwächer ausgeprägte Einblutung erkennbar sein.

Penetrierende Verletzungen. Das gilt auch für eine Vielzahl von Stichverletzungen. Allerdings hilft die histologische Untersuchung zur Wundaltersbestimmung dann weiter, wenn gleichartige Verletzungen mit einer Differenz von Stunden beigebracht worden sein sollten.

Kombinationen unterschiedlicher Gewalteinwirkung

Findet sich bei einer Strangulation ein deutliches Stauungssyndrom des Kopfes, so werden etwaige Platzwunden oder Schnitt- und Stichwunden am Kopf erst später gesetzt worden sein (z.B. durch so genannte Sicherheitsstiche). Sind sie zuerst entstanden und besteht somit am Kopf eine sog. Blutaustrittspforte, kann zwar tödlich stranguliert werden, sich jedoch keine intensive Stauung entwickeln, weil das Blut abfließen kann.

3.16.4 Handlungsfähigkeit nach Verletzungen

Bei einer Dislokation von Tat- und Fundort oder bei offensichtlicher Diskrepanz zwischen Aussagen von Täter und Opfer über den Ablauf einer tätlichen Auseinandersetzung taucht regelmäßig die Frage nach der Handlungsfähigkeit verletzter Personen auf. Der Gutachter wird die realistischen Handlungsmöglichkeiten eines Verletzen nach dem vorliegenden Verletzungsmuster und den ableitbaren Folgen einschätzen müssen.

Definition

Im Gegensatz zur juristischen Definition meint Handlungsfähigkeit hier die Fähigkeit zur bewussten, sinnvollen und zielgerichteten psychophysischen Reaktion eines Menschen nach einer Verletzung durch äußere Gewalt. Das ist vollkommen unabhängig vom Ausgang der erlittenen Schädigung. Der handlungsfähige Verletzte muss dabei nicht seine frühere geistige und körperliche Reaktionsfähigkeit voll entfalten können. Als sinn- und zielgerichtet gelten Hilferufe, Fluchtbewegungen, Ab- und Gegenwehr. Reflexartige Bewegungen zählen nicht dazu, auch wenn sie zu Positionsänderungen der verletzten Person geführt haben.

Beurteilungskriterien

Wesentliches Kriterium ist die Verletzungsschwere. Personen, die an ihren Verletzungen noch am Ort des Geschehens versterben, werden in der Regel schnell handlungsunfähig gewesen sein.

Schädel-Hirn-Verletzungen. Bei stumpfer Traumatisierung des Kopfes, die zu einer Blutung im Schädelinnenraum führt, sind symptomfreie Intervalle bekannt, die unter Umständen einige Stunden betragen können. In dieser Zeit ist die Handlungsfähigkeit vielfach im vollen Umfang erhalten, ehe schwere Symptome (und damit Handlungsunfähigkeit) oder der Tod eintreten. Bei lokal begrenzten Hirnverletzungen durch Bolzenschussgeräte oder Stichwerkzeuge kann die Handlungsfähigkeit ggf. tagelang erhalten sein, ehe der Tod durch infektiöse Komplikationen eintritt (► s. Kap. 3.4). Selbst nach Hiebverletzungen und anderen Impressionstraumata des Gehirns sind Handlungen beschrieben worden. So muss bei einer Begutachtung geprüft werden, welche Hirnstrukturen verletzt wurden und welche Folgen sich daraus ableiten lassen bzw. ob die unverletzten Hirnstrukturen die mögliche Handlung zulassen. Verletzungen der motorischen Rinde erlauben posttraumatische Handlungen nicht.

Nervenverletzungen. Auch die Verletzung des Rückenmarks bedeutet nicht immer sofortige oder umfassende Handlungsunfähigkeit. Das neurologische Defizit entwickelt sich bei Wirbelsäulenfrakturen manchmal erst allmählich. Bewegungsunfähigkeit der Extremitäten tritt bei Abriss des entsprechenden Nervenplexus ein.

Extremitätenverletzungen. Auch die Lokalisation von Verletzungen an Gelenken und Gliedmaßen entscheidet z.B. über Bewegungs- und Ausweichfähigkeit sowie Fluchtmöglichkeit. Mit eingekeilten Hüftgelenkfrakturen ist Laufen noch möglich, pertrochantere Frakturen gestatten das nicht. Aktives Gehen ist bei Patellafrakturen und Quadrizepssehnenrissen unmöglich. Tibiakopffrakturen und verschiedene Fußwurzelknochenbrüche und -luxationen beheben jegliche statische Stabilität.

Halsverletzungen. Beim Erhängen wird Handlungsfähigkeit nicht in Betracht kommen. Es ist jedoch ein Fall berichtet worden, in dem nach Reißen der Schnur der Betroffene noch 200 m lief, leise sprechen konnte und erst nach 10–20 Minuten starb. Bei der Sektion fanden sich Intimaverletzungen beider Halsschlagadern und ein Abriss der Trachea.

Bei Stich- und Schnittverletzungen des Halses hängt der Ausgang und damit die zeitliche Begrenzung einer Handlungsfähigkeit von den Verletzungsfolgen ab. Bei Verletzungen großer Arterien ist kaum von einer wesentlichen Handlungsmöglichkeit zu sprechen. Andererseits sind bei einseitigen Arterienverletzungen immer wieder längere Überlebenszeiten und damit auch Handlungsmöglichkeiten berichtet worden, wenn infolge einer Kontraktion der Gefäßstümpfe die Blutung zunächst einmal sistiert.

Brustkorbverletzungen. Verletzungen der Aorta sind im Allgemeinen sofort oder zumindest sehr schnell tödlich. Kleinere Herzperforationen sind es dagegen nicht immer, besonders nicht, wenn das austretende Blut aus dem Herzbeutel in den Brustraum abfließen kann. Einseitige Schuss- und Stichverletzungen der Lunge bedeuten keineswegs sofortige Handlungsunfähigkeit. Nach vielfacher Beobachtung sind etwa 25 % der Stichverletzten sofort handlungsunfähig, ca. 50 % nach 5 Minuten und 25 % brachen erst nach mehr als 5 Minuten handlungsunfähig zusammen.

Schussverletzungen. Auch von schussverletzten Personen sind erhebliche posttraumatische Leistungen berichtet worden. Anhand der anatomischen Lage des jeweiligen Schusskanals ist zu prüfen, ob eine Handlungsfähigkeit möglich war. Auch die Energieübertragung muss konkret nach Art von Waffe und Munition in Betracht gezogen werden. Schussverletzungen der Brücke und des verlängerten Markes bedeuten sofortigen Verlust von Bewusstsein und Handlungsfähigkeit. Eine Zerstörung des Halsmarkes bedeutet sofortige schlaffe Lähmung und würde eine Schussauslösung selbst dann verhindern, wenn der Finger schon am Abzug ist. Handlungsfähigkeit bei Verletzung anderweitiger lebenswichtiger Hirnzentren ist nicht anzunehmen. Bei Schussverletzungen von Gefäßen begrenzen die Schnelligkeit und Ausmaß des Blutverlustes die Handlungsfähigkeit. Bei unkomplizierten Lungenschüssen bleibt die Handlungsfähigkeit lange erhalten.

Es gilt die Regel, dass die mechanische Wirksamkeit von Schussverletzungen mit der resultierenden totalen Wirksamkeit nicht identisch ist (s. unten: „Psychische Komponenten"). Auch die „umwerfende" Wirkung von Geschosstreffern geht mehr auf die Schmerzwirkung zurück als auf eine physikalisch definierte Aufhaltekraft. Von zwei Geschossen gilt aus Sicht der Polizei das als wirkungsvoller, das die größere Wundfläche und damit den größeren Schmerz auslöst. Von „militärischen" Geschossen ist unter dem Begriff des „Casualty Criterion" ein kinetischer Energiebetrag bekannt, der einen Soldaten außer Gefecht setzt. Sachkundige sehen die „Kugelfestigkeit" von Teilnehmern an kriegerischen Handlungen als eine Funktion der psychischen Verfassung an. Diese wird, falls keine lebenswichtigen Zentren sofort durch Schuss zerstört werden, die Handlungsfähigkeit des Getroffenen wesentlich bestimmen. Bei Polizeiaktionen, die eine Aufgabe des Gegners mittels Schusswaffengebrauch zum Ziel haben, ist zu beachten, dass der Gegner handlungsfähig und damit potentiell gefährlich bleibt.

Fallbeispiel

In einer Silvesternacht kam es zwischen einem Mann und einer Frau, die sich erst Stunden zuvor in einer Kneipe kennen gelernt hatten, bei fortschreitender Alkoholisierung und offensichtlich im Zustand einer gewissen sexuellen Geneigtheit zu einer Tätlichkeit, bei der beide erhebliche Stichverletzungen erlitten. Während der Mann eine tiefe mediastinale Stichwunde tagelang überlebte und aussagefähig war, bis er an einer Mediastinitis starb, floh die Frau mit einer spritzenden arteriellen Blutung viele Meter aus der Wohnung. Der Fluchtweg war durch arkadenartige (blutdruckabhängige) Blutspritzspuren an den Wänden des Etagenflures gekennzeichnet. Die verletzte Frau klingelte schließlich an einer fremden Wohnung. Als geöffnet wurde, fiel sie vornüber, eine Hand an den blutenden Halswunden, äußerte gurgelnd Hilferufe und verstarb nach Eintreffen eines Notarztes.

Psychische Komponenten

Die Willensstärke und die emotionale Situation des Verletzten beeinflusst die Handlungsfähigkeit bei nicht sofort tödlichen Verletzungen entscheidend mit. In der besonderen psychischen Anspannung (Ausnahmesituation) eines Kampfgeschehens wird eine Verletzung oft nicht einmal bemerkt, was relativ häufig bei perforierenden Verletzungen des Bauchraumes auftritt.

Schlussfolgerung

Handlungsfähigkeit nach Verletzungen der verschiedensten Art ist eine Tatsache und muss bei entsprechender Fragestellung oder bei objektiv gegebenen Fakten in Erwägung gezogen werden. Dogmatische Zeitbegrenzungen sind nicht angebracht. Es wird die sachkundige Beurteilung unter Beiziehung von bildgebenden diagnostischen Verfahren in der Klinik bzw. die neuropathologische Untersuchung in der Rechtsmedizin zur Beweismittelsicherung empfohlen, ggf. ergänzt durch die Konsultation von Neurologen und Neurochirurgen.

3.16.5 Leichenbeseitigung und Leichenzerstückelung

Definition

Leichenzerstückelungen sind typische postdeliktische Handlungen zur Verschleierung einer Tat. **Leichenbeseitigungen** dienen dem Verbergen des Opfers und **Leichenverstümmelungen** der Unkenntlichmachung eines Tatopfers.

Die Tathandlungen gehen meist Hand in Hand und verfolgen vorzugsweise die Absicht, ein Tötungsdelikt zu verbergen und eine Identifizierung zu erschweren. Gelegentlich sollen Individualmerkmale beseitigt werden.

Epidemiologische Daten

Leichenzerstückelungen sind seltene Ereignisse mit Häufungen in großstädtischen Ballungsgebieten. Gelegentlich gehören sie zur spezifischen Verbrechensausführung bei Serientätern. In der Bundesrepublik Deutschland ist mit ca. 10 Fällen im Jahr zu rechnen. Natürliche Leichenzersetzungen und akzidentelle Zerstückelungen werden ca. 10-mal häufiger beobachtet. Wegen des Ideenreichtums bei der Leichenbeseitigung ist ein gewisses Dunkelfeld anzunehmen. Kriminalistisch werden Tötungsdelikte mit Opferbeseitigung anfangs meist als Vermisstenmeldungen polizeibekannt. Täter sind überwiegend Männer. Wesentlich seltener treten Frauen als Täterinnen oder Helferinnen in Erscheinung. Bei den Opfern handelt es sich überwiegend um Frauen (etwa 2,5:1). Bei den aufgeklärten Fällen bestand überwiegend eine enge Täter-Opfer-Beziehung.

Arten der Leichenzerstückelung

Definition

Grundsätzlich werden natürliche, zufällige, nichtkriminelle und kriminelle Leichenzerstückelungen unterschieden.

Der **natürliche Leichenzerfall** ist ein Produkt von Fäulnis und Verwesung über Monate und Jahre. Er folgt anatomischen Gegebenheiten und ist somit leicht zu erkennen. **Zufällige Leichenzerstückelungen** ergeben sich durch massive mechanische Gewalteinwirkungen wie z.B. durch rotierende Schiffsschrauben. Zergliederungen menschlicher Körper sind häufig auch Folge von Eisenbahnüberfahrungen, Flugzeugabstürzen und Explosionen. Schließlich kann auch durch Tierfraß ein Leichnam erheblich entstellt und zerteilt werden.

Wichtig

Die Vitalität von sofort tödlichen, gewaltsamen Zergliederungen durch massive Gewalteinwirkungen der verschiedensten Art ist schwer festzustellen. Bei Eisenbahnüberfahrung ist stets die Frage „Verdeckungstat oder Suizid" zu prüfen.

Auch Leichenzerstückelungen und -beseitigungen ohne vorausgegangene Straftat sind bekannt. Sie haben unterschiedliche Motive, zumeist sind es ökonomische Zwänge (Einsparung der Transport- und Bestattungskosten) bzw. Ablenkmanöver von einem kriminellen Umfeld, z.B. der Rauschgiftszene, gelegentlich Nekrophilie und Aberglaube.

Wichtig

Verwechslung von Präparaten des Anatomieunterrichtes und von operativ entfernten Organen, Organteilen und Gliedmaßen mit krimineller Leichenzerstückelung.

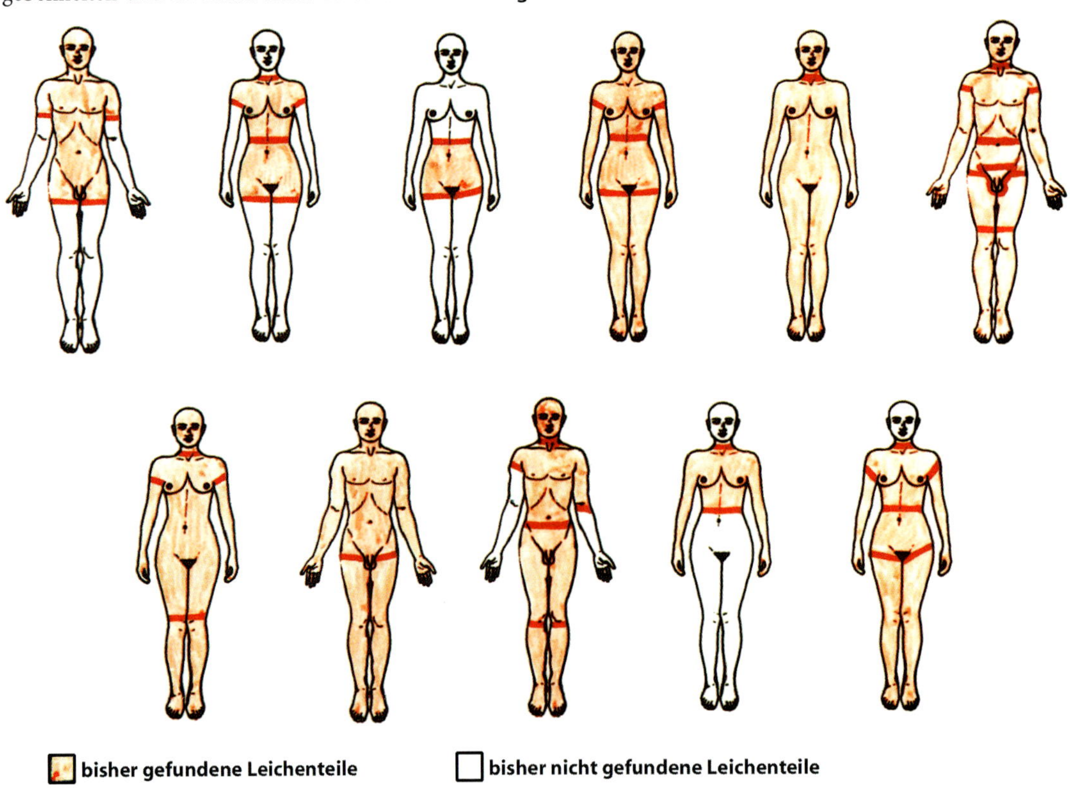

Abb. 3.118. Befundmuster bei defensiver Leichenzerstückelung

Gelegentlich kommen Zerstückelung und Leichenbeseitigung auch bei natürlichen Todesfällen oder zur Verschleierung eines anderweitig kriminellen Umfeldes (Rauschgiftszene!) oder zum Zwecke des Versicherungsbetruges vor.

Üblicherweise folgt die Einteilung nach morphologischen Gesichtspunkten in defensive und offensive Leichenzerstückelung (◘ Abb. 3.118+3.119). Neuerdings wird das Befundmuster kombiniert mit dem möglichen Motiv als Kriterium der Einteilung verwendet:

- **Typ I** („defensive mutilation" auch „dismemberment"): Zur Erschwerung der Identifikation des Opfers, entspricht in der herkömmlichen Einteilung der defensiven Leichenzerstückelung.
- **Typ II** („aggressive mutilation"): Entspricht der bisherigen offensiven Leichenzerstückelung, d.h. durch den Tötungsakt wird ein Exzess mit Zerstückelung häufig mit Verstümmelung des Gesichtes und der Genitalorgane ausgelöst und sofort angeschlossen.
- **Typ III** („offensive mutilation"): Wird unterteilt: Die Tötungsmotivation ergibt sich entweder aus der Absicht zur anschließenden Ausführung sexueller Handlungen an toten Körpern mit vorausgehender oder nachfolgender Zerstückelung (Typ IIIa), oder infolge einer sexual-sadistischen Trieblage werden sexuelle Handlungen mit Zufügung von Schmerzen oder Verletzungen – letztendlich bis zur Tötung – ausgeführt und nach Todeseintritt fortgesetzt (Typ IIIb). Die Untergruppen des Typs III (Kannibalismus eingeschlossen) sind durch besondere Befundmuster gekennzeichnet.
- **Typ IV** („necromanic mutilation"): An toten Körpern, hat den Zweck der Benutzung abgetrennter Körperteile als Fetisch, Symbol oder Trophäe.

Befundmuster der defensiven Zerstückelung

Bei der defensiven Zerstückelung dominiert eine überwiegend „methodische" Vorgehensweise, deren Umfang sich weitgehend nach den Möglichkeiten der Leichenbeseitigung richtet. Da mit der Absicht der Beseitigung von Leichenteilen meist auch eine Identifizierung des Opfers verhindert werden soll, ergänzen Folgen der Verstümmelung ebenfalls das Befundmuster. Zunächst imponiert die avitale Beschaffenheit aller Trennflächen und Exartikulationen. Meistens wird der Kopf der Leiche abgetrennt, in der Häufigkeit folgen die Abtrennung der Extremitäten, seltener eine Quer- oder Längsdurchtrennung des Rumpfes, was die Eviszeration zur Folge hat. Überwiegend sind diese Körperzerteilungen einigermaßen systematisiert, indem die Abtrennung der Gliedmaßen in den Gelenken oder wenigstens deren Nähe erfolgt. Wenn es die Umstände erfordern, werden die Beine ein weiteres mal getrennt und auch die Oberarme von den Unterarmen separiert. Dazu kommen dann die Entfernung von

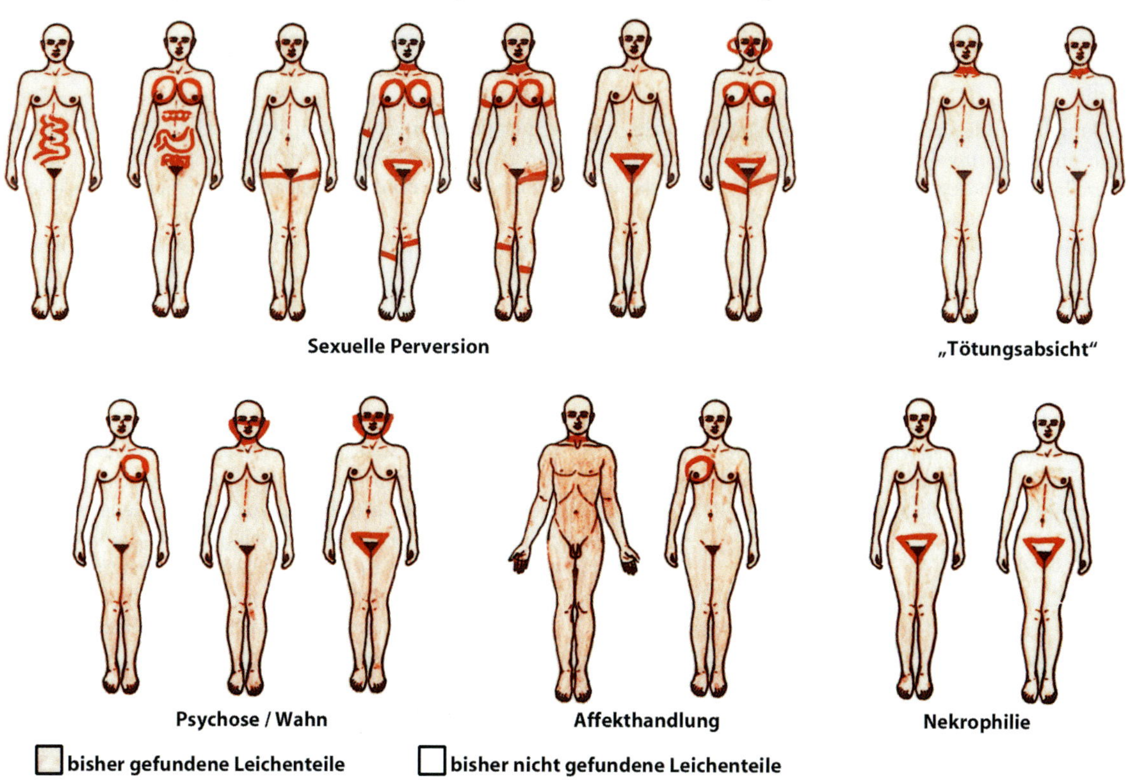

◘ Abb. 3.119. Befundmuster bei offensiver Leichenzerstückelung

Wiedererkennungsmalen. Immer wieder sieht man Schnittversuche, Zipfelbildungen von Haut und Weichteilen durch neu angesetzte Schnitte in paralleler Ausführung, Einkerbungen in Knochen und Knorpel, Anschnitte in Gelenkflächen. Dazu kommen Sägespuren oder splitternde Knochendurchtrennungen durch Hiebwerkzeuge.

Wichtig

Rückschlüsse auf den Beruf des Täters aus der Art der Befunde schließen zu wollen, stößt auf erhebliche Schwierigkeiten, ist meist nicht zuverlässig möglich und sollten nur mit größter Zurückhaltung gezogen werden. Die unbegründet sichere Annahme gewisser „Berufserfahrungen" des Täters kann die Ermittlungstätigkeit erheblich in die Irre führen.

Befundmuster der offensiven Zerstückelung

Im Gegensatz dazu ist bei den offensiven Zerstückelungen die unregelmäßige und völlig sinn- und zwecklose Verstümmelung der Leiche, die Verstreuung der Leichenteile in der Nähe des Tatortes ohne die Tendenz, sie völlig zu verbergen, und schließlich sogar die Mitnahme von Leichenteilen auffällig. Wenn sich die offensive Leichenzerstückelung aus einer sexualsadistischen Motivation oder sexuellen Perversionshandlung bzw. nur im Anschluss an einen Geschlechtsakt mit abrupter Änderung der Stimmungslage entwickelt, wird eine Abtrennung der Geschlechtsteile oder deren Verstümmelung mehr oder weniger das Befundmuster bestimmen.

Todesursache

Die Feststellung der Todesursache kann problematisch sein, wenn es sich um einen unvollständigen Leichenfund handelt (insbesondere bei fehlendem Kopf) oder wenn bei Strangulationen die Trennstelle des Kopfes vom Hals in der Ebene der Strangulation liegt.

Instrumentarium

Entsprechend der „phantasievollen" Vorgehensweise der Täter sind der Verwendung von Werkzeugen bei der Zerstückelung praktisch keine Grenzen gesetzt. Im Allgemeinen werden Messer, Äxte und Sägen unterschiedlicher Größe verwendet. Exotisch anmutende Gerätschaften wie Schredder, Papierschneidemaschine, Trennschleifer, Bajonett, Fleischhackmaschine und Vorschlaghammer wurden fallweise bekannt.

Methoden der Beseitigung

Leichenteile werden in Wohnungen, Möbelstücken, Hausböden und Kellern abgelegt, versteckt oder eingemauert, im Hausmüll entsorgt, in Reisetaschen und Müllsäcken transportiert, in Gewässern versenkt, in Flüsse geworfen, vergraben, einbetoniert, verstreut, in Tiefkühlschränken konserviert, verbrannt oder mit Säuren vernichtet. Alle Methoden sind mit dem Risiko der späteren Entdeckung durch Wiederauffinden, Auftauchen oder des Verbleibs von identifizierbaren Resten belastet. Insgesamt hat sich für das Ablegen von Leichenteilen der Begriff des **Dumping** eingebürgert. Für das Verbringen von Leichenteilen ins Ausland wurde der Begriff der „**Transitleiche**" geprägt.

Fallbeispiele

Neben der befestigten Fahrbahn eines Parkplatzes der Autobahn Berliner Ring wurden Plastiksäcke und ein Karton mit Leichenteilen gefunden. Tat- und Fundort lagen, wie sich herausstellen sollte, in zwei verschiedenen politischen Hoheitsgebieten. Der Karton enthielt einen männlichen Rumpf, die verschiedenen Säcke je ein Bein, beide Arme und den Kopf. Die in 6 Teilen gefundene Leiche war vollständig. Körpergröße und Körpergewicht ließen sich zuverlässig rekonstruieren. Nach Erscheinungsbild, Haarfarbe und Gesichtszügen handelte es sich um einen Ausländer, dessen Herkunft auf der Achse Türkei, Iran, Afghanistan vermutet wurde. Die Arme waren im Schultergelenk und ein Bein im Hüftgelenk ohne Beschädigung der Gelenkflächen ausgelöst worden, am anderen Bein war der Hüftkopf grob und in Stufen durch ein Hiebwerkzeug abgetrennt. Alle Trennflächen korrespondierten gut miteinander und imponierten avital. Neben 3 Platzwunden der linken Stirnregion fanden sich als Todesursache 2 Schädelimpressionsfrakturen mit tiefer vitaler Hirnwunde. Es wurde ein hammerartiges Werkzeug vermutet und später als stumpfe Rückseite eines sog. Tomahawks ermittelt. Zahlreiche individuelle Besonderheiten wie dunkle Zahnbeläge, eine chronische Segmentpneumonie, unterschiedliche Fußlängen, Blutgruppenprägung, Zahnstatus und Lebensaltersschätzung (zwischen 30 und 40 Jahren) führten nicht zur Identifizierung, sondern ein Fingerabdruck. Danach handelte es sich um einen 33-jährigen afghanischen Staatsbürger, für den es keinen Vermisstenvorgang gab. In diesem Fall hatten die gemeinschaftlich handelnden Täter in einer sich krisenhaft zuspitzenden persönlichen Situation ein Tötungsdelikt begangen und zur Verdeckung die ehemaligen Grenzverhältnisse in Deutschland ausgenutzt (Transitleiche).

Nach vollzogenem Akt signalisierte die junge Frau alsbald den Wunsch nach Fortsetzung des Beischlafs, wozu der Partner sogleich nicht in der Lage war. Daraufhin versuchte die Frau ihrem Partner aus Enttäuschung den Penis mit einem Messer abzusetzen. In einem Kampfgetümmel konnte der Mann das Messer an sich bringen; er tötete die Frau mit einem tiefen Halsschnitt und versuchte sofort im Anschluss ihr die Brüste abzusetzen und den Leib zu öffnen. Im Gegensatz zum obigen Fall bestand das sinn- und regellose Befundmuster einer offensiven Zerstückelung, aus einem Tatgeschehen heraus entwickelten Bild. Bei der gerichtsärztlichen Untersuchung des Täters fand sich tatsächlich eine einzelne oberflächliche Schnittverletzung am Glied. Es folgte eine Verurteilung wegen Totschlags im Affekt.

Infobox

Bei der Auffindung von Leichen und Leichenteilen, Skeletten und Skeletteilen ist die Polizei in jedem Falle zur Feststellung von Identität und Todesursache zu verständigen!

Checkliste

Es sind folgende Maßnahmen zu ergreifen bzw. Fragen zu prüfen:

- Fotografische Dokumentation des Fundortes!
- Tierisches oder menschliches Gewebe?
- Falls menschlich: männlich oder weiblich? Eine oder mehrere Leichen?
- Art der Zerstückelung (defensiv, offensiv, nichtkriminell)?
- Todesursache feststellbar? Hinweise auf Leichenliegezeit (Insekten)?
- Ergeben sich Hinweise auf einen oder mehrere Täter bzw. die Mitwirkung von Helfern?
- Sind Fund- und Tatort identisch?
- Gibt es Hinweise auf vorübergehende Tiefkühllagerung des Fundstückes?
- Vorsorgliche Präparation und Fotodokumentation der knöchernen Trennstellen!
- Fotografische Dokumentation der Weichteiltrennstellen!
- Feststellung und Dokumentation von Werkzeugspuren bei Tötung und Zerstückelung!
- Histologische Untersuchung der Weichteilverletzungen zum Nachweis vitaler Reaktionen!
- Toxikologische Untersuchung der Leichenfundstücke!
- Erfolgte bei unvollständigen Leichenfunden ein Abgleich mit Vermisstenvorgängen in anderen geographischen Regionen des Landes oder im Ausland?
- Asservierung, Untersuchung und Einstellung von DNA-Merkmalen in die zentrale Datenbank beim Bundeskriminalamt (auch zur schnelleren Zusammenführung von Leichenteilfunden bei sukzessiver Ablage oder sequentieller Auffindung)!

Literatur

zu Kap. 3.1

Baumbach A, Lauterbach W, Albers J, Hartmann P (2000) Zivilprozessordnung mit Gerichtsverfassungsgesetz und anderen Nebengesetzen. 58. neubearb. Aufl. Beck, München

Eisenberg U (2000) Jugendgerichtsgesetz. 8. neubearb. Aufl. Beck, München

Fischer T (2001) Strafgesetzbuch und Nebengesetze. 50. neubearb. Aufl. Beck, München

Meyer-Goßner L (2001) Strafprozessordnung, Gerichtsverfassungsgesetz, Nebengesetze und ergänzende Bestimmungen. 45. neubearb. Aufl. Beck, München

zu Kap. 3.2

Eisenberg U (1995) Kriminologie. 4. neubearb. Aufl. Heymanns, Köln Berlin Bonn München

Hoffmann J, Musolff C (2000) Fallanalyse und Täterprofil. BKA Forschungsreihe Bd. 52. Bundeskriminalamt, Wiesbaden

Kaiser G, Kerner HJ, Sack F, Schellhoss H (Hrsg) (1993) Kleines kriminologisches Wörterbuch. UTB 1.274, 3. neubearb. Aufl. Müller, Heidelberg

Rössner D, Jehle JM (Hrsg) (1999) Kriminalität, Prävention und Kontrolle. Neue Kriminologische Schriftenreihe 104. Kriminalistik Verlag, Heidelberg

Schneider HJ (1994) Kriminologie der Gewalt. Hirzel, Stuttgart Leipzig

Schwind HD (2001) Kriminologie. Eine praxisorientierte Einführung mit Beispielen. 11. neubearb. Aufl. Kriminalistik Verlag, Heidelberg

zu Kap. 3.4

Baron DN (1993) The chemical pathology of trauma. In: Mason JK (ed) The pathology of trauma. Arnold, London Boston Melbourne, pp 315–323

Barton RN, Frayn KN, Little RA (1990) Trauma, burns and surgery. In: Cohen RD, Lewis B, Alberti KGMM, Denman AM (ed) The metabolic and molecular basis of acquired disease. Baillière Tindall, London

Border JR, Allgöwer M, Hansen ST Jr, Rüedi TP, (Hrsg) (1990) Blunt multiple trauma: comprehensive pathophysiology and care. Marcel Dekker, New York

Clows GHA Jr (1988) Trauma, sepsis and shock: the physiological basis of therapy. Marcel Dekker, New York

Douglas AS (1993) Haemorrhage, haemostasis and thrombosis. In: Mason JK (ed) The pathology of trauma. Arnold, London Boston Melbourne, pp 324–339

Hechtman HB, Tedeschi LG (1977) Systemic response to trauma. In: Tedeschi CG, Eckert WG, Tedeschi LG (eds) Forensic medicine. A study in trauma and environmental hazards, Vol 1. WB Saunders Comp, Philadelphia London Toronto, pp 386–405

Madea B (1992) Hämorrhagische Gastroenterocolopathie als Folge einer Halsstichverletzung. Rechtsmedizin 2: 74–77

Madea B, Schmidt P (1995) Mitwirkung vorbestehender Erkrankungen bei Unfalltod. Z ges. Versicherungswiss. 33: 491–527

Sandritter W, Beneke G (1981) Allgemeine Pathologie. Schattauer, Stuttgart New York

Tedeschi LG, Hechtmann HB (1977) Posttraumatic embolism. In: Eckert WG, Tedeschi LG (eds) Forensic medicine. A study in trauma and environmental hazards, Vol 1. WB Saunders Comp, Philadelphia London Totonto, pp 406–422

Zollinger HU (1982) Unfallursachen und Unfalltod im Alter. Zeitschr. Unfallmed. Berufskrankh. 75: 207–216

zu Kap. 3.5

Betz P (1996) Collagen subtypes – markers for the healing of skin wounds. In: Oehmichen M, Kirchner H (Hrsg) The wound healing process: Forensic pathological aspects. Schmidt-Römhild, Lübeck, S. 247–256

Betz P (1996) Neue Methoden zur histologischen Altersbestimmung menschlicher Hautwunden. Schmidt-Römhild, Lübeck

Hunt TK, Hopf HW, Mueller RV (1997) Wound healing. In: Cooper GJ, Dudley HAF, Gann DS, Lilltle RA, Maynard RL (eds) Scientific foundations of trauma. Butterworth-Heinemann, London Boston Singapore Sydney Toronto Wellington, pp 530–550

Madea B, Grellner W (1996) Vitality and supravitality in forensic medicine. In: Oehmichen M, Kirchner H (Hrsg) The wound healing process: Forensic patholgical aspects. Schmidt-Römhild, Lübeck, S. 259–282

Oberholzer MJ (2001) Pathologie verstehen. Molekulare Grundlagen der allgemeinen Pathologie. Thieme, Stuttgart

Oehmichen M (1990) Die Wundheilung. Springer, Berlin Heidelberg New York Tokio

Oehmichen M, Kirchner H (Hrsg) (1996) The wound healing process: Forensic pathological aspects. Research in Legal Medicine, Vol 13. Schmidt-Römhild, Lübeck

Oehmichen M, Raff G (1980) Timing of cortical contusions. Z Rechtsmed 84: 79–94

Thomas C (1992) Histopathologie. Lehrbuch und Atlas für die Kurse der allgemeinen und speziellen Pathologie. Schattauer, Stuttgart New York

Tutsch-Bauer E, Baur C, Tröger HD, Liebhardt E (1981) Untersuchungen zur Altersbestimmung an künstlich gesetzten Hämatomen. Beitr Gerichtl Med 39: 83–86

Wilmore DW, Stoner HB (1997) The wound organ. In: Cooper GJ, Dudley HAF, Gann DS, Lilltle RA, Maynard RL (eds) Scientific foundations of trauma. Butterworth-Heinemann, London Boston Singapore Sydney Toronto Wellington, pp 524–529

zu Kap. 3.6.1

Fischer H (1993) Einführung in die allgemeine und spezielle Traumatologie. Dr. Kovac, Hamburg

Fischer H, Kirkpatrick CJ (1991) A colour Atlas of Trauma Pathology. Wolfe, London

Fischer H, Spann W (1967) Pathologie des Trauma. Bergmann, München

Gülich H-A (1988) Biomechanische Belastungsgrenzen. Aktualisierte Literaturstudie zur Belastung des Menschen beim Aufprall. Bundesanstalt für Straßenwesen, Bereich Unfallforschung, Bergisch Gladbach

Janssen W (1977) Forensische Histologie. Schmidt-Römhild, Lübeck

Krauland W (1961) Über die Quellen des akuten und chronischen subduralen Hämatoms. Thieme, Stuttgart

Krauland W (1982) Verletzungen der intrakraniellen Schlagadern. Springer, Berlin Heidelberg New York

Mason JK (1993) The Pathology of Trauma. 2nd Ed. Arnold, London

Nahum AM, Melvin JW (1993) Accidental injury. Springer, Berlin Heidelberg New York Tokio

Sellier K, Unterharnscheid F (1963) Mechanik und Pathomorphologie der Hirnschäden nach stumpfer Gewalteinwirkung auf den Schädel. Hefte Unfallheilk. Springer, Berlin Göttingen Heidelberg

Unterharnscheid F (1963) Die gedeckten Schäden des Gehirns. Experimentelle Untersuchungen mit einmaliger, wiederholter und gehäufter stumpfer Gewalteinwirkung auf den Schädel. Spinger, Berlin Göttingen Heidelberg

Unterharnscheid F (1993) Pathologie des Nervensystems VI.A. Traumatologie von Hirn und Rückenmark. Traumatische Schäden des Gehirns (forensische Pathologie). In: Doerr W, Seifert G, Uehlinger E (Hrsg) Spezielle pathologische Anatomie. Springer, Berlin Heidelberg New York Tokio

Unterharnscheid F (1993) Pathologie des Nervensystems VI.B. Traumatologie von Hirn und Rückenmark. Traumatische Schäden des Gehirns (forensische Pathologie). In: Doerr W, Seifert G, Uehlinger E (Hrsg) Spezielle pathologische Anatomie. Springer, Berlin Heidelberg New York Tokio

Unterharnscheid F (1994) Pathologie des Nervensystems VI.C. Traumatologie von Hirn und Rückenmark. Traumatische Schäden des Gehirns (forensische Pathologie). In: Doerr W, Seifert G, Uehlinger E (Hrsg) Spezielle pathologische Anatomie. Springer, Berlin Heidelberg New York Tokio

Unterharnscheid F (1993) Pathologie des Nervensystems VII. Traumatologie von Hirn und Rückenmark. Traumatische Schäden von Hirn und Rückenmark (forensische Pathologie). In: DoerrW, Seifert G, Uehlinger E (Hrsg) Spezielle pathologische Anatomie. Springer, Berlin Heidelberg New York Tokio

Vogel H (1997) Gewalt im Röntgenbild. Befunde zu Krieg, Folter und Verbrechen. Ecomed, Landsberg

Voigt GE (1968) Die Biomechanik stumpfer Brustverletzungen besonders von Thorax, Aorta und Herz. Springer, Berlin Heidelberg New York

zu Kap. 3.6.2

Cooper GJ, Dudley HAF, Gann DS, Little RA, Maynard RL (eds) (1997) Scientific foundations of trauma. Butterworth-Heinemann, London Boston Singapore Sydney Toronto Wellington

Di Maio DJ, Di Maio VMJ (eds) (1989) Forensic pathology. Elsevier, New York Amsterdam Oxford

Driever F, Schmidt P, Madea B (2000) Zur Differenzierung zwischen Selbst- und Fremdbeibringung von Halsschnittverletzungen. Arch Kriminol 205: 92–101

König HG (1966) Spurentechnischer Vergleich realer und fingierter Überfälle. In: Saternus HG, Kernbach-Wighton G (Hrsg) Selbstbeschädigung. Schmidt-Römhild, Lübeck, 23–49

Madea B, Lignitz E, Weinke H (1993) Schädelverletzungen durch Schlag mit Glasflaschen. Arch Kiminol 192: 73–79

Madea B, Schmidt P (1993) Über ungewöhnliche suizidale Stichverletzungen. Arch Kriminol 192: 137–148

Mallach HJ (1987) Der Stellenwert der Luftembolie in der modernen Medizin. Springer, Berlin Heidelberg New York Tokio

Mason JK (ed) (1978) The pathology of violent injury. Arnold, London Boston Melbourne Auckland

Pollak ST, Rogol D (1992) Befundmuster bei suizidalen Stichverletzungen des Halses. Arch Kriminol 190: 72–81

Saternus KS, Bessel G, Staak M (1983) Zur Frage der Handlungsfähigkeit bei penetrierender und stumpfer Bauchverletzung. Z Rechtsmed 91: 101–114

Saternus KS, Kernbach-Wighton G (Hrsg) (1996) Selbstbeschädigung, Forensische Bewertung und Therapiemöglichkeiten. Schmidt-Römhild, Lübeck

Watson AA (1993) Stabbing and other incisional wounds. In: Mason JK (ed) The pathology of trauma. Arnold, London Bosten Melbourne Auckland, 87–108

Werkgartner A (1940) Stichworte: Hiebverletzungen, Tod und Gesundheitsbeschädigung infolge Verletzung durch Hieb, Stichverletzungen, Tod und Gesundheitsbeschädigung infolge Verletzung durch Schnitt. In: Neureiter F. v., Pietrusky F, Schütt E (Hrsg) Handwörterbuch der gerichtlichen Medizin und naturwissenschaftlichen Kriminalistik. Springer, Berlin

zu Kap. 3.7

DiMaio VJM (1999) Gunshot wounds. Practical aspects of firearms, ballistics, and forensic techniques, 2nd edn. CRC Press, Boca Raton London New York Washington

Heard BJ (2001) Handbook of firearms and ballistics. Examining and interpreting forensic evidence. Wiley & Sons, Chichester

Karger B (2001) Forensische Ballistik von Schussverletzungen. Rechtsmedizin 11: 104–119

Karger B (im Druck) Schussverletzungen. In: Brinkmann B, Madea B (Hrsg) Handbuch der Rechtsmedizin. Springer, Berlin Heidelberg New York Tokio

Kneubuehl BP (1994) Geschosse. Ballistik, Treffsicherheit, Wirkungsweise. Stocker-Schmid, Zürich

Kneubuehl BP (1999) Das Abprallen von Geschossen aus forensischer Sicht. Diss., Univ. Lausanne

MacPharson D (1994) Bullet penetrations. Ballistic Publ, El Segundo CA

Pollak S, Saukko PJ (2000) Humane killing tools. In: Siegel JA, Saukko PJ, Knupfer GC (eds) Encyclopedia of forensic sciences. Academic Press, London, pp 939–944

Pollak S, Saukko PJ (2003) Atlas of forensic medicine (CD-ROM), ISBN 0-444-82597-5. Elsevier, Amsterdam
Ropohl D (1986) Schussverletzungen. In: Forster B (Hrsg) Praxis der Rechtsmedizin für Mediziner und Juristen. Thieme, Stuttgart New York, S. 155–187
Rothschild MA (1999) Freiverkäufliche Schreckschusswaffen. Medizinische, rechtliche und kriminalistische Bewertung. Schmidt-Römhild, Lübeck
Sellier K (1982) Schusswaffen und Schusswirkungen I, 2. Aufl. Schmidt-Römhild, Lübeck
Sellier K (1988) Schussentfernungsbestimmung, 2. Aufl. Schmidt-Römhild, Lübeck
Sellier K, Kneubuehl BP (2001) Wundballistik und ihre ballistischen Grundlagen, 2. Aufl. Springer, Berlin Heidelberg New York Tokio
Warlow TA (1996) Firearms, the law and forensic ballistics. Taylor & Francis, London

Danksagung: Die Schießversuche auf Simulanzien wurden von Herrn Dr. B. Kneubuehl (Thun/CH) durchgeführt.

zu Kap. 3.8.1+3.8.2

Anmerkung: Die im Text zitierten, im Literaturverzeichnis aber nicht aufgeführten Beiträge finden sich in dem Buch „Brinkmann B, Püschel K: Ersticken".

Brettel HF (1986) Ersticken infolge Strangulation. In: Forster B (Hrsg) Praxis der Rechtsmedizin. Thieme, Stuttgart New York, S. 121–143
Brinkmann B (1978) Zur Pathophysiologie und Pathomorphologie beim Tod durch Druckstauung. Z Rechtsmedizin 81: 79–96
Brinkmann B, Püschel K (1990) Ersticken. Fortschritte in der Beweisführung. Springer, Berlin Heidelberg New York Tokio
Camps FE (1976) Gradwohl's Legal Medicine. Wright and Sons, Bristol
DiMaio DJ, DiMaio VJM (1989) Forensic Pathology. Elsevier, New York Amsterdam Oxford
Härm T, Rajs J (1981) Types of injuries and interrelated conditions of victims and assailants in attempted homicidal strangulation. Forensic Sci Internat 18: 101–123
Knight B (1996) Forensic Pathology. Oxford University Press, New York
Mallach HJ, Oehmichen M (1982) Bolustod – Reflex oder Erstickung? Beitr Gerichtl Med 40: 474–485
Maxeiner H (1996) Vorkommen und Auswirkungen von Knebelungen bei Tötungshandlungen. Rechtsmedizin 6: 147–155
Maxeiner H (1997) Über Kopfstauung, Petechien und „Zyanose" beim Tod durch homizidale Halskompression. Rechtsmedizin 7: 37–44
Mueller B (1975) Erstickung. In: Mueller B (Hrsg) Gerichtliche Medizin, Bd 1. Springer, Berlin Heidelberg New York, S. 439–468
Polson CJ, Gee DJ, Knight B (1985) The Essentials of Forensic Medicine. Pergamon Press, Oxford
Ponsold A (1967) Erstickung im Besonderen. In: Ponsold A (Hrsg) Lehrbuch der gerichtlichen Medizin. Thieme, Stuttgart, S. 312–345
Prokop O, Göhler W (1976) Forensische Medizin. Fischer, Stuttgart, New York
Rossen R, Kabat H, Anderson JP (1943) Acute Arrest of Cerebral Circulation in Man. Arch Neurol Psychiat 50: 510–528
Saternus KS (1979) Die Verletzungen von Halswirbelsäule und Halsweichteilen. Hippokrates, Stuttgart
Vanezis P (1989) Pathology of Neck Injury. Butterworth-Heinemann, London Boston Singapore Sydney Toronto Wellington

zu Kap. 3.8.3

Bernett P, Haas W (1984) Ertrinken, Badetod und andere Zwischenfälle beim Schwimmsport. Fortsch Med 102: 752–754
Fletemeyer JR, Freas SJ (1999) Drowning – New Perspectives on Intervention and Prevention. CRC Press, Baco Raton London New York Washington
Modell JH (1993) Drowning. N Engl J Med 328: 253–256
Pollanen MS (1998) Forensic diatomology and drowning. Elsevier, Amsterdam Lausanne
Priemer F, Keil W, Kandolf R (1999) Hydrocution in a case of coxsackie virus infection. Int J Legal Med 112: 368–371
Prokop O (1975) Ertrinken und Tod im Wasser. In: Prokop O, Göhler W (Hrsg) Die Erstickung. Forensische Medizin, 3. Aufl. Volk und Gesundheit, Berlin, S. 120–139
Reh H (1969) Diagnostik des Ertrinkungstodes und Bestimmung der Wasserzeit. Triltsch, Düsseldorf
Schmidt P, Madea B (1995) Homicide in the bathtub. Forensic Sci Int 72, 135–146
Statistisches Bundesamt (1999) Todesursachenstatistik. Zweigstelle Bonn

zu Kap. 3.9.1

Allgöwer M, Siegrist J (1957) Verbrennungen. Pathophysiologie, Pathologie, Klinik, Therapie. Springer, Berlin Göttingen Heidelberg
Herndon (1997) Total Burn Care. Saunders Company, London Philadelphia Toronto Sydney Tokyo
Madea B (1992) Branddauer und Verkohlungsgrad einer Brandleiche. Arch Kriminol 189: 39–47
Madea B, Schmidt P (1999) Vitale, supravitale, postmortale Befunde bei Verbrennungen. In: Oehmichen M (Hrsg) Hyperthermie, Brand und Kohlenmonoxid. Research in Legal Medicine / Rechtsmedizinische Forschungsergebnisse, Vol. 21. Schmidt-Römhild, Lübeck
Maxeiner H (1988) Umstände und Befunde bei 202 Brandtodesfällen. Beitr ger Med 46: 313–325
McDougal WS, Glade CL, Pruitt BA (1978) Manual of Burns. Springer, Berlin Heidelberg NewYork
Moritz AR (1947) Studies of thermal Injury III. The Pathology and Pathogenesis of Cutaneous Burns. An Experimental Study. Am J Path 23: 915–941
Moritz AR, Henriques FC (1947) Studies of thermal injury II. The relative importance of time and surface temperature in the causation of cutaneous burns. Am J Path 23: 695–720
Moritz AR, Henriques FC, McLean R (1945) The effects of inhaled heat on the air passages and lungs. Am J Pathol 21: 311–331
Panke TW, McLeod CG (1985) Pathology of thermal injury: a practical approach. Grune & Stratton, Orlando San Diego New York
Price PH, Call DE, Hansen FL, Zerwick CJ (1953) Penetration of Heat in Thermal Burns. Surgical Forum 4: 433–438

zu Kap. 3.9.2

Braun-Falco O, Plewig G, Wolff HH (1996) Dermatologie und Venerologie. Springer, Berlin Heidelberg New York Tokio
Büchner F (1962) Allgemeine Pathologie. Urban & Schwarzenberg, München Berlin
Bünte H (1996) Chirurgie. Urban & Schwarzenberg, München Wien Baltimore
Burchardi H (Hrsg) (1993) Akute Notfälle. Pathophysiologie Diagnostik Erstbehandlung. 4. Aufl. Thieme, Stuttgart
Classen M, Diehl V, Kochsiek K (1991) Innere Medizin. Urban & Schwarzenberg, München Wien Baltimore

Ellinger K, Oswald PM, Stange K (1998) Fachkundenachweis Rettungsdienst. 2. Aufl. Springer, Berlin Heidelberg New York Tokio
Gillner E, Waltz H (1971) Zur Symptomatik des Erfrierens. Kriminalistik. Forensische Wissenschaften 5, 179–185
Madea B, Oehmichen M (1989) Ungewöhnliche Befunde in einem Fall von Unterkühlung. Z Rechtsmedizin 102, 59–67
Prokop O, Göhler W (1975) Forensische Medizin. 3. Aufl. Volk und Gesundheit, Berlin
Schmidt RF, Thews G (1997) Physiologie des Menschen. Springer, Berlin Heidelberg New York Tokio

zu Kap. 3.10

Anders S, Tsokos M, Püschel K (2002) Nachweis der Stromwirkung und des Stromweges im Körper. Rechtsmedizin 12: 1–9
Brinkmann K, Schaefer H (Hrsg) (1982) Der Elektrounfall. Springer, Berlin Heidelberg New York
Janssen W (1984) Forensic histopathology. Springer, Berlin Heidelberg New York Tokio, pp 261–274
Klein H (1958) Die gerichtsmedizinische Diagnose des Stromtodes – mit Berücksichtigung der Rekonstruktion. Dtsch Z Ger Med 47: 29–54
Pollak S (1980) Pathomorphologische Befundkonstellationen beim Tod durch hochgespannten elektrischen Strom. Arch Kriminol 165: 1–16
Pollak S, Saukko P (2003) Atlas of forensic medicine (CD-ROM), ISBN 0-444-82597-5, Elsevier, Amsterdam
Pollak S, Stellwag-Carion C, Binder R (1988) Zur Pathomorphologie tödlicher Blitzunfälle. In: Bauer G (Hrsg) Gerichtsmedizin – Festschrift für Wilhelm Holczabek. Deuticke, Wien, S. 139–153
Sellier K (1975) Schäden durch Elektrizität. In: Mueller B (Hrsg) Gerichtliche Medizin, 2. Aufl. Springer, Berlin Heidelberg New York
Wetli CV (1996) Keraunopathology – an analysis of 45 fatalities. Am J Forensic Med Pathol 17: 89–98

zu Kap. 3.11

Adelsberger L (1946) Medical observations in Auschwitz concentration camp. Lancet 2: 317–319
Giese W, Hörstebrock R (1962) Allgemeine Pathologie des exogenen quantitativen Nahrungsmangels. In: Büchner F, Letterer E, Roulet F (Hrsg) Handbuch der allgemeinen Pathologie. 11. Bd, Umwelt II, 1. Teil. Springer, Berlin Göttingen Heidelberg, S. 446–591
Gomez F, Galvan RR, Cravioto J, Frenk S (1955) Malnurition in infancy and childhood with special reference to Kwashiokor. Advanc Pediat 131–169
Leiter LA, Marliss EB (1982) Survival during fasting may depend on fat as well as protein stores. JAMA 248: 2.306–2.307
Madea B, Michalk D v, Lignitz E (1994) Verhungern infolge Kindesvernachlässigung. Arch Kriminol 194: 29–38
Meade JL, Brissie RM (1985) Infanticide by starvation: calculation of caloric deficit to determine degree of deprivation. J For Sci 30: 1.263–1.268
Missliwetz J, Mortinger H (1992) Tod durch Hypoglykämie nach Hungerzustand – Pathophysiologie versus Morphologie. Beitr Gerichtl Med 50: 319–323
Waterlow JC (1972) Classification and definition of protein-caloric malnutrition. Br Med J 2: 566–569
Waterlow JC (1973) Note on the assessment and classification of protein-energy malnutrition in children. Lancet: 87–89
Waterlow JC, Buzina R, Keller W, Lane M, Nichaman MZ, Tanner JM (1977) The presentation and use of height and weight data for comparing the nutritional status of groups of children under the age of 10 years. Bulletin World Health Organisation 55 (4) 489–498
Wolff-Eisner A (1947) Über Mangelerkrankungen auf Grund von Beobachtungen im Konzentrationslager Theresienstadt. Sauer-Morhard, Würzburg

zu Kap. 3.12

Dülmen R van (1991) Frauen vor Gericht. Kindsmord in der Frühen Neuzeit. Fischer, Mainz
Fritsch K (1901) Gerichtsärztliche Geburtshilfe. Enke, Stuttgart
Gerchow J (1957) Die ärztlich-forensische Beurteilung von Kindesmörderinnen. Ein Beitrag zum Problem der abartigen Erlebnisreaktion. Marhold, Halle
Gordon I, Shapiro HA (1982) Forensic Medicine. Churchill, Livingstone
Kosa F (1999) Die Knochen des Fetus und Neugeborenen. In: Leopold D (Hrsg) Identifikation unbekannter Toter. Schmidt-Römhild, Lübeck
Rauch E, Tutsch-Bauer E, Krupinski M (1997) § 217 StGB – Kindestötung, ein nicht mehr zeitgemäßer Paragraph? Forensische Aspekte zur geplanten Reform des § 217 StGB. Geburtsh Frauenheilk 57 (12) 699–702
Shapiro HA (1977) Microscopy of human fetal lung and the diagnosis of postnatal respration. In: Wecht C (ed) Legal medicine annual 1976. Appleton Century Crofts, New York
Stocker JT, Dehner LP (1992) Pediatric Pathology, 2 Vol, Lippincott Company, Philadelphia
Thomsen H, Bauermeister M, Wille R (1992) Zur Kindestötung unter der Geburt. Eine Verbundstudie über die Jahre 1980–1989. Rechtsmed 2: 135–142
Zink R, Reinhardt G (1969) Gerichtsmedizinische Untersuchungen zum Verhalten der Nabelschnur bei gewaltsamer Zerreißung. Dtsch Z ges gerichtl Med 66: 86–96

zu Kap. 3.13

Beller FK (1999) Schwangerschaftsabbruch. In: Schneider H, Husslein P, Schneider KTM (Hrsg) Geburtshilfe. Springer, Berlin Heidelberg New York Tokio, S. 41–50.
Förster H (1995) Entwicklung peripartaler Sterbefälle unter dem Einfluss der Legalisierung des Schwangerschaftsabbruches in der DDR. Eine retrospektive Analyse aus dem Gerichtsmedizinischen Institut der Charité zu Berlin im Zeitraum 1950–1989 unter besonderer Beachtung der Problematik illegaler Abortsterbefälle und Suizide. Med Diss Berlin (HU)
Hartmann G, Mueller B (1975) Schwangerschaftsabbruch, Abtreibung und Kindstötung. In: Mueller B (Hrsg) Gerichtliche Medizin, 2. Bd. Springer, Berlin Heidelberg New York, S. 1.124–1.211
Lignitz E, Förster H (1991) Analyse der Müttersterblichkeit in Berlin (Ost) im Zeitraum 1969–1987. Eine kritische Bestandsaufnahme aus der Retrospektive. Medizinrecht – Psychopathologie – Rechtsmedizin. Springer, Berlin Heidelberg New York Tokio, S. 442–456
Prokop O, Göhler W (1975) Forensische Medizin, 3. Aufl. Volk und Gesundheit, Berlin
Surbek DV, Holzgreve W (2000) Pathologie der Frühschwangerschaft. In: Dietrich K (Hrsg) Gynäkologie und Geburtshilfe. Springer, Berlin Heidelberg New York Tokio, S. 365–381

zu Kap. 3.14

Beier K, Bosinski HA, Hartmann U, Loewit K (2001) Sexualmedizin. Urban und Fischer, München Jena
Byard RW, Hucker SJ, Hazelwood RR (1990) A comparison of typical death scene features in cases of fatal male and female autoerotic asphyxia with a review of the literature. Forens Sci Int 48: 113–121

Dürwald W (1962) Zur Beurteilung autoerotischer Unfälle. Beitr gerichtl Med 22: 91–101

Krings H (1973) Autoerotische Unfälle. Medizinische Dissertation. Universität Köln

Naeve W, Wittram S (1977) Tödliche autoerotische Unfälle. Verlag Versicherungswirtschaft, Karlsruhe

Uva JL (1995) Review: Autoerotic asphyxiation in the United States. J Forens Sci 40(4) 574–581

Weimann W (1960) Tödliche Unglücksfälle bei autoerotischer Betätigung. In: Prokop O (Hrsg) Lehrbuch der gerichtlichen Medizin. Volk und Gesundheit, Berlin, S. 255–273

zu Kap. 3.15

Barbet P (1953) Die Passion Jesu Christi in der Sicht des Chirurgen. Badenia, Karlsruhe

Berg S, Rolle R, Seemann A (1981) Der Archäologie und der Tod. Archäologie und Gerichtsmedizin. Bucher, München Luzern

Madea B (1993) Death in a head-down-position. For. Sci. Int. 61, 119–132

Patscheider H (1961) Die Todesursache beim frei hängenden, am Rumpf suspendierten Menschen. Beitr gerichtl Med 21, 87–93

Reay D, Fligner CL, Stilwell A, Arnold J (1992) Positional Asphyxia during law enforcement transportation. Am For Med Path 13, 90–97

Reay D, Howard JD, Fligner CL et al (1988) Effects of positional restraint on oxygen saturation and heart rate following exercise. Am For Med Path 8, 16–18

zu Kap. 3.16.1–3.16.4

Dürwald W (1966) Gerichtsmedizinische Untersuchungen bei Verkehrsunfällen. Thieme, Leipzig

Fischer H, Spann W (1967) Pathologie des Trauma. Bergmann, München

Janssen W (1984) Forensic Histopathology. Springer, Berlin Heidelberg New York Tokyo

Mattig W (in Vorbereitung) In: Brinkmann B und Madea B (Hrsg) Handbuch gerichtliche Medizin 1

Mueller B (1953) Gerichtliche Medizin. Springer, Berlin Göttingen Heidelberg

Mueller B (1975) Gerichtliche Medizin, Bd. 1. Springer, Berlin Heidelberg New York

Prokop O, Göhler W (1975) Forensische Medizin, 3. Aufl. Volk und Gesundheit, Berlin

Sellier K (1982) Schusswaffen und Schusswirkungen I, 2. Aufl. Schmidt-Römhild, Lübeck

Sellier K (1977) Schusswaffen und Schusswirkungen II, Schmidt-Römhild, Lübeck

Sellier K, Kneubuehl B (1992) Wundballistik. Springer, Berlin Heidelberg New York Tokio

zu Kap. 3.16.5

Bonte W (1975) Tool marks in bones and cartilage. J Forensic Sci 20, 315–325

Püschel K, Koops E (1987) Zerstückelung und Verstümmelung. Arch Kriminol 180, 28–40, 88–100

Raijs J, Lundström M, Broberg M, Lidberg L, Lindquist O (1997) Criminal mutilation of the human body in Sweden – a thirty year medico-legal and forensic psychiatric study. J Forensic Sci 43, 563–580

Thorwald J (1964) Das Jahrhundert der Detektive, Bd 2. Droemer-Knauer, München Zürich

Weimann W, Prokop O (1963) Bildatlas für gerichtliche Medizin. Volk und Gesundheit, Berlin

Ziemke E (1918) Über die kriminelle Zerstückelung von Leichen und die Sicherstellung ihrer Identität. Vjschr gerichtl Med 56, 270–318

4 Plötzliche und unerwartete Todesfälle aus innerer Ursache

Einleitung

Plötzlicher Kindstod, Thoraxkompression oder virale Myokarditis?

Vorgeschichte: Am Tage seiner Taufe wurde ein 6 Monate alt gewordener männlicher Säugling in den späten Abendstunden zur Aufsicht seiner stark alkoholisierten und auf dem Sofa liegenden Tante übergeben. Als der Vater des Kindes nach geraumer Zeit seinen Sohn ins Bett legen wollte, fand er das Kind in der Ritze des Sofas, zwischen Sofarücklehne und dem Rücken der schnarchenden Schwägerin, leblos vor. Während der Vater als Laie sofort Reanimationsmaßnahmen ergriff, wurde der Notarzt informiert, dieser setzte die Reanimationsbemühungen noch eine Zeit lang fort, jedoch ohne Erfolg.

Sektionsergebnis: Bei der gerichtlichen Obduktion wurde seitens der Ermittlungsbehörden zunächst davon ausgegangen, der Säugling sei vom Körper der Tante „erdrückt" worden, es fanden sich jedoch keine Anhaltspunkte für eine unmittelbar vor dem Tode erfolgte und für den Todeseintritt maßgebliche grobe äußere Gewalteinwirkung. Die häufig bei Fällen von Plötzlichem Kindstod anzutreffenden uncharakteristischen Befunde wie Petechien unter der Thymuskapsel, subpleural und subendokardial sowie eine unilaterale Otitis media waren nachweisbar. Nachfolgende konventionell-histologische Untersuchungen von Organproben aller wichtigen inneren Organe ergaben keinen todesursächlich relevanten pathologischen Befund, insbesondere fanden sich keine krankhaften Veränderungen des Herzmuskels entsprechend der Dallas-Kriterien für eine lymphomonozytäre (virale) Myokarditis. Erst die nachfolgende immunhistochemische Quantifizierung und Qualifizierung von Leukozyten, T-Lymphozyten und Makrophagen ergab eine auffällig hohe Zellzahl, zugleich zeigte sich ebenfalls immunhistochemisch eine verstärkte Expression der HLA-Klasse-II-Antigene als früher Marker eines inflammatorischen Prozesses. Die nunmehr eingeleitete molekularpathologische Diagnostik führte bei negativem Befund im Leber- und Milzgewebe zum Nachweis von Enteroviren im Myokard, die Sequenzierung führte zum Nachweis der bekannt kardiotropen Viren vom Typ Coxsackie B3. Nunmehr konnte trotz des traurigen Todesfalles zur Erleichterung aller Beteiligten von einem natürlichen Tod, als Folge einer schicksalhaften enteroviralen lymphomonozytären Myokarditis, ausgegangen werden.

- ▶ SIDS, Differentialdiagnose
- ▶ Konsequente Abklärung der Todesursache als Trost für die Angehörigen

Plötzlicher natürlicher Tod

Vorgeschichte: Ein 35 Jahre alt gewordener Mann sei in den frühen Morgenstunden eines Sonntags von seiner Ehefrau tot in Bauchlage im Bett aufgefunden worden. Bei einer ersten Vernehmung habe die Frau angegeben, dass ihr Mann gegen Mitternacht einen starken Zitteranfall bekommen habe, mit dem Bauch heftige Bewegungen gemacht und mit den Füßen getreten habe. Gegen 05.30 Uhr seien erneut eigenartige Bewegungen, starkes Zittern und „Hochspringen" eingetreten. Gegen 09.30 Uhr habe ihr Mann in Gegenwart des Sohnes wiederum gezittert und sei hochgeruckt. Ferner wurden ein Alkohol- und Betäubungsmittelmissbrauch angegeben.

Sektionsergebnis: Bei der kriminalpolizeilichen Leichenschau fanden sich eine Prellung an der Stirn und Stauungsblutaustritte der Augenlidbindehäute. Autoptisch zeigten sich geformte Hautvertrocknungen in der Mittellinie unmittelbar oberhalb der Augenbrauenebene sowie oberhalb des äußeren Drittels der linken Augenbraue, Schleimhauteinblutungen bzw. -einreißungen der Ober- und Unterlippe in Projektion auf Schneidezähne sowie vereinzelte Petechien der Augenlidbindehäute. Makroskopisch und histologisch ließ sich keine vorbestehende Erkrankung der Thorax- und Abdominalorgane von todesursächlicher Dignität nachweisen. Blutalkoholbestimmung und chemisch-toxikologische Untersuchungen verliefen negativ. Im Nachgang zur Sektion wurde durch Befragung der behandelnden Ärzte ermittelt, dass der Verstorbene an einer Epilepsie gelitten habe, Behandlungstermine nur sehr unregelmäßig wahrgenommen habe und unzuverlässig in der Einnahme seiner Medikamente gewesen sei. Auf dem Ausschlussweg ergab sich als Todesursache ein epileptischer Anfall. Unter diese Diagnose waren folgende Fakten subsumierbar:

Durch Befragung der behandelnden Ärzte war anamnestisch eine Epilepsie in Erfahrung zu bringen.

Nach Angaben der behandelnden Ärzte habe der Verstorbene seine Medikamente nicht regelmäßig eingenommen. Hiermit vereinbar verliefen die chemisch-toxikologischen Untersuchungen negativ. Somit ließ sich die Annahme stützen, dass der Verstorbene zum Todeszeitpunkt nicht unter der Wirkung einer antiepileptischen medikamentösen Therapie gestanden hatte. Dadurch konnte bei bestehender Epilepsie die Krampfbereitschaft erhöht werden.

Die Verletzungen von Ober- und Unterkieferschleimhaut konnten in Analogie zu einer Zungenbissverletzung einem epileptischen Anfall zugeordnet werden. Auch bei den Hautvertrocknungen an der linken Stirnseite kam eine Verursachung durch Anstoßen im Rahmen eines epileptischen Anfalls in Betracht.

Die Stauungsblutaustritte der Augenlidbindehäute konnten auch infolge einer intrathorakalen und intraabdominellen Druckerhöhung im Rahmen eines epileptischen Anfalls entstanden sein.

- ▶ Synoptische Bewertung von Anamnese und Befunden

Drogenfolgeschäden

Vorgeschichte: Eine 17 Jahre alt gewordene Frau wurde vom Wohnungsinhaber in seinem Einzimmerappartement leblos aufgefunden. Der Wohnungsinhaber hatte die Verstorbene 6 Tage zuvor kennen gelernt und mit zu sich in die Wohnung genommen. Die junge Frau habe ihm gegenüber angegeben, sie nehme

4

ca. 3–4 g Kokain pro Woche und finanziere den Kokainkonsum durch Prostitution. Sie sei an Hepatitis A, B und C erkrankt. Ihr Zustand habe sich in den letzten Tagen zunehmend verschlechtert, am Vortag sei sie bereits sehr schwach gewesen und habe auf dem Gang zur Toilette gestützt werden müssen. Sie habe deutliches „Herzrasen" gehabt und hechelnd geatmet. Am Vortag habe sie eine ärztliche Untersuchung abgelehnt. Der hinzugezogene Notarzt konnte nur noch den Tod feststellen. 7 Tage zuvor habe sie ein Krankenhaus, in dem sie seit 2 Tagen wegen ungeklärten Fiebers behandelt worden sei, auf eigene Verantwortung verlassen.

Sektionsergebnis: Sepsis bei ausgedehntem eitrig-infiziertem Milzinfarkt mit postentzündlichen Verwachsungen der gesamten Milzregion; eitrige Myokarditis und Nephritis. Zahlreiche petechiale Unterblutungen von Haut, Pleura, Epikard und Peritoneum. Zustand nach altem Schädelhirntrauma mit Knochenimplantat und zystisch gereinigten Hirnrindenkontusionsherden an beiden Stirnlappen.
Todesursache: Multiorganversagen bei Sepsis

- ▶ Differentialdiagnose natürlicher – nichtnatürlicher Tod
- ▶ Unklare Todesumstände, Drogentodesfälle

Plötzlicher Tod bei Anabolikaabusus

Vorgeschichte: Ein 28 Jahre alt gewordener Mann litt aktuell an folgenden Beschwerden: Erstickungsanfälle, Globusgefühl, konnte nicht mehr im Liegen schlafen, periphere Ödeme mit teilweise Gewichtszunahme von 3 kg/die. Anamnestisch bekannte Erkrankungen waren: arterielle Hypertonie (220/120 mm/Hg), nervöse Beschwerden (agitierte Depression), Knochenbrüche, Brustmuskelabriss, Quadrizepssehnenabriss, sekundärer Hypergonadismus. Die akut hinzugezogene Notdienstärztin verabreichte aufgrund der Hypertonie und „nervöser" Beschwerden Diazepam und Verapamil. Kurze Zeit später verstarb der junge Mann. Es wurde ein Ermittlungsverfahren gegen die Notdienstärztin wegen des Verdachts der fahrlässigen Tötung eingeleitet. Dabei wurde zur Vorgeschichte ferner bekannt, dass der 28 Jahre alt gewordene Mann seit 13 Jahren intensiv Bodybuilding sowie Anabolikakonsum betrieb (Dianabol, Oral-Turinabol). Bei einer sportmedizinischen Untersuchung einige Jahre vor Todeseintritt waren folgende Diagnosen gestellt worden: deutliches Übergewicht, arterielle Hypertonie, Leberparenchymschaden, echokardiografisch deutliche Hypertrophie der linksventrikulären Kammerwand, Fettstoffwechselstörung mit Hypercholesterinämie, Hypertriglyzeridämie und einem HDL-Wert nahe Null.

Sektionsergebnis: Körpermasse von 136 kg bei einer Körpergröße von 178 cm. Ausgeprägte Adipositas, ausgesprochen muskelstarker Körperbau. Hypertrophie nahezu aller inneren Organe (Organgewichte: Herz 800 g, Leber 5.710 g, Nieren 910 g). Cor bovinum mit Hypertrophie der rechts- und linksventrikulären Kammerwand und Dilatation aller Herzhöhlen. Histologisch disseminierte interstitielle und ausgeprägt perivaskuläre Fibrose mit einzelnen kleinherdigen Narbenfeldern des Herzens. Chronische Leber- und Milzstauung. Die Lungen histologisch mit zahlreichen Herzfehlerzellen. Fortgeschrittene allgemeine Arteriosklerose der Aorta. Koronarsklerose, Pulmonalsklerose. Chemisch-toxikologisch wurden die von der Notdienstärztin verabreichten Medikamente Diazepam und Verapamil im therapeutischen Bereich nachgewiesen. Todesursache war bei synoptischer Betrachtung von Vorgeschichte, morphologischen und toxikologischen Befunden ein Herzversagen bei Cor bovinum.

Sowohl die aktuellen als auch die anamnestisch bekannten Beschwerden sowie die chronischen Organveränderungen waren auf den langjährigen Anabolikamissbrauch zurückzuführen. Das Ermittlungsverfahren gegen die Notdienstärztin wurde im Ergebnis des rechtsmedizinischen Gutachtens eingestellt.

- ▶ Tod aus innerer krankhafter Ursache, Anabolikaabusus

4.1 Definition, allgemeine Aspekte

Die Definition des „plötzlichen" und „unerwarteten" Todes hat eine zeitliche und pathogenetische Dimension. Der Tod tritt überraschend aus scheinbar völliger Gesundheit oder unerwartet, nach banalen Krankheitserscheinungen oder nach rapider Verschlechterung einer erkannten Vorerkrankung, ein. Die äußeren Umstände des Sterbevorgangs bzw. der Auffindungssituation, der Informationsstand des Gutachters und der Umfang der durchgeführten Untersuchungen differieren im Einzelfall erheblich.

Das Versterben wird unter Umständen von der Umgebung beobachtet, so dass tatsächlich das zeitliche Attribut „plötzlich" gerechtfertigt ist (z.B. beim sog. „Sekundenherztod" infolge einer akuten Herzrhythmusstörung). Die Begriffe „plötzlich" und „unerwartet" relativieren sich zunehmend, wenn eine Person tot aufgefunden wird, ohne dass anamnestische Erkenntnisse zu Vorkrankheiten und Beschwerden sowie den Ablauf der letzten Stunden und Tage des Lebens vorliegen. Hier kann der Tod auch langsam eingetreten sein; die Person wird vom Zeugen lediglich überraschend tot aufgefunden. Klagen über gesundheitliche Beschwerden hat der Verstorbene eventuell bewusst oder aus Indolenz nicht geäußert.

Definition

Folgt man der entsprechenden Definition der Weltgesundheitsorganisation, so handelt es sich bei dem „plötzlichen Tod" um Todesfälle innerhalb von 24 Stunden nach Auftreten von Krankheitssymptomen.

Die Mehrzahl der in der Rechtsmedizin zu überprüfenden Fälle weist allerdings eine deutlich kürzere symptomatische Phase auf, bzw. die Person wurde tot aufgefunden (zum Teil unter dubiosen äußeren Umständen, zum Teil auch scheinbar friedlich dahingeschieden). Die Bezeichnung „natürlich" soll in diesem Zusammenhang besagen, dass der Tod eindeutig auf ein inneres Leiden und nicht auf ein von außen verursachtes, ausgelöstes oder beeinflusstes Geschehen zurückzuführen ist.

Wichtig

Es ist dringlich davor zu warnen, bei plötzlich bzw. unerwartet Verstorbenen, die unter scheinbar unauffälligen äußeren Umständen aufgefunden werden, in der Todesbescheinigung einen „natürlichen Tod" anzukreuzen. Dies führt dazu, dass der Fall ohne polizeiliche Untersuchung und ohne Sektion bestattet werden kann. Das Dunkelfeld nicht erkannter Tötungsdelikte (z.B. durch Vergiftung oder spurenarme äußere Gewalt) insbesondere bei alten, kranken und schwachen Menschen geht vor allem auf unzureichende Leichenschau und fehlerhafte Bescheinigung der natürlichen Todesart zurück. Voraussetzung für die Feststellung eines natürlichen Todes ist, dass der die Leichenschau durchführende Arzt auf Grund eigener Kenntnis oder durch Information von Hausarzt/behandelndem Arzt wusste, dass der/die Verstorbene an einer Erkrankung litt, bei der mit einem Ableben u.U. auch kurzfristig zu rechnen war. Keineswegs lässt sich dies allein mit dem Lebensalter des/der Verstorbenen begründen.

Letztlich bleibt die Frage nach dem aktuellen Anlass des Todeseintritts häufig ungeklärt. Gelegentlich lässt sich aber auch ein auslösendes bzw. prädisponierendes Moment herausfiltern; hierfür wurde der Begriff der äußeren oder inneren „Gelegenheitsursache" geprägt (z.B. akuter Infekt, Exazerbation einer inneren Erkrankung, körperliche Anstrengung, starke psychische Belastung, Alkoholisierung).

Die diesbezügliche rechtsmedizinische Kasuistik zeigt, dass bei Erkrankungen aller Organsysteme der Tod unter besonderen Bedingungen plötzlich und unerwartet eintreten kann. Die systematische Darstellung kann nach verschiedenen Einteilungsprinzipien erfolgen, z.B:

- phänomenologisch als Tod am Arbeitsplatz, im Gefängnis bzw. im Polizeigewahrsam, im Straßenverkehr, beim Sport usw,
- organbezogen oder
- ätiologisch als Folge eines Tumorleidens, einer Entzündung, einer degenerativen Erkrankung oder auch einer Blutung.

Im Hinblick auf die Ätiologie von Erkrankungen wären auch auslösende Noxen zu berücksichtigen. Dabei spielen in der Rechtsmedizin der Alkoholismus sowie Folgekrankheiten des Rauschgiftkonsums eine herausragende Rolle (◘ Tabelle 4.1).

4.2 Phänomenologie, kriminalistische Aspekte

Plötzliche Todesfälle aus natürlicher Ursache haben einen hohen Anteil an allen Verstorbenen. Ohne fundierte Kenntnisse über die pathologische Anatomie und das breite Panorama der Ursachen des plötzlichen Todes ist die Abgrenzung des nichtnatürlichen Todes stets unsicher.

Die äußere Leichenschau allein ist niemals geeignet, einen natürlichen Tod zu beweisen, auch wenn sie sehr sorgfältig durchgeführt wird und äußere Verletzungen an der Körperoberfläche sicher ausgeschlossen werden. Die Haut liegt eventuell wie ein Deckmantel über inneren Verletzungen. Viele Vergiftungen hinterlassen keinerlei äußere Indizien. Selbst bei vergleichsweise guter Informationslage (z.B. Todesfeststellung durch den Hausarzt, der den Patienten häufig gesehen und untersucht hat) sind die Angaben zur Todesursache in der Todesbescheinigung in 25–50 % der Fälle falsch bzw. unvollständig. Alle hochmodernen technischen Untersuchungsmöglichkeiten zu Lebzeiten des Patienten (z.B. Labor, Endoskopie, insbesondere auch bildgebende Verfahren) haben an dieser grundsätzlichen Problematik nichts geändert.

Die Definition des natürlichen Todes und seine Abgrenzung vom nichtnatürlichen Tod ist insbesondere auch sehr kritisch zu handhaben, wenn ein (möglicher) Kausalzusammenhang zwischen zeitlich zurückliegenden äußeren Einflüssen und dem Tod z.B. durch Pneumonie, Lungenembolie oder auch symptomatische Epilepsie zu beachten ist.

Am Problem der so genannten „**äußeren Umstände**" bei Eintritt eines Todesfalls entzündet sich immer wieder die Diskussion, manchmal bis hin zu rechtsdogmatischen oder sogar philosophischen Ausführungen. Pragmatisch ist festzuhalten: Die äußeren Umstände können täuschen bzw. irreleiten und sie sind manipulierbar. Äußere Umstände können scheinbar eindeutig sein: Herztabletten oder Asthmaspray am Geschehensort, der Verstorbene mit regelrecht sitzender häuslicher Bekleidung auf dem Bett, regelrechte Verschlussverhältnisse der Wohnung, Angaben von Zeugen über vorangehende kardiopulmonale Beschwerden. Andererseits kann die Auffindungssituation hochgradig dubios erscheinen: z.B. Entkleidung bzw. Teilentkleidung, Blutspuren in der Umgebung, offen stehende Terrassentür, allgemeine Unordnung, äußere Verletzungen des Toten – und es liegt dennoch ein eindeutig natürlicher Tod vor

◘ Tabelle 4.1. **Beispiele für Folgekrankheiten des Alkoholismus, die einem plötzlichen und unerwarteten Tod aus innerer Ursache zu Grunde liegen könnten**

Dekompensierte Leberzirrhose
Ösophagusvarizenblutung
Blutung oder Perforation eines gastroduodenalen Ulcus
Mallory-Weiss-Syndrom
Nekrotisierende Pankreatitis
Sekundärer Diabetes mellitus, Coma diabeticum
Laktatazidose
Dilatative Kardiomyopathie (DCM)
Lobärpneumonie
Zentrale pontine Myelinolyse
Wernicke-Enzephalopathie
Chronisches subdurales Hämatom
(Bolustod)

(z.B. mit agonalem Sturzgeschehen, Blutung aus den Atemwegen oder aus dem oberen Gastrointestinaltrakt, Tod bei sexuellen Aktivitäten, epileptischer Anfall, Hirnblutung mit Durchgangssyndrom, so genannte „Kälteidiotie").

Wichtig

Zu bedenken sind scheinbare sowie verdeckte Todesursachen. Die Auffindungssituation kann sehr irreführend sein und äußere Gewalt vortäuschen; andererseits ist bei unversehrtem Äußeren eine Vergiftung oder äußerlich spurenlose Gewalt nicht ausgeschlossen.

Nicht verschwiegen werden sollte, dass auch durch die Obduktion ein gewisser Anteil plötzlicher, unerwarteter Todesfälle letztlich nicht geklärt werden kann (je nach Untersuchungsumfang ca. 2–5 %). Spekuliert werden kann in derartigen Fällen stets in erster Linie über Herzrhythmusstörungen oder „funktionelle" pathophysiologische Abläufe ohne morphologisches Korrelat (z.B. Krampfanfall, Reflexgeschehen, Plötzlicher Kindstod, Stoffwechselentgleisung), eventuell auch über extreme psychische Belastungen und dadurch verursachte letale Dysregulationen, sehr seltene, ungewöhnliche Vergiftungen, die sich der toxikologischen Routinediagnostik entziehen und letztlich auch über nicht erkannte Tötungsdelikte.

Wichtig

Ohne eindeutiges morphologisches Korrelat (z.B. Koronarthrombose, akuter Myokardinfarkt, Lungenembolie, Hirnmassenblutung) darf ein plötzlicher Tod aus innerer Ursache bei der Sektion nicht diagnostiziert werden. Histologische und chemisch-toxikologische Folgeuntersuchungen sind in allen Zweifelsfällen anzuschließen.

4.3 Spezielle Fallgruppen

Plötzliche Todesfälle aus innerer Ursache können sich prinzipiell bei jeder Verrichtung/Gelegenheit, zu jeder Tageszeit, an jedem Ort ereignen. Als normal und unverdächtig gilt landläufig der Eintritt des Todes zu Hause, am Arbeitsplatz oder in vertrauter Umgebung – dort, wo man sich eben häufig aufhält und von bekannten und vertrauenswürdigen Menschen umgeben ist.

Auch wenn es dazu im Hinblick auf die objektiven Anknüpfungspunkte zumeist keineswegs Veranlassung gibt, werden Todesfälle unter speziellen äußeren Umständen vergleichsweise genau überprüft: Dies gilt z.B. für Todesfälle im Polizeigewahrsam und im Gefängnis, plötzlicher Tod im Milieu der Prostitution, in speziellen Gefahrenbereichen (z.B. Atomkraftwerk) usw.

Todesfälle am Arbeitsplatz. Sie bedürfen wegen erheblicher Konsequenzen für die Hinterbliebenen, die Versicherer und eventuell auch für den Arbeitgeber einer umfassenden Abklärung. Einerseits gilt es z.B, zuvor nicht erkannte Gefahrenquellen durch Strom, Fehlsteuerung technischer Systeme, toxische Substanzen oder Ähnliches auszuschalten und somit weitere Todesfälle zu verhindern. Andererseits ist ein Tod aus innerer Ursache festzustellen (unter anderem zur Entlastung des Vorgesetzten bzw. des Arbeitgebers) oder auszuschließen. Im Hinblick auf Berufserkrankungen ist eine genaue Arbeitsplatzanamnese erforderlich.

Todesfälle im öffentlichen Gewahrsam. Sie sind stets Anlass kritischer Nachfrage bezüglich der Ursache des Todes und seiner Vermeidbarkeit. Nicht selten werden Versäumnisse unterstellt, ohne dass eine zuverlässige Recherche der Hintergründe erfolgte. Im eigenen Untersuchungsgut (275 Todesfälle aus dem Hamburger Strafvollzug der Jahre 1962–1995) fanden sich 40 % natürliche Todesfälle. Die Analyse dieser Todesfälle zeigte, dass es sich fast durchweg um Todesursachen handelte, die sich auch ohne Haftsituation realisiert hätten. Nur in Einzelfällen waren medizinische Versäumnisse (zum Teil beruhend auf Kommunikationsproblemen) festzustellen, aus denen sich jedoch – im Hinblick auf die Vermeidung von Todesfällen – keine speziellen Strategien ableiten lassen. Bei etwa 60 % der natürlichen Todesfälle waren Herz-Kreislauf-Erkrankungen ursächlich, in neuerer Zeit gelegentlich auch ein Leberversagen infolge Virushepatitis (bei intravenösem Drogenkonsum).

Tod im Straßenverkehr. Obwohl der Tod im Straßenverkehr in der überwiegenden Mehrzahl der Fälle auf Grund unfallbedingter Verletzungen eintritt, sollten natürliche Todesfälle, Suizide sowie auch Tötungsdelikte in diesem Zusammenhang in die differentialdiagnostischen Überlegungen mit einbezogen werden. Ein nicht ganz selten beobachtetes Phänomen ist dabei der plötzliche, natürliche Tod am Steuer. Derartige Ereignisse treten eher im mittleren als im höheren Lebensalter mit einem Durchschnittsalter von 50–60 Jahren auf; der Anteil der über 60-Jährigen liegt bei etwa 30 %. Der plötzliche natürliche Tod am Steuer hat überwiegend kardiovaskuläre und zerebrovaskuläre Ursachen. Raritäten stellen epileptische Krampfanfälle und diabetische Stoffwechselentgleisungen (Hypoglykämie) dar. Bei den genannten inneren Erkrankungen ist zu unterscheiden, ob diese primär zum Tode des Betroffenen führten, oder ob sie – etwa durch eine Bewusstseinstrübung – für einen Verkehrsunfall zumindest mitursächlich gewesen sind.

Todesfälle beim Sport. Sie sind zumeist natürlicher Art. In Abhängigkeit vom jeweiligen Untersuchungsgut (insbesondere Altersgruppe) werden als häufigste Todesursachen die koronare Herzkrankheit, die Myokarditis sowie die hypertrophe Kardiomyopathie festgestellt. In Einzelfällen liegen kongenitale Anomalien der Koronararterien, die arrhythmogene rechtsventrikuläre Kardiomyopathie (ARVC) und Herzrhythmusstörungen wie das WPW-Syndrom oder das lange QT-Syndrom (LQTS) vor. Das männliche Geschlecht ist signifikant häufiger betroffen (Verhältnis etwa 9:1). Gerade bei Todesfällen junger Sportler kommt der Untersuchung der Histopathologie des Reizleitungssystems besondere Bedeutung zu; dabei wird die Ansicht vertreten, dass der plötzliche Herztod beim Sport (insbesondere unter Wettkampfbedingungen) häufiger als bisher beschrieben reflexogen getriggert wird.

Tod während der Schwangerschaft. Das Ursachenspektrum hierfür ist vielfältig. Es dominieren Komplikationen im Umfeld der Geburt, Embolien (Thrombembolie, Fruchtwasserembolie, u.U. Luftembolie) und kardiovaskuläre Ereignisse. Unter den Extrauteringraviditäten sind die Tubar-, (Tubo-) Ovarial- und Abdominalgravidität zu unterscheiden. Das Hauptrisiko liegt in einer Blutung mit resultierendem Schock und Kreislaufstillstand. Blutungen lebensbedrohlichen Ausmaßes können während der Schwangerschaft auch als Folge von Früh- und Spätaborten, Blasenmolen, Placenta praevia und vorzeitiger Plazentaablösung auftreten. Durch die veränderten Kreislaufbedingungen treten bei Schwangeren u.U. Erkrankungen hervor, die außerhalb der Schwangerschaft asymptomatisch verlaufen (z.B. Kardiomyopathie). Eine forensisch bedeutsame Entität stellt der septische Abort dar, der im Zusammenhang mit einem artifiziell-illegalen Schwangerschaftsabbruch auftreten kann. Dies zieht u.U. eine aufsteigende Entzündung von Adnexen und Peritonealraum bis hin zur Sepsis mit Endotoxinschock nach sich.

Für die hypertensiven Erkrankungen in der Schwangerschaft werden z.T. synonym die Begriffe Gestose bzw. Eklampsie verwendet. Etwa ein Drittel der Eklampsien fallen auf die Schwangerschaft, weitaus die Mehrzahl auf die Geburtsphase. Komplizierend drohen Krampfanfälle bei Abruptio placentae, Nierenversagen, HELLP-Syndrom, Lungenödem und apoplektischem Insult.

Plötzliche Todesfälle im Krankenhaus. Auch im Krankenhaus ereignen sich plötzliche Todesfälle der Art, dass ein zuvor als vital völlig ungefährdet eingeschätzter Patient plötzlich tot im Bett aufgefunden wird. Der Tod steht unter Umständen in keinerlei Beziehung zu der Erkrankung, die zur stationären Aufnahme geführt hat; es kann aber durchaus auch ein innerer Zusammenhang bestehen, wobei der Gefährdungsgrad nicht erkannt wurde. Unter Umständen werden Fragen nach medizinischen Versäumnissen bzw. Fehlern gestellt (► s. Kap. 10.6, „Kunstfehler"). Unter Umständen handelt es sich um akute Komplikationen der Behandlung (z.B. Blutung, Infektion, Embolie, Nahtinsuffizienz, Narkoseproblem). Für die rechtsmedizinische Untersuchung und Obduktion derartiger Todesfälle sind besondere klinisch-pathologische Erfahrungen erforderlich.

Plötzliche Todesfälle in der ärztlichen Praxis. Sie kommen insofern nicht völlig unerwartet, als zumeist kranke Menschen ihren Arzt aufsuchen. Kritische Fragen können zu beantworten sein, wenn der Arzt oder das medizinische Hilfspersonal sich als schlecht vorbereitet für eine Notfallintervention erwiesen haben.

4.4 Statistische Häufigkeiten

Nach den Auswertungen des statistischen Bundesamtes sowie unter Berücksichtigung von größeren Obduktionsstatistiken sind etwa 85–90 % aller Todesfälle als natürlich zu klassifizieren, der Anteil der plötzlich und unerwartet Verstorbenen hiervon beläuft sich auf etwa 10–15 %. Relativ gesehen haben Herztodesfälle unter den plötzlich und unerwartet Verstorbenen mit 50–75 % den größten Anteil. Es folgen Erkrankungen des Respirationstraktes (10–15 % der plötzlich Verstorbenen), des Zentralnervensystems (5–10 %), des Gastrointestinaltrakts und des Urogenitalsystems (5–10 %) sowie ungeklärte und sonstige Fälle (unter 5 %; ◘ Tabelle 4.2+4.3).

4.5 Kardiovaskuläres System

Grundsätzlich ist bei den Ursachen des plötzlichen Herztodes zwischen der häufigen koronaren Herzkrankheit einerseits und diversen nichtkoronaren Ursachen andererseits zu differenzieren.

Bei der **koronaren Herzkrankheit** können unterschieden werden:

- die arteriosklerotisch bedingte und
- die nichtarteriosklerotische, z.B. verursacht durch Dissektion, Embolieereignisse, kongenitale Variationen, koronare Muskelbrücken, Koronararterienaneurysma.

◘ Tabelle 4.2. **Plötzlicher und unerwarteter Tod aus innerer Ursache – unterteilt nach Organsystemen (Literatur-Auswertung; alle Altersgruppen)**

Herz und Aorta	ca. 50 %
Atmungsorgane	ca. 15 %
Hirn und Hirnhäute	ca. 10 %
Verdauungs- und Urogenitalsystem	ca. 10 %
Sonstige Erkrankungen	ca. 10 %
Ungeklärt	ca. 5 %

◘ Tabelle 4.3. **Anteil verschiedener Todesursachengruppen bei gerichtlichen Sektionen im Vergleich zu sog. Verwaltungssektionen (Hamburg 1990–2000, n = 7356 gerichtliche Sektionen sowie n = 4072 Verwaltungssektionen)**

	Gerichtliche Sektionen gem. § 87 StPO	Rechtsmedizinische Sektionen gem. §§ 7–11 Hmb. Sektionsgesetz
Plötzlicher Herztod	17 %	52 %
Pneumonie	5 %	4 %
Lungenembolie	3 %	4 %
Verbluten	11 %	6 %
Ungeklärt	10 %	5 %
Andere	54 %	29 %

Bei der **nichtkoronaren Herzkrankheit** lassen sich als große Gruppen unterscheiden:
- Herzklappenerkrankungen (erworben und angeboren),
- Kardiomyopathien (primäre und sekundäre),
- entzündliche Herzerkrankungen,
- hypertensive Herzerkrankungen und
- kongenitale Anlagestörungen (zyanotische und azyanotische Vitien).

Nichtarteriosklerotisch bedingte Herztodesfälle haben bei jüngeren Menschen einen Anteil von bis zu 80 % (◘ Tabelle 4.4).

4.5.1 Erkrankungen der Koronararterien, Myokardinfarkt

Die koronare Herzkrankheit ist bei Erwachsenen die weitaus häufigste Ursache für den plötzlichen Herztod. Pathogenetisch dominiert eine Koronarokklusion oder hochgradige Stenosierung durch Thrombosierung oder arteriosklerotische Plaques, seltener sind Spasmus, Dissektion oder Wandhämorrhagie. Die akute koronare Okklusion führt entweder über die Induktion ventrikulärer Arrhythmien oder durch eine akute linksventrikuläre muskuläre Dysfunktion auf Grund der Minderperfusion zum Tod. Besteht die Minderperfusion längere Zeit, kommt es zum Myokardinfarkt mit der möglichen Folge einer Myokardruptur sowie eines Hämoperikards.

Als wichtige Prädiktoren werden in umfassenden epidemiologischen Studien neben Lebensalter und Geschlecht arterielle Hypertonie, Diabetes mellitus, Hyperurikämie und Fettstoffwechselstörungen ausgemacht. Äußere Risikofaktoren sind Rauch- und Essgewohnheiten sowie psychische und physische Stressoren. Neuerdings wird auch die Alkoholabstinenz als potentieller Einflussfaktor angeführt.

Prädilektionsstellen akzentuierter Koronarsklerose sowie -stenose und -okklusion sind in absteigender Frequenz:
- der proximale Teil des Ramus interventricularis anterior (RIVA; insbesondere die ersten 2 cm),
- der Stamm der rechten A. coronaria, typischerweise erst im Abschnitt über dem rechten Herzrand bis zum Ramus interventricularis posterior,
- der Anfangsteil des R. circumflexus und
- der Hauptstamm der linken A. coronaria.

◘ Tabelle 4.4. **Ursachenspektrum des Plötzlichen Herztods bei jüngeren Verstorbenen (Literatur-Auswertung)**

Koronare Herzkrankheit (arteriosklerotisch und entzündlich)	30 %
Myokarditis, Endokarditis	25 %
Kardiomyopathie	20 %
Herzklappenfehler	10 %
Angeborene Herzfehler, kardiovaskuläre Anomalie	5 %
Erkrankung des Reizleitungssystems	5 %
Tumorerkrankung	1 %
Aortenerkrankung (-ruptur)	4 %

Bei arterieller Hypertonie sind zusätzlich periphere Abschnitte und Arteriolen verstärkt betroffen. Aus Gründen hämodynamischer Relevanz ist bei plötzlichen Todesfällen in der Regel der Nachweis einer Stenosierung des Gefäßlumens von mindestens 75 % erforderlich. Der überwiegende Anteil der Koronarstenosen betrifft bei plötzlichen Todesfällen Mehrgefäßerkrankungen.

Eine frische **thrombotische Okklusion** wurde in Autopsiestudien in etwa der Hälfte der Fälle plötzlichen Koronartodes gezeigt. Thrombosen sind ischämischer Myokardveränderung nicht zwangsläufig vorgeschaltet, sondern entstehen teilweise erst parallel im Zuge resultierender Stase und Freisetzung thrombogener Substanzen.

Veränderungen an kleinen **intramyokardialen Koronararterienästen** (Arterien mit 2–3 Muskelschichten in der Media) können durch Mikroembolien bei Schock, nach Herzoperation und durch Gerinnungsstörungen verursacht sein, ferner durch Arteriitis, Gefäßamyloidose oder diabetische Angiopathie. Davon abgegrenzt wird das Syndrom der **intramyokardialen Mikroarteriopathie** mit PAS-positiven hyalinen Polsterbildungen, ausgeprägter Bindegewebsproliferation in Intima und Media sowie Hyperelastosen (Small vessel disease).

Ursache des **Myokardinfarktes** ist in aller Regel die koronare Herzkrankheit. Seltene Ursachen sind im Bereich der Koronararterien Vaskulitiden, Koronarembolien und Koronaranomalien. Von der Aorta ausgehende Ursachen können z.B. die schwere Aortenstenose sowie das dissezierende Aortenaneurysma sein. Ein Infarkt ist frühestens nach etwa 6–8, oft erst nach 12–24 Stunden durch morphologische Veränderungen mit bloßem Auge fassbar: Zunächst kommt es auf Grund eines Zellödems zu einer Abblassung des betroffenen Abschnittes, da das Blut aus den Kapillaren herausgedrückt wird. Die Schnittfläche wirkt gekörnt und schimmert matter als der übliche feuchte Glanz. Ab Ende des ersten Tages demarkiert sich das betroffene Areal mit deutlicherem Farbumschlag ins Lehmfarben-Gelbliche (◘ Abb. 4.1). Zusätzlich treten fakultativ rötliche Streifen durch dilatierte Gefäßbündel sowie interstitielle Hämorrhagien auf. Ab dem zweiten bis dritten Tag beginnt die Myomalazie, das Rupturrisiko steigt. Nach etwa einer Woche erfolgt eine Verfärbung ins Grünliche, schließlich wird Granulationsgewebe im Randbereich sichtbar. Ab der dritten Woche wirkt das Infarktzentrum gelatinös, die Farbe wechselt ins Gräuliche, die Schnittfläche wirkt eingesunken. Weitere Bindegewebseinlagerung formt in den nächsten Wochen die Narbe.

Wichtig

Makroskopisch ist ein akuter Myokardinfarkt frühestens nach 6–8 Stunden erkennbar. Früheste ischämische Myokardläsionen sind mit speziellen mikroskopischen Nachweismethoden nach etwa 20–30 Minuten erfassbar. Erste zelluläre Infiltrate finden sich nach 1–2 Stunden.

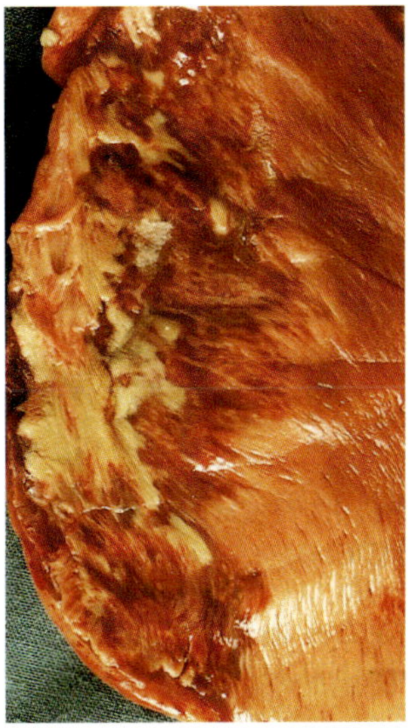

Abb. 4.1. Frischer lehmgelber Herzinfarkt des Vorderwandseptumbereichs mit hämorrhagischem Randsaum (Alter 4 Tage)

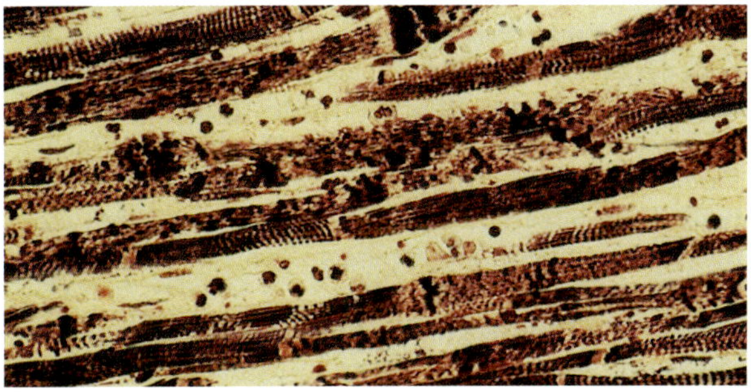

Abb. 4.2. Frischer Herzinfarkt mit Hyperkontraktionsnekrosen und schütterer leukozytärer Infiltration. (PTAH x 240)

Ab 6–8 Stunden ist histologisch eine granulozytäre Migration in die peripheren Infarktareale deutlich abgrenzbar. In den ersten Stunden nach Ischämiebeginn sind fleckförmige Eosinophilie und Hyperkontraktionsnekrosen festzustellen, die besonders gut mit Phosphor-Wolframsäure-Färbung sichtbar zu machen sind. Kontraktionsbänder sind keinesfalls spezifisch für beginnende Myokardinfarkte, sondern werden häufig auch nach Reanimation unter Verwendung von Katecholaminen gesehen (Abb. 4.2).

Die Diagnostik von frühesten ischämischen Myokardläsionen – weit unterhalb der mit klassischen Methoden zugänglichen Schwelle – kann mit einer immunhistologisch reduzierten Nachweisbarkeit der Kardiozytenproteine Myoglobin, FABP (Fatty acid binding protein), Troponin sowie Vinkulin, Desmin und Aktinin in betroffenen Arealen gelingen. Darüber hinaus sind immunhistochemisch z.B. Fibrinogen, C5b-9 sowie Fibronektin als Marker einsetzbar. C5b-9 kann myokardiale Schädigungen nach ca. 30–40 Minuten anzeigen; es hemmt die Freisetzung des terminalen Komplementkomplexes. Biochemische Marker des Antioxidationsstoffwechsels wie die Glutathionperoxidase sind bei Herztodesfällen tendenziell erhöht. Die hypoxische Zellschädigung wird durch Bestimmung der herzspezifischen Kreatinkinase (CKMB) in Serum oder Perikardflüssigkeit sowie des kardialen Troponin I im Serum angezeigt. Eine Analyse des Lipoproteinverteilungsmusters ist postmortal als Risikofaktor gut identifizierbar.

Koronarangiitis. Generalisierte entzündliche Gefäßerkrankungen gehen z.T. auch mit einer Koronarangiitis sowie verstärkten Koronarsklerose einher. Über Beziehungen zwischen Fokalinfekten (z.B. Tonsillitis, Sinusitis, Appendizitis) und Koronarentzündung bzw. -sklerose wird mehr spekulativ berichtet. Das Koronarsystem kann insbesondere bei jüngeren Menschen vom Kawasaki-Syndrom oder von der Takayashu-Arteriitis bevorzugt befallen sein.

4.5.2 Hypertensive Herzerkrankung

Neben der in der Regel konzentrischen Herzhypertrophie mit auffällig irregulären Zellkernen unterschiedlicher Größe und differentialdiagnostischem Ausschluss einer Kardiomyopathie sowie eines Aortenvitiums sind die periphere Koronarsklerose und renale sowie zerebrale Folgeschäden diagnostisch richtungsweisend im Hinblick auf die Grunderkrankung. Bei Überschreitung des kritischen Herzgewichts von 500 g (bzw. mehr als 5 % des Körpergewichts) werden plötzliche Todesfälle auch ohne fortgeschrittene Koronarsklerose bzw. autoptische Infarktbefunde gesehen.

4.5.3 Entzündliche Herzerkrankungen

Infektiöse Endokarditis. Diese wird nach klinischem Verlauf (akut, subakut, chronisch, postoperativ), pathologisch-anatomischen Befunden (Endocarditis ulcerosa, polyposa, ulceropolyposa, verrucosa, fibroplastica, granulomatosa) oder nach Art des infizierenden Mikroorganismus (bakterielle, Pilz-, Rickettsien-, Virusendokarditis) klassifiziert. Ferner muss zwischen der Keimbesiedlung nativer und prothetischer Herzklappen unterschieden werden. Häufigste Erreger einer Endokarditis nativer Klappen sind α-hämolysierende Streptokokken (35 %), gefolgt von **Staphylococcus aureus** (30 %) und **Streptococcus faecalis** (10 %). Koagulasenegative Staphylokokken werden in 1–2 % nachgewiesen. Für die forensische Begutachtung relevant ist das ausgesprochen variable Spektrum der klinischen Symptomatik, insbesondere bei Fehlen von Fieber oder Herzgeräuschen, das die Diagnose erschwert, bzw. bei einem fulminanten Verlauf zu Lebzeiten unmöglich machen kann. Als Ursache des plötzlichen Todes kommt neben Sepsis in einzelnen Fällen die akute embolische Obstruktion der Ventrikelausflussbahn bzw. größerer zerebraler Gefäße sowie die Koronarembolie in Frage.

Myokarditis. Sie trägt zu etwa 25 % der plötzlichen kardial bedingten Todesfälle bei jüngeren Menschen bei und kann klinisch mit Arrhythmien sowie mit Pumpversagen und akuter Kammerdilatation einhergehen. Das vorangehende klinische Krankheitsbild in Form grippeartiger Krankheitserscheinungen fällt z.T. sehr diskret aus. Die Diagnose der Myokarditis fußt prinzipiell auf der histologischen (Abb. 4.3) sowie mikrobio-

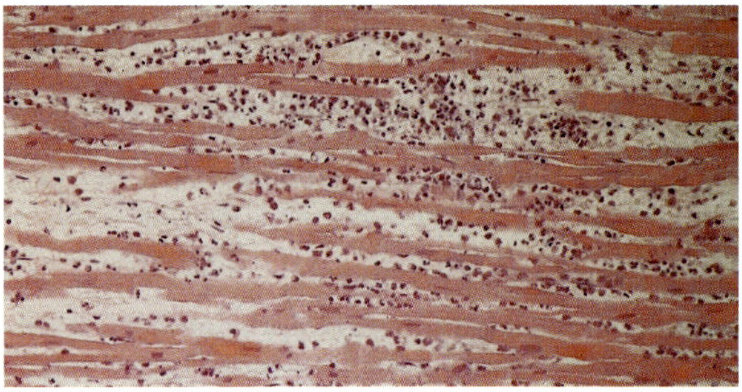

Abb. 4.3. Akute virale Herzmuskelentzündung mit dichter lympho-monozytärer interstitieller Entzündung. Interstitielles Ödem. (HE x 150)

logischen Untersuchung. Es werden mitunter nur einzelne kleine Infiltrate ohne Nachweis myokardialer Nekrosen gefunden, deren Kausalität im Hinblick auf die Todesursache mit Zurückhaltung bewertet werden muss. Spättodesfälle nach ausgeheilter Myokarditis können mit diffuser Myokardfibrose und Herzrhythmusstörungen einhergehen.

Wichtig

Eine Reihe von fakultativ letalen Herzerkrankungen (z.B. akuter Myokardinfarkt, Myokarditis, Reizleitungsstörung, Kardiomyopathie) ist nur durch eine sehr sorgfältige histologische Aufarbeitung topographisch repräsentativer Gewebsausschnitte sowie mit Spezialfärbungen diagnostizierbar.

4.5.4 Herzklappenfehler

Der plötzliche Herztod ist bei Aortenklappenstenose mit linksventrikulärer Hypertrophie vergleichsweise häufig. Das Vitium kann zu noch größeren Herzgewichten (unter Umständen 800–1.000 g) als bei der hypertensiven Erkrankung führen. Die idiopathisch kalzifizierende Aortenstenose oder die rheumatische Aortenstenose kommen ätiologisch vorzugsweise in Frage. Im fortgeschrittenen Stadium ist die Aortenklappe ein anatomisch irregulär verkalkter Ring, wobei die Ausflussöffnung bis auf Bleistiftdicke bzw. bis auf einen schmalen Spalt verringert sein kann.

Als **Mitralklappenprolaps** wird ein systolisches Zurückschlagen der Mitralklappen in den Vorhof bezeichnet. Diesem funktionellen, echokardiographisch fassbaren Mechanismus entspricht auskultatorisch ein midsystolischer Klick. Plötzliche Todesfälle infolge Herzrhythmusstörungen werden insbesondere auch bei jüngeren Menschen beobachtet. Morphologischerseits können vergrößerte, unregelmäßig sulzig verdickt Mitralklappen auffallen („klassischer Prolaps"), wobei wenigstens eines der Segel mehr als 5 mm dick sein muss. Häufig finden sich zudem verkürzte und verdickte Sehnenfäden. Histologisch (Azan-Färbung) zeigt sich eine myxomatöse Degeneration in Folge einer vermehrten Einlagerung von Glykosaminoglykanen bei gleichzeitiger Zerstörung der Kollagenfaserstruktur.

4.5.5 Kardiomyopathien

Kardiomyopathien liegen strukturelle und/oder infiltrative Veränderungen des Myokards in Form einer blanden Entzündung, disseminierten Bindegewebseinlagerung oder Vernarbung zugrunde. Zusätzliche Faktoren wie eine irreguläre Erregungsausbreitung und ventrikeldynamische Veränderungen können zu Funktionsstörungen und zum plötzlichen Herztod führen. Im späten Kindes- und Jugendalter bilden Kardiomyopathien im forensischen Autopsiegut die größte Gruppe kardiovaskulärer Todesfälle.
Die Kardiomyopathien werden folgendermaßen eingeteilt:
- hypertrophische Kardiomyopathie (HCM),
- dilatative Kardiomyopathie (DCM),
- restriktive Kardiomyopathie (RCM),
- arrhythmogene rechtsventrikuläre Form (ARVCM) und
- nicht klassifizierbare Formen (NKCM).

Die **HCM** geht morphologisch typischerweise mit einer *asymmetrischen* linksventrikulären Hypertrophie, zumeist mit Betonung des basisnahen Septums („idiopathische Subaortenstenose") einher. Eine symmetrische Form der Hypertrophie ist aber keineswegs selten. Histologisch zeigt sich eine Verwerfung der Kardiozytentextur in Form spiralartiger Windungen um kleine Bindegewebsbündel herum, häufig in Kombination mit akzentuierter interstitieller Fibrose. Pleomorphie der Zellkerne tritt hinzu.

Die **ARVCM** ist durch Einzelzellnekrosen von Kardiozyten sowie den Ersatz von rechtsventrikulärem Myokard durch fibröses Fettgewebe in ansonsten unauffälligem Herzen gekennzeichnet und kann bereits bei Jugendlichen zum Tode führen. Bei Personen unter 35 Jahren stellt sie in einer spanischen Autopsieserie 7 % aller plötzlichen Todesfälle. Genetische Defekte werden vermutet. Als **Uhls-Anomalie** ist die Fettdurchsetzung in Extremform bekannt. Pathophysiologisch kann es auf Grund der Veränderungen der rechtsventrikulären Kardiozytentextur zu einer elektrischen Instabilität kommen, die sich als Linksschenkelblock rechtsventrikulären Ursprungs präsentiert. Es ist strittig, in welcher Beziehung die sehr häufig anzutreffende Diagnose der rechtsventrikulären „Lipomatosis cordis" (ohne bindegewebigen Anteil sowie degenerierende Myozyten) zur primär enger definierten ARVCM steht.

Bei der **DCM** handelt es sich um ein morphologisch sehr heterogenes Krankheitsbild, von dem bevorzugt Männer betroffen sind. Hierunter werden z.B. hypertensive, alkoholische sowie medikamentös-toxische (z.B. durch Adriamycin) und endokrine Formen subsummiert. Ein kongestives Herzversagen, thromboembolische Komplikationen oder ein durch ventrikuläre Arrhythmien induzierter Herzstillstand begründen das hohe Sterberisiko. Bei einer Auswurffraktion unter 30 % liegt die 2-Jahres-Mortalität bei 50 %, etwa die Hälfte der Patienten stirbt plötzlich. Im rechtsmedizinischen Fallgut ist Alkoholismus eine häufige Ursache („alkoholische Kardiomyopathie"), das histologische Befundmuster (vakuolisierte Myofibrillen,

Triglyzeriddepots in Muskelfasern, geschwollene Mitochondrien) erscheint eher unspezifisch.

4.5.6 Reizleitungssystem und plötzlicher Tod

Kammerflimmern, das ohne pathologisch-anatomisches Substrat eintritt („mors sine materia"), ist sehr wahrscheinlich keine extreme Rarität. Genetische Determinanten von ionenkanalassoziierten Erkrankungen der Erregungsleitung am Herzen werden zukünftig überprüfbar sein und können eine neue Perspektive für die postmortale Diagnostik bringen. So ist etwa im Falle des Long-QT-Syndroms und der genetisch bedingten hypertrophischen Kardiomyopathie in den Familien von 90 % der Betroffenen ein weiterer Merkmalsträger zu erwarten. Das **Brugada-Syndrom** ist klinisch durch einen Rechtsschenkelblock mit rechts-präkardialen ST-Senkungen im EKG charakterisiert. Ein morphologisches Korrelat wurde in Form einer fibrös-adipösen Degeneration der rechten Ventrikelwand sowie mit Beteiligung des Reizleitungssystems in Form sklerotisch bedingter Unterbrechung des rechten Faszikels beschrieben. Die Untersuchung des Erregungsbildungs- und -leitungssystems zur Aufdeckung einer hier angesiedelten eigenständigen Erkrankung gehört nicht zur forensischen Routinediagnostik, sondern bleibt Spezialfällen vorbehalten. Eine umfassende Aufarbeitung umfasst Sinusknoten, AV-Knoten, His-Bündel und rechten sowie linken Bündelschenkel.

4.5.7 Herzschrittmacher

In den letzten Jahren haben sich für die Erstimplantation der verschiedenen Geräte Standardpositionen durchgesetzt: Ein Schrittmacher (PM) wird meist rechts subklavikulär, ein intrakardialer Defibrillator (ICD) links subpektoral implantiert. Auf Grund der inhärenten Gefährdung des medizinischen Personals durch implantierte ICD bei einer notfallmäßigen oder postmortalen Versorgung muss jeder PM/ICD-Patient stets einen Ausweis mit entsprechenden Hinweisen auf die Gefahr bei sich tragen. Standardmäßig hat postmortal eine Funktionsprüfung sowie bei der Obduktion eine spezielle Präparation und Explantation der Batterie und der Elektroden zu erfolgen. Problematisch ist die Vielzahl der benötigten telemetrischen Abfragegeräte; es gibt kein universelles Prüfgerät.

Wichtig

Implantierte Defibrillatoren können bei unvorschriftsmäßigem Umgang (z.B. Durchtrennen der Elektroden ohne Spezialwerkzeuge bei nicht ausgeschalteter Batterie) den Obduzenten u.U. gefährliche Stromstöße versetzen. Herzschrittmacher und Defibrillatoren sollten postmortal stets fachmännisch auf ihre Funktionsfähigkeit überprüft werden.

4.5.8 Herztumoren

Insgesamt kommen Herztumoren selten vor. Die Inzidenz im Sektionsgut beträgt zwischen 1:1.000 und 1:50.000. Als Neoplasie sind sie zumeist benigne. Komplikationen (z.B. Raumforderung und Rhythmusstörungen) können zu plötzlichen Todesfällen führen. Das **Myxom** stellt mit 50–70 % den häufigsten primären Herztumor dar. Dieser mesenchymale Tumor ist in den meisten Fällen in den Vorhöfen zu finden, wobei der linke etwa dreimal häufiger betroffen ist als der rechte. Das papilläre **Fibroelastom** ist zumeist an den Klappen lokalisiert. Durch Okklusion des Koronarostiums oder Embolisation in die Koronararterien bei Aortenklappenbefall bzw. durch Verlegung eines Klappenostiums kann es zu plötzlichen Todesfällen kommen. Das **Mesotheliom** imponiert als zystischer Tumor in der AV-Region. Eine Störung des Reizleitungssystems kann resultieren.

4.5.9 Angeborene kardiovaskuläre Anomalien

Angeborene Fehlbildungen des Herzens oder der herznahen Gefäße werden nur in seltenen Fällen Ursache eines plötzlichen Todesfalls im Erwachsenenalter sein (▶ s. Kap. 4.16). In Einzelfällen können jedoch bis dahin eventuell unentdeckte kardiovaskuläre Anomalien ausgemacht werden. Insbesondere bei Todesfällen im jungen Erwachsenenalter ist an eine solche Möglichkeit zu denken (z.B. Aortenisthmusstenose, Vorhofseptumdefekt).

4.5.10 Cor pulmonale

Beim Cor pulmonale handelt es sich um eine Vergrößerung des rechten Ventrikels als Folge von Erkrankungen der Lunge, des Thorax oder der pulmonalen Zirkulation. Der Schweregrad der rechtsventrikulären Vergrößerung ist eine Funktion des Anstieges der Nachlast (Afterload) und kann letztlich zum Rechtsherzversagen führen. Die bei weitem häufigste Ursache des Cor pulmonale ist das chronische Lungenemphysem, sei es als Altersemphysem oder – in den westlichen Industrieländern am häufigsten – als Folge einer chronisch-obstruktiven Ventilationsstörung (COPD). Der akute Todesfall auf Grund eines Cor pulmonale hat im Zusammenhang mit Berufserkrankungen im versicherungsrechtlichen Zusammenhang besondere forensisch-gutachterliche Bedeutung.

4.5.11 Aneurysmen als Ursache des plötzlichen Todes

Ein Aneurysma ist eine lokal begrenzte, abnorme Ausweitung einer arteriellen Gefäßwand, die auf dem Boden einer angeborenen oder erworbenen Wandschwäche des betroffenen Gefäßes entsteht. In der Reihenfolge ihrer Häufigkeit sind folgende Formen zu unterscheiden:

- arteriosklerotische Aneurysmen (66,5 %),
- kongenitale Aneurysmen (21 %),

- dissezierende Aneurysmen (8 %),
- entzündliche Aneurysmen (ca. 4 %) und
- traumatische Aneurysmen (ca. 0,6 %).

Eine signifikante Erhöhung der Gefahr einer Spontanruptur wird in der Literatur ab 6 cm Durchmesser im Bereich der Aorta ascendens und 6–7 cm im Bereich der Aorta descendens (◘ Abb. 4.4) angegeben, bei dissezierenden Aneurysmen ist sie wesentlich höher. Bei kongenitalen Aneurysmen handelt es sich am häufigsten um Aneurysmen der Hirnbasisarterien.

Dissezierende Aneurysmen haben eine verschiedene Ätiologie bis zur Entstehung eines spaltfähigen Raumes im Bereich einer degenerierten Media der Arterienwand. Am häufigsten findet sich eine fortgeschrittene Arteriosklerose in Zusammenhang mit einer Hypertonie. Seltenere Ursachen sind Bindegewebserkrankungen: Marfan-Syndrom, Ehlers-Danlos-Syndrom, Erdheim-Gsell-Medianekrose. Rupturiert die „falsche" Blutbahn nach außen, kommt es je nach Lokalisation der Rupturstelle zu einer Herzbeuteltamponade, einem Hämatothorax, einem retroperitonealen Hämatom oder einem Hämaskos.

Zu den entzündlichen Aneurysmen zählen das im mitteleuropäischen Raum selten gewordene luische Aneurysma als Manifestation der tertiären Lues (typischerweise im Aortenbogen gelegen, charakteristische baumrindenartige Wandbeschaffenheit) sowie mykotische Aneurysmen.

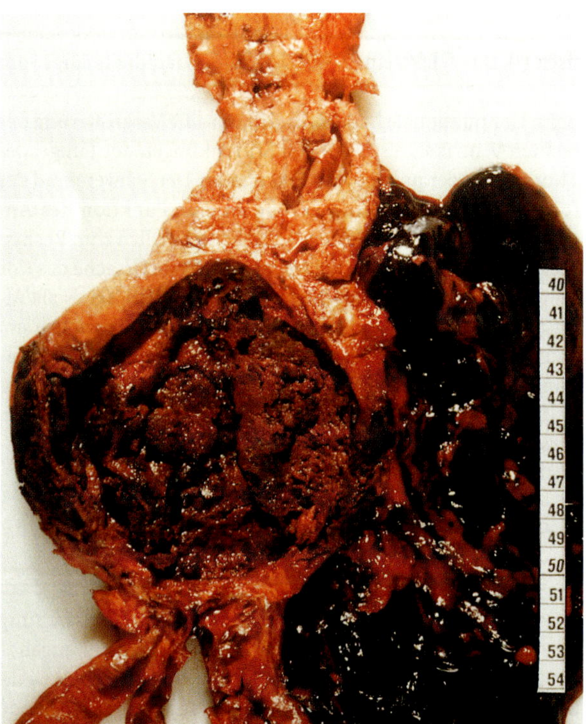

◘ Abb. 4.4. Rupturiertes sackförmiges Bauchaortenaneurysma mit retroperitonealer Blutung

4.5.12 Lungenembolie

Die Lungenthrombembolie ist als unmittelbare Todesursache bei klinischen und gerichtlichen Sektionen ein relativ häufiger Befund. Der akute Verlust von mehr als 50 % des Gefäßquerschnitts der terminalen Strombahn der Lunge führt infolge eines akuten Rechtsherzversagens zum Tode. Ausfälle von weniger als 15 % werden in der Regel überlebt. Je nach Ausgangspunkt der diesbezüglichen Kausalkette kann die Lungenembolie der Kulminationspunkt eines natürlichen oder eines nichtnatürlichen Todesgeschehens infolge Trauma und Immobilisation sein, das heißt, die Todesart ist bei identischer unmittelbarer Todesursache völlig verschieden zu beurteilen.

Man weiß heute, dass viele Patienten, die Thrombosen und Lungenembolien erleiden, eine zugrunde liegende genetische Prädisposition haben, die klinisch zunächst inapparent bleibt, bis ein Co-Faktor hinzukommt (Immobilisitation, Adipositas, Schwangerschaft, orale Kontrazeption). Beispielsweise haben Patienten mit Faktor-V-Leiden (heterozygot bei circa 6 % der Bevölkerung) stark gehäuft venöse Thromben sowie konsekutiv Lungenembolien.

Patienten mit derartiger Prädisposition erleiden unter Umständen unbemerkt rezidivierend periphere Lungenembolien und entwickeln eine pulmonale Hypertension und Rechtsherzbelastung. Sie können auch ohne vorangehende Immobilisation bzw. Bettlägerigkeit plötzlich und unerwartet („ambulant") versterben.

Je nach Untersuchungskollektiv schwanken die Frequenzangaben bei klinischen und gerichtlichen Sektionen zwischen ca. 3 % und 10 %. Die Emboliequelle liegt bei 95 % in den Venen des Beckens und der unteren Extremitäten. In einigen Fällen kann keine Emboliequelle nachgewiesen werden. Klinisch bzw. bei der Leichenschau wird die Lungenembolie nur in weniger als 50 % aller entsprechenden Fälle richtig diagnostiziert. Nach wie vor steht sie an der Spitze der Fehldiagnosen.

Wichtig

Die Gesamtzahl aller Lungenembolien wird rein statistisch gesehen zutreffend festgestellt, allerdings in etwa der Hälfte der Fälle bei den falschen Patienten. Lungenembolie ist also genau so häufig eine Fehldiagnose wie die Diagnose andererseits nicht erkannt wird.

Für gutachterliche Fragestellungen ist die histologische Untersuchung von Thrombosen (zumeist im Bereich der unteren Extremitäten) und Embolien zur chronologischen Graduierung erforderlich (z.B. im Hinblick auf die Differenzierung Speckhautgerinnsel / vitaler Embolus / Embolie / autochtone Thrombose / Altersbestimmung der Beinvenenthrombose in Relation zum Zeitpunkt des erlittenen Traumas / Alter der Embolie in der Lungenstrombahn).

4.6 Respirationstrakt

In der Regel handelt es sich bei tödlichen Lungenerkrankungen um chronische Prozesse, die sich über eine längere Zeitspanne von der Manifestation bis zum Tode hinziehen. Einige dieser Erkrankungen imponieren dennoch als plötzlicher Tod, da zu Lebzeiten kein Arzt konsultiert wurde oder weil der Patient seine Beschwerden bagatellisiert hat.

Wichtig

Bei diversen Lungenerkrankungen ist gezielt die Frage einer Berufserkrankung zu überprüfen (z.B. bei Lungenfibrose, Bronchialkarzinom, Asthma bronchiale, Pleuraplaques – betr. z.B. Asbestose, Silikose, Stauballergie). Landesgewerbearzt und/oder Berufsgenossenschaft sind zu kontaktieren.

4.6.1 Pneumonie

Die Klassifizierung von Pneumonien ist unübersichtlich und erfolgt nicht nach einem einheitlichen Schema; sie wird sowohl unter topographischen (alveolär/interstitiell, Lobärpneumonie), ätiologischen (z.B. infektiös, toxisch), formalpathogenetischen (aerogen, bronchogen, hämatogen) und chronologischen (akute/chronische Pneumonie) Gesichtspunkten vorgenommen. In forensischer Hinsicht müssen Pneumonien abgegrenzt werden, die posttraumatisch oder nach Intoxikation entstehen. Pneumonien z.B. nach Schenkelhalsfraktur älterer Menschen sind als nichtnatürliche Todesart zu klassifizieren.

Wichtig

Häufig erfolgt eine Fehlklassifikation als „natürlicher Tod" bei Bronchopneumonie oder Lungenembolie, wenn der Kausalzusammenhang mit einem vorangehenden Trauma nicht berücksichtigt wird: z.B. Tod nach Schenkelhalsfraktur mit dadurch bedingter Immobilisierung, Thromboseneigung, Kreislaufbelastung und Atemstörung.

Als Erreger der Bronchopneumonien kommen in erster Linie Bakterien und Viren, aber auch Pilze in Betracht. Tendenziell wird eine Verschiebung zu Erregern so genannter atypischer Pneumonien beobachtet (z.B. Mykoplasmen, Chlamydien). Ein besonderes diagnostisches, therapeutisches und hygienisches Problem stellt die Legionellen-Pneumonie dar, die mit einer Letalität von 10–25 % behaftet ist. Die Erreger vermehren sich im feuchten Milieu (z.B. Klimaanlagen, Duschköpfe) und werden über Aerosole eingeatmet. Der Anteil der durch Grippeviren hervorgerufenen Pneumonien schwankt in Abhängigkeit zu aktuellen epidemiologischen Verhältnissen. Als Risikogruppen gelten Kinder, ältere Menschen und Abwehrgeschwächte. Je nach Virulenz des Subtyps ist auch die Letalität außerordentlich wechselnd. Die **primär hämorrhagische Grippepneumonie** nimmt u.U. einen perakuten Verlauf mit plötzlichem Todeseintritt innerhalb der ersten 2 Tage. Bei der **sekundär-bakteriellen Grippepneumonie** bestimmt das Ausmaß der bakteriellen Infektion das morphologische Bild.

So genannte **Lobärpneumonien** treten insbesondere bei abwehrgeschwächten Alkoholikern auf. Eine Retentionspneumonie wird durch eine bronchiale Obstruktion hervorgerufen, z.B. bei einem Bronchialkarzinom.

Eine **Aspirationspneumonie** entsteht, wenn Mageninhalt oder anderes Fremdmaterial in die Atemwege gerät und nicht bzw. nicht ausreichend abgehustet wird. Durch bakterielle Besiedlung entstehen Lungenabszesse. Ursächlich können neurologische Erkrankungen und/oder Erbrechen sein, die mit Schluckstörungen einhergehen oder Bewusstseinsstörungen anderer Art (z.B. Polytrauma, Intoxikation).

Von forensischer Bedeutung sind Todesfälle durch Aspirationspneumonie bei pflegebedürftigen Personen. Hier ist zu prüfen, ob eine Schluckstörung oder eine eingeschränkte Bewusstseinslage erkannt wurde bzw. ob mit entsprechenden Maßnahmen (z.B. parenterale Ernährung, Magensonde und Ähnlichem) reagiert wurde.

Die Hauptrisikofaktoren für eine **Tuberkuloseinfektion** bestehen in Europa in einer HIV-Infektion, kürzlicher Auswanderung aus den Staaten des ehemaligen Ostblocks, chronischem Alkoholmissbrauch, insuffizienter Ernährung und Obdachlosigkeit. In 1–3 % aller in Deutschland durchgeführten Obduktionen werden Residuen einer aktiven Tuberkulose oder sogar eine aktive Tuberkulose diagnostiziert. Die Infektion erfolgt im Normalfall durch Tröpfcheninfektion, z.B. auch am Obduktionstisch (!). Das Risiko eines Ausbruchs der Krankheit hängt vom Zustand der Zell-mediierten Immunität ab. Die Tuberkelbazillen verursachen eine Reihe geweblicher Reaktionen, deren pathohistologisches Substrat bekanntlich so kennzeichnend ist, dass von einer „spezifischen Entzündung" gesprochen wird. Die extrapulmonalen Manifestationsorte einer Tuberkulose sind mit absteigender Häufigkeit Lymphknoten, Pleura, Niere, Gastrointestinaltrakt. Eine miliare oder disseminierte Tuberkulose entsteht durch hämatogene Aussaat nach kürzlicher Infektion und auch als Folge einer Reaktivierung alter Foci.

4.6.2 Asthma bronchiale

In einigen Fällen ist die Diagnose eines Asthma bronchiale vor dem Tode nicht bekannt, oder der Tod tritt nach längerer Zeit der Beschwerdefreiheit ein. Letzten Endes todesursächlich sind ein akutes Rechtsherzversagen bei chronischer Rechtsherzbelastung und akut erhöhtem Pulmonalgefäßwiderstand und/oder eine Hypoxämie durch Bronchialkonstriktion und die Dyskrinie. Eine akzidentelle, tödliche Überdosierung von inhalativen Sprays ist zu prüfen. Die plötzliche Exazerbation einer chronischen Asthmaerkrankung kann durch Opiate ausgelöst oder verschlimmert werden und zum plötzlichen Tod des Drogenkonsumenten führen. Forensische Bedeutung erhalten Asthmatodesfälle häufig durch die scheinbar „verdächtige" Auffindesituation wie z.B. weit geöffnete Fenster oder Außentüren zur Frischluftzufuhr.

4.7 Gastrointestinaltrakt

Ösophagusvarizen. Sie stellen die häufigste Ursache autoptisch diagnostizierter gastrointestinaler Blutungen dar. Die Blutalkoholkonzentration zum Zeitpunkt des plötzlichen Todes ist nicht selten relativ hoch. Ätiologisch liegt zumeist eine Leberzirrhose zugrunde. Bei dem Verdacht auf das Vorliegen von Ösophagusvarizen sollte zur präparatorischen Darstellung die distale Speiseröhre im Zusammenhang mit dem Magen entnommen werden.

Mallory-Weiss-Syndrom. Hierbei handelt es sich um Schleimhauteinrisse des distalen Ösophagus oder des oralen Magenanteils. Diese werden meist durch heftiges Erbrechen hervorgerufen. Leitsymptom ist die starke Blutung. Beim selteneren **Boerhaave-Syndrom** kommt es zu einer kompletten Ösophagusruptur mit der Gefahr einer Mediastinitis.

Ulcus ventriculi oder duodeni. Diese Ulzera stellen weitere häufige Blutungsquellen im Gastrointestinaltrakt dar (Prävalenz letaler Komplikationen 0,5 % im eigenen Sektionsgut, ◘ Abb. 4.5). In etwa der Hälfte der Fälle mit tödlicher oberer gastrointestinaler Blutung findet man kaffeesatzartiges Erbrechen mit entsprechenden Blutantragungen im Gesicht. Gelegentlich sind auch Teerstuhlantragungen am After schon bei der äußeren Leichenschau feststellbar. Hinsichtlich der Genese der gastrointestinalen Ulkuskrankheit ist an eine Einnahme von nichtsteroidalen Antiphlogistika zu denken. Nicht selten finden sich unter den Verstorbenen Personen mit sozialer Randgruppenzugehörigkeit. Zur diffusen Blutung aus der Magenschleimhaut bzw. aus Erosionen kommt es bei der hämorrhagischen Gastritis.

Pankreatitis. Eine fulminant verlaufende Pankreatitis kann Ursache des plötzlichen Todes sein. Morphologischerseits sind die nekrotisierende und die hämorrhagische Form zu unterscheiden. Hinsichtlich der Ätiologie ist vor allem an eine äthyltoxische Genese (30–50 %) und an eine von den Gallenwegen ausgehende Obliteration des Pankreasgangs zu denken. Der führende Pathomechanismus hinsichtlich der Letalität ist ein Schockgeschehen mit Verbrauchskoagulopathie.

Peritonitis. Diese kann innerhalb weniger Stunden über ein entzündlich-toxisches Herz-Kreislauf-Versagen bei peritonealem Schock zum Tode führen. Pathogenetisch sind die eitrige, die fibrinöse sowie die kotige Peritonitis zu unterscheiden. Als Ursache einer Peritonitis ist an erster Stelle eine durch die Perforation eines Hohlorgans bedingte Keimverschleppung in die freie Bauchhöhle anzuführen. Zu Grunde liegende innere Erkrankungen sind z.B. perforierte Ulzera in allen Abschnitten des Magen-Darm-Traktes, M. Crohn, Colitis ulcerosa, Appendizitis, perforierte Divertikulitis bei zuvor mitunter asymptomatischer Divertikulose oder Wandnekrosen bei Tumorbefall oder bei mesenterialen Ischämien.

Ileus. Hinsichtlich der Ätiologie ist zwischen dem mechanischen und dem paralytischen Ileus zu unterscheiden. In todesursächlicher Hinsicht weisen jedoch beide Formen eine gemeinsame „letzte Wegstrecke" auf, indem es zu einer Durchwanderungsperitonitis oder zu letalen Elektrolytverschiebungen kommen kann. Mechanische Ursachen treten auf in Form von Strangulationen durch Adhäsion oder Briden, Inkarzerationen oder Einklemmungen (z.B. bei Leistenhernien, Volvulus oder Stenosen durch Tumoren).

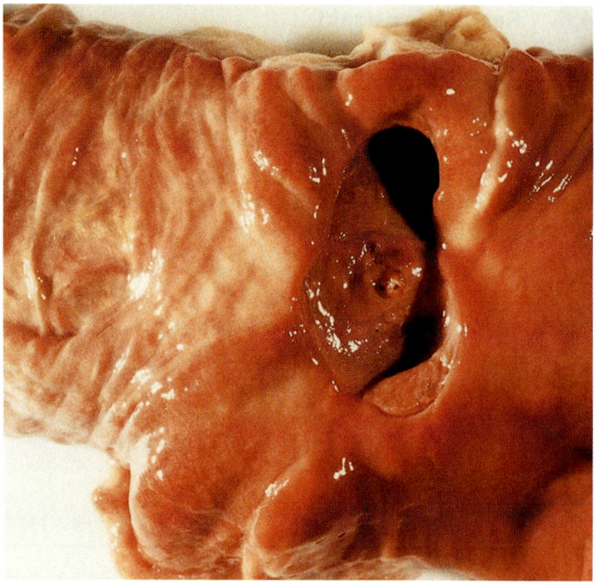

◘ Abb. 4.5. Chronisches Ulkus im Bereich des Magenpförtners. Arrodierter Gefäßstumpf am Ulkusgrund. Todesursache: Gastrointestinales Verbluten

Milzruptur. Eine spontane Milzruptur ist Folge einer zu Grunde liegenden systemischen oder lokalen Erkrankung, in deren Rahmen es zu einer Splenomegalie gekommen ist. Eine Ruptur stellt ein akut lebensbedrohliches Ereignis dar, da es auf Grund der nicht vorhandenen Retraktionsfähigkeit der dünnen Milzkapsel sowie der (größtenteils ungedeckten) intraabdominellen Lage des Organs zu einem raschen Blutverlust in die freie Bauchhöhle kommt. Erkrankungen, die mit einer Splenomegalie einhergehen sind z.B. portale Hypertension, Infektionskrankheiten (Malaria), Autoimmunerkrankungen, maligne Systemerkrankungen und Speicherkrankheiten. Nach chirurgischer Splenektomie kann es zu Komplikationen kommen, welche eventuell noch nach vielen Jahren von medikolegaler oder versicherungsrechtlicher Relevanz sind. Das OPSI-Syndrom (overwhelming postsplenectomy infection) ist durch eine akute, schwer verlaufende Sepsis gekennzeichnet; es entwickelt sich auf dem Boden von banalen Infektionserkrankungen. Pathomorphologisch bietet sich das Bild einer perakut verlaufenden Septikämie.

4.8 Urogenitalsystem

Akutes Nierenversagen. Dieses imponiert selbstverständlich nur sehr selten als „plötzlicher" Tod, da das Krankheitsgeschehen protrahiert abläuft und zu nachvollziehbarer ärztlicher Diagnostik und Therapie führt. In rechtsmedizinischer Hinsicht erscheint die Unterscheidung von organoiden, endogen-toxischen sowie exogenen Ursachen sinnvoll. Organische Ursachen können z.B. Erkrankungen der Niere selber (Glomerulonephritiden, Pyelonephritis/Urosepsis), vaskuläre Ursachen oder Autoimmunerkrankungen mit renaler Beteiligung (z.B. systemischer Lupus erythematodes) sein.

Endogen-toxische Ursachen bestehen in einer Ablagerung von Uratkristallen (Hyperurikämie), Hämoglobinurie (genetisch, immunologisch, infektiös, toxisch oder mechanisch verursacht) oder Hyperkalzämie.

Pyelonephritis. Die klinischen Symptome bestehen in Fieber, Flankenschmerzen und Unwohlsein, evtl. mit Erbrechen. Hieraus kann sich akut das Vollbild einer foudroyanten Sepsis mit Nierenversagen und plötzlichem Tod entwickeln. Als besondere Unterform ist die fulminant verlaufende, nekrotisierende und akut lebensbedrohliche emphysematöse Pyelonephritis anzusehen. 90 % der betroffenen Patienten sind Diabetiker.

4.9 Endokrines System

Im Allgemeinen machen Erkrankungen endokriner Drüsen durch die damit verbundenen Dysbalancen im streng regulierten Hormonhaushalt frühzeitig klinisch auf sich aufmerksam. Daher bleiben hormonelle Erkrankungen in den allermeisten Fällen nicht lange unbemerkt und werden daher nur in seltenen Fällen Ursache eines plötzlichen unerwarteten Todes.

Hypophysenadenome. Sie können ausnahmsweise auf Grund einer plötzlichen Hirndrucksteigerung – etwa bei Einblutungen in das Adenom (so genannter Hypophysenapoplex) – Ursache eines plötzlichen, unerwarteten Todes werden. Bei einer **Überproduktion von Wachstumshormon** durch STH-Adenome (morphologisch überwiegend vom eosinophilen Typ) ist das Herz vergrößert. Wie bei anderen Kardiomyopathien auch, kann es zu plötzlichen Todesfällen durch Arrhythmien kommen.

Panhypopituitarismus. Die Ursachen für eine **Unterfunktion der Hypophyse**, bei deren Extremform des Panhypopituitarismus sämtliche Hormone betroffen sind, sind mannigfaltig und umfassen neben Durchblutungsstörungen (Sheehan-Syndrom) traumatische, tumoröse, entzündliche (autoimmune, lymphozytäre Hypophysitis) und infiltrative (Hämochromatose, Hand-Schüller-Christian-Krankheit) Ursachen. Insbesondere die resultierende Unterfunktion der Nebennierenrinde muss durch exogene Hormonzufuhr konsequent behandelt werden. Plötzliche Todesfälle nach nicht erkanntem bzw. nicht berücksichtigtem Panhypopituitarismus wurden beschrieben. Lebensbedrohlich kann die Hypothyreose durch die Beeinträchtigung des Wärmehaushaltes werden oder auch (bei den myxödematösen Formen) durch ein assoziiertes Schlafapnoesyndrom.

Bei der **Hyperthyreose** steht pathogenetisch die Beeinflussung der Herztätigkeit (Herzinsuffizienz, Arrhythmien) im Vordergrund; alternativ kommt ein Multiorganversagen im Rahmen einer thyreotoxischen Krise in Betracht.

Ein **Hyperkortisolismus** (als Cushing-Syndrom im engeren Sinne oder auch als paraneoplastisches Syndrom ektoper ACTH-Produktion) kann in seltenen, perakut und/oder atypisch verlaufenden Fällen, lebensbedrohlich werden (gastrointestinale Blutung aus Steroidulkus).

Eine unentdeckte bzw. unbehandelte primäre **Unterfunktion der Nebennierenrinde** (Autoimmunadrenalitis oder M. Addison) ist wiederholt als Ursache eines plötzlichen unerwarteten Todes beschrieben worden. Histologisch sieht man ein intaktes Mark, das von einer mit spärlichen Rundzellinfiltraten durchsetzten, fast vollständig fibrosierten Rinde umgeben ist. Entsprechendes gilt für sekundäre Zerstörungen bzw. Störungen der Nebenniere, wie sie nach Einblutungen, Minderstimulation bei hypophysärem ACTH-Mangel oder bei einer Vielzahl von Entzündungen entstehen können.

Eine Überproduktion an Katecholaminen durch ein **Phäochromozytom** kann durch die damit verbundenen Komplikationen im großen und kleinen Kreislauf als Ursache eines plötzlichen unerwarteten Todes in Frage kommen. Bei der Mehrzahl der Phäochromozytome handelt es sich um einseitige, um 5 cm durchmessende Tumoren, die eine „bunte" Schnittfläche mit Einblutungen und zystischen Degenerationen aufweisen.

Diabetes mellitus. Vor der Insulin-Ära starben mehr als 50 % aller Diabetiker im Coma diabeticum; heute ist dies eine ausgesprochene Rarität. Die Mortalität infolge Coma diabeticum soll in der Bundesrepublik etwa 2 pro 100.000 pro Jahr betragen. Erfahrungen zur Problematik des Coma diabeticum resultieren insbesondere aus rechtsmedizinischen Verwaltungssektionen von ungeklärten Todesfällen außerhalb des klinischen Bereiches. Diese Toten stammen nicht selten aus desolatem häuslichen Milieu, mit allgemeiner Vernachlässigung sowie unzulänglicher ärztlicher Betreuung für alte, kranke und allein stehende Menschen; Alkohol- und Drogenmissbrauch tragen dazu bei. Informationen zur Krankenvorgeschichte der Verstorbenen liegen kaum vor; für die Umstände des Todes gibt es keine Zeugen; aktuelle klinische Untersuchungsbefunde, insbesondere Laborwerte, fehlen vollständig.

Folgende Obduktionsbefunde haben eine hinweisende Bedeutung bezüglich eines Diabetes mellitus:

- Steifheit der Hirnsubstanz (im hyperosmolaren Koma),
- Xanthochromie der Schädelkalotte und des Unterhautfettgewebes,
- verschiedene Formen der chronischen Pankreatitis und
- Kimmelstiel-Wilson-Glomerulosklerose (feingranulierte, rote, feste Niere).

Hinweise auf ein diabetisches Koma sind:

- Hirnödem,
- Zeichen des zentralen Todes,
- terminale hypostatische Pneumonie,
- Magenschleimhauterosion,

- akute terminale Pankreatitis und
- geschwollene blasse Nieren infolge Glykogennephrose (überdeckt bei Kimmelstiel-Wilson-Glomerulosklerose).

Ausdruck der prämortalen Hyperglykämie sind histologisch die großen, pflanzenzellähnlichen Armanni-Ebstein-Zellen in den geraden Abschnitten des proximalen Tubulus im unteren Teil der Markstrahlen sowie in der äußeren Markzone (◘ Abb. 4.6). Alkoholfixierung und Glykogenfärbung erhöhen die diagnostische Sicherheit wesentlich. Zur Diagnosesicherung sind stets postmortale biochemische Untersuchungen erforderlich: Glukose und Laktat im Liquor (zur Bestimmung des Traub'-schen Summenwerts), Glukose und Azeton im Urin, Hämoglobin A_{1c} im Blut.

Wichtig

Routinemäßig sollten bei jeder Sektion Liquor und Urin mittels Teststreifen auf Glukose untersucht werden. Bei Verdacht auf eine diabetische Stoffwechselentgleisung sind weiterhin der Summenwert aus Glukose und Laktat sowie das HbA_{1c} zu bestimmen.

4.10 Zentrales Nervensystem

Der Mechanismus, nach dem Erkrankungen des ZNS zum plötzlichen und unerwarteten Tod führen, liegt in einer lokalen Beeinträchtigung vitaler (respiratorischer und/oder kardialer) Zentren durch den pathologischen Prozess oder in einer generalisierten Hirnschwellung. Allgemeine Zeichen dieses häufig summarisch als „zentrale Dysregulation" bezeichneten Todesmechanismus sind insbesondere eine Ektasie der Hohlorgane (Dysregulation im Sympathikotonus) und das pathogenetisch letztlich nicht geklärte „neurogene" Lungenödem (das im Gegensatz zu „normalen" kardialen Formen häufig hämorrhagisch ist).

Es wird dringend empfohlen, in jedem Fall, der eine relevante intrakranielle Pathologie erwarten lässt, das Gehirn erst nach mindestens 3-wöchiger Fixierung in 3,5–5 %igem, gepuffertem Formalin unter neuropathologischen Gesichtspunkten zu sezieren, da bei der hohen Dichte funktioneller Strukturen innerhalb des Zentralorgans bereits kleinste Läsionen große Auswirkungen zeitigen können.

4.10.1 Gefäßprozesse, Blutungen

Als „Schlaganfall" wird im klinischen Sprachgebrauch jedes plötzlich auftretende, fokale neurologische Defizit bezeichnet. In den industrialisierten Ländern sollen bis zu 10 % aller Todesfälle auf einen „Schlaganfall" zurückgehen. Die vitale Bedrohung geht dabei von der begleitenden Hirnschwellung aus. Rund zwei Drittel aller „Schlaganfälle" sind Infarkte, in den übrigen Fällen liegt eine Hirnblutung vor. Hirninfarkte gehen zu 60–70 % auf lokale atherothrombotische Ereignisse zurück (Stenosierung der Gefäße des Circulus arteriosus Willisii und deren Verzweigungen). In den übrigen Fällen sind embolische Ereignisse ursächlich (ausgehend von atheromatösen Plaques größerer Gefäße oder aus kardialen Quellen). Makroskopisch ist das betroffene Gebiet im frühen Stadium konsistenzgemindert (Erweichung), später kommt es zu einer Abräumung des nekrotischen Gewebes (Zystenstadium) mit sekundärer Bahndegeneration.

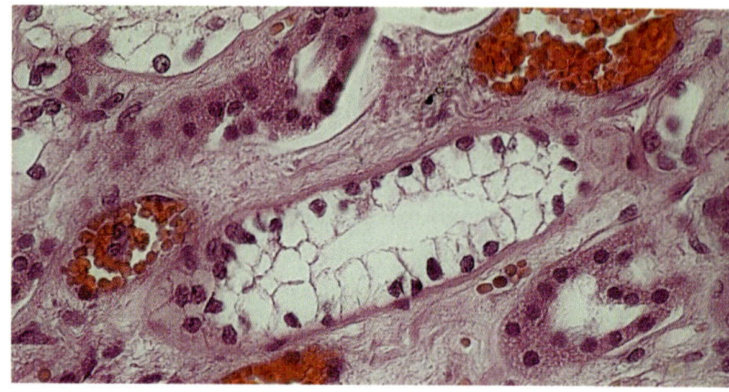

◘ Abb. 4.6. Coma diabeticum mit dadurch bedingter Glykogennephrose. Typische Armanni-Ebstein-Zellen: Lichtoptisch leer erscheinende Tubulusepithelien an der Mark-Rinden-Grenze. (HE x 240)

In 75 % der Fälle von **Hirnmassenblutungen** handelt es sich um eine hypertensive Blutung im Gebiet der Stammganglien; in etwa 10 % findet man pontine, in etwa 5 % zerebelläre Formen. Häufig liegt ein Einbruch in das Ventrikelsystem (Haematocephalus internus) vor. Weitere, seltene Ursachen von Hirnblutungen sind Arteriitis, Angiome oder Einblutungen in präexistente Hirntumoren (so genanntes apoplektisches Gliom). Stets ist auch an krankheitsbedingte (hämatologische Erkrankungen) oder iatrogene (Marcumar) Gerinnungsstörungen zu denken.

Großen Autopsieserien zufolge leiden 1–2 % der Bevölkerung an einem **Aneurysma der Hirnbasisarterien.** Sie sollen auf chronisch erhöhten arteriellen Blutdruck in Kombination mit einer (angeborenen) Wandschwäche (Kollagen-III-Mangel?) zurückgehen, was ihre Prädilektionsorte an den Aufzweigungstellen der Arterien erklärt. Meist handelt es sich um kleine, rund 5 mm durchmessende sakkuläre Aneurysmen (◘ Abb. 4.7); histologisch typisch ist die Auffaserung und der plötzliche Abbruch der Lamina elastica interna am Aneurysmahals. Zwei Drittel aller intrakraniellen Aneurysmen liegen in den vorderen zwei Dritteln des Circulus arteriosus Willisii.

Bei Ruptur eines Aneurysmas kommt es zu einer basalen Subarachnoidalblutung, die in 10 % der Fälle durch Irritation vitaler Hirnstammzentren und/oder Spasmen größerer leptomeningealer Arterien mit konsekutiven Hirninfarkten tödlich verläuft.

4.10.2 Entzündliche Erkrankungen

Von den entzündlichen Veränderungen der Meningen ist insbesondere die eitrig-bakterielle Leptomeningitis (◘ Abb. 4.8)

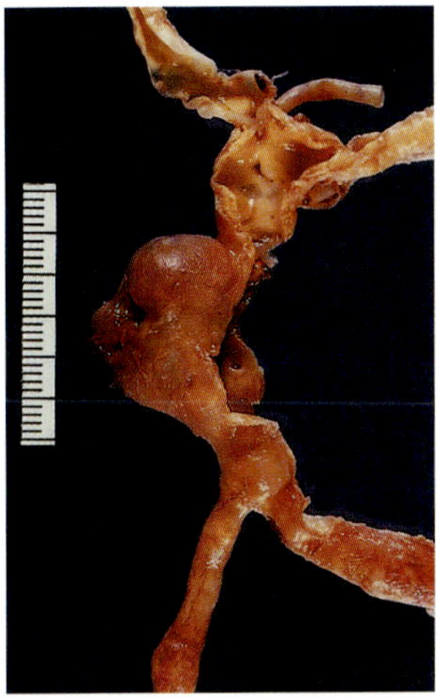

Abb. 4.7. Rupturiertes Hirnbasisarterienaneurysma. Todesursache: Subarachnoidalblutung

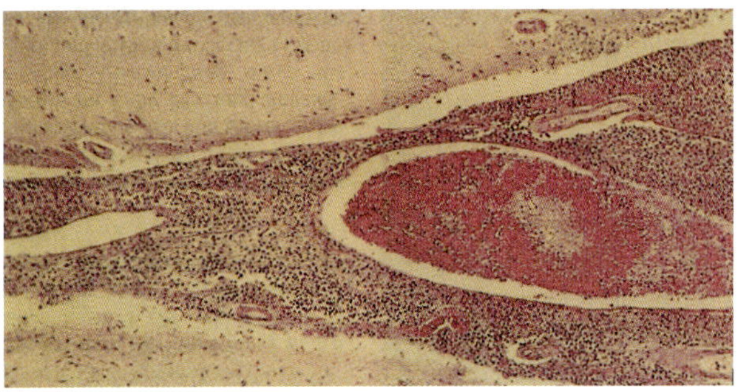

Abb. 4.8. Bakterielle Hirnhautentzündung. Gemischtzelliges, überwiegend granulozytäres Infiltrat; Venenthrombose, Hirnödem. (HE x 80)

als Ursache des plötzlichen Todes bekannt. Gefährdet sind Personen mit geschwächter Immunabwehr (Alte, Alkoholiker), bei denen die Erkrankung oft fulminant in wenigen Tagen tödlich verlaufen kann. Morphologisch findet man in den meisten Fällen eine Mitbeteiligung des Hirngewebes (Meningoenzephalitis) in Form kleinerer Abszessbildungen. Das Gehirn ist Zielorgan einer großen Vielzahl von Viren; eine Infektion mit dem Herpes-simplex-Virus Typ I kann innerhalb kürzester Zeit zu einer kompletten hämorrhagischen Nekrose eines (oder beider) Temporallappen(s) führen. Unbehandelt verlaufen 50 % dieser HSV-Enzephalitiden tödlich.

4.10.3 Tumoren

Ungeachtet ihrer histologischen Dignität können intrakranielle Tumoren, abhängig von der Lokalisation, lebensbedrohlich werden. Als Ursache des plötzlichen Todes überwiegen die langsam wachsenden, gutartigen Formen (pilozytische Astrozytome, Kolloidzyste, Epidermoidzyste, Gangliogliome u.a.), was wahrscheinlich darauf zurückzuführen ist, dass die langsam wachsenden Tumoren dem Gehirn genug Zeit für Kompensationsmaßnahmen lassen; erst nach deren Erschöpfung tritt dann der unerwartete Tod ein.

4.10.4 Anfallsleiden

Mögliche Pathomechanismen des plötzlichen unerwarteten Todes bei Epileptikern umfassen iktogen- bzw. iktal-autonom induzierte kardiale Arrhythmien, eine zentrale Apnoe im Status epilepticus und das iktal-neurogene Lungenödem. Morphologisch zeigt sich wenig Markantes; es handelt sich im Wesentlichen um eine Ausschlussdiagnose; eventuelle Zungenbissverletzungen sind selbstverständlich zu beachten.

4.11 Infektionskrankheiten und Sepsis

Für den Rechtsmediziner ergeben sich immer wieder erhebliche Schwierigkeiten beim Nachweis eines infektiösen Geschehens dahingehend, dass zum Zeitpunkt der Obduktion die Vorgeschichte häufig unklar oder untypisch ist, Laborwerte und klinische Untersuchungsbefunde fehlen und ein Erregernachweis in vivo nicht erfolgte oder keine eindeutigen Resultate erbrachte. Im Hinblick auf die forensische Verwertbarkeit postmortal entnommener Abstrichpräparate, Gewebeproben und Blutkulturen ist ein möglichst frühzeitiger Obduktionszeitpunkt und ein enger Kontakt zum mikrobiologischen Labor essentiell.

Wichtig

Bei Verdacht auf Infektionskrankheiten sind zum Erregernachweis mikrobiologische und virologische Untersuchungen erforderlich. Sterile Probennahme und unverzügliche Kontaktierung des Labors sind essentiell.

Zu den Infektionskrankheiten, die im forensischen Sektionsgut häufiger als Ursachen plötzlicher Todesfälle angetroffen werden, zählen z.B. die Bronchopneumonie, Endokarditis, Myokarditis, gelegentlich auch die Pylonephritis. Selten, forensisch u.U. allerdings besonders relevant, sind z.B. Gasbrand, Malaria, Salmonellose, Pyomyositis und nekrotisierende Fasziitis.

Wichtig

Bezüglich der Meldung von Infektionskrankheiten an die zuständigen Stellen sind die Bestimmungen des Infektionsschutzgesetzes zu berücksichtigen. Infektionsprophylaktische Maßnahmen im Bereich von Leichenhalle und Sektionssaal haben nach einem festgelegten Desinfektionsplan zu erfolgen.

Über die Häufigkeit tödlicher Septikämien nach iatrogenen Injektionen und intravasalen Kathetern liegen keine verlässlichen Angaben vor. Es ist davon auszugehen, dass in einem Großteil dieser Fälle – außer- oder innerhalb des Krankenhauses – ein unerkannter (klinischerseits mutmaßlich endogener) Fokus für das septische Geschehen verantwortlich gemacht wird. In derartigen Fällen wird unter Verkennung des Kausalzusammenhanges nicht selten ein Tod aus natürlicher Ursache attestiert werden. Phagolysotypie, Identifizierung bakterieller Toxine, molekularbiologische Charakterisierung der Erreger und weiterführende immunhistochemische Untersuchungen der entnommenen Proben können im Einzelfall wertvolle Informationen liefern.

Das Waterhouse-Friderichsen-Syndrom (WFS) ist eine meist durch Meningokokken (**Neisseria meningitidis**), seltener auch durch Pneumokokken (**Streptococcus pneumoniae**), β-hämolysierende Streptokokken oder **Hämophilus influenzae** ausgelöste und vorwiegend im Kindesalter auftretende, foudroyant verlaufende Sepsis. Wegweisend für die postmortale Diagnosestellung sind (fast stets bilateral anzutreffende) Nebennierenblutungen und das morphologische Korrelat der Verbrauchskoagulopathie (Petechien von Haut, Schleimhäuten, serösen Häuten).

Abgesehen von septikopyämischen Abszessen in inneren Organen sind die (fakultativen) makroskopischen Organveränderungen (z.B. relativ früh einsetzende Leichenfäulnis, ikterisches Hautkolorit, petechiale Haut- und Schleimhautblutungen, entzündliche Milzschwellung, Speckhautgerinnsel in den Herzhöhlen und großen Gefäßen) und histopathologischen Befunde bei Sepsis nicht pathognomonisch. Eine entscheidende Weiterentwicklung diagnostischer Möglichkeiten in Pathologie und Rechtsmedizin stellt der Einsatz biochemischer und immunhistochemischer Marker und Parameter in der postmortalen Sepsisdiagnostik dar (z.B. **Procalcitonin** (PCT), **Interleukin-6** (IL-6)).

4.12 Allergie-Todesfälle, Insektenstiche

Die lebensbedrohliche anaphylaktische Reaktion eines sensibilisierten Organismus beginnt innerhalb von wenigen Sekunden bis Minuten nach Antigen-Exposition. Dieser Verlauf ist somit ein Paradebeispiel für den plötzlichen, unerwarteten Tod. Da das Allergen als auslösendes Agens von außen zugeführt wird (oral, durch Inhalation oder Injektion), handelt es sich nicht um einen Tod aus innerer Ursache im engeren Sinne. Der dramatische klinische Verlauf des anaphylaktischen Schocks bereitet diagnostisch meist keine Schwierigkeiten, wenn eine entsprechende Anamnese und klinische Beobachtungen vorhanden sind. Kommt es allerdings zum tödlichen Ausgang, ohne dass Zeugen den Geschehensablauf beobachtet haben, so können erhebliche differentialdiagnostische Probleme auftreten.

Generell sind Proteine, Polysaccharide und Haptene in der Lage, anaphylaktische Reaktionen hervorzurufen. Von besonderer Bedeutung in Bezug auf unklare Todesfälle sind Proteine (z.B. aus Nahrungsmitteln), Pollen, Insektengifte und als Haptene Medikamente wie Antibiotika (Penicillin) und Procain. Ursache einer nicht-IgE-vermittelten Anaphylaxie (anaphylaktoide Reaktion) sind ionische Radiokontrastmittel sowie auch (noch seltener) nichtionische Radiokontrastmittel. Die Bestimmung von IgE ist bei unklaren Todesfällen mit Verdacht auf Anaphylaxie richtungweisend. Die Gesamt-IgE-Bestimmung sowie die spezifische IgE-Bestimmung erfolgt aus Serumproben mit radioimmunologischer bzw. ELISA-Technik (z.B. RAST-, PRIST-, CAP-System).

Wichtig

Bei Verdacht auf eine tödliche anaphylaktische Reaktion sind IgE-Bestimmungen richtungweisend.

Insektenstiche. In Deutschland sterben jährlich etwa 10 Menschen an Stichen von Hornissen, Wespen und Bienen. Die betreffende Einstichstelle an der Haut wird man bei gezielter Nachsuche (zumindest unter Lupenbetrachtung) zumeist identifizieren können. Die Obduktionsbefunde können uncharakteristisch sein. Häufig findet man ein ausgeprägtes hämorrhagisches Lungenödem sowie auch eine ausgedehnte ödematöse Schwellung der Larynxschleimhaut.

4.13 „Psychogener" Tod

Plötzliche Todesfälle werden immer wieder einmal im Zusammenhang mit **akuter psychischer Belastung** diagnostiziert, auch wenn ein tödliches „menschliches Stresssyndrom" bislang nicht eindeutig nachgewiesen ist. Die Einflussnahme psychogener Faktoren auf Todesursache oder Todeszeitpunkt lässt sich nur schwer differenzieren. Bei kardiovaskulären Todesfälle besteht ein zumindest fakultativ letales morphologisches Korrelat (Myokardinfarkt, Hirnblutung, stenosierende Koronarsklerose); die akute Symptomatik ist aus einer akuten oder protrahierten psychischen Belastungssituation heraus entstanden. Anekdotische Berichte über den „psychogenen Tod" ohne morphologisch nachweisbare Ursache sind stets hinsichtlich der Vollständigkeit der Befunderhebung zu hinterfragen. Drei Aspekte wurden hervorgehoben:

- beim „Voodoo-Tod" der Einfluss einer mächtigen Person,
- beim „Tabu-Tod" das Brechen eines unantastbaren Verbotes und
- beim „Heimweh-Tod" das Vorliegen einer ausweglosen Situation bzw. eines Verlusterlebnisses (z.B. Tod des Partners, schwere Krankheit).

Diskutiert wird ein neuronal vermittelter Tod, der über zentralnervöse Regelmechanismen mit Rückkopplung zur Großhirnrinde durch (neuro)hormonelle und immunologische Mechanismen bewirkt wird. Die Katecholaminausschüttung im Rahmen von Stresssituationen kann u.U. ventrikuläre Erregungsbildungsstörungen ohne morphologische Nachweismöglichkeit triggern. Vagovasale Synkopen können bei sonst körperlich gesunden Personen in Situationen auftreten, in denen sich die Betroffenen extrem bedroht fühlen.

4.14 Hämorrhagische Diathese/ Fatale Blutungen

Die Diagnose des Verblutens stützt sich auf die morphologischen Merkmale eines relevanten Blutverlustes sowie den Nachweis der Blutungsquelle. Todesfälle durch Verbluten sind im rechtsmedizinischen Obduktionsmaterial etwa in einer Häufigkeit von 5–10 % anzutreffen. Krankheitsbedingte Blutungsneigungen bestehen z.B. bei:

- Hämophilie,
- Thrombozytopenie,
- Vaskulopathie,
- Gefäßwandläsionen auf Grund lokaler Krankheitsprozesse in der Umgebung (z.B. Tumorarrosion, Infektion/Entzündung, degenerative Prozesse; z.B. Ulcus cruris, Beinvenenvarizen),
- anlagebedingter Gefäßwandschwäche (z.B. angeborenes Aneurysma) und
- neoplastischen bzw. hyperplastischen Gefäßtumoren (z.B. Angiome).

Insbesondere müssen auch Komplikationen von Blutungen berücksichtigt werden, wobei ein vergleichsweise kleinerer Blutverlust dennoch letale Folgen haben kann (z.B. Herzbeuteltamponade, Hirndruck durch zerebrale Massenblutung, akute Atem- und Kreislaufstörung durch Beeinträchtigung entsprechender Zentren im Hirnstamm bei Subarachnoidalblutung, Blutaspiration z.B. bei Gefäßarrosion eines Tumors mit Verbindung zum Bronchialbaum).

4.15 Funktionelle Todesursachen und ihr Nachweis

G. Kernbach-Wighton

Der Nachweis **funktioneller Todesursachen** beruht autoptisch auf morphologischen Äquivalenten und oft wesentlich auf **postmortal-biochemischen Analysen.** Diese können bei funktionellen Todesursachen oft wegweisende Befunde geben.

Wichtig

Problematisch ist eine Analogie klinisch-chemischer Messungen für den Leichnam, da biochemische und physikalische Befunde an postmortalen Körperflüssigkeiten auch Resultat agonaler und frühpostmortaler Veränderungen sein können.

Asservierung

Die Gewinnung von Körperflüssigkeiten erfolgt bei der gerichtlichen Autopsie. Auch bei einer Leichenschau ist eine **Substratasservierung (Liquor cerebrospinalis, Corpus vitreum, Blut, Urin)** möglich. Liquor cerebrospinalis und Corpus vitreum sind im Schädelinneren bzw. Bulbus relativ gut gegen postmortale Einflüsse geschützt. Entnahmebereiche: Liquor (Subokzipitalpunktion), Corpus vitreum (Punktion des Angulus lateralis), Femoralvenenblut (Schnitt) sowie Urin (suprapubische Punktion). Die routinemäßige Asservierung von Substraten während der Obduktion umfasst zunächst **Liquor cerebrospinalis** (Bereich des Foramen occipitale magnum). Auch ist die Asservierung von **Glaskörperflüssigkeit** unproblematisch. Aus kosmetischen Gründen hat eine Wiederauffüllung der Bulbi mit Wasser zu erfolgen. Für **Blut** empfehlen sich Entnahmen aus **Herz und Vena femoralis**. Auch eine (zusätzliche) **Urinprobe** (5–10 ml) ist sinnvoll. Bereits während der Autopsie können **Vortests** mit Teststreifen bzw. Testtabletten z.B. für Glukose, Bilirubin oder Azeton vorgenommen werden. Auch haben sich elektronische Glukose-Testgeräte an Liquor cerebrospinalis und Corpus vitreum bewährt.

4.15.1 Diabetes mellitus und dessen Entgleisungen

Coma diabeticum

Definition

Im **Coma diabeticum** kommt es durch absoluten oder relativen Insulinmangel zum Blutzuckeranstieg mit Bewusstseinsstörungen und Herz-Kreislauf-Alterationen. Auslöser sind u.a. Erstmanifestation eines Diabetes (ca. 25 % der Fälle), schlechte Insulindisziplin, Diätfehler oder Magen-Darm-Erkrankungen bzw. Infektionen (40 %). Die Häufigkeit tödlicher Komata bei bekanntem Diabetes beträgt etwa 0,5–1,5 % (Gesamtletalität etwa 5–25 %, bei längerer Koma-Dauer über 70 %).

Komaformen. Typisch für den Typ-I-Diabetes ist das **ketoazidotische**, für den Typ-II-Diabetes das **hyperosmolare Koma.** Insulinmangel führt zum Blutzuckeranstieg mit Flüssigkeits- und Elektrolytverlust. Eine erhöhte Lipolyse (Mobilisation von Fettsäuren) kompensiert die durch fehlende Glukoseverwertung defizitäre Energieversorgung. Ketokörper bewirken beim ketotischen Koma eine metabolische Azidose (500–1.000 mg/l Azeton oder höher) bei relativ milder Hyperglykämie (250–600 mg/dl). Beim hyperosmolaren Koma (ca. 10–20 % der Fälle) reduziert ein relativer Insulinmangel den Glukoseverbrauch bei jedoch erhaltener Glukosefreisetzung aus der Leber. Noch vorhandenes Insulin verhindert eine Ketose/Azidose durch Hemmung der Lipolyse. Typisch ist daher eine exzessive Hyperglykämie (oft über 1.000 mg/dl) bei fehlender/geringer Ketose. Ein Koma kann primär kardiovaskulär mit führendem Volumenmangel und Schock sowie über akutes Nierenversagen zum Tode führen. Relativ häufige Begleitkrankheiten sind z.B. Myokardinfarkte, Apoplexie, Embolien, Pneumonien, Pankreatitiden und Pyelonephritiden. Deren Auftreten kann die Diagnostik erschweren.

Postmortal-biochemische Untersuchungen

Die autoptische Diagnostik eines tödlichen Coma diabeticum beginnt mit der **Anamnese** über Angehörige oder Hausarzt.

4

Die **Auffindungssituation** (z.B. desolates häusliches Milieu) kann Anhaltspunkte geben. **Äußere Hinweise** sind z.B. Exsikkosezeichen, Punktionsmale und diabetestypische Hautalterationen. Bezüglich der Morphologie seien Lochkerne der Hepatozyten und renale Armanni-Ebstein-Zellen durch Glykogenablagerung genannt. Wichtigste Substrate sind Liquor cerebrospinalis und Corpus vitreum unter Anwendung eines sog. Summenwerts (nach Traub) aus Glukose und Laktat (s. unten).

Glukose. Der stündliche Abbau im Liquor beträgt ca. 10–15 mg/dl, so dass in der Regel nach ca. 10–12 h 0 mg/dl erreicht sind. Die Geschwindigkeit der postmortalen Glykolyse ist u.a. abhängig von Temperatur und Liegezeit, bei Diabetikern gegenüber Nichtdiabetikern verlangsamt und wird durch Adipositas gefördert.

Wichtig

Eine isolierte Bewertung erhöhter Glukosewerte in Liquor oder Corpus vitreum (Normbereich ca. 50–90 mg/dl) erfordert Zurückhaltung, da zahlreiche Dysregulationen dasselbe Symptom zeigen können, wie z.B. CO-Intoxikation, akuter Herztod, Strangulation, protrahierte Agonie, Asphyxie, Pneumonien sowie Pankreatitis.

Laktat. Die postmortale Glykolyse produziert Laktat (Normalwert im Liquor ca. 9–18 mg/dl). Dessen Konzentration steigt um ca. 10–15 mg/dl/h bis zur 10. Stunde post mortem (hpm) an, danach stark variierend. Allerdings können auch Krankheiten Hyperlaktatämien auslösen, wie z.B. Tumoren, respiratorische Insuffizienz, schwere Entzündungen, ZNS-Affektionen, auch als alkoholinduzierte Laktatazidose bei Thiaminmangel (s. dort) und starke körperliche Belastungen.

Summenwert. Das kombinierte Rechenverfahren nach **Traub** (1969) gleicht die Entstehung von Laktat über eine Summenformel aus. Da aus einem Mol Glukose durch Glykolyse zwei Mole Laktat entstehen, kann eine Addition der Messwerte in mg/dl erfolgen. Ab einem Summenwert im Liquor von 362 mg/dl ist bei Ausschluss z.B. toxikologischer und morphologischer Alterationen ein tödliches Koma mit über 89 % wahrscheinlich. Der Summenwert ist bei Diabetes mellitus bis etwa zur 200. hpm unverändert. Bei nichtdiabetischen Todesursachen steigt er bis zur 30. hpm leicht an, um dann weitgehend konstant zu bleiben. Praktikabel ist eine Erhöhung des Liquorgrenzwertes auf 415–450 mg/dl, wobei diabetische Komata mittlere Summenwerte von etwa 500–600 mg/dl aufweisen.

Glaskörper. Ein Summenwert ist auch auf Glaskörperflüssigkeit anwendbar. Der Glukosespiegel beträgt etwa 50–85 % der Serumglukose. Postmortale Glukosewerte liegen mit großen Schwankungen bei 20 mg/dl für Nichtdiabetiker und bei ca. 90 mg/dl für Diabetiker. Da die Glykolyse langsamer als im Liquor abläuft, können noch bis zu 2 Tage post mortem (dpm) reguläre Glukosewerte vorliegen. Beim Coma diabeticum treten Glukosespiegel von etwa 300–950 mg/dl auf. Laktatspiegel liegen bereits intramortal bei ca. 80–160 mg/dl und um 210–260 mg/dl 20 hpm. Der Summen-Grenzwert beträgt ca. 410 mg/dl, oberhalb dessen – bei Fehlen konkurrierender Befunde – ein diabetisches Koma nahezu bewiesen sein soll (Anwendbarkeit bis zum 10. dpm).

Blutglukose. Der postmortale Blutglukosewert allein hat nur geringe Aussagekraft und auch nur in den beiden ersten hpm im Femoralvenenblut (Normalwert etwa 40–100 mg/dl). Demgegenüber können im Blut aus dem rechten Ventrikel durch Glykogenolyse in der Leber deutlich höhere Werte (bis 1.000 mg/dl) vorliegen. Postmortale Glykolyse (etwa 13 mg/dl/h) baut im Normalfall in etwa 6–8 Stunden die Blutglukose ab. Das Laktat steigt gegensinnig auf über 180 mg/dl nach einer Stunde und ca. 450–680 mg/dl nach 12–24 Stunden an. Vor allem eine postmortale Serum- und Substratdiffusion vom Gewebe in die Blutbahnen verhindert die Anwendbarkeit einer Summenformel (s. oben).

Hämoglobin A1c. Bei dem wichtigsten Parameter zur Grunddiagnostik ist nichtenzymatisch ein Molekül Glukose an das Hb-Molekül angelagert (stabile kovalente Bindung über eine labile Zwischenphase). Da die Reaktion zeit- und konzentrationsabhängig ist, dient das HbA_{1c} als Parameter zur Langzeitkontrolle der Diabetes-Einstellung (sog. Blutzuckergedächtnis). Werte von 6–8 % (bis max. etwa 10 %) entsprechen einer moderaten Einstellung, während höhere Spiegel auf einen schlechten Zustand hinweisen. Hyperglykämien erfordern für signifikante Anstiege mindestens 6–8 Stunden. Es besteht ein positiver Zusammenhang zwischen Summenwert und HbA_{1c}-Spiegel, d.h. regulär sind im Koma Summenwert und HbA_{1c} erhöht. HbA_{1c} ist Autolyse-resistent und in tiefgefrorenen und in kühl gelagerten Blutproben (+4 °C) nachweisbar. Lagerung bei +4 °C bis -80 °C über 18 Monate verursacht keine relevanten Konzentrationsänderungen. Der Spiegel ist unabhängig vom Gesamt-Hb (Relativ-Wert der Hb-Konzentration). Die HbA_{1c}-Mittelwerte liegen im Coma diabeticum über 12,1 %. Allerdings kann der untere Streubereich von Diabetesfällen – ähnlich wie beim Summenwert – mit oberen Streubereichen nichtdiabetischer Gruppen überlappen.

Ketokörper. Das ketoazidotische Koma ist durch eine Erhöhung der Ketokörper (Azeton, Azetoacetat, β-Hydroxybutyrat) charakterisiert. Die Bestimmung des freien Azetons erfolgt zusammen mit der Blutalkoholanalyse gaschromatographisch (Head-Space). Der Azetonspiegel ist weitgehend unabhängig vom postmortalen Intervall und differiert deutlich von dem nichtdiabetischer Todesursachen, insbesondere beim ketoazidotischen Coma diabeticum. Ab 5 mg/dl Azeton besteht – bei Ausschluss anderer Ursachen (s. unten) – Verdacht auf Diabetes. Im Koma können Spiegel über 100 mg/dl erreicht werden, wobei unter 200 mg/dl Blutglukose eine Ketose selten ist. Im ketoazidotischen Koma liegt das freie Azeton meist über 20–30 mg/l (mittlere Spiegel etwa 100–150 mg/l). Nichtdiabetische ketogene Faktoren sind u.a. Erkrankungen von Leber, Nieren, Schockzustände sowie protrahiertes Fasten.

Urin. Ein Uringlukosewert über 25 mg/dl kann auf einen Diabetes hinweisen. Im Coma diabeticum finden sich teilweise Spiegel von einigen 1.000 mg/dl, meist aber über 500 mg/dl. Ein Glukosenachweis im Urin hat für sich genommen aber nur geringen Beweiswert. Er ist relativ häufig und unspezifisch, z.B. bei Hirntraumen, Myokardinfarkt, Intoxikationen, Apoplexie und Leukämien. Auch kann trotz eines manifesten Diabetes mellitus durch diabetische Glomerulosklerose eine Glukosurie fehlen. Ketokörper bleiben länger als 24 hpm nachweisbar. Konzentrationen über 0,5 mg/dl bzw. 5 mg/l (freies Azeton) können auf eine ketoazidotische Entgleisung hinweisen. Allerdings ist ein positiver Test nicht beweisend für eine Ketonämie, da die Nieren eine hohe Clearance für Ketokörper besitzen.

Laktatazidose

Bei einer **Azidose** fällt die physiologische Wasserstoffionenkonzentration unter einen pH-Wert von 7,37–7,45 (Maß für die Säure-Basen-Balance). Rechtsmedizinisch bedeutsam sind vor allem sekundäre Effekte, wie z.B. Hyperkaliämie (s. unten), reduzierte Reaktivität auf Katecholamine und negativ inotrope Effekte auf das Herz. Starke Azidosen reduzieren die Durchblutung der Nieren bis zum akuten Versagen. Wegen Überschneidung mit der postmortalen Diabetesdiagnostik ist die Laktatazidose, d.h. ein exzessiver Milchsäureanstieg mit klinischer Symptomatik, besonders problematisch. Laktat fällt vermehrt bei Schockzuständen und Hypoxie an, bei schlechter peripherer Perfusion, Nierenversagen, Lebererkrankungen, Ethyl- und Methylalkoholaufnahme, Biguanidtherapie (Letalität über 50 %) oder bei schwerem Thiaminmangel. Eine besondere Risikogruppe für letale Laktat- und auch Ketoazidosen bilden chronische Alkoholiker bei oft leerem Obduktions- und Toxikologiebefund. So können nach einer akuten Alkoholisierung erhebliche Azetonämien (ca. 74–400 mg/l) auftreten, aber auch hohe Summenwerte im Bereich diabetischer Stoffwechselentgleisungen (ca. 294–594 mg/dl). Bei Ausschluss von Diabetes mellitus und anderer konkurrierender Mechanismen sind in solchen Fällen Ketoazidose bzw. Laktatazidose als Todesursache anzunehmen. Die Grenzwerte liegen für den Summenwert bei ca. 300–400 mg/dl, für Blutazeton bei ca. 90 mg/l und für HbA_{1c}-Werte um 6 %.

Hypoglykämie (endogen)

Im rechtsmedizinischen Untersuchungsgut sind letale endogene Hypoglykämien zwar selten, bergen jedoch erhebliche Diagnoseprobleme.

Definition

Klinisch besteht eine **Hypoglykämie** bei einem Blutglukosewert unter 40 mg/dl oder bei **Whipple-Trias** (Blutglukose unter 45 mg/dl, hypoglykämische Symptome mit Verschwinden unter Glukosegabe).

Zahlreiche Faktoren führen zur Nüchternhypoglykämie, wie z.B. Insulinome, schwere Lebererkrankungen, Urämie und Glykogenosen. Reaktive Hypoglykämien treten z.B. im Anfangsstadium eines Diabetes mellitus, bei Magenentleerungsstörungen oder Alkoholexzessen mit Nahrungskarenz auf.

Exogene Hypoglykämien / Exogener Hyperinsulinismus

Exogene Hypoglykämien treten am häufigsten bei Diabetes mellitus durch akzidentelle oder absichtliche Überdosierung von Sulfonylharnstoffen oder Insulin auf. Auch Interferenzen mit indirekt blutzuckersenkenden Pharmaka oder ungewohnte körperliche Belastungen können ursächlich sein. **Rechtsmedizinisch relevante Hypoglykämie-Formen** sind freilich die einer (relativen) Überdosierung von Insulin bzw. Sulfonylharnstoffen. Eine besondere Rolle spielt die sog. **Hypoglycaemia factitia** durch (nicht erforderliche) Insulininjektionen oder Einnahme oraler Antidiabetika im Rahmen eines sog. Borderline-Syndroms oder suizidal. Wichtigstes diagnostisches Kriterium ist ein von Mahlzeiten unabhängiges Auftreten. Betroffene sind häufig Angehörige der Heilberufe oder Verwandte von Diabetikern.

Postmortal-biochemische Diagnostik

Auch für Hypoglykämien kann die Summenformel angewendet werden. **Niedrige Summenwerte** in Liquor cerebrospinalis und Corpus vitreum (unter ca. 50–80 mg/dl bzw. 100–160 mg/dl) sprechen für eine Hypoglykämie, besonders bei hohen Insulin-Werten. Begleitend sollten daher eine Seruminsulinbestimmung und die Messung des C-Peptids erfolgen. Bei exogener Hypoglykämie durch Insulinzufuhr ist das C-Peptid stark erniedrigt. Bei Einnahme von Sulfonylharnstoffen steigen Insulin und C-Peptid an. Diabetiker zeigen oft hohe Blut-Insulin-Werte ohne Hypoglykämie-Hinweise. Eine postmortale **Insulinbestimmung** mittels RIA liefert im Femoralvenen- sowie Herzblut bei Stoffwechselgesunden dem Lebenden vergleichbare Werte. Allerdings kann eine postmortale Insulinfreisetzung im rechten Ventrikel zu erhöhten Konzentrationen führen. Sinnvoll kann der Nachweis einer Insulin-Überdosis durch Analysen an der Injektionsstelle sein. Wegen postmortaler Insulindiffusion sollten Insulinbestimmungen besser in Liquor cerebrospinalis/Corpus vitreum erfolgen.

4.15.2 Leberfunktionsstörungen

Hepatische(s) Enzephalopathie/Koma

Bei fortgeschrittener **Leberzirrhose** kommt es zur potentiell reversiblen **Leberinsuffizienz** durch Retention neurotoxischer Stoffe. Auslöser für die Verschlechterung mit evtl. letalem Leberkoma ist **vermehrte Ammoniakbildung** durch hohes enterales Eiweißangebot, z.B. durch Blutungen aus dem Magen-Darm-Trakt (Ösophagusvarizen), eiweißreiche Nahrung, fieberhafte Infekte oder Medikamente (wie z.B. Benzodiazepine, Analgetika). Endstadium ist ein Koma bis zum kompletten Leberversagen.

Akutes Leberversagen

Definition

Eine akute Leberinsuffizienz (Leberzerfallskoma) ist ein Organausfall **ohne chronische Leberkrankheit.**

Rechtsmedizinisch relevant ist die fulminante Verlaufsform (Dauer <1 Woche). Auslöser sind Virushepatitiden (65 %) und Toxine (30 %), wie z.B. Medikamente (Paracetamol), Chemikalien (Tetrachlorkohlenstoff) oder Pilze (Amanita phalloides). Daher sind **toxikologische Analysen** unverzichtbar. Tödliche Komplikationen sind u.a. **Hirnödem (80 %, häufigste Todesursache)**, Magen-Darm-Blutungen (50 %) sowie Hypoglykämien und Nierenversagen.

Postmortal-biochemische Analytik

Postmortal messbare Parameter des **Leberstoffwechsels** sind typische Enzyme (s. unten) sowie Gallenfarbstoff (Bilirubin). Die beim Leberversagen obligate Erhöhung des Serumbilirubinspiegels über 2 mg/dl bedingt einen Ikterus. **Postmortale Bilirubinwerte** entsprechen den antemortalen. Mit postmortaler Liegezeit steigen sie gering, aber stetig an (ca. 0,2 mg/dl nach 2 h und ca. 0,7 mg/dl nach 20 h). Zusätzlich sind meist **Leber-typische Enzyme (GPT, GOT und AP)** sowie **Ammoniak** in Blut und anderen Kompartimenten (Liquor cerebrospinalis, Corpus vitreum) erhöht.

4.15.3 Störungen der Nierenfunktion

Chronische Niereninsuffizienz

Definition

Eine **chronische Niereninsuffizienz** ist eine irreversible Verminderung der Nierenfunktion, z.B. durch Diabetes mellitus (Nephropathie, ca. 35 %), Hypertonie (ca. 25 %), chronische Entzündung (ca. 15 %) sowie Analgetikaabusus (ca. 1 %).

Rechtsmedizinisch relevant ist die präterminale Niereninsuffizienz (Kreatinin über 8 mg/dl) mit urämischen Symptomen bei **dekompensierter Retention.** Bei **terminaler Niereninsuffizienz** (Urämie; Kreatininwerte über 10 mg/dl) kann der Tod plötzlich eintreten, z.B. aufgrund von Störungen des Wasser-, Elektrolyt- und Säure-Basen-Haushalts (Natrium-Verluste vs. Kalium-Retention und Azidose). Im **terminalen Stadium** tritt oft eine Hyperhydratation mit Lungenödem und Blutungsneigung auf.

Akutes Nierenversagen (ANV)

Definition

Das akute Nierenversagen (akute Niereninsuffizienz) ist eine meist ***reversible Nierenminderfunktion*** mit erhöhten Retentionswerten (Harnstoff, Kreatinin; einziges Leitsymptom) und verläuft in 15 % der Fälle poly- oder normurisch.

Ohne Dialyse führt ein ANV meist zum Tod, der auch plötzlich eintreten kann. Es finden sich gelegentlich bilaterale **Nierenrindennekrosen.** Als Ursachen kommen u.a. Kreislaufstörungen, Toxine, Medikamente (Antirheumatika, Zytostatika, Antibiotika), Chemikalien (Glykole) und entzündliche Prozesse in Frage. Häufig letal sind z.B. Schocklunge, Herzinsuffizienz, Herzrhythmusstörungen und Hirnödem.

Postmortal-biochemische Meßgrößen

Laborchemisch imponieren beim chronischen und akuten Nierenversagen Erhöhungen von Harnstoff, Kreatinin sowie Elektrolytstörungen.

Kreatinin. Postmortal finden sich Kreatininanstiege auch in Liquor cerebrospinalis und Corpus vitreum. Die Kreatininkonzentration bleibt postmortal lange konstant. Bei Stoffwechselgesundheit betragen die Durchschnittswerte 8 hpm 1,6 mg/dl, 12 hpm 1–2 mg/dl und 24 hpm 3–4 mg/dl. Unter 2,5 mg/dl scheidet ein Nierenversagen aus, zwischen 2,5 und 4 mg/dl ist es möglich und über 4 mg/dl als primäre Todesursache anzusehen. Komplizierend treten auch bei fehlenden oder geringfügigen Nierenveränderungen hohe Kreatininwerte auf und umgekehrt Werte unter 4 mg/dl selbst bei massiven Nierenschäden.

Harnstoff. Bei Niereninsuffizienz ist das Verhältnis von Serum- zu Liquor-Harnstoff eng gekoppelt (Harnstoff-Spiegel im Liquor cerebrospinalis = etwa ¾ des Serumwertes). Allerdings treten unabhängig von der Todesursache durch agonale und postmortale Effekte sowohl reduzierte Harnstoff-Spiegel im Liquor als auch leichte Anstiege in Femoralvenenblut und Liquor gegenüber antemortalen Werten auf. Die Konzentrationsdifferenz zwischen Liquor und Blut steigt mit dem postmortalen Intervall und ist umso kleiner, je höher der intravitale Messwert ist. Postmortale „Normalwerte" für Herzblut: maximal 179 mg/dl – Mittelwert 102 mg/dl; Liquor maximal 197 mg/dl – Mittelwert 89 mg/dl. Demgegenüber liegen bei Urämie die Harnstoffwerte in Liquor und Herzblut in den ersten 13 hpm über 200 mg/dl.

Diagnose. Die größte Aussagekraft hat eine Kreatinin- und Harnstoffbestimmung in Herzblut (linker Ventrikel) und Liquor cerebrospinalis. Für eine kombinierte Beurteilung existieren folgende Bereiche:

- Harnstoff unter 100 mg/dl in Liquor/Herzblut, Kreatinin unter 2,5 mg/dl im Liquor, unter 3,5 mg/dl im Herzblut: Nierenversagen scheidet aus.
- Harnstoff 100–200 mg/dl in Liquor/Herzblut: Ein Nierenversagen kommt in Frage, falls zusätzlich ein Kreatinin-

wert von 2,5–4 mg/dl im Liquor oder von 3–4,5 mg/dl im Herzblut vorliegt.

- Harnstoff über 200 mg/dl in Liquor oder Herzblut: Ein Nierenversagen ist als primäre Todesursache anzunehmen, falls der Kreatininwert im Liquor über 4 mg/dl oder über 4,5 mg/dl im Herzblut liegt.

4.15.4 Alterationen von Wasser- und Elektrolythaushalt

Störungen der empfindlichen Regulation des Wasser- und Elektrolythaushaltes können kombiniert und isoliert einen unerwarteten Tod auslösen. **Isotone Dehydratation** führt zum extrazellulären Natrium- und Wasserverlust in adäquatem Verhältnis, z.B. bei akutem chronischen Nierenversagen, Erbrechen und Durchfall, Pankreatitis, Peritonitis sowie Verbrennungen. Bei **hypertoner Dehydratation** besteht ein Defizit an freiem Wasser, z.B. durch mangelnde Zufuhr oder Verluste über Haut (Schwitzen), Lungen (z.B. Hyperventilation bei Infektionen und Fieber) sowie Nieren (Coma diabeticum) und Magen-Darm-Trakt (Durchfall, Erbrechen). Eine ausgeprägte **Hypernatriämie** provoziert entsprechende Veränderungen im Liquor cerebrospinalis (osmotischer Gradient). **Chloridveränderungen** gehen meist denen des Natriums parallel.

Kalium. Alterationen des Kaliumhaushaltes können insbesondere über Störungen der Herzfunktion zum plötzlichen Tod führen. Eine **Hypokaliämie** (<3,6 mmol/l) basiert meist auf intestinalen (Durchfall, Erbrechen) oder renalen (Nephritiden, Nierenversagen) Verlusten. Auslöser von **Hyperkaliämien** (>5,0 mmol/l) sind akute und chronische Niereninsuffizienz (verminderte Kaliumausscheidung), daneben auch Azidosen, diabetisches Koma oder große Weichteilverletzungen und Verbrennungen. Problematisch sind Erregungsleitungsstörungen und Kammerflattern/-flimmern bis zur Asystolie (>6,5 mmol/l).

Natrium. Die extrazelluläre Natriumkonzentration ist viermal höher als intrazellulär. In der Agonie und postmortal resultiert ein extrazellulärer Natrium-Abfall bei Kalium-Anstieg (s. unten).

Kalzium. Die Homöostase des Kalziums beeinflusst wesentlich die neuromuskuläre Koppelung. **Hypokalzämie** (Gesamt-Ca <2,2 mmol/l, ionis. Ca <1,1 mmol/l) ruft u.a. Krämpfe sowie Erregungsbildungsstörungen hervor. Ursachen sind z.B. Pankreatitis, chronische Niereninsuffizienz und Alkoholismus. Auslöser einer **Hyperkalzämie** (Gesamtkalzium >2,7 mmol/l; ionis. Ca >1,3 mmol/l) sind meist chronische osteolytische oder endokrine Prozesse.

Postmortal-biochemische Diagnostik

Der postmortale Nachweis von **Wasser- und Elektrolytstörungen** wird durch diverse frühpostmortale Einflüsse behindert. Zudem können Blutkontaminationen des primär gut geeigneten Liquors das Prozedere zusätzlich erschweren.

Natrium. Für Natrium liegen – ohne Differenzierung nach Todesursachen – die postmortalen Werte in Liquor cerebrospinalis und Serum weitgehend im klinisch regulären Bereich, allerdings bei erheblicher Variationsbreite (ca. 123–205 mmol/l). Bei sinkender Konzentration in Liquor cerebrospinalis und Serum sind die Natrium-Spiegel im Corpus vitreum bis etwa 30 hpm relativ stabil, bei etwa linearem Abfall ab diesem Zeitpunkt. Werte unter 130 und über 155 mmol/l bei Erwachsenen (größere Streuung bei Kindern) weisen auf Hyper- oder Hyponatriämie hin.

Kalium. Kaliummessungen in postmortalen Blut- bzw. Serumproben sind wegen schnellen Anstiegs nicht sinnvoll. Im Liquor klettert das Kalium auf etwa das 7fache des Normalwertes (mit großen Variationsbreiten) innerhalb der ersten 10 hpm. Demgegenüber ist der Kaliumanstieg im Corpus vitreum recht regelmäßig und lässt während der ersten 12 hpm Rückschlüsse auf den Todeszeitpunkt zu. Eine krankheitsbedingte relevante Beeinflussung des Glaskörper-Kaliumgehalts tritt nur bei Leberinsuffizienz auf.

Chlorid. Analog dem Natrium sinken die Chloridkonzentrationen in Plasma und Liquor cerebrospinalis post mortem. Regelhafte Assoziationen zu Todesursachen und postmortalem Intervall bestehen nicht.

Kalzium. Die Serum-Kalziumkonzentration bleibt postmortal etwa 10 h stabil, steigt danach gering an. Im Liquor cerebrospinalis fällt sie hingegen gering ab. Der Kalziumspiegel von Glaskörperflüssigkeit ist stabiler und agonal und postmortal nur gering alteriert.

Wichtig

Bei der postmortalen Diagnostik von Elektrolyt- und Wasserhaushaltsstörungen dürfen mithin einzelne **Parameter nicht isoliert** beurteilt werden, sondern nur synoptisch auf der Basis des postmortalen Intervalls. Eine Diagnose an mehreren Substraten ist am ehesten realisierbar bei Elektrolytstörungen, die mit Erhöhungen einhergehen (z.B. Dehydratationen). Zu beachten sind die relativ weiten Streubereiche und die obligate Interpretation unter Einschluss aller morphologischen und toxikologischen Befunde neben einer möglichen Koinzidenz mit anderen Dysregulationen (u.a. Nieren- u. Glukosestoffwechsel).

4.15.5 Schlussbetrachtung

Primär autoptisch unklare Todesfälle können durch **humoral-chemische Untersuchungen** geklärt werden. So kann eine Analyse entsprechender postmortal-biochemischer Messgrößen, z.B. bei Lebererkrankungen, Niereninsuffizienz bzw. Urämie oder Elektrolytstörungen eine morphologische Diagnostik sinnvoll ergänzen.

Zur Diagnose eines tödlichen **Coma diabeticum** bieten morphologische Befunde nur Hinweise. Daher ist die Diagnose „Tod im Coma diabeticum“ stets eine **Synopse aus Anamnese, Makro- und Mikromorphologie sowie postmortaler Biochemie.** Bei verdächtiger Anamnese, äußerem Befund oder autoptischem Bild sollten **Liquor cerebrospinalis, Corpus vitreum, Blut und Urin** asserviert werden. Summenwert nach **Traub** und Hämoglobin A_{1c} sind vorrangig (im tödlichen Koma zumeist beide erhöht; über 415 mg/dl bzw. 12,1 %). Das freie Azeton liegt i.d.R. über 20–30 mg/dl und der Uringlukosespiegel höher als 500 mg/dl. Eine Verifikation erfordert kombinierte pathologische Messwerte aus mindestens drei Bereichen: z.B. hohen Summenwert, positiven HbA_{1c}-Wert und positiven Azetonwert oder erhöhten Summenwert und mehrere makro- und mikromorphologische Befunde. Unter forensischen Aspekten darf es sich nur um eine **Diagnose per exclusionem** handeln. Überlappungen zu anderen Todesursachengruppen sind gleichwohl typisch und nicht ungewöhnlich. So können z.B. akute Myokardinfarkte oder Lungenembolien einerseits Komplikationen eines Coma diabeticum sein, andererseits aber selbst einen Diabetes mellitus entgleisen lassen. Bei chronischen Vorschäden (z.B. stenosierende Koronarsklerose, Myokardnarben) hat eine Pathochemie entsprechend ihrer Extensivität umso höheres Gewicht. Das Summenwertverfahren kann auch zur Diagnose von Hypoglykämien eingesetzt werden.

Eine postmortal-biochemische Nierenfunktionsdiagnostik basiert besonders auf dem Harnstoffgehalt. Werte über 200 mg/dl sprechen für eine Niereninsuffizienz. Das Kreatinin wird postmortal kaum verändert. Die Bestimmung im Liquor cerebrospinalis ist die zuverlässigste. Ohne Nierenschäden sind in Blut und Liquor Werte unter 1,6 mg/dl typisch. Bei Leberinsuffizienz sollten ebenfalls die klinisch geläufigen Parameter geprüft werden.

Relativ aussagekräftig sind Kombinationen humoralbiochemischer Messwerte. Diese können auf chronische oder akute Krankheitszustände hinweisen, obwohl am Leichnam natürlich keine klinischen Diagnosen gestellt werden können. Besondere Relevanz hat in jedem Fall der **Ausschluss konkurrierender Mechanismen**. Eine Todesursachendiagnose ist unter Einschluss von Anamnese, Makro- und Mikromorphologie sowie postmortaler Biochemie und Toxikologie daher stets per exclusionem zu stellen.

4.16 Plötzlicher Kindstod

K.-S. Saternus

Zusammenfassung

In seiner Ätiologie ist der Plötzliche Kindstod (sudden infant death) nur unzureichend geklärt. Jede Theorie des SID muss die Alters- und Geschlechtsverteilung, die saisonale Häufung und insbesondere den Befund des stillen Todes während des Schlafs des Säuglings erklären können. Unter den bisher weit über 100 theoretischen Ansätzen gewinnt aufgrund tierexperimenteller Daten und klinischer Beobachtung die Sicht zunehmende Plausibilität, dass der Plötzliche Kindstod Folge einer durch Hypoxie induzierten Änderung des Atemtyps mit Aktivierung der Schnappatmung ist. Unterschiedlich gewichtete exogene und endogene Faktoren greifen direkt oder mittelbar in die Modulation der Atmung ein, andere beeinflussen die beim Säugling altersabhängige Höhe der physiologischen Hypoxietoleranz.

Definition

(Definition: Internationaler Kongress Stavanger, 1994): Plötzlicher Tod im Säuglingsalter, der nach Überprüfung der Vorgeschichte, Untersuchung der Todesumstände und den Ergebnissen der Obduktion ungeklärt bleibt. Dabei wird die Obduktion weitgefasst mit histologischen, neuropathologischen, bakteriologisch-virologisch-mykologischen und chemisch-toxikologisch-immunologischen Untersuchungen. Dieses schließt Toxinneutralisation und ggf. molekulargenetische Analysen ein. Es hat sich als brauchbar erwiesen, nicht nach einem Alles-oder-Nichts-Gesetz zu klassifizieren, sondern Gruppen zu bilden:
- keine wesentlichen Befunde,
- Begleitbefunde und
- klinisch bedeutsame Befunde.

Historie

SID ist der unvorhersehbare natürliche Tod eines Säuglings. Allerdings geht er als Folge der Schnappatmung morphologisch mit petechialen Blutungen in Pleura, Perikard und Thymuskapsel einher. Zur Schnappatmung kommt es jedoch auch unter gänzlich anderen Bedingungen, nämlich in der Endphase des mechanischen Erstickens. Auf Grund falscher spezifischer Zuordnung dieser petechialen Blutungen als Erstickungszeichen sind früher die betroffenen Eltern nicht selten rechtlich konfrontiert und belastet worden. Bereits die Frage, warum sie denn das Ersticken ihres Kindes nicht bemerkt hätten, führte zu einer massiven Verstärkung des zentralen Vorwurfs, den Eltern zu Unrecht gegen sich erhoben haben und heute noch hegen.

Wichtig

SID ist kein mechanisches Ersticken, entsprechend werden die Erstickungsphasen nicht durchlaufen!

Die moderne Rechtsmedizin hat sich nachhaltig um die „Entkriminalisierung" des Plötzlichen Kindstods bemüht. Eine Grauzone zwischen SID als natürlichem Tod und dem nichtnatürlichen Tod gibt es nicht. Die Obduktion ist dabei Basis der Schuldentlastung und damit eines Hilfsangebotes für die betroffenen Eltern. Dieses wird übereinstimmend sowohl von den Eltern (GEPS = Gemeinsame Elterninitiative nach plötzlichem Säuglingstod) als auch von ärztlicher Seite betont.

Epidemiologie

Die Inzidenz für SID liegt z.Z. in Deutschland bei 0,5‰. Das bedeutet für die Nachsterblichkeit (7. Lebenstag bis Ende des 1. Lebensjahres), dass SID die häufigste Todesursache ist. Die Definition für die Nachsterblichkeit grenzt SID zeitlich nicht ein. Vielmehr tritt der Plötzliche Kindstod sowohl vor dem 7. Lebenstag, als auch jenseits des 1. Lebensjahrs auf. Das Häufigkeitsmaximum liegt zwischen dem 2. und 6. Lebensmonat, wobei es um den 10. Monat noch einmal zu einer – allerdings leichten – Zunahme kommt.

SID tritt während des Schlafs ein. Es bestehen eine saisonale Häufung in Spätherbst und Winter, eine Abhängigkeit von Infektwellen und eine Übersterblichkeit von Jungen gegenüber Mädchen (etwa 3:2). Daneben liegt ein breites Bündel an Belastungsfaktoren mit unterschiedlichen Wirkprinzipien vor (► s. Tabelle 4.5–4.9).

Ätiologie

Jede Belastung ausreichender Größe führt letztlich zur Dekompensation. Das heißt, dass jedes Regulationssystem mono- oder auch multifaktoriell akut oder durch längere Beanspruchung destabilisiert werden kann. Je breiter auf der anderen Seite die Kompensationsmöglichkeiten des Säuglings sind, desto stabiler ist dieser in kritischen Situationen. Die somit ungünstigste Konstellation ist damit bei geringer Kompensationsbreite und hoher Zahl an wirksamen Belastungsfaktoren gegeben. Das ist aber kein Spezifikum des Säuglings.

Als eine für SID zentrale Schaltstelle wird die Atemregulation angesehen. Bei Ausschluss anderer Faktoren mit fassbarer Klinik, Morphologie oder Chemie kämen für das Akutphänomen SID sonst nur Störungen der zentralen oder peripheren Kreislaufregulation in Frage. Dieses dürfte vereinzelt auch so sein. Beispiele wären Rhythmusstörungen wie das long QT-Syndrom oder metabolische Störungen der Fettsäureoxidation, hoch akut verlaufende virale oder bakterielle Infekte (Staphylokokken, Streptokokken) mit Schockfolgen durch Superantigen oder Toxinwirkungen (Clostridium botulinum).

Major transformation

Von zahlreichen Autoren wurde daraufhin gewiesen, dass SID zeitlich bevorzugt in der Phase physiologischer Umstellung fetaler auf adulte Strukturen und Relationen auftrete. Dieser Bezug kann verständlich machen, warum nicht in der Postnatalphase auf Grund der Unreife, sondern im Alter zwischen dem 2. und 6. Lebensmonat die höchste Gefährdung für SID besteht. Von Major-Transformation wird speziell für die Umstrukturierung der neuronalen Strukturen gesprochen. Die Veränderungen gehen jedoch darüber hinaus, betreffen, um einige Beispiele zu nennen, den Ersatz von Hb_F durch Hb_A; sind erkennbar an Körpermaßindizes wie Lungenoberfläche, Blutvolumen, aber auch an der Neigung des Dens axis und der Spinalkanalweite, dem Abklingen der mütterlichen Leihimmunität und der Änderung der Darmflora. Eine strukturelle Änderung in dieser Lebensphase ist es für das Kind, dass es als Neuerwerb die Atmung durch aktives Greifen modulieren kann, d.h. beim Vorgang des Zugreifens unterdrückt. Bei der Major-Transformation besteht wie für alle Wachstumsparameter eine Varianz für die Zeit der Ausprägung. Vor diesem Hintergrund ist die Beobachtung betroffener Eltern erwähnenswert, die in Betreuungsgesprächen häufig an konkreten Parametern zwischen ihrem gestorbenen Kind und dessen älteren Geschwistern vergleichend festgestellt haben, dass das gestorbene eine besonders schnelle Entwicklung durchgemacht habe. Was das ggf. auf der zellulären Ebene für die Atemregulation bedeutet, ist noch unklar.

Hypoxie-induzierte Atemrhythmusänderung

In den neuronalen Zellen der Atemregulierung spielen die spannungsabhängigen Kalziumkanäle sowohl bei der normalen Generierung des Atemrhythmus, als auch unter Hypoxie eine besondere Rolle. Die Regulierung der Kalziumkanäle erfolgt ATP-abhängig, wobei eine Dephosphorylierung zur Hemmung führt. Die Phosphorylierung von Kanalproteinen verläuft in einer Kaskade über die Proteinkinase A. Deren Synthese regulieren hemmend G-Proteine. Es findet also eine abgestufte Modulation der Kalziumkanalspannung statt, wobei die Blockierung zum Atemstillstand, massiver Kalziumeinstrom dagegen zum Zelltod führt. Unter Hypoxie wird eine Reihe von Neuromodulatoren (z.B. Endorphine, GABA und Adenosin) ausgeschüttet, die ihrerseits die G-Proteine aktivieren, also zur mittelbaren Hemmung der Proteinkinase A führen. Zahlreiche weitere Modulatoren greifen bei der Rhythmuserzeugung in die Feinabstufung zwischen synaptischer Hemmung und intrinsischen Membraneigenschaften ein. Das gilt zumal für Prostaglandine und Zytokine als Entzündungsparameter. Auch der gastroösophageale Reflux kann über Chemorezeptoren bis zur Apnoe wirksam werden. Dabei haben physiologische Untersuchungen einen Effekt des Schlafs auf Empfindlichkeit und Schwellenwert dieser Rezeptoren gezeigt. Erwähnenswert sind in diesem Zusammenhang ältere morphologische Untersuchungen, wonach bei SID im Glomus caroticum sogar häufig regressive Veränderungen nachzuweisen waren. Intensiv untersucht wurden auch die pCO_2-Rezeptoren, deren Empfindlichkeit speziell bei SID in Richtung Augmentation gemindert war.

Augmentation und Schnappatmung

Unter Hypoxie wandelt sich der reguläre triphasische Atemtyp in eine biphasische Form. Dabei wird die erste Phase mit einer verkürzten, aktiven Exspiration, Erhöhung der Atemfrequenz und erhöhter Amplitude der Phrenikusaktivität Augmentation genannt. Sie ist beim Säugling wenig ausgeprägt.

Die zweite Phase ist die Depression mit einem Abfall der Atemfrequenz sowie der Phrenikusaktivität. Dieser biphasische Typ ist ebenso wie der Atemstillstand (Apnoe), der nach einem Übergang mit Atemunregelmäßigkeiten unter erhöhter Inspiration eintritt, nicht zwangsläufig der Endweg zum Zelltod. Selbst die Apnoe ist eine physiologische Reaktion, bei der die Atmung aktiv ausgeschaltet wird, wie gezeigt (s. oben), offensichtlich auch über die Kalziumkanäle. Hypoxie löst in der Apnoephase eine Schnappatmung aus, möglicherweise unter Aktivierung eines eigenen Netzes dafür. Es handelt sich um einen Atemtyp, der schnell und abrupt einsetzt mit langen Pausen. Durch Augmentation, Apnoe und Schnappatmung spart die Zelle metabolische Energie; diese Atemtypen sind dann reversibel, wenn sich das Sauerstoffangebot normalisiert hat. Auch wenn einige Autoren nicht nur die Augmentation, sondern auch die Schnappatmung beim frühen Säugling als wenig deutlich ansehen, so sprechen doch die petechialen Blutungen in den serösen Häuten der Brustorgane bei SID für erhebliche intrathorakale Druckschwankungen und damit doch für ein Durchlaufen der Schnappatmung. Für den Säugling ist in einer solchen kritischen Situation seine Kompensationsbreite entscheidend für den Ausgang, ob nämlich die Zeit zur Rekonfiguration des Netzwerks der Normalatmung reicht oder nicht. Säuglinge vom fetalen Typ besitzen eine große Hypoxietoleranz. Mit der Major-Transformation sind jedoch neuronale Umstrukturierungen verbunden, die eine Änderung im Antwortverhalten auf Sauerstoffmangel nach sich ziehen. Zudem nehmen auf die Rhythmuserzeugung der Atmung unter der Wechselwirkung aus synaptischer Hemmung und intrinsischen Membraneigenschaften auch zahlreiche inkonstante Atemmodulatoren und Stellgrößen Einfluss. Entsprechend sind unter den verschiedensten Konstellationen Fehlregulationen der Atmung nahe liegend, die über Hypoxie in die Depression laufen. Ein Einfluss des Schlaf-Wach-Rhythmus als Regelgröße ergibt sich dabei aus epidemiologischen Daten, gleichfalls der bereits banaler Infekte, wobei Zytokine, Prostaglandine und Endotheline als Atemmodulatoren auch an den Kalziumkanälen respiratorischer Neurone angreifen.

Mütterliche und kindliche Belastungsfaktoren bei SID

Betrachtet man vor dem Hintergrund der Major-Transformation die vielfältigen intrinsischen Faktoren, nutritive, umweltbedingte – insbesondere Infekte und Stress, aber auch thermische und mechanische Einflüsse –, dann bietet sich eine Vielfalt an Faktoren an, die eine Ausschüttung von Neuromodulatoren beeinflussen und einen hypoxiebedingten Atemstillstand nach sich ziehen könnte. Alles, was die Robustheit des Säuglings erhöht, wäre in dieser Hinsicht protektiv. Ein extrahierter Faktor ist dabei das Stillen, dagegen mindern viele die Kompensationsbreite. Diese Belastungsfaktoren sind, von der Schwangerschaft ausgehend, in den ◘ Tabellen 4.5–4.9 zusammengestellt.

◘ Tabelle 4.5. Belastungsfaktoren: Mutter und Schwangerschaft

a) < 19 Jahre und > 40 Jahre
b) Vielgebärende
c) körperliche und seelische Extrembelastung
d) extreme Gewichtsab- oder -zunahme
e) hoher Alkohol-, Nikotin-, Koffein-, Teinabusus
f) Drogenabhängigkeit
g) morphologisch gesicherte Plazentafunktionsstörung

◘ Tabelle 4.6. Belastungsfaktoren Kind: Minderung der Kompensationsbreiten

a) Plazentafunktionsstörung (s. Tabelle 4.5f)
b) Frühgeburtlichkeit (s. Tabelle 4.5d)
c) Geburtsgewicht < 2.000 g, Mehrlinge < 1.500 g (s. Tabelle 4.5d, f)
d) Atemnotsyndrom oder Bronchopulmonale Dysplasie
e) small for date (s. Tabelle 4.5e)
f) Entwicklungsverschiebung
g) mechanische Atemhindernisse auch temporäre (Infekt, Ödem, Sekret)
h) primäre oder lagebedingte Enge des Spinalkanals
i) relevante Kaliberdifferenzen A. vertebralis

◘ Tabelle 4.7. Belastungsfaktoren Kind: Atemregulation

a) passagere Hypoxie
b) Major transformation (Variabilität, s. Tabelle 4.6f)
c) Infekte
a) obstruktive Apnoen
b) zentrale Apnoen
d) Koffein, Nikotin, Tein, Drogen
a) Stimulation
b) Depression
e) Stress

◘ Tabelle 4.8. Belastungsfaktoren Kind: Handhabung

a) Wohnlage
b) Schlaflage (Bauch, Kängurubeutel)
c) Ernährung und Nahrungsbereitung
d) Wärmebelastung/-stau (s. Tabelle 4.7 und Tabelle 4.9), co-sleeping
e) Rückatmung, Bedeckung
f) Rhythmisierungsprobleme
g) Trinkdauer (Trinkschwäche)
h) unphysiologische Beanspruchung Kopfgelenke

Spezielle Belastungsfaktoren

Infekte. Schwere virale oder bakterielle Infekte mit einem zum Tode führenden Krankheitsverlauf werden nicht unter SID subsumiert, sondern unter der speziellen Grundkrankheit (s. Definition). Auch für virale oder bakterielle Schockfolgen durch Superantigene gilt dasselbe. Häufig sind jedoch bei SID Infektbelastungen unterschiedlicher Schwere, die den Todeseintritt von ihrem eigenen Gewicht her weder klinisch noch histologisch erklären. Hier dürfte von einem Triggereffekt einmal über zentrale Wirkungen von Atemmodulatoren (Zytokine, Endotheline, Prostaglandine, Adenosin), aber auch von einer peripheren Wirkung (z.B. über eine Begleitmyokarditis; Blockierung der motorischen Endplatte bei Botulismus) auszugehen sein. Bereits die lokale Verschwellung der Choanen kann nach systematischen Untersuchungen bei banalen Infekten der Atemwege zu eindrucksvollen ödematösen Verschwellungen führen, darüber zu passageren Trinkschwierigkeiten und Schlafstörungen, zumal viele Säuglinge in ihrer frühen Zeit reine Nasenatmer sind.

Drogen und Genussmittel. Alkohol und Nikotin führen bekanntlich intrauterin zur Retardierung des Kindes (small for date). In die Atemregulation greifen Noxen wie Nikotin, Koffein

Tabelle 4.9. Belastungsfaktoren Kind: Infekte

a) Dehydratation (Magen-Darm-Infekt)
b) Apnoen (s. Tabelle 4.7)
c) Schock (Superantigene Streptokokken, Staphylokokken)
d) Begleitmyokarditis
e) Toxinwirkung (Clostridium botulinum)
f) kritische Temperaturen (s. Tabelle 4.8)

und spezifische Pharmaka sowie Drogen mittelbar bereits vorgeburtlich, später unmittelbar ein. Kokain, als das stärkste bekannte vegetative Stimulanzmittel, wird wie andere atemstimulierende Moleküle an Rezeptoren respiratorischer Neurone wirksam. Ein Umsetzen der Ernährung von der mit Atemstimulantien versetzten Muttermilch, also auch Koffein oder Nikotin, auf wirkstofffreie Kuhmilch kann nicht ohne Effekt am Rezeptor sein. Es resultiert also eine Atemdepression durch Absetzen. Andere Pharmaka oder Opiate wirken direkt atemdepressiv.

Bauchlage. Im REM-Schlaf kommt es zur tonischen Hemmung der spinalen Motoneurone, mit dem Effekt einer vollkommenen Erschlaffung der Skelettmuskulatur. Vielfältige Wechselwirkungen resultieren daraus. Betrachtet werden soll dazu die Bauchlage des Säuglings unter der A.-vertebralis-Theorie als Risikofaktor für SID. Tonusverlust der Nackenmuskulatur bedeutet bei gleich bleibendem Aufliegedruck des Kopfs eine Zunahme der Rotation und je nach Ausgangslage auch der Reklination. Bei langgeformtem Hinterhaupt besteht auch in der Rückenlage ein langer Hebelarm mit entsprechender Verstärkung der Rotation in dieser Schlafphase. Rotation/Reklination führen rein mechanisch in Höhe der Atlasschleife der gegenseitigen, also kontralateralen A. vertebralis zur Einengung des Gefäßlumens mit z.T. erheblicher Flussminderung, sogar bis zum Stopp. Diese Situation ist dann für den Säugling ungünstig, wenn er seinen Kopf zur kontralateralen Seite der kaliberstärkeren A. vertebralis rotiert hat, weil dann zur Kompensation das geringer dimensionierte Gefäß bleibt. Kaliberdifferenzen nennenswerten Ausmaßes sind bereits beim Säugling häufig. Dopplersonographische Flussmessungen unter Lagevariation im Schlaf haben gezeigt, dass diese Makroflussbehinderung in der A. vertebralis durch einen systolischen Blutdruckanstieg kompensiert wird.

Die Bauchlage ist nicht selten mit anderen Extremlagen verbunden, wobei die Kinder oft auch unter der Bettdecke liegen. Dabei stellt sich einmal die Frage der CO_2-Rückatmung mit einer Wirkung über die Chemorezeptoren. Zum anderen können Befreiungsversuche unter der Bettdecke oder auch bei einer Fixierung des Kopfs in einer Ecke des Kinderbetts zu mechanischen Irritationen der Kopfgelenke führen. Das zieht Afferenzen aus den Gelenkkapseln der C0/2-Region mit oft starken vegetativen Reaktionen nach sich, darunter Apnoen und Bradykardien. Hier schließen sich also verschiedene Funktionskreise mit Rückwirkung auf die Atemmodulation.

Literatur

zu Kap. 4.1–4.14

Akhtar M, Myerburg RJ, Ruskin JN (eds) (1994) Sudden cardiac death. Prevalence, mechanics, and approaches to diagnosis and management. Williams & Wilkins, Philadelphia Baltimore Hong Kong London Munich Sydney Tokyo

Basso C, Calabrese F, Corrado D, Thiene G (2001) Post mortem diagnosis in sudden cardiac death victims: macroscopic, microscopic and molecular findings. Cardiovasc Res 50: 290–300

Berg S (Hrsg) (1992) Unerwartete Todesfälle in Klinik und Praxis. Springer, Berlin Heidelberg New York Tokio

Berzlanovich A, Muhm M, Bauer G (2000) Cases of fulminating pulmonary embolism among autopsies performed at the Vienna Institute of Forensic Medicine (1983–92). Arch Intern Med 160: 1.530–1.535

Brinkmann B, Püschel K (1991) Definition natürlicher, unnatürlicher, unklarer Tod. Todesursachenklärung. Derzeitige Praxis. Med R 9 (5) 233–238

Gillner E, Lignitz E (1975) Der plötzliche Tod aus natürlicher Ursache. In: Prokop O, Göhler W (Hrsg) Forensische Medizin, 3. Aufl. Volk und Gesundheit, Berlin, S. 85–102

Janssen W (1984) Forensic histopathology. Springer, Berlin Heidelberg New York Tokyo

Janssen W, Naeve W (1975) Der plötzliche Tod aus natürlicher Ursache. In: Mueller B (Hrsg) Gerichtliche Medizin, Bd 1. 2. Aufl. Springer, Berlin Heidelberg New York, S. 248–304

Knight B (1996) Forensic pathology, 2nd ed. The pathology of Sudden Death. Arnold, London Sydney Auckland, Ch 25, pp 487–515

Ortmann C, Pfeiffer H, Brinkmann B (2000) A comparative study on the immunohistochemical detection of early myocardial damage. Int J Legal Med 113 (4) 215–220

Tsokos M, Heinemann A, Matschke J, Püschel K (1999) Decubitalulcera im Umfeld der Sterbephase: Aspekte der forensischen Beweisführung hinsichtlich der Todesursächlichkeit unter besonderer Berücksichtigung der postmortalen Sepsisdiagnostik. Rechtsmedizin 9 (Suppl I) A61

Zack F, Wegener R (1994) Zur Problematik der Diagnose „rhythmogener Herztod" durch histologische Untersuchungen des Erregungsbildungs- und -leitungssystems. Rechtsmedizin 5: 1–5

zu Kap. 4.15

Ciba-Tabellen (1996) Geigy, Basel

Coe JI (1993) Post mortem chemistry update. Emphasis on forensic application. Am J Forensic Med Pathol 14: 91–117

DiMaio VJM, Sturner WQ, Coe JI (1977) Sudden and unexpected deaths after the acute onset of diabetes mellitus. J Forensic Sci 22: 147–151

Friedrich G (1986) Forensische postmortale Biochemie. In: Forster B (Hrsg) Praxis der Rechtsmedizin. Thieme, Stuttgart New York

Kernbach G, Brinkmann B (1983) Postmortale Pathochemie für die Feststellung der Todesursache „Coma diabeticum". Pathologe 4: 235–240

Kernbach G, Püschel K, Brinkmann B (1986) Die biochemischen Messgrößen des Glucosestoffwechsels in Abhängigkeit von der Todesart und postmortalen Einflüssen. Z Rechtsmed 96: 199–213

Kernbach-Wighton G, Püschel K (1998) On the phenomenology of lethal applications of insulin. Forensic Sci Int 93: 61–73

Madea B (1996) Postmortale Diagnostik von Störungen des Wasser- und Elektrolythaushaltes. Rechtsmedizin 6: 141–146

Sippel H, Möttönen M (1982) Combined glucose and lactate values in vitreous humour for post mortem diagnosis of diabetes mellitus. Forensic Sci Int 19: 217–222

Traub F (1969) Methode zur Erkennung von tödlichen Zuckerstoffwechselstörungen an der Leiche (Diabetes mellitus und Hypoglykämie). Zbl Allg Path 112: 390–399

zu Kap. 4.16

Althoff H (1986) Der plötzliche Kindstod. In: Forster B (Hrsg) Praxis der Rechtsmedizin. Thieme, Stuttgart, S. 62–75

Beal SM (2001) The rise and fall several theories. In: Byard RW, Krous HF (Eds) Sudden Infant Death Syndrome, Arnold, London, S. 236–242

Koch LE, Biedermann H, Saternus KS (1998) High cervical stress and apnoea. Forensic Sci Int 97: 1–9

Oehmichen M, Theuerkauf I, Bajanowski T, Merz H, Meissner C (1998) Enhanced reactivity of Alz-50 antibody in brains of sudden infant death syndrome versus brains with lethal hypoxic/ischemic injury. Acta Neuropathol (Berl) 95: 280–286

Prechtl HFR (1984) Continuity of neural functions from prenatal to postnatal life. Clin Dev Med 94. Blackwell Scientific Publications

Ramirez JM (1998) Die zentralnervöse Kontrolle der Atmung: Neue Einblicke und experimentelle Ansätze mit Implikationen für die Untersuchung des plötzlichen Kindstods. In: Saternus KS, Karimow S (Hrsg) Säuglingssterblichkeit. Plötzlicher Kindstod (SID). Research in Legal Medicine Vol 18, Schmidt-Römhild, Lübeck, S. 63–65

Richter DW, Ballanyi K, Ramirez JM (1997) Respiratory rhythm generation. In: Miller AD, Bianchi AL, Bishop BP (eds) Neural control of the Respiratory Muscles. CRC Press, New York, pp 119–131

Rognum TO (ed) (1995) Sudden Infant Death Syndrome. New Trends in the Nineties. Scandinavian University Press, Oslo

Saternus KS, Adam G (1985) Der Plötzliche Säuglingstod. Postmortale Flussmessungen an den großen Halsgefäßen zum Nachweis der lageabhängigen zerebralen Hypoxämie. Dtsch Med Wschr 110: 297–303

Sperl W (2000) Der plötzliche Säuglingstod und Stoffwechselstörungen. In: Kurz R, Kenner T, Poets C (Hrsg) Der Plötzliche Säuglingstod. Springer, Wien New York, S. 99–105

Wilske J (1984) Der plötzliche Säuglingstod (SIDS). Morphologische Abgrenzungen, Pathomechanismus und Folgerungen für die Praxis. Springer, Berlin Heidelberg New York Tokio

5 Klinische Rechtsmedizin und forensisch-klinische Untersuchungen

Einleitung

Halswirbelsäulen-Schleudertrauma

Vorgeschichte: Ein 52 Jahre alt gewordener Mann befuhr mit seinem Pkw eine innerörtliche Durchgangsstraße. Als er eine Vollbremsung durchführen musste, da ein entgegenkommendes Fahrzeug eine Kurve schnitt und auf seine Fahrspur geriet, prallte der hinter ihm fahrende Pkw frontal auf das Heck seines Fahrzeuges. Der Mann begab sich am Folgetag zu einem Chirurgen und klagte über Kopfschmerzen, die vom Nacken in die Stirn zogen, sowie Schmerzen im Nacken und den Schulterhauben.

Untersuchungsergebnis: Bei der körperlichen Untersuchung wurden ausgeprägte Myogelosen im Bereich des Nackens paravertebral beidseits zwischen C7 und der Hinterhauptsschuppe, ein Muskelhartspann in beiden Schulterhauben und eine mittelgradige Bewegungseinschränkung in allen Ebenen mit einem Kinn-Brustbein-Abstand von 4 Querfingern festgestellt. Bei der röntgenologischen Untersuchung der Halswirbelsäule in 4 Ebenen und einem CT zeigten sich eine Osteochondrose und eine Spondylarthrose mit Einengung der Foramina intervertebralia beidseits im Segment C5/C6; akute knöcherne Verletzungsfolgen waren jedoch nicht nachzuweisen. Auch neurologisch ergaben sich keine Traumafolgen. Die verkehrssachverständige Rekonstruktion des Unfallgeschehens unter Berücksichtigung der verkehrspolizeilichen Ermittlungsakte und der Schäden am Fahrzeug erbrachte eine maximale anstoßbedingte Geschwindigkeitsänderung des Pkws von 7 km/h, eine mittlere Fahrzeugbeschleunigung von ca. 2 g und eine maximale Oberkörperbeschleunigung von ca. 3,8 g.

- ▶ Liegt eine zivilrechtlich entschädigungspflichtige unfallbedingte Halswirbelsäulen-Distorsion vor?

Befunddokumentation bei Gewalt gegen den Hals

Vorgeschichte: Eine 26 Jahre alt gewordene Frau wollte sich von ihrem gewalttätigen Freund, der sie wiederholt misshandelt hatte, trennen. Er nahm sie daraufhin mit in einen Wald, legte ihr zirkulär ein Abschleppseil um den Hals, warf das freie Ende über einen Baumast und fragte, ob sie sich von ihm trennen wolle. Als sie dies bejahte, zog er am Seil, so dass sie in eine Suspensionssituation geriet, ließ sie jedoch schnell wieder zu Boden. Als sie seine erneute Frage, ob sie sich von ihm trennen wolle, wiederum bejahte, brachte er sie für längere Zeit in eine Suspensionssituation. Wieder zu Boden gelassen stellte er fest, dass seine Freundin atonisch und bewusstlos war, er stellte keine Lebenszeichen mehr fest, hielt sie für tot, ließ sie im Wald liegen und begab sich nach Hause.

Die junge Frau kam nach einiger Zeit wieder zu sich, war fest entschlossen, gegen ihren Freund Anzeige zu erstatten, begab sich jedoch zuvor zu einem Arzt, um sich untersuchen zu lassen.

Untersuchungsergebnis: Bei der Untersuchung seien angeblich keine Verletzungen festgestellt worden, die auf eine Halskompression hindeuten, auf Stauungsblutungen wurde nicht geachtet. Bei der Polizei angefertigte Polaroidaufnahmen der linken Halsseitenregion dokumentierten demgegenüber strichförmig zum Nacken leicht ansteigende Hautschürfungen, teilweise mit streifigen Schorfanhaftungen, die den von der jungen Frau angegebenen Hergang zu substantiieren geeignet waren. Der falsch negative Untersuchungsbefund des niedergelassenen Arztes hätte zur strafrechtlichen Verfolgung des Freundes nicht ausgereicht.

- ▶ Bei ärztlicher Untersuchung nach Gewalteinwirkungen Dokumentation auch minimaler Befunde, da diese rekonstruktiv von ausschlaggebender Bedeutung sein können.

Schütteltrauma („shaken baby syndrome")

Vorgeschichte: Der 9 Wochen alt gewordene Säugling A wurde nachmittags, nachdem er morgens noch von der Mutter versorgt worden war, vom Vater „ohnmächtig" angetroffen. Der daraufhin verständigte Notarzt fand das Kind zyanotisch, bradykard und mit Atemstillstand vor. Nach medikamentöser Reanimation, Beatmung und Herzdruckmassage seien regelmäßige Herzaktionen nachweisbar gewesen. In der Kinderklinik seien folgende Aufnahmebefunde festgestellt worden: symmetrische Hautunterblutungen an den oberen Außen- und Innenseiten beider Ohrmuscheln sowie beider Unterkieferwinkel; Einblutungen des Augenhintergrundes. Vorgewölbte und deutliche gespannte Fontanelle, Pupillen weit und entrundet, ohne Lichtreaktion, keine Spontanatmung und -motorik. Computertomographisch wurden ein subdurales Hämatom auf dem Tentorium und entlang der Falx sowie als Scherverletzungen interpretierte Blutspiegel in beiden Ventrikelhinterhörnern diagnostiziert, daneben in der hinteren Schädelgrube zum Teil mit Blut gefüllte basale Zisternen. Von den Kinderärzten wurden die Diagnose eines Schütteltraumas gestellt und nach der Hirntodfeststellung (5 Tage nach Krankenhausaufnahme) die Staatsanwaltschaft informiert.

Sektionsergebnis: Wenig intensive rotbläuliche Hautunterblutungen beider Ohrmuscheln im oberen vorderen Anteil. Deutliche Verbreiterung der Knochennähte zwischen den Schädelschuppen. Deutlich gespannte Fontanellen. Breiig-flüssige Erweichung des Hirngewebes. Filmartige dünnflüssige subdurale Blutungen beider hinterer Schädelgruben sowie der linken mittleren Schädelgrube. Ausgeprägte frische subdurale Blutung im Bereich der Falx cerebri beidseits, über dem linken Stirnhirn sowie in geringerem Ausmaß auch über anderen Gehirnabschnitten. Frische Subarachnoidalblutung im Bereich des Interhemisphärenspaltes. Generalisierte sauerstoffmangelbedingte Schädigung des Gehirns. Guter Ernährungs- und Pflegezustand. Offenes Foramen ovale.

Todesursache: intravitaler Hirntod bei subduraler und subarachnoidaler Blutung und Hirndruck.

Klinische, neuroradiologische und morphologische Befunde beweisen bei Ausschluss anderer Ursachen für die subdurale bzw.

subarachnoidale Blutung das Vorliegen eines Schütteltraumas. Der Vater gab schließlich an, das Kind leicht geschüttelt zu haben, aber erst als es „ohnmächtig" geworden sei. Diese Einlassung kann den Zustand des Kindes bei stationärer Aufnahme in der Kinderklinik 30 Minuten nach Auffindung (vorgewölbte und deutlich gespannte Fontanelle, beide Pupillen weit und entrundet, keine Lichtreaktion, keine Spontanatmung, keine Spontanmotorik, keine Reaktion auf Schmerzreize) nicht erklären. Von der Staatsanwaltschaft wurde Anklage gegen den Vater des Kindes wegen fahrlässiger Tötung erhoben.

▶ Schütteltrauma, Skepsis gegenüber anamnestischen Angaben und Überprüfung am klinischen Befund, Meldepflichten

5.1 Vergewaltigung, sexuelle Nötigung, forensische Sexualmedizin

W.J. Kleemann

Nach der polizeilichen Kriminalstatistik werden in Deutschland jährlich etwa 7.000–8.000 Personen sexuell genötigt oder vergewaltigt, wobei von einer deutlich höheren Dunkelziffer auszugehen ist. In einem Gerichtsverfahren kommt der ärztlichen Untersuchung eine besondere Bedeutung zu, da es häufig außer dem Opfer und dem Täter keine weiteren Tatzeugen gibt und das Gericht seine Entscheidung nach den objektiven Befunden richten wird, soweit sie vorhanden sind. In einem solchen Prozess kann somit jede kleine Verletzung oder jede Spur von Bedeutung sein. Es ist bei den Untersuchungen auch zu bedenken, dass nach mehreren Studien etwa 5–10 % der angezeigten Vergewaltigungen vorgetäuscht sind.

Rechtliche Grundlagen

Strafrechtliche Ahndung. Die strafrechtliche Ahndung von sexueller Nötigung, Vergewaltigung und forensisch-sexueller Handlungen ist in verschiedenen Paragraphen des Strafgesetzbuches (StGB) geregelt (die Kinder und Jugendliche betreffenden Vorschriften werden im folgenden Kapitel genannt):

- § 173 Beischlaf zwischen Verwandten
- § 174a Sexueller Missbrauch von Gefangenen, behördlich Verwahrten oder Kranken und Hilfsbedürftigen in Einrichtungen
- § 174b Sexueller Missbrauch unter Ausnutzung einer Amtsstellung
- § 174c Sexueller Missbrauch unter Ausnutzung eines Beratungs-, Behandlungs- oder Betreuungsverhältnisses
- § 178 Sexuelle Nötigung und Vergewaltigung mit Todesfolge
- § 179 Sexueller Missbrauch widerstandsunfähiger Personen
- § 183 Exhibitionistische Handlungen
- § 177 Sexuelle Nötigung; Vergewaltigung

Dieser Paragraph lautet in der aktuellen Fassung:

§ 177 Sexuelle Nötigung; Vergewaltigung

(1) Wer eine andere Person
- mit Gewalt,
- durch Drohung mit gegenwärtiger Gefahr für Leib oder Leben oder,
- unter Ausnutzung einer Lage, in der das Opfer der Einwirkung des Täters schutzlos ausgeliefert ist,

nötigt, sexuelle Handlungen des Täters oder eines Dritten an sich zu dulden oder an dem Täter oder einem Dritten vorzunehmen, wird mit Freiheitsstrafe nicht unter einem Jahr bestraft.

(2) In besonders schweren Fällen ist die Strafe Freiheitsstrafe nicht unter zwei Jahren. Ein besonders schwerer Fall liegt in der Regel vor, wenn
- der Täter mit dem Opfer den Beischlaf vollzieht oder ähnliche sexuelle Handlungen an dem Opfer vornimmt oder an sich von ihm vornehmen lässt, die dieses besonders erniedrigen, insbesondere, wenn sie mit einem Eindringen in den Körper verbunden sind (Vergewaltigung), oder
- die Tat von mehreren gemeinschaftlich begangen wird.

(3) Auf Freiheitsstrafe nicht unter drei Jahren ist zu erkennen, wenn der Täter
- eine Waffe oder ein anderes gefährliches Werkzeug bei sich führt,
- sonst ein Werkzeug oder Mittel bei sich führt, um den Widerstand einer anderen Person durch Gewalt oder Drohung mit Gewalt zu verhindern oder zu überwinden, oder
- das Opfer durch die Tat in die Gefahr einer schweren Gesundheitsschädigung bringt.

(4) Auf Freiheitsstrafe nicht unter fünf Jahren ist zu erkennen, wenn der Täter
- bei der Tat eine Waffe oder ein anderes gefährliches Werkzeug verwendet oder

das Opfer
a) bei der Tat körperlich schwer misshandelt oder
b) durch die Tat in die Gefahr des Todes bringt.

(5) In minder schweren Fällen des Absatzes 1 ist auf Freiheitsstrafe von sechs Monaten bis zu fünf Jahren, in minder schweren Fällen der Absätze 3 und 4 auf Freiheitsstrafe von einem Jahr bis zu zehn Jahren zu erkennen.

§ 178 Sexuelle Nötigung und Vergewaltigung mit Todesfolge
Verursacht der Täter durch die sexuelle Nötigung oder Vergewaltigung (§ 177) wenigstens leichtfertig den Tod des Opfers, so ist die Strafe lebenslange Freiheitsstrafe oder Freiheitsstrafe nicht unter zehn Jahren.

Arztrechtliche Aspekte. Wenn Betroffene selbstständig zum Arzt kommen und um eine Untersuchung sowie um Spurensicherung bitten, ist der Untersuchungsumfang abzusprechen. Es sollte immer eine vollständige Untersuchung und Spurensicherung empfohlen werden, die Patienten können jedoch auch Teile der Untersuchung verweigern. Alle erhobenen Befunde unterliegen der **ärztlichen Schweigepflicht** und können nur mit Einwilligung der Patientin an Dritte (z.B. ein Gericht) weitergegeben werden.

Wenn Betroffene im Auftrag eines Gerichts oder der Ermittlungsbehörden untersucht werden, gelten sie als Zeugen (oder Tatverdächtige) und müssen die Untersuchung sowie die Spurensicherungen gemäß § 81a und § 81c der StPO dulden, außer sie haben ein Zeugnisverweigerungsrecht (z.B. weil sie mit dem Tatverdächtigen verwandt sind). Allerdings werden in der Praxis solche Untersuchungen bei den Opfern nicht unter Zwang durchgeführt. Wenn die Untersuchung für einen Auftraggeber durchgeführt wird, z.B. Staatsanwaltschaft oder Polizei, müssen die im Zusammenhang mit der Tat stehenden Befunde und Angaben dem Auftraggeber mitgeteilt werden. Lediglich Tatsachen, die nicht im Zusammenhang mit dem Untersuchungsauftrag stehen, unterliegen der Schweigepflicht.

Grundlagen

Nach § 177 StGB ist von einer Vergewaltigung auszugehen, wenn

> „der Täter mit dem Opfer den Beischlaf vollzieht oder ähnliche sexuelle Handlungen an dem Opfer vornimmt oder an sich von ihm vornehmen lässt, die dieses besonders erniedrigen, insbesondere, wenn sie mit einem Eindringen in den Körper verbunden sind (Vergewaltigung) ..."

Vom Tatgeschehen her kann die Unterscheidung zwischen sexueller Nötigung und Vergewaltigung schwierig sein und muss im Einzelfall von juristische Seite abgewogen werden. Nach strafrechtlicher Rechtsprechung gilt es bereits als Beischlaf, wenn eine äußere Vereinigung der Geschlechtsteile zustande kommt.

Psychische Aspekte

Dem Opfer wird man am ehesten gerecht, wenn alle Untersuchungen so rasch wie möglich von auf diesem Gebiet erfahrenen Medizinern (Gynäkologen/Rechtsmediziner) durchgeführt werden. Doppeluntersuchungen sollten vermieden werden, sind jedoch nicht immer zu verhindern, z.B. wenn sich Befunde ergeben, die einer weiteren Abklärung bedürfen oder wenn zu erwarten ist, dass sich Hämatome zu einem späteren Zeitpunkt deutlicher darstellen. Es sollte versucht werden, **Vertrauen und Akzeptanz** zu schaffen und eine **sachliche Atmosphäre** aufzubauen, in der keine Peinlichkeiten entstehen. Die Position des Opfers in einem späteren Straf- und/oder Zivilverfahren kann durch eine sorgfältige Untersuchung und Spurensicherung wesentlich verbessert werden. Dies kann dazu beitragen, eine sekundäre Viktimisierung zu verhindern. Es kann nötig sein, weitere psychosoziale Hilfe zu veranlassen, um Folgeschäden wie ein vermindertes Selbstwertgefühl, Angst und Depression zu verringern oder zu vermeiden.

Körperliche Untersuchung

Vorgehensweise und Anamnese. Das Zeitintervall zwischen der Tat und der Untersuchung sollte möglichst kurz sein, da ein Teil der Befunde, insbesondere Hautrötungen und oberflächliche Kratzer, nach wenigen Stunden verschwinden können. Die meisten Opfer von Sexualdelikten sind Frauen, gelegentlich werden jedoch auch Männer als Opfer untersucht. Weiterhin kann auch bei mutmaßlichen Tätern eine ärztliche Untersuchung angeordnet werden (§ 81a StPO).

Die Polizei lässt sich die Tat so detailliert wie möglich vom Opfer beschreiben. Deshalb sollte die Befragung durch Mediziner sich auf die für die spätere medizinische Bewertung relevanten Dinge beschränken. Suggestive Fragestellungen sind zu vermeiden. Zu den **Dingen, die erfragt werden sollten**, zählen die Tatzeit, -ort, -dauer, Art der erfolgten Gewalteinwirkungen und vorhandene Beschwerden. Es ist zu fragen, ob es zum vaginalen, oralen oder analen Verkehr gekommen ist, ob und wohin eine Ejakulation erfolgte, ob vom Täter ein Kondom verwandt wurde und ob es zu eine Gewalteinwirkung gegen den Hals (Würgen oder Drosseln) kam.

Bei einer **Gewalteinwirkung gegen den Hals**, die in etwa 20–30 % der Fälle berichtet wird, ist festzuhalten, ob eine Atemnot, ein Schwarzwerden vor den Augen oder eine Bewusstlosigkeit auftraten. Die Bewusstlosigkeit ist als Zeichen des Kontrollverlustes zu werten, genau wie ein Urin- oder Kotabgang während des Würgens oder Drosselns. Weiterhin ist festzuhalten ob es danach zu Halsschmerzen, Nasenbluten, Schluckbeschwerden kam oder eine Heiserkeit aufgetreten ist. Bei deutlich bestehenden Beschwerden ist eventuell eine HNO-Untersuchung zu veranlassen.

Für die weitere Bewertung der Untersuchungsbefunde und Spuren ist es wichtig zu erfragen, wann der letzte freiwillige Geschlechtsverkehr stattgefunden hat, den Zeitpunkt der letzten Periode, ob Kontrazeptiva („Pille“) verwandt werden und ob Erkrankungen oder Verletzungen vorbestanden. Aber auch das Verhalten nach der Tat gehört zur Anamnese, da durch Reinigungsmaßnahmen und Bekleidungswechsel Spuren verändert oder vernichtet werden können. Insbesondere die wesentlichen Angaben zum Tathergang und den Gewalteinwirkungen sollten **mit den Worten des Opfers** dokumentiert werden.

Das Gespräch mit dem Opfer ist weiterhin wichtig, um **psychische Beeinträchtigungen** sowie Alkohol-, Drogen- oder Medikamenteneinflüsse erkennen zu können. Es gibt Opfer, die zunächst aufgrund ihrer psychischen Situation, weil sie zeitweise bewusstlos oder hochgradig alkoholisiert waren (sind) oder unter Drogen-/Medikamenteneinfluss standen (stehen), kaum in der Lage sind, genauere Angaben zu machen oder die sogar widersprüchliche Aussagen machen. Solche psychischen Beeinträchtigungen sind deshalb unbedingt im Gutachten festzuhalten, um spätere Einschätzung der Aussagen im weiteren Ermittlungsverfahren oder in einer Gerichtsverhandlung zu ermöglichen. Es sollte auch auf Anzeichen chronischen Konsums von Drogen, Medikamenten oder Betäubungsmitteln geachtet werden.

Wenn Angaben gemacht werden, stellen sie für den Untersucher eine wesentliche Grundlage der Bewertung dar. Falls ein Täter ermittelt wird, kann für das Gericht von entscheidender Bedeutung für die Beweiskraft der Aussagen sein, ob die Schilderungen der Tatbeteiligten mit den Feststellungen der körperlichen Untersuchung übereinstimmen. Dies gilt vor allem für **Täter aus dem sozialen Umfeld des Opfers (ca. 60–80 %)**, die in einem Teil der Fälle behaupten, es sei zu einem freiwilligen Geschlechtsverkehr gekommen. Die erhobenen Befunde können für die Aufklärung des Tatherganges entscheidend sein und zur Überführung oder Entlastung führen. Bei unbekannten Tätern kann eine genaue Befundbeschreibung und Spurensicherung die entscheidenden Sachbeweise zur Identifikation eines Täters liefern und somit verhindern, dass weitere Frauen Opfer dieses Täters werden.

Die Befunde sollten zunächst nur zurückhaltend bewertet werden. Nur mit **Kenntnis aller Gesamtumstände** unter Einbeziehung der weitergehenden Untersuchungen aller Betroffenen (Opfer/Tatverdächtige) kann eine endgültige Bewertung der Untersuchungsbefunde erfolgen. Der forensisch unerfahrene Arzt kann sich auf eine genaue Beschreibung der Befunde beschränken und eine genaue Interpretation und Rekonstruktion dem Rechtsmediziner überlassen. Bei der Bewertung der Befunde ist auch die Möglichkeit von **Selbstbeschädigungen**, die häufig ein charakteristisches Muster aufweisen, in die Überlegungen einzubeziehen (▶ s. Kap. 5.3).

Bei der Untersuchung sollte, wenn es sich ermöglichen lässt, eine weitere Person (Pfleger, Krankenschwester, Arzthelferin) anwesend sein. Falls diese Möglichkeit nicht besteht, kann z.B. die Tür zum Untersuchungszimmer angelehnt bleiben, so dass für davor befindliche Polizeibeamte zwar kein Einblick in den Untersuchungsraum möglich ist, sie jedoch Hörkontakt haben.

Allgemeine Untersuchungsbefunde. Zunächst muss klargestellt werden, das Missbrauchsvarianten, wie Berührungen der Genitalien, Penetration mit Gegenständen, der Zunge oder Fingern keine oder nur kurze Zeit nachweisbare, geringe körperliche Befunde hinterlassen. Auch bei einem vollzogenen erzwungenen Geschlechtsverkehr ohne körperliche Gegenwehr des Opfers, z.B. weil es durch eine Waffe oder Drohungen eingeschüchtert wurde, sind keinesfalls immer morphologische Veränderungen zu erwarten. Das Fehlen von Verletzungen spricht somit nicht gegen die Angaben eines Opfers. Bei sorgfältiger Untersuchung sind bei etwa 70–80 % der Opfer morphologische Veränderungen nachzuweisen.

Bei der Untersuchung richtet sich die Beurteilung auf den **Allgemeinzustand**, die **psychische Verfassung**, den **Bekleidungszustand** und die Anzeichen jeglicher Art von **Gewalteinwirkung**, die genau dokumentiert werden müssen. Es sollte immer eine **Ganzkörperuntersuchung** erfolgen, wobei auch auf nicht sofort sichtbare Verletzungen, z.B. in behaarten Körperbereichen oder den Lippeninnenseiten, zu achten ist. Befundbeschreibungen, wie „multiple Hämatome am Körper" sind wenig hilfreich, wenn es später um die Rekonstruktion des Tatablaufes geht. Der Begriff „Prellmarken" sollte nicht verwandt werden, da aus ihm nicht hervorgeht, ob es sich um eine Hautrötung, ein Hämatom, eine Schwellung oder eine Abschürfung handelt. Verletzungen, auch die nichtbehandlungsbedürftigen, sind mit **Anzahl, Art, Lokalisation, Größe, Form und Farbe** zu beschreiben.

Schwerwiegende, behandlungsbedürftige Verletzungen sind selten. In diesen Fällen hat selbstverständlich die ärztliche Behandlung den Vorrang vor allen anderen Maßnahmen. Den größten Teil der Verletzungen bilden jedoch leichtere Verletzungen, wie Hautrötungen, Hautkratzer und Hämatome. Besonders zu achten ist auf **geformte Verletzungen**, wie z.B. Bissverletzungen (◘ Abb. 5.1) und Fesselungsverletzungen (◘ Abb. 5.2), da diese Veränderungen in besonderem Maße geeignet sind, Angaben zum Tatablauf zu belegen. Bei Bissspuren sind sowohl Skizzen und Fotographien mit Maßstab als auch Abstriche zur DNA-Untersuchung anzufertigen. Weiterhin wichtig sind **Hämatome** und/oder **Hautkratzer** z.B. an den Handgelenken, den Oberarmen und an den Innenseiten der Knie oder Oberschenkel (◘ Abb. 5.3), **Abwehrverletzungen** (passive Abwehrverletzungen vor allem an den Kleinfingerseiten der Unterarme oder frisch abgebrochene Fingernägel) sowie **Widerlagerverletzungen** am Rücken. Bei Gewalteinwirkungen gegen den Hals ist speziell auf **Petechien** zu achten. Sie treten besonders häufig im Bereich der Konjunktiven, der Augenlider, an den Lippeninnenseiten und den Hinterohrregionen auf.

Zur **Dokumentation** der Verletzungen können Fotografien mit Maßstab und/oder Zeichnungen der Verletzungsmuster angefertigt werden. Gerade bei Mehrfachverletzungen ist eine Dokumentation in ein Körperschema sehr hilfreich. Bei Fotografien ist für die Aufnahmen ein Maßstab zu verwenden und es ist zu bedenken, dass durch die Verwendung eines Blitzgerätes sowie die Filmwahl und -entwicklung deutliche Farbveränderungen der Befunde auftreten können. Deshalb können Fotos eine genaue Beschreibung nicht ersetzen.

Wichtig

Immer eine Ganzkörperuntersuchung durchführen.

Genitaluntersuchung. Die Genitaluntersuchung von Frauen sollte auf einem gynäkologischen Untersuchungsstuhl in der **Steinschnittlage** erfolgen, um eine optimale Inspektion zu ermöglichen. Die Schamhaare sind auszukämmen und die Haare einschließlich des Kamms zu asservieren. Anschließend wird das äußere Genitale mit Umgebung und die Analregion genau inspiziert, danach erfolgt die Untersuchung der großen und kleinen Schamlippen, der vorderen Scheidenkommissur und des Introitus vaginae. Schleimhautverletzungen finden sich zumeist an der hinteren Kommissur. Falls eine Spekulumuntersuchung durchgeführt wird, dürfen **keine Gleitmittel** verwendet werden, um zu entnehmende Proben nicht zu verfälschen. Neben der Beschreibung aller Verletzungen (Haut-/Schleimhautrötungen, Schleimhauteinrisse, Hämatome) müssen alle anderen Befunde, z.B. vorbestehende Erkrankungen, beschrieben werden und Fremdmaterial, wie anhaftende Haare, Erdpartikel oder Fasern gesichert werden. Der Hymen sollte beschrieben werden, wobei physiologische Konfiguration und die Weite der Hymenalöffnung in den verschiedenen Altersstufen berücksichtigt werden müssen.

Die **Genitaluntersuchung von Männer** erfordert keine spezielle Untersuchungsposition. Neben Verletzungen ist auf Hautveränderungen sowie Besonderheiten (z.B. operative Eingriffe wie Vasektomie oder eine Zirkumzision) zu achten.

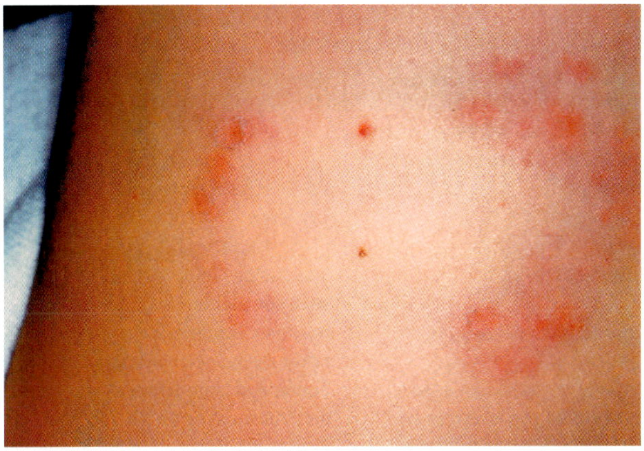

◘ Abb. 5.1. Bissverletzung am Unterarm nach Biss durch den Täter

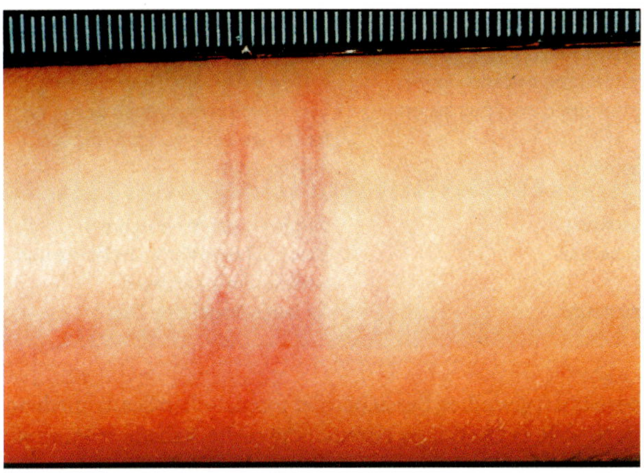

◘ Abb. 5.2. Fesselungsspuren am Handgelenk einer Frau, die vom Täter mit Handschellen gefesselt wurde

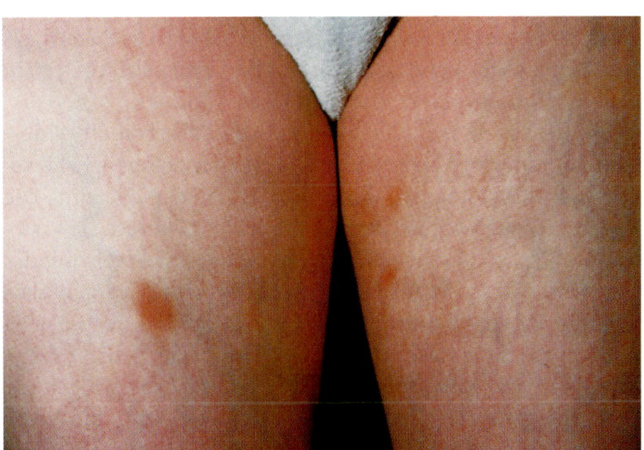

◘ Abb. 5.3. Hämatome an den Innenseiten der Oberschenkel. Der Täter hatte die Beine der Frau gewaltsam auseinander gedrückt. Die Anzeige erfolgte erst einige Tage später, deshalb ist bereits eine deutliche Verfärbung der Hämatome erkennbar

Die **Analuntersuchung** kann am einfachsten in der **Seitenlage** mit angezogenen Knien durchgeführt werden. Nach Spreizen des Gesäßes ist eine genaue Inspektion und die Entnahme von Abstrichen möglich. Ohne ein sorgfältiges Spreizen des Gesäßes können kleinere Hämatome oder oberflächliche Einrisse leicht übersehen werden.

Auch ein Geschlechtsverkehr mit einem **Kondom** ist durch den **Nachweis** von Lycopodiom, einem Puder, mit dem die Kondome behandelt werden, beweisbar. Deshalb sollte immer, d.h. auch, wenn angeben wird, dass ein Kondom benutzt wurde, ein Abstrich gefertigt werden. Dies gilt auch, wenn angegeben wird, es sei zu keiner Ejakulation gekommen. Als Folge der traumatischen Situation, eventueller Gewalteinwirkungen oder psychischen Alterationen kann die Wahrnehmung der Opfer verfälscht sein.

Wichtig

Alle Verletzungen sowie auch das Fehlen von Verletzungen müssen dokumentiert werden!

Spurensicherung. Besondere Aufmerksamkeit ist der Beweismaterialsicherung zu widmen, wobei **alle Spuren** gesichert (asserviert) werden müssen. Dies gilt nicht nur für biologische Flüssigkeiten, wie Blut, Sperma und Speichel, sondern für alle entdeckten Materialien (z.B. Haare, Bestandteile unter den Fingernägeln, Fasern, Farb-, Pflanzen- oder Erdanhaftungen, usw.). Neben den bereits erwähnten Vaginal-, Anal- und Oralabstrich und der Sicherung biologischer Flüssigkeiten sind Abstriche für DNA-Untersuchungen von Hautarealen zu nehmen, in denen es zu einem intensiven Opfer-Täter-Kontakt gekommen ist. Dies gilt z.B. für Griffspuren und Bissverletzungen aber auch für Körperareale an denen geleckt oder gesaugt wurde. Diese Spuren können genau wie die Sperma- und Speichelspuren mit einem angefeuchteten Wattetupfer abgenommen werden, der allerdings anschließend vor dem Verpacken getrocknet werden muss. Da sich auch unter den Fingernägeln der Opfer Spuren des Täters befinden können, insbesondere wenn das Opfer sich gewehrt hat, sollte eine Asservierung der abgeschnitten Fingernägel erfolgen. Falls sich Hinweise auf eine Alkohol-, Medikamenten- oder Drogenbeeinflussung ergeben, sind Blut- oder Urinproben zu entnehmen. Auch die beim Vorfall getragene Kleidung ist zu sichern.

Die **Asservate** sind entweder selber zu untersuchen oder dem Auftraggeber zur Verfügung zu stellen. Falls eine sofortige Untersuchung nicht durchgeführt werden soll oder kann, ist für eine sachgerechte Asservierung zu sorgen. Jede Spur, jedes Asservat ist einzeln und trocken zu verpacken, um Spurenübertragungen zu vermeiden. Außerdem muss immer eine eindeutige Beschriftung (Name, Datum, Entnahmeort, Spurenart) erfolgen. Eine Übersicht zur Asservierung von Spuren ist in ◘ Tabelle 5.1 gegeben.

Tabelle 5.1. Spurenkundliche Untersuchungen

Material	Untersuchung auf	Verpackung/ Aufbewahrung	Kommentar
Kleidung (falls bei Tat getragen)	Zerreißungen, Antragungen von Fremdmaterial (Blut, Spermien)	Papiertüten bei trockener, offene Plastiktüten für feuchte Kleidung	
Urin (muss kein Mittelstrahlurin sein)	Medikamente, Drogen, Alkohol	kühlen	Vorsicht nach erzwungenem Urinieren
Blut (5 ml)	Medikamente, Drogen, Alkohol	kühlen	
Speichel, evtl. Mundspülflüssigkeit	Sperma	keine Zusätze	Speichelgewinnung kann schwierig sein; vor allem genug Zeit lassen
Mundschleimhautabstriche	Sperma	Wattetupfer, trocknen lassen	positives Ergebnis wahrscheinlicher als in Speichelprobe
Hautabstriche	Gleitmittel, Blut, Sperma, Speichel	Wattetupfer, trocknen lassen	Tupfer evtl. anfeuchten
Vulvaabstriche	Gleitmittel, Blut, Sperma, Speichel	Wattetupfer, trocknen lassen	erst Vulva-, dann Vaginalabstrich!
Vaginalabstriche	Gleitmittel, Blut, Sperma, Speichel	Wattetupfer, trocknen lassen	Tupfer anfeuchten, tief intravaginale Abstriche bei präpubertären Mädchen nur bei Verdacht auf eine Penetration
Penisabstriche	Gleitmittel, Blut, Sperma, Speichel	Wattetupfer, trocknen lassen	Urethralabstrich nicht erforderlich
Perianalabstriche	Gleitmittel, Blut, Sperma, Speichel	Wattetupfer, trocknen lassen	erst Perianal-, dann Rektalabstrich
Rektalabstriche	Gleitmittel, Blut, Sperma, Speichel	Wattetupfer, trocknen lassen	Tupfer anfeuchten; auch bei fehlenden Verletzungen sinnvoll
verklebte Haare (Kopf-, Rumpf-, Schamhaare)	Sperma	Plastiktüte	abschneiden
lose Schamhaare	Fremdhaare	Plastiktüte	Vergleichshaare entnehmen
durch Kämmen gewonnene Schamhaare	Fremdhaare	Plastiktüte	Haare auf dem Kamm belassen und gemeinsam asservieren
Fingernägel oder Material unter den Fingernägeln	Fremdmaterial vom Täter	Plastiktüte	für jeden Nagel eine Tüte

Wichtig

Alle gesicherten Spuren müssen getrocknet werden.

Täteruntersuchungen

Bei der Untersuchung von mutmaßlichen Tätern ist ebenfalls eine **Ganzkörperuntersuchung** vorzunehmen, auch wenn erklärt wird, es seien keine Verletzungen vorhanden. Falls Verletzungen nachzuweisen sind, sollten sie beschrieben und eventuelle Spuren gesichert werden. Abstriche sind vom Penisschaft und der Penisspitze (Kranzfurche) anzufertigen. Mit einer DNA-Untersuchung kann eventuell DNA des Opfers nachgewiesen werden.

Weitere Maßnahmen

Es sind eine Schwangerschaftsdiagnostik oder -prophylaxe sowie diagnostische Maßnahmen zur Abklärung sexuell übertragbarer Krankheiten durchzuführen oder zu veranlassen, wobei der Untersuchungsumfang vom Einzelfall abhängig ist. Eine Serumprobe für eine spätere HIV-Untersuchung sollte eventuell asserviert werden (einfrieren).

Forensische Sexualmedizin

Obwohl Gutachten zur Schuldfähigkeit bei abweichendem Sexualverhalten zumeist von forensischen Psychiatern oder Psychologen wahrgenommen werden, gibt es neben den bisher bereits dargestellten Bereichen der forensischen Sexualmedizin noch weitere Straftaten gegen die sexuelle Selbstbestimmung, bei denen vor allem die Untersuchung der Opfer zu den rechtsmedizinischen Aufgaben gehört. Dazu zählt auch der im Kapitel 5.4 dargestellte sexuelle Missbrauch von Kindern.

Im § 173 StGB wird der „**Beischlaf zwischen Verwandten**" unter Strafe gestellt. Als Verwandte gelten dabei Großeltern, Eltern, Kinder, Enkel und Geschwister. Die meisten Fälle betreffen ein Verhältnis zwischen Vater und (Stief-) Tochter.

Weiterhin ist zu nennen der sexuelle **Missbrauch Widerstandsunfähiger** (§ 179 StGB). Damit sind außereheliche sexuelle Handlungen an Widerstandunfähigen gemeint. Die Widerstandsunfähigkeit kann durch Schlaf, Hypnose, Bewusstlosigkeit, Intoxikationen oder hochgradiger Intelligenzminderung verursacht sein. Auch der sexuelle Missbrauch von narkotisierten Patienten wird damit erfasst, während der sexuelle Missbrauch unter Ausnutzung eines Beratungs-, Behandlungs- oder Betreuungsverhältnisses im Paragraph 174e geregelt ist. Darunter fallen auch sexuelle Handlungen während einer psychotherapeutischen Behandlung.

Exhibitionistische Handlungen (§ 183 StGB) bestehen zumeist im plötzlichen Zeigen des häufig erigierten männlichen Gliedes in der Öffentlichkeit vor Fremden. Opfer sind zumeist Frauen und Kinder. Gelegentlich wird bei Kindern, die Opfer einer exhibitionistischen Handlung geworden sind, eine körperliche Untersuchung veranlasst, um einen Missbrauch auszuschließen.

Fallbeispiel

Eine 33-jährige Frau erstattete Anzeige bei der Polizei gegen ihren Ehemann. Sie gab an, dass sie seit einigen Monaten versuche, sich von ihm zu trennen. Am Tag vor der Anzeigenerstattung sei es zu einem Streit gekommen, bei dem sie von ihrem Mann mit den Händen gewürgt wurde. Außerdem habe er sie in den „Schwitzkasten" genommen und ihr ein Kissen vor das Gesicht gehalten. Unter diesen Gewaltanwendungen habe er den Geschlechtsverkehr erzwungen. Weiterhin berichtete sie, dass das Würgen mit beiden Händen stattgefunden habe und der Mann ihren Unterarm von vorne gegen ihren Hals gedrückt habe. Es sei Atemnot aufgetreten, jedoch sei sie nicht bewusstlos geworden. Auch ein Stuhl- oder Urinabgang habe nicht stattgefunden. Weiterhin gab sie an, dass der letzte freiwillige Geschlechtsverkehr mit Ejakulation 6 Tage vor der körperlichen Untersuchung stattgefunden habe. Ob es während des erzwungenen Geschlechtsverkehrs zu einer Ejakulation gekommen ist, konnte sie nicht angeben.

Bei der körperlichen Untersuchung fanden sich Hämatome an Kopf, Rumpf und Gliedmaßen. Einige Hämatome waren mehrere Tage alt, einige ließen sich jedoch einem Entstehungszeitraum etwa einen Tag vor der Untersuchung zuordnen. Die Verletzungen waren mit Schlägen und einem Festhalten im Bereich der Arme vereinbar, sodass die Angaben der Frau hinsichtlich der Gewalteinwirkungen bestätigt werden konnten. Hinweise für ein Würgen oder Drosseln ließen sich bei der Untersuchung nicht sichern, insbesondere fanden sich keine punktförmigen petechialen Blutungen. Dies war aufgrund der geschilderten Gewalteinwirkungen auch nicht zu erwarten. Die Untersuchung der Scheidenabstrich erbrachte keinen Hinweis für Spermien.

Checkliste

Sexuelle Nötigung, Vergewaltigung

Bei der Untersuchung des Opfers einer sexuellen Nötigung/Vergewaltigung müssen folgende Punkte beachtet werden:

- Aufklärung über die Untersuchung
- Dokumentation wesentlicher Teile des Tatherganges, insbesondere der Gewalteinwirkungen, nach den Angaben des Opfers
- Untersuchung des gesamten Körpers
- Beschreibung von Befunden in Bezug auf Anzahl, exakte Lokalisation und Morphologie (Art, Form, Größe, Farbe)
- Umfangreiche Spurensicherung (▶ s. Tabelle 5.1)
- Fotografische und/oder zeichnerische Befunddokumentation
- Blut-/Urinproben für Alkohol-, Drogen- und Medikamentennachweis
- Veranlassung weiterer Maßnahmen z.B. Konsultation von Fachärzten (Gynäkologen, Psychiater, Psychologen); Untersuchung auf sexuell übertragbare Erkrankungen

Spermanachweis

Die Abstrichentnahmen sollten grundsätzlich mit Wattestieltupfern erfolgen. Neben den Scheidenabstrichen aus dem hinteren Scheidengewölbe (evtl. auch aus dem Scheideneingang) sollten außerdem Abstriche aus dem After, der Mundhöhle bzw. dem Mundvorhof entnommen werden. Bei Oralverkehr kann zusätzlich noch Speichel oder Mundspülflüssigkeit gewonnen werden. Sperma kann bis ca. 72 Stunden nach dem Geschlechtsverkehr noch nachgewiesen werden. Bei Analabstrichen ist bis zu ca. 36 Stunden und bei Oralabstrichen bis zu ca. 24 Stunden noch mit positiven Abstrichen zu rechnen. In einzelnen Studien wurden auch noch längere Nachweiszeiten (bis zu 5 Tagen) angegeben, die Ergebnisse sind jedoch umstritten. Als Spermavorprobe kann ein Phosphatasetest eingesetzt werden, der bei einer Azospermie das einzige Zeichen einer Ejakulation sein kann. Die gefertigten Abstriche können nativ oder nach Färbung (z.B. Baecchi- oder Stiasny-Färbung) untersucht werden. Die Tupfer sind nach Trocknung aufzubewahren, da sie als Untersuchungsmaterial für eine DNA-Analyse bei positivem mikroskopischem Spermanachweis dienen.

5.2 Kindesmisshandlung

S. Banaschak, B. Madea

Nach der polizeilichen Kriminalstatistik handelt es sich bei der körperlichen Kindesmisshandlung vordergründig um ein seltenes Delikt. Die Dunkelziffer ist allerdings hoch, eine Meldepflicht besteht nicht. Die Erscheinungsformen sind vielfältig.

Definition

Eine einheitliche Definition der Kindesmisshandlung existiert bislang nicht; sie müsste umfassen:

- Körperliche Misshandlung
- Vernachlässigung, Deprivation, Gedeihstörungen
- Seelische oder emotionale Misshandlung, Vernachlässigung
- Sexueller Missbrauch (▶ s. Kap. 5.4)

Die Definition ist weiterhin von den gesellschaftlichen Rahmenbedingungen abhängig. Der Deutsche Bundestag (Drucksache 10/4560 vom 13.06.1986) gab folgende Definition:

> Misshandlung ist die nicht zufällige bewusste oder unbewusste gewaltsame körperliche und/oder seelische Schädigung, die in Familien oder Institutionen geschieht, also in einem Zusammenlebenssystem, und die zu Verletzungen und/oder Entwicklungshemmungen und sogar zum Tode führt und somit das Wohl und die Rechte eines Kindes beeinträchtigt oder bedroht.

Leitsymptom der körperlichen Misshandlung. Dies sind Zeichen wiederholter Gewalteinwirkung, die sich in unterschiedlich alten Verletzungen manifestieren, bzw. die sich nicht einer Verursachung durch eine Gewalthandlung zuordnen lassen (Mehrzeitigkeit).

„Battered child syndrome"
Der Begriff „Battered child syndrome" wurde 1962 von Henry Kempe geprägt. In dieser Arbeit wurden erstmals Verletzungen bzw. Verletzungsmuster als Folgen elterlicher Gewalteinwirkung erkannt.

„Caffey-Syndrom"
Caffey beschrieb 1946 die Kombination von chronischen subduralen Hämatomen mit (multiplen) Frakturen der langen Röhrenknochen bei Kindern. Die traumatische Entstehung stand für ihn fest. Dass es sich bei diesen Verletzungen um die Folgen von Misshandlungen durch die Betreuungspersonen handelte, war offensichtlich nicht vorstellbar.

Gesetzliche Grundlagen
Zur Ahndung einer körperlichen Misshandlung kommen je nach Vorkommnis mehrere Tatbestände des Strafgesetzbuches (StGB) in Betracht (schwere oder gefährliche Körperverletzung – auch mit Todesfolge, (versuchter) Mord, (versuchter) Totschlag). Besondere Bedeutung erlangen der § 171 StGB – Verletzung der Fürsorge- und Erziehungspflicht (umfasst z.B. die erhebliche Schädigung der körperlichen und psychischen Entwicklung) und § 225 StGB – Misshandlung von Schutzbefohlenen (umfasst Quälen, rohes Misshandeln, böswillige Vernachlässigung, höhere Strafe bei Gefahr des Todes und erheblicher Schädigung der körperlichen und psychischen Entwicklung).

Juristische Begriffsdefinitionen
Quälen: Verursachung länger fortdauernder oder sich wiederholender erheblicher (körperlicher oder seelischer) Schmerzen oder Leiden (auch durch Unterlassen).
Rohes Misshandeln: Erregung erheblicher Schmerzen oder Leiden bei gefühlloser, fremde Leiden missachtender Gesinnung (nicht als dauernde Charaktereigenschaft); Tatbegehung durch Unterlassung: böswillige Vernachlässigung der Sorgepflicht (unterlassenes Abwenden der Misshandlung).
Die Anwendung dieser Kriterien ist eine rein juristische Entscheidung.

Verbot entwürdigender Erziehungsmaßnahmen
Die Änderung des § 1631 Bürgerliches Gesetzbuch (BGB) vom 02.11.2000 schränkt die Erziehungsmaßnahmen ein:
Kinder haben ein Recht auf gewaltfreie Erziehung. Körperliche Bestrafungen, seelische Verletzungen und andere entwürdigende Maßnahmen sind unzulässig.

Epidemiologie
In der polizeilichen Kriminalstatistik 1999 wurden 2.257 Anzeigen nach § 225 StGB ausgewiesen. Nach dieser Statistik sind ca. 60 % der Täter und Opfer männlich. Die **Dunkelziffer** beträgt ein Vielfaches. Schätzungen sprechen von 20.000–100.000 Fällen pro Jahr (Todesfälle, s. unten). Das Problem wird in der täglichen Praxis eher unter- als überschätzt.

Ursachen der hohen Dunkelziffer
- Intrafamiliäres Ereignis (keine unabhängigen Zeugen)
- Mangelndes Problembewusstsein bei Zeugen und behandelnden Ärzten
- Fehldeutung von Verletzungen als Unfallfolge
- Abhängigkeit des Kindes von den Eltern

Kriminologie der Kindesmisshandlung:
- Kleinkinder (2.–4. Lebensjahr) sind besonders gefährdet. Ca. 75 % der Fälle geschehen in einem Lebensalter <7 Jahre. Häufig ist ein Kind einer Geschwisterreihe betroffen; wird dieses aus der Familie genommen, muss an Schutzmaßnahmen für Geschwister gedacht werden (Wiederholungsgefahr).
- Gefährdung unerwünschter, entwicklungsgestörter, behinderter Kinder.
- Täter sind Eltern (jüngere Erwachsene) bzw. Lebensgefährten der Kindsmutter; alle sozialen Schichten sind betroffen. Männer seien zumeist „aktive" Misshandler, Frauen eher „passive".
- Zumeist sind es impulsive Handlungen in Stresssituationen (mangelnde Frustrationstoleranz); Alkoholmissbrauch gilt als begünstigender Faktor.
- Die sorgeberechtigten Personen geben **keine oder nur unzureichende Erklärungen** für das Entstehen der Verletzungen ab, teilweise variieren die Erklärungen oder werden den ärztlichen Befunden angepasst. In einigen Fällen wird eine Verletzungsbeibringung durch Geschwister oder eine erhöhte Verletzungsneigung durch Ungeschicktheit des Kindes selbst angegeben.
- Ein Arzt wird, trotz erkennbar schwerer Verletzungen, mit zeitlicher Verzögerung aufgesucht. Es liegen ältere, unbehandelte Verletzungen vor.
- Bei dem Versuch mit vorbehandelnden Ärzten in Kontakt zu treten, zeigt sich, dass keine kontinuierliche Betreuung erfolgte, sondern jeweils andere Ärzte aufgesucht wurden (sog. **doctor-hopping**).

Körperliche Untersuchung
Fällt bei der Untersuchung eines Kindes eine Verletzung auf oder wird das Kind wegen einer Verletzung vorgestellt, *muss* in jedem Fall eine **Ganzkörperuntersuchung** erfolgen.

Wichtig

Entscheidend ist, bei der Feststellung von Verletzungen differentialdiagnostisch an Misshandlungsfolgen zu denken.

Weiterhin müssen im Untersuchungsbefund dokumentiert werden:
- Pflegezustand,
- Körpergröße, Kopfumfang und Gewicht (Vergleich mit Perzentilen) sowie
- Entwicklungsstand (altersentsprechend?).

Liegen **Verletzungen** vor, so müssen diese nachvollziehbar dokumentiert werden (Fotos mit Maßstab, Zeichnungen). Der Schwerpunkt sollte auf der **Beschreibung** der Verletzungen liegen, voreilige Interpretationen sind nicht hilfreich. In der Beschreibung müssen enthalten sein:

- Verletzungsart, Größe und Lokalisation,
- Färbung und eventuelle Formung (besonders bei Hämatomen).

Schon bei der Durchführung erforderlicher Behandlungsmaßnahmen kann auf die entscheidenden Kriterien geachtet werden. Klinisch erforderliche Zusatzuntersuchungen wie Sonographie, Röntgen, etc. dienen gleichzeitig der Dokumentation der Verletzungsschwere.

Wichtig

Die Beschreibung einer Verletzung ist entscheidend für die spätere Nachvollziehbarkeit der Interpretation. Im Zweifelsfall erlaubt eine detaillierte Beschreibung zu einem späteren Zeitpunkt Schlussfolgerungen, die primär nicht hätten gezogen werden können.

Allgemeinsymptome bei Kindesmisshandlung

- Reduzierter Allgemeinzustand,
- mangelhafte Pflege,
- Untergewicht („failure to thrive") und
- Minderwuchs.

Mögliche Verhaltensmerkmale misshandelter Kinder

- Ängstlichkeit, Schreckhaftigkeit, Gefügigkeit, Apathie
- Depressiv-gespannte Haltung, passiv-abwartendes Verhalten
- Hilfe suchendes, anklammerndes, provozierendes, verschlagenes Verhalten
- Beobachtende Aufmerksamkeit, Alarmbereitschaft (frozen watchfulness)
- Regression (Rückfall in überwundene Entwicklungsstufen wie Einnässen, Einkoten, Essstörungen)

Diese Verhaltensauffälligkeiten sind nicht beweisend für eine Kindesmisshandlung, sollten aber die Aufmerksamkeit schärfen.

Folgen der Kindesmisshandlung

Welche (Langzeit-) Folgen eine Kindesmisshandlung hat, hängt von zahlreichen Variablen ab. Entscheidende Bedeutung haben die Art, Dauer und Schwere sowie das Alter bei Beginn der Misshandlung und das Vorhandensein eventueller stabilisierender Bezugspersonen. Körperliche Folgen schwerer Verletzungen sind ebenfalls zu berücksichtigen.

Interpretation von Verletzungen

Die Unterscheidung von unfallbedingten und beigebrachten Verletzungen erfolgt ausgehend von den Verletzungscharakteristika.

Unfallbedingte Verletzungen. Plausibilitätsprüfung bei angegebenem Unfall:

- Können die Verletzungen durch diesen Unfall entstanden sein?
- Entspricht die Art der Verletzung dem angegebenen Unfallmechanismus?
- Unfallbedingte Entstehung der Verletzung bei Entwicklungstand des Kindes möglich?
- Mehrzeitige Verletzungen, die nicht durch *einen* Unfall entstanden sein können?

Sturzverletzungen. Zur Lokalisation von Sturzverletzungen siehe ◻ Abbildung 5.4, eventuell kombiniert mit Verletzungen aus Abfangversuchen. **Plausibilitätsprüfung bei angegebenem Sturz:**

- Lokalisation der Verletzungen an sturzexponierten Stellen?
- Entspricht die angegebene Sturzhöhe dem Verletzungsausmaß?

Häufig wiederkehrende **Schutzbehauptungen** und die erforderlichen Untersuchungen sind in ◻ Tabelle 5.2 zusammengefasst.

Die **eindeutige Beurteilung** eines Falles kann schwierig sein; häufig ist es leichter, eine angegebene Version auszuschließen, als eine sichere Antwort darauf zu finden, wie die Verletzung entstanden ist. Dies erschwert zuweilen auch die strafrechtliche Verfolgung eines Falles, insbesondere wenn die abgegebenen Erklärungen den ärztlichen Ausführungen angepasst werden.

Arztrechtliche Aspekte

Eine gesetzliche Meldepflicht bei Verdacht auf oder nachgewiesener Misshandlung/Vernachlässigung besteht nicht. Im Vordergrund aller Überlegungen stehen das Kindeswohl und die Gewährung der zukünftigen Sicherheit des Kindes (Garantenstellung des Arztes), nicht die strafrechtliche Verfolgung. Eine Berufung auf die Schweigepflicht enthebt nicht von weiteren Schutzmaßnahmen für das Kind! Die Meldung kann unter Brechung der Schweigepflicht erfolgen, falls dies erforderlich erscheint. Eine Benachrichtigung des Jugendamtes, als Stufe vor der Strafanzeige, sichert auch den Arzt im Weiteren ab.

Brechung der Schweigepflicht

Nach § 34 StGB (Rechtfertigender Notstand) kann die Schweigepflicht zum Schutz eines höherwertigen Rechtsgutes gebrochen werden. Unter Strafe gestellt ist lediglich die unbefugte Offenbarung (§ 203 StGB), wobei das Kindeswohl, als zu schützendes Rechtsgut nach intensivem Gespräch mit den Eltern, sicherlich eine Offenbarung rechtfertigt (Rechtsgüterabwägung).

Vorgehen bei Verdacht auf Kindesmisshandlung:

- Ausführliche Befunddokumentation (s. oben)
- Bei ambulanter Vorstellung: stationäre Aufnahme? (Entlastung der Situation)

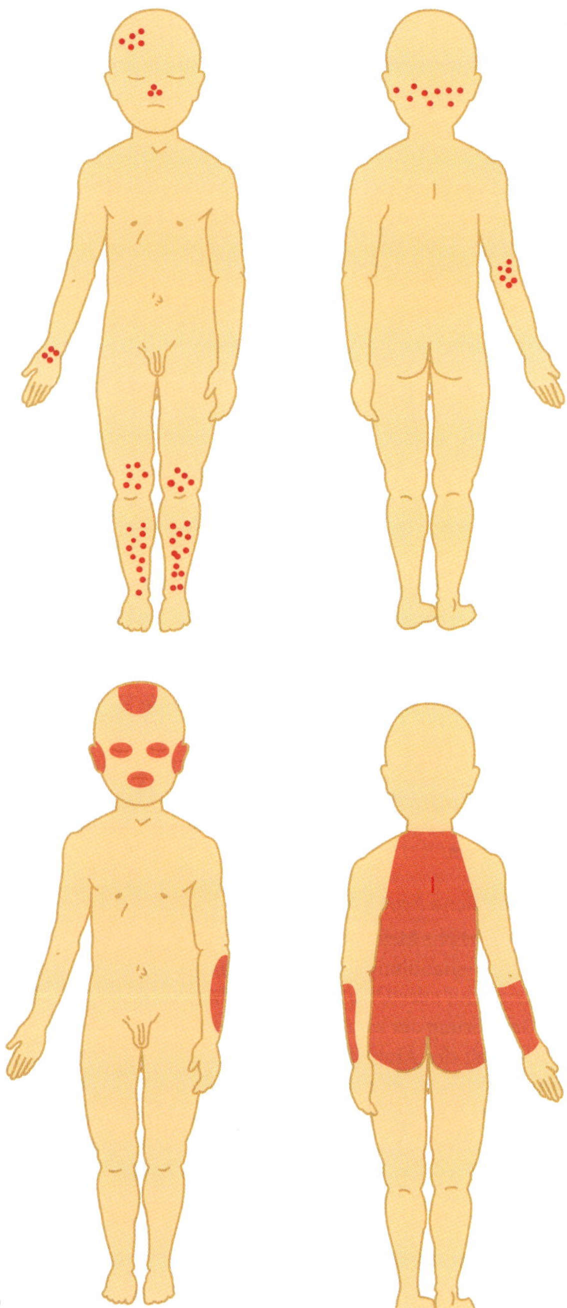

Abb. 5.4a, b. Lokalisation von Verletzungen. **a** Sturzverletzung; **b** Misshandlung

- Erklärung der Verletzungen dokumentieren; keine voreilige Konfrontation!
- Abklärung von Differentialdiagnosen (s. unten)
- Gegebenenfalls konsiliarische Hinzuziehung eines Rechtsmediziners

Tabelle 5.2. **Aus forensischer Sicht entscheidende Untersuchungen, um Schutzbehauptungen fundiert widerlegen zu können**

Verletzung	Schutzbehauptung	Untersuchung
multiple Hämatome	anlagebedingte Blutungsneigung	Gerinnungsstatus
(multiple) Frakturen	anlagebedingte Knochenbrüchigkeit	Röntgenaufnahmen, evtl. biochemische Zusatzuntersuchungen
Schädelfrakturen	Sturz (vom Wickeltisch, bei Gehversuchen, von Spielgeräten), Treppenstürze	CCT (wegen möglicher intrakranieller Verletzungen)

Vorgehen bei gesicherter Diagnose:
- Gespräch mit den Eltern bzw. der das Kind vorstellenden Person (kooperativ, ablehnend, etc.); die Gespräche müssen unter Anwesenheit von Zeugen erfolgen! Anfertigung eines Protokolls.
- Kontaktaufnahme zum Jugendamt, Kinderschutzambulanz, etc.
- Bei schweren oder wiederholten Verletzungen evtl. Strafanzeige erstatten.

Wichtig

Entscheidend ist eine nachvollziehbare Dokumentation von Befunden, erwogenen Diagnosen und der Vorgehensweise.

5.2.1 Verletzungen/Verletzungsmuster bei Kindesmisshandlung

Alle Formen von Gewalteinwirkung können im Rahmen einer Kindesmisshandlung auftreten. Am häufigsten liegen Folgen stumpfer Gewalteinwirkung vor.

Stumpfe Gewalteinwirkung

Typische Beibringungsarten und ihre Folgen sind in Tabelle 5.3 zusammengefasst und in den Abbildungen 5.5+5.6a–d dargestellt.

Knöcherne Verletzungen. Misshandlungsbedingte Knochenbrüche betreffen in der Mehrzahl jüngere Kinder (<3 Jahre). Das Brechen kindlicher Knochen erfordert eine massive Gewalteinwirkung, da diese noch biegsam sind. Reanimationsbedingte Rippenfrakturen treten bei Kindern nicht auf. Knöcherne Verletzungen können symptomarm oder symptomlos sein, insbesondere bei Säuglingen. Charakteristische radiologische Befunde und die Entstehungsmechanismen dieser Verletzungen sind in Tabelle 5.4 zusammengefasst. Das Periost ist bei Kindern relativ leicht ablösbar, was das Auftreten von subperiostalen Hämatomen erklärt.

Tabelle 5.3. Stumpfe Gewalteinwirkung und ihre Folgen

Art der Gewalteinwirkung	Verletzungen
Ziehen am Ohr	Einrisse der Ohrläppchen
Ziehen an den Haaren	Haarausrisse, kahle Stellen
Schläge auf den Kopf	Hämatome, Platzwunden, Narben
Beißen	Zahnabdruckkonturen, ovale oder halbmondförmige Hämatome
Kräftiges Zupacken	Sog. Griffspuren, Hämatome von 0,5–2,5 cm Größe, evtl. gruppiert angeordnet, Daumen an der gegenüberliegenden Seite
Kneifen	Uncharakteristische Hämatome, evtl. Hautabschürfungen durch Fingernägel
Griffspuren	Hämatome an den Armen oder seitlich am Brustkorb
Fesselung	Hautrötungen, -abschürfungen oder Hämatome an Gelenken
Gewaltsames Füttern	Mundschleimhautverletzungen einschließlich des Lippenbändchens durch Einstoßen des Löffels oder der Flasche, Zahnabbrüche
Schläge mit der flachen Hand	Geformte Hämatome der Wange, retroaurikuläre Hämatome (HNO-Untersuchung!), Trommelfellrupturen
Schläge mit der Faust	Monokelhämatome (Augenverletzungen), Hämatome der Mundschleimhäute bis zu Zahnabbrüchen, Organzerreißungen im Bauchraum (Leber, Milz, Gastrointestinaltrakt) vor dem Widerlager der Wirbelsäule (ohne äußere Verletzungszeichen!)
Schläge mit den Fingerknöcheln	Rundliche, nebeneinander liegende Hämatome
Schläge mit einem Stock o.Ä.	Doppelstriemenmuster (feinstreifige Hämatome mit zentraler Abblassung)
Schläge mit anderen Gegenständen (Gürtel, Kleiderbügel, Stuhlbeine, etc.)	Flächenhafte Hämatome; typische Lokalisation an der Körperrückseite (Gesäß, Rückseite der Beine), evtl. Parierverletzungen an den Armen
Fußtritte	Evtl. Profilabdrücke bei beschuhten Füßen, cave: Bauchtritte können ohne äußere Verletzungszeichen zu schweren Verletzungen führen (s. Faustschläge)
Fallen lassen/gegen eine Wand werfen	Flächenhafte Hämatome, Schädelbrüche, etc.

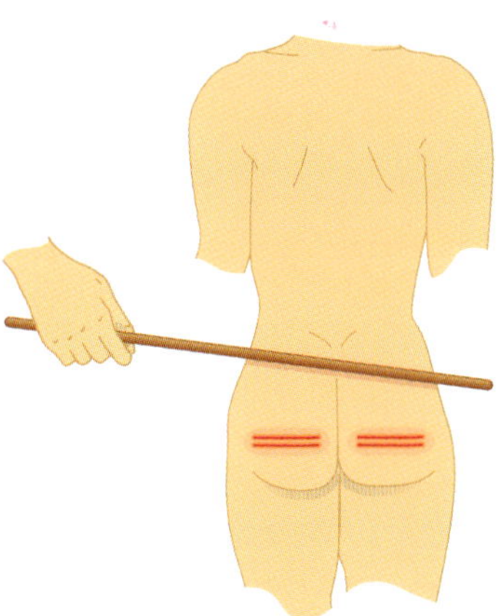

Abb. 5.5. Doppelstriemenentstehung bei Verwendung eines entsprechenden Werkzeuges

Wichtig

Auf Kindesmisshandlung verdächtige Röntgenbefunde: Einzelne Fraktur bei multiplen Hämatomen, multiple Frakturen unterschiedlichen Alters, Rippenfrakturen.

Kopfverletzungen. 95 % der schweren Kopfverletzungen im ersten Lebensjahr sollen Folge eine Misshandlung sein. Zu unterscheiden sind stumpfe Gewalteinwirkungen (► s. Tabelle 5.3) und das sog. Schütteltrauma (s. unten). Sind äußerlich Kopfverletzungen erkennbar und/oder bestehen Bewusstseinsstörungen, müssen weitergehende Untersuchungen durchgeführt werden (CT, MRT), da bei Kindern ein hohes Risiko der Entwicklung eines **malignen Hirnödems** besteht.

Schädelfrakturen weisen auf eine massive Gewalteinwirkung hin (Schlag mit einem/auf einen Gegenstand oder auf ein Widerlager). Bis zu einer Sturzhöhe von 100–150 cm sind bei Säuglingen und Kleinkindern üblicherweise keine lebensgefährlichen Verletzungen zu erwarten. Bei Unfällen fanden sich in 80 % der Fälle keinerlei Verletzungen, eine einfache lineare Schädelfraktur in 1 % der Fälle – ohne intrakranielle Begleitverletzungen. Im Gegensatz dazu waren bei bis zu 55 % der nicht unfallbedingten Schädelfrakturen zusätzlich intrakranielle Blutungen nachzuweisen. Die Verletzungscharakteristika sind in Tabelle 5.5 zusammengefasst.

Sonderform Schütteltrauma

Definition

Als Schütteltrauma bezeichnet man eine typische Verletzungskombination (subdurales Hämatom, retinale Einblutungen) nach grobem Schütteln des Kindes (zumeist Säuglinge, selten Kleinkinder).

Ätiologie. Das Kind wird an den Schultern, den Armen oder dem Brustkorb gefasst (**Cave:** Griffspuren) und zumeist vor und zurück geschüttelt. Die in Relation zum Kopf gering entwickel-

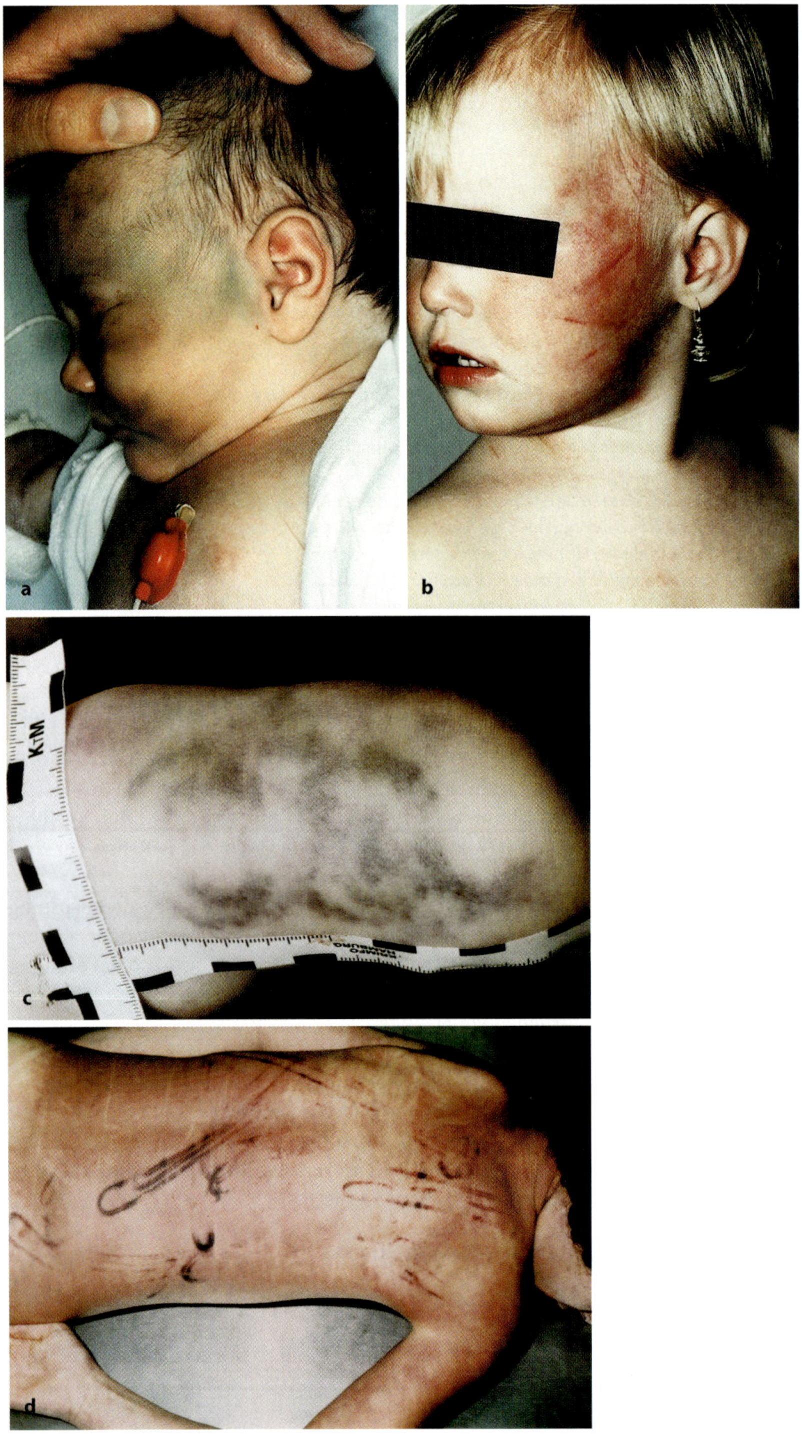

Abb. 5.6. **a** 4 Monate alter Säugling. Schlag mit der flachen Hand. Die Finger der Schlaghand sind angedeutet erkennbar. **b** 2 Jahre altes Mädchen. Angeblich Schlag mit der flachen Hand. Die streifigen Hautrötungen legen die Anwendung eines geformten Gegenstandes nahe. **c** 1 Jahr alt gewordenes Mädchen. Todesursache: Schädelhirntrauma. Schlag mit oder auf einen geformten Gegenstand auf den linken Oberschenkel. **d** 11 Jahre alt gewordenes Mädchen. Todesursache: Erhängen. Suizid nach Misshandlung. Schläge mit einem geformten Gegenstand auf den Rücken, das Gesäß, die Rückseite beider Beine sowie die Streck-/Außenseite der Arme (sog. Parierverletzungen)

te Halsmuskulatur kann den Kopf nicht halten, der dadurch unkontrolliert hin und her schlägt (Abb. 5.7). Das Trägheitsmoment des Gehirns führt zur Zerrung der Brückenvenen und/oder von Gefäßen der weichen Hirnhaut, was bei einem Einreißen zu – häufig beidseitigen – subduralen und/oder subarachnoidalen Hämatomen führt. Weiterhin treten in 80 % der Fälle retinale Blutungen auf, deren Entstehungsmechanismus nicht eindeutig geklärt ist. Schlägt der Kopf beim Schütteln nicht oder auf eine weiche Oberfläche („Impact") auf, so sind äußerlich keinerlei Verletzungen erkennbar.

Tabelle 5.4. Radiologische Befunde und mögliche Entstehungsweise der Verletzungen

Radiologische Befunde	Entstehungsweise
Weichteilödem und subperiostale Blutung	Quetschungen, grobes Packen, Zugkräfte und Drehung
Periostverkalkungen der Röhrenknochen	Verkalkung subperiostaler Hämatome, s. oben
Metaphysenkantenabbrüche (corner signs)	Überstrecken oder -dehnen der Gelenke (der Abbruch entsteht durch den Zug der Gelenkkapsel am knöchernen Ansatz)
Epiphysenablösungen	
(Paravertebrale) Rippenfrakturen	z.B. nach Schütteln, durch grobe Kompression des Thorax bei Säuglingen; bei älteren Kindern durch Fußtritte
Quere Frakturen der Röhrenknochen	Direkte Gewalteinwirkung, Biegungsvorgänge
Schräg-quere Frakturen der Röhrenknochen	Biegung oder Kompression
Spiralbrüche	Axiale Drehung
Schräge Frakturen der Röhrenknochen	Biegung oder axiale Drehung mit axialer Belastung

Tabelle 5.5. Differentialdiagnose von Schädelfrakturen

Charakteristika der Verletzung	Unfallbedingte Fraktur	Misshandlung
Art	einzeln und linear	multipel, komplex, verzweigt
maximale Weite des Bruchspaltes	haarfein, schmal, 1–2 mm	weit, wachsend, 3 mm und mehr
Lokalisation	parietal, ein Schädelknochen betroffen	okzipital, bilateral, parietal, mehr als ein Schädelknochen betroffen
Impression	begrenzt, mit klarer Anamnese eines Sturzes auf ein entsprechendes Objekt	Teil eines komplexen Frakturmusters, ausgedehnte oder multiple Impressionen
assoziierte intrakranielle Verletzungen	ungewöhnlich, außer bei Fallhöhen zwischen 2–3 m und mehr; epidurale Hämatome: ungewöhnliche aber schwerwiegende Komplikation einzelner Frakturen	subdurale Hämatome, Kontusionen, intrazerebrale Blutungen und Hirnödem üblich

(nach Hobbs in Meadow, 1997)

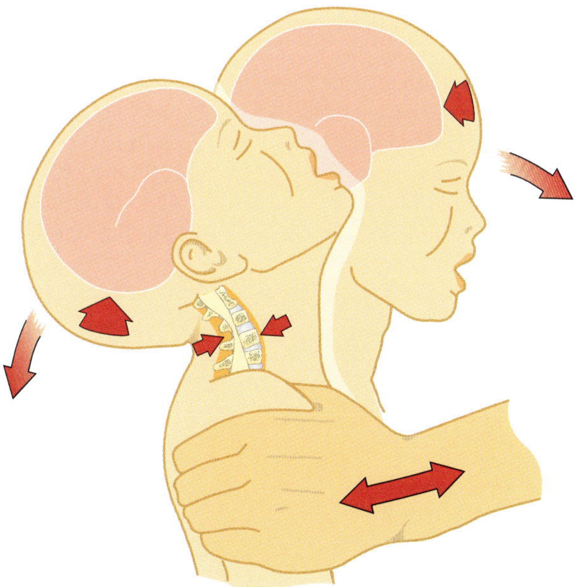

Abb. 5.7. Schematische Darstellung der Entstehung der Verletzungen beim Schütteltrauma

Symptomatik. Die auftretende Symptomatik (Lethargie, Erbrechen, zerebrale Krampfanfälle, Hypothermie, Bradykardie, Hyper- oder Hypotonie, Somnolenz, prolongierte Asphyxie, Koma) erklärt sich durch die zunehmende Raumforderung der Blutung und das begleitende Hirnödem.

Augenärztliche Befunde. Die Einblutungen sind üblicherweise diffus verteilt, können vor, hinter und in der Retina auftreten und sind zumeist beidseits nachweisbar. Weiterhin können Netzhautablösungen oder eine Atrophie des Sehnerven auftreten. Glaskörpereinblutungen, die nicht vollständig resorbiert werden, können zur Erblindung führen.

Fallbeispiel

Anamnese: Der 3 Monate alte männliche Säugling wurde vom Vater krampfend in die Notaufnahme eines Krankenhauses gebracht. In den CCT-Aufnahmen waren linksseitig frische subdurale Einblutungen, rechtsseitig ein Hygromsaum zu sehen; das Hirn war insgesamt atrophisch, das Ventrikelsystem erweitert. Scherverletzungen des temporalen Hirngewebes. Die Polizei wurde eingeschaltet, das Kind zur Operation in eine neurochirurgische Klinik verlegt.

Untersuchungsbefund: Keine anderweitigen Zeichen einer Gewalteinwirkung. Keine knöchernen Verletzungen. Retinale Einblutungen beidseits.

Einlassung der Eltern: Das Kind sei im Beisein des Vaters plötzlich leblos geworden. Keine Vorerkrankungen, keine vorherigen Ereignisse dieser Art.
Beurteilung: Typische Verletzungskombination eines Schütteltraumas.
Verlauf: Nachuntersuchungen über 8 Monate ergaben eine altersentsprechende Entwicklung. Keine frischen Einblutungen nachweisbar.

Diagnostik bei Verdacht auf Schütteltrauma

- CT- oder MRT-Untersuchungen des Schädels: Nachweis intrakranieller Verletzungen
- Augenärztliche Untersuchung: Nachweis von Einblutungen
- Röntgenuntersuchungen des Skeletts, insbesondere des Thorax: Nachweis evtl. Rippenbrüche durch massive Thoraxkompression, Zeichen anderweitiger, älterer Brüche. Halswirbelsäulenverletzungen!
- Bei therapeutisch notwendiger Liquorpunktion: Untersuchung auf eisenpositive Makrophagen zur Altersabschätzung der Blutung

Folgen des Schütteltraumas. In Frage kommen:
- Erblindung (durch Augenverletzungen oder als zentrale Blindheit),
- schwere geistige und/oder körperliche Behinderung bis zum apallischen Syndrom durch direkte Gehirnverletzungen (z.B. Kontusionen) oder als Folgeschäden des Hirndrucks (hypoxischer Hirnschäden),
- Epilepsie,
- Hirnatrophie bei Ausbildung chronischer Hygrome und
- Begleitverletzungen der Halswirbelsäule (Dislokationen, Einblutungen der zervikalen Ligamente).

Todesfälle. Ca. 10 % aller Todesfälle durch Kindesmisshandlung sollen durch ein Schütteltrauma verursacht werden. Bis zu 25 % der Schütteltrauma-Opfer versterben. Todesfälle durch Schütteln können als plötzlicher Kindstod fehlinterpretiert werden, da äußerliche Verletzungen vollkommen fehlen können.

Thermische Verletzungen

Bei 10 % aller misshandelten Kinder sind (Folgen von) Hitzeeinwirkungen nachzuweisen. Bis zu 25 % aller Kinder, die mit thermischen Verletzungen behandelt werden, sollen Opfer einer Misshandlung sein.

Diagnose. Das charakteristische Bild thermischer Verletzungen erlaubt zumeist eine „Blickdiagnose". Unterschieden werden müssen Einwirkungen feuchter Hitze (**Verbrühungen**) und trockener Hitze (**Kontaktverbrennungen** durch Aufpressen heißer Gegenstände, z.B. Zigaretten); wesentlich seltener sind Flammeneinwirkungen, Strommarken, Reibungsverletzungen, chemische Verbrennungen und Hitzeeinwirkungen durch Wärmeabstrahlung.

Verletzungsschwere. Die Verletzungstiefe ist abhängig von der Höhe und der Dauer der einwirkenden Temperatur (▶ s. Kap. 3.9.1). Die kindliche Haut soll bei Temperatureinwirkungen über 60 °C in einem Viertel der Zeit verletzt werden, die bei Erwachsenen zu Verletzungen führt. Großflächige Hautschädigungen sind bei Kindern aufgrund des Flüssigkeitsverlustes schnell lebensgefährlich.

Verletzungscharakteristika. Typische **unfallbedingte Verbrühungen** treten auf, wenn Kinder beginnen, sich aufzurichten und sich z.B. an herabhängenden Tischdecken hochziehen, wodurch auf dem Tisch befindliche Gegenstände auf das Kind herabfallen (Tassen mit heißen Getränken, etc.). Die Verbrühungen weisen charakteristische Merkmale auf (◘ Tabelle 5.6) und betreffen Gesicht, Schultern, Oberarme und Brustkorb. Auch kleinere Kinder verbleiben bei einer unabsichtlichen Exposition mit heißem Wasser nicht in der ursprünglichen Körperposition. Die Rettungsversuche können aufgrund des Entwicklungsstandes unkoordiniert sein. Dies führt ebenfalls zu einem unregelmäßigen Verletzungsbild.

Bei den absichtlich beigebrachten Verbrühungen unterscheidet man zwei Formen: das **absichtliche Übergießen** mit und das Eintauchen in heiße Flüssigkeit (sog. **Immersion**). Berichtet wurde über das Eintauchen von Extremitäten (◘ Abb. 5.8a), des Gesichtes, aber auch des Körpers (z.B. Baden in zu heißem Wasser, ◘ Abb. 5.8b). Das Tragen von **Kleidungsstücken** führt zu einer Vertiefung der Verbrühung, da die durchfeuchtete Kleidung die Hitze konserviert. Die Abgrenzung einer un-

◘ Tabelle 5.6. **Charakteristika unfallbedingter und zugefügter Verbrühungen**

Unfallbedingte Verbrühungen	Immersion (Eintauchen)
Unregelmäßiges Verletzungsmuster (unterschiedlich tiefe Verbrühungen)	Gleichmäßige Verbrühungstiefe
Unscharfe Grenze zur gesunden Haut (randständig eher geringere Verbrühungen durch Auskühlen des Wasser)	Scharfer Rand zur angrenzenden gesunden Haut (Wasserspiegel bildet sich evtl. landkartenförmig ab)
An den Extremitäten eher spritzerartige Verbrühungen (z.B. an den Füßen)	Bei Eintauchen von Extremitäten: handschuh- bzw. sockenförmige Verbrühungen
Bei Verbrühungen des Thorax pfeilartige Konfiguration der Verbrühung (abrinnendes Wasser)	Bei Eintauchen des Gesichts Fehlen von Abrinnspuren

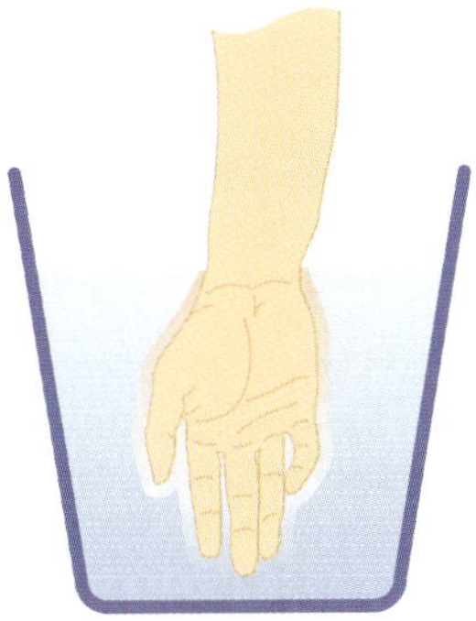

a

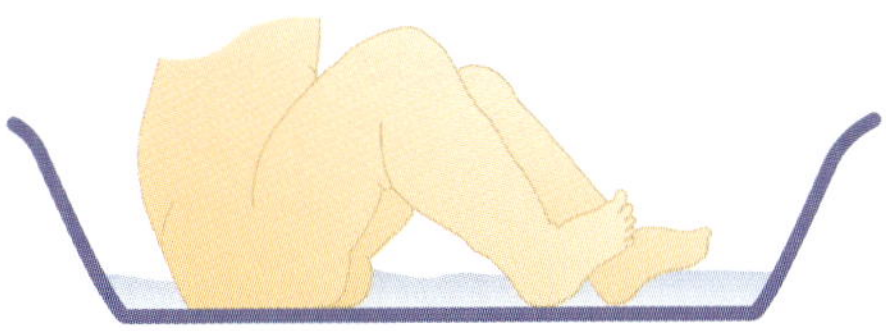

b

Abb. 5.8. **a** Immersion einer Hand; die Verletzung wird nach proximal durch den Wasserspiegel begrenzt. Entsprechendes gilt für die untere Extremität. **b** Verletzungsmuster bei Immersion des Körpers. Verletzungsaussparungen können an den Auflagestellen der Haut am Wannengrund entstehen

fallbedingten oder absichtlichen Übergießung anhand der beschriebenen Charakteristika kann schwierig sein.

Verbrennungen entstehen durch die Einwirkung heißer Gegenstände oder Flammen. Die Verletzungscharakteristika von Kontaktverbrennungen sind vergleichend in Tabelle 5.7 zusammengefasst.

Unfallbedingte **Flammeneinwirkungen** können z.B. im Sommer beim Grillen entstehen (unsachgemäßer Einsatz von Brennspiritus). Das dramatische Ereignis verläuft selten unbeobachtet und führt zur sofortigen Krankenhausaufnahme. Durch Flammen beigebrachte Verletzungen (Streichhölzer, Feuerzeuge) sind im Vergleich dazu kleinflächiger und unregelmäßiger in der Ausprägung.

Verletzungen durch absichtliche **Kälteexposition** (z.B. Abduschen mit kaltem Wasser, Einsperren in unbeheizten Räumen) sind ausgesprochen selten. Unterkühlungen wurden im Rahmen von Vernachlässigungen beschrieben.

Augenverletzungen

In seltenen Fällen sind Augenverletzungen das erste Symptom einer Kindesmisshandlung. Einen Sonderfall stellen Augeninfektionen durch sexuell übertragbare Erkrankungen dar (► s. Kap. 5.4). Alle traumatischen Augenveränderungen können Misshandlungsfolgen sein (Einblutungen in sämtliche anatomischen Strukturen, Augapfelrupturen). Besondere Bedeutung haben retinale Einblutungen (s. Schütteltrauma).

Tabelle 5.7. **Charakteristika unfallbedingter und beigebrachter Kontaktverbrennungen**

Unfallbedingte Kontaktverbrennungen	Beigebrachte Kontaktverbrennungen
Unvollständige Abbildung des Gegenstandes, evtl. nur streifende Einwirkung	Vollständiger Abdruck mit klarer Kontur (Zigarette, Bügeleisen, Herdplatte, etc.)
Geringere Verletzungstiefe bei fehlender Fixierung des Körpers oder des Gegenstandes	Gleichmäßige Verletzungstiefe durch Anpressen des Gegenstandes oder des Körpers

Wichtig

Eine augenärztliche Untersuchung sollte in jedem Fall bei Kindern <4 Jahren bei Verdacht auf Kindesmisshandlung durchgeführt werden.

Differentialdiagnosen

Die falschpositive Diagnose einer Kindesmisshandlung hat dramatische Folgen für die betroffene Familie. Um Fehldiagnosen zu vermeiden, müssen die möglichen Differentialdiagnosen beachtet werden (Tabelle 5.8).

Die Anwendung alternativer oder traditioneller Heilmethoden, z.B. asiatischen oder afrikanischen Ursprungs, kann zu Hautveränderungen führen, die im kulturellen Kontext Mitteleuropas an Folgen einer Misshandlung erinnern (geformte Hauteinblutungen, geformte Verbrennungen durch Schröpfen, etc.).

5.2.2 Münchhausen-by-proxy-Syndrom

Definition

Beim sog. Münchhausen-by-proxy-Syndrom werden von einem Elternteil (häufig der Mutter) Krankheitssymptome behauptet oder durch Manipulationen hervorgerufen (Beibringung nicht verordneter Medikamente, insbesondere Schlaf- und Beruhigungsmittel, Provokation lebensbedrohlicher Situationen – „Anersticken"). Im Vordergrund scheint der sekundäre Aufmerksamkeitsgewinn der Mütter zu stehen. Sie wirken dabei zugänglich, fürsorglich bzw. eher überprotektiv. Die Häufigkeit ist nicht bekannt. Der Entzug des Kindes kann mangels anderer Lösungsmöglichkeiten erforderlich sein.

Diagnostik. Der Nachweis einer Medikamentenbeibringung kann nur durch chemisch-toxikologische Untersuchungen erfolgen (zeitnahe Entnahme von Blut- und Urinproben).

Charakteristika des Münchhausen-by-proxy-Syndroms

- Auftreten der Symptome nur in Anwesenheit der berichtenden Person,

Tabelle 5.8. Differentialdiagnosen einzelner Symptome bei Kindesmisshandlung

Symptome	Krankhafte Ursachen	Untersuchung
Hämatome	Angeborene oder erworbene Gerinnungsstörungen, z.B. Hämophilie, hämorrhagische Diathesen, Purpura Schoenlein-Henoch, Leukämie, Vaskulitiden	Blutbild, Gerinnungsstatus
Hautverfärbungen	Nävi, sog. Mongolenflecke, Hämangiome	Dermatologische Untersuchungen
Fragliche thermische Veränderungen	Ekzeme, Erythema nodosum, Erythema multiforme, Phytophotodermatitis, Impetigo bullosa, Lyell-Syndrom, bullöse Dermatosen, papuläre Urtikaria, Kontakt- oder Windeldermatitis	Dermatologische Untersuchungen
Fragliche Haarausreißung	Alopecia areata	Dermatologische Untersuchung
Fleckförmige retinale Einblutungen	Akuter Hypertonus, fulminante Meningitis, Vaskulitis, Sepsis, Endokarditis, Koagulopathien, Leukämien, zyanotische angeborene Herzfehler, Z.n. vaginaler Geburt (Persistenz selten länger als 2 Wochen).	Entsprechende Zusatzuntersuchungen
Frakturen	Osteogenesis imperfecta, Kupfermangel, pathologische Frakturen, Rachitis, Skorbut, kongenitale Syphilis, Osteomyelitis, neurologische Erkrankungen, Hyperostosis corticalis	Röntgenbilder, Skelettszintigramm, entsprechende Zusatzuntersuchungen

- Abklingen der Beschwerden im Krankenhaus,
- Rezidive im Krankenhaus nur nach Anwesenheit oder in Gegenwart der berichtenden Person und
- fehlender Nachweis krankhafter Befunde trotz intensiver, auch invasiver Diagnostik.

5.2.3 Tödliche Kindesmisshandlung

Definition

Zu den tödlichen Kindesmisshandlungen zählen Todesfälle durch äußere Gewalteinwirkung oder Vergiftungen. Der Todeseintritt ist zumeist nicht beabsichtigt, wird aber in Kauf genommen. Vorsätzliche Tötungen (im Rahmen eines sog. erweiterten Suizids, Neugeborenen- oder Verdeckungstötungen) zählen nicht dazu.

Epidemiologie. Im Hellfeld finden sich für die Bundesrepublik Deutschland ca. 10–12 Fälle pro Jahr. Die Dunkelfeldschätzungen reichen von 10 bis zu 600–1.000 unerkannten Fällen pro Jahr.

Kriminologie. Die Tatopfer sind in der Regel Kinder bis zum 4./5. Lebensjahr, die Täter männlich (Kindesvater, Lebensgefährte der Mutter). Die juristische Wertung eines Falles ist von zahlreichen Faktoren abhängig.

Diagnose. Ergeben sich bei der Leichenschau Hinweise auf eine äußere Gewalteinwirkung, muss an eine tödliche Kindesmisshandlung gedacht werden.

Wichtig

Bei ca. 10 % der tödlichen Kindesmisshandlungen sind äußerlich keine Verletzungen zu erkennen. Gerade bei Kindern sind spurenarme Tötungsdelikte möglich. Bei Verdachtsfällen besteht eine Meldepflicht als nichtnatürlicher oder ungeklärter Todesfall an die Ermittlungsbehörden.

Obduktionsbefunde. Bei den Todesursachen dominieren Schädel-Hirn-Verletzungen in Folge stumpfer Gewalteinwirkung bzw. durch Schütteln. Neben den akuten, zum Tode führenden Verletzungen finden sich zumeist Zeichen vorangegangener Gewalteinwirkung. Postmortale Röntgenuntersuchungen sind wünschenswert.

Todesfälle durch körperliche Misshandlung

Bei einem für den Arzt plötzlichen und unerwarteten Tod eines Säuglings besteht die Neigung, einen sog. Plötzlichen Kindstod (Sudden infant death – SID) anzunehmen. Dabei wird häufig nicht berücksichtigt, dass es sich dabei um eine **Ausschlussdiagnose** nach erfolgter Obduktion, histologischen und chemisch-toxikologischen Untersuchungen handelt (▶ s. Kap. 4.16). Gerade Säuglinge, aber auch Kleinkinder können ohne äußerlich erkennbare Verletzungen getötet werden. Zu denken ist an:
- Todesfälle durch Schütteltrauma,
- stumpfes Bauchtrauma mit Organrupturen (Verbluten nach Innen), Verletzung von Magen und Dünndarm, Mesenterialeinrisse, Leber-, Nieren-, Milz-, Bauchspeicheldrüseneinrisse und
- Ersticken durch weiche Bedeckung.

Wichtig

Daher sollte bei plötzlichen und unerwarteten Todesfällen im Kindesalter immer eine ungeklärte Todesart bescheinigt werden.

5.2.4 Körperliche Vernachlässigung

Definition

Entzug der erforderlichen Pflege einschließlich ausreichender Nahrungs- und Flüssigkeitszufuhr (passive Form der Kindesmisshandlung, Abb. 5.9).

Epidemiologie. Die Häufigkeit von Vernachlässigungen ist nicht bekannt.

Kriminologie. Die Täter sind zumeist weiblich, da den Müttern in der Regel die Kindespflege obliegt. Gefährdet sind unerwünschte Kinder, Kinder mit überforderten oder erkrankten Müttern (Suchterkrankungen, psychische Erkrankungen). Es handelt sich fast ausschließlich um Säuglinge oder Kleinkinder, die entwicklungsbedingt von der Fürsorge anderer abhängig sind.

Diagnose. Die Erfassung des **Pflegezustandes** ist im wahrsten Sinne des Wortes eine Blickdiagnose, wobei insbesondere auf unbehandelte Hautveränderungen geachtet werden muss.

Die Erfassung der **körperlichen Entwicklung** kann über einen Vergleich der Maße des Kindes mit den üblichen Perzentilen erfolgen (Größe, Gewicht). Nach der Waterlow-Klassifikation (► s. Kap. 3.11) ergeben sich zusätzlich Informationen über das Maß der chronischen (Wachstumsretardierung) und akuten Unterernährung.

Todesfälle durch Vernachlässigung. Todesursächlich ist zumeist ein Verdursten in Kombination mit Verhungern, interkurrenten Erkrankungen (Infektionen, insbesondere Pneumonien), oder Erfrierungen. Die Häufigkeit derartiger Todesfälle ist nicht bekannt.

Wichtig

Verdachtsfälle eines Todes durch Vernachlässigung sind den Ermittlungsbehörden als Verdacht auf einen nichtnatürlichen Tod zu melden.

Checkliste

Kindesmisshandlung

- Bei kindlichen Verletzungen an Folgen einer Misshandlung denken
- Bei Verdacht auf Misshandlung: **Maßnahmen der Beweissicherung**
- Dokumentation der anamnestischen Angaben
- Beschreibung der Lokalisation und Morphologie der Verletzungen (Fotos)

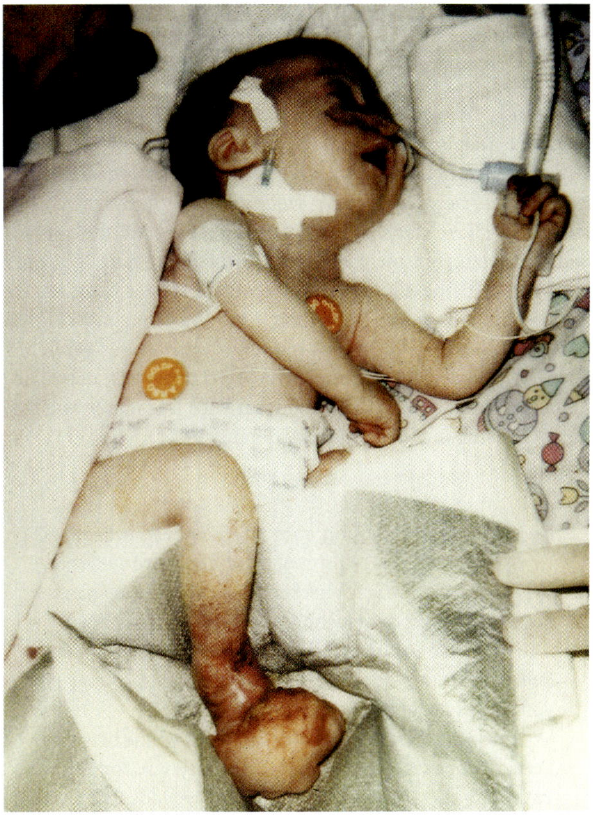

Abb. 5.9. 5 Monate alter Säugling. Zustand nach Gipsanlage am rechten Unterschenkel. Zu Kontrolluntersuchungen waren die Eltern nicht erschienen

- Konsultation von Fachärzten zum Ausschluss von Differentialdiagnosen
- Ruhe bewahren; zentraler Punkt aller Überlegungen ist das Kindeswohl! Keine voreiligen Vorwürfe oder Vorhaltungen gegenüber den Eltern
- Erwägung einer Klinikeinweisung (Entlastung der akuten Situation, Zeitgewinn für weitere Maßnahmen, zumal Kliniken durch angeschlossene Sozialarbeiter etc. bessere Möglichkeiten zur Intervention haben)
- Es besteht keine Meldepflicht, aber eine Meldemöglichkeit (befugte Offenbarung zum Schutz des Kindes)
- Einschaltung des Jugendamtes, einer Kinderschutzambulanz oder ähnlicher Institutionen (das sog. Ärzte-hopping führt dazu, dass jeder Arzt das Kind nur einmal sieht; meldet *jeder* Arzt seinen Verdacht an das zuständige Jugendamt, sind dort mehr Verdachtsmomente vorhanden, als bei einem einzelnen Arzt), dient ebenfalls der rechtlichen Absicherung des Arztes
- Besteht bei der Leichenschau der Verdacht auf einen Tod durch Misshandlung und/oder Vernachlässigung (Verdacht auf nichtnatürlichen Tod), muss dies stets gemeldet werden.

5.3 Selbstbeschädigung

S. Banaschak, B. Madea

Überblick. Die Motive für selbstschädigendes Verhalten sind vielfältig. Das Verletzungsmuster reicht von der Beibringung von Bagatellverletzungen über die Selbstamputation von Gliedmaßen bis – bei weitgefasster Definition – zum Suizid. Daher sind verlässliche statistische Angaben über die Häufigkeit von Selbstverletzungen nicht möglich. Rechtserhebliche Relevanz erlangen Selbstbeschädigungen, wenn sie zielgerichtet eingesetzt werden, etwa zur Erlangung einer Versicherungssumme (Betrug) oder zur Vortäuschung einer Straftat (angeblicher Überfall). Bei der Begutachtung von Verletzungen ist neben detaillierten Angaben zur Verletzungsart der Bezug zur angegebenen Entstehungsweise entscheidend.

Definition

Eine **Selbstbeschädigung**, auch Artefakt genannt, liegt vor, wenn es sich um eine selbst zugefügte, direkte körperliche Verletzung ohne gezielt lebensbedrohliche Intention handelt. Suizide oder **Suizidversuche** fallen nach dieser Definition nicht unter die Selbstbeschädigungen im engeren Sinne. **Selbstverstümmelung** meint den freiwilligen substantiellen Verlust peripherer Körperteile.
Im Gegensatz dazu liegt bei einer **Simulation** eine bewusste Vortäuschung von Krankheitserscheinungen vor. Von **Aggravation** spricht man, wenn tatsächlich vorliegende Beschwerden übertrieben werden.

Rechtliche Grundlagen

Aufgrund der unterschiedlichen Motive einer Selbstbeschädigung sind zahlreiche Rechtsgebiete berührt. Eine uneigennützige Selbstbeschädigung ist nicht strafbar.

Versicherungsrechtliche Aspekte:
- Zivilrechtliche Auseinandersetzungen bei streitiger Verletzungsentstehung (Zahlungsverweigerung bei Verdacht auf Selbstbeibringung) und
- strafrechtliche Folgen (versuchter Betrug).

Strafrechtliche Aspekte:
- § 145 StGB (Vortäuschung einer Straftat): Wird die Selbstbeibringung einer Verletzung in engem zeitlichen Zusammenhang mit der behaupteten Straftat eingeräumt, wird von einer Strafverfolgung des „Opfers" zumeist abgesehen.
- § 164 StGB (Falsche Verdächtigung), § 187 StGB (Verleumdung) bei Beschuldigung einer bestimmten Person;
- wurden die Verletzungen durch einen Dritten mit Einverständnis des Verletzten zugefügt, kann ein Verstoß gegen die guten Sitten vorliegen (§ 228 StGB).
- Vortäuschung einer Notwehrsituation im Zusammenhang mit Tötungsdelikten;
- Selbstbeschädigungen nach Festnahme zur Belastung der Polizeibeamten und
- Selbstverletzungen zur Vortäuschung eines Überfalls bei eigenem Fehlverhalten (z.B. Unterschlagung).

Wehrpflichtentziehung durch Verstümmelung. Nach § 109 StGB wird bestraft, wer sich oder einen anderen z.B. durch Verstümmelung zur Erfüllung der Wehrpflicht untauglich macht (Strafrahmen 3 Monate bis fünf Jahre). Der Versuch ist strafbar. Derartige Fälle sind durch legale Möglichkeiten der Umgehung der Wehrpflicht äußerst selten geworden.

5.3.1 Ursachen von Selbstbeschädigungen

Eine Einteilung der Selbstverletzungen in Bezug auf das zugrunde liegende Motiv zeigt ◘ Abbildung 5.10. In ◘ Tabelle 5.9 sind die unterschiedlichen Ursachen von Selbstbeschädigungen und die jeweils häufigsten Verletzungsarten zusammengefasst.

Selbstbeschädigungen bei psychiatrischen Krankheitsbildern

Borderline-Persönlichkeiten. Das unklare Selbstbild führt zu weitreichenden Störungen der zwischenmenschlichen Beziehungen. Selbstbeschädigungen kommen – insbesondere in Krisensituationen – vor, werden aber teilweise von den Patienten als „Waffe" eingesetzt, so dass an der Selbstbeibringung kein Zweifel besteht.

Psychosen. Insbesondere im Rahmen paranoid-halluzinatorischer Psychosen können sich Patienten erhebliche Verletzungen zufügen (bis hin z.B. zur Selbstkastration). Die Diagnose der Grunderkrankung oder die Umstände der Verletzungsbeibringung lassen aber auch hier selten Zweifel an der Selbstbeschädigung aufkommen.

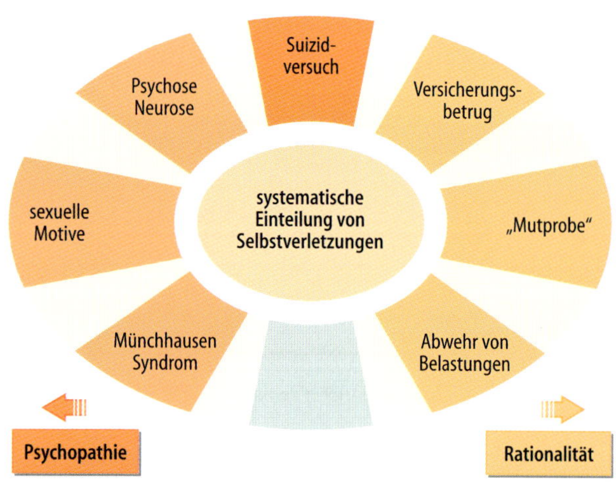

◘ Abb. 5.10. Motive von Selbstverletzungen (nach Schulz 1981). Überschneidungen oder Kombinationen verschiedener Motive sind selbstverständlich möglich

Tabelle 5.9. Zusammenstellung von Verletzungsursachen und -arten

Ursachen der Selbstbeschädigung	Verletzungsarten
bei psychiatrischen Krankheitsbildern:	
Borderline-Persönlichkeiten	zumeist Schnittverletzungen
Psychosen bes. paranoid-halluzinatorische	scharfe Gewalt, erhebliches Verletzungsausmaß möglich; bizarre Verletzungsmuster; evtl. Autophagie
sog. selbstverletzendes Verhalten	zumeist Schnittverletzungen
artifizielle Störungen, Münchhausen-Syndrom	Hervorrufen von Krankheitssymptomen und/oder Wundheilungsstörungen
als Krankheitssymptom, z.B. beim Lesch-Nyhan-Syndrom	Abbeißen von Lippen und Finger (-spitzen)
in Haft	zumeist Schnittverletzungen, aber auch Intoxikationen, Verätzungen, Fremdkörperverschlucken
zur Vortäuschung einer Straftat	überwiegend Schnittverletzungen/Kratzer
religiöse und/oder politische Motivation	Selbstverbrennungen
(Jugend-) Kultur	Tätowierungen, Piercing
sog. Bodymodification	Branding, Scaring
versuchter Versicherungsbetrug	Selbstverstümmelungen (Gliedmaßenamputationen)

Selbstverletzendes Verhalten. Patienten, die sich zwanghaft selbst verletzen, drücken damit ein gestörtes Selbstbild aus. Die Zufügung von Schmerzen führt zum kurzfristigen Abbau der inneren Spannungen. Zumeist handelt es sich um junge Frauen (zwischen 20 und 30 Jahren). Eine Fremdbeibringung wird nicht angegeben, da das Selbstverletzen verdeckt geschieht.

Suizid (-versuche). Einen Sonderfall stellen missglückte Suizide dar, bei denen der Patient zur Verdeckung des versuchten Suizids einen Überfall als Verletzungsursache angibt. Manche Autoren postulieren daher einen Zusammenhang zwischen Selbstbeschädigungen und Suizidversuchen im Sinne fließender Übergänge. Scheint ein derartiger Zusammenhang vorzuliegen, muss nach der „Aufdeckung" der Selbstverletzung zwingend eine weitere (psychiatrische) Betreuung erfolgen.

Artifizielle Störungen

Die diagnostischen Kriterien dieser Erkrankungen lauten (nach Eckhardt):

- Vortäuschung, Aggravation und/oder künstliches Hervorrufen körperlicher und/oder seelischer Krankheitssymptome
- Wiederholte Wundheilungsstörungen bei Ausschluss wesentlicher organischer Ursachen (z.B. durch Einbringen von Fremdkörpern, Einspritzen von Kot)
- Symptomverstärkung vor geplanter Entlassung
- Suchtartiges Verlangen nach ständig neuen Krankenhausaufnahmen
- Auffällige Bereitschaft sich diagnostischen und therapeutischen, einschließlich operativen Eingriffen zu unterziehen
- Auffallende Gleichgültigkeit bezüglich des Krankheitsverlaufes
- Hinweise auf mehrere vorangegangene Eingriffe und Operationen
- Pathologische Arzt-Patienten-Beziehung

Unterschieden werden artifizielle Störungen im eigentlichen Sinne, das Münchhausen-Syndrom (s. unten) und das Münchhausen-by-proxy-Syndrom (► s. Kap. 5.2). Zahlen über die tatsächliche Häufigkeit dieser Erkrankungen fehlen. Eine **hohe Dunkelziffer** wird angenommen. Es sollen zu 80 % weibliche Patienten betroffen sein, wobei eine Häufung medizinischer Berufe auffällt (bis zu 1/3 der Erkrankten). Das Spektrum reicht vom Vortäuschen der Symptome, Manipulationen eines Fieberthermometers oder der eigenen Haut bis zur Verursachung schwerer septischer Krankheitsbilder durch Wundverunreinigungen. Dies kann bei schweren Krankheitsverläufen zu sog. iatrogenen Verstümmelungen führen (überflüssige Operationen, Amputation von Körperteilen/Gliedmaßen).

Fallbeispiel

Ein 26-jähriger Mann stellte sich 4 Wochen nach einer komplikationslosen Leistenhernienoperation links mit seit mehreren Tagen bestehenden, zunehmenden Schmerzen im Operationsbereich erneut in der Klinik vor. Die reizlose Narbe war umgeben von einer schmerzhaften Weichteilschwellung. Unter der Verdachtsdiagnose eines tiefen Wundinfektes wurde eine Revisionsoperation durchgeführt. Es fand sich eine ausgedehnte Kolliquationsnekrose im Niveau der Faszie des M. obliquus externus bei weitgehend intaktem Unterhautfettgewebe. Von dem flüssigen Material ging ein starker Benzingeruch aus. Der klinische postoperative Verlauf gestaltete sich komplikationslos. Die chemisch-toxikologischen Untersuchungen ergaben den Nachweis eines benzinähnlich zusammengesetzten Substanzmusters. Der Patient gab daraufhin an, für mehrere Stunden einen mit Waschbenzin getränkten Umschlag auf die Wunde gelegt zu haben. Weiteres war nicht zu eruieren, auch wenn diese Angabe den Befund nicht erklären kann.

Münchhausen-Syndrom

Zur Definition des Münchhausen-Syndroms gehören neben den Diagnosekriterien der artifiziellen Erkrankungen (s. oben, nach Eckhardt):

- Pseudologia-phantastica-Vorgeschichte, die aus einer Mischung aus Wahrheit und Unwahrheit geprägt ist; zwanghaftes Lügen
- Oft bizarre Symptomatik
- Wiederholte Beziehungsabbrüche, oft mit völliger sozialer Entwurzelung
- Tendenz zu extensivem Reisen (auch zu verschiedenen Krankenhäusern; „Krankenhauswanderer")
- Häufige Selbstentlassung, auch gegen ärztlichen Rat

Die schwere zugrunde liegende Persönlichkeitsstörung (narzisstische, Borderline-, oder dissoziale Persönlichkeitsstörungen) bedingt eine mangelnde therapeutische Zugänglichkeit. Die Prognose gilt als sehr ungünstig.

Selbstbeschädigungen in Haft

Neben vorbestehenden psychiatrischen Krankheitsbildern können spezielle Haftsituationen zu Selbstbeschädigungen führen. Insbesondere Untersuchungshäftlinge sind gefährdet („Inhaftierungsschock"). Neben zweckgerichteten (Fluchtabsicht, Kontaktaufnahme, Erleichterung von Haftbedingungen, Verlegung in ein – möglichst externes – Krankenhaus) kommen appellative Handlungen vor (bei als unerträglich erlebter Haftsituation). Dabei dominieren Schnittverletzungen neben Intoxikationen und Verätzungen. Als gesonderte Form ist das **Fremdkörperverschlucken** zu betrachten. Es wird alles verschluckt, was möglich bzw. erreichbar ist (Essbesteck, Rasierklingen, Batterien, Teile von Kugelschreibern). Tödliche Komplikationen (Blutungen, Perforationen) sind möglich, jedoch zumeist nicht beabsichtigt.

Selbstbeschädigung zur Vortäuschung einer Straftat

Zumeist sind es Mädchen oder jüngere Frauen, manchmal aber auch (jüngere) Männer, die bei der Polizei Anzeige wegen eines Überfalls erstatten. Die angegebenen Tatwerkzeuge sind überwiegend Messer oder andere spitze oder scharfe Werkzeuge. Die zugrunde liegende Motivation wird bei Einräumen der Selbstverletzung oft mit erhoffter Aufmerksamkeit und Fürsorge angegeben, aber auch das Ausweichen in eine Strafanzeige bei drohendem familiären Konflikt (zu spätes Nachhausekommen wird mit einer Straftat begründet). Die Erkennung derartiger Fälle erfolgt durch eine Begutachtung der Verletzungen, die charakteristische Merkmale aufweisen (s. unten). Die Überfallbeschreibungen sind relativ uniform, nur selten wird eine detaillierte Personenbeschreibung geliefert. Ganz vereinzelt werden konkret Täter benannt. Auf eine Übereinstimmung mit Ablaufdarstellungen „echter" Überfälle aus der Presse sollte geachtet werden.

Eine grundlegend andere Motivation liegt der sog. **kriminellen Selbstbeschädigung** zugrunde. Die Verletzungen dienen dabei der Vortäuschung einer Straftat zur Erlangung von Schmerzensgeld (z.B. angebliche Misshandlung durch Polizeibeamte) oder zur Verdeckung eigenen Fehlverhaltens (z.B. Fehlen des Geldes wird bei Veruntreuung durch einen Überfall erklärt).

Selbstverbrennungen

In Verbindung mit politischen oder religiösen Auseinandersetzungen oder Konflikten wird immer wieder über Selbstverbrennungen berichtet. Die Tat soll dem eigenen Anliegen oder der Situation einer Gruppe die erhoffte Aufmerksamkeit verschaffen. Sofort- aber auch Spättodesfälle sind häufig, da zumeist schwere Brandverletzungen in Kombination mit einem Inhalationstrauma vorliegen. Eine Fremdbeibringung wird weder angenommen noch behauptet. Der appellative Charakter steht eindeutig im Vordergrund. Die Selbstbeibringung derartig schwerer und schmerzhafter Verletzungen findet sich sonst nur bei psychiatrischen Erkrankungen (Psychosen), z.B. im Rahmen wahnhafter Verkennungen.

„Body modification"

Darunter versteht man auf Wunsch der Betroffenen vorgenommene Eingriffe, die im Kontext einer bestimmten Subkultur als Verschönerungen bzw. Kunstform empfunden werden. Dazu zählen das in den letzten Jahren weit verbreitete Piercing, aber auch Tätowierungen als minimale Formen. Darüber hinaus wurden berichtet:

- **Branding**: Zufügen von Brandwunden im Sinne von Brandzeichen;
- **Narben**: Narbenmuster oder -formen durch Beibringung von Schnitten und
- **subkutane Materialimplantationen**: z.B. „Hörner" in der Kopfhaut, kreuzförmige Metalle am Unterarm.

Ein extremes Beispiel ist eine operative Zungenspaltung.
Solange diese Eingriffe unter Beachtung hygienischer Grundsätze durchgeführt werden, ist die Gefahr weiterer körperlicher Schäden gering. Geschieht dies nicht, können Infektionen oder Blutverluste (beschrieben z.B. nach Zungenpiercing) zum Tod führen. Ob man diese Eingriffe als Normvariante (jugendlichen) Verhaltens oder Selbstbeschädigung betrachtet, hängt von der persönlichen Perspektive ab.

5.3.2 Differentialdiagnose selbstbeigebrachter Verletzungen

Entsprechend den zahlreichen Ursachen selbstbeschädigenden Verhaltens sind die Verletzungsbilder variabel. Es kommen alle Arten von Gewalteinwirkung vor, wobei Schnittverletzungen

Tabelle 5.10. Charakteristika selbst- und fremdbeigebrachter Verletzungen

	Merkmal	tatsächlicher Überfall	fingierter Überfall
1	Art der scharfen Verletzung	Überwiegend Stiche, einige Schnitte, vereinzelte Abkappungen	Fast durchweg Schnitte, auch Kratzer und Übergangsformen
2	Anordnung	Regellos über den Körper verteilt	Gruppenbildung, scharenweise parallel, vereinzelte Reihungen; symmetrische Anordnung
3	Lokalisation	Alle Körperregionen, empfindliche Stellen nicht ausgespart	Brust, Schambereich und unbekleidete Körperregionen bevorzugt (Arme, Brust-, Bauchhaut). Empfindliche Stellen (z.B. Brustwarzen, Lippen) und Funktionsbereiche (Ohren, Augen) ausgespart. Rücken und schwer erreichbare Regionen nicht betroffen; Betonung der der Arbeitshand gegenüberliegenden Seite
4	Form der Einzelverletzung	Meist kurze Verläufe, auch unstetige, stark gekrümmte Formen	Oft lange, stetige, nur schwach gekrümmte, konstante Formen
5	Intensität der Einzelverletzung	Stark variierend. Oft tiefreichend	Nahezu konstant. Immer oberflächlich. Gleichmäßige Verletzungstiefe auch an gewölbten Körperpartien
6	Anzahl der Einzelverletzungen	Große Anzahl seltener	Auffallend häufig große Anzahl; evtl. Zeichen vorangegangener Selbstverletzungen
7	Gesamtverletzungs-schwere	Meist (sehr) schwer	Durchweg sehr leicht
8	Begleitverletzungen	Meist zahlreiche Begleitverletzungen anderer Art	Vereinzelt Begleitverletzungen anderer Art (selbst beigebracht)
9	Einbeziehung der Kleidung	In die Verletzungen einbezogen. Träger zahlreicher Kampfspuren	Meist nicht einbezogen. Vereinzelt Kampfspuren (selbst erzeugt)
10	Abwehrverletzungen	Oft typische, tiefe Schnitte an Fingerbeugeseite, Hohlhand, Handrücken und Unterarm	Keine Abwehrverletzungen. Untypische, durchweg oberflächliche Schnitte auch an Fingern, Hand und Unterarm

(nach König und Pollak 1987)

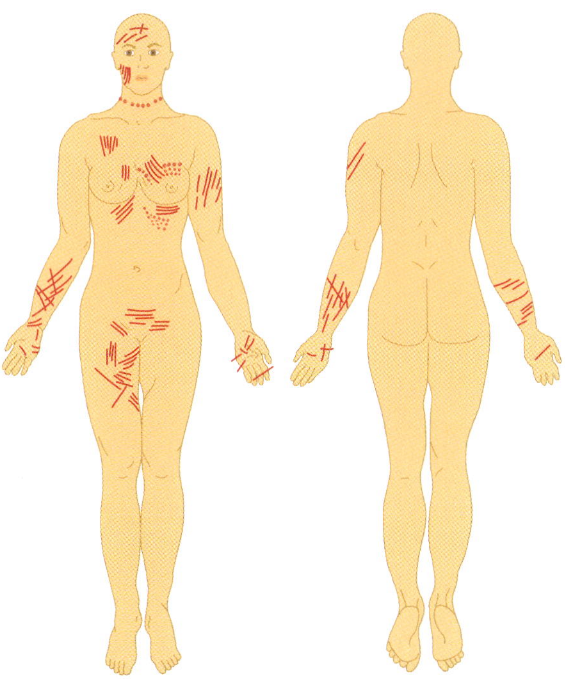

Abb. 5.11. Lokalisationen selbstbeigebrachter Verletzungen (nach König 1987)

bzw. Verletzungen durch scharfe und halbscharfe Gewalteinwirkung dominieren.

Charakteristika der Selbstbeschädigung zur Vortäuschung einer Straftat

Die Verletzungscharakteristika sind in Tabelle 5.10 zusammengefasst und in Abbildung 5.11+5.12 bildlich dargestellt. Diese Charakteristika sind im Einzelfall nicht beweisend, auch wenn mehrere Kriterien erfüllt sind. Auch atypische Selbstbeschädigungen wurden berichtet (z.B. Stich in den Rücken, tiefere Stichverletzungen des Bauches mit Eröffnung des Abdomens). Bei der Aufdeckung einer Selbstbeschädigung ist darauf zu achten, dass eine weitere Betreuung erforderlich sein kann (**Cave: Suizidgefahr**).

Kriminalistische Aspekte:

- Besitz eines entsprechenden Werkzeugs (evtl. mit Blutanhaftungen)
- Widersprüche zwischen angegebenem Tathergang und Verletzungsart
- Abwesenheit von Blutspuren am angegebenen Tatort

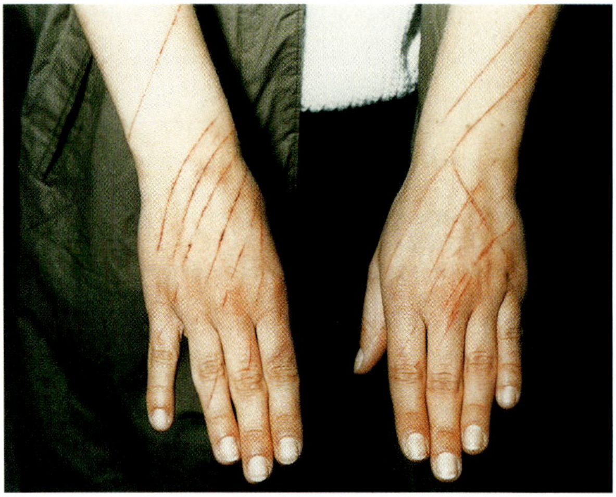

Abb. 5.12. Selbstbeigebrachte, oberflächliche Schnittverletzungen

Selbstbeschädigung/-verstümmelung in Versicherungsfällen

Diese vorsätzlichen Selbstverstümmelungen umfassen zumeist die traumatische Amputation eines oder zweier Finger (Daumen oder Zeigefinger der Nicht-Arbeitshand), sehr selten einer ganzen Hand, größerer oder anderer Gliedmaßenabschnitte (z.B. Finger bei handwerklich tätigen Personen, auch operativ tätige Ärzte). Die Fallkonstellationen sind relativ uniform. Mögliche Verdachtsmomente sind (nach Raestrup 1992):

- Kurzbestand der Versicherung,
- Missverhältnis zwischen Versicherungshöhe und Wirtschaftslage des Versicherten,
- Verschweigen von Doppel- und Mehrfachversicherungen,
- Fehlen von Augenzeugen bzw. nachträgliche Zeugenbeeinflussung, um Widersprüche über Zeit und Hergang des „Unfalls“ zu beseitigen,
- Primitivität der Unfallschilderung, Betonung von Nebensächlichkeiten; Unterlassung der Sofortfolgenschilderung,
- wahrheitswidrige Behauptung von Links- bzw. Rechtshändigkeit, um Verletzungen der anderen Hand glaubhaft zu machen,
- Beseitigung von abgetrennten Fingergliedern, Tatwerkzeugen und -spuren,
- Nichtübereinstimmung der Hergangsschilderung mit den objektiven Befunden,
- Abnormität in der Verhaltensweise des Versicherten und der Angehörigen bei der Untersuchung durch Ärzte und Versicherungsbedienstete und
- Sofortbereitschaft und psychische Enthemmung bei Vergleichsvorschlägen der Versicherungsgesellschaft.

Die „Unfälle“ geschehen zumeist in der Freizeit, seltener am Arbeitsplatz (überwiegend Hieb- oder Sägeverletzungen). Bei Frauen finden sich derartige Verletzungen äußerst selten. Der Vergleich zu echten unfallbedingten Verletzungen ist in Tabelle 5.11 dargestellt. Die zur Beurteilung der Verletzungsentstehung minimal erforderlichen Informationen sind in Tabelle 5.12 zusammengefasst.

Checkliste

Bei Verdacht auf artifizielle Störungen/Münchhausen-Syndrom
- Sorgfältige Überwachung des Patienten
- Einholung von Informationen vorbehandelnder Ärzte
- Hinzuziehung von Psychiatern/Psychologen vor einer Konfrontation

Bei Verdacht auf Vortäuschung einer Straftat
- Körperliche Untersuchung durch einen Rechtsmediziner
- Bei schweren Verletzungen an (drohenden) Suizid und Wiederholungsgefahr denken; Betreuung nach „Aufdeckung“ der Selbstbeschädigung sichern; Abklärung evtl. psychiatrischer Erkrankungen

Bei Verdacht auf Selbstamputation von Gliedmaßen
- Ausführliche Befunddokumentation
- Zusatzuntersuchungen einleiten (chemisch-toxikologische Untersuchungen)
- Begutachtung nur unter Hinzuziehung sämtlicher Unterlagen und Ereignisrekonstruktion

Tabelle 5.11. **Verletzungscharakteristika von Hiebverletzungen (am Beispiel von Fingern)**

Unfall	Selbstverstümmelung
schwere Verletzung oder Zerstörung (bei nachgebendem Widerlager)	vollständige Amputation; kurzer Stumpf (erfordert solide Unterlage)
zumeist mehrere Finger betroffen	singuläre Verletzung
irregulärer Absetzungsrand	scharfer Absetzungsrand
unregelmäßig	häufig rechtwinkliger Absetzungswinkel ohne Begleitverletzungen
einzeitiges Ereignis	Knochenscharten durch vorangegangene Absetzungsversuche
keine Manipulationen	Hinweise auf vorherige Blutstillung/Lokalanästhesie (möglicherweise berufsbezogen)

Tabelle 5.12. Beurteilungsgrundlagen bei der Begutachtung versicherungsmedizinisch relevanter Gliedmaßenverletzungen

Verletzung	Ausmaß, Begleitverletzungen, Absetzungsränder, Achsstellung der Amputation zur Fingerachse
Amputat	glatter oder schartiger Absetzungsrand, Beurteilung der Hautverletzung, Anhaltspunkte für Medikamenteneinnahme oder Injektion (evtl. chemisch-toxikologische Untersuchungen)
Werkzeugbeurteilung (Original!)	Blutantragungen, Werkzeug prinzipiell geeignet, eine derartige Verletzung zu verursachen, Handhaltung beim Ereignis rekonstruieren
Werkstoff (Original!)	Blutantragungen, Bearbeitung mit dem Werkzeug erkennbar bzw. möglich
Ortsbesichtigung	Werkbank oder Maschine, Schutzvorrichtungen, Rekonstruktion der Körper- und Extremitätenhaltung vor, während und nach dem Ereignis
Ereignisrekonstruktion	Haltung der Arbeits- und der Haltehand (bei arbeitsphysiologischer Position Verletzung möglich?)

(ausführliche Anleitung bei Dotzauer 1976)

5.4 Sexueller Missbrauch von Kindern

S. Banaschak, B. Madea

Definition, Epidemiologie und Statistik

Definition

Eine einheitliche Definition existiert bislang nicht. Generell wird zwischen so genannten „hands-on-" und „hands-off-Handlungen unterschieden. Bei **„hands-off-Handlungen"** (Handlungen ohne Körperkontakt) sind körperliche Befunde nicht zu erwarten. Das Ausmaß körperlicher Befunde bei **„hands-on-Handlungen"** hängt vom konkreten Vorfall ab. Im Vordergrund rechtsmedizinischer Befunderhebungen stehen Verletzungen, die eine anale/vaginale Penetration beweisen.

Epidemiologische Daten

Die Zahlen der polizeilichen Kriminalstatistik schwanken seit Jahren auf hohem Niveau (zwischen 15.000–17.000 Fälle pro Jahr). Die Dunkelziffer (= nicht angezeigte Fälle) gilt als hoch und soll bei ca. 50.000 Fällen pro Jahr liegen.

Nach dem momentanen Erkenntnisstand
- sind ca. 95 % der **Täter** männlich, bei bis zu 25 % der betroffenen Jungen weiblich.
- stammen 60 % der Täter aus dem Familienkreis, 90 % aus dem Nahraum des Opfers.
- sind mehr Mädchen (70 %) als Jungen (30 %) betroffen.
- sind Kinder aller Altersstufen und sozialer Schichten betroffen. Als besonders gefährdet gelten geistig behinderte oder emotional vernachlässigte Kinder.
- sind Angaben zur **Prävalenz** unzuverlässig; sie schwanken zwischen 62 % für Mädchen (Spanne von 6–62 %) und 13 % bei Jungen (3–13 %).

Strafrechtliche Ahndung

§ 176 StGB – Sexueller Missbrauch von Kindern. Die juristische Altersgrenze beträgt 14 Jahre (Kind). Als schwerer sexueller Missbrauch (§ 176a) gelten der Vollzug des Beischlafes (Eindringen in den Körper), die gemeinschaftliche Begehung der Tat, die Verursachung eines schweren Gesundheitsschadens, einer erheblichen Schädigung der körperlichen oder sexuellen Entwicklung und eine einschlägige Vorstrafe innerhalb der letzten 5 Jahre. Ein höheres Strafmaß gilt bei gleichzeitiger schwerer körperlicher Misshandlung oder der Gefahr des Todes. Todesfälle werden gesondert geahndet (§ 176b StGB).

Je nach Fallkonstellation kommen weiterhin in Betracht:
- § 173 StGB – Beischlaf zwischen Verwandten,
- § 174 StGB – Sexueller Missbrauch von Schutzbefohlenen,
- § 180 StGB – Förderung sexueller Handlungen Minderjähriger und
- § 182 StGB – Sexueller Missbrauch Jugendlicher.

5.4.1 Körperliche Untersuchung

Bei Verdacht auf sexuellen Missbrauch muss immer eine **Ganzkörperuntersuchung** erfolgen, eine Beschränkung auf eine anogenitale Untersuchung ist unzureichend. Zeichen anderweitiger Gewalteinwirkung können insbesondere bei innerfamiliärem Missbrauch fehlen (zu Befunden, ► s. Kap. 5.2). Bei älteren Kindern soll es aufgrund eines geringen Selbstwertgefühls und Schuldgefühlen häufiger zu **Selbstverletzungen** kommen (► s. Kap. 5.3). Bei Verdacht auf die Beibringung von Alkohol, Medikamenten oder Drogen ist eine Blut- und Urinasservierung erforderlich.

Durch den Ausschluss möglicher Verletzungen und Infektionen beziehungsweise deren Behandlung kann die körperliche Untersuchung eine positive Rolle bei der Bewältigung eines sexuellen Missbrauchs spielen. Die Untersuchung erfordert jedoch Rahmenbedingungen, die der kindlichen Situation gerecht werden (altersgerechte Aufklärung, störungsfreies Zimmer, etc.). **Körperliche Zwangsmaßnahmen sind nicht angezeigt.**

Untersuchungszeitpunkt. Liegt aktuell ein sexueller Missbrauch vor, muss eine sofortige Untersuchung eingeleitet werden, da wichtige Befunde und Spuren sonst unwiderruflich verloren gehen können. Eine sofortige Untersuchung ist ebenfalls angezeigt bei Hinweisen auf Verletzungen, sexuell übertragbare Erkrankungen oder eine Schwangerschaft. Wird ein Kind zu einem späteren Zeitpunkt vorgestellt, sind keine Eilmaßnahmen erforderlich.

Psychische Aspekte bei sexuellem Missbrauch

Wichtig

Ein „Missbrauchssyndrom", dessen Vorliegen einen sexuellen Missbrauch beweist, existiert nicht. Dies gilt ebenfalls für eventuelle Langzeitfolgen eines Missbrauchs.

(Neu auftretende) Auffälligkeiten (wie psychosomatische Beschwerden, Verhaltensauffälligkeiten oder psychiatrische Symptome) bestätigen das Vorliegen einer akuten Belastungssituation; in die differentialdiagnostischen Überlegungen muss ein sexueller Missbrauch einbezogen werden.

Sekundäre Viktimisierung. Von den Schädigungen durch den Missbrauch selbst sind so genannte sekundäre Schädigungen abzugrenzen. Diese entstehen durch das Bekanntwerden des sexuellen Missbrauchs. Sie beruhen auf unprofessionell, unkoordiniertem Eingreifen, der Reaktion der Familie, wiederholten Befragungen und Untersuchungen, etc.

Bei der **Befragung** der Kinder muss darauf geachtet werden, nicht durch Suggestivfragen die ursprüngliche Aussage zu verfälschen. Dies gilt selbstverständlich auch im Rahmen einer körperlichen Untersuchung.

Anogenitale Untersuchung

Die Form der Durchführung hängt bei Mädchen vom Alter ab. Bei kleineren Mädchen sind eine Spekulumuntersuchung und ein digitales Tasten nicht erforderlich. Liegen Hinweise auf behandlungsbedürftige Verletzungen oder Fremdkörper hinter dem Hymen vor, sollte die Untersuchung von vorn herein unter Narkose durchgeführt werden.

Untersuchungspositionen bei Mädchen. Bei der „**Froschhaltung**" (frog leg position, ◘ Abb. 5.13a) kann durch Traktion (Fassen der unteren Anteile der Labien mit Daumen und Zeigefinger, Zug nach außen und nach oben und unten) beziehungsweise Separation (leichter Zug der Labien nach seitlich) das Hymen eingesehen werden (◘ Abb. 5.14a, b). Bei der **Knie-Brust-Lage** (◘ Abb. 5.13b) muss zur Inspektion des hinteren Hymenalsaumes das Gesäß in Höhe des Vaginalintroitus angehoben werden. Gleichzeitig kann die Analöffnung inspiziert werden. Die Zuhilfenahme eines **Kolposkopes**, das bei einem entsprechenden Fotoaufsatz direkt zur Fotodokumentation verwandt werden kann, kann zur Auffindung kleinerer Läsionen hilfreich sein.

Untersuchungspositionen bei Jungen. Zur Inspektion des Genitale ist keine besondere Position erforderlich. Liegt der Verdacht auf einen analen Missbrauch vor, sollte die Kniebrusthaltung vermieden werden. Dann empfiehlt sich die Seitenlage, die bei Spreizung des Gesäßes eine ausreichende Inspektion erlaubt (◘ Abb. 5.13c).

Normalbefunde. Die angegebenen Häufigkeiten von Normalbefunden nach sexuellem Missbrauch schwanken bei Mädchen zwischen 26–73 %, bei Jungen zwischen 17–82 %.

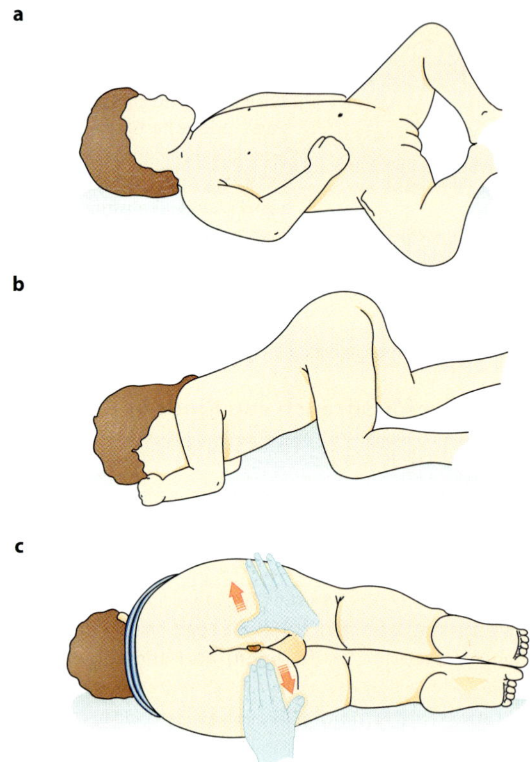

◘ Abb. 5.13. **a** Froschhaltung; **b** Knie-Brust-Lage; **c** Seitenlage

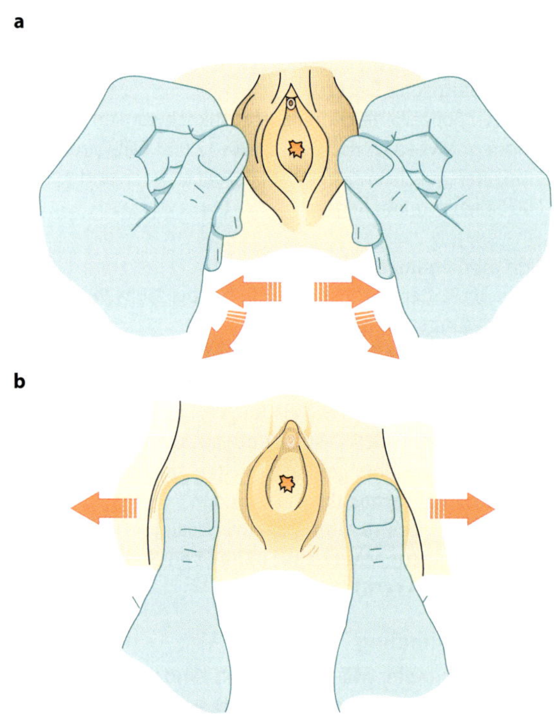

◘ Abb. 5.14. **a** Traktion; **b** Separation

Wichtig

Ein Normalbefund schließt einen Missbrauch nicht aus. Es kommt darauf an, welche Missbrauchshandlungen angegeben wurden und welche Befunde demnach zu erwarten sind.

Das Fehlen von Befunden kann zurückzuführen sein auf:
- Art des Missbrauchs führt nicht zu körperlichen Spuren
- Verzögerte Untersuchung
- Zwischenzeitliches Baden, Urinieren oder Defäkieren
- Elastizität des Gewebes (verhindert ein Einreißen)

Untersuchungsbefunde bei Mädchen. Die Beurteilung des **Hymens** steht im Vordergrund. Zur Beurteilung sind Kenntnisse der Normvarianten und altersentsprechenden Veränderungen notwendig. Diesbezügliche Atlanten sind veröffentlicht worden (s. Literatur).

Hymenbeurteilung

Jedes Mädchen hat bei der Geburt ein Hymen (von komplexen Missbildungen abgesehen). Die **Hymenkonfiguration** ist hoch variabel. Man unterscheidet annuläre, fimbrienartige und halbmondförmige Hymen (◘ Abb. 5.15a–c), seltener sind septierte, kribriforme, mikroperforierte und imperforierte Hymen. Die **Hymenalöffnung** kann anterior, zentral oder posterior liegen. Ihre Größe variiert bei unterschiedlichen Körperpositionen um bis zu 50 %. Die Interpretation muss entsprechend vorsichtig erfolgen. Der Erkennbarkeit intravaginaler Strukturen (bei Verschmälerung des hinteren Hymenalsaumes) kommt eine größere Bedeutung zu als der gemessenen Hymenöffnung. Anatomische Varianten zeigt auch der **Hymenalsaum** (◘ Tabelle 5.13).

Soweit bislang bekannt, treten durch die Verwendung von **Tampons** keine Hymeneinrisse auf. Ebenso konnte ein Einfluss unterschiedlicher **Sportarten** auf Hymenveränderungen bislang nicht gefunden werden.

Verwechslungsgefahr. Zahlreiche kongenitale, dermatologische und urethrale Veränderungen können zu Verwechslungen mit Befunden nach sexuellem Missbrauch führen. Beispielhaft seien genannt:
- Erytheme aufgrund unspezifischer Infektionen
- Hämatome bei Systemerkrankungen (insbesondere Gerinnungsstörungen)
- Farbveränderungen („Mongolenfleck", Phytodermatitis, Kleidungsabfärbung)
- Lichen sclerosus (es kann auch eine Komorbidität bestehen, da traumatische Veränderungen einen Lichen sclerosus fördern)
- Hämangiome (auch urethrale Hämangiome, die zu Blutungen führen)

Untersuchungsbefunde bei Jungen. Typische Genitalveränderungen fehlen.

a

b

c

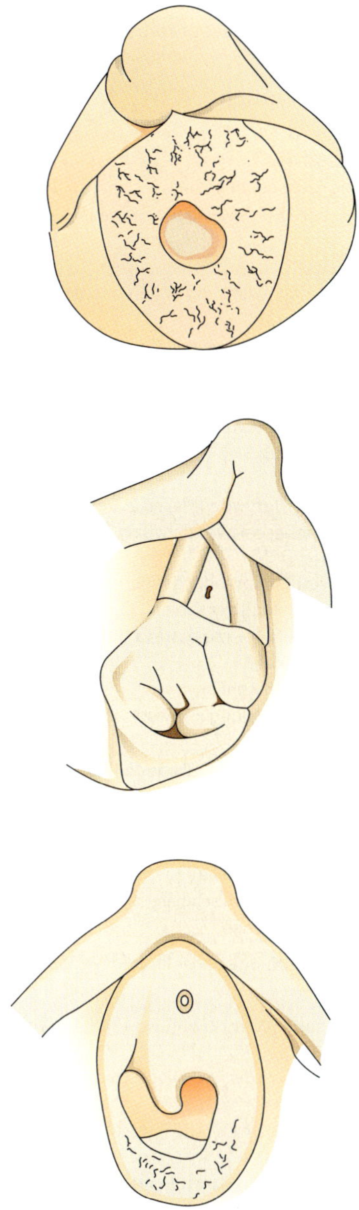

◘ Abb. 5.15a–c. Hymenkonfigurationen. **a** Annuläre Konfiguration; **b** fimbrienartige Konfiguration; **c** halbmondförmige Konfiguration

Anale Untersuchungsbefunde. Der Sphinkter ist sehr dehnbar, daher muss eine anale Penetration keine Gewebeverletzungen verursachen (z.B. Verwendung von Gleitmitteln, geringe Kraftaufwendung). Weiterhin hängt das Auftreten von Verletzungen von der Größe des eingeführten Objektes, dem Ausmaß der Gewalteinwirkung, der Gegenwehr des Opfers, der Häufigkeit des Missbrauchs und dem Zeitabstand zum letzten Missbrauch ab. Sämtliche Befunde sind bei Kindern <5 Jahre wesentlich häufiger als bei älteren Kindern (größeres anatomisches Missverhältnis). Angaben über die Häufigkeit von Verän-

Tabelle 5.13. Befundklassifikation (nach Herrmann 1995)

Normalbefund (Klasse 1)	
Periurethrale Bänder Intravaginale Grate oder Furchen Hymenalanhängsel, -erhabenheiten, -zysten	Dilatation der Urethra bei Traktion der Labien Verstärktes Erythem im Sulcus Anteriore Kerben/Spalten mit abgerundeten Rändern (zwischen 9 und 3 Uhr bei Rückenlage)
Hymenvorwölbungen, -knötchen, -zysten	Hymenale Septen
Linea alba in der Mittellinie der hinteren Gabel („posterior fourchette")	Lymphfollikel in der Fossa navicularis
Gestreckte/verlängerte Hymenalöffnung beim adipösen Kind	Breiter hinterer Hymenalsaum (1–2 mm breit)
Östrogenbedingte Veränderungen (verdicktes, wulstiges, fleischiges Hymen – postpartal, mit Beginn der Pubertät)	Vermehrte perianale Pigmentierung
Diastasis ani (glatte Fläche bei 6 oder 12 Uhr – d.h. in der Mittellinie – perianal)	Anale Hautanhängsel/verdickte Analfalten in der Mittellinie
Nichtspezifische Befunde (Klasse 2; Befunde, die durch sexuellen Missbrauch, aber auch durch andere Ursachen entstehen können – Anamnese unverzichtbar)	
Erythem des Vestibulums oder des Perianalgewebes	Verstärkte Vaskularisierung (Vestibulum, Hymen)
Adhäsion/Verwachsung der Labien	Gerollte Hymenalränder in der Knie-Brust-Position
Schmaler Hymenalsaum, mindestens 1 mm breit	Vaginaler Ausfluss
Analfissuren/-rhagaden	Abgeflachte oder verdickte Analfalten
Erweiterter Anus mit Stuhl Beschmutzung/Besudelung mit Stuhl	Venöse Stauung im perianalen Gewebe, verzögert während der Untersuchung (nach 20–30 Sekunden)
Verdacht auf sexuellen Missbrauch (Klasse 3; Befunde, die den Untersucher anhalten sollten, das Kind auf Missbrauch hin zu befragen)	
Sofortige Analdilatation von mindestens 15 mm ohne sichtbaren oder tastbaren Stuhl im Rektum	Sofortige, ausgedehnte Venenstauung des Perianalgewebes
Posteriorer Hymenalsaum schmaler als 1 mm in allen Untersuchungspositionen	Verzerrte, unregelmäßige Analfalten
Akute Hautabschürfungen oder Risse im Vestibulum oder an den Labien (ohne Hymenbeteiligung) oder perianale Gewebeeinrisse	
Missbrauch nahe legende Befunde/hohe Wahrscheinlichkeit (Klasse 4)	
Kombination zweier oder mehr verdächtiger Anal- oder Genitalbefunde Narben im Perianalbereich (Anamnese!)	Narben oder frische Einrisse der hinteren Gabel ohne Hymenbeteiligung
Klare Hinweise auf Penetrationsverletzungen (Klasse 5)	
Abschnitte ohne Hymenalgewebe unter 3 Uhr–9 Uhr bei liegender Patientin	Bestätigung in Knie-Brust-Lage, rudimentäres oder fehlendes Hymen
Hymenaldurch- oder -anrisse	Posteriore keil- oder v-förmige Kontinuitätsunterbrechungen des Hymens
Riss der hinteren Gabel einschließlich des Hymens	Narbe der hinteren Gabel verbunden mit Verlust des Hymenalgewebes zwischen 5 und 7 Uhr
Radiäre perianale (Schleim-) Hauteinrisse bis zum Sphincter externus oder darüber hinaus	Cave: Diese können auch durch wiederholte ärztliche Untersuchungen hervorgerufen werden

derungen schwanken zwischen 34–68 %. Die möglichen Befunde sind in Tabelle 5.14 zusammengefasst. Liegen äußerliche Verletzungen vor, muss über die Durchführung einer **Anoskopie** entschieden werden.

Differentialdiagnosen bei Analbefunden
- angeborene Missbildungen
- Unfallverletzungen (s. unten)
- Hauterkrankungen (z.B. atopisches Ekzem)

Tabelle 5.14. Mögliche Untersuchungsbefunde bei analem Missbrauch

akut (Stunden)	chronisch
– perianale Schwellung („Reifenzeichen") – marginale Hämatome – (blutende) radiäre Fissuren – klaffender Anus – lineare Hautabschürfungen – Misshandlungsbefunde (Griffspuren)	– Verdickung der Analhaut mit Verlust des Faltenreliefs – Verminderung des Sphinktertonus – anale Dilatation; venöse Stauung, chron. Fissuren – (keilförmige) Vernarbungen und Hautanhängsel („tags" – nicht in der Mittellinie) – Warzen oder sexuell übertragbare Erkrankungen

- unspezifische Infektionen (z.B. Candidose)
- entzündliche Darmerkrankungen
- schwere chronische Verstopfung mit Herabsetzung des Analtonus
- singuläre Analfissur (z.B. bei chronischer Obstipation)
- neurologische Erkrankungen (z.B. Spina bifida)
- Analtumor

Befundinterpretation. Die Befundinterpretation kann nur im Zusammenhang mit anamnestischen Angaben erfolgen. Eine Zusammenfassung zahlreicher Befunde, klassifiziert nach ihrer Wertigkeit, gibt Tabelle 5.13 wieder.

Unfallbedingte Verletzungen. Unfallbedingte anale oder vaginale Penetrationsverletzungen sind sog. **Pfählungsverletzungen**. Wird ein solcher Unfallmechanismus beschrieben, müssen Verletzungen des Abdomens ausgeschlossen werden. Stumpfe Traumata im Genitalbereich im Sinne von **Spreizungsverletzungen** führen zu meist seitenbetonten Hämatomen. Das Hymen wird dabei durch die tiefere Lage geschützt.

Besondere Fragestellungen. Fremdkörper hinter dem Hymen sind auf eine Fremdeinwirkung verdächtig, da das Hymen bei kleineren Kindern durch den fehlenden Östrogeneinfluss leicht verletzlich und sehr schmerzempfindlich ist.

Die **rituelle genitale Verstümmelung** (auch Beschneidung) wird in einigen afrikanischen, asiatischen und nahöstlichen Ländern praktiziert. Sie umfasst unterschiedlich radikale Eingriffe (von der Entfernung der Klitoris (-spitze) bis zur vollständigen Entfernung der Klitoris, der großen und kleinen Labien). In Deutschland kann sie als vorsätzliche gefährliche Körperverletzung geahndet werden. Nach einer Entschließung des 99. Deutschen Ärztetages ist in Deutschland praktizierenden Ärzten die Durchführung derartiger Eingriffe verboten. Eine Veranlassung durch die Eltern kann nicht als Rechtfertigungsgrund gelten, da der Eingriff an sich sittenwidrig ist.

5.4.2 Sexuell übertragbare Erkrankungen

Bei der Untersuchung sollte an die Entnahme entsprechender Untersuchungsmaterialien gedacht werden (Abstriche, Blut). Der Umfang richtet sich nach dem jeweiligen Einzelfall. Die Betreuungspersonen sind über die erforderlichen Nachuntersuchungen zu unterrichten.

Wichtig

Wird bei einem Kind „zufällig" eine sexuell übertragbare Erkrankung diagnostiziert, so muss zwingend der **Infektionsweg** eruiert werden.

Die Erkrankungen und ihre Wertigkeit in Bezug auf sexuellen Missbrauch sind in Tabelle 5.15 aufgeführt.

Fallbeispiel

Bei der körperlichen Untersuchung eines 10-jährigen Mädchens wegen des Verdachtes auf einen sexuellen Missbrauch durch den seit 10 Jahren HIV-positiven Stiefvater wird mitgeteilt, dass das Mädchen selbst seit 2 Jahren HIV-positiv ist. Es wurde eine Abstammungsuntersuchung der Viren durchgeführt, die die Verwandtschaft der Virenstämme ergab. In den Krankenunterlagen des Kindes war trotz der bekannten Infektion des Stiefvaters jeweils angegeben, dass der Infektionsweg unbekannt sei.

5.4.3 Maßnahmen der Beweissicherung

Arztrechtliche Aspekte

Liegen bei einer Untersuchung Hinweise vor, dass ein sexueller Missbrauch stattfindet/stattgefunden hat, so besteht **keine Meldepflicht**. Ärzte können jedoch ihre Schweigepflicht brechen (weiteres ▶ s. Kap. 5.2). In jedem Fall muss ein derartiger Verdacht ausführlich dokumentiert werden (s. unten). Eine Anzeige kann dann zu einem späteren Zeitpunkt erfolgen.

Befunddokumentation

Bei der Untersuchung erhobene Befunde müssen nachvollziehbar beschrieben, zeichnerisch und/oder fotografisch dokumentiert werden. Eine Interpretation kann später erfolgen.

Bei der Dokumentation zu berücksichtigende anatomische Strukturen

Weibliches Genitale:

- Labien (vorhanden, Verschieblichkeit, Adhäsionen)
- Schleimhautfarbe, -abschürfungen, -verletzlichkeit
- Hymenalsaumes (Breite, Spalten/Vorwölbungen)
- Hymenrand (scharfkantig oder abgerundet; Vergleich in den Untersuchungspositionen)

Tabelle 5.15. Sexuell übertragbare Erkrankungen bei Kindern

Erkrankung (Erreger)	Inkubationszeiten (Nachweismethode)	intrauterine/ perinatale Infektion	Wertigkeit
Human immunodeficiency virus (HIV)	6 Wo.–18 Mon. (Serologie)	ja	+++; beweisend*
Syphilis (Treponema pallidum)	10–90 Tage (Serologie)	ja	+++
Gonorrhö (Neisseria gonorroeae)	2–7 Tage (kulturell)	ja	+++
Trichomoniasis (Trichomonas vaginalis)	4–20 Tage (mikroskopisch oder kulturell)	ja	+++
Herpes-simplex-Virus Typ 2 (HSV-2)	2–14 Tage (z.B. aus Abstrich von Bläschen)	ja	++
Humane Papillomaviren (HPV-Typen 6,11,16,18; z.B. Condylomata acuminata)	1–9 Mon. (? 20 Mon.) (bioptisch; In-situ-Hybridisierung)	ja	++
Chlamydien (Chlamydia trachomatis)	variabel (kulturell)	ja	++
Herpes-simplex-Virus Typ 1 (HSV-1)	2–14 Tage (z.B. aus Abstrich von Bläschen)	ja	+
Mykoplasmen, Ureaplasma	2–3 Wochen? (kulturell)	?	+
Bakterielle Vaginose	7–14 Tage? (kulturell)	?	+
Candida albicans	? (kulturell)	?	unwahrscheinlich

+++ = starker Verdacht auf sexuellen Missbrauch
++ = erheblicher Verdacht auf sexuellen Missbrauch
+ = geringer Verdacht auf sexuellen Missbrauch
? = fraglich bzw. nicht bekannt
* = wenn andere Infektionswege ausgeschlossen

- Verwachsungen und ihre Auswirkungen auf die Hymenstruktur
- Form der Hymenöffnung
- Fossa navicularis und hintere Gabel: Vaskularisierung (vermehrt, Muster)
- Narben (Cave: Mittellinie)

Männliches Genitale:

- Skrotum (intakt, Einrisse, Verfärbungen)
- Penis (Vorhaut, entzündliche Veränderungen, Verfärbungen)

Anale Strukturen:

- Perianales Gewebe
- Perianale Fältelung (unterbrochen, unregelmäßig, verdickt, Einrisse)
- Pigmentierung, Narben (Cave: Mittellinie)
- Anale Reflexdilatation (ca. 30 Sekunden nach Spreizung, Weite, Stuhl in der Ampulle)

Spurensicherung und Asservate

Bei der Untersuchung *muss* an die **Entnahme von Proben** für spurenkundliche Untersuchungen, insbesondere auf **Spermien,** gedacht werden. Es empfiehlt sich die Verwendung von mit Aqua dest. angefeuchteten Wattestieltupfern, die nach der Entnahme luftgetrocknet werden müssen. Berichtet das Kind über Lecken, Küssen, etc. sollten die bezeichneten Hautareale mit einem feuchten Wattestieltupfer vorsichtig abgerollt werden (weiteres ► s. Kap. 5.1). Sämtliche Asservate müssen bezüglich Entnahmeort, -zeit und -datum und den persönlichen Daten *eindeutig* beschriftet werden.

Checkliste

Ergibt sich bei der Untersuchung eines Kindes der Verdacht auf einen sexuellen Kindesmissbrauch müssen folgende Punkte beachtet werden:

- Dokumentation eventueller kindlicher Aussagen (Zeugen)
- Einschaltung geeigneter Institutionen (keine Alleingänge)
- Gespräche mit den Eltern immer unter Zeugen, Anfertigung eines Protokolls
- im Zweifelsfall oder wenn weitere Untersuchungen erforderlich sind, Kind evtl. stationär einweisen (Sicherung des Kindes, weitere Diagnostik möglich)

Bei der körperlichen Untersuchung ist zu achten auf:

- altersentsprechende Aufklärung des Kindes über die Untersuchung
- Ganzkörperuntersuchung (keine Konzentration auf das Genitale)
- fotografische oder zeichnerische Dokumentation des Befundes
- Beschreibung des Befundes (Lokalisation und Morphologie)
- Spurensicherung
- Untersuchung auf sexuell übertragbare Erkrankungen falls erforderlich oder gewünscht; Nachuntersuchungen überwachen
- eventuell Schwangerschaftstest
- bei Verdacht auf Beibringung von Alkohol/Drogen Blut- und Urinproben asservieren

„Zufällige" Diagnose einer sexuell übertragbaren Erkrankung

- Therapie einleiten
- körperliche Untersuchung
- Infektionsweg klären (Perinatale Infektion? Erkrankungsfälle in der Familie? Untersuchung der Betreuungspersonen)

5.5 Körperverletzung

S. Pollak

5.5.1 Straftatbestände

Die Straftaten gegen die körperliche Unversehrtheit werden im **Strafgesetzbuch** (Besonderer Teil, 17. Abschnitt) behandelt. Wenn der Gesetzestext nicht ausdrücklich fahrlässiges Handeln unter Strafe stellt, ist der jeweilige Tatbestand nur bei vorsätzlichem Handeln erfüllt (§ 15 StGB).

§ 223 StGB Körperverletzung

(1) Wer eine andere Person körperlich misshandelt oder an der Gesundheit schädigt, wird mit Freiheitsstrafe bis zu 5 Jahren oder mit Geldstrafe bestraft.
(2) Der Versuch ist strafbar.

Als körperliche Misshandlung gilt ein übles, unangemessenes Behandeln, das entweder das körperliche Wohlbefinden oder die körperliche Unversehrtheit nicht nur unerheblich beeinträchtigt. Die Schädigung der Gesundheit besteht im Hervorrufen oder Steigern eines, wenn auch vorübergehenden, pathologischen Zustandes. Das Zufügen eines Schmerzes ist nicht unbedingt erforderlich. Eine nur psychische Einwirkung, die lediglich das seelische Wohlbefinden berührt, ist keine Gesundheitsschädigung.

Nach ständiger Rechtsprechung erfüllt *jede* in die körperliche Unversehrtheit eingreifende ärztliche Behandlungsmaßnahme den äußeren Tatbestand der Körperverletzung, auch wenn die ärztliche Maßnahme kunstgerecht durchgeführt wurde und erfolgreich war. Jeder ärztliche Eingriff bedarf daher einer besonderen Rechtfertigung in Form der **Einwilligung des Patienten.** Ein „Kunstfehler", aber auch eine medizinisch nicht indizierte Maßnahme ist von der Einwilligung grundsätzlich nicht gedeckt und macht den Eingriff nach der Rechtsprechung zur rechtswidrigen Körperverletzung. Dasselbe gilt, wenn es an einer wirksamen Einwilligung fehlt, weil dem Patienten vor dem Eingriff keine hinreichende Aufklärung zuteil wurde (► s. Kap. 10.5; österr. Rechtslage ► s. Kap. 12.2.2). Ein lege artis nach Einwilligung des aufgeklärten Patienten durchgeführter ärztlicher Heileingriff ist nicht rechtswidrig. Andere mögliche Gründe für den Ausschluss der Rechtswidrigkeit können sein: Einwilligung des Verletzten (§ 228 StGB, s. unten), Notwehr und rechtfertigender Notstand.

§ 224 StGB Gefährliche Körperverletzung

(1) Wer die Körperverletzung
1. durch Beibringung von Gift oder anderen gesundheitsschädlichen Stoffen,
2. mittels einer Waffe oder eines anderen gefährlichen Werkzeugs,
3. mittels eines hinterlistigen Überfalls,
4. mit einem anderen Beteiligten gemeinschaftlich oder
5. mit einer das Leben gefährdenden Behandlung
begeht, wird mit Freiheitsstrafe von sechs Monaten bis zu zehn Jahren, in minder schweren Fällen mit Freiheitsstrafe von drei Monaten bis zu fünf Jahren bestraft.
(2) Der Versuch ist strafbar.

§ 224 StGB enthält Qualifikationstatbestände, die hauptsächlich durch die gefährliche Art ihrer Ausführung und nicht durch die Schwere des Verletzungserfolgs gekennzeichnet sind. Abs. 1 enthält fünf Qualifikationsalternativen.

Das Tatmittel „**Gift**" umfasst begrifflich jeden organischen oder anorganischen Stoff, der unter bestimmten Bedingungen (Einatmen, Verschlucken, Einwirkung auf die Haut) durch chemische oder chemisch-physikalische Wirkung im konkreten Fall eine Verletzung oder einen Gesundheitsschaden herbeiführt. Zu den „anderen gesundheitsschädlichen Stoffen" zählen z.B. heiße Flüssigkeiten, radioaktiv kontaminierte Stoffe, Brennspiritus etc.

Der in Nr. 2 verwendete Begriff „**Waffe**" ist im technischen Sinn zu verstehen. Hierzu gehören insbesondere Schusswaffen, Hieb- und Stoßwaffen (z.B. Dolche, Springmesser, Stahlruten, Schlagringe und Gummiknüppel). Keine Waffen im technischen Sinn sind hingegen Äxte, Beile, Sensen, Schlachtmesser, Fahrten- und Taschenmesser sowie Schraubenzieher. Ein „**gefährliches Werkzeug**" ist ein solches, das nach seiner objektiven Beschaffenheit und nach der Art seiner Benutzung im Einzelfall geeignet ist, erheblichere Körperverletzungen zuzufügen (z.B. Messer, Nunchaku = Würgegerät, u.U. auch ein Turnschuh, wenn damit gegen den Kopf getreten wird).

Tatbegehung mittels einer „**das Leben gefährdenden Behandlung**" (Nr. 5) bedeutet nicht, dass eine konkrete Gefährdung des Lebens eintreten muss; es genügt, dass die Art der Behandlung nach den Umständen des Einzelfalles *abstrakt* dazu geeignet ist. Als Beispiele sind zu nennen:

- das Hineinstoßen in tiefes Wasser,
- Würgen und Drosseln,
- das Hetzen eines Hundes auf einen Menschen,
- das Hinunterstoßen eines Radfahrers von seinem Rad,
- das (vorsätzliche) Anfahren eines Menschen mit einem Auto und
- der ungeschützte Geschlechtsverkehr eines HIV-Infizierten mit einem unwissenden Partner.

(§ 225 StGB Misshandlung von Schutzbefohlenen)

§ 226 StGB Schwere Körperverletzung

(1) Hat die Körperverletzung zur Folge, dass die verletzte Person
1. das Sehvermögen auf einem Auge oder beiden Augen, das Gehör, das Sprechvermögen oder die Fortpflanzungsfähigkeit verliert,
2. ein wichtiges Glied des Körpers verliert oder dauernd nicht mehr gebrauchen kann oder
3. in erheblicher Weise dauernd entstellt wird oder in Siechtum, Lähmung oder geistige Krankheit oder Behinderung verfällt,
so ist die Strafe Freiheitsstrafe von einem Jahr bis zu zehn Jahren.
(2) Verursacht der Täter eine der in Absatz 1 bezeichneten Folgen absichtlich oder wissentlich, so ist die Strafe Freiheitsstrafe nicht unter drei Jahren.

(3) In minder schweren Fällen des Absatzes 1 ist auf Freiheitsstrafe von sechs Monaten bis zu fünf Jahren, in minder schweren Fällen des Absatzes 2 auf Freiheitsstrafe von einem Jahr bis zu zehn Jahren zu erkennen.

Die in § 226 Abs. 1 genannten Qualifikationstatbestände sind dadurch gekennzeichnet, dass eine (zumindest bedingt vorsätzlich begangene) vollendete Körperverletzung unmittelbar eine **fahrlässig verursachte schwere Folge** nach sich zieht; es handelt sich also um ein erfolgsqualifiziertes Delikt.

Der Begriff der **Fortpflanzungsfähigkeit** umfasst gleichermaßen die Zeugungs- und die Empfängnisfähigkeit.

Ein **Glied** im Sinne von Abs. 2 Nr. 2 ist jeder nach außen in Erscheinung tretende Körperteil, der mit dem übrigen Körper verbunden ist und für diesen eine besondere Funktion erfüllt. Die Wichtigkeit eines Gliedes bestimmt sich nach seiner allgemeinen Bedeutung für den gesamten Organismus (in diesem Sinn ist z.B. die Hand ein wichtiges Glied). Verlust ist die völlige, möglicherweise erst durch eine ärztlich indizierte Amputation erfolgte Abtrennung des Gliedes vom Körper. Dem Verlust kommt die dauernde Gebrauchsunfähigkeit gleich.

Eine dauernde **Entstellung** in erheblicher Weise besteht in einer Verunstaltung der Gesamterscheinung des Verletzten. Die Entstellung braucht nicht stets sichtbar zu sein; es genügt, wenn sie im sozialen Leben in Erscheinung tritt (z.B. beim Gehen oder beim Baden). **Siechtum** ist ein chronischer Krankheitszustand von nicht absehbarer Dauer, der wegen Beeinträchtigung des Allgemeinbefindens zur Hinfälligkeit führt. **Lähmung** ist die erhebliche Beeinträchtigung der Bewegungsfähigkeit eines Körperteils, die den ganzen Körper in Mitleidenschaft zieht. Das Verfallen in Siechtum, Lähmung, geistige Krankheit oder geistige Behinderung bedeutet einen lang andauernden, den gesamten Organismus erheblich beeinträchtigenden Krankheitszustand, dessen Beseitigung sich nicht absehen lässt.

§ 227 StGB Körperverletzung mit Todesfolge

(1) Verursacht der Täter durch die Körperverletzung (§§ 223–226) den Tod der verletzten Person, so ist die Strafe Freiheitsstrafe nicht unter drei Jahren.
(2) In minder schweren Fällen ist auf Freiheitsstrafe von einem Jahr bis zu zehn Jahren zu erkennen.

In den Fällen des § 227 erfolgt die Körperverletzung vorsätzlich, während der daraus resultierende Tod fahrlässig verursacht wird. Ein wichtiges Kriterium der Fahrlässigkeit ist die **Voraussehbarkeit** der Todesfolge. Ist die ganze Tat (also auch die Herbeiführung des Todes) vorsätzlich begangen worden, so greift nicht § 227, sondern § 211 (Mord) oder § 212 (Totschlag).

§ 228 StGB Einwilligung

Wer eine Körperverletzung mit Einwilligung der verletzten Person vornimmt, handelt nur dann rechtswidrig, wenn die Tat trotz der Einwilligung gegen die guten Sitten verstößt.

Die Rechtswirksamkeit der **Einwilligung** setzt die (nicht mit Geschäftsfähigkeit gleichzusetzende) Einsichts- und Steuerungsfähigkeit des Einwilligenden voraus. Die Einwilligung *muss* mit vollem Verständnis der Sachlage erteilt sein; der Einwilligende muss eine zutreffende Vorstellung vom voraussichtlichen Verlauf und von den zu erwartenden Folgen haben (zu den Einwilligungserfordernissen bei der Heilbehandlung vgl. die Ausführungen zu § 223 und Kap. 10). Wenn die Einwilligung gegen ein gesetzliches Verbot verstößt, ist sie unbeachtlich.

Durch § 228 werden u.a. Verletzungen im Rahmen mancher Kampfsportarten (z.B. Boxen) gerechtfertigt, sofern die Tat nicht wegen eines vorsätzlichen schweren Regelverstoßes sittenwidrig ist („das Anstandsgefühl aller billig und gerecht Denkenden verletzt"). Für Körperverletzungen bei einem Raufhandel (s. unten, § 231) wird die Sittenwidrigkeit bejaht. Sexuell motivierte Körperverletzungen nach §§ 223, 224 können durch Einwilligung gerechtfertigt sein, so lange es sich um sadomasochistische Praktiken ohne ernsthafte Verletzungsfolgen handelt.

§ 229 StGB Fahrlässige Körperverletzung

Wer durch Fahrlässigkeit die Körperverletzung einer anderen Person verursacht, wird mit Freiheitsstrafe bis zu drei Jahren oder mit Geldstrafe bestraft.

Der Begriff „Körperverletzung" ist hier im Sinne des § 223 (s. oben) zu verstehen, umfasst also die Gesundheitsschädigung ebenso, wie die Misshandlung. Ob die Verletzung (Gesundheitsschädigung) eine schwere oder leichte ist, ist für § 229 ohne Belang. Wenn ein fahrlässig handelnder Täter nur eine Körperverletzung, nicht aber den tatsächlich eingetretenen Tod voraussehen konnte, so ist § 229 tatbildlich.

§ 230 StGB Strafantrag

(1) Die vorsätzliche Körperverletzung nach § 223 und die fahrlässige Körperverletzung nach § 229 werden auf Antrag verfolgt, es sei denn, dass die Strafverfolgungsbehörde wegen des besonderen öffentlichen Interesses an der Strafverfolgung ein Einschreiten von Amts wegen für geboten hält. Stirbt die verletzte Person, so geht bei vorsätzlicher Körperverletzung das Antragsrecht nach § 77 Abs. 2 auf die Angehörigen über.
(2) Ist die Tat gegen einen Amtsträger, einen für den öffentlichen Dienst besonders Verpflichteten oder einen Soldaten der Bundeswehr während der Ausübung seines Dienstes oder in Beziehung auf seinen Dienst begangen, so wird sie auch auf Antrag des Dienstvorgesetzten verfolgt. Dasselbe gilt für Träger von Ämtern der Kirchen und anderen Religionsgesellschaften des öffentlichen Rechts.

§ 231 StGB Beteiligung an einer Schlägerei

(1) Wer sich an einer Schlägerei oder an einem von mehreren verübten Angriff beteiligt, wird schon wegen dieser Beteiligung mit Freiheitsstrafe bis zu drei Jahren oder mit Geldstrafe bestraft, wenn durch die Schlägerei oder den Angriff der Tod eines Menschen oder eine schwere Körperverletzung (§ 226) verursacht worden ist.
(2) Nach Absatz 1 ist nicht strafbar, wer an der Schlägerei oder dem Angriff beteiligt war, ohne dass ihm dies vorzuwerfen ist.

5.5.2 Strafprozessuale Bestimmungen

Die medizinisch relevanten Vorschriften betreffend Untersuchungshandlungen an Beschuldigten und Zeugen sowie die Regelungen bezüglich Anordnung und Durchführung von DNA-Analysen und DNA-Identitätsfeststellungen sind in der Strafprozessordnung geregelt (§ 81a–g StPO). Da eine vollständige Wiedergabe der Bestimmungen den vorgegebenen Rahmen sprengen würde, müssen sich die folgenden Ausführungen auf einige besonders wichtige Punkte beschränken.

§ 81a StPO Körperliche Untersuchung des Beschuldigten

(1) Eine körperliche Untersuchung des Beschuldigten darf zur Feststellung von Tatsachen angeordnet werden, die für das Verfahren von Bedeutung sind. Zu diesem Zweck sind Entnahmen von Blutproben und andere körperliche Eingriffe, die von einem Arzt nach den Regeln der ärztlichen Kunst zu Untersuchungszwecken vorgenommen werden, ohne Einwilligung des Beschuldigten zulässig, wenn kein Nachteil für seine Gesundheit zu befürchten ist.

(2) Die Anordnung steht dem Richter, bei Gefährdung des Untersuchungserfolges durch Verzögerung auch der Staatsanwaltschaft und ihren Hilfsbeamten (§ 152 des Gerichtsverfassungsgesetzes) zu.

(3) Dem Beschuldigten entnommene Blutproben oder sonstige Körperzellen dürfen nur für Zwecke des der Entnahme zugrunde liegenden oder eines anderen anhängigen Strafverfahrens verwendet werden; sie sind unverzüglich zu vernichten, sobald sie hierfür nicht mehr erforderlich sind.

§ 81a StPO gestattet die **zwangsweise körperliche Untersuchung** des Beschuldigten, dessen Körper damit zum Augenscheinsobjekt wird. Zweck der Untersuchung darf nur die Feststellung verfahrenserheblicher Tatsachen sein, für deren Vorliegen bereits bestimmte Anhaltspunkte bestehen. Verfahrenserheblich sind auch die Verhandlungsfähigkeit und die Reisefähigkeit eines Beschuldigten. Der Beschuldigte muss körperliche Untersuchungen dulden und ist auch verpflichtet, sich für die Untersuchung zu entkleiden sowie erforderliche Körperhaltungen einzunehmen. Zu einer darüber hinausgehenden, aktiven Beteiligung an der Untersuchung kann er aber nicht gezwungen werden. Blutprobenentnahmen sind zwar körperliche Eingriffe, gelten aber – auch bei zwangsweiser Vornahme – als ungefährlich. Die Entnahme einer Blutprobe und andere körperliche Eingriffe dürfen nur von einem Arzt vorgenommen werden. Es muss sich um einen Mediziner handeln, der als Arzt approbiert oder zur vorübergehenden Ausübung des Arztberufes berechtigt ist. Zahnärzte gehören nicht dazu.

Zulässige Untersuchungen und Eingriffe sind z.B:
- die Ableitung eines EEG oder EKG,
- eine Magenausheberung,
- Röntgenaufnahmen (auch zur Altersbestimmung, ► s. Kap. 5.6) und
- computertomographische und szintigraphische Untersuchungen.

Eine Anordnung nach § 81a (z.B. die Entnahme einer Blutprobe) ist auch zwangsweise durchsetzbar.
Das Vernichtungsgebot des Abs. 3 bezieht sich auf das Untersuchungsmaterial, nicht aber auf die Ergebnisse der Untersuchung; diese werden Bestandteil der Akten.
(§ 81b StPO Erkennungsdienstliche Behandlung)

§ 81c StPO Untersuchung anderer Personen

(1) Andere Personen als Beschuldigte dürfen, wenn sie als Zeugen in Betracht kommen, ohne ihre Einwilligung nur untersucht werden, soweit zur Erforschung der Wahrheit festgestellt werden muss, ob sich an ihrem Körper eine bestimmte Spur oder Folge einer Straftat befindet.

(2) Bei anderen Personen als Beschuldigten sind Untersuchungen zur Feststellung der Abstammung und die Entnahme von Blutproben ohne Einwilligung des zu Untersuchenden zulässig, wenn kein Nachteil für seine Gesundheit zu befürchten und die Maßnahme zur Erforschung der Wahrheit unerlässlich ist. Die Untersuchungen und die Entnahme von Blutproben dürfen stets nur von einem Arzt vorgenommen werden.

(3) Untersuchungen oder Entnahmen von Blutproben können aus den gleichen Gründen wie das Zeugnis verweigert werden [...]

(4) Maßnahmen nach den Absätzen 1 und 2 sind unzulässig, wenn sie dem Betroffenen bei Würdigung aller Umstände nicht zugemutet werden können.

(5) Die Anordnung steht dem Richter, bei Gefährdung des Untersuchungserfolges durch Verzögerung [...] auch der Staatsanwaltschaft und ihren Hilfsbeamten (§ 152 des Gerichtsverfassungsgesetzes) zu. § 81a Abs. 3 gilt entsprechend.

(6) Bei Weigerung des Betroffenen gilt die Vorschrift des § 70 entsprechend. Unmittelbarer Zwang darf nur auf besondere Anordnung des Richters angewandt werden. Die Anordnung setzt voraus, dass der Betroffene trotz Festsetzung eines Ordnungsgeldes bei der Weigerung beharrt oder dass Gefahr im Verzuge ist.

Die Duldungspflicht nach Abs. 1 trifft nur Personen, die als Zeugen in Betracht kommen. Jede der Tat unverdächtige Person, bei der Spuren oder Tatfolgen zu vermuten sind, darf unter den Voraussetzungen des § 81c ohne Einwilligung untersucht werden. Schon vor der Untersuchung müssen bestimmte Vorstellungen und Anhaltspunkte über die Spuren und Tatfolgen bestehen, um deren Auffindung es geht (**keine Reihenuntersuchungen** nach Spurenträgern!). Die Untersuchung darf „am Körper des Betroffenen" stattfinden; dies schließt eine Inspektion der natürlichen Körperöffnungen ein. Die Pflicht zur Duldung der Untersuchung umfasst auch die Entkleidung und die Einnahme der erforderlichen Körperhaltung, ansonsten aber keine aktive Mitwirkung.

Unter den Bedingungen des Abs. 2 dürfen Blutprobenentnahmen und Abstammungsuntersuchungen nur von einem Arzt durchgeführt werden und nur insoweit, als dies „zur Erforschung der Wahrheit unerlässlich ist".

§ 81d StPO Untersuchung einer Frau

(1) Kann die körperliche Untersuchung einer Frau das Schamgefühl verletzen, so wird sie einer Frau oder einem Arzt übertragen.

Auf Verlangen der zu untersuchenden Frau soll eine andere Frau oder ein Angehöriger zugelassen werden.
(2) Diese Vorschrift gilt auch dann, wenn die zu untersuchende Frau in die Untersuchung einwilligt.

§ 81e StPO DNA-Analyse

(1) An dem durch Maßnahmen nach § 81a Abs. 1 erlangten Material dürfen auch molekulargenetische Untersuchungen durchgeführt werden, soweit sie zur Feststellung der Abstammung oder der Tatsache, ob aufgefundenes Spurenmaterial von dem Beschuldigten oder dem Verletzten stammt, erforderlich sind. Untersuchungen nach Satz 1 sind auch zulässig für entsprechende Feststellungen an dem durch Maßnahmen nach § 81c erlangten Material. Feststellungen über andere als die in Satz 1 bezeichneten Tatsachen dürfen nicht erfolgen; hierauf gerichtete Untersuchungen sind unzulässig.
(2) Nach Absatz 1 zulässige Untersuchungen dürfen auch an aufgefundenem, sichergestelltem oder beschlagnahmtem Spurenmaterial durchgeführt werden. Absatz 1 Satz 3 und § 81a Abs. 3 erster Halbsatz gelten entsprechend.

Zu den rechtlichen Grundlagen der forensischen Spurenkunde ► s. Kap. 9.1.1.

5.5.3 Zivilrechtliche Ansprüche

Die rechtlichen Voraussetzungen für Schadensersatz und Schmerzensgeld sind im **Bürgerlichen Gesetzbuch (BGB)** geregelt.

§ 823 BGB Schadensersatzpflicht

(1) Wer vorsätzlich oder fahrlässig das Leben, den Körper, die Gesundheit, die Freiheit, das Eigentum oder ein sonstiges Recht eines Anderen widerrechtlich verletzt, ist dem Anderen zum Ersatze des daraus entstehenden Schadens verpflichtet.

Rechtlich geschützt ist der Körper als Basis der Persönlichkeit. Ein verletzender Eingriff ist jede Störung der körperlichen, geistigen oder seelischen Lebensvorgänge und jedes Hervorrufen oder Steigern eines von den normalen körperlichen Funktionen nachteilig abweichenden Zustandes (zur zivilrechtlichen Haftung bei ärztlichen Behandlungsfehlern, ► s. Kap. 10.6).

Der Schadensersatz umfasst den unmittelbar und mittelbar verursachten Schaden, der aus der Verletzung des Rechtsgutes entstanden ist. Dazu gehören z.B. Heilungskosten und Verdienstausfall; der Anspruch auf Schmerzensgeld ergab sich früher aus (dem mittlerweile aufgehobenen) § 847 BGB, neuerdings gründet er sich auf § 253 Abs. 2.

§ 253 BGB Immaterieller Schaden

(1) Wegen eines Schadens, der nicht Vermögensschaden ist, kann Entschädigung in Geld nur in den durch das Gesetz bestimmten Fällen gefordert werden.
(2) Ist wegen einer Verletzung des Körpers, der Gesundheit, der Freiheit oder der sexuellen Selbstbestimmung Schadensersatz zu leisten, kann auch wegen des Schadens, der nicht Vermögensschaden ist, eine billige Entschädigung in Geld gefordert werden.

Der Verletzte soll durch das **Schmerzensgeld** in die Lage versetzt werden, sich Erleichterungen und andere Annehmlichkeiten anstelle derer zu verschaffen, deren Genuss ihm durch die Verletzung unmöglich gemacht wurde. Der immaterielle Schaden kann sich gleichermaßen auf die körperliche und seelische Verfassung des Verletzten beziehen (Schmerzen, Kummer, Bedrückung infolge Entstellung, Wesensänderung, Schmälerung der Lebensfreude). Die Bemessung orientiert sich an Ausmaß und Schwere der psychischen und physischen Störungen (Intensität und Dauer der Schmerzen, Maß der Lebensbeeinträchtigung und einer etwaigen Entstellung, Ungewissheit des weiteren Heilungsverlaufes etc.), ferner am Grad des Verschuldens und an der wirtschaftlichen Leistungsfähigkeit des Schädigers sowie an einem etwaigen Mitverschulden des Verletzten.

5.5.4 Rechtsgrundlagen in Österreich

Die in Österreich gültigen strafgesetzlichen Bestimmungen in Bezug auf Körperverletzungsdelikte finden sich in den §§ 83 ff. (österr.) StGB (► s. Kap. 12.2.2). Die körperliche Untersuchung von Verletzten ist – so wie im deutschen Recht – in der Strafprozessordnung geregelt.

§ 132 (österr.) StPO

Auch bei körperlichen Beschädigungen ist nötigenfalls die Besichtigung des Verletzten durch einen oder zwei Ärzte (...) zu veranlassen. Die Sachverständigen haben die Verletzungen genau zu beschreiben und sich insbesondere darüber auszusprechen, welche von den vorhandenen Körperverletzungen oder Gesundheitsstörungen an und für sich oder in ihrem Zusammenwirken, unbedingt oder unter den besonderen Umständen des Falles als leichte, schwere oder lebensgefährliche anzusehen sind, welche Wirkungen Beschädigungen dieser Art gewöhnlich nach sich zu ziehen pflegen und welche im vorliegenden einzelnen Falle daraus hervorgegangen sind sowie durch welche Mittel oder Werkzeuge und auf welche Weise sie zugefügt worden sind.

Nach österreichischem Recht besteht **für den Zeugen keine Verpflichtung**, sich ärztlich untersuchen zu lassen; ärztliche Untersuchungen sind daher nur mit Zustimmung des Zeugen oder seines gesetzlichen Vertreters zulässig.

Bei Beschuldigten ist die **aktive Mitwirkung** an einer ärztlichen Untersuchung (z.B. Mitwirkung an psychologischen Tests, Abgabe einer Schriftprobe) nicht erzwingbar. Nach herrschender Meinung sind aber einfache ärztliche Untersuchungsmaßnahmen ohne Eingriffscharakter (Besichtigung des Körpers, Abhören von Herzgeräuschen, Blutdruckmessung etc.) auch gegen den Willen eines Beschuldigten zulässig; seine Mitwirkung beschränkt sich dabei auf die Anwesenheit und passive Duldung. Mit Zustimmung des Betroffenen ist jede Untersuchung zulässig (auch diagnostische Eingriffe).

Der Anspruch auf **Schadenersatz** bei Körperverletzungen gründet sich auf § 1325 ABGB (Allgemeines Bürgerliches Gesetzbuch).

§ 1325 (österr.) ABGB

Wer jemanden an seinem Körper verletzt, bestreitet die Heilungskosten des Verletzten, ersetzt ihm den entgangenen, oder, wenn der Beschädigte zum Erwerb unfähig wird, auch den künftig entgehenden Verdienst; und bezahlt ihm auf Verlangen überdies ein den erhobenen Umständen angemessenes Schmerzengeld.

Körperverletzung im Sinne dieses Gesetzes ist jede Beeinträchtigung der körperlichen oder geistigen Gesundheit und Unversehrtheit.

Heilungskosten sind Aufwendungen, die durch die Körperverletzung veranlasst wurden und die gemacht wurden, um die gesundheitlichen Folgen zu beseitigen oder zu bessern. **Verdienstausfall** ist der Ausfall dessen, was dem Verletzten durch die Minderung seiner Erwerbsfähigkeit entgeht.

Schmerzengeld ist Genugtuung für alles Ungemach, das der Verletzte in seiner Gefühlssphäre erlitten hat. Es soll den Gesamtkomplex der Schmerzempfindungen abgelten, die entstandenen Unlustgefühle ausgleichen und den Verletzten in die Lage versetzen, sich als Ausgleich für die Leiden und die ihm entzogene Lebensfreude auf andere Weise gewisse Annehmlichkeiten und Erleichterungen zu verschaffen. Maßgebend bei der richterlichen Bemessung des Schmerzengeldes sind v.a. Dauer und Intensität der Schmerzen sowie die Schwere der gesundheitlichen Beeinträchtigung. Soziale Stellung und Vermögensverhältnisse des Geschädigten spielen in Österreich bei der Bemessung des Schmerzengeldes ebenso wenig eine Rolle wie die Vermögensverhältnisse des Schädigers.

5.5.5 Rechtsmedizinische Aspekte bei der Untersuchung und Dokumentation von Körperverletzungen

Unter den oben skizzierten rechtlichen Rahmenbedingungen obliegt dem Arzt häufig die Erhebung und medizinische Beurteilung von Körperverletzungen. Auf einige spezielle Bereiche der klinischen Rechtsmedizin (Untersuchungen bei Verdacht auf Sexualdelikte, Kindesmisshandlungen und Selbstbeschädigungen) wurde bereits in den Kapiteln 5.1–5.4 eingegangen. Auch die Altersbestimmung an lebenden Probanden (▶ s. Kap. 5.6) und die Beurteilung von „Schleudertraumen" der Halswirbelsäule (▶ s. Kap. 5.7) bleiben hier ausgeklammert. Ganz allgemein ist darauf hinzuweisen, dass Befunde und Gutachten für Ermittlungsbehörden und Gerichte in einer auch für medizinische Laien verständlichen Sprache abgefasst sein sollen. Sofern die Verwendung von Fachausdrücken unvermeidlich ist, müssen diese erklärt werden.

Es ist naturgemäß nicht möglich, schablonenartig eine für alle Fälle verbindliche **Vorgangsweise bei der körperlichen Untersuchung** vorzugeben. Oft ist eine fotografische Dokumentation der wesentlichen Verletzungsbefunde hilfreich und wünschenswert, besonders bei komplexen und geformten Verletzungen. Manchmal ist es auch wichtig, die Abwesenheit von klinisch fassbaren Verletzungen festzuhalten, z.B. wenn der angezeigte Sachverhalt fingiert ist. Zur Erfassung sehr kleiner Hautveränderungen (punktförmige Stauungsblutaustritte, eingesprengte Pulverteilchen etc.) empfiehlt sich die Verwendung einer Lupe. Nach Möglichkeit sollte die gesamte Körperoberfläche bei guten Beleuchtungsverhältnissen sorgfältig inspiziert werden. Bei der Untersuchung von Frauen und Mädchen durch einen (männlichen) Arzt empfiehlt es sich, eine weibliche Vertrauensperson (z.B. Angehörige der Patientin, Krankenschwester oder Ordinationsgehilfin) beizuziehen.

Jeder **Befundbericht** sollte einige Basisinformationen über das verletzte Opfer beinhalten (Größe, Körpergewicht, Statur etc.). Alle auffälligen Befunde müssen unter Angabe der Lokalisation beschrieben werden. Zur Veranschaulichung kann es zweckmäßig sein, die Lagebeziehung zu Fixpunkten des Körpers anzugeben (z.B. 5 cm oberhalb des Nabels, 3 cm unterhalb des linken Ohrläppchens etc.). In vielen Fällen ist es darüber hinaus hilfreich, wenn die Höhe über der Fußsohlenebene und der Abstand von der Symmetrieebene des Körpers vermerkt werden. Die traumatischen Veränderungen an der Körperoberfläche sind hinsichtlich Größe und Form genau zu beschreiben, am besten mit Hilfe eines Längenmaßes, das auch bei der Fotodokumentation als Maßstab verwendet werden sollte. Zur Veranschaulichung tragen auch Skizzen und Körperschemata mit entsprechenden Eintragungen bei.

Beim Vorliegen von **Wunden** ist deren genaue Besichtigung und Beschreibung erforderlich. Erwähnt werden sollte, ob die Wundränder riss- oder schnittartig beschaffen sind, ob sie geschürft oder blutunterlaufen sind, ob Gewebsbrücken bestehen oder Fremdkörper in den Wundspalt eingelagert sind (▶ s. Kap. 3.6). Es sollte für den Leser des Befundberichtes bzw. des ärztlichen Attestes nachvollziehbar sein, auf welcher Grundlage der Untersucher zu seiner Diagnose gekommen ist. Aus der detaillierten Beschreibung der Wundränder, der Wundwinkel und der umgebenden Haut kann auch ein späterer Gutachter wichtige Schlussfolgerungen ableiten. Wenn die Verletzungen nicht mehr im ursprünglichen Zustand vorliegen, dann sind auch etwaige Veränderungen durch Behandlungsmaßnahmen (z.B. chirurgische Vernähung, ◼ Abb. 5.16), Zeichen der Wundheilung oder Infektion zu beschreiben.

Nicht nur offene Wunden, sondern auch **Schürfungen** und **Blutunterlaufungen** bedürfen einer sorgfältigen Erfassung unter Angabe von Lage, Größe, Form und Erscheinungsbild. Obwohl die meisten Hämatome und Exkoriationen uncharakteristisch geformt sind, ergeben sich doch manchmal wertvolle Hinweise auf ihre Verursachung. Dies gilt insbesondere für intrakutane Blutungen, die Formmerkmale der Kontaktfläche des verletzenden Gegenstandes wiedergeben können. Beispiele sind musterartig angeordnete Intrakutanblutungen nach Einwirkung von reliefartig strukturierten Schuhsohlen (◼ Abb. 5.17); in solchen Fällen entstehen die Blutextravasate im Korium durch Einpressung der Haut in die rillenartigen Vertiefungen. Auf gleiche Weise kommen die Reifenprofilabdrücke bei überrollten Verkehrsunfallopfern zustande. Schläge mit Stöcken oder ähnlichen stabförmigen Gegenständen führen in

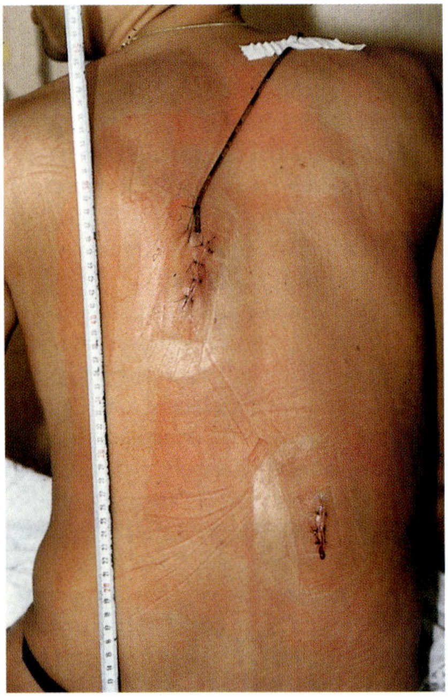

Abb. 5.16. Rückenpartie eines 29-jährigen Mannes mit zwei chirurgisch versorgten Messerstichverletzungen (versuchtes Tötungsdelikt)

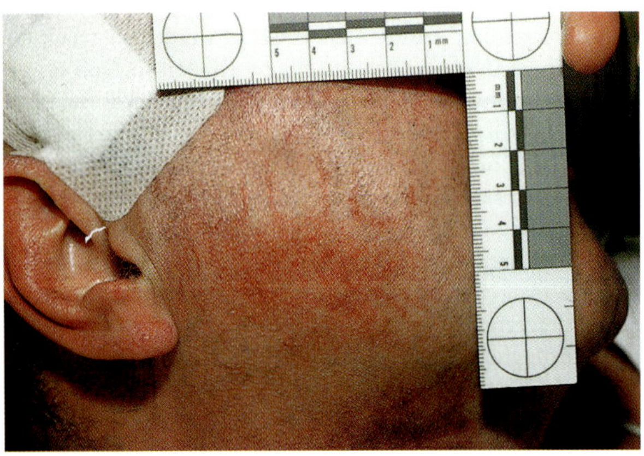

Abb. 5.17. Rechte Wange eines 58-jährigen Mannes mit musterartig angeordneten Hauteinblutungen (korrespondierend mit dem Profil eines Turnschuhs, mit dem gegen das Gesicht getreten worden ist)

der Regel zu striemenartigen Subkutanhämatomen, die aus zwei linearen und zueinander parallel verlaufenden Anteilen bestehen, wobei der zwischen ihnen liegende Hautstreifen nicht unterblutet ist; solche „Stockschlagverletzungen" werden besonders häufig im Zusammenhang mit Kindesmisshandlungen beobachtet (► s. Kap. 5.2).

Hämatomverfärbungen werden oftmals nicht sofort nach dem ursächlichen Trauma sichtbar, sondern erst Stunden später, wenn sich eine in der Tiefe entstandene Blutung in Richtung der Körperoberfläche ausgebreitet hat. In entsprechenden Verdachtsfällen ist es zweckmäßig, die traumatisierte Region nach 1–2 Tagen noch einmal zu besichtigen. Für eine Altersschätzung der Verletzung ist es wichtig, die Farbqualitäten eines Hämatoms in seinen zentralen und peripheren Anteilen zu dokumentieren.

Im Fall von **Exkoriationen** sind neben Lokalisation, Größe und Form auch etwaige Anhaftungen am geschürften Hautbezirk anzugeben (Wundsekret, festhaftende Kruste, in Ablösung begriffene Borke etc.). Bei frischen Schürfungen zeigt manchmal ein randständiger Epidermiswall die Schürfrichtung an. In verletzten, aber auch in unversehrten Körperregionen und ggf. an der Bekleidung ist auf **Kontaktspuren** zu achten, die einen Hinweis auf die Vorfallsörtlichkeit geben können (z.B. Erdverschmutzungen, Antragungen von Pflanzen- oder Farbmaterial). Bei der Untersuchung von mutmaßlichen Brandstiftern findet man häufig thermische Läsionen, besonders wenn ein flüssiger Brandbeschleuniger wie Benzin zur Anwendung kam: Durch Verdampfung entsteht ein explosives Gas-Luft-Gemisch, dessen Entzündung zu einer „Verpuffung" mit potentieller Verbrennung exponierter Körperteile führt (Gesicht, Hände und andere zugewandt gewesene, unbekleidete Körperregionen; Abb. 5.18). Typisch sind auch Versengungen an den Augenbrauen, Wimpern sowie Bart-, Kopf- und Körperhaaren (Abb. 5.19).

5.5.6 Überlebte Strangulation

Unter dem Begriff „Strangulation" subsumiert man die Kompression der Halsweichteile durch Würgen, Drosseln und Hängen (► s. Kap. 3.8–3.8.2). Überlebte Angriffe gegen den Hals kommen vor allem im Zusammenhang mit Sexualdelikten und versuchten Tötungsdelikten vor.

Beim **Würgen** wird der Hals mit einer Hand oder mit beiden Händen komprimiert, seltener mit dem Unterarm oder einem anderen Körperteil (z.B. Knie). Dementsprechend unterschiedlich können die äußeren Befunde an der Haut des Halses sein. Als klassische Würgemale gelten rundliche oder konfluierende Blutunterlaufungen vom Druck der Fingerbeeren (Abb. 5.20), kratzerartige und halbmondförmige Schürfungen von den Fingernägeln und flüchtige Hautrötungen (als Ausdruck der funktionellen Gefäßweitstellung im Gefolge der mechanischen Irritation). Die äußeren Befunde am Hals können sehr diskret sein oder ganz fehlen, wenn der Druck großflächig ausgeübt wurde oder wenn weiche Gegenstände (Kissen, Schal etc.) während der Druckausübung interponiert waren. Nach einem **Drosselakt** hängt das Aussehen der Drosselmarke stark von den Eigenschaften des Drosselwerkzeugs, von der Intensität und Dauer der Strangulation und von der Gegenwehr des Betroffenen ab. In der Regel handelt es sich um streifige Rötungen und/oder Exkoriationen, die mehr oder weniger zirkulär den Hals umgeben (Abb. 5.21).

Bei fortgesetzter **Halskompression** mit konsekutiver Beeinträchtigung des venösen Blutrückstroms aus den Kopfgefäßen sind in den Augenlidern und Konjunktiven, in der Gesichtshaut und manchmal auch in der Schleimhaut des Mund-

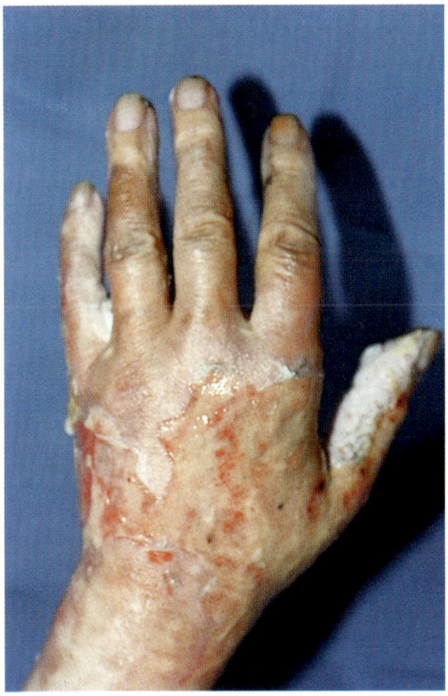

◘ Abb. 5.18. Linke Hand eines 64-jährigen Mannes, der seine Wohnung vorsätzlich mit Terpentin in Brand setzte und dabei Verbrennungen an den exponierten Körperteilen erlitt (Alter der thermischen Läsionen: 1 Tag)

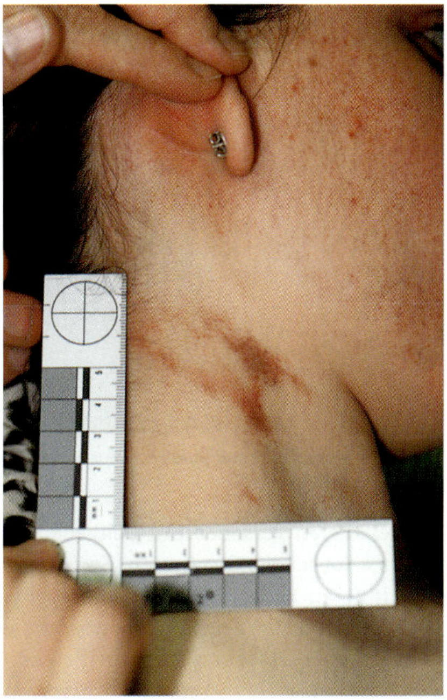

◘ Abb. 5.20. Gruppierte Hämatomverfärbungen an der rechten Halsseite einer 19-jährigen Frau, die bis zur Bewusstlosigkeit gewürgt wurde. Zahlreiche Stauungsblutaustritte in der Gesichtshaut

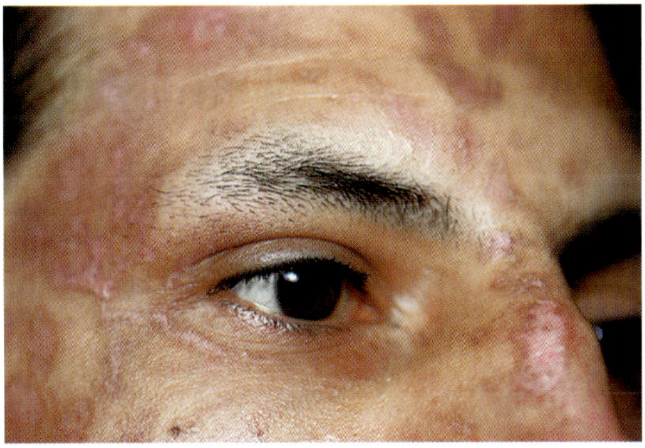

◘ Abb. 5.19. Rechte Augenregion eines 23-jährigen Mannes, der 2 Wochen vor der Befunddokumentation einen Imbissstand in Brand steckte (unter Verwendung von Benzin als Brandbeschleuniger). Die ursprünglich im Spitzenbereich versengten Augenbrauen wurden vom Täter mit einer Schere gekürzt. An der Gesichtshaut in Abheilung begriffene Verbrennungen

vorhofes punktförmige **Stauungsblutaustritte** zu erwarten (◘ Abb. 5.22). Die Zeitspanne bis zum **Bewusstseinsverlust** variiert in Abhängigkeit von zahlreichen Einflussfaktoren (Art und Intensität der Halskompression, Kräfteverhältnis zwischen Angreifer und Opfer, vorübergehendes Nachlassen der Druckwirkung u.v.a.m.). Röntgenologisch können mitunter Frakturen des Zungenbeins oder des Kehlkopfgerüstes nachgewiesen

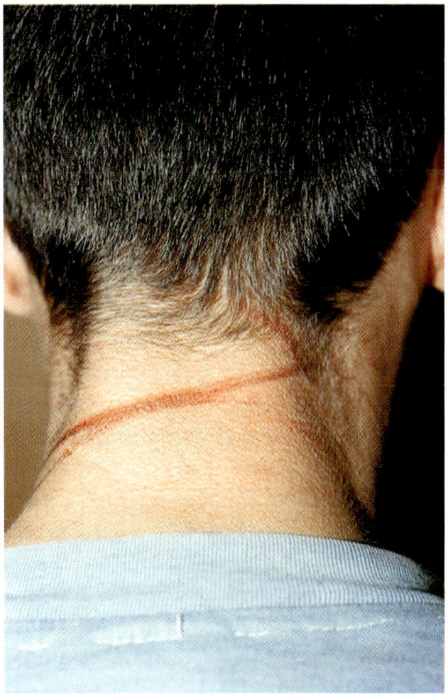

◘ Abb. 5.21. Nackenregion eines 36-jährigen Mannes mit schmaler, scharf begrenzter Drosselmarke. Die Strangulation war 27 Stunden vor der Untersuchung erfolgt; als Tatwerkzeug fungierte ein Schnürsenkel

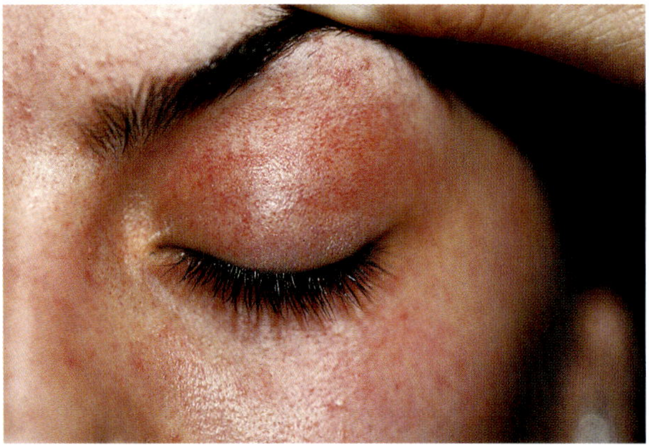

Abb. 5.22. Linkes Oberlid mit punktförmigen Stauungsblutaustritten nach überlebtem Würgeakt

werden, insbesondere bei älteren Personen mit weitgehender Ossifikation der ehemals knorpeligen Strukturen. Zur ergänzenden Abklärung der inneren Befunde empfiehlt sich eine HNO-ärztliche Untersuchung mit Laryngoskopie, Sonographie und evtl. Computertomographie. Opfer von Halsangriffen klagen oft über Schluckbeschwerden, Heiserkeit und Schmerzen bei Bewegungen des Halses. Ungewollter Harn- und Stuhlabgang kommt ganz überwiegend in Verbindung mit Bewusstlosigkeit vor.

Nicht selten wird im Zuge einer Strangulation auch der Angreifer verletzt, und zwar besonders dann, wenn das Opfer heftige Gegenwehr leistet. So können durch Einwirkung der Fingernägel blutende Kratzspuren im Gesicht, am Hals, an den Schultern oder im Brustbereich entstehen. Mitunter zeigen sich auch andere Spuren des körperlichen Widerstandes wie Bissverletzungen oder Prellmarken.

5.5.7 Abwehrverletzungen

Die Anwesenheit von Abwehr-/Deckungsverletzungen ist ein wichtiges Zeichen dafür, dass eine Person angegriffen wurde. Aus rechtsmedizinischer Sicht sind derartige Verletzungen auch ein Indiz dafür, dass der Betroffene zumindest initial bei Bewusstsein und handlungsfähig war. Am häufigsten findet man Deckungs- und Abwehrverletzungen an Opfern von **Messerangriffen** (► s. Kap. 3.6.2). Wenn das Opfer versucht, den Angreifer mit ausgestreckter Hand auf Distanz zu halten oder das Messer zu ergreifen, sind die Wunden typischerweise an der Palmarseite der Hand lokalisiert („**Abwehrgreifverletzungen**", Abb. 5.23). Wenn hingegen Hände und Arme schützend vor den Körper gehalten werden, dann sind die Wunden mehrheitlich an der Streckseite der Hände und Unterarme gelegen („**Deckungsverletzungen**").

Je öfter auf ein zur Gegenwehr befähigtes Opfer eingestochen wird, desto wahrscheinlicher ist es, dass dieses Deckungs- oder Abwehrverletzungen davonträgt. Die Deckungsverletzungen können ausnahmsweise auch an den unteren Gliedmaßen lokalisiert sein, wenn der Angegriffene sich in Rückenlage befand und mit angezogenen Beinen versuchte, seinen Körper zu schützen. Naturgemäß sind Abwehr- und Deckungsverletzungen nicht zu erwarten, wenn das Opfer vom Angriff überrascht oder an einer Gegenwehr gehindert wurde (z.B. durch Festhalten oder Fesseln).

Auch Personen, die einer Traumatisierung durch **stumpfe Gewalt** ausgesetzt waren, weisen oft Deckungsverletzungen auf. Durch das schützende Vorhalten der Arme und Hände versuchen die Opfer, Verletzungen des Kopfes und des Oberkörpers zu verhindern. Schläge und Fußtritte führen dann zu Hämatomen und/oder Schürfungen an den Händen und Armen, seltener auch an den Beinen. In Körperregionen, wo sich unter der Haut ein knöchernes Widerlager befindet (z.B. Handrücken), können durch stumpfkantige Traumatisierung auch Quetsch-Risswunden entstehen. Sogar knöcherne Strukturen können in Mitleidenschaft gezogen werden (Parierfrakturen der Ulna, Bruchverletzungen des Handskeletts).

5.5.8 Andere Besonderheiten bei Körperverletzungen durch fremde Hand

Die Opfer von Körperverletzungsdelikten können überaus vielfältige Befunde aus dem gesamten Spektrum der forensischen Traumatologie aufweisen. In der Praxis sind die Folgen stumpfer und scharfer Gewalteinwirkung am häufigsten vertreten. Vom medizinischen Gutachter wird nicht nur erwartet, dass er die Verletzungen nach Art, Lage, Umfang, Intensität und Ge-

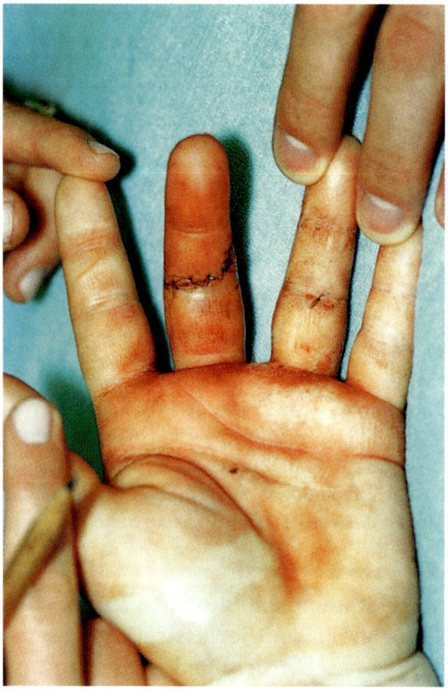

Abb. 5.23. Linke Hand einer 38-jährigen Frau mit chirurgisch vernähten Schnittwunden an den Beugeseiten des Mittel- und Ringfingers (jeweils in Höhe der Mittelgelenke), entstanden bei der versuchten Abwehr eines Messerangriffes („Abwehrgreifverletzungen")

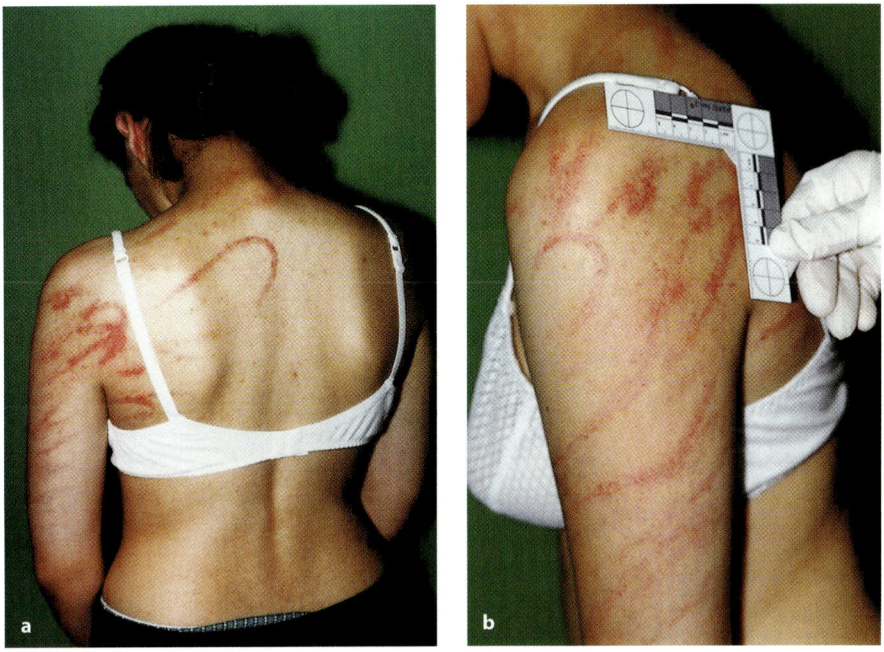

Abb. 5.24a, b. Körperliche Misshandlung einer 18-jährigen Frau durch Schläge mit einem Ledergürtel, der zu einer Schlaufe geformt war. **a** Striemenartige, z.T. bogig konfigurierte Hämatome am linken Oberarm und **b** in der linken Rückenpartie (Verletzungsalter: 1 Tag)

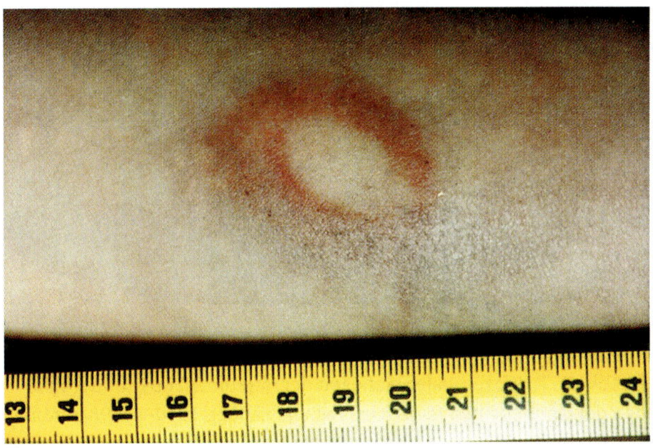

Abb. 5.25. Ringförmig-ovale Hämatomverfärbung am Oberschenkel (frische Bissmarke), zugefügt im Rahmen eines Sexualdeliktes

fährlichkeit beurteilt; mindestens ebenso wichtig sind die daraus ableitbaren Schlussfolgerungen, z.B. hinsichtlich eines verursachenden Werkzeugs oder des Verletzungshergangs. Von erfahrenen Gutachtern wird zu Recht davor gewarnt, aus dem morphologischen Bild allzu weit reichende Schlussfolgerungen zu ziehen (Gefahr der Überinterpretation).

Es wurde bereits betont, dass Schürfungen, Blutunterlaufungen und Quetsch-Risswunden mehrheitlich wenig charakteristisch geformt sind. Umso wichtiger ist es, dass **geformte und typisch angeordnete Verletzungsspuren** in ihrer Bedeutung erkannt werden. Dazu zählen scheinbar banale Befunde wie:

- typisch konfigurierte Hautrötungen nach Schlägen mit der flachen Hand („Ohrfeige"),
- parallelstreifige Fingernagelkratzspuren,
- gruppierte Hämatome durch den Druck benachbarter Fingerkuppen bei Festhaltegriffen an den Armen,
- striemenartige Hämatome (Abb. 5.24a, b),
- musterartige Intrakutanblutungen nach Einwirkung reliefartig strukturierter Oberflächen,
- so genannte „Bissringe" (Abb. 5.25) etc.

Bei angeblichen **Sturzverletzungen** ist zu prüfen, ob die verletzte Körperregion beim geschilderten Sturzvorgang tatsächlich stumpf traumatisiert werden konnte.

Besonders schwierig und verantwortungsvoll ist die Beurteilung von Verletzungsfolgen bei Personen, die angeben, **gefoltert** worden zu sein. Häufig ist zwischen dem berichteten Vorfall und der ärztlichen Untersuchung so viel Zeit verstrichen, dass man an den ehemals verletzten Stellen nur noch narbige und wenig spezifische Ausheilungszustände vorfindet. Häufige Formen körperlicher Gewalteinwirkung sind Schläge mit den Fäusten oder mit stumpfen Werkzeugen, Fußtritte, Quetschung empfindlicher Körperteile, vorsätzlich zugefügte Verbrennungen (z.B. mit Zigaretten), Versetzen von Stromstößen, schmerzhafte Fesselungen und aufgezwungene Körperhaltungen, Ausreißen von Finger- und Zehennägeln und sexueller Missbrauch.

5.6 Forensische Altersdiagnostik bei Lebenden

G. Geserick

Grundlagen. In einem staatlichen Rechtssystem ist die Stellung eines Menschen in vieler Hinsicht an sein **chronologisches (kalendarisches) Alter** gebunden. Aufgabe eines Altersgutachtens ist die Aussage zum chronologischen Alter aufgrund des physischen Entwicklungsstandes eines Individuums, welcher als **biologisches Alter** bezeichnet wird. Zwischen chronologischem und biologischem Alter gibt es eine enge, aber nicht absolute Korrelation. Die Zusammenhänge sind naturgemäß für Bevölkerungsgruppen anhand von Normwerten besser zu definieren, als für Einzelpersonen. Bei der Zugrundelegung von Normwerttabellen älteren Datums ist die in Industrieländern ausgeprägte säkulare Akzeleration zu beachten.

Infobox

Die Aufgabe besteht darin, für Personen, die nicht willens oder in der Lage sind, ihr korrektes Lebensalter anzugeben und durch Urkunden oder Ausweise zu belegen, dieses anhand biologischer Entwicklungszeichen gutachterlich einzuschätzen. Die wissenschaftliche Grundlage von Altersdiagnosen ist die genetische Kontrolle der humanen Ontogenie. Dadurch wird die zeitliche Variabilität von Entwicklungsstadien auch für unterschiedliche Populationen begrenzt.

In der Vergangenheit waren in der Rechtsmedizin Altersbestimmungen vorwiegend auf **Funde** unbekannter Leichen oder Leichenteile beschränkt, um deren Identität klären zu können. Hier kann – bei rechtlicher Zulässigkeit – eine umfassende innere Untersuchung einschließlich der Entnahme von Proben erfolgen.

Die Untersuchung lebender Personen muss sich dagegen auf das **äußere Erscheinungsbild** beschränken, sie kann lediglich durch nichtinvasive **bildgebende Verfahren** ergänzt werden, für die jedoch bestimmte Rechtsvorschriften (z.B. bei Anwendung von Röntgenstrahlen) zu beachten sind. Altersbestimmungen bei Lebenden, die von den Sachverständigen zutreffender als „**Altersschätzungen**" bezeichnet werden, sind in den letzten Jahren in Deutschland zu einem festen Bestandteil der forensischen Praxis geworden. Ursachen sind einerseits die Zunahme der grenzüberschreitenden Bevölkerungsmigrationen in zahlreichen europäischen Ländern und andererseits die Entwicklung der Kinder- und Jugendkriminalität.

Epidemiologie. Eine Situationsbestimmung für die deutschsprachigen Länder im Jahr 1999 ergab einen deutlichen Anstieg der Fallzahlen seit Anfang der neunziger Jahre (◘ Abb. 5.26). Besonders deutlich war dies in einigen Großstädten. Als rechtlich bedeutsame Altersgrenzen waren das 14., 16., 18., oder 21. Jahr zu beurteilen. Die häufigsten Herkunftsländer bzw. -regionen der Begutachteten waren Afrika, Türkei und Rumänien (◘ Abb. 5.27).

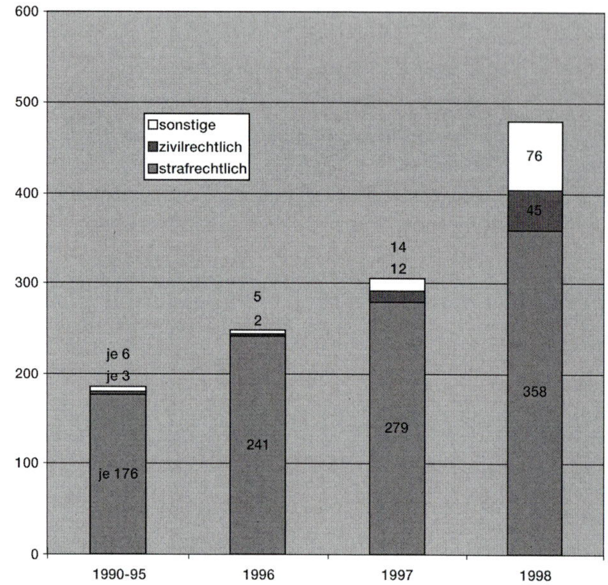

◘ Abb. 5.26. Jährliche Anzahl von Gutachten zur Altersschätzung in deutschsprachigen Ländern

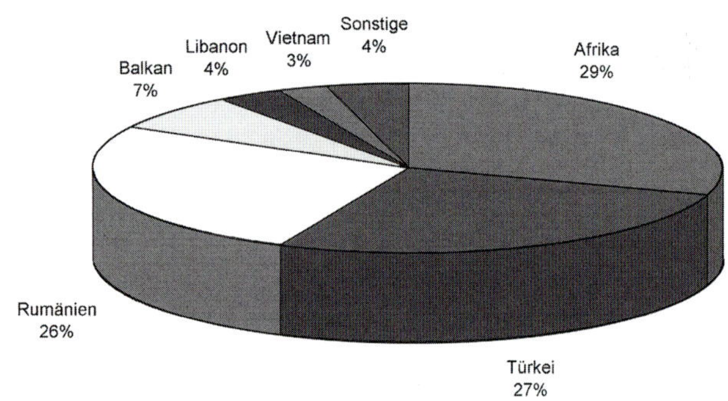

◘ Abb. 5.27. Prozentuale Häufigkeit der Herkunftsländer und -regionen der Untersuchten (deutschsprachige Länder, 1990—1998, s. Abb. 5.26)

Rechtliche Grundlagen

Die Durchführung ärztlicher Untersuchungen und Eingriffe zur Erstattung eines Gutachtens erfordert bei Fehlen einer medizinischen Indikation die Prüfung der ethischen und juristischen Zulässigkeit. Diese hängt entscheidend von der jeweiligen Zielstellung des Gutachtens ab.

Die **Strafmündigkeit** von Kindern bzw. Jugendlichen ist historischen und regionalpolitischen Schwankungen unterworfen (sie war z.B. im Deutschen Kaiserreich sowie ab 1943 im Dritten Reich bereits mit dem 12. Lebensjahr erreicht!), und sie ist auch im heutigen Europa durchaus unterschiedlich geregelt. Im bundesdeutschen Strafrecht ist die entscheidende Altersgrenze das 14. Lebensjahr, da sich hier die Strafmündigkeit entscheidet (§ 19 StGB). Es gilt als unwiderlegbare Vermutung, dass ein Kind generell schuldunfähig und damit strafunmündig ist, also auch bei Erfüllung eines Straftatbestandes straflos bleibt. Gegen ein Kind dürfen sich keinerlei strafrechtliche Maßnahmen richten, auch die Einleitung eines Ermittlungsverfahrens ist ausgeschlossen. Nur bei einer eindeutigen medizinischen Aussage, das Lebensalter liege über 14 Jahren, darf von einer Strafmündigkeit des Beschuldigten ausgegangen werden. Die Altersgrenzen von 18 bzw. 21 Jahren sind für die Frage der Anwendbarkeit von **Erwachsenen- bzw. Jugendstrafrecht** (§ 10 StGB, §§ 1–3 JGG) bedeutsam. Bei Jugendlichen sind durch Anwendung des

Jugendstrafrechts weniger einschneidende Rechtsfolgen beabsichtigt. Bei Heranwachsenden muss darüber hinaus geprüft werden, ob die Art der Straftat und die Gesamtwürdigung der Persönlichkeit des Täters ergeben, dass der Betroffene nach seiner sittlichen und geistigen Entwicklung noch einem Jugendlichen gleichstand – und damit Jugendstrafrecht (§ 105 JGG) gilt – oder ob das Erwachsenenstrafrecht anzuwenden ist. Mit Vollendung des 21. Lebensjahres wird grundsätzlich die volle strafrechtliche Verantwortlichkeit des Täters festgelegt.

In **Strafsachen** gibt § 81a der Strafprozessordnung (StPO) die Ermächtigung für die Durchführung körperlicher Untersuchungen und Eingriffe (zu Letzteren ist auch die Anwendung von Röntgenstrahlen zu zählen). Nach herrschender Meinung sind lege artis ausgeführte Röntgenuntersuchungen zulässig, da gesundheitliche Nachteile mit an Sicherheit grenzender Wahrscheinlichkeit auszuschließen sind. Allerdings verlangt die Anwendung des § 81a StPO besondere Beachtung des Verhältnismäßigkeitsgrundsatzes, also Berücksichtigung der Stärke des Tatverdachts und der Schwere der Tat sowie die Anordnung durch einen Richter.

Im **Bürgerlichen Recht** (Bürgerliches Gesetzbuch – BGB) betreffen Altersschätzungen Familienrechts-, Vormundschafts-, Pflegschafts- oder Ergänzungspflegschafts-Angelegenheiten, welche sich nur auf Minderjährige beziehen. Mit der Vollendung des 18. Lebensjahres tritt gemäß § 2 BGB Volljährigkeit ein, womit Vormundschaften oder Pflegschaften entfallen.

Im **Verwaltungsrecht** interessiert die Altersgrenze von 16 Jahren bei Asylverfahren, weil nach ihrem Erreichen Betroffene gemäß Ausländergesetz (AuslG) und Asylverfahrensgesetz (AsylVfG) als selbstständig handlungsfähig gelten und demzufolge in Sammelunterkünften anstelle von Einrichtungen der Jugendhilfe unterzubringen sind.

Im **Zivilprozessrecht** wie im **Asylverfahrensrecht** gibt es keinerlei Ermächtigungsgrundlagen für die zwangsweise Durchführung der Altersschätzungen. Im Zivilprozess besteht lediglich eine Mitwirkungspflicht, eine Weigerung kann zum Nachteil des Betroffenen ausgelegt werden.

Wichtig

Außerhalb des Strafrechts ist die Anwendung von Röntgenstrahlen in keinem Falle gerechtfertigt, so dass die richterliche Anordnung nur die körperliche Untersuchung betreffen kann.

Schließlich kann bei älteren Arbeitnehmern, bei Fehlen von amtlichen Urkunden über das Geburtsdatum, die **Erreichung des Rentenalters** Gegenstand der Begutachtung sein.

§ 10 StGB Sondervorschriften für Jugendliche und Heranwachsende

Für Taten von Jugendlichen und Heranwachsenden gilt dieses Gesetz nur, soweit im Jugendgerichtsgesetz nichts anderes bestimmt ist.

§ 19 StGB Schuldunfähigkeit des Kindes

Schuldunfähig ist, wer bei Begehung der Tat noch nicht vierzehn Jahre alt ist.

§ 1 JGG 5 Persönlicher und sachlicher Anwendungsbereich

(1) Dieses Gesetz gilt, wenn ein Jugendlicher oder ein Heranwachsender eine Verfehlung begeht, die nach den allgemeinen Vorschriften mit Strafe bedroht ist.

(2) Jugendlicher ist, wer zur Zeit der Tat vierzehn, aber noch nicht achtzehn, Heranwachsender, wer zur Zeit der Tat achtzehn, aber noch nicht einundzwanzig Jahre alt ist.

§ 2 JGG 5 Anwendung des allgemeinen Rechts

Die allgemeinen Vorschriften gelten nur, soweit in diesem Gesetz nicht anderes bestimmt ist.

§ 3 JGG 5 Verantwortlichkeit

Ein Jugendlicher ist strafrechtlich verantwortlich, wenn er zur Zeit der Tat nach seiner sittlichen und geistigen Entwicklung reif genug ist, das Unrecht der Tat einzusehen und nach dieser Einsicht zu handeln. Zur Erziehung eines Jugendlichen, der mangels Reife strafrechtlich nicht verantwortlich ist, kann der Richter dieselben Maßnahmen anordnen wie der Familien- oder Vormundschaftsrichter.

§ 105 JGG 5 Anwendung des Jugendstrafrechts auf Heranwachsende

(1) Begeht ein Heranwachsender eine Verfehlung, die nach den allgemeinen Vorschriften mit Strafe bedroht ist, so wendet der Richter die für einen Jugendlichen geltenden Vorschriften der §§ 4–8, 9 Nr. 1, §§ 10, 11 und 13–32 entsprechend an, wenn

1. die Gesamtwürdigung der Persönlichkeit des Täters bei Berücksichtigung auch der Umweltbedingungen ergibt, dass er zur Zeit der Tat nach seiner sittlichen und geistigen Entwicklung noch einem Jugendlichen gleichstand, oder

2. es sich nach der Art, den Umständen oder den Beweggründen der Tat um eine Jugendverfehlung handelt.

§ 81a StPO Körperliche Untersuchung; Blutprobe

(1) Eine körperliche Untersuchung des Beschuldigten darf zur Feststellung von Tatsachen angeordnet werden, die für das Verfahren von Bedeutung sind. Zu diesem Zweck sind Entnahmen von Blutproben und andere körperliche Eingriffe, die von einem Arzt nach den Regeln der ärztlichen Kunst zu Untersuchungszwecken vorgenommen werden, ohne Einwilligung des Beschuldigten zulässig, wenn kein Nachteil für seine Gesundheit zu befürchten ist.

(2) Die Anordnung steht dem Richter, bei Gefährdung des Untersuchungserfolges durch Verzögerung auch der Staatsanwaltschaft und ihren Hilfsbeamten (§ 152 des Gerichtsverfassungsgesetzes) zu.

§ 2 BGB Eintritt der Volljährigkeit

Die Volljährigkeit tritt mit der Vollendung des achtzehnten Lebensjahres ein.

§ 24 RöV Anwendungsbeschränkungen

(1) Röntgenstrahlen dürfen auf Menschen nur in Ausübung der Heilkunde, der Zahnheilkunde oder in sonstigen durch Gesetz vorgesehenen oder zugelassenen Fällen angewendet werden.

Medizinische Methodik der Altersschätzung

Das große Spektrum wissenschaftlich eingesetzter Untersuchungsmethoden ist für forensische Fragen nur begrenzt brauchbar. Zur Vereinheitlichung des Vorgehens und zur Qualitätssicherung der Gutachtenerstattung hat die Arbeitsgemeinschaft für Forensische Altersdiagnostik der Deutschen Gesellschaft für Rechtsmedizin im Jahr 2000 beginnend Empfehlungen erarbeitet (z.Zt. nur für das Strafverfahren veröffentlicht). Unter Beachtung ethischer, juristischer und praktikabler Gesichtspunkte besteht weitgehend Konsens über die am besten geeignete Methodik für den Altersbereich der Kindheit, der Jugend und des jüngeren Erwachsenenalters: Eine Kombination von

- körperlicher Untersuchung,
- radiologischer Untersuchung der Hand (in bestimmten Fällen auch der Schlüsselbeine) und
- Erhebung des Zahnstatus sowie Röntgenuntersuchung des Gebisses.

Die zuverlässigste Altersdiagnose ergibt sich aus der **Synopsis der Teilgutachten** und soll in einem **zusammenfassenden Gutachten** formuliert werden. Die Anwendung aller genannten Methoden (Röntgen) setzt eine rechtliche Ermächtigungsgrundlage voraus.

Körperliche Untersuchung durch einen Arzt. Neben der Erfassung des Zahnstatus ist die körperliche Untersuchung bei Ausschluss von Röntgenuntersuchungen als einzige Methode für alle oben angeführten Rechtsprobleme einsetzbar. Sie ist mit der größten Streubreite belastet. Bei der ärztlichen Untersuchung werden **Körpergewicht, Körpergröße und Körperbautyp** registriert. Wichtig ist die Suche nach körperlichen Erkrankungen, insbesondere einer krankhaften **Akzeleration oder Retardierung**. Die Befunde werden grundsätzlich durch Ganzkörperfotos der Vorder- und Rückseite dokumentiert. Herangezogen werden weiterhin die äußerlich erkennbaren **sexuellen Reifezeichen**:

- Entwicklung von Hoden und Penis, Bartwachstum, Kehlkopfentwicklung beim männlichen Geschlecht;
- Brustdrüsen, Hüftform und Menarche beim weiblichen Geschlecht;
- bei beiden Geschlechtern außerdem Schambehaarung und Behaarung der Achselhöhlen.

Für die Entwicklung der sexuellen Reifezeichen existieren **Stadieneinteilungen**, die vom infantilen bis zum adulten Status reichen. Die Entwicklungsgeschwindigkeit kann interindividuell und durch sozioökonomische Einflüsse deutlich variieren, was im Gutachten zu berücksichtigen ist. Weiterhin sind mögliche Unterschiede zwischen den Geschlechtern, der Stadt- und Landbevölkerung sowie ethnischen Gruppen zu beachten. Eine Entwicklungsverzögerung aufgrund schlechter Lebensverhältnisse würde sich im Strafverfahren allerdings mit einer zu niedrigen Schätzung des Lebensalters vorteilhaft für den Betroffenen auswirken.

Wichtig

Krankhafte oder sozioökonomische Einflüsse können in der körperlichen Entwicklung zu Normabweichungen führen.

Radiologische Untersuchung der Skelettentwicklung. Der menschliche Stützapparat ist in der Embryonalperiode weitgehend als knorplige Vorstufe angelegt und wird in der weiteren Entwicklung durch Knochen ersetzt. Das Erscheinen von Knochenkernen als Ossifikationszentren erlaubt im frühen bis mittleren Kindesalter (etwa bis zu 10 Jahren) recht zuverlässige Altersdiagnosen. Bis etwa zum 15. Lebensjahr erreichen dann die einzelnen Knochenelemente ihre endgültige Form und Größe. Danach bietet die Entwicklung der **Epiphysenfugen** die beste Möglichkeit zur Altersschätzung. Diese Wachstumsfugen der Röhrenknochen zwischen Diaphyse und Epiphyse werden beim Eintritt in das Alter des Heranwachsenden bzw. Erwachsenen knöchern geschlossen (Synostose). Deshalb ist die radiologische Beurteilung der Epiphysenfugen für die rechtlich bedeutsamen Altersgrenzen von besonderem Wert. In der Praxis wird die Untersuchung von **Hand und Handgelenk** (vereinbarungsgemäß der linken Hand im dorsopalmaren Strahlengang) bevorzugt, weil hier zum einen die Ossifikation sehr gut zu beurteilen ist, und andererseits die Strahlenbelastung für andere Körperregionen minimiert werden kann. Die Länge der Hand und des Os metacarpale III wird vermessen. Form und Größe der Sesambeine und Handwurzelknochen (Carpalia) werden registriert. Die Epiphysenfugen von Fingern, Mittelhandknochen sowie distaler Radius- und Ulnaepiphyse werden beurteilt (■ Abb. 5.28a–c).

Für die Beurteilung der Handskelettaufnahmen sind verschiedene Verfahrensweisen erprobt worden. In der Praxis haben sich vor allem die nachfolgenden Verfahren bewährt:

- **Atlantenmethode nach Greulich und Pyle**: Hier werden die angefertigten Röntgenaufnahmen mit Standardaufnahmen aus einem Atlas (Greulich und Pyle 1959) verglichen, die in definierten Altersstufen vorliegen. Mit Blick auf akzelerationsbedingte zeitliche Verschiebungen ist der Röntgenatlas von Thiemann und Nitz (1991) von höherer Aktualität.
- **Einzelknochenmethode (Bone-by-bone-Methode) nach Tanner und Whitehouse**: Der Entwicklungszustand einzelner Knochen wird mit Standardaufnahmen verglichen. Anstelle eines ermittelten Skelettalters werden Punktwerte einer Reifeskala festgestellt, deren Gesamtwert aus Tabellen das geschätzte Alter ablesen lässt. Die Methode ist gegenüber der Atlantenmethode aufwendiger, und es ist strittig, ob der angebliche Genauigkeitsvorteil den Aufwand wirklich rechtfertigt.
- Wenn die Vollendung des 21. Lebensjahres zu beurteilen ist, kommt eine zusätzliche Röntgen- bzw. CT-Untersuchung der Schlüsselbeine in Betracht. Hier ist die Entwicklung der **medialen Schlüsselbeinepiphyse** zu verfolgen. Allerdings ist hier die Strahlenbelastung für den Körper höher, als bei den Handaufnahmen. Ab dem 22. Lebensjahr bis spätestens zum 27. Lebensjahr erfolgt der komplette Schluss der Epiphyse.

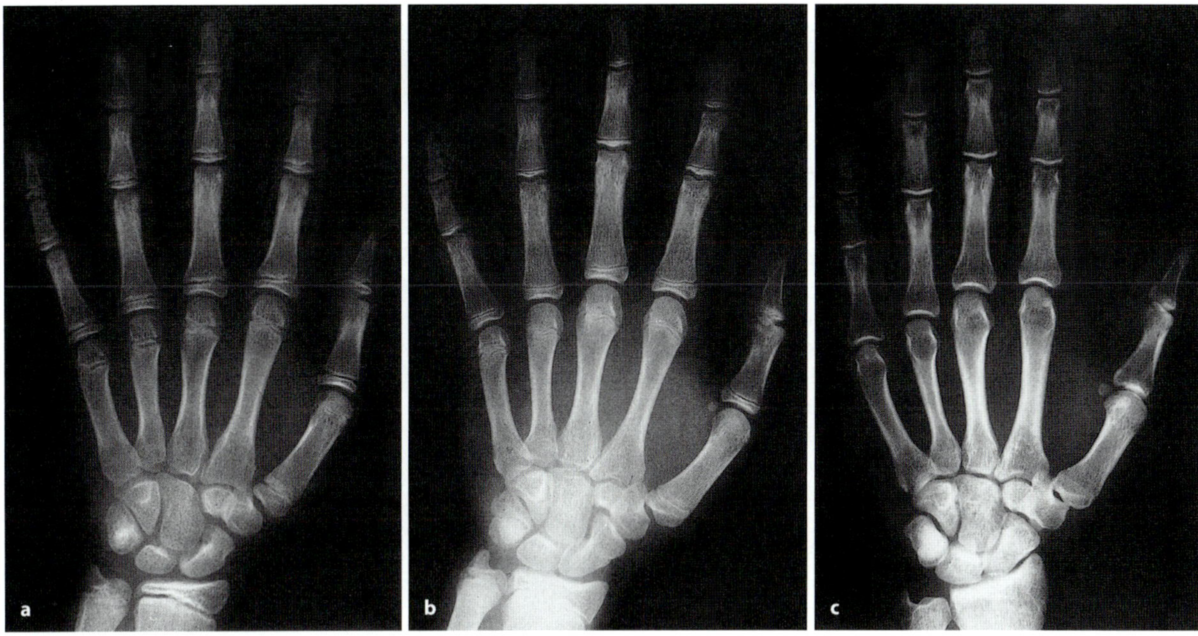

Abb. 5.28a–c. Röntgenbilder der linken Hand von drei männlichen Personen. **a** 12 Jahre; **b** 15 Jahre; **c** 18 Jahre (aus Thiemann und Nitz, 1991)

Die Röntgenuntersuchung weiterer Körperregionen bringt keinen Gewinn an Genauigkeit und ist z.B. für die Becken- und Femurknochen schon aus Gründen des Strahlenschutzes nicht akzeptabel. Deshalb sollten weitere radiologische Merkmale der individuellen Reifung nur zur Anwendung kommen, wenn die Aufnahmen bereits vorliegen (z.B. nach klinischer Behandlung).

Wichtig

Keine Röntgenuntersuchungen ohne rechtliche Legitimation!

Zahnärztliche Untersuchung der Gebissentwicklung. Die Beurteilung des „Zahnalters" bringt für die Altersdiagnose zusätzliche Informationen, da seit der Embryonalphase eine getrennte Entwicklung von ektodermalem Zahngewebe und mesodermalem Knochengewebe erfolgt. Darüber hinaus wird die Korrelation der Zahnentwicklung zum chronologischen Alter enger als die der Skelettentwicklung eingeschätzt, da sie geringer von der Ernährung, dem Hormonhaushalt oder Krankheiten abhängt. Dies gilt vor allem für die Entwicklungsphase des Gebisses, die etwa bis zum 18. Lebensjahr reicht. Danach treten degenerative und Abnutzungserscheinungen in den Vordergrund, die stärker variabel sind.
Forensisch werden vor allem zwei Kriterien verwendet:
- Zahndurchbruch und
- Zahnverkalkung (-mineralisation).

Der **Zahndurchbruch** ist der Zeitpunkt, an dem die Spitze des Zahnes die Gingiva penetriert. Die Diagnose erfolgt direkt durch Untersuchung des Patienten und bedarf keiner Röntgenuntersuchung. Zu den Durchbruchszeiten von Milch- und Permanentgebiss existieren umfangreiche Studien aus verschiedenen Ländern. Mit Ausnahme des 3. Molaren („Weisheitszahn") sind die Zähne des Dauergebisses im Durchschnitt etwa bis zum 12. Lebensjahr durchgebrochen. Die dritten Molaren (Zähne 18, 28, 38 und 48) brechen (zumindest in europäischen Populationen) erst nach dem 17. Lebensjahr durch. Nach weiteren 2–4 Jahren ist die Kauebene erreicht. Allerdings gibt es für die Weisheitszähne erhebliche interindividuelle und wahrscheinlich auch ethnische Schwankungen, so dass mit den Ergebnissen kritikvoll umgegangen werden muss.

Unterstützend zu den oben angeführten Methoden können pathologische bzw. degenerative **Veränderungen des Parodontiums** herangezogen werden. Parodontose und Parodontitis zeigen zumindest grobe Korrelationen mit dem Lebensalter. Die Beurteilung der Umbauvorgänge des Zahndentins mit Zunahme der **Wurzeltransparenz** erfordert die Entfernung der Zähne und ist deshalb bei der Untersuchung Lebender kaum einsetzbar.

Sind keine Röntgenaufnahmen möglich, so kann weiterhin der epidemiologische **DMF-Index** zur Altersschätzung herangezogen werden. Dieser Index gibt die durchschnittliche Häufigkeit von kariösen (D = decayed), fehlenden (M = missing) und restaurativ versorgten Zähnen (F = filled) in einer Population additiv an. Hierbei ist besonders die interindividuelle Variabilität des Kariesbefalls erheblich.

Die **Zahnmineralisation** wird durch Röntgenuntersuchungen (die beste Übersicht liefern Orthopantomogramme – OPTG, d.h. Panorama-Röntgenaufnahmen des Gebisses) beurteilt, welche die Kontrolle der Anlage und Entwicklung jedes einzelnen Zahnes gestatten (◘ Abb. 5.29+5.30a–c). Die Mineralisation beginnt mit der Bildung der Zahnkrone an der Kaufläche und setzt sich dann über den Zahnhals zur Wurzel hin fort. Mit dem Abschluss der Wurzelbildung ist das Zahnwachstum beendet. Als Letzte sind die dritten Molaren betroffen, für sie werden in verschiedenen Studien Mittelwerte von 21–23 Jahren für den Abschluss der Wurzelbildung angegeben.

Biochemische Methoden. Ist die Altersbestimmung im höheren Erwachsenenalter vorzunehmen (z.B. bei Prüfung von Rentenansprüchen), so ist das biochemische Verfahren der Bestimmung des **Razemisierungsgrades der Asparaginsäure des Dentins** die Methode der Wahl. Da Zahnmaterial benötigt wird, muss entweder eine Zahnextraktion erfolgen (was nur bei medizinischer Indikation gerechtfertigt wäre), oder eine Dentinbiopsie. Dieser Eingriff ist aber selbst bei rechtswirksamer Aufklärung und Einwilligung des Antragstellers problematisch.

Der Einfluss der ethnischen Zugehörigkeit

Die Frage nach einem eventuellen Einfluss der ethnischen Zugehörigkeit auf die Merkmale der Altersschätzung ist von großer praktischer Bedeutung, da bei Existenz gravierender Unterschiede die Anwendung der bei Europiden (Europäern und weißen US-Amerikanern) gewonnenen Altersstandards auf andere ethnische Gruppen zu Fehleinschätzungen führen müsste. Deshalb wurden in unserer Arbeitsgruppe alle erreichbaren internationalen Studien zur Skelettreifung, zur Zahnentwicklung und zur sexuellen Reifung (insgesamt mehr als 500 Publikationen) ausgewertet. Danach ergab sich, dass definierte Entwicklungsstadien von allen ethnischen Hauptgruppen in derselben Reihenfolge durchlaufen werden, so dass die vorliegenden Standards grundsätzlich anwendbar sind.

Die **Ossifikationsstadien** werden in der betreffenden Altersgruppe offensichtlich nicht relevant von der ethnischen Zugehörigkeit beeinflusst, wohl aber von sozioökonomischen Faktoren.

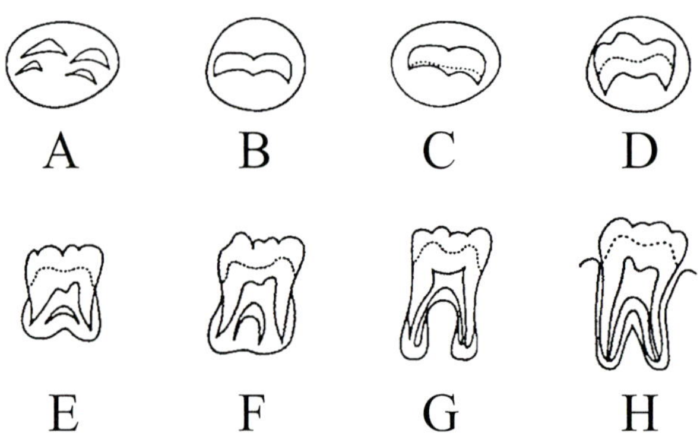

◘ Abb. 5.29. Schematische Darstellung von acht Stadien der Kronen- und Wurzelbildung an den dritten Molaren („Weisheitszähnen“; nach Demirjian et al. 1973). *A* Die Höckerspitzen der Kronen sind mineralisiert, aber noch nicht verschmolzen. *B* Die mineralisierten Höckerspitzen sind vereinigt, die Mineralisationsfront hat den Kronenäquator noch nicht erreicht. *C* Die Krone ist etwa zur Hälfte vollendet, die Mineralisationsfront hat den Kronenäquator überschritten. *D* Die Kronenbildung ist abgeschlossen, die Mineralisationsfront hat die Schmelz-Zement-Grenze erreicht. *E* Die Bildung der interradikulären Bi- bzw. Trifurkation hat begonnen. Die Wurzellänge ist noch kleiner als die Kronenlänge. *F* Die Wurzellänge erreicht mindestens die Länge der Krone. Die Wurzeln zeigen trichterartige Endungen. *G* Die Wände der Wurzeln laufen parallel, die Wurzelspitzen sind noch offen. *H* Die Wurzelspitzen sind verschlossen, und die periodontale Membran hat eine gleichmäßige Dicke

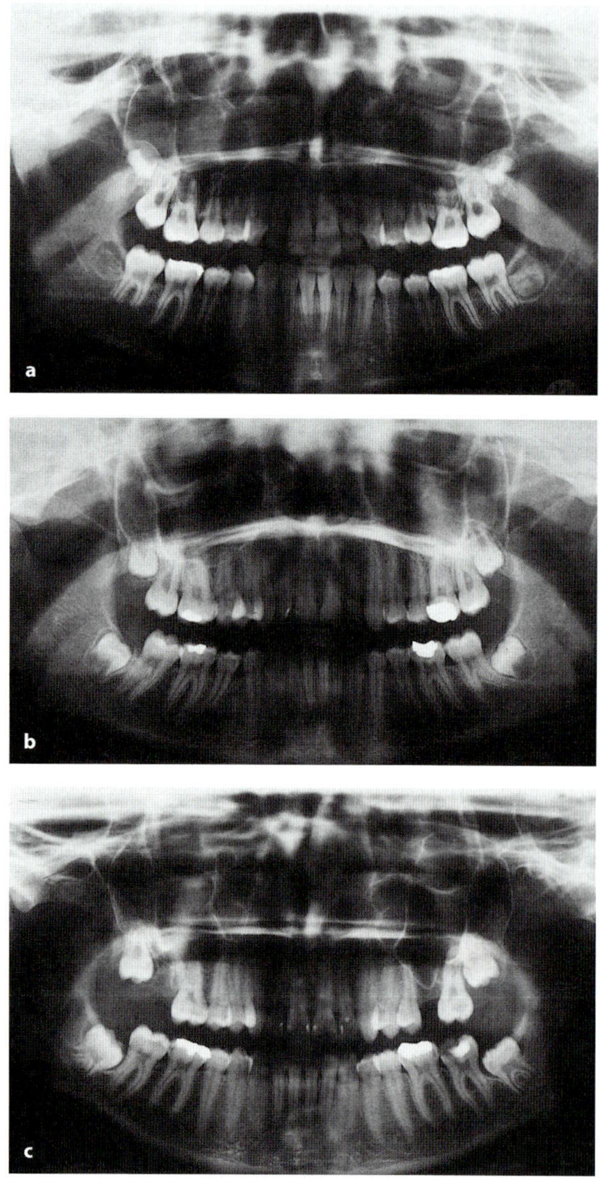

◘ Abb. 5.30a–c. Röntgen-Panoramaaufnahmen (OPTG) des Gebisses von drei weiblichen Personen mit Stadien nach Demirjian (s. Abb. 5.29). **a** 12 Jahre (Stadium A (48), B (28, 38) und C (18)); **b** 15 Jahre (Stadium D (18, 38), E (48) und F (28)); **c** 18 Jahre (Stadium G (28) bzw. F (18, 38, 48))

Tabelle 5.16. Mineralisationszeiten der dritten Molaren

Geschlecht	männlich				weiblich			
Zahn	18	28	38	48	18	28	38	48
Stadium B	14,4	15,5	13,3	–	14,5	12,6	14,0	13,8
	2,7	3,3	2,1	–	3,8	0,9	2,9	1,6
Stadium C	13,6	14,5	14,6	14,5	14,2	15,1	14,5	14,1
	0,7	1,9	1,7	1,5	1,7	2,3	1,6	1,5
Stadium D	16,5	16,3	16,3	16,7	15,7	15,7	15,5	15,7
	3,1	3,2	3,1	3,1	2,8	2,5	2,6	2,6
Stadium E	16,7	16,6	16,7	16,7	16,8	17,0	16,8	17,2
	2,6	2,3	2,3	2,1	2,3	2,7	2,3	2,4
Stadium F	17,8	17,7	18,3	18,2	18,6	18,7	19,1	19,0
	2,0	2,0	2,2	2,1	2,5	2,5	2,5	2,5
Stadium G	20,6	20,6	21,3	21,3	20,7	20,7	21,7	21,7
	2,4	2,4	2,0	2,1	2,6	2,6	2,1	2,1
Stadium H	22,5	22,6	22,7	22,7	22,7	22,7	23,0	23,1
	1,9	1,9	1,9	1,9	1,9	1,9	1,8	1,8

Stadien nach Demirjian (1. Zeile: Mittelwerte in Jahren, 2. Zeile: Standardabweichungen in Jahren; Olze et al. 2001)

Die Daten zur **Zahnentwicklung** sind spärlicher und heterogener. Nach ihnen sind ethnische Einflüsse auf die Zahnentwicklung nicht auszuschließen. Bedeutsam für die Gutachtenpraxis könnte eine Akzeleration bei Afrikanern sein, die sich z.B. in früheren Durchbruchszeiten für die 3. Molaren äußert (Tabelle 5.16). Zu dieser Problematik besteht weiterer Forschungsbedarf.

Für die **sexuelle Reifung** konnte sowohl eine relativ große interindividuelle als auch interethnische Variation beschrieben werden. Geringer sozioökonomischer Status führt zu einer Entwicklungsverzögerung. Andererseits sind ethnische Akzelerationen beschrieben, z.B. für afroamerikanische Mädchen. Auch hier besteht aufgrund der relativ geringen Zahl und z.T. nur bedingt verwertbaren Studien weiterer Forschungsbedarf.

Die **Konsequenz für die Praxis** des Gutachters muss sein, dass eine mögliche Altersunterschätzung aufgrund schlechterer Lebensbedingungen zu beachten ist. Mögliche ethnische Differenzen – z.B. für die Zahneruption oder sexuelle Reifung bei Afrikanern – müssen mit einem Sicherheitszuschlag für das Schätzergebnis ausgeglichen werden. Ethnisch bedingte Fehleinschätzungen des Alters sind am ehesten durch Kombination mehrerer voneinander unabhängiger Entwicklungssysteme zu vermeiden.

Wichtig

Ethnische Differenzen sind zu beachten, werden aber von Kritikern gerne überbetont.

Fallbeispiel

Auf richterlichen Beschluss wurde ein Beschuldigter (Ermittlungsverfahren wegen räuberischer Erpressung) zur Altersbestimmung vorgeführt. Geburtsort n.A. in Rumänien, angegebenes Alter 13 Jahre, 2 Monate. Aufgrund des äußeren Erscheinungsbildes bestand der Verdacht, dass der Beschuldigte deutlich älter und damit strafmündig wäre.

Untersuchungsergebnisse (stark gekürzt):

- Rechtsmedizinische körperliche Untersuchung: Schlanker Körperbau, Körpergewicht 50,5 kg, Körpergröße 168 cm, körperliche Statur und Behaarungstyp entsprechen dem eines Jugendlichen bzw. jungen Mannes; sexuelle Reifezeichen voll ausgebildet.
- Radiologische Untersuchung der linken Hand ergab nach Handlänge, Ausbildung der Carpalia und partiell durchgebauten Epiphysenfugen als wahrscheinlichstes Alter 15 Jahre.
- Zahnärztliche Untersuchung (klinisch und radiographisch) ergab: Dritte Molaren nicht durchgebrochen, Kronenbildung abgeschlossen, Wurzelbildung dagegen nicht; Wurzelbildung der zweiten Molaren abgeschlossen; wahrscheinlichstes Alter 16 Jahre. Die zusammenfassende rechtsmedizinische Einschätzung gab ein wahrscheinliches Lebensalter von ca. 15–16 Jahren an. In einem späteren Personenfeststellungsverfahren konnte das wahre Lebensalter zum Untersuchungszeitpunkt mit 16 Jahren festgestellt werden.

5.7 Schleudertrauma

K.-S. Saternus

Definition

Das Schleudertrauma betrifft als Insult den gesamten Organismus und nur selten singulär den Hals. Diagnose bedeutet deshalb, systematische Überprüfung kinetischer Ketten.

Rechtliche Grundlagen

- § 46a StGB Täter-Opfer-Ausgleich, Schadenswiedergutmachung
- § 223 StGB Körperverletzung
- § 226 StGB schwere Körperverletzung
- § 11 StVG Umfang der Ersatzpflicht bei Körperverletzung
- § 847 BGB Schmerzensgeld

Grundlagen

Als Schleudertrauma werden der mechanische Ablauf, der zur Verletzung führt, und die eingetretene Verletzung selber bezeichnet. Mechanisch handelt es sich um eine Zwangsbewegung durch einen von außen wirkenden Vektor. Das Grundprinzip ist eine Differenzgeschwindigkeit aus Beschleunigung oder Verzögerung des Rumpfs in Relation zu Massenkräften (Verharrung) des Kopfes. Als sog. „Non-contact"-Verletzung des Kopfs, im Sinne einer gedämpften Schwingung, unterscheidet es sich mechanisch und in den Traumafolgen von der abrupten „contact"-Verletzung, also Schädelanprallverletzung.

Grenzwerte

Grundsätzlich kann ein Vektor aus beliebiger Richtung ein Schleudertrauma nach sich ziehen. Für die Verletzungen werden im Schrifttum unterschiedlich hohe **Schwellenwerte** diskutiert. Als Bezugsgröße wird zumeist die Relativgeschwindigkeit (Δv) gewählt, die ein Fahrzeuginsasse durch die Kollision erfährt. Allerdings sind die Schwellenwerte bisher nicht valide. Sie können es auch nicht sein, weil der Hals mit HWS aus einer Vielzahl von Strukturen unterschiedlicher Festigkeit und Elastizität besteht, und zwar mit erheblicher Variabilität (Konstitution, Wachstum, Alternsgang und degenerative Veränderungen). Nur für wenige Strukturen sind traumatologische Grenzwerte erarbeitet. Selbst die Gelenkmechanik ist nicht exakt beschrieben. Pauschale Grenzwerte entbehren also der theoretischen Grundlage, differenzierte Grenzwerte sind – wie gesagt – nicht erarbeitet. Ein wesentlicher methodischer Grund liegt darin, dass selbst mit den modernen bildgebenden Verfahren die feinen Verletzungen (Schwellenwert) z.B. der Gelenkkapseln, Bandscheiben und Menisken nicht erfasst werden können. Dasselbe gilt für zarte perivasale und perineuronale Blutungen. Die Diagnose einer leichten HWS-Verletzung ist somit bis heute nicht spezifisch, sondern eine Globaldiagnose. Klinische Erfahrung für die Ausheilung derartig leichter Verletzungen liefert eine grobe Orientierung, die nicht Grundlage einer verbindlichen Festsetzung sein kann, wie es vielfach versucht wird.

Betrachtet man das andere Extrem, nämlich die **Maximalverletzung**, so lässt sich anhand der forensischen Erfahrung und aus Tierversuchen sagen, dass in Abhängigkeit von der Größe des Vektors allein durch Massenkräfte (Schleudertrauma) Verletzungen bis zum Schädelabriss möglich sind.

5.7.1 Das so genannte „typische Schleudertrauma"

Typisch heißt nichts anderes als häufig, und eine häufige Ursache des Schleudertraumas ist der **Heckunfall**. Bevor die einzelnen Glieder einer kinetischen Kette auf mögliche Traumafolgen überprüft werden, muss Klarheit darüber bestehen, wie sie beansprucht worden sind.

Fahrer und Beifahrer unterscheiden sich beim Heckanstoß dadurch, dass ersterer das Lenkrad umgreifen und sich daran festhalten kann. Diese Situation muss jedoch nicht für den Stand gelten. Beim Heckauffahrunfall kommt der Impuls von hinten, wird der Rumpf über die Lehnen beschleunigt, während Kopf, Arme und auch die Beine verharren (Massenkräfte). Dabei wirkt die Hyperextension einmal auf den Kopf/Hals und zum anderen als Zug auf die Arme. Reißen diese dabei vom Lenkrad ab, dann werden die Finger schrittweise in Richtung auf den Kleinfinger geöffnet. Klinisch führt das zu einem Abduktionsschmerz (Kleinfingerzeichen).

Schleuderverletzung der Arme

Wie aus postmortalen Beschleunigungsversuchen bekannt ist, setzt sich der Handablösevorgang in eine Armschleuderbewegung nach hinten oben fort. Gespeist wird sie einmal aus den Massenkräften der Arme und aus der Hyperextension von Kopf, Hals und Schulter. Hinzu kommt in der Realsituation eine reflektorische Antwort der abrupt überdehnten Haltemuskulatur des Schultergürtels (Massenkontraktion).

Die Exkursion des Arms wird auf der jeweiligen Außenseite des Fahrzeugs früh gebremst. Daraus können Anprallverletzungen dieser Gliedmaße resultieren. Die Exkursion des inneren Arms kann dagegen ausgiebig sein (◘ Abb. 5.31a, b). Die Folge ist eine asymmetrische Zugbeanspruchung der vorderen Brustwand, speziell über die Brustmuskulatur und die Rippen in den Sternokostalgelenken. In einzelnen dieser straffen Junkturen kann das zur Subluxation führen. Klinisch wird in diesem(n) Gelenk(en) ein umschriebener Schmerz angegeben, verstärkt unter der Brustkorbbeanspruchung beim Schlafen. Bei der Palpation besteht ein reproduzierbarer Druckschmerz. Die großen Gelenke, Schultereck- und Sternoklavikulargelenk, sind dagegen selten beteiligt, insbesondere Letzteres.

Wichtig

Die halsfernen Verletzungen beim rückwärtigen Auffahrunfall sind die Handabrissverletzung vom Lenkrad (Kleinfingerzeichen) und die Armschleuderverletzung.

Auf folgende einfache klinische Zeichen ist zu achten:

- Abduktionsschmerz im kleinen Finger mit Maximum auf der Radialseite im Grundgelenk,
- Sternokostalschmerz, atemabhängig, schlaflagenabhängig, durch Palpation reproduzierbar auszulösen,

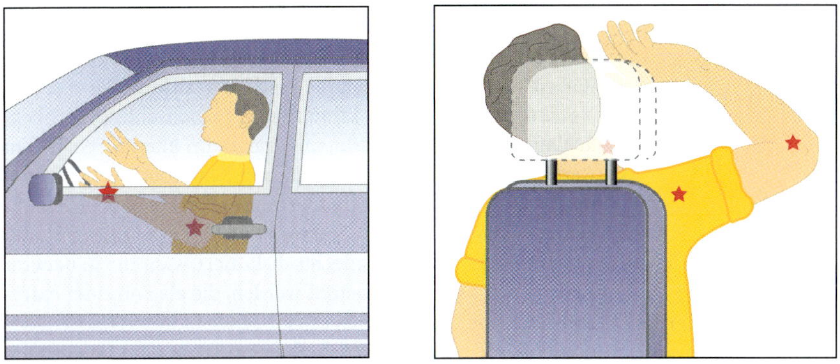

Abb. 5.31a, b. Phasen der Handablösung und Armschleuderverletzung. **a** Handablösung vom Lenkrad über den kleinen Finger beim Heckauffahrunfall mit Anschlag von Hand und Ellenbogen des äußeren Arms an die Fahrzeugtür. **b** Armschleuderverletzung des inneren Arms mit einseitiger Zugbeanspruchung der vorderen Brustwand. Rotation und Hyperextension in den Kopfgelenken und der HWS

- Anprallverletzung Außenseite und Handrücken,
- sensible Ausfälle (Traktionsverletzung Plexus cervicalis),
- Schulterkapsel- und Schultergürtelschmerz ventral (Zugseite),
- Verletzungen der Sternoklavikulargelenke kommen praktisch kaum vor.

Die Mechanik der Halsverletzung beim typischen Schleudertrauma

Hyperextension bedeutet maximale Reklination in den oberen Kopfgelenken (C0/1) und rückwärtige Überstreckung der Halswirbelsäule, bis die Dornfortsätze der Halswirbelkörper aufeinander stoßen, unter Drehung (Drehmoment um diese Aufsatzpunkte) dachziegelartig übereinander geschoben werden. Dieser dorsalen Kompression mit Biegebeanspruchung der Dornfortsätze entspricht auf der Ventralseite der HWS-Zug. Weil die Zugspannung proportional mit dem Abstand zum Drehpunkt zunimmt, findet sich die höchste Spannung im ventralen Gurt (Haut, Muskulatur, Kehlskelett).

Die Prüfung der Glieder kinetischer Ketten beim Heckauffahrunfall

Der vordere Gurt erstreckt sich von kranial nach kaudal von der oberen Insertion der Kaumuskulatur (M. temporalis) bis zur unteren an Sternum und Klavikula. Eingeschaltet ist das Kehlskelett. Abgrenzen lässt sich davon ein schräger Gurt, der sich zwischen hinterer Schädelbasis und vorderer Brustwand mit Klavikula erstreckt (Mm. sternocleidomastoidei, scalenii sowie die großen Gefäße).

Die Muskelverletzung und die muskuläre Antwort

Durch Traktion kann es muskulär von **Einzelfaserrupturen** bis zu **Bündelzerreißungen** kommen. Unter den Bedingungen des Innerortsverkehrs sind Letztere kaum zu erwarten. Am häufigsten sind aber auch nicht die Einzelfaserrupturen, sondern zarte **Blutungen** in den Verschiebeschichten der Muskellogen und damit bei schütteren Blutungen zwischen den Fasern ödematöse Verquellungen. Eine weitere typische Muskelverletzung ist die **Insertionsblutung.** Dabei handelt es sich um subperiostale Blutungen im Bereich der Insertion der Sehnen in den Knochen. Die typische Folge einer Alterierung, also nicht nur einer Verletzung des Muskels, ist seine **Dauerkontraktion.** Daran sind meist die Synergisten mitbeteiligt. Klinisches Bild ist der sog. Hartspann, bei umschriebenen Dauerkontraktionen sind es Myogelosen. Findet sich eine Insertionsblutung, kommt es bei lokalen Schmerzen häufig nicht zur Dauerkontraktion der betroffenen Muskeln (reflektorische Schmerzhemmung). Breit diskutiert wird auch die Zweitantwort bei einem Schleudertrauma als reflektorische Massenkontraktion der primär abrupt überdehnten Muskelgruppen unter Beteiligung der jeweiligen Synergisten. Das Phänomen selber ist aus der neurologischen Reflexprüfung durchaus geläufig. Nicht die Richtung des Vektors bestimmt das Ausmaß der Zweitantwort, sondern die Größe der beanspruchten Muskelmasse. Daraus leitet sich für den Hals ab, dass beim sog. typischen Schleudertrauma die gering dimensionierte Muskulatur des Vorderhalses diese Zweitantwort speist. Umgekehrt wird sie ausgiebig sein, wenn die kräftig dimensionierte Nackenmuskulatur beim Schleudertrauma primär akut überdehnt wird (Frontalkollision).

Die Kopf- und Halsweichteilverletzung

Der vordere und der schräge Gurt des Halses müssen beim Schleudertrauma getrennt von der HWS betrachtet werden. Für den vorderen gilt, dass die Spannung durch passives Öffnen des Mundes gemindert wird. Diese Zugspannung betrifft nicht nur den M. orbicularis oris, sondern auch die Kaumuskulatur, den Mundboden, das Kehlskelett und die vordere gerade Halsmuskulatur. Eine derartige Entlastung besteht somit beim schrägen Gurt nicht. Primär überdehnt wird mit der Schläfenmuskulatur topographisch ein Bereich auch außerhalb des Halses. Typisch sind somit die Folgen der muskulären Überdehnung (palpable Schmerzauslösung) und Hartspann. Für den schrägen Gurt sind Insertionsblutungen sternal und klavikulär pathognomonisch. Die muskuläre Zweitantwort besteht in der zum primären Impuls gegenläufigen Ventralflexion, die von allen ventralen Strukturen einschließlich der prävertebralen Muskulatur gespeist wird. Darüber hinaus führt die Massenkontraktion der abrupt überdehnten mimischen und Kaumuskulatur zum Aufeinanderschlagen der Zähne.

Wichtig

Kopfschmerz bei einem Schleudertrauma muss nicht Folge einer Kontaktverletzung sein.

Auf folgende klinische Zeichen ist zu achten:

- Schläfenkopfschmerz (M. temporalis; Palpationsschmerz),
- Kaubeschwerden,
- Schluckbeschwerden: Mundboden, Kehlkopfweichteile, retropharyngeales Hämatom,
- Hartspann der Hals-, Mundboden- und Kaumuskulatur sowie
- Periostzeichen (Mm. sternocleidomastoidei, Fossa jugularis und Klavikula).

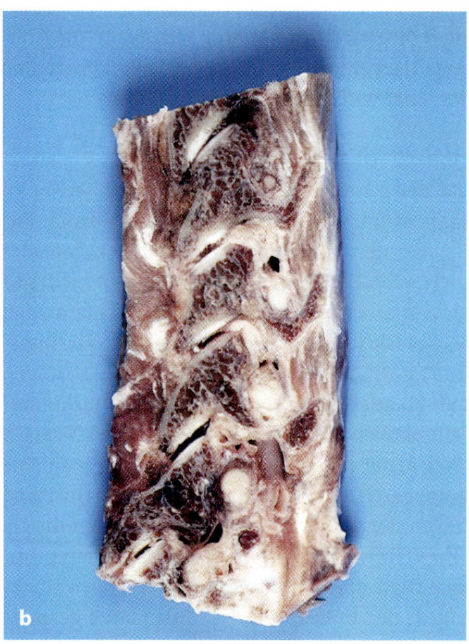

◘ Abb. 5.32. **a** Traumatische Einblutung in den Menisken der Kopfgelenke, *links* unterer Meniskus C0/1 (Condylus/Massa lateralis), *rechts* oberer Meniskus C1/2. Sagittaler Sägespalt und Schrägschnitt in die Kopfgelenke. **b** Parasagittalschnitt C2/3—C6/7 mit kräftiger Einblutung in die Kapsel des Wirbelbogengelenks C2/3 und den oberen Meniskus

Kopfgelenke und HWS

Nach einem „Non-contact"-Trauma wären Kopfschmerzen zunächst nicht zu erwarten. Sie sind aber zusammen mit den Nackenschmerzen nach klinischen Angaben obligat (s. oben, Schläfenkopfschmerz – M. temporalis). Im älteren Schrifttum werden zur Erklärung der vegetativen Reaktionen (Präkollaps) direkt nach erlittenem Schleudertrauma Effekte über eine kurzzeitige Kompression und Traktion der Aa. vertebrales und des sympathischen Nervengeflechts diskutiert, während in neuerer Zeit stärker Afferenzen betont werden, die als Folge der extremen Traktion aus den reich sensorisch versorgten Kapseln der oberen Kopf- sowie der Wirbelbogengelenke dem Hirnstamm zuströmen. Als Sofortreaktion kommt es nicht selten zu einem Brennen im Gesicht (flush). Für die vegetativen Reaktionen spielt die Richtung des Vektors keine Rolle. Es ist also nicht an den Heckauffahrunfall gebunden, dass sich Unfallbeteiligte häufig zunächst wie benommen und präkollaptisch fühlen, die ersten Schritte unsicher schwankend sind, sie sich den Kopf mit beiden Händen stützen (Haltungsinsuffizienz) und schnell versuchen, sich anzulehnen oder zu setzen.

Haltungsinsuffizienzen werden neuerdings von klinischer Seite auf traumatisch geschädigte (hypermobile) Ligg. alaria bezogen. Der Beweis dafür ist allerdings nicht erbracht. Rechtsmedizinische Untersuchungen bei wesentlich schwereren Traumata der C0/2-Region sprechen gegen diese Sicht.

Bei den **Subluxationen** der Kopf- und Wirbelbogengelenke mit und ohne Kapseleinblutung ist eine der häufigen Verletzungen die der **Menisken** (◘ Abb. 5.32a, b). Diese Einblutungen führen zusammen mit einem Begleitödem zur Blockierung der Gelenke. Ebenfalls verbunden mit der Subluxation kann es zu zarten Einblutungen und ödematösen Verquellungen in den Foramina intervertebralia und damit zu einer **Wurzelsymptomatik** kommen (◘ Abb. 5.33). Auch zarte epidurale Blutungen werden beim Schleudertrauma gefunden. Die erwähnten Verletzungen lassen sich jedoch nicht einem Vektor zuordnen. Vielmehr sind sie Folge der Zugbeanspruchung, also in gleicher Weise bei unphysiologischer Extension, Flexion und Rotation zu erwarten. Die Form der Bandscheibenverletzung ist allerdings abhängig von der Richtung des Vektors, das Verletzungsausmaß von dessen Größe.

Beim sog. „typischen Schleudertrauma" (**Hyperextension**) finden sich auf der Zugseite der HWS durchaus **Unterblutungen** und **Muskelzerreißungen** (s. oben, „Muskelverletzung") in der prävertebralen Muskulatur. Als Erfahrungswert kann gesagt werden, dass eine retropharyngeale bzw. prävertebrale Einblutung regelmäßig mit einer anderen Weichteilverletzung der HWS kombiniert ist. Das können die seltenen Blutungen der vorderen Bandsysteme C0/2, die häufigeren um das Lig. apicis dentis, die gleichfalls häufigen Blutungen und Teilrupturen in den einzelnen Etagen des vorderen Längsbandes und die der **Bandscheiben** selber sein. Dabei reißt die Bandscheibe, solange sie noch einen funktionell intakten Nucleus pulposus hat, nicht horizontal durch. Vielmehr reißen einzelne Fasern ein, einzelne Bündel bis zur Partialablösung (Insertionsausriss) von

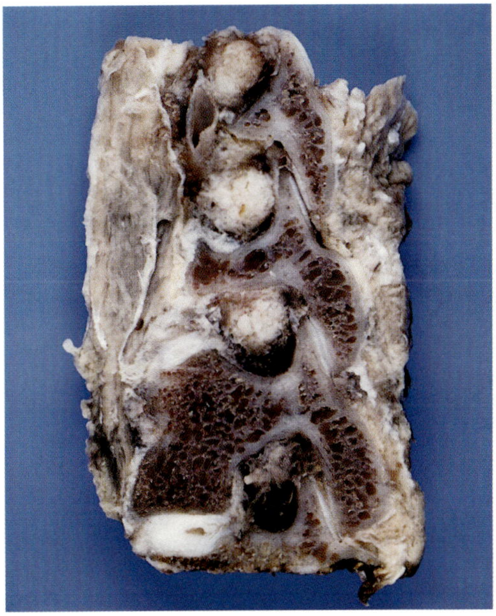

Abb. 5.33. Blutungen in den Foramina intervertebralia mit Umblutung der Nervenwurzeln

Grund- und/oder Deckplatte der benachbarten Wirbelkörper ab. Während die breite Zerreißung von vorderem Längsband und weitreichende Insertionsabrisse mit bildgebenden Verfahren verifiziert werden können, gilt das nicht für kleinere Faserzerreißungen des Anulus fibrosus, selbst nicht für kleine Vorderkantenablösungen der Bandscheibe. Knöcherne Verletzungen, wie der Vorderkantenabriss eines Wirbelkörpers, sind seltener Folge der Hyperextension bei einem Schleudertrauma, können bereits mit konventioneller Röntgentechnik erfasst werden.

Kneifzangenmechanismus

Dem Hyperextensionstrauma ist der sog. Kneifzangenmechanismus zuzuordnen. Bei primär engem Spinalkanal oder bei erworbener Enge (dorsaler Bandscheibenprolaps) führt die Einwölbung der Ligg. flava von der Gegenseite her zu Zirkulationsstörungen mit Ödem und damit indirekt zu einer Schädigung des Spinalmarks.

5.7.2 Schleudertrauma bei Frontalkollision

Eine Frontalkollision ereignet sich überwiegend als aktiver Auffahrunfall, nur sehr viel seltener passiv im ruhenden Fahrzeug. Betrachtet werden soll dieses häufige Ereignis mit besonderem Augenmerk auf den Fahrer, weil dabei einige Besonderheiten bestehen. Stellt sich der Fahrer auf die Kollision ein, wird er bremsen, womit er sich von den anderen Insassen unterscheidet, die allerdings ihre Füße auch vorsorglich anstemmen können. Der Fahrer umgreift das Lenkrad mit beiden Händen. Zwar können auch die anderen Insassen die Arme zur Abstützung einsetzen, was mechanisch nicht ganz dasselbe ist. Bremsen bedeutet maximaler, exzentrischer Krafteinsatz, nämlich einseitig mit dem rechten Bein. Die kinetische Kette reicht vom Fuß bis zu den Sakroiliakalgelenken und die der Gegenkraft von der Hand bis in die Schulter. Nach erfolgter Kollision sind die Massenkräfte von Kopf und Rumpf aufzunehmen. Das bedeutet eine Umkehr der Beanspruchung für die Hand bis in den muskulären Aufhängeapparat des Schulterblatts. Für die Kopf-Hals-Region liegt die Zugseite jetzt im Nacken. In der Tabelle 5.17 sind die Phasen des Unfallablaufs mit den typischen Verletzungen zusammengestellt.

Die Bremsbeanspruchung für Bein und Arm

Beim Notbremsen kann das rechte Bein – zumal der Fuß – erheblich unter der Last des Körpers und dem Einsatz der Streckermuskulatur beansprucht werden. Die Zugbeanspruchung im maximal dorsalflektierten Fuß wird dann besonders groß, wenn das Knie unter dem Armaturenbrett eingestaucht wird. Dabei kann es beim nichtgurtgeschützten Fahren im Extremfall bis zum **Insertionsausriss der Achillessehne** kommen. Die Mittelfußknochen geraten in Subluxationsstellung mit starker Dehnung der Fußsohle (Zugseite). Die kinetische Kette ist über das rechte Knie- und Hüftgelenk bis in die rechte Sakroiliakalfuge und ventral bis in die Symphyse zu verfolgen. In jeder Etage ist eine Schmerzangabe deshalb auch theoretisch zu erwarten und ggf. auf Reproduzierbarkeit zu überprüfen. Betrachtet man die Zugbeanspruchung des Arms (Gegenkraft zum Bremseinsatz), so sind der Kleinfinger und die Beuger von Unter-, Oberarm und Schultergürtel bevorzugt.

Mechanik der Armbeanspruchung bei der Frontalkollision

Wenn unter der Frontalkollision die Massenkräfte wirksam werden, wird Druck für die Arme die bestimmende Qualität. Die Insassen versuchen, sich mit den Armen abzustützen. Dabei nimmt der Fahrer beim Faustschluss um das Lenkrad bevorzugt mit seinem Daumen die Last auf. Beidseitiger Abspreizschmerz im Daumengrundgelenk, Schmerzen in der Daumen-Zeigefinger-Falte sind die klinisch prüfbaren Verletzungsfolgen an der Hand. In den höheren Etagen führt die Rumpfabstützung gleichfalls zur Überdehnung der Muskulatur, nämlich der Mm. pectorales und des medialen Halteapparats der Schulterblätter (M. serratus lat. und der Rand des M. latissimus dorsi). Hartspann und atemabhängige Schmerzen lassen sich daraus klinisch ableiten. Sie müssen also nicht Folge des Gurteffekts – zumal in einer dafür falschen Topographie – sein.

Halsweichteil- und HWS-Verletzung

Das Schleudertrauma mit Ventralflexion führt zu einer akuten Überdehnung der Nackenmuskulatur (► s. Kap. 5.7.1, „Kopf u. Halsweichteilverletzung") mit ausgiebiger gegenläufiger Zweitantwort. Ein Hartspann belegt als obligater Befund den erlittenen Insult. Dabei ist der Hartspann häufig erst am nächsten Morgen mit der typischen Morgensteife der Gelenke voll ausgebildet. Angaben über ein sog. freies Intervall von zwei Tagen und länger bis zur Entwicklung des Hartspanns sind bisher

Tabelle 5.17. „Non-cervicale" Verletzungsbefunde beim Frontalauffahrunfall

Vorphase	1	Fersenschmerz
	2	Wadenmuskulaturschmerz
	3	Sakroiliakalschmerz
	4	Knieanschlagverletzung
Aufprall	5	Abstützverletzung (Daumen bis Schulterblatt)
	6	Gurtverletzung
	7	Überdehnungsschmerz Nackenmuskulatur
	8	Kopfanprall

nicht schlüssig belegt. Für die Therapie der muskulären Verletzung beim Schleudertrauma gilt Kälte für Schmerzpunkte und Wärme für den Muskelhartspann, jeweils in kurzen Intervallen, dagegen keine längere Immobilisation durch eine Halskrawatte. Eine Inaktivitätsatrophie ist hier genau so wenig wie in anderen Regionen dem Heilungsprozess dienlich.

Typ der Halswirbelsäulenverletzung ist wiederum die Überdehnung der Gelenkkapseln der Kopf- und Wirbelbogengelenke sowie deren Menisken, allerdings in den Kopfgelenken mit einer Dorsalbetonung. In der Kette der großen dorsalen Bandsysteme werden die kräftigen und elastischen Ligg. flava bei der Aufrichtung der HWS aus der Lordose selten verletzt. Charakteristisch ist dagegen ein Aufklappen unter Faserzerreißungen in der zarten Membrana atlantoaxialis post. zwischen hinterem Atlas- und Axisbogen. Denn der Kopf nimmt den hinteren Atlasbogen über die kräftige Membrana atlantooccipitalis post. bei der Ventralflexion mit. Hier (C1/2) finden sich dorsal auch zarte epidurale Blutungen beim Schleudertrauma.

Die dorsale Bandscheibenverletzung. Typ der Bandscheibenverletzung beim Frontalauffahrunfall (**Ventralflexion**) ist die dorsale Bandscheibenablösung (Abb. 5.34). Darunter ist der Abriss der dorsalen Partien des Anulus fibrosus vom hinteren Längsband zu verstehen. Ventralflexion bedeutet Aufrichtung der HWS aus der physiologischen Lordose und das wiederum bedeutet eine Zugbeanspruchung der dorsalen HWS-Strukturen. Bei Überschreiten eines Grenzwerts reißen die miteinander verwobenen dorsalen Bandscheibenfasern aufgrund unterschiedlicher Dehnbarkeit vom Lig. longitudinale posterius ab. In Abhängigkeit von der Größe des Vektors kann es zusätzlich zu Randablösungen des Faserrings von der angrenzenden Grund- und/oder Deckplatte kommen. Die teilabgelöste Bandscheibe retrahiert sich, so dass eine Lücke entsteht. Diese wird zunächst von Blut gefüllt, anschließend bindegewebig organisiert. Eine solche Narbe muss kein nennenswerter Bandscheibenprolaps sein. Bei den typischen degenerativen dorsalen Spalten, die sich mit den seitlichen, aus den Unkovertebralgelenken stammenden, vereinen, ist das Verletzungsbild etwas anders. Bei der forcierten Ventralflexion reißen diese Spalten weiter auf. Allerdings wird auch dabei (▶ s. Kap. 5.7.1, „Kopfgelenke und HWS") die Bandscheibe nicht horizontal durchrissen; stattdessen kommt es zur meist einseitigen Ablösung der Hülle des Nucleus pulposus von der oberen oder unteren knöchernen Abschlussplatte.

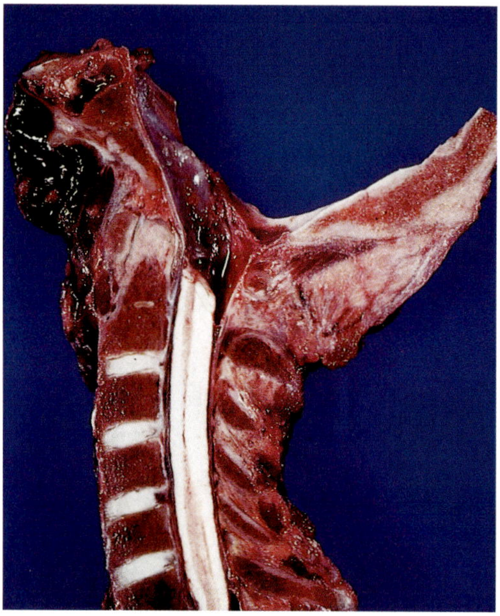

Abb. 5.34. Ventralflexion vom Typ der dorsalen Bandscheibenverletzung C4/5, d.h. Abriss des hinteren Anulus fibrosus vom Lig. longitudinale posterius und Retrahierung der Bandscheibe mit Blutung in die traumatische Lücke

5.7.3 Das gemischte Schleudertrauma

Beim Schleudertrauma sollte aus mechanischen Gründen die **Vorphase** (Bremsen, Halten bzw. Abstützen) von der **Kollisionsphase** abgegrenzt werden. Denn in der Vorphase laufen die Bewegungen gleichförmig ab, also unabhängig davon, ob Insassen angeschnallt waren, den Kopf gedreht haben oder nicht, ob der Fahrzeugkontakt zu einem zentralen Stoß oder einer Schrägkollision führt. Die Beanspruchung des Halses unter der eigentlichen Schleuderbewegung besteht dagegen beim Pkw-Insassen selten in einer Auslenkung der Kopf- und HWS-Gelenke (Distorsion) in der Sagittalebene. Vielmehr überwiegen **Mischbewegungen** aus Rotation und Ventral- oder Dorsalflexion. Davon gibt es nur verhältnismäßig wenige Ausnahmen, so die nicht angeschnallten oder durch einen Hosenträgergurt geschützten Pkw-Insassen bei zentralem Stoß nach Frontalkollision.

Anderenfalls entsteht ein **Drehmoment des Rumpfs** um den schräg verlaufenden Brustgurt, also ein gemischtes Schleudertrauma. Bei der Heckkollision führt die Schleuderbewegung des inwärtigen Arms ebenfalls zu einer Mischbewegung, Hyperextension und Rotation.

Damit ist es gerechtfertigt zu sagen, dass die gemischte Auslenkung das typische Schleudertrauma ist. Weichteilverletzungen sind stets Traktionsfolge, sind also auf der Zugseite zu erwarten, d.h. kontralateral zur Richtung der Auslenkung. Dabei handelt es sich um Kapsel- und Meniskuseinblutungen in den Kopf- und Wirbelbogengelenken, auch Blutungen in den Foramina sowie perivasale Blutungen der A. vertebralis (Gefahr von

Spasmen!). An den Bandscheiben sind Folge dieser Mischbewegungen Faserzerreißungen und Einblutungen in den seitlichen (Unkovertebralgelenken) sowie den dorsalen Spalten. Werden die Muskeln auf der Zugseite unphysiologisch beansprucht, ist der Hartspann das Leitsymptom.

Wichtig

Beim schräg-frontalen Zusammenstoß liegt die Marke des Brustgurts bei den Insassen auf der Stoßseite häufig nicht über der Brust, sondern in Höhe des Schulter-Hals-Übergangs oder seitlich am Hals. Das zeigt, dass ein Hypomochlion entstanden war, um das die HWS zwangsweise gebeugt und rotiert worden ist. Direkte Krafteinleitung zieht in der Regel schwerere Verletzungen nach sich als indirekte.

5.8 Betreuung Angehöriger

K.-S. Saternus

Der plötzliche Verlust eines nahen Menschen führt in der Akutphase zu unterschiedlich individuellen **Trauerreaktionen**. Viele Menschen können das Geschehen nicht aufnehmen und begreifen, den erlittenen Verlust nicht auf sich beziehen. Nicht selten wirken mehrere professionelle Helfer in dieser Situation zusammen (Notarzt, Notfallseelsorger, Kriseninterventionsdienst, Haus- und Kinderärzte). Dabei sollte die ärztliche Rolle die eines Moderators sein.

Zur Ausräumung zu Unrecht bestehender Selbstvorwürfe der Angehörigen, z.B. Reanimationsmöglichkeiten nicht oder nicht sachgerecht genutzt zu haben, sollte die Obduktion als Hilfe (Schuldentlastung) angeboten werden.

Die organisatorischen Möglichkeiten der Rechtsmedizin sollten zur Abschiednahme eingesetzt werden.

Todesfeststellung, Todesmitteilung

Jeder ärztliche Einsatz zu einem akuten Todesfall erfolgt unter dem Aspekt möglicher Reanimation. Sind jedoch sichere Todeszeichen vorhanden, sollte der Tod festgestellt werden; das gilt auch für den Tod von Kindern.

Wichtig

Reanimationsbemühungen bei einem *sicher* toten Menschen sind medizinisch nicht indiziert.

Dennoch geschieht es häufig, weil die Angehörigen erkennen sollen, dass auch in aussichtsloser Situation Hilfe geleistet worden ist. Nur deshalb werden auch tote Kinder unter Reanimation notfallmäßig in eine Klinik transportiert. Die Angehörigen müssen jedoch das Handeln der ärztlichen Spezialisten so deuten, dass entgegen ihrem Eindruck noch reale Überlebenschancen bestehen. Danach schöpfen sie fälschlich Hoffnung. Entsprechend sollte vor Ort der Tod festgestellt werden. Für die Angehörigen ist es hilfreich, wenn in ihrem Beisein eine gründliche Todesfeststellung unter Erklärung der Todeszeichen wiederholt wird. Dieses dient der **Realisierung des Todes**. Nebenbei kann dadurch auch möglichen rechtlichen Auseinandersetzungen zwischen Angehörigen und dem Rettungsteam vorgebeugt werden. Stets sollte verdeutlicht werden, dass keine Reanimationschancen mehr bestehen und zuvor auch keine durch die Angehörigen bestanden haben. Denn meist haben diese selber zuerst zu reanimieren versucht. Weil sie erfolglos waren, befürchten sie, entweder zu ausgiebig unter Verletzung innerer Organe oder aber zu zaghaft und deshalb ineffektiv vorgegangen zu sein. Fließt ein hämorrhagisches Lungenödem (Blut) ab, so glauben sie, innere Verletzungen, vielleicht sogar tödliche durch ihre Reanimation gesetzt zu haben. Mit diesen fälschlichen Selbstvorwürfen belasten sie sich dann ihr Leben lang. Entsprechend gestört ist die Trauer.

Erklärung der Todesart

Bei Verdacht auf einen **nichtnatürlichen Tod** ist die Tötung das Leitkriterium. Bei dieser Konstellation sollten ärztliche Gespräche in der Akutsituation mit den Angehörigen nur mit Billigung der Ermittlungsbehörden geführt werden. Muss die Polizei pflichtgemäß bei den anderen Formen des nichtnatürlichen Todes oder bei nichtklärbarer Todesart ohne Verdacht auf Fremdverschulden benachrichtigt werden, sollten die Angehörigen darauf vorbereitet werden. Denn dieses Telefonat berührt nachhaltig das Vertrauensverhältnis zu ihnen. War doch zunächst um ärztliche Hilfe ersucht und diese auch gegeben worden. Damit das Beirufen der Polizei die Angehörigen nicht in ihrem Vertrauen enttäuscht, es nicht zum Bruch kommt, bedarf es der Darlegung, dass bei ungeklärter Todesursache eine Prüfung von Amts wegen zu erfolgen habe, und zwar nicht etwa aus Misstrauen den Angehörigen gegenüber, sondern auch in ihrem Interesse. Entsprechend ist es ärztliche Aufgabe, bei Eintreffen der Polizei eine Moderatorenrolle zu übernehmen, so z.B. die Angehörigen zu fragen, ob man jetzt mit der Polizei zu dem Toten gehen könne. Nach den Bestattungsgesetzen besteht allerdings für die Ermittlungsbehörden und für den Arzt zur Todesfeststellung und Leichenschau ein freies Zugangsrecht.

Erläuterung der Formalia; polizeiliche Ermittlung

Weil viele Menschen Tatortarbeit aus den Medien kennen (Tötung im Krimi), irritiert es sie, wenn auch bei ihnen die Fundsituation polizeilich beschrieben und mit Blitzlicht fotografiert wird. Bei meist nichtgeschlossenen Türen sehen sie auch aus dem Nebenraum, dass fotografiert wird, worauf sie vorbereitet werden sollten. Das gilt auch dafür, dass die Polizei nach Erledigung ihrer Aufgaben einen Bestatter benachrichtigt, um den toten Menschen in eine Leichenhalle transportieren zu lassen. Es bedarf eines Hinweises, dass damit noch keine Obduktion angeordnet ist, die Bestattung aber bis zur Entscheidung der Staatsanwaltschaft aufgeschoben ist. Allerdings können sich die Angehörigen auch zuvor mit einem Bestatter eigener Wahl zur Erledigung der Formalia und zur Vorbereitung der Beerdigung in Verbindung setzen.

Begleitung

Menschen trauern sehr verschieden. Vergleicht man akute unerwartete Todesfälle mit längerer Sterbebegleitung, dann sind bei den unerwarteten Todesfällen die Reaktionen eher heftiger. Trauernde bedürfen aber immer der Anteilnahme und des Respekts. Die Reaktionen reichen in der Akutsituation vom Kollaps, über die panische Flucht, das verzweifelte Weinen, das Rasen und die Starre bis zum völligen Unbeteiligtwirken. Bei – oft fälschlichen – Selbstzuweisungen von Mitschuld am Tod eines Nahestehenden kann es auch zu Autoaggressionen kommen, wie mit dem Kopf gegen die Wand stoßen oder mit der Faust gegen die Tür schlagen. Dennoch ist ein ärztliches Gespräch immer möglich.

Wichtig

Eigene Sprachlosigkeit ist unprofessionell, Mitleid mit den Betroffenen ist es nicht.

Helfer können von dem Leid, das sie antreffen, erschüttert sein. Betroffene werden sie dadurch nicht. Diese Ebenen werden im Schrifttum häufig verwechselt. Entsprechend schlecht ist der Rat an professionelle Helfer, Betroffene stumm in den Arm zu nehmen. Dieses ist ein Übergriff.

Nach der Todesfeststellung durch den Notarzt werden häufig vor dem Abrücken die Haus- und Kinderärzte nachalarmiert. Beim Eintreffen hilft es den Angehörigen nach kurzer Begrüßung oder ggf. Vorstellung, der Besuch wird ja erwartet, ihnen zu kondolieren und eine sog. Ich-Botschaft zu vermitteln (z.B. beim Tod eines Kindes, „das ist ja schrecklich"). Sie wissen dann, diese/r Ärztin/Arzt ist mitfühlend. Der Platz sollte anschließend neben den Betroffenen sein, das Gespräch im Sitzen geführt werden. Manchmal ist es dazu erforderlich, sich und den Angehörigen dafür erst die Situation zu schaffen. Mit dem Platznehmen bei den Angehörigen wird nonverbal eine weitere Ich-Botschaft gegeben („ich habe und nehme mir Zeit"). Das Gespräch sollte dabei ärztlicherseits nicht eröffnet, sondern abgewartet werden, bis sich die Angehörigen gefasst haben und von sich aus Fragen stellen. Diese sollten sachlich und präzise beantwortet werden. Dadurch, dass die Angehörigen die Informationen abrufen und sie ihnen nicht in Eile von den Experten aufgedrängt werden (Blick auf die Uhr, Wippen mit dem Fuß, Trommeln mit den Fingern), erhalten sie Trost. Und Trost benötigen sehr häufig auch diejenigen, die unbeteiligt und nüchtern geschäftsmäßig wirken. Ist Zuspruch nicht erwünscht, sagen sie das auch („ich brauche das nicht" oder „das wäre nicht im Sinne des/der Gestorbenen"). Das Gegenbeispiel ist der **Plötzliche Kindstod.** Hier hat es sich gezeigt, dass die Eltern den Tod ihres Kindes in der Akutphase oft nicht erfassen, noch nicht realisieren können. Alles um sie herum kommt ihnen unwirklich vor. Sie können den Tod ihres Kindes nicht auf sich beziehen. Aber bewusst gegebene oder unbeabsichtigt ablehnende Signale der Helfer bei der Annahme, dass den Eltern der Tod ihres Kindes gleichgültig sei, führen in dieser schrecklichen, unfassbaren Situation zu einer langwirkenden Kränkung.

Beim Verlassen der Wohnung sollte gefragt werden, ob die Angehörigen isoliert sind oder eine Kontaktkette entstanden ist. Telefonate der Angehörigen sind in der Akutphase geläufig, sicher auch vor dem Hintergrund, nach Abrücken der Helfer Beistand zu haben.

Wichtig

Gibt es keine Helfer aus dem sozialen Umfeld der Betroffenen, sollte der Besuch eines Notfallseelsorgers vorgeschlagen werden. Die Notfallseelsorge ist flächendeckend organisiert und offen für jeden Menschen unabhängig von einem religiösen Bekenntnis.

Im weiteren Verlauf der Trauer sind Betroffene zumeist stark emotional gebunden. Deshalb empfiehlt es sich, die eigene weitere ärztliche Hilfe konkret anzubieten. Anstelle einer Aussage, immer für die Angehörigen da zu sein, ist es hilfreich, mit ihnen einen neuen **festen Termin zu vereinbaren** und selber Kontakt aufzunehmen. Trauer ist keine Krankheit, sondern eine natürliche Verlustreaktion. Zwar lässt sich der Verlauf nicht in feste Stadien einteilen, aber viele Angehörige hadern mit sich, der Umwelt und Gott, ist die erste Schockphase durchlaufen. Sie bleiben lange sehr verunsichert, verstärkt durch den Rückzug von Menschen aus ihrem sozialen Umfeld, Letzteres weil es keinen Kodex im Umgang mit Trauernden mehr gibt. Sie sollten aber, auch wenn die Dinge des Alltags die Trauer mit der Zeit überdecken, ärztlich wie im Privatbereich immer wieder vorsichtig darauf angesprochen werden. In der ärztlichen Praxis und in der Klinik sollten die Selbsthilfeorganisationen und lokalen Gruppen bekannt sein, um weitere Hilfen vermitteln zu können.

Abschiednahme

Wird in den großen Romanen der Abschied von einem/r Toten thematisiert, dann ist dieser tote Mensch aufgebahrt und der Abschied vollzieht sich mit der Geste einer Berührung. Bei akuten Todesfällen nimmt dagegen das Rettungsteam allen Raum um die Toten ein. Nur selten werden die Angehörigen gefragt, ob sie in die Rettungsmaßnahmen integriert werden wollen oder nicht. Sind sie zunächst für die Rettungsmaßnahmen herausgebeten worden, wofür es Gründe gibt, nämlich die technische Schwierigkeit beim Legen eines Zugangs, wenn der Kreislauf sistiert, oder Geruch und Kontraktion unter der Defibrillation, dann bestehen für sie oft kaum überwindbare seelische Barrieren, sich erneut dem sehr belastenden Anblick des nahen Toten auszusetzen. Ärztlicherseits ließe sich bei Ablehnung des Vorschlags, noch einmal Abschied zu nehmen, davon ausgehen, dass diese Entscheidung autonom gefällt sei. Allerdings zeigt es sich, dass hier ein Dilemma vorliegt. Denn regelmäßig empfinden es diese Angehörigen nach ein bis zwei Wochen als sehr belastend, nicht Abschied genommen zu haben. Es wird im Verlauf der Trauer zunehmend zu einem Problem. Oft fühlen sie sich allein gelassen und erinnern dann nicht mehr die ärztliche Ermutigung dazu in der Akutsituation. In Kenntnis dieses Verlaufs empfiehlt sich ein milder ärztlicher Paternalismus, also mehrfache Versuche, die Abschiednahme anzusprechen, auch gegen emotionalen Widerstand. Erfolgt sie, bedürfen die Angehörigen häufig praktischer ärztlicher Hilfe. So bereitet ihnen das Entkleiden zum Waschen oder zum Neueinkleiden auch bei bereits einsetzender Totenstarre keine unüberwindbaren Schwierigkeiten, während das Ankleiden unmöglich ist. Denn die Angehörigen können aus Furcht, Verletzungen beim Biegen von Armen und Beinen zuzufügen, auch eine leichte Totenstarre nicht brechen. Hier bedarf es der konkreten Mithilfe, weil der Grad der Ausprägung der Totenstarre durch die vorangegangene eigene Untersuchung erfahren worden ist. Ist es den Angehörigen nicht möglich gewesen, am Sterbeort Abschied zu nehmen, sollte es später, auch nach einer Obduktion, ermöglicht werden. Es ist bei Ärzten und Bestattern eine verbreitete Sicht, speziell nach einer Obduktion davon abzuraten. Diese hätte aber nur bei konkreten seuchenhygienischen Belastungen (Infektionen, Fäulnis) oder zerstörender Verletzung eine medizinische Begründung. Es sei noch einmal darauf hingewiesen, Abschiednahme ist immer ein Körperkontakt. Deshalb zielt die technische Handhabung einer rechtsmedizinischen Obduktion nach Beantwortung der indikationsgemäß gestellten Fragen auf die Rekonstruktion für die Möglichkeit der Abschiednahme ab. Ziel der **Rekonstruktion** ist nicht nur der subtile Verschluss der Zugänge für die Obduktion, sondern auch nach Möglichkeit das Verschließen entstellender Verletzungen. Vier Indikationen gibt es für eine Obduktion, nämlich:

- die gerichtliche,
- die seuchenhygienische
- die klinische und
- die auxiliäre.

Denn nur durch ein Hilfsangebot über eine Obduktion können Angehörige bei fälschlichen Selbstzuweisungen authentisch entlastet werden. Dieses bedeutet, dass der Obduzent selber die Angehörigen zur Abschiednahme begleitet, sich dann – wunschgemäß – zurückzieht und anschließend für ein erklärendes Gespräch zur Verfügung steht. In diesem Gespräch sollte an Therapieanbahnungen gedacht werden, so an eine Familientherapie bei einem Suizid, an weiterführende genetische oder kardiologische Familienuntersuchungen auf der Basis der Ergebnisse der durchgeführten Obduktion.

Literatur

zu Kap. 5.1

Holmes MM, Resnick HS, Rampton D (1998) Follow-up of sexual assault victims. Am J Obstet Gynecol: 336–342

Keil W, Kutscka G, Sachs H (1997) Spuren bei Sexualstraftaten. Kriminalistik 6: 439–440

Kleemann WJ, Windus G, Roelfs T, Tröger HD (1990) Ergebnisse rechtsmedizinischer Opfer/Täter-Untersuchungen nach Sexualdelikten. Arch Krim 185: 19–26

Saternus K-S, Kernbach-Wighton G (1996) Selbstbeschädigung – Forensische Bewertung und Therapiemöglichkeiten. Schmidt-Römhild, Lübeck

Schäfer AT (1996) Untersuchung und Spurensicherung bei Sexualdelikten. Enke, Stuttgart

Tutsch-Bauer E, Rauch E, Penning R (1998) Rechtsmedizinische Aspekte bei Verdacht auf sexuellen Missbrauch. Deutsches Ärzteblatt 95: B831–B836.

Wyler D, Hochmeister M, Zollinger U (1997) Die ärztliche Untersuchung von Opfern sexueller Gewalt. Therapeutische Umschau 54: 225–231

zu Kap. 5.2

Helfer RE, Kempe CH (1969) The battered child. 3. Aufl. The University of Chicago Press, Chicago London

Kruse K, Oemichen M (1993) Kindesmisshandlung und sexueller Missbrauch. Schmidt-Römhild, Lübeck

Meadow R (1997) ABC of Child Abuse. 3. Aufl. BMJ Publishing Group

Oemichen M, Meissner C (1999) Kindesmisshandlung. Diagnostische Aspekte und rechtliche Hintergründe. Monatsschrift Kinderheilkunde 147: 363–368

Püschel K (1994/95) Das Problem der Kindesmisshandlung aus ärztlicher Sicht – Diagnostik und Interventionsmöglichkeiten. Diskussionsbeitrag. In: Bundesärztekammer (Hrsg) Fortschritt und Fortbildung in der Medizin; Band 18. Deutscher Ärzte Verlag Köln, S. 188–190

Trube-Becker E (1987) Gewalt gegen das Kind. Vernachlässigung, Misshandlung, sexueller Missbrauch und Tötung von Kindern. 2. Aufl. Kriminalistik, Heidelberg

zu Kap. 5.3

Dotzauer G, Iffland R (1976) Selbstverstümmelung in der privaten Unfallversicherung. Z Rechtsmed 77: 237–288

Dürwald W (1975) Simulation und Selbstbeschädigung. In: Prokop O, Göhler W (Hrsg) Forensische Medizin. 3. Aufl. VEB – Volk und Gesundheit, Berlin, S. 309–330

Eckhardt A (1996) Artifizielle Störungen. Dt Ärztebl 93: A 1.622–1.626

König HG, Freislederer A, Baedeker C, Pedal I (1987) Unterscheidungskriterien für Selbst- oder Fremdbeibringung von Verletzungen angeblich oder tatsächlich Überfallener. Arch Krim 180: 13–27

Pollak S, Reiter C, Stellwag-Carion C (1987) Vortäuschung von Überfällen durch eigenhändig zugefügte Schnitt- und Stichwunden. Arch Krim 179: 82–93

Raestrup O (1992) Haftpflichtversicherung. In: Schwerd W (Hrsg) Rechtsmedizin. Lehrbuch für Mediziner und Juristen. 5. Aufl. Deutscher Ärzte Verlag, Köln, S. 316

Saternus KS, Kernbach-Wighton G (1996) Selbstbeschädigung. Forensische Bewertung und Therapiemöglichkeiten. Schmidt-Römhild, Lübeck

Schulz F, Naeve W, Hildebrand E, Püschel K (1981) Selbst beigebrachte Hautverletzungen zum Zwecke der Vortäuschung einer Straftat. Akt Derm 7: 10–16

zu Kap. 5.4

Amann G, Wipplinger R (1997) Sexueller Missbrauch. Überblick zu Forschung, Beratung und Therapie. dgtv, Tübingen

Chadwick DL, Berkowitz CD, Kerns D, McCann J, Reinhart MA, Strickland S (1989) Color atlas of child sexual abuse. Mosby Year Book, St. Louis Baltimore Boston Chicago London Philadelphia Sydney Toronto

Herrmann B (1995) Medizinische Diagnostik bei sexuellem Kindesmissbrauch – schädlich, überflüssig oder sinnvoll? 2. Aufl. Kinderklinik der Städtischen Kliniken, Kassel

Hobbs CJ, Hanks HGI, Wynne JM (1999) Child abuse and neglect. A clinician's handbook. 2nd ed. Churchill Livingston, London Edinburgh New York Philadelphia Sydney Toronto

Jones DPH (1996) Sexueller Missbrauch von Kindern. Gesprächsführung und körperliche Untersuchung. Thieme, Stuttgart New York

Kruse K, Oemichen M (Hrsg) (1993) Kindesmisshandlung und sexueller Missbrauch. Schmidt-Römhild, Lübeck

zu Kap. 5.5

Bohnert M, Ropohl D, Pollak S (1999) Clinical findings in the medico-legal investigation of arsonists. J Clin Forensic Med 6: 145–150

Brinkmann B, Püschel K (1990) Ersticken. FS für Werner Janssen. Springer, Berlin Heidelberg New York Tokio

Dittrich R, Tades H (2002) Das Allgemeine bürgerliche Gesetzbuch, 20. Aufl. Manz, Wien

Foregger E, Fabrizy EE (2000) Die Österreichische Strafprozessordnung, 8. Aufl. Manz, Wien

Forrest DM (1999) Examination for the late physical after effects of torture. J Clin Forensic Med 6: 4–13

McLay WDS (1996) Clinical Forensic Medicine, 2nd ed. Medical Media, London Greenwich

Meyer-Gossner L (2001) Strafprozessordnung, 45. Aufl. Beck, München

Oehmichen M (1998) Maltreatment and Torture. Research in Legal Medicine, Vol. 19. Schmidt-Römhild, Lübeck

Pollak S, Saukko P (2002) Atlas of Forensic Medicine (CD-ROM). ISBN 0-444-82597-5. Elsevier, Amsterdam

Siegel JA, Saukko PJ, Knupfer GC (Eds) (2000) Encyclopedia of Forensic Sciences, Vol. 1, pp 362–403. Academic Press, London

Tröndle H, Fischer T (2001) Strafgesetzbuch und Nebengesetze, 50. Aufl. Beck, München

zu Kap. 5.6

Flügel B, Greil H, Sommer K (1986) Anthropologischer Atlas. Tribüne, Berlin

Geserick G, Schmeling A (2001) Übersicht zum gegenwärtigen Stand der Altersschätzung Lebender im deutschsprachigen Raum. In: Oehmichen M, Geserick G (Hrsg) Osteologische Identifikation. Rechtsmedizinische Forschungsergebnisse. Schmidt-Römhild, Lübeck

Knußmann R (1988) Anthropologie. Handbuch der vergleichenden Biologie des Menschen. Fischer, Stuttgart New York

Ritz S, Kaatsch H-J (1996) Methoden der Altersbestimmung an lebenden Personen: Möglichkeiten, Grenzen, Zulässigkeit und ethische Vertretbarkeit. Rechtsmedizin 6: 171–176

Schmeling A, Kaatsch H-J, Marré B, Reisinger W, Riepert T, Ritz-Timme S, Rösing FW, Rötzscher K, Geserick G (2001) Empfehlungen für die Altersdiagnostik bei Lebenden im Strafverfahren. Rechtsmedizin 11: 1–3

Schmeling A, Reisinger W, Loreck D, Vendura K, Markus W, Geserick G (2000) Effects of ethnicity on skeletal maturation: consequences for forensic age estimations. Int J Legal Med 113: 253–258

Thiemann H-H, Nitz I (1991) Röntgenatlas der normalen Hand im Kindesalter. Thieme, Leipzig

zu Kap. 5.7

Dvorak J, Sandler A (1995) Strategie bei Weichteilverletzungen der HWS. In: Kügelgen B (Hrsg) Distorsion der Halswirbelsäule. Neuroorthopädie 6. Springer, Berlin Heidelberg New York Tokio, S. 53–67

Gutmann G (1985) Arteria vertebralis. Traumatologie und funktionelle Pathologie. Springer, Berlin Heidelberg New York Tokio

Hülse M (1997) Neurologische Diagnostik. In: Graf-Baumann T, Lohse-Busch H (Hrsg) Weichteildistorsionen der oberen Halswirbelsäule. Springer, Berlin Heidelberg New York Tokio, S. 169–188

Kügelgen B (1995) Distorsion der Halswirbelsäule. Neuroorthopädie Bd 6. Springer, Berlin Heidelberg New York Tokio

Radamov B, Dvorak J, Valach L (1991) Cognitive performance in patients after cervical spine injury („whiplash injury") Spine 17: 127–131

Saternus KS (1997) Weichteilverletzungen der oberen HWS: Unfallmechanismen und physikalisch-biomechanische Aspekte aus rechtsmedizinischer Sicht. In: Graf-Baumann T, Lohse-Busch H (Hrsg) Weichteildistorsion der oberen Halswirbelsäule. Springer, Berlin Heidelberg New York Tokio, S. 62–69

Saternus KS, Kernbach-Wighton G, Moritz JD (1999) Typen der Bandscheibenverletzung. In: Wilke HJ, Claes LE (Hrsg) Die traumatische und degenerative Bandscheibe. Springer, Berlin Heidelberg New York Tokio, S. 65–82

Saternus KS, Kernbach-Wighton G, Oehmichen M (2000) The shaking trauma in infants-kinetic chains. Forens Sci Int 109: 203–213

Tillmann B, Rudert M (1996) Funktionelle Anatomie des Discus intervertebralis. In: Schmitt E, Lorenz R (Hrsg) Die Bandscheibe und ihre Erkrankungen. Enke, Stuttgart, S. 1–7

Unterharnscheidt F (1992) Pathologie des Nervensystems VII. Traumatologie von Hirn und Rückenmark. Traumatische Schäden von Rückenmark und Wirbelsäule (forensische Pathologie). Spezielle pathologische Anatomie, Bd 13/VII. Springer, Berlin Heidelberg New York Tokio

Unterharnscheidt F (1993) Pathologie des Nervensystems VI.B. Traumatologie von Hirn und Rückenmark. Traumatische Schäden des Gehirns (forensische Pathologie). Spezielle pathologische Anatomie, Bd 13/VI.B. Springer, Berlin Heidelberg New York Tokio

zu Kap. 5.8

Gorgaß B, Ahnefeld FW, Rossi R, Lippert HD (2001) Rettungsassistent und Rettungssanitäter, 6. Aufl. Springer, Berlin Heidelberg New York Tokio

Helmerichs J, Saternus KS (1997) Psychologische Betreuung von Eltern und Geschwistern nach Plötzlichem Säuglingstod. In: Bengel J (Hrsg) Psychologie in Notfallmedizin und Rettungsdienst. Springer, Berlin Heidelberg New York Tokio, S. 137–146

Krause D, Schneider V, Blaha R (1998) Die Leichenschau am Fundort. Ullstein Medical, Wiesbaden

Madea B (Hrsg) (1999) Die Ärztliche Leichenschau. Springer, Berlin Heidelberg New York Tokio

Meyer W, Balck F, Seidel H, Siegmund-Scheelke E, Hopf H (1992) Zur Psychologie des notärztlichen Verhaltens in Konfrontation mit dem Tod: Notärztlicher Umgang mit den Angehörigen. Notarzt 8: 66–71

Saternus KS, Helmerichs J, Walter-Humke S (1996) Der Plötzliche Kindstod (SID) Teil 1: Grenzen der Reanimation. Teil 2: Betreuungsaufgaben in der Notfallmedizin. Notarzt 12: 8–11; 43–46

Saternus KS, Klostermann P (1992) Der Plötzliche Kindstod: Die Rolle sozialer Aspekte bei der Attestierung der Todesart. In: Saternus KS, Klostermann P (Hrsg) Der Plötzliche Kindstod. Elternbetreuung. Schmidt-Römhild, Lübeck, S. 11–20

Schneider V (1987) Die Leichenschau. Fischer, Stuttgart

Wellmer HK, Bockenheimer-Lucius G (2000) Zum Umgang mit der Leiche in der Medizin. Schmidt-Römhild, Lübeck

6 Forensische Psychopathologie

Einleitung

H.-L. Kröber

Cocainpsychose

Ein als Cocainkonsument bekannter 26-jähriger Mann wurde innerhalb eines halben Jahres dreimal auffällig. Zunächst kam es in einer Wohnung nach erheblichem Alkohol- und Cocainkonsum (Blutprobe 50 min nach Vorfall mit folgenden Analysenbefunden: BAK 1,47 ‰, Cocain 405 ng/ml, Benzoylekgonin 685 ng/ml) zu Halluzinationen und Verfolgungswahn („erschießt mich nicht"). Herbeigerufene Polizeibeamte hat er nicht als solche erkannt („ihr sollt mich nicht umbringen, tötet mich nicht"). Vier Beamte hatten Mühe, ihn unter Kontrolle zu bringen und berichteten von einer unglaublichen Kraftentwicklung wie auch Schmerzunempfindlichkeit des BTM-Konsumenten. Einige Wochen später wurde er wiederum nach Cocainkonsum auffällig, bei einem Diskothekenbesuch bekam er Angstzustände und lief weg. Auf der Straße hielt er selbst einen Streifenwagen an und bat um Hilfe, da er verfolgt werde. Er sei die ganze Nacht von Unbekannten mit einem Messer bearbeitet worden, sein ganzer Rücken sei zerschnitten. Eine Verletzung war nicht erkennbar. Da er aufgrund seines verwirrten Eindrucks eine Gefahr für sich selbst und andere Verkehrsteilnehmer darstellte, sollte er in Polizeigewahrsam genommen werden. Hiergegen sperrte er sich und leistete erheblich Widerstand. Im Polizeiwagen sei er mehrmals so heftig mit dem Kopf gegen die Plastikscheibe gestoßen, dass diese zu Boden gefallen sei. Schmerzen habe er dabei nicht empfunden. Es kam zu einer Einweisung in ein Landeskrankenhaus.

Einige Monate später wurde die Polizei wiederum aktiv, da der junge Mann aus dem ersten Obergeschoss eines Hauses gesprungen war. Er verletzte sich dabei, ein Schmerzempfinden trat aber erst am Morgen nach dem Vorfall ein, dann mit Muskelschmerzen am ganzen Körper. Nach dem Fenstersprung kam es zu Rangeleien; der Cocainkonsument fühlte sich wiederum verfolgt („ihr wollt mich erschießen") und ergriff trotz seiner Verletzung die Flucht, wobei er durch mehrere Gärten und über mehrere Zäune hinweg geflohen sei. Ein Polizeibeamter beschrieb seinen Zustand bzw. seine Verhaltensweise als „wie ein Rennpferd unter Strom".

In allen drei Vorfällen finden sich Anzeichen einer paranoid-halluzinatorischen Störung, im zweiten Fall sogar mit taktilen Halluzinationen (Messerstiche). In Übereinstimmung mit einem psychiatrischen Sachverständigen wurde jeweils ein psychotischer Zustand durch einen vorausgegangenen Cocainkonsum angenommen, eine Aufhebung der Steuerungsfähigkeit war nicht auszuschließen.

▶ Intoxikationspsychose, Einweisung

Drogen und Schuldfähigkeit

Herr D. stehe im Verdacht, um 02.20 Uhr einen räuberischen Diebstahl begangen zu haben, nachdem er zuvor 0,2 g Heroin konsumiert habe. Laut polizeilichem Bericht wurde festgehalten: Gang schwankend, Sprache verwaschen, Bewusstsein benommen und schläfrig, Bindehäute gerötet, Augen wässrig glänzend, Pupillen stark verengt.

Im ärztlichen Bericht anlässlich der Blutentnahme wurde darüber hinaus protokolliert: Pupillen-Licht-Reaktion verzögert, Denkablauf verlangsamt, Stimmung stumpf. Die immunologischen Untersuchungen auf Opiate, Cocainmetabolite und Benzodiazepine verliefen positiv. Quantitativ konnten bestimmt werden: Diazepam 905 ng/ml, Nordiazepam 274 ng/ml, Temazepam 43 ng/ml, Oxazepam 5 ng/ml, Cocain 65 ng/ml, Benzoylekgonin >1.000 ng/ml, Morphin 25,4 ng/ml, Kodein <10 ng/ml.

Die festgestellten deutlichen Ausfallerscheinungen lassen sich durch die Wirkung und Mengen der aufgefundenen Stoffe ohne weiteres erklären. Die Frage einer Minderung der Schuldfähigkeit zum Tatzeitpunkt war zu klären.

▶ Toxikologische Befunde als Beitrag zur Beurteilung der Schuldfähigkeit

Vollrausch

Am Karnevalsdienstag wurde ein 17 Jahre alt gewordener junger Mann von seinen Eltern auf der örtlichen Polizeiwache als vermisst gemeldet. Er habe am Vorabend gemeinsam mit seinem Bruder und Freunden eine Karnevalsfeier seines Fußballvereins besucht. Der Bruder gab an, dass er nach reichlichem Alkoholgenuss gegen Mitternacht die Feier verlassen habe. Sein Bruder sei nicht von der Tanzfläche loszueisen gewesen, habe jedoch versprochen, bald nachzukommen. Er schätze, dass er selber zumindest 20 Glas Bier getrunken habe. Auch sein Bruder habe stark angetrunken gewirkt.

Der Polizeibeamte, der die Anzeige aufnahm, erinnerte sich, dass es in derselben Nacht gegen 02.00 Uhr einen Einsatz „Einbruch, hilflose Person" in der Nähe des Festsaales gegeben habe, in dem die Karnevalsfeier stattgefunden hatte, allerdings nicht auf dem Nachhauseweg des Vermisstgemeldeten, sondern in einem Neubauviertel in entgegengesetzter Richtung. Ein Anrufer hatte der Polizei erbost gemeldet, dass ein Einbrecher seine Familie und ihn seit mehr als ½ Stunde in seinem Hause tyrannisiere. Er habe zunächst auf dem Dachboden randaliert, sei dann ins Treppenhaus eingedrungen, habe das ganze Haus durchsucht und befinde sich nun offensichtlich im Keller. Die Polizei fand bei ihrem Eintreffen im Vorratskeller in der Ecke kauernd einen spärlich bekleideten jungen Mann, der hilflos wimmerte: „Wo bin ich, wo bin ich, helft mir, helft mir doch bitte!" Von den Kellerräumen ließ sich durch das Treppenhaus des zweigeschossigen Hauses eine bräunliche Fußspur bis in einen Speicherraum verfolgen. In diesem Speicherraum wurde ein alter 6-türiger Spiegelschrank aufbewahrt, dessen sämtliche Türen offen standen. Das Dachlukenfenster befand sich in Kippstellung. Vom Fenster aus führte eine kräftige, braun gefärbte Fußspur über das reifglatte Dach zum Dachfenster des benachbarten Rohbaues. Von dort ließ sich die Spur eine Etage nach unten in einen Toilettenraum verfolgen. Hier war der Fußboden eingekotet. An der Heizung stand ein Paar Sportschuhe und über den Heizkörper war ein T-Shirt in den rotweißen Farben des 1. FC Köln gehängt. Auch diese Bekleidungsstücke wiesen flächenhafte Kotantragungen auf. Schuhe und T-Shirt konnten dem im Keller des Nachbarhauses aufgefundenen jungen Mann zugeordnet werden. Er wurde unter dem Gesichtspunkt der Eigengefährdung in Polizeigewahrsam genommen. In der um 03.30 Uhr entnommenen Blutprobe wurde eine Blutalkoholkonzentration von 2,88‰ gemessen. Der unmittelbare persönliche Abgleich ergab, dass es sich bei dem „Einbrecher" um den am nächsten Morgen vermissten jungen Mann handelte.

► Begutachtungskriterien: psychopathologischer Befund; Verhalten vor, während und nach der Tat; BAK

Definition

Psychopathologie ist Grundlagenwissenschaft auch der forensischen Psychiatrie; sie ist die wissenschaftliche Basis für die Wahrnehmung und Beschreibung psychischer Störungen. Forensische Psychiatrie beschäftigt sich mit der Persönlichkeit eines Straftatverdächtigen, mit seiner Lebensgeschichte, mit möglichen Hinweisen auf eine psychische Krankheit oder andere psychische Störungen, und mit der Therapie psychisch gestörter Rechtsbrecher. Forensische Psychiatrie befasst sich aber nicht allein mit Straftätern, sondern auch mit psychischen Störungen im Hinblick auf andere, vor allem zivilrechtliche und sozialrechtliche Fragestellungen. Nachbarfächer sind neben der Rechtsmedizin vor allem die Kriminologie und die Rechtspsychologie.
Die Psychopathologie lebt vom Vergleich eindeutig pathologischer mit der normalen oder nur geringgradig gestörten psychischen Verfassung. Ihr Gegenstandsbereich geht also weit in das Feld des Normalen hinein und widmet sich gerade im strafrechtlichen Bereich vor allem sozial abweichendem Verhalten, das ja keineswegs Ausdruck psychischer Gestörtheit sein muss. Psychopathologische Grundlagen können im Studium erworben werden, eine differentialdiagnostisch sichere Psychopathologie wird im Rahmen der psychiatrischen Facharztausbildung erlernt. Gutachterliche Tätigkeit in strafrechtlicher forensischer Psychiatrie setzt zudem eingehende kriminologische Kenntnisse zu Delinquenzursachen, -formen und -verläufen voraus.

6.1 Rechtliche Grundlagen

6.1.1 Strafrechtlicher Bereich

Bei etwa zwei Prozent aller Straftaten wird im Rahmen des Strafverfahrens ein Psychiater mit der Erstellung eines psychiatrischen Gutachtens beauftragt. Es soll klären, ob eine psychische Krankheit oder eine andere gravierende psychische Störung vorliegt, die Auswirkungen auf rechtliche „Fähigkeiten" haben könnte, hier, im Strafverfahren, vor allem im Hinblick auf die **Schuldfähigkeit** und, seltener, die **Verhandlungsfähigkeit**. Zudem wird häufig nach den Voraussetzungen einer „Maßregel der Besserung und Sicherung" nach den §§ 63, 64 und 66 StGB gefragt.

Schuldfähigkeit

Infobox

Wer vierzehn Jahre alt wird, wird strafmündig und unterliegt dem pädagogisch ausgerichteten Jugendstrafrecht, das sich weniger am Gedanken einer psychischen Störung als an dem einer Fehl- oder Mangelsozialisation orientiert. Ab dem 18., spätestens dem 21. Geburtstag untersteht man dann dem Erwachsenenstrafrecht. Das Strafrecht unterstellt, dass jeder ab diesen Altersgrenzen für sein soziales Tun verantwortlich ist, es sei denn, eine psychische Krankheit raube ihm gänzlich die Fähigkeit zu selbstbestimmtem Handeln.

In solchen Fällen wird ein Straftäter **exkulpiert**, d.h. er handelt objektiv rechtswidrig, aber ohne individuell zurechenbare Schuld. Da wir kein Tat-, sondern ein **Schuldstrafrecht** haben, richtet sich die Strafe nicht primär nach der Schwere der rechtswidrigen Tat, sondern nach der Schwere der individuellen, ihm als Subjekt zurechenbaren, Schuld des Täters. Neben der Exkulpation wegen krankheitsbedingter Schuldunfähigkeit gibt es die **Dekulpation**, die **Schuldminderung** infolge einer psychischen Störung. Zwischen Dekulpation und Exkulpation besteht ein kategorialer Unterschied:

Wichtig

Der vermindert Schuldfähige bleibt ein strafrechtlich verantwortlicher Mensch, die Zubilligung verminderter Schuldfähigkeit führt allein (wenn auch nicht zwingend) zu einer Herabsetzung des Strafmaßes; der Schuldunfähige hingegen ist freizusprechen.

Die Dekulpation ist mithin eine unter mehreren Möglichkeiten, die Schuldschwere zu bestimmen, die auch durch andere individuelle Faktoren gemindert werden kann (**mildernde Umstände**), die nicht in den §§ 20, 21 StGB genannt sind. Diese beiden Paragraphen des Strafgesetzbuches benennen allein die spezifisch psychiatrischen Gründe aufgehobener oder geminderter Schuldfähigkeit. Anders als andere Schuldminderungsgründe können sie aber zur Unterschreitung der Mindeststrafe führen, was insbesondere bei Mord (Unterschreitung der lebenslangen Strafe) und bei Raubdelikten (Unterschreitung der Mindeststrafe von 5 Jahren Freiheitsentziehung) relevant wird. Zudem kann, nur gestützt auf die Zuerkennung von zumindest § 21 StGB, die Maßregel der unbefristeten Unterbringung in einem psychiatrischen Krankenhaus verhängt werden.

Die beiden entscheidenden Paragraphen des Strafgesetzbuches lauten:

§ 20 StGB Schuldunfähigkeit wegen seelischer Störungen

„Ohne Schuld handelt, wer bei Begehung der Tat wegen einer krankhaften seelischen Störung, wegen einer tief greifenden Bewusstseinsstörung oder wegen Schwachsinns oder einer schweren anderen seelischen Abartigkeit unfähig ist, das Unrecht der Tat einzusehen oder nach dieser Einsicht zu handeln."

§ 21 StGB Verminderte Schuldfähigkeit

„Ist die Fähigkeit eines Täters, das Unrecht der Tat einzusehen oder nach dieser Einsicht zu handeln, aus einem der in § 20 bezeichneten Gründe bei Begehung der Tat erheblich vermindert, so kann die Strafe nach § 49 Abs. 1 gemildert werden."

Die Schuldfähigkeitsbegutachtung hat in einem **zweischrittigen Vorgehen** zunächst festzustellen, ob bei dem Beschuldigten zum Zeitpunkt der Tat eine psychische Störung vorgelegen hat, die einem der in § 20 StGB genannten vier Rechtsbegriffe zuzuordnen ist. Es sind dies:

- **Krankhafte seelische Störung**: Psychotische Störungen aus dem schizophrenen und manisch-depressiven Formenkreis, psychotische Residualsyndrome, hirnorganisch bedingte psychische Störungen, akute hirnorganische Störungen wie Intoxikationen, insbesondere akute Berauschung, schwere Angst- und Zwangskrankheiten.
- **Tief greifende Bewusstseinsstörung**: Normalpsychologisch durch hochgradige affektive Erregung bedingte Bewusstseinseinengung.
- **Schwachsinn**: Angeborene intellektuelle Minderbegabung im IQ-Bereich unter ca. 70.
- **Schwere andere seelische Abartigkeit**: Schwere Persönlichkeitsstörungen, suchtbedingte Persönlichkeitsveränderungen, sexuelle Deviationen, intensive länger dauernde Anpassungsstörungen.

Falls eine psychische Störung vorliegt, die einer dieser vier Eingangsvoraussetzungen entspricht, ist gutachterlich in einem zweiten Schritt zu prüfen, ob eine relevante Kausalbeziehung zwischen der Störung und der konkret vorgeworfenen Tat besteht. Es geht um die Frage, ob die Störung zu einer **Aufhebung** (§ 20 StGB) oder aber zumindest **erheblichen Beeinträchtigung** (§ 21 StGB) der Einsichtsfähigkeit oder der Steuerungsfähigkeit (synonym: des Hemmungsvermögens) geführt hat.

Definition

Einsichtsfähigkeit ist im Wesentlichen das kognitive Wissen, dass die Tat verboten ist; sie ist entweder vorhanden oder nicht vorhanden (also nicht „erheblich gemindert") und auch bei psychotischen Tätern selten verloren.

Aufgehobene Einsichtsfähigkeit führt in der Regel zum Sachverhalt des Verbotsirrtums, der bereits in § 16 des StGB verhandelt wird. In der praktischen Begutachtung geht es in aller Regel um die Steuerungsfähigkeit.

Definition

Steuerungsfähigkeit, also die Frage, ob der Täter sein Handeln gemäß der Einsicht um das Verbotene seines Tuns bestimmen konnte. Diese Frage stellt sich aber nicht stets, sondern nur dann, wenn eine der vier Eingangsvoraussetzungen relevanter psychischer Störungen erfüllt ist.

Nach § 126a Strafprozessordnung (StPO) kann ein Tatverdächtiger gerichtlich in einem psychiatrischen Krankenhaus untergebracht werden, wenn dringende Gründe für die Annahme vorhanden sind, dass er die rechtswidrige Tat im Zustand der Schuldunfähigkeit oder erheblich verminderten Schuldfähigkeit begangen hat und dass seine strafrechtliche Unterbringung in einem psychiatrischen Krankenhaus oder einer Entziehungsanstalt (gem. §§ 63, 64 StGB) angeordnet werden wird (einstweilige Unterbringung). Die dringenden Gründe müssen sich aus einem (evtl. vorläufigen) fachpsychiatrischen Gutachten ergeben. Die Einweisung erfolgt sinnvollerweise in ein psychiatrisches Krankenhaus des Maßregelvollzugs. Betroffen sind in aller Regel akut psychosekranke Tatverdächtige.

Das Gericht kann nach § 81 StPO einen Tatverdächtigen für maximal 6 Wochen in ein öffentliches psychiatrisches Krankenhaus einweisen zur Beobachtung und gutachterlichen Prüfung seiner Schuldfähigkeit (oder auch der Verhandlungsfähigkeit, s. unten).

Voraussetzungen einer „Maßregel der Besserung und Sicherung"

Seit 1933 kann im deutschen Strafrecht neben oder anstelle der Strafe auch eine „Maßregel der Besserung und Sicherung" ausgesprochen werden. Sie soll dazu dienen, eine künftige Straffälligkeit des Abgeurteilten zu verhindern – indem man ihn behandelt (Besserung), im Zweifel aber auch wegschließt (Sicherung). Auch die Entziehung der Fahrerlaubnis ist eine solche Maßregel (§ 61 StGB).

Die für die psychiatrische Begutachtung wichtigsten Maßregeln sind:

- § 63 StGB die Unterbringung in einem psychiatrischen Krankenhaus,
- § 64 StGB die Unterbringung in einer Entziehungsanstalt und
- § 66 StGB die Unterbringung in der Sicherungsverwahrung.

Vor einer Anordnung der (unbefristeten) Sicherungsverwahrung nach § 66 StGB muss ein **psychiatrisches Gutachten** eingeholt werden um sicherzustellen, dass der Angeklagte nicht an einer psychischen Störung leidet, welche die Unterbringung in der psychiatrischen Maßregel (§ 63 StGB) erfordert. Zudem soll der Gutachter sich äußern, ob der Angeklagte einen „Hang zur Begehung erheblicher Straftaten" hat. Dies erschließt sich zumeist aus einer sorgfältigen Analyse der Biographie, insbesondere der zurückliegenden Straffälligkeit, und aus den Einstel-

lungen und Überzeugungen eines Angeklagten.
Wesentlich häufiger wird nach den Maßregeln gemäß §§ 63, 64 StGB gefragt:

§ 63 StGB Unterbringung in einem psychiatrischen Krankenhaus

„Hat jemand eine rechtswidrige Tat im Zustand der Schuldunfähigkeit (§ 20) oder der verminderten Schuldfähigkeit (§ 21) begangen, so ordnet das Gericht die Unterbringung in einem psychiatrischen Krankenhaus an, wenn die Gesamtwürdigung des Täters und seiner Tat ergibt, dass von ihm in Folge seines Zustandes erhebliche rechtswidrige Taten zu erwarten sind und er deshalb für die Allgemeinheit gefährlich ist."

§ 64 StGB Unterbringung in einer Entziehungsanstalt

„Hat jemand den Hang, alkoholische Getränke oder andere berauschende Mittel im Übermaß zu sich zu nehmen, und wird er wegen einer rechtswidrigen Tat, die er im Rausch begangen hat oder die auf seinen Hang zurückgeht, verurteilt oder nur deshalb nicht verurteilt, weil seine Schuldunfähigkeit erwiesen oder nicht auszuschließen ist, so ordnet das Gericht die Unterbringung in einer Entziehungsanstalt an, wenn die Gefahr besteht, dass er in Folge seines Hanges erhebliche rechtswidrige Taten begehen wird."

Wichtig

Die unbefristete Unterbringung in einem psychiatrischen Krankenhaus nach § 63 StGB setzt voraus, dass der Angeklagte oder Beschuldigte an einer langfristigen psychischen Erkrankung leidet, die seine Sicherung erfordert, weil er infolge dieses Zustandes für die Allgemeinheit gefährlich ist.

Eine Unterbringung ist nur bei erheblichen Störungen möglich, die Maßregel muss in angemessenem Verhältnis zu den künftigen Gefahren stehen. Zuvor muss positiv festgestellt worden sein, dass zum Tatzeitpunkt die Schuldfähigkeit erheblich vermindert oder aufgehoben war. Es reicht nicht aus, wenn dies lediglich nicht ausgeschlossen werden kann. Eine Unterbringung nach § 63 StGB kann nur von einem Landgericht oder Oberlandesgericht beschlossen werden. Zur Feststellung der Voraussetzungen des § 63 StGB muss das erkennende Gericht ein **Sachverständigengutachten** einholen. Bei Schuldunfähigkeit erkennt das Gericht ausschließlich auf Unterbringung in einem psychiatrischen Krankenhaus. Bei verminderter Schuldfähigkeit verhängt das Gericht parallel eine Freiheitsstrafe. Es gilt die gesetzliche Regelung des § 67 Abs. 1 Satz 1 StGB, dass die Unterbringung vor der Strafe vollzogen wird. Die Zeit der Unterbringung im Maßregelvollzug kann auf die Strafzeit angerechnet werden, aber nur bis zu zwei Dritteln der Strafe.

Die Unterbringung gemäß § 63 StGB ist zeitlich nicht begrenzt. Die zuständige Strafvollstreckungskammer des Landgerichts hat jeweils nach Ablauf eines Jahres zu prüfen, ob die Voraussetzungen der Unterbringung weiterhin bestehen (§ 67e Abs. 2 StGB). Sie entscheidet schließlich über die Entlassung eines Maßregelpatienten in Freiheit, in der Regel auf Grundlage eines psychiatrischen Gutachtens. Solche kriminalprognostischen psychiatrischen Gutachten setzen große psychiatrische und kriminologische Erfahrung voraus.

Die **Unterbringung Suchtkranker** gemäß § 64 StGB in einer Entziehungsanstalt kann auch von Amtsgerichten angeordnet werden; üblicherweise wird ein Sachverständiger herangezogen, der sich darüber äußert, ob die Voraussetzungen der Unterbringung vorliegen. Zu diesen gehört, dass hinreichend konkrete Aussichten gegeben sein müssen, dass eine Entziehungsbehandlung bei diesem Angeklagten erfolgreich sein wird. Sofern der Angeklagte nicht schuldunfähig war, spricht das erkennende Gericht parallel eine Freiheitsstrafe aus. Auch hier wird die Maßregel üblicherweise *vor* der Freiheitsstrafe vollstreckt, was aber bei langen Freiheitsstrafen nicht sinnvoll ist. Wenn die Freiheitsstrafe drei Jahre und mehr beträgt, soll nach einer anstehenden Gesetzesreform künftig ein Teil der Strafe vorweg vollstreckt werden, so dass anschließend an die Maßregel die Entlassung in Freiheit erfolgt.

Im Abstand von jeweils sechs Monaten prüfen die Strafvollstreckungskammern der Landgerichte nach, ob die Voraussetzungen der Unterbringung weiterhin bestehen (§ 67e Abs. 2 StGB). Die Höchstfrist der Unterbringung in einer Entziehungsanstalt beträgt zwei Jahre, kann jedoch erheblich verlängert werden (§ 67d Abs. 1 Satz 3 StGB). In der Praxis hat sich ein Zeitraum von maximal 4 Jahren herausgebildet.

§ 7 Jugendgerichtsgesetz (JGG) regelt, dass auch Angeklagte, auf die **Jugendstrafrecht** angewandt wird, zu bestimmten Maßregeln der Besserung und Sicherung verurteilt werden können, insbesondere zur Unterbringung im psychiatrischen Krankenhaus oder in einer Entziehungsanstalt.

Beurteilung der Verantwortungsreife und des Entwicklungsstandes

Infobox

Kinder, also alle Personen vor dem 14. Geburtstag, sind nicht strafmündig. Bei allen jugendlichen (14–17-jährigen) Angeklagten ist – durch die Jugendrichter – zu prüfen, ob sie ihrer geistigen und sittlichen Entwicklung nach strafrechtlich verantwortlich sind. Dies ist geregelt im Jugendgerichtsgesetz (JGG).

§ 3 JGG Verantwortlichkeit

„Ein Jugendlicher ist strafrechtlich verantwortlich, wenn er zur Zeit der Tat nach seiner sittlichen und geistigen Entwicklung reif genug ist, das Unrecht der Tat einzusehen und nach dieser Einsicht zu handeln. Zur Erziehung des Jugendlichen, der mangels Reife strafrechtlich nicht verantwortlich ist, kann der Richter dieselben Maßnahmen anordnen wie der Vormundschaftsrichter."

Die vom Gesetz verlangte Einsichts- und Steuerungsfähigkeit wird bei einem sich normal entwickelnden Kind lange vor Beginn des 15. Lebensjahres erreicht. Der für das Fehlen der Verantwortlichkeit unterstellte **Reifungsrückstand** muss daher beträchtlich sein, also der (fehlenden) normalen Entwicklung mehrerer Jahre entsprechen. Es handelt sich dann nahezu stets um die Folge einer erheblichen kinderpsychiatrischen Erkrankung; sinnvoll ist in Zweifelsfällen eine jugendpsychiatrische Begutachtung.

Das Jugendstrafrecht mit seinem Primat der (Re-) Sozialisierung, seinen niedrigeren Strafmaßen und der Höchststrafe von 10 Jahren wird auf Heranwachsende (18–20 Jahre alt) angewendet, wenn die Voraussetzungen des § 105 JGG vorliegen:

§ 105 JGG (1) Anwendung des Jugendstrafrechts auf Heranwachsende

Begeht ein Heranwachsender eine Verfehlung, die nach den allgemeinen Vorschriften mit Strafe bedroht ist, so wendet der Richter die für einen Jugendlichen geltenden Vorschriften (...) entsprechend an, wenn
1. die Gesamtwürdigung der Persönlichkeit des Täters bei Berücksichtigung auch der Umweltbedingungen ergibt, dass er zur Zeit der Tat nach seiner sittlichen und geistigen Entwicklung noch einem Jugendlichen gleichstand, oder
2. es sich nach der Art, den Umständen oder den Beweggründen der Tat um eine Jugendverfehlung handelt.

In der Praxis werden etwa 70 Prozent der Heranwachsenden nach Jugendstrafrecht verurteilt, die verbleibenden 30 Prozent entfallen auf Verkehrsdelikte und/oder Strafbefehle. Dies bedeutet, dass man in der Praxis den Probanden eher mit dem Entwicklungsstand eines (gar reifen) Erwachsenen als mit dem eines Jugendlichen vergleicht (unklar ist, ob das vom Gesetzgeber so gewollt war). Dabei werden „Reifekriterien“ angelegt, die manche Dissoziale und Persönlichkeitsgestörte lebenslang nicht erreichen. Zur Beurteilung herangezogen wird der **Entwicklungsstand** im Hinblick auf den **Leistungsbereich** (eigenständige Ausrichtung auf Erwerbstätigkeit oder Ausbildung) und im Bereich **personaler Beziehungen** (altersgemäße Ablösung vom Elternhaus, eigenständige Freundschaften, Partnerschaften) sowie die Fähigkeit zu einer **zielgerichteten Lebensgestaltung.** Für Heranwachsende mit schweren, z.B. Tötungsdelikten ist es für das Strafmaß oft günstiger, dass sie nach Jugendstrafrecht abgeurteilt werden (maximal 10 Jahre Jugendstrafe) als dass ihnen verminderte Schuldfähigkeit gem. § 21 StGB attestiert wird.

Verhandlungs-, Haft-, Vernehmungsfähigkeit

Definition

Verhandlungsfähigkeit ist nach den Kommentaren zur Strafprozessordnung die Fähigkeit eines Beschuldigten, in oder außerhalb der Verhandlung seine Interessen vernünftig wahrzunehmen, die Verteidigung in verständiger und verständlicher Weise zu führen sowie Prozesserklärungen abzugeben und entgegenzunehmen.

Verhandlungsfähigkeit umfasst somit die Fähigkeiten, Verfahrenshandlungen der Hauptverhandlung geistig zu folgen, Verfahrensbefugnisse auszuüben und Verfahrenspflichten zu erfüllen. Der Angeklagte soll imstande sein, die Erklärungen anderer Verfahrensbeteiligter zu verstehen und eigene Anliegen diesen gegenüber verständlich vorzubringen. Neben einer passiven Teilnahme erfordert sie die Fähigkeit zur **aktiven Wahrnehmung der Rechtsinteressen.** Verhandlungsfähigkeit ist Prozessvoraussetzung außer im Unterbringungsverfahren nach § 63 StGB. Gegen den, der sich vorsätzlich in den Zustand der Verhandlungsunfähigkeit versetzt (Rausch), kann in Abwesenheit verhandelt werden (§§ 231, 231a StPO).

Die Verhandlungsfähigkeit kann aufgrund psychischer und/oder physischer Krankheit ausgeschlossen sein. Sie wird nur durch schwere körperliche oder seelische Mängel oder Krankheiten aufgehoben. Ob ein Beschuldigter **verhandlungsunfähig** ist, ist eine allein vom Gericht zu entscheidende Rechtsfrage. Der Sachverständige liefert lediglich Entscheidungsgrundlagen. Das ambulante wie das stationäre Gutachten hat Feststellungen zu treffen zu Diagnose, Ursache der Erkrankung, voraussichtlicher Dauer unter Berücksichtigung aller Therapiemöglichkeiten, Auswirkungen der Störung auf die Teilnahme des Beschuldigten an der Hauptverhandlung unter Angabe der individuellen Belastbarkeit im Hinblick auf den Ablauf eines Prozesses und die gesundheitliche Gefährdung hierdurch. Mögliche unterstützende Maßnahmen zur Sicherung der Verhandlungsfähigkeit sind die Anwesenheit eines Arztes im Gerichtssaal sowie die Festlegung einer begrenzten täglichen und wöchentlichen Verhandlungsdauer.

In der Regel wird Verhandlungsunfähigkeit aus **internistischen** und sonstigen **somatischen Gründen** geltend gemacht. Im psychiatrischen Bereich sind eine (inzwischen eingetretene) **Demenz** und sonstige schwere **organische Psychosen** mögliche Gründe dauerhafter Verhandlungsunfähigkeit; akute floride Psychosen bedingen zumeist nur eine **vorübergehende Verhandlungsunfähigkeit.** Es gibt keine Anhaltspunkte für die Annahme, dass die Teilnahme an einer Gerichtsverhandlung als Angeklagter oder Zeuge generell ein Gesundheitsrisiko für einen psychisch labilen oder kranken Menschen darstellt; vielfach kann die dadurch bewirkte Klärung einer belastenden Situation auch vorteilhafte Folgen haben.

Definition

Haftfähigkeit (Vollzugstauglichkeit, Vollzugsfähigkeit) ist die Fähigkeit eines Beschuldigten oder Verurteilten, in einer Einrichtung des Strafvollzugs leben zu können, Freiheitsentzug ohne besondere und ernste Gefahr für Gesundheit oder Leben zu ertragen, und den Sinn und Zweck der Verbüßung einer Freiheitsstrafe zu erkennen. Haftfähigkeit ist eine richterliche Entscheidung, keine medizinische Diagnose.

Unterschieden wird zwischen Erkrankungen, die *vor* Haftbeginn auftreten und solchen, die **während** der Strafhaft beginnen. So heißt es in § 455 Strafprozessordnung (StPO):

„Die Vollstreckung einer Freiheitsstrafe ist aufzuschieben, wenn der Verurteilte in Geisteskrankheit fällt."
„Dasselbe gilt für andere Krankheiten, wenn von der Vollstreckung eine nahe Lebensgefahr für den Verurteilten zu besorgen ist."

Der Haftaufschub ist in diesen Fällen also zwingend. Anders verhält es sich, wenn die psychische Krankheit während der Haft auftritt, dann gilt eine Kann-Vorschrift nach § 455 StPO Abs. 4:

„Die Vollstreckungsbehörde **kann** die Vollstreckung einer Freiheitsstrafe unterbrechen, wenn
der Verurteilte in Geisteskrankheit verfällt,
wegen einer Krankheit von der Vollstreckung eine nahe Lebensgefahr für den Verurteilten zu besorgen ist oder
der Verurteilte sonst schwer erkrankt und die Krankheit in einer Vollzugsanstalt oder einem Anstaltskrankenhaus nicht erkannt oder behandelt werden kann und zu erwarten ist, dass die Krankheit voraussichtlich für eine erhebliche Zeit fortbestehen wird.
Die Vollstreckung darf nicht unterbrochen werden, wenn überwiegende Gründe, namentlich der öffentlichen Sicherheit, entgegenstehen."

Falls solche Gründe entgegenstehen, erfolgt die Behandlung eines psychisch erkrankten Strafgefangenen in einem **Haftkrankenhaus.**

Die genannten Regelungen gelten für verurteilte Straftäter. Psychisch bedingte Haftunfähigkeit bei Untersuchungshaft ist zu konstatieren vor allem bei Erkrankungen, die eine stationäre Akutbehandlung erforderlich machen, so bei floriden schizophrenen und schweren depressiven Psychosen. Besteht zugleich eine erhebliche Gefährlichkeit des Beschuldigten, kommt eine Einweisung in eine psychiatrische Klinik des Maßregelvollzugs in Frage, evtl. nach § 126a StPO. Gleiches gilt für akute, potentiell vital bedrohliche Alkoholentzugssyndrome und intensivüberwachungsbedürftige Intoxikationszustände, sofern diese Zustände ausnahmsweise nicht im Haftkrankenhaus behandelt werden können; diese Entscheidung erfolgt sinnvollerweise dort.

Wichtig

Persönlichkeitsstörungen, Substanzmissbrauch, reaktive Depressivität, Suizidalität, Klaustrophobie, etc. konstituieren **keine** Haftunfähigkeit.

Die rechtlichen Grundlagen für eine Untersuchungshaft entfallen bei allen dauerhaft verhandlungsunfähigen Personen (z.B. bei schwerer Demenz), da die Untersuchungshaft nur der Sicherung des Strafverfahrens, also der Hauptverhandlung und der späteren Strafvollstreckung dient.

Definition

Vernehmungsfähigkeit ist die Fähigkeit eines Zeugen oder Beschuldigten, sich polizeilich oder richterlich vernehmen zu lassen und verständliche Angaben und Ausführungen zu machen. Sie setzt die Fähigkeit voraus, der Vernehmung zu folgen, Fragen in ihrem Sinngehalt aufzunehmen und in freier Willensentschließung und Willensbetätigung Antworten und Erklärungen in verständlicher Form abzugeben.

6.1.2 Andere Rechtsgebiete

Zivilrecht

Häufig ist nachträglich die **Geschäftsfähigkeit** eines (eventuell) psychisch kranken Menschen zu beurteilen.

Definition

Geschäftsfähigkeit ist nach juristischer Definition die Fähigkeit, eigenverantwortlich durch Rechtsgeschäfte, also durch Willenserklärungen und Verträge, gewollte Rechtsfolgen herbeizuführen. Um wirksam Geschäfte abzuschließen, bedarf es der Geschäftsfähigkeit.

Kinder bis einschließlich **6 Jahre** sind **geschäftsunfähig. Beschränkt geschäftsfähig** sind Kinder ab **7 Jahre** und Jugendliche bis zur Vollendung des **18. Lebensjahrs:** Sie bedürfen zu Geschäften, die ihnen nicht lediglich rechtlich vorteilhaft sind, der Zustimmung der Eltern als gesetzliche Vertreter.

Testierfähigkeit und **Einwilligungsfähigkeit** sind Sonderfälle der Geschäftsfähigkeit, angewandt auf bestimmte Rechtsgeschäfte: die Errichtung eines Testaments (Testierfähigkeit) und die Einwilligung in insbesondere medizinische Behandlungsmaßnahmen (oder auch die Teilnahme an einem Forschungsprojekt, einer Pharmastudie, etc.). Zu den umschriebenen Anwendungen der Geschäftsfähigkeit gehört auch die **Prozessfähigkeit** oder prozessuale Geschäftsfähigkeit, die etwas wesentlich anderes ist als **Verhandlungsfähigkeit.**

Definition

Prozessfähigkeit ist die Fähigkeit, einen Prozess selbst oder durch einen selbst bestellten Vertreter führen zu lassen, also Prozesshandlungen selbst wirksam vorzunehmen oder vornehmen zu lassen.

Geschäftsfähigkeit wird beim Volljährigen vorausgesetzt. Geregelt ist die **Geschäftsunfähigkeit** in § 104 BGB.

§ 104 Bürgerliches Gesetzbuch (BGB)

„Geschäftsunfähig ist
1. wer nicht das siebente Lebensjahr vollendet hat;

2. wer sich in einem die freie Willensbestimmung ausschließenden Zustande krankhafter Störung der Geistestätigkeit befindet, sofern der Zustand nicht seiner Natur nach ein vorübergehender ist."

Für bloß vorübergehende Zustände, z.B. vorübergehende hochgradige Bewusstseinstrübung („Bewusstlosigkeit") z.B. im Rahmen eines epileptischen Anfallsgeschehens, Beeinträchtigungen durch hohes Fieber oder durch Rauschzustände, gilt

§ 105 Abs. 2 BGB

„Nichtig ist auch eine Willenserklärung, die im Zustande der Bewusstlosigkeit oder vorübergehenden Störung der Geistestätigkeit abgegeben wird."

Unabhängig von vorangehender gerichtlicher Entscheidung liegt immer dann **natürliche Geschäftsunfähigkeit** vor, wenn eine nicht nur vorübergehende krankhafte Störung der Geistestätigkeit besteht, welche die freie Willensbestimmung ausschließt. Solche Zustände, in denen zum Beispiel Verträge geschlossen oder gekündigt wurden (Miet-, Kauf-, Darlehensverträge etc.), führen zur Nichtigkeit der geschlossenen Verträge, wenn im Nachhinein die natürliche Geschäftsunfähigkeit für diesen Zeitpunkt bewiesen werden kann. Geschäftsfähigkeit liegt vor bis zum Beweis des Gegenteils, d.h. **Geschäftsunfähigkeit muss bewiesen werden.** Dass sie nicht ausschließbar ist, genügt nicht.

Gutachterliche Fragestellungen beziehen sich z.T. auf betreuungsrechtliche Aspekte, ansonsten auf zwei mögliche Fragestellungen:
- Ob zum Zeitpunkt des Rechtsgeschäfts eine vorübergehende krankhafte **Störung der Geistestätigkeit** vorlag, welche die freie Willensbestimmung ausschloss (§ 105 Abs. 2 BGB), also z.B. ein epileptischer Anfall mit komplexer Symptomatik oder ein Rausch;
- ob zum Zeitpunkt des Rechtsgeschäfts Geschäftsunfähigkeit im Sinne von § 104 Abs. 2 BGB vorlag, also eine nicht nur kurzdauernde krankhafte Störung der Geistestätigkeit, die die freie Willensbestimmung ausschloss. Dieser Verdacht entsteht im Regelfall bei einer **psychotischen Erkrankung,** also einer nicht nur kurzfristigen hirnorganisch bedingten Störung, einer schizophrenen oder einer manisch-depressiven Erkrankung. Grundsätzlich, praktisch allerdings extrem selten, besteht diese Möglichkeit aber auch bei schweren Persönlichkeitsstörungen, abnormen Reaktionen, Schwachsinn etc, sofern sie im Schweregrad psychischen Krankheiten vergleichbar sind.

Wie auch sonst sind solche Begutachtungen retrospektiv für einen zurückliegenden Zeitpunkt durchzuführen. Notwendig ist wie stets ein zweischrittiges Verfahren. Zu klären ist:
- Liegt eine „krankhafte Störung der Geistestätigkeit" vor? Die Klärung dieser Frage stützt sich auf eine möglichst umfassende Befunderhebung und psychiatrische Diagnostik.
- Führt diese Störung zu einem Ausschluss der freien Willensbestimmung? Gemeint ist damit eine Aufhebung der „normalen Bestimmbarkeit durch normale Motive" oder der „normalen Bestimmbarkeit durch vernünftige Erwägungen" (so eine Formulierung des Reichsgerichts).

Das Reichsgericht urteilte 1918, als **geschäftsunfähig** nach

§ 104 Ziff. 2 BGB

„... sei derjenige anzusehen, dessen Erwägungen und Willensentschlüsse nicht mehr auf einer der allgemeinen Verkehrsauffassung entsprechenden Würdigung der Außendinge und Lebensverhältnisse beruhen, sondern durch krankhaftes Empfinden, krankhafte Vorstellungen und Gedanken oder durch Einflüsse dritter Personen dauernd derart beeinflusst werden, dass sie tatsächlich nicht mehr frei sind, vielmehr sich den genannten regelwidrigen Einwirkungen schranken- und hemmungslos hingeben und von ihnen widerstandslos beherrscht werden".

Die Beantwortung dieser Fragen verlangt eine Anwendung klinischen Wissens über die betroffene Person im Hinblick auf Willens-, Entscheidungs- und Handlungsprozesse.

Infobox

Im Regelfall ist bei einer akuten schizophrenen, depressiven oder manischen Erkrankung Geschäftsunfähigkeit anzunehmen, da bei einer solchen Erkrankung eine krankhaft veränderte Selbst- und Weltsicht besteht, welche die Voraussetzungen freier Willensbestimmung aufhebt. Hirnorganische Erkrankungen, die mit erheblichen Beeinträchtigungen der Informationsaufnahme und/oder des Gedächtnisses einhergehen (z.B. fortgeschrittene vaskuläre oder Alzheimer-Demenz), führen zu einer Aufhebung der Geschäftsfähigkeit, weil dem Betroffenen die für eine freie Willensbildung notwendigen entscheidungsrelevanten Grundlagen kognitiv nicht mehr zur Verfügung stehen. Auch erhebliche affektive Störungen im Rahmen einer hirnorganischen Erkrankung (wie chronische euphorische, depressive oder reizbare Verstimmungen) können die Willensfähigkeit und Entscheidungsfindung beeinträchtigen. Gleiches gilt verständlicherweise für eine krankhafte Abulie, eine hochgradige äußere Willensbeeinflussbarkeit, wie sie bei manchen hirnorganischen Erkrankungen, bei Schwachsinnigen, aber auch bei schizophrenen Erkrankungen vorliegen kann.

Betreuungsrecht

Betreuung wird durch das Vormundschaftsgericht (Amtsgericht) angeordnet und beinhaltet keine Entscheidung über die Geschäftsfähigkeit des Betreuten, kann diese aber berühren. Betreuung ist gem. § 1896 Abs. 2 Satz 1 BGB auf die Aufgabenkreise beschränkt, in denen eine Betreuung erforderlich ist. Das Betreuungsgesetz (BtG) verfolgt das Ziel, den Wünschen des Betreuten möglichst den Vorrang zu lassen, soweit es dem Wohl des Betreuten nicht zuwiderläuft.

Trotz Betreuung **kann** fortbestehen:
- die natürliche Willensfähigkeit des Betreuten,
- die volle Geschäftsfähigkeit und

- die natürliche Einsichtsfähigkeit (Einwilligungsfähigkeit) bei medizinischen Eingriffen, z.B. auch hinsichtlich Eingriffen wie Sterilisation.

Betreuung kann nur für Volljährige eingerichtet werden (Minderjährige: Vormund) und bei körperlichen Krankheiten nur auf Antrag des zu Betreuenden. Sie hat **zwei Voraussetzungen**, die wiederum im zweischrittigen Verfahren zu klären sind:

- Erste Voraussetzung ist eine **„psychische Krankheit"** oder eine **„körperliche, geistige oder seelische Behinderung"** (nach Geschäftsfähigkeit ist nicht gefragt). Psychische Krankheiten im Sinne des Betreuungsrechts sind Psychosen, Abhängigkeitserkrankungen, aber auch Neurosen und Persönlichkeitsstörungen. Mit „geistige Behinderung" sind angeborene und erworbene Intelligenzdefekte gemeint. Mit „seelische Behinderung" sind Dauerzustände als Folge psychischer Krankheiten (z.B. von Demenz, Schizophrenie) gemeint.
- Zweite Voraussetzung ist, dass diese Krankheit/Behinderung dazu führt, **dass der Volljährige seine Angelegenheiten ganz oder teilweise nicht oder nicht mehr zu besorgen vermag.** Im Gutachten **muss** also konkret ausgeführt werden, wieso/wodurch die Krankheit dazu führt, dass der Proband seine Angelegenheiten nicht zu besorgen vermag. Der Gutachter muss sich zudem zur **Betreuungsnotwendigkeit** äußern, ob also nur durch Betreuung bestimmte Dinge geregelt werden können.

Betreuung kann nur auf **Antrag des Betroffenen** oder von Amts wegen eingeleitet und angeordnet werden. Dritte (z.B. Verwandte oder Psychiater) haben kein Antragsrecht, sondern können lediglich eine Betreuung anregen oder vorschlagen. Entsprechend haben sie auch keinerlei Rechtsmittel gegen die Anordnung oder Ablehnung einer Betreuung.

§ 1903 Abs. 1 S. 1 BGB Einwilligungsvorbehalt

„Soweit dies zur Abwendung einer erheblichen Gefahr für die Person oder das Vermögen des Betreuten erforderlich ist, ordnet das Vormundschaftsgericht an, dass der Betreute zu einer Willenserklärung, die den Aufgabenkreis des Betreuers betrifft, dessen Einwilligung bedarf. Daraus ergibt sich für das jeweilige Rechtsgeschäft (z.B. Kauf, Bestellung, Vertrag), dass es nur wirksam wird, wenn der Betreuer zugestimmt hat. Es muss dazu nicht jeweils Geschäftsunfähigkeit des Betreuten festgestellt werden."

Unterbringungsrecht

Wichtig

Psychisch kranke Menschen können gegen ihren Willen in stationäre psychiatrische Behandlung gebracht werden, wenn die akute Gefahr besteht, dass sie sich selbst oder andere erheblich gefährden (erforderlich ist nicht nur die Möglichkeit, sondern die gegenwärtige Wahrscheinlichkeit solchen Verhaltens).

Dies betrifft insbesondere **psychisch Kranke**, die mit akuten Suizidgedanken kämpfen oder sogar bereits einen Entschluss zum Selbstmord gefasst haben. Es sind dies vor allem akut Depressive, aber häufig auch Schizophrene und Suchtkranke, und ebenso häufig Menschen ohne eigentliche psychische Krankheit in akuten Lebenskrisen. Das Unterbringungsrecht betrifft aber auch fremdaggressive psychisch Kranke (nicht jedoch fremdaggressive Kriminelle mit oder ohne Persönlichkeitsstörung).

Unterbringungsrecht ist **Länderrecht**. Jedes Bundesland hat, mit etwas unterschiedlichen Benennungen, ein „PsychKG", ein Gesetz zur Unterbringung psychisch Kranker oder, mit der hessischen Bezeichnung, ein **„Freiheitsentziehungsgesetz"**. In aller Regel ist der Gang der Einweisung so, dass eine akut gefährliche, psychisch kranke Person der Polizei oder direkt dem jeweils zuständigen sozialpsychiatrischen Dienst gemeldet wird. Über den sozialpsychiatrischen Dienst erfolgt in der Regel in Form einer gutachterlichen Stellungnahme die Abklärung, ob eine psychische Erkrankung und ob eine akute Selbst- oder Fremdgefährdung vorliegt. Der Kranke kann dann eigenständig, durch Angehörige oder notfalls durch die Polizei in eine psychiatrische Klinik mit geeigneter (üblicherweise geschlossener) Station gebracht werden und dort gegen seinen Willen festgehalten werden; er kann zur Abwendung von erheblichen Gefahren, auch für seine eigene Gesundheit, medikamentös behandelt werden. Die aufnehmenden Ärzte der Klinik müssen ihrerseits überprüfen, ob diagnostisch und hinsichtlich der Gefährlichkeitseinschätzung die Unterbringungsvoraussetzungen vorliegen; sie müssen Fehleingewiesene in Freiheit entlassen.

In den **Landesunterbringungsgesetzen** ist in unterschiedlicher Weise geregelt, wie lange ein ordnungsrechtlich Untergebrachter ohne Gerichtsbeschluss festgehalten werden darf. In manchen Ländern wie z.B. Hamburg ist eine sofortige Anrufung des Amtsgerichts (Vormundschaftsgerichts) erforderlich, in anderen ist eine fürsorgliche Zurückhaltung von einem Tag möglich; hat der Patient bis dahin nicht freiwillig in die gebotene stationäre Behandlung eingewilligt, muss umgehend eine Gerichtsentscheidung herbeigeführt werden. Die mögliche Höchstdauer ist ebenfalls durch die Unterbringungsgesetze geregelt. Oft sind sechs bis acht Wochen eine auch praktisch sinnvolle Obergrenze, ab der man die Behandlung eher auf die Möglichkeiten des Betreuungsrechts stützen sollte.

Sozialrecht

Einen großen Raum nimmt schließlich die **sozialrechtliche Begutachtung** ein. Grundlagen sind die gesetzliche Rentenversicherung, die gesetzliche Unfallversicherung, das soziale Entschädigungsrechts und das Schwerbehindertengesetz. Die Begutachtung betrifft vor allem die Fragestellungen Arbeits- und Dienstfähigkeit, Erwerbsfähigkeit, Berufsfähigkeit, Beeinträchtigungsschwere und Kausalbeziehungen im Entschädigungsrecht sowie Grad der Behinderung.

6.2 Methodik der forensisch-psychiatrischen Begutachtung

In der forensischen Praxis wird ein Psychiater beauftragt zu klären, ob eine psychische Krankheit oder eine andere gravierende psychische Störung vorliegt, die Auswirkungen auf rechtliche „Fähigkeiten" (Schuldfähigkeit, Geschäftsfähigkeit, Erwerbsfähigkeit, etc.) haben könnte. So ist denn bei allen psychiatrischen Gutachten mit rechtlichen Fragestellungen ein zweischrittiges Verfahren („zwei Stockwerke") obligatorisch:

Checkliste

Erstens muss geprüft werden, ob eine psychische Störung vorliegt und wie diese in psychiatrischer Diagnostik zu benennen ist.
Zweitens muss ausgehend von Diagnose und Befund geprüft werden, wie sich diese Störung auf die jeweils nachgefragte „Fähigkeit" auswirkt.

Dieses zweischrittige Verfahren gilt grundsätzlich gleichermaßen für die Begutachtung von Arbeits-, Erwerbs-, Berufs-, Geschäfts-, Testier-, Einwilligungs-, Vernehmungs-, Verhandlungs- und Schuld**fähigkeit** (Einsichts- und Steuerungsfähigkeit) und weiterer „Fähigkeiten", zum Beispiel auch der Kraftfahreignung und der Zeugentüchtigkeit psychisch Kranker.

Der erste Schritt beinhaltet die umfassende psychiatrische Exploration einschließlich der medizinischen Anamnese sowie die Auswertung der vorhandenen Akteninformationen unter der Fragestellung, ob sich daraus Anhaltspunkte für eine psychische Erkrankung ergeben. Die Befunderhebung wird zusammengefasst in einer **psychiatrischen Diagnose**, die sich zum Zwecke der eindeutigen Verständigung an den aktuell gültigen **Klassifikationsmanualen** orientiert (ICD-10, DSM-IV). Dem Gutachter muss, dem befassten Juristen sollte klar sein, dass diese Klassifikations- und Diagnosemanuale jeweils vorläufige und veränderliche Konventionen sind und dass eine psychiatrische Diagnose an sich noch keine direkte Aussage über die Beeinträchtigung einer „Fähigkeit" erlaubt.

Gerade deshalb ist der **zweite Schritt** der fallbezogenen konkreten Umsetzung des erhobenen Befundes auf die **Beurteilung der jeweils fraglichen „Fähigkeit"** eine eigenständige und ebenso wichtige Aufgabe des Gutachters wie die Befunderhebung. Der Rechtsbegriff der „Fähigkeit" ist in aller Regel nicht positiv definiert, sondern unterstellt den für alle Erwachsenen anzunehmenden Normalfall. Dass von einer Fähigkeit im konkreten Fall kein Gebrauch gemacht wurde, beweist nicht bereits deren Fehlen. Die Einschränkung oder Aufhebung der jeweiligen Fähigkeit ist zumeist durch einen knappen Gesetzestext definiert und ausführlicher in höchstrichterlichen Urteilen erläutert. Der Gutachter muss sich darüber Klarheit verschaffen, wie eine Einschränkung oder Aufhebung der jeweils gefragten Fähigkeit rechtlich definiert ist. Ist dies geklärt, so ist gestützt auf eine gezielte Exploration und die Anwendung klinischen Wissens über typische Beeinträchtigungen beim jeweiligen Störungsbild die Art und das Ausmaß der Beeinträchtigungen im Gutachten plastisch darzulegen.

Die Begutachtung unter der Fragestellung, ob eine bestimmte rechtliche Fähigkeit durch eine psychische Störung beeinträchtigt war, obliegt dem **Psychiater**. Allein der Psychiater verfügt über das gesamte Spektrum klinischer Erfahrung von krankhaften psychischen Störungen bis weit in das Feld normaler seelischer Abläufe hinein, über Abhängigkeitserkrankungen, sexuelle Deviationen und Persönlichkeitsstörungen bis hin zu den eher normalpsychologisch nachvollziehbaren Anpassungsstörungen und akuten abnormen psychischen Reaktionen. Die Vertrautheit mit diesem breiten Spektrum ist eine wesentliche Voraussetzung uneingeschränkter, dann aber auch gezielter Exploration, die keine Störungsmöglichkeit außer Acht lassen muss und mithin Voraussetzung einer zuverlässigen Differentialdiagnostik ist. Zugleich gewährleistet nur diese Erfahrenheit mit den klinischen Bildern in der ganzen Bandbreite möglicher Störungen eine adäquate Beurteilung der Störungsfolgen qualitativ und quantitativ in Hinblick auf bestimmte rechtliche Fähigkeiten.

6.3 Psychiatrische diagnostische Systematik

Psychopathologie beginnt mit der Beobachtung von **Symptomen**, also von normabweichenden Einzelphänomenen wie z.B. Niedergeschlagenheit, motorischer Unruhe, Stimmenhören, etc. Ersichtlich gibt es Symptome, die eher vage oder unspezifisch sind (z.B. Niedergeschlagenheit, Traurigkeit, innere Unruhe), und andere Symptome, die sehr markant und recht spezifisch sind (z.B. das Hören kommentierender Stimmen, Gedankenabreißen, das Benutzen einer Privatsprache mit Wortneubildungen). Generell aber gilt, dass eine Diagnose zumeist nicht anhand eines einzigen Symptoms gestellt werden kann.

Symptome gruppieren sich in charakteristischer Weise zu **Syndromen**, also zu bestimmten Symptombündeln, die dann die psychopathologische Grundlage für eine **Diagnose** bilden. Neben dem psychopathologischen Syndrom hat aber auch die weitere, z.B. radiologische und sonstige körperliche Befunderhebung, die Erhebung von Vorgeschichte und Verlauf sowie das Reagieren auf Therapie einen Einfluss auf die Diagnosestellung. Nachdem vor allem in den USA, weniger in Deutschland, über längere Zeit eine große Uneinheitlichkeit in der psychiatrischen Diagnostik bestanden hatte, bemühte man sich ab den 70er-Jahren des 20. Jahrhunderts intensiv um eine zuverlässige, international einheitliche psychiatrische Diagnostik anhand von **operationalisierten Klassifikationssystemen**. Dies hat dazu geführt, dass inzwischen zwei allseits akzeptierte Diagnosesysteme bestehen, die weitgehend übereinstimmen:

- Das **Diagnostische und Statistische Manual Psychischer Störungen (DSM)**, zuletzt in seiner 4. Auflage (**DSM-IV**) der American Psychiatric Association (APA 1994/1996), und

- die **Internationale Klassifikation psychischer Störungen – ICD-10 Kapitel V (F)** der Weltgesundheitsorganisation (WHO), die deutsche Fassung erschien 1991 (Dilling, Mombour u. Schmidt 1991).

Verbindlich in der Abrechnung mit den Krankenkassen ist die Diagnostik nach ICD-10; unter Psychiatern gilt das DSM-IV als etwas ausführlicher, differenzierter und noch zuverlässiger. In weiten Bereichen sind beide Werke aber kompatibel.

DSM-IV und der psychiatrische Teil der ICD-10 sind so aufgebaut, dass für jede psychische Störung, die eine Einzeldiagnose trägt, eine Reihe von **Einschlusskriterien** benannt wird und angegeben wird, welche bzw. wie viele dieser Kriterien (Symptome) vorliegen müssen. Zudem werden **Ausschlusskriterien** und **Ausschlussdiagnosen** genannt. Beim Vorliegen bestimmter gesicherter Symptome wird also ein Entscheidungs-Algorithmus geliefert, der zu einer bestimmten Diagnose führt. Basierend auf dem nosologischen Wissen der Psychiatrie sind die einzelnen Störungen/Diagnosen dann in Klassen geordnet (Klassifikationssystem). Die **Internationale Klassifikation psychischer Störungen (ICD-10)** umfasst die folgenden Hauptgruppen psychischer Störungen:

Infobox

Hauptgruppen psychischer Störungen

F0 Organische, einschließlich symptomatischer psychischer Störungen
F1 Psychische und Verhaltensstörungen durch psychotrope Substanzen
F2 Schizophrenie, schizotype und wahnhafte Störungen
F3 Affektive Störungen
F4 Neurotische-, Belastungs- und somatoforme Störungen
F5 Verhaltensauffälligkeiten mit körperlichen Störungen oder Faktoren
F6 Persönlichkeits- und Verhaltensstörungen
F7 Intelligenzminderung
F8 Entwicklungsstörungen
F9 Verhaltens- und emotionale Störungen mit Beginn in der Kindheit und Jugend
F99 Nicht näher bezeichnete psychische Störungen

Wichtig

Sozialrechtlich sind alle diese Störungen von Belang, strafrechtlich und kriminologisch hingegen vor allem **Verhaltensstörungen durch psychotrope Substanzen (F1)** wie Alkohol oder Drogen, **schizophrene Erkrankungen (F2), Persönlichkeitsstörungen und sexuelle Verhaltensstörungen (F6) sowie organische psychische Störungen (F0).**

6.4 Organisch bedingte psychische Störungen

Organisch bedingte psychische Störungen waren über lange Zeit ein zentrales Arbeitsgebiet der Psychiatrie. Unfallbedingte Hirnverletzungen, eine Vielzahl kriegsbedingter Hirnverletzungen, grassierende Infektionskrankheiten, ungenügende hygienische Verhältnisse bedingten insgesamt eine wesentlich höhere Morbidität mit (hirn-) organischen Krankheiten, die zu psychischen Folgeschäden führten. Es gab weder Antibiotika noch weitere essentielle Arzneimittel. Um das Jahr 1900 herum litten etwa 30 % aller männlichen psychiatrischen Patienten an einer **progressiven Paralyse**, also an einer Folgekrankheit der Syphilis, die außer durch neurologische Ausfälle durch eine buntscheckige psychopathologische Symptomatik gekennzeichnet ist (Merkfähigkeits- und Gedächtnisstörungen, Konfabulationen, Größenwahn, Enthemmung des Verhaltens). Heute ist die progressive Paralyse in Deutschland eine Rarität.

Sinnvollerweise wird unterschieden zwischen **einerseits länger dauernden/chronischen**, anderseits **kurz dauernden/akuten organisch bedingten psychischen** Syndromen. Typischer Fall einer chronischen Störung sind die **Demenzkrankheiten**, typischer Fall einer akuten, hirnorganisch bedingten psychischen Störung ist der akute **Rauschzustand oder ein Fieberdelir** im Rahmen einer Pneumonie. Die Symptomatik unterscheidet sich in markanter Weise je nach dem, ob ein langdauernder organischer Prozess vorliegt oder aber eine akute Störung.

Das **Hauptmerkmal** all dieser Störungen, so sagt es das DSM-IV, ist eine **auffallende psychische oder Verhaltensänderung**, die mit einer vorübergehenden oder andauernden Funktionsstörung des Gehirns einhergeht. **Organisch** bedingte psychische Störungen werden diagnostiziert durch

- den Nachweis eines der organisch bedingten psychischen Syndroms und
- durch den Nachweis eines bestimmten organischen Faktors (oder Faktoren), von dem angenommen wird, dass er ätiologisch mit dem abnormen psychischen Zustand zusammenhängt; dieser Nachweis kann durch Anamnese, körperliche Untersuchung und technische Zusatzuntersuchung erfolgen.

Der organische Faktor, der für eine organisch bedingte psychische Störung verantwortlich ist, kann eine primäre Erkrankung des Gehirns oder eine systemische Erkrankung sein, die das Gehirn sekundär betrifft. Es kann sich auch um eine psychotrope Substanz oder um ein toxisches Agens handeln, welches die Gehirnfunktion entweder ständig beeinträchtigt oder einige langanhaltende Auswirkungen hinterlassen hat. Der Entzug von einer psychotropen Substanz, die vorher regelmäßig konsumiert wurde, stellt eine weitere Ursache einer organisch bedingten psychischen Störung dar.

Synonyme für „organisch bedingte psychische Syndrome" sind in der ICD-10: „organische, einschließlich symptomatischer psychischer Störungen"; in der Psychiatrie gebräuchlich sind auch die Begriffe „organische Psychose" oder „hirnorganische und symptomatische Psychosen".

6.4.1 Akute und chronische, organische psychische Störungen

Eine frühe psychiatrische Erkenntnis war, dass organische Psychosyndrome ätiologisch unspezifisch sind, d.h. dass sie in Symptomatik und Verlauf potentiell gleichartig sind bei ganz unterschiedlichen organischen Ursachen. Prognostisch und therapeutisch wichtig ist die klinische Unterscheidung zwischen akuten und chronischen Syndromen.

Wichtig

Leitsymptom der akuten, organisch bedingten psychischen Störung ist die Bewusstseinsveränderung, vereinzelt als erhöhte Bewusstseinshelligkeit, zumeist aber als Bewusstseinstrübung im Spektrum von leichter Verlangsamung und Unkonzentriertheit bis zu tiefer Bewusstlosigkeit.

Man kann sich dies an den dosisabhängigen Alkoholwirkungen von leicht erhöhter Wachheit über Verlangsamung und Benommenheit bis zu tiefer Bewusstlosigkeit verdeutlichen; ein ähnliches Spektrum findet sich auch (progredient) z.B. bei Hirninfektionen und akutem Hirndruck durch raumfordernde Prozesse oder (degressiv) im langsamen Aufklaren nach tiefer Bewusstlosigkeit bei Zuständen nach Hirnverletzung (z.B. durch Verkehrsunfall).

Eine nicht ganz seltene Ausnahme vom Prinzip der Bewusstseinstrübung sind die **paranoid-halluzinatorischen „Durchgangssyndrome"**, in denen die Kranken lebhafte optische Halluzinationen schildern, oft verbunden mit Personenverkennungen und Wahneinfällen. Solche passageren Syndrome gibt es nicht nur beim Alkoholdelir, sondern auch bei allen anderen akuten organischen Syndromen, oft eingebettet in ansonsten typische Verläufe.

Leitsymptome der **chronischen organischen Psychosyndrome** sind
- intellektueller Abbau (Demenz) und
- Veränderungen der Emotionalität und der Persönlichkeit (Wesensänderung).

Ausführlicher wird diese Symptomatik in den nachfolgenden Abschnitten dargestellt.

Überdauernde organische psychische Störungen

In der Kategorie F0 „organische einschließlich symptomatische psychische Störungen" sind in der ICD-10 unterschiedliche Störungsbilder aufgelistet:
- die Demenz bei Alzheimer-Krankheit,
- die gefäßbedingte, also vaskuläre Demenz,
- weitere Demenzformen (Pick-, Creutzfeldt-Jakob-, Huntington-, Parkinson-Krankheit, HIV-verursachte Krankheit) sowie
- akute hirnorganische Syndrome wie das nicht alkoholbedingte Delir, organisch bedingte Halluzinosen und organisch bedingte depressive, manische, wahnhafte und kognitive Störungen.

Leitsymptome der chronischen organischen Psychosyndrome sind dementieller Abbau intellektueller Leistungen und/oder Veränderungen der Emotionalität und der Persönlichkeit, die als Wesensänderung imponieren können.

Intellektueller Abbau. Dieser äußert sich in zunehmenden Störungen von Konzentration, Merkfähigkeit, Gedächtnis für Informationen jüngeren Datums, schließlich auch im erschwerten Zugriff auf das Langzeitgedächtnis. Es kommt zu **Wortfindungsstörungen** und **Auffassungsstörungen** für die Äußerungen anderer, anhaltender Verlangsamung der Denkabläufe, nachlassender zielgerichteter Steuerung der Denkvorgänge, die sich in Weitschweifigkeit und „den Faden verlieren" äußern. Daneben bestehen häufig Störungen des früher problemlosen Verständnisses von nichtsprachlichen Informationen (z.B. Analog-Uhr ablesen) und automatisierten Handlungen (Autofahren, Weckerstellen, Anziehen; „Apraxie"). Schließlich kommt es zu gravierenden **Orientierungsstörungen**: örtlich, zeitlich, situativ und zur eigenen Person.

Die Patienten klagen anfangs häufig über **Vergesslichkeit** oder **Nichtwiederfinden** von Sachen, sie leiden nicht selten darunter, dass ihr Denken nicht mehr von der Stelle kommt. Differentialdiagnostisch ist vor allem eine depressive Erkrankung auszuschließen, die sich genauso äußern kann. Auch erheblich Demente registrieren häufig noch, dass etwas mit ihrer Denkfähigkeit oder dem Gedächtnis nicht stimmt und bemerken, oft mit Scham, dass sie sich in einem „Durcheinander" bewegen. Das „Durcheinander" wird nicht selten **misstrauisch-paranoid** gedeutet und kann auch zu aggressiven Durchbrüchen führen: dass die Angehörigen, Pfleger oder anonyme Personen eingedrungen seien, nicht auffindbare Dinge gestohlen oder das Chaos in der Küche angerichtet haben.

Wesensänderung. Bei manchen Kranken, zum Beispiel Hirntraumatikern und Menschen mit zerebralen Durchblutungsstörungen, ist die intellektuelle Leistungsfähigkeit nicht oder gering beeinträchtigt, während es zu deutlichen Störungen der Affektivität und Emotionalität kommt. Diese Kranken sind im Vergleich zu gesunden Zeiten erhöht **affektdurchlässig**, haben also z.B. bei traurigen Themen sofort Tränen in den Augen, werden bei Kritik sofort heftig wütend oder sind **affektlabil**, schwanken also abrupt zwischen traurig, heiter, zornig. Daneben bestehen chronische Einengungen und Verschiebungen der Emotionalität, vor allem in den drei Prägnanztypen der chronischen **Depressivität** und **Weinerlichkeit**, des chronischen **missmutig-mürrischen Rückzugs**, aber auch der chronisch **subeuphorischen Stimmungslage**. Entscheidend ist der Verlust früher vorhandener Gestimmtheiten und emotionalen Reaktionsmöglichkeiten, der als „Wesensänderung" imponiert, entweder im Sinne der krassen Zuspitzung früherer Tendenzen (der früher finanziell Ängstliche wird zum abweisenden Geizkragen) oder des Verlustes früher bestimmender Eigenschaften (der einst Fröhliche und Aufgeschlossene wird dauerhaft missmutig und abweisend).

Weitere Symptome. Auch im Rahmen chronischer organischer Psychosyndrome kann es zu vorherrschender **halluzinatorischer und/oder wahnhafter Symptomatik** kommen, die einer differentialdiagnostischen Abklärung gegenüber Spätschizophrenien bedarf. Grundsätzlich können *alle* psychopathologischen Syndrome auch organisch bedingt sein, von Bildern, die primär als reaktiv imponieren bis hin zu maniformen Störungen. Aufschluss gibt oft erst der **Verlauf**, wenn sich zum Beispiel eine langsam progrediente Virusenzephalitis zunächst als Ehekrise darstellt, dann als (reaktive) Depression, dann als paranoid-halluzinatorisches Syndrom und schließlich in neurologischen Störungen und Bewusstlosigkeit mündet.

6

Wichtig

Die organisch bedingte Persönlichkeitsveränderung wird dann diagnostiziert, wenn andauernd die Fähigkeit reduziert ist, zielgerichtete Aktivitäten durchzuhalten, insbesondere wenn es sich um längere Zeiträume handelt und darum, Befriedigungen aufzuschieben.

Die Patienten leiden unter einer emotionalen Labilität (unkontrollierter, unbeständiger und wechselnder Ausdruck von Emotionen) oder unter Euphorie und flacher, inadäquater Scherzhaftigkeit, die den Umständen nicht angemessen ist, oder unter Reizbarkeit bzw. Ausbrüchen von Wut und Aggressionen oder unter Apathie.

Ein wichtiges auffallendes Merkmal kann sein, dass diese Kranken ihre Bedürfnisse und Impulse **ungehemmt** äußern, ohne Berücksichtigung der Konsequenzen und der sozialen Konventionen. Gerade forensisch-psychiatrisch ist dies natürlich ein komplizierter Bereich, weil tatsächlich infolge hirnorganischer Störungen gleichartige dissoziale Verhaltensweisen auftreten können wie bei Hirngesunden, also Stehlen, unangemessene sexuelle Annäherungsversuche, gieriges Essen, Vernachlässigung der Körperpflege.

Kognitive Störungen bei solchen organischen Persönlichkeitsveränderungen äußern sich häufig in Form von ausgeprägtem **Misstrauen** und **paranoiden Ideen** oder auch mit der **exzessiven Beschäftigung** mit einem einzigen Thema wie Religion oder die strenge Einteilung des Verhaltens anderer in Richtig und Falsch. Manche Patienten fallen auf durch Veränderungen der Sprachproduktion und des Redeflusses mit Umständlichkeit, Begriffsunschärfe, zähflüssigem Denken und Schreibsucht, oder mit verändertem Sexualverhalten (verminderte Sexualität oder Änderungen der sexuellen Vorlieben).

Wichtig

Intellektueller Leistungsabbau wie beim chronischen organischen Psychosyndrom findet sich als Pseudodemenz häufig bei depressiven Reaktionen und Erkrankungen; Gedächtnis-, Konzentrations- und Leistungsstörungen vor dem 60. Lebensjahr sind wesentlich häufiger durch eine Depression bedingt als durch einen hirnorganischen Prozess.

Mit einfachen testpsychologischen Instrumenten lassen sich beide Störungsbilder oft nicht unterscheiden, sinnvoll ist eine gezielte auch neurologische Differentialdiagnostik, wie sie die inzwischen zahlreichen „**Gedächtnissprechstunden**" anbieten. Organisch bedingte Störungen von Affektivität und Emotionalität, z.B. bei Hirntraumatikern, werden nicht selten übersehen oder als psychogen verkannt, zumal wenn diese Patienten keine messbaren intellektuellen Leistungseinbußen aufweisen; affektive und emotionale Störungen werden testpsychologisch oft nicht erkannt.

Forensisch relevant sind die dementiellen Entwicklungen vor allem im sozialrechtlichen (Erwerbs- und Berufsfähigkeit) und im zivilrechtlichen Bereich, bei der Beurteilung der Geschäftsfähigkeit und schließlich der Testierfähigkeit. Der Anteil organisch-psychisch Gestörter hat in strafrechtlichen Begutachtungskollektiven erheblich abgenommen. Relevant ist am ehesten die erhöhte Reizbarkeit und verminderte Alkoholtoleranz hirntraumatisch Geschädigter (v.a. Opfer von Verkehrsunfällen), die oft noch junge Erwachsene sind oder im mittleren Lebensalter stehen. Der in älteren forensischen Lehrbüchern gerne angeführte über 50-jährige Proband, der nach bislang gesetzestreuem Leben nun des sexuellen Missbrauchs von Kindern angeklagt ist, und bei dem sich eine präsenile Demenz (z.B. M. Pick) erweist, ist inzwischen eine Rarität.

Die **medikamentöse Behandlung** von Kranken mit organischen psychischen Syndromen ist Aufgabe eines Facharztes, da eine falsche und zumeist lange durchgeführte Therapie durch Sedierung, Immobilisierung und eingeschränkter Atmung zur Verstärkung der Grundkrankheit, zu Folgekrankheiten und vorzeitigem Tod führen kann. Ein Schwerpunkt der Behandlung liegt auf der psychisch wichtigen Mobilisierung und Aktivierung der Patienten und auf kognitiven Trainingsverfahren. Gefährlich und sicherlich in dem einen oder anderen Fall Todesursache ist die freigiebige und zu hoch dosierte Verabreichung von **Psychopharmaka**, ganz überwiegend durch Nichtpsychiater, und zwar nicht wegen der Suchtgefahr, sondern eben wegen der Beeinträchtigung von Wachheit und Bewegungssicherheit tagsüber.

Akute organische psychische Störungen: Rauschzustände

Akute Alkoholisierung ist in Deutschland der häufigste Grund für eine Strafmilderung. In psychiatrischer Sicht ist ein akuter Alkohol- oder Drogenrausch eine akute organische psychische Störung. Bezogen auf die in § 20 StGB genannten Eingangsvoraussetzungen ist der Rausch eine akute „krankhafte seelische Störung".

Die alkohol- oder drogenbezogene strafrechtliche Begutachtung hat zu klären:

- Lag zum Tatzeitpunkt eine zumindest mittelgradige Berauschung vor?
- Lag zum Tatzeitpunkt ein akutes Entzugssyndrom oder gar ein Delir vor?
- Besteht ein Abhängigkeitssyndrom, und wenn ja, in welchem Schweregrad im Hinblick auf biologische, psychische und soziale Parameter?

Falls der erste Schritt das Ergebnis hat, dass eine der in § 20 StGB genannten Eingangsvoraussetzungen vorliegt, ist in einem zweiten Schritt zu prüfen, ob der für den Tatzeitpunkt festgestellte Zustand zu einer erheblichen Beeinträchtigung oder Aufhebung der „Einsichtsfähigkeit" und/oder der „Steuerungsfähigkeit" (des „Hemmungsvermögens") geführt hat.

Wichtig

Die Einsichtsfähigkeit ist kaum einmal in Frage gestellt: Auch stark Betrunkene wissen in aller Regel, dass es verboten ist, unter Alkohol Auto zu fahren, anderen die Zähne auszuschlagen, zu vergewaltigen oder zu töten. Es geht also fast stets um die Fähigkeit zum einsichtsgemäßen Handeln, also um die „Steuerungsfähigkeit" oder das „Hemmungsvermögen".

Eine besondere Brisanz hatte die **Begutachtung der Schuldfähigkeit nach Alkoholkonsum**, weil einige Strafsenate des Bundesgerichtshofs (BGH) im Laufe der 80er-Jahre dazu übergegangen waren, nur noch die gemessene oder nach Trinkmengenangaben geschätzte Blutalkoholkonzentration (BAK) als Kriterium der Steuerungsfähigkeit gelten zu lassen:

- Ab 2,00 ‰ BAK sei die Steuerungsfähigkeit wahrscheinlich erheblich vermindert,
- ab 3,00 ‰ BAK sei die Steuerungsfähigkeit wahrscheinlich aufgehoben.

Inzwischen hat der BGH neben der BAK auch wieder die Berücksichtigung „psychodiagnostischer Kriterien", also klinischer Berauschungszeichen, zugelassen. Leitsatz der Entscheidung 1997 (BGHSt 43, 66) war:

> „Es gibt keinen gesicherten medizinisch-statistischen Erfahrungssatz darüber, dass ohne Rücksicht auf psychodiagnostische Kriterien allein wegen einer bestimmten BAK zur Tatzeit in aller Regel vom Vorliegen einer alkoholbedingt erheblich verminderten Schuldfähigkeit auszugehen ist."

„Psychodiagnostische" Beurteilung des Berauschungsgrades. Eine tatsächlich gemessene Blutalkoholkonzentration ist eine wichtige Hilfe zur Beurteilung eines Berauschungsgrades, aber mehr nicht.

Infobox

Es bleibt das Problem, dass es Normalkonsumenten von Alkohol gibt, die schon in einem niedrigen Alkoholisierungsbereich Ausfallserscheinungen zeigen, und andererseits Menschen, die gewohnheitsmäßig in großen Mengen Alkohol trinken und bei denen die gleichen Ausfallserscheinungen erst bei sehr viel höheren BAK-Werten zu beobachten sind.

Es geht darum, diese beiden Gruppen auseinander zu halten. In der Klientel, die sich vor dem Strafrichter einfindet, ist der Anteil derer, die gewohnheitsmäßig in erheblichem Umfang Alkohol trinken, deutlich höher als in der allgemeinen Bevölkerung. Ein habitueller Alkoholmissbrauch ist bei Männern eng vergesellschaftet mit dissozialen Entwicklungen und dissozialen Lebensformen. **Notwendig ist eine Exploration zum Trinkverhalten generell**, bedeutsam sind Zeugenangaben zum üblichen Trinkverhalten, mehrfache frühere Vorfälle, bei denen hohe Alkoholisierungen gemessen wurden, gar Unfälle oder Behandlungen wegen Alkoholvergiftungen oder wegen Alkoholabhängigkeit.

ICD-10 und DSM-IV enthalten die Kriterien einer akuten Alkoholintoxikation; die Berauschungskriterien dieser Manuale sind aber für forensische Zwecke wenig nutzbar, weil sie bereits leichtgradige Berauschungen abbilden. Aber sie nennen die Symptome, um die es geht. ICD-10 wie auch DSM-IV ordnen die Kriterien der Alkoholintoxikation in zwei Gruppen, nämlich:

- **psychische Symptome** („Enthemmung, Streitbarkeit, Aggressivität, Affektlabilität, Aufmerksamkeitsstörung, Einschränkung der Urteilsfähigkeit, Beeinträchtigung der persönlichen Leistungsfähigkeit") und
- **neurologische sowie vegetative Symptome** („Gangunsicherheit, Standunsicherheit, verwaschene Sprache, Nystagmus, Bewusstseinsstörung – z.B. Somnolenz, Koma –, Gesichtsröte, konjunktivale Injektion").

In gleicher Aufteilung (psychisch/somatisch) werden in den beiden Manualen die Symptome *aller* Intoxikationszustände mit psychotropen Drogen aufgelistet. Stellvertretend soll hier weiter der Alkoholrausch beleuchtet werden. Es gibt im psychischen Bereich Stimmungsveränderungen. Es gibt dann mit zunehmender Alkoholisierung Beeinträchtigungen der kognitiven Fähigkeiten, der Reaktionsgeschwindigkeit, der geistigen Aufnahmefähigkeit, der Situationswahrnehmung, eine Einengung der noch verarbeitbaren Informationen. Nur noch starke oder zufällige Reize werden wahrgenommen.

Und es gibt die neurologischen Beeinträchtigungen: Gang- und Standunsicherheit, Schwierigkeiten in der Sprachmotorik, die Sprache wird zunehmend feuchter und undeutlicher, hilfsweise lauter. Es wird schwierig, sich auf dem Barhocker zu halten, selbst im Sitzen gibt es Probleme. Betroffen ist die Verknüpfung von sensorischen Informationen und motorischem Output. Das macht es eigentlich jedem Laien und jedem Kind relativ leicht, Betrunkene, jedenfalls stärkergradig Betrunkene, als solche zu identifizieren. Wenn solche Ausfälle da sind, sind diese gute Anhaltspunkte dafür, dass eine Berauschung vorlag.

Es geht in der praktischen Begutachtung im Wesentlichen darum, dass man diese **Einzelsymptome** aus den vorliegenden Verhaltensbeschreibungen **extrahiert.** Notwendig ist eine gezielte Aktenauswertung und eine geschickte Befragung von Proband und Zeugen, mit der charakteristische, konkrete Symptome zu gewinnen sind statt vager Einschätzungen wie „angetrunken" oder „betrunken". Dazu muss man ein gewisses praktisches Geschick und eine gewisse Erfahrung haben, um zu sehen, welche Information wirklich auf eine Fehlfunktion verweist, wo im Geschehensablauf etwas schief läuft, wo etwas nicht anders erklärbar ist als durch einen Leistungsausfall in bestimmten Bereichen. Das zu explorieren und das Material zugänglich zu machen ist die wesentliche Aufgabe eines Sachverständigen.

Vier psychopathologische Achsensyndrome der Alkoholintoxikation

- **Neurologisches Achsensyndrom:** Beeinträchtigung von Sprache (Artikulation, Lautstärke), Gleichgewichtssinn, Feinmotorik und zunehmend der gesamten motorischen Koordination.
- **Akutes hirnorganisches Achsensyndrom:** Beeinträchtigung der Denkvorgänge mit Einschränkung der gedanklichen Vielfalt, Neigung zu Wiederholungen, eingeschränkter Auffassungsfähigkeit und eingeschränkter Anpassung an äußere Vorgaben, Verlangsamung der Denkabläufe, merkbare Einschränkung der zielsicheren und gleichzeitig umweltflexiblen Umsetzung eines Handlungsplans.
- **Affektives Achsensyndrom:** Ausgeprägte euphorische oder missmutig-reizbare oder depressive, z.T. jammerig-klagsame Verstimmung, teilweise in raschem Wechsel zwischen diesen Zuständen; wobei diese Stimmungen vorbestehen oder alkoholisch induziert sein können.
- **Verhaltensänderungen:** Deutliche Verhaltensänderungen im Vergleich zum nüchternen Zustand in der Form brütenden Rückzugs, z.T. mit heftigen Reaktionen bei geringfügigen Störungen, in Form des unkomplizierten Rückzugs, in Form der distanzgeminderten Extraversion, in Form des ungerichteten Handlungsdrangs, in Form der erhöhten Diskussions-, Streit- und Kampfbereitschaft.

Vollrauschzustände bieten ein sehr markantes Bild. Für diese Diagnose ist stets zu fordern, dass ein **qualitativ verändertes Verhalten, Wahrnehmen und Reagieren vorlag.** Diese Zustände können, wenn überhaupt Zeugen oder irgendwelche Berichte über die Verfassung zum Tatzeitpunkt vorhanden sind, recht gut rekonstruiert werden.

Gesichtspunkte zur Beurteilung der Berauschung bei Alkoholdelikten. Kriterien, die **gegen** eine erhebliche **alkoholtoxische Beeinträchtigung** der Steuerungsfähigkeit sprechen können:

- Spezifische Tatvorgeschichte, affektive Ausgangssituation und Persönlichkeit des Täters
- Ankündigungen der Tat
- Aggressive Handlungen in der Tatanlaufzeit
- Vorbereitungshandlungen für die Tat
- Zielgerichtete Gestaltung der Tat durch den Täter, Meisterung unvorhergesehener Schwierigkeiten
- Lang hingezogenes Tatgeschehen und/oder komplexer Handlungsablauf in Etappen
- Erhaltene Introspektionsfähigkeit und exakte, detailreiche Erinnerung

Kriterien, die **für** eine erhebliche **alkoholtoxische Beeinträchtigung** der Steuerungsfähigkeit sprechen können:

- Missverhältnis zwischen Tatanstoß und Reaktion
- Abrupter, elementarer Tatablauf ohne Sicherungstendenzen
- Hängen bleiben in dem vor wie nach der Tat bestehenden missmutig-aggressiven Affekt bis zum Abklingen der Alkoholwirkung
- Einengung des Wahrnehmungsfeldes und der seelischen Abläufe
- Deutliche kognitive und neurologische Ausfälle

Die Angabe von Amnesie für das Tatgeschehen ist ohne indiziellen Wert.

6.5 Sucht

Der mit „Sucht" umschriebene Bereich heißt in der ICD-10 **„Psychische und Verhaltensstörungen durch psychotrope Substanzen"**. Als psychotrope Substanzen werden Alkohol, Opioide, Cannabinoide, Sedativa oder Hypnotika, Cocain, sonstige Stimulanzien einschließlich Coffein, Halluzinogene, Tabak, flüchtige Lösungsmittel und sonstige psychotrope Substanzen genannt.

Die ICD-10 unterscheidet zwischen **Abhängigkeit** von einer solchen psychotropen (die psychischen Funktionen beeinflussenden) Substanz einerseits und **„schädlichem Gebrauch"** andererseits, wobei „schädlicher Gebrauch" so definiert ist, dass der Substanzgebrauch verantwortlich ist für körperliche oder psychische Probleme einschließlich einer eingeschränkten Urteilsfähigkeit oder eines gestörten Verhaltens.

Als **„Abhängigkeitssyndrom"** wird nach ICD-10 ein **mindestens einmonatiger Zustand** beschrieben, bei dem mindestens *drei* der folgenden Kriterien vorgelegen haben:

Definition

Abhängigkeitssyndrom

- Ein **starkes Verlangen** oder eine Art Zwang, diese Substanz zu konsumieren.
- **Verminderte Kontrolle** über den Substanzgebrauch, d.h. über Beginn und Beendigung oder die Menge des Konsums, deutlich daran, dass mehr von der Substanz konsumiert wird

oder über einen längeren Zeitraum als geplant, und an erfolglosen Versuchen oder dem anhaltenden Wunsch, den Substanzkonsum zu verringern oder zu kontrollieren.

- Ein **körperliches Entzugssyndrom**, wenn die Substanz reduziert oder abgesetzt wird, mit den für die Substanz typischen Entzugssymptomen oder auch nachweisbar durch den Gebrauch derselben oder einer sehr ähnlichen Substanz, um Entzugssymptome zu mildern oder zu vermeiden.
- **Toleranzentwicklung** gegenüber den Substanzeffekten. Für eine Intoxikation oder um den gewünschten Effekt zu erreichen, müssen größere Mengen der Substanz konsumiert werden, oder es treten bei Konsum derselben Mengen deutlich geringere Effekte auf.
- **Einengung** auf den Substanzgebrauch, deutlich an der Aufgabe oder Vernachlässigung anderer wichtiger Vergnügungen oder Interessensbereiche wegen des Substanzgebrauchs; oder es wird viel Zeit darauf verwandt, die Substanz zu bekommen, zu konsumieren oder sich davon zu erholen.

Anhaltender Substanzgebrauch trotz eindeutig **schädlicher Folgen**, deutlich an dem fortgesetzten Gebrauch, obwohl der Betreffende sich über die Art und das Ausmaß des Schadens bewusst war oder hätte bewusst sein können.

Krankheitsbild und Komplikationen

Das klinische Bild wird wesentlich von der Art der Substanz, der Konsumgeschichte, dem Konsummuster sowie der Interaktion mit anderen psychischen Störungen beeinflusst. Die aufgrund ihrer Verbreitung relevantesten Substanzen in Europa sind Alkohol, Nikotin, Cannabis, Beruhigungsmittel, Opiate und andere illegale Drogen. Alkohol ist mit Abstand die wichtigste Substanz.

Eine gravierende Komplikation ist das **Alkoholdelir (Delirium tremens)**, an dem etwa 15 % der Alkoholiker im Verlauf erkranken. Unbehandelt führt es in 15–20 % der Fälle zum Tode. Meist geht ihm ein schweres **Alkoholentzugssyndrom** mit vermehrter **Unruhe, Reizbarkeit** und flüchtigen optischen **Halluzinationen** voraus. Das Delir kann aber auch bei fortgesetztem Trinken (Kontinuitätsdelir) auftreten. Es kommt zur **Bewusstseinstrübung, Desorientiertheit und motorischer Unruhe. Optische Halluzinationen sind meist szenischer Art.** Der Patient sieht die typischen „weißen Mäuse" oder andere Tiere oder hat sonstige, elementare optische Sensationen. Klassisch ist die pathologische Suggestibilität solcher Kranker; **so kann man einen solchen Kranken veranlassen, von einem leeren Blatt Papier Texte vorzulesen.** Häufig gibt es auch **illusionäre Verkennungen.** Die Grundstimmung ist ängstlich, meist gespannt bis paranoid. In der Regel dauert das **Delirium 2–5 Tage.** Die vitale Gefährdung geht vor allem von begleitenden Herz-Kreislauf-Komplikationen und Infektionen aus.

Eine andere Alkoholpsychose, die **Alkoholhalluzinose**, verläuft weniger dramatisch. Sie äußert sich vor allem in Form **akustischer Halluzinationen.** Die Stimmung ist zumeist ängstlich und wahnhaft. Sie verschwindet unter Abstinenz nach einem bis sechs Monaten.

Das **amnestische Syndrom** oder **Korsakow-Syndrom** infolge von Alkoholabhängigkeit ist geprägt durch **Schädigung des Kurzzeitgedächtnisses.** Das **Langzeitgedächtnis ist manchmal beeinträchtigt**, während das **Immediatgedächtnis erhalten** ist. Charakteristisch sind **Konfabulationen**: die Kranken füllen in ihren Äußerungen die Erinnerungslücken mit Phantasieprodukten, die sie selbst nicht als Erfindungen wahrnehmen. **Störungen des Zeitgefühls** und des **Zeitgitters** sind meist deutlich, ebenso wie die **Beeinträchtigung des Lernens.** Andere kognitive Funktionen können gut erhalten sein und ermöglichen einigen Betroffenen eine funktionierende „Fassade". Darüber hinaus können Persönlichkeitsveränderungen, einhergehend mit Apathie und Initiativverlust sowie der Tendenz zur Verwahrlosung auftreten.

Die Behandlung von **Opiatentzügen** ist durch den oftmaligen Beikonsum von Stimulanzien, Benzodiazepinen, Cannabis und Alkohol kompliziert. Liegt eine solche Mischabhängigkeit *nicht* vor, verläuft der Opiatentzug in aller Regel wesentlich komplikationsloser, als das in der Laienmeinung angenommen wird, und anders als der Alkoholentzug ohne vitale Gefährdung. Viele Opiatabhängige haben schon unfreiwillig, weil ihnen die Substanz ausgegangen war, einen solchen „kalten" Entzug durchgemacht.

i Entzugssyndrom

Das Entzugssyndrom beginnt mit subjektivem Unwohlsein, mit anwachsender Unruhe sowie Schweißausbrüchen nach 8–10 Stunden Abstinenz. In den folgenden 12–24 Stunden treten Schmerzen, Schweißausbrüche, Magen-Darm-Beschwerden mit Durchfall und Übelkeit auf, die sich in den folgenden 36–38 Stunden noch verschlimmern können. In der Regel ist nach 72 Stunden der schlimmste Teils des Syndroms überstanden. Durch den Beikonsum anderer Substanzen kann das Entzugssyndrom unangenehmer verlaufen und die Rate körperlicher Komplikationen höher sein.

Das klinische Bild Opiatabhängiger ist oft geprägt von körperlichem Verfall, bedingt durch die Konsum- und Lebensbedingungen dieser Süchtigen. So leiden bis zu 70 % der Heroinabhängigen an Infektionen (Hepatitis, HIV-Infektionen) oder direkten Folgen unsauberer Injektionstechniken (Abszessen etc.).

Kriminologische Relevanz

Die kriminologische Relevanz von Alkoholabhängigkeit und Drogenabhängigkeit sind immer wieder betont worden und liegen auf der Hand.

Bei **Alkoholabhängigen** spielt Beschaffungskriminalität (Besorgen von Alkohol oder Geld für Alkohol) kaum eine Rolle. Dafür kommt es unter Alkoholeinwirkung gehäuft zu einer aggressiven Enthemmung. Ein hoher Anteil von vorsätzlichen Körperverletzungsdelikten, aber auch fahrlässigen Körperverletzungen (Verkehrsunfälle) sind durch Alkohol verursacht. Gerade auch bei Sexualdelikten wie Vergewaltigung wird von Tatverdächtigen gerne eine alkoholische Berauschung geltend gemacht; zumeist allerdings liegt die tatsächliche Alkoholisierung dann in einem Bereich, der keine Auswirkungen auf die Schuldfähigkeit haben dürfte. Starke Berauschung und ungestörter sexueller Vollzug schließen sich aus, praktisch nur Alkoholabhängige kommen auch bei hohen Alkoholisierungsgraden (BAK über 2 Promille) zu einer hinreichenden Erektion und zum Samenerguss.

Drogenkonsum und Delinquenz sind nicht direkt als Ursache und Wirkung miteinander verknüpft, sondern gemeinsam auf komplexe andere Faktoren rückführbar. Da der Besitz von Drogen und der Handel mit ihnen verboten ist, sind natürlich alle Drogenkonsumenten straffällig. Pragmatisch sind vier Delinquenzbereiche zu unterscheiden:

- Konsum illegaler Drogen als Verstoß gegen das BtmG,
- Szene-interne Delinquenz, die in großem Umfang nicht gerichtskundig wird (Delikte zwischen Konsument/Kleindealer und Dealer, zwischen Dealern: Betrug, Diebstahl, Erpressung, Raub, Körperverletzung, Prostitution, [fahrlässige] Tötungsdelikte etc.),
- außengerichtete Eigentumsdelikte (Betrug, Unterschlagung, Diebstahl, Apothekeneinbruch, Rezeptfälschung, Raub) und
- außengerichtete andere Delikte (Verkehrsdelikte, Sachbeschädigung, Körperverletzung, Tötungsdelikte).

Auch die **Raub- und Diebstahlsdelinquenz** ist keineswegs reine Beschaffungsdelinquenz. Vielmehr stellt sie neben dem Dealen, dem Verbrauch familiärer finanzieller Ressourcen oder der Sozialhilfe, eine wichtige Quelle zur längerfristigen Finanzierung des Lebensunterhalts dar. Die wenigsten haben ein Einkommen aus Erwerbstätigkeit. Dass keine Erwerbstätigkeit und damit keine eigenständige finanzielle Existenzabsicherung vorliegt, ist oftmals nicht Folge der Drogenabhängigkeit, sondern geht ihr zeitlich voran, wie auch die Delinquenz der Drogenabhängigkeit oft zeitlich vorangeht.

Psychiatrische Kriterien zur Beurteilung der Schuldfähigkeit bei Drogeneinfluss

Definition

Nach der Rechtsprechung des Bundesgerichtshofes begründet Substanzabhängigkeit für sich allein noch keine erhebliche Verminderung der Steuerungsfähigkeit. Diese Folge ist nur ausnahmsweise gegeben, nämlich
(1.) wenn langjähriger Substanzmissbrauch zu schwersten Persönlichkeitsveränderungen geführt hat,
(2.) bei Beschaffungstaten unter starken Entzugserscheinungen und
(3.) wenn das Delikt im Zustand eines akuten Rauschzustandes verübt wurde.
(BGH Urt. v. 6.6.1989 – 5 StR 175/89; Urt. v. 10.4.1990 – 4 StR 148/90)

Checkliste

Bei der Begutachtung sind daher insbesondere folgende Fragen zu klären:

1. Liegt überhaupt eine Substanzabhängigkeit vor?
Besteht hier eine wirkliche Abhängigkeit oder gelegentlicher Konsum? Straffällige können gute Gründe haben, eine Abhängigkeit vorzutäuschen, insbesondere, wenn sie als Drogenhändler dieses Krankheitsbild gut kennen. Notwendig ist also eine genaue Erhebung der Konsummuster, und hilfreich wäre insbesondere eine Objektivierung der Angaben durch die toxikologische Untersuchung von Haarproben auf Rauschgifteinlagerungen (wie im Fall des Fußballtrainers Daum).

2. Lag zum Tatzeitpunkt ein akuter Rausch vor?
Hier geht es um die Auswertung der Angaben des Beschuldigten, aber wenn eben möglich auch von Zeugenaussagen. Bestand ein akuter Rauschzustand mit psychopathologischen und neurovegetativen Symptomen oder infolge Gewöhnung an den Drogenkonsum eher ein „Normalzustand"? Viele Drogenabhängige nehmen ihre Droge nur noch, um Entzugserscheinungen zu vermeiden, während der einstmals gesuchte „Kick" nicht mehr eintritt. Akute Rauschzustände wären objektivierbar durch Nachweis von Drogen im tatzeitnah abgenommenen Blut. Mit dem Nachweis von Drogenabbauprodukten im Urin lässt sich zumindest klären, ob und welche Drogen genommen wurden, ohne jedoch den genauen Einnahme- und Rauschzeitpunkt damit bestimmen zu können.
Sofern nicht Gewöhnung dazu geführt hat, dass kaum noch Drogenwirkungen manifest werden, gibt es beim akuten Rausch folgende gemeinsame Wirkung aller einschlägigen Drogen:
- Euphorisierung (Stimmungsverbesserung bis zum völlig kritiklosen Gehobensein),
- teilweise Realitätsausblendung und
- Beendigung von Entzugserscheinungen.

Die Beendigung von Entzugserscheinungen ist bei regelmäßigem Drogenkonsum nicht selten die einzige Wirkung!
Darüber hinaus kann zwischen dämpfenden und antriebssteigernden Drogen unterschieden werden. Eher sedierende, beruhigende, aktivitätsmindernde Drogen („Downer") sind Cannabis, Heroin und sonstige Opiate inkl. Methadon.
Eher antriebssteigernde, aktivierende Drogen („Upper") sind Amphetamin und Amphetaminverwandte (Speed, Ecstasy) und Cocain.
Hinsichtlich kriminalitätsfördernder Wirkung der akuten Berauschung sind eigentlich nur die aktivierenden Substanzen von Belang, während zumindest im Hinblick auf Gewalthandlungen Cannabis und Heroin eher aggressionsdämpfende Wirkung haben sollten.

3. Lag zum Tatzeitpunkt ein akutes Entzugssyndrom vor?
Bevor von einem Entzug gesprochen werden kann, muss zunächst einmal eine Abhängigkeit von einer illegalen Droge gesi-

chert sein (s. Punkt 1). Auch bei der Abklärung eines Entzugssyndroms geht es dann um die freie Schilderung von entsprechenden Symptomen, und wenn eben möglich nicht nur vom Probanden, sondern auch von Zeugen. Zu bedenken ist dabei, dass der Opiatentzug in der Regel nicht hochdramatisch verläuft, sondern dass eher die Symptomatik einer kräftigen Grippe auftritt. Besonders dramatische Schilderungen sind also keineswegs besonders wahr. Bei vielen Drogenkonsumenten, die nur zeitweise, z.B. am Wochenende Ecstasy oder Cocain konsumieren, tritt allein eine leichte depressive Verstimmung auf, die für die Schuldfähigkeit nicht belangvoll sein muss. Solche zeitlich umschriebenen Drogenkonsummuster sind keineswegs selten. Äußerst fragwürdig ist die Berufung auf „Flashback"-Psychosen wie generell auf psychotische Zustände (qualitative Veränderungen des Erlebens), z.B. nach Konsum von Halluzinogenen wie LSD oder Psylocibin. Hier ist stets eine genaue psychiatrische Abklärung erforderlich, ob ein solcher Zustand glaubhaft vorgelegen hat. Dabei ist auch zu berücksichtigen, welche Anforderungen das Delikt an den Täter stellte, und ob das Delikt bereits länger vorbereitet war.

4. Bestand im Tatzeitraum eine „schwerste Persönlichkeitsveränderung" infolge der Sucht?
Eine solche Persönlichkeitsveränderung wird deutlich in einer massiven „Depravierung", einer „Verarmung" der Persönlichkeit, die alle Interessen an Dingen verloren hat, die nicht mit dem Drogenkonsum zu tun haben, und die auch in moralischer Hinsicht verwahrlost ist und fast keine Selbstachtung mehr kennt. Der forensische Psychiater W. Rasch hat von einer „typisierenden Umprägung" gesprochen: verelendete Drogenabhängige haben anscheinend ihre Individualität verloren, während sie sich (im Sinne eines „Typus") untereinander stark ähneln. Solche suchtbedingt persönlichkeitsveränderten Probanden sind unschwer zu diagnostizieren.
Nicht verwechselt werden sollten solche suchtbedingten Depravationen mit dissozialen Entwicklungen, bei denen die Straffälligkeit in der Jugend beginnt und Straftaten sowohl in berauschter wie in nüchterner Verfassung begangen wurden. Der Konsum psychotroper Substanzen, zumeist von Alkohol, aber auch von Cannabis und bisweilen harten Drogen, ist bei chronisch Straffälligen und dissozialen Personen die Regel, überwiegend aber im Sinne eines Substanzmissbrauchs, nicht einer Abhängigkeit. Bisweilen jedoch entwickelt sich sekundär eine Abhängigkeit.

5. Besteht ein kausaler Zusammenhang zwischen Drogenkonsum und Delikt?
Ist im ersten Schritt geklärt, dass entweder ein Rausch oder ein akuter schwerer Entzug oder eine Depravierung vorgelegen hat, ist in einem zweiten Schritt zu prüfen, ob eine Kausalbeziehung zwischen diesem Zustand und der Straftat vorliegt. Wie auch bei der Alkoholsucht gibt es sicherlich Straftaten, bei denen das Hemmungsvermögen infolge der ständigen Berauschung erheblich vermindert war. Es gibt aber auch Straftaten – insbesondere komplexe Betrugsdelikte, bei denen die Durchführung der einzelnen Taten sich über Tage und Wochen erstreckt –, bei denen eine Kausalbeziehung eher in umgekehrter Richtung vorliegt: Trotz der ständigen psychotropen Beeinträchtigung war der Täter noch zu diesen rechtswidrigen (wie auch zu anderen, rechtskonformen) Handlungen in der Lage. Richtig ist es auch, wenn man sagt, dass jemand trotz (und nicht wegen) des Konsums von Tranquilizern (oder von Cannabis) aggressiv gereizt geblieben ist.
Eine Maßregel nach § 64 StGB, die Unterbringung in einer stationären Entzugs- und Entwöhnungsbehandlung, kann nur erfolgen, wenn die Straffälligkeit des Probanden wirklich auf seine Substanzabhängigkeit zurückzuführen ist.

6.6 Schizophrene Störungen

Schizophrene Erkrankungen bilden immer noch das Zentrum psychiatrischer Forschung, Diagnostik und Therapie. Die Behandlung schizophrener Erkrankungen hat mit der Entwicklung der modernen **Neuroleptika** (antipsychotische Medikamente) eine tief greifende Veränderung erfahren. Während schizophren Erkrankte bis in die 70er-Jahre des 20. Jahrhunderts zu einem hohen Anteil Dauerpatienten psychiatrischer Anstalten waren, wurde es durch die antipsychotischen Medikamente möglich, eine große Zahl dieser Kranken so weit zu bessern und zu rehabilitieren, dass sie ein eigenständiges Leben im Rahmen ihrer Familie oder zumindest in schützenden Einrichtungen außerhalb der psychiatrischen Krankenhäuser finden konnten.

Studien in Europa und Asien haben unter Verwendung eines relativ engen Schizophreniebegriffes für die gesamte Lebenszeit eine Prävalenzrate von 0,2 % bis fast 1 % berichtet. Studien in den USA mit breiteren Kriterien und innerhalb städtischer Populationen ergaben höhere Raten. Die Störung ist bei Männern und Frauen gleich häufig, allerdings erkranken Männer im Durchschnitt etwas früher. Es gibt eine familiäre Häufung und eine nicht unerhebliche genetische Prädisposition für schizophrenes Erkranken, die sich als „Vulnerabilität" darstellt, die infolge protektiver Faktoren gemindert, infolge belastender Faktoren jedoch auch zur Manifestation gebracht werden kann.

Kriminologische Relevanz

Schizophrene Kranke sind auch in forensisch-psychiatrischer Sicht besonders bedeutsam, weil sie die Kerngruppe der **schuldunfähigen Gewalttäter** bilden.

Wichtig

Schizophrenes Erkranken prädisponiert insbesondere Männer dazu, in deutlich höherem Maße als Gesunde straffällig zu werden, und zwar insbesondere mit Gewaltdelikten.

Gleichwohl begehen weit mehr als 90 % aller schizophren Erkrankten niemals in ihrem Leben eine relevante Straftat.

Kriminologisch bedeutsam werden schizophren Erkrankte zum einen durch eine Klein- und Verwahrlosungskriminalität. Dies hängt mit den Schwierigkeiten sozial hilfloser chronisch Kranker zusammen, die häufiger wegen kleinen Diebstahlsdelikten, Beschädigungen, Hausfriedensbruch, Landstreicherei, Zechbetrugs in Erscheinung treten, dann oftmals als schwer krank erkannt werden und dennoch keiner Behandlung zugeführt werden (können). Infolge der Reformen im psychiatrischen Anstaltswesen und der **Auflösung von Einrichtungen**, in denen chronisch schizophren Kranke längere Zeit verbringen konnten, gibt es ein „Outdoor-Ghetto" schizophren Kranker, die sozial stark verwahrlost, obdachlos, substanzmissbrauchend und multimorbide sind. Diese Kranken begehen häufig auch kleinere Delikte.

In der Verkehrsdelinquenz treten Schizophrene kaum in Erscheinung, die Unfallbelastung in dieser Gruppe ist nicht erhöht. Es hängt dies damit zusammen, dass schizophren Kranke eher ein **Rückzugsverhalten** zeigen, nicht zu Risiken neigen, häufig auch so früh erkranken, dass sie gar nicht dazu gekommen sind, einen Führerschein zu machen.

Deutlich erhöht, aber allemal im einstelligen Bereich ist die Quote der **Gewaltdelikte** bei Schizophreniekranken. Etwa 3 % aller Gewaltverbrechen wurden vor allerdings fast 30 Jahren (Böker u. Häfner 1973) von psychisch Kranken begangen, dabei betrug der Anteil schizophren Kranker mehr als die Hälfte. Bei bestimmten Gruppen männlicher Schizophrener ist das Risiko von Gewalttaten etwa auf das sechs- bis siebenfache erhöht, was aber immer noch heißt, dass ca. 94 % aller Schizophrenen keine Gewalttaten begehen. Tatopfer sind in der großen Mehrheit der Fälle (etwa 72 %) enge Bezugspersonen wie Verwandte und Bekannte. Bei 16 % der Tatopfer handelte es sich um rollenspezifische Bezugspersonen, Vorgesetzte oder Ärzte. Nur 12 % der Tatopfer standen in keiner Beziehung zu den Kranken.

Nach Studien Mitte der neunziger Jahre in der Schweiz war dort das Gewaltrisiko bei Schizophreniekranken um das drei- bis vierfache erhöht. Wesentlich höher liegt aber das Risiko bei einer **Kombination von Schizophrenie mit Alkohol- oder Drogenmissbrauch**, wobei es sich wohl eher um einen additiven Effekt handelt, da Suchtkranke ein wesentlich erhöhtes Gewalttatenrisiko haben, übrigens höher noch als Schizophrene.

Im Hinblick auf Gewaltdelikte sind zwei psychopathologisch umschriebene Untergruppen von schizophrenen Männer besonders problematisch, nämlich zum einen **chronisch Wahnkranke**, die aber geordnet, ruhig, äußerlich relativ unauffällig wirken, sowie **akut Kranke**, zumal solche, die stark von Körperhalluzinationen und Beeinflussungserlebnissen gequält werden und sich subjektiv in einer Verteidigungsposition vor übermächtigen Kräften fühlen. Beide Patientengruppen haben zumeist schon seit längerem den Kontakt zu psychiatrischen Behandlungsinstitutionen verloren, wenn sie ihre Straftat begehen, sofern sie überhaupt je in Behandlung gewesen sind. Akut Erkrankte sollen etwa viermal so häufig wegen Gewaltdelikten verurteilt werden wie Patienten mit einer chronischen Schizophrenie. Das gewalttätige Verhalten war in erster Linie durch psychotische Erlebnisweisen motiviert und determiniert.

Neben tatsächlich psychotisch motivierten Taten (weil z.B. der Ehepartner oder die Mutter als ein Agent des Teufels angesehen wird, der getötet werden müsse, um die Welt zu retten), stehen andere Taten, die bei genauer Analyse eher als Unfall imponieren: Wenn laienhaft agierende Helfer versuchen, einen erregten und angstvollen Schizophrenen „zu bändigen" und z.B. einer Behandlung zuzuführen und der subjektiv angegriffene Kranke glaubt, es gehe um sein Leben und sich nach Kräften wehrt, z.B. indem er einen Stuhl als Schlagwerkzeug einsetzt oder eine in der Nähe befindliche Waffe, wie z.B. ein Messer, benutzt.

Diagnostik und Symptomatik der Schizophrenien

Seit früher Zeit ist der Begriff Schizophrenie gekoppelt an die Erwartung eines sehr ungünstigen Verlaufs, so dass die schubweise Verschlechterung als diagnostisch beweisend galt. Inzwischen weiß man aus großen Verlaufsstudien, dass dies nur etwa bei einem Viertel der Erkrankten in ausgeprägter Form der Fall ist, bei einem Viertel in abgeschwächter Form. Etwa ein Viertel der Erkrankten gelangt schließlich zu vollständiger Genesung, ein weiteres Viertel erleidet eher geringfügige Beeinträchtigungen auf Dauer. Störungen, bei denen keine bleibenden Beeinträchtigungen erkennbar sind, werden in der amerikanischen Psychiatrie nicht als „Schizophrenie" diagnostiziert, sondern als **„reaktive Psychose"** bzw. als **„schizophreniforme Störung"**.

Die **Symptome** der Schizophrenie sind ausgesprochen vielfältig. Das diagnostische Konzept der Schizophrenie ist ein Sammelbegriff für unterschiedliche klinische Bilder, die im Einzelnen ausgesprochen weit auseinander liegen können. Es ist inzwischen allgemein akzeptiert, dass kein Einzelsymptom für die Stellung der Diagnose Schizophrenie absolut notwendig oder beweisend ist.

Checkliste

Hauptmerkmale der Schizophrenie sind

das Auftreten charakteristischer psychotischer Symptome während der akuten Phase der Erkrankung,
eine Dauer von mindestens 6 Monaten unter Einschluss von charakteristischen Vorläufer- und Residualsymptomen, sowie ein erniedrigtes Leistungsniveau nach Abklingen der Akutsymptomatik.
Während irgendeiner Phase der Erkrankung treten, so fordert es das DSM, immer Wahn, Halluzinationen oder bestimmte charakteristische Störungen des Affektes (der Emotionalität) und des formalen Denkens auf.

Diagnostische Leitlinien der ICD-10 für *F20 Schizophrenie*

Erforderlich für die Diagnose Schizophrenie ist mindestens *ein* eindeutiges Symptom (zwei oder mehr, wenn weniger eindeutig) der Gruppen 1–4 oder mindestens zwei Symptome der Gruppen 5–8. Diese Symptome müssen fast ständig während eines Monats oder länger deutlich vorhanden gewesen sein. Bei eindeutiger Gehirnerkrankung, während einer Intoxikation oder während des Entzugs soll keine Schizophrenie diagnostiziert werden.

1. Gedankenlautwerden, Gedankeneingebung oder Gedankenentzug, Gedankenausbreitung.
2. Kontrollwahn, Beeinflussungswahn, Gefühl des Gemachten bezüglich Körperbewegungen, Gedanken, Tätigkeiten oder Empfindungen; Wahnwahrnehmungen.
3. Kommentierende oder dialogische Stimmen, die über den Patienten und über sein Verhalten sprechen oder andere Stimmen, die aus einem Körperteil kommen.
4. Anhaltender, kulturell unangemessener und völlig unrealistischer Wahn wie der, eine religiöse oder politische Persönlichkeit zu sein, übermenschliche Kraft und Möglichkeiten zu besitzen (z.B. das Wetter kontrollieren zu können oder im Kontakt mit Außerirdischen zu sein).
5. Anhaltende Halluzinationen jeder Sinnesmodalität, begleitet entweder von flüchtigen oder undeutlich ausgebildeten Wahngedanken ohne deutliche affektive Beteiligung oder begleitet von anhaltenden überwertigen Ideen, oder täglich für Wochen oder Monate auftretend.
6. Gedankenabreißen oder Einschiebungen in den Gedankenfluss, was zu Zerfahrenheit, Danebenreden oder Neologismen führt.
7. Katatone Symptome wie Erregung, Haltungsstereotypien oder wächserne Biegsamkeit (Flexibilitas cerea), Negativismus, Mutismus und Stupor.
8. „Negative" Symptome, wie auffällige Apathie, Sprachverarmung, verflachte oder inadäquate Affekte (dies hat zumeist sozialen Rückzug und ein Nachlassen der sozialen Leistungsfähigkeit zur Folge). Es muss sichergestellt sein, dass diese Symptome nicht durch eine Depression oder eine neuroleptische Medikation verursacht werden.

Retrospektiv kann möglicherweise eine (oft mehrjährige) **Vorläuferphase** identifiziert werden, in der Symptome und Verhaltensweisen wie Interessenverlust an der Arbeit, an sozialen Aktivitäten, am persönlichen Erscheinungsbild und an der Körperhygiene, zusammen mit generalisierter Angst, leichter Depression und Selbstversunkenheit, dem Auftreten psychotischer Symptome Wochen oder sogar Monate vorausgehen können. Gerade für die forensisch-psychiatrische Begutachtung im Strafrecht sind solche Prodromalphasen wichtig.

Die wichtigste Störung besteht in Wahnphänomenen. Es handelt sich dabei um Überzeugungen, die im Kulturkreis des Betroffenen als abwegig angesehen werden. Als „Wahn" wird nicht einfach eine falsche Überzeugung angesprochen, sondern eine solche, bei der der Kranke mit unmittelbarer Evidenz von der Richtigkeit einer solchen Anschauung überzeugt ist, ohne dass er subjektiv die Möglichkeit eines Zweifels hätte, genauso wenig wie Gesunde imstande sind, beispielsweise an ihrer aktuellen optischen Umgebung zu zweifeln oder daran, dass sie imstande wären, im nächsten Moment aufzustehen.

Häufig besteht ein **Verfolgungswahn**, bei dem der Betroffene glaubt, dass andere ihm nachspionieren, falsche Gerüchte über ihn verbreiten, ihm Schaden zufügen wollen. Ebenfalls häufig ist ein **Beziehungswahn**, bei dem Ereignisse, Gegenstände oder Personen eine besondere und ungewöhnliche Bedeutung erhalten, meist negativer oder bedrohlicher Art. Nicht selten haben akut Erkrankte das Gefühl, dass im Fernsehen über sie gesprochen wird oder dass im Radio Botschaften an sie verbreitet werden.

Diagnostisch gewichtig sind Symptome wie die subjektive Überzeugung, dass sich die eigenen Gedanken nach außen ausbreiten, so dass andere Personen sie hören oder sonst wie wahrnehmen können (**Gedankenausbreitung**). Manche Patienten sind sich sicher, dass ihnen Gedanken, die nicht ihre eigenen sind, eingegeben werden (**Gedankeneingebung**) oder dass die eigenen Gedanken entzogen werden (**Gedankenentzug**), oder dass Gefühle, Impulse, Gedanken oder Handlungen nicht ihr Eigen sind, sondern durch eine äußere Macht eingegeben werden. Sehr charakteristisch und diagnostisch wegweisend sind Störungen des formalen Denkablaufs, die als **formale Denkstörungen** bezeichnet werden. Ein häufiges Beispiel für eine solche formale Denkstörung ist die **Lockerung der Assoziationen**, wobei die Gedanken von einem Wort oder Thema zu einem anderen **„wegrutschen", das damit allenfalls locker zusammenhängt, ohne dass der Sprecher dies zu bemerken scheint.** Ausgeprägte Assoziationslockerung kann sich in Zerfahrenheit ausdrücken, der Kranke kann sich nicht mehr geordnet sprachlich ausdrücken, da ihm die Sprachstrukturen zerfallen und es zu unverständlichen Aneinanderreihungen von Worten oder Silben kommt.

Zu den formalen Denkstörungen gehört auch die **inhaltliche Verarmung** der Sprache. **Die Sprache enthält dann trotz gleich bleibender Textmenge immer weniger Informationen**, weil sie vage, übermäßig abstrakt oder auch übermäßig konkret ist, oder weil sie viele Wiederholungen oder Stereotypien enthält. Seltenere Auffälligkeiten sind:

- **Neologismen** (die Prägung völlig neuer, bislang gänzlich ungebräuchlicher Worte oder die Benutzung bekannter Wörter in ungewöhnlichem Kontext),
- **Perseveration** (ständige Wiederholung von Worten oder Floskeln),
- **Alliterationen** (Wortreihungen nach Klangähnlichkeiten, wie typischerweise beim Stabreimen) oder
- **Sperrungen des Denkens und Sprechens.**

Die wichtigsten Wahrnehmungsstörungen sind **Halluzinationen** verschiedener Art. Akustische Halluzinationen von Sprache (Stimmen) sind bei weitem am häufigsten. Diese beinhalten häufig mehrere Stimmen, die die Person als von außen kommend wahrnimmt. Die Stimmen können vertraut sein und oft verletzende Äußerungen machen. Es kann eine einzige Stimme sein oder die Person hört mehrere Stimmen. Besonders charakteristisch sind Stimmen, welche die Person direkt ansprechen oder ihr gegenwärtiges Verhalten kommentieren. Die Stimmen können Befehle erteilen, die, falls sie befolgt werden, manchmal zur Gefahr für die betroffene Person oder andere werden. Gelegentlich bestehen die akustischen Halluzinationen auch nur aus Geräuschen (Akoasmen) und nicht aus Stimmen.

Wichtig

Taktile Halluzinationen können vorkommen und äußern sich typischerweise als elektrisierende, kribbelnde oder brennende Empfindungen.

Gelegentlich werden **Körperhalluzinationen** erlebt, z.B. das Gefühl, dass sich im Bauch Schlangen winden. Optische, Geschmacks- oder Geruchshalluzinationen kommen seltener vor; optische Halluzinationen lassen eher an eine hirnorganische Ursache denken, insbesondere bei Fehlen von akustischen Halluzinationen. Andere Wahrnehmungsanomalien betreffen Gefühle von Veränderungen des Körpers; Überempfindlichkeit gegen Geräusche, visuelle Eindrücke und Gerüche; illusionäre Verkennungen und Synästhesien (wenn ein Sinnesorgan gereizt und angesprochen wird, wird automatisch auch eine andere Sinnesqualität aktiviert, z.B. die Aktivierung akustischer Wahrnehmungen durch das Sehen bestimmter Farben).

Bei schizophren Kranken ist oft ein flacher oder inadäquater Affekt zu beobachten. Bei inadäquatem Affekt stehen die Gefühlsäußerungen einer Person deutlich im Widerspruch zum Inhalt ihrer Worte oder Vorstellungen. So kann beispielsweise ein Patient mit Schizophrenie vom desorganisierten Typus bei der Beschreibung einer Folterung durch elektrische Schocks lachen oder lächeln. Plötzliche und nicht vorhersehbare **Affektänderungen** mit unerklärlichen Zornausbrüchen können auftreten.

Charakteristische Störungen des Willens werden meist erst in der Residualphase beobachtet. Es bestehen aber fast immer **Störungen der Intentionalität**, also der Fähigkeit zur selbst initiierten, zielgerichteten Aktivität. Viele Patienten leiden unter Antriebsmangel, manche unter ausgeprägter Ambivalenz im Hinblick auf alternative Handlungsmöglichkeiten. Fast immer bestehen Schwierigkeiten, zwischenmenschliche Beziehungen zu pflegen und aufrecht zu erhalten. Die Kranken beschäftigen sich stattdessen in autistischer Weise mit skurrilen Ideen und Phantasien.

Am häufigsten ist ein Verlauf mit akuten Exazerbationen und residualen Beeinträchtigungen zwischen den Episoden. Mit einer eher **guten Prognose** verbunden sind folgende Merkmale: Fehlen einer prämorbiden Störung der Persönlichkeit, gute prämorbide soziale Integration, erhebliche Belastungen als Auslöser der akuten Krankheitsphase, abrupter Beginn, Beginn im mittleren Lebensalter, klinisches Erscheinungsbild mit Verwirrtheit und affektiven Störungen in der Familiengeschichte, gute Intelligenz.

Kriminologisch relevante Manifestationsformen

Als Manifestationsformen werden mehrere Krankheitstypen unterschieden.

Desorganisierter Typus. Dieser ist vor allem gekennzeichnet durch

- Zerfahrenheit des Denkens,
- auffallende Lockerung der Assoziationen,
- desorganisiertes Verhalten sowie
- einen flachen und deutlich inadäquaten Affekt.

Es besteht meist kein systematisierter Wahn, obwohl häufig fragmentarisch Wahn oder Halluzinationen vorkommen. Nebenmerkmale sind Grimassieren, Manierismen, hypochondrische Beschwerden, Verhaltensauffälligkeit.

Diese Gruppe ist forensisch besonders relevant, hier ist es häufig bereits vor der ersten relevanten Straffälligkeit zu ausgeprägten dissozialen Verläufen, fehlender sozialer Einbindung, dissozialen Einstellungen gekommen. Einer schweren Straftat sind häufig kleinere Delikte in unterschiedlichen Deliktsbereichen (Diebstähle, Fahren ohne Führerschein, Trunkenheitsdelikte, Körperverletzungsdelikte) vorausgegangen.

Zudem entwickeln diese Kranken, wenn auch nicht als einzige Untergruppe der Schizophrenen, insbesondere in städtischen Regionen häufig einen polytropen Missbrauch von Suchtmitteln, also von Alkohol und Drogen, teilweise auch von Medikamenten.

Katatoner Typus. Ein weiterer berühmter, aber eher seltener Typus schizophrenen Erkrankens ist der katatone Typus. Sein Hauptmerkmal ist eine **ausgeprägte psychomotorische Störung**, und zwar entweder im Sinne **maximaler Erregung** oder **maximaler motorischer Blockade.** Letztere ist fast stets verbunden mit Mutismus, einer Unfähigkeit der Patienten sich zu äußern und auf Ansprache verbal zu reagieren. Kriminologisch relevant sind allein katatone Erregungszustände, in denen es zur Verletzung von anderen Menschen kommen kann.

Paranoider Typus. Am häufigsten ist der paranoide Typus, der sich durch zumeist systematisierten **Wahn** und vor allem **akustische Halluzinationen** auszeichnet. Infolge der wahnhaft erlebten Beeinträchtigungen können solche Patienten ungerichtete Angst, Wut, Streitsucht und Gewalttätigkeit entwickeln.

Undifferenzierter Typus. Beschrieben wird schließlich der undifferenzierte Typus, bei dem in deutlicher Ausprägung die Symptome aller drei bisher genannten Schizophrenieformen vorliegen.

Residualer Typus. Der residuale Typus ist gerade durch das Fehlen solch markanter Produktivsymptomatik gezeichnet. Bei ihm sind emotionale Abstumpfung, soziale Zurückgezogenheit, exzentrisches Verhalten, unlogisches Denken und Lockerungen der Assoziationen häufig.

6.7 Persönlichkeitsstörungen und sexuelle Deviationen

Persönlichkeitsstörungen

Mit der juristischen Kategorie der „schweren anderen seelischen Abartigkeit" wird der Zwischenbereich zwischen psychischer Krankheit einerseits und den normalen Spielarten seelischen Lebens andererseits angesprochen, der auch in der allgemeinpsychiatrischen Versorgungswirklichkeit eine große Bedeutung hat, weil sich hier viele der durchaus schwierigen Patienten finden. Persönlichkeitsgestörte Rechtsbrecher bilden in der strafrechtlichen Begutachtung die größte Gruppe.

Gutachterliche Schwierigkeiten resultieren nicht daraus, dass Persönlichkeitsstörungen nicht hinreichend objektivierbar wären, sondern daraus, dass keineswegs jedes sozial abweichende Verhalten auch Ausdruck einer psychischen Störung sein muss. Nicht jede Persönlichkeitsstörung ist von ihrem Schweregrad her geeignet, den Rechtsbegriff der „schweren Abartigkeit" zu erfüllen, und nicht jede so qualifizierte Persönlichkeitsstörung ist geeignet, in Bezug auf die vorgeworfene Tat eine erhebliche **Beeinträchtigung der Steuerungsfähigkeit** zu bedingen. Insbesondere ist zunächst zu schauen, ob das delinquente Verhalten wesentlich Ausdruck einer psychischen Störung oder aber einer **Fehlsozialisation** ist.

Die ICD-10 verlangt das Vorliegen folgender allgemeiner **Kriterien** vor der Diagnose einer **spezifischen Persönlichkeitsstörung**:

Infobox

G1 Die charakteristischen und dauerhaften inneren Erfahrungs- und Verhaltensmuster der Betroffenen weichen insgesamt deutlich von kulturell erwarteten und akzeptierten Vorgaben („Normen") ab. Diese Abweichung äußert sich in mehr als einem der folgenden Bereiche:
- 1. Kognition (d.h. Wahrnehmung und Interpretation von Dingen, Menschen und Ereignissen; Einstellungen und Vorstellungen von sich und anderen),
- 2. Affektivität (Variationsbreite, Intensität und Angemessenheit der emotionalen Ansprechbarkeit und Reaktion),
- 3. Impulskontrolle und Bedürfnisbefriedigung,
- 4. Zwischenmenschliche Beziehungen und die Art des Umgangs mit ihnen.

G2 Die Abweichung ist so ausgeprägt, dass das daraus resultierende Verhalten in vielen persönlichen und sozialen Situationen unflexibel, unangepasst oder auch auf andere Weise unzweckmäßig ist (nicht begrenzt auf einen bestimmten auslösenden Stimulus oder eine bestimmte Situation).

G3 Persönlicher Leidensdruck, nachteiliger Einfluss auf die soziale Umwelt oder beides, deutlich dem unter G2 beschriebenen Verhalten zuzuschreiben.

G4 Nachweis, dass die Abweichung stabil, von langer Dauer ist und im späten Kindesalter oder der Adoleszenz begonnen hat.

G5 Die Abweichung kann nicht durch das Vorliegen oder die Folge einer anderen psychischen Störung des Erwachsenenalters erklärt werden. Es können aber episodische oder chronische Zustandsbilder der Kapitel F0 bis F5 und F7 (organische amnestische Syndrome, Delir, Persönlichkeits- und Verhaltensstörung aufgrund einer hirnorganischen Störung) neben dieser Störung existieren oder sie überlagern.

G6 Eine organische Erkrankung, Verletzung oder deutliche Funktionsstörung des Gehirns müssen als mögliche Ursache für die Abweichung ausgeschlossen werden.

Diese Feststellungen sollten auf möglichst vielen Informationsquellen beruhen. Es sollte nach Möglichkeit also nicht nur ein Interview mit dem Betroffenen durchgeführt werden, sondern es sollten Fremdanamnese und Fremdberichte berücksichtigt werden. Gerade bei Persönlichkeitsstörungen ist die Dauer und Intensität der Begutachtung ein ganz wesentlicher Faktor für die Zuverlässigkeit der Diagnose und die Qualität der Beurteilung.

Definition

Die Diagnose einer Persönlichkeitsstörung ist keine Querschnittsdiagnose einer aktuellen Verfassung, sondern eine biographisch fundierte Längsschnittsdiagnose.

Wesentlich ist insbesondere der Nachweis von Störungen in *mehreren* Funktionsbereichen (G1), der durch die Beschreibung **konkreter Symptome** (und insbesondere nicht allein von wiederholtem delinquentem Verhalten) zu führen ist und nicht durch theoretische Deduktionen ersetzt werden kann. Wesentlich ist der Nachweis der **Dauerhaftigkeit** der Symptomatik (G2) spätestens seit der Adoleszenz (G4).

Klassifiziert werden die folgenden klinisch geläufigen Persönlichkeitsstörungen:
- F60.0 Paranoide Persönlichkeitsstörung
- F60.1 Schizoide Persönlichkeitsstörung
- F60.2 Dissoziale Persönlichkeitsstörung
- F60.30 Emotional instabile Persönlichkeitsstörung, impulsiver Typus
- F60.31 Emotional instabile Persönlichkeitsstörung, Borderline-Typus
- F60.4 Histrionische Persönlichkeitsstörung
- F60.5 Anankastische Persönlichkeitsstörung
- F60.6 Ängstlich (vermeidende) Persönlichkeitsstörung
- F60.7 Abhängige Persönlichkeitsstörung
- F60.8 Sonstige spezifische Persönlichkeitsstörung
- F60.9 Nicht näher bezeichnete Persönlichkeitsstörung

Kriminologisch bedeutsam sind die dissoziale Persönlichkeitsstörung, des Weiteren schizoide, emotional instabile und paranoide Persönlichkeiten.

Definition

Das DSM-IV nennt als Hauptmerkmal der „antisozialen Persönlichkeitsstörung" „ein tief greifendes Muster von Missachtung und Verletzung der Rechte anderer, das in der Kindheit oder frühen Adoleszenz beginnt"; dabei seien Täuschung und Manipulation zentrale Merkmale. Genannt werden weitere Kriterien: wiederholte rechtswidrige Handlungen, Rücksichtslosigkeit, Verantwortungslosigkeit, Impulsivität, Reizbarkeit oder Aggressivität sowie fehlende Reue (als Ausdruck von Empathiemangel), die jeweils an konkreten Verhaltensweisen festzumachen sind.

Verwiesen wird damit auf emotionale Defizite, die anzusprechen in Deutschland lange als politisch inkorrekt galt: **Gefühlskälte, Rohheit und Bedenkenlosigkeit.** Sie wurden als vordergründige Scheinphänomene abgetan, die der Situation der Strafverfolgung oder der Begutachtung entspringen. Es bleibt aber das Phänomen, dass es solche Menschen gibt, teils nachvollziehbar infolge langjähriger emotionaler Deprivation in Kindheit und Jugend, aber auch solche, bei denen man keine biographischen Gründe für diese Charakterentwicklung erkennen kann.

Wichtig

Es kommt auch bei den Persönlichkeitsstörungen nicht primär auf die Diagnose an, sondern auf die konkrete Ausgestaltung der vorliegenden Störung.

Es gibt Menschen, die die Kriterien einer schizoiden Persönlichkeitsstörung erfüllen, wenig gestört sind und gute Arbeit als Psychiater leisten; es gibt Menschen, die die Kriterien einer schizoiden Persönlichkeitsstörung erfüllen und schwerst gestört sind, fast unfähig zu einer aktiven Kontaktaufnahme mit anderen Menschen und mit immer erneut größten Schwierigkeiten bei der adäquaten Situationserfassung. Es gibt nicht zuletzt Menschen, die die ICD- oder DSM-Kriterien einer Borderline-Persönlichkeitsstörung erfüllen und die man früher als milde Hysteriker bezeichnet hätte, die also mit ihrer Störung adäquat leben können, und es gibt schwer gestörte Borderline-Patienten, die auch therapeutisch einigermaßen ratlos machen.

Die begrenzte Aussagekraft der diagnostischen Kategorien ergibt sich daraus, dass in ihnen nur die **Störungsmerkmale** aufgelistet sind, nicht aber die **Fähigkeiten**, die kompensatorisch wirkenden Stärken eines so betroffenen Menschen: also im weitesten Sinne seine Intelligenz, Vitalität, seine Erziehung, die Qualität seines Erfahrungsschatzes, seine inzwischen erworbene Kompetenz in stabilisierenden Verhaltensweisen, sein soziales Umfeld etc. Diagnostische Begutachtung darf sich mithin nicht nur auf Störungen konzentrieren, sondern muss auch die Fähigkeiten erfassen.

Sexuelle Störungen

Die meisten Sexualstraftaten, insbesondere sexuelle Nötigung und Vergewaltigung, werden von sexuell normalen, aber besonders **rücksichtslosen Männern** begangen. Gleichwohl ist bei Sexualstraftätern häufiger die Frage abzuklären, ob bei ihnen eine **sexuelle Deviation** oder **Störung der Sexualpräferenz** vorliegt. Damit werden wiederholt auftretende intensive sexuelle Impulse und Phantasien bezeichnet, die sich auf ungewöhnliche Gegenstände oder Aktivitäten beziehen. Die Störung soll für eine Diagnosestellung mindestens seit 6 Monaten vorliegen.

Zu diesen Störungen der Sexualpräferenz wird der **Fetischismus** gezählt (F65.0). Für die Fetischisten ist ein Fetisch, ein unbelebtes Objekt, die wichtigste Quelle sexueller Erregung und für sexuelle Befriedigung unentbehrlich.

Häufig liegt ein **fetischistischer Transvestitismus** vor (F65.1), bei dem die Betroffenen **Accessoires und Kleidungsstücke des anderen Geschlechtes tragen**, um den Anschein zu erwecken und das Gefühl zu haben, Angehörige des anderen Geschlechts zu sein (cross-dressing). Dieses Tragen der Kleidung des anderen Geschlechts ist eng mit sexueller Erregung verbunden. Nach dem Orgasmus und nach Abklingen der sexuellen Erregung besteht oft ein starkes Verlangen, die Kleidung wieder abzulegen.

Relativ verbreitet ist die Störung des **Exhibitionismus** (F65.2) also die **vorübergehende oder andauernde Neigung, die eigenen Geschlechtsteile unerwartet Fremden, zumeist anderen Geschlechtes, zu zeigen**, fast immer verbunden mit sexueller Erregung und Masturbation. Es besteht dabei laut Definition kein Wunsch und keine Aufforderung zum Geschlechtsverkehr mit dem Beobachter.

Der Exhibitionismus tritt vereinzelt auch vorübergehend im Rahmen schwerer psychischer Erkrankungen, z.B. bei Schizophrenien auf, sehr selten gibt es auch sexuelle Gewalttäter, die neben vielfältigen anderen Straftaten auch einmal oder mehrmals exhibiert haben. Ansonsten ist die Gruppe der Exhibitionisten jedoch kriminologisch eine sehr homogene Gruppe von eher schüchternen, kontaktscheuen Männern, die ganz monotrop ausschließlich bei dieser Delinquenzform bleiben und nicht mit handgreiflichen Übergriffen oder aggressiveren Taten in Erscheinung treten.

Dagegen besteht bei Männern mit ausgeprägtem **Voyeurismus** (F65.3) nicht selten eine Tendenz, sich schließlich ihren Opfern direkt zu nähern.

Definition

Als Voyeurismus bezeichnet man die wiederholte oder andauernde Neigung, anderen Menschen bei sexuellen oder intimen Tätigkeiten wie z.B. dem Entkleiden zuzuschauen, verbunden mit sexueller Erregung und Masturbation.

Es besteht überwiegend nicht der Wunsch, die eigene Anwesenheit zu offenbaren, vielmehr vermittelt das eigene Verborgensein, das Agieren aus dem Dunkeln heraus, ein Macht- und Überlegenheitsgefühl.

Kriminologisch sehr relevant ist die Störung F65.4 **Pädophilie.** Hier besteht eine anhaltende oder dominierende Präferenz für sexuelle Handlungen mit Kindern vor deren Pubertät.

Wichtig

Die Diagnose Pädophilie wird nur gestellt bei Menschen, die mindestens 16 Jahre alt sind und mindestens 5 Jahre älter als das betroffene Kind.

Gerade in diesem Bereich ist es wichtig, auch unter prognostischem Aspekt, sorgfältig zu differenzieren. Es gibt ein ausgedehntes Feld homosexueller Pädophilie, bei der die betroffenen Männer Knaben **während der Pubertät** bevorzugen, also Jungen in dem Alter zwischen 10 und 14 Jahren, während das Interesse an diesen Knaben nachlässt, wenn sie älter werden. Diese Männer bleiben lebenslang bei dieser sexuellen Präferenz, die sie auch nicht willentlich ändern können, und geben sich allenfalls gelegentlich mit etwas älteren Jugendlichen zufrieden, die oberhalb der gesetzlichen Schutzgrenze liegen.

Eine hinsichtlich gewaltsamer Übergriffe wesentlich problematischere Gruppe sind die pädophilen Männer, die deutlich **präpubertäre Kinder** bevorzugen, seien es Mädchen, seien es Jungen, ohne besondere Vorliebe für ein bestimmtes Geschlecht.

Wichtig

Als Regel kann gesagt werden, je jünger und unentwickelter das betroffene Kind ist, desto nachhaltiger und dominanter ist in der Regel die psychosexuelle Störung des Täters.

Kein oder kaum ein Hinweis auf eine sexuelle Gestörtheit ist hingegen der sexuelle Übergriff, zumeist im Familien- oder Bekanntenkreis, des alten oder neuen Partners der Mutter gegenüber deren nunmehr pubertären Tochter, die sexuell bereits deutlich entwickelt ist, aber noch keine 14 oder noch keine 16 Jahre alt ist. Hier liegen bei den Tätern sehr selten psychosexuelle Störungen vor, meistens handelt es sich um geltungsbedürftige, aber wenig männliche Täter, die diesem Kind gegenüber ihr Selbstbewusstsein pflegen können, möglicherweise einen größeren sexuellen Reiz bei diesem Kind als bei dessen Mutter empfinden und die, wenn sie nur identifiziert und bestraft werden, in aller Regel (90 %) nicht erneut mit solchen Straftaten rückfällig werden.

Eine seltene, dann aber auch kriminologisch gravierende Störung ist sexueller **Sadismus** (F65.5).

Definition

Sadismus: Diese Menschen benötigen für sexuelle Erregung in unterschiedlich intensiver Ausprägung die Wahrnehmung, dass ihr Opfer Schmerzen erleidet, blutet, erniedrigt und unterworfen wird.

Manche können dies in ritualisierten, legalen Bahnen halten. In manchen Fällen kommt es nach einem längeren Vorlauf in der Phantasie, dem Besorgen von Tatwerkzeugen und dem „Cruising", der Jagd nach Opfern, zu möglichst lang hingezogenen Tathandlungen, die in der Tötung des Opfers enden können. Oftmals lässt bereits das Tatbild (vielfältige unterschiedliche Einwirkungen auf das Opfer, um es wehrlos zu machen, zu quälen und zu erniedrigen) an eine sadistische Motivation denken.

6.8 Weitere psychische Störungen und Beeinträchtigungen

Infobox

Die vorstehende Übersicht zur forensischen Psychopathologie kann nicht annähernd ein Lehrbuch der forensischen Psychiatrie ersetzen (Venzlaff u. Foerster 2001). Dargestellt wurden die für den insbesondere strafrechtlichen Alltag wichtigsten psychischen Störungen. Damit soll keineswegs bestritten werden, dass es noch eine Vielzahl weiterer psychischer Auffälligkeiten und Störungen gibt, die mit Straffälligkeit in Verbindung stehen können. Zu denken wäre insbesondere an akute emotionale Anpassungsstörungen in Lebenskrisen, insbesondere bei Männern, die von ihrer Partnerin verlassen werden und darauf mit Aggressionen und Rachewünschen reagieren (Affektdelikte, Saß 1993). Hier ist gutachterlich zu prüfen, ob eine normalpsychologisch bedingte „tief greifende Bewusstseinsstörung" vorgelegen hat.

Neben den Persönlichkeitsstörungen sind so genannte **„abnorme Gewohnheiten und Störungen der Impulskontrolle"** immer wieder einmal forensisch relevant. Hierzu werden pathologisches Glücksspielen (F63.0), „pathologische" Brandstiftung (Pyromanie; F63.1), „pathologisches" Stehlen (Kleptomanie) und die Trichotillomanie (F63.3) gerechnet. Letzteres ist die unwiderstehliche Neigung, sich die eigenen Haare auszureißen. Überwiegend handelt es sich um forensisch obsolete Diagnosen.

Kriminologisch bedeutsam sind stark minderbegabte Straftäter, die oft in Verbindung mit einer Persönlichkeitsstörung die Voraussetzungen des Rechtsbegriffs **„Schwachsinn"** erfüllen, und deren Verhalten – nicht zuletzt Sexualverhalten – oft sehr schwer beeinflussbar ist.

Dagegen ist die wichtigste Patientengruppe der allgemeinen Psychiatrie, die Gruppe der depressiv Erkrankten, im forensischen Bereich von nur randständiger Bedeutung. Eine akute **Depression** scheint eher einen Schutz vor Straftaten darzustellen. Im strafrechtlichen Bereich erschüttern vereinzelt „Mitnahme-Suizide", bei denen insbesondere suizidale Frauen ihre Kinder (bisweilen auch den Lebenspartner) töten, um sie nicht allein auf einer als schrecklich erlebten Welt zurückzulassen. Am ehesten geht es um die zivilrechtliche Begutachtung der Geschäftsfähigkeit manischer Patienten; es gilt dabei vor allem, die manchmal differentialdiagnostisch keineswegs einfache Abgrenzung gegenüber hoch begabten Betrügern zu leisten.

Literatur

American Psychiatric Association (ed) (1994, deutsch 1996) Diagnostisches und Statistisches Manual Psychischer Störungen, 4. Ausgabe (DSM-IV). Deutsche Bearbeitung von Saß H, Wittchen HU. Beltz, Weinheim

Böker W, Häfner H (1973) Gewalttaten Geistesgestörter. Springer, Berlin Heidelberg New York

Dilling H, Mombour W, Schmidt MH, Schulte-Markwort E (Hrsg) (1994) Internationale Klassifikation psychischer Störungen; ICD-10, Kap. V (F). Huber, Bern

Kröber H-L, Albrecht H-J (Hrsg) (2001) Verminderte Schuldfähigkeit und psychiatrische Maßregel. Nomos, Baden-Baden

Kröber H-L, Steller M (Hrsg) (2000) Psychologische Begutachtung im Strafverfahren – Indikationen, Methoden und Qualitätsstandards. Steinkopff, Darmstadt

Nedopil N (1996) Forensische Psychiatrie. Thieme/CH, Beck, München

Rasch W (1999) Forensische Psychiatrie. 2. Aufl. Kohlhammer, Stuttgart

Saß H (Hrsg) (1993) Affektdelikte. Springer, Berlin Heidelberg New York Tokio

Venzlaff U, Foerster K (2000) Psychiatrische Begutachtung. 3. neu bearb. Aufl. Fischer, Stuttgart

7 Toxikologie

Einleitung

Drogentod

Vorgeschichte: Der 23 Jahre alt gewordene Herr E. sei gegen 05.00 Uhr morgens „zugedröhnt" bei einem Bekannten erschienen und habe gesagt, dass er es nicht mehr nach Hause schaffe. Man habe sich schlafen gelegt. Gegen 14.00 Uhr sei der Bekannte aufgewacht und habe Herrn E. leblos in einem Sessel sitzend aufgefunden. In der Wohnung sei ein benutztes Fixerbesteck sowie Heroin aufgefunden worden.

Sektionsergebnis: Leichnam eines 23 Jahre alt gewordenen Mannes. Körpergröße 174 cm, Körpermasse 70 kg. 6 Punktionsmale der linken Ellenbeuge mit hierzu korrespondierender frischer Einblutung des Unterhautfettgewebes. Ältere Punktionsmale der rechten Ellenbeuge in Projektion auf eine Unterhautblutader. Unspezifische Zeichen einer Intoxikation: Hirnödem, Lungenödem, prallvolle Harnblase, keine vorbestehenden krankhaften Veränderungen innerer Organe. Todesursache durch die Obduktion zunächst nicht zu klären.

Die weiterführenden chemisch-toxikologischen Untersuchungen an Femoralblut ergaben folgende quantitative Ergebnisse: Diazepam 115 ng/ml, Nordiazepam 15 ng/ml, THC 4,5 ng/ml, 11-OH-THC 3,0 ng/ml, THC-COOH 13,3 ng/ml, Amphetamin 71 ng/ml, MDMA 51 ng/ml, Benzoylecgonin 272 ng/ml, Morphin (frei) 97,9 ng/ml, Morphin (frei und gebunden) 286 ng/ml, Codein 10,9 ng/ml.

Interpretation: Herr E. ist an den Folgen einer BTM-Intoxikation verstorben, wobei hinsichtlich der todesursächlichen Dignität die Heroinwirkung im Vordergrund steht.

► Typische Befunde bei Drogentod, Polytoxikomanie

Suizidale Cyanidvergiftung

Vorgeschichte: Ein 38 Jahre alt gewordener Juwelier wurde von seiner Ehefrau leblos in einem engen Toilettenraum neben der Werkstatt auf dem Fußboden zwischen Toilette und Tür eingeklemmt vorgefunden, wobei sich in Nachbarschaft des Kopfes eine „Blutlache" ausgebildet hatte. Der zur Leichenschau herbeigezogene, mit der Familie befreundete Arzt diagnostizierte eine sturzbedingte todesursächliche Schädelverletzung; die Witwe beantragte eine BG-Rente.

Sektionsergebnis: Nachdem sich bei der Versicherungssektion Verletzungen von Schädel oder Gehirn ausschließen und als Ursprung der „Blutlache" ein massives hämorrhagisches Lungenödem nachweisen ließen, wurde ermittelt, dass in der Jackentasche des Verstorbenen ein halb leeres Döschen mit der Etikettierung „Farbvergoldungsbad 2000" und dem Warnhinweis „giftig" gefunden worden sei; es handelte sich dabei um ein Cyanidsalz. Der Juwelier habe sich in der Vergangenheit bereits in stationärer psychiatrischer Behandlung befunden; am Wochenende vor dem Tod sei die Ehefrau aus der gemeinsamen Wohnung ausgezogen. Die toxikologische Untersuchung an den Sektionsasservaten erbrachte den Nachweis einer todesursächlichen Cyanidvergiftung mit einer Blutkonzentration von 80,9 mg/l.

► Fehlerhafte Leichenschau
► Berufsbezogene suizidale Intoxikation

Akzidentelle CO-Vergiftung

Vorgeschichte: Ein Ehepaar (53 und 54 Jahre alt) wurde auf einem Campingplatz vom Betreiber der Anlage in einem fabrikneuen Wohnmobil tot gefunden. Die beiden ordnungsgemäß bekleideten, bereits in Fäulnis übergegangenen Leichen befanden sich in halb liegender Stellung auf den Sitzbänken am Tisch des Fahrzeugs. An den Brustkorbvorderseiten wurden Antragungen von Erbrochenem festgestellt. So weit beurteilbar, schienen die Verstorbenen äußerlich unverletzt. Auf dem Tisch standen bzw. lagen zwei leere Biergläser und 1 Aschenbecher mit Zigarettenkippen. In einem Spind war ein Gasbrenner installiert, der durch Rohrleitungen mit einer unter dem Mobil angebrachten Propangasflasche verbunden war. Alle Fenster, Luken und Türen des Wohnmobils waren ursprünglich fest verschlossen. Aus der Auffindesituation ergab sich für die Ermittlungsbehörden primär der Verdacht eines Unglücksfalles, ohne dass er sich bei dem neuen Fahrzeug gezielt auf eine CO-Intoxikation richtete. Eine erste technische Untersuchung erbrachte, dass die angebrachte Propangasflasche leer war und die gesamte Anlage ansonsten funktionierte. Eine rot leuchtende Störanzeige bedeutete lediglich eine mangelnde Gaszufuhr. Nach Anschluss einer Ersatzgasflasche stieg die CO-Konzentration bei Betrieb der Gasheizanlage im geschlossenen Fahrzeug innerhalb von 45 Minuten auf kritische Werte an. Ursache hierfür war ein unsachgemäßer Einbau mit unzureichender Frischluftzufuhr. Die polizeilichen Ermittlungen führten zu einer Rückrufaktion für fünf weitere bauartähnliche Wohnmobile.

Sektionsergebnis: Bei der Obduktion des Mannes waren in der fäulnisverfärbten Haut keine Totenflecke abgrenzbar. Die Nagelbetten waren teils mumifiziert, teils kirschrot, die Schläfenmuskeln kirschrot, die Brustmuskulatur lachsrot. Von der inneren Oberfläche der Schädelschwarte floss hellrote Gewebsflüssigkeit ab. Im prall gefüllten Magen fanden sich einzelne verschluckte Rußpartikel. Als konkurrierende Todesursachen in Betracht kommende Vorerkrankungen oder Verletzungen wurden nicht festgestellt. In der hellroten Gewebsflüssigkeit der Kopfschwarte ließ sich ein CO-Hb-Gehalt von 67 % bestimmen. Die Muskelwasser-Alkoholkonzentration lag bei 1,50 ‰. Bei der Obduktion der Frau war auf Grund der weit fortgeschrittenen Fäulnis als einziger Hinweis auf eine CO-Intoxikation eine hellrote Farbgebung der Augenlidbindehäute festzustellen. Konkurrierende Todesursachen wurden nicht nachgewiesen. Das CO-Hb war nicht mehr zu bestimmen. Die Muskelwasser-Alkoholkonzentration lag bei deutlich über 2,00 ‰.

► Symptomatik und Befunde der CO-Intoxikation

Halothan

Vorgeschichte: Um einen älteren Antiquitätenhändler und dessen Lebensgefährtin auszurauben, hatten zwei Täter die Opfer mittels halothangetränkter Handtücher betäubt. Die Handtücher wurden nach Eintritt der Bewusstlosigkeit vor den Atemöffnungen fixiert und beim Verlassen der Wohnung entfernt. Einige Stunden nach der Tat wurden die Opfer tot aufgefunden.

Sektionsergebnis: Bei der Obduktion fanden sich neben altersentsprechenden Organbefunden keine Anzeichen äußerer Gewalteinwirkung, allerdings im Bereich von Nase, Ober- und Unterlippe sowie Mund einzelne Hautvertrocknungen und Hautdurchtrennungen sowie kleinere Unterblutungen. Die chemisch-toxikologische Untersuchung erbrachte den Nachweis einer Halothanaufnahme; im Gehirngewebe wurden die höchsten Konzentrationen (103 und 120 mg/kg) ermittelt. Bei Ausschluss anderweitiger Todesursachen war von einer letal verlaufenden Halothan-Intoxikation auszugehen.

▶ Raub mit Todesfolge

K.O.-Tropfen

Ein 40-jähriger Gastwirt unterhielt sich angeregt mit seinen beiden letzten Gästen, zwei Frauen von 23 und 25 Jahren, die nach ihren Angaben den letzten Bus nach Hause verpasst hätten. Der Gastwirt lud die beiden Frauen ein, bei ihm zu übernachten. Auf dem Heimweg besorgte man sich an einer Tankstelle noch zwei Flaschen Sekt. In der Wohnung habe man gemeinsam Sekt getrunken, dann setzte bei dem Wohnungsinhaber die Erinnerung aus. Am nächsten Morgen wachte er nackt in seinem Bett auf, die Frauen waren verschwunden, aus der Wohnung waren sämtliche Wertgegenstände entfernt. Aus Scham meldete er erst abends den Vorfall bei der Polizei, wo eine Blut- und Urinprobe sichergestellt wurden; die beiden Frauen konnte er nur sehr schlecht beschreiben. Eine chemisch-toxikologische Untersuchung erbrachte den Nachweis einer Flunitrazepam-Aufnahme (7-Aminoflunitrazepam im Blut 50 ng/ml, im Urin positiv, aber nicht quantifiziert). Aufgrund von Videoaufnahmen an der Tankstelle konnten die beiden Frauen ermittelt werden. Im Rahmen einer Hauptverhandlung räumten sie ein, schon zu Hause ein Fläschchen vorbereitet zu haben, in dem 5 Rohypnol-Tabletten in Wasser aufgelöst worden seien. Von dieser Lösung hätten sie eine unbekannte Menge dem Sekt des Wohnungsinhabers beigemengt. Nach der Aufnahme des Getränkes sei es noch zum Geschlechtsverkehr mit einer der Frauen gekommen, woran sich der Mann allerdings bereits nicht mehr erinnern konnte. Anschließend sei er nach Angabe der Frauen in einen tiefen Schlaf verfallen, was sie ausgenutzt hätten, um die Wohnung zu untersuchen und Wertgegenstände zu entfernen.

▶ Giftbeibringung zur Ermöglichung einer Anschlussstraftat

7.1 Allgemeines

F. Mußhoff, B. Madea

Definition

Die Toxikologie ist die Lehre von den Giften und Vergiftungen.

Bei der Vielfalt toxikologischer Probleme und Stoffgruppen sind die verschiedenen Aufgabengebiete (u.a. Arzneimittel-, Gewerbe-, Pestizid-, Nahrungsmittel-, Kosmetik-, Umwelt- und klinische Toxikologie) auf unterschiedlichste toxikologische Laboratorien an Hochschulen, in der Industrie und bei staatlichen Einrichtungen verteilt und durch Spezialisierung gekennzeichnet. Während sich die Toxikologie im Allgemeinen mit der Erforschung der Wirkungsweise von Giften zur Diagnostik und Therapie von Vergifteten befasst, ist unter forensischer Toxikologie die Vergiftungslehre in ihrer Beziehung zur Rechtsordnung zu verstehen. In der Regel handelt es sich um strittige Rechtsfragen im Straf-, Zivil-, Verwaltungs- und Versicherungsrecht bei Lebenden oder Verstorbenen. Vergiftungen sind prinzipiell in Betracht zu ziehen, wenn ein Krankheitsbild oder ein Todesfall anderweitig nicht zu erklären sind. Dabei gestalten sich Fälle mit lediglich allgemeinem Verdacht als besonders schwierig und bedürfen einer systematischen toxikologischen Analysenstrategie. Bei negativen Befunden muss man sich immer einer gewissen Restunsicherheit in so genannten **„General-Unknown-Fällen"** bewusst sein, da es praktisch unmöglich ist, auf alle potentiell toxischen Substanzen zu testen. Insofern erstreckt sich ein Ausschluss jeweils nur über die durch die durchgeführten Analysengänge zu erfassenden Stoffe.

Aufgrund der vorhandenen instrumentellen Ausstattung und der Fachkenntnis wird in forensischen Laboratorien häufig auch die chemisch-toxikologische Analytik und die fachspezifische Beratung für die Klinische Toxikologie und Notfallanalytik durchgeführt.

Definition

Gerichtete Analysen erfolgen zum Nachweis oder Ausschluss eines konkreten Hinweises, zum Beispiel Blutalkoholuntersuchungen bei Kraftfahrern.
Ungerichtete (**„General-Unknown"**-) Analysen erfolgen zum Nachweis oder Ausschluss eines Vergiftungsverdachtes ohne konkrete Hinweise mit diffiziler Vorgehensweise im Rahmen einer **systematischen toxikologischen Analyse (STA)**.

Schon Paracelsus hat den relativen Charakter des Begriffes „Gift" erkannt: „Alle Dinge sind Gift und nichts ist ohne Gift, nur die Dosis macht kein Gift". Diese Hypothese ist allerdings unvollständig, denn neben der Dosis sind Parameter wie **Einwirkungsart, Einwirkungshäufigkeit** und **Einwirkungsgesamtzeit** von größter Bedeutung. Paracelsus beschreibt das Schwellenwertkonzept, das nur für Stoffe mit reversibler Wirkung gilt.

Wichtig

Für Stoffe, die reversible Schäden auslösen (z.B. Arzneimittel), lassen sich selbst unwirksame Konzentrationen beziehungsweise Dosen festlegen, während für Stoffe, die irreversible Schäden bewirken, keine Wirkungsschwelle angenommen werden kann. Dies gilt zum Beispiel für Stoffe mit gentoxischer Wirkung.

Nach heutiger Auffassung gilt:

Definition

Gifte sind Stoffe, die unter bestimmten Bedingungen durch chemische oder chemisch-physikalische Wirkung gesundheitsschädlich sind.

Neben klassischen Giften, wie Arsen, Zyankali, Salzsäure oder Rauschmitteln, fallen auch „Krankheitsgifte" wie Pocken oder Syphilis sowie Ansteckungsstoffe wie HIV-Viren darunter. Heißes Wasser, zerstoßenes Glas, mit Radioaktivität kontaminierte Stoffe und Ähnliches werden, soweit sie nicht schon zu den Giften zählen, als so genannte **andere gesundheitsschädliche Stoffe** bezeichnet, die auf mechanischem oder thermischem Wege wirken. Ob ein Stoff geeignet ist, zu einer Gesundheitsschädigung zu führen, ist nicht nach der abstrakten Möglichkeit, sondern nach den Umständen des Einzelfalles zu beurteilen. Selbst an sich unschädliche Stoffe, wie Zucker bei Zuckerkranken oder Arzneimittel in falscher Dosierung, können Gifte sein. Im Einzelfall von Bedeutung sind unter anderem Dosis oder Konzentration sowie Resorptions- und Eliminationseigenschaften, Stoffeigenschaften (Löslichkeit), Beibringungsart, Interaktionen mit weiteren Stoffen, Umweltbedingungen, zeitliche Faktoren der Wechselwirkungen und individuelle Verhältnisse eines Vergifteten, wie Geschlecht, Alter, Konstitution, genetische Besonderheiten oder Vorerkrankungen.
Der Begriff „**Vergiftung**" ist einfacher zu fassen:

Definition

Vergiftungen sind durch Gifte unmittelbar verursachte Schädigungen/Krankheiten des Organismus.

Dabei ist zu beachten, dass die Symptome einer Vergiftung sofort aber auch verzögert auftreten können.

Hinsichtlich der Vielfalt möglicher toxischer Substanzen sind folgende Zahlen von Relevanz:

Gesamtzahl registrierter chemischer Verbindungen:	> 16.000.000
Kommerziell erhältliche Substanzen:	> 650.000
Medikamentenwirkstoffe:	> 12.000
Pflanzenschutzmittel:	> 1.100

7.2 Gesetzliche Grundlagen

Wesentliche gesetzliche Grundlagen, die für die forensische Toxikologie von Bedeutung sein können, werden im Folgenden kurz skizziert.

Allgemeine gesetzliche Grundlagen bei Vergiftung

§ 224 StGB Gefährliche Körperverletzung

(1) Wer die Körperverletzung
1. durch Beibringung von Gift oder anderen gesundheitsschädlichen Stoffen, ..., begeht, wird mit Freiheitsstrafe von sechs Monaten bis zu zehn Jahren, in minder schweren Fällen mit Freiheitsstrafe von drei Monaten bis zu fünf Jahren bestraft.
2. Der Versuch ist strafbar.

Abweichend von früheren Fassungen wird nicht mehr vorausgesetzt, dass das Gift zur **Zerstörung** der Gesundheit geeignet ist, sondern alle Stoffe, die **gesundheitsschädlich** sind, werden erfasst. Die Gesundheitsschädlichkeit muss allerdings im konkreten Fall vorliegen.

§ 314 StGB Gemeingefährliche Vergiftung

(1) Mit Freiheitsstrafe von einem Jahr bis zu zehn Jahren wird bestraft, wer
1. Wasser in gefassten Quellen, in Brunnen, Leitungen oder Trinkwasserspeichern oder
2. Gegenstände, die zum öffentlichen Verkauf oder Verbrauch bestimmt sind,
vergiftet oder ihnen gesundheitsschädliche Stoffe beimischt oder vergiftete oder mit gesundheitsschädlichen Stoffen vermischte Gegenstände im Sinne der Nummer 2 verkauft, feilhält oder sonst in den Verkehr bringt.

Hier ist nicht eine konkrete, sondern schon die abstrakte Gefährdung von Bedeutung. Da auch in diesem Paragraphen eine Eignung zur Zerstörung der Gesundheit nicht mehr vorausgesetzt wird, wird andererseits der Begriff der Gesundheitsschädigung angesichts einer hohen Strafandrohung restriktiv ausgelegt.

Rechtliche Grundlage bei verkehrsmedizinischen Fragestellungen

Eine Fahrunsicherheit liegt vor, wenn die Gesamtleistungsfähigkeit infolge psychophysischer Leistungsausfälle bzw. Enthemmung so weit herabgesetzt ist, dass der Betroffene nicht mehr fähig ist, sein Fahrzeug im Straßenverkehr eine längere Strecke, und zwar auch bei plötzlichem Auftreten schwieriger Verkehrslagen, sicher zu steuern. Dafür können neben dem Konsum von Alkohol auch die Aufnahme von weiteren berauschenden Mitteln wie Drogen oder Arzneimitteln verantwortlich sein (► s. Kap. 8).

Definition

Berauschende Mittel sind Stoffe, die das Hemmungsvermögen sowie intellektuelle und motorische Fähigkeiten beeinträchtigen und die damit in ihren Auswirkungen denen des Alkohols vergleichbar sind.

Nicht erforderlich ist die alleinige Verursachung der Fahrunsicherheit durch Alkohol oder andere berauschende Mittel, vielmehr ist das Zusammenwirken mit anderen Faktoren, zum Beispiel Medikamenteneinnahme und Übermüdung von Bedeutung.

Schuldfähigkeitsfragen bei Drogen- und Medikamentenkonsum

Neben einer Verminderung der Steuerungsfähigkeit aufgrund einer akuten Intoxikation können die Voraussetzungen der §§ 20, 21 StGB auch bei Persönlichkeitsveränderungen, hervorgerufen durch langjährigen Drogenkonsum, oder bei so genannten Beschaffungsdelikten vorliegen (▶ s. Kap. 6).

Wichtig

Beschaffungsdelikte können nur bei fortgeschritten Abhängigen vorkommen, im Wesentlichen bei Heroinsüchtigen, bei Polytoxikomanen und bei Cocainabhängigen. Daneben gibt es einzelne Fälle bei Alkoholismus oder bei Weckaminabhängigkeit.

Checkliste

Allgemeine Verfahrensweise bei der Beurteilung der Schuldfähigkeit eines Drogenabhängigen

1. Nachweis der Sucht (zur Tatzeit!):
- Eigene Aussagen, Zeugenaussagen, polizeiärztliche Protokolle, Krankenblätter, Voreintragungen
- Venenveränderungen, Leberfunktionsstörungen, Zahnverfall, sekundäre Amenorrhö bei Frauen, typische Gewichtszunahme in Haft

2. Einordnung des Deliktes (Frage der Beschaffungsstraftat):
- Zwischen Sucht und Delikt kein Zusammenhang (zum Beispiel Körperverletzung), dann Abstellen auf Leistungsausfälle
- Beschaffung zum Eigenbedarf in der Regel als **indirektes Beschaffungsdelikt** (Beute dient dem Drogenerwerb)
- Sonderfall als **direktes Beschaffungsdelikt**, wenn unmittelbare Befriedigung der Sucht vorrangig (z.B. Zugriff auf Apotheke und unmittelbarer Konsum)

3. Beurteilung der Schuldfähigkeit:
- Bei direkter Beschaffung meist primitiver, einliniger und aggressiver Handlungsablauf; Konsum folgt unmittelbar auf die Straftat. **Daraus ergibt sich im Einzelfall eine aufgehobene, zumindest aber erheblich verminderte Steuerungsfähigkeit.**
- Bei indirekter Beschaffung zumeist Frage nach erheblich verminderter Schuldfähigkeit, da zur Ausführung Reste von Steuerungsfähigkeit verblieben sein mussten (oft keine manifest vorhandenen Entzugserscheinungen); in Ausnahmefällen lässt sich aus Art und Umfang des Deliktes ein Schluss ziehen (bei Transaktionen größerer Mengen wird Motivation aus eigener Sucht unglaubwürdig).
- Bei nicht drogenassozierten Delikten fußt die Begutachtung auf Auswirkungen der akuten Intoxikation.

Rechtsfragen bei Drogenmissbrauch

Die relevanten Rechtsgrundlagen finden sich im **Betäubungsmittelgesetz** (BtmG) und der **Betäubungsmittelverschreibungsverordnung** (BtmVV). In den Anlagen I–III zum BtmG sind die dem BtmG unterstellten Stoffe sowie eventuelle Ausnahmen aufgeführt.
- **Anlage I** umfasst dabei die nicht verkehrsfähigen Betäubungsmittel,
- **Anlage II** die verkehrsfähigen, aber nicht verschreibungsfähigen Mittel und
- **Anlage III** die verkehrsfähigen und verschreibungsfähigen Betäubungsmittel.

Nur Letztere können zu therapeutischen Zwecken verschrieben werden, wobei bestimmte Wirkstoffgehalte (pro abgeteilte Form) festgehalten sind, die nicht überschritten werden dürfen (z.B. Flunitrazepam nur bis zu 1 mg pro Tablette).

§ 13 BtmG Verschreibung und Abgabe auf Verschreibung

(1) Die in Anlage III bezeichneten Betäubungsmittel dürfen nur von Ärzten, Zahnärzten und Tierärzten und nur dann verschrieben oder im Rahmen einer ärztlichen, zahnärztlichen oder tierärztlichen Behandlung einschließlich der ärztlichen Behandlung einer Betäubungsmittelabhängigkeit verabreicht oder einem anderen zum unmittelbaren Verbrauch überlassen werden, wenn ihre Anwendung am oder im menschlichen oder tierischen Körper begründet ist. Die Anwendung ist insbesondere dann nicht begründet, wenn der beabsichtigte Zweck auf andere Weise erreicht werden kann. Die in Anlage I und II bezeichneten Betäubungsmittel dürfen nicht verschrieben, verabreicht, oder einem anderen zum unmittelbaren Verbrauch überlassen werden...

§ 16 BtmG Vernichtung

(1) Der Eigentümer von nicht mehr verkehrsfähigen Betäubungsmitteln hat diese auf seine Kosten in Gegenwart von zwei Zeugen in einer Weise zu vernichten, die eine auch nur teilweise Wiedergewinnung der Betäubungsmittel ausschließt, sowie den Schutz von Mensch und Umwelt vor schädlichen Einwirkungen sicherstellt. Über die Vernichtung ist eine Niederschrift zu fertigen und diese 3 Jahre aufzubewahren...

Ärzte, teilweise auch Rechtsanwälte, stellen häufig die Frage nach einer ordnungsgemäßen Vernichtung, wobei folgendes Vorgehen anzuraten ist:
- Betäubungsmittel aus Patientenbesitz können bei der Polizei abgeliefert werden; bezüglich der Herkunft kann man sich auf die ärztliche/anwaltliche Schweigepflicht berufen.

- Ein pragmatischer Weg zur Vernichtung kleinerer Betäubungsmittelmengen könnte auch die WC-Spülung sein, Rückgabeklagen des Vorbesitzers sind wenig wahrscheinlich. Es empfiehlt sich eine formlose Niederschrift.

§ 29 BtmG Straftaten

(1) Mit Freiheitsstrafe bis zu 5 Jahren oder mit Geldstrafe wird bestraft, wer

1. Betäubungsmittel unerlaubt anbaut, herstellt, mit ihnen Handelt treibt, sie ohne Handel zu treiben einführt, ausführt, veräußert, abgibt, sonst in den Verkehr bringt, erwirbt oder sich in sonstiger Weise verschafft...

3. Betäubungsmittel besitzt, ohne zugleich im Besitz einer schriftlichen Erlaubnis für den Erwerb zu sein...

6. entgegen § 13 Abs. 1 Betäubungsmittel a) verschreibt, b) verabreicht oder zum unmittelbaren Verbrauch überlässt...

9. unrichtige oder unvollständige Angaben macht, um für sich oder einen anderen oder für ein Tier die Verschreibung eines Betäubungsmittels zu erlangen...

10. eine Gelegenheit zum unbefugten Verbrauch, Erwerb oder zur unbefugten Abgabe von Betäubungsmitteln öffentlich oder eigennützig mitteilt, eine solche Gelegenheit einem anderen verschafft oder gewährt oder ihn zum unbefugten Verbrauch von Betäubungsmitteln verleitet.

(2) In den Fällen des Abs. 1 Nr. 1, 2, 5 oder 6b ist der Verbrauch strafbar. Die Abgabe von sterilen Einmalspritzen an Betäubungsmittelabhängige stellt kein Verschaffen von Gelegenheit zum Verbrauch im Sinne von Satz 1 Nr. 10 dar.

(3) In besonders schweren Fällen ist die Strafe Freiheitsstrafe nicht unter einem Jahr. Ein besonders schwerer Fall liegt in der Regel vor, wenn der Täter

1. in den Fällen des Abs. 1 Nr. 1, 4, 5, 6, 10 oder 13 gewerbsmäßig handelt,

2. durch eine der im Absatz 1 Nr. 1, 6 oder 7 bezeichnete Handlungen die Gesundheit mehrerer Menschen gefährdet...

(5) Das Gericht kann von einer Bestrafung nach den Absätzen 1, 2 und 4 absehen, wenn der Täter die Betäubungsmittel lediglich zum Eigenverbrauch in geringer Menge anbaut, herstellt, einführt, ausführt, durchführt, erwirbt, sich in sonstiger Weise beschafft oder besitzt.

Zu Betäubungsmitteln gemäß Anlage I–III zum BtmG werden keine Utensilien und auch keine Betäubungsmittelrückstände oder -anhaftungen gezählt. Allerdings sind durch die 10. BtmÄndV seit 1998 auch Pflanzen und Pflanzenteile, Tiere und tierische Körperteile (auch Gewebekulturen) in bearbeitetem oder unbearbeitetem Zustand der Anlage I unterstellt, sofern sie einen in den Anlagen I–III aufgeführten Stoff enthalten und missbräuchlich verwendet werden sollen (zum Beispiel auch Mescalin in Kakteen, Cathinon im Kathstrauch, Psilocybin in Pilzen).

Unter **Anbauen** ist das Aussäen von Samen und die Aufzucht von Pflanzen zu verstehen. Erwerb und Besitz von Samen einer Betäubungsmittelpflanze ist noch kein Anbauen, allerdings kann der Umgang mit Samen selbst eine Straftat sein, wenn er zum unerlaubtem Anbauen bestimmt ist. Ausgenommen ist der Samen von Schlafmohn.

Mit der Vorschrift gemäß Abschnitt 6 soll sichergestellt sein, dass Betäubungsmittel der Anlage III (die der Anlage I und II dürfen überhaupt nicht verschrieben werden) nur im Rahmen einer ärztlichen Behandlung und nur dann verschrieben werden, wenn dies ärztlicherseits begründet ist (§ 13 Abs. 1 Satz 1). Abgeben dürfen selbst Ärzte Betäubungsmittel nicht, auch wenn sie solche verschreiben, verabreichen oder zum unmittelbaren Verbrauch überlassen können. Einen Sonderfall stellt die Substitution von Betäubungsmittelabhängigen mit entsprechenden Ersatzmitteln dar, deren Voraussetzung und Durchführung in § 5 BtmVV geregelt ist.

Der Abschnitt 9 (**Erschleichen von Verschreibungen**) richtet sich im Wesentlichen gegen Drogenkonsumenten, die von einem Arzt mit falschen Angaben Betäubungsmittelrezepte erhalten möchten.

Unter Abschnitt 10 (Mitteilen, Verschaffen, Gewähren einer Gelegenheit; Verleiten zum **unbefugten Verbrauch**) fällt nicht die Abgabe von sterilen Einmalspritzen, wohingegen das Offenhalten von so genannten Fixerstuben kontrovers diskutiert wird. Ein Verschaffen durch Unterlassen beziehungsweise Gewähren liegt beispielsweise vor, wenn ein Gastwirt in seinem Lokal den Drogenkonsum oder sogar den Drogenumschlag duldet und Gegenmaßnahmen unterlässt.

In Absatz 5 (**Absehen von Strafe**) wird zwischen so genannten harten und weichen Drogen generell nicht unterschieden. Als tatbestandliche Voraussetzungen werden unter anderem die Vorbelastung des Täters und die Handlungsverwirklichung (Frage der Gefährdung) berücksichtigt. Eine geringe Menge zum Eigenverbrauch, bei deren Vorliegen von einer Strafverfolgung abgesehen werden kann (nicht muss oder soll), ist im Gesetz nicht definiert. Der Absatz zielt auf **Gelegenheitskonsumenten** und „Drogenprobierer" und soll auf die so genannte Einstiegsdosis abgestimmt sein. Als geringe Menge sei eine solche anzusehen, die zum einmaligen bis höchstes dreimaligen Gebrauch geeignet sei. Bei **Haschisch** wird dabei unter Annahme eines geringen Wirkstoffgehaltes von einer Gewichtsmenge bis zu 6 g ausgegangen, bei **Cocain** unter Zugrundelegen des Schnupfens als häufigster Konsumform von einer Menge bis zu 0,3 g und bei **Heroin** von einer Wirkstoffmenge bis zu 0,15 g Heroin-Hydrochlorid. Nur bei Kleinmengen sollte aus Gründen der Verhältnismäßigkeit auf eine chemisch-toxikologische Bestimmung des Wirkstoffgehaltes verzichtet werden können.

§ 29a BtmG Straftaten

Mit Freiheitsstrafe nicht unter 1 Jahr wird bestraft, wer

1. als Person über 21 Jahre Betäubungsmittel unerlaubt an eine Person unter 18 Jahren abgibt oder sie ihr entgegen § 13 Abs. 1 verabreicht oder zum unmittelbaren Verbrauch überlässt oder

2. mit Betäubungsmitteln in nicht geringer Menge unerlaubt Handel treibt, sie in nicht geringer Menge herstellt oder abgibt oder sie besitzt, ohne sie aufgrund einer Erlaubnis nach § 3 Abs. 1 erlangt zu haben...

Durch Absatz 1 Nr. 2 soll verdeutlicht werden, dass der illegale Umgang mit Betäubungsmitteln in nicht geringen Mengen stets und nicht erst nach Gesamtabwägung außerordentlich verwerflich ist. Die so genannte „nicht geringe Menge" ist mittlerweile ein Tatbestandsmerkmal von Verbrechen mit hohen Mindestfreiheitsstrafen. Darunter zu verstehen ist die Wirkstoffmenge, nicht die Gewichtsmenge des sichergestellten Betäubungsmittels; der mit ihrer Feststellung verbundene Untersuchungsaufwand ist im Interesse der Rechtsklarheit und Rechtssicherheit hinzunehmen. Die Festlegung von Grenzwerten erfolgt durch Bestimmung von Einzelmengen, die mit einer Maßzahl zu multiplizieren sind. Als maßgebliche Einzelmenge wird in der Regel die **durchschnittliche Konsumeinheit** angesehen, das heißt die Menge, die zur Erzielung eines Rauschzustandes bei Drogenunerfahrenen erforderlich ist. Die Maßzahl (**Zahl der Konsumeinheiten**) dient dazu, das Betäubungsmittel aufgrund seiner Eigenschaften (Rauschwirkung, akute und chronische Toxizität, Suchtpotential) in das System der nach Gefährlichkeit abgestuften Betäubungsmittel einzuordnen. Eckpunkte sind das Heroin, mit der Maßzahl 150, und das Cannabis mit einer Maßzahl von 500. In ◻ Tabelle 7.1 sind Grenzwerte bei einzelnen Betäubungsmitteln zusammengefasst. Werden bei einem Täter getrennt oder als Gemisch verschiedene Betäubungsmittel festgestellt, so ist für die Frage der nicht geringen Menge von der Gesamtmenge der Wirkstoffe auszugehen.

Fallbeispiel

In der Wohnung einer Person, die im Verdacht des Handels mit Btm steht, werden 127 g Haschisch und 25 g „Speed" (Amphetaminzubereitung) gefunden. Eine chemisch-toxikologische Analyse erbringt folgende Gehalte: Tetrahydrocannabinol (THC) 8,6 %, Amphetamin 12,8 %. Bezogen auf die sichergestellten Btm-Mengen ist somit von einer Gesamtmenge an THC von 10,92 g auszugehen, zusätzlich von 3,2 g Amphetamin. Damit ist die nicht geringe Menge schon bei den Cannabisprodukten überschritten, während sie für Amphetamin isoliert betrachtet unterhalb des Grenzwertes für die nicht geringe Menge liegt.

Wäre in diesem Fall ein THC-Gehalt von lediglich 5 % festgestellt worden, so wäre lediglich von 6,35 g THC auszugehen gewesen, was unterhalb des Grenzwertes der nicht geringen Menge gelegen hätte. In diesem Fall wäre die **Berechnung der Gesamtmenge** erfolgt: 6,35 g THC entsprechen 84,7 % des Grenzwertes der nicht geringen Menge (7,5 g), 3,2 g Amphetamin entsprechen 32 % des Grenzwertes der nicht geringen Menge (10 g), als Summe der Prozentsätze ergibt sich 116,7 %, so dass dann die Untergrenze der nicht geringen Menge erreicht worden wäre.

Die Grenzwerte können aber auch zueinander in Beziehung gesetzt und auf einen gemeinsamen Nenner gebracht werden: Bei THC und Amphetamin kann die Menge an Amphetamin durch 1,33 geteilt (7,5 g zu 10 g) und diese fiktive Menge dem THC hinzugerechnet werden (hier: 3,2 g/1,33+6,35 g THC = 8,76 g; somit wurden 7,5 g als Untergrenze der nicht geringen Menge erreicht).

§ 30 BtmG Straftaten

Mit Freiheitsstrafe nicht unter 2 Jahren wird bestraft, wer
3. Betäubungsmittel abgibt, einem anderen verabreicht oder zum unmittelbaren Verbrauch überlässt und dadurch leichtfertig dessen Tod verursacht...

Es genügt eine Mitursächlichkeit, die Handlung muss nicht alleinige oder Hauptursache für den Todeseintritt gewesen sein, das heißt die Überlassung des Betäubungsmittels bleibt auch dann ursächlich, wenn zusätzlich Rauschmittel, Tabletten oder Alkohol oder auch Vorerkrankungen oder Müdigkeit mitgewirkt haben.

§ 30a BtmG Straftaten

(1) Mit Freiheitsstrafe nicht unter 5 Jahren wird bestraft, wer Betäubungsmittel in nicht geringer Menge unerlaubt anbaut, herstellt, mit ihnen Handelt treibt, sie ein- oder ausführt (§ 29 Abs. 1 Nr. 1) und dabei als Mitglied einer Bande handelt, die sich zur fortgesetzten Begehung solcher Taten verbunden hat...

Diese Vorschrift richtet sich gegen die **bandenmäßige Betäubungsmittelkriminalität** und soll die Verhängung schuldangemessener Strafen erleichtern und die Wiederholungsgefahr mindern beziehungsweise generalpräventiv wirken. Der Strafrahmen liegt bei Freiheitsstrafe von fünf bis zu fünfzehn Jahren.

§ 31 BtmG Strafmilderung oder Absehen von Strafe

Das Gericht kann die Strafe nach seinem Ermessen mildern ... oder von einer Bestrafung nach § 29 Abs. 1, 2, 4 oder 6 absehen, wenn der Täter
1. durch freiwillige Offenbarung seines Wissens wesentlich dazu beigetragen hat, dass die Tat über seinen eigenen Tatbeitrag hinaus aufgedeckt werden konnte...

Diese Vorschrift gilt nur für Betäubungsmitteldelikte. Die Aufklärungshilfe ist im Betäubungsmittelrecht ein unentbehrliches Instrument, ohne das ein Vordringen in **höhere Organisationsstufen des Rauschgifthandels** kaum möglich wäre.

§ 31a BtmG Absehen von der Verfolgung

(1) Hat das Verfahren ein Vergehen nach § 29 Abs. 1, 2 oder 4 zum Gegenstand, so kann die Staatsanwaltschaft von der Verfolgung absehen, wenn die Schuld des Täters als gering anzusehen wäre, kein öffentliches Interesse an der Strafverfolgung besteht und der Täter die Betäubungsmittel lediglich zum Eigenverbrauch in geringer Menge anbaut, herstellt, einführt, ausführt, erwirbt, sich in sonstiger Weise verschafft oder besitzt.

Zweck dieser Vorschrift ist die Erleichterung einer vorprozessualen Einstellungsmöglichkeit des Ermittlungsverfahrens durch die Staatsanwaltschaft unter Verzicht auf richterliche Zustimmung. So lässt sich ein nicht zwingend gebotener Verfahrensaufwand in einigen Fällen vermeiden.

■ Tabelle 7.1. **Grenzwerte für die nicht geringe Menge in der Rechtsprechung* und auf Empfehlungen von Toxikologen**

Betäubungsmittel	Grenzwert der nicht geringen Menge	Maßzahl	Wirkdosis
Amphetamin-Base	10 g*	200	50 mg
Cannabis	7,5 g (THC)*	500	15 mg THC
Ecstasy (MDE, MDMA, MDA)	30 g MDE-Base* 35 g MDE-Hydrochlorid* diese Grenzwerte sollen einheitlich für alle Derivate gelten	250	120 mg MDE-Base 140 mg MDE-Hydrochlorid 100 mg MDMA-Base 120 mg MDA-Base
Heroin	1,5 g Heroin-Hydrochlorid*	150	50 mg (können bei Ungewöhnten bereits letal wirken) Da Heroin nach wenigen Injektionen zu Abhängigkeit und psychophysischem Verfall führen kann, werden 30 gefährliche Dosen als nicht geringe Menge angesehen.
Cocain	5 g Cocain-Hydrochlorid*	Der Bundesgerichtshof sah sich nicht in der Lage, zuverlässige Feststellungen zur Einstiegsdosis, zum Tagesbedarf eines Abhängigen und Entwicklung der Abhängigkeit sowie gefährlichen Einzeldosen zu treffen (bei 3 g bereits Gefahr der Weitergabe und somit Gefahr für Dritte; bereits aus 2 g können mehr als 60 Einzeldosen zur i.v. Applikation bereitet werden).	
LSD	6 mg* oder 300 LSD-Trips	120	50 µg (<20 µg kommt nicht vor)
Levomethadon, Methadon	3 g Methadon-Hydrochlorid (bei Razemat Verdoppelung)	Deutlich schwächer als Heroin, in pharmakologischer Wirkung zwischen Heroin und Morphin.	
Methaqualon	190–500 (1.000) g	250	500–750 mg
Methylaminorex (ICE)	10 g Methylaminorex-Base	200	50 mg
Morphin	4,5 g Morphin-Hydrochlorid*	45	100 mg
Rohopium	5–6 g Morphin-Hydrochlorid	200–250	25 mg
Codein	15 g Codeinphosphat		300–500 mg (oral, mittlere bis gefährliche Dosis)
DOB	300 mg (Base)	120	2,5 mg peroral
DOM	600 mg (Base)	120	5 mg peroral
Fenetyllin	40 g (Base)	200	200 mg peroral

(Klaus Weber 1999, Betäubungsmittelgesetz, Beck'sche Verlagsbuchhandlung, München)

§ 37 BtmG Absehen von der Erhebung der öffentlichen Klage

(1) Steht ein Beschuldigter im Verdacht, eine Straftat aufgrund einer Betäubungsmittelabhängigkeit begangen zu haben, und ist keine höhere Strafe als eine Freiheitsstrafe bis zu 2 Jahren zu erwarten, so kann die Staatsanwaltschaft mit Zustimmung des für die Eröffnung des Hauptverfahrens zuständigen Gerichtes vorläufig von der Erhebung der öffentlichen Klage absehen, wenn der Beschuldigte nachweist, dass er sich wegen seiner Abhängigkeit der in § 35 Abs. 1 bezeichneten Behandlung unterzieht, und seine Resozialisierung zu erwarten ist. Die Staatsanwaltschaft setzt Zeitpunkte fest, zu denen der Beschuldigte die Fortdauer der Behandlung nachzuweisen hat...

In dieser Vorschrift ist der durchgängige Grundsatz „Therapie statt Strafe" am weitgehendsten verwirklicht.

§ 5 BtmVV Verschreiben zur Substitution

(1) Substitution im Sinne dieser Verordnung ist die Anwendung eines ärztlich verschriebenen Betäubungsmittels bei einem opiatabhängigen Patienten (Substitutionsmittel) zur
1. Behandlung der Opiatabhängigkeit mit dem Ziel der schrittweisen Wiederherstellung der Betäubungsmittelabstinenz einschließlich der Besserung und Stabilisierung des Gesundheitszustandes,
2. Unterstützung der Behandlung einer neben der Opiatabhängigkeit bestehenden schweren Erkrankung oder
3. Verringerung der Risken einer Opiatabhängigkeit während einer Schwangerschaft oder nach der Geburt.
(2) Für einen Patienten darf der Arzt ein Substitutionsmittel unter den Voraussetzungen des § 13 Abs. 1 des Betäubungsmittelgesetzes verschreiben, wenn und solange
1. der Substitution keine medizinisch allgemein anerkannten Ausschlussgründe entgegenstehen,
2. die Behandlung erforderliche psychiatrische, psychotherapeutische oder psychosoziale Behandlungs- und Betreuungsmaßnahmen einbezieht,

3. der Arzt die Meldeverpflichtungen nach § 5a Abs. 2 erfüllt hat,
4. die Untersuchungen und Erhebungen eines Arztes keine Erkenntnisse ergeben haben, dass der Patient
a) von einem anderen Arzt verschriebene Substitutionsmittel erhält,
b) nach Nummer 2 erforderliche Behandlungs- und Betreuungsmaßnahmen dauerhaft nicht in Anspruch nimmt,
c) Stoffe gebraucht, deren Konsum nach Art und Menge den Zweck der Substitution gefährdet oder
5. das ihm verschriebene Substitutionsmittel nicht bestimmungsgemäß verwendet, der Patient im erforderlichen Umfang, in der Regel wöchentlich, den behandelnden Arzt konsultiert und
6. der Arzt Mindestanforderungen an eine suchttherapeutische Qualifikation erfüllt, die von den Ärztekammern nach dem allgemein anerkannten Stand der medizinischen Wissenschaft festgelegt werden.
(3) Ein Arzt, der die Voraussetzungen nach Absatz 2 Satz 1 Nr. 6 nicht erfüllt, darf für höchstens drei Patienten gleichzeitig ein Substitutionsmittel verschreiben, wenn
1. die Voraussetzungen nach Absatz 2 Satz 1 Nr. 1–5 für die Dauer der Behandlung erfüllt sind,
2. dieser zu Beginn der Behandlung diese mit einem Arzt, der die Mindestanforderungen nach Absatz 1 Nr. 6 erfüllt (Konsiliarius), abstimmt und
3. sichergestellt hat, dass sein Patient zu Beginn der Behandlung und mindestens einmal im Quartal dem Konsiliarius vorgestellt wird.
Über die vorstehend genannte Zusammenarbeit zwischen dem behandelnden Arzt und dem Konsiliarius ist der Dokumentation nach Absatz 10 der diesbezügliche Schriftwechsel beizufügen.
(4) Die Verschreibung über ein Substitutionsmittel ist mit dem Buchstaben „S" zu kennzeichnen... Die verschriebene Arzneiform darf nicht zur parenteralen Anwendung bestimmt sein. Für die Auswahl des Substitutionsmittels ist der allgemein anerkannte Stand der medizinischen Wissenschaft maßgebend.
(5) Der Arzt, der ein Substitutionsmittel für einen Patienten verschreibt, darf die Verschreibung außer in den in Absatz 8 genannten Fällen nicht dem Patienten aushändigen. Die Verschreibung darf nur von ihm selbst, seinem ärztlichen Vertreter oder durch das in Absatz 6 Satz 1 bezeichnete Personal der Apotheke vorgelegt werden.
(6) Das Substitutionsmittel ist dem Patienten vom behandelnden Arzt, seinem ärztlichen Vertreter in der Praxis oder von dem von ihm angewiesenen oder beauftragten und kontrollierten medizinischen, pharmazeutischen oder in staatlich anerkannten Einrichtungen der Suchtkrankenhilfe tätigen und dafür ausgebildeten Personal zum unmittelbaren Verbrauch zu überlassen...
(7) Das Substitutionsmittel ist dem Patienten in der Praxis eines Arztes, in einem Krankenhaus oder in einer Apotheke oder in einer hierfür von der zuständigen Landesbehörde anerkannten anderen geeigneten Einrichtung oder, im Falle einer ärztlich bescheinigten Pflegebedürftigkeit, bei einem Hausbesuch zum unmittelbaren Verbrauch zu überlassen. Der Arzt darf die benötigten Substitutionsmittel in einer der in Satz 1 genannten Einrichtungen unter seiner Verantwortung lagern...
(8) Der Arzt oder sein ärztlicher Vertreter in der Praxis kann abweichend von den Absätzen 5–7 dem Patienten eine Verschreibung über die für bis zu sieben Tage benötigte Menge des Substitutionsmittels aushändigen und ihm dessen eigenverantwortliche Einnahme erlauben, sobald und solange der Verlauf der Behandlung dies zulässt und dadurch die Sicherheit und Kontrolle des Betäubungsmittelverkehrs nicht beeinträchtigt werden. Die Aushändigung der Verschreibung ist insbesondere dann nicht zulässig, wenn die Untersuchungen und Erhebungen des Arztes Erkenntnisse ergeben haben, dass der Patient
1. Stoffe konsumiert, die ihn zusammen mit der Einnahme des Substitutionsmittels gefährden,
2. unter Berücksichtigung der Toleranzentwicklung noch nicht auf eine stabile Dosis eingestellt worden ist oder
3. Stoffe missbräuchlich injiziert.
Für die Bewertung des Verlaufes der Behandlung ist im Übrigen der allgemein anerkannte Stand der medizinischen Wissenschaft maßgeblich. In begründeten Ausnahmefällen kann der Arzt unter den in Satz 1 und 2 genannten Voraussetzungen zur Sicherstellung der Versorgung bei Auslandsaufenthalten des Patienten diesem Verschreibungen des Substitutionsmittels über eine Menge für einen längeren als in Satz 1 genannten Zeitraum aushändigen und ihm dessen eigenverantwortliche Einnahme erlauben. Diese Verschreibungen dürfen in einem Jahr insgesamt die für bis zu 30 Tage benötigte Menge des Substitutionsmittels nicht überschreiten. Sie sind der zuständigen Landesbehörde unverzüglich anzuzeigen. Jede Verschreibung nach Satz 1 oder Satz 4 ist dem Patienten im Rahmen einer persönlichen ärztlichen Konsultation auszuhändigen.

Oberstes Ziel der Behandlung ist die **Suchtfreiheit**, daneben die

- Sicherung des Überlebens,
- gesundheitliche und soziale Stabilisierung,
- berufliche Rehabilitation und
- soziale Reintegration.

Eine Therapie, die nur darauf beschränkt ist, gesundheitliche Störungen zu behandeln, ohne die Abstinenz zu fördern, ist unzulässig (**unzulässige Opiaterhaltungstherapie**). Eine Substitution kommt nur in Betracht, wenn der Patient opiatabhängig ist, nicht aber bei Abhängigkeit von anderen berauschenden Mitteln; die Indikationsstellung erfolgt durch den behandelnden Arzt. Eine kontinuierliche **psychosoziale Betreuung** ist mitentscheidend für den Erfolg einer Substitution. Nimmt der Patient an Begleitmaßnahmen nicht dauerhaft teil, so ist die Substitution nach ärztlicher Entscheidung abzubrechen. Neu ist eine **Meldeverpflichtung** für den Arzt nach § 5a Abs. 2 BtmVV. Das Substitutionsregister wird vom Bundesinstitut für Arzneimittel und Medizinprodukte (**BfArM**) geführt. Zur Therapiekontrolle gehört die Überprüfung auf Gebrauch von weiteren berauschenden Mitteln (**Beikonsum**), in der Regel durch Urinkontrollen. Bei nachgewiesenem Beikonsum sollte zunächst die Ursache eruiert und nach Möglichkeiten der Beseitigung gesucht werden (z.B. Dosisanpassung). Hat dies keinen Erfolg muss bei fortgesetztem Beikonsum oder Verweigerung von Kontrollen die Substitution nach ärztlicher Entscheidung abgebrochen werden. Bedingung einer ordnungsgemäß durchgeführten Substitution ist, dass der Arzt das Substitutionsmittel im Rahmen einer mindestens wöchentlichen ärztlichen Konsultation verschreibt. Die substitutionsgestützte **Behandlung Opiatabhängiger** erfordert eine spezifische suchttherapeutische Qualifikation. Die Ärztekammern bieten entsprechende Qualifizierungsmöglichkeiten im Rahmen der Fortbildung an (z.B. Fachkundenachweis „Suchtmedizinische Grundversorgung"); werden sie nicht wahrgenommen, so kann dies auch strafrechtlich von Bedeutung sein. Absatz 3 ermöglicht allerdings auch im beschränkten Maße eine Substitutionsbehandlung von bis zu drei Patienten ohne suchttherapeutische Qualifikation unter Einbeziehung eines Konsiliarius im Interesse eines breiten Versorgungsangebotes. Der Arzt, der ein Substitutionsmittel verschreibt, darf das Rezept dem Patienten oder einem seiner Angehörigen nicht aushändigen, ansonsten kann von einem ärztlichen Behandlungsfehler ausgegangen werden. Eine Ausnahme von der Einlösung des Rezeptes durch den Arzt, seinen ärztlichen Vertreter oder das von ihm beauftragte Personal stellt die **„Take-Home-Verschreibung"** dar (vgl. Absatz 8), wonach einem Patienten einmal wöchentlich eine Verschreibung für die bis zu sieben Tagen benötigte Menge des Substitutionsmittels ausgehändigt wird (in Ausnahmefällen wie Auslandsaufenthalt bis zu 30 Tagen) und dessen eigenverantwortliche Einnahme erlaubt ist. Dabei wird die Verantwortung des Arztes für eine „Take-Home-Verschreibung" erhöht, indem sie vom „bisherigen Erfolg der Behandlung" abhängig ist und sich der Arzt verpflichtet, die Bewertung des Erfolges einer Behandlung nach dem anerkannten Stand der Wissenschaft vorzunehmen. Die Aushändigung der Verschreibung ist im Rahmen einer persönlichen ärztlichen Konsultation vorzunehmen!

Der Bundesausschuss der Ärzte und Krankenkassen hat **„Richtlinien zur substitutionsgestützten Behandlung Opiatabhängiger"** bzw. anerkannte Untersuchungs- und Behandlungsmethoden (AUB-Richtlinien) veröffentlicht, in denen Rechte und Pflichten der Vertragsärzte sowie die Leistungsansprüche von Versicherten gegenüber der Gesetzlichen Krankenversicherung (GKV) mit bindender Wirkung geregelt sind. Eine Drogensubstitution für sich allein stellt danach keine Krankenbehandlung dar, weil therapeutisches Ziel bei einer Suchtbehandlung stets die Drogenabstinenz ist. Somit ist die Substitution als solche nicht Gegenstand der vertragsärztlichen Versorgung. Bei bestimmten Indikationen kann aber die Substitution als notwendiger Teil der Suchtbehandlung angesehen werden, wenn die Behandlung mittels der Drogensubstitution erst ermöglicht wird. Als formelle Voraussetzung bedarf der Arzt, der eine Substitutionsbehandlung durchführen will, einer Genehmigung durch die **Kassenärztliche Vereinigung** (KV), die nur bei Nachweis einer fachlichen Befähigung erteilt wird (Fachkunde „Suchtmedizinische Grundversorgung"). Darüber hinaus ist die Substitution nur dann im Rahmen der Leistungspflicht der gesetzlichen Krankenkassen zulässig, wenn sie durch den substitutionsberechtigten Vertragsarzt bei der zuständigen KV beantragt wurde und ein zustimmendes Votum der Beratungskommission der KV vorliegt. Ein Arzt soll in der Regel nicht mehr als zwanzig Opiatabhängige gleichzeitig substituieren.

Die Verordnung von **Benzodiazepinen** an Suchtkranke gilt generell als kontraindiziert. Eine kombinierte Opiat-/Benzodiazepinabhängigkeit ist weitaus schwieriger zu behandeln als die Abhängigkeit von nur einer Stoffgruppe. Benzodiazepine sind kein Ersatz für psychosoziale Betreuung. Sind nichtmedikamentöse Maßnahmen zur Behandlung von Schlafstörungen unzureichend, können sedierende **Antidepressiva** oder niederpotente **Neuroleptika** indiziert sein. Bei einem beanstandeten Verordnungsverhalten können berufsrechtliche Schritte eingeleitet werden.

7.3 Epidemiologie der Vergiftung

Beim Bundesinstitut für Gesundheitlichen Verbraucherschutz und Veterinärmedizin (**BgVV**) gingen zwischen 1990 und 1999 insgesamt 7.700 Meldungen zu Fällen mit Vergiftungsverdacht ein. Trotz Meldepflicht scheint die Meldehäufigkeit nicht zufriedenstellend zu sein, da demgegenüber zum Beispiel in der Informationszentrale gegen Vergiftungen des Landes Nordrhein-Westfalen am Zentrum für Kinderheilkunde der Universität Bonn allein 1999 insgesamt 21.517 telefonische Anfragen zu Vergiftungen beantwortet wurden. Hiervon bezogen sich 47 % der Anfragen auf Kinder, Kleinkinder waren am häufigsten betroffen, wobei das höchste Risiko im Alter zwischen 1 und 3 Jahren zu liegen scheint. Am häufigsten waren **Vergiftungsfälle mit Medikamenten oder Haushaltsmitteln** zu verzeichnen (■ Abb. 7.1). In ■ Abbildung 7.2 ist der Schweregrad der Gesundheitsstörung dargestellt. Bei den Arzneimittelvergiftungen überwogen Intoxikationen mit Psychopharmaka, gefolgt von Vergiftungen mit Analgetika/Antirheumatika, Hypnotika/Sedativa, Antitussiva sowie der Gruppe der β-Rezeptorenblocker, Calciumantagonisten und ACE-Hemmer (■ Abb. 7.3). Generell gelten folgende **Arzneimittel bei Kindern als gefährlich**: alle zentral wirksamen Mittel, herzwirksame Mittel (wie Digitalis oder Antiarrhythmika), einige blutdrucksenkende Mittel, Paracetamol und andere Analgetika, Antipyretika und Antirheumatika, Antidiabetika und Schilddrüsenpräparate sowie Tuberkulostatika und Eisenpräparate. Erwachsene greifen für **Suizidversuche** am häufigsten auf Benzodiazepine, Antidepressiva, Sedativa und Histaminantagonisten zurück. Die ungefähre Zahl der Todesfälle liegt bei 3.000–4.000 pro Jahr (hohe Dunkelziffer!). Unter den **Haushaltsmitteln** sind bei Kindern insbesondere Vergiftungen mit Reinigungsmitteln (besonders Geschirrspülmaschinenreiniger), Insektiziden, Lampen- und Duftölen, Benzin, Verdünnern oder Terpentinersatz, Nagellackentferner und Knopfzellen zu nennen. Ferner sind Essigessenz, Rohrreiniger und Frostschutzmittel gefährlich. Bei Erwachsenen entstehen mittlere und schwere Vergiftungen vornehmlich durch Aufnahme oder Einwirkung von Insektiziden, Anstrichstoffen einschließlich Verdünner, flüssige Brennstoffe, Desinfektionsmittel sowie Allzweck- und Abflussreiniger. Führend bei Anfragen bezüglich einer **Vergiftung mit Pflanzen** sind Eibe, Goldregen, Ficus, Tollkirsche, Eisenhut, Geißblatt, Maiglöckchen und Vogelbeere.

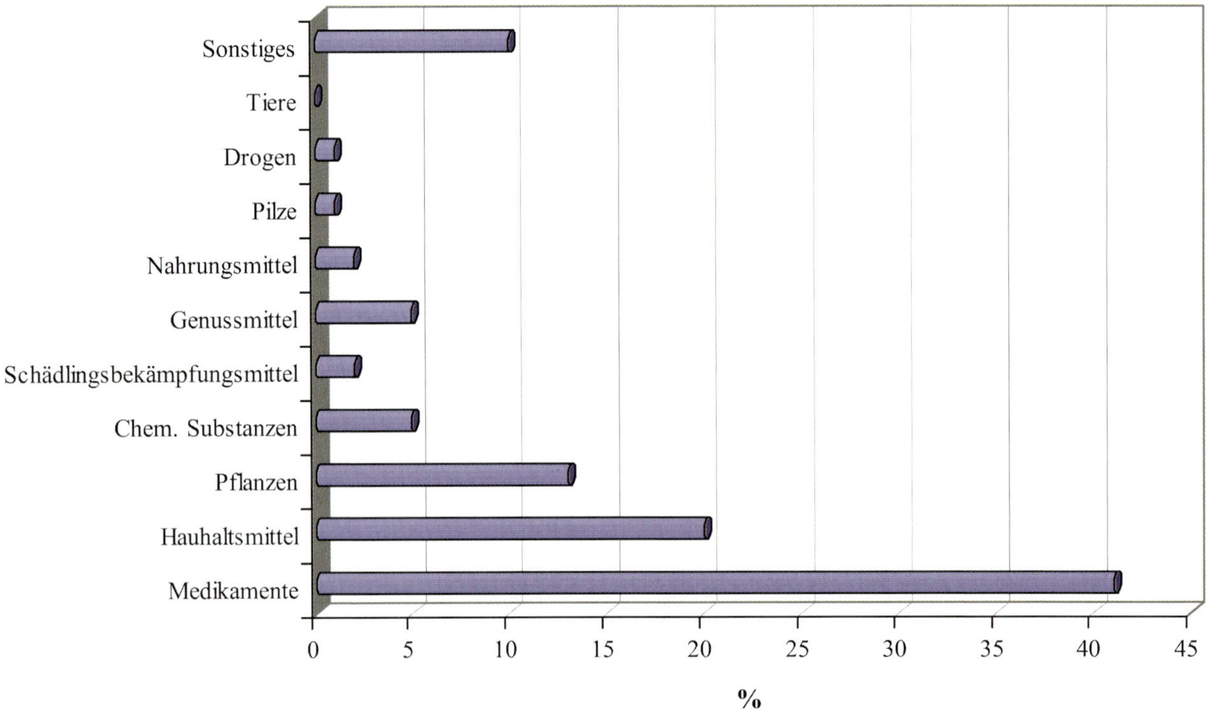

Abb. 7.1. Spektrum der Vergiftungsfälle 1999 (Giftinformationszentrale Bonn)

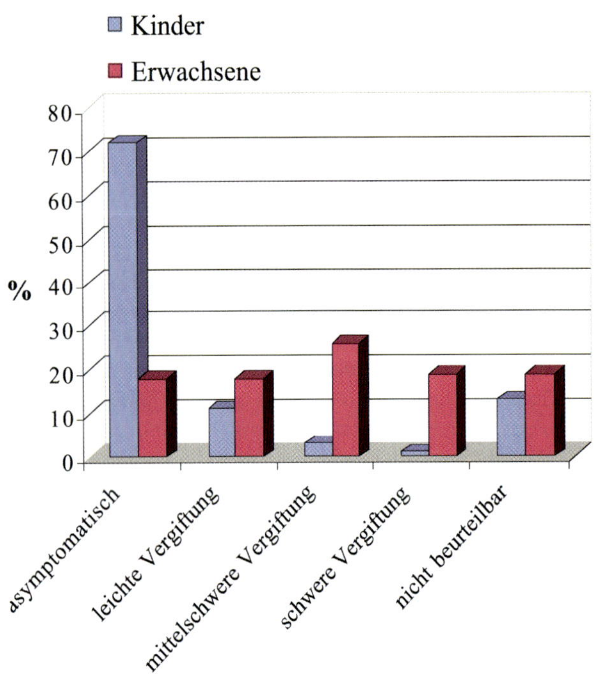

Abb. 7.2. Schweregrad der Gesundheitsstörung bei Vergiftungsfällen 1999 (Giftinformationszentrale Bonn)

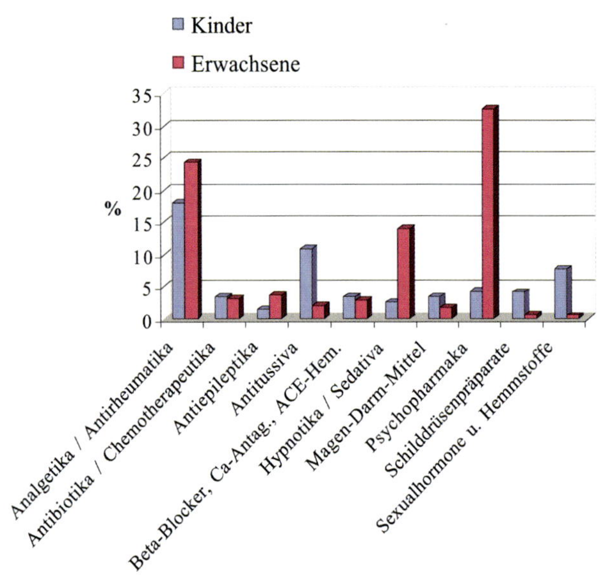

Abb. 7.3. Häufigste Medikamente unter den Vergiftungsfällen 1999 (Giftinformationszentrale Bonn)

Man geht im Allgemeinen davon aus, dass bei 5–10 % aller Patienten, die stationär in internistischen Kliniken aufgenommen werden, eine Beeinträchtigung durch **Fehl- oder Überdosierung von Medikamenten** verursacht wurde. Aufgrund der heutigen notfallmedizinischen Versorgung liegt die Letalität bei stationär behandelten Vergifteten unter 1 %.

Bei einer Befragung, die in Deutschland zwischen 1973 und 1993 insgesamt siebenmal durchgeführt wurde, gaben im Schnitt über die Jahre verteilt 15–24 % der 14–25-Jährigen zu, schon einmal eine Droge „probiert" zu haben. Die Gruppe, die zum Zeitpunkt der letzten Befragung Drogen konsumierte, ließ sich wie folgt unterteilen: Cannabisprodukte 95,4 %, Heroin, 4,5 %, Aufputschmittel 9,1 %, Cocain 9,1 %, LSD 4,5 %. Der größte Anteil der **Personen mit Drogenerfahrung** befand sich in der Gruppe der 18–20-Jährigen mit 29 %. Insbesondere der Konsum von Cannabisprodukten nimmt mit zunehmendem Alter ab. Im Jahr 1990 lag der Anteil der aktuellen Konsumenten bei den 18–20-Jährigen bei 8,2 %, bei den 21–29-Jährigen bei 6,5 % und bei den 30–39-Jährigen nur noch bei 1,6 %. Hochrechnungen aufgrund einer weiteren Befragung von Erwachsenen kommen zu dem Ergebnis, dass man in Deutschland von ca. 2 Millionen Bundesbürgern auszugehen hat, die schon einmal Cannabisprodukte konsumiert haben. Täglich sollen ca. 240.000 Personen Cannabisprodukte konsumieren, des Weiteren geht man von 100.000 „intensiven" Heroinkonsumenten aus. In den ◘ Abbildungen 7.4+7.5 sind die Anzahl der erstauffälligen Konsumenten harter Drogen in Deutschland sowie die Anzahl der Drogentoten in den letzten Jahren bzw. die regionale Verteilung der Drogentoten für das Jahr 2000 aufgeführt. Die Erfassung der **Erstkonsumenten** ist sehr lückenhaft; die Entwicklung registrierter Fälle hängt z.B. stark vom Kontrollverhalten ab (großes Dunkelfeld). **Meldepflichtige Todesfälle** sind solche, in denen ein kausaler Zusammenhang mit dem missbräuchlichen Konsum von Betäubungsmitteln besteht, sei es durch Überdosierungen, Selbsttötung aus Verzweiflung über die Lebensumstände, Entzug oder in Folge tödlicher Unfälle unter Drogeneinfluss. Gerade in der letzten Kategorie ist von einem großen Dunkelfeld auszugehen.

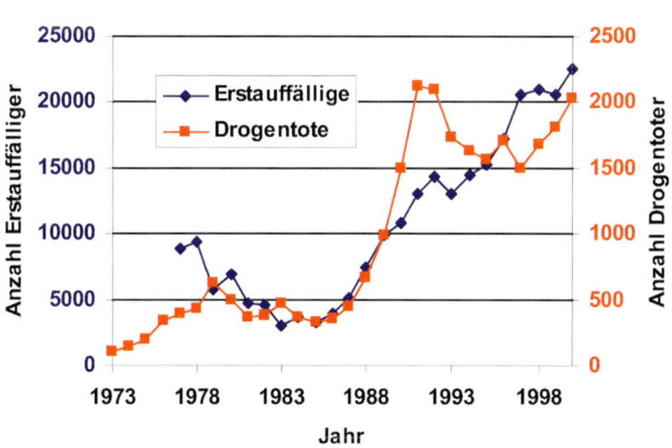

◘ Abb. 7.4. Erstauffällige Konsumenten harter Drogen und Drogentote in Deutschland (1973 (1977) –1990 alte Länder; 1991 alte Länder mit Gesamt-Berlin; ab 1992 Bundesgebiet gesamt)

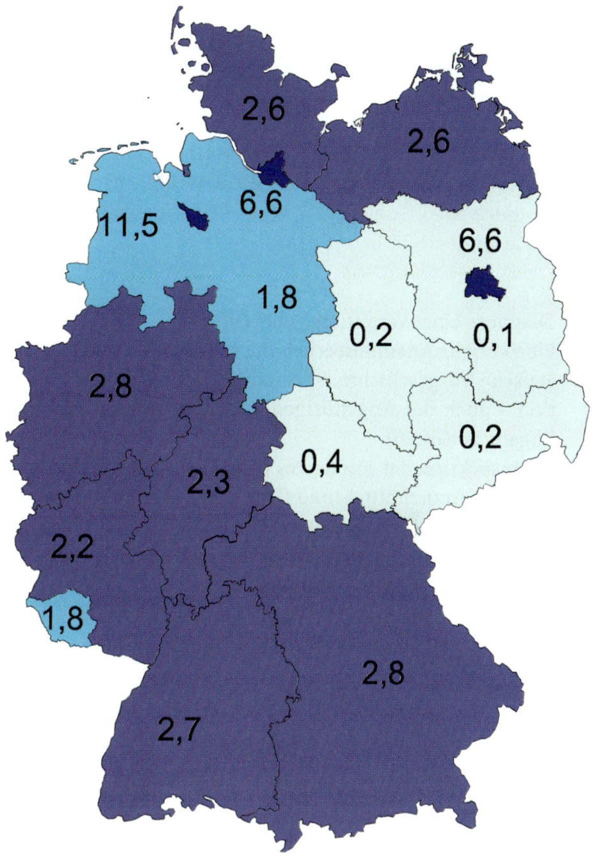

◘ Abb. 7.5. Rauschgifttodesfälle in den Ländern. Belastungszahl = Rauschgifttodesfälle pro 100.000 Einwohner

7.4 Entstehung und Verfolgung eines Vergiftungsverdachtes

Vergiftungen stellen nach den Ausführungen in Kapitel 7.3 kein seltenes Krankheitsbild dar. Nicht offensichtliche Vergiftungen werden häufig verkannt.

Wichtig

Bei jedem atypischen Krankheitsbild zuvor gesunder Personen sollte differentialdiagnostisch an eine Vergiftung gedacht werden.

Typische Hinweise sind:
- akute psychische Störungen bis hin zum Delir (besonders durch Alkohol und Drogen),
- Schwindel, Benommenheit, Krämpfe, Kreislaufstörungen, Kopfschmerzen,
- Erbrechen, Durchfall, Bauchschmerzen,
- äußerliche Auffälligkeiten (Ikterus, Haarausfall) und auffälliger Geruch.

Wichtig

Wer als Arzt zu einer Behandlung einer Erkrankung herangezogen wird, bei der der Verdacht auf eine ursächliche Einwirkung gefährlicher Stoffe oder Zubereitungen besteht, hat dem BgVV nach **§ 16e Chemikaliengesetz** den Stoff oder die Zubereitung sowie Alter und Geschlecht des Patienten, den Expositionsweg, die aufgenommenen Menge und die festgestellte Symptomatik mitzuteilen.

Zur Diagnose einer Vergiftung gehören:
- Eine gezielte Anamneseerhebung (allgemeine und psychiatrische Vorgeschichte, Suizidalität/Depression, Medikation – auch der Angehörigen –, berufliches Umfeld mit Zugang zu Giften),
- die Inspektion des Fundortes (Abschiedsbrief, Sicherstellung von Arzneimittel- und Giftresten mit umfangreicher Kontrolle von Abfallbehältern, Küche, WC),
- eine umfassende körperliche Untersuchung mit Beachtung typischer Vergiftungssymptome (s. oben)
- weitergehende apparative Untersuchungen und die Interpretation pathologischer Laborparameter (Röntgen, EKG, EEG, CCT etc.) sowie
- eine qualitative und quantitative chemisch-toxikologische Analyse.

Ein alleiniges Zurückgreifen des Arztes auf Angaben von Patienten oder Angehörigen kann zu medizinisch wie forensisch bedenklichen **Fehlinterpretationen** führen, da solche Angaben oft unvollständig oder (bewusst) falsch sind. Eine Intoxikation isoliert aufgrund der Symptomatik zu diagnostizieren ist schwierig, da das klinische Bild dem anderer Erkrankungen, insbesondere neurologischer oder internistischer Art, ähnelt. Schwierigkeiten bestehen bei Mischintoxikationen, bei denen das Bild klinisch atypisch ist, oder eine zunächst vorherrschende Symptomatik die zunächst weniger ausgeprägte Wirkung eines anderen Stoffes überdeckt. Gefährlich wird es, wenn Vergiftungen mit Stoffen, die primär keine typische klinische Symptomatik auslösen, nicht oder erst nach Auftreten von Sekundärschäden (z.B. Leberzellnekrose bei Paracetamol oder Nierenversagen bei Äthylenglykol) erkannt werden, und eine Antidottherapie dann nicht mehr wirksam ist.

Nach erfolgter Diagnose stellt sich gerade bei forensischen Fällen die Frage nach dem Geschehensablauf beziehungsweise der **Ursache der Vergiftung**, um zu straf-, zivil- oder versicherungsrechtlichen Fragen Stellung nehmen zu können.

Checkliste

Vergiftungsursachen aus kriminalistischer Sicht

1. Vorsätzliche Fremdbeibringung
- Giftmord
- Vorsätzliche Gesundheitsschädigung durch Giftbeibringung
- Hinrichtung durch Gift

2. Absichtliche Selbstvergiftung
- Suizid
- Selbstbeschädigung
- Suchtmittelmissbrauch

3. Unabsichtliche Vergiftungen durch fremde oder eigene Hand (fahrlässig oder zufällig)
- Gewerbliche Vergiftungen durch Schädigung mittels verarbeiteter Stoffe im Berufsleben
- Unfall (Haushalt)
- Arzneimittelvergiftung (Verwechslung, falsche Verschreibung, unsachgemäße Einnahme, Einnahme durch spielende Kinder)

7.4.1 Klinische Symptome

A. Schmoldt

In der klinischen Toxikologie sind die Hauptursachen für stationäre Aufenthalte Suizidversuche, gefolgt von akzidentiellen (fraglichen) Intoxikationen bei Kindern, akzidentiellen Intoxikationen mit Drogen sowie versehentlichen, häufig kumulativen Arzneimittelüberdosierungen. Akzidentielle Expositionen mit Chemikalien bei beruflichen Umgang sind heute hingegen Raritäten.

In der Regel werden **Suizidversuche** mit zentral dämpfend wirkenden Arzneimitteln und Paracetamol unternommen, gefolgt von Antihypertensiva (Betablocker, Calciumkanalantagonisten, ACE-Hemmer) und selten wahllos mit vorhandenen Arzneimitteln vorgenommen, die für giftig gehalten werden. Ein gleichzeitiger Alkoholkonsum ist weit verbreitet.

Ebenfalls selten sind Suizidversuche mit noch vorhandenen Pestiziden, Frostschutzmitteln, Lösungsmitteln oder anderen Chemikalien, die dem Laien für den Haushalt, Garten und Hobbybereich zur Verfügung stehen. Bei akzidentiellen Intoxikationen infolge von Verwirrtheitszuständen älterer Personen findet man hingegen auch andere Arzneimittel und vor allem auch Desinfektionsmittel.

Kleinkinder nehmen Arzneimittel und Haushaltsprodukte unabhängig von der Wirkung, sondern nur aufgrund verlockender Farben, Formen oder Gerüche zu sich. Intoxikationen resultieren daraus selten, weil Kinder aufgrund des schlechten Geschmacks von diesen Produkte nur ein Mal einen Schluck probieren.

Nach Abebben der Modewelle, zweifelhafte Mischungen von Pflanzenteilen zu besonderen „Teesorten" zu verkaufen, kommen Intoxikationen mit Pflanzenteilen bei Erwachsenen praktisch nicht mehr vor. Hingegen kommen saisonal Intoxikationen mit Wild- und Zierpflanzen bei Kindern und mit Pilzen (insbesondere Knollenblätterpilz) bei Erwachsenen immer wieder vor. Intoxikationen mit Drogen richten sich in ihrer Häufigkeit nach der momentanen Mode und den Örtlichkeiten.

Im Gegensatz zu den medizinischen Einrichtungen für andere Erkrankungen und dem dafür zuständigen Personal ist die

Ausstattung für Intoxikationen meistens nicht annähernd vergleichbar, obwohl die Intoxikationen nach den kardiovaskulären Erkrankungen vielerorts zu den häufigsten Notfällen medizinischer Aufnahmestationen gehören.

In der Mehrzahl der Fälle bedrohlicher Intoxikationen können aufgrund des Zustandes des Patienten (Bewusstlosigkeit oder auch Widerstand) Eigenanamnesen nicht erhoben werden, und Fremdanamnesen erweisen sich häufig als falsch. Die intensivmedizinische Versorgung erfolgt hier häufig „blind", um zunächst die Vitalparameter zu verbessern. Erst danach kann zur weiteren Diagnostik auf das Röntgen, die Sonographie und die Laborparameter zurückgegriffen werden. Auch wenn die Rettung häufig auch ohne diese Untersuchungen – dank des medizinischen Fortschritts – gesichert werden kann, ist es für das outcome und die Qualität der medizinischen Therapie unausweichlich, auch chemisch-toxikologische Untersuchungen durchzuführen (so wie das Röntgenbild in der Unfallchirurgie selbstverständlich ist und zwar auch dann, wenn die Radiusfraktur klinisch unzweifelhaft ist). Dass die Mortalitätsrate bei stationär behandelten Intoxikationen heute auf unter 2–5 % gesunken ist, ist auch mit ein Verdienst der klinisch-toxikologischen Analytik. Aber nicht nur für das Überleben, sondern auch für die Optimierung der Therapie ist die Aufklärung der Intoxikationsursache Vorbedingung. Ohne Kenntnis der Ursache wären viele Therapiearten (z.B. die Provokation von Erbrechen, die Hämodialyse/Hämofiltration oder die Verabreichung von Antidoten) zu risikoreich, andererseits lassen sich bei z.B. längeren Beatmungszeiten sekundäre Komplikationen nicht sicher genug vermeiden.

Bis zum Abschluss der toxikologischen Untersuchungen und Vorliegen der Ergebnisse bildgebender Verfahren, wird versucht, sich außer der Vigilanzprüfung (gemäß etwa der **Glasgow coma scale** – GCS) anhand von weiteren Symptomen ein Bild über mögliche Ursachen und vor allem die Schwere der Intoxikation zu machen. Hierzu dienen die ◘ Tabellen 7.2–7.11. Zu den häufigsten Krankheitsbildern bei komatösen Patienten gehört das zentrale anticholinerge Syndrom (ZAS).

Definition

Zentrales anticholinerges Syndrom (ZAS)
Hierzu gehören: Koma oder Delir, weite Pupillen, Tachyarrhythmie mit Blockbildern (QT-Verlängerung), zerebrale Krampfanfälle, trockene Haut, Myoklonien, erhöhte Temperaturen, Harnverhaltung, verminderte Darmgeräusche. Ursachen sind Intoxikationen mit anticholinerg wirkenden Arzneimitteln, Antihistaminika in Überdosierung, Anti-Parkinson-Mittel, gelegentlich Neuroleptika, Spasmolytika, Mydriatika und natürlich Solanaceen-Alkaloide.

Aufgrund des verbreiteten Missbrauchs von Ecstasy muss weiter auch vermehrt mit einem sympathomimetischen Syndrom gerechnet werden, das längst nicht immer mit schwereren Bewusstseinsstörungen einhergehen muss.

◘ Tabelle 7.2. **Mögliche Ursachen für Bewusstseinsstörungen (Sopor/Koma)**

Hypoxie
- Hämoglobinveränderungen
  - Kohlenmonoxid
  - Methämoglobinbildner
- Sauerstoffmangel der Atemluft durch Verdrängung
  - Schnüffelstoffe
  - CO_2
  - Grubengase

Azidose
- Methanol
- Äthylenglykol
- Biguanide
- Salicylate
- Cyanid

ZNS-Dämpfung
- Narkotika
- Hypnotika/Sedativa
- Antihistaminika
- Antiepileptika
- Antidepressiva
- Opioide
- Anticholinergika
- Tranquillanzien
  - Bromide

Postiktale ZNS-Dämpfung
- Cocain
- Amphetamine
- Organochlor-Insektizide
- Halluzinogene
- Antidepressive
- Phenothiazine
- Blei
- Alkohol, Benzodiazepin-Entzug

Hypoglykämie
- Insulin
- orale Antidiabetika
- Salicylate
- Alkohol (bei Kindern)

◘ Tabelle 7.3. **Toxikologische Ursachen für eine Hypotonie**

Antihypertonika	Ethanol
Barbiturate	Opiate
Betablocker	Phenothiazine
Calciumkanalblocker	Theophyllin
(trizyklische) Antidepressiva	Eisen
Diuretika	

◘ Tabelle 7.4. **Toxikologische Ursachen für eine Hypertonie**

Amphetamine	Blei
Anticholinergika	Monoaminoxidase-Inhibitoren
Cocain	Phencyclidin
Sympathomimetika	
Halluzinogene	

◘ Tabelle 7.5. **Toxikologische Ursachen für Bradykardien, AV-Block**

Betablocker	Digitalisglykoside
Calciumkanalblocker	Opiate
zentrale Alpha-2-Agonisten	Organophosphate
	Phenylpropanolamine

Tabelle 7.6. Toxikologische Ursachen für Tachykardien/Tachyarrhythmien

Amphetamine	Eisen
Anticholinergika	Phenothiazine
Cocain	Theophyllin
Antidepressiva	und andere Xanthinderivate
β-Mimetika	

Tabelle 7.7. Toxikologische Ursachen für Bradypnoe/-Hypoventilation

Barbiturate und andere Sedativa	Opioide
Clonidin	Organophosphate
Colchicin	Strychnin
Ethanol	trizyklische Antidepressiva
Isopropanol	Schierling
neuromuskuläre Blocker	Botulismus
	Schlangengifte
	Nicotin
	Tetrodotoxin

Tabelle 7.8. Toxikologische Ursachen für eine Hyperventilation

Amphetamine	Methanol
Anticholinergika	Methämoglobinbildner
Cocain	Paraldehyd
Coffein	Pentachlorphenol
andere indirekte Sympathomimetika	Progesteron
Cyanid	Salicylate
Ethylenglykol	Biguanide
Ethanol	Theophyllin
Isoniazid	

Tabelle 7.9. Ursache für zerebrale Krampfanfälle

Amphetamine
Cocain
Organochlor-Insektizide
Halluzinogene (selten)
Opioide (Tramadol, Pethidin, Tilidin)
Blei
Antidepressiva
Phenothiazine
Entzug von Alkohol (Sedativa)

Definition

Sympathomimetisches Syndrom
Verwirrtheit, Paranoia, Tachyarrhythmie oder Bradykardie, Hypertonie, Hyperreflexie und zerebrale Krampfanfälle.
Ursachen für dieses Syndrom sind Cocain, Amphetamine und Designerdrogen aus der Reihe der Amphetamine, gelegentlich auch Ephedrin, Coffein und Theophyllin sowie α-Mimetika-haltige Nasentropfen, Fieber.

Tabelle 7.10. Pupillenweite bei komatösen Patienten

Miosis	Mydriasis
Opioide	(tiefes Koma, Herz-Kreislauf-Depression, zerebrale Hypoxie)
Pentazocin	Atropin
Oxycodon	trizyklische Antidepressiva
Dextropropoxyphen	Diphenhydramin
Codein/Dihydrocodein	Anticholinergika
Tilidin	Cocain
Fentanyle	LSD
Organophosphate	Amphetamine, Ecstasy
Carbamat-Insektizide	Skopolamin
Clonidin	
Normale Weite der Pupillen	**Nystagmus**
Barbiturate (subkomatös)	Barbiturate
Benzodiazepine	Phenytoin
Carbamazepin	Phencyclidin

Tabelle 7.11. Latenzgifte

Paracetamol
Methanol
Äthylenglykol und Derivate
Knollenblätterpilz
Brandgase
CCl_4

Seltener bietet sich ein Bild, das als cholinerges Syndrom zusammengefasst werden kann.

Definition

Cholinerges Syndrom
Sopor bis Koma, Schwäche, Hypersalivation, Miosis, Tränenfluss, Muskelfaszikulationen, Lungenödem, Bradykardie und zerebrale Krampfanfälle.
Sie werden verursacht durch Organophosphat- oder Carbamat-Insektizide (mit Warnfarben gefärbte Flüssigkeitsreste in Erbrochenem, in der Mundhöhle, Abrinnspuren?), Physostigmin und depolarisierende Muskelrelaxanzien.

Der augenblickliche Missbrauch von Heroin führt bei Überdosierung zur Opiat-Intoxikation.

Definition

Opiat-Intoxikation
Koma, Atemdepression, Lungenödem, Miosis, Bradykardie, Hypotonie, Harnverhaltung, Hyporeflexie.

Ein gleiches Symptomenbild entwickelt sich auch nach **Opioiden**. Zerebrale Krampfanfälle werden zumeist sekundär infolge der Hypoxie beobachtet. Tramadol, Pethidin und vor allem

Dextropropoxyphen können auch primär die Krampfbereitschaft erhöhen. Die Miosis fehlt gelegentlich nach Pethidin und selbstverständlich bei Mischintoxikationen mit Cocain. Der mangelnde Erfolg einer Naloxongabe kann trügen, wenn hohe Methadonkonzentrationen vorliegen, vor allem aber, wenn Heroinabhängige mit Buprenorphin substituiert werden.

Die **klinischen Symptome** können aber auch vorerst fehlen oder vom Schweregrad her gesehen fehlinterpretiert werden. Diese Gefahr besteht bei der Aufnahme von „Latenzgiften" (► s. Tabelle 7.11). Die Symptomatik nach Methanol ist zunächst nur eine blande Alkoholisierung, ehe der neurotoxische Schaden und die Azidose durch Ameisensäure manifest wird. Die irreversible Leberschädigung setzt erst ein, wenn die Paracetamolkonzentration schon wieder auf subtherapeutische Konzentrationen abgefallen ist (2. Tag) und bei Knollenblätterpilzen fängt die Diarrhö erst Stunden später an, die Leberdystrophie manifestiert sich erst ab 2.–3. Tag. Auch nach Rattengift (Cumarinderivate) gibt es anfangs kaum Symptome, Thallium-Intoxikationen verursachen anfangs nur vorübergehend dyspeptische Beschwerden. Erst nach 2–3 Tagen tritt die gefürchtete Neuropathie und Kardiotoxizität auf. Bei Brandgasen (heiße Dämpfe und Rauche komplexer Zusammensetzung) sollte auch bei völliger Symptomfreiheit allein die Hitze Grund für eine Nachbeobachtungszeit von ca. 12 Stunden sein. Ein toxisches Lungenödem kann sich noch bis zu 24 Stunden später entwickeln.

Die Angabe von **Plasmakonzentrationen** ist in der forensischen Toxikologie riskant. Die Konzentrationen unterscheiden sich erheblich von denen bei Gesunden dadurch, dass in der Toxikologie in der Regel akute Überdosierungen gemessen werden und der Austausch zwischen Plasma, Blutzellen und Geweben bei Leichen nicht zu denen bei Lebenden zu erwartenden Einstellungen führen. Die in ◘ Tabelle 7.12 aufgeführten Werte können deshalb nur als grober Anhaltspunkt und als Orientierung verstanden werden. Sie sind zitiert nach der Veröffentlichung von **Schulz und Schmoldt (1997)**, worauf sich auch die Fußnoten und die Referenzen beziehen. Wenn immer möglich, wurde Bezug genommen auf die Talwerte bei chronischer Exposition und die Halbwertzeit auf die β- oder λ_z-Phase eingetragen. Dies ist in den meisten Fällen nicht die Phase, in der Todesfälle auftreten. Komatös-toxische Konzentrationen wurden aus der Literatur und zum Teil eigenen Erfahrungen heraus notiert und die glaubhaft niedrigsten Konzentrationen ausgewählt, nach denen es zu schweren Vergiftungen oder tödlichen Intoxikationen kam.

7.4.2 Forensische Fragestellungen bei Lebenden

F. Mußhoff, B. Madea

Unter den absichtlichen Selbstvergiftungen ist der Suchtmittelmissbrauch führend. Insbesondere der Nachweis von berauschenden Mitteln im Zusammenhang mit Straftaten (► s. Kap. 7.2) steht im Mittelpunkt der forensischen Toxikologie wie bei der

- Teilnahme am Straßenverkehr in fahrunsicherem Zustand (► s. Kap. 8) und
- Ausführung von anderen Straftaten im Zustand einer möglicherweise intoxikationsbedingt eingeschränkten Steuerungsfähigkeit (► s. Kap. 6).

Die Anordnung zur Entnahme einer Blutprobe stützt sich auf § 81a der Strafprozessordnung und setzt konkrete Verdachtsmomente voraus. An einen Anfangsverdacht werden allerdings relativ geringe Anforderungen gestellt, wie Alkoholgeruch oder Hinweise auf eine auch nur leichte Intoxikation. Dabei müssen keine erheblichen Ausfallerscheinungen vorliegen, es genügen Auffälligkeiten, z.B. in der Pupillomotorik.

§ 81a StPO Körperliche Untersuchung des Beschuldigten

(1) Eine körperliche Untersuchung des Beschuldigten darf zur Feststellung von Tatsachen angeordnet werden, die für das Verfahren von Bedeutung sind. Zu diesem Zweck sind Entnahmen von Blutproben und andere körperliche Eingriffe, die von einem Arzt nach den Regeln der ärztlichen Kunst zu Untersuchungszwecken vorgenommen werden, ohne Einwilligung des Beschuldigten zulässig, wenn kein Nachteil für seine Gesundheit zu befürchten ist.

(2) Die Anordnung steht dem Richter, bei Gefährdung des Untersuchungserfolges durch Verzögerung auch der Staatsanwaltschaft und ihren Hilfsbeamten zu.

Eine chemisch-toxikologische Analytik wird bei folgenden weiteren rechtlichen Fragestellungen gefordert:

- im Rahmen einer Überprüfung der Fahreignung (► s. Kap. 8),
- zur Überprüfung von Zivildienstleistenden (z.B. bei Antritt einer Stelle in Einrichtungen der Suchthilfe) und
- zur Überprüfung auf Drogenabstinenz bei Einstellungen oder am Arbeitsplatz („Workplace-Drug-Testing").

In Anbetracht der Folgen für den Betroffenen sollten nur besonders qualifizierte Laboratorien mit entsprechenden Analysen beauftragt werden. Eine Bestätigung positiver (z.B. immunchemischer) Befunde mit unabhängigen Methoden (z.B. GC/MS) ist zu verlangen.

Selbstbeschädigung

Eine Selbstbeschädigung durch Gift kann aus verschiedensten Gründen erfolgen, auch finanzielle Vorteile können von Bedeutung sein.

Fallbeispiel

Bei einem 26-jährigen Patienten erfolgte nach operativer Versorgung einer rezidivierten Leistenhernie bei komplikationslosem postoperativen Verlauf sowie bei Beschwerdefreiheit und reizlosen Wundverhältnissen nach 6 Tagen die Entlassung. Vier Wochen später stellte sich der Patient erneut mit einer erheblichen lokalen schmerzhaften Weichteilschwellung

Tabelle 7.12. **Therapeutische und toxische Plasmakonzentrationen**

Substanz	Blutplasma-/Serum-Konzentration (µg/ml) therapeutisch	toxisch	komatös-letal	t 1/2 (h)
Acetylsalicylsäure (ASS, ASA)	20–200	300–350	(400–) 500	3–20
Ajmalin	(0.1–) 0.53–2.21 (?)		5.5	
Alfentanil	0.03–0.4			0.6–2.3
Alprazolam	0.005–0.05 (–0.08)	0.1–0.4		6–20
Alprenolol	0.025–0.14	1	40–48	2–7
Aminosalicylsäure (Mesalazin)	ca. 1			0.5–2.4
Amiodaron	(0.5–) 1–2 (–2.5)	2.5–3		30–120
Amitriptylin	0.05–0.3	0.5–0.6	1.5–2	30–50
Amlodipin	0.005–0.015 (0.003–0.011)	0.088	0.1–0.2	34–50
Amoxapin	0.18–0.6	5		8
Atenolol	0.1–1 (–2)	2–3	27	4–14
Atracuriumbesilat	0.1–0.5 (–5)			ca. 0.5
Atropin	0.003–0.025			2–6, 13–38
Baclofen	0.08–0.4	1		6.8 ± 0.7
Bambuterol	siehe Terbutalin			10
Benzbromaron	2–10			2–4
Betaxolol	0.005–0.05			14–22
Biperiden	0.05–0.1			18–24
Bisoprolol	0.01–0.1			10–12
Blei	ca. 0.1	0.6		
Brallobarbital (Brallobarbiton)	4–8	8–10	15	20–40
Bromazepam	(0.05–) 0.08–0.2	0.3–0.4	(1–)2	8–22
Bromid-Ionen	10–50	500–1500	2000	ca. 300
Bromperidol	0.001–0.02			20–36
Brotizolam	0.001–0.02			4–10
Bupivacain	(0.25–) 0.5–1.5 (–2)	2–4		0.5–3
Bupranolol				2–4
Buprenorphin	0.0005–0.005 (–0.01)			3–5
Buspiron	0.001–0.004			2–3
Butabarbital	5–10 (–15)	20	30	34–42
Butalbital	1–5	10–20	25–30	30–40
Captopril	0.05–0.5	6	60	1–2
Carazolol	–0.015			9
Carbamazepin	2–8 (4–12)	10	20	12–60
Carbromal	2–10	20	40	7–15
Chinidin	1–5	6–10	10–15	4–12
Chinin	1–7	10		4–15
Chloralhydrat	1.5–15	50	100	8–30
Chloramphenicol	5–10 (–15)	25		2–6
Chloroquin	0.02–0.5	1	3	Dosis abhängig
Chlorprothixen	0.02–0.2	0.4	0.8	10–30
Citalopram	ca. 0.03		5–6	ca. 33
Clenbuterol	0.0003–0.0006			34–35
Clomethiazol (Chlormethiazol)	0.7–2	4–15	50	3–7
Clomipramin	(0.02–) 0.09–0.25 (–0.4)	0.4–0.6	1	20–26
Clozapin	(0.1–) 0.3–0.6 (>0.35?)	0.6–1 (9.5)	2	6–14
Cocain	0.1–0.3	0.5	4	0.5–1
Codein	0.03–0.25	1	1.8	3–4
Coffein	(2–) 4–10	15–20	80	2–10
Cyanid		0.5	1–3	ca. 19
Desipramin	0.01–0.5 (0.12–0.25)	1	3	15–25
Dextromethorphan	0.01–0.04	0.1	3	2–4
Dextropropoxyphen	0.05–0.3 (–0.5)	1	1.2	10–30

■ Tabelle 7.12. (Fortsetzung)

Substanz	Blutplasma-/Serum-Konzentration (µg/ml) therapeutisch	toxisch	komatös-letal	t 1/2 (h)
Diazepam	0.2–2 (–2.5)	3–5		24–48
Diclofenac	0.5–3	608		1–2
Digitoxin	0.01–0.025	0.03	0.04	140–200
Digoxin	0.0005–0.002	0.0025–0.003	0.005	40–70
Dihydrocodein	0.03–0.25	1	2	3–4
Diltiazem	0.03–0.13 (–0.25)	0.8–1	7; 8	2–6 (4–9)
Diphenhydramin	0.05–0.1 (–1)	1–2	5	4–10, 20–60
Dosulepin	0.02–0.1	0.8	1	11–40
Doxepin	0.01–0.2 (0.03–0.1)	0.5–1	2–4	8–25
Doxylamin	0.05–0.2	1–2	5	9–11
Enalapril	0.01–0.05 (–0.1)			8–11
Ephedrin	0.06–0.1			3–11
Ethambutol	2–8	10		2.5–3.5
Ethanol		1000–2000	3500–4000	
Etomidat	0.1–0.5 (–1)			3.9 ± 1.1 (2–11)
Fenoterol	(0.001–) 0.01–0.04			ca. 7
Fentanyl	0.005–0.3		0.003–0.02	1–3
Flecainid	(0.2–) 0.4–0.8	1–2	2.6; 13	10–20
Fluconazol	ca. 1–5	95		22–31
Flupentixol	0.0005–0.002			19–39
Flurazepam	0.02–0.1	0.2–0.5	0.8; 248	ca. 2
Furosemid	1–6	25		1–3
Gallopamil	0.02–0.1		8	3–8
Glibenclamid	0.1–0.2	0.6		4–10
Haloperidol	0.005–0.05 (0.001-0.02)	0.05–0.5	0.18	10–35
Ibuprofen	10–30	100–400		2–3
Indometacin	0.3–1	5		3–11
Isoniazid (INH)	5–10	20	100	1–3
Ketamin	1–6	7		1–3
Kohlenmonoxid		25–30%	50–60%	
Levomepromazin	0.005–0.025		0.4	15–30
Levomethadon	0.04–0.3	0.1	0.2	10–40
Lidocain (Lignocain)	(1–) 1.5–5	6–7	10	1–4
Loperamid				7–15
Lorazepam	(0.02–) 0.08–0.25	0.3–0.5		10–40
Lormetazepam	0.005–0.025 (–0.1)			10–15
Maprotilin	0.1–0.6 (0.1–0.25)	0.5–1	1–5	20–60
MCPA	s. 2-Methyl-4-chlorphenoxy-essigsäure			
Mepivacain	ca. 0.4	5–6 (–10)		1–3
Methamphetamin	0.01–0.05	0.2–1	40	6–9
Methohexital	1–6			1–3
Methotrexat	0.04–?	0.4		2–10
2-Methyl-4-chlorphenoxy-essigsäure (MCPA)		ca. 100	ca. 180	
Metoclopramid	0.05–0.15			3–6
Metoprolol	0.035–0.5	0.65	12; 63	3–6
Mianserin	0.01–0.15	0.5–5		8–19
Midazolam	0.04–0.1 (–0.25)	1–1.5		1.5–3
Moclobemid	ca.0.5–1.5 (–3)	11; 25–60		1–3
Morphin	0.01–0.1	0.1	0.1–4	1–4
Naloxon	0.01–0.03			1–2
Naltrexon	–0,005			4–10
Naproxen	20–50 (–70)	414		10–20
Nicotin	0.005–0.02 (–0.03)	0.4 (–1)	5; 13.6	1–4

■ Tabelle 7.12. (Fortsetzung)

Substanz	Blutplasma-/Serum-Konzentration (µg/ml) therapeutisch	toxisch	komatös-letal	t 1/2 (h)
Nifedipin	0.025–0.1	ca. 0.15		2–5
Nitrazepam	0.03–0.1	0.2–3	5(?)	20–30
Nitrofurantoin	1.8–5.5			1 ± 0.3
Nitroprussid	siehe Thiocyanat	siehe auch Cyanid		
Nordazepam	0.02–0.2 (–0.8)	2		40–80
Norephedrin	siehe Phenylpropanolamin			
Olanzapin	ca. 0.03			33 (21–54)
Omeprazol	–			0.5–1 (–1.5)
Oxazepam	0.2–1.5	2	3–5	6–20
Oxcarbazepin	22			
Pancuronium	0.2–0.6	0.4		1.5–2.5
Paracetamol	2.5–25	100–150	200–300	2–4
Paraldehyd	10–100	200	400–500	4–10
Paraoxon	–	0.005		
Paraquat	–	0.05	1–2	
Parathion		0.01–0.05	0.05–0.08	
Paroxetin	<0.01–0.05 (–0.1)			16–24
Pentobarbital	1–10	10–19	15–25	20–40
Pethidin	0.1–0.8	1–2	2 (–3)	3–6 (–10)
Phenobarbital	10–30 (15–40)	30–40	50–60	60–130
Phenprocoumon	0.16–3.6 (1–5)	ca. 5		100–160
Phenylpropanolamin (Norephedrin)	0.1–0.5	2		3–7
Phenytoin	5–15 (10–20)	20–25	50	10–60
Physostigmin	<0.001–0.005			0.4–1
Pimozid	ca. 0.004–0.01			24–55
Piritramid	0.0088 ± 0.0053			4–10
Prazosin	0.001–0.02	0.9		2.9 ± 0.8
Probenecid	100–200 (20–150)			3–17
Procain	0.2–2.7		20	–0.5
Procainamid	4–10 (3–9)	10–15		2–5
Promethazin	0.05–0.2 (–0.4)	1–2	2.4	8–15 (–20)
Propafenon	0.4–3 (0.06–1)	2–3	7.7	5–8, 2–32
Propofol	ca. 2–8			3–8
Propranolol	0.02–0.3	(0.5–) 1–3	4–10	2–6
Prothipendyl	ca. 0.05–0.2	ca. 0.5 (–1)		2–3
Pyridostigmin	<0.05–0.15			1–2.5
Quecksilber	<0.005	0.2		
Rifampicin	0.1–10			2–3 (–6)
Salbutamol (Albuterol)	<0.01–0.02	0.1–0.15		3–6
Salicylsäure	20–200	300–350	(400–) 500	3–20
Sotalol	0.5–3 (–4)	7,5–16	40	5–13 (–17)
Sufentanil	0.0005–0.010			2–5, 22
Sulpirid	0.05–0.4 (–0.6)			4–7
Sultiam	0.5–12.5	12–15	20–25	3–30
Talinolol	0.04–0.15		5; 20	10–14
Teicoplanin	5–40(–50)			70–100
Temazepam	0.02–0.15 (–0.5)	1	8.2; 14.0	6–25
Terbutalin	0.005–0.03			16–20
Tetrazepam	0.05–0.6 (–1)			10–26
Theophyllin	8–20	>20	50	6–9
Thiocyanat	1–12	35–50		3–4
Thiocyanat aus Nitroprussid	5–30	50–100		
Thiopental	1–5		10–15	3–8

■ Tabelle 7.12. (Fortsetzung)

Substanz	Blutplasma-/Serum-Konzentration (µg/ml) therapeutisch	toxisch	komatös-letal	t 1/2 (h)
Tilidin	0.05–0.12		1.7	ca. 3
Tolmetin	10–80			2–4
Tramadol	0.1–1 (>0.3)		2	5–10
Trazodon	(0.5–) 0.8–1.6	4	15	4–8
Triazolam	0.002–0.02			2–5
2,4,5-Trichlorphenoxyessigsäure (2,4,5-T)	–	ca. 100		23–33
Triflupromazin	0.03–0.1	0.3–0.5		ca. 6
Trimethoprim	1.5–2.5	20		8–11
Valproinsäure	40–100(50–150)	150–200		10–20 (7–17)
Vancomycin	≤ 5–10 (–12)	40		4–11
Vecuronium	ca. 0.2–0.37			1–1.5
Venlafaxin	ca. 0.2–0.4			3–5
Verapamil	(0.01–) 0.02–0.25 (–0.3)	1	2.5	6–14
Warfarin	1–3 (–7)	10	100	37–50
Zolpidem	0.08–0.15	0.5		2–5
Zopiclon	<0.1			3.5–8
Zotepin	0.01–0.15	0.15–0.2		14–16

vor, weitere Entzündungszeichen waren nicht nachweisbar. Unter der Diagnose eines tief greifenden Wunddefektes erfolgte am gleichen Tag die operative Revision. Intraoperativ fand sich anstelle des erwarteten Abszesses eine ausgedehnte Kolliquationsnekrose. Auffallend war ein starker Benzingeruch ausgehend vom verflüssigten nekrotischen Material. Eine chemisch-toxikologische Untersuchung bestätigte den Verdacht auf Selbstbeibringung eines Benzingemisches. Bei Verdacht auf Vorliegen einer Selbstbeschädigung wurde der Patient mit den Untersuchungsergebnissen konfrontiert und räumte nach Befragen einen entsprechenden Vorgang ein. Ziel war anscheinend aufgrund eines Behandlungsfehlervorwurfes Schmerzensgeld zu verlangen.

Gewerbliche Vergiftungen

Bei gewerblichen Vergiftungen zum Beispiel durch Lösungsmittel, Metalle und Metallverbindungen oder Pestizide existieren große individuelle Unterschiede in der Empfindlichkeit gegen diese potentiellen Gifte; unter anderem sind Alter, Vorschädigungen durch andere Krankheiten, Konstitution, Hautschäden und Allergien von großer Bedeutung. Leider wirkt sich bei der Diagnose häufig die Unkenntnis der Patienten über die chemische Natur der zu verarbeitenden Stoffe nachteilig aus, des Weiteren werden Arbeitsschutzmaßnahmen zum Teil nur unzureichend Folge geleistet. Manche Krankheiten entwickeln sich erst nach Jahren oder gar Jahrzehnten selbst nach Beendigung der gefährdenden Tätigkeit (z.B. berufsbedingter Krebs).

Wichtig

Berufsbedingte Vergiftungen sind meldepflichtig. Nach § 202 Sozialgesetzbuch (SGB), „Anzeigepflicht von Ärzten bei Berufskrankheiten", haben Ärzte dem Unfallversicherungsträger oder der für den medizinischen Arbeitsschutz zuständigen Stelle einen entsprechenden Verdacht anzuzeigen.

Arbeitsstoffe können qualitativ und quantitativ am Arbeitsplatz erfasst, die Exposition der Beschäftigten kann exakt protokolliert werden. Neben besonderen Arbeitsschutzvorschriften existieren zur Prävention **m**aximale **A**rbeitsplatz-**K**onzentrationen (**MAK-Werte**), bei deren Einhaltung in 8-Stunden-Schichten die Gesundheit auch bei langfristiger Beschäftigung nicht beeinträchtigt wird. Die individuelle Schadstoffaufnahme kann auch durch Analyse im biologischen Material (Harn, Blut, Kot, Exhalationsluft) mit besonderen Toleranzwerten (**BAT** = **B**iologische **A**rbeitsplatz-**T**oleranz) kontrolliert werden. Für karzinogene Stoffe sind weder die Zusammenhänge zwischen Dosis und Wirkung im Bereich kleiner und kleinster Konzentrationen hinreichend geklärt, noch liegen genügend Informationen über die Krebshäufigkeit der Beschäftigten bei bestimmten Expositionsgrößen vor. Für solche Stoffe hat man **t**echnische **R**icht-**K**onzentrationen (**TRK-Werte**) eingeführt.

Ökonomische Vergiftungen

Ökonomische Vergiftung ereignen sich durch Giftstoffe im häuslichen Bereich. Die Einteilung von Kosmetika erfolgt vorwiegend nach ihrer Anwendung (Hautpflege, Zahn- und Mundpflege, Haarpflege, Riechstoffe, Licht- und Wärmeschutz). Sie müssen so hergestellt beziehungsweise in Verkehr gebracht werden, dass sie ungeeignet sind, die menschliche Gesundheit zu schädigen (EG-Richtlinie). In der „**Blauen Liste**" werden die Inhaltsstoffe von Kosmetika in vier Wirkstofftypklassen eingeteilt (Farbstoffe, Konservierungsstoffe, UV-Filter und weitere Stoffe) und nach chemischen, allergologischen und toxikologischen Gesichtspunkten beurteilt. Selbst bei oraler Zufuhr der reinen Substanzen sollen alle zugelassenen Inhaltsstoffe von Kosmetika keine große toxikologische Relevanz besitzen. Im Gegensatz zu den Kosmetika unterliegen Inhaltsstoffe von Haushaltschemikalien keinem Zulassungsverfahren. Die Vermarktung wird im **Lebensmittel- und Bedarfsgegenständegesetz** geregelt (**LMBG**), wonach Produkte verboten werden, „die bei bestimmungsgemäßem oder vorauszusehendem Gebrauch die Gesundheit schädigen". Für als gesundheitsschädlich oder gefährlich eingestufte Substanzen gelten im Rahmen des **Chemikaliengesetzes (ChemG)** die Bestimmungen der **Gefahrstoffverordnung (GefStoffV)**, in der Art und Ausführung der Kennzeichnung geregelt und genaue Dosisbereiche für Toxizitäten anhand von LD_{50}- beziehungsweise LC_{50}-Werten in Abhängigkeit vom Aufnahmeweg festgelegt sind (◘ Tabelle 7.13).

Definition

LD_{50}: Mittlere Menge (Dosis), die nach Verbringen in den Magen oder Auftragen auf die Haut bei 50 % der behandelten Versuchstiere zu einer tödlichen Vergiftung führt (mg/kg Körpergewicht).
LC_{50}: Mittlere Menge (Dosis), die nach Aufnahme über die Atemwege innerhalb eines bestimmten Zeitraumes bei 50 % der behandelten Versuchstiere zu einer tödlichen Vergiftung führt (mg/l Luft pro 4 Stunden).
LOEL = lowest observed effect level: Dosis, bei der erste toxische Effekte des Stoffes beobachtet werden.
NOEL = no observed effect level: Dosis, bei der keine Toxizität beobachtet werden kann.

Infobox

Alle giftigen und gefährlichen Stoffe werden im **Chemikaliengesetz** unter dem Begriff „**Gefährliche Stoffe**" zusammengefasst:
- Sehr giftige Stoffe
- Giftige Stoffe
- Mindergiftige Stoffe
- Ätzende Stoffe
- Reizende Stoffe
- Krebserzeugende Stoffe
- Umweltgefährliche Stoffe

Grundlage für die Einstufung ist die **Gefahrstoffverordnung**. Stoffe und Zubereitungen sind gem. § 3a Abs. 1 Chemikaliengesetz wie folgt einzustufen:
- **Sehr giftig**: wenn sie in sehr geringer Menge bei Einatmen, Verschlucken oder Aufnahme über die Haut zum Tode führen oder akute oder chronische Gesundheitsschäden verursachen können.
- **Giftig**: wenn sie in geringer Menge bei Einatmen, Verschlucke oder Aufnahme über die Haut zum Tode führen oder akute oder chronische Gesundheitsschäden verursachen können.
- **Mindergiftig**: wenn sie bei Einatmen, Verschlucken oder Aufnahme über die Haut zum Tode führen oder akute oder chronische Gesundheitsschäden verursachen können.
- **Ätzend**: wenn sie lebende Gewebe bei Kontakt zerstören können.
- **Reizend**: wenn sie bei kurzzeitigem, länger andauernden oder wiederholtem Kontakt mit Haut oder Schleimhaut eine Entzündung hervorrufen können.
- **Sensibilisierend**: wenn sie bei Einatmen oder Hautkontakt Überempfindlichkeitsreaktionen auslösen können, die durch das Immunsystem vermittelt sind.
- **Krebserregend**: wenn sie bei Einatmen, Verschlucken oder Aufnahme über die Haut Krebs erregen oder die Krebshäufigkeit erhöhen können.
- **Fruchtschädigend**: wenn sie bei Einatmen, Verschlucken oder Aufnahme über die Haut nicht vererbbare Schäden der direkten Nachkommenschaft hervorrufen oder deren Häufigkeit erhöhen.
- **Erbgutverändernd**: wenn sie bei Einatmen, Verschlucken oder Aufnahme über die Haut vererbbare Schäden zur Folge haben oder deren Häufigkeit erhöhen.
- **Auf sonstige Weise chronisch schädigend**: wenn sie bei wiederholter oder chronischer Exposition einen schweren Gesundheitsschaden verursachen können.

Gefährliche Stoffe müssen mit Gefahrensymbolen (◘ Abb. 7.6) sowie R-Sätzen (Hinweise auf besondere Gefahren) und S-Sätzen (Sicherheitsratschläge) gekennzeichnet werden.

Unabsichtliche Vergiftungen

Unabsichtliche Arzneimittelvergiftungen können zum Beispiel durch Verwechslung, falsche Anwendung, fehlerhafte Rezepte oder fehlerhafte Abgabe auf Rezepte auftreten. Hierzu zählen auch nicht selten festzustellende Vergiftungen von Kindern

◘ Tabelle 7.13. **Einstufung sehr giftiger und giftiger Stoffe und Zubereitungen nach dem Leitfaden der Gefahrstoffverordnung**

Bezeichnung	LD_{50} Aufnahme über den Magen-Darm-Trakt bei Ratten (mg/kg KG)	LD_{50} Aufnahme über die Haut bei Ratten oder Kaninchen (mg/kg KG)	LC_{50} Aufnahme über die Atemwege bei Ratten (mg/l Luft in 4 h)
Sehr giftig	< 25	< 50	< 0,5
Giftig	$25 < LD_{50} < 200$	$50 < LD_{50} < 400$	$0{,}5 < LC_{50} < 2$
Mindergiftig	$200 < LD_{50} < 2000$	$400 < LD_{50} < 2000$	$2 < LC_{50} < 20$

Abb. 7.6. Gefahrensymbole nach der Gefahrstoffverordnung. Diese Symbole müssen in Abhängigkeit der Einstufung auf Chemikalienverpackungen angegeben werden

durch nicht hinreichend sicher aufbewahrte Arzneimittel. Ebenso sind hier Narkosezwischenfälle und allergische Arzneimittelreaktionen anzuführen.

7.4.3 Leichentoxikologie

Für eine Intoxikation charakteristische Leichenschaubefunde, also äußerlich wahrnehmbare typische Veränderungen des Körpers, sind selten. Auch zuvor schwerstkranke Personen könnten letztendlich vergiftet worden sein, wofür bei der Leichenschau kaum Hinweise zu erlangen sind. Bei Todesfällen unter stationären Bedingungen ist immer zu hinterfragen, ob das Grundleiden den Todeseintritt zu diesem Zeitpunkt unter den gegebenen Umständen hinreichend erklärt. Einem entsprechenden Verdacht ist auch im Interesse der Klinik und der Patienten sofort nachzugehen. Wichtig für die Verdachtsdiagnose einer Vergiftung ist neben dem Leichenschaubefund die Berücksichtigung anamnestischer Daten sowie der Umstände des Todeseintrittes.

Checkliste

Eine tödliche Intoxikation ist in Betracht zu ziehen
- bei Kindern ohne Vorerkrankung,
- bei jungen, bisher gesunden Personen,
- bei gleichzeitiger Erkrankung mehrerer Personen oder gleichzeitigem Todesfall bei Haustieren,
- bei psychiatrischer Vorerkrankung,
- bei Drogenabhängigkeit,
- bei Personen, an deren Ableben ein großes Interesse bestehen könnte (zur Last fallende Angehörige, Erblasser, hohe Lebensversicherung, Feinde, Mitwisser, Nebenbuhler etc.) und
- bei Personen mit Zugang zu Giften (Chemiker, Biologen, Ärzte, Apotheker, Krankenschwestern, Fotografen, Goldschmiede etc.).

Wichtig

Vergiftungen sind nur in Ausnahmefällen bei der Leichenschau zu erahnen. Der Nachweis erfolgt nur durch eine chemisch-toxikologische Analyse.

Hinweise auf eine Intoxikation kann schon ein auffälliger Geruch in einem Raum geben (Chlor, Bittermandelgeruch etc.). Wichtig bei Wohnungsfundorten ist auch die Kontrolle von Rauchabzügen, Feuerstellen, Kaminanschlüssen oder Gasboilern (CO-Intoxikation). Manchmal finden sich leere Tablettenverpackungen, Spritzen, Behältnisse für Pestizide, Flaschen (Inhalt muss nicht dem Etikett entsprechen), Trinkgefäße oder Essensreste mit verdächtigem Inhalt oder Aussehen. Auch in einem Abschiedsbrief können wichtige Informationen enthalten sein. Wichtige Spuren und Hinweise können vernichtet werden, wenn Angehörige – oft in bester Absicht – „aufräumen". Obwohl es keine für eine Vergiftung typischen Beweisanzeichen gibt, können sowohl bei der äußeren Leichenschau als auch bei der Leichenöffnung Befunde mit Hinweischarakter auf eine Intoxikation erhoben werden (◘ Tabelle 7.14).

Die Durchführung der Leichenöffnung bei Vergiftungsverdacht ergibt sich aus dem § 91 StPO und den vornehmlich für die Staatsanwaltschaft bestimmten „Richtlinien für das Strafverfahren und das Bußgeldverfahren (RiStBV)":

§ 91 StPO Vergiftung

(1) Liegt der Verdacht einer Vergiftung vor, so ist die Untersuchung der in der Leiche oder sonst gefundenen verdächtigen Stoffe durch einen Chemiker oder durch eine für solche Untersuchungen bestehende Fachbehörde vorzunehmen.
(2) Es kann angeordnet werden, dass diese Untersuchung unter Mitwirkung oder Leitung eines Arztes stattzufinden hat.

RiStBV Abschn. I, Nr. 35 (Entnahme von Leichenteilen):
(1) Der Staatsanwalt hat darauf hinzuwirken, dass bei der Leichenöffnung Blut- und Harnproben, Mageninhalt oder Leichenteile entnommen werden, falls es möglich ist, dass der Sachverhalt durch eingehende Untersuchung weiter aufgeklärt werden kann. Manchmal, z.B. bei mutmaßlichem Vergiftungstod, wird es sich empfehlen, einen besonderen Sachverständigen zuzuziehen, der diese Bestandteile bezeichnet.

◘ Tabelle 7.14. **Für eine mögliche Intoxikation charakteristische Leichenschaubefunde**

Befund	In Betracht kommende Gifte
Hautblutungen	Gifte, die zu diffuser Leberparenchymschädigung führen (z.B. Phosphor, Amantia phalloides)
Geruch	
aromatisch	Alkohol oder Lösungsmittel
lauchartig	Insektizide
Bittermandel	Cyanid
anderes	z.B. Schwefelwasserstoff, Ammoniak
Antragungen am Mund	
blau	E 605
gelb-orange	Metasystox
pulveriges Material	Tablettenreste
Holzer-Blasen	Schlafmittel
Miosis*	Sog. MNOP-Gifte: Morphin, Opioide, Nicotin, Phosphorsäureester, Physostigmin, Pilocarpin, Prostigmin, Barbiturate
Mydriasis*	Sog. ABC-Gifte: Äthanol, Amanita muscaria, Amanita pantherina, Atropin, Cannabinoide, Chinin, Cocain, Colchicin, Cyanide, Methanol, Scopolamin
Ätzspuren	Säuren und Laugen, aber auch Halogene, Phenol, Phenolderivate, Paraquat, Trichlorethylen
Speichelfluss	Phosphorsäureester, Amanita muscaria
Hellrote Nagelbetten	Kohlenmonoxid
Totenflecke	
hellrot	Kohlenmonoxid
graurot	Cyanide
aschgrau	Methanol
braun getönt	Methämoglobinbildner (Nitrat, Nitrit, Chlorat, Nitrobenzol, Anilin, aromatische Aminoverbindungen)
Allgemeiner Ikterus	Lebergifte, Phosphorvergiftungen, Pilzvergiftungen
Subendokardiale Ekchymosen	Arsen
Exsikkose	Arsen, Knollenblätterpilze
Mees'sche Nagelbänder	Chronische Arsen- oder Thalliumvergiftung
Dunkler Zahnfleischsaum	Chronische Blei- oder Quecksilber-Intoxikation
„Pfötchenstellung" der Hände	Blausäure, Strychnin, Phosphorsäureester
Leichte Ausziehbarkeit der Haare	Thallium
Injektionsstellen	
i.v.	Betäubungsmittel (Opiate)
s.c.	Insulin
Prallgefüllte Harnblase	Zeichen für mehrstündige agonale Phase bei vielen Intoxikationen
Schaumpilz	Opiate (häufig blutig tingiert)
Hämorrhagisches Lungenödem	Hinweis auf zentrales Atemversagen (z.B. Opiate)
Hirnödem	Bei protrahiertem Todeseintritt Symptome des Hirndrucks mit Einklemmungszeichen

* Aufgrund agonaler (Hypoxie) und postmortaler Veränderungen nur von begrenztem Aussagewert

Wichtig

Je unklarer der Verdacht, desto differenzierter sind die Asservate sicherzustellen (◘ Tabelle 7.15).

Tritt ein Vergiftungsverdacht erst nach Erdbestattung auf, kann eine **Exhumierung** notwendig werden. Aus chemisch-toxikologischer Sicht können in sehr vielen Fällen auch noch nach mehrjähriger Erdgrabzeit aufschlussreiche Befunde erhalten werden, auch wenn die Nachweisdauer bestimmter Stoffe häufig noch nicht bekannt ist. Einige Grundregeln sind bei Exhumierung und Probennahme zu beachten, die sich u.a. auch auf angemessene Vergleichsproben von Sargmaterial und Erdproben beziehen. Bis heute wird im Wesentlichen nach den vielfach publizierten Empfehlungen von **Specht und Katte** vorgegangen; da anorganische Gifte allerdings nur noch in wenigen Fällen von Bedeutung sind, kann auf eine so umfangreiche Probennahme – wie ursprünglich beschrieben – im Regelfall verzichtet werden (◘ Abb. 7.7). Die rechtlichen Grundlagen ergeben sich aus der StPO (§ 87) und aus den RiStBV.

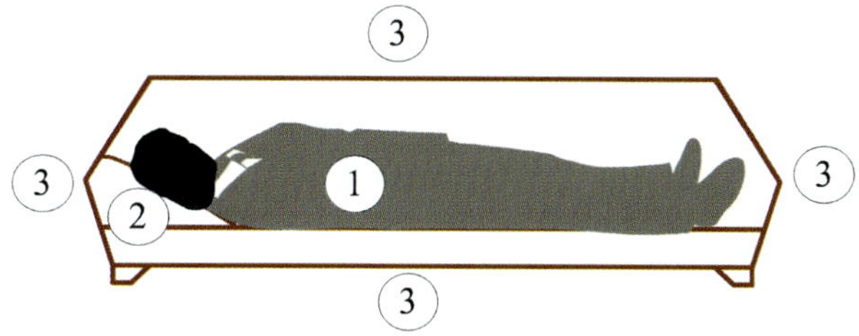

◘ Abb. 7.7. Probennahme bei einer Exhumierung. *1* Leichenteile wie beschrieben; *2* Unterlagen der Leiche (Sargtuch, Kissen, Holzwolle u. Sägespäne, insbesondere aus Bereich unterhalb der Bauchorgane Darm, Magen, Leber); *3* Erdproben von allen Seiten des Sarges, u.a. zum Ausschluss einer Einschwemmung oder bei Ausschwemmung von Substanzen (evtl. zum Vergleich neutrale Erdprobe abseits des Grabes sinnvoll)

Bei der Begutachtung chemisch-toxikologischer Befunde an Leichenmaterial sind folgende Besonderheiten zu beachten: Im zwischen Todeseintritt und Leichenöffnung bzw. Asservierung von Untersuchungsmaterial und Analyse verstrichenem Zeitintervall treten teilweise drastische Konzentrationsände-

◘ Tabelle 7.15. **Geeignete Asservate für eine chemisch-toxikologische Untersuchung**

Asservat	Menge	Nutzen
Herzblut	10–20 ml, evtl. rechts und links gesondert	Screeninguntersuchung; quantitativer Wert durch Redistribution möglicherweise beeinflusst
Femoralblut	10–20 ml	Quantitative Bestimmungen spiegeln am ehesten Verhältnisse zum Zeitpunkt des Todeseintrittes wieder
Urin	10–50 ml, ggf. leere Blase oder Blasenspülflüssigkeit	Screeninguntersuchungen
Mageninhalt	10–100 g Gemisch; bei Mehrphasigkeit Gesamtmenge; ggf. Erbrochenes aus Umgebung	Verdacht auf orale Aufnahme
Leber	50–100 g	Körperbestand, Verteilung, postmortale Effekte
Gallenflüssigkeit	komplett	Speicher, z.B. für Opiate
Gehirn	50–150 g, evtl. graue und weiße Substanz getrennt	Getrennte Untersuchung von Zerebellum und Medulla oblongata ermöglicht Hinweis auf Überlebensintervall (z.B. Opiat-Intoxikation)
Niere	50–100 g	Körperbestand, Verteilung, Screening wenn kein Urin
Lunge	50–100 g, bei Gas-Intoxikationen getrennt Teile von Ober- und Unterlappen	u.a. Nachweis flüchtiger Substanzen (Gase, Lösungsmittel, Brandbeschleuniger)
Kopfhaare	Kleinfingerdicker Strang	Retospektive Betrachtung z.B. auf Drogenkonsum; Schwermetalle
Scham- oder Achselhaare		Retospektive Betrachtung z.B. auf Drogenkonsum; Schwermetalle
Finger- und Zehennägel	Spitzen oder einzeln komplett	Retospektive Betrachtung z.B. auf Drogenkonsum
Haut- und Unterhautgewebe	situationsabhängig	Verdacht auf perkutane Vergiftung; lipophile Substanzen
Fettgewebe	10–50 g	Einwirkung lipophiler Substanzen; Narkosezwischenfälle
Injektionsbereiche	situationsbedingt	z.B. Verdacht auf Insulin
Muskulatur	50–100 g	Bes. bei Brandleichen oder Fäulnis
Dick- und Dünndarminhalt	situationsbedingt	Verdacht auf rektale Applikation; Pilzvergiftung (Sporenanalyse); Pflanzenvergiftung (Mikroskopie)
Abstriche		Verdacht auf nasale, rektale oder vaginale Giftaufnahme
Glaskörper-, Kniegelenks-, Zerebrospinalflüssigkeit	Einige ml	Bei stärkerer Fäulnis, ggf. sind auch Maden und Bauchhöhlenflüssigkeit zu asservieren (Korrelat für Wasserverteilungsraum)
Knochen	situationsbedingt	z.B. Verdacht auf chronische Metallvergiftung

rungen der Analyte ein. Unter **Redistribution** versteht man eine Rückverteilung von lipophilen Substanzen bzw. Substanzen mit großem Verteilungsvolumen aus den Organen in das Blut (◘ Tabelle 7.16). Mitverantwortlich sind pH-Wert-Änderungen schon direkt bei Eintritt des Todes, Autolyse mit Verlust der selektiven Membranpermeabilität, Hämokonzentrationen, Hämolyse, Ausbreitung körpereigener Mikroorganismen bzw. mikrobielle Besiedlung. Des weiteren laufen in der Supravitalphase biochemische Prozesse bis zur Erschöpfung von Substratdepots mit entsprechenden Konzentrationsänderungen ab (z.B. anaerobe Glykolyse, Laktatanstieg, pH-Abfall). Die thanatochemischen Veränderungen sind stark temperaturabhängig.

Wichtig

Für eine Vielzahl von Stoffen besteht eine Abhängigkeit postmortal ermittelter Blut- und Gewebekonzentrationen vom Entnahmeort („site-dependence"), was bei der Interpretation der Befunde zu berücksichtigen ist. Die Probenentnahme am Leichnam sollte deswegen standardisiert erfolgen (z.B. immer auch Fermoralvenenblut); Entnahmeorte sowie Probenqualität sind im Sektionsprotokoll sorgfältig zu dokumentieren.

Im Rahmen thanatochemischer Prozesse entstehen aus physiologischen, endogenen Verbindungen (Proteine, Lipide usw.) enzymatisch oder mikrobiell Stoffe, die teilweise charakteristisch für bestimmte Fäulniserscheinungen sind. Endprodukte der Proteolyse sind z.B. biogene Amine wie Tyramin, Histamin, Cadaverin oder Putrescin, die aus den Aminosäuren Tyrosin, Histidin, Lysin und Ornithin entstehen. Im Rahmen von Zersetzungsvorgängen entstehende Leichenalkaloide werden als **Ptomaine** („Leichengifte") bezeichnet, ohne indes für Dritte toxisch zu sein. Derartige postmortale Zersetzungsvorgänge, auch mit der Neubildung von Stoffen, beeinträchtigen naturgemäß die chemisch-toxikologische Analyse z.B. bei der Trennung von relevanten Analyten. Daher ist bei Vergiftungsverdacht grundsätzlich ein kurzes Intervall bis zur Asservierung von Untersuchungsmaterial anzustreben. Andererseits erlauben Endprodukte der Proteo- und Lipolyse teilweise auch vorsichtige Rückschlüsse auf das postmortale Intervall (z.B. postmortaler Glutaminsäureabbau im Gehirn). Für die Bewertung quantitativer chemisch-toxikologischer Untersuchungsbefunde in Serum- und Blutproben stehen eine Reihe von Tabellen bzw. Datensammlungen mit der Angabe von therapeutischen, toxischen und komatös-letalen Konzentrationsbereichen gängiger Arzneimittel und Drogen zur Verfügung. Weiterhin sind pharmakokinetische und pharmakodynamische Daten wie Halbwertszeiten, Verteilungsvolumen, Plasmaproteinbindung, pka-Werte zu berücksichtigen. Da diese Daten in der Regel bei Lebenden und organgesunden Personen ermittelt wurden, sind sie für die Beurteilung von an Leichen erhobenen Befunden allerdings nur eingeschränkt verwertbar. Dies gilt auch für die Extrapoiation von aufgenommenen Mengen sowie die Konzentration zum Zeitpunkt des Todeseintritts. Der Nachweis einer Intoxikation als Todesursache erfolgt in der Regel über den quantitativen Nachweis einer Substanzbeeinträchtigung im entsprechenden Konzentrationsbereich und den Ausschluss konkurrierender Todesursachen unter Berücksichtigung der Umstände des Todeseintritts.

◘ Tabelle 7.16. **Einfluss der postmortalen Redistribution für ausgewählte Stoffe**

Substanz (-klasse)	Redistribution	
Alkohol	gering	
Barbiturate	gering bis mäßig	
Benzodiazepine	gering bis mäßig	
Cocain	gering	
Digoxin	sehr hoch	
Methadon	mäßig	
Morphin	gering	
Paracetamol	gering	
Phenothiazine	mäßig bis hoch	
Propoxyphen	sehr hoch	
Salicylate	gering	
Serotoninwiederaufnahme-Hemmer	gering bis mäßig	
Trizyklische Antidepressiva	hoch	
gering:	bis zu 20 %	Unterschied zwischen Herzblut u. Femoralblut
mäßig:	21–50 %	Unterschied zwischen Herzblut u. Femoralblut
hoch:	50–200 %	Unterschied zwischen Herzblut u. Femoralblut
sehr hoch:	>200 %	Unterschied zwischen Herzblut u. Femoralblut

7.5 Die chemisch-toxikologische Analyse

F. Mußhoff

Qualitätssicherung

An die forensisch-toxikologische Analytik werden nicht zuletzt im Hinblick auf die rechtlichen Folgen höchste Anforderungen bezüglich der Qualität gestellt.

Definition

Unter Qualitätssicherung (QS) versteht man die Gesamtheit aller Maßnahmen, die es erlauben, Aussagen über Qualität und Fehler von Analysenergebnissen zu treffen.

Ein Qualitätssicherungssystem umfasst folgende Punkte:
- personelle Zuständigkeiten,
- räumliche und apparative Voraussetzungen,
- validierte Messvorschriften und fachliche Qualifikation des Personals,
- Prüfung von Messungen,
- Dokumentation und Befunderhebung bzw. Gutachtenerstellung sowie
- Sicherstellung von Ver- und Entsorgung (Verbrauchsmaterial).

In der Regel wird im Rahmen einer chemisch-toxikologischen Analyse zunächst **qualitativ** festgestellt, ob eine Substanz zweifelsfrei nachzuweisen ist. Hierzu werden so genannte Screening-Methoden eingesetzt, mit deren Hilfe in einem Analysengang möglichst viele Vertreter verschiedenster Substanzklassen detektiert werden. Empfindlichkeit und Aussagekraft solcher **ungerichteter Methoden** sollten der Fragestellung entsprechen; zugleich muss sich der Analytiker bewusst sein, welche Stoffe nicht erfasst werden, um eine entsprechend weiterreichende analytische Strategie aufzubauen (◘ Abb. 7.8). Soll eine Intoxikation oder Aufnahme von Fremdstoffen ausgeschlossen werden, so ist von einer kaum überschaubaren Zahl möglicher relevanter Verbindungen im Rahmen einer **General-Unknown-Analyse** auszugehen. Insbesondere für die weit verbreiteten immunchemischen Bestimmungen gilt, dass diese durchaus **falschpositive** wie auch **falschnegative** Ergebnisse liefern können. Ist eine Substanz identifiziert, so folgt in der Regel eine **quantitative Untersuchung**, häufig in Form einer sog. **Bestätigungsanalyse.** Diese unterliegt ebenfalls einer Qualitätssicherung, da Abweichungen vom wahren Wert zu erheblichen Fehlinterpretationen mit beträchtlichen Konsequenzen für die Betroffenen verbunden sein können. Man unterscheidet zwischen einer
- laborinternen Qualitätskontrolle, die fester Bestandteil der täglichen Routinearbeit sein sollte, und einer
- externen Qualitätskontrolle.

Erstere ist Bestandteil eines **Qualitätsmanagements** und dient der eigenen Überprüfung, so dass Störungen in den Laborabläufen frühzeitig erkannt und beseitigt werden können (Positiv- und Negativkontrollen, Richtigkeit, Genauigkeit, Präzision etc.). Zum Qualitätsmanagement gehört ferner das Führen eines Qualitätsmanagementhandbuches, in dem sämtliche Arbeitsabläufe und Zuständigkeiten festgehalten, die validierten Analysemethoden in Form von Standardarbeitsanweisungen niedergelegt sowie Dokumentation und Archivierung *aller* zu einem Fall gehörenden Umstände geregelt sind. Kenndaten einer Methode, wie Präzision und Richtigkeit sowie Nachweis- und Bestimmungsgrenze etc. sind im Rahmen einer Validierung zu erheben (◘ Abb. 7.9).

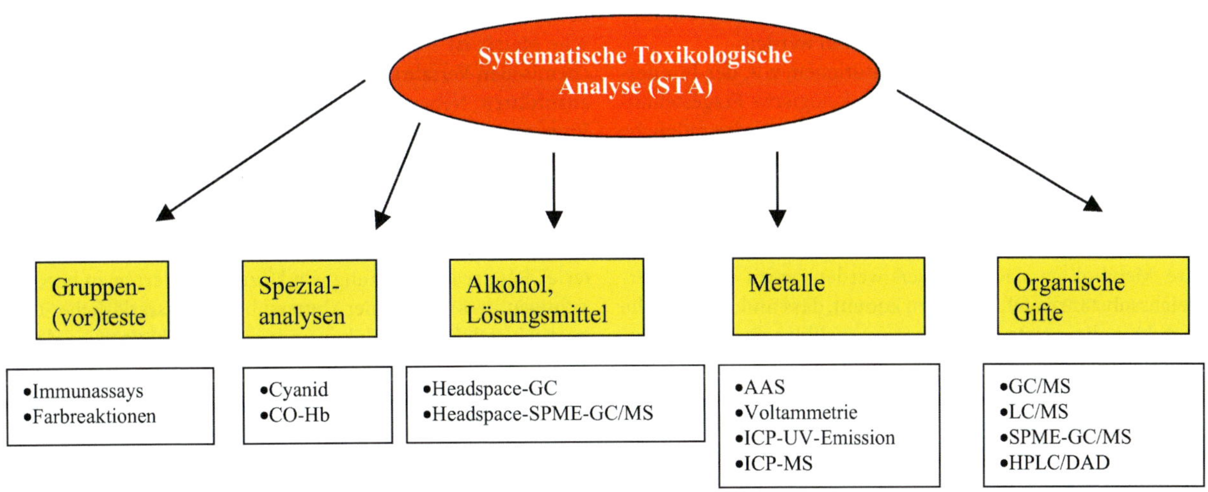

◘ Abb. 7.8. Hauptwege einer systematischen toxikologischen Analyse (STA) ohne Anspruch auf Vollständigkeit. *GC* = Gaschromatographie; *SPME* = Solid-phase microextraction (Festphasen-Mikroextraktion); *MS* = Massenspektrometrie; *AAS* = Atomabsorptionspektrometrie; *ICP* = Inductively coupled plasma (Induktiv gekoppeltes Plasma); *HPLC* = High performance liquid chromatography (Hochleistungsflüssigkeitschromatographie); *DAD* = Diode array detection (Diodenarraydetektion)

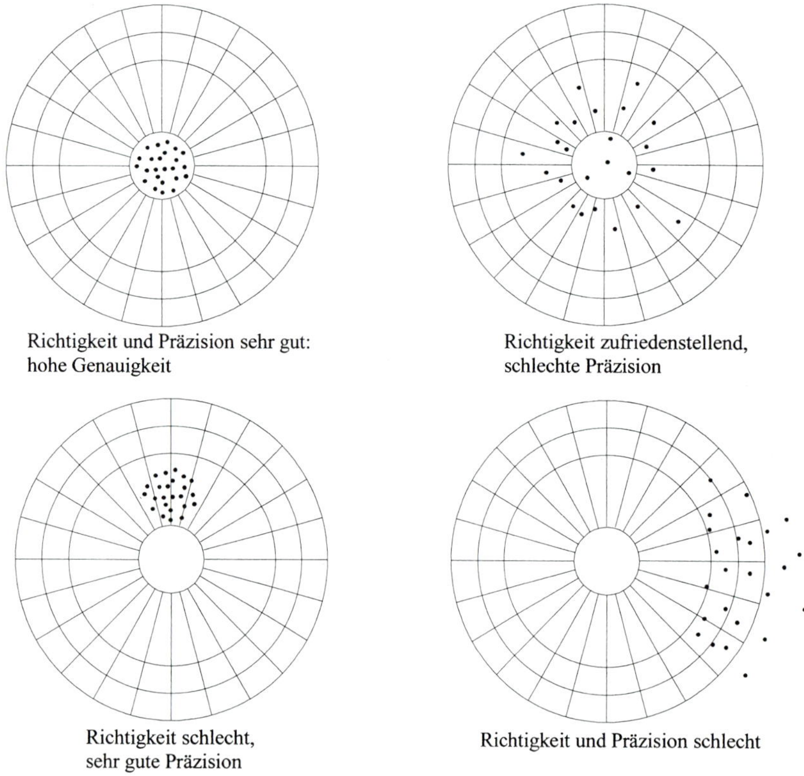

■ Abb. 7.9. Richtigkeit und Präzision bei analytischen Analysenverfahren

Unter externer Qualitätskontrolle versteht man die Teilnahme an Ringversuchen, die durch Fachgesellschaften wie die **Gesellschaft für Toxikologische und Forensische Chemie (GTFCh)** oder die **Deutsche Gesellschaft für Klinische Chemie (DGKC)** sowohl hinsichtlich qualitativer als auch quantitativer Fragestellungen angeboten werden (■ Abb. 7.10). Auf eine durch Zertifikat bescheinigte erfolgreiche Teilnahme kann in Befundmitteilungen und Gutachten hingewiesen werden.

Richtlinien verschiedener Institutionen, z.B. der Bundesärztekammer, sind für forensisch-toxikologische Fragestellungen nicht ohne weiteres zu übernehmen, zumal das mögliche Aufgabenspektrum in der forensischen Toxikologie vielschichtiger ist. Neben der Vielzahl möglicher relevanter Verbindungen variieren die toxischen Konzentrationsbereiche außerordentlich (von <1 ng/ml bis >1 mg/ml). Viele Stoffe können nur über ihre Metaboliten nachgewiesen werden, wozu häufig Vergleichssubstanzen fehlen. Hinzu kommt, dass unterschiedliche auch komplizierteste Matrices (Urin, Vollblut, Serum, Organmaterial, Haare etc.) als Untersuchungsmaterial in Frage kommen, die eine Analyse erschweren, und man es häufig mit Mischintoxikationen zu tun hat. Die **Gesellschaft für Toxikologische und Forensische Chemie (GTFCh)** hat **„Richtlinien zur Qualitätssicherung bei forensisch-toxikologischen Untersuchungen“** erstellt, die für entsprechende Analysen als bindend anzusehen sind. Rechtsmedizinische Institute und Kriminalämter erfüllen in der Regel die Anforderungen hinsichtlich der Qualitätssicherung als Grundlage für beweissichere und gerichtverwertbare Gutachten.

Probenvorbereitung

Für eine forensisch-toxikologische Analyse mit verschiedenen analytischen Verfahren (■ Abb. 7.11) sind auch **prä- und postanalytische Faktoren** von Bedeutung. Präanalytische Faktoren umfassen eine geeignete Probennahme; zum anderen darf die Probe bei Versand und Lagerung nicht verfälscht werden. Eine in der Regel wässrige und komplex zusammengesetzte biologische Matrix ist – bis auf wenige Ausnahmen, wie bei immunchemischen Verfahren – nicht direkt einem Analyseverfahren zuzuführen. Neben einer Isolierung von Analyten ist bei der Probenvorbereitung aufgrund der häufig vorliegenden sehr niedrigen Konzentrationen auch eine Anreicherung im Extrakt erwünscht. Art und Umfang der Methoden sind substanz- und matrixabhängig; fett- und eiweißarme Flüssigkeiten wie Urin bereiten in der Regel weniger Probleme als Blut oder Organmaterial. Bei der Aufarbeitung von Urin ist wiederum zu berücksichtigen, dass neben einer Muttersubstanz wasserlösliche Stoffwechselprodukte wie Glukuronide vorliegen können, zu deren Erfassung vor der Extraktion eine Hydrolyse notwendig sein kann. Prinzipiell stehen zur Isolation organischer Verbindungen aus biologischer Matrix zwei Verfahren zur Verfügung:

- die Flüssig-Flüssig-Extraktion (FFE) und
- die Festphasen-Extraktion (solid-phase extraction, SPE).

Bei der **FFE** wird das wässrige biologische Material mit nicht mit Wasser mischbaren organischen Lösungsmitteln bei einem bestimmten oder mehreren pH-Werten extrahiert und die besse-

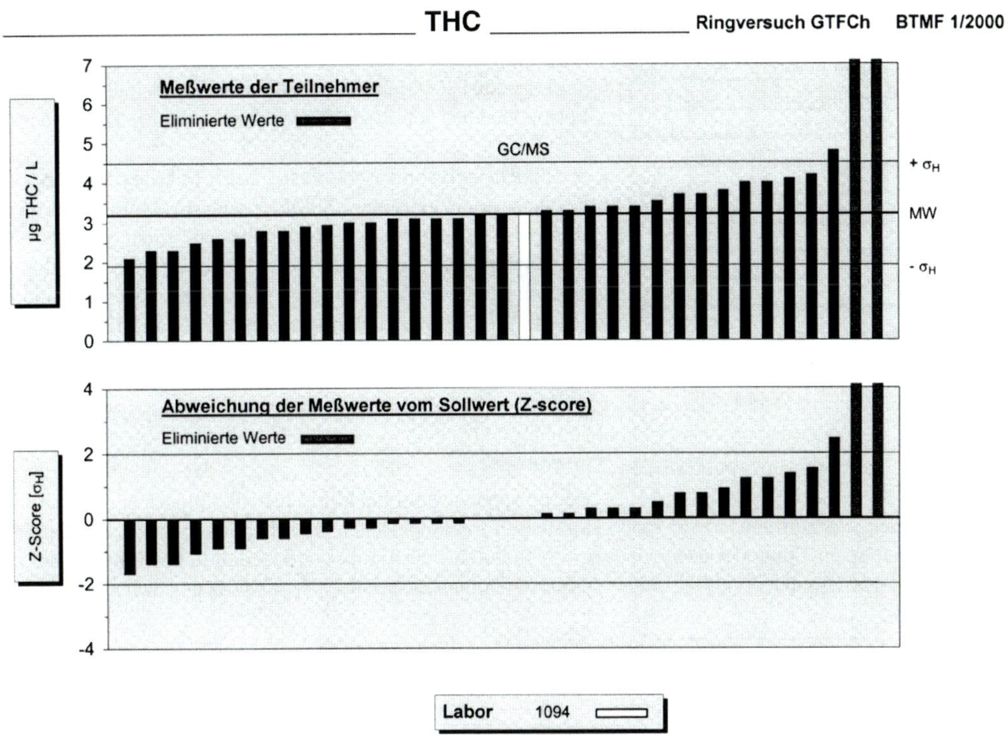

Ergebnisse der Teilnehmer			
Anzahl Teilnehmer	:	36	
Anzahl berücksichtigter Werte	:	34	
Mittelwert	:	3,2	µg / L
Median	:	3,2	µg / L
σ (Standardabweichung)	:	0,6	µg / L
V (Variationskoeffizient)	:	0,18	
σ_H (Standardabweichung nach Horwitz)	:	1,3	µg / L
Teilnehmer-Nummer	:	**1094**	
Ihr Ergebnis	:	3,2	µg / L
Nachweis in Probe	:	A	
Abweichung vom Sollwert	:	0,0	µg / L
Z-Score (Abweichung vom Sollwert in ½σ_H)	:	0,00	
Teilnehmer mit Ihrer Methode	:	**GC/MS**	
Anzahl Teilnehmer mit Ihrer Methode	:	36	
Mittelwert	:	3,2	µg / L
Median	:	3,2	µg / L
σ_M (Standardabweichung)	:	0,6	µg / L
V_M (Variationskoeffizient)	:	0,18	

n.b. = nicht bestimmt   n.n. = nicht nachweisbar

Die Auswertung erfolgte nach dem "International Harmonized Protocol for Proficiency Testing of Analytical Laboratories", IUPAC
Thompson & Wood: Journal Of AOAC International Vol. 76, No. 4, 1993

■ Abb. 7.10. Auswertung eines Ringversuches zur quantitativen Bestimmung von THC im Serum (GTFCh). Als Bewertungsgrundlage wird der ausreißerfreie Mittelwert der Teilnehmer und die einfache Standardabweichung nach Horwitz angewandt, der Z-score wird mit der halben Standardabweichung nach Horwitz berechnet

re Löslichkeit organischer Verbindungen nach dem **Nernst'schen Verteilungsgleichgewicht** in der organischen Phase ausgenutzt (■ Abb. 7.12). Die organische Phase kann abgetrennt, aufkonzentriert und analysiert werden.

Bei der **SPE** erfolgt die Abtrennung der Analyte von der biologischen Matrix an der Oberfläche geeigneter Adsorbenzien – häufig modifizierten Silicagelen – mit polaren, unpolaren oder als Ionenaustauscher wirkenden Eigenschaften (■ Abb. 7.13). In Pufferlösung aufgenommenes biologisches Material wird auf eine konditionierte, kommerziell erhältliche Extraktionssäule aufgetragen, wobei ein Großteil der Matrix die Säule passiert. Es folgt ein Waschen zur weiteren Aufreinigung und schließlich die

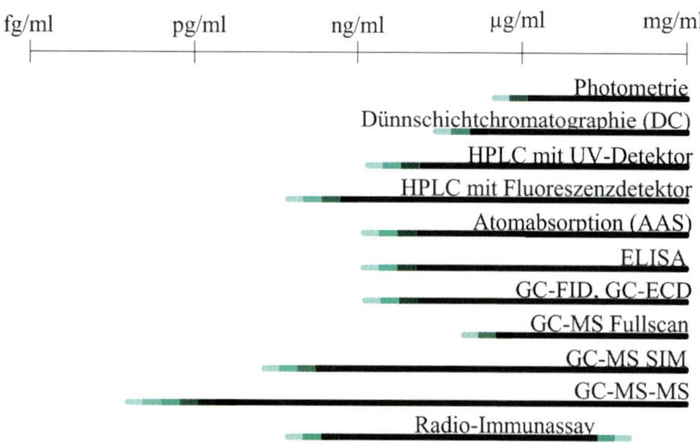

Abb. 7.11. Nachweismöglichkeiten analytischer Verfahren

Elution der Analyte mit einem geeigneten hochpolaren Lösungsmittel.

Sowohl FFE als auch SPE eignen sich zum Einsatz für eine systematische toxikologische Analyse in General-Unknown-Fällen wie auch für gerichtete Analysen. In der Praxis wird die FFE eher für erstere Zwecke eingesetzt, während die SPE aufgrund ihrer großen Variabilität besonders zur Herstellung reiner Extrakte bei gerichteten Analysen verwendet wird, wie zum Beispiel bei der gezielten Analyse auf bestimmte Drogenwirkstoffe.

Eine neue Technik ist die **Festphasen-Mikroextraktion** (solid-phase micro extraction, **SPME**), wobei vornehmlich aus dem Dampfraum über einer Probe Analyte an einer geeignet beschichteten Quarzfaser adsorbieren. Dadurch kommt es durch Neueinstellung der Verteilungsgleichgewichte zu einer Aufkonzentrierung auch halbflüchtiger Substanzen auf der Faser, die direkt in den Injektor eines Gaschromatographen eingeführt werden kann, wo durch Erhitzen eine Desorption der Analyte und eine direkte Applikation auf die Trennsäule erfolgt.

Immunassays

Häufig spielt sowohl bei klinisch-toxikologischen als auch bei forensisch-toxikologischen Fragestellungen der Zeitfaktor eine große Rolle. Hier sind kommerziell erhältliche Immunassays zu einem wichtigen Bestandteil der Analytik geworden, zum einen

Abb. 7.12. Trennungsgang für organische Substanzen

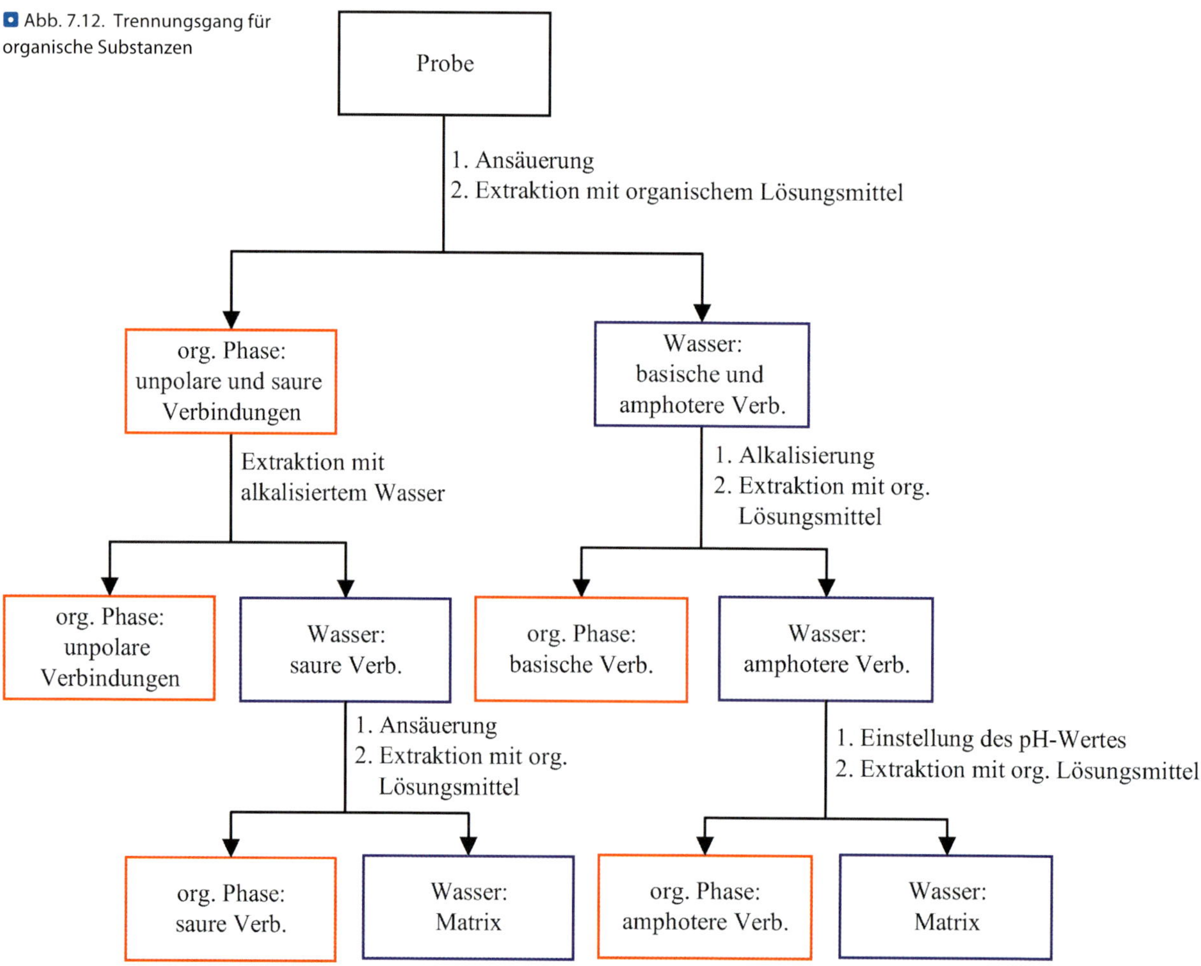

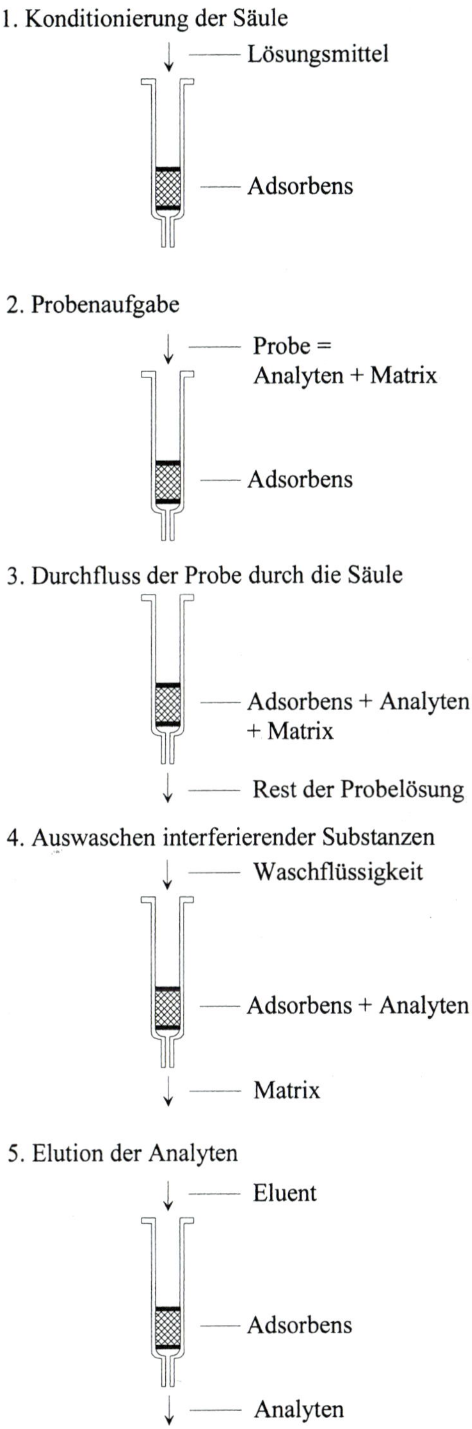

Abb. 7.13. Schematische Darstellung einer Festphasen-Extraktion

zum Erhalt eines ersten Hinweises auf eine Substanzklasse, insbesondere aber auch zum Ausschluss, um aufwendige und kostenintensive Analysen mit chromatographischen Methoden zu ersparen.

Grundsätzlich handelt es sich bei immunchemischen Verfahren um eine **Antigen-Antikörper-Reaktion.** Das Antigen stellt die Substanz dar, auf die getestet wird, zum Beispiel eine Drogenklasse. Die zumeist monoklonalen Antikörper stammen in der Regel aus Zellkulturen. Bei **kompetitiven Testverfahren** konkurrieren in einer Gleichgewichtsreaktion Antigene in der zu analysierenden Probe mit markiertem Antigen aus dem Reagenz um eine beschränkte Menge an Antikörper (Abb. 7.14). Ist kein oder wenig Antigen (Droge) in der zu analysierenden Probe vorhanden, so werden viele markierte Antigene durch eine Antigen-Antikörper-Komplexbildung gebunden und nur ein geringer Anteil an markiertem Antigen bleibt frei. Es kann dann entweder die Menge an gebundenem oder an freiem markierten Antigen bestimmt werden. Ist eine Trennung von gebundenem und freiem Antigen notwendig, handelt es sich um einen **heterogenen Immunassay,** kann auf die Trennung verzichtet werden, spricht man von einem **homogenen Test.** Eine Unterscheidung der Immunassays erfolgt nach Art der Markierung des Antigens im Reagenz. Die messtechnisch aufwendigen Analysen sind in der Regel automatisiert, so dass nach Kalibration, Programmierung sowie Reagenzien- und Probenzugabe die Messungen selbständig ablaufen. Als Schnellteste werden auch Teststäbchen oder nichtinstrumentelle Teste angeboten, die allerdings nur für Urinproben konzipiert und auf vorgegebene Schwellenwerte adaptiert sind.

Wichtig

Gerade bei der Gewinnung von Urinproben ist darauf zu achten, dass Manipulationen, die den immunchemischen Test verfälschen, ausgeschlossen werden. Urin sollte nur unter Aufsicht gewonnen werden, es darf kein Zugang zu Wasser, Seifen und Ähnlichem bestehen. In Zeitschriften und per Internet werden auch Zubereitungen angeboten, um eine Urinprobe zu manipulieren beziehungsweise eine Störung in der (enzymatischen) Detektion zu bewirken. Eine Überprüfung der Temperatur nach der Abgabe der Probe sowie des pH-Wertes sollte erfolgen. Eine endogene Verdünnung durch Aufnahme großer Mengen an Flüssigkeit kann durch Bestimmung der Osmolalität oder des Kreatiningehaltes überprüft werden.

Bei Verwendung eines Immunassays sind test- und substanzabhängige Grenzwertbereiche zu formulieren, bei deren Überschreiten von einem positiven Befund auszugehen ist. Diese Grenzwerte werden als **Cut-off-Werte** definiert. Generell ist zu

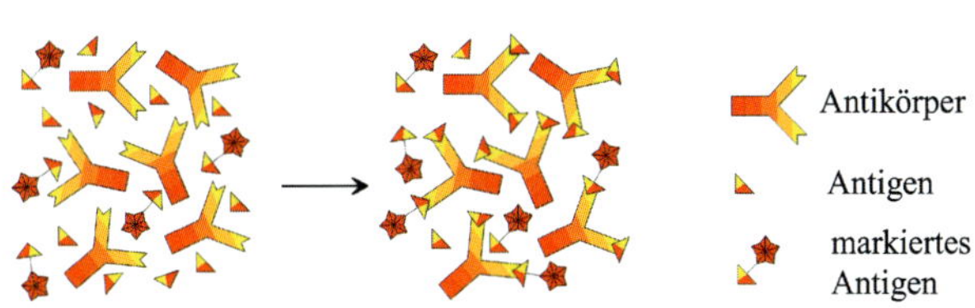

Abb. 7.14. Schematische Darstellung eines kompetitiven Immunassays

beachten, dass eine Herabsetzung von Cut-off-Werten zwar die Nachweisbarkeit, das heißt die Nachweisbarkeitsdauer, verlängert und die Häufigkeit falschnegativer Befunde verringert, dass andererseits aber das Vertrauen in den Befund durch artifizielle Einflüsse abnimmt und die Gefahr von so genannten falschpositiven Befunden ansteigt, die sich nicht bestätigen lassen. Grundsätzlich ist zu beachten, dass Immunassays lediglich als hinweisgebende Analysen, das heißt als Vorteste zur Erlangung einer Aussage (Ja/Nein) zu verwenden sind.

Wichtig

Positive Resultate hinweisgebender Verfahren müssen durch eine zweite unabhängige und spezifische Methode, nicht durch einen zweiten Immunassay, bestätigt werden.

Immunassays sind in der Regel wenig spezifisch. Ausnahmen bilden Monoteste auf ausgewählte Medikamentenwirkstoffe, bei denen der Antikörper einzig mit der chemischen Struktur des Wirkstoffes einen Antigen-Antikörper-Komplex bildet und ein Messwert nur dieser Substanz zuzuordnen ist. Die meisten Antikörper reagieren mit strukturähnlichen Substanzen, jedoch in unterschiedlichem Ausmaß, was als **Kreuzreaktivität** bezeichnet wird. Dies ist in der Regel nicht als nachteilig anzusehen, sondern sogar erwünscht, da sich die Teste somit als Gruppenteste eignen, zum Beispiel zum Nachweis von Substanzen aus der gesamten Klasse der Benzodiazepine. Andererseits ist das Phänomen der Kreuzreaktivität bei der Interpretation zu berücksichtigen, zum Beispiel reagieren die Antikörper der Opiat-Immunassays nicht nur mit Morphin, sondern auch mit strukturähnlichen Opioiden wie Codein und Dihydrocodein. Das bedeutet, dass durch einen Opiat-positiven Befund keinesfalls zwischen einer Heroin und einer Dihydrocodein-Aufnahme unterschieden werden kann. Bei den Immunassays auf Cannabinoide reagiert der Antikörper weniger mit dem Wirkstoff Tetrahydrocannabinol (THC), sondern in erster Linie mit dem inaktiven Metaboliten 11-Nor-Delta-9-THC-carbonsäure. Somit belegt ein positiver Cannabinoidbefund in einer Serumprobe keinesfalls zweifelsfrei eine akute Cannabiswirkung beziehungsweise die Anwesenheit von THC, sondern erfasst auch einen zurückliegenden Konsum durch den Nachweis inaktiver Stoffwechselprodukte. Kritisch sind Immunassays auf Amphetamine, da zu dieser Gruppe gehörende synthetische Derivate (Ecstasy-Derivate) je nach Test sehr unterschiedlich erfasst werden, weshalb es zu falschnegativen Befunden trotz Anwesenheit von entsprechenden Verbindungen kommen kann. Des Weiteren kann es durch körpereigene, strukturähnliche Abbauprodukte von Aminosäuren wie Phenylethylamin oder Tyramin aufgrund von Kreuzreaktivitäten zu falschpositiven Befunden kommen, insbesondere bei gelagerten Proben oder fortgeschrittener Leichenfäulnis.

Wichtig

Eine quantitative Bestimmung mittels Immunassay ist aufgrund der Kreuzreaktivitäten und Biotransformation der meisten Analyte nicht möglich.

So verfügt zum Beispiel der **CEDIA-Test** über folgende Kreuzreaktivitäten für Diazepam (100 %) und dessen Stoffwechselprodukte: Nordiazepam 112 %, Oxazepam 81 %, Oxazepam-Glukuronid 16 %, Temazepam 60 %, Temazepam-Glukuronid 16 %. Ein mittels Immunassay ermittelter Zahlenwert ist abhängig von den Konzentrationen und den Kreuzreaktivitäten der Muttersubstanz und ihrer Metaboliten.

Die meisten kommerziell erhältlichen Immunassays sind für eine Analyse von Urin konzipiert worden, nur die **Mikrotiterplattenteste** sind für eine Verwendung von Serum oder Blut vorgesehen, was gerade in der forensisch-toxikologischen Analytik von größter Bedeutung ist. Dennoch können auch **Urin-Assays** zur Analyse von Serumproben verwendet werden, wozu sich allerdings in der Regel eine Proteinfällung vor der Messung bewährt hat, zum Beispiel mittels Aceton, Methanol oder Trichloressigsäure. Zu beachten ist, dass bei Verwendung eines anderen Untersuchungsmaterials auch die Kalibration beziehungsweise die Cut-off-Werte häufig zu modifizieren sind.

Dünnschichtchromatographie

Die Dünnschichtchromatographie (DC) zeichnet sich durch ihre Flexibilität, Schnelligkeit, einfache Handhabung und einen geringen Kostenaufwand aus. Ein Extrakt wird auf eine Trägerplatte im unteren Bereich am Start aufgetragen. Die Platte ist mit dünnen Schichten eines Trägermaterials (zumeist Kieselgel) beschichtet, der stationären Phase. Eine DC-Platte steht in einem Behältnis mit einem geeigneten Fließmittel, der mobilen Phase, die sich durch Kapillarwirkung an der Platte entlang nach oben ausbreitet. Dabei werden die Analyte aus dem Extrakt, der im unteren Bereich am Start aufgetragen wurde mitgeführt, entsprechend ihrer Verteilungskoeffizienten zwischen stationärer und mobiler Phase aufgetrennt und letztendlich durch UV-Licht oder Anfärben mit Sprühreagenzien sichtbar gemacht. Charakteristisch für eine Substanz ist der **R_F-Wert**, der für ein vorgegebenes chromatographisches System konstant ist:

$$R_F\text{-Wert} = \frac{\text{Entfernung der Substanz vom Start}}{\text{Entfernung der Fließmittelfront vom Start}} \leq 1$$

Nachteilig wirkt sich aus, dass R_F-Werte von Labor zu Labor wenig reproduzierbar sind, was durch ein Verfahren der korrigierten R_F-Werte (R_F^C-Verfahren) ausgeglichen werden kann. Ferner bedingt die relativ geringe Trennleistung eine beschränkte Identifizierungsmöglichkeit aus nur einem chromatographischen Lauf und die Sensitivität der Verfahren genügt nicht immer den Ansprüchen für forensisch-toxikologische Fragestellungen. In der Praxis werden DC-Verfahren häufig als Screening-Verfahren zur Analyse von Urinproben, Mageninhalt oder Organextrakten eingesetzt.

Gaschromatographie

Die Gaschromatographie eignet sich als Trennverfahren für gasförmige, flüssige, gelöste oder feste Substanzen, die sich verdampfen lassen. Die Probenvorbereitung umfasst häufig noch einen Schritt der **Derivatisierung**, einer chemischen Modifikation des zu untersuchenden Substanzgemisches zur Erhöhung der Flüchtigkeit beziehungsweise thermischen Stabilität, zur Verbesserung der gaschromatographischen Eigenschaften (Herabsetzen der Polarität) und zur Erzeugung von charakteristischeren Massenspektren im höheren Fragmentionsbereich, was Selektivität und Sensitivität erhöht. Gängige Verfahren sind eine **Silylierung**, eine **Acetylierung**, eine **Perfluoracylierung** oder eine **Methylierung**. Ein Extrakt wird – gegebenenfalls nach Derivatisierung – in einem Injektor bei hoher Temperatur verdampft und bei konstantem Druckgefälle sowie unter definierten Temperaturbedingungen von einem Trägergas durch eine Trennsäule transportiert. In der Regel werden **Kapillarsäulen** (Durchmesser 0,25–0,5 mm, Länge 10–50 mm) mit einem an der Innenwand anhaftenden Flüssigkeitsfilm als stationäre Phase verwendet, die über eine große Trennleistung verfügen. Die Auftrennung eines Substanzgemisches erfolgt entsprechend zwischen der Gasphase und der stationärer Phase; am Ende der Trennsäule werden die Analyten durch ein geeignetes System detektiert. Zur Charakterisierung von Substanzen werden **Retentionszeiten** beziehungsweise **Retentionsindices** (RI) und Vergleichsproben benutzt. Mittels Dampfraum-Gaschromatographie (Headspace-GC) werden leicht flüchtige Verbindungen, zum Beispiel auch Alkohol, analysiert. Aus einem erwärmten, verschlossenen Probengefäß wird ein Teil der Gasphase über der biologischen Matrix, in der sich die flüchtigen Analyte befinden, injiziert.

Der universellste Detektor ist der **Flammenionisationsdetektor** (FID) zur Erfassung organischer Substanzen mit hoher Sensitivität, allerdings geringerer Selektivität. Der **Stickstoffdetektor** (NFID) erfasst stickstoffhaltige Verbindungen mit hoher Empfindlichkeit und Selektivität. Der **Elektroneneinfangdetektor** erfasst elektronenaffine Stoffe sehr sensitiv (Halogen-, Phosphor- und Nitroverbindungen).

Die Methode der Wahl stellt derzeit die Verbindung **Gaschromatographie mit Massenspektrometrie (GC/MS)** dar. Eine zu detektierende Substanz wird im gasförmigen Zustand unter hohem Vakuum ionisiert und fragmentiert. Die geladenen Partikel werden in einem elektrischen Feld beschleunigt, in einem Magnetfeld nach ihrem Masse-Ladungs-Verhältnis getrennt und entsprechend ihrer Intensität registriert. Man erhält ein Massenspektrum einer Substanz, das als chemischer Fingerprint angesehen werden kann. Für eine Substanzidentifizierung stehen umfangreiche Datensammlungen zur Verfügung. Neben der Aufnahme der gesamten Massenspektren im **Full-Scan-Modus** (◘ Abb. 7.15) kann zur Steigerung der Sensitivität bei gerichteten Analysen eine Reduzierung auf charakteristische Massenfragmente im **Selected-Ion-Recording-Modus** erfolgen. Dieses Verfahren ist zum Beispiel bei quantitativen Analysen auf Drogenwirkstoffe (Bestätigung immunchemischer Vorteste) die Methode der Wahl (◘ Abb. 7.16). Zur Bestimmung und Berücksichtigung der Wiederfindungsraten werden deuterierte Analoga der Analyten bereits vor der Extraktion als interne Standards zugesetzt und zusätzlich analysiert.

Hochleistungsflüssigkeitschromatographie

Mit der Hochleistungsflüssigkeitschromatographie (HPLC) lassen sich auch thermisch labile Substanzen analysieren. Aufgrund der hervorragenden Reproduzierbarkeit innerhalb eines Labors eignen sich HPLC-Methoden sehr gut für quantitative Einzelbestimmungen von beispielsweise Arzneimitteln oder zur

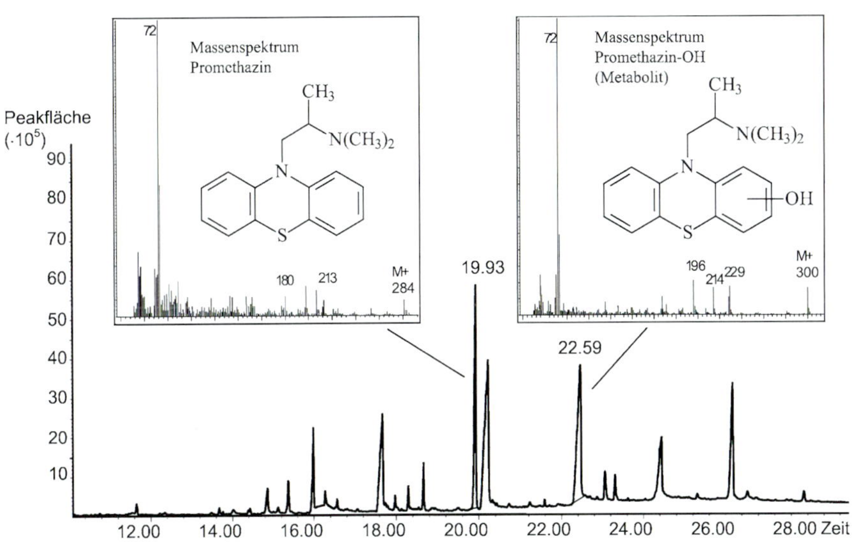

◘ Abb. 7.15. Gaschromatographisch-massenspektrometrische Bestimmung von Promethazin samt Metaboliten im Full-Scan-Modus, hier bei Analyse einer Serumprobe. Insbesondere im Urin sind bei vielen Stoffen eine Vielzahl von Metaboliten zu finden, was u.a. die Plausibilität von Befunden erhöht. Neben der Retentionszeit dient das Massenspektrum der Substanz zur Identifizierung („chemischer Fingerprint") und kann z.B. mit Bibliothekseintragungen verglichen werden

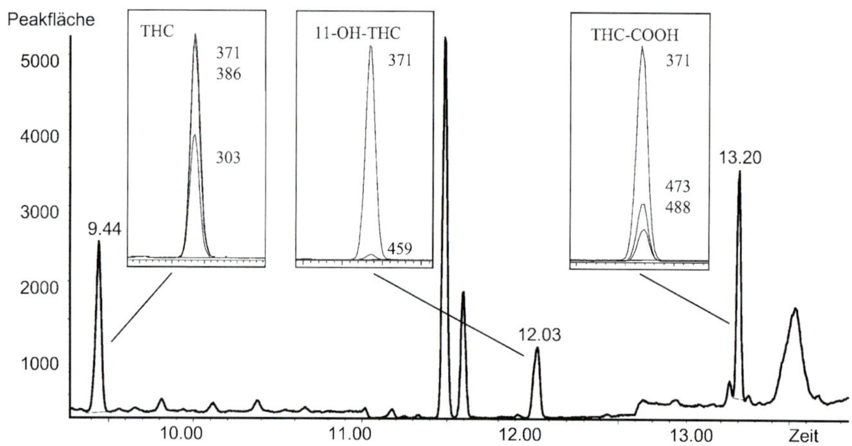

■ Abb. 7.16. Gaschromatographisch-massenspektrometrische Bestimmung von THC, Hydroxy-THC und THC-COOH im SIM-Modus. Um die Sensitivität zu erhöhen, werden bei gerichteten, quantitativen Bestimmungen nur charakteristische Massenfragmente der Analyten detektiert

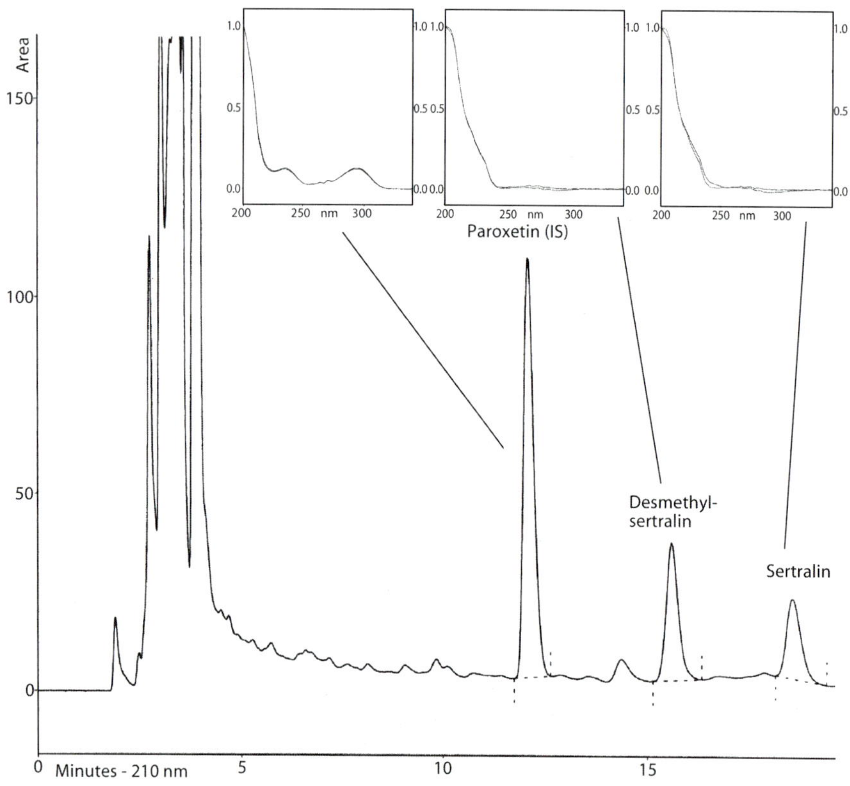

■ Abb. 7.17. Hochleistungsflüssigkeitschromatographisch-UV-spektrometrische Bestimmung von Sertralin und Desmethylsertralin (Femoralblut) in einem Vergiftungsfall (Paroxetin fungierte als interner Standard). Neben den Retentionszeiten werden die UV-Spektren der Substanzen zur Identifizierung herangezogen und mit Bibliothekseintragungen verglichen

Prüfung auf bestimmte Substanzklassen. Ein Extrakt wird mit einer geeigneten, flüssigen mobilen Phase aus Puffer und organischem Lösungsmittel durch ein System mit Trennsäule gepumpt; verschiedenste Detektoren ermöglichen eine breite Anwendung. Gängig sind

- UV-Detektoren,
- Fluoreszenzdetektoren,
- elektrochemische Detektoren und
- Photodioden-Array-Detektoren (DAD).

Insbesondere die Kombination **HPLC/DAD** ist in der forensisch-toxikologischen Analytik von Bedeutung, da zusätzlich zur Retentionszeit das Absorptionsspektrum eines jeden im Chromatogramm auftretenden Signals erhalten wird, was ein bedeutsames Identifizierungsmerkmal darstellt (■ Abb. 7.17). Mittels HPLC/DAD ist ähnlich den „General-Unknown"-Analysen unter Verwendung der GC/MS eine systematische toxikologische Suchanalyse möglich. Bei Vergleichen mit Datensammlungen können neben UV-Spektrenbibliotheken auch Retentionszeiten einbezogen werden. Neben einer einfachen Probenvorbereitung ohne Derivatisierung sind die Reproduzierbarkeit von Spektren und Peakflächen über lange Zeiträume als vorteilhaft anzusehen; dazu kommt eine ausreichende Sensitivität für einen Großteil toxikologisch relevanter Substanzen, auch solcher, die nicht verdampfbar und somit nicht GC-gängig sind.

Eine moderne Technik ist die Kombination der **Flüssigkeitschromatographie mit der Massenspektrometrie (LC/MS)**. Die im Überschuss vorliegende mobile Phase muss vor dem Eingang ins Massenspektrometer abgetrennt werden, wozu in den letzten Jahren verschiedenste Techniken entwickelt wurden. Damit entfallen für die GC/MS-Technik notwendige Voraussetzungen wie Verdampfbarkeit oder Derivatisierung und es können auch sehr polare oder thermisch labile Substanzen und Metaboliten, selbst Glukuronide, analysiert werden.

Sonstige spektroskopische Verfahren

Wertvolle qualitative und quantitative Ergebnisse liefern **UV-VIS-Absorptionsspektren**, zum Beispiel zur Bestimmung von Carboxyhämoglobin und Methämoglobin mittels spektrometrischer Multiwellenlängenanalytik. Die **Atomabsorptionsspektrometrie (AAS)** wird zur quantitativen Bestimmung von Metallen und Halbmetallen eingesetzt, wobei die anorganischen Elemente in Ionenform vorliegen müssen und für eine Bestimmung aus biologischem Material geeignete Extraktions- und Aufschlussverfahren voranzustellen sind. Eine Alternative stellt die **voltametrische Bestimmung** dar. Weitere praktikable Verfahren, insbesondere zur Analytik von Stoffproben, bieten die **Infrarot-Spektroskopie (IR)** und die **kernmagnetische Resonanzspektroskopie (NMR)**.

7.6 Toxikokinetik

A. Schmoldt

Die Toxikokinetik entspricht der Pharmakokinetik, wie sie aus der Pharmakologie bekannt ist. Hiermit wird die Absorption, Verteilung, Metabolisierung und Elimination eines Fremdstoffs in Konzentrations-Zeit-Verläufen beschrieben. Hierbei wird angenommen, dass der Fremdstoff sich in alle Organe hinein und heraus bewegen kann, entsprechend den Konzentrationsänderungen im Blut als dem Transportmittel für den Ein- und Ausstrom aus den Geweben und selbstverständlich auch für die renale Ausscheidung. Da sich **Pseudogleichgewichte** zwischen Blut und Geweben einstellen, korreliert die Blutkonzentration im Allgemeinen mit der Konzentration in den Organen oder an den Targets (z.B. Rezeptoren). Insofern kann man anhand der Blutkonzentrationen auch auf die Wirkung, anhand der beim Lebenden bekannten **Konzentrations-Wirkungs-Beziehungen**, schließen. Dies ist jedoch nicht ohne Einschränkungen richtig, wenn man annimmt, dass es Fälle gibt oder geben kann, die den Fremdstoff „festhalten", so dass ein freier Stoffaustausch nicht mehr möglich ist. Diese tiefen Kompartimente setzen sich somit äußerst langsam mit der Umgebung ins Gleichgewicht, so dass deren Absorptionsgeschwindigkeiten praktisch kaum messbar sind. Dies ist beispielsweise bei basischen oder amphoteren Substanzen zu beobachten, welche in Lysosomen festgehalten und erst bei deren Zerfall wieder freigegeben werden. Beispiele hierfür sind etwa das Chloroquin oder Amiodaron. Anhand des Blutspiegels könnte man dann nicht auf die Organkonzentration schließen. Andere Beispiele sind auch die Einlagerungen von Blei und Strontium in die Knochen oder von Cadmium in die Niere. Auch die Einlagerung in die Haare bedeutet einen Verlust von Rückströmmöglichkeit, sobald die Keratinozyten der Verhornung anheim fallen. Dies fällt natürlich bei einer Bilanzierung einer Exposition nicht ins Gewicht.

Selbstverständlich ist der Konzentrationsverlauf, den man im Blut misst, nur die Resultante einer Unzahl von Einzelprozessen.

Absorption

Bei der Absorption (fälschlich häufig als Resorption bezeichnet) muss zwischen den verschiedenen Applikationsarten differenziert werden. Hierfür kommen in Betracht:
- die dermale Zufuhr,
- die inhalative Zufuhr,
- die ingestive Zufuhr und
- Sonderformen der Exposition.

Dermale Exposition. Bei der Hautexposition verläuft die Absorption eines Fremdstoffs in aller Regel sehr langsam, sofern nicht begünstigende Momente hinzukommen (organische Lösungsmittel, Lipide, Verletzungen der Haut oder hyperämische Areale, ekzematöse Veränderungen usw. können die Aufnahme durch die Haut um ein Mehrfaches beschleunigen). Immer muss eine Festsubstanz zuvor gelöst sein, ehe sie in die Haut eindringen und/oder sie durchdringen kann. Die Permeation wird auf der behaarten Haut rascher vonstatten gehen, weil die zumeist lipophilen Substanzen über den lipidreichen Haarkanal schneller aufgenommen werden als durch die unbehaarter Haut. Starke Säuren führen zu oberflächlichen Verätzungen (Deproteinisierung), die die weitere Permeation im Allgemeinen verhindern. Im Gegensatz dazu kommt es zu einer durch Alkalien verursachten Erweichung (Kolliquation) der oberen Hautschicht, so dass die Hornhautbarriere nahezu aufgehoben ist, wie jeder weiß, der einmal in der (alkalischen) grünen Seife seine Hände gebadet hat.

Inhalative Absorption. Bei der Inhalation von Gasen oder Dämpfen kommt es sehr darauf an, ob die Dämpfe hydrophil oder lipophil sind. Im ersteren Fall gelangt der Dampf schlechter in die tieferen Abschnitte des Bronchialsystems oder gar bis in die Alveolen, weil er auf der wässrigen Schleimhautoberfläche kondensieren und gelöst werden kann. Je tiefer die Einatmung desto gefährlicher (schneller) erfolgt wegen der hohen Durchblutung und der geringen Transitstrecken die Aufnahme ins Blut und desto verletzlicher sind die Epithelien.

Während nitrose Gase schon an den Tracheal- und Bronchialschleimhäuten festgehalten werden, führt die **Cocainbase**, geraucht als Crack, zu einer schnellen Absorption durch tiefer gelegene Abschnitte des Bronchialsystems mit entsprechend vergrößerter Oberfläche und zur schnellen Passage durch die Lipidmembranen der Epithelien. Die Anflutung in das Zentralnervensystem unterscheidet sich nicht mehr erheblich von der nach intravenöser Injektion von Cocain-Hydrochlorid. Bei der Applikation als Aerosol gelten die chemisch-physikalischen Vorgänge zunächst auch, aber hier zählt wesentlich auch die Teilchengröße und die Stabilität des Aerosols. Große und hydrophil ummantelte Tröpfchen gelangen kaum in die tieferen Bronchialabschnitte.

Ingestion. Bei der ingestiven, der häufigsten Zufuhr potentiell toxischer Substanzen, die als Fremdsubstanzen ebenfalls durch die Lipidschichten der Schleimhäute zur Absorption hindurch diffundieren müssen (also kein aktiver oder begünstigter Transport durch Transporter in der Zellmembran oder transmembranäre Kanäle), spielt die chemische Eigenschaft (Lipophilie, Molekülgröße, Löslichkeit) die Hauptrolle. Eine ausreichende **Lipophilie** ist eine essentielle Voraussetzung. DDT in Pflanzenöl gelöst entfaltet eine ungleich höhere Toxizität, als bei Verschlucken in Form eines Puders. Aus der Pharmakologie ist ferner bekannt, dass saure Substanzen besser im Magen und basische Substanzen besser im Darmtrakt resorbiert werden, weil ihre Dissoziation zu polaren Anionen bzw. Kationen in diesen Abschnitten zurückgedrängt wird. Für die systemische Verfügbarkeit einer Fremdsubstanz ist bei der gastroenteralen Absorption natürlich auch noch die Darmmukosa selbst und die Leber eine Barriere. **Esterasen** können toxische Ester bereits in der Mukosa spalten, **Katecholamine** werden bereits in der Leber zu unwirksamen **Glukuroniden** konjugiert oder O-methyliert. Hinzu kommen Transportvorgänge, bei denen in der Darmmukosa oder der Leber einmal aufgenommene Fremdsubstanzen mit Hilfe des **P-Glykoproteins** wieder ausgeschleust werden können, ein Vorgang der auch bei der **multi drug resistance** (MDR) von Tumorzellen entdeckt wurde, aber gar nicht tumorspezifisch ist und dessen Aktivität durch Arzneimittel beeinflussbar ist (z.B. durch viele Calciumkanal-Blocker). Die **Bioverfügbarkeit** (Anteil der Dosis, der unverändert in den Kreislauf gelangt) kann dadurch erheblich eingeschränkt sein.

Sonderformen der Applikation (oder Exposition). Von Bedeutung sind gegenwärtig auch die intranasale Zufuhr (Sniefen von Drogen), die bukkale oder sublinguale Anwendung und die rektale oder vaginale Zufuhr. Allen Applikationsformen gemeinsam ist die **Umgehung der Leber** und damit eine Steigerung der Bioverfügbarkeit vieler Substanzen.

Mathematisch verläuft die Absorption nach einer Reaktion erster Ordnung, d.h. mit fallender Konzentration am Ort der Absorption sinkt die Absorptionsgeschwindigkeit.

$$\frac{dM}{dt} = -k_a \cdot M$$

Daraus ergibt sich durch Integration die zeitliche Änderung der Menge des noch nicht resorbierten Fremdstoffs.

$$M_t = M_0 \cdot e^{-kat}$$

M_0 ist die anfänglich bestehende Konzentration (oder Menge beziehungsweise die Dosis D), M_t ist die noch verbliebene Konzentration zum Zeitpunkt t, k_a die Absorptionskonstante. Die absorbierte Menge A ist dann die Differenz D - M_t (◘ Abb. 7.18a, b).

$$A = D - D \cdot e^{-kat} = D(1-e^{-kat}) \; (M_0 = \text{Dosis D})$$

Zur Umrechnung auf die Plasmakonzentration C muss durch das Verteilungsvolumen V dividiert werden.

$$C = \frac{D}{V}(1 - e^{-kat})$$

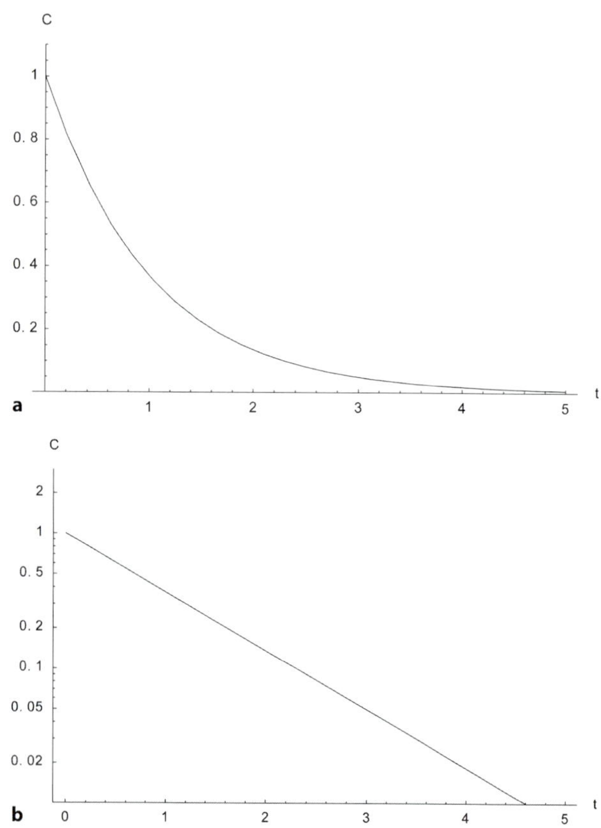

◘ Abb. 7.18a, b. Absorption aus dem Magen. Durch Absorption verringert sich die Menge M (*C* – oder Dosis D) im Magen. **a** Darstellung im linearen Plot (*oben*) und **b** im semilogarithmischen Maßstab (*unten*) gegen die Zeit *t*. Ein prinzipiell ähnlicher Kurvenverlauf ergäbe sich für die Plasmakonzentration *C* bei alleiniger Elimination, wenn die Substanzmenge intravenös injiziert wird. Die negative Steigung entspricht dann der Eliminationskonstanten k

Verteilung

Nach Aufnahme wird die Substanz in die einzelnen Gewebe „verteilt". Dieser Export aus dem Blut geschieht unterschiedlich schnell, je nach Durchblutung des Organs und je nach Affinität des Organs zu dem Fremdstoff. Gut durchblutete Organe, wie Muskulatur oder der Darm, werden schneller und ausgiebiger importieren können, als schlecht durchblutete Organe (z.B. Fettgewebe, Haut). Generell werden die sehr hoch durchbluteten Organe (Gehirn – soweit die Blut-Hirn-Schranke keine Barriere darstellt –, Nieren und Leber) zusammen mit dem Blut als **zentrales Kompartment** gewertet. Diese Verteilung entspricht jedoch nicht dem von der Durchblutung unabhängigen Gleichgewicht zwischen Blut und Geweben. Bis zur Einstellung dieses Verteilungsgleichgewichts fällt die Blutkonzentration schneller ab als danach, wenn (fast) nur noch die Elimination allein den Konzentrationsabfall bewirkt. Man nennt die schnelle erste Phase häufig auch die **Verteilungsphase** (α oder λ_1) und die terminale Phase die **Eliminationsphase** (β oder λ_z). Es sind **Hybridkonstanten**, aus denen die eigentlichen Mikrokonstanten erst noch errechnet werden müssen (k_{12}, k_{21}, k_{10}). Häufig wird die Zwei- oder in manchen Fällen Dreiphasigkeit nicht erkennbar, so dass dann nur mit einem **Einkompartmentmodell** gerechnet wird. Das ist dann der Fall, wenn die Verteilung wesentlich schneller als die Absorption oder Elimination abläuft. Die kurze Wirkdauer des Narkotikums Thiopental beruht also nicht auf der Inaktivierung der Substanz, sondern auf seiner (Um-)verteilung aus dem zentralen Kompartiment in die peripheren Kompartimente (■ Abb. 7.19).

Metabolismus

Die „Verschwindensrate" aus dem Blut und den Organen richtet sich nach der Geschwindigkeit, mit der die Fremdsubstanz entweder metabolisiert oder ausgeschieden wird. Der **Metabolismus eines Fremdstoffs** wird gerne in zwei Phasen unterschieden:

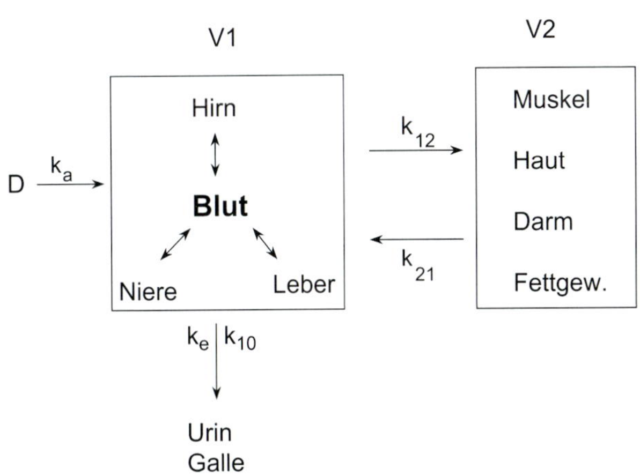

■ Abb. 7.19. Blockdiagramm für die Aufnahme und Verteilung im Einkompartimentmodell mit k_a und k_e und im Zweikompartimentmodell mit den Mikrokonstanten k_a, k_{12}, k_{21} und k_{10}

- **Phase I** verändert den Fremdstoff z.B. durch Oxidation, Reduktion, Hydrolyse. Im Allgemeinen wird der Fremdstoff dadurch etwas hydrophiler und gewinnt vor allem funktionelle Gruppen, die für die Phase-II-Reaktion zugänglich werden.
- Die **Phase-II-Reaktion** beinhaltet im Allgemeinen synthetische Umsetzungen mit stark hydrophilen Kopplungskomponenten (Glukuronsäure, Schwefelsäure, Konjugationen mit Glutathion, Acetylierungen). Insbesondere in der Phase I resultieren daraus häufig auch veranderte Wirkungen der zugeführten Substanz. Der Organismus sieht nicht auf Entgiftung oder Giftung, sondern sein Enzymsystem verändert die Substanz nach chemischen/biochemischen Gegebenheiten. Dies kann zu giftigeren oder weniger wirksamen Verbindungen führen. In der ■ Tabelle 7.17 sind die wichtigsten Reaktionen beispielhaft aufgeführt.

Aus der Pharmakologie ist bekannt, dass intra- und interindividuell große Unterschiede in den **Metabolisierungsraten** bestehen können. Ursache für die Unterschiede ist z.B. der unterschiedliche Enzymbesatz, insbesondere bezüglich der verschiedenen **Csytochrom-P450-Formen** (CYP-Formen). Neben den Polymorphismen der CYP-Formen (CYP 2D6, 2C9 und 2C19) können intraindividuell auch Induktionen durch Exposition mit bestimmten anderen Fremdstoffen und natürlich auch Inhibitionen durch nichtkompetitive Inhibitoren (z.B. Cimetidin) oder kompetitive Inhibitoren Arzneimittelinteraktionen durch Konkurrenz um dasselbe CYP auftreten (■ Tabelle 7.18). In der forensischen Toxikologie spielen diese Unterschiede eine geringere Rolle, da zumindest bei Suiziden massive Überdosierungen eingesetzt werden, andererseits bei hohen Konzentrationen die Spezifität der einzelnen CYP-Formen weniger ausgeprägt ist (überlappende Substratspezifität) und die oben genannten Polymorphismen einzelner CYP-Formen nur wenige Prozent (mit allerdings für manche Substrate sehr geringen k_M-Werten) des Gesamtgehalts an CYP-Aktivität ausmachen.

Defizienzen einzelner Enzyme der Phase II sind ebenfalls bekannt, so für die N-Acetyltransferase, die Glukuronyltransferasen UGT sowie die Glutathion-S-Transferasen. Zumindest die UGTs unterliegen ebenso wie einige CYP-Formen der Induktion durch (andere) Fremdstoffe.

Elimination

Definition

Als Elimination bezeichnet man in der pharmako- oder toxikokinetischen Terminologie die Abnahme der Konzentration im Blut.

Dabei ist es also einerlei, ob die Substanz unverändert in den Urin oder die Galle ausgeschieden oder durch Metabolismus in andere Verbindungen überführt wird. Da bei Ausscheidung der unveränderten Substanz zumeist die Ausscheidung in den

Tabelle 7.17. Typische Metabolisierungsreaktionen von Fremdstoffen

1. Hydrolysen

1.1. Hydrolyse von Estern

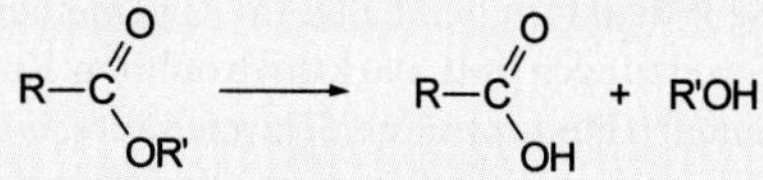

1.2. Hydrolyse von Amiden

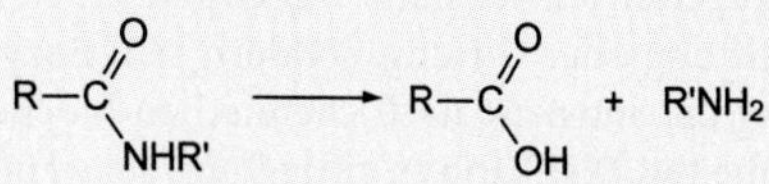

2. Oxidoreduktionen NAD(P)H-abhängig

2.1. Reduktion von Aldehyden und Ketonen

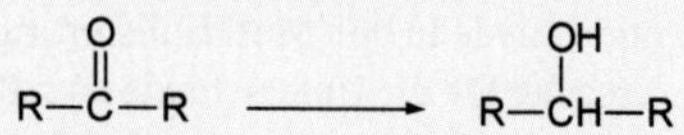

2.2. Reduktion von Doppelbindungen

2.3. Reduktion von Nitrogruppen

2.4. Oxidation von Alkoholen

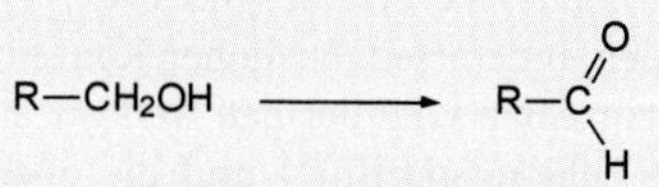

2.5. Oxidation von Aldehyden

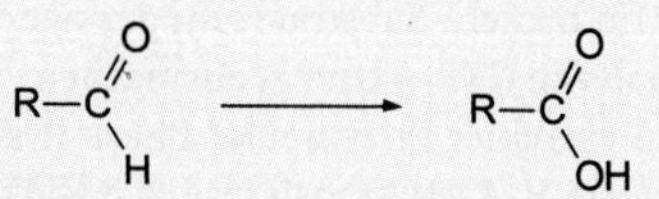

2.6. Reduktion von Azogruppen

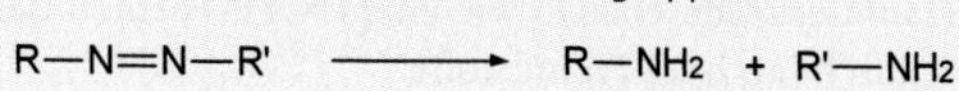

2.7. Reduktion von Hydroxamsäuren

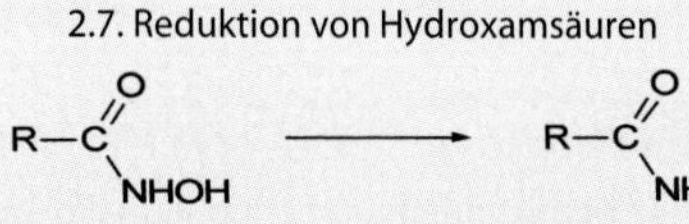

2.8. Reduktion von Disulfiden

2.9. Reduktion von Sulfoxiden

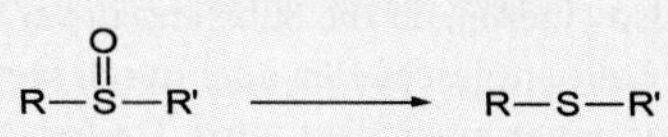

3. Oxidationen

3.1. Hydroxylierung von aromatischen Ringen

3.2. Oxidation von aliphatischen Ketten

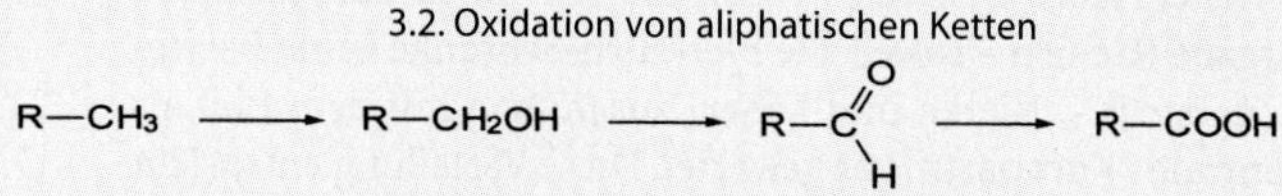

3.3. Epoxidation von Doppelbindungen

3.4. N-Desalkylierung

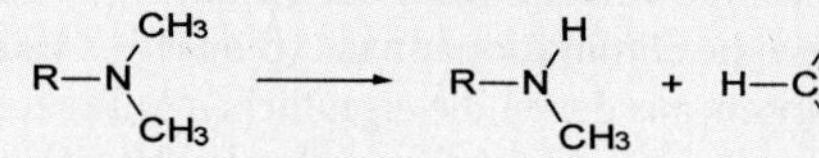

3.5. O-Desalkylierung

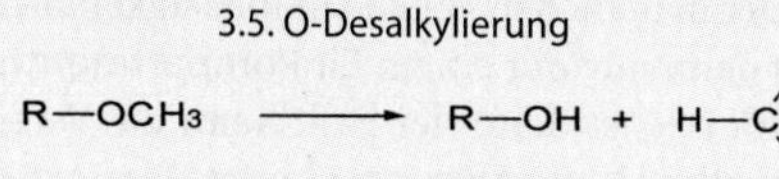

3.6. S-Desalkylierung

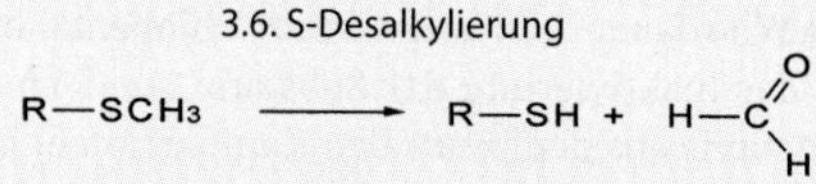

3.7. Oxidative Desaminierung

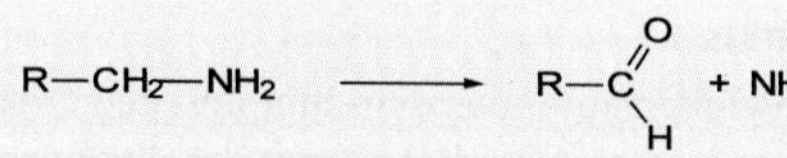

3.8. S-Oxidation

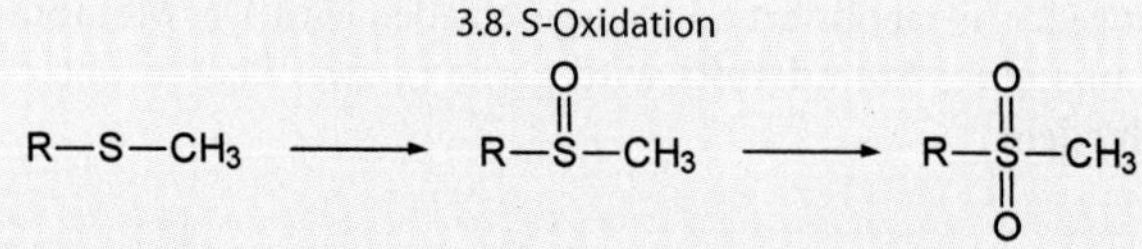

3.9. N-Oxidation

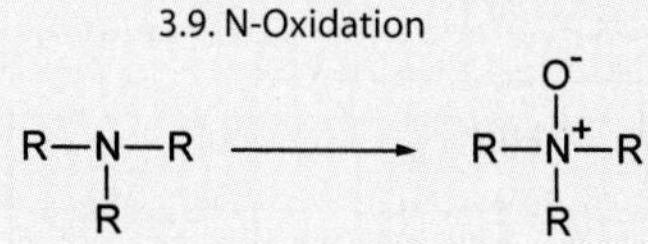

3.10. Desulfuration

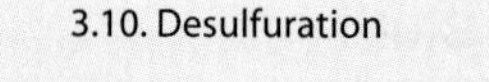

4. Dehalogenierungen

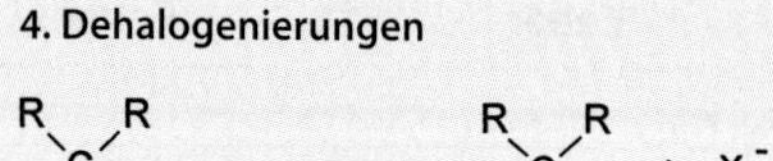

X = F, Cl, Br, I

5. Decarboxylierungen

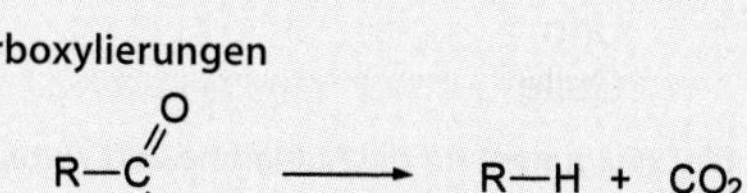

■ Tabelle 7.18. Reaktionen und Interaktionen am Zytochrom-P450-System

CYP	Oxidation durch spezifische CYP-Formen (Beispiele)	Inhibitoren irreversibel nicht kompetitiv	Induktoren
1 A1	Polyzyklische aromatische Kohlenwasserstoffe (PAH)		PAH, PCB, Dioxine
1 A2	Paracetamol, Theophyllin, Coffein (PAH)	Cimetidin, Bergamottin	PAH, PCB, Dioxine
2 B6	Zyklophosamid		
2 C9	Tolbutamid, Warfarin, Phenytoin		
2 C19	Mephenytoin, Omeprazol, Lansoprazol, Moclobemid, Hexobarbital		Phenytoin, Phenobarbital
2 D6	Debrisoquin, Spartein, Propranolol, Metoprolol, Propafenon, trizyklische Antidepressiva, Dextrometorphan, Venlafaxin, Paroxetin, Flecainid, Clozapin		
2 E1	Paracetamol, Ethanol, Isoniazid, CH_2, Cl_2		Alkohol
3 A4	Calciumantagonisten, Chinidin, Terfenadin, Digitoxin, Clarithromycin, Erythromycin, Lidocain, Alfentanil, Conazole (z.B. Miconazol), HIV-Proteinaseinhibitoren	Grapefruit	Rifampicin, PCN, Spironolacton, Phenobarbital, Carbamazepin

Urin gemeint ist, redet man in dem Fall von **renaler Elimination** und grenzt davon die **hepatische Elimination** ab, die die Umsetzung zu Metaboliten meint. Die **Gesamtelimination** setzt sich somit in der Regel aus hepatischer und renaler Elimination zusammen. Die mathematische Beschreibung der Gesamtelimination ist wieder eine Reaktion erster Ordnung.

$$\frac{dC}{dt} = -k_e \cdot C$$

Die Integration dieser Formel ergibt den Konzentrations-Zeit-Verlauf für die Elimination mit k_{el} als Eliminationskonstanten.

$$C_{(t)} = C_{(o)} \cdot e-^{ket}$$

Bei Exposition mit einem Fremdstoff laufen natürlich Absorption und Elimination weitgehend gleichzeitig, so dass die aktuelle, zum Zeitpunkt t vorhandene Fremdstoffmenge sich aus der Resultanten beider kinetischen Prozesse berechnen lässt.

$$\frac{dA}{dt} = k_a \cdot D - k_e \cdot A$$

Die Integration ergibt für den gesamten Konzentrations-Zeit-Verlauf die Funktion

$$C_t = \frac{fD\,(k_a)}{V\,(k_e - k_a)} \cdot (e^{-ket} - e^{-kat}),$$

wobei D/V die Konzentration im Verteilungsvolumen und f den überhaupt absorbierbaren Anteil der Dosis meint. Diese Funktion wird **Bateman-Funktion** genannt (■ Abb. 7.20a, b). Die Bateman-Funktion ist entwickelt worden aus dem radioaktiven Zerfall einer Substanz A in Substanz B, die dann ihrerseits zu Substanz C zerfällt. Der Konzentrations-Zeit-Verlauf entspricht dem der Substanz B. Es ist evident, dass anfangs die Konzentration steil ansteigt und nach einem Gipfelpunkt im logarithmischen Maßstab linear abfällt. Auf dem Gipfelpunkt halten sich Absorption und Elimination die Waage. Er liefert zugleich die

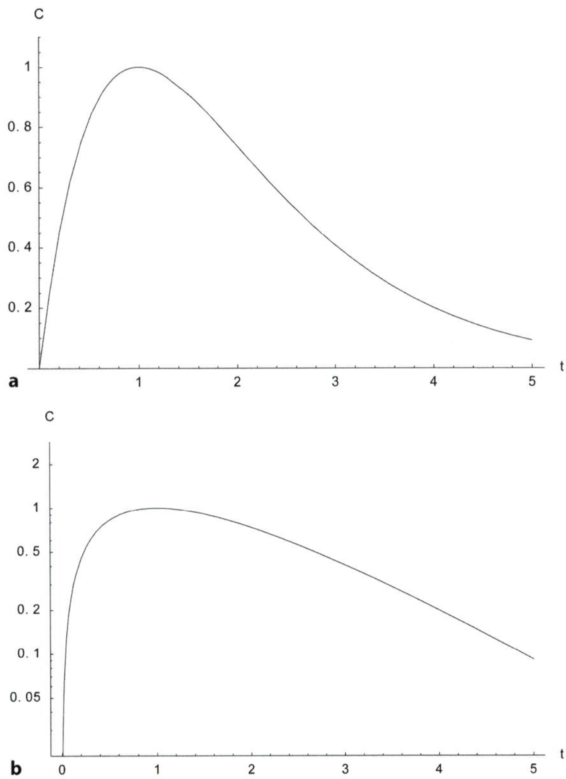

■ Abb. 7.20a, b. Bateman-Funktion. **a** Im linearen Maßstab und **b** im semilogarithmischen Maßstab. Annahme eines Einkompartimentmodells. Die eingetragenen Koordinaten entsprechen der C_{max} zum Zeitpunkt t_{max}

in der Pharmakokinetik häufig benutzten Angaben C_{max} zum Zeitpunkt T_{max}. Zur Berechnung:

$$t_{max} = \frac{\ln (k_e/k_a)}{(k_e - k_a)}, C_{max} = \frac{fD}{V} \cdot e^{-k_e t_{max}}$$

In vielen Fällen ist diese Darstellung ausreichend. Hier wird das so genannte **offene Einkompartmentmodell mit Absorption** eingesetzt, in dem die Verteilung in andere Gewebe unberücksichtigt bleibt. Das Verteilungsvolumen ergibt sich aus dem Ordinatenabschnitt bei rückwärtiger Verlängerung der bei semilogarithmischer Auftragung linearen Eliminationsphase. Aus derselben Geraden lässt sich auch die Eliminationshalbwertszeit berechnen.

$$t_{1/2} = \frac{0{,}693}{k_e}$$

In Kenntnis der k_e lassen sich aus einem Konzentrationswert die Konzentrationen zu einem früheren oder zukünftigen Zeitpunkt ohne weiteres berechnen, solange dieser lineare Kurvenverlauf gültig ist.

$$\ln C = \ln C_t +/- \frac{0{,}693}{t_{1/2}} t \; (+ = \text{Rückrechnung})$$

In anderen Fällen wird in der semilogarithmischen Auftragung jedoch eine zwei- oder mehrphasische Dispositionsphase erkennbar. Dies bedeutet, dass noch eine oder mehr Verteilungsphasen abgrenzbar sind, bevor der absteigende Schenkel in die terminale flachste Gerade übergeht.

Am deutlichsten wird die Verteilungsphase bei intravenöser Injektion: Nach einem steilen Abfall folgt eine Phase mit wesentlich flacher verlaufendem Konzentrationsabfall (◘ Abb. 7.21). Der initiale steile Abfall wird als die **Verteilungsphase** (α- oder λ_1-Phase) bezeichnet (s. oben, „Verteilung"), der **terminale Abfall** als die β- oder λ_z-Phase. In Wahrheit überlagern sich jedoch beide Prozesse. Die Geschwindigkeitskonstante der terminalen β-Phase (oder z-Phase) mit dem Anfangswert b ergibt sich aus der rückwärtigen Verlängerung auf die Ordinate. Zur Bestimmung der Konstanten der initialen α-Phase werden von der Kurve die Werte der β-Phase subtrahiert, und durch die sich neu ergebenden Punkte eine Gerade hindurch gelegt, zur Berechnung von a und der fiktiven Anfangskonzentration a. Das Verteilungsvolumen des zentralen Kompartiments berechnet sich aus

$$V_1 \text{ oder } V_c = \frac{f \cdot D}{a + b}$$

Die Kurve lässt sich allgemein schreiben in der Form

$$C = a \cdot e^{-\alpha t} + b \cdot e^{-\beta t}$$

Auch bei dieser Darstellung erhält man lediglich Hybridkonstanten, aus der die Mikrokonstanten erst errechnet werden müssen.

Kommt noch eine weitere Verteilungsphase oder die Absorptionsphase hinzu, könnten formal weitere Exponenten addiert werden, zu deren Auflösung dann jedoch höchst komplexe Berechnungen erforderlich werden, um die Mikrokonstanten zu bestimmen. Man begnügt sich deshalb meistens damit, die Hybridkonstanten im Abschälverfahren anzugeben (► s. Abb. 7.21).

Clearance

Definition

Der Vorgang der Verminderung der Blutkonzentration wird in Anlehnung an die Nephrologie auch als Clearance (CL) bezeichnet. Es ist gedanklich also das Volumen Blut, das pro Zeiteinheit von dem unveränderten Fremdstoff befreit wird. Sie wird im Allgemeinen in L (oder mL) pro kg Körpergewicht und Stunde angegeben.

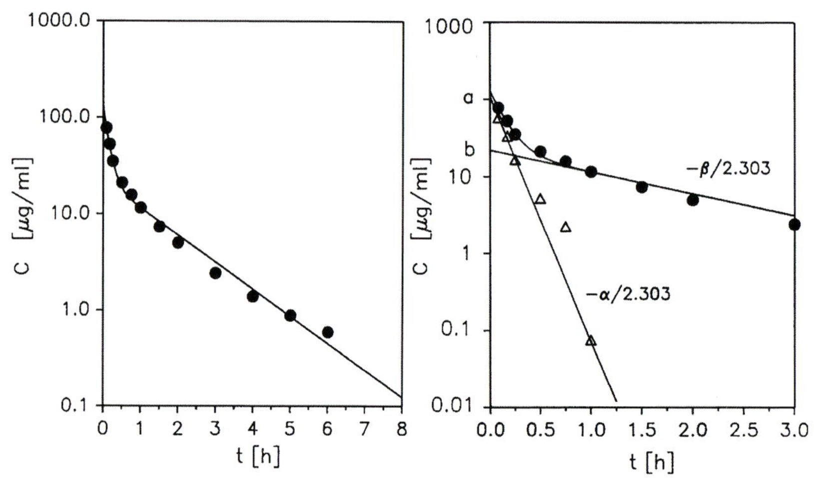

◘ Abb. 7.21. Konzentrationsverlauf im Zweikompartimentmodell nach intravenöser Injektion. Zur Abschätzung der Steigung und der Ordinatenpunkte wird die Endgerade nach rückwärts verlängert und die so erhaltenen Werte von der Originalkurve subtrahiert. Durch die Differenzpunkte wird eine neue Gerade gelegt mit dem Ordinatenschnittpunkt a. Die Gerade ergibt die Kurve für die Verteilung in das Kompartiment z (2. oder β)

Auf dem Gebiet der Arzneimittel findet man in der Literatur, zumindest für die neueren Arzneistoffe, entsprechende Angaben. Clearance bezieht sich biologisch jedoch nicht allein auf das Blut, sondern auf das Verteilungsvolumen. Das (pharmakokinetische/toxikokinetische) **Verteilungsvolumen** ist dasjenige fiktive Blutvolumen, das notwenig wäre, um die applizierte bzw. bioverfügbare Dosis in der gemessenen Konzentration zu enthalten. Das Verteilungsvolumen V_D = Dosis D/C. Statt der Gesamtclearance kann man auch Clearance einzelner Organe, wie in der Physiologie üblich, bestimmen (**Organclearance**).
Die Clearance errechnet sich zu

$$CL = k_e \cdot V$$

und modellunabhängig zu

$$CL = \frac{D}{AUC}$$

Hierbei ist die AUC die „area under the curve", also das Integral der Fläche der Konzentrations-Zeit-Kurve.

Mean resident time (MRT)

Je nach Kompartiment findet man verschiedene Halbwertszeiten. Welche ist die am besten geeignete? Sicher die, die am meisten zur Elimination beiträgt. Hieraus kann man aber auch über einen neuen Ansatz der Pharmakokinetik insgesamt gelangen, wobei man von statistischer Betrachtungsweise ausgeht und fragt: Wie lange dauert es im Mittel bis ein Molekül metabolisiert oder eliminiert ist? Das erste Moment einer statistischen Verteilungskurve ist die MRT. Man erhält sie durch

$$MRT = \frac{AUMC}{AUC}$$

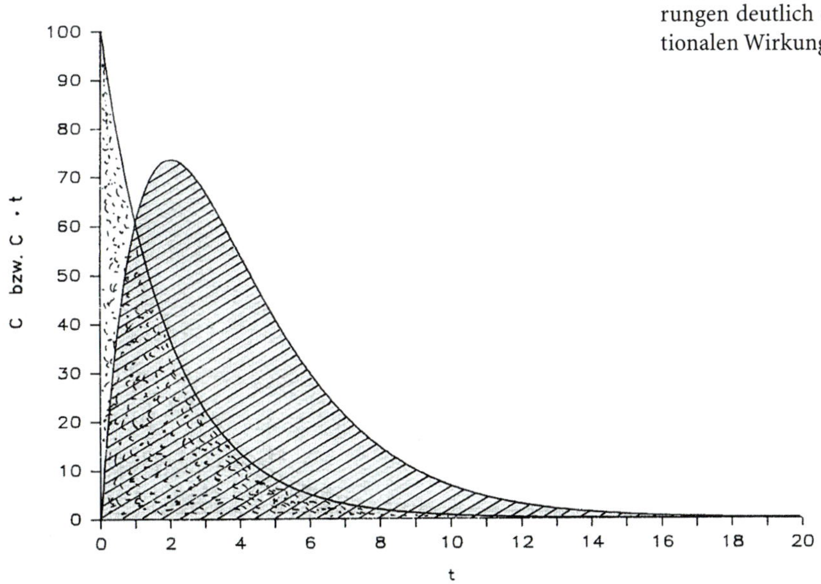

Abb. 7.22. Zur grafischen Ableitung der MRT wird die AUC der Plasmakonzentration und des Produktes der Plasmakonzentration mal Zeit (AUMC, schraffiert) berechnet und dividiert

Während man die AUC nach der Trapezregel bestimmt, ist AUMC die Fläche unter der Kurve Konzentration x Zeit (Abb. 7.22). Voraussetzung für eine solche Berechnung ist, dass alle Prozesse Reaktionen erster Ordnung sind.

Grenzen toxikokinetischer Aussagen und sich daraus ergebender Schlussfolgerungen

Wichtig

Es muss davor gewarnt werden, aus vorliegenden pharmakokinetischen Daten weitgehende Schlussfolgerungen zu ziehen.

Gründe hierfür sind:
- Die behauptete oder in Frage stehende Dosis kommt, auch wenn sie stimmen sollte, häufig nicht zur Absorption, weil die Substanz z.T. erbrochen wird, unlöslich oder verklumpend ausfällt, die Magen-Darm-Motorik gehemmt oder die Substanz durch Diarrhö vorzeitig ausgeschieden wird.
- Die pharmakokinetischen Daten der Literatur werden meistens an gesunden, jüngeren, zumeist nur männlichen Probanden gewonnen, eine Altersgruppe, die von Intoxikationen selten betroffen ist (alte Menschen wiesen für viele Substanzen ein vermindertes Verteilungsvolumen auf).
- Viele Erkrankungen können zu Veränderungen der Kinetik führen (gastrointestinale Erkrankungen, Leberzirrhose, Infektionskrankheiten, Herz-Kreislauf-Erkrankungen, Nierenerkrankungen etc.).
- Die interindividuellen Schwankungen sind auch bei gesunden Personen, auf den Einzelfall bezogen, häufig recht groß. Die verfügbaren Daten gehen darauf meistens nicht ein.
- Die Bioverfügbarkeit von Substanzen, die einem ausgeprägten First-pass-Effekt unterliegen, wird bei Hochdosierungen deutlich erhöht (mit der Folge eines überproportionalen Wirkungszuwachses).

- Andererseits erreicht die Absorptionsgeschwindigkeit ein Maximum, so dass die Absorptionsrate in eine Reaktion nullter Ordnung übergeht.
- Dasselbe gilt auch für die Elimination. Sie gleicht dann der Alkoholelimination, die bekanntlich weitgehend unabhängig von der Blutalkoholkonzentration mit einer konstanten Geschwindigkeit (0,15 ‰ pro Stunde) erfolgt.
- Bei Intoxikationen besonders, aber nicht erst dann, kann die Toxikokinetik aus pharmakologischen Interaktionen Variationen unterliegen. Hemmung der Magen-Darm-Motorik durch Anticholinergika vermindert die Absorptionsgeschwindigkeit, Interaktionen an der Eiweißbindung kann die Elimination beschleunigen, pH-Wert-Änderungen des Urins verändern die tubuläre Rückresorption basischer oder saurer Fremdstoffe, hypotone Blutdruckänderungen vermindern die renale und hepatische Clearance, Exposition mit Induktoren oder Inhibitoren metabolisierender Enzyme verändern die MRT, Bradypnoe vermindert die Absorption bei inhalativer Exposition und viele andere Variationen lassen sich aufzeigen. So genannte populationskinetische Daten zur Pharmakokinetik verlieren somit bei Intoxikationen ihre Allgemeingültigkeit.

7

7.7 Spezielle Toxikologie

A. Schmoldt

7.7.1 Arzneimittel

Stark wirksame Analgetika (Narkoanalgetika und Opioide)

Die stark wirksamen Analgetika verursachen eine verminderte Schmerzwahrnehmung im Zentralnervensystem, haben aber keinen direkten Einfluss auf den Ort der Schmerzursache. Wegen der Gefahr des Missbrauchs und der berauschenden Wirkung sind fast alle Analgetika, die sich vom Morphin ableiten, dem Betäubungsmittelgesetz (BtMG) unterworfen.

Wirkungsmechanismus. Die Analgesie lässt sich am besten herbeiführen durch Stimulation der **Opioidrezeptoren** inhibitorischer Neurone von den verschiedenen Rezeptoren (μ-, κ-, δ-Rezeptoren), von denen es mit hoher Wahrscheinlichkeit jeweils zwei oder drei (κ-Rezeptoren) Subtypen gibt. Während die μ- und auch die δ-Rezeptoren vor allem im Stammhirn und Kortex vorkommen, findet man κ-Rezeptoren vorwiegend im Rükkenmark. Das Kleinhirn enthält keine Opioidrezeptoren. Die Analgesie wird vor allem vermittelt durch die μ- (und δ-) Rezeptoren. Neben der Analgesie beruht auch die euphorische Wirkung auf der Stimulation der μ-Rezeptoren. Der toxische Effekt geht zurück auf die μ- und δ-Rezeptoren-Stimulation in Bezug auf die Atemdepression (verminderte Empfindlichkeit des medullären Atemzentrums gegenüber dem CO_2). Zu weiteren Eigenschaften der Opiate siehe ◘ Tabelle 7.19.

Auch bei therapeutischer Dosierung kann man im intraindividuellen Versuch regelmäßig eine Verminderung der Atemfrequenz und eine Miosis sowie eine Bradykardisierung nachweisen.

◘ Tabelle 7.19. Effekte von Opioiden

zentrale Effekte	periphere Effekte
Analgesie	verzögerte Magenentleerung
Toleranz	spastische Obstirpation
Atemdepression	Störung des Gallenflusses
Euphorie	Harnverhaltung
Sedation	Histaminfreisetzung
Muskelrigidität	Hemmung der Wehentätigkeit
Anxiolyse	
zerebrale Krämpfe	
Hypothermie	
Miosis	
antitussive Effekte	
– Emesis (Früheffekt)	
– Antiemesis (Späteffekt)	
Blutdrucksenkung	
Bradykardie	

μ-Agonisten sind außer Morphin das Pethidin, Methadon, Tramadol, Tilidin, Dextropropoxyphen, Piritramid, die Fentanyle und Buprenorphin, wobei das Buprenorphin ein partieller Agonist ist, der zwar eine hohe Affinität aber eine weniger starke maximale Aktivität besitzt. Pentazocin und Nalbuphin sind so genannte Agonisten/Antagonisten, indem sie κ-Rezeptoren stimulieren und an den μ-Rezeptoren eine antagonistische Wirkung ausüben. Auch das Buprenorphin hat wahrscheinlich eine, wenn auch sehr schwach κ-antagonistische Wirkung.

Unerwünschte Wirkungen, Intoxikationen und Kinetik. Von den unerwünschten Wirkungen bei den Opiaten ist die **Atemlähmung**, die bei Opiatabhängigen die häufigste Todesursache darstellt, am gefährlichsten. Unter Schmerzen ist die Gefahr weniger groß, da der Schmerz einen besonderen Weckreiz darstellt, der per se zu einer Atemstimulation führt. Unter Dauermedikation sind (bis zum Auftreten der Toleranzerscheinungen) der Brechreiz und die Obstipation wichtige, quälende Nebenwirkungen. Die Sedation wird in der Therapie außerdem bisweilen als unangenehm, häufiger jedoch als eher angenehm empfunden. Bei Buprenorphin ist der atemdepressorische Effekt wie auch der analgetische Effekt weniger stark ausgeprägt als bei anderen Opiaten. Während dies bei weniger starken Schmerzen durchaus ausreichend sein kann, ist auch bei höherer Dosierung die Gefahr der tödlichen Atemlähmung geringer als bei den anderen Opiaten. Insbesondere aber bei nichttoleranten Personen kann auch dieser Effekt bereits tödlich sein.

In gleicher Weise verhalten sich auch die **Agonisten/Antagonisten.** Sie werden häufiger postoperativ eingesetzt, um ausreichend analgetisch zu wirken, ohne eine unmittelbare Gefahr einer Atemlähmung hervorzurufen, insbesondere auch dann nicht, wenn die Schmerzen allmählich nachlassen und der Atemantrieb deswegen geringer wird.

Große Unterschiede bestehen in der Pharmakokinetik: Während das Morphin je nach Dispositionsphase zwischen 2 und 8 Stunden Halbwertszeit aufweist, das Nalbuphin mit 2–7 Stunden etwas schneller und Tramadol, Pethidin und Tilidin mit 3–10 Stunden etwas langsamer eliminiert werden, steigt die Halbwertszeit für das Levomethadon auf 10–40 Stunden und das Dextropropoxyphen auf 10–30 Stunden Halbwertszeit an. Insbesondere für Levomethadon ist daher mit einer Kumulation zu rechnen, die für viele Todesfälle bei Beginn einer Substitutionsbehandlung verantwortlich gemacht werden muss.

Maximale Wirkspiegel werden bei nichtretardierten Arzneiformen zur **peroralen Anwendung** innerhalb von 0,5–1 Stunde erreicht, beim Methadon jedoch erst nach ca. 3–4 Stunden. Die retadierten Formen von Morphin gewährleisten ebenfalls eine lang anhaltende Wirkung nach peroraler Anwendung. **Transdermal** können auch Pflaster (Buprenorphin und Fentanyl) zum Einsatz kommen, die für die perorale Anwendung beide nicht geeignet sind. Für die **parenterale Anwendung** eignen sich die Fentanyle (Fentanyl, Alfentanil und Sufentanyl) besonders, da sie sehr schnell (um)verteilt werden und somit intraoperativ sehr gut steuerbar sind. Ihre Einlagerung in das Fettgewebe kann bei längerer parenteraler Zufuhr aber ebenfalls zu erheblichen Verlängerungen der Halbwertszeit führen, wenn nicht mehr die Eliminationsrate oder der Metabolismus die Geschwindigkeit bestimmen, sondern die Durchblutung des Fettgewebes. Generell ist eine gleichmäßige Besetzung der Opiatrezeptoren wesentlich günstiger als eine schnelle Anflutung hoher Konzentrationen, weil im ersteren Fall die Toleranzentwicklung wesentlich langsamer erfolgt. Möglicherweise tritt sie auch nach Buprenorphin und Agonisten/Antagonisten langsamer ein. Tödliche Intoxikationen beruhen, wie bereits angesprochen, auf der Atemlähmung. Außerdem entwickeln Intoxikierte nahezu regelmäßig auch ein **Lungenödem**.

Postmortale Hinweiszeichen auf eine Intoxikation. Erste Hinweise auf eine Opiat-Intoxikation bieten gerade auch das Lungenödem, nicht selten auch die stärker als normal gefüllte Harnblase.

Analytik. In der Analytik werden die Opiate gaschromatographisch/massenspektrometrisch nach entsprechender Festphasenextraktion und Derivatisierung nachgewiesen und auch differentiell wird auf den Gehalt an Glukuroniden geachtet, von denen das 6-Glukuronid ebenfalls eine dem Morphin vergleichbare Affinität zu den Opiatrezeptoren aufweist. Bei parenteraler Injektion ist das Verhältnis zwischen Kleinhirn und Medulla-oblongata-Gehalt wichtig als Indikator für die Überlebenszeit, das anhand des Verhältnisses (Kleinhirnkonzentration anfangs hoch wegen der besseren Durchblutung gegenüber der Medulla oblongata, später tiefere Gehalte als in der Medulla oblongata – hohe Affinität zu Opiatrezeptoren, die im Kleinhirn nicht vorhanden sind) abgeschätzt werden kann. Natürlich ist dies nur bei solchen Opiaten oder Opioiden sinnvoll, bei denen keine schnelle (Um-)verteilung erfolgt.

Die Beurteilung der Intoxikation kann schwierig sein, da bei Toleranzentwicklung auch eine Größenordnung höherer Konzentrationen nicht zur Vergiftung führt. Hier kann bei Nichtvorliegen einer Anamnese eine Haaranalyse sinnvoll sein, die dann über die in den Monaten zuvor betriebene Zufuhr Anhaltspunkte liefert.

Analgetika (Nichtopioide)

Die hier zu besprechenden Analgetika haben einen grundsätzlich anderen Angriffspunkt als die Opiate und die sich davon ableitenden morphinähnlichen Substanzen und Fentanyle. Sie werden wegen ihres gemeinsamen Angriffspunktes, den Opiatrezeptoren, zusammen mit den illegalen Drogen besprochen.

Wirkungsmechanismus. Die überwiegende Zahl der Nichtopioidanalgetika hemmt die Cyclooxygenase. Dadurch wird die Entstehung von Prostaglandinen unterdrückt, so dass die durch PGE_2 (und PGI_2) vermittelte Sensibilisierung von Nozizeptoren gegenüber Schmerzmediatoren (z.B. Serotonin, Bradykinin, Histamin) verhindert wird. Dies gilt nicht nur für die Schmerzentstehung in der Peripherie, sondern auch für die Schmerzleitung im Rückenmark und höheren Leitungsbahnen. Über die Hemmung der Cyclooxygenase wird auch der antipyretische Effekt vieler hier in Betracht kommender Verbindungen gedeutet, indem die PG-Aktivierung der Wärmeproduktion unterdrückt wird.

Unerwünschte Wirkungen, Intoxikation und Kinetik. Der Wirkungsmechanismus erklärt auch die zu erwartenden unerwünschten Wirkungen dieser Substanzgruppe:

- Lokale Reizerscheinungen im Gastroduodenaltrakt (keine PGE_2-vermittelte Schleimproduktion als Säureschutz),
- Entstehung von Übelkeit, Sodbrennen, Magen- und Duodenalulzera,
- Erosionsblutungen lokal in der Schleimhaut und allgemeine Blutungsneigung durch Hemmung der Thrombozytenaggregation,
- verminderte Nierenfunktion durch mangelhafte PGE_2-vermittelte Weitstellung der Nierenkapillaren,
- Hautreaktionen und Asthmaanfälle prädisponierter Personen infolge verstärkter Leukotrienproduktion (weil der Prostaglandinweg für die Arachidonsäure entfällt, erhöht sich die Substratkonzentration für die Lipoxygenase zur Synthese der Leukotriene),
- Harnsäureretention (kompetitive Hemmung der tubulären Sekretion),
- Reye-Syndrom und
- Nierenschädigung (Anreicherung der rückresorbierten sauren nichtsteroidalen Antirheumatika) mit Anreicherung in diesem Organ.

Aus dem Wirkungsmechanismus ergeben sich eine Reihe zu erwartender **Nebenwirkungen**: Anstoßung von Asthmaanfällen.

Insbesondere bei Überdosierungen treten **zentralnervöse Symptome** auf: Ohrensausen, Schwindel, Hör- und Sehstörungen, Verwirrtheit, Angstzustände. Im letzten Trimenon der Schwangerschaft droht ein vorzeitiger Schluss des Ductus arteriosus Botalli.

Postmortale Hinweiszeichen. Höhergradige Erosionsblutungen, Ulzera, Ulkuspenetrationen und Perforationen sollten insbesondere bei älteren Menschen an chronischen Gebrauch saurer nichtsteroidaler Antirheumatika denken lassen.

Die Pharmako-/Toxikokinetik der Einzelsubstanzen ist sehr unterschiedlich. Generell besitzen sie eine hohe Eiweißbindung und demzufolge ein relativ kleines Verteilungsvolumen. Die renale Elimination ist pH-abhängig.

Aus der großen Zahl der analgetisch wirksamen nichtsteroidalen Antirheumatika sollen hier nur toxikologisch **wichtige Einzelsubstanzen** herausgegriffen werden:

Acetylsalicylsäure. ***Wirkungsmechanismus, unerwünschte Wirkungen, Intoxikation***: Die Acetylsalicylsäure (ASS) führt in unveränderter Form zur irreversiblen (durch Acetylierung) Hemmung der Thrombozyten-Cyclooxygenase. Hierfür reichen bereits Dosierungen von 30–50 mg. ASS bewirkt daher am häufigsten Blutungsstörungen und darüber hinaus auch Ulzera. Bei antirheumatischer Therapie treten bereits zentralnervöse Nebenwirkungen auf.

Überdosierungen führen anfangs zu einer Aktivierung des Atemzentrums mit daraus resultierender respiratorischer Alkalose, die im weiteren Verlauf in eine metabolische Azidose übergeht. Plasmakonzentrationen von über ca. 600 µg/ml gelten als potenziell letal. Außer der Atemlähmung beobachtet man auch eine Hyperthermie infolge einer Entkoppelung der Atmungskette. Bereits bei therapeutischen Dosierungen sind besonders bei Asthmatikern Asthmaanfälle auslösbar, gelegentlich auch Hauterscheinungen bis hin zum Lyell-Syndrom oder exfoliativer Dermatitis. Im Kindesalter kann im Zusammenhang mit viralen Infektionen ein Reye-Syndrom ausgelöst werden.

Wichtige Interaktionen treten mit Arzneimitteln auf, die ebenfalls eine hohe Plasmaeiweißbindung aufweisen. Dazu gehören auch Sulfanylharnstoffe und Cumarinderivate.

Kinetik: Nur ein geringer Teil der ASS ist bioverfügbar (weniger als 20 %). Der größte Teil der im Magen und Darmtrakt resorbierten Substanz wird bereits in der Schleimhaut zu Salicylsäure hydrolysiert. Infolge der hohen Eiweißbindung (über 95 %) hat das Salicylat ein Verteilungsvolumen von unter 1. Die weitere Metabolisierung erfolgt durch Glukuronidierung (sowohl der phenolischen OH-Gruppe als auch der Carboxylgruppe) und Konjugation mit Glycin (Salicylursäure). Nur ein geringer Teil der Salicylsäure wird auch zur Gentisinsäure hydroxyliert. Die Phase-II-Reaktion ist nach hohen Dosen limitiert. Die Halbwertszeit ist dosisabhängig. Für therapeutische Dosierungen gelten ca. 3,5–6 Stunden, für Dosierungen über 1–2 g beträgt die Halbwertszeit über 30 Stunden (Kinetik 0-ter Ordnung, nicht lineare Kinetik). Die Elimination ist für unveränderte Salicylsäure pH-abhängig. Durch Alkalisierung des Urins kann die Elimination erheblich gesteigert werden.

Postmortale Hinweiszeichen: Ulzera, Erosionen, Blutungen (nach hohen Dosierungen auch Hemmung der Prothrombinsynthese), auch postmortal noch anfangs erhöhte Körpertemperatur und schnelles Auftreten der Leichenstarre (Folge der Entkopplung der Atmungskette).

Analytik: Schnellnachweis durch Violettfärbung nach Zusatz von $FeCl_3$-Lösung. FPIA-Test, HPLC.

Diclofenac, Ibuprofen, Oxicame, u.a. Im ***Wirkungsmechanismus*** gleichen sie prinzipiell der Wirkung der Salicylate, verursachen aber keine irreversible Inhibition der Thrombozyten-Cyclooxygenase. Entsprechend sind Blutungsneigung und Ulkusaktivierung deutlich geringer ausgeprägt und treten erst bei chronischem Gebrauch höherer Dosierungen in Erscheinung. Respiratorische Alkalose oder metabolische Azidose kommen bei Vergiftungen nicht vor.

Unter den Nebenwirkungen des Ibuprofens ist als Besonderheit im Kindesalter meningismusähnliche Nackensteife zu erwähnen.

Die Plasmahalbwertszeit beträgt ca. 2 Stunden, so dass Überdosierungen klinisch höchst selten zu gefährlichen Intoxikationen führen.

Oxicame (Tenoxicam, Piroxicam) sind stark wirksame Derivate, die eine sehr viel längere Halbwertszeit aufweisen und bei äquipotenten Dosen hinsichtlich der Nebenwirkungen mit den klassischen Arylcarbonsäurederivaten vergleichbar sind.

Postmortale Hinweiszeichen: Erosionen, Blutungen und Ulzera stehen auch für diese Substanzen im Vordergrund.

Analytik: Für die Analytik empfiehlt sich wieder die HPLC, auch für Konjugate.

Cox-2-Inhibitoren (C-2-SI; Celecoxib, Rofecoxib). Cox-2-spezifische Inhibitoren (C-2-SI) hemmen spezifisch nur die Cyclooxygenase 2, die bei entzündlichen Prozessen induziert ist. Dadurch werden die Nebenwirkungen infolge Hemmung der konstitutiv in vielen Geweben vorhandenen Cyclooxygenase 1 weitgehend verhindert.

Als reine Analgetika ohne entzündliche (z.B. rheumatische) Vorgänge sind diese Substanzen nicht indiziert.

Eine humantoxikologische Beurteilung dieser neuen Substanzen ist noch nicht möglich.

Paracetamol. ***Wirkungsmechanismus***: Paracetamol gehört zu den sauren Analgetika, die die Blut-Hirn-Schranke passieren können. Die Hemmung der Cyclooxygenase tritt möglicherweise gegenüber der Vermeidung einer Aktivierung der Cyclooxygenase durch Abfangen reaktiver Zwischenprodukte und für die antipyretische Wirkung endogener Pyrogene in den Hintergrund.

Die **Toxizität** des Paracetamols liegt bei übertherapeutischer Dosierung nicht in den Nebenwirkungen, sondern ist Folge des Metabolismus. Bei der Zytochrom-P-450-katalysierten Aktivierung des Paracetamols zum Chinonimin wird das toxische Zwischenprodukt durch Kopplung an Glutathion abgefangen. Bei Erschöpfung des Glutathionvorrats bindet der Metabolit an zelluläre Makromoleküle und zerstört damit deren Funktion. Hauptzielorgan ist die Leber. Die Symptomatik beginnt nicht vor Ablauf von ca. 24 Stunden. Klinische Symptome sind die Zeichen der Leberdystrophie. Verlängerung der Eliminationshalbwertszeit auf 4 Stunden und mehr und (zurückgerechnet) Konzentrationen über 200 µg/ml 4 Stunden nach Einnahme gelten als potenziell lebensgefährlich. Die Plasmahalbwertszeit beträgt ca. 2–3 Stunden; Hauptmetabolit ist das Glukuronid. Die Induktion des für den toxischen Metaboliten verantwortlichen CYP 2 E1 ist möglich durch Ethanol.

Bei Glukose-6-Phosphat-Dehydrogenasemangel können Anstiege an Methämoglobin entstehen.

Ein sicheres Antidot ist N-Acetyl-L-cystein, das in seltenen Fälle jedoch Unverträglichkeitsreaktionen auslösen kann. Als beginnend potenziell toxische Dosierungen gelten bereits 6–8 g Paracetamol.

Postmortale Hinweiszeichen auf eine Intoxikation sind die Zeichen der Leberschädigung. Die Bestimmung des Paracetamolgehalts als Ursache ist ohne klinische Angaben häufig praktisch nicht mehr möglich, da bis zum Todeseintritt die Zeitdauer über 10 Halbwertszeiten beträgt.

Pyrazolone (Metamizol, Phenylbutazon, Propylphenazon). ***Wirkungsmechanismus***: Auch diese Substanzen wirken über eine Hemmung der Prostaglandinsynthese, wozu jedoch relativ hohe Dosierungen benötigt werden (200, 500–1.000 mg). Metamizol weist außerdem gute spasmolytische Eigenschaften auf. Gastrointestinale Nebenwirkungen (Blutungen, Ulkusaktivierung, Übelkeit) treten seltener auf als nach sauren nichtsteroidalen Antirheumatika. Ein lebensbedrohlicher Blutdruckabfall ist nach intravenöser Injektion möglich, evtl. auch ein anaphylaktischer Schock aufgrund Allergiesierung; allergische bzw. toxische Knochenmarksdepression (Thrombozytopenie, Granulozytopenie, irreversible Panzytopenie). Hauterscheinungen als allergische Reaktion bis zur Dermatitis exfoliativa. Nach toxischen Überdosierungen, besonders im Kindesalter, Gefahr zerebraler Krampfanfälle. Nach Phenylbutazon zusätzlich auch Niereninsuffizienz mit Wassereinlagerungen. Das Risiko einer Agranulozytose ist bei Phenylbutazon größer als bei Metamizol und viel größer als bei Propylphenazon.

Kinetik: Phenylbutazon hat eine Halbwertszeit von ca. 22 Stunden und damit eine große Kumulationsgefahr, Metamizol von ca. 4–7 Stunden Propyphenazon von 3–4 Stunden. Die Metabolisierung geschieht durch N-Desalkylierung und anschließende Acetylierung.

Postmortale Hinweiszeichen: Der Frage der Pyrazolonunverträglichkeit wird man immer bei Todesfällen nachgehen, bei denen eine Knochenmarksschädigung gefunden wird oder wenn man erfährt, dass ein plötzlicher Tod im Zusammenhang mit intravenöser Schmerzmittelapplikation aufgetreten ist.

Analytik: Der analytische Nachweis gelingt gaschromatographisch oder mit HPLC in Verbindung mit einem Massenspektrometer.

Antihypertonika

Intoxikationen mit Antihypertonika betreffen nur einzelne Arzneistoffgruppen. Toxische Nebenwirkungen, auch bei hoch dosierter Gabe, sind insgesamt selten und betreffen vor allem die Hauptwirkung selbst; Sedierung und Hypotonien sind die wichtigsten daraus resultierenden Risiken für die Teilnahme am Straßenverkehr. Zu den schweren Intoxikationen gehören Vergiftungen mit α- und β-Blockern, Calciumkanalblockern, zentral wirksamen α_2-Rezeptoragonisten und einzelnen „Nitro"-Derivaten.

Betablocker. ***Wirkungsmechanismus***: Als Mechanismus der antihypertonen Wirkung wird die zentral ausgelöste Sollwertstellung des Sympathikotonus angenommen. Die antihypertone Wirkung erreicht erst nach einigen Wochen ihren Maximaleffekt. Akute Intoxikationen betreffen vor allem auch die AV-Überleitung und den negativ inotropen Effekt.

Nebenwirkungen, Intoxikationen, Kinetik: Die bei Überdosierung auftretenden Blutdrucksenkungen und die Bradykardie (bis zum AV-Block III. Grades) sind lebensbedrohliche/tödliche Komplikationen. Die dabei gemessenen Blutkonzentrationen sind um Größenordnungen höher als der therapeutische Bereich. Bei frühzeitiger ärztlicher Hilfe (Schrittmacher, Atropin, Katecholamine, Glucagon) können viele Intoxikationen überlebt werden. Hypoxische Hirnschädigungen durch Druckabfall sind die unmittelbaren Folgen der Intoxikation. An Nebenwirkungen sind die Auslösung von Asthmaanfällen bei entsprechender Disposition zu nennen, da auch bei vorwiegend β_1-spezifischen Substanzen bei Überdosierung die β_2-Rezeptoren in der Bronchialmuskulatur betroffen sind. Bei einigen Substanzen tritt die β_2-blockierende Wirkung hinzu, wenn die Metaboliten mancher β-Blocker keine so hohe Selektivität wie die Mutterverbindungen besitzen (z.B. Acebutolol). Etwas günstiger in dieser Beziehung verlaufen Intoxikationen mit partiellen β-Blockern (also mit intrinsischer Aktivität), so dass eine Agonisten-Restfunktion (ISA) erhalten bleibt (z.B. Pindolol).

Hoch lipophile β-Blocker können auch ZNS-Symptome auslösen (Müdigkeit, depressive Verstimmungen). Anzumerken im Zusammenhang mit therapierten Patienten ist, dass die Absetzung der β-Blocker zu gefährlichen Blutdrucksteigerungen, Arrhythmien, Angina-pectoris-Anfällen bis hin zu Myokardinfarkten (durch „Entzügelung") auftreten können.

Pharmakokinetisch gibt es große Unterschiede der Bioverfügbarkeit (ausgeprägte First-pass-Effekte) und der Halbwertszeiten. Die therapeutischen Plasmakonzentrationen liegen im Allgemeinen unter 0,2 µg/ml bis hinab zu 5–10 ng/ml (Carvedilol). **Nachweis:** GC/MS nach Derivatisierung.

Calciumantagonisten. ***Wirkungsmechanismus, Nebenwirkungen, Intoxikationen***: Die Calciumantagonisten lassen sich im Wesentlichen in zwei Gruppen einteilen: Dihydropyridinderivate und die Gruppe Diltiazem, Verapamil.

Durch Blockade der L-Calciumkanäle sinkt der Calciumeinstrom und damit die intrazelluläre Calciumkonzentration ab, wodurch die Ausschüttung von Katecholaminen vermindert und eine Relaxation der peripheren Wiederstandsgefäße hervorgerufen wird. Daneben haben Verapamil und Diltiazem auch β-blockierende Eigenschaften mit entsprechender negativer Inotropie und AV-Blöcken. Bei Dihydropyridinen (Nifedipin) ist dieser Effekt weniger stark und führt insbesondere zu reflektorischer β-Stimulation (daher keine Bradykardie). Alle Calciumantagonisten wirken negativ inotrop und führen bei Intoxikationen zu kardiogenem Schock und Asystolie.

Insbesondere die neueren Dihydropyridinderivate besitzen eine lange Halbwertszeit und sind für den chronischen Gebrauch günstig, jedoch für Überdosierungen von großem Nachteil. Es besteht ein ausgeprägter First-pass-Metabolismus; die Metaboliten sind noch wirksam.

Postmortale Hinweiszeichen, Analytik: Allenfalls Ödeme der abhängigen Körperpartien durch maximale Gefäßdilatation. Nachweis: GC/MS (hohe Lichtempfindlichkeit der Dihydropyridine).

ACE-Hemmer. Arzneimittel, die die Renin-stimulierte Umwandlung von Angiotensin I in Angiotensin II durch Inhibition des Converting-Enzym hemmen, gelten als relativ wenig toxisch.

Nebenwirkungen, Intoxikationen, Kinetik: Die Nebenwirkungen früher, zu hoch dosierter ACE-Hemmer führt zu fraglichen Knochenmarksdepressionen, die jedoch bei akuter Überdosierung praktisch nicht relevant wird. Außer über die Verminderung des Angiotensins II und der damit verbundenen Verminderung des Gefäßtonus wird die Wirkung auch auf den verzögerten Abbau von Bradykinin zurückgeführt, das durch verstärkte NO-Produktion eine Gefäßerweiterung bewirkt. Auf Bradykinin wird auch die häufig schon nach Normaldosierung auftretende Hypersekretion der Bronchialschleimhäute zurückgeführt.

Die einzelnen Substanzen unterscheiden sich vor allem in der Eliminationshalbwertszeit. Sie beträgt für Captopril 2–4 Stunden, für Lisinopril oder Enalapril 16–20 Stunden.

Dihydralazin. ***Wirkungsmechanismus, Nebenwirkungen, Intoxikationen, Kinetik***: Die Senkung des peripheren Gefäßwiderstands geschieht auf bisher nicht bekannte Weise. Reflektorisch kommt es zu Tachykardie, Sympathikotonuserhöhung, Reninausschüttung, Angina pectoris, Kopfschmerzen, Schwindel, Natriumretention und Wassereinlagerung. Bei längerer Anwendung auch therapeutischer Dosierungen wurden Fälle rheumatoider Arthritis und vor allem ein Lupus-erythematodes-Syndrom beobachtet. Bei bestehender koronarer Herzkrankheit oder vorbestehendem Lupus erythematodes ist die alleinige Verabreichung dieses Arzneimittels daher nicht indiziert.

Postmortale Hinweiszeichen, Analytik: Im Zusammenhang mit dem analytischen Nachweis ist bei Vorliegen eines Myokardinfarkts und Wassereinlagerung die Nichtbeachtung der Kontraindikation zu erwägen.

Bei der Bioverfügbarkeit und Eliminationsgeschwindigkeit ist zwischen Langsam- und Schnell-Acetylierern zu unterscheiden, da die Substanz durch Acetylierung inaktiviert wird.

Minoxidil. ***Wirkungsmechanismus, unerwünschte Wirkungen, Intoxikationen, Kinetik***: Minoxidil gehört zu den Kaliumkanalöffnern, wodurch es zu einer Hyperpolarisation der Gefäßmuskulatur kommt. Die drastische Senkung des peripheren Gefäßwiderstands führt zur reflektorischen Tachykardie (**Cave**: koronare Herzkrankheit). Auch bei therapeutischer Dosierung ist mit EKG-Veränderungen zu rechnen. Wassereinlagerung, evtl. Pleura- oder Perikarderguss, antinukleäre Antikörper, Blutbildveränderungen (Thrombozytopenie, hämolytische Anämie), Exantheme und Hypertrichose sind unerwartete Nebenwirkungen.

Die Wirkung hält ca. 3 Tage an, was auch auf dem wirksamen Metaboliten Minoxidilsulfat beruht.

Postmortale Hinweiszeichen und Analytik: (s. oben: Dihydralazin)

Nitroprussidnatrium (Natriumnitroprussid). ***Wirkungsmechanismus, Nebenwirkungen, Intoxikation, Kinetik***: Aus diesem Komplexsalz wird NO freigesetzt, das sofort die Gefäßmuskulatur erschlaffen lässt. Die nur zur intravenösen Anwendung einsetzbare Substanz setzt langsam auch Cyanid frei, wodurch es bei längerer Anwendung zu einer Cyanid-Intoxikation kommen kann, das bei therapeutischer Dosierung jedoch rasch in Thiocyanat umgewandelt wird. Letzteres kann zur Muskelschwäche, Sprachstörungen, psychotischen Reaktionen und Delir führen. Da die NO-Freisetzung stöchiometrisch erfolgt und sehr schnell nachlässt, ist die Wirkung auf den Blutdruck titrierbar. Die Cyanid-Intoxikation kann ggf. durch vorbeugende Natriumthiosulfat-Applikation vermieden werden.

Postmortale Hinweiszeichen und Analytik (s. oben: Dihydralazin): Der analytische Nachweis einer Überdosierung lässt sich allenfalls an den erhöhten Cyanid- und Thiocyanatkonzentrationen festmachen.

Antisympathotonika (Clonidin, Moxonidin, α-Methyldopa). ***Wirkungsmechanismus, unerwünschte Wirkungen, Intoxikationen, Kinetik***: Die Verminderung des Sympathikotonus wird durch Stimulation postsynaptischer zentraler α_{2A}-Rezeptoren bzw. Imidazolin-Rezeptoren (Moxonidin) hervorgerufen.

Zentral ausgelöste Sedierung und orthostatische Kollapszustände sind die führenden Nebenwirkungen bei Überdosierungen. Bei Absetzen ist mit Entzügelungshochdruck und Tachykardien zu rechnen. Clonidin und Moxonidin werden vorwiegend renal eliminiert (Halbwertszeit 6–8 bzw. 2–3 h). α-Methyldopa ist ein Prodrug und wird zum falschen Transmitter α-Methylnoradrenalin aktiviert und in die noradrenergen Speichervesikel eingelagert. α-Methyldopa kann bei Dauerdosierung ebenfalls ein LE-Phänomen hervorrufen.

Postmortale Hinweiszeichen, Analytik: Es gibt keine spezifischen Hinweiszeichen. Die Analytik (GC/MS) muss mit hoch empfindlicher Methodik betrieben werden, um selbst hochtherapeutische Konzentrationen zu erfassen.

Diuretika. ***Wirkungsmechanismus***:
- Thiazide: Hemmung der Natriumrückresorption im distalen Tubulus
- Schleifendiuretika: Hemmung des Natrium-Kalium-Chlorid-Symports im aufsteigenden Teil der Henle'schen Schleife und proximalen Teil des distalen Tubulus
- Triamteren und Amilorid: Hemmung des Aldosteron-abhängigen Natriumkanals im Endteil des distalen Tubulus und den Sammelrohren
- Canrenoat: Hemmung des cytosolischenAldosteronrezeptors

Unerwünschte Wirkungen, Intoxikationen, Kinetik: Außer Elektrolytstörungen (Hypokaliämie) bei Anwendung der Thiazide oder Schleifendiuretika ohne Kalium-sparende Diuretika (Triamteren, Amilorid, Spironolacton – Canrenoat), als Zusatzmedikation und allgemeiner Dehydratation verursachen die Thiazide eine Hyperurikämie, Hyperlipidämie und eine Verminderung der Glukosetoleranz. Hohe Dosierungen von Furosemid können Leberschäden hervorrufen und zu Hörstörungen sowie Hypokalzämien hervorrufen. Die Thiazide haben einen zusätzlichen Effekt auf die Gefäßmuskulatur.

Bis auf Amilorid (6–21 h), Chlortalidon (44–60 h) und Indapamid (14–17 h) haben die Diuretika eine kurze Halbwertszeit von 1–4–7 Stunden und kleine Verteilungsvolumina.

Akute Intoxikationen, die nicht auf den Elektrolytstörungen beruhen, kommen praktisch kaum vor.

Antiarrhythmika

Klasse-1-Antiarrhythmika. ***Wirkungsmechanismus***:

- Klasse 1a: Blockade der Natriumkanäle mit Verlängerung des Aktionspotentials (Chinidin, Procainamid, Disopyramid)
- Klasse 1b: Mit geringer Verlängerung des Aktionspotentials (Lidocain, Mexiletin, Tocainid, Phenytoin, Aprindin)
- Klasse 1c: Ohne Einfluss auf die Dauer des Aktionspotentials (Lorcainid, Flecainid, Propafenon, Ajmalin und Prajmalin sind wegen ihres proarrhythmischen Potentials in der Indikation weitgehend eingeschränkt)

Nebenwirkungen, Intoxikation, Kinetik: Chinidin kann hämolytische Anämien und (selten) Thrombozytopenien und Agranulozytosen auslösen. Klasse-1c-Substanzen weisen das höchste proarrhythmische Potential auf und führen bei Überdosierungen zu Blutdruckabfall und zerebralen Krampfanfällen. Alle Substanzen wirken negativ inotrop.

Postmortale Hinweiszeichen: Keine. An plötzliche kardiale Todesfälle infolge Arrhythmie ist besonders in Verbindung mit positivem Befund auch therapeutischer Konzentrationen der Klasse-1c-Arrhythmika zu denken.

Analytik: Durch GC/MS, HPLC.

Klasse-2-Antiarrhythmika. Siehe β-Blocker.

Klasse-3-Antiarrhythmika (Amiodaron, Sotalol). ***Wirkungsmechanismus***: Kaliumblockade, β-Blocker.

Nebenwirkungen, Intoxikation, Kinetik: Außer der negativen Inotropie und Bradykardie ist beim Amiodaron mit erheblichen Kumulationen im Lungen- und Lebergewebe mit Funktionsstörungen und Infiltrationen bei Dauertherapie, entsprechend den langen Halbwertszeiten (2–4 Wochen), zu rechnen. Nach chronischer Gabe sind auch Jodstoffwechselstörungen möglich; Pigmentablagerungen in der Kornea und Photosensibilisierung.

Postmortale Hinweiszeichen: Morphologische Hinweise auf Veränderungen des Reizleitungssystems, Myokardschwielen etc., Knochenmarksbefundung, Leberveränderungen (nur bei chronischem Gebrauch).

Toxikologische Analytik: GC/MS, HPLC, Immunassays.

Herzglykoside (Digoxin, Digitoxin, Metildigoxin)

Andere Herzglykoside wie Strophanthin (aus Strophanthussamen), Convallatoxin (aus Maiglöckchen) und Oleandrin (aus Oleander) werden gar nicht oder nur schlecht aus dem Magen-Darm-Trakt resorbiert und wirken zu kurz.

Wirkungsmechanismus. Die Herzglykoside, von denen medizinisch fast nur noch die Digitalisglykoside in Gebrauch sind, hemmen die Natrium-Kalium-ATPase, wodurch der Calciumeinstrom verbessert und der intrazelluläre Calciumgehalt des sarkoplasmatischen Retikulums erhöht wird.

Nebenwirkungen, Intoxikation, Kinetik. Wegen der bei stärkergradiger Hemmung der Natrium-Kalium-ATPase auftretenden Arrhythmien (sämtliche Formen möglich) besitzen die Digitalisglykoside eine geringe therapeutische Breite. Extrakardiale Nebenwirkungen bestehen in Übelkeit, Erbrechen und (insbesondere durch Metildigoxin) Verwirrtheitszustände.

Intoxikationen sind auch möglich durch Akkumulation geringgradig erhöhter Dosierungen insbesondere von Digitoxin oder Verminderung der renalen Elimination des Digoxins bei Niereninsuffizienz (noch bevor das Serum-Kreatinin ansteigt). Während das etwas polarere Digoxin nur unverändert ausgeschieden wird, kann Digitoxin hepatisch metabolisiert werden (oxidative Spaltung der Zuckerkette, Glukuronidierung des Monoglykosids, enterohepatischer Kreislauf).

Halbwertszeiten: Digoxin 36 Stunden, Digitoxin 5–7 Tage.

Postmortale Hinweiszeichen. Keine.

Toxikologische Analytik. Immunologische Blutspiegelbestimmung, ggf. in Verbindung mit HPLC, LC/MS.

Antidiabetika (Insuline, Sulfonylharnstoffderivate, Biguanide, Glitazone)

Intoxikationen durch Antidiabetika geschehen akzidentell und auch in suizidaler Absicht.

Nebenwirkungen, Intoxikation, Kinetik. Insulin und Sulfonylharnstoffderivate verursachen bei Überdosierungen Hypoglykämien. Daraus resultieren zerebrale Krampfanfälle und der hypoglykämische Schock. Akzidentelle Intoxikationen können bei Verwirrtheitszuständen oder auch durch Diätfehler entstehen. Sulfonylharnstoffderivate können auch relativ überdosiert sein bei Verdrängung aus der Eiweißbindung durch z.B. Salicylate, Phencoproumon und andere relativ hoch dosierte Arzneistoffe mit hoher Eiweißbindung. Bei Biguaniden entsteht selten eine Hypoglykämie, eher eine Laktatazidose.

Postmortale Hinweiszeichen. Frühpostmortale Glukosebestimmung, immunologische Bestimmung von Insulin und C-Peptid.

Toxikologische Analytik. Immunologische Verfahren für Insulin und C-Peptid, HPLC, LC/MS für orale Antidiabetika.

Parasympathomimetika (Physostigmin, Neostigmin, Pilocarpin, Carbachol)

Seltene Intoxikationen.

Wirkungsmechanismus. Beruht auf der Stimulation muscarinartiger Cholinozeptoren infolge direkter Stimulation oder Hemmung der Acetylcholinesterase.

Nebenwirkungen, Intoxikation, Kinetik. Miosis, Hypersalivation, Lacrimation, Bronchorrhoe, Magen-Darm-Krämpfe, Bradykardien und Schweißausbrüche. Intoxikationen vorwiegend akzidentell, z.B. durch Miotika. Vorwiegend sehr kurze Halbwertszeiten.

Postmortale Hinweiszeichen. Eventuell noch Miosis und Zeichen der Hypersalivation.

Toxikologische Analytik. Bestimmung der Cholinesterase-Aktivität, GC/MS.

Hypnotika, Sedativa

Die meisten Suizide/Suizidversuche werden mit Schlafmitteln unternommen.

Barbiturate (Phenobarbital). ***Wirkungsmechanismus***: Unspezifische Wirkung wie Narkotika und Wirkung auf den $GABA_A$-Chlorid-Benzodiazepinrezeptorkomplex, dadurch verminderte Erregbarkeit entsprechender Nervenbahnen.

Nebenwirkungen, Intoxikation, Kinetik: Bei Intoxikationen (ab mehr als 40 µg/ml) Bewusstlosigkeit und Atemlähmung. Als Nebenwirkungen können Porphyrien und bei falscher Lagerung Druckläsionen inkl. Rhabdomyolysen auftreten. In der Leber kann eine Porphyrie induziert werden (nur bei chronischer Applikation).

Postmortale Hinweiszeichen: Zeichen des zentralen Todes, eventuell Lungenödem und Holzer'sche Blasen.

Toxikologische Analytik: Immunoassay (spezifischer Test) und HPLC oder GC/MS.

Chloralhydrat. ***Wirkungsmechanismus***: Trichlorethanol-Intoxikation (gebildet durch Disproportionierung von Chloralhydrat).

Nebenwirkungen, Intoxikation, Kinetik: Bei Überdosierung Atemdepression, zerebrale Krampfanfälle und (durch Sensibilisierung des Sinusknotens) Arrhythmien.

Postmortale Hinweiszeichen: Zentraler Tod, Geruch.

Toxikologische Analytik: GC-ECD, Fujiwara-Reaktion.

Benzodiazepine. Unterschieden werden:

- **Lang wirkende**: Diazepam, Dikaliumchlorazepat, Flurazepam, Prazepam, Nitrazepam
- **Mittel lang wirkende**: Alprazolam, Bromazepam, Lorazepam, Lormetazepam
- **Kurz wirksame**: Brotizolam, Midazolam, Triazolam, Temazepam, Oxazepam

Wirkungsmechanismus: Bindung an den Benzodiazepinrezeptor, der Teil des GABA-Benzodiazepin-Chloridkanalkomplexes ist. Durch andauernde Belegung des Benzodiazepinrezeptors (Heterotrimer aus unterschiedlichen Einheiten) hervorgerufene Hyperpolarisation und durch vermehrten Chlorideinstrom verursachte Mindererregung des ZNS.

Nebenwirkungen, Intoxikation, Kinetik: Neben Sedation, Anxiolyse, antikonvulsiver und muskelrelaxierender Wirkung steht bei Überdosierung die Sedation im Vordergrund. Bei Dauergebrauch entsteht eine Toleranz, die auf einer Down-Regulation der Rezeptoren beruht und sehr hohe Grade erreichen kann. Tödliche Intoxikationen werden im Allgemeinen nur in Kombination mit anderen zentral sedierend wirkenden Arzneimitteln oder Alkohol bewirkt. Infolge langer Liegezeit können sekundär Pneumonien auftreten. Die Ausfallserscheinungen ähneln vielfach auch denen nach Alkoholgenuss, insbesondere bei Abhängigen. Bei Toleranz sind anterograde Amnesien bei erhaltener (oder wiedererlangter) Handlungsfähigkeit möglich.

Postmortale Hinweiszeichen: Keine.

Toxikologische Analytik: GC-ECD, HPLC, GC/MS

Histamin-H_1-Rezeptor-Antagonisten (Diphenhydramin, Doxylamin). ***Wirkungsmechanismus***: Sedation durch zentrale H_1-Rezeptorblockade.

Nebenwirkungen, Intoxikation, Kinetik: Bei Überdosierung Tiefschlafphase/Bewusstlosigkeit, Atemdepression. Zumeist werden jedoch auch anticholinerge Symptomatiken in Form von Mydriasis, Myoklonien und eventuell Rhabdomyolyse beobachtet.

Die **Halbwertszeit** beträgt ca. 4–8 Stunden. Im Urin findet man Hydroxylierungs- und Desalkylierungsprodukte dieser Antihistaminika.

Postmortale Hinweiszeichen: Eventuell Zeichen der Rhabdomyolyse und des Nierenversagens.

Toxikologische Analytik: GC/MS.

Zopiclon, Zolpidem. ***Wirkungsmechanismus***: Beide Substanzen aktivieren ebenfalls den GABA-Chloridkanal-Rezeptorkomplex, aber an anderer Position als die Benzodiazepine.

Nebenwirkungen, Intoxikation, Kinetik: In der Symptomatologie sind in Bezug auf die Sedation noch keine wesentlichen Unterschiede zu den Benzodiazepinen festgestellt worden.

Die Bioverfügbarkeit beider Substanzen ist gut (über 70 %), die Halbwertszeiten liegen bei 1,5–2,5 bzw. 3,5–6 Stunden bei schweren Intoxikationen auch länger. Gefährliche Intoxikationen in Kombination mit anderen Sedativa und Alkohol.

Postmortale Hinweiszeichen: Keine.

Toxikologische Analytik: GC/MS oder HPLC.

Psychopharmaka

Antidepressiva (z.B. trizyklische oder tetrazyklische Antidepressiva). ***Wirkungsmechanismus***: Durch Wiederaufnahmehemmung vor allem von Serotonin steigt die postsynaptische Aktivierung serotoninerger Rezeptoren und der inhibitorischen präsynaptischen Autorezeptoren. Hierdurch erfolgt eine Down-Regulation mit Gegenregulation an anderen Synapsen.

Nebenwirkungen, Intoxikation, Kinetik: Die Toxizität höherer Dosierungen der trizyklischen Antidepressiva erklärt sich durch ihre Affinität zu anderen Rezeptoren. Bei Überdosierung kann es zu einer Blockade von M_1-, α- und H_1-Rezeptoren kommen, so dass eine Sedierung, anticholinerge Symptome und periphere Gefäßdilatation auftreten. Neben Koma und zerebralen Krampfanfällen kommt es zu inkomplettem Rechtsschenkelblock, Tachykardie und finalem Blutdruckabfall. Mundtrockenheit und Mydriasis werden schon bei normaler, therapeutischer Konzentration als Nebenwirkungen beobachtet.

Wegen der anticholinergen Eigenschaften ist mit längerzeitigen Nachresorptionen zu rechnen; die hohen Verteilungsvolumina führen postmortal durch Rückverteilung zu falschen, zu hohen Plasmakonzentrationen. Die Plasmahalbwertszeiten betragen bis zu 24 Stunden. Die durch N-Desalkylierung gebildeten Metaboliten sind ebenfalls wirksam.

Postmortale Hinweiszeichen: Möglicherweise Darmatonie und Mundtrockenheit.

Toxikologische Analytik: Immunoassay, GC/MS, HPLC.

Neuroleptika (Phenothiazine, Butyrophenone, Thioxanthene, Clozapin). ***Wirkungsmechanismus***: Blockade von Dopamin-Rezeptoren (D_2, D_4), bei einigen Verbindungen auch der cholinergen und serotoninergen Rezeptoren.

Nebenwirkungen, Intoxikation, Kinetik: Bei länger laufender Behandlung können Früh- und Spätdyskinesien, Parkinsonoid, Serotoninsyndrom (Hyperthermie), Nausea, Unruhe, Tremor, Myoklonien und bei Überdosierungen Sedation, Koma, Verwirrtheit, Deliranz, Hyper- oder Hypokinesien, Tachykardie und andere Rhythmusstörungen, evtl. ein anticholinerges Syndrom und zerebrale Krampfanfälle resultieren.

Die neuroleptische Wirkung beruht vor allem auf der Blockade von D_2-Rezeptoren, z.T. der D_4- und der 5-HT_{2A}-Rezeptoren. Diese Blockade bewirkt ebenfalls die extrapyramidalen motorischen Symptome, gelegentlich Galaktorrhö, Hypothermie und die antiemetische Wirkung. Die Sedierung geht zurück auf eine Blockade der H_1-Rezeptoren, der Blutdruckabfall auf die der α_1-Adrenozeptoren, ein anticholinerges Syndrom auf Hemmung der muscarinartigen Rezeptoren und der Speichelfluss auf eine Aktivierung von M_4-Rezeptoren.

Durch 5-$HT_{2A/C}$-Rezeptorwirkungen entsteht eine Gewichtszunahme. Das gefährliche maligne neuroleptische Syndrom, das plötzliche Todesfälle zur Folge haben kann, tritt nach vorwiegend fortgesetzter hoher Dosierung auf, während die Agranulozytose und auch der plötzliche Herztod auch schon bei niedriger Dosierung eintreten können (selten). Außer den zentralen Wirkungen treten auch periphere atropinartige Nebenwirkungen auf (z.B. Obstipation, Harnverhaltung, Tachykardie, Mundtrockenheit, Akkommodationsstörungen).

Während die Phenothiazine in der Regel als schwach potente Neuroleptika gelten, gehören die Butyrophenone (außer Melperon) zu den hochwirksamen D_2-Rezeptorblockern mit entsprechend stärkeren extrapyramidalen Bewegungsstörungen aber geringer Sedierung. Bei Intoxikationen können Krampfanfälle, Somnolenz bis Koma, Hypothermie und Atemdepression auftreten.

Agranulozytosen sind besonders gefürchtet nach Clozapin, einem D_4-Antagonisten, der nicht zu extrapyramidalen motorischen Störungen führt (atypisches Neuroleptikum), da gleichzeitig die M_1-, M_2- und M_3-Rezeptoren blockiert werden. Seine α_1-Blockade induziert hypertone Regulationsstörungen.

Postmortale Hinweiszeichen: Bei ausgeprägtem Parkinsonoid findet man gelegentlich eine Myoglobinurie.

Toxikologische Analytik: Die niedrigen Plasmaspiegel lassen die Analytik nicht immer zu. Ansonsten GC/MS oder LC/MS.

Selektive Rückaufnahmeinhibitoren (SSRI – Fluvoxamin, Fluoxetin, Paroxetin, Citalopram). ***Wirkungsmechanismus***: Diese Antidepressiva hemmen isoliert und spezifisch nur die Rückaufnahme von Serotonin.

Nebenwirkungen, Intoxikation, Kinetik: Bei Überdosierungen kann es zum Serotoninsyndrom kommen (Hyperthermie, Übelkeit, Erbrechen, Verwirrtheit), selten auch zu zerebralen Krämpfen.

Atropinartige Nebenwirkungen treten praktisch nicht auf. Dies gilt ebenfalls für den selektiven Noradrenalinrückaufnahme-Inhibitor (SNRI) Reboxetin und den selektiven Serotonin-/Noradrenalinrückaufnahme-Inhibitor (SSNRI) Venlafaxin.

Postmortale Hinweiszeichen: Keine.

Toxikologische Analytik: GC/MS oder HPLC. Praktisch keine Kreuzreaktion mit Immunotests auf trizyklische Antidepressiva.

Monoaminoxidaseinhibitoren (Tranylcypromin, Moclobemid, Selegilin). ***Wirkungsmechanismus***: Steigerung der Neurotransmitterkonzentration im synaptischen Spalt. Tranylcypromin hemmt sowohl die Monoaminoxidase (MAO) A als auch B. Dadurch kann z.B. Tyramin aus Nahrungsmitteln in der Leber nicht inaktiviert werden, so dass es zu erheblichen Blutdrucksteigerungen infolge nichtinaktivierter Katecholamine kommen kann. Antidepressiv wirken vor allem die MAO-A-Inhibitoren in den katecholaminergen Nervenendigungen.

Nebenwirkungen, Intoxikation, Kinetik: Auch höhere Dosierungen an Moclobemid führen häufiger zu Sedation als zu den zu erwartenden zentral stimulierenden, antriebssteigernden Effekten. Anticholinerge oder kardiotoxische Effekte sind auch im höheren Alter selten; es kann jedoch in Verbindung mit trizyklischen oder nichttrizyklischen Antidepressiva zu einem Serotoninsyndrom kommen.

Postmortale Hinweiszeichen: Keine.

Toxikologische Analytik: GC/MS, HPLC.

Antiepileptika

Benzodiazepine, Barbiturate, Topiramat. ***Wirkungsmechanismus***: Aktivierung des $GABA_A$-Rezeptors.

Nebenwirkungen, Intoxikation, Kinetik: Die von den Benzodiazepinen bekannte Sedierung führt bei Überdosierungen zu Schläfrigkeit und Koma infolge der Hyperpolarisation von $GABA_A$-Rezeptoren-tragender Nerven. Benzodiazepine, Phenobarbital (und Primidon) sowie Topiramat haben jeweils eine eigene Bindungsstelle.

Inhibitoren von Natriumkanälen (Carbamazepin, Phenytoin, Lamotrigin, Valproat, Topiramat). ***Wirkungsmechanismus***: Die genannten Substanzen inaktivieren spannungsabhängige Natriumkanäle.

Nebenwirkungen, Intoxikation, Kinetik: Phenytoin bewirkt bereits bei höherer therapeutischer Dosierung Nystagmus und Schläfrigkeit. Bei zu hoher Dosierung treten häufig Anfälle auf. Leukopenie, megaloblastiäre Anämie, Akne, Lupus-erythema-

Tabelle 7.20. Toxische Wirkungen ausgewählter Zytostatika

Arzneistoff	Knochenmarks-depression	Schleimhaut-blutung, Ulzera	Nausea, Erbrechen	Haarausfall	Nephro-toxizität	Neuro-toxizität	sonstige unerwünschte Wirkungen
Zyklophosphamid	++	+	++	+++	+++		Blase: hämorrhagische Zystitis
Chlorambucil	++	+	+	+	+++		
Methotrexat	+++	+++	+	+	++		
Mercaptopurin	+++	++	+		++		
Fludarabin	+++				?		Fieber, T-Zell-Defekte
Cladribin	+++				?		Fieberreaktionen, T-Zell-Defekte
Fluoruracil	++	+++	++	+	+	++	
Cytarabin	++	+	++		+		Augenstörungen
Gemcitabin	++				?		
Vincristin	+	+	+	+++	+	++	Ileus, SIADH (Syndrom der inadäquaten ADH-Sekretion)
Etoposid	++	+	++	++	+		
Paclitaxel	++	+		++	?	+	Überempfindlichkeits-reaktionen, Kardiotoxizität
Cisplatin	++		++++	+	++	+	
Bleomycin	+++	++	++	+++	+		Lungenfibrosen
Daunorubicin	++++	++	++	+++	+		Herzschäden
Doxorubicin	+++	++	++	+++	+		Herzschäden
Procarbacin	++		++	+		+++	

todes-Phänomen und Gingivahyperplasie bei chronischen Konsum sind möglich. Hohe Plasmaspiegelanstiege treten bei häufig nur gering erhöhten Dosierungen auf, weil Phenytoin einer nonlinearen Kinetik folgt (Michaelis-Menten-Kinetik).

Schwindelgefühle und Nausea, Hyponatriämie und Leukopenie können bei hochdosierter Carbamazepintherapie auftreten, bei Intoxikationen treten zumeist Bewusstseinstrübungen und Koma, gelegentlich jedoch auch Erregungszustände und Krampfanfälle auf.

Valproat führt zu Tremor, Unruhe, Verwirrtheit, evtl. Thrombozytopenie und häufiger zu Leberschäden. Bei Überdosierungen treten vielfach Krampfanfälle auf.

Lamotrigin ruft Schwindel, Kopfschmerzen, Übelkeit und Schwächegefühl hervor. 25 % der Patienten entwickeln Hautreaktionen. Ataxie und Parästhesien, Schwindel und Gedächtnisstörungen werden nach Topiramat berichtet.

Halbwertszeiten: 12–35 Stunden für Carbamazepin, 15–60 Stunden für Lamotrigin, ca. 17 Stunden für Valproat, 20–30 Stunden für Topiramat.

Postmortale Hinweiszeichen: Gingivahyperplasie, Knochenmarkshistologie, Leberhistologie.

Toxikologische Analytik: GC/MS, HPLC, GC-ECD.

Tiagabin, Gabapentin, Vigabatrin. ***Wirkungsmechanismus***: Vermehrte Bereitstellung von GABA durch verminderten Abbau und gesteigerte Bildung aus Glutaminsäure.

Nebenwirkungen, Intoxikation, Kinetik: Schläfrigkeit, Kopfschmerzen, Leberschädigung (Tiagabin), psychotische Reaktionen (Vigabatrin). Die Halbwertszeit für Tiagabin beträgt ca. 7–9 Stunden.

Allgemein ist darauf hinzuweisen, dass die Halbwertszeiten schwanken, weil Zytochrom-P450-Induktion durch mehrere Antiepileptika zu kürzeren Halbwertszeiten führt. Andererseits können gegenseitig kompetitive Hemmungen auftreten.

Postmortale Hinweiszeichen: Leberschädigungen.

Analytik: GC/MS, HPLC.

Zytostatika

Obgleich die Zytostatika im rechtsmedizinischen Untersuchungsgut nur selten eine Rolle spielen, seien hier die toxischen Nebenwirkungen tabellarisch mitaufgeführt. Gelegentlich spielen Fehldosierungen eine Rolle, die sich in entsprechenden Reaktionen äußern können und gutachterlich bewertet werden müssen. Die Analytik spielt nur selten eine Rolle, da die unerwünschten Wirkungen erst mit einer erheblichen Latenz von mindestens mehreren Tagen auftreten, wo hingegen die Zytostatika im Allgemeinen eine sehr kurze Plasmahalbwertszeit haben (Tabelle 7.20).

7.7.2 Illegale Drogen

Wichtig

Drogen sind nicht gefährlich weil sie verboten sind; Drogen sind verboten weil sie gefährlich sind. (R. Wennig, 1998)

Im allgemeinen Sprachgebrauch werden heute Rauschmittel als illegale Drogen bezeichnet. Dabei handelt es sich jedoch um eine falsche Rückübersetzung aus dem Englischen, wo Arzneimittel als Drugs bezeichnet werden. Da auch der Alkohol eine berauschende Wirkung entfaltet, aber frei erhältlich ist, wird ihm heute auch das Attribut Droge zugeordnet und er wie auch Zigaretten oder Kaffee als legale Droge qualifiziert. Fürsprecher für eine Rauschgiftfreigabe bezeichnen die Rauschmittel auch gerne als „illegalisierte Drogen". In diesem Buch werden, dem allgemeinen Sprachgebrauch heute folgend, die betreffenden Substanzen ebenfalls als Drogen bezeichnet. Die gesetzliche Handhabe geht auf das Elend zurück, das durch Heroin entstand und weltweit zu einer Ächtung in dem internationalen Opiumabkommen vom 23.01.1912 in Den Haag geführt hatte. Nach der Unterzeichnung, auch durch Deutschland, musste das Abkommen in deutsches Recht übernommen werden, was 1929 zum **Opiumgesetz (Opium-G.)** führte. 1971 wurde auch das internationale Übereinkommen über psychotrope Stoffe mit in das Betäubungsmittelrecht integriert (**Betäubungsmittelgesetz BtMG** vom 22.12.1971). Das Gesetz dient dazu, Gefahren durch Rauschgifte von der Allgemeinheit, insbesondere von jungen Menschen abzuwenden. Als Gefahren galten irreparable Schäden der Gesundheit, Zerstörung der Persönlichkeit, der Freiheit und der Existenz. Seitdem hat das Gesetz immer wieder Änderungen erfahren, die durch Veränderungen der Rauschgiftszene, des Handels, der medikamentösen Substitutionsbehandlung und der Pönalisierung erforderlich wurden.

In drei Anlagen werden die dem BtMG unterstellten Substanzen namentlich aufgeführt:

- Die **Anlage I** enthält solche, die nicht verkehrsfähig sind (Verbot des Imports, Exports, des Anbaues bzw. der Herstellung des Besitzes oder des Verschreibens). Hierzu zählen Cannabis, Heroin, MDMA, Psilocybin oder LSD.
- Die **Anlage II** führt Betäubungsmittel auf, welche fast ausschließlich Opioide enthält und z.B. das alte Schlafmittel Glutethimid. Die Substanzen sind verkehrsfähig (Erlaubniserteilung durch die Bundesopiumstelle), sie dürfen aber nicht verschrieben werden. Für Letzteres gelten Ausnahmen, sofern der Gehalt pro abgeteilter Arzneiform (eine Tablette) nicht mehr als eine dort genannte Substanzmenge enthält (z.B. Dextropropoxyphen oder Codein oder Ekgonin).
- Nur die Substanzen der **Anlage III** dürfen unter bestimmten Voraussetzungen auch verschrieben werden, wobei zur Anlage IIIb und IIIc auch Substanzen gehören, die von der Verordnung ausgenommen sind, wenn die Konzentration in der entsprechenden Arzneiform einen gewissen Prozentsatz und eine festgelegte Menge nicht überschreitet (z.B. Benzodiazepine). Zu den Voraussetzungen der Verschreibungsfähigkeit gehört, dass der Zweck auf andere Weise nicht erreicht werden kann. Der Verkehr und die Verordnungen unterliegen strengen Kontrollen.

Der Gesetzgeber kann durch Verordnungen Ausnahmen und Modifizierungen, insbesondere auch in der Behandlung und Führung von Heroinabhängigen, erlassen. Hierzu zählt auch z.B. die Vergabe von **Substitutionsmitteln** (Methadon). Über die einzelnen Spielarten der Substitutionsprogramme wird diskutiert und gestritten, zumeist mit dem Erfolg, die ursprünglichen Vorschriften und Ausführungsbestimmungen zu verwässern und die Schwelle für diejenigen abzusenken, die sonst nicht in das Programm aufgenommen werden könnten.

Die Neurobiologie der berauschenden Wirkung und in Ansätzen auch der Sucht lässt erkennen, dass die gemeinsame Endstrecke aller „Drogen" in einer **Stimulation des dopaminergen mesokortikolimbischen Systems** besteht. Als einzige Ausnahme gilt wahrscheinlich der Alkohol. Ein wesentliches Moment ist dabei auch die psychische Sensibilisierung dieses Zentrums (Nucleus accumbens und Area tegmentalis dorsalis). So kann erklärt werden, dass etwa Opiate bei einem Schmerzpatienten in richtiger Art und Weise der Behandlung nicht zur Abhängigkeit und Sucht führen. Vielmehr wirkt sich die Schmerzbefreiung durch das Opiat als eine „Erlösung" aus. In ähnlicher Weise hatten auch früher übliche Amphetaminderivate nicht nennenswert zu einer Abhängigkeit geführt, wenn sie zum Zweck der Appetithemmung eingesetzt wurden. Hinzu kommt die Art und Weise der Applikation: Die intravenöse Zufuhr ist in der Medizin (außer in der Anästhesie) eine Seltenheit, selbst akute Schmerzzustände werden parenteral im Allgemeinen nur durch intramuskuläre oder subkutane Injektionen behandelt. Hierdurch reduziert sich eine schwallartige akute Anflutung, die der Drogenkonsument wünscht und ihm das Erlebnis eines „Kicks" gibt.

Die Begründung für die Kategorisierung nach Gruppen gemäß Anlage I, II und III ist einerseits ausgerichtet an Gefahren, die der Missbrauch dieser Substanzen nach sich zieht, und auch andererseits daran, ob sie für eine medizinische Indikation als Therapeutikum geeignet sind, die durch andere Arzneimittel nicht in gleicher Weise abgedeckt werden kann. Dies ist erkennbar nicht der Fall, es sei denn, die Krankheit besteht in der Abhängigkeit von diesen Substanzen. Dies gilt ausdrücklich auch für Cannabis, dessen Verwendung als Arzneimittel immer wieder eingefordert wird, für deren Einzelwirkungen es jedoch für alle medizinischen Indikationen jeweils bessere Substanzen gibt, die auch weniger Nebenwirkungen aufweisen.

Zu den Drogen werden im Allgemeinen nicht die Substanzen gezählt, die verschreibungspflichtig sind und auch nicht diejenigen, wie die Benzodiazepine, die aus der Betäubungsmittelverschreibungsordnung aufgrund der in ihnen enthaltenen Menge und Konzentration pro Arzneiform herausgenommen sind.

Hingegen werden die **„Designer-Drogen"** hinzugerechnet. Dies beruht auf einer weiteren Fehlinterpretation durch die Medien. Dem Ursprung nach sind Designer-Drogen solche Substanzen, die eine ähnliche Wirkung wie Betäubungsmittel haben, aber aufgrund ihrer chemischen Struktur nicht oder noch nicht vom Betäubungsmittelgesetz erfasst worden sind. Es handelt sich im Allgemeinen um chemisch nahe Verwandte von bekannten Betäubungsmitteln aus der Reihe der Fentanylderivate und, insbesondere, der Amphetaminderivate. Alle heute üblicherweise so genannten Designer-Drogen sind seit langer Zeit dem Betäubungsmittelgesetz unterstellt und somit gar keine Designer-Droge mehr. Dennoch wird die Bezeichnung für diese Substanzen, wozu auch Ecstasy (MDMA, MDEA, MDA, BDB) gehört, beibehalten.

Die Gefahren der illegalen Drogen oder Betäubungsmittel liegen in ihrem **Abhängigkeitspotential** bei medizinisch nicht indizierter Zufuhr. Die Prüfung des Abhängigkeitspotentials erfolgt tierexperimentell an heute gut untersuchten Modellen. Ein besonderes Merkmal ist auch das Entzugssyndrom, welches sich aufteilen lässt in einen **körperlichen Entzug** und einen **psychischen Entzug.** Der körperliche Entzug ist bei den Halluzinogenen und Psychostimulanzien vernachlässigbar milde, bei den Opiaten und Opioiden hingegen ausgeprägt.

Bei **Cannabis** bestand jahrelang die Vermutung, es würde nicht zur Abhängigkeit führen, da es im Tiermodell keine entsprechende Symptomatik gab. Dies hat sich als experimenteller Fehler erwiesen, da das Tetrahydrocannabinol in den Tierversuchen so hoch überdosiert wurde, dass die sedativen Eigenschaften die Erkennung eines Entzugsverhaltens verdeckten. Bei Dosisherabsetzung sind all die typischen Merkmale (biochemische und verhaltenspsychologische Veränderungen) gut messbar. Hieraus ergeben sich mehr oder weniger zu verallgemeinernde psychische Folgen:

- Desinteresse an kulturell gewachsenen Werten,
- Verminderung moralischer Wertvorstellungen,
- Vernachlässigung ethischer Prinzipien,
- egozentrische Handlungs- und Betrachtungsweisen,
- Ausrichtung des Lebensinhaltes auf den Erwerb von Drogen,
- Verwahrlosung als Folge des Desinteresses an:
  - körperlicher Hygiene,
  - Gesundheit,
  - beruflicher Karriere und
  - geordneten sozialen Verhältnissen (auch Wohnverhältnissen).

Diese Depravation ist für die einzelnen Drogen selbstverständlich verschieden stark ausgeprägt, kann aber auch in zu Tierversuchen analogen Modellen gezeigt werden.

Toleranzeffekte und Entzugssymptome

Die Toleranz gegenüber Drogen entwickelt sich bei Missbrauch einiger Substanzen sowohl gegen die toxischen als auch gegen die erwünschten Effekte. Am stärksten ausgeprägt sind diese für die Opiate und Benzodiazepine.

Während die Opiattoleranz primär mit einer Veränderung der Signaltransduktion verknüpft ist, werden bei den Benzodiazepinen die Rezeptoren selber herunter reguliert.

Wichtig

Je höher die Toleranz, desto gravierender äußern sich die Entzugssymptome.

Bei **Opiaten** sind dies außer dem Hunger nach der Zufuhr von Drogen: Schmerzen, Blutdruckdysregulation, Frieren, Schwitzen, Schlaflosigkeit, Diarrhöen, Muskelzittern, Unruhe und Konzentrationsschwäche. Bei **Benzodiazepinen:** Schlaflosigkeit, Angstzustände, zerebrale Krampfanfälle, Depressivität, Nervosität und Übererregbarkeit.

Drogentodesfälle

Drogentodesfälle werden durch Überdosierungen relativ zur bestehenden Toleranz verursacht (◘ Tabelle 7.21). Fast ausschließlich beruhen sie auf dem (intravenösen) **Heroinkonsum.** Nur weniger als 10 % haben als Ursache Überdosierungen an Cocain oder Amphetaminderivaten (inkl. Ecstasy). Völlig bedeutungslos sind für giftig gehaltene Beimengungen oder Verschnittstoffe der so genannten Straßendrogen. Immer ist die eigentliche Wirksubstanz auch das tödliche Gift. Natürlich spielen auch zusätzlich konsumierte Substanzen wie Alkohol, Schlafmittel, Benzodiazepine eine Rolle, sofern sie – bei Herointodesfällen – ebenfalls eine Lähmung des Atemzentrums bewirken können. Sie dürfen jedoch nicht überbewertet werden, da auch gegen diese Substanzen Toleranz hervorgerufen wird. Bei der Klassifizierung als Drogentodesfall (► s. Tabelle 7.21) müssen rechtsmedizinisch andere Ursachen sorgfältig abgeklärt werden (Drogenkonsum-unabhängige Erkrankungen, Suizide, Unfälle die nicht auf den Drogenkonsum zurückgeführt werden können). Drogentodesfälle durch Cocain sind bislang selten. Die toxischen Effekte wie Blutdrucksteigerung und Tachyarrhythmie sowie zerebrale Krampfanfälle sind bei den gegenwärtig noch relativ jungen Konsumenten weniger gefährlich als bei alten Menschen. Erst sehr hohe Cocaindosierungen führen ebenfalls zur Atemlähmung. Dies gilt auch für die Mehrzahl der Ecstasy-Todesfälle, deren Prozentsatz im Vergleich zu dem mutmaßlichen Konsum als gering angesehen werden muss. Die bei Intoxikierten gefundenen Konzentrationen liegen im Bereich derjenigen, die auch bei Konsumenten gewöhnlich aufzufinden sind (0,05–0,6 µg/ml). Außer dem Kreislaufkollaps ist der Ecstasy-Konsument vital durch die Hyperthermie ge-

◘ Tabelle 7.21. Drogentodesfälle in der Definition des Bundeskriminalamtes

Drogentodesfälle sind
– Vergiftungen durch Drogen – Unfälle unter Drogeneinfluss – Krankheiten in Folge des Drogenkonsums – Suizide in Folge einer Drogenabhängigkeit

fährdet, zu deren Folgen wahrscheinlich auch die intravasale Gerinnung, die Rhabdomyolyse und konsekutives Nierenversagen zu zählen sind. Todesfälle aufgrund der Kreislaufdekompensation zeigen regelmäßig auch zumindest fokale Leberzellnekrosen, deren Mechanismus nicht aufgeklärt ist. In Einzelfällen kann es zu fulminanten Leberdystrophien kommen.

Drogentodesfälle durch Heroin sind gegenwärtig seltener geworden, wofür sich als Gründe anführen lassen:

- Schlechte Reinheitsgrade des Straßenheroins (häufig weit unter 5 %),
- Substitutionsprogramme,
- Aufsicht in Drogenkonsumräumen und
- medizinisches Management.

Natürlich gibt es regionale Unterschiede in der Drogenqualität, den Hilfseinrichtungen und der Prohibition.

7.7.3 Schädlingsbekämpfungsmittel

Schädlingsbekämpfungsmittel, vor allem **Insektizide**, spielen heute im Zeichen der ökologisch orientierten Grundstimmung eine wesentlich geringere Rolle als früher. Gleichwohl kann auf sie nicht verzichtet werden, weder aus wirtschaftlichen, noch aus humanitären Gründen, z.B. bei der Bekämpfung von Vektoren (Insekten, die Krankheiten auf den Menschen übertragen können) oder in der Landwirtschaft. Vergiftungen mit Insektiziden kommen in unserer Gesellschaft weniger durch berufliche Exposition als vielmehr im privaten Bereich vor, da die Arbeitssicherheitsauflagen hoch sind, aber im privaten Bereich (Haus und Hobbygarten) nicht in gleicher Weise eingehalten werden oder bekannt sind. Die vielfältigen Expositionen führen jedoch auch hier nicht zu Intoxikationen bei der Anwendung, sondern geschehen durch versehentliche Verwechslungen der fahrlässig falsch aufbewahrten Substanz oder der Substanzreste. Immer wieder gibt es aber auch Suizide oder Suizidversuche. Trotz einer angestrebten selektiven Toxizität der Insektizide führen sie in den massiven Dosierungen, bevor sie zu den eigentlichen Spritzbrühen verdünnt werden, zu Intoxikationen. Die Wirkungsweisen einiger Biozide sind in ◘ Tabelle 7.22 dargestellt. Vielfältige Maßnahmen und Technologien gewährleisten heute einen sparsamen und auch relativ sicheren Umgang mit diesen Giften.

Im Folgenden soll nur auf die wesentlichsten Substanzgruppen hingeführt werden. Hierbei handelt es sich um:

- Acetylcholinesterasehemmer (Organophosphate und Carbamate),
- Pyrethroide,
- Organochlor-Insektizide,
- Chitinsynthese-Inhibitoren und
- Juvenilhormon-Analoga.

Organophosphate

Die Organophosphat-Insektizide (◘ Tabelle 7.23) sind überwiegend Ester der Phosphorsäure oder Thiophosphorsäure, die durch Veresterung mit einer von drei möglichen Esterkomponenten eine Sollbruchstelle aufweisen. Im aktiven Zentrum der Acetylcholinesterase in den parasympathischen Synapsen wird das Enzym sodann phosphoryliert (eine Umesterung; ◘ Abb. 7.23). Da die anschließende Spaltung des Phosphat-Enzymesters nicht mit der zu fordernden Geschwindigkeit erfolgt, stellen sich Vergiftungssymptome einer Acetylcholin-Intoxikation ein, wie nach einem indirekten Parasympathomimetikum oder Dauergabe eines depolarisierenden Muskelrelaxans (z.B. Succinylcholin). Wichtige Leitsymptome sind die (zumeist blaue) Warnfarbe in den (erbrochenen) Resten im Mund und den Abrinnspuren des Handelsprodukts (nicht bei Produkten für professionelle Anwender) und dessen Geruch (in vielen Produkten jedoch nicht mehr enthalten), außerdem Miosis, Tränenfluss, Speichelfluss und Bronchorrhoe als Ausdruck der parasympathomimetischen Effekte. Später setzt dann die Skelettmuskulaturlähmung ein, gelegentlich erst nach dem Auftreten zerebraler Krampfanfälle. Suizidale Intoxikationen sind leicht zu er-

◘ Tabelle 7.22. Wirkungsweisen einiger Biozide

Mechanismus	Beispiele
Hemmung der Photosynthese	Harnstoffderivate Triazine Bispyridiniumverbindungen („Quats")
Hemmung der Zellatmung durch Blockade des Elektronentransports	Dinitrophenole Halophenole
Wirkung wie das pflanzliche Wachstumshormon Auxin, Entlaubung	chlorierte Phenoxycarbonsäuren
Hemmung der Carotinoidsynthese	Hydrazine
Hemmung der Lipidsynthese	aliphatische Chlorcarbonsäuren
oxidativer Schaden	Natriumchlorat
verschiedene unbekannte Mechanismen	Kupfersulfat Natriumborat Chlorthiamid Carbamate

Tabelle 7.23. Organophosphate

	Name	LD_{50} Ratte (mg/kg) oral
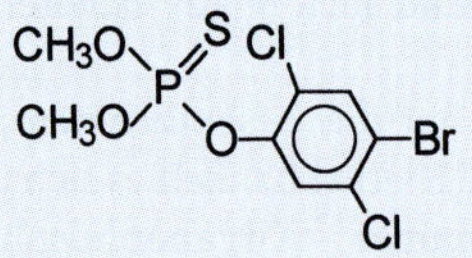	Bromophos	3750
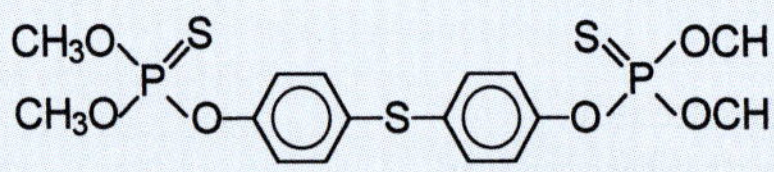	Temephos	2000
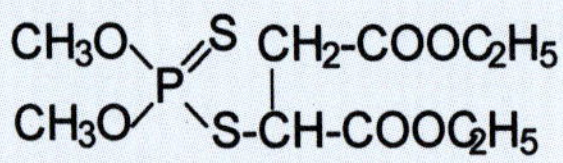	Malathion	1400
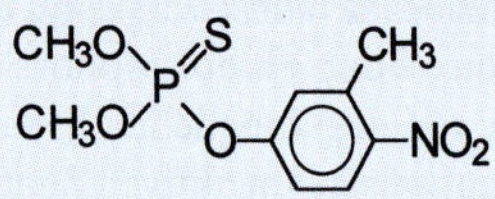	Fenitrothion	500
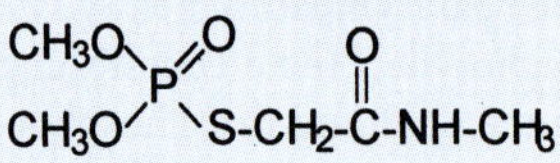	Dimethoat	300
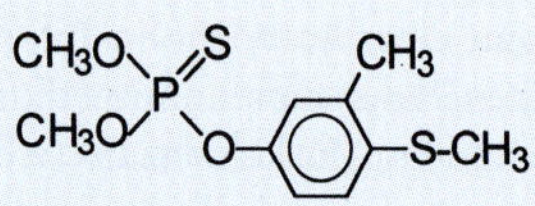	Fenthion	250
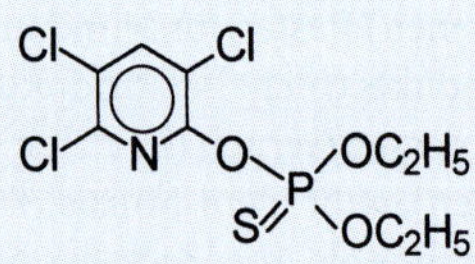	Chlorpyrifos	245 (wbl.: 135)
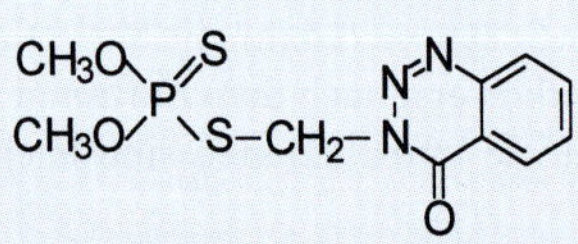	Azinphos-Methyl	80
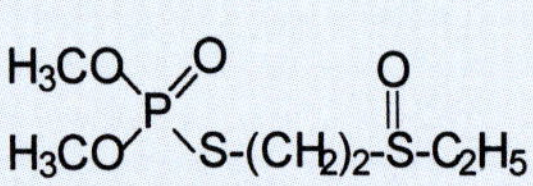	Oxydemeton-Methyl	50
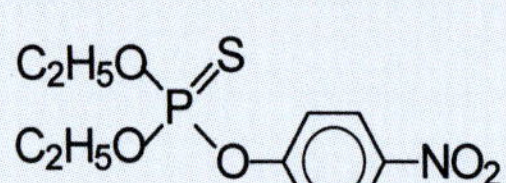	Parathion-Ethyl	7
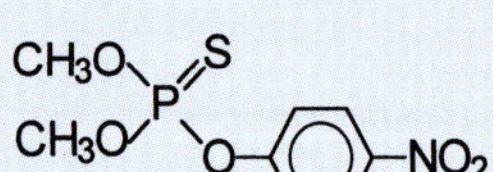	Parathion-Methyl	6
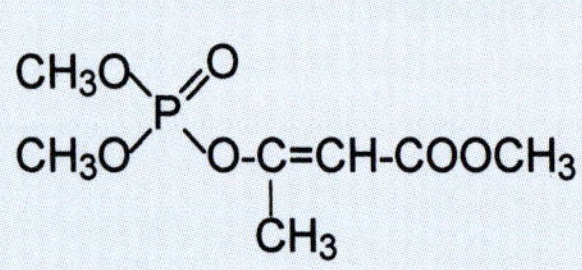	Mevinphos	3,7

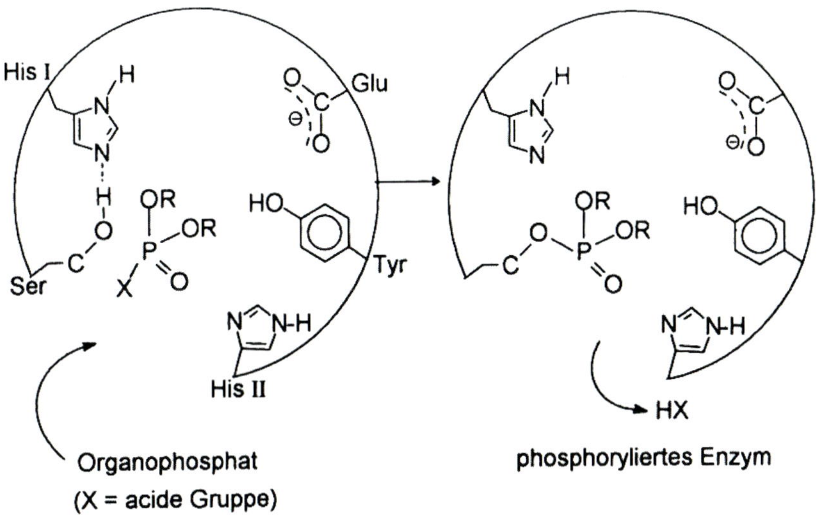

■ Abb. 7.23. Bindung vor Organophosphaten an die Cholinesterase und Blockade des aktiven Zentrums. Eine Regulation des aktiven Zentrums durch Hydrolyse ist nicht möglich

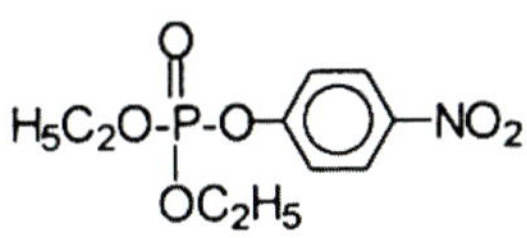

Paraoxon (E 605)

■ Tabelle 7.24. **Carbamate**

	Name	LD_{50} Ratte (mg/kg) oral
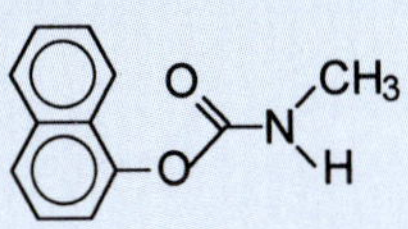	Carbaryl	850
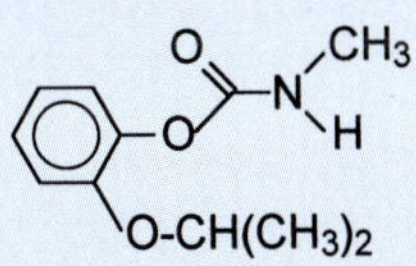	Propoxur	100
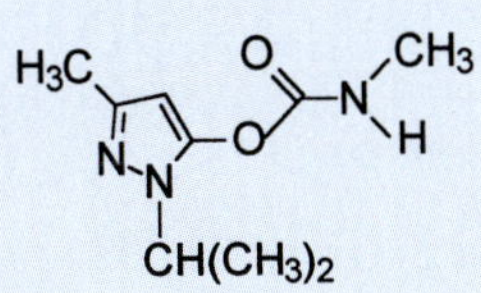	Isolan	54
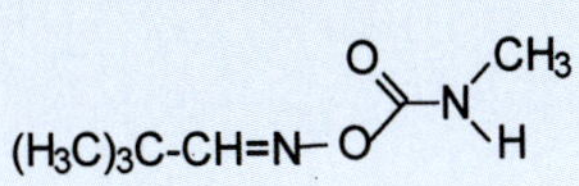	Aldicarb	0,93

kennen, auch wenn in seltenen Fällen keine Miosis vorliegt (durch präganglionäre Stimulation des Sympathikus).

Notärztliche Maßnahmen bestehen in Gewährleistung der unbehinderten Atmung (**Intubation**) und wiederholten **Atropin-Gaben** bis zum Nachlassen der Hypersalivation, Bronchorrhoe und Miosis. Das Antidot Toxogonin wird so bald wie möglich verabreicht unter der Voraussetzung, dass es sich mit Sicherheit um ein Organophosphat handelt.

Carbamat-Insektizide

Die Carbamate (■ Tabelle 7.24) leiten sich alle von der N-Methyl-Carbaminsäure ab. Die Carbamylierung des aktiven Zentrums der Acetylcholinesterase ist besser reversibel als die Phosphorylierung, so dass die Patienten auch nach schweren Intoxikationen in der Regel innerhalb eines Tages außer Lebensgefahr sind. Die Gabe von Toxogonin ist in diesen Fällen nicht indiziert, da es auch selbst enzyminhibitorische Wirkungen aufweist. An

Tabelle 7.25. Pyrethroide

	Name	LD_{50} Ratte (mg/kg) oral
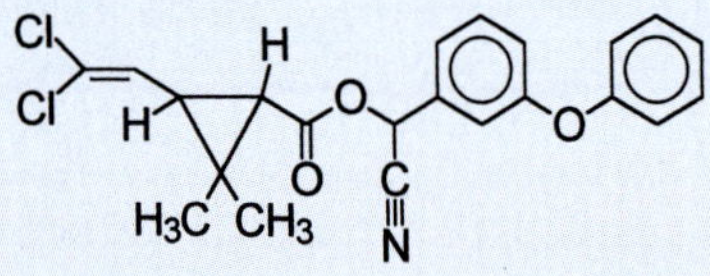	Cypermethrin	250–4000
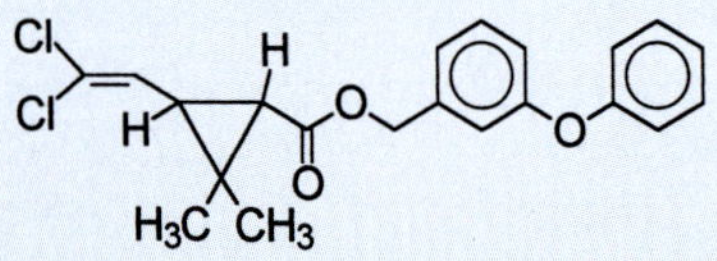	Permethrin	1500–2000
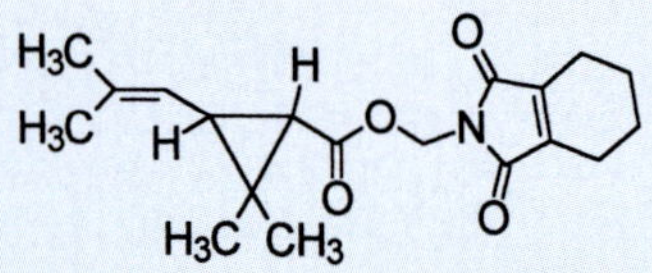	Tetramethrin	1000 (wbl: 5000)
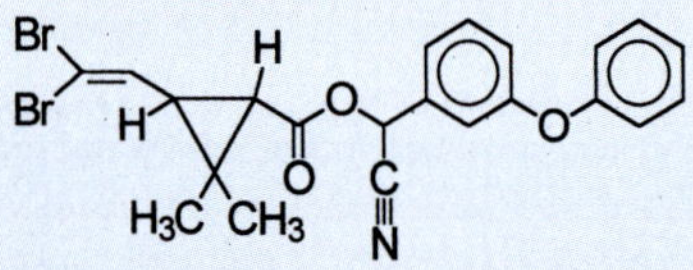	Deltamethrin	135–1080 (i.v: 2,5)
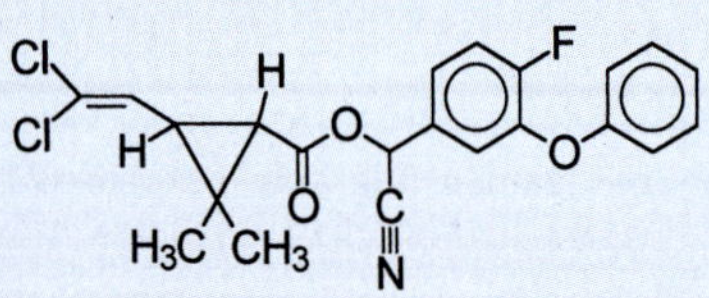	Cyfluthrin	900
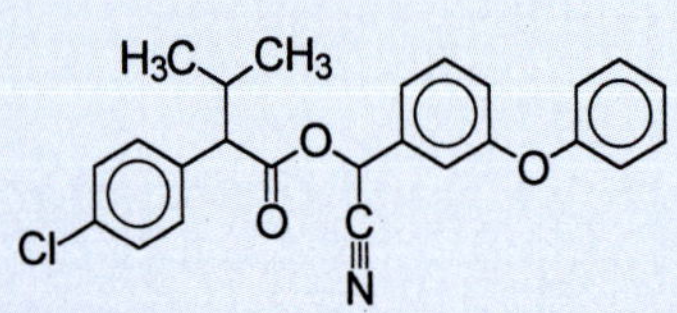	Fenvalerat	450
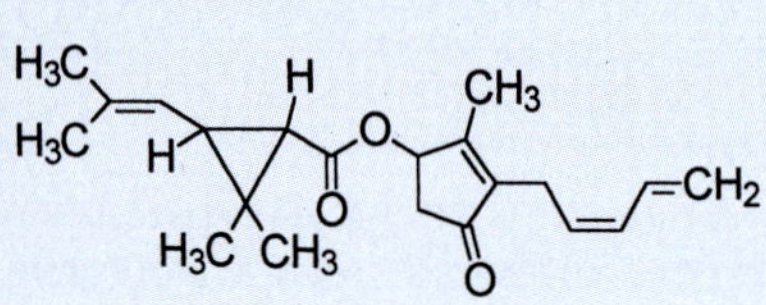	Pyrethrum Pyrethrin I	260–420 (i.v: 2)

Stelle der Organophosphate werden heute auch direkt wirksame Cholinomimetika eingesetzt, seitdem bekannt ist, dass Insekten einen besonderen nicotinartigen Acetylcholinrezeptor besitzen, der bei Säugetieren und Menschen nicht vorkommt. Imidacloprid bindet spezifisch an diesen Rezeptor.

Pyrethroide

Die Pyrethroide (Tabelle 7.25) leiten sich ab von Pyrethrum, einem in Chrysanthemen vorkommenden Insektizid. Die kommerziellen Präparate sind wesentlich stabiler und bereits in geringen Konzentrationen wirksam. Der Wirkungsmechanismus besteht, wie beim DDT, in einer erhöhten Offen-Wahrscheinlichkeit der Natriumkanäle. Da die Verbindungen stärkergradig lipophil sind, werden sie von den Insekten gut resorbiert und führen rasch zur Bewegungsunfähigkeit. Da sie relativ leicht metabolisch entgiftet werden können, wird den Formulierungen Piperonylbutoxid zugesetzt, zur Verhinderung der Metabolisierung beim Insekt, nicht aber beim Menschen. Eine mäßige perkutane Resorption führt beim Menschen zu Kribbelparästhesien, Taubheit und Erythem, die innerhalb von 2–3 Tagen reversibel sind. Eine gastrointestinale Gefährdung besteht praktisch nicht, da die allein wirksamen Ester schon in der Darmschleimhaut gespalten werden. In Westeuropa gibt es keine Berichte über tödlich verlaufene Monointoxikationen. Theoretisch gäbe es die Möglichkeit von Intoxikationen, wenn gleichzeitig ein Esteraseinhibitor aufgenommen werden würde. Aus dem Mechanismus ist auch ersichtlich, dass es zu keinen kumulativen Vergiftungen durch Einlagerung in das Fettgewebe in nennenswerter Konzentration kommt. Die Wirkungsstärke der verschiedenen Abwandlungsprodukte des Pyrethrums ist höchst unterschiedlich, auch zwischen den verschiedenen möglichen Enantiomeren.

Als externes Arzneimittel für den Menschen ist das unveränderte Pyrethrin 1 als Mittel gegen Ektoparasiten in Gebrauch. Antidote sind nicht bekannt.

Organochlor-Insektizide

Die Organochlor-Insektizide sind **generell verboten**, da, ausgehend von dem DDT, ihre Persistenz in der Umwelt zu befürchten ist. Das **DDT** selbst war ein hochwirksames Insektizid, durch dessen Anwendung in manchen Gebieten der Welt die jährlichen Erkrankungsfälle mit Malaria um über 95 % gesenkt werden konnten. Die übertriebene Anwendung in der Landwirtschaft und im Privatbereich hat zu einer Umweltkontamination geführt, die als ubiquitär bezeichnet werden muss. Durch die hohe Lipophilie kam es zu Anreicherung in den Nahrungsketten, an deren Ende häufig der Mensch und die Seevögel standen. Seit dem Verbot ist die Konzentration im menschlichen Fettgewebe um 1–2 Größenordnungen abgesunken.

Der **Wirkungsmechanismus** des DDT beruht ebenfalls auf einer Offenhaltung der Natriumkanäle, wodurch zum Tode führende Krämpfe ausgelöst werden. Die Natriumkanäle der Insekten, der kurze Diffusionsweg zu den Targets und die höhere Wirksamkeit bei niedrigeren Temperaturen machen das DDT zu einem relativ spezifischen Insektizid. Intoxikationen beim Menschen führen zu der in ◘ Tabelle 7.26 gezeigten Symptomatik. Als wichtigstes Unterscheidungsmerkmal kann die Mydriasis angesehen werden. Antidote gegen die Intoxikation gibt es nicht.

◘ Tabelle 7.26. **Wirkungsmechanismen einiger Herbizide**

Vergiftungssymptome nach DDT oder anderen Organochlor-Insektiziden	
Unruhe	Übelkeit
Reizbarkeit	Sprachstörungen
Kopfschmerzen	Zittern
Appetitlosigkeit	Verwirrtheit
Missempfindungen (Gesicht, Extremitäten)	Koma
Mydriasis	zerebrale Krampfanfälle
Lichtscheu	Atemlähmung

Toxikokinetik. DDT in Pulverform ist nahezu untoxisch (tödliche Dosis über 10 g), da es in Wasser praktisch unlöslich ist und auch durch Zellmembranen zu langsam diffundiert. Als Lösung in Pflanzenölen oder in Toluol kommt es jedoch zur raschen Intoxikation, wozu auch die durch Triglyceride gesteigerte Lymphströmung beiträgt. In der Chylomikronen-Fraktion finden sich dann hohe Konzentrationen.

Entsprechend der Durchblutung gelangen hohe Konzentrationen in das zentrale Nervensystem und führen hier zur entsprechenden Symptomatik. Im Fettgewebe erreicht DDT erst nach Tagen die maximale Konzentration. Bei Mobilisierung aus dem Fettgewebe wird DDT teilweise zu DDE metabolisiert, das ebenfalls wieder ins Fettgewebe eingelagert wird. Als Halbwertszeit der Elimination rechnet man mit ca. 1 Jahr.

Lindan

Das γ-Isomere des Hexachlorcyclohexans, Lindan, ist das einzige Isomer, dem Insektizideigenschaften zukommen. Der Wirkungsmechanismus besteht in einer Hemmung des $GABA_1$-Rezeptor-Chloridkanalkomplexes, so dass es zu Erregbarkeitssteigerung und Krämpfen kommt. Die klinische Symptomatik ähnelt im Wesentlichen dem DDT. Zumeist durch organische Lösungsmittel mitverursacht, kommt es zu einem frühzeitigen Erbrechen, das nicht zentral ausgelöst wird. Schwere Intoxikationen treten auf bei Plasmakonzentrationen von ca. 0,2 µg/ml (Normalwert bei Umweltbelastung beträgt ca. 0,2 µg/l). Lindan ist ebenfalls als äußerlich anzuwendendes Arzneimittel gegen Ektoparasiten in Verwendung. Intoxikationen werden bei Kindern beobachtet, die ganzflächig mit Lindan-haltigen Ölen/Emulsionen eingerieben oder gebadet wurden. Hierbei wurde auch eine Nephro- und Hepatotoxizität beschrieben. Die terminale Halbwertszeit beträgt ca. 1 Woche.

Andere Organochlor-Insektizide

Andere Chlor-Insektizide spielen keine Rolle mehr, da sie nur noch als Umweltbelastung vorkommen und praktisch nicht mehr eingesetzt werden.

Andere Insektizide

Andere Insektizide, wie z.B. das **Nicotin**, kommen nicht zum Einsatz, da sie für den Menschen zu gefährlich sind. Nahezu untoxisch für den Menschen sind hingegen die **Benzoylarylureide**, welche die Chitinbiosynthese hemmen. **Juvenilhormon-Analoga** sind insektenspezifische längerkettige ungesättigte Kohlenwasserstoffe und Alkohole, mit denen sich die Verpuppungen bzw. Häutungen verschieben lassen, so dass die Insekten keine geeigneten Umweltbedingungen mehr vorfinden.

Rodentizide

Als Rodentizide in Ködern werden heute nur noch **Cumarinderivate** oder wie Cumarin wirkende Substanzen eingesetzt. Die mit der erforderlichen Latenzzeit einsetzende Hemmung der Prothrombinsynthese (und anderer Gerinnungsfaktoren) beruht auf der Verdrängung von Vitamin K. Wegen Herausbildung von Resistenzen müssen häufiger neue Präparate synthetisiert werden. Die Superwarfarine Bromadialon, Brodifacum sind in geringsten Konzentrationen über Wochen hin wirksam. Das in der Humanmedizin gebräuchliche Phenprocoumon kommt in Rodentiziden nicht vor.

Auch beim Menschen kann es durch Aufnahme der präparierten Köder zu Intoxikationen kommen, allerdings wären dafür erhebliche Mengen erforderlich. Intoxikationen können noch über Tage durch Vitamin-K-Gaben verhindert werden.

Endrin

Endrin ist ein Organochlor-Insektizid, das jedoch wegen seiner Polarität keine ökologischen Gefahren mit sich bringt. Es wird gegen Wühlmäuse eingesetzt.

Begasungsmittel

Gelegentlich werden vom Kammerjägern auch Begasungen durchgeführt. Durch Säure werden aus Cyaniden Blausäuredämpfe freigesetzt, die die tierischen Lebewesen abtöten. Bei der Einwirkung von Cyanid kommt es zu einer Inhibition der mitochondrialen Atmungskette, so dass der Tod sehr rasch einsetzen kann. Als Antidote kommen in Betracht: Komplexbildungspartner wie Cobalamin (Vitamin B_{12}) oder Eisen (-III)-Verbindungen. Letztere können sehr schnell bereit gestellt werden durch Oxidation des Hämoglobins (durch Methämoglobinbildner – am besten bekannt ist das DMAP). Die Methämoglobinämie (ca. 40 %) kann unter Normalbedingungen ausgehalten werden. Zur schnelleren Metabolisierung des Cyanids zum Rhodanid (Thiocyanat) gibt man zusätzlich Natriumthiosulfat (intravenös).

Die letale Dosis für eine Blausäure-Intoxikation beträgt 1 mg/kg (oder 2 mg Kaliumcyanid).

7.7.4 Anorganische Substanzen

Metalle und Metalloide

Arsen. Arsen gehört zu den häufigen in der Natur in oberflächlichen Erdschichten vorkommenden Metalloiden. Es kann einen minus 3-, +3- und +5-wertigen Ladungszustand besitzen und findet Verwendung für Legierungen und bei der Glasherstellung. Als Insektizid wurde es vornehmlich in Weinanbaugebieten eingesetzt. Das Arsenik (As_2O_3) wurde in den vergangenen Jahrhunderten häufig als Mordgift eingesetzt, da es geruch- und geschmacklos ist. Das Arsenpentoxid wird im Organismus zum toxischeren As_2O_3 reduziert. Die Sulfide sind kaum toxisch, da sie unlöslich sind. Organoarsenverbindungen dienten früher zur Bekämpfung der Lues.

Wirkungsmechanismus: Der genaue Mechanismus ist nicht bekannt, aber Arsen bindet hochaffin an SH-Gruppen von Membran-, Enzym- und Strukturproteinen. Besonders empfindlich ist der Pyruvatdehydrogenasekomplex.

Intoxikation: Bei oraler Aufnahme setzen nach 1–1,5 h durch Einwirkung auf die Blutkapillaren neben Nausea und Erbrechen, Reiswasser ähnliche Durchfälle (mit konsekutiver Exsikkose, Elektrolytverlust, Blutdruckabfall) ein. Bei chronischer Vergiftung ist eine abgeschwächte gastroenterologische Symptomatik, allgemeine Schwäche, Mattigkeit, Apathie und Polyneuropathie zu erwarten; bei inhalatorischer Zufuhr Katharrhe der oberen Luftwege (Arsenschnupfen).

Arsenwasserstoff (AsH_3) wird aktiviert zu Diarsin (As_2H_2) und bewirkt sehr schnell eine Hämolyse mit konsekutivem Nierenversagen und Ikterus.

Kinetik: Chronische akzidentielle Vergiftungen wurden früher durch verunreinigte Mineralwässer verursacht. Die Resorption von Arsenverbindungen ist nach oraler Zufuhr hoch und wird aus dem Plasma schnell eliminiert. Ganzkörpermessungen zeigten Halbwertszeiten von etwa 2,1, 9,4 und 38,4 Tagen. Hauptgewebsspeicher sind Proteine und insbesondere auch cystinreiche Hautanhangsgebilde (Haare, Fingernägel). Dimethylarsenit ist das Hauptausscheidungsprodukt, das auch im tierischen Organismus gebildet wird. Der hohe Gehalt in Fischen stellt die hauptsächliche Arsenquelle der menschlichen Ernährung dar.

Arsenwasserstoff, das zu As_2H_2 umgesetzt wird, erzeugt insbesondere Kapillarläsionen und Hämolyse. Chronische Belastung mit Arsen, insbesondere die inhalative Zufuhr, wird für die Erzeugung von Tumoren verantwortlich gemacht.

Postmortale Vergiftungszeichen: Postmortale morphologische Hinweise sind nicht bekannt.

Analytik: Die Analytik erfolgt nach Reduktion zum Arsin mittels AAS.

Blei. ***Vorkommen***: Blei war ein schon früh intensiv genutztes Schwermetall und hat trotz bereits alter Recyclingverfahren zu einer erheblichen Zunahme des Bleis in der Umwelt geführt. Geschirr bei den Römern, Bleigeschosse, Bleirohre, Zusätze zu Benzinen, Batterien und Bedachungen, auch für Farben und alte Arzneimittel haben zur Exposition des Menschen beigetragen. Die Verfügbarkeit hängt stark von der Löslichkeit der Salze und Oxidationsprodukte ab.

Wirkungsmechanismus: Bleiionen hemmen die Deltaaminolaevulinsäure-Dehydratase, die Koproporphyrinogen-III-Decarboxylase und die Ferrochelatase. Dadurch unterbleibt die Rückkopplungshemmung für das Schlüsselenzym der Hämsynthese, der Deltaaminolaevulinsäure-Synthese.

Außerdem wird die Pyrimidin-5'-Nukleotidase in den Erythrozyten gehemmt (dadurch entsteht die basophile Tüpfelung der Erythrozyten). Wegen der Interaktionen mit Calcium kommt es zu Spasmen der Gefäßmuskulatur und Spasmen des Gastrointestinaltrakts und schließlich zur Einlagerung in die Knochen. Neuerdings wird der Neurotoxizität vermehrt Aufmerksamkeit geschenkt.

Intoxikation: Intoxikationszeichen sind gastrointestinale Krämpfe Obstipation, Hautblässe und bei Kindern zentralnervöse Störungen (zerebrale Krampfanfälle).

Bei chronischer Vergiftung werden beobachtet: Müdigkeit, Schwäche, Blässe, Appetitlosigkeit, Gewichtsabnahme, intermittierende Obstipation und Koliken, Bleisaum an Gingiva und den Zahnhälsen. Persistierende Intoxikationen führen zur Porphyrie und zur basophilen Tüpfelung (Heinz'sche Innenkörper) der Erythrozyten.

Epidemiologische Untersuchungen legen nahe, dass die chronische Bleibelastung bei Kindern zu **Intelligenzstörungen** führt, wahrscheinlich schon bei Blutkonzentrationen ab 100 µg/L.

Organische Bleiverbindungen in Form des Tetramethyl- und Tetraethylbleis als Antiklopfmittel haben zu einer erheblichen Umweltbelastung in der Umgebung des Straßenverkehrs, aber nach Verteilung über die Atmosphäre auch ubiquitär zu einer signifikanten Bleibelastung geführt.

Blei wird sowohl inhalatorisch, als auch dermal und gastrointestinal absorbiert und gelangt als Triethylblei auch in das ZNS. Nausea, Erbrechen, Diarrhö und Kopfschmerzen, Krämpfe, Delir und Koma können dann auf eine hohe Belastung mit Triethylblei oder Trimethylblei zurückgeführt werden. Blei gilt als möglicherweise krebserzeugend (Kategorie 2b bzw. 3 der Gefahrstoffverordnung).

Kinetik: Bei nichtberuflicher Exposition wird Blei zumeist über die Nahrung und durch Inhalation von Abgasen oder Aerosolen aus Industrieanlagen inhalatorisch aufgenommen. Die Absorptionsraten für Nahrungsblei liegen bei ca. 4–21 %, für Erwachsene und für Kinder zwischen 42 und 50 %. Im Blut wird das Blei in den Erythrozyten ca. 16fach angereichert (sättigbar) und wird dann in Leber und Nieren zunächst abgelagert, bevor es in die Knochen als tiefem Kompartiment eingelagert wird. Intrazellulär hat Blei eine Affinität zu den mitochondrialen und Plasmamembranen. Die Halbwertszeit in den Knochen beträgt 5–20 Jahre.

Die Bindung an Metallothioneine spielt auch für Blei eine wichtige Rolle und ist auch die Ursache für eine Akkumulation in den Nieren. Die glomeruläre Filtration ist der Hauptausscheidungsweg.

Postmortale Vergiftungszeichen: Außer in schweren Fällen chronischer Expositionen, die zu einem Bleisaum geführt haben, sind keine morphologischen Veränderungen bekannt, aber die Untersuchung auf Porphyrine und Deltaaminolaevulinsäure im Urin sollte möglich sein.

Analytik: Der Nachweis von Blei erfolgt durch die AAS.

Cadmium. ***Vorkommen und Gebrauch***: Das seltene Cadmium kommt in der Natur vergesellschaftet mit Blei und Zink vor. Es wird vor allem für die Veredelung von Stahl, für Batterien und Farben verwendet.

Wirkungsmechanismus und Intoxikationen: Chronische Cadmiumexposition führt zu Eisenmangelanämien, Osteomalazie und Nierenschäden. Die Eisenmangelanämie beruht auf der Verdrängung des Eisens bei der Absorption im Gastrointestinaltrakt. Die Osteomalazie ist möglicherweise verursacht durch die Hemmung der 25-OH-Vitamin-D_3-Hydroxylierung und die Niereninsuffizienz durch die Ablagerung von Cadmium in der Niere. Beim Einatmen von Cadmiumoxid-Rauch entstehen Schleimhautreizungen, Entzündungen, Anosmie, Anorexie sowie Kapillarschädigungen in der Lunge. Höher konzentrierte Rauche können ein tödliches toxisches Lungenödem oder eine schwere Pneumonitis erzeugen. Ferner tritt ein Metalldampffieber mit einer Latenzzeit auf. Cadmium wird angeschuldigt, Lungenkrebs zu verursachen. Ein gelber Cadmium (-Sulfid) -Saum an den Zahnhälsen deutet auf eine schwere chronische Exposition hin, Cadmium-Rhinitis und Degeneration des olfaktorischen Epithels sind Folgen bei beruflichen Umgang (Schweißer). Eine epidemische Massenvergiftung trat in Japan auf, als cadmiumhaltiger Industrieabfall in die Flüsse gelangte und dann über Trinkwasser oder über die Nahrungskette aufgenommen wurde. Insbesondere waren von der Erkrankung Frauen zwischen 40 und 70 Jahren betroffen, die später unter Osteoporose und Skelettdeformitäten litten (Itai-Itai = aua! aua!). Der pathogenetische Mechanismus wurde nicht völlig aufgeklärt und verstanden. Ähnliche Fälle wurden später nie wieder beobachtet.

Die letale Dosierung für den Menschen liegt bei Luftkonzentrationen von 2,5–2,9 g/m³.

Kinetik: Die Absorption des Cadmiums aus dem Gastrointestinaltrakt ist außerordentlich gering, sie beträgt ca. 2–8 %. Die Absorption ist erhöht bei Eisenmangel, möglicherweise bedingt durch eine Kompetition um den Eisentransportmechanismus. Die hohe Bindung an Metallothioneine findet in der Leber statt. Von dort gelangt es aber auch in geladener Form in den Kreislauf und wird in der Niere glomerulär zunächst filtriert, aber im proximalen Tubulus reabsorbiert. Hier wird das Thionein ebenfalls induziert, so dass es zu einer Anreicherung in der Niere kommt. Zwischen 30 und 50 % des Gesamtkörperbestandes an Cadmium befindet sich in der Niere. Es kommt zu einer Akkumulation, so dass der Gehalt in der Niere über ca. 50 Jahre andauert. Das Absinken danach geht möglicherweise mit einer vorangegangenen Nierenschädigung einher. Die irreversible signifikante Schädigung der Nierentubuli wird klinisch manifest ab einer Konzentration von mehr als 200 µg Cadmium pro g.

Postmortale Vergiftungszeichen: Morphologische Zeichen der Niereninsuffizienz, gelbe Zahnsäume, Entzündungen des Nasopharynx (bei beruflich Exponierten).

Analytik: Nachweis durch AAS.

Quecksilber. ***Vorkommen und Verwendung***: Die Verwendung von Quecksilber geht bereits auf die Antike zurück. Quecksilber kommt vor allem in Mineralien als Amalgam oder Sulfid (HgS, Zinnober) vor. Die gegenwärtige Belastung der Umwelt ist konstant. Freie Quecksilberdämpfe kondensieren und werden vor allem im Meer über Plankton und Schalentiere in Methylquecksilber umgewandelt.

Quecksilber wird benutzt für Batterien, früher in Farben, als Sperrflüssigkeit in Messgeräten, als Zahnamalgam und zum Herstellen von Spiegeln. Auch als Arzneimittel wurden Quecksilberverbindungen eingesetzt, als Schminken, Schälpaste (zum Depigmentieren), zum Desinfizieren (Sublimat-Spiritus-Oxycyanat-Lösung), gegen Ektoparasiten („graue Salbe", enthielt metallisches Quecksilber), als Konservierungsmittel und in der Zahnheilkunde für Amalgamzahnfüllungen.

Toxischer Wirkungsmechanismus: Die Dämpfe von metallischem Quecksilber sind hoch lipophil und gelangen mit dem Blut auch ins Hirngewebe. Das Quecksilber wird bereits in den roten Blutzellen aber auch im Hirngewebe zu zweiwertigen Quecksilberkationen oxidiert und immobilisiert (Bindung an SH-Gruppen von Proteinen).

Akute Vergiftung mit Quecksilber-II-Salzen: Quecksilber-II-Salze wirken bei oraler Zufuhr ätzend und nekrotisierend auf die Schleimhäute, erkennbar an der aschgrauen Verfärbung. Erbrechen und membranöse Enterokolitis mit eventuell massivem Wasserverlust und Schocksymptomatik. Mit Latenz setzt die Nierenschädigung ein, wobei sowohl die proximalen Tubuli als auch die Basalmembran der Glomerula betroffen sind und sich klinisch hin bis Anurie manifestieren (Konkurrenz der Quecksilberionen mit Wasser um die Aquaporine im proximalen Tubulus und dem absteigenden Teil der Henle'schen Schleife).

Chronische Vergiftung: Hohe oder chronische Expositionen führen zur Ablagerung an den Umschlagfalten der Gingiva an den Zahnhälsen und zu einer Lockerung der Zähne, ulzeröser Stomatitis sowie Speichelfluss. Es treten Kopfschmerzen, Schwindelanfälle, Gliederschmerzen, feinschlägiger Tremor (Tremor mercurialis), verwaschene Sprache, Konzentrationsstörungen und Gedächtnisstörungen auf. Fast immer besteht auch eine manifeste Niereninsuffizienz.

In manchen Fällen wird auch eine Akrodynie beobachtet, eine offenbar Quecksilber-typische Symptomatik mit Erythem der Extremitäten, des Gesichts und des Brustkorbs, Photophobie, Anorexie, Obstipation und Psychasthenie.

Intoxikation mit Quecksilberdämpfen: Neben der Aufnahme in das ZNS spielt hier auch die lokale Schädigung der Atemwege eine eventuell wichtige Rolle, indem es nach akuter Entzündung auch zu Lungenfibrosen kommen kann. Klinisch entsteht durch die Aufnahme in das ZNS ein psychasthenisch-vegetatives Syndrom mit Depressionen, Schüchternheit, emotioneller Instabilität, Reizbarkeit, Schlaflosigkeit, Vergesslichkeit, Ungeduld und Tremor (so genannter Erethismus mercurialis).

Intoxikation durch lipophile organische Quecksilberverbindungen: Eine erhebliche toxikologische Bedeutung hat hier das Methylquecksilber, das vor allem in Fischen durch die Nahrungskette aufgenommen wird und als Ursache der Minamata-Krankheit erkannt wurde. Auch diese Verbindung wird in das Zentralnervensystem aufgenommen und führt zu Schädigungen des ZNS: Koordinationsstörungen, Tremor, Dysarthrie, Gesichtsfeldausfälle, Hörverlust sowie auch periphere Polyneuropathien.

Methylquecksilber passiert auch die Plazenta mit der Gefahr neuromuskulärer Schäden und Intelligenzminderung des Kindes.

Nierenschäden und periphere Neuropathien kommen natürlich auch nach organischen Quecksilberverbindungen oder Dampfeinatmung vor, ebenso auch die Stomtitiden, aber sie stehen hinter der ZNS-Schädigung weit zurück.

Kinetik: Die Aufnahme des Metalldampfs und der organischen, lipophilen Verbindungen führt zur raschen Verteilung unter Einschluss des Hirngewebes; die Absorption der zweiwertigen Salze geht hingegen nur langsam und unvollständig vonstatten, so dass nur etwa 2–15 % aus dem Darmtrakt aufgenommen wird. Metallisches Quecksilber wird nur zu weniger als 0,05% aufgenommen, während die lipophilen Organoquecksilberverbindungen zu über 80 % aus dem Darmtrakt absorbiert werden. Von den inhalativ aufgenommenen Dämpfen reichert sich das nullwertige Hg zunächst in den Erythrozyten an, wird dort zu Hg^{2+} oxidiert und kann dann nur noch langsam zurück ins Plasma diffundieren. Dasselbe trifft auch für das ZNS zu. Das Konzentrationsverhältnis Erythrozyten/Plasma beträgt etwa 20:1. Die Elimination erfolgt überwiegend renal, die organischen Verbindungen vielfach als Thioether mit Cystein. Die Ausscheidung folgt einer triphasischen Kinetik. Die hauptsächliche Halbwertszeit beträgt etwa 30–40 Tage, die des Methylquecksilbers beträgt ca. 70 Tage.

Postmortale Vergiftungszeichen: Schleimhautveränderungen (evtl. blutig), Stomatitis (evtl. ulzerös), Metallsaum, Nierenschädigung.

Analytik: Bestimmung des Gesamtmetalls nach Reduktion zu metallischem Quecksilber und AAS des Dampfs.

Thallium. Thallium hat eine große Bedeutung bei der Herstellung von Gläsern, Glasfarben, in der Lampenindustrie und Elektroindustrie. In der Pyrotechnik wird es wegen seiner grünen Flammenfärbung benutzt. Früher wurden Thalliumsalze auch als Rodentizid verwendet. Vorübergehend war Thallium auch bei der Herstellung von Zement als Staubniederschlag in das Umland gelangt und hat zu Kontaminationen von Pilzen und Pflanzen geführt.

Akute Vergiftung: Nach Aufnahme von ca. 15 mg/kg kommt es nach einer Latenzzeit von bis zu 3 Tagen zu einer vorübergehenden Gastroenteritis und einige Tage später zu einer äußerst schmerzhaften Polyneuropathie, kolikartigen Leibschmerzen und Obstipation, Depressionspsychose und zerebralen Krämpfen. Es besteht eine Sensibilisierung des sympathischen Nervensystems mit Blutdruckanstieg, Tachykardien und Kardiomyopathie. Auch die motorischen Nerven sind von der Neuropathie nicht ausgenommen (Paresen). Ca. 13 Tage nach einer akuten Exposition setzt Haarausfall an untypischen Stellen ein. Die Mees'schen Bänder treten nach ca. 3 Wochen an den Fingernägeln in Erscheinung (lufthaltige Querstreifen durch Störungen des Nagelbetts), parallel zu der Schädigung der Haarwurzeln. In Haaren und Fingernägeln lässt sich Thallium nachweisen. Die Paresen der Extremitäten können irreversibel sein.

Kinetik: Schnelle Absorption aus dem Magen-Darm-Trakt und Verteilung entsprechend dem Kalium mit hohen intrazellulären Konzentrationen. Die Thalliumionen sind plazentagängig. Die höchsten Konzentrationen finden sich in der Niere. Die Elimination erfolgt mit einer Halbwertszeit von ca. 14 Tagen.

Postmortale Hinweiszeichen auf eine Intoxikation: Haarausfall des Haupthaars an untypischen Stellen, abnorm leichte Ausziehbarkeit; Mees'sche Bänder.

Toxikologische Analytik: AAS von Haaren und Urin.

Weitere Metalle

Weitere Metalle haben generell nur eine geringere toxikologische Bedeutung. Es sollen nur einige stichwortartig erwähnt werden:

Aluminium. Aluminium, dessen Hydroxyde auch Aluminate bilden können (ähnlich wie das Bor), führt zu Ablagerungen im Zentralnervensystem und wird nach Bekanntwerden einer möglichen Ursache für M. Alzheimer für medizinische Materialien nicht mehr eingesetzt. Als Antazidum hat es weiterhin Bedeutung und verhindert die Phosphatresorption im Darm. Wegen der Aluminiumtoxizität wird die essigsaure Tonerde (Aluminium-Hydroxidazetat) nicht mehr eingesetzt.

Barium. Das in der Radiologie eingesetzte Bariumsulfat ist wasserunlöslich und bewirkt Fremdkörperreaktionen, wenn es parenteral appliziert wird oder dahin gelangt (z.B. durch Aspiration von Kontrastbrei in die Lunge). Solche Ablagerungen können noch lange Zeit röntgenologisch sichtbar gemacht werden. Lösliche Bariumsalze führen in der glatten Muskulatur zu schmerzhaften Krämpfen.

Beryllium. Beryllium hatte eine toxikologische Bedeutung bei beruflicher Exposition, wobei es durch Inhalation zu Pneumonitis oder Fibrosen kam.

Bor. Bor wurde in Form der Borsäure früher als Desinfiziens benutzt, hat aber zu Borsäure-Intoxikationen (Azidosen wegen renaler Rückresorption) bei großflächiger wiederholter Anwendung in Form von Umschlägen oder auch als Puder geführt.

Kobalt. Kobalt hat als Spurenelement eine gewisse Bedeutung (insbesondere als Zentralatom für das Vitamin B_{12}). Als Schwermetall wird es ebenfalls an SH-Gruppen gebunden. Die chronische Zufuhr in kleinen Mengen verursacht gastroenteritische Symptome, kann eine Hypothyreose hervorrufen und zur Kardiomyopathie führen. Die Beobachtungen wurden gemacht, als manche Blut bildenden Arzneimittel neben Vitaminen und Eisen auch Kobalt enthielten und bei Biertrinkern, deren Bier Kobaltsulfat zur Schaumstabilisierung enthielt (1 mg/l).

Magnesium. In Form der Oxide als Antazidum kann Magnesium möglicherweise durch Resorption zur „Magnesiumnarkose" führen. Das früher gebräuchliche Bittersalz (Magnesiumsulfat $MgSO_4$) wird heute praktisch nicht mehr eingesetzt und ist durch Natriumsulfat ersetzt.

Mangan. Mangan ist eine Spurenelement, das jedoch bei Überdosierung in Form des Manganats und Permanganats ätzende Eigenschaften besitzt und zur Bildung von Sauerstoffradikalen führt.

Nickel. Nickel wird zu vielen Legierungen und auch zum Vernickeln vieler Metallgegenstände eingesetzt. Es ist in Form von Schmuck eine der häufigsten Ursachen der Kontaktdermatitis. Das Nickeltetracarbonyl $Ni(CO)_4$ gehört zu den stärksten Inhalationsgiften (toxisches Lungenödem; MAK 0,1 ml/m^3). Dies und Nickelstäube sind kanzerogen.

Osmium. Die Osmiumsäure ist wegen ihrer ebenfalls kanzerogenen Eigenschaften im Gebrauch sehr stark eingeschränkt (aber unverzichtbar für die Elektronenmikroskopie).

Vanadium. In Form der Vanadiumsäure ersetzt das Vanadat das Phosphat im Organismus und führt zu Veränderungen der nervalen Erregbarkeit. Auch die Natrium-Kalium-ATPase wird inhibiert und übt somit eine den Herzglykosiden vergleichbare Wirkung aus.

Zinn. Während das anorganische Zinn relativ gering toxisch ist und früher sogar zur Herstellung von Geschirr und Bechern benutzt wurde (heute nur noch in Legierungen mit mehr als 50 % Silber) sowie in vielen Legierungen (auch zum Löten) enthalten ist, besitzen die zinnorganischen Verbindungen (Trialkyl- oder Triarylzinn zur Stabilisation von PVC oder Silikon und als Katalysator etwa bei der Polyurethanherstellung) eine sehr hohe neurotoxische Wirkung. Der genaue Mechanismus ist unbekannt, wahrscheinlich ähnelt er dem des Bleis. Triethylzinn hemmt die oxidative Phosphorylierung, die Glukoseoxidation sowie den Einbau von Phosphaten in Phospholipide und ist immunotoxisch. Bei Intoxikationen klagen die Patienten über Hyperaktivität, Hyperthermie, Insomnie und Appetitlosigkeit. Die Nervenschädigung besteht in einer Axondegeneration. Triphenylzinn gilt als potenziell kanzerogen.

7.7.5 Leicht flüchtige Substanzen

Gase und Dämpfe

Kohlenmonoxid. Kohlenmonoxid entsteht bei der unvollständigen Verbrennung organischer Materialien und Kohle. CO hat eine ca. 250fach höhere Affinität zum Hämoglobin als der Sauerstoff. Im Gleichgewicht würde somit eine Raumluftkonzentration von 0,05 % genügen, eine fast 50 %ige Absättigung des Hämoglobins mit Kohlenmonoxid zu bewirken. Die Geschwindigkeit bis zur Einstellung des Gleichgewichts ist natürlich abhängig von dem Atemminutenvolumen. In Ruhe (im Schlaf) dauert es demgemäß eine erheblich längere Zeit, ehe es zur entsprechenden Gleichgewichtseinstellung kommt. Die Auswirkungen der Kohlenmonoxidbeladung des Hämoglobins ist jedoch höher als die Minderbeladung mit Sauerstoff vermuten lässt. Das als Tetramer vorliegende Hämoglobin hat für den Sauerstoff eine Partialdruck-abhängige Affinität. Die höchste Affinität (geringste Dissoziationskonstante) besteht für das $[HbO_2]_4$, sie fällt mit sinkendem Gehalt an Sauerstoff um Faktor 10 von Stufe zu Stufe. Damit ist gewährleistet, dass die Abgabe an das Gewebe mit dem niedrigeren Sauerstoffpartialdruck wesentlich effektiver ist. Bei gleichzeitiger Anwesenheit von CO und Sauerstoff im Tetramer bleibt die Affinität wesentlich stärker erhalten, so dass die Abgabe von Sauerstoff an das Gewebe sehr viel geringer bzw. langsamer verläuft (Haldane-Effekt). Eine weitere Verschlechterung des Gasaustausches besteht darin, dass CO-beladenes Hämoglobin wesentlich schlechter Kohlendioxid aus den Körpergewebe anlagern kann. Dadurch entwickelt sich leicht eine Azidose.

Symptome, Vergiftung, Kinetik: Kopfschmerzen, Müdigkeit, Gähnen und Schwindelerscheinungen sind die Hauptsymptome bei CO-Hb-Konzentrationen von weniger als 20 %, bei höheren Konzentrationen ab 30 % kommen bereits Einschränkungen der Hirntätigkeit und Lethargie hinzu. Ab über 50 % ist mit tödlichen Intoxikationen zu rechnen (bei Abwesenheit sonstiger Noxen).

Postmortale Hinweiszeichen: Da das Kohlenmonoxid-Hämoglobin ein ähnliches Spektrum wie Oxyhämoglobin aufweist, erscheinen die Totenflecke hellrot.

Bei schwangeren Frauen weist der Fötus im Mittel höhere Konzentrationen an CO-Hb als die Mutter auf (wegen der geringeren Sauerstoffexposition). Die Anstiegsphase ist jedoch verzögert.

Toxikologische Analytik: Der analytische Nachweis erfolgt durch Registrierung des Spektrums des CO-Hämoglobins vor und nach Zugabe von Natriumdithionit.

Kohlendioxid. Kohlendioxid ist in geringen Konzentrationen der wichtigste Stimulator des Atemzentrums. Zur Stimulation der Atmung werden der Luft aus medizinischen Gründen 4 % CO_2 zugesetzt. Bei Einatmung höherer Konzentrationen und begrenzter Kompensation wird eine Azidose hervorgerufen.

Ab 4–6 % in der Atemluft treten Kopfschmerzen, Ohrensausen, Herzklopfen, Blutdruckanstiege und Erregungszustände oder Schwindel und Benommenheit auf. Konzentrationen ab 10 % erzeugen Krämpfe, höhere Konzentrationen apoplektiforme Bewusstlosigkeit und Tod.

Postmortale Hinweiszeichen: Auffindesituation mit CO_2-Messung vor Ort, eventuell Zyanose.

Schwefelwasserstoff (H_2S). Schwefelwasserstoff ist ein Fäulnisgas, das insbesondere unter vermindertem Luftzutritt in Abfallgruben entsteht und gehalten wird. Der toxische Wirkungsmechanismus ist nicht völlig geklärt; es bindet an Ferrihämoglobin, was jedoch keine Blockade der Zytochromen-Oxidase bedeuten muss.

Bereits Konzentrationen ab 500–1.000 ppm in der Atemluft reichen für eine apoplektiforme Bewusstlosigkeit und Tod aus.

Stickstoffwasserstoffsäure: Aus Salzen der Schwefelwasserstoffsäure, den Aziden, kann durch Zufuhr von Energie explosionsartiger Zerfall entstehen, wobei sich das Azid zur Freisetzung von Stickstoff zerlegt. In trockener Form sind hierzu vor allem Natriumazid sowie die Schwermetallsalze geeignet, wenn es gerade auf die plötzliche Stickstoffentwicklung ankommen soll (Airbag). Die Stickstoffwasserstoffsäure und ihre Salze werden als Biozid (Konservierungsmittel) eingesetzt. Der Wirkungsmechanismus besteht auch hier in der Affinität zum dreiwertigen Eisen, allerdings zu Katalase und Peroxidase wesentlich stärker als zum Ferrihämoglobin. Nach neueren Erkenntnissen soll die toxische Wirkung auch daher rühren, dass massiv NO entsteht, mit der Folge einer maximalen Gefäßerweiterung und damit Kollaps und schließlich Tod.

Organische Lösungsmittel

Organische Lösungsmittel sind Flüssigkeiten zur Lösung von in wässrigen Medien nicht löslichen Substanzen. Für die meisten Zwecke sollen sie hinreichend leicht verdampfen können, chemisch inert, ökologisch ungefährlich, schwer entflammbar und toxikologisch ungefährlich sein. Solche Lösungsmittel sind nicht erhältlich. Im Folgenden sollen nur die toxikologisch wichtigen Lösungsmittel abgehandelt werden, die zudem auch noch eine verbrauchernahe Bedeutung haben. Die Lösungsmittel lassen sich nach chemischen Gesichtspunkten untergliedern in:

- aliphatische Kohlenwasserstoffe,
- aromatische Kohlenwasserstoffe,
- Alkohole und Ketone,
- Ether und chlorierte Kohlenwasserstoffe.

Aliphatische Kohlenwasserstoffe (Alkane, Alkene, Isoalkane). Die Alkane, normalkettig oder verzweigtkettig, können als Benzine (kurzkettig) oder Paraffine (langkettig) zusammengefasst werden. Sie werden aus der Erdöldestillation (ohne oder mit vorangehendem Cracken) gewonnen. Wie alle lipophilen organischen Lösungsmittel können sie die Blut-Hirn-Schranke überwinden und Narkosen hervorrufen. Beim Schnüffeln dieser Substanzen wird ein Zustand der Pränarkose angestrebt, in dem beim Einsetzen der Bewusstseinstrübung die Umwelt verändert wahrgenommen wird und Träume und Phantasiegedanken auftreten (können). Besonders wichtig ist die neurotoxische Wirkung des Hexans. Das Hexan wird zum Teil zum 2,5-Hexandion metabolisiert, das stark neurotoxisch wirkt. Vorläufer können selbstverständlich auch die entsprechenden Hexanole oder Hexan-Diole sein. Das Hexandion kann mit Aminogruppen von Proteinen Addukte bilden. Die Neuropathie besteht in Veränderungen im Elektromyogramm und Paresen der peripheren motorischen Nerven mit morphologisch erkennbaren Schwellungen und anschließenden Retraktionen der Myelinscheide. Die Schädigung ist nur sehr langsam rückläufig (3–4 Jahre).

Die Elimination erfolgt durch Glukuronidierung oder, bei endständiger OH-Gruppe, nach Oxidation zu Hexancarbonsäure, durch β-Oxidation im Fettsäurestoffwechsel.

Andere Kohlenwasserstoffe. Andere Kohlenwasserstoffe sind technisch fast immer Gemische äußerst heterogener Zusammensetzung im Hinblick auf den Gehalt der einzelnen Alkane, Cycloalkane oder verzweigtkettigen Kohlenwasserstoffe, mit unterschiedlichem Gehalt an aromatischen ein- oder mehrzyklischen Kohlenwasserstoffen. Eine toxikologische Beurteilung ist für sie kaum möglich (Lampenöle, s. Haushaltschemikalien).

Alkohole. ***Methanol*** entsteht bei der alkoholischen Gärung von pektinhaltigem Obst. Die Aufnahme von reinem Methanol führt zu ähnlichen rauschartigen Zuständen wie nach Ethanol, in jedoch geringerer Ausprägung.

Intoxikation, Kinetik: Die toxische Wirkung des Methanols beruht auf der neurotoxischen Wirkung der Metaboliten Formaldehyd und Ameisensäure. Sie betrifft vor allem den Nervus opticus, aber auch andere Hirnnerven. Die anfangs reversiblen Sehstörungen können nach höheren Dosierungen auch zur irreversiblen Optikusatrophie führen. Die Metabolisierung des

Methanols erfolgt sowohl durch die Alkoholdehydrogenase und die Aldehyddehydrogenase, als auch über den C1-Stoffwechsel.

Wegen der wesentlich höheren Affinität des Ethanols zur Alkoholdehydrogenase kann die Methanol-Oxidation durch 0,5–1 ‰ Ethanol in vivo blockiert werden. Die Halbwertszeit für Methanol beträgt, wie für Ameisensäure, ca. 2 Tage. Einzelheiten zu **Ethanol** und **Begleitalkoholen** (► s. Kap. 8).

Glykole, also zweiwertige Alkohole, finden heute in erheblichem Maße Anwendung, da durch sie die chlorierten Kohlenwasserstoffe in den meisten Fällen gut ersetzt werden konnten. Häufigste Anwendung im Privatbereich ist der Einsatz als Frostschutzmittel. Hiermit werden auch häufiger akzidentelle oder suizidale Intoxikationen gesehen.

Ethylenglykol ruft in geringeren Mengen Ausfallserscheinungen wie Ethanol hervor, größere Mengen führen zu Erbrechen, Übelkeit und z.T. auch zu Durchfällen. Schwere Vergiftungen führen bereits im frühen Stadium zum Hirnödem. Bei schweren Vergiftungen treten noch nach 12 Stunden Tachykardien und Tachypnoe sowie Kollaps auf. Erst später werden die Nierenschäden klinisch erkennbar durch Oligurie, Flankenschmerzen, Nierenschädigung und Azidose mit Anionen-Gap.

Kinetik: Ethylenglykol wird rasch resorbiert. Die Halbwertszeit beträgt ca. 3–5 Stunden, kann aber auch auf 17 Stunden erhöht sein, wenn Ethanol als Inhibitor der Glykol-Oxidation gegeben wird. Die Verteilung in den Geweben entspricht dem des Ethanols: 0,7 l/kg. Die Metaboliten des Ethylenglykols sind toxischer als das Ethylenglykol selbst. Glyoxal und Glyoxylsäure sind wahrscheinlich auch verantwortlich für das Hirnödem.

Postmortale Hinweiszeichen und Analytik: Postmortale Hinweiszeichen auf eine Glykol-Intoxikation bilden die Histomorphologie der Niere, auch im Zusammenhang mit dem Auftreten von Oxalatkristallen. 40–100 ml Ethylenglykol kann über die beschriebenen Wirkungen zum Tode führen.

Propylenglykol-1,2 ist als weniger toxisch als Ethylenglykol anzusetzen.

Ein Anionen-Gap besteht aus der physiologischen Milchsäure. Des Häufigeren werden auch Krampfanfälle beobachtet. Toxische Konzentrationen bestehen ab ca. 0,5 ‰. Ein nephrotoxischer Metabolit entsteht nicht, da als Carbonsäure die physiologische Milchsäure entsteht.

Diethylenglykol ist ebenfalls ein häufiger gebrauchtes Lösungsmittel und wurde eine Zeit lang als Verschnittstoff in Weinen gefunden.

Der ***Wirkungsmechanismus*** besteht auch hier in der zu befürchtenden Azidose und zuvor in Übelkeit, Erbrechen und Durchfall. Schwindel und Kopfschmerzen, ZNS-Depression und Tod durch Atem- und Herz-Kreislauf-Versagen können noch bis zu 48 Stunden nach der Aufnahme eintreten. Als tödliche Dosis werden etwa Mengen ab 1 g/kg Körpergewicht genannt. Nephrotoxische Wirkungen werden von den Metaboliten Hydroxyethoxyessigsäure befürchtet. Dieser Metabolit ist auch für die metabolische Azidose mit Anionen-Gap verantwortlich.

Postmortale Hinweiszeichen: Allenfalls Nierenschäden.

Bei schweren Vergiftungen mit **Ethylenglykolalkylether** sind gelegentlich Agitationen, Verwirrtheit beschrieben. Todesfälle sind nicht bekannt. Ob eine Desalkylierung des Ethers metabolisch auftritt, ist fraglich. Die akute Gefährdung liegt in der Azidose.

Ethylenglykolester: Die Essigsäure- und Buttersäureester des Ethylenglykols dürften der hydrolytischen esteratischen Spaltung unterliegen, so dass eine Latenz bis zum Auftreten der Toxizität des Äthylenglykols vorliegen kann.

Butandiol-1,4 ist ein nahezu geruchloses und geschmackloses Lösungsmittel, das in vivo rasch zur Gammahydroxybuttersäure (GHB) oxidiert werden kann. GHB ist als Narkotikum bekannt und wird auch als „liquid Ecstasy" in der Drogenszene vertrieben. Bei höherer Dosierung tritt Bewusstlosigkeit, aber höchst selten tödliche Atemlähmung ein. Aus den Fällen ergeben sich keine konstanten Vergiftungsbilder. Typischerweise wachen die Konsumenten aus der Bewusstlosigkeit abrupt auf.

Chlorierte Kohlenwasserstoffe. ***Tetrachlorkohlenstoff*** (CCl_3) ist das akut toxischste Lösungsmittel und wegen seiner ökologischen Gefahren und dem kanzerogenen Risiko verboten. Tetrachlorkohlenstoff ist eine Modellsubstanz für Hepatoxizität. Die toxische Wirkung geht von dem CCl_3-Radikal aus, das durch die Einwirkung der NADPH-Zytochrom-P450-Reduktase entsteht. Das Radikal führt zu Radikalbildungen aus ungesättigten Fettsäuren, Lipoperoxiden und Superoxidanionradikalen.

Das Verschlucken von Tetrachlorkohlenstoff (früher als Bandwurmmittel eingesetzt) führt mit einer eintägigen Latenz zur Leberdystrophie und Nierenschädigung. Bei überlebten Fällen können auch Leberzirrhosen die Folge sein.

Chloroform ($CHCl_3$) ist ein früher gebräuchliches Narkotikum und ein nicht brennbares Lösungsmittel für fetthaltige Materialien.

Wirkungsmechanismus: Auch vom Chloroform werden Radikalbildungen als hauptsächlich toxischer Anstoß für Leberschädigungen angesehen. Außerdem kann aus Chloroform Phosgen entstehen.

Intoxikation, Kinetik: Zeichen der Intoxikation sind entweder die narkotischen Auswirkungen oder die Leberschädigung. Die ökologischen Gefahren sind wesentlich geringer als durch Tetrachlorkohlenstoff.

Dichlormethan (CH_2Cl_2) ist ebenfalls ein nicht brennbares Lösungsmittel und wird noch relativ häufig für Tapetenlöser (bis 20 %) eingesetzt.

Wirkungsmechanismus: Die toxische Wirkung beruht möglicherweise auch hier auf einer Leberschädigung, die jedoch höchst selten bekannt geworden ist. Die Gefahren gehen von der Einatmung aus, zumal dann, wenn gegenüber dem Geruch Adaptation eintritt. Da die Dämpfe schwerer sind als Luft, sammeln sie sich am Boden und verdrängen z.T. auch den Sauerstoff. Es bestehen Gefahren für Kesselreiniger, aber auch für Maler. Außer Phosgen kann Dichlormethan auch zu Kohlenmonoxid verstoffwechselt werden, wobei jedoch keine toxischen

Symptome auftreten, da Konzentrationen von weniger als 15 % Kohlenmonoxid-Hämoglobin entstehen.

Trichlorethylen wurde früher als Lösungsmittel in chemischen Reinigungen eingesetzt.

Wirkungsmechanismus: Die Toxizität beruht auf der Bildung von Trichlorethanol, Trichloracetaldehyd und Trichloressigsäure. Trichloracetaldehyd und das primär gebildete Epoxid haben möglicherweise kanzerogene Eigenschaften.

Postmortale Hinweiszeichen: Möglicherweise Leberschädigung.

Toxikologische Analytik: Schnellteste: Fujiwara-Reaktion. Bei massiven Intoxikationen mit hohen Anteilen an Trichloressigsäure Geruch nach Chloroform beim Erhitzen (GC-ECD).

Perchlorethylen (CCl_2=CCl_2) wurde früher ebenfalls als Lösungsmittel in chemischen Reinigungen verwendet. Einatmung der Dämpfe und Kondensation auf fetthaltigen Nahrungsmitteln waren möglich.

Wirkungsmechanismus: Ähnlich wie nach Bildung eines toxischen Epoxids ohne oder mit vorangehender Abspaltung eines Chloratoms. Aus Tierversuchen wird ein Karzinom der Nieren für möglich gehalten.

Postmortale Hinweiszeichen: Eventuell Nierenschädigung.

Toxikologische Analytik: Fujiwara-Reaktion (für alle chlorierten Kohlenwasserstoffe: GC-ECD).

Vinylchlorid ($C_2H_3Cl_2$).

Aromatische Kohlenwasserstoffe. Toluol, Xylol, Styrol: Die alkylsubstituierten aromatischen Kohlenwasserstoffe kommen fast nur in Gemischen vor.

Die toxischen ***Wirkungsmechanismen*** bestehen vor allem in der narkotischen Wirkung, möglicherweise geringgradiger nephrotoxischer Eigenschaften. Der primäre Metabolismus erfolgt über die Oxidation der Alkylseitenketten zu entsprechenden Phenylcarbonsäuren, die z.T. an Glycin gekoppelt ausgeschieden werden. **Benzol** ist wegen seiner kanzerogenen Eigenschaften weitestgehend aus allen Lösungsmitteln dieser Substanzklassen eliminiert. Außer einer fraglichen embryonaltoxischen Wirkung des Toluols können diese Lösungsmittel nicht mit der Gefährlichkeit des Benzols verglichen werden.

7.7.6 Haushaltschemikalien

> **Definition**
>
> Unter Haushaltschemikalien werden Handelsprodukte verstanden, die in Privathaushalten anzutreffen sind und entweder als reine Chemikalien oder Chemikalien-basierte Handelsprodukte zu bezeichnen sind, die typischerweise für die Unterhaltung eines Hauses oder des Haushaltes erforderlich sind.

Reinigungsmittel

Abflussreiniger und Backofenreiniger. Dies Produkte enthalten stark alkalisch reagierende Verbindungen, entweder auf der Basis von Alkalilaugen oder quarternären Ammoniumverbindungen. Sie führen zu Kolliquationsnekrosen und Penetrationen der Schleimhaut und tieferen Wandschichten des Gastrointestinaltraktes, des Mundes oder auch des Auges beim Verschlucken bzw. Verschütten oder Verspritzen. Im Munde werden auch entsprechende Nekrosen oder Verätzungen sichtbar.

WC-Reiniger. Dies sind hingegen Säuren (Zitronen-, Essig-, Ameisensäure, seltener Salzsäure oder Natriumhydrogensulfat).

Geschirrspülmittel in Geschirrspülern. Sie enthalten häufig ebenfalls alkalisch reagierende Phosphate, Metasilikate Natriumkarbonat und Tenside. Zum Klarspülen werden in den Maschinen dann Säuren zugesetzt, so dass keine Kalkablagerungen entstehen. Ingestionen der heute verfügbaren Produkte sind zwar nicht mehr so gefährlich, weil der pH-Wert abgesenkt wurde, dennoch bleibt ein erhebliches Risiko auch hiervon basische Verätzungen zu erleiden.

Handgeschirrspülmittel. Diese sind praktisch pH-neutral und enthalten nur nichtionische und einige ionische Tenside. Ihre Toxizität ist zu vernachlässigen, da die Tenside alle biologisch abbaubar sind und nicht resorbiert werden. Schaumaspirationen sind jedoch möglich.

Waschmittel. Sie enthalten Oxidationsmittel (Perborate, Perkarbonate) oder Silikate zur Fleckentfernung und zur Desinfektion.

Fußbodenpflegemittel. Fußbodenpflegemittel sind leicht alkalisch und enthalten neben Tensiden auch Wachse zur Erzeugung von Oberflächenglanz. **Möbelpflegemittel**, aber auch **Schuhcremes** oder Sprays enthalten meistens Wachse, gelegentlich auch Silikonöle gelöst in Benzinen und kleinen Anteilen an Alkoholen (Isopropanol). Entsprechende Sprays werden heute überwiegend mit N_2O (Lachgas) verwendet.

Glasreinigungsmittel (auch Fensterputzmittel). Sie enthielten früher Methanol, dessen Gehalt jedoch heute zurückgegangen ist und durch Glykolderivate und Isopropanol ersetzt wurden.

Desinfektionsmittel. Desinfektionsmittel für den Sanitärbereich enthielten früher Formaldehyd, heute ist es durch Glyoxal oder Glykolaldehyd ersetzt. Auch die ätzenden Chlorphenole sind nicht mehr üblich.

Benzalkoniumchlorid. Dieses kationenaktive Desinfektionsmittel kommt nicht nur in entsprechenden Präparaten vor, sondern auch als Bekämpfungsmittel gegen Algen (z.B. im Swimmingpool) zum Einsatz. Diese lipophile Verbindung führt ebenfalls zu heftigen Kolliquationsnekrosen und evtl. an den Augenbindehäuten und der Hornhaut zu schweren Verätzungen. Auf der Haut werden häufig schmerzhafte Erytheme und Bullae bereits durch Spritzer erzeugt. Komplikationen treten auch dadurch ein, dass diesen Verbindungen curareartige Muskellähmungen hervorrufen können.

Pinselreiniger. Sie enthalten als Lösungsmittel Glykole, Benzine, aromatische Kohlenwasserstoffe oder Ester der Essigsäure (Butyl-, Äthylester) sowie auch Tenside. Da mehr und mehr Malerfarben heute mit Wasser mischbar sind und deshalb

Glykolderivate als Lösungsmittel enthalten, bestehen auch die Pinselreiniger immer seltener aus Terpentinersatz, also Kohlenwasserstoffen, sondern vornehmlich aus Glykolen und Tensiden, die im Allgemeinen als wenig toxisch eingestuft werden. Die so genannten Nitroverdünner enthalten zumeist die oben genannten Ester, die im Allgemeinen zu keinen Vergiftungen führen. Organische Chlorkohlenwasserstoffe kommen praktisch für diese Zwecke nicht (mehr) in Betracht.

Lampenöle

Von Lampenölen geht eine große Gefahr aus, da durch die unverzweigtkettigen Alkangemische bei der leicht möglichen Aspiration insbesondere Kinder eine schwere, oftmals tödliche Alveolitis erleiden. Wegen der niedrigen Viskosität breitet sich das Lampenöl auf den Schleimhäuten wie auf Wasser aus, so dass große Oberflächen bedeckt werden können und auch ohne direkte Aspiration vom Rachen absteigend Ölreste in die tieferen Luftwege gelangen und zu einer Diffusionsstörung für den Gasaustausch werden können.

Laugen und Säuren

Ammoniak. Ammoniak (Salmiakgeist) gilt chemisch zwar als relativ schwache Base, ist aber stark genug, schwerste Kolliquationsnekrosen beim Verschlucken auszulösen mit Penetration der gesamten Darmwand. Dies wird dadurch begünstigt, dass es relativ lipophil ist. Intoxikationen kommen nicht nur mit Salmiakgeist, sondern auch mit Abbeizmitteln vor.

Salzsäure. Diese spielt heute in den Haushaltsprodukten eine geringere Rolle als früher, da sie weitgehend durch organische Säuren ersetzt wurde. Phosphorsäuren kommen eher als Polyphosphate zum Entkalken oder Lösen von Kalksteinen vor. Die freien Methyl- und Dimethylphosphorsäuren spielen eine Rolle für professionelle Anwendung.

Flusssäure. In großer Verdünnung wird sie als Fassadenreinigungsmittel eingesetzt. Flusssäure (HF bzw. H_2F_2) führt in konzentrierter Form zu schwersten Verätzungen und äußerst heftigen Schmerzen und reagiert mit Calciumionen zu unlöslichem Calciumchlorid.

Unterchlorige Säure. Sie kommt in Sanitärreinigern in Form von Natriumhypochlorit oder Chlorkalk CaCl (OCl) vor. In wässriger Lösung wird hieraus unterchlorige Säure bereits durch andere organische Säuren freigesetzt. Sekundär entwickelt sich daraus freies Chlor. Die hieraus resultierenden Sauerstoffradikale bewirken den desinfizierenden Effekt. Bei oraler Aufnahme von Calcium- oder Natriumhypochlorit kommt es zunächst zu alkalischen Verätzungen, dann aber zur Entwicklung von Chlor, das bei Inhalation zu einem toxischen Lungenödem führen kann (Latenzzeit bis zu 3 Tagen).

7.7.7 Pflanzliche Gifte

Von den pflanzlichen Giften sollen diejenigen, die ohnehin medizinisch gegenwärtig eingesetzt werden, nur gestreift werden, da sie aus der Pharmakologie bekannt sind (Tabelle 7.27).

Tabelle 7.27. Pflanzliche Gifte

Name	Stammpflanze	Wirkung	Toxizität[1]
Arecolin	Areca catechu	Parasympathomimetikum	LD_{50} (M sc) 100 mg/kg
Physostigmin	Physostigma venenosum	Parasympathomimetikum (indirekt)	LD_{50} (M po) 3 mg/kg
Pilocarpin	Pilocarpus jaborandi	Parasympathomimetikum	LD_{50} (R po) 911 mg/kg
Atropin	Atropa belladonna	Parasympatholytikum	LD (H) 60–100 mg
L-Hyoscyamin	Solanaceae	Parasympatholytikum	LD (H) 60–100 mg
Scopolamin	Solanaceae	Parasympatholytikum	LD_{50} (M iv) 12 µg/kg
Aconitin	Aconitum spp	Na-Kanalöffner	LD_{50} (M iv) 0,16 mg/kg
Strychnine	Strychnos nux-vomica	Krämpfe	LDlo (H) 30 mg
Brucin	Strychnos nux-vomica	Krämpfe	LDlo (H) 30 mg
Nicotin	Nicotiana tabacum	nicotinartig, neuromusk. Blockade	Ldlo (H) 40 mg
Nornicotin	Nicotiana tabacum	dto.	LD50 (R ip) 23,5 mg/kg
Cotinin	Nicotiana tabacum	dto.	
Ephedrin	Ephedra vulgaris	sympathomimetisch	LD (M po) 400 mg/kg
Cicutoxin	Cicuta virosa	sympathomimetisch	LDlo (C po) 7 mg/kg
Reserpin	Rauwolfia serpentina	Antisympathikotonikum	
d-Tubocurarin	Chondrodendron tomentosum	neuromuskuläre Blockade	LD (H) 50–120 mg
Emetin	Cephaelis ipecacuana	Emetikum	LD_{50} (R ip) 12 mg/kg
Colchicin	Colchicum autumnale	Tubulin-Synthesehemmer	LD (H) 20 mg
Vicin	Vicia faba	dto.	
Vinblastin	Catharantus roseus	dto.	LD_{50} (M iv) 17 mg/kg
Vincristin	Catharantus roseus	dto.	LD_{50} (M iv) 2 mg/kg

[1] Abkürzungen: H = Mensch, R = Ratte, M = Maus, C = Katze

Soweit bekannt, werden die anderen pflanzlichen Gifte zusammen besprochen nach ihren toxikologischen Targets und Hauptwirkungen, aber nicht nach botanischer Systematik oder chemischem Aufbau. Allerdings lässt sich auch diese Systematik nicht streng einhalten, da viele Pflanzen Inhaltsstoffe mit unterschiedlichen Zielorganen aufweisen, viele Inhaltsstoffe auf mehrere Körperfunktionen einwirken oder die Wirkungsmechanismen oft noch gar nicht bekannt sind.

Herzglykoside

Herzwirksame Glykoside enthalten als Aglykon häufig das Cyclopentanoperhydrophenanthren-Skelett und wirken wie die **Digitalisglykoside** als Inhibitoren der Natrium-Kalium-ATPase. Alle in ◘ Tabelle 7.28 aufgeführten Gifte wirken aber kürzer, die meisten sind nur schwer resorbierbar.

(Anti-) Arrhythmisch wirkende Alkaloide

- Spartein (Cytisas scoparius und andere Ginsterarten)
- Chinidin (Chinarindenbaum, Cinchona, cepobescens)
- Taxicin (Eibe, Taxus baccata)

Das Spartein wirkt auch nicotinartig und in hoher Dosierung curareartig.

Hydragog wirkende Laxanzien

Pflanzliche Laxanzien sind vor allem Anthrachinonglykoside:
- Frangulin (aus dem Faulbaum Rhamnus frangula),
- Rhein aus Rhabarber (Rheum rhabarum) und
- Aloin aus Aloe (Aloe ferox) wirken vornehmlich als Laxanzien.

Die angeführten Substanzen verhindern die Natriumrückresorption im Kolon und damit auch die von Wasser, das sogar noch in das Darmlumen hinein ausgeschieden werden kann.

Substanzen mit Nicotin- und Curare-artiger Wirkung

An den vegetativen Ganglien wie Nicotin und an der Skelettmuskulatur wie Curare wirken Coniin aus dem gefleckten Schierling (Conium maculatum) und Cytisin aus dem Goldregen (Laburnum arten), Stechginster (Ulex europaeum) und Ginster (Genista tinctoria) sowie auch das Spartein. 15–20 Samen des Goldregens können für Kinder bereits tödlich sein.

Nausea, Erbrechen und Diarrhö bewirkende Substanzen

Akute gastroenteritische Reaktionen treten nach sehr vielen Pflanzeningestionen auf, so dass sich daraus kaum eine spezifische Diagnostik ableiten lässt, es sei denn, man benutzt sie als Ausschlusskriterium.

Aconitin, ein Diterpen-Alkaloid aus dem Eisenhut (Aconitum napellus), **Veratrin** aus dem Läusekraut (Schoenaucoulon offizinale) und das gleichwertige **Protoveratridin** aus dem weißen Germer sind Kanalöffner spannungsabhängiger Natriumkanäle. Außer den gastrointestinalen Symptomen (einschließlich Koliken) treten zunächst Taubheitsgefühl und später äußerst schmerzhafte Parästhesien auf. Hinzu kommen neben Arrhythmien muskuläre Lähmungen, evtl. bis zur tödlichen Atemlähmung. Als tödliche Dosierungen werden 4–6 mg Veratrin bzw. 3–6 mg Aconitin gerechnet.

Saponine sind oberflächenaktive Triterpenalkohole, die im Allgemeinen kaum resorbiert werden, aber wegen der physikalisch-chemischen Eigenschaften Zellmembranen schädigen und so eine auch hämorrhagische Gastroenteritis bewirken. Zu solchen Saponinen gehören z.B:
- **Aescin** aus der Rosskastanie (Aesculus hippocastanum),
- **Glyzyrrhizin** aus dem Süßholz (Glycyrrhiza glabra) und Saponine aus:
- Heckenkirschen (Lonicera),
- **Kermesbeere** (Phytolacca americana),
- **Kornrade** (Agrostemma githago),
- **Digitonin** aus dem Fingerhut (Digitalisarten) oder

◘ Tabelle 7.28. **Giftpflanzen mit herzwirksamen Glykosiden**

Species	Hauptwirkstoffe	Toxisch
Adonis vernalis (Frühlings-Adonisröschen)	Strophantidin-Glykoside	Toxisch: 2 g Blätter
Cheiranthus cheiri (Goldlack)	Strophantidin-Glykoside	Toxisch: 0,12 mg/kg KG (Katze)
Convallaria majalis (Maiglöckchen)	Convallatoxin	Toxisch für Kinder: mehr als 5 Beeren
Digitalis lanata (Wolliger Fingerhut)	Digoxigenin-Glykoside	Tödlich: 2,5 g getrocknete Blätter Toxisch: 0,3 g getrocknete Blätter
Digitalis purpurea (Roter Fingerhut)	Digitoxigenin-Glykoside	Tödlich: 2,5 g getrocknete Blätter Toxisch: 0,3 g getrocknete Blätter
Helleborus niger (Christrose)	Bufadienolide	Toxisch für Kinder: 3 Samenkapseln
Nerium oleander (Rosenlorbeer)	Oleandrin	Tödlich: 5–15 Blätter (ca. 4 g)
Strophanthus combé	k-Strophanthosid	Tödlich: 30–40 mg/50 kg KG
Strophanthus gratus	g-Strophanthin	Tödlich: 30–40 mg/50 kg KG
Thevetia peruviana (Gelber Oleander)	Thevetin	Tödlich: 8–10 Samen
Urginea maritima (Meerzwiebel)	Scillarenin-Gykoside	Tödlich: 1,5 g Zwiebel

- **Cyclamin** aus Alpenveilchen (Cyclamen purpurascens), dessen Knollen bereits ab 0,2 g toxisch sind.

Falls Saponine auch ins Blut gelangen, muss auch mit Hämolysen gerechnet werden.

Colchicin, das Alkaloid der Herbstzeitlose, ist ein (Kernteilungs-) „Spindel-Gift" und führt bei höherer Dosierung auch zu Zelluntergängen, so dass die schwere Gastroenteritis ebenfalls hämorrhagisch verläuft. Schluckbeschwerden, Dyspnoe und Zyanose sind weitere Komplikationen der Intoxikation. 20 mg Colchicin sind kaum zu überleben.

Extrem toxisch wirken **Abrin**, Inhaltsstoff der Samen der Paternostererbse (Abrus praecatorius) und das ganz ähnliche Dipeptid **Ricin**, Inhaltstoff der Rizinussamen (Rizinus communis). Parenteral reicht der Inhalt einer einzigen Paternostererbse aus, ein Rind zu töten. Es handelt sich um ein Dipeptid, bestehend aus einem Haptomer und einem Effektomer, die durch Disulfidbrücken zusammen gehalten werden. Das Haptomer-Teil heftet sich an die Zellmembran, das Effektomer dringt in die Zelle ein und schneidet als N-Glykosidase Adeninreste aus Ribosomen aus. Dadurch wird die Proteinbiosynthese blockiert und die Zelle stirbt ab.

Im Darm entsteht eine hämorrhagische, nekrotisierende Enteritis, wenn die unverdauliche Erbsenschale nicht völlig unverletzt ist und somit kein Abrin freigesetzt werden kann. Bei parenteraler Aufnahme (z.B. über die defekte Darmmukosa) werden Leber- und Nierenschäden hervorgerufen und nach hiesiger Beobachtung auch zerebrale Krampfanfälle.

Ein ähnlicher Mechanismus wird auch dem **Phasin** zugeschrieben, das in Schoten und Kernen der Gartenbohne vorkommt (Phaseolus vulgaris), aber durch Kochen zerstört wird.

Neurotrope Pflanzeninhaltsstoffe

Aus der Pharmakologie sind die Agonisten und Antagonisten der cholinergen Rezeptoren und Inhibitoren der Acetylcholinesterase hinreichend bekannt und brauchen hier deshalb nur tabellarisch erwähnt zu werden (▶ s. Tabelle 7.27). Ebenfalls sollen diejenigen neurotropen Pflanzeninhaltsstoffe nur tabellarisch aufgeführt werden, die heute noch als allopathische Arzneistoffe eingesetzt werden.

Strychnin, ein Alkaloid aus Strychnos nux vomica, ist ein kompetitiver Inhibitor des Glycin-Rezeptors, der in die Renshaw-Hemmung im Rückenmark eingebunden ist. Die Folge sind tonische Krämpfe der Skelettmuskulatur. Beim Menschen überwiegt der Tonus der Strecker.

Pflanzeninhaltsstoffe mit psychotropen Eigenschaften werden im Kapitel über illegale Drogen abgehandelt.

Einer gesonderten Erwähnung bedarf es hier noch des **Capsaicins**, dem Scharfstoff von Paprika, Chillies, Pfeffer und Peperoni, der heute wegen seiner Reizwirkung auf die Schleimhäute und Augenbindehaut als Tränengas eingesetzt wird. Capsaicin stimuliert die Capsaicin-Rezeptoren nozizeptiver Nerven, die dadurch zur Ausschüttung von Substanz P veranlasst werden. Die Folge ist eine lokale Gefäßdilatation und die Ausschüttung von Entzündungsmediatoren in der Umgebung (neurogene Entzündung).

Ätherische Öle (Monoterpene)

Die meisten ätherischen Öle wie z.B. **Pinen, Menthol, Eucalyptol, Thujon, Kampfer, Safranal, Terpentinöl** sind nicht nur Duftstoffe, sondern sie reizen auch Schleimhäute und die äußere Haut. In hohen Dosen erzeugen sie zerebrale Anfälle. Daneben treten auch Schäden an Blutgefäßen und den ableitenden Harnwegen auf.

Hautreizung durch Diterpene

Eine starke Reizwirkung auf die Haut und erst recht auf Schleimhäute haben die Diterpene aus **Wolfsmilchgewächsen** (Euphorbiaceae), am stärksten das **Phorbol** aus Euphorbia cypparissias, **Mezerein** aus Seidelbast (Daphne mecereum) und der **Phorbolester** aus dem **Crotonöl** (Croton tiglium). Bei oraler Zufuhr entstehen Schwellungen der Schleimhaut des Rachens, und im Darm in manchen Fällen ausgedehnte nekrotisierende Entzündungen. Crotonöl ist als drastisch wirkendes Laxan verboten. Die Phorbolester wirken auch als Cokarzinogene.

Schleimhautreizung durch Terpene

Ausgehend von dem Monotherpen gibt es im gesamten Pflanzenreich eine große Zahl an (Poly-) Terpenen, zu denen in heutiger Zeit nicht nur Seifen oder Tenside gehören, sondern auch Duftstoffe, die in höheren Konzentrationen schleimhautreizend oder allergisierend wirken können.

Cyanogene Glykoside

Das bekannteste Beispiel ist das Amygdalin, ein Cyanhydrin des Benzaldehyds, der glykosidisch mit einem Diglukosid verbunden ist. Hieraus wird enzymatisch Blausäure freigesetzt. Hierzu zählen neben den (verbotenen) bitteren Mandeln (ca. 3 mg Blausäure pro g) viele Steinobstkerne (ca. 0,02 mg Blausäure pro g) Blätter von Rosengewächsen und besonders Bambusspitzen (bis zu 8 mg pro g) sowie geschrotete Leinsamen.

Hepatotoxisch wirkende Pflanzengifte. Hierzu sind besonders die **Pyrrolizidinalkaloide** zu nennen, metabolisch werden sie zu Pyrrolderivaten oxidiert, die außerordentlich reaktiv sind und eine Genotoxizität bewirken.

Hämatotoxische Pflanzeninhaltsstoffe. Außer den bereits genannten Saponinen gehören hierzu Inhaltsstoffe der Paternostererbse, der Rizinussamen und das in der Schwertbohne (Canavalia ensiformes) enthaltene Concanavalin A. Sie haben hämagglutinierende Eigenschaften, sind aber außerdem auch Mitogene.

Zytotoxische Substanzen (Hemmung der Tubulinsynthese oder -funktion). Colchicin (aus der **Herbstzeitlosen**, Colchicum otumnale) führt zu einer Mitosehemmung infolge gehemmter Tubulinsynthese.

Das Gleiche gilt auch für **Vinca-Alkaloide** (Catharantus roseus), die auch als Zytostatika eingesetzt werden.

Kanzerogene Substanzen aus Pflanzen. Pyrrolizidinalkaloide, Safrol, Furanocumarine, aromatische Nitroverbindungen (**Aristolochiasäure**) und **Aquilid A** sowie die cokarzinogenen **Phorbolester** und **Crotonalkohol** sind Vertreter dieser toxikologischen Klasse. Viele der genannten Substanzen sind nur sehr schwer nachzuweisen und entziehen sich den üblichen analytischen Bedingungen. Allerdings dürfte die Dunkelziffer hierfür als gering anzusetzen sein, da diese Substanzen nicht allgemein verfügbar sind.

Pilzgifte

Pilzgifte sind höchst unterschiedlicher chemischer Natur. Sie werden hier wiederum nach Hauptangriffspunkten eingeteilt und nur erwähnt, wenn von ihnen lebensgefährliche Intoxikationen ausgehen können:

- Gastrointestinale Symptomatik
- Hepatotoxische und nephrotoxische Gifte
- Gifte mit zentral nervöser Symptomatik
- Muscarin

Gifte mit gastrointestinaler Symptomatik. Die Vergiftungserscheinungen beginnen überwiegend innerhalb der ersten 3 Stunden nach dem Genuss mit Übelkeit, Erbrechen, Leibschmerzen, Durchfällen und konsekutiv daraus resultierenden gefährlichen Wasserverlusten und Elektrolytverschiebungen. Hierzu gehören der Satanspilz (Boletus satanas), Tigerritterling (Tricholoma pardalotum), Speitäubling (Rossula emetica), Milchlinge (Birkenreizker lactarius torminosus) und Hallimasch (roh; Armillariella mellea).

Gifte mit zentralnervöser Wirkung. Fliegenpilz (Amanita muscaria) und Pantherpilz (Amanita pantherina) sind hier die wichtigsten Pilze. Inhaltsstoffe sind die Isooxazolderivate Ibotensäure und Muscimol, in das die Ibotensäure durch Kochen via Decarboxylierung übergeht. Es handelt sich um GABA-Agonisten. Alkoholrausch-ähnliche Anfangssymptomatik mit Gangunsicherheit, später motorischer Lähmung, aber auch Hyperkinese und Muskelkrämpfe sowie Delirien.

Psilocybin ist ein Indolalkaloid, das mit Phosphorsäure verestert ist und erst hydrolysiert werden muss, um zum eigentlichen halluzinogen wirksamen **Psilocin** zu werden. Das Alkaloid ist der Inhaltsstoff der als „Wunderpilze" titulierten **spitzkegeligen Kahlköpfe** (Psilocybe semilanceata).

Leberzell- und nephrotoxische Gifte. Amanitine sind in **Knollenblätterpilzen** (**grüner** Amanita phalloides, **weißer** Amanita virosa und Amanita verna), aber auch im **Nadelholzschüppling** (Galerina marginata) und **Schirmlingen** (Lepiota-Arten) enthalten. Die Amanita-Arten haben weiße Lamellen, eine lappige weiße Scheide und Manschette am Stiel. Sie werden mit Champignons verwechselt. Die Amanitine sind hitzestabil. Die Vergiftungen beginnen ca. 6 Stunden nach der Einnahme (häufiger 8–24 Stunden) mit heftigen Brechdurchfällen. Nach 1-tägiger leichter Besserung setzt dann die Leberdystrophie und die Nekrose der Nierentubuli ein. Amanitine (α-, und β) hemmen die Nukleinsäuresynthese durch spezifische Bindung an die DNA-abhängige RNA-Polymerase-II.

Postmortale Vergiftungszeichen und chemisch-toxikologische Analytik: Außer den Organschädigungen gibt es keine spezifischen Zeichen für die Amanitin-Vergiftung.

Der Immunoassay und eventuell die LC/MS sind grundsätzlich geeignete Nachweismethoden; in der Regel lassen sich die Amanitine zu dieser Zeit, mindestens 3–4 Tage nach der Ingestion, aber nicht mehr nachweisen. Dasselbe gilt auch für einen mikroskopischen Nachweis der Sporen.

Das in den **Frühjahrslorcheln** (gyromitra esculenta) enthaltene **Gyromitrin** ist ein N-Methyl-N-formyl-N-ethylhyldrazon. Neben seiner Parenchymtoxizität ist Gyromitrin zusätzlich auch teratogen und karzinogen wirksam.

Orellanin kommt in **Schleierling** (Cortinarius) -Arten vor. Das Gift besteht aus einem Bispyriden-N-Oxid mit mehreren aromatischen Hydroxylgruppen. Die Vergiftung beginnt erst 3–14 Tage nach der Einnahme und besteht in einer hochgradigen interstitiellen Nephritis. In schweren Fällen hilft, wie beim Knollenblätterpilz, nur die Organtransplantation.

Muscarin kommt in **Risspilzen** (Inocybe) und **Trichterlingen** (Clitocybe-Arten) vor. Es ist ein cholinerger m-Rezeptoragonist mit den bekannten, muscarinartigen parasympathomimetischen Effekten.

7.7.8 Tierische Gifte

Bakterielle Toxine

Die bakteriellen Toxine können unterteilt werden in Endotoxine und Exotoxine.

Endotoxine. Die Endotoxine werden durch Bakterienzerfall freigesetzt. Sie führen im Wirtsorganismus zu Freisetzungen von Mediatoren, die Makrophagen aktivieren und Entzündungsmediatoren produzieren lassen. Hierzu gehören dann auch Fieber, disseminierte intravasale Gerinnung oder Schock.

Exotoxine. Die Exotoxine werden von Bakterien synthetisiert, jedoch nicht von ihrem eigenen Genom sondern aufgrund ihrer Infektion mit Phagen oder Plasmiden. Die Exotoxine oder die Phagen sind nicht essentiell für die Bakterien (■ Tabelle 7.29).

Die Exotoxine wirken entweder extrazellulär oder intrazellulär. Exotoxine sind in der Mehrzahl makromolekulare Polypeptide, welche membranschädigende oder zytolytische Eigenschaften besitzen. Zu diesem Zweck bilden manche Exotoxine durch Oligomerisierung auf der Wirtszelle Poren aus, durch die porengängige Moleküle der Wirtszelle aus- oder eingeschleust werden können und ebenso auch andere bakterielle Toxine in den Intrazellulärraum gelangen können. Oftmals stellen die Exotoxine hochaktive Enzyme dar. Die intrazellulär wirkenden Exotoxine sind häufig aus zwei Einheiten aufgebaut, einem Haptomer und einem Effektomer. Während das Haptomer an die Zellmembran bindet und ggf. zur Einschleusung des Toxins führt, leitet das Effektomer, ggf. nach Aktivierung, den eigentlichen zelltoxischen Effekt ein. Häufig sind es enzymatische Reaktionen: ADP-Ribolysierung, Glukosylierung, Amidspaltungen durch spezifische Endoproteasen oder Glukosidasen. Das

Tabelle 7.29. **Bakterielle Toxine**

Erreger	Toxin	Substrat	Konsequenz
Diphtherie	ADP-Ribosyltransferase	Elongationsfaktor II	Proteinbiosynthese Stopp
Pseudomonas aeruginosa	ADP-Ribosyltransferase		
Cholera	ADP-Ribosyltransferase	G_s	Aktivierung
E. coli	ADP-Ribosyltransferase	$G_{i/o}$	Hemmung
C. botulinum	ADP-Ribosyltransferase	G-Actin	Zytoskelettzerstörung
C. difficile	ADP-Ribosyltransferase	G-Actin und Rho-GTPasen	Zytoskelettzerstörung
E. coli	Desamidase	Rho-GTPasen	Daueraktivierung
C. botulinum, Neurotoxine A–G	Zn-Endoprotease	synaptische Peptide	Freisetzungshemmung von Acetylcholin
C. tetani	Zn-Endoprotease	(Synaptobrevin)	von Glycin
B. anthracis	Zn-Endoprotease (Letalfaktor)	MAP-Kinasen	Inaktivierung
B. anthracis	Adenylatcyclase		cAMP-Erhöhung (Ödemfaktor)
Shigella spp.	N-Glykosidase	28 S-rRNA	Desadenylierung, Proteinsynthese-Stopp

Substrat für die ADP-Ribosylierung des Clostridium-botulinum-C2-Toxins ist das G-Aktin, so dass die weitere Polymerisation gehemmt wird, während die Depolymerisation weiterläuft. So kommt es zu einem Zerfall des Zytoskeletts der ganzen Zelle. Die depolymerisierenden Bruchstücke werden sofort wieder an der Polymerisationsstelle ADPribosyliert. Des Weiteren spaltet die Zinkendoprotease synaptische Peptide, so dass eine Verschmelzung der Vesikelmembran mit der synaptischen Membran nicht stattfinden kann und somit auch kein Transmitter ausgeschüttet wird.

Die Botulinustoxine B, D, F und G hemmen Synaptobrevin (VAMP), Toxin C1 das Syntaxin und Toxin A und E SNAP25. Jedes einzelne Toxin führt bereits zur Hemmung der Ausschüttung. Auch Tetanustoxin, das die Glycin-freisetzenden inhibitorischen Interneurone erreicht, zerstört Synaptobrevin. Schlaffe Lähmung ist die Folge beim Botulismus, spastische Lähmung beim Tetanus.

Insektengifte

Die wichtigsten Gifttiere unter den Insekten sind hierzulande **Bienen** und **Wespen**. Das Bienengift enthält neben Histamin die toxischen Peptide **Melittin, Apamin** und das zur Mastzellendegranulation führende **MCD-Peptid** sowie zwei Enzyme: die **Hyaluronidase** und **Phospholipase A**. Das Melittin, ein basisches Peptid, schädigt die Zellmembran, so dass die Entzündungsmediatoren freigesetzt werden. Durch die Hyaluronidase wird das Bindegewebe geschädigt, und die Phospholipase setzt Lysolecithin und möglicherweise Arachidonsäure frei, wodurch dann Schmerzen und entzündliche Reaktionen verständlich werden. Apamin ist ein neurotoxisches Peptid, das bei größeren Mengen – parenteral injiziert – Unruhe und Krämpfe erzeugen kann. Die Giftmengen selbst vieler Bienenstiche sind nicht tödlich. Todesfälle entstehen vielmehr durch die Allergien, gegen diese Peptide, aber auch andere ungiftige Proteine im Giftsekret.

Wespengift enthält zusätzlich zum Histamin auch Serotonin, aber nicht die toxischen Peptide, sondern als Entzündungsmediator das Wespenkinin. Außer Phospholipase A kommt auch Phospholipase B vor, das aus Lysolecithin auch die zweite Fettsäure des Phospholipids hydrolysiert. Bei **Hornissenstichen** heißt der Entzündungsmediator **Hornissenkinin** und entspricht sonst dem Wespengift. **Skorpione** bilden als Gift eine Reihe basischer Polypeptide aus, von denen einige als Natriumkanalöffner oder Kaliumkanalblockierer wirken.

Giftspinnen sind in Europa so gut wie ausgestorben. Hier vorkommende **Kreuzspinnen** oder die südeuropäische **Tarantel** sowie auch die **Vogelspinne** sind weitgehend harmlos.

Schlangengifte

Die Schlangengifte sind in ihrem Giftgehalt und in ihrer Zusammensetzung überaus variantenreich und lassen sich im Rahmen dieses Buches nicht detailliert darstellen. Außer den Phospholipasen gibt es eine Reihe von spezifischen und unspezifischen Proteasen, die u.a. auch zu einer Aktivierung des Blutgerinnungssystem führen, und es kommen neurotoxische Peptide vor. Es sind Blocker nicotinartiger Acetylcholinrezeptoren, die somit eine curareartige Lähmung hervorrufen. Davon zu unterscheiden wären präsynaptisch die Nervenendigungen schädigende und Nervenenden zerstörende Peptide und Enzyme. Eine weitere Gruppe Peptide bewirkt eine Blockade von Kaliumkanälen (Mambagifte).

Zusammenfassend kann grob festgestellt werden, dass die Giftwirkung der zoologischen Gruppe der Elapiden (Kobraarten etc.) zur Hauptsache in der curareartigen neuromuskulären Lähmung besteht, während bei den Viperiden unterschieden werden muss zwischen den Viperiden der Alten Welt (z.B. auch Kreuzotter), deren Giftwirkung durch die Phospholipasen und die Kreislaufreaktionen infolge der Gefäßschädigung und der Gerinnungsstörungen bestimmt wird, und den Viperiden der Neuen Welt, die vorwiegend Neurotoxine bilden.

Marine Toxine

Flagellaten und Korallen produzieren oftmals Gifte, die erst über die Nahrungskette für den Menschen toxisch sind. Hierzu gehört das **Saxitoxin**, das sich in Muscheln anreichert, deren Verzehr dann zu schwersten Vergiftungen führt. Saxitoxin blockiert ebenso wie **Tetrodotoxin** den Natriumkanal. Auch in europäischen Miesmuscheln können sich Flagellaten anreichern und etwa **Okadasäure** produzieren, die Proteinphosphatase hemmt und auf diese Weise zu lang anhaltenden Durchfällen führt. Das Tetrodotoxin ist in den Eierstöcken und Innereien von Kugelfischen enthalten, es stammt aber von Bakterien, die in Miesmuscheln vorkommen. Das **Ciguateratoxin** stammt ebenfalls von Dinoflagellaten, die auf Algen leben und über die Nahrungskette auch in Speisefische gelangen können und dort ebenfalls in den Innereien und Eierstöcken eingelagert werden. Es wirkt als Natriumkanalaktivator (Öffner).

Andere Meerestiere produzieren Gifte für Defensivzwecke und auch zum Beutefang. Hierzu gehören Trichinusarten, Stechrochen und Seeschlangen (zu den Elapiden gehörend). **Comotoxine** (curareartig wirkend) produzierende Meeresschnecken und Seeanemonenarten, die als Gift Natriumkanalöffner produzieren, sind weitere marine Gifttiere.

Bei sehr vielen der natürlichen tierischen Gifte finden sich bei Todesfällen weder morphologische noch analytische Anzeichen, solange keine richtungsweisenden Hinweise vorliegen.

7.7.9 Dopingsubstanzen

Definition

Doping ist der Versuch einer Leistungssteigerung durch Anwendung bestimmter Stoffe oder Stoffgruppen, die eigentlich für diesen Zweck verboten sind.

Dopingsünder versuchen selbstverständlich, das Doping zu verschleiern; somit besteht ein immer währender Kampf zwischen ihnen (und oftmals ihren Betreuern) und den Doping-Fahndern, die einen zweifelsfreien Nachweis erbringen müssen. Auf Seiten der Sünder werden dazu alle juristischen Möglichkeiten ausgeschöpft, die analytischen Ergebnisse in Zweifel zu ziehen oder in der Logistik der Probengewinnung, der Bewachung oder des Transports sowie der Probenlagerung Lücken aufzuzeigen, weshalb eine Verfälschung der Urinprobe nicht auszuschließen ist.

In dem „**Gesetz zum Übereinkommen gegen Doping**" sind Regelungen vorgesehen, die den Staat verpflichten, Doping im Sport zu unterbinden und mindestens eine Institution zum Nachweis des Doping zu unterhalten oder zu fördern.

Im Anhang zu diesem Gesetz findet sich die Liste der Arzneistoffe, die aus pharmakologischen Gründen zu Dopingzwecken geeignet sind. Die Liste enthält eine Auswahl und keineswegs alle Substanzen der entsprechenden pharmakologischen Gruppe. Dies ist auch nicht notwendig, da es am Ende jeweils heißt: „... **und verwandte Wirkstoffe**".

Im Einzelnen handelt es sich um folgende **Wirkstoffgruppen**:

- **Stimulanzien** (u.a. Amphetamine, β2-Mimetika, Cocain, Ephedrin, Coffein (über 15 µg/ml Urin),
- **Narkotika** (Opiate und Opioide mit Ausnahme von Antitussiva aus dieser Gruppe, Tramadol, Propoxyphen),
- **anabole Wirkstoffe** (anabol-androgene Steroide: Nandrolon, Clostebol, Metenolon, Stanozolol u.a; β2-Agonisten: Bambuterol, Clenbuterol, Formoterol u.a., außer als Inhalation),
- **Diuretika** (alle Gruppen inkl. auch Mersalyl oder Mannitol),
- **Peptidhormone** (HCG und LH bei Männern, ACTH, hGH, IGF-1 oder Mimetika und zugehörige Releasingfaktoren, Erythropoetin, nicht indiziertes Insulin) und
- **Blutdoping**, künstliche Sauerstoffträger oder Plasmaexpander.

In Abhängigkeit von der Veranstaltung/den Veranstaltern können bestimmte Stoffe zugelassen oder verboten sein:

- **Alkohol**,
- **Cannabis** Cut off (15 ng THC-Carbonsäure/ml bei der Olympiade),
- **Lokalanästhetika** (ohne Cocain) erlaubt zur lokalen Anwendung,
- **Glukokortikoide** nur zur lokalen intraartikulären Applikation sind erlaubt (evtl. Mitteilungspflicht) und
- ***β*-Blocker, Sotalol** sind nicht erlaubt.

Für eine Reihe der genannten Stoffe gelten **Schwellenwerte**, oberhalb derer der Wert als Dopingfall gilt. Außerhalb der Wettkämpfe gelten als unerlaubtes Doping nur Anabolika, Diuretika und die genannten Peptidhormone oder deren Mimetika sowie Blutdoping, Diuretika (zur Gewichtsreduktion, wenn Klassifikationen nach Gewicht vorgenommen werden) u.a.

Eigentlich sollten einem Sportarzt in Kenntnis dieser Vorschriften keine Irrtümer bei der Behandlung von Sportlern unterlaufen, etwa bei Ephedrin-haltigen Hustenmitteln oder Nasentropfen oder die Vergabe von β-Blockern an Schützen. Eigene strenge Regelwerke gibt es im Pferdesport; die Reiter sind z.B. sogar für das Futter verantwortlich.

Während also im Leistungssport Dopingkontrollen gut etabliert sind, werden entsprechende Kontrollen beispielsweise bei Bodybuildern nur selten bekannt. Hier findet wahrscheinlich ein riesiger Anabolika- und Peptidhormon-Missbrauch statt, wobei die Arzneimittel in der Regel schwarz vertrieben werden.

7.7.10 Vergiftete Lebensmittel

Immer wieder wird der Verdacht erhoben, dass Lebensmittel oder Speisen und Getränke vergiftet worden seien. Fast immer äußern diesen Verdacht paranoische Personen. Man tut gut daran, als Arzt entsprechende Analysenaufträge hinhaltend zu erteilen und den Patienten nach Möglichkeit psychiatrisch zu behandeln oder behandeln zu lassen, aber nicht einfach wegzuschicken.

Tatsächlich vergiftete Lebensmittel sind in der Mehrzahl durch bakterielle Besiedlung befallen. Bei den Getränken spielen oftmals biogene Amine, wie z.B. Histamin, eine wichtige Rolle, weswegen es z.B. zu Blutdruckabfall, Kopfschmerzen oder reflektorischen Tachykardien kommen kann (z.B. relativ häufig Rotwein).

Schließlich müssen die absichtlich vergifteten Getränke erwähnt werden, die das Opfer widerstandsunfähig machen sollen. Hierzu gehören die so genannten K.O.-Mittel, zumeist Sedativa (Benzodiazepine sind vom Täter besonders geschätzt, da sie eine anterograde Amnesie hinterlassen, ohne einen Bewusstseinsverlust und körperlichen Zusammenbruch zu erzeugen) aber auch Clozapin, Clonidin, Gammahydroxybuttersäure oder Phenothiazine.

Gelegentlich kommen aber auch Warnungen über die Medien heraus, irgendwelche in Läden stehenden Artikel seien „vergiftet". In der Regel geht es darum, eine Firma dadurch zu schädigen oder zu erpressen. Tödliche Intoxikationen der Verbraucher sind bisher noch nicht aufgetreten und liegen den Tätern im Allgemeinen auch überhaupt nicht im Sinn.

7.7.11 Umwelttoxikologie

Definition

Die Umwelttoxikologie beschäftigt sich besonders mit den toxischen Eigenschaften von Substanzen anthropogener Herkunft, die in der Umwelt nachweisbar sind und von denen bekannt ist, dass sie toxische Effekte verursachen können. Meistens werden nur diejenigen gemeint, die für den Menschen toxisch sein könnten. Im weiteren Sinn muss aber auch auf die Gefahren für Fauna, Flora, Wasser, Boden, Luft und Klima eingegangen werden, die den Menschen indirekt schaden können (CO_2-Emission, Ozonloch, Waldsterben, Fischsterben).

Hier soll nur auf die **Aspekte für die menschliche Gesundheit** eingegangen werden. Natürliche Schadstoffe, pflanzliche oder tierische Allergene, Pilze, Infektionserreger, natürliche Radioaktivität oder kosmische Strahlung finden kein vergleichbar hohes Interesse in der Öffentlichkeit wie die Chemikalien, von denen es heißt, sie würden uns immer mehr vergiften, schon deshalb, weil die chemische Industrie immer neue produziere, ohne zu wissen, wie toxisch sie sind. Mit dieser Fokussierung vor allem haben sich die Umweltmedizin und – umfassend – die Ökologie neben der Hygiene, der Arbeitsmedizin und der Biologie als besondere Disziplinen etablieren können. Reale Massenvergiftungen mit Hexachlorbenzol, polychloriertren Biphenylen (Yusho), Cadmium (Itai-Itai), Methylquecksilber (Minamata-Erkrankung) oder das Vogelsterben durch DDT-Akkumulation sind traurige Beispiele aus jüngerer Vergangenheit, wie durch menschliches Fehlverhalten, Fahrlässigkeiten und Unwissenheit Gefahren für den Menschen und seine Umwelt entstehen können. Heute haben wir mit dem Chemikaliengesetz, dem Bundesimmissionsschutzgesetz, Lebensmittel- und Bedarfsgegenständegesetz und einer Fülle sich daraus ableitender und zusätzlicher Verordnungen ein regulatorisches Instrumentarium, mit dem die Risiken für das Ökosystem gering gehalten und die Beschädigung der menschlichen Gesundheit abgewendet werden soll (Beispiele vorsorglicher Kontrollen sind in ◘ Tabelle 7.30 aufgeführt). Hier kann nur auf den letzteren Aspekt der Ökologie eingegangen werden.

Jede neue Chemikalie, die in größerer Menge in Umlauf gebracht werden soll, muss heute toxikologisch und auf ihre Umweltverträglichkeit geprüft werden. Hierzu testet die Toxikologie an zellfreien Systemen, Zellkulturen, Geweben und in Tierversuchen umfangreich Dosis-Wirkungs-Beziehungen, Metabolismus, Wirkungsmechanismen, Toxikokinetik, Veränderungen bei chronischer Belastung, biologische Abbaubarkeit, Bioakkumulation, Interaktionen mit anderen bekannten Substanzen und versucht am Ende, eine Risikobeurteilung anzugeben.

Hieraus resultieren dann:
- **no effect level** (NOEL; kein erkennbarer Effekt bei dieser Dosierung),
- **no adverse effekt level** (NOAEL; kein nachweisbar nachteiliger – toxischer – Effekt bei dieser Dosis) und
- **maximal tolerierte Dosis** (MTD, bei einer Gabe über 3 Monate).

Aus der NOEL leitet sich gegebenenfalls der **ADI-Wert** (admitted daily intake = duldbare tägliche Aufnahme, DTA) ab. Dazu wird der zumeist an der Ratte erhobene NOEL wegen der unterschiedlichen Umsatzgeschwindigkeit durch 10 dividiert, und noch einmal als Sicherheitsabstand durch 10 dividiert. Für manche Substanzen, insbesondere für Kanzerogene oder das TCDD, werden die Sicherheitsabstände noch weiter erhöht (1.000 oder höher statt 100).

◘ Tabelle 7.30. **Regulatorische Vorschriften für potentiell toxische Chemikalien der Umwelt**

Anorganische Chemikalien	Organische Verbindungen
Metalle	Insektizide
SO_2	Fungizide
NOx	Herbizide
Kohlenmonoxid	Benzol
Ozon	Formaldehyd
Chlor	Toluol, Ethylbenzol
Fasern (Asbest u.a.)	Methanol
Stäube	Lösungsmittel, chlorierte
Radioaktive Isotope	FCKW
	PCB
	PCDD/F
	PAK
	Konservierungsstoffe
	Vinylchlorid
	Ethylenoxid

Die Umweltmedizin gibt sich jedoch häufig damit nicht zufrieden. Können die tierexperimentellen Daten auf den Menschen übertragen werden? Gibt es empfindlichere Tiere, die möglicherweise dem Menschen für diesen Stoff näher stehen? Lassen sich Kombinationswirkungen ausschließen, evtl. mit Substanzen, die noch unbekannt sind? Wie verhalten sich Kleinkinder, Kranke, Allergiker, Alte? Da ein Nachweis der Effektlosigkeit theoretisch nicht erbracht werden kann, bleibt ein Restrisiko stets erhalten. Insbesondere bei kanzerogen wirkenden Substanzen entzündet sich die Diskussion. Theoretisch genügt ein einziges Molekül, um einen genotoxischen Schaden mit dem Erfolg einer Krebsentstehung auszulösen. Die Arbeitsmedizin formuliert für solche Substanzen deshalb keinen MAK, so dass stattdessen ein **TRK-Wert** (technische Richtkonzentration) festgesetzt wird, der sich am Minimierungsgebot und den technisch möglichen Verfahren orientiert. Obgleich man heute weiß, dass täglich in jeder Zelle Millionen an Fehlern bei der DNA-Neusynthese produziert und repariert werden, ist man von diesem Denkansatz nicht abgerückt. In besonderer Weise wird auch darüber diskutiert, wie denn eine Dosis-Wirkungs-Beziehung im untersten Dosisbereich verläuft. Kann man von einer Schwellendosis ausgehen, ab der der Effekt erst entsteht, oder steigt der Effekt von 0 bis zur ersten Dosis mit signifikantem Effekt linear oder logarithmisch an?

Da es hierauf keine zufrieden stellende Antwort gibt, fragt die Umweltmedizin, ob die niedrigen Konzentrationen, wie sie gewöhnlich als Umweltbelastung gemessen werden, und denen der Mensch ausgesetzt ist, als unbedenklich bezeichnet werden können. Um das verbliebene Risiko zu quantifizieren, hat man ein **Unit Risk** definiert: Um wie viel steigt die Wahrscheinlichkeit, an einem Tumor zu sterben, wenn die lebenslange Exposition mit einer Substanz nicht 0 sondern 1 $\mu g/m^3$ oder pro kg beträgt? Etwas besser handhabbar ist die „**Unit Dose**": Wie hoch ist die Dosis, um die Zahl der Tumorfälle um je einen pro 100.000 Personen zu erhöhen? Pragmatisch setzt man diejenige Dosis als praktisch wirkungslos an, welche die Zahl der Tumortodesfälle bei lebenslanger Exposition um 1 Fall pro 1 Million Personen erhöht.

Vor diesem Hintergrund müssen gelegentlich Gutachten erstellt werden, die sich damit beschäftigen, ob ein Tumortodesfall eines Beschäftigten, der mit Kanzerogenen am Arbeitsplatz exponiert war, von der Berufsgenossenschaft entschädigt werden muss.

Die Bundesoberbehörden legen über Verordnungen **Höchstmengen** fest, die für die verschiedensten Lebensmittel und Umweltmedien rechtsverbindlich sind (**RHmV**). Die Stoffliste ist insbesondere für pflanzliche Lebensmittel wegen der Pestizidrückstände außerordentlich umfangreich, aber auch aufgrund der Schwermetallbelastung. Veröffentlichte Richt- und Leitwerte oder Empfehlungen sind hingegen nicht rechtsverbindlich, wie z.B. die technische Anweisung Luft (TA Luft – nur für genehmigungspflichtige Anlagen), maximale Immissionskonzentrationen (MIK), Richtwerte für Blei, Cadmium oder Quecksilber in vielen tierischen Nahrungsmitteln, Richtlinien für Kuhmilch, für Kosmetika, Schwimmbadwasser und andere Medien. Sie dienen aber Behörden als Grundlage für Genehmigungen, Zulassungen oder Interventionen und zu Orientierungszwecken. Die erfassten Substanzen variieren selbstverständlich nach Art und Menge der verschiedenen Nahrungsmittel, Herstellungsarten und Zwecke (Schweinefleisch wird auf Betablocker und Anabolika untersucht, Tafelwein nicht). Weiter komplizierend kommt hinzu, dass neben den nationalen Vorschriften auch die EU regulatorische Listen beschließt und die WHO ebenfalls Richtwerte und Leitlinien herausgibt. Es ist klar, dass die Vorschriften nicht allein vom Sachverstand, sondern in erheblichen Maße auch von der Politik beeinflusst werden (Verbandsinteressen einerseits, Druck der „Öffentlichkeit" andererseits).

Holzschutzmittelsyndrom

Das Holzschutzmittelsyndrom ist ein besonders eindrucksvolles Beispiel für die Komplexität der Umwelttoxikologie/Umweltmedizin. In der Fachliteratur wurden Fälle von Hodgkin- und Non-Hodgkin-Lymphomen, anderen Lymphomen, aplastischen Anämien, und Weichteilsarkomen bekannt, die in den Zusammenhang mit Pentachlorphenol (◘ Abb. 7.24) gebracht wurden.

Pentachlorphenol (PCP) wirkt algizid, fungizid, z.T. herbizid und wurde jahrzehntelang zur Holzkonservierung eingesetzt, sowohl für den Außen- als auch für den Innenbaubereich. Dachstühle wurden regelmäßig mit so imprägniertem Holz gebaut, und Holzvertäfelungen in Wohnräumen wurden insbe-

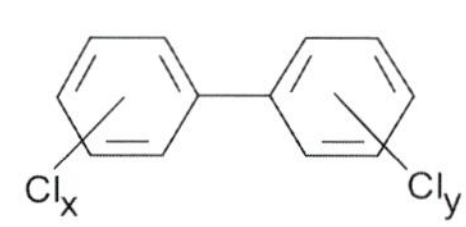

Pentachlorphenol (PCP)

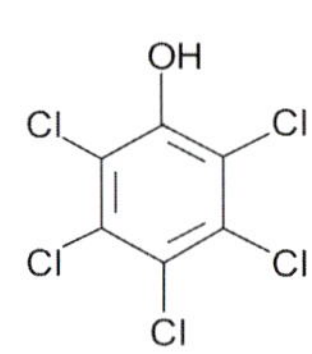

Polychlorierte Biphenyle (PCB)

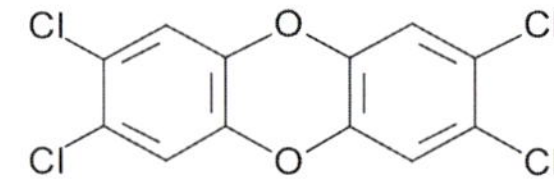

2,3,7,8-Tetrachlordibenzo-p-dioxin (TCDD)

◘ Abb. 7.24. *PCP*, *PCB*, 2,3,7,8-Tetrachlordibenzo-p-dioxin (*TCDD*). Das *TCDD* ist das toxischste chlorierte Dibenzo-p-dioxin. Zur Bindung an den Rezeptor müssen die Moleküle planar und außen chloriert sein. PCB-Kongenere, die in den ortho-Positionen nicht mit Chlor substituiert sind, haben ebenfalls eine planare Struktur und binden bei Chlorierung in der meta-Position ebenfalls an den Rezeptor sondere von Hobbywerkern mit PCP-haltigen Konservierungsmitteln behandelt. Später wurde PCP für den Wohnbereich verboten. Anfang der 80er-Jahre wurden in Deutschland auch Fälle mit o.g. Erkrankungen bekannt und dafür als Ursache PCP benannt. Daraufhin durchgeführte Studien ergaben dafür keinen Anhalt, was die Expertenkommission öffentlich in Misskredit brachte. Später waren es andere Krankheiten, die durch die Holzschutzmittel verursacht werden sollten. Müdigkeit, Schwäche, gerötete Augenbindehäute, Konzentrationsmängel, Schlaflosigkeit, Allergien, Reizung des Rachenraums, Infektanfälligkeit, Nervenschmerzen, Gleichgewichtsstörungen und Pseudokrupp (bei Kindern). Empfindliche Messungen der Wohnraumluft ergaben tatsächlich messbare Konzentrationen, und man fand – wie nicht anders zu erwarten – in so behandelten Wohnräumen teilweise erheblich höhere PCP-Konzentrationen als in Bauten ohne Holzimprägnierungen. Nicht nur die Wohnraumluft, auch der Hausstaub und die Teppiche und Möbel enthielten PCP (PCP-typische Migration). Allerdings waren in der Luft auch andere Komponenten der Imprägnierungsmittel festzustellen (Lösungsmittel, Lindan, evtl. Formaldehyd). Rasch wuchs die Zahl derjenigen, die an diesem Syndrom litten.

Aus der Arbeitsmedizin war das PCP selbstverständlich lange als Gefahrstoff bekannt. Als MAK-Wert galt lange Zeit 1 mg PCP/m^3 als ausreichend. Der Wert wurde dann schrittweise heruntergesetzt auf zuletzt 50 µg/m^3. Der BAT-Wert von 1 mg/l Blut war die Obergrenze bei beruflicher Exposition. Allerdings waren frühere Messwerte schlecht mit neueren vergleichbar, weil das PCP-Glukuronid früher nicht mitgemessen wurde. Die niedrigsten Konzentrationen bei letalen Vergiftungen lagen bei 5–23 mg/l. Die Toxizität beruht auf der Entkopplung der Atmungskette mit Kopfschmerzen, Übelkeit, Erbrechen, Hyperthermie, Myoklonien, Tachyarrhythmie, Tachypnoe und Krampfanfällen. Von der Kinetik weiß man, dass PCP auch über die Haut aufgenommen werden kann und auf diesem Weg erheblich zur PCP-Belastung beitragen kann. Die Halbwertszeiten sind jedoch relativ kurz (10–20 Tage) und führen nicht zu nennenswerten Akkumulationen im Fettgewebe. Messungen in den Wohnräumen ergaben Luftkonzentrationen von zumeist 5–25 µg/m^3 und die des Hausstaubs bei 13–15 mg/kg im Vergleich zu unbelasteten Gebäuden mit 8 mg/kg (Medianwerte). Waren die Menschen nun trotz dieser im Vergleich zum Arbeitsplatz niedrigen Konzentration durch PCP krank? Auch die Blutspiegel betrugen nur selten einmal 70 µg/l.

Erschwerend kam nun hinzu, dass mit sehr aufwendigen Methoden in der Raumluft minimale Konzentrationen an polychlorierten Dibenzofuranen (PCDF) und Dioxinen (PCDD) gemessen werden konnten.

Es war schon länger bekannt, dass das Pentachlorphenol herstellungsbedingt **PCDD/F** als Verunreinigung enthält. Dass diese Substanzen trotz des außerordentlich niedrigen Dampfdrucks ebenfalls in Spuren verdampfen sollten, überraschte. Hier lagen die Konzentrationen jedoch nur im Bereich von pg/m^3 (Messwerte ausgedrückt in Äquivalenten des Tetrachlordibenzo-p-dioxins –TCDD). Somit musste auch die zusätzliche Toxizität des **TCDD** mit in die Bewertungen einbezogen werden. Da dessen Tumor-provozierenden Eigenschaften den Verdacht nährten, technisches PCP könnte Krebs auslösen, wurde es schließlich verboten und die Empfehlung ausgesprochen, Häuser oder Räume mit belastetem Holz (über 5 mg/kg) oder mit Raumluftkonzentrationen von mehr als 1 µg/m^3 zu sanieren. Dies hatte dann auch Schließungen von Kindergärten zur Folge. Weiterführende Studien an Kindern und Beschäftigten solcher Einrichtungen ergaben keine gesundheitlichen Beeinträchtigungen der Kinder. Trotz gewonnener Klagen gegen Hersteller PCP-haltiger Produkte, ist das Holzschutzmittelsyndrom bis heute in der Wissenschaft nicht als PCP-verursachte Erkrankung anerkannt.

Polychlorierte Dibenzo-p-Dioxine und -Furane (PCDD/F)

Eins der größten Themen der Umwelttoxikologie der letzten Jahrzehnte stellen die TCDD/F dar. Zum einen wegen ihrer Toxizität und zum anderen wegen der ubiquitären Verbreitung.

Wie dargestellt, entstehen PCDD/F bei der Herstellung von PCP. Sie entstehen auch bei der Synthese niederchlorierter Phenole und sind deshalb als Verunreinigungen in den aus ihnen hergestellten Folgeprodukten möglicherweise noch enthalten. Eine wichtige Quelle der Umweltkontamination ist der Einsatz von 2,4,5-T, die Trichlorphenoxyessigsäure, ein früher vielfach eingesetztes Herbizid, das aus Trichlorphenol hergestellt wird und als Agent Orange zur Entlaubung im Vietnamkrieg eingesetzt wurde, aber natürlich auch sonst als Herbizid gegen Dikotyledonen Verwendung fand. Das Verbot auch dieses Herbizids hat viel dazu beigetragen, die Umweltkontamination durch PCDD/F erheblich zu reduzieren. Darüber hinaus bilden sich Dioxine aber auch bei Verbrennungsprozessen organischer Materialien, besonders von Holz in Gegenwart von Chlor. Deshalb muss es schon immer, infolge von Waldbränden, Dioxine in der Umwelt gegeben haben; also sind Dioxine keine rein anthropogenen Umweltgifte.

Nach dem Chemieunfall von Seveso, bei dem es zum Abblasen von wahrscheinlich mehreren 100 Gramm kam, hat weltweit wohl das aufwendigste und teuerste Umweltforschungsprogramm zur Analytik und zum toxischen Wirkungsmechanismus eingesetzt. Die Studien sind auch heute noch nicht abgeschlossen.

Von allen chlorierten Kongeneren des Dioxins ist das 2,3,7,8-Tetrachlor-Kongenere das bei weitem toxischste. Die LD_{50} für Meerschweinchen beträgt 3 µg/kg.

Checkliste

Als Symptome einer TCDD-Belastung gelten:
- Chlorakne
- Schwellungen der Augenlider
- Hyperkeratinisierung
- Gesichtsschwellung
- Aktivierung der Tyrosinkinase
- Porphyrie

- Erhöhung der Serumlipide
- Leberschwellung
- Induktion von CYP 1 A1, 1 A2
- Induktion von Glukuronyltransferasen UGT 1 0 6
- Perikard- und Pleuraergüsse
- Abnahme des Vitamin-A-Gehaltes
- Hypoinsulinämie
- Schwäche
- Verminderung der Nervenleitfähigkeit
- Immunotoxizität
- Hyperpigmentierung
- Fertilitätsstörungen
- Embryotoxizität
- Tumorpromotion
- Wasting-Syndrom

Ohne auf molekulare Mechanismen hier eingehen zu können, resultieren die Gefahren aus der extrem niedrigen Dosis und der hohen Persistenz des TCDD und ihrer höher chlorierten Kongenere (Halbwertszeit beim Menschen ca. 8 Jahre). Die Tumorpromotion erfolgt epigenetisch.

Aus der Kinetik der PCDD/F folgt, dass zum Schutz vor den Gefahren für die menschliche Gesundheit, wegen der Kumulation und der Tumorpromotion, nur äußerst geringe ADI-Werte als Richtwerte herausgegeben wurden (10 pg/kg). Die humane Muttermilch wäre wegen ihres relativ hohen Gehaltes für den Säugling nicht zulässig. Aber der Schaden für den ungestillten (abgestillten) Säugling ist größer und die Überschreitung für ihn dauert nur relativ kurz an. Angesichts der langen Halbwertszeit verliert die Mutter signifikante Mengen ihres Körperbestandes.

Polychlorierte Biphenyle (PCB)

Die PCB sind ebenfalls ubiquitär verbreitet, aber rein anthropogen entstanden. Sie kamen als Gemische mit unterschiedlichem Gesamtchlorgehalt zu vielfältigen Zwecken zur Anwendung, ehe bemerkt wurde, dass ihre hochchlorierten Kongenere ebenfalls persistent sind und über die Nahrungsketten (Abwässer ⇒ Algen ⇒ Krebse ⇒ Fische ⇒ Mensch/Seevögel oder ⇒ Fischmehl ⇒ Tierfutter ⇒ Mensch) verbreitet wurden und im menschlichen Fettgewebe, wie die PCDD/F, akkumulieren. Die nonorthosubstituierten Kongenere haben ähnliche, aber um Größenordnungen schwächer wirksame Effekte als die Dioxine. Im technischen Einsatz wurden vornehmlich niederchlorierte Verbindungen eingesetzt. Dies galt auch für den Einsatz als Fugendichtmasse und Baukleber. Ihnen seinerzeit ein hohes Gefahrenpotential deshalb zuzuordnen, weil man sie auch in der Raumluft messen konnte, ist nicht nachvollziehbar. Epidemische Vergiftungen kamen in Japan und China vor, als die Flüssigkeiten in Speiseöl gerieten und dann ähnliche Erkrankungen (Yusho in Japan) hervorriefen wie die PCDD/F. Es ist bis heute nicht klar, ob nicht dafür PCDF-Verunreinigungen der PCB die eigentliche oder hauptsächliche Erkrankungsursache war. Auch der Einsatz der PCB ist heute für alle technischen Zwecke verboten. Zur Entsorgung dienen Hochtemperatur-Verbrennungsanlagen.

Insgesamt erfordern die Einhaltung der Grenzwerte und die Sanierung von Gebäuden riesige Geldsummen. Der Nutzen so tief abgesenkter Grenzwerte ist fraglich. Inzwischen weiß man, dass der Mensch um Größenordnungen unempfindlicher reagiert als die bisher untersuchten Nager, so dass die besonderen Sicherheitsfaktoren ihre Berechtigung in dieser Form verloren haben. Bei vorübergehenden Überschreitungen der Grenzwerte öffentlich von „Vergiftungen" zu sprechen, ist gerade bei Substanzen mit langer Halbwertszeit unangebracht.

Literatur

Albrecht K (1997) Initiativtherapie akuter Vergiftungen. Ullstein-Mosby, Berlin Wiesbaden

Baselt RC, Cravey RH (1995) Disposition of Toxic Drugs and Chemicals in Man. 4th ed. Chemical Toxicology Institute, Foster City, California

Behörde für Arbeit, Gesundheit und Soziales (1990) Auswirkungen von Holzschutzmitteln auf die Gesundheit von Kindern. Hamburger Kindergartenstudie. Drucksache, Hamburg

Berg S (Hrsg) (1992) Unerwartete Todesfälle in Klinik und Praxis. Springer, Berlin Heidelberg New York Tokio

Derendorf H, Garrett ER (1987) Pharmakokinetik. Einführung in die Theorie und Relevanz für die Arzneimitteltherapie. Wissenschaftliche Verlagsgesellschaft, Stuttgart

Derendorf H, Meibhm B (1999) Modelling of pharmacokinetic/pharmacodynamic (PK/PD) relationships: concepts and perspectives. Pharm. Res. 2: 176–185

Ellenhorn MJ, Barceloux DG (1997) Medical Toxicology: Diagnosis and treatment of human poisoning, 2nd ed. Williams & Wilkins, Baltimore, USA

Geschwinde T (1996) Rauschdrogen: Marktformen und Wirkungsweisen. 3. Aufl. Springer, Berlin Heidelberg New York Tokio

Gough TA (Editor) (1991) The Analysis of Drugs of Abuse. Wiley & Sons, Chichester New York Brisbane Toronto Singapore

Gugler N, Klotz U (2000) Einführung in die Pharmakokinetik. Govi, Eschborn

Heinzow B (1993) Organische Verbindungen/Pentachlorphenol. In: Wichmann HE, Schlipköter HW, Fülgraff G (Hrsg) Handbuch der Umweltmedizin. Ecomed, Landsberg VI-4-1

Iten PX (1994) Fahrten unter Drogen- und Medikamenteneinfluss. Institut für Rechtsmedizin der Universität Zürich

Karch SB (1996) The Pathology of Drug Abuse, 2. Aufl. CRC Press, Boca Raton, Florida

Karch SB (1998) Drug Abuse Handbook. CRC Press, Boca Raton, Florida

Koss G, Wölle D (1999) Dioxin and dioxin-like polychlorinated hydrocarbons and biphenyls. In: Marquardt H, Schäfer SG, McClellen R, Welsh F (Eds) Toxicology Academic Press, San Diego London Boston New York Sydney Tokyo Toronto, pp 699–725

Kreutzer A (Hrsg) (1998) Handbuch des Betäubungsmittelstrafrechts. Beck, München

Kröner HH (1994) Betäubungsmittelgesetz, Arzneimittelgesetz. 4. Aufl. Beck, München

Ludewig R, Lohs K (1991) Akute Vergiftungen: Ratgeber für toxikologische Notfälle. 8. Aufl. Gustav Fischer, Jena

Madea B (Hrsg) (1999) Die Ärztliche Leichenschau, Rechtsgrundlagen, Praktische Durchführung, Problemlösungen. Springer, Berlin Heidelberg New York Tokio

Marquard H, Schäfer SG (1994) Lehrbuch der Toxikologie. BI Wissenschaftsverlag, Mannheim

Massaro EJ (1997) Handbook of Human Toxicology. CRC Press, Boca Raton, Florida

Moffat AC, Jackson JV, Moss MS, Widdop B (Editors) (1986) Clarke's Isolation and identification of drugs in pharmaceuticals, body fluids, and post-mortem material. 2nd ed. Pharmaceutical Press, London

Mühlendahl v E, Oberdisse U, Bunjes R, Ritter S (Hrsg) (1995) Vergiftungen im Kindesalter, 3. Aufl. Enke, Stuttgart

Neubert D (1999) Risk assessment and hazard minimization. In: Marquardt H, Schäfer SG, McClellen R, Welsh F (Eds) Toxicology Academic Press, San Diego London Boston New York Sydney Tokyo Toronto, pp 1.153–1.197

Schäfer SG, Maurer HH (1993) Erkennen und Behandeln von Vergiftungen: ein Leitfaden für Ärzte, Apotheker und Studenten. Pharmakologie und Toxikologie Bd. 3. BI-Wissenschafts-Verlag, Mannheim Leipzig Wien Zürich

Schulz M und Schmoldt A (1997): Therapeutic and toxic concentrations of more than 500 drugs. Pharmacy 52: 895–911

Seidel HJ (1996) Umweltmedizin. Thieme, Stuttgart New York

Wir danken Herrn Dr. Peter X. Iten für die Erlaubnis zur Reproduktion einiger Abbildungen.

8 Verkehrsmedizin

Einleitung

Hypoglykämie

Vorgeschichte: Ein 45-jähriger Diabetiker habe morgens neben 20 Insulineinheiten (IE) basal noch 12 IE normal appliziert. Da er in Eile war, habe er allerdings weniger gefrühstückt, als vorgesehen. Während der Autofahrt zu einem Termin kam es zu einem Auffahrunfall an einer rotlichtzeigenden Ampelanlage. Ein Unfallzeuge gab an, dass der Unfallverursacher kaum ansprechbar gewesen sei, verzögert bis gar nicht auf Ansprache reagiert habe und das Fahrzeug bzw. Schalter nicht mehr richtig habe bedienen können.

Untersuchungsergebnis: Der blutentnehmende Arzt stellt 30 min später u.a. Folgendes fest: Gang schwankend; Denkablauf sprunghaft; Stimmung depressiv. Ein Blutzuckerschnelltest habe einen Wert von nur 35 mg% ergeben. Nach der Gabe von Traubenzucker habe sich der Zustand des Patienten normalisiert.

► Krankheit und Fahrtauglichkeit

Alkohol- und medikamentenbedingte Fahruntüchtigkeit

Vorgeschichte: Herr H. stand im Verdacht, als Fahrer eines Pkw eine Trunkenheitsfahrt mit Personen- und Sachschaden verursacht zu haben. Kurz nach dem Vorfall wurde ihm eine Blutprobe entnommen. Im ärztlichen Bericht anlässlich der Blutentnahme wurde u.a. festgehalten: Gang geradeaus sicher, Sprache lallend, Bewusstsein benommen, Denkablauf sprunghaft, Verhalten abweisend, Stimmung depressiv. Der Untersuchte scheine äußerlich sehr stark unter Alkoholeinfluss zu stehen. Koordinationsteste wurden nicht durchgeführt.

Untersuchungsergebnis: BAK 2,48 ‰. Chemisch-toxikologisch wurden darüber hinaus Bromazepam in einer Konzentration von 570 ng/ml sowie Carbamazepin in einer Konzentration von 630 ng/ml nachgewiesen. Herr H. war schon aufgrund des Ergebnisses der Blutalkoholuntersuchung absolut fahruntüchtig.

► Fahruntüchtigkeit, Grenzwerte

Relative Fahruntüchtigkeit bei Cannabiskonsum

Vorgeschichte: Ein 21 Jahre alt gewordener Mann wurde nachts gegen 03.35 Uhr von der Polizei wegen des Verdachtes, unter dem Einfluss berauschender Mittel ein Fahrzeug im öffentlichen Straßenverkehr geführt zu haben, angehalten. Von der Polizei wurden folgende Fahrauffälligkeiten beobachtet: unsichere Fahrweise mit Schlangenlinien, Abweichung von der Geraden von 0,5–1 m. Die Zahl der Schlenker wurde über eine Beobachtungsstrecke von 1 km „ständig" beobachtet. Von den Polizeibeamten wurden folgende weiteren Auffälligkeiten protokolliert: Gang unsicher, Stimmung distanzlos, Bewusstsein leicht schläfrig, Pupillen stark erweitert. Anlässlich der ärztlichen Untersuchung bei der Blutentnahme wurden ebenfalls stark erweiterte Pupillen und eine verzögerte Pupillen-Licht-Reaktion festgestellt.

Untersuchungsergebnis: Die Untersuchung des Blutes ergab folgende Befunde: THC 2,1 ng/ml, THC-OH 1,4 ng/ml, THC-COOH 30,0 ng/ml. Die Cannabinoide liegen damit zum Zeitpunkt der Blutentnahme in einem Konzentrationsverhältnis vor (CIF = 12), wie es bei Personen gefunden wird, die stärkergradig unter der akuten Einwirkung von Cannabisprodukten stehen. Die deutlichen Ausfallserscheinungen lassen sich durch die Wirkung und Mengen der aufgefundenen Stoffe erklären. Aufgrund dieser Befunde war davon auszugehen, dass der Betroffene durch den Konsum der berauschenden Mittel nicht mehr in der Lage war, ein Kraftfahrzeug im Straßenverkehr sicher zu führen.

► Relative Fahruntüchtigkeit, Ausfallserscheinungen, Fahrauffälligkeiten, Cannabiskonsum, CIF

Verkehrsunfallrekonstruktion

Vorgeschichte: Die 18-jährige Fahrerin eines Pkw Golf habe einen Fußgänger bei Dunkelheit, Regen und Sturm nicht rechtzeitig wahrgenommen und angefahren. Von der Polizei wird angenommen, dass der 72 Jahre alte Fußgänger die Fahrbahn von links nach rechts überquert hat, die Anfahrtsrichtung ist aber nicht eindeutig geklärt.

Sektionsergebnis: Die Obduktion ergab schwere Kopfverletzungen mit Kopfschwartendurchtrennung, komplexen Brüchen des Schädels, Einrisse der harten Hirnhaut, kleinfleckige Einblutungen in Großhirnmark und Stammkernen, Hirnbrücke und Kleinhirn. Es lag ein Beckenringbruch, mehrfache Rippenbrüche beidseits und ein Bruch des Brustbeines vor.

Der rechte Oberschenkel war schräg gebrochen mit Taschenbildung des Unterhautfettgewebes und der Muskulatur an der Außenseite. Kompletter Bruch des rechten Unterschenkels mit Ausbildung eines Messerer-Keils, Pfeilspitze nach links weisend, passend zur vermuteten Anfahrtsrichtung von rechts. Kompletter Unterschenkelbruch links in Höhe des Tibiakopfes.

Höhergradiger Blutverlust, mittelgradige allgemeine Arteriosklerose mit deutlicher Koronararteriosklerose.

Todesursache: Polytrauma

► Anfahrtsrichtung, Messerer-Keil, Verletzungen durch Aufladen auf die Motorhaube

Famprofazon – statt Amphetaminaufnahme

Vorgeschichte: Nach einem Verkehrsunfall stand ein 32-jähriger Mann im Verdacht, zuvor BTM konsumiert zu haben.

Untersuchungsergebnis: Tatsächlich wurden mittels immunchemischer Verfahren positive Befunde für eine Amphetamin-Aufnahme festgestellt. Amphetamin sowie Methamphetamin ließen sich auch mittels Gaschromatographie / Massenspektrometrie sowohl im Urin (Methamphetamin 2.831 ng/ml, Amphetamin 567 ng/ml), als auch im Blut (Methamphetamin 12,8 ng/ml) nachweisen. Der Verunfallte ließ sich dahingehend ein, keine illegalen BTM konsumiert, sondern vier Tabletten Gewodin® (Antipyretikum/Analgetikum) eingenommen zu haben. Die Einnahme des entsprechenden Wirkstoffes Famprofazon, der zu Methamphetamin bzw. Amphetamin verstoffwechselt wird, wurde mittels aufwendiger gaschromatographisch / massenspektrometrischer Spezialuntersuchungen verifiziert, so dass der Verdacht eines BTM-Konsums ausgeräumt werden konnte.

► Differentialdiagnose der Amphetamineinnahme

Anfahrtsrichtung, Kollisionsgeschwindigkeit, Vermeidbarkeit des Unfalls

Vorgeschichte: Ein 19 Jahre alter Mann wurde von der Staatsanwaltschaft angeklagt, durch Fahrlässigkeit den Tod eines 22-Jährigen verursacht zu haben. Er habe diesen bei Dunkelheit mit einer Geschwindigkeit von ca. 90–100 km/h angefahren und tödlich verletzt.

Sektionsergebnis: Wesentliche Sektionsbefunde beim Opfer: Leichnam eines 22 Jahre alt gewordenen Mannes, Körpergröße 174 cm, Körpermasse 80 kg. Hautvertrocknungen an den Rückseiten beider Unterschenkel mit kompletten Unterschenkelbrüchen beidseits, rechtsseitig 16 cm, linksseitig 20 cm über der Fußsohlenebene. Das rechtsseitige Schienbein mit einer Messerer-Fraktur mit nach dorsal weisender Basis, nach ventral weisender Spitze. Rissverletzungen von Haut und Unterhautfettgewebe der linken Kniebeuge. Flächenhafte Einblutung der tiefen Weichgewebe beider Kniebeugen, zermalmte Muskulatur der rechten Wade. Massive Unterblutung der Kopfschwarte über dem hinteren Anteil der Scheitelbeine und über dem Hinterhauptsbein. Schädelbasisringfraktur, rechteckige Impressionsfraktur des linken Scheitelbeins im hinteren Anteil mit Kantenlängen von 1,5 und 1,2 cm. Schädelbasisbrüche, die durch die mittlere und vordere Schädelbasisgrube bis in das Stirnbein ziehen. Zermalmung von Kleinhirn und Hirnstamm.

Querbruch des 2. Halswirbelkörpers, Schrägbruch des 1. und 2. Brustwirbelkörpers mit Dislokation und korrespondierender Umblutung. Rippenserienfrakturen beidseits, Längsfraktur des linken Schulterblattes. Korrespondierende Umblutungen der Weichteile. Verletzungen beider Lungenunterlappen, Hämatothorax mit rechts 800 ml, links 1.050 ml Blut in der Brusthöhle. Sprengung von Schambeinfuge und Darmbein-Kreuzbeinfugen. Bruch des linken Oberarmes. Luxation des rechten Sprunggelenkes. Zeichen des höhergradigen Blutverlustes: nur spärliche Ausdehnung und Intensität der Totenflecke. Blutleere des Herzens und Hervortreten der Organeigenfarbe der inneren Organe. Blutaspiration. Keine vorbestehenden, morphologisch fassbaren krankhaften Veränderungen der inneren Organe.

Todesursache: schweres Schädelhirntrauma mit Zerstörung von Kleinhirn und Hirnstamm.

Der Getötete war – wie die weiteren Ermittlungen ergaben – aus einer geschlossenen psychiatrischen Klinik entwichen, in der er wegen einer Drogenpsychose behandelt worden sei. Zum Zeitpunkt seines Todes war er alkoholnüchtern und stand nicht unter dem Einfluss von Drogen. Chemisch-toxikologisch konnten jedoch an Femoralblut die Arzneiwirkstoffe Clozapin und Chlorprothixen in subtherapeutischer, Nordiazepam und Oxazepam in therapeutischer Dosis nachgewiesen werden.

Bereits kurz vor dem tödlichen Unfall war der später Verstorbene weiteren Kraftfahrern aufgefallen, da er jeweils in Fahrtrichtung auf ihrem Fahrstreifen gegangen sei. Erst im letzten Moment hätten sie ausweichen können. Sie hätten die Polizei informiert, die jedoch erst eingetroffen sei, nachdem sich der tödliche Unfall bereits ereignet habe. Die polizeiliche und kraftfahrzeugsachverständige Unfallaufnahme ergab, dass keine Bremsspuren vorlagen. Der Pkw des 19-jährigen Fahrzeugführers sei von der Fahrbahn auf den rechts danebenliegenden Grünstreifen geraten. Der Pkw habe Beschädigungen des rechten Scheinwerfers und der Windschutzscheibe im rechten oberen Bereich aufgewiesen, der rechtsseitige Kotflügel sei abgerissen, die rechte Dachhälfte verbeult sowie sämtliche Scheiben der Beifahrerseite zersplittert. Der angeklagte Kraftfahrer ließ sich in der Hauptverhandlung dahingehend ein, dass er mit ca. 90–100 km/h gefahren sei, plötzlich habe er einen von rechts auf die Fahrbahn kommenden Schatten wahrgenommen, es sei unmittelbar, ohne dass für ihn irgendwelche Reaktionsmöglichkeiten bestanden hätten, zur Kollision gekommen.

► Die Obduktionsbefunde beweisen ein Anfahren von hinten (Unterblutungen und Frakturen an Unterschenkeln und Knien), dann wurde der Verstorbene auf die Kühlerhaube aufgeladen und schlug mit dem Kopf an die Windschutzscheibe im rechten Bereich (Schädelfraktur). In Anbetracht der knöchernen Verletzungen kann die Kollisionsgeschwindigkeit 90–100 km/h betragen haben. Die Einlassung des Angeklagten, dass der Verstorbene plötzlich vom Grünstreifen neben der Fahrbahn auf den seitlichen Anteil der Fahrbahn getreten sei, und es dadurch zu einem für ihn unvermeidbaren Unfall gekommen sei, war nicht zu wiederlegen sondern mit den Obduktionsbefunden und den Beschädigungen des Pkw in Einklang zu bringen.

8.1 Rechtsmedizinische Aufgaben im Rahmen der Verkehrsmedizin

H.-D. Wehner

Definition

Die Verkehrsmedizin ist diejenige Medizin, die durch Anwendung medizinischer Erkenntnisse und Erfahrungen die Sicherheit des Menschen im Verkehr fördert und verkehrsbedingte Gesundheitsstörungen abzuwenden versucht. Sie ist somit ein präventives Fach.

Die rechtsmedizinische Domäne der Verkehrsmedizin besteht vor allem in der Beurteilung der durch körperliche und geistig-seelische Mängel ausgelösten Störung der Fahreignung und der Fahrtüchtigkeit, aber auch in der traumatologischen Analyse von stattgehabten Verkehrsunfallabläufen. Sowohl die Beurteilung der Fahreignung und der Fahrtüchtigkeit als auch die traumatologisch begründete Unfallrekonstruktion nehmen für den Rechtsmediziner den breitesten Raum der Sachverständigentätigkeit ein. Im Anschluss an die Definition der Fahreignung und diese betreffende rechtsmedizinische Bemerkungen werden daher die Fahrtüchtigkeit und die Gründe ihrer Mängel abgehandelt. Dem schließt sich die Darstellung der Verkehrsunfallrekonstruktion auf traumatomechanischer Grundlage an.

8.2 Fahreignung

H.-D. Wehner

Aufgrund § 1 der Fahrerlaubnisverordnung vom 18.08.1998 (FeV) ist zum Verkehr auf öffentlichen Straßen jeder zugelassen, soweit nicht für die Zulassung zu einzelnen Verkehrsarten eine Erlaubnis erforderlich ist. Nicht zugelassen ist derjenige, der sich infolge körperlicher oder geistiger Mängel nicht sicher im Verkehr bewegen kann – jedenfalls so lange nicht, wie nicht Vorsorge getroffen ist, dass andere nicht gefährdet sind. Einer Erlaubnis bedarf es für das Führen eines Kraftfahrzeuges (Fahrerlaubnis).

Die gesetzlichen Voraussetzungen für eine derartige Fahrerlaubnis sind in § 2 des **Straßenverkehrsgesetzes** geregelt. Eine der Voraussetzungen ist die Fahreignung.

§ 2 Abs. 4 StVG

„Geeignet zum Führen von Fahrzeugen ist, wer die notwendigen geistigen und körperlichen Anforderungen erfüllt und nicht erheblich oder nicht wiederholt gegen verkehrsrechtliche Vorschriften oder gegen Strafgesetze verstoßen hat. Ist der Bewerber aufgrund körperlicher oder geistiger Mängel nur bedingt zum Führen von Kraftfahrzeugen geeignet, so erteilt die Fahrerlaubnisbehörde die Fahrerlaubnis mit Beschränkungen oder unter Auflagen, wenn dadurch das sichere Führen von Kraftfahrzeugen gewährleistet ist."

Werden (nach § 2 Abs. 8 StVG) Tatsachen bekannt, die Bedenken gegen die Eignung des Bewerbers einer Fahrerlaubnis, also die Vermutung einer Ungeeignetheit begründen, so kann die Fahrerlaubnisbehörde anordnen, dass der Antragsteller ein Gutachten oder Zeugnis eines Facharztes oder Amtsarztes, ein Gutachten einer amtlich anerkannten Begutachtungsstelle für Fahreignung oder ein Gutachten eines amtlich anerkannten Sachverständigen oder Prüfers für den Kraftfahrzeugverkehr innerhalb einer angemessenen Frist beibringt.

Wichtig

Die Ungeeignetheit kann durch körperliche und geistige Mängel und Mängel in sittlicher (charakterlicher) Hinsicht gegeben sein.

Eine Aufstellung der körperlichen und geistigen Mängel, die die Eignung einschränken oder aufheben, findet sich in der Anlage 4 zur **Fahrerlaubnisverordnung (FeV)**, die sich an den Begutachtungsleitlinien „Krankheit und Verkehr" des gemeinsamen Beirates für Verkehrsmedizin des Bundesministeriums für Verkehr und des Bundesministeriums für Gesundheit orientiert.

Wichtig

Körperliche Mängel sind vor allem bei Beeinträchtigung des Sehvermögens, bei Altersabbau und bei den in der Anlage aufgeführten Krankheiten gegeben.
Geistige Mängel und psychische Störungen liegen insbesondere bei organischen Geisteskrankheiten, schweren Nervenleiden (z.B. rezidivierende Ohnmachtsanfälle, schwere Zerebralsklerose, etc.) und erblichem Schwachsinn vor.

Charakterliche Mängel sind in der Regel bei schweren Verstößen gegen die Strafgesetze und bei gravierenden wiederholten Verstößen gegen verkehrsrechtliche Vorschriften anzunehmen.

Trunkenheit am Steuer mit Rückfall ist als Unzuverlässigkeit ein Indiz für Ungeeignetheit. Bei einer Trunkenheitsfahrt von 1,6 g/kg Blutethanolkonzentration und mehr ist nicht nur Ungeeignetheit gegeben, sondern es muss in jedem Fall vor Wiedererteilung der Fahrerlaubnis eine medizinisch-psychologische Begutachtung zur Eignung eingeholt werden.

Nr. 9 der Anlage 4 der FeV weist die Ungeeignetheit bei Betäubungsmitteln und bei anderen psychoaktiv wirkenden Stoffen und Arzneimitteln aus; eine Ausnahme besteht für die **gelegentliche Einnahme von Cannabis.** Sowohl bei Vorliegen einer Alkoholproblematik als auch bei Vorliegen einer Gefährdung durch **Betäubungsmittel und Arzneimittel** ist zur Klärung von Eignungszweifeln die Einholung eines diesbezüglichen ärztlichen **Gutachtens** und gegebenenfalls eines medizinisch-psychologischen Gutachtens nötig. Dies ist in den §§ 13, 14 FeV geregelt:

§ 13 FeV Klärung von Eignungszweifeln bei Alkoholproblematik

Zur Vorbereitung von Entscheidungen über die Erteilung von Verlängerung der Fahrerlaubnis oder über die Anordnung von Beschränkungen oder Auflagen ordnet die Fahrerlaubnisbehörde an, dass

1. ein ärztliches Gutachten (§ 11 Abs. 2 Satz 3) beizubringen ist, wenn Tatsachen die Annahme von Alkoholabhängigkeit begründen oder die Fahrerlaubnis wegen Alkoholabhängigkeit entzogen war oder sonst zu klären ist, ob Abhängigkeit nicht mehr besteht, oder
2. ein medizinisch-psychologisches Gutachten beizubringen ist, wenn

a) nach dem ärztlichen Gutachten keine Alkoholabhängigkeit, jedoch Anzeichen für Alkoholmissbrauch vorliegen oder sonst Tatsachen die Annahme von Alkoholmissbrauch begründen,
b) wiederholt Zuwiderhandlungen im Straßenverkehr unter Alkoholeinfluss begangen wurden,

c) ein Fahrzeug im Straßenverkehr bei einer Blutalkoholkonzentration von 1,6 Promille oder einer Atemalkoholkonzentration von 0,8 mg/l oder mehr geführt wurde,
d) gestrichen
e) die Fahrerlaubnis aus einem der unter Buchstaben a–d genannten Gründen entzogen war oder
f) sonst zu klären ist, ob Alkoholmissbrauch nicht mehr besteht.

§ 14 FeV Klärung von Eignungszweifeln im Hinblick auf Betäubungsmittel und Arzneimittel
(1) Zur Vorbereitung der Entscheidung über die Erteilung oder die Verlängerung der Fahrerlaubnis oder über die Anordnung von Beschränkungen oder Auflagen ordnet die Fahrerlaubnisbehörde an, dass ein ärztliches Gutachten (§ 11 Abs. 2 Satz 3) beizubringen ist, wenn Tatsachen die Annahme begründen, dass
1. Abhängigkeit von Betäubungsmitteln im Sinne des Betäubungsmittelgesetzes in der Fassung der Bekanntmachung vom 1. März 1994 (BGBl I S. 160) in der jeweils geltenden Fassung, oder von anderen psychoaktiv wirkenden Stoffen,
2. Einnahme von Betäubungsmitteln im Sinne des Betäubungsmittelgesetzes oder
3. missbräuchliche Einnahme von psychoaktiv wirkenden Arzneimitteln oder anderen psychoaktiv wirkenden Stoffen
vorliegt.
Die Beibringung eines ärztlichen Gutachtens kann angeordnet werden, wenn der Betroffene Betäubungsmittel im Sinne des Betäubungsmittelgesetzes widerrechtlich besitzt oder besessen hat. Das ärztliche Gutachten nach Satz 1 Nr. 2 oder 3 kann auch von einem Arzt, der die Anforderungen an den Arzt nach Anlage 14 erfüllt, erstellt werden. Die Beibringung eines medizinisch-psychologischen Gutachtens kann angeordnet werden, wenn gelegentliche Einnahme von Cannabis vorliegt und weitere Tatsachen Zweifel an der Eignung begründen.
(2) Die Beibringung eines medizinisch-psychologischen Gutachtens ist für die Zwecke nach Absatz 1 anzuordnen, wenn
1. die Fahrerlaubnis aus einem der in Absatz 1 genannten Gründe entzogen war oder
2. zu klären ist, ob Abhängigkeit oder Einnahme nach Absatz 1 nicht mehr vorliegt.

8.3 Fahrtüchtigkeit

H.-D. Wehner

Die Fahreignung reicht allein zur Teilnahme am Straßenverkehr nicht aus. Vielmehr bedarf es der Fahrtüchtigkeit.

Definition

Unter der Fahrtüchtigkeit ist derjenige körperliche und geistig-seelische Zustand zu verstehen, der vor allem unter dem Gesichtspunkt der Sicherheit zu jedem Zeitpunkt einen situationsangepasst optimalen Verkehrsablauf garantiert.

Aus dieser Definition wird klar, dass jede noch so kleine Störung der körperlichen Integrität und der geistig-seelischen Qualitäten geeignet ist, einen solchen optimalen Verkehrsablauf empfindlich zu stören. Man spricht in diesem Falle von **Fahrunsicherheit** und meint damit einen Zustand, in dem die Gesamtleistungsfähigkeit infolge psychophysischer Störungen so weit herabgesetzt ist, dass die Fähigkeit, ein Fahrzeug über eine längere Strecke sicher zu führen, nicht mehr gegeben ist. Gründe solcher Störungen werden im Folgenden besprochen:

8.3.1 Alkohol

In der Verkehrsmedizin steht Alkohol synonym für **Ethanol**. Da verkehrsmedizinisch aber auch andere Alkohole (z.B. Methanol, aliphatische Alkohole) eine Rolle spielen, wird im Folgenden die chemisch eindeutige Bezeichnung „Ethanol" gewählt. Ethanol ist die am häufigsten konsumierte rauscherzeugende Substanz, die die Verkehrstüchtigkeit einzuschränken bzw. aufzuheben vermag. Da die Blutethanolkonzentration zum Zeitpunkt der Tatbegehung sowohl als Tatbestand (§ 24a Abs. 1 StVG) als auch als Beweisanzeichen eine erhebliche Rolle spielt, werden im Folgenden einige Ausführungen zur Pharmakokinetik (Verlauf der Konzentrationen in den verschiedenen Kompartimenten des Organismus) gemacht.

Pharmakokinetik des Ethanols

Resorption, Distribution (◘ Abb. 8.1). In Form von alkoholischen Getränken oral zugeführtes Ethanol wird im Wege der Diffusion entlang des vom Verdauungstrakt zum Blutgefäßraum hin gerichteten Konzentrationsgradienten (bereits schon in der Mundhöhle) rasch in das Portalblut aufgenommen (Resorption) und zunächst der Leber zugeführt. Nach Leberpassage (First-pass-Effekt) wird es über das rechte Herz der Lunge zugeführt, wo es aus dem Kapillarbett in den Lungenalveolarraum (◘ Abb. 8.2) verdampfen kann. Hier bildet sich zwischen Lungenkapillarraum und Alveolarraum ein quasi stationäres Ethanolkonzentrationsgleichgewicht aus, welches von den für den Austausch relevanten Geschwindigkeitskonstanten k_{CA} bzw. k_{AC} und der alveolären Clearance abhängt. Dieser Vorgang ist die entscheidende Voraussetzung für die Möglichkeit, die Ethanolkonzentration in der Atemluft zur quantitativen Feststellung der Höhe der Alkoholisierung feststellen zu können. Von der Lunge wird das Ethanol über das linke Herz arteriell den Organen (► s. Abb. 8.1) zugeführt. Hier wird es im Wege des transkapillären Transportes per diffusionem passiv zunächst vom extrazellulären, dann wiederum per diffusionem vom intrazellulären Raum aufgenommen (Distribution, Verteilung). Die ◘ Abbildung 8.1 macht klar, dass in der Resorptionsphase Schwankungen des Blutvolumens (z.B. Blutverlust, Verdünnung durch Infusion, Pooling beim Schock) zu Blutethanolkonzentrationsveränderungen führen können. Da Ethanol stark hydrophil ist – der Verteilungskoeffizient zwischen Olivenöl und Wasser beträgt $\kappa^{ö}_{H_2O} = 0{,}02$ – löst es sich im Wasserraum des Körpers; seine Löslichkeit im Fett ist zu vernachlässigen. Die lipidhaltigen Membranen stellen somit für die Permeation einen hohen Transportwiderstand dar. Dementsprechend ist für die Membranpassage ein vergleichsweise hoher Energieaufwand von ca. 10 kJ/Mol notwendig. Die Geschwindigkeit, mit der Ethanol in den Blutraum gelangt

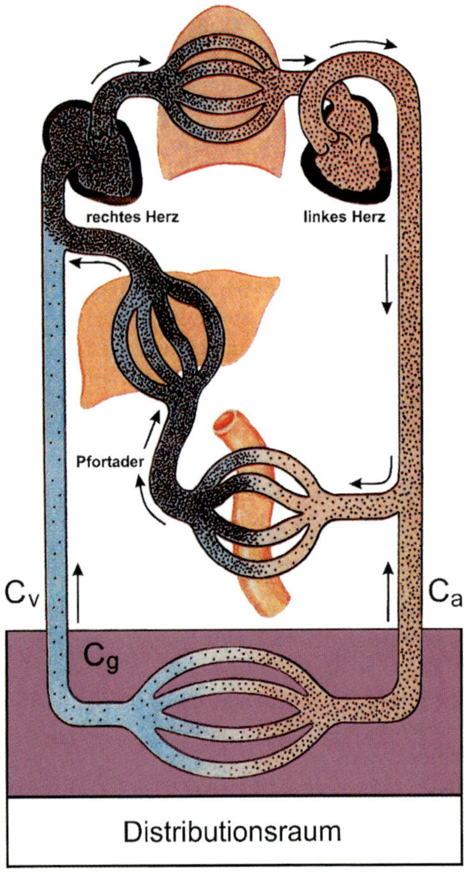

Abb. 8.1. Resorption und Distribution des Ethanols. Wegen der hohen Gewebsclearance entspricht (außer für den Fall des Diffusionssturzes; s. unten, „Ethanolkinetik") die Konzentration des Distributionsraumes in guter Näherung der venösen Konzentration. C_a arterielle Konzentration; C_g Konzentration im Distributionsraum; C_v venöse Konzentration

(**Resorptionsgeschwindigkeit**), hängt in erster Linie vom erwähnten **Konzentrationsgradienten** ab; so ist der Ethanolfluss ins Blut nach Genuss hochprozentiger Alkoholika in der Regel erheblich höher als nach Genuss niederprozentiger Alkoholika. Nach Genuss hochprozentiger Alkoholika kann der Ethanolzufluss ins Blut so hoch sein, dass dieser den Abstrom aus dem Blut ins Gewebe überwiegt (**intravasaler „Ethanolstau"!**) und somit eine Konzentrationsüberhöhung im Blutraum provoziert wird, die erst bei nachlassendem Resorptionsfluss rückgängig gemacht wird. Dieses verteilungsbedingte Rückstellphänomen macht sich als ein in kürzester Zeit erfolgender Konzentrationsabfall bemerkbar und wird wegen der sich hier abspielenden Diffusionsvorgänge „**Diffusionssturz**" genannt (s. pharmakokinetische Begründung). Dieser kurzzeitige Abfall beträgt nicht mehr als 0,2 ‰ (▶ s. Abb. 8.5b, S. 415).

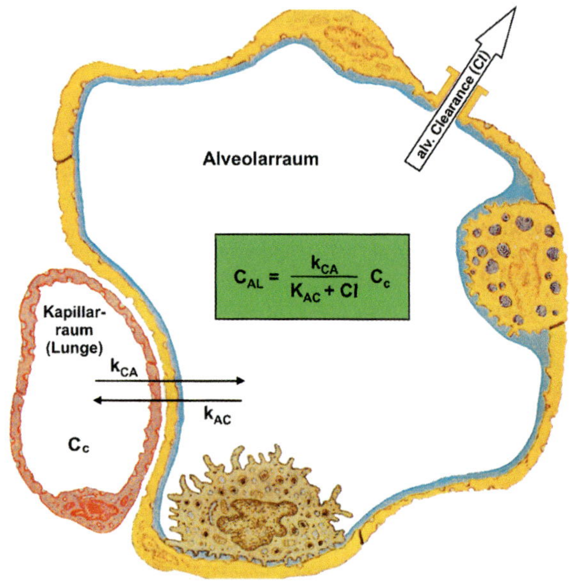

Abb. 8.2. Ethanolaustausch zwischen Lungenkapillarraum und Alveolarraum. Die alveoläre Gleichgewichtskonzentration C_{AL} hängt in der angegebenen Weise von der lungenkapillären Konzentration C_c, den Geschwindigkeitskonstanten der Diffusion k_{CA} bzw. k_{AC} und der alveolären Clearance Cl ab

Wichtig

Die **Resorptionsgeschwindigkeit** ist weiterhin abhängig von der für die Aufnahme zur Verfügung stehenden Resorptionsfläche des Verdauungstraktes sowie von der Durchblutung derselben.

Es ist bekannt, dass eine Alkoholmenge, der nur die Magenwandfläche für die Aufnahme zur Verfügung steht, langsamer in das Blut übertritt, als wenn ihr noch zusätzlich als Resorptionsfläche der Zwölffingerdarm und die oberen Dünndarmabschnitte zur Verfügung stünden. Auch ist experimentell bestätigt, dass die Resorptionsgeschwindigkeit umso höher ist, je höher die Durchblutung des Magendarmtraktes ist. Wenn auch die Resorption den verschiedensten Einflüssen unterliegt und in der Regel zwischen 0,3 und 2 Stunden liegt, so hat sich jedoch insgesamt das für alle Begutachtungsfragen wichtige Ergebnis gezeigt, dass die Resorption **spätestens zwei Stunden nach der letzten Alkoholaufnahme** beendet ist.

Infobox

Der für die Ethanolaufnahme insgesamt zur Verfügung stehende Lösungsraum entspricht dem Wasserraum des Körpers (Abb. 8.3). Würde man sich diesen mit Blut gefüllt denken, so entspräche das dazu gehörige Blutgewicht einem Prozentsatz (auch Widmark-Faktor „r" oder Verteilungsfaktor „r" genannt) von r = 60 % bis r = 80 % des Körpergesamtgewichtes, nämlich dem so genannten reduzierten Körpergewicht (Abk: „P").

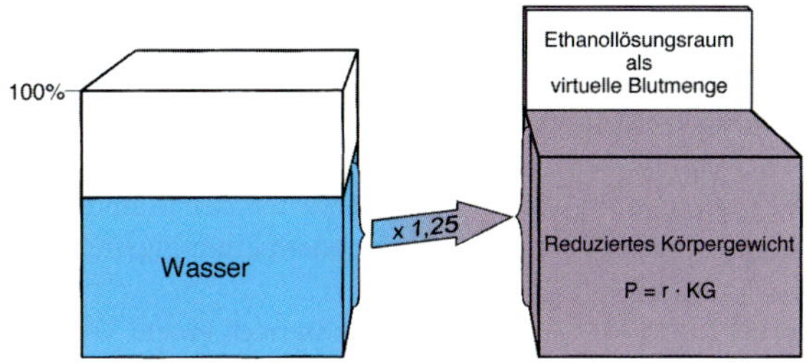

Abb. 8.3. Ethanolverteilungsraum (Wasserraum) des Körpers, dargestellt als äquivalente (virtuelle) Blutmenge *P*, die als sog. reduziertes Körpergewicht dargestellt wird

Das reduzierte Körpergewicht entspricht also einer virtuellen Blutmasse, deren Wassermenge der Wassermenge des Körpers entspricht. Ist der Wassergehalt des Blutes 80 %, so ist diese virtuelle Blutmenge das 1,25fache der Körperwassermenge. Der Widmark-Faktor ist konstitutions- und geschlechtsabhängig. Er beträgt im Durchschnitt für den normalgewichtigen Mann 0,7 (= 70 %) und für die normalgewichtige Frau 0,6 (= 60 %). Die r-Werte sind für fettleibige Menschen kleiner als für athletisch gebaute. Sie können zwischen den Extremen 0,5–0,95 schwanken.

Mithilfe des reduzierten Körpergewichtes lässt sich die nach oraler Zufuhr der Ethanolmenge E^G erfolgte so genannte maximale Blutethanolkonzentrationsbelastung als Quotient bestimmen.

$$c_0^{max} = \frac{E^G}{P}\left[\frac{g}{kg}\right] \quad (1)$$

Beispiel zur Berechnung der maximalen Blutethanolkonzentrationsbelastung: Ein 70 kg schwerer und 175 cm großer Mann belastet sich mit 200 ml eines 40-Vol.-%igen (40 ml Ethanol/100 ml) Getränks. Berücksichtigt man das spezifische Gewicht von Ethanol von 0,8 g/ml, so entsprechen 40 Vol.-% einer Konzentration von 40 × 0,8 = 32 Gew.-%):

1. **Schritt:** Berechnung der zugeführten Ethanolmasse E^G:

$$E^G[g] = 200 \times 0{,}32\ (\text{Gew.-\%})$$
$$E^G[g] = 63{,}2$$

2. **Schritt:** Berechnung des reduzierten Körpergewichtes (P): Bei 70 kg Körpermasse und 175 cm Körperlänge ist Normalgewichtigkeit (Normalkonstitution) gegeben, also: r = 0,7

$$P = 0{,}7 \times 70\ \text{kg}$$
$$P = 49\ \text{kg}$$

3. **Schritt:** Berechnung der maximalen Blutethanolkonzentrationsbelastung:

$$c_0^{max} = \frac{E^G}{P} = \frac{63{,}2\,[g]}{49\,[kg]} = 1{,}29\,[g/kg]\ \text{bzw.}\ [‰]$$

Elimination. Zeitgleich mit der Resorption wird Ethanol zu 90 %–95 % durch biochemischen Umsatz aus dem Blutraum eliminiert. Dieser Umsatz ist an Enzyme gebunden, deren Lokalisation in der Leber konzentriert ist und unter denen die Alkoholdehydrogenase (ADH) eine herausragende Rolle einnimmt. ADH katalysiert die Reaktion $CH_3CH_2OH + NAD^+ \rightarrow CH_3COH + NADH + H^+$, in der Ethanol unter Reduktion des Nicotinamid-Adenin-Dinukleotid (NAD) in Acetaldehyd überführt wird, welches letztlich über Acetyl-CoA in den Zitronensäurezyklus eingeschleust wird. Übersteigt die Eliminationsrate die Resorptionsrate, so fällt die Blutethanolkonzentrationsrate ab.

Wichtig

Spätestens zwei Stunden nach Trinkende liegt die aufgrund der Elimination entstehende, durch den griechischen Buchstaben β symbolisierte Blutethanolkonzentrationsabfallrate zwischen 0,1 ‰ pro Stunde [0,1 $‰h^{-1}$] und 0,2 ‰ pro Stunde [0,2 $‰h^{-1}$].

Unter Berücksichtigung des reduzierten Körpergewichtes P entspricht die Blutethanolkonzentrationsabfallrate einer Eliminationsleistung [b] von:

$$b\,[g/h] = \beta \times P\,[g/h].$$

Sie läge damit für einen normalgewichtigen Mann von 70 kg Körpermasse zwischen $b_{min} \sim 5$ g/h und $b_{max} \sim 10$ g/h.

5 %–10 % des Ethanols werden unverändert über den Urin, die Atemluft und über sezernierende Organe (Schweiß, Speichel, etc.) ausgeschieden. Diese Art der Ausscheidung ist durch das die Blutethanolkonzentrationsabfallrate in ihren Grenzen festlegende Intervall [b_{min} 0,1 $‰h^{-1}$; b_{max} 0,2 $‰h^{-1}$] bereits berücksichtigt. Sie beeinflusst die spätestens zwei Stunden nach Trinkende eingetretene zeitliche Konstanz der Abfallrate nicht.

Ethanolkinetik. Die zeitgleichen Vorgänge der Resorption und der Elimination bestimmen die **Blutethanolkonzentrationskurve** im Blut. Ihr Verlauf wird durch das durch Ab-

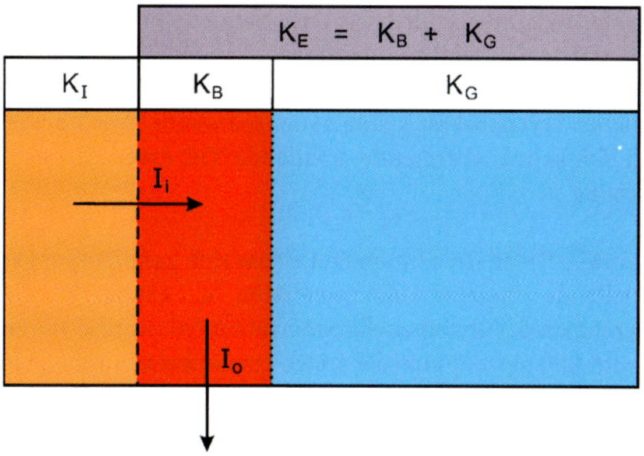

Abb. 8.4. Kompartimentmodell der Ethanolkinetik. K_I resorbierender Gastrointestinaltrakt; K_B Intravasalraum (zentrales Kompartiment); K_G extravasaler Ethanollösungsraum; K_E integraler Ethanoldistributionsraum

bildung 8.4 eingeführte **Kompartimentmodell** verstanden. Aus dem Gastrointestinaltrakt (Kompartiment K_I) gelangt Ethanol mit dem Massenzufluss I_i in den intravasalen Raum (zentrales Kompartiment K_B), von dort gelangt es einerseits sehr rasch in den gesamten zur Verfügung stehenden extravasalen Lösungsraum (Kompartiment K_G) und wird andererseits mit dem Massenfluss I_o eliminiert. Da der Transport vom Blut in den extravasalen Lösungsraum durch eine hohe Gewebsclearance gekennzeichnet ist, können für pharmakokinetische Betrachtungen die beiden Kompartimente K_B bzw. K_G in erster Näherung zu einem Kompartiment $K_E = K_B + K_G$ zusammengefasst werden. Dann ist der zeitabhängige (!) Ethanolnettozu- bzw. -abfluss im Kompartiment K_E:

$$I_E(t) = I_i(t) - I_o(t). \tag{2}$$

Die Verläufe der Ethanoleinstrom- und -ausstromkurven sowie des Ethanolnettozu- bzw. -abflusses sind beispielhaft durch ◘ Abbildung 8.5a wiedergegeben.

Das Integral

$$E(t)=\int_0^t E_E(t)dt=\int_0^t I_i(t)dt-\int_0^t I_o(t)dt, \tag{3}$$

welches der Fläche unter der I_E-Kurve entspricht, gibt den zeitabhängigen Verlauf der Ethanolmasse E(t) im Ethanollösungsraum an. Teilt man diese Ethanolmasse E(t) durch das reduzierte Körpergewicht P, so erhält man den Verlauf der Ethanolkonzentrationskurve im Ethanollösungsraum K_E

$$c_E(t) = \frac{E(t)}{P}, \tag{4}$$

die idealtypischerweise die in ◘ Abbildung 8.5a gezeigte Form hat. Unmittelbar (t = 0) nach oralem Genuss ethanolhaltiger Getränke (bzw. Speisen) steigt sie zunächst an, erreicht ein Maximum und fällt spätestens zwei Stunden nach Trinkende linear ab. Traditionell (wenn auch pharmakokinetisch nicht ganz korrekt) wird der ansteigende, durch einen positiven Nettoethanolzufluss charakterisierte Teil **Resorptionsphase**, der abfallende, durch einen negativen Nettoethanolabfluss charakterisierte Teil **Eliminationsphase** genannt. Während der ansteigende Teil der Blutalkoholkurve mathematisch unzureichend erfassbar ist, gehorcht der spätestens zwei Stunden nach Trinkende auftretende abfallende Teil einer Geradengleichung

$$c_E = c_o - \beta t. \tag{5}$$

In Worten: Die in der Eliminationsphase sich zum Zeitpunkt t einstellende Blutethanolkonzentration c_E entspricht der Differenz aus der Blutethanolkonzentrationsbelastung c_o minus der vom Anfangszeitpunkt der oralen Ethanolbelastung bis zum Zeitpunkt t wirksam gewordenen Konzentrationsabfallrate $-\beta t$. Der Wert c_o ergibt sich durch den Schnittpunkt der retrograden Verlängerung des linearen Anteiles der Blutethanolkonzentrationskurve mit der Ordinate. Der beobachtete lineare Abfall legt die Vermutung nahe, dass zumindest in der Eliminationsphase der Ethanolabfluss I_o konstant ist, also der Ethanolumsatz konzentrationsunabhängig ist. Die Gleichung (5) eröffnet die Möglichkeit

- der Rückrechnung,
- der Ethanolbilanzierung und
- der Berechnung von Erwartungswerten der Blutethanolkonzentration nach vorangegangenem Ethanolgenuss.

Rückrechnung (► s. Abb. 8.5a): Hat man nach einem Vorfallszeitpunkt t_{VZ}, zu dem die Blutethanolkonzentration interessiert, eine einem Blutentnahmezeitpunkt t_{BE} zuzuordnende gemessene Blutethanolkonzentration c_{BE}, so errechnet sich (► s. Abb. 8.5a) die Blutethanolkonzentration c_{VZ} zum Vorfallszeitpunkt t_{VZ} nach

$$c_{VZ} = c_{BE} + \beta(t_{BE} - t_{VZ}). \tag{6}$$

Wichtig

Für die Beurteilung der Fahrtüchtigkeit ist hier in dubio pro reo mit dem unteren Grenzwert von $\beta = 0{,}1$ ‰/h^{-1} zurückzurechnen.

Uneingeschränkt darf diese Rechnung bei nicht bekannter Resorptionskinetik nur bis hin zu einem Zeitpunkt erfolgen, der zwei Stunden nach der letzten Alkoholaufnahme liegt. Die Rechtsprechung verbietet allerdings nicht, auch dann näher als zwei Stunden zum Zeitpunkt der letzten Ethanolaufnahme hin zurückzurechnen, wenn erwiesenermaßen der Abschluss der Resorption entsprechend rascher als zwei Stunden nach dem Ethanolkonsumende eingetreten ist.

Wichtig

Für die Beurteilung der Schuldfähigkeit ist die Blutethanolkonzentrationshöhe zum forensisch relevanten Zeitpunkt mit dem oberen Grenzwert der Blutethanolkonzentrationsabfallrate, nämlich mit $\beta = 0{,}2$ ‰/h^{-1}, ohne Berücksichtigung des zweistündigen postkonsumptiven Karenzintervalls auf den rechtsrelevanten Zeitpunkt zu berechnen.

Kann ein **Diffusionssturz** nicht ausgeschlossen werden, so ist, um die nicht ausschließbar maximale Blutethanolkonzentration zum rechtsrelevanten Zeitpunkt zu erhalten, zu der mit der Gleichung (6) errechneten Konzentrationshöhe, der durch den Diffusionssturz begründete Konzentrationsabfall von 0,2 ‰ wieder hinzuzuaddieren (► s. Abb. 8.5b). Gleichung (6) ist also zu ergänzen zu

$$c'_{VZ} = c_{BE} + \beta(t_{BE}-t_{VZ}) + 0{,}2 ‰. \tag{7}$$

Definition

Der Diffusionssturz kann nur verstanden werden, wenn für die Distribution ein Dreikompartimentmodell zugrunde gelegt wird (▶ s. Abb. 8.4). Ein aus dem Kompartiment K_I sturzartig eingeschleuster Ethanolzufluss I_i in das Kompartiment K_B kann nicht mit derselben Flussrate in das Kompartiment K_G abgegeben werden und „staut" sich infolgedessen im Kompartiment K_B auf. Nach kleiner werdendem Zufluss I_i wird das „Reservoir" zügig in das Kompartiment K_G entleert, was zu einem Konzentrationsabfall führt, der einen steileren Verlauf hat als die Eliminationsgerade (▶ s. Abb. 8.5b). Sind zwischen K_B und K_G die Konzentrationspegel ausgeglichen, wird aus beiden Kompartimenten mit der Eliminationsleistung b (g/h) abgebaut. Entsprechend stellt sich für den Konzentrationsabfall die Steigung -β ein.

Bilanzierung (▶ s. Abb. 8.5a): Ist zwischen dem Zeitpunkt des Beginns der Ethanolaufnahme und dem Zeitpunkt der Blutentnahme die Zeit t_{BE} vergangen und hat die Blutethanolkonzentration zum Zeitpunkt der Blutentnahme t_{BE} den Wert c_{BE}, so kommt man unter der Annahme eines konzentrationsunabhängigen konstanten Ethanolumsatzes mit der Rechenoperation

$$c_o = c_{BE} + \beta t_{BE} \quad (8)$$

zu einer Blutethanolkonzentrationsbelastung c_o. Multipliziert man diese mit der reduzierten Körpermasse P so erhält man eine Ethanolmengenbelastung von

$$E_o = c_o \times P, \quad (9)$$

die allerdings bis zu 30 % kleiner sein kann, als die tatsächlich aufgenommene Menge E^G.

Dass E_0 kleiner als E^G werden kann, wird als so genanntes **Ethanoldefizit** bezeichnet und ist wie folgt zu erklären (▶ s. Abb. 8.5c):

Es kann nicht davon ausgegangen werden, dass bei während der Resorption stattfindender hoher Konzentrationsanflutung der **Leber** auch in dieser Phase der Ethanolumsatz konzentrationsunabhängig (I_0) ist. Man hat vielmehr von einem in ◼ Abbildung 8.5c dargestellten **konzentrationsabhängigen Abbau I_0* auszugehen**, der in der Anflutungsphase, also bei **hoher Ethanolkonzentration im Portalblut**, vergleichsweise **höher ist als in der postresorptiven Phase.** Die gesamte – der aufgenommenen Ethanolmenge entsprechende – Ethanolmenge E^G ergibt sich dann nicht, wie in ◼ Abbildung 8.5a unterstellt, durch einfache retrograde Extrapolation der Eliminationsgeraden, sondern vermittels Anwendung der I*-Kurve durch die darüber liegende Kurve, die die Ordinate bei E^G schneidet. Dieser tatsächlich aufgenommenen und auch abgebauten Menge entspricht die Konzentration c_o^{max}. Es bestehen also gegenüber der mithilfe der einfachen retrograden Extrapolation ermittelten Menge bzw. Konzentration die Differenzen

$$\Delta E_o = E^G - E_o \text{ bzw. } \Delta c_o = c_o^{max} - c_o. \quad (10)$$

Man bezeichnet diese Differenzen (pharmakokinetisch „inkorrekt") als Defizit. Es ist also nach Formel (10)

$$c_0 = \left(1 - \frac{\Delta c_0}{c_0^{max}}\right) c_0^{max} \quad (11a)$$

und wegen $c_0^{max} = \frac{E^G}{P}$ und mit $\rho = \frac{\Delta c_0}{c_0^{max}}$

$$c_0 = (1-\rho)\frac{E^G}{P}. \quad (11b)$$

ρ ist das „relative Defizit". Um c_o errechnen zu können, ist also nicht die gesamte Ethanolmenge, sondern die um den Prozentsatz ρ verminderte Ethanolmenge einzusetzen. ρ nimmt Werte von ρ = 10 % bis ρ = 30 % an.

Statt für die Bilanzierung den über den konstanten Ethanolabfluss hinausgehenden Differenzbetrag $\Delta I_o = I_o^* - I_o$ zu berücksichtigen (▶ s. Abb. 8.5d), kann dieser (formal gesehen!) unmittelbar von vorne herein vom resorptionsbedingten Massenzufluss I_i abgezogen werden. Dann würde ein verminderter Massenzufluss $I_i - \Delta I_o$ die Differenz ΔE_o bzw. Δc_o erklären. Ein verminderter Massenzufluss würde formal einer unvollständigen Resorption, einem sog. **Resorptionsdefizit**, gleichkommen. **Das Resorptionsdefizit ist also ein virtueller Begriff.**

Berechnung des Erwartungswertes: Kann die aufgenommene Ethanolmenge E^G abgeschätzt werden, so kann bei gegebenem Körpergewicht und fixiertem Konsumbeginn t_o für einen forensisch relevanten Zeitpunkt t_{VZ} die Erwartungskonzentration c_E mithilfe des obigen Zusammenhanges (11b) theoretisch gemäß

$$c_E = c_o - \beta(t_{VZ} - t_o) \quad (12)$$

berechnet werden. Hier ist natürlich für c_o der mithilfe der Gleichung (11b) zu ermittelnde für einen Angeklagten günstigste Wert einzusetzen, also bei der Ermittlung der Mindestkonzentration (Prüfung der Fahrunsicherheit) unter Verwendung von ρ = 30 % und bei Ermittlung der Höchstkonzentration (Schuldfähigkeit) unter Verwendung von ρ = 10 %.

Beispiel für die Errechnung des Erwartungswertes: Ein 70 kg schwerer normalkonstituierter Mann verzehre von 20.00 Uhr (to) bis 22.00 Uhr insgesamt 70 g Ethanol. In welchem Bereich wird sein Blutethanolspiegel um 24.00 Uhr (t_{VZ}) erwartet?

1. **Schritt:** Berechnung der Blutethanolkonzentrationsbelastung
   - (Widmark-Faktor: 0,7, da normalkonstituiert)
   - red. Körpermasse: P = 0,7 × 70 kg = 49 kg
   - Blutethanolkonzentrationsbelastung:

$$c_0 = (1-\rho)\frac{E^G}{P}$$

z.B. für ρ = 30%

$$c_0 = (1-0,3)\,\frac{70}{49}\left[\frac{g}{kg}\right]$$

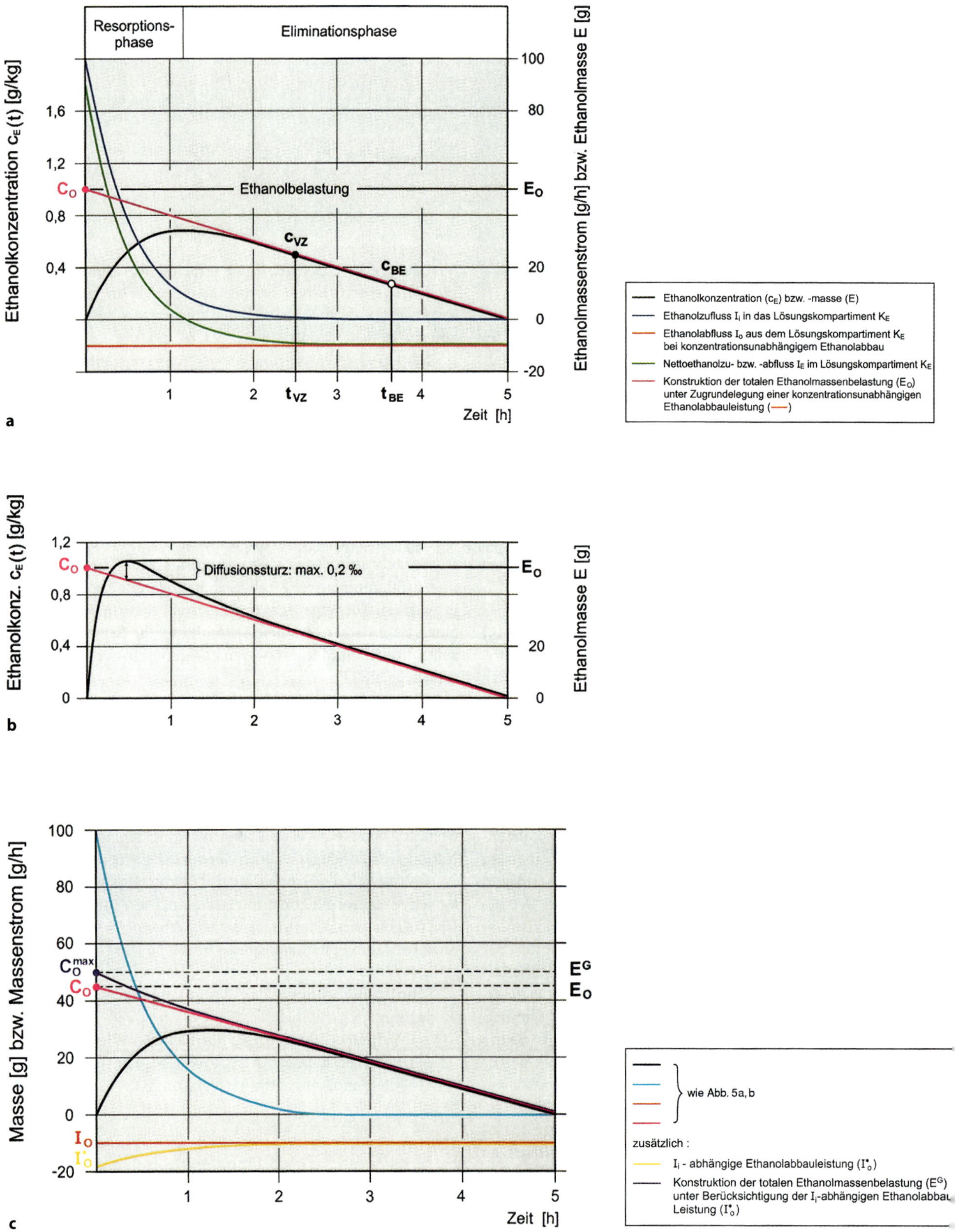
Resorptions-phase
Eliminationsphase
Ethanolkonzentration $c_E(t)$ [g/kg]
Ethanolmassenstrom [g/h] bzw. Ethanolmasse E [g]
1,6
1,2
0,8
0,4
100
80
20
0
-20
C_O
Ethanolbelastung
E_O
c_{VZ}
c_{BE}
1
2
t_{VZ}
3
t_{BE}
4
5
Zeit [h]
a
Ethanolkonzentration (c_E) bzw. -masse (E)
Ethanolzufluss I_i in das Lösungskompartiment K_E
Ethanolabfluss I_o aus dem Lösungskompartiment K_E bei konzentrationsunabhängigem Ethanolabbau
Nettoethanolzu- bzw. -abfluss I_E im Lösungskompartiment K_E
Konstruktion der totalen Ethanolmassenbelastung (E_O) unter Zugrundelegung einer konzentrationsunabhängigen Ethanolabbauleistung (—)
Ethanolkonz. $c_E(t)$ [g/kg]
Ethanolmasse E [g]
1,2
0,8
0,4
0
C_O
Diffusionssturz: max. 0,2 ‰
E_O
20
0
1
2
3
4
5
b
Masse [g] bzw. Massenstrom [g/h]
100
80
60
40
20
0
-20
C_O^{max}
C_O
E^G
E_O
I_O
I_O^*
1
2
3
4
5
Zeit [h]
c
wie Abb. 5a, b
zusätzlich :
I_i - abhängige Ethanolabbauleistung (I_o^*)
Konstruktion der totalen Ethanolmassenbelastung (E^G) unter Berücksichtigung der I_i-abhängigen Ethanolabbau Leistung (I_o^*)

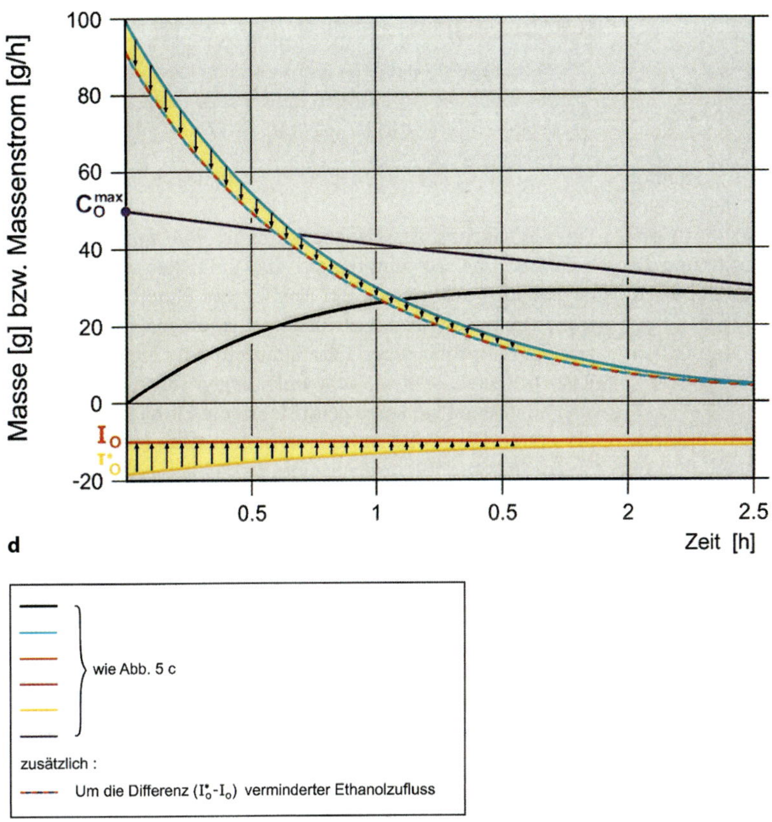

Abb. 8.5. **a** Ethanoleinstrom- und -ausstromkurven, Ethanolnettozu- und -abfluss. I_i Ethanoleinstrom in K_E; I_o Ethanoleliminationsstrom aus K_E. **b** Diffusionssturz. Überschießen der Ethanolkonzentration über die nach retrograd verlängerte Eliminationsgerade. **c** Sog. Ethanoldefizit. Die retrograde lineare Verlängerung der Eliminationsgeraden führt zur vermeintlichen Ethanolkonzentrationsbelastung C_0 bzw. zur vermeintlichen Ethanolmassenbelastung E_0. Diese sind kleiner als die wahre Ethanolkonzentrationsbelastung bzw. die wahre Ethanolmassenbelastung E^G; daher ein scheinbares Defizit $\Delta E = E^G - E_0$. Zur wahren Ethanolmassenbelastung gelangt man, wenn man für die retrograde Extrapolation statt der linearen Verlängerung der Eliminationsgeraden den tatsächlichen konzentrationsabhängigen Eliminationsstrom I_0 zugrunde legt **d** Der Wahre Eliminationsstrom I^* ist größer als der als konstant angenommene I. Die Differenz ist zum Zeitpunkt Null (t = 0) $\Delta I = I_o - I_o^*$; damit ist der Ethanolnettozufluss in den Distributionsraum um die Differenz $(I_o - I_o)$ kleiner

2. Schritt: Berechnung des Blutethanolkonzentrationserwartungswertes

$$- c_E = c_o - \beta\,(t_{VZ} - t_o)$$
$$= 1{,}00\ ‰ - 0{,}1\ ‰/h^{-1}\ (\text{bzw.} - 0{,}2\ ‰/h^{-1}) \times (24.00 - 20.00\ \text{Uhr})$$
$$= 0{,}6\ (\text{bzw. } 0{,}2)\ ‰$$

Der um 24.00 Uhr erwartete Blutethanolkonzentrationswert liegt also zwischen 0,6 ‰ und 0,2 ‰.

Nachtrunk

Oft wird für den Zeitraum, der zwischen dem rechtserheblichen Zeitpunkt t_{VE} und dem Zeitpunkt der Blutaufnahme t_{BE} liegt, ein Nachtrunk von ethanolhaltigen Getränken geltend gemacht. Vollständige Resorption vorausgesetzt, ist die durch den (mit einer Ethanolmassenaufnahme von E_N verbundenen) Nachtrunk begründete Blutethanolkonzentrationsbelastung c_N gemäß der obigen

Berechnungsformel mit $c_N = \frac{E_N}{P}$ für die Berechnung des

Blutethanolkonzentrationswertes zum rechtserheblichen Zeitpunkt in Abzug zu bringen, bei Berücksichtigung eines „Nachtrunkethanoldefizits" entsprechend weniger.

Fallbeispiele

Berechnung der Tatzeit-BAK

Trinkende 19.00 Uhr

Vorfall 22.00 Uhr

BAK um 0.00 Uhr: 0,7 ‰

Die Resorption des aufgenommenen Alkohols ist 2 Stunden nach Trinkende mit Sicherheit abgeschlossen, so dass eine Rückrechnung vom Blutentnahmezeitpunkt 0.00 Uhr auf den Vorfallszeitpunkt 22.00 Uhr möglich ist. Zur Berechnung der Mindest-BAK wird ein Abbauwert von 0,1 ‰ pro Stunde zugrunde gelegt.

Mindest-BAK: Vorfall bis Blutentnahme = Zeitpunkt um 0.00 Uhr

$$2\,h \times 0{,}1\,‰ + 0{,}7\,‰ = 0{,}9\,‰$$

Die Rückrechnungskarenzzeit von 2 Stunden nach Trinkende kann bei geringerer Alkoholbelastung kürzer sein:
- bei einer Alkoholbelastung von 0,5 g/kg/h etwa 60–90 Minuten
- nach 0,3 g/kg/h etwa 30–60 Minuten.

Berechnung der maximalen BAK:

Vorfall 03.20 Uhr

Blutentnahme 05.20 Uhr

In dieser Blutprobe eine BAK von 2,75 ‰.

Zur Ermittlung der maximalen BAK ist zurückzurechnen mit einem Abbauwert von 0,2 ‰ pro Std. + einem Zuschlag von 0,2 ‰:

$$2\,h \times 0{,}2\,‰ + 2{,}75\,‰ + 0{,}2\,‰ = 3{,}35\,‰$$

Berechnung von BAK aus Trinkangaben:

Eine 25 Jahre alte Frau trinkt zwischen 17.00 und 19.00 Uhr 3 Bier à 0,3 Liter sowie 4 Glas Sekt à 0,1 Liter. Um 21.00 Uhr ist sie als Pkw-Fahrerin in einen Verkehrsunfall verwickelt. Da sie sich vom Unfallort entfernt, kann keine Blutentnahme durchgeführt werden. Zur Beurteilung der BAK zum Vorfallszeitpunkt sind daher die Trinkangaben heranzuziehen:

Reduziertes Körpergewicht = 65 kg x 0,6 (r-Wert weiblich) = 39 kg
- Alkoholgehalt: Bier 40 g/Liter, Sekt 10 g/100 ml
- 30 % Resorptionsdefizit ⇒ 53,2 g
- $\frac{53{,}2\,g}{39k\,g} = 1{,}36\,‰$

Vorfall 4 h nach Trinkbeginn und 2 Stunden nach Trinkende
- Abbaurate 0,1 ‰/h: 0,96 ‰
  0,15 ‰/h: 0,76 ‰
  0,2 ‰/h: 0,56 ‰

Allgemeines zur Überprüfung der Nachtrunkbehauptung. Die Angabe des Nachtrunks kann eine reine Schutzbehauptung sein. Sie bedarf daher häufig der Nachprüfung.

Wichtig

Wesentliche Prüfkriterien sind die Kompatibilität der pharmakokinetischen Daten, des klinischen Zustands und des begleitstoffanalytischen Spektrums (s. unten) mit den Nachtrunkangaben.

Für die Klärung des Nachkonsums ist eine zweite Blutprobenentnahme zu empfehlen. Da unmittelbar nach vorliegendem Nachkonsum ein Anstieg der Blutethanolkonzentration zu erwarten ist, wird die Blutethanolkonzentration einer zweiten Blutprobe, deren Entnahmezeitpunkt einerseits in der Resorptionsphase des Nachtrunks liegen sollte, andererseits aber eine genügend lange Zeitdistanz zum Entnahmezeitpunkt der ersten Blutprobenentnahme haben sollte (eine halbe bis dreiviertel Stunde), im Falle eines tatsächlich erfolgten Nachtrunks über der Blutethanolkonzentration der zuerst entnommenen liegen. Liegt der Blutethanolkonzentrationsspiegel der Zweitentnahme tiefer als derjenige der Erstentnahme, so ist dieses Ergebnis ein Indiz für das Vorliegen der nicht mit einer Nachtrunkbehauptung korrelierenden Eliminationsphase, obwohl es wegen der etwaigen Oszillationen, denen die Blutethanolkonzentrationskurve unterliegt, das Vorliegen der Resorptionsphase nicht sicher ausschließt.

Nach Vorliegen der gesamten Konsumangaben (also für den vor dem rechtserheblichen Zeitpunkt liegenden **Vorkonsum und** für den nach dem rechtserheblichen Zeitpunkt liegenden **Nachkonsum**) kann auf der Basis der oben angeführten pharmakokinetischen Bilanzierungsüberlegungen der Bereich des Blutethanolkonzentrationserwartungswerts für den Blutentnahmezeitpunkt bestimmt werden. Liegt die gemessene Blutethanolkonzentration nicht in diesem Bereich, so ist die Richtigkeit der Konsumangaben in ihrer Gesamtheit zu verwerfen, diese sind damit für die Beurteilung der Alkoholisierung zum rechtserheblichen Zeitpunkt unbrauchbar geworden.

Nach Konsum verhältnismäßig hoher Mengen hochprozentiger Alkoholika innerhalb eines kürzesten Zeitraums (Beispiel: 100 ml Whisky in 15 min) kommt es zu einer vehementen Zunahme der Trunkenheitssymptomatik bis hin zu kollaptischen Erscheinungen mit Übelkeit und Erbrechen. Wegen zu hoher Volumenbelastung des Magens können exorbitante Mengen Ethanol über niedrigprozentige Alkoholika innerhalb kürzester Zeitintervalle nicht zugeführt werden. Ganz abgesehen von einem oft entstehenden Eindruck der Wirklichkeitsferne der Schilderung eines Trinkzeitfolgeablaufs entbehrt es auch häufig der Nachvollziehbarkeit und Verstehbarkeit der Motivation eines vorgebrachten extremen Nachtrunkverhaltens, so dass sich schon hieraus schwerwiegende Zweifel an der Richtigkeit der Nachtrunkangabe ergeben können.

Wichtig

Bei der Prüfung der Glaubhaftigkeit einer Nachtrunkbehauptung ist also auch auf die Motivation für den Nachtrunk, den Trinkzeitfolgeablauf und die sich steigernde Trunkenheitssymptomatik zu achten.

Begleitstoffanalyse. Mit dem Genuss alkoholischer Getränke werden in der Regel auch Begleitstoffe, nämlich aliphatische Alkohole zugeführt. Mit der Erforschung der Pharmakokinetik der Begleitstoffe hat sich **Bonte** befasst, nach dessen Messung sich für verschiedene Getränkesorten die in ■ Tabelle 8.1 wiedergegebenen Konzentrationen ergeben.

Seit die Begleitstoffe gaschromatographisch nachgewiesen werden können, ist es möglich geworden, Nachtrunkeinlassungen auch mittels physikalisch-chemischer Analysen zu überprüfen. Unter Kenntnis der Menge der mit den alkoholischen Getränken aufgenommenen Begleitstoffe und ihrer pharmakokinetischen Eigenschaften können die Grenzen für die Erwartungswerte der Konzentrationen dieser Begleitstoffe zum Zeitpunkt der Blutentnahme angegeben werden. Stimmt das erwartete Begleitstoffspektrum qualitativ oder/und quantitativ nicht mit dem in der Blutprobe gemessenen überein, so ist die Nachtrunkeinlassung als widerlegt zu betrachten. Die für die Berechnung der Erwartungswerte C_E^{BGS} einzusetzende Formel entspricht wegen der nichtlinearen Eliminationskinetik nicht der vergleichsweise einfachen „Ethanolformel" (12), sondern sie ist vom exponentiellen Typ und lautet:

$$c_E^{BGS} = \frac{E_0^{BGS}}{r^{BGS} \cdot KG} \cdot e^{-k\left[\frac{\tau}{2} + (t_{BE} - t_{TE})\right]}. \qquad (13)$$

In dieser Formel (13) bedeuten:

- E_o^{BGS}: insgesamt aufgenommene Begleitstoffmenge
- KG: Körpermasse
- r^{BGS}: Distributionsfaktor (entsprechend dem Widmark-Faktor für Ethanol)
- t_{BE}: Blutentnahmezeitpunkt
- t_{TE}: Ende des Nachtrunks („Trinkende")
- τ: Trinkzeit
- k: Eliminationskonstante

Es finden sich z.B. für die Begleitstoffe **n-Propanol** und **iso-Butanol** die in ■ Tabelle 8.2 erstellten Werte für den Distributionsfaktor r^{BGS} bzw. die Eliminationskonstante k.

Für Blutentnahmezeiten, die 30 min. bzw. 90 min. bzw. 150 min. nach Trinkende liegen, können unter Verwendung der

Konzentrationsbelastung $c_o^{BGS} = \frac{E_o^{BGS}}{r^{BGS} \cdot KG}$

statt der komplizierten Formel (13) die folgenden Korrelationsformeln für die:
Erwartungswerte benutzt werden: c_E^{BGS}

Infobox

Methanol $r^{BGS}_{Meth.}$ wie Äthanol

30 min nach Trinkende (t_{TE}): $c_E^{BGS} = 0{,}79 \cdot c_o^{BGS} + 0{,}01 \pm 0{,}58$

90 min nach Trinkende (t_{TE}): $c_E^{BGS} = 0{,}89 \cdot c_o^{BGS} + 0{,}08 \pm 0{,}44$

150 min nach Trinkende (t_{TE}): $c_E^{BGS} = 0{,}95 \cdot c_o^{BGS} + 0{,}16 \pm 0{,}28$

■ Tabelle 8.1. **Begleitstoffkonzentrationen von Cognac, Armagnac, Deutschem Weinbrand und Schottischem Whisky**

	Begleitstoffkonzentrationen (mg/l)			
	Cognac	Armagnac	Dt. Weinbrand	Schott. Whisky
Methanol	30–123	21–113	31–103	65–123
Propanol-1	36–63	27–44	25–49	129–276
Butanol-1	0–0,3	0–0,3	0–1	0
Butanol-2	0–1,5	0–0,3	0,3–5	0
Isobutanol	74–128	55–104	51–89	174–430
2-Methylbutanol-1	24–51	29–53	20–49	
3-Methylbutanol-1	141–246	162–220	128–253	190–540*

* Die Konzentrationen von 2-Methylbutanol-1 und 3-Methylbutanol-1 wurden zusammengefasst. (Messungen durch Bonte)

■ Tabelle 8.2. **Distributionsfaktoren (r^{BGS}) und Eliminationskonstanten (k) für die gängigen Begleitstoffe Propanol-1 und Isobutanol**

	Distributionsfaktor (r^{BGS})			Eliminationskonstante (k)		
	min.	mittel	max.	min.	mittel	max.
Propanol-1	0,6	0,7	0,8	0,13 h^{-1}	0,21 h^{-1}	0,3 h^{-1}
Isobutanol	1,1	1,3	1,5	0,33 h^{-1}	0,33 h^{-1}	0,41 h^{-1}

Propanol-1 $r^{BGS}_{Prop.}$

30 min nach Trinkende (t_{TE}): $c^{BGS}_{E} = 0{,}72 \cdot c^{BGS}_{o} \pm 0{,}05$

90 min nach Trinkende (t_{TE}): $c^{BGS}_{E} = 0{,}59 \cdot c^{BGS}_{o} + 0{,}01 \pm 0{,}07$

150 min nach Trinkende (t_{TE}): $c^{BGS}_{E} = 0{,}48 \cdot c^{BGS}_{o} + 0{,}01 \pm 0{,}12$

Butanol-2 r^{BGS}_{Blut-2}

30 min nach Trinkende (t_{TE}): $c^{BGS}_{E} = 0{,}80 \cdot c^{BGS}_{o} + 0{,}40 \pm 0{,}56$

90 min nach Trinkende (t_{TE}): $c^{BGS}_{E} = 1{,}03 \cdot c^{BGS}_{o} + 0{,}52 \pm 0{,}44$

150 min nach Trinkende (t_{TE}): $c^{BGS}_{E} = 0{,}88 \cdot c^{BGS}_{o} + 0{,}54 \pm 0{,}46$

Isobutanol $r^{BGS}_{I-Blut.}$

30 min nach Trinkende (t_{TE}): $c^{BGS}_{E} = 0{,}56 \cdot c^{BGS}_{o} + 0{,}03 \pm 0{,}11$

90 min nach Trinkende (t_{TE}): $c^{BGS}_{E} = 0{,}40 \cdot c^{BGS}_{o} + 0{,}03 \pm 0{,}09$

150 min nach Trinkende (t_{TE}): $c^{BGS}_{E} = 0{,}30 \cdot c^{BGS}_{o} \pm 0{,}04$

Es ist im Rahmen der Nachtrunkbegutachtung darauf zu achten, dass die Eliminationsgeschwindigkeit der aliphatischen Alkohole mit zunehmender Ethanolkonzentration abnimmt, weil sowohl die aliphatischen Alkohole als auch Ethanol über den selben Stoffwechselpfad abgebaut werden, dessen Engpass in der durch die ADH katalysierten Oxidation besteht. Da Methanol nicht als ein von außen zugeführter Stoff auftritt, sondern auch endogen gebildet wird, ist unter längerer Ethanolexposition mit einem endogen begründeten Methanolanstieg zu rechnen, da der Abbau durch Ethanol blockiert wird (daher wird Methanol auch als Alkoholismusmarker benutzt).

Die Diskriminanzeigenschaften der Begleitstoffanalyse sind natürlich umso besser, je mehr sich der in Rede stehende Nachtrunk hinsichtlich der Qualität und der Quantität von dem alkoholischen Vorkonsum unterscheidet. So ist die Chance der erfolgreichen Überprüfbarkeit eines behaupteten Nachkonsums von 120 ml Weinbrand nach vorausgegangenem Bierkonsum von 1 l erheblich höher als diejenige, die von einem behaupteten Nachkonsum von etwa einem Bier (0,3 l) und einem Cognac (20 ml) nach vorangegangenem Bierkonsum unbekannter Menge auszugehen hat. Die Diskriminanz wird erheblich erhöht, wenn das angeblich nachgetrunkene Getränk zur Verfügung steht und dessen Begleitstoffe gemessen werden können. Es ist erwiesen, dass auch **Fäulnisprozesse** die Erzeugung von Begleitstoffen hervorzurufen vermögen. Daher stellt die Begleitstoffanalyse länger gelagerter Blutproben ein nicht unerhebliches Problem dar, besonders wenn zudem ein fäulnisbedingter Ethanolkonzentrationsschwund festgestellt wurde.

Ethanolnachweis

Gewinnung von Untersuchungsmaterial. Prinzipiell kann Ethanol in allen zur Verfügung stehenden Körperflüssigkeiten (Blut, Speichel, Urin, Liquor) und im Atem quantitativ nachgewiesen werden.

Infobox

Da aber den Gesetzen der Pharmakokinetik gehorchend die Ethanolspiegel zu einem festen Zeitpunkt – besonders in der Resorptionsphase – in den verschiedenen Geweberäumen und damit in den verschiedenen Körperflüssigkeiten, ja sogar in den verschiedenen Gefäßabschnitten (▶ s. Abb. 8.1) zum Teil erheblich differieren, ist es zwingend notwendig, sich auf ein **Substrat aus einem definiertem Teillösungsraum des Körpers** festzulegen. Aus diesem Gesichtspunkt heraus wurde als Untersuchungssubstrat zweckmäßigerweise das nach strengen Kautelen aus der **Kubitalvene** zu entnehmende venöse Blut gewählt. Die Entnahme muss von einem Arzt durchgeführt werden. Die Entnahme erfolgt mit einer Vakuumkanüle nach vorheriger sachgemäßer Hautdesinfektion mit Sublimat (nicht mit einer alkoholischen Lösung!). Zum Zeitpunkt der Entnahme ist von der Polizei ein Polizeibericht und vom untersuchenden Arzt ein ärztlicher Bericht anzufertigen. Gemäß der Grundkonzeption des Gutachtens des BGA „Alkohol bei Verkehrsstraftaten" werden diese Berichte mithilfe von in den Bundesländern leicht differierenden Formblättern durchgeführt, von denen das in Baden-Württemberg eingeführte im Folgenden exemplarisch gezeigt wird (◘ Abb. 8.6a,b, s. S. 420, 421). Zusätzliche Feststellungen werden oftmals von der Polizei im sog. „Torkelbogen" getroffen (◘ Abb. 8.9, s. S. 438).

Rechtsgrundlage für die Gewinnung von Blut Beschuldigter ist § 81a Abs. 1 StPO. Im OWi-Verfahren findet § 81a Abs. 1 S. 2 StPO mit der Einschränkung Anwendung, dass nur die Entnahme von Blutproben und andere geringfügige Eingriffe zulässig sind (§ 46 Abs. 4 OWiG).

Wichtig

Auf der gesetzlichen Grundlage des § 81c StPO darf grundsätzlich auch Zeugen Blut entnommen werden.

Die Blutentnahme ist allerdings unzulässig, wenn ein Zeugnisverweigerungsrecht besteht und von diesem Gebrauch gemacht werden soll. Sie ist auch zu unterlassen, wenn sie den Betroffenen unter Würdigung aller Umstände nicht zugemutet werden kann.

Wichtig

Grundsätzlich ist ein Arzt zur Blutentnahme nicht verpflichtet, es sei denn, er ist nach §§ 75 ff. StPO als Sachverständiger bestellt. Dann allerdings würden ihm bei Weigerung Ordnungsstrafen drohen.

Sowohl der beamtete Arzt als auch der angestellte Arzt können zwar in einem Innenverhältnis zur Blutentnahme verpflichtet sein, nie folgt daraus aber eine Folgeleistungspflicht gegenüber der Polizei.

Wichtig

Der Arzt wird eine Blutentnahme in jedem Fall verweigern müssen, wenn er konkrete Nachteile für die Gesundheit befürchten muss.

Solche sind hinsichtlich einer Punktion jedoch fast auszuschließen, wenn man bedenkt, dass auch der schwerstkranke Patient ohne Gesundheitsschaden punktiert wird. Der Arzt hat aber darauf zu achten, dass die Begleitumstände einer Blutentnahme nicht zu Gesundheitsschäden führen (z.B: gegen klinische Gesichtspunkte stehende Umlagerung und daraus folgende Gesundheitsgefährdung).

Wichtig

Verpflichtet sich der Arzt zur Blutentnahme, so verpflichtet er sich auch zur Durchführung der körperlichen Untersuchung und zur Anfertigung eines diesbezüglichen ärztlichen Berichtes. Erfordern die körperlichen Untersuchungen eine aktive Mitarbeit des zu Untersuchenden, so kann der zu Untersuchende diese verweigern, denn es besteht sowohl für die Blutentnahme selbst als auch für die Untersuchung eine Duldungspflicht, jedoch keine Handlungspflicht.

Zuweilen muss im Rahmen verkehrsrechtlicher Straf- und OWi-Sachen auch **Leichenblut** auf Ethanol hin untersucht werden. Hier hat zur Vermeidung postmortaler Konzentrationsverfälschungen die Blutentnahme aus der **Oberschenkelvene** zu erfolgen. Die Entnahme ist rechtlich zulässig. Sie kann außer vom Arzt auch von anderem hierzu qualifiziertem Personal (z.B. dem Obduktionsgehilfen) durchgeführt werden.

Vorprobe. Der Blutentnahme geht in der Regel eine Vorprobe in Form der **Messung des Atemalkohols** voraus.

Da Ethanol im Wege des oben besprochenen Verteilungsvorgangs (► s. Abb. 8.2) auch in den Dampfraum der Lunge gelangt, kann als Untersuchungsmaterial statt Blut auch Luft aus dem Raum der Lungenalveolaren verwendet werden, in der die Konzentration des Ethanoldampfs, die Atemalkoholkonzentration, gemessen wird. Dies ist durch eine aufwendige Technik möglich. Die Messgenauigkeit der Methode ist hinreichend genau (Beschreibung s. unten, „Nachweisverfahren").

Wichtig

Wenn auch statistisch eine Korrelation zwischen der Blutethanolkonzentration einerseits und der Atemalkoholkonzentration andererseits besteht, so ist aus pharmakokinetischer Sicht jedoch zu bedenken, dass wegen ihrer grundsätzlich verschiedenartigen zeitlichen Konzentrationsverläufe die Blutethanolkurve und die Atemethanolkurve nicht durch eine einfache lineare Maßstabstransformation ineinander überführbar sind. Allein dieser Umstand der mangelnden Kompatibilität verbietet die vorbehaltlose Parallelverwendung von Atem- und Blutethanolkonzentration.

Nachweisverfahren. Für die Ermittlung der Blutethanolkonzentration ist die Anwendung von zwei Messverfahren vorgeschrieben. Während in den meisten Laboratorien das Widmark-Verfahren wegen der mangelnden Spezifität der Methode nicht mehr durchgeführt wird (es wird daher hier nicht mehr erklärt), finden das **ADH-Verfahren** und das **gaschromatographische Verfahren** Anwendung.

Wichtig

Das **ADH-Verfahren** ist alkoholspezifisch. Es ist eine enzymatische Methode, die dem ersten Schritt des biochemischen Ethanolabbaus in der Leber entspricht. Das Enzym Alkoholdehydrogenase (ADH) katalysiert wie bereits aufgeführt die Reaktion:

$$C_2H_5OH + NAD^+ \Leftrightarrow CH_3COH + NADH + H^+,$$

bei der Ethanol (C_2H_5OH) zu Acetaldehyd (CH_3COH) oxidiert wird und bei der gleichzeitig das Coenzym Nicotinamid-Adenin-Dinukleotid (NAD) in seine hydrierte Form NADH überführt wird.

Die Reaktion geschieht in einem Puffer, der das Gleichgewicht der Reaktion extrem nach rechts verschiebt. Daher ist die so entstehende NADH-Konzentration proportional zur Ausgangsethanolkonzentration. NADH weist im Gegensatz zu NAD eine starke Lichtabsorptionsfähigkeit bei einer Wellenlänge von 350 nm auf und kann somit photometrisch leicht nachgewiesen werden. Dem Verfahren hat eine Eichung vorauszugehen, die den Richtlinien des Bundesgesundheitsamts zur Frage „Alkohol bei Verkehrsstraftaten" zu entsprechen hat. Als Untersuchungsgut wird Serum verwandt. Bei der Berechnung des Ethanolgehalts des Vollbluts sind das spezifische Gewicht des Serums und das Verteilungsverhältnis von Serum zu Vollblut zu berücksichtigen, so dass das mithilfe der Eichung ermittelte Konzentrationsergebnis durch den Divisor 1,236 zu teilen ist. Das ADH-Verfahren wird mit einer relativen (also auf den Mittelwert bezogenen) Genauigkeit von 0,8 % angegeben, ist also eine Methode, die den forensischen Genauigkeitsanforderungen genügt. Es bietet darüber hinaus den Vorteil, dass es voll automatisierbar ist.

Da die ADH zwar alkoholspezifisch, nicht jedoch ethanolspezifisch ist, könnten in Gegenwart anderer Alkohole (Methylglykol, sek.-Butanol, Ethylenglykol, Butanol-1, Propanol-1, Alkylalkohol) theoretisch falschpositive Konzentrationsüberhöhungen auftreten. Da aber diese Stoffe (außer bei Vergiftungen) im Blut nicht in entsprechenden Konzentrationen vorkommen, sind dahingehende Veränderungen nicht zu erwarten.

Einsendende Polizeidienststelle .... Geschäftsnummer

Protokoll und Antrag zur Feststellung von

	im Blut	Anzahl Venülen	im Urin
☐ Alkohol	☐	☐	☐
☐ Drogen	☐	☐	☐
☐ Medikamente / andere berauschende Mittel	☐	☐	☐

Zeitpunkt der Urin-sicherstellung: Datum: .... Uhrzeit .... Klebezettel-Nr. für Urinprobe ....

A. Polizeibericht

1. Personalien: Name: .... Vorname: .... Geburtsdatum: .... Geburtsort: .... ☐ männlich ☐ weiblich

2. Anlaß der Untersuchung: a) Verkehrsdelikt

☐ Trunkenheit im Straßenverkehr ☐ Sachschaden ☐ Fahrer
☐ Verkehrsunfall ☐ Personenschaden ☐ Bei-/Mitfahrer
☐ Unfallflucht ☐ Getötete ☐ Fußgänger

b) andere Delikte: ....

Zeitpunkt des Vorfalls:
Datum: ....
Uhrzeit: ....

3. Vor Befragung zur Sache belehrt nach §§ 163a Abs. 4, 136 Abs. 1 Satz 2-4 StPO, 55 OWiG.

Erklärung des Beschuldigten / Betroffenen

Es ist mir eröffnet worden, welche Tat mir zur Last gelegt wird. Ich bin darauf hingewiesen worden, daß es mir nach dem Gesetz freisteht, mich zu der Beschuldigung zu äußern oder nicht zur Sache auszusagen und jederzeit, auch schon vor meiner Vernehmung, einen von mir zu wählenden Verteidiger zu befragen.
Ich bin ferner darüber belehrt worden, daß ich zu meiner Entlastung einzelne Beweiserhebungen beantragen kann.*

.... Ort und Tag

.... Unterschrift

4. Angaben über die Aufnahme von Alkohol, Drogen usw.

a) In den letzten 24 Stunden v o r dem Vorfall:

Art:				
Menge:				
Zeitraum:				

b) n a c h dem Vorfall: ☐ keine Aufnahme ☐ keine Angaben

Ist der Tatverdächtige eindringlich über eine Aufnahme von Alkohol, Drogen usw. n a c h dem Vorfall befragt worden? ☐ ja ☐ nein

5. Bemerkungen: ....

6. Alcotest: ☐ nein ☐ abgelehnt ☐ nicht durchführbar, weil ....
☐ ja, am .... um .... Uhr, Ergebnis: .... Geräte-Nr.: ....

Das Untersuchungsergebnis ist zu senden an: ....

Rechnung ist einzureichen an: ....

.... Ort und Datum .... Unterschrift und Dienstgrad

* Bei Verdacht einer Ordnungswidrigkeit ist dieser Satz zu streichen

■ Abb. 8.6. **a** Protokoll und Antrag zur Feststellung von Alkohol, Drogen und Medikamenten im Blut

B. Ärztlicher Bericht

Zur Desinfektion der Haut speziellen Tupfer (liegt dem Blutentnahmesystem bei) oder 1‰ige Sublimat- bzw. Oxycyanatlösung verwenden!

Name, Vorname, Geburtsdatum

I. Blutentnahme

Blutröhrchen für:

	Datum	Uhrzeit	Klebezettelnr.	Alkohol	Drogen
1. Entnahme					
2. Entnahme					

Bei Leichen Todeszeit (Datum, Uhrzeit):
Fäulniserscheinung ☐ keine ☐ leicht ☐ stark
Leichenblutentnahme (Art der Vene) (ca. 8 ccm): Datum, Uhrzeit:
Blutentnahme nur aus der freigelegten Oberschenkelvene mit Blutröhrchen. Nicht aus dem Herzen, aus Wunden oder Blutlachen.

Hat v o r der Blutentnahme eine medikamentöse Therapie (z.B.durch den Notarzt) stattgefunden? ☐ nein ☐ ja, wann: .... womit: ....
Transfusion/Infusion/Narkose ☐ nein ☐ ja, wann: .... womit: ....
Blutverlust ☐ nein ☐ ja Schock ☐ nein ☐ ja Erbrechen ☐ nein ☐ ja

II. Befragung

Sind vor oder nach dem Vorfall Medikamente oder Drogen eingenommen worden? ☐ nein ☐ keine Angaben ☐ ja, folgende:

Name:				
Dosis:				
Zeitpunkt:				

Vorbestehende Krankheiten oder Leiden:
☐ Diabetes ☐ Epilepsie ☐ Geisteskrankheit
☐ früheres Schädelhirntrauma
☐ ....

Grund des Hierseins / Einschätzung der momentanen Situation / Kritikfähigkeit ....

Schriftprobe (nicht Unterschrift) ....

III. Untersuchungsbefund

Körpergewicht: .... kg
Körperlänge: .... cm
☐ gemessen
☐ geschätzt
☐ eigene Angaben d. zu Untersuchenden

Konstitution:
☐ hager
☐ mittel
☐ fettleibig

Alkoholgeruch:
☐ ja
☐ nein

Gang (geradeaus):
☐ sicher
☐ schleppend
☐ schwankend
☐ torkelnd

Drehnystagmus:
☐ feinschlägig
☐ grobschlägig
☐ kleine Auslenkung
☐ große Auslenkung

Blutdruck: .... Puls: ....
Bestehende Verletzungen (auch Verdacht auf SHT) ....

Plötzliche Kehrtwendung (nach vorherigem Gehen):
☐ sicher
☐ unsicher

Dauer: .... Sekunden
(den zu Untersuchenden mit offenen Augen 5mal in 10 Sek. um die Vertikalachse drehen, anhalten - Dauer des Augenzuckens beim Fixieren des vorgehaltenen Zeigefingers in Sekunden angeben)

Romberg-Test:
☐ sicher
☐ geringes Schwanken
☐ Zittern
☐ starkes Schwanken

Finger-F.-Pr.:
☐ sicher
☐ unsicher

Nasen-F.-Pr.:
☐ sicher
☐ unsicher

Tonuserhöhung:
☐ im Gesicht
☐ Händezittern
☐ Lidflattern
☐ ....

Sprache:
☐ deutlich
☐ Silbenstolpern
☐ verwaschen
☐ lallend

Bindehäute:
☐ klar
☐ gerötet
☐ geschwollen
☐ ....

Pupillen:
☐ unauffällig
☐ stark erweitert
☐ stark verengt
Weite (re/li): ....../...... mm
Reaktion auf Licht / Dunkelheit nach ...... Sekunden

Störungen der Orientierung / der Erinnerung an den Vorfall:
....
....

Bewußtsein:
☐ klar
☐ benommen
☐ somnolent
☐ bewußtlos
☐ verwirrt

Denkablauf:
☐ geordnet
☐ sprunghaft
☐ perseverierend
☐ verworren
☐ verlangsamt

Stimmung:
☐ ruhig
☐ provokativ
☐ distanzlos
☐ abweisend
☐ aggressiv
☐ redselig
☐ aufgeregt

Verhalten:
☐ verlangsamt
☐ schwerfällig
☐ lethargisch
☐ weinerlich
☐ schläfrig
☐ stumpf
☐ fröhlich

Befinden:
☐ normal
☐ Schweißausbruch
☐ Mundtrockenheit
☐ Frösteln
☐ Schmerzen
☐ Juckreiz
☐ Gähnen

Bemerkungen / Gesamteindruck des Arztes:
....
....

Der Untersuchte scheint äußerlich:
☐ nicht merkbar ☐ leicht
☐ deutlich ☐ stark ☐ sehr stark
unter ☐ Alkohol ☐ Drogen- bzw. ☐ Medikamenten-Einfluß zu stehen.

Die Beurteilung ist nicht möglich wegen:
☐ Verletzungen
☐ Bewußtlosigkeit ☐ akuter Krankheiten
☐ ....

Blutröhrchen und Protokoll sind in meiner Gegenwart mit Klebezetteln jeweils gleichlautender Nummern versehen worden.

.... Ort und Datum .... Unterschrift des Arztes

Abb. 8.6. **b** Protokoll und Antrag zur Feststellung von Alkohol, Drogen und Medikamenten im Blut

Das **gaschromatographische Verfahren** ist ein physikalisches Trennverfahren. Schickt man vermittels eines treibenden so genannten Trägergases gasförmige bzw. im Dampfzustand befindliche Substanzen über eine mit einem Adsorptionsmittel gefüllte Säule, so brauchen die Substanzen mit hoher Affinität zum Adsorptionsmittel für die Passage der Säule mehr Zeit, als Substanzen mit zum Adsorptionsmittel niedriger Affinität. Somit können zunächst zusammen startende Substanzen physikalisch getrennt werden. In die Säule gleichzeitig eingetretene Substanzen verlassen diese also nacheinander, also zu unterschiedlichen Zeiten (sog. **Retentionszeiten**). Die Konzentration einer jeden die Säule verlassenden Substanz wird durch einen so genannten **Flammenionisationsdetektor** gemessen, dessen Signal durch einen Schreiber registriert wird. Es entstehen zackenartige Verlaufskurven, so genannte **Peaks** (■ Abb. 8.7). Die unter diesen Peaks befindlichen Flächen sind der Dampfraumkonzentration des Stoffs proportional. Da auch Ethanol ein leicht verdampfbarer Stoff ist, bringt man ihn zunächst mit den anderen verdampfbaren Stoffen durch Erhitzung einer definierten Blutprobe in die Dampfphase und leitet diese zum Zwecke der Trennung durch eine entsprechende Säule. Die sich durch diese Prozedur letztlich auf dem Schreiber ergebende Peak-Fläche (P_E) wird mit einer Peak-Fläche (P_B) verglichen, die durch Dotierung der zu messenden Blutprobe mit einer festen Menge tert.-Butanol hervorgerufen wird. Der Quotient $Q = P_E/P_B$ ist der Blutethanolkonzentration streng proportional. Ihr Wert ergibt sich durch Multiplikation des Quotienten Q mit dem vorher durch Messung von wässrigen Ethanollösungen ermittelten Eichfaktor. Die Methode ist spezifisch und sehr genau.

Alle Nachweisverfahren werden durch regelmäßige Ringversuche streng überprüft. Das Ergebnis der letzten erfolgreichen Überprüfung wird in der Befundmitteilung deklariert. Darauf ist also zu achten.

Die Messgenauigkeiten des ADH-Verfahrens und des GC-Verfahrens sind so gut, dass für die sichere Ermittlung des Mittelwerts je zwei Messwerte genügen und für den Fall, dass der Mittelwert größer als 1 ‰ ist, die Spannweite dieser so gewonnenen vier Messwerte (2 ADH-Messwerte, 2 GC-Messwerte) 10 % des Mittelwertes nicht überschreitet. Ist die Spannweite größer, so ist das Ergebnis zu verwerfen. Die Messung ist zu wiederholen. Der Mittelwert ist aus den vier Einzelmessungen zu ermitteln. Er ist bis zur zweiten Dezimale anzugeben. Die weiteren Dezimalen sind ohne Bedeutung. Eine Aufrundung ist unzulässig. Der so erhaltene Mittelwert ist von entscheidender Gültigkeit. Liegt der Mittelwert unter 1 ‰, so darf die größte Abweichung eines Einzelwertes vom Mittelwert nicht größer als 0,1 ‰ sein.

Nicht selten wird es nötig, die Ethanolkonzentration von **Leichenblut** zu bestimmen. Hier ist darauf zu achten, dass sich der Wassergehalt des Leichenbluts postmortal verändern kann. Da sich aber Ethanol in Wasser löst, würde eine solche Wasserverschiebung mit einer (scheinbaren) Veränderung der Blutethanolkonzentration einhergehen. Man hat also daher zusätzlich zum Ethanolgehalt den Wassergehalt zu bestimmen und nach dessen Kenntnis die Ethanolkonzentration auf das Blut normalen Wassergehaltes (80 %) umzurechnen. Auch nach einer solchen Korrektur muss der Blutethanolkonzentrationswert nicht unbedingt dem Blutethanolkonzentrationswert zum Zeitpunkt des Todes entsprechen, da es durch Fäulnis- und

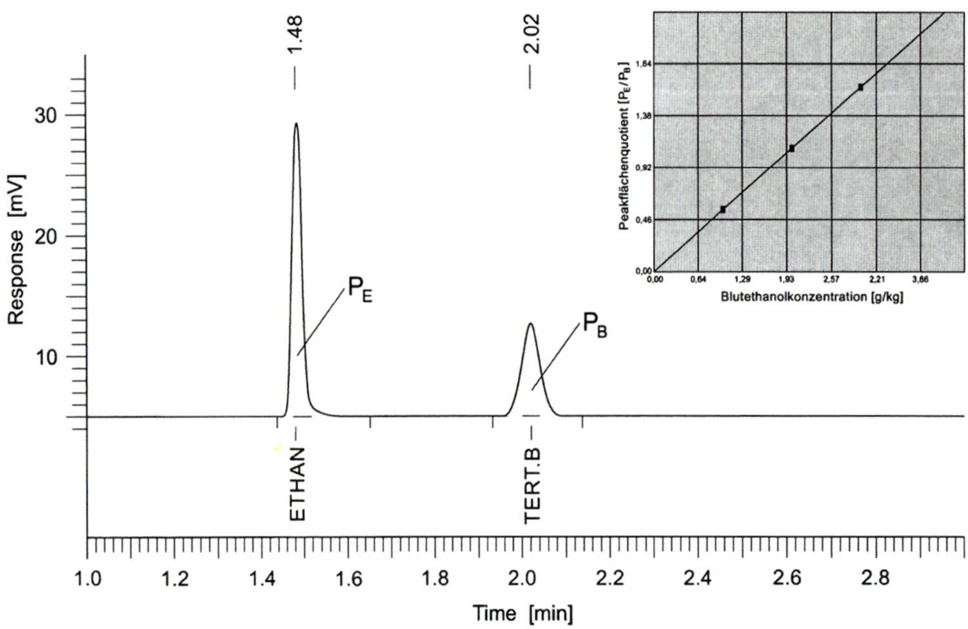

■ Abb. 8.7. Mit dem Headspace-Verfahren zu verschiedenen Retentionszeiten erhaltene Peakflächen P_E für Ethanol bzw. P_B für tert.-Butanol. Das eingeklinkte Bild zeigt die Proportionalität zwischen dem Peakflächenquotienten $Q = P_E/P_B$ und der Ethanolkonzentration

Gärungsvorgänge sowohl zu einem **Ethanolschwund** als auch zu einer **Ethanolneubildung** kommen kann. Eine fäulnisbedingte Ethanolneubildung ist immer auch mit einer gaschromatographisch nachweisbaren Neubildung von aliphatischen Alkoholen verbunden, die somit als Indikator für einen Fäulnisprozess angesehen werden kann (s. oben, Abschnitt „Nachtrunk", S. 416).

Das für die Ethanolbestimmung an Leichenbluten Gesagte gilt prinzipiell auch für die Zweitmessung (lange) gelagerter Blutproben, bei denen es auch zu mikrobieller Zersetzung und Neubildung von Ethanol kommen kann. Solche Prozesse werden auch durch eine kühle Lagerung wegen des Vorkommens psychotroper Keime nicht immer ausgeschlossen. Im Übrigen ist auch hier wegen einer etwaigen Wasserverschiebung zwischen dem zellulären Anteil und dem Plasmaanteil, bzw. wegen der Erschöpfung des Serumanteils aufgrund der Erstmessung, eine Bestimmung des Wassergehaltes obligat. Letzteres gilt erst recht für den Fall, dass nur noch Blutkuchen vorhanden ist und dieser durch Anwendung von Ultraschall zum Zwecke der Blutethanolkonzentrationsbestimmung homogenisiert werden muss.

Wie in ◘ Abbildung 2 gezeigt, bildet sich die lungenkapilläre Ethanolkonzentration über den Distributionsmechanismus in die alveoläre Ethanolkonzentration ab. Es ist möglich, von der alveolären Luft Proben zu gewinnen und in diesen Proben die Atemethanolkonzentration zu messen. Dies geschieht mit **automatischen Atemalkoholmessgeräten**, in denen für die Bestimmung der Atemethanolkonzentration zwei physikalische Messmethoden (Infrarotabsorption, elektrochemischer Nachweis) zur Verfügung stehen. Die Geräte (Evidential 7071 der Firma Dräger) unterliegen der DIN-Norm VDE0405 und sind von der Physikalisch-Technischen Bundesanstalt (PTB) in einem umfangreichen Prüfverfahren entsprechend der Eichordnung zugelassen. Die Atemethanolkonzentration (AEK) oder Atemalkoholkonzentration (AAK) wird in Einheiten (mg/l) angegeben. Grundsätzlich sind zwei Atemproben innerhalb von fünf Minuten zu messen. Von diesen beiden Messungen wird der Mittelwert gebildet. Für die Genauigkeit gilt, dass die Abweichungen der Konzentrationsmesswerte der beiden Einzelmessungen vom Mittelwert kleiner als 0,02 mg/l bzw. 5 % des Mittelwertes – je nachdem welcher Wert größer ist – sein muss.

Wie in jeder Körperflüssigkeit, so kann Ethanol auch im Urin bestimmt werden.

Wichtig

Da die Urinethanolkonzentrationskurve der Blutethanolkonzentrationskurve pharmakokinetisch nachhinkt, kann die simultane Feststellung der Ethanolkonzentrationen im Blut und im Urin einen Aufschluss darüber erbringen, in welcher Phase der Blutethanolkonzentrationskurve die Entnahme der Blutprobe erfolgte.

Ergibt z.B. die Messung der Urinprobe einen dem Blut äquivalenten Wert von mindestens 1,4 ‰, die Messung der tatsächlichen Blutethanolkonzentration aber nur einen solchen von 1 ‰, so ist davon auszugehen, dass die Blutethanolkonzentration zu einem Zeitpunkt vor der Blutentnahme ebenfalls mindestens 1,4 ‰ betrug, sich also die Blutalkoholkurve bei einer Konzentration von 1 ‰ in der Eliminationsphase befand.

Ethanolwirkungen

Ethanol ist ein Nervengift und führt somit zu Leistungseinbußen des neuronalen Gefüges. Die Schädigung durch Ethanol ist sehr komplex. Es bedeutet daher eine Künstlichkeit, die ethanolbedingten Schädigungen für einzelne Teilfunktionen isoliert zu betrachten, da es für ein verkehrsgerechtes Verhalten auf die Intaktheit des integralen Systems aller Teilfunktionen ankommt. Der besseren Übersicht wegen ist es jedoch nicht unzweckmäßig, die durch Ethanol provozierten Leistungsminderungen getrennt für die Störungen des sinnesphysiologischen Systems einerseits und für die Alteration der Psyche andererseits aufzuzeigen, weil allein schon durch die Darstellung von Mängeln einzelner Teilsysteme einzelne Aspekte der Verkehrsuntüchtigkeit einer Klärung zugeführt werden können.

Störungen des Sehvermögens. Ausgiebig ist die ethanolbedingte Störung des Sehvermögens untersucht. Die Untersuchungen können wie folgt zusammengestellt werden:

- Schon geringe Ethanoldosen setzen die **Geschwindigkeit des Tiefenschärfesehvorgangs** herab. Dieses führt zu Fehleinschätzungen der Geschwindigkeiten und Entfernungen bewegter Objekte (z.B. entgegenkommender Fahrzeuge), was sich vor allem beim Überholvorgang nachteilig auswirken kann. Gesteigert wird dieser Mangel zudem dadurch, dass die koordinierten Blick- und Führungsbewegungen der Augen eingeschränkt sind. Vor allem die Wahrnehmung seitlicher Sinneseindrücke sind geschwächt (**Blickfeld-Tunneleffekt**). Die **Fixation bewegter Objekte** und die **Orientierung im Raum** ist herabgesetzt. Die Wahrnehmung der Dynamik der Verkehrssituation wird damit hinsichtlich ihrer Geschwindigkeit und ihrer Räumlichkeit mangelhaft.
- Wenn auch der Ethanoleinfluss auf die **Pupillenreaktion** noch nicht weit genug erforscht ist, so kann doch davon ausgegangen werden, dass das **Pupillenspiel beeinträchtigt** wird, was sich wiederum auf das **Schärfesehen** und die **Blendempfindlichkeit** nachteilig auswirkt. So ist unter Alkoholbelastung die Latenzzeit (Zeit vom Beginn des Lichtreizes bis zum Anfang der Pupillenkontraktion) signifikant verlängert. Auch ist die Konstriktionsamplitude der Pupille unter Ethanolexposition deutlich und mit der Expositionszeit zunehmend verkleinert. Ebenso zeigt sich, dass die **Geschwindigkeit der Pupillenkonstriktion** unter Ethanoleinfluss abnimmt. Die verlängerte Latenzzeit der Pupille sowie deren durch eine verkleinerte Konstriktionsamplitude quantitativ vermindertes Konstriktionsvermögen erlauben einen vermehrten Lichteinfall in das Auge

und können damit die beschriebene ethanolkorrelierte Blendempfindlichkeit objektiv belegen.
- Ganz verheerende Folgen hat Ethanol für das **Dunkelsehen**. Sowohl die **Helligkeitsanpassung nach Dunkelsehen** als auch die **Dunkelheitsanpassung nach Helligkeitssehen** ist extrem verzögert. Die Readaptationszeit nach Blendung ist bis zu 60 % schlechter als beim Nüchternen. Die Sehschärfe ist fast um 30 % herabgesetzt. Bedenkt man, dass im Dunkeln mehr über die Peripherie der Netzhaut gesehen wird (also in einem schon physiologischerweise unscharf abbildenden Bereich des optisch abbildenden Systems), so vermag man zu ermessen, welche zusätzlich nachteiligen Folgen die eingeschränkte Blick- und Führungsbewegung für die Wahrnehmung hat, die für das „optische Nachfassen" der Objekte von wichtigster Bedeutung ist.
- Ethanol hat eine nachhaltige **Funktionseinbuße des optokinetischen Nystagmus** zur Folge. Der optokinetische Nystagmus ist eine geordnete Stellbewegung des Auges, die ein zuvor fixiertes Objekt nach gezielter Fixation bis zu einer bestimmten Augenstellung hin verfolgt, die also sozusagen „das Objekt im Auge behält". Unter Ethanoleinfluss „verliert" das Auge nicht nur die bewegten Objekte, sondern es kann auch nicht mehr bewegte Objekte in genügender zeitlicher Dichte anfixieren. Dieses Defizit führt zu einem Mangel der örtlichen Einschätzung des Geländes und zur Fehleinschätzung von Zeitfolgeabläufen und erklärt dadurch u.a. das ethanoltypische Schnellfahren und die Nichtbeherrschung des Kurvensteuerns.

Störungen des Hörvermögens. Die Auswirkungen der Alkoholisierung auf das periphere Hörvermögen waren bis 1980 wenig untersucht und in ihren Ergebnissen widersprüchlich. Man konnte nur konstatieren, dass das Hörvermögen umso schlechter wurde, je größer die alkoholbedingte Ablenkung der Aufmerksamkeit war. Indes zeigen moderne, hauptsächlich von **Eisenmenger** durchgeführte Untersuchungen Folgendes:
- Das Tonschwellenaudiogramm ist durch Ethanoleinfluss (bis 2,4 ‰) im Frequenzbereich von 125 Hz–12 kHz nicht signifikant verändert. Es bedarf also für die Wahrnehmung einer Frequenz unter Ethanoleinfluss keines höheren Schallpegels.
- Vermittels der Sprachaudiometrie zeigte sich, dass die Verständlichkeit für einsilbige Worte unter Ethanoleinfluss erhalten bleibt.
- Eine signifikante Hörermüdung wird durch Ethanolgenuss nicht bewirkt.
- Eine Funktionseinbuße des Frequenzselektionsvermögens bewirkt Ethanol nicht. Ein Überhören typischer Anstoßgeräusche kann somit nicht auf eine alkoholbedingte Einbuße der Leistungsfähigkeit des peripheren Gehörsinnes zurückgeführt werden.
- Deutliche ethanolbedingte **Funktionseinbußen** zeigt der sog. **Stapediusreflex.** Der Stapediusreflex regelt durch entsprechende Muskelkontraktion die lautstärkeabhängige Anpassung des Trommelfelles und schützt auf diese Weise das dem Trommelfell akustisch nachgeschaltete Innenohr bei kurzfristiger Lärmexposition. Der Schalldruckpegel, der diesen Schutzreflex bewirkt, liegt unter Ethanol um 10 dB höher als im Nüchternzustand – ein Umstand, der allerdings in arbeitsmedizinischer Hinsicht mehr von Bedeutung ist als in verkehrsmedizinischer Hinsicht.

Störungen des Gleichgewichts. Markanten ethanolbedingten Störungen ist das Gleichgewichtsorgan unterworfen; diese sind zum Teil an die Störung des Gesichtssinns gekoppelt. Bei Änderung der Körperhaltung wird der Blick auf ein einmal ins Auge gefasstes Objekt nachfixiert. Dieser **Nachfixationsvorgang ist unter Alkohol nicht mehr intakt.** Das Objekt „verrutscht" und kann nicht mehr als optischer Orientierungspunkt für die Körperhaltung dienen. Das Beibehalten einer Körperhaltung unterliegt einem komplizierten neuronalen Regelungsvorgang, welcher durch Ethanol jedenfalls zum Teil außer Kraft gesetzt wird. Hierdurch kommt es zu den bekannten Schwankungen und Unsicherheiten, weil sich die Haltungs- und Stellmotorik nicht mehr in der eng gekoppelten Abstimmung mit dem Gleichgewichtssinn befinden.

Störungen der Motorik. Der Verlust der Muskelkoordination macht sich insbesondere auch in einem **Nachlassen der Feinmotorik** bemerkbar, welches besonders gut im **Schreibversuch** zu beobachten ist. Die im ärztlichen Bericht des Blutentnahmeprotokolls durchzuführenden Tests (Gang geradeaus; plötzliche Kehrtwendung nach vorherigem Gehen; Drehnystagmus) dienen der Überprüfung dieser koordinativen Leistungen. Fallen diese negativ aus, so kann (abgesehen von neurologischen Erkrankungen und anderen Intoxikationen) sicher davon ausgegangen werden, dass wichtige zentrale Teilfunktionen des integralen Regelmechanismus, der die beschriebenen orientierungsgebundenen Koordinationsleistungen garantiert, nachhaltig gestört sind.

Verkehrsmedizinisch relevante Ethanolwirkung auf die Psyche. Die exakte Darstellung der durch Ethanol provozierten Ausfallserscheinungen der Psyche ist wegen ihrer Komplexität, besonders im Bereich kleiner Blutethanolkonzentrationen, schwer zu erfassen. Jedenfalls ist aber klar, dass die ethanolbedingten geistig-seelischen Mängel auch bei niedrigen Konzentrationen (0,2 ‰–0,5 ‰) so gravierend sein können, dass sie für die sichere Teilnahme am Straßenverkehr eine erhebliche Gefährdung darstellen. Dies ist nicht zuletzt dadurch begründet, dass Ethanol zu einem **Abbau der** (in der Hirnrinde lokalisierten) **Persönlichkeit** führt und auf diese Weise durch **Enthemmung und Kritikminderung** die **Risikobereitschaft** bei einem (fälschlicherweise) **gleichzeitig erhöhten Selbstwert- und Machtgefühl im Sinne einer Geltungssucht** so unsinnig gesteigert wird, dass gerade dadurch der Alkoholisierte in Verkehrssituationen hinein geführt wird, in denen er aufgrund seiner vielfachen sinnesphysiologischen und psychophysischen Insuffizienzen versagen muss. Die Schädigungen der Psyche betreffen vor allen Dingen das Nachlassen

- der Aufmerksamkeit,
- der Auffassung,
- der Umstellungsbereitschaft,
- der Umsicht und
- der Besonnenheit.

Für alle Eigenschaften wurden bereits bei Konzentrationen von 0,5 ‰ erhebliche Verluste festgestellt. Zum Teil macht sich diesbezüglich Ethanol schon in Konzentrationen von 0,2 ‰ bemerkbar. Eng mit der Aufmerksamkeit und der Auffassungsgabe verknüpft ist die psychische Qualität der **Konzentration** und der **Reaktionsfähigkeit**. Sowohl das Vermögen, die Aufmerksamkeit auf ein Ereignis bzw. einen Gegenstand gerichtet zu halten (**Tenazität**), als auch die Fähigkeit, die Aufmerksamkeit neuen Ereignissen bzw. Gegenständen zuzuwenden (**Vigilanz**), ist unter Ethanoleinfluss herabgesetzt. Oft ist die ethanolbedingte negative Beeinflussung der Tenazität und Vigilanz zueinander reziprok. Besonders die Verminderung der Vigilanz muss natürlich im schnell wechselnden Bild des Straßenverkehrs ganz verheerende Folgen haben, weil eine akute Situationsänderung (Überraschung) bei einer entsprechenden Trägheit der Vigilanz gar nicht erst wahrgenommen werden kann.

Definition

Die **Reaktionsfähigkeit** offenbart sich in der Reaktionszeit und in der Reaktionsgenauigkeit der Antwort. Die Reaktionszeit ist die Zeit, die erforderlich ist, um auf einen Reiz hin mit einer Antwort (möglicherweise in Form einer komplexen Leistung) zu reagieren. In sie geht natürlich die Wahrnehmungszeit, die Zeit der geistigen Verarbeitung und die Zeit für eine sich daran anschließende Intention mit nachfolgender Ausführung ein.

Sind schon alle diese Zeiten für sich allein unter Ethanoleinfluss verlängert, so ist es klar, dass auch die Reaktionszeit in ihrer Gesamtlänge heraufgesetzt ist. Nicht nur die Reaktionszeit, sondern auch die **Reaktionsgenauigkeit** erleidet Einbußen. Diese wird nicht nur **unpräzise und unvollkommen**, sondern unterliegt auch **qualitativen Verlusten** bis hin zu **Fehlreaktionen**.

Wichtig

Insgesamt sind die durch Ethanolgenuss aufgelösten psychischen Alterationen bei gleichen Blutethanolkonzentrationen in der Resorptionsphase erheblich stärker ausgeprägt als in der Eliminationsphase, wobei für die Resorptionsgeschwindigkeit sowohl die Getränkeart als auch die Trinkgeschwindigkeit (wie schon oben erwähnt) von entscheidender Bedeutung sind.

Auch ist die Intensität der psychischen Ausfallserscheinungen immer zusätzlich vor dem Hintergrund der Primärpersönlichkeit und ihrer jeweils aktuellen Stimmungslage zu sehen. Besonders nachteilig auf die Leistungsminderung durch Ethanolgenuss wirkt sich eine zusätzliche Ermüdung aus.

Ethanol und die Frage der Schuldfähigkeit (Verminderung bzw. Aufhebung der Schuldfähigkeit). Ethanol kann das seelische Gefüge toxisch so schädigen, dass mangels genügender Einsichts- und Steuerungsfähigkeit zum Zeitpunkt der Tat die Schuldfähigkeit erheblich vermindert oder aufgehoben sein kann (§§ 20, 21 StGB). Die §§ 20, 21 StGB finden jedoch dann keine Anwendung, wenn die Initiation der Tat schon zu einem Zeitpunkt erfolgte, der vor dem Zustand der dann später eingetretenen verminderten bzw. aufgehobenen Einsichts- und Steuerungsfähigkeit lag (actio libera in causa). Wiederum andere Verhältnisse liegen vor, wenn ein Rausch vorsätzlich oder fahrlässig herbeigeführt wurde und sich dann aus diesem Zustand heraus eine strafbare Handlung ergab (Vollrausch, § 323a StGB).

Der durch Ethanol hervorgerufene Rauschzustand kann so intensiv sein, dass aufgrund einer akuten krankhaften seelischen Störung die Voraussetzungen der §§ 20 bzw. 21 StGB erfüllt sein können. Die Annahme der Schuldunfähigkeit setzt die Erfüllung zweier Merkmale voraus:

- Es muss eine der im Gesetz aufgezählten vier Alternativen (krankhafte seelische Störung, tief greifende Bewusstseinsstörung, Schwachsinn, andere seelische Abartigkeit) vorliegen (**biologisches Merkmal**). Die durch eine Ethanolintoxikation provozierten psychischen Alterationen entsprechen einer reversiblen krankhaften seelischen Störung. Sie kann in verkehrsrechtlicher Hinsicht am ehesten beim Fahrtentschluss und bei der Verkehrsunfallflucht wirksam werden.
- Der oben diagnostizierte Defektzustand muss die Einsichtsfähigkeit oder/und die Fähigkeit, nach dieser Einsicht zu handeln (Steuerungsfähigkeit) aufgehoben oder erheblich vermindert haben (**psychologisches Merkmal**). Es genügt also nicht nur die Diagnostizierung eines Defektzustandes, sondern es muss auch verifiziert werden, dass sich dieser Defektzustand zum Zeitpunkt der Tat entscheidend negativ auf die psychischen Qualitäten der Einsichts- und Steuerungsfähigkeit niedergeschlagen hat.

Biologische Voraussetzung für eine ethanolbedingt krankhafte seelische Störung ist das Vorliegen einer entsprechend hohen Blutethanolkonzentration zum tatrelevanten Zeitpunkt.

Wenngleich die Feststellung der Blutethanolkonzentration allein (als Erfüllung des biologischen Merkmals) nur von indiziellem Charakter für die Störung der Einsichts- und Steuerungsfähigkeit ist, so wird man sich gleichwohl Erfahrungssätzen anschließen können, nach denen eine **Blutethanolkonzentration ab 2 ‰ die Voraussetzungen des § 21 StGB stark vermuten oder nahe legen lässt, es aber**

jedenfalls für deren Verneinung ab 2 ‰ einer eingehenden Begründung bedarf. Ebenso wird man bei Werten **ab 3 ‰ von der Faustregel ausgehen, dass die Schuldfähigkeit aufgehoben ist.** Nur nach eingehender Begründung wird man von dieser Vermutung für den konkreten Einzelfall abweichen, wenn z.B. von einer weitgehenden leeren Ethanolsymptomatik etwa bei langer Gewöhnung auszugehen ist. Daher wird man (praktischerweise durch den medizinischen Sachverständigen) mit großer Sorgfalt die individuellen Konsumgewohnheiten und die Alkoholanamnese zu erfragen haben. Schon bei dieser Gelegenheit wird man bestrebt sein, möglichst genaue Kenntnisse über die individuelle Ethanolwirkung bei dem Beschuldigten zu erlangen. Trotz des von der obersten gerichtlichen Rechtsprechung gepflegten Usus, unter juristischer Sicht pragmatische Faustregeln aufzustellen, hat es sich jedoch gezeigt, dass **zwischen dem Ausmaß einer durch Ethanol provozierten seelischen Störung und der Höhe der Blutethanolkonzentration keine Korrelation herrscht.** Darum bedarf es zur Überprüfung, ob die medizinischen Voraussetzungen der §§ 20, 21 StGB vorliegen, **immer** einer medizinischen Diagnostik, die unter Würdigung des tatbezogenen Gesamtgeschehens die konkreten Ausfallserscheinungen nach **psychopathologischen Kriterien** qualitativ und quantitativ festzustellen und gegebenenfalls einer krankhaft seelischen Störung zuzuordnen hat.

Jede durch eine Ethanolintoxikation hervorgerufene Transformation des seelischen Zustandes in einen akut krankhaften ist vor dem Hintergrund der **Primärpersönlichkeit** zu beurteilen. Wird das Handlungsmuster schon allein aus dem primären Persönlichkeitsgefüge verständlich, so kann die Tat ohne weiteres der Persönlichkeit zugeordnet werden. Es bedarf dann zu ihrer begründenden Erklärung nicht der Annahme einer Ethanolintoxikation, woraus wiederum folgt, dass in einem solchen Fall die medizinischen Voraussetzungen der §§ 20, 21 StGB nicht gegeben sind. Achtzugeben ist aber auch in diesen Fällen streng darauf, ob nicht eine aufgehobene bzw. verminderte Steuerungsfähigkeit eine ohne Ethanolintoxikation gegebene intakte Hemmschwelle derartig herabzusetzen vermochte, dass erst dadurch die zwar nicht persönlichkeitsfremde und möglicherweise schon in der Planung vorstrukturierte Tat von Hemmungsmechanismen „befreit" wurde und dann erst nach ethanolbedingter Entriegelung gemäß den in der Primärpersönlichkeit verankerten Gesetzen ablief.

Da bei verkehrsrechtlichen Straf- und OWi-Sachen in der Regel bis zum Zeitpunkt der Verhandlung eine Persönlichkeitsanalyse nicht vorliegen kann, obliegt es dem Sachverständigen, sich im Laufe der Verhandlung sorgfältig mit der Persönlichkeitsstruktur des Beschuldigten auseinander zu setzen, weil gerade die Abweichung von der Primärpersönlichkeit der Gegenstand ist, welcher für die Beurteilung einer aufgehobenen bzw. verminderten Schuldfähigkeit relevant ist.

Wenngleich auch die ethanolbedingt aufgehobene bzw. verminderte Schuldfähigkeit letztlich immer einem komplexen Bild eines Rauschzustandes zugeordnet werden muss, welches zu einem großen Teil aus der von Zeugen mitgeteilten Verlaufsbeobachtung eruiert werden muss, so ist es doch zweckmäßig, sich über die Erfassung des integralen Zustandes hinaus auch der Prüfung einzelner psychodiagnostischer Aspekte zu widmen. So ist die intellektuelle Seite und damit die Einsichtsfähigkeit mit der Bewusstseinslage korreliert, die wiederum zu einem erheblichen Teil durch die örtliche und zeitliche Orientierung sowie die Orientierung zur Person beschreibbar ist. Weiß ein Volltrunkener nicht mehr, wer er ist und wo er ist und hat sich sein Zeitgefüge aufgelöst, so kann natürlich von einer intakten Einsichtsfähigkeit nicht mehr ausgegangen werden. Ein diagnostisches Hilfsmittel für die Intaktheit des Zeitgefüges und der zeitlichen Kontinuität des Erlebens ist die **Erinnerungsfähigkeit.** Kann ein Alkoholisierter im Nachhinein den Tathergang folgerichtig in ein Zeitgefüge einbetten, so ist von einer zeitlichen Desorientierung nicht auszugehen.

Bei der Beurteilung der Erinnerungsfähigkeit ist allerdings darauf zu achten, dass nicht **Erinnerungslücken durch Konfabulation** aufgefüllt werden. Von einer Erinnerungsfähigkeit kann daher nur dann sicher ausgegangen werden, wenn die Wiedergabe des Erlebten mit Zeugenaussagen in Übereinstimmung steht. Von ganz geringem diagnostischen Wert ist die Angabe einer Erinnerungslosigkeit. Sie kann zwar Folge einer Alkoholintoxikation sein, sie kann aber auch Folge eines **Verdrängungsmechanismus** bzw. eine Strategie des Einlassungsverhaltens sein. Für die Einschätzung der Einsichtsfähigkeit ist auch die Einschätzung der **Kommunikationsfähigkeit** nützlich. Es ist zu beurteilen, ob der Alkoholisierte zum Zeitpunkt der Tat die ihn umgebenden Personen als solche erkannte und mit diesen sinngerecht kommunizierte, ob er also imstande war, Fragen zu verstehen und diese in eine Sinnkontinuität eingebunden entsprechend zu beantworten.

Schließlich wird man nicht zuletzt für die Beurteilung der Steuerungsfähigkeit herauszufinden versuchen, ob der Alkoholisierte noch **zielgerichtete Handlungen** besonnen, konzentriert und situationsadäquat vollbringen konnte, oder ob ruinöse und widersprüchliche Verhaltensweisen jedwede Sinnkontinuität vermissen ließen. Eine in diesem Sinne desolate bzw. aufgehobene Zielorientiertheit lässt immer an einer Schuldfähigkeit zweifeln; indes schließt planmäßiges, zielstrebiges und zweckgerichtetes Handeln eine Schuldunfähigkeit nicht von vorne herein zwingend aus. Da für die Bewertung der Steuerungsfähigkeit die Kenntnis der **Affektlage** von erheblicher Bedeutung ist, hat man diese sehr sorgfältig auch hinsichtlich ihrer Genese (gerade bei einem zunächst nicht nachvollziehbaren Tathergang) herauszuarbeiten und dabei zu berücksichtigen, dass eine der toxischen Ethanolwirkungen eben auch gerade darin besteht, ungewöhnliche Affekte hervorzurufen.

Nicht zuletzt die Notwendigkeit, den affektiven Zustand richtig einzuordnen, erfordert es, den intoxikierten Zustand in seinem Gesamtbild den verschiedenen Rauschformen zuzuordnen. Eine solche Zuordnung bringt den Vorteil mit sich, dass der gestörte seelische Zustand nicht nur als Summe der

Störung der seelischen Qualitäten gesehen wird, sondern dass darüber hinaus gewissermaßen in einer integrierten Betrachtungsweise so am besten der Grad der Korrespondenz zwischen dem krankhaft seelischen Zustand in seiner Komplexität und den durch die §§ 20, 21 StGB geforderten medizinischen Voraussetzungen festgestellt werden kann.

Die durch Ethanol begründeten Rauschformen werden zweckmäßigerweise eingeteilt in den

- normalen (einfachen) Rausch,
- die abnorme Alkoholreaktion und
- den pathologischen Rausch.

Die Symptomatik des normalen ethanolbedingten **sog. einfachen Rausches** und deren Steigerung lässt sich nach **Luthe** hinsichtlich der psychischen Grundfunktionen durch das in ◘ Tabelle 8.3 graduierte Schema charakterisieren.

Während für Grad I hinsichtlich §§ 20, 21 StGB eine forensische Bedeutung fehlt, ist diese für Grad III sicher erheblich und für Grad II je nach Tatbestand nicht von vorne herein zu verneinen. Wichtig ist, dass der Verlauf von Grad I über Grad II nach Grad III einer kontinuierlichen, in der Erwartung liegenden Steigerung unterliegt. Dies gilt **nicht** für die folgenden Rauschformen der abnormen Alkoholreaktion und des pathologischen Rausches:

Definition

Die **abnorme Alkoholreaktion** ist gerade durch das vehemente Eintreten eines extremen Erregungszustandes gekennzeichnet, der im Unterschied zu dem beim normalen Rausch beobachteten länger anhält. Bei dysphorisch-aggressiver oder ängstlich-gespannter Grundstimmung kommt es zu Affektsteigerungen, die zu Kurzschlussreaktionen führen und mit Situationsverkennungen und wahnhaften Einfällen einhergehen können. Die toxisch bedingte Transformation einer integeren Primärpersönlichkeit in diesen wesensfremden Zustand ist so eklatant, dass die Diagnose sowie die Zuordnung zu den medizinischen Voraussetzungen der §§ 20, 21 StGB kaum Schwierigkeiten bieten.

Der **pathologische Rausch** entwickelt sich, ähnlich wie die abnorme Alkoholreaktion, abrupt und zeigt ein nahezu gleichzeitiges Einsetzen einer starken Erregung und einer hochgradigen Bewusstseinsstörung im Sinne eines vollständigen Verlustes des Realitätsbezuges. Diesem Zustand folgt fast immer ein narkoseähnlicher Schlaf, der für die Diagnose „pathologischer Rausch" pathognomonisch ist. Weiterhin tritt unter dem pathologischen Rausch ein vollständiger Erinnerungsverlust auf, ein Phänomen, das ihn von der abnormen Alkoholreaktion wohl unterscheidet, bei der doch wenigstens Erinnerungsinseln erhalten bleiben. Wenn auch das Auftreten eines pathologischen Rausches recht selten ist, so ist doch an die Diagnose erst recht dann zu denken, wenn die für ihn charakteristische Symptomatik gerade bei niedrigen Blutethanolkonzentrationen einsetzt. Auch die Symptomatik des pathologischen Rausches bietet hinsichtlich der Zuordnung zu den medizinischen Voraussetzungen der §§ 20, 21 StGB keine Schwierigkeiten.

Actio libera in causa. Die oben dargestellten Voraussetzungen der aufgehobenen bzw. verminderten Schuldfähigkeit beziehen sich auf den Zeitraum, zu dem die Tat begangen wird.

Wichtig

Oftmals wird aber die Tat schon zu einem früheren Zeitpunkt initiiert, zu dem der Täter einsichts- und steuerungsfähig ist, und erst dann zu einem späteren Zeitpunkt im Zustand der aufgehobenen bzw. verminderten Einsichts- und Steuerungsfähigkeit verwirklicht. Es handelt sich dann um eine actio libera in causa, für die die §§ 20, 21 StGB keine Anwendung finden, weil die Tat vor Eintritt der aufgehobenen bzw. verminderten Einsichts- und Steuerungsfähigkeit subjektiv voraussehbar und damit zurechenbar ist. Die actio libera in causa kann vorsätzlich oder fahrlässig sein.

Die **vorsätzliche actio libera in causa** liegt vor, wenn sowohl der Zustand der aufgehobenen bzw. verminderten Einsichts- und Steuerungsfähigkeit vorsätzlich herbeigeführt wurde als auch vor diesem Zustand der Vorsatz bestand (actio praecedens), die nachfolgende unter Strafe stehende Tat im Zustand der herbeigeführten aufgehobenen bzw. verminderten Einsichts- und Steuerungsfähigkeit auszuführen.

◘ Tabelle 8.3. **Graduierung des einfachen Rausches**

	Antrieb	Fühlen	Denken
Grad I	wirkt anregend, stimulierend	beschwingt, gehoben, entspannt	assoziative Lockerung, reichhaltig, Erinnerung erhalten
Grad II	gesteigerte, ungerichtete Erregung	reizbar, verstimmt, situativ entkoppelt	flüchtig, unkonzentriert, oberflächlich, unverbindlich, Erinnerungslücken
Grad III	oszillierend zwischen Erregung und Lähmung	stumpf, gleichförmig, anteilnahmslos	unvermögend, dem Tun folgend, Leere, Erinnerungsinseln oder komplette Amnesie

Fallbeispiel

Ein Pkw-Fahrer fährt zu einer Gaststätte mit den Vorsätzen, sich hier bis zum Zustand der aufgehobenen Einsichts- und Steuerungsfähigkeit zu betrinken und alsdann in diesem Zustand wieder wegzufahren.

Es gibt hinsichtlich des Vorsatzes allerdings auch die Meinung, dass es genüge, dass sich dieser ausschließlich auf die Tat beziehe, während (zwischenzeitlich) der Zustand der aufgehobenen bzw. verminderten Einsichts- und Steuerungsfähigkeit fahrlässig herbeigeführt worden sein könne.

Fallbeispiel

Ein Pkw-Fahrer fährt zu einer Gaststätte mit dem Vorsatz, nach Alkoholaufnahme wieder wegzufahren. Vor der Wegfahrt trinkt er sich fahrlässig in den Zustand der Einsichts- und Steuerungsunfähigkeit.

Wenn sich die Fahrlässigkeit – gleichgültig, ob die aufgehobene bzw. verminderte Schuldfähigkeit vorsätzlich oder fahrlässig erreicht wurde – allein auf die (im Zustand der aufgehobenen bzw. verminderten Schuldfähigkeit) begangene Tat bezieht, so handelt es sich um eine fahrlässige actio libera in causa. Diese kommt für die Begehung der Straftatbestände nach § 316 und nach § 315c Abs. 1 Nr. 1 Buchstabe a StGB am ehesten in Frage, anderenfalls müsste dem Angeklagten die vorsätzliche Herbeiführung des Zustandes der aufgehobenen bzw. verminderten Schuldfähigkeit (zumindest im Sinne einer Inkaufnahme) sowie der vor diesem Zustand gefasste Vorsatz zur Tatbegehung in diesem Zustand nachgewiesen werden.

Wichtig

Bei der fahrlässigen actio libera in causa kommt es darauf an, dass der Täter den später eingetretenen ethanolbedingten, zur aufgehobenen bzw. verminderten Einsichts- und Steuerungsfähigkeit führenden Defektzustand voraussehen konnte.

Dieses ist bei Ethanolgenuss in der Regel der Fall. Nichtvoraussehbarkeit ist für die Fälle einer sich nach Ethanolgenuss entwickelnden abnormen Alkoholreaktion oder eines pathologischen Rausches gegeben bzw. kann für die Fälle gegeben sein, in denen aufgrund einer zusätzlichen synergistischen Medikamentenwirkung der Ethanolgenuss zu einer vorher nicht zu erwartenden schweren Beeinträchtigung der Einsichts- und Steuerungsfähigkeit führte. Eine **Voraussehbarkeit** der Entwicklung einer solchen Beeinträchtigung ist allerdings immer dann gegeben, wenn bereits aus dem Beipackzettel des Medikamentes die Möglichkeit einer verstärkten Ethanolwirkung hervorging.

Die Fahrlässigkeit bezüglich der Tat ist in den beiden Umständen zu sehen, dass

- nicht bedacht wurde, dass der Konsum einer großen Ethanolmenge voraussehbar zur Fahruntüchtigkeit führt und dass
- vor dem Zeitpunkt des Zustandes der aufgehobenen bzw. verminderten Schuldfähigkeit keine Maßnahmen ergriffen wurden, die (entgegen der ursprünglichen Absicht erfolgte) spätere Benutzung des Kraftfahrzeuges im fahrunsicheren Zustand zu verhindern.

Liegen allerdings die Umstände, die später zur Benutzung des Fahrzeuges führten, derartig außerhalb der Lebenserfahrung, dass eine Voraussehbarkeit nicht gegeben sein konnte, so entfällt in diesem Punkt die Fahrlässigkeit.

Vollrausch. Entwickelt sich aus einem vorsätzlich oder fahrlässig herbeigeführten Rauschzustand heraus eine strafbare Handlung, und kann diese aufgrund einer rauschbedingten, zumindest nicht ausschließbaren Schuldunfähigkeit nicht bestraft werden, so greift – liegt keine Form der actio libera in causa vor – § 323a StGB ein.

Demnach steht angesichts der mit einem Rausch verbundenen erheblichen Gefahren die Herbeiführung eines Rausches als strafbare Handlung einem abstrakten Gefährdungsdelikt gleich. Somit kann noch fraglich sein, ob es für den Täter aktuell voraussehbar war, dass er im Rausch eine mit Strafe bedrohte Tat begehen konnte. Die dem Rausch nachgeschaltete Straftat selbst ist, wie es dem Konditionalsatz des § 323a StGB entspricht, als Rauschtat bloße objektive Bedingung der Strafbarkeit.

Eine wesentliche Voraussetzung für die Anwendung des § 323a StGB ist also das Vorliegen einer (zumindest nicht ausschließbaren) **rauschbedingten Schuldunfähigkeit.** Diese ist nach psychodiagnostischen Kriterien zu prüfen, wobei genau herauszufinden ist, inwieweit zwar eine schwere, zur nicht ausschließbaren Schuldunfähigkeit führende Störung der Fähigkeit, das Unrecht der Tat einzusehen, bzw. nach dieser Einsicht zu handeln, vorliegt, gleichwohl aber eine für die Begehung der Tat (noch) ausreichende intellektuelle und vom Willen gesteuerte Handlungsfähigkeit erhalten geblieben ist. Die Begehung der Rauschtat selbst muss jedenfalls noch einer Steuerung unterliegen. Für die Unfallflucht z.B. muss wenigstens noch die Wahrnehmbarkeit, dass es sich um einen Unfall gehandelt hat, erhalten geblieben sein.

Hinsichtlich der Erzeugung der nicht ausschließbaren Schuldunfähigkeit ist es entscheidend, dass diese durch den Konsum alkoholischer Getränke oder (inklusiv!) anderer berauschender Mittel begründet ist. Zwar dürfen für diesen Zustand andere Ursachen (z.B. desolate seelische Verfassung, Bewusstseinsstörung durch möglicherweise unfallbedingte Gehirnerschütterung) **mitgewirkt** haben, doch muss die Intoxikation durch Ethanol und andere Rauschmittel jedenfalls eine solche Teilursache sein, dass ohne ihre Annahme die diagnostizierte (nicht ausschließbare) Schuldunfähigkeit nicht denkbar wäre.

Keinesfalls sind die medizinischen Voraussetzungen des § 323a StGB erfüllt, wenn der Täter zwar alkoholisiert war oder aber berauschende Mittel zu sich genommen hatte, jedoch weder der Alkohol noch die berauschenden Mittel einen mitursächlichen Beitrag zum Zustand der (nicht ausschließbaren) Schuldunfähigkeit hatten, sondern dieser vielmehr durch eine andere als der in den 4 Alternativen des § 20 StGB aufgelisteten Ursachen begründet war. Zur genauen differentialdiagnostischen Erfassung gerade dieser Situation ist es deswegen von ausschlaggebender Wichtigkeit, sich immer wieder über die Symptomatologie des Rausches genaue Rechenschaft abzulegen.

Hinsichtlich des ethanolbedingten Rausches kommen Vorsatz und Fahrlässigkeit insofern nur für den einfachen (normalen) Rausch in Frage, weil in der Regel nur für die Herbeiführung dieser Rauschform eine Voraussehbarkeit gegeben ist, die vorsätzlich oder fahrlässig missachtet werden kann.

Definition

Um eine **vorsätzliche Begehung der Tat** handelt es sich dann, wenn der Täter wissentlich oder durch billigende Inkaufnahme durch Berauschung den Zustand der (zumindest nicht ausschließbaren) Schuldunfähigkeit herbeiführte. Vorsatz kann auch dann gegeben sein, wenn der Schuldfähigkeitsausschluss durch eine synergistische Wechselwirkung von berauschenden Mitteln und anderen (inneren und äußeren) Umständen zustande kam, nämlich dann, wenn der Täter mit dem Eintritt solcher Umstände rechnete oder sie doch wenigstens billigend in Kauf nahm. Hat er hingegen das Hinzutreten weiterer Umstände in vorwerfbarer Weise nicht bedacht, so liegt eine fahrlässige Begehung vor.

Unter **inneren Umständen** versteht man für die Erzeugung des Rausches prädisponierende, in der Person liegende Faktoren (z.B. augenblickliche seelische Verfassung, Erkrankung, Medikamenteneinfluss). Unter **äußeren Umständen** versteht man für die Erzeugung des die Schuldfähigkeit ausschließenden Zustandes von außen kommende Einflüsse, etwa das Auftreten einer affekterzeugenden und damit die Entwicklung des Rausches nährenden Situation. Wie gesagt, es muss für das Hinzutreten der weiteren Umstände als additiv rauscherzeugende Mitursache immer deren Voraussehbarkeit gegeben sein, und dies dürfte für die inneren Umstände eher gegeben sein als für die äußeren.

Differentialdiagnosen zur ethanolbedingten Bewusstseinsstörung. Die bereits bei Grad II auftretenden Bewusstseinsstörungen können, da sie kein spezifisches Symptom darstellen, leicht mit Bewusstseinsstörungen anderer Genese verwechselt werden, denn die Feststellung eines Ethanolgeruches und einer Bewusstseinsstörung bedeutet selbstverständlich nicht ohne weiteres das zwingende Vorliegen einer ethanolbedingten Bewusstseinsstörung. Es sind differentialdiagnostische Überlegungen vor allem hinsichtlich der konkurrierenden Diagnose einer **Hypoglykämie**, einer **Arzneimittelintoxikation**, einer **neurologischen Erkrankung** und zuallererst einer **posttraumatischen Bewusstseinsstörung** anzustellen.

Die Hypoglykämie ist durch Glukosebestimmung leicht zu diagnostizieren. An eine Arzneimittelintoxikation ist bei großer Diskrepanz zwischen Blutethanolkonzentration und Intensität der Bewusstseinsstörung zu denken. Eine posttraumatische Bewusstseinsstörung ist jedenfalls immer dann ins Kalkül zu ziehen, wenn äußere Zeichen der stumpfen Gewalt (besonders im Schädelbereich) vorliegen, also Weichteilverletzungen im Sinne von Quetsch-Risswunden, von Schürfwunden, von Hämatomen, hier insbesondere von Monokel- und Brillenhämatomen, von Blutungen aus dem Nasen-/Rachenraum und den Ohren. Immer ist dann an eine raumfordernde intrakranielle Blutung zu denken, so dass dann die Anfertigung von Röntgenbildern, von Computertomographien und von Elektroenzephalogrammen nicht nur gerechtfertigt, sondern geradezu indiziert ist.

Durch Ethanol bedingte Fahruntüchtigkeit

Bei den in den vorausgegangenen Abschnitten geschilderten gravierenden Schädigungen der sinnesphysiologischen und psychischen Leistungsfähigkeit durch Ethanol und andere berauschende Mittel ist es folgerichtig, dass das Fahren in berauschtem Zustand verboten ist. Dies wird geregelt durch die §§ 316 und 315c StGB sowie § 24a Abs. 1 StVG.

Der Tatbestand des § 316 StGB. Der Inhalt lautet:

§ 316 StGB Trunkenheit im Verkehr

(1) Wer im Verkehr (§§ 315–315d) ein Fahrzeug führt, obwohl er infolge des Genusses alkoholischer Getränke oder anderer berauschender Mittel nicht in der Lage ist, das Fahrzeug sicher zu führen, wird mit Freiheitsstrafe bis zu einem Jahr oder mit Geldstrafe bestraft, wenn die Tat nicht in § 315a oder § 315c mit Strafe bedroht ist.
(2) Nach Abs. 1 wird auch bestraft, wer die Fahrt fahrlässig begeht.

Definition

Führen im Sinne des § 316 StGB heißt, dass mindestens Maßnahmen getroffen werden, die das Ziel haben, die bestimmungsgemäßen Triebkräfte des Fahrzeuges zum Zwecke der Fortbewegung in Gang zu setzen, bzw. dass das Fahrzeug unter Anwendung der bestimmungsgemäßen Triebkräfte in Gang gesetzt wird.

Das „Nicht-in-der-Lage-sein" ist synonym mit **Fahruntüchtigkeit. Diese muss tatbestandsmäßig durch die körperliche und geistig-seelische, durch den Genuss von Ethanol oder anderer berauschender Mittel bedingte Leistungsinsuffizienz gegeben** sein. Sie liegt jedenfalls bei **Blutethanolkonzentrationswerten ab 1,1 ‰** (einschließlich) vor. Sie liegt (bei der gegebenen Wirkungserhöhung des Ethanols in der Resorptionsphase) aber auch dann vor, wenn zum Zeitpunkt der Tat eine Alkoholmenge im Körper ist, die mindestens zu einer Blutethanolkonzentration von 1,1 ‰ führt. **Dieser Grenzwert (1,1 ‰) der sog. absoluten Fahruntüchtigkeit wurde durch Beschluss des 4. Strafsenates (BGHSt 37, 89) festgelegt.** Er stützt sich auf die Erkenntnisse der medizinischen Experten, dass das Gesamtleistungsdefizit mit Sicherheit ab 1 ‰ (dem sog. Blutethanolkonzentrationsgrundwert der Gefahrengrenze) erreicht ist, und berücksichtigt einen messfehlerbedingten Sicherheitszuschlag von 0,1 ‰.

Blutethanolkonzentrationen die unterhalb dieser Grenze liegen, sind dann einer sog. relativen Fahruntüchtigkeit zuzuordnen, wenn sich weitere ethanolbedingte Leistungseinbußen zeigen, die das sichere Führen des Fahrzeuges nicht mehr gewährleisten. Diese können schon ab **0,3 ‰ vorkommen** und sind ab einer Konzentration von **0,5 ‰ fast sicher zu erwarten.** Für das Vorliegen der relativen Fahruntüchtigkeit muss bewiesen sein, dass die die relative Fahruntüchtigkeit bewirkende Leistungseinbuße kausal auf die Ethanolkonzentration zurückzuführen ist. Wichtigstes Indiz (Beweisanzeichen) für das Vorliegen einer Kausalität ist die Blutethanolkonzentration selbst. Ihre Beweiskraft ist umso stärker, je näher die Konzentration an 1,1 ‰ heranreicht.

Komplementär zur Blutethanolkonzentration sind weitere Beweisanzeichen zu berücksichtigen, die ihren Niederschlag in (nicht zuletzt im ärztlichen Bericht dokumentierten) neurologischen und psychopathologischen Ausfällen einerseits finden, sich andererseits aufgrund der Intoxikation des Zentralnervensystems (s. oben) in alkoholtypischen Fahrfehlern bemerkbar machen. Zu diesen gehören:

- das Schlangenlinienfahren,
- das Nichtbewältigen von Kurven, das sich im Geradeausfahren in Kurven, im Überziehen von Kurven oder im „sägezahnartigen" Fahren von Kurven manifestiert,
- das Fahren mit überhöhter Geschwindigkeit,
- das unangepasste gefährliche Überholen und
- das unaufmerksame Fahren, welches sich u.a. in der Missachtung der Vorfahrt, der Nichtbeachtung von Rotlicht oder der Erhöhung des Auffahrunfallrisikos zeigt.

Zur Entscheidung der Frage, ob eine relative Fahruntüchtigkeit vorliegt, bedient sich das Gericht der Hilfe des rechtsmedizinischen Sachverständigen. Aufgrund seiner Sachkunde kann dieser dem Gericht herauszufinden helfen, ob beim Fahrverhalten gezeigte Fehler und Regelwidrigkeiten zwanglos einer akuten Ethanolintoxikation zuzuordnen sind oder nicht bzw. ob die im Untersuchungsprotokoll festgehaltenen ärztlichen Befunde in Verbindung mit den Zeugenbeobachtungen Ausdruck einer Ethanolwirkung sind, die die Fahrtüchtigkeit eingeschränkt oder aufgehoben haben. Die eigentliche Feststellung der Fahruntüchtigkeit obliegt dem Sachverständigen genauso wenig wie die Beantwortung der (im Übrigen unerheblichen) Frage, ob ein gezeigter, vom Sachverständigen als ethanoltypisch klassifizierter Fahrfehler nicht auch einem nüchternen Fahrer hätte passieren können.

Wichtig

Die Feststellung einer Fahruntüchtigkeit obliegt allein dem Gericht nach der Gesamtwürdigung aller Umstände.

Oft wird der Sachverständige bezüglich einer Trunkenheitsfahrt zum Problem des Vorsatzes gefragt. Hierzu ist zu bemerken, dass im Falle des Vorsatzes die Fahruntüchtigkeit wissentlich und gewollt herbeigeführt werden muss. Ob das schon der Fall ist, wenn der Täter (möglicherweise aufgrund vorausgegangener Erfahrung) seine Blutethanolkonzentration einschätzen konnte, ist fraglich. Wichtig für die Annahme des Vorsatzes ist vielmehr die Tatsache, dass der Täter sein ethanolbedingtes Leistungsdefizit bemerken und dieses einer Fahruntüchtigkeit zuordnen musste. Hier ist darauf hinzuweisen, dass gerade bei hohen Blutethanolkonzentrationen aufgrund der mangelnden Kritikbereitschaft eine solche Zuordnungsfähigkeit erschwert ist.

Der Tatbestand des § 315c Abs. 1 Nr. 1 Buchstabe a StGB. Der Inhalt lautet:

§ 315c Abs. 1 Nr. 1 Buchstabe a StGB

(1) Wer im Straßenverkehr
1. ein Fahrzeug führt, obwohl er
a) infolge des Genusses alkoholischer Getränke ... nicht in der Lage ist das Fahrzeug sicher zu führen, ... und dadurch Leib oder Leben eines anderen Menschen oder fremde Sachen von bedeutendem Wert gefährdet, wird mit einer Freiheitsstrafe bis zu fünf Jahren oder mit Geldstrafe bestraft.

Die durch Genuss von Ethanol hervorgerufene Leistungseinbuße kann zur Gefährdung des Straßenverkehrs führen, einem Vergehen nach § 315c Abs. 1 Nr. 1 Buchstabe a StGB. Im Unterschied zum Straftatbestand des § 316 StGB ist dieses Vergehen **keine Dauerstraftat**, sondern mit dem Eintritt der konkreten Gefahr vollendet und mit deren Ende beendet.

Konkrete Gefahr bedeutet hier nicht nur eine allgemeine, aus einem Ethanol bedingt fahruntüchtigen Zustand resultierende Gefährlichkeit (wie in § 316 StGB), sondern es muss darüber hinaus eine mittelbare Beeinträchtigung der Sicherheit eines Menschen oder einer Sache hinzutreten.

Für § 315c Abs. 1 Nr. 1 Buchstabe a StGB müssen hinsichtlich der Ethanolwirkung zwei Voraussetzungen erfüllt sein:

- Es muss eine ethanolbedingte Fahruntüchtigkeit eingetreten sein, und
- die Gefährdung muss ihren Grund in dieser ethanolbedingten Fahruntüchtigkeit haben.

Für den Vorsatz gilt das bereits oben Gesagte; hinzu kommt für die Vorschrift § 315c Abs. 1 Nr. 1 Buchstabe a StGB, dass sich der Vorsatz auch auf die Gefährdung beziehen muss.

Der Tatbestand des § 24a Abs. 1 StVG. Geht man von den oben geschilderten Ethanolwirkungen aus, so ist klar, dass gravierende Leistungsminderungen schon bei geringen Ethanolkonzentrationen auftreten und daher nicht nur eine sichere

Verkehrstüchtigkeit nicht mehr gegeben ist, sondern dass darüber hinaus eine Teilnahme im Straßenverkehr ein hochgradiges Sicherheitsrisiko darstellt.

Wichtig

Daher gilt § 24a Abs. 1 StVG, wonach ordnungswidrig handelt, wer im Straßenverkehr ein Kraftfahrzeug führt, obwohl er 0,25 mg/l oder mehr Alkohol (Ethanol) in der Atemluft oder 0,5 ‰ oder mehr Alkohol (Ethanol) im Blut oder eine Alkoholmenge (Ethanolmenge) im Körper hat, die zu einer solchen Atem- und Blutalkoholkonzentration führt.

Dem in § 24a Abs. 1 StVG eingeführten Grenzwert von 0,5 ‰ liegt die Erkenntnis zugrunde, dass bei einem Blutethanolkonzentrationsgrundwert von 0,4 ‰ die Mehrheit aller Kraftfahrer eine Gefahr für andere Verkehrsteilnehmer darstellt. Dieser Grundwert ist unter Berücksichtigung eines messfehlerbedingten Sicherheitszuschlages von 0,1 ‰ dann bestimmt überschritten, wenn die vorschriftsmäßige Blutethanolmessung einen Mittelwert von 0,5 ‰ ergibt. Eine diesem Wert entsprechende Leistungsminderung liegt unter Berücksichtigung des über die Anflutungswirkung in der Resorptionsphase Gesagten auch dann vor, wenn sich zum Zeitpunkt der Fahrt so viel Ethanol im Körper befindet, dass es zu einem Zeitpunkt danach mindestens zu einer Blutethanolkonzentration von 0,5 ‰ kommt.

Der entsprechende Grenzwert der Atemalkoholkonzentration liegt bei 0,25 mg/l. Für diesen existiert ein Grundwert der Gefahrengrenze nicht.

Krankheitsbedingte Fahruntüchtigkeit

Die krankheitsbedingte Fahruntüchtigkeit wird durch § 315c Abs. 1 Nr. 1 Buchstabe b StGB erfasst.

§ 315c Abs. 1 Nr. 1 Buchstabe b StGB

(1) Wer im Straßenverkehr
1. ein Fahrzeug führt, obwohl er
b) infolge geistiger oder körperlicher Mängel nicht in der Lage ist, das Fahrzeug sicher zu führen, ... und dadurch Leib oder Leben eines anderen Menschen oder fremde Sachen von bedeutendem Wert gefährdet, wird mit Freiheitsstrafe bis zu fünf Jahren oder mit Geldstrafe bestraft.

Wichtig

Es gehört zu den Pflichten des Arztes, seinen Patienten auf Krankheiten aufmerksam zu machen, die eine Gefährdung des Straßenverkehrs infolge geistiger oder körperlicher Mängel herbeiführen, nicht aber zuletzt auch, um den Patienten vor Schaden zu bewahren. Zur Meldung an die Straßenverkehrsbehörde verpflichtet ist der Arzt nicht, da die ärztliche Schweigepflicht auch gegenüber den Behörden gilt.

Die Erkrankungen, die einen körperlichen und einen geistigen Zustand mit sich bringen, der zum Führen von Kraftfahrzeugen nicht mehr geeignet ist, sind in den Begutachtungsleitlinien zur Kraftfahrereignung des Gemeinsamen Beirats für Verkehrsmedizin beim Bundesministerium für Verkehr, Bau- und Wohnungswesen und beim Bundesministerium für Gesundheit niedergelegt (■ Tabelle 8.4). **Die dort aufgeführten Erkrankungen können somit ohne Schwierigkeit als objektive Tatbestandsmerkmale des § 315c Abs. 1 Buchstabe b StGB gelten.** Sie sind in der Regel durch eine eingehende Diagnostik auch noch nach der inkriminierten Gefährdung des Straßenverkehrs sicher festzumachen. Kommen sie also als Grund einer Straßenverkehrsgefährdung in Frage, so bedarf es einer eingehenden medizinischen Untersuchung, ggf. durch den Spezialisten. Schwierigkeiten können sich allerdings bei Einlassungen ergeben, die Krankheitszustände zum Inhalt haben, die mit nichtobjektivierten Bewusstseinsstörungen hergegangen sein sollen. Hierzu gehören in erster Linie **synkopale Ereignisse** und der **Diabetes mellitus**. Sie sollen deshalb kurz besprochen werden.

Synkopale Ereignisse. Unter einer Synkope versteht man eine kurzdauernde Bewusstlosigkeit, die durch eine Zirkulationsstörung im Gehirn verursacht wird. Nach **Koller** und **Neuhaus** bietet sich die folgende Einteilung der Synkopen an:

- 1. Vagovasale, vasodepressorische Synkope („gewöhnliche Ohnmacht")
- 2. Hypostatische Synkope
- 3. Karotissinus-Syndrom
- 4. Synkope infolge Valsalva-Mechanismus und Hyperventilation
- 5. Kardiale Synkope
  - Rhythmusstörungen
  - Aortenstenose und hypertrophe (obstruktive) Kardiomyopathie
  - Mitralstenose und Vorhofmyxom
  - Cor pulmonale (akutes und chronisches)
- 6. Synkopen bei transitorischen, zerebralen Durchblutungsstörungen (TIA)
- 7. Besondere Formen der Synkope:
  - bei akutem peripheren Vestibularisausfall und Morbus Menière
  - Subclavian-steal-Syndrom
  - Aortenbogensyndrom

Da Synkopen wiederholt auftreten können und darüber hinaus fakultativ lebensgefährlich sind, sind sie stets ernst zu nehmen und bedürfen daher der eingehenden Abklärung. Hierbei ist am besten so vorzugehen, dass zunächst die unter Nr. 3–Nr. 7 aufgeführten Krankheitsbilder durch eine fachinternistische Diagnostik verifiziert oder ausgeschlossen werden sollten. Sollte eines der Krankheitsbilder internistisch diagnostiziert worden sein, so ist die Einlassung natürlich daraufhin zu überprüfen, ob Deckungsgleichheit der geschilderten Symptome mit den zu erwartenden Symptomen herrscht.

Tabelle 8.4. Erkrankungen mit Einfluss auf die Fahrtauglichkeit

1 Sehvermögen	
2 Hörvermögen	
2.1 Schwerhörigkeit	nur, wenn weitere Einschränkungen der Sinnesorgane oder intellektuelle Defizite vorliegen
2.2 Störungen des Gleichgewichts	kann zu plötzlich einsetzendem Orientierungsverlust führen, insbesondere im Hinblick auf die Körperlage und Stellung im Raum, außerdem zu Störungen der Richtungskontrolle
3 Bewegungsbehinderungen	
4 Herz- und Gefäßkrankheiten	
4.1 Herzrhythmusstörungen	Möglichkeit der plötzlichen Bewusstlosigkeit
4.2 Hypertonie (Bluthochdruck)	Gefahr plötzlichen Herzversagens, Risiko von Hirnblutungen, Netzhautblutungen mit Sehstörungen, Nierenschäden
4.3 Hypotonie (erniedrigter Blutdruck)	schnelle Ermüdung, gelegentlich anfallsartige Bewusstlosigkeit
4.4 Koronare Herzkrankheit	erhöhtes Risiko eines Herzinfarktes, Herzrhythmusstörungen, Angina pectoris, plötzlicher Herztod
4.5 Herzleistungsschwäche durch angeborene oder erworbene Herzfehler oder sonstige Ursachen	Gefahr des Kollapses, Verlust von körperlicher und schließlich auch geistiger Leistungsfähigkeit
4.6 Periphere Gefäßerkrankungen	Verschlusskrankheiten mit Ruheschmerz und Gewebsuntergang: Kontroll- und Kraftverlust; Aneurysmen der Hauptschlagadern: Gefahr der Ruptur mit plötzlichem Kollaps
5 Zuckerkrankheit	Gefahr labiler Stoffwechsellagen mit vermehrter Erschöpfbarkeit, Verlangsamung, Vigilanzstörungen. Spätkomplikationen: u.a. Netzhautschäden, periphere Neuropathie
6 Nierenerkrankungen	verminderte Leistungs- und Reaktionsfähigkeit, labiles Stoffwechselgleichgewicht mit der Gefahr von Elektrolytentgleisungen, Herzversagen, Vigilanz- oder Sehstörungen
7 Organtransplantationen	Arzneiwirkungen, Funktionsstörungen, psychoreaktive Nebenwirkungen
8 Lungen und Bronchialkrankheiten	in schweren Fällen Auswirkungen auf den Kreislauf mit plötzlichem Bewusstseinsverlust
9 Krankheiten des Nervensystems	
9.1 Erkrankungen und Folgen von Verletzungen des Rückenmarks	je nach Schwere der Ausfallerscheinungen
9.2 Erkrankungen der neuromuskulären Peripherie	bei periodischen Lähmungen: Gefahr plötzlich einsetzender Aktionsunfähigkeit, bei Myatrophien: Einschränkung der Leistungsfähigkeit
9.3 Parkinson'sche Krankheit, pyramidale Erkrankungen einschließlich zerebellärer Störungen	Verlangsamung, Desintegration der Motorik, mögliche organische Psychosyndrome
9.4 Kreislaufabhängige Störungen der Hirntätigkeit	Gefahr von TIA, Apoplexie, Leistungseinbußen bei mikroangiopathischen Veränderungen (SAE), bei durchgemachten Apoplexien: Rückfallgefahr
9.5 Zustände nach Hirnverletzungen und Operationen, angeborene und frühkindlich erworbene Hirnschäden	Gefahr organischer Psychosyndrome, mögliche Komplikationen wie Krampfanfälle, subdurales Hämatom oder Wesensänderung
9.6 Anfallsleiden	Gefahr plötzlicher Vigilanzänderung
10 Psychische Störungen	
10.1 Organisch-psychische Störungen	plötzliche Bewusstseinsstörungen, Verkennung der Realität
10.2 Demenz und organische Persönlichkeitsveränderungen	Verlangsamung, Mangel an Spontanität, Gedächtnis- und andere kognitive Störungen, Antriebsminderung
10.3 Altersdemenz und Persönlichkeitsveränderungen durch pathologische Alterungsprozesse	Verlangsamung, Gedächtnis- und andere kognitive Störungen
10.4 Affektive Psychosen	bei sehr schweren depressiven und in manischen Phasen: Beeinträchtigung der Anpassungs- und Leistungsfähigkeit
10.5 Schizophrene Psychosen	gestörter Realitätssinn, Verminderung der Leistungsfähigkeit
11 Alkohol	
11.1 Missbrauch	Verminderung der Reaktionsfähigkeit, Veränderung der Stimmungslage
11.2 Abhängigkeit	zusätzlich psychomotorische Beeinträchtigung
12 Betäubungsmittel und Arzneimittel	
12.1 Sucht (Abhängigkeit) und Intoxikationszustände	Auftreten schwerer geistiger und körperlicher Schäden mit Selbstüberschätzung, Gleichgültigkeit, Reizbarkeit, Entdifferenzierung und Depravation der Persönlichkeit
12.2 Dauerbehandlung mit Arzneimitteln	Gefahr von Verlangsamung und Konzentrationsstörungen, Auftreten von Herzrhythmusstörungen, Blutungen, Schwindel, Kollapszuständen
13 Intellektuelle Leistungseinschränkungen	

Konnten die unter Nr. 3–Nr. 7 aufgezählten Krankheitsbilder ausgeschlossen werden, so bleibt zu prüfen, ob eine vagovasale Synkope („gewöhnliche Ohnmacht") oder eine hypostatische Synkope vorgelegen haben kann. Die vagovasale Synkope ist die Folge eines plötzlichen Blutdruckabfalls meist psychogener Natur, sobald der systolische Druck in aufrechter Haltung unter 70 mmHg absinkt. Sie ist oft mit einem langsamen Pulsschlag verbunden. Auslösend sind oft psychische Faktoren (z.B. Angst, Schreck, Ekel) oder intensive Schmerzen (z.B. Koliken). Begünstigend wirken Hitze, Fasten oder überreichliches Essen. In der Regel treten schon in der Anamnese derartige synkopale Ereignisse auf. Die gewöhnliche Ohnmacht kündigt sich durch kurzdauernde prämonitorische Zeichen wie Übelkeit, Sehstörungen (Flimmern, Schwarzwerden), Schweißausbrüche und allgemeine Schwäche an. In der Regel ist die Dauer dieser Zeichen lang genug, um bei pflichtgemäßer Selbstkritik die Fahrt unterbrechen zu können; doch ist es auch in Einzelfällen nicht auszuschließen, dass die gewöhnliche Ohnmacht so abrupt einsetzt, dass für die Erkennung einer plötzlich einsetzenden Fahruntüchtigkeit keine Zeit mehr bleibt. Die hypostatische Synkope wird allein durch die aufrechte Körperhaltung ausgelöst, sie spielt daher bei der Beurteilung von Ohnmachtsanfällen von Kraftfahrern keine Rolle.

Diabetes mellitus. Der Diabetes mellitus ist eine chronische Erkrankung des Stoffwechsels, die durch eine ungenügende Insulinwirkung gekennzeichnet ist. Er manifestiert sich sowohl in hyperglykämischen Zuständen als auch in hypoglykämischen Zuständen. Die Hyperglykämien haben im Rahmen des § 315c Abs. 1 Buchstabe b StGB verkehrsmedizinisch keine wesentliche Bedeutung, da sie sich in der Regel langsam entwickeln. Dagegen können Hypoglykämien plötzlich auftreten; sie sind für den Diabetiker nicht immer voraussehbar. In der Regel können sie allerdings rechtzeitig erkannt werden, da gerade der geschulte Diabetiker um die einsetzende Frühsymptomatik weiß und daher geeignete Maßnahmen treffen kann. Die Frühsymptomatik ist zu einem Teil Folge einer vermehrten gegenregulatorischen Adrenalinausschüttung und zum anderen Teil Folge der Unterzuckerung des Nervensystems. Im Einzelnen findet man:

- **adrenerge Symptomatik:**
  - Tachykardie, Herzklopfen
  - Unruhe, Angst
  - Kaltschweißigkeit
  - Zittern
  - Parästhesien
  - Übelkeit
  - Speichelfluss
  - Hunger
  - Harn- und Stuhldrang
- **neuroglukopenische Symptomatik:**
  - Konzentrationsschwäche
  - Gedächtnisstörungen
  - Dysphorie, Apathie
  - Müdigkeit
  - bizarres, unkontrolliertes Verhalten
  - Sprach- und Stehstörungen
  - Halluzinationen
  - Somnolenz
  - Koma
  - Krämpfe
  - Lähmungen

Bei dieser Symptomatik ist eine Fahrtüchtigkeit nicht mehr gegeben. Die Fahruntüchtigkeit manifestiert sich u.a. im Fahren von Schlangenlinien (Verwechslungsmöglichkeit mit Alkoholisierung!) und in einem Hineingeraten in den Gegenverkehr. Die Diagnose der Hypoglykämie wird im Wesentlichen über die oben geschilderte Symptomatik und deren Zuordnung zum Fahrverhalten gestellt. Sie wird unterstützt durch die Abfrage nach auslösenden Faktoren (berufliche Belastung, psychischer Stress, unzureichende Nahrungszufuhr). Die sicherste Diagnoseerstellung besteht natürlich in der aktuellen Messung des Blutzuckers, was aber nicht immer möglich ist. Eine wertvolle diagnostische Hilfe besteht darin, zu beobachten, ob sich der Zustand nach Glukosegabe bessert. Im Hinblick auf die Beantwortung der Frage der Fahrlässigkeit ist vom medizinischen Sachverständigen nicht nur sorgfältig die Anamnese zu erheben, sondern auch das von den Diabetikern angefertigte Verlaufsprotokoll der Blutzuckerwerte einschließlich der zu sich genommenen Broteinheiten und die ärztlichen Kontrollergebnisse genau zu überprüfen.

Von Wichtigkeit ist diesbezüglich auch die Kenntnis des Konzentrationsverlaufes des Glykohämoglobins (HbA_1), weil dieses diagnostische Rückschlüsse auf die mittlere Blutzuckerkonzentration der vergangenen 4–6 Wochen zulässt. Führt der Diabetiker den Nachweis einer gewissenhaften, geordneten und erfolgreichen Behandlung, so ist in dieser Hinsicht eine Fahrlässigkeit aus medizinischer Sicht nicht gegeben.

Sonstige Tatbestände des § 315c StGB

Es gibt auch nicht krankheitsbedingte Zustände, die einen geistigen und körperlichen Mangel im Sinne des § 315c Abs. 1 Nr. 1 Buchstabe b StGB nach sich ziehen können. Ein typisches Beispiel hierfür ist die Ermüdung.

Ermüdung. Die Ermüdung ist einer Dämpfung der Großhirnrindenfunktion zuzuordnen und entspricht damit einem geistigen Mangel, der im Sinne des § 315c StGB zur Fahruntüchtigkeit führen kann. Sie ist definiert als ein Zustand der Leistungseinschränkung, der durch eine Beeinträchtigung der Reizübermittlung, eine Beeinträchtigung der Sinnesfunktion, eine Leistungseinbuße der Psychomotorik und durch eine Behinderung des Denkens charakterisiert ist. Ihre Ursachen sind Schlafentzug, trotz ausreichenden Schlafs intensive körperliche Arbeit und anstrengende geistige Tätigkeit, wozu auch Langstreckenfahrten zu zählen haben. Genau hierauf muss sich die Anamneseerhebung des medizinischen Gutachters beziehen.

Unterstützt wird die Ermüdung u.a. durch witterungs- oder beleuchtungsbedingt besonders anstrengende Fahrten, durch eine Monotonie der zu verrichtenden Arbeit (z.B. Autobahnfahrt, einschläfernde Geräuschbelastung), durch ungünstige Witterungsverhältnisse (z.B. schwüle Hitze) und durch körperliche Indispositionen, die schon nach reichhaltigen Mahlzeiten oder/und in Zeiten herabgesetzter physiologischer Leistungsbereitschaft (14.00 Uhr tagsüber, 02.00 Uhr nachts) gegeben sein können. Die Ermüdung setzt das Wachsamkeitsniveau herab. Dieser Umstand manifestiert sich in Sehstörungen (Einengung des Gesichtsfelds, Verlangsamung der Akkommodation, Ermüdungsschielen mit Doppelbildern), in Wahrnehmungsstörungen, in einer erhöhten Neigung zu optischen Täuschungen und in Fehlinterpretationen von Wahrnehmungen bis hin zu Halluzinationen.

Bevor die Ermüdung in den Schlaf überführt, setzt ein Dämmerzustand mit einem Sekundenschlafphänomen („Blockierung") ein. Charakteristisch für diese Phase ist nicht nur das Nachlassen der Aufmerksamkeit, sondern die abrupten Aufmerksamkeitsschwankungen, die wohl einerseits durch die Bewusstseinsabnahme während des Eindämmerns und andererseits durch die nach der „Blockierungsabsence" einsetzende ruckartige Aufschreckphase zu erklären sind.

Die **Ermüdung ist erkennbar**. Sicheres Zeichen ist das Gähnen. Es stellt sich weiterhin eine Beeinträchtigung des Wohlbefindens mit Unlust, Missstimmung, Gereiztheit und Schweregefühl ein. Die Lider werden schwer, die Augen- und Lidbindehäute werden trocken, was zu einem sandigen Gefühl führt (Tabelle 8.5 u. 8.6). Ein plötzliches Einschlafen, welches sich nicht durch eine vorherige Wahrnehmung einer Müdigkeit angekündigt hat, gibt es nur in Ausnahmefällen psychopathologischer Ermüdungs- und Schlafformen (Narkolepsie, Katalepsie, Kleine-Levin-Syndrom, Pickwick-Syndrom, Parinaud-Syndrom).

Unerlaubtes Entfernen vom Unfallort

§ 142 StGB stellt das unerlaubte Entfernen vom Unfallort unter Strafe. Das Verlassen des Unfallortes muss **willentlich** geschehen. Dies setzt voraus, dass der Unfall als solcher bemerkt wurde und dass die Entschlussfähigkeit, die zum Entfernen nötig ist, intakt war.

Die Bemerkbarkeit stützt sich auf den Sehsinn, den Hörsinn und auf das kinästhetische Wahrnehmungsvermögen. Hinsichtlich des **Sehsinnes** ist zu prüfen, ob der topographisch relevante, zum Unfall führende Ereignisausschnitt bei entsprechend zu fordernder Sichtrichtung über das optisch abbildende System der Netzhaut zugänglich war, um von dort aus einem Apperzeptionsvorgang zugeordnet werden zu können. Hinsichtlich der **akustischen Bemerkbarkeit** muss davon ausgegangen werden, dass schnell eingeleitete Stosskräfte bereits kleineren Ausmaßes zu erheblichen, d.h. wahrnehmbaren Geräuschen führen. Langsam eingeleitete Stoßkräfte, z.B. Einfahren einer Seitentüre mit der Ecke des hinteren Stoßfängers bei langsamem Zurücksetzen, müssen akustisch nicht bemerkt werden. Die akustische Wahrnehmbarkeit kann durch andere Geräusche (z.B. Musik, Motorgeräusche etc.) im Sinne einer „Verdeckung" gestört sein. Dies setzt allerdings voraus, dass das Stoßgeräusch in seinem Frequenzspektrum dem Störgeräusch ähnelt und dieses bei weitem unterschreitet. Bezüglich der Diskriminanz von Stoß- und Störgeräuschen liegt vor allem bei den Kraftfahrzeugsachverständigen eine umfangreiche, experimentell gesicherte Erfahrung vor, auf die bei der rechtsmedizinischen Beurteilung des Sachverhaltes rückgegriffen werden kann.

Hinsichtlich der **kinästhetischen Bemerkbarkeit** ist von einer Beschleunigungsschwelle von 1 m/sec^2 auszugehen. Diese Kraft muss allerdings plötzlich eingeleitet werden. Eine plötzliche Einleitung ist z.B. nicht gegeben für weiche und gleitende Stöße, die bei leichter Verformbarkeit des Materials des Stoßpartners durch eine langsame Zunahme der Ein-

Tabelle 8.5. Früh- und Spätsymptome des Ermüdens

Frühsymptome	Spätsymptome
Lidschwere	Gefühl, zu schnell zu fahren
Konvergenzschwäche (wird als besonders quälend empfunden)	absichtliches Langsamfahren
Fremdkörperreiz in den Augen („Sandmännchen kommt")	Phantasiebilder
Doppelbilder sehen	Wunsch zu schlafen
Schielstellung der Augen (Strabismus divergens)	plötzlicher Tonusverlust der Nackenmuskulatur (Lecher)
Trockenheit der Mundschleimhaut und Durstgefühl	plötzliches Erschrecken mit Schweißausbruch und Herzklopfen bei Änderung der Fahrsituation
Wärmegefühl	
Frösteln	plötzliche, ganz kurze Absenzen (bei offenen Augen) mit folgendem Erschrecken
Gähnen	
Gefühl, schlechter zu kuppeln und zu schalten	
(Gefühl: Wagen hat gelitten, im Getriebe stimmt etwas nicht)	

(nach O. und L. Prokop, 1955)

■ Tabelle 8.6. Erste Zeichen beginnender Ermüdung

	Subjektive Beobachtungen befragter Kraftfahrer
Augen	Flimmern, Schmerzen, Schweregefühl, Blick wird trübe, verringerte Sehschärfe, schlechtes Fixierungsvermögen, Sehen von Gegenständen (Passanten, Holzklötzen, Licht, Ringen, verschleiertem Licht, Schattenbildern, frisch überzogenem Bett), Straße „schwimmt". Wahrnehmungsfähigkeit herabgesetzt
Ohren	leichtes Dröhnen, Gehör lässt nach, Geräuschempfindlichkeit, Ohrensausen
sonstige Empfindungen	Blutdrucksteigerung, Druckgefühl in Kopf und Schläfen, Durstgefühl, Ermüdung des Rückens, Erschlaffen der Arme, Gähnen, Hunger, Magenschmerzen, Nackenschmerzen, Juckreiz in Nase, Kältegefühl, kalte Füße, Kopfschwere, Kopfjucken, Kopfnicken, körperliche Ermüdung, Körperstarre, Krampf, Luftmangel, Sitzmüdigkeit, Sitzfläche schmerzt, Schläfenkopfschmerz, Schlappheit, Schweiß an Händen, Schwitzen, steif, Ziehen im Nacken, schmerzhafte Reaktionen, Verkrampfungszustand, Zusammenzucken
psychisch	Abschweifen der Gedanken, Konzentrationsschwäche, Dösen, durchgedreht, geistige Müdigkeit, Gereiztheit, Gleichgültigkeit, relative Gleichgültigkeit, Nervosität, Interesselosigkeit, Lustlosigkeit, rauschartige Benommenheit, Unaufmerksamkeit, Unruhegefühl, Ungeduld, Willensschwäche, Wohlgefühl, Appetit auf Zigaretten, Aufschrecken
Fahrweise	Verzögerte Reaktion, Automatik, keine schnurgerade Fahrweise, Geschwindigkeitserhöhung, Geschwindigkeitsverminderung, Geschwindigkeitsgefühl geht verloren, Übersehen von Verkehrsschildern, Linksdrall, Schaltmüdigkeit, Schaltzeitpunkt verpasst, Verschätzung, Zickzackfahren

(nach O. und L. Prokop 1955)

dringtiefe, also durch eine langsame Zunahme der Anstoßbescheunigung charakterisiert sind.

Dass die Bemerkbarkeit im Sinne einer Störung der Wahrnehmungssysteme durch den Einfluss von Ethanol beeinträchtigt werden kann, ergibt sich aus der diesbezüglichen Erörterung der Ethanolwirkungen (s. oben, Abschnitt Ethanolwirkung, S. 423).

Auch die Hemmfähigkeit, die vom Entschluss zum Entfernen vom Unfallort überholt wird, kann in ihrer Intaktheit ethanolbedingt versehrt sein. Daher muss bei Ethanoleinfluss immer die Frage erörtert werden, ob die medizinischen Voraussetzungen zur Vorsatzfähigkeit gegeben waren. Für die Beantwortung dieser Frage bedient man sich zweckmäßigerweise derjenigen psycho-diagnostischen Kriterien, die auch für die Beantwortung der Frage der ethanolbedingten Verminderung bzw. Aufhebung der Schuldfähigkeit führen.

8.3.2 Drogen

F. Mußhoff, B. Madea

In der westeuropäischen Drogenszene werden im Wesentlichen vier Stoffgruppen konsumiert. Als Erstes sind die **Cannabisprodukte** (Haschisch, Marihuana) zu nennen, ferner **Heroin** und die Stimulanzien **Cocain und Amphetamin** sowie synthetische **Amphetaminderivate** (Ecstasy). Eine geringere Rolle spielen LSD, halluzinogene Pilze, Schnüffelstoffe oder andere Rauschmittel (■ Abb. 8.8). Jüngere Studien zur Prävalenz von Drogen und Medikamenten im Straßenverkehr zeigen, dass zwar der Alkoholkonsum nach wie vor im Vordergrund steht, jedoch insbesondere Cannabisprodukte unter den Drogen und Benzodiazepine unter den Medikamenten sehr verbreitet sind. Eine Hochrechnung erbrachte, dass bei etwa 16 % aller verkehrsauffälligen Fahrer Drogen- und/oder Medikamentenkonsum unterstellt werden kann, von allen Drogen- und Medikamentenkonsumenten aber nur 12 % entdeckt werden. Ein Vergleich der Unfallquoten zeigt ein wesentlich höheres Risiko für die Drogen- und Medikamentenkonsumenten im Vergleich zu den „nur" alkoholisierten Personen. Noch vorhandenen Defiziten bei Erkennung und Nachweis einer Rauschmittelbeeinträchtigung wird durch entsprechende Schulungsmaßnahmen entgegengewirkt.

Infobox

Rechtliche Konsequenzen für Personen, die unter dem Einfluss von Drogen als „anderen berauschenden Mitteln" am öffentlichen Straßenverkehr teilnehmen, ergeben sich aus den §§ 315c und 316 StGB. Grenzwerte analog der 1,1 ‰-Grenze beim Alkohol existieren für den Tatbestand der absoluten Fahrunsicherheit nicht. Somit kann dann allenfalls von einem Tatbestand einer relativen Fahrunsicherheit ausgegangen werden. Eine solche ist anzunehmen, wenn bei positivem chemisch-toxikologischen Befund (Wirkstoffnachweis im Blut) zusätzlich Fahrauffälligkeiten, Feststellungen der Polizei (oder Zeugen) zum Zustand des Fahrers vorliegen und/oder die anlässlich einer Blutentnahme ärztlich untersuchte Person sich auffällig verhielt (■ Tabelle 8.7). Liegt nur ein Arztbericht ohne weitere Informationen zum Fahrverhalten oder Zustand des Fahrers beim Einschreiten der Polizei vor, so ist eine medizinisch-toxikologische Beurteilung bei der abnehmenden Beweisdichte erschwert und eine Entscheidung nicht zuletzt häufig von der richterlichen Würdigung des Sachverhaltes abhängig. Allerdings greift in den Fällen, in denen ein positiver chemisch-toxikologischer Befund vorliegt, eine relative Fahrunsicherheit aber nicht mit der für ein Strafverfahren notwendigen Sicherheit angenommen werden kann, der § 24a StVG. Danach handelt zumindest ordnungswidrig, wer unter der Wirkung eines in der Anlage genannten berauschenden Mittels

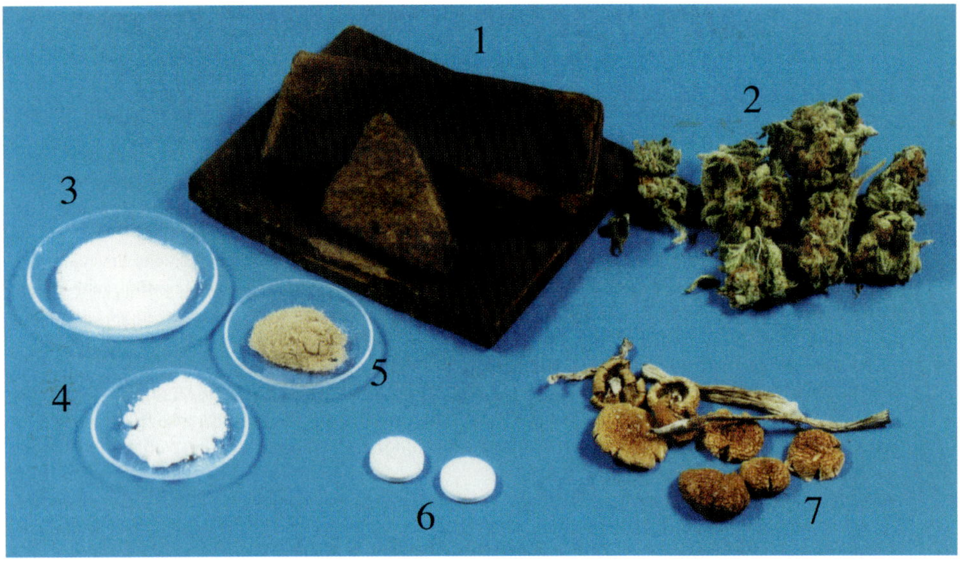

Abb. 8.8. Sichergestellte Betäubungsmittel. *1* Haschisch, *2* Marihuana, *3* Amphetamin, *4* Cocain, *5* Heroin, *6* Ecstasy, *7* halluzinogene Pilze

im Straßenverkehr ein Kraftfahrzeug führt. Von einer Wirkung ist auszugehen, wenn eine der in der Anlage genannten Substanzen im Blut nachgewiesen wird. Folgen einer Verkehrsteilnahme unter Drogeneinfluss können neben einem Ordnungswidrigkeitstatbestand oder einer Verurteilung wegen relativer Fahrunsicherheit auch Forderungen der gesetzlichen Unfallversicherung, der Haftpflichtversicherung oder der Kaskoversicherung nach sich ziehen. Zudem kann die Vorlage eines medizinisch-psychologischen Gutachtens durch die Verwaltungsbehörde gefordert werden.

§ 24a StVG – 0,8 und 0,5 Promille-Grenze

(1) Ordnungswidrig handelt, wer im Straßenverkehr ein Fahrzeug führt,
1. obwohl er 0,40 mg/l oder mehr Alkohol in der Atemluft oder 0,8 Promille oder mehr Alkohol im Blut oder eine Alkoholmenge im Körper hat, die zu einer solchen Atem- oder Blutalkoholkonzentration führt, oder
2. obwohl er 0,25 mg/l oder mehr Alkohol in der Atemluft oder 0,5 Promille oder mehr Alkohol im Blut oder eine Alkoholmenge im Körper hat, die zu einer solchen Atem- oder Blutalkoholkonzentration führt.

(2) Ordnungswidrig handelt, wer unter der Wirkung eines in der Anlage zu dieser Vorschrift genannten berauschenden Mittels im Straßenverkehr ein Kraftfahrzeug führt. Eine solche Wirkung liegt vor, wenn eine in dieser Anlage genannte Substanz im Blut nachgewiesen wird. Satz 1 gilt nicht, wenn die Substanz aus der bestimmungsgemäßen Einnahme eines für einen konkreten Krankheitsfall verschriebenen Arzneimittels herrührt.

Anhang: Liste der berauschenden Mittel und Substanzen

Berauschende Mittel	**Substanzen**
Cannabis	Tetrahydrocannabinol
Heroin	Morphin
Morphin	Morphin
Cocain	Benzoylekgonin
Amphetamin	Amphetamin
Designer-Amphetamin	3,4-Methylendioxymethamphetamin
Designer-Amphetamin	3,4-Methylendioxyethylamphetamin

Wichtig

Eine Ordnungswidrigkeit gem. § 24a StVG kann nur beim **spezifischen und eindeutigen Nachweis** einer in der Anlage aufgeführten Substanzen im Blut des Verkehrsteil-

Tabelle 8.7. **Kriterien zur Feststellung einer relativen Fahrunsicherheit**

Fahrauffälligkeiten
Polizeiliche Feststellungen am Fahrer (Zeugen)
Arztbericht (Unterscheidung: motorisch, vegetativ, psychisch bzw. psychophysisch)
Toxikologie (Blut)

Motorisch	Gang, Kehrtwendung, Finger-Finger-, Finger-Nase-Test, Romberg, Sprache
Vegetativ	Pupillomotorik, Tremor, Konjunktiven
Psychisch	unangepasst euphorisch, dysphorisch, rasch wechselhafte Stimmung, schläfrig, agitiert, verlangsamt, stumpf

nehmers angenommen werden. Immunchemische Testverfahren (Gruppenteste) sind dazu nicht geeignet! Zum Beispiel erfolgt immunchemisch keine Unterscheidung zwischen dem Wirkstoff von Cannabisprodukten, THC, und seinen Metaboliten. Auch die Feststellung, dass ein Konsum unmittelbar vor Fahrtantritt stattgefunden hat, reicht nach OLG-Rechtsprechung nicht aus, um einen Verstoß nach § 24a StVG annehmen zu können.

Infobox

Die polizeiliche Verdachtsgewinnung, d.h. ein Erkennen von Verkehrsteilnehmern, die unter dem Einfluss von Alkohol oder anderen berauschenden Mitteln ein Fahrzeug führen, ist aktueller Gegenstand vieler Fortbildungsmaßnahmen. Während die Wirkungsweisen des Alkohols in der Regel bekannt sind und leicht bemerkt werden, zumal als zusätzliches Hilfsmittel ein Alcotest vor Ort durchführbar ist, ist der Beamte bei der Erkennung einer Aufnahme anderer relevanter Substanzen auf seine Sinne und seine Erfahrung angewiesen. Adäquate Hilfsmittel wie freiwillige Urin- oder Speichelanalysen als Vorteste befinden sich lediglich in der Erprobungsphase. Eng verbunden mit der Verdachtsgewinnung ist die Beweissicherung, worunter eine geeignete Dokumentation des Vorfalls, eine entsprechende Sicherstellung von Probenmaterial und ein Veranlassen von sinnvollen Untersuchungen zu verstehen ist, um letztendlich dem Gericht die Möglichkeit zu geben, sich eine richtige Vorstellung vom Zustand eines Beschuldigten und zum Geschehensablauf zu bilden. Dies gilt insbesondere bei der schwierigen Beweislage in Bezug auf eine relative Fahrunsicherheit. Wichtig für eine spätere Beurteilung sind Angaben zur Fahrweise oder einem eventuellen Unfallhergang, daneben aber auch zur Witterung und Fahrbahnbeschaffenheit. Des Weiteren können insbesondere bei einer polizeilichen Überprüfung wichtige hinweisgebende Beobachtungen und Feststellungen getroffen werden, die zum einen den Verdacht auf eine Substanzeinwirkung erhärten, zum anderen für ein späteres Verfahren bedeutsam sein können. So hat sich das Anfertigen eines polizeilichen Berichtes in Form einer Checkliste bewährt, die salopp als „Torkelbogen" bezeichnet wird (◘ Abb. 8.9, ► s. auch Abb. 8.6b). Da der Polizeibeamte in der Regel als Erster und somit zeitnah zu dem Geschehen mit einem möglichen Beschuldigten zu tun hat, kommt seinen Schilderungen im weiteren Ermittlungsverfahren eine besondere Bedeutung zu; zusätzlich ist ein ärztlicher Bericht anlässlich der sich anschließenden Blutentnahme in eine Begutachtung bzw. Gesamtwürdigung mit einzubeziehen (► s. Kap. 8.3.1).

Cannabis

Der Cannabiskonsument

Dieser Konsumententyp konsumiert nur Cannabisprodukte, evtl. in Kombination mit Alkohol. Andere Drogen, vorrangig Amphetamine / Ecstasy, werden manchmal probiert. Anfangs erfolgt der Konsum durch Rauchen eines Joints, später wird auf intensivere Rauchtechniken (Wasserpfeife etc.) zurückgegriffen.

Es werden drei Phasen der Rauschwirkung unterschieden:

Akute Phase: kurz nach Konsum (Dauer ca. 1–2 Stunden, bei stärkerem Konsum auch länger): Gang schleppend, Sprachschwierigkeiten, insgesamt verlangsamt, begriffsstutzig, Augen gerötet, glasiger Blick, Pupillen weit und lichtträge.

- Typische Fahrauffälligkeiten: grundloser Wechsel der Geschwindigkeit, niedrige Geschwindigkeit, Schwierigkeiten beim Halten der Spur (Lenkkorrekturen), leichte Ablenkbarkeit und Konzentrationsschwäche – hierdurch keine adäquate Reaktion auf unerwartete Ereignisse, Vorfahrtsmissachtung bzw. „Übersehen" von roten Ampeln oder Fußgängern, keine sofortige Reaktion auf Anhaltezeichen der Polizei.

Subakute Phase: Sie schließt sich unmittelbar an die akute Phase an bzw. liegt vor, wenn nur eine geringe Menge an Cannabisprodukten konsumiert wurde (Dauer ca. 4–6 Stunden, evtl. auch länger): die Trägheit der akuten Phase ist vorbei, es besteht eher eine ausgelassene, unbekümmerte Grundstimmung (Euphorie, Wohlbefinden), die Kritikfähigkeit ist herabgesetzt, das eigene Leistungsvermögen und die eigenen Fähigkeiten werden überschätzt, Augen sind gerötet bis normal, Pupillen geweitet oder normal.

- Typische Fahrauffälligkeiten: riskante Fahrweise mit überhöhter Geschwindigkeit, nach einem Unfall ist Flucht nicht selten, leichte Ablenkbarkeit und Konzentrationsschwäche, hierdurch keine adäquate Reaktion auf unerwartete Ereignisse, Vorfahrtsmissachtung bzw. „Übersehen" von roten Ampeln.

Postakute Phase: Sie dauert offenkundig 12–24 Stunden an (bis der Cannabiskonsument wieder das Gefühl hat, völlig „klar im Kopf" zu sein). Konzentrationsschwächen, leichte Ablenkbarkeit, Träumen; auffälliges Verhalten bei Verkehrskontrollen kaum feststellbar.

- Typische Fahrauffälligkeiten: nicht bekannt. Es kann angenommen werden, dass es zu Fahrfehlern aufgrund der mangelnden Konzentrationsfähigkeit kommt.

Darüber hinaus kann es nach Cannabiskonsum zu einer **Kreislaufkabilität** kommen, mit Übelkeit, Schwindel, Kopfschmerzen, Zittern, kaltem Schweiß und sogar Ohnmacht. Aufgrund dieser Nebenwirkungen können Personen durch ihre unsichere und ungleichmäßige Fahrweise (z.B. häufiges, scheinbar grundloses Anhalten; sehr langsame Geschwindigkeit usw.) auffallen.

Cannabisprodukte werden aus der Hanfpflanze **Cannabis sativa** gewonnen, die psychotropen Eigenschaften beruhen auf den Inhaltsstoffen, den Cannabinoiden, insbesondere auf der Wirkung von Δ-9-Tetrahydrocannabinol (THC). Zusätzlich sind unter anderem ätherische Öle enthalten, die für den typisch süßlich-würzigen Cannabis-Geruch verantwortlich sind.

Infobox

Marihuana, „Gras"

Getrocknete Pflanzenteile (Blätter und Blütenstände der weiblichen Pflanze); THC-Gehalt: 0,5–7 %, aus Treibhäusern bis zu 10 oder 20 %.

Polizeiliche Feststellungen zur Beeinträchtigung der Fahrtüchtigkeit

Anlage zur Anzeige gegen

Name: **Vorname:** **Datum:**

Vorfall: **Blutpr.-Nr.:**

Beobachtungen zur Fahrweise, Witterung und Fahrbahn

Fahrweise:	**Fahrzeugbedienung:**	**Fahrzeugmängel:**
☐ keine eigenen Beobachtungen ☐ sicher ☐ unsicher ☐ Schlangenlinie • Abweichung v. d.Geraden bis zu m • Zahl der Schlenker .... • bei einer Beobachtungsstrecke von m ☐ unangepa. Geschwindigk. ☐ Vorfahrtverstoß ☐ anderweitig auffällig	☐ Abwürgen des Motors ☐ unsicheres Schalten ☐ Aufheulen des Motors ☐ Sonstiges: .... **Fahrbahn:** ☐ gut ☐ schlecht ☐ Baustelle ☐ gut ausgeleuchtet ☐ schlecht ausgeleuchtet ☐ trocken ☐ naß	☐ nein ☐ ja, welche .... **Witterung:** ☐ Regen ☐ Eis / Schnee ☐ starker Wind / Sturm ☐ Nebel ☐ Tageslicht ☐ Dämmerung ☐ Dunkelheit

Beobachtung beim Anhalten oder Antreffen

Reaktion:	**Körperliche Auffälligkeiten:**	**Äußere Erscheinung:**
☐ unauffällig ☐ verzögert ☐ extrem langsam	☐ keine ☐ Schweißausbruch ☐ Zittern ☐ Unruhe ☐ Erbrechen	☐ gepflegt ☐ ungepflegt ☐ verwahrlost
Der deutschen Sprache mächtig: ☐ ja ☐ nein ☐ bedingt	**Aussprache:** ☐ deutlich ☐ Silbenstolpern ☐ verwaschen ☐ lallend	**Ansprechbarkeit / Orientierung:** ☐ schläfrig ☐ leicht aufweckbar ☐ tiefschlafend/bewußtlos ☐ orientiert ☐ verwirrt
Stimmung / Verhalten: ☐ ruhig, beherrscht ☐ aufgeregt ☐ unangemessen fröhlich ☐ stumpf ☐ distanzlos ☐ provokativ ☐ aggressiv ☐ weinerlich	**Aussteigen aus d. Fahrzeug:** ☐ normal ☐ Gleichgewichtsstörungen ☐ muß sich am Fahrzeug festhalten	**Gang:** ☐ sicher ☐ schleppend ☐ schwankend ☐ torkelnd

Alkoholgeruch:
☐ ja
☐ nein

Alko-Test
☐ ja, um .... Uhr ....o/oo ☐ nein
☐ abgelehnt ☐ nicht durchführbar

Augen:	**Pupillen:**	**Lichtverhältnisse am Untersuchungsort:**
☐ unauffällig ☐ Bindehäute gerötet ☐ wäßrig / glänzend ☐ unruhig	rechts links ☐ ca. ....mm ca........mm ☐ prompte Lichtreaktion ☐ träge Lichtreaktion	☐ Tageslicht ☐ Dämmerung ☐ Nacht/Straßenlaterne ☐ Nacht/Raumbeleuchtung

Sonstige Beobachtungen (sämtl. asservierte Pulver, Tabletten etc., sonstige Auffälligkeiten im Auto, an der Person; bei Bedarf weiter auf Rückseite):

Verhalten während der Amtshandlung: (**Dauer**: von ...... : ...... Uhr bis ..... : ...... Uhr)
☐ gleichbleibend ☐ wirkt zunehmend auffälliger ☐ wirkt zunehmend unauffälliger

V06-09-96

Festgestellt von: ____________ ____________
Name Unterschrift

Abb. 8.9. Polizeilicher Berichtsbogen („Torkelbogen")

Haschisch
Olivgrünes bis tiefbraunes zumeist zu Platten gepresstes Harz der Cannabispflanze. THC-Gehalt: 5–20 %, Spitzenqualitäten mit über 30 %.
Haschischöl
Dunkler Harzextrakt mit bis zu 60–70 % THC (selten!).

Konsum und Stoffwechsel. Die übliche Konsumform ist das **Rauchen** einer Marihuana-Tabak- beziehungsweise Haschisch-Tabak-Mischung. Die orale Aufnahme durch **Cannabis-Gebäck** (Plätzchen oder Kuchen) ist wesentlich seltener. Aufgrund der unterschiedlichen und nicht bekannten THC-Gehalte von Cannabisprodukten sowie der individuell unterschiedlichen THC-Verfügbarkeiten beim Konsumvorgang kann aus den konsumierten Mengen an Haschisch oder Marihuana nicht auf die vom Körper aufgenommene Menge an THC rückgeschlossen werden. Die wirksame Einzeldosis liegt bei ca. 15 mg THC.

THC wird rasch verstoffwechselt zu 11-Hydroxy-Δ-9-Tetrahydrocannabinol (11-OH-THC), das weiter zum Hauptmetaboliten 11-Nor-Δ-9-Tetrahydrocannabinol-9-Carbonsäure (THC-COOH) metabolisiert wird (◘ Abb. 8.10). Diese Carbonsäure wird zu ähnlichen Teilen in freier Form und als Glukuronid in den Urin ausgeschieden. THC und 11-OH-THC sind psychotrop wirksam, während THC-COOH und dessen Glukuronid pharmakologisch keine Wirkung zeigen. Bei der **inhalativen Aufnahme** werden maximale THC-Konzentrationen im Blut innerhalb von 15–30 Minuten erreicht (◘ Abb. 8.11). Sie nimmt bereits kurz nach Konsumende sehr rasch ab, wohingegen die Wirkung anhält und innerhalb von 3–4 oder mehr Stunden langsam abklingt. Die THC-Konzentration/Zeit-Kurve verläuft nicht parallel zur THC-Wirkung/Zeit-Kurve (◘ Abb. 8.12)!

Nach **oraler Aufnahme** ist die Wirkung von THC etwa dreimal schwächer als bei inhalativer Applikation. Der Wirkungseintritt erfolgt erst 2–3 Stunden nach der Einnahme, wobei nur etwa 5–20 % des oral aufgenommenen THC resorbiert werden.

Die **Halbwertszeiten** für das THC sind in den ersten 2–3 Stunden nach Konsumende mit 30–60 Minuten relativ kurz. Sie erhöhen sich auf Werte um die 24 Stunden, je länger der Konsum zurückliegt. Die Halbwertszeit von 11-OH-THC liegt zwischen 12 und 18 Stunden. Der Metabolit THC-COOH und insbesondere sein Glukuronid weisen deutlich längere Halbwertszeiten auf, die in der Endphase bei 8 Tagen liegen können. Dies hat zur Folge, dass diese Stoffe durch regelmäßigen Konsum im Körper kumulieren. Sehr hohe Konzentrationen findet man deshalb nur bei Personen, die regelmäßig Cannabisprodukte konsumieren. Selbst nachdem der regelmäßige Konsum eingestellt wurde, lassen sich diese Metaboliten noch mehrere Wochen im Blut und teilweise sogar länger als 3 Monate im Urin nachweisen (◘ Abb. 8.13).

Rausch. Ein typischer Rauschverlauf nach Aufnahme von Cannabisprodukten kann grob in drei Phasen unterteilt werden, eine **akute**, eine **subakute** und eine **postakute Phase.** Kurz nach Konsum mit einer Dauer von 1–2 Stunden steht zunächst die zentral dämpfende Wirkungsweise im Vordergrund. Nach außen hin feststellbar sind Störungen in der Motorik und Aussprache (Gangunsicherheiten und lallende Sprache), gerötete, glasige Augen und weite, lichtstarre Pupillen sowie insgesamt eine Verlangsamung, eventuell gepaart mit Begriffsstutzigkeit. Danach ist die Trägheit vorbei, es besteht eine eher ausgelassene, unbekümmerte Grundstimmung mit Euphorie, Heiterkeit und innerer Gelassenheit, unter weitgehender Ausschaltung negativer Umwelteinflüsse. Die Kritikfähigkeit ist herabgesetzt, das eigene Leistungsvermögen und die eigenen Fähigkeiten werden überschätzt (4–6 Stunden nach Konsum). Anschließend dauert es noch 12–24 Stunden an, bis dass der Konsument das Gefühl hat, wieder völlig „klar im Kopf" zu sein. Der Antrieb ist solange noch vermindert und es zeigt sich eine weitgehende Passivität.

Bei **regelmäßigem Konsum** kann die allgemeine Leistungsbereitschaft und Leistungsfähigkeit nachlassen. Es kommt zu Konzentrationsschwächen und Unfähigkeit einer Konfliktbewältigung mit leichter Ablenkbarkeit beziehungsweise zu Denkstörungen, wie Gedankenunterbrechungen und bruchstückhaften Denkverläufen. Bei **chronischem Konsum** kann es ferner zu einer Cannabispsychose kommen, einem atypischen Rauschverlauf mit niedergedrückter Stimmung, Agitation beziehungsweise motorischer Unruhe, Angst, Panik, Desorientierung, Verwirrtheit und Wahnerlebnissen.

Verkehrsmedizinische Relevanz. Als verkehrsmedizinisch relevanteste Wirkungen und Nebenwirkungen nach einer Aufnahme von Cannabisprodukten sind zu nennen:
- Sedierung, starke Müdigkeit sowie
- Störungen der Motorik:
  - Hierzu passende typische Fahrfehler beziehungsweise Fahrauffälligkeiten liegen in wechselnden Fahrgeschwindigkeiten, Abweichungen beziehungsweise Ab-

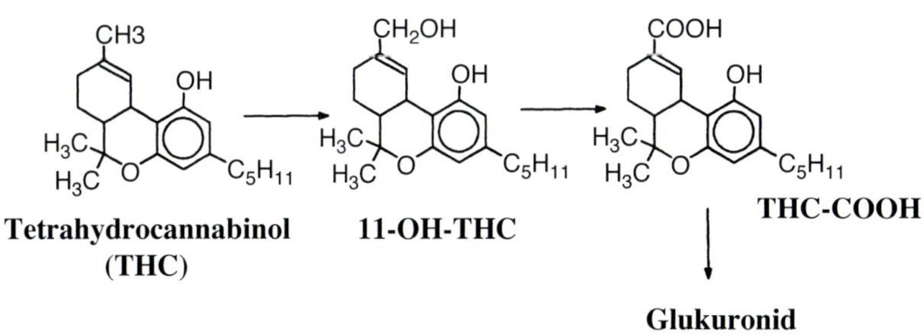

◘ Abb. 8.10. Metabolismus von Δ-9-Tetrahydrocannabinol (*THC*)

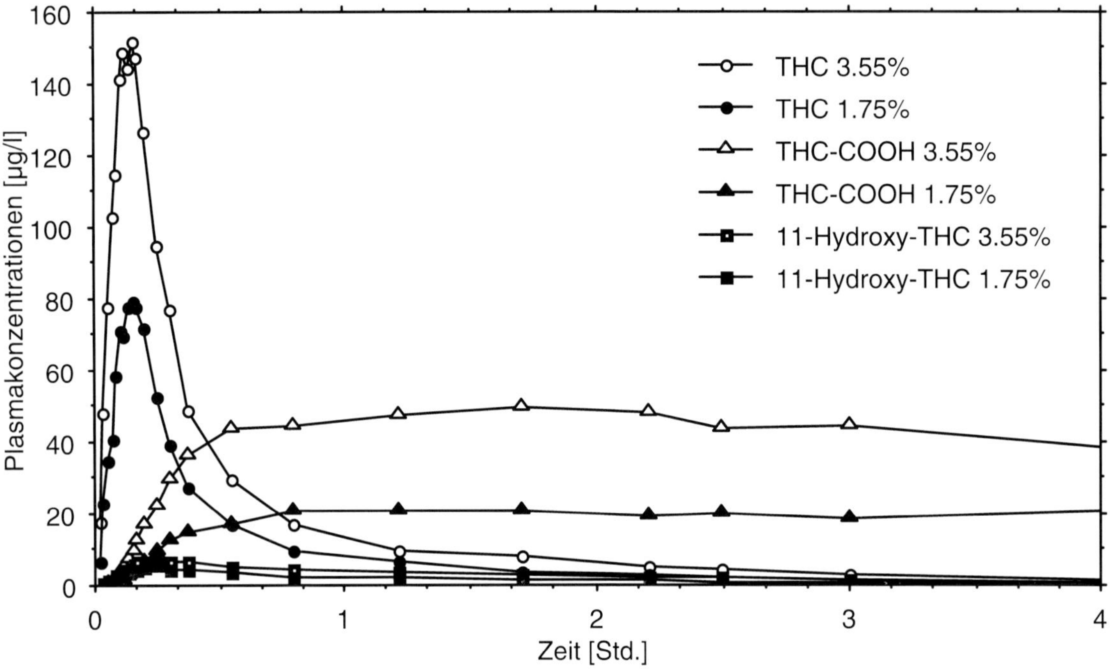

Abb. 8.11. Mittlere Plasmakonzentrationsverläufe von *THC, 11-OH-THC* und *THC-COOH* nach dem Rauchen einer Marihuanazigarette mit einem THC-Gehalt von 1,75 beziehungsweise 3,55 %. Durchschnittswerte von 6 Versuchspersonen

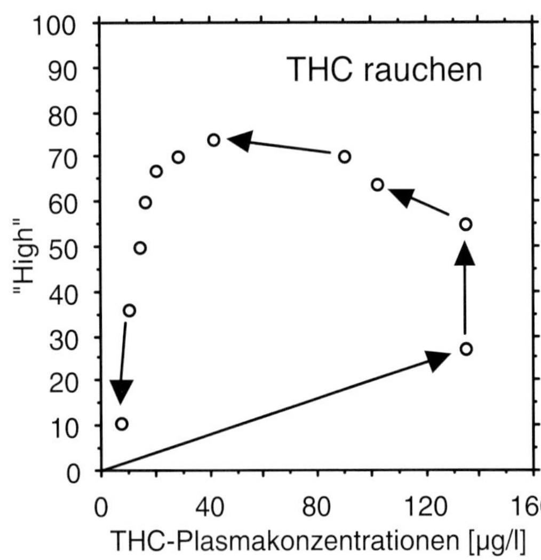

Abb. 8.12. Hysterese im Gegenuhrzeigersinn. Plasmakonzentrations-Wirkungsbeziehung bei Selbsteinschätzung des „High-Gefühls" von 6 Konsumenten (*y-Achse*) nach Rauchen einer Marihuanazigarette mit einem *THC*-Gehalt von 2,5 %. Der zeitliche Verlauf ist mit *Pfeilen* markiert. Das „High-Gefühl" korreliert nicht mit der THC-Plasmakonzentration (*x-Achse*)

driften von der Fahrspur mit anschließender Lenkkorrektur und zu spätem Reagieren.

- Konzentrations- und Aufmerksamkeitsschwächen und
- Ausrichtung der Wahrnehmung auf irrelevante Nebenreize:
  - Hierzu passen Auffälligkeiten wie Missachtung von Vorfahrtszeichen und rotlichtzeigenden Ampeln. Es kommt zu nicht adäquaten Reaktionen auf Wahrnehmungen am Rande des Blickfeldes (Fußgänger, die die Straße überqueren wollen; spielende Kinder etc.). Besonders in Stresssituationen und Phasen erhöhter Informationsdichte sind Verlängerungen der Reaktionszeit, Häufungen falscher, inadäquater Reaktionen und Störungen eingeschliffener Automatismen festzustellen.
- Mydriasis: Blendempfindlichkeit bei Dunkelheit.

Chemisch-toxikologischer Nachweis. Während der Nachweis von THC-Metaboliten im Urin – wie oben ausgeführt – Tage, Wochen oder sogar Monate lang möglich sein kann, ist THC im Serum dosisabhängig etwa 5–6 Stunden, unter Umständen bis zu 12 Stunden nachweisbar, THC-COOH in der Regel mehrere Tage. THC-Serumkonzentrationen von 2–3 ng/ml oder mehr sprechen für einen aktuellen Cannabiskonsum und eine mögliche Cannabis-Beeinflussung, während THC-Serumkonzentrationen von weniger als 1 ng/ml in der Regel mit einem Konsum vereinbar sind, der mehr als 6 Stunden vor der Blutentnahme erfolgte. Innerhalb eines Zeitintervalls von 2–4 Stunden, teilweise bis zu 7 Stunden nach Konsum muss mit einer akuten Beeinflussung gerechnet werden.

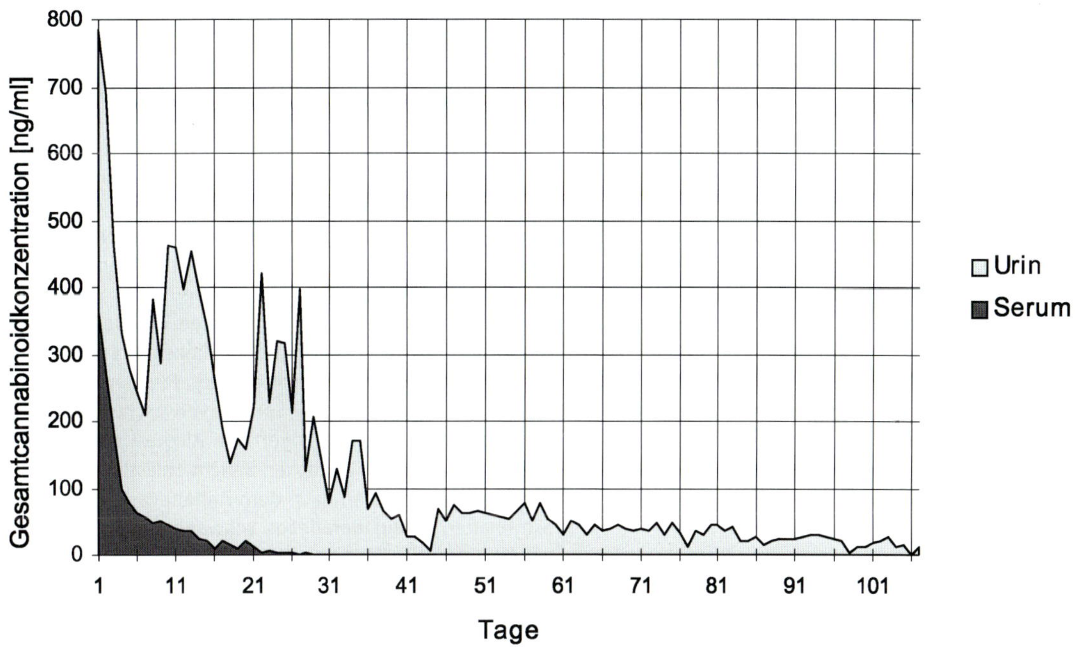

Abb. 8.13. Zeitabhängiger Nachweis von Cannabinoiden in Serum und Urin bei einem Probanden nach Beendigung eines dauerhaften (chronischen) Cannabiskonsums. (Reproduziert nach Daten und mit freundlicher Genehmigung von Th. Daldrup, Institut für Rechtsmedizin der Heinrich-Heine-Universität Düsseldorf)

Wichtig

Das Plasma-Vollblut-Verhältnis für THC liegt bei ca. 2,2! Die im Plasma ermittelten THC-Konzentrationen (auch THC-COOH und 11-OH-THC) sind demnach doppelt so hoch, wie im Vollblut.

Infobox

Für die Fahreignungsbegutachtung kommt die Bestimmung von THC-COOH im Serum in Frage. Wird in einer Probe, die innerhalb von 8 Tagen beizubringen ist, THC-COOH in einer Konzentration größer 75 ng/ml nachgewiesen, so spricht dies für einen regelmäßigen Konsum von Cannabisprodukten, Werte unter 5 ng/ml sprechen für einen einmaligen oder gelegentlichen Konsum.

Passivrauchen. Verschiedene Studien haben gezeigt, dass es unter realistischen Bedingungen weder zu einer Cannabiswirkung noch zu forensisch relevanten Blut- und Urinkonzentrationen durch Passivrauchen kommt. Zur eindeutigen Differenzierung Aktiv-/Passiv-Rauchen wurde ein Schwellenwert von 50 ng THC-COOH pro ml Urin vorgeschlagen.

Echorausch. Unter einem Echorausch („Flashback") versteht man wiederkehrende rauschähnliche Zustände nach einem drogenfreien Intervall. Aufgrund der Lipophilie der Cannabinoide wird diskutiert, ob einige Zeit nach der letzten Aufnahme relevante Mengen aus den Körperdepots freigesetzt werden können. Im Rahmen der Beurteilung der Fahrsicherheit ging man davon aus, dass durch die Unberechenbarkeit und Unvorhersehbarkeit eine erhebliche Gefahr bestehen könne. Ein sicherer Zusammenhang zwischen einer konsumierten Cannabismenge und dem Auftreten von Echoräuschen besteht nicht. In der Regel ist mit Echoräuschen nur dann zu rechnen, wenn ein **Halluzinogen-Konsum** (zum Beispiel LSD) in der näheren Vorgeschichte zu finden ist. Daher vertritt man heute die Meinung, dass keine besondere Gefahr durch Echorausch bei der Teilnahme am Straßenverkehr besteht.

Cannabis Influence Factor (CIF). Wird statt der THC-Konzentration im Blut allein das Verhältnis aus den molaren Konzentrationen der psychoaktiven Komponenten THC und 11-OH-THC einerseits und der molaren Konzentration des unwirksamen Metaboliten THC-COOH andererseits angenommen, so erhält man eine Größe, die wesentlich besser mit psychophysischen Leistungseinbußen korreliert. Diese Größe wird Cannabis Influence Factor (CIF) genannt. Es handelt sich um eine dimensionslose, ganzzahlige Größe, die sich aus den in der Maßeinheit ng/ml bestimmten Serum- oder Blutkonzentrationen von THC, 11-OH-THC und THC-COOH gemäß folgender Formel errechnet:

$$CIF = \frac{\frac{[THC]}{314{,}5} + \frac{[11-OH-THC]}{330{,}5}}{\frac{[THC-COOH]\cdot 0{,}01}{344{,}5}}$$

Da diese Größe theoretisch auf unendlich ansteigen kann, zum Beispiel während des Konsumvorganges, wenn noch keine nennenswerte Metabolisierung stattgefunden hat, ist es sinnvoll, eine Obergrenze zu wählen. Entsprechend wurde vorgeschlagen, dass diese bei 40 liegen und bei höheren errechneten Werten nur diese Obergrenze angegeben werden sollte. Des Weiteren solle der CIF nur berechnet werden, wenn die THC und die 11-OH-THC-Konzentration zusammen mindestens bei 1 ng/ml liegen. Bei Fällen mit Blutentnahmen, die ½–1½ Stunden nach dem Vorfall abgenommen wurden, zeigte sich durch Gegenüberstellung des errechneten CIF mit durch Polizei und Zeugen berichteten typischen cannabisbedingten Ausfallerscheinungen, eine Häufung mit ansteigendem CIF. Als typische Symptome einer akuten Cannabiswirkung galten unter anderem lethargisches beziehungsweise teilnahmsloses Verhalten, verzögertes Auffassungsvermögen, Müdigkeit, Mydriasis, aber auch das Fahren in Schlangenlinien. Der CIF war wesentlich besser mit Zeugenfeststellungen über Fahrfehler oder Verhaltensauffälligkeiten zu korrelieren als die reine THC-Konzentration. Als Größe zur Bewertung der Fahrtüchtigkeit hat der CIF allerdings bis dato noch keinen Eingang in die ständige Rechtsprechung gefunden.

Infobox

Im Rahmen eines Forschungsprojektes wurde vorgeschlagen, dass Kraftfahrer, in deren Blut, das frühestens ½ und spätestens 1½ Stunden nach der Fahrt entnommen wurde, der Cannabiswirkstoff Tetrahydrocannabinol (THC) und dessen Metabolite 11-OH-THC und THC-COOH in solchen Konzentrationen vorliegen, dass der hieraus nach der beschriebenen Methode zu berechnende CIF (Cannabis Influence Factor) den Wert von 10 oder mehr erreicht, sind als absolut fahruntüchtig anzusehen.

Fallbeispiele

Ein junger Mann befährt mit seinem Pkw eine breite, dreispurige Straße. Ein später gehörter Zeuge gab an, dass er sich direkt hinter dem Pkw befunden habe und man schon aus 250 m Entfernung bemerken konnte, dass die nächste Ampelanlage auf Rotlicht umschaltete. Auf der rechten Seite soll sich eine Gruppe von Fußgängern befunden haben. Der Zeuge habe nicht verstehen können, wieso der vor ihm fahrende Pkw seine Geschwindigkeit überhaupt nicht reduziert habe und mit unverminderter Geschwindigkeit (nicht besonders schnell) auf die sich bereits auf der Fahrbahn befindlichen Personen zugefahren sei. Die Fußgänger seien zur Seite gesprungen, eine 72-jährige Rentnerin sei jedoch von dem Wagen erfasst und durch die Luft geschleudert worden. Sie blieb schwer verletzt auf der Fahrbahn liegen. Der Unfallwagen sei erst nach der Kollision abgebremst worden. Durch die Polizei wurde festgehalten: Bindehäute gerötet, Augen glänzend, Pupillen stark erweitert. Im ärztlichen Bericht anlässlich der Blutentnahme (52 Minuten nach dem Unfall) wurde festgehalten: Gang geradeaus schwankend, Finger-Finger-Probe unsicher, Pupillen stark erweitert und ohne Reaktion auf Lichteinfall. Im Rahmen der Hauptverhandlung räumte der Fahrer ein, ca. ½ Stunde vor Fahrtantritt Haschisch konsumiert zu haben. Er habe weder die Ampelanlage noch die Fußgänger bemerkt.

Analysenergebnis (Serum):

- THC 6,3 ng/ml
- THC-Metabolit (11-OH-THC) 4,9 ng/ml
- THC-Metabolit (THC-COOH) 85,6 ng/ml
- CIF 14

Aufgrund der vorliegenden Anknüpfungspunkte und Befunde befand das Gericht, dass Herr S. bedingt durch den Konsum von Cannabisprodukten nicht mehr in der Lage war, ein Kraftfahrzeug im Straßenverkehr sicher zu führen.

Ein junger Mann fiel einer Polizeistreife nachts mit einem defekten Scheinwerfer auf. Im Rahmen der polizeilichen Überprüfung wurden folgende Auffälligkeiten verzeichnet: Gang schleppend, Bindehäute gerötet, Pupillen weit und ohne Reaktion auf Lichteinfall, Sprache verwaschen, ermüdet, Auffassungsvermögen verzögert. Ein Alcotest ergab einen Wert von 0,67 ‰. Im ärztlichen Bericht anlässlich der Blutentnahme (45 Minuten nach dem Anhaltevorgang) wurde festgehalten: Gang geradeaus schwankend, Pupillen erweitert und Pupillenlichtreaktion verzögert, Denkablauf sprunghaft.

Analysenergebnis (Serum):

- BAK 0,54 ‰
- THC 2,3 ng/ml
- THC-Metabolit (11-OH-THC) 1,5 ng/ml
- THC-Metabolit (THC-COOH) 36,9 ng/ml
- CIF 11

Bei einer gleichzeitigen Aufnahme mit Alkohol kann es zu einer gegenseitigen Verstärkung zentral dämpfender Wirkungsweisen kommen. Sind Augenauffälligkeiten und eine euphorische, nichtangepasste Verhaltensweise vornehmlich als Indizien für eine Aufnahme berauschender Mittel zu werten, so sind Gangunsicherheiten, ein verzögertes Auffassungsvermögen und leichte Benommenheit als klare Hinweise auf eine akute zentrale Beeinträchtigung (Dämpfung) anzusehen. Das Gericht folgte den Ausführungen des Sachverständigen, so dass es zu einer Verurteilung gemäß § 316 StGB kam.

Ein junger Mann wurde am späten Abend im Rahmen einer allgemeinen Verkehrskontrolle überprüft. Bei der Überprüfung nahmen die Polizeibeamten einen deutlichen Cannabisgeruch im Wageninneren wahr. Laut polizeilichem Bericht wurden als Auffälligkeiten festgehalten: Bindehäute gerötet, Pupillen leicht erweitert und mit fehlender Reaktion auf Lichteinfall. Ein Alcotest verlief negativ. Der Verdächtige räumte ein, noch kurz zuvor während der Fahrt einen Joint geraucht zu haben. Im ärztlichen Bericht anlässlich der Blutentnahme (75 Minuten nach dem Anhaltevorgang) wurden keine Auffälligkeiten festgehalten.

Analysenergebnis (Serum):

- THC 7,3 ng/ml
- THC-Metabolit (11-OH-THC) 4,5 ng/ml
- THC-Metabolit (THC-COOH) 156,9 ng/ml
- CIF 8

Die festgestellten Mengen an Cannabinoiden sprechen für einen starken, regelmäßigen beziehungsweise gewohnheitsmäßigen Konsum von zum Beispiel Haschisch. In Anbetracht der geringen Ausfallserscheinungen sprechen die ermittelten Wirkstoffkonzentrationen im Blut zudem für eine starke Gewöhnung an die Wirkung von Cannabisprodukten. Aufgrund dieser Befunde kann nicht ausgeschlossen werden, dass eine Beeinträchtigung der Fahrtüchtigkeit zum Tatzeitpunkt vorlag. Bei fehlenden cannabisbedingten Ausfallserscheinungen kann aber nicht ohne weiteres auf eine relative Fahruntüchtigkeit (§ 316 StGB) geschlossen werden. Durch die Staatsanwaltschaft wurde das Vergehen des Herrn S. als Ordnungswidrigkeit gemäß § 24a StVG gewertet.

Anmerkung: Gemäß OLG Frankfurt (Az: 2 Ss 375/99) wurde ein Urteil bestätigt, wonach ein Kraftfahrer mit Cannabiswirkstoffen in hoher Konzentration im Blut und einer trägen Pupillenlichtreaktion als einziger Ausfallserscheinung ohne Fahrfehler anlässlich einer Fahrt bei Dunkelheit nach § 316 StGB verurteilt worden war. Die Begründung lag in einer akuten Blendgefahr bei Gegenverkehr.

Opiate/Opioide

Definition

Unter Opioiden versteht man neben der Untergruppe der natürlich vorkommenden Substanzen, die als Opiate bezeichnet werden, auch alle weiteren Substanzen, die in ihrem Wirkungsspektrum mit dem Hauptalkaloid des Opiums, dem Morphin, vergleichbar sind und halbsynthetisch oder synthetisch hergestellt werden.

Die bedeutendste Substanz, das **Heroin**, wird vorwiegend halbsynthetisch durch Acetylierung der aus Rohopium gewonnenen Morphin-Base hergestellt und in Salzform als Heroin-Hydrochlorid dargestellt. Neben dem Heroin werden häufig **Codein-** und **Dihydrocodein-Präparate** missbräuchlich konsumiert. Die Schmerzlinderung und das Suchtpotential sind bei therapeutischer Dosierung deutlich geringer als bei Morphin. Zusätzlich von Bedeutung für die Verkehrssicherheit sind **opioidhaltige Medikamente**, z.B. im Rahmen einer Schmerztherapie.

Der Heroinkonsument

Ein chronischer Heroinkonsument ist an sich nie fahrtüchtig. Sowohl im akuten Rausch als auch in der Entzugsphase ist die Fahrsicherheit nicht gegeben. Da häufig ein unkontrollierter Beikonsum von zentral dämpfenden Medikamenten (z.B. Valium oder Rohypnol) bzw. anderen Opioiden (Codein, Dihydrocodein, Methadon) oder Alkohol stattfindet, ist auch zwischen den einzelnen Heroinapplikationen die Fahrsicherheit durch die Wirkung dieser berauschenden Mittel nicht gegeben.

Ausfallserscheinungen sind abhängig vom Stadium der Heroinwirkung:

- In der **akuten Phase** steht die zentral dämpfende Wirkung im Vordergrund: Gang schleppend und unsicher, undeutliche Sprache, insgesamt verlangsamt, begriffsstutzig, Pupillen auch bei schlechten Lichtverhältnissen stark verengt.
- Bei **nachlassender Wirkung** treten bald erste Entzugserscheinungen auf: Nervosität, Unruhe, Zittern, Konzentrationsschwäche, Pupillen nicht mehr eng, sondern eher weitgestellt.

Typische Fahrauffälligkeiten: Sie sind abhängig vom aktuellen Zustand des Fahrers und der aktuellen Wirkung des Heroins oder der sonstigen aufgenommenen Mittel: häufig langsame, unsichere Fahrweise mit Abkommen von der Fahrbahn oder Auffahrunfällen (z.B. kurz nach Konsum oder bei Entzugserscheinungen), aber auch enthemmte, aggressive Fahrweise mit Nötigung anderer Verkehrsteilnehmer, gefährlichem Überholen, Missachtung von Vorfahrtsgeboten etc. (häufig bei Aufnahme geringer Mengen an Heroin bzw. nach Abklingen der stark hypnotischen Wirkung).

Konsum und Stoffwechsel. Da Morphin und insbesondere Heroin bei **oraler Gabe** über den Magen-Darm-Trakt nicht rasch genug absorbiert werden, erfolgt in der Regel eine parenterale **Aufnahme intravenös.** In den meisten Fällen wird relativ schnell injiziert, so dass für die Kurzzeitwirkung von Heroin die schlagartig erfolgende Anflutung des Wirkstoffes in konzentrierter Form über die Blutbahn ins Gehirn verantwortlich ist, die eine ebenso plötzlich einsetzende Euphorie zur Folge hat. Eine andere Applikationsform ist das Erhitzen von Heroin auf Stanniolpapier und **Inhalieren** der entstehenden Dämpfe („Folienrauchen"). Die hierzu benötigte Heroinmenge zur Herbeiführung eines vergleichbaren Effektes ist größer als bei der intravenösen Applikation.

Infobox

Von gängigem Straßenheroin, das einen Wirkstoffgehalt von 5–10 % aufweist, werden in der Regel 50–250 mg für eine intravenöse Applikation verwendet. Im Vergleich dazu erhielten tolerante Fixer in Züricher Heroin-Abgabestellen pro „Schuss" bis maximal 100 mg reines Heroin-Hydrochlorid. Die minimale letale Dosis beträgt 200 mg, doch können Tolerante ein Mehrfaches überleben. Die orale therapeutische Dosierung von Codein liegt zwischen 10 und 60 mg Codein-Sulfat bei bis zu sechs täglichen Aufnahmen. Als minimale letale Dosis werden 800 mg angegeben. Die Dosierung von Dihydrocodein liegt zwischen 10 und 120 mg. Der Nachweis von Dihydrocodein kann unter Umständen als Hinweis auf eine Substitutionstherapie dienen.

Heroin wird im Organismus mit einer **Halbwertszeit** von wenigen Minuten sehr rasch zu 6-Monoacetylmorphin (6-MAM) abgebaut, aus dem in einer zweiten Phase Morphin entsteht (◘ Abb. 8.14). In einer dritten Phase wird Morphin zu Morphin-3-, Morphin-6- und Morphin-3,6-Glukuronid verstoffwechselt. Morphin wird hauptsächlich mit dem Urin ausgeschieden, davon ca. 75 % als Morphin-3-Glukuronid, ca. 10 % als freies Morphin, ca. 5 % als Normorphin und weniger als 1 %

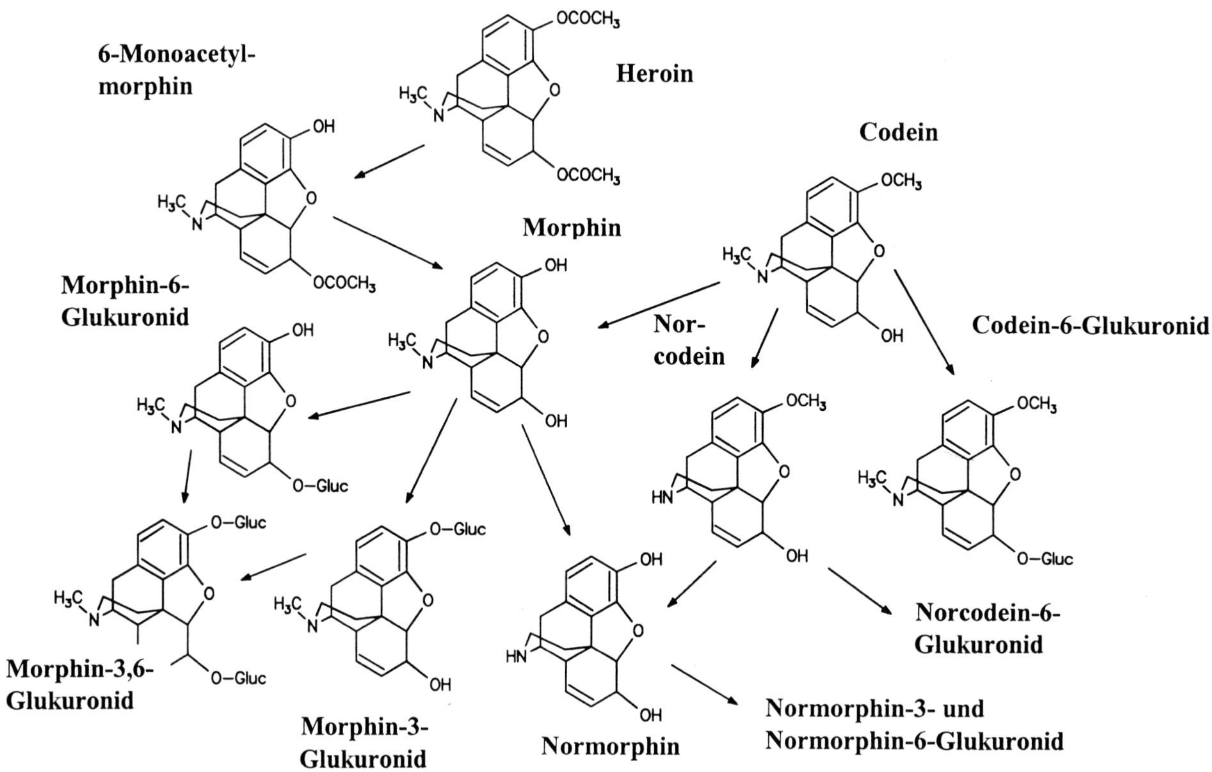

Abb. 8.14. Biotransformation von Heroin (Diacetylmorphin), Codein und Morphin

als Morphin-6-Glukuronid. Codein ist kein Metabolit von Morphin! Morphin-6-Glukuronid zeigt im Gegensatz zu Morphin-3-Glukuronid Opiatwirkung. Aufgrund der langen Halbwertszeiten von 2,6–10,7 Stunden kann sich Morphin-6-Glukuronid bei regelmäßiger hochdosierter Heroin- oder Morphinaufnahme im Blut anreichern und somit an den peripheren Opiatrezeptoren wirksam werden. Heroin und 6-MAM sind wesentlich lipophiler als Morphin und überwinden daher wesentlich schneller die Blut-Hirn-Schranke, worauf die stärkere Wirkung von Heroin gegenüber Morphin basiert. Im Gehirn und an anderen Zielorganen wird Heroin über 6-MAM zu Morphin abgebaut, welche an die entsprechenden Rezeptoren binden und damit die eigentlichen Wirkstoffe des Heroins darstellen. Durch die hydrophile Eigenschaft des Morphin ist dessen längere Verweildauer im Gehirn und die damit verbundene lange Wirkung begründet. Heroin ist also eigentlich nur die bessere Transportform des Morphins ins Gehirn, indem bei Applikation von Heroin mehr Morphin schneller den Wirkungsort erreicht. Heroin wirkt somit rascher, heftiger, aber auch, wie erwähnt, kürzer als Morphin. Daher sind zur Aufrechterhaltung einer gleich bleibenden Stoffkonzentration im Blut mehrere Injektionen pro Tag erforderlich. Für das

- **Heroin** ist von einer Halbwertszeit von 2–9 Minuten auszugehen, für
- **6-MAM** werden Zeiten von 5,3–38 Minuten angegeben und für
- **Morphin** werden Halbwertszeiten zwischen 1,1 und 3,1 Stunden mitgeteilt (Abb. 8.15).

Codein wird durch Glukuronidierung und Demethylierung zu Codein-6-Glukuronid, Norcodein und Morphin verstoffwechselt. Letztere werden zu Normorphin beziehungsweise zu den entsprechenden Glukuroniden umgewandelt. Die durchschnittliche Halbwertszeit von Codein liegt bei 2,9 Stunden (1,9–3,9 Stunden). Dihydrocodein wird in analoger Weise verstoffwechselt mit einer mittleren Halbwertszeit von 3,9 Stunden (3,3–4,5 Stunden).

Rausch. Eine einzelne Morphin-Injektion bewirkt bei einem psychisch gesunden Menschen außer einer wohltuenden Schmerzfreiheit keine weiteren Empfindungen. Bestehen die Schmerzen nicht fort, besteht auch kein Bedürfnis nach einer erneuten Morphin-Aufnahme. Nur in Einzelfällen stellt sich schon bei therapeutischer Dosierung Euphorie ein, bei anderen Personen dagegen Dysphorie. Generell tritt erst bei mehrfacher Morphin-Applikation die euphorisierende Wirkungskomponente in den Vordergrund, so dass es insbesondere bei psychisch labilen Personen zur Ausprägung des Morphinismus kommen kann. Eine durch Morphin ausgelöste Euphorie zeichnet sich aus durch eine ausgeglichene, ruhige, unbeschwerte und glückliche Stimmungslage. Schwierigkeiten werden als unbedeutend erachtet, es stellt sich Gleichgültigkeit ein. Des Weiteren kommt es zu einer Steigerung des Selbstver-

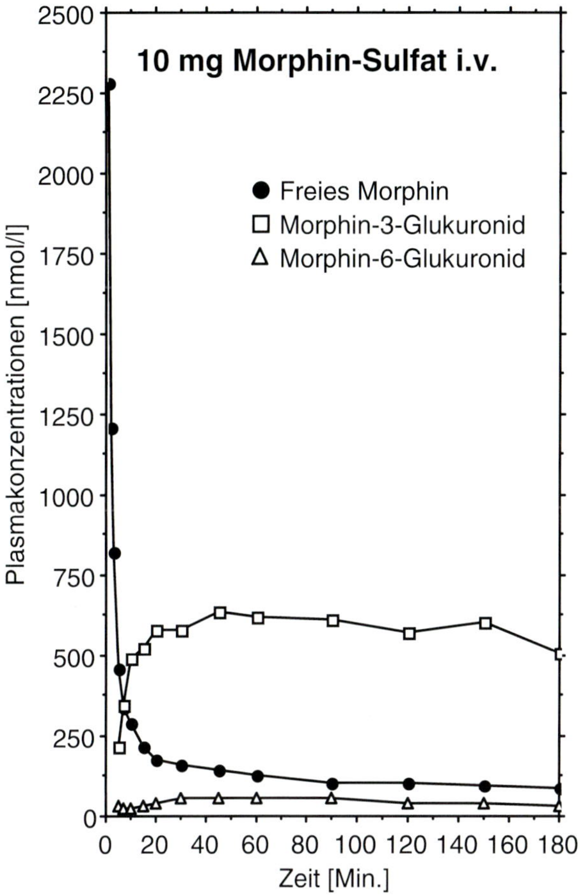

Abb. 8.15. Plasmakonzentrationsverlauf von Morphin, Morphin-3-Glukuronid und Morphin-6-Glukuronid nach intravenöser Applikation von 10 mg Morphin-Sulfat (Durchschnitt von 13 Personen). Das analgetisch wirksame Morphin-6-Glukuronid kann bei chronischer Heroin/Morphin-Applikation akkumulieren

trauens, Wahrnehmungen erscheinen intensiver, Ängstlichkeit und Anspannung verfliegen. Es kommt zu einer Dämpfung der Bewusstseinslage sowie zu einer Einschränkung der Wahrnehmungsfähigkeit. Neben der analgetischen und der sedativ-hypnotischen Wirkung kommt es somit auch zu einer als erregend anzusehenden Wirkung auf das Zentralnervensystem. Weitere zentrale Morphin-Wirkungen bestehen in einer ausgeprägten Miosis (stecknadelkopfkleine Pupillen auch bei Dunkelheit) und einer Hemmung des Atem- und Hustenzentrums, was eine Atemdepression zur Folge haben kann. Nach einer Heroin-Applikation sind die entsprechenden Wirkungsweisen gegeben, allerdings kommt der zusätzliche „Kick" einem als orgastisch bezeichneten Glücksgefühl gleich. Der wiederholte Konsum von Heroin/Morphin führt zu schwerer psychischer und physischer Abhängigkeit. Auch kommt es zu einer Toleranzentwicklung, das heißt zur Erzielung der gleichen Wirkung werden im Verlaufe der Zeit höhere Dosen benötigt. Diese Toleranz betrifft besonders die zentral dämpfenden Effekte. Nach Konsumunterbrechung sinkt die Toleranz, so dass bei erneuter Aufnahme die Gefahr einer Überdosierung besteht. Bei Unterbrechung der Drogenzufuhr tritt bei Abhängigen eine Entzugssymptomatik auf.

Infobox

Ungefähr 4–6 Stunden nach der letzten Injektion kommt es zu ersten Anzeichen, die einer schweren Grippe ähneln, wie Kältegefühl, Gliederschmerzen, Übelkeit und Erbrechen, Anspannung, Unruhe und Nervosität. Nach 8–12 Stunden kommt es häufig zusätzlich zu Schweißausbrüchen, Augentränen, laufender Nase und Gähnen. Nach 14–24 Stunden kommen Appetitmangel, Gänsehaut, Mydriasis und leichtes Zittern hinzu. Eine weitere Verschlimmerung setzt nach 24–36 Stunden ein, mit schweren Depressionen, Hitze- und Kältewallungen, Schlaflosigkeit, Schwächeanfällen, Übelkeit, Erbrechen und Durchfall. Nach 2–3 Tagen erreichen die Entzugssymptome ihren Höhepunkt mit Fieber, rasantem Gewichtsverlust, Muskel-, Bauch- und Unterleibskrämpfen, heftigem Zittern und Zuckungen am ganzen Körper. Danach klingt die Symptomatik ab. Andererseits muss darauf hingewiesen werden, dass Abhängige sich nach einer akuten Heroin-Applikation gleichwohl in einem organisch-psychischen Gleichgewicht befinden können, in dem sie nach außen hin unauffällig, hellwach und leistungsfähig erscheinen.

Der Wirkungseintritt nach parenteraler oder inhalativer Aufnahme erfolgt im Sekunden- bis Minutenbereich. In der Primärphase nach intravenöser Applikation besteht zunächst für einige Minuten Handlungsunfähigkeit. Nach der **Primärphase** geht der **akute Rausch** in eine **zweite Phase milder Euphorie** über.

Verkehrsmedizinische Relevanz. Als verkehrsmedizinisch relevante Effekte sind zu nennen:

- Zentrale Dämpfung und Sedierung, mit dadurch bedingter
  - reduzierter geistiger Aktivität,
  - verlangsamter Motorik und
  - verlängerter Reaktionszeit.
- Apathie und Schläfrigkeit bzw. Benommenheit,
- Gleichgültigkeit gegenüber Außenreizen mit sowohl positiv empfundenen Stimmungsveränderungen (Euphorie, Entspannung, Wärme) als auch negativen Änderungen (Dysphorie, Angst, Anspannung).
- Miosis mit negativen Auswirkungen auf die Dunkeladaptation.
- Bei chronischem Missbrauch kann eine Wesensveränderung eintreten, mit Aktivitätsverlust, Gleichgültigkeit und psychomotorischer Verlangsamung.

Auch das **Entzugssyndrom** beeinträchtigt die Fahrtüchtigkeit. Befinden und Empfinden sind maßgeblich beeinflusst, das Denken und Handeln ist immer mehr auf das Bedürfnis nach erneutem Drogenkonsum eingeengt, so dass neben rein körperlichen Unzulänglichkeiten die Aufmerksamkeits- und Wahrnehmungsfähigkeit erheblich beeinträchtigt sind.

In der Regel betreiben chronische Heroinkonsumenten einen zusätzlichen unkontrollierten Beikonsum von zentral dämpfenden Mitteln (Benzodiazepine, Cannabinoide, Methadon, Codein, Dihydrocodein, Alkohol), aber auch zentral stimulierenden Mitteln (Amphetamin, Ecstasy, Cocain) im Sinne einer Polytoxikomanie. Somit sind synergistische wie antagonistische Effekte zu beachten, beziehungsweise ist auch zwischen einzelnen Heroinapplikationen die Fahrsicherheit durch die Wirkung der zusätzlich aufgenommenen Mittel beeinträchtigt. Sehr gefährlich ist die **Kombination von Heroin und Cocain** („Speedball"). Da die stimulierende Wirkung des Cocains schneller nachlässt, als die dämpfende Wirkung des Heroins, kann es zu einer plötzlich eintretenden Bewusstseinseintrübung kommen, bei der im Straßenverkehr schwerste Unfälle vorprogrammiert sind. Die Fahrweise ist abhängig vom aktuellen Zustand des Fahrzeugführers und der aktuellen Wirkung des Heroins und der anderen aufgenommenen zentral wirksamen Mittel. Kurz nach Konsum und möglicherweise auch bei starken Entzugssymptomen kann eine langsame, unsichere Fahrweise mit Abkommen von der Fahrspur oder Fahrbahn oder mit Auffahrunfällen im Vordergrund stehen. Nach vergleichsweise geringer Heroinaufnahme oder nach Abklingen der stark hypnotischen Wirkung kann aber auch eine aggressive, enthemmte Fahrweise mit Nötigung, unangepassten, gefährlichen Überholmanövern, Missachtung von Vorfahrtsgeboten etc. vorliegen.

Chemisch-toxikologischer Nachweis. Morphin sowie Codein oder Dihydrocodein sind im Urin ca. 2–3 Tage nachweisbar; die Nachweisbarkeitsdauer im Blut ist stark dosisabhängig und liegt zwischen mehreren Stunden und wenigen Tagen. Codein ist kein Metabolit von Morphin und ist somit nach einer Aufnahme von reinem Morphin nicht aufzufinden. Allerdings ist Codein ein Bestandteil von handelsüblichem Heroin, so dass nach einer Heroinapplikation sowohl Morphin als auch Codein in freier und konjugierter Form im Urin zu finden sind. Der Anteil an Gesamtmorphin (freies und konjugiertes Morphin) überwiegt allerdings deutlich gegenüber dem Gesamtcodein. Nach einer Codeinaufnahme wird ca. 10 % als Morphin teils in freier, aber vornehmlich in gebundener Form ausgeschieden.

Wichtig

In den meisten klinischen Laboratorien werden insbesondere für ein Drogenscreening im Urin lediglich immunchemische Verfahren verwendet, die aufgrund der Kreuzreaktivität der verwendeten Antikörper nicht zwischen einer Heroin- und einer Codein- beziehungsweise Dihydrocodein-Aufnahme differenzieren. Ein positiver Befund ergibt lediglich einen Hinweis, dass ein Opioid mit morphinähnlicher Struktur vorliegt, ist aber kein Beweis für eine erfolgte Heroinapplikation. Eine zweite, unabhängige Bestätigungsanalyse ist gemäß den Richtlinien der GTFCh unabdingbar.

Da Heroin und 6-MAM nur kurze Zeit nach Konsum in relevanten Konzentrationen im Blut vorhanden sind, dient der Morphinnachweis als wesentliche Messgröße zur toxikologischen Beurteilung eines vorausgegangenen Heroinkonsums. Das Serum-/Vollblutverhältnis liegt bei 1. In der Praxis zeigt sich, dass Heroinkonsumenten zum Teil schon bei Morphin-Konzentrationen unter 10 ng/ml Blut im Straßenverkehr auffällig werden und genauso wenig fahrsicher erscheinen, wie alkoholisierte Fahrzeugführer mit einer BAK von 1,10 ‰ oder mehr. Heroinabhängige auf Entzug weisen unter Umständen sogar negative Morphinbefunde auf, sind aber bei einer manifesten Entzugssymptomatik fahrunsicher.

Mohnsamen. Nach dem Verzehr von mohnsamenhaltigen Nahrungsmitteln (Mohnbrötchen, Mohnkuchen) kann es einige Stunden lang zu einem positiven Opioidnachweis im Urin kommen, der stark vom Opiatgehalt des Mohnsamens und der Empfindlichkeit der verwendeten Analysemethode abhängt. Ein Mohnbrötchen soll bis zu 1,5 mg Morphin und 0,1 mg Codein enthalten können. Die Anwesenheit von 6-MAM im Urin schließt Mohnsamen als Opiatquelle aus.

Toxizität von Verschnittstoffen. Die Toxizität von typischen Heroinverschnittstoffen, wie Paracetamol, Coffein, Procain etc, ist gegenüber der des Heroins als unbedeutend zu bezeichnen. Eine todesursächliche Beimengung von Streckmitteln ist nicht bekannt.

Fallbeispiele

Ein junger Mann befährt mit seinem Pkw bei Dunkelheit eine breite Straße. Er fällt einer Polizeistreife auf, da er den Wagen mit mäßiger Geschwindigkeit stark zur Mittellinie hin orientiert geführt habe. Der Streifenwagen folgt dem verdächtigen Fahrzeug. Im Folgenden sei beobachtet worden, wie in äußerst spitzem Winkel nach rechts abgebogen und die Fahrt dann in Schlangenlinien fortgeführt worden sei. Weiterhin wurde die Fahrweise als sehr unsicher bezeichnet. Im Rahmen der polizeilichen Überprüfung seien äußerst verengte Pupillen, ein schleppender Gang und starke Müdigkeit festgestellt worden. Im ärztlichen Bericht anlässlich der Blutentnahme (50 Minuten nach dem Anhaltevorgang) wurden keine Auffälligkeiten festgehalten.

Analysenergebnis (Serum):

Morphin (frei)	60,3 ng/ml
Codein	4,9 ng/ml
Dihydrocodein	335 ng/ml

Aufgrund dieser Befunde und unter Berücksichtigung der weiteren Anknüpfungspunkte war davon auszugehen, dass Herr P. bedingt durch den Konsum der vorgenannten berauschenden Mittel nicht mehr in der Lage war, ein Kraftfahrzeug im öffentlichen Straßenverkehr sicher zu führen. Ein entsprechender Strafbefehl wurde akzeptiert.

Ein junger Mann befuhr um die Mittagszeit eine kurvenreiche Landstraße. In einer Kurve, die ein Abbremsen erfordert habe, sei er laut Zeugenaussagen im Kurveneingang auf einen vor ihm fahrenden Pkw aufgefahren, sei daraufhin von der Fahrbahn abgekommen und habe sich beim Abkommen von einer Böschung überschlagen. Weitere Informationen lagen nicht vor. Im ärztlichen Bericht anlässlich der Blutentnahme (gut 2 Stunden nach dem Unfall) wurde festgehalten: Bewusstsein benommen, Stimmung stumpf, Verhalten verlangsamt, Pupillen stark verengt.

Analysenergebnis (Serum):

- Morphin 23,3 ng/ml
- Codein 4,5 ng/ml
- Diazepam 1,53 mg/l
- Diazepam-Metabolit (Nordiazepam) 1,12 mg/l
- Diazepam-Metabolit (Temazepam) 0,14 mg/l
- Diazepam-Metabolit (Oxazepam) 0,08 mg/l

Hier lag ein Beikonsum von diazepamhaltigen Arzneimitteln vor. Es ist von einer Verstärkung zentral dämpfender Wirkungsweisen auszugehen. Es kam zu einer Verurteilung gem. § 315c StGB.

Herr W., ein junger Apothekersohn, sei laut Zeugenaussagen mehrfach mit seinem Pkw über die Fahrbahnmitte hinaus auf die Gegenfahrbahn geraten, bevor er fast in einem Einmündungsbereich gegen eine am Rande der Fahrbahn befindliche Leitplanke geprallt sei. Im weiteren Verlauf habe er seinen Pkw mit überhöhter Geschwindigkeit geführt und sei beinahe gegen eine Mauer geprallt. Laut polizeilichem Bericht wurden folgende Auffälligkeiten festgehalten: stark gerötete, glänzende Augen mit stark verengten Pupillen; stockende, leicht verwaschene Sprache, äußert sich in nicht zusammenhängenden Sätzen; Zittern am ganzen Körper; unsicherer, schleppender Gang, Auffassungsvermögen verzögert, ermüdet, nervös. Ein Alcotest sei negativ verlaufen. Herr W. habe eingeräumt „Gras" geraucht und diazepamhaltige Arzneimittel eingenommen zu haben. Im ärztlichen Bericht anlässlich der Blutentnahme (75 Minuten nach dem Anhaltevorgang) wurde unter anderem festgehalten: Bewusstsein benommen, Denkablauf verworren, Stimmung gereizt, verlangsamt, Pupillen stark verengt, Patient trübt während der Untersuchung und der Blutentnahme immer wieder ein.

Analysenergebnis (Serum):

- THC nicht nachweisbar
- THC-Metabolit (THC-COOH) 23,0 ng/ml
- Morphin 4,5 ng/ml
- Dihydrocodein 390 ng/ml
- Bromazepam 0,35 mg/l
- Diazepam 5,75 mg/l
- Diazepam-Metabolit (Nordiazepam) 2,12 mg/l
- Diazepam-Metabolit (Temazepam) 0,84 mg/l
- Diazepam-Metabolit (Oxazepam) 0,23 mg/l

Es war demnach von keiner akuten Cannabiswirkung auszugehen, auch Morphin wurde in einer sehr geringen Menge nachgewiesen. Allerdings wurden die Substitutionsmittel Dihydrocodein, Bromazepam und Diazepam samt Metaboliten in deutlichen Konzentrationen nachgewiesen. Unter Berücksichtigung der geschilderten Ausfallserscheinungen und der erhaltenen Analysenergebnisse war vom Tatbestand einer relativen Fahrunsicherheit auszugehen.

Cocain

Die Blätter des Coca-Strauches, **Erythroxylum coca**, enthalten als Hauptinhaltsstoff zu ca. 80 % der Gesamtalkaloidmenge das Esteralkaloid Cocain. Um Cocain von den Nebenalkaloiden abzutrennen, erfolgt eine Extraktion aus den Blättern mit angeschlossenen aufwendigen Reinigungs- und Fällungsschritten. Als stabiles Endprodukt wird Cocain-HCl mit einem Gehalt von zum Teil über 90 % erhalten.

Infobox

Sichergestellte Ware hat in Deutschland zumeist einen Gehalt von 20–70 %. Das Verschneiden („cutting") von reinem Cocain-HCl erfolgt meist mit Glukose oder Laktose für Gewicht und Volumen, und mit anderen Stoffen, die eine dem Cocain-HCl ähnliche Kristallform aufweisen sowie teilweise mit Amphetamin, um die stimulierende Wirkungskomponente zu verbilligen, und mit Procain- oder Lidocain-HCl, um den betäubenden Effekt zu simulieren.

Konsum und Stoffwechsel. Cocain-HCl wird üblicherweise nasal oder intravenös konsumiert, während die freie Cocain-Base durch Rauchen oder Inhalieren aufgenommen wird.

Infobox

„Crack"

Crack ist Cocain-Base in bröckeliger, beigefarbener Konsistenz. Für die Herstellung wird Cocain-HCl verwendet, das mit einer anorganischen Base und Wasser zu einer Paste vermischt und anschließend erwärmt wird beziehungsweise mit anorganischen Carbonaten, Bicarbonaten oder Backpulver und wenig Wasser zu einer Paste vermischt und anschließend getrocknet wird. Beim ersten Verfahren fallen beim Abkühlen Kristalle der freien Cocain-Base („Cocain-Stein") aus, die abgetrennt und zerkleinert werden können. Dem Cocain-HCl wird die Salzsäure entzogen und durch das Auskristallisieren wird Crack von sehr hoher Reinheit erhalten. Beim zweiten Verfahren wird sehr unreines Crack erhalten, da noch alle Begleit- und Streckmittel enthalten sind. Beim so genannten „**Freebasing**" wird Cocain-HCl im Alkalischen aufgeschlämmt und die freie Base mit organischen Lösungsmitteln extrahiert.

Cocain wird im Körper auf unterschiedliche Weise metabolisiert (Abb. 8.16). Die Hydrolasen im Serum oder in der Leber spalten 32–49 % des Cocains in den inaktiven Ekgoninmethylester (EME), während 29–45 % durch nichtenzymatische Hydrolyse in das ebenso inaktive Benzoylekgonin (BE) überführt werden. Beide Metaboliten werden weiter zum Ekgonin hydrolysiert. Neben diesen Hauptmetaboliten wurde eine große Anzahl weiterer Abbauprodukte identifiziert.

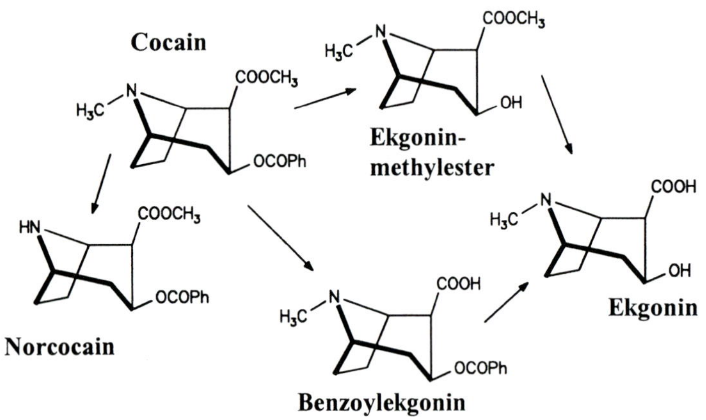

Abb. 8.16. Biotransformation von Cocain

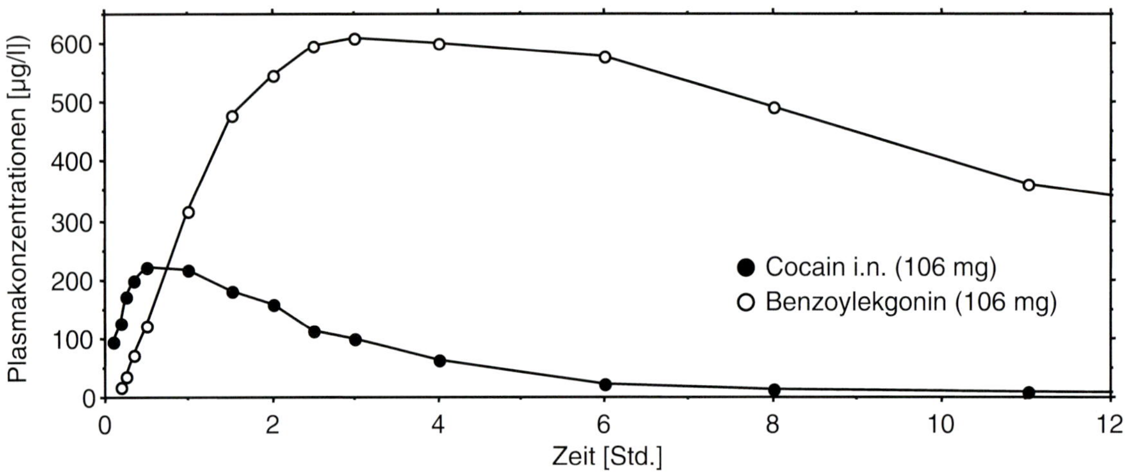

Abb. 8.17. Plasmakonzentrationsverlauf von Cocain und Benzoylekgonin nach intranasaler (i.n.) Applikation von 106 mg Cocain-HCl

Große interindividuelle Unterschiede finden sich in den **Halbwertszeiten** für Cocain mit 42 bis zu 90 Minuten (Mittelwert bei 48 Minuten nach oraler Aufnahme, 54 Minuten nach intravenöser und 75 Minuten nach nasaler Applikation). Die Halbwertszeiten von Ekgoninmethylester liegen zwischen 3,1 und 5 Stunden, die von BE zwischen 4,5 und 7 Stunden (Abb. 8.17).

Die effektive Cocain-Dosis ist von der Applikationsform abhängig. Die mittlere Rauschdosis bei **intravenöser Applikation** liegt bei ca. 10 mg (1–16 mg) an Cocain-HCl. Bei **oraler** beziehungsweise **nasaler Aufnahme** ist von einer Rauschdosis von 20–50 mg, maximal 100 mg Cocain-HCl als Einzeldosis auszugehen. Von anfänglichen Cocain-Mengen im Milligrammbereich kann es zu erheblichen Dosissteigerungen kommen, bis zu 15–30 g pro Tag. Cocain-Exzesse sind mit mehrfach wiederholten Applikationen bis hin zu Konsumwiederholungen in 10-minütlichen Abständen verbunden, bedingt durch die rasche Cocain-Metabolisierung im Organismus. Durch Schnupfen von Cocain-HCl tritt die euphorische Phase nach 10–20 Minuten ein und dauert etwa 20–120 Minuten. Das Rauchen kleinerer Dosen von 20–100 mg Cocain-HCl bewirkt oftmals nicht mehr als eine Stimmungsaufhellung, wohingegen beim Rauchen von Crack oder freier Base eine rasche und vollständige Resorption über die Lunge erfolgt, was zu einer sehr raschen und äußerst intensiv eintretenden Wirkung führt. Hochgefühl, Euphorie und Stimulation halten etwa 2–20 Minuten an, wonach dann das Rausch- und Depressionsstadium einsetzen. Nach einer gemeinsamen Aufnahme von Cocain und Alkohol kann als zusätzlicher aktiver Metabolit durch den Einfluss von Leberesterasen Cocaethylen entstehen.

Rausch. Der Cocain-Rausch kann je nach psychischer Verfassung und Persönlichkeitsstruktur verschiedenartig verlaufen und ist somit nicht vorhersehbar. In der Regel können drei Cocain-Rauschphasen unterschieden werden:

- **Euphorisches Stadium**: Dieses Stadium kann Minuten bis Stunden dauern. Das „High-Gefühl" geht einher mit einer euphorischen Stimmung, starken positiven Empfindungen, Mut, erhöhter Risikobereitschaft, aufputschender Antriebssteigerung ohne Erschöpfungs- oder Ermüdungsanzeichen, beschleunigten Denkabläufen, Abbau von Hemmungen, Distanzlosigkeit, gesteigertem

Selbstwertgefühl, Einschränkung der Kritikfähigkeit und des Urteilsvermögens und zum Teil mit Halluzinationen.
- **Rauschstadium:** Das Rauschstadium ist häufig versetzt mit negativen und angsterfüllten Verkennungen der Umwelt; nicht selten kann es zu paranoid-halluzinatorischen Zuständen mit Verfolgungswahn kommen.
- **Depressives Stadium:** Dieses Stadium ist verbunden mit einem Antriebsverlust, Müdigkeit und Erschöpfung, Reizbarkeit und Depression. Es besteht ein enormer Drang zu einem erneuten Cocain-Konsum.

Es ist zu beachten, dass Cocain die Blut-Hirn-Schranke rasch durchquert und im Zentralnervensystem akkumuliert beziehungsweise dort langsamer abgebaut wird als im Blut. Das Konzentrationsverhältnis Gehirn/Blut liegt bei 4, wenn das Blutmaximum ca. 20 Minuten nach Applikation erreicht ist und nimmt Werte bis zu 20 an. Insofern ist auch bei niedrigen Cocain-Konzentrationen im Blut oder bei negativen Cocain- aber deutlich positiven Benzoylekgonin-Befunden eine akute Wirkung nicht ganz auszuschließen und der letzte Einnahmezeitpunkt bei einer Beurteilung zu berücksichtigen.

Verkehrsmedizinische Relevanz. Hinsichtlich verkehrsmedizinisch relevanter Wirkungsweisen sind verschiedene Phasen zu unterscheiden. Nach dem Konsum von Stimulanzien ist zunächst auszugehen von:
- gesteigerten motorischen Fähigkeiten,
- gesteigerter Konzentrationsfähigkeit und
- Unterdrückung von Müdigkeitserscheinungen.

Deshalb ist nicht ohne weiteres immer an der Fahrweise zu erkennen, ob eine Person akut unter der Wirkung von Cocain steht. Fahrauffälligkeiten werden beschrieben, unabhängig davon, ob die Konsumenten unter akuter Drogenwirkung stehen, Entzugssymptome erleiden oder paranoide Phasen durchleben. Die subjektiv empfundene Leistungssteigerung steht jedoch im Gegensatz zu objektiv feststellbaren Leistungseinbußen durch:
- Unruhe, Fahrigkeit,
- mangelnde zielgerichtete Aufmerksamkeit,
- Nervosität,
- erhöhte Blendempfindlichkeit der Augen aufgrund erweiterter Pupillen und Akkommodationsstörungen,
- Reizbarkeit, Enthemmung und Aggressivität,
- nachlassende Konzentrationsfähigkeit bei Ideenflucht und somit eine verminderte Aufmerksamkeit.

Bei den festzustellenden Fahrauffälligkeiten steht die enthemmte und risikobereite Fahrweise mit unangepasst hoher Geschwindigkeit im Vordergrund, wobei der Fahrzeugführer das eigene Leistungsvermögen überschätzt. Häufig sind massive Auffälligkeiten auch in der Phase der abklingenden Cocain-Wirkung zu beobachten. Aufgrund eines körperlichen Erschöpfungszustandes kommt es zu großer Müdigkeit und depressiven Verstimmungen und nicht selten zu Orientierungslosigkeit und Verwirrtheit. Das äußert sich in langsamen oder wechselnden Fahrgeschwindigkeiten sowie Schwierigkeiten beim Spurhalten. Durch Orientierungsstörungen entstehen erhebliche Unsicherheiten, z.B. in Kreuzungsbereichen. Nicht selten kommt es aufgrund eines Verfolgungswahns (psychoseähnliche Zustände) zu einer Fahrerflucht mit wilden Verfolgungsfahrten.

Chemisch-toxikologischer Nachweis. Cocain ist im Urin ca. 6–8 Stunden, unter Umständen bis zu 12 Stunden nachweisbar. Das Abbauprodukt Benzoylekgonin ist dosisabhängig ca. 1–3 Tage im Urin aufzufinden, nach exzessivem Konsum auch wesentlich länger. Im Blut ist Cocain höchstens 4–6 Stunden nachweisbar, BE dosisabhängig einige Tage.

Wichtig

Cocain ist im Blut äußerst instabil und in nichtstabilisierten Proben praktisch nicht nachweisbar. Eine weitgehende Stabilisierung kann durch Zugabe von 0,25 % Natriumfluorid (NaF) und sofortiger Probenlagerung im Kühl- beziehungsweise Tiefkühlschrank erreicht werden. Der Einsatz von Blutentnahmesystemen mit vorgelegtem Natriumfluoridzusatz hat sich in der Praxis bewährt. Bei immunchemischen Vortestverfahren werden in der Regel die Cocain-Metabolite, insbesondere mit der höchsten Spezifität das BE, erfasst.

In der Praxis zeigt sich, dass Cocain-Konsumenten noch erhebliche Auffälligkeiten im Straßenverkehr aufweisen können, wenn kein Cocain, sondern nur noch BE in Konzentrationen auch unterhalb von 100 ng/ml Blut nachgewiesen werden kann.

Fallbeispiele

Ein junger Mann fuhr mit deutlich überhöhter Geschwindigkeit auf eine rotlichtzeigende Ampelanlage zu, konnte nicht mehr abbremsen und fuhr auf ein stehendes Fahrzeug auf. Dieser Unfallbeteiligte schilderte den weiteren Verlauf wie folgt: Er sei ausgestiegen, um den Unfallverursacher anzusprechen. Dieser habe mit weit aufgerissenen Pupillen in seinem Fahrzeug gesessen und unverständliche Sätze geredet. Dann habe er sein Fahrzeug mit quietschenden Reifen zurückgesetzt und sich von der Unfallstelle entfernt. Ein dritter Fahrzeugführer habe die Situation erkannt und versucht, ihm den Weg zu versperren. Daraufhin habe sich der Unfallverursacher den Weg freigerammt. Nachdem die Polizei alarmiert worden sei, sei es zu einer Verfolgungsfahrt innerhalb des Stadtgebietes gekommen, bei der der Unfallverursacher mit Geschwindigkeiten von weit über 100 km/h und unter mehrfacher Missachtung von Vorfahrt beziehungsweise rotlichtzeigenden Ampelanlagen geflüchtet sei. Letztendlich habe er eine Kurve zu schnell genommen und sei mit seinem Fahrzeug von der Fahrbahn ab durch einen Gartenzaun auf ein benachbartes Grundstück und gegen eine Hauswand geschleudert. Laut polizeilichem Bericht wurde festgehalten: Gang schwankend, Augen glänzend mit erweiterten Pupillen, erregt, unruhig, weinerlich. Im ärztlichen

Bericht anlässlich der Blutentnahme (gut 1 Stunde nach dem Vorfall) wurde festgehalten: Gang geradeaus und bei plötzlicher Kehrtwendung nach vorherigem Gehen unsicher, Finger-Finger-Probe unsicher, Denkablauf verworren, Stimmung stumpf beziehungsweise depressiv, Verhalten verlangsamt. In einer späteren Einlassung gab Herr N. an, sich nach dem Unfall bedroht gefühlt zu haben, woraufhin es zu der Unfallflucht gekommen sei.

Analysenergebnis (Serum):

- BAK 0,89 ‰
- Cocain 19,3 ng/ml
- Cocain-Metabolit (Benzoylekgonin) 255,3 ng/ml

Der Unfallhergang und die folgende irrationale Verhaltensweise lässt sich ohne weiteres durch den vorausgegangenen Cocain-Konsum erklären. Neben einer aufputschenden Wirkungsweise kann es nach dem Konsum von Cocain zur Enthemmung, Einschränkung der Kritikfähigkeit und des Urteilsvermögens und zum Teil zu Halluzinationen kommen. Von einer relativen Fahrunsicherheit ist auszugehen.

Frau G. habe ihr Fahrzeug in Schlangenlinien geführt und bei einem Abbiegevorgang mit den Reifen die Bordsteinkante gestreift. Laut polizeilichem Bericht wurde festgehalten: gerötete, glänzende Augen, leicht verwaschene Sprache, Gang unsicher, Auffassungsvermögen verzögert. Im ärztlichen Bericht anlässlich der Blutentnahme (36 Minuten nach dem Anhaltevorgang) wurde unter anderem festgehalten: Gang geradeaus unsicher, Finger-Nasen-Probe unsicher, Stimmung stumpf.

Analysenergebnis (Serum):

- Cocain nicht nachweisbar
- Cocain-Metabolit (Benzoylekgonin) 122,3 ng/ml

Nach Cocain-Konsum dominieren in der nachlassenden Wirkungsphase Ermüdungserscheinungen. Insofern waren im vorliegenden Fall das Fahrverhalten und die festgestellten Auffälligkeiten ohne weiteres durch die Ergebnisse der chemisch-toxikologischen Untersuchung beziehungsweise eine vorausgegangene Cocain-Aufnahme zu erklären, so dass von einer relativen Fahrunsicherheit auszugehen war.

Herr F. wurde als Führer eines Kraftrades im Rahmen einer allgemeinen Verkehrskontrolle angehalten. Aufgrund geröteter und glänzender Augen, einer frischen Einstichstelle und der Einlassung, Methadon aufgenommen zu haben, sowie der Tatsache, dass er als BTM-Konsument bekannt war, wurde eine Blutentnahme veranlasst. Im ärztlichen Bericht anlässlich der Blutentnahme (43 Minuten nach dem Anhaltevorgang) wurde lediglich als Auffälligkeit festgehalten: Pupillen mit leicht träger Reaktion auf Licht.

Analysenergebnis (Serum):

- Morphin 43,6 ng/ml
- Codein 10,6 ng/ml
- Cocain 88,7 ng/ml
- Cocain-Metabolit (Benzoylekgonin) 920,1 ng/ml
- Diazepam 1,48 mg/l
- Diazepam-Metabolit (Nordiazepam) 1,05 mg/l
- Diazepam-Metabolit (Temazepam) 0,15 mg/l
- Diazepam-Metabolit (Oxazepam) 0,07 mg/l
- Methadon 0,16 mg/l

Das weitestgehend unauffällige Erscheinungsbild des Herrn F. kann dadurch erklärt werden, dass es durch eine gleichzeitige Aufnahme zentral dämpfender Stoffe (Heroin, Methadon, Diazepam) mit einem zentralen Stimulanz (Cocain) zu einer gegenseitigen Aufhebung der jeweiligen Wirkungsweisen – zumindest über eine zeitlich begrenzte Periode hinweg – kommen kann. Personen mit Befunden wie im vorliegenden Fall sind in der Regel nicht mehr in der Lage, ein Fahrzeug im Straßenverkehr sicher zu führen. Nach dem augenblicklichen Stand der Rechtsprechung konnte trotz erheblicher Wirkstoffkonzentration im Blut bei fehlenden Ausfallerscheinungen aber nur von einer Ordnungswidrigkeit gem. § 24a StVG ausgegangen werden.

Der Konsument von Stimulanzien

Der typische Konsument von Stimulanzien (Cocain, Amphetamin, Ecstasy) greift zusätzlich nicht zu Heroin; allerdings kann es zu einer Aufnahme von Alkohol oder auch Cannabisprodukten oder Beruhigungsmitteln (Benzodiazepine) kommen. Dies geschieht insbesondere dann, wenn er nach dem Konsum von Stimulanzien („Upper") versucht wieder zur Ruhe zu kommen (Aufnahme von „Downer").

Nach einer Aufnahme von Stimulanzien ist die Konzentrationsfähigkeit gesteigert und es werden Müdigkeitserscheinungen unterdrückt. Man erkennt deshalb nicht ohne weiteres an der Fahrweise, ob jemand akut unter der Wirkung dieser berauschenden Mittel steht. Bei einer Kontrolle könnten weitgestellte Pupillen, eine nicht erklärbare Unruhe bzw. ein äußerst nervöses Verhalten und starke Redseligkeit den Verdacht auf eine Einwirkung von Cocain oder Amphetaminen aufkommen lassen. Bei möglichen typischen Fahrfehlern steht die enthemmte Fahrweise mit unangepasst hoher Geschwindigkeit z.B. in Kurven oder Baustellenbereichen oder bei schlechter Witterung usw. im Vordergrund. Der beeinflusste Fahrer überschätzt sein eigenes Leistungsvermögen und das seines Fahrzeuges.

Häufiger fällt diese Konsumentengruppe in der abklingenden Phase der Cocain-/Amphetaminwirkung auf, insbesondere wenn über viele Stunden oder Tage höhere Dosen aufgenommen worden sind. In der eintretenden Entzugsphase kommt es aufgrund des körperlichen Erschöpfungszustandes zu einem pathologischen Schlafbedürfnis und zu depressiven Verstimmungen sowie u.U. zu Orientierungsstörungen und Verwirrtheit. Selbst Psychosen oder psychoseartige Zustände mit Wahnvorstellungen (z.B. immer beobachtet zu werden) können auftreten. Diese deutlichen Auffälligkeiten werden bei Kontrollen leicht erkannt.

Zu typischen Fahrauffälligkeiten kommt es durch starke Müdigkeit (langsame bzw. wechselnde Fahrgeschwindigkeit, Schwierigkeiten beim Spurhalten usw.) und durch die Orientierungsstörungen (nicht mehr wissen, wo man ist, erhebliche Unsicherheiten in Kreuzungsbereichen, evtl. Anhalten des Fahrzeuges mitten auf der Fahrbahn usw.).

Amphetamin und Designer-Amphetamine

Amphetamin und seine Derivate und Homologe sind keine natürlichen Wirkstoffe, sondern vollsynthetische Produkte. Aufgrund der besseren Handhabung und Haltbarkeit liegen die Wirkstoffe in Salzform vor, somit findet man Amphetamin normalerweise als weißes bis beigefarbenes, selten gefärbtes Pulver sowie in Kapsel- oder Tablettenform. Mit Amphetamin eng verwandt ist das Methamphetamin, das in Deutschland bis heute allerdings nur begrenzt Verbreitung gefunden hat. Gegenüber der Grundsubstanz ist bei Methamphetamin der zentral stimulierende Effekt und damit das Missbrauchspotential um etwa das Doppelte erhöht.

Infobox

Es existieren eine Reihe von Medikamenten, die als Vorläufer für im Organismus entstehendes Amphetamin anzusehen sind. Es handelt sich dabei um die Wirkstoffe Amphetaminil, Benzphetamin, Clobenzorex, Dimethylamphetamin, Ethylamphetamin, Famprofazon, Fencamine, Fenethyllin, Fenproporex, Furfenorex, Mefenorex, Mesocarb, Prenylamin und Selegelin. Die Wirkung dieser Arzneimittel, die zum Teil als Psychostimulanzien und Dopingmittel verwendet werden, beruht zu großen Teilen auf der Freisetzung von Methamphetamin beziehungsweise Amphetamin bei der Körperpassage.

Neben Amphetamin sind weitere synthetisch hergestellte „**Designer-Drugs**" von Bedeutung, wobei sich ein Trend abzeichnet, stimulierende und halluzinogene Wirkungsweisen zu kombinieren (Abb. 8.18). Die größte Bedeutung kommt dabei den Methylendioxyamphetaminen zu, die unter dem Sammelbegriff **Ecstasy** zusammengefasst werden. Dazu gehören unter anderem das 3,4-Methylendioxymethamphetamin (MDMA), 3,4-Methylendioxyethylamphetamin (MDE) und 3,4-Methylendioxyamphetamin (MDA). Weitere relevante Designer-Drogen sind Dimethoxymethylamphetamin (DOM), Dimethoxybromamphetamin (DOB), Dimethoxyamphetamin (DMA) und das Paramethoxyamphetamin (PMA). Trotz der nur geringfügigen Abwandlung des Amphetamingerüstes besitzen sie zu einem erheblichen Anteil auch halluzinogene Eigenschaften. Von Bedeutung sind ferner die Methylendioxybutanamine Benzodioxazolylbutanamin (BDB) und N-Methylbenzodioxazolylbutanamin (MBDB), die kaum halluzinogene und nur MDA oder Amphetamin vergleichbare, stimulierende und enthemmende Wirkung haben. Während die hier genannten und eine Reihe weiterer Substanzen dem Betäubungsmittelrecht unterstellt sind, werden immer wieder Derivate synthetisiert, die den gesetzlichen Bestimmungen noch nicht unterliegen und erst mit zeitlicher Verzögerung als BTM eingeordnet werden. Wird mit ihnen Handel betrieben, so fällt dies unter das Arzneimittelgesetz.

Konsum und Stoffwechsel. Amphetamin wird in der Regel **oral** konsumiert. In Dosen von 5–15 mg oral eingenommen werden für die Dauer von etwa 5–10 Stunden, bei Unterdrückung des Schlafbedürfnisses, Leistungsbereitschaft und körperliche Leistungsfähigkeit gesteigert. In mittleren Rauschdosen von 15–20 mg oral verabreicht kommt bei Nichtgewöhnten ein psychischer Effekt hinzu, nämlich eine starke Euphorie zusätzlich mit einem gesteigertem Antrieb. Eine Dosis von 50 mg und mehr ist bereits als hoch zu bezeichnen, allerdings kann es bei missbräuchlichem Konsum durch Tolerante durchaus zu einer Aufnahme von 2–5 g pro Tag kommen.

Designer-Amphetamine werden in der Regel in **Tablettenform** konsumiert. Die effektive Einzeldosis bei oraler Aufnahme von MDMA, MDE oder MDA liegt zwischen 50 und 150 mg (1–1,5 mg/kg KG). Im Gegensatz zum Amphetamin scheint es zu keiner ausgeprägten Toleranzentwicklung zu kommen, allerdings weist die häufige Einnahme von mehreren Konsumeinheiten täglich zumindest auf einen Toleranzeffekt hin. Neben den stimulierenden, sympathomimetischen, euphorisierenden und aufputschenden Wirkungsweisen, die denen einer Amphetamin-Aufnahme ähneln, wird von den Konsumenten eine die jeweilige Stimmungslage steigernde Wirkung verspürt. Von den Konsumenten geschätzt werden eine Enthemmung, die Steigerung des Selbstwertgefühls, der Abbau von Kommunikationsbarrieren und das intensivere Erleben der Umwelt (Musik, Lichteffekte etc.). Die orale Einnahme in üblicher Dosierung bewirkt nach etwa 15–30 Minuten häufig zunächst Übelkeit, Schwitzen, Kopfschmerzen und rasendes Herzklopfen. Nach etwa 45–60 Minuten kommt es zu einem leicht kontrollierbaren und als wohlig empfundenen Rauschzustand mit gesteigerter Sinneswahrnehmung, Euphorie, Aktivität und Gesprächsbereitschaft bei erhaltenem Bewusstsein. Nach 1–3 Stunden klingt dieser Zustand ab und wird unter Umständen von starker Erschöpfung abgelöst. Nach 6–8 Stunden wird der psychische und physische Normalzustand

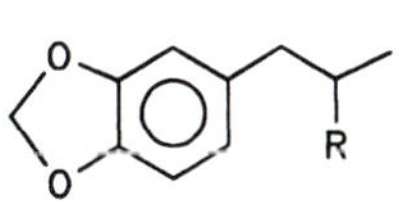

$R = NH_2$: **MDA** = 3,4-**M**ethylen**d**ioxy**a**mphetamin
$R = NH(CH_3)$: **MDMA** = 3,4-**M**ethylen**d**ioxy**m**eth**a**mphetamin
$R = NH(CH_2CH_3)$: **MDEA** = **MDE** = 3,4-**M**ethylen**d**ioxy**e**thyl**a**mphetamin

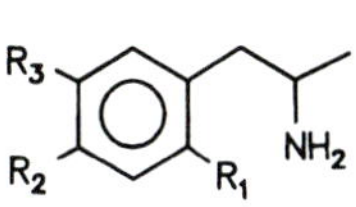

$R_1 = H, R_2 = H, R_3 = H$: **Amphetamin** (Methamphetamin mit $NH(CH_3)$)
$R_1 = OCH_3, R_2 = CH_3, R_3 = OCH_3$: **DOM** = 4-Methyl-2,5-dimethoxyamphetamin
$R_1 = OCH_3, R_2 = Br, R_3 = OCH_3$: **DOB** = 4-Bromol-2,5-dimethoxyamphetamin
$R_1 = H, R_2 = OCH_3, R_3 = H$: **PMA** = 4-Methoxyamphetamin

Abb. 8.18. Designer-Amphetamine

erreicht. Allerdings kann es zu Erschöpfungszuständen kommen, die unter Umständen bis zu 2 Tagen anhalten können. Die Wirkungen der einzelnen Methylendioxyamphetamine weisen nur marginale Unterschiede auf. MDMA, auch häufig als „Harmoniedroge" bezeichnet, löst in erster Linie eine stundenlange milde Euphorie und Ausgeglichenheit mit erhöhter Kontaktfreudigkeit aus. Zu der spannungslösenden kommt auch eine antriebssteigernde Komponente hinzu. Bei insgesamt schwächerer Wirkung als MDMA ist die Antriebssteigerung bei MDE noch erhöht, akustische oder visuelle Sinneswahrnehmungen werden verstärkt. Als Nebenwirkungen werden dysphorische Zustände mit Depression, Angstzuständen, Halluzinationen mit psychotischen Reaktionen und Verwirrtheit beschrieben. Dazu kann es zu innerer Unruhe, Brechreiz, Seh- und Hörstörungen, Muskelkrämpfen, Störungen des Bewegungsablaufes sowie Erhöhung von Herzfrequenz und Blutdruck mit der Gefahr von Hyperthermie und Hirnblutungen bis hin zum zentralen Kreislaufversagen kommen.

Amphetamin wird zum größten Teil zu Phenylaceton desaminiert, das zu Benzoesäure oxidiert und als Glukuronid und Glycinkonjugat (Hippursäure) ausgeschieden wird. Ein kleinerer Teil des Amphetamins wird zu Norephedrin, 4-Hydroxynorephedrin und zu 4-Hydroxyamphetamin oxidiert, wobei alle drei Metaboliten pharmakologisch aktiv sind. In der Regel werden in den ersten 24 Stunden ca. 30 % einer Amphetamindosis unverändert, 16–28 % als Hippursäure, 4 % als Benzoylglukuronid, 2–4 % als konjugiertes 4-Hydroxyamphetamin, 2 % als Norephedrin, 0,9 % als Phenylaceton und 0,3 % als konjugiertes 4-Hydroxynorephedrin ausgeschieden. Der Anteil des unverändert ausgeschiedenen Amphetamins ist pH-abhängig; bei saurem Urin kann er auf über 70 % ansteigen, bei alkalischem Urin auf 1 % absinken. Die Halbwertszeit von Amphetamin ist entsprechend vom pH-Wert des Urins abhängig und liegt zwischen 7 und 34 Stunden, wobei die Enantiomeren unterschiedlich metabolisiert werden. Für **d-Amphetamin** geht man von einer **Halbwertszeit** zwischen 11 und 13 Stunden aus, während die Halbwertszeit von **l-Amphetamin** mit 15–21 Stunden angegeben wird. Bei den Designer-Amphetaminen vom Methylendioxyphenylalkylamin-Typ wird das Ringsystem durch Desalkylierung zum Diphenol mit nachfolgender Methylierung in 3-Position sowie die Seitenkette durch N-Desalkylierung und Desaminierung umgewandelt. Im Gegensatz zu den Butanaminen werden die Propanamine zusätzlich als Glycinkonjugate (Hippursäuren) ausgeschieden. MDMA und MDE werden teilweise zu MDA desalkyliert. Im Urin erscheinen 65 % einer MDMA-Dosis unverändert und 7 % als MDA (◻ Abb. 8.19).

Rausch. Unter den sympathomimetischen Aminen gehören die Amphetamine zu den stärksten zentral stimulierenden Mitteln. Die Wirkungsweisen können mehrere Stunden anhalten, wobei die **d-Form** von Amphetamin eine etwa 3–4fach stärkere zentral aktive Wirkung zeigt als die **l-Form.** Bei einer Kurzzeitanwendung stehen die aufputschende, schlaf- und ermüdungshemmende, stimmungsaufhellende und dabei

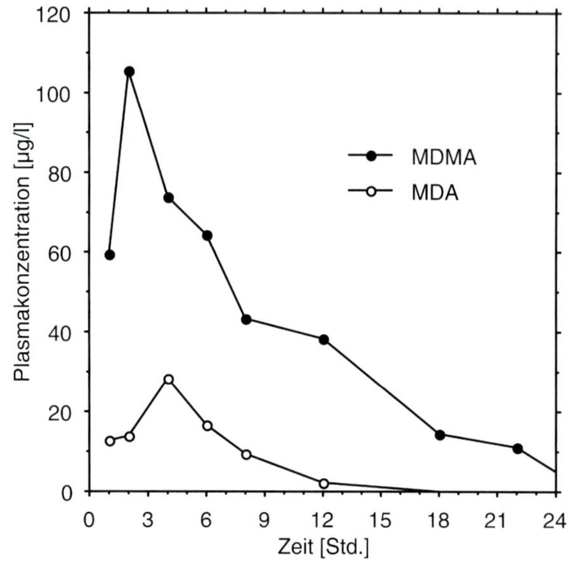

◻ Abb. 8.19. Plasmakonzentrationsverlauf von *MDMA* und seinem Stoffwechselprodukt *MDA* nach oraler Aufnahme von 50 mg *MDMA*

weniger euphorisierende sowie appetitzügelnde Wirkung im Vordergrund. Subjektiv besteht das Gefühl einer gesteigerten Konzentrationsfähigkeit. Als unangenehme Begleiterscheinungen können Übelkeit, Erbrechen, Schwindel, Tachykardien, Kopfschmerzen, Nervosität und Reizbarkeit auftreten. In niedrigen Dosen wird die Amphetaminwirkung als angenehm empfunden. Sie geht einher mit Gesprächigkeit, vermehrter Wachsamkeit und verbesserter Konzentration. In höheren Dosen und insbesondere bei Langzeitkonsum schlägt die gute Stimmung um in Unruhe, Ängstlichkeit und Depression sowie Aufgeregtheit bis hin zu Ruhelosigkeit, Agitation und Verwirrtheit oder kann auch zu gewalttätigem Verhalten führen. Es kann zu schweren Persönlichkeitsveränderungen mit psychischer Abhängigkeit und halluzinatorisch-paranoiden Psychosen kommen. Nach außen hin feststellbar sind Nervosität, Geschwätzigkeit, motorische Unruhe, ideenflüchtiges Verhalten beziehungsweise Unfähigkeit, sich auf eine Sache zu konzentrieren, erweiterte, lichtstarre Pupillen, Zähneknirschen, Unruhe, Zittern und Schlaflosigkeit beziehungsweise Müdigkeit. Hinsichtlich der verkehrsmedizinisch relevanten Wirkungsweisen ist, wie beim Stimulanz Cocain, nicht ohne weiteres immer an der Fahrweise zu erkennen, ob eine Person akut unter der Wirkung von Amphetamin steht. Gefahren sind in der Überschätzung der körperlichen Leistungsfähigkeit zu sehen, im übersteigerten Selbstwertgefühl, in Fehleinschätzungen gegebener Situationen, Unruhe, Fahrigkeit, mangelnder zielgerichteter Aufmerksamkeit, Nervosität und erhöhter Blendempfindlichkeit der Augen aufgrund erweiteter Pupillen und Akkommodationsstörungen. Hinzu kommen auch nach Amphetaminkonsum häufig eine gewisse Reizbarkeit und Aggressivität, eine nachlassende Konzentrationsfähigkeit bei Ideenflucht und somit eine verminderte Aufmerksamkeit. Bei den festzustellenden Fahrauffälligkeiten steht in der akuten Wirkphase die enthemmte und risikobereite Fahrweise mit unangepasst hoher Geschwindigkeit im Vordergrund, wobei der Fahrzeugführer das eigene Leistungsvermögen überschätzt. Dann kommt es zum Teil zu einem dramatischen Leistungsabfall in der abklingenden Phase der Amphetaminwirkung. Aufgrund des körperlichen Erschöpfungszustandes kommt es zu großer Müdigkeit und depressiven Verstimmungen und häufig wiederum zu Orientierungslosigkeit und Verwirrtheit, Realitätsverlust bis hin zu psychotischen Zuständen. Zu auffälligen Fahrweisen kommt es dann wieder in erster Linie durch die starke Müdigkeit, was sich in langsamen oder wechselnden Fahrgeschwindigkeiten sowie Schwierigkeiten beim Spurhalten bis hin zu Orientierungsstörungen äußern kann. Ähnlich wie beim Cocain findet man Auffälligkeiten sowohl in der Phase des akuten Rausches mit hohen Amphetamin-Konzentrationen im Blut, als auch in der ab- und ausklingenden Phase bei Konzentrationen auch unterhalb von 50 ng/ml.

Chemisch-toxikologischer Nachweis. Amphetamin und anverwandte Designer-Drogen sind im Urin 2–3 Tage nach letztmaligem Konsum nachweisbar, im Blut 6 bis gut 24 Stunden.

Wichtig

Immunchemische Vortestverfahren auf Amphetamin weisen zum Teil sehr hohe Kreuzreaktivitäten zu anderen Stoffen auf. Dies kann im Falle von Methamphetamin oder den Methylendioxyamphetaminen durchaus erwünscht sein, kann aber auch nach Einnahme größerer Mengen bestimmter anderer Stoffe (Ranitidin, Phentermin, Doxylamin etc.) zu falschpositiven Befunden führen. Positive Ergebnisse werden bei immunchemischen Verfahren auch beobachtet nach der Aufnahme des künstlichen Süßstoffes Cyclamat, durch Kreuzreaktivität des Metaboliten Cyclohexylamin, sowie durch Fäulniserscheinungen des Materials. Ursache dafür sind die Phenylalkylamine, zum Beispiel entsteht aus Phenylalanin durch oxidative Decarboxylierung Phenylethylamin. Diese Beobachtungen verdeutlichen nochmals die unabdingbare Notwendigkeit einer Bestätigungsanalyse.

Da die Wirkstoffe verhältnismäßig lange Halbwertszeiten aufweisen, beschränkt man sich in der Regel auf den Nachweis der Muttersubstanz als wesentliche Messgröße zur toxikologischen Beurteilung eines vorausgegangenen Konsums. Allerdings sei nochmals darauf verwiesen, dass auch andere Medikamentenwirkstoffe als mögliche Amphetaminquellen in Frage kommen können und somit der alleinige Nachweis von Amphetamin nicht immer zwingend einen Amphetaminkonsum beweisen muss. Ein forensisch-toxikologisches Labor muss somit über ergänzende Analyseverfahren verfügen, mit deren Hilfe eine weitere Abklärung gegebenenfalls ermöglicht wird.

Fallbeispiele

Einer Polizeistreife fällt am frühen Morgen ein junger Mann auf, der seinen Pkw zunächst mehrfach mit den rechten Rädern über die Markierung einer Fahrradspur lenkte und sich dann an der mittleren Fahrbahnmarkierung orientierte, indem er seinen Wagen mittig darüber führte. Nachdem bei einem Abbiegevorgang leicht übersteuert worden sei, wurde der Fahrzeugführer angehalten. Laut polizeilichem Bericht wurde festgehalten: Augen glänzend mit erweiterten, lichtstarren Pupillen, erregt, unruhig. Im ärztlichen Bericht anlässlich der Blutentnahme (1 Stunde nach dem Vorfall) wurde festgehalten: Gang geradeaus und bei plötzlicher Kehrtwendung nach vorherigem Gehen unsicher, Finger-Finger-Probe unsicher, Pupillen weit und ohne Reaktion auf Lichteinfall. Herr D. räumte ein, einige Stunden vor Fahrtantritt einen Joint geraucht zu haben.

Analysenergebnis (Serum):

– Tetrahydrocannabinol (THC)	nicht nachweisbar
– THC-Metabolit (THC-COOH)	35,6 ng/ml
– MDMA	198,9 ng/ml
– MDA	14,3 ng/ml

Aufgrund dieser Befunde war davon auszugehen, dass Herr D. aufgrund eines vorausgegangenen Ecstasy-Konsums nicht mehr in der Lage war, ein Kraftfahrzeug im öffentlichen Straßenverkehr sicher zu führen.

An einem Sonntag um 09.35 Uhr kommt es aufgrund eines Rotlichtverstoßes zu einer Fahrzeugkollision in einem Kreuzungsbereich. Laut polizeilichem Bericht wurden beim 19-jährigen Unfallverursacher als Auffälligkeiten festgehalten: gerötete, glänzende Augen, wirkt übermüdet (gibt an, auf Heimweg von einer Party zu sein). Ein Alcotest verlief negativ. Im ärztlichen Bericht anlässlich der Blutentnahme (44 Minuten nach dem Unfall) wurde unter anderem festgehalten: Gang geradeaus unsicher, Finger-Finger-Probe unsicher, verlangsamt, starke Müdigkeit.

Analysenergebnis (Serum):

– MDMA	55,2 ng/ml
– MDA	10,0 ng/ml

Der Unfallhergang und die beschriebenen Auffälligkeiten lassen sich ohne weiteres durch eine typische Spätphase einer Ecstasy-Wirkung erklären, in der trotz Aufnahme einer zentral stimulierenden Substanz Müdigkeit und physische Erschöpfung nicht mehr kompensiert werden können. Folglich ist von einer relativen Fahrunsicherheit auszugehen.

Frau Ö. fuhr an einem Sonntagnachmittag in der Schlange eines Drive-in-Restaurantes auf einen vor ihr stehenden Wagen auf. Laut polizeilichem Bericht wurden als Auffälligkeiten festgehalten: gerötete, glänzende Augen, Pupillen weit, ermüdet, Auffassungsvermögen verzögert, unruhig. Ein Alcotest verlief negativ. Im ärztlichen Bericht anlässlich der Blutentnahme (gut 1 Stunde nach dem Unfall) wurde unter anderem festgehalten: Gang geradeaus und bei plötzlicher Kehrtwendung nach vorherigem Drehen unsicher, Finger-Finger-Probe unsicher, verlangsamt, starke Müdigkeit.

Analysenergebnis (Serum):

– Tetrahydrocannabinol (THC)	2,1 ng/ml
– THC-Metabolit (11-OH-THC)	1,9 ng/ml
– THC-Metabolit (THC-COOH)	38,9 ng/ml
– Amphetamin	120,3 ng/ml
– MDE	85,6 ng/ml
– Diazepam	0,25 mg/l
– Diazepam-Metabolit (Nordiazepam)	0,11 mg/l

Diese Kombination aus „Upper" und „Downer" findet man häufig dann, wenn Konsumenten von Stimulanzien – bei nicht mehr erwünschter Stimulanzwirkung – zur Beruhigung zentral dämpfende Stoffe aufnehmen. Der Unfallhergang und die beschriebenen Auffälligkeiten lassen darauf schließen, dass sich Frau Ö. in der Spätphase einer Ecstasy-/Amphetamin-Wirkung befand beziehungsweise die Wirkung der zentral dämpfenden Mittel (Cannabinoide und Diazepam) die der zentral stimulierenden Mittel übertraf. Eine relative Fahrunsicherheit war zu bejahen.

8

Halluzinogene

Definition

Unter Halluzinogenen werden Sinneseindrücke verändernde oder Sinnestäuschungen hervorrufende Substanzen verstanden. Die Wirkung ist nicht auf eine Beeinflussung der Stimmungslage beschränkt, sondern es kommt zu tief greifenden psychischen Veränderungen.

LSD. Lysergsäurediethylamid (LSD) wird halbsynthetisch aus den Indolalkaloiden des Mutterkorns (**Claviceps purpurea**) hergestellt und ist das wirksamste Halluzinogen. Die kleinste wirksame Dosis bei oraler Aufnahme liegt bei 20–50 µg, die übliche Rauschdosis bei 75–170 µg. Damit ist LSD ca. 150–300-mal wirksamer als Psilocybin. Wegen seiner extrem niedrigen wirksamen Dosierung wird LSD oral mit Trägersubstanzen, häufig in Form von saugfähigem, durch Perforation in einzelne „Trips" unterteilbarem Papier, das mit einer LSD-Lösung getränkt und anschließend getrocknet wurde, eingenommen. Daneben wird LSD auch auf Filz oder auf Zuckerstückchen geträufelt sowie in stecknadelkopfgroßer Tablettenform angeboten. Die einzelnen „Trips" werden entweder auf die Zunge gelegt und ausgesaugt, geschluckt oder durch Eintauchen in Getränke gelöst und dann getrunken. Bei oraler Aufnahme treten die ersten Wirkungen nach 15–45 Minuten auf. Es kommt zu tief greifenden Veränderungen der Sinneswahrnehmungen und Veränderungen der Raum-Zeit-Wahrnehmung gepaart mit vegetativen Nebenwirkungen wie Herzschlagbeschleunigung (später Herzschlagverlangsamung), Schweißausbruch und Hyperthermie, Ohrensausen, Schwächegefühl, motorischer Überaktivität (mit motorischen Störungen) und allgemeinem, körperlichen Unbehagen. Anfangs zeigen sich verlängerte Nachbilder, die Farbbrillanz wird gesteigert und intensiver erlebt, bei höheren Dosen kann es zu erheblichen Trugwahrnehmungen kommen; zugleich kann ein Wechsel zwischen euphorischen und dysphorischen Stimmungslagen auftreten. Oft hat der Berauschte das Gefühl, seinen Körper zu verlassen und sich quasi von außen zu beobachten und durch Raum und Zeit zu reisen („Trip"). Der Rauschablauf ist nicht aufzuhalten. Eine subjektiv empfundene Bewusstseinserweiterung ist objektiv nicht gegeben. Es kommt vielmehr zu einer Abnahme der Konzentrationsfähigkeit und Gedächtnisleistung und einer eher gefühlsgelenkten Denkweise. Ferner kann es zu Illusionen und Wahnvorstellungen und einer Depersonalisierung kommen, was als beglückend, aber oft auch als bedrohlich empfunden wird. Die psychotropen Effekte treten ca. 1–3 Stunden nach Einnahme auf, wobei der Zustand der Depersonalisierung dann 5–12 Stunden andauern kann, mit einer sich anschließenden Nachphase, in er sich wellenförmig abnormes Erleben mit geordneter Wahrnehmung ablöst. Der LSD-Rausch kann durch unmittelbar aufeinander folgende Aufnahme auch höherer Dosen nicht beliebig oft wiederholt werden, da es zu einer kurzfristigen Toleranzbildung kommt. Nach einer Resensibilisierung von wenigen Tagen bildet sich die Toleranz allerdings zurück. Andererseits kann es nach LSD-Konsum unter Umständen noch nach Wochen zu einem „**Echorausch**" („Flashback") kommen, wobei es sich um eine verzögert auftretende „psychotische Störung" handelt. Ein rauschähnlicher Zustand tritt ohne erneute Drogenaufnahme unvermittelt für Sekunden, Minuten oder sogar Stunden auf, mit Wiederholung früherer Wahnerlebnisse unter akutem Substanzeinfluss. Meistens ist dieser Zustand mit intensiven Angstgefühlen, Verwirrtheit und Desorientierung verbunden.

Die verkehrsmedizinisch relevanten Wirkungsweisen wie Verwirrtheit, wahnhaftes Erleben, Störungen der Aufmerksamkeit bis zum vollständigen Verlust, Koordinations- und Gleichgewichtsstörungen, Halluzinationen, Panik und Verfolgungswahn und die völlige Verkennung der realen Situation sind generell nicht mit einer Teilnahme am öffentlichen Straßenverkehr vereinbar. Eine zusätzliche Gefahr liegt im möglichen Auftreten eines Echorausches.

Der Nachweis von LSD in Körperflüssigkeiten ist aufgrund der geringen Dosierung und den daraus resultierenden niedrigen Konzentrationen erschwert und nur in einem begrenzten Zeitraum möglich. Immunchemische Verfahren können nicht selten zu falschpositiven Befunden führen; eine Bestätigungsanalyse zum Beispiel mittels GC/MS oder HPLC/Fluoreszenzdetektion ist unumgänglich. Die Sensitivität der Methoden sollte im Pikogramm-Bereich pro Milliliter Körperflüssigkeit liegen. Die Eliminationshalbwertszeit von LSD liegt bei 3–4 Stunden, die Nachweisbarkeitsdauer im Urin liegt bei ca. 1 Tag, der Nachweis im Blut ist maximal 12 Stunden nach Konsum möglich.

Psilocybin. Der Phosphorsäureester Psilocybin sowie das dephosphorylierte Psilocin sind die Hauptinhaltsstoffe so genannter **halluzinogener Pilze** der Gattungen Psilocybe, Stropharia, Cococybe und Panaeolus. Getrocknete Pilze enthalten durchschnittlich einen Wirkstoffanteil von 0,2–1 Gew.-%, wovon Psilocybin den Hauptanteil bildet und das ca. 1,5fach stärker wirksame Psilocin nur in Spuren vorliegt. Obwohl sie nur ca. 1/200 der Wirkungsstärke von LSD aufweisen, sind sie dennoch die nach LSD stärksten Halluzinogene. Die geringste wirksame Dosis liegt bei 3–6 mg, die mittlere Rauschdosis liegt bei 10 mg Reinsubstanz. Ausgehend von einem Wirkstoffgehalt von 1 % entspräche dies einer Menge von 1 g an Pilzen. Etwa 15 Minuten nach Einnahme kommt es meistens zunächst zu einer Schläfrigkeit mit Blutdruckabfall, Schwindelgefühl und leichter Übelkeit. Auch eine Mydriasis ist charakteristisch. Es schließt sich eine zweite Phase an, zeitweise mit Antriebssteigerung und mit euphorischer Grundstimmung. Etwa 1½ Stunden nach Einnahme ist der Höhepunkt des „Trips" erreicht. Dazu gehören Halluzinationen und Farbvisionen sowie mystisch gefärbte Erlebnisse. Bei geringer bis mittlerer Dosierung kommt es zu Bewusstseinsveränderungen. Im Gegensatz zum nur langsam abklingenden LSD-Rausch endet der Psilocybin-Rausch meist relativ abrupt nach 6–8 Stunden und mündet in einen Schlaf. Nachwirkungen sind selten, jedoch kann es gelegentlich noch nach Tagen zu verzögerten Reaktionen kommen, mit gesteigerter motorischer Aktivität und angespannter, ängstlicher Stimmung. Wird Psilocybin häufiger genommen, ist unter Umständen eine rasche, erhebliche Toleranzbildung zu beobachten, die sich nach Absetzen aber ebenso zurückbildet. Eine körperliche Abhängigkeit ist nicht bekannt, jedoch kann es wie bei anderen Halluzinogenen zu einer psychischen Abhängigkeit kommen. Der **Nachweis** von Psilocin in Körperflüssigkeiten erfolgt mittels GC/MS oder HPLC. Nach Psilocybin-Konsum auffällige Verkehrsteilnehmer werden bisher nur vereinzelt im Straßenverkehr beobachtet; ein solcher Konsum ist nicht mit einer sicheren Teilnahme am öffentlichen Straßenverkehr vereinbar.

Schnüffel- und Inhalationsstoffe

Bei den Schnüffelstoffen handelt es sich um eine heterogene Gruppe von leichtflüchtigen oder gasförmigen Substanzen, die grob wie folgt eingeteilt werden können:

- leicht flüchtige Lösungsmittel,
- Aerosole und
- medizinisch genutzte flüchtige Substanzen.

Das „Schnüffeln" erfolgt relativ unabhängig vom Konsum anderer Rauschmittel, ausgenommen Alkohol, und wird in erster Linie als billiges Rauschmittel von Jugendlichen betrieben. Die leicht flüchtigen **Lösungsmittel** sind die wichtigste Gruppe der Schnüffelstoffe, mit einer Vielzahl von frei verfügbaren Produkten wie Benzin, Farben und Lacken, Verdünnern, Terpentinersatz, Kunststoffklebern und Nagellackentfernern. Es handelt sich zumeist um Substanzgemische, woraus unterschiedliche Wirkungen resultieren. Neben den leicht flüchtigen Kohlenwasserstoffen sind vor allem Benzol, Toluol, Xylol, Ethylacetat, Methylethylketon, Trichlorethylen, Tetrachlorkohlenstoff, Methylenchlorid und Trichlorethan sowie Isopropyl- und Propylalkohol und nicht zuletzt aufgrund seines Lösungsvermögens für viele organische Stoffe Aceton von Bedeutung. **Aerosole** sind Gase mit darin feinst verteilten festen oder flüssigen Stoffen und sind als Sprays weit verbreitet. Verwendung finden unter anderem Haarsprays, Deodorants, Insekten- oder Enteisungssprays, Topf- und Pfannenreiniger und Sprühlacke. Bei den medizinisch genutzten flüchtigen Stoffen unterscheidet man zwischen den Narkosemitteln, wie Ether, Chloroform oder Lachgas, und den Mitteln, die gegen Angina pectoris verwendet werden, wie Amylnitrit, Butylnitrit oder Isobutylnitrit. Letztere werden auch als „poppers" bezeichnet. Die Schnüffelstoffe werden inhaliert und über die Schleimhäute der Atemwege sowie besonders über die Lungen resorbiert. Die Aufnahme erfolgt einerseits durch direktes Vorhalten geöffneter Behältnisse vor die Atemöffnungen, so dass die Dämpfe eingeatmet werden können. Andererseits werden getränkte Tücher verwendet, wobei die Lösungsmittel rascher verdampfen und die Wirkung somit schneller beziehungsweise stärker einsetzt. Gefährlich ist es, den Schnüffelstoff in Plastik- oder Papiertüten zu geben und sich diese zum Einatmen über Mund und Nase oder den ganzen Kopf zu ziehen. Durch Bewusstseinsverlust kann letztendlich ein Tod durch Ersticken eintreten. Aerosole können direkt in den Mund oder in Tüten gesprüht und dann eingeatmet werden.

Die meisten Schnüffelstoffe bewirken eine euphorische, läppisch-lockere Grundstimmung bei leichter Bewusstseinseintrübung mit motorischen Störungen. Die Wirkungsdauer ist in der Regel kurz, die Nachweisbarkeit kaum gegeben. Die auf Nitrit-Basis beruhenden Schnüffelstoffe haben eher eine aufputschende Wirkungsweise.

Im Straßenverkehr können folgende nach außen hin feststellbare Wirkungen auf ein vorausgegangenes „Schnüffeln" hinweisen:

- Euphorie,
- Selbstüberschätzung,
- Leichtsinn,
- Aggressivität, Reizbarkeit,
- Stimmungsschwankungen,
- Verwirrtheit,
- Konzentrations-, Koordinations- und Aufmerksamkeitsstörungen,
- Schläfrigkeit,
- Schwäche, Übelkeit,
- wässrige, gerötete Augen, Muskelzuckungen, Schwitzen, erhöhte Speichelproduktion,
- motorische Störungen und Sprachschwierigkeiten.

Hinweisgebend sind vorgefundene Dosen, Flaschen oder sonstige Behältnisse mit den vorgenannten Stoffen sowie ein entsprechender Geruch oder sonstige Spuren (Lack- oder Leimspuren etc.). Die aufgeführten Wirkungsweisen haben eine Fahrunsicherheit zur Folge. Der Nachweis vieler, aber nicht aller Schnüffelstoffe ist im Blut möglich. Im Urin werden in der Regel Stoffwechselprodukte nachgewiesen. Die Nachweisbarkeitsdauer im Blut ist zumeist sehr kurz (Minuten bis wenige

Stunden) und häufig sogar kürzer als die Wirkungsdauer, daher sollte bei entsprechendem Verdacht möglichst immer eine zusätzliche Urinprobe asserviert werden. Gerade bei Schnüffelstoffen ist darauf zu achten, dass die Körperflüssigkeiten möglichst rasch nach dem Vorfall asserviert werden. Da sich die Substanzen auch nach Abnahme zu großen Teilen verflüchtigen können, sind zur Probenaufbewahrung geeignete, gut verschlossene Gefäße zu verwenden, die gekühlt beziehungsweise tiefgekühlt aufzubewahren sind. Das Probenmaterial ist unverzüglich zur Analyse weiterzuleiten. Der Nachweis erfolgt in der Regel mittels Dampfraumgaschromatographie (**Headspace-Gaschromatographie**) oder nach **Headspace-Festphasenmikroextraktion** (HS-SPME) mit geeigneten Detektoren (FID, NPD oder MS).

Fallbeispiel

Ein 42-jähriger niedergelassener Anästhesist habe laut Zeugenaussagen an einem Tuch geschnüffelt und im weiteren Verlauf einen Auffahrunfall verursacht. Der Fahrzeugführer sei daraufhin eingeschlafen, habe durch anwesende Polizeibeamte „hindurchgeschaut" und gezittert, sei unsicher gewesen und habe geschwankt und getorkelt und sich am Fahrzeug festhalten müssen. Ein Tuch auf dem Beifahrersitz habe nach dem Inhalt einer braunen Flasche mit der Aufschrift Ethrane (Enfluran), einem flüchtigen Narkosemittel, gerochen.

Analysenergebnis (Serum):

- Diclofenac 0,28 mg/l
- 4-Aminophenazon 24,4 mg/l
- Enfluran 2,92 mg/l

Die Untersuchungsergebnisse in Verbindung mit dem Vorfallsgeschehen und den Ausfallerscheinungen sprachen ohne weiteres dafür, dass der Unfallverursacher bedingt durch die Aufnahme zentral dämpfender Mittel nicht mehr in der Lage war, ein Fahrzeug im Straßenverkehr sicher zu führen. Noch am Vorfallstag erging durch die Polizeibehörde eine Mitteilung an die zuständige Ärztekammer.

8.3.3 Medikamente

F. Mußhoff, B. Madea

Viele Therapien von Erkrankungen erfordern zur Wiederherstellung der Gesundheit oder Normalisierung einer eingeschränkten Leistungsfähigkeit den Einsatz von Medikamenten. Man unterscheidet zwischen einer **kausalen** und einer **symptomatischen Behandlung** von Gesundheitsstörungen. Ein kausales Mittel zielt auf die Ursache ab, symptomatische Mittel unterdrücken Krankheitssymptome, z.B. Fieber, Husten oder Schmerzen. Durch eine Erkrankung kann unter Umständen die Fahrsicherheit beeinträchtigt sein, eine geeignete Medikation kann sie dann aber auch gegebenenfalls wiederherstellen. Grundsätzlich sind bei einer Medikation **Nebenwirkungen mit Auswirkungen auf die Fahrsicherheit** zu beachten. Die Systematik der Fahrtüchtigkeit lässt sich an einem Regelmodell darstellen, auf das durch eine Medikamenteneinnahme Einfluss genommen werden kann (◘ Abb. 8.20). Neben einer bestimmungsgemäßen Einnahme von Arzneimitteln besteht zudem das Problem, dass viele Medikamente ein **Missbrauchspotential** aufweisen. Allgemeine Befindlichkeitsstörungen werden nicht selten mit Medikamentencocktails oder mit zusätzlichem Alkoholkonsum „behandelt". Man geht in Deutschland von ca. 1,4 Millionen medikamentenabhängigen Personen aus, die nicht nur täglich, sondern auch in übertherapeutischen Dosen Arzneimittel einnehmen. Zu 2/3 soll es sich um Frauen handeln; häufig liegt eine Abhängigkeit von mehreren Arzneimitteln vor. Des Weiteren ist gerade bei einem Teil der jüngeren Personen ein gleichzeitiger Konsum von legalen und illegalen berauschenden Mitteln festzustellen. Missbräuchlich verwendet werden sowohl Wirkstoffe, die dämpfend (sedierend), als auch solche, die erregend (stimulierend) auf das zentrale Nervensystem (ZNS) wirken.

Wichtig

Ob ein Wirkstoff zu den berauschenden Mitteln zählt hängt nicht von der Absicht bei der Einnahme ab. Entscheidend ist, ob der Wirkstoff analog zum Alkohol unter bestimmten Bedingungen einen Rausch hervorrufen kann.

Infobox

Rechtliche Konsequenzen für Verkehrsteilnehmer ergeben sich aus den §§ 315c und 316 StGB, da Arzneimittelwirkstoffe ebenfalls unter den Begriff „andere berauschende Mittel" fallen können. Wie bei den Drogen und anders als beim Alkohol existieren keine Grenzwerte analog der 1,1 ‰-Grenze, so dass nicht von einem Tatbestand einer absoluten Fahrunsicherheit ausgegangen werden kann. Auch im § 24a StVG sind keine Medikamentenwirkstoffe erfasst. Zum Nachweis eines Vergehens gem. der §§ 315c/316 StGB ist analog zu den Drogen für die Feststellung einer relativen Fahrunsicherheit zum einen der Nachweis entsprechender zentral wirksamer Mittel in Körperflüssigkeiten eines Verkehrsteilnehmers zu verlangen. Zusätzlich müssen weitere Auffälligkeiten bzw. Ausfallserscheinungen durch Zeugen, Polizeibeamte oder den blutentnehmenden Arzt dokumentiert sein und die medikamentenbedingten Leistungseinbußen untermauern. Bei einer sachverständigen Begutachtung sind weitere Einflussfaktoren zu berücksichtigen, wie spezielle (Neben-) Wirkungen des Wirkstoffes, eingenommene Dosis, Applikationsart, Zeitspanne zwischen Einnahme und Vorfall, Grunderkrankung, Dauer der Therapie und individuelle Erfahrung mit dem Medikament sowie Verträglichkeit des aufgenommenen Arzneistoffes. Die ermittelte Wirkstoffkonzentration bildet isoliert keine ausreichende Grundlage für eine weiterführende Beurteilung. Je höher die nachgewiesene Menge aber oberhalb des therapeutischen Konzentrationsbereiches liegt, umso wahrscheinlicher ist von einem Missbrauch auszugehen. Folgen einer Verkehrsteilnahme unter Medikamenteneinfluss können neben einer Verurteilung wegen relativer Fahrunsicherheit auch

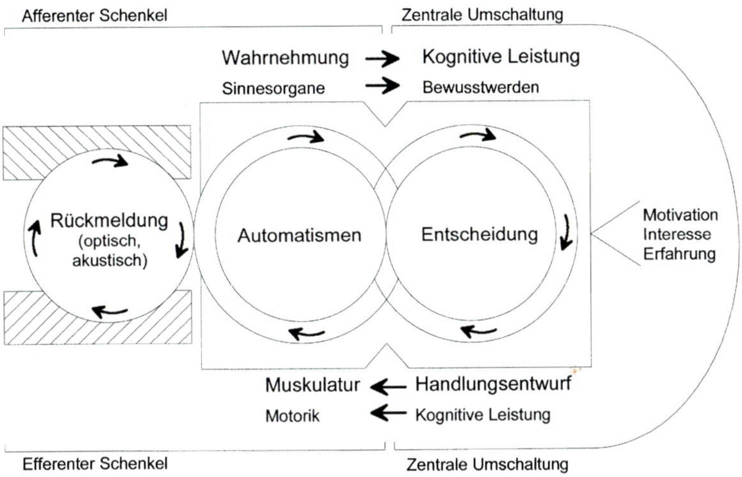

Abb. 8.20. Regelmodell zur Darstellung eines Reaktionsablaufes mit afferentem Schenkel, zentraler, kognitiver Leistung und efferentem Schenkel.
Der Eingang von Signalen erfolgt vorwiegend über sensorische Organe im Sinne des afferenten Schenkels (= Wahrnehmung). Das Treffen von Entscheidungen, das Erstellen eines Handlungsentwurfes und der Ablauf von Automatismen erfolgt im zentralen Nervensystem im Sinne einer Umschaltung (kognitive Leistung). Die Aktivierung der Muskulatur stellt schließlich den efferenten Schenkel des Regelmodells dar (Motorik), in dem Reaktionen auf induzierende Signale erfolgen. In allen Bereichen das Regelmodells sind Unterbrechungen und Störungen möglich, z.B. durch Alkohol-, Drogen- oder Medikamenteneinfluss. Ein wesentlicher Faktor für den Ablauf des Regelmechanismus ist die Zeitabhängigkeit (= Reaktionszeit), die eine wesentliche Begrenzung der Fahrsicherheit darstellt. (nach Oehmichen & Madea, 1986, Medwelt 37: 1.384–1.390)

Forderungen der gesetzlichen Unfallversicherung, der Haftpflichtversicherung oder der Kaskoversicherung nach sich ziehen. Bei Verdacht auf Missbrauch kann die Vorlage eines medizinisch-psychologischen Gutachtens gefordert werden.

Hinweise für Ärzte und Patienten

Ärzten wie Patienten muss bewusst sein, dass eine medikamentöse Therapie ein Risiko für die Fahrsicherheit bedeuten kann. Das Arzt-Patienten-Verhältnis verpflichtet den Arzt zur Aufklärung über (verkehrsrelevante) Nebenwirkungen.

Checkliste

Verhaltensempfehlung für Ärzte (in Anlehnung an Berghaus & Graß)

- Erfragen des Fahrverhaltens des Patienten
- Prüfung in Frage kommender Medikamente auf ihr Leistungsminderungspotential und – soweit therapeutisch sinnvoll – Auswahl eines Mittels mit geringem Gefahrenpotential
- Einschleichende und ausschleichende Dosierung beachten
- Keine schematische Dosiserhöhung bei nicht ausreichender Wirkung vornehmen
- Vermeidung einer gleichzeitigen Medikation verschiedener zentral wirksamer Mittel und Objektivierung bei Verdacht auf Beikonsum (gilt insbesondere bei Methadon!)
- Patientenaufklärung über Gefahren und optimales Verhalten zur Risikominimierung
- Nachfrage zu Verhaltens- und Leistungsänderungen

Für den behandelnden Arzt können bei schuldhafter Unterlassung bzw. ungenügender Aufklärung **straf- und zivilrechtliche Folgen** entstehen, z.B. wegen Beihilfe oder als mittelbarer Täter zu § 315c StGB, gegebenenfalls auch wegen fahrlässiger Tötung. Zivilrechtlich können bei Aufklärungs- bzw. Informationsfehlern Schadensersatzansprüche gemäß § 823 BGB geltend gemacht werden (► s. Kap. 10.5). Allerdings genügt eine Aufklärung über verkehrsrelevante Nebenwirkungen. Sollte trotz erfolgter Warnung ein Patient weiter am Straßenverkehr teilnehmen oder gar einen Unfall verursachen, ist der Arzt rechtlich abgesichert. Die Aufklärung des Patienten muss unaufgefordert grundsätzlich mündlich erfolgen, ein Hinweis auf die Packungsbeilage eines Arzneimittels genügt nicht. Aus Gründen der Beweispflicht bei Schadensersatzforderungen empfiehlt sich eine Dokumentation der Aufklärung in den Krankenunterlagen.

Infobox

Die ärztliche Schweigepflicht verbietet einem behandelnden Arzt gem. § 203 StGB eine unbefugte Offenbarung (► s. Kap. 10.5). Im Sinne eines rechtfertigen Notstandes gem. § 34 StGB kann jedoch eine Mitteilung an die Verwaltungsbehörde durch den Arzt erfolgen, wenn uneinsichtige Patienten trotz einer von ihnen ausgehenden Gefährdung weiterhin am Straßenverkehr teilnehmen. Zuvor sollte eine Aufklärung (mit Dokumentation) erfolgen, bei erfolgloser wiederholter Aufklärung mit schriftlicher Bestätigung durch den Patienten kann vorgeschlagen werden, Leistungsmängel zu objektivieren. Führt das zu keiner Verhaltensänderung, so sollte zunächst zur weiteren Warnung ein Hinweis erfolgen, dass die Verwaltungsbehörde informiert wird, bevor nach sorgfältigem Abwägen des Nutzens für den Patienten gegenüber der Sicherheitsgefährdung der Allgemeinheit eine Meldung erfolgt. Durch einen rechtzeitigen Hinweis könnten viele Verkehrsunfälle mit Personenschaden verhindert werden.

Generell ist auch ein Verkehrsteilnehmer zur Überprüfung seiner Fahrtüchtigkeit verpflichtet.

Checkliste

Verhaltensregeln für einen verantwortungsvollen Patienten (in Anlehnung an Berghaus & Graß)

- Lesen des Beipackzettels zur Information über mögliche Wirkungen und Nebenwirkungen,
- sorgfältige Eigenbeobachtung speziell zu Therapiebeginn,
- keine selbständigen Dosisänderungen, kein selbständiges Absetzten der Therapie,
- kein Beigebrauch weiterer zentral wirksamer Mittel (Alkohol, Drogen, Medikamente) sowie
- Abstimmung von Einnahmezeiten und möglicher Verkehrsteilnahme nach Rücksprache mit dem behandelnden Arzt.

Verkehrsmedizinisch besonders relevante Arzneimittelgruppen

Hypnotika und Sedativa. Hypnotika werden zur symptomatischen Behandlung von Schlaflosigkeit verwendet und in der Regel abends verabreicht. Bei Einschlafstörungen werden kurz wirksame Substanzen, bei Durchschlafstörungen Wirkstoffe mit längerer Wirkdauer verordnet. Sedativa werden dagegen vorwiegend tagsüber eingenommen. Ob ein Wirkstoff als Schlaf- oder Beruhigungsmittel wirkt, ist dosisabhängig; generell kommt es zu einer Dämpfung des ZNS. Neben einer Verlangsamung der Reaktionsgeschwindigkeit sind auch andere fahrrelevante Leistungen betroffen.

Wichtig

Eine besondere Gefahr liegt im Auftreten eines „Tages-Hangover" nach Aufnahme von lang wirksamen Arzneistoffen. Wirkstoffe mit längeren Halbwertszeiten können auch bei einer abendlichen Einnahme noch am nächsten Morgen zu Leistungseinbußen führen.

Die gängigsten Hypnotika/Sedativa von verkehrsmedizinischer Relevanz sind in ◘ Tabelle 8.8 aufgeführt. Die Gruppe der Barbiturate wurde mittlerweile durch die Benzodiazepine mit über 20 verschiedenen Wirkstoffen und über 50 Präparatnamen weitestgehend ersetzt, welche wiederum von neueren Mitteln wie Zolpidem oder Zopiclon abgelöst werden. Von den Benzodiazepinen werden insbesondere Flunitrazepam und Diazepam als Ausweich- und Substitutionsmittel bei Drogenabhängigkeit verwendet.

Neben rezeptpflichtigen Präparaten existieren auch Sedativa, die rezeptfrei zu erhalten sind, wie z.B. diphenhydraminhaltige Medikamente. Ihre sedierende Wirkung ist zwar geringer, bei entsprechend hoher Dosierung ist aber durchaus eine vergleichbare zentral dämpfende Wirkungsweise gegeben, welche zu einer Fahrunsicherheit führen kann.

Infobox

Bei der Auswahl von Medikamenten sind immer neben der therapeutisch angestrebten Wirkung verkehrsrelevante Nebenwirkungen zu beachten. Nachvollziehbar ist, dass bei einer Person, die nicht ausreichend Schlaf findet, die Leistungsfähigkeit am Tage vermindert sein kann. Eine gut dosierte Einnahme eines Hypnotikums mit kurzer Halbwertszeit als schlafanstoßendes Mittel kann dann einen positiven Effekt auf die Leistungsfähigkeit am nächsten Tage und damit auch auf die Verkehrssicherheit haben. In der Phase der akuten Wirkung wird nicht am Straßenverkehr teilgenommen, am nächsten Morgen sind keine verkehrsmedizinisch relevanten Wirkungsweisen mehr zu erwarten. Unverantwortlich ist dagegen die Einnahme eines entsprechenden Medikamentes, obwohl u.U. noch eine Fahrt bevorsteht.

Fallbeispiel

Ein Internist behandelte in seiner Praxis eine große Zahl von Patienten und machte auch häufig Hausbesuche. Nach einem wie üblich langen und anstrengenden Tag kam er „aufgedreht" nach Hause und fand nur schwer Ruhe. Da auch der nächste Tag wieder anstrengend werden würde, und er seinen Schlaf dringend brauchte, nahm er eine starke Schlaftablette ein, also keine Überdosierung, sondern eine normale therapeutische Dosis. Wenige Minuten nach der Einnahme wurde er dann von einer älteren Patientin angerufen, die über Herzschmerzen klagte und um einen sofortigen Besuch des Arztes bat. Da der Arzt noch keine Wirkung des Medikamentes verspürte, entschloss er sich, den Krankenbesuch noch durchzuführen und sich erst anschließend ins Bett zu legen. Er setzte sich ans Steuer seines Pkw und fuhr los. Nach wenigen Minuten schien ihm die zweispurige Straße allerdings immer schmaler zu werden und die Fahrt endete abrupt an einem am Straßenrand abgestellten Müllcontainer. Die herbeigerufenen Polizeibeamten stellten insbesondere erheblich verlangsamte Reaktionen fest und veranlassten eine Blutentnahme. Es kam zu einer Verurteilung wegen Straßenverkehrsgefährdung. (Quelle: BAST Schulungsprogramm)

Psychopharmaka. Psychopharmaka, mit denen niemals eine kausale Therapie einer Erkrankung gelingt, nehmen Einfluss auf die Psyche eines Patienten. Wesentliche Untergruppen bilden die Antidepressiva, bei denen die Verschreibungszahlen stetig ansteigen, die Neuroleptika und die Tranquillanzien (◘ Tabelle 8.9).

Während **Antidepressiva** bei Depressionen eingesetzt werden, erfolgt eine Verordnung von **Neuroleptika** bei anderen Psychosen oder Schizophrenien. Es ist davon auszugehen, dass psychotische Patienten generell nicht verkehrstüchtig sind. Nach einer Behandlung kann bei Dauertherapie mit einer Erhaltungsdosis eines geeigneten Psychopharmakons die Fahrsicherheit wieder gegeben sein. Antidepressiva wie Neuroleptika können die Fahrsicherheit beeinträchtigen, indem sie das Reaktionsvermögen herabsetzten und Gleichgültigkeit gegenüber äußeren Reizen erzeugen. Die verschiedenen Wirkstoffe unterscheiden sich hinsichtlich ihrer zentral dämpfenden Wirkungsweisen voneinander. Auch andere Wirkungskomponenten, wie „Stimmungsaufhellung" oder „Aktivierung"

Tabelle 8.8. Auswahl von Wirkstoffen und Präparaten aus der Gruppe der Hypnotika/Sedativa

Wirkstoff		Präparat	Therap. Serumspiegel (mg/l)
Benzodiazepine			
– Kurze Wirkzeit (1–5 h)	Brotizolam	Lendormin®	0,001–0,02
	Midazolam	Dormicum®	0,04–0,25
	Triazolam	Halcion®	0,002–0,02
– Mittlere Wirkzeit (5–10 h)	Loprazolam	Sonin®	0,003–0,01
	Lormetazepam	Noctamid®	0,005–0,025
	Temazepam	Remestan®, Planum®	0,02–0,15
– Lange Wirkzeit (10–20 h)	Flunitrazepam	Rohypnol®	0,005–0,015
	Flurazepam	Dalmadorm®, Staurodorm®	0,02–0,1
	Nitrazepam	Imeson®, Radedorm®	0,03–0,1
Chloralhydrat			
	Chloralhydrat	Chloraldurat®	1,5–15
Andere			
	Zaleplon	Sonata®	
	Zolpidem	Bikalm®, Stilnox®	0,08–0,15
	Zopiclon	Ximovan®	< 0,1

(Hier und in folgenden Tabellen, z.T. modifiziert nach Berghaus & Graß, handelt es sich jeweils um die gängigsten Wirkstoffe und Präparate, selbstverständlich existieren zusätzliche Zubereitungen)

können sich auf die Fahrsicherheit auswirken. Das psychophysische Leistungsbild kann nach Aufnahme von Psychopharmaka stark variieren. Seitdem die Abhängigkeitsproblematik bei Benzodiazepinen bekannt ist, ist die Verschreibungshäufigkeit von Psychopharmaka angestiegen, denn dieses Problem scheint bei Antidepressiva oder Neuroleptika anscheinend nicht zu bestehen. Häufig erfolgt nicht nur bei psychotischen Zuständen eine Verordnung, sondern auch bei allgemeinen Befindlichkeitsstörungen wie Angst-, Spannungs- und Unruhezuständen oder Schlafstörungen. **Tranquillanzien** sind Beruhigungsmittel ohne antipsychotische Wirkungsweisen, es ist nicht scharf zwischen Tranquillanzien und Sedativa/Hypnotika zu unterscheiden.

Analgetika. Analgetika sind die größte und am häufigsten konsumierte Arzneimittelgruppe und dienen der symptomatischen Schmerztherapie. Es wird zwischen stark und schwach wirksamen Analgetika unterschieden, bzw. zwischen **Opioid-Analgetika** mit vorwiegend zentraler, daneben auch peripherer Wirkung, und **nichtopioiden Analgetika** mit peripherer, daneben aber auch zentraler Wirkung sowie meist zusätzlich mit antipyretischen und eventuell antiphlogistischen und antirheumatischen Eigenschaften.

Opioidhaltige Schmerzmittel sind ambulant hauptsächlich bei chronisch Kranken und dabei überwiegend bei Patienten mit einer malignen Grunderkrankung indiziert. Die Einnahme erfolgt in der Regel oral in einer Retardzubereitung. Tabelle 8.10 zeigt eine Einteilung von in der Behandlung chronischer Schmerzen gebräuchlichen Opioiden. Eine Suchtauslösung durch Opioide bei medizinisch indizierter Verwendung ist äußerst selten. Verkehrsmedizinisch relevante Wirkungsweisen liegen in verlängerten Reaktionszeiten, eingeschränkter Muskelkoordination und Aufmerksamkeitsstörungen. Allerdings ist zu berücksichtigen, dass Schmerzpatienten in der Regel allein durch die langandauernden, starken Schmerzen und deren Folgen nicht nur in der Bewältigung von komplexen Handlungen wie Autofahren, sondern auch in Alltagssituationen eingeschränkt sind. Eine Schmerztherapie mit einer den individuellen Bedürfnissen angepassten Opioidbehandlung kann die Leistungsfähigkeit und unter Umständen auch die Fahrsicherheit wiederherstellen. Patienten mit einer langfristigen Morphintherapie zeigen in verkehrsrelevanten psychometrischen Tests, in Persönlichkeitstests und in neurologischen Untersuchungen keine signifikanten Unterschiede gegenüber Kontrollgruppen.

Für die Praxis wird ein Fahrverbot in der Einstellungsphase empfohlen, danach kann die Fahreignung im Einzelfall positiv beurteilt werden. Während der Einstellungsphase, bei größeren Dosisänderungen, bei wechselnden Therapieverläufen und bei unkontrolliertem Beigebrauch von beispielsweise Alkohol ist die Fahreignung aufgehoben. Bei einer Langzeittherapie mit gleich bleibender Opioid-Dosis besteht in der Regel keine Gefährdung der Verkehrssicherheit, was auch bei einer Kombinationstherapie gilt. Mögliche potenzierende Effekte auf die Nebenwirkungsrate, die Dosierung und das Einnahmeverhalten sind bei einer individuellen Beurteilung zu berücksichtigen.

Wichtig

Zu den Opioiden gehören Stoffe, die sich strukturell völlig von Morphin unterscheiden, wie zum Beispiel Dextropropoxyphen, Levomethadon, Nefopam, Pentazocin, Pethidin, Tilidin oder Tramadol. Diese Wirkstoffe und ihre Metaboliten werden von gängigen Opiat-Immunassays nicht erfasst. Teilweise existieren spezielle Assays (Methadon, Dextropropoxyphen),

Tabelle 8.9. **Auswahl von Wirkstoffen und Präparaten aus der Gruppe der Psychopharmaka**

Wirkstoff	Präparat	Therap. Serumspiegel (mg/l)
Antidepressiva		
– Tri- und tetrazyklische Antidepressiva		
Amitriptylin	Amineurin®, Saroten®	0,05–0,3
Amitriptylinoxid	Equilibrin®	
Clomipramin	Anafranil®	0,09–0,25
Doxepin	Aponal®, Doneurin®	0,01–0,2
Imipramin	Tofranil®, Pryleugan®	0,05–0,3
Maprotilin	Ludiomil®	0,1–0,6
Mianserin	Prisma®, Tolvin®	0,01–0,15
Nortriptylin	Nortrilen®	0,02–0,2
Opipramol	Insidon®	0,1–0,5
Trimipramin	Herphonal®, Stangyl®	0,01–0,25
– MAO-Hemmer		
Moclobemid	Aurorix®	0,5–1,5
Tranylcypromin	Jatrosom®	0,01–0,2
– Selektive Serotoninwiederaufnahme-Hemmer (SSRI)		
Citalopram	Cipramil®, Sepram®	0,05–0,3
Fluoxetin	Fluctin®	0,16–0,5
Fluvoxamin	Desiflu® voxamin, Fevarin®	0,05–0,25
Paroxetin	Seroxat®	0,01–0,1
Trazodon	Thombran®	0,5–1,6
– Andere		
Viloxazin	Vivalan®	0,54–1,6
Lithiumsalze	Hypnorex®	4–8
Neuroleptika		
– Butyrophenone		
Haloperidol	Haldol®, Haloperidol®	0,005–0,05
Melperon	Eunerpan®, Melneurin®	
Pipamperon	Dipiperon®	0,1–0,4
– Phenothiazine		
Perazin	Taxilan®	0,02–0,35
Perphenazin	Decentan®	0,001–0,02
Promethazin	Atosil®, Prothazin®	0,05–0,4
Thioridazin	Melleril®	0,1–2
– Andere Neuroleptika		
Clozapin	Elcrit®, Leponex®	0,1–0,6
Flupentixol	Fluanxol®	0,0005–0,002
Fluspirilen	Imap®	0,003
Olanzapin	Zyprexa®	0,005–0,03
Sulpirid	Dogmatil®, Meresa®, Neogama®	0,05–0,6
Tranquillanzien		
– Benzodiazepine mit mittellanger Wirkzeit (6–24 h)		
Alprazolam	Tafil®	0,005–0,08
Bromazepam	Normoc®, Bromazanil®	0,05–0,2
Lorazepam	Tavor®, Laubeel®	0,02–0,25
Oxazepam	Adumbran®, Praxiten®	0,2–1,5
– Benzodiazepine mit langer Wirkzeit (> 24 h)		
Chlordiazepoxid	Librium®	0,4–3
Clobazam	Frisium®	0,1–0,4
Dikaliumclorazepat	Tranxilium®	0,1–2,6
Diazepam	Valium®, Faustan®, Tranquase®	0,2–2
Medazepam	Medazepam AWD®, Rudotel®	0,1–0,5
Nordiazepam	Tranxilium N®	0,02–0,8
Prazepam	Demetrin®	0,2–0,7

■ Tabelle 8.9. (Fortsetzung)

Wirkstoff	Präparat	Therap. Serumspiegel (mg/l)
– Andere Tranquillanzien		
Buspiron	Bespar®, Busp®	0,001–0,004
Meprobamat	Viasano®	5–10
Hydroxyzin	Atarax®, AH 3® H	0,05–0,1

■ Tabelle 8.10. Auswahl von Wirkstoffen und Präparaten aus der Gruppe der Opioid-Analgetika

Substanz	Handelsname	rel. Wirkungsstärke (Morphin = 1)	Wirkdauer (h)
Schwache Opioide			
Codein Rp	Codi Opt®	0,08	4–6
Dihydrocodein ret. Rp	DHC Mundipharma retard®, u.a.	0,15	8–12
Tilidin Rp	Valoron® N	0,1–0,2	3–4
Tramadol Rp	Tramal®, Tradol®, Tramadolor®, u.a.	0,1–0,2	6–8
Dextropropoxyphen Rp	Develin®	0,5	8–12
Starke Opioide			
Pethidin Btm	Dolantin®	0,125	2–3
Pentazocin Btm	Fortral®	0,3–0,6	ca. 3
Morphin Btm	Sevredol®	1	4–6
Morphin ret. Btm	MST Mundipharma retard®, u.a.	1	8–12
Buprenorphin Btm	Temgesic®	30	6–8
Fentanyl Btm	Durogesic®, Fentanyl® Janssen	100	0,5
Alfentanil Btm	Rapifen®	30–40	min

Rp = Rezeptpflichtiges Arzneimittel
Btm = Betäubungsmittel; Verordnung nur auf amtlichen Vordruck

teilweise muss im Rahmen einer chemisch-toxikologischen Analyse zum Nachweis solcher Wirkstoffe auf andere Methoden (HPLC, GC/MS) zurückgegriffen werden.

Von großer verkehrsmedizinischer Relevanz ist das zur Substitutionsbehandlung Opiatabhängiger zugelassene Methadon (Polamidon®). In der überwiegenden Anzahl experimenteller Studien, in denen Methadonkonsumenten im Straßenverkehr bzw. deren verkehrsrelevante psychophysische Leistungsfähigkeit bei langzeitiger Methadoneinnahme untersucht wurden, konnten keine bedeutsamen Unterschiede zwischen Methadonsubstituierten und methadonfreien Kontrollpersonen nachgewiesen werden. Insofern kann eine Teilnahme am Straßenverkehr unter dem Einfluss von Methadon durchaus gerechtfertigt sein, solange die betroffenen Verkehrsteilnehmer ihre damit verbundene Sorgfaltspflicht beachten. Als kritisch ist die Phase der Einstellung auf das Substitutionsmittel zu betrachten. Äußerst problematisch ist grundsätzlich immer ein zusätzlicher Konsum weiterer psychotroper Substanzen, wie illegaler Betäubungsmittel, Alkohol oder Benzodiazepine. Ein solcher Beikonsum scheint nach einigen Studien regelhaft vorzuliegen (■ Abb. 8.21). Eine Verordnung von Benzodiazepinen an Suchtkranke, insbesondere auch an Methadonpatienten, gilt als kontraindiziert und ist als Verstoß gegen die Regeln der ärztlichen Kunst anzusehen.

Infobox

In den „**Begutachtungsleitlinien zur Kraftfahrereignung**“ wird ausgeführt: „Bei i.v.-Drogenabhängigen kann unter bestimmten Bedingungen eine Substitutionsbehandlung mit Methadon indiziert sein. Wer als Heroinabhängiger mit Methadon substituiert wird, ist im Hinblick auf eine hinreichende Anpassungs- und Leistungsfähigkeit in der Regel nicht geeignet, ein Kraftfahrzeug zu führen. Nur in seltenen Ausnahmefällen ist eine positive Beurteilung möglich, wenn besondere Umstände dies im Einzelfall rechtfertigen. Hierzu gehört unter anderem eine mehr als einjährige Methadonsubstitution, eine psychosoziale stabile Integration, die Freiheit von Beigebrauch anderer psychoaktiver Substanzen, inkl. Alkohol, seit mindestens einem Jahr, nachgewiesen durch geeignete, regelmäßige, zufällige Kontrollen (z.B. Urin, Haar) während der Therapie, der Nachweis für Eigenverantwortung und Therapie-Compliance sowie das Fehlen einer Störung der Gesamtpersönlichkeit. (...) In die Begutachtung des Einzelfalles ist das Urteil der behandelnden Ärzte einzubeziehen. (...)“

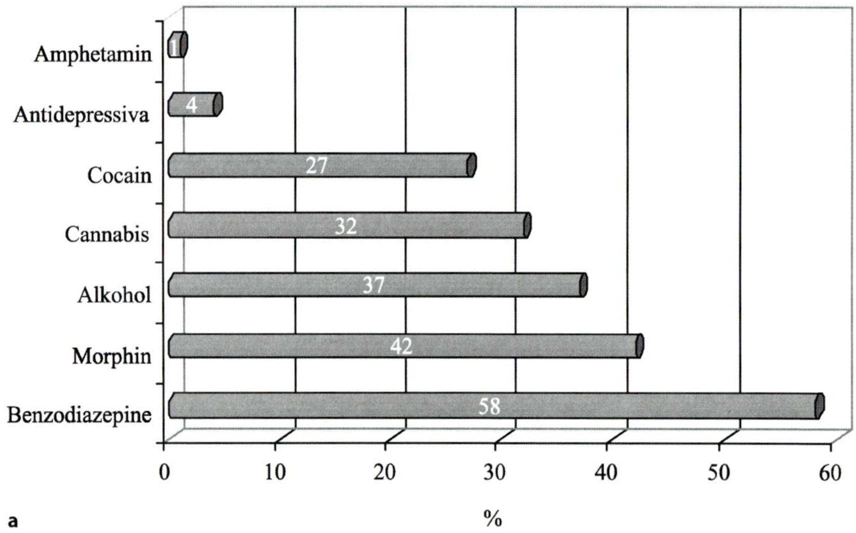

a

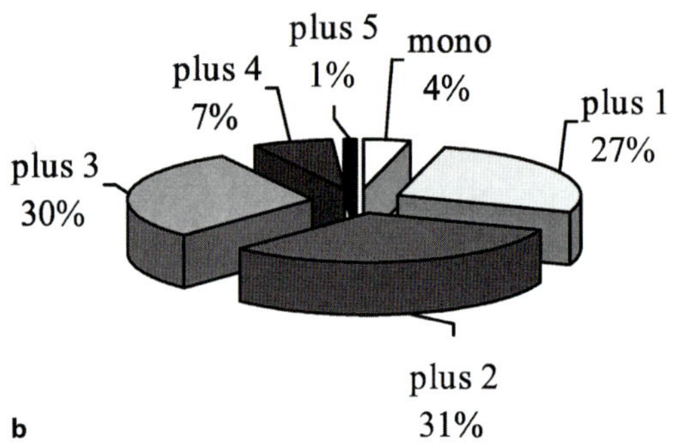

b

■ Abb. 8.21a, b. Nachweis weiterer berauschender Mittel in 98 Fällen mit positivem Methadonbefund im Blut von Verkehrsteilnehmern (nach Mußhoff et al, 2001, Blutalkohol 38: 325–335). **a** Prozentuale Häufigkeit der weiteren berauschenden Mittel. **b** Nur in 4 % der Fälle wurde Methadon als alleiniger Wirkstoff aufgefunden, es fanden sich bis zu 5 zusätzliche Substanzen

Nichtopioide Monopräparate, wie Salicylate, Paracetamol und Pyrazolonderivate besitzen bei therapeutischer Dosierung keine verkehrsmedizinisch relevanten Nebenwirkungen, bei hohen Dosierungen sind zentral erregende Wirkungsweisen allerdings nicht auszuschließen. Verkehrsmedizinisch bedeutsam sind dagegen wiederum Kombinationspräparate, bei denen Analgetika mit Coffein oder gar mit Codein gemischt sind und durch deren Zusammenwirken Stimmungsschwankungen hervorgerufen werden können (Euphorie, Aggressivität, Nervosität).

Psychostimulanzien. Bei einigen Symptomen wie Erschöpfung, Antriebsarmut sowie Leistungs- und Konzentrationsschwäche ist eine Antriebssteigerung therapeutisch erwünscht und soll durch Verordnung von Psychostimulanzien erreicht werden (■ Tabelle 8.11). Diese wirken zentral stimulierend, das heißt anregend und antriebssteigernd, gleichzeitig unterdrücken sie das Hungergefühl und werden als Appetitzügler verwendet. Zu diesen Stimulanzien ist auch Coffein zu zählen; Coffeintabletten sind rezeptfrei erhältlich.

Verkehrsmedizinisch relevante Wirkungsweisen nach Aufnahme von Psychostimulanzien bestehen in der Gefahr einer Selbstüberschätzung in Folge einer Enthemmung mit daraus resultierender Erhöhung der Risikobereitschaft und gleichzeitig herabgesetzter Leistungsfähigkeit durch Konzentrationsmangel. Nach dem Abklingen der Wirkung ist ein plötzlicher körperlicher Zusammenbruch möglich, was ebenfalls Auswirkungen auf die Fahrsicherheit haben kann.

Antiepileptika. Ein ideales Antiepileptikum setzt die Krampfschwelle bei zentralen Krampfleiden herauf, ohne dass die motorische Erregbarkeit beeinflusst wird und sedative bzw. hypnotische Effekte auftreten. Ein solches Mittel existiert nicht,

■ Tabelle 8.11. **Auswahl von Wirkstoffen und Präparaten aus der Gruppe der Psychostimulanzien**

Wirkstoff		Präparat
Amfetaminil	Rp	AN® 1
Amfepramon	Rp	Regenon®, Tenuate®
Coffein	Ap	Coffeinum®, Percoffedrinol® N
Fenetyllin	Btm	Captagon®
Methylphenidat	Btm	Ritalin®
Norpseudoephedrin	Rp	Antiadipositum®, Mirapront® N
Pemolin	Rp	Tradon®

Ap = Apothekenpflichtiges Arzneimittel
Rp = Rezeptpflichtiges Arzneimittel
Btm = Betäubungsmittel; Verordnung nur auf amtlichen Vordruck

vielmehr beeinträchtigen alle zur Verfügung stehenden Medikamente (◘ Tabelle 8.12) durch zentral dämpfende bzw. sedierende Wirkungsweisen mehr oder weniger das ZNS, so dass sie von verkehrsmedizinischer Relevanz sind. Es gilt, so niedrig wie möglich zu dosieren und Patienten sorgfältig zu überwachen (Kontrolle von Blutspiegeln etc.). Eine sichere Teilnahme am Straßenverkehr von Epilepsiepatienten setzt eine optimale Einstellung der Dauermedikation und eine korrekte Einnahme der verordneten Medikamente voraus.

Antihistaminika. Unter Antihistaminika versteht man H_1-Antagonisten, deren Hauptindikation in der symptomatischen Behandlung von Allergien (Rhinitis, allergische Hautreaktionen) besteht (◘ Tabelle 8.13). Einige Mittel werden aufgrund ihrer sedierenden oder antiemetischen Wirkung auch als Hypnotika (Diphenhydramin), Antiemetika (Chlorphenoxamin) oder bei Migräne (Cyclizin) eingesetzt. Daneben kann eine Verwendung zur Prophylaxe und Therapie von Reisekrankheiten (Übelkeit, Schwindel etc.) erfolgen. Verkehrsmedizinisch relevante Nebenwirkungen liegen in einer Sedierung. Zu beachten ist, dass zum Teil Kombinationspräparate verwendet werden, die neben einem Antihistaminikum Coffein enthalten. Da dessen Wirkungsdauer erheblich kürzer ist, als die des Antihistaminikums, kann es bei nachlassender stimulierender Coffeinwirkung zu einem relativ raschen Leistungsabfall kommen.

Antihypertonika. Nach den Analgetika/Antirheumatika und den Antitussiva bilden die Antihypertonika die umsatzstärkste Arzneimittelgruppe (◘ Tabelle 8.14). Eine Monotherapie erfolgt mit Betablockern, Diuretika, Calciumantagonisten, ACE-Hemmern oder Alpha-1-Blockern, unter Umständen werden zwei oder drei Substanzen dieser Gruppen in Kombination verabreicht. Neben einer Absenkung des Blutdruckes sind sedierende Wirkungsweisen zu verzeichnen, so dass insbesondere in einer initialen Behandlungsphase Leistungseinschränkungen auftreten können. Man geht im Allgemeinen davon aus, dass von ACE-Hemmern und Vasodilatoren hinsichtlich fahrrelevanter Leistungseinbußen die geringsten Auswirkungen zu erwarten sind. Es folgen Diuretika und Calciumantagonisten mit minimalen sowie Betablocker, Antisympathotonika und Alpha-1-Blocker mit deutlicheren Einschränkungen. Allerdings ist bereits nach kurzen Behandlungszeiten von einer Adaptation auszugehen. Behandelte Patienten zeichnen sich gegenüber unbehandelten durch eine höhere Leistungsfähigkeit aus.

Ophthalmika und Mittel mit Nebenwirkungen am Auge. Altersbedingte oder krankhafte Veränderungen oder Aus-

◘ Tabelle 8.12. **Auswahl von Wirkstoffen und Präparaten aus der Gruppe der Antiepileptika**

Wirkstoff	Handelsname	Plasmahalbwertszeit (h)	Therap. Serumspiegel (mg/l)
Phenobarbital	Lepinal®, Luminal®	48–96	10–40
Primidon	Liskantin®, Mylepsinum®	3–12	4–12
Phenytoin	Phenhydan®, Zentropil®	8–60	5–20
Ethosuximid	Petnidan®, Suxinutin®	48–72	30–100
Valproinsäure	Convulex®, Ergenyl®, Orfiril®	7–15	40–100
Carbamazepin	Finlepsin®, Tegretal®, Timonil®	7–26	2–12
Clonazepam	Antelepsin®, Rivotril®	8–38	0,01–0,08
Lamotrigin	Lamictal®	25–30	1-5

◘ Tabelle 8.13. **Auswahl von Wirkstoffen und Präparaten aus der Gruppe der Antihistaminika**

Wirkstoff	Präparat	Leistungsminderung fehlend (-), schwach (+), ausgeprägt (++)
Cetirizin	Zyrtec®, Alerid®	+
Clemastin	Tavegil®	++
Dexchlorpheniramin	Polaronil®	+
Dimetinden	Fenestil®	+
Diphenhydramin	Dolestan®, Emesan®, Sediat®	++
Diphenylpyralin	Arbid®	++
Hydroxyzin	Atarax®, AH 3® N, Elroquil®	
Ketotifen	Astifat®, Ketof®, Zaditen®	++
Loratadin	Lisino®	-
Mequitazin	Metaplexan®	++
Terfenadin	Hisfedin®, Teldane®	-
Triprolidin	Olynth®	++

8

Tabelle 8.14. Auswahl von Wirkstoffen und Präparaten aus der Gruppe der Antihypertonika

Gruppe	Wirkstoff	Präparat
ACE-Hemmer	Captopril	Lopirin®, tensobon®
	Cilazapril	Dynorm®
	Spirapril	Quadropril®
Vasodilatoren	Bunazosin	Andante®
	Diazoxid	Proglicem®
	Dihydralazin	Nepresol®
	Doxazosin	Cardular®
	Prazosin	Minipress®, Eurex®
Diuretika	Amilorid	Diaphal®
	Bumetanid	Burinex®
	Chlortalidon	Hygroton®
	Etacrynsäure	Hydromedin®
	Furosemid	Lasix®, Ödemase®
	Hydrochlorothiazid	Esidrix®
	Spironolacton	Aldactone®
	Trichlormethiazid	Esmalorid®
Calcium-antagonisten	Diltiazem	Dilsal®, Dilzem®
	Nifedipin	Adalat®, Pidilat®
	Verapamil	Azupamil®, Isoptin®
Beta-Rezeptoren-blocker	Alprenolol	Aptin-duriles®
	Atenolol	Tenormin®
	Bisoprolol	Bisobloc®, Concor®
	Metoprolol	Beloc®, Lopresor®
	Nadolol	Solgol®
	Pindolol	Visken®
	Propranolol	Dociton®, Elbrol®
	Sotalol	Sotalex®
Zentral wirksame Antihypertonika	Clonidin	Catapresan®
	Methyldopa	Dopegyt®
	Reserpin	Briserin®, Modenol® (Komb.)

wirkungen von Arzneimitteln auf das Sehvermögen sind aus nahe liegenden Gründen bedeutsam für die Fahrsicherheit. Man unterscheidet bei den auf das Auge wirkenden Medikamenten zwischen **systemisch und lokal applizierten Mitteln.** Zu den systemisch eingesetzten Arzneimitteln mit Nebenwirkungen am Auge zählen die

- **Antidiabetika** (Refraktionsveränderungen und Katarakt),
- **Diuretika** (Refraktionsveränderungen),
- **Kortikosteroide** (Glaukom und Katarakt),
- **Psychopharmaka** (Mydriasis) und
- **Analgetika** (Miosis).

Bezogen auf die Pupillenmotorik unterscheidet man des Weiteren zwischen **Mydriatika und Miotika** (Tabelle 8.15). Bei einer Mydriasis kommt es zu einer Pupillenerweiterung und damit zu einer Abnahme der Sehschärfe, ohne dass sich die Pupille den tatsächlichen Lichtverhältnissen anpassen kann (Parasympatholytika, Sympathomimetika). Es besteht insbesondere eine Blendgefahr. Bei einer Miosis sind die Pupillen verengt und nicht zur physiologischen Anpassung an die Licht-

Tabelle 8.15. Auswahl von Wirkstoffen und Präparaten aus der Gruppe der Ophthalmika

Gruppe	Wirkstoff	Präparat
Miotika	Carbachol	Doryl®, Jestryl® viskos
	Neostigmin	Neostigmin®
	Physostigmin	Anticholium®
	Pilocarpin	Borocarpin®, Pilomann®
	Pyridostigmin	Kalymin®, Mestinon®
Mydriatika	Atropin	Dysurgal®
	Cyclopentolat	Zyklolat EDO®
	Scopolamin	Boro-Scopol®
	Tropicamid	Mydrum®
Sympathomimetika	Naphazolin	Proculin®
	Tetryzolin	Yxin®
	Tramazolin	Biciron®

Tabelle 8.16. Auswahl von Wirkstoffen und Präparaten aus der Gruppe der Muskelrelaxanzien

Wirkstoff	Präparat	Sedierungspotential (++) deutlich (+/-) gering/fehlend
Baclofen	Lioresal®	++
Carisoprodol	Sanoma®	++
Datrolen	Dantamacrin®	++
Mephenesin	Dolo-Visano® M	++
Methocarbamol	Ortoton®	++
Orphenadrin	Norflex®	++
Pridinol	Myoson®	+/-
Tetrazepam	Mobiforton®, Musaril®	+/-
Tizanidin	Sirdalud®	++
Tolperison	Mydocalm®	+/-

Tabelle 8.17. Auswahl von Wirkstoffen und Präparaten aus der Gruppe der Lokalanästhetika und Narkosemittel

Gruppe	Wirkstoff	Präparat
Lokal-anästhetika	Benzocain	Anaesthesin®
	Bupivacain	Bucain®, Carbostesin®
	Lidocain	Xylocain®
	Mepivacain	Meaverin®, Scandicain®
	Prilocain	Xylonest®
	Procain	Novocain®
	Tetracain	Gingicain®
Intravenöse Narkotika	4-Hydroxybuttersäure	Somsanit®
	Methohexital	Brevimytal®
	Propofol	Disoprivan®
	Thiopental	Trapanal®
Inhalations-narkotika	Enfluran	Ethrane®
	Halothan	Fluothane®
	Isofluran	Forene®
	Lachgas	

verhältnisse fähig (Parasympathomimetika). Insbesondere in der Dämmerung ist dann die Sehschärfe herabgesetzt.

Zentrale Muskelrelaxanzien. Außer bei spastischen, zentralmotorisch verursachten Erkrankungen werden Muskelrelaxanzien bei lokalen Muskelverspannungen, bei Entzündungen oder nach Verletzungen bei degenerativen Skelett- und Muskelerkrankungen eingesetzt. Ihr Wirkungsort ist das ZNS, so dass ihnen grundsätzlich zentral dämpfende bzw. sedierende Wirkungsweisen zuzuschreiben sind, die je nach Wirkstoff unterschiedlich ausgeprägt sein können (◘ Tabelle 8.16). Bei längerfristiger Verordnung besteht ein Abhängigkeitsrisiko.

Lokalanästhetika und Narkosemittel. Lokalanästhetika und Narkosemittel werden stationär und ambulant zur lokalen Schmerzausschaltung bzw. kurz- und längerfristiger Vollnarkose eingesetzt. In der ambulanten Anästhesie in der Zahn- und der Allgemeinmedizin, nach der u.U. die Möglichkeit einer Teilnahme am Straßenverkehr bestehen kann, unterscheidet man zwischen Lokalanästhetika für Oberflächen-, Leitungs- und Infiltrationsanästhesien sowie intravenösen Regionalanästhesien und Kurznarkotika für intravenöse Narkosen und Inhalationsnarkosen (◘ Tabelle 8.17). Von Bedeutung können zudem Zusatzmedikationen sein (Benzodiazepine, Atropin, Muskelrelaxanzien).

Bei einer isolierten Gabe von Lokalanästhetika sind nur kurzfristige Leistungseinbußen zu erwarten, im Wesentlichen innerhalb der ersten Stunde nach Applikation. Allerdings kommen Erwartungsangst und Behandlungsstress als zusätzliche leistungsbeeinträchtigende Komponenten in Betracht. Bei einer Comedikation weiterer zentral dämpfender Mittel (z.B. Diazepam) ist von gravierenderen und länger andauernden Leistungsminderungen auszugehen. In der Praxis findet man aufgrund der Stresssituation nicht selten eine Selbstmedikation von Patienten, beispielsweise in Form eines Sedativums am Abend vor der Behandlung, mit der Gefahr eines Hangover.

Längeranhaltend und deutlicher sind fahrrelevante Leistungseinbußen nach einer Applikation von Narkotika. Inhalationsnarkotika zeigen dabei noch stärker ausgeprägte Effekte, als sie nach intravenöser Gabe entsprechender Mittel zu erwarten sind.

Zusätzliche Einflussfaktoren einer medikamentenbedingten Leistungsminderung

Ähnlich wie beim Alkohol oder nach einem Drogenkonsum hängt die individuelle Leistungsminderung nach Aufnahme eines Arzneimittels von vielen Einflussfaktoren ab. Diese sollten gerade in Fällen einer Medikamenteneinnahme zur individuellen Abschätzung eines Risikos im Straßenverkehr Berücksichtigung finden.

Krankheit. Es ist abzuwägen, ob durch eine Medikation krankheitsbedingte Leistungseinbußen vermindert werden oder es u.U. eher im Gegenteil bei einer Krankheit ohne Leistungsrelevanz aufgrund von Medikamentenwirkungen zu einer Leistungsminderung kommen kann.

Medikamentenwahl. Innerhalb der möglicherweise zu verordnenden Arzneimittelgruppen gibt es häufig Vertreter mit mehr oder weniger verkehrsmedizinischer Relevanz (potentielle Leistungsverminderung). Unterschiedliche Zubereitungen oder Applikationsarten können Änderungen in der Bioverfügbarkeit bewirken.

Dosis. Je optimierter die Dosierung im Verlauf einer Therapie verläuft, desto geringere verkehrsmedizinisch relevante Leistungseinbußen sind zu erwarten. Überdosierungen, Medikamentenmissbrauch oder gar Medikamentenabhängigkeit führen zu einer Aufhebung nicht nur der Fahrsicherheit, sondern auch der Fahreignung.

Zeitdifferenz zwischen Medikamentenaufnahme und Teilnahme am Straßenverkehr. Die Einnahme eines Arzneimittels und die Teilnahme am Straßenverkehr sollten zeitlich miteinander abgestimmt sein. So ist z.B. die abendliche Einnahme eines Schlafmittels mit dem Einkalkulieren einer Latenzzeit bis zum Wirkungseintritt mit einer großen Gefährdung verbunden, und zwar wenn die „Latenzzeit" für die Heimfahrt genutzt wird. Zu beachten ist auch, dass bei gleicher Wirkstoffkonzentration im Plasma in der Resorptionsphase höhere Leistungseinbußen zu erwarten sind, als in der Eliminationsphase. Das gerade vom Alkohol her bekannte Phänomen der Anflutungssymptomatik ist zu beachten.

Therapiedauer. In der Regel ist in der Initialphase einer medikamentösen Therapie die Wahrscheinlichkeit des Auftretens von Leistungsminderungen am höchsten. Es erfolgt eine Adaptation des Organismus an die Arzneimittelwirkung. Bei vielen Wirkstoffen sind im Steady-state mit optimierten Dosierungen Leistungseinbußen so weit reduziert, dass eine verantwortungsvolle Teilnahme am Straßenverkehr möglich ist. Kritisch sind Dosisänderungen! Weitere Einflüsse wie Grunderkrankung und individuelle Faktoren sind allerdings zu beachten. Es gilt das Prinzip der verantwortungsvollen Selbstbeobachtung des Patienten.

Individuelle Faktoren. Als wichtige individuelle Faktoren sind zu nennen: Alter, Geschlecht, Körperbau, psychische und physische Verfassung, wie Müdigkeit und Stress oder mögliche Begleiterkrankungen. Auch können durch individuelle Besonderheiten (z.B. hormonales System oder Polymorphismus) Bioverfügbarkeiten bzw. Eliminationshalbwertszeiten beeinflusst werden.

Interaktionen

In der gutachterlichen Praxis ist häufig nicht die Auswirkung eines Arzneimittels allein zu bewerten, sondern es wurden weitere Medikamente, Alkohol oder Drogen zusätzlich aufgenommen. Die meisten verkehrsmedizinisch relevanten Arzneimittelgruppen weisen zentral dämpfende bzw. sedierende Wirkungsweisen auf. Bei gleichzeitiger Aufnahme mehrerer Wirkstoffe mit gleicher Eigenschaften ist dann von **additiven Effekten**, bezogen auf die zentrale Dämpfung, auszugehen. Allerdings sind solche additiven Effekte nicht als mathematisch aufrechenbare Wirkungen zu verstehen. Leistungsmindernde Eigenschaften jeder Substanz sind von Dosis, Adaptation und individuellen Faktoren abhängig, zusätzlich können pharmakokinetische und pharmakodynamische Interaktionen bei Resorptionseigenschaften, Eiweißbindung, Gewebeverteilung, Rezeptorbindung, therapeutischem Effekt, Metabolismus und Elimination auftreten.

Da die meisten Medikamente mit leistungsmindernden Wirkungsweisen zentral dämpfend wirken, ist in erster Linie von einer Verstärkung sedierender Wirkungsweisen bei einer kombinierten Arzneimittelaufnahme auszugehen. Bei einer gleichzeitigen Aufnahme von zentral dämpfenden Mitteln mit einem Stimulanz, kann dagegen in Teilbereichen ein Verbesserung der Leistungsfähigkeit durch antagonistische Wirkung auftreten. In solchen Fällen hängt das Ausmaß der Interaktionen noch wesentlicher von Dosis, Einnahmezeit und Halbwertszeit ab. Gefährlich ist das plötzliche Überwiegen der Sedation nach abklingender stimulierender Wirkung, was zu einem sehr schnellen Abfall der Leistungsfähigkeit führt. Selbstverständlich können sich auch zwei Stimulanzien gegenseitig verstärken, woraus eine Übererregbarkeit mit Unruhe, Fahrigkeit, Unaufmerksamkeit u.a. resultiert.

Infobox

Einige Arzneimittel in Kombination eingenommen können auch dahingehend interagieren, dass der therapeutische Zweck nicht mehr erfüllt ist und somit krankheitsbedingte Leistungseinbußen zusätzlich wieder zu berücksichtigen sind. So können Antidiabetika in Kombination mit Beta-Rezeptorenblockern zu hypoglykämischen, in Kombination mit Kortikoiden oder Phenothiazinen zu hyperglykämischen Zuständen führen.

Wichtig

Auch so genannte **überadditive Wirkungen** sind bekannt, ein Effekt, der auch von der Arzneimittelindustrie in Form von Kombinationspräparaten ausgenutzt wird. Schwache Analgetika, wie Paracetamol, werden z.B. mit Codein kombiniert, wodurch die schmerzlindernde Wirkung erheblich verstärkt wird.

Bei einer gemeinsamen Aufnahme von größeren Mengen an Alkohol und zentral dämpfenden Arzneimitteln ist ebenfalls von einer Verstärkung sedierender Wirkungsweisen auszugehen; Stimulanzien können die dämpfende Alkoholwirkung teilweise antagonisieren. So führt z.B. ein Coffeinkonsum nach Aufnahme von Alkohol zu einer subjektiv empfundenen Verbesserung der Leistungsfähigkeit. Einer verbesserten Reaktionszeit steht allerdings eine verminderte Reaktionsqualität entgegen. Auch Unverträglichkeitsreaktionen nach gemeinsamer Aufnahme von Arzneimitteln und Alkohol sind bekannt, so können geringste Alkoholmengen in Verbindung mit einer Aufnahme von Clomethiazol (Distraneurin®) zu Schweißausbrüchen, Zittern, Kopfschmerzen und Beschleunigung der Herzfrequenz und weiterem führen.

Auch Drogen und Arzneimittel werden gemeinsam konsumiert, insbesondere von Personen, die Missbrauch betreiben oder als drogenabhängig gelten (Polytoxikomanie). Grundsätzlich ist bei Missbrauch bzw. Abhängigkeit generell die Fahreignung aufgehoben!

8.4 Der Verkehrsunfall

H.-D. Wehner

Die kriminalistische, strafrechtliche und zivilrechtliche Aufarbeitung tödlicher Verkehrsunfälle bedarf fast immer der **Verkehrsunfallrekonstruktion**, um die klassischen Fragestellungen der Geschwindigkeitsermittlung, des Reaktionsverhaltens und der Vermeidbarkeit des Unfalls bzw. der Vermeidbarkeit der Verletzungsschwere naturwissenschaftlich fundiert lösen zu können. Wesentliche Erkenntnisse des Verkehrsunfallablaufes werden durch rechtsmedizinische Untersuchungen und zwar hier vor allem und zuerst durch die sorgfältige Obduktion des Unfallopfers gewonnen. Da typische Unfallabläufe über ihre traumatologische Gesetzmäßigkeit zu typischen Verletzungsmustern führen, kann aus der sorgfältigen Beobachtung der Verletzungsmuster von Unfallopfern (oft unterstützt durch die Ergebnisse unfallanalytischer Gutachten von Kfz-Sachverständigen) auf die Unfalldynamik geschlossen werden.

Wegen der Mustertypizität der Verletzungstopographie ist es praktisch, zwischen **Pkw-Fußgänger-Unfall, Pkw-Pkw-Unfall und Pkw-Zweirad-Unfall** zu unterscheiden.

8.4.1 Pkw-Fußgänger-Unfall

Aus mechanischer Sicht gleicht der Aufprall eines Fußgängers auf einen Pkw einem inelastischen Stoß, bei dem die inelastische gegenüber dem Pkw zu vernachlässigende Masse des Menschen innerhalb kürzester Zeit die Geschwindigkeit des stoßenden Pkw annimmt, also die Relativgeschwindigkeit zwischen Pkw und Mensch auf Null reduziert wird. Diese Geschwindigkeitsreduktion führt zu einer Energieaufnahme, die derjenigen kinetischen Fallenergie entspricht, die beim Aufprall mit Kollisionsgeschwindigkeit auf eine harte Unterlage aus entsprechender Höhe erreicht wird. Derartige Energieaufnahmen führen über Verformungen des menschlichen Gewebematerials zu Kontinuumszerstörungen. Die Summe der Zerstörungen kann skaliert werden. Es entsteht so die international anerkannte **AIS** (**A**breviated **I**njury **S**cale), deren Werte mit der Stoßgeschwindigkeit korrelieren (■ Abb. 8.22).

Die die Verletzungen bewirkende Dynamik des Unfallablaufes ist hauptsächlich durch das (für den Fußgänger „ungünstige") Massenverhältnis der Stoßpartner, die Kontur des stoßenden Pkw und die Anatomie und aktuelle Haltung des Fußgängers bestimmt. Großen Einfluss sowohl auf die Kinetik als auch auf die Dynamik hat die Anstoßart, nämlich der Umstand, ob z.B. ein Frontalunfall mit voller Überdeckung

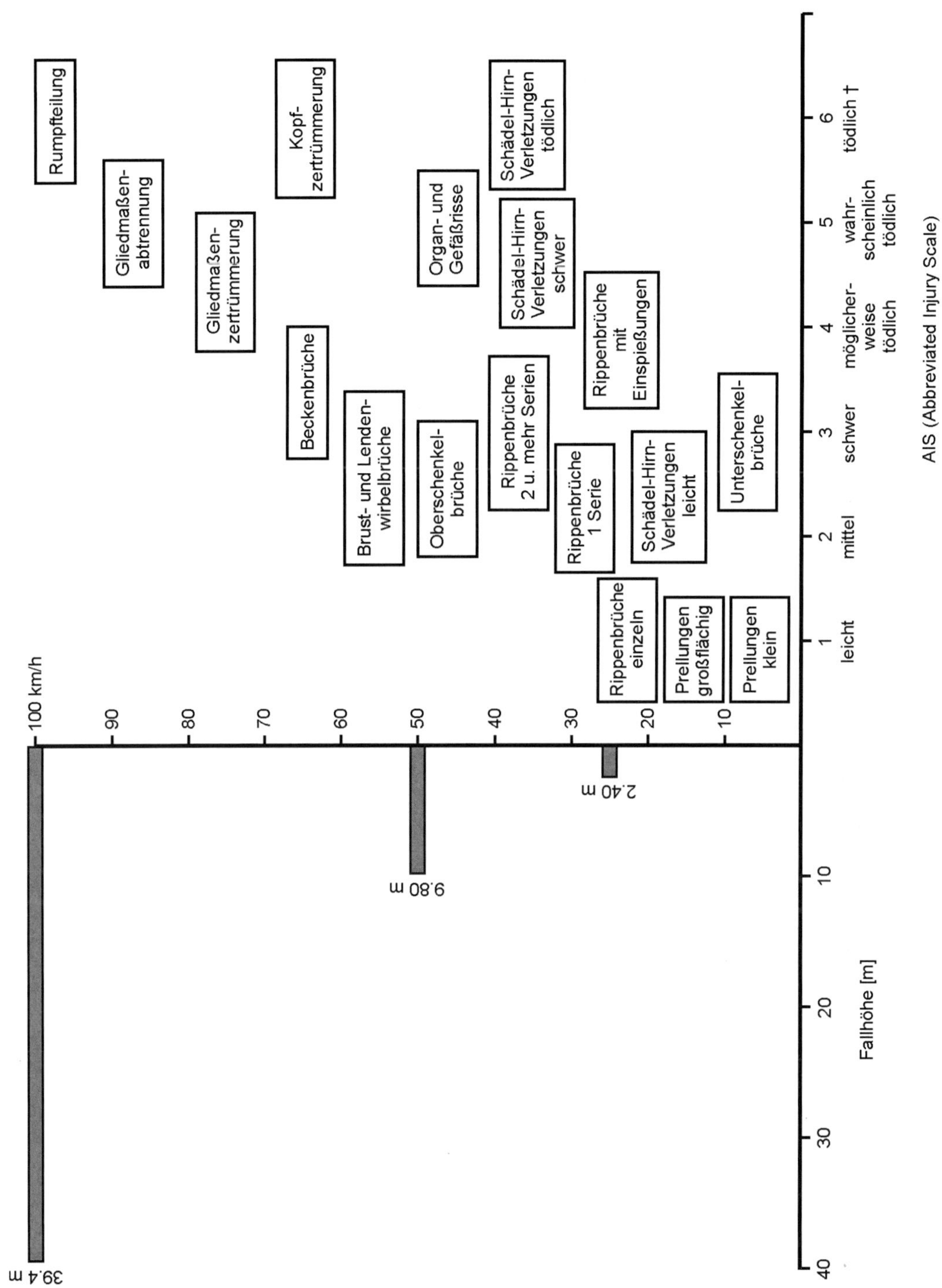

■ Abb. 8.22. *Rechtes Koordinatensystem*: Verletzungsskalierung im AIS-Schema und (in grober Näherung!) zugeordnete Kollisionsgeschwindigkeit. *Linkes Koordinatensystem*: Entsprechung von Fallhöhen und Aufschlagsgeschwindigkeit (≙Kollisionsgeschwindigkeit)

oder aber ein streifender Anstoß mit teilweiser Überdeckung erfolgte.

Im Falle der vollständigen Überdeckung hat man es typischerweise mit folgenden kinetischen Sequenzen zu tun:

- **Anstoß** (◘ Abb. 8.23a/Phase 1): Der Fußgänger wird meist fußwärts seines Schwerpunktes angefahren. Es ist jedoch in Abhängigkeit von der Stoßfront auch ein Anfahren kopfwärts des Schwerpunktes möglich (◘ Abb. 8.23b/ Phase 1). Dann wird der Fußgänger **niedergeworfen** (◘ Abb. 8.23b/Phase 2+3).
- **Aufladen** (auch **Aufschöpfen**): Rotationsbedingt (Achse: Körperquerachse bzw. Pfeilachse) wird der Fußgänger auf die Motorhaube befördert. Der Kopf kann in Abhängigkeit von der Geschwindigkeit den unteren Holm, die Windschutzscheibe oder sogar den oberen Holm erreichen (◘ Abb. 8.23a/Phase 2–5).
- **Abwerfen**: Bremsbedingt wird der Fußgänger abgeworfen. Seine Kinetik unterliegt nunmehr den Gesetzen des horizontalen Wurfes (◘ Abb. 8.23a/Phase 5–7).

Gemäß den Gesetzen der klassischen Mechanik bewirkt die während des Unfalles einwirkende **Stoßdynamik** umkehrbar eindeutig den während des Stoßes und nach dem Stoß eintretenden Bewegungsablauf des Unfallopfers. Indem also die **Trajektorien**, nämlich die durch die Krafteinleitung bewirkten Bahnen des Stoßopfers ausgemacht werden, ist zugleich die hierfür kausal gewordene Dynamik in ihrer Qualität und Quantität festgelegt. Markante Unterstützungspunkte der Trajektorie des Unfallopfers sind dessen Kontaktpunkte bzw. -flächen mit dem stoßerzeugenden Werkzeug (hier: Pkw), bzw. mit den anderen zusätzlich auftretenden beschränkenden Zwangskräften (z.B. Straßendecke, Leitplanke, Verkehrsschilder,

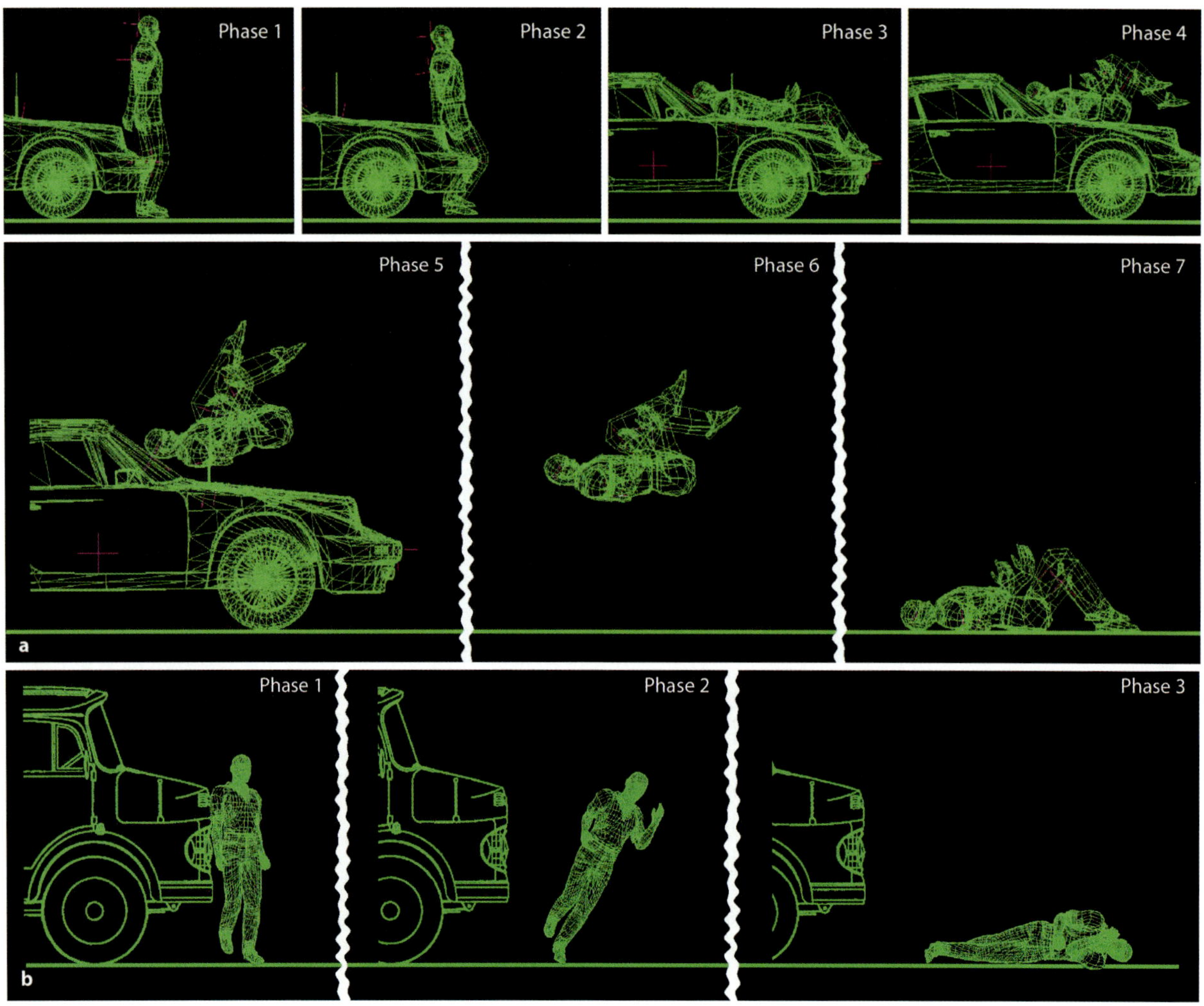

◘ Abb. 8.23a, b. Pkw-Fußgänger-Kollision. **a** Bei Anstoß fußwärts des Schwerpunktes: *Phase 1* Anstoß; *Phase 2–4* Aufladen; *Phase 5–7* Abwerfen. **b** Bei Anstoß kopfwärts des Schwerpunktes: *Phase 1* Anstoß; *Phase 2–3* Niederwerfen

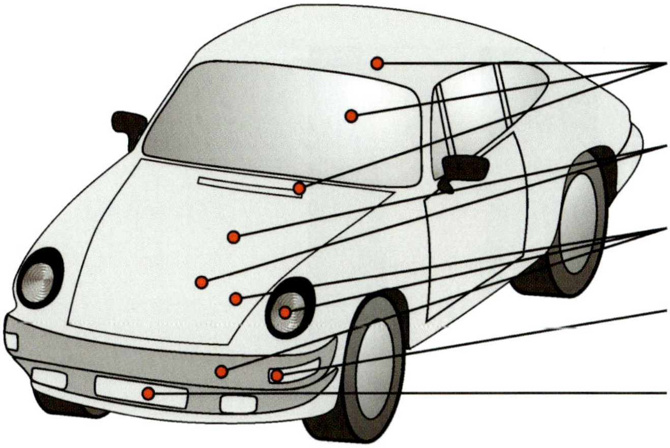

Abb. 8.24. Spurenbild am Pkw nach Pkw-Fußgänger-Kollision

Baumstämme etc.). Es sind gerade diese Zwangskräfte, die zwischen den Stoßpartnern einen Spurenaustausch hinterlassen und dem Opfer in ihrer Morphologie charakteristische Verletzungen aufprägen. Somit kann aus der sorgfältigen Spurenanalyse und aus der Beobachtung der Morphologie der Verletzungen auf die Art der korrespondierenden, die Zwangskräfte vermittelnden Kontaktpunkte bzw. -flächen, von diesen auf die Trajektorie des Unfallopfers und von dieser schließlich auf die Dynamik des eingeleiteten Stoßes geschlossen werden.

Checkliste

- Die erste Inspektion gilt daher dem stoßenden Pkw (Abb. 8.24).
- Die zweite Inspektion gilt der Kleidung des Fußgängers, um etwaige von den die Zwangskräfte einleitenden Stellen übertragene Spuren zu sichern.
- Schließlich erfolgt durch die Obduktion die traumatologische Analyse. Sie erfordert eine spezielle Obduktionstechnik, die nicht nur den Inhalt der Kopf- und Leibeshöhlen, sondern darüber hinaus auch das Skelettsystem und die Muskulatur (auch im rückwärtigen Bereich!) der Inspektion zugänglich macht.

Der Untersuchungsgang geschieht am zweckmäßigsten vor dem Hintergrund des typischen Unfallphasenablaufes (Anstoß, Aufladen, Abwurf). Die zu beobachtenden Verletzungen des Fußgängers sind hauptsächlich Einwirkungsfolgen stumpfer und gegebenenfalls halbscharfer Gewalt. Sie manifestieren sich daher also in Hämatomen, Schürfungen und Gefügetrennungen (Risse, Quetschungen bis hin zu Zermalmungen, Quetsch-Risswunden mit gegebenenfalls begleitenden Décollements, Höhlen- und Taschenbildung, Brüche). Die Einwirkung geformter Gewalt durch z.B. speziell strukturierte Pkw-Teile spiegelt sich oft in typischen Hautvertrocknungsmustern wider.

Im Falle der frontalen Kollision mit voller Überdeckung zwischen aufrecht gehendem Fußgänger und Pkw kommt es in der **Anstoßphase** (► s. Abb. 8.23a/Phase 1) zumeist in einem über die Frontschürze und über die Stoßfänger übertragenen Primärstoß zu einer **stumpfen Gewalteinwirkung auf die Unterschenkel.** Da der Fußgänger durch den Anstoß eine translatorische Beschleunigungskomponente erhält, **gleiten die Schuhsohlen über die Straßenoberfläche.** Dies führt zu korrespondierenden Abriebspuren, die bei stehendem Fußgänger beide Schuhsohlen, beim gehenden Fußgänger hingegen nur eine Schuhsohle betreffen und bezogen auf die Position des Fußgängers während des Anstoßes auf die Stoßrichtung schließen lassen (Abb. 8.25). Da die Standfläche (Schuhsohle)

Abb. 8.25. Abrieb der Absatzfläche nach Anstoß

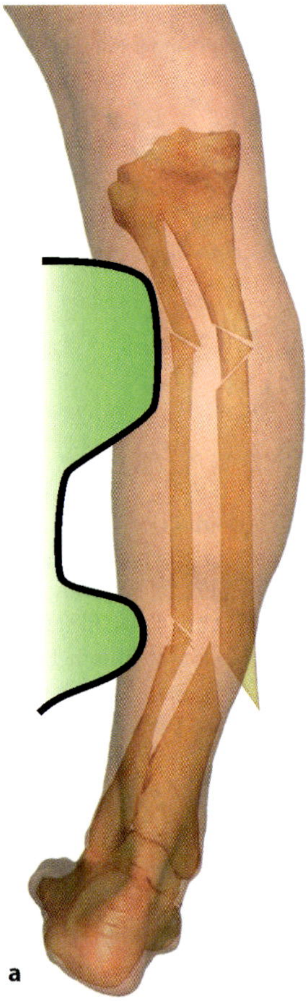

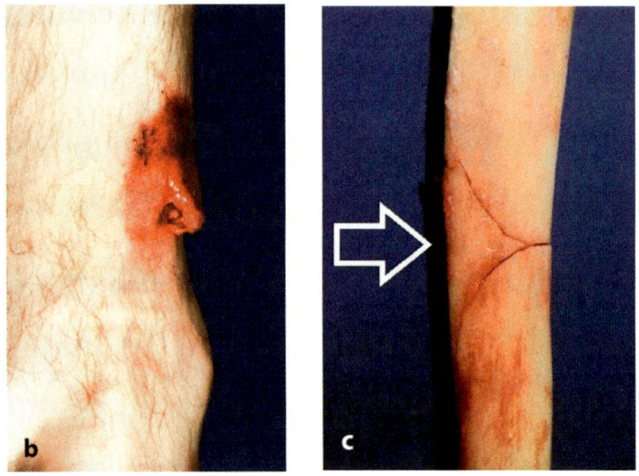

Abb. 8.26a–c. Anstoßbedingte Unterschenkelverletzungen.
a Dynamik; **b** offene sprunggelenksnahe Flexionsfraktur;
c Tibiaschaftfraktur mit Bruchkeilbildung (sog. Messerer-Bruch)

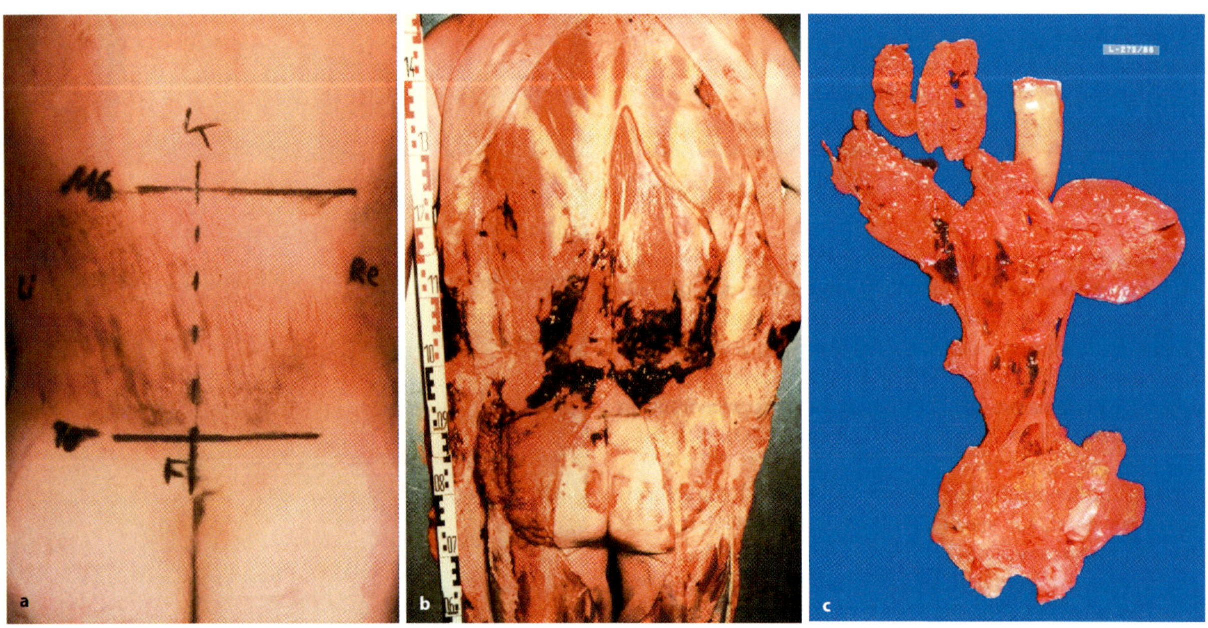

Abb. 8.27a–c. Zu Beginn des Aufladevorganges entstandene Schürfungen des Rückenbereiches **a** mit frischen Einblutungen **b** in die darunter gelegene Muskulatur und bereits durch den zuvor erfolgten Anstoß verursachte Nierenzertrümmerung **c**

bedingt durch das Gewicht des Fußgängers Bodenhaftung hat, wird durch die translatorische Kraft der stoßenden Pkw-Kontur ein Moment ausgeübt (◘ Abb. 8.26a), welches zu **sprunggelenksnahen Flexionsfrakturen mit Durchspießung auf der stoßfernen Seite** führen kann (◘ Abb. 8.26b). **Im mittleren Tibiaschaftbereich entstehen typische Biegungsbrüche mit Bruchkeilen (sog. Messerer-Bruch;** ◘ Abb. 8.26c). **Die Keilspitze zeigt dabei in die Richtung der stoßenden Gewalteinwirkung, so dass auf die Position des Fußgängers zum Zeitpunkt des Stoßes und damit vorsichtig auf dessen Gehrichtung geschlossen werden kann.** Die Krafteinwirkung auf die Unterschenkel bewirkt auf der stoßnahen Seite Schürfungen und Prellungen mit entsprechenden Einblutungen, auch hier und da Wundtaschenbildungen. Aus der Höhe derartiger Verletzungen über der Sohlenebene kann auf die Höhe des korrespondierenden primär stoßenden Kraftfahrzeugteils geschlossen werden, wobei allerdings zu beachten ist, dass unter einem Bremsvorgang wegen der damit verbundenen „Nickbewegung" des Pkw die auf die Sohlenebene des Fußgängers bezogene Anstoßstelle niedriger liegen kann, als die Pkw-seitige Anstoßstelle des ruhenden Fahrzeuges.

Im Gebiet der Anstoßstelle auftretende Vertrocknungen geben oftmals einen „Abdruck" der Struktur stoßender Fahrzeugteile wieder. Ihre Feststellung ist daher von diagnostischer Wichtigkeit.

Liegt die primäre Anstoßstelle (z.B. durch Aufprall auf die Motorhaubenkante) in Beckenhöhe und rückenwärts, so entstehen oft Wirbel- und Beckenfrakturen und Nierenrisse (◘ Abb. 8.27c). Seitliche höhere Anstöße bewirken Rippenfrakturen (wie z.B. bei der durch ◘ Abb. 8.23b dargestellten Dynamik) und Leber- bzw. Milzrupturen.

Der Anstoß geht in die **Aufladephase** über (► s. Abb. 8.23a/Phase 2–4). Während des Aufladevorganges unterliegt der Fußgänger gegenüber der Pkw-Motorhaubenkante bzw. der Motorhaube einer Tangentialbewegung, die zu entsprechenden Textilabrieben und korrespondierenden Hautschürfungen und -kratzerbildungen mit frischen Einblutungen in das darunter liegende Gewebe führt (◘ Abb. 8.27a, b). **Hauptbewegungskomponente ist jedoch eine Rotation um die Pfeil- bzw. Querachse des Fußgängers. Simultan zu dieser Rotation geschieht eine Rotation um die Längsachse.** Beide Rotationen werden durch einen stumpfen Aufschlag auf die Motorhaube beendet. **Stumpfe Thoraxverletzungen** (Rippenspießungsfrakturen und Pneumo-Hämatothorax, Lungen- und Herzkontusion) und **stumpfe Bauchtraumen** (Kontusion und Rupturen der großen Bauchorgane, Einblutungen in das große Netz, Gekröserisse) sind hiervon die Folge (◘ Abb. 8.28a, b). Je nach Geschwindigkeit schlägt der Kopf auf der Motorhaube, dem unteren Holm, der Windschutzscheibe oder dem oberen Holm auf. Derartige Aufschläge manifestieren sich in entsprechenden **Quetsch-Risswunden, Gesichts- und Schädelkalottenbrüchen, die zumeist in der Scheitelbeinregion gelegen sind und sich in die Schädelbasis fortsetzen.** Die Verletzungen hinterlassen dementsprechende Spuren (Blut, Gewebeteile, Haare etc.) am Fahrzeug, die mikroskopisch (also morphologisch!) und molekularbiologisch der Leiche zugeordnet werden können, um so die oben erwähnten korrespondierenden Unterstützungspunkte der Bewegungstrajektorien des Fußgängers zu erhalten. Ein Anstoß an die Windschutzscheibe führt in der Regel zu deren Zerstörung und damit zu Schnittwunden und zu einer Übertragung von Glassplittern an die Kontaktfläche der Leiche (◘ Abb. 8.29).

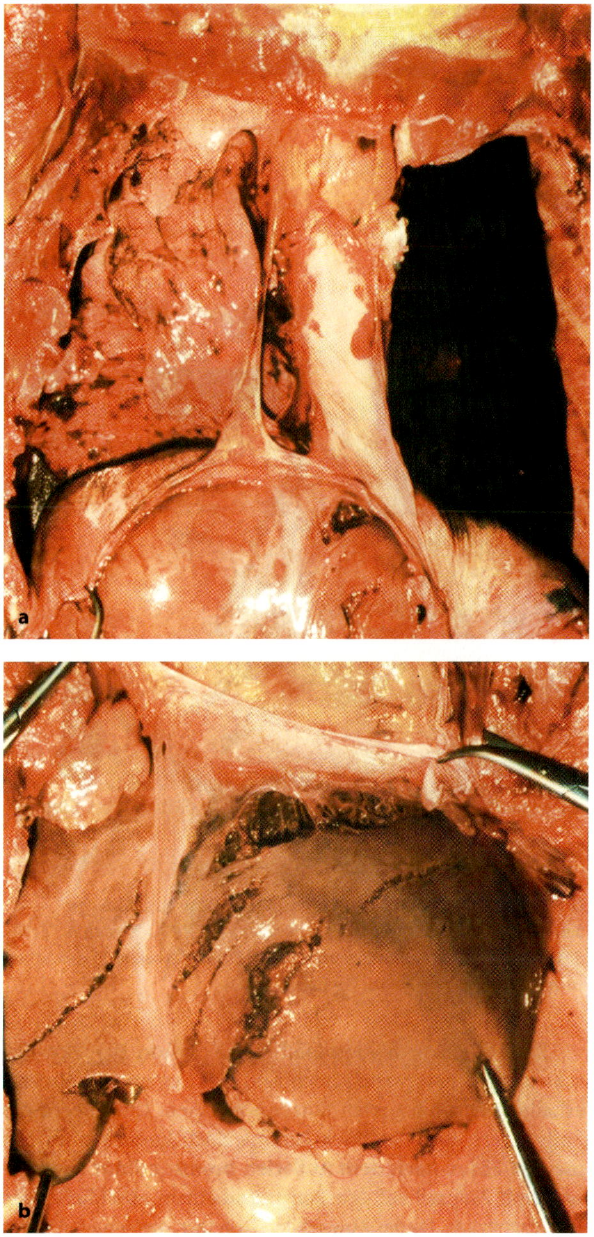

◘ Abb. 8.28. **a** Pneumo-Hämatothorax und **b** massive Leberzerreißungen nach Aufladevorgang

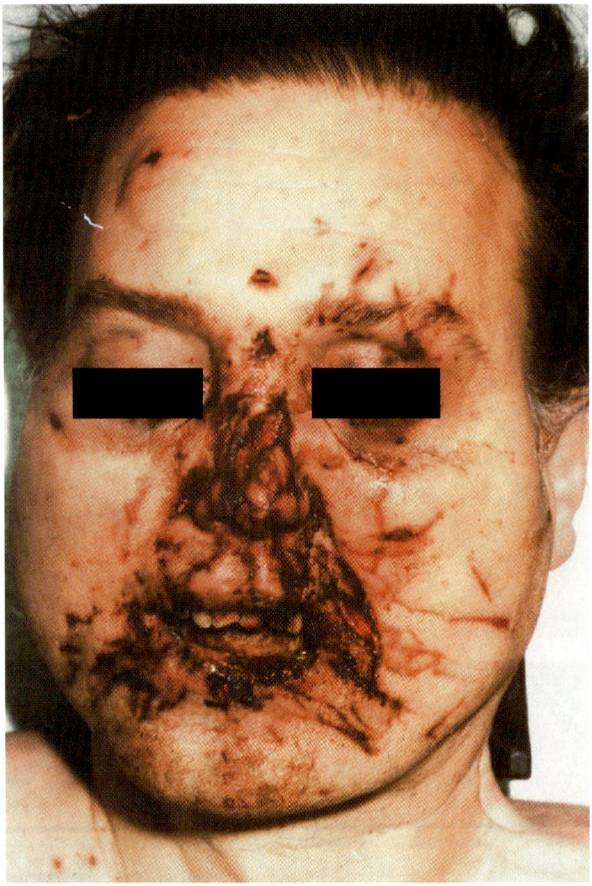

◻ Abb. 8.29. Quetsch-Risswunde des Nasenrückens, zahlreiche Schnittverletzungen und frischer Schneidezahnabbruch nach Aufprall des Gesichtes auf die Windschutzscheibe. Die Untersuchung erbrachte zudem eine Gesichtsfraktur (Le Fort II, Typ 2)

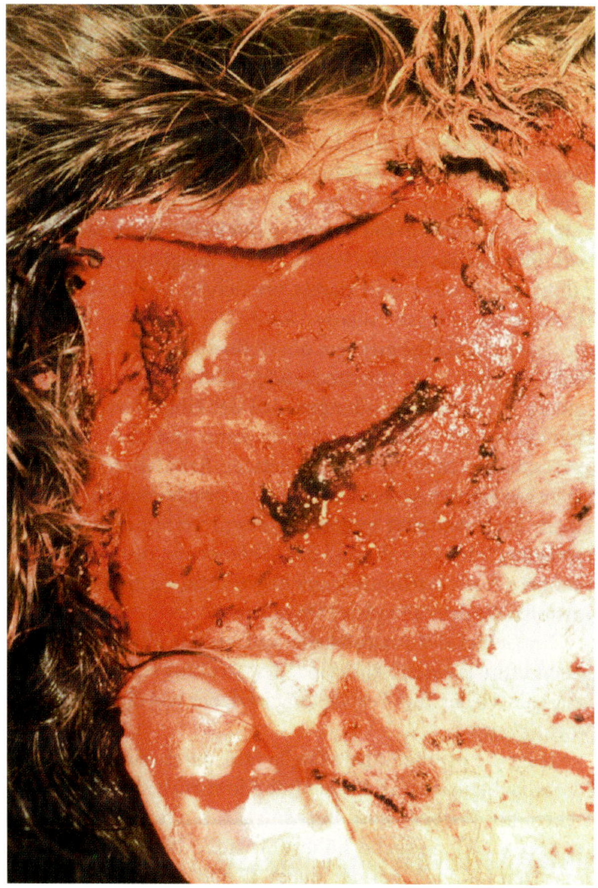

◻ Abb. 8.30. Nach Rutschvorgang entstandene aufklappbare Ablederung im rechten Schläfenbereich. In der Wunde Schmutzpartikel; Knochenabrieb

Zwar kann zum Zeitpunkt der Kollision die Pkw-Geschwindigkeit so extrem hoch sein, dass es unter Aufrechterhaltung der induzierten Rotation zu einem Überfliegen des Fußgängers über das Dach kommt, doch kommt es in den meisten Fällen **nach dem Aufladen bremsbedingt zum Abwurf** mit Aufprall auf den Boden und einem abschließenden Rutschvorgang. Da der Abwurf den Gesetzen des schiefen (hier: horizontalen) Wurfes unterliegt, kann aus der Abwurfweite auf die Pkw-Geschwindigkeit zum Zeitpunkt des Abwurfes geschlossen werden. Der Aufprall auf den Boden führt zu entsprechenden **Sturzverletzungen, die die Primäranstoßverletzungen überlagern können.** Der Rutschvorgang findet sein morphologisches Äquivalent in zum Teil ausgeprägten **großflächigen Schürfungen, Ablederungen, aufklappbaren Wundtaschenbildungen und Knochenabrieben** (◻ Abb. 8.30). In diesen finden sich Partikel des Aufschlagflächengrundes der Abwurfstelle, die über ihre charakteristische Morphologie die Qualität und möglicherweise den Ort der Aufprallstelle zu identifizieren vermögen.

Wird der Fußgänger **nicht in voller Überdeckung**, sondern lediglich in Teilüberdeckung getroffen, so ist der Bewegungsablauf einem **streifenden Anstoß** zugeordnet. Es kommt zu einer **Rotationsbewegung des Fußgängers um die Vertikalachse**, die zur Folge hat, dass vor allem der Kopf, aber auch andere Körperteile einen **Aufprall** an die Seitenteile des Pkws, vor allem **an die A-Säule, erfahren.** Die zu erwartenden Verletzungen sind daher wiederum Quetsch-Risswunden im Kopfbereich und Schädelbrüche, aber auch Risswunden, die durch hervorspringende Bauteile verursacht werden können.

Der liegende Fußgänger kann **überrollt** werden. In der Haut sind dann häufig **Reifenprofilabdruckspuren** zu beobachten (◻ Abb. 8.31a). Auch werden Kleidung und Körper durch der Reifenlauffläche anhaftende Materialien überschichtet (◻ Abb. 8.31b). Da die Haut während des Abrollvorgangs tangential zur Oberfläche ausgewalzt (gedehnt) wird (◻ Abb. 8.32a), kommt es zu typischen Dehnungsrissen (◻ Abb. 8.32b), die im Falle der Überrollung von Extremitäten von großflächigen Ablederungen (Décollements) begleitet sind. Bei schwerlastiger Überrollung

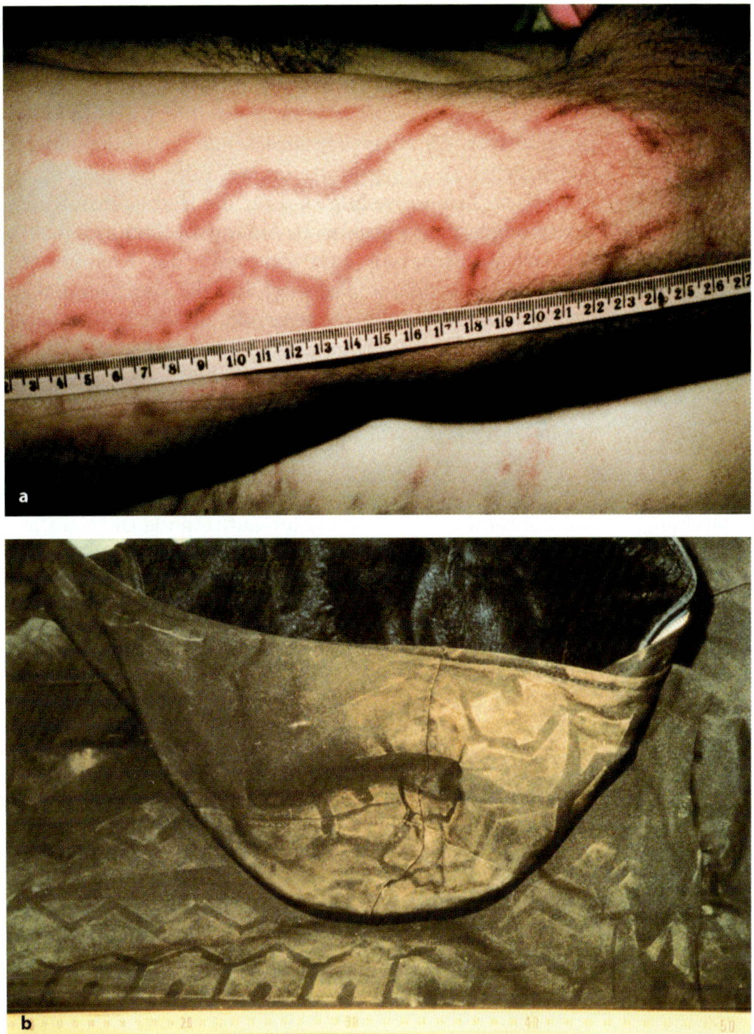

Abb. 8.31a, b. Zeichen einer Überrollung. **a** Reifenprofilabdruckspur; **b** filmartige Überschichtung durch das der Reifenlauffläche anhaftende Material

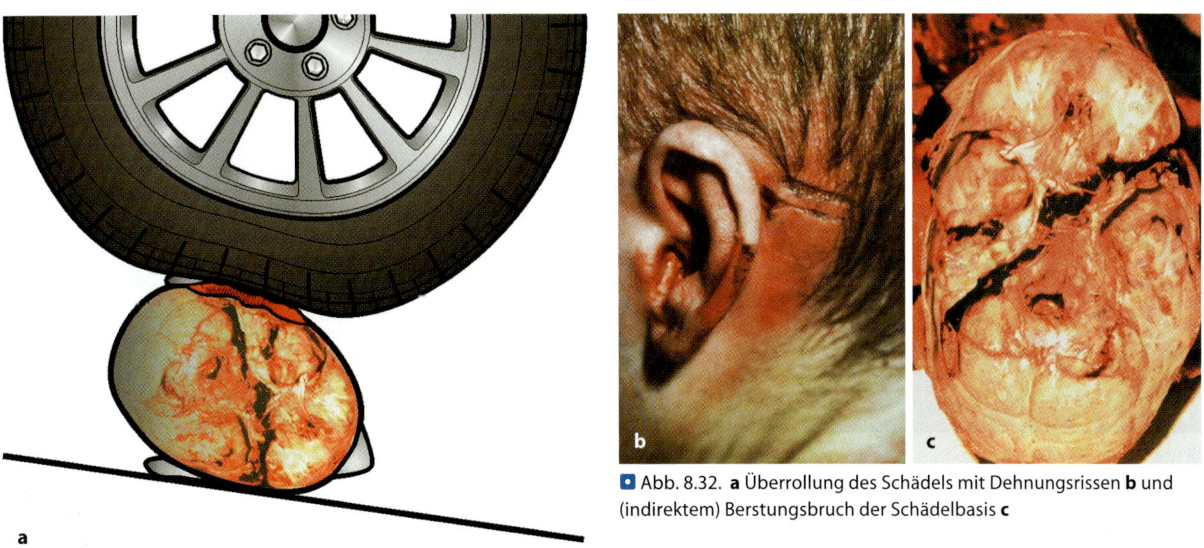

Abb. 8.32. **a** Überrollung des Schädels mit Dehnungsrissen **b** und (indirektem) Berstungsbruch der Schädelbasis **c**

kommt es im Bereich des Schädels über eine indirekte Gewalteinwirkung zu Berstungsfrakturen (◘ Abb. 8.32c) bis hin zur Zermalmung und explosionsartiger spritzender Enthirnung und im Bereich des Rumpfes zu Rippenbrüchen und Brüchen der Wirbelsäule sowie zu Organzerreißungen und Organverlagerungen durch Verdrängung. Schließlich kann der liegende Fußgänger noch **mitgeschleift** werden, was wiederum **flächenhafte Schürfungen mit nachfolgenden Hautvertrocknungen** nach sich zieht.

8.4.2 Pkw-Pkw-Kollision

Bei der Pkw-Pkw-Kollision handelt es sich in etwa
- 45 % um einen Frontalaufprall, dabei
  - in 25 % um eine vollständige Überdeckung,
  - in 25 % um eine 30–50 %ige rechtsseitige Überdeckung,
  - in 50 % um eine 30–50 %ige linksseitige Überdeckung;
- 20 % um einen Seitenaufprall,
- 10 % um einen Heckaufprall,
- 10 % um Überschlagungen und
- 5 % um frontale Unterfahrungen.

Da die beim Pkw-Pkw-Unfall auftretenden kollisionsbedingten Insassenverletzungsmuster eindeutigen traumatomechanischen Abläufen zugeordnet werden können, kann im Umkehrschluss aus der beobachteten Verletzungstopographie auf die traumatomechanischen Abläufe geschlossen werden.

Überlegt man sich, dass die die Integrität des menschlichen Körpers zerstörenden Energien im mechanischen Sinn durch so genannte **Zwangskräfte** eingeleitet werden (also durch Kräfte, die eine im Gang befindliche Bewegung durch Beschränkung bzw. Abweisung verhindern), so ist klar, dass für die Verursachung von Verletzungen die die Bewegung beschränkende **Geometrie** und **Struktur der Insassenkabine** von wesentlicher Bedeutung sind. Zu derartigen Zwangskräften gehört auch prinzipiell das **Gurt- und Airbag-System**, weil es dem Insassen ebenfalls Bewegungseinschränkungen aufprägt, die allerdings geeignet sind, die verletzungsauslösende Einleitung anderer (gefährlicherer) Zwangskräfte im Wege der Überholung zu vermeiden. Ebenso wichtig sind für die Herbeiführung von Verletzungen die so genannten **Anfangsbedingungen**, also der Ort des Insassen zum Zeitpunkt des Kollisionsbeginnes (Sitzposition, Sitzhaltung) und die Geschwindigkeit des Insassen zum Kollisionszeitpunkt, die der Kollisionsgeschwindigkeit entspricht. Aus dem Studium des **Frontalunfalls**, des **Seitenunfalls** und des **Heckaufpralles** lassen sich durch entsprechende kombinatorische Überlegungen alle Mischformen ableiten.

Frontalunfall

Die während der Frontalkollision auftretende Dezeleration induziert eine Beschleunigung und damit eine Bewegung des Fahrzeuglenkers nach frontal (◘ Abb. 8.33a/Phase 1–3). Nicht angegurtet erreicht dieser daher mit seinen Knien das Armaturenbrett, wo es zu einer Einwirkung direkter (meist ungeformter, hier und da durch die Gegenwart prägefähiger Strukturen geformter) Gewalt mit konsekutiver Quetsch-Rissbildung kommt. Der auf den Oberschenkel wirkende Stauchungsvorgang kann zu blutigen Knorpelkontusionen der Femurkondylen mit kondylären spongiosen Sinterungen, zu intrakondylären Meißelfrakturen des Femur bis hin zu suprakondylären Flexionsbrüchen führen. Die knienahe Krafteinleitung kann zudem indirekt eine Biegung des Oberschenkels mit Biegungsbruch bewirken oder sogar einen hinteren Luxationsbruch des Hüftgelenkes zur Folge haben. Gelenknahe Brüche sind in der Regel mit Zerstörungen des Band- und Kapselapparates verbunden. Stemmt der Fahrer reflektorisch

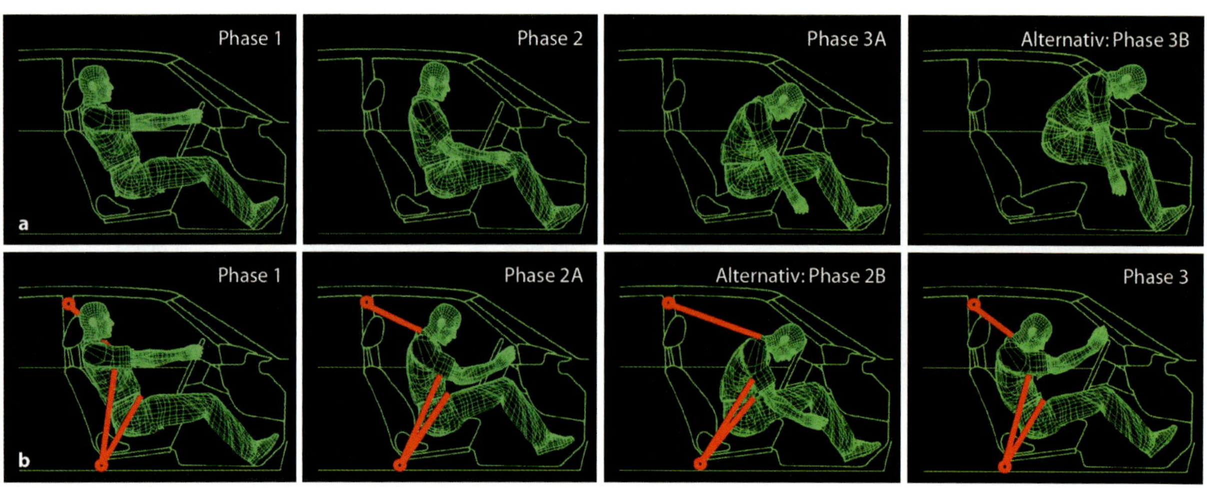

◘ Abb. 8.33a, b. Fahrerdynamik im Falle der (aufprallbedingten) Dezeleration in Frontalrichtung. **a** Ohne Gurt: *Phase 1* Induktion der Abstützverletzung der oberen Extremität; *Phase 2* Induktion der Verletzungen der unteren Extremität; *Phase 3A* Kopfaufschlag auf das Lenkrad; *Phase 3B* auf die Windschutzscheibe. **b** Mit Gurt: *Phase 2B* zu lockerer Sitz des Gurtes, daher Aufschlag auf das Lenkrad seine Füße gegen die Fußplatte, so ist mit Pilonfrakturen des Sprunggelenkes zu rechnen. Bei der Einwirkung von Pedalen sind (möglicherweise auf Grund einer Hebelwirkung auf den Fuß) Mittelfußfrakturen zu beobachten.

Der Oberkörper und Bauchbereich des nichtangegurteten Fahrers erreicht das Lenkrad. Es kommt zu dementsprechenden Verletzungen: Rippenfrakturen, Herz- und Lungenkontusionen, Lungenrupturen, Aortenruptur, Leberruptur, Milzruptur, Pankreaskontusion; auch Darm- und Mesenterialblutungen werden beobachtet. Die Rumpffixation durch das Lenkrad bewirkt eine Flexion („Nicken") des Kopfes. Schlägt im Zuge dieses **„Nickvorganges"** das Gesicht auf das Lenkrad auf, so ergeben sich die bereits bei den Kopfaufschlagverletzungen des Fußgängers besprochenen Gesichtsverletzungen und -frakturen. Wirkt bezüglich des Gesichtes das Lenkrad nicht als eine eine Zerstörungsenergie einleitende Zwangskraft, so kann dieses auch Kontakt mit der Windschutzscheibe erhalten und auf diese Weise im Sinne eines Aufschlages zerstört werden. Zu den stumpfen Verletzungen treten dann typische Glassplitterverletzungen hinzu. Das Auffinden von Glassplittern in den Gesichtswunden ist dann ein wichtiges Kriterium für die Unfallrekonstruktion. Das reflektorische Abstützen über die Hände und Arme führt zu Hand- und Extremitätenfrakturen (z.B. Luxationsbrüche im Daumengrundgelenk, Stauchungsfrakturen im Handgelenksbereich). Ein wirksames Abstützen ist bei Geschwindigkeiten über 15 km/h nicht mehr möglich.

Die Verletzungsmöglichkeiten für den nichtangegurteten Fahrer werden durch Gurtbenutzung und Airbagsysteme erheblich reduziert (◘ Abb. 8.33b). Bei richtigem Sitz des Gurtes kommen tödliche Verletzungen bis zu Aufprallgeschwindigkeiten von 40–45 km/h nicht vor. Allerdings kann es zu **Gurtverletzungen** kommen. Der durch die kollisionsbedingte Beschleunigung entstehende Anpressdruck an den Gurt führt zu **gurtabbildenden Hämatombändern** und durch diskrete Verletzungen der obersten Hautschicht zu **gurtgeprägten postmortalen Vertrocknungen** (◘ Abb. 8.34). Hohe Kollisionsgeschwindigkeiten führen darüber hinaus zu **Rippenbrüchen** und **Verletzungen der inneren Organe** (Leber, Milz, selten Herz). Durch die Fixation des angegurteten Rumpfes kommt es durch die **kollisionsbedingte Dezeleration** zu einer **forcierten Ventralflexion des Kopfes.** Eine derartige plötzliche Beugung der Wirbelsäule führt auf der **Konkavseite (ventral!) zu Stauchungen und auf der Konvexseite (dorsal!) zu Dehnungen,** die zu der Traumatomechanik entsprechenden Verletzungen und damit zu klinischen Beschwerden führen können. Gurtbenutzung kann also zu gurtbedingten Verletzungen führen. Gurtbedingte Verletzungen vermögen daher eine Angurtung zu beweisen. Die Feststellung einer Angurtung zum

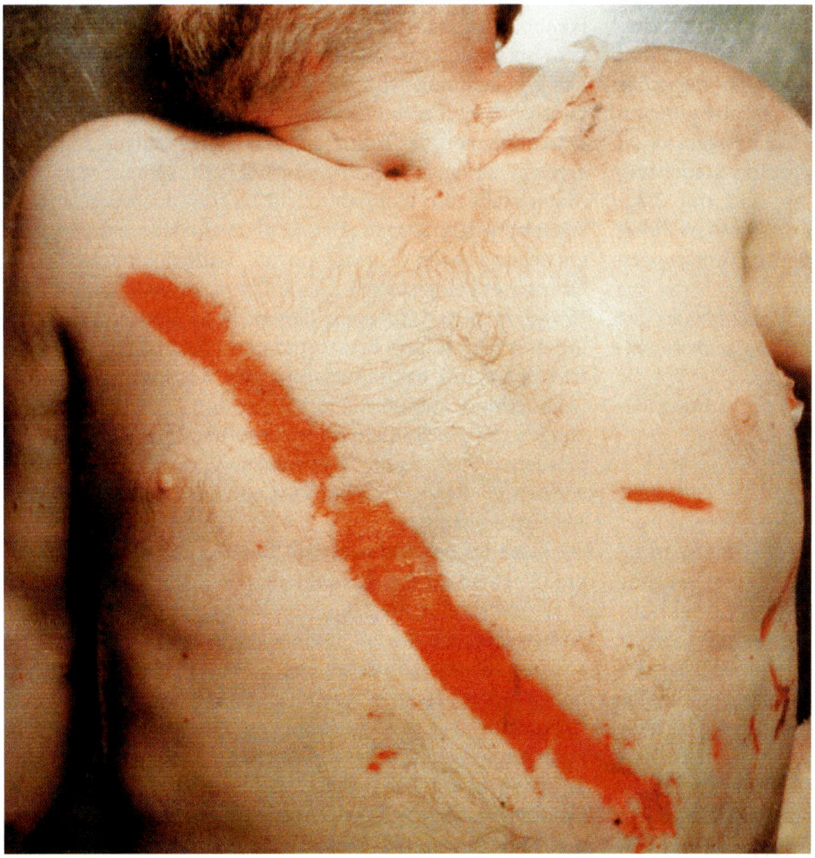

◘ Abb. 8.34. Gurtabdruckspur an einem Beifahrer (deutscher Pkw)

Zeitpunkt der Kollision ist von hohem straf- und zivilrechtlichem Interesse. Sie geschieht also in positiver Weise durch die sorgfältig auszuführende Untersuchung auf Gurtverletzungen. Wegen der Spiegelsymmetrie des Gurtverlaufes kann im Wege der Feststellung von Gurtverletzungen oft zwischen Fahrer und Beifahrer unterschieden werden. Das in ◘ Abbildung 8.34 dargestellte Opfer war also (in einem deutschen Pkw) Beifahrer. Das Fehlen von Gurtverletzungen schließt allerdings eine stattgehabte Gurtbenutzung nicht aus. Es ist allerdings dann eine Gurtbenutzung nicht anzunehmen, wenn Verletzungen auf eine Anprallwirkung von (formstabilen) quasi ortsfesten Strukturen zurückgeführt werden müssen, deren Kontakt bei durch einen Sicherheitsgurt gegebenen Zwangskräften von der Kinetik her sicher nicht erreicht worden wäre.

Selten ist die Gurtbenutzung für den Insassen nachteilig. So kann etwa der Gurt zu locker sitzen oder der Unterkörper des Insassen kann unter dem Gurt hindurchrutschen (**submarining**). Dann kann es zu Verletzungen der inneren Organe (Darm, Nieren) kommen. Kann eine Befreiung aus dem Gurt nicht rechtzeitig erfolgen, so kann der Insasse einem der Erstkollision folgenden schädlichen Ereignis (etwa Zweitkollision, Brand) durch Verbleib im Gurt ausgesetzt sein.

8

Seitenunfall

Bei der Seitenkollision in die Insassenkabine kommt es vorwiegend wegen der großen Intrusionstiefen zu Rumpfverletzungen des stoßnahen Insassen mit **Milzrissen** (Seitenstoß von links) und **Leberrissen** (Seitenstoß von rechts). Für den stoßnahen Insassen bietet eine Angurtung in diesem Fall kaum Schutz. Durch die Massenträgheit kommt es beim Seitenstoß zu einer abrupten Seitwärtsneigung des Kopfes mit **Stauchung der Halswirbelsäule** auf der **stoßnahen** und **mit Zugbelastung der Halswirbelsäule auf der stoßfernen Seite**. Stauchung und Zug können jeweils diesbezügliche Verletzungen nach sich ziehen. Für den stoßfernen Insassen bietet die Gurtbenutzung deshalb Schutz, weil durch die Fixation im Gurt Kontakte mit festen Grenzstrukturen des Insassenkabinenraumes vermieden werden.

Im Gegensatz zum Gurt ist das **Seitenairbagsystem** sicher verletzungsreduzierend.

Heckaufprall

Beim Heckanstoß führt der durch die Sitzlehne vorwärts geschobene Rumpf des Insassen gegenüber dem massenträgheitsbedingt zunächst ruhenden Kopf eine Relativbewegung aus. Dieser Vorgang führt über eine **Scherbelastung der Halswirbel** zu einer **forcierten Reklination des Kopfes**. Dieser pathologische Bewegungsablauf wird **Halswirbelsäulendistorsion** genannt. Die ihm zugrunde liegende pathomechanische Kraft heißt **HWS-Trauma**. Im Sinne einer Stauchung sind die **Bandscheiben druckbelastet. Halsmuskeln, Gefäße und Bänder** (vorderes Längsband!) sind **zugbelastet**. Werden die biomechanischen Toleranzgrenzen überschritten, so kommt es zu entsprechenden Verletzungen. Die sich nach einem HWS-Trauma einstellenden Beschwerden werden unter dem Begriff HWS-Syndrom nach **HWS-Schleudertrauma** subsumiert. Klinisch sind die angegebenen Beschwerden ohne Kenntnis eines erlebten Heckanstoßes oft nicht von HWS-Syndromen anderer Genese zu unterscheiden. In zivilrechtlichen Auseinandersetzungen um die Anerkennung der Unfallkausalität eines HWS-Syndromes wird daher heute gefordert, dass die nach einem Heckstoß vermittelte Geschwindigkeitsänderung des gestoßenen Fahrzeuges überhalb einer bestimmten Schwelle liegen muss. Diese beträgt für die nicht vorgeschädigte HWS ca. 13 km/h. Sie vermindert sich, wenn die HWS vorgeschädigt war bzw. wenn zum Zeitpunkt des Stoßes eine von der Normalstellung abweichende Haltung (out-of-position) vorgelegen hat.

8.4.3 Zweirad-Pkw-Unfall

Zum Zwecke einer adäquaten Einordnungsmöglichkeit der beim Zweirad-Pkw-Unfall auftretenden Verletzungstopographie unterscheidet man am besten zwischen zwei Unfallabläufen:
- Der Pkw stößt mit seiner Front seitlich in das Zweirad (◘ Abb. 8.35a).
- Das Zweirad stößt seitlich in den Pkw (◘ Abb. 8.35b, c).

Kollidiert der Pkw mit seiner **Front seitlich mit dem Zweirad** (◘ Abb. 8.35a), so wird dem Zweiradfahrer, nachdem dieser zuvor Kontakt mit dem Stoßfänger bzw. der Fronthaube hatte, ähnlich wie dem angefahrenen Fußgänger vorwiegend eine Rotationsbewegung aufgezwungen. Im Wege der Rotationsbewegung wird der Fahrer aufgeladen bzw. aufgeschöpft und erreicht je nach Geschwindigkeit mit seinem Kopf die Motorhaube, die Windschutzscheibe bzw. den oberen Windschutzscheibenrahmen. Der Erstkontaktstelle entsprechend entstehen beim Primäranstoß **Hüftgelenksfrakturen, Oberschenkelhalsbrüche, auch Oberschenkelschaftbrüche**. Im Rahmen des Aufladens kommt es zu **Verletzungen der inneren Bauch- und Brustorgane mit Becken- und Rippenfrakturen und nach Aufschlag des Kopfes zu schweren Schädelhirntraumen.** Allerdings sind die Schädel-Hirn-Verletzungen des Zweiradfahrers nicht so häufig wie die des aufgeladenen Fußgängers. Dem Aufladevorgang folgt (ebenfalls wie beim Fußgänger) der Abwurf und die damit verbundenen Abwurfverletzungen.

Stößt das **Zweirad seitlich in den Pkw** und findet dieser Anprall in Höhe der Fahrgastzelle statt (► s. Abb. 8.35b), so ergibt sich nahezu ohne Ausnahme ein Kontakt des Kopf-/Oberkörperbereiches mit der Dachrahmenpartie des Pkw. Diese ist besonders formaggressiv, so dass diese Kollisionsart mit sehr hohen Mortalitätsraten verbunden ist. Wegen der (frustranen!) Abstützung am Lenker kommt es zu **Mittelhandfrakturen, zu stauchungsbedingten Luxationsfrakturen der Handwurzelknochen und zu ebenfalls stauchungsbedingten Radiusfrakturen loco typico**. Reicht der eingeleitete Kraftfluss bis zu den Ellbogen, so hat man darüber hinaus mit **Extensions-**

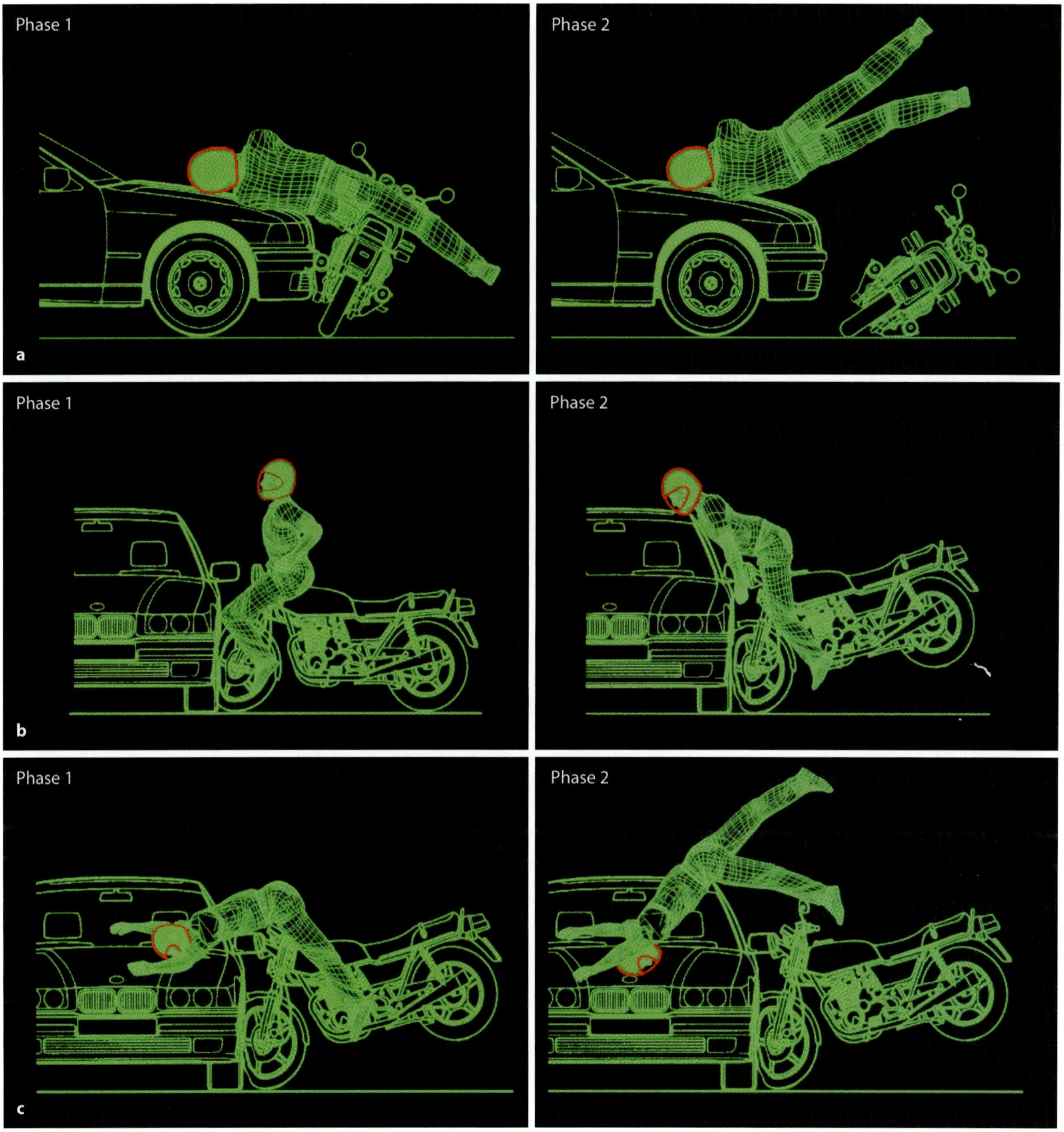

Abb. 8.35a–c. Die wichtigsten Typen der Zweirad-Pkw-Kollision

frakturen des ellbogennahen Anteiles **des Humerus** zu rechnen. Da der Zweiradfahrer nach der stoßbedingten Dezeleration des Zweirades als träge Masse in Hockstellung nach frontal bewegt wird, kommt es zum **Kniekontakt** mit der Pkw-Seite und **entsprechenden Verletzungen**. Im Rahmen dieses Bewegungsablaufes kann die Lenkstange als eine eine Zwangskraft einleitende Struktur wesentlich zum Verletzungsbild im Oberschenkelbereich beitragen. Der gerade beschriebenen Kollisionsphase folgt die **Flugphase**, die entsprechende **sturzbedingte Verletzungen** nach sich zieht (Brüche der oberen Extremitäten, Schädelhirntraumen, Rippen- und Schlüsselbeinbrüche, Biegungs- und Stauchungsverletzungen der Wirbelsäule bei Krafteinleitung über den Kopf). In der sich anschließenden **Rutschphase** kommt es zu **Haut-, Muskel- und Knochenabschliffen**, die oft durch Straßenschmutz verunreinigt sind. Sowohl die Flugphase als auch die Rutschphase kann durch Aufprall auf ein weiteres Hindernis (Bordstein, Pfosten, Leitplanke, etc.) beendet werden, was wiederum die Einleitung stumpfer Gewalt mit der entsprechenden Verletzungsmorphologie nach sich zieht.

Findet der Anprall an die seitlichen Autoteile in der Höhe der Motorhaube statt, so ist das Verletzungsmuster vorwiegend durch die Flugphase (Schleuderbewegung über die Motorhaube) geprägt (► s. Abb. 8.35c).

Im Zusammenhang mit der Rekonstruktion des Zweiradunfalls ist bei der Erörterung der Frage, ob eine Schädelverletzung in der vorliegenden Schwere vermeidbar gewesen wäre, von ganz wesentlicher Bedeutung, ob ein Helm getragen wurde. Der **Helm** kann während der Kollision abgeschleudert werden, wenn er mit dem Kopf nicht richtig verbunden war (mangelnde Passform, nicht ausreichender oder gar fehlender Kinnriemenschluss). Da am Helm feststellbare kollisionsbedingte Beschädigungen entscheidend davon abhängen, ob die Kollision mit oder ohne Kopf- (und Körper-) masse des Unfallopfers erfolgte, ist eine technische Untersuchung für die Beantwortung der oben gestellte Frage zwingend erforderlich. Diese Untersuchung hat sich natürlich auch darauf zu konzentrieren, ob der Kinnriemen frische Risse oder zumindest frische Dehnungen aufweist. Der rechtsmedizinische Beitrag zur Aufklärung ist vergleichsweise bescheiden, aber oft entscheidend: Verletzungen im vorderen und seitlichen Halsbereich mit Schürfungen der obersten Hautschichten (und gegebenenfalls dadurch bedingten postmortalen Vertrocknungen) sind ein positives Kriterium. Da fast alle Zweiradunfallopfer Kopfverletzungen aufweisen, spricht ein Fehlen von Schädelhirntraumen für den Umstand, dass ein Helm getragen wurde.

8.5 Alkohol und Verkehrsstrafrecht in Österreich

G. Bauer, S. Pollak

Die Rechtsgrundlagen für die Beurteilung von Trunkenheitsdelikten im Straßenverkehr finden sich einerseits im § 5 der österreichischen **Straßenverkehrsordnung** (StVO), andererseits im **Strafgesetzbuch** (StGB). Die folgende Darstellung skizziert die wesentlichsten Rechtsvorschriften, die von jenen der Bundesrepublik Deutschland z.T. erheblich abweichen.

Straßenverkehrsordnung

§ 5 (1) StVO

Wer sich in einem durch Alkohol oder Suchtgift beeinträchtigten Zustand befindet, darf ein Fahrzeug weder lenken noch in Betrieb nehmen. Bei einem Alkoholgehalt des Blutes von 0,8 g/l (0,8 ‰) oder darüber oder bei einem Alkoholgehalt der Atemluft von 0,4 mg/l oder darüber gilt der Zustand einer Person jedenfalls als von Alkohol beeinträchtigt.

Verstöße gegen § 5 StVO werden gemäß § 99 StVO als **Verwaltungsübertretungen** mit Geldstrafen (im Fall der Uneinbringlichkeit mit Arrest) geahndet; damit verbunden ist die (befristete) Entziehung der Lenkberechtigung nach dem **Führerscheingesetz** (FSG). Wer sich in einen die Zurechnungsfähigkeit ausschließenden Rauschzustand versetzt und in diesem Zustand eine Verwaltungsübertretung nach § 5 StVO begeht, ist gem. § 83 **Sicherheitspolizeigesetz** (SPG) zu bestrafen; in einem solchen Fall ist die Lenkberechtigung für die Dauer von mindestens drei Monaten zu entziehen.

Wenn die Trunkenheitsfahrt folgenlos geblieben ist, also zu keiner fahrlässigen Körperverletzung oder Tötung und auch zu keiner konkreten Gefährdung der körperlichen Sicherheit geführt hat, liegt **kein gerichtlich strafbarer Tatbestand** vor, sondern eine Übertretung, die im Rahmen eines **Verwaltungsstrafverfahrens** von der Kraftfahrbehörde sanktioniert wird.

Nach § 14 Abs. 8 FSG ist das Lenken und die Inbetriebnahme eines Kraftfahrzeuges bereits dann verboten und gem. § 37a FSG mit einer Verwaltungsstrafe zu sanktionieren, wenn beim Lenker (Inbetriebnehmer) die BAK 0,5 ‰ oder darüber bzw. die AAK 0,25 mg/l oder mehr beträgt (so genannte „**0,5 ‰-Regel**"). Diese Bestimmung gilt nicht für Radfahrer und Fuhrwerker. Für Probeführerscheinbesitzer gilt nach dem FSG die 0,1 ‰-Grenze. Für Lenker im Rahmen des Kraftfahrlinien- und Gelegenheitsverkehrs sowie für Schienenfahrzeugführer besteht z.T. ein absolutes Alkoholverbot.

Der zweite Satz des § 5 Abs. 1 StVO enthält eine authentische Interpretation des Begriffs „Alkoholbeeinträchtigung". Es handelt sich also nicht um eine gesetzliche Vermutung, sondern um eine Definition, die keinen Gegenbeweis zulässt. Die Einwendung eines Betroffenen, er sei bei einem Blutalkoholgehalt von 0,8 ‰ noch nicht beeinträchtigt, ist unerheblich.

Der zweite Satz des § 5 Abs. 1 StVO drückt *nicht* aus, dass eine Beeinträchtigung durch Alkohol erst bei einer Blutalkoholkonzentration (BAK) von 0,8 ‰ eintritt. Bei Unterschreitung des gesetzlichen Grenzwertes kann eine „**relative Fahruntauglichkeit**" vorliegen. Mögliche Gründe sind **zusätzliche Komponenten** wie Übermüdung, Erkrankung, Einnahme von Medikamenten, Alkoholintoleranz, Erregungszustände und das so genannte „Anflutungsphänomen". Wenn eine Person entsprechende Zeichen einer psycho-physischen Beeinträchtigung bietet (z.B. Schwanken beim Gehen), ist sie auch bei einer BAK unter 0,8 ‰ fahruntüchtig im Sinne des § 5 StVO. Nach § 5 Abs. 5 Z. 1 ist in entsprechenden Verdachtsfällen eine klinische Untersuchung zur Feststellung einer Beeinträchtigung durch Alkohol vorgesehen. Wenn bei einer BAK von < 0,8 ‰ relative Fahruntüchtigkeit nachgewiesen wird, begründet dies – so wie das Erreichen/Überschreiten der 0,8 ‰-Grenze – auch im Bereich der gerichtlichen Strafbarkeit (§ 89 StGB, § 81 Abs. 1 Z. 2 i.V.m. § 88 Abs. 3 oder 4 StGB) und im Zivilrecht einen „Rauschzustand" mit den daran geknüpften Rechtsfolgen:

§ 5 (1a) StVO

Werden in anderen Gesetzen an die Beeinträchtigung durch Alkohol oder an das Vorliegen eines die Zurechnungsfähigkeit nicht ausschließenden Rauschzustandes zivilrechtliche Rechtswirkungen oder Auswirkungen im Bereich des gerichtlichen Strafrechts geknüpft, so treten diese nur in den Fällen des Abs. 1 oder beim dritten oder häufigeren Verstoß innerhalb eines Zeitraumes von 12 Monaten ab dem ersten Verstoß gegen § 14 Abs. 8 FSG, BGBl. I Nr. 120/1997, ein.

Das Erreichen oder Überschreiten der 0,5 ‰-Grenze wird zwar verwaltungsrechtlich geahndet, doch wird daraus **nicht** wie bei der 0,8 ‰-Grenze des § 5 Abs. 1 StVO eine unwiderlegbare Beeinträchtigung durch Alkohol abgeleitet – mit den vielfach gravierenden Konsequenzen in verschiedenen Rechtsbereichen, wie etwa im Straf- und Versicherungsrecht.

§ 5b (1) StVO

Die Organe der Straßenaufsicht sind berechtigt, Personen, die sich offenbar in einem durch Alkohol oder Suchtgift beeinträchtigten Zustand befinden (§ 5 Abs. 1), oder bei denen der Alkoholgehalt des Blutes 0,5 g/l (0,5 Promille) oder mehr oder der Alkoholgehalt der Atemluft 0,25 mg/l oder mehr beträgt, an der Lenkung oder Inbetriebnahme eines Fahrzeuges zu hindern...

Der Nachweis eines Alkoholgehaltes von 0,5 ‰ im Blut oder 0,25 mg/l in der Atemluft gem. § 14 Abs. 8 FSG ist daher bereits für sich allein ausreichende Voraussetzung für Zwangsmaßnahmen nach § 5b StVO. Ob der Kfz-Lenker, bei dem 0,5 ‰ nachgewiesen wurden, **durch Alkohol auch tatsächlich beeinträchtigt** war, ist in diesem Zusammenhang **unerheblich**.

Nach der aktuellen Fassung der StVO bedeutet auch ein **Alkoholgehalt der Atemluft von 0,4 mg/l oder mehr** unwiderlegbar eine Alkoholbeeinträchtigung. Eine solche **Atemalkoholkonzentration (AAK)** stellt in Österreich ein dem Blutalkoholspiegel von 0,8 ‰ gleichwertiges Tatbestandsmerkmal dar. Der Gesetzgeber hat die Atemalkoholmessung und die Blutalkoholbestimmung in ihrer Wertigkeit als Beweismittel völlig gleichgestellt.

§ 5 (2) StVO

Organe des amtsärztlichen Dienstes oder besonders geschulte und von der Behörde hiezu ermächtigte Organe der Straßenaufsicht sind berechtigt, jederzeit die Atemluft von Personen, die ein Fahrzeug lenken, in Betrieb nehmen oder zu lenken oder in Betrieb zu nehmen versuchen, auf Alkoholgehalt zu untersuchen. Sie sind außerdem berechtigt, die Atemluft von Personen, die verdächtig sind, in einem vermutlich durch Alkohol beeinträchtigten Zustand

1. ein Fahrzeug gelenkt zu haben oder
2. als Fußgänger einen Verkehrsunfall verursacht zu haben,

auf Alkoholgehalt zu untersuchen. Wer zu einer Untersuchung der Atemluft aufgefordert wird, hat sich dieser zu unterziehen.

Eine Atemluftkontrolle ist nach § 5 Abs. 2 **jederzeit** – auch ohne Verdacht einer Alkoholisierung – möglich (gesetzliche Grundlage von planquadratmäßigen Atemalkoholkontrollen). Zu einer Vermutung der Alkoholbeeinträchtigung genügt das Vorliegen eines typischen Alkoholisierungssymptoms (z.B. unsichere Fahrweise, lallendes Sprechen, verlangsamte Reaktion, gerötete Augenbindehäute).

§ 5 (3) – (12) StVO

(3) Die Untersuchung der Atemluft auf Alkoholgehalt ist mit einem Gerät vorzunehmen, das den Alkoholgehalt der Atemluft misst und entsprechend anzeigt (Alkomat).

(4) Die Organe der Straßenaufsicht sind berechtigt, Personen, deren Atemluft auf Alkoholgehalt untersucht werden soll (Abs. 2), zum Zweck der Feststellung des Atemalkoholgehaltes zur nächstgelegenen Dienststelle, bei der sich ein Atemalkoholmessgerät befindet, zu bringen, sofern vermutet werden kann, dass sie sich in einem durch Alkohol beeinträchtigten Zustand befinden oder zur Zeit des Lenkens befunden haben.

(4a) Die Organe der Straßenaufsicht sind weiters berechtigt, Personen, bei denen eine Untersuchung gemäß Abs. 2 aus Gründen, die in der Person des Probanden gelegen sind, nicht möglich war und die verdächtig sind, sich in einem durch Alkohol beeinträchtigten Zustand zu befinden, zu einem im öffentlichen Sanitätsdienst stehenden, bei einer Bundespolizeibehörde tätigen oder bei einer öffentlichen Krankenanstalt Dienst habenden Arzt zur Blutabnahme zum Zweck der Bestimmung des Blutalkoholgehaltes zu bringen.

(5) Die Organe der Straßenaufsicht sind weiters berechtigt, Personen, von denen vermutet werden kann, dass sie sich in einem durch Alkohol beeinträchtigten Zustand befinden, zum Zweck der Feststellung des Grades der Beeinträchtigung durch Alkohol zu einem im öffentlichen Sanitätsdienst stehenden oder bei einer Bundespolizeibehörde tätigen Arzt oder zum Dienst habenden Arzt einer öffentlichen Krankenanstalt zu bringen, sofern eine Untersuchung gemäß Abs. 2

1. keinen den gesetzlichen Grenzwert gemäß Abs. 1 erreichenden Alkoholgehalt ergeben hat oder
2. aus in der Person des Probanden gelegenen Gründen nicht möglich war.

Wer zum Zweck der Feststellung des Grades der Beeinträchtigung durch Alkohol zu einem Arzt gebracht wird, hat sich einer Untersuchung durch diesen zu unterziehen.

(6) (Verfassungsbestimmung) An Personen, die gemäß Abs. 4a zu einem Arzt gebracht werden, ist eine Blutabnahme zum Zweck der Bestimmung des Blutalkoholgehaltes vorzunehmen; die Betroffenen haben diese Blutabnahme vornehmen zu lassen.

(8) Ein bei einer öffentlichen Krankenanstalt Dienst habender Arzt hat eine Blutabnahme zum Zweck der Bestimmung des Blutalkoholgehaltes vorzunehmen, wenn eine Person

1. zu diesem Zweck zu ihm gebracht wurde oder
2. dies verlangt und angibt, bei ihr habe eine Untersuchung nach Abs. 2 eine Alkoholbeeinträchtigung ergeben.

Der Arzt hat die Blutprobe der nächstgelegenen Polizei- oder Gendarmeriedienststelle ohne unnötigen Aufschub zu übermitteln und dieser im Fall der Z. 2 Namen, Geburtsdatum und Adresse des Probanden sowie den Zeitpunkt der Blutabnahme bekannt zu geben. Weiters hat der Arzt eine Blutabnahme vorzunehmen, wenn eine Person zu diesem Zweck zu ihm gebracht wurde, weil bei einer Untersuchung (Abs. 9) eine Beeinträchtigung festgestellt wurde, die auf eine Suchtgifteinnahme schließen lässt; die Blutprobe ist der nächstgelegenen Polizei- oder Gendarmeriedienststelle ohne unnötigen Aufschub zu übermitteln. Übermittelte Blutproben sind durch ein Institut für gerichtliche Medizin oder eine gleichwertige Einrichtung zu untersuchen.

(9) Die Bestimmungen des Abs. 5 gelten auch für Personen, von denen vermutet werden kann, dass sie sich in einem durch Suchtgift beeinträchtigten Zustand befinden; wer zum Arzt gebracht wird, hat sich der Untersuchung zu unterziehen.

(10) (Verfassungsbestimmung) An Personen, die gemäß Abs. 9 zu einem Arzt gebracht werden, ist nach Feststellung einer Beeinträchtigung, die auf eine Suchtgifteinnahme schließen lässt, eine Blutabnahme vorzunehmen. Die Betroffenen haben die Blutabnahme vornehmen zu lassen.

(11) Der Bundesminister für Inneres kann unter Bedachtnahme auf den jeweiligen Stand der Wissenschaft und Technik im Einvernehmen mit dem Bundesminister für Verkehr, Innovation und Technologie durch Verordnung für die Feststellung einer Beeinträchtigung durch Suchtgift geeignete Geräte und Testverfahren bestimmen.

(12) Ist aufgrund des Ergebnisses der Untersuchung

1. einer Person, die gemäß Abs. 9 zu einem Arzt gebracht wurde, oder
2. einer Blutprobe, die von einer gemäß Abs. 9 zu einem Arzt gebrachten Person stammt,

anzunehmen, dass die zum Arzt gebrachte Person Suchtgift missbraucht, so ist an Stelle einer Strafanzeige nach dem Suchtmittelgesetz dieser Umstand der nach dem Hauptwohnsitz der untersuchten Person zuständigen Bezirksverwaltungsbehörde als Gesundheitsbehörde mitzuteilen (§§ 12 bis 14 des Suchtmittelgesetzes, BGBl. I Nr. 112/1997).

Die Feststellung der Alkoholisierung eines Verkehrsteilnehmers hat **grundsätzlich durch Untersuchung der Atemluft** mit einem **Alkomat** zu erfolgen. Eine Vorführung zu einem Arzt zwecks klinischer Untersuchung ist nur dann vorgesehen, wenn die Atemluftuntersuchung keinen den gesetzlichen Grenzwert von 0,4 mg/l erreichenden Alkoholgehalt ergeben hat, aber dennoch – aufgrund entsprechender Symptomatik – vermutet werden muss, dass sich die Person in einem Zustand der alkoholisch bedingten Fahruntüchtigkeit befindet.

Ein weiterer Grund für die subsidiäre Blutentnahme ist dann gegeben, wenn die Atemluftuntersuchung aus in der Person des Verkehrsteilnehmers liegenden Gründen (z.B. wegen Atemwegserkrankung) nicht möglich war. Eine **Blutentnahme** ist demnach nur unter den letztgenannten Voraussetzungen (§ 5 Abs. 4a und 5 StVO) oder auf Verlangen des Untersuchten (§ 5 Abs. 8 Z. 2 StVO) erlaubt.

Dem Verkehrsteilnehmer steht primär keine Wahlmöglichkeit hinsichtlich der Untersuchungsmethode zu. Er hat sich zunächst, soweit dies objektiv möglich ist, der AAK-Messung zu unterziehen. Das Alkomat-Messergebnis kann allenfalls durch eine (vom Probanden freiwillig veranlasste) Bestimmung der BAK entkräftet werden, wobei die Beurteilung der Messergebnisse im Rahmen des Verwaltungsstrafverfahrens der freien Beweiswürdigung unterliegt.

Auch zur Beweissicherung für das **gerichtliche Strafverfahren** ist nach österreichischem Recht grundsätzlich die Untersuchung der Atemluft mittels eines Atemalkoholmessgerätes vorzunehmen.

§ 5 Abs. 6 StVO (im Rang einer Verfassungsbestimmung) sieht vor, dass eine **Blutentnahme** unter den Voraussetzungen des § 5 Abs. 4a (s. oben) zu erfolgen hat. Diese Verpflichtung wird jedoch nicht durch Anwendung von Zwangsgewalt durchgesetzt. Die Verweigerung ist gemäß § 99 Abs. 1 lit c strafbar. Die Blutabnahme an einem Bewusstlosen ist in Österreich unzulässig, da ein Bewusstloser zur Verweigerung der Blutabnahme nicht fähig ist und die Gewinnung einer Blutprobe einer zwangsweisen Blutabnahme gleichkäme.

Wer sich unter den im § 5 Abs. 2 und 4 genannten Bedingungen weigert, sich zwecks Atemluftuntersuchung zur nächstgelegenen Dienststelle mit funktionstüchtigem Alkomat vorführen zu lassen, begeht eine Verwaltungsübertretung und ist nach § 99 Abs. 1 lit b zu bestrafen. Ebenso ist zu bestrafen, wer die Atemluftmessung z.B. durch untaugliches Beatmen des Gerätes verweigert. Wer unter den Voraussetzungen des § 5 Abs. 5 zum Arzt gebracht wurde, hat sich einer Untersuchung durch diesen zu unterziehen; Zuwiderhandeln wird ebenfalls nach § 99 Abs. 1 lit b bestraft.

Personen, von denen vermutet werden kann, dass sie sich in einem durch **Suchtgift** beeinträchtigten Zustand befinden, sind gem. § 5 Abs. 9 zu einem Arzt zu bringen. Mögliche Anzeichen einer Suchtgiftbeeinträchtigung sind entweder diesbezügliche **Symptome** (Benommenheit, gerötete Bindehäute, lichtstarre Pupillen, ungewöhnliche Transpiration etc.), Auffälligkeiten des **Fahrverhaltens** bzw. der **Unfallsituation** oder auf Drogenkonsum hinweisende **Utensilien** (berußter Löffel, Einwegspritze, rauschmittelverdächtige Substanzen).

Die am 1.1.2003 in Kraft getretene Novelle der StVO sieht unter den Voraussetzungen des § 5 Abs. 9 und 10 (s. oben) eine Blutentnahme vor. Die Blutprobe ist durch ein Institut für gerichtliche Medizin oder eine gleichwertige Einrichtung zu untersuchen. Obwohl das Lenken eines Fahrzeugs in einem durch Suchtgift beeinträchtigten Zustand schon vor der Neuregelung verboten war, hat die Praxis gezeigt, dass es für eine effektive Vollziehung dieses gesetzlichen Verbotes erforderlich ist, die ärztliche Untersuchung durch das Ergebnis einer chemisch-toxikologischen Blutanalyse zu untermauern.

Strafgesetzbuch (StGB)

Die **gerichtlich strafbaren Straßenverkehrsdelikte** unter dem Einfluss von Alkohol oder anderen berauschenden Mitteln (z.B. Suchtgift) werden in den §§ 81, 88 Abs. 3 und Abs. 4 (2. Fall) sowie § 89 StGB (► s. Kap. 12.2.2) geregelt. § 81 StGB behandelt die **fahrlässige Tötung unter besonders gefährlichen Verhältnissen.** Die dort beschriebenen Deliktsfälle sind Qualifikationen der fahrlässigen Tötung und dementsprechend mit höherer Strafe bedroht. Der in Abs. 1 Z. 2 definierte Deliktstypus ist durch drei konstitutive Elemente charakterisiert:

- Herbeiführung eines so genannten **Minderrausches**, also einer Alkoholisierung oder Beeinflussung durch andere berauschende Mittel ohne Schuldunfähigkeit,
- die **Voraussehbarkeit** einer gefährlichen Tätigkeit (z.B. Benützung eines Fahrzeugs) und
- die **Ausführung der gefährlichen Tätigkeit** – konkret: das Lenken eines Fahrzeuges – **mit schuldhaft verursachter Todesfolge.**

Grundvoraussetzung ist die Herbeiführung einer die Zurechnungsfähigkeit nicht ausschließenden Berauschung. Überschreitet der Rauschzustand die Grenze zum Ausschluss der Zurechnungsfähigkeit, so kommt eine Bestrafung nach § 81 Abs. 1 Z. 2 unter keinen Umständen in Betracht, auch nicht unter dem Gesichtspunkt einer fahrlässigen „actio libera in causa" (zeitlich vorverlegte Schuld; ► s. Kap. 12.2.2). Die Heranziehung der genannten Rechtsfigur geriete in Widerspruch zum insoweit eindeutigen Gesetzeswortlaut und entspräche auch keinem kriminalpolitischen Bedürfnis. Bei Volltrunkenheit würde ja die Tat mit dem gleichen Strafrahmen nach § 287 StGB (Begehung einer strafbaren Handlung im Zustand der vollen Berauschung) sanktioniert.

Zur Untergrenze des im § 81 Abs. 1 Z. 2 vorausgesetzten Rauschzustandes enthält das Gesetz keine ausdrückliche Aussage. Die Untergrenze ist nicht generell zu bestimmen, sondern von der Art der gefährlichen Tätigkeit abhängig. Ein Rauschzustand liegt vor, sobald die mit ihm verbundenen psychophysischen Beeinträchtigungen ein Ausmaß erreichen, das die Vornahme der jeweils voraussehbaren Tätigkeit sozial inadäquat, d.h. über den Bereich des rechtlich tolerierten Risikos hinaus gefährlich macht. Dass der Betrunkene selbst sich entsprechend beeinträchtigt fühlt, ist ebenso wenig erforderlich wie das Vorhandensein einer nach außen in Erscheinung tretenden Rauschsymptomatik.

Der praktisch wichtigste Anwendungsfall eines Rauschzustandes im Sinne des § 81 Abs. 1 Z. 2 StGB ist die Alkoholbeeinträchtigung von Fahrzeuglenkern im Straßenverkehr. Für diesen Bereich bestimmt § 5 Abs. 1 StVO, dass bei einem Blutalkoholgehalt von 0,8 ‰ und darüber (bzw. bei einer Atemalkoholkonzentration von mindestens 0,4 mg/l) eine Alkoholbeeinträchtigung unwiderleglich vermutet wird (s. oben). Nach ständiger Rechtsprechung ist diese Vermutung auch für § 81 Abs. 1 Z. 2 StGB voll wirksam. Dementsprechend wird im gegebenen Zusammenhang bei einem Blutalkoholgehalt von 0,8 ‰ oder darüber ein Rauschzustand stets und ohne weitere Begründung bejaht. Dasselbe gilt für die in § 88 Abs. 3 und 4 sowie § 89 StGB beschriebenen Tatbestände.

Maßgeblicher Zeitpunkt für das Vorliegen des inkriminierten Blutalkoholspiegels ist der Tatzeitpunkt. Wenn eine BAK von 0,8 ‰ oder darüber (bzw. AAK von 0,4 mg/l oder darüber) für diesen Zeitpunkt nachweisbar ist, bedeutet das eo ipso auch einen Rauschzustand. Ähnlich wie im Verwaltungsstrafverfahren kann auch ein Rauschzustand im Sinne des § 81 Abs. 1 Z. 2 StGB prinzipiell unabhängig vom Blutalkoholmindestwert bejaht werden, sofern auf andere Weise nachgewiesen wird, dass sich der Täter in einem berauschten Zustand befand. Als Beweismittel kommen z.B. Zeugenaussagen oder eine klinische Untersuchung in Frage.

Die Annahme eines Rauschzustandes bei einer BAK < 0,8 ‰ (AAK < 0,4 mg/l) bedarf **zusätzlicher Voraussetzungen**, z.B. einer gleichzeitigen Beeinträchtigung durch Medikamente, Ermüdung oder Krankheit (s. oben). Die generelle Annahme einer Berauschung bei Blutalkoholwerten zwischen 0,5 und 0,8 ‰ wird von juristischer Seite abgelehnt (s. oben, § 5 Abs. 1a StPO).

Der Nachweis eines ursächlichen Zusammenhangs zwischen Berauschung und fahrlässiger Tötung wird vom § 81 Abs. 1 Z. 2 **nicht** verlangt; ein spezieller (fallbezogener) Risikozusammenhang muss **nicht** bewiesen werden, sondern er wird unwiderleglich vermutet. Der Alkoholgenuss braucht sich also auf den Fehler in der Lenkertätigkeit **nicht** ausgewirkt haben.

Wichtig

Fahrlässige Herbeiführung der Fahruntüchtigkeit ist ausreichend.

Auf das Wissen um die genossene Alkoholmenge kommt es nicht an. Es genügt, dass der Kraftfahrer in Kenntnis der ihm bevorstehenden Fahrt Alkohol zu sich nimmt und dabei den Eintritt eines seine Fahrtüchtigkeit beeinträchtigenden Rauschzustandes hätte vorhersehen können. Es genügt zur Strafbarkeit nach § 81 Abs. 1 Z. 2, dass der Täter, als er den Alkohol zu sich nahm, mit der Möglichkeit rechnen musste, dass er selbst und nicht ein anderer das Kfz werde lenken müssen.

Körperverletzungen, die von alkoholisierten (oder unter der Einwirkung von anderen berauschenden Mitteln stehenden) Tätern fahrlässig herbeigeführt wurden, sind nach § 88 Abs. 3 oder Abs. 4 (2. Fall) zu beurteilen: Der Absatz 3 gilt für Fälle von leichter Körperverletzung, der Absatz 4 für schwere Körperverletzungen. Beide Male verweist das Gesetz auf die Deliktsfälle des oben besprochenen § 81 StGB. § 88 Abs. 4 enthält eine reine Erfolgsqualifikation, da seine Anwendung auf schwere Körperverletzungen beschränkt ist.

Ein weiterer Straftatbestand, bei dem die Alkoholisierung oder die Beeinflussung durch ein anderes berauschendes Mittel ein konstitutives Merkmal sein kann, ist § 89 StGB („**Gefährdung der körperlichen Sicherheit**"). Das zentrale Charakteristikum ist die **konkrete Gefährdung**, die im besonderen Fall die Möglichkeit eines schädigenden Ereignisses befürchten lässt. Das Lenken eines Kraftfahrzeugs im berauschten Zustand stellt nach der Judikatur für sich allein noch keine konkrete Gefährdung dar, weder für Mitfahrer noch für andere Verkehrsteilnehmer. Eine Gefährdung im Sinne des § 89 ist erst anzunehmen, wenn – Mitfahrer oder andere Verkehrsteilnehmer im Wirkungsbereich des Täterfahrzeuges vorausgesetzt – zur Trunkenheit eine gewagte, die Herrschaft über das Fahrzeug konkret bedrohende Fahrweise hinzukommt. Dazu zählen typischerweise die sog. Beinaheunfälle von alkoholisierten Lenkern oder Unfälle, die durch glückliche Umstände nicht mit Personenschaden einhergegangen sind.

Die **Nachtrunkverantwortung** (Behauptung einer Alkoholzufuhr **nach** dem rechtlich relevanten Ereignis) spielt in Österreich vor Gericht eine wesentlich geringere Rolle als in der Bundesrepublik Deutschland. Umgekehrt sind die Verhältnisse in Bezug auf den **Schlusstrunk** (sturztrunkartige Alkoholzufuhr kurz **vor** dem rechtlich relevanten Ereignis). Der Grund hierfür liegt auf der Hand: Weder der § 5 StVO noch die Bestimmungen des StGB stellen expressis verbis klar, dass eine rechtserhebliche Alkoholisierung auch dann vorliegt, wenn der zur Tatzeit im Körper befindliche Alkohol erst **nach** dem Unfall eine BAK von 0,8 ‰ oder mehr (AAK von 0,4 mg/l oder mehr) hervorruft. Die daraus resultierende Rechtsunsicherheit konnte bisher auch durch den Hinweis auf das **Anflutungsphänomen** (überproportional starke Beeinträchtigung in der Phase des steilen BAK-Anstiegs) nicht beseitigt werden.

Literatur

zu Kap. 8.1–8.3.1

Begutachtungsleitlinien zur Kraftfahrereignung (2000) Berichte der Bundesanstalt für Straßenwesen, Mensch und Sicherheit, Heft M 15. Wirtschaftsverlag NW, Verlag für Neue Wissenschaft GmbH

Bonte W (1987) Begleitstoffe alkoholischer Getränke. Arbeitsmethoden der Medizinischen und Naturwissenschaftlichen Kriminalistik, Schmidt-Römhild, Lübeck

Bundesgesundheitsamt (1966) Gutachten zur Frage Alkohol bei Verkehrsstraftaten. Kirschbaum, Bad Godesberg

Buschbell H (2001) Münchener Anwalts Handbuch, Straßenverkehrsrecht. Beck, München

Eisenmenger W, Schorn K, Gilg T (1984) Untersuchungen zur Funktionsfähigkeit des Gehörs, speziell der Frequenzauflösung unter Alkoholeinfluss. Blutalkohol 21: 250, 263

Händel K (1974) BGH St 25, 246 mit Besprechung, NJW 74: 247

Hentschel P (2001) Beck'sche Kurz-Kommentare Bd. 5, Straßenverkehrsrecht 36. Aufl. Beck, München

Iten PX (1994) Fahren unter Drogen- und Medikamenteneinfluss. Forensische Interpretation und Begutachtung. Institut für Rechtsmedizin, Universität Zürich-Irchel

Janiszewski H, Jagow J, Burmann M (2001) Straßenverkehrsordnung, 16. Aufl. Beck, München

Krüger HP (1998) Fahren unter Alkohol in Deutschland. Fischer, Stuttgart Jena

Mann K (1992) Alkohol und Gehirn. Springer, Berlin Heidelberg New York Tokio

Prokop O, Prokop L (1955) Ermüdung und Einschlafen am Steuer. Dtsch. Z. gerichtl. Med. 44, 343

Schoknecht G (1992) Beweissicherheit der Atemalkoholanalyse. Gutachten des Bundesgesundheitsamtes. Unfall- und Sicherheitsforschung Straßenverkehr 86, Bundesanstalt für Straßenwesen

Schütz H (1999) Screening von Drogen und Arzneimitteln mit Immunassays, 3. Aufl. Abbott, Wiesbaden

Wehner HD (1972) Quantitative Beschreibung eines Diffusionssturzes. Blutalkohol 9: 81, 93

Wehner HD, Schieffer MC, Krauss S, Hubig M (1996) Konzentrationsabhängigkeit der Ethanolumsatzraten im Steady-state. Blutalkohol 33: 17, 22

Widmark EMP (1932) Die theoretischen Grundlagen und die praktische Verwendbarkeit der gerichtlich-medizinischen Alkoholbestimmung, Fortschritt naturwissenschaftlicher Forschung Neue Folge, Heft 11. Urban-Schwarzenberg, Berlin Wien

zu Kap. 8.3.2

Berghaus G, Krüger H-P (1998) Cannabis im Straßenverkehr. Fischer, Stuttgart Jena Lübeck Ulm

Bundesanstalt für Straßenwesen (BAST) (1997) Drogenerkennung im Straßenverkehr – Schulungsprogramm für Polizeibeamte. BAST, Bergisch-Gladbach

Daldrup T (1996) Cannabis im Straßenverkehr. Forschungsprojekt des Ministeriums für Wirtschaft und Mittelstand, Technologie und Verkehr des Landes Nordrhein-Westfalen. Aktenzeichen Z. B. 3.4721/03-2/93 (Abschlussbericht), Düsseldorf

Daldrup T (1998) Drogen im Straßenverkehr – Schwerpunktthema Heroin. Forschungsprojekt des Ministeriums für Wirtschaft und Mittelstand, Technologie und Verkehr des Landes Nordrhein-Westfalen. Aktenzeichen Z. B. 3.4721/03-2/93, (Abschlussbericht), Düsseldorf

Geschwinde T (1996) Rauschdrogen. Marktformen und Wirkungsweisen. 3. Aufl. Springer, Berlin Heidelberg New York Tokio

Iten PX (1994) Fahren unter Drogen- und Medikamenteneinfluss. Forensische Interpretation und Begutachtung. Institut für Rechtsmedizin, Universität Zürich-Irchel

Mußhoff F, Madea B (2003) Drogen im Straßenverkehr. In: Madea B, Brinkmann B (Hrsg) Handbuch Gerichtliche Medizin Bd. II. Springer, Berlin Heidelberg New York Tokio

zu Kap. 8.3.3

Ammon HPT (1991) Arzneimittelneben- und -wechselwirkungen, 3. Aufl. Wissenschaftliche Verlagsgesellschaft, Stuttgart

Berghaus G, Graß H (2003) Fahrsicherheit unter Arzneimitteltherapie. In: Madea B, Brinkmann B (Hrsg) Handbuch Gerichtliche Medizin Bd. II. Springer, Berlin Heidelberg New York Tokio

Bundesanstalt für Straßenwesen (BAST) (1997) Drogenerkennung im Straßenverkehr – Schulungsprogramm für Polizeibeamte. BAST, Bergisch-Gladbach

Mutschler E (1996) Arzneimittelwirkungen, 7. Aufl. Wissenschaftliche Verlagsgesellschaft, Stuttgart

Schulz M, Schmoldt A (1997) Therapeutic and toxic blood concentrations of more than 500 drugs. Pharmazie 52: 895–911

zu Kap. 8.3.4

Dürwald W (1966) Gerichtsmedizinische Untersuchung bei Verkehrsunfällen. VEB Georg Thieme, Leipzig

Laves W, Bitzel F, Berger E (1956) Der Straßenverkehrsunfall. Ursachen – Aufklärung – Beurteilung. Ferdinand Enke Verlag, Stuttgart

Maresch W, Maurer H (1985) Der Verkehrsunfall in gerichtsmedizinischer Sicht. Leykam, Graz

Ropohl D (1990) Die rechtsmedizinische Rekonstruktion von Verkehrsunfällen. Deutsche Automobil Treuhand, Stuttgart

zu Kap. 8.5

Foregger E, Fabrizy EE (1999) Strafgesetzbuch samt ausgewählten Nebengesetzen, Kurzkommentar, 7. Aufl. Manz, Wien

Messiner F (1999) Straßenverkehrsordnung in der Fassung der 20. StVO-Novelle, 10. Aufl. Manz, Wien

9 Forensische Serologie/ Molekulare Genetik

Einleitung

Molekulargenetische Identifizierung

Vorgeschichte: In einem Schuppen wurde unter einem Müllberg eine menschliche Leiche im Zustand fortgeschrittener Dekomposition nach vermutlich mehr als einjähriger Liegezeit aufgefunden. Da eine eindeutige Identifizierung morphologisch und auch odontologisch nicht mehr möglich war, sollten individualisierende DNA-Untersuchungen an bei der Obduktion sichergestellten Asservaten (Teile von Leber, Muskulatur, Knochen) durchgeführt werden, mit denen der vermeintlichen Schwester des Verstorbenen verglichen und eine Geschwisterschaftswahrscheinlichkeit berechnet werden.

Untersuchungsergebnis: Die Untersuchungen der mitochondrialen DNA am Muskelgewebe des Verstorbenen sowie am Speichel der vermeintlichen Schwester ergab eine übereinstimmende Sequenz, die mit der Referenzsequenz in dem sequenzierten Bereich von HVRI in 4 Positionen und in HVRII ebenfalls in 4 Positionen nicht übereinstimmt. Die gefundene Sequenz tritt in einer 2.000 nichtverwandte Personen aus Deutschland, der Schweiz, Österreich und Frankreich umfassenden Datenbank nicht auf, belegt also eine gemeinsame maternale Linie.

Anhand der DNA-Befunde an Oberarmknochen des Verstorbenen und der Speichelprobe der vermeintlichen Schwester in 9 STR-Systemen konnte eine Geschwisterschaftswahrscheinlichkeit von 99,9 % errechnet werden. Aufgrund dieser Befunde konnte die Schlussfolgerung gezogen werden, dass der Verstorbene und die vermeintliche Schwester mit an Sicherheit grenzender Wahrscheinlichkeit Vollgeschwister sind; der Verstorbene war durch die molekularbiologischen Untersuchungen identifiziert.

- ▶ Identifizierung, mtDNA, nukleäre DNA, Degradation
- ▶ Wahrscheinlichkeitsberechnungen

mtDNA und Individualzuordnung

Vorgeschichte: Ein anlässlich einer Dopingkontrolle positiv getesteter Athlet bezweifelte, dass die Urinprobe mit einem Nandrolon-Gehalt von 15 ng/ml von ihm stammt. Zur Klärung der Individualzuordnung der Urinprobe standen einerseits die fragliche Urinprobe sowie eine frische Blutprobe des Athleten zur Verfügung. Die Urinprobe war zum Zeitpunkt der Untersuchung mehrere Monate bei 4 °C gelagert, es war nur noch Resturin mit einem Volumen von 30 ml vorhanden.

Untersuchungsergebnis: Die Untersuchung der humangenomischen DNA erstreckte sich auf die Analyse von STR (short tandem repeat) -Polymorphismen, die mittels PCR und anschließender Gel-Elektrophorese dargestellt wurden. Mit Ausnahme des geschlechtsspezifischen Amelogeninsystems war nukleäre DNA nicht mehr amplifizierbar. Daher wurde mitochondriale DNA der Regionen HVRI und HVRII amplifiziert und sequenziert. Urin- und Blutprobe wiesen in HVRI an drei und in HVRII an vier Positionen konkordante Abweichungen zur Referenzsequenz auf, die in einer mehrere tausend nichtverwandte Personen umfassenden Datenbank nicht auftrat. Die Urinprobe konnte daher dem Athleten zugeordnet, eine Verwechslung oder Vertauschung ausgeschlossen werden.

- ▶ Molekularbiologische Analytik an Spuren
- ▶ Individualzuordnung von Urin, mtDNA

Paternitätsdiagnostik

Vorgeschichte: Das zuständige Kreisjugendamt klagte für das am 17.01.1999 geborene Kind gegen Herrn M. wegen Feststellung der Vaterschaft und beantragte zu erkennen: Es wird festgestellt, dass der Beklagte der Vater des Klägers ist.

Trotz Aufforderung durch das Jugendamt zur Anerkennung der Vaterschaft hatte dieser sich mit dem Jugendamt nicht in Verbindung gesetzt. Bei einer Sitzung des für die Klage zuständigen Familiengerichtes gab die Kindesmutter an, dass ihr in der gesetzlichen Empfängniszeit vom 23.03.1998 bis zum 20.07.1998 ausschließlich der Beklagte beigewohnt habe; nur er komme als Vater ihres Sohnes in Betracht. Zur Klärung der Vaterschaft erließ das Amtsgericht einen Beweisbeschluss zur Klärung der Vaterschaft durch Einholung eines Abstammungsgutachtens. Nachdem der Beklagte mehreren Ladungen zur Blutentnahme nicht gefolgt war, wurde vom zuständigen Amtsgericht seine Vorführung angeordnet.

Untersuchungsergebnis: Das durchgeführte Abstammungsgutachten unter Einbeziehung von Kind, Kindesmutter und Putativvater ergab eine Vaterschaftswahrscheinlichkeit von über 99,999 %.

- ▶ Verfahrensablauf bei gerichtlicher Vaterschaftsbestimmung
- ▶ Gesetzliche Empfängniszeit

Vaterschaftsanfechtungsklage

Vorgeschichte: Ein Mann hatte die Vaterschaft zu dem am 12.09.1997 geborenen Mädchen anerkannt. Mittels Anfechtungsklage beantragte er 3 Jahre später „gerichtlich festzustellen, dass er als Kläger nicht Vater der Beklagten sei."

Die Vaterschaft habe er seinerzeit anerkannt, weil er der Mutter in der gesetzlichen Empfängniszeit beigewohnt habe, und davon ausgegangen sei, dass die Mutter ausschließlich mit ihm verkehrt habe. Zu Beginn dieses Jahres habe er allerdings erfahren, dass die Mutter der Beklagten auch mit anderen, ebenfalls als Vater in Betracht kommenden Männern geschlechtlich verkehrt habe. Zudem sehe ihm das Kind nicht ähnlich. Der Beweis dafür, dass er als Kläger nicht Vater der Beklagten sei, wird ausdrücklich angetreten durch Einholung eines Abstammungsgutachtens.

Untersuchungsergebnis: Das durchgeführte Abstammungsgutachten ergab, dass er in den untersuchten Blutgruppen und DNA-Merkmalen nicht von der Vaterschaft zum beklagten Kind auszuschließen ist, die Vaterschaftswahrscheinlichkeit betrug über 99,9999 %.

► Vaterschaftsanfechtung, Mehrverkehrseinrede

Verwandtschaftsverhältnis

Vorgeschichte: Gegen 6 Personen aus dem Nahen Osten waren Ermittlungen wegen des Verdachtes anhängig, sich unter Vorgabe falscher Personaldaten ein unberechtigtes Aufenthaltsrecht für Deutschland erschlichen und in diesem Zusammenhang Straftaten begangen zu haben. Antragsgemäß wurde vom zuständigen Amtsgericht die Entnahme von Körperzellen zur Feststellung der gemeinsamen Abstammung angeordnet.

Untersuchungsergebnis: Nach molekulargenetischer Untersuchung der Mundschleimhautabstriche der 6 beteiligten Personen erfolgte die Hypothesenbildung und biostatistische Berechnung zur Mutterschaft und Voll- bzw. Halbgeschwisterschaft.

► Anordnung molekulargenetischer Untersuchungen

Spurenkunde

Vorgeschichte: Im Rahmen eines Einbruchdiebstahles sollen zur sicheren Beweisführung asservierte biologische Spuren (Zigarettenkippen mit Speichelanhaftungen) mit dem DNA-Muster eines Tatverdächtigen verglichen werden. Vom zuständigen Amtsgericht wurde gemäß §§ 81e, 81f StPO die molekulargenetische Untersuchung vom Angeklagten entnommener Mundschleimhautabriebe im Vergleich zum Spurenmaterial angeordnet.

Untersuchungsergebnis: Die vergleichende Untersuchung von Asservaten und Mundschleimhautabrieben in 5 DNA-Systemen ergab übereinstimmende Resultate. Die nachgewiesene Merkmalskombination kommt in der entsprechenden Bevölkerung 1 x unter 142 Mio. Personen vor.

► Anordnung molekularbiologischer Untersuchungen

Einführung

Die Aufgaben dieses Teilgebietes der Rechtsmedizin lassen sich untergliedern in

- Spurenkunde und Identifizierung sowie
- Abstammungsbegutachtung.

Der Begriff der forensischen Serologie fußt auf den Entdeckungen Paul Uhlenhuths zur Unterscheidbarkeit von Tier- und Menschenblut sowie Karl Landsteiners zur Unterscheidbarkeit von Menschen untereinander anhand der Erfassung der AB0-Blutgruppe jeweils zu Beginn des 20. Jahrhunderts. Beide Verfahren verwendeten bei der Erfassung der spezies- bzw. individualspezifischen Merkmale spezielle Antiseren. Während sich also die herkömmliche forensische Serologie weitgehend der Immunreaktion bediente, ging die weitere Entwicklung hin zu elektrophoretischen Verfahren zur Erfassung der polymorphen Proteinspezies. Da das geeignete Untersuchungssubstrat (insbesondere auch bei der Paternitätsbegutachtung) Blut war, wurde zwischenzeitlich auch der Begriff der Hämogenetik geprägt. Mit der Hinwendung zur DNA-Analytik und der Erfassung molekular definierter DNA-Fragmente ist der Begriff der molekularen Genetik hinzugekommen, der den DNA-analytischen Teil dieser Arbeitsrichtung exakt beschreibt.

9.1 Forensische Spurenkunde

Checkliste

Spurenkundliche Untersuchungen im hier gegebenen Kontext sind an zwei Grundvoraussetzungen gebunden:
- Die labordiagnostische Unterscheidbarkeit von Individuen und
- die Möglichkeit, von einem Teil (der Spur) auf das Ganze (den Spurenleger) zu schließen.

Die aus der Spur erschlossene Information gilt daher immer nur der Identifikation des Spurenlegers und niemals einer fiktiven Erfassung rechtlich geschützter Teileigenschaften.

Als **Spuren** gelten im forensisch-medizinischen Sinne meist sehr kleine Antragungen von Blut, Sekreten oder Gewebeteilen an Personen oder Sachen, die einen Rückschluss auf die handelnden Personen (z.B. Täter oder Opfer) oder auf einen Handlungshergang (z.B. Straftat) gestatten. Die Problematik der **Auswertung** ist durch die unterschiedlichen Lagerungsbedingungen sowie die Lagerungszeit gegeben, durch die meist nur sehr geringe Substanzmenge und durch die insgesamt nur geringen interindividuellen Differenzen innerhalb der biologischen Spuren.

9.1.1 Rechtliche Grundlagen

Spurenkundliche Untersuchungen erfolgen meist in gerichtlichem Auftrag. Ihre Vornahme wird durch die Strafprozessordnung (StPO) geregelt. Sie wurde durch das „Gesetz zur Änderung der Strafprozessordnung" (DNA-Identitätsfeststellungsgesetz, BGBl. I S. 534) von 7.9.1998 (§ 81 g) erweitert, das am 11.9.1998 in Kraft getreten ist.

§ 81a Körperliche Untersuchung des Beschuldigten

(1) Eine körperliche Untersuchung des Beschuldigten darf zur Feststellung von Tatsachen angeordnet werden, die für das Verfahren von Bedeutung sind. Zu diesem Zweck sind Entnahmen von Blutproben und andere körperliche Eingriffe, die von einem Arzt nach den Regeln der ärztlichen Kunst zu Untersuchungszwecken vorgenommen werden, ohne Einwilligung des Be-

schuldigten zulässig, wenn kein Nachteil für seine Gesundheit zu befürchten ist.
(2) Die Anordnung steht dem Richter, bei Gefährdung des Untersuchungserfolges durch Verzögerung auch der Staatsanwaltschaft und ihren Hilfsbeamten (§152 des Gerichtsverfassungsgesetzes) zu.
(3) Dem Beschuldigten entnommene Blutproben oder sonstige Körperzellen dürfen nur für Zwecke des der Entnahme zugrunde liegenden oder eines anderen anhängigen Strafverfahrens verwendet werden; sie sind unverzüglich zu vernichten, sofern sie hierfür nicht mehr erforderlich sind.

§ 81c Untersuchung anderer Personen

(1) Andere Personen als Beschuldigte dürfen, wenn sie als Zeugen in Betracht kommen, ohne ihre Einwilligung nur untersucht werden, soweit zur Erforschung der Wahrheit festgestellt werden muss, ob sich an ihrem Körper eine bestimmte Spur oder Folge einer Straftat befindet.
(2) Bei anderen Personen als Beschuldigten sind Untersuchungen zur Feststellung der Abstammung und die Entnahme von Blutproben ohne Einwilligung des zu Untersuchenden zulässig, wenn kein Nachteil für seine Gesundheit zu befürchten und die Maßnahme zur Erforschung der Wahrheit unerlässlich ist. Die Untersuchungen und die Entnahme von Blutproben dürfen stets nur von einem Arzt vorgenommen werden.
(3) Untersuchungen oder Entnahmen von Blutproben können aus den gleichen Gründen wie das Zeugnis verweigert werden. ...
(4) Maßnahmen nach den Absätzen 1 und 2 sind unzulässig, wenn sie dem Betroffenen bei Würdigung aller Umstände nicht zugemutet werden können.
(5) Die Anordnung steht dem Richter, bei Gefährdung des Untersuchungserfolges durch Verzögerung ... auch der Staatsanwaltschaft und ihren Hilfsbeamten ... zu. § 81a Abs. 3 gilt entsprechend.

§ 81e DNA-Analyse

(1) An dem durch Maßnahmen nach § 81a Abs. 1 erlangten Material dürfen auch molekulargenetische Untersuchungen durchgeführt werden, soweit sie zur Feststellung der Abstammung oder der Tatsache, ob aufgefundenes Spurenmaterial von dem Beschuldigten oder dem Verletzten stammt, erforderlich sind. Untersuchungen nach Satz 1 sind auch zulässig für entsprechende Fragestellungen an dem durch Maßnahmen nach § 81c erlangten Material. Feststellungen über andere als die in Satz 1 bezeichneten Tatsachen dürfen nicht erfolgen; hierauf gerichtete Untersuchungen sind unzulässig.
(2) Nach Absatz 1 zulässige Untersuchungen dürfen auch an aufgefundenem, sichergestelltem oder beschlagnahmtem Spurenmaterial durchgeführt werden. ...

§ 81f Anordnung und Durchführung der DNA-Analyse

(1) Untersuchungen nach § 81e dürfen nur durch den Richter angeordnet werden. In der schriftlichen Anordnung ist der mit der Untersuchung zu beauftragende Sachverständige zu bestimmen.
(2) Mit der Untersuchung nach § 81e sind Sachverständige zu beauftragen, die öffentlich bestellt oder nach dem Verpflichtungsgesetz verpflichtet oder Amtsträger sind, die der ermittelnden Behörde nicht angehören oder einer Organisationseinheit dieser Behörde angehören, die von der ermittlungsführenden Dienststelle organisatorisch und sachlich getrennt ist. Diese haben durch technische und organisatorische Maßnahmen zu gewährleisten, dass unzulässige molekulargenetische Untersuchungen und unbefugte Kenntnisnahme Dritter ausgeschlossen sind. Dem Sachverständigen ist das Untersuchungsmaterial ohne Mitteilung des Namens, der Anschrift und des Geburtstages und -monats des Betroffenen zu übergeben. ...

§ 81g DNA-Identitätsfeststellung

(1) Zum Zweck der Identitätsfeststellung in künftigen Strafverfahren dürfen dem Beschuldigten, der eine Straftat von erheblicher Bedeutung, insbesondere eines Verbrechens, eines Vergehens gegen die sexuelle Selbstbestimmung, einer gefährlichen Körperverletzung, eines Diebstahls in besonders schwerem Fall oder einer Erpressung verdächtig ist, Körperzellen entnommen und zur Feststellung des DNA-Identifizierungsmusters molekulargenetisch untersucht werden, wenn wegen der Art der Ausführung der Tat, der Persönlichkeit des Beschuldigten oder sonstiger Erkenntnisse Grund zu der Annahme besteht, dass gegen ihn künftig erneut Strafverfahren wegen einer der vorgenannten Straftaten zu führen sind.
(2) Die entnommenen Körperzellen dürfen nur für die in Absatz 1 genannte molekulargenetische Untersuchung verwendet werden; sie sind unverzüglich zu vernichten, sobald sie hierfür nicht mehr erforderlich sind. Bei der Untersuchung dürfen andere Feststellungen als diejenigen, die zur Ermittlung des DNA-Identifizierungsmusters erforderlich sind, nicht getroffen werden; hierauf gerichtete Untersuchungen sind unzulässig.
(3) § 81a Abs. 2 und § 81f gelten entsprechend.

Die Errichtungsanordnung der sog. Gendatei datiert vom 17.4.1998. Die Datei ist beim Bundeskriminalamt (**BKA**) eingerichtet worden. Die erforderliche gesetzliche Grundlage schuf das **DNA-Feststellungsgesetz** vom 7.9.1998 (BGBl I 2.646). Hier ist wegen einer angeblichen Schwere des in der Speicherung von DNA-Analysedaten liegenden Eingriffs festgelegt worden, nur bei Straftaten von erheblicher Bedeutung, wie Sexualstraftaten und der Wiederholungsgefahr von Straftaten, die Daten zu erfassen und zu speichern. Die Speicherung der DNA-Identifizierungsmuster ist nach § 3 dieses Gesetzes zulässig.

Die gemäß § 81 g StPO gewonnenen DNA-Identifizierungsmuster können nach dem **Bundeskriminalamtsgesetz (BKAG)** verarbeitet und genutzt werden. Auskünfte dürfen nur für Zwecke eines Strafverfahrens, der Gefahrenabwehr und der internationalen Rechtshilfe hierfür erteilt werden. Die für das Vergleichsmaterial geltende Vernichtungsregelung betrifft Spurenmaterial nicht.

Zeitgleich mit dem Strafverfahrensänderungsgesetz wurde auch eine Veränderung des Gesetzes über die **Ordnungswidrigkeiten (OWiG)** vorgenommen:

Artikel 2

Dem § 46 Abs. 4 des Gesetzes über die Ordnungswidrigkeiten werden folgende Sätze angefügt: In einem Strafverfahren entnommene Blutproben und sonstige Körperzellen, deren Entnahme im Bußgeldverfahren nach Satz 1 zulässig gewesen wäre, dürfen verwendet werden. Die Verwendung von Blutproben und sonstigen Körperzellen zur Durchführung einer Untersuchung im Sinne des § 81e der Strafprozessordnung ist unzulässig.

9.1.2 Biologisch-naturwissenschaftliche Grundlagen

Wichtig

Die Unterscheidbarkeit der Individuen beruht auf der Heterogenität der DNA.

Das betrifft sowohl die genomische als auch die mitochondriale DNA. Der **genomischen DNA** gilt derzeit das Hauptaugenmerk, da sie durch die Tatsache der Rekombination über die wesentlich **größere Heterogenität** verfügt. Die Heterogenität betrifft **sowohl die kodierende als auch die nichtkodierende DNA**.

Wichtig

Kodierende DNA wird in der forensischen Spurenkunde ausschließlich am Genprodukt, den Blut-, Serum- und Enzymgruppen untersucht, die nichtkodierende in der sog. Mikrosatelliten-DNA als STRs (short tandem repeats).

Von untergeordneter Bedeutung sind für die forensische Spurenkunde heute die Polymorphismen der sog. Minisatelliten-DNA als RFLPs (Restriktionsfragmentlängen-Polymorphismen) sowie DNA-Sequenzpolymorphismen am HLA-Genort (z.B. HLADQα). Polymorphismen der Minisatelliten-DNA werden im Kapitel der Paternitätsbegutachtung beschrieben.

Definition

Mikrosatelliten-DNA ist durch kurze Wiederholungseinheiten mit einer Länge von 2–7 Basenpaaren (Bp) gekennzeichnet, die eine maximale Repeathäufigkeit von ca. 100 aufweist. Wegen der kurzen Wiederholungseinheiten werden die polymorphem Einheiten wie oben aufgeführt **short tandem repeats** (STRs) genannt, synonym wird noch der Begriff der **VNTRs** (variable number of tandem repeats) gebraucht, der umfassender ist und auch die RFLPs einbezieht.

Wahrscheinlich gibt es mehrere Hunderttausend Mikrosatelliten-Loci im humanen Genom. Während die die repetitiven Sequenzen flankierenden Bereiche (einschließlich Primerbindungsorte) in den üblicherweise untersuchten Systemen weitgehend humanspezifisch (evtl. auch primatenspezifisch) sind, besitzen die Repeatgrößen Individualspezifität. Sie werden gemäß den Mendel'schen Regeln vererbt.

Definition

STRs sind Strukturmerkmale der nukleären DNA. Sie befinden sich im gesamten Genom locker verstreut; häufig sind sie Teil der sog. **Intronsequenzen**. Letztere sind Unterbrechungen der kodierenden Gensequenz (**Exons**). Ihre Information wird zwar transkribiert, aber aus dem primären RNA-Transkript herausgeschnitten und damit nicht in eine Proteinstruktur übersetzt. Damit erfährt auch diese Satelliten-DNA ihre Heterogenität durch Mutation und Rekombination, unterliegt aber nicht der am Genprodukt angreifenden Selektion, woraus der außerordentlich hohe Polymorphiegrad resultiert. Entsprechend der Diploidie des humanen Genoms finden sich die genetischen Merkmale (**Allele**) stets im doppelten Satz. Die Zusammensetzung des nukleären Genoms ist in der ▪ Abbildung 9.1 schematisch dargestellt.

Außer genomischer DNA enthalten alle eukaryotischen Zellen mitochondriale DNA (**mtDNA**), die sich eigenständig repliziert. Mitochondrien sind Zellorganellen. Ihre DNA ist ähnlich der von Bakterien, was zu der Erkenntnis geführt hat, dass Mitochondrien stammesgeschichtlich sehr alte bakterielle Endosymbionten sind.

Definition

Das humane **mitochondriale Genom** ist komplett sequenziert. Es besteht aus einer zirkulären doppelsträngigen (H- und L-Strang) DNA und ist mit 16.569 Kilobasen (kB) vergleichsweise klein. Es umfasst 37 Gene, wovon 28 auf dem schweren und 7 auf dem leichten Strang liegen. Menschliche Zellen verfügen über unterschiedlich viele Mitochondrien; ihre Zahl reicht von etwa 50 (Spermien) bis zu etwa 10.000 (Eizellen). Jedes Mitochondrium kann mehrere Sätze des mitochondrialen Genoms enthalten, so dass von einer sehr hohen Kopienzahl pro Zelle ausgegangen werden kann. Kennzeichnend für die mtDNA ist ihre monoklonale Natur. Begründet ist dieses Faktum durch ihre rein matrilineare, nicht den Mendel'schen Regeln folgende Weitergabe mit der Eizelle.

In der ▪ Abbildung 9.2 ist die Struktur des mitochondrialen Genoms angegeben.

Die spurenkundlich nutzbare mitochondriale Heterogenität befindet sich im nichtkodierenden Bereich der Kontrollregion, und zwar im sog. **Displacement (D)-Loop**. Hier liegen je zwei Bereiche mit großer Sequenzvariabilität: die hypervariable Region 1 (**HV1**) zwischen den Positionen 16.024 und 16.356 und die hypervariable Region 2 (**HV2**) zwischen den Positionen 73 und 340. Eine dritte Region geringerer Variabilität (**HV3**) stellt sich im Bereich 438–574 dar. Während bei der kerngenomischen DNA unter spurenkundlicher Fragestellung elektrophoretisch quantifizierbare Fragmentgrößen als Ausdruck der Heterogenität verglichen werden, ist zur Darstellung der mitochon-

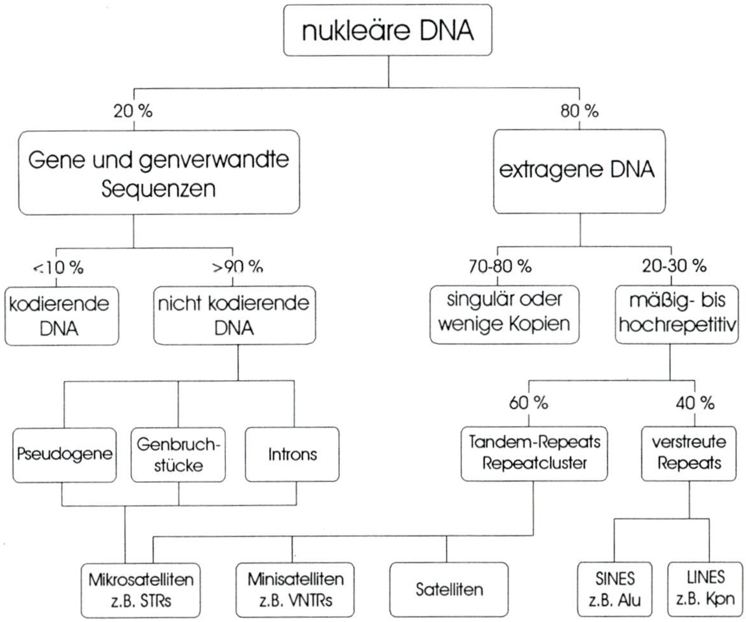

Abb. 9.1. Struktur des humanen Kerngenoms

drialen Heterogenität die Sequenzierung erforderlich und der Vergleich mit einer Bezugsgröße, der sog. **Anderson-Sequenz.** Durch Punktmutationen hervorgerufene Sequenzabweichungen innerhalb eines Individuums werden als **Heteroplasmien** bezeichnet. Sie können sowohl zwischen unterschiedlichen Mitochondrien auftreten als auch, bedingt durch das Vorhandensein mehrere mtDNA-Moleküle innerhalb derselben Organelle, im Einzelmitochondrium. Heteroplasmien sind Raritäten. Weiterführende Angaben zu den biologisch-naturwissenschaftlichen Grundlagen bei Strachan und Read (1996).

9.1.3 Methodische Grundlagen

Die spurenkundliche Arbeit beginnt mit der Spurenasservierung. Für die späteren Analysen ist es hilfreich, die **Spur möglichst unverändert der Bearbeitung zuzuführen.** Das wird u.a. erreicht, wenn der **gesamte Spurenträger ins Labor überführt** werden oder die Spur vom Spurenträger **möglichst trocken** (z.B. durch Abkratzen) entfernt werden kann. Nur notfalls ist sie mit einem feuchten Träger (Probenkämmchen, Watteträger, angespitztes Holzstäbchen) aufzunehmen. Für ausreichende Trocknung vor der Verpackung ist zu sorgen. Da aus der Spurenverteilung (z.B. Blutanspritzungen an Wänden) Aussagen über einen Hergang gemacht werden können, empfiehlt es sich, **vor der Spurenasservierung eine Fotodokumentation** vorzunehmen. Das alles hat ausschließlich in Absprache mit dem ermittlungsführenden Polizeibeamten zu geschehen.

Für die eigentlichen spurenkundlichen Untersuchungen, die ganz überwiegend den Spuren biologischer Herkunft gelten, bedient man sich enzymreaktiver, immunologischer, elektrophoretischer und vor allem DNA-analytischer Verfahren.

- Der orientierende Nachweis von **Blut, Sperma und Speichel als Spurenkategorie** erfolgt enzymreaktiv. Blut wird über seine Katalase- bzw. Pseudoperoxidaseaktivität nachgewiesen, Sperma über die Aktivität der sauren Phosphatase im Spermaplasma und Speichel über seine Amylaseaktivität.
- Der Nachweis der **Artzugehörigkeit** erschließt sich über die immunologische Reaktion mit einem Anti-Art-Serum oder DNA-analytisch über den Nachweis artspezifischer DNA-Sequenzen.
- Der spurenkundliche Nachweis der **Geschlechtszugehörigkeit** des Spurenlegers erfolgt heute zuverlässig über die geschlechtsspezifische DNA-Fragmentlänge innerhalb einer Intronsequenz im Amelogenin-Gen.
- Die spurenkundliche Erkennung des **Lebensalters** eines Spurenlegers ist weiterhin problematisch. Lediglich das frühe Säuglingsalter lässt sich über die Erfassung lebensaltersspezifischer Proteine (fetales Hämoglobin, α_1-Fetoprotein) recht zuverlässig erschließen. Die quantitative Bestimmung der altersabhängigen 4977-Bp-Deletion im mitochondrialen Genom gibt nur einen statistischen Hinweis auf das Lebensalter und ist für den konkreten Einzelfall derzeit nur eingeschränkt brauchbar.
- Die **Individualzuordnung** erfolgt heute praktisch ausschließlich DNA-analytisch. Natürlich ist es möglich, die Zugehörigkeit eines Spurenlegers zur AB0-Blutgruppe immunologisch zu erschließen (z.B. Absorptionsverfahren nach Schiff-Holzer), jedoch ist die aus dem Ergebnis resultierende Information gering und die Fehlerrate bei nicht optimal gelagerten Spuren relativ hoch. Eine DNA-analytische AB0-Differenzierung ist möglich; angesichts der geringen Information ist der Aufwand hoch. Sie ist

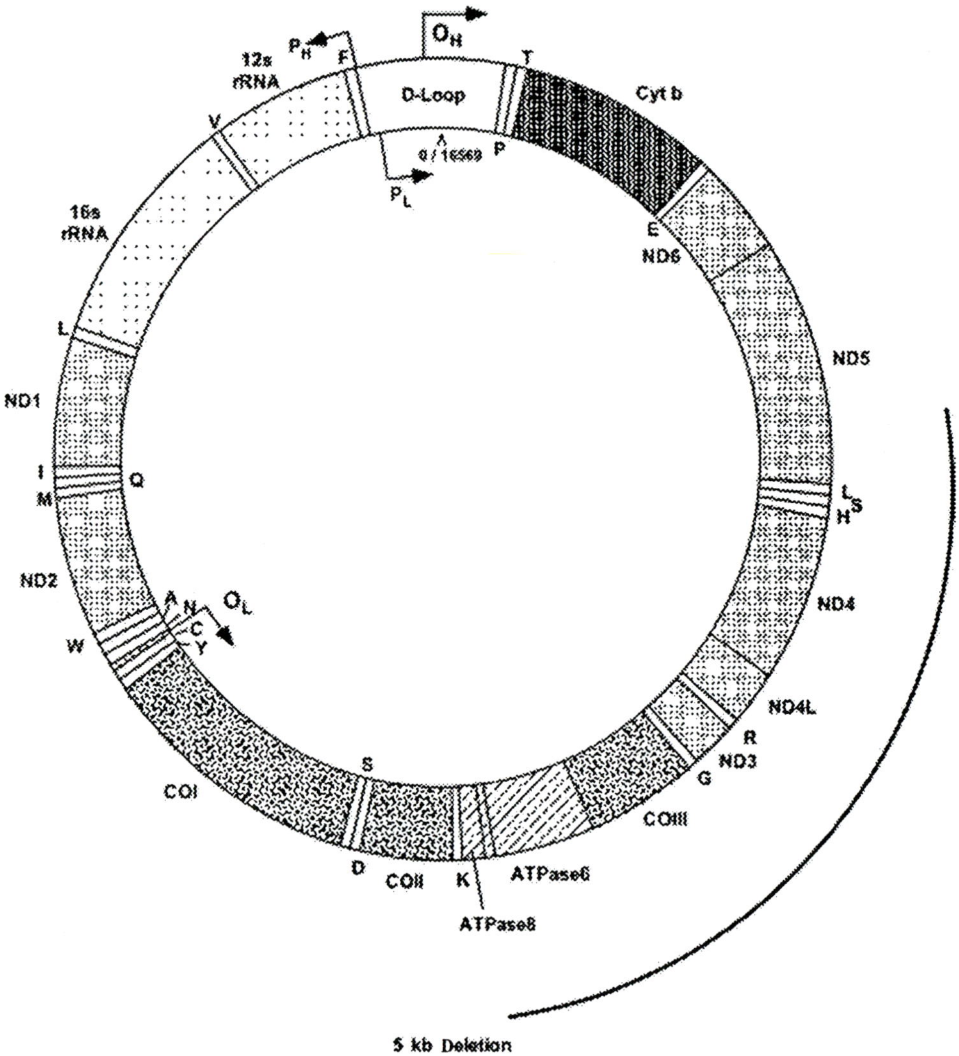

■ Abb. 9.2. Mitochondriales Genom

spurenkundlich nur bei ausgewählten Fragestellungen angezeigt, wenn z.B. von einem nicht verfügbaren Spurenleger allein die AB0-Gruppenzugehörigkeit bekannt ist. Auch die Marker der Serum- und Enzymgruppen sollten spurenkundlich nicht mehr genutzt werden. Ihre Information ist gering, ihre spurenkundliche Erfassung fehlerträchtig.

Die spurenkundliche DNA-Analytik zur Individualdiagnostik orientiert sich heute erfolgreich fast ausschließlich an der Erfassung der sog. **short tandem repeats (STRs)**. Sie bieten einen doppelten Vorteil:

- Die zur Untersuchung genutzten DNA-Abschnitte sind kurz (bis zu 400 Bp) und daher im statistischen Sinne selten von Degradation betroffen.
- Die PCR, mit der die anvisierte heterogene DNA systemspezifisch vervielfältigt (amplifiziert) wird, schafft die zur Detektion erforderliche Molekülzahl.

Die sog. **AmpFLP-Systeme** (amplifizierbare Fragmentlängen-Polymorphismen), die das Bindeglied zu den VNTRs auf RFLP-Ebene darstellen, sind heute spurenkundlich ohne Bedeutung. Der methodische Zugriff auf die DNA von RFLP- und STR-Charakter ist in der ■ Abbildung 9.3 dargestellt.

Infobox

Für die forensische Routine hat sich die Untersuchung der Systeme SE33 (HumACTBP2), D21S11, VWA (HumVWF31A), TH01 (HumTH01) und FGA (HumFIBRA) als praktikabel erwiesen. Sie haben deshalb zunächst Eingang in die nationale Gendatei

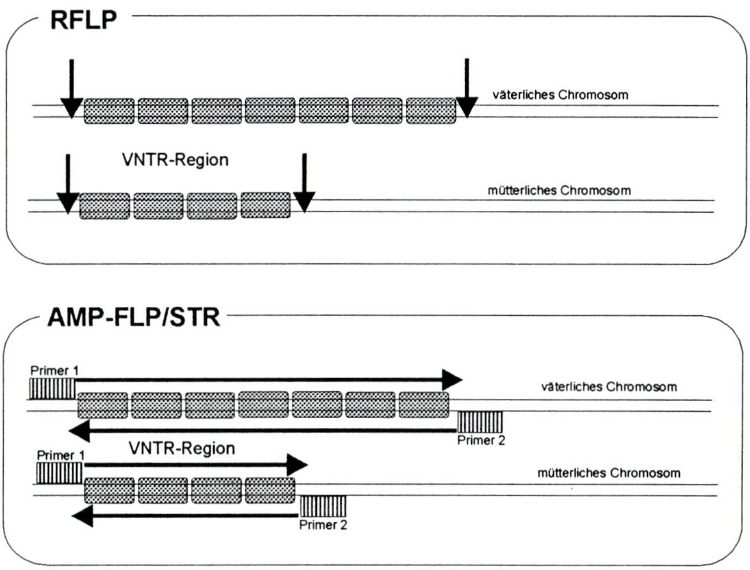

Abb. 9.3. Schematische Minisatelliten- (RFLP-) Darstellung (*oben*) und STR- (bzw. AmpFLP-) Darstellung (*unten*). Die *Pfeile* geben bei den RFLPs die Restriktionsorte und bei den STRs die Syntheserichtung der PCR an

gefunden. Um eine europäische Harmonisierung zu erreichen, wurde die Datenbank ab 2002 verbindlich um die Systeme D3S1358, D8S1179 und D18S51 ergänzt.

Mit Hilfe dieses Instrumentariums ist es möglich, alle Personen, die nicht monozygote Zwillinge sind, voneinander zu unterscheiden. Von Vorteil ist es überdies, STRs der Geschlechtschromosomen (sog. **DYS-** und **DXS-Systeme**) darstellen zu können, da bei bestimmten Fragestellungen nicht nur die Aussage: **DNA vom Mann**, sondern auch die: **DNA von einem bestimmten Mann bzw. von mehr als einem Mann** möglich ist.

Wichtig

Der Untersuchungsgang ist immer weitgehend identisch: Die DNA wird aus der Spur extrahiert, über Polymerase-Kettenreaktion (PCR) systemspezifisch vervielfältigt und mittels automatisierter Flachgel- oder Kapillar-Elektrophorese detektiert. Die erhaltenen Rohdaten werden über eine spezielle Software bearbeitet; am Ende stehen durch Molekulargewicht bzw. Allelgröße benannte Peaks.

DNA-Extraktion

Die DNA-Extraktion aus Vollblut wird im paternitätsserologischen Kapitel angegeben. Für die Extraktion aus Blut-, Sperma- und Speichelspuren (Mundschleimhautabstriche) wird überwiegend die **Chelex-Extraktion** eingesetzt.

PCR

Die PCR erfolgt in sog. **Thermocyclern** mit automatisierten Temperaturwechseln. Ein initialer Denaturierungsschritt mit einer Dauer von 1 Minute bei 94 °C wird gefolgt von 30–35 Zyklen mit Denaturierung (Umwandlung der doppelsträngigen DNA in eine einzelsträngige) von 1 Minute bei 94 °C, Primer-Annealing (Primerbindung an seine Komplementärstruktur der Ausgangs-DNA von 1 Minute; temperaturabhängig vom System zwischen 49 °C und 60 °C) und der Extension (vom Primer ausgehende und durch die Polymerase vermittelte DNA-Synthese) von 1 Minute bei 72 °C. Es schließt sich ein neuer Zyklus an, der wieder mit der Denaturierung beginnt. Endprodukt der PCR ist eine große Anzahl weitgehend identischer Moleküle, die die elektrophoretische Detektion erlaubt. Der ideale Amplikationserfolg (100 %) ist mit dem allgemeinen mathematischen Ausdruck **$(2^n)a$** (a = Anzahl der Ausgangsmoleküle) beschreibbar, die tatsächliche Ausbeute ist wesentlich geringer. Das Prinzip der PCR ist in der Abbildung 9.4 schematisch dargestellt.

Charakterisierung der PCR-Produkte

Wichtig

Die Charakterisierung der PCR-Produkte erfolgt (mit Ausnahme der sequenzpolymorphen Fragmente) elektrophoretisch.

Die definierten Molekülgrößen mit zumeist 4 Bp-Unterschieden zu den benachbarten Allelen erlauben eindeutige und klar voneinander unterscheidbare Trennbilder. Um den Amplifikationserfolg abschätzen zu können, wird zunächst in der horizontalen **Polyacrylamidgel-Elektrophorese (PAGE)** getrennt. Die Größe der Amplifikationsprodukte kann durch das Mitführen einer 100 Bp-Leiter bewertet werden. Detektiert wird das Auftrennungsmuster über eine Silberfärbung. Der Amplikationserfolg offenbart sich durch das Vorhandensein einer systemspezifisch lokalisierten Einzelbande. Bei effizienter Amplifikation kann nunmehr im hoch auflösenden diskon-

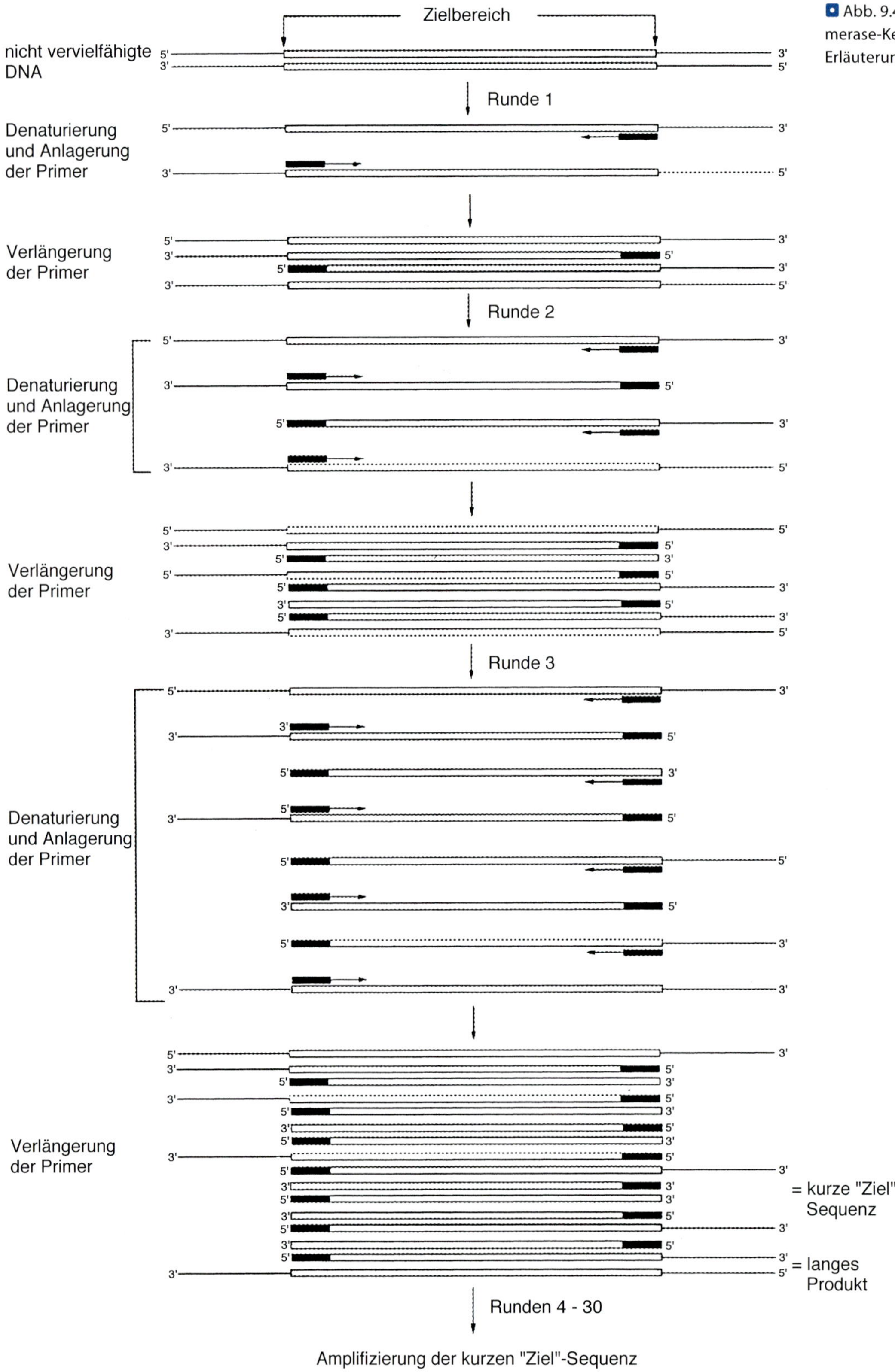

Abb. 9.4. Prinzip der Polymerase-Kettenreaktion (PCR). Erläuterungen im Text

tinuierlichen, sowohl nativen als auch denaturierenden Polyacrylamidgel aufgetrennt werden, vorzuziehen ist jedoch die Kombination aus (Flachgel- oder Kapillar-) Elektrophorese und automatisierter Fragmentanalyse mittels fluoreszenzmarkierten Primern sowie Lasertechnologie. Native Gelsysteme dienen der Trennung doppelsträngiger DNA, denaturierende werden für die Analyse einzelsträngiger DNA-Moleküle eingesetzt. Denaturierende Gelsysteme enthalten 7 M Harnstoff, der die Wasserstoffbrückenbindungen, die den Doppelstrang verbinden, aufbricht. Während die Elektrophorese im nativen Gelsystem eine Differenzierung von Sequenzvarianten identischer Länge erlaubt, haben denaturierende Systeme wegen fehlender Artefaktbildungen eine hohe, allein an der Molekülgröße orientierte Trennschärfe.

Untersucher, deren DNA-analytischen Untersuchungsergebnisse in die zentrale Gendatei eingegeben werden, müssen über eine apparative Ausrüstung verfügen, die den höchsten Anforderungen an Trennqualität entspricht (z.B. DNA-Sequencer 373, PE Appl. Biosystems bzw. A.L.F.-DNA-Sequencer, Pharmacia als Flachgelapparatur oder ABI Prism Genetic Analyser 310 PE Appl. Biosystems mit Kapillarauftrennung).

Sequenzierung

Mittels dieser Apparaturen ist auch die Sequenzierung (**Basensequenzaufklärung**) von Allelen möglich. Haupteinsatzgebiet der Sequenzierung ist in der forensischen Spurenkunde die Erschließung der mitochondrialen Heterogenität. Sequenzierung und PCR haben dieselbe methodische Grundlage. Beide Methoden verwirklichen in vitro die DNA-Replikation, indem sie eine DNA-Polymerase einsetzen, um von einem Primer aus, nach den Anweisungen einer einzelsträngigen Matrizen-DNA, den Komplementärstrang zu synthetisieren. Der Sequenzierungsprimer muss spezifisch an den Abschnitt der Template-DNA binden, der an den Sequenzierbereich angrenzt. Das Prinzip erschließt sich am besten, wenn man die ursprünglich eingesetzten vier parallelen Reaktionsansätze betrachtet. Jeder Reaktionsansatz enthält jeweils die vier normalen **dNTPs** (dATP, dCTP, dGTP und dTTP) sowie ein bestimmtes **ddNTP** (Didesoxynucleosidtriphosphat; ddATP etc.) in sorgfältig ausgewählter Konzentration. Man erhält damit A-, C-, G- und T-Ansätze. Die Reaktion beginnt mit der Hybridisierung des Primers an eine komplementäre Stelle der Ziel-DNA. Dabei wird der Primer über sein 3'-Ende verlängert. Der neue Strang ist der Ausgangs-DNA komplementär. Mit dem zufälligen Einbau des jeweiligen ddNTP als statistischem Ereignis seiner Konzentration bricht die Strangsynthese ab. Das Ergebnis ist als Ausdruck der Konkurrenz zwischen den dNTPs und den ddNTPs eine Population von Fragmenten unterschiedlicher Länge. Die 5'-Enden aller Fragmente stimmen überein, da sie durch den Sequenzierprimer festgelegt sind. Die 3'-Enden werden durch ein ddNTP gebildet, was keine weitere Synthese gestattet. Nach der Synthese werden die erhaltenen Fragmente in Einzelansätzen elektrophoretisch aufgetrennt und sie können als Komplementärsequenz von anodisch nach kathodisch abgelesen werden. Dort im A-Ansatz, wo sich eine Bande findet, hat eine ddATP die Synthese angebrochen, muss sich folglich auf dem Matrizenstrang ein T befinden usw. Verwendet man für die vier Ansätze unterschiedlich fluoreszenzmarkierte ddNTPs, können alle Reaktionen in einem gemeinsamen Ansatz ablaufen. Die Fragmente werden z.B. nach 25 Zyklen, bei denen genügend Abbruchfragmente gebildet wurden, in der Flachgel- oder Kapillar-Elektrophorese mittels Laserstrahl durch ihr unterschiedliches Signal differenziert und die Rohdaten mit Hilfe entsprechender Software ausgewertet.

Diskriminationsindex

Liegen die Daten einer DNA-analytischen Untersuchung vor, ist zu bewerten, ob eventuelle Übereinstimmungen zufällig oder nicht zufällig sind. Als Ziel der Spurenkunde gilt wie eingangs formuliert, die Unterscheidbarkeit der Individuen so zu nutzen, dass Spuren realen Personen und umgekehrt verlässlich zugeordnet werden können. Die Diskriminationsfähigkeit eines Polymorphismus für diesen Vergleich hängt unmittelbar von der Anzahl verschiedener Allele im System und deren Frequenzen in der Population ab.

Definition

Eine allgemein gebräuchliche Kennziffer zur Charakterisierung dieser Trennschärfe eines Polymorphismus ist der **Diskriminationsindex** (DI), der in der Beschreibung eines Polymorphismus meist angegeben wird. Er gibt die Leistungsfähigkeit eines Systems an, durch die Erfassung der Individualmerkmale Personen voneinander unterscheiden zu können.

So weist das mittelgradig informative System TH01 einen DI von 0,91, das hoch informative SE33 jedoch einen DI von 0,99 auf.

Die Berechnung aller statistischen Kenngrößen fußt auf der **Kenntnis der entsprechenden Allelfrequenzen unter Nutzung des Hardy-Weinberg-Gleichgewichtes.** Hiernach ist die Frequenz des Genotyps beim homozygoten Allel $a = a^2$ und die Frequenz des heterozygoten Genotyps mit den Allelen a und b $= 2ab$. Für die Feststellung der Häufigkeit des Merkmalskomplexes werden die Einzelfrequenzen miteinander multipliziert. Wenn beim Eintrag in die Gendatei angegeben werden muss, unter wie viel Personen in der gegebenen Population der gefundene Individualmerkmalskomplex einmal vorkommt, ist von dieser Zahl der Kehrwert zu bilden. Diese Betrachtung gilt nur für den einfachen Spurenfall. Beim Vorliegen von Mischspuren liegen die Verhältnisse weit komplizierter und es wird auf die Spezialliteratur verwiesen. Weiterführende Literatur zu den methodischen Grundlagen unter Brinkmann und Wiegand 1997 sowie Maniatis et al. 1989.

9.1.4 Praxis der spurenkundlichen Untersuchung

Die spurenkundliche Praxis hat sich im vergangenen Jahrzehnt grundsätzlich gewandelt. Durch den Zugriff auf das Genom und die Möglichkeit der fast beliebigen Vervielfältigung der Zielstruktur sind die meisten der z.T. problematischen konventionellen Untersuchungsverfahren entbehrlich geworden. Auf ihre Darstellung wird daher weitgehend verzichtet. Im Bedarfsfall ist die einschlägige Literatur beizuziehen (Schleyer et al. 1995).

Dennoch ist es aus Gründen eines ökonomischen Untersuchungsaufwandes manchmal erforderlich, z.B. die Artspezifität des Spurenlegers zu erschließen, um beim Vorliegen von Tierblut bei einem auf Menschenblut gerichteten Untersuchungsauftrag frühzeitig die Arbeit beenden zu können. Das setzt voraus, dass genügend Material vorhanden ist. Bei Mikroblutspuren ist es ratsam, z.B. sofort die Individualzuordnung vorzunehmen. Auch die Beantwortung der Alternativfrage, ob es sich bei einer Spur um Speichel oder Sperma handelt, kann bedeutsam sein, da zwar identische DNA vorhanden ist, der Nachweis des einen oder anderen Sekretes aber gravierende Auswirkungen auf die Rekonstruktion eines Handlungsablaufes haben dürfte.

Wichtig

Am Beginn der spurenkundlichen Analyse steht also der Nachweis der Spurenart. Das Ergebnis der Untersuchung entscheidet über die weitere Strategie.

Blut. Blut hat auch in der getrockneten Spur seine charakteristische Farbe, die die Spurensuche erleichtert. Relativ spezifisch kann es einerseits über die Aktivität der **Katalase**, die in den Erythrozyten nahezu aller Individuen vorkommt, nachgewiesen werden, andererseits über die Pseudoperoxidasereaktivität des Hämoglobins und seiner Derivate. Die Katalaseaktivität erschließt sich nach Zugabe von 2–5 %iger Wasserstoffperoxidlösung zur Spur durch Schaumbildung über den frei gesetzten Sauerstoff. Da die Katalase ein sog. echtes Enzym ist, ist die Nachweisbarkeit ihrer Aktivität an das intakte Protein gebunden. Die katalytische Aktivität der **Pseudoperoxidase** ist dagegen im Häm (Eisen-Porphyrin-Komplex) begründet, das kein Eiweiß und deshalb außerordentlich umweltstabil ist. Peroxidasen katalysieren z.B. die Zersetzung des Wasserstoffperoxids in Wasser und Sauerstoff und sie übertragen den Sauerstoff auf ein Substrat, das so gewählt werden kann, dass ein gefärbtes Reaktionsprodukt entsteht: Gibt man zu einer essigsauren Lösung von **Benzidin** (Diaminodiphenyl) und einem Peroxid (Wasserstoff- oder auch Bariumperoxid) Blut hinzu, spaltet die (Pseudo-) Peroxidase aus dem Peroxid-Sauerstoff ab und überträgt ihn auf das Benzidin, das sich in ein intensiv blaugrün gefärbtes Benzidinblau umwandelt. Das kanzerogene Benzidin ist heute durch andere Farbstoffe (z.B. o-Tolidin) ersetzt. Die im Handel erhältlichen Sangur®- bzw. Heglostix®-Teststreifen orientieren sich gleichfalls am Benzidin-Prinzip. Der Test ist hoch empfindlich. Hohe Verdünnungsstufen, die keine oder fast keine Bluteigenfarbe mehr aufweisen, werden noch angezeigt. Vorsicht ist daher geboten, wenn z.B. der Fingernagelschmutz von Metzgern und verwandten Berufen ein positives Testresultat zeigt. Der Test ist daher auch nicht ganz spezifisch. Falschpositive Resultate werden auch durch Chlorophyll erhalten.

Der **Luminoltest** auf Blut ist bei positivem Reaktionsausfall zwar eindrucksvoll, aber aufwendig, gesundheitlich belastend und an bestimmte äußere Bedingungen gebunden (vollständige Dunkelheit im Untersuchungsraum): Eine alkalische Lösung von Luminol (3-Aminophthalsäurehydrazid, 0,1 %) und Wasserstoffperoxid (ca. 5 %) leuchtet durch Chemilumineszenz in der Dunkelheit auf, wenn das Luminol über die peroxidasevermittelte Sauerstofffreisetzung oxidiert wird. Unspezifische Reaktionen müssen beachtet werden, so die durch Chlorophyll oder auch Eisenrost. Vorteilhaft ist dieser Test bei der Überprüfung von dunkelfarbenen saugfähigen Spurenträgern wie Teppichen, Fußmatten, Kissenbezügen u.a., die in die Dunkelkammer des Untersuchers überführt werden können. Eine sehr gute Differenzierung, ob z.B. Kontakt- oder Spritzspuren von Blut am Ärmel eines dunklen Kleidungsstückes vorhanden waren, konnte durch den Luminoltest getroffen werden. Am Ereignisort selbst ist die vollständige Dunkelheit meist nicht zu gewährleisten.

Blutkristallproben (z.B. Teichmann, Takayama) zeigen spezifisch Blut an (jedoch artunspezifisch), sind aber weitgehend entbehrlich und sollten nur noch dort eingesetzt werden, wo die Fragestellung gezielt allein auf Blut gerichtet ist.

Sperma. Der Nachweis von Sperma wird außer in Scheidenabstrichen meist an textilen Spurenträgern geführt. Äußerliche Hinweise auf frische oder mäßig alte Spermaantragungen sind landkartenartig begrenzte, angedeutet gelblich graue Flecken, die das textile Gewebe leicht wellen und steifen. Orientierend kann über den Nachweis der **Phosphataseaktivität** auf Sperma getestet werden. Die in der Natur weit verbreitete saure Phosphatase hat im Sperma eine um zwei Größenordnungen höhere Aktivität als z.B. im Scheidensekret. Das Reaktionsprinzip besteht in einer phosphatasevermittelten Umwandlung von z.B. α-Naphthylphosphat in Naphthol, das mit Tetrazoliumsalz einen roten Azofarbstoff bildet. Es empfiehlt sich, zur Untersuchung handelsübliche Phosphatesmo®-Teststreifen zu verwenden, auf denen die Reaktionspartner trockenchemisch vereinigt sind. Die Reaktionszone des Teststeifens wird angefeuchtet und kurz auf das fragliche Spurenareal gedrückt. Nur der prompte Farbumschlag ist als auf Sperma hinweisend zu werten. Spermaspezifisch ist der Nachweis des prostataspezifischen Antigens (p30) und des samenbläschenspezifischen Proteins (SVSA), das mit dem monoklonalen Antikörper MHS-5 nachgewiesen wird. Diese Tests zeigen wesentlich empfindlicher Sperma an als der Phosphatasenachweis. Alle genannten Tests werden durch eine Vasektomie beim Spurenleger nicht beeinflusst.

Der spezifischste Spermanachweis ist naturgemäß die Darstellung von Spermien. Werden beim Verdacht auf ein Sexualdelikt Abstriche von den Körperöffnungen (inkl. Zervikalkanal bei der Frau) genommen, sollte unbedingt vom jeweiligen Abstrich ein **Objektträgerausstrich** gefertigt werden. Die luftgetrockneten Ausstriche werden vorzugsweise mittels HE gefärbt, eingedeckt und mikroskopisch bewertet. Bei nicht mehr ganz frischen Spermaeinträgen werden meist nur noch Spermienköpfe sichtbar. Diese sind mit 3–5 μm Längsdurchmesser deutlich kleiner als z.B. Erythrozyten, sie sind oval, stellen sich blau dar und haben eine charakteristische Farbdichtenverteilung. Die geißelseitige Hälfte ist intensiver gefärbt als der übrige Teil (Acrosom), der sich durchscheinend blau darstellt (◘ Abb. 9.5). Eine Durchmusterung des Ausstriches mit starker Vergrößerung und der ständige Vergleich mit einer Positivkontrolle sind erforderlich. Nur für den unerfahrenen Untersucher sollte das Vorhandensein einer Geißel Kriterium des sicheren Spermiennachweises sein. Insbesondere bei den problematischen Abstrichen von Mund- und Enddarminhalt ist durch hohe Proteaseaktivität des Milieus frühzeitiges Fehlen der Spermiengeißel die Regel.

Der Nachweis von Spermien ist auch mikroskopisch an einer Einzelfaser eines textilen Spurenträgers möglich: Die Faser oder ein lockeres Faserbündel werden gezupft und mittels **Baecchi-Verfahren** gefärbt. An den Fasern fixierte oder auch abgelöste Spermien stellen sich durch die Färbung mit Säurefuchsin und Methylenblau in Salzsäure rot dar, Geißeln, sofern vorhanden, angedeutet blau. Die textilen Fasern bleiben ungefärbt.

Bei einem negativen Testresultat auf Sperma ist zu bedenken, dass z.B. bei einem vorgetragenen oralen Spermaeintrag der Nachweis im ungünstigen Fall nur wenige Minuten gelingen dürfte (in Einzelfällen jedoch auch Stunden), der Nachweis im Enddarm mit einem zwischenzeitlichen Stuhlgang meist endet. Ein Nachweis von Spermien in der Scheide bei der lebenden Frau ist abhängig von der Nachdrücklichkeit der Probennahme und sollte im Mittel 36–48 Stunden post coitum noch gelingen. Im Zervikalkanal können wahrscheinlich auch mehrere Tage nach vaginalem Spermaeintrag Spermien nachgewiesen werden. Der Spermanachweis kann an der Leiche noch nach wochenlanger Liegezeit geführt werden, sofern der Spermaeintrag zeitnah zum Todeseintritt erfolgt ist. Fehlende Spermien sind kein Grund, auf den Versuch einer DNA-Extraktion mit Darstellung z.B. Y-chromosomaler STRs zu verzichten. Eine Kondombenutzung kann gegebenenfalls über den Nachweis von Beschichtungsmaterialien (z.B. Lycopodiumsporen) im Scheideninhalt objektiviert werden.

Speichel. Speichel kommt als Spur überall dort vor, wo ein Mundkontakt mit dem Spurenträger im weitesten Sinne stattgefunden hat. Das betrifft den Rand des Trinkgefäßes, den Rest der angerauchten Zigarette, die angeleckte Briefmarke, das angebissene Nahrungsstück. Dort wo das Opfer geküsst oder gebissen wurde, bleibt Speichel zurück und dort, wohin gespuckt wird. Dem Speichel fehlt eine charakteristische Eigenfarbe, daher ist die Speichelkontamination am Spurenträger gegebenenfalls zunächst zu lokalisieren, bevor eine DNA-Extraktion versucht wird. Menschlicher Speichel enthält das Stärke spaltende Enzym **Amylase** in hoher Aktivität. Er unterscheidet sich damit von dem aller anderen Spezies, die zumindest in Europa als alternative Spurenleger in Frage kommen können. Prinzip des Amylasenachweises ist die Fähigkeit der Stärke, mit Jod zu einer tiefblauen Farbreaktion zu führen. Wird dem Eluat einer Speichelspur Stärkelösung (ca. 1 %) zugesetzt, wird innerhalb einer Reaktionszeit von z.B. 30–60 Minuten die Stärke abgebaut, so dass zugesetzte Lugol'sche Lösung (1:10 verdünnt) keine Blaufärbung bewirkt. Der Eintritt der Färbung spricht dagegen für das Vorhandensein von Stärke und damit für das Fehlen von Amylase und damit von Speichel. Nur das positive Testresultat ist von hohem Hinweiswert.

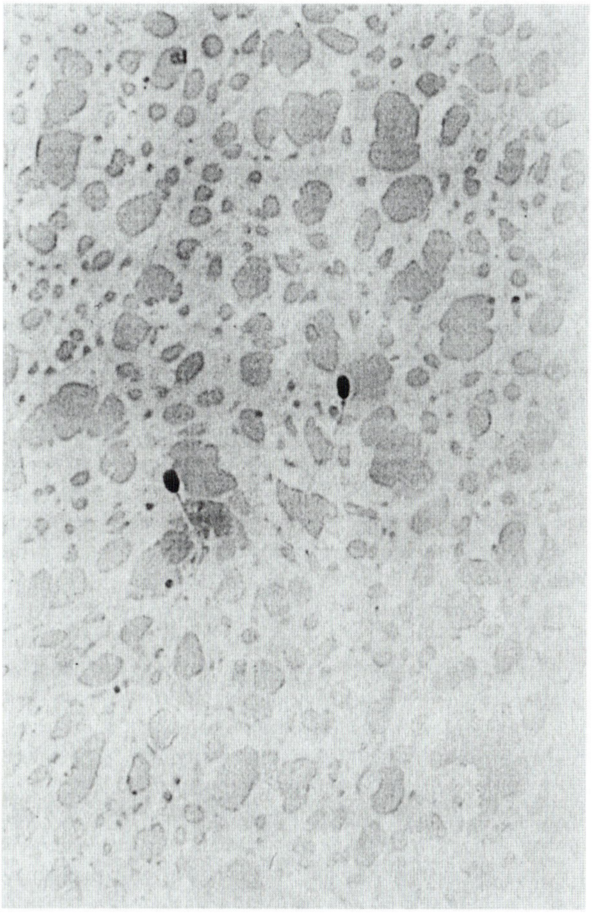

◘ Abb. 9.5. Einzelspermien im Ausstrich nach Spurenelution (HE-Färbung)

Scheidensekret. Der Nachweis von Scheidensekret ist an einem Spurenträger relativ schwer zu führen und wenigen besonderen Fragestellungen vorbehalten. Eine ergibt sich aus dem Umstand, dass für eine Vergewaltigung eine Person in Anspruch genommen wird, die die Tat leugnet. Es soll dann anhand eines

Penisabstriches geprüft werden, ob sich Scheidensekret oder andersartiger Scheideninhalt nachweisen lässt. Der Nachweis von glykogenhaltigen Epithelien ist unspezifisch, da diese auch beim Manne vorkommen. Der Penisabstrich ist jedoch über die Möglichkeit, von der Frau stammendes Material DNA-analytisch zu erschließen, durchaus bedeutungsvoll. Aus dem Scheideninhalt kann nach einem Geschlechtsverkehr u.U. auch dann DNA des Mannes extrahiert werden, wenn eine Ejakulation nicht stattgefunden hat. Der Untersuchungserfolg ist an die Intensität bzw. Dauer der Friktionen gebunden.

Bei einem vaginalen Blutaustritt wird mit der Übergabe des Spurenträgers zuweilen der Auftrag erteilt, zwischen Menstrualblut und Blut aus genitaler Verletzung zu differenzieren. Diese Differenzierung kann über den Nachweis endometrialer Strukturen im Spureneluat oder über den Nachweis organspezifischer RNA (mRNA für Rezeptorproteine der Uterusschleimhaut) versucht werden. Diese RNA kann in cDNA umgeschrieben und durch einen geeigneten Visualisierungsschritt detektiert werden. Das Verfahren ist noch nicht ausreichend validiert.

Urin und Kot. Dies sind selten Substrate spurenkundlicher Aufträge. Eine vorgelegte Flüssigkeit als Urin zu identifizieren könnte bei Manipulationsversuchen im Rahmen von Dopingkontrollen eine Rolle spielen oder beim Versuch, eine Drogenaufnahme zu verschleiern. Urin wird an seinen charakteristischen Inhaltsstoffen wie Harnstoff und/oder Kreatinin erkannt; Speziallabors vermögen Uroproteine und Urochrome qualitativ und quantitativ nachzuweisen. Über kommerzielle Teststreifen (z.B. Merckognost®) kann ein Urinnachweis trockenchemisch geführt werden. Hierbei wird das aus Harnstoff durch Urease freigesetzte Ammoniak durch den Farbumschlag eines Indikators angezeigt. Der Nachweis gelingt auch an getrocknetem Urin. Schweißantragungen enthalten gleichfalls Harnstoff und können zu falschpositiven Reaktionen führen. Kot ist über seine spezielle Form und Farbe und durch seinen charakteristischen Geruch relativ leicht zu erkennen. Ein Rückschluss auf den Spurenleger ist DNA-analytisch von unsicherem Erfolg.

Haare, Haut, Zähne und **Nägel** können als Spurenkategorie meist morphologisch gut erkannt werden.

Haarentwicklung. Haare haben einen charakteristischen Aufbau, der aus Mark, Rinde und Kutikula besteht und sich mikroskopisch erkennen lässt. Haare machen eine Entwicklung durch; das jeweilige Entwicklungsstadium entscheidet darüber, ob ausreichend DNA extrahiert werden kann. Das 1. Entwicklungsstadium wird **Anagenphase** genannt (▫ Abb. 9.6). Sie währt etwa 1.000 Tage. In dieser Zeit ist die Haarwurzel fest mit der dermalen Papille verwachsen. Ausriss des Haares führt zur Mitnahme wachstumsaktiven Zellmaterials. Das 2. Stadium, die **Katagenphase**, ist eine relativ kurze, nur etwa 3–4 Wochen währende Übergangsperiode, in der der Haarfollikel von der aktiven in die Ruhephase wechselt. Die Papille trennt sich vom Haarbulbus. Die Zellproduktion wird eingestellt. Diese Phase geht in die **Telogenphase** über. Hier ist das Haar über sein

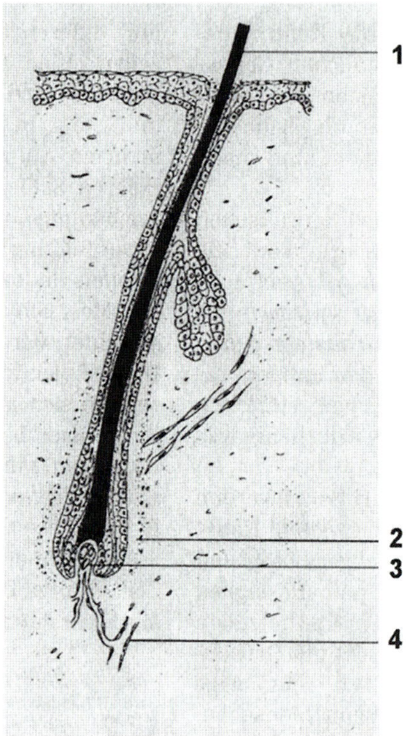

▫ Abb. 9.6. Anagenhaar. *1* Haarschaft, *2* Wurzelscheide, *3* Haarpapille, *4* Blutgefäß

kolbenartig umgewandeltes Ende im Follikel verankert. Nach einer im Mittel 3–4 Monate währenden Zeitspanne wird dieses Kolbenhaar durch ein nachwachsendes Haar, aber auch durch mechanische Beanspruchung aus der Kopfhaut gelöst. Solche Telogenhaare weisen wurzelnah noch pyknotische Zellkerne auf; die Gewinnung amplifizierbarer genomischer DNA aus Telogenhaaren bedarf besonderer Sachkunde. Dagegen ist aus der Wurzel der Anagenhaare praktisch immer eine ausreichende DNA-Gewinnung möglich.

Haut. Haut findet sich in ihrem Epidermisanteil als Spur zuweilen unter den Fingernägeln der Person, deren Kontrahent in der körperlichen Auseinandersetzung Kratzverletzungen aufweist. Das Material ist vorsichtig zu gewinnen, damit es nicht mit der DNA aus der Nagelmatrix kontaminiert wird. Auch beim Schlagen und Greifen kann es zur wechselseitigen Epidermisübertragung kommen.

Zähne. Zähne sind aufgrund ihrer charakteristischen Form und ihres Aufbaues sowohl in ihrer Zuordnung zur Spurenkategorie als auch bezüglich ihrer Herkunft unverkennbar.

Spezieszuordnung

Der Auftrag, an einer Spur die Spezieszuordnung vorzunehmen, ergibt sich meist aus der Einlassung, eine auf eine Straftat hinweisende Spur stamme nicht vom vermeintlichen Opfer, sondern vom Schlachttier. Bis vor wenigen Jahren war die **proteinanalytische Speziesidentifikation** die Methode der Wahl.

Bei diesem auf Paul **Uhlenhuth** zurückgehenden Verfahren wird das Antigen (Spurenprotein) mit einem Anti-Art-Serum (z.B. Antihumanglobulin) zur Reaktion gebracht. In der Modifikation nach **Ouchterlony** (radiale Immundiffusion) wandern die Reaktionspartner in einem Agar- oder Agarosegel aufeinander zu. Entsprechen sich Antigen und Antikörper, kommt es zu einer Präzipitation, die durch Färbung optisch verdeutlicht werden kann (◘ Abb. 9.7). Da bei der Antigen-Antikörper-Reaktion die Reaktionspartner in einem bestimmten Konzentrationsverhältnis zueinander vorliegen müssen (Äquivalenzzone), empfiehlt es sich, gegebenenfalls die Reaktionspartner in verschiedenen Verdünnungsstufen einzusetzen. Eine elektrophoretische Variante der Immundiffusion ist die sog. **Überwanderungs-Elektrophorese (Elektrosynärese)**. Sie beruht auf der elektrophoretischen Antigenwanderung zur Anode und dem Antikörpertransport zur Kathode im elektrischen Feld bei einem geeigneten alkalischen pH-Milieu im Gel. So können Antigen und Antikörper aufeinander zu wandern. Das Verfahren ist schneller und empfindlicher als die Immundiffusion, allerdings auch etwas aufwendiger.

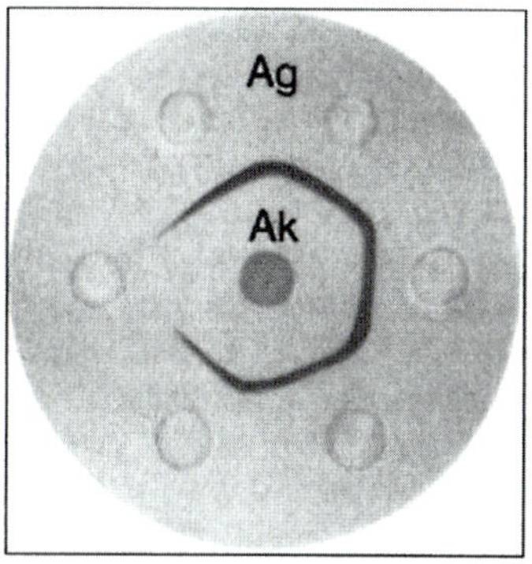

◘ Abb. 9.7. Radiale Immundiffusion nach Ouchterlony. *Ag* Antigen, *Ak* Antikörper. Die Präzipitationslinien zeigen das positive Testresultat (z.B. mit einem Antihumanglobulin). Im linken Antigenreservoire befindet sich die Negativkontrolle

Wichtig

Die DNA-analytische Speziesidentifikation kann in der sog. Slot-Blot-Technik erfolgen, die auch der Quantifizierung aufgereinigter DNA dient. Hierbei wird eine DNA-Sonde benutzt, die ausschließlich an humane DNA zu binden vermag.

Die aus der Spur extrahierte DNA wird als Einzelstrang auf eine Nylonmembran gebracht und immobilisiert. Nach der Hybridisierung mit der markierten Sonde (z.B. D17Z1) wird je nach Sondenmarkierung detektiert und im Vergleich mit einer Verdünnungsreihe humaner genomischer DNA bewertet. Vom Tier stammende DNA zeigt hierbei kein Signal.

Wichtig

Ein anderes geeignetes Verfahren zur DNA-analytischen Speziesidentifikation ist die **RAPD-PCR** (**r**andom **a**mplified **p**olymorphic **D**NA **p**olymerase **c**hain **r**eaction).

Hinter dieser Bezeichnung verbirgt sich ein einfaches Prinzip: Ein Oligonucleotid als Primer bindet sich an zahlreiche Stellen im Genom. Wird die PCR in Gang gesetzt erfolgt am Einzelprimer eine Synthese in 5'-3'-Richtung, die dort ihren Abschluss findet, wo entweder ein neuer Primerbindungsort die Synthese abbricht, oder wo das Amplifikationsprodukt aus Gründen der Leistungsfähigkeit der Polymerase oder seiner Konformationsstabiliät seine Obergrenze findet. Das Reaktionsergebnis ist eine Serie von unterschiedlich großen Amplifikationsprodukten in Abhängigkeit von der Genomstruktur. Wird im Flachgel elektrophoretisch detektiert, erscheint ähnlich einer Multilocusdarstellung ein Vielbandenmuster, das für jede Spezies identisch ist, sofern man kleine (quantitative) Unterschiede bewusst außer Acht lässt. Bedient man sich der automatisierten Fragmentanalyse, imponieren die Hauptpeaks bei quantitativen Unterschieden speziesspezifisch. Bei der Spezieszuordnung erweisen sich konventionelle und DNA-analytische Verfahren bezüglich Aufwand und Informationsgewinn als etwa gleichwertig.

Geschlechtserkennung

Die Untersuchungen zur Erkennung des Geschlechts des Spurenlegers haben mit der hohen Individualzuordnungspotenz der DNA-Analytik an Bedeutung verloren. Dennoch gibt es immer wieder Fragestellungen, wo die spurenkundliche Differenzierung Mann/Frau bedeutungsvoll ist. Konventionelle Verfahren wie der Nachweis des Barr'schen Geschlechtschromatins, der Nachweis von Zellkernanhängseln (sog. Trommelschlägel) bei Leukozyten und von Geschlechtshormonen waren bei spurenkundlicher Anwendung nie sonderlich erfolgreich und sind heute sämtlich entbehrlich.

Wichtig

Methode der Wahl, die Alternativfrage Mann oder Frau spurenkundlich zu beantworten, ist die Untersuchung am **Amelogenin-Gen**. Es liegt auf dem DYZ1-Locus (AMGY) des Y-Chromosoms und homolog auf dem X-Chromosom (AMGX) in dem Bereich, in dem beide Geschlechtschromosomen nicht rekombinieren (◘ Abb. 9.8).

Die Vererbung erfolgt daher streng geschlechtsgebunden. Dieser Locus besitzt mehrere Tausend Kopien einer 3.564 Bp langen Repeateinheit. Bei dem heute üblicherweise eingesetzten Verfahren wird durch Verwendung eines einheitlichen Primerpaares aus dem Y-Chromosom eine 112 bzw. 113 Bp umfassende Sequenz amplifiziert und aus dem X-Chromosom eine solche von 106 bzw. 107 Bp, da sich hier eine 6 Bp-Deletion im ersten Intron des AMGX-Gens befindet. Aus der Verteilung der Gonosomen bei den Geschlechtern kann unschwer das elek-

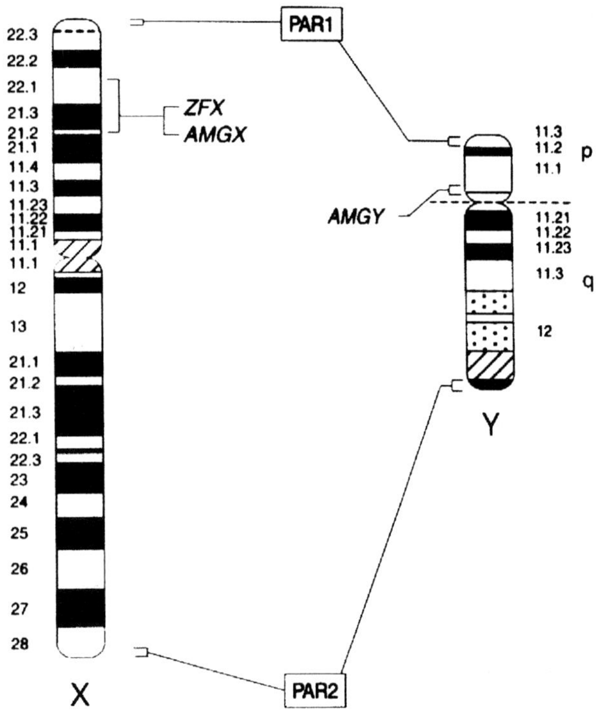

■ Abb. 9.8. Geschlechtschromosomen X und Y. Dargestellt sind die pseudoautosomalen Regionen (*PAR*) sowie die Lage von AMGX und AMGY

trophoretische Bild der Amplifikationsprodukte interpretiert werden: Der bezüglich der Geschlechtschromosomen heterozygote Mann verfügt über beide Allele mit einem Doppelbandenmuster, die homozygote Frau nur über die kürzere Deletionsvariante mit einem Einzelbandenmuster. Bei der Bewertung von Mischspuren ist Vorsicht geboten. Sind beide Geschlechter an einer Spur beteiligt, könnte die fehlerhafte Aussage **Spur vom Mann** resultieren.

Einen weiteren positiven Hinweis auf männliche Geschlechtszugehörigkeit eines Spurenlegers bietet der Nachweis Y-chromosomaler STRs. Zur Aussage **Spur von einer männlichen Person** kommt ein zusätzlicher, der Individualzuordnung dienender Hinweis.

Lebensalter

Ein spurenkundlich fassbarer Hinweis auf das Lebensalter eines Spurenlegers wäre wünschenswert, ist aber mit Ausnahme des frühen Säuglingsalters nicht mit der nötigen Sicherheit zu erhalten. Bei den jungen Säuglingen sind das **fetale Hämoglobin (HbF)** und das **α_1-Fetoprotein (AFP)** altersspezifische Zielstrukturen. Das fetale Hämoglobin zeigt in der Stärkegel- bzw. Zelluloseacetatfolien-Elektrophorese eine geringere Mobilität als das HbA. In der **isoelektrischen Fokussierung** (z.B. bei der Erfassung der PGM-Subtypen) ist es zusammen mit dem adulten HbA am kathodischen Gelrand als Doppelbande erkennbar. Mit zunehmendem Alter nimmt die HbF-Konzentration ab, mit Vollendung des 1. Halbjahres ist es nicht mehr nachweisbar.

Das AFP kann durch spezifisch präzipitierende Antiseren in der radialen Immundiffusion oder Überwanderungs-Elektrophorese detektiert werden. Da das AFP zu den karzinofetalen Markern gehört, gibt es unter klinischer Fragestellung hoch empfindliche enzymimmunologische Testverfahren, die für spurenkundliche Fragestellungen nur in ausgewählten Fällen sinnvoll angewendet werden können. Die Nachweisbarkeit des AFP in der Immundiffusion und Überwanderungs-Elektrophorese endet mit der Vollendung des ersten Lebensmonats. Soll aus einer blutigen Antragung erschlossen werden, ob es sich um Geburtsblut handelt, ist dieser Säuglingsmarker sehr hilfreich.

Individualzuordnung

Nach der Besprechung der Voruntersuchungen, die exemplarisch aufgeführt wurden und immer einer speziellen Fragestellung dienen, ist die spurenkundliche Analyse nunmehr dort angelangt, wo die Individualzuordnung beginnt. Bei zahlreichen Spurenfällen sind die Voruntersuchungen nicht erforderlich und die Fragestellung beginnt erst hier. Es wäre nicht sinnvoll, bei einem angerauchten Zigarettenrest zunächst die Spurenkategorie zu überprüfen. Hinzu kommt, dass die zur Individualzuordnung eingesetzten Systeme weitgehend humanspezifisch sind.

Die DNA der Spur oder der Vergleichsprobe wird extrahiert, sie wird auf Qualität und Quantität überprüft und im Bedarfsfall gereinigt. Anschließend wird sie der systemspezifischen Polymerase-Kettenreaktion zugeführt. Die Detektion der Amplifikationsprodukte erfolgt elektrophoretisch, vorzugsweise im automatisierten Sequencer.

Chelex-Extraktion

Für die Extraktion aus der Spur, aber auch aus der Vergleichsprobe (Mundschleimhautabstrich) ist bereits das Chelex-Verfahren erwähnt worden: Eine (etwa 3 mm^2 große) Spur wird (gegebenenfalls mit Spurenträger) in 1 ml Aqua bidest. eingebracht und 15–30 Minuten bei Raumtemperatur und wiederholtem Mischen belassen (bei alten Spuren evtl. auch länger). Der Ansatz wird für 2–3 Minuten bei 10.000–15.000 g zentrifugiert, der Überstand bis auf 20–30 µl verworfen. Der Spurenträger kann im Sediment belassen werden. Diesem werden 150 µl Chelex-100-Suspension (ein ionenbindendes Kunstharz, 5 % in A. bidest.) und 10 µl Proteinase K (10 mg/ml) zugegeben – bei Spermaspuren kommen zusätzlich 7 µl 1 M DTT hinzu. Der Reaktionsansatz wird dann 15–30 Minuten bei 56 °C inkubiert. Anschließend werden die Proben gut geschüttelt und 8 Minuten im Wasserbad gekocht. Nach sorgfältiger Durchmischung wird wie oben aufgeführt zentrifugiert und der Überstand direkt in die PCR eingebracht. Gegebenenfalls ist der Extrakt weiter aufzureinigen.

Aufreinigung

Ziel der Aufreinigung ist die Entfernung von (degradierter) kleinmolekularer DNA sowie von Substanzen, die die PCR hemmen können. Aufreinigungen werden überwiegend in der Weise vorgenommen, dass der Extrakt **Reinigungssubstrate** (z.B. Microcon®-Filtrationssystem, Millipore/USA oder das QIAmp®-Kit, Qiagen/Hilden) zu passieren hat. Zur selektiven Bindung hochmolekularer DNA sind auch **Diatomeen** geeignet.

Differentielle Lyse

Stehen Spermaspuren zur Untersuchung zur Verfügung orientiert sich die DNA-Extraktion am Spurencharakter. Reine Ejakulatspuren können wie angegeben zur Extraktion eingesetzt werden, dem Lysepuffer wird sofort DDT zugegeben. DDT spaltet die Disulfidbrücken der Spermienmembran, die sie besonders lyseresistent machen. Resultiert das Material aus einem Scheidenabstrich und haben die Scheidenepithelien mengenmäßig das Übergewicht, ist bei Einsatz des genannten Verfahrens eine präferentielle Amplifikation mit Aufscheinen nur der DNA von der Frau zu befürchten. Hier empfiehlt es sich, zunächst eine differentielle Lyse vorzunehmen, die die hohe Membranstabilität der Spermien nutzt. Eingangs wird ein „milder" Lysepuffer eingesetzt, der Blut- und Epithelzellen aufschließt, nicht jedoch Spermien. Diese werden in einem zweiten Arbeitsgang durch Zentrifugation sedimentiert und der oben aufgeführten weiteren Bearbeitung unterzogen.

Das Problem der präferentiellen Amplifikation besteht dann allerdings nicht, wenn aus der spermienhaltigen Mischspur die vom Manne stammenden Anteile über Y-chromosomale STRs detektiert werden.

PCR-Ansatz

Die Chelex-Extrakte können nunmehr direkt oder nach zusätzlicher Aufreinigung in die PCR eingebracht werden. Die DNA-Ausgangsmenge sollte dabei ca. 2–10 ng betragen. Die PCR wird für die Datenbanksysteme jeweils in demselben Reaktionsansatz von 50 µl durchgeführt. Folgender Ansatz ist erforderlich:

- 67 mM Tris/HCl, pH 8,8
- 2 mM $MgCl_2$
- 1 mM DTT (Dithiothreitol)
- 160 µg BSA (Rinderserumalbumin)
- 250 µM von jedem dNTP (Desoxynucleosidtriphosphat)
- 2 U Taq-Polymerase
- jeweils 20 pM Primer für beide Richtungen

Die PCR erfolgt über die eingesetzten Primer systemspezifisch. Die Datenbanksysteme werden in der Folge zum besseren Verständnis einzeln abgehandelt, obwohl sie auch in einem Multiplex-Ansatz gemeinsam amplifiziert und detektiert werden können.

Tabelle 9.1. Allelfrequenzen im TH01-System (n = 7.517)

TH01-Allel	Allelfrequenz
5	0,0029
6	0,2237
7	0,1617
8	0,1132
9	0,1648
9.3	0,3167
10	0,0168
11	0,0003

Alle in den Tabellen angegebenen Allelfrequenzdaten sind aus deutschen Verteilungsdaten gepoolt. (nach Huckenbeck, Kuntze u. Scheil)

TH01

Der STR-Locus TH01 ist Teil der Intronsequenz des Tyrosinhydrolase-Gens mit der chromosomalen Lokalisation 11p15-15.5. Der Größenbereich umfasst je nach Primerwahl ca. 179–203 Bp, die repetitive Sequenz ist $(AATG)_n$, die zumeist in 6–10facher Wiederholung vorkommt. Entsprechend werden die Allele mit 6–10 bezeichnet. Als Besonderheit ist bei einem Allel 9 eine Insertion der Sequenz ATG eingefügt, die durch den Verlust eines Adenins aus der normalen Kernsequenz entstanden ist. Das resultierende Allel trägt die Bezeichnung 9.3. Weitere seltene Allele können beobachtet werden (z.B. 5, 8.3 und 11). Da sie in außereuropäischen Populationen z.T. häufiger vorkommen, bietet sich ein Hinweis auf die Populationszugehörigkeit eines Spurenlegers. Die Struktur der TH01-Allele lässt sich in folgende allgemeine Form bringen:

5'-FR $(AATG)_{5-11}$ FR-3' — Allele 5–11
5'-FR $(AATG)_6$ ATG $(AATG)_3$ FR-3' — Allel 9.3

Es wird deutlich, dass sich das Allel 10 vom Allel 9.3 um nur 1 Bp unterscheidet. Um den heterozygoten Typ TH01 9.3/10 detektieren zu können, bedarf es einer hoch auflösenden Trenntechnik. Die häufigen Allele haben die folgende aus mehreren Stichproben Deutschlands erhaltene Verteilung (Tabelle 9.1).

Die datenbankfähigen Allele sind TH01 5–11, wobei alle möglichen Zwischenallele akzeptiert werden. Allele, die kleiner sind als 5 werden unter 1.0 subsumiert, Allele größer als 11 unter 99.0. Die Heterozygotenrate des Systems beträgt 78 %, der Diskriminationsindex (DI) errechnet sich auf 0,91.

VWA

Der STR-Locus VWA ist Teil einer Intronsequenz des Blutgerinnungsfaktors (**von-Willebrand-Faktor**) mit der chromosomalen Lokalisation 12p12-pter (ter = Telomer). Die repetitive Sequenz ist TCTA·TCTG·TCTA, es handelt sich also um einen kombinierten Repeat. Die Repeatstruktur der häufigen Allele stellt sich folgendermaßen dar:

5'-FR·TCTA·$(TCTG)_4$·$(TCTA)_{8-17}$·FR-3' — Allele 13, 15–22
5'-FR·TCTA·TCTG·TCTA·$(TCTG)_4$·$(TCTA)_3$·TCCA·$(TCTG)_3$·FR-3' — Allel 14

Tabelle 9.2. Allelfrequenzen im VWA-System (n = 13.667)

VWA-Allel	Allelfrequenz
12	0,0002
13	0,0024
14	0,0976
15	0,1025
16	0,2045
17	0,2772
18	0,2151
19	0,0871
20	0,0120
21	0,0012
>21	0,0002

Das Allel 14 ist durch die Existenz einer TCTA-Insertion innerhalb der TCTG-Repeats gekennzeichnet sowie durch eine weitere TCCA-Insertion zwischen den TCTA- und TCTG-Repeats. Je nach Gruppenzugehörigkeit verfügt der STR über 157–197 Bp; die untere Grenze der Allele wird durch das Allel 11 gebildet, die obere durch das Allel 24. Beide Allele bilden die Eckpunkte der kommerziellen allelischen Leiter. Die randständigen Allele kommen z.T. nur außerhalb Europas vor. Für spurenkundliche Fragestellungen ist die aus mehreren Stichproben Deutschlands erhaltene Verteilung außerordentlich günstig (Tabelle 9.2). Daraus ergibt sich eine Heterozygotenrate von 80 % und ein Diskriminationsindex von 0,93. Datenbankfähig sind die Allele 11–22. Alle möglichen Zwischenallele werden akzeptiert. Für außerhalb der festgesetzten Bereichsgrenzen gilt die für TH01 angegebene Verfahrensweise. Dieser informative Polymorphismus ist anfällig für sog. Stotterbanden (stutter bands), die durch modifizierte PCR-Bedingungen zwar minimiert, aber nicht völlig eliminiert werden können. Sie entstehen durch Fehlpaarungen der beiden DNA-Stränge im Verlauf der PCR (slippage).

FGA

Der FGA-Locus (FIBRA) ist Teil der Intronsequenz des Fibrinogen-Gens mit der chromosomalen Lokalisation 4q28. Die Kernsequenz lautet: TTTC·TTTT·CTTT·CTCC·TTCC. Hieraus resultieren die Allele 15–28, zusätzlich Zwischenallele; nur die Allele 18–27 und die Zwischenallele 20.2, 22.2 und 23.2 sind häufig. Die häufigen Allele sind folgendermaßen strukturiert:

5'-FR·$(TTTC)_3$·TTTT·TTCT·$(CTTT)_{10-19}$·CTCC·$(TTCC)_2$·FR-3'
Allele 18–27

5'-FR·$(TTTC)_3$·TTTT·TT·$(CTTT)_{15-16}$·CTCC·$(TTCC)_2$·FR-3'
Allele 22.2, 23.2

Die Allele 18–27 haben also die Kernsequenz CTTT in 10–19facher Wiederholung. Ein weiterer Viererrepeat im 5'-Bereich sowie ein Zweierrepeat im 3'-Bereich sind jeweils nicht polymorph. Im 5'-Bereich ist die Repeatsequenz durch TTCT flankiert. Wenn dieser Anteil durch Deletion auf TT verkürzt ist, entstehen bei den Allelen mit 13–18facher Repetition der CTTT-Sequenz die Zwischenallele 20.2, 22.2, 23.2 und die sehr seltenen 24.2 und 25.2. Die kommerzielle allelische Leiter umfasst die Allele 17–30 sowie eine größere Anzahl von Zwischenallelen. Datenbankfähig sind die Allele 16–29, alle möglichen Zwischenallele werden akzeptiert. Für Allele außerhalb der festgesetzten Bereichsgrenze gelten die für TH01 angegebenen Grundsätze. Das FGA-System hat bei Kaukasoiden eine hohe Polymorphie und eine günstige Merkmalsverteilung. Die aus mehreren Stichproben Deutschlands erhaltene Merkmalsverteilung findet sich in der Tabelle 9.3. Das in Deutschland häufigste Allel FGA 22 hat eine Frequenz von ca. 0,19. Der Heterozygotiegrad errechnet sich auf knapp 85 %, der Diskriminationsindex beträgt 0,96. Das System ist hoch sensitiv, zeigt scharfe Bandenmuster (bzw. Peaks) und bei optimaler Amplifikation selten Zusatzbanden. Störend sind in der Kapillar-Elektrophorese zuweilen doppelgipflige Peaks, denen mit einer Extensionszeit von 30 Minuten bei 72 °C im letzten Zyklus meist erfolgreich begegnet werden kann.

Tabelle 9.3. Allelfrequenzen im FGA- (FIBRA-) System (n = 9.003)

FGA-Allel	Allelfrequenz
<18	0,0038
18	0,0135
18.2	0,0001
19	0,0686
19.2	0,0001
20	0,1413
20.2	0,0002
21	0,1785
21.2/21.3	0,0018
22	0,1896
22.2/22.3	0,0079
23	0,1394
23.2/23.3	0,0048
24	0,1314
24.2/24.3	0,0009
25	0,0843
25.2	0,0009
26	0,0283
26.2	0,0001
27	0,0043
27.2	0,0001
28	0,0012
29	0,0003

D21S11

Der STR-Locus D21S11 ist Teil des Chromosoms 21. Die internationale Sondenbezeichnung sagt aus, dass das Merkmal auf dem Chromosom 21 liegt und die single copy 11 aufweist. Die sequenzmarkierten Stellen liegen außerhalb der Gene bzw. In-

■ Tabelle 9.4. **Allelfrequenzen im System D21S11 (n = 5.146)**

D21S11-Allele	Allelfrequenzen
24.2	0,0001
25	0,0004
25.2	0,0002
26	0,0034
26.2	0,0005
27	0,0336
28	0,1585
29	0,2138
29.2	0,0024
30	0,2424
30.2	0,0384
31	0,0740
31.2	0,0934
32	0,0139
32.2	0,0861
33	0,0026
33.1	0,0003
33.2	0,0310
34.2	0,0046

trons und dienen als Marker der Genkartierung. Es handelt sich um einen kombinierten Repeat mit relativ komplizierter Struktur:

5'-FR·$(TCTA)_4$·$(TCTG)_6$·(43Bp)·$(TCTA)_{8-11}$·FR-3' Allele 26–29
5'-FR·$(TCTA)_6$·$(TCTG)_5$·(43Bp)·$(TCTA)_{10,12}$·FR-3' Allele 29' und 31'
5'-FR·$(TCTA)_6$·$(TCTG)_5$·(43Bp)·$(TCTA)_{11-13}$·FR-3' Allele 30–32
5'-FR·$(TCTA)_5$·$(TCTG)_6$·(43Bp)·$(TCTA)_{10-14}$·TA·TCTA·FR-3' Allele 30.2–34.2

Es wird an diesem System erkennbar, dass Allele mit identischer Größe unterschiedlich strukturiert sein können. Die kommerziellen allelischen Leitern umfassen zumeist die Allele 24–38, hinzu kommen zahlreichen Zwischenallele. Die 14 häufigen Allele (inkl. Zwischenallele) haben eine relativ günstige Verteilung, die in der ■ Tabelle 9.4 aus mehreren Stichproben Deutschlands zusammengestellt ist. Datenbankfähig sind die Allele 26.0–35.2, alle möglichen Zwischenallele werden akzeptiert. Allele außerhalb der festgelegten Bereichgrenzen werden nach den bei TH01 angegebenen Grundsätzen zusammengefasst. Die Heterozygotierate beträgt 83 %, der Diskriminationsindex 0,96.

SE33

Der STR-Locus SE33 (ACTBP2) hat einen außerordentlich hohen Polymorphiegrad. Er befindet sich auf dem Chromosom 5 mit der Lokalisation 5pter-5qter, und zwar in der mit dem humanen β-Actin verwandten Pseudogen H-Beta-Ac-Psi-2. Er beginnt bei dem Basenpaar 176 des Pseudogens in Form einer variablen Region, deren Variabilität auf einer repetierten Kernsequenz beruht. Die Allele haben die folgende Struktur:

5'-FR·$(AAAG)_{12-22}$·FR-3' Allele 12–22
5'-FR·$(AAAG)_{5-16}$·AAAAG·$(AAAG)_{8-23}$·FR-3' Allele 19.2–35.2

Es existieren damit mehrere Kategorien von Allelen: Zur ersteren zählen die angegebenen Allele 12–22, die eine 12–22fache Wiederholung der Kernsequenz AAAG aufweisen. Bei den Allelen der 2. Kategorie ist zusätzlich ein AAAAAG-Hexamer in unterschiedlicher Position insertiert, was zu den angegebenen Zwischenallelen 18.2–35.2 führt. Bei den oberen Fragmentgrößen kommen selten auch zwei Hexamere vor. Das Hexamer kann z.B. mit AGAAAG strukturvariant sein. Zusätzlich lassen sich innerhalb der bis zu 132 Bp umfassenden flankierenden Sequenz A-, AG-, bzw. AA-Deletionen nachweisen. Daraus resultieren die Zwischenallele einer weiteren Allelkategorie -.3 bzw. -.1, deren Differenzierung insbesondere bei den größeren Fragmenten bei nicht optimaler Trenntechnik Schwierigkeiten bereiten dürfte. Innerhalb eines Fragmentgrößenbereiches von 223–309 Bp finden sich über 30 häufige Allele in Form von

■ Tabelle 9.5. **Allelfrequenzen im System SE33 (ACTBP2; n = 5.799)**

SE33-Allele	Allelfrequenz	SE33-Allele	Allelfrequenz
8	0,0001	22	0,0083
9	0,0001	22.2	0,0376
10	0,0001	23	0,0016
10.2	0,0001	23.2	0,0349
11	0,0008	24	0,0003
11.2	0,0003	24.2	0,0316
12	0,0043	25	0,0005
12.2	0,0004	25.2	0,0418
13	0,0084	26	0,0006
13.2	0,0021	26.2	0,0492
13.3	0,0002	27	0,0001
14	0,0334	27.2	0,0872
14.2	0,0015	27.3	0,0001
14.3	0,0002	28	0,0003
15	0,0376	28.2	0,0774
15.2	0,0016	29	0,0003
15.3	0,0003	29.2	0,0610
16	0,0446	30	0,0001
16.2	0,0008	30.2	0,0514
16.3	0,0005	31	0,0005
17	0,0669	31.2	0,0273
17.2	0,0010	32	0,0008
17.3	0,0004	32.2	0,0103
18	0,0718	33	0,0032
18.2	0,0009	33.2	0,0063
18.3	0,0002	34	0,0038
19	0,0696	34.2	0,0018
19.2	0,0035	35	0,0006
20	0,0524	35.2	0,0004
20.2	0,0104	36	0,0007
21	0,0308	37	0,0002
21.2	0,0175	38	0,0002

Längenvarianten und über 100 Allele in Form von Sequenzvarianten innerhalb definierter Fragmentgrößen. Die Sequenzvarianten bedürfen zur Detektion der Sequenzierung.

Für die Praxis ist im Allgemeinen die Erfassung der Längenvarianten ausreichend. Diese Allele weisen eine günstige Verteilung auf, die 3 häufigsten (18, 27.2, 28.2) mit einer Frequenz von unter 10 %; 12–15 weitere Allele kommen in einer Frequenz von über 3 % vor. Die aus mehreren Stichproben Deutschlands ermittelte Merkmalshäufigkeit ist in der ◘ Tabelle 9.5 angegeben. Die Heterozygotierate beträgt 95 %, der Diskriminationsindex liegt bei 0,99.

D3S1358

Der STR-Locus D3S1358 ist Teil des Chromosoms 3 in der Lokalisation p3. Es handelt sich um einen kombinierten Repeat mit den Kernsequenzen TCTG und TCTA.

5'-FR·TCTA·$(TCTG)_2$·$(TCTA)_{9-11}$·FR-3' Allel 12–14
5'-FR·TCTA·$(TCTG)_3$·$(TCTA)_{11-15}$·FR-3' Allel 15–19
5'-FR·TCTA·$(TCTG)_2$·$(TCTA)_{12-14}$·FR-3' Allel 15'–17'

Die kommerzielle Leiter enthält die Allele 12–19, die Allele 15'–17' sind von den häufigeren Allelen identischer Größe in der Fragmentanalyse nicht zu differenzieren und bedürfen zur Erkennung der Sequenzierung. Die häufigen Allele 12–19 haben die in der ◘ Tabelle 9.6 dargestellte relativ günstige Verteilung. Die Heterozygotierate beträgt 79 %, der Diskriminationsindex 0,92.

D8S1179

Der STR-Locus D8S1179 ist Teil des Chromosoms 8 ohne bisher benennbare nähere Lokalisation. Es handelt sich wiederum um einen kombinierten Repeat mit der Kernsequenz TCTA und einer TCTG-Insertion, die einfach und doppelt vorliegen kann. Die folgenden Strukturen können bei den 13 Allelen vorkommen:

3'-FR·$(TCTA)_{7-12}$·FR-5' Allele 7–12
3'-FR·TCTA·TCTG·$(TCTA)_{11-13}$·FR-5' Allele 13–15
3'-FR·$(TCTA)_2$·TCTG·$(TCTA)_{13;15}$·FR-5' Allel 16; 18
3'-FR·$(TCTA)_2$·$(TCTG)_2$·$(TCTA)_{13;15}$·FR-5' Allel 17; 19

Die kommerzielle Leiter enthält die Allele 7–19, die randständigen Allele sind offenbar selten. Die Verteilung ist in der ◘ Tabelle 9.7 angegeben. Hieraus errechnet sich die Heterozygotierate auf knapp 82 %, der Diskriminationsindex auf 0,94.

D18S51

Der STR-Locus D18S51 hat die chromosomale Lokalisation 18q21.3. Folgende Repeatstruktur liegt vor:

3'-FR·$(AGAA)_{8-24}$·FR-5' Allele 8–24

Daneben existieren noch seltene Unterallele mit der Zusatzbezeichnung .2. Diese sind durch eine Insertion von AG in der 3'-flankierenden Region gekennzeichnet. Die Allelhäufigkeiten

◘ **Tabelle 9.6.** Allelfrequenzen im System D3S1358 (n = 2.653)

D3S1358-Allele	Allelfrequenz
11/11.2	0,0010
12	0,0006
13	0,0069
14	0,1179
15	0,2536
16/16.2	0,2334
17	0,2198
18	0,1552
19	0,0107
20	0,0012

◘ **Tabelle 9.7.** Allelfrequenzen im System D8S1179 (n = 500)

D8S1179-Allele	Allelfrequenz
8	0,0170
9	0,0110
10	0,0860
11	0,0780
12	0,1370
13	0,3210
14	0,2130
15	0,0950
16	0,0360
17	0,0050
18	0,0010

◘ **Tabelle 9.8.** Allelfrequenzen im System D18S51 (n = 2.716)

D18S51-Allele	Allelfrequenz
<10	0,0007
10	0,0089
11	0,0235
12	0,1242
13	0,1286
14	0,1655
15	0,1459
16	0,1406
17	0,1142
18	0,0711
19	0,0374
20	0,0242
21	0,0092
22	0,0063
23	0,0009
24	0,0009

sind in der Tabelle 9.8 angegeben. Durch die günstige Verteilung wird eine Heterozygotierate von 87 % erreicht und ein Diskriminationsindex von 0,97.

Multiplex-Verfahren

Ein spurenkundliches Untersuchungsergebnis auf Individualmerkmale in einem Einzelsystem ist in der Abbildung 9.9 bezüglich der Übereinstimmung von Spur und Spurenleger dargestellt. Eine Detektion im Einzelansatz kann bei komplizierten Spuren nötig sein. Bei der Untersuchung von unproblematischen Spuren und bei Vergleichsproben empfiehlt es sich, eine Simultandarstellung im sog. Multiplex-Verfahren vorzunehmen. Die Datenbanksysteme außer SE33 befinden sich z.B. in den Multiplex-Kits AmpFlSTR®-SGM-Plus™-Amplification-Kit (PE Applied Biosystems) und im GenePrint®-PowerPlex™-16-System (Promega). Ersterer enthält über die erweiterten Datenbanksysteme (ohne SE33) hinaus noch D2S1358, D16S539, D19S433 und Amelogenin, Letzterer CSF1PO, D5S818, D7S820, D13S317, D16S539, Penta D, Penta E, TPOX und Amelogenin. Außerdem ist ein Mutiplex-Kit genRes®MPX-2 (Serac) im Angebot, der die erweiterten Datenbanksysteme mit SE33 sowie Amelogenin umfasst.

Wichtig

Die Multiplexdarstellung ist durch die Vielzahl der einbezogenen Systeme hoch informativ, jedoch weniger empfindlich als die Einzeldarstellung.

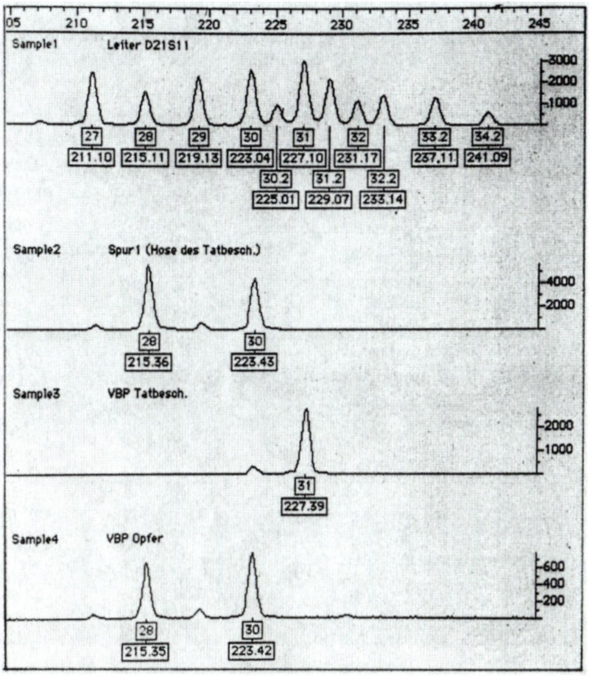

Abb. 9.9. Ergebnis einer spurenkundlichen Untersuchung im Einzelsystem (D21S11). Dargestellt ist die gruppenspezifische Zuordnung einer Blutspur an einem Kleidungsstück des Tatverdächtigen zum Blut des Geschädigten (*VBP* Vergleichsblutprobe). Im *oberen Bildsegment* befindet sich die allelische Leiter

Für die Zusammenstellung im Kit war es wichtig, die STRs sorgfältig nach ihrer Größe auszuwählen, um Überlappungen zu vermeiden und die Primer so mit Farbstoff zu markieren, dass eine problemlose Detektion gewährleistet ist. Die PCR erfolgt in der Merkmalskombination, ebenso der elektrophoretische Lauf. Neben den Datenbanksystemen und den in den Multiplex-Kits enthaltenen Markern gibt es eine Vielzahl weiterer informativer und validierter Systeme, die unter spurenkundlicher Fragestellung einsetzbar sind. Damit ein Datenaustausch zwischen den Untersuchungsstellen möglich ist, sollte ein Kernspektrum von Systemen genutzt werden, für das sich am besten das Spektrum eignet, das durch die Datenbanksysteme gegeben ist. Weil die chromosomale Markerlokalisation für die Abstammungsbegutachtung von besonderer Bedeutung ist, werden die Multiplexsysteme dort noch einmal bezüglich dieser Kenngröße aufgelistet (► s. Tabelle 9.16+9.17, S. 522).

Mischspuren

Für besondere Fragestellungen, z.B. bei Mischspuren mit geschlechtsdifferenten Spurenlegern ist es hilfreich, Spurenanteile geschlechtsselektiv zu bewerten. Es wurde oben bereits erwähnt, dass es bei Mischspuren mit stark ungleichgewichtigen Anteilen zu einer präferentiellen Amplifikation des Spurenanteiles kommen kann, der im Übergewicht vorliegt. Im Scheidenausstrich könnte das bei einer nur sehr geringen Spermiendichte der Fall sein. Es wird dann in den autosomalen Systemen der vom Mann stammende Anteil nicht detektiert. Amplifiziert man hier Y-chromosomale STRs, kann das vermieden werden.

Y-chromosomale STRs

Wichtig

Das Y-Chromosom ist das kleinste Chromosom den humanen Genoms. Es weist etwa $6x10^7$ Basenpaare auf. Die Y-chromosomalen STRs werden stets gekoppelt vererbt. Das Untersuchungsergebnis ist ein Haplotyp – ein Komplex von Merkmalen, der in weitgehend unveränderlicher Kombination (Veränderungen treten nur durch Mutationen auf) vom Vater auf den Sohn vererbt wird.

Obwohl es bei den Geschlechtschromosomen größere Homologiebereiche gibt, finden Rekombinationen nur in den sog. **pseudoautosomalen Regionen** statt, die eng umschrieben sowohl auf dem kurzen (pseudoautosomale Hauptregion) als auch auf dem langen Arm (pseudoautosomale Nebenregion) jeweils telomernah lokalisiert sind (► s. Abb. 9.8, S. 498). Inzwischen ist eine große Anzahl polymorpher STRs validiert und spurenkundlich nutzbar. Kombiniert man eine größere Anzahl

Tabelle 9.9. Allelfrequenzen ausgewählter Y-chromosomaler Systeme in Deutschland

Allele/ Frequenzen	DYS19 (n = 86)	DYS389 I (n = 92)	DYS390 (n = 86)	DYS393 (n = 98)
10	0,070			
11				
12		0,326		0,102
13	0,512	0,533		0,704
14	0,279	0,130		0,174
15	0,081	0,011		0,020
16	0,046			
17	0,012			
22			0,209	
23			0,286	
24			0,337	
25			0,163	
26			0,023	

(nach Carracedo et al. 2001)

der Y-chromosomalen Marker, z.B. in einem Multiplexansatz, wird eine hohe Diskrimination erreicht. Bei Einsatz von mehreren informativen STRs (z.B. 9-11) kommt der häufigste Haplotyp bei etwa 1–3 % der Männer Mitteleuropas vor. Die Haplotypenkomposition gibt einen guten Hinweis auf die Populationszugehörigkeit des Spurenlegers. Da das Y-Chromosom isoliert vorliegt, werden Männer in der Regel durch eine Einzelbande pro Marker gekennzeichnet; die Untersuchung von Frauen führt zu einem negativen Testresultat. Die Struktur der Y-chromosomalen STRs entspricht weitgehend der der autosomalen Marker. So weist z.B. das System DYS19 als Kernsequenz ein 10–19fach repetiertes Tetranucleotid (CTAT/CTAC) auf, das System DYS388 das Trinucleotid (ATT) in 10–18facher Wiederholung.

Empfehlenswert ist die Untersuchung von DYS19, DYS385, DYS388, DYS389 I+II, DYS390, DYS391, DYS392 und DYS393. Das hoch informative System DYS385 ist das Ergebnis einer Duplikation und offenbart sich als Zweibandenmuster. Die Mutationsrate ist bei diesen Markern relativ gering. In der Tabelle 9.9 sind die Allelfrequenzen einiger ausgewählter Systeme aufgelistet. Haplotypenhäufigkeiten können im Internet bei Willuweit und Roewer (2001) abgefragt werden.

X-chromosomale STRs

Auch auf dem X-Chromosom existieren STRs. Da dieses Chromosom mit 153 Megabasen weit größer als das Y-Chromosom ist, übertrifft ihre Anzahl die der Y-STRs um ein Vielfaches. Etwa ein Dutzend von X-chromosomalen STRs sind validiert. Obwohl das X-Chromosom einen Rekombinationspartner besitzt, sind wegen der großen Nähe zueinander viele Marker als gekoppelt zu betrachten, was bei der biostatistischen Bewertung zur Zurückhaltung zwingt. So befinden sich DXS6807, DXS9895 und DXS8397 in enger räumlicher Nähe auf seinem kurzen Arm, ARA und DXS7132 zentromernah eng beieinander auf dem langen Arm und DXS7423, DXS8377 und DXS10011 nahe beieinander auf dem langen Arm telomernah. Als ungekoppelt können z.B. DXS6807, ARA, DXS6789, und HPRT angesehen werden. Die Struktur der X-chromosomalen STRs entspricht weitgehend der der autosomalen. Der Marker ARA, der im 1. Exon des Androgenrezeptors lokalisiert ist, enthält einen $(CAG)_n$-Repeat, HPRT ist Teil einer Intronsequenz des humanen Hypoxanthin-Phosphoribosyl-Transferase-Gens mit einem $(AGAT)_n$-Repeat.

Die X-chromosomalen STRs sind ein wichtiges Hilfsmittel bei der **Abstammungsbegutachtung in Defizienzfällen.** Für die Spurenkunde sind sie weniger bedeutsam, weil der Informationsgewinn aus vom Manne stammender Spuren-DNA deutlich geringer ist als bei den autosomalen Markern. Die Allelfrequenzen bei Frauen und Männern sind wegen der partiellen Geschlechtsgebundenheit different.

mtDNA

Wichtig

Die Erfassung der mitochondrialen Heterogenität zur Individualzuordnung von Spuren zum Spurenleger ist von spurenkundlicher Bedeutung.

Auf die Besonderheit der mitochondrialen DNA (mtDNA) wurde eingangs bereits hingewiesen. Wegen der hohen Kopienzahl dieser DNA in jedem Mitochondrium und damit in jeder Zelle einerseits und wegen der Degradationsstabilität des ringförmigen mitochondrialen Genoms andererseits ist es möglich, auch bei geringem oder stark degradiertem Spurenmaterial wie alten Skelettteilen oder Einzelhaaren und sogar Kotspuren eine erfolgreiche DNA-Analyse durchzuführen. Die DNA-Extraktion für die Untersuchung des mitochondrialen Genoms entspricht der für die Untersuchung der nukleären DNA. Für die Erfassung der Heterogenität ist die Sequenzierung in den hypervariablen Bereichen erforderlich. Deren Ergebnis wird mit einer Standardsequenz (sog. Anderson-Sequenz) verglichen. Die Häufigkeit der von der Standardsequenz abweichenden Basenfolge ist aus einer evtl. vorhandenen eigenen oder nationalen bzw. internationalen Datenbank z.B. per Internet zu erschließen (z.B. Miller und Dawson).

Die Primer und die Amplifikationsbedingungen für die Sequenzierung sind im Folgenden aufgeführt:

Primer-Sequenzen

Gesamter D-Loop

L15962: 5'-TCA AAG CTT ACA CCA GTC TTG TCT TGT AAA CC
H00580: 5'-TTG AGG AGG TAA GCT ACA TA
(30 Zyklen, 1 min 94 °C, 1 min 50 °C, 2 min 72 °C)

HV1
L15997: 5'-CAC CAT TAG CAC CCA AAG CT
H16395: 5'-TGA TTT CAC GGA GGA TGG TG
(30 Zyklen, 1 min 94 °C, 1 min 60 °C, 2 min 72 °C)

HV2
L00029: 5'-GGT CTA TCA CCC TAT TAA CCA C
H00408: 5'-CTG TTA AAA GTG CAT ACC GCC A
(30 Zyklen, 1 min 94 °C, 1 min 60 °C, 2 min 72 °C)

Wichtig

Die Erfassung der mitochondrialen Heterogenität gestattet über die Darstellung des Zytochrom-b-Gens in Kombination mit artspezifischer Restriktion auch Aussagen über die Artspezifität des Spurenlegers und, wie oben erwähnt, statistische Aussagen über sein Lebensalter. Sie hat darüber hinaus einen guten Hinweiswert auf die Populationszugehörigkeit des Spurenlegers.

Insgesamt sind die Untersuchungen der mtDNA jedoch Sonderfällen vorbehalten, in denen keine Erfassung z.B. der Datenbankmerkmale gelingt.

In der Anfangsphase der spurenkundlichen DNA-Analytik wurden neben den RFLPs noch die amplifizierbaren Fragmentlängenpolymorphismen (AmpFLPs) genutzt, deren bekannteste Vertreter die Systeme D1S80 (MCT118) sowie D17S5 (YNZ22) sind. Beide Systeme sind sehr informativ; wegen der im Vergleich zu den STRs erheblichen Fragmentgröße besteht eine höhere Degradationswahrscheinlichkeit und damit die Gefahr einer problematischen PCR. An praktischer Bedeutung haben auch ausgewählte Sequenzpolymorphismen verloren, deren bekannteste Vertreter HLADQα sowie die im sog. Polymarker-Kit zusammengefassten Systeme LDLR (allelspezifische Sequenz des Low-density-Lipoprotein-Rezeptors), GYPA (Glycophorin A; entspricht dem MN-Blutgruppensystem), HBGG (Hämoglobin-Gγ), D7S8 (eine mit einer sequenzspezifischen Sonde detektierbare Sequenz auf dem Chromosom 7) und GC (entspricht dem Serumgruppensystem der gruppenspezifischen Komponente) sind. Das Prinzip der Detektion ist das des reversen Dot-Blots unter Verwendung allelspezifischer **Oligonucleotidsonden**: Eine zur spezifischen Allelsequenz in einem informativen Teilbereich komplementäre Sonde wird auf einen Träger immobilisiert. Das Amplifikationsprodukt ist durch seinen biotinmarkierten Primer befähigt, über eine an Streptavidin gekoppelte Meerrettich-Peroxidase eine visualisierende Reaktionskette auszulösen, an deren Ende ein blau gefärbtes Reaktionsprodukt steht. Die Sequenzpolymorphismen haben insgesamt eine gute und stabile Darstellbarkeit, ihr Informationsgehalt ist allerdings im Vergleich zu den STRs geringer.

9.1.5 Das spurenkundliche Gutachten

Wenn die Arbeiten zur Individualdiagnostik abgeschlossen sind, Doppelbestimmungen übereinstimmende Resultate ergeben und die Positiv- und Negativkontrollen zutreffend angezeigt haben, kann das spurenkundliche Gutachten erstattet werden. Der Gutachter ist zwar frei in der Wahl der Gutachtenform, dennoch sollte er bestimmten Grundregeln folgen. Im Betreff ist die Art des Verfahrens aufzuführen, die Namen der Beteiligten (meist in anonymisierter Form), das Aktenzeichen des Anordners, das Datum der Anordnung und die eigene Tagebuch-Nummer. Es schließt sich die Fragestellung an, die möglichst wörtlich zu übernehmen ist. Die Fragestellung ist genau zu beachten; eine Bearbeitung über den Auftrag hinaus könnte den Gutachter dem Verdacht der Befangenheit aussetzen.

Im sich anschließenden **Sachverhalt** sind die Gegebenheiten aufzunehmen, die für die Gutachtenerstattung von Bedeutung sind und eine spätere wissenschaftliche Bearbeitung erleichtern. Es schließt sich die Angabe des zur Untersuchung gelangenden **Materials** an. Spurenträger werden beschrieben, gemessen, gewogen und möglichst fotografiert. Erkenntnisse der spurenbezogenen Ereignisorterhebungen finden hier Platz. Die Spurenträger sind ausreichend zu kennzeichnen. Polizeiliche Spurenbezeichnungen sind grundsätzlich in den Unterlagen mitzuführen, damit die spätere Zuordnung ermöglicht wird. Es folgt die Angabe der **Untersuchungsmethoden**. Sie soll dem Gericht die Verfahrensprinzipien erläutern, damit eine Urteilsfindung aus eigener Überzeugung möglich wird. Arbeitsvorschriften sollten nicht im Einzelnen repliziert werden. Es genügt, den orientierenden Blut- oder Speichelnachweis mittels Prüfung der Pseudoperoxidase- oder Amylasereaktivität zu führen. Es reicht auch der Hinweis auf die übliche DNA-Extraktion, die von einer systemspezifischen Vervielfältigung der DNA gefolgt ist. Von Bedeutung ist, ob die Detektion automatisiert in einem Sequencer oder visuell in selbst gefertigten Gelen erfolgt ist. Wird von einem üblichen Verfahren abgewichen, ist der Grund anzugeben. Der methodische Teil schließt mit der Angabe, dass Positiv- und Negativkontrollen sowie Ver-

Tabelle 9.10. **Ergebnis einer spurenkundlichen Untersuchung beim Vergleich von Spur mit der tatverdächtigen Person**

Systeme/Material	Blutspur	Tatverdächtiger
SE33	17/27.2	17/27.2
D21S11	28/30	28/30
VWA	17	17
TH01	6/9.3	6/9.3
FGA (FIBRA)	22/24	22/24
D3S1358	15/16	15/16
D8S1179	13/14	13/14
D18S51	14/16	14/16

gleichsproben bekannter Gruppenzugehörigkeit mitgeführt wurden. Im **Ergebnisteil** werden die Untersuchungsergebnisse zunächst ohne Wertung benannt; z.B, dass an näher bezeichneten Spurenträgern Blut oder Speichel nachgewiesen wurde, dass eine weitere Spur bei der Artspezifitätsdifferenzierung (Verfahren oben angegeben) ausschließlich mit einem Antihuman-Serum reagiert oder überhaupt mit keinen der eingesetzten Antiseren reagiert hat. Wesentlichstes Ergebnis der Untersuchungen ist meist die Erfassung der Individualmerkmale. Diese sollte aus Gründen der Übersichtlichkeit tabellarisch aufgeführt werden, damit ein Vergleich von Spuren und Vergleichsproben erleichtert wird. Eine solche fiktive Tabelle könnte wie in den Tabellen 9.10 und 9.11 angegeben aussehen, wenn z.B. ausschließlich in den sog. Datenbanksystemen typisiert wurde. Der erste Fall (▪ Tabelle 9.10) betrifft den Vergleich der Individualmerkmale einer Blutspur mit denen eines tatverdächtigen Spurenlegers, der zweite (▪ Tabelle 9.11) gibt das Ergebnis der Untersuchung eines Abstriches von Scheideninhalt nach Vergewaltigung wieder. Als Vergleichsproben dienten die Mundschleimhautabstriche der Betroffenen und eines tatverdächtigen Mannes.

In einem **Beurteilung** genannten Abschnitt sind die Ergebnisse zu werten und zu gewichten. Abweichungen von der Erwartung sind zu erklären und biostatistische Berechnungen sind vorzunehmen und ihre Grundlage ist zu benennen. Zunächst kann gegebenenfalls konstatiert werden, dass die Untersuchung von Positiv- und Negativkontrollen zutreffende Ergebnisse gebracht hat und keine Hinweise existieren, dass die übrigen Ergebnisse nicht verwertet werden könnten. Stimmen die Individualmerkmale aus der Spur und der Vergleichsprobe nicht überein, muss die Spur von einer anderen Person gelegt worden sein. Findet sich eine komplette Übereinstimmung der Individualmerkmale, ist die Spurenlegereigenschaft der Person, von der die Vergleichsprobe stammt, nicht auszuschließen. Um zu ermitteln, ob diese Übereinstimmung zufällig ist, ist die Häufigkeit des übereinstimmenden Merkmalskomplexes in der jeweiligen Bevölkerung zu ermitteln. Die Häufigkeit der beobachteten Merkmalskombinationen berechnet sich unmittelbar aus den Allelfrequenzen unter Voraussetzung des **Hardy-Weinberg-Gleichgewichtes** mit a^2 für homozygote Genotypen mit dem Allel a bzw. 2ab für heterozygote Genotypen und mit den Allelen a und b mit anschließender Multiplikation der Einzelsysteme zum Gesamtergebnis. Dieses lautet im Fall des in der ▪ Tabelle 9.11 dargestellten Falles ca. 0,0000000005 oder 0,00000005 %. Beide Werte sagen aus, dass im statistischen Sinne innerhalb einer Population von 10 Milliarden Menschen nur 5 einen solchen Merkmalskomplex tragen, mit anderen Worten unter 2 Milliarden Menschen dieser Merkmalskomplex nur einmal vorkommt. Soll der Grad an Wahrscheinlichkeit ermittelt werden, dass Blutspur und Vergleichsprobe von derselben Person stammen, lässt sich unter der Voraussetzung gleicher a-priori-Wahrscheinlichkeiten von 50 % für beide Hypothesen: **Blutspur stammt von der untersuchten Person versus stammt von einer anderen Person** die a-posteriori-Wahrscheinlichkeit für die Hypothese der Identität berechnen durch:

$$W = \frac{1}{1 + 0{,}0000000005}$$

Im vorliegenden Beispiel beträgt damit die Wahrscheinlichkeit, dass Blutspur und Vergleichsprobe von derselben Person stammen über 99,999999 %. Eine zufällige Übereinstimmung der Individualmerkmale ist damit auszuschließen und die zweite Hypothese zu verwerfen.

Komplizierter liegt die biostatistische Beweisführung im in der ▪ Tabelle 9.11 aufgeführten Fall. Hier sind aus der Mischspur des Scheideninhaltes die Individualmerkmale zu eliminieren, die von der Frau stammen. Zwar bleiben nur Merkmale übrig, über die auch der tatverdächtige Mann verfügt, aber in den Systemen D21S11 und VWA jeweils nur ein Allel und in dem System D3S1358 kein Allel, da in diesen Systemen Teilidentität bzw. Identität besteht. Bei der Berechnung der Wahrscheinlichkeit, ob der tatverdächtige Mann auch Spurenleger ist, sollte grundsätzlich konservativ vorgegangen werden und beim Täter die maximal mögliche Merkmalshäufigkeit unterstellt werden. Notfalls sollte unter Annahme eines möglichen Allelausfalls (allelic drop out) ein Merkmal aus der Bewertung herausgenommen werden. An dieser Stelle wird der Wert der

▪ Tabelle 9.11. **Ergebnis der spurenkundlichen Untersuchung einer Mischspur von Scheideninhalt und von Vergleichsproben**

Systeme/Material	Vergleichsspeichelprobe Betroffene	Scheideninhalt	Vergleichsspeichelprobe Tatverdächtiger
SE33	17/26.2	15/17/26.2/29.2	15/29.2
D21S11	29/31.2	28/29/31.2	28/29
VWA	16/17	16/17/18	17/18
TH01	7/9.3	6/7/8/9.3	6/8
FGA (FIBRA)	23/24	20/22/23/24	20/22
D3S1358	15/16	15/16	15/16
D8S1179	12/14	9/12/13/14	9/13
D18S51	14/15	14/15/17/19	17/19

Y-chromosomalen STRs deutlich. In der Mischspur mit geschlechtsdifferenten Spurenlegern scheinen nur die Merkmale der männlichen Person auf. Die Häufigkeit des entsprechenden Haplotyps kann aus existierenden Datenbanken abgefragt werden (z.B. Willuweit und Roewer).

Das Gutachten schließt mit einer kurzen **Zusammenfassung**, in der die Beweisfrage zu beantworten ist.

Wichtig

Generell gilt, dass sich ein Gutachten auf Tatsachen zu stützen hat. Verbleiben bei der Interpretation der Ergebnisse Zweifel an einem erhaltenen Täterausschluss (fälschliche Einschlüsse sind bei unverwandten Personen nicht zu erwarten), dürfen solche Zweifel im Gutachten nicht unerwähnt bleiben. Die anordnende Stelle hat dann die Möglichkeit, einen weiteren Gutachter beizuziehen.

Bei der Identifizierung, die unter rechtsmedizinisch-kriminalistischem Aspekt die Zuordnung einer Leiche, eines Leichenteiles oder einer Spur zu einer realen Person ist, wird weitgehend wie bei der spurenkundlichen Untersuchung vorgegangen. Zum Teil überschneiden sich die Fragestellungen. DNA-analytische Verfahren stehen im Vordergrund. Modifikationen betreffen die DNA-Extraktion aus Gewebe und Knochenmaterial, für die die Spezialliteratur (z.B. Leopold 1998) heranzuziehen ist.

Wagt man einen **Ausblick** in die Zukunft der spurenkundlichen Möglichkeiten, ist zunächst festzustellen, dass wegen der Etablierung der länderübergreifenden Datenbanken ein rascher Methodenwechsel nicht zu erwarten ist. Da der Gegenstand der spurenkundlichen Analyse zunächst immer die Einzelspur ist, lohnen sich keine für Massenscreenings einsetzbare Verfahren. Wenn aber der Spurenleger für eine Spur durch Untersuchung einer männlichen erwachsenen Gesamtbevölkerung in einer Region gesucht wird, sind solche Verfahren durchaus sinnvoll. Verknüpft werden könnte die herkömmliche STR-Erfassung aus Spuren z.B. mit einer massenspektrometrischen STR-Analyse (MALDI-TOF MS = matrix-assisted laser desorption/ionization time-of-flight mass spectrometry), die für die Detektion nur Sekundenbruchteile benötigt.

9.2 Forensische Paternitätsbegutachtung

Infobox

Die Geschichte der naturwissenschaftlichen Vaterschaftsfeststellung ist verblüffend kurz. Obwohl Karl Landsteiner in den Jahren 1900/1901 mit der Entdeckung des AB0-Blutgruppensystems ihre wissenschaftliche und methodische Basis geschaffen hatte, wurde die Vaterschaftsbegutachtung über Blutgruppenbestimmung erst im Jahre 1930 allgemein rechtlich zulässiges Verfahren. Die naturwissenschaftliche Vaterschaftsbegutachtung ist ein Verfahren des 20. Jahrhunderts. Die Eckpunkte sind die erwähnte Entdeckung der AB0-Blutgruppe als Beginn der Genproduktanalytik einerseits und andererseits die Entdeckung individualspezifischer repetitiver Sequenzen (Minisatelliten-DNA) durch Alec Jeffreys sowie die Erstbeschreibung der Polymerase-Kettenreaktion (PCR) durch Kary Mullis (Saiki et al 1985), als Beginn der forensischen DNA-Analytik, jeweils im Jahre 1985. Der Zugriff auf das Genom bietet die letzte erhaltbare, aber methodisch optimierbare Information. Zwischen den Eckpunkten liegen die bedeutsamen Entdeckungen weiterer Blutgruppen (MNSs, Rhesus u.a.), der Enzymgruppen (SEP, PGM u.a.), der Serumgruppen (Hp, Gc, Tf, Pi, Komplementfaktoren u.a.) und der HLA-Gruppen. Nur noch von historischer Bedeutung sind einige Verfahren, die kurz erwähnt werden sollen.

Wer als Mann über eine verminderte Spermienzahl verfügt, ist eingeschränkt zeugungsfähig. Eine absolute Zeugungsunfähigkeit besteht bei fehlenden Spermien (Aspermie bzw. Azoospermie). Aspermie ist zumeist Folge einer Vasektomie. Spontane Rekanalisierungen nach Vasektomie kommen gelegentlich vor; natürliche Fertilität wird selten wiedererlangt. Azoospermie mit dem Vorhandensein nur unreifer Vorläuferzellen von Spermien ist meist Folge entzündlicher Erkrankungen. Die Prüfung auf das Vorhandensein von befruchtungsfähigen Spermien ist Gegenstand des sog. **Zeugungsfähigkeitsgutachtens**. Im forensischen Sinne gilt als zeugungsfähig, wer mindestens **ein** bewegungsfähiges Spermium im Ejakulat aufweist. Da der Befund zum Untersuchungszeitpunkt keinen verlässlichen Rückschluss auf die Bedingungen zur Zeugung zulässt, ist das Verfahren aus heutiger Sicht als wertlos einzuschätzen.

Ein reifes Kind kommt im Mittel 270 Tage nach dem zeugenden Beischlaf zur Welt (Abb. 9.10). Oft ist der erste Tag der letzten vorgeburtlichen Regel besser dokumentiert. Die Geburt findet im Mittel 280 Tage nach diesem Tag statt. Es gibt allerdings einen von den Geburtshelfern mit Sorge beobachteten Trend zur Frühgeburtlichkeit. Ein zur Zeugung eines reifen Kindes geführter Geschlechtsverkehr muss daher in einem definierten Zeitraum vor der Geburt stattgefunden haben. Kann ein als Vater in Anspruch genommener Mann in diesem Zeitraum keinen Geschlechtsverkehr mit der Kindesmutter ausgeführt haben, ist er als Erzeuger des in Rede stehenden Kindes auszuschließen. Sog. **Tragzeitgutachten** haben diese Be-

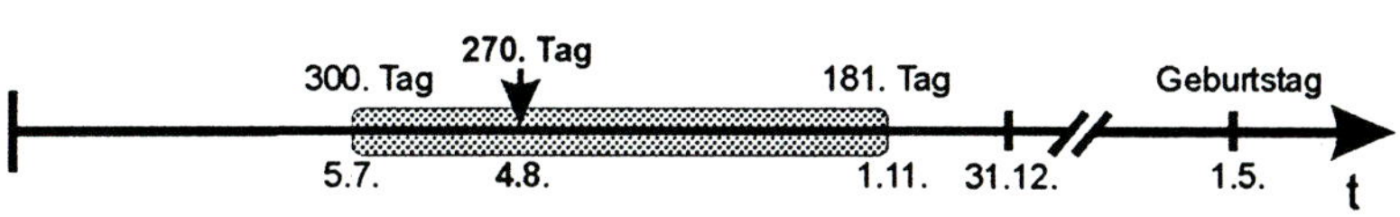

Abb. 9.10. Schematische Darstellung der zeitlichen Verhältnisse von Empfängniszeit und wahrscheinlichem Zeugungstag (4. August) beim gegebenen Geburtstag am 1. Mai

wertungen zum Gegenstand. Sie sind heute entbehrlich und seltenen Fragestellungen vorbehalten.

Erbbiologische Gutachten beruhen auf einem Ähnlichkeitsvergleich bestimmter konstitutioneller Merkmale (Augen-, Nasen-, Mund-, Ohren-, Hand- und Fußformen) bei Kindsmutter, Kind und Putativvater. Die bewerteten Merkmale werden alle, obwohl z.T. monogen imponierend, von mehreren Genen gesteuert, über deren Einzelwirkung wenig bekannt ist.

9.2.1 Rechtliche Grundlagen

Die gerichtliche Vaterschaftsfeststellung dient fast ausschließlich dem Ziel, das unehelich geborene Kind dem ehelich geborenen gleichzustellen, d.h. ihm seinen Unterhalt und seine Erbberechtigung zu sichern. Andere Fragestellungen – z.B. die Aufdeckung von Inzestdelikten – kommen vor, treten aber zahlenmäßig weit zurück. Die wesentlichen Grundlagen der gerichtlichen Vaterschaftsfeststellung sind im **Bürgerlichen Gesetzbuch** (BGB) niedergelegt.

Relativ neu ist im BGB die Definition der Mutterschaft:

§ 1591 BGB Mutterschaft

Mutter eines Kindes ist die Frau, die es geboren hat.

Diese Regelung trägt der Entwicklung der modernen Reproduktionsmedizin Rechnung, da im Falle der (in Deutschland gem. Embryonenschutzgesetz nicht erlaubten) Leihmutterschaft bei Mutter und Kind keine Blutsverwandtschaft im biologischen Sinne besteht. Die Formulierung des Gesetzes soll die Mutterschaft der austragenden Mutter unangreifbar machen und Prozesse der genetischen Mutter auf Feststellung der „wahren" Mutterschaft ausschließen. Die neue Regelung hat auf eine mögliche Paternitätsbegutachtung dergestalt Auswirkungen, dass ein Defizienzfall (ohne Mutter) vorliegt.

Der Vater ist folgendermaßen definiert:

§ 1592 Vaterschaft

Vater eines Kindes ist der Mann,
1. der zum Zeitpunkt der Geburt mit der Mutter des Kindes verheiratet ist,
2. der die Vaterschaft anerkannt hat oder
3. dessen Vaterschaft nach § 1600d gerichtlich festgestellt ist.

Nur der 3. Satz ist für den hier behandelten Gegenstand von Bedeutung.

§ 1600d Gerichtliche Feststellung der Vaterschaft

(1) Besteht keine Vaterschaft nach § 1592 Nr. 1 und 2 ..., so ist die Vaterschaft gerichtlich festzustellen.
(2) Im Verfahren auf gerichtliche Feststellung der Vaterschaft wird als Vater vermutet, wer der Mutter während der Empfängniszeit beigewohnt hat. Die Vermutung gilt nicht, wenn schwerwiegende Zweifel an der Vaterschaft bestehen.
(3) Als Empfängniszeit gilt die Zeit von dem dreihundertsten bis zu dem einhunderteinundachtzigsten Tage vor der Geburt des Kindes mit Einschluss sowohl des dreihundertsten als auch des einhunderteinundachtzigsten Tages. Steht fest, dass das Kind außerhalb des Zeitraums des Satzes 1 empfangen worden ist, so gilt dieser abweichende Zeitraum als Empfängniszeit.

Die Rechtskonstruktion der gesetzlichen Empfängniszeit ist in der ▪ Abbildung 9.10 schematisch dargestellt.

Die Verpflichtung der Beteiligten, sich der Untersuchung zu unterziehen und dafür eine Blutentnahme zu dulden, resultiert aus dem § 372a der **Zivilprozessordnung** (ZPO).

§ 372a Untersuchungen zur Feststellung der Abstammung

(1) Soweit es in Fällen der §§ 1600c und 1600d des Bürgerlichen Gesetzbuches oder in anderen Fällen zur Feststellung der Abstammung erforderlich ist, hat jede Person Untersuchungen, insbesondere die Entnahme von Blutproben zum Zwecke der Blutgruppenuntersuchung zu dulden, soweit die Untersuchung nach den anerkannten Grundsätzen der Wissenschaft eine Aufklärung des Sachverhaltes verspricht und dem zu Untersuchenden nach Art der Untersuchung, nach den Folgen ihres Ergebnisses für ihn oder einen der im § 383 Abs. 1 Nr. 1–3 bezeichneten Angehörigen und ohne Nachteil für seine Gesundheit zugemutet werden kann.
(2) ... Bei wiederholter unberechtigter Verweigerung der Untersuchung kann auch unmittelbarer Zwang angewendet, insbesondere die zwangsweise Vorführung zum Zwecke der Untersuchung angeordnet werden.

Richt- und Leitlinien für die Erstattung von Abstammungsgutachten

Bei der Durchführung der Erbmerkmalsuntersuchungen zur Vaterschaftsfeststellung ist der Gutachter an Vorgaben gebunden, die in den **Richtlinien** zur Erstattung von Abstammungsgutachten niedergelegt sind. Die derzeit gültige Fassung aus dem Jahre 2002 wurde vom Wissenschaftlichen Beirat der Bundesärztekammer in Zusammenarbeit mit dem Robert-Koch-Institut erarbeitet; sie ersetzt die Richtlinien in der Fassung von 1996.

Gutachten können hiernach von Gerichten, Behörden und Privatpersonen in Auftrag gegeben werden.

Die Identität der Probanden ist durch den Arzt, der die Proben entnimmt, festzustellen, zu sichern und über Lichtbild und/oder Fingerabdruck zu dokumentieren. Als Untersuchungsgut dient Blut, in Ausnahmefällen ein Mundschleimhautabstrich. Die Proben sind unverwechselbar mit Namen, Vornamen und Geburtsdatum der zu untersuchenden Person mittels Klebezettel zu beschriften. Die ethnische Herkunft und Auffälligkeiten im Zusammenhang mit Erkrankungen sind zu dokumentieren.

Folgende Systemkategorien sind **allein oder bedarfsgerecht in beliebiger Kombination** für die Begutachtung verwendbar:

- Restriktions-Fragmentlängen-Polymorphismen (RFLP),
- Mikrosatelliten-Polymorphismen (mindestens Tetramere; STR),
- HLA-System sowie
- Kombinationen aus Erythrozytenmembranantigenen, Serumproteinen und Erythrozytenenzymen.

Wichtig

Das nicht im Detail vorgeschriebene Untersuchungsspektrum hat mindestens 12 voneinander unabhängige chromosomale Loci mit bekannten Mutationsraten auf mindestens 10 verschiedenen Chromosomen bzw. deren Produkte zu umfassen. Es hat eine kombinierte **AVACH** (**A**llgemeine **V**aterschafts**a**usschluss**ch**ance) von mindestens 99,99 % aufzuweisen.
Der Ausschlussfall bedarf des Nachweises von mindestens drei Ausschlusskonstellationen. Der Nichtausschluss erfordert die Quantifizierung der Befunde im Hinblick auf ihren Beweiswert durch geeignete statistische Maßzahlen. Als statistische Maßzahlen werden der W-Wert (unter Angabe der A-priori-Wahrscheinlichkeit) und die individuelle Ausschlusschance A angegeben und bewertet. Besonderheiten (z.B. Mutationen, stumme Allele) sind einzubeziehen und zu erläutern.
Ein W-Wert ab 99,9 % entspricht dem verbalen Prädikat „Vaterschaft praktisch erwiesen".

Für eine ausreichende **Dokumentation** ist Sorge zu tragen, sie hat die Namen der in die Untersuchung einbezogenen Personen zu umfassen, die Identität der Personen, die Identität des Untersuchungsguts, Art und Datum der durchgeführten Untersuchungen, die Art der biostatistischen Auswertung (Softwareprodukte, Frequenzdateien, Tabellen etc.). Alle Dokumente sind generationsübergreifend für mindestens 30 Jahre aufzubewahren, gegebenenfalls als EDV-Dokumente.

Das untersuchende Labor, dem der Sachverständige vorsteht, muss über die für die Untersuchungen notwendigen baulichen, personellen und apparativen Voraussetzungen verfügen und einem geeigneten **Qualitätsmanagement** folgen. Laborinterne Maßnahmen haben diese Vorgaben zu sichern und regelmäßige externe Qualitätssicherungen (z.B. Ringversuche) sind vorzunehmen.

Der Sachverständige **muss** approbierter Arzt sein oder einen Studiengang mit dem Diplom abgeschlossen haben, in dem fundierte humangenetische Kenntnisse vermittelt wurden. Er muss eine mindestens dreijährige, fachlich umfassende, wissenschaftliche und praktische Ausbildung auf dem Gebiet der Abstammungsbegutachtung durch einen Sachverständigen nachweisen und mindestens zwei Systemkategorien beherrschen. Die wissenschaftliche Qualifikation ist durch einschlägige Publikationen, die praktische durch mindestens 50 unter der Aufsicht eines Sachverständigen erstellte Abstammungsgutachten nachzuweisen.

Die Arbeitsgemeinschaft der Sachverständigen für Abstammungsgutachten in der BR Deutschland e.V. hat unmittelbar nach Veröffentlichung der Richtlinien diese durch **Leitlinien** für die Erstattung von Abstammungsgutachten ergänzt. Diese dienen der Qualitätssicherung und werden regelmäßig der wissenschaftlichen Entwicklung angepasst.

Wesentlicher Inhalt sind die Forderungen, mindestens zwei Systemkategorien zu untersuchen, von denen jede mindestens 90 % zur AVACH beitragen muss, Doppelbestimmungen durchzuführen und bei der Auswahl der Systeme dafür Sorge zu tragen, dass die Gesamtmutationsrate des Standardspektrums 2,5 % nicht überschreitet.

9.2.2 Biologische Grundlagen

Ein Kind ist im biologischen Sinne zunächst das Ergebnis des Zusammenwirkens mütterlicher und väterlicher Gene. Da die Gene die Zusammensetzung, Gestaltung und Funktion des Körpers steuern, sollten Kinder mit ihrem Erzeuger größere Ähnlichkeit als mit unverwandten Personen haben. Dieser Ähnlichkeitsvergleich ist Gegenstand erbbiologischer Untersuchungen. So wie ein Kind in seinen Körperformen den Eltern ähnelt, hat es auch in der Feinstruktur des Körpers (z.B. Aminosäuresequenzen) mit den Eltern größere Übereinstimmungen als mit unverwandten Personen. Die Übereinstimmungen oder Nichtübereinstimmungen, die Ausdruck der Vielgestaltigkeit – des **Polymorphismus** – sind, lassen sich zahlenmäßig erfassen. Der Polymorphismus ist eine Eigenschaft des Genoms, das keine statische Einheit darstellt. Veränderungen im Genom werden durch Mutationen bewirkt, die z.B. über Basensubstitutionen zu kleinen Veränderungen führen oder über chromosomale Duplikationen oder Deletionen zu umfassenden. Rekombinationen bei der Keimzellenbildung führen zu einer Neukombination des elterlichen Genoms, das an die Nachkommen weitergereicht wird.

Wichtig

Die für die Abstammungsbegutachtung relevanten Polymorphismen sind fast ausschließlich Ausdruck in der Keimbahn stattgefundener Punktmutationen und Genduplikationen bzw. -deletionen.

Die Informationen über Struktur und Funktionen des Körpers sind in der DNA in Form von Basensequenzen enthalten. Die DNA wird während der Zellteilung in Gestalt ihrer Transportform – den Chromosomen – sichtbar. Jedes Individuum verfügt über zwei Halbsätze von Chromosomen; einen Halbsatz als mütterlichen und einen als väterlichen Erbbeitrag. Der haploide Satz besteht konstant aus 23 Chromosomen, 22 sog. Autosomen und 1 Gonosom, das alternativ als X- und als Y-Chromosom vorkommen kann. Damit besitzt jeder Mensch 46 Chromosomen, 44,XX die Frau und 44,XY der Mann. Bei der Bildung der Keimzellen werden **nicht** vorhandene Chromosomen bereitgestellt, sondern es entstehen in den Chromosom der Keimzellen zufällige Kombinationen aus den homologen Chromosomen des diploiden Bestandes. Die DNA aller Chromosomen des haploiden Satzes umfasst ca. 3,5 Milliarden Basenpaare. Der Mensch befindet sich bezüglich dieser speziesspezifischen DNA-Menge etwa im Mittelbereich der Tierspezies.

Definition

Die durch das Genom gebildete Grundlage wird **Genotyp** genannt, wobei dasselbe Wort auch für die genetische Basis einer Einzeleigenschaft (z.B. einer Blutgruppe) gebraucht wird. Ähnlich doppelsinnig ist der Begriff des **Phänotyps.** Er beschreibt die Summe aller morphologischen und funktionellen Eigenschaften eines Individuums, aber auch die einem bestimmten Gen zugeordnete „phänische" Eigenschaft.

Es wurde schon aufgeführt, dass nur ein Bruchteil der DNA Informationen über Bau und Funktion des Organismus enthält. Es sind die kodierenden Sequenzen, die eigentlichen Gene. Sie sind locker im Genom verstreut. Ein Gen, das die Information über die Primärstruktur eines Polypeptids enthält, kann untergliedert sein. Seine Einzelelemente werden **Exons** genannt. So enthält das Gen, das die Information für die AB0-Blutgruppe trägt, 7 Exons. Die dazwischen liegenden informationslosen Anteile werden **Introns** genannt. In den Introns sind z.T. die für die Abstammungsbegutachtung und die spurenkundlichen Untersuchungen bedeutsamen Mikrosatellitenstrukturen von STR-Charakter lokalisiert, die zwar Teil des Gens sind, aber keine phänische Entsprechung haben.

Definition

Die auf homologen Chromosomen an identischer Stelle befindlichen Partnergene werden **Allele** genannt. Sie werden in der Schreibweise mit einem (*) gekennzeichnet. Das die Haptoglobineigenschaft Hp 1 steuernde Allel trägt die Bezeichnung Hp*1. Allele entstehen durch Mutationen aus Vorläufergenen.

Werden beide Allelprodukte im Phänotyp erkennbar, spricht man von **Kodominanz**, überdeckt eine Allelwirkung die andere, ist sie dominant und die andere rezessiv. Sind beide Erbanlagen identisch, liegt **Homozygotie** (Reinerbigkeit) vor, sind sie in der Struktur bzw. in der Wirkung auf das Genprodukt unterschiedlich, besteht **Heterozygotie** (Mischerbigkeit). Die Weitergabe der Erbmerkmale an die Nachfolgegeneration vollzieht sich gemäß den Mendel'schen Regeln. Hiernach ist für den vorliegenden Gegenstand von Bedeutung, dass die Einzelmerkmale voneinander unabhängig vererbt werden, sofern sie nicht durch räumliche Nähe im Genom gekoppelt sind (z.B. Rhesus-Einzelfaktoren). Aus dem bisher genannten biologischen Hintergrund resultiert das grundlegende Prinzip der Vaterschaftsbegutachtung:

Wichtig

Besitzt ein Kind ein Erbmerkmal (ein Gen), das es von seiner Mutter nicht geerbt haben kann (weil die es nicht besitzt), muss es von seinem Vater stammen. Hat es ein als Vater in Anspruch genommener Mann gleichfalls nicht, ist er als Erzeuger auszuschließen.

Hierbei ist ausschließlich vom Genotyp auszugehen. Es ist zunächst vom Phän auf das Gen zu schließen, ansonsten könnte ein Mann der Blutgruppe B (z.B. Genotyp *B/*0) fälschlich als Erzeuger des Kindes der Blutgruppe 0 ausgeschlossen werden. Die Bevölkerung einer Region weist eine bestimmte genetische Komposition auf, die über die Generationen weitgehend konstant bleibt. Sie findet im Hardy-Weinberg-Gesetz ihren mathematischen Ausdruck. So hat sich die Verteilung der Merkmale des AB0-Systems seit Landsteiner innerhalb einer Population praktisch nicht verändert.

9.2.3 Methodische Grundlagen

Untersuchungsmaterial

Wichtig

Nach den gültigen Richtlinien für die Erstattung von Abstammungsgutachten ist grundsätzlich Blut zu untersuchen. Speichel bzw. der so bezeichnete Mundschleimhautabstrich sind als alternatives Untersuchungssubstrat derzeit trotz vielfachen Einsatzes im außergerichtlichen Verfahren nicht zulässig. Sollen konventionelle Marker untersucht werden, wird eine Nativblutprobe benötigt; für DNA-analytische Untersuchungen empfiehlt sich EDTA-Blut. EDTA- aber auch Heparinblute stören die Erfassung einiger konventioneller Merkmale erheblich.

Erythrozytenaufbereitung

Die Erythrozyten werden zur Erfassung der korpuskulären Merkmale bis zur Serumfreiheit gewaschen und für eine 2–5 %ige Aufschwemmung in Kochsalzlösung suspendiert. Die Erythrozytenenzyme werden nach osmotischer Hämolyse aus den stromafreien Hämolysaten dargestellt. Die Untersuchungen auf die Serumgruppen erfolgen am nativen Serum. Für die Untersuchung der Haptoglobinsubtypen ist eine Haptoglobin-Vorreinigung erforderlich, die sowohl über eine Immunpräzipitation als auch über eine Ionenaustauschertechnik im sog. Batch-Verfahren bewerkstelligt werden kann.

DNA-Aufbereitung

Zur DNA-Präparation werden die kernlosen Erythrozyten lysiert und die kernhaltigen Blutzellen der Probe durch Zentrifugation angereichert. Anschließend werden durch Enzymzusatz (Proteinase K) deren Membranen zerstört und die Proteine abgebaut. Mit konzentrierter Kochsalzlösung werden die abgebauten Zellproteine gefällt und durch Zentrifugation sedimentiert. Der klare Überstand enthält die DNA, die schließlich mit absolutem Alkohol selektiv gefällt werden kann. Nachdem die DNA in einem geeigneten Milieu wieder in Lösung gebracht worden ist, kann sie durch Restriktionsendonucleasen sequenzspezifisch verdaut oder mittels PCR in ausgewählten Sequenzabschnitten amplifiziert werden. Eine DNA-Gewinnung über die bei der Spurenkunde beschriebene

Chelex-Extraktion ist gleichfalls möglich, sofern allein STRs untersucht werden sollen. Während also für die PCR über geeignete Primer die Zielsequenz ausgewählt und amplifiziert wird, muss die DNA für die Darstellung der VNTRs von RFLP-Charakter verdaut werden (► s. Abb. 9.3) Der Restriktionserfolg kann bei einer Elektrophorese im sog. Minigel abgeschätzt werden. Bei einem Partialverdau zeigt die mit Ethidiumbromid gefärbte DNA auftragsnah kompakte Banden, während bei regelrechter Restriktion eine homogene Spur erzielt wird.

HLA-Merkmale

Für die serologische Erfassung der HLA-Merkmale werden Lymphozyten benötigt. Das relativ aufwendige Verfahren der HLA-Typisierung, das hohe Sachkunde erfordert und heute überwiegend nur noch von speziell ausgebildeten Ärzten geübt wird, ist für die Vaterschaftsbegutachtung entbehrlich. Zur DNA-analytischen HLA-Typisierung dient die DNA, die auch zur VNTR-Diagnostik extrahiert wurde.

Erythrozytenmembranantigene

Für den Nachweis der Erythrozytenmembranantigene werden qualitative Agglutinationstests eingesetzt. Die Erythrozytensuspensionen der Probe werden mit den Antiseren bekannter Spezifität auf Tüpfelplatten zur Reaktion gebracht. Für die Rhesusbestimmung ist es entscheidend wichtig, welche Antiseren zur Verfügung stehen. Häufig handelt es sich bei den angebotenen Antiseren um sog. „inkomplett" reagierende vom IgG-Typ. Diese Antikörper sind nicht in der Lage, im Kochsalzmilieu Erythrozyten zu agglutinieren. Die Agglutinationsreaktion muss deshalb durch zugesetzte Supplemente oder durch den Antiglobulintest (Coombs-Test) unterstützt werden.

Elektrophoretische Untersuchungen

Die polymorphen Eigenschaften der Erythrozytenenzyme, Serumproteine und der DNA von VNTR-Charakter werden durch ihr spezifisches Wanderungsverhalten in der Elektrophorese erschlossen. Elektrophorese heißt Wanderung elektrisch geladener Partikeln unter dem Einfluss eines elektrischen Feldes. Ladungsträger sind hierbei Proteine bzw. DNA-Fragmente. Die Bedingungen werden durch die eingesetzten Pufferlösungen so gewählt, dass die aufzutrennenden Moleküle negative Gesamtladungen haben und zur Anode wandern. Sind Gel- und Elektrodenpuffer identisch, spricht man von einem kontinuierlichen System, bei differenten Puffern von einem diskontinuierlichen (sog. Disk-Elektrophorese). Die Elektrophorese kann in einer Lösung, aber auch in einem Träger (Papier, Folien, Stärke- oder Agarosegel, Polyacrylamidgel) erfolgen. In der rechtsmedizinischen Praxis wird zur Proteindarstellung ausschließlich die Träger-Elektrophorese im Flachgel eingesetzt. Dasselbe gilt für die VNTRs von RFLP-Charakter. Die STRs können im Flachgel aufgetrennt werden, aber auch in einer Art freien Elektrophorese mit einem Polymer als Trägeräquivalent innerhalb einer Kapillare.

Eine Sonderform der Elektrophorese ist die **isoelektrische Fokussierung**, die auch als Elektrophorese in einem pH-Gradienten beschrieben werden kann. Sie dient der effektiven Darstellung von Serum- und Enzympolymorphismen. Elektrophoretische Verfahren können mit immunologischen kombiniert werden. Ein Beispiel ist die **Immunfixations-Elektrophorese**. Hierbei wird ein polymorphes Protein nach der Auftrennung im Gel durch ein aufgebrachtes Antiserum präzipitiert und damit fixiert. Aufgetrennte Proben können auch unspezifisch auf einem Träger immobilisiert und anschließend über einen Visualisierungsschritt detektiert werden. Hierzu zählen die **Blottingverfahren**.

Visualisierung

Visualisierungen sind erforderlich, da die elektrophoretisch aufgetrennten Proteine oder auch DNA-Fragmente in der Regel unsichtbar sind. Proteine werden entweder sofort oder nach Immunfixation unspezifisch gefärbt. Enzyme können eine Reaktionskette in Gang setzen, an deren Ende ein gefärbtes Reaktionsprodukt steht. DNA-Fragmente nach PCR werden über Silberimprägnierung optisch sichtbar oder über ein optisches Signal, das von einem markierten Primer ausgeht, wenn das Amplifikationsprodukt ein dem Laserlicht ausgesetztes Fenster passiert. Dieses optische Signal wird von einem Detektor aufgenommen und an eine Rechnereinheit weitergeleitet. Die erhaltenen Rohdaten können über eine spezielle Software aufbereitet werden. Die DNA-Fragmente von RFLP-Charakter werden nach der elektrophoretischen Trennung im Agarosegel in einem Blottingverfahren auf einen oberflächenaktiven Träger immobilisiert. Der Übertragung geht eine Denaturierung voraus, damit Einzelstränge fixiert werden. Diese werden mit einer Komplementärsequenz (Sonde) hybridisiert. Diese Sonde kann enzym- oder chemilumineszenzmarkiert sein, was am Ende über eine gefärbte Bande oder über eine bandenäquivalente Röntgenfilmschwärzung zur Auswertung kommt. Nach der Bewertung eines Systems kann die Sonde vom immobilisierten Fragment abgelöst (Stripping) und mit einer weiteren Sonde hybridisiert werden. Auf diese Weise können mit Hilfe eines Blots durchaus 4 oder 5 RFLP-Systeme bewertet werden.

9.2.4 Praxis der paternitätsserologischen Untersuchung

Die zur Vaterschaftsfeststellung genutzten Merkmalssysteme werden oft als Blutgruppen bezeichnet, weil sie aus dem Blut erschlossen werden.

Wichtig

Streng genommen handelt es sich bei den Blutgruppen jedoch nur um die gruppenspezifischen polymorphen Merkmale der Erythrozytenmembran. Daneben werden polymorphe Erythrozytenenzyme genutzt und polymorphe Serumproteine, die entsprechend Enzym- und Serumgruppen genannt werden. Zusammen mit der serologischen HLA-Erfassung handelt es sich hierbei um die sog. konventionellen Systeme, die in ihrer Bedeutung im vergangenen Jahrzehnt stark zurückgegangen sind.

Sie sollen daher auch nur kurz angesprochen werden. Nur wegen der allgemeinen Kenntnis der Zugehörigkeit im AB0- und Rhesussystem in der Bevölkerung (über Mutterpass oder Nothilfepass) sollen beide Systeme aufgeführt werden.

Konventionelle Merkmalssysteme

AB0-System. Das von Landsteiner in den Jahren 1900/1901 beschriebene AB0-System war der erste monogene, stofflich fassbare Hinweis auf individuelle Unterscheidbarkeit. Eine wesentliche Besonderheit dieses Systems macht seine klinische Bedeutung aus und ermöglichte seine Entdeckung: Das Vorhandensein von Antikörpern im Serum (später Isoagglutinine genannt), die gegen die Eigenschaften gerichtet sind, die die eigenen Erythrozyten nicht tragen. Durch Separation von Serum und Zellen und nachfolgender Überkreuzreaktion konnten zunächst vier Gruppen A, B, AB und 0 erschlossen werden (◘ Abb. 9.11), später durch Unterdifferenzierung von A in A_1 und A_2 die sechs Gruppen A_1, A_2, B, A_1B, A_2B und 0. Kennzeichnet man die Gruppenzugehörigkeit noch mit dem jeweiligen Antikörper, der mit alpha für Anti-A und mit beta für Anti-B angegeben wird, lauten die Gruppen folgendermaßen: $A_{1\beta}$, $A_{2\beta}$, B_{α}, A_1B_-, A_2B_-, und $0_{\alpha\beta}$.

Wichtig

Die AB0-Antigene sind nicht allein Strukturmerkmale der Erythrozyten, sie können an allen Körperzellen und in den Sekreten der meisten Menschen (Sekretoren) nachgewiesen werden. Darüber hinaus sind sie in der Natur weit verbreitet.

Die AB0-Eigenschaften werden durch eine **Immunreaktion** vorzugsweise an Erythrozyten, die die meisten Rezeptoren tragen, dargestellt. Bei einem Mischungsverhältnis von Isoagglutinin und Antigen (Zelle) im sog. Äquivalenzbereich kommt es zu seiner dreidimensionalen, grobsichtig erkennbaren Agglutination. Im Gegensatz dazu ist in vivo die Folge der **Antigen-Antikörper-Reaktion** immer eine über das retikulohistiozytäre System realisierte Hämolyse. Die Rezeptoreigenschaft selbst wird durch ein endständiges Kohlenhydrat determiniert: das **A-Merkmal** durch N-Acetyl-D-Galaktosamin, das **Merkmal B** durch D-Galaktose. Beim **0-Merkmal** ist der endständige Zucker eine L-Fukose, die bei den anderen beiden Merkmalen auch vorhanden ist. Kohlenhydratstrukturen sind keine primären Genprodukte. Sie werden durch spezifische Transferasen mit dem Proteingrundkörper verbunden. So ist das primäre Genprodukt des A-Gens eine N-Acetyl-D-Galaktosaminyltranferase, das des B-Gens eine D-Galaktosyltransferase. Die Membraneigenschaften stellen somit sekundäre Genprodukte dar. Da das 0-Gen zu keinem (mit der üblichen Nachweistechnik) erkennbaren Genprodukt führt, ist es als sog. **„stummes" Gen** zu charakterisieren.

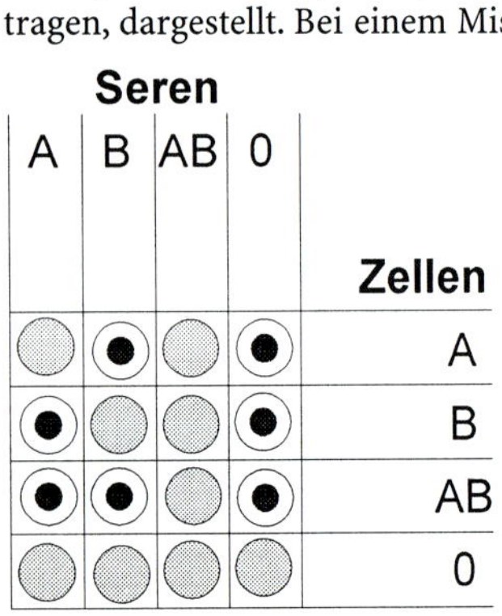

◘ Abb. 9.11. Prinzip der serologischen AB0-Typisierung. Nur dieses System verfügt über natürliche Antikörper (Isoagglutinine), die als Reagenz zur Blutgruppenbestimmung genutzt werden können

Die AB0-Merkmale werden von einem Genort auf dem Chromosom 9 (9q34.1-q34.2) gesteuert, wobei ihr Präkursor ein Produkt des H-Gens ist, das auf dem Chromosom 19 (19cen-q13.1) in enger Nachbarschaft mit dem Sekretorgen lokalisiert ist. Die AB0-Eigenschaften lassen sich DNA-analytisch erschließen; das Verfahren führt wegen einer weitergehenden Unterdifferenzierbarkeit zu höherer Information, ist aber aufwendig und für die Routinepraxis entbehrlich.

Nach dem gültigen formalgenetischen Modell bei serologischer Differenzierung herrscht auf dem AB0-Genort multiple Allelie; *A und *B sind kodominant und gegenüber *0 dominant, $*A_2$ ist gegenüber $*A_1$ rezessiv, gegenüber *0 dominant und mit *B kodominant. Dieses Prinzip wird durch das sog. *AB in cis-Position durchbrochen. Hier liegt bei der Gruppenzugehörigkeit AB ganz offenbar der Genotyp *AB/*0 vor. Solche cis-Konstellationen sind das Ergebnis einer Genduplikation. Sie kommen im AB0-System extrem selten vor und sind daher ohne praktische Relevanz. Die Phänotypen und Genotypen sind exemplarisch in der ◘ Tabelle 9.12 dargestellt. Die Verteilung der AB0-Merkmale ist populationsspezifisch. So gibt es z.B. bezüglich des Merkmals B ein signifikantes Ost-West-Gefälle. Bei den Allelfrequenzen $*A_1 = 0{,}214$, $*A_2 = 0{,}065$, $*B = 0{,}112$ und $*0 = 0{,}609$ werden die folgenden Merkmalshäufigkeiten in Deutschland gefunden:

- A_1 = 33,4 %,
- A_2 = 8,3 %,
- A_1B = 4,8 %,
- A_2B = 1,5 %,
- B = 14,9 %,
- 0 = 37,1 %.

Die A-Untergruppenbestimmung erfordert ein modifiziertes Vorgehen. Um ein spezifisch anzeigendes Anti-A_1 zu gewinnen, müssen die Seren mit der Spezifität Anti-A mit A_2-Erythrozyten absorbiert werden. Es wird hier deutlich, dass Seren von Personen der Blutgruppe B ein Antikörpergemisch aus Anti-A und

Tabelle 9.12. Formalgenetisches System des AB0-Blutgruppensystems

4 Allele	$*A_1$, $*A_2$, *B, *0
10 Genotypen	$*A_1/*A_1$, $*A_1/*A_2$, $*A_1$/*B, $*A_1$/*0, $*A_2/*A_2$, $*A_2$/*B, $*A_2$/*0, *B/*B, *B/*0, *0/*0
6 Phänotypen	$A_1 \rightarrow *A_1/*A_1$, $*A_1/*A_2$, $*A_1$/*0
	$A_2 \rightarrow *A_2/*A_2$, $*A_2$/*0
	B → *B/*B, *B/*0
	$A_1B \rightarrow *A_1$/*B
	$A_2B \rightarrow *A_2$/*B
	0 → *0/*0

Tabelle 9.13. Abstammungsfall unter Berücksichtigung des AB0-Systems

	Phänotyp	Genotypen
Kind	A_2	$*A_2$/0
Kindesmutter	0	*0/*0
Beklagter	A_1	$*A_1/*A_1$, oder $*A_1/*A_2$ oder $*A_1$/*0
Zeuge	A_1B	$*A_1$/*B

Anti-A_1 enthalten. Daneben gibt es Lektine mit Anti-A_1-Spezifität (z.B. Dolichos bifloris). Menschliche Seren mit der Spezifität Anti-A_2 existieren nicht. Der Nachweis dieser Gruppenzugehörigkeit erfolgt durch Lektine mit Anti-H-Spezifität. Die H-Substanz ist das Genprodukt des H-Gens, das den Präkursor für die A- und B-Rezeptoren bildet und bei der Blutgruppe 0 und A_2 in höherer Konzentration vorkommt als bei den anderen Gruppen. Am wenigsten H wird bei A_1B gefunden.

Nicht alle A-Merkmale lassen sich eindeutig den Subtypen A_1 oder A_2 zuordnen. Wahrscheinlich weniger als 1 % gehören sog. Intermediärtypen an, die entweder mit Anti-A_1 nur schwach oder gar nicht reagieren, obwohl sie nicht der Gruppe A_2 zugehörig sind. Im Zweifelsfall sollte man für die Paternitätsbegutachtung auf die Subtypisierung verzichten. B-Untergruppen sind extrem selten und für die konkrete Fragestellung ohne Bedeutung.

In der forensischen Praxis ist im AB0-System die Bestimmung der korpuskulären Eigenschaft immer durch die Überprüfung der **Serumeigenschaft** zu ergänzen. Hierbei werden Zellen bekannter Gruppenzugehörigkeit mit den Probandenseren zur Reaktion gebracht. Bei schwachen A-Formen ist der Nachweis von Anti-B und das Fehlen von Anti-A oft einziger Hinweis, dass eine „atypische" A-Untergruppe vorliegt. Durch das Serum der Gruppe AB werden keine zugesetzten Zellen agglutiniert, durch das Serum der Gruppe 0 alle außer 0. Von Bedeutung ist die Tatsache, dass sehr junge Säuglinge möglicherweise noch keine Isoagglutinine gebildet haben.

Die Sekretoreigenschaft wurde oben schon kurz erwähnt. Etwa 75–78 % der europäischen Bevölkerung weisen als **Sekretoren** die jeweilige stoffliche Membraneigenschaft A, B und 0 auch in ihren Sekreten (z.B. Speichel, Sperma) auf. Chemisch handelt es sich um Mukoproteine, Proteine mit sehr hohem Kohlenhydratanteil. Die Sekretoreigenschaft ist genetisch determiniert und wird von den Genen *Se und *se auf dem Chromosom 19 (19cen-q13.1) gesteuert. *Se ist gegenüber *se dominant. Der Nachweis erfolgt mit Speichel über dessen Eigenschaft, ein Isoagglutinin oder Lektin mit bekanntem Titer zu absorbieren. Nonsekretoren-Eltern können keine Sekretor-Kinder haben.

Die Abstammungsbegutachtung mit AB0 ist einfach, wenn aus den Phänotypen die möglichen bzw. notwendigen Genotypen erschlossen werden. Der in der Tabelle 9.13 aufgeführte Fall zeigt das exemplarisch:

Fallbeispiel

Beurteilung: Das Kind fordert als väterlichen Erbbeitrag das Gen $*A_2$. Der Beklagte verfügt über dieses Gen, sofern er den Genotyp $*A_1/*A_2$ aufweist, was möglich ist. Der Zeuge besitzt $*A_2$ nicht und ist als Erzeuger auszuschließen.

Vom Informationsgehalt gehört das AB0-System mit einer Vaterschaftsausschlusschance von ca. 18 % zu den eher mittelgradig informativen Systemen. Von Bedeutung ist seine ökonomisch günstige und einfache Einsetzbarkeit und sein interpretationssicherer Erbgang.

Wichtig

Das AB0-System ist wegen seiner Bedeutung für die Transfusion und Transplantation von überragender klinischer Relevanz. Transfusionszwischenfälle werden, sofern sie auf fehlerhafter Blutgruppentypisierung oder Blutkonservenverwechslung beruhen, als grob fahrlässig verursachte Körperverletzungen oder Tötungen qualifiziert.

Rhesussystem. Das als Rhesussystem im heutigen Sinne bezeichnete Blutgruppensystem geht auf eine Entdeckung von Levine und Stetson im Jahre 1939 zurück; allgemein gelten jedoch Landsteiner und Wiener als seine Erstbeschreiber.

Infobox

Letztere Autoren immunisierten im Jahre 1940 Meerschweinchen mit dem Blut von Rhesusaffen und erhielten einen agglutinierenden Antikörper, der auch mit den Erythrozyten von etwa 85 % der Angehörigen der weißen Bevölkerung New Yorks reagierte. Dieser Populationsanteil wurde Rhesus-positiv (Rh+) bezeichnet, der Rest als Rhesus-negativ (Rh-). Der mit Alloseren nachgewiesene Rhesusfaktor D ist jedoch mit dem durch Landsteiner und Wiener nachgewiesenen Faktor, der zu Ehren der Entdecker LW-Faktor genannt wird, nicht identisch.

Das Rhesussystem blieb nicht lange auf das Vorhandensein oder Fehlen von D beschränkt, es wurde in rascher Folge um die weiteren Strukturantigene C, c, Cw, E und e und evtl. das Produkt

Tabelle 9.14. Reaktionsmuster, Phänotypen, Genotypen und Haplotypen ausgewählter Konstellationen im Rh-System

Anti-CcDEe	Phänotypen	Häufigkeit %	Genotypen	Haplotypenfrequenz
+ + + – +	R_1r	31,7	CDe/cde	*CDe = 0,405
+ – + – +	R_1R_1	16,4	CDe/CDe	*cde = 0,391
– + – – +	rr	15,3	cde/cde	*cDE = 0,145
+ + + + +	R_1R_2 oder R_zr	13,5	CDe/cDE oder CDE/cde	*cDe = 0,027
– + + + +	R_2r	11,3	cDE/cde	*CDE = 0,002
– + + + –	R_2R_2	2,1	cDE/cDE	*C^wDe = 0,013
– + + – +	R_0r	2,1	cDe/cde	*Cde = 0,009
+ + – – +	r'r	0,37	Cde/cde	*cdE = 0,006
– + – + +	r''r	0,23	cdE/cde	

eines Defektgens Du erweitert. Aufgrund des serologischen Verhaltens der Rhesuseinzelmerkmale wurden zwei genetische Konzeptionen des Rhesussystems vorgeschlagen. Nach Wiener sind die Teileigenschaften Produkte polyphäner Einzelgene. Er benannte die Einzelmerkmalskomplexe mit den Kurzsymbolen R_0, R_1, R_2 R_z, r, r', r" und r_y. Nach Fisher und Race sind die Rhesusteileigenschaften Produkte eng benachbarter und damit genetisch gekoppelter Allele. Dieser Ansatz hat sich als fruchtbar erwiesen, da er nahezu alle Beobachtungen in diesem System ausreichend zu erklären vermochte. Auch heute orientiert sich die serologische Bewertung des Rhesussystems an der Theorie von Fisher und Race, wenn auch im Laboralltag mit der Wiener'schen Nomenklatur vorteilhaft gearbeitet werden kann.

Bevor die Rhesus-Genkomplexe besprochen werden, ist auf die Teileigenschaften einzugehen. Diese werden scheinbar von 3 Genorten D, C und E gesteuert, die eng gekoppelt sind und eine multiple Allelie aufweisen: Locus D: *D, *d und *Du, Locus C: *C, *c und *Cw, Locus E: *E und *e. Die Allele des Dd-Komplexes haben folgende Frequenzen *D = 0,585, *d = 0,407, *Du = 0,008. Für die Cc-Allele gilt: *C = 0,417, *c = 0,566 und *Cw = 0,017. Schließlich betragen die Ee-Allelfrequenzen: *E = 0,150, *e = 0,850. Die jeweiligen Genprodukte sind immunologisch über Agglutination fassbar; *d ist ein stummes Gen ohne nachweisbares Genprodukt, Du ist eine quantitative Variante von D.

Die Rhesuseinzelmerkmale dürfen biostatistisch nicht als voneinander unabhängig angesehen werden. Auf jedem Chromosom findet sich ein Rhesusgenkomplex, der gekoppelt als sog. Haplotyp vererbt wird. Hierbei gibt es häufige, seltene und extrem seltene Haplotypen, wobei sich nach der Fisher-Race-Theorie die seltenen Haplotypen durch Crossing-over aus den häufigen gebildet haben. Diese Situation, die auch beim MNSs und im besonderen Maße beim HLA-System gefunden wird, nennt man **Kopplungsungleichgewicht**.

Aus den Rhesuseinzelmerkmalen lassen sich mit fallender Häufigkeit folgende Haplotypen kombinieren (d steht für ein negatives Testresultat mit Anti-D): CDe (R_1), cde (r), cDE (R_2), cDe (R_0), Cde (r'), cdE (r") CDE (R_z) und CdE (r_y). Cw ist ein C-Subtyp. Reagiert eine C-positive Zelle auch mit Anti-Cw, enthält die Kurzbezeichnung des Haplotyps ein hochgestelltes w; z.B. R_1^w. Wenn im Rhesustyp $R_1^wR_2$ das C des CDe-Haplotyps ein Cw ist, wird es durch ein spezifisches Anti-Cw angezeigt. Die Reaktionsformel lautet dann C+c+D+E+e+Cw+. Dem Phänotyp $R_1^wR_1$ ist nicht anzusehen, ob das Cw homo- oder heterozygot vertreten ist. Homozygotie ist extrem selten.

In der Tabelle 9.14 werden der Reaktionsausfall bei einigen der häufigen Phänotypen, die ihnen zugrunde liegenden Genotypen sowie die Haplotypenfrequenzen dargestellt.

Die Unsicherheit in der Genotyperkennung ist im Rhesussystem für die Vaterschaftsfeststellung unerheblich. Das soll in den nachfolgenden Abstammungsbeispielen illustriert werden (Tabelle 9.15).

Fallbeispiele

Fall 1: Das Kind fordert als väterlichen Erbbeitrag den Genkomplex r (cde). Der Beklagte kann diesen seinem Kind nur vererben, wenn er dem sehr seltenen Rhesustyp Rzr angehört, was unwahrscheinlich ist. Der Zeuge mit dem Rhesustyp R_2r ist als Erzeuger nicht auszuschließen.

Fall 2: Das Kind verfügt über alle Rhesusteileigenschaften, kann von seiner Mutter jedoch nur c, D oder d und E geerbt haben. Es fordert von seinem Erzeuger mithin zwingend die Merkmale C und e, die am häufigsten im Rhesusgenkomplex R_1 (CDe) enthalten sind. Weder der Beklagte noch der Zeuge besitzen diesen Haplotyp, der Beklagte jedoch das seltenere R'r (Cde), das als väterlicher Erbbeitrag gleichermaßen in Frage kommt. Da der Zeuge C nicht besitzt, ist er als Erzeuger auszuschließen.

Das Rhesussystem ist für die Paternitätsbegutachtung sehr informativ. Unter Einbeziehung der hier aufgeführten Einzelmerkmale wird eine Vaterschaftauschlusschance von etwa 30 % erreicht.

Rhesusantigene finden sich ausschließlich an Erythrozyten. An der Rezeptorstruktur sind Präkursorgene beteiligt, die durch die sog. CDE-Gene immunologisch determiniert werden. Chemisch handelt es sich bei den Rhesusrezeptoren um Proteine. Das Rhesussystem wird von einem Genort auf dem

■ Tabelle 9.15. **Abstammungsfälle unter Berücksichtigung des Rhesussystems**

Fall 1	**Reaktionsausfall**	**Haplotypen**
Kind	C-c+D-E-e+	cde/cde
Kindesmutter	C+c+D+E-e+	CDe/cde
Beklagter	C+c+D+E+e+	CDe/cDE oder CDE/cde
Zeuge	C-c+D+E+e+	cDE/cde
Fall 2		
Kind	C+c+D+E+e+	CDe/cDE od. Cde/cDE od. CDE/cde
Kindesmutter	C-c+D+E+e-	cDE/cDE od. cDE/cdE
Beklagter	C+c+D-e+	Cde/cde
Zeuge	C-c+D+E+e+	cDE/cde

Chromosom 1 (1p36.13-p34.3) gesteuert. Ein Gen mit der Bezeichnung RHD, das 10 Exons umfasst, steuert das D-Antigen, ein aus 417 Aminosäuren bestehendes nichtglykosiliertes Protein, das mit zwölf Abschnitten in die Zellmembran eingebettet ist. Die Cc- und Ee-Antigene werden von einem Gen RHCE gesteuert, das gleichfalls 10 Exons aufweist. Das RHD- und das RHCE-Gen sind eng gekoppelt. Für die Paternitätsdiagnostik ist eine genanalytische Rh-Darstellung entbehrlich, da einem hohen methodischen Aufwand eine vergleichsweise geringe Information gegenüber steht.

Infobox

Das Rhesussystem hat (vorzugsweise durch den Faktor D, der ein starkes Antigen ist) eine überragende klinische Bedeutung, sofern bestimmte Voraussetzungen vorliegen: Eine rhesusnegative Mutter kann durch ihre rhesuspositive Leibesfrucht immunisiert werden und dann mit der Produktion von Anti-D reagieren. Die meist der Antikörperklasse IgG zugehörigen Antikörper vermögen die Plazentaschranke zu passieren und damit in den fetalen Kreislauf zu gelangen. Je nach dem Zeitpunkt der Antikörperbildung, der Menge der gebildeten Antikörper und deren Bindungsstärke mit den kindlichen Erythrozyten kommt es zum Krankheitsbild des Morbus haemolyticus neonatorum (Mhn), der im schweren Fall zum intrauterinen Fruchttod führen kann, im leichteren zum Icterus neonatorum mit der Gefahr der Hirnschädigung. In der modernen Geburtshilfe wird die mütterliche Antikörperbildung durch die sog. Anti-D-Prophylaxe unterdrückt. Eine Fehltransfusion kann eine rhesusnegative Frau gleichfalls sensibilisieren und bei entsprechend inkompatibler späterer Schwangerschaft die Leibesfrucht schädigen.

Ein weiteres informatives Erbsystem der Erythrozytenmembran ist MNSs mit einer Vaterschaftsausschlusschance von gleichfalls etwa 30 %.

Phosphoglukomutase-System. Von den **Erythrozyten-Enzymgruppen** soll exemplarisch das Phosphoglukomutase-System (**PGM**) ausgewählt werden. Dieses Enzym kommt in mehreren Geweben vor, in ausreichend hoher Aktivität auch in den Erythrozyten. Es katalysiert im Rahmen des Glukosestoffwechsels die Verlagerung von Phosphat aus der Position 1 in die Position 6 in einem Glukosemolekül. An der Reaktion nimmt als Partner Glukose-1,6-Diphosphat teil. Das Endprodukt Glukose-6-phosphat der spezifisch katalysierten Reaktion ist ungefärbt. Es wird daher eine weitere Reaktion angeschlossen, in der mit Hilfe des zugesetzten Enzyms Glukose-6-Phosphatdehydrogenase das Glukose-6-phosphat in 6-Phosphoglukonat umgewandelt wird. Als Wasserstoffakzeptor dient zugesetztes NADP. In einer gekoppelten Reaktion wird das entstandene $NADPH_2$ durch Tetrazoliumbromid (MTT) unter Mitwirkung von Phenazinmethosulfat (PMS) reduziert, wodurch aus MTT das dunkelblaue und wasserunlösliche Formazan entsteht, das die Orte der PGM-Aktivität spezifisch markiert.

Der genetische Polymorphismus wurde im Jahre 1964 beschrieben. Die Entdecker (Spencer und Mitarbeiter) führten die drei beobachteten Phänotypen PGM 1, 2-1 und 2 auf die Wirkung zweier kodominanter Allele PGM*1 und *2 auf einem autosomalen Genlocus zurück. Das Enzym wird von einem Genort auf dem Chromosom 1 (1q22.1) gesteuert. Die 3 häufigen Phänotypen sind in der ■ Abbildung 9.12 schematisch dargestellt. Die Allelfrequenzen mit PGM*1 = 0,77 und *2 = 0,23 führen zu einer mittleren Vaterschaftsausschlusschance von ca. 14,5 %.

Die Phänotypen lassen sich abweichend von der Originalvorschrift, in der die Stärkegel-Elektrophorese angegeben ist, auch mit der Agarosegel- und sehr einfach mit Hilfe der Zelluloseacetatfolien-Elektrophorese darstellen.

Durch den Einsatz der isoelektrischen Fokussierung lassen sich beide Allele unterdifferenzieren. Aus dem Allel PGM *1 konnten die Suballele *1A und *1B erschlossen werden, aus dem Allel *2 die Suballele *2A und *2B. Die Bezeichnungen A und B stehen für die Wanderung der Genprodukte in der isoelektrischen Fokussierung (A = acidic, B = basic).

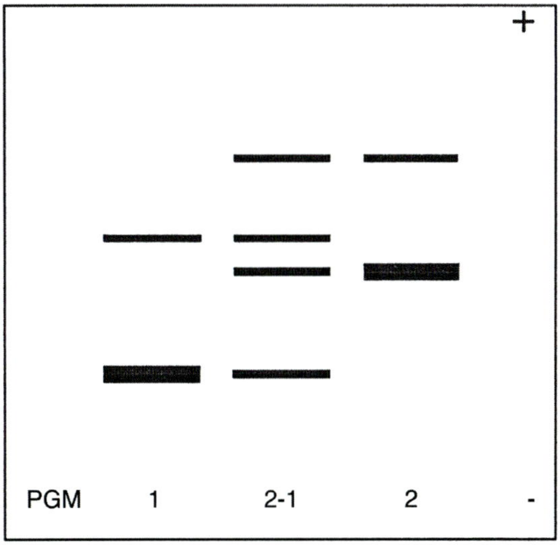

■ Abb. 9.12. Schematische Darstellung häufiger Phänotypen im PGM-System nach Trennung (z.B. in Zelluloseacetatfolien)

Während zwei Allele zu drei Phänotypen führen, ergeben sich aus vier Allelen zehn Phänotypen. Die hierfür zutreffende Berechnungsformel ist bei n Allelen = n(n+1)/2.

Die **PGM-Allelverteilung** ist informativ: PGM*1A = 0,6305, *1B = 0,1318, *2A = 0,1836, *2B = 0,0541. Daraus resultiert die hohe Ausschlusschance für Nichtväter von etwas über 30 %. Eine schematische Darstellung der häufigen Phänotypen nach isoelektrischer Fokussierung zeigt die ◘ Abbildung 9.13. Es ist eine große Zahl von Varianten bekannt; daneben existiert ein sog. „stummes" Gen, das kein mit der gewählten Trenntechnik erkennbares Genprodukt hervorbringt. Seine Frequenz dürfte bei 0,01–0,001 liegen. Beim Vorliegen einer Variante ist es wichtig, zunächst das Produkt des häufigen Allels zu erkennen und dann das abweichende Muster zuzuordnen. Das gemeinsame Vorkommen einer seltenen Variante bei Kind und Putativvater ist ein gewichtiger Hinweis für Vaterschaft; angestrebt

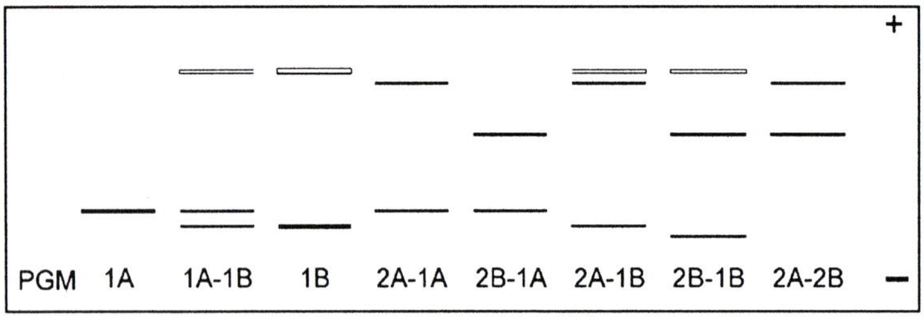

◘ Abb. 9.13. Schematische Darstellung häufiger PGM-Phänotypen (Subtypen) nach isoelektrischer Fokussierung

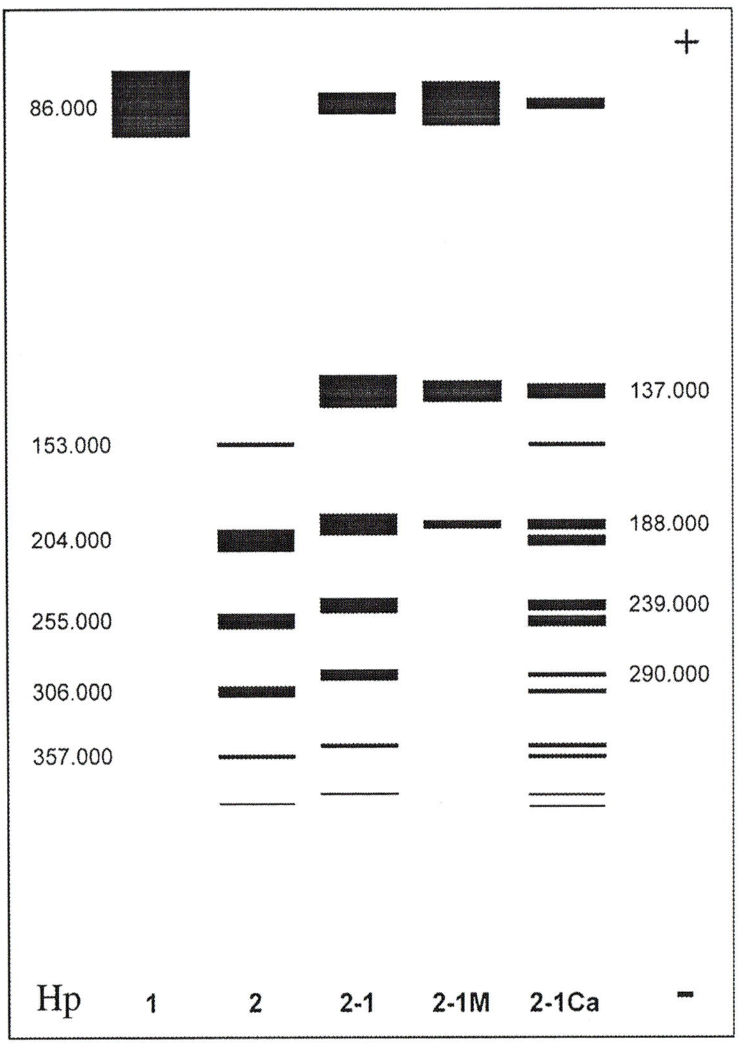

◘ Abb. 9.14. Schematische Darstellung der Haptoglobin-Phänotypen entsprechend einer Auftrennung mittels Disk-Elektrophorese. Die Zahlen am *linken Bildrand* benennen die Molekülgrößen des Dimers bei Hp 1 bzw. der Polymeren bei Hp 2, die des *rechten Bildrandes* bei Hp 2-1. Neben den häufigen Phänotypen sind die quantitativen Varianten Hp 2-1Ca und 2-1M gezeigt werden sollte grundsätzlich der Seit-zu-Seit-Vergleich. Sehr selten kommen in diesem System neben entgegengesetzten Homozygotien auch entgegengesetzte Heterozygotien (Kind PGM 1A-2B, Mutter 1B-2A) vor. Bei einem isolierten Ausschluss im PGM-System, bei ansonsten hohem Hinweiswert auf Vaterschaft, sollte auch an das Vorliegen einer solchen Möglichkeit gedacht werden.

Informative Enzymsysteme sind außerdem die saure **Erythrozytenphosphatase** (SEP) und die **Glyoxalase** (GLO), die simultan mit der **Esterase D** (ESD) detektiert werden kann.

Haptoglobin-System. Die **Serumgruppen** sind die polymorphen Vertreter der wahrscheinlich über 1.000 Serumproteinspezies. Aus ihnen soll exemplarisch das Haptoglobin-System (Hp) aufgeführt werden, bei dem ähnlich wie beim PGM durch methodische Verbesserungen eine erweiterte Darstellbarkeit gelang. Durch den Einsatz der Stärkegel-Elektrophorese konnte Smithies im Jahre 1955 drei differente Hp-Typen 1, 2-1 und 2 präsentieren und auf die Existenz zweier autosomaler kodominanter Allele Hp*1 und *2 zurückführen. Die Detektion gelang durch einen Kunstgriff: Den Serumproben wurde vor der elektrophoretischen Trennung Hämolysat zugefügt. Der entstandene stabile Haptoglobin-Hämoglobin-Komplex konnte nach Beendigung der Auftrennung über eine Benzidin-Reaktion spezifisch detektiert werden.

Die Verteilung der Allele ist mit Hp*1 = 0,39 und *2 = 0,61 relativ günstig, woraus ein Wert der Vaterschaftsausschlusschance von 18 % resultiert.

Das Haptoglobinmolekül besteht aus einem α- und einem β-Polypeptid [αβ]. Polymorph ist nur das α-Polypeptid: α_1 bei Hp 1 und α_2 bei Hp 2. Das Hp*2-Gen ist Ergebnis einer partiellen Duplikation von Hp*1. Neben den genannten häufigen Allelen existieren weitere, z.T. sehr seltene. Quantitative Varianten werden später angesprochen; auch ein stummes Allel Hp*0 ist beschrieben, kommt aber gleichfalls nur sehr selten vor.

Das phänotypische Bild des Haptoglobins ist interpretationsbedürftig: Der homozygote Typ Hp 1 offenbart sich über eine Einzelbande, der homozygote Typ Hp 2 über eine polymere Bandenserie. Der heterozygote Typ Hp 2-1 ist nicht wie bei anderen Serumgruppen eine Mischung von Hp 1 und Hp 2, sondern ein eigenständiges Vielbandenmuster, bei dem sich nur das Hp-1-Isoprotein wie beim Hp 1 darstellt (◘ Abb. 9.14). Diese Bandenpräsentation ist Ausdruck einer modifizierten Dimerstruktur, bei der ein Partner ein Polymer ist. Die ◘ Abbildung 9.15 zeigt die Verhältnisse schematisch.

Variante Allele könnten mit einer Minderproduktion an Haptoglobin einhergehen. Das hat beim heterozygoten Typ gravierende Auswirkungen auf das Polymerisationsverhalten. Beim Typ **Carlberg** liegt eine Verminderung des Hp-1-Genprodukts vor. Das elektrophoretische Trennbild imponiert wie eine Mischung von Hp 2-1 mit Hp 2. Der Grund ist aus dem Strukturschema unschwer abzulesen: Stehen zu wenige [$\alpha_1\beta$]-Einheiten zur Verfügung, können sich außer Hybridmolekülen von Typ Hp 2-1 auch ringförmige Moleküle von Typ Hp 2 bilden. Die sog **„modifizierten" Haptoglobine** sind quantitative Varianten von Hp*2 mit verminderter Genproduktkonzentration. Sie sind in afrikanischen Populationen relativ häufig, entsprechend bei der farbigen Bevölkerung der USA. Im heterozygoten Typ ist bei Vorliegen eines modifizierten Hp*2 die Polymerenserie umso verkürzter, je geringer die Hp-2-Proteinkonzentration ist, die Hp-1-Bande umso ausgeprägter.

Das Hp-1-Protein ist strukturvariant. Es kann an der Aminosäureposition 53 alternativ eine Glutaminsäure oder ein Lysin aufweisen. Glutaminsäure verleiht dem isolierten α_1-Peptid eine **S-**, Lysin eine **F-Mobilität.** Die Abkürzungen stehen für das Wanderungsverhalten – **fast** oder **slow** – in der sauren Stärkegel-Elektrophorese. Diese Genprodukte spiegeln die Existenz der Suballele Hp*1F und Hp*1S wider. Da wie oben aufgeführt das Hp*2-Gen Ergebnis einer Genduplikation von Hp*1 ist, muss die Untergliederbarkeit von Hp*1 zwangsläufig Konsequenzen für das α_2-Peptid haben. Der Ort der alternativen Aminosäurebesetzung kommt im Genprodukt von Hp*2 doppelt vor. Während das 1-Peptid also entweder eine F- oder eine S-Mobilität aufweist, sind beim 2-Peptid FF-, FS- (bzw. SF-) und SS-Mobilitäten vorhanden. Hieraus lassen sich die Suballele Hp*2FF, *2FS, und *2SS erschließen. Die nunmehr 5 Allele haben eine attraktive Verteilung: Hp *1F = 0,1248, *1S = 0,2645, *2FF = 0,0028, *2FS = 0,5816 und *2SS = 0,0263. Daraus resultiert der höchste Wert der Vaterschaftsausschlusschance für ein konventionelles System außer HLA mit ca. 33 %. Da die alternativen Aminosäuren (Glutaminsäure ist eine saure, Lysin eine basische Aminosäure) zu einem unterschiedlichen isoelektrischen Punkt der Polypeptide führen, ist die isoelektrische Fokussierung die Methode der Wahl zur Haptoglobin-Subtypisierung (◘ Abb. 9.16).

Der Genort für das Haptoglobin befindet sich auf dem Chromosom 16 (16q22.1).

Weitere informative **Serumproteinpolymorphismen** sind **Transferrin (Tf), α_1-Antitrypsin (Pi)** und die **gruppenspezifische Komponente (Gc).**

HLA-System. Zu den konventionellen Systemen zählt noch **HLA (human leucocyte antigen)** mit serologischer Detektion. Seine Bedeutung für die Vaterschaftsbegutachtung ist durch den Einsatz der DNA-analytischen Techniken stark zurückgegangen, dennoch ist seine klinische und biologische Bedeutung überragend.

Wichtig

Das HLA-System im serologischen Sinne erfasst die Oberflächenstrukturen der Körperzellen.

Diese Oberflächenstrukturen sind vielgestaltig und individualspezifisch. Das Synonym **Histokompatibilitätssystem** kennzeichnet die biologische Funktion: körpereigenes Gewebe wird als „self" toleriert, körperfremdes als „non-self" abgestoßen. Transplantationen können nur gelingen, wenn Spender und Empfänger über weitgehend identische Histokompatibili-

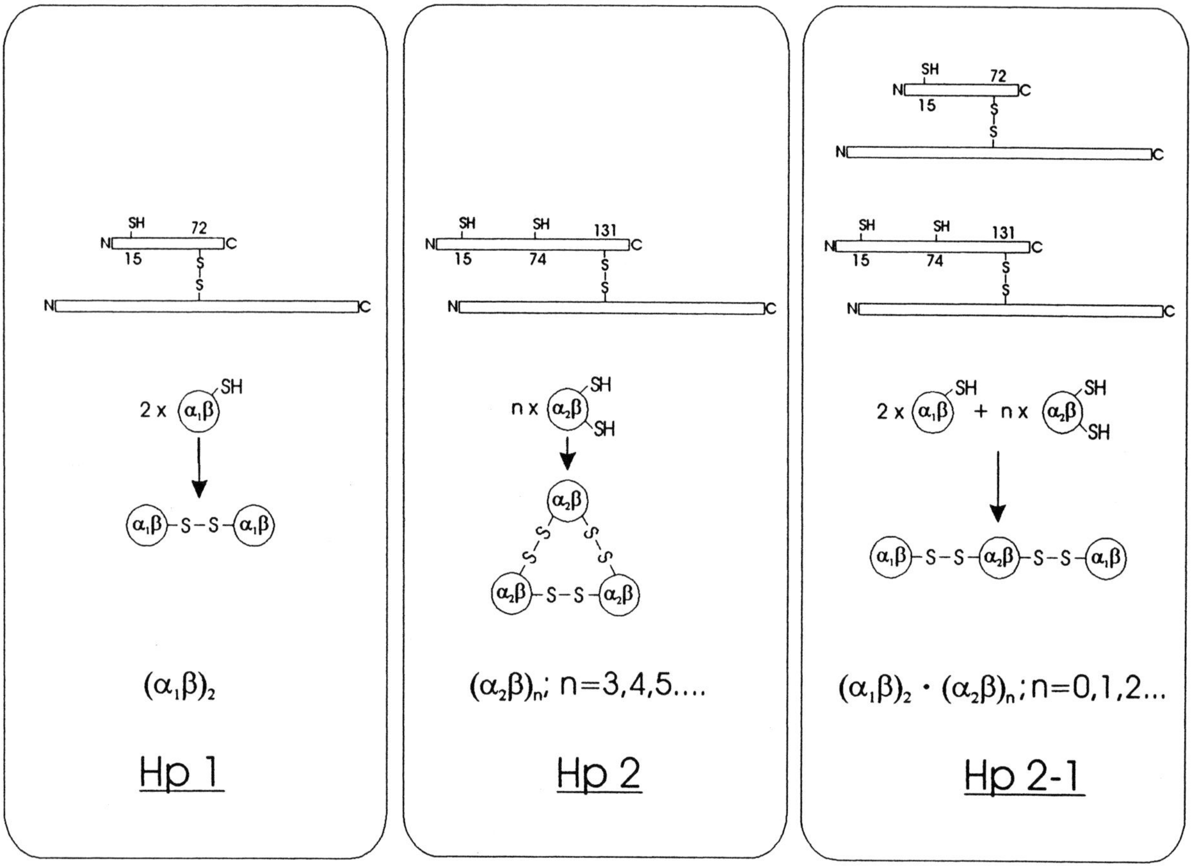

■ Abb. 9.15. Schematische Darstellung der Polymerenstruktur des Haptoglobins beim Vorliegen der Phänotypen Hp 1, 2-1 und 2. Im *oberen Bildsegment* ist das kurze α_1- bzw. lange α_2-Polypeptid mit der β-Kette verknüpft dargestellt, im *mittleren Segment* die Verbindung zum Gesamtmolekül und *unten* die zum Di- bzw. Polymer führenden Summenformeln

tätsantigene verfügen. Dennoch ist Immunsuppression erforderlich. Im HLA-Komplex des Menschen, auf dem kurzen Arm von Chromosom 6 (6p21.3 nach Giemsa-Bänderung), sind über 200 Gene lokalisiert. Der gesamte HLA-Komplex erstreckt sich über 2–3 cM DNA oder ungefähr 4×10^6 Basenpaare. Er kann nach Aufbau und Funktion seiner kodierenden Gene in drei Regionen gegliedert werden. Zu den Klasse-I-Genen gehören die hochpolymorphen „klassischen" HLA-A-, -B- und -C-Gene, die glykosylierte Polypeptide kodieren und auf praktisch allen kernhaltigen Zellen exprimiert werden. Nur diese sind für die Vaterschaftsfeststellung von Bedeutung; einige Untersucher nutzen noch HLA-DR, das den Klasse-II-Merkmalen zugehörig ist. Die Zahl der möglichen serologisch erschließbaren HLA-A, -B-, -C- und -DR-Phänotypen liegt bei etwa 1 Milliarde.

Die Vaterschaftsausschlusschance mit HLA-A, -B und -C beträgt etwa 96 %. Der Widerspruch resultiert aus dem hohen Kopplungsungleichgewicht.

Die Standardmethode der HLA-Bestimmung ist der **Lymphozytotoxizitätstest.** Das Testprinzip besteht in der Lyse HLA-tragender Lymphozyten durch Reaktion mit HLA-spezifischen Antikörpern unter der Mitwirkung von Komplement. Die lympholytische Reaktion wird durch Zusatz eines Vitalfarbstoffes sichtbar gemacht und mikroskopisch bewertet. Die Grenzen der serologischen HLA-Antigenbestimmung ergeben sich aus dem Testprinzip, wegen fehlender Monospezifität der Testseren und dem Mangel an geeigneten Antiseren einerseits und dem Erfordernis, mit frischen Proben (vitalen Zellen) arbeiten zu müssen andererseits. Im Vergleich dazu weisen molekulargenetische Methoden der HLA-Bestimmung ein erheblich höheres Auflösungsvermögen auf, zuverlässigere Reproduzierbarkeit, bessere Stabilität, Unabhängigkeit von der Expression der Gene und der Verfügbarkeit von Antiseren. Weiterführende Literatur zu den konventionellen Merkmalssystemen bei Prokop und Göhler (1986) sowie Spielmann und Kühnl (1982).

Systeme von DNA-Charakter

Die **höchste Information** bei klar definiertem formalgenetischem Modell, verlässlicher und reproduzierbarer Darstellung und sehr geringer erforderlicher Probenmenge bietet die **DNA-Analytik unter Nutzung repetitiver Sequenzen.** Diese Technik

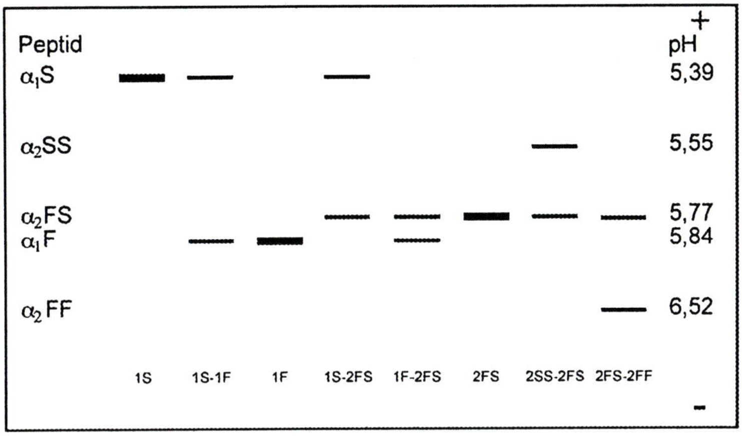

Abb. 9.16. Schematische Darstellung der Hp-Subtypen. Am *linken Bildrand* ist das jeweilige α-Peptid angegeben, am *rechten Bildrand* sein isoelektrischer Punkt

war an zwei wesentliche methodische Voraussetzungen gebunden:

- den **Nachweis repetitiver Sequenzen** und ihre praktikable Erfassung sowie
- die **Erarbeitung der Polymerase-Kettenreaktion** (PCR) als Verfahren der In-vitro-Vermehrung von interessierenden Zielstrukturen der DNA.

Der Nachweis repetitiver Sequenzen gelang zunächst in einem Intron des humanen Myoglobingens. Unter Verwendung von sequenzspezifischen, radioaktiv markierten DNA-Sonden gelang nach DNA-Restriktion die Darstellung eines individualspezifischen Bandenmusters, von dem der Autor bemerkte, es identifiziere einen Menschen so eindeutig wie sein Fingerabdruck. Damit war der Begriff des **„genetischen Fingerabdrucks"** geprägt. Da die Sonde so gewählt war, dass sie die repetitiven Sequenzen mehrerer Loci anzeigte, wurde sie **Multi-Locus-Sonde (MLS)** genannt. In der Folgezeit wurden zahlreiche entsprechende Sonden synthetisiert, z.T. bestanden sie aus einfachen Oligonucleotiden (z.B. $[CAC]_5$ oder $[GAA]_6$), nachdem erkannt wurde, dass bestimmte Repeatsequenzen allen eukaryotischen Genen gemeinsam sind. Solche Darstellungen sind heute für Paternitätsuntersuchungen im gerichtlichen Verfahren nicht mehr zugelassen, obwohl sie beim sachkundigen Untersucher zweifellos zu richtigen Ergebnissen führen. Der Mangel dieser Darstellung ist hauptsächlich darin zu sehen, dass Banden mit identischen Fragmentlängen verglichen werden, ohne im Einzelnen erkennen zu können, ob sie auch einem identischen Locus zugehörig sind. Die derzeit verwendeten **Single-Locus-Sonden (SLS)** sind so konstruiert, dass sie an die Sequenz eines einzelnen Locus spezifisch zu binden und über eine Markierung diese zu detektieren vermögen.

Als Vertreter der RFLPs wird das VNTR-System **D2S44**, das mit der Single-Locus-Sonde **YNH24** detektiert wird, näher beschrieben. Dieser genetische Polymorphismus ist auf dem Chromosom 2 (2q14-21) lokalisiert. Die repetierte Kernsequenz besteht aus 32 Basenpaaren (Bp). Die eingesetzte Restriktionsendonuclease (z.B. HinfI) verdaut die DNA im repeatflankierenden Bereich an der Stelle, wo die Basen 5'-...G | ANTC...-3' (N steht für eine beliebige Base) des einen Halbstranges und die Komplementärbasen 3'-...CTNA | G...-5' des anderen liegen. Die senkrechte Linie entspricht der überlappenden Schnittstelle. Die locusspezifischen Restriktionsfragmente decken einen Molekulargewichtsbereich von 1,5 bis etwa 6 Kilobasen (kB) inhomogen ab. Betrachtet man die Größe der Kernsequenz mit 32 Bp einerseits und die maximale Fragmentgröße mit 6 kB andererseits, wird unschwer deutlich, dass theoretisch durchaus mit weit über 100 Allelen gerechnet werden kann. Da diese in einer praktikablen elektrophoretischen Darstellung nicht diskriminiert werden können, müssen die Fragmentgrößen im Vergleich mit einem Längenstandard geschätzt werden. Die Allelbezeichnung ist daher anders als bei den STRs nicht die ganzzahlige Angabe der Repeathäufigkeit, sondern gegebenenfalls die gebrochene Zahl einer Fragmentgröße in kB. Daraus resultiert, dass die Allelverteilung einer Kurve entspricht (Abb. 9.17). Um dennoch für die biostatistische Bewertung „Einzelallele" differenzieren zu können, werden die Fragmentgrößen auf z.B. 100 Bp gerundet. Das ergibt zwar einen Informationsverlust, ermöglicht aber recht gute populationsgenetische Vergleiche. Die meisten in der Literatur angegebenen Allelverteilungen basieren auf dieser Methode. Das nachfolgende Beispiel zeigt exemplarisch den Zusammenhang zwischen Messwerten und „Allelen":

Fallbeispiel

Messwerte

Mutter 1.781/2.349 Kind 1.786/3.215

Putativvater 3.220/4.736

„Allele"

Mutter 1.8/2.349 Kind 1.8/3.2

Putativvater 3.2/4.736

Die Messwerte 1.781 bei der Mutter und 1.786 beim Kind werden also als identisches Allel 1.8 und die Messwerte 3.215 beim Kind und 3.220 beim Putativvater als identisches Allel 3.2 beurteilt.

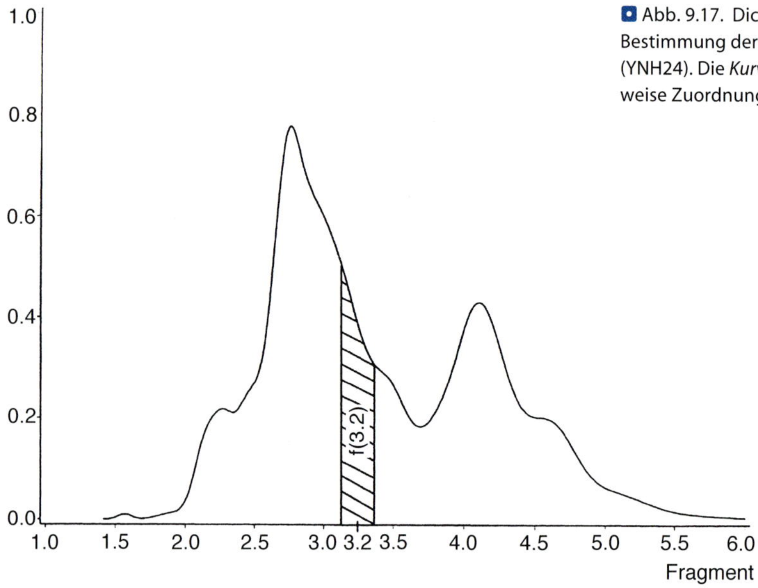

Abb. 9.17. Dichtefunktion der Fragmentlängenverteilung und Bestimmung der Frequenz durch ein 3 %-Fenster im System D2S44 (YNH24). Die *Kurve* zeigt die kontinuierliche Allelverteilung. Eine hilfsweise Zuordnung zu Einzelallelen hat keine reale Entsprechung

Definition

Das für Deutschland in den BGA-Richtlinien von 1992 zur DNA-Analytik für Abstammungsgutachten vorgegebene Verfahren ist das des „**variablen Fensters**". Bei einer intern zu ermittelnden Fehlergrenze der Fragmentlängenbestimmung wird die **dreifache Standardabweichung** als obere und untere Grenze der Fragmentlänge festgelegt und das Allel auf diese Weise definiert.

In der Praxis ist die Fragmentlängenbestimmung durch automatisierte Verfahren einfach möglich. Über eine spezielle Computersoftware werden die bekannten Längen des Standards und der humanen Kontroll-DNA mit den unbekannten Längen der Restriktionsfragmente des Abstammungsfalles verglichen und die Größe der Letzteren berechnet und ausgegeben. Die humane Kontroll-DNA ist z.B. die humane Zelllinie K562, die in diesem System Fragmentgrößen von 4.01 und 2.90 kB im Mittelwert aufweist und bei ordnungsgemäßer Trennung diese Größe im Vergleich mit dem Längenstandard offenbart. Die humane Zelllinie dient also als Positivkontrolle.

Im einfachsten Fall erfolgt die Fragmentlängenermittlung halbautomatisch über ein Digitalisierungstablett, auf dem zunächst die Längenstandards definiert werden. Die jeweiligen Banden des Abstammungsfalles werden nach Eingabe durch interne Interpolation größenmäßig zugeordnet. Komfortabler sind Verfahren, bei denen die Elektropherogramme videodensitometrisch ausgewertet werden. Hierbei werden die Banden in Abhängigkeit vom Schwärzungsprofil detektiert und anhand des Längenstandards über ein internes Rechnerprogramm längenmäßig charakterisiert. Eine zugeordnete Software vermag im Abstammungsfall einen Vaterschaftsausschluss zu erkennen, wenn der Putativvater nicht über den vom Kind geforderten väterlichen Erbbeitrag verfügt. Sie kann überdies eine Fragmentlängen-Übereinstimmung erkennen und anhand der Häufigkeit des bei Kind und Putativvater übereinstimmenden Merkmals den zugehörigen **Essen-Möller-Wert** errechnen. Alle automatisierten Verfahren ersetzen jedoch nicht den kritischen Blick des Untersuchers. Nur er erkennt, ob Positionsdifferenzen Ausdruck unterschiedlicher Fragmentlängen sind oder z.B. von Inhomogenitäten im Gel mit ungleichmäßigem elektrophoretischem Lauf. Die Abbildung 9.18 zeigt einen Originalblot mit YNH24-Hybridisierung und Phosphatasedetektion.

Checkliste

In der Routinepraxis wird folgendermaßen vorgegangen:
1. DNA-Extraktion aus Vollblut z.B. durch Alkohol-Salz-Fällung oder Phenol-Chloroform-Extraktion,
2. DNA-Restriktion,
3. Elektrophorese nach Überprüfung des Restriktionserfolgs,
4. Immobilisierung der aufgetrennten Fragmente auf eine aktivierte Nylonmembran nach Denaturierung und Depurinierung, um Einzelstränge zu fixieren,
5. Hybridisierung mit der ersten Sonde,
6. Visualisierung gemäß Sondenmarkierung und Fragmentlängenmessung,
7. Stripping und erneute Hybridisierung mit der zweiten Sonde usw.

Weitere geeignete RFLPs sind **D1S7 (MS1)**, wobei hier bei hohem Informationsgehalt mit einer beachtlichen Mutationsrate von ca. 5 % zu rechnen ist, **D4S139 (pH30)**, **D5S43 (MS8)**, **D7S21 (MS31)**, **D7S22 (g3)** und **D12S11 (MS43A)**. Es wird erkennbar, dass diese Systeme mit einer Ausnahme auf ver-

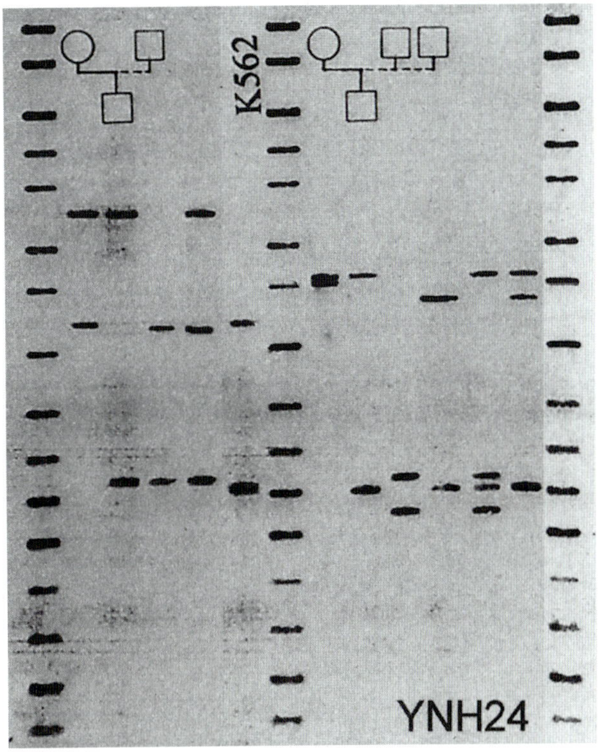

Abb. 9.18. Ausschnitt eines Original-Blots mit Single-Locus-Darstellung nach YNH24-Hybridisierung. Im *linken Bildsegment* findet sich im Stammbaumbereich (*Spur 2–4*) eine Einschlusskonstellation für den Putativvater; in der *Spur 5* ist das einschlusstypische Dreibandenmuster erkennbar. Im Stammbaumbereich des *rechten Bildsegments* (*Spur 8–11*) ist ein Zwei-Männer-Fall mit einem Ein- und einem Ausschluss dargestellt. In der *Spur 12* ist das ausschlussspezifische Vierbandenmuster nach Mischung kindlicher und putativväterlicher DNA erkennbar, in der *Spur 13* wiederum ein Dreibandenmuster. In den *Bahnen 1, 7* und *14* befindet sich der Längenstandard. (*K562* humane Zelllinie)

schiedenen Chromosomen lokalisiert sind. Die Systeme D7S21 und D7S22 sind zwar auf demselben Chromosom lokalisiert, jedoch das Erstere auf dem kurzen, das Letztere auf dem langen Arm, so dass eine gekoppelte Vererbung praktisch ausgeschlossen ist. Diese RFLPs sind sämtlich außerordentlich informativ; man kann mit Vaterschaftsausschlusschancen des Einzelsystems von ca. 90 % rechnen. Daraus ergibt sich bei Einsatz der genannten 7 RFLP-Systeme eine kombinierte Ausschlusschance von ca. 99,99999 %. Damit kann z.B. auf D1S7 wegen der hohen Mutationsrate auch verzichtet werden, im Defizienzfall leistet dieses informative System jedoch einen wertvollen Beitrag bei der Errechnung der Vaterschaftswahrscheinlichkeit.

Die STRs wurden bereits im spurenkundlichen Kapitel vorgestellt. So wie sie für spurenkundliche Fragestellungen hervorragend eingesetzt werden können, bieten sie auch für Abstammungsgutachten ein geeignetes Instrumentarium. Während bei Einsatz der RFLPs 4–5 Systeme für die Bearbeitung des gutachtlichen Auftrags ausreichen würden, werden bei den STRs wegen der geringeren Information etwa die doppelte Anzahl von Systemen benötigt. Für die Paternitätsroutine sind die im Handel erhältlichen **Mutiplex-Kits**, z.B. der AmpFlSTR®-SGM-Plus™-Amplification-Kit (PE Applied Biosystems) oder der GenePrint®PowerPlex™-16-System (Promega) sehr gut einsetzbar. Deren Komposition ist in den Tabellen 9.16 und 9.17 aufgeführt. Die angegebene chromosomale Lokalisation gestattet es, mögliche Kopplungen gegebenenfalls in der Kombination mit RFLPs und/oder konventionellen Systemen zu erkennen (Szibor et al 2001). Der PowerPlex bietet für den normalen Abstammungsfall eine schon fast unnötig hohe Information, die der Untersucher aber zu schätzen weiß, wenn Mutationen auftreten. Nach Herstellerangaben beträgt die Vaterschaftsausschlusschance mit dem SGM-Multiplex über 99,99 %, mit dem PowerPlex über 99,9999 %. Diese Werte erklären ermessensfrei, warum die Entwicklung der Vaterschaftsbegutachtung zwingend zu den DNA-Gutachten führt. Hier ist es sinnvoll, im reinen DNA-Gutachten STRs und RFLPs zu kombinieren. Es bietet sich der Einsatz des SGM-Kits kombiniert mit zwei oder drei RFLPs (z.B. YNH24, MS31 und MS43A) an. Im Ausschlussfalle werden dann mehrere Ausschlusskonstellationen gefunden. Für einen isolierten Ausschluss ist meist eine Mutation verantwortlich, zuweilen ist er auch Hinweis auf Erzeugerschaft eines Blutsverwandten des Putativvaters. Da eine Mutation wegen ihrer Seltenheit die errechnete Vaterschaftswahrscheinlichkeit stark senkt, sind zusätzliche Systeme beizuziehen, mit denen der Untersucher Erfahrung haben sollte. Das Vorkommen von mehr als einer Mutation innerhalb eines Abstammungsfalles dürfte extrem selten sein, ist aber nicht völlig auszuschließen.

Spezielle Abstammungsfragen machen einen erhöhten Untersuchungsaufwand erforderlich oder eine Einbeziehung gonosomaler oder mitochondrialer DNA. Die mitochondriale DNA ist im spurenkundlichen Kapitel aufgeführt.

Gonosomale Marker. Die Einbeziehung gonosomaler Marker empfiehlt sich bei sog. Defizienzgutachten (verstorbener Putativvater). Die hierfür in Frage kommenden Y-chromosomalen Marker sind die auch spurenkundlich genutzten. Durch die spezielle Komposition der Einzelmarker ergibt sich eine hohe Diskrimination.

Wichtig

Da die Y-chromosomalen Merkmale grundsätzlich als sog. Haplotyp vom Vater an seine Söhne vererbt werden, haben auch Halbbrüder mit gemeinsamem Vater identische Haplotypen, ferner der Bruder des Vaters (Onkel) und dessen Sohn (patrilineare Vererbung).

Die X-chromosomalen STRs des Mannes werden im Haplotyp an seine Töchter vererbt. Da die Töchter auch über ein mütterliches X-Chromosom verfügen, das bei der Bereitstellung

Tabelle 9.16. STR-Systeme des Multiplex-Kits AmpFlSTR®-SGM-Plus™

System	chromosomale Lokalisation	Größenbereich (Bp)	Farbmarkierung
VWA	12p12-pter	114–142	5-FAM
D3S1358	3p	157–197	5-FAM
D16S539	16q24-qter	234–274	5-FAM
D2S1338	2q35-37.1	289–341	5-FAM
Amelogenin	Xp22.1-22.3/Yp11.2	107/113	JOE
D8S1179	8q	128–168	JOE
D21S11	21q11.2-21	189–243	JOE
D18S51	18q21.3	273–341	JOE
TH01	11p15.5	169–267	NED
FGA (FIBRA)	4q28	219–267	NED
D19S433	19q12-13.1	106–140	NED

Tabelle 9.17. STR-Systeme des Multiplex-Kits GenePrint®-PowerPlex™

System	chromosomale Lokalisation	Größenbereich (Bp)	Farbmarkierung
Penta E	15q	379–474	FL
D18S51	18q21.3	290–366	FL
D21S11	21q11.2-21	203–259	FL
TH01	11p15.5	156–195	FL
D3S1358	3p	115–147	FL
FGA (FIBRA)	4q28	322–444	TMR
TPOX	2p23-ter	262–290	TMR
D8D1179	8q	203–247	TMR
VWA	12p12-pter	123–171	TMR
Amelogenin	Xp22.1-22.3/Yp11.2	106/112	TMR
Penta D	21q	376–441	JOE
CSF1PO	5q33.3-34	321–357	JOE
D16S539	16q24-qter	264–304	JOE
D7S820	7q11.21-22	215–247	JOE
D13S317	13q22-31	169–201	JOE
D5S818	5q23.3-32	119–155	JOE

der mütterlichen Keimzellen der Rekombination unterlag, ist der zur erforderlichen Information führende Untersuchungsaufwand höher als bei der Untersuchung auf das Y-Chromosom. Bei der Untersuchung z.B. auf Halbschwesternschaft bieten die X-chromosomalen Merkmale eine gute Information. Obwohl das mütterliche X-Chromosom einen Rekombinationspartner hat, werden zahlreiche Marker gekoppelt vererbt. Während DXS6807, ARA, DXS7424 und HPRT ungekoppelt vererbt werden, ist z.B. bei DXS6807 und DXS9895 einerseits sowie DXS7423 und DXS8377 andererseits mit einer gekoppelten Vererbung zu rechnen. Für die Bewertung im Defizienzfall können sowohl gekoppelte als auch ungekoppelte Marker je nach gegebener Fragestellung, hilfreich sein.

9.2.5 Das Abstammungsgutachten

Nachdem der Gutachtenauftrag eingegangen ist, prüft der Gutachter die Fragestellung und organisiert die Probenbeschaffung. Die Proben können im eigenen Labor entnommen werden oder durch beauftragte Ärzte. Immer ist eine zweifelsfreie Probenkennzeichnung zu sichern und der Proband ist zu identifizieren. Das kann über die Vorlage des **Personalausweises** geschehen und/oder über die Abgabe eines **Fingerabdruckes**. Besonders bewährt hat sich die Anfertigung eines Lichtbildes von den Probanden.

Als Untersuchungsmaterial wird Blut verwendet. Wenn im außergerichtlichen Verfahren ausdrücklich eine Untersuchung von Mundschleimhautabstrichen gefordert wird, kann dieser Forderung nachgekommen werden, allerdings mit dem Hinweis, dass ein solches Gutachten im gerichtlichen Verfahren möglicherweise nicht anerkannt wird. Eine Untersuchung von Haaren und Spurenträgern wie Trinkgefäßen, Zigarettenresten,

Zahnbürsten, Nagelfeilen u.Ä. ist abzulehnen, da hieran eine seriöse Begutachtung nicht möglich ist. Die Untersuchungsergebnisse an Haaren können überdies von den aus dem Blut erhobenen abweichen. Ein entsprechendes Ersuchen weist darauf hin, dass die Untersuchung vor der Kindesmutter verheimlicht werden soll. Ein solches Vorgehen ist rechtswidrig.

Wichtig

Die Untersuchung des Kindes ohne Einwilligung der sorgeberechtigten Mutter ist ein Verstoß gegen die informationelle Selbstbestimmung des Kindes, die durch seine Mutter wahrgenommen wird.

Ein gelegentlich einzubeziehendes Probenmaterial stammt z.B. von der Leiche des verstorbenen Putativvaters. Leichenblut ist für DNA-analytische Untersuchungen geeignet, gleichermaßen Leichengewebe (Muskulatur, Skelettmaterial). Auch histologisches Material kann genutzt werden. Da ungepuffertes Formalin bei langzeitiger Einwirkung zur DNA-Degradation führt, ist es meist vorteilhafter, das Schnittpräparat vom Objektträger zu gewinnen oder das Gewebe aus dem Paraffinblöckchen zu entnehmen. Exhumierungen sind auch im außergerichtlichen Verfahren möglich, hier gelten landesrechtliche Festlegungen. Im Strafverfahren ist zuweilen aus Schwangerschaftsabbruchmaterial eine Erzeugerfeststellung zu treffen. Hierzu eignet sich sowohl embryonales bzw. fetales als auch plazentares Gewebe. Eine pränatale Vaterschaftsfeststellung sollte grundsätzlich abgelehnt werden.

Wenn die Proben eingetroffen sind, werden sie für die Untersuchungen der einzelnen Merkmalskategorien aufbereitet. Für die konventionellen Systeme sind die Proben möglichst frisch zu bearbeiten; die extrahierte hochmolekulare DNA ist unter geeigneten Lagerungsbedingungen jahrelang haltbar. Zur Sicherheit kann eine Blutspur angelegt werden, die nach Trocknung gleichfalls lange haltbar ist. Die erhaltenen Untersuchungsergebnisse werden in einem Tagebuch zusammengeführt, zusätzlich bekommt jeder Abstammungsfall ein Befundblatt, in dem die Daten so zusammengestellt werden, wie später im Gutachten.

Gutachten haben einen weitgehend identischen Aufbau. Es wird dem Gericht der Vorgang mit Aktenzeichen zur Kenntnis gegeben; auf den Beweisbeschluss und die beigelegten Identitätsnachweise wird verwiesen. Danach werden die Ergebnisse tabellarisch aufgelistet, wobei immer dieselbe Reihenfolge gewählt wird: **Kind, Kindesmutter, Putativvater**. Wird ein Computerprogramm verwendet, druckt dieses nach Eingabe der kindlichen und mütterlichen Merkmale den väterlichen Erbbeitrag aus. Es wird bei der nachfolgenden Eingabe des putativväterlichen Befundes sofort erkennbar, ob ein Ein- oder ein Ausschluss vorliegt, was überdies im Programm vermerkt wird. Computerprogramme übernehmen auch die Biostatistik und formulieren im Einschlussfall die für die Vaterschaft gemäß den amtlichen Richtlinien wesentlichen statistischen Kenngrößen. Sie beschließen das Gutachten mit der verbalen Aussage, dass die Vaterschaft des Beklagten/Klägers N.N. zu dem einbezogenen Kind bei einem Wert der Vaterschaftswahrscheinlichkeit nach Essen-Möller von über 99,9 % „praktisch erwiesen" ist.

Abweichungen vom üblichen Ablauf sind zu erläutern, insbesondere auch Erbphänomene wie Mutationen, die u.a. auch einmal einen Mutterschaftsausschluss vortäuschen können. Gutachten können natürlich auch frei, d.h. ohne Hilfe eines Computerprogramms erstattet werden. Beispiele hierfür sind bei der Besprechung des AB0 und Rhesussystems gegeben worden.

Sog. **Reinerbigkeitsausschlusskonstellationen** können bei den konventionellen Systemen häufig beobachtet werden. Selten kommen sie auch in den DNA-Systemen vor. Abgesehen von wahrer Homozygotie kann bei den RFLP-Systemen, z.B. mutationsbedingt, eine Restriktionssequenz verloren gegangen sein, wodurch eine Einzelbande aufscheint, die Reinerbigkeit vortäuscht. Bei den STRs kann eine mutations- oder degradationsbedingte Veränderung eines Primerbindungsortes die Amplifikation der Zielsequenz verhindern. Es gelten die oben aufgeführten Prinzipien.

Populationsspezifische Merkmale können auch einmal hohe Vaterschaftswahrscheinlichkeiten für Nichtväter erbringen, sofern sie Landsleute des „wahren" Erzeugers sind. Die heute eingesetzten Merkmalsspektren erkennen auch solche Problemkonstellationen; überdies existieren Datensammlungen für zahlreiche Populationen, die populationsspezifische Merkmale in der Biostatistik berücksichtigen.

Essen-Möller-Verfahren

Die Berechnung der Vaterschaftswahrscheinlichkeit erfolgt nach dem Essen-Möller-Verfahren. Grundlage der Wahrscheinlichkeitsberechnung ist die Häufigkeit des bei Putativvater und Kind übereinstimmenden Allels in der gegebenen Population. Die Essen-Möller-Formel lautet:

$$W = \frac{1}{1 + Y/X}$$

Hierbei steht W für die **Vaterschaftswahrscheinlichkeit** und der Wert aus Y/X ist der sog. **Likelihoodquotient** (oder Paternity Index im englischen Sprachraum), der das Verhältnis der Merkmalshäufigkeit bei „falschen" (Y) und „wahren" Vätern (X) angibt und der sich bei kodominanten Markern einfach berechnen lässt, wenn die Allelfrequenz bekannt ist. Liegt das vom Kind geforderte väterliche Merkmal homozygot vor, entspricht dessen Allelfrequenz dem Y/X-Wert. Liegt er heterozygot vor, ist die Allelfrequenz mit 2 zu multiplizieren. Verfügen Mutter und Kind über identische Merkmale und liegt eines der beiden kindlichen Merkmale beim Putativvater reinerbig vor, entspricht die Summe der Allelfequenzen beim Kind dem Y/X-Wert. Liegt eines der beiden kindlichen Merkmale beim Putativvater heterozygot vor, ist die Summe der Allelfrequenzen beim Kind mit 2 zu multiplizieren, um zum Y/X-Wert zu kommen.

Die angegebenen Berechnungsmodalitäten gelten nur für kodominante Systeme. Systeme mit komplexen Genotyp-Phänotyp-Beziehungen erfordern aufwendige Algorithmen auf der Basis von Haplotypenfrequenzen, Rekombinationsfrequenzen usw. Hier sind die Werte Tabellenwerken oder Computerprogrammen zu entnehmen.

Die Form des Essen-Möller-Ansatzes unterstellt eine a-priori-Wahrscheinlichkeit von 50 % (oder 0,5), das heißt, dass vor der Untersuchung die Chancen für oder gegen die Vaterschaft des einbezogenen Mannes gleich groß sind. Einige Beispiele sollen die Berechnungsweise unter Nutzung des **FGA-Systems** erläutern:

Fallbeispiele

	Fall 1	Fall 2	Fall 3	Fall 4
Kind	20/24	20/24	20/24	20/24
Mutter	20/22	20/22	20/24	20/24
Putativvater	24	24/25	24	24/25

- Im **ersten Fall** entspricht der Y/X-Quotient der Allelfrequenz von FGA*24 = 0,1314 (► s. Tabelle 9.3). Wenn dieser Wert in die Essen-Möller-Formel eingesetzt wird, errechnet sich der W-Wert auf 0,8839 oder 88,39 %.
- Im **zweiten Fall** beträgt der W-Wert bei einem Y/X-Quotienten von 0,2628 0,7919 oder 79,19 %.
- Im **dritten Fall** entspricht der Y/X-Quotient der Summe der Allelfrequenzen der bei Mutter und Kind übereinstimmenden Allele. Bei FGA*20 = 0,1413 und *24 = 0,1314 also 0,2727. Der zugehörige W-Wert beträgt 0,7857 oder 78,57 %.
- Schließlich ist im **vierten Fall** der Y/X-Quotient des Falles 3 mit 2 zu multiplizieren. Der W-Wert errechnet sich hier auf 0,6471 oder 64,71 %.

Um mit den Y/X-Werten zur Bildung einer kombinierten Vaterschaftswahrscheinlichkeit praktikabel umgehen zu können, bildet man aus jedem Einzelnen den Logarithmus und erhält den sog. **Essen-Möller-Wert (EM)** nach folgenden Muster: EM $= \log_{10}(Y/X)+10$. Der EM-Wert des ersten Beispiels beträgt 9.1186, der des zweiten 9.4196. Die EM-Werte aller Systeme werden addiert nach dem Muster

$$W = \frac{1}{1 + (Y/X_1 \cdot Y/X_2 \cdot Y/X_3 \cdot \ldots Y/X_n)}$$

Wird hilfsweise unterstellt, es seien zehn Systeme untersucht worden und alle hätten zu einem identischen Essen-Möller-Wert von 9.4196 geführt, beträgt die Summe aller EM-Werte 94.1960. Da zu jedem Logarithmus 10 hinzugerechnet wurde, muss vor der Umwandlung in den Numerus die Zahl 100 subtrahiert werden. Dem Logarithmus $\log_{10}$ -5.804 ist der Numerus 0,00000157 zugehörig. Wird dieser Wert in die Essen-Möller-Formel eingesetzt, ergibt sich ein W-Wert von 0,999998 bzw. 99,9998 %.

Dieser Wert bedeutet, dass bei 1 Million gleich gelagerter Fälle im statistischen Sinne von zwei weiteren, mit dem Putativvater nicht verwandten Männern identische Wahrscheinlichkeitswerte erreicht werden können.

Bei den gerichtlichen Gutachten ist ein weiterer biostatistischer Parameter anzugeben: Die **Vaterschaftsausschlusschance** (A) bei der gegebenen Mutter-Kind-Konstellation. Auch A ist manuell leicht zu berechnen:

$$A = (1 - f(24))^2 = (1 - 0{,}1325)^2 = 0{,}7526$$

Dieser Wert bedeutet, dass bei der gegebenen Mutter-Kind-Konstellation nicht verwandte Männer mit einer Wahrscheinlichkeit von 75,26 % von der Vaterschaft ausgeschlossen werden können.

Es wird nochmals darauf hingewiesen, dass es für die Durchführung der biostatistischen Bewertung Computerprogramme gibt, die alle für das Gutachten erforderlichen Parameter angeben. Der Gutachter hat die in Anspruch genommene Software im Gutachten anzugeben.

Für ein Abstammungsgutachten mit Ein- und Ausschlusskonstellation wird das folgende fiktive Befundspektrum exemplarisch aufgeführt (◘ Tabelle 9.18).

Die Beurteilung dieser Befunde kann folgendermaßen lauten:

Fallbeispiel (Gutachtentext)

Der Erzeuger des Kindes N.N. muss die Erbmerkmale D3S1358*16, VWA*14, D16S539*12, D2S1338*17, D8S1179*11, D21S11*30, D18S51*14, D19S433*14 oder *16, TH01*6, FGA*21, D7S21*5.0, D12S11*9.3 und D2S44*2.9 besitzen.

Bei der gegebenen Mutter-Kind-Konstellation beträgt die Ausschlusschance für Nichtväter über 99,999 %. Dieser Wert bedeutet, dass von allen beliebigen, mit dem Kind nicht verwandten Männern über 99,999 % als Erzeuger ausgeschlossen werden können.

Der Beklagte verfügt nicht über VWA*14, D2S1338*17, D8S1179*11, D21S11*30, TH01*6 sowie FGA*21. Er ist damit als Erzeuger des Kindes N.N auszuschließen.

Der Zeuge besitzt alle Merkmale, die als väterliche Erbbeiträge in der Befundtabelle gekennzeichnet sind. Er kommt daher als Erzeuger des Kindes in Frage.

Die Vaterschaftswahrscheinlichkeit W nach Essen-Möller beträgt für den Zeugen über 99,999 %. Bei dieser Berechnung wird eine normierte a-priori-Wahrscheinlichkeit von 50 % vorausgesetzt, d.h, dass vor der Begutachtung die Chancen für oder gegen die Vaterschaft gleich groß sind.

Nach diesem Zahlenwert ist der Zeuge als Erzeuger des Kindes N.N. „praktisch erwiesen".

Die Berechnungen haben die Merkmalskombinationen der Beteiligten zur Grundlage und die Häufigkeit dieser Merkmale in der ... (Population angeben) Bevölkerung.

Tabelle 9.18. **Abstammungsfall auf DNA-analytischer Grundlage unter Nutzung des SGM-Multiplex-Kits sowie von 3 RFLP-Systemen**

System	Kind	Kindesmutter	Beklagter	Zeuge
D3S1358	**16**	16	16/17	16/18
VWA	**14**/17	17/18	15/16	14/16
D16S539	9/**12**	9/10	12/13	8/12
D2S1338	**17**/18	18/23	18/20	17/19
D8S1179	**11**/12	12/14	8/13	11/14
D21S11	**30**	30	28/29	30/33,3
D18S51	12/**14**	12	14/15	14
D19S433	14/16	14/16	13/14	12/14
TH01	**6**	6/9,3	9/9,3	6
FGA	**21**/24	23/24	23/25	21/23
D7S21 (MS31)	9.2/**5.0**	9.2/6.65		7.83/5.0
D12S11 (MS43A)	**9.3**/8.4	11.78/8.4		9.3/7.85
D2S44 (YNH24)	3.1/**2.9**	4.23/3.1		3.73/2.9

Die unzweifelhaften väterlichen Erbmerkmale des Kindes sind durch Fettdruck hervorgehoben, Ausschlüsse sind unterstrichen dargestellt.

Die Bewertung unterstellt, dass der Kindesmutter in der Empfängniszeit kein naher Blutsverwandter des Zeugen beigewohnt hat, sofern dieser nicht als Erzeuger bereits ausgeschlossen wurde.

Die biostatistische Bewertung wurde mit dem von ... (Autor angeben) erarbeiteten Programm für statistische Parameter im Vaterschaftsgutachten in der Version ... vorgenommen.

Der Sachverständige erklärt, dass die Untersuchungen von ihm selbst bzw. unter seiner Aufsicht durchgeführt wurden und dass die gültigen Richtlinien zur Erstattung von Abstammungsgutachten beachtet wurden.

Die vorstehende Begutachtung macht deutlich, dass im Ausschlussfalle des Beklagten auf die RFLP-Typisierung verzichtet wurde, da sie keine zusätzliche Information zu bringen vermag.

Wichtig

Defizienzgutachten mit verstorbenem Putativvater erfordern einen umso höheren Untersuchungsaufwand, je weiter die einbezogenen Blutsverwandten vom Putativvater genetisch entfernt sind.

Eine komplette genanalytische Rekonstruktion des Putativvaters gelingt nur dann, wenn einerseits seine Eltern zur Untersuchung zur Verfügung stehen bzw. wenn durch Untersuchung seiner Kinder und/oder Geschwister die Möglichkeit besteht, die putativväterlichen Erbmerkmale vollständig zu erschließen. Unter dieser Bedingung sind echte Ausschlüsse zu erzielen. Gelingt diese Rekonstruktion nicht, wird der Ausschluss durch einen sehr niedrigen Wert der Vaterschaftswahrscheinlichkeit erkannt. Im Defizienzfall haben sich immer wieder die RFLP-Systeme wegen ihres hohen Informationsgehaltes als sehr wertvoll erwiesen. Auf die Bedeutung der Erfassung gonosomaler Merkmale wurde oben hingewiesen. Die Biostatistik ist im Defizienzfall an einen manuell nicht mehr leistbaren Rechenaufwand gebunden und bedarf grundsätzlich der Nutzung spezieller Defizienzprogramme oder der Mithilfe eines Biostatistikers.

Im **Ausblick** auf die Zukunft der Vaterschaftsbegutachtung bleibt festzustellen, dass die Untersuchung der DNA die letzte erhaltbare Information bietet. Die weitere Entwicklung wird methodische Neuerungen mit weitgehender Automatisierung bringen, sogar ein Schnelltest auf Blutsverwandtschaft über die sich rasant entwickelnde Chip-Technologie zur DNA-Sequenzerkennung oder auch über die Nutzung der sog. **Single Nucleotide Polymorphismen (SNPs)** ist längst keine Fiktion mehr. Letztere Marker erfassen Basenaustausche am jeweils identischen Ort des Genoms. Das Ergebnis ist das Äquivalent eines Zweiallelen-Systems. Die Auswertung von etwa 50 dieser Polymorphismen, die in kürzester Zeit über Massenspektrometrie methodisch vollzogen werden kann, reicht aus, einen Vaterschaftsfall durch Ein- oder Ausschluss des als Vater in Anspruch genommenen Mannes zu klären. Schon heute gilt allerdings, dass jeder Abstammungsfall unter Einbeziehung der Beteiligten zu klären ist, sofern nicht monozygote Zwillinge als Putativväter benannt werden. Entweder der „falsche" Vater wird als solcher erkannt und ausgeschlossen oder für den nichtausgeschlossenen Mann wird ein Wert der Vaterschaftswahrscheinlichkeit erreicht, dem das verbale Urteil „Vaterschaft praktisch erwiesen" zukommt. Der in den gültigen Richtlinien geforderte W-Wert von mindestens 99,9 % ist hierbei eine ökonomisch sinnvolle, keineswegs methodisch erzwungene Beschränkung.

Literatur

Brinkmann B, Wiegand P (1997) DNA-Technologie in der Medizinischen Kriminalistik. Schmidt-Römhild, Lübeck

Carracedo A, Beckmann A, Bengs A, Brinkmann B et al (2001) Results of a collaborative study of the EDNAP group regarding the reproducibility and robustness of the Y-chromosome STRs DYS19, DYS389 I and II, DYS390 and DYS393 in a PCR pentaplex format. For Sci Int 119: 28–41

Huckenbeck W, Kuntze K, Scheil HG (2001) The distribution of the human DNA-PCR-Polymorphisms. http://www.uni-duesseldorf.de/WWW/MedFak/Serology/dna.html

Jeffreys AJ, Royle NJ, Thein SL (1985) Hypervariable minisatellite regions in human DNA. Nature 314: 67–73

Leopold D (1998) Identifikation unbekannter Toter. Schmidt-Römhild, Lübeck

Maniatis T, Fritsch EF, Sambrook J (1989) Molecular cloning. A laboratory manual. Cold Spring Harbour Press, New York

Miller KWP, Dawson JL (1997+1998) Concordance of nucleotide substitutions in the human mtDNA control region. University of Cambridge, UK. http://shelob.bioanth.cam.ac.uk/mtDNA/

Prokop O, Göhler W (1986) Die menschlichen Blutgruppen. Fischer, Stuttgart

Saiki RK, Scharf S, Faloona FA, Mullis KB, Horn GT, Erlich HA, Arnheim N (1985) Enzymatic amplification of beta-globin genomic sequences and restriction analysis for diagnosis of sickle cell anaemia. Science 230: 1.350–1.354

Schleyer F, Oepen I, Henke J (Hrsg) (1995) Humanbiologische Spuren. Kriminalistik, Heidelberg

Spielmann W, Kühnl P (1982) Blutgruppenkunde. Thieme, Stuttgart New York

Strachan T, Read AP (1996) Molekulare Humangenetik. Spektrum, Heidelberg Berlin Oxford

Szibor R, Lieske S, Beck V, Krause D (2002) Zur Lokalisation forensisch genutzter Marker im menschlichen Genom. Ergebnisse einer world wide web-Datenbankrecherche. Rechtsmedizin 12 (2002) 65–76

Willuweit S, Roewer L (2001) Y-STR haplotype reference database. Humboldt-Universität Berlin. http://ystr.charite.de

10 Ärztliche Rechts- und Berufskunde – Medizinrecht

Einleitung

Versehentliche intrathekale Injektion von Vincristin

Vorgeschichte: Bei einem 5 Jahre alt gewordenen Mädchen wurde eine akute lymphatische Leukämie (ALL) diagnostiziert. Bei der daraufhin eingeleiteten Chemotherapie, entsprechend dem ALL-Therapieprotokoll, sollten intrathekal Methotrexat, Alexan und Prednison gegeben werden, intravenös Vincristin. Die Injektionsspritzen wurden von einem Arzt vorbereitet; die die Injektion später vornehmende Ärztin im Praktikum war zu diesem Zeitpunkt nicht anwesend. Vor der Injektion unterließ es die Ärztin im Praktikum, die Beschriftung der üblicherweise in bestimmter Reihenfolge nebeneinander platzierten Spritzen zu kontrollieren. Sie injizierte versehentlich Vincristin intrathekal. Obwohl der Irrtum kurz danach bemerkt wurde und therapeutische Gegenmaßnahmen eingeleitet wurden, entwickelte das Mädchen aufsteigende Lähmungen mit Zeichen eines Opisthotonus, sensorischen und motorischen Dysfunktionen und verstarb 7 Tage später.

Sektionsergebnis: Nach erfolgter Obduktion stellte sich histologisch lediglich in den Meningen eine umschriebene leukämische Infiltration dar, das Rückenmark war in Höhe der Injektionsstelle ausgeprägt pseudozystisch transformiert. Der unstreitig gegebene Behandlungsfehler wurde vom zuständigen Haftpflichtversicherer zügig reguliert, strafrechtlich akzeptierte die Ärztin im Praktikum eine Freiheitsstrafe auf Bewährung und eine Geldstrafe.

- ▶ Behandlungsfehler, Anfängerfehler, Übernahmeverschulden, Leitlinien, Richtlinien

Vergessenes Bauchtuch im Herzbeutel

Vorgeschichte: Bei einem 56-jährigen Patienten wurde wegen einer Koronarsklerose mit Angina-Pectoris-Symptomatik ein zweifacher aortokoronarer Venenbypass gelegt. Nach der als komplikationslos bezeichneten Operation klagte der Patient zeitweise über „Herzstiche" und ein eher unbestimmtes retrosternales Druckgefühl. Eine unmittelbar postoperativ erfolgte Röntgenkontrolle soll keinen pathologischen Befund ergeben haben, die Röntgenbilder waren allerdings später nicht mehr auffindbar.

Untersuchungsergebnis: Ca. 14 Wochen später wurde bei einem niedergelassenen Radiologen erneut eine Röntgen-Thorax-Aufnahme angefertigt. Nunmehr fand sich radiologisch ein Fremdkörper im Herzbeutel. Dieser Fremdkörper wurde 10 Tage später in einer anderen Herzklinik entfernt und konnte als intraoperativ verbliebenes OP-Tuch identifiziert werden. Die postoperative Entwicklung nach der 2. Operation verlief komplikationslos. Nach erfolgter Strafanzeige seitens des Patienten ergab eine Durchsicht des 1. Operationsberichtes, dass alle intraoperativ gereichten Bauchtücher als vollzählig vorhanden protokolliert worden waren. Der verantwortliche Operateur der 1. Operation war wegen eines längeren Auslandsaufenthaltes nicht greifbar.

- ▶ Behandlungsfehler, Aufklärungspflicht über Behandlungsfehler durch nachbehandelnden Arzt, ggf. auch durch den verantwortlichen Arzt

Letales TUR-Syndrom („Einschwemmungs-Syndrom")

Vorgeschichte: Bei einem 72 Jahre alt gewordenen Mann wurde eine transurethrale Prostataresektion wegen einer benignen adenomyomatösen Prostatahyperplasie (BPH) durchgeführt. Gegen Ende der Operation trat eine passagere Hypertonie (170/80 mm/Hg) auf, danach innerhalb von Minuten eine Hypotonie (80/40 mm/Hg) und Bradykardie (Frequenz 50/min), das Pulsoxymeter zeigte eine Minderoxygenierung an. Trotz sofortigen Einstellens der Spülung des Operationsgebietes, Beatmung mit reinem Sauerstoff, kontrollierter Natriumzufuhr, Gabe von Furosemid, medikamentöser Therapie der Hypotonie und Bradykardie, fortlaufender Kontrolle des Elektrolytstatus und der Blutgaswerte blieb der Patient postoperativ bewusstlos. Röntgenologisch fand sich das Bild einer sog. „fluid lung". Ein neurologisches Konsilium führte zu der Diagnose „hypoxischer Hirnschaden". Der Patient verstarb nach 6-wöchigem Koma.

Sektionsergebnis: Bei der Obduktion zeigte sich eine ungewöhnlich ausgeprägte Ansammlung von Corpora amylacea in den Prostatadrüsen sowie eine ebenfalls hochgradige Phlebosklerose und Kalzifizierung der Venen des Plexus venosus prostaticus. Offenbar waren intraoperativ Venen eröffnet worden, über die es zu einer Einschwemmung der Spülflüssigkeit in den Blutkreislauf kam. Auf dieses Risiko war der Patient zuvor anlässlich des ärztlichen Aufklärungsgesprächs hingewiesen worden. Autoptisch konnte eine Perforation nicht nachgewiesen werden. Der zunächst erhobene Behandlungsfehlervorwurf wurde im Hinblick auf die autoptisch und histologisch gesicherten Befunde nicht weiter verfolgt.

- ▶ Behandlungsfehler, Kausalität, Obduktion als unverzichtbare Grundlage der Begutachtung

Irrtümliche Nephrektomie rechts, medizinisch nichtindizierte Teilnephrektomie links

Vorgeschichte: Bei einem 84 Jahre alt gewordenen Mann wurde computertomographisch ein ca. 4 x 2 x 2 cm großer Tumor der linken Niere festgestellt und die Verdachtsdiagnose „Hypernephrom" gestellt. Anamnestisch waren eine koronare Herzkrankheit mit altem Myokardinfarkt und ein Zustand nach Herzschrittmacherimplantation bekannt. Zu Beginn des stationären Aufenthaltes fanden sich die Werte für alle harnpflichtigen Substanzen und für die Elektrolyte im Normbereich. Als Folge einer Seitenverwechslung wurde jedoch zunächst versehentlich die rechte Niere entfernt. Nachdem der Irrtum noch während der

Operation bemerkt wurde, entschloss man sich zu einer Teilnephrektomie links, um den Tumor zu entfernen. Der Operationsbericht gab eine Teilnephrektomie links an, unter Erhaltung eines Organanteiles von ca. 2/3; die Ischämiezeit der Niere habe 15 Minuten betragen. Postoperativ war der Patient verwirrt und zu keinem Zeitpunkt mehr kommunikationsfähig. Bei zunehmender Verschlechterung des Zustandsbildes trat eine Oligurie auf, schließlich im Röntgen-Thorax eine Totalverschattung rechts und ein linksseitiger Pleuraerguss (Punktion 660 ml). Der Patient verstarb am 12. postoperativen Tag im Zustand der Urämie. Von den behandelnden Ärzten wurde ein natürlicher Tod bescheinigt.

Sektionsergebnis: Die pathologisch-anatomische Begutachtung des entnommenen Tumors ergab ein benignes Angiomyolipom, so dass retrospektiv die Indikation zur operativen Tumorentfernung als nicht gegeben bezeichnet werden musste. Eine sorgfältige präoperative Diagnostik mittels Ultraschall war unterblieben, hätte jedoch aufgrund des Fettgehaltes des Tumors die Diagnose Angiomyolipom ermöglicht, womit auch die OP-Indikation entfallen wäre. Die behandelnden Ärzte wurden wegen fahrlässiger Tötung verurteilt.

▶ Behandlungsfehler/Diagnosefehler, Seitenverwechslung; Tod des Patienten ohne jeden Zweifel kausal auf Behandlungsfehler zurückzuführen

Transfusionszwischenfall

Vorgeschichte: Eine 65-jährige Patientin mit der Blutformel 0, Rh+ erhielt im Anschluss an einen operativen Eingriff mehrere Bluttransfusionen, darunter wahrscheinlich ein für einen anderen Patienten bestimmtes Erythrozytenkonzentrat mit der Blutformel A, Rh+. Die Konserve wurde zunächst ohne erkennbare Reaktionen vertragen. Drei Stunden nach Transfusionsbeginn kam es zu einem Blutdruckabfall; eine Stunde später wurden im hämatologischen Labor die Zeichen einer Hämolyse und einer Gerinnungsstörung festgestellt. 8 Stunden nach Transfusionsbeginn verstarb die Patientin.

Sektionsergebnis: Autoptisch fand sich eine globale Herzhypotrophie und eine ausgeprägte allgemeine Arteriosklerose, als Zeichen der generalisierten Gerinnungsstörung eine verstärkte Einblutung im Operationsbereich. Histologisch imponierten die unspezifischen Zeichen eines finalen Schockgeschehens. Serologisch ließ sich eine Beimengung von A-Erythrozyten im Leichenblut nicht mehr nachweisen. Zur sicheren Beweisführung der Transfusion AB0-inkompatibler Erythrozyten erfolgte eine immunzytochemische Darstellung A-positiver Erythrozyten mittels indirekter Immunperoxydasetechnik unter Verwendung monoklonaler Antikörper. Die inkompatiblen Erythrozyten fanden sich als zirkulierende Agglutinate in größeren Blutgefäßen, in den Blutkapillaren sämtlicher Organe, als dichtgepackte Zellansammlungen in dem Sinus der Milz. Mit der immunzytochemischen Identifizierung AB0-inkompatibler Erythrozyten konnte der tödliche Transfusionszwischenfall morphologisch eindeutig belegt werden. Der für die Fehltransfusion verantwortliche Arzt wurde wegen fahrlässiger Tötung belangt.

▶ Transfusionszwischenfall, Nachweis, Behandlungsfehler

10.1 Gesetzliche Regelungen des Arzt- und Medizinrechts

H.-D. Lippert

Was Recht ist, weiß offenbar jeder, sonst gäbe es keine Erklärung dafür, dass in allen bekannten Werken zum Medizin- oder Arztrecht nähere, geschweige denn definitorische, Ausführungen zu Inhalt und Wesen des Begriffes „Recht“ fehlen.

Definition

Recht ist eine vom Gesetzgeber vorgegebene, verbindliche Sammlung von Normen, die für wesentlich angesehen werden, das Zusammenleben der Menschen zu regeln und die von diesen als solche Regeln angenommen und beachtet werden.

Rechtsnormen sind ihrer Bedeutung entsprechend auf unterschiedlichen Hierarchieebenen angesiedelt und müssen sich letztlich alle an der Verfassung und ihren Grundsätzen messen lassen. Kennzeichnend für eine derartige formale Rechtsordnung ist, dass die Wahrung der Rechte und Pflichten des Einzelnen unter dem staatlichen Gewaltmonopol in vorgegebenen Verfahrensregeln vor staatlichen Gerichten geltend gemacht werden können, auch gegen den Staat selbst.

Definition

Arztrecht

Alle Rechtsnormen auf unterschiedlichen Hierarchiestufen der Normenpyramide (Bundesverfassungs-, Bundesrecht, Landesverfassungs-, Landes-, Satzungsrecht), die sich mit dem Beruf des Arztes und seiner Ausübung befassen.

Dass es sich dabei um kein geschlossenes System von Rechtsnormen handelt, erschwert sowohl dem Juristen als auch dem Arzt den Zugang zum Verständnis des Systems nicht unerheblich. Wo der Arzt als schlichtes Mitglied unserer existierenden Rechtsordnung angesprochen ist, gelten für ihn etwa die Vorschriften des Bürgerlichen Gesetzbuches wie des Strafgesetzbuches samt der zugehörigen Prozessrechte. Erst das **ärztliche Standesrecht**, also im Rahmen des Selbstverwaltungsrechts von den Organen der Ärzteschaft selbst gesetztes Recht, richtet sich ausschließlich an den Arzt, indem es ihm sagt, wie er seinen Beruf auszuüben hat.

Definition

Das **Medizinrecht** umfasst das Arztrecht. Hinzu kommen alle diejenigen Rechtsgebiete auf denen sich ärztliche Tätigkeiten vollziehen.

Das Medizinrecht ist einem zum Arztrecht konzentrischen Kreis vergleichbar, der aber ungleich größer ist. Zum **Arztrecht** kommen alle diejenigen Rechtsgebiete hinzu, auf denen sich ärztliche Tätigkeiten vollziehen. Auch hier finden wir kein geschlossenes System von Rechtsnormen vor, sondern einzelne Gesetze, wie etwa das **Arzneimittelgesetz**, das **Medizinproduktegesetz**, das **Transfusionsgesetz**, das **Transplantationsgesetz**, aber auch die **Gesetze des Gesundheitsrechts** und der **sozialen Sicherung**. Auf sie wird im Folgenden noch näher einzugehen sein. Teilweise handelt es sich dabei um Bundes-, teilweise auch um Landesrecht.

Der Arzt, seine Tätigkeit und das Arzt-Patienten-Verhältnis sind schließlich in das Menschenbild eingepasst, welches unsere Verfassung, das **Grundgesetz**, vorgibt. Die Würde des Patienten, die Unverletzlichkeit seiner Person und sein Persönlichkeitsrecht hat der Arzt bei der Berufsausübung zu achten. Dies bedeutet für den ärztlichen Heileingriff, dass er indiziert, vom Einverständnis des Patienten nach Aufklärung getragen ist und nach den Regeln der ärztlichen Kunst durchgeführt wird.

10.1.1 Die ärztliche Aus-, Fort- und Weiterbildung

Die ärztliche Berufsausübung wird von drei Begriffen begleitet, nämlich denen der ärztlichen Aus-, Fort- und Weiterbildung.

Definition

Ausbildung
Ist der Erwerb eines berufsqualifizierenden Abschlusses, beim Arzt die Approbation.

Vor der Aufnahme der ärztlichen Berufsausübung steht die ärztliche Ausbildung. Sie vollzieht sich nach dem in der Approbationsordnung für Ärzte vorgesehenen Modus einer sechsjährigen Ausbildung, die sich in einen vorklinischen Abschnitt (abgeschlossen mit der ärztlichen Vorprüfung) und drei (künftig: zwei) klinische, durch Teilprüfungen abzuschließende Studienabschnitte gliedert, wobei der (derzeit noch) dritte, das Praktische Jahr, an akademischen Lehrkrankenhäusern zu absolvieren ist. Bis zu seiner geplanten Abschaffung ist noch eine 18-monatige Praxisphase als Arzt im Praktikum zu absolvieren.

Weder als **Student im Praktischen Jahr (PJ)** noch als **Arzt im Praktikum (AIP)** darf der in Ausbildung zum Arzt befindliche eigenverantwortliche Tätigkeiten ausüben. Er darf lediglich unter Anleitung und je nach Fertigkeit unter direkter Anleitung ärztliche Maßnahmen durchführen. Da der Patient im Krankenhaus grundsätzlich Anspruch auf eine Behandlung nach dem **Facharztstandard** hat, muss durch organisatorische Vorkehrungen sichergestellt werden, dass der AIP, der PJ-Student und der **Assistenzarzt in Weiterbildung** jederzeit einen Facharzt zur Übernahme ärztlicher Maßnahmen herbeirufen kann, wenn er überfordert ist. Die Grundsätze über die Anfängeroperation sind insoweit zu verallgemeinern und heranzuziehen. Hinzu kommt, bereits während des Studiums abzuleisten, noch eine Tätigkeit als **Famulus** sowie der **Krankenpflegedienst.**

Die ärztliche Approbation ist Voraussetzung für die Ausübung der Heilkunde unter der Berufsbezeichnung Ärztin oder Arzt. Voraussetzung für ihre Erteilung ist der erfolgreiche Abschluss einer ärztlichen Ausbildung in Deutschland. Ausbildung im Sinne der **Bundesärzteordnung (BÄO)** ist auch eine in den übrigen Mitgliedsstaaten der Europäischen Gemeinschaft erfolgreich abgeschlossene ärztliche Ausbildung, für die ein entsprechendes Diplom, Prüfungszeugnis oder ein entsprechender Befähigungsnachweis des Mitgliedsstaates vorgelegt werden kann. Die Gleichstellung der Ausbildungsnachweise gilt auch für die deutschen Abschlusszeugnisse in den EG-Staaten. Eine außerhalb Deutschlands und der EU-Staaten abgeschlossene ärztliche Ausbildung gewährt einen Rechtsanspruch auf Erteilung der ärztlichen Approbation nur, wenn die Gleichwertigkeit des Ausbildungsstandes gegeben ist.

Definition

Ärztliche Fortbildung
Fortbildung ist der Erhalt der berufsqualifizierenden Kenntnisse und Fähigkeiten des Arztes durch geeignete Maßnahmen.

Die **Heilberufs- und Kammergesetze** machen es Ärzten (Kammermitgliedern) die in ihrem Beruf tätig sind zur Pflicht, sich beruflich fortzubilden und sich dabei auch über die für die Berufsausübung geltenden Bestimmungen zu unterrichten. Die Satzungen der **kassenärztlichen Vereinigungen** müssen Bestimmungen über die Fortbildung der Ärzte auf dem Gebiet der kassenärztlichen Tätigkeit vorsehen, sowie alles Nähere über Art und Weise der Fortbildung sowie die Teilnahmepflicht regeln.

Definition

Ärztliche Weiterbildung
Sie ist die Vertiefung und Erweiterung der durch die ärztliche Ausbildung erworbenen Kenntnisse und Fähigkeiten auf einem bestimmten ärztlichen Fachgebiet im Rahmen einer Berufstätigkeit.

Krankenhauseinrichtungen benötigen nach den Kammer- bzw. Heilberufsgesetzen von der zuständigen staatlichen Behörde teilweise eine Zulassung zur Weiterbildung oder sind als Hochschuleinrichtungen geborene Weiterbildungsstätten. Die Leitenden Ärzte werden bei Vorliegen der Voraussetzungen –

fachliche und personelle Eignung – auf Antrag von der Ärztekammer zur ärztlichen Weiterbildung teilweise oder voll ermächtigt. Der Umfang der Ermächtigung richtet sich dabei nach Ausstattung, Größe und Bettenzahl der jeweiligen Struktureinheit und ist an die Person des Leitenden Arztes gebunden.

Die Durchführung der Weiterbildung in einem Fachgebiet oder Teilgebiet ist zunächst eine öffentlich-rechtliche Verpflichtung des ermächtigten Arztes als Kammermitglied gegenüber seiner Kammer, nicht gegenüber dem Krankenhausträger.

Stellt sich nachträglich heraus, dass die persönliche und fachliche Eignung des ermächtigten Arztes nicht mehr gegeben ist, so kann die Ärztekammer nach Prüfung die Ermächtigung durch Verwaltungsakt zurücknehmen oder beschränken.

Der zur Weiterbildung ermächtigte Arzt hat dem in Weiterbildung befindlichen Arzt über die in seiner Verantwortung abgeleisteten Weiterbildungszeiten ein Zeugnis auszustellen, auf Antrag des in Weiterbildung befindlichen Arztes auch Teilzeugnisse über jeweils 1 Jahr. Auf die Erteilung des Zeugnisses hat der in Weiterbildung befindliche Arzt einen Rechtsanspruch, den er ggf. im Klageverfahren gegen den weiterbildenden Arzt – nicht die Ärztekammer – durchsetzen kann. Der ermächtigte Arzt hat über den Umfang, den Inhalt, deren Stand und die Qualifikation des Weiterzubildenden ein wahrheitsgemäßes Zeugnis auszustellen, kein wohlwollendes und schon gar kein gefälliges. Die Bescheinigung von Weiterbildungszeiten und -inhalten, die nicht (OP-Kataloge) oder so nicht (Teilzeit-, Vollzeit-Weiterbildung) abgeleistet und erbracht worden sind, stellt eine Berufswidrigkeit dar. Sie kann (und sollte) mit der Einschränkung oder in gravierenden Fällen auch mit dem dauernden oder zeitweisen Widerruf der Ermächtigung geahndet werden.

Die ärztliche Weiterbildung in den Gebieten und Teilgebieten – nicht aber den Zusatzbezeichnungen – ist grundsätzlich ganztägig und in hauptberuflicher Stellung, also im Rahmen eines Dienstverhältnisses mit dem Träger der Weiterbildungsstätte unter persönlicher Anleitung und Überwachung des zur Weiterbildung ermächtigten Arztes, an ein und derselben Weiterbildungsstätte zu leisten. Ein Wechsel der Weiterbildungsstätte und des weiterbildenden Arztes hat in denjenigen Fällen zu erfolgen, in denen die Weiterbildungsordnung dies vorschreibt. Eine Teilzeitweiterbildung ist nur in Ausnahmefällen, etwa aus zwingenden familiären Gründen, bis zu 4 Jahren halbtags möglich.

Die in den Weiterbildungsordnungen angegebenen Weiterbildungszeiten für die einzelnen Fachgebiete/Teilgebiete und Zusatzbezeichnungen sind Mindestzeiten, binnen derer die Kenntnisse und Fähigkeiten erworben werden können. Diese Zeiten können, insbesondere wenn die Ausbildungsziele nicht erreicht werden, jederzeit verlängert werden. Arbeitsrechtliche Nachteile erwachsen hieraus im Hinblick auf eine Befristung des Arbeitsverhältnisses in aller Regel nicht.

Die Weiterbildung wird durch ein Fachgespräch vor einem Ausschuss der Ärztekammer abgeschlossen. Die Entscheidung ist ein Verwaltungsakt, der nach den Vorschriften der Verwaltungsgerichtsordnung gerichtlich angefochten werden kann. Die Grundsätze des allgemeinen Prüfungsrechts gelten auch für dieses Fachgespräch.

10.1.2 Die ärztliche Berufsausübung

In der ärztlichen Berufsausübung lassen sich zwei Gruppen bilden. Die eine umfasst dabei Ärzte, die ihren Beruf im Angestellten- oder Beamtenverhältnis überwiegend in Einrichtungen der ambulanten und stationären Krankenversorgung oder in Rehabilitationseinrichtungen ausüben, die andere die Vertragsärzte sowie die Privatärzte, die in freier Praxis tätig sind.

Der angestellte oder beamtete Arzt

Die zahlenmäßig größte Gruppe unter den angestellten und beamteten Ärzte bilden die Ärzte, die in den Krankenhäusern auf den unterschiedlichen Ebenen der Krankenhausbehandlung (Maximal-, Zentral-, Grund- und Regelversorgung) in den Bundeswehrkrankenhäusern sowie den Rehabilitations- und Kureinrichtungen stationäre und ambulante Kranke versorgen. Während die überwiegende Zahl dieser Ärzte angestellte Ärzte sind, finden sich an den Universitätsklinika und den Bundeswehrkrankenhäusern sowie im öffentlichen Gesundheitsdienst und im Justizvollzugsdienst auch beamtete Ärzte. Angestellte Ärzte arbeiten auch im Bereich der Sozialversicherungsträger (Rentenversicherung und Krankenversicherung) bei Kammern und in Verbänden und in der Industrie, überwiegend in der pharmazeutischen Industrie.

Angestellte wie beamtete Ärzte üben ihre Tätigkeit in abhängiger Stellung aus und sind an Anweisungen ihrer jeweiligen Vorgesetzten gebunden und in eine Betriebsorganisation integriert. Standesrechtlich gibt es hier keine Probleme, weil der nachgeordnete Arzt keine Weisungen eines Nichtarztes entgegen nimmt und auch der letztverantwortliche leitende Arzt in seiner ärztlichen Entscheidung nur dem Gesetz und seinem Gewissen unterworfen ist. In nichtärztlichen Entscheidungen sind Ärzte in abhängiger Stellung in den genannten Einrichtungen sehr wohl Weisungen auch von Nichtärzten unterworfen. Dies ist mit dem ärztlichen Standesrecht vereinbar.

Die Stellung des Leitenden Krankenhausarztes. Innerhalb der Organisation eines Krankenhauses sind es diejenigen Ärzte, die in einer Struktureinheit, die für ein bestimmtes medizinisches Fachgebiet gebildet ist, Leitungsfunktion ausüben. Für diesen Personenkreis (die Leitenden Ärzte im engeren Sinne) hat sich die Bezeichnung Chefarzt/Abteilungsleiter/Leitender Arzt/Institutsleiter/Ärztlicher Direktor eingebürgert. Zu den Leitenden Ärzten gehören aber auch deren ständige Stellvertreter, zumeist Oberärzte oder Leitende Oberärzte (Leitende Ärzte im weiteren Sinne). Ihnen allen ist gemeinsam, dass sie in einem oder mehreren Fachgebieten eine Weiterbildung durchlaufen haben oder über eine Zusatzbezeichnung nach der jeweils geltenden Weiterbildungsordnung verfügen.

Nach den Rechtsgrundlagen, auf die sich ihr Status gründet, sind sie entweder Angestellte oder Beamte.

Hauptpflichten sind die grundlegenden Pflichten, die der angestellte oder beamtete Leitende Arzt zu erfüllen hat. Dienstaufgabe der Hochschullehrer an Universitätsklinika ist die Vertretung ihres Faches in Forschung, Lehre und Krankenversorgung.

Zu den Hauptpflichten der Leitenden Ärzte, die nicht Hochschullehrer sind, gehört die ärztliche Behandlung aller stationären Patienten in den von ihnen geleiteten Bereichen nach den jeweiligen medizinischen Standards des Fachs. Hierunter fallen auch stationäre Patienten mit Wahlleistungen „Arzt" sowie die konsiliarärztliche Tätigkeit für diese Patienten.

Nur sofern dies im Chefarztvertrag ausdrücklich vereinbart ist, gehört die Behandlung von stationären Patienten anderer Krankenhäuser, die Untersuchung und Befundung eingesandter Materialien oder Präparate von stationären Patienten anderer Krankenhäuser, die Übernahme der ärztlichen Leichenschau, die Blutentnahme nach § 81a StPO und die Teilnahme am Rettungsdienst zu den Dienstaufgaben. Hinzu kommen kann auch, sofern das Krankenhaus des Trägers als akademisches Lehrkrankenhaus für die Ausbildung der Medizinstudenten im 3. klinischen Abschnitt (Praktisches Jahr) zur Verfügung steht, die Vertretung des Fachgebietes in der Lehre sowie die Teilnahme an Prüfungen.

Zu den Hauptpflichten aus dem Dienst- bzw. Beamtenverhältnis der Leitenden Ärzte kommen noch **Nebenpflichten**, die sich grob in Mitwirkungs-, Kooperations-, Organisations-, Auswahl-, Überwachungs- und Anleitungspflichten einteilen lassen.

Der Leitende Arzt ist nach dem Chefarztvertrag regelmäßig verpflichtet, seinen Bereich mit dem vom Krankenhausträger zur Verfügung zu stellenden Personal so zu organisieren, dass die Aufgaben des Bereichs in der Krankenversorgung gewährleistet werden können. Hierzu gehört die Organisation eines sinnvollen und wirtschaftlichen Betriebsablaufes und Personaleinsatzes ebenso, wie das Aufstellen der Dienstpläne, die Regelung der Rufbereitschaft und des Bereitschaftsdienstes sowie die Erstellung von Urlaubsplänen.

Schließlich gehört in diesen Bereich die Organisation und Umsetzung von Maßnahmen der Hygiene unter Beachtung der Richtlinien des Hygienebeauftragten bzw. der Beschlüsse der Hygienekommission im eigenen Bereich, je nach Betroffenheit.

Neuestens obliegt es den Leitenden Krankenhausärzten, bei der Durchführung des **Medizinproduktegesetzes (MPG)** und der **MPBetreibV** dafür zu sorgen, dass die ärztlichen Mitarbeiter in die Funktionsweise der Geräte eingewiesen werden und dass der Betreiber der Geräte die Bestandsverzeichnisse und Gerätebücher führt. Die Pflichten aus der MPBetreibV können durch betriebsorganisatorische Maßnahmen auf geeignete Mitarbeiter delegiert werden.

Im Bereich der **Bluttransfusion** sind jetzt die Richtlinien der Bundesärztekammer und des Paul-Ehrlich-Instituts (PEI) zur Hämotherapie nach §§ 12 und 18 TfG zu beachten. Ferner sind die Transfusionsverantwortlichen, die Transfusionsbeauftragten sowie die Transfusionskommissionen zu bestellen.

Arbeitsteilung im Krankenhaus. Der Begriff der Arbeitsteilung umfasst dabei im Krankenhaus diejenige der unterschiedlichen medizinischen Fachdisziplinen untereinander (horizontale Arbeitsteilung), aber auch diejenige innerhalb einer Struktureinheit des Krankenhauses zwischen Personal unterschiedlicher Qualifikation und Ausbildung (vertikale Arbeitsteilung). Schließlich ist diesem Bereich auch die Delegation von Aufgaben zur dauernden Ausführung zuzurechnen.

In der **horizontalen Arbeitsteilung** ist das Zusammenwirken der einzelnen Fachdisziplinen und Subspezifitäten vom Grundsatz prinzipieller Gleichberechtigung und Selbstverantwortung sowie vom Vertrauensgrundsatz geprägt.

Anders als bei der horizontalen Arbeitsteilung handelt es sich bei der **vertikalen Arbeitsteilung** darum, die Verantwortlichkeit zwischen vorgesetztem und nachgeordnetem Personal zu bestimmen, also in der Regel innerhalb der Hierarchie einer Struktureinheit. Erteilt der Leitende Arzt nachgeordnetem ärztlichen und/oder nichtärztlichen Personal die Weisung, eine bestimmte Maßnahme allein oder gemeinsam mit ihm oder anderen Mitarbeitern durchzuführen, so trifft ihn grundsätzlich die Verantwortung dafür, dass er für die Erfüllung der Aufgaben geeignetes Personal ausgewählt hat, das der Aufgabe gewachsen ist und das über die entsprechende Qualifikation verfügt. Diese wird im Regelfall durch eine berufsqualifizierende Ausbildung erworben und durch eine Prüfung nachgewiesen.

Bei der Auswahl und bei der Einstellung, aber auch später bei der Aufgabenübertragung und Aufgabenerfüllung, muss sich der Leitende Arzt in geeigneter Form (in der Regel stichprobenweise) davon überzeugen, ob die zu fordernde Qualität auch noch gegeben ist. Dies gilt erst recht, wenn Qualifikationsmängel aufgetreten sind.

Definition

Delegation ist die dauernde oder zeitweise Übertragung einer bestimmten Aufgabe zur Durchführung mit den hierfür erforderlichen Mitteln auf einen nachgeordneten Mitarbeiter unter Kontrolle.

Für das Personal im Krankenhaus bedeutet dies: Nachgeordnetes nichtärztliches Personal kann auch mit Aufgaben betraut werden, die nicht in seine originäre Kompetenz fallen. Hierzu zählen im Pflegebereich bisher die immer wieder beispielhaft herangezogene Entnahme von Blut, die Infusion und Injektion von Medikamenten. In der Folgezeit muss der delegierende Arzt sich durch regelmäßige Stichproben davon überzeugen, dass die erforderlichen Kenntnisse und Fähigkeiten vorhanden sind.

Die soeben für die Delegation von Aufgaben auf nachgeordnetes, nichtärztliches Personal gemachten Aussagen treffen in ihrem Kern auch auf die Delegation ärztlicher Aufgaben auf nachgeordnetes ärztliches Personal zu.

Der niedergelassene (Vertrags-) Arzt

Die Niederlassung als Vertragsarzt ist seit einigen Jahren streng an den Bedarf gekoppelt. Die vom Bundesverfassungsgericht 1960 in seiner „Kassenarzt"-Entscheidung propagierte ungebremste Niederlassungsfreiheit hat sich – wie von Sachverständigen in diesem Verfahren bereits damals prognostiziert – zu einer finanziellen Belastung ersten Ranges des gesamten Gesundheitssystems entwickelt, die mit den Beiträgen der Versicherten nicht länger zu finanzieren gewesen wäre.

Definition

Niederlassung ist die Einrichtung einer mit den notwendigen räumlichen, sächlichen und personellen Mitteln ausgestatteten Sprechstelle zur Ausübung ärztlicher Tätigkeit an einem frei gewählten Ort unter gleichzeitiger Ankündigung gegenüber dem Publikum, mit der Folge, dass der Arzt in Ausübung seiner Tätigkeit an diesen Ort gebunden ist.

Aus der ärztlichen Approbation ergibt sich das Recht zur Niederlassung. Mit ihr ist aber nur die **Berechtigung zur Behandlung von Privatpatienten** verbunden. Die Berechtigung des Arztes zur Behandlung von **Patienten der gesetzlichen Krankenversicherung** und der **Ersatzkassen** bedarf einer **besonderen Zulassung.** Diese setzt einen besonderen Antrag auf Eintragung in das Arztregister voraus. Erforderlich ist hierfür die Approbation als Arzt, der erfolgreiche Abschluss entweder einer allgemeinmedizinischen Weiterbildung oder einer Weiterbildung in einem anderen Fachgebiet mit der Befugnis zum Führen einer Facharztbezeichnung.

Der Vertragsarzt muss am Vertragsarztsitz seine Sprechstunde halten. Er hat seine Wohnung so zu wählen, dass er für die ärztliche Versorgung der Versicherten an seinem Vertragsarztsitz zur Verfügung steht. Er darf das Fachgebiet, für welches er zugelassen ist, nur mit Zustimmung des Zulassungsausschusses wechseln. Die Zulassung eines Arztes, welcher das 55. Lebensjahr vollendet hat, ist ausgeschlossen.

Leitende Ärzte der Krankenhäuser und Einrichtungen der beruflichen Rehabilitation oder in besonderen Fällen ärztlich geleitete Einrichtungen können zur Teilnahme an der vertragsärztlichen Versorgung ermächtigt werden, wenn dies zur Beseitigung einer bestehenden oder unmittelbar drohenden Unterversorgung oder zur Versorgung eines begrenzten Personenkreises notwendig ist (§ 31 Ärzte-ZV).

Die Rechtsstellung des Vertragsarztes. Die spezifischen Rechte und Pflichten des Vertragsarztes ergeben sich aus den vertragsärztlichen Vorschriften des SGB V und der Ärzte-ZV, den Satzungen und Richtlinien der Kassenärztlichen Vereinigungen, den Richtlinien der Ärzte und Krankenkassen sowie aus den Verträgen der Kassenärztlichen Vereinigungen mit den Verbänden der Krankenkassen.

Rechtsbeziehungen zwischen Vertragsarzt und den Krankenkassen bestehen nicht. Der Vertragsarzt hat jedoch gegenüber der Kassenärztlichen Vereinigung die öffentlichrechtliche Pflicht, durch Einhaltung der Regeln der ärztlichen Kunst von den Trägern der gesetzlichen Krankenversicherung Schaden abzuwenden. Hingegen ist der Vertragsarzt, wie der ermächtigte Arzt ordentliches Mitglied der Kassenärztlichen Vereinigung. Der Vertragsarzt übernimmt mit der Zulassung oder Ermächtigung die Pflicht, sich an der Versorgung der Kassenmitglieder im Rahmen der gesetzlichen oder vertraglichen Bestimmungen zu beteiligen, um den Sicherstellungsauftrag der Kassenärztlichen Vereinigung zu erfüllen. Die Mitgliedschaft in der Kassenärztlichen Vereinigung begründet kein Dienstverhältnis. In Art und Methode, wie der Vertragsarzt seine ärztliche Leistung erbringt, ist er frei und auch seitens der Kassenärztlichen Vereinigung keinen Weisungen unterworfen, es sei denn, bestimmte Qualitätssicherungsrichtlinien schreiben die Erfüllung personeller und/oder apparativer Mindestvoraussetzungen vor.

Er hat das Recht auf Teilnahme an der vertragsärztlichen Versorgung und auf Honorierung seiner Leistungen, ferner das Recht auf Information durch die Kassenärztliche Vereinigung und die Vertretung seiner Interessen durch sie gegenüber den Krankenkassen. Im Gegenzug hat er die Pflicht, seine Leistung persönlich zu erbringen und an der kassenärztlichen Versorgung und am Notfalldienst teilzunehmen. Er hat u.a. das Wirtschaftlichkeitsgebot einzuhalten, Bescheinigungen auszustellen, sich für die kassenärztliche Tätigkeit fortzubilden und die Regeln der ärztlichen Kunst einzuhalten. Die Verletzung der Pflichten eines Kassenarztes kann abgestuft zu Disziplinarmaßnahmen bis hin zum Entzug der Kassenzulassung bzw. zum Widerruf der Ermächtigung führen.

Niederlassungsfreiheit. Sie ist das Recht des Arztes zur freiberuflichen Ausübung seines Berufes am Ort seiner Wahl. Rechtsgrundlage ist Art. 12 GG.

Über eine Änderung des SGB V und das Gesundheitsstrukturgesetz (vom 22.12.1992 (BGBl. I, S. 2266) wird versucht, dem auf der Anbieterseite durch eine sinnvolle Bedarfsplanung in der kassenärztlichen Versorgung gegenzusteuern. Im Rahmen der Bedarfsplanung, die die Kassenärztliche Vereinigung im Einvernehmen mit den Kassenverbänden durchführt, kann es durchaus dazu kommen, dass eine Niederlassung samt Teilnahme an der kassenärztlichen Versorgung nicht mehr zu jeder Zeit und an jedem Ort und in jedem Fachgebiet möglich ist, solange nicht einzelne Teile des Versorgungsgebietes unterversorgt sind. Eine Niederlassung ohne Kassenzulassung bleibt möglich. Sie wird von den meisten niederlassungswilligen Ärzten aber nicht als ökonomisch tragfähig erachtet.

Gemeinschaftliche Berufsausübung. Nicht nur das ärztliche Berufsrecht (vgl. § 17 MBO-Ä) sondern auch das Kassenarztrecht (vgl. § 32 Abs. 1 S. 1 Ärzte-ZV) geht davon aus, dass der ärztliche Beruf seiner Natur nach ein freier Beruf ist, den der Arzt in der ambulanten Versorgung der Patienten persönlich und in freier Praxis ausübt. Die Beschäftigung von Ärzten und Assistenten ist in engen Grenzen zulässig, darf aber insgesamt nicht zu einer Ausweitung der ärztlichen Tätigkeit führen. Der

Arzt muss seinen Beruf unbeeinflusst durch fremde Dritte nach professionellen Standards ausüben.

Neben den neu hinzugetretenen Formen der medizinischen Kooperationsgemeinschaft sind Formen der gemeinschaftlichen Berufsausübung, die Gemeinschaftspraxis (auch als fachübergreifende Gemeinschaftspraxis) und die Praxisgemeinschaft, in Grenzen zulässig (BSGE 55, 97).

Praxisverbund. Ebenfalls eine neu in die MBO-Ä aufgenommene Möglichkeit zur gemeinsamen Berufsausübung stellt der Praxisverbund dar.

Die auf vertraglicher Basis verbundenen Ärzte bleiben selbständig und üben ihre Praxis am bisherigen Ort weiter aus. Ein Praxisverbund darf nicht nur den in ihm vereinten Ärzten offen stehen, sondern darüber hinaus allen zur Mitwirkung bereiten Ärzten. Im Rahmen von Modellprojekten sind inzwischen vielerorts Praxisverbünde gebildet worden. Häufig ist die Kassenärztliche Vereinigung daran nicht beteiligt. Sie werden oft in der Rechtsform einer GbR (als Innengesellschaft) betrieben.

Der Privatarzt

Für denjenigen Arzt, der seinen Beruf weder im Angestelltennoch im Beamtenverhältnis oder als Vertragsarzt (alleine oder gemeinsam mit anderen Ärzten) ausübt, gibt es eigentlich keine zutreffende Bezeichnung. Erfüllt er die Voraussetzungen für die Ausübung des ärztlichen Berufes, ist er also approbierter Arzt (mit oder ohne abgeschlossener Weiterbildung), dann kann man ihn getrost als Privatarzt bezeichnen.

Als Arzt ist er Mitglied der Ärztekammer und in seiner Berufsausübung an das ärztliche Standesrecht gebunden.

10.1.3 Ärztliches Selbstverwaltungsrecht

Die Bundesrepublik Deutschland ist ein demokratischer und sozialer Bundesstaat. Ihre bundesstaatliche Verfassung ist dabei vom Subsidiaritätsprinzip geprägt. Danach sind die Länder als Gliedstaaten für die Gesetzgebung, Verwaltung und Rechtsprechung zuständig, es sei denn, übergeordnete Belange des Gesamtstaates erforderten ein Tätigwerden des Bundes.

Im Gesundheitswesen steht dem Bund die Gesetzgebungskompetenz partiell zu, so z.B. für Maßnahmen gegen gemeingefährliche und übertragbare Krankheiten, für die Zulassung zu den Heil- und Heilhilfsberufen, für die wirtschaftliche Sicherung der Krankenhäuser und die Entgelte für Krankenhausleistungen, für den Verkehr mit Arzneimitteln, Medizinprodukten, Heil- und Betäubungsmitteln sowie Giften, die Transplantation, das Transfusionswesen, die künstliche Befruchtung beim Menschen, ferner für den Schutz beim Verkehr mit Lebens- und Genussmitteln sowie für das Saat- und Pflanzengut.

Der ärztliche Beruf ist, wie andere akademische Berufe auch, ein freier Beruf und kein Gewerbe. Der Gesetzgeber hat den Ärzten, wie im Übrigen anderen Angehörigen anderer freier Berufe auch, das Recht eingeräumt, die mit der Berufsausübung zusammenhängenden Fragen in eigener Verantwortung im Rahmen des Selbstverwaltungsrechts zu regeln.

Quellen des Standesrechts

Die Berufsordnung für die im Kammerbezirk tätigen Ärzte ist ein Ergebnis dieser Befugnis, die den einzelnen Ärztekammern auf der Grundlage der Kammer- und Heilberufsgesetze der Länder eingeräumt wird. Ihre heutige Fassung verdanken diese Gesetze dem Facharzturteil des Bundesverfassungsgerichts (NJW 1972, 1504). In dieser Entscheidung hat das BVerfG den Rahmen festgelegt, innerhalb dessen sich die Kammern bei der Regelung ärztlicher Berufspflichten bewegen können. Danach müssen statusbildende Normen vom Gesetzgeber in einem förmlichen Gesetz beschlossen werden. Die Kammer- und Heilberufsgesetze der Länder enthalten heute Kataloge dafür, was in den Berufsordnungen (aber auch in den Weiterbildungsordnungen, zu denen das Facharzturteil letztlich ergangen war) geregelt werden kann.

Das ärztliche Standesrecht (Berufsordnung)

Die Berufsordnungen der Kammern gehen zurück auf einen einheitlichen Entwurf, den der Deutsche Ärztetag als Musterberufsordnung (MBO-Ä) beschlossen hat. Rechtsverbindlich wird diese Musterberufsordnung aber erst dadurch, dass sie die Vertreterversammlung der jeweiligen (Landesärzte-) Kammer beschließt, die Aufsichtsbehörde ihr zustimmt und sie förmlich im jeweiligen Ärzteblatt bekannt gemacht wird.

§ 1 MBO-Ä Aufgaben des Arztes

(1) Der Arzt dient der Gesundheit des einzelnen Menschen und der Bevölkerung. Der ärztliche Beruf ist kein Gewerbe. Er ist seiner Natur nach ein freier Beruf.

(2) Aufgabe des Arztes ist es, das Leben zu erhalten, die Gesundheit zu schützen und wiederherzustellen, Leiden zu lindern, Sterbenden Beistand zu leisten und an der Erhaltung der natürlichen Lebensgrundlagen im Hinblick auf ihre Bedeutung für die Gesundheit der Menschen mitzuwirken.

§ 2 Allgemeine ärztliche Berufspflichten

(1) Der Arzt übt seinen Beruf nach seinem Gewissen, den Geboten der ärztlichen Ethik und der Menschlichkeit aus. Er darf keine Grundsätze anerkennen und keine Vorschriften oder Anweisungen beachten, die mit seiner Aufgabe nicht vereinbar sind oder deren Befolgung er nicht verantworten kann.

(2) Der Arzt hat seinen Beruf gewissenhaft auszuüben und dem ihm bei seiner Berufsausübung entgegengebrachten Vertrauen zu entsprechen.

(3) Zur gewissenhaften Berufsausübung gehören auch die Grundsätze korrekter ärztlicher Berufsausübung in Kapitel 1.

(4) Der Arzt darf hinsichtlich seiner ärztlichen Entscheidungen keine Weisungen von Nichtärzten entgegennehmen.

(5) Der Arzt ist verpflichtet, sich über die für die Berufsausübung geltenden Vorschriften unterrichtet zu halten.

(6) Unbeschadet der in den nachfolgenden Vorschriften geregelten besonderen Auskunfts- und Anzeigepflichten hat der Arzt auf Anfragen der Ärztekammer, welche diese zur Erfüllung ihrer gesetzlichen Aufgaben bei der Berufsaufsicht an den Arzt richtet, in angemessener Frist zu antworten.

Das zweite Kapitel der Musterberufsordnung enthält den Kernbestand derjenigen Normen, die das ärztliche Berufsrecht regeln. Die anderen Kapitel bringen Konkretisierungen. Im ersten Teil sind die Aufgaben des Arztes und seine allgemeinen Berufspflichten geregelt, mit welchen Tätigkeiten die Ausübung des ärztlichen Berufes unvereinbar ist, die Pflicht sich fortzubilden, an Maßnahmen der Kammer zur Sicherung der Qualität ärztlicher Tätigkeit mitzuwirken und unerwünschte Arzneimittelwirkungen an die Arzneimittelkommission der deutschen Ärzteschaft mitzuteilen.

Der zweite Teil enthält dann die allseits bekannten Pflichten gegenüber dem Patienten: dass der Arzt den Patienten unter Wahrung der Menschenwürde und des Selbstbestimmungsrechts zu behandeln hat, dass er die Behandlung eines Patienten auch ausnahmsweise ablehnen kann. Die Vorschriften über die Aufklärung des Patienten und die folgende Einwilligung, über die ärztliche Schweigepflicht, die Dokumentation des Behandlungsgeschehens sowie über die Honorierung ärztlicher Leistung schließen sich an. Der Arzt hat seine Behandlung gewissenhaft und mit geeigneten Untersuchungs- und Behandlungsmethoden durchzuführen. Der ärztliche Behandlungsauftrag verbietet es, Behandlungsmaßnahmen unter Ausnutzung des Vertrauens und der Unwissenheit, der Leichtgläubigkeit oder der Hilflosigkeit des Patienten anzuwenden und Heilerfolge als gewiss zuzusichern.

Der dritte Teil widmet sich besonderen medizinischen Verfahren, der Erhaltung des ungeborenen Lebens und des Schwangerschaftsabbruches. Er legt die Rahmenbedingungen medizinischer Forschung insbesondere am Menschen fest und verpflichtet den forschenden Arzt sich vor Aufnahme derartiger Forschungsprojekte bei einer Ethikkommission (der zuständigen Ärztekammer oder Universität) über die mit dem Vorhaben zusammenhängenden berufsrechtlichen und berufsethischen Fragen beraten zu lassen. Schließlich verbieten die Berufsordnungen die aktive Sterbehilfe und legen den Rahmen fest, innerhalb dessen der Arzt unter bestimmten Voraussetzungen unter Beachtung des Patientenwillens auf Behandlungsmaßnahmen auch verzichten kann.

Die Regelungen des vierten Teiles der Musterberufsordnung befassen sich mit der Ausübung des ärztlichen Berufes durch den niedergelassenen Arzt in freier Praxis. Er legt fest, dass der Arzt seinen Beruf in einer Niederlassung auszuüben hat, und dass er keine Zweigpraxis betreiben darf, dass er die Tätigkeit höchstpersönlich auszuüben hat und im Grundsatz keine ärztlichen Mitarbeiter in der Praxis beschäftigen darf. Der Arzt muss sich für Schäden, die aus seiner Tätigkeit resultieren können, versichern. Er muss bereit sein andere niedergelassene Ärzte im Bedarfsfall zu vertreten (ohne die behandelten Patienten an sich binden zu dürfen), er muss im Grundsatz zur Teilnahme am ärztlichen Notfalldienst bereit sein und muss bei der Ausstellung von ärztlichen Gutachten und Zeugnissen mit der notwendigen Sorgfalt verfahren. Gefälligkeitsgutachten und -zeugnisse darf er nicht erstellen.

Unter bestimmten weiteren Voraussetzungen dürfen Ärzte ihren Beruf auch gemeinsam ausüben. Hierzu können Sie sich in Berufsausübungsgemeinschaften (Gemeinschaftspraxis, Ärztepartnerschaft) oder in Organisationsgemeinschaften (Praxisgemeinschaft, Apparategemeinschaft, Laborgemeinschaft) zusammenschließen und diese in den dafür zugelassenen Rechtsformen (GbR, Partnerschaftsgesellschaft und GmbH – zweifelhaft) betreiben. Hinzu kommen noch die (neu geschaffenen) Praxisverbünde.

Die Berufsordnung gilt auch für Ärzte im Angestellten- und Beamtenverhältnis. Sie dürfen als Ärzte in ärztlichen Angelegenheiten keine Weisungen von Nichtärzten entgegennehmen.

Was die Ankündigung ihrer Leistungen nach außen hin angeht, so unterliegen Ärzte – wie andere Freiberufler auch – einem **Werbeverbot.** Dieses ist zwar im Hinblick auf die neuen Kommunikationsmöglichkeiten zunehmend gelockert worden. Dennoch ist es dem Arzt untersagt, seine Tätigkeit in unsachlicher Weise und Form herauszustellen. Dies gilt für die Präsentation auf dem Praxisschild ebenso wie für Stempel und Briefbögen, aber auch für die Präsentation in den elektronischen Medien. Der Arzt darf weder dulden noch veranlassen, dass andere mit seinen Leistungen Werbung betreiben. Eine anpreisende Herausstellung der ärztlichen Tätigkeit ist verboten. Die Präsenz im Internet über eine Homepage ist nur zulässig, wenn erst über sie weitere Informationen zur Praxis abgerufen werden können.

Der Arzt soll nach Auffassung des ärztlichen Standesrechts seine ärztlichen Entscheidung möglichst unbeeinflusst und unabhängig treffen. Die Berufsordnung versuchte daher durch mehrere Vorschriften in vier Unterabschnitten diese Unabhängigkeit gegen Einflüsse von außen aber auch gegen Abhängigkeiten abzusichern, in die Ärzte sich selbst begeben können.

Geschenke oder andere Vorteile darf er sich weder versprechen lassen noch sie fordern oder auch annehmen. Es soll der Eindruck vermieden werden, seine ärztliche Entscheidung sei hierdurch zu beeinflussen. Der Arzt darf weder Werbevorträge über Arznei-, Heil- oder Hilfsmittel halten noch für deren Verordnung ein Entgelt entgegennehmen.

Begutachten, erproben oder entwickeln Ärzte Arznei-, Heil- oder Hilfsmittel, so muss die hierfür gewährte Vergütung der Gegenleistung angemessen sein. Nur die Annahme geringfügiger Werbegaben ist gestattet. Das Sponsoring von Fortbildungsveranstaltungen ist zulässig. Allerdings muss der verantwortliche Arzt Art, Inhalt und Präsentation der Veranstaltung bestimmen und die Beziehung zum Sponsor offen legen.

Richtlinien und Empfehlungen der Bundesärztekammer. Die Musterberufsordnung wird ergänzt durch eine Reihe von Richtlinien, die die Bundesärztekammer erlassen hat. Sie stammen zum größten Teil noch aus der Zeit vor der letzten umfassenden Novellierung der Musterberufsordnung 1996. Gleichwohl sind sie Bestandteil der Musterberufsordnung und damit

Teil des ärztlichen Standesrechts. Rein formal müssen sie wieder durch Beschluss der Vertreterversammlung der jeweiligen Ärztekammer zu geltendem Standesrecht gemacht werden. Die Verbindlichkeit von Richtlinien und Empfehlungen, die nicht von § 13 MBO-Ä und im Teil vier Abschnitt vier angesprochen sind, wird unterschiedlich beurteilt, zumeist aber bezweifelt, weil der Bundesärztekammer als privatrechtlich organisiertem Verein keine legislativen Kompetenzen zukommen. Sie sind keine Rechtsnormen im formellen Sinn, weil kein Gesetzgebungsorgan oder die staatliche Exekutive sie erlassen haben. Die Rechtsnormqualität von Richtlinien, deren Erlass in diversen Gesetzen (z.B. SGB V, Transfusionsgesetz) vorgesehen ist, wird ebenfalls überwiegend verneint. Rechtsnormqualität können sie erst dadurch erlangen, dass die Ärztekammern sie in ihre Berufsordnungen einbeziehen. Sie sind dann Satzungsrecht.

Standards, Richtlinien, Leitlinien. Speziell medizinische Fachgesellschaften haben es unternommen, die Inhalte ihres jeweiligen Faches nachvollziehbar festzuhalten. Abgestuft nach dem unterschiedlichen Grad ihrer Verbindlichkeit sind dies Standards, Richtlinien und Leitlinien. Standards besitzen in diesem Kanon der Normen nach dem eigenen Willen der Ärzte die höchste Verbindlichkeit, gefolgt von Richtlinien und Leitlinien. Es besteht abgesehen von der Wirkung, die ihnen die Autoren selbst zumessen, Einigkeit darüber, dass sie keine, wie auch immer geartete Rechtsnormqualität besitzen. Sie können aber – wie etwa im Haftungsrecht – normausfüllenden Charakter haben, wenn es darum geht etwa im Rahmen von § 276 BGB zu sagen, worin die im Verkehr erforderliche Sorgfalt des Arztes bestehen soll.

Von ihrer rechtlichen Wirkung ist die Untergliederung in Standards, Richt-, und Leitlinien ein rein semantisches Experiment von erheblichem Aufwand, mittlerem sprachlichem Niveau, aber eher geringem Nutzen. Jedenfalls im Bereich der Arzthaftung, in welchem diese Vorschriften erhebliche (um nicht zu sagen die größte) rechtliche Bedeutung haben, kommt ein Arzt, der die Grundlagen seines Faches bei der Patientenbehandlung nicht beachtet hat, in jedem Fall in einen Erklärungszwang, einerlei ob er von Standards, Richtlinien oder Leitlinien abgewichen sein sollte. Die fällige Begründung ist abgestuft bei Standards zwar schwieriger als bei Richtlinien und Empfehlungen, aber keinesfalls entbehrlich.

Im Bereich der Qualitätssicherung ärztlicher Leistungen, für den dieses Experiment ebenfalls und vielleicht sogar vorrangig gedacht ist, mag eine differenzierte Betrachtung denkbar sein. Aber auch hier wird die Masse der völlig unorganisch nebeneinander geschaffenen, zumeist nicht auf einander abgestimmten Leitlinien (derzeit über 1.000) eher mit Skepsis betrachtet und zunehmend wenig positiv aufgenommen. Erste Gerichtsentscheidungen qualifizieren Leitlinien als Regeln mit Informationscharakter (OLG Naumburg, MedR 02, 471), die bei Nichtbeachtung kein Indiz für einen groben Behandlungsfehler geben (OLG Stuttgart, MedR 02, 650).

Neuestens findet sich der Begriff der Leitlinie sogar im SGB wieder: § 137e SGB V sieht die Einrichtung eines Koordinierungsausschusses vor, dem die Spitzenorganisationen, die Bundesausschüsse der Ärzte und der Krankenkassen und der Ausschuss Krankenhaus angehören und der u.a. auf der Grundlage evidenzbasierter Leitlinien jährlich für mindestens zehn Krankheiten Kriterien für die zweckmäßige und wirtschaftliche Leistungserbringung im Hinblick auf das diagnostische und therapeutische Ziel beschließen soll.

Die Organisation der ärztlichen Selbstverwaltung

Die Ärztekammer. Aufgaben der Ärztekammern als Körperschaft des öffentlichen Rechts ist es, die Berufsinteressen ihrer Mitglieder zu vertreten, zu fördern und die Erfüllung der Berufspflichten zu überwachen, deren Aus-, Fort- und Weiterbildung zu fördern, die Berufsehre zu wahren und auf allen Gebieten der öffentlichen Gesundheitspflege und der Volkswirtschaft mitzuwirken. So oder ähnlich umschreiben die Kammer- und Heilberufsgesetze die Aufgaben der Ärztekammern, in welchen alle approbierten Ärzte eines Bezirks Mitglied sein müssen (Zwangsmitgliedschaft).

Organe der Kammern sind die **Vertreterversammlung** und der **Vorstand**, das **Berufsgericht** und weitere **Ausschüsse**. Die Mitglieder der Vertreterversammlung werden von den Ärzten im geheimer Abstimmung auf bestimmte Zeit gewählt. Aus ihrer Mitte wählt die Vertreterversammlung den Vorstand. Die Mitglieder der Berufsgerichte werden üblicherweise vom Justizministerium auf Vorschlag der Kammer bestellt (◘ Abb. 10.1).

Die Arbeit der Kammer wird durch den Kammerbeitrag finanziert, der von allen Mitgliedern entsprechend der Leistungsfähigkeit zu entrichten ist. Die Kammer besitzt kein politisches Mandat. Zu allgemein politischen Ereignissen darf sie sich nicht äußern. Die Aufsicht über die Kammer übt zumeist das Sozialministerium aus.

Die Bundesärztekammer/Der Deutsche Ärztetag. Von den (Landes-) Ärztekammern streng zu unterscheiden ist die Bundesärztekammer. Sie ist – privatrechtlich als Verein organisiert – die Arbeitsgemeinschaft der Landesärztekammern. Sie ist also kein Organ der ärztlichen Selbstverwaltung. Normsetzungskompetenz kommt ihr nicht zu. Ihre Verlautbarungen müssen, um Rechtswirkungen entfalten zu können, von den jeweiligen Landesärztekammern als Satzungsrecht beschlossen werden. Organe sind der Deutsche Ärztetag, in denen die Landesärztekammern aus ihren Vertreterversammlungen Delegierte entsenden, der vom Ärztetag gewählte Vorstand sowie weitere ständige Einrichtungen und Ausschüsse, die teils vom Ärztetag, teils vom Vorstand der Bundesärztekammer eingerichtet werden.

Kassenärztliche Vereinigung. Die Kassenärztliche Vereinigung (KV) und die Kassenzahnärztliche Vereinigung (KZV) sind gesetzlich eingerichtete Institutionen der zugelassenen Vertragsärzte mit Pflichtmitgliedschaft. Im Rahmen der Selbstverwaltung nehmen sie öffentliche Aufgaben eigenverantwort-

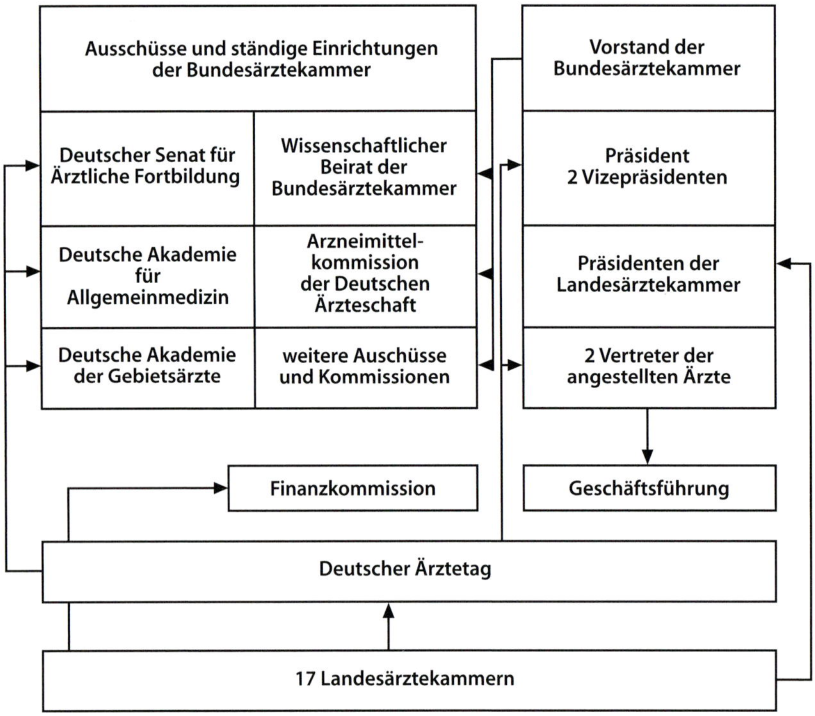

Abb. 10.1. Organisation der ärztlichen Selbstverwaltung

lich wahr. Die Kassenärztlichen Vereinigungen bilden auf Bundesebene die Kassenärztliche Bundesvereinigung, in denen die Kassenärztlichen Vereinigungen Mitglied sind. Kassenärztliche Vereinigungen und Kassenärztliche Bundesvereinigungen sind Körperschaften des öffentlichen Rechts. Kraft dieser Rechtsform können sie auch hoheitliche Aufgaben wahrnehmen. Im Bereich der hoheitlichen Aufgaben können sie gegenüber den Mitgliedern sogar Verwaltungsakte erlassen, wie etwa bei der Honorarabrechnung, oder disziplinarrechtlich vorgehen. Organe der Kassenärztlichen Vereinigung sind die Vertreterversammlung und der Vorstand. Erstere ist das Legislativorgan, Letzterer das Exekutivorgan. Den Kassenärztlichen Vereinigungen obliegt es im Grundsatz (jedenfalls derzeit noch) die vertragsärztliche Versorgung der Versicherten der gesetzlichen Krankenversicherung sicher zu stellen. Hierzu zählt auch der Abschluss von entsprechenden Verträgen auf Bundesebene, wie die Erstellung von Richtlinien über die Betriebs-, Wirtschafts- und Rechnungsführung. Über die Landesausschüsse bzw. Bundesausschüsse der Kassenärztlichen Vereinigung / Kassenärztlichen Bundesvereinigungen wird die Zusammenarbeit von Leistungs- und Kostenträgern bei der Erfüllung des Sicherstellungsauftrages institutionalisiert. Den Bundesausschüssen obliegt die Erstellung von Richtlinien zur Sicherung vertragsärztlicher Versorgung.

Da sich der Bundesgesetzgeber derzeit darin übt das Recht der GKV wieder einmal grundlegend zu reformieren, kann es durchaus sein, dass vorstehende Zeilen bei ihrem Erscheinen bereits Makulatur sind, oder vielleicht doch nicht? Wer weiß.

10.2 Gutachterkommissionen und Schlichtungsstellen

H.-D. Lippert

Ende der 70er-Jahre, als es noch keine Spezialkammern und -senate für Fragen der Arzthaftung bei den Gerichten gab und die Zahl der Medizinschadensfälle bei den Gerichten zahlenmäßig stetig und kräftig anstieg, kam die bayerische Landesärztekammer auf die Idee, ob sich diese Verfahren nicht auch außergerichtlich und kürzer, also zum Vorteil des geschädigten Patienten, durch ein Schlichtungsverfahren abwickeln ließe. Folglich hat 1975 die bayerische Landesärztekammer die erste Schlichtungsstelle in der Bundesrepublik eingerichtet.

Herausgebildet haben sich in der Praxis zwei unterschiedliche Modelle. Zum einen das Modell der Gutachterkommission, zum anderen das der Schlichtungsstelle. Nur bei Letzterer wird der Schadensfall tatsächlich abgewickelt, bei Ersterer nur der Sachverhalt aufgeklärt.

Gutachterkommissionen

Rechtsgrundlage für die Einrichtung der Gutachterkommissionen sind die von den Ärztekammern auf der Grundlage der Heilberufs- und Kammergesetze im Rahmen ihres Selbstverwaltungsrechtes erlassenen Satzungen (Statute).

Aufgabe der Gutachterkommission ist es, den Sachverhalt von behaupteten Behandlungsfehlern zu ermitteln und aufzuklären. Letztlich soll der Patient in die Lage versetzt werden, berechtigte Ansprüche durchzusetzen; der Arzt soll unberechtigte Ansprüche seiner Patienten zurückweisen können. Ziel ist es, hierdurch die Zahl der Prozesse auf Schadenersatz und Schmerzensgeld, aber auch die der staatsanwaltlichen Ermittlungsverfahren zu verringern und baldmöglichst unter den Beteiligten Rechtsfrieden zu schaffen.

Schlichtungsstellen

Schlichtungsstellen für ärztliche Behandlungsfehler sind Einrichtungen der Ärztekammern zur außergerichtlichen Beilegung von Streitigkeiten zwischen Ärzten und Patienten wegen behaupteter Behandlungsfehler unter Beteiligung des Haftpflichtversicherers des betroffenen Arztes. Im Gegensatz zur Gutachterkommission erstellen die Schlichtungsstellen nicht nur Gutachten, sondern unterbreiten auch einen Vorschlag zur finanziellen Regulierung des Schadens.

Rechtsgrundlage für die Schlichtungsstellen ist nicht ein Statut der Ärztekammer. Die Ärztekammer hat vielmehr diese Stellen mit dem Verband der Haftpflichtversicherer auf vertraglicher Basis eingerichtet. Mehrere norddeutsche Kammern haben gar eine Gesellschaft bürgerlichen Rechts gegründet, die ihrerseits mit den Haftpflichtversicherern einen Vertrag über die Zusammenarbeit im Rahmen einer Schlichtungsstelle geschlossen hat.

Zusammensetzung und Verfahrensablauf

Den **Schlichtungsstellen** gehören zumeist vier oder fünf Mitglieder an. Den Vorsitz führt ein Mediziner unter Beteiligung je eines vom Patienten und vom betroffenen Arzt benannten Mitglieds, welches Arzt oder Jurist sein kann, sowie eines Facharztes des vom Fall betroffenen medizinischen Fachgebietes. Ein weiteres ständiges Mitglied ist Jurist mit der Befähigung zum Richteramt.

Die **Gutachterkommissionen** stehen dagegen unter dem Vorsitz eines Juristen mit der Befähigung zum Richteramt. Die zwei oder drei weiteren Mitglieder sind Mediziner, von denen mindestens einer auf demselben medizinischen Fachgebiet wie der vom Behandlungsfehlervorwurf betroffene Arzt tätig sein muss.

Gutachterkommissionen wie die Schlichtungsstellen werden nur auf Antrag tätig. Diesen stellt üblicherweise der geschädigte Patient. Vor der Gutachterstelle sind Verfahrensbeteiligte der geschädigte Patient und der behandelnde Arzt, der Mitglied der örtlich zuständigen Kammer sein muss. Vor den Schlichtungsstellen kann daneben teilweise der Krankenhausträger und der Versicherer am Verfahren teilnehmen. Auch hinsichtlich der Reichweite der Entscheidungen bestehen erhebliche Unterschiede.

Am Verfahren vor der Gutachterkommission kann jedes Kammermitglied teilnehmen. Träger von Krankenhäusern können per se am Verfahren nicht teilnehmen, insbesondere vor den Schlichtungsstellen dann nicht, wenn sie nach dem Selbstversicherungsgrundsatz verfahren, keine Haftpflichtversicherung abgeschlossen haben und ihre Schäden selbst regulieren. Vom Verfahren ausgeschlossen sind rechtskräftig abgeschlossene oder rechtshängige gerichtliche Verfahren, was sich fast von selbst versteht, und solche, deren Sachverhalt länger als fünf Jahre zurückliegt. Honorarstreitigkeiten und Ansprüche aus Amtshaftung sowie Fälle unrichtiger Gutachtenerstattung sind vom Verfahren vor den Gutachterkommissionen und Schlichtungsstellen ebenso ausgeschlossen wie Sachverhalte, die Gegenstand strafrechtlicher Ermittlungsverfahren sind. Das Verfahren selbst kann mündlich oder schriftlich durchgeführt werden. Die formalen Vorschriften des Zivilprozesses und seiner Maximen werden nicht in vollem Umfang eingehalten.

Die Kommissionen sind keine Schiedsgerichte im Sinne von §§ 1025 ff. ZPO. Daher kommt den Bescheiden der Gutachterkommissionen und Schlichtungsstellen keine Bindungswirkung zu. Dies bedeutet in der Praxis, dass sowohl der Arzt als auch der geschädigte Patient wegen des vor den Kommissionen abgehandelten Sachverhaltes noch den Rechtsweg beschreiten kann, sofern er mit der Kommissionsentscheidung nicht einverstanden ist, den Schlichtungsvorschlag für unzureichend oder das Regulierungsangebot des Haftpflichtversicherers für unangemessen hält.

10.3 Ethikkommissionen

H.-D. Lippert

Die Pflicht zur Anrufung einer Ethikkommission, die Bildung von Ethikkommissionen, ihre Aufgaben und ihr Verfahren werden in einer ganzen Reihe von nationalen und internationalen Regelungen behandelt. Einmal gibt es spezielle Regelungen, etwa in den §§ 40 ff. AMG über Ethikkommissionen bei der Arzneimittelprüfung, sodann sind Ethikkommissionen in internationalen Papieren angesprochen, etwa der revidierten Deklaration von Helsinki des Weltärztebundes, dazu finden ergänzend die allgemeinen Regeln des Strafgesetzbuchs oder des Bürgerlichen Gesetzbuchs Anwendung und schließlich findet auf das Verfahren das Verwaltungsverfahrensgesetz subsidiär Anwendung. Über allem stehen die Vorgaben des Grundgesetzes: Sie reichen von der Freiheit der Forschung, über den Schutz der Probanden und Patienten bis hin zum rechtlichen Gehör im Verfahren.

> **Definition**
>
> **Ethikkommission**
> Ein bei einer Ärztekammer oder Universität gebildetes Beratungsgremium, durch dessen Anrufung Ärzte vor der Durchführung von Forschungsprojekten am Menschen ihrer standesrechtlichen Pflicht, sich beraten zu lassen, nachkommen.

Rechtsgrundlagen der Ethikkommissionen

Bundesgesetze. Die Ethikkommissionen sind in § 40 Abs. 1 AMG und § 20 Abs. 6 ff. MPG, § 8 TFG und § 5 TPG gesetzlich geregelt. Die Regelungen sind durchaus unterschiedlich: Während das AMG, das TPG und das TfG dem Landesrecht die Aufgabe stellen, Ethikkommissionen zu gründen, ist das MPG den Weg gegangen, Ethikkommissionen beim BfArM registrieren zu lassen.

Landesgesetze bzw. Landesrecht. Aufgrund der Ermächtigung durch den Bundesgesetzgeber im AMG, aber auch soweit, etwa für klinische Forschungen außerhalb des Pharmabereichs, eine originäre Zuständigkeit der Länder besteht, sind die Bundesländer dazu übergegangen, meist in Kammergesetzen, Ethikkommissionen einzuführen und einen Katalog ihrer Aufgaben der Satzungsgewalt der Ärztekammern zuzuweisen. Zu gleicher Zeit werden auch Ethikkommissionen bei Universitäten und medizinischen Hochschulen anerkannt. In den Landesgesetzen wird meist eine Rechtsgrundlage für eine Satzung geschaffen. Allerdings wird durch die Kammergesetze oder besondere Gesetze der Inhalt der Satzung abstrakt vorgegeben.

Soweit Landesgesetze noch nicht erlassen worden sind oder erlassen waren, kommt als staatlich anerkanntes Recht die Berufsordnung der Kammern in Betracht.

Soweit Ethikkommissionen nicht schon auf anderer Rechtsgrundlage bestehen, werden sie durch landesrechtlich ermächtigte Satzung errichtet. Die Satzungsgewalt richtet sich nach Landesrecht: Es ist regelmäßig die Ärztekammer bzw. die Universität oder Medizinische Hochschule, welche die Satzung erlassen kann. Regelmäßig kann die Satzung also nicht von *einer* medizinischen Fakultät erlassen werden. Die Satzung bedarf überdies staatlicher Genehmigung, um wirksam zu werden.

Musterberufsordnung (MBO). In § 15 I der MBO-Ä von 1997 sind Ethikkommissionen für die klinische Forschung am Menschen und nicht ausschließlich epidemiologischen Forschungen vorgesehen. Die Musterberufsordnung enthält nicht unmittelbar geltendes Recht, sondern muss als Vorschlag von den Landesärztekammern mit staatlicher Genehmigung umgesetzt werden.

In der Praxis sind die Ethikkommissionen teilweise als zentrale Kommissionen der Universität oder aber auch als Kommissionen der medizinischen Fakultät oder auch anderer Fakultäten etabliert. An Universitäten ohne theologische und/oder juristische Fakultäten ist es nicht immer einfach, die nichtärztlichen Mitglieder (etwa den Juristen und den Theologen) zu bekommen.

Internationale Regularien. Seit 1975 verlangt die revidierte Deklaration von Helsinki des Weltärztebundes die Beurteilung der Forschungspläne für die klinische Forschung am Menschen durch eine besonders ernannte Kommission. Zugleich wird den Herausgebern medizinischer Periodika auferlegt, unethisch erzielte Versuchsergebnisse nicht zu veröffentlichen. Diese Pflicht wird von den Herausgebern regelmäßig auf die Weise erfüllt, dass sie die positive Bewertung durch eine Ethikkommission verlangen.

Die anderen internationalen Regelungen über die klinische Forschung am Menschen erwähnen die Ethikkommission nicht. Das gilt einmal für die 10 Prinzipien des Nürnberger Ärzteurteils und sodann auch für die Europäische Konvention über Menschenrechte und Biomedizin von 1996. Die Regeln dieser Papiere sind aber, soweit anwendbar, von den Ethikkommissionen zu beachten.

Europarechtliche Vorschriften. Die Richtlinie des Europäischen Parlaments und des Rats zur Angleichung der Rechts- und Verwaltungsvorschriften über die Anwendung der „Guten klinischen Praxis bei der Durchführung von klinischen Prüfungen mit Arzneimitteln" vom April 2001 (RiLi 2001/20 EU) ist an die Stelle der Leitlinie GCP getreten. Auch sie enthält Bestimmungen über Ethikkommissionen und ist bis 2003 in nationales Recht umzusetzen.

Die Arzneimittelprüfrichtlinien vom 5. Mai 1995 dienen der Umsetzung der Richtlinie 75/318/EWG i.d.F. vom 19.7.1991. Hierbei handelt es sich um eine Bekanntmachung des Bundesministeriums mit dem Charakter einer Empfehlung.

Allgemeine Gesetze. Das StGB und das BGB finden auch auf klinische Prüfungen Anwendung. Soweit die Prüfinstitution eine Organisationspflicht trifft, Versuche am Menschen abzusichern, was regelmäßig der Fall sein wird, kommt hier insbesondere die Errichtung einer Ethikkommission in Betracht. Mit allgemeinen Anweisungen, welche nur abstrakte Gefahren steuern, ist es nicht getan. Vielmehr ist es eine Aufgabe der Universität, medizinischen Hochschule oder Ärztekammer, die einzelne Prüfung zu beurteilen. Dieses geschieht regelmäßig durch Kommissionen, für die sich besonders gut die Ethikkommission eignet. Errichtet die Forschungseinrichtung eine solche Kommission nicht oder macht sie ihre Anrufung nicht verbindlich, so liegt darin ein Organisationsverschulden, was sie selber haftbar macht.

Wenn § 15 Abs. 1 die Beratung durch eine Ethikkommission vorsieht und (in der MBO-Ä seit 1988) zugleich formuliert, es müsse die Beratung durch eine bei der Ärztekammer oder einer medizinischen Fakultät gebildeten Kommission erfolgen, so kann sich der Arzt berufsrechtlich korrekt nicht durch eine freie Ethikkommission beraten lassen, weil die MBO-Ä nur die durch eine öffentlich-rechtliche als wirksam anerkennt.

Inzwischen gibt es landesrechtliche Vorschriften, die auch die Universitäten (und nicht die medizinischen Fakultäten) verpflichten, Ethikkommissionen einzurichten.

§ 15 Forschung

(1) Der Arzt muss sich vor der Durchführung biomedizinischer Forschung am Menschen – ausgenommen bei ausschließlich epidemiologischen Forschungsvorhaben – durch eine bei der Ärztekammer oder bei einer Medizinischen Fakultät gebildeten Ethikkommission über die mit seinem Vorhaben verbundenen berufsethischen und berufsrechtlichen Fragen beraten lassen. Dasselbe gilt vor der Durchführung gesetzlich zugelassener Forschung mit vitalen menschlichen Gameten und lebendem embryonalen Gewebe.

(2) Zum Zwecke der wissenschaftlichen Forschung und Lehre dürfen der Schweigepflicht unterliegende Tatsachen und Befunde grundsätzlich nur so weit offenbart werden, als dabei die

Anonymität des Patienten gesichert ist oder dieser ausdrücklich zustimmt.
(3) In Publikationen von Forschungsergebnissen sind die Beziehungen des Arztes zum Auftraggeber und dessen Interessen offen zu legen.

Zusammensetzung und Verfahrensgrundsätze

Zur personellen Zusammensetzung machen weder die revidierte Deklaration von Helsinki noch die MBO-Ä Vorschriften. Die Mitgliederzahl wird häufig in der für die Kommission geltenden Geschäftsordnung (Statut) festgelegt. Sie schwankt, wie neuere Untersuchungen zeigen, zwischen drei und neunzehn Mitgliedern. Die meisten Kommissionen haben sieben Mitglieder. Es überwiegen als Mitglieder Ärzte unterschiedlicher Fachgebiete, zumeist gehören den Kommissionen auch ein Jurist und ein Theologe an. Beiden kommt die Rolle des medizinischen Laien in der Kommission zu.

Die Kommissionen verfahren überwiegend nach Verfahrensgrundsätzen, die der Arbeitskreis öffentlich-rechtlicher Ethikkommissionen in Deutschland erarbeitet hat. Die Voten der Ethikkommissionen werden nach mündlicher Verhandlung unter Anhörung des oder der Projektleiter(s) mit Stimmenmehrheit gefasst. Befangene Mitglieder nehmen an der Beratung nicht teil.

Die Ethikkommissionen an den Universitäten/medizinischen Fakultäten sind für Forschungsprojekte der Fakultätsmitglieder zuständig, die der Landesärztekammern für Projekte ihrer Mitglieder im Kammerbezirk. Universitätsprofessoren haben das Wahlrecht, ob sie die Fakultätskommission oder diejenige bei der Landesärztekammer anrufen wollen. Die Kommissionen werden nur auf Antrag tätig. Die Kommission kann einem Antrag stattgeben. Sie kann ihn auch ablehnen. Schließlich kann sie, und dies ist in der Praxis am häufigsten der Fall, Änderungen anregen und Bedenken erheben. Dem Selbstverständnis der Kommissionen folgend, beschränken sich diese auf formale und rechtliche Hinweise. Die eingereichten Anträge werden nicht inhaltlich bewertet, weil dies einer unzulässigen Forschungskontrolle gleichkäme. Bei gestuften Forschungsvorhaben kann eine stufenweise Begutachtung erfolgen. Bei multizentrischen Forschungsvorhaben werden die Voten der Ethikkommissionen im Grundsatz gegenseitig anerkannt und nur vor Ort das Vorliegen der Voraussetzungen für die Durchführung des Forschungsprojektes bzw. eines Teils davon in personeller, sächlicher und räumlicher Hinsicht speziell begutachtet.

Die Mitglieder der Ethikkommissionen sind unabhängig und keinen Weisungen unterworfen. Die Kommissionen sind dies im Übrigen auch. Die Beratung der Kommission ist vertraulich.

Ablehnende Entscheidungen sind zu begründen. Ansonsten verbleibt dem Projektleiter die volle rechtliche Verantwortung für die Durchführung des Projekts. Es steht ihm auch frei, das ablehnende Votum der Ethikkommission zu negieren. Allerdings setzt sich dieser Projektleiter (von möglichen Schadenersatzansprüchen einmal abgesehen) ebenso berufsgerichtlichen Sanktionen aus, wie derjenige, der die Beratung durch die Kommission erst gar nicht sucht. Dem konsequenten Bestehen der DFG auf einer Begutachtung von Forschungsprojekten an und mit Menschen verdanken im Übrigen die beiden ältesten Ethikkommissionen auf deutschem Boden in Göttingen und Ulm 1975 ihre Entstehung. Andere Forschungsförderungseinrichtungen sind der DFG gefolgt.

Soweit die Ethikkommission zum staatlichen Forschungsbereich gehört, ist sie öffentlich-rechtlich organisiert und unterliegt staatlicher Aufsicht. Als universitäre Kommissionen unterliegen sie der Dienstaufsicht des Rektorats oder des Präsidenten (bei zentralen Kommissionen) oder des Dekans der medizinischen Fakultät oder einer anderen Fakultät, bei der sie gebildet sind. Die Ausübung der Aufsicht richtet sich nach den jeweils geltenden gesetzlichen Vorschriften (Kammer-Heilberufsgesetz, Universitäts-Hochschulgesetz).

Finanzielles und Haftung

Einziger Hinweis darauf, dass der Rat der Ethikkommission nicht gratis zu haben ist, ist § 20 MPG. Er regelt, welche Verfahrensgrundsätze das Statut einer beim BfArM registrierten Ethikkommission zu enthalten hat, nämlich u.a. eine Regelung über eine angemessene Vergütung. Sowohl die Kommissionen bei den Ärztekammern, als auch die bei den Universitäten eingerichteten Kommissionen lassen sich ihre Arbeit vergüten. Ausgenommen hiervon sind an den Universitäten Stellungnahmen zu Forschungsprojekten, die aus Mitteln der Universität selbst bestritten werden oder solche, wo die Drittmittel etwa von der DFG oder anderen öffentlichen Geldgebern kommen. Für ihre Stellungnahmen zu klinischen Prüfungen nach dem AMG oder MPG beanspruchen die Ethikkommissionen Kostenersatz. Dagegen ist im Grunde genommen nichts einzuwenden. Bei klinischen Prüfungen von Arzneimitteln und Medizinprodukten wird die Ethikkommission für den Leiter der Projekte wie für den Sponsor aus der Industrie in privatrechtlicher Form tätig. Es besteht ein Dienstvertrag. So lange die Mitglieder der Ethikkommission diese Tätigkeit ausüben, stehen sie für ihre eigentlichen Dienstaufgaben, für die sie von ihrem Dienstherrn oder Arbeitgeber vergütet oder besoldet werden, nicht zur Verfügung. Schlimmstenfalls muss zu ihrer Entlastung im dienstlichen Bereich zusätzliches Personal eingestellt werden. Dieser zusätzliche Aufwand kann dem Träger der Ethikkommission, z.B. der Universität, nicht verbleiben. Für den Aufwand hat daher der Sponsor aufzukommen, in dessen Interesse die Tätigkeit der Kommission erfolgt. Fraglich kann damit nicht mehr das „dass" der Vergütung, sondern vielmehr nur noch die Höhe sein. Es dürfte sich empfehlen, die Höhe des Entgelts an den Zeitaufwand der Kommission zu koppeln und dabei einen Vergütungssatz zu wählen, der sich am Stundensatz orientiert, den ein Professor in Besoldungsgruppe C4 erhält.

Offenlegung von Interessenslagen. Der Forscher hat der Ethikkommission gegenüber auch zum finanziellen Aspekt seines Forschungsprojektes Auskünfte zu erteilen. So etwa zur Höhe der pro Proband gewährten Vergütung sowie sonstiger

Zuwendungen aus Anlass der Durchführung des Forschungsprojektes. Diese Auskünfte hat der Projektleiter bei klinischen Prüfungen nach den am 17. Januar 1997 verabschiedeten ICH-Leitlinien – Good Clinical Practice der Ethikkommission zu geben.

Haftungsfragen. Die Tätigkeit der Ethikkommissionen kann ursächlich für Schäden sein. Es können dies Schäden sein, die den Probanden oder Patienten als Teilnehmern an einer Studie entstehen, dem Sponsor einer klinischen Prüfung, dem Auftraggeber eines Forschungsauftrages, dem Projektleiter eines Einzelprojektes. Für die öffentlich-rechtlich organisierten Ethikkommissionen der Ärztekammer und der medizinischen Fakultäten der Universitäten sind diese Schadensfälle nach den Grundsätzen der Staatshaftung abzuwickeln. Voraussetzung ist allerdings, dass es sich um Amtspflichtverletzungen der Mitglieder handelt. Auch der Träger kann verantwortlich sein und haften, wenn er die Kommission nicht richtig organisiert und ihre Tätigkeit nicht überwacht. Ist der Träger als Dienstherr der Kommissionsmitglieder in Anspruch genommen worden, so kann er nur bei vorsätzlicher oder grob fahrlässiger Schädigung bei dem oder den betroffenen Bediensteten Rückgriff nehmen.

10.4 Gesetzliche Vorschriften des Medizinrechts

H.-D. Lippert

Es gibt im Bereich des Medizinrechts mehrere bundesrechtlich sondergesetzlich geregelte Bereiche, die wegen ihrer großen praktischen Bedeutung einer genaueren Abhandlung bedürfen. Es handelt sich dabei um das **Arzneimittel**-, das **Medizinprodukte**-, das **Transplantations**-, das **Transfusions**- und das **Infektionsschutzrecht**. Das **Gesundheitsrecht** als Teil des Medizinrechts ist nach der grundgesetzlichen Zuständigkeitsverteilung Landesrecht und in Landesgesetzen geregelt, von denen nachfolgend ebenfalls einige wichtigere beispielhaft am Landesrecht in Baden-Württemberg abgehandelt werden.

10.4.1 Arzneimittelrecht

Zweck des Gesetzes. Zweck ist die Herstellung der Sicherheit im Verkehr mit Arzneimitteln und das Interesse an einer ordnungsgemäßen Versorgung von Mensch und Tier mit Arzneimitteln. Das Gesetz kommt aber auch der Pflicht der Bundesrepublik Deutschland zur Umsetzung der einschlägigen Richtlinien der Europäischen Union nach, vor allem der Richtlinien 65/65 EWG vom 26.01.1965 (ABl Nr. 22 vom 09.02.1965 S. 369) nach.

§ 2 AMG Arzneimittelbegriff

(1) Arzneimittel sind Stoffe und Zubereitungen aus Stoffen, die dazu bestimmt sind, durch Anwendung am oder im menschlichen oder tierischen Körper
1. Krankheiten, Leiden, Körperschäden oder krankhafte Beschwerden zu heilen, zu lindern, zu verhüten oder zu erkennen,
2. die Beschaffenheit, den Zustand oder die Funktionen des Körpers oder seelische Zustände erkennen zu lassen,
3. vom menschlichen oder tierischen Körper erzeugte Wirkstoffe oder Körperflüssigkeiten zu ersetzen,
4. Krankheitserreger, Parasiten oder körperfremde Stoffe abzuwehren, zu beseitigen oder unschädlich zu machen oder
5. die Beschaffenheit, den Zustand oder die Funktionen des Körpers oder seelische Zustände zu beeinflussen.
(2) Als Arzneimittel gelten
1. Gegenstände, die ein Arzneimittel nach Absatz 1 enthalten oder auf die ein Arzneimittel nach Absatz 1 aufgebracht ist und die dazu bestimmt sind, dauernd oder vorübergehend mit dem menschlichen oder tierischen Körper in Berührung gebracht zu werden,
a) tierärztliche Instrumente, soweit sie zur einmaligen Anwendung bestimmt sind und aus der Kennzeichnung hervorgeht, dass sie einem Verfahren zur Verminderung der Keimzahl unterzogen worden sind,
2. Gegenstände, die, ohne Gegenstände nach Nummer 1 oder 1a zu sein, dazu bestimmt sind, zu den in Absatz 1 Nr. 2 oder 5 bezeichneten Zwecken in den tierischen Körper dauernd oder vorübergehend eingebracht zu werden, ausgenommen tierärztliche Instrumente,
3. (weggefallen)
4. Stoffe und Zubereitungen aus Stoffen, die, auch im Zusammenwirken mit anderen Stoffen oder Zubereitungen aus Stoffen, dazu bestimmt sind, ohne am oder im menschlichen oder tierischen Körper angewendet zu werden,
a) die Beschaffenheit, den Zustand oder die Funktionen des Körpers erkennen zu lassen oder der Erkennung von Krankheitserregern zu dienen,
b) Krankheitserreger oder Parasiten zu bekämpfen, ausgenommen solche, die dazu bestimmt sind, der Bekämpfung von Mikroorganismen einschließlich Viren bei Bedarfsgegenständen im Sinne des § 5 Abs. 1 Nr. 1 des Lebensmittel- und Bedarfsgegenständegesetzes oder bei Medizinprodukten im Sinne des § 3 Nr. 1, 2, 6, 7 und 8 des Medizinproduktegesetzes zu dienen.
(3) Arzneimittel sind nicht
1. Lebensmittel im Sinne des § 1 des Lebensmittel- und Bedarfsgegenständegesetzes,
2. Tabakerzeugnisse im Sinne des § 3 des Lebensmittel und Bedarfsgegenständegesetzes,
3. kosmetische Mittel im Sinne des § 4 des Lebensmittel und Bedarfsgegenständegesetzes,
4. Stoffe oder Zubereitungen aus Stoffen, die ausschließlich dazu bestimmt sind, äußerlich am Tier zur Reinigung oder Pflege oder zur Beeinflussung des Aussehens oder des Körpergeruchs angewendet zu werden, soweit ihnen keine Stoffe oder Zubereitungen aus Stoffen zugesetzt sind, die vom Verkehr außerhalb der Apotheke ausgeschlossen sind,
5. (weggefallen)
6. Futtermittel, Zusatzstoffe und Vormischungen im Sinne des § 2 Abs. 1 Nr. 1–3 des Futtermittelgesetzes,
7. Medizinprodukte und Zubehör für Medizinprodukte im Sinne des § 3 des Medizinproduktegesetzes, es sei denn, es handelt sich um Arzneimittel im Sinne des § 2 Abs. 1 Nr. 2,
8. die in § 9 Satz 1 des Transplantationsgesetzes genannten Organe und Augenhornhäute, wenn sie zur Übertragung auf andere Menschen bestimmt sind.

(4) Solange ein Mittel nach diesem Gesetz als Arzneimittel zugelassen oder registriert oder durch Rechtsverordnung von der Zulassung oder Registrierung freigestellt ist, gilt es als Arzneimittel. Hat die zuständige Bundesoberbehörde die Zulassung oder Registrierung eines Mittels mit der Begründung abgelehnt, dass es sich um kein Arzneimittel handelt, so gilt es nicht als Arzneimittel.

Zulassung von Arzneimitteln. Für die Gattung Arzneimittel, die der europäische Gesetzgeber als technologisch hochwertig einstuft, insbesondere für solche aus der Biotechnologie, wurde zunächst durch die RiLi 87/22/EWG ein Konzertierungsverfahren eingeführt.

Diese Richtlinie wurde durch die VO (EWG) Nr. 2309/93 des Rates vom 02.07.1993 abgelöst. Mit ihr wurde das zentrale Zulassungsverfahren über die Europäische Zulassungsagentur in London (European Agency for the Evaluation of Medicines, kurz: EMEA) zum 01.01.1995 eingeführt. Die VO 2309/93 ist in allen ihren Teilen zwingend und gilt unmittelbar in jedem Mitgliedstaat.

Registrierung von Arzneimitteln. In Deutschland ist das **homöopathische Heilverfahren**, im Gegensatz zu einigen anderen europäischen Staaten, anerkannt. Ein Wirksamkeitsnachweis von homöopathischen Fertigarzneimitteln im Sinne von § 25 Abs. 2 Nr. 4 AMG kann oft aufgrund der hohen Verdünnungsgrade nicht geführt werden, so dass die im Zulassungsverfahren geforderte therapeutische Wirksamkeit im Sinne der Schulmedizin nicht nachweisbar ist.

Aufgrund ihrer Besonderheiten sowie der anderen Art der Herstellung hielt man es weiter für erforderlich, für homöopathische Arzneimittel separate Vorschriften im Gesetz sowie ein eigenes Register bei der zuständigen Bundesoberbehörde einzuführen.

Klinische Prüfung und Erprobung von Arzneimitteln. Die klinische Prüfung von Medikamenten dient der Feststellung der Wirksamkeit und Sicherheit des Arzneimittels. Zwar soll die klinische Forschung gefördert werden, zugleich aber auch unwirksame und gefährliche Arzneimittel vom Markt fern gehalten werden. So ist die ausreichende klinische Prüfung die Voraussetzung für die Zulassung des Medikaments (§ 25 Abs. 2 Nr. 2).

Abgabe von Arzneimitteln. Bei der Abgabe von Arzneimitteln/Tierarzneimitteln an den Endverbraucher begegnet uns der **Apotheker**. Kraft seiner Kenntnisse und Fähigkeiten soll er im Bereich der Vermarktung von Fertigarzneimitteln sicherstellen, dass der Zweck des Gesetzes auch noch beim Verbraucher umgesetzt werden kann und **Missbräuchen** bei der Verwendung von Arzneimitteln **vorgebeugt** werden kann.

Der Gesetzgeber hält ihn jedenfalls für fähig, diese Aufgabe zu erfüllen. Im Gegenzug erhält der Apotheker vom Gesetzgeber das Monopol übertragen, die Bevölkerung mit apotheken- und verschreibungspflichtigen Arzneimitteln/Tierarzneimitteln zu versorgen. In § 43 AMG regelt das Gesetz diesen Grundsatz der Apothekenpflicht, in §§ 44 und 45 AMG die Ausnahmen davon. Nach § 45 AMG kann die Exekutive durch Rechtsverordnung weitere Stoffe für den Verkehr außerhalb von Apotheken freigeben. Dies ist mit der Verordnung über apothekenpflichtige und frei verkäufliche Arzneimittel geschehen.

Verschreibungspflichtige Arzneimittel sind zugleich auch apothekenpflichtige Arzneimittel. Durch die Verschreibung soll sichergestellt werden, dass für die Abgabe des verschreibungspflichtigen Arzneimittels auch eine ärztliche, zahn- oder tierärztliche Indikation besteht.

Tierarzneimittel. Viele der im neunten Abschnitt enthaltenen Regelungen gehen auf europäische Vorschriften zurück; hormonelle Mastzucht, BSE und andere Problemkreise haben auf europäischer Ebene zu einem sensiblen Umgang auch mit der Materie Tierarzneimittel geführt. Dieser Abschnitt enthält unter anderem ausführliche Sondervorschriften über die **Herstellung** und begrenzte Befugnis zum **Besitz, zur Abgabe und der Verschreibung** von Fütterungs- und anderen Tierarzneimitteln. Selbst Stoffe, aus denen Tierarzneimittel hergestellt werden können, werden erfasst. Besonderen Wert wurde zum Schutze des Verbrauchers auf die Handhabung bei Arzneimitteln gelegt, die an Tiere verabreicht werden, die der Gewinnung von Lebensmitteln dienen. Neben der Herstellung, Verschreibung und Abgabe sieht dieser Abschnitt – in eher zufälliger Reihenfolge – Reglements für den Besitz von Arzneimitteln, die Registrierung des Besitzes und der Verabreichung an Tiere, sowie Spezialvorschriften zur klinischen Prüfung, Rückstandsprüfung und zum Rückstandsnachweisverfahren vor. Wesentlicher Zweck der ungewöhnlich ausführlichen Vorschriften ist der **Schutz des Verbrauchers**, der sich von Tieren ernährt, die vor Schlachtung mit Arzneimitteln behandelt werden.

Arzneimittelrisiken. Die zuständige Bundesoberbehörde hat gegen unmittelbare oder mittelbare Gefährdung der Gesundheit von Mensch und Tier durch Arzneimittelrisiken einzuschreiten und Maßnahmen zu koordinieren. Die Gefährdung besteht insbesondere in **Nebenwirkungen, Wechselwirkungen** mit anderen Mitteln, **Gegenanzeigen und Verfälschungen**. Dazu gehört auch der zu erwartende **Fehlgebrauch**. Die genannten Nebenwirkungen beziehen sich auf den bestimmungswidrigen Gebrauch; § 62 erfasst jedoch jede unmittelbare oder mittelbare Gefährdung. Die Maßnahmen des BfArM bestehen in der zentralen Erfassung, Auswertung und der Koordinierung der zu ergreifenden Maßnahmen, etwa im Zusammenhang mit der Überwachung nach § 64.

Arzneimittelhaftung. Für Arzneimittelunfälle hat der Gesetzgeber eine Gefährdungshaftung angeordnet, welche das Entwicklungsrisiko einschließt. § 84 enthält eine Sonderregelung gegenüber dem **Produkthaftungsgesetz (ProdhaftG)**; **haftbar** ist nur der pharmazeutische **Unternehmer**, der das Arzneimittel im Geltungsbereich dieses Gesetzes in Verkehr gebracht hat. Der gegenständliche Schutzbereich umfasst Leben, Körper und Gesundheit des Menschen, nicht aber etwa den Unterhalt für ein Kind, das aus einer ungewollt eintretenden Schwangerschaft entstanden ist. Als Schutzgut ist wohl auch der Fötus anzusehen.

Es muss sich weiter um ein zum Gebrauch beim Menschen bestimmtes Arzneimittel handeln, das in Deutschland an den Verbraucher abgegeben wurde und der Pflicht zur Zulassung unterliegt. Damit sind homöopathische Arzneimittel ausgeschlossen.

Das Medikament muss darüber hinaus schädliche Wirkungen haben, die über ein nach den Erkenntnissen der medizinischen Wissenschaft vertretbares Maß hinausgehen. Damit ist an die Definition des bedenklichen Arzneimittels in § 5 angeschlossen.

Arzneimittelstraf- und Bußgeldvorschriften. Die §§ 95–97 AMG enthalten die für ein Gesetz wie das AMG typischen Straf- und Ordnungswidrigkeitenvorschriften sofern gegen einzelne Pflichten aus dem AMG verstoßen wird. Der Gesetzgeber bringt mit diesen Normen zum Ausdruck, dass er die Verletzung gegen die darin genannten Pflichten aus Einzelvorschriften des AMG als kriminelles Unrecht werten und den Täter entsprechend bestraft oder als Verwaltungsunrecht ordnungswidrigkeitenrechtlich sanktioniert sehen will.

Wird durch ein Arzneimittel ein Mensch verletzt oder getötet, so verbleibt es bei der Bestrafung nach den hierfür einschlägigen Tatbeständen des Strafgesetzbuches (§§ 211, 223 ff. StGB).

10

10.4.2 Transfusionsrecht

Die rechtlichen Grundlagen des Blut- und Plasmaspende- sowie des Transfusionswesens waren vor Erlass des **Transfusionsgesetzes (TFG)** vom 1. Juli 1998 BGBl. S. 1752) über mehrere Regelungsebenen von unterschiedlicher Verbindlichkeit und Normqualität verteilt. Neben internationalen und supranationalen Empfehlungen der WHO und des Europarates, europarechtlichen Richtlinien und dem AMG kamen auch Richtlinien der Bundesärztekammer zur Anwendung.

Insbesondere die Regelungen für Blutprodukte im AMG waren lückenhaft, weil das Gesetz im Wesentlichen die Herstellung und das Inverkehrbringen von Blutprodukten regelt, nicht dagegen aber die Blutentnahme und die Anwendung von Blutprodukten. Diese Lücke schließt nunmehr das TFG, wenn auch nicht ganz.

§ 2 TFG Begriffsbestimmungen

Im Sinne dieses Gesetzes
1. ist Spende die einem Menschen entnommene Menge an Blut oder Blutbestandteilen, die Arzneimittel ist oder zur Herstellung von Arzneimitteln bestimmt ist,
2. ist Spendeeinrichtung eine Einrichtung, durch die Spenden entnommen werden,
3. sind Blutprodukte Blutzubereitungen im Sinne des § 4 Abs. 2 des Arzneimittelgesetzes, Sera aus menschlichem Blut im Sinne des § 4 Abs. 3 des Arzneimittelgesetzes und Plasma zur Fraktionierung.

Der Zweck des Gesetzes. Zweck ist es einmal, eine gesicherte und sichere **Versorgung der Bevölkerung mit Blutprodukten** zu schaffen, zum anderen die **Selbstversorgung** mit Blut und Plasma zu fördern. Ziel des Gesetzes ist es, größtmögliche Sicherheit für die Versorgung der Bevölkerung mit Blutprodukten zu erreichen. Dieses Ziel glaubte der Gesetzgeber durch eine gesetzliche Regelung zu erreichen, welche die bisherigen nichtgesetzlichen Regelungen ersetzen soll. Die Bedeutung der Regelung wird deutlich, wenn man sich die Zahlen vor Augen hält, die in der Begründung zum Gesetz offen gelegt werden. Danach werden in der Bundesrepublik Deutschland jährlich von 2 Mio. Spendern 4 Mio. Blutspenden und zusätzlich 400.000 l Plasma durch Plasmaspenden entnommen.

Dennoch ist eine Bedarfsdeckung durch das eigene Spendenaufkommen nicht vollständig möglich. So werden z.B. Hyperimmunglobuline gegen Tetanus, FSME, Hepatitis A oder zur Anti-D-Prophylaxe fast ausschließlich aus den USA importiert.

Gewinnung von Blutbestandteilen. Der zweite Abschnitt des Gesetzes schafft für alle Einrichtungen, die im Bereich der Gewinnung von Blutprodukten tätig sind, einheitliche Anforderungen, auch was die Qualifikation des in der Gewinnung tätigen Personals angeht. Im Zentrum steht der Blut- oder Plasmaspender, seine Einwilligung und Auswahl und die Untersuchung der Spende auf Infektionsmarker nach dem jeweiligen Stand der medizinischen Wissenschaft und Technik. Damit soll die Sicherheit der gewonnenen Blutprodukte gewährleistet werden, wobei zu sagen ist, dass es eine absolute Sicherheit wohl nicht wird geben können, nur einen sehr hohen Sicherheitsstandard. Besondere Voraussetzungen sind bei der Gewinnung von Plasma zur Herstellung spezieller Immunglobuline nach Immunisierung des Spenders zu erfüllen, bis hin zur Einschaltung einer Ethikkommission. Wesentliche Bedeutung kommt auch der Dokumentation der Spenden zu, weil mit ihrer Hilfe eine Rückverfolgung des Weges der Spende über den Anwender und den Blutprodukteehersteller bis hin zum Spender möglich ist.

Soweit Maßnahmen der Gewinnung von Blut- und Blutprodukten an den Stand der medizinischen Wissenschaft und Technik gebunden sind, wie etwa die Beurteilung der Tauglichkeit der Spender (§ 5 Abs. 1 S. 1), die Spenderimmunisierung und ihre Durchführung (§ 8 Abs. 1 S. 2, Abs. 2 Nr. 3) und die Blutstammzellseparation (§ 9), legte die Bundesärztekammer nach angemessener Beteiligung der beteiligten Fachkreise in Richtlinien fest, was der allgemein anerkannte Stand der medizinischen Wissenschaft und Technik im Bereich der Gewinnung von Blut- und Blutprodukten sein soll. Diese Richtlinien haben die Empfehlungen des Europarates, der Europäischen Union und der WHO zu Blut und Blutbestandteilen zu berücksichtigen (§ 12). Die korrespondierende Vorschrift für die Anwendung von Blutprodukten findet sich in § 18.

Das Verbot, für die Blutspende ein Entgelt zu zahlen, steht in § 10. Die bereichsspezifische Regelung des Datenschutzes für Zwecke der Blutentnahme und der damit verbundenen Maßnahmen (Untersuchungen) und die Erlaubnis, die erhobenen Daten für diese Zwecke sowie die Verpflichtung zur Dokumentation, ist in § 12 enthalten.

Die Anwendung von Blutprodukten. Die Anwendung von Blutprodukten ist bisher in Richtlinien der Bundesärztekammer geregelt. Sie werden in modifizierter Form als Regeln angesehen, die den Stand der medizinischen Wissenschaft und Technik wiedergeben. Die Regelung des dritten Abschnittes des TFG bringt die Rahmenbedingungen, nach denen sich die Anwendung zu vollziehen hat. Kernstück ist dabei das **Qualitätssicherungssystem**, welches die Einrichtungen der Krankenversorgung, die Blutprodukte anwenden, vorzuhalten haben. Die Anwendung von Blutprodukten nur durch ausreichend qualifiziertes Personal und die Einsetzung von Transfusionsverantwortlichen, Transfusionsbeauftragten und in bestimmten Fällen auch die Bildung von Transfusionskommissionen soll dem Ziel der Anwendungssicherheit dienen.

Rückverfolgung. Ergibt sich bei der Spendenentnahme oder bei der Anwendung von Blut und Blutprodukten der begründete Verdacht, dass die Spende infiziert oder eine behandelte Person durch die Spende infiziert sein könnte, so muss die Möglichkeit bestehen, bis an die Quelle der Infektion, also bis hin zum Spender zurückgehen zu können und dies schnellstmöglich.

§ 19 regelt das Verfahren der Rückverfolgung des Weges, den Blut oder ein Blutprodukt genommen hat, vom Anwender zurück bis zum Spender. Das Verfahren der Rückverfolgung und der Überprüfung des Verdachts ist dabei wieder an den Stand der wissenschaftlichen Erkenntnis gekoppelt und unterliegt damit einem dynamischen Entwicklungsprozess. Wohl eher als letzte Maßnahme hat sich der Gesetzgeber die Möglichkeit offen gehalten, das Rückverfolgungsverfahren auch durch eine Rechtsverordnung regeln zu können (§ 20). So auch die amtliche Begründung zu § 20.

Das Transfusionsgesetz ist ein Spezialgesetz zweiter Generation. Es ist Spezialgesetz in erster Linie zum Arzneimittelgesetz, wohl auch zum Medizinproduktegesetz (sofern dies überhaupt betroffen sein kann). Das Arzneimittelgesetz wiederum ist Spezialgesetz für den Verkehr mit Arzneimitteln und geht somit den allgemeinen Gesetzen vor, die aber gelten, soweit nicht das Arzneimittelgesetz und das Transfusionsgesetz Sonderregelungen vorsehen.

Soweit also das Transfusionsgesetz keine Sonderregelungen für die Gewinnung und Anwendung von Blutprodukten trifft, gelten die Regelungen des Arzneimittelgesetzes. Dies gilt z.B. für die Überwachung (§ 69 ff. AMG), für die Abgabe von Blutprodukten (§ 43 ff. AMG), die Anwendbarkeit der Betriebsverordnungen (§ 54 AMG), aber auch für die Anforderungen von Arzneimitteln (§ 5 ff. AMG) und die klinischen Prüfungen (§ 40 ff. AMG).

Transfusionsstraf- und Bußgeldvorschriften. § 31 TFG enthält die für ein Gesetz wie das TFG typischen Strafbewehrungen, sofern gegen § 5 Abs. 3 S. 1 TFG verstoßen wird. Der Gesetzgeber bringt mit diesen Normen zum Ausdruck, dass er die Verletzung gegen die darin genannten Pflichten aus Einzelvorschriften des TFG als kriminelles Unrecht werten und den Täter entsprechend bestraft sehen will.

Ergänzt und abgerundet wird der Kreis der Strafvorschriften des TFG und des AMG durch die Ordnungswidrigkeiten (auch nach dem AMG). Sanktioniert wird durch sie ein Verstoß gegen Pflichten aus dem Transfusionsgesetz, die zwar kein kriminalstrafrechtliches Verhalten darstellen. Mit der Sanktionierung als Ordnungswidrigkeiten will der Gesetzgeber den Normadressaten aber dazu anhalten, auch Verwaltungsvorschriften nach dem TFG einzuhalten und Verstöße hiergegen mittels Androhung von Bußgeld geahndet wissen.

10.4.3 Transplantationsrecht

Erste Entwürfe zu diesem Gesetz reichen bis 1978 zurück. Nahezu 20 Jahre hat es gedauert, um einen faktischen Zustand zu legalisieren, der ziemlich ähnlich bei Organtransplantationen bereits bisher gepflogen wurde.

Zweck des Gesetzes

Anders als anderen Gesetzen ist dem Transplantationsgesetz vom Gesetzgeber kein eigentlicher Zweck vorangestellt. Dabei ist dieser eigentlich klar ersichtlich: Das Gesetz will zur Spende von Organen ermutigen, die auf Empfänger übertragen werden sollen, weil sie ohne diese Organe im Regelfall nicht oder nicht mehr lange leben werden.

Organentnahme

Die Entnahme von Organen zur Organspende darf jetzt im Grundsatz nur mit **Einwilligung des Betroffenen** erfolgen, nur ausnahmsweise nach Zustimmung durch andere, mit dem Betroffenen verwandte oder ihm nahe stehende Personen. Der Tod des Organspenders muss nach dem Stand der Erkenntnisse der medizinischen Wissenschaft festgestellt worden sein. Dies bedeutet, dass er derzeit nach den Richtlinien zur Feststellung des Hirntodes von 1997 (DÄ 1998, B 1909) festzustellen ist. Diese Richtlinien sind Teil des ärztlichen Standesrechts und als solche über die Berufsordnung für jeden Arzt verbindliches Berufsrecht.

Die Organentnahme ist unzulässig, wenn die Person, deren Tod festgestellt ist, der Entnahme widersprochen hat und der Hirntod nicht festgestellt ist. Liegt weder eine Zustimmungserklärung noch ein Widerspruch vor, so hat der Arzt, der die Organentnahme vornehmen soll, den nächsten Angehörigen über das Vorliegen einer entsprechenden Erklärung zu befragen.

Welche Reihenfolge bei den nächsten Angehörigen einzuhalten ist, regelt § 4 Abs. 2 in einer nahezu perfekten Ausgestaltung die praktisch keine Fallgestaltung dem Zufall überlassen will. Der Tod des Organspenders ist von zwei Ärzten unabhängig voneinander festzustellen. Diese Ärzte dürfen weder mit dem Explanteur noch mit dem Implanteur identisch sein, um Interessenskonflikte zu vermeiden.

Organentnahme beim lebenden Spender. § 8 TPG regelt die Voraussetzungen, die erfüllt sein müssen, damit eine Organentnahme beim Lebenden erfolgen kann. Sie kommt nur beim

Volljährigen und einwilligungsfähigen Spender in Betracht, bei dem keine über das Risiko der Entnahmeoperation hinausgehende Gefährdung auftritt, die Übertragung des gespendeten Organs beim Empfänger (nach ärztlicher Beurteilung) geeignet ist, dessen Leben zu erhalten oder bei ihm eine schwerwiegende Krankheit zu heilen, ihre Verschlimmerung zu verhindern oder ihre Beschwerden zu lindern, ein geeignetes Spenderorgan zum Zeitpunkt der Organentnahme nicht zur Verfügung steht und ein Arzt den Eingriff vornimmt.

Entnahme und Vermittlung bestimmter Organe. Der vierte Abschnitt des Gesetzes regelt im Wesentlichen die Infrastruktur des Transplantationswesens in der Bundesrepublik Deutschland. Zunächst legt das Gesetz den Kreis der **vermittlungspflichtigen Organe** fest: Herz, Niere, Leber, Lunge, Bauchspeicheldrüse und Darm dürfen danach nur in dafür zugelassenen Transplantationszentren transplantiert werden, nachdem sie durch die Vermittlungsstelle unter Beachtung der hierfür geltenden Regeln vermittelt worden sind.

Transplantationen sollen nur in **leistungsfähigen Krankenhäusern** vorgenommen werden. Es bietet sich daher die Bildung von Zentren an, die eine bedarfsgerechte, leistungsfähige und wirtschaftliche, aber auch flächendeckende Versorgung sicher stellen sollen. Diese Krankenhäuser benötigen eine **Zulassung**, um Transplantationen bei Versicherten der gesetzlichen Krankenversicherung vornehmen und abrechnen zu können.

Sie sind, wenn zugelassen, u.a. verpflichtet, **Wartelisten** für transplantationsbedürftige Patienten zu führen, die Patienten nach den Richtlinien der Bundesärztekammer in diese Wartelisten aufzunehmen, die Regeln über die Organentnahme und Organvermittlung einzuhalten, die Organübertragung rückverfolgbar zu dokumentieren, die Nachsorge der Patienten sicherzustellen und qualitätssichernde Maßnahmen zum Vergleich mit anderen Transplantationszentren durchzuführen. Die Zuteilung der zur Transplantation zur Verfügung stehenden Organe erfolgt je nach Organ entsprechend der Dringlichkeit und Erfolgsaussicht einer Transplantation unter den Gesichtspunkten des Standes der medizinischen Wissenschaft.

Das Gesetz erklärt die Entnahme, deren Vorbereitung und die Übertragung zur gemeinschaftlichen Aufgabe der Transplantationszentren und anderer Krankenhäuser in regionaler Zusammenarbeit.

Auf vertraglicher Grundlage schaffen die Verbände der Krankenkassen, der Krankenhäuser und der Bundesärztekammer **Koordinierungsstellen**, denen die Durchführung dieser Aufgabe übertragen ist. Das Gesetz verpflichtet Krankenhäuser und die Transplantationszentren zur Zusammenarbeit. Die Vermittlung vermittlungspflichtiger Organe soll schließlich einer gemeinsamen von den Trägern der Krankenkassen, der Krankenhäuser und der Bundesärztekammer getragenen Vermittlungsstelle übertragen werden. Sie muss so ausgestattet werden, dass sie die ihr übertragene Vermittlungsaufgabe wahrnehmen kann. Als Vermittlungsstelle kann auch eine geeignete Organisation beauftragt werden, die ihren Sitz außerhalb der Bundesrepublik Deutschland hat. Diese Ausnahmevorschrift zielt derzeit auf **Eurotransplant** mit Sitz in den Niederlanden ab.

Richtlinien zum Stand der Erkenntnisse der medizinischen Wissenschaften. § 16 TPG ist eine zentrale Vorschrift des Gesetzes. Überall da wo das Gesetz den Stand der Erkenntnisse durch medizinische Wissenschaften anspricht, etwa bei der Feststellung des Todes, § 3 Abs. 1 Nr. 2, der Entscheidung über die Aufnahme in eine Warteliste, § 10 Abs. 2 Nr. 2, der ärztlichen Beurteilung über die Spenderfähigkeit, § 11 Abs. 4, S. 2, über die Regeln der Organvermittlung, § 12 Abs. 3 S. 1 sind Richtlinien gefragt, die die Bundesärztekammer erlassen soll. Zusätzlich sind die Qualitätssicherung und die Anforderungen im Zusammenhang mit der Organentnahme zum Schutz des Organempfängers erforderliche Maßnahmen, z.B. über die Untersuchung des Organspenders, die Konservierung, Aufbereitung, Aufbewahrung und Beförderung der Organe, in Richtlinien festzustellen.

Damit das Verfahren der Erstellung dieser Richtlinien nicht zum „Heimspiel" der an ihnen interessierten Kreise gerät, hat der Gesetzgeber in § 15 Abs. 2 die Beteiligung bestimmter Personengruppen festgeschrieben und am Transplantationsverfahren – in unterschiedlicher Weise – Beteiligte davon ausgeschlossen.

Das zu den verfassungsrechtlichen Bedenken gegen diese Art gesetzgeberischen Outsourcings beim Transfusionsgesetz Gesagte, gilt für diese Richtlinien gleichermaßen. Die Richtlinien der Bundesärztekammer sind zwischenzeitlich erlassen und wurden im Ärzteblatt veröffentlicht. (DÄ 2000, 352 ff.). Das In-Kraft-Treten ist an das In-Kraft-Treten der Verträge nach §§ 11 und 12 TPG gekoppelt.

Verbot des Organhandels, Straf- und Bußgeldrechtliche Vorschriften

Die bestehende Knappheit an Spenderorganen übt einen starken Anreiz aus, diese Organe gegen Geld zu besorgen oder gegen Geld zur Verfügung zu stellen. Der Gesetzgeber hat in § 17 das **Verbot** ausgesprochen, mit Organen, die einer Heilbehandlung zu dienen bestimmt sind, **Handel zu treiben.**

Strafbar macht sich, wer mit einem Spenderorgan Handel treibt, ein solches Organ entnimmt, überträgt oder sich übertragen lässt. Bei Organspendern oder -empfängern deren Organe Gegenstand eines Organhandels waren, kann die Bestrafung entfallen oder die Strafe gemildert werden. Die Strafbarkeit nach § 18 tritt unabhängig vom Recht des Tatorts bei Deutschen ein, die strafbaren Organhandel nach § 17 im Ausland begehen.

10.4.4 Medizinprodukterecht

Das **Medizinproduktegesetz (MPG)** ist keine deutsche Erfindung. Den Anstoß zur gesetzlichen Verselbständigung des Medizinproduktebereichs gaben zwei Richtlinien der EU, nämlich die Richtlinie 90/385 EWG über aktiv implantierbare medizinische Geräte sowie die Richtlinie 93/42 EWG über Medizinprodukte. Das MPG verfolgt letztlich zwei große Ziele: Zum einen soll es für einen **hohen technischen Standard** der Medizinprodukte sorgen und damit zugleich dem **Schutz** des Verbrauchers, Anwenders und Nutzers dienen. Zum anderen dient es auch dem Schutz des Patienten.

Das MPG enthält anders als das Arzneimittelgesetz keine spezialgesetzliche Haftungsregelung. Maßgeblich sind daher das Produkthaftungsgesetz und die allgemeinen Haftungsregelungen des Bürgerlichen Gesetzbuches.

§ 3 MPG Begriffsbestimmungen

1. Medizinprodukte sind alle einzeln oder miteinander verbunden verwendeten Instrumente, Apparate, Vorrichtungen, Stoffe und Zubereitungen aus Stoffen oder andere Gegenstände einschließlich der für ein einwandfreies Funktionieren des Medizinproduktes eingesetzten Software, die vom Hersteller zur Anwendung für Menschen mittels ihrer Funktionen zum Zwecke
a) der Erkennung, Verhütung, Überwachung, Behandlung oder Linderung von Krankheiten,
b) der Erkennung, Überwachung, Behandlung, Linderung oder Kompensierung von Verletzungen oder Behinderungen,
c) der Untersuchung, der Ersetzung oder der Veränderung des anatomischen Aufbaus oder eines physiologischen Vorgangs oder
d) der Empfängnisregelung
zu dienen bestimmt sind und deren bestimmungsgemäße Hauptwirkung im oder am menschlichen Körper weder durch pharmakologisch oder immunologisch wirkende Mittel noch durch Metabolismus erreicht wird, deren Wirkungsweise aber durch solche Mittel unterstützt werden kann. Dem neuen steht ein als neu aufbereitetes Medizinprodukt gleich.
2. Medizinprodukte sind auch Produkte nach Nummer 1, die einen Stoff oder eine Zubereitung aus Stoffen enthalten oder auf die solche aufgetragen sind, die bei gesonderter Verwendung als Arzneimittel im Sinne des § 2 Abs. 1 des Arzneimittelgesetzes angesehen werden können und die in Ergänzung zu den Funktionen des Produktes eine Wirkung auf den menschlichen Körper entfalten können.
3. Medizinprodukte sind auch Produkte nach Nummer 1, die als Bestandteil einen Stoff enthalten, der gesondert verwendet als Bestandteil eines Arzneimittels oder Arzneimittel aus menschlichem Blut oder Blutplasma im Sinne des Artikels 1 der Richtlinie 89/381/EWG des Rates vom 14. Juni 1989 zur Erweiterung des Anwendungsbereichs der Richtlinien 65/65/EWG und 75/319/EWG zur Angleichung der Rechts- und Verwaltungsvorschriften über Arzneispezialitäten und zur Festlegung besonderer Vorschriften für Arzneimittel aus menschlichem Blut oder Blutplasma (ABl. EG Nr. L 181 S. 44) betrachtet werden und in Ergänzung zu dem Produkt eine Wirkung auf den menschlichen Körper entfalten kann.

Anforderungen an Medizinprodukte

Gemäß § 14 MPG dürfen Medizinprodukte nur nach Maßgabe der Rechtsverordnungen nach § 37 Abs. 5 errichtet, betrieben und angewendet werden. Ihre Betreibung und Anwendung ist untersagt, wenn sie Mängel aufweisen, durch die Patienten, Beschäftigte oder Dritte gefährdet werden können.

CE-Kennzeichnung, Voraussetzung und Folgen

Ist ein Medizinprodukt mit dem CE-Kennzeichen versehen, so ist davon auszugehen, dass es den Grundlegenden Anforderungen an Medizinprodukte (§ 7 MPG) entspricht und dass keiner der Verbotstatbestände des § 4 MPG vorliegt (Vgl. § 7 MPG). Die zuständige Behörde kann nach § 26 Abs. 3 MPG davon ausgehen, dass das Medizinprodukt den Voraussetzungen der §§ 4–9 MPG entspricht. Sie prüft lediglich stichprobenhaft, ob die Voraussetzungen zum Inverkehrbringen und zur Inbetriebnahme erfüllt sind.

Stimmen Medizinprodukte mit den harmonisierten Normen oder ihnen gleichgestellten Monographien des Europäischen Arzneibuches überein, so wird die Vermutung aufgestellt, dass die Medizinprodukte auch mit den Bestimmungen des MPG übereinstimmen (§ 8 MPG).

Klassifizierung. Das **Konformitätsbewertungsverfahren** kann sowohl durch den Hersteller als auch durch benannte Stellen durchgeführt werden. Wo es durchgeführt wird, ist letztlich von der Risikoklassenzugehörigkeit des Medizinprodukts abhängig. Für das Konformitätsbewertungsverfahren werden die Produkte vier unterschiedlichen Klassen (I, IIa, IIb, III) zugeordnet. Die Klassifizierungsregeln basieren auf der Verletzbarkeit des menschlichen Körpers und berücksichtigen die potentiellen Risiken im Zusammenhang mit der technischen Auslegung der Produkte und mit ihrer Herstellung.

Inhalt und Umfang des Konformitätsbewertungsverfahrens bauen auf der Klassifizierung auf. Die Konformitätsbewertungsverfahren für Produkte der Klasse I können generell unter der Verantwortung des Herstellers erfolgen, da der Grad der Verletzbarkeit durch diese Produkte gering ist. Für die Produkte der Klasse IIa ist die Beteiligung einer benannten Stelle für das Herstellungsstadium verbindlich. Für die Produkte der Klassen IIb und III, die ein hohes Gefahrenpotential darstellen, ist eine Kontrolle durch eine benannte Stelle in Bezug auf die Auslegung der Produkte sowie ihre Herstellung erforderlich. Die Klasse III ist den kritischsten Produkten vorbehalten, deren Inverkehrbringen eine ausdrückliche vorherige Zulassung im Hinblick auf die Konformität erfordert.

Klinische Prüfung, benannte Stellen und Sachverständige. Medizinprodukte dürfen in der Bundesrepublik Deutschland nur in Verkehr gebracht und in Betrieb genommen werden, wenn sie mit der CE-Kennzeichnung versehen sind. Mit der CE-Kennzeichnung dürfen Medizinprodukte nur versehen werden, wenn die Grundlegenden Anforderungen erfüllt sind und ein Konformitätsbewertungsverfahren durchgeführt worden ist. Hauptziel des Konformitätsbewertungsverfahrens ist es, die Behörde in die Lage zu versetzen, sich zu vergewissern, dass die in Verkehr gebrachten Medizinprodukte, insbesondere im Hinblick auf den Gesundheitsschutz und die Sicherheit der Benutzer und Verbraucher, den Anforderungen der Richtlinie gerecht werden.

Benannte Stellen sind für die Durchführung und Prüfung zuständige unabhängige Behörden, Unternehmen oder Anstalten. Ihre Aufgabe ist die Zertifizierung der Durchführung des Konformitätsbewertungsverfahrens.

Errichten, Betreiben und Anwenden von Medizinprodukten. § 14 MPG und die MPBetreibV schreiben im Grunde genommen die aufgehobenen §§ 6–16 der Medizingeräteverordnung (MedGV) fort. Die Vorschriften sollen sicherstellen, dass die Qualität eines Medizinprodukts, auch nach seinem erstmaligen Inverkehrbringen, während der ihm bestimmten Verwendungszeit erhalten bleibt.

Detailliertere Vorgaben findet man – wie so oft – nicht im MPG selbst, sondern in der dazu ergangenen Verordnung über das Errichten, Betreiben und Anwenden von Medizinprodukten vom 29.6.1998 in der Fassung vom 13.12.2001.

Medizinproduktestrafrechts- und Bußgeldvorschriften. Die §§ 40 und 41 MPG enthalten die für ein Gesetz wie das MPG typischen Strafbewehrungen, sofern gegen einzelne Pflichten aus dem MPG verstoßen wird.

Ergänzt und abgerundet wird der Kreis der Strafvorschriften des MPG durch die Ordnungswidrigkeiten in § 42 MPG.

10.4.5 Infektionsrecht

Das **Infektionsschutzgesetz (IfSG)** soll die Maßnahmen eines modernen und zeitgemäßen Infektionsschutzes gewährleisten. Es tritt an die Stelle u.a. des Bundesseuchengesetzes und des Geschlechtskrankheitengesetzes sowie der Laborberichtsverordnung, die mit den neuen Vorschriften obsolet werden.

Zweck des Gesetzes. Zweck ist es, **übertragbaren Krankheiten beim Menschen vorzubeugen, Infektionen frühzeitig zu erkennen und ihre Weiterverbreitung zu verhindern.** Die hierfür notwendige Mitwirkung und Zusammenarbeit der Behörden des Bundes, der Länder und der Kommunen, von Ärzten, Krankenhäusern, wissenschaftlichen Einrichtungen sowie sonstigen Beteiligten soll entsprechend dem jeweiligen Stand der medizinischen und epidemiologischen Wissenschaft und Technik gestaltet und unterstützt werden.

Früherkennung und Meldewesen. Die Verhinderung übertragbarer Krankheiten steht und fällt mit einer sinnvollen Prävention. Diese setzt wiederum eine **Aufklärung** der Allgemeinheit über die Gefahren übertragbarer Krankheiten voraus. Das Gesetz erklärt die Information und Aufklärung der Allgemeinheit daher zur öffentlichen Aufgabe.

Auf Bundesebene ist es Aufgabe des **Robert-Koch-Instituts (RKI)**, Konzeptionen zur Vorbeugung übertragbarer Krankheiten sowie zur frühzeitigen Erkennung und Verhinderung der Weiterverbreitung von Infektionen zu entwickeln. Dies umfasst auch die Entwicklung und Durchführung epidemiologischer und laborgestützter Analysen, sowie die Forschung zur Ursache, Diagnostik und Prävention übertragbarer Krankheiten. Ergänzend erstellt die Bundesregierung (mit Zustimmung des Bundesrates) einen Plan zur gegenseitigen Information von Bund und Ländern in epidemiologisch bedeutsamen Fällen mit dem Ziel, die **Einschleppung bedrohlicher übertragbarer Krankheiten** in die Bundesrepublik Deutschland oder ihrer Ausbreitung daselbst zu verhindern und beim örtlich oder zeitlich gehäuften Auftreten bedrohlicher übertragbarer Krankheiten, bei denen Krankheitserreger als Ursache in Betracht kommen und bei denen eine länderübergreifende Ausbreitung zu befürchten ist, die erforderlichen Maßnahmen einzuleiten. Da sich übertragbare Krankheiten nicht an Landesgrenzen halten, ist auch die Meldung vom Gesundheitsamt über die obersten Landesbehörden an das Robert-Koch-Institut bis hin zur Weltgesundheitsorganisation vorgesehen. Das Gesetz sieht eine **namentliche Meldepflicht** für bestimmte Erkrankungen vor, wobei die Meldung den Krankheitsverdacht, die Erkrankung selbst und das Versterben daran umfasst. Zudem sind direkte und indirekte Hinweise auf bestimmte Krankheitserreger zu melden (§§ 6,7 IfSG).

Verhütung übertragbarer Krankheiten. Das Gesundheitsamt bietet bezüglich sexuell übertragbarer Krankheiten und Tuberkulose Beratung, Untersuchung bis hin zur ambulanten Behandlung an. Die Kosten hierfür hat der Träger der Krankenversicherung zu übernehmen, ansonsten wird sie bis zur Erstattung zunächst durch den Träger der Krankenversicherung aus öffentlichen Mitteln übernommen.

Über die Bedeutung von Schutzimpfungen und andere Maßnahmen spezieller Prophylaxe bei übertragbaren Krankheiten informieren die zuständigen Stellen des Bundes, der Länder und die Gesundheitsämter die Bevölkerung.

Bekämpfung übertragbarer Krankheiten. Ergibt sich, dass Kranke, Krankheitsverdächtige, Ansteckungsverdächtige oder Ausscheider festgestellt werden oder ergibt sich, dass ein Verstorbener krank, krankheitsverdächtig oder Ausscheider einer übertragbaren Krankheit war, so trifft die zuständige Behörde die notwendigen Schutzmaßnahmen, soweit und solange es erforderlich ist, um eine Verbreitung übertragbarer Krankheiten zu verhindern. Hierzu können Kranke, Krankheits- oder Ansteckungsverdächtige sowie Ausscheider einer **Beobachtung** unterworfen werden. Untersuchungen durch Beauftragte des Gesundheitsamtes hat dieser Personenkreis zu dulden und dessen Beauftragten auch Zugang zu seiner Wohnung zu gewähren.

Gemeinschaftseinrichtungen, Personal, Wasser. Infektionskrankheiten können sich dort am schnellsten verbreiten, wo sich viele Menschen gemeinsam aufhalten, also in Gemeinschaftseinrichtungen wie Schulen, Kindergärten, Bildungseinrichtungen oder Heimen oder ähnlichen Einrichtungen.

Das Gesetz trifft Vorsorge dafür, dass Personen, die an bestimmten Infektionskrankheiten erkrankt oder der Erkrankung verdächtig sind, dort keine Lehr-, Erziehungs-, Pflege-, Aufsichts- oder sonstige Tätigkeiten ausüben dürfen. Ausscheider bestimmter übertragbarer Krankheiten dürfen nur mit Zustimmung des Gesundheitsamtes in Gemeinschaftseinrichtungen tätig werden. Treten bei Personen in Gemeinschaftseinrichtungen die Erkrankungen oder Ausscheidungen nach § 34 IfSG auf, so ist die Leitung der Gemeinschaftseinrichtung zu informieren. Diese hat das zuständige Gesundheitsamt zu benachrichtigen und die krankheits- oder personenbezogenen Angaben zu machen. Die Behörde hat nach dem Grundsatz der Verhältnismäßigkeit die erforderlichen Maßnahmen zu ergreifen.

Besondere Anforderungen an die Beschaffenheit von Wasser, dem Umgang mit ihm sowie mit Abwässern treffen die §§ 37–41 IfSG. Wasser muss so beschaffen sein, dass durch seinen Genuss oder Gebrauch eine Schädigung der menschlichen Gesundheit insbesondere durch Krankheitserreger nicht zu befürchten ist. Abwasser ist so zu beseitigen, dass Gefahren für die menschliche Gesundheit durch Krankheitserreger nicht entstehen.

Tätigkeit mit Krankheitserregern. Wie nach dem bisher geltenden Recht bedarf die Tätigkeit mit Krankheitserregern (das in den Geltungsbereich des Gesetzes verbringen, ausführen, aufbewahren, abgeben oder arbeiten mit ihnen) der Erlaubnis. Sie ist zu versagen, wenn der Antragsteller nicht die erforderliche Sachkenntnis besitzt oder sich für die Tätigkeit als unzuverlässig erwiesen hat. Wer zur selbstständigen Ausübung des Berufes als Arzt, Zahn- oder Tierarzt berechtigt ist, oder unter Aufsicht eines Erlaubnisinhabers oder einer Person arbeitet, die einer Erlaubnis nicht bedarf, benötigt für die Tätigkeit mit Krankheitserregern keine gesonderte Erlaubnis.

Entschädigung, Kosten. Das Gesetz trifft im 12. und 13. Abschnitt eine überaus detaillierte Entschädigungs- sowie eine Kostentragungsregelung. Wer aufgrund des IfSG als Ausscheider, Ansteckungs- oder Krankheitsverdächtiger oder als sonstiger Träger von Krankheitserregern Verboten in der Ausübung seiner bisherigen Erwerbstätigkeit unterliegt oder unterworfen wird und dadurch einen Verdienstausfall erleidet, wird in Geld entschädigt (§ 56). Dies gilt auch für Ausscheider und Ansteckungsverdächtige, die abgesondert wurden.

Wer eine gesundheitliche Schädigung erlitten hat, die durch eine Schutzimpfung oder eine andere Maßnahme der speziellen Prophylaxe verursacht wurde, die von einer Behörde öffentlich empfohlen und in ihrem Bereich vorgenommen wurde, die aufgrund des IfSG angeordnet wurde, gesetzlich vorgeschrieben war oder aufgrund der Verordnung zur Ausführung internationaler Gesundheitsvorschriften durchgeführt worden ist, erhält wegen der gesundheitlichen und wirtschaftlichen Folgen der Schäden Versorgung in entsprechender Anwendung des BVG.

Straf- und Bußgeldvorschriften. Die §§ 73–76 enthalten die für ein Gesetz wie das IfSG üblichen Ordnungswidrigkeiten- und Straftatbestände. Das zu den Straftat- und Ordnungswidrigkeitstatbeständen im Nebenstrafrecht beim AMG Gesagte gilt im Grundsatz auch für das IfSG.

Übergangsvorschriften. Der 16. Abschnitt des Gesetzes enthält die für die Praxis immer noch bedeutsamen Übergangsvorschriften, in denen zumindest für Altfälle die Geltung der außer Kraft getretenen Vorschriften perpetuiert wird. Dies gilt etwa für die Erlaubnis für den Verkehr mit Krankheitserregern im Sinne von § 44 IfSG oder für die Gesundheitszeugnisse nach § 18 BSeuchG. Darüber hinaus führt das Gesetz zu einer Reihe von Folgeänderungen in anderen Gesetzen und Verordnungen und wenn es nur um die Bezeichnung des bisherigen und des neuen Gesetzes geht.

10.4.6 Betäubungsmittelrecht

Das **Betäubungsmittelgesetz (BtMG)** ist von den medizinrechtlichen Gesetzen (AMG, MPG, TFG, TPG) das am internationalsten geprägte. Seine Wurzeln gehen auf die Genfer Opiumkonvention vom 19.2.1925 zurück.

Zweck des Gesetzes. Zweck ist es, der sich ausbreitenden Rauschgiftkriminalität international und speziell in der Bundesrepublik Deutschland Einhalt zu gebieten, so weit dies mit Mitteln des Strafrechts überhaupt möglich ist. Abhängigen Tätern soll durch sozialtherapeutische Rehabilitation die Abkehr von der Sucht erleichtert werden (**Therapie vor Strafe**). Derzeit politisch äußerst umstritten ist gerade dieser Aspekt des Gesetzeswerks.

Das BtMG gibt in § 1 aber keine allgemeine Definition des Begriffes „Betäubungsmittel". Stattdessen sind zusätzlich in drei Anlagen zum Gesetz Stoffe namentlich aufgeführt, die als Betäubungsmittel vom Gesetz umfasst sein sollen.

In **Anlage I** werden diejenigen Betäubungsmittel genannt, die weder verkehrsfähig noch verschreibungspflichtig sind. Der Verkehr mit ihnen ist nur ausnahmsweise mit behördlicher Genehmigung aus wissenschaftlichen oder anderen öffentlichen Interessen erlaubt.

Anlage II enthält diejenigen Betäubungsmittel, die zwar verkehrsfähig sind, deren Verschreibung aber verboten ist. Auch der Verkehr mit diesen Betäubungsmitteln, sowie die Herstellung ausgenommener Zubereitungen bedarf der behördlichen Erlaubnis. Die ausgenommenen Zubereitungen unterliegen der Verschreibungspflicht.

Betäubungsmittel, die verkehrsfähig sind und die verschrieben werden dürfen, enthält **Anlage III**.

Erlaubnis und Erlaubnisverfahren. Der zweite Abschnitt regelt die Erlaubnis und das Erlaubnisverfahren für die (legale) Teilnahme am Verkehr mit Betäubungsmitteln. Nach der Systematik des Gesetzes ist der Verkehr mit Betäubungsmitteln zunächst einmal verboten und nur aufgrund einer Erlaubnis zulässig. § 3 regelt die Voraussetzungen für diese Erlaubnis für bestimmte Arten des Verkehrs mit Betäubungsmitteln (Anbauen, Herstellen, Handel treiben, sie ohne mit ihnen Handel zu treiben einführen, Abgeben, Veräußern, sonst in den Verkehr bringen, Erwerben oder ausgenommene Zubereitungen herstellen).

Einer Erlaubnis bedarf u.a. nicht, wer im Rahmen des Betriebes einer Apotheke (öffentliche oder Krankenhausapotheke oder tierärztliche Hausapotheke) am Verkehr mit Betäubungsmitteln teilnimmt. Ferner derjenige, der die Betäubungsmittel aufgrund einer ärztlichen, zahnärztlichen oder tierärztlichen Verschreibung erwirbt.

Pflichten im Betäubungsmittelverkehr. Den Pflichten der am Verkehr mit Betäubungsmitteln teilnehmenden Personen und Personenvereinigungen ist der dritte Abschnitt des Gesetzes gewidmet. Geregelt ist insbesondere die Verschreibung und die Abgabe von Betäubungsmitteln auf Rezept, die sichere Aufbewahrung von Betäubungsmitteln und die Vernichtung nicht mehr verkehrsfähiger Betäubungsmittel.

Im Bereich der Humanmedizin dürfen Betäubungsmittel der **Anlage III** nur durch Ärzte oder Zahnärzte und nur dann verschrieben und im Rahmen der ärztlichen oder zahnärztlichen Behandlung einschließlich der ärztlichen Behandlung einer Betäubungsmittelabhängigkeit verabreicht oder zum unmittelbaren Verbrauch überlassen werden, wenn ihre Anwendung am Menschen begründet ist.

Betäubungsmittelvorräte sind gegen unbefugte Entnahme gesichert und gesondert von anderen Arzneimitteln aufzubewahren. Über die Verwendung ist ein gesonderter Nachweis zu führen. Nicht mehr verkehrsfähige oder benötigte Betäubungsmittel sind in Gegenwart von zwei Zeugen so zu vernichten, dass eine auch teilweise Wiedergewinnung auszuschließen ist. Die Vernichtung ist in einer Niederschrift zu dokumentieren.

Die näheren Einzelheiten der Verschreibung und des Umgangs mit verschreibungsfähigen Betäubungsmitteln sind in der Betäubungsmittelverschreibungsverordnung geregelt.

Überwachung. Der vierte Abschnitt regelt die behördliche Überwachung des Betäubungsmittelverkehrs, auch desjenigen der Ärzte, Zahnärzte und Tierärzte, sowie in öffentlichen Apotheken, Krankenhausapotheken, Krankenhäusern und Tierkliniken. Die mit der Überwachung beauftragten Behörden und Personen können (wie beim Verkehr mit Arzneimitteln auch) die einschlägigen Unterlagen einsehen, von natürlichen und juristischen Personen Auskünfte verlangen, Gebäude und Grundstücke betreten und vorläufige Anordnungen zur Verhinderung von Gefahren, die die Sicherheit und Kontrolle des Betäubungsmittelverkehrs betreffen, verfügen.

Straftaten und Ordnungswidrigkeiten. Die §§ 29–31 BtMG regeln die Straftaten bei Verstößen gegen das Gesetz. Die Tatbestände sind Nebenstrafrecht. Der Gesetzgeber hat die Tatbestände der Schwere der Tat entsprechend als Vergehen (§29) aber auch als Verbrechen (§§ 30, 30a) ausgestaltet und zugleich flankierende Maßnahmen vorgesehen, wie das Absehen von Verfolgung und die Kronzeugenregelung (§ 31a).

Als Ordnungswidrigkeitstatbestände ausgestaltet sind Verstöße gegen Verwaltungsvorschriften zur Durchführung des Verkehrs mit Betäubungsmitteln.

Betäubungsmittelabhängige Straftäter. Die Vorschriften zur Resozialisierung betäubungsmittelabhängiger Täter befinden sich im siebten Abschnitt des Gesetzes. Danach kann unter bestimmten weiteren Voraussetzungen von der Erhebung einer öffentlichen Klage abgesehen oder eine anstehende Strafvollstreckung zurückgestellt werden. Voraussetzung ist in beiden Fällen, dass der wegen einer Straftat nach dem BtMG Verurteilte bzw. der Beschuldigte einer Straftat nach dem BtMG sich in einer anerkannten Einrichtung wegen seiner Sucht behandeln lässt, mit dem Ziel, die Abhängigkeit zu beseitigen oder einer erneuten Abhängigkeit vorzubeugen.

10.4.7 Forschung an und mit Embryonen – Das Embryonenschutzgesetz (ESchG)

Aus kompetenzrechtlichen Gründen ist es in der Bundesrepublik Deutschland nicht zum Erlass eines Fortpflanzungsmedizingesetzes gekommen. Statt dieser großen Lösung hat man sich mit dem Embryonenschutzgesetz, einem Sonderstrafgesetz, als kleiner Lösung begnügen müssen. Das Gesetz verbietet neben der Forschung an Embryonen eine ganze Reihe von Möglichkeiten des Umgangs mit Embryonen und menschlichen Zellen, bis hin zum Klonen und zur Erzeugung von Chimären und Hybridwesen aus Mensch und Tier, aber auch die Leihmutterschaft. Ergänzend gelten über das ärztliche Berufsrecht (Kap. D IV Nr. 15 MBO-Ä) die Richtlinien der Bundesärztekammer zur Durchführung des intratubaren Gametentransfers, der In-vitro-Fertilisation mit Embryonentransfer und anderer verwandter Methoden.

§ 1 ESchG Missbräuchliche Anwendung von Fortpflanzungstechniken

(1) Mit Freiheitsstrafe bis zu drei Jahren oder mit Geldstrafe wird bestraft, wer
1. auf eine Frau eine fremde unbefruchtete Eizelle überträgt,
2. es unternimmt, eine Eizelle zu einem anderen Zweck künstlich zu befruchten, als eine Schwangerschaft der Frau herbeizuführen, von der die Eizelle stammt,
3. es unternimmt, innerhalb eines Zyklus mehr als drei Embryonen auf eine Frau zu übertragen,
4. es unternimmt, durch intratubaren Gametentransfer innerhalb eines Zyklus mehr als drei Eizellen zu befruchten,
5. es unternimmt, mehr Eizellen einer Frau zu befruchten, als ihr innerhalb eines Zyklus übertragen werden sollen,
6. einer Frau einen Embryo vor Abschluss seiner Einnistung in der Gebärmutter entnimmt, um diesen auf eine andere Frau zu übertragen oder ihn für einen nicht seiner Erhaltung dienenden Zweck zu verwenden, oder
7. es unternimmt, bei einer Frau, welche bereit ist, ihr Kind nach der Geburt Dritten auf Dauer zu überlassen (Ersatzmutter), eine künstliche Befruchtung durchzuführen oder auf sie einen menschlichen Embryo zu übertragen.

(2) Ebenso wird bestraft, wer
1. künstlich bewirkt, dass eine menschliche Samenzelle in eine menschliche Eizelle eindringt, oder
2. eine menschliche Samenzelle in eine menschliche Eizelle künstlich verbringt, ohne eine Schwangerschaft der Frau herbeiführen zu wollen, von der die Eizelle stammt.

(3) Nicht bestraft werden
1. in den Fällen des Absatzes 1 Nr. 1, 2 und 6 die Frau, von der die Eizelle oder der Embryo stammt, sowie die Frau, auf die die Eizelle übertragen wird oder der Embryo übertragen werden soll, und
2. in den Fällen des Absatzes 1 Nr. 7 die Ersatzmutter sowie die Person, die das Kind auf Dauer bei sich aufnehmen will;

(4) in den Fällen des Absatzes 1 Nr. 6 und des Absatzes 2 ist der Versuch strafbar.

Es ist bereits bei Erlass des Gesetzes kritisiert worden, dass das Strafrecht als Verbotsgesetz wohl nicht das geeignete Werkzeug sei, in den sich rasant entwickelnden Bereich der Fortpflanzungsmedizin wirklich steuernd einzugreifen. Bemängelt wird vor allem, dass das Gesetz nicht die Subsidiarität der IVF gegenüber anderen Methoden der Reproduktionsmedizin normiert. Verfassungsrechtlich nicht unbedenklich ist, dass das Gesetz zwar die gespaltene Mutterschaft, nicht aber die gespaltene Vaterschaft verbietet. Umstritten ist die Beschränkung der Kostenübernahme auf verheiratete Personen.

Die in Großbritannien mit der Kryokonservierung von Embryonen aufgetretenen Probleme können nach dem Embryonenschutzgesetz in Deutschland weitgehend vermieden werden, weil es verboten ist, mehr Eizellen zu befruchten, als in einem Zyklus übertragen werden sollen. Gleichwohl hätte der Gesetzgeber auch hier den Vorrang der Kryokonservierung von Eizellen vor der von Embryonen im Gesetz verankern können. Ob es unter Abschaffung des Embryonenschutzgesetzes zu einem Fortpflanzungsmedizingesetz in der Bundesrepublik Deutschland kommt, ist derzeit noch nicht abzuschätzen. Ein Wandel ist allerdings politisch im Gespräch.

10.4.8 Geschlechtsumwandlung und Kastration

Das Gesetz über die Änderung der Vornamen und die Feststellung der Geschlechtszugehörigkeit in besonderen Fällen – **Transsexuellengesetz (TSG)** vom 10.9.1980 (BGBl. I S. 1654) – regelt nicht die Geschlechtsumwandlung selbst, sondern in zwei unterschiedlichen Verfahren die Folgen, die sich daraus ableiten lassen, dass ein Mensch aufgrund transsexueller Prägung sich zu einem anderen als dem eigenen Geschlecht hingezogen fühlt. Zum einen ist dies die Änderung des Vornamens (kleine Lösung) sowie die gerichtliche Feststellung der Geschlechtszugehörigkeit (große Lösung).

Nach der **kleinen Lösung** ändert das Gericht auf Antrag des Betroffenen den Vornamen. Voraussetzung ist, das sich das Zugehörigkeitsempfinden zum anderen Geschlecht mit hoher Wahrscheinlichkeit nicht mehr ändern wird und der Antragsteller das 25. Lebensjahr vollendet hat.

Nach der **großen Lösung** stellt das Gericht das Geschlecht im Wege einer Personenstandsänderung fest. Voraussetzung hierfür ist, dass die antragstellende Person nicht verheiratet, dauernd fortpflanzungsunfähig ist und sich einem geschlechtsverändernden Eingriff unterzogen hat, durch den eine deutliche Annäherung des Erscheinungsbildes an das andere Geschlechts herbeigeführt worden ist. Die Altersgrenze von 25 Jahren, die das Gesetz ebenfalls zur Voraussetzung für die Feststellung macht, ist verfassungswidrig (BVerfG NJW 1982, 2061).

Erforderlich sind bei beiden Verfahren **Gutachten** zweier unabhängig voneinander tätiger Sachverständiger, die mit den Problemen der Transsexuellen ausreichend vertraut sind.

Es ist dies die völlige operative Entfernung oder **Ausschaltung der Keimdrüsen** (Hoden, Eierstöcke). Die Kastration ist im Vergleich zur Sterilisation der wesentlich radikalere Eingriff.

Unter das Gesetz über die freiwillige Kastration und andere Behandlungsmethoden (Gesetz vom 15.8.1969 BGBl. I S. 1143) fällt nur die Kastration zur Eindämmung des Geschlechtstriebs. Dieses Gesetz regelt neben der Kastration bei Männern mit abnormen Geschlechtstrieb andere Behandlungsmethoden bei triebgestörten Männern und Frauen.

Die Kastration des Mannes bedarf der **Einwilligung der Betroffenen.** Sie ist nur wirksam, wenn er vorher über Grund, Bedeutung und Folgen der Kastration, über andere Behandlungsmöglichkeiten, sowie über sonstige Umstände aufgeklärt wurde, denen er erkennbar Bedeutung für seine Einwilligung beimisst. Ist der Betroffene außer Stande, Grund und Bedeutung der Kastration einzusehen oder die unmittelbaren Folgen der Kastration zu verstehen, so ist der Eingriff nur zulässig, wenn er über die Kastration aufgeklärt wurde und wenigstens verstanden hat, welche unmittelbaren Folgen eine Kastration hat und der für ihn bestellte Betreuer, zu dessen Aufgabenbereich es gehört, in die Kastration nach entsprechender Aufklärung einzuwilligen, eingewilligt hat.

Ist der Betroffene außer Stande, die unmittelbaren Folgen der Kastration zu verstehen, so ist die Kastration durch einen Arzt zulässig, wenn sie nach den Erkenntnissen der medizinischen Wissenschaft angezeigt ist und vorgenommen wird, um eine lebensbedrohliche Krankheit des Betroffenen zu verhindern, zu heilen oder zu lindern.

Die operative Kastration nach § 2 KastrG erfordert die Einschaltung einer **Gutachterstelle.** Bei den anderen Behandlungsmethoden nach § 4 KastrG muss die Gutachterstelle nur dann eingeschaltet werden, wenn der Betroffene außer Stande ist, Grund und Bedeutung der Behandlung voll einzusehen und seinen Willen hier nach zu bestimmen oder wenn er das 21. Lebensjahr noch nicht vollendet hat.

10.4.9 Betreuungsrecht

Seit dem 1. Januar 1992 ist an die Stelle der Vorschriften über die Vormundschaft über Volljährige und die Pflegschaft für Gebrechliche im BGB das einheitliche Rechtsinstitut der Betreuung getreten.

Definition

Betreuung ist staatlicher Beistand in Form von tatsächlicher und Rechtsfürsorge.

Voraussetzung für die Betreuung. Das Betreuungsrecht ist geprägt von dem Gedanken, dem Menschen möglichst lange seine persönliche und rechtliche **Autonomie** zu erhalten. Eine Betreuung darf daher nur angeordnet werden, wenn sie erforderlich ist, weil der Betreute außer Stande ist, seine Angelegenheiten selbst zu erledigen. Aus diesem Grund ist sie auch nur auf denjenigen Bereich beschränkt anzuordnen, in welchem Betreuungsbedarf besteht.

Hat der Betreute für den Fall seiner alters- oder krankheitsbedingten Geschäftsunfähigkeit generell oder für Teilgebiete (wie etwa die Entscheidung über medizinische Behandlungsmaßnahmen) eine Alters- oder Vorsorgevollmacht erteilt, so ist für die Anordnung einer Betreuung kein Raum. Hauptgebiete für die Anordnung einer Betreuung sind neben der medizinischen Behandlung, die Bestimmung des Aufenthaltsortes und die Vermögenssorge.

§ 1896 Voraussetzung der Betreuung

(1) Kann ein Volljähriger auf Grund einer psychischen Krankheit oder einer körperlichen, geistigen oder seelischen Behinderung seine Angelegenheiten ganz oder teilweise nicht besorgen, so bestellt das Vormundschaftsgericht auf seinen Antrag oder von Amts wegen für ihn einen Betreuer. Den Antrag kann auch ein Geschäftsunfähiger stellen. Soweit der Volljährige auf Grund einer körperlichen Behinderung seine Angelegenheiten nicht besorgen kann, darf der Betreuer nur auf Antrag des Volljährigen bestellt werden, es sei denn, dass dieser seinen Willen nicht kundtun kann.
(2) Ein Betreuer darf nur für Aufgabenkreise bestellt werden, in denen die Betreuung erforderlich ist. Die Betreuung ist nicht erforderlich, soweit die Angelegenheiten des Volljährigen durch einen Bevollmächtigten ebenso gut wie durch einen Betreuer besorgt werden können.

Für den ärztlichen Heileingriff gilt dabei Folgendes: Nichteinwilligungsfähige volljährige Patienten müssen für den Bereich der ärztlichen Behandlung einen Betreuer erhalten. Der Arzt hat diesen aufzuklären und dessen Einwilligung einzuholen. Daneben hat er – wie im Übrigen der Betreuer auch – den Willen des Betreuten zu beachten und seine Entscheidung hieran auszurichten. Droht dem Betreuten durch die ärztliche Behandlung Lebensgefahr oder die Gefahr einer schweren oder länger anhaltenden gesundheitlichen Schädigung, so bedarf die Einwilligung des Betreuers in den Heileingriff zusätzlich noch der Genehmigung durch das Vormundschaftsgericht. Die Gefahr muss konkret und ernstlich sein; allgemeine Risiken, wie sie etwa mit jeder Narkose verbunden sind, führen nicht zur Genehmigungsbedürftigkeit. Ist Gefahr im Verzuge, darf auch ohne Genehmigung gehandelt werden (1904 BGB).

§ 1904 Ärztliche Maßnahmen

(1) Die Einwilligung des Betreuers in eine Untersuchung des Gesundheitszustandes, eine Heilbehandlung oder einen ärztlichen Eingriff bedarf der Genehmigung des Vormundschaftsgerichts, wenn die begründete Gefahr besteht, dass der Betreute auf Grund der Maßnahme stirbt oder einen schweren und länger dauernden gesundheitlichen Schaden erleidet. Ohne die Genehmigung darf die Maßnahme nur durchgeführt werden, wenn mit dem Aufschub Gefahr verbunden ist.
(2) Absatz 1 gilt auch für die Einwilligung eines Bevollmächtigten. Sie ist nur wirksam, wenn die Vollmacht schriftlich erteilt ist und die in Absatz 1 Satz 1 genannten Maßnahmen ausdrücklich umfasst.

Für Patienten, die auf Intensivstationen in Krankenhäusern überwacht und/oder gepflegt werden müssen, ist ebenfalls ein Betreuer zu bestellen, wenn abzusehen ist, dass dieser Zustand kein vorübergehender sein wird und sich die Notwendigkeit ergeben kann, therapeutische Maßnahmen oder auch diagnostische Eingriffe von größerer Tragweite durchzuführen.

Die Sterilisation Betreuter. In § 1905 BGB ist als Sondervorschrift zu § 1904 BGB derjenige ärztliche Eingriff geregelt, der in einer Sterilisierung des Betreuten besteht und zwar sowohl des weiblichen als auch des männlichen. In die Sterilisation kann der Betreuer nur aus bestimmten, in § 1905 abschließend aufgeführten, Gründen einwilligen. Überdies benötigt er dazu die Genehmigung des Vormundschaftsgerichts.

§ 1905 Sterilisation

(1) Besteht der ärztliche Eingriff in einer Sterilisation des Betreuten, in die dieser nicht einwilligen kann, so kann der Betreuer nur einwilligen, wenn
1. die Sterilisation dem Willen des Betreuten nicht widerspricht,
2. der Betreute auf Dauer einwilligungsunfähig bleiben wird,
3. anzunehmen ist, dass es ohne die Sterilisation zu einer Schwangerschaft kommen würde,
4. infolge dieser Schwangerschaft eine Gefahr für das Leben oder die Gefahr einer schwerwiegenden Beeinträchtigung des körperlichen oder seelischen Gesundheitszustandes der Schwangeren zu erwarten wäre, die nicht auf zumutbare Weise abgewendet werden könnte, und
5. die Schwangerschaft nicht durch andere zumutbare Mittel verhindert werden kann.
Als schwerwiegende Gefahr für den seelischen Gesundheitszustand der Schwangeren gilt auch die Gefahr eines schweren und nachhaltigen Leides, das ihr drohen würde, weil vormundschaftsgerichtliche Maßnahmen, die mit ihrer Trennung vom Kind verbunden wären (§§ 1666, 1666a), gegen sie ergriffen werden müssten.
(2) Die Einwilligung bedarf der Genehmigung des Vormundschaftsgerichts. Die Sterilisation darf erst zwei Wochen nach Wirksamkeit der Genehmigung durchgeführt werden. Bei der Sterilisation ist stets der Methode der Vorzug zu geben, die eine Refertilisierung zulässt.

Die Unterbringung Betreuter. Das Betreuungsgesetz hält an dem Nebeneinander von zivilrechtlicher und öffentlich-rechtlicher Unterbringung fest; das gerichtliche Verfahren ist aber für beide Unterbringungsarten im Gesetz über die freiwillige Gerichtsbarkeit (FGG) geregelt. Unter welchen Voraussetzungen ein Betreuter untergebracht werden kann, ergibt sich aus § 1906 BGB. Sie ist nur zulässig, solange sie zum Wohl des Betreuten erforderlich ist, weil er psychisch erkrankt ist oder weil die Untersuchung des Gesundheitszustandes, eine Heilbehandlung oder ein ärztlicher Eingriff notwendig ist, der ohne die Unterbringung nicht durchgeführt werden kann. Die Unterbringung ist nur mit Genehmigung des Vormundschaftsgerichts zulässig, ohne sie nur bei Gefahr im Verzuge. Entfallen die Voraussetzungen für die Unterbringung, so hat der Betreuer sie zu beenden.

§ 1906 Unterbringung

(1) Eine Unterbringung des Betreuten durch den Betreuer, die mit Freiheitsentziehung verbunden ist, ist nur zulässig, solange sie zum Wohl des Betreuten erforderlich ist, weil

1. auf Grund einer psychischen Krankheit oder geistigen oder seelischen Behinderung des Betreuten die Gefahr besteht, dass er sich selbst tötet oder erheblichen gesundheitlichen Schaden zufügt, oder
2. eine Untersuchung des Gesundheitszustandes, eine Heilbehandlung oder ein ärztlicher Eingriff notwendig ist, ohne die Unterbringung des Betreuten nicht durchgeführt werden kann und der Betreute auf Grund einer psychischen Krankheit oder geistigen oder seelischen Behinderung die Notwendigkeit der Unterbringung nicht erkennen oder nicht nach dieser Einsicht handeln kann.

(2) Die Unterbringung ist nur mit Genehmigung des Vormundschaftsgerichts zulässig. Ohne die Genehmigung ist die Unterbringung zur zulässig, wenn mit dem Aufschub Gefahr verbunden ist; die Genehmigung ist unverzüglich nachzuholen.

(3) Der Betreuer hat die Unterbringung zu beenden, wenn ihre Voraussetzungen wegfallen. Er hat die Beendigung der Unterbringung dem Vormundschaftsgericht anzuzeigen.

(4) Die Absätze 1–3 gelten entsprechend, wenn dem Betreuten, der sich in einer Anstalt, einem Heim oder einer sonstigen Einrichtung aufhält, ohne untergebracht zu sein, durch mechanische Vorrichtungen, Medikamente oder auf andere Weise über einen längeren Zeitraum oder regelmäßig die Freiheit entzogen werden soll.

(5) Die Unterbringung durch einen Bevollmächtigten und die Einwilligung eines Bevollmächtigten in Maßnahmen nach Absatz 4 setzt voraus, dass die Vollmacht schriftlich erteilt ist und die in den Absätzen 1 und 4 genannten Maßnahmen ausdrücklich umfasst. Im Übrigen gelten die Absätze 1–4 entsprechend.

10.4.10 Landesrechtliche Vorschriften

Das Gesundheitsrecht als Teil des Medizinrechts ist nach der grundgesetzlichen Zuständigkeitsverteilung Landesrecht und in Landesgesetzen geregelt, von denen nachfolgend ebenfalls einige wichtigere beispielhaft am Landesrecht in Baden-Württemberg abgehandelt werden.

Wichtig

Die Arbeit mit landesrechtlichen Vorschriften erfordert immer diejenigen heranzuziehen, die im jeweiligen Bundesland gelten. Andere heranzuziehen ist fehlerhaft und verstößt gegen die Berufsordnung.

Bestattungsrecht (Leichenschaurecht)

Die Leichenschau ist in den einzelnen Bundesländern durch Gesetze über das Friedhofs- und Leichenwesen geregelt und zum Teil durch zusätzliche Verordnungen und Erlasse präzisiert. Die für den Arzt wesentlichen Bestimmungen sind jedoch inhaltlich ebenso wie die formale Durchführung der Leichenschau gleich. Die Anzeigepflichten bei ungeklärtem Tod sind teilweise unterschiedlich geregelt. Hier muss sich der Arzt im jeweiligen Bundesland über die genauen Bestimmungen vergewissern.

Jede Leiche muss unverzüglich von einem Arzt untersucht werden. Zuständig ist der Krankenhausarzt für im Krankenhaus Verstorbene, der ersuchte niedergelassene Arzt für außerhalb des Krankenhauses Verstorbene. Der Notarzt ist in keinem Bundesland mehr zur Leichenschau verpflichtet, kann sie jedoch durchführen. Der Notarzt hat jedoch die Pflicht, den Tod des Patienten verbindlich festzustellen und bei nichtnatürlichem Tod und ggf. bei ungeklärtem Tod die nächste Polizeidienststelle zu verständigen. Insofern muss der Notarzt die Leichenschau zumindest teilweise durchführen.

Wichtigster Zweck der Leichenschau ist die **sichere Todesfeststellung**. Die Leichenschaudiagnosen sind gleichzeitig Grundlage der amtlichen Todesursachenstatistik. Die Leichenschau dient darüber hinaus der Erkennung von Tötungsdelikten sowie der Tatsachenfeststellung für zivil-, versicherungs- und versorgungsrechtliche Fragen.

Die Pflichten des Arztes bei der Leichenschau umfassen die **Feststellung des Todeseintritts, des Todeszeitpunktes, der Todesart und der Todesursache**, die Prüfung der **Identität** des Verstorbenen und einer eventuellen **Ansteckungsgefahr** sowie die Ausstellung des **Totenscheins**. Bei nichtnatürlichem Tod, in manchen Bundesländern auch bei der ungeklärten Todesart, und bei unbekannten Leichen muss der Arzt die nächste Polizeidienststelle verständigen, bei Vorliegen von Tatbeständen aus dem Infektionsschutzgesetz das Gesundheitsamt.

Regional sind so genannte vorläufige Todesbescheinigungen teils offiziell zugelassen, teils von den Behörden geduldet. Der Notarzt stellt hier lediglich den Tod fest und hinterlässt die vorläufige Todesbescheinigung für den nachfolgenden Leichenschauarzt. Die Pflicht des Notarztes, die ordnungsgemäße Durchführung der Leichenschau zu veranlassen und bei nichtnatürlichem Tod bzw. ungeklärter Todesart selbst vorab die nächste Polizeidienststelle zu verständigen, bleibt hiervon unberührt.

Beim ungeklärten Tod ist die Meldepflicht an die nächste Polizeidienststelle in den einzelnen Bundesländern unterschiedlich geregelt. In manchen Bundesländern gibt es auch bei der Todesart „ungeklärt“ eine Meldepflicht, in anderen Bundesländern nicht. Hier muss der Arzt die jeweils geltende gesetzliche Regelung beachten.

Unterbringungsrecht

Die landesrechtlichen Unterbringungsgesetze und das Betreuungsgesetz halten an dem Nebeneinander von zivilrechtlicher und öffentlich-rechtlicher Unterbringung fest; das gerichtliche Verfahren ist aber für beide Unterbringungsarten im Gesetz über die **freiwillige Gerichtsbarkeit (FGG)** geregelt. Unter welchen Voraussetzungen ein psychisch Kranker untergebracht werden kann, ergibt sich (auch) aus den Unterbringungsgesetzen der Länder.

Zum Schutz für sich selbst und andere kann die sofortige fürsorgliche Aufnahme des Patienten in eine anerkannte Einrichtung (psychiatrisches Zentrum) genommen werden, noch ehe das Verfahren auf Unterbringung eingeleitet worden ist.

Voraussetzung für eine sofortige fürsorgliche Unterbringung ist das **Gutachten** eines Arztes (der nicht der einweisende Arzt und der Arzt der Einrichtung sein darf), der darin die zwingenden Gründe für die Unterbringungsbedürftigkeit darlegen muss.

Einzig die Behandlung eines psychiatrischen Patienten, der anderen oder sich unmittelbar Schaden zufügen wird, wenn nicht eingeschritten wird, berechtigt nach geltender Rechtslage das Personal des Rettungswesens, die Hilfe der Polizeibehörden in Anspruch zu nehmen und diese auch zu Hilfe zu rufen. Ansonsten verbietet die Ärztliche Schweigepflicht dieses Vorgehen in aller Regel.

Krankenhausrecht

Die Zuständigkeit des Bundes im Krankenhauswesen beschränkt sich auf die Finanzierung der Krankenhäuser und die Regelung der Pflegesätze sowie Regelungen für die stationäre Patientenversorgung in der gesetzlichen Krankenversicherung. Daher findet sich die Definition dessen, was ein Krankenhaus ausmacht, zum einen im **Krankenhausfinanzierungsgesetz**, zum anderen im **§ 107 SGB V**. Danach sind Krankenhäuser Einrichtungen, in denen durch ärztliches und nichtärztliches Personal Krankheiten, Leiden oder Körperschäden festgestellt, geheilt oder gelindert werden oder Geburtshilfe geleistet wird, und in denen die zu versorgenden Patienten untergebracht und verpflegt werden können. Keine Krankenhäuser in diesem Sinne sind Vorsorge- und Rehabilitationseinrichtungen.

Auch die **Krankenhausplanung** ist Aufgabe der Länder. Es hat sich dabei eingebürgert, von vier unterschiedlichen Versorgungsstufen auszugehen. Grundversorgung (100–150 Betten), Regelversorgung (bis 450 Betten), Zentralversorgung (bis 800 Betten) und Maximalversorgung (1.000 Betten). Die Zuweisung zu einer der Stufen und die Aufnahme in den Krankenhausbedarfsplan ist Voraussetzung dafür, dass die Träger der Krankenhäuser nach den Vorschriften des Krankenhausfinanzierungsgesetzes eine staatliche Förderung erhalten, aus der sie die erforderlichen Investitionen für die Krankenhäuser bestreiten können. Der geplante Übergang der Krankenhausfinanzierung auf die Krankenkassen unter Aufgabe der staatlichen Förderung ist jedenfalls zum Zeitpunkt der Drucklegung dieser Zeilen noch nicht Gesetz geworden. Es bleibt also bei der 1972 geschaffenen dualen Finanzierung. Dies bedeutet: Der Staat finanziert die Investitionen, die für die Krankenhäuser erforderlich werden, aus Steuermitteln. Die Kosten eines sparsam und wirtschaftlich arbeitenden Krankenhauses hat sein Träger durch Abrechnung von Krankenhausleistungen zu erbringen. Die im Krankenhaus erbrachten Leistungen kann der Träger als Fallpauschalen oder Sonderentgelte aber auch über tagesgleiche Basispflegesätze, Abteilungspflegesätze oder teilstationäre Pflegesätze abrechnen. Diese Abrechnungsmöglichkeiten sollen bis 2004 durch diejenigen auf der Grundlage der DRG's (diagnosis related groups) abgelöst werden.

Seit 1992 ist in der Krankenhausfinanzierung das Selbstkostendeckungsprinzip abgeschafft. Um die Kostensteigerung im Krankenhaussektor zu begrenzen, wurden die Kostenanstiege zunächst an die Grundlohnsummenerhöhung angebunden, die der Beitragssteigerung in der Sozialversicherung zu Grunde liegt. Ab 1995 schließlich sind die Budgets auf der Grundlage von 1995 eingefroren worden und steigen nur noch in dem Umfang, wie die Tariferhöhung des BAT ansteigt.

Welche **Rechtsform** der ein Krankenhaus betreibende Träger hat, ist in keinem Gesetz vorgeschrieben. Daher können grundsätzlich für die Trägerschaft alle Rechtsformen des Privat-, Handels- sowie des öffentlichen Rechts gewählt werden (Stiftung, eingetragener Verein, oHG, KG, GmbH, AG, Stiftung des öffentlichen Rechts, Anstalt, Eigenbetrieb). Auch bezüglich der internen Struktur der Krankenhäuser machen die landesrechtlichen Vorschriften nur teilweise, und wenn ja, uneinheitliche Vorgaben. In der Praxis hat sich für die Leitung eines Krankenhauses die Einsetzung eines **Dreiergremiums** eingebürgert. Es besteht aus einem Arzt als **Leitendem Ärztlichen Direktor**, einem Verwaltungsfachmann als **Verwaltungsdirektor** und einer Leitenden Pflegekraft, dem **Pflegedirektor**. Der Leitende Ärztliche Direktor ist üblicherweise zugleich Chefarzt einer der Abteilungen oder Kliniken des Krankenhauses in Personalunion.

Das Direktorium (wie es auch gelegentlich genannt wird) hat das Krankenhaus zu leiten. Hierfür ist es dem Träger gegenüber verantwortlich. Es hat insbesondere darauf zu achten, dass Rechtsvorschriften, die sich an die Leitung der Einrichtung als Normadressaten richten, auch eingehalten und umgesetzt werden (z.B. Medizinproduktegesetz, Medizinproduktebetreiberverordnung, Arbeitszeitgesetz). Zugleich hat das Leitungsgremium die Verantwortung dafür zu tragen, dass die Grundsätze der Wirtschaftlichkeit und Sparsamkeit eingehalten werden und die Leistungsfähigkeit des Krankenhauses gewährleistet wird. Schließlich hat das Leitungsgremium dafür zu sorgen, dass den Patienten durch die Behandlung kein Schaden entsteht.

Über die Einbindung der Krankenhäuser mit dem Notarztdienst in das organisierte Rettungswesen findet sich in den Krankenhausgesetzen der Länder nichts. Gelegentlich enthält das Rettungsdienstgesetz den Satz, dass geeignete Krankenhäuser Ärzte für den Notarztdienst zur Verfügung stellen sollen. Dass dieses Zur-Verfügung-Stellen nicht im Rahmen des Sicherstellungsauftrages der Kassenärztlichen Vereinigung erfolgen soll, ergibt sich neuestens aus § 76 SGB V. Der Rettungsassistent jedenfalls tritt zum Krankenhaus in keine Rechtsbeziehung.

Das Krankenhaus ist eine Nahtstelle zwischen ambulanter und stationärer Versorgung der Notfallpatienten. Manche Krankenhausgesetze (der Länder) haben u.a. deshalb eine Pflicht des Krankenhauses begründet, Patienten, die stationärer Behandlung bedürfen, zunächst einmal aufnehmen zu müssen, ehe nach Untersuchung des Patienten über eine Verlegung in ein anderes geeignetes Krankenhaus entschieden wird. Geeignetes Krankenhaus ist nach den Rettungsdienstgesetzen nahezu einhellig das nächst erreichbare Krankenhaus. Die Entscheidung über die Behandelbarkeit des Patienten und/oder seine Verlegbarkeit ist eine Aufgabe, die vom aufnehmenden Arzt eines Krankenhauses nach gewissenhafter Prüfung zu treffen ist.

Vertragliche Beziehungen mit dem aufnehmenden Krankenhaus und dem (bewusstlosen) Notfallpatienten entstehen nicht. Die erforderliche Behandlung richtet sich nach der Geschäftsführung ohne Auftrag, entsprechend dem mutmaßlichen Willen und dem Interesse des Notfallpatienten. Ansonsten schließen Patienten, die in der gesetzlichen Krankenversicherung versichert sind und die stationärer oder vor- oder teilstationärer Behandlung bedürfen, mit dem Krankenhaus einen totalen **Krankenhausaufnahmevertrag**, der sämtliche erforderlichen ärztlichen wie nichtärztlichen Leistungen umfasst. Der Krankenhausaufnahmevertrag kann auch als gespaltener Krankenhausaufnahmevertrag geschlossen werden, wenn mit dem behandelnden Arzt ein Zusatzvertrag über die ärztliche Leistung beschlossen wird. Der Vertrag mit dem Krankenhaus umfasst dann nur die nichtärztliche Leistung einschließlich der „Hotelleistungen" (Verpflegung und Unterbringung).

Rettungsdienstrecht

Das Rettungswesen umfasst zwei Organisationen, den Rettungs- und den Notarztdienst. Während die Organisation des Rettungsdienstes in den Rettungsdienst- und Feuerwehrgesetzen der Bundesländer geregelt ist, fehlen in diesen Gesetzen aus kompetenzrechtlichen Gründen Vorschriften für die Organisation des Notarztdienstes.

§ 75 SGB V bestimmt nunmehr ausdrücklich, dass die notärztliche Leistung nicht zur vertragsärztlichen Versorgung nach dem Sicherstellungsauftrag gehört, es sei denn, das Landesrecht regle dies anders. Es bleibt abzuwarten, in welchem Umfang die Länder von dieser Ermächtigung zur abweichenden Regelung Gebrauch machen werden. Abzuwarten bleibt auch, ob und wie weit die hierfür zuständigen Landesgesetzgeber die bisherigen Vorschriften über die Einbindung von Notärzten in den Rettungsdienst ändern werden und was künftig mit denjenigen Vertragsärzten geschieht, die diesen Dienst in Ländern versehen, in denen der Notarztdienst dann nicht mehr zum Sicherstellungsauftrag gehört. Nach der jetzt Gesetz gewordenen Regelung sind die den Rettungsdienst durchführenden Hilfsorganisationen jedenfalls nicht gehindert selbst Notärzte einzustellen und zu beschäftigen.

Die erforderliche **Kooperation** beider Dienste wird meist gesetzlich in der Weise sichergestellt, dass Träger geeigneter Krankenhäuser Ärzte für den Notarztdienst zur Verfügung stellen sollen oder niedergelassene Ärzte im Rahmen des Sicherstellungsauftrages hieran teilnehmen. Einheitlich gehen die gesetzlichen Vorschriften davon aus, dass die eingesetzten Ärzte über die Kenntnisse und Fähigkeiten des Fachkundenachweises „Rettungsdienst" oder der entsprechenden Zusatzbezeichnung verfügen. Dem Einsatz von Ärzten im Praktikum durch besonders kostenbewusste Krankenhausträger hat die Bundesärztekammer eindeutig eine Absage erteilt.

Die Unterrepräsentation des ärztlichen Elements, vor allem im Bereich der mit der Durchführung des Rettungsdienstes beauftragten Organisation, wurde seit langem beklagt. In den neuen Bundesländern haben die Gesetzgeber aus dem System der ehemaligen SMH die Position des für ärztliche Belange des Rettungsdienstes zuständigen Arztes (Ärztlicher Leiter Rettungsdienst) in die neuen Rettungsdienstgesetze übernommen. Er ist hauptberuflich für die Probleme des Dienstes zuständig, soll aber zugleich in diesem Dienst zur Hälfte seiner Arbeitszeit tätig sein. Die Überwachung der Aus-, Fort- und Weiterbildung des nichtärztlichen Personals ist ihm als wichtigste Aufgabe übertragen. Ansonsten ist das Aufgabengebiet noch nicht definitiv festgelegt.

Die Rechtsgrundlagen des Rettungsdienstes. Die Rettungsdienstgesetze der Länder regeln die Trägerschaft (zumeist subsidiärer Träger die Gebietskörperschaften sowie Durchführung durch hierzu bereite Organisationen, wie die anerkannten Hilfsorganisationen und die Feuerwehr), die Hilfsfrist, die Einbindung des Notarztes, des Leitenden Notarztes, selten die des Ärztlichen Leiters Rettungsdienst. Die neueren Gesetze trennen den Krankentransport ab und ziehen die Möglichkeit vor, ihn zu privatisieren. Von den Rettungsleitstellen aus werden auch andere Hilfsdienste gelenkt (integrierte Leitstellen) und damit die Monopolstellung der bisherigen Träger der Rettungsleitstellen abgeschafft.

Aufgabenverteilung. Der Rettungsdienst hat die Aufgabe, mit dem vom Träger bereitgestellten Personal, den Fahrzeugen und Geräten Notfallpatienten (Patienten mit lebensbedrohlichen Erkrankungen) am Notfallort nach notfallmedizinischen Grundsätzen zu versorgen, sie transportfähig zu machen und sie unter sachgerechter Betreuung während des Transports in ein für die weitere Versorgung geeignetes Krankenhaus zu befördern.

Aufgabe des Notarztdienstes – nicht des kassenärztlichen Notfall- und/oder Bereitschaftsdienstes – ist es, Notfallpatienten im Zusammenwirken mit Personal, Fahrzeugen und Geräten des Rettungsdienstes, durch notfallmedizinisch ausgebildete Ärzte, ärztliche Hilfe am Notfallort und auf dem Transport zukommen zu lassen.

Katastrophenrecht

Die Katastrophenmedizin kann definiert werden als Lehre und Praxis von der Planung, Organisation und Durchführung der medizinischen Versorgung in Katastrophenfällen.

Definition

Katastrophe
Sie ist ein allgemeiner Not- oder Unglücksfall, der Menschen in einer so großen Zahl gesundheitlich schädigt oder gefährdet, dass die örtlich verfügbaren Mittel für ihre Versorgung nicht ausreichen.

Die Katastrophe ist ein Unglücksfall im Sinne des § 323c StGB, der jeden – und nicht nur den Arzt – verpflichtet, im Rahmen des Zumutbaren den Verletzten oder Kranken die beste, die wirksamste Hilfe zu leisten, zu der er nach seinen persönlichen Kenntnissen und Fähigkeiten imstande ist, und diese Hilfe sofort zu leisten. Wer sich dieser Pflicht vorsätzlich entzieht, macht sich wegen unterlassener Hilfeleistung strafbar oder verstößt gegen die in den Katastrophenschutzgesetzen der Länder (z.B. § 23 KatSG b.w.) normierte Hilfeleistungspflicht. Dieser Verstoß kann als Ordnungswidrigkeit geahndet werden.

Prinzipien medizinischer Versorgung im Katastrophenfall. Da im Katastrophenfall nicht alle Opfer gleichzeitig und gleichwertig versorgt werden können, muss als beste, als wirksamste Hilfe im Sinne des § 323c StGB diejenige medizinische Versorgung gelten, die in Abwägung der Gesamtsituation ein Optimum an Gefahrenabwehr für alle leistet. Die Notwendigkeit und Dringlichkeit der Behandlung einerseits und ihre Erfolgsaussichten andererseits sind danach die Kriterien, anhand derer sich die Priorität der Hilfeleistung für den Einzelnen im Sinne der Triage und ihre Begrenzung auf das unbedingt Erforderliche auch aus rechtlicher Sicht bemisst.

Nichts anderes kann auch dann gelten, wenn der am Katastropheneinsatz Mitwirkende – etwa auf Grund seiner besonderen Einsatzverpflichtung, ähnlich wie der Notarzt und der Notfallarzt – gegenüber den Katastrophenopfern eine Garantenstellung hat. Die Pflichten aus dieser Garantenstellung gegenüber dem einzelnen Hilfsbedürftigen sind mit dem Blick auf die Gesamtsituation zu bestimmen und damit nach den skizzierten Grundsätzen von vornherein im Sinne einer Prioritätenfolge zu limitieren. Der Arzt verletzt also mit der Triage nach dem allgemeinen strafrechtlichen Grundsatz des „ultra posse nemo obligetur" keine Behandlungspflichten gegenüber den zurückgestellten. Er erfüllt vielmehr, wenn er im Rahmen der Triage das ihm Mögliche tut, die Verpflichtung, die er von Rechts wegen hat. Dieser Grundsatz gilt im Übrigen auch für denjenigen Notarzt, der unerwartet einer Mehrzahl von Verletzten gegenüber steht, die er nicht alle gleichzeitig versorgen kann.

10.5 Arzt-Patienten-Verhältnis

R. Dettmeyer, B. Madea

Das Verhältnis zwischen Arzt und Patient soll getragen sein von **gegenseitigem Respekt** und **Vertrauen**. Dazu gehört auch, dass bestehende rechtliche Vorgaben eingehalten werden. Der Behandlungsvertrag zwischen Arzt und Patient wird nach dem Dienstvertragsrecht des Bürgerlichen Gesetzbuches (§§ 611 ff. BGB) beurteilt. Zahlreiche Haupt- und Nebenpflichten aus dem Arzt-Patienten-Vertrag sind zusätzlich gesetzlich festgeschrieben. Hier reicht das Spektrum von explizit vorgeschriebenen Vorgaben für die ärztliche Aufklärung (z.B. bei der Lebendorganspende) bis zu detaillierten Vorgaben zum Umfang der ärztlichen Aufklärungspflicht (z.B. gemäß § 6 TFG bei der Blutspende). Weiterhin sind in zahlreichen Vorschriften inzwischen Vorgaben zum Umfang der ärztlichen Dokumentation festgelegt (z.B. für alle Zwangsmaßnahmen bei Psychiatrie-Patienten). Schließlich lassen sich aus der mittlerweile reichen Kasuistik der Rechtsprechung Rechte und Pflichten für Arzt und Patient herleiten.

Arzt-Patienten-Vertrag

Der Abschluss eines Arzt-Patienten-Vertrages bedarf nicht der Schriftform. Im Regelfall kommt es zum Abschluss eines Vertrages durch konkludentes Verhalten beider Vertragsparteien, des Arztes wie des Patienten, sobald etwa bei einem Telefonat der Patient den Arzt erkennbar konsultiert und dieser entsprechenden medizinischen Rat erteilt.

Der nach Dienstvertragsrecht zu beurteilende Behandlungsvertrag zwischen Arzt und Patient verpflichtet den Arzt zu einer medizinischen Behandlung nach den Regeln der ärztlichen Kunst. Dabei hat der Arzt, wie der Wortlaut des § 611 BGB zeigt, nicht für den Erfolg der Behandlung einzustehen, sondern ist zur Leistung der versprochenen Dienste, mithin zu einer medizinischen Versorgung entsprechend ärztlichem Standard, verpflichtet.

§ 611 Wesen des Dienstvertrags

(1) Durch den Dienstvertrag wird derjenige, welcher Dienste zusagt, zur Leistung der versprochenen Dienste, der andere Teil zur Gewährung der vereinbarten Vergütung verpflichtet.

Im Rahmen des Arzt-Patienten-Vertrages muss der Arzt als Vertragspartner seine vertraglichen Pflichten mit der dem ärztlichen Standard entsprechenden erforderlichen Sorgfalt erfüllen; kommt es vorsätzlich oder fahrlässig zu einem Behandlungsfehler, dann haftet der Arzt durch Vertrag für eigenes Verschulden. Dazu heißt es in § 276 BGB:

§ 276 Haftung für eigenes Verschulden

(1) Der Schuldner hat, sofern nicht ein anderes bestimmt ist, Vorsatz und Fahrlässigkeit zu vertreten. Fahrlässig handelt, wer die im Verkehr erforderliche Sorgfalt außeracht lässt. ...

Darüber hinaus haftet der behandelnde Arzt auch dann durch Vertrag, wenn die Personen, derer er sich zur Erfüllung seiner Verpflichtungen aus dem Arzt-Patienten-Vertrag bedient, nicht mit der erforderlichen Sorgfalt arbeiten. Diese Haftung für den Erfüllungsgehilfen ist in § 278 BGB festgeschrieben.

§ 278 S. 1 Verschulden des Erfüllungsgehilfen

Der Schuldner hat ein Verschulden seines gesetzlichen Vertreters und der Personen, deren er sich zur Erfüllung seiner Verbindlichkeit bedient, in gleichem Umfange zu vertreten wie eigenes Verschulden.

Für die zivilrechtliche vertragliche Haftung ist zu bedenken, dass vertragliche Ansprüche etwa auf Schadensersatz nach einem Behandlungsfehler regelmäßig erst nach 30 Jahren verjähren (§ 195 BGB). Zusätzlich haftet der Arzt nach dem Recht der unerlaubten Handlungen (Deliktsrecht des BGB) auf Schadensersatz und Schmerzensgeld (§§ 823, 847). Dazu heißt es in § 823 BGB:

§ 823 Abs. 1 Schadensersatzpflicht

> Wer vorsätzlich oder fahrlässig das Leben, den Körper, die Gesundheit, die Freiheit, das Eigentum oder ein sonstiges Recht eines anderen widerrechtlich verletzt, ist dem anderen zum Ersatz des daraus entstehenden Schadens verpflichtet.

Die Verjährungsfrist für die Haftung aus Deliktsrecht beträgt 3 Jahre von dem Zeitpunkt an, in welchem der Verletzte von dem Schaden und der Person des Ersatzpflichtigen Kenntnis erlangt, ohne Rücksicht auf diese Kenntnis in 30 Jahren von der Begehung der Handlung an (§ 852 Abs. 1 BGB).

Der Behandlungsvertrag zwischen Arzt und Patient wird in bestimmten Fällen dann **nicht nach** Dienstvertragsrecht beurteilt, wenn der Arzt zu mehr manuell-handwerklicher Tätigkeit und Herstellung eines bestimmten versprochenen Werkes verpflichtet ist, etwa zur korrekten Anpassung einer Prothese. In derartigen Fällen kann Werkvertragsrecht greifen (§ 631 BGB). Da zusätzlich eine Haftung auch für Verrichtungsgehilfen (§ 831 BGB) in Betracht kommen kann, muss ausdrücklich darauf hingewiesen werden, dass sich der verantwortliche Arzt bei der Auswahl der Erfüllungs- wie Verrichtungsgehilfen aus haftungsrechtlichen Gründen von deren ausreichender Qualifikation überzeugen muss und ebenfalls regelmäßig auf deren sorgfältige Arbeitsweise zu achten hat. Die vertragliche und deliktische Arzthaftung gibt auch ◘ Tabelle 10.1 wieder.

Erfüllt der Arzt alle Vertragspflichten, so kann er in keinster Weise belangt werden, auch nicht, wenn der Patient am Ende nicht geheilt ist oder sich sein Zustand verschlechtert hat. Vertrag bedeutet zugleich, dass beide Vertragspartner übereinstimmend einen Behandlungsvertrag wollen. Das gilt sowohl für den Patienten als auch für den Arzt. Keine Seite kann – außer in Notfällen – gezwungen werden, einen Behandlungsvertrag abzuschließen. In der (Muster-) Berufsordnung für die deutschen Ärztinnen und Ärzte von 1997 ist dies in § 7 Abs. 1 und 2 MBO-Ä geregelt.

◘ Tabelle 10.1. **Zivilrechtliche Haftungsgrundlagen**

Vertrag	Delikt
Sorgfaltsmaßstab	
Ersatz des materiellen Schadens	Ersatz des materiellen Schadens
Schmerzensgeld	Schmerzensgeld
Haftung auch für Erfüllungsgehilfen	Haftung für sich selbst (Ausnahme § 831 BGB)
Verjährung 30 Jahre	Verjährung 3 Jahre

Schadensersatzansprüche können sowohl aus Vertragsverletzung als auch aus deliktischem Anspruch hergeleitet werden (oder nebeneinander geltend gemacht werden). In der Regel sind die Ansprüche aus der Vertragsverletzung weitergehend und leichter beweisbar

§ 7 Abs. 1 und 2 MBO-Ä Behandlungsgrundsätze und Verhaltensregeln

> (1) Jede medizinische Behandlung hat unter Wahrung der Menschenwürde und unter Achtung der Persönlichkeit, des Willens und der Rechte des Patienten, insbesondere des Selbstbestimmungsrechts, zu erfolgen.
> (2) Der Arzt achtet das Recht seiner Patienten, den Arzt frei zu wählen oder zu wechseln. Andererseits ist – von Notfällen oder besonderen rechtlichen Verpflichtungen abgesehen – auch der Arzt frei, eine Behandlung abzulehnen. Den begründeten Wunsch des Patienten, einen weiteren Arzt zuzuziehen, oder einem anderen Arzt überwiesen zu werden, soll der behandelnde Arzt in der Regel nicht ablehnen.

Bei der **stationären Behandlung** wird unterschieden zwischen einem gespaltenen Arzt-Krankenhaus-Vertrag (z.B. im Belegarztsystem) und einem totalen Krankenhaus-Vertrag. Bei einem gespaltenen Arzt-Krankenhaus-Vertrag wird zwischen den Leistungen des Krankenhauses und den eigenverantwortlichen Leistungen des (Beleg-) Arztes unterschieden. Der Arzt ist nicht verpflichtet, den Willen des Patienten zu respektieren, wenn dieser ärztliche Maßnahmen verlangt, für die es keine medizinische Indikation gibt. Dann kann der Abschluss eines Behandlungsvertrages abgelehnt werden. Explizit geregelt ist etwa in der Berufsordnung, dass kein Arzt gezwungen werden kann, einen Schwangerschaftsabbruch vorzunehmen (§ 14 Abs. 1 MBO-Ä 1997).

Für die oben genannten haftungsrechtlichen Grundsätze aus dem Arzt-Patienten-Vertrag wird unterschieden zwischen der so genannten „**horizontalen Arbeitsteilung**" und der so genannten „**vertikalen Arbeitsteilung**". Bei der vertikalen Arbeitsteilung trifft den verantwortlichen Arzt (Klinikdirektor, Chefarzt, Oberärzte in Vertretung des Chefarztes) eine Pflicht zur sorgfältigen Auswahl ärztlicher wie nichtärztlicher Mitarbeiter (**Cave**: Auswahlverschulden), zur Überprüfung von deren Qualifikation und zur regelmäßigen Kontrolle hinsichtlich der Ansprüche an eine dem erforderlichen Standard entsprechende Arbeit. Im Rahmen der so genannten horizontalen Arbeitsteilung werden zum Beispiel Fachärzte verschiedener medizinischer Disziplinen im Rahmen des Arzt-Patienten-Vertrages tätig. Hier haftet grundsätzlich jeder Arzt für die sein Fachgebiet treffenden Tätigkeiten, auch darf er darauf vertrauen, dass andere Mediziner auf ihrem jeweiligen Fachgebiet sorgfaltsgemäß arbeiten (sog. Vertrauensgrundsatz).

Aufklärungspflicht

Das Selbstbestimmungsrecht des Patienten verlangt zu einem frühen Zeitpunkt eine ordnungsgemäße Aufklärung. Das Ausmaß der Aufklärung richtet sich nach der Intensität und Dringlichkeit der Maßnahme. Einzelheiten zu den Anforderungen an das Aufklärungsgespräch sind in ◘ Tabelle 10.2 genannt.

Dies gilt grundsätzlich auch für **minderjährige Patienten**, für **Tumorpatienten** und für Patienten, bei denen die Aufklärung eine zusätzliche Belastung bedeuten kann, aber auch für Psychiatrie-Patienten. Hergeleitet wird die ärztliche Aufklärungspflicht einerseits aus dem verfassungsrechtlich verankerten **Allgemeinen Persönlichkeitsrecht** und der daraus hergeleiteten Patientenautonomie, andererseits aus Urteilen schon des Reichsgerichts und später des Bundesgerichtshofes in Straf- wie in Zivilsachen.

Die **Argumentation der Rechtssprechung** lautet daher wie folgt: Auch der ärztliche Heileingriff ist eine Körperverletzung im Sinne des Straf- und Zivilrechts. Damit der Arzt für einen Eingriff in die körperliche Unversehrtheit des Patienten nicht bestraft wird, braucht er einen von der Rechtsordnung akzeptierten Rechtfertigungsgrund. Dieser Rechtfertigungsgrund wird regelmäßig in der Einwilligung des Patienten in die ärztliche Maßnahme gesehen (rechtfertigende Einwilligung). Nun verfügt aber der Patient nur selten über die erforderlichen medizinischen Kenntnisse, um beurteilen zu können, ob er das mit dem Heileingriff verbundene Risiko auf sich nehmen will oder nicht. Also muss der Arzt, der als Einziger über die notwendigen Fachkenntnisse verfügt, dem Patienten ausführlich erklären, welche ärztlichen (diagnostischen, therapeutischen) Maßnahmen aus seiner medizinischen Sicht geboten sind, um einen möglichst guten Heilerfolg zu erzielen.

Wichtig

Am Anfang steht die ordnungsgemäße Aufklärung, diese ermöglicht dem Patienten eine rechtswirksame Einwilligung, damit liegt ein Rechtfertigungsgrund für den ärztlichen Eingriff vor. Mit einem von der Rechtsordnung akzeptierten Rechtfertigungsgrund (der rechtfertigenden Einwilligung) ist der Eingriff (die Körperverletzung) *nicht* rechtswidrig, der Arzt kann *nicht* bestraft werden.

Diese Argumentation lässt sich jedoch zugleich umkehren in eine Begründung **für** eine straf- und zivilrechtliche Haftung des Arztes:

10

Tabelle 10.2. Anforderungen an das Aufklärungsgespräch

Art der Aufklärung	Inhalt	Zweck
Aufklärende Person		Aufklärung ist zwingend nicht delegierbare ärztliche Aufgabe, der Patient soll hinreichend qualifiziert aufgeklärt werden. Bei Sprachproblemen muss ein Dolmetscher hinzugezogen werden
Aufklärungszeitpunkt		Die Aufklärung muss so rechtzeitig erfolgen, dass der Patient sich innerlich frei für oder gegen die Maßnahme entscheiden kann
Eingriffsaufklärung	Art und Weise des Eingriffs, Vor- und Nachteile, insbesondere „eingriffstypische" Nebenwirkungen	„informed consent", nur der hinreichend informierte Patient kann rechtswirksam in den Eingriff einwilligen
Diagnoseaufklärung	Mitteilung aller relevanten medizinischen Befunde	„informed consent"
Verlaufsaufklärung	Aufklärung über den Krankheitsverlauf mit und ohne Therapie. Art und Intensität der empfohlenen Therapie sowie deren Erfolgschancen und denkbaren kurz-, mittel- und langfristigen Folgen	„informed consent"
Risikoaufklärung	Aufklärung über eingriffstypische Risiken und sonstige für die zukünftige Lebensführung bedeutsame Nebenwirkungen	Mitteilung über den denkbar ungünstigsten Verlauf
Aufklärung über Alternativen	Aus schulmedizinischer Sicht akzeptierte echte Behandlungsalternativen mit vergleichbaren Erfolgsaussichten	Patient soll unter mehreren Therapieformen frei wählen können
Therapeutische Aufklärung	Medizinisch gebotene Verhaltensweisen; Mitarbeit des Patienten zur Gewährleistung des Therapieerfolges (Kontrolluntersuchungen etc.)	Sicherung des Therapieerfolges und der Patienten-Compliance (auch: Sicherungsaufklärung)
Wirtschaftliche Aufklärung	Aufklärung über Kosten der Behandlung, soweit diese nicht vom Versicherer übernommen werden	Kostenaspekte muss der Patient bei seinen Entscheidungen berücksichtigen können

Wichtig

Ohne ordnungsgemäße Aufklärung ist der Patient nicht hinreichend informiert, um rechtswirksam in den Heileingriff einwilligen zu können; damit fehlt der erforderliche Rechtfertigungsgrund für den Eingriff und eine Bestrafung des Arztes ist grundsätzlich ebenso möglich wie seine Heranziehung zur Leistung von Schadensersatz und Schmerzensgeld.

Die Nichterfüllung der ärztlichen Aufklärungspflicht ist neben dem Behandlungsfehler und den Dokumentationspflichtverletzungen ein Ansatzpunkt für haftungsrechtliche Konsequenzen. Die Vornahme eines ärztlichen Eingriffs ohne Einwilligung des Patienten gilt als rechtswidrige „ärztliche Eigenmacht"! Der nach ordnungsgemäßer Aufklärung informierte Patient und der Arzt haben am Ende des Aufklärungsgesprächs einen **Konsens** zu finden („informed consent"). Die Voraussetzungen für eine rechtswirksame Einwilligung des Patienten in eine ärztliche Maßnahme können wie folgt zusammengefasst werden:

- Der Patient muss Träger des verletzten Rechtsguts sein.
- Der Patient muss über das beeinträchtigte Rechtsgut wirksam disponieren können.
- Der Patient muss einwilligungsfähig sein.
- Die Einwilligung darf nicht auf Drohung, Zwang oder Täuschung beruhen.
- Die Einwilligung muss nach außen kundgetan werden.
- Es muss eine ordnungsgemäße Aufklärung vorliegen.
- Der Arzt muss in Kenntnis und aufgrund der Einwilligung handeln und ein Verstoß gegen die guten Sitten (§ 228 StGB) darf nicht gegeben sein.

Nach der Rechtsprechung ist der Patient „im Großen und Ganzen" über **Ziel, Nutzen, Risiken und Alternativen** eines medizinischen Eingriffs aufzuklären. Die Aufklärung soll dazu führen, dass der Patient „Art, Bedeutung, Dringlichkeit, Ablauf und Folgen" (kurz: Chancen und Risiken) eines Eingriffs zwar nicht in allen Einzelheiten, aber doch in groben Zügen versteht. Der Patient soll nach der Aufklärung zu einer sachgerechten Risikoabwägung in eigener Sache fähig sein. Für die Intensität der ärztlichen Aufklärung gilt grundsätzlich Folgendes:

Wichtig

Je gravierender die Folgen der medizinischen Maßnahme für den Patienten sind, umso eher muss der Arzt auf sie hinweisen und je elektiver der Eingriff ist, desto ausführlicher muss die Information des Patienten sein.

Andererseits kann die ärztliche Aufklärung in Notfällen ohne therapeutische Behandlungsalternativen auf das Notwendigste beschränkt werden.

Wichtig

Eine Aufklärung ist umso weniger geboten, je notwendiger oder dringlicher der ärztliche Eingriff aus medizinischer Sicht ist, und umgekehrt muss die Aufklärung umso ausführlicher erfolgen, wenn es sich um einen nicht medizinisch notwendigen, aufschiebbaren Eingriff handelt. Ist sofortiges ärztliches Handeln erforderlich, kann auf die Aufklärung verzichtet werden.

Nimmt man das Selbstbestimmungsrecht des Patienten ernst, so muss der Arzt jederzeit die Möglichkeit bedenken, dass der Patient auch eine aus medizinischer Sicht noch so dringend gebotene Behandlung mit ihren Folgen und Risken nicht bereitwillig auf sich nehmen muss. Um es deutlicher zu formulieren: von Sonderfällen abgesehen, kann und muss in der Regel kein volljähriger, einsichtsfähiger Patient, der nach ordnungsgemäßer Aufklärung die Einwilligung verweigert, daran gehindert werden, durch seine Weigerung im Extremfall den eigenen Tod in Kauf zu nehmen. Allerdings besteht in jedem Fall die ärztliche Pflicht, zu einer ordnungsgemäßen ärztlichen Aufklärung, insbesondere mit dem deutlichen Hinweis auf die Folgen einer Nichtbehandlung. Die wesentlichen zu beachtenden Fragen bei der Aufklärung und Einwilligung des Patienten sind in ◻ Tabelle 10.3 angegeben.

Die in der Literatur genannten Arten ärztlicher Aufklärung und die Grundzüge der Aufklärung nennt ◻ Tabelle 10.4.

Zum Stellenwert eines Aufklärungsformulars. Für zahlreiche Standardeingriffe stehen zur Beantwortung grundlegender Fragen des Patienten im klinischen Alltag entsprechende **Aufklärungsvordrucke** zur Verfügung. Diese erklären Indikation, Umfang und wesentliche Risken eines Eingriffs, die Risken werden oft gesondert nach ihrer Wahrscheinlichkeit (selten, sehr selten, extrem selten) dargestellt. Nachdem der Patient mit Hilfe des Aufklärungsformulars grundlegende Informationen bekommen hat, muss eine persönliche, mündliche ärztliche Aufklärung stattfinden, in der auf die individuellen Probleme und Fragen gerade des betroffenen Patienten einzugehen ist. Die BGH-Rechtsprechung lässt eine alleinige schriftliche Aufklärung nicht genügen, da damit nicht sichergestellt sei, dass der Patient auch verstanden habe, was er unterschreibe (BGB NJW 1985, 1399). Ein Aufklärungsformular könne allenfalls als Indiz dafür gelten, dass eine Aufklärung überhaupt stattgefunden hat. Damit trägt die Rechtsprechung des Bundesgerichtshofs der Tatsache Rechnung, dass im Einzelfall eine Situation gegeben sein kann, in der ein Patient zwar das Aufklärungsformular unterschreibt und ein persönliches ärztliches Aufklärungsgespräch stattgefunden hat, der Patient gleichwohl in der konkreten Situation nicht in der Lage war, die Tragweite seiner Einwilligung in den ärztlichen Eingriff hinreichend zu bedenken. Begründete Zweifel an der Aufklärungs- und Einwilligungsfähigkeit eines Patienten bestehen

Tabelle 10.3. Aufklärung und Einwilligung

Aufklärung erfolgt gegenüber	– erwachsenen Patienten (Regelfall),
	– gesetzlichen Vertretern (Eltern, Betreuer bei Minderjährigen bzw. unter Betreuung stehenden Patienten; im Rahmen des Möglichen muss der betreute Patient trotzdem auch aufgeklärt werden!),
	– jugendlichen Patienten und deren Sorgeberechtigte;
	– Patient kann auch auf jede Aufklärung verzichten, der Verzicht sollte aber bei jedem weiteren Behandlungsschritt erneut erfragt werden.
Wer klärt auf?	– Aufklärung ist zwingend nicht delegierbare ärztliche Aufgabe.
	– Arzt im Praktikum darf aufklären, soll aber nur über von ihm selbst durchgeführte leichtere Eingriffe aufklären.
	– Vorrangig soll die Aufklärung immer durch den Arzt erfolgen, der auch den Eingriff vornimmt.
	– Student im Praktischen Jahr darf nicht aufklären (kann aber ergänzend zum ärztlichen Aufklärungsgespräch dem Patienten bereits vorab Fragen beantworten!).
	– Einwilligung des Patienten kann mündlich erfolgen, bei größeren Eingriffen sollte die Einwilligung dennoch dokumentiert werden.
Einwilligung	– Einwilligung kann konkludent erfolgen, durch stillschweigende Duldung der ärztlichen Maßnahme (z.B. Impfung).
	– Schriftliche Einwilligung sollte aus beweisrechtlichen Gründen bei allen größeren medizinischen Eingriffen vorliegen und auf dem Aufklärungsformular erfolgen (dieses Formular ersetzt jedoch nicht die persönliche mündliche Aufklärung).
	– Mutmaßliche Einwilligung bei bewusstlosen bzw. nichteinwilligungsfähigen Patienten in zwingend erforderliche Sofortmaßnahmen (für weitere Maßnahmen muss später die Einwilligung eingeholt, ggf. ein Betreuer bestellt werden).
	– Bei Minderjährigen (Kindern) und größeren Eingriffen sollten immer beide sorgeberechtigte Eltern einwilligen, bei kleineren Eingriffen (z.B. Impfung von Kindern) reicht die Einwilligung des erschienenen Elternteils, ggf. die Versicherung, auch der andere Sorgeberechtigte habe eingewilligt.
Operationserweiterung und Therapieverweigerung	– Der Patient soll über mögliche nahe liegende Operationserweiterungen vorweg aufgeklärt werden, allein eine „Generalklausel" im Aufklärungsformular ist nicht ausreichend.
	– Der Patient kann seine Einwilligung an bestimmte Bedingungen knüpfen (z.B. bei den Zeugen Jehovas: keine Bluttransfusion).

Aufklärung und Einwilligung sollen dokumentiert werden!

Tabelle 10.4. Grundsätze zur Risikoaufklärung

- Eine ausschließlich schriftliche Aufklärung durch ein Aufklärungsformular ist nicht ausreichend.
- Die erforderliche persönliche ärztliche Aufklärung kann bereits durch einen einweisenden Arzt erfolgen, dies ist jedoch vom behandelnden Arzt zu kontrollieren.
- Der Umfang der Aufklärung verhält sich reziprok zur Dringlichkeit des Eingriffes:
  Bei vital indizierten Eingriffen darf die ärztliche Aufklärung kurz erfolgen oder ganz entfallen.
- Unabhängig von der statistischen Komplikationsdichte ist über eingriffstypische Risiken immer aufzuklären.
- Soweit bei der Verwirklichung der Lebensführung für den Patienten erkennbar von Bedeutung, ist auch über atypische und sehr seltene Risiken aufzuklären.
- Die Risikoaufklärung hat sich am individuellen Kenntnisstand und Auffassungsvermögen des Patienten zu orientieren.
- Fragen des Patienten müssen, auch bei Tumorpatienten, wahrheitsgemäß beantwortet werden.
- Über vorhersehbare, möglicherweise notwendig werdende Operationserweiterungen ist ebenfalls aufzuklären.
- Bei intraoperativen Überraschungsbefunden hat der Arzt die Risiken eines Abbruchs der Operation zur Einholung der Einwilligung des Patienten gegen die Risiken der Durchführung des erweiterten Eingriffs abzuwägen.
- Der Patient kann auf eine Aufklärung verzichten; dieser Aufklärungsverzicht soll jedoch bei jeder ärztlichen Maßnahme erneut überprüft und genau dokumentiert werden.
- Datum und Inhalt des Aufklärungsgespräches, aufklärender Arzt, ggf. Namen von Zeugen des Aufklärungsgespräches sollten handschriftlich dokumentiert sein.
- Der Patient kann Entscheidungen über das weitere Vorgehen, die erst intraoperativ getroffen werden können, von der Einwilligung einer bevollmächtigten Person (z.B. Ehepartner) abhängig machen.

etwa, wenn dieser unter starken Schmerzen leidet, unter starker psychischer Anspannung steht oder bereits zur Operationsvorbereitung unter dem Einfluss von Medikamenten. Dann gilt:

Wichtig

Eingriffe, die medizinisch nicht sofort notwendig sind und die problemlos zu einem späteren Zeitpunkt auch noch vorgenommen werden können, dürfen in einer Situation, in der auch nur Zweifel an der Aufklärungs- und Einwilligungsfähigkeit des Patienten bestehen, nicht verabredet und durchgeführt werden.

Der Aufklärungsverzicht. Viele Patienten wollen sich in der Situation einer anstehenden Operation nicht mit den Fragen des ärztlichen Eingriffs befassen und verzichten auf eine ärztliche Aufklärung, indem sie, getragen auch vom Vertrauen zu ihrem Arzt, in dem Aufklärungsformular die vorgegebene Rubrik ankreuzen, wo es heißt **„Ich verzichte auf eine ausführliche ärztliche Aufklärung"**. Der behandelnde Arzt muss sich auch den Aufklärungsverzicht in einem persönlichen Gespräch bestätigen lassen. Dennoch gilt:

Wichtig

Ein Aufklärungsverzicht gilt immer nur für den gerade bevorstehenden ärztlichen Eingriff. Bei weiteren Maßnahmen muss der Patient regelmäßig befragt werden, ob er (nunmehr) genauere Informationen wünscht.

Soweit dies für die aktive Mitwirkung an ärztlichen Maßnahmen erforderlich ist, muss dem Patienten die erforderliche Information in jedem Falle gegeben werden.

Der Zeitpunkt der ärztlichen Aufklärung. Erst die jüngere Judikatur hat Grundsätze zum Zeitpunkt der ärztlichen Aufklärung aufgestellt, die für den Arzt zu (weiteren) Haftungsverschärfungen geführt haben. Durch die rechtzeitige Aufklärung soll gewährleistet sein, dass der Patient nicht zeitlich unter Druck gesetzt wird. Der Patient muss, zur Wahrung seines Selbstbestimmungsrechts, zum Zeitpunkt der ärztlichen Aufklärung im **Vollbesitz seiner Erkenntnis- und Entscheidungsfreiheit** sein, ihm muss Zeit bleiben für eine ausreichende Abwägung der für und gegen eine Operation sprechenden Argumente (BGH NJW 1992, 2351 ff.). Als grundsätzlich unwirksam wird die ärztliche Aufklärung etwa in folgenden Fällen angesehen:

- Aufklärung erst am (oder auf) dem Operationstisch,
- Aufklärung erst nach bereits erfolgter Prämedikation,
- Aufklärung auf dem Weg zum OP,
- Aufklärung eines unter Medikamenten stehenden Patienten,
- Aufklärung eines unter starken Schmerzen leidenden Patienten über einen medizinisch nicht dringlichen Eingriff und
- Aufklärung in einem psychischen Ausnahmezustand ohne medizinische Dringlichkeit des vorgesehenen Eingriffs.

Allerdings soll die Einwilligung des Patienten auch dann unwirksam sein, wenn die Aufklärung am **Vorabend** einer Operation erfolgt, da der Patient, zumal bei größeren Operationen, regelmäßig überfordert sei und in der verbleibenden Zeit für sich nicht mehr innerlich frei Nutzen und Risiken abwägen könne. Auch die Tatsache, dass der Patient dem Eingriff bereits grundsätzlich zugestimmt hat und im OP-Plan berücksichtigt ist, kann dazu führen, dass er sich unter Druck gesetzt fühlt und in seiner Entscheidungsfreiheit beeinträchtigt ist. Damit führt die BGH-Rechtsprechung zu der Forderung, dass der Patient nach Möglichkeit vorsichtshalber bereits anlässlich der Festlegung des Operationstermins aufzuklären ist, spätestens jedoch am Vortage (nicht erst am Vorabend!). Allerdings ist zu unterscheiden zwischen kleineren, risikoärmeren und größeren, risikoreicheren Eingriffen. Im Grundsatz gilt:

Wichtig

Der Patient ist in der Regel bereits bei der Festlegung des Operationstermins umfassend aufzuklären, spätestens jedoch am Vortage (nicht am Vorabend!). Etwas anderes gilt bei relativ geringfügigen (ambulanten) Eingriffen ohne zu befürchtende gravierendere Folgen für die Lebensführung des Patienten.

Erfolgt die Aufklärung zu spät, dann kann es an einer rechtwirksamen Einwilligung des Patienten fehlen. Hat sich dann gleichzeitig anlässlich des operativen Eingriffs eine aufklärungspflichtige Gefahr realisiert, durch die der Patient einen Schaden erlitten hat, dann kann der Arzt dem Patienten Schadensersatz schulden. Letztlich gilt, dass der richtige Zeitpunkt der Aufklärung nicht generell, sondern nur nach den Umständen des Einzelfalls abschließend bestimmt werden kann.

Unmöglichkeit rechtzeitiger Aufklärung in Notfällen und bei bewusstlosen bzw. nicht einwilligungsfähigen Patienten. Bei bewusstlosen bzw. nicht einwilligungsfähigen Patienten kann ärztlicherseits im Notfall alles medizinisch Erforderliche getan werden. Hier wird davon ausgegangen, dass ein durchschnittlich verständiger Patient in entsprechende Maßnahmen eingewilligt hätte, wenn er dazu in der Lage gewesen wäre. Rechtfertigungsgrund für erforderliche ärztliche Eingriffe ist dann nicht die rechtfertigende Einwilligung, wie im Normalfall nach Einwilligung des aufgeklärten Patienten, sondern dessen mutmaßliche Einwilligung. Liegt kein Notfall vor, so sind bei nicht einwilligungsfähigen minderjährigen Patienten die Sorgeberechtigten (Eltern) über medizinisch gebotene Maßnahmen aufzuklären, bei Erwachsenen der zuständige Betreuer bzw. die Betreuerin, ggf. eine vom Patienten schriftlich bevollmächtigte Person. Auch ausländische Patienten müssen, ggf. unter Heranziehung eines Dolmetschers, in vollem Umfang aufgeklärt werden.

Dokumentationspflicht

Längst hat sich die Dokumentation ärztlicher Befunde von einer bloßen Gedächtnisstütze (so noch BGH Versicherungsrecht 1963, 65) zu einer Nebenpflicht aus dem Behandlungsvertrag zwischen Arzt und Patient gewandelt (BGH Versicherungsrecht 1978, 572; später BGH NJW 1986, 2365). Dabei dient eine ordnungsgemäße Dokumentation auch der Wahrung des Persönlichkeitsrechts des Patienten und soll eine sachgerechte Erst- und Anschlussbehandlung ermöglichen sowie – wenn auch nicht primär – den Arzt vor haftungsrechtlichen Konsequenzen schützen. **Zwecke der Dokumentationspflicht** sind:

- Gedächtnisstütze für den Arzt,
- Wahrung des Persönlichkeitsrechts des Patienten,
- Erfüllung einer vertraglichen Nebenpflicht,
- Ermöglichung einer sachgerechten Erst- und Anschlussbehandlung,
- Schutz vor haftungsrechtlichen Konsequenzen bis hin zur Beweislastumkehr zu Lasten des Arztes sowie
- Beweissicherung im Hinblick auf möglicherweise gegebene Straftaten (insbesondere Körperverletzungsdelikte, Sexualdelikte).

Die Dokumentationspflicht ist auch standesrechtlich verankert in § 10 MBO-Ä 1997, dort ist zugleich das Einsichtsrecht des Patienten in die ihn betreffenden Krankenunterlagen angesprochen.

§ 10 MBO-Ä 1997 Dokumentationspflicht

(1) Der Arzt hat über die in Ausübung seines Berufes gemachten Feststellungen und getroffenen Maßnahmen die erforderlichen Aufzeichnungen zu machen. Diese sind nicht nur Gedächtnisstützen für den Arzt, sie dienen auch dem Interesse des Patienten an einer ordnungsgemäßen Dokumentation.

(2) Der Arzt hat dem Patienten auf dessen Verlangen grundsätzlich in die ihn betreffenden Krankenunterlagen Einsicht zu gewähren; ausgenommen sind diejenigen Teile, welche subjektive Eindrücke oder Wahrnehmungen des Arztes enthalten. Auf Verlangen sind dem Patienten Kopien der Unterlagen gegen Erstattung der Kosten herauszugeben.

(3) Ärztliche Aufzeichnungen sind für die Dauer von 10 Jahren nach Abschluss der Behandlung aufzubewahren, soweit nicht nach gesetzlichen Vorschriften eine längere Aufbewahrungspflicht besteht.

(4) Nach Aufgabe der Praxis hat der Arzt seine ärztlichen Aufzeichnungen und Untersuchungsbefunde gemäß Abs. 3 aufzubewahren und dafür Sorge zu tragen, dass sie in gehörige Obhut gegeben werden. Der Arzt, dem bei einer Praxisaufgabe oder Praxisübergabe ärztliche Aufzeichnungen über Patienten in Obhut gegeben werden, muss diese Aufzeichnungen unter Verschluss halten und darf sie nur mit Einwilligung des Patienten einsehen oder weitergeben.

(5) Aufzeichnungen auf elektronischen Datenträgern oder anderen Speichermedien bedürfen besonderer Sicherungs- und Schutzmaßnahmen, um deren Veränderung, Vernichtung oder unrechtmäßige Verwendung zu verhindern. Der Arzt hat hierbei die Empfehlungen der Ärztekammer zu beachten.

Tabelle 10.5. Anforderungen an medizinische Dokumentation

- schriftlich
- vollständig und wesentlich
- klar und übersichtlich
- nachprüfbar und richtig

Daneben gibt es zahlreiche explizit gesetzlich vorgeschriebene Dokumentationspflichten, zum Beispiel bei der Organtransplantation, bei der Gabe von Bluttransfusionen und bei der Zwangsunterbringung von Patienten. Die Gerichte haben in Einzelfallentscheidungen dazu Stellung genommen, in welchem Ausmaß ärztliche Maßnahmen zu dokumentieren sind, sich aber zugleich auch mit der Frage befasst, wann eine Dokumentation nicht erforderlich ist. Danach sind zumindest alle routinemäßig üblichen Schritte bei einem ärztlichen Eingriff stichwortartig zu dokumentieren. Die Anforderungen an eine medizinische Dokumentation sind in Tabelle 10.5 dargelegt.

Wichtig

Sobald aus irgendeinem Grund ein Abweichen vom üblichen Vorgehen bei einer ärztlichen oder auch pflegerischen Maßnahme erforderlich wird, ist gerade diese Abweichung besonders zu dokumentieren, einschließlich der Gründe für das abweichende Vorgehen.

Bei relativ belanglosen Routinetätigkeiten kann hingegen auf eine Dokumentation verzichtet werden. Jeder **operative Eingriff**, und sei es auch ein **Routineeingriff, muss hingegen dokumentiert werden.**

Der übliche Inhalt der **allgemeinen Patientendokumentation** umfasst zumindest folgende Punkte:

- Patientenidentifikation (Stammblatt mit Name, Vorname, Anschrift etc.),
- vor- und ggf. nachbehandelnde Ärztinnen und Ärzte,
- Anamnese – das Wesentliche in Stichworten bzw. Diagnosen,
- Befundbericht vorbehandelnder/mitbehandelnder Ärzte,
- ärztliche Anordnungen und Maßnahmen im Rahmen der Therapie,
- ärztliche Anordnungen im Rahmen der Pflege,
- durchgeführte pflegerische Maßnahmen,
- Maßnahmen im sozio- und psychotherapeutischen Bereich,
- für die Krankenbehandlung wesentliche Beobachtungen/Überlegungen,
- angeordnete oder auch vom Patienten selbst vorgenommene Medikation,
- Unverträglichkeiten/Allergien,
- Aufklärungsdokumentation zu jeder aufklärungspflichtigen ärztlichen Maßnahme,

- gegebenenfalls Dokumentation des Aufklärungsverzichts und dessen Umfangs,
- behandlungsrelevante Entscheidungen des Patienten,
- Behandlungsergebnis und
- abschließender Arztbericht – Entlassungs- oder Verlegungsbericht.

Besonders hingewiesen sei auf die Anforderungen der Dokumentation im pflegerischen Bereich. Dort kommt der ordnungsgemäßen Dokumentation des Zustands des Patienten sowie der durchgeführten pflegerischen Maßnahmen, etwa beim Vorwurf unzureichender Pflege (Dekubitusprophylaxe!), große Bedeutung zu. Die **Pflegedokumentation** ist daher nicht nur Gedächtnisstütze, sie verbessert die Information und Kommunikation unter den Pflegepersonen und dient der Beweissicherung. Jeder, der pflegerische Maßnahmen am Patienten durchführt, ist daher verpflichtet, diese schriftlich zu dokumentieren. Dabei muss erkennbar sein, wer welche Maßnahmen zu welchem Zeitpunkt, in welcher Form und aus welchen Gründen durchgeführt hat. Auf ausdrückliche ärztliche Anordnung erfolgte pflegerische Maßnahmen sollten als solche dokumentiert werden; der anordnende Arzt ist ebenfalls verpflichtet, seine mündlichen Anordnungen schriftlich festzuhalten. Bei einem Patienten mit bereits vorhandenen Dekubiti sind deren Lokalisation und Schweregrad zu dokumentieren. Inzwischen gilt für die **Dekubitusprophylaxe** hinsichtlich des **Pflegefehlervorwurfes** folgender Grundsatz:

Wichtig

Jeder Dekubitus spricht zunächst für einen Pflegefehler, es sei denn, die Pflegepersonen können – dokumentiert! – nachweisen, dass sie im Rahmen ihrer Zuständigkeit und tatsächlichen Möglichkeiten alles getan haben, um den Dekubitus zu vermeiden. Ein patientenbezogener Pflegeplan ist bindend, jede Abweichung sollte zusätzlich dokumentiert und explizit schriftlich im Pflegebericht begründet werden.

Trotz dieser Sichtweise kommt bei einem bestehenden Dekubitus im Zivilrecht dem Kläger ein Anscheinsbeweis wohl nicht generell zugute, denn es gibt keinen medizinischen Erfahrungssatz, nach dem das Entstehen von Dekubiti ausnahmslos auf falsche oder unzureichende Prophylaxe zurückzuführen ist. Sind allerdings die pflegerischen Maßnahmen unzureichend dokumentiert, so entfalten die fehlenden Eintragungen eine indizielle Wirkung mit der Folge, dass der Nachweis, die Pflegemaßnahmen seien trotzdem durchgeführt worden, nun nachträglich erbracht werden muss (BGH NJW 1988, 762). Zur rechtlichen Bedeutung der ärztlichen Dokumentation siehe ■ Tabelle 10.6.

Einsichtsrechte in Patientenunterlagen

Grundsätzlich ist dem Patienten aufgrund des Rechtes auf informationelle Selbstbestimmung Einsicht in „seine" Krankenunterlagen zu gewähren. Der Patient kann die schriftliche Versicherung verlangen, dass die ihm zur Einsicht überlassenen Krankenunterlagen vollständig sind. Allerdings stehen die Krankenunterlagen im Eigentum des Arztes, der Patient kann daher – von Ausnahmen abgesehen (z.B. Röntgenbilder) – diese Unterlagen nicht im Original herausverlangen, wohl aber Kopien gegen Übernahme der Kosten (vgl. § 10 MBO-Ä 1997). Gegen Vorlage einer schriftlichen Erklärung zur Entbindung von der Ärztlichen Schweigepflicht kann der Patient auch eine Person seines Vertrauens mit der Einsicht in die Krankenunterlagen beauftragen. Von dem Einsichtsrecht des Patienten in „seine" Krankenunterlagen gibt es einige wenige **Ausnahmen:**

- Das Einsichtsrecht umfasst nicht subjektive Wertungen bzw. Notizen über persönliche Eindrücke und bloße Verdachtsdiagnosen.
- Das Einsichtsrecht kann in Ausnahmefällen grundsätzlich beschränkt werden bei psychiatrischen Krankenunterlagen.

■ Tabelle 10.6. **Rechtliche Bedeutung der ärztlichen Dokumentation**

Die Rechtsprechung verlangt eine Dokumentation der objektiven Feststellungen über die körperliche Befindlichkeit des Patienten sowie der Umstände und des Verlaufs der durchgeführten Behandlung. Dazu zählen im Einzelnen:
– Anamnese, Beschwerden, Diagnosen inkl. Verdachtsdiagnosen – Behandlung mit Medikation, Ergebnis der Behandlung, Art der Nachbehandlung – Sektionsbefunde; bioptisch-histologische Befunde – Operationsberichte inkl. Lagerung des Patienten – Anästhesieprotokolle – Zwischenfälle – Bildgebende Verfahren, Laborbefunde, elektrophysiologische Untersuchungen – Warnhinweise an den Patienten – Hinweise auf Versagerquoten bei Sterilisation – Überweisungsempfehlungen – Wiedereinbestellungen

Besonders der 2. Punkt ist nicht unproblematisch, jedoch gibt es Fallkonstellationen, in denen der Arzt aus medizinischen Gründen zu der Auffassung gelangt, durch die Einsicht in die psychiatrischen Krankenunterlagen könne der Patient Schaden nehmen. Die Entscheidung über die Offenbarung des Inhalts psychiatrischer Krankenunterlagen wird daher allein vom Arzt nach bestem Wissen und Gewissen getroffen. Denkbar ist insbesondere, dass einer Offenbarung gegenüber dem Patienten schutzwürdige Interessen dritter Personen entgegenstehen. Insbesondere im psychiatrischen Bereich werden häufig auch intime Angaben naher Angehöriger des Patienten eingeholt und dokumentiert, weil nur auf diese Weise eine medizinisch optimale Behandlung des Patienten möglich ist. Auch nach Abschluss der Behandlung kann daher der Arzt dem (früheren) Patienten die vollständige Einsicht in die psychiatrischen Krankenunterlagen verwehren. Der Arzt kann sich dabei

„... auf den allgemeinen Hinweis beschränken, dass die Krankengeschichte aus den oben genannten Gründen nicht zu offenbaren sei. Die Entscheidung darüber muss seiner ärztlichen Verantwortung überlassen bleiben. Er braucht diese Entscheidung dem Patienten und dem Gericht gegenüber nicht weiter zu begründen, weil eine wirklich nachprüfbare Begründung mit der notwendigen Geheimhaltung der Krankengeschichte nicht zu vereinbaren wäre." (BGH Versicherungsrecht 1984, 1171).

In Einzelfällen ist das Einsichtsrecht in Krankenunterlagen gesetzlich geregelt, so zum Beispiel in dem neuen „Gesetz über Hilfen und Schutzmaßnahmen bei psychischen Krankheiten" (PsychKG) des Landes Nordrhein-Westfalen vom 17.12.1999, wo es in § 16 PsychKG NRW heißt:

§ 16 Abs. 2 PsychKG NRW Rechtsstellung des Betroffenen

(2) Eingriffe in die Rechte Betroffener sind schriftlich festzuhalten und zu begründen. Diese Unterlagen können Betroffene, ihre gesetzlichen Vertretungen sowie die für die Betroffenen bestellten Verfahrenspflegerinnen und Verfahrenspfleger oder ihre Verfahrensbevollmächtigten einsehen.

Liegt eine Entbindung von der ärztlichen Schweigepflicht vor, so ist der von dem Patienten benannten Person Einsicht in die Krankenunterlagen zu gewähren. Im Übrigen gilt selbstverständlich die ärztliche Schweigepflicht. Wer Einsicht in Patientenunterlagen nehmen will, muss entweder eine Erklärung zur Entbindung von der ärztlichen Schweigepflicht vorlegen oder auf eine entsprechende gesetzliche Grundlage verweisen können. Bei Vorliegen der gesetzlichen Voraussetzungen können grundsätzlich zum Beispiel die Ermittlungsbehörden (Polizei und Staatsanwaltschaft) sowie Gerichte und die Strafvollzugsbehörden Einsicht in Patientenunterlagen nehmen, ferner der Medizinische Dienst der Krankenkassen oder die Landesrechnungshöfe.

Problematisch ist die Dokumentation eigener und/oder fremder **Behandlungsfehler**, gibt es doch zugleich das Recht, dass sich niemand selbst einer Straftat bezichtigen muss. Diese Überlegung darf allerdings nicht dazu führen, dass keine Dokumentation erfolgt. Die Dokumentation von Tatsachen stellt für sich allein keine Schuldzuweisung dar. Dies gilt für eigene wie für fremde Behandlungsfehler. Eine Pflicht zur Selbstanzeige oder Fremdanzeige gibt es nicht. Eine korrekte Dokumentation, auch der Folgen eines denkbaren Behandlungsfehlers, kann den mit- oder nachbehandelnden Arzt vor Vorwürfen schützen. Im Interesse des Patienten liegt es zudem, auch durch eine sorgfältige Dokumentation wenigstens nach einem eventuellen Behandlungsfehler, optimal behandelt zu werden.

Schweigepflicht

Die ärztliche Schweigepflicht ist seit jeher anerkannte, unabdingbare Voraussetzung eines vertrauensvollen Verhältnisses zwischen Arzt und Patient. Das Bundesverfassungsgericht stellte in einem Beschluss zum Patientengeheimnis Folgendes fest (BVerfG NJW 1972, 1123):

„Wer sich in ärztliche Behandlung begibt, muss und darf erwarten, dass alles, was der Arzt im Rahmen seiner Berufsausübung über seine gesundheitliche Verfassung erfährt, geheim bleibt und nicht zur Kenntnis Unberufener gelangt. Nur so kann zwischen Patient und Arzt jenes Vertrauen entstehen, das zu den Grundvoraussetzungen ärztlichen Wirkens zählt, weil es die Chancen der Heilung vergrößert und damit – im Ganzen gesehen – der Aufrechterhaltung einer leistungsfähigen Gesundheitsfürsorge dient."

Der strafrechtliche Schutz der ärztlichen Schweigepflicht verlangt, dass der Arzt ein ihm anvertrautes Geheimnis des Patienten nicht unbefugt offenbart. Anvertraut ist dem Arzt ein Geheimnis immer schon dann, wenn er das Geheimnis anlässlich seiner beruflichen Tätigkeit erfahren hat. Auch schon die Tatsache der ärztlichen Konsultation gilt als Geheimnis im Sinne des § 203 StGB. Dort heißt es:

§ 203 StGB Verletzung von Privatgeheimnissen

(1) Wer unbefugt ein fremdes Geheimnis, namentlich ein zum persönlichen Lebensbereich gehörendes Geheimnis oder ein Betriebs- oder Geschäftsgeheimnis, offenbart, das ihm als
1. Arzt, Zahnarzt, Apotheker oder Angehörigem eines anderen Heilberufs, der für die Berufsausübung oder die Führung der Berufsbezeichnung eine staatlich geregelte Ausbildung erfordert,
2. ... anvertraut worden oder sonst bekannt geworden ist, wird mit Freiheitsstrafe bis zu einem Jahr oder mit Geldstrafe bestraft.
(2) Den in Absatz 1 Genannten stehen ihre berufsmäßig tätigen Gehilfen und die Personen gleich, die bei ihnen zur Vorbereitung auf den Beruf tätig sind.
(3) Die Absätze 1–3 sind auch anzuwenden, wenn der Täter das fremde Geheimnis nach dem Tod des Betroffenen unbefugt offenbart.

Die ärztliche Schweigepflicht gilt grundsätzlich auch **gegenüber anderen Ärzten** und **gegenüber der Krankenhausver-**

waltung. Ist der Patient mit der Überweisung an einen anderen Arzt oder gar zu mehreren Ärzten einverstanden, so dürfte damit regelmäßig auch das Einverständnis in die Weitergabe der für die Behandlung notwendigen Informationen gegeben sein (stillschweigendes bzw. konkludentes Einverständnis).

Wichtig

Rechtfertigungsbedürftig ist nicht das Schweigen des Arztes, sondern die Offenbarung von Patientengeheimnissen!

Auch wenn rechtlich die ärztliche Schweigepflicht den Regelfall und die Offenbarung von personenbezogenen Patientendaten die Ausnahme ist, so gibt es doch eine lange Reihe von zulässigen Durchbrechungen der ärztlichen Schweigepflicht. Eine Befugnis zur Offenbarung von Patientendaten kann etwa in folgenden Fällen zulässig sein:

- Einverständnis des Patienten mit der Weitergabe seiner Daten (Offenbarungserlaubnis vom Patienten) als Regelfall (z.B. gegenüber dem Ehepartner, den mit- und nachbehandelnden Ärzten)
- In Ausnahmefällen (bewusstlose Patienten, verstorbene Patienten) kann die mutmaßliche Einwilligung als Rechtfertigungsgrund für die Durchbrechung der ärztlichen Schweigepflicht angenommen werden
- Gesetzlich vorgesehene Offenbarungspflicht als Meldepflicht
- Gesetzlich vorgesehene Offenbarungserlaubnis
- In seltenen Fällen kommt zum Schutz eines höherwertigen Rechtsgutes eine Offenbarung von Patientendaten in Betracht (rechtfertigender Notstand gemäß § 34 StGB), etwa bei geplanten schwerwiegenden Straftaten; aber auch unter Umständen zur Mitteilung einer HIV-Infektion an den (Geschlechts-) Partner des Patienten (OLG Frankfurt a. M, 1999)

Eine Meldepflicht für begangene Straftaten gibt es nur in gesetzlich festgelegten Fällen (vgl. §§ 138, 139 StGB); eine Vergewaltigung ist zum Beispiel ebenso wie eine Kindesmisshandlung in der Bundesrepublik Deutschland nicht zwingend meldepflichtig.

Soll die ärztliche Schweigepflicht **gegen den erklärten Willen des Patienten** gebrochen werden, so ist dies unter dem Gesichtspunkt des rechtfertigenden Notstandes nur möglich, wenn für die Zukunft Gefahr für ein Rechtsgut von hohem Rang besteht. Dann sollte folgende Vorgehensweise gelten:

Checkliste

1. Dem Patienten ist eindringlich die Notwendigkeit einer freiwilligen Offenbarung des Geheimnisses zu vermitteln, insbesondere wenn von ihm eine Gefahr für seine Mitmenschen ausgeht.
2. Soweit medizinisch vertretbar, sollte dem Patienten eine Frist gesetzt werden, innerhalb derer er selbst das Geheimnis offenbaren kann.
3. Für den Fall der Nichtbefolgung sollte die dann vorgesehene Durchbrechung der ärztlichen Schweigepflicht vorab bereits angekündigt werden.
4. Die entsprechenden Unterredungen bzw. Absprachen mit dem Patienten sollten sorgfältig dokumentiert werden.

Die Rechtsprechung hat eine Durchbrechung der ärztlichen Schweigepflicht zum Beispiel akzeptiert bei Meldung an die Straßenverkehrsbehörde über einen uneinsichtigen Patienten, der aufgrund seiner Erkrankung nicht mehr fähig ist, ein Fahrzeug zu führen, ohne sich und andere zu gefährden (BGH NJW 1968, 2288).

Meldepflichten

Bei einer Reihe von Krankheitsbildern bzw. ärztlichen Maßnahmen ist die Tatsache der Erkrankung bzw. Maßnahme zu melden, die Meldung erfolgt jedoch ohne Angabe der Personalien der Patienten. Eine solche anonymisierte Meldepflicht gibt es etwa

- bei Durchführung eines Schwangerschaftsabbruchs,
- bei bestimmten Infektionskrankheiten gemäß Infektionsschutzgesetz und
- bei Auftreten unerwünschter Arzneimittelwirkungen (UAW).

Derartige anonymisierte Meldepflichten sind teils gesetzlich, teils standesrechtlich verankert. Namentlich zu melden sind hingegen die in der Berufskrankheitenverordnung gelisteten anerkannten **Berufskrankheiten** bzw. entsprechende Verdachtsfälle. Die Meldepflicht für unerwünschte Arzneimittelwirkungen ist in der (Muster-) Berufsordnung von 1997 verankert:

§ 6 MBO-Ä 1997 Mitteilung von unerwünschten Arzneimittelwirkungen

Der Arzt ist verpflichtet, die ihm aus seiner ärztlichen Behandlungstätigkeit bekannt werdenden unerwünschten Arzneimittelwirkungen der Arzneimittelkommission der Deutschen Ärzteschaft mitzuteilen (Fachausschuss der Bundesärztekammer).

Meldepflichten auf gesetzlicher Grundlage stellen eine zulässige Durchbrechung der ärztlichen Schweigepflicht dar. Ohne Anspruch auf Vollständigkeit seien die folgenden weiteren **Meldepflichten bzw. Mitteilungspflichten** genannt:

- Meldepflichten gemäß Personenstandsgesetz, § 17 Abs. 1 Nr. 3, 18 (Meldung einer Geburt);
- Meldepflichten gemäß Sozialgesetzbuch, § 100 SGB X als Auskunftspflicht gegenüber Sozialversicherungsträgern, diese wiederum unterliegen dem sog. Sozialgeheimnis (§ 35 SGB I);

- Meldepflichten gemäß Krebsregistergesetz, § 3 Abs. 2 (der Patient hat aber ein Widerspruchsrecht);
- Meldepflichten des Leichenschauers bei nichtnatürlicher oder ungeklärter Todesart in den Todesbescheinigungen der Bundesländer;
- Meldepflichten des Obduzenten bei Anhaltspunkten für einen nichtnatürlichen Tod (nach Landesrecht, nicht in allen Bundesländern!);
- Angabe der Todesursache in amtsärztlichen Bescheinigungen einschließlich Meldepflichten gegenüber der Polizei gemäß § 3 Abs. 2 Nr. 2 Feuerbestattungsgesetz (nicht in allen Bundesländern);
- Mitteilungspflichten an den Medizinischen Dienst der Krankenkassen, §§ 275 ff SGB V;
- Auskunftspflichten des Vertragsarztes gegenüber Krankenkassen, Kassenärztlichen Vereinigungen bzw. den mit der Datenverarbeitung beauftragten Stellen, etwa gemäß § 136 SGB V bei Qualitätsprüfungen;
- Auskunftspflichten gegenüber den Berufsgenossenschaften als den Trägern der gesetzlichen Unfallversicherung, etwa die Verpflichtung zur Meldung einer Berufskrankheit, §§ 201, 203 SGB VII;
- Offenbarungspflichten der Therapeuten im Strafvollzug, § 182 Abs. 2 Satz 2 Strafvollzugsgesetz;
- Bei Vorliegen einer Erklärung über die Entbindung von der Schweigepflicht auch weitergehende Auskunftspflichten, insbesondere gegenüber gesetzlichen und privaten Versicherungsträgern (Lebensversicherungen, Berufsgenossenschaften, Versorgungsämter etc, zur Prüfung entsprechender Ansprüche des dort versicherten Patienten);
- Meldepflicht bei geplanten schweren Verbrechen gemäß §§ 138, 139 Abs. 3 StGB und
- Meldepflichten nach den Unterbringungsgesetzen (PsychKG) der Bundesländer.

10.6 Haftpflicht und Behandlungsfehler

R. Dettmeyer, B. Madea

Ärztinnen und Ärzte können für ein ärztliches Fehlverhalten grundsätzlich zivilrechtlich, strafrechtlich und standesrechtlich haftbar gemacht werden. Jeder Arzt ist standesrechtlich verpflichtet, sich gegen zivilrechtliche Schadensersatzansprüche zu versichern (§ 21 MBO-Ä 1997). Zivilrechtlich haftet der Arzt im Falle eines Behandlungsfehlers, strafrechtlich muss ein persönlicher Schuldvorwurf hinzutreten. Die zivilrechtlichen Haftungsgrundlagen sind in ◘ Tabelle 10.1 (s. S. 557) benannt. Grundsätzlich haftet der behandelnde Arzt zivilrechtlich für vorsätzliches und fahrlässiges Fehlverhalten. Die im Zivilrecht geltende Formulierung, wonach fahrlässig handelt, wer die im Verkehr erforderliche Sorgfalt außeracht lässt (vgl. § 276 BGB), wird im Arztrecht dahingehend konkretisiert, dass bei der Behandlung des Patienten nicht vorsätzlich oder fahrlässig gegen anerkannte Regeln der ärztlichen Kunst verstoßen werden darf.

Der Geschädigte Patient kann seinen Ersatzanspruch wahlweise auf die (schuldhafte) Schlechterfüllung des Behandlungsvertrages, die fehlerhafte Geschäftsführung ohne Auftrag (beim bewusstlosen Patienten) oder auf eine unerlaubte Handlung stützen. Er muss den Nachweis der objektiven Pflichtverletzung und ihre Kausalität für den eingetretenen Schaden erbringen. Dabei billigt ihm die Rechtsprechung Beweiserleichterungen bis hin zur Umkehr der Beweislast zu. Der schädigende Arzt hat bei allen drei Anspruchsgrundlagen nunmehr den Nachweis zu erbringen, dass er die Pflichtverletzung nicht zu vertreten hat, dass er also weder vorsätzlich noch fahrlässig gehandelt hat (§ 280 Abs. 1 S. 2 BGB). Neu ist auch, dass nunmehr nach der Neufassung von § 253 BGB, durch das 2. Gesetz zur Änderung schadenersatzrechtlicher Vorschriften, bei allen drei Anspruchsgrundlagen auch ein Schmerzensgeld zum Ausgleich immaterieller Schäden gefordert werden kann und nicht mehr nur bei der unerlaubten Handlung. Diese Regelung gilt auch für Anspruchsgrundlagen der Gefährdungshaftung (Arzneimittel-, Medizinproduktegesetz, Produkthaftungsgesetz). Bei ihnen gab es bisher auch keinen Anspruch auf Schmerzensgeld.

Fahrlässig im Sinne des Strafrechts handelt dagegen nur derjenige, der die Sorgfalt außeracht lässt, zu der er nach den Umständen und nach seinen persönlichen Verhältnissen verpflichtet und imstande ist. Durch die Außerachtlassung dieser Sorgfalt muss es zu der Verwirklichung eines Straftatbestandes kommen. Hat der behandelnde Arzt dies nicht vorausgesehen, so liegt **unbewusste Fahrlässigkeit** vor. Hat der Arzt vorwerfbar darauf vertraut, „es werde schon gut gehen", dann spricht man von **bewusster Fahrlässigkeit**.

Strafrechtliche Haftung

Erheben insbesondere Angehörige gegenüber der Polizei bzw. Staatsanwaltschaft den Vorwurf eines Behandlungsfehlers, so wird in der Regel ein **Ermittlungsverfahren** gegen den behandelnden Arzt eingeleitet, wenn ein begründeter Anfangsverdacht besteht. Im Vordergrund steht in der Regel der Vorwurf der fahrlässigen Körperverletzung oder auch fahrlässigen Tötung, im Einzelfall kann jedoch wegen Verstoßes gegen weitere Vorschriften, nicht nur des Strafgesetzbuches, ermittelt werden. Dabei sind insbesondere zu nennen:

- § 222 StGB – Fahrlässige Tötung
- § 229 StGB – Fahrlässige Körperverletzung
- § 323c StGB – Unterlassene Hilfeleistung
- §§ 218 ff StGB – Unzulässiger Schwangerschaftsabbruch
- § 278 StGB – Ausstellen unrichtiger Gesundheitszeugnisse
- § 168 StGB – Störung der Totenruhe (z.B. durch eine rechtswidrige Obduktion)
- § 216 StGB – Strafbare Tötung auf Verlangen
- § 228 StGB – Sittenwidrige Körperverletzung trotz Einwilligung

Neben einem Verstoß gegen Vorschriften des Strafgesetzbuches wird gelegentlich ein Ermittlungsverfahren auch wegen Verstoßes gegen andere Gesetze eingeleitet: zum Beispiel wegen Verstoßes gegen §§ 29, 30 Betäubungsmittelgesetz – unzulässiges Verschreiben, Verabreichen oder Überlassen von Betäubungsmitteln – oder wegen Verstoßes gegen das Heilmittelwerbegesetz (HWG) wegen strafbarer ärztlicher Werbung. Schließlich können Verstöße gegen die Berufsordnung von den Heilberufsgerichten mit empfindlichen Strafen geahndet werden.

Behandlungsfehler

Der Begriff des Behandlungsfehlers hat den des so genannten Kunstfehlers teilweise abgelöst. Eine gesetzliche Definition des Begriffes Behandlungsfehler gibt es nicht.

Definition

Ein Behandlungsfehler liegt vor, wenn der Arzt im Rahmen seiner ärztlichen Tätigkeit die nach den Erkenntnissen der medizinischen Wissenschaft unter den jeweiligen Umständen objektiv gebotene Maßnahme unsachgemäß ausgeführt, d.h. diejenige Sorgfalt außer Acht gelassen hat, die man allgemein von einem ordentlichen, pflichtbewussten Arzt in der konkreten Situation erwartet.

Als Kurzform findet sich diese Umschreibung des Begriffes Behandlungsfehler in der jetzt herrschenden Formulierung, wonach ein Behandlungsfehler ein „Verstoß gegen allgemein anerkannte Regeln der ärztlichen Wissenschaft" ist. Damit ist nicht jede erdenkliche Sorgfalt verlangt, aber der Behandlungsstandard eines gewissenhaften Arztes der selben Fachrichtung in gleicher Situation zum Behandlungszeitpunkt. Dabei ist seit jeher unbestritten, dass der Stand der medizinischen Wissenschaft nicht statisch definiert werden kann, sondern einer ständigen dynamischen Weiterentwicklung unterliegt. Es wird der einfache Behandlungsfehler vom sog. groben Behandlungsfehler unterschieden.

Wichtig

Ein grober Behandlungsfehler soll vorliegen, „... wenn der Arzt eindeutig gegen bewährte ärztliche Behandlungsregeln oder gesicherte medizinische Erkenntnisse verstoßen und einen Fehler begangen hat, der aus objektiver Sicht nicht mehr verständlich erscheint, weil er einem Arzt schlechterdings nicht unterlaufen darf." (BGH Arztrecht 10/1997, 274).

Einige Möglichkeiten iatrogener Schädigungen in der Klinik sind in ◘ Abbildung 10.2 dargestellt.

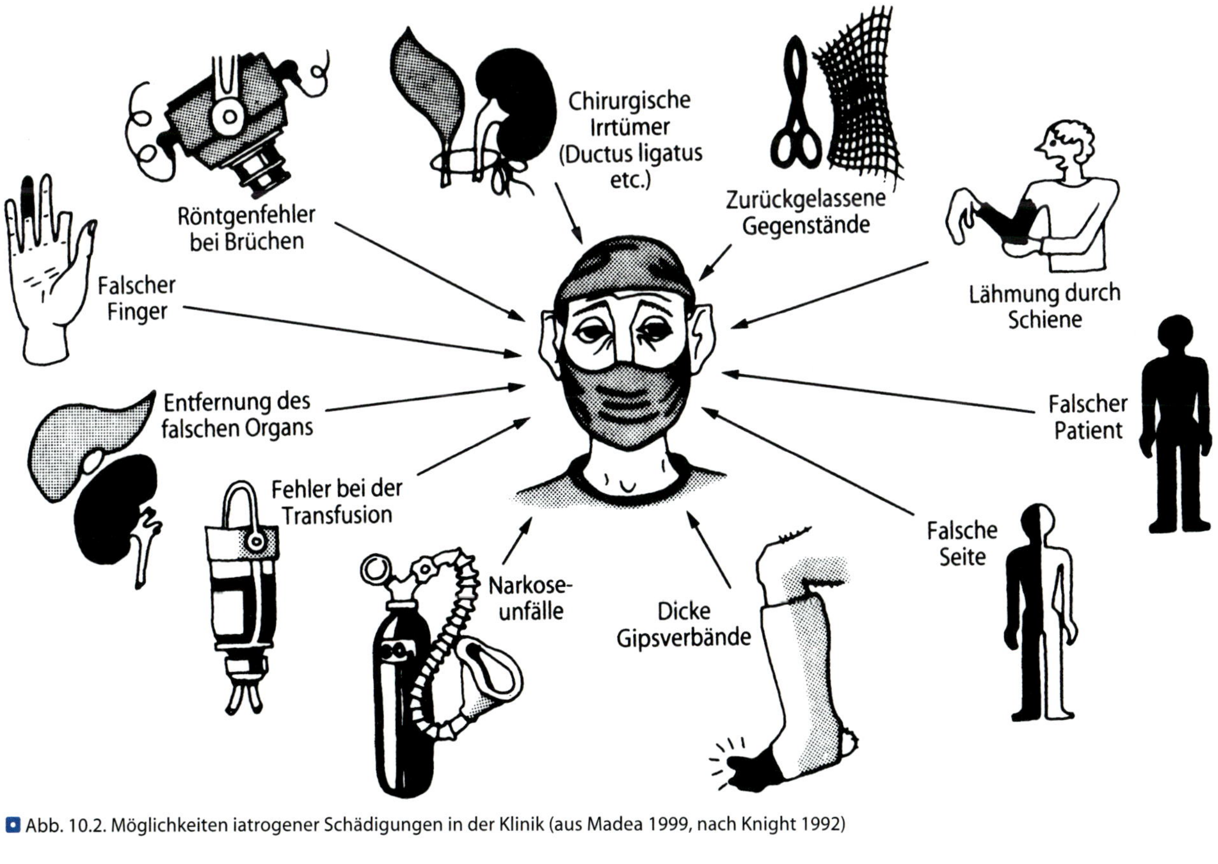

◘ Abb. 10.2. Möglichkeiten iatrogener Schädigungen in der Klinik (aus Madea 1999, nach Knight 1992)

Tabelle 10.7. Organisations-, Koordinations-, Kooperationsfehler

1. Prinzip der Einzel- und Eigenverantwortlichkeit
2. Haftungsbeschränkender Vertrauensgrundsatz bei Abgrenzung der Zuständigkeits- und Verantwortungsbereiche
Horizontale Arbeitsteilung
- Interdisziplinäre ärztliche Zusammenarbeit
- Zusammenarbeit zwischen Gebietsarzt und Arzt für Allgemeinmedizin
- Zusammenwirken von behandelndem Arzt und Konsiliarius

Vertikale Arbeitsteilung (hierarchische Strukturen)
- Teamarbeit im Krankenhaus zwischen Chefarzt und nachgeordneten Ärzten innerhalb einer Abteilung
- Zusammenarbeit zwischen Arzt und Pflegepersonal

(Nach Ulsenheimer 1988)

Tabelle 10.8. Typische Fehlerquellen ärztlicher Tätigkeit

Behandlungsfehler	– Diagnosefehler, falsche Indikationsstellung – Kontrollfehler – fehlende oder unzulängliche Voruntersuchung – Nichterhebung von Befunden (Labor, Röntgen, Blutzuckerkontrolle) – falsche Wahl der Heilmethode – therapeutische Beratungs- oder Hinweisfehler – fehlerhafte Medikation, Überdosierung, Arzneiverwechslung – Verstoß gegen Hygienebestimmungen – Nichterkennen einer Komplikation – fehlerhafte Operationstechnik – Lagerungsfehler – Fehler beim Einsatz medizinisch-technischer Geräte – fehlerhafte Vornahme von Injektionen, Infusionen und Transfusionen – Unterlassung unverzüglicher Krankenhauseinweisung oder zu späte Hinzuziehung eines Konsiliarius
Aufklärungsfehler	
Kooperationsfehler	– Organisations-, Koordinations-, Kommunikationsmängel, – Delegations-, Überwachungs-, Instruktions-, Informationsfehler

In der Literatur werden **Grundtypen des ärztlichen Behandlungsfehlers** genannt, so zum Beispiel:
- Organisationsverschulden (insbesondere des Krankenhausträgers und des verantwortlichen Chefarztes),
- Übernahmeverschulden (insbesondere bei Studenten im praktischen Jahr – PJ – sowie Ärzten im Praktikum – AiP – und Assistenzärzten),
- Kooperationsfehler (im Rahmen der vertikalen und/oder horizontalen Arbeitsteilung; Tabelle 10.7),
- Nichtbehandlung (vorsätzliches oder fahrlässiges Unterlassen einer medizinisch gebotenen Behandlung) und
- abweichende Behandlung (Durchführung einer vom aktuellen ärztlichen Standard abweichenden Therapie, obwohl diese anerkanntermaßen erfolgversprechender ist).

Weitere typische Fehlerquellen ärztlicher Tätigkeit sind in Tabelle 10.8 genannt.

Behandlungsfehlerbegutachtung. Wird ein Behandlungsfehler erhoben, so wird der Frage, ob tatsächlich ein Behandlungsfehler vorliegt, im Rahmen eines förmlichen Verfahrens nachgegangen. Dabei soll sich in der Regel eine außenstehende neutrale Stelle gutachterlich zu dem Behandlungsfehlervorwurf äußern. Derartige Behandlungsfehlergutachten werden von folgenden Stellen bzw. Institutionen abgegeben:
- Gutachterkommissionen bzw. Schlichtungsstellen der Landesärztekammern,
- im Privatauftrag gutachterlich tätige angestellte oder niedergelassene Ärzte,
- Medizinischer Dienst der Krankenkassen,
- gutachterlich tätige Privatinstitute,
- ausgewiesene Spezialisten, meist Ärzte mit langjähriger Berufserfahrung und gutachterlicher Erfahrung,
- gutachterlich tätige Ärzte bei Sozialversicherungsträgern, etwa bei der Bundesknappschaft und
- Rechtsmediziner, diese in der Regel im Rahmen staatsanwaltschaftlicher Ermittlungsverfahren.

Als Konsequenz eines Behandlungsfehlervorwurfes kann es somit gerichtliche wie außergerichtliche Verfahren geben. Bei den Verfahren vor einer Gutachterkommission bzw. Schlichtungsstelle der Landesärztekammer ist die freiwillige Mitwirkung beider Parteien, d.h. des Patienten und des Arztes erforderlich.

Ergebnisse der Behandlungsfehlerbegutachtung. Die Gutachterkommissionen und Schlichtungsstellen der Ärztekammern haben ebenso wie einzelne rechtsmedizinische In-

Tabelle 10.9. Rechtsmedizinische Untersuchungen zur Verteilung der Behandlungsfehlervorwürfe auf ausgewählte Fachgebiete

Autoren	Chirurgie	Innere Medizin	Allgemein-medizin	Orthopädie	Gynäkologie und Geburtshilfe	Pädiatrie	HNO	Summe
Von Brandis u. Pribilla (1973)	48	20	26	3	10	–	2	
Eisenmenger et al. (1978)	41	35	44	2	28	16	17	
Finnegger (1981)	22	7	16	–	6	3	3	
Schmidt (1982)	37	8	16	–	7	3	4	
Kohnle (1983)	12	10	13	3	7	3	2	
Mattern u. Kohnle (1984)	15	11	7	3	8	3	3	
Althoff u. Solbach (1984)	22	9	10	4	8	4	4	
Mallach (1989)	214	93	124	–	58	15	15	
Pluisch (1990)	10	8	7	7	6	3	3	
Janssen u. Püschel (1998)	24	10	11	–	6	7	2	
Dettmeyer u. Madea (1999)	65	22	17	4	33	3	4	
Gesamt	510	233	291	26	177	60	59	
Relative Häufigkeit	37,7 %	17,2 %	21,5 %	1,9 %	13,1 %	4,4 %	4,3 %	100 %

(Zusammenstellung aus Dettmeyer u. Madea, 1999, MedR: 533–539)

Tabelle 10.10. Begründete Ansprüche wegen eines Behandlungsfehlers nach den Entscheidungen der Norddeutschen Schlichtungsstelle für ärztliche Behandlungsfehler 1998

Fach	Anzahl	Begründete Ansprüche pro Fach (%)
Unfallchirurgie	577	37
Gynäkologische Geburtshilfe	317	31
Orthopädie	306	21
Viszeralchirurgie	164	32
Thorax-, Herz- und Gefäßchirurgie	57	30
Innere Medizin	151	26
Allgemeinmedizin	113	27
Alle Fächer	2.250	31

(nach Scheppokat, 2000, DMW: 363)

stitute die Ergebnisse ihrer Behandlungsfehlerbegutachtung publiziert. Übereinstimmend zeigt die Verteilung der Behandlungsfehlervorwürfe auf die unterschiedlichen Fachdisziplinen eine führende Position des Faches Chirurgie. Eine Zusammenstellung rechtsmedizinischer Untersuchungen zur Verteilung von Behandlungsfehlervorwürfen auf ausgewählte Fachgebiete zeigt Tabelle 10.9.

Die Quote „anerkannter" Behandlungsfehler schwankt und betrug zum Beispiel im Jahre 1998 bei der Norddeutschen Schlichtungsstelle insgesamt 31 %. Die dortige Verteilung auf die unterschiedlichen Fachgebiete gibt Tabelle 10.10 wieder. Regional findet sich jedoch eine durchaus unterschiedliche Quote bejahter Behandlungsfehler im Vergleich der Gutachterkommissionen bzw. Schlichtungsstellen bei den Ärztekammern (Tabelle 10.11).

Hinsichtlich des Verhaltens nach einem Behandlungsfehler (-vorwurf) nennt Tabelle 10.12 die wichtigsten zu beachtenden Punkte.

10.7 Rechtliche und ethische Probleme am Beginn des Lebens

H.-D. Lippert

Im folgenden Abschnitt geht es um Sonderprobleme bei der ärztlichen Behandlung am Beginn oder auch vor Beginn des menschlichen Lebens.

Reproduktions-/Fortpflanzungsmedizin

Die Fortpflanzungsmedizin befasst sich interdisziplinär mit dem gesamten Bereich von Physiologie und Pathologie menschlicher Fortpflanzung. Zu den wichtigsten Aufgabengebieten gehört die **Hilfe bei Kinderlosigkeit.** Die hierzu verwandten Methoden werfen auch gut zwanzig Jahre nach der ersten künstlichen Befruchtung beim Menschen rechtliche Fragen in Hülle und Fülle auf, selbst in denjenigen Staaten, die den Bereich in einem eigenen Gesetz geregelt haben, wie z.B. Österreich. Angesichts der vielfältigen und zunehmend verfeinerten Methoden der Fortpflanzungsmedizin wird die Frage, ob es nicht vielleicht auch natürliche und sinnvolle Regelungsmecha-

Tabelle 10.11. Gutachterkommission/Schlichtungsstellen – Erstattete Gutachten / Schlichtungsbescheide 1994–1996

Gutachterkommission/ Schlichtungsstelle	1994	1995	1996	Rate bejahter Fehler; gewogener Durchschnitt (%)
Baden-Württemberg	540	624	592	24,5
Bayern	207	224	228	14,0
Hessen	321	378	437	37,0
Norddeutsche *	1.500	1.800	2.010	35,0
Nordrhein	888	773	1.107	35,7
Rheinland-Pfalz	146	302	407	31,0
Saar	68	49	50	23,4
Sachsen	120	155	162	32,0
Westfalen	931	849	946	25,1
Gesamt	4.721	5.154	5.939	31,1

* Gemeinsame Einrichtung der Landesärztekammern Berlin, Brandenburg, Bremen, Hamburg, Mecklenburg-Vorpommern, Niedersachsen, Sachsen-Anhalt, Schleswig-Holstein und Thüringen. (nach: Neumann, 1998, MedR, 309)

Tabelle 10.12. Verhalten nach Behandlungsfehler

Sicherung aller Beweismittel	– Krankengeschichte – Aufklärung und Einwilligung – Behandlungsplan – OP-Bericht – Verwendete Spritzen, Geräte, Blutkonserven etc.
Im Todesfall	– Todesbescheinigung – Gerichtliche Obduktion
Gespräch mit Patienten/Angehörigen	– Beteiligter Arzt selbst – Mit Zeugen – Schriftlich fixieren
Versicherung	– Obliegenheitspflichten beachten – Kein Schuldanerkenntnis – Sofortige Meldung an Versicherung
Staatsanwaltschaft	– Zeuge – ist zur wahrheitsgemäßen Aussage verpflichtet – „Verdächtiger" Zeuge – kann die Aussage verweigern, wenn er sich selbst mit einer wahrheitsgemäßen Aussage belasten würde (§ 55 StPO) – Beschuldigter – braucht nicht auszusagen, Einlassung ggf. über Anwalt

nismen als Ursachen für eine Kinderlosigkeit geben könnte, gar nicht mehr gestellt.

Strafrechtliche Vorschriften. Aus kompetenzrechtlichen Gründen ist es in der Bundesrepublik Deutschland nicht zum Erlass eines Fortpflanzungsmedizingesetzes gekommen. Statt dieser großen Lösung hat man sich mit dem **Embryonenschutzgesetz**, einem Sonderstrafgesetz, als kleiner Lösung begnügen müssen. Das Gesetz verbietet neben der Forschung an Embryonen eine ganze Reihe von Möglichkeiten des Umgangs mit Embryonen und menschlichen Zellen bis hin zum Klonen und zur Erzeugung von Chimären und Hybridwesen aus Mensch und Tier, aber auch die Leihmutterschaft. Ergänzend gelten über das ärztliche Berufsrecht (Kap. D IV Nr. 15) die Richtlinien der Bundesärztekammer zur Durchführung des intratubaren Gametentransfers, der In-vitro-Fertilisation mit Embryonentransfer und anderer verwandter Methoden.

§ 1 ESchG Missbräuchliche Anwendung von Fortpflanzungstechniken

(1) Mit Freiheitsstrafe bis zu drei Jahren oder mit Geldstrafe wird bestraft, wer

1. auf eine Frau eine fremde unbefruchtete Eizelle überträgt,
2. es unternimmt, eine Eizelle zu einem anderen Zweck künstlich zu befruchten, als eine Schwangerschaft der Frau herbeizuführen, von der die Eizelle stammt,
3. es unternimmt, innerhalb eines Zyklus mehr als drei Embryonen auf eine Frau zu übertragen,
4. es unternimmt, durch intratubaren Gametentransfer innerhalb
5. eines Zyklus mehr als drei Eizellen zu befruchten,
es unternimmt, mehr Eizellen einer Frau zu befruchten, als ihr innerhalb eines Zyklus übertragen werden sollen,
6. einer Frau einen Embryo vor Abschluss seiner Einnistung in der Gebärmutter entnimmt, um diesen auf eine andere Frau zu über-

tragen oder ihn für einen nicht seiner Erhaltung dienenden Zweck zu verwenden, oder
7. es unternimmt, bei einer Frau, welche bereit ist, ihr Kind nach der Geburt Dritten auf Dauer zu überlassen (Ersatzmutter), eine künstliche Befruchtung durchzuführen oder auf sie einen menschlichen Embryo zu übertragen.
(2) Ebenso wird bestraft, wer
1. künstlich bewirkt, dass eine menschliche Samenzelle in eine menschliche Eizelle eindringt, oder
2. eine menschliche Samenzelle in eine menschliche Eizelle künstlich verbringt, ohne eine Schwangerschaft der Frau herbeiführen zu wollen, von der die Eizelle stammt.
(3) Nicht bestraft werden
1. in den Fällen des Absatzes 1 Nr. 1, 2 und 6 die Frau, von der die Eizelle oder der Embryo stammt, sowie die Frau, auf die die Eizelle übertragen wird oder der Embryo übertragen werden soll, und
2. in den Fällen des Absatzes 1 Nr. 7 die Ersatzmutter sowie die Person, die das Kind auf Dauer bei sich aufnehmen will
(4) in den Fällen des Absatzes 1 Nr. 6 und des Absatzes 2 ist der Versuch strafbar.

Es ist bereits bei Erlass des Gesetzes kritisiert worden, dass das Strafrecht als Verbotsgesetz wohl nicht das geeignete Werkzeug sei, in den sich rasant entwickelnden Bereich der Fortpflanzungsmedizin wirklich steuernd einzugreifen. Bemängelt wird vor allem, dass das Gesetz nicht die Subsidiarität der IVF gegenüber anderen Methoden der Reproduktionsmedizin normiert. Verfassungsrechtlich nicht unbedenklich ist, dass das Gesetz zwar die gespaltene Mutterschaft, nicht aber die gespaltene Vaterschaft verbietet. Umstritten ist die Beschränkung der Kostenübernahme durch die Gesetzliche Krankenversicherung auf verheiratete Personen.

Die in Großbritannien mit der **Kryokonservierung** von Embryonen aufgetretenen Probleme können nach dem Embryonenschutzgesetz in Deutschland weitgehend vermieden werden, weil es verboten ist, mehr Eizellen zu befruchten, als in einem Zyklus übertragen werden sollen. Gleichwohl hätte der Gesetzgeber auch hier den Vorrang der Kryokonservierung von Eizellen vor der von Embryonen im Gesetz verankern können.

Zivilrechtliche Vorschriften. Zivilrechtliche Probleme birgt die statusrechtliche Zuordnung des extrakorporal erzeugten Kindes und deren spätere Korrektur. Mutter des Kindes ist diejenige Frau, die es geboren hat. Ist die Mutter zum Zeitpunkt der Geburt verheiratet, oder war sie es 302 Tage vor der Geburt, so gilt der Ehemann als der Vater des Kindes. Sowohl er als auch das Kind können diese Zuordnung anfechten. Ausgeschlossen ist die Anfechtung bei homologer Samenspende, weil genetische und rechtliche Zuordnung übereinstimmen. Bei der heterologen Insemination ohne Einverständnis des Ehemanns ist die Anfechtung möglich. Sie ist bei einer konsentierten heterologen Insemination nunmehr gesetzlich ausgeschlossen (§ 1600 Abs. 2 BGB).

Definition

Samenspende
- **Homologe Insemination** ist die Übertragung vom Sperma des noch lebenden Ehemannes auf die Ehefrau.
- **Heterologe Insemination** ist die Übertragung des Spermas eines mit der Frau nicht verheirateten Samenspenders oder beim Spermacocktail das mehrerer Spender.

Die unterhaltsrechtlichen Folgen der Anfechtung bereiten ebenfalls Probleme. So könnte es trotz aller bestehender vertraglicher **Unterhaltsansprüche** durchaus so weit kommen, dass der Samenspender unterhaltspflichtig werden kann. Ficht das Kind die Ehelichkeit erfolgreich an, so entfällt ein vertraglicher Unterhaltsanspruch.

Die erfolgreiche Anfechtung der Ehelichkeit macht das Kind zum nichtehelichen, mit allen daraus folgenden Rechten. Der Ausschluss dieser Rechtsansprüche zu Lasten des Kindes ist jedenfalls vertraglich nicht möglich.

Rechtliche Probleme der Präimplantationsdiagnostik

Diskussionen mit führenden Reproduktionsmedizinern zeigen, dass es bezüglich der rechtlichen Zulässigkeitsvoraussetzungen der Präimplantationsdiagnostik erhebliche Unsicherheiten gibt. Während die einen die Präimplantationsdiagnostik schlechthin für unzulässig halten, verweisen die anderen auf im angloamerikanischen Bereich entwickelte Verfahren, einem Embryo eine Zelle zu entnehmen, um nach „erfolgreicher" Präimplantationsdiagnostik den inzwischen konservierten „Restembryo" zu implantieren. Vertreter dieser Richtung führen zumeist an, dass die Präimplantationsdiagnostik letztlich spätere Schwangerschaftsabbrüche aus „eugenischer" Indikation verhindere und somit auch ethisch gerechtfertigt sei. Allerdings ist dieses Argument Ausdruck einer reinen Nützlichkeitsethik, die die Rechtfertigung einer Methode unter Verweis auf andere ebenso umstrittene Methoden begründet („das kleinere Übel") und dabei das eigentliche ethische Dilemma, nämlich das **Problem der Verfügungsbefugnis** über menschliches Leben, völlig außer Acht lässt. Im Ergebnis wird die Präimplantationsdiagnostik damit systematisch mit der Problematik des Schwangerschaftsabbruchs vermengt. Dies befriedigt weder juristisch, noch genügt es den Grundsätzen der Verantwortungsethik. Ein Vergleich mit der herkömmlichen Pränataldiagnostik dürfte unzulässig sein. Obwohl auch in diesem Bereich eine Hinterfragung mancher Methoden angebracht wäre, liegt der wesentliche Unterschied zur Präimplantationsdiagnostik darin, dass der Arzt bei der Pränataldiagnostik auf einen Zustand „in vivo" reagiert (und letztlich die Eltern bzw. die Mutter das letzte Entscheidungsrecht haben), während er bei der Präimplantationsdiagnostik agiert; unausgesprochene Bedingung ist nämlich stets, dass die potentielle Mutter zuvor die Einwilligung zum Transfer von einem positiven Ausgang der Präimplantationsdiagnostik abhängig macht. Indem der Arzt sich auf diese Zwänge einlässt, verlässt er die Rolle des Beraters und wird zum Schiedsrichter.

Die Richtlinien zur Verwendung fetaler Zellen und fetaler Gewebe

Die Richtlinie entspringt einer Stellungnahme der „Zentralen Kommission der BÄK zur Wahrung ethischer Grundsätze in der Reproduktionsmedizin, Forschung an menschlichen Embryonen und Gentherapie". Die Richtlinien beabsichtigen eine berufsbezogene Selbstbindung. Eine eigene Rechtsnormqualität kommt ihnen nicht zu. Zur Auslegung des Schutzbereichs sind sie jedoch geeignet. Folgende Punkte sind gesondert hervorzuheben:

Fetale Zellen und fetale Gewebe von lebenden Feten dürfen nur zum unmittelbaren **Nutzen des Feten** – oder ggf. **der Mutter** (Pränatale Diagnostik) – entnommen werden.

Für **experimentelle und therapeutische Zwecke**, die nicht dem unmittelbaren Nutzen des Feten oder der Mutter dienen, dürfen nur **Zellen und Gewebe toter Feten** verwendet werden. Todeskriterien sind das Fehlen von Spontanatmung und Herzschlag nach Ausschluss reversibler Einflüsse, wie Hypothermie des Fetus oder Arzneimittelwirkungen. Für Frühgeburten gelten die Kriterien des Hirntodes.

Die **Entscheidung zum Schwangerschaftsabbruch** darf nicht durch den Verwendungszweck beeinflusst werden. Das Aufklärungsgespräch darf daher erst dann geführt werden, wenn die Entscheidung zum Abbruch feststeht. Die Einwilligung der Schwangeren ist schriftlich zu dokumentieren. Die Schwangere kann hinsichtlich des Umfangs der Zell- und Gewebeentnahme sowie hinsichtlich der generellen Art der Verwendung Verfügungen treffen; auf die Person des Empfängers darf sie keinen Einfluss nehmen.

Die an dem Schwangerschaftsabbruch Beteiligten dürfen nicht an der Verwendung fetaler Zellen oder fetaler Gewebe zu Forschungs- oder fremdnützigen Therapiezwecken mitwirken oder aus dieser einen Nutzen ziehen. Eine Beeinflussung der Schwangeren durch das Anerbieten von finanziellen Vergünstigungen ist untersagt. Experimentelle **Forschungen und Heilversuche**, die Untersuchungen an oder mit fetalen Zellen oder fetalen Geweben zum Gegenstand haben, müssen einer bei der Ärztekammer oder medizinischen Fakultät gebildeten **Ethikkommission zur Beurteilung vorgelegt werden**. Besondere Dokumentationsvorschriften und Aufbewahrungsempfehlungen runden die Richtlinien ab.

Schwangerschaftsabbruch

Trotz oder gerade wegen seiner gesetzlichen Regelung ist der Schwangerschaftsabbruch nach wie vor ein Thema ohne Ende.

§ 218a Straflosigkeit des Schwangerschaftsabbruchs

(1) Der Tatbestand des § 218 ist nicht verwirklicht, wenn
1. die Schwangere den Schwangerschaftsabbruch verlangt und dem Arzt durch eine Bescheinigung nach § 219 Abs. 2 Satz 2 nachgewiesen hat, dass sie sich mindestens drei Tage vor dem Eingriff hat beraten lassen,
2. der Schwangerschaftsabbruch von einem Arzt vorgenommen wird und
3. seit der Empfängnis nicht mehr als zwölf Wochen vergangen sind.

(2) Der mit Einwilligung der Schwangeren von einem Arzt vorgenommene Schwangerschaftsabbruch ist nicht rechtswidrig, wenn der Abbruch der Schwangerschaft unter Berücksichtigung der gegenwärtigen und zukünftigen Lebensverhältnisse der Schwangeren nach ärztlicher Erkenntnis angezeigt ist, um eine Gefahr für das Leben oder die Gefahr einer schwerwiegenden Beeinträchtigung des körperlichen oder seelischen Gesundheitszustandes der Schwangeren abzuwenden, und die Gefahr nicht auf andere für sie zumutbare Weise abgewendet werden kann.

(3) Die Voraussetzungen des Absatzes 2 gelten bei einem Schwangerschaftsabbruch, der mit Einwilligung der Schwangeren von einem Arzt vorgenommen wird, auch als erfüllt, wenn nach ärztlicher Erkenntnis an der Schwangeren eine rechtswidrige Tat nach den §§ 176–179 des Strafgesetzbuches begangen worden ist, dringende Gründe für die Annahme sprechen, dass die Schwangerschaft auf der Tat beruht, und seit der Empfängnis nicht mehr als zwölf Wochen vergangen sind.

(4) 1. Die Schwangere ist nicht nach § 218 strafbar, wenn der Schwangerschaftsabbruch nach Beratung (§ 219) von einem Arzt vorgenommen worden ist und seit der Empfängnis nicht mehr als zweiundzwanzig Wochen verstrichen sind.
2. Das Gericht kann von Strafe nach § 218 absehen, wenn die Schwangere sich zur Zeit des Eingriffs in besonderer Bedrängnis befunden hat.

Gemäß § 218a Abs. 1 StGB ist schon der Tatbestand des § 218 StGB nicht erfüllt, wenn der Schwangerschaftsabbruch auf Verlangen der Frau innerhalb einer Frist von zwölf Wochen seit Empfängnis von einem Arzt vorgenommen wird und die Frau die Bescheinigung einer nach dem Schwangerschaftskonfliktgesetz (SchKG) zugelassenen Beratungsstelle vorlegt, aus der hervorgeht, dass sie sich mindestens drei Tage vor dem Eingriff hat beraten lassen. Damit ist jedenfalls innerhalb der 12-Wochenfrist der Übergang vom früheren Indikationsmodell zum Beratungsmodell vollzogen. Voraussetzung ist neben der Einhaltung der Frist das ausdrückliche Verlangen der Frau; ein bloßes „Geschehenlassen", z.B. auf Druck Dritter, reicht nach dem Gesetz nicht. Die Frage der Überprüfung derartiger Vorgaben dürfte auf einem anderen Blatt stehen. Der Abbruch muss durch einen Arzt mit deutscher Approbation durch-geführt werden. Eine Erlaubnis nach § 10 BÄO würde nicht ausreichen.

Gegenüber der früheren Regelung ist die sog. „embryopathische" Indikation entfallen. Sie wurde in die medizinisch-soziale Indikation integriert.

Wie bei der früheren embryopathischen Indikation auch, wird also nicht primär auf die befürchtete Fehlbildung oder Erkrankung des Feten abgestellt, sondern auf die **Zumutbarkeit für die Mutter**. Eine Frist zur Durchführung dieses gerechtfertigten Schwangerschaftsabbruchs sieht die gesetzliche Regelung nicht vor. Theoretisch wird daher der Abbruch bis zum Ende der Schwangerschaft für möglich gehalten.

Die **kriminologische Indikation** (§ 218a Abs. 3 StGB) wurde wieder eingeführt (Frist: 12 Wochen nach Empfängnis). Auf Grund dieser Indikation durchgeführte Abbrüche sind nicht rechtswidrig. Wie bei der medizinischen Indikation auch gehört der Abbruch zum Leistungsspektrum der gesetzlichen Krankenversicherung.

Sowohl bei der medizinischen als auch der kriminologischen Indikation muss dem abbrechenden Arzt die Indikation eines anderen Arztes vorliegen. Die Indikation bindet den abbrechenden Arzt jedoch nicht. Er ist zu einer eigenen Beurteilung verpflichtet. Dies gilt umso mehr, wenn er den die Indikation stellenden Arzt nicht – oder auch umgekehrt – zu gut, in einem bestimmten Sinne, kennt.

Besondere Berufspflichten des Arztes. In § 218c StGB sind Verhaltensanforderungen an den Abbruch vornehmenden Arzt aufgeführt, soweit sie strafrechtliche Relevanz besitzen und nicht im Berufsrecht geregelt werden können. Danach macht sich ein Arzt strafbar, wenn er eine Schwangerschaft abbricht, ohne der Frau Gelegenheit gegeben zu haben, ihm die Gründe für ihr Verlangen nach Abbruch der Schwangerschaft darzulegen, ohne die Schwangere über die Bedeutung des Eingriffs, insbesondere über Ablauf, Folgen, Risiken, mögliche physische und psychische Auswirkungen ärztlich beraten zu haben, oder ohne sich zuvor (außer den Fällen der medizinischen Indikation) auf Grund ärztlicher Untersuchung von der Dauer der Schwangerschaft überzeugt zu haben oder als Arzt im Rahmen der Schwangerenkonfliktberatung, entweder in einer anerkannten Beratungsstelle oder selbst als anerkannter Berater, beraten zu haben. Eine Personenidentität von anerkanntem Berater und abbrechendem Arzt ist unzulässig.

Der Arzt hat zu prüfen, ob die Frau sich von einer anerkannten Beratungsstelle beraten lassen hat und ob die Überlegungsfrist von drei vollen Kalendertagen zwischen Beratung und Schwangerschaftsabbruch eingehalten ist.

Er hat sorgfältig die bisherige Dauer der Schwangerschaft festzustellen, wobei er sich hierzu ausnahmsweise nicht auf die Angaben der Schwangeren verlassen darf; vielmehr ist das exakte Schwangerschaftsalter soweit als möglich durch Sonographie festzustellen.

Wie bisher auch, darf kein Arzt gezwungen werden, bei einem Schwangerschaftsabbruch (mit Ausnahme des medizinischen vital indizierten Schwangerschaftsabbruchs) teilzunehmen.

Die Schwangerschaftskonfliktberatung. Inhalt, Durchführung und Struktur der Schwangerenkonfliktberatung bzw. der Schwangerenkonfliktberatungsstellen ist in §§ 5–10 des neuen Gesetzes (SchKG) detailliert aufgeführt. Gemäß § 5 ist die nach § 219 des Strafgesetzbuches notwendige Beratung ergebnisoffen zu führen. Sie geht von der Verantwortung der Frau aus. Die Beratung soll ermutigen und Verständnis wecken, nicht belehren oder bevormunden. Die Schwangerschaftskonfliktberatung dient dem Schutz des ungeborenen Lebens.

Kontrazeption und Sterilisierung

Die **Kontrazeption** ist gesetzlich nicht geregelt. Die Verordnung von Kontrazeptiva folgt daher den allgemeinen rechtlichen Regularien für die Verordnung von Arzneimitteln, wobei diese an geschäftsfähige und einwilligungsfähige Frauen rechtlich gesehen kein Problem darstellt. Problematisch kann sie dagegen dann sein, wenn Mädchen, bei denen die Einwilligungsfähigkeit unklar ist, Kontrazeptiva verordnet bekommen sollen. Es stellt sich damit die Frage, ob und bis zu welchem Lebensalter die Einwilligung der Eltern erforderlich ist. Die Leitsätze der Bundesärztekammer zur Verordnung von Ovulationshemmern aus dem Jahre 1970 gehen davon aus, dass 16–18-jährigen jungen Frauen Ovulationshemmer nur mit Einwilligung der Eltern verordnet werden dürfen. Diese Grenzen dürften heute nicht mehr haltbar sein. Nur bei **Mädchen unter 14 Jahren** ist die Verordnung an die Einwilligung der Eltern gebunden. Auf einem anderen Blatt steht, dass Minderjährige bis zu ihrer Geschäftsfähigkeit keinen wirksamen Behandlungsvertrag schließen können oder doch nur einen, der bis zur Genehmigung durch die Erziehungsberechtigten schwebend unwirksam ist. So ist jedenfalls die Rechtslage bei privat versicherten Minderjährigen. Für minderjährige Mitglieder der gesetzlichen Krankenversicherung wird sogar die Rechtsauffassung vertreten, der Behandlungsvertrag sei voll wirksam, weil er dem Versicherten nur rechtliche Vor- und keine Nachteile gewähre.

Die **Sterilisation** ist, soweit sie Einwilligungsunfähige trifft, in § 1905 BGB gesetzlich geregelt und nur unter den dort genannten Voraussetzungen überhaupt zulässig (▶ s. Kap. 10.4.9).

Definition

Sterilisation ist ein medizinischer Eingriff, der die Zeugungsfähigkeit beim Mann und die Empfängnisfähigkeit bei der Frau operativ auf Dauer aufhebt.

Rechtlich nicht unproblematisch ist die Sterilisation dann, wenn ihr keine medizinische Indikation zu Grunde liegt (**Gefälligkeitssterilisation**). Hier stellte sich bis Mitte der 70er-Jahre die Frage, ob eine entsprechende Einwilligung des Probanden nicht wegen Sittenwidrigkeit unwirksam und der durchgeführte Eingriff daher mangels Einwilligung eine **rechtswidrige Körperverletzung** darstelle. Auch der darauf gerichtete Behandlungsvertrag wäre wegen Sittenwidrigkeit nicht wirksam geschlossen. Die Rechtsprechung hat die Frage entschieden und zwar in dem Sinne, dass die Einwilligung in eine freiwillige Sterilisation nicht bereits deshalb sittenwidrig und eine entsprechende Einwilligung daher wirksam sei.

Behandlung schwerst geschädigter Neugeborener

Üblicherweise wird die Behandlung schwerstbehinderter Neugeborener bei der Sterbehilfe abgehandelt. Sie wirft zwei Fragen auf:

- Zum einen, in welchem Umfang den Arzt eine Behandlungspflicht trifft und

- zum anderen, worin die Eltern eines schwerbehinderten Kindes einwilligen können.

Unbestritten gilt auch bei Neugeborenen, die mit schwerster Behinderung geboren werden, dass sie als menschliche Lebewesen unter dem Schutz der Verfassung stehen. Seine Erhaltung ist vorrangige Aufgabe ärztlichen Handelns. Auch gegenüber diesen Kindern gilt das Verbot der aktiven Sterbehilfe. Der Arzt ist verpflichtet, das Beste, Wirksamste zu tun, um das Leben zu erhalten und bestehende Schädigungen zu mildern oder zu beheben. Dabei wird die ärztliche Behandlungspflicht nicht allein durch die Möglichkeit der Medizin bestimmt. Sie ist ebenso an humanethischen Beurteilungskriterien und am Heilauftrag des Arztes auszurichten. Es gibt daher Fälle, in denen der Arzt nicht gezwungen ist, die medizinischen Behandlungsmöglichkeiten auszuschöpfen, insbesondere zur Herstellung und Aufrechterhaltung der Vitalfunktionen und/oder der massiven operativen Intervention. Diese Voraussetzungen sind zu bejahen, wenn nach dem aktuellen Stand der medizinischen Wissenschaft das Leben des Kindes auf Dauer nicht erhalten werden kann, oder nur der sichere Tod hinausgezögert wird, wenn es trotz Behandlung ausgeschlossen ist, dass das Kind jemals die Fähigkeit zur Kommunikation mit der Umwelt erlangt oder die Vitalfunktionen auf Dauer nur durch intensivmedizinische Maßnahmen aufrecht erhalten werden können.

Für den Arzt besteht ein **Beurteilungsspielraum**, wenn eine Behandlung dem Kind nur ein Leben mit schwersten, nicht behebbaren Schäden ermöglichen würde (z.B. schwerste Hirnschädigung). Bei seiner Entscheidung über die Aufnahme oder die Einstellung der Behandlung sollte sich der Arzt an der Handlungspflicht bei Erwachsenen mit vergleichbaren Ausfallserscheinungen orientieren. Der Umstand, dass dem Kind ein Leben mit Behinderungen bevorsteht, rechtfertigt es nicht, lebenserhaltende Maßnahmen zu unterlassen oder abzubrechen. Auch wenn die Verpflichtung zu lebenserhaltenden Maßnahmen nicht besteht, so muss der Arzt die Basisversorgung des Kindes aufrechterhalten und Interventionen zur Milderung der Schäden durchführen, sofern sie in angemessenem Verhältnis zu der zu erwartenden Leidensminderung stehen.

Die Eltern sind über das Leiden und die Möglichkeiten zur Behandlung aufzuklären und durch Beratung und Information in die ärztliche Entscheidung einzubeziehen. Eltern können die Einwilligung in die Behandlung verweigern. Es ist dann die Entscheidung des Familiengerichtes einzuholen. Dies gilt auch, wenn sich die Eltern nicht über die Behandlung einigen können. Bis zur Entscheidung des Familiengerichtes dürfen nur medizinisch dringend indizierte Maßnahmen (Notfallmaßnahmen) durchgeführt werden. Das Behandlungsgeschehen ist beweiskräftig zu dokumentieren.

10.8 Rechtliche Probleme am Ende des Lebens

H.-D. Lippert

Die rechtlichen Probleme am Ende des Lebens konzentrieren sich auf den **menschlichen Willen** und seine Durch- und Umsetzung in der ärztlichen Behandlungspraxis bis hin zu der Frage der **Sterbebegleitung** und der **Sterbehilfe**. Eine zentrale Stellung nimmt danach die **Einwilligung** nach vorausgegangener Aufklärung ein. Sie hat nach allgemeiner Meinung im juristischen Schrifttum und in der Rechtsprechung Verfassungsrang: nach Art. 2 Abs. 1 GG hat der Patient dem Arzt gegenüber das uneingeschränkte Recht, selbst zu bestimmen, **was mit seinem Körper geschieht und was nicht**. Im Behandlungsverhältnis ist der Arzt gehalten, dem Patienten das medizinische Geschehen im Aufklärungsgespräch zu erläutern (Übersetzung des medizinischen Geschehens in die Laiensphäre), um ihm eine Einwilligung zu ermöglichen.

Aufklärung unheilbar erkrankter Personen

Ziel der Eingriffsaufklärung ist es, den Patienten in die Lage zu versetzen, in Kenntnis der Notwendigkeit, des Grades, der Dringlichkeit sowie der Tragweite der ärztlichen Behandlungsmaßnahmen eine auch aus ärztlicher Sicht vernünftige Entscheidung zu treffen.

Der Arzt hat den Patienten insoweit über die Diagnose aufzuklären, als dies für die Vorbereitung der Behandlung erforderlich ist. Aus therapeutischen Gründen kann die Aufklärung über die Diagnose eingeschränkt, im Ausnahmefall auch einmal kontraindiziert sein. Zu einer schonungslosen Aufklärung ist der Arzt nicht verpflichtet. Eine Verlaufsaufklärung soll den Patienten in groben Zügen über die Entwicklung seines Zustandes sowohl bei Vornahme, als auch bei Unterlassen einer Behandlung informieren, wobei über die Folgen und Erfolgsaussichten der Behandlung aber auch über die Risiken und Schmerzen der Therapie zu unterrichten ist. Über ernsthaft in Betracht kommende Behandlungsalternativen ist der Patient aufzuklären.

Die Aufklärung muss individuell in einem Gespräch zwischen Arzt und Patient erfolgen. Formulare können es vorbereiten, aber nicht ersetzen. Das Gespräch ist grundsätzlich vom Arzt zu führen, eine Delegation auf nichtärztliches Personal ist nicht statthaft.

Die Aufklärung muss zu einem Zeitpunkt erfolgen, zu dem der Patient noch im vollen Besitz seiner Urteils- und Einsichtsfähigkeit ist; es muss ihm – in Abhängigkeit von der Dringlichkeit des Eingriffs – Zeit zur Überlegung gewährt werden.

Diese Grundsätze zur Patientenaufklärung gelten auch bei derjenigen unheilbar erkrankter Patienten. Die schwierige Aufgabe des Arztes besteht aber darin, herauszufinden, was der Patient wissen möchte, um seine letzten Tage seinem Willen entsprechend gestalten zu können und welche therapeutischen Maßnahmen gewünscht oder abgelehnt werden. Auch die Information von Angehörigen darf erst nach Absprache mit dem Patienten erfolgen, keinesfalls hinter seinem Rücken.

Wichtig

Schweigepflicht!

Patientenverfügung, Patientenbrief

Der Wille des einsichts- und urteilsfähigen – also einwilligungsfähigen – Patienten ist für den Arzt bindend. Wünscht der Patient die Behandlung, so hat der Arzt sie im Rahmen seiner Behandlungspflicht zu erbringen, soweit ihm dies zumutbar ist und er die Behandlung nicht, wie es § 7 Abs. 2 MBO-Ä vorsieht, ablehnen kann. Verweigert der Patient seine Einwilligung in die Behandlung, so hat der Arzt dies ebenfalls zu respektieren. Der Wille des Patienten begrenzt also den ärztlichen Behandlungsauftrag.

Bei der Patientenverfügung bzw. dem Patientenbrief handelt es sich um eine schriftliche Erklärung einer Person an die behandelnden Ärzte, dass sie bei einem bestimmten Krankheitsverlauf oder unfallbedingten Zustand eine ärztliche Intensivbehandlung nicht mehr wünscht, sondern nur noch eine Leidensmilderung. Für diese Erklärung hat sich unzutreffenderweise der Begriff „Patiententestament" eingebürgert, obgleich der zugegeben blasse des „Patientenbriefs" zutreffend wäre. Rechtlich handelt es sich um eine vorweggenommene Erklärung über eine Behandlungsverweigerung für den Fall, dass der Erklärende einwilligungsunfähig sein werde.

Definition

Patiententestament/-verfügung
Dies ist eine schriftliche Erklärung einer Person an die behandelnden Ärzte, dass sie bei einem bestimmten Krankheitsverlauf oder unfallbedingten Zustand eine ärztliche Intensivbehandlung nicht mehr wünscht, sondern nur noch eine Leidensmilderung.

Das Patiententestament kann einen Arzt nicht zu einer strafbaren Handlung zwingen. Es kann aber dazu dienen, den mutmaßlichen Willen des Patienten herauszufinden. Hierfür ist es jedenfalls dann ein gewichtiger Anhaltspunkt, wenn die in der Erklärung geschilderte Situation eingetreten ist.

Der mutmaßliche Wille. Nicht nur bei der Behandlung nicht einwilligungsfähiger Patienten am Ende des Lebens, sondern auch sonst bei der Behandlung einwilligungsunfähiger Patienten, etwa bewusstloser Patienten in der Notfallmedizin, handelt der Arzt nach dem mutmaßlichen Willen des Patienten, den herauszufinden seine Aufgabe ist. Dem lebensbedrohlich erkrankten, bewusstlosen Notfallpatienten wird der Notarzt als Geschäftsführer ohne Auftrag alle diejenigen Maßnahmen zukommen lassen, die er für notwendig und erforderlich hält, die akute Lebensgefahr vom Patienten abzuwenden. Ist der Patient danach wieder ansprechbar und einwilligungsfähig, mag mit seinem Einverständnis über die Weiterbehandlung entschieden werden.

Die gewillkürte Vertretung (Patientenvollmacht). In Gesundheitsangelegenheiten ist auch eine gewillkürte Vertretung des Patienten zulässig. Der Inhalt dieses einfachen Satzes war in der Literatur lange umstritten. Aber die berühmten drei Worte des Gesetzgebers (es dürfen auch ein paar mehr sein) im Betreuungsrechtsänderungsgesetz haben hier Klarheit geschaffen. § 1904 Abs. 2 ermöglicht nunmehr die Bevollmächtigung einer anderen Person zur Einwilligung in die in § 1904 Abs. 1 BGB genannten Maßnahmen, sofern die Vollmacht schriftlich abgefasst ist und sie die in § 1904 Abs. 1 BGB genannten Maßnahmen ausdrücklich umfasst. Wenn also die Bevollmächtigung in die in § 1904 Abs. 1 genannten Eingriffe schwerwiegenderer Art für zulässig erachtet wird, dann muss sie erst recht für minder schwere Eingriffe möglich sein.

Definition

Eine **Patientenvollmacht** ist die Bevollmächtigung einer anderen Person zur Einwilligung in die in § 1904 Abs. 1 BGB genannten Maßnahmen, sofern die Vollmacht schriftlich abgefasst ist und sie die in § 1904 Abs. 1 BGB genannten Maßnahmen ausdrücklich umfasst.

Sterbebegleitung, Sterbehilfe, Behandlungsabbruch, Behandlungsverzicht

Sterbebegleitung. So beschreiben die Grundsätze der Bundesärztekammer zur ärztlichen Sterbebegleitung diese:

> „Der Arzt ist verpflichtet, Sterbenden, d.h. Kranken und Verletzten mit irreversiblem Versagen einer oder mehrerer vitaler Funktionen, bei denen der Eintritt des Todes in kurzer Zeit zu erwarten ist, so zu helfen, dass sie in Würde zu sterben vermögen. Die Hilfe besteht neben palliativer Behandlung in Beistand und Sorge für Basisbetreuung."

Die Grundsätze sind eine klare Absage an alle Versuche **aktiver Sterbehilfe** und zugleich Definition dessen, was als **passive Sterbehilfe** zulässig ist.

Aktive Sterbehilfe. Bei der Sterbehilfe ist zu unterscheiden zwischen aktiver und passiver Sterbehilfe. Unbestrittenermaßen ist es dem Arzt verboten, aktiv lebensverkürzende Maßnahmen zu ergreifen, auch wenn sie auf einem ausdrücklichen Wunsch des Patienten beruhen. Auch wo die aktive Tötung als Mittel zur Schmerzlinderung und zur Erlösung von einem sinnlos gewordenen Leben erfolgt, ist sie rechtswidrig und zwar wegen des strafrechtlichen Verbots der Tötung auf Verlangen (§ 216 StGB). Eine für den Arzt straflose Beihilfe zum Selbstmord liegt dagegen vor, wenn der Patient voll einsichtsfähig ist und das eigentlich zum Tod führende Geschehen ganz in der eigenen Hand hat (Einnehmen überlassener Arzneimittel). Beherrscht der Arzt das Geschehen, etwa durch Injektion oder Infusion eines Medikaments, so macht er sich wegen aktiver Sterbehilfe strafbar.

Definition

Aktive Sterbehilfe ist das Herbeiführen des Todes eines Patienten (auch mit dessen Willen) durch aktives Tun oder das Unterlassen einer indizierten Behandlung trotz Garantenstellung.

Passive Sterbehilfe. Praktisch bedeutsam und im Einzelnen umstritten ist das Sterbenlassen eines Patienten durch Verzicht auf lebensverlängernde Maßnahmen, wo die Weiterbehandlung aussichtslos erscheint und dem Patienten nur weitere Schmerzen und Qualen auferlegt. Diese passive Sterbehilfe kann als Tötung durch Unterlassen gewertet werden, sofern der Tod durch Vornahme der Maßnahme noch hätte hinausgezögert werden können. Voraussetzung dafür ist aber, dass der Arzt im konkreten Fall eine Garantenstellung für das Leben des Patienten inne hatte, die ihn verpflichtete, tätig zu werden. Diese kann sich aus der Übernahme der Behandlung (besser: Fortführung der begonnenen Behandlung) ergeben.

Definition

Passive Sterbehilfe ist der Verzicht auf lebensverlängernde Maßnahmen, wo die Weiterbehandlung aussichtslos erscheint und dem Patienten nur weitere Schmerzen und Qualen auferlegt, weil die Sterbephase unwiderruflich eingesetzt hat.

Maßnahmen, die der Schmerzlinderung dienen und die nicht das Risiko einer Verkürzung des Lebens in sich bergen, können eingesetzt werden, auch wenn eine Verkürzung der Lebenszeit als unbeabsichtigte Nebenfolge eintritt.

Der Suizident. Gänzlich anders ist die Situation beim Patienten, dessen Versuch, seinem Leben ein Ende zu setzen, misslingt. Derjenige Arzt, der zu einem solchen Patienten gerufen wird – zumeist wird es der Notarzt sein – hat diesen Patienten auch entgegen dessen, durch den Selbstmordversuch zum Ausdruck gebrachten Willen zu behandeln. Die ständige und gefestigte Rechtsprechung des Bundesgerichtshofes (BGH) behandelt diesen Fall als Unglücksfall, bei welchem der Arzt seiner allgemeinen Behandlungspflicht nachzukommen habe. Der entgegenstehende Wille des Suizidenten habe zurückzustehen.

Behandlungsabbruch, Behandlungsverzicht. Der Wille des einsichts- und urteilsfähigen – also einwilligungsfähigen – Patienten ist für den Arzt bindend.

10.9 Medizinethische Einzelfragen

H.-D. Lippert

Biomedizinische Forschung am Menschen

Der Begriff „Biomedizinische Forschung" deckt zunächst dreierlei ab:

- Heilversuche,
- medizinische Experimente und
- epidemiologische Forschung.

Er umfasst auch die Forschung an und mit Körpermaterialien soweit ein bedingter oder evidenter Personenbezug gegeben ist.

Definition

Heilversuch
„Eingriffe und Behandlungsweisen am Menschen... die der Heilbehandlung dienen, also in einem bestimmten Behandlungsfall zur Erkennung, Heilung oder Verhütung einer Krankheit oder eines Leidens oder zur Beseitigung eines körperliche Mangels vorgenommen werden, obwohl ihre Auswirkungen und Folgen aufgrund der bisherigen Erfahrungen noch nicht ausreichend zu übersehen sind".
Medizinisches Experiment
„Eingriffe und Behandlungsweisen am Menschen, die zu Forschungszwecken vorgenommen werden, ohne der Heilbehandlung im einzelnen Fall zu dienen, und deren Auswirkungen und Folgen aufgrund der bisherigen Erfahrungen noch nicht ausreichend zu übersehen sind" (Definitionen in der Richtlinie des Reichsministers des Inneren vom 28.2.1934 Reichsgesundheitsblatt 1934, 174).

Rechtsgrundlagen der biomedizinischen Forschung. Als gesetzlich geregelter, in der Praxis am häufigsten vorkommender Fall regeln das AMG wie das MPG beide Bereiche (auf der Basis der bereits zitierten Richtlinien) für die klinische Prüfung von Arzneimitteln und Medizinprodukten.

International wird heute als ethische Regelungsquelle für den Bereich der klinischen Forschung am Menschen die Deklaration von Helsinki des Weltärztebundes von 1964 in ihrer 2000 in Edinburgh revidierten Fassung angesehen. Sie hat den Ausspruch des Nürnberger Militärtribunals (Nürnberger Kodex) abgelöst. Sie hat keine Rechtsnormqualität, gilt aber, weil sich die betroffenen Kreise (also die Ärzte) verpflichtet fühlen, danach zu verfahren.

Zum jetzigen Zeitpunkt ist noch nicht absehbar, ob die Bundesrepublik das Menschenrechtsübereinkommen des Europarates zur Biomedizin unterzeichnen und parlamentarisch ratifizieren wird. Dennoch kann bereits heute festgestellt werden, dass diese Konvention und die sie ergänzenden Zusatzprotokolle allgemeine Standards, sowohl für die ärztliche Behandlung von Patienten als auch für die biomedizinische Forschung, aufstellen.

Der Heilversuch. § 40 AMG legt die für das medizinische Experiment wie den Heilversuch gleichermaßen zutreffenden allgemeinen Voraussetzungen fest. Besondere, zumeist abschwächende Maßgaben gelten nach § 41 AMG für die klinische Prüfung

„bei einer Person, die an einer Krankheit leidet, zu deren Behebung das zu prüfende Arzneimittel angewendet werden soll".

Der Arzt darf sie nur durchführen,

„wenn die Anwendung des zu prüfenden Arzneimittels nach den Erkenntnissen der medizinischen Wissenschaft angezeigt ist, um das Leben des Kranken zu retten, seine Gesundheit wiederherzustellen oder sein Leiden zu erleichtern".

Das AMG geht also vom Grundsatz der therapeutischen Indikation aus, weil der von der Person des Arztes abhängige Patient, der in seiner Willensentscheidung zudem eingeschränkt ist, im Vergleich zum Gesunden besonders schutzwürdig erscheint. Der Heilversuch darf anders als das medizinische Experiment auch an Personen durchgeführt werden, die geschäftsunfähig oder in der Geschäftsfähigkeit beschränkt sind. Überdies darf die erforderliche Einwilligung auch mündlich gegenüber dem Arzt vor Zeugen abgegeben werden und zwar auch die des gesetzlichen Vertreters oder Betreuers. Das Gesetz erlaubt sogar dem Arzt von Einwilligung und Aufklärung abzusehen, wenn

„durch die Aufklärung der Behandlungserfolg ... gefährdet würde und ein entgegenstehender Wille des Patienten nicht erkennbar ist".

Medizinische Methoden zur Erkennung und Behandlung von Krankheiten müssen objektiviert sein. Zu diesem Zweck werden **vergleichende Studien** durchgeführt, in denen nach Methoden der kontrollierten klinischen Forschung wenigstens zwei manchmal auch mehr Gruppen einander gegenübergestellt werden, die eine unterschiedliche Behandlung erfahren sollen. Wird untersucht, ob ein Behandlungsverfahren bei einer bestimmten Indikation wirksam oder wirksamer als ein anderes ist, so bezeichnet man diese Untersuchung als **Therapiestudie**. Entsprechend der üblichen Einteilung der klinischen Prüfung bei Arzneimitteln, werden Therapiestudien je nach Ziel und Wissensstand in vier Phasen eingeteilt. Dabei werden die Phasen II–IV an Patienten durchgeführt, Phase II auch oft an Gesunden (Probanden).

Entspricht der Studienplan dem Plan eines Experiments, d.h. ist die einzige veränderliche Einflussgröße die Behandlung des Patienten, während alle übrigen Bedingungen weitestmöglich gleich gehalten werden, so spricht man von einer kontrollierten (vergleichenden) Therapiestudie oder einer kontrollierten klinischen Studie. Nach der Definition ist sie immer prospektiv angelegt und die Zuweisung zur Therapie muss zur Ausbalancierung unbekannter Einflussgrößen nach dem Zufall erfolgen (Randomisierung).

Definition

Eine **klinische Studie** ist eine systematische Studie mit einem Arzneimittel beim Menschen, sei es bei Patienten oder beim gesunden Probanden, durchgeführt in der Absicht, Effekte zu entdecken oder zu verifizieren und/oder Nebenwirkungen zu identifizieren und/oder Absorption, Verteilung, Metabolismus und Ausscheidung des Arzneimittels zu studieren, mit dem Ziel, die Wirksamkeit und Unbedenklichkeit des Arzneimittels sicherzustellen.

Das medizinische Experiment. Medizinische Experimente sind solche, die der Gesundheit des Probanden nicht nutzen. Dazu zählen Grundlagenversuche aber auch Verträglichkeitsstudien nach Phase I der klinischen Arzneimittelprüfung sowie die Testung von Medizinprodukten an Probanden.

Auch für das medizinische Experiment gelten die Grundsätze der **Vertretbarkeit** und der **Freiwilligkeit**. Im Vordergrund steht die ausführliche und deutliche Aufklärung des Probanden über den Verlauf und das Risiko des Versuches und seine Zustimmung. Ebenso ist eine Nutzen-Risiko-Abwägung notwendig. Die Abwägung geht in diesem Fall dahin, die Gefahr (durch den Versuch) für das an sich gesunde Individuum gegen den Nutzen für die Menschheit zu korrelieren. Droht die Gefahr des Todes oder einer schweren Körperverletzung, so ist seine Einwilligung selbst nach Aufklärung nichtig, weil sittenwidrig.

Der Widerruf einer einmal erteilten Einwilligung ist jederzeit möglich und führt zum Abbruch des Experiments, soweit nach Art des Experiments ein Widerruf überhaupt sinnvoll sein kann.

Epidemiologische Forschung. Epidemiologische Forschung ist auf Daten, auch personenbezogene angewiesen. In Registern stehen diese zur Verfügung. In der epidemiologischen Forschung besteht daher das Bedürfnis auf derartige Register zugreifen zu können, die alle Bewandtnisse der Patienten und ihres Lebensstils ausweisen. Am therapeutischen Geschehen nicht Teilnehmende dürfen nichtanonymisierte Krankendaten nur zur Kenntnis nehmen, wenn der Patient auf gesondertem Formular dazu die Einwilligung gegeben hat, nach detaillierter Aufklärung über die Umstände, unter denen die Einsichtnahme erfolgen soll, sowie über die berechtigten Personen und Institutionen. Solange der Gesetzgeber die Weitergabe von Krankenmerkmalen im Rahmen der verfassungsrechtlichen Möglichkeiten nur im Einzelfall (z.B. Krebsregistergesetz – KRG) festschreibt, bleiben die Register auf das Einverständnis der Betroffenen oder entsprechende anonymisierte Verfahren angewiesen. Die mit der Datengewinnung zusammenhängenden, überwiegend rechtlichen aber auch ethischen Fragen lassen es geraten erscheinen, dass sich auf diesem Gebiet tätige Forscher durch die Ethikkommission beraten lassen. So sieht es § 15 MBO-Ä auch für nicht ausschließlich epidemiologische Forschungsvorhaben vor.

Die Verwendung personenbezogener Informationen aus strafrechtlichen Ermittlungs- und aus Strafverfahren war bisher nicht gesetzlich geregelt. Die StPO sieht nach der Änderung (Gesetz vom 2.8.2000 BGBl. I, S. 1253) nunmehr im 8. Buch Regeln vor, wie bei der Verwendung von personenbezogenen

Informationen für verfahrensübergreifende Zwecke vorzugehen ist. Für die rechtsmedizinische Forschung bedeutsam ist § 476 StPO. Er regelt die Übermittlung personenbezogener Informationen in Akten an Hochschulen, die wissenschaftliche Forschung betreiben.

Die Informationen dürfen nur für das Forschungsprojekt verwendet werden, für das sie übermittelt worden sind. Für andere Forschungsarbeiten dürfen sie nur mit Zustimmung der übermittelnden Stelle verwendet werden; gleiches gilt für die Weitergabe. Die Informationen sind **gegen unbefugte Zugriffe zu schützen** und baldmöglichst zu **anonymisieren.** Veröffentlicht werden dürfen personenbezogene Informationen nur mit Zustimmung der übermittelnden Stelle und nur wenn die Veröffentlichung zur Darstellung von Ereignissen der Zeitgeschichte unerlässlich ist.

Forschung an und mit Körpermaterial. Mit Unterschieden im Einsatz und Ziel wird an Körpermaterialien an den Universitäten auch Forschung betrieben. Dabei macht es im Grundsatz keinen Unterschied, ob das Material vom lebenden Menschen oder von der Leiche gewonnen wird, ob es anlässlich eines ärztlichen diagnostischen oder eines operativen Eingriffs gewonnen wird und ob der ehemalige Träger aus der Untersuchung einen – wenn auch nur mittelbaren – Nutzen erfährt. Bedeutsam ist indessen, was mit dem Material geschieht, was geforscht wird und mit welchen Methoden dies geschehen soll.

Im Ergebnis machte es jedoch einen erheblichen Unterschied, ob das Material durch die Forschung aufgebraucht wird, ob es ganz oder teilweise aufbewahrt und für spätere Forschungen erneut herangezogen werden soll. Schließlich ist von Bedeutung, ob bei dem Forschungsprojekt die Person des ehemaligen Trägers von Bedeutung ist oder nicht. Ob nur die Person des Trägers des Körpermaterials von Interesse ist oder auch seine engeren oder weiteren Angehörigen, wie dies bei Koppelungsanalysen, also Untersuchungen am Stammbaum des Menschen, der Fall ist.

Es besteht trotz Unterschieden in der Begründung in der juristischen Literatur Einigkeit darüber, dass Körpermaterial, wie der menschliche Körper und im Übrigen die menschliche Leiche auch, nicht eigentumsfähig sind. Solange Körpermaterialien Teil des menschlichen Körpers sind, bestehen an ihnen keine gesonderten Rechte. Mit der Trennung vom menschlichen Körper werden sie zur Sache, damit eigentumsfähig und Eigentum des ehemaligen Trägers.

Auf sie erstreckt sich nach der Trennung auch noch das Persönlichkeitsrecht des ehemaligen Trägers und zwar umso intensiver, je eher aus dem Material Rückschlüsse auf die Person des ehemaligen Trägers möglich sind. Der persönlichkeitsrechtliche Ansatz wird heute überwiegend in Rechtsprechung und Schrifttum nicht mehr in Abrede gestellt, auch nicht mehr bei der Leiche.

Die Entnahme von Körpermaterial erfolgt häufig im Rahmen der ärztlichen Behandlung, etwa bei der Diagnose einer Erkrankung oder deren Therapie. Die Einwilligung des Patienten in den diagnostischen oder therapeutischen Eingriff rechtfertigt nach entsprechender Aufklärung diese Entnahme und die Verwendung (bis zur Vernichtung) im Rahmen dieses Zwecks. Die Einwilligung in die Materialentnahme und die Behandlung sowie die Verwendung der Materialien zu diagnostischen und/oder therapeutischen Zwecken umfasst aber weder ausdrücklich noch stillschweigend, und schon gar nicht weil sie in einem Krankenhaus oder einem Universitätsklinikum erfolgt, zugleich diejenige in die Verwendung der Materialien zu wissenschaftlichen Zwecken. Diese bedarf im Normalfall einer gesonderten Aufklärung und entsprechender Einwilligung des Patienten oder Probanden.

Klinische Prüfung von Arzneimitteln und Medizinprodukten

Der Begriff der klinischen Prüfung stammt ursprünglich aus dem Arzneimittelrecht. In §§ 40 ff. AMG sind die Anforderungen an klinische Prüfungen von Arzneimitteln gesetzlich geregelt. Von dort sind sie (mit Erweiterungen von klinischen Prüfungen an Schwangeren und Stillenden) ziemlich wortgleich ins MPG übernommen worden, obwohl im Verfahren selbst gravierende Unterschiede bestehen. Die Definition dessen, was eine klinische Prüfung von Arzneimitteln ausmacht, findet sich nunmehr in Art. 2 der Richtlinie 2001/20 EU. Sie wird wohl auch in das AMG übernommen werden:

Definition

Klinische Prüfung ist jede am Menschen durchgeführte Untersuchung, um klinische, pharmakologische und/oder sonstige pharmakodynamische Wirkungen von Prüfpräparaten zu erforschen oder nachzuweisen und/oder jede Nebenwirkung von Prüfpräparaten festzustellen und/oder die Resorption, die Verteilung, den Stoffwechsel und die Ausscheidung von Prüfpräparaten zu untersuchen, mit dem Ziel, sich von deren Unbedenklichkeit und/oder Wirksamkeit zu überzeugen.

Diese Definition umfasst auch die Anwendung eines zugelassenen Arzneimittels (mit dem CE-Zeichen versehenen Medizinprodukts), sofern mit ihm eine neue Indikation (einen anderen als den ursprünglich beabsichtigten Zweck beim Medizinprodukt) verbunden ist, sofern mit wissenschaftlichen Mitteln, also insbesondere aufgrund eines Prüfplanes, wissenschaftlich-systematisch vorgegangen werden soll.

Voraussetzungen der klinischen Prüfung. Die Durchführung einer klinischen Prüfung eines Medizinprodukts oder Arzneimittels setzt eine grundsätzliche Güterabwägung voraus. Eine klinische Prüfung darf beim Menschen nämlich nur durchgeführt werden, wenn und so lange die Risiken, die mit ihr für die Person verbunden sind, bei der sie durchgeführt werden soll, gemessen an der voraussichtlichen Bedeutung des Medizinprodukts oder Arzneimittels für die Heilkunde ärztlich vertretbar sind.

Die Voraussetzungen sind im Einzelnen:
- Eine klinische Prüfung am Menschen darf nur mit dessen ausdrücklicher Einwilligung nach vorausgegangener Aufklärung durchgeführt werden.
- Diese Einwilligung wird jederzeit frei widerruflich erteilt.
- Die einwilligende Person muss nicht nur geschäftsfähig, sondern auch einwilligungsfähig sein.
- Sie muss die Einwilligung selbst und schriftlich erteilen und sie darf nicht auf gerichtliche oder behördliche Anordnung in einer Anstalt verwahrt sein.

Weitere Voraussetzung für die Zulässigkeit einer klinischen Prüfung beim Menschen ist der Abschluss einer **Probandenversicherung.** Die Versicherung muss das Risiko der klinischen Prüfung angemessen absichern und für den Fall des Todes oder der dauernden Erwerbsunfähigkeit von Teilnehmern an der klinischen Prüfung mindestens eine Entschädigung von 500.000 Euro vorsehen.

Klinische Prüfung bei Minderjährigen. Verschärft werden die bisherigen Voraussetzungen für die klinische Prüfung, soweit es sich um minderjährige Probanden handelt. Das Medikament muss zum Erkennen oder zum Verhüten von Krankheiten bei Minderjährigen bestimmt sein. Außerdem muss seine Anwendung angezeigt sein, um bei dem einzelnen Minderjährigen Krankheiten zu erkennen oder ihn vor Krankheiten zu beschützen. Andererseits darf die klinische Prüfung an Erwachsenen keine ausreichenden Prüfergebnisse erwarten lassen. Die Zulässigkeit der klinischen Prüfung an Minderjährigen ist also nur subsidiär gegeben. Die Zustimmung wird durch einen gesetzlichen Vertreter oder gerichtlich bestellten Betreuer abgegeben. Ist der Minderjährige älter, also schon in der Lage, Wesen, Bedeutung und Tragweite der klinischen Prüfung einzusehen und seinen Willen hiernach zu bestimmen, so ist auch seine schriftliche Einwilligung zusätzlich erforderlich. Dieser Zeitpunkt wird in der Regel mit zwölf Jahren erreicht sein. § 40 Abs. 4 enthält die Besonderheit, dass bei Diagnostika und Krankheitsverhütungsmitteln die Prüfung am gesunden Minderjährigen möglich, im Übrigen aber nur dann zulässig ist, wenn eine persönliche Indikation vorliegt, um bei ihm eine Krankheit zu erkennen oder gegen eine Krankheit vorzubeugen.

Genetisches Screening und Gentherapie

Unter Genom versteht man die Gesamtheit der genetischen Informationen eines Individuums oder der Spezies. Genomanalyse ist die Untersuchung der Primärstruktur (DNA-Sequenz) des Genoms. Die vollständige Entschlüsselung des menschlichen Genoms, die vor kurzem in den USA gelungen sein soll, wird tief greifende Auswirkungen auf das Selbstverständnis des Menschen haben. Das biologische Schicksal des Menschen wird teilweise vorherseh- und vorhersagbar, weil genetische Determinanten spezifischer Krankheitsanlagen aber auch Varianten davon frühzeitig aufgedeckt werden können. Prädiktive Gentests werden nicht nur den Menschen, sondern auch die Gesellschaft zur Übernahme von Verantwortung bei der Prävention von Krankheiten zwingen. Ihre Chancen und Risiken haben neben der naturwissenschaftlich-medizinischen auch eine zunehmend deutlicher erkennbare rechtliche Komponente.

Gesetzliche Regelungen zum Komplex liegen bisher nur für den Bereich des Strafverfahrensrechts vor, ansonsten gibt es nur Entwürfe eines Gentestgesetzes. Während die **Bendakommission** den rechtlichen Handlungsbedarf noch verneint hat, hat ihn die **Enquetekommission** klar herausgearbeitet. Für punktuelle Regelungen hat sich die **Bund-Länder-Kommission** ausgesprochen. Diese betreffen den Bereich des Straf-, Versicherungs- und Arbeitsrechts, sowie den Einsatz der DNA-Analyse im Rahmen medizinischer Diagnostik und Beratung. Während im Strafverfahren durch das Strafverfahrensrechtsänderungsgesetz vom 17.3.1997 (BGBl. I S. 534) DNA-Analyse (genetischer Fingerabdruck) und das Gesetz zur Änderung der Strafprozessordnung vom 7.9.1998 (BGBl. I 2646) DNA-Identitätsfeststellungsgesetz, gesetzliche Regelungen über die genetische Untersuchung speziell für Zwecke der Strafverfolgung erlassen sind, liegt mit dem Arbeitsschutzrahmengesetz (BRDrS 792/93) für das Arbeitsrecht eine Regelung nur im Entwurf vor.

Gleichwohl bestehen bereits nach geltendem Recht **Einschränkungen** für die Vornahme einer **Genomanalyse,** weil sie das in Art. 2 Abs. 1 und 2 Grundgesetz verankerte allgemeine Persönlichkeitsrecht tangieren. Die Genomanalyse bedarf daher der ausdrücklichen **Einwilligung des Betroffenen** nach vorangegangener ausführlichen Aufklärung, wobei dem Betroffenen die Möglichkeit eingeräumt werden muss, das Ergebnis erfahren zu wollen oder nicht. In entsprechenden Fallgestaltungen ist eine sachgerechte (psychologische) Betreuung vorzusehen. Widerruft der Betroffene seine Einwilligung, so darf ihm das Ergebnis des Tests nicht mehr mitgeteilt und dieses auch nicht mehr weitergegeben werden. Bei Widerruf ist das Ergebnis zu vernichten. Die Genomanalyse stellt besondere Anforderungen an die Einhaltung der ärztlichen **Schweigepflicht** und der **datenschutzrechtlichen Vorschriften** auch aus dem Untersuchungsauftrag (Dienstvertrag, Werkvertrag?).

Im Arbeitsrecht. Im Arbeitsrecht ist die Genomanalyse vor allem bei der **Einstellung** und bei **Vorsorgeuntersuchungen** von Bedeutung. Mit ihrer Hilfe kann der Arbeitgeber die Einsatzfähigkeit wie die Krankheitsdisposition seines Mitarbeiters besser abschätzen. Dabei ist nicht zu verkennen, dass Genomanalysen im Rahmen der Einstellungsuntersuchungen zu einer massiven **Benachteiligung der Bewerber** um einen Arbeitsplatz führen können. Denn bereits die **Verweigerung der Einwilligung** in eine derartige Analyse wird in aller Regel dazu führen, dass der Bewerber aus dem Rennen sein wird. Graduell anders mag sich das Problem bei Vorsorgeuntersuchungen darstellen. Insgesamt bleibt ein erheblicher, vom Gesetzgeber abzuarbeitender Regelungsbedarf.

Im Privatversicherungsrecht. Das für den Bereich des Arbeitsrecht gesagte, gilt im Grundsatz auch für den Bereich des privaten Versicherungsrechts und da vor allem bei der **Lebens- und Krankenversicherung.** Man wird dem Versicherer im Interesse aller bei ihm Versicherten wohl kaum das Recht absprechen können, um den Gesundheitszustand seiner Versicherten Bescheid zu wissen, weil davon zuerst die Kalkulation des Risikos und damit letztlich die der Prämie abhängig ist.

Frühkindliche Genomanalyse. Zur Erkennung und Heilung von genetisch bedingten Erkrankungen wird man die Genomanalyse mit Einwilligung der personensorgeberechtigten Eltern beim Kleinkind als zulässig ansehen können, nicht dagegen aber bei Krankheiten, für die es zum Zeitpunkt der Untersuchung keinerlei Therapiemöglichkeiten gibt.

Forschung an und mit Embryonen – Präimplantationsdiagnostik

Diskussionen mit führenden Reproduktionsmedizinern zeigen, dass es bezüglich der rechtlichen **Zulässigkeitsvoraussetzungen** der Präimplantationsdiagnostik erhebliche Unsicherheiten gibt. Während die einen die Präimplantationsdiagnostik schlechthin für unzulässig halten, verweisen die anderen auf im angloamerikanischen Bereich entwickelte Verfahren, einem Embryo eine Zelle zu entnehmen, um nach „erfolgreicher" Präimplantationsdiagnostik den inzwischen konservierten „Restembryo" zu implantieren. Vertreter dieser Richtung führen zumeist an, dass die Präimplantationsdiagnostik letztlich spätere Schwangerschaftsabbrüche aus „eugenischer" Indikation verhindere und somit auch ethisch gerechtfertigt sei.

Ein Vergleich mit der herkömmlichen Pränataldiagnostik dürfte unzulässig sein. Obwohl auch in diesem Bereich eine Hinterfragung mancher Methoden angebracht wäre, liegt der wesentliche Unterschied zur Präimplantationsdiagnostik darin, dass der Arzt bei der Pränataldiagnostik auf einen Zustand „in vivo" reagiert (und letztlich die Eltern bzw. die Mutter das letzte Entscheidungsrecht haben), während er bei der Präimplantationsdiagnostik agiert.

10.10 Spezielle medizinrechtliche Fragen

R. Dettmeyer, B. Madea

Unter den speziellen medizinrechtlichen Fragen haben insbesondere Aspekte der Aufklärung und Einwilligung bei Minderjährigen, Fragen der Aufklärung bei einer Arzneimitteltherapie und die Problematik der Therapieverweigerung besonderes Interesse gefunden.

Aufklärung und Einwilligung bei Minderjährigen

Der ärztliche Heileingriff setzt rechtlich Geschäftsfähigkeit nicht voraus; auch Minderjährige können grundsätzlich rechtswirksam in einen ärztlichen Eingriff einwilligen. Allerdings sind die Voraussetzungen einer solchen Einwilligung sorgfältig zu prüfen und zu dokumentieren. Zusätzlich ist im Regelfall die Einwilligung der Eltern einzuholen, es sei denn, der minderjährige Patient besteht auf der Einhaltung der ärztlichen Schweigepflicht auch und gerade gegenüber den Sorgeberechtigten.

Tabelle 10.13. Denkbare Kriterien für die Beurteilung der Einwilligungsfähigkeit des Minderjährigen

- Alter
- Vorbildung/Allgemeinbildung
- Erfahrung aus vorangegangenen ärztlichen Eingriffen
- Kontrollfragen des aufklärenden Arztes
- Interesse und Aufmerksamkeit des MJ beim Aufklärungsgespräch
- Bisherige bedeutsame vom MJ bereits selbständig getroffene Entscheidungen
- Bisheriges Verhalten des MJ als Patient (Compliance)
- Qualität der Rückfragen des MJ beim Aufklärungsgespräch

Dem Recht der Eltern zur Personensorge (§ 1626 Abs. 1 BGB) steht bei älteren Kindern und Jugendlichen die Befugnis des Minderjährigen zur Alleinentscheidung gegenüber. Hierbei stellt sich die Frage der **erforderlichen Reife** für die Einwilligung in einen ärztlichen Eingriff. Einen Anhaltspunkt für die Einsichts- und Einwilligungsfähigkeit bieten § 828 BGB, § 19 StGB und § 3 JGG (Jugendgerichtsgesetz). Danach ist deliktsunfähig, wer das 7. Lebensjahr nicht vollendet hat. Vom 7. bis zum 18. Lebensjahr ist derjenige deliktsfähig, der die zur Erkenntnis der Verantwortlichkeit erforderliche Einsicht hat. Gemäß § 19 StGB und § 3 JGG ist schuldunfähig, wer bei Begehung der Tat noch nicht 14 Jahre alt ist. Jugendliche sind dagegen vom 14. bis zum 18. Lebensjahr strafrechtlich verantwortlich, wenn sie zum Zeitpunkt der Tat nach ihrer sittlichen und geistigen Entwicklung in der Lage waren, das Unrecht der Tat einzusehen und nach dieser Einsicht zu handeln. Eine rechtswirksame Entbindung von der ärztlichen Schweigepflicht wird wohl erst ab dem 14. Lebensjahr angenommen werden können. Für die Voraussetzungen der Einwilligungsfähigkeit eines minderjährigen Patienten ist daher Folgendes festzuhalten:

Wichtig

Erforderlich ist im Einzelfall die (dokumentierte) Überzeugung des Arztes, dass im Hinblick auf die Schwere des geplanten ärztlichen Eingriffs der minderjährige Patient über die erforderliche natürliche Einsichtsfähigkeit verfügt. Er muss in der Lage sein, zu begreifen, welche Bedeutung Krankheit und Therapie für seine zukünftige Lebensführung haben.

Im Einzelfall ist daher zu fragen, welchen Entwicklungsstand der minderjährige Patient erreicht hat und welche Bedeutung dem anstehenden ärztlichen Eingriff zukommt. Als denkbare Kriterien für die Beurteilung der Einwilligungsfähigkeit des minderjährigen Patienten können die in Tabelle 10.13 genannten Punkte gelten.

Für den Umfang der Aufklärungspflicht und die Anforderungen an die Einsichtsfähigkeit des minderjährigen Patienten können folgende Grundsätze gelten:

- In regelmäßig komplikationslose bzw. nebenwirkungsarme Eingriffe (Blutentnahmen, kleinere nichtinvasive diagnostische Untersuchungen, kleinere, aber nicht lange aufschiebbare Eingriffe, wie etwa die chirurgische Versorgung kleinerer Wunden u.a.) kann ein älteres Kind bzw. ein Jugendlicher üblicherweise selbst einwilligen, auch wenn das 14. Lebensjahr noch nicht erreicht ist.
- Mit der Intensität und der Bedeutung des Eingriffs für das zukünftige Leben steigen auch die Anforderungen an die Einsichts- und Beurteilungsfähigkeit des minderjährigen Patienten.
- Mit zunehmender, u.U. vitaler Bedeutung des ärztlichen Eingriffs müssen außer dem minderjährigen Patienten auch dessen Sorgeberechtigte (Eltern) aufgeklärt werden und eingewilligt haben. Idealerweise liegt eine Zustimmung sowohl der Sorgeberechtigten als auch des Minderjährigen vor. Im Normalfall kommt ein Eingriff gegen den Willen des Minderjährigen nicht in Betracht, auch wenn die Sorgeberechtigten zustimmen (Ausnahme: psychiatrische Erkrankungen!). Umgekehrt kann aber der medizinisch indizierte Eingriff dann durchgeführt werden, wenn der Minderjährige nach erkennbar eigener, reflektierter Entscheidung eingewilligt hat, auch wenn die Sorgeberechtigten ihre Einwilligung verweigert haben sollten.
- In Zweifelsfällen ist bei größeren medizinisch indizierten Eingriffen und fehlender Zustimmung der Eltern (Therapieverweigerung) über das Vormundschaftsgericht ein möglicher Sorgerechtsmissbrauch zu prüfen. Diese Prüfung kann dazu führen, dass den Eltern das so genannte medizinische Sorgerecht entzogen wird.

Einige für die ärztliche Aufklärung eines Kindes/Jugendlichen wichtige Aspekte sind in ◼ Tabelle 10.14 aufgelistet.

◼ Tabelle 10.14. **Wichtige Aspekte bei der Aufklärung von Kindern/Jugendlichen**

- Die Aufklärung muss kindgerecht sein.
- Der minderjährige Patient soll auch dann aufgeklärt werden, wenn er nicht selbständig einwilligen kann, spätestens ab dem Schulalter.
- Die Aufklärung nicht selbständig einwilligungsfähiger Minderjähriger dient zugleich der erforderlichen Compliance bei den vorgesehenen Maßnahmen.
- Auch ein nicht selbständig einwilligungsfähiger Minderjähriger ist in seinem Persönlichkeitsrecht zu respektieren und daher aufzuklären.
- Die Aufklärung muss mindestens den Verlauf des vorgesehenen Eingriffs erfassen, in Grenzen auch die Risiken. Letztere sind selbstverständlich den Sorgeberechtigten zu erläutern.
- Bei älteren Minderjährigen sollte außer über den Verlauf des Eingriffs auch über die Risiken in angemessener Form aufgeklärt werden.

Aufklärung und Arzneimitteltherapie

Für die Bundesrepublik Deutschland wird jährlich mit ca. 50.000 lebensbedrohlichen, 150.000 schweren und ca. 1 Mio. leichten unerwünschten Arzneimittelwirkungen (UAW) gerechnet. Angesichts der Vielzahl täglich rezeptierter Medikamente wird häufig vergessen, dass auch die ärztlich verordnete Einnahme eines Medikamentes rechtlich eine Körperverletzung darstellt, die erst durch die Einwilligung des Patienten nach ordnungsgemäßer Aufklärung gerechtfertigt ist. Auch wenn mit dem Patienten nicht jede im Beipackzettel aufgeführte und überaus seltene Nebenwirkung besprochen werden muss, so sind doch die gravierendsten Nebenwirkungen anzusprechen, schon damit sich der Patient beim Auftreten erster Symptome rechtzeitig melden kann. Im wohl spektakulärsten juristisch aufgearbeiteten Fall einer Arzneimittelbehandlung in der Nachkriegszeit – dem **Contergan-Prozess** – hieß es am Ende im Einstellungsbeschluss des Landgerichts Aachen:

> „Schon wenn aufgrund eines ernst zu nehmenden Verdachts zu befürchten ist, dass ein Medikament auch zu Gesundheitsschäden führt, sieht sich der Verbraucher vor die Entscheidung gestellt, ob er eine Verletzung seiner körperlichen Unversehrtheit riskieren will, oder nicht. Dieses Entscheidungsrecht des Verbrauchers hat eine entsprechende Offenbarungspflicht des Herstellers zur Folge."

Diese Offenbarungspflicht trifft ebenso den Arzt. Auch die medikamentöse Therapie ist tatbestandlich ein Eingriff in die körperliche Integrität des Patienten, also eine Körperverletzung im Sinne der §§ 223 ff. StGB bzw. des § 823 BGB.

Die fehlende bzw. mangelhafte Aufklärung über unerwünschte Arzneimittelwirkungen kann über eine dadurch bedingte rechtsunwirksame Einwilligung des Patienten in die Behandlung und auch zu haftungsrechtlichen Konsequenzen führen. Deshalb gilt im Grundsatz Folgendes:

Infobox

Die einmal gestellte Indikation zu einer Arzneimitteltherapie umfasst die Verpflichtung, den Patienten über die Grunderkrankung, den Verlauf im behandelten und unbehandelten Zustand, über Behandlungsalternativen, die Art der angestrebten Therapie, Applikation sowie Dauer und Dosierung der Arzneimittelbehandlung aufzuklären. Kommen Alternativen bei der Applikationsform in Betracht, etwa peroral, i.m, i.v, dann hat die Aufklärung neben den arzneimitteltypischen Risiken auch die applikationstypischen Risiken zu umfassen (BGH, NJW 1989, 1533). Eine Zusammenfassung der wichtigsten, bei der Arzneimitteltherapie zu beachtenden Punkte findet sich in ◼ Tabelle 10.15.

Schon im Jahre 1979 wurden von dem „American College of Physicians" Empfehlungen zur Medikamenteninformation des Patienten gegeben. Danach ist der Patient über die in ◼ Tabelle 10.16 genannten Aspekte aufzuklären.

Wie für andere medizinische Maßnahmen gilt auch für eine Arzneimitteltherapie die Forderung nach einer exakten

Tabelle 10.15. Wichtige Punkte der Arzneimitteltherapie

Anamnese	– Medikamentenanamnese (auch Selbstmedikation) – Allergien, Arzneimittelunverträglichkeiten – Suchtanamnese (Alkohol, Medikamente, Drogen) – Erkrankungen (insbesondere Nieren-, hämatologisch-onkologische-, Lebererkrankungen – Schwangerschaft – Orale Kontrazeption/Schwangerschaftsverhütung
Aufklärung	
– **Therapeutische Aufklärung, Sicherungsaufklärung**	– Indikation/Grundleiden und Prognose – Medikamentöse oder andersartige Behandlungsalternativen – Wirkungsweise – Dosierung, Einnahmezeitpunkt und -intervalle, Dauer der Behandlung – Applikationsform und -alternativen – Beeinträchtigung der normalen Lebensführung (z.B. Fahrtauglichkeit) durch die Medikation – Hinweis auf notwendige Kontrolluntersuchungen
– **Selbstbestimmungsaufklärung, Risikoaufklärung**	– Kontraindikation – Unverträglichkeiten – Nebenwirkungen (typische Risiken) – Wechselwirkungen – Auch seltene Nebenwirkungen, sofern sie im Fall ihrer Verwirklichung die Lebensführung des Patienten gravierend beeinträchtigen
Umfang der Risikoaufklärung abhängig von	– Umfang der Aufklärung grundsätzlich abhängig vom „Wissenwollen" des Patienten – Schweregrad des Krankheitsbildes – Dringlichkeit der Therapie – Art und Schwere der drohenden Risiken – Anzahl verordneter Medikamente – Indikationsgrad der Therapie

Tabelle 10.16. Empfehlungen des „American College of Physicians" zur Arzneimittelinformation des Patienten

- Wirkungsweise des Medikaments
- Grund für die Medikation
- Art, Dauer der Einnahme
- Häufige Nebenwirkungen sowie Verhaltensmaßnahmen bei Eintritt von NW
- Hinweis auf ernste Probleme, bei denen die Medikamenteneinnahme sofort beendet und ärztlicher Rat eingeholt werden sollte
- Ergänzung des mündlichen Aufklärungsgespräches durch schriftliche Patienteninformation

(aus Klemenz B, Grundke V, 1995, DMW 120, 346–348)

Tabelle 10.17. Dokumentation der Arzneimitteltherapie

- Dosierung, Änderung der Dosierung
- Absetzen, Wechsel des Arzneimittels
- Dauer der Anwendung
- Verlaufsbeobachtung, Erfolgsbeurteilung
- Auftreten unerwünschter Wirkungen, Unverträglichkeiten, Wechselwirkungen

(nach Hart 1991, MedR 9, S. 300–308)

Dokumentation. Eine erhöhte Dokumentationspflicht wird in besonderen Fällen angenommen, etwa bei der Verordnung sog. Lifestyle-Drogen, welche einer strengeren Nutzen-Risiko-Abwägung standhalten müssen. Auch bei der Rezeptierung von Medikamenten zum Zwecke eines Therapieversuchs außerhalb zugelassener Anwendungsgebiete und bei der Verordnung alternativer Therapieformen sollte besonders sorgfältig dokumentiert werden. Die wichtigsten bei der Dokumentation der Arzneimitteltherapie zu beachtenden Punkte finden sich in Tabelle 10.17.

Unter forensischen Aspekten ist besonders darauf hinzuweisen, dass bei vielen Arzneimitteln eine Aufklärung gerade im Hinblick auf die **Fahrtauglichkeit** geboten ist. Diese Frage betrifft besonders ältere Patienten. Immerhin erhalten zahlreiche über 60-jährige Patienten im Durchschnitt eine Dauertherapie mit 3 Medikamenten. Die unterlassene Aufklärung des Patienten über Auswirkungen der Medikation auf die Fahrtauglichkeit, hat mehrfach zu Verurteilungen der verantwortlichen Ärzte geführt. Allerdings darf nicht verschwiegen werden, dass Medikamente unter Umständen erst zur Herstellung der Fahrtauglichkeit führen und die größere Gefahr für die Fahrtauglichkeit das Absetzen des Medikamentes darstellt. Auch dieser Aspekt sollte im ärztlichen Aufklärungsgespräch angesprochen werden.

Von Bedeutung ist schließlich auch die ausführliche Aufklärung über **Arzneimittelwechselwirkungen**, ein Aspekt, der häufig vernachlässigt wird. So hatte sich das OLG Frankfurt am Main (MedR 1993, 266) unter haftungsrechtlichen Gesichtspunkten mit einem Fall von ungewollter Schwangerschaft bei Arzneimittelinteraktion (Antibabypille und Penicillin) zu befassen. Die Brisanz der Thematik liegt u.a. darin, dass die Hinweispflichten des Herstellers im Beipackzettel nicht nur die Nebenwirkungen des Medikamentes selbst, sondern auch jene unerwünschten Arzneimittelwirkungen im Fall von interagierenden Medikamenten umfassen müssten. Grundsätzlich wird von jedem behandelnden Arzt erwartet, dass er bei einem von ihm rezeptierten Medikament Indikationen, Nebenwirkungen, Kontraindikationen und die typischen arzneimittelinduzierten Erkrankungen kennt. So wird z.B. von einem Urologen erwartet, dass er bei der Behandlung einer in sein Fachgebiet fallenden Tuberkulose über die dabei einzusetzenden Standardmittel informiert ist (BGH NJW 1982, 697).

Therapieverweigerung bei Minderjährigen

Gelegentlich kommt es vor, dass die Sorgeberechtigten, also in der Regel die leiblichen Eltern, ihre Zustimmung zu einem medizinisch notwendigen Eingriff verweigern, der Minderjährige selbst aber nach seiner natürlichen Einsichtsfähigkeit nicht in der Lage ist, rechtswirksam einzuwilligen. Die verweigerte Einwilligung in eine medizinisch gebotene Maßnahme kann einen so genannten Sorgerechtsmissbrauch darstellen. Die Entscheidung darüber, ob ein Missbrauch des Sorgerechts vorliegt, trifft nicht der Arzt. Diese Entscheidung steht allein dem Familiengericht zu.

Wichtig

Wird von den Sorgeberechtigten die Einwilligung zu einem „vital-indizierten medizinischen Eingriff" verweigert, so hat das Familiengericht zu prüfen, ob ein Sorgerechtsmissbrauch im Sinne des § 1666 Abs. 1 BGB vorliegt.

In dem genannten § 1666 BGB heißt es:

§ 1666 BGB Gerichtliche Maßnahmen bei Gefährdung des Kindeswohls

> (1) Wird das körperliche, geistige oder seelische Wohl des Kindes oder sein Vermögen durch missbräuchliche Ausübung der elterlichen Sorge, durch Vernachlässigung des Kindes, durch unverschuldetes Versagen der Eltern oder durch das Verhalten eines Dritten gefährdet, so hat das Familiengericht, wenn die Eltern nicht gewillt oder nicht in der Lage sind, die Gefahr abzuwenden, die zur Abwendung der Gefahr erforderlichen Maßnahmen zu treffen. ...
> (3) Das Gericht kann Erklärungen des Inhabers der elterlichen Sorge ersetzen.

Es ist somit zu fragen, wann ein Sorgerechtsmissbrauch im Sinne des § 1666 Abs. 1 BGB gegeben ist. Der Gesetzeswortlaut nennt vier Fallkonstellationen:

- Sorgerechtsmissbrauch,
- Vernachlässigung des Kindes,
- unverschuldetes Versagen der Sorgeberechtigten und
- Gefährdung durch das Verhalten eines Dritten.

Die bislang zur Frage des Sorgerechtsmissbrauchs getroffenen Entscheidungen der Rechtsprechung und die dahinterstehenden Wertungen dürften bei verweigerter Zustimmung der Sorgeberechtigten in eine medizinisch vital-indizierte Behandlung folgende Schlussfolgerungen zulassen:

- Ist das Kind bewusstlos und die Eltern nicht erreichbar, kann der Eingriff nach den Grundsätzen der mutmaßlichen Einwilligung erfolgen. Abzustellen ist auf die mutmaßliche Einwilligung der Eltern. Ist dem Arzt deren ablehnende Haltung definitiv bekannt (z.B. Verweigerung der Einwilligung zu einer lebensrettenden Bluttransfusion bei den Zeugen Jehovas), kann nur noch auf die mutmaßliche Einwilligung des Minderjährigen bei unterstellter natürlicher Einsichtsfähigkeit abgestellt werden. Soweit medizinisch zeitlich vertretbar, ist aber das Familiengericht einzuschalten.
- Ist das Kind nicht bewusstlos, besitzt aber auch nicht die erforderliche natürliche Einsichtsfähigkeit und ist die verweigerte Zustimmung der Sorgeberechtigten bekannt und der Eingriff als medizinischer Notfall dringend geboten, so dass auch keine Zeit bleibt, das Familiengericht anzurufen, kommt eine Behandlung unter dem Gesichtspunkt des rechtfertigenden Notstandes als Nothilfe in Betracht. Auch kann das Kind bei Vorliegen einer vitalen Indikation gegen den Willen der Eltern (Sorgeberechtigten) in Obhut genommen werden und die erforderlichen medizinischen Mindestmaßnahmen zur Gefahrenabwehr können getroffen werden.
- Lässt sich der Eingriff bis zur Einholung einer Entscheidung des Familiengerichts über einen fraglichen Sorgerechtsmissbrauch aus medizinischer Sicht vertretbar verschieben, muss zunächst die Entscheidung des Gerichts abgewartet werden.
- Besitzt der Minderjährige nach sorgfältigem Aufklärungsgespräch die natürliche Einsichtsfähigkeit, d.h. vermag er das Ausmaß des vorgesehenen konkreten Eingriffs, dessen Tragweite und dessen aufklärungspflichtige Komplikationen zu erfassen, kann er nach ordnungsgemäßer Aufklärung selbst rechtswirksam in den Eingriff einwilligen. Die Altersgrenze von 14 Jahren ist nur ein Anhaltspunkt unter mehreren.
- Als Grundregel kann gelten: Je gravierender der vorgesehene ärztliche Eingriff ist, umso höhere Anforderungen sind an die natürliche Einsichtsfähigkeit des Minderjährigen zu stellen. Diese Einsichtsfähigkeit wird der Arzt im Aufklärungsgespräch „austesten" müssen.

Die Situation einer Therapieverweigerung durch den minderjährigen Patienten selbst ist eine gänzlich andere, als die

Therapieverweigerung durch die Sorgeberechtigten. Anders als bei der Therapieverweigerung durch die sorgeberechtigten Eltern kommt bei einwilligungsfähigen und die Therapie verweigernden minderjährigen Patienten eine Kontrolle der Entscheidung oder gar eine Ersetzung der Patientenentscheidung durch das Familiengericht nicht in Betracht. Führt die Therapieverweigerung des Minderjährigen selbst zu einer absehbaren konkreten Gefahr für das Leben des Minderjährigen und bleibt dieser trotzdem bei seiner therapieverweigernden Haltung, ist zu prüfen, ob eine Selbstgefährdung vorliegt, die eine zwangsweise Behandlung nach PsychKG bzw. Unterbringungsgesetz zulässt. Unter Umständen ist auch die Bestellung eines gesetzlichen Betreuers zu prüfen.

Therapieverweigerung bei Erwachsenen

Grundsätzlich gibt es, außer in gesetzlich zugelassenen Fällen, keine Möglichkeit, einen Patienten gegen seinen Willen zu einer medizinisch indizierten Therapie / Maßnahme zu zwingen. Es gibt keine Zwangsbehandlung, auch wenn die angestrebte Therapie noch so dringlich indiziert sein sollte. Der Wille des Patienten ist zu respektieren, statt „salus aegroti – suprema lex" gilt „voluntas aegroti – suprema lex". Bekannt ist insbesondere die partielle Therapieverweigerung aus religiösen Gründen im Fall der Zeugen Jehovas. Mit dieser Problematik waren die Gerichte in Einzelfällen befasst. Verweigern die Sorgeberechtigten aus religiösen Gründen eine medizinisch gebotene Bluttransfusion bei ihren Kindern, so gelten die folgenden Ausführungen des OLG Hamm (NJW 1968, 212):

> „Im vorliegenden Fall, in dem es um Leben und Gesundheit des Kindes des Angeklagten ging, kann die im Religiösen motivierte, das Leben des Kindes aufs Spiel setzende Gewissensentscheidung des Angeklagten nicht anerkannt werden. Die Berufung auf die durch das Grundgesetz gewährleistete Freiheit des Gewissens und der Religion geht insoweit fehl."

Soweit erwachsene, entscheidungsfähige Angehörige der Zeugen Jehovas für sich bestimmte medizinische Maßnahmen ablehnen, ist dies selbst bei vitaler Indikation zu respektieren. Um im Fall der plötzlichen Bewusstlosigkeit, also wenn das Verbot jeglicher Bluttransfusion nicht mehr vom Patienten selbst in den Behandlungsvertrag als Bedingung eingebracht werden kann, nicht doch Bluttransfusionen zu bekommen, tragen Zeugen Jehovas immer ein „Dokument zur ärztlichen Versorgung" bei sich. In diesem Dokument ist vom Patienten explizit festgelegt, dass ihm

> „keine Bluttransfusionen (von Vollblut, roten Blutkörperchen, weißen Blutkörperchen, Blutplättchen oder Blutplasma)"

gegeben werden dürfen. Weiter heißt es

> „Diese Verfügung gilt unter allen Umständen, selbst wenn Ärzte zur Erhaltung meines Lebens oder meiner Gesundheit die Gabe von Blut für erforderlich halten sollten. Mit blutfreien Plasmaexpandern (wie Dextran, Kochsalzlösung, Ringer-Laktat-Lösung oder Hydroxyl-Ethylstärke) und anderen blutfreien Behandlungsmethoden bin ich einverstanden."

Darüber hinaus fügen die Zeugen Jehovas dem Behandlungsvertrag mit dem Arzt folgenden Passus als Zusatz hinzu:

> „Ich befreie die behandelnden Ärzte, das Krankenhaus und das Krankenhauspersonal insoweit von der Haftung für jegliche Schäden, die bei kunstgerechter Versorgung auf meine Ablehnung von Bluttransfusionen zurückgeführt werden könnten. Dieser Wille ist auch für meine Erben bindend."

Eine Missachtung des Selbstbestimmungsrechts des Patienten kann bereits als solche einen **Schmerzensgeldanspruch** rechtfertigen. Der Patient ist grundsätzlich frei, den an den Arzt gerichteten „Heilauftrag" bindend zu begrenzen. In einem tödlich endenden Fall von hämorrhagischem Schock in Folge eines blutenden Ulcus duodeni unterschrieben sowohl der Patient als auch seine Ehefrau eine Willenserklärung, die die Gabe von Bluttransfusionen auch im äußersten Fall verbot. Ein persönlicher Bevollmächtigter sowie der Vorsitzende des Krankenhausverbindungskomitees der Zeugen Jehovas wurde eingeschaltet, die im Fall des Verlusts der Geschäftsfähigkeit des Patienten Sorge tragen sollten, dass sein Wille respektiert werde. Dabei wurden Vollmachten erteilt zur Durchführung und Abwehr gerichtlicher Maßnahmen, zur Einsichtnahme in die Krankenunterlagen und zur Erteilung von Untervollmachten an Ärzte und Rechtsanwälte.

Literatur

zu Kap. 10.1

Hart D (1998) Ärztliche Leitlinien – Definitionen, Funktionen, rechtliche Bewertungen. MedR 8 ff

Lippert HD, Kern BR (1993) Arbeits- und Dienstrecht der Krankenhausärzte von A–Z, 2. Aufl. Springer, Berlin Heidelberg New York Tokio

Ratzel R, Lippert HD (1998) Kommentar zur Musterberufsordnung der deutschen Ärzte, 2. Aufl. Springer, Berlin Heidelberg New York Tokio

Schneider G (1994) Handbuch des Kassenarztrechts. Heymanns, Köln

Ulsenheimer K (1998) Leitlinien, Richtlinien, Standards – Risiko oder Chance für den Patienten. Bay. Äbl, 51 ff

Weißauer W (1998) Leitlinien, Richtlinien, Standards – Vorteile und Gefahren, juristische Begriffsbestimmung. Anästh. u. Intensivmed. 197

zu Kap. 10.3

Deutsch E (2001) §§ 40 ff. In: Deutsch E, Lippert HD, Anker K, Ratzel R (Hrsg) Kommentar zum Arzneimittelgesetz. Springer, Berlin Heidelberg New York Tokio

Deutsch E, Lippert HD (1998) Ethikkommission und klinische Prüfung. Springer, Berlin Heidelberg New York Tokio

Lippert HD (1998) § 15. In: Ratzel R, Lippert HD (Hrsg) Kommentar zur Musterberufsordnung der deutschen Ärzte, 2. Aufl. Springer, Berlin Heidelberg New York Tokio

zu Kap. 10.4

Bericht des Ausschusses für Forschung, Technologie und Technikfolgenabschätzung (16.3.1994) Bt-Drucksache 12/7094, S. 33ff

Bernat E (Hrsg) (2000) Die Reproduktionsmedizin am Prüfstand von Recht und Ethik. Manz, Wien

Deutsch E, Lippert HD, Anker K, Ratzel R (2000) Kommentar zum Arzneimittelgesetz. Springer, Berlin Heidelberg New York Tokio

Giessen D (1998) Fortpflanzungsmedizin – rechtlich. In Korff W, Beck L, Mikat P (Hrsg) Lexikon der Bioethik, Bd. 1, S. 777 ff. Gütersloher Verlagshaus, Gütersloh

Jonas H (1979) Das Prinzip Verantwortung. Suhrkamp, Frankfurt

Laufs A (1992) Fortpflanzungsmedizin und Arztrecht. Duncker + H, Berlin

Lippert HD (2000) Der deutsche Sonderweg in der Fortpflanzungsmedizin – Eine Bestandsaufnahme. In: Bernat E (Hrsg) Die Reproduktionsmedizin am Prüfstand von Recht und Ethik, S. 74–83. Manz, Wien

Ratzel R, Lippert HD (2000) Medizinproduktegesetz – Eine Einführung. Luchterhand

Rehmann H (1999) AMG – Kommentar. Beck, München

zu Kap. 10.6

Dettmeyer R, Madea B (1999) Rechtsmedizinische Gutachten in arztstrafrechtlichen Ermittlungsverfahren. MedR: 533–539

Madea B (Hrsg) (1999) Die Ärztliche Leichenschau. Springer, Berlin Heidelberg New York Tokio

Neumann G (1998) Gutachterkommissionen und Schlichtungsstellen. Eine Evaluation der Ergebnisse. MedR: 309–315

Scheppokat KD (2000) Ärztliche Fehler. DMW 125: 363–367

Ulsenheimer K (1998) Arztstrafrecht in der Praxis, 2. Aufl. Müller, Heidelberg

zu Kap. 10.7

Bericht des Ausschusses für Forschung, Technologie und Technikfolgenabschätzung (16.3.1994) Bt-Drucksache 12/7094, S. 33ff

Bernat E (Hrsg) (2000) Die Reproduktionsmedizin am Prüfstand von Recht und Ethik. Manz, Wien

Empfehlungen der DGMR über die Grenzen ärztlicher Behandlungspflicht bei schwerstgeschädigten Neugeborenen (1987)

Eser A, Koch HG (Hrsg) (1988) Schwangerschaftsabbruch im internationalen Vergleich. Teil 1: Europa (1989) Teil 2: Außereuropa. Nomos, Baden-Baden

Giessen D (1998) Fortpflanzungsmedizin – rechtlich. In Korff W, Beck L, Mikat P (Hrsg) Lexikon der Bioethik, Bd. 1, S. 777 ff. Gütersloher Verlagshaus, Gütersloh

Laufs A (1992) Fortpflanzungsmedizin und Arztrecht. Duncker + H, Berlin

Lippert HD (2000) Der deutsche Sonderweg in der Fortpflanzungsmedizin – Eine Bestandsaufnahme. In: Bernat E (Hrsg) Die Reproduktionsmedizin am Prüfstand von Recht und Ethik, S. 74–83. Manz, Wien

Ratzel R (1998) § 14. In: Ratzel R, Lippert HD (Hrsg) Kommentar zur Musterberufsordnung der deutschen Ärzte, 2. Aufl. Springer, Berlin Heidelberg New York Tokio

zu Kap. 10.9

Bericht des Ausschusses für Forschung, Technologie und Technikfolgenabschätzung (16.3.1994) Bt-Drucksache 12/7094, S. 33ff.

Bernat E (Hrsg) (2000) Die Reproduktionsmedizin am Prüfstand von Recht und Ethik. Manz, Wien

Catenhusen W, Neumeister H (Hrsg) (1987) Chancen und Risiken der Gentechnologie. Auch als BtDrS 10/6775. Verlag Bundesanzeiger

Der Bundesminister der Justiz (Hrsg) (1990) Bund-Länder-Arbeitsgruppe Genomanalyse. BAnz 161a

Der Bundesminister für Forschung und Technologie (Hrsg) (1985) In-Vitro-Fertilisation, Genomanalyse und Gentherapie (sog. Benda-Kommission)

Deutsch E (1998) Genomanalyse – rechtlich. In: Korff W, Beck L, Mikat P (Hrsg) Lexikon der Bioethik, Bd. 2, S. 41 ff. Gütersloher Verlagshaus, Gütersloh

Deutsch E (1999) Medizinrecht, 4. Aufl. Springer, Berlin Heidelberg New York Tokio

Deutsch E, Lippert HD (1998) Ethikkommissionen und klinische Prüfung. Springer, Berlin Heidelberg New York Tokio

Giessen D (1998) Fortpflanzungsmedizin – rechtlich. In: Korff W, Beck L, Mikat P (Hrsg) Lexikon der Bioethik, Bd. 1, S. 777 ff. Gütersloher Verlagshaus, Gütersloh

Jonas H (1979) Das Prinzip Verantwortung. Suhrkamp, Frankfurt

Kaatsch HJ (1994) Eigentumsrechte an menschlichen Körpermaterialien insbesondere an Patientenuntersuchungsmaterial. Rechtsmedizin, S. 132

Laufs A (1992) Fortpflanzungsmedizin und Arztrecht. Duncker + H, Berlin

Lippert HD (2000) Der deutsche Sonderweg in der Fortpflanzungsmedizin – Eine Bestandsaufnahme. In: Bernat E (Hrsg) Die Reproduktionsmedizin am Prüfstand von Recht und Ethik, S. 74–83. Manz, Wien

Lippert HD (1997) Die Einwilligung und ihr Widerruf. DMW, S. 912

Lippert HD (1998) § 15 m.w.N. In: Ratzel R, Lippert HD (Hrsg) Kommentar zur Musterberufsordnung der deutschen Ärzte, 2. Aufl. Springer, Berlin Heidelberg New York Tokio

Schröder M, Taupitz J (1991) Menschliches Blut: verwendbar nach Belieben des Arztes? Enke, Stuttgart

Taupitz J (1992) Privatrechtliche Rechtspositionen um die Genomanalyse: Eigentum, Persönlichkeit, Leistung. JZ, S. 1.089

zu Kap. 10.10

Dettmeyer R (2001) Medizin & Recht für Ärzte. Springer, Berlin Heidelberg New York Tokio

Deutsch E (1999) Medizinrecht, 4. Aufl. Springer, Berlin Heidelberg New York Tokio

Giesen D (1995) Arzthaftungsrecht, 4. Aufl. Schriftenreihe JZ. Mohr (Siebeck), Tübingen

Hansis ML, Hansis D (1999) Der ärztliche Behandlungsfehler. Verbessern statt streiten. Ecomed, Landsberg/Lech

Hart D (1991) Arzthaftung und Arzneimitteltherapie. MedR 9: 300–308

Klemens B, Grundge V (1995) Patientenorientierte Medikamenteninformation. DMW 120: 346–348

Laufs A (1993) Arztrecht, 5. Aufl. NJW Schriftenreihe. Beck, München

Laufs A, Uhlenbruch W (2002) Handbuch des Arztrechts, 3. Aufl. Beck, München

Laum HD (Hrsg) (2000) Statut der Gutachterkommission für ärztlich Behandlungsfehler bei der Ärztekammer Nordrhein. Kurzkommentar nach der Praxis der Kommission. Schmidt, Köln

Lignitz E, Mattig W (1989) Der iatrogene Schaden. Akademie, Berlin

Lippert HD, Kern BR (1993) Arbeits- und Dienstrecht der Krankenhausärzte von A–Z, 2. Aufl. Springer, Berlin Heidelberg New York Tokio

Madea B, Dettmeyer R (1998) Rechtliche Aspekte der Arzneimittelbehandlung. Medizinische Welt: 84–88

Madea B, Winter JU, Schwonzen M, Radermacher D (Hrsg) (1996) Innere Medizin und Recht. Blackwell, Berlin Wien

Rieger HJ (Hrsg) (2001) Lexikon des Arztrechts, 2. Aufl. Müller, Heidelberg

Ulsenheimer K (1998) Arztstrafrecht in der Praxis, 2. Aufl. Müller, Heidelberg

11 Versicherungsmedizin, Begutachtungskunde

Einleitung

Herzinfarkt als Arbeitsunfall

Vorgeschichte: Ein 40-jähriger Mann mit einem regelmäßigen Arbeitstag von 12–16 Stunden, der als alleinverantwortlicher Firmenleiter über einen Zeitraum von nahezu 2 Jahren erheblichem beruflichem Stress ausgesetzt war, erlitt an seinem Arbeitsplatz einen tödlich verlaufenden Herzinfarkt. Am Todestag soll wegen bestehender Liquiditätsschwierigkeiten seiner Firma, anstehenden Entlassungen, drohendem Konkurs und Verlust des eigenen Arbeitsplatzes für den Mann eine das übliche Maß weit übersteigende psychische Stresssituation bestanden haben. Die anwaltlich vertretene Witwe macht geltend, ohne diese besondere berufliche Stresssituation am Todestag wäre es nicht zu dem Herzinfarkt gekommen, die besondere Stresssituation sei zumindest wesentliche Teilursache des Herzinfarktes und daher läge ein entschädigungspflichtiger Arbeitsunfall vor. Demgegenüber argumentierte die Berufsgenossenschaft, ein Arbeitsunfall im Sinne eines plötzlich von außen einwirkenden, zeitlich begrenzten Ereignisses sei nicht gegeben.

Sektionsergebnis: Obduktion und nachfolgende histologische Untersuchungen führten zum Nachweis einer mittelgradigen stenosierenden Koronarsklerose, eines ausgedehnten Myokardinfarktes und einer (nutritiv-toxischen) ausgeprägten Leberepithelverfettung. Das Körpergewicht betrug 100 kg bei einer Körperlänge von 175 cm. Folgt man der Auffassung der Berufsgenossenschaft, so ist mangels zeitlicher Begrenzung der beruflichen Belastung schon kein Arbeitsunfall im Sinne des Sozialgesetzbuches VII gegeben; es fehlt mithin an der haftungsbegründenden Kausalität. Wollte man diese jedoch bejahen, so sprechen die postmortal-autoptisch erhobenen Befunde für ein deutliches Überwiegen konstitutiv-chronischer Faktoren für die Entstehung einer Koronarsklerose (Adipositas, Herzmuskelmassenvermehrung mit einem Herzgewicht von 510 g, Leberepithelverfettung – am ehesten alkohologen). Zugleich wurde durch Zeugen eine bereits lange bestehende Stresssymptomatik angegeben (Blutdruckschwankungen, Schlaflosigkeit, Übermüdungserscheinungen, Stimmungsschwankungen). Eine gutachterliche Bejahung der haftungsausfüllenden Kausalität kam daher ebenfalls nicht in Betracht; der am Todestag aktuell gegebenen, möglicherweise etwas pointierten Stresssituation kommt allenfalls der Charakter einer Gelegenheitsursache zu.

▶ Begutachtung für die gesetzliche Sozialversicherung; haftungsbegründende, haftungsausfüllende Kausalität

Mitwirkung vorbestehender Erkrankungen bei Unfalltod

Vorgeschichte: Ein 57 Jahre alt gewordener Mann wurde beim Überqueren einer Straße von einem Klein-Lkw mit flacher Motorhaube angefahren. Dabei trug er folgende Unfallverletzungen davon: Gehirnerschütterung, Kopfplatzwunde, Oberschenkelprellung rechts, Schürfungen beider Sprunggelenke.

Der Betroffene sei bereits vor dem Unfall wegen eines Morbus Alzheimer behandelt worden und seit 1–2 Jahren in seiner Arbeitsfähigkeit zu 100 % gemindert gewesen. Nach dem Unfall verschlechterte sich das psychische Zustandsbild des Patienten gravierend; er war ständig örtlich, zeitlich, personell und situativ desorientiert und unfähig, für die einfachsten Verrichtungen des täglichen Lebens und die Körperpflege selbst zu sorgen. Er wurde als schwerst pflegebedürftig eingestuft. Aus Sicht der behandelnden Nervenärzte sei es durch den Unfall zu einer entscheidenden Verschlimmerung des Zustandes des Patienten gekommen; vorher sei er nur wenig eingeschränkt gewesen und habe die Dinge des täglichen Lebens in normalem Umfang ausführen können, nach dem Unfall sei er nicht einmal mehr in der Lage gewesen, selbständig zu essen. Durch den Unfall sei eine rapide und dramatische Verschlechterung des Zustandsbildes eingetreten. Die Annahme einer 50 %igen Mitverursachung des posttraumatischen Zustandes durch den Unfall erscheine angemessen und gerechtfertigt.

Ein Jahr nach dem Unfall starb der Mann innerhalb der Einjahresfrist.

Sektionsergebnis: Todesursache war eine Lungenthrombembolie, Emboliequelle: Becken- und Beinvenen. Mittodesursächlich war eine Bronchopneumonie. Weiterhin bestanden chronische Dekubitalulzera an Gesäß und linker Ferse mit chronisch fibrinös-eitrigen Entzündungen. Diese Dekubitalulzera belegen u.a, dass die bei der klinischen Begutachtung festgestellte Schwerstpflegebedürftigkeit mit einer Bettlägerigkeit verbunden war. Die Bettlägerigkeit kann einerseits als thrombogener Faktor angesehen werden, andererseits begünstigt sie die Entstehung einer hypostatischen Pneumonie. Die Kausalität zwischen Unfall und Todeseintritt an Lungenentzündung und Lungenthrombembolie wird über folgende Kausalkette bejaht: vorbestehender Morbus Alzheimer, Unfall, unfallbedingte Progredienz der dementiellen Grunderkrankung mit Schwerstpflegebedürftigkeit und Bettlägerigkeit, immobilisationsbedingte Sekundärerkrankungen wie Thrombose und Pneumonie, Tod.

▶ Kausalität des Unfalls für den Todeseintritt; anteilsmäßige Bezifferung des vorbestehenden unfallunabhängigen Grundleidens am posttraumatischen Zustandsbild in der privaten Unfallversicherung; lag zum Zeitpunkt des Unfalls überhaupt noch Versicherbarkeit vor? Ausschlussgründe (z.B. Vorliegen einer Geisteskrankheit, dauernde Pflegebedürftigkeit)

Pflichten des Arztes als Zeuge, sachverständiger Zeuge und Sachverständiger; Berufspflichten

Nach einer Vergewaltigung begab sich die Geschädigte in die Behandlung eines niedergelassenen Gynäkologen. Anlässlich der Hauptverhandlung ließ sich der angeklagte Tatverdächtige nicht ein, so dass die Geschädigte umfangreich vernommen werden musste. Als Sachverständiger Zeuge war der niedergelassene Gynäkologe geladen. Durch die Vernehmung der Geschädigten verzögerte sich die Hauptverhandlung. Der niedergelassene Gynäkologe, der als Zeuge vor dem Gerichtssaal warten musste, betrat den Saal und begehrte, unverzüglich vernommen zu werden, da er Sprechstunde habe. Der Vorsitzende Richter sagte ihm zu, dass er als nächster Zeuge gehört würde. 5 Minuten später erschien der Gynäkologe erneut im Saal und sagte in gereiztem Ton, dass er nicht länger warte, ihm seien bereits mehrere tausend DM finanzieller Verlust erwachsen und er begebe sich jetzt in seine Praxis. Vom Vorsitzenden Richter auf seine Zeugenpflicht hingewiesen, entgegnete der Gynäkologe, das interessiere ihn nicht, er begebe sich jetzt in seine Praxis. Eine Stunde später wurde der Gynäkologe aus seiner Praxis polizeilich im Gerichtssaal vorgeführt und als Zeuge bzw. Sachverständiger Zeuge vernommen. Nach seiner Vernehmung sagte er, dass er sich für Untersuchungen bei Sexualstraftaten nicht mehr zur Verfügung stelle, da dies nur Ärger und finanzielle Einbußen mit sich bringe. Er wurde mit einem Ordnungsgeld belegt, darüber hinaus meldete der Vorsitzende Richter den Fall der zuständigen Ärztekammer.

► Pflichten des Arztes bei Gericht, Berufspflichten, allgemeine staatsbürgerliche Pflichten

Ambulante Methadon-Verschreibung

Vorgeschichte: Dr. V. verschrieb einer 16-jährigen Patientin ohne Einwilligung der Eltern zunächst dreimal Rohypnol bevor sie 6 Tage nach der letzten Rohypnol-Verschreibung von ihm ein Rezept über 2 x 20 ml L-Polamidon (2 x 40 Tropfen tgl.) erhielt. Sie bekam in der Apotheke nur ein Fläschchen ausgehändigt, wobei der Apotheker noch Rücksprache mit dem Arzt hielt, und nahm im Laufe des Tages eine unbekannte Menge Polamidon zusammen mit 5–6 Tabl. Rohypnol ein. Am nächsten Morgen wurde sie durch Bekannte zyanotisch mit Atemstillstand angetroffen. Neben der jungen Frau wurde ein zu ¾ geleertes Fläschchen Methadon gefunden. Im Rahmen einer kontrollierten Beatmung sei auf Flumazenil-Gabe keine Reaktion erfolgt, nach Naloxon-Gabe sei es zu einer prompten Aufwachreaktion gekommen.

Untersuchungsergebnis: Klinisch bot sich das Bild eines hypoxischen Hirnschadens mit Dysarthrie, motorischen Koordinationsstörungen und Rumpfataxie als Hinweis auf eine Kleinhirnschädigung.

Gegen Dr. V. wurde wegen fahrlässiger Körperverletzung ermittelt. Er akzeptierte schließlich nach einem „Anverhandeln" vor dem Schöffengericht einen Strafbefehl über eine Freiheitsstrafe von 10 Monaten zur Bewährung und eine Geldbuße in Höhe von DM 9.000,–.

► Therapie Suchtkranker und ihre forensischen Risiken

Unfalltod?

Vorgeschichte: In einem Rechtsstreit mit einer Berufsgenossenschaft begehrte ein Ehepaar Entschädigung wegen eines Verkehrsunfalls, bei dem ihr Sohn zu Tode gekommen war. Nach dem Ergebnis polizeilicher Untersuchungen und kfz-sachverständiger Begutachtung hatte der 21 Jahre alt gewordene junge Mann, der als Fahrer bei einem Kurierdienst arbeitete, auf der Rückfahrt von Südfrankreich nach Deutschland in den frühen Morgenstunden eine wenig befahrene, dreispurige, übersichtliche Autobahn benutzt. Die Sicht war gut gewesen, die Fahrbahn bei gutem Wetter trocken. Ohne erkennbaren Grund sei er von hinten ohne zu bremsen auf einen vor ihm fahrenden Lkw aufgefahren. Sein Transporter sei bis zum oberen Ende der Windschutzscheibe unter dem vorausfahrenden Lkw verkeilt gewesen. Bei der Bergung des Verstorbenen seien abgesehen von kleineren Scherbenschnittverletzungen im Gesicht keine schwerwiegenden äußeren Verletzungen festgestellt worden. Der Beifahrer habe angegeben, dass der junge Mann kurz vor dem Unfall über Brustschmerzen in Herzhöhe geklagt habe. Zur Krankenvorgeschichte sei bekannt geworden, dass im Kindesalter eine Aortenisthmusstenose operativ korrigiert worden sei. Ferner bestehe ein Bluthochdruck, der jedoch medikamentös auf Werte zwischen 140/80 mmHg und 100/70 mmHg befriedigend eingestellt sei. Im Rahmen der kardiologischen Diagnostik seien in EKG und Ultraschall Hinweise auf eine linksventrikuläre Hypertrophie festgestellt worden.

Sektionsergebnis: Die rechtsmedizinischen Untersuchungen ergaben folgende Befunde: autoptisch oberflächliche Hautanritzungen bzw. Schnittverletzungen an Stirn und Nase mit Glasstaub- bzw. Glassplitterantragungen, geringe filmartige Subduralblutung okzipital, Herzhypertrophie (Herzgewicht 460 g) und fleckförmige Vernarbung der Papillarmuskeln (kein Anhalt für einen frischen Herzinfarkt oder eine Lungenembolie), postmortale Blutalkoholkonzentration von 0,01 ‰, Nachweis von 0,06 mg/l Koffein und 0,05 mg/l Amphetamin im Herzblut. Bei der neuropathologischen Zusatzbegutachtung fanden sich keine Verletzungen des zentralen Nervensystems, insbesondere keine verletzungsbedingte Zerreißung von Gefäßen, Ablösung der Gefäßinnenschichten oder Blutgerinnselbildungen, keine Gewebszerreißungen oder Prellungen von Gehirn und Rückenmark, keine Brüche der Halswirbelsäule und keine Zerreißung des Bandhalteapparates.

Die histologische Untersuchung des Herzens ergab in den Präparaten aus der linken Kammer eine unruhige Gewebstextur mit deutlichen Kaliberschwankungen der Herzmuskelzellen und teils bizarrer Verformung und Hyperchromasie der Herzmuskelzellkerne, eine in Relation zum Lebensalter auffällige interstitielle Fibrose sowie eine Fibrose und Wandverbreiterung der kleinen intramyokardialen Koronaräste.

► Sozialrechtlich bedeutsame Fragestellungen:
Woran ist der Versicherte gestorben?
War das Ereignis (Kommentar: hier wird bewusst die Formulierung Unfall vermieden, da damit das Ergebnis der Begutachtung präjudiziert würde) die allein wesentliche Ursache des Todes, wesentliche Mitursache oder Gelegenheitsursache?

Ist der Tod infolge des Ereignisses mit Wahrscheinlichkeit wenigstens 1 Jahr früher eingetreten bzw. hätte der Versicherte ohne das Ereignis noch mindestens 1 Jahr gelebt?

11.1 Der Arzt als Zeuge und Sachverständiger

R. Dettmeyer, B. Madea

Verwaltungsbehörden, Versicherungsträger, Staatsanwaltschaft und Gericht sind bei der Beurteilung medizinischer Sachverhalte auf die Heranziehung externen Sachverstandes angewiesen. Im **Sozialversicherungsrecht** geht es dabei vorwiegend um die Beurteilung der **Erwerbs- und Berufsunfähigkeit** sowie um die Voraussetzungen für eine Bewertung der **MDE** (Grad der Minderung der Erwerbsfähigkeit im Bundesversorgungsgesetz und in der Gesetzlichen Unfallversicherung). Daneben ist sachverständig etwa die **Geschäfts-, Prozess-, Testier-, Gewahrsams- und Haftfähigkeit** zu beurteilen, es sollen ärztliche Behandlungsfehler festgestellt und Kausalitätsfragen erläutert werden.

Bei der **strafrechtlichen Ahndung** von Körperverletzungsdelikten ist das Gericht auf die primäre Befunderhebung durch die behandelnden Ärzte angewiesen, die sich darüber hinaus zum Beispiel zur Frage der **Lebensgefahr** durch die erlittenen Verletzungen, aber auch zu etwaigen **Folgeschäden** zu äußern haben. Neben den Verletzungsbefunden selbst können zudem Angaben des Patienten zur Entstehung seiner Verletzungen, also die Schilderung eines Unfall- oder Tatgeschehens, von Bedeutung sein. Liegt eine Entbindung von der ärztlichen Schweigepflicht vor, so erfolgen später entsprechende Aussagen durch die behandelnden Ärzte vor Gericht als **sachverständige Zeugen.**

Während der Sachverständigenbeweis insbesondere bei komplizierten Sachverhalten von großer Bedeutung ist, sind zugleich die Voraussetzungen für die Bejahung eigener Sachkunde des Richters zunehmend strenger geworden. Dennoch ist es der Richter, der von Verfassung wegen den Rechtsstreit zu entscheiden hat. Die in § 404a Abs. 1 Zivilprozessordnung (ZPO) beschriebene „Gehilfentätigkeit" des Sachverständigen im Verhältnis zur Aufgabe des Richters beschreibt der Bundesgerichtshof in einer frühen Entscheidung wie folgt (BGH NJW 1955, 1642, 1643):

> Der verfassungsrechtliche Ausgangspunkt für die Beurteilung liegt darin, dass der Tatrichter zu einem eigenen Urteil auch in schwierigen Fragen verpflichtet ist. Er hat die Entscheidung auch über diese Fragen selbst zu erarbeiten, ihre Begründung selbst zu durchdenken. Er darf sich dabei von Sachverständigen nur helfen lassen. Je weniger sich der Richter auf die bloße Autorität des Sachverständigen verlässt, je mehr er den Gutachter nötigt, ihn – den Richter – über allgemeine Erfahrungen zu belehren und mit möglichst gemeinverständlichen Gründen zu überzeugen, desto vollkommener erfüllen beide ihre verfassungsrechtliche Aufgabe.

Eine Legaldefinition des Begriffes „Sachverständiger" gibt es nicht, der Sachverständige ist im Prozessrecht eines von mehreren **Beweismitteln** (neben dem **Urkundenbeweis**, dem **Augenschein**, dem **Zeugenbeweis**). Dabei ist der Sachverständige, in Abgrenzung zu den u.a. in den §§ 83 Abs. 3, 91 Abs. 1, 92 Abs. 1 S. 2, 256 Abs. 1 S. 1 und Abs. 2 StPO geregelten Behördengutachten, eine natürliche Person, die auf einem abgrenzbaren Gebiet der Geistes- oder Naturwissenschaft, der Technik, der Wirtschaft, der Kunst oder in einem sonstigen Bereich über überdurchschnittliche Kenntnisse und Erfahrungen verfügt. Für das Strafverfahren ist allgemein anerkannt, dass durch Gutachten privater Organisationen kein Sachverständigenbeweis im engeren Sinne erbracht werden kann. Der Sachverständige hat seine besondere Sachkunde auf Anfrage persönlich, unabhängig, unparteilich und objektiv zur Verfügung zu stellen. Abzugrenzen ist die Tätigkeit des Sachverständigen von der des schlichten Zeugen und vom so genannten sachverständigen Zeugen.

Grundsätzlich kann auch ein Arzt vom Gericht als **Zeuge** gehört werden, soweit er Dinge kraft eigener Wahrnehmung mitteilen kann. Dabei handelt es sich dem Zeugenstatus entsprechend um Dinge, die er ohne Heranziehung seiner besonderen Sachkunde selbst wahrgenommen hat. Für den **sachverständigen Zeugen** (§ 414 ZPO, § 85 StPO) gilt hingegen, dass dieser über Dinge aussagt, die er Kraft seiner besonderen Sachkunde wahrgenommen hat und beurteilen kann.

Fallbeispiel

Ein Ambulanzarzt macht vor Gericht Aussagen über Art und Umfang der von ihm bei einem Unfallbeteiligten festgestellten Verletzungen. Da er Kraft eigener Sachkunde Art und Umfang der Verletzungen qualifiziert feststellen konnte, ist er sachverständiger Zeuge.

Müssen dagegen festgestellte Befunde in ihrer Bedeutung im Gesamtzusammenhang fachkundig beurteilt werden und sind fachlich begründete Schlussfolgerungen zu ziehen, so ist die betreffende Person Sachverständiger.

Berufung des Medizinischen Sachverständigen

Bei den zu berufenden Sachverständigen ist zu unterscheiden zwischen

- dem öffentlich bestellten Sachverständigen,
- den Personen, die dem öffentlich bestellten Sachverständigen gleichzustellen sind,
- Sachverständigen mit hoheitlichen Prüfungsaufgaben und
- den freien Sachverständigen.

Rechtsmedizinische Sachverständigentätigkeit ist in der Regel freie Sachverständigentätigkeit unter Beachtung der in § 404 ZPO normierten persönlichen Gutachterpflicht. Allerdings zählen in Bayern die bayerischen Landgerichtsärzte zu den öffentlich bestellten Sachverständigen gleichgestellten Personen. Danach ist der Bayerische Gerichtsärztliche Dienst als sachverständige Behörde für die Landgerichte, für die bei diesen bestehenden Staatsanwaltschaften und für die am Sitz der jeweiligen Gerichte bestehenden Amtsgerichte tätig. Auch wenn es keine allgemeine Pflicht zur Erstattung medizinischer Sachverständigengutachten gibt, so resultiert diese **Pflicht** doch aus der Aufforderung zur Gutachtenerstattung durch das Gericht oder die Staatsanwaltschaft (§§ 404 ZPO, 75 StPO) bzw. mit der Benennung zum Sachverständigen.

Zuständig für die **Auswahl des Sachverständigen** ist im Vorverfahren (Ermittlungsverfahren) die Staatsanwaltschaft (vgl. § 161a Abs. 1 S. 2 StPO) und im gerichtlichen Verfahren das Gericht (vgl. § 73 Abs. 1 S. 1 StPO). An Vorschläge hinsichtlich der Auswahl des Sachverständigen durch andere Verfahrensbeteiligte ist weder die Staatsanwaltschaft noch das Gericht gebunden.

Ein vom Gericht bestellter Sachverständiger kann im Einzelfall die **Erstellung eines Gutachtens verweigern.** Neben einem Verweigerungsrecht aus persönlichen Gründen (Erkrankung, private Beziehungen zu Verfahrensbeteiligten) kommt ein Gutachtenverweigerungsrecht insbesondere aufgrund der ärztlichen Schweigeverpflichtung in Betracht. Jedem sachverständigen Zeugen ist daher zu raten, das Gericht um Klärung zu bitten, ob er seitens des Patienten von der ärztlichen Schweigepflicht entbunden wurde. Die Entbindung von der ärztlichen **Schweigepflicht** muss das Gericht dem sachverständigen Zeugen nicht schriftlich vorlegen, es reicht eine entsprechende gerichtliche Zusicherung, der Patient habe ihn im erforderlichen Umfang von der Schweigepflicht entbunden. Die Schweigepflicht spielt dann keine Rolle, wenn schon die ärztliche Untersuchung selbst auf Veranlassung und im Auftrag einer Behörde erfolgt und der Patient im Wissen um diese Beauftragung in eine Untersuchung eingewilligt hat. Dennoch sollte vor der Untersuchung ausdrücklich darauf hingewiesen werden, dass die Untersuchungsergebnisse nicht der ärztlichen Schweigepflicht unterliegen. Liegt eine Entbindung von der ärztlichen Schweigepflicht vor, dann besteht eine Pflicht zur wahrheitsgemäßen Aussage. Bei fehlender Entbindung von der Schweigepflicht kommt in seltenen Fällen eine Aussage allenfalls unter dem Gesichtspunkt des rechtfertigenden Notstands, § 34 StGB, in Betracht.

Das Gericht kann den Gutachter „aus anderen Gründen" von der Verpflichtung zur Erstattung des Gutachtens entbinden. Als Entbindungsgründe kommen etwa eine frühere Behandlung eines Angeklagten bzw. Prozessbeteiligten in Betracht, oder auch eine geltend gemachte Arbeitsüberlastung des Gutachters. Die unbegründete Verweigerung der Erstellung eines Sachverständigengutachtens durch einen vom Gericht bestellten Sachverständigen gilt ebenso wie die nicht termingerechte Erstellung des Gutachtens als Verstoß gegen gutachterliche Pflichten und kann mit einer Ordnungsstrafe in Form eines Ordnungsgeldes belegt werden. Auch standesrechtlich ergibt sich aus § 25 MBO-Ä 1997 eine Pflicht zur relativ zügigen Erstattung von Gutachten. Dort heißt es:

§ 25 Satz 1 und 2 MBO-Ä 1997 Ärztliche Gutachten und Zeugnisse

Bei der Ausstellung ärztlicher Gutachten und Zeugnisse hat der Arzt mit der notwendigen Sorgfalt zu verfahren und nach bestem Wissen seine ärztliche Überzeugung auszusprechen. Gutachten und Zeugnisse, zu deren Ausstellung der Arzt verpflichtet ist oder die auszustellen er übernommen hat, sind innerhalb einer angemessenen Frist abzugeben.

Ein Sachverständiger kann aus den selben Gründen abgelehnt werden wie ein Richter. Die Besorgnis der Befangenheit kann etwa bestehen, wenn der Sachverständige wegen Beziehungen zu einer der Parteien vor Gericht auch nur in den Verdacht fehlender Objektivität geraten könnte.

Auswahl des Sachverständigen

Zur medizinischen Begutachtung werden im Rahmen des staatsanwaltschaftlichen Ermittlungsverfahrens häufig Gutachten von dem Rechtsmedizinischen Institut eingeholt, mit dem die jeweilige Staatsanwaltschaft ohnehin zusammenarbeitet, erst in zweiter Linie wird ein anderweitiger Gutachter gesucht. Dabei ist auf Nr. 70 Abs. 2 der Richtlinien für das Straf- und Bußgeldverfahren (RiStBV) zu verweisen, wo es heißt:

Nr. 70 Abs. 2 RiStBV

Ist dem Staatsanwalt kein geeigneter Sachverständiger bekannt, so ersucht er die Berufsorganisation oder die Behörde um Vorschläge, in deren Geschäftsbereich die zu begutachtende Frage fällt.

Im Gerichtsverfahren obliegt die Auswahl des medizinischen Sachverständigen dem zur Entscheidung berufenen Gericht. Dies schließt Anregungen der Parteien nicht aus, das Gericht möge einen explizit benannten medizinischen Gutachter heranziehen. Selbstverständlich bleibt es den Parteien vor Gericht unbenommen, zusätzlich einen eigenen medizinischen Sachverständigen zu benennen.

Haftung für medizinische Gutachten

Grundsätzlich kann sich ein Sachverständiger, wenn er vorsätzlich oder grob fahrlässig ein Gutachten erstattet – schriftlich oder mündlich in der Hauptverhandlung – einer strafrechtlichen Verfolgung und zivilrechtlichen Ansprüchen aussetzen. Eine solche Inanspruchnahme des Sachverständigen wegen sog. „Schlechtachten" kommt zunehmend häufiger vor, betrifft jedoch weniger medizinische Sachverständige.

Mittlerweile hat der Gesetzgeber mit § 839a BGB die Haftung des gerichtlichen Sachverständigen gesetzlich abschließend geregelt und eigens einen neuen Haftungstatbestand im Deliktsrecht geschaffen.

§ 839a BGB

(1) Erstattet ein vom Gericht ernannter Sachverständiger vorsätzlich oder grob fahrlässig ein unrichtiges Gutachten, so ist er

zum Ersatz des Schadens verpflicht, der einem Verfahrensbeteiligten durch eine gerichtliche Entscheidung entsteht, die auf diesem Gutachten beruht.
(2) § 839 Abs. 3 ist entsprechend anzuwenden.

Mit dieser Regelung soll dem Umstand Rechnung getragen werden, dass der Rückgriff auf den Sachverständigen für den in einem Rechtsstreit aufgrund eines falschen Sachverständigengutachtens Unterlegenen oft die einzige Möglichkeit ist, materielle Gerechtigkeit zu erlangen. Der Verschuldensmaßstab ist auf Vorsatz und grobe Fahrlässigkeit beschränkt.

Medizinische Sachverständigentätigkeit im Ermittlungs- und Strafverfahren

Erlangt die Strafverfolgungsbehörde (Polizei, Staatsanwaltschaft) Kenntnis von einem Hergang, der die Verwirklichung eines Straftatbestandes darstellen könnte, so muss bei sog. **Offizialdelikten** ein Strafverfahren gegen die potentiellen Täter eingeleitet werden, bei sog. **Antragsdelikten** hängt die Einleitung eines Strafverfahrens von einem entsprechenden Antrag des Geschädigten ab. Das Strafverfahren wird unterteilt in das **Ermittlungsverfahren**, das **Zwischenverfahren** und das **Hauptverfahren**. Das Ermittlungsverfahren wird von der Staatsanwaltschaft durchgeführt. Nach Abschluss des Ermittlungsverfahrens folgt ein Zwischenverfahren, in welchem das Gericht prüft, ob und in welchem Umfang eine Anklage zugelassen wird. Wird die Anklage zugelassen, so ergeht der Beschluss zur Eröffnung des Hauptverfahrens, welches sich wiederum unterteilt in eine vorbereitende Phase und in die eigentliche mündliche Hauptverhandlung. Das Strafverfahren ist auf die Wahrheitserforschung von Amts wegen ausgerichtet. Daher haben die Ermittlungsbehörden den Sachverhalt umfassend zu ermitteln, d.h. sowohl belastende Umstände, wie auch entlastende Aspekte sind festzustellen. Dies bedeutet, dass als strafprozessual vorgesehenes Beweismittel ein medizinisches Sachverständigengutachten sowohl im Ermittlungsverfahren, im Zwischenverfahren und im Hauptverfahren herangezogen werden kann. Im Ermittlungsverfahren ist die Staatsanwaltschaft „Herrin des Verfahrens" und Auftraggeber eines medizinischen Sachverständigengutachtens, im Hauptverfahren wird der Gutachtenauftrag vom Gericht ausgesprochen.

Ärztliche Eingriffe und Gutachten im Ermittlungsverfahren. Hält die Ermittlungsbehörde ein medizinisches Sachverständigengutachten zur Aufklärung des Sachverhaltes für erforderlich, so ergeht ein entsprechender Gutachtensauftrag. Der Gutachter kann zur Vorbereitung des Gutachtens „auf sein Verlangen" bereits bei der Vernehmung von Zeugen oder des Beschuldigten herangezogen werden, es kann ihm gestattet werden, selbst unmittelbar Fragen zu stellen. Soll ein Beschuldigter möglicherweise in einem psychiatrischen Krankenhaus, einer Entziehungsanstalt oder in der Sicherungsverwahrung untergebracht werden, so soll gemäß § 80a StPO schon im Ermittlungsverfahren einem Sachverständigen Gelegenheit zur Vorbereitung des in der Hauptverhandlung zu erstattenden Gutachtens gegeben werden. Gemäß § 81 StPO besteht auch die Möglichkeit, den Beschuldigten zur Vorbereitung eines Gutachtens über seinen psychischen Zustand nach Anhörung eines Sachverständigen und des Verteidigers auf Anordnung des Gerichtes in einem öffentlichen psychiatrischen Krankenhaus zum Zwecke der Beobachtung unterzubringen.

Eingriffe in die körperliche Unversehrtheit. Rechtsgrundlage für körperliche Eingriffe zur Feststellung von Tatsachen im Rahmen eines strafprozessualen Ermittlungsverfahrens ist § 81a StPO. Danach ist eine einfache körperliche Untersuchung zu unterscheiden von einem invasiven körperlichen Eingriff. Einfache körperliche Untersuchungen können gegen den Willen des Beschuldigten erzwungen werden und dienen dem Zweck, die vom Willen des Beschuldigten unabhängige Beschaffenheit seines Körpers oder einzelner Körperteile, auch das Vorhandensein von Fremdkörpern in den natürlichen Körperöffnungen oder den psychischen Zustand des Beschuldigten etc. durch sinnliche Wahrnehmung ohne körperliche Eingriffe festzustellen. Blutprobenentnahmen sind körperliche Eingriffe, gelten aber als ungefährlich. Bei „anderen körperlichen Eingriffen" liegt der Unterschied zur einfachen Untersuchung in der Beibringung von Verletzungen des Körpers, mögen diese Verletzungen auch ganz geringfügig sein. Ein körperlicher Eingriff liegt beispielsweise vor, wenn Körperbestandteile wie Blut, Liquor, Samen, Harn entnommen oder wenn dem Körper Stoffe zugeführt werden. Körperliche Eingriffe im Sinne des § 81a Abs. 1 StPO sind:

„...von einem Arzt nach den Regeln der ärztlichen Kunst zu Untersuchungszwecken" *vorzunehmen und* „ohne Einwilligung des Beschuldigten zulässig, wenn kein Nachteil für seine Gesundheit zu befürchten ist."

Entsprechend wurden eine Reihe von auch invasiven ärztlichen Eingriffen beim Beschuldigten als zulässig angesehen, etwa Röntgenuntersuchungen der Hand zur Altersbestimmung und eine Szintigraphie, allenfalls zur Aufklärung schwerer Straftaten auch die Entnahme von Gehirn- und Rückenmarksflüssigkeit sowie die Hirnkammerluftfüllung (Pneumenzephalographie, ein Verfahren, welches inzwischen als obsolet gilt). Die Veränderung der Bart- oder Haartracht wird nicht als körperlicher Eingriff im Sinne des § 81a StPO angesehen. Zu den umstrittenen körperlichen Eingriffen zählt die zwangsweise Verabreichung von Vomitivmitteln (Ipekakuhana-Sirup, Apomorphin A) zur Exkorporation von Drogen-Containern. An der rechtlichen Zulässigkeit wie medizinischen Vertretbarkeit einer solchen zwangsweisen Gabe von Brechmitteln bestehen erhebliche Zweifel; die Frage wird äußerst kontrovers diskutiert.

Besondere Vorschriften für Obduktionsgutachten. Gemäß § 87 Abs. 2 StPO muss die gerichtlich/staatsanwaltschaftlich angeordnete Leichenöffnung von zwei Ärzten vorgenommen werden. Einer der Ärzte muss Gerichtsarzt oder Leiter eines öffentlichen gerichtsmedizinischen oder pathologischen Institutes oder ein von diesem beauftragter Arzt des Institutes mit gerichtsmedizinischen Fachkenntnissen sein. Nach diesen gesetzlichen Vorgaben haben beide Obduzenten jeweils verantwortlich das Obduktionsgutachten zu erstellen. Die im (vorläufigen) Obduktionsgutachten getroffenen Feststellungen muss jeder Obduzent unabhängig selbst wahrgenommen haben. Obduzent als medizinischer Sachverständiger im Sinne des § 87 StPO kann nicht der Arzt sein, der den Verstorbenen in der dem Tod unmittelbar vorausgegangenen Krankheit behandelt hat. Dieser Arzt kann jedoch gemäß § 87 Abs. 2 Satz 4 StPO aufgefordert werden, der Leichenöffnung beizuwohnen und aus der Krankheitsgeschichte Aufschlüsse zu geben.

Pflichten des medizinischen Sachverständigen

Die Aufgaben des medizinischen Sachverständigen im Straf- oder Zivilverfahren umfassen zunächst drei Teilbereiche:

- Es sollen allgemeine Erfahrungssätze, d.h. **„generelle theoretische Erkenntnisse"** vermittelt werden, mit deren Hilfe das Gericht **„in eigener selbständiger Gedankenarbeit"** den prozesserheblichen, oftmals komplizierten Tatsachenstoff erfassen und bewerten kann.
- Das Fachwissen des medizinischen Sachverständigen soll auf einen nach der Beweisaufnahme festgestellten Sachverhalt angewendet werden. Damit sollen konkrete, fallbezogene medizinische Aussagen, Wertungen, Schlussfolgerungen, Alternativen, Annahmen, regelmäßige Geschehensabläufe etc. vom Sachverständigen mitgeteilt werden.
- Soweit die für das verlangte Gutachten relevanten medizinischen Befunde und Tatsachen nur **„aufgrund besonders fachkundiger Beobachtung"** möglich sind, hat der Sachverständige diese eigenständig aus den zur Verfügung stehenden Informationen herauszufiltern, ebenso wie er das wissenschaftliche Wissen heranziehen muss, welches **„die sachgemäße Auswertung ermöglicht"** (BGHSt 7, 239).

Das Spektrum der vom medizinischen Gutachter, insbesondere vom Rechtsmediziner zu beantwortenden Fragen umfasst insbesondere folgende Gebiete:

- Aussagen zum Todeszeitpunkt, zur Todesart und zur Todesursache nach rechtsmedizinischer Leichenschau und Obduktion,
- die Anregung gegebenenfalls erforderlicher forensisch-toxikologischer sowie histologischer Untersuchungen, soweit dies zur Beantwortung vorgegebener gutachterlicher Fragestellungen erforderlich ist,
- forensisch-toxikologische Untersuchungen von anlässlich der Autopsie entnommenen Körperflüssigkeiten und Organteilen auf Giftstoffe bzw. Medikamente,
- im Rahmen der Feststellung der Todesursache und damit zusammenhängender Kausalitätsfragen die Durchführung histologischer Untersuchungen von autoptisch gewonnenen Organproben,
- körperliche Untersuchungen von Geschädigten und Tatverdächtigen auf Verletzungen, die Rückschlüsse auf ein Tatgeschehen erlauben,
- die Untersuchung von Blutspuren, Spermaspuren und anderen biologischen Antragungen z.B. zum Zwecke der Identifizierung (sog. genetischer Fingerabdruck),
- die Feststellung eines Behandlungsfehlers im weitesten Sinne, auf der Grundlage von Obduktionsbefunden und/oder basierend auf zur Verfügung gestellten Krankenunterlagen,
- die Bestimmung der Blutalkoholkonzentration sowie Berechnung und Erläuterung der Blutalkoholkonzentration zum Tatzeitpunkt, etwa im Falle einer Nachtrunkangabe,
- die Beurteilung der Frage der (relativen oder absoluten) Fahruntauglichkeit in Abhängigkeit von der gemessenen bzw. berechneten Blutalkoholkonzentration und weiteren Beweisanzeichen (Zeugenaussagen, Fahrverhalten etc.),
- die Beurteilung der Fahrtauglichkeit unter Drogen, Medikamenten etc. sowie im Zusammenwirken mit einem Alkoholkonsum und/oder körperlichen Beeinträchtigungen (z.B. Müdigkeit, Diabetes etc.),
- die Beurteilung der Schuldfähigkeit des Angeklagten zum Tatzeitpunkt unter Berücksichtigung der festgestellten Blutalkoholkonzentration bzw. nachgewiesener Drogen, Medikamente etc,
- die Beurteilung der Schuldfähigkeit eines Angeklagten zum Tatzeitpunkt, gegebenenfalls die Anregung, es möge ein Psychiater herangezogen werden,
- die Beurteilung der Vernehmungs-, Haft-, Unterbringungs- und Verhandlungsfähigkeit,
- vergleichende DNA-Analysen, einerseits zum Zwecke der Zuordnung von biologischen Spuren zu Tatbeteiligten, andererseits insbesondere zur Klärung der Vaterschaft,
- die rekonstruktive Korrelation von Verletzungsbefunden bei (Verkehrs-) Unfällen bzw. Straftaten mit dem (Verkehrs-) Unfallhergang bzw. Tatgeschehen.

Bei der Erstellung seines Gutachtens hat der Sachverständige insbesondere folgende Punkte zu beachten: sein Auftreten in der Öffentlichkeit und gegenüber den Prozessparteien, die Berücksichtigung aller relevanten Anknüpfungstatsachen, die Beachtung des Beweisthemas, die Vermittlung naturwissenschaftlich-medizinischer Erfahrungssätze, die Darlegung von Kausalitätsverhältnissen, die Unterscheidung zwischen Fakten und Schlussfolgerungen. Dabei gilt zunächst, dass dem Sachverständigen die Tatsachen, von denen er bei seinem Gutachten auszugehen hat, vom Gericht mitgeteilt werden (sog. **Anknüpfungstatsachen**). Der Sachverständige kann aber auch gemäß § 80 StPO durch eigene Ermittlungen, z.B. Befunderhebungen, Zeugenbefragungen etc, weitere Tatsachen feststellen (sog. **Befundtatsachen**).

Stellt der Sachverständige zusätzlich Tatsachen fest, welche das Gericht auch selbst mit den zur Verfügung stehenden Erkenntnismitteln hätte feststellen können, so handelt es sich um so genannte **Zusatztatsachen**. Derartige Zusatztatsachen können nicht Teil des Sachverständigengutachtens werden und nur im Rahmen des Zeugenbeweises in das Verfahren eingeführt werden.

Kausalitätstheorien

Grundlage jeder strafrechtlichen Haftung ist, dass der Täter durch sein Handeln oder Unterlassen die Verwirklichung eines Straftatbestandes (Mord, Totschlag, Körperverletzung, Trunkenheit im Verkehr, Gefährdung des Straßenverkehrs etc.) verursacht hat. Das setzt voraus, dass ein entsprechender Ursachenzusammenhang festgestellt ist. Dazu sind verschiedene Theorien entwickelt worden, von denen hier insbesondere folgende zu nennen sind:

- Bedingungs- oder Äquivalenztheorie,
- Adäquanzlehre,
- Relevanztheorie und
- Lehre von der objektiven Zurechnung.

Bei der Betrachtung des Einzelfalles stellen sich Fragen des Risikozusammenhanges, des Abbrechens der Kausalität beziehungsweise der überholenden Kausalität, Fragen der alternativen Kausalität beziehungsweise Doppelkausalität, die Kausalität und Zurechnung bei kumulativ wirkenden Ursachen und die hypothetische Kausalität.

Bedingungs- oder Äquivalenztheorie. Nach der Äquivalenztheorie ist jede Handlung kausal, die nicht hinweggedacht werden kann, ohne dass der Erfolg (die Verwirklichung eines Straftatbestandes) in seiner konkreten Gestalt entfiele. Bei der Prüfung des Kausalzusammenhanges findet nach ständiger Rechtsprechung (seit BGHSt 11, 1 ff.) eine Kausalitätsprüfung in zwei Schritten statt. Zunächst ist zu klären, ob das Verhalten des Angeklagten **„eine Bedingung im mechanisch-naturwissenschaftlichen Sinne"** für die Verwirklichung des Straftatbestandes war. Davon unabhängig ist die Frage zu stellen, ob bei wertender Betrachtungsweise das Verhalten des Täters für die Verwirklichung des Straftatbestandes von Bedeutung war. Entscheidend ist hier, wie sich die Ereignisse entwickelt hätten, wenn sich der Täter rechtlich einwandfrei verhalten hätte.

Adäquanzlehre und Relevanztheorie. Die Adäquanztheorie setzt wie die Äquivalenztheorie eine Handlung voraus, die conditio-sine-qua-non für die Verwirklichung des Straftatbestandes ist. Als kausal gelten jedoch nur solche Bedingungen, die generell geeignet sind, den konkreten Straftatbestand herbeizuführen. Bei objektiv-nachträglicher Betrachtung entfällt daher die Ursächlichkeit bei einem völlig regelwidrigen beziehungsweise gänzlich inadäquaten Verlauf. Die Relevanztheorie unterscheidet dagegen einerseits den Kausalgedanken und andererseits den Haftungsgedanken. Bei Betrachtung der Kausalität wird an dem allgemeinen Kausalbegriff der Äquivalenztheorie festgehalten. Die Haftungs- und Verantwortungsfrage soll jedoch ausschließlich wertend nach strafrechtlichen Gesichtspunkten beantwortet werden, dabei soll auf die strafrechtliche Relevanz des Kausalgeschehens abgestellt werden. Als zivilrechtlich haftungsbegründend werden nur die für die Verwirklichung des Tatbestandes erforderlichen Bedingungen innerhalb eines Kausalverlaufes anerkannt.

Lehre von der objektiven Zurechnung. Diese Lehre verlangt ebenfalls eine physisch oder psychisch vermittelte Kausalität zwischen dem Verhalten des Täters und der Verwirklichung des Straftatbestandes. Ist dieser tatsächliche Ursachenzusammenhang festgestellt, wird jedoch weiter gefragt, ob die Verwirklichung der Tat dem Täter auch bei normativer Betrachtung, also wertungsmäßig, als „sein Werk" zugerechnet werden kann. Verlangt wird also neben dem mechanisch-naturwissenschaftlichen, gesetzmäßigen Zusammenhang auch ein normativer Zusammenhang: Objektiv zurechenbar ist danach ein durch eine menschliche Handlung verwirklichter Straftatbestand nur dann, wenn die Handlung eine rechtlich missbilligte Gefahr geschaffen hat und diese Gefahr in straftatbestandstypischer Weise zur Verwirklichung des Straftatbestandes führte.

Auch dann, wenn der Täter eine rechtlich missbilligte Gefahr geschaffen hat, ist ihm die Verwirklichung des Straftatbestandes objektiv nicht zuzurechnen, wenn ganz und gar ungewöhnliche Geschehensabläufe vorliegen mit atypischen Schadensfolgen, die außerhalb aller Lebenserfahrung liegen.

Fallbeispiel

Das lebensgefährlich verletzte Opfer eines Mordanschlages kommt auf dem Transport ins Krankenhaus bei einem Verkehrsunfall ums Leben. Der Tod kann dem Täter nicht zugerechnet werden, weil sich nicht das durch den Mordanschlag geschaffene Risiko verwirklicht hat, sondern nur das allgemeine, mit jeder Autofahrt verbundene Lebensrisiko eines Unfalls.

Abbrechen der Kausalität bzw. überholende Kausalität. Ein Kausalzusammenhang zwischen dem Handeln beziehungsweise Unterlassen des Täters und dem Eintritt des Straftatbestandes fehlt, wenn die Handlung beziehungsweise das Unterlassen nicht bis zum Eintritt des Straftatbestandes fortwirkt, weil durch ein zwischenzeitlich hinzugetretenes anderes Ereignis eine neue unabhängige Ursachenreihe eröffnet wurde, die im Wege einer „überholenden Kausalität" zur Realisierung des Straftatbestandes führte. Ursächlich im Sinne des Strafrechts ist dabei auch eine Handlung, die den Eintritt zum Beispiel des Todes, wenn auch nur geringfügig, beschleunigt, etwa die Tötung eines bereits todkranken Patienten.

Alternative Kausalität bzw. Doppelkausalität. Diese liegt vor, wenn mehrere, unabhängig voneinander gesetzte Bedingungen zusammenwirken, die auch für sich alleine zur Verwirklichung des Straftatbestandes ausgereicht hätten.

Fallbeispiel

A und B mischen dem C unabhängig voneinander eine zur selben Zeit jeweils für sich allein tödlich wirkende Dosis Gift in das Essen. Es liegt jeweils ein vollendetes Tötungsdelikt vor.

Von der alternativen Kausalität zu unterscheiden ist die so genannte **kumulative Kausalität.** Bei der alternativen Kausalität bzw. Doppelkausalität versagt die Äquivalenztheorie. Im genannten Beispielsfall lässt sich der Tatbeitrag des A oder auch des B hinwegdenken, trotzdem wäre der Tod des C eingetreten. Für derartige Fallkonstellationen wird daher die Äquivalenztheorie wie folgt abgewandelt: Von mehreren, zeitgleich wirkenden Bedingungen, die zwar alternativ, nicht aber kumulativ hinweggedacht werden können, ohne dass die Vollendung des Straftatbestandes entfiele, ist jede Bedingung auch für sich alleine ursächlich (BGH NJW 1993, 1723).

Kausalität und Zurechnung bei kumulativ wirkenden Ursachen. Bei einer Mehrheit von ineinander greifenden Ursachen, von denen keine hinweggedacht werden kann, ohne dass die Verwirklichung des Tatbestandes entfiele, ist jede Ursache kausal für die gesamte Verwirklichung des Straftatbestandes. Dies ergibt sich nach der conditio-sine-qua-non Formel auch aus der Gleichwertigkeit aller Bedingungen.

Fallbeispiel

A und B mischen dem C, ohne voneinander zu wissen, Gift ins Essen. Später stellt sich heraus, dass die Einzeldosis jeweils alleine den Tod nicht herbeigeführt hätte, jedoch der Tod durch das Zusammenwirken der beiden Gifte eingetreten ist. In diesem Fall ist der Tatbeitrag jedes Beteiligten ursächlich für den Eintritt des Todes. Allerdings haben A und B jeweils allein das Leben des C lediglich gefährdet. Der Tatbeitrag des jeweils anderen war nicht vorhersehbar und deshalb fehlt es an der objektiven Zurechenbarkeit. A und B sind jeweils lediglich Täter eines nur versuchten Mordes aus Heimtücke.

Hypothetische Kausalität. Die Frage einer hypothetischen Kausalität stellt sich im Strafrecht bei den Unterlassungsdelikten. Hier ist die Frage zu stellen, ob eine vom Täter geforderte Handlung den eingetretenen Erfolg, also zum Beispiel den Eintritt des Todes, mit an Sicherheit grenzender Wahrscheinlichkeit abgewendet hätte. Auf derartige Kausalfragen einer hypothetischen Handlung wird gerade bei Behandlungsfehlervorwürfen häufig abgestellt, mit der an den Gutachter gerichteten Frage, ob denn die rechtzeitige Vornahme einer gebotenen ärztlichen Maßnahme den Tod oder die Körperverletzung des Patienten verhindert hätte.

Sozialrechtliche Kausalitätslehre. Zweck der Gesetzlichen Unfallversicherung (GUV) ist es, die gesundheitlichen und wirtschaftlichen Folgen von Arbeitsunfällen, Wegeunfällen, Berufskrankheiten und sonstigen gleichgestellten Versicherungsfällen auszugleichen. Dabei wird vorausgesetzt, das zwischen dem schädigenden Ereignis und dem Schaden ein ursächlicher Zusammenhang in Form einer gegebenenfalls mehrgliedrigen Kausalkette besteht. Hier wird unterschieden zwischen der **haftungsbegründenden** und der **haftungsausfüllenden Kausalität.** Die haftungsbegründende Kausalität bezieht sich auf die Ursächlichkeit der versicherten Tätigkeit für das Schadensereignis bzw. Unfallereignis. Ist ein Unfall außerhalb des geschuldeten Versicherungsschutzes eingetreten, so scheitern versicherungsrechtliche Ansprüche bereits an der fehlenden haftungsbegründenden Kausalität. Ist das Schadensereignis dagegen ursächlich im Rahmen der versicherten Tätigkeit aufgetreten, die haftungsbegründende Kausalität also zu bejahen, so gilt es zusätzlich nachzuweisen, dass zwischen dem Unfall und dem eingetretenen Gesundheitsschaden ein kausaler Zusammenhang besteht (haftungsausfüllende Kausalität). Während die Klärung der haftungsbegründenden Kausalität eine rechtliche Frage ist, die gegebenenfalls alleine das Gericht zu entscheiden hat, ist die haftungsausfüllende Kausalität häufig mit Hilfe des medizinischen Sachverständigen zu klären.

Wahrscheinlichkeitsanforderungen. Im **Strafrecht** muss der ursächliche Zusammenhang zwischen Tat und Schaden nach Möglichkeit zweifelsfrei, in jedem Fall aber mit an Sicherheit grenzender Wahrscheinlichkeit festgestellt werden.

Im **Sozialrecht** genügt demgegenüber die zur Überzeugung des Gerichtes belegte überwiegende Wahrscheinlichkeit.

Ärztliche Gutachten

Bei der Erstellung von Gutachten aber auch von ärztlichen Attesten bzw. Zeugnissen ist strikt zu trennen zwischen den vom Patienten bzw. von Dritten gemachten Angaben und den eigenen erhobenen Befunden. Angaben des Patienten bzw. Dritter sollen immer in **indirekter Rede** protokolliert werden, dies gilt insbesondere für erkennbar subjektiv gefärbte Angaben. Die erhobenen Befunde und gesicherten Fakten sind zunächst darzulegen, anschließend, davon auch optisch abgesetzt, die aufgrund naturwissenschaftlich-medizinisch begründeter Erfahrungssätze zulässigen Schlussfolgerungen. Dabei ist immer zu berücksichtigen, dass der Adressat des Gutachtens ein medizinischer Laie ist. Deshalb sind medizinische Begriffe verständlich zu übersetzen, gewählte **Formulierungen** sollten möglichst **klar** und **verständlich** sein.

Formulargutachten. Bei der Gestaltung des Gutachtens sind **freie Gutachten**, bei denen die Gliederung praktisch vollständig vom Gutachter vorgenommen wird, zu unterscheiden von so genannten **Formulargutachten.** Bei Letzteren wird der Sachverständige aufgefordert, ein Formular mit vorgedruckten Fragen zu beantworten. Passt der zu beurteilende Sachverhalt allerdings nicht in das vorgegebene Schema, so sollte nicht mit der Anlegung eigener Bögen gezögert werden.

Freie Gutachten. Auch bei freien Gutachten muss unbedingt auf eine klare und übersichtliche Gliederung geachtet werden. Bei umfangreicheren Gutachten ist dem Gutachten eine Gliederung voranzustellen, wobei sich – selbstverständlich mit der Möglichkeit der Modifikation im Einzelfall – folgendes Schema bewährt hat:

Checkliste

Absender **Ort und Datum**
Adressat
Bez.: Gutachtenauftrag vom ..., Auftraggeber;
Betr.: Name des Vorganges, Aktenzeichen des Auftraggebers, eigene Gutachten-Nr.

1. Formulierung des Gutachtenauftrages bzw. der Beweisfragen (kann häufig wörtlich dem Gutachtenauftrag entnommen werden)
2. Begutachtungsgrundlagen
2.1. Zur Verfügung gestellte Begutachtungsgrundlagen
2.1.1. Akten (Ermittlungsakte, formlos mitgeteilte Vorgeschichte, anderweitige Gutachten – zum Beispiel von technischen Sachverständigen oder des kriminalpolizeilichen Erkennungsdienstes, Krankenunterlagen, sonstige Unterlagen)
2.1.2. Vorgeschichte: Darlegung des für die gutachterliche Beurteilung relevanten Sachverhaltes, gegebenenfalls auch unterschiedliche Sachverhaltsvariationen
2.1.2.1. Vorgeschichte laut Aktenlage
2.1.2.2. Auszug zum Beispiel aus anderweitigen Gutachten
2.1.2.3. Auszug aus den Krankenunterlagen
2.1.2.4. Ergebnis früherer Untersuchungen (zum Beispiel Obduktionsbefunde)
3. Eigene Untersuchungen bzw. Feststellungen
3.1. Eigene Befunde am Patienten (Anamnese, Diagnostik, Verletzungsbefunde etc.)
3.2. Spezielle Untersuchungen (z.B. histologische Untersuchungen, chemisch-toxikologische Untersuchungen, postmortal-biochemische Untersuchungen)
4. Auswertung herangezogener fachärztlicher Zusatzgutachten
5. Gutachterliche Stellungnahme
5.1. Darlegung der für den konkreten Fall relevanten naturwissenschaftlich-medizinischen Erfahrungssätze
5.2. Übertragung auf den konkreten Fall
5.3. Beantwortung der aufgeworfenen Beweisfragen
5.4. Gegebenenfalls kritische Auseinandersetzung mit anderen Gutachten
6. Zusammenfassung
7. Anhang (Vor- und Zusatzgutachten im Original, Literaturliste, ggf. Bildmappe, eigene erhobene Originalbefunde etc.)
8. Unterschrift

Bereits mit Eingang des Gutachtenauftrages und der zugehörigen Unterlagen empfiehlt sich eine baldige orientierende Durchsicht und Ordnung der Akten. Sodann muss entschieden werden, ob aus sachverständiger Sicht die überlassenen Unterlagen als Grundlage für den Gutachtenauftrag ausreichend sind. Sollte dies nicht der Fall sein, so ist eine rasche Rücksendung der Unterlagen an den Auftraggeber zu empfehlen. In einem Begleitschreiben ist darauf hinzuweisen, welche weiteren Unterlagen, Tatsachenfeststellungen etc. aus sachverständiger Sicht erforderlich sind, bevor sich die aufgeworfenen Beweisfragen voraussichtlich werden beantworten lassen.

Die exemplarisch angeführte Gliederung eines medizinischen Sachverständigengutachtens ist insbesondere dann entsprechend zu modifizieren, wenn unterschiedliche Voraussetzungen hinsichtlich eines Unfallgeschehens, Tatherganges bzw. der vorhandenen Anknüpfungstatsachen gegeben werden. Gegebenenfalls sind hier die einzelnen Alternativen gesondert darzulegen und ebenfalls gesondert zu beurteilen. Die Erstellung eines Aktenauszuges im Hinblick auf die gestellten Beweisfragen erfordert eine gewisse Erfahrung, sollte ein solcher Aktenauszug doch nicht unnötig umfangreich sein, jedoch gleichzeitig alles Notwendige erfassen. Dabei ist insbesondere darauf zu achten, dass nicht einseitig mit Blick auf eine vermeintlich eindeutige Beurteilung bestimmte Anknüpfungstatsachen protokolliert, andere dagegen unterschlagen werden.

Atteste bzw. ärztliche Zeugnisse

Von einem (umfangreichen) medizinischen Gutachten abzugrenzen ist das **ärztliche Attest** bzw. **ärztliche Zeugnis.** Ein solches ärztliches Attest liegt vor, wenn lediglich das Ergebnis einer ärztlichen Untersuchung schriftlich niedergelegt wird als urkundliche Aussage über einen tatsächlich gegebenen Zustand (z.B. Todesbescheinigung, ärztliches Zeugnis für eine Lebensversicherung oder einen Sozialversicherungsträger, Arbeitsunfähigkeitsbescheinigung, Attest zur Befreiung vom Schulsport, zum Führerscheinerwerb). Teilweise wird verlangt, dass ärztliche Atteste auf vorgeschriebenen Formularen erstattet werden (z.B. Vordrucke für Todesbescheinigungen). Atteste sind Gesundheitszeugnisse im Sinne des § 278 StGB. Die Ausstellung eines ärztlichen Attestes mit falschem Inhalt (so genannte Gefälligkeitsatteste!) ist unter Strafe gestellt.

§ 278 StGB Ausstellen unrichtiger Gesundheitszeugnisse

Ärzte und andere approbierte Medizinalpersonen, welche ein unrichtiges Zeugnis über den Gesundheitszustand eines Menschen zum Gebrauch bei einer Behörde oder Versicherungsgesellschaft wider besseres Wissen ausstellen, werden mit Freiheitsstrafe bis zu zwei Jahren oder mit Geldstrafe bestraft.

Als unrichtiges Zeugnis im Sinne des § 278 StGB gilt auch ein Zeugnis, in dem ein Arzt einen Befund bescheinigt, ohne eine Untersuchung vorgenommen zu haben. Weiß der Patient um die Unrichtigkeit des ärztlichen Zeugnisses, dann macht er sich auch gemäß § 279 StGB (Gebrauch unrichtiger Zeugnisse) strafbar, wenn er das unrichtige ärztliche Attest benutzt, um eine Behörde oder Versicherungsgesellschaft zu täuschen.

Zugleich müssen ärztliche Atteste bzw. Zeugnisse, allerdings in Abhängigkeit vom Adressaten, inhaltlich hinreichend ausführlich sein. Dazu folgender Fall:

Fallbeispiel

Ärztliche Atteste

Falsch: „Im Rahmen einer körperlichen Auseinandersetzung mit seinem Nachbarn erlitt Herr H. multiple Prellungen und Hämatome am Kopf."

Richtig: „Am 16.03. d.J. gegen 16.00 Uhr kam Herr H. in meine ärztliche Behandlung. Er gab an, am Vormittag von seinem Nachbarn mehrfach mit der Faust sowie mit der flachen Hand ins Gesicht geschlagen worden zu sein.

Befunde: Dickschichtige Schwellung und blaulivide Verfärbung des gesamten rechten Augenoberlides. Lividverfärbung der häutigen Oberlippe angrenzend an das Lippenrot mit 1 cm langer Platzwunde des Lippenrots der Oberlippe rechtsseitig, korrespondierend zum Zahn 1.3. Über der Kinnspitze links eine im Durchmesser 3 cm messende blaulivide Verfärbung. Parallel zueinander von links oben nach rechts unten verlaufende bis 1 cm breite und 2–3 cm lange blaulivide Verfärbungen der linken Wange mit dazwischen gelegener Abblassung von 1–1,5 cm Breite."

Ebenso unzureichend war das vorgelegte ärztliche Attest im folgenden Fall:

Fallbeispiel

Eine wegen vielfacher Beleidigungsdelikte mehrfach vorbestrafte Frau erschien erneut nicht zu einer Gerichtsverhandlung und legte ein Attest folgenden Inhaltes vor, dass erst nach dem Datum der Hauptverhandlung von der Hausärztin ausgestellt war: „Frau H. war am 22.11. d.J. nicht in der Lage sich zum Gericht zu begeben."

11.2 Sozialversicherung

A. Edelhoff-Schmitter

Der Bereich der Versicherungen lässt sich in zwei bedeutende Gruppen aufteilen. Auf der einen Seite existiert die Privatversicherung, auf der anderen die Sozialversicherung. Die **Privatversicherung** beruht auf der Tätigkeit privatwirtschaftlich organisierter Versicherungsunternehmen und stellt dabei auf den Grundsatz von Leistung und Gegenleistung ab. Dem gegenüber ist die **Sozialversicherung** ein Teilbereich der staatlichen Sozialpolitik und fußt auf dem Solidaritätsprinzip, wobei die Kraft Gesetzes erhobenen Beiträge zu einem sozialen Ausgleich aller Versicherten führen sollen (◘ Tabelle 11.1).

Die Grenzen zwischen Privat- und Sozialversicherung sind jedoch in den letzten Jahren immer fließender geworden. So besteht z.B. auf der einen Seite die gesetzliche Pflicht einer **Pflegeversicherung**, die aber nicht gesetzlich Versicherte durch eine Privatversicherung abdecken können. Auch die **Rentenversicherung** als Bestandteil der Sozialversicherung erfährt in letzter Zeit Veränderungen, dadurch dass stärker auf die Eigenverantwortlichkeit der Versicherten abgestellt wird. Dies führt sodann dazu, dass sich ein höherer Anteil an Rentenversicherten auch der privaten Renten- und Lebensversicherung zur Absicherung ihres Lebensabends bedienen kann.

Definition

Das **Sozialversicherungsverhältnis** zwischen Versicherten und gesetzlichen Versicherungsträgern beruht normalerweise auf dem Bestand eines Arbeitsvertrages. Umfang, Inhalt und die Entstehung dieses Sozialversicherungsverhältnisses sind gesetzlich vorgeschrieben.
Bei der **Privatversicherung** werden lediglich die Rahmenbedingungen durch das Bürgerliche Gesetzbuch und insbesondere das Versicherungsvertragsgesetz geregelt; die wesentliche Ausgestaltung des jeweiligen Privatversicherungsverhältnisses erfolgt durch die Allgemeinen Geschäftsbedingungen der Versicherungsgesellschaften.

Dem entsprechend werden Auseinandersetzungen zwischen Versicherten und Leistungsträgern in der Sozialversicherung vor den **Sozialgerichten** und bei den Privatversicherungen vor den **ordentlichen Gerichten** ausgetragen.

Grundsätze der Sozialversicherung

Das Sozialgesetzbuch (SGB) dient der **Verwirklichung sozialer Gerechtigkeit und sozialer Sicherung** (§ 1 Abs. 1 SGB I). Es soll dazu beitragen,

> „ein menschenwürdiges Dasein zu sichern, gleiche Voraussetzungen für die freie Entfaltung der Persönlichkeit, insbesondere auch für junge Menschen, zu schaffen, die Familie zu schützen und zu fördern, den Erwerb des Lebensunterhalts durch eine freiwillige Tätigkeit zu ermöglichen und besondere Belastungen des Lebens, auch durch Hilfe zur Selbsthilfe, abzuwenden oder auszugleichen."

Das Sozialrecht im materiellen Sinne umfasst die Gewährung von Sozialleistungen, die Versorgung im Krankheitsfall, die Unfall- und Rentenversicherung, die Bezuschussung angemessener Wohnungen, die Kinder- und Jugendhilfe, sowie die Eingliederung Behinderter. Die gesetzgeberische Zielvor-

◘ Tabelle 11.1. **Unterschiede zwischen Sozialversicherung und Privatversicherung**

	Sozialversicherung	Privatversicherung
Rechtsgrundlagen und Regelungen	Sozialgesetzbücher, spezielle Sozialversicherungsgesetze	Bürgerliches Gesetzbuch, Versicherungsvertragsgesetz, Allgemeine Versicherungsbedingungen
Leistungserbringer	öffentlich-rechtliche Sozialversicherungsträger	privatrechtliche Versicherungsunternehmen
zuständige Gerichte	Sozialgerichte	Zivilgerichte

stellung bringt zum Ausdruck, dass jeder Zugang zu den Sozialversicherungen haben soll (§ 4 Abs. 1 SGB I).

Das Sozialrecht im formellen Sinne findet sich vielseitig in anderen gesetzlichen Bestimmungen, so z.B. als Mieterschutzvorschriften im Bürgerlichen Gesetzbuch, als Kündigungsschutzvorschriften im Kündigungsschutzgesetz für abhängige Arbeitnehmer oder als steuerliche Vergünstigungen z.B. in der Form von Freibeträgen für Familien mit Kindern.

Die Rechtsgrundlage leitet sich aus dem Sozialstaatsprinzip des Grundgesetzes, insbesondere Art. 20 Abs. 1 und Art. 28 Abs. 1 Grundgesetz (GG) her. Zu beachten ist auch der Grundsatz der Menschenwürde nach Art. 1 Abs. 1 GG, der einen sozialen Mindestschutz des Einzelnen gewähren soll. Des Weiteren spiegelt sich im Sozialrecht der Gleichheitsgrundsatz des Art. 3 GG wieder, ebenso der Schutz von Ehe und Familie aus Art. 6 GG, die Koalitionsfreiheit aus Art. 9 Abs. 3 GG und der Eigentumsschutz aus Art. 14 GG.

Die in § 1 Abs. 1 Satz 1 SGB I genannten Ziele sind soziale Gerechtigkeit und soziale Sicherheit.

Wichtig

Soziale Gerechtigkeit bedeutet, dass jeder Mensch die Chance hat, eine seinen individuellen Kräften und Fähigkeiten entsprechende soziale Stellung in Staat und Gesellschaft zu erlangen und zu erhalten.

Diese Ziele werden z.B. durch die Angebote der Kinder- und Jugendhilfe nach § 8 SGB I geregelt. Eine wesentliche Rolle spielt außerdem die Bildungs- und Arbeitsförderung nach § 3 SGB I, insbesondere für die Personen, die sich in der schulischen oder beruflichen Aus- oder Fortbildung befinden, aber auch für die bereits im Arbeitsleben stehenden Personen. Zur Gewährleistung der sozialen Gerechtigkeit ist die **Sozialhilfe** (§ 9 SGB I) bestimmt, die Hilfen zur Sicherung des Existenzminimums in Notsituationen bereitstellt.

Aufbau des Sozialgesetzbuches. Die Sozialgesetze bilden kein einheitliches Gesetzeswerk. Viele sozialrechtliche Bestimmungen sind derzeit noch in eigenständigen Gesetzen geregelt. **In Buch I SGB sind allgemeine Bestimmungen und gemeinsame Vorschriften für alle Sozialbereiche des Gesamtwerks enthalten.** So bestimmt z.B. § 30 SGB I den Geltungsbereich des Gesetzbuches und zwar ausgehend vom Wohnsitz bzw. vom gewöhnlichen Aufenthalt. **Ebenfalls für alle Sozialleistungen und Leistungszweige einheitlich regelt das Buch X die Verwaltungsverfahren.** Während die Bücher I und X als „allgemeiner Teil" bezeichnet werden, sind folgende „besondere Teile" des Sozialgesetzbuches bisher geregelt:

- **SGB III**: Arbeitsförderung, seit 01.01.1998 in Kraft;
- **SGB IV**: Gemeinsame Vorschriften für die Sozialversicherung, seit 01.07.1977 in Kraft;
- **SGB V**: Gesetzliche Krankenversicherung – seit 01.01.1989 in Kraft;
- **SGB VI**: Gesetzliche Rentenversicherung – seit 01.01.1992 in Kraft;
- **SGB VII**: Gesetzliche Unfallversicherung – seit 01.01.1997 in Kraft;
- **SGB VIII**: Kinder- und Jugendhilfe – seit 30.10.1990 in den neuen Bundesländern und in den alten Bundesländern seit 01.01.1991 in Kraft;
- **SGB IX**: Rehabilitation und Teilhabe behinderter Menschen – seit 01.07.2001 in Kraft;
- **SGB XI**: Soziale Pflegeversicherung – stufenweises In-Kraft-Treten 1995 und 1996.

Eine Vielzahl von sozialrechtlichen Einzelgesetzen, die als besondere Teile des Sozialgesetzes gelten, sind noch nicht in den vorgenannten Büchern enthalten, so z.B. das Bundesausbildungsförderungsgesetz (BAföG), das Bundeskindergeldgesetz (BKGG) oder das Bundessozialhilfegesetz (BSGH). Der Gesetzgeber beabsichtigt, die vorgenannten Bestimmungen und weitere Sozialgesetze im Laufe der nächsten Jahre ebenfalls in das Sozialgesetzbuch zu integrieren.

11.2.1 Gesetzliche Krankenversicherung

Das SGB V regelt die gesetzliche Krankenversicherung und ersetzt das frühere Krankenversicherungsrecht der Reichsversicherungsordnung (RVO). Im Rahmen der Schaffung einer reichseinheitlichen Sozialversicherung durch Otto von Bismarck wurden zum Ende des 19. Jahrhunderts im Zusammenhang mit der Industrialisierung nach und nach alle Arbeitnehmer verpflichtet, einen bestimmten Prozentsatz ihres Lohnes oder Gehaltes an ihre zuständige Krankenversicherung abzuführen. Hierdurch sollte sichergestellt werden, dass auch die sozial Schwachen im Krankheitsfalle Leistungen der Krankenkassen durch Gewährung unmittelbarer ärztlicher Hilfe oder Krankenhausbehandlung erhielten. Was ursprünglich für Arbeiter und Angestellte mit niedrigem Einkommen gedacht war, ist zu einem heute aus unserer Sozialordnung nicht mehr wegzudenkendem, umfassenden sozialen Sicherungssystem geworden.

Definition

Die **gesetzliche Krankenversicherung (GKV)** als Solidargemeinschaft hat die Aufgabe, die Gesundheit der Versicherten zu erhalten, wiederherzustellen oder ihren Gesundheitszustand zu verbessern (§ 1 S. 1 SGB I).

Die GKV ist damit grundsätzlich eine öffentlich-rechtliche Zwangsversicherung, die die privatrechtliche Vertragsfreiheit einschränkt.

Die GKV hat den Grundsatz des sozialen Ausgleichs zu beachten (§ 3 SGB V).

Ausgleich zwischen „reich und arm": Alle Versicherten erhalten die gleichen Leistungen, unabhängig von der Höhe ihrer Beiträge, die nach den beitragspflichtigen Einnahmen ermittelt werden.

Ausgleich zwischen „gesund und krank": Alle Versicherten erhalten unabhängig vom bestehenden Risiko durch Gesundheitszustand, Alter und Geschlecht bei gleichem Bedarf die gleichen Leistungen. Eine Versicherung kann praktisch keinen Eintrittswilligen aufgrund eines schlechten Risikos ablehnen. Die Versicherten mit gutem Risiko und entsprechend niedrigen Leistungsbedarf finanzieren so die Versicherten mit schlechtem Risiko mit.

Familienlastenausgleich: Familienangehörige (§ 10 SGB V) haben grundsätzlich Anspruch auf die gleichen Leistungen wie versicherte Mitglieder, ohne dass sie Beiträge zahlen müssen (§ 3 S. 2 SGB V).

Da die finanzielle Situation der gesetzlichen Krankenversicherungen verbessert werden musste, wurde Ende 1988 das Gesundheitsreformgesetz und Ende 1992 das Gesundheitsstrukturgesetz erlassen. 1996 folgte das Beitragsentlastungsgesetz, sowie 1997 das 1. und 2. GKV-Neuordnungsgesetz. Bis Ende 1998 wurde das GKV-Solidaritätsstärkungsgesetz und am 01.01.2000 das GKV-Gesundheitsreformgesetz 2000 eingeführt. Das Gesundheitsministerium plant derzeit die Aufhebung der Arzneimittelbudgetierung und Veränderungen bei der Krankenhausfinanzierung, so dass die Reform des Gesundheitswesens zurzeit noch keinesfalls als abgeschlossen betrachtet werden kann.

Krankenkassenarten. Die Vielzahl der unterschiedlichen Kassentypen ist historisch gewachsen und hat sich in den folgenden sieben Kassenarten der GKV erhalten:
- Allgemeine Ortskrankenkassen,
- Betriebskrankenkassen,
- Innungskrankenkassen,
- See-Krankenkassen,
- Landwirtschaftliche Krankenkassen,
- Bundesknappschaft (§ 4 Abs. 2 SGB V) und
- Ersatzkassen.

Letztere sind in das System der GKV seit dem In-Kraft-Treten des Gesundheitsreformgesetzes (GRG) von 1989 einbezogen worden. In manchen Bereichen nehmen sie noch eine Sonderstellung ein. Die Regelleistungen werden von allen Kassen im gleichen Umfang erbracht.

Kassenärztliche Vereinigung. Seit In-Kraft-Treten der Bismarckschen Sozialreform schlossen die Krankenkassen zur Sicherung der ärztlichen Versorgung der Bevölkerung mit den einzelnen Ärzten Einzeldienstverträge ab. An deren Stelle trat mit der Einrichtung von Kassenärztlichen Vereinigungen seit 1931 ein **Kollektivvertragssystem**, bei dem die KVen zu den ausschließlichen Vertragspartnern der Krankenkassen wurden. Dieses System hat sich mit erheblichen Änderungen bis heute erhalten.

Die Kassenärztliche und die Kassenzahnärztliche Vereinigung (KV) ist zur vertragsärztlichen Versorgung verpflichtet (§§ 77–81 SGB V). Ordentliche Mitglieder dieser Vereinigung sind die zugelassenen **Vertragsärzte** bzw. **Vertragszahnärzte**, die früheren Kassenärzte. Die KVen sind Vertragspartner der Krankenkassen für die ambulante ärztliche Versorgung der Versicherten. Gleichzeitig mit der Zulassung erhält der Arzt eine Mitgliedschaft in der für ihn örtlich zuständigen KV (§ 77 Abs. 3 SGB V).

Die Krankenkassen entrichten an die KV eine sog. *Gesamtvergütung* (§ 85 SGB V). Sie wird
- als Festbetrag,
- als Kopfpauschale nach der Anzahl der Mitglieder einer Krankenkasse,
- als Fallpauschale, also der Anzahl behandelter Mitglieder einer Krankenkasse,
- auf der Grundlage des Bewertungsmaßstabes nach Einzelleistungen
- oder nach einer Kombination daraus berechnet.

Die Krankenkassen zahlen **eine** Gesamtvergütung an die KV (§ 85 SGB V), überwiegend als Festbetrag. Die KV teilt diese nach Abzug ihrer Verwaltungskosten auf und leitet sie an ihre Vertragsärzte weiter. Die KV kennt den ihr zustehenden Betrag für das nächste Quartal, aber noch nicht den Umfang der Leistungen, die in diesen Zeitraum von den Vertragsärzten erbracht werden.

Die Vertragsärzte haben daher keinerlei Kenntnis davon, **wie viel Geld sie für ihre Leistungen erhalten.** Die Gebührenordnung für die Leistungen, der sog. Einheitliche Bewertungsmaßstab (EBM), ist daher nur in **Punkten**, nicht jedoch in Eurobeträgen angegeben. Die Vertragsärzte melden die von ihnen pro Quartal geleisteten Punkte der KV, die hieraus eine Gesamtsumme bildet. Sodann wird die Gesamtvergütung durch die Anzahl der abgerechneten Punkte dividiert, so dass sich daraus der sog. Punktwert ergibt.

Da der Punktwert von der Anzahl der im Quartal geleisteten Gesamtpunkte abhängig ist, ist der Wert je Punkt schwankend. So kann ein Arzt-Patienten-Gespräch mit dem Punktwert 50 nach EBM in einem Quartal lediglich mit etwa 0,75 EUR, im nächsten dagegen mit dem mehrfachen dieses Betrages vergütet werden.

Da die Quartalsschwankungen zum Teil sehr erheblich sind und die Vertragsärzte keinerlei Kenntnis über die von ihnen zu erzielenden Einnahmen haben, wurde das sog. **Praxisbudget** eingestellt. Hierbei handelt es sich um eine Sonderregelung im Honorarverteilungsmaßstab, die dem Arzt eine Mindesteinnahme garantieren soll, damit er in die Lage versetzt wird, seine laufenden Kosten zu tragen. Dennoch sind aufgrund der starken Schwankungen eine Vielzahl von Vertragsärzten nicht mehr zur Aufrechterhaltung des Praxisbetriebes in der Lage und haben zur Kostenminimierung u.a. die Arbeitsverträge der Arzthelferinnen gekündigt.

Die Festlegung der Gesamtvergütung und der daraus folgenden Abrechnungen ist äußerst komplex und führt vielfach zu Streitigkeiten zwischen der KV und dem Vertragsarzt, die vor den Sozialgerichten ausgetragen werden.

Vertragsärztliche Versorgung. Die Vertragsärzte, **die früheren Kassenärzte,** sind für die ambulante Versorgung der Versicherten zuständig. Vertragsarzt kann nur derjenige werden, der neben der Approbation als Arzt die Berechtigung zum Führen einer Facharztbezeichnung nachweisen kann. Während ursprünglich auch Ärzte ohne Facharztbezeichnung zur vertragsärztlichen Versorgung zugelassen wurden, ist dies nicht mehr möglich (§§ 95 und 95a SGB V). Das Bundessozialgericht (Sozialrecht 3 – 2500 § 95 Nr. 19) hat die Rechtmäßigkeit dieser Regelung bestätigt. Damit wird eine nach den EG-Richtlinien erforderliche Mindestqualifikation erfüllt.

Weitere Voraussetzung für eine Zulassung als Vertragsarzt ist ein freier Vertragsarztsitz. Obwohl das Bundesverfassungsgericht (E 11, 30) jedem Arzt das Recht auf Niederlassung und Teilnahme an der vertragsärztlichen Versorgung zugestanden hatte, wurde die sog. „Niederlassungsfreiheit" später durch verschiedene gesetzliche Bestimmungen ganz erheblich eingeschränkt.

Infobox

Vertragsarztsitze werden folgendermaßen vergeben: Die Kassenärztliche Vereinigung und die Krankenkassen erstellen einen sog. Bedarfsplan (§ 99 Abs. 1 SGB V). Darin ist berücksichtigt, dass in Großstädten und Ballungsgebieten ein höherer Arztbedarf besteht als in ländlichen Bereichen. Es wird sodann festgestellt, ob aufgrund der Bedarfsplanungsrichtlinien-Ärzte eine Überversorgung (§ 101 SGB V) bzw. Unterversorgung (§ 100 SGB V) der Bevölkerung vorliegt.

Eine **Überversorgung** ist dann gegeben, wenn der im Bedarfsplan angegebene Versorgungsgrad in einem Planungsbereich um 10 % überschritten wird (§ 101 Abs. 1 Satz 2 SGB V). Im Falle einer festgestellten Überversorgung werden Zulassungsbeschränkungen (§§ 103, 104 SGB V) erlassen, so dass die Neuzulassung eines Arztes grundsätzlich nicht mehr möglich ist. Eine Möglichkeit der Zulassung besteht dann nur noch über den sog. **Sonderbedarf**, der sich wiederum aus den Bedarfsplanungsrichtlinien-Ärzte ergibt. Endet die Zulassung eines Vertragsarztes in dem Planungsbereich z.B. durch Erreichung der Altersgrenze, Tod, Verzicht oder Entziehung der Zulassung, so kann dessen Praxis von einem Nachfolger fortgeführt werden. Von dem ausscheidenden Vertragsarzt bzw. seinen Erben kann bei der KV ein Antrag auf Nachbesetzung gestellt werden. Der **Zulassungsausschuss** entscheidet über den Nachfolger nach folgenden Kriterien (§ 103 Abs. 4–6 SGB V):

- der beruflichen Eignung,
- dem Approbationsalter,
- der Dauer der ärztlichen Tätigkeit und
- ferner, ob es sich bei dem Bewerber um den Ehegatten, ein Kind, einen angestellten Arzt des bisherigen Vertragsarztes oder einen Vertragsarzt handelt, mit dem der abgebende Arzt die Praxis bisher gemeinschaftlich ausgeübt hat.

Ab dem 01.01.2006 sind für ausgeschriebene Hausarztsitze ausschließlich Fachärzte für Allgemeinmedizin zu berücksichtigen. Von der KV werden Wartelisten geführt, in der die Ärzte aufzunehmen sind, die sich um einen Vertragsarztsitz bewerben. Aus den vorgenannten Gründen kommt daher die Neugründung einer Arztpraxis in einem **zulassungsfreien Planungsbereich** nur noch äußerst selten vor. Die von verschiedenen **Ärzten gegen die Aufhebung der Niederlassungsfreiheit erlassenen Gerichtsentscheide des Bundessozialgerichts** haben die bisherige Regelung nicht beanstandet, da bei einer Überversorgung erhebliche Gefahren für die Funktionsfähigkeit der GKV und eine **sachgerechte Versorgung** zu erwarten stünden (BSG E 82, 41).

Zu beachten ist, dass der Vertragsarzt seine Zulassung nur für den ihm zugewiesenen Ort der Niederlassung erhält. Es ist nicht möglich, die Praxis außerhalb des Planungsbezirkes oder in einen gesperrten Planungsbezirk zu verlegen.

Um einer Überalterung der Vertragsärzte entgegenzuwirken und jüngeren Ärzten eine Zulassung zu ermöglichen, wurde eine **Altersgrenze** für die Vertragsärzte eingeführt. Kraft Gesetzes endet die Zulassung am Ende des Kalendervierteljahres, in dem der Vertragsarzt sein 68. Lebensjahr vollendet (§ 95 Abs. 7 Satz 2 SGB V). Diese Regelung ist vom Bundesverfassungsgericht (NJW 1998, 1776) für verfassungskonform erklärt worden. Auch die weitere Regelung, dass approbierte Ärzte, die das 55. Lebensjahr vollendet haben, grundsätzlich nicht mehr zur vertragsärztlichen Versorgung zugelassen werden (§ 98 Abs. 2 Nr. 12 SGB V) ist für verfassungsgemäß erklärt worden (Bundesverfassungsgericht NJW 2001, 1779).

Am 23.06.1998 wurde das Berufsrecht der **Psychotherapeuten** im Psychotherapeutengesetz (PsychThG) neu geregelt. Der Grund hierfür war, dass die psychotherapeutische Versorgung mit den zur Verfügung stehenden Vertragsärzten nicht gewährleistet werden konnte, so dass eine Neuregelung in Anlehnung an das ärztliche Berufs- und Zulassungsrecht erforderlich war. Psychotherapeuten im Sinne dieses Gesetzes sind die sog. Psychologischen Therapeuten sowie Kinder- und Jugendlichen-Psychotherapeuten (§ 1 Abs. 1 PsychThG). Diese benötigen ebenfalls eine Approbation (§§ 28 Abs. 3, 69 SGB V). Bereits als Psychotherapeut tätige können die Approbation mit einer Übergangsregelung erlangen (Schlunz, NJW 1998, 2722).

Nicht zur vertragärztlichen Versorgung zugelassen sind die Leistungen der **Heilpraktiker.** Sie können auch nicht von den Vertragsärzten verordnet werden. Das Bundesverfassungsgericht (NJW 1988, 2292; 1998, 1775) hat dies nicht beanstandet, weil die vom Gesetz verlangte Gewähr für Heilerfolge nicht gegeben ist.

Demgegenüber dürfen Hilfeleistungen anderer Personengruppen z.B. Krankengymnasten, Masseure etc. erbracht werden, wenn sie von einem Arzt oder Zahnarzt angeordnet und von ihm verantwortet werden (§ 15 Abs. 1 SGB V).

Versicherter Personenkreis. Den versicherten Personenkreis regeln die §§ 5–8 SGB V.

Infobox

Versicherungspflichtig sind
- alle Arbeiter, Angestellte und zu ihrer Berufsausbildung Beschäftigten, die gegen Arbeitsentgelt beschäftigt sind,
- Personen, die Arbeitslosengeld, Arbeitslosenhilfe oder Unterhaltsgeld beziehen und
- eine Reihe anderer Personengruppen, so z.B. Rentner, die eine Rente aus der Rentenversicherung der Arbeiter oder Angestellten erhalten und nicht anderweitig versichert sind.

Versicherungsfrei sind
- Arbeiter und Angestellte, deren regelmäßiges Jahresarbeitsentgelt 41.400 EUR, das sind 3.450 EUR monatlich, übersteigt. Nur bis zur Höhe dieses Entgelts erfolgt ein Beitragsabzug für Krankenversicherung.
- Beamte, Richter, Berufssoldaten der Bundeswehr und sonstige Beschäftigte öffentlich-rechtlicher Körperschaften, wenn sie nach beamtenrechtlichen Vorschriften Anspruch auf Fortzahlung der Bezüge und auf Beihilfe oder Heilfürsorge haben (§ 6 SGB V).

Derzeit bewegt sich der Beitragssatz der Krankenkassen zwischen 11,9 % und 15,5 % des Grundlohnes.

Sachleistungsprinzip. Die Krankenkassen erbringen ihre Leistungen als Sach- oder Dienstleistung, auch Naturalleistungsprinzip genannt.

Definition

Naturalleistungsprinzip: Hierzu schließen die Krankenkassen Verträge mit den Kassenärztlichen Vereinigungen (KVen). Diese wiederum vereinbaren mit ihren Mitgliedern, den Vertragsärzten, die Leistungserbringung der vertragsärztlichen Versorgung (§ 2 Abs. 2 Satz 2 SGB V). Das Kostenerstattungsprinzip stellt die Ausnahme dar, z.B. bei der Inanspruchnahme eines Nichtvertragsarztes in Notfällen.
Kostenerstattungsprinzip: Im Gegensatz zum Naturalleistungsprinzip steht das Kostenerstattungsprinzip, welches von den privaten Krankenversicherungen verwendet wird. Dabei bezahlt der Patient die auf der Gebührenordnung für Ärzte basierende Rechnung an den ihn behandelnden Arzt. Das gezahlte Honorar wird ihm nach dem Umfang seines Versicherungsvertrages mit seiner privaten Krankenversicherung ganz oder teilweise erstattet.

Das 2. Neuordnungsgesetz (NOG) sah kurzzeitig auch eine Kostenerstattungsregelung für Pflichtversicherte vor. Darin sollte der Versicherte einen von den Krankenkassen zugelassenen Vertragsarzt wählen; die Behandlung durch einen „Nichtkassenarzt" führte nicht zu einer Erstattung. Eine praktische Bedeutung hat diese Änderung in der Erstattung nicht erlangt. Zwischenzeitlich wurde die Möglichkeit der Kostenerstattung auf freiwillig Versicherte reduziert (§ 13 Abs. 2 SGB V).

Wirtschaftlichkeitsgebot. Alle Leistungen der GKV unterliegen dem Wirtschaftlichkeitsgebot (§ 12 SGB V). Folge dieses Wirtschaftlichkeitsgebotes ist u.a, dass die Versicherten die Kosten für sog. Bagatell-Arzneimittel selbst tragen müssen. Nach § 34 SGB V zählen hierzu Arzneimittel zur Anwendung bei Erkältungskrankheiten und grippalen Infekten, also die sog. Schnupfenmittel, Schmerzmittel, hustendämpfende und hustenlösende Mittel, Mund- und Rachentherapeutika, Abführmittel und Arzneimittel gegen Reisekrankheit. Zudem kann der Bundesminister für Gesundheit per Rechtsverordnung mit Zustimmung des Bundesrates festlegen, dass die Kosten von Heil- und Hilfsmitteln von geringem oder umstrittenem therapeutischen Nutzen oder geringem Abgabepreis nicht von der Krankenkasse übernommen werden (§ 34 Abs. 3 SGB V). Zusätzlich verlangt das Wirtschaftlichkeitsgebot, überflüssige Behandlungen, Verordnungen etc. zu vermeiden und bei mehreren gleichwertigen Methoden die jeweils preiswerteste zu wählen. Diese Grundsätze gelten sowohl für die Krankenhausbehandlung als auch die ambulante Behandlung und für die Arzneiverordnungen sowie für die Verordnungen von Heil- und Hilfsmitteln.

Das Recht der freien Arztwahl wird in § 76 SGB V normiert. Die Versicherten können unter den zur vertragsärztlichen Versorgung zugelassenen Ärzten frei wählen. Wendet sich der Versicherte ohne zwingenden Grund an einen anderen als den nächsten erreichbaren Vertragsarzt, so hat er die Mehrkosten zu tragen. Da alle Vertragsärzte ihre Leistungen nach einer einheitlichen Gebührenordnung abrechnen, kommen Mehrkosten überwiegend als Fahrtkosten (§ 16 SGB V) in Betracht, die allerdings nur in Ausnahmefällen erstattungsfähig sind (§ 60 SGB V).

Nur bei Vorliegen eines wichtigen Grundes soll der Versicherte seinen Vertragsarzt innerhalb eines Quartals wechseln (§ 76 Abs. 3 Satz 1 SGB V).

Gesundheitsleistungen. Die Leistungen der Krankenversicherung gliedern sich in folgende Leistungsarten (§ 11 SGB V):

Leistungen
- zur Verhütung von Krankheiten und deren Verschlimmerung sowie zur Empfängnisverhütung, bei Sterilisation und bei Schwangerschaftsabbruch (§§ 20–24b SGB V),
- zur Früherkennung von Krankheiten (§§ 25, 26 SGB V),
- zur Behandlung einer Krankheit (§§ 27–52 SGB V) und
- zur Rehabilitation (§§ 40–43b SGB V).

Die Leistungen zur Verhütung von Krankheiten umfassen die Primärpräventionen, die den allgemeinen Gesundheitszustand verbessern und einen Beitrag zur Verminderung sozial bedingter Ungleichheit von Gesundheitschancen erbringen sollen (§ 20 SGB V). **Zur Verhütung von Zahnerkrankungen sind Gruppenprophylaxen und Individualprophylaxen** (§§ 21 und 22 SGB V) vorgesehen. So sollen insbesondere flächendeckende Maßnahmen in Schulen und Behinderteneinrichtungen das durchschnittliche Kariesrisiko vermindern.

Versicherte haben Anspruch auf ärztliche Beratung über Fragen der Empfängnisregelung, wozu auch die erforderliche

Untersuchung und die Verordnung empfängnisregelnder Mittel fällt (§ 24a SGB V). Nach § 24b SGB V haben Versicherte Anspruch auf Leistungen bei einer nicht rechtswidrigen Sterilisation und bei einem nicht rechtswidrigen Abbruch der Schwangerschaft durch einen Arzt. **Des Weiteren werden Leistungen gewährt, die ab dem 35. Lebensjahr zur Früherkennung von Herz-, Kreislauf- und Nierenerkrankungen sowie der Zuckerkrankheit angeboten werden. Außerdem werden Früherkennungsuntersuchungen gegen Krebserkrankung bei Frauen ab Beginn des 20. Lebensjahres, bei Männern vom Beginn des 45. Lebensjahres von der Krankenkasse bezahlt** (§ 25 SGB V). Versicherte Kinder haben bis nach Vollendung des 10. Lebensjahres Anspruch auf planmäßige Untersuchungen zur Früherkennung von Krankheiten, die ihre körperliche oder geistige Entwicklung in nicht geringfügigem Maße gefährden (§ 26 SGB V).

Leistungen bei Krankheit. Den Begriff „Krankheit" erklärt das Gesetz nicht. Vielmehr hat die Rechtsprechung des Bundessozialgerichtes (BSG E 35, 105) diesen wie folgt festgeschrieben:

Definition

„**Krankheit** ist die Regelwidrigkeit eines Körper- oder Geisteszustandes, dessen Eintritt entweder allein Behandlungsbedürftigkeit oder zugleich oder ausschließlich Arbeitsunfähigkeit zur Folge hat. Behandlungsbedürftigkeit ist anzunehmen, wenn der regelwidrige Zustand nach den Regeln der ärztlichen Kunst einer Behandlung mit dem Ziel der Heilung, Besserung oder Verhütung der Verschlimmerung einer Krankheit oder der Linderung von Schmerzen zugänglich ist."

Die Krankenbehandlung umfasst folgende Maßnahmen:
- ärztliche Behandlung einschließlich Psychotherapie (§ 28 SGB V),
- zahnärztliche Behandlung einschließlich der Versorgung mit Zahnersatz (§§ 28–30 SGB V),
- Versorgung mit Arznei-, Verbands-, Heil- und Hilfsmitteln (§§ 31–36 SGB V),
- häusliche Krankenpflege und Haushaltshilfe (§§ 37–38 SGB V),
- Krankenhausbehandlung und Versorgung im Hospiz (§§ 39, 39a SGB V) und
- Leistungen zur Rehabilitation (§§ 40–43a SGB V).

Leistungen nach dem Sachleistungsprinzip dürfen nur von zugelassenen Vertragsärzten und Psychotherapeuten erbracht werden. Nur im Notfall kann der Patient andere Ärzte als Vertragsärzte in Anspruch nehmen.

Eine Behandlung wird auch dann gewährt, wenn sie Folge eines Sportunfalls, der Beteiligung an einer Schlägerei oder eines selbst verschuldeten Verkehrsunfalls ist. Im Falle eines Fremdverschuldens steht der Krankenkasse ein Anspruch auf Rückgriff gegen den Schadensersatzpflichtigen kraft Gesetzes zu (§ 116 SGB X).

Als ärztliche Leistung werden unter bestimmten Bedingungen seit 1989 auch die erforderlichen medizinischen Maßnahmen zur Herbeiführung einer Schwangerschaft anerkannt. Nur miteinander Verheiratete können diese Maßnahme ausschließlich unter Verwendung der Ei- und Samenzellen der Ehegatten in Anspruch nehmen (§ 27a SGB V).

Die **zahnärztlichen und kieferorthopädischen Behandlungen** sind in den §§ 28 Abs. 2, 29 und 30 SGB V geregelt. Das System der GKV deckt nicht alle Leistungen umfänglich ab, wie sich z.B. beim Zahnersatz und bei kieferorthopädischen Behandlungen zeigt. Hier muss der Versicherte erhebliche Eigenleistungen erbringen. Zahnersatz (§ 30 SGB V) umfasst sowohl die zahnärztliche Behandlung als auch die zahntechnische Leistung zur Versorgung mit Zahnkronen und bei größeren Zahnlücken auch mit Brücken. Vor Beginn der Behandlung hat der Zahnarzt einen kostenfreien, die gesamte Behandlung umfassenden **Heil- und Kostenplan** zu erstellen. Dieser ist von der Krankenkasse zu prüfen und vor Beginn der Behandlung zu genehmigen. Die Krankenkasse bestimmt den Eigenanteil, den die Versicherten zu leisten haben.

Bei der Versorgung mit **Arznei-, Verbands-, Heil- und Hilfsmitteln (§§ 31–34 SGB V)**, z.B. Seh- und Hörhilfen sind Eigenanteile zu leisten oder Obergrenzen für die Beschaffung zu beachten. Das Bundesverfassungsgericht (Arztrecht 1995, 34) hat die Zuzahlungen grundsätzlich für verfassungsgemäß erklärt. Zurzeit müssen Versicherte, die das 18. Lebensjahr vollendet haben, als Zuzahlung bei Arznei- und Verbandmittel für kleine Packungsgrößen 4,00 € je Packung, für mittlere Packungsgrößen 4,50 € je Packung und für Großpackungen 5,00 € je Packung aus eigenen Mitteln aufwenden, jedoch nicht mehr als die Kosten des Mittels (§ 31 Abs. 3 SGB V). Im Arzneimittelbereich bezieht sich die Verordnungsfähigkeit nur auf zugelassene Präparate (BSG NJW 1995, 2438).

Das Bundesministerium für Gesundheit ist ermächtigt, durch Rechtsverordnung eine so genannte **Positivliste** der verordnungsfähigen Arzneimittel zu erlassen, aufgeschlüsselt nach Wirkstoffen und Wirkstoffkombinationen jeweils unter Berücksichtigung der Indikationen und Darreichungsformen (§ 33a SGB V).

Die **Krankenhausbehandlung** kann vollstationär, teilstationär, vor- und nachstationär (§ 115a SGB V) sowie ambulant (§ 115b SGB V) erfolgen. Ein Anspruch auf eine vollstationäre Behandlung besteht nur dann, wenn die Aufnahme durch das Krankenhaus erforderlich ist, weil das Behandlungsziel nicht durch teilstationäre, vor- und nachstationäre oder ambulante Behandlung einschließlich häuslicher Krankenpflege erreicht werden kann (§ 39 SGB V). Die vorgenannten Voraussetzungen sind vor der Aufnahme durch das Krankenhaus zu prüfen. Ziel dieser Bestimmung ist, dass die Krankenhäuser nicht mit Versicherten belegt werden, deren Behandlung kostengünstiger auf andere Weise durchgeführt werden könnte. Eine zeitliche Begrenzung der stationären Behandlung besteht nicht. Im Gegensatz zur freien Arztwahl steht dem Versicherten keine freie Wahl des Krankenhauses zu. Dem Versicherten können, wenn er ohne zwingenden Grund ein anderes als in der ärztlichen Einweisung genanntes Krankenhaus aufsucht, die dadurch entstehenden Mehrkosten ganz oder teilweise auferlegt werden (§ 39 Abs. 2 SGB V). Eine Inanspruchnahme sog. „Privatkrankenhäuser", d.h. nicht zugelassener Krankenhäuser nach § 108 SGB V und Krankenhäuser, die nicht im Besitz eines Versorgungsvertrages gemäß § 109 SGB V sind, scheidet aus (BSG Neue Zeitschrift für Sozialrecht 1996, 283).

Versicherte, die keiner Krankenhausbehandlung bedürfen, haben Anspruch auf einen Zuschuss zu stationärer oder teilstationärer Versorgung in Hospizen mit palliativ-medizinischer Behandlung, wenn eine ambulante Versorgung im Haushalt oder der Familie des Versicherten nicht erbracht werden kann. Die Höhe des Zuschusses richtet sich nach der Satzung der jeweiligen Krankenkasse.

Ambulante und stationäre Rehabilitationsmaßnahmen regeln die §§ 40–43a SGB V. Hierunter fallen auch Leistungen der Rehabilitation im Müttergenesungswerk oder einer gleichartigen Einrichtung.

Außenseitermethoden. Der Versicherte hat keinen Anspruch auf die Behandlung mit sog. Außenseitermethoden.

Wichtig

Eine Leistungspflicht der Krankenkasse für neue Untersuchungs- und Behandlungsmethoden ist nach § 135 SGB V gegeben, wenn diese Methoden vom Bundesausschuss der Ärzte und Krankenkassen (§ 91 SGB V) als zweckmäßig anerkannt wurden.

Lediglich für den Fall, dass der Bundesausschuss ohne sachlichen Grund nicht oder nicht zeitgerecht entscheidet, steht dem Versicherten ein Leistungsanspruch in Form der Kostenerstattung zu (§ 13 Abs. 3 SGB V), jedoch nur dann, wenn er die Wirksamkeit der Methode generell nachweist. Hierbei reicht der Nachweis der Wirksamkeit in Einzelfällen nicht aus (BSG E 81, 54; E 81, 73; Medizinrecht 1998, 230).

Es besteht **keine Leistungspflicht** der GKV für diese Behandlungen:
- Thymuspeptide, Zytoplasma gesunder Muskelzellen, Bioresonanztherapie und homöopathische Mittel bei Erkrankung an Duchenne-Muskeldystrophie,
- immunoaugmentative Therapie bei Multipler Sklerose und
- Akupunktur bei Neurodermitis.

Krankenhaus. Krankenhäuser im Sinne des SGB V sind Einrichtungen,
- die der Krankenhausbehandlung oder Geburtshilfe dienen,
- fachlich-medizinisch unter ständiger ärztlicher Leitung stehen,
- über ausreichende diagnostische und therapeutische Möglichkeiten verfügen,
- nach wissenschaftlich anerkannten Methoden arbeiten und
- mit Hilfe von medizinisch-technischem Personal darauf eingerichtet sind, vorwiegend durch ärztliche und pflegerische Hilfeleistung Krankheiten der Patienten zu erkennen, zu heilen, zu verhüten, zu lindern oder Geburtshilfe zu leisten sowie
- die Patienten unterbringen und verpflegen können (§ 107 Abs. 1 SGB V).

Die Krankenkassen dürfen Krankenhausbehandlung nur durch **zugelassene Krankenhäuser** erbringen lassen (§ 108 SGB V). Hierzu zählen
- Hochschulkliniken,
- Krankenhäuser, die im Krankenhausplan eines Landes aufgenommen sind (Plankrankenhäuser) oder
- Krankenhäuser, die über einen Versorgungsvertrag mit den Kranken- oder Ersatzkassen verfügen.

Ein Versorgungsvertrag nach der vorgenannten Bestimmung darf nicht geschlossen werden, wenn das Krankenhaus nicht die Gewähr für eine leistungsfähige und wirtschaftliche Behandlung bietet oder für eine bedarfsgerechte Patientenversorgung nicht erforderlich ist (§ 109 Abs. 3 SGB V).

Versicherte haben nur Anspruch auf eine vollstationäre Krankenhausbehandlung, wenn das Behandlungsziel nicht anders erreicht werden kann (§§ 115a, 39 Abs. 1 SGB V). Da die Krankenhausbehandlung zu den teuersten Behandlungen zählt, soll diese im Interesse der Kostenreduzierung für die Versichertengemeinschaft nur in Anspruch genommen werden dürfen, wenn keine kostengünstigere Behandlungsmöglichkeit besteht.

Die Wahl des Krankenhauses ist durch § 39 Abs. 2 SGB V eingeschränkt, da bei der Wahl eines anderen als in der ärztlichen Einweisung genannten Krankenhauses dem Versicherten die Mehrkosten ganz oder teilweise auferlegt werden können. Diese Regelung soll gewährleisten, dass der einweisende Arzt das kostengünstigste Krankenhaus wählt.

Versicherte, die das 18. Lebensjahr vollendet haben, zahlen von Beginn der vollstationären Krankenhausbehandlung innerhalb eines Kalenderjahres für längstens 14 Tage je Kalendertag 9,00 € an das Krankenhaus, das diesen Betrag an die Krankenkasse weiterleitet (§ 39 Abs. 4 Satz SGB V).

Krankengeld. Die wirtschaftliche Absicherung in Fällen von krankheitsbedingter Arbeitsunfähigkeit erfolgt für Arbeiter, Angestellte und die zur Berufsausbildung Beschäftigten in den ersten 6 Wochen der Erkrankung durch eine Entgeltfortzahlung des Arbeitgebers in voller Höhe. Erst nach Ablauf der 6. Woche zahlt die Krankenkasse ein Krankengeld in Höhe von 70 % des regelmäßig erzielten Arbeitsentgeltes oder Arbeitseinkommens, maximal 90 % des Nettoarbeitsentgeltes (§§ 44, 47 Abs. 1 SGB V). Ein Anspruch auf Krankengeld kann auch bei der Erkrankung eines Kindes bestehen, wenn die Beaufsichtigung, Betreuung oder Pflege eines versicherten Kindes aufgrund eines ärztlichen Zeugnisses notwendig ist. Dieser Anspruch besteht pro Kalenderjahr für jedes Kind längstens für

10 Arbeitstage, für allein erziehende Versicherte längstens für 20 Arbeitstage. In dieser Zeit haben die Versicherten einen Anspruch gegen ihren Arbeitgeber auf unbezahlte Freistellung von der Arbeitsleistung (§ 45 SGB V).

Integrierte Versorgung. Eine Neuerung in der GKV stellt die sog. integrierte Versorgung (§§ 140a ff. SGB V) dar, die der Gesetzgeber mit dem GKV-Gesundheitsreformgesetz 2000 einführte. Diese Versorgungsart ermöglicht es den Krankenkassen, Versorgungsverträge direkt mit unterschiedlichen Leistungserbringern wie Haus- und Fachärzten, Krankenhäusern oder Rehabilitations-Einrichtungen etc. zu schließen. Es sollen dadurch Versorgungsnetze gebildet werden, die insbesondere chronisch Kranken zugute kommen, die der Behandlung mehrerer Leistungserbringer bedürfen. Ziel dieser Neuerung ist es, den Versicherten eine Rundumversorgung zu bieten. Vertragspartner der Krankenkassen sind nur diejenigen, die auch bisher an der vertragsärztlichen Versorgung beteiligt sind. Die Vergütung wird individuell ausgehandelt (§ 140c SGB V). Da es sich um einen Modellversuch handelt, der klären soll, ob das integrierte Versorgungsmodell zu Kosteneinsparungen und verbesserten Leistungen führt, sollen die Krankenkassen die Ergebnisse dieses Modells wissenschaftlich begleiten und auswerten (§ 140h SGB V).

11.2.2 Gesetzliche Unfallversicherung

Ab dem 01.01.1997 ist das Recht der gesetzlichen Unfallversicherung aus der Reichsversicherungsordnung in das SGB VII überführt worden. Dies hat nicht zu wesentlichen Änderungen gegenüber dem früheren Recht geführt.

Versicherter Personenkreis. Der versicherte Personenkreis in der gesetzlichen Unfallversicherung richtet sich nach der von ihm ausgeübten Tätigkeit (§ 2 ff. SGB VII).

Wichtig

Der Versicherungsschutz beginnt mit der Begründung des Beschäftigungsverhältnisses oder der Eröffnung des Betriebes. Bezüglich des Versicherungsschutzes sind Geschlecht, Lebensalter oder Staatsangehörigkeit ohne Bedeutung.

Kraft Gesetzes sind eine Vielzahl von Beschäftigten und sonstigen Personenkreisen versichert (§ 2 SGB VII):
- Beschäftigte, also überwiegend Arbeiter und Angestellte,
- Lernende bei der beruflichen Aus- und Fortbildung,
- landwirtschaftliche Unternehmer und deren Familienangehörige,
- Kindergartenkinder in Tageseinrichtungen, Schüler und Studierende,
- Behinderte, die in einer anerkannten Werkstatt für Behinderte tätig sind,
- Pflegepersonen, die nicht erwerbsmäßig Pflegebedürftige in häuslicher Umgebung pflegen sowie
- Helfer bei Unglücksfällen, Blut- oder Organspender und weitere Personengruppen.

Ob ein GmbH-Geschäftsführer kraft Gesetzes versichert ist oder sich freiwillig versichern (§ 6 Abs. 1 Nr. 2 SGB VII) kann, hängt von seiner jeweiligen Stellung oder Funktion im Unternehmen ab. Für die Versicherungspflicht des Geschäftsführers einer GmbH, der zugleich Gesellschafter ist, ist entscheidend, ob wegen seiner Kapitalbeteiligung eine persönliche Abhängigkeit vorliegt. Bei einem maßgeblichen Einfluss auf das Unternehmen fehlt ein versicherungspflichtiges Beschäftigungsverhältnis und eine persönliche Abhängigkeit liegt nicht vor (BSG 08.08.1990 11 AR 77/89). Es besteht die Möglichkeit der freiwilligen Versicherung.

Die Anmeldung des Unternehmens ist nicht Voraussetzung für das Entstehen des Versicherungsschutzes. Die Anmeldung stellt eine reine Ordnungsvorschrift dar und lässt den materiellen Versicherungsschutz unberührt. Dieser beginnt bereits mit den vorbereitenden Arbeiten für das Unternehmen, z.B. dem Bezug von Räumen oder der Anstellung von Personal (§ 136 SGB VII). Anders sieht es bei der freiwilligen Versicherung aus, wo Versicherungsschutz erst einen Tag nach dem Eingang der Anmeldung entsteht (§ 6 Abs. 2 SGB VII).

Arbeitsunfall und Berufskrankheiten. Versicherungsfälle im Sinne des SGB VII sind Arbeitsunfälle und Berufskrankheiten.

Definition

Unfall ist ein zeitlich begrenztes, von außen auf den Körper einwirkendes Ereignis, dass zu einem Gesundheitsschaden oder zum Tod führt.

Arbeitsunfall ist ein Unfall von Versicherten, der sich bei der Ausübung der versicherten Tätigkeit ereignet, wobei ein innerer Zusammenhang zwischen der zum Unfall führenden Verrichtung und der versicherten Tätigkeit bestehen muss. Eingeschlossen ist hierbei der Unfall, der auf dem Weg von oder zu der Arbeitsstätte eintritt, sog. **Wegeunfall** (§ 8 SGB VII).

Die Gesundheitsschädigung durch einen **Unfall** darf nicht auf einer krankhaften Veranlagung beruhen. Fallen krankhafte Veranlagung und Unfallereignis zusammen, wird ein Unfall im Sinne der Unfallversicherung dann bejaht, wenn das Unfallereignis **wesentlich** mitwirkende Bedingung für die Schädigung gewesen ist. Ein Unfall im Sinne der Unfallversicherung wird verneint, wenn die krankhafte Veranlagung alleinige oder überragende Ursache war.

Unter dem Schutz der Unfallversicherung stehen auch Betriebsversammlungen, Versammlungen von Betriebsräten und Berufsverbänden. Das Aufsuchen und der Weg zur Toilette im Betrieb ist als **Arbeitsunfall** anerkannt (BSG ZfF 1971, 371).

Die Abgrenzung hierzu ist eine **private Handlung**, die persönlichen Zwecken dient (BSG E 58, 80 m.w.N.). So gehört der private Besuch auf einer dienstlich veranlassten Reise zu den unversicherten Tätigkeiten, ebenso wie in der Regel die Nahrungsaufnahme (Essen und Trinken) und die körperliche Reinigung, die privater Natur sind. Ausnahmen bestehen dann, wenn Umstände aus dem versicherten Risiko wesentlich zum Unfall beigetragen haben, z.B. Trinken zur Stillung arbeitsbedingten Durstes infolge Staub, Hitze am Arbeitsplatz (BSG E 12, 247) oder die körperliche Reinigung aus hygienischen Gründen des Arztes und des ärztlichen Hilfspersonals. In diesen Fällen wird ein Arbeitsunfall bejaht.

Bei einem **Wegeunfall** ist der Zusammenhang mit der versicherten Tätigkeit wesentlich (BSG E 1, 171). Ausgangs- und Endpunkt des Weges ist in der Regel die Wohnung des Versicherten. Eine Wegeunterbrechung entsteht durch das Einschieben persönlicher, für die Zurücklegung des Weges nicht erforderlicher Handlungen. Diese sind grundsätzlich unversichert, soweit sie nicht nur von geringfügiger Dauer sind. Die Sozialgerichte haben zu diesem Punkt eine Vielzahl von Entscheidungen erlassen.

Fallbeispiel

Unfallversicherungsschutz besteht:

- Bei Unfällen, die aufgrund des Weges bedingt sind, wie Umknicken beim Gehen, Sturz infolge Glatteis, Verletzung durch fremden Hund.
- Bei Wegen zwecks Einnahme von Mahlzeiten oder Einkauf von Nahrungsmitteln und Getränken zum alsbaldigen Verzehr während der Arbeit.
- Bei einer Verkäuferin, die während der Mittagspause in einer nahe gelegenen Apotheke ein Rachentherapeutikum erworben hat, um Halsbeschwerden und Heiserkeit zu bekämpfen und so die Arbeitsfähigkeit für den Rest des Tages erhalten möchte, auch wenn die Erkältungserscheinungen zur Zeit der Arbeitsaufnahme bereits bestanden haben (LSG NRW 02.09.1992 – L 17 U 45/91).

Kein Unfallversicherungsschutz besteht:

- Bei der Erledigung von Besuchen, Einkäufen oder Gesprächen, wenn diese nicht nur von geringfügiger Dauer sind.
- Bei einem eingeschobenen Arztbesuch auf dem Weg zur Arbeitsstätte.
- Beim Betanken des für den Weg benutzten Fahrzeuges, da dies grundsätzlich im Eigeninteresse liegt, erst recht bei Wegabweichung zum Aufsuchen einer billigen Tankstelle (BSG E 16, 77; NJW 1968, 1253); ausnahmsweise besteht Versicherungsschutz, wenn das Tanken unterwegs erforderlich wird, um den restlichen Weg fortzusetzen (BSG E 20, 219).

Berufskrankheiten sind Krankheiten, die in der rechtsverbindlichen Anlage der Berufskrankheitenverordnung aufgelistet sind und infolge von Einwirkung im Zusammenhang mit versicherter Tätigkeit verursacht wurden (§ 9 Abs. 1 SGB VII).

Leistungsanspruch. Leistungsansprüche kommen nach dem Eintritt eines Arbeits-/Wegeunfalls oder einer Berufsunfähigkeit in Betracht. Der Versicherte hat Anspruch auf Heilbehandlung, der sich im Wesentlichen mit den Leistungen der gesetzlichen Krankenversicherung deckt, auf Leistungen der medizinischen Rehabilitation (§§ 26 ff. SGB VII) und auf Verletztengeld, welches dem Krankengeld entspricht (§ 45 SGB VII). Im Falle einer dauernden Minderung oder gar eines Verlusts der Erwerbsfähigkeit wird eine Verletztenrente gewährt (§ 56 SGB VII). Im Todesfall erhält der hinterbliebene Ehegatte Witwen- bzw. Witwerrente und die Kinder Waisenrente (§§ 63 ff. SGB VII). Unter bestimmten Voraussetzungen kann der Unfallversicherungsträger statt der Verletztenrente eine Abfindung als Gesamtvergütung zahlen (§§ 75 ff. SGB VII).

Unfallverhütung. Im Rahmen einer Generalprävention sind die Unfallversicherungsträger verpflichtet, mit allen geeigneten Mitteln für die Verhütung von Arbeitsunfällen, Berufskrankheiten und arbeitsbedingten Gesundheitsgefahren sowie für eine wirksame erste Hilfe zu sorgen, wobei dies in Zusammenarbeit mit den Krankenkassen erfolgen soll (§ 14 Abs. 1 und 2 SGB VII). Aus diesem Grunde erlassen die Unfallversicherungsträger als autonomes Recht **Unfallverhütungsvorschriften (UVVen)**, die der Genehmigung durch das Bundesministerium für Arbeit und Sozialordnung bedürfen (§ 15 SGB VII).

Die Unfallversicherungsträger haben die Betriebe über die UVVen zu beraten und deren Umsetzung zu überwachen (§§ 17 ff. SGB VII). Der einzelne Unternehmer ist für die Durchführung der Maßnahmen zur Verhütung von Arbeitsunfällen und Berufskrankheiten und für die Sicherstellung von Ersthilfe verantwortlich (§ 21 SGB VII). In Unternehmen mit regelmäßig mehr als 20 Beschäftigen hat ein Sicherheitsbeauftragter den Unternehmer dabei zu unterstützen (§ 22 SGB VII).

Träger der gesetzlichen Unfallversicherung. Träger der gesetzlichen Unfallversicherung sind in erster Linie die derzeit 35 gewerblichen Berufsgenossenschaften und die derzeit 20 landwirtschaftlichen Berufsgenossenschaften (§ 114 Abs. 1 Nr. 1–2 SGB VII); daneben u.a. der Bund, die Unfallkasse der Länder, die Gemeindeunfallversicherungsverbände und die Feuerwehrunfallkasse (§§ 114 Abs. 1 Nr. 3–9, 115 ff. SGB VII).

Beitragsrecht. Im Gegensatz zu den übrigen Versicherungsarten sind zur gesetzlichen Unfallversicherung nur die Unternehmer, für deren Unternehmen Versicherte tätig sind, beitragspflichtig (§§ 150 ff. SGB VII). Die Höhe der Beiträge ergibt sich aus dem **Gefahrtarif** (§ 157 SGB VII). Dazu werden die Unternehmen nach dem Grad ihrer Unfallgefahr in **Gefahrklassen** eingestuft. Die Unternehmen werden im Umlageverfahren zu den von ihnen zu leistenden Beiträgen herangezogen, wobei der Beitrag sich aus dem zu berücksichtigenden Arbeitsentgelt, der Gefahrklasse und dem Beitragsfuß ergibt (§§ 165 ff. SGB VII).

11.2.3 Arbeitsförderung

Zum 01.01.1998 ist das früher im Arbeitsförderungsgesetz (AFG) geregelte Recht der Arbeitsförderung als III. Buch in das Sozialgesetzbuch eingegliedert worden.

Grundsätze. Durch die Leistungen der Arbeitsförderung soll dem Bedarf des Arbeitsmarktes entsprochen, eine Berufsberatung vorgenommen und offene Stellen zügig besetzt werden. Damit sollen Zeiten der Arbeitslosigkeit und der Bezug von Arbeitslosengeld oder Arbeitslosenhilfe vermieden oder verkürzt werden (§ 1 Abs. 1 SGB III). Die besondere Verantwortung von Arbeitgebern und Arbeitnehmern wird in § 2 SGB III herausgestellt und soll dem übergeordneten Ziel dienen, zu einer funktionierenden Sozial-, Wirtschafts- und Finanzpolitik beizutragen und sowohl Arbeitgeber als auch Arbeitnehmer dazu anhalten, auf eine Vermeidung der Arbeitslosigkeit hinzuwirken (§ 2 SGB III).

Berechtigte Personen. Als berechtigte Personen kommen u.a. in Betracht (§§ 12 ff. SGB III):
- Auszubildende,
- Arbeitslose,
- von Arbeitslosigkeit bedrohte Arbeitnehmer,
- Langzeitarbeitslose,
- Behinderte und
- Berufsrückkehrer.

Versicherungspflicht. Für geringfügige Beschäftigungsverhältnisse bis zu 400 EUR monatlich, sind nur vom Arbeitgeber Beiträge für die Krankenversicherung, Rentenversicherung sowie Lohnsteuer abzuführen. Es stehen neue Regelungen für die sogenannten Mini-Jobs bis 800 EUR zum 01.04.2003 an.

Präventivmaßnahmen. Der Gesetzgeber hat eine Vielzahl präventiver Maßnahmen geschaffen, die darauf abzielen, eine Arbeitslosigkeit erst gar nicht eintreten zu lassen. Hierzu zählt die **Berufsberatung**, die eine Eignungsfeststellung und eine Berufsorientierung gewährleisten soll (§§ 29 ff. SGB III). Ein weiterer Schwerpunkt der Prävention ist die **Arbeitsvermittlung** (§§ 35 ff. SGB III). Als unterstützende Leistungen an den Arbeitnehmer können vom Arbeitsamt die **Kosten für Bewerbungen** bis zu einem Betrag von 255,64 Euro und **Reisekosten** übernommen werden (§§ 45 ff. SGB III). Gefördert wird die Teilnahme an Maßnahmen, die zur Verbesserung der Eingliederungsaussichten beitragen, wozu auch **Maßnahmekosten** seitens des Arbeitsamtes in Form von Arbeitslosengeld und -hilfe gezahlt werden (§ 48 SGB III). Des Weiteren werden an den Arbeitslosen **Mobilitätshilfen** wie z.B. Übergangsbeihilfe, Ausrüstungsbeihilfe, Fahrtkostenbeihilfe und Umzugskostenbeihilfe geleistet (§§ 53 ff. SGB III). Der Arbeitnehmer kann finanzielle Unterstützung durch **Arbeitnehmerhilfe** (§ 56 SGB III) erhalten.

Der Arbeitnehmer, der die Arbeitslosigkeit durch die Aufnahme einer selbständigen Tätigkeit beenden will, wird durch **Überbrückungsgeld** gefördert (§ 57 SGB III). Auszubildende können Fördergelder als **Berufsausbildungsbeihilfe** beantragen (§§ 59 ff. SGB III).

Voraussetzungen und Maßnahmen zur **Förderung der beruflichen Weiterbildung** werden in §§ 77 ff. SGB III behandelt. Ziel der Qualifizierungsmaßnahmen ist es, einen drohenden Arbeitsplatzverlust abzuwenden und Arbeitslose beruflich wieder einzugliedern. Zu den Leistungen zählen z.B. die Übernahme von Lehrgangskosten, Kosten für eine auswärtige Unterbringung und Verpflegung und unter Umständen Kinderbetreuungskosten (§§ 81–85 SBG III).

Arbeitslosengeld. Einen Anspruch auf Arbeitslosengeld haben die Arbeitnehmer, die arbeitslos sind, sich beim Arbeitsamt persönlich arbeitslos gemeldet haben und eine Anwartschaftszeit von in der Regel 12 Monaten aufweisen, bei Wehrdienst- und Zivildienstleistenden von mindestens 10 Monaten und von mindestens 6 Monaten bei Saisonarbeitnehmern, die in einem versicherungspflichtigen Arbeitsverhältnis gestanden haben (§§ 117 ff. SGB III). Die **Dauer** des Anspruchs auf Arbeitslosengeld richtet sich sowohl nach der Dauer des Versicherungspflichtverhältnisses als auch nach dem Lebensalter des Arbeitslosen (▪ Tabelle 11.2; §§ 127 ff. SGB III).

Die **Höhe** des Arbeitslosengeldes beträgt für Arbeitslose 60 % und mit mindestens einem anrechenbaren Kind 67 % des pauschalierten Nettoentgelts, das der Arbeitslose im Bemessungszeitraum erzielt hat (§ 129 SGB III).

Unterhaltsgeld, Übergangsgeld, Kurzarbeitergeld, Insolvenzgeld. Weitere Entgeltersatzleistungen sind das Unterhaltsgeld während einer Weiterbildungsförderung (§ 153 SGB III), das Übergangsgeld an behinderte Menschen (§ 160 SGB III), das Kurzarbeitergeld (§§ 169 ff. SGB III) und das Insolvenzgeld (§ 183 SGB III).

Definition

Arbeitslosenhilfe wird seit dem 01.01.2000 nur noch dann gewährt, wenn die Bezugsdauer des Arbeitslosengeldes abgelaufen ist und eine Bedürftigkeit festgestellt wird (§§ 190 ff. SGB III). Die Arbeitslosenhilfe wird nicht aus Arbeitgeber- und Arbeitnehmerbeiträgen finanziert, sondern durch Steuermittel des Bundes. Aus diesem Grunde ist sie auch niedriger als das Arbeitslosengeld (§§ 195 ff. SGB III).

11.2.4 Rehabilitation und Teilhabe behinderter Menschen

Am 01.07.2001 ist das 9. Buch des Sozialgesetzbuches – Rehabilitation und Teilhabe behinderter Menschen – SGB IX, in Kraft getreten. Ziel des Gesetzgebers war es, vorrangig Leistungen zur Rehabilitation und der Teilhabe behinderter Menschen an der Gesellschaft und im Erwerbsleben zu ermöglichen und die Zahlung von Rente und dauernder Pflege zu vermeiden.

■ Tabelle 11.2. Die Dauer des Anspruchs auf Arbeitslosengeld

beträgt nach Versicherungspflichtverhältnissen mit einer Dauer von insgesamt mindestens ... Monaten	und nach Vollendung des ... Lebensjahres	... Monate
12		6
16		8
20		10
24		12
28	45.	14
32	45.	16
36	45.	18
40	47.	20
44	47.	22
48	52.	24
52	52.	26
56	57.	28
60	57.	30
64	57.	32

Das SGB IX besteht aus 2 Teilen:
- Der erste Teil ersetzt das Gesetz zur Angleichung der Leistungen der Rehabilitation aus dem Jahre 1974 und schafft einen allgemeinen Rahmen für die weiterbestehenden Regelungen der Rehabilitation und Teilhabe nach den geltenden Gesetzen für die Trägerorganisationen, insbesondere die gesetzlichen Krankenkassen, Unfall- und Rentenversicherungen (§§ 1–67 SGB IX).
- Der zweite Teil des SGB IX betrifft den Regelungsbereich des bisherigen Schwerbehindertengesetzes und enthält die Rechte und Pflichten von Arbeitgebern, Betriebs- und Personalräten (§§ 68–160 SGB IX).

Begriff und Feststellung der Behinderung. § 2 Abs. 1 SGB IX enthält den für das ganze Sozialrecht geltenden Behinderungsbegriff:

> „Menschen sind behindert, wenn ihre körperliche Funktion, geistige Fähigkeit oder seelische Gesundheit mit hoher Wahrscheinlichkeit länger als 6 Monate von dem für das Lebensalter typischen Zustand abweichen und daher ihre Teilhabe am Leben in der Gemeinschaft beeinträchtigt ist. Sie sind von Behinderung bedroht, wenn die Beeinträchtigung zu erwarten ist."

Behinderung ist als soziale Folge medizinisch fassbarer Normabweichungen zu verstehen. Die Voraussetzungen der 6-monatigen Dauer und der altersspezifischen Gesundheitsabweichungen entstammen dem bisher geltenden Schwerbehindertengesetz. Von einer Schwerbehinderung wird ausgegangen, wenn eine Person dauerhaft und nachhaltig beeinträchtigt ist (§ 2 Abs. 2, 3, § 69 SGB IX). Hierzu wird ein **Grad der Behinderung (GdB)** festgestellt. Beträgt dieser 50 oder mehr, so liegt eine **Schwerbehinderung** vor, liegt der Grad der Behinderung zwischen 30 und 50, so können diese Personen Schwerbehinderten gleichgestellt werden.

Der Grad der Behinderung, der das Ausmaß der körperlichen, geistigen oder seelischen Störung wiedergibt, wird durch ein ärztliches Sachverständigengutachten festgestellt. Grundlage für die Bewertung der Auswirkung der Behinderung auf das Alltagsleben sind die **„Anhaltspunkte für die ärztliche Gutachtertätigkeit"**, die vom Bundesministerium für Arbeit 1996 neu herausgegeben wurden. Liegen mehrere Funktionsbeeinträchtigungen vor, so ist der GdB nach den Auswirkungen in ihrer Gesamtheit und unter Berücksichtigung ihrer wechselseitigen Beziehungen festzustellen.

Gemeinsame Servicestelle. Wichtige Anlaufstelle für behinderte und rehabilitationsbedürftige Menschen, ihre Angehörigen und Betreuer sind die gemeinsamen Servicestellen aller Rehabilitationsträger. Diese sind bis Ende 2002 in allen Kreisen und kreisfreien Städten einzurichten (§§ 22–25 SGB IX). Ihr Auftrag umfasst
- Informationen über Leistungen und deren Voraussetzungen,
- Hilfe bei der Klärung von Bedarf und Mitwirkungspflichten,
- Zuständigkeiten und die Notwendigkeit von Gutachten,
- Vorbereitung der Entscheidungen,
- unterstützende Begleitung bis zur Leistung und
- Hinwirken auf ein rasches und koordiniertes Tätigwerden der Leistungsträger (§ 22 Abs. 1 SGB IX).

Die Servicestellen sollen die Hilfesuchenden in Fragen der **Zuständigkeiten** unterstützen. Nunmehr sind die Rehabilitationsträger verpflichtet, innerhalb von 2 Wochen nach Antragseingang festzustellen, ob sie zuständig sind (§ 14 Abs. 1 SGB IX). Sind sie nicht zuständig, müssen sie den Antrag unverzüglich an den nach ihrer Auffassung zuständigen Träger weiterleiten. Erfolgt eine Weiterleitung des Antrages nicht, muss unverzüglich über den Rehabilitationsbedarf entschieden werden (§ 14

Abs. 2 SGB IX). Auch die erforderlichen Gutachten müssen unverzüglich in Auftrag gegeben und sollen innerhalb von 2 Wochen erstellt werden (§ 14 Abs. 5 SGB IX). Das erstellte Gutachten ist Grundlage der Entscheidung des Rehabilitationsträgers, es soll aber im Regelfall auch von anderen Trägern anerkannt werden. Können die Entscheidungsfristen nicht eingehalten werden, so muss der Träger dem Antragsteller die Hinderungsgründe mitteilen. Erfolgt eine derartige Mitteilung nicht oder liegt kein ausreichender Grund vor, so kann der Leistungsberechtigte dem Träger eine angemessene Frist setzen und erklären, dass er sich nach Ablauf der Frist die **Leistung selbst beschaffen** wird (§ 15 SGB IX). Der zuständige Träger hat dann unter Beachtung von Wirtschaftlichkeit und Sparsamkeit die Aufwendungen zu erstatten. Eine Erstattung selbstbeschaffter Leistungen ist bei der Sozialhilfe, der öffentlichen Jugendhilfe und der Kriegsopferfürsorge ausgeschlossen (§ 15 Abs. 1 S. 5 SGB IX).

Leistungsrahmen. Die Leistungen zur Teilhabe gliedern sich in:

- **Leistungen zur medizinischen Rehabilitation:**
  - Diese umfasst ärztliche und heilberufliche Behandlung,
  - Früherkennung und Frühförderung für Kinder,
  - Arznei- und Verbandmittel,
  - Heilmittel,
  - Hilfsmittel,
  - Psychotherapie,
  - Belastungserprobung,
  - Arbeitstherapie einschließlich der Aktivierung von Selbsthilfepotenzialen und von Unterstützung bei der Verarbeitung von Krankheit und Behinderung,
  - Beratung, Training und Motivation im sozialen Umfeld (§§ 26–32 SGB IX).
- **Leistungen zur Teilhabe am Arbeitsleben:**
  - Diese umfasst Hilfen zur Erlangung und zur Erhaltung eines Arbeitsplatzes,
  - zur Berufsvorbereitung einschließlich einer wegen Behinderung erforderlichen Grundausbildung,
  - berufliche Anpassung und Weiterbildung einschließlich im Einzelfall erforderlicher medizinischer, psychologischer und pädagogischer Hilfen,
  - Beratung und Motivation und die erforderlichen Kosten bei auswärtigen Maßnahmen (§§ 33–43 SGB IX).
- **Unterhaltssichernde und andere ergänzende Leistungen:**
  - Es kommen Geldleistungen,
  - Beiträge und Zuschüsse zur Sozialversicherung sowie Rehabilitationssport,
  - Funktionstraining,
  - Reisekosten,
  - Betriebs- oder Haushaltshilfe und
  - Kinderbetreuungskosten in Betracht (§§ 44–54 SGB IX).
- **Leistungen zur Teilnahme am Leben in der Gemeinschaft:**
  - Hierbei handelt es sich um Hilfsmittel,
  - heilpädagogische Leistungen für noch nicht eingeschulte Kinder,
  - Hilfen zum Erwerb praktischer Kenntnisse und Fähigkeiten,
  - zur Förderung der Verständigung mit der Umwelt,
  - bei Beschaffung, Erhaltung und Ausstattung einer behinderungsgerechten Wohnung,
  - zum selbstbestimmten Leben in betreuten Wohnmöglichkeiten und
  - zur Teilhabe am kulturellen und gemeinschaftlichen Leben (§§ 55–59 SGB IX).

Recht der schwerbehinderten Menschen. Die für die Wahrung der Rechte der Schwerbehinderten bisherigen Hauptfürsorgestellen werden nunmehr umbenannt in **Integrationsämter.** Für schwerbehinderte Beschäftigte ist ein **Verbot der Benachteiligung** wegen der Behinderung durch die Arbeitgeber gesetzlich bestimmt (§ 81 Abs. 2 SGB IX). Dieses Verbot ist insbesondere bei der Begründung von Arbeits- und Beschäftigungsverhältnissen, bei beruflichem Aufstieg, Weisungen oder Kündigungen zu beachten. Eine unterschiedliche Behandlung ist nur gerechtfertigt, wenn die Art der auszuübenden Tätigkeit betroffen und eine bestimmte körperliche Funktion, geistige Fähigkeit oder seelische Gesundheit wesentliche oder entscheidende Anforderung ist (§ 81 Abs. 2 Nr. 1 SGB IX). Wird eine behinderungsbedingte Benachteiligung bei der Begründung des Arbeitsverhältnisses oder bei einem beruflichen Aufstieg festgestellt, so besteht kein Anspruch auf Einstellung oder Beförderung, stattdessen ein angemessener **Schadensersatzanspruch** (§ 81 Abs. 2 SGB IX).

Beschäftigungspflicht. Folgende Vorschrift ist auch, soweit sie private Arbeitgeber betrifft, mit dem Grundgesetz vereinbar (BVerfG NJW 1981, 2107):

Wichtig

Alle privaten und öffentlichen Arbeitgeber, die über mindestens 20 Arbeitsplätze verfügen, haben auf mindestens 5 von 100 der Arbeitsplätze Schwerbehinderte zu beschäftigen (§ 71 Abs. 1 SGB IX).

Unter den vom Arbeitgeber zu beschäftigenden Schwerbehinderten müssen sich in angemessenem Umfang besondere Gruppen von Schwerbehinderten befinden, so z.B. Schwerbehinderte, die zur Ausübung der Beschäftigung wegen ihrer Behinderung nicht nur vorübergehend einer besonderen Hilfskraft bedürfen oder bei denen ein Grad der Behinderung von wenigstens 50 allein infolge geistiger oder seelischer Behinderung oder eines Anfallleidens vorliegt (§ 72 Abs. 1 SGB IX). Die Beschäftigung der besonderen Gruppen von Schwerbehinderten kann auch dadurch erreicht werden, dass das Arbeitsamt die Anrechnung einer dieser Personen auf mehr als einen Pflichtplatz gestatten kann, wenn die Teilhabe am Arbeitsleben auf besondere Schwierigkeiten stößt (§ 76 Abs. 1 SGB IX).

Ausgleichsabgabe. Die Ausgleichsabgabe dient dazu, die Nachteile, die Arbeitgeber bei der Beschäftigung Schwerbehinderter z.B. bezüglich der verlängerten Urlaubsansprüche haben, auszugleichen.

Wichtig

Arbeitgeber, die die vorgeschriebene Zahl Schwerbehinderter nicht beschäftigen, haben für jeden unbesetzten Pflichtplatz monatlich eine Ausgleichsabgabe in Höhe von 51,12–255,64 Euro zu zahlen, gestaffelt nach der jahresdurchschnittlichen Beschäftigungsquote (§ 77 Abs. 1–4 SGB IX).

Die Ausgleichsabgabe darf nur für Zwecke der Arbeits- und Berufsförderung Schwerbehinderter sowie für Leistungen zur begleitenden Hilfe im Arbeits- und Berufsleben verwendet werden (§ 77 Abs. 5–7 SGB IX).

Integrationsvereinbarung. Die Arbeitgeber müssen mit der Schwerbehindertenvertretung und dem Betriebs- oder Personalrat, bei Fehlen der Ersteren nur mit Letzterem, Integrationsvereinbarungen treffen. Diese beziehen sich auf die Eingliederung schwerbehinderter Menschen, insbesondere in Fragen der Personalplanung, Arbeitsplatzgestaltung, Arbeitsorganisation und Arbeitszeit (§ 83 SGB IX). Ziel ist es, dass in Zusammenarbeit mit dem Integrationsamt und den Servicestellen alle zur Verfügung stehenden Hilfen geprüft werden, um das Beschäftigungsverhältnis zu sichern (§ 84 SGB IX). Handlungsbedarf besteht bereits bei einer Arbeitsunfähigkeit von mindestens 3 Monaten und einer drohenden Chronifizierung einer Krankheit.

Kündigungsschutz. Die **ordentliche Kündigung** des Arbeitsverhältnisses eines Schwerbehinderten durch den Arbeitgeber bedarf der vorherigen Zustimmung des Integrationsamtes, das innerhalb eines Monats über den Antrag entscheiden soll. Die Kündigungsfrist beträgt mindestens 4 Wochen (§§ 85, 86 SGB IX). Wird die Zustimmung zur Kündigung erteilt, kann der Arbeitgeber die Kündigung nur innerhalb eines Monats nach Zustellung gegenüber dem Arbeitnehmer erklären (§ 88 Abs. 3 SGB IX).

Auch die **außerordentliche Kündigung** bedarf der Zustimmung des Integrationsamtes. Diese kann nur innerhalb von 2 Wochen seit Kenntnis des Arbeitgebers vom rechtfertigenden Grunde beantragt werden. Entscheidend ist hierbei der Eingang des Zustimmungsersuchens beim Integrationsamt (§ 91 SGB IX). Wird die Zustimmung erteilt, ist die außerordentliche Kündigung unverzüglich auszusprechen (§ 91 Abs. 5 SGB IX).

Schwerbehindertenvertretung. In Betrieben und in Dienststellen, in denen wenigstens 5 schwerbehinderte Menschen nicht nur vorübergehend beschäftigt sind, wird eine **Vertrauensperson** und wenigstens ein **Stellvertreter** gewählt (§ 94 Abs. 1 SGB IX). Die Schwerbehindertenvertretung hat die Aufgabe, die Eingliederung Schwerbehinderter in den Betrieb oder die Dienststelle zu fördern, die Interessen der Schwerbehinderten zu vertreten und ihnen beratend und helfend zur Seite zu stehen. Es obliegt ihnen auch die Aufgabe, darüber zu wachen, dass die zugunsten der Schwerbehinderten geltenden Gesetze, Verordnungen, Tarifverträge, Betriebs- und Dienstvereinbarungen etc. durchgeführt und erfüllt werden (§ 95 SGB IX). Die Vertrauenspersonen führen ihr Amt unentgeltlich als Ehrenamt und dürfen weder in der Ausübung ihres Amtes noch in ihrer beruflichen Entwicklung benachteiligt werden (§ 96 SGB IX).

Unentgeltliche Beförderung von Schwerbehinderten. Schwerbehinderte Menschen, die infolge ihrer Behinderung in ihrer Bewegungsfähigkeit im Straßenverkehr erheblich beeinträchtigt oder hilflos oder gehörlos sind, sind von Unternehmen, die öffentlichen Personenverkehr betreiben, gegen Vorzeigen eines entsprechend gekennzeichneten Ausweises im **Nahverkehr** unentgeltlich zu befördern. Dieser entbindet nicht von der Verpflichtung zur Zahlung von Zuschlägen. Voraussetzung ist, dass der Schwerbehindertenausweis mit einer gültigen Wertmarke versehen ist, die gegen Zahlung eines Betrages von 60,00 Euro für ein Jahr ausgegeben wird. In Ausnahmefällen ist sie kostenlos zu gewähren (§ 145 SGB IX). Öffentlicher Nahverkehr ist der Personenverkehr mit Straßenbahn und O-Bussen im Sinne des Personenbeförderungsgesetzes, Kraftfahrzeugen im Linienverkehr, S- und Eisenbahnen aller Art und Wasserfahrzeugen im Linienverkehr in der 2. Klasse (§ 147 Abs. 1 SGB IX). Die dem Unternehmen entstehenden Fahrgeldausfälle werden nach §§ 148–150 SGB IX erstattet.

Dem gegenüber ist die Beförderung im **Fernverkehr** nicht unentgeltlich. Fernverkehr ist der Verkehr mit Kraftfahrzeugen im Linienverkehr sowie der Eisenbahn- und der regelmäßige Schiffsverkehr (§§ 148–150 SGB IX).

11.3 Private Versicherungen

M. Engler

So vielfältig wie die Anforderungen des privaten und wirtschaftlichen Lebens, so vielfältig sind auch die Möglichkeiten, sich privat und beruflich gegen oder für bestimmte Vorkommnisse und Lebensbedingungen abzusichern. Auf diese Anforderungen reagiert die Versicherungswirtschaft mit speziell abgestimmten **Deckungskonzepten**, die sich am jeweiligen Versicherungsbedarf orientieren. Diese Versicherungsformen können sich sowohl auf den privaten Bereich als auch auf berufliche Risiken beziehen.

11.3.1 Private Haftpflichtversicherung

Die Haftpflichtversicherung entwickelte sich erst vor verhältnismäßig kurzer Zeit. Sie entstand zum Schutz von Unternehmern gegen die Inanspruchnahme aus dem Reichshaftpflichtgesetz von 1871 für Schäden von Arbeitnehmern und dritten Personen. Das Haftpflichtgesetz von 1978 löste dieses Reichshaftpflichtgesetz ab. Da die soziale Unfallversicherung die ursprüngliche private Haftung der Unternehmen weitgehend ersetzte, andererseits aber mit der zunehmenden Technisierung erhebliche neue Risiken entstanden, bestand die Notwendigkeit, dass auch die Haftpflichtversicherung diesen Veränderungen Rechnung trug. So entwickelte sich eine Vielzahl von privaten, betrieblichen und berufsbedingten Haftpflichtversicherungen.

Zu den privaten Haftpflichtversicherungen werden u.a. gezählt:
- Privat-Haftpflichtversicherung,
- Haus- und Grundstücks-Haftpflichtversicherung,
- Tierhalter-Haftpflichtversicherung,
- Gewässerschaden-Haftpflichtversicherung,
- Bauherren-Haftpflichtversicherung,
- Jagd-Haftpflichtversicherung,
- Wassersportfahrzeug-Haftpflichtversicherung und
- Forderungsausfallversicherung.

Zu den betrieblichen und beruflichen Haftpflichtversicherungen werden u.a. gezählt:
- Arzt-Haftpflichtversicherung,
- Rechtsanwalts- und Notar-Haftpflichtversicherung,
- Architekten-Haftpflichtversicherung und
- Berufs-Haftpflichtversicherung für Lehrer.

Die **Aufgabe** jeder Haftpflichtversicherung ist es, sowohl den Versicherungsnehmer und die mitversicherten Personen von Schadensersatzansprüchen freizustellen, als auch berechtigte Schadensersatzansprüche auszugleichen. Damit übernimmt die Haftpflichtversicherung eine doppelte Funktion. Auf der einen Seite schützt sie den vermeintlichen Schädiger vor ungerechtfertigten Ansprüchen. Auf der anderen Seite prüft der Haftpflichtversicherer die möglichen Haftungstatbestände seines Versicherungsnehmers dem Grunde und der Höhe nach. Daher ist es dem Versicherungsnehmer in der Haftpflichtversicherung generell auch untersagt, die geltend gemachten Schadensersatzansprüche anzuerkennen oder zu befriedigen (vgl. § 5 Ziffer 5 Satz 1 Allgemeine Versicherungsbedingungen für die Haftpflichtversicherung – AHB).

Im Rahmen der Haftpflichtversicherung muss streng zwischen zwei verschiedenen **Rechtsverhältnissen** unterschieden werden. Einerseits besteht eine Rechtsbeziehung zwischen dem Schädiger und dem Geschädigten, andererseits besteht ein Rechtsverhältnis zwischen dem Schädiger und dem Haftpflichtversicherer. Hierbei ist zu beachten, dass bis auf wenige Ausnahmefälle (z.B. Kraftfahrzeug-Haftpflichtversicherung) ein Direktanspruch des Geschädigten gegen die Haftpflichtversicherung des Schädigers nicht besteht. Daher prüft der Haftpflichtversicherer zunächst, ob er im Verhältnis zu seinem Versicherungsnehmer für den geltend gemachten Schaden überhaupt einzutreten hat. Bejaht er diese Frage, so prüft er dann, ob und in welchem Umfang sein Versicherungsnehmer in Haftung genommen werden kann. Kommt der Haftpflichtversicherer zu dem Ergebnis, dass ein haftungsbegründendes Verhalten seines Versicherungsnehmers nicht existiert, so gewährt er dem Versicherungsnehmer so genannten **passiven Deckungsschutz**.

> **Definition**
>
> Passiver Deckungsschutz bedeutet, dass der Haftpflichtversicherer für den Versicherungsnehmer mit dem Geschädigten Kontakt aufnimmt und dessen geltend gemachte Ansprüche ablehnt.

Nötigenfalls tritt der Haftpflichtversicherer auch für einen Gerichtsprozess ein, bestellt einen Anwalt und trägt dafür Sorge, dass der Versicherungsnehmer und dessen Rechte umfänglich vor Gericht wahrgenommen werden.

Der Versicherungsfall

Der Haftpflichtversicherer gewährt Versicherungsschutz auf der Grundlage der Allgemeinen Haftpflichtbedingungen. Diese umfassen gemäß § 1 AHB eintretende Versicherungsfälle während der Wirksamkeit der Haftpflichtversicherung, die einen Personen- und/oder Sachschaden zur Folge haben und soweit der Versicherungsnehmer hierfür aufgrund gesetzlicher Haftpflichtbestimmungen privatrechtlichen Inhalts von einem Dritten auf Schadensersatz in Anspruch genommen wird.

Dabei wird unter dem Versicherungsfall grundsätzlich der Tatbestand verstanden, der die allgemeinen, vertraglich und gesetzlich geschuldeten Leistungen des Haftpflichtversicherers vom Zeitraum der Gefahrtragung in eine konkrete Leistungsverpflichtung vermittelt. Ein Versicherungsfall nach den allgemeinen Haftpflichtversicherungsbedingungen liegt gemäß § 1 Ziffer 1 AHB, § 5 Ziffer 1 AHB dann vor, wenn sich ein Schadensereignis verwirklicht hat.

> **Definition**
>
> Das Schadensereignis ist der wesentliche äußere Vorgang, der die Schädigung des Dritten und damit die Haftpflicht des Versicherungsnehmers unmittelbar herbeiführt.

Damit muss also der Schaden selbst während der Versicherungsdauer eingetreten sein. Es ist hingegen nicht erforderlich, dass auch der Verstoß, also die ursprünglich ursächlich schädigende Handlung des Versicherungsnehmers, sich während der Versicherungsdauer ereignet hat. Wechselt der Versicherungsnehmer seinen Haftpflichtversicherer, so kann bei einem zeitlichen Auseinanderfallen von Verstoß und Schadenseintritt eine Vorhaftung des späteren Haftpflichtversicherers für ein Risiko bestehen, das bei Vertragsabschluss bereits latent gegeben war.

Diese Gestaltung ist insofern günstig für den Versicherungsnehmer, weil er jeweils nach den jüngeren, meist höheren Versicherungssummen versichert ist und er nur mit dem letzten Versicherer korrespondieren muss.

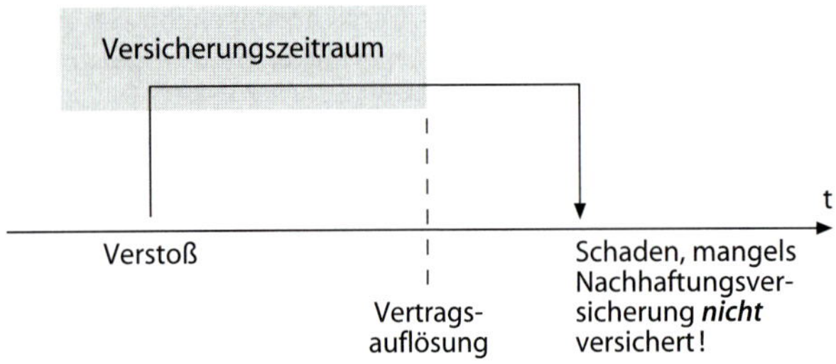

Abb. 11.1. Nachhaftungsproblematik

Andererseits kann dies auch zu Problemen führen, wenn der Versicherungsnehmer z.B. seine berufliche Tätigkeit eingestellt und keine Nachhaftungsversicherung abgeschlossen hat. Um dieser Gefahr vorzubeugen, haben sich die Haftpflichtversicherer gegenüber dem Bundesaufsichtsamt für das Versicherungswesen verpflichtet, in den Fällen der Vertragsauflösung wegen Wegfall des beruflichen Haftpflichtrisikos den Versicherungsnehmer auf die Möglichkeit der **Nachhaftungsversicherung** hinzuweisen. Diese hat den Vorteil, dass der z.B. nicht mehr aktive Arzt trotzdem gegen Ansprüche versichert ist, deren Grundlage sich aus seiner aktiven ärztlichen Zeit ergibt, wobei das Schadensereignis als solches jedoch erst in seiner nicht mehr tätigen Zeit eintritt (Abb. 11.1).

Versicherte Schadensarten

Die Haftpflichtversicherung gewährt Versicherungsschutz gegen Personen- und Sachschäden und die damit verbundenen Vermögensfolgeschäden, die so genannten unechten Vermögensschäden. Sofern der Versicherungsnehmer auch die Deckung von reinen Vermögensschäden wünscht, muss er diese gesondert vereinbaren (vgl. § 1 Ziffer 3 AHB).

Personenschaden. Folgende Personenschadendefinition lehnt sich zwar eng an § 823 Abs. 1 Bürgerliches Gesetzbuch (BGB) an, deckt sich jedoch nicht mit dem nach § 823 Abs. 1 BGB erklärten Schutz der absoluten Rechte:

Definition

Gemäß § 1 Ziffer 1 AHB sind als **Personenschäden** der Tod, die Verletzung oder Gesundheitsbeschädigung von Menschen anzusehen.

Damit sind z.B. die über § 823 BGB geschützten Persönlichkeitsrechte, z.B. vor Verleumdung und Beleidigung, in der Haftpflichtversicherung nicht mitversichert. Es muss stets eine Körperverletzung oder Gesundheitsschädigung vorliegen.

Definition

Unter **Körperverletzung** versteht man den äußeren Eingriff in die körperliche Integrität, unter **Gesundheitsschädigung** die Störung innerer Lebensvorgänge.

Ein versicherter Personenschaden liegt jedoch auch dann vor, wenn der Geschädigte eine Verletzung der geistigen oder körperlichen Gesundheit durch seelische Einwirkungen, wie z.B. Schock, erlitten hat.

Sachschaden. Gemäß § 1 Ziffer 1 AHB liegt ein Sachschaden vor, wenn eine Sache beschädigt oder vernichtet ist. Dies ist immer dann gegeben, wenn die Sache eine wesentliche Minderung ihrer Gebrauchsfähigkeit erfahren hat. *Kein* Sachschaden liegt vor, wenn die Sache von vornherein mangelhaft hergestellt war.

Vermögensschaden. Vom Vermögensschadenbegriff wird sowohl der unechte Vermögensschaden/Vermögensfolgeschaden als auch der reine Vermögensschaden erfasst. Zum **unechten Vermögensschaden** zählen z.B. der Verdienstausfall oder die Mietkosten für ein Ersatz-Kfz. Derartige Vermögensschäden sind nur dann mitversichert, wenn hierüber zwischen dem Haftpflichtversicherer und dem Versicherungsnehmer eine besondere Vereinbarung getroffen wurde.

Reine Vermögensschäden betreffen überwiegend das Risiko von Rechtsanwälten, Wirtschaftsprüfern und Steuerberatern, so dass sich für diese Selbstständigen eine Vermögensschaden-Haftpflichtversicherung anbietet.

Auch das **Abhandenkommen von Sachen** stellt dem Grunde nach einen Vermögensschaden dar. Allerdings erwähnt § 1 Ziffer 3 AHB das Abhandenkommen von Sachen als eigenständige Schadensart und schließt diesen Schaden aus dem Versicherungsschutz der AHB aus. Den Hauptanwendungsfall für das Abhandenkommen von Sachen stellt der Verlust fremder Schlüssel dar. Abhanden gekommen ist eine Sache immer dann, wenn der Eigentümer oder sein Besitzmittler den unmittelbaren Besitz ohne seinen Willen verloren hat. Hiervon zu unterscheiden ist jedoch, wenn der Versicherungsnehmer z.B. einen Dritten so anstößt, dass dessen Mobiltelefon bei einer Bootsfahrt ins Meer fällt. Dann ist die Sache als solche derart beschädigt, dass von vornherein ein Sachschaden vorliegt.

Da das Risiko des Abhandenkommens von Sachen sehr schwer vorhersehbar ist und auch eine hohe Betrugsgefahr besteht, wird dieses Haftpflichtrisiko nur eingeschränkt gedeckt. Soweit die AHB nichts anderes vorsehen, müssen derartige Risiken deshalb gesondert eingeschlossen werden.

Ausschlüsse aus dem Versicherungsschutz

Wie bereits bei der Darstellung der Vermögensschäden und des Abhandenkommens von Sachen aufgeführt, wird Versicherungsschutz nicht ohne jede Einschränkung angeboten. Inhalt und Umfang des Versicherungsschutzes ergeben sich zum einen aus der Beschreibung des versicherten Risikos und zum anderen aus den Deckungsausschlüssen des § 4 AHB. Darüber hinaus können noch besondere Vertragsvereinbarungen Ausschlüsse enthalten. Derartige Ausschlüsse stellen eine Ausnahme von der Deckungspflicht dar und waren nach dem früher geltenden Gesetz zur Regelung des Rechts der Allgemeinen Geschäftsbedingungen (AGBG, seit 1.1.2002 in das BGB integriert) so auszulegen, wie sie ein durchschnittlicher

Versicherungsnehmer bei verständiger Würdigung, aufmerksamer Durchsicht und Berücksichtigung des erkennbaren Sinnzusammenhangs verstehen muss (vgl. BGH VersR 1993, 958). Bei dieser Auslegung kommt es lediglich auf die Verständnismöglichkeiten eines Versicherungsnehmers an, der keine versicherungsrechtlichen Spezialkenntnisse besitzt (vgl. BGH VersR 2000, 964).

Im Folgenden sind **wichtige Ausschlusstatbestände** des § 4 AHB aufgeführt:

Der Ausschluss der Vertragshaftung gemäß § 4 Ziffer I 1 AHB. Danach sind Haftpflichtansprüche vom Versicherungsschutz ausgenommen, die wegen vertraglicher Vereinbarungen über den Umfang der gesetzlichen Haftpflicht des Versicherungsnehmers hinausgehen. Damit soll die Einstandspflicht des Versicherungsnehmers nicht willkürlich begründet oder ausgeweitet werden können.

Der Ausschluss von erfüllungsrechtlichen Ansprüchen aus Dienstverträgen gemäß § 4 Ziffer I 2 AHB. Auch Ansprüche aus Lohn und Gehalt, die der Versicherungsnehmer gegen den Arbeitgeber durchsetzen will, sind keine haftungsrechtlichen Ansprüche, sondern reine Erfüllungsansprüche aus dem jeweiligen Arbeitsvertrag. Insofern schließt § 4 Ziffer I 2 AHB derartige Ansprüche vom Versicherungsschutz aus.

Der Ausschluss von Versicherungsfällen im Ausland gemäß § 4 Ziffer I 3 AHB. Haftpflichtansprüche, die aus im Ausland vorkommenden Schadensereignissen resultieren, sind generell ausgeschlossen. Dabei spielt keine Rolle, ob ein Inländer oder Ausländer geschädigt wurde.

Allerdings wird bei vielen Deckungskonzepten der Haftpflichtversicherer der ausgeschlossene Auslandsschaden durch besondere Bedingungen wieder eingeschlossen. Dies gilt für die meisten Privathaftpflichtversicherungen, aber auch bei den Berufshaftpflichtbedingungen für Ärzte, Zahnärzte, Krankenanstalten und Apotheker.

Der Ausschluss von Mietsachschäden gemäß § 4 Ziffer I 6a AHB. Ebenso sind die so genannten Mietsachschäden generell vom Versicherungsschutz in der Haftpflichtversicherung ausgeschlossen. Es handelt sich dabei um Schäden an fremden Sachen, die der Versicherungsnehmer gemietet, gepachtet, geliehen oder durch verbotene Eigenmacht erlangt hat oder die Gegenstand eines besonderen Verwahrungsvertrages sind. Gleichzeitig mit diesem Ausschluss sind auch solche Vermögensfolgeschäden ausgeschlossen, die sich aus derartigen Sachschäden ergeben.

Allerdings sind im Rahmen der Privat-Haftpflichtversicherung die Mietsachschäden an Immobilien durch eine besondere Vereinbarung regelmäßig wieder mit einer beschränkten Versicherungssumme eingeschlossen.

Den Risikoausschluss eines **besonderen Verwahrungsvertrages** sollten Ärzte beachten, wenn sie Medikamente, z.B. Impfstoffe für einen Patienten aufbewahren, um sie zu einem späteren Zeitpunkt zu verabreichen. Tritt ein Schaden an diesen, im Eigentum des Patienten stehenden Medikamenten ein, so liegt generell ein nicht versicherter Schaden vor. Hierauf ist bei Abschluss einer Haftpflichtversicherung zu achten und ggf. der Einschluss eines solchen Schadensereignisses in den Versicherungsschutz aufgrund besonderer Vereinbarung einzubeziehen.

Der Ausschluss von Erfüllungsschäden gemäß § 4 Ziffer I 6 Abs. 3 AHB. Dieser Ausschluss bestimmt, dass die Erfüllung von Verträgen und die an die Stelle der Erfüllungsleistung tretende Ersatzleistung im Rahmen des Haftpflichtversicherungsvertrages nicht mitversichert ist. Hat demnach ein Versicherungsnehmer eine schlechte Leistung erbracht, so stellt dies keinen Schaden im Rahmen der Haftpflichtversicherung dar. Ebenso wenig deckt die Haftpflichtversicherung den Honorarausfall bei Zahlungsverweigerung des Patienten aus Schlechterfüllung.

Der Ausschluss bei Vorsatztaten gemäß § 4 Ziffer II 1 AHB. § 152 Versicherungsvertragsgesetz (VVG) bestimmt, dass in der Haftpflichtversicherung nur vorsätzlich herbeigeführte Schäden nicht mitversichert sind. Jeder Schaden, der durch Fahrlässigkeit herbeigeführt wurde, ist danach versichert. Die Haftpflichtversicherung bezieht also auch grob fahrlässig herbeigeführte Schäden in den Versicherungsschutz ein. Damit weicht die Haftpflichtversicherung vom Grundsatz des § 61 VVG ab, wonach grob fahrlässig herbeigeführte Versicherungsfälle nicht zu einer Leistung des Versicherers führen.

Definition

Unter **Vorsatz** versteht man das Wissen und Wollen des rechtswidrigen Erfolges eines bestimmten Tuns oder Unterlassens, wobei sich der Vorsatz auf den Schaden beziehen muss und nicht nur auf die Herbeiführung des Versicherungsfalles Schadensereignis.

Das bedeutet, dass vom Vorsatz auch die Schadensfolgen umfasst sein müssen (vgl. BGH VersR 1971, 806).

Einschluss in den Versicherungsschutz

Regelmäßig umfasst die Privat-Haftpflichtversicherung auch die Haftpflicht des **Ehegatten** des Versicherungsnehmers sowie seiner unverheirateten **Kinder**. Dies gilt bei volljährigen Kindern jedoch nur, solange sie sich in einer Schul- oder unmittelbar anschließenden Berufsausbildung befinden. Dieser Personenkreis ist automatisch mitversichert und der Versicherungsnehmer braucht im Regelfall seinen Privat-Haftpflichtversicherer nicht davon in Kenntnis zu setzen, dass er geheiratet oder Nachwuchs bekommen hat. Es kann jedoch im Einzelfall notwendig sein, wenn eine so genannte **Single-Versicherung** vorliegt, für die besonders günstige Prämien vereinbart sind.

Die Mitversicherung von Ehegatten erstreckt sich auch auf getrennt lebende Paare. Denn erst mit der Ehescheidung erlischt der Versicherungsschutz für den mitversicherten Ehegatten. Dieser muss sich ab diesem Zeitpunkt selbst über eine eigene Privat-Haftpflichtversicherung versichern, wenn er weiter Versicherungsschutz genießen will.

Mittlerweile bieten viele Privat-Haftpflichtversicherer auch **unverheirateten Paaren** die Möglichkeit, Ehepaaren gleichgestellt zu werden. Hierbei spielt es keine Rolle, ob es sich um gleichgeschlechtliche oder ungleichgeschlechtliche Paare handelt. Allerdings muss in diesen Fällen die mitversicherte Person dem Privat-Haftpflichtversicherer angezeigt werden, damit der Partner in den Schutz der Privat-Haftpflichtversicherung kommt.

Bei Kindern von geschiedenen Eltern kann auf Seiten der Kinder eine Doppelversicherung eintreten, wenn beide Elternteile über eine Privat-Haftpflichtversicherung verfügen. Denn es besteht auch bei dem Elternteil ohne Sorgerecht weiter eine Haftpflichtversicherung für das Kind.

Mitversichert über die Privat-Haftpflichtversicherung gegenüber Ansprüchen Dritter sind auch die im Haushalt des Versicherungsnehmers beschäftigten Personen, wie Hausangestellte, Reinigungspersonal und Babysitter. Ebenso sind eingeschlossen die Personen, die eine Wohnung, ein Haus oder einen Garten des Versicherungsnehmers betreuen, selbst, wenn dieses aus reiner Gefälligkeit geschieht.

11.3.2 Regressversicherung

Die Versicherungswirtschaft hat sich stets auf sich verändernde Bedürfnisse und gesetzliche Neuerungen eingestellt, wie sich am Besten an der Regressversicherung nachvollziehen lässt. Der Gesetzgeber hat die Ärzteschaft mit der Regelung des § 106 Sozialgesetzbuch (SGB) V zu einem wirtschaftlich sinnvollen Handeln verpflichtet. Darauf aufbauend entwickelten einzelne Haftpflichtversicherer, insbesondere die Deutsche Ärzteversicherung zusammen mit dem Berufsverband der Allgemeinärzte – Hausärzteverband – ein Deckungskonzept. Dieser Versicherung liegen die Allgemeinen Versicherungsbedingungen zur Haftpflichtversicherung für Vermögensschäden zugrunde.

Der Versicherungsschutz besteht für Regresse der Ärztekammern gegen die versicherte Person als Vertragsarzt in Folge einer Wirtschaftlichkeitsprüfung nach § 106 SGB V, und zwar wegen:

- unwirtschaftlicher Verordnungsweise von Arznei-, Verband-, Heil- und Hilfsmitteln,
- unwirtschaftlicher Veranlassung von Sach-, Labor- und Röntgenleistungen sowie ähnlichen Leistungen durch Dritte,
- unwirtschaftlicher Auftragsüberweisung zur Diagnostik und Therapie und
- fehlerhafter Berechnung des Datums der Niederkunft einer werdenden Mutter.

Ebenfalls in den Versicherungsschutz einbezogen ist die fahrlässige Verletzung der Verschwiegenheitspflicht, soweit der Arzt oder seine Angestellten deswegen regresspflichtig gemacht werden.

Die Regressversicherung als Vermögensschadenversicherung

Das Besondere an der Regressversicherung ist, dass sie eine Absicherung des versicherten Arztes gegen Rückforderungen der Kammern wegen Unwirtschaftlichkeit darstellt und somit einen normalerweise nicht versicherten Eigenschaden absichert. Der Arzt sichert damit seinen Umsatz gegen Rückgriffe der Kammern.

Normalerweise sind über eine Vermögensschadenversicherung nur Ansprüche privatrechtlichen Inhalts versichert. Die Regressversicherung bewahrt hingegen das Vermögen des Arztes gegen Rückgriffe öffentlich-rechtlichen Charakters.

Ausschlüsse in der Regressversicherung

Selbstverständlich besteht auch in der Regressversicherung bei Vorsatz kein Deckungsschutz. Darüber hinaus tritt die Regressversicherung aber auch dann nicht ein, wenn der Regress wegen einer wissentlich verursachten Unwirtschaftlichkeit durch die Kammer geführt wird.

Der Ausschluss bezieht sich gleichfalls auf Regressfälle, die darauf beruhen, dass der versicherte Arzt ein in den letzten beiden Jahren vor Beginn des Versicherungsschutzes beanstandetes Verhalten unverändert fortsetzt. Dieser Ausschluss ist dann wieder hinfällig, wenn der versicherte Arzt für sein Verhalten spezifische Gründe in Form von Praxisbesonderheiten nachweisen kann.

Die Fälligkeit der Versicherungsleistung

Der Versicherer ist erst dann zur Leistung eines Regressbetrages verpflichtet, wenn feststeht, dass sich der versicherte Arzt unwirtschaftlich verhalten hat. Dies kann zu zeitlichen Friktionen führen, da die Kammern berechtigt sind, die festgestellten Regressbeträge von den laufenden Zahlungen an den Arzt einzubehalten. Hier hilft dem Arzt nur der einstweilige Rechtsschutz, da es auch dem Versicherer nicht zugemutet werden kann, für die Dauer der Auseinandersetzung als Kreditinstitut zu fungieren.

11.3.3 Private Krankenversicherung

Für Personen, die nicht in der gesetzlichen Krankenversicherung versicherungspflichtig sind, besteht die Möglichkeit, eine private Krankenversicherung abzuschließen. Eine derartige Versicherungsfreiheit besteht insbesondere für:

- abhängig Beschäftigte mit einem Arbeitsentgelt oberhalb der Jahresarbeitsentgeltgrenze,
- Freiberufler, wie selbstständige Rechtsanwälte, Notare, Architekten, Steuerberater, Wirtschaftsprüfer, niedergelassene Ärzte und selbstständige Apotheker,
- Selbstständige, hierzu gehören z.B. auch Geschäftsführer in Einmann-/frau-GmbHs,
- Beamte und
- Personen mit geringfügiger Beschäftigung.

Für diese Personen, die nicht der Versicherungspflicht der gesetzlichen Krankenversicherung unterliegen, hat die Versicherungswirtschaft unterschiedliche Deckungskonzepte entwickelt, die vor den finanziellen Folgen von Krankheiten etc. schützen sollen.

Im Wesentlichen lassen sich bei der Krankenversicherung

- die **Krankheitskostenversicherung**,
- die **Krankentagegeldversicherung** und
- die **Pflegepflichtversicherung** unterscheiden.

Die Krankheitskostenversicherung

Die Krankheitskosten- oder Krankenkostenversicherung bietet Schutz für Krankheiten und Unfälle sowie weitere im jeweiligen Vertrag genannte Ereignisse.

Generell besteht die Leistungspflicht des Versicherers beim Vorliegen einer Krankheit.

Definition

Als **Krankheit** wird nach der höchstrichterlicher Rechtsprechung ein objektiver, nach ärztlichem Urteil bestehender anormaler Körper- oder Geisteszustand verstanden. Hierbei spielt es keine Rolle, ob der Versicherungsnehmer ein Krankheitsgefühl verspürt.

Auch behandlungsbedürftige Verletzungsfolgen eines Unfalles deckt die Krankheitskostenversicherung ab.

Die Eintrittspflicht des Versicherers. Für das Vorliegen eines Versicherungsfalls ist entscheidend, dass eine medizinisch notwendige Heilbehandlung zu erfolgen hat.

Definition

Heilbehandlung ist jede ärztliche Tätigkeit, die durch die betreffende Krankheit verursacht worden ist, sofern die Leistung des Arztes von ihrer Art her in den Rahmen der medizinisch notwendigen Krankenpflege fällt und auf Heilung, Besserung oder auch Linderung der Krankheit abzielt (vgl. BGH VersR 1996, 1224).

Es ist nicht erforderlich, dass eine Heilung eintritt. Es kommt nicht auf das Resultat der Heilbehandlung an, sondern auf die Zweckbestimmung des ärztlichen Handelns. Es reicht daher aus, dass die Heilbehandlung zum Zweck der Heilung, Besserung oder auch Linderung eines Leidens sowie zur Verhinderung der Verschlimmerung erfolgt.

Ob eine **medizinisch notwendige Heilbehandlung** vorliegt, wird nach objektiven Kriterien untersucht. Damit der Versicherungsnehmer die Kosten einer Heilbehandlung vom Krankenversicherer erstattet bekommt, ist erforderlich, dass die Heilmaßnahme bei dem festgestellten Krankheitsbild unter Berücksichtigung des auf den Zeitpunkt der Behandlung bezogenen Erkenntnisstandes anerkannter medizinischer Heilkunde zur effizienten Heilbehandlung als notwendig und geeignet anzusehen ist. Hierbei kann es durchaus zu unterschiedlichen Beurteilungen kommen. Und zwar selbst dann, wenn eine medizinisch notwendige Heilbehandlung aus der Sicht des behandelnden Arztes vorliegt. Dieser Einstellung des behandelnden Arztes wird nur eine initielle Wirkung für die Notwendigkeit der Heilbehandlung beigemessen (vgl. OLG Hamm VersR 1978, 414). Im Streitfall wird die medizinische Notwendigkeit der Heilbehandlung durch einen neutralen Sachverständigen nach objektiven und anerkannten medizinischen Erkenntnissen überprüft. Um die medizinisch notwendige Heilbehandlung zu bejahen, reicht es allerdings aus, dass nach objektiven medizinischen Erkenntnissen die ärztliche Maßnahme zum Zeitpunkt ihrer Vornahme vertretbar war.

Dass die höchstrichterliche Rechtsprechung hinsichtlich der Regulierungspraxis der Krankenversicherer durchaus zu abweichenden Ergebnissen kommt, zeigt das Urteil des BGH vom 23.06.1993 (vgl. BGH VersR 1993, 957). In diesem Urteil hatte der Bundesgerichtshof nämlich die so genannte **Wissenschaftlichkeitsklausel** in den Versicherungsbedingungen der Krankenversicherer aufgehoben. Daher können sich die Krankenversicherer nicht mehr darauf beziehen, dass eine Behandlung nach der Methode der alternativen Medizin wegen mangelnder Wissenschaftlichkeit ausgeschlossen wäre. Vielmehr müssen auch die entsprechenden Kosten, die der Versicherungsnehmer hierfür aufgewandt hat, von den Krankenversicherern erstattet werden. Diese Entscheidung hat für die Behandlung von unheilbaren Erkrankungen wesentliche Bedeutung erlangt, so dass auch bei diesen Erkrankungen gerade alternative Behandlungsmethoden vom Versicherungsschutz umfasst werden.

Die Krankentagegeldversicherung

Diese Versicherungsform schützt den Versicherungsnehmer gegen seinen Verdienstausfall, den er durch Arbeitsunfähigkeit in Form von Krankheiten oder Unfällen erleidet.

Definition

Arbeitsunfähigkeit ist gegeben, wenn die versicherte Person ihre berufliche Tätigkeit nach medizinischem Befund vorübergehend in keiner Weise ausüben kann.

Der Versicherungsnehmer darf sie auch tatsächlich nicht ausüben und ebenso keiner anderweitigen Erwerbstätigkeit nachgehen.

Hierbei beginnt der Versicherungsfall zum Zeitpunkt der ersten ärztlichen Untersuchung. Der Versicherungsfall endet, wenn nach medizinischem Befund eine Behandlungsbedürftigkeit nicht mehr besteht und der Versicherungsnehmer damit wieder arbeitsfähig ist.

Obliegenheiten des Versicherungsnehmers bei der Krankentagegeldversicherung. Nach den allgemein üblichen Versicherungsbedingungen hat der Versicherungsnehmer die ärztlich festgestellte Arbeitsunfähigkeit unverzüglich anzuzeigen. Erst mit dieser Anzeige bewirkt der Versicherungsnehmer die Fälligkeit der Krankentagegeldleistungen. Entsprechend der üblichen Obliegenheiten ist der Versicherungsnehmer auch bei der Krankentagegeldversicherung verpflichtet, dem Versicherer jede Auskunft zu erteilen, die dieser zur Feststellung des Versicherungsfalles oder der Leistungspflicht und des jeweiligen Umfanges für erforderlich hält.

Darüber hinaus darf der Versicherer auch Untersuchungen des Versicherungsnehmers verlangen. Damit ist ihm selbst eine Möglichkeit eingeräumt, die Arbeitsunfähigkeit des Versicherungsnehmers überprüfen zu lassen. Dies ist für den Versicherer insofern von wesentlicher Bedeutung, da eine vollständige Arbeitsunfähigkeit bestehen muss.

11.3.4 Private Pflegeversicherung

Durch die Einführung der Pflegepflichtversicherung hat der Gesetzgeber zunächst eine eigenständige Aufgabe der Sozialversicherung unter dem Dach der gesetzlichen Krankenversicherung geschaffen. Außerdem musste er der Tatsache Rechnung tragen, dass innerhalb der gesetzlichen Krankenversicherung bestimmte Personenkreise von der Versicherungspflicht ausgenommen sind. Dabei gilt gemäß §§ 1 Abs. 2 Satz 2, 23 Abs. 1 Satz 1 SGB XI der Grundsatz, dass die Pflegeversicherung der Krankenversicherung folgt. Besteht Versicherungsschutz bei einem privaten Krankenversicherungsunternehmen, so muss der Versicherte auch eine private Pflegeversicherung abschließen. Die privaten Pflegeversicherungsunternehmen orientieren sich bei der Prämienbemessung vom Grunde her am individuellen Risiko des Versicherungsnehmers. Hiergegen richteten sich Verfassungsbeschwerden von Privatversicherten. Sie sahen einen Eingriff in das Grundrecht der allgemeinen Handlungsfreiheit als gegeben an, da sie gesetzlich zum Abschluss und zur Aufrechterhaltung eines privaten Pflegeversicherungsvertrages verpflichtet seien. In der unterschiedlichen Beitragsbemessung von gesetzlicher und privater Pflegeversicherung sahen sie einen Verstoß gegen das Gleichbehandlungsgebot des Artikels 3 Absatz 1 Grundgesetz (GG). Das Bundesverfassungsgericht hat dieser Auffassung jedoch eine Absage erteilt und die Verfassungsbeschwerden zurückgewiesen (vgl. BVerfG vom 03.04.2001, VersR 2001, 623 und BVerfG, VersR 2001, 627).

Definition

Als **pflegebedürftig** im Sinne der Pflegeversicherung werden Personen angesehen, die wegen einer körperlichen, geistigen oder seelischen Krankheit oder Behinderung für die gewöhnlichen und regelmäßig wiederkehrenden Verrichtungen im Ablauf des täglichen Lebens auf Dauer, voraussichtlich für mindestens 6 Monate, in erheblichem oder höherem Maße der Hilfe bedürfen.

Welche Leistung gewährt wird, richtet sich nach der Einstufung in die drei Pflegestufen. Dabei kommen sowohl Sach- als auch Geldleistungen bei stationärer oder häuslicher Pflege in Betracht.

11.3.5 Lebensversicherung

Die ersten deutschen Lebensversicherungsunternehmen entstanden zu Beginn des 19. Jahrhunderts nach englischen Vorbildern. Ihre rechtliche Ausgestaltung wird in den §§ 159 ff. VVG gesetzlich geregelt.

Die Lebensversicherung dient der Absicherung des Versicherungsnehmers, der versicherten Person oder der jeweilig eingesetzten Begünstigten oder Erben.

Der Versicherungsfall in der Lebensversicherung

Der Versicherungsfall in der Lebensversicherung ist entweder der Tod eines Menschen (**Todesfallversicherung**) oder das Erleben eines bestimmten Zeitpunktes (**Erlebensfallversicherung**) sowie die **Kombination** aus beiden.

Todesfallversicherungen. Hier kann wie folgt unterschieden werden:

- **Risikoversicherung:** Eine Risikoversicherung liegt vor, wenn zwischen den Vertragsparteien vereinbart ist, dass der Versicherer seine Leistung zu erbringen hat, wenn der Todesfall während einer zeitlich begrenzten Laufzeit eintritt.
- **Kreditlebensversicherung:** Die Kreditlebens- oder Restschuldversicherung hat die Aufgabe, den Versicherungsnehmer vor den finanziellen Auswirkungen des Versterbens der versicherten Person (Kreditnehmer oder Käufer) zu bewahren. Diese Versicherungsart bezweckt, im Todesfall die restliche Forderung des Kreditgebers oder Verkäufers auszugleichen. Damit schützt sie auch in erheblichem Umfang den Erben oder die Hinterbliebenen des Kreditnehmers.
- **Sterbegeldversicherung:** Bei der Sterbegeldversicherung muss der Versicherer beim Ableben der versicherten Person seine Leistung unabhängig von der Laufzeit und den gezahlten Prämien erbringen. Damit besteht für die versicherte Person jederzeit die Gewissheit, dass der übliche Zweck, nämlich die Deckung der Beerdigungskosten, erfüllt wird.

Erlebensfallversicherung. Die reine Erlebensfallversicherung kommt überaus selten vor, da die Leistungspflicht des Versicherers nur dann eintritt, wenn die versicherte Person einen bestimmten Zeitpunkt erlebt.

Todes- und Erlebensfallversicherung. Gebräuchlich ist die Kombination aus Todes- und Erlebensfallversicherung. Hierbei muss der Versicherer die Versicherungssumme dann auszahlen, wenn die versicherte Person stirbt, spätestens jedoch bei Ablauf der jeweils vereinbarten Vertragslaufzeit. Hiermit wird sowohl der Absicherung der versicherten Person für sein eigenes Rentenalter gedient als auch Vorsorge für die Begünstigten und Erben getroffen.

Die Versicherungsunternehmen bieten zu dieser Mischform der Todes- und Erlebensfallversicherung eine Vielzahl von Versicherungsformen an. Hierzu gehören insbesondere:
- die Kapitalversicherung,
- die Rentenversicherung und
- die fondsgebundene Lebensversicherung.

Eine Besonderheit in der Lebensversicherung besteht darin, dass ein Lebensversicherungsvertrag auch für den Fall des Todes einer anderen Person abgeschlossen werden kann. Dies bedarf allerdings der Zustimmung der versicherten Person, wie sich aus § 159 Abs. 2–4 VVG ergibt. Dies dient dem Schutz der versicherten Person und soll „lebensgefährlichen" Betrügereien in der Lebensversicherung vorbeugen.

Der Versicherungsbeginn

Bei dem Versicherungsbeginn in der Lebensversicherung muss man zwischen dem formellen, dem materiellen und dem technischen Versicherungsbeginn differenzieren:
- Wird der Versicherungsvertrag abgeschlossen, so bezeichnet man dieses als den **formellen Versicherungsbeginn.**
- Als **technischen Versicherungsbeginn** versteht man den Zeitpunkt, in dem der Versicherungsnehmer verpflichtet ist, die vereinbarten Prämien zu zahlen.
- Der **materielle Versicherungsbeginn** tritt dann ein, wenn der Versicherungsschutz besteht.

Hinzu kommt, dass auch ein sog. **vorläufiger Versicherungsschutz** gewährt werden kann. Damit soll dem Versicherungsnehmer für die Zeit bis zur Annahme oder endgültigen Ablehnung des Lebensversicherungsantrages Versicherungsschutz gegeben werden. Regelmäßig wird dieser vorläufige Versicherungsschutz ohne Risikoprüfung eingeräumt. Der Bundesgerichtshof hat mit seinem Urteil vom 21.02.2001 (vgl. BGH, VersR 2001, 489) Leistungsausschlüsse innerhalb dieses vorläufigen Versicherungsschutzes aufgrund der vorgenommenen Formulierung teilweise als rechtlich unwirksam angesehen. Die von der Versicherungswirtschaft häufig verwandte Ausschlussklausel begrenzt nach Ansicht des Bundesgerichtshofes wesentliche Rechte der Versicherungsnehmer so sehr, dass der Vertragszweck als solcher gefährdet werde.

Beendigung des Lebensversicherungsvertrages

Generell endet der Schutz einer Lebensversicherung durch den Versicherungsfall Tod oder den zeitlichen Ablauf der Versicherung. Dabei führt der Tod oder der Ablauf der vereinbarten Zeit nicht stets zu einer Leistungspflicht des Versicherers. Insbesondere die von den Versicherern vereinbarten Risikoausschlüsse gehören zu einer Leistungsfreiheit des Lebensversicherers. Im Wesentlichen ist der Versicherungsschutz für die nachstehenden Sachverhalte ausgeschlossen.

Die Kriegsklausel

Eine Leistungspflicht des Lebensversicherers ist grundsätzlich dann ausgeschlossen, wenn die versicherte Person in unmittelbarem oder mittelbarem Zusammenhang mit kriegerischen Ereignissen verstirbt. Allerdings erlischt sodann nicht die gesamte Leistungspflicht des Lebensversicherers, sondern seine Leistung ist auf die Auszahlung des für den Todestag berechneten Zeitwertes = **Rückkaufswert** der Versicherung gemäß § 176 Abs. 3 VVG beschränkt.

Dieser Risikoausschluss ist jedoch dann hinfällig, wenn die versicherte Person in unmittelbarem oder mittelbarem Zusammenhang mit kriegerischen Ereignissen verstirbt, denen sie während eines Auslandsaufenthaltes außerhalb der Bundesrepublik Deutschland ausgesetzt ist, an der sie aber nicht aktiv beteiligt war.

Dabei versteht man unter kriegerischen Ereignissen im Sinne der Kriegsklausel nicht nur den Krieg mit Waffengewalt zwischen zwei oder mehreren Staaten, sondern auch die dem Krieg ähnlichen Gewaltzustände wie Bürgerkrieg sowie feindselige Handlungen zwischen verschiedenen Staaten ohne bewaffnete Auseinandersetzungen.

Die Selbsttötung

Generell ist der Lebensversicherer nach § 169 VVG bei einer Todesfallversicherung von der Verpflichtung zur Leistung frei, wenn die versicherte Person Selbstmord begangen hat. Allerdings regeln die Allgemeinen Versicherungsbedingungen der Lebensversicherer diesen Ausschlusstatbestand des § 169 VVG anders. Danach tritt die Leistungsfreiheit des Lebensversicherers lediglich bei Selbsttötung vor Ablauf von drei Jahren seit Zahlung der Einlösungsprämie oder seit Wiederherstellung der Versicherung ein. Tötet sich die versicherte Person mithin nach Ablauf dieser 3-Jahresfrist, besteht die Leistungspflicht des Lebensversicherers uneingeschränkt.

Darüber hinaus besteht auch innerhalb der 3-Jahresfrist die Leistungspflicht des Lebensversicherers, wenn die Selbsttötung in einem die freie Willensbestimmung ausschließenden Zustand krankhafter Störung der Geistestätigkeit begangen wird. Wann dieser Einschluss vorliegt, ist jeweils vom Einzelfall abhängig und es liegt eine endlose Rechtsprechung zu diesem Problembereich vor.

Die Tötung durch den Versicherungsnehmer oder den Bezugsberechtigten

Ebenso liegt ein Ausschluss vor, wenn die versicherte Person vom Versicherungsnehmer vorsätzlich durch eine widerrechtliche Handlung getötet wird, § 170 Abs. 1 VVG. Hierbei entfällt, im Unterschied zur Selbsttötung der versicherten Person, jegliche Leistungspflicht des Lebensversicherers. Diese Leistungsfreiheit besteht auch dann, wenn der Anspruch auf den Rückkaufswert abgetreten oder verpfändet ist, da anderenfalls der vom Gesetzgeber verfolgte Zweck unterlaufen würde.

Anders sieht es nach § 170 Abs. 2 VVG aus, wenn die versicherte Person durch den so genannten Bezugsberechtigten vorsätzlich durch eine widerrechtliche Handlung getötet wird. Dann bleibt der Anspruch aus der Lebensversicherung grundsätzlich erhalten. Allerdings steht der Anspruch nicht mehr dem Bezugsberechtigten oder seinem Rechtsnachfolger zu. Vielmehr wird dann fingiert, dass der Versicherte keinen Bezugsberechtigten eingesetzt hat. In jedem Fall soll verhindert werden, dass derjenige, der die versicherte Person vorsätzlich getötet hat, in den Genuss der Versicherungsleistung kommt.

Die Fälligkeit der Versicherungsleistung

Wann der Versicherer die Versicherungsleistung auszahlen muss, ist für das Lebensversicherungsvertragsverhältnis nicht speziell geregelt. Weder die speziellen Vorschriften des Versicherungsvertragsgesetzes für die Lebensversicherung noch die Allgemeinen Versicherungsbedingungen für die Lebensversicherung enthalten eine besondere Regelung. Daher ist auf den allgemein gültigen § 11 Abs. 1 VVG zurückzugreifen. Danach sind Geldleistungen des Versicherers dann fällig, wenn die notwendigen Erhebungen des Versicherers zur Feststellung des Versicherungsfalles und zum Umfang der Leistung beendet sind. Zu diesen notwendigen Erhebungen gehört die Beschaffung von Unterlagen, die ein durchschnittlich sorgfältiger Versicherer dieses Zweiges braucht, um den Versicherungsfall festzustellen und abschließend zu prüfen. Das bedeutet im Einzelfall, dass der Versicherer u.a. auch die Zeit und das Recht hat, in amtliche Ermittlungsakten Einsicht zu nehmen. Andererseits kann der Berechtigte im Falle der zu langsamen Bearbeitung den Versicherer in Verzug setzen und Verzugszinsen in der gesetzlichen Höhe verlangen.

Literatur

zu Kap. 11.1

Dörfler H, Eisenmenger W, Lippert HD (Hrsg) (2000) Das medizinische Gutachten, Loseblatt-Sammlung. Springer, Berlin Heidelberg New York Tokio

Ehlers APF (Hrsg) (2000) Praxis des medizinischen Gutachtens im Prozess, 2. Aufl. Beck, München

Fritze E, Viefhues H (Hrsg) (1996) Die ärztliche Begutachtung, 5. Aufl. Steinkopff, Darmstadt

Jessnitzer K, Ulrich J (Hrsg) (2001) Der gerichtliche Sachverständige. Ein Handbuch für die Praxis, 11. neu bearb. Aufl. Heymanns, Köln

Ludolph E, Lehmann R, Schürmann J (Hrsg) (2000) Kursbuch der ärztlichen Begutachtung, Loseblatt-Sammlung. Ecomed, Landsberg

Marx HH, Klepzig H (Hrsg) (1998) Basiswissen medizinischer Begutachtung. Thieme, Stuttgart

Mollowitz G (1998) Der Unfallmann, 12. Aufl. Springer, Berlin Heidelberg New York Tokio

Schönberger A, Mehrtens G, Valentin H (1998) Arbeitsunfall und Berufskrankheit, 6. Aufl. Schmidt, Berlin Bielefeld München

zu Kap. 11.2

Großmann, Schimanski u.a. (2000) Gemeinschaftskommentar zum Schwerbehindertengesetz, 2. Aufl. Luchterhand, Neuwied

Hennig W, Henke N, u.a. (2001) SGB III – Arbeitsförderung – Kommentar. Band 1, 2, 3: 25. Ergänzungslieferung Juni 2001. Luchterhand, Neuwied

Kasseler Kommentar Sozialversicherungsrecht (2001) Band I, 33. Ergänzungslieferung März 2001; Band 2, 33. Ergänzungslieferung März 2001. Beck, München

Lauterbach H, Waterman F (2001) Unfallversicherung – SBG VII – Kommentar. Band 1 und 2, 4. Aufl. Kohlhammer, Stuttgart

zu Kap. 11.3

Dettmeyer (2001) Medizin & Recht. Springer, Berlin Heidelberg New York Tokio

Eichenauer, Köster, Lüpertz, Schmalohr (1999) Spezielle Versicherungslehre, Band 2. Europa-Lehrmittel Nourney, Vollmer & Co, Haan

Prölls M (1998) VVG-Kommentar, 26. Aufl. Beck, München

Van Bühren (2001) Handbuch Versicherungsrecht. Deutscher Anwaltverlag, Bonn

12 Besondere Rechtsvorschriften in der Schweiz und in Österreich

12.1 Rechtsvorschriften in der Schweiz

U. Zollinger

12.1.1 Schweizerisches Zivilgesetzbuch (ZGB)

Zu Rechtsfähigkeit, Handlungsfähigkeit und Urteilsfähigkeit, Persönlichkeit und fürsorgerischer Freiheitsentziehung.

Art. 11 Rechtsfähigkeit

1. Rechtsfähig ist jedermann.

2. Für alle Menschen besteht demgemäß in den Schranken der Rechtsordnung die gleiche Fähigkeit, Rechte und Pflichten zu haben.

Art. 12 Handlungsfähigkeit

Wer handlungsfähig ist, hat die Fähigkeit, durch seine Handlungen Rechte und Pflichten zu begründen.

Art. 13

Die Handlungsfähigkeit besitzt, wer mündig und urteilsfähig ist.

Art. 14 Mündigkeit

Mündig ist, wer das 18. Lebensjahr vollendet hat.

Art. 16 Urteilsfähigkeit

Urteilfähig im Sinne dieses Gesetzes ist ein jeder, dem nicht wegen seines Kindesalters oder infolge von Geisteskrankheit, Geistesschwäche, Trunkenheit oder ähnlichen Zuständen die Fähigkeit mangelt, vernunftgemäß zu handeln.

Art. 27 Schutz der Persönlichkeit

1. Auf die Rechts- und Handlungsfähigkeit kann niemand ganz oder zum Teil verzichten.

2. Niemand kann sich seiner Freiheit entäußern oder sich in ihrem Gebrauch in einem das Recht oder die Sittlichkeit verletzenden Grade beschränken.

Art. 31 Anfang und Ende der Persönlichkeit

1. Die Persönlichkeit beginnt mit dem Leben nach der vollendeten Geburt und endet mit dem Tode.

2. Vor der Geburt ist das Kind unter dem Vorbehalt rechtsfähig, dass es lebendig geboren wird.

Art. 397 Die fürsorgerische Freiheitsentziehung

Art. 397a Eine mündige oder entmündigte Person darf wegen Geisteskrankheit, Geistesschwäche, Trunksucht, anderen Suchterkrankungen oder schwerer Verwahrlosung in einer geeigneten Anstalt untergebracht oder zurückbehalten werden, wenn ihr die nötige persönliche Fürsorge nicht anders erwiesen werden kann. Dabei ist auch die Belastung zu berücksichtigen, welche die Person für ihre Umgebung bedeutet.

Die betroffene Person muss entlassen werden, sobald ihr Zustand es erlaubt.

Art. 397b Zuständig für den Entscheid ist eine vormundschaftliche Behörde am Wohnsitz oder, wenn Gefahr im Verzuge liegt, eine vormundschaftliche Behörde am Aufenthaltsort der betroffenen Person.

Für die Fälle, in denen Gefahr im Verzuge liegt oder die Person psychisch krank ist, können die Kantone diese Zuständigkeit außerdem andern geeigneten Stellen einräumen.

Hat eine vormundschaftliche Behörde die Unterbringung oder Zurückbehaltung angeordnet, so befindet sie auch über die Entlassung; in den andern Fällen entscheidet darüber die Anstalt.

Art. 397c Die vormundschaftliche Behörde am Aufenthaltsort und die andern vom kantonalen Recht bezeichneten Stellen benachrichtigen die vormundschaftliche Behörde am Wohnsitz, wenn sie eine entmündigte Person in einer Anstalt unterbringen oder zurückbehalten oder wenn sie für eine mündige Person weitere vormundschaftliche Maßnahmen als notwendig erachten.

Art. 397d Die betroffene oder eine ihr nahe stehende Person kann gegen den Entscheid innert zehn Tagen nach der Mitteilung schriftlich das Gericht anrufen.

Dieses Recht besteht auch bei Abweisung eines Entlassungsgesuches.

Art. 397e Das Verfahren wird durch das kantonale Recht geordnet mit folgenden Vorbehalten:

Bei jedem Entscheid muss die betroffene Person über die Gründe der Anordnung unterrichtet und schriftlich darauf aufmerksam gemacht werden, dass sie das Gericht anrufen kann.

Jeder, der in eine Anstalt eintritt, muss sofort schriftlich darüber unterrichtet werden, dass er bei Zurückbehaltung oder bei Abweisung eines Entlassungsgesuches das Gericht anrufen kann.

Ein Begehren um gerichtliche Beurteilung ist unverzüglich an das zuständige Gericht weiterzuleiten.

Die Stelle, welche die Einweisung angeordnet hat, oder das Gericht kann dem Begehren um gerichtliche Beurteilung aufschiebende Wirkung erteilen.

Bei psychisch Kranken darf nur unter Beizug von Sachverständigen entschieden werden; ist dies in einem gerichtlichen Verfahren bereits einmal erfolgt, so können obere Gerichte darauf verzichten.

12.1.2 Schweizerisches Strafgesetzbuch (StGB)

Zu Vergehen, Verbrechen, Zurechungsfähigkeit, Vorsatz und Fahrlässigkeit, strafbaren Handlungen gegen Leib und Leben, gegen die sexuelle Integrität, gegen die öffentliche Gesundheit, gegen die Amts- und Berufspflicht sowie Störung des Totenfriedens.

Art. 9 Vergehen und Verbrechen

1. Verbrechen sind die mit Zuchthaus bedrohten Handlungen.

2. Vergehen sind die mit Gefängnis als Höchststrafe bedrohten Handlungen.

Art. 10 ff. Zurechnungsfähigkeit

Wer wegen Geisteskrankheit, Schwachsinn oder schwerer Störung des Bewusstseins zur Zeit der Tat nicht fähig war, das Unrecht seiner Tat einzusehen oder gemäß seiner Einsicht in das Unrecht der Tat zu handeln, ist nicht strafbar. Vorbehalten sind Maßnahmen nach den Artikeln 43 und 44.

Art. 11

War der Täter zur Zeit der Tat in seiner geistigen Gesundheit oder in seinem Bewusstsein beeinträchtigt oder geistig mangelhaft entwickelt, so dass die Fähigkeit, das Unrecht seiner Tat einzusehen oder gemäß seiner Einsicht in das Unrecht der Tat zu handeln, herabgesetzt war, so kann der Richter die Strafe nach freiem Ermessen mildern (Art. 66). Vorbehalten sind Maßnahmen nach den Artikeln 42–44 und 100 ^{bis}.

Art. 12

Die Bestimmungen der Artikel 10 und 11 sind nicht anwendbar, wenn die schwere Störung oder die Beeinträchtigung des Bewusstseins vom Täter selbst in der Absicht herbeigeführt wurde, in diesem Zustande die strafbare Handlung zu verüben.

Art. 13

1. Die Untersuchungs- oder die urteilende Behörde ordnet eine Untersuchung des Beschuldigten an, wenn sie Zweifel an dessen

Zurechnungsfähigkeit hat oder wenn zum Entscheid über die Anordnung einer sichernden Maßnahme Erhebungen über dessen körperlichen oder geistigen Zustand nötig sind.
2. Die Sachverständigen äußern sich über die Zurechnungsfähigkeit des Beschuldigten sowie auch darüber, ob und in welcher Form eine Maßnahme nach den Artikeln 42–44 zweckmäßig sei.

Art. 18 Vorsatz und Fahrlässigkeit

1. Bestimmt es das Gesetz nicht ausdrücklich anders, so ist nur strafbar, wer ein Verbrechen oder ein Vergehen vorsätzlich verübt.
2. Vorsätzlich verübt ein Verbrechen oder ein Vergehen, wer die Tat mit Wissen und Willen ausführt.
3. Ist die Tat darauf zurückzuführen, dass der Täter die Folge seines Verhaltens aus pflichtwidriger Unvorsichtigkeit nicht bedacht oder darauf nicht Rücksicht genommen hat, so begeht er das Verbrechen oder Vergehen fahrlässig. Pflichtwidrig ist die Unvorsichtigkeit, wenn der Täter die Vorsicht nicht beobachtet, zu der er nach den Umständen und nach seinen persönlichen Verhältnissen verpflichtet ist.

Strafbare Handlungen gegen Leib und Leben

Tötungsdelikte. Artikel 111–117.

Art. 111 Vorsätzliche Tötung

Wer vorsätzlich einen Menschen tötet, ohne dass eine der besondern Voraussetzungen der nachfolgenden Artikel zutrifft, wird mit Zuchthaus nicht unter fünf Jahren bestraft.

Art. 112 Mord

Handelt der Täter besonders skrupellos, sind namentlich sein Beweggrund, der Zweck der Tat oder die Art der Ausführung besonders verwerflich, so ist die Strafe lebenslängliches Zuchthaus oder Zuchthaus nicht unter zehn Jahren.

Art. 113 Totschlag

Handelt der Täter in einer nach den Umständen entschuldbaren heftigen Gemütsbewegung oder unter großer seelischer Belastung, so ist die Strafe Zuchthaus bis zu zehn Jahren oder Gefängnis von einem bis zu fünf Jahren.

Art. 114 Tötung auf Verlangen

Wer aus achtenswerten Beweggründen, namentlich aus Mitleid, einen Menschen auf dessen ernsthaftes und eindringliches Verlangen tötet, wird mit Gefängnis bestraft.

Art. 115 Verleitung und Beihilfe zum Selbstmord

Wer aus selbstsüchtigen Beweggründen jemanden zum Selbstmorde verleitet oder ihm dazu Hilfe leistet, wird, wenn der Selbstmord ausgeführt oder versucht wurde, mit Zuchthaus bis zu fünf Jahren oder mit Gefängnis bestraft.

Art. 116 Kindestötung

Tötet eine Mutter ihr Kind während der Geburt oder solange sie unter dem Einfluss des Geburtsvorganges steht, so wird sie mit Gefängnis bestraft.

Art. 117 Fahrlässige Tötung

Wer fahrlässig den Tod eines Menschen verursacht, wird mit Gefängnis oder mit Buße bestraft.

Abtreibung und Schwangerschaftsunterbrechung.

Artikel 118–121.

Art. 118 Abtreibung durch Schwangere

1. Treibt eine Schwangere ihre Frucht ab oder lässt sie ihre Frucht abtreiben, so wird sie mit Gefängnis bestraft.
2. Die Verjährung tritt in zwei Jahren ein.

Art. 119 Abtreibung durch Drittpersonen

1. Wer einer Schwangeren mit ihrer Einwilligung die Frucht abtreibt, wer einer Schwangeren zu der Abtreibung Hilfe leistet, wird mit Zuchthaus bis zu fünf Jahren oder mit Gefängnis bestraft. Die Verjährung tritt in zwei Jahren ein.
2. Wer einer Schwangeren ohne Einwilligung die Frucht abtreibt, wird mit Zuchthaus bis zu zehn Jahren bestraft.
3. Die Strafe ist Zuchthaus nicht unter drei Jahren, wenn der Täter das Abtreiben gewerbsmäßig betreibt.

Art. 120 Straflose Unterbrechung der Schwangerschaft

1. Eine Abtreibung im Sinne dieses Gesetzes liegt nicht vor, wenn die Schwangerschaft mit schriftlicher Zustimmung der Schwangeren infolge von Handlungen unterbrochen wird, die ein patentierter Arzt nach Einholung eines Gutachtens eines zweiten patentierten Arztes vorgenommen hat, um eine nicht anders abwendbare Lebensgefahr oder große Gefahr dauernden schweren Schadens an der Gesundheit von der Schwangern abzuwenden. Das in Absatz 1 verlangte Gutachten muss von einem für den Zustand der Schwangeren sachverständigen Facharzt erstattet werden, der von der zuständigen Behörde des Kantons, in dem die Schwangere ihren Wohnsitz hat oder in dem der Eingriff erfolgen soll, allgemein oder von Fall zu Fall ermächtigt ist. Ist die Schwangere nicht urteilsfähig, so ist die schriftliche Zustimmung ihres gesetzlichen Vertreters erforderlich.
2. Die Bestimmungen über den Notstand (Art. 34 Ziff. 2) bleiben vorbehalten, soweit eine unmittelbare, nicht anders abwendbare Lebensgefahr oder große Gefahr dauernden schweren Schadens an der Gesundheit der Schwangern besteht und die Unterbrechung der Schwangerschaft durch einen patentierten Arzt vorgenommen wird. Der Arzt hat in solchen Fällen innert 24 Stunden nach dem Eingriff Anzeige an die zuständige Behörde des Kantons, in dem der Eingriff erfolgte, zu erstatten.
3. In den Fällen, in denen die Unterbrechung der Schwangerschaft wegen einer andern schweren Notlage der Schwangern erfolgt, kann der Richter die Strafe nach freiem Ermessen mildern (Art. 66).
4. Artikel 32 findet nicht Anwendung.

Art. 121 Nichtanzeigen einer Schwangerschaftsunterbrechung

Der Arzt, der bei einer von ihm gemäß Artikel 120 Ziffer 2 vorgenommenen Unterbrechung der Schwangerschaft die vorgeschriebene Anzeige an die zuständige Behörde unterlässt, wird mit Haft oder mit Buße bestraft.

Körperverletzung, Tätlichkeiten, Aussetzung, Unterlassung der Nothilfe, Gefährdung des Lebens. Artikel 122–129.

Art. 122 Schwere Körperverletzung

Wer vorsätzlich einen Menschen lebensgefährlich verletzt, wer vorsätzlich den Körper, ein wichtiges Organ oder Glied eines Menschen verstümmelt oder ein wichtiges Organ oder Glied unbrauchbar macht, einen Menschen bleibend arbeitsunfähig, gebrechlich oder geisteskrank macht, das Gesicht eines Menschen arg und bleibend entstellt, wer vorsätzlich eine andere schwere Schädigung des Körpers oder der körperlichen oder geistigen Gesundheit eines Menschen verursacht, wird mit Zuchthaus bis zu zehn Jahren oder mit Gefängnis von sechs Monaten bis zu fünf Jahren bestraft.

Art. 123 Einfache Körperverletzung

1. Wer vorsätzlich einen Menschen in anderer Weise an Körper oder Gesundheit schädigt, wird, auf Antrag, mit Gefängnis be-

straft. In leichten Fällen kann der Richter die Strafe nach freiem Ermessen mildern (Art. 66).
2. Die Strafe ist Gefängnis, und der Täter wird von Amtes wegen verfolgt, wenn er Gift, eine Waffe oder einen gefährlichen Gegenstand gebraucht, wenn er die Tat an einem Wehrlosen oder an einer Person begeht, die unter seiner Obhut steht oder für die er zu sorgen hat, namentlich an einem Kind.

Art. 125 Fahrlässige Körperverletzung

1. Wer fahrlässig einen Menschen am Körper oder an der Gesundheit schädigt, wird, auf Antrag, mit Gefängnis oder mit Buße bestraft.
2. Ist die Schädigung schwer, so wird der Täter von Amtes wegen verfolgt.

Art. 126 Tätlichkeiten

1. Wer gegen jemanden Tätlichkeiten verübt, die keine Schädigung des Körpers oder der Gesundheit zur Folge haben, wird, auf Antrag, mit Haft oder mit Buße bestraft.
2. Der Täter wird von Amtes wegen verfolgt, wenn er die Tat wiederholt an einer Person begeht, die unter seiner Obhut steht oder für die er zu sorgen hat, namentlich an einem Kind.

Art. 127 Aussetzung

Wer einen Hilflosen, der unter seiner Obhut steht oder für den er zu sorgen hat, einer Gefahr für das Leben oder einer schweren unmittelbaren Gefahr für die Gesundheit aussetzt oder in einer solchen Gefahr im Stiche lässt, wird mit Zuchthaus bis zu fünf Jahren oder mit Gefängnis bestraft.

Art. 128 Unterlassung der Nothilfe

Wer einem Menschen, den er verletzt hat, oder einem Menschen, der in unmittelbarer Lebensgefahr schwebt, nicht hilft, obwohl es ihm den Umständen nach zugemutet werden könnte, wer andere davon abhält, Nothilfe zu leisten, oder sie dabei behindert, wird mit Gefängnis oder mit Buße bestraft.

Art. 129 Gefährdung des Lebens

Wer einen Menschen in skrupelloser Weise in unmittelbare Lebensgefahr bringt, wird mit Zuchthaus bis zu fünf Jahren oder mit Gefängnis bestraft.

Strafbare Handlungen gegen die sexuelle Integrität

Art. 187 Gefährdung der Entwicklung von Unmündigen. Sexuelle Handlungen mit Kindern

1. Wer mit einem Kind unter 16 Jahren eine sexuelle Handlung vornimmt, es zu einer solchen Handlung verleitet oder es in eine sexuelle Handlung einbezieht, wird mit Zuchthaus bis zu fünf Jahren oder mit Gefängnis bestraft.
2. Die Handlung ist nicht strafbar, wenn der Altersunterschied zwischen den Beteiligten nicht mehr als drei Jahre beträgt.
3. Hat der Täter zur Zeit der Tat das 20. Altersjahr noch nicht zurückgelegt und liegen besondere Umstände vor oder hat die verletzte Person mit ihm die Ehe geschlossen, so kann die zuständige Behörde von der Strafverfolgung, der Überweisung an das Gericht oder der Bestrafung absehen.
4. Handelte der Täter in der irrigen Vorstellung, das Kind sei mindestens 16 Jahre alt, hätte er jedoch bei pflichtgemäßer Vorsicht den Irrtum vermeiden können, so ist die Strafe Gefängnis.

Art. 188 Sexuelle Handlungen mit Abhängigen

1. Wer mit einer unmündigen Person von mehr als 16 Jahren, die von ihm durch ein Erziehungs-, Betreuungs- oder Arbeitsverhältnis oder auf andere Weise abhängig ist, eine sexuelle Handlung vornimmt, indem er diese Abhängigkeit ausnützt, wer eine solche Person unter Ausnützung ihrer Abhängigkeit zu einer sexuellen Handlung verleitet, wird mit Gefängnis bestraft.
2. Hat die verletzte Person mit dem Täter die Ehe geschlossen, so kann die zuständige Behörde von der Strafverfolgung, der Überweisung an das Gericht oder der Bestrafung absehen.

Art. 189 Angriffe auf die sexuelle Freiheit und Ehre. Sexuelle Nötigung

1. Wer eine Person zur Duldung einer beischlafsähnlichen oder einer anderen sexuellen Handlung nötigt, namentlich indem er sie bedroht, Gewalt anwendet, sie unter psychischen Druck setzt oder zum Widerstand unfähig macht, wird mit Zuchthaus bis zu zehn Jahren oder mit Gefängnis bestraft.
2. Ist der Täter der Ehegatte des Opfers und lebt er mit diesem in einer Lebensgemeinschaft, wird die Tat auf Antrag verfolgt. Das Antragsrecht erlischt nach sechs Monaten. Artikel 28 Absatz 4 ist nicht anwendbar.
3. Handelt der Täter grausam, verwendet er namentlich eine gefährliche Waffe oder einen anderen gefährlichen Gegenstand, so ist die Strafe Zuchthaus nicht unter drei Jahren. Die Tat wird in jedem Fall von Amtes wegen verfolgt.

Art. 190 Vergewaltigung

1. Wer eine Person weiblichen Geschlechts zur Duldung des Beischlafs nötigt, namentlich indem er sie bedroht, Gewalt anwendet, sie unter psychischen Druck setzt oder zum Widerstand unfähig macht, wird mit Zuchthaus bis zu zehn Jahren bestraft.
2. Ist der Täter der Ehegatte des Opfers und lebt er mit diesem in einer Lebensgemeinschaft, wird die Tat auf Antrag verfolgt. Das Antragsrecht erlischt nach sechs Monaten. Artikel 28 Absatz 4 ist nicht anwendbar.
3. Handelt der Täter grausam, verwendet er namentlich eine gefährliche Waffe oder einen anderen gefährlichen Gegenstand, so ist die Strafe Zuchthaus nicht unter drei Jahren. Die Tat wird in jedem Fall von Amtes wegen verfolgt.

Art. 191 Schändung

Wer eine urteilsunfähige oder eine zum Widerstand unfähige Person in Kenntnis ihres Zustandes zum Beischlaf, zu einer beischlafsähnlichen oder einer anderen sexuellen Handlung missbraucht, wird mit Zuchthaus bis zu zehn Jahren oder mit Gefängnis bestraft.

Art. 192 Sexuelle Handlungen mit Anstaltspfleglingen, Gefangenen, Beschuldigten

1. Wer unter Ausnützung der Abhängigkeit einen Anstaltspflegling, Anstaltsinsassen, Gefangenen, Verhafteten oder Beschuldigten veranlasst, eine sexuelle Handlung vorzunehmen oder zu dulden, wird mit Gefängnis bestraft.
2. Hat die verletzte Person mit dem Täter die Ehe geschlossen, so kann die zuständige Behörde von der Strafverfolgung, der Überweisung an das Gericht oder der Bestrafung absehen.

Art. 193 Ausnützung der Notlage

1. Wer eine Person veranlasst, eine sexuelle Handlung vorzunehmen oder zu dulden, indem er eine Notlage oder eine durch ein Arbeitsverhältnis oder eine in anderer Weise begründete Abhängigkeit ausnützt, wird mit Gefängnis bestraft.
2. Hat die verletzte Person mit dem Täter die Ehe geschlossen, so kann die zuständige Behörde von der Strafverfolgung, der Überweisung an das Gericht oder der Bestrafung absehen.

Strafbare Handlung gegen die öffentliche Gesundheit, Störung des Totenfriedens

Art. 231 Verbreiten menschlicher Krankheiten

1. Wer vorsätzlich eine gefährliche übertragbare menschliche Krankheit verbreitet, wird mit Gefängnis von einem Monat bis zu fünf Jahren bestraft. Hat der Täter aus gemeiner Gesinnung gehandelt, so ist die Strafe Zuchthaus bis zu fünf Jahren.
2. Handelt der Täter fahrlässig, so ist die Strafe Gefängnis oder Buße.

Art. 262 Störung des Totenfriedens

1. Wer die Ruhestätte eines Toten in roher Weise verunehrt, wer einen Leichenzug oder eine Leichenfeier böswillig stört oder verunehrt, wer einen Leichnam verunehrt oder öffentlich beschimpft, wird mit Gefängnis oder mit Buße bestraft.
2. Wer einen Leichnam oder Teile eines Leichnams oder die Asche eines Toten wider den Willen des Berechtigten wegnimmt, wird mit Gefängnis oder mit Buße bestraft.

Strafbare Handlungen gegen die Amts- und Berufspflicht, Schweigepflicht

Art. 307 Falsches Zeugnis, falsches Gutachten vor Gericht

Wer in einem gerichtlichen Verfahren als Zeuge, Sachverständiger, Übersetzer oder Dolmetscher zur Sache falsch aussagt, einen falschen Befund oder ein falsches Gutachten abgibt oder falsch übersetzt, wird mit Zuchthaus bis zu fünf Jahren oder mit Gefängnis bestraft.

Art. 318 Falsches ärztliches Zeugnis

1. Ärzte, Zahnärzte, Tierärzte und Hebammen, die vorsätzlich ein unwahres Zeugnis ausstellen, das zum Gebrauche bei einer Behörde oder zur Erlangung eines unberechtigten Vorteils bestimmt, oder das geeignet ist, wichtige und berechtigte Interessen Dritter zu verletzen, werden mit Gefängnis oder mit Buße bestraft. Hat der Täter dafür eine besondere Belohnung gefordert, angenommen oder sich versprechen lassen, so wird er mit Gefängnis bestraft.
2. Handelt der Täter fahrlässig, so ist die Strafe Buße.

Art. 320 Verletzung des Amtsgeheimnisses

1. Wer ein Geheimnis offenbart, das ihm in seiner Eigenschaft als Mitglied einer Behörde oder als Beamter anvertraut worden ist, oder das er in seiner amtlichen oder dienstlichen Stellung wahrgenommen hat, wird mit Gefängnis oder mit Buße bestraft. Die Verletzung des Amtsgeheimnisses ist auch nach Beendigung des amtlichen oder dienstlichen Verhältnisses strafbar.
2. Der Täter ist nicht strafbar, wenn er das Geheimnis mit schriftlicher Einwilligung seiner vorgesetzten Behörde geoffenbart hat.

Art. 321 Verletzung des Berufsgeheimnisses

1. Geistliche, Rechtsanwälte, Verteidiger, Notare, nach Obligationenrecht 199 zur Verschwiegenheit verpflichtete Revisoren, Ärzte, Zahnärzte, Apotheker, Hebammen sowie ihre Hilfspersonen, die ein Geheimnis offenbaren, das ihnen infolge ihres Berufes anvertraut worden ist, oder das sie in dessen Ausübung wahrgenommen haben, werden, auf Antrag, mit Gefängnis oder mit Buße bestraft. Ebenso werden Studierende bestraft, die ein Geheimnis offenbaren, das sie bei ihrem Studium wahrnehmen. Die Verletzung des Berufsgeheimnisses ist auch nach Beendigung der Berufsausübung oder der Studien strafbar.
2. Der Täter ist nicht strafbar, wenn er das Geheimnis auf Grund einer Einwilligung des Berechtigten oder einer auf Gesuch des Täters erteilten schriftlichen Bewilligung der vorgesetzten Behörde oder Aufsichtsbehörde offenbart hat.
3. Vorbehalten bleiben die eidgenössischen und kantonalen Bestimmungen über die Zeugnispflicht und über die Auskunftspflicht gegenüber einer Behörde.

Art. 322 Berufsgeheimnis in der medizinischen Forschung

1. Wer ein Berufsgeheimnis unbefugterweise offenbart, das er durch seine Tätigkeit für die Forschung im Bereich der Medizin oder des Gesundheitswesens erfahren hat, wird nach Artikel 321 bestraft.
2. Berufsgeheimnisse dürfen für die Forschung im Bereich der Medizin oder des Gesundheitswesens offenbart werden, wenn eine Sachverständigenkommission dies bewilligt und der Berechtigte nach Aufklärung über seine Rechte es nicht ausdrücklich untersagt hat.
3. Die Kommission erteilt die Bewilligung, wenn:
a) die Forschung nicht mit anonymisierten Daten durchgeführt werden kann;
b) es unmöglich oder unverhältnismäßig schwierig wäre, die Einwilligung des Berechtigten einzuholen und
c) die Forschungsinteressen gegenüber den Geheimhaltungsinteressen überwiegen.
4. Die Kommission verbindet die Bewilligung mit Auflagen zur Sicherung des Datenschutzes. Sie veröffentlicht die Bewilligung.
5. Sind die schutzwürdigen Interessen der Berechtigten nicht gefährdet und werden die Personendaten zu Beginn der Forschung anonymisiert, so kann die Kommission generelle Bewilligungen erteilen oder andere Vereinfachungen vorsehen.
6. Die Kommission ist an keine Weisungen gebunden.
7. Der Bundesrat wählt den Präsidenten und die Mitglieder der Kommission. Er regelt ihre Organisation und ordnet das Verfahren.

12.1.3 Ärztliche Meldepflichten und Melderechte

Meldepflicht von außergewöhnlichen Todesfällen an Untersuchungsbehörden

Kantonal unterschiedlich geregelt (► s. Kap. 2).

Melderecht/Meldepflicht von Körperverletzungen und Sexualdelikten an Untersuchungsbehörden

Kantonal unterschiedlich geregelt:
- **Melderecht** in den Kantonen AG, AI, AR, BE, BL, BS, SO, TG, ZG, ZH;
- **Meldepflicht** in den Kantonen NW, SZ, TI, UR;
- **Keine Regelung** in den übrigen Kantonen.

Melderecht von strafbaren Handlungen an Unmündigen an vormundschaftliche Behörden

StGB Art. 358

Ist an einem Unmündigen eine strafbare Handlung begangen worden, so sind die zur Wahrung des Amts- und Berufsgeheimnisses (Art. 320 und 321) verpflichteten Personen berechtigt, dies in seinem Interesse den vormundschaftlichen Behörden zu melden.

Melderecht von fahruntüchtigen Personen an Straßenverkehrsamt oder Kantonsarzt

SVG (Straßenverkehrsgesetz) Art. 14 Abs. 4
Jeder Arzt kann Personen, die wegen körperlicher oder geistiger Krankheiten oder Gebrechen oder wegen Süchten zur sicheren Führung von Motorfahrzeugen nicht fähig sind, der Aufsichtsbehörde für Ärzte und der für Erteilung und Entzug des Führerausweises zuständigen Behörde melden.

Meldepflicht von ansteckenden Krankheiten an Kantonsarzt/Gesundheitsdepartement

Epidemiegesetz Art. 27
Die Ärzte und Spitäler sind verpflichtet, gemäß den vom Bundesrat erlassenen Vorschriften Erkrankungen, Verdachtsfälle und Ausscheider der zuständigen kantonalen Stelle zu melden, welche die Meldung an das Eidgenössische Gesundheitsamt weiterzuleiten hat. Die gemäß Art. 5 anerkannten Laboratorien sind verpflichtet, gemäß den vom Bundesrat erlassenen Vorschriften mikrobiologische oder serologische Feststellungen der zuständige kantonalen Stelle und dem Eidgenössischen Gesundheitsamt zu melden. Wer die Meldungen entgegennimmt oder weiterleitet, untersteht der Schweigepflicht.

Melderecht von Betäubungsmittel-Missbrauch an Behandlungs- und Fürsorgestellen

BtmG (Betäubungsmittelgesetz) Art. 15
1. Amtsstellen, Ärzte und Apotheker sind ermächtigt, die in ihrer amtlichen oder beruflichen Tätigkeit festgestellten Fälle von Betäubungsmittelmissbrauch, bei denen sie Betreuungsmaßnahmen im Interesse des Patienten, seiner Angehörigen oder der Allgemeinheit als angezeigt erachten, der für die Betreuung zuständigen Behörde oder einer zugelassenen Behandlungs- oder Fürsorgestelle zu melden.
2. Das Personal der für die Betreuung zuständigen Behörde und der zugelassenen Behandlungs- oder Fürsorgestellen untersteht für solche Meldungen dem Amts- und Berufsgeheimnis nach den Artikeln 320 und 321 des Strafgesetzbuches. Es hat keine Zeugnis- oder Auskunftspflicht, soweit sich die Aussagen auf die persönlichen Verhältnisse des Betreuten oder eine strafbare Handlung nach Artikel 19a beziehen.
3. Erzieher, Betreuer und ihre Hilfspersonen, die erfahren, dass eine ihnen anvertraute Person gegen Artikel 19a dieses Gesetzes verstoßen hat, sind nicht zur Anzeige verpflichtet.

12.1.4 Medizinisch-ethische Richtlinien der Schweizerischen Akademie der Medizinischen Wissenschaften (SAMW)

(siehe www.samw.ch)
- Medizinisch-ethische Richtlinien zur Sterilisation (1981).
- Der ältere Mensch im Heim (1988).
- Medizinisch-ethische Richtlinien für genetische Untersuchungen am Menschen (1993).
- Medizinisch-ethische Richtlinien für die ärztliche Betreuung sterbender und zerebral schwerst geschädigter Patienten (1995).
- Medizinisch-ethische Richtlinien für die Organtransplantationen (1995).
- Ethische Grundsätze und Richtlinien für wissenschaftliche Tierversuche (1995).
- Richtlinien zur Definition und Feststellung des Todes im Hinblick auf Organtransplantationen (1996).
- Richtlinien für Forschungsuntersuchungen am Menschen (1997).
- Medizinisch-ethische Richtlinien für die Transplantation fötaler menschlicher Gewebe (1998).
- Medizinisch-ethische Richtlinien zur somatischen Gentherapie am Menschen (1998).
- Medizinisch-ethische Richtlinien zu Grenzfragen der Intensivmedizin (1999).
- Medizinisch-ethische Grundsätze zur Xenotransplantation (2000).
- Empfehlungen zur Sterilisation von Menschen mit geistiger Behinderung (2001).
- Medizinisch-ethische Richtlinien zur Ausübung der ärztlichen Tätigkeit bei inhaftierten Personen (2002; in Vernehmlassung).
- Medizinisch-ethische Richtlinien zur Feststellung des Todes mit Bezug auf Organtransplantationen (2002; in Vernehmlassung).

12.1.5 Rechtliche Grundlagen betreffend Verkehrsmedizin

Diese sind im Straßenverkehrsgesetz (SVG) und in der Verkehrszulassungsverordnung (VZV) festgehalten.

SVG Art. 14 Abs. 2 Lernfahr- und Führerausweis
Lernfahr- und Führerausweis dürfen nicht erteilt werden, wenn der Bewerber:
a) das vom Bundesrat festgelegte Mindestalter noch nicht erreicht hat
b) durch körperliche oder geistige Krankheiten oder Gebrechen gehindert ist, ein Motorfahrzeug sicher zu führen;
c) dem Trunke oder andern die Fahrfähigkeit herabsetzenden Süchten ergeben ist;
d) nach seinem bisherigen Verhalten nicht Gewähr bietet, dass er als Motorfahrzeugführer die Vorschriften beachten und auf die Mitmenschen Rücksicht nehmen würde.

SVG Art. 14 Abs. 4 Melderecht des Arztes
Jeder Arzt kann Personen, die wegen körperlicher oder geistiger Krankheiten oder Gebrechen oder wegen Süchten zur sicheren Führung von Motorfahrzeugen nicht fähig sind, der Aufsichtsbehörde für Ärzte und der für Erteilung und Entzug des Führerausweises zuständigen Behörde melden.

SVG Art. 16 Entzug der Ausweise
1. Ausweise und Bewilligungen sind zu entziehen, wenn festgestellt wird, dass die gesetzlichen Voraussetzungen zur Erteilung nicht oder nicht mehr bestehen; sie können entzogen werden, wenn die mit der Erteilung im Einzelfall verbundenen Beschränkungen oder Auflagen missachtet werden.
3. Der Führer- oder Lernführerausweis muss entzogen werden, wenn der Führer:

Tabelle 12.1. Medizinische Mindestanforderungen (Anhang 1 zur VZV) (http://www.admin.ch/ch/d/sr/741_51/app1.html)

	1. Gruppe	2. Gruppe	3. Gruppe
	Führerausweis-Kategorie D	a. Führerausweis-Kategorie C b. Führerausweis-Kategorie D1 c. Fahrlehrerausweis-Kategorien I, II und IV d. Sachverständige	a. Führerausweis-Kategorien A, A1, A2, B, C1, D2, F und G b. Fahrlehrerausweis-Kategorie III
1. Größe	160 cm	Buchstabe a: 155 cm	
2. Nervensystem	Keine Geisteskrankheiten. Keine Nervenkrankheiten mit dauernder Behinderung. Kein Schwachsinn. Keine Psychopathien. Keine periodischen Bewusstseinstrübungen oder -verluste. Keine Gleichgewichtsstörungen.	Keine Geisteskrankheiten. Keine Nervenkrankheiten mit dauernder Behinderung. Kein Schwachsinn. Keine Psychopathien. Keine periodischen Bewusstseinstrübungen oder -verluste. Keine Gleichgewichtsstörungen.	Keine schweren Nervenkrankheiten. Keine Geisteskrankheiten von Bedeutung. Kein Schwachsinn. Keine Psychopathien. Keine periodischen Bewusstseinstrübungen oder -verluste. Keine Gleichgewichtsstörungen.
3. Gesicht	Sehschärfe unkorrigiert oder korrigiert ein Auge minimal 1,0, das andere minimal 0,8. Korrigierende Gläser konkav maximal 4, konvex maximal 3 Dioptrien. Astigmatismus maximal 2 Dioptrien. Keine Einschränkung des Gesichtsfeldes. Keine Störung des Dämmerungssehens. Kein Doppelsehen. Keine wesentliche Einschränkung des stereoskopischen Sehens. Kein Schielen (paralytisch und konkomitierend). Keine Aphakie, außer bei ganztägiger Korrektur mit Kontaktglas und Binokularsehen. Kein Lagophthalmus. Keine Ptosis höheren Grades. Keine Pupillenstarre, auch einseitig nicht. Bewerber, welche die verlangte Sehschärfe nur mit Brille oder Kontaktschalen erreichen, sind zum Tragen einer Brille bzw. der Kontaktschalen während der Fahrt verpflichtet. Die Brille mit getönten Gläsern darf in der Dunkelheit eine Absorption von höchstens 35 % aufweisen.	Sehschärfe korrigiert beidseitig minimal 0,8 oder ein Auge korrigiert 1,0, das andere korrigiert minimal 0,6. Keine Einschränkung des Gesichtsfeldes. Keine Störung des Dämmerungssehens. Kein Doppelsehen. Keine wesentliche Einschränkung des stereoskopischen Sehens. Keine Aphakie, außer bei ganztägiger Korrektur mit Binokularsehen. Bewerber, welche die verlangte Sehschärfe nur mit Brille oder Kontaktschalen erreichen, sind zum Tragen einer Brille bzw. der Kontaktschalen während der Fahrt verpflichtet. Die Brille mit getönten Gläsern darf in der Dunkelheit eine Absorption von höchstens 35 % aufweisen.	Ein Auge korrigiert minimal 0,6, das andere korrigiert minimal 0,1. Gesichtsfeld minimal 140° horizontal. Kein Doppelsehen. Einäugige oder einseitig Erblindete: korrigiert oder unkorrigiert minimal 0,8. Keine Einschränkung des Gesichtsfeldes. Für Einäugige ferner eine Wartefrist von minimal vier Monaten nach Zustandekommen der Einäugigkeit und eine Prüfung durch den Sachverständigen unter Vorweisung eines augenärztlichen Zeugnisses. Nach Staroperation ist für Einäugige eine Wartefrist von vier Monaten festzusetzen. Bewerber, welche die verlangte Sehschärfe nur mit Brille oder Kontaktschalen erreichen, sind zum Tragen der Brille bzw. der Kontaktschalen während der Fahrt verpflichtet. Die Brille mit getönten Gläsern darf in der Dunkelheit eine Absorption von höchstens 35 % aufweisen. Einäugige Gehörlose sind vom Fahren ausgeschlossen.
4. Gehör	Hörweite für Konversationssprache beidseitig 8 m (ohne Hörapparat). Keine schweren Erkrankungen des Innen- oder Mittelohres.	Hörweite für Konversationssprache beidseitig 3 m, bei einseitiger Taubheit 6 m (ohne Hörapparat).	Gehörlose Einäugige sind vom Fahren ausgeschlossen.
5. Brustkorb und Wirbelsäule	Keine Missbildungen und keine pathologischen Prozesse, welche die Atmung und Beweglichkeit beeinträchtigen.	Keine Missbildungen und keine pathologischen Prozesse, welche die Atmung und Beweglichkeit erheblich beeinträchtigen.	Keine Missbildungen, welche die Atmung und Beweglichkeit erheblich beeinträchtigen.
6. Atmungsorgane	Keine aktive Lungentuberkulose. Keine chronische Lungenerkrankung und kein Asthma, welche die allgemeine Leistungsfähigkeit beeinträchtigen. Keine Behinderung der Atmung. Kein Pneumothorax.	Keine aktive Lungentuberkulose. Keine chronische Lungenerkrankung und kein Asthma, welche die allgemeine Leistungsfähigkeit beeinträchtigen. Keine Behinderung der Atmung.	

Tabelle 12.1. Fortsetzung

	1. Gruppe	2. Gruppe	3. Gruppe
7. Herz und Gefäße	Keine Herz- und Gefäßstörungen. Keine ernstliche Blutdruckanomalie.	Keine ernstlichen Herz- und Gefäßstörungen. Keine ernstliche Blutdruckanomalie.	Keine hochgradigen Kreislaufstörungen.
8. Bauch- und Stoffwechselorgane	Keine erheblichen Funktionsstörungen des Magen-Darm-Systems und der Stoffwechselorgane. Keine Hernien. Kein Prolaps.	Keine erheblichen Funktionsstörungen des Magen-Darm-Systems und der Stoffwechselorgane. Keine Beschwerden verursachende Hernien. Kein Prolaps.	Keine schweren Stoffwechselkrankheiten.
9. Gliedmaßen	Volle funktionelle Leistungsfähigkeit. Keine Verkrümmungen, Verkürzungen, Verstümmelungen, Versteifungen oder Lähmungen, welche die Führung erschweren.	Für das sichere Führen genügende funktionelle Leistungsfähigkeit.	Keine schweren Verstümmelungen, Versteifungen oder Lähmungen, die nicht durch Einrichtungen genügend korrigiert werden können.

a) den Verkehr in schwerer Weise gefährdet hat;

b) in angetrunkenem Zustand gefahren ist...

g) sich vorsätzlich einer Blutprobe, die angeordnet wurde oder mit deren Anordnung er rechnen musste, oder einer zusätzlichen ärztlichen Untersuchung widersetzt oder entzogen oder den Zweck dieser Maßnahme vereitelt hat.

VZV Art. 6 Medizinische Anforderungen

1. Der Bewerber um den Lernfahr- oder Führerausweis hat die medizinischen Anforderungen des Anhangs 1 zu erfüllen.

2. Führer von Motorfahrzeug-Kategorien, für die ein Führerausweis nicht erforderlich ist, haben eine Mindestsehschärfe korrigiert oder unkorrigiert einseitig von 0,2 zu erfüllen und dürfen keine extreme Gesichtsfeldeinschränkung aufweisen.

3. Soweit nicht ein Ausschlussgrund nach Artikel 14 SVG vorliegt, kann die kantonale Behörde von den medizinischen Mindestanforderungen abweichen, wenn eine mit Spezialuntersuchungen betraute Stelle dies beantragt.

VZV Art. 7 Ärztliche Untersuchung

1. Vor Erteilung des Lernfahrausweises ist der Bewerber hinsichtlich Gehör- und Sehvermögen summarisch zu prüfen und zur Untersuchung an einen Vertrauensarzt oder eine von der kantonalen Behörde bestimmte Spezialuntersuchungsstelle zu weisen, wenn Zweifel über die körperliche oder psychische Eignung bestehen.

2. Das Zeugnis eines durch die kantonale Behörde zu bezeichnenden Vertrauensarztes oder einer Spezialuntersuchungsstelle ist erforderlich:

a) für Bewerber um den Führerausweis der Kategorie C, D und D1

b) für Bewerber, die das 65. Altersjahr überschritten haben

c) für körperbehinderte Bewerber

d) für Gehörlose

3. Einer vertrauensärztliche Kontrolluntersuchung unterliegen:

a) die Inhaber eines Führerausweises der Kat. C, D und D1 sowie die Fahrlehrer bis zum 50. Altersjahr alle 5 Jahre, ab dem 50 Altersjahr alle 3 Jahre

b) die Ausweisinhaber von mehr als 70 Jahren alle zwei Jahre

c) Motorfahrzeugführer nach schweren Unfallverletzungen und nach schweren Krankheiten.

VZV Art. 8 Besondere Gebrechen

1. Gehörlose werden als Fahrzeugführer der dritten Gruppe zum Verkehr zugelassen, wenn sie die Mindestanforderungen im Übrigen erfüllen.

2. Körperbehinderten Bewerbern der zweiten und dritten Gruppe kann der Führerausweis erteilt werden, wenn eine mit Spezialuntersuchungen betraute Stelle oder eine Spezialstelle der Invalidenhilfe die psychische Eignung feststellt.

3. Epileptiker werden nur aufgrund eines Eignungsgutachtens eines Neurologen oder eines Spezialarztes für Epilepsie zum Verkehr zugelassen.

VZV Art. 9 Eignungsabklärungen

1. Bestehen Zweifel an der charakterlichen oder psychischen Eignung des Bewerbers oder Führers, so ist eine verkehrspsychologische oder psychiatrische Untersuchung durch eine von der Behörde zu bezeichnende Stelle anzuordnen.

2. Bei Lastwagenführer-Lehrlingen ist die Berufseignung während einer Probezeit zu Beginn der Lehre durch den Lehrmeister und den Ausbilder abzuklären. In Zweifelsfällen kann die kantonale Behörde geeignete Untersuchungen anordnen.

3. Die kantonale Behörde stellt dem Psychologen und dem Psychiater auf Begehren alle Akten zur Verfügung, welche die Eignung des zu Untersuchenden betreffen.

12.2 Medizinisch relevante Rechtsvorschriften in Österreich

G. Bauer, S. Pollak

Einleitung

Die folgende Zusammenstellung gibt einen knappen Überblick über die österreichische Gesetzeslage, soweit es sich um Rechtsnormen handelt, die entweder für alle Ärzte oder speziell für medizinische Gutachter bedeutsam sind.

Der **allgemeine Teil** befasst sich mit dem ärztlichen Berufsrecht, das im **Ärztegesetz** (Kap. 12.2.1) geregelt ist, und mit Bestimmungen des **Strafgesetzbuches** (Kap. 12.2.2). Der **besondere Teil** (Kap. 12.2.3) ist einigen ausgewählten Themenkreisen gewidmet (Arzt-Patienten-Verhältnis, ärztliche Schweigepflicht, Anzeigepflicht, ärztliche Haftung, Arbeitsteilung, Organentnahme).

Um den vorgegebenen Rahmen nicht zu sprengen, sind manche Gesetzesstellen nur schlagwortartig erwähnt und nicht im Wortlaut wiedergegeben.

12.2.1 Wichtige Bestimmungen des Ärztegesetzes (ÄrzteG 1998 – idF der 2. Ärztegesetz-Novelle)

1. Hauptstück: Ärzteordnung (§§ 1–63 ÄrzteG)

§ 2 Der Beruf des Arztes

(1) Der Arzt ist zur Ausübung der Medizin berufen.
(2) Die Ausübung des ärztlichen Berufes umfasst jede auf medizinisch-wissenschaftlichen Erkenntnissen begründete Tätigkeit, die unmittelbar am Menschen oder mittelbar für den Menschen ausgeführt wird, insbesondere
1. die Untersuchung auf das Vorliegen oder Nichtvorliegen von körperlichen und psychischen Krankheiten oder Störungen, von Behinderungen oder Missbildungen und Anomalien, die krankhafter Natur sind;
2. die Beurteilung von in Ziffer 1 angeführten Zuständen bei Verwendung medizinisch-diagnostischer Hilfsmittel;
3. die Behandlung solcher Zustände (Z. 1);
4. die Vornahme operativer Eingriffe einschließlich der Entnahme oder Infusion von Blut;
5. die Vorbeugung von Erkrankungen;
6. die Geburtshilfe sowie die Anwendung von Maßnahmen der medizinischen Fortpflanzungshilfe;
7. die Verordnung von Heilmitteln, Heilbehelfen und medizinisch-diagnostischen Hilfsmitteln;
8. die Vornahme von Leichenöffnungen.
(3) Jeder zur selbständigen Ausübung des Berufes berechtigte Arzt ist befugt, ärztliche Zeugnisse auszustellen und ärztliche Gutachten zu erstatten.

Absatz 2 impliziert einerseits den engen Zusammenhang mit der medizinischen Wissenschaft und den an den medizinischen Fakultäten gelehrten Disziplinen, andererseits ergibt sich bereits aus diesem Passus die Verpflichtung zur ständigen Fortbildung.

Definition

Unmittelbar ist die ärztliche Tätigkeit dann, wenn sie am Patienten selbst oder bei dessen Anwesenheit im Zusammenhang mit der Feststellung des Gesundheitszustandes oder mit der Behandlung einer Krankheit vorgenommen wird. **Mittelbar** im Sinne von Absatz 2 sind die von Hygienikern, Pathologen, Pharmakologen, Histologen, Gerichtsmedizinern u.a. im Interesse der Gesunderhaltung Einzelner, einer Mehrzahl von Personen oder der Gesamtbevölkerung vorgenommenen Tätigkeiten (z.B. Laboratoriumsuntersuchungen, Feststellung von Krankheits- und Todesursachen auch an Verstorbenen).

§ 3

(1) Die selbständige Ausübung des ärztlichen Berufes ist ausschließlich Ärzten für Allgemeinmedizin und approbierten Ärzten sowie Fachärzten vorbehalten. Die selbständige Ausübung des ärztlichen Berufes ist auch als Gruppenpraxis in der Rechtsform einer offenen Erwerbsgesellschaft zulässig.
(2) Die selbständige Ausübung des ärztlichen Berufes besteht in der eigenverantwortlichen Ausführung der im § 2 Abs. 2 und 3 umschriebenen Tätigkeiten, gleichgültig, ob solche Tätigkeiten freiberuflich oder im Rahmen eines Dienstverhältnisses ausgeübt werden.
(3) Die in Ausbildung zum Arzt für Allgemeinmedizin oder zum Facharzt befindlichen Ärzte (Turnusärzte) sind lediglich zur unselbständigen Ausübung der im § 2 Abs. 2 und 3 umschriebenen Tätigkeiten in den gemäß §§ 9–11 als Ausbildungsstätten anerkannten Einrichtungen, im Rahmen von Lehrpraxen bzw. Lehrgruppenpraxen oder in Lehrambulatorien unter Anleitung und Aufsicht der ausbildenden Ärzte berechtigt. Sofern krankenanstaltenrechtliche Organisationsvorschriften keine dauernde Anwesenheit eines Facharztes erfordern, können Turnusärzte, die bereits über die entsprechenden Kenntnisse und Fertigkeiten verfügen, vorübergehend auch ohne Aufsicht eines für die Ausbildung verantwortlichen Facharztes tätig werden.
(4) Anderen als den in den Abs. 1 und 3 Genannten ist jede Ausübung des ärztlichen Berufes verboten.

Definition

Eigenverantwortlichkeit bedeutet die fachliche Weisungsfreiheit jedes zur Berufsausübung berechtigten Arztes gegenüber jedermann, somit auch gegenüber einem anderen Arzt, unabhängig davon, ob die selbständige Berufsausübung freiberuflich oder im Rahmen eines Dienstverhältnisses erfolgt.

Daraus ergibt sich auch für den angestellten, eigenverantwortlich tätigen Arzt eine sehr weitgehende zivil- und strafrechtliche Verantwortlichkeit, soweit es sich um medizinisch-ärztliche Entscheidungen für den individuellen Patienten handelt. Zusätzliche Kompetenzen besitzt nach § 40 Abs. 9 ÄrzteG der **Leitende Notarzt**, der gegenüber den am Einsatz beteiligten Ärzten und Sanitätspersonen weisungsbefugt ist, wenn bei einem außergewöhnlichen Notfall mit einer Vielzahl verletzter oder erkrankter Personen auch die medizinischen Maßnahmen etwa im Rahmen der Triagierung abzustimmen sind.

Definition

Approbierte Ärzte sind Staatsangehörige der Vertragsparteien des Abkommens über den Europäischen Wirtschaftsraum, die entsprechend § 5 oder § 37 ÄrzteG zur selbständigen Ausübung des ärztlichen Berufes in Österreich entweder im Rahmen einer allgemeinmedizinischen Tätigkeit oder als Fachärzte berechtigt sind.

§§ 4–6 Erfordernisse zur Berufsausübung

§ 7 Ausbildung zum Arzt für Allgemeinmedizin

(1) Personen, die die im § 4 Abs. 2 sowie Abs. 3 Z. 1 oder § 5 Abs. 1 angeführten Erfordernisse erfüllen und beabsichtigen, sich einer selbständigen ärztlichen Betätigung als Arzt für Allgemeinmedizin zuzuwenden, haben sich einer praktischen Ausbildung in der im § 4 Abs. 4 vorgesehenen Dauer (Turnus zum Arzt für Allgemeinmedizin; *Anm: mindestens 3 Jahre)* im Rahmen von Arbeitsverhältnissen sowie der Prüfung zum Arzt für Allgemeinmedizin zu unterziehen und den Erfolg dieser Ausbildung nachzuweisen (§ 26).

(2) Der Turnus hat jedenfalls eine Ausbildung auf den Gebieten Allgemeinmedizin, Chirurgie, Frauenheilkunde und Geburtshilfe, Hals-, Nasen- und Ohrenkrankheiten, Haut- und Geschlechtskrankheiten, Innere Medizin, Kinder- und Jugendheilkunde sowie Neurologie oder Psychiatrie zu umfassen.

(3) Der Turnus ist, soweit Abs. 4 nicht anderes bestimmt, in Krankenanstalten zu absolvieren, die als Ausbildungsstätten für die Ausbildung zum Arzt für Allgemeinmedizin anerkannt sind.

(4) Ein Teil der praktischen Ausbildung (Turnus) in der Dauer von zumindest sechs Monaten ist in Einrichtungen, die der medizinischen Erstversorgung dienen, insbesondere in anerkannten Lehrpraxen freiberuflich tätiger Ärzte für Allgemeinmedizin, für die Ausbildung zum Arzt für Allgemeinmedizin anerkannten Lehrgruppenpraxen oder Lehrambulatorien, in geeigneten Ambulanzen von als Ausbildungsstätten für die Ausbildung zum Arzt für Allgemeinmedizin anerkannten Krankenanstalten oder in vergleichbaren Einrichtungen zu absolvieren...

§ 8 Ausbildung zum Facharzt

(1) Personen, die die im § 4 ... angeführten Erfordernisse erfüllen und beabsichtigen, sich einem Teilgebiet der Heilkunde als Sonderfach zur selbständigen Betätigung als Facharzt zuzuwenden, haben sich in der im § 4 Abs. 5 vorgesehenen Dauer einer praktischen Ausbildung in dem betreffenden Sonderfach sowie in den hiefür einschlägigen Nebenfächern (Turnus zum Facharzt) im Rahmen von Arbeitsverhältnissen sowie der Facharztprüfung zu unterziehen und den Erfolg dieser Ausbildung nachzuweisen (§ 26). Die Ausbildung ist, soweit Abs. 2 nicht anderes bestimmt, in den für das jeweilige Sonderfach anerkannten Ausbildungsstätten und im Hauptfach auf einer genehmigten Ausbildungsstelle, insbesondere in Standardkrankenanstalten sowie in Schwerpunkt- oder Zentralkrankenanstalten, zu absolvieren. Darüber hinaus kann eine ergänzende spezielle Ausbildung auf einem Teilgebiet eines Sonderfaches in der Dauer von mindestens drei Jahren, die in den für das jeweilige Teilgebiet des betreffenden Sonderfaches anerkannten Ausbildungsstätten und im bezeichnungsrelevanten Teilgebiet des betreffenden Sonderfaches auf einer genehmigten Ausbildungsstelle zu erfolgen hat, absolviert werden.

(2) Soweit es mit der Erreichung des Ausbildungszweckes vereinbar ist, kann ein Teil der Facharztausbildung, insgesamt bis zur Höchstdauer von zwölf Monaten, in anerkannten Lehrpraxen freiberuflich tätiger Fachärzte, in für die Ausbildung zum Facharzt anerkannten Lehrgruppenpraxen oder anerkannten Lehrambulatorien absolviert werden...

§§ 9–11 Ausbildungsstätten
§ 12 Lehrpraxen
§ 12a Lehrgruppenpraxen
§ 13 Lehrambulatorien
§ 14 Anrechnung ärztlicher Aus- und Weiterbildungszeiten
§ 15 Diplome und Bescheinigungen
§§ 16–22 Berufsordnung für Zahnärzte, Fachärzte für Zahn-, Mund- und Kieferheilkunde und Turnusärzte in Ausbildung zum Facharzt für Zahn-, Mund- und Kieferheilkunde
§ 23 Begriffsbestimmung
§ 24 Verordnung über die Ärzte-Ausbildung
§ 25 Lehr- und Lernzielkatalog
§ 26 Erfolgsnachweis
§§ 27–29 Ärzteliste
§ 30 Prüfung der Vertrauenswürdigkeit
§ 31 Selbständige Berufsausübung
§§ 32, 33 Selbständige Berufsausübung auf Grund einer Bewilligung
§ 34 Professoren mit ausländischen medizinischen oder zahnmedizinischen Doktoraten
§ 35 Ärztliche Tätigkeit in unselbständiger Stellung zu Studienzwecken
§ 36 Ärzte mit ausländischem Berufssitz oder Dienstort
§ 37 Freier Dienstleistungsverkehr
§§ 38, 39 Arbeitsmediziner
§ 40 Notarzt
§ 41 Amtsärzte, Polizeiärzte, Militärärzte
§ 42 Vorführung komplementär- oder alternativmedizinischer Heilverfahren
§§ 43, 44 Berufsbezeichnungen
§ 45 Berufssitz
§ 46 Dienstort
§ 47 Wohnsitzarzt

§ 48 Dringend notwendige ärztliche Hilfe

Der Arzt darf die erste Hilfe im Falle drohender Lebensgefahr nicht verweigern.

Bei **drohender Lebensgefahr** besteht also eine **gesetzliche Verpflichtung** für den Arzt, erste Hilfe zu leisten.

Ähnliche zwingende Vorschriften enthält § 22 KAKuG (Krankenanstalten- und Kuranstaltengesetz). Demnach sind als **unabweisbar** im Sinne von Absatz 4 dieses Gesetzes Personen zu betrachten, deren geistiger oder körperlicher Zustand wegen Lebensgefahr oder wegen Gefahr einer sonst nicht vermeidbaren schweren Gesundheitsschädigung sofortige Anstaltsbehandlung erfordert, sowie jedenfalls Frauen, wenn die

Entbindung unmittelbar bevorsteht. Ferner sind Personen, die auf Grund besonderer Vorschriften von einer Behörde eingewiesen werden, als unabweisbar anzusehen.

Wichtig

Nach § 23 Abs. 1 KAKuG darf **unbedingt notwendige erste ärztliche Hilfe** in öffentlichen Krankenanstalten niemandem verweigert werden.

Im juristischen Sprachgebrauch handelt es sich hier um Fälle des so genannten Kontrahierungszwanges (Vertragszwang).

§ 49 Behandlung der Kranken und Betreuung der Gesunden

(1) Der Arzt ist verpflichtet, jeden von ihm in ärztliche Beratung oder Behandlung übernommenen Gesunden und Kranken ohne Unterschied der Person gewissenhaft zu betreuen. Er hat sich laufend im Rahmen anerkannter Fortbildungsprogramme der Ärztekammern in den Bundesländern oder der Österreichischen Ärztekammer oder im Rahmen anerkannter ausländischer Fortbildungsprogramme fortzubilden und nach Maßgabe der ärztlichen Wissenschaft und Erfahrung sowie unter Einhaltung der bestehenden Vorschriften das Wohl der Kranken und den Schutz der Gesunden zu wahren.

(2) Der Arzt hat seinen Beruf persönlich und unmittelbar, allenfalls in Zusammenarbeit mit anderen Ärzten auszuüben. Zur Mithilfe kann er sich jedoch Hilfspersonen bedienen, wenn diese nach seinen genauen Anordnungen und unter seiner ständigen Aufsicht handeln.

(3) Der Arzt kann im Einzelfall an Angehörige anderer Gesundheitsberufe oder in Ausbildung zu einem Gesundheitsberuf stehende Personen ärztliche Tätigkeiten übertragen, sofern diese vom Tätigkeitsbereich des entsprechenden Gesundheitsberufes umfasst sind. Er trägt die Verantwortung für die Anordnung. Die ärztliche Aufsicht entfällt, sofern die Regelungen der entsprechenden Gesundheitsberufe bei der Durchführung übertragener ärztlicher Tätigkeiten keine ärztliche Aufsicht vorsehen.

(4) Die in Ausbildung stehenden Studenten der Medizin sind zur unselbständigen Ausübung der im Abs. 5 genannten Tätigkeiten unter Anleitung und Aufsicht der ausbildenden Ärzte berechtigt. Eine Vertretung dieser Ärzte durch Turnusärzte ist zulässig, wenn der Leiter der Abteilung, in deren Bereich die Ausbildung von Turnusärzten erfolgt, schriftlich bestätigt, dass diese Turnusärzte über die hiefür erforderlichen medizinischen Kenntnisse und Erfahrungen verfügen.

(5) Tätigkeiten im Sinne des Abs. 4 sind:

1. Erhebung der Anamnese,
2. einfache physikalische Krankenuntersuchung einschließlich Blutdruckmessung,
3. Blutabnahme aus der Vene,
4. die Vornahme intramuskulärer und subkutaner Injektionen und
5. Hilfeleistung bei anderen ärztlichen Tätigkeiten.

(6) Die in Ausbildung stehenden Studenten der Zahnmedizin sind zur unselbständigen Ausübung zahnärztlicher Tätigkeiten unter Anleitung und Aufsicht der ausbildenden Ärzte berechtigt. Eine Vertretung dieser Ärzte durch Turnusärzte ist zulässig, wenn der Leiter der Abteilung, in deren Bereich die Ausbildung der Turnusärzte erfolgt, schriftlich bestätigt, dass diese über die hierfür erforderlichen zahnmedizinischen Kenntnisse und Erfahrungen verfügen.

Die Verpflichtung des Arztes zur **Fortbildung** ergab sich schon früher aus dem Ärztegesetz, da jedenfalls „nach Maßgabe der ärztlichen Wissenschaft und Erfahrung" vorzugehen ist. Das Krankenanstalten- und Kuranstaltengesetz (KAKuG) sieht im § 8 Abs. 2 vor, dass Pfleglinge von Krankenanstalten nur „nach den Grundsätzen und anerkannten Methoden der medizinischen Wissenschaft" ärztlich behandelt werden dürfen. Ohne kontinuierliche Fortbildung kann auch nicht dem § 1299 ABGB (Allgemeines Bürgerliches Gesetzbuch) entsprochen werden; denn ein Arzt, der nicht über die **„erforderlichen, nicht gewöhnlichen Kenntnisse"** verfügt, muss den Mangel derselben im Schadensfall vertreten. Mit der in der 2. Novelle erweiterten Formulierung des § 49 Abs. 1 ÄrzteG 1998 wurde eine ständige Fortbildungspflicht der Ärzte ausdrücklich festgeschrieben (Erläuterungen zu § 49 Abs. 2–6, ▶ s. Kap. 12.2.3).

§ 50

(1) Beabsichtigt ein Arzt von einer Behandlung zurückzutreten, so hat er seinen Rücktritt dem Kranken oder den für dessen Pflege verantwortlichen Personen, erforderlichenfalls auch der Aufenthaltsgemeinde des Kranken, wegen Vorsorge für anderweitigen ärztlichen Beistand, rechtzeitig anzuzeigen.

(2) Werden in dringenden Fällen gleichzeitig mehrere Ärzte gerufen, so übernimmt, wenn der Kranke selbst keine Entscheidung trifft und kein Einvernehmen erzielt wird, der Arzt die Behandlung, der als erster von den herbeigerufenen Ärzten eingetroffen ist.

(3) In den Fällen des Abs. 2 kann der Arzt eine Vergütung auch dann beanspruchen, wenn keine Behandlung stattgefunden hat, obwohl der Arzt hiezu bereit war.

§ 51 Dokumentationspflicht und Auskunftserteilung

(1) Der Arzt ist verpflichtet, Aufzeichnungen über jede zur Beratung oder Behandlung übernommene Person, insbesondere über den Zustand der Person bei Übernahme der Beratung oder Behandlung, die Vorgeschichte einer Erkrankung, die Diagnose, den Krankheitsverlauf, sowie über Art und Umfang der beratenden, diagnostischen oder therapeutischen Leistungen einschließlich der Anwendung von Arzneispezialitäten und der zur Identifizierung dieser Arzneispezialitäten und der jeweiligen Chargen im Sinne des § 26 Abs. 8 des Arzneimittelgesetzes, BGBl. Nr. 185/1983, erforderlichen Daten zu führen und hierüber der beratenen oder behandelten oder zu ihrer gesetzlichen Vertretung befugten Person alle Auskünfte zu erteilen. In Fällen eines Verdachts im Sinne des § 54 Abs. 4 sind Aufzeichnungen über die den Verdacht begründenden Wahrnehmungen zu führen. Den gemäß § 54 Abs. 5 oder 6 verständigten Behörden oder öffentlichen Dienststellen ist hierüber Auskunft zu erteilen. Der Arzt ist verpflichtet, dem Patienten Einsicht in die Dokumentation zu gewähren oder gegen Kostenersatz die Herstellung von Abschriften zu ermöglichen.

Während sich die Pflicht zur Dokumentation früher nur aus dem Behandlungsvertrag ergab, sind nunmehr einschlägige Verpflichtungen im § 51 ÄrzteG festgeschrieben. Dem Arzt ist demnach eine gewissenhafte Dokumentation aufgetragen, die in erster Linie der Sicherung des diagnostisch-therapeutischen Vorgehens dient, aber auch als Beweissicherung zu verstehen ist. Eine fehlende Dokumentation kann zur Annahme führen, dass eine Maßnahme gar nicht gesetzt wurde, und damit im Zivilprozess eine Beweislastumkehr nach sich ziehen.

U.a. sind nach § 51 ÄrzteG auch die zur Identifizierung der angewendeten Arzneispezialitäten und der jeweiligen Chargen erforderlichen Daten zu dokumentieren. Ausdrücklich besteht nunmehr ein **Recht des Patienten auf Einsicht in die Krankengeschichte;** gegen Ersatz der Kosten sind auch Kopien der Dokumentation anzufertigen.

§ 51 ÄrzteG 1998 wurde mit der 2. Novelle um die Absätze 4 und 5 erweitert; sie enthalten Vorschriften über die Aufbewahrungspflicht von Unterlagen für den Kassenplanstellennachfolger und für den Fall des Ablebens des bisherigen Ordinationsstätteninhabers oder des Wohnsitzarztes.

§ 52 Ordinations- und Apparategemeinschaften
§ 52a, b Gruppenpraxen
§ 53 Werbebeschränkung und Provisionsverbot
§ 54 Verschwiegenheits-, Anzeige- und Meldepflicht
(Text und Erläuterungen ► s. Kap. 12.2.3)

§ 55 Ärztliche Zeugnisse

Ein Arzt darf ärztliche Zeugnisse nur nach gewissenhafter ärztlicher Untersuchung und nach genauer Erhebung der im Zeugnis zu bestätigenden Tatsachen nach seinem besten Wissen und Gewissen ausstellen.

§ 56 Ordinationsstätten
§ 57 Vorrathaltung von Arzneimitteln
§ 58 Vergütung ärztlicher Leistungen
§ 58a Durchsetzung von Schadensersatzansprüchen
(Text und Erläuterungen ► s. Kap. 12.2.3)

§ 59 Erlöschen und Ruhen der Berechtigung zur Berufsausübung, Streichung aus der Ärzteliste
§ 60 Verzicht auf die Berufsausübung
§ 61 Zeitlich beschränkte Untersagung der Berufsausübung
§ 62 Vorläufige Untersagung der Berufsausübung
§ 63 Einziehung des Ärzteausweises

2. Hauptstück: Kammerordnung (§§ 64–134)

1. Abschnitt: Begriffsbestimmung (§ 64)
2. Abschnitt: Ärztekammern in den Bundesländern (§§ 65–95)
3. Abschnitt: Wohlfahrtsfonds (§§ 96–116)
4. Abschnitt: Österreichische Ärztekammer (§§ 117–133)
5. Abschnitt: Wohlfahrtsfonds der Österreichischen Ärztekammer (§ 134)

3. Hauptstück: Disziplinarrecht (§§ 135–194)

§ 136 Disziplinarvergehen

(1) Ärzte machen sich eines Disziplinarvergehens schuldig, wenn sie im Inland oder im Ausland
1. das Ansehen der in Österreich tätigen Ärzteschaft durch ihr Verhalten der Gemeinschaft, den Patienten oder den Kollegen gegenüber beeinträchtigen oder
2. die Berufspflichten verletzen, zu deren Einhaltung sie sich anlässlich der Promotion zum Doctor medicinae universae oder zum Doctor medicinae dentalis verpflichtet haben oder zu deren Einhaltung sie nach diesem Bundesgesetz oder nach anderen Vorschriften verpflichtet sind.
(2) Ärzte machen sich jedenfalls eines Disziplinarvergehens nach Abs. 1 Z. 1 oder Z. 2 schuldig, wenn sie
1. den ärztlichen Beruf ausüben, obwohl über sie rechtskräftig die Disziplinarstrafe der befristeten Untersagung der Berufsausübung (§ 139 Abs. 1 Z. 3) verhängt worden ist oder
2. eine oder mehrere strafbare Handlungen vorsätzlich begangen haben und deswegen von einem in- oder ausländischen Gericht zu einer Freiheitsstrafe von mehr als sechs Monaten oder zu einer Geldstrafe von zumindest 360 Tagessätzen oder zu einer Geldstrafe von mehr als 36.340 € verurteilt worden sind...
(5) Die disziplinäre Verfolgung wird nicht dadurch ausgeschlossen, dass der dem angelasteten Disziplinarvergehen zugrunde liegende Sachverhalt einen gerichtlichen Straftatbestand oder einen Verwaltungsstraftatbestand bildet...
(7) Soweit in diesem Bundesgesetz nicht anderes bestimmt ist, genügt für die Strafbarkeit fahrlässiges Verhalten (§ 6 StGB; ► s. Kap. 12.2.2).
(8) Ein Disziplinarvergehen ist vom Disziplinarrat nicht zu verfolgen, wenn die Schuld des Arztes gering ist und sein Verhalten keine oder nur unbedeutende Folgen nach sich gezogen hat.

Die standesinterne Ahndung ärztlichen Fehlverhaltens ist ein wichtiger Aspekt der beruflichen Selbstverwaltung. Das Disziplinarrecht dient der Aufrechterhaltung der Ordnung und einer hoch stehenden Berufsauffassung; es ist Ausdruck der funktionierenden Selbstreinigungskraft des Berufsstandes. Die Tatsache, dass ein Verhalten, das einen disziplinarrechtlichen Tatbestand erfüllt, auch einen gerichtlich strafbaren Tatbestand oder einen Verwaltungsstraftatbestand verwirklicht hat, hindert die Disziplinarverfolgung nicht.

§ 139 Disziplinarstrafen

(1) Disziplinarstrafen sind
1. der schriftliche Verweis,
2. die Geldstrafe bis zum Betrag von 36.340 €,
3. die befristete Untersagung der Berufsausübung,
4. die Streichung aus der Ärzteliste...

§ 140 Disziplinarrat und Disziplinaranwalt in erster Instanz

(1) Über Disziplinarvergehen erkennt in erster Instanz der Disziplinarrat der Österreichischen Ärztekammer.
(2) Im Rahmen des Disziplinarrates ist zur Durchführung der Disziplinarverfahren für den Bereich eines jeden Oberlandesgerichtssprengels zumindest eine Disziplinarkommission einzurichten...
(3) Jede Disziplinarkommission besteht aus dem Vorsitzenden, der rechtskundig sein muss ..., sowie aus zwei ärztlichen

Beisitzern, die vom Vorstand der Österreichischen Ärztekammer bestellt werden...

§ 141

Die Vertretung der Anzeigen beim Disziplinarrat der Österreichischen Ärztekammer obliegt dem Disziplinaranwalt, der rechtskundig sein muss...

4. Hauptstück: Aufsichtsrecht (§ 195)

5. Hauptstück: Sonstige Bestimmungen (§§ 196–198)

6. Hauptstück: Strafbestimmungen (§ 199)

7. Hauptstück: Schluss- und Übergangsbestimmungen (§§ 200–218)

12.2.2 Wichtige Bestimmungen des Strafgesetzbuches

Im Strafgesetzbuch (StGB) sind die mit gerichtlicher Strafe bedrohten Handlungen verzeichnet.

§ 4 Keine Strafe ohne Schuld

Strafbar ist nur, wer schuldhaft handelt.

Verschulden ist die Vorwerfbarkeit rechtswidrigen Verhaltens. Das Gesetz kennt zwei Arten des Verschuldens: Vorsatz und Fahrlässigkeit.

§ 5 Vorsatz

(1) Vorsätzlich handelt, wer einen Sachverhalt verwirklichen will, der einem gesetzlichen Tatbild entspricht; dazu genügt es, dass der Täter diese Verwirklichung ernstlich für möglich hält und sich mit ihr abfindet.
(2) Der Täter handelt absichtlich, wenn es ihm darauf ankommt, den Umstand oder Erfolg zu verwirklichen, für den das Gesetz absichtliches Handeln voraussetzt.
(3) Der Täter handelt wissentlich, wenn er den Umstand oder den Erfolg, für den das Gesetz Wissentlichkeit voraussetzt, nicht bloß für möglich hält, sondern sein Vorliegen oder Eintreten für gewiss hält.

Von **bedingtem Vorsatz** (Dolus eventualis) im Sinne des § 5 Abs. 1, 2. Halbsatz spricht man, wenn der Täter die Verwirklichung des deliktischen Sachverhaltes nicht nur ernstlich für möglich hält, sondern billigend in Kauf nimmt.

§ 6 Fahrlässigkeit

(1) Fahrlässig handelt, wer die Sorgfalt außer Acht lässt, zu der er nach den Umständen verpflichtet und nach seinen geistigen und körperlichen Verhältnissen befähigt ist und die ihm zuzumuten ist, und deshalb nicht erkennt, dass er einen Sachverhalt verwirklichen könne, der einem gesetzlichen Tatbild entspricht.
(2) Fahrlässig handelt auch, wer es für möglich hält, dass er einen solchen Sachverhalt verwirkliche, ihn aber nicht herbeiführen will.

Unbewusste Fahrlässigkeit (§ 6 Abs. 1): Der Täter lässt die gebotene Sorgfalt außer Acht und erkennt deshalb nicht, dass die Verwirklichung eines tatbildmäßigen Unrechts möglich ist.

Bewusste Fahrlässigkeit (§ 6 Abs. 2): Der Täter erkennt die Möglichkeit der Verwirklichung eines strafbaren Erfolges; er will jedoch diesen Erfolg nicht herbeiführen. Der Unterschied zum Dolus eventualis (bedingter Vorsatz; § 5 Abs. 1, 2. Halbsatz) liegt darin, dass der Täter sich dort mit dem Eintritt des strafbaren Erfolges abfindet.

§ 11 Zurechnungsunfähigkeit

Wer zur Zeit der Tat wegen einer Geisteskrankheit, wegen Schwachsinns, wegen einer tief greifenden Bewusstseinsstörung oder wegen einer anderen schweren, einem dieser Zustände gleichwertigen seelischen Störung unfähig ist, das Unrecht seiner Tat einzusehen oder nach dieser Einsicht zu handeln, handelt nicht schuldhaft.

Die Bestimmungen über die Zurechnungsunfähigkeit haben ihr Gegenstück im § 20 des deutschen StGB („**Schuldunfähigkeit**", ► s. Kap. 6.1.1).

Schuld im Sinne von Vorwerfbarkeit setzt ein Mindestmaß an Selbstbestimmungsfähigkeit voraus. **Diskretionsfähigkeit** ist die Fähigkeit, das Unrecht der Tat einzusehen; **Dispositionsfähigkeit** ist die Fähigkeit, nach dieser Einsicht zu handeln.

Unter dem Begriff „tief greifende Bewusstseinsstörung" wird auch die durch Alkohol und/oder Drogen bewirkte volle Berauschung (s. unten, § 287 StGB) subsumiert. Ein Rauschzustand mit bloß verminderter (also nicht gänzlich aufgehobener) Zurechnungsfähigkeit kommt allenfalls als Milderungsgrund in Betracht (s. unten, § 35 StGB).

Unmündige, die das 14. Lebensjahr noch nicht vollendet haben (§ 1 Z. 1 Jugendgerichtsgesetz), sind nach § 4 Abs. 1 JGG **nicht strafbar**.

Ein **Jugendlicher** (wer das vierzehnte, aber noch nicht das achtzehnte Lebensjahr vollendet hat) ist grundsätzlich strafmündig, doch ist die Strafbarkeit ausgeschlossen, wenn die betreffende Person noch nicht reif genug ist, das Unrecht der Tat einzusehen oder nach dieser Einsicht zu handeln (§ 4 Abs. 2 Z. 1 JGG).

§ 15 Strafbarkeit des Versuches

(1) Die Strafdrohungen gegen vorsätzliches Handeln gelten nicht nur für die vollendete Tat, sondern auch für den Versuch und für jede Beteiligung an einem Versuch...

§ 21 Unterbringung in einer Anstalt für geistig abnorme Rechtsbrecher

(1) Begeht jemand eine Tat, die mit einer ein Jahr übersteigenden Freiheitsstrafe bedroht ist, und kann er nur deshalb nicht bestraft werden, weil er sie unter dem Einfluss eines die Zurechnungsfähigkeit ausschließenden Zustandes (§ 11) begangen hat, der auf einer geistigen oder seelischen Abartigkeit von höherem Grad beruht, so hat ihn das Gericht in eine Anstalt für geistig abnorme Rechtsbrecher einzuweisen, wenn nach seiner Person, nach seinem Zustand und nach der Art der Tat zu befürchten ist, dass

er sonst unter dem Einfluss seiner geistigen oder seelischen Abartigkeit eine mit Strafe bedrohte Handlung mit schweren Folgen begehen werde.

(2) Liegt eine solche Befürchtung vor, so ist in eine Anstalt für geistig abnorme Rechtsbrecher auch einzuweisen, wer, ohne zurechnungsunfähig zu sein, unter dem Einfluss seiner geistigen oder seelischen Abartigkeit von höherem Grad eine Tat begeht, die mit einer ein Jahr übersteigenden Freiheitsstrafe bedroht ist. In einem solchen Fall ist die Unterbringung zugleich mit dem Ausspruch über die Strafe anzuordnen.

Eine Unterbringung nach den §§ 21–23 StGB ist eine **vorbeugende Maßnahme** mit Freiheitsentzug. Zweck der Maßnahme ist der Schutz der Gesellschaft vor der Gefährlichkeit eines Rechtsbrechers mit ungünstiger Prognose.

§ 22 Unterbringung in einer Anstalt für entwöhnungsbedürftige Rechtsbrecher

(1) Wer dem Missbrauch eines berauschenden Mittels oder Suchtmittels ergeben ist und wegen einer im Rausch oder sonst im Zusammenhang mit seiner Gewöhnung begangenen strafbaren Handlung oder wegen Begehung einer mit Strafe bedrohten Handlung im Zustand voller Berauschung (§ 287) verurteilt wird, ist vom Gericht in eine Anstalt für entwöhnungsbedürftige Rechtsbrecher einzuweisen, wenn nach seiner Person und nach der Art der Tat zu befürchten ist, dass er sonst im Zusammenhang mit seiner Gewöhnung an berauschende Mittel oder Suchtmittel eine mit Strafe bedrohte Handlung mit schweren Folgen oder doch mit Strafe bedrohte Handlungen mit nicht bloß leichten Folgen begehen werde.

(2) Von der Unterbringung ist abzusehen, wenn der Rechtsbrecher mehr als zwei Jahre in Strafhaft zu verbüßen hat, die Voraussetzungen für seine Unterbringung in einer Anstalt für geistig abnorme Rechtsbrecher vorliegen oder der Versuch einer Entwöhnung von vornherein aussichtslos scheint.

§ 23 Unterbringung in einer Anstalt für gefährliche Rückfalltäter

§ 35 Berauschung

Hat der Täter in einem die Zurechnungsfähigkeit nicht ausschließenden Rauschzustand gehandelt, so ist dies nur insoweit mildernd, als die dadurch bedingte Herabsetzung der Zurechnungsfähigkeit nicht durch den Vorwurf aufgehoben wird, den der Genuss oder Gebrauch des berauschenden Mittels den Umständen nach begründet.

Ein „**Minderrausch**" im Sinne des § 35 StGB kann einen Milderungsgrund darstellen, aber auch strafbegründend (im Falle des § 89 StGB, s. unten) oder strafsatzerhöhend (§ 81 Abs. 1 Z. 2, § 88 Abs. 3 und Abs. 4 Fall 2; s. unten) sein.

Straftaten im Zustand „**voller Berauschung**" sind nach § 287 StGB (s. unten) zu beurteilen.

§ 75 Mord

Wer einen anderen tötet, ist mit Freiheitsstrafe von zehn bis zwanzig Jahren oder mit lebenslanger Freiheitsstrafe zu bestrafen.

Die Tathandlung besteht in der vorsätzlichen (§ 5 StGB) Tötung eines **anderen** Menschen. Selbstmord ist **kein** strafrechtlicher Tatbestand, wohl aber die Mitwirkung am Selbstmord eines anderen (§ 78 StGB, s. unten).

§ 76 Totschlag

Wer sich in einer allgemein begreiflichen heftigen Gemütsbewegung dazu hinreißen lässt, einen anderen zu töten, ist mit Freiheitsstrafe von fünf bis zu zehn Jahren zu bestrafen.

Totschlag ist ein **privilegierter Fall** der vorsätzlichen Tötung.

Gemütsbewegungen im Sinne des § 76 StGB können sowohl sthenische Affekte (Wut, Zorn) als auch asthenische Affekte (Mutlosigkeit, Verzweiflung) sein.

Allgemein begreiflich bedeutet, dass auch ein „Durchschnittsmensch" unter den konkreten Bedingungen in eine solche Gemütsbewegung geraten könnte.

Heftig ist eine Gemütsbewegung, wenn sie auch starke sittliche Hemmungen zu überwinden vermag.

§ 77 Tötung auf Verlangen

Wer einen anderen auf dessen ernstliches und eindringliches Verlangen tötet, ist mit Freiheitsstrafe von sechs Monaten bis zu fünf Jahren zu bestrafen.

§ 78 Mitwirkung am Selbstmord

Wer einen anderen dazu verleitet, sich selbst zu töten, oder ihm dazu Hilfe leistet, ist mit Freiheitsstrafe von sechs Monaten bis zu fünf Jahren zu bestrafen.

Selbstmord und Selbstmordversuch sind für den Suizidenten straflos. Das Leben eines anderen aber ist ein unverzichtbares Rechtsgut. Strafbar macht sich, wer einen anderen zum Selbstmord verleitet oder ihm hierzu Hilfe leistet. Verleitung ist gleichbedeutend mit Anstiftung, Hilfeleistung bedeutet Beihilfe.

Der Unterschied zwischen Tötung auf Verlangen und Mitwirkung am Selbstmord liegt darin, dass nach § 77 der Täter den Lebensmüden tötet, während im Falle des § 78 der Lebensmüde sich selbst unter Mitwirkung des Täters (Verleitung oder Beihilfe) tötet.

§ 79 Tötung eines Kindes bei der Geburt

Eine Mutter, die das Kind während der Geburt oder solange sie noch unter der Einwirkung des Geburtsvorganges steht, tötet, ist mit Freiheitsstrafe von einem bis zu fünf Jahren zu bestrafen.

Das Delikt ist ein **privilegierter Spezialtatbestand** gegenüber dem § 75 StGB (Mord). Es wird die Einwirkung des Geburtsaktes auf den Geistes- und Gemütszustand der Mutter berücksichtigt. Die Privilegierung kommt nur der **Mutter** selbst zugute. Ein etwaiger Anstifter oder Gehilfe ist wegen Mordes oder Totschlags zu bestrafen. Im Hinblick auf die Garantenstellung der Mutter ist auch Tötung durch Unterlassung des nötigen Beistandes strafbar.

§ 80 Fahrlässige Tötung

Wer fahrlässig den Tod eines anderen herbeiführt, ist mit Freiheitsstrafe bis zu einem Jahr zu bestrafen.

Zur straf- und zivilrechtlichen Haftung des Arztes bei tödlichen Behandlungszwischenfällen ► s. Kap. 12.2.3.

§ 81 Fahrlässige Tötung unter besonders gefährlichen Verhältnissen

(1) Wer fahrlässig den Tod eines anderen herbeiführt
1. unter besonders gefährlichen Verhältnissen,
2. nachdem er sich vor der Tat, wenn auch nur fahrlässig, durch Genuss von Alkohol oder den Gebrauch eines anderen berauschenden Mittels in einen die Zurechnungsfähigkeit nicht ausschließenden Rauschzustand versetzt hat, obwohl er vorhergesehen hat oder hätte vorhersehen können, dass ihm eine Tätigkeit bevorstehe, deren Vornahme in diesem Zustand eine Gefahr für das Leben, die Gesundheit oder die körperliche Sicherheit eines anderen herbeizuführen oder zu vergrößern geeignet sei, oder
3. dadurch, dass er, wenn auch nur fahrlässig, ein gefährliches Tier entgegen einer Rechtsvorschrift oder einem behördlichen Auftrag hält, verwahrt oder führt, ist mit Freiheitsstrafe bis zu drei Jahren zu bestrafen.

Die in Abs. 1 Z. 1 genannten „besonders gefährlichen Verhältnisse" bezeichnen eine gegenüber Normalfällen verschärfte Gefahrenlage im Sinne einer außergewöhnlichen Unfallwahrscheinlichkeit. Im Straßenverkehr kommen u.a. folgende gefahrensteigernde Umstände in Betracht:
- überhöhte Geschwindigkeit bei widrigen Witterungsverhältnissen,
- gravierende Mängel am Fahrzeug usw. (zu Abs. 1 Z. 2 ► s. Kap. 8.5).

§ 82 Aussetzung

§ 83 Körperverletzung

(1) Wer einen anderen am Körper verletzt oder an der Gesundheit schädigt, ist mit Freiheitsstrafe bis zu einem Jahr oder mit Geldstrafe bis zu 360 Tagessätzen zu bestrafen.
(2) Ebenso ist zu bestrafen, wer einen anderen am Körper misshandelt und dadurch fahrlässig verletzt oder an der Gesundheit schädigt.

Definition

Am Körper **verletzt**, wer in die körperliche Integrität nicht ganz unerheblich eingreift.

Folgenlose Misshandlungen begründen also noch keine Verletzung im Sinne des § 83 Abs. 1 StGB. Auch unerhebliche Beeinträchtigungen (z.B. flüchtige Hautrötungen) fallen nach herrschender Meinung **nicht** unter den normativ begrenzten Verletzungsbegriff.

Definition

Eine **Gesundheitsschädigung** ist das Herbeiführen einer empfindlichen (ernstlichen) Beeinträchtigung, die nach Art und Ausmaß Krankheitswert hat. Es kommen nicht nur körperliche, sondern auch geistig-seelische Störungen in Betracht. Schmerzen, die die Einwirkung auf den Körper überdauern, sind als Gesundheitsschädigung zu werten.
Unter **Misshandlung** versteht man eine Einwirkung physischer Kraft, die das körperliche Wohlbefinden nicht ganz unerheblich beeinträchtigt.

Geldstrafen werden in **Tagessätzen** bemessen (§ 19 StGB). Die Höhe des Tagessatzes ist nach den persönlichen Verhältnissen und der wirtschaftlichen Leistungsfähigkeit des Rechtsbrechers zu bestimmen.

§ 84 Schwere Körperverletzung

(1) Hat die Tat eine länger als 24 Tage dauernde Gesundheitsschädigung oder Berufsunfähigkeit zur Folge oder ist die Verletzung oder Gesundheitsschädigung an sich schwer, so ist der Täter mit Freiheitsstrafe bis zu drei Jahren zu bestrafen.
(2) Ebenso ist der Täter zu bestrafen, wenn die Tat begangen worden ist
1. mit einem solchen Mittel und auf solche Weise, womit in der Regel Lebensgefahr verbunden ist,
2. von mindestens drei Personen in verabredeter Verbindung,
3. unter Zufügung besonderer Qualen oder
4. an einem Beamten, Zeugen oder Sachverständigen während oder wegen der Vollziehung seiner Aufgaben oder der Erfüllung seiner Pflichten.
(3) Ebenso ist der Täter zu bestrafen, wenn er mindestens drei selbständige Taten ohne begreiflichen Anlass und unter Anwendung erheblicher Gewalt begangen hat.

Definition

Berufsunfähigkeit liegt vor, wenn und solange der Verletzte die wesentlichen Tätigkeiten, welche die Ausübung seines Berufes erfordert, entweder überhaupt nicht oder nicht ohne unzumutbare Erschwernisse ausführen kann.

Berufsunfähigkeit ist schon dann gegeben, wenn die Berufsausübung mit einer Gefährdung des weiteren Heilungsverlaufes verbunden wäre. Hinsichtlich der Dauer der Berufsunfähigkeit kommt es weder auf die Dauer des Krankenstandes noch auf die Zeit seiner tatsächlichen Inanspruchnahme an. Der Ausdruck „Beruf" ist in weitem Sinn zu verstehen und bezeichnet den Wirkungsbereich, der dem Verletzten nach seiner Stellung innerhalb der Gesellschaft zur Tatzeit konkret zukommt. Auch der Schulbesuch und die Haushaltsführung gelten als Berufe im Sinne des § 84 Abs. 1.

Was als **an sich schwere Verletzung** und als **an sich schwere Gesundheitsschädigung** zu gelten hat, ist eine Rechtsfrage, für deren Beantwortung der ärztliche Gutachter

nur die faktischen Beurteilungsgrundlagen zu erbringen hat. Dabei sind u.a. folgende Umstände zu berücksichtigen:
- Wichtigkeit des betroffenen Organs oder Körperteils,
- Dauer der Beeinträchtigung,
- Art und Intensität der Krankheitserscheinungen,
- Gefährlichkeit des Zustands sowie
- Unbestimmtheit des Heilungsverlaufes.

In der gerichtsmedizinischen Literatur werden folgende Verletzungen als „**an sich schwer**" bezeichnet: Knochenbrüche (ausgenommen: unverschobene Nasenbeinfraktur, unverschobener Querbruch einer einzigen Rippe, kleine knöcherne Absprengungen, geschlossene Brüche von Fingerendgliedern, manche Zehenbrüche usw.); die Eröffnung von Körperhöhlen und Hohlorganen (Larynx, Trachea, Ösophagus usw.); Verletzungen parenchymatöser Organe; Luxationen großer Gelenke; Durchtrennung von Sehnen, großen Gefäßen oder Nerven; Binnenverletzungen und perforierende Verletzungen des Auges; Trommelfellrupturen, die einer operativen Versorgung bedürfen; Kehlkopfbrüche; kanalförmige Durchbohrung von Gliedmaßen; traumatischer Verlust zumindest eines gesunden Zahnes aus einem vollständigen Gebiss bei gleichzeitiger Beschädigung des knöchernen Zahnhalteapparates oder bei gleichzeitigem Kronenabbruch eines weiteren Zahnes; intrakranielle Blutungen und substantielle Hirnverletzungen. Die Commotio cerebri ist hingegen in der Regel als leichte Verletzung einzustufen.

Mit einem solchen Mittel und auf solche Weise, womit in der Regel Lebensgefahr verbunden ist (Abs. 2 Z. 1), bedeutet ein Doppelerfordernis:
- einerseits die Verwendung eines abstrakt lebensgefährlichen Mittels und
- andererseits dessen konkret lebensgefährlicher Einsatz.

Lebensgefährlich muss die **Verletzungshandlung** gewesen sein, nicht aber der **Verletzungserfolg**.

Beispiele für taugliche „Mittel" im Sinne des § 84 Abs. 2 Z. 1 sind Tatwerkzeuge wie Springmesser und Schusswaffen, aber auch bestimmte Gifte.

Die Anwendung („auf solche Weise") muss **in der Regel** – nicht nur möglicherweise – den Angegriffenen in Lebensgefahr bringen (z.B. wuchtige Stichführung gegen die Herzregion).

Der Täter muss gewusst oder doch ernstlich für möglich gehalten und sich damit abgefunden haben, dass mit seinem Handeln, dem angewendeten Mittel und der Art seiner Anwendung in der Regel Lebensgefahr verbunden ist.

Definition

Qualen im Sinne des § 84 Abs. 2 Z. 3 sind länger fortdauernde oder sich wiederholende, physische oder psychische Beeinträchtigungen besonderer Intensität.

§ 85 Körperverletzung mit schweren Dauerfolgen

Hat die Tat für immer oder für lange Zeit
1. den Verlust oder eine schwere Schädigung der Sprache, des Sehvermögens, des Gehörs oder der Fortpflanzungsfähigkeit,
2. eine erhebliche Verstümmelung oder eine auffallende Verunstaltung oder
3. ein schweres Leiden, Siechtum oder Berufsunfähigkeit des Geschädigten zur Folge,

so ist der Täter mit Freiheitsstrafe von sechs Monaten bis zu fünf Jahren zu bestrafen.

Der Verlust auch nur *eines* Auges oder der Hörfähigkeit *eines* Ohres stellt bereits eine Dauerfolge im Sinne von § 85 Z. 1 dar. **Verstümmelung** ist der Verlust eines Gliedes oder Organs.

Eine **auffallende Verunstaltung** liegt dann vor, wenn die äußere Erscheinung der betroffenen Person unter Zugrundelegung eines ästhetischen Maßstabes nach allgemeiner Lebensanschauung erheblich nachteilig verändert wird und diese Veränderung die Aufmerksamkeit dritter Personen hervorzurufen geeignet ist.

Ein **schweres Leiden** ist eine die gesamte Lebensführung des Betroffenen beeinträchtigende Gesundheitsstörung von langer Dauer.

Unter **Siechtum** versteht man schwere, unbehebbare und mit Hinfälligkeit verbundene Leiden.

§ 86 Körperverletzung mit tödlichem Ausgang

Hat die Tat den Tod des Geschädigten zur Folge, so ist der Täter mit Freiheitsstrafe von einem bis zu zehn Jahren zu bestrafen.

Der Tatbestand liegt vor, wenn eine vorsätzliche Körperverletzung (§ 83 StGB) den Tod nach sich zieht. Die Todesfolge muss fahrlässig herbeigeführt sein. War der Tod zum Zeitpunkt der Gewalteinwirkung nicht vorhersehbar, kann er dem Täter nicht zugerechnet werden; der Täter haftet dann nur wegen Körperverletzung.

§ 87 Absichtliche schwere Körperverletzung

(1) Wer einem anderen eine schwere Körperverletzung (§ 84 Abs. 1) absichtlich zufügt, ist mit Freiheitsstrafe von einem bis zu fünf Jahren zu bestrafen.

(2) Zieht die Tat eine schwere Dauerfolge (§ 85) nach sich, so ist der Täter mit Freiheitsstrafe von einem bis zu zehn Jahren, hat die Tat den Tod des Geschädigten zur Folge, mit Freiheitsstrafe von fünf bis zu zehn Jahren zu bestrafen.

Dem Täter kommt es im Falle des § 87 StGB geradezu darauf an, eine schwere Verletzung herbeizuführen.

§ 88 Fahrlässige Körperverletzung

(1) Wer fahrlässig einen anderen am Körper verletzt oder an der Gesundheit schädigt, ist mit Freiheitsstrafe bis zu drei Monaten oder mit Geldstrafe bis zu 180 Tagessätzen zu bestrafen.

(2) Trifft den Täter kein schweres Verschulden und ist entweder
1. die verletzte Person mit dem Täter in auf- oder absteigender Linie verwandt oder verschwägert oder sein Ehegatte, sein Bruder

> oder seine Schwester oder nach § 72 Abs. 2 wie ein Angehöriger des Täters zu behandeln,
> 2. der Täter ein Arzt, die Körperverletzung oder Gesundheitsschädigung in Ausübung der Heilkunde zugefügt worden und aus der Tat keine Gesundheitsschädigung oder Berufsunfähigkeit von mehr als 14-tägiger Dauer erfolgt,
> 3. der Täter eine im Krankenpflegefachdienst, in medizinisch-technischen Diensten oder im Sanitätshilfsdienst tätige Person, die Körperverletzung oder Gesundheitsschädigung in Ausübung eines dieser Berufe zugefügt worden und aus der Tat keine Gesundheitsschädigung oder Berufsunfähigkeit von mehr als 14-tägiger Dauer erfolgt oder
> 4. aus der Tat keine Gesundheitsschädigung oder Berufsunfähigkeit einer anderen Person von mehr als dreitägiger Dauer erfolgt, so ist der Täter nach Abs. 1 nicht zu bestrafen.
> (3) In den im § 81 Abs. 1 Z. 1 bis 3 bezeichneten Fällen ist der Täter mit Freiheitsstrafe bis zu sechs Monaten oder mit Geldstrafe bis zu 360 Tagessätzen zu bestrafen.
> (4) Hat die Tat eine schwere Körperverletzung (§ 84 Abs. 1) zur Folge, so ist der Täter mit Freiheitsstrafe bis zu sechs Monaten oder mit Geldstrafe bis zu 360 Tagessätzen, in den im § 81 Abs. 1 Z. 1 bis 3 bezeichneten Fällen aber mit Freiheitsstrafe bis zu zwei Jahren zu bestrafen.

Absatz 1 betrifft fahrlässig herbeigeführte **leichte Körperverletzungen**, Abs. 4 die fahrlässige **schwere Körperverletzung** (Definition s. § 84 StGB).

Schweres Verschulden ist anzunehmen, wenn dem Täter eine ungewöhnlich auffallende Sorglosigkeit zur Last liegt und ihm der Eintritt des Schadens als wahrscheinlich und nicht etwa bloß als entfernt möglich vorhersehbar war.

Unter der Voraussetzung, dass den Täter kein schweres Verschulden trifft und die Verletzung nicht schwer im Sinne des § 84 Abs. 1 ist, bleibt die Tat in den Fällen des Abs. 2 Z. 1–4 straflos. Soweit damit Behandlungsfehler entpönalisiert werden, soll der besonderen Gefahrengeneigtheit heilberuflicher Tätigkeit Rechnung getragen werden.

In bezirksgerichtlichen Verfahren befasst sich ein großer Teil der ärztlichen Gutachten mit der Frage, ob eine fahrlässig herbeigeführte (leichte) Körperverletzung mit einer mehr als dreitägigen Gesundheitsschädigung und/oder Berufsunfähigkeit einhergegangen ist.

Die Begriffe „Gesundheitsschädigung" und „Berufsunfähigkeit" wurden schon im Zusammenhang mit den §§ 83 und 84 StGB definiert.

Bei Zutreffen von Abs. 3 (z.B. besonders gefährliche Verhältnisse, die Zurechnungsfähigkeit nicht ausschließende Berauschung) kommen die privilegierenden Umstände des § 88 Abs. 2 nicht zum Tragen.

Generell hat ein **Verletzungsgutachten** zu folgenden Punkten Stellung zu nehmen:
- **Art** der Verletzung (Diagnose),
- **Verletzungsgrad** (aus medizinischer Sicht),
- **Verletzungsfolgen** (Dauer der Gesundheitsschädigung und Berufsunfähigkeit, ggf. Ausführungen zum Vorliegen von schweren Dauerfolgen im Sinne des § 85 StGB),
- **Entstehungsweise** der Verletzung (soweit medizinisch erschließbar).

§ 89 Gefährdung der körperlichen Sicherheit

> Wer in den im § 81 Abs. 1 Z. 1 bis 3 bezeichneten Fällen, wenn auch nur fahrlässig, eine Gefahr für das Leben, die Gesundheit oder die körperliche Sicherheit eines anderen herbeiführt, ist mit Freiheitsstrafe bis zu drei Monaten oder mit Geldstrafe bis zu 180 Tagessätzen zu bestrafen.

Nur **konkrete Gefährdung** kommt in Frage. Konkrete Gefahr liegt vor, wenn eine Handlung nicht bloß allgemein ihrer Art nach geeignet ist zu verletzen, sondern gerade im gegebenen Einzelfall.

§ 90 Einwilligung des Verletzten

> (1) Eine Körperverletzung oder Gefährdung der körperlichen Sicherheit ist nicht rechtswidrig, wenn der Verletzte oder Gefährdete in sie einwilligt und die Verletzung oder Gefährdung als solche nicht gegen die guten Sitten verstößt.
> (2) Die von einem Arzt an einer Person mit deren Einwilligung vorgenommene Sterilisation ist nicht rechtswidrig, wenn entweder die Person bereits das 25. Lebensjahr vollendet hat oder der Eingriff aus anderen Gründen nicht gegen die guten Sitten verstößt.
> (3) In eine Verstümmelung oder sonstige Verletzung der Genitalien, die geeignet ist, eine nachhaltige Beeinträchtigung des sexuellen Empfindens herbeizuführen, kann nicht eingewilligt werden.

Beispiele für Absatz 1 wären ärztliche Eingriffe, die *keine* eigentliche Heilbehandlung sind (für diese gelten die Voraussetzungen des § 110 StGB, s. unten), wie ausschließlich kosmetisch begründete Operationen und wissenschaftliche Versuche.

Für die **Sterilisierung** (Unfruchtbarmachung durch Unterbrechung der Samen- bzw. Eileiter) aus **medizinischer Indikation** ist ebenfalls § 110 StGB einschlägig. Sterilisierung zu **anderen Zwecken** ist gemäß § 90 Abs. 2 StGB zulässig, wenn sie durch einen Arzt vorgenommen wird und der Betroffene einwilligt. Vor Vollendung des 25. Lebensjahres ist der Eingriff nur dann zufolge Einwilligung gerechtfertigt, wenn er nicht „gegen die guten Sitten verstößt" (z.B. bei eugenischer Indikation).

§ 92 Quälen oder Vernachlässigen unmündiger, jüngerer oder wehrloser Personen

§ 94 Imstichlassen eines Verletzten

> (1) Wer es unterlässt, einem anderen, dessen Verletzung am Körper (§ 83) er, wenn auch nicht widerrechtlich, verursacht hat, die erforderliche Hilfe zu leisten, ist mit Freiheitsstrafe bis zu einem Jahr oder mit Geldstrafe bis zu 360 Tagessätzen zu bestrafen.
> (2) Hat das Imstichlassen eine schwere Körperverletzung (§ 84 Abs. 1) des Verletzten zur Folge, so ist der Täter mit Freiheitsstrafe bis zu zwei Jahren, hat es seinen Tod zur Folge, mit Freiheitsstrafe bis zu drei Jahren zu bestrafen.

(3) Der Täter ist entschuldigt, wenn ihm die Hilfeleistung nicht zuzumuten ist. Die Hilfeleistung ist insbesondere dann nicht zuzumuten, wenn sie nur unter der Gefahr des Todes oder einer beträchtlichen Körperverletzung oder Gesundheitsschädigung oder unter Verletzung anderer überwiegender Interessen möglich wäre.

(4) Der Täter ist nach Abs. 1 und 2 nicht zu bestrafen, wenn er schon wegen der Verletzung mit der gleichen oder einer strengeren Strafe bedroht ist.

Täter nach § 94 kann nur der **Verursacher** einer Verletzung sein, andernfalls kommt Strafbarkeit nach § 95 StGB in Frage (s. unten).

Voraussetzung für das objektive **Erfordernis der Hilfeleistung** ist, dass über die verursachte Verletzung hinaus die Gefahr eines weiteren Schadens für Leib oder Leben des Verletzten besteht (Schmerzen allein genügen).

Definition

Unter **Hilfeleistung** ist jede Vorkehrung zu verstehen, welche die Lage des Verletzten (mag er auch dem Tode verfallen sein) erleichtert und insbesondere seine Schmerzen lindert.

§ 95 Unterlassung der Hilfeleistung

(1) Wer es bei einem Unglücksfall oder einer Gemeingefahr (§ 176) unterlässt, die zur Rettung eines Menschen aus der Gefahr des Todes oder einer beträchtlichen Körperverletzung oder Gesundheitsschädigung offensichtlich erforderliche Hilfe zu leisten, ist mit Freiheitsstrafe bis zu sechs Monaten oder mit Geldstrafe bis zu 360 Tagessätzen, wenn die Unterlassung der Hilfeleistung jedoch den Tod eines Menschen zur Folge hat, mit Freiheitsstrafe bis zu einem Jahr oder mit Geldstrafe bis zu 360 Tagessätzen zu bestrafen, es sei denn, dass die Hilfeleistung dem Täter nicht zuzumuten ist.

(2) Die Hilfeleistung ist insbesondere dann nicht zuzumuten, wenn sie nur unter Gefahr für Leib und Leben oder unter Verletzung anderer ins Gewicht fallender Interessen möglich wäre.

Definition

Der Ausdruck **Unglücksfall** bezeichnet ein plötzlich eintretendes Ereignis, das beträchtlichen Schaden verursacht oder befürchten lässt.

Gemeingefahr ist eine Gefahr für Leib und Leben einer größeren Zahl von Menschen oder für fremdes Eigentum in großem Ausmaß.

§ 96 Schwangerschaftsabbruch

(1) Wer mit Einwilligung der Schwangeren deren Schwangerschaft abbricht, ist mit Freiheitsstrafe bis zu einem Jahr, begeht er die Tat gewerbsmäßig, mit Freiheitsstrafe bis zu drei Jahren zu bestrafen.

(2) Ist der unmittelbare Täter kein Arzt, so ist er mit Freiheitsstrafe bis zu drei Jahren, begeht er die Tat gewerbsmäßig oder hat sie den Tod der Schwangeren zur Folge, mit Freiheitsstrafe von sechs Monaten bis zu fünf Jahren zu bestrafen.

(3) Eine Frau, die den Abbruch ihrer Schwangerschaft selbst vornimmt oder durch einen anderen zulässt, ist mit Freiheitsstrafe bis zu einem Jahr zu bestrafen.

Zur Erfüllung des Tatbestandes ist **Vorsatz** – gerichtet auf die Tötung der Leibesfrucht – erforderlich.

Die Schwangerschaft im Sinne dieses Gesetzes beginnt mit der **Nidation.** Alle Handlungen, die der Einnistung des befruchteten Eies in der Gebärmutterschleimhaut entgegenwirken sollen und Handlungen zur Verhinderung der Befruchtung selbst sind daher **kein** Abbruch der Schwangerschaft.

Definition

Unter **Schwangerschaftsabbruch** versteht man jede Einwirkung auf die Schwangere und die Leibesfrucht, die das Absterben der Frucht oder ein Abgehen der Frucht in nicht lebensfähigem Zustand bewirkt.

Die Strafdrohung des § 96 Abs. 2 gilt nur für den Nichtarzt; ein Arzt könnte evtl. wegen fahrlässiger Tötung (§ 80 StGB) zur Verantwortung gezogen werden.

Die Frau, die ihre Schwangerschaft selbst abbricht oder durch einen anderen abbrechen lässt, fällt stets unter die Strafdrohung des Abs. 3.

§ 97 Straflosigkeit des Schwangerschaftsabbruchs

(1) Die Tat ist nach § 96 nicht strafbar,

1. wenn der Schwangerschaftsabbruch innerhalb der ersten drei Monate nach Beginn der Schwangerschaft nach vorhergehender ärztlicher Beratung von einem Arzt vorgenommen wird; oder
2. wenn der Schwangerschaftsabbruch zur Abwendung einer nicht anders abwendbaren ernsten Gefahr für das Leben oder eines schweren Schadens für die körperliche oder seelische Gesundheit der Schwangeren erforderlich ist oder eine ernste Gefahr besteht, dass das Kind geistig oder körperlich schwer geschädigt sein werde, oder die Schwangere zur Zeit der Schwängerung unmündig gewesen ist und in allen diesen Fällen der Abbruch von einem Arzt vorgenommen wird; oder
3. wenn der Schwangerschaftsabbruch zur Rettung der Schwangeren aus einer unmittelbaren, nicht anders abwendbaren Lebensgefahr unter Umständen vorgenommen wird, unter denen ärztliche Hilfe nicht rechtzeitig zu erlangen ist.

(2) Kein Arzt ist verpflichtet, einen Schwangerschaftsabbruch durchzuführen oder an ihm mitzuwirken, es sei denn, dass der Abbruch ohne Aufschub notwendig ist, um die Schwangere aus einer unmittelbar drohenden, nicht anders abwendbaren Lebensgefahr zu retten. Dies gilt auch für die im Krankenpflegefachdienst, in medizinisch-technischen Diensten oder im Sanitätshilfsdienst tätigen Personen.

(3) Niemand darf wegen der Durchführung eines straflosen Schwangerschaftsabbruchs oder der Mitwirkung daran oder wegen der Weigerung, einen solchen Schwangerschaftsabbruch durchzuführen oder daran mitzuwirken, in welcher Art immer benachteiligt werden.

Die Regelung des § 97 Abs. 1 Z. 1 wird allgemein als sog. **Fristenlösung** bezeichnet. Danach ist die Straflosigkeit des

Schwangerschaftsabbruchs an folgende Voraussetzungen gebunden:

- Vornahme innerhalb der ersten **drei (Kalender-) Monate**, gerechnet vom Zeitpunkt der abgeschlossenen Nidation;
- vorausgegangene **Beratung** durch einen Arzt (nach Wahl der Schwangeren); die Beratung und der Schwangerschaftsabbruch dürfen auch von ein und demselben Arzt vorgenommen werden und
- Durchführung des Schwangerschaftsabbruchs durch einen Arzt.

Auch *nach* Ablauf der Dreimonatsfrist bleibt ein Schwangerschaftsabbruch bei Vorliegen von **bestimmten Indikationen** straflos (§ 97 Abs. 1 Z. 2):

- **medizinische** Indikation („zur Abwendung einer nicht anders abwendbaren ernsten Gefahr…"),
- **eugenisch-kindliche** Indikation („wenn eine ernste Gefahr besteht, dass das Kind geistig oder körperlich schwer geschädigt sein werde") und
- bei **Unmündigkeit** der Schwangeren (wenn zum Zeitpunkt der Schwängerung das 14. Lebensjahr noch nicht vollendet war).

§ 98 Schwangerschaftsabbruch ohne Einwilligung der Schwangeren

(1) Wer ohne Einwilligung der Schwangeren deren Schwangerschaft abbricht, ist mit Freiheitsstrafe bis zu drei Jahren, hat die Tat den Tod der Schwangeren zur Folge, mit Freiheitsstrafe von sechs Monaten bis zu fünf Jahren zu bestrafen.

(2) Der Täter ist nach Abs. 1 nicht zu bestrafen, wenn der Schwangerschaftsabbruch zur Rettung der Schwangeren aus einer unmittelbaren, nicht anders abwendbaren Lebensgefahr unter Umständen vorgenommen wird, unter denen die Einwilligung der Schwangeren nicht rechtzeitig zu erlangen ist.

Täter nach § 98 StGB kann ein Nichtarzt oder Arzt sein, aber nicht die Schwangere. Die Tat ist auch in den ersten drei Monaten der Schwangerschaft strafbar.

§ 110 Eigenmächtige Heilbehandlung

(1) Wer einen anderen ohne dessen Einwilligung, wenn auch nach den Regeln der medizinischen Wissenschaft, behandelt, ist mit Freiheitsstrafe bis zu sechs Monaten oder mit Geldstrafe bis zu 360 Tagessätzen zu bestrafen.

(2) Hat der Täter die Einwilligung des Behandelten in der Annahme nicht eingeholt, dass durch den Aufschub der Behandlung das Leben oder die Gesundheit des Behandelten ernstlich gefährdet wäre, so ist er nach Abs. 1 nur zu bestrafen, wenn die vermeintliche Gefahr nicht bestanden hat und er sich dessen bei Aufwendung der nötigen Sorgfalt (§ 6) hätte bewusst sein können.

(3) Der Täter ist nur auf Verlangen des eigenmächtig Behandelten zu verfolgen.

Strafrechtlich stellt die ärztliche Heilbehandlung, anders als nach deutschem StGB, im österreichischen Recht **keine** tatbestandsmäßige Körperverletzung dar. Folglich kann eine gegen den Willen des Patienten erfolgte Heilbehandlung **nicht** als Körperverletzung bestraft werden. Den rechtspolitisch erwünschten Schutz des Patienten vor ärztlicher Eigenmacht leistet sachgerecht § 110 StGB, der das Selbstbestimmungsrecht des Patienten sichern will, indem er die Heilbehandlung ohne wirksame Einwilligung eigens unter Strafe stellt.

Da die Strafbestimmung ein höchstpersönliches Rechtsgut (nämlich die Freiheit des Einzelnen in Bezug auf medizinische Behandlung) schützt und da das öffentliche Interesse an der Strafverfolgung demgegenüber zurücktritt, findet eine Verfolgung nur **auf Verlangen** des eigenmächtig Behandelten statt (sog. **Privatanklagedelikt**).

Der Behandlungsbegriff des § 110 StGB umfasst nicht nur unmittelbar therapeutische, sondern auch diagnostische und prophylaktische Maßnahmen. **Ohne Einwilligung** des betroffenen Patienten sind solche Handlungen in der Regel rechtswidrig, unabhängig davon, ob daraus für den Behandelten ein gesundheitlicher Nachteil erwächst oder nicht.

Die Einwilligung ist an **keine bestimmte Form** gebunden; sie kann also schriftlich, mündlich oder durch konkludentes Handeln erfolgen.

Eine Konstellation, wie sie in Absatz 2 beschrieben ist, kann etwa dann vorliegen, wenn sich während einer Operation die nicht vorhergesehene Notwendigkeit eines weitergehenden Eingriffes ergibt und ein Aufschub den Behandelten ernstlich gefährden würde. Als **intraoperative Entscheidungshilfe** könnte der Ansatz dienen, ob die mit der Operationserweiterung verbundenen Risiken oder auch nur möglichen Nachteile von solchem Gewicht sind, dass sie ein vernünftiger Patient ernsthaft in seine Überlegung, ob er zustimmen soll oder nicht, einbeziehen würde.

Selbst medizinisch indizierte Behandlungen gegen den erklärten Willen des Patienten sind tatbestandsmäßig. Es steht in der freien Disposition auch eines lebensgefährlich erkrankten Patienten, ob ein Heilungsversuch unternommen werden soll oder nicht; das gilt sogar für unmittelbare Lebensgefahr.

Die ausdrückliche Weigerung eines Patienten (z.B. eines Zeugen Jehovas), eine Bluttransfusion an sich vornehmen zu lassen, wäre demnach zu respektieren. Wer hingegen als gesetzlicher oder behördlich bestellter Vertreter eines nicht eigenberechtigten Kindes seine Zustimmung zu einer lebensrettenden Transfusion verweigert, verstößt gegen seine im Allgemeinen Bürgerlichen Gesetzbuch (§§ 144 und 146 ABGB) festgelegten Sorgepflichten, was einer missbräuchlichen Ausübung der gesetzlichen Befugnisse gleichkommt. In einem solchen Fall ist vorgesehen, dass die erforderliche Zustimmung durch einen Gerichtsbeschluss ersetzt werden kann; in Eilfällen kann der Arzt vom mutmaßlichen Ersatz der Einwilligung ausgehen.

Wenn eine Behandlung dringend geboten ist und eine Einwilligung nicht (mehr) eingeholt werden kann, ist die Behandlung auch ohne Einwilligung rechtmäßig. Nach § 8 Abs. 3 KAKuG (Krankenanstalten- und Kuranstaltengesetz) ist die Zustimmung des Patienten nicht erforderlich, wenn die Behandlung so dringend notwendig ist, dass der mit der Einholung der Zustimmung des Betroffenen oder seines gesetzlichen Vertreters oder mit der Bestellung eines gesetzlichen Vertreters verbundene Aufschub das Leben gefährden würde oder mit der Gefahr einer schweren Schädigung der Gesundheit verbunden wäre. In einem solchen Fall geht man von der sog. **mutmaßlichen Einwilligung** des Patienten aus.

Zur **Verhinderung eines Suizides** ist ein lebensrettender ärztlicher Eingriff auch gegen den Willen des Betroffenen rechtmäßig, weil nach österreichischem Recht die Selbsttötung für sich rechtswidrig ist, was sich aus der Pönalisierung der Mitwirkung am Suizid (s. oben, § 78 StGB) ergibt. Der Einzelne ist nicht berechtigt, über sein Leben zu verfügen und dieses nach eigenem Gutdünken zu beenden. Die Verhinderung des Selbstmordes ist somit, ohne dass es einer ausdrücklichen Bestimmung bedürfte, für den Arzt straflos.

Voraussetzung für eine fehlerfreie und rechtswirksame Einwilligung des Patienten ist die vorausgehende **Aufklärung** seitens des Arztes. Bei geschäftsunfähigen Patienten ist die Aufklärung dem gesetzlichen Vertreter gegenüber vorzunehmen. Der Umfang der ärztlichen **Aufklärungspflicht** (► s. Kap. 10.5) orientiert sich an der Dringlichkeit der Behandlung; besonders strenge Maßstäbe sind bei rein kosmetischen Eingriffen anzulegen. Umgekehrt darf die ärztliche Aufklärung nicht den Heilzweck vereiteln, indem sie den Patienten in Hoffnungslosigkeit stürzt. Als so genanntes **„therapeutisches Privileg"** bezeichnet man die Unterlassung einer vollen Aufklärung, wenn zu befürchten ist, dass der Patient dadurch gesundheitlichen Schaden erleiden würde.

Zur Aufklärung gehört die Information über Notwendigkeit, Art und Tragweite der vorgesehenen Behandlung (der Patient muss wissen, welchen Maßnahmen er zustimmt), über Risiken und Komplikationsmöglichkeiten sowie über etwaige Behandlungsalternativen.

Konkret ist auf die **Notwendigkeit der Aufklärung** des Patienten durch den Arzt im § 24 Abs. 4 KAKuG Bezug genommen. Nach dieser Gesetzesstelle hat der behandelnde Arzt auf etwaige, für die Gesundheit nachteilige Folgen aufmerksam zu machen und darüber eine Niederschrift aufzunehmen, wenn ein Pflegling, seine Angehörigen oder sein gesetzlicher Vertreter die vorzeitige Entlassung wünschen. Ebenso sind nach § 5a KAKuG die Träger von Krankenanstalten durch die Landesgesetzgebung zu verpflichten, dass Pfleglinge ihr Recht auf Aufklärung und Information über die Behandlungsmöglichkeiten samt Risiken ausüben können.

Wichtig

Auch für Österreich gilt, dass in den letzten Jahrzehnten die Anforderungen an die ärztliche Aufklärung erhöht wurden.

Seit Beginn der 80er Jahre des vorigen Jahrhunderts kam es über die Rechtsprechung des Obersten Gerichtshofes (OGH) zu einer ständigen Verschärfung der Anforderungen. Demnach stellt es eine **Rechtsfrage** dar, **in welchem Umfang** im konkreten Fall der Arzt den Patienten aufklären muss. Auch wird dem Kriterium, ob eine ärztliche Übung besteht, den Patienten auf ein Risiko aufmerksam zu machen, keine ausschlaggebende Bedeutung mehr zuerkannt. Hingegen wird als zentrale Frage immer häufiger in den Mittelpunkt gestellt, ob ein **bestimmtes Risiko für den Eingriff typisch** ist.

Der **Nachweis** der gebotenen Aufklärung ist vom **Arzt** zu erbringen. Ob ein Risiko für den Eingriff typisch ist, ist eine **Rechtsfrage.** Insgesamt lässt sich wohl feststellen, dass es innerhalb der letzten 20 Jahre zu einer weitgehenden Angleichung der Rechtsprechung des OGH an diejenige des deutschen Bundesgerichtshofes gekommen ist, wenngleich manche Kritiker nach wie vor eine problematische Zurückhaltung des OGH bei der Rüge ärztlicher Aufklärungspflichtverletzungen sehen wollen.

§ 121 Verletzung von Berufsgeheimnissen

§ 121 StGB ist – so wie § 110 StGB (s. oben) – ein Privatanklagedelikt (Text und Erläuterungen ► s. Kap. 12.2.3, ärztliche Schweigepflicht).

§ 178 Vorsätzliche Gefährdung von Menschen durch übertragbare Krankheiten

> Wer eine Handlung begeht, die geeignet ist, die Gefahr der Verbreitung einer übertragbaren Krankheit unter Menschen herbeizuführen, ist mit Freiheitsstrafe bis zu drei Jahren oder mit Geldstrafe bis zu 360 Tagessätzen zu bestrafen, wenn die Krankheit ihrer Art nach zu den wenn auch nur beschränkt anzeige- oder meldepflichtigen Krankheiten gehört.

Die Immunschwächekrankheit **AIDS** ist zufolge § 2 AIDS-Gesetz meldepflichtig.

§ 179 Fahrlässige Gefährdung von Menschen durch übertragbare Krankheiten

> Wer die in § 178 mit Strafe bedrohte Handlung fahrlässig begeht, ist mit Freiheitsstrafe bis zu einem Jahr oder mit Geldstrafe bis zu 360 Tagessätzen zu bestrafen.

Die Verbreitung „harmloser" ansteckender Krankheiten, die nicht zumindest beschränkt anzeige- oder meldepflichtig sind, fällt nicht unter den Tatbestand. Die Strafbarkeit hat keinen konkreten Ansteckungsfall zur Voraussetzung; die bloße **Gefahr der Verbreitung** genügt (abstraktes Gefährdungsdelikt).

§ 184 Kurpfuscherei

> Wer, ohne die zur Ausübung des ärztlichen Berufes erforderliche Ausbildung erhalten zu haben, eine Tätigkeit, die den Ärzten vorbehalten ist, in Bezug auf eine größere Zahl von Menschen gewerbsmäßig ausübt, ist mit Freiheitsstrafe bis zu drei Monaten oder mit Geldstrafe bis zu 180 Tagessätzen zu bestrafen.

Täter kann nur ein Nichtarzt sein. **Erforderliche Ausbildung** ist ein abgeschlossenes Medizinstudium. Sog. **Heilpraktiker** sind in Österreich **nicht** zur humanmedizinischen Behandlung zugelassen.

Auch wenn es außerhalb der Ärzteschaft Personen geben mag, die diagnostisch befähigt sind und einen Bereich von Heilmitteln oder Heilverfahren erfolgreich anwenden können, ändert dies nichts daran, dass nach Auffassung des österreichischen Gesetzgebers grundsätzlich nur die ärztliche Ausbildung jene Kenntnisse gewährleistet, die erforderlich sind, um (gefährliche) Krankheiten rechtzeitig und in ihren Gesamtauswirkungen zu erkennen und mit der besten Aussicht auf Erfolg zu behandeln.

Kurpfuscherei ist ein **abstraktes Gefährdungsdelikt**; es ist also rechtlich unerheblich, ob für den betroffenen Patienten eine konkrete Gefahr oder gar ein Schaden entstanden ist.

Das Tatbild des § 184 StGB wird nicht erst durch eine nichtärztliche „Behandlung", sondern bereits durch „Untersuchungshandlungen" erfüllt.

§ 190 Störung der Totenruhe

(1) Wer einen Leichnam oder Teile eines Leichnams oder die Asche eines Toten einem Verfügungsberechtigten entzieht oder aus einer Beisetzungs- oder Aufbahrungsstätte wegschafft, ferner wer einen Leichnam misshandelt oder einen Leichnam, die Asche eines Toten oder eine Beisetzungs-, Aufbahrungs- oder Totengedenkstätte verunehrt, ist mit Freiheitsstrafe bis zu sechs Monaten oder mit Geldstrafe bis zu 360 Tagessätzen zu bestrafen...

Wenn das Opfer eines Tötungsdeliktes zerstückelt wird, um die Spuren der Tat leichter beseitigen zu können, liegt keine straflose Deckungshandlung vor, weil dadurch ein anderes Rechtsgut verletzt wird als durch die zu verdeckende Vortat.

Obduktionen fallen nicht unter den Tatbestand des § 190 StGB.

Die Organentnahme für Transplantationszwecke ist unter den Bedingungen und Formvoraussetzungen des Krankenanstalten- und Kuranstaltengesetzes (► s. Kap. 12.2.3) gerechtfertigt.

§ 201 Vergewaltigung

(1) Wer eine Person mit schwerer, gegen sie gerichteter Gewalt oder durch eine gegen sie gerichtete Drohung mit gegenwärtiger schwerer Gefahr für Leib oder Leben zur Vornahme oder Duldung des Beischlafes oder einer dem Beischlaf gleichzusetzenden geschlechtlichen Handlung nötigt, ist mit Freiheitsstrafe von einem bis zu zehn Jahren zu bestrafen. Als schwere Gewalt ist auch eine Betäubung anzusehen.
(2) Wer außer dem Fall des Abs. 1 eine Person mit Gewalt, durch Entziehung der persönlichen Freiheit oder durch Drohung mit gegenwärtiger Gefahr für Leib oder Leben zur Vornahme oder Duldung des Beischlafes oder einer dem Beischlaf gleichzusetzenden geschlechtlichen Handlung nötigt, ist mit Freiheitsstrafe von sechs Monaten bis zu fünf Jahren zu bestrafen.
(3) Hat die Tat eine schwere Körperverletzung (§ 84 Abs. 1) zur Folge oder wird die vergewaltigte Person durch die Tat längere Zeit hindurch in einen qualvollen Zustand versetzt oder in besonderer Weise erniedrigt, so ist der Täter im Fall des Abs. 1 mit Freiheitsstrafe von fünf bis zu fünfzehn Jahren, im Fall des Abs. 2 mit Freiheitsstrafe von einem bis zu zehn Jahren zu bestrafen. Hat die Tat den Tod der vergewaltigten Person zur Folge, so ist der Täter im Fall des Abs. 1 mit Freiheitsstrafe von zehn bis zu zwanzig Jahren oder mit lebenslanger Freiheitsstrafe, im Fall des Abs. 2 mit Freiheitsstrafe von fünf bis zu fünfzehn Jahren zu bestrafen.

Täter nach Absatz 1 und 2 kann ein Mann oder eine Frau sein. Tatobjekt nach Absatz 1 und 2 kann ebenfalls sowohl eine Person männlichen als auch eine Person weiblichen Geschlechts sein. Der Tatbestand erfasst auch die Verübung der Tat an Ehegatten.

Definition

Unter **Beischlaf** ist das (wenn auch nur unvollständige) Eindringen des männlichen Gliedes in das weibliche Genitale zu verstehen.
Dem Beischlaf **gleichzusetzende geschlechtliche Handlungen** sind all jene, die nach dem allgemeinen Verständnis in der Summe ihrer Auswirkungen und Begleiterscheinungen mit einem Beischlaf vergleichbar sind (z.B. oraler oder analer GV).

Schwere Gewalt bezeichnet die Anwendung physischer Kraft, die auf die Überwindung des wirklichen oder auch nur erwarteten Widerstandes des Opfers gerichtet ist und einen höheren Grad der Intensität oder Gefährlichkeit erreicht. Als schwere Gewalt sind demnach brutale und/oder rücksichtslose Aggressionshandlungen zu verstehen, z.B. solche, mit denen in der Regel Lebensgefahr verbunden ist (etwa das Würgen bis zur Bewusstlosigkeit), bei denen gefährliche Waffen verwendet werden oder Gewalt gegen besonders gefährdete oder empfindliche Körperregionen ausgeübt wird oder wenn der Widerstand des Opfers durch zusammenwirkende Gewaltausübung mehrerer Personen überwunden wird oder überwunden werden soll.

Nach Absatz 2 müssen sich Gewalt oder gefährliche Drohung nicht gegen das Opfer selbst richten. Es genügt die Anwendung solcher Mittel auch gegen andere Personen, etwa einen Angehörigen des Opfers. Eine nicht gegen den menschlichen Körper gerichtete Gewalt (gegen Sachen) ist nicht tatbildlich.

Vollendet ist die Tat mit dem Beginn des Beischlafs oder der beischlafsähnlichen geschlechtlichen Handlung.

Handeln zwei oder mehrere Täter im gegenseitigen Einverständnis, wobei z.B. der eine nötigt und der andere den Beischlaf oder die beischlafsähnliche geschlechtliche Handlung vollzieht, so haften alle als (Mit-) Täter.

§ 202 Geschlechtliche Nötigung

(1) Wer außer den Fällen des § 201 eine Person mit Gewalt oder durch gefährliche Drohung zur Vornahme oder Duldung einer geschlechtlichen Handlung nötigt, ist mit Freiheitsstrafe bis zu drei Jahren zu bestrafen.

(2) Hat die Tat eine schwere Körperverletzung (§ 84 Abs. 1) zur Folge oder wird die genötigte Person durch die Tat längere Zeit hindurch in einen qualvollen Zustand versetzt oder in besonderer Weise erniedrigt, so ist der Täter mit Freiheitsstrafe von sechs Monaten bis zu fünf Jahren, hat die Tat aber den Tod der genötigten Person zur Folge, mit Freiheitsstrafe von einem bis zu zehn Jahren zu bestrafen.

Als **geschlechtliche Handlung** – sie ersetzt den früher im Gesetz verwendeten Begriff „Unzucht" – sind neben dem Beischlaf und diesem gleichzusetzenden Handlungen alle objektiv erkennbar sexualbezogenen (zur unmittelbaren Geschlechtssphäre gehörigen) Handlungen anzusehen, die sowohl nach ihrer Bedeutung als auch nach Intensität und Dauer von einiger Erheblichkeit sind, so dass in ihnen – nach den Wertmaßstäben eines sozial integrierten Durchschnittsmenschen – eine unzumutbare, sozial störende Rechtsgutbeeinträchtigung im Intimbereich zu erblicken ist.

§ 203 Begehung in Ehe oder Lebensgemeinschaft

§ 205 Schändung

(1) Wer eine Person weiblichen Geschlechtes, die sich in einem Zustand befindet, der sie zum Widerstand unfähig macht, oder die wegen einer Geisteskrankheit, wegen Schwachsinns, wegen einer tief greifenden Bewusstseinsstörung oder wegen einer anderen schweren, einem dieser Zustände gleichwertigen seelischen Störung unfähig ist, die Bedeutung des Vorgangs einzusehen oder nach dieser Einsicht zu handeln, zum außerehelichen Beischlaf missbraucht, ist mit Freiheitsstrafe von sechs Monaten bis zu fünf Jahren zu bestrafen.
(2) Wer eine Person, die sich in einem Zustand befindet, der sie zum Widerstand unfähig macht, oder die wegen einer Geisteskrankheit, wegen Schwachsinns, wegen einer tief greifenden Bewusstseinsstörung oder wegen einer anderen schweren, einem dieser Zustände gleichwertigen seelischen Störung unfähig ist, die Bedeutung des Vorgangs einzusehen oder nach dieser Einsicht zu handeln, außer dem Fall des Abs. 1 zur Unzucht missbraucht oder zu einer unzüchtigen Handlung mit einer anderen Person oder, um sich oder einen Dritten geschlechtlich zu erregen oder zu befriedigen, dazu verleitet, eine unzüchtige Handlung an sich selbst vorzunehmen, ist mit Freiheitsstrafe bis zu drei Jahren zu bestrafen.
(3) Hat die Tat eine schwere Körperverletzung (§ 84 Abs. 1) oder eine Schwangerschaft zur Folge, so ist der Täter in den Fällen des Abs. 1 mit Freiheitsstrafe von einem bis zu zehn Jahren, in den Fällen des Abs. 2 mit Freiheitsstrafe von sechs Monaten bis zu fünf Jahren zu bestrafen. Hat die Tat jedoch den Tod der missbrauchten Person zur Folge, so ist der Täter in den Fällen des Abs. 1 mit Freiheitsstrafe von fünf bis zu fünfzehn Jahren, in den Fällen des Abs. 2 mit Freiheitsstrafe von einem bis zu zehn Jahren zu bestrafen.

Die Bestimmung unterscheidet zwei Deliktsfälle:
- Missbrauch einer wehrlosen oder nicht einsichts-/steuerungsfähigen Frau zum außerehelichen Beischlaf (Abs. 1) und
- Missbrauch einer wehrlosen oder nicht einsichts-/steuerungsfähigen Person (unabhängig von deren Geschlecht) zu anderen unzüchtigen Handlungen (Abs. 2).

Widerstandsunfähigkeit liegt vor, wenn das Tatopfer seinen widerstrebenden Willen nicht durchsetzen kann, weil ihm Widerstand aus psychischen oder körperlichen Gründen unmöglich ist. Fehlende **Diskretions-** und/oder **Dispositionsfähigkeit** („... unfähig ist, die Bedeutung des Vorgangs einzusehen oder nach dieser Einsicht zu handeln") kann z.B. durch eine Psychose, durch Schwachsinn oder hochgradige Alkoholisierung verursacht sein.

§ 206 Schwerer sexueller Missbrauch von Unmündigen

(1) Wer mit einer unmündigen Person den Beischlaf oder eine dem Beischlaf gleichzusetzende geschlechtliche Handlung unternimmt, ist mit Freiheitsstrafe von einem bis zu zehn Jahren zu bestrafen...

Definition

Unmündig ist, wer das 14. Lebensjahr noch nicht vollendet hat (§ 74 Abs. 1 Z. 1 StGB).
Unternommen ist ein Beischlaf, wenn der Geschlechtsteil des Täters mit dem der unmündigen Person in Berührung kommt, der Geschlechtsakt also versucht worden ist.

§ 207 Sexueller Missbrauch von Unmündigen
§ 207a Pornographische Darstellungen mit Unmündigen
§ 207b Sexueller Missbrauch von Jugendlichen

§ 211 Blutschande

(1) Wer mit einer Person, die mit ihm in gerader Linie verwandt ist, den Beischlaf vollzieht, ist mit Freiheitsstrafe bis zu einem Jahr zu bestrafen.
(2) Wer eine Person, mit der er in absteigender Linie verwandt ist, zum Beischlaf verführt, ist mit Freiheitsstrafe bis zu drei Jahren zu bestrafen.
(3) Wer mit seinem Bruder oder mit seiner Schwester den Beischlaf vollzieht, ist mit Freiheitsstrafe bis zu sechs Monaten zu bestrafen.
(4) Wer zur Zeit der Tat das 19. Lebensjahr noch nicht vollendet hat, ist wegen Blutschande nicht zu bestrafen, wenn er zur Tat verführt worden ist.

Vorausgesetzt wird eine Vereinigung der Geschlechtsteile; ein Samenerguss muss nicht stattgefunden haben. Andere unzüchtige Handlungen werden nicht erfasst. Bloß unternommener Beischlaf (s. oben, § 206) kann, wenn der Tätervorsatz auf Vollziehung gerichtet war, einen Versuch (§ 15 StGB) begründen.

In gerader Linie verwandt sind Tochter und Vater oder Sohn und Mutter.

§ 287 Begehung einer mit Strafe bedrohten Handlung im Zustand voller Berauschung

(1) Wer sich, wenn auch nur fahrlässig, durch den Genuss von Alkohol oder den Gebrauch eines anderen berauschenden Mittels in einen die Zurechnungsfähigkeit ausschließenden Rausch versetzt, ist, wenn er im Rausch eine Handlung begeht, die ihm außer diesem Zustand als Verbrechen oder Vergehen zugerechnet würde, mit Freiheitsstrafe bis zu drei Jahren oder mit Geldstrafe bis zu 360 Tagessätzen zu bestrafen. Die Strafe darf jedoch nach Art und Maß nicht strenger sein, als sie das Gesetz für die im Rausch begangene Tat androht...

Beim Täter muss es infolge des Alkoholgenusses oder des Gebrauchs eines anderen berauschenden Mittels zur **Aufhebung der Diskretions- und/oder Dispositionsfähigkeit** gekommen sein; er ist also nicht mehr imstande, das Unrecht einer in diesem Zustand gesetzten Straftat einzusehen und/oder dieser Einsicht gemäß zu handeln.

Das schuldhafte Handeln besteht darin, dass sich der Täter fahrlässig oder vorsätzlich in einen Vollrausch versetzt hat. Der Täter muss sodann eine Handlung begangen haben, die ihm außerhalb des Rauschzustandes als Vergehen oder Verbrechen zugerechnet würde. Die im Rausch verübte Tat ist zwar nicht vom Verschulden umfasst, stellt aber eine objektive Bedingung der Strafbarkeit dar.

Im Falle eines Alkoholrausches kommt eine volle Berauschung in der Regel bei einer Mindest-BAK ab 2,5 ‰ in Betracht. Selbst eine BAK von 3 ‰ muss nicht zwingend mit einer Zurechnungsunfähigkeit einhergehen, ist aber ein Indiz für das Vorliegen eines Vollrausches.

Fahrlässig versetzt sich in einen Rauschzustand, wer z.B. zuviel Alkohol trinkt, obwohl er bei Einhaltung der objektiv gebotenen und subjektiv möglichen Sorgfalt mit einem Vollrausch rechnen muss.

Vorsätzlich versetzt sich in einen Rauschzustand, wer bewusst durch den Genuss eines berauschenden Mittels einen die Zurechnungsfähigkeit ausschließenden Rauschzustand herbeiführt.

Hat der Täter, als er sich in den Rauschzustand versetzte, mit der Straftat rechnen müssen, hat er diese vorausgesehen oder führt er die volle Berauschung überhaupt in der Absicht herbei, die Straftat zu begehen, so haftet er für die Straftat so, als wäre er nicht berauscht gewesen, also wegen fahrlässiger bzw. vorsätzlicher Begehung der Tat (sog. Actio libera in causa).

12.2.3 Gerichtsmedizinisch bedeutsame Einzelfragen

Arzt-Patienten-Verhältnis

Der **Wandel in der Medizin** ist eine unbestreitbare Realität und konnte nicht ohne Folgen für die Beziehung zwischen Arzt und Patient bleiben. Die auf rein persönlichem Wissen und Können beruhenden Behandlungserfolge sind heute vergleichsweise seltener. Die Methodenvielfalt und die Spezialisierung in der Medizin haben es mit sich gebracht, dass Behandlungserfolge heute weniger dem individuellen Können und Engagement eines Arztes, sondern einer hoch entwickelten und oft standardisierten medizinischen Versorgung zugeschrieben werden. Damit soll nicht verkannt werden, dass die Ärzte nach wie vor entscheidend zum Behandlungserfolg beitragen; aber es bleibt doch unübersehbar, dass die „ärztliche Kunst" gegenüber der reinen Wissensanwendung und einem häufig formalisierten Procedere zurückgetreten ist. Die richtige Diagnose zu stellen und dann auch eine wirksame Behandlung einzuleiten, wird heute weniger einem bestimmten Arzt, sondern der medizinischen Versorgung ganz allgemein zugeordnet, in welcher der Arzt nur **ein** Funktionsträger ist.

Rechtliche Grundlage für das konkrete Arzt-Patienten-Verhältnis ist der **ärztliche Behandlungsvertrag**, der allerdings zumeist von dritter Seite, wie dem staatlichen Sozialversicherungssystem oder von einer bestehenden privaten Krankenversicherung, mitgeprägt ist. In der Regel hat der Versicherte einen Anspruch auf Krankenbehandlung; der Versicherungsträger verschafft dem Versicherten die geschuldeten Leistungen auf Grund von Vereinbarungen mit niedergelassenen Ärzten bzw. mit Krankenanstalten. Aus der jeweils konkreten Konstellation ergibt sich dann letztlich, welche Leistungen für wen von wem zu erbringen sind, bzw. gegen wen im Schadensfall Haftungsansprüche bestehen können.

Zu unterscheiden sind verschiedene Grundformen, nämlich der Vertrag zwischen einem niedergelassenen Arzt und seinem Patienten, das Arzt-Patienten-Verhältnis in Krankenanstalten und ein von der Sozialversicherung überlagertes Arzt-Patienten-Verhältnis.

§ 1151 ABGB (Allgemeines Bürgerliches Gesetzbuch) definiert den **Dienst-** und den **Werkvertrag**. Ein Dienstvertrag entsteht, wenn jemand sich auf gewisse Zeit zur Dienstleistung für einen anderen (den Dienstgeber) verpflichtet; ein Werkvertrag entsteht, wenn jemand die Herstellung eines Werkes gegen Entgelt übernimmt.

Der **Dienstvertrag** begründet ein Dauerschuldverhältnis mit der Verpflichtung zu Arbeitsleistungen auf Zeit, ohne dass ein bestimmter Erfolg geschuldet wird. Der Dienstnehmer erbringt seine Arbeitsleistung i.d.R. persönlich, abhängig und unselbständig, in völliger Ein- und Unterordnung in den Geschäftsbereich des Dienstgebers. Bei mangelhafter Erbringung der Dienste hat der Dienstgeber keine Gewährleistungsansprüche, allenfalls Schadenersatzansprüche, wenn ihm der Dienstnehmer schuldhaft Schaden zugefügt hat.

Im Falle eines **Werkvertrages** verpflichtet sich der Unternehmer vertraglich zur Herstellung eines bestimmten Werkes, schuldet also einen Erfolg. Der Unternehmer arbeitet selbständig und kann sich auch vertreten lassen; er unterliegt nicht der Aufsicht des Bestellers. Wenn das Werk Mängel aufweist, hat der Besteller verschuldensunabhängige Gewährleistungsansprüche. Beide Vertragstypen (Werk- und Dienstvertrag) sind im Zweifel entgeltlich.

Die Einordnung des zwischen dem Arzt und dem Patienten abgeschlossenen Vertrages in eine der beiden Typen ist nicht zufriedenstellend möglich. Ein Indiz für die Einordnung des Behandlungsvertrages in den Bereich der Dienstverträge und damit der Dauerschuldverhältnisse ist § 50 Abs. 1 ÄrzteG (▶ s. oben, Kap. 12.2.1), wonach ein Arzt, wenn er von der Behandlung zurückzutreten beabsichtigt, diesen Rücktritt rechtzeitig anzuzeigen hat. Gegen die Annahme eines Dauerschuldverhältnisses spricht, dass das Rechtsverhältnis oft mit Erbringung der ärztlichen Leistung endet (z.B. mit Abschluss der Zahnbehandlung), was eher für ein vorübergehendes Schuldverhältnis sprechen würde. Auch andere für einen Dienstvertrag typische Merkmale – Abhängigkeit und Weisungsgebundenheit gegenüber dem Patienten, Ein- und Unterordnung – treffen auf den behandelnden Arzt nicht zu. Andererseits stößt auch die Einordnung als Werkvertrag auf Probleme, da der Arzt oft nicht die Erbringung eines bestimmten Erfolges (Wiederherstellung der Gesundheit) zusagen kann. Im Falle des Misserfolges besteht keine verschuldensunabhängige Gewährleistungspflicht.

Nach herrschender Meinung handelt es sich beim Behandlungsvertrag um einen sog. **„freien Dienstvertrag"**: Der Arzt erbringt seine Leistungen selbständig (nicht weisungsunterworfen) und schuldet grundsätzlich keinen bestimmten Erfolg. Es wird nur die sachkundige, sorgfältige Behandlung ohne Garantie des Erfolges versprochen. Dem Patienten wird also die ordnungsgemäße medizinische Versorgung nach dem Stand der Wissenschaft unter Einhaltung der gebotenen Sorgfalt geschuldet. Es gibt aber auch Beispiele für Behandlungsverträge, die rechtlich den Werkverträgen nahe stehen: etwa wenn der Arzt die Aufgabe übernimmt, eine Zahnprothese herzustellen, einen ganz konkreten Befund zu erheben oder eine Schutzimpfung vorzunehmen.

Das Arzt-Patienten-Verhältnis ist durch **Pflichten des Arztes** und damit vielfach korrespondierende **Rechte des Patienten** charakterisiert. § 49 ÄrzteG (▶ s. oben, Kap. 12.2.1) enthält die Verpflichtung des Arztes, jeden von ihm in ärztliche Beratung oder Behandlung übernommenen Gesunden oder Kranken ohne Unterschied der Person gewissenhaft zu betreuen und unter Einhaltung der bestehenden Vorschriften das Wohl der Kranken und den Schutz der Gesunden zu wahren. § 8 Abs. 2 KAKuG schreibt vor, dass Pfleglinge von Krankenanstalten nur nach den Grundsätzen und anerkannten Methoden der medizinischen Wissenschaft ärztlich behandelt werden dürfen.

Dem **Recht auf Selbstbestimmung des Patienten** entspricht die Verpflichtung des Arztes zur ausreichenden **Aufklärung und Information** (s. oben, Erläuterungen zu § 110 StGB). Weitere Verpflichtungen des Arztes, die sich letztlich insgesamt aus dem **Behandlungsvertrag** ergeben, betreffen die Ausstellung ärztlicher Zeugnisse, eine gesetzeskonforme Dokumentation, die Schweigepflicht und die Verpflichtung zur beruflichen Fortbildung.

Ärztliche Schweigepflicht

Die einschlägigen Gesetzesbestimmungen finden sich vor allem in § 54 ÄrzteG und § 121 StGB.

Darüber hinaus existiert eine Reihe anderer Rechtsvorschriften, in denen die Verpflichtung zur Verschwiegenheit für Ärzte und andere Medizinalberufe vorgeschrieben wird (z.B. § 310 StGB für jene Ärzte, die als Beamte zur Wahrung von Amtsgeheimnissen verpflichtet sind; § 9 KAKuG – Krankenanstalten- und Kuranstaltengesetz – für alle in Krankenanstalten beschäftigten Personen; § 12 Tuberkulosegesetz).

§ 54 ÄrzteG

(1) Der Arzt und seine Hilfspersonen sind zur Verschwiegenheit über alle ihnen in Ausübung ihres Berufes anvertrauten oder bekannt gewordenen Geheimnisse verpflichtet.

(2) Die Verschwiegenheitspflicht besteht nicht, wenn

1. nach gesetzlichen Vorschriften eine Meldung des Arztes über den Gesundheitszustand bestimmter Personen vorgeschrieben ist,
2. Mitteilungen oder Befunde des Arztes an die Sozialversicherungsträger und Krankenfürsorgeanstalten oder sonstigen Kostenträger in dem Umfang, als er für den Empfänger zur Wahrnehmung der ihm übertragenen Aufgaben eine wesentliche Voraussetzung bildet, erforderlich sind,
3. die durch die Offenbarung des Geheimnisses bedrohte Person den Arzt von der Geheimhaltung entbunden hat,
4. die Offenbarung des Geheimnisses nach Art und Inhalt zum Schutz höherwertiger Interessen der öffentlichen Gesundheitspflege oder der Rechtspflege unbedingt erforderlich ist.

(3) Die Verschwiegenheitspflicht besteht auch insoweit nicht, als die für die Honorar- oder Medikamentenabrechnung gegenüber den Krankenversicherungsträgern, Krankenanstalten, sonstigen Kostenträgern oder Patienten erforderlichen Unterlagen zum Zweck der Abrechnung, auch im automationsunterstützten Verfahren, Dienstleistungsunternehmen überlassen werden. Eine allfällige Speicherung darf nur so erfolgen, dass Betroffene weder bestimmt werden können noch mit hoher Wahrscheinlichkeit bestimmbar sind. Diese anonymen Daten sind ausschließlich mit Zustimmung des Auftraggebers an die zuständige Ärztekammer über deren Verlangen weiterzugeben.

Nach § 54 ÄrzteG umfasst der Geheimnisbegriff **alle** Umstände, die dem Arzt in Ausübung seines Berufes bekannt geworden oder anvertraut worden sind (also **nicht nur den Gesundheitszustand** des Patienten).

Eine Offenbarung von Geheimnissen ist nur unter den Voraussetzungen des § 54 Abs. 2 und 3 möglich. Der praktisch wichtigste Grund ist die Entbindung von der Verschwiegenheitspflicht durch den Patienten (§ 54 Abs. 2 Z. 3) oder – im Falle fehlender Geschäftsfähigkeit – durch den gesetzlichen Vertreter.

Im Strafprozess gibt es nach österreichischem Recht für den als Zeugen geladenen Arzt kein Entschlagungsrecht; im Zivilprozess darf ein Arzt als Zeuge die Aussage verweigern, wenn er nicht von der Schweigepflicht entbunden wurde.

Meldepflichten im Sinne des Abs. 2 Z. 1 bestehen z.B. nach dem GeschlechtskrankheitenG, EpidemieG, TbcG, PersonenstandsG und AidsG. Die **Verletzung von Meldepflichten kann strafbewehrt sein.**

Gegenüber den Trägern der Sozialversicherung (Abs. 2 Z. 2) ist der Arzt schon deshalb von der Schweigepflicht entbunden, weil die Unterstellung des Versicherten unter die für die Sozialversicherung geltenden Rechtsvorschriften es diesem zur Pflicht macht, einer Offenbarung des Arztgeheimnisses gegenüber dem Sozialversicherungsträger zuzustimmen.

Auch dem Ehepartner und anderen Angehörigen gegenüber ist der Arzt grundsätzlich zur Wahrung des Berufsgeheimnisses verpflichtet, wenn er nicht vorher davon entbunden wurde. Die ärztliche Schweigepflicht gilt auch gegenüber Dienstgebern und Schulen; die Mitteilung einer Krankheitsdiagnose ist also auch in solchen Fällen nur mit Zustimmung des Patienten bzw. seines gesetzlichen Vertreters statthaft.

Auch anderen Ärzten gegenüber besteht grundsätzlich die Verpflichtung zur Wahrung des Berufsgeheimnisses. Dies gilt jedoch nicht, wenn der Behandelnde mit Zustimmung des Patienten einen Konsiliararzt beizieht.

§ 121 StGB Verletzung von Berufsgeheimnissen

(1) Wer ein Geheimnis offenbart oder verwertet, das den Gesundheitszustand einer Person betrifft und das ihm bei berufsmäßiger Ausübung der Heilkunde, der Krankenpflege, der Geburtshilfe, der Arzneimittelkunde oder Vornahme medizinisch-technischer Untersuchungen oder bei berufsmäßiger Beschäftigung mit Aufgaben der Verwaltung einer Krankenanstalt oder mit Aufgaben der Kranken-, der Unfall-, der Lebens- oder der Sozialversicherung ausschließlich kraft seines Berufes anvertraut worden oder zugänglich geworden ist und dessen Offenbarung oder Verwertung geeignet ist, ein berechtigtes Interesse der Person zu verletzen, die seine Tätigkeit in Anspruch genommen hat oder für die sie in Anspruch genommen worden ist, ist mit Freiheitsstrafe bis zu sechs Monaten oder mit Geldstrafe bis zu 360 Tagessätzen zu bestrafen.

(2) Wer die Tat begeht, um sich oder einem anderen einen Vermögensvorteil zuzuwenden oder einem anderen einen Nachteil zuzufügen, ist mit Freiheitsstrafe bis zu einem Jahr oder mit Geldstrafe bis zu 360 Tagessätzen zu bestrafen.

(3) Ebenso ist ein von einem Gericht oder einer anderen Behörde für ein bestimmtes Verfahren bestellter Sachverständiger zu bestrafen, der ein Geheimnis offenbart oder verwertet, das ihm ausschließlich kraft seiner Sachverständigentätigkeit anvertraut worden oder zugänglich geworden ist und dessen Offenbarung oder Verwertung geeignet ist, ein berechtigtes Interesse der Person zu verletzen, die seine Tätigkeit in Anspruch genommen hat oder für die sie in Anspruch genommen worden ist.

(4) Den Personen, die eine der in den Abs. 1 und 3 bezeichneten Tätigkeiten ausüben, stehen ihre Hilfskräfte, auch wenn sie nicht berufsmäßig tätig sind, sowie die Personen gleich, die an der Tätigkeit zu Ausbildungszwecken teilnehmen.

(5) Der Täter ist nicht zu bestrafen, wenn die Offenbarung oder Verwertung nach Inhalt und Form durch ein öffentliches oder ein berechtigtes privates Interesse gerechtfertigt ist.

(6) Der Täter ist nur auf Verlangen des in seinem Interesse an der Geheimhaltung Verletzten (Abs. 1 und 3) zu verfolgen.

Der **Schutzzweck** des § 121 StGB ist ein zweifacher: das individuelle Geheimhaltungsinteresse des Betroffenen und das allgemeine Vertrauen in die Verschwiegenheit bestimmter Berufsgruppen, vor allem der Ärzteschaft.

Der Geheimnisbegriff ist im § 121 Abs. 1 StGB enger gefasst als im § 54 ÄrzteG: **Strafrechtlich** geschützt sind lediglich Geheimnisse, die den **Gesundheitszustand** betreffen.

Definition

Ein **Geheimnis** im Rechtssinn ist eine Tatsache, die entweder nur dem Geheimnisträger (also dem Patienten) oder nur einem beschränkten Personenkreis bekannt ist und nach dem Interesse und Willen der geschützten Person nicht über diesen Kreis hinaus bekannt werden soll.

Der Terminus **Gesundheitszustand** ist weit auszulegen; er umfasst den gesamten physischen und psychischen Zustand einer Person, alle gegenwärtigen und früheren Erkrankungen, auch das Nichtvorhandensein von Krankheiten, darüber hinaus bestimmte physiologische Zustände (Schwangerschaft, Menstruation) und vorausgegangene Suizidversuche.

Unter **Offenbaren** im Sinne des § 121 StGB versteht man die Mitteilung des Geheimnisses an mindestens einen nicht eingeweihten Dritten. Anonymisierte Falldarstellungen in wissenschaftlichen Abhandlungen sind nicht tatbildlich.

Verwertung ist das wirtschaftliche Zunutzemachen des Geheimnisses.

Wenn der Patient in die Offenbarung oder Verwertung einwilligt, entfällt der Geheimhaltungswille und damit die Tatbestandsmäßigkeit.

Anzeigepflicht

Die Anzeigepflicht des Arztes soll gewährleisten, dass schwere Verletzungen und Tötungshandlungen, deren Verfolgung im Interesse der Strafrechtspflege geboten ist, den Behörden zur Kenntnis gelangen. Die gesetzliche Regelung findet sich im § 54 Abs. 4 ÄrzteG. Bei Personen, die ihre Interessen nicht selbst wahrnehmen können, und unter bestimmten Voraussetzungen auch bei Minderjährigen (s. unten) begründet schon der Verdacht, dass diese misshandelt, gequält, vernachlässigt oder sexuell missbraucht worden sind, die Pflicht zur Anzeige.

§ 54 ÄrzteG

(4) Ergibt sich für den Arzt in Ausübung seines Berufes der Verdacht, dass durch eine gerichtlich strafbare Handlung der Tod oder die schwere Körperverletzung herbeigeführt wurde, so hat der Arzt, sofern Abs. 5 nicht anderes bestimmt, der Sicherheitsbehörde unverzüglich Anzeige zu erstatten. Gleiches gilt im Fall des Verdachts, dass eine volljährige Person, die ihre Interessen nicht selbst wahrzunehmen vermag, misshandelt, gequält, vernachlässigt oder sexuell missbraucht worden ist.

(5) Ergibt sich für den Arzt in Ausübung seines Berufes der Verdacht, dass ein Minderjähriger misshandelt, gequält, vernachlässigt oder sexuell missbraucht worden ist, so hat der Arzt Anzeige an die Sicherheitsbehörde zu erstatten. Richtet sich der Verdacht gegen einen nahen Angehörigen (§ 166 StGB), so kann die Anzeige so lange unterbleiben, als dies das Wohl des Minderjährigen erfordert und eine Zusammenarbeit mit dem Jugendwohl-

fahrtsträger und gegebenenfalls eine Einbeziehung einer Kinderschutzeinrichtung an einer Krankenanstalt erfolgt.
(6) In den Fällen einer vorsätzlich begangenen schweren Körperverletzung hat der Arzt auf bestehende Opferschutzeinrichtungen hinzuweisen. In den Fällen des Abs. 5 hat er überdies unverzüglich und nachweislich Meldung an den zuständigen Jugendwohlfahrtsträger zu erstatten.

Normadressat des § 54 Abs. 4 und 5 ÄrzteG ist **jeder** Arzt. Die Verpflichtung zur Erstattung von Anzeigen trifft also in gleicher Weise Ärzte für Allgemeinmedizin, Fachärzte und Turnusärzte. Die Bestimmung findet auch auf solche Ärzte Anwendung, die ihre Tätigkeit im Rahmen eines Dienstverhältnisses ausüben.

In jedem Fall besteht eine Anzeigepflicht nur dann, wenn sich der im § 54 ÄrzteG genannte „Verdacht" **in Ausübung des ärztlichen Berufes** ergibt. Was dem Arzt außerhalb seiner beruflichen Tätigkeit zur Kenntnis gelangt, unterliegt somit nicht der Anzeigepflicht.

Wenn es für den Arzt nach der Art und dem Zustandekommen einer schweren Verletzung oder des Todes oder nach den sonst ihm bekannt gewordenen Umständen **zweifelhaft** bleibt, ob eine strafbare Handlung zur Verletzung oder zum Tod geführt hat, dann bilden die Tatsachen, die einen solchen Zweifel entstehen lassen, bereits Verdachtsmomente im Sinne des § 54 Abs. 4 ÄrzteG, die den Arzt zur Anzeige nach dieser Gesetzesstelle verpflichten.

Bei Straftaten, die nicht unter § 54 Abs. 4 (2. Satz) und § 54 Abs. 5 (1. Satz) fallen, ist die Anzeigepflicht auf **Todesfälle** und **schwere Körperverletzungen** reduziert. Zur Definition des Rechtsbegriffes „schwere Körperverletzung" siehe die Erläuterungen zu § 84 StGB. Eine **leichte Verletzung** oder Gesundheitsschädigung ist nur dann anzuzeigen, wenn sie unter den Voraussetzungen des § 54 Abs. 4 (2. Satz) und des § 54 Abs. 5 (1. Satz) entstanden ist.

Die Anzeige ist **unverzüglich** zu erstatten. Adressat ist die **Sicherheitsbehörde** (also Polizei oder Gendarmerie). Eine besondere **Form** für die Anzeige ist nicht vorgesehen. Jede schriftliche oder mündliche Meldung genügt. Zum Zwecke späterer Beweisbarkeit ist jedoch die Schriftlichkeit zu empfehlen.

Ärztliche Haftung (vgl. Kap. 10.6)

Zivilrecht. Ein Arzt kann unter folgenden Voraussetzungen zum **Schadenersatz** herangezogen werden:

- Vorliegen eines **Schadens** (Schmerzen, Körperverletzung, Verunstaltung, Tod);
- **rechtswidriges Verhalten** des Arztes (Verstoß gegen gesetzliche Bestimmungen oder gegen vertragliche Verpflichtungen). Ärztliche Eingriffe sind rechtmäßig, wenn sie kunstgerecht („lege artis") und mit Zustimmung des (vorher aufgeklärten) Patienten durchgeführt werden. Die Einwilligung des Patienten ist der wichtigste Rechtfertigungsgrund.
- **Kausalbeziehung** zwischen einem rechtswidrigen Handeln bzw. Unterlassen des Arztes einerseits und dem entstandenen Schaden andererseits. Nach der Lehre vom adäquaten Kausalzusammenhang wird grundsätzlich für alle Folgen des schuldhaften Verhaltens gehaftet, nicht aber wenn dieses nur durch eine ganz außergewöhnliche Verkettung von Umständen zu einer Bedingung des Schadens wurde.
- **Verschulden** seitens des Arztes, dem das rechtswidrige Verhalten vorwerfbar sein muss (schuldhafte Unwissenheit, Mangel an Aufmerksamkeit usw.).

Dem Geschädigten stehen unter den genannten Voraussetzungen gemäß § 1325 ABGB (Allgemeines Bürgerliches Gesetzbuch) folgende Ansprüche zu: Ersatz der Heilungskosten und des Verdienstausfalls sowie Schmerzengeld (zu bemessen nach Dauer und Intensität der Schmerzen).

§ 1325 ABGB

Wer jemanden an seinem Körper verletzt, bestreitet die Heilungskosten des Verletzten, ersetzt ihm den entgangenen, oder, wenn der Beschädigte zum Erwerb unfähig wird, auch den künftig entgehenden Verdienst; und bezahlt ihm auf Verlangen überdies ein den erhobenen Umständen angemessenes Schmerzengeld.

§ 58a ÄrzteG

(1) Hat eine Person, die behauptet, durch Verschulden eines Arztes bei dessen Beratung, Untersuchung oder Behandlung geschädigt worden zu sein, schriftlich eine Schadenersatzforderung erhoben, so ist der Lauf der Verjährungsfrist gehemmt, von dem Tag, an welchem der bezeichnete Schädiger, sein bevollmächtigter Vertreter oder sein Haftpflichtversicherer oder der Rechtsträger jener Krankenanstalt, in welcher der genannte Arzt tätig war, schriftlich erklärt hat, zur Verhandlung über eine außergerichtliche Regelung der Angelegenheit bereit zu sein. Diese Hemmung tritt auch ein, wenn ein Patientenanwalt oder eine ärztliche Schlichtungsstelle vom angeblich Geschädigten oder vom angeblichen Schädiger oder von einem ihrer bevollmächtigten Vertreter schriftlich um Vermittlung ersucht wird, in welchem Falle die Hemmung an jenem Tag beginnt, an welchem dieses Ersuchen beim Patientenanwalt oder bei der ärztlichen Schlichtungsstelle einlangt...

Die neuen Bestimmungen des § 58a ÄrzteG 1998 wurden auf Anregung der Patientenanwälte in das ärztliche Berufsrecht übernommen, um die Streitbeilegung nach behaupteten Behandlungsfehlern nach Möglichkeit in den außergerichtlichen Bereich, d.h. zu den Schlichtungsstellen zu verlagern.

Strafrecht. Die strafrechtliche Haftung orientiert sich bei einem ärztlichen „Kunstfehler" (besser: Behandlungsfehler, allg. Fehlverhalten) an den §§ 80 und 88 StGB (fahrlässige Tötung bzw. fahrlässige Körperverletzung, ► s. Kap. 12.2.2).

Fahrlässige Körperverletzungen in Ausübung der Heilkunde sind strafbar,

- wenn die Verletzung **schwer** ist (§ 88 Abs. 4) oder
- wenn eine (leichte) Verletzung zu einer mehr als 14-tägigen Gesundheitsschädigung bzw. Berufsunfähigkeit führt oder
- wenn (bei nicht mehr als 14-tägiger Dauer der Gesundheitsschädigung und Berufsunfähigkeit) **schweres Verschulden** vorliegt.

Die Schuldform der Fahrlässigkeit als Bedingung für eine Strafbarkeit nach den §§ 80 und 88 StGB ist in § 6 StGB definiert (▶ s. Kap. 12.2.2): Verstoß gegen die Sorgfaltspflicht, wobei das Maß der gebotenen Sorgfalt an den Regeln der medizinischen Wissenschaft und – wenn allgemein verbindliche „Kunstregeln" für bestimmte Bereiche nicht existieren – am Verhalten eines (mit dem Sollwissen ausgestatteten und mit den rechtlichen Werten verbundenen) „Musterarztes" gemessen wird. Strafrechtliche Haftung entfällt, wenn die Anwendung der objektiv gebotenen Sorgfalt unter den konkreten Verhältnissen nicht zumutbar ist.

Arbeitsteilung

Die Medizin unserer Zeit ist von einer weit gehenden Spezialisierung und Technisierung geprägt. Wegen der Umgliederung und Auffächerung in der medizinischen Versorgung kommt der Zuordnung von Sorgfaltspflichten besondere Bedeutung zu. Die auf ein Arbeitsteam verlagerte Patienten-Versorgung bringt die Gefahr mit sich, dass sich einer auf den anderen verlässt. Die früher dominierende Zweierbeziehung Arzt-Patient hat unter dieser Entwicklung gelitten; der Patient wird oft innerhalb einer Versorgungskette „weitergereicht".

Nach dem Grundsatz „**respondeat superior**" haftet zunächst grundsätzlich der Übergeordnete für Fehler des Nachgeordneten. Übergeordnete Einheit ist vor allem der Krankenhausträger. § 1313a ABGB stellt dazu fest: **Wer einem anderen zur Leistung verpflichtet ist, haftet ihm für das Verschulden seines gesetzlichen Vertreters sowie der Personen, deren er sich zur Erfüllung bedient, wie für sein eigenes.** § 1313a statuiert also die bekannte Tatsache, dass ein Verschulden des „Erfüllungsgehilfen", z.B. eines angestellten Arztes, den Krankenhausträger schadenersatzpflichtig macht, und zwar aus der eingegangenen Verpflichtung zur Erfüllung des Behandlungsvertrages.

Im § 49 Abs. 2 ÄrzteG (▶ s. Kap. 12.2.1) wird dezidiert festgestellt, dass der Arzt seinen Beruf persönlich und unmittelbar auszuüben hat, zur Mithilfe sich jedoch **Hilfspersonen** bedienen kann. Diese Hilfspersonen, wie z.B. Ordinationsgehilfen, können einfache, den Arzt unterstützende Tätigkeiten ausführen; eine besondere formale Qualifikation ist nicht erforderlich.

§ 49 Abs. 3 ÄrzteG regelt die **Zusammenarbeit des Arztes mit Angehörigen anderer Gesundheitsberufe.** Im Einzelfall können ärztliche Tätigkeiten übertragen werden, wenn diese zum Tätigkeitsbereich des entsprechenden Gesundheitsberufes gehören. Eine ständige ärztliche Aufsicht bei der Durchführung übertragener Maßnahmen ist nach geltendem Recht nur mehr dann erforderlich, wenn dies vom Gesetz für die Angehörigen des anderen Gesundheitsberufes ausdrücklich festgelegt ist. Ausschlaggebend ist daher, wie die Berufspflichten und die Tätigkeitsbereiche für den betreffenden Gesundheitsberuf normiert sind.

Von größter praktischer Bedeutung ist in diesem Zusammenhang das **Gesundheits- und Krankenpflegegesetz (GuKG)**, in dem zwischen eigenverantwortlichen, mitverantwortlichen, interdisziplinären und den erweiterten Tätigkeitsbereichen unterschieden wird. § 15 GuKG regelt, **welche ärztliche Tätigkeiten an „Angehörige des gehobenen Dienstes für Gesundheits- und Krankenpflege" delegiert werden dürfen.** Nach § 15 Abs. 1 GuKG umfasst der mitverantwortliche Tätigkeitsbereich die Durchführung diagnostischer und therapeutischer Maßnahmen nach ärztlicher Anordnung. Nach Absatz 2 trägt der anordnende Arzt die Verantwortung für die Anordnung (**Anordnungsverantwortung**); der Angehörige des gehobenen Dienstes für Gesundheits- und Krankenpflege trägt die Verantwortung für die Durchführung der angeordneten Tätigkeit (**Durchführungsverantwortung**). § 15 Abs. 3 GuKG sieht vor, dass im mitverantwortlichen Tätigkeitsbereich jede ärztliche Anordnung vor Durchführung der entsprechenden Maßnahme schriftlich zu erfolgen hat. Gemäß Absatz 4 kann die ärztliche Anordnung in medizinisch begründeten Ausnahmefällen mündlich getroffen werden; die schriftliche Dokumentation muss unverzüglich, längstens innerhalb von 24 Stunden erfolgen.

§ 49 ÄrzteG enthält Bestimmungen, die die in Ausbildung stehenden Studenten der Medizin betreffen; im Absatz 5 sind jene Tätigkeiten aufgezählt, zu denen sie unter Anleitung und Aufsicht der ausbildenden Ärzte berechtigt sind (▶ s. Kap. 12.2.1).

Organentnahme zu Transplantationszwecken

Die Regelung erfolgte im Rahmen des **Krankenanstalten- und Kuranstaltengesetzes (KAKuG).**

§ 62a KAKuG Entnahme von Organen oder Organteilen Verstorbener zum Zwecke der Transplantation

(1) Es ist zulässig, Verstorbenen einzelne Organe oder Organteile zu entnehmen, um durch deren Transplantation das Leben eines anderen Menschen zu retten oder dessen Gesundheit wiederherzustellen. Die Entnahme ist unzulässig, wenn den Ärzten eine Erklärung vorliegt, mit der der Verstorbene oder, vor dessen Tod, sein gesetzlicher Vertreter eine Organspende ausdrücklich abgelehnt hat. Die Entnahme darf nicht zu einer die Pietät verletzenden Verunstaltung der Leiche führen.
(2) Die Entnahme darf erst durchgeführt werden, wenn ein zur selbständigen Berufsausübung berechtigter Arzt den eingetretenen Tod festgestellt hat. Dieser Arzt darf weder die Entnahme noch die Transplantation durchführen. Er darf an diesen Eingriffen auch sonst nicht beteiligt oder durch sie betroffen sein.
(3) Die Entnahme darf nur in Krankenanstalten vorgenommen werden, die die Voraussetzungen des § 16 Abs. 1 lit. a und c–g erfüllen *(d.h. gemeinnützige Krankenanstalten).*
(4) Organe und Organteile Verstorbener dürfen nicht Gegenstand von Rechtsgeschäften sein, die auf Gewinn gerichtet sind.

§ 62b Angaben über die Person von Spender bzw. Empfänger sind vom Auskunftsrecht gemäß § 26 Datenschutzgesetz 2000, BGBl. I Nr. 165/1999, ausgenommen.
§ 62c Wer dem § 62a zuwiderhandelt, begeht, sofern nicht eine gerichtlich strafbare Tat vorliegt, eine Verwaltungsübertretung und ist mit Geldstrafe bis 2.180 € zu bestrafen.

In Österreich ist die sog. **Widerspruchslösung** gültig; eine (zu Lebzeiten abgegebene) Einwilligung des Betroffenen oder eine Zustimmung der Hinterbliebenen ist **nicht** erforderlich. Nur wenn die Organspende vor dem Tod abgelehnt wurde und eine diesbezügliche Erklärung den Ärzten vorliegt, muss von einer Organentnahme abgesehen werden. Allerdings ist es Sache des Patienten bzw. seines gesetzlichen Vertreters oder seiner Angehörigen, dafür zu sorgen, dass die Erklärung den Ärzten rechtzeitig vorliegt. Für die Widerspruchserklärung ist keine bestimmte Form vorgeschrieben. Grundsätzlich sind die Ärzte nicht verpflichtet, Nachforschungen anzustellen, ob eine solche Erklärung vom Verstorbenen abgegeben wurde, jedoch ist von Seiten der Ärzte darauf zu achten, ob eine solche Erklärung im Bereich der Krankenanstalt vorliegt.

Ein Widerspruch ist nur bis zum Tod des Patienten beachtlich. Danach ist auch der Widerspruch des gesetzlichen Vertreters nicht mehr bindend. Als gesetzliche Vertreter kommen die Eltern Minderjähriger, der Sachwalter Geisteskranker oder geistig Behinderter oder der Beistand angehaltener Patienten in Betracht. Die Organentnahme vom lebenden Spender ist derzeit (noch) nicht gesetzlich geregelt.

Für die Beurteilung des Todeseintrittes ist nach dem derzeitigen Stand der medizinischen Wissenschaft der irreversible Funktionsausfall des Gehirnes maßgeblich. Zu einer gültigen Hirntoderklärung ist grundsätzlich jeder zur selbständigen Berufsausübung berechtigte Arzt befugt. In der Praxis wird den Empfehlungen zur Durchführung der Hirntoddiagnostik entsprechend den Kriterien des Obersten Sanitätsrates (zuletzt vom 22.11.1997) gefolgt, wonach der Hirntod von 2 Fachärzten festgestellt werden sollte, die über entsprechende Erfahrungen in der klinischen Beurteilung von Patienten mit schweren Hirnschädigungen verfügen.

Literatur

zu Kap. 12.1

Aeppli H (2002) ZGB Schweizerisches Zivilgesetzbuch. Orell Füssli Verlag AG, Zürich

Brüstlin M (2001) Strassenverkehrsrecht. Brüstlin-Verlag, Basel

Rehberg J (1999) StGB Schweizerisches Strafgesetzbuch. Orell Füssli Verlag AG, Zürich

zu Kap. 12.2

Dittrich R, Tades H (2002) Das Allgemeine bürgerliche Gesetzbuch, 20. Aufl. Manz, Wien

Foregger E, Fabrizy EE (1999) Strafgesetzbuch, 7. Aufl. Manz, Wien

Füszl S, Hausreither M (2001) Ärzterecht, 5. Aufl. Orac, Wien

Missliwetz J, Ellinger A (1992) Recht für Ärzte und Medizinstudenten. Manz, Wien

Sladeček E, Marzi LM, Schmiedbauer T (2001) Recht für Gesundheitsberufe. Orac, Wien

Glossar
Weiterführende Literatur
Sachverzeichnis

Glossar

Anmerkung

Dieses Glossar dient dazu, dem medizinischen Laien das Verständnis des vorliegenden Buches in aller Kürze zu erleichtern bzw. zu ermöglichen. Daher werden zahlreiche Sachverhalte vereinfacht dargestellt. Die Schreibweise einiger Termini ist nicht vereinheitlicht. Sollte z.B. ein Begriff unter dem Buchstaben C nicht aufzufinden sein, lohnt ein Blick unter den Buchstaben Z oder K.

A

AB0-System: Blutgruppensystem mit an die Oberfläche der roten Blutkörperchen gebundenen unterschiedlichen Eiweißstrukturen. Man unterscheidet die Blutgruppen A, B, AB und 0, zum Teil mit Untergruppen. Vom Organismus werden Antikörper gegen die individuell fehlenden Merkmale gebildet (s. Kap. 9.1.4)

Abdomen: Bauch

Abduktion: Heben des Armes oder Beines nach außen

Abort: Ende der Schwangerschaft, bevor die Leibesfrucht lebensfähig ist – Fehlgeburt

Abortus imminens: drohender Abort

Abortus incipiens: beginnender Abort

Abruptio placentae: vorzeitige Ablösung/Abreißen des Mutterkuchens

Abszess: abgekapselte, mit Eiter gefüllte Höhle in einem Gewebe

Abulie: krankhafter Mangel an Entschlussfähigkeit und Willenskraft

Abusus: Missbrauch

Adenin: s. DNA

Adenom: gutartiger Tumor des Drüsenepithels

Adhäsion: Verklebung und Verwachsung zweier benachbarter Organabschnitte bei/nach entzündlichen Prozessen

adipös: dick, beleibt

Adipositas: Fettleibigkeit

Adnexe: Anhangsgebilde, meist in Bezug auf Eileiter, Eierstock und deren Halteapparat verwendet; männliche Adnexe: Hoden, Nebenhoden, Samenleiter, Samenbläschen und Prostata

adult: erwachsen

aerob: sauerstoffabhängig

afebril: fieberfrei

Agonie: Todeskampf, zunehmendes Versagen der Körperfunktionen

Agonist: Substanz, die im Körper mit sog. Rezeptoren reagiert und auf diese Weise Funktionen innerhalb einer Zelle bewirkt; Gegenspieler eines Antagonisten in einem Regelkreis

Agranulozytose: Verminderung einer bestimmten Art von weißen Blutkörperchen. Tritt u.a. als Nebenwirkung einiger Medikamente auf

Akkomodation: Anpassung des Auges an das Sehen in verschiedenen Entfernungen

Akren: körperstammferne Teile des Körpers wie Hände, Füße, Ohren, Nase, Kinn, Jochbögen, Augenbrauenwülste

Akzeleration: Beschleunigung

akzidentiell: zufällig, unwesentlich, nicht zum Krankheitsbild gehörend

Allel: alternative Form eines Genes; bildet bei diploidem Chromosomensatz mit seinem Partnergen an gleichem Genlokus ein Allelenpaar. Dieses kann entweder aus gleichen (homozygot) oder ungleichen (heterozygot) Allelen bestehen

Alveolarsepten: Wände der Lungenbläschen

Alveolen: Lungenbläschen

Amnesie: zeitlich oder inhaltlich begrenzte Erinnerungslücke

AmpFLP: amplifizierbarer Fragmentlängenpolymorphismus: VNTRs, die bei der PCR verwendet werden können

Amplifikation: Vervielfachung/Verstärkung, s. PCR

Amylase: Verdauungsenzym

Amyloidose: Gruppe von Erkrankungen, bei denen sich Eiweiße im Gewebe anreichern und dessen Funktion beeinträchtigen

Analgetika: Schmerzmittel

anankastisch: zwanghaft

Anaphylaxie: lebensbedrohliche, allergische Sofortreaktion

Aneurysma: s. Aortenaneurysma

Angiom: tumorartige Fehl-/Neubildung von Gefäßen

Anode: positiv geladene Elektrode

Anorexia nervosa: Magersucht infolge Angst vor Übergewicht, Körperschemastörung oder abnormer Einstellung gegenüber Nahrungsaufnahme. Betrifft v.a. Frauen zwischen 10 und 25 Jahren; in etwa 10 % der Fälle tödlich

Anoxie: Mangel an Sauerstoff im Gewebe

Antagonist: s. Agonist

anterior: vorne

Anthropologie: Wissenschaft vom Menschen

Antidot: gegen einen Giftstoff gerichtetes „Gegengift"

antiemetisch: gegen Erbrechen wirkend

Antigen: Substanz, die in der Lage ist, eine Immunantwort des Organismus auszulösen

antipyretisch: fiebersenkend

Anulus fibrosus: faseriger Rand der Bandscheiben. Umgibt den Nucleus pulposus

Anurie: Harnausscheidung unter 100 ml/24 h

Aorta: Hauptschlagader des Körpers

Aortenaneurysma: umschriebene Weitung der Aorta, angeboren oder erworben

Aortenisthmusstenose: angeborene Verengung im Isthmus, d.h. im Bogen der Aorta

Aortenstenose: meist Bezeichnung für Aortenklappenstenose. Verengung der Ausflussbahn vom Herzen zur Hauptschlagader

apallisches Syndrom: Entkopplung des geschädigten Großhirns vom unbeteiligten Hirnstamm. Meist nach Trauma oder Sauerstoffmangel nach Reanimation. Symptome: Koma mit offenen Augen, Beuge- oder Streckhaltung der Arme, Streckstellung der Beine, primitive Reflexe

Apathie: Teilnahmslosigkeit

Apnoe: Atemstillstand

Appendizitis: Entzündung des Wurmfortsatzes am Blinddarm

Apraxie: Störung von komplexen Bewegungsabläufen nach Schädigung des Gehirns

Aqua bidest: zweifach destilliertes Wasser

Arachnoidea: Spinnwebenhaut, Teil der weichen Hirnhaut (Pia mater)

ARDS: adult respiratory distress syndrome/akutes Lungenversagen

arrhythmogen: Herzrhythmusstörungen auslösend

Arterie: vom Herzen kommendes Gefäß, meist mit sauerstoffreichem Blut (vgl. Vene)

Arteria carotis: wichtiges Blutgefäß am Hals. Als Arteria carotis communis beginnend. Aufzweigung zu Arteria carotis interna (Versorgung des Gehirns) und Arteria carotis externa (Versorgung des Schädels mit Gesicht sowie Teilen des Halses)

Arteria pulmonalis: Schlagader vom rechten Herzen zur Lunge

Arteria vertebralis: Schlagader, die durch die ersten fünf Halswirbel verläuft, sich dann mit der Arterie der Gegenseite zur Arteria basilaris vereinigt; versorgt u.a. Hirnstamm und Kleinhirn

Arteriitis: Entzündung der Wand von Arterien, kann einzelne oder alle Schichten betreffen

Arteriole: kleinste Aufzweigung der Arterie

Arteriosklerose: Arterienverkalkung

Asbestose: Lungenerkrankung durch eingeatmeten Asbeststaub. Anerkannte Berufskrankheit

Asphyxie: lebensbedrohliche Verminderung der Atmung. Kombination von Hypoxie und Hyperkapnie

Aspirationspneumonie: Lungenentzündung nach Anatmung von Speisebrei, Magensaft oder anderen Stoffen

Asservierung: sachkundige Sicherstellung von Proben

Astroglia: aus sog. Astrozyten bestehendes Gewebe zwischen den Nervenzellen

Asystolie: fehlender Herzschlag

Aszites: Bauchwasser, Ansammlung von Flüssigkeit im Bauchraum (z.B. bei Leberschaden oder Herzinsuffizienz)

Atelektase: Lungenabschnitt, der nicht belüftet wird

Ätiologie: Ursache einer Krankheit

Atlas: erster Halswirbel. Umgibt den Dens axis, den nach oben gerichteten Fortsatz des zweiten Halswirbels

Atonie: verminderte oder fehlende Spannung eines Gewebes

ATP: Adenosintriphosphat. Wichtiger energiespeichernder und -übertragender Stoff des Körpers

Atrophie: Verkleinerung eines Gewebes oder eines Organs

Auskultation: „Abhorchen" des Körpers mit Hilfe eines Stethoskops

Autoimmunerkrankung: Gruppe von Erkrankungen, bei denen das Immunsystem körpereigene Zellen oder Strukturen bekämpft

Autolyse: Selbstverdauung einer Zelle, eines Organs oder Gewebes durch frei gewordene Zellenzyme

Autosomen: die nicht für die Geschlechtsentwicklung verantwortlichen Chromosomen des Menschen. 22 von der Mutter, 22 vom Vater

AV-Region: Übergangsgebiet vom Herzvorhof (Atrium) zur Herzkammer (Ventrikel)

Axis: der zweite Halswirbel, bildet mit seinem Fortsatz (Dens) und dem ersten Halswirbel (Atlas) das untere Kopfgelenk (Atlantoaxialgelenk)

Axon: Fortsatz einer Nervenzelle, der an anderen Nervenzellen oder an einem Organ endet

Azidose: Abfall des Blut-pH-Wertes unter 7,37 durch Störung des Säure-Basen-Haushaltes

Azoospermie: Zustand, bei dem keine reifen Spermien im Spermatogramm nachweisbar sind

B

Ballistik: Schusslehre

Barbiturat: chemisch mit der Barbitursäure verwandte Gruppe von u.a. beruhigend wirkenden Medikamenten

Basalzellschicht: s. Stratum basale

benigne: gutartig

Benzodiazepine: Gruppe von u.a. beruhigend wirkenden Medikamenten; bekanntester Vertreter: Diazepam (z.B. Valium®)

Bifurkation: Aufzweigung/Gabelung, meist Bifurcatio tracheae: Ort in der Luftröhre (Trachea), an dem sie sich in die beiden Hauptbronchien verzweigt

blande: mild, gutartig

Blasenmole: Missbildung des Mutterkuchens (Plazenta) in der Gebärmutter

Borderline-Syndrom: Persönlichkeitsstörung mit wechselnder Dominanz von Neurose und Psychose

Bp: Basenpaare

Bradyarrhythmie: Absinken der Herzfrequenz unter 60/min bei unregelmäßigem Puls (vgl. Sinusbradykardie)

Bradykardie: Absinken der Herzfrequenz unter 60/min

Bradypnoe: verlangsamte Atmung

Bride: bindegewebige, strangförmige Verwachsung im Bauchraum nach Entzündungen oder Operationen

Brillenhämatom: Hämatom im Bereich beider Augenhöhlen. Häufig bei Bruch der Schädelbasis. Auch einseitig als Monokelhämatom

Bronchialkarzinom: Form des bösartigen Lungenkrebs

Brücke: Pons – s. dort

bukkal: die Wange betreffend

Bulla: Höhle, Blase

C

Cancerogen: krebsauslösend

Capsula interna: innere Kapsel, Teil des Gehirns

Carpalia: Handwurzelknochen

Carzinom: Form des bösartigen (malignen) Krebses

caudal: steißwärts gelegen

Cellulae mastoideae: luftgefüllte Kammern im Warzenfortsatz des Schädels

Cephalhaematom: Bluterguss zwischen Knochen und Knochenhaut am Schädel eines Neugeborenen. Entsteht beim Durchtritt des Kopfes durch den Geburtskanal infolge Verschiebung der Weichteile und Zerreißung von Gefäßen

cerebral: zum Gehirn gehörend

cerebrovaskulär: die hirnversorgenden Gefäße betreffend

cervical: am Hals gelegen/den Hals betreffend

Cervix uteri: Gebärmutterhals

Chlamydien: innerhalb einer Zelle lebende Bakterienart, u.a. Erreger der Ornithose (Chlamydia psittaci) oder des Trachoms (Chlamydia trachomatis)

Chlorophyll: Blattgrün; dient zur Umwandlung von Lichtenergie in chemische Energie bei Pflanzen

Choanen: hintere Öffnung der Nase zum Rachen

Chromatin: Material im Zellkern, das u.a. aus DNA und Histonen besteht

Chromosom: verdichtete Struktur der DNA. Hakenförmige Bestandteile des Zellkerns von Menschen, Tieren und höheren Pflanzen. In allen Körperzellen doppelt vorhanden. Chromosomen bestehen aus DNA und Histone-Eiweißkörpern, um die die DNA gewunden ist

Circumcision: Beschneidung

Clavicula: Schlüsselbein

Clearance: Reinigung; Entfernung einer bestimmten Menge eines Stoffes aus dem Blut durch ein Ausscheidungsorgan

CO_2: Kohlendioxid

Colitis ulcerosa: chronische Entzündung der Schleimhaut des Dickdarms

Coma diabeticum: Bewusstseinsverlust durch zu hohen Blutzucker bei Diabetes mellitus

Commotio: Erschütterung, z.B. als Commotio cerebri – Gehirnerschütterung

Compliance: 1. Maß für die Dehnbarkeit von Brustkorb und Lunge. Bezieht sich v.a. auf die elastischen Rückstellkräfte des Gesamtsystems. 2. Begriff für die Bereitschaft eines Patienten mit dem Arzt in der Behandlung seiner Krankheit zu kooperieren

Compressio cerebri: sog. Hirnquetschung; meist durch Erhöhung des Drucks innerhalb des Schädels

Computertomographie: Technik mit der Schichtbildaufnahmen mit Hilfe von Röntgenstrahlen erstellt werden

Contusio cerebri: Hirnprellung mit nachweisbaren Blutungsherden. Bewusstlosigkeit >1 h. Neurologische Ausfälle

Corpus callosum: Balken, verbindet beide Großhirnhemisphären

Corpus vitreum: Glaskörper des Auges

Cortex: Rinde

C-Peptid: Bestandteil des sog. Proinsulins; von diesem werden Insulin und C-Peptid abgespalten

cranial: kopfwärts gelegen

cribriform: siebförmig

CT: s. Computertomographie

Cytosin: s. DNA

D

Decollement: flächenhafte Ablederung der Haut

defäkieren: Stuhl entleeren

degradierte DNA: durch Fäulnis veränderte DNA

Dehydratation: Entwässerung des Körpers durch erhöhte Ausfuhr von Flüssigkeit ohne entsprechenden Ausgleich

Dekapitation: Abtrennung des Kopfes

Deletion: Chromosomendeletion, Verlust eines Chromosomenstücks

Delir: rückbildungsfähiger, psychotischer Zustand u.a. mit Desorientiertheit und wahnhafter Verkennung

Demenz: Hirnleistungsstörung, Verlust intellektueller Fähigkeiten, insbesondere des Gedächtnisses

Dendrit: kurze, mehrfach verzweigte Ausläufer von Nervenzellen

Dentin: Zahnbein

Dermis: untere der beiden Hautschichten

Dezeleration: Verlangsamung, Bremsung

Diabetes mellitus: „Zuckerkrankheit"

Diagnose: Einordnung und Benennung einer Krankheit

Diaphyse: Mittelstück/Schaft der langen Röhrenknochen

Diarrhöe: Durchfall

Diastase: Auseinanderweichen/Klaffen

Diatomeen: Kieselalgen

Differentialdiagnose: bei der Diagnosefindung mit in Betracht kommende Krankheitsbilder

digitales Tasten: Tasten mit dem Finger

dilatiert: erweitert

diploid: mit doppeltem Chromosomensatz ausgestattet. Der Mensch hat 46 Chromosomen. 23 von der Mutter, 23 vom Vater

Dislokation: Verschiebung/Verlagerung

disseminierte intravasale Koagulopathie: s. Verbrauchskoagulopathie

disseziiertes Aortenaneurysma: Aneurysma durch lamelläre Trennung zweier Schichten der Aorta. Ein Einriss der Intima führt aufgrund des Blutdruckes zu einer Trennung der Gefäßschichten und Ausbildung eines zweiten Gefäßlumens. Bei einem weiteren Einriss der Media kann wieder ein Anschluss an das normale Lumen erfolgen. Bei Einriss einer weiter außen gelegenen Gefäßschicht Gefahr des Verblutens

distal: vom Rumpf entfernte Anteile der Extremitäten

Diurese: Harnausscheidung

Divertikulitis: Entzündung der Wand eines Divertikels; einer Ausstülpung von Wandanteilen eines Hohlorgans

DNA: Desoxyribonukleinsäure, aus zahlreichen sog. Nukleotiden zusammengesetzt. Enthält die Basen Adenin, Thymin, Guanin und Cytosin. Die DNA besteht aus zwei Polynukleotidketten. Diese sind bezüglich ihrer Basen komplementär. Adenin auf einem Strang bindet an Thymin auf dem anderen Strang. Gleiches gilt für Cytosin und Guanin. Auf diese Weise bestimmt die Basenfolge der einen Kette die der anderen. Beide Ketten sind zu einer Doppelspirale (Doppelhelix) verwunden. Jeweils drei aufeinander folgende Nukleotide bilden ein Codon. Dieses ist die kleinste Funktionseinheit der DNA. Mit drei Ausnahmen steht jedes Codon für eine Aminosäure

dominant: Eigenschaft einer Erbanlage eine andere zu unterdrücken (vgl. rezessiv u. kodominant)

dorsal: zum Rücken hin

Ductus arteriosus botalli: vor der Geburt bestehende Verbindung zwischen der Arteria pulmonalis (führt vom Herzen zur Lunge) und der Aorta zur Umgehung der noch funktionslosen Lunge

Duodenum: Zwölffingerdarm

Dura mater: harte Hirnhaut

Dyskrinie: Störung der Zusammensetzung und Absonderung von Drüsensekreten

Dyspepsie: Verdauungsstörungen u.a. durch Veränderung der Sekretzusammensetzung im Magen-Darm-Trakt

Dysphagie: Schluckstörung

Dysphonie: Störung der Stimme mit Veränderung von Klang und Lautstärke (z.B. bei Kehlkopferkrankungen)

Dyspnoe: erschwertes Atmen, Atemnot

Dystelektase: ungenügende Belüftung von Lungengewebe (z.B. durch Verlegung eines Bronchus)

E

Eklampsie: bei Schwangeren vorkommende Erkrankung u.a. mit Krampfanfällen

Ektasie: Erweiterung eines Blut- oder Lymphgefäßes oder eines Hohlorgans

Ektoparasiten: Parasiten, die auf der Körperoberfläche leben

Ektopie: angeborene Verlagerung von Gewebeanteilen eines Organs an eine andere Stelle des Körpers

Elektrophorese: Wanderung geladener Teilchen z.B. in einem Gelmedium in einem konstanten elektrischen Feld. Das Gel wirkt hierbei als Molekularsieb und trennt die Probe nach ihrem Molekulargewicht

Elongation: Verlängerung

Embolie: Verlegung eines Gefäßlumens durch einen Embolus

Embolie, paradoxe: Embolie im arteriellen System, wobei der Embolus aus einer Vene stammt und über einen Defekt der Herzscheidewand von der rechten Herzhöhle unter Umgehung der Lunge direkt in die linke Herzhöhle gelangt ist

Embolus: durch die Blutbahn verschlepptes, nicht lösliches Gebilde, das zu einer Embolie führt

Emphysema aquosum: Bezeichnung für ein akutes Lungenemphysem, welches bei einem Ertrinkungsvorgang entstanden ist. Dabei ist der Überblähungszustand der Lungen im Vergleich zu anderen Formen des akuten Lungenemphysems zumeist besonders stark ausgeprägt

Enantiomere: spiegelbildlich aufgebaute Molekülformen mit gleicher atomarer Zusammensetzung

Endokard: innerste Schicht der Herzwand, Abgrenzung zwischen Herzmuskel und Herzkammern

Endokarditis: Entzündung des Endokards

endokrine Drüsen: Drüsen, die ihre Sekrete in den Kreislauf abgeben

Endometrium: Schleimhaut an der Innenseite der Gebärmutter

Endotoxine: Gifte, die erst nach Zerstörung der sie bildenden Bakterien frei werden

Enzym: Stoff, der chemische Vorgänge ohne Änderung ihres Reaktionsgleichgewichts beschleunigt

Epidemiologie: Lehre von der Verteilung von Krankheiten in der Bevölkerung

Epidermis: Hautoberfläche mit vierschichtigem Aufbau. Dicke je nach Hautregion: 0,04–0,4 mm

epidurales Hämatom: auf der harten Hirnhaut gelegene Blutung. Meist traumatisch durch Riss einer Hirnhautschlagader

Epiglottis: Kehldeckel

Epilepsie: Fallsucht, Krampfanfälle des Gehirns mit vermehrter elektrischer Aktivität

Epilepsie, symptomatisch: Epilepsieform, bei der eine Erkrankung des Gehirns als Ursache nachweisbar ist. Zum Beispiel nach Verletzungen des Gehirns oder bei Tumoren

Epiphyse: anfangs knorpeliges Gelenkende eines Röhrenknochens. Hier entwickelt sich der Knochenkern, der durch die Epiphysenfuge von der Diaphyse getrennt ist

Epiphysenfuge: nach Verknöcherung der Epiphyse verbleibende Knorpelscheibe zwischen Epiphyse und Metaphyse. Ist bis zu ihrer Verknöcherung die Wachstumszone des Knochens. Verspätetes Verknöchern/Schluss führt zu Riesenwuchs, vorzeitiger Schluss zu Zwergwuchs

Epithel: Zellverband, der eine Körper- oder Organoberfläche bedeckt

Erythem: Rötung der Haut durch erhöhte Durchblutung

Erythrozyt: rotes Blutkörperchen

Exkoriation: tiefe Hautabschürfung mit Freilegung des Koriums/der Dermis

Exon: ein Genprodukt kodierender DNA-Abschnitt, von Introns unterbrochen

Expiration: Ausatemphase

Exsikkose: Austrocknungszustand eines Körpers

Extrauteringravidität: Schwangerschaft, bei der sich die Eizelle außerhalb der Gebärmutter eingenistet hat

Extravasat: aus einem Gefäß in das Gewebe ausgetretene Körperflüssigkeit

Extremitäten: Arme und Beine

F

Faszie: bindegewebige äußere Hülle von Organen oder Muskeln

febril: fieberhaft

Femur: Oberschenkelknochen

Fetus/Fötus: das ungeborene Kind vom Abschluss der Embryonalzeit (85. Tag der Schwangerschaft) bis zur Geburt

Fibula: Wadenbein

Fimbrien: fransenartige Gebilde (z.B. als Fimriae tubae an den Eileitern)

Fissur: Spalte, Einriss der Haut/Schleimhaut, feiner Knochenbruch

Fistel: krankhafte, häufig röhrenartige Verbindung zwischen Hohlorganen (Darm, Blase etc.) oder krankhaft bedingten Hohlräumen und der Haut

Flexion: Beugung

Flimmerepithel: Oberflächengewebe (u.a. der Atemwege)

Foramen intervertebrale: Öffnung an den Bögen der Wirbelkörper der Wirbelsäule für den Durchtritt der Rückenmarknerven

Foramen magnum: sog. großes Hinterhauptsloch, Durchtritt des verlängerten Markes aus dem Schädel

Foramen ovale: ovale Öffnung in der Vorhofscheidewand des Herzens. Verschließt sich normalerweise nach der Geburt

foudroyant: plötzlich einsetzend, schnell verlaufend

Fraktur: Knochenbruch

frontal: stirnseitig

Fundus uteri: oberer Teil der Gebärmutter, der den Ansatz der Eileiter überragt

G

Galaktorrhö: Milchfluss. Absonderung der Brustdrüsen

Gangrän: Nekrose, u.a. als Folge mangelnder Durchblutung

Gastroenteritis: Entzündung der Schleimhäute von Magen und Dünndarm

Gastrointestinaltrakt: Magen-Darm-Trakt

Gefäßintima: innerste Schicht der Gefäßwand

Gen: DNA-Sequenz/Basenabfolge als Informationseinheit für die Ausprägung eines funktionellen Produkts

genomische DNA: im Zellkern gelegene DNA

Genotyp: gesamtes Erbgut eines Organismus, durch dessen gemeinsames Wirken auf – beim Menschen – beiden homologen Chromosomen im Zusammenspiel von Dominanz und Rezessivität der Phänotyp entsteht

Gestose: durch eine Schwangerschaft und die damit verbundene Stoffwechselumstellung bedingte Gruppe von Erkrankungen

Gewebsnekrose: s. Nekrose

Gingiva: Zahnfleisch

Globusgefühl: Fremdkörper-/Engegefühl im Rachen-Speiseröhren-Gebiet. Kann organische aber auch psychische Ursachen haben

Glomerulonephritis: Gruppe von Erkrankungen, bei denen es zu einer Entzündung der Nierenkörperchen kommt

Glomus caroticum: zum vegetativen Nervensystem gehörende Struktur an der Aufzweigung der Halsschlagader. Reagiert auf Veränderungen der Blutgase, des Blutdruckes und des pH-Wertes und beeinflusst entsprechend Kreislauf und Atmung

Glukoneogenese: Stoffwechselweg, bei dem Glukose aus Nichtkohlehydratvorstufen gebildet wird (v.a. in Leber und Niere)

Glukose: Traubenzucker

Glykogen: tierische Stärke: stark verzweigtes Molekül aus zahlreichen Glukose-Molekülen

Gonaden: Keimdrüsen. Hoden und Ovarien

Gonosomen: die für die Geschlechtsentwicklung verantwortlichen Chromosomen. Beim Menschen X- und Y-Chromosom

Gravidität: Schwangerschaft

Guanin: s. DNA

H

Hämaskos: blutiger Aszites

Hämatom: Bluterguss

Hämatothorax: Ansammlung von Blut im Pleuraraum

Hämodialyse/Hämofiltration: Verfahren zur Reinigung und Entgiftung des Blutes bei eingeschränkter Nierenfunktion

Hämolyse: Abbau von roten Blutkörperchen durch körpereigene Vorgänge oder z.B. durch Fäulnis

Hämophilie: „Bluterkrankheit", Gruppe von Erkrankungen mit Verminderung der Blutgerinnung

Hämorrhagie: Blutung

Hämostase: Blutgerinnung

haploid: einfacher Chromosomensatz, im Gegensatz zu dipoid

Haplotyp: der Komplex von Allelen, der von einem Elternteil geerbt wird

Hapten: sog. Halbantigen, erzeugt erst nach Bindung an einen Eiweißkörper eine Immunreaktion und wird dann zum Vollantigen

Haptoglobin: eine Eiweißkomponente des Blutplasmas

Harnstoff: wasserlösliches Endprodukt des Eiweißstoffwechsels beim Menschen

HELLP-Syndrom: in der Schwangerschaft auftretendes Syndrom mit ***H**ämolyse*, ***e**rhöhten* ***L**eberenzymen* und niedrigen (***l**ow*) Blutplättchen- (engl. ***P**latelet-*) Zahlen

hepatotoxisch: insbesondere die Leber schädigend

Herzbeuteltamponade: Ausfüllung des Herzbeutels mit Blut nach Riss der Herzwand. Führt durch Druckerhöhung zum Herzstillstand

Herzkammerflimmern: s. Kammerflimmern

Herzvitium: die angeborenen oder erworbenen Fehlbildungen des Herzens

Heteroplasie: Auftreten von bestimmten Geweben an Orten, an denen es normalerweise nicht zu finden ist

heterozygot: mischerbig, unterschiedliche Allele eines Gens in den beiden homologen Chromosomen

Hirnödem: Schwellung des Gehirns durch vermehrte Einlagerung von Flüssigkeit

Hirnstamm: das Gehirn ohne Großhirnmantel und Kleinhirn

Histologie: Lehre von den Geweben des Körpers

Histone: basische Eiweißkörper des Zellkernplasmas

histrionisch: hysterische Persönlichkeit mit Geltungssucht und labiler und oberflächlicher Affektivität

HLA: human leucocyte antigen, bedingt Oberflächenstrukturen von Körperzellen. Sehr individualspezifisch. Wichtig auch bei Transplantationen

Hodgkin-Lymphom: bösartig verlaufende Erkrankung des lymphatischen Gewebes. Form des „Lymphdrüsenkrebses"

Homizid: Mord

homolog: der Chromosomensatz ist beim Menschen doppelt vorhanden. Jeweils ein Chromosom von Mutter und Vater. Auf jedem Paar ist die Abfolge der Gene identisch

homozygot: reinerbig, identische Allele eines Gens in beiden homologen Chromosomen

humane Ontogenese: Entwicklung des Menschen vom befruchteten Ei bis zum Erwachsenen

Huntington-Krankheit: Chorea-Huntington, erbliche Erkrankung verbunden mit Demenz und Bewegungsstörungen

Hyalin: Gruppe glasig, transparenter, vornehmlich aus Eiweißen bestehender Substanzen

Hybridisierung: Technik zum Vergleich von Nukleotidsequenzen. Bindung von RNA an entsprechende (komplementäre) einsträngige DNA

Hydrämie: erhöhter Wassergehalt des Blutes, d.h. absolute oder relative Vermehrung der flüssigen Phase des Blutes in Relation zur zellulären Phase

Hygrom: abgekapselter Erguss nach chronischer Entzündung oder z.B. nach Resorption eines subduralen Hämatoms

Hymen: Jungfernhäutchen

Hyperämie: erhöhte Durchblutung z.B. beim Erythem

Hyperelastose: krankhafte Störung im Gefüge des Bindegewebes

Hyperglykämie: erhöhter Blutzucker

Hypergonadismus: krankhafte Überfunktion der Keimdrüsen

Hyperkalzämie: Erhöhung des Kalziumspiegels im Blut

Hyperkapnie: Erhöhung des Kohlendioxidanteils im Blut

Hyperkinesien: krankhaft gesteigerte Bewegungsaktivität

Hypernephrom: Tumor der Niere/Nebenniere

Hypersalivation: verstärkte Speichelproduktion

Hyperthermie: Erhöhung der Körpertemperatur über die vom Körper erwünschte Norm – im Gegensatz zu Fieber

Hyperthyreose: Überfunktion der Schilddrüse

Hypertonie: Bluthochdruck

Hypertrophie: Vergrößerung eines Gewebes oder Organs ohne Zunahme der Zellzahl. Das Volumen der einzelnen Zellen steigt

Hyperurikämie: Erhöhung des Harnsäurespiegels im Blut

Hyperventilation: über den Bedarf hinausgehende Atmung, für zu Erniedrigung des CO_2-Partialdruckes im Blut. Ursache häufig psychogen

Hypoglykämie: erniedrigter Blutzucker

Hypomochlion: Drehpunkt eines Hebels

Hypophyse: Hirnanhangsdrüse

Hypopituitarismus: Unterfunktion des Vorderlappens der Hirnanhangsdrüse

Hypostase: passive Blutfülle herabhängender Körperpartien bei Herzschwäche oder postmortal

Hypothermie: Absinken der Körpertemperatur

hypotones Süßwasser: Wasser mit einem geringeren Salzgehalt als das Blut

Hypotonie: erniedrigter Blutdruck

Hypoxie: Herabsetzung des Sauerstoffgehaltes in Körpergeweben

I

Iatrogen: durch medizinische/ärztliche Einwirkung entstanden

iktal: Symptom einer Krankheit, das plötzlich einsetzt (z.B. Krampfanfall)

Ikterus: Gelbsucht, Gelbfärbung der Haut durch Erhöhung des Bilirubins (Abbauprodukt roter Blutkörperchen) im Blut

Ileus mechanisch/paralytisch: Störung der Darmpassage; Einteilung u.a. in mechanische Form (z.B. durch Verlegung des Darmlumens oder Verwachsungen) und in paralytische Form (z.B. durch Lähmung der Darmmotilität)

illusionäre Verkennung: Fehldeutung einer Sinneswahrnehmung

Immunhistochemie: Nachweis von Antigenen im Gewebe mit Hilfe farblich markierter Antikörper

Inanition: Hungerzustand

Indolenz: Unempfindlichkeit gegen Schmerz

Ingestion: Aufnahme eines Stoffes in den Verdauungstrakt mit dem Trinkwasser oder der Nahrung

initial: anfänglich

Inkarzeration: Einklemmung; meist in Bezug auf Organteile (z.B. Darmabschnitte) in einem Bruchsack. Kann zu Behinderung der Durchblutung und damit zum Absterben des Organs führen

Insertion: Ansatz (z.B. eines Muskels)

Insertio velamentosa: Ansatz der Nabelschnur nicht an der Plazenta, sondern an den Eihäuten. Gefahr des Reißens von Gefäßen und Verbluten des Kindes

Inspiration: Einatmung

Insult: meist Bezeichnung für Schlaganfall

Interkostalmuskulatur: Zwischenrippenmuskulatur

interkurrent: hinzukommend

Interstitium: Raum zwischen Organen. Meist Bindegewebe; von Blutgefäßen und Nerven durchzogen

Intima: innerste Schicht der Gefäßwand

Intoxikation: Vergiftung

intraalveolär: in den Alveolen, d.h. in den Lungenbläschen gelegen

intrakraniell: innerhalb des Schädels lokalisiert

intrauterin: innerhalb der Gebärmutter

intravasal: im (Blut-) Gefäß gelegen

intrazerebellär: innerhalb des Kleinhirns

intrazerebral: innerhalb des Großhirns

Intron: eine Sequenz im Gen, die zwar abgelesen und vervielfältigt, im weiteren Verlauf aber ausgeschnitten wird und so nicht für ein Genprodukt kodiert

in vitro: im Versuch (z.B. im Reagensglas)

in vivo: im lebenden Organismus

Inzidenz: Anzahl neuer Erkrankungsfälle pro Zeiteinheit

Ischämie: Blutleere – unterbrochene arterielle Blutversorgung eines Organs/Gefäßversorgungsgebietes

Isoagglutinine: Isoantikörper, der ohne weitere Hilfsstoffe zur Verklumpung von roten Blutkörperchen führt

Isoantikörper: gegen ein von der gleichen Spezies, aber nicht vom gleichen Körper stammendes Antigen gerichteter Antikörper

isoelektrische Fokussierung: Trennverfahren für einige Stoffe, z.B. Plasmaproteine. In einem Gel mit pH-Gradienten wandern sie bei angelegter Spannung bis zu der Stelle, die ihrem pH-Wert entspricht

J

Junctura: Verbindung

juvenil: jugendlich

K

Kachexie: Auszehrung des Körpers

Kälteurtikaria: durch Kälte ausgelöste Quaddelbildung an der Haut mit Juckreiz

Kammerflimmern: Kontraktion des Herzmuskels mit Frequenz um 200–300/min. Nicht im ganzen Herzmuskel synchron. Daher kommt es nicht zu einer Pumpleistung und somit zu einem Kreislaufstillstand

kanzerogen: krebserregend

kardial: das Herz betreffend

Kardiomyopathie: Gruppe von Erkrankungen des Herzmuskels

kardiopulmonal: Herz und Lunge betreffend

kardiovaskulär: Herz und die Blutgefäße betreffend

Karotissinus-Syndrom: durch einen zu sensiblen Glomus caroticum oder durch Druck auf den Karotissinus ausgelöste Kreislaufstörung

Karzinom: Form des bösartigen (malignen) Krebses

Katalase: Enzym, das die Bildung von Sauerstoff und Wasser aus Wasserstoffperoxid beschleunigt und u.a. in roten Blutkörperchen vorkommt

Katarrh: Form der Schleimhautentzündung

Katheter: schlauchartiges Instrument, das in Hohlorgane eingeführt wird

Kathode: negative Elektrode in einem Stromkreis

kaudal: steißwärts gelegen

Kaverne: durch eine Krankheit entstandener Hohlraum in einem Gewebe

Kawasaki-Syndrom: Erkrankung, die meist im Kindesalter auftritt. Symptome u.a. Fieber, Lymphknotenschwellung, Hautrötung, Meningitis. Ursache unklar. in 1–2 % tödlich

Kephalhämatom: s. Cephalhaematom

Keratinozyten: Hautzelle, die Keratin (Korn) bildet

Klaustrophobie: Angst vor dem Aufenthalt in geschlossenen Räumen, bzw. an Orten ohne Fluchtmöglichkeit

Klavikula: Schlüsselbein

Klitoris: Kitzler, weibliches Sexualorgan am Ende der kleinen Schamlippen

Koagulationsnekrose: Nekrose durch Einwirkung von Hitze, Säuren oder Enzymen. Gekennzeichnet durch Eiweißgerinnung mit längerem Erhalt der groben Gewebearchitektur sowie durch niedrigen Feuchtigkeitsgehalt

Kodominanz: zwei oder mehr Allele werden gleichzeitig verwendet (vgl. rezessiv u. dominant)

Kolik: krampfartiges Zusammenziehen der Muskulatur eines Hohlorgans im Bauchraum

Kolliquationsnekrose: Erweichungsnekrose, meist durch Einwirkung von basischen Substanzen mit rascher Gewebsauflösung. Im Gegensatz zur Koagulationsnekrose kommt es nicht zu einer Gewebsverfestigung, sondern zu einer Verflüssigung

Kolposkop: Instrument zur Betrachtung und Beurteilung der Portiooberfläche

Koma: Bewusstlosigkeit, Grad der Vigilanzstörung, bei dem der Patient auf äußere Reize nicht reagiert

Konfabulationen: durch Phantasien gefüllte Erinnerungslücken

konfluirend: zusammenfließen

kongenital: angeboren

Konjunktiven: Bindehäute

Konstriktion: Engstellung von (Blut-) Gefäßen

Kontraktur: Bewegungseinschränkung von Gelenken durch krankhafte Verkürzung der Muskulatur

Kontrazeptiva: empfängnisverhütende Mittel

Kontusion: s. Contusio

Korium: s. Dermis

Koronarangiitis: Entzündung der Herzkranzgefäße

Koronararterien: Herzkranzgefäße

Koronarthrombose: durch Arteriosklerose entstehende Verengung der Herzkranzgefäße

Kortex: Rinde

kranial: kopfwärts gelegen

Kreatinin: Stoffwechselprodukt (v.a. des Muskelgewebes). Konstante Ausscheidung über den Harn, daher u.a. als Indikator für die Nierenfunktion zu verwenden

kribriform: siebförmig

L

Labien: Schamlippen

Laktat: Salz der Milchsäure. Stoffwechselprodukt, das sich insbesondere bei erhöhter Muskelarbeit anreichert. Das saure Laktat führt zu einer Änderung des pH-Wertes. Dieses wird als Laktatazidose bezeichnet und bewirkt u.a. den sog. Muskelkater

Lanugohaare: Flaumbehaarung des Feten

Laryngoskopie: Kehlkopfspiegelung

Laryngospasmus: Stimmritzenkrampf, krampfartiges Zusammenziehen der Muskulatur des Kehlkopfes

Larynx: Kehlkopf

Läsion: Beschädigung/Verletzung

lateral: seitwärts

Laxantien: Medikament/Mittel gegen Obstipation. Abführmittel

Lazeration: Zerreißung

Leberzirrhose: Gruppe von Erkrankungen, denen ein knotiger Umbau der Leberstruktur gemein ist. Ursachen: Hepatitis, Alkohol-/Medikamentenmissbrauch u.a. Durch die verfestigte Struktur kommt es zu einer Funktionsminderung sowie zu einer Behinderung des Blutflusses durch die Leber. Das kann u.a. zu Flüssigkeitsansammlungen im Bauchraum (Aszites) führen. Zudem werden sog. Umgehungskreisläufe gebildet. Eine Möglichkeit führt über Venen des Magens und der Speiseröhre (Ösophagusvarizen) in die obere Hohlvene. Hier besteht durch spontane Zerreißungen Blutungsgefahr

lege artis: nach ärztlicher Kunst

Legionellen: Legionella pneumophila – Erreger der Legionärskrankheit. Kapselloses Stäbchenbakterium, das insbesondere in Warmwasseranlagen gedeiht und u.a. zu einer Lungenentzündung führen kann

Leptomeningitis: Entzündung der weichen Hirnhäute

letal: tödlich

Leukozytose: vermehrtes Auftreten weißer Blutkörperchen im Blut oder in Geweben

Lichen sclerosus: Krankheitsbild mit Verhärtung und Verschmächtigung (Atrophie) der Haut

Ligament: bindegewebiges Halteband

Ligamenta alaria: Flügelbänder; verbinden den Dens axis mit dem Rand des Hinterhauptloches im Schädel; hemmen die Drehung des Kopfes

Ligamenta flava: elastischer Bandapparat zwischen nebeneinander liegenden Wirbelbögen der Wirbelsäule

Ligamentum apicis dentis: Band zwischen der Spitze des Dens axis und dem vorderen Rand des Hinterhauptsloches

Linksschenkelblock: Leitungsverzögerung im linken Schenkel des Reizleitungssystems des Herzens

lipophil: mit Affinität zu Fett

Liquor: Hirnwasser, umgibt u.a. das Gehirn im Schädel

Liquorrhö: Austritt von Gehirnwasser, z.B. aus Nase oder Ohr nach einem Schädelbruch

Lochialsekret: Wundsekret aus der Gebärmutter nach der Geburt

Lokus: Genlokus, Genort, Lage eines Gens auf einem Chromosom

Lordose: nach vorne konvexe Krümmung der Wirbelsäule

Lungenembolie: Verschluss einer Lungenschlagader durch einen Embolus

Lungenemphysem: Überblähung des Lungengewebes mit Zerstörung der Lungenbläschen

Lungenfibrose: bindegewebiger Umbau der Lunge als Endzustand zahlreicher Erkrankungen. Führt zu vermindertem Gasaustausch und geringerer Compliance

Lungenödem: Ansammlung von Flüssigkeit in der Lunge

Lupus erythematodes: Erkrankung, bei der der Körper Antikörper gegen das eigene Gewebe bildet

Luxation: Verrenkung – Verschiebung zweier gelenkbildender Knochenenden

LWK: Lendenwirbelkörper

Lysosomen: Organellen einer Zelle, die u.a. der intrazellulären Verdauung chemischer Verbindungen dienen

M

Makrophagen: Fresszellen des Abwehrsystems

makroskopisch: mit bloßem Auge sichtbar

maligne: bösartig

Mallory-Weiss-Syndrom: längsgestellte Schleimhauteinrisse im Einmündungsbereich der Speiseröhre in den Magen, die zu Blutungen führen können und durch Druckerhöhungen bei Erbrechen entstehen können

Malnutrition: Mangel- oder Fehlernährung

Manie: Psychose mit Euphorie, Größenideen, Antriebssteigerung und fehlender Erschöpfbarkeit

Marasmus: Abmagerung und Kräfteverfall durch Unterernährung

maternal: die Mutter betreffend

matrilinear: von der Mutter kommend

Mazeration: Zerstörung von Weichgewebe

medial: zur Mitte hin

Mediastinitis: Entzündung des Mediastinums

Mediastinum: Mittelfell, Gebiet des Brustraumes zwischen den Lungenflügeln

Medulla oblongata: s. verlängertes Mark

Menarche: erstes Auftreten der Monatsblutungen bei jungen Frauen

Meningen: Hirnhäute

Meningitis: Hirnhautentzündung

Meningoenzephalitis: Entzündung von Hirnhaut und Gehirn

Meniskus: kreis- bzw. halbmondförmige Struktur aus Faserknorpel; dient dem Ausgleich von Unebenheiten von Gelenkflächen (z.B. im Kniegelenk)

Mesenchym: embryonales Bindegewebe

Mesenterium: Aufhängeapparat des Dünndarms

metabolisch: den Stoffwechsel betreffend

Metaphyse: Bereich der langen Röhrenknochen zwischen Epiphyse und Diaphyse. Wachstumszone (vgl. Epiphysenfuge)

Mikroglia: Gewebeanteil zwischen den Nervenzellen im Zentralnervensystem (ZNS)

Mikrosatelliten-DNA: s. STR

miliar: hirsekornartig

Miliartuberkulose: Tuberkulose, die sich im ganzen Körper ausgebreitet hat; bildet hirsekornartige Absiedlungsherde

Miosis: Engstellung der Pupillen

Mitochondrien: Zellorganellen; für den Energiehaushalt zuständig

Mol: Basiseinheit für Stoffmenge im SI-System

Molaren: Mahlzähne

Monokelhämatom: Hämatom im Bereich einer Augenhöhle. Häufig bei Bruch der Schädelbasis. Auch beidseitig als Brillenhämatom

Morbidität: Erkrankungsrate, Anzahl registrierter Fälle einer Erkrankung in einem Zeitraum

Morbus Crohn: chronisch entzündliche Darmerkrankung

Mortalität: Sterblichkeit

mRNA: messenger Ribonukleinsäure, Boten-RNS, einsträngige RNA-Kette als „Durchschrift" der DNA bei der Proteinbiosynthese

Mucosa: Tunica mucosa; die Innenseite von Organen auskleidende Schleimhaut

multiple: vielfach, mehrfach

Musculus obliquus externus abdominis: ein Bauchmuskel – von der 5.–12. Rippe zur Darmbeinschaufel verlaufend

Musculus orbicularis oris: Muskel der mimischen Muskulatur. Wichtig u.a. zum Schließen des Munde

Mutation: Veränderung im genetischen Material

Mydriasis: Weitstellung der Pupillen

Myelinscheide: Markscheide. Schicht um die Axone von Nervenzellen. Erhöht die Leitungsgeschwindigkeit des Nerven

Mykoplasmen: Bakterienart; besitzt keine Zellwand; unterschiedliches Erscheinungsbild

Myogelose: schmerzhafte Muskelverhärtung bei chronischer Fehlbelastung

Myoglobin: im Muskel vorkommendes, dem Hämoglobin ähnliches Eiweiß, das der Versorgung des Muskels mit Sauerstoff dient

Myokard: Herzmuskelgewebe

Myokardinfarkt: Herzinfarkt; Untergang von Herzmuskelgewebe aufgrund einer Durchblutungsstörung

Myokarditis: Herzmuskelentzündung

Myoklonien: unwillkürliche, blitzartige Zuckung einzelner Muskeln

Myomalazie: Verlust/Erweichung von Muskelgewebe (z.B. bei Entzündungen)

Myometrium: Muskelschicht der Gebärmutter

Myozyten: Muskelzellen

Myozytolysen: Auflösung von Muskelzellen

Myxödem: Symptom einer Schilddrüsenunterfunktion: Anreicherung von schleimig-talgigen Substanzen v.a. im Unterhautfettgewebe von Gesicht und Extremitäten

Myxom: gutartiger, aus schleimartigem Gewebe bestehender Tumor

myxomatös: schleimartig, schleimbildend

N

nativ: natürlich, unverändert

Nausea: Übelkeit

Nekrose: Veränderung eines Gewebes oder einer Zelle nach Ausfall der Zellfunktionen (Zelltod)

Neologismen: Wortneubildungen

Neoplasie: Neubildung eines Gewebes

nephrotoxisch: insbesondere die Niere schädigend

Nervenplexus: Nervengeflecht

Nervus laryngeus superior: „oberer Kehlkopfnerv", geht aus dem Nervus vagus hervor und versorgt besonders die Schleimhaut des Kehlkopfes und des Rachens

Neuralgie: Schmerzsyndrom im Ausbreitungsgebiet eines Nerven

Neuritis: Entzündung eines Nerven

Neuropathie: chronische Nervenschädigung. Kann u.a. metabolisch (z.B. Diabetes) bedingt sein

neurotoxisch: insbesondere das Nervensystem schädigend

Nidation: Einnistung des befruchteten Eies in die Gebärmutterschleimhaut

Nosologie: Lehre von der systematischen Beschreibung und Einordnung von Krankheiten

Noxe: Krankheitserreger, schädigende Einwirkung. Kann chemischer, biologischer oder physikalischer Natur sein

Nozizeption: Wahrnehmung von Schmerz

Nucleus pulposus: elastischer, gallertiger Kern der Bandscheiben. Vom bindegewebigen Anulus fibrosus umgeben

nukleare DNA: im Zellkern befindliche DNA

Nukleotid: Grundbaustein der Nukleinsäure bestehend aus Nukleinbase (Thymin, Adenin, Guanosin, Cytosin und Uracil), Zucker (Pentose) und Phosphorsäure

Nystagmus: unwillkürliche, rhythmische Augenbewegungen. Können Ausdruck verschiedener Erkrankungen sein

O

O_2: Sauerstoff

obliterierend: verschließend

Obstipation: verzögerte Kotentleerung, Verstopfung

Ödem: vermehrte seröse Flüssigkeit im Gewebe

Oedema aquosum: Bezeichnung für ein Lungenödem, welches bei Ertrinkungsfällen neben dem Emphysema aquosum relativ häufig beobachtet werden kann

Okklusion: Verschluss

okulokardialer Reflex: nach Druck auf die geschlossenen Augen oder Zug and den Augenmuskeln reflektorische Bradykardie oder Tachyarrhythmie, evtl. Brechreiz bis hin zum Kollaps

okzipital: am Hinterkopf gelegen

Oligospermie: verminderte Spermienzahl

Ontogenie: Entwicklung eines Lebewesens von der Eizelle bis zum Erwachsenen

oral: über den Mund aufgenommen

Orbita: Augenhöhle

Os metacarpale: Mittelhandknochen

Ösophagus: Speiseröhre

Ösophagusvarizen: s. Leberzirrhose

Ossifikation: Verknöcherung

Osteoarthropathien: Erkrankungen von Gelenken mit angrenzenden Knochen

Osteochondrose: Degeneration von Knochen und Knorpel

Osteolyse: lokaler Abbau von Knochensubstanz v.a. bei Tumormetastasen oder Entzündung

Osteosynthese: chirurgische Technik zur Versorgung von Knochenbrüchen bei der die Fragmente durch Fremdmaterial (z.B. Schrauben oder Platten) vereinigt werden

Ovar: Eierstock

P

Palma manus: Handfläche

palmar: zur Handfläche hin liegend

Pankreas: Bauchspeicheldrüse

Pankreatitis: Entzündung der Bauchspeicheldrüse

Paralyse: vollständige Lähmung

Paralyse, progressive: Spätsymptom der Syphilis mit u.a. Verwirrtheit, Sprach- und Bewegungsstörungen, Krampfanfällen

Paranoia: inhaltliche Denkstörung, Wahn. Gefühl der Fremdbeeinflussung, Personenverkennung, Verfolgungs- oder Vergiftungswahn

Parästhesien: subjektive Missempfindung. Häufig als Kribbeln, Taubheitsgefühl oder Brennen

paravertebral: neben der Wirbelsäule gelegen

Parenchym: die Zellen eines Organs, die seine Funktion ausmachen. Im Gegensatz zu seinem Binde- und Stützgewebe

parenchymatöse Organe: u.a. Leber, Milz, Bauchspeicheldrüse, Niere

parenteral: am Verdauungstrakt vorbei (z.B. Ernährung über Infusionen)

Parese: Lähmung

Parinaud-Syndrom: Schädigung im Mittelhirn u.a. mit Beeinträchtigung von Blickfolgebewegungen

Parodontitis: Entzündung des Parodontiums

Parodontium: Zahnhalteapparat mit Zahnfleisch, Wurzel und Alveole

PAS-Reaktion: Periodsäure-Schiff-Reaktion; u.a. Nachweis von sog. Mukopolysacchariden im Gewebe

Patella: Kniescheibe

Paternität: Vaterschaft

Pathogenese: Entstehung und Entwicklung von Krankheiten

PCR: Polymerase-Kettenreaktion – Methode zur schnellen und gezielten Vervielfältigung (Amplifikation) von DNA-Sequenzen

Perfusion: Durchströmung

Perikard: Herzbeutel

perineuronal: in der Umgebung eines Nerven

perioral: um den Mund gelegen

Periost: Knochenhaut

peripartal: um den Geburtstermin, während der Schwangerschaft oder im Wochenbett auftretend

Peritoneum: Bauchfell

Peritonitis: Bauchfellentzündung

perivasal: in der Nähe eines Blut- oder Lymphgefäßes

Perniones: Frostbeulen

persistierend: weiterhin bestehend

pertrochantäre Fraktur: zwischen zwei Knochenvorsprüngen am Oberschenkelknochen gelegener Bruch

Petechien: kleinste, punktförmige Haut- oder Schleimhautblutungen aus den Kapillaren

Phagolysotypie: Identifizierung von Bakterienstämmen unter Verwendung von Bakteriophagen-Viren, die sich innerhalb von Bakterien vermehren. Wichtig bei der Erforschung von Infektionswegen

Phänotyp: Erscheinungsbild eines Individuums als Ausdruck des Zusammenwirkens von Genotyp und Umwelt

Phäochromozytom: Tumor (meist gutartig) des Adrenalin und Noradrenalin bildenden Systems der Nebenniere. Führt u.a. zu Bluthochdruck

Pharynx: Schlund

Pia mater: weiche Hirnhaut

Pick-Krankheit: Demenz unbekannter Ursache mit Degeneration des Frontal- und Temporalhirns. Klinisch stehen Persönlichkeitsveränderungen u.a. mit Enthemmung im Vordergrund

Placenta (Plazenta): Mutterkuchen

Placenta praevia: Mutterkuchen, der am unteren statt am oberen Teil der Gebärmutter verwachsen ist, und damit den Geburtsweg ganz oder teilweise verdecken kann. Macht bei vollständiger Bedeckung eine vaginale Entbindung unmöglich. Kann des Weiteren zu lebensbedrohlichen Blutungen durch vorzeitige Ablösung führen

plantar: an der Fußsohle

Pleura parietalis: Rippenfell

Pleura pulmonalis: Lungenfell

Pleuramesotheliom: Tumor der Pleura parietalis, meist bei Asbestarbeitern mit bis zu 20-jähriger Latenz auftretend

Pleuraraum: Raum zwischen Rippenfell und Lungenfell

Plexus cervicalis: Nervengeflecht am Hals, dient der sensiblen und motorischen Innervation u.a. des Halses

Pneumonie: Lungenentzündung

Pneumothorax: Kollaps eines oder beider Lungenflügel durch eingedrungene Luft in den Pleuraraum

Polytrauma: mehrfache Verletzungen, wobei mindestens eine oder die Kombination mehrerer potentiell lebensbedrohlich ist

Pons: Teil des Hinterhirns

pontin: die Pons betreffend

Portio: der in die Scheide ragende Anteil des Gebärmutterhalses

posterior: hinten

postmortal: nach dem Tode

Prädilektionsstelle: von einer Krankheit oder einem Vorgang bevorzugt betroffener Körperteil

präkordial: vor dem Herzen gelegen

Prävalenz: Anzahl der insgesamt an einer bestimmten Erkrankung leidenden Patienten zu einem bestimmten Zeitpunkt

Primer: kurze, synthetisch hergestellte, einzelsträngige DNA-Moleküle. Zwei Primer flankieren bei der PCR einen definierten polymorphen DNA-Abschnitt. Auf diese Weise wird ausschließlich dieser DNA-Abschnitt amplifiziert

Prokaryont: Organismen wie z.B. Viren, denen für Eukaryonten typische Organellen fehlen

Proliferation: Wucherung von Gewebe (z.B. bei Wundheilung)

Proteoglycan: neben Kollagen wichtigster Bestandteil der Knorpelsubstanz

protrahiert: verlängert, verzögert

proximal: in Rumpfnähe gelegene Anteile der Extremitäten

Pseudogene: in Eukaryonten vorkommende Gene ohne nachgewiesene Funktion

Psychosen: Gruppe psychiatrischer Erkrankungen (v.a. mit gestörtem Realitätsbezug)

psychotrop: Stoffe, die insbesondere auf die Psyche einwirken

Pulmo: Lunge

pulmonal: die Lunge betreffend

Punktmutation: Mutation einer einzelnen Base

Putativvater: der vermutete Vater

Pyelonephritis: Entzündung des Nierenbeckens, meist bakteriell bedingt

Pyknose: Schrumpfung des Zellkerns unter Verdichtung des Chromatins

Q

QT-Syndrom: Störung der Reizleitung im Herzen mit Verlängerung der sog. QT-Zeit. Kann zu synkopalen Anfällen und Herzrhythmusstörungen führen

Quadrizepssehne: Sehne der Schenkelstrecker, setzt an der Kniescheibe an

R

Radius: Speiche, daumenseitiger Unterarmknochen

Reanimation: Wiederbelebung

Rechtsschenkelblock: Leitungsverzögerung im rechten Schenkel des Reizleitungssystems des Herzens

Reklination: zurück/nach hinten biegen

Rektum: Mastdarm

REM-Schlaf: Stadium 5 der Schlafphasen. Traumschlaf. Durch schnelle Bewegungen der Augen gekennzeichnet (rapid eye movements)

renal: die Niere betreffend

Respirationstrakt: Atemwege

Restriktionsenzyme: Enzyme, die doppelsträngige DNA an spezifischen Stellen spalten können

retardiert: verzögert, verlangsamt, in der Entwicklung zurück geblieben

Retentionswert: Parameter für die Nierenfunktion. Im Körper anfallende Stoffe, die sich bei Nierenfunktionsstörungen anreichern (z.B. Kreatinin und Harnstoff)

retikulohistiozytäres System: System, das unter anderem aus Bindegewebszellen besteht und das befähigt ist, Stoffe in sich aufzunehmen und zu speichern. Dient u.a. dem Entfernen von Schlackenstoffen

Retina: Netzhaut im Auge. Lichtempfindlicher Teil des Auges

retroaurikulär: hinter dem Ohr

retropharyngeal: hinter dem Schlund gelegen

Reye-Syndrom: meist tödlich verlaufende Erkrankung bei Säuglingen und Kleinkinder. Tritt im Anschluss an einen Infekt der Atmungsorgane auf, schädigt v.a. das Hirn und die Leber

rezessiv: Eigenschaft einer Erbanlage sich von einer anderen – auf dem zweiten Allel liegenden – unterdrücken zu lassen (vgl. dominant u. kodominant)

rezidivierend: wiederholend

RFLP: Restriktionsfragmentlängen-Polymorphismus – Punktmutationen führen zu einer Veränderung im Restriktionsmuster, wenn sich diese Mutationen in Schnittstellen von Restriktionsenzymen ereignet haben. Man kann hier Abweichungen messen. Diese lassen sich zu einer Karte zusammentragen. Es ist auf diese Weise möglich, DNA-Abschnitte zu erfassen, die nicht proteinkodierend sind. Auch ein Erkennen von Mutationen ist möglich

Rhabdomyolyse: Auflösung der Skelett- und Herzmuskulatur z.B. bei Vergiftungen

Rhesusfaktor: s. Kap. 9.1.4

RIA: Radio-Immunassay. Methode zur quantitativen Bestimmung kleiner Stoffmengen

Rickettsien: zu den Bakterien zählende Gruppe von Krankheitserregern, die sich ausschließlich innerhalb einer Wirtszelle vermehren können

RNA: Ribonukleinsäure – Nukleinsäure bei der u.a. das Thymin der DNA zu Uracil geändert wurde. Regelt die Proteinbiosynthese, die nach dem Schema DNA > RNA > Protein (Eiweiß) verläuft

rostral: stirnwärts gelegen

Ruptur: Zerreißung

S

Sakroiliakalgelenk: Verbindung zwischen Kreuz- und Hüftbein

Satelliten-DNA: lange sich wiederholende DNA-Sequenz. Wird nicht transkribiert

Schizoid: ungeselliges und abweisendes Verhalten, emotionale Kühle, Einzelgängertum

Schizophrenie: s. Kap. 6.6

Sepsis: sog. Blutvergiftung, Eindringen von Krankheitserregern in die Blutbahn

Septikopyämie: Komplikation einer Sepsis mit Bildung von abgesiedelten (metastatischen) Eiterherden und Infarkten als Folge von Verstopfung von Blutgefäßen durch Erreger

Septum: Scheidewand

Serosa: Tunica serosa, aus Bindegewebe und einschichtigem Plattenepithel bestehende Haut, u.a. an Herzbeutel, Pleura oder Peritoneum

Serum: von Fibrin und festen Bestandteilen befreiter, wässriger Anteil des Blutes

Siderin: Hämosiderin – Wasserunlöslicher eisenhaltiger Eiweißkörper, der sich bei verschiedenen Erkrankungen im Gewebe anreichert

Silikose: Lungenerkrankung nach chronischer Inhalation von Kiesel-, Quarz- oder Steinstaub – „Staublunge"

Sinterung: zusammensinken, z.B. bei osteoporotisch veränderten Wirbelkörpern

Sinusbradykardie: Absinken der Herzfrequenz unter 60/min bei regelmäßigem Puls (vgl. Bradyarrhythmie)

Sinus cavernosus: venöser Blutleiter zu beiden Seiten des Türkensattels im Schädelinnern. Wird u.a. von Venen der Augenhöhlen gespeist

Sinus sagitalis: venöser Blutleiter zwischen beiden Blättern der harten Hirnhaut

Sinusitis: Nasennebenhöhlenentzündung

Sinusknoten: Schrittmacher des Herzens, Zentrum der Bildung der elektrischen Erregung

Skrotum: Hodensack

Somnolenz: leichte Form der Vigilanzstörung, bei der der schläfrige Patient durch äußere Reize leicht zu wecken ist

Sonographie: Ultraschall

Sopor: schwere Form der Vigilanzstörung. Keine spontane Reaktion, kurzzeitige Reaktion bei Schmerzreiz oder lauter Ansprache

Spasmus: langsame z.T. rhythmische Verkrampfung von Muskelgruppen

Spekulum: Instrument, das in Körperöffnungen eingeführt wird, um diese zu untersuchen. Meist trichter- oder röhrenförmig

Sphinkter: Schließmuskel

Spinalkanal: von den Wirbelkörpern der Wirbelsäule gebildete Struktur, in der das Rückenmark verläuft

Splenektomie: operative Entfernung der Milz

Splenomegalie: Vergrößerung der Milz

Spondylarthrose: degenerative Erkrankung der Wirbelsäule

spongiös: schwammartig

Stammganglien: Basalganglien; insbesondere für die Motorik wichtige Gruppe von Kerngebieten im End- und Zwischenhirn, die durch ein System von Regelkreisen zu einem Verbund zusammen geschlossen sind

Stase: Stillstand eines Flüssigkeitsstromes

Stenose: Verengung

Sternokostalgelenk: gelenkige Verbindung zwischen Brustbein und Rippe

Sternum: Brustbein

STR: Short tandem repeat/Mikrosatellitensequenz – bestehen aus kürzeren Sequenzen als die AmpFLPs

Stratum basale: innerste (vierte) Schicht der Epidermis

Stratum corneum: Hornschicht, äußerste Schicht der Epidermis

Stratum granulosum: Körnerschicht, zweite Schicht der Epidermis

Stratum spinosum: Stachelschicht, dritte Schicht der Epidermis

Stroma: bindegewebiges Stützgewebe eines Organs. Bei roten Blutkörperchen: deren Grundsubstanz, sog. Stromaprotein

Subarachnoidalblutung: unter der Spinnwebenhaut gelegene Blutung, meist durch Riss einer Schlagader

subdurales Hämatom: Blutung unterhalb der harten Hirnhaut aus sog. Brückenvenen. Einteilung in akutes SDH – nach starkem Schädelhirntrauma – und chronisches, häufig nach Bagatelltrauma auftretendes, erst nach 2–3 Wochen symptomatisch werdendes SDH

subendokardial: unter dem Endokard gelegen

subklavikulär: unter dem Schlüsselbein

Subkortex: unterhalb der Hirnrinde gelegenes Areal

sublingual: unter der Zunge

Subluxation: teilweise Verrenkung von Gelenken, wobei die Gelenkflächen in Verbindung bleiben

subpektoral: unter dem Brustmuskel gelegen

subpial: unter der weichen Hirnhaut gelegen

subserös: unter der Serosa gelegen

Suffusion: flächige Haut- oder Schleimhautblutung

Sugillation: flächige Haut- oder Schleimhautblutung, von geringerer Ausprägung als bei Suffusion

Suizid: Selbstmord

suprapubisch: oberhalb des Schambeins gelegen

supravital: Reaktionen von noch intakten Zellen oder Geweben nach dem Tod des Individuums

Surfactant: oberflächenaktive Substanz, die das Zusammenfallen der Lungenbläschen bei der Ausatmung verhindert

Sympathikus: Teil des vegetativen Nervensystems; Gegenspieler des Parasympathikus

sympathomimetisch: Substanzen, deren Wirkung einer Aktivierung des Sympathikus ähneln

Symphyse: Symphysis pubica – gelenkige Verbindung der Schambeine beider Seiten

Synapse: Verbindung einer Nervenzelle zu einer anderen oder zu einer Zelle des Organs, an das die Nervenerregung übermittelt werden soll

Synkope: kurzzeitige, plötzliche auftretende Bewusstlosigkeit

Synovia: Gelenkflüssigkeit

Szintigraphie: Methode, bei der die lokale Anreicherung eines radioaktiv strahlenden Stoffes, z.B. in einem menschlichen Körper, gemessen wird

T

Tabula externa: äußere Schicht des Schädelknochens

Tabula interna: innere Schicht des Schädelknochens

Tachykardie: beschleunigte Herzfrequenz (> 100/min)

Takayasu-Arteriitis: Arteriitis des Aortenbogens und seiner Äste

Telomer: endständiger Abschnitt an den Chromosomen

temporal: schläfenseitig

Temporallappen: Schläfenlappen des Gehirns

Tetanie: plötzliche und anfallsartige neuromuskuläre Übererregbarkeit mit Beeinträchtigung von Motorik und Sensibilität (u.a. bei Hyperventilation oder Kalziummangel)

Tetraplegie: komplette Lähmung von Armen und Beinen

Thanatologie: Wissenschaft von den Ursachen und Umständen des Todes

Thorax: Brustkorb

Thrombophlebitis: Entzündung einer Venenwand mit einem aufsitzenden Thrombus

Thrombozytopenie: Mangel an Blutplättchen

Thymin: s. DNA

Thymus: hinter dem Brustbein gelegenes Organ, im Erwachsenenalter zu einem Fettkörper umgebaut

thyreotoxische Krise: lebensbedrohliche Stoffwechselentgleisung aufgrund stark erhöhter Schilddrüsenwerte

Tibia: Schienbein

tonisch-klonisch: langanhaltende, aber auch kürzere Muskelkontraktionen im Wechsel mit Erschlaffungen

Tonsillitis: Mandelentzündung

Trachea: Luftröhre

transient: vorübergehend

transitorisch-ischämische Attacke: Schlaganfall mit weniger als 24 h dauernder Symptomatik

Transkription: Kopierung der Information der DNA in den Nukleotiden auf mRNA als ersten Schritt der Proteinbiosynthese

Traumatologie: chirurgisches Teilgebiet, das sich mit Auswirkungen und Behandlung von Traumen (z.B. Unfällen) befasst

Tube: Eileiter

U

Ulcus (Ulkus): Geschwür

Ulcus cruris: Geschwür am Unterschenkel; meist aufgrund von Durchblutungsstörungen im Bereich der Venen

Ulcus ventriculi/duodeni: Magen-/Zwölffingerdarmgeschwür

Ulna: Elle, kleinfingerseitiger Unterarmknochen

Umbilikalarterie: führt in der Nabelschnur Blut vom Feten zur Plazenta

Uracil: s. RNA

Urether: Harnleiter. Verbindung von Niere und Blase

Urethra: Harnröhre

Urogenitaltrakt: Organe der Harnproduktion, Harnableitung und Geschlechtsorgane

Urosepsis: von den Harnwegen ausgehende Sepsis

Uterus: Gebärmutter

V

vagal: den Vagusnerven betreffend

vagoton: mit erhöhter Erregung des parasympathischen Nervensystems einhergehend

Vagotonie: insbesondere Verlangsamung der Pulsfrequenz, Blutdruckabfall, Verstärkung der Sekretionsvorgänge

Valsalva-Mechanismus: Pressdruckversuch: durch Druckerhöhungen im Brustraum kommt es zur Einflusshemmung des Blutes in das rechte Herz

Vasektomie: Durchtrennung bzw. Resektion des Samenleiters beim Mann

Vaskulitiden: Entzündung der Wände von Blutgefäßen

Vasodilatation: Erweitung der Blutgefäße

Vena (Vene): zum Herzen führendes Gefäß, meist mit sauerstoffarmen Blut

Vena cava caudalis/inferior: untere Hohlvene

Vena pulmonalis: Vene von der Lunge zum Herzen ziehend. Als einzige Vene mit sauerstoffreichem Blut

ventral: bauchwärts

Ventrikel: Herzkammern, bzw. im Gehirn die Räume, in denen das Hirnwasser zirkuliert

Verbrauchskoagulopathie: Blutgerinnungsstörung durch erhöhten Umsatz von Blutplättchen und Gerinnungsfaktoren. Führt zum Verbrauch von Gerinnungsfaktoren und damit zu Blutungen

verlängertes Mark: Medulla oblongata – Nachhirn – geht nach oben aus dem Rückenmark hervor, enthält lebenswichtige Zentren

Vestibulum: Vorhof/Vorraum

Vibices: streifenförmige Blutergüsse in der Haut, häufig postmortal entstanden

Vigilanz: Bewusstseinszustand

Viskosität: Zähflüssigkeit

viszeral: die Eingeweide betreffend

Vitalparameter: Messwerte, die am Patienten erhoben werden können (z.B. Atemfrequenz, Puls, Blutdruck, Körpertemperatur)

Vitium: Fehler, meist in Bezug auf Herzfehler verwendet

VNTR: variable number of tandem repeat: Einige Messsysteme basieren auf einem Längenpolymorphismus, bei dem sich einige Basen oder eine Basensequenz häufig wiederholen (Repeat). Liegen zwei Repeats nebeneinander, so bezeichnet man sie als Tandem Repeat

Volvulus: Drehung eines Organs um seinen Gefäßstiel oder um seine Achse. Angeboren oder nach Entzündungen

Vomitus: Erbrechen

W

WPW-Syndrom: Wolff-Parkinson-White-Syndrom – Herzfunktionsstörung mit Neigung zu Tachykardien infolge beschleunigter Reizleitung aufgrund eines zusätzlichen Leitungsbündels

X

Xanthochromie: gelblich-rötliche Verfärbung

Z

Zentromer: Ansatzstelle der Spindelfaser am Chromosom

zerebral: zum Gehirn gehörend

zerebrovaskulär: die hirnversorgenden Gefäße betreffend

zervikal: am Hals

Zirkumzision: Beschneidung

ZNS: Zentralnervensystem

Zyanose: bläuliche Verfärbung von Schleimhäuten und Haut als Ausdruck einer verminderten Sauerstoffbeladung roter Blutkörperchen

Weiterführende Literatur

Lehrbücher und Atlanten

Adelson L (1974) The pathology of homicide. A vademecum for pathologist, prosecutor and defense counsel, CC Thomas, Springfield Illinois
American College of Legal Medicine (2001) Legal Medicine, Mosby, St. Louis London Philadelphia Sydney
Anderson, WR (1998) Forensic Sciences in clinical medicine. A case study approach. Lipincott-Raven, Philadelphia New York
Arbab-Zadeh A, Prokop O, Reimann W (1977) Rechtsmedizin, Gustav Fischer Verlag, Stuttgart New York
Berg S (1984) Rechtsmedizin, 12. Aufl., Verlag R Müller & Steinicke, München
Berg S (1992) Unerwartete Todesfälle in Klinik und Praxis, Springer, Berlin Heidelberg New York Tokio
Calabuig GJA (Hrsg.) (1998) Medicina legal y toxicologia, 5. Aufl., Masson, Barcelona Madrid Paris
Camps FE (1976) Gradwohl's Legal Medicine, 3. Aufl., John Wright & Sons Ltd., Bristol
Canuto G, Tovo S (1996) Medicina legale e delle assicurazioni, 12. Aufl., Piccin, Padua
Casas Sánchez JdD, Rodríguez Albarrán MS (Hrsg.) (2000) Manual de Medicina Legal y Forense, Colex, Madrid
De Bernardi A, Marras G, Turlett M, Lubinu F, Sini MG (1981) Elementi di Patologia Medico Legale, Antonio Delfino Editore, Rom
Debout M, Durigon M (1994) Médicine légale clinique, médicine et violence, Ellipse Éd., Paris
Dérobert L (1974) Médicine Légale, Flammarion Médicine-Sciences, Paris
DiMaio DJ, DiMajo VJM (2001) Forensic Pathology, 2. Aufl., Elsevier, New York
DiMaio VJM, Dana SE (1998) Vademecum Forensic Pathology. Landes, Austin Texas
Dix J (2000) Colour Atlas of Forensic Pathology, CRC Press, Boca Raton London New York
Dürwald W (1990) Gerichtliche Medizin, 4. Aufl. Barth, Leipzig
Durigon M (1988) Pathologie Medico-Legale, Masson, Paris
Durigon M (1999) Pratique Médico-Légale, Masson, Paris
Eisen G (1973) Handwörterbuch der Rechtsmedizin, Bd. 1-3, Enke-Verlag, Stuttgart
Forster B Hrsg (1986) Praxis der Rechtsmedizin, Thieme, Stuttgart New York
Forster B, Ropohl D (1989) Rechtsmedizin, 5. Aufl. Enke Verlag, Stuttgart
Franchini A (1985) Medicina legale, 10. Aufl. Cedam, Padua
Gordon J, Shapiro HA, Berson SD (1988) Forensic Medicine – A Guide to Principles, 3. Aufl. Churchill Livingstone, Edinburgh London, Melbourne
Gresham AG (1977) Farbatlas der gerichtlichen Medizin, Schattauer, Stuttgart New York
Hofmann ER von, Haberda A (1927) Lehrbuch der gerichtlichen Medizin, 11. Aufl., Urban & Schwarzenberg, Berlin Wien
Knight B (1986) Forensische Medizin, ZFA-Taschenatlas, Hippokrates, Stuttgart
Knight B (1992) Legal Aspects of Medical Practice, 5. Aufl. Churchill Livingtone, Edinburgh London Madrid Melbourne New York Tokyo
Knight B (1996) Forensic Pathology, 2nd Edition, Arnold, London Sydney Auckland
Knight B (1997) Simpson's forensic medicine, E. Arnold, London
Knight B (1998) Lawyer's Guide to Forensic Medicine, 2nd Edition, Cavendish Publishing Limited, London Sydney
Kratter J (1921) Lehrbuch der Gerichtlichen Medizin, 2. Aufl. Enke Verlag, Stutgart
Madea B, Brinkmann B (2003) Handbuch Gerichtliche Medizin Bd. II, Springer, Berlin Heidelberg New York Tokio
Mant AK (1984) Taylor's Principles and Practice of Medical Jurisprudence, 13th Edition, Churchill Livingstone, Edinburgh London Melbourne New York
Maresch W, Spann W (1987) Angewandte Gerichtsmedizin, 2. Aufl., Urban & Schwarzenberg, Wien München Baltimore
Maresch W (1988) Atlas der Gerichtsmedizin, Thieme-Verlag, Stuttgart New York
Mason JK (1978) The Pathology of Violent Injury, Edward Arnold Ltd, London
Mason JK (1989) Paediatric Forensic Medicine and Pathology, Chapmann and Hall Medical, London
Mason JK (1993) The Pathology of Trauma, 3rd Edition, Edward Arnold, London Boston Melbourne Auckland
Mason JK (1995) Forensic Medicine for Lawyers, 3. Aufl. Butterworths, London
Mason JK (1993) Forensic Medicine. An Illustrated Reference, Chapman and Hall Medical, London Glasgow New York
Mc Lay WDS (1996) Clinical Forensic Medicine, Greenwich Medical Media, London
Mueller B (1975) Gerichtliche Medzin, 2. Aufl., Springer-Verlag, Berlin Heidelberg New York
Neureiter F. v., Pietrusky F, Schütt E (1940) Handwörterbuch der gerichtlichen Medizin und naturwissenschaftlichen Kriminalistik, Springer-Verlag, Berlin
Naeve W (1978) Gerichtliche Medizin für Polizeibeamte, Kriminalistik Verlag, Heidelberg
Patscheider H, Hartmann H (1993) Leitfaden der Gerichtsmedizin, 3. Aufl, Verlag Hans Huber, Bern Stuttgart Toronto
Payne James J, Busuttil A (Ed) (2003) Forensic Medicine: Clinical and pathological aspects. Greenwich Medical Media Limited, London
Penning R (1996) Rechtsmedizin systematisch, Uni Med Verlag, Bremen Lorch
Plueckhahn VD, Cordner St (1991) Ethics, Legal Medicine and Forensic Pathology, 2. Aufl., University Press, Melbourne
Polson CJ, Gee DJ, Knight B (1985) The Essentials of Forensic Medicine, 4th Edition, Pergamon Press, Oxford New York Toronto Sydney Paris Frankfurt
Ponsold A (1967) Lehrbuch der Gerichtlichen Medizin, 3. Aufl., Gg Thieme-Verlag, Stuttgart
Prokop O, Göhler W (1976) Forensische Medizin, 3. Aufl., Gustav-Fischer-Verlag, Stuttgart New York
Prokop O, Radam G (1987) Atlas der gerichtlichen Medizin, Karger, Basel München Paris London New York New Deli Singapore Tokyo Sidney
Randall B (1997) Death Investigation. The Basics. Galen Press Ltd., Tuscon Arizona
Reimann W, Prokop O, Geserick G (1990) Vademecum Gerichtsmedizin, 5. Aufl. Verlag Volk und Gesundheit, Berlin
Reinhard G, Mattern R (1999) Rechtsmedizin. In: Ökologisches Stoffgebiet, 3. Aufl., Hippokrates Verlag, Stuttgart
Rentoul E, Smith H (1973) Glaister's Medical Jurisprudence and Toxicology, 13. Aufl., Churchill Livingstone, Edinburgh London
Reuter F (1933) Lehrbuch der gerichtlichen Medizin, Urban & Schwarzenberg, Berlin Wien

Schneider V (1991) Farbatlas der Rechtsmedizin, Gustav Fischer Verlag, Stuttgart New York

Schwerd W (1992) Rechtsmedizin, 5. Aufl. Deutscher Ärzte-Verlag, Köln-Lövenich

Siegel JA, Saukko PK, Knupfer GC (2000) Encyclopedia of Forensic Sciences, 3 Vol, Academic Press, San Diego San Francisco New York Boston London Sydney Tokyo

Simpson K (1979) Forensic Medicine, 8. Aufl., E Arnold Ltd, London

Spitz WU (1993) Spitz and Fisher's Medicolegal Investigation of Death: guideline for the application of pathology to crime investigation, 3rd Edition, Charles C Thomas Publ., Springfield

Stark MM (2002) A Physician's Guide to Clinical Forensic Medicine, Humana Press, Totowa New Jersey

Strassmann F (1895) Lehrbuch der gerichtlichen Medizin, Enke, Stuttgart

Strassmann F (1911) Medizin und Strafrecht, Langenscheidt, Berlin

Tedeschi C, Eckert WG, Tedeschi LG (1977) Forensic Medicine, 3 Vol., WB Saunders Company, Philadelphia London Toronto

Teke A (2001) Medicina Legal, Segunda Edición, Publicationes Técnicas Mediterraneo Ltda. Santiago Chile

Wirth J, Strauch H (2000) Rechtsmedizin – Grundwissen für die Ermittlungspraxis, Kriminalistik Verlag, Heidelberg

A

B

C

D

E

F

G

H

I

J

K

L

M

N

O

P

Q

R

S

T

U

V

W

Druck- und Bindearbeiten: Stürtz AG, Würzburg